Y0-BYB-316

Beilsteins Handbuch der Organischen Chemie

Beilsteins Handbuch der Organischen Chemie

Vierte Auflage

Drittes und Viertes Ergänzungswerk

Die Literatur von 1930 bis 1959 umfassend

Herausgegeben vom
Beilstein-Institut für Literatur der Organischen Chemie
Frankfurt am Main

Bearbeitet von

Hans-G. Boit

Unter Mitwirkung von

Oskar Weissbach

Erich Bayer · Marie-Elisabeth Fernholz · Volker Guth · Hans Härter
Irmgard Hagel · Ursula Jacobshagen · Rotraud Kayser · Klaus Koulen
Bruno Langhammer · Dieter Liebegott · Richard Meister · Annerose Naumann
Wilma Nickel · Burkhard Polenski · Annemarie Reichard · Eleonore Schieber
Eberhard Schwarz · Ilse Sölken · Achim Trede · Paul Vincke

Neunzehnter Band

Erster Teil

Springer-Verlag Berlin · Heidelberg · New York 1977

ISBN 3-540-08088-0 Springer-Verlag, Berlin · Heidelberg · New York
ISBN 0-387-08088-0 Springer-Verlag, New York · Heidelberg · Berlin

Library of Congress Catalog Card Number: 22—79
Printed in Germany

Satz, Druck und Bindearbeiten: Universitätsdruckerei H. Stürtz AG Würzburg

Mitarbeiter der Redaktion

Inhalt

Abkürzungen VIII
Stereochemische Bezeichnungsweisen X
Transliteration von russischen Autorennamen XX
Verzeichnis der Kürzungen für die Literaturquellen XXI

Dritte Abteilung

Heterocyclische Verbindungen

(Fortsetzung)

2. Verbindungen mit zwei Chalkogen-Ringatomen

I. Stammverbindungen

1. Stammverbindungen $C_nH_{2n}O_2$ 3
2. Stammverbindungen $C_nH_{2n-2}O_2$ 108
3. Stammverbindungen $C_nH_{2n-4}O_2$ 154
4. Stammverbindungen $C_nH_{2n-6}O_2$ 176
5. Stammverbindungen $C_nH_{2n-8}O_2$ 187
6. Stammverbindungen $C_nH_{2n-10}O_2$ 263
7. Stammverbindungen $C_nH_{2n-12}O_2$ 307
8. Stammverbindungen $C_nH_{2n-14}O_2$ 323
9. Stammverbindungen $C_nH_{2n-16}O_2$ 336
10. Stammverbindungen $C_nH_{2n-18}O_2$ 385
11. Stammverbindungen $C_nH_{2n-20}O_2$ 402
12. Stammverbindungen $C_nH_{2n-22}O_2$ 413
13. Stammverbindungen $C_nH_{2n-24}O_2$ 419
14. Stammverbindungen $C_nH_{2n-26}O_2$ 433
15. Stammverbindungen $C_nH_{2n-28}O_2$, $C_nH_{2n-30}O_2$ usw. 440

Sachregister 510
Formelregister 564

Abkürzungen und Symbole für physikalische Grössen und Einheiten [1])

Å	Ångström-Einheiten (10^{-10} m)
at	technische Atmosphäre(n) (98066,5 $N \cdot m^{-2}$ = 0,980665 bar = 735,559 Torr)
atm	physikalische Atmosphäre(n) (101325 $N \cdot m^{-2}$ = 1,01325 bar = 760 Torr)
C_p (C_p^0)	Wärmekapazität (des idealen Gases) bei konstantem Druck
C_v (C_v^0)	Wärmekapazität (des idealen Gases) bei konstantem Volumen
d	Tag(e)
D	1) Debye (10^{-18} esE·cm) 2) Dichte (z. B. D_4^{20}: Dichte bei 20°, bezogen auf Wasser von 4°)
D (R–X)	Energie der Dissoziation der Verbindung RX in die freien Radikale R• und X•
E	Erstarrungspunkt
EPR	Elektronen-paramagnetische Resonanz (= Elektronenspin-Resonanz)
F	Schmelzpunkt
h	Stunde(n)
K	Grad Kelvin
Kp	Siedepunkt
$[M]_\lambda^t$	molares optisches Drehungsvermögen für Licht der Wellenlänge λ bei der Temperatur t
min	Minute(n)
n	1) bei Dimensionen von Elementarzellen: Anzahl der Moleküle pro Elementarzelle 2) Brechungsindex (z. B. $n_{656,1}^{15}$: Brechungsindex für Licht der Wellenlänge 656,1 nm bei 15°)
nm	Nanometer (= mμ = 10^{-9} m)
pK	negativer dekadischer Logarithmus der Dissoziationskonstante
s	Sekunde(n)
Torr	Torr (= mm Quecksilber)
α	optisches Drehungsvermögen (z. B. α_D^{20}: . . . [unverd.; l = 1]: Drehungsvermögen der unverdünnten Flüssigkeit für Licht der Natrium-D-Linie bei 20° und 1 dm Rohrlänge)
$[\alpha]$	spezifisches optisches Drehungsvermögen (z. B. $[\alpha]_{546}^{20}$: . . . [Butanon; c = 1,2]: spezifisches Drehungsvermögen einer Lösung in Butanon, die 1,2 g der Substanz in 100 ml Lösung enthält, für Licht der Wellenlänge 546 nm bei 23°)
ε	1) Dielektrizitätskonstante 2) Molarer dekadischer Extinktionskoeffizient
μ	Mikron (10^{-6} m)
°	Grad Celcius oder Grad (Drehungswinkel)

[1]) Bezüglich weiterer, hier nicht aufgeführter Symbole und Abkürzungen für physikalisch chemische Grössen und Einheiten s. International Union of Pure and Applied Chemistry Manual of Symbols and Terminology for Physicochemical Quantities and Units (1969) [London 1970]; s. a. Symbole, Einheiten und Nomenklatur in der Physik (Vieweg-Verlag, Braunschweig).

Weitere Abkürzungen

A.	Äthanol
Acn.	Aceton
Ae.	Diäthyläther
alkal.	alkalisch
Anm.	Anmerkung
B.	Bildungsweise(n), Bildung
Bd.	Band
Bzl.	Benzol
Bzn.	Benzin
bzw.	beziehungsweise
Diss.	Dissertation
E	Ergänzungswerk des Beilstein-Handbuches
E.	Äthylacetat
Eg.	Essigsäure (Eisessig)
engl. Ausg.	englische Ausgabe
Gew.-%	Gewichtsprozent
H	Hauptwerk des Beilstein-Handbuches
konz.	konzentriert
korr.	korrigiert
Me.	Methanol
opt.-inakt.	optisch inaktiv
PAe.	Petroläther
Py.	Pyridin
RRI	The Ring Index [2. Aufl. 1960]
RIS	The Ring Index [2. Aufl. 1960] Supplement
S.	Seite
s.	siehe
s. a.	siehe auch
s. o.	siehe oben
sog.	sogenannt
Spl.	Supplement
stdg.	stündig
s. u.	siehe unten
Syst. Nr.	System-Nummer (im Beilstein-Handbuch)
Tl.	Teil
unkorr.	unkorrigiert
unverd.	unverdünnt
verd.	verdünnt
vgl.	vergleiche
W.	Wasser
wss.	wässrig
z. B.	zum Beispiel
Zers.	Zersetzung

In den Seitenüberschriften sind die Seiten des Beilstein-Hauptwerks angegeben, zu denen der auf der betreffenden Seite des vorliegenden Ergänzungswerks befindliche Text gehört.

Die mit einem Stern (*) markierten Artikel betreffen Präparate, über deren Konfiguration und konfigurative Einheitlichkeit keine Angaben oder hinreichend zuverlässige Indizien vorliegen. Wenn mehrere Präparate in einem solchen Artikel beschrieben sind, ist deren Identität nicht gewährleistet.

Stereochemische Bezeichnungsweisen

Übersicht

Präfix	Definition in §	Symbol	Definition in §
allo	5c, 6c	c	4
altro	5c, 6c	c_F	7a
anti	9	D	6
arabino	5c	D_g	6b
cat$_F$	7a	D_r	7b
cis	2	D_s	6b
endo	8	(E)	3
ent	10e	L	6
erythro	5a	L_g	6b
exo	8	L_r	7b
galacto	5c, 6c	L_s	6b
gluco	5c, 6c	r	4c, d, e
glycero	6c	(r)	1a
gulo	5c, 6c	(R)	1a
ido	5c, 6c	(R_a)	1b
lyxo	5c	(R_p)	1b
manno	5c, 6c	(s)	1a
meso	5b	(S)	1a
rac	10e	(S_a)	1b
racem.	5b	(S_p)	1b
ribo	5c	t	4
syn	9	t_F	7a
talo	5c, 6c	(Z)	3
threo	5a	α	10a, c
trans	2	α_F	10b, c
xylo	5c	β	10a, c
		β_F	10b, c
		ξ	11a
		Ξ	11b
		(Ξ)	11b
		(Ξ_a)	11c
		(Ξ_p)	11c

§ 1. a) Die Symbole (***R***) und (***S***) bzw. (*r*) und (*s*) kennzeichnen die absolute Konfiguration an Chiralitätszentren (Asymmetriezentren) bzw. „Pseudoasymmetriezentren" gemäss der „Sequenzregel" und ihren Anwendungsvorschriften (*Cahn, Ingold, Prelog,* Experientia **12** [1956] 81; Ang. Ch. **78** [1966] 413, 419; Ang. Ch. internat. Ed. **5** [1966] 385, 390; *Cahn, Ingold,* Soc. **1951** 612; s. a. *Cahn,* J. chem. Educ. **41** [1964] 116, 508). Zur Kennzeichnung der Konfiguration von Racematen aus Verbindungen mit mehreren Chiralitätszentren dienen die Buchstabenpaare (***RS***) und (***SR***), wobei z. B. durch das Symbol (1*RS*:2*SR*) das aus dem (1*R*:2*S*)-Enantiomeren und dem (1*S*:2*R*)-Enantiomeren bestehende Racemat spezifiziert wird (vgl. *Cahn, Ingold, Prelog,* Ang. Ch. **78** 435; Angl. Ch. internat. Ed. **5** 404).

Beispiele:
(*R*)-Propan-1,2-diol [E IV **1** 2468]
(1*R*:2*S*:3*S*)-Pinanol-(3) [E III **6** 281]
(3a*R*:4*S*:8*R*:8a*S*:9*s*)-9-Hydroxy-2.2.4.8-tetramethyl-decahydro-4.8-methano-azulen [E III **6** 425]
(1*RS*:2*SR*)-1-Phenyl-butandiol-(1.2) [E III **6** 4663]

b) Die Symbole (R_a) und (S_a) bzw. (R_p) und (S_p) werden in Anlehnung an den Vorschlag von *Cahn, Ingold* und *Prelog* (Ang. Ch. **78** 437; Ang. Ch. internat. Ed. **5** 406) zur Kennzeichnung der Konfiguration von Elementen der axialen bzw. planaren Chiralität verwendet.

Beispiele:
(R_a)-1,11-Dimethyl-5,7-dihydro-dibenz[*c, e*]oxepin [E III/IV **17** 642]
(R_a:S_a)-3.3′.6′.3″-Tetrabrom-2′.5′-bis-[((1*R*)-menthyloxy)-acetoxy]-2.4.6.2″.4″.6″-hexamethyl-*p*-terphenyl [E III **6** 5820]
(R_p)-Cyclohexanhexol-(1*r*.2*c*.3*t*.4*c*.5*t*.6*t*) [E III **6** 6925]

§ 2. Die Präfixe ***cis*** und ***trans*** geben an, dass sich in (oder an) der Bezifferungseinheit [1]), deren Namen diese Präfixe vorangestellt sind, die beiden Bezugsliganden [2]) auf der gleichen Seite (***cis***) bzw. auf den entgegengesetzten Seiten (***trans***) der (durch die beiden doppelt-gebundenen Atome verlaufenden) Bezugsgeraden (bei Spezifizierung der Konfiguration an einer Doppelbindung) oder der (durch die Ringatome festgelegten) Bezugsfläche (bei Spezifizierung der Konfiguration an einem Ring oder einem Ringsystem) befinden. Bezugsliganden sind

1) bei Verbindungen mit konfigurativ relevanten Doppelbindungen die von Wasserstoff verschiedenen Liganden an den doppelt-gebundenen Atomen,
2) bei Verbindungen mit konfigurativ relevanten angularen Ringatomen die exocyclischen Liganden an diesen Atomen,
3) bei Verbindungen mit konfigurativ relevanten peripheren Ringatomen die von Wasserstoff verschiedenen Liganden an diesen Atomen.

Beispiele:
β-Brom-*cis*-zimtsäure [E III **9** 2732]
trans-*β*-Nitro-4-methoxy-styrol [E III **6** 2388]
5-Oxo-*cis*-decahydro-azulen [E III **7** 360]
cis-Bicyclohexyl-carbonsäure-(4) [E III **9** 261]

§ 3. Die Symbole (***E***) und (***Z***) am Anfang des Namens (oder eines Namensteils) einer Verbindung kennzeichnen die Konfiguration an der (den) Doppelbindung(en), deren Stellungsbezeichnung bei Anwesenheit von

[1]) Eine Bezifferungseinheit ist ein durch die Wahl des Namens abgegrenztes cyclisches, acyclisches oder cyclisch-acyclisches Gerüst (von endständigen Heteroatomen oder Heteroatom-Gruppen befreites Molekül oder Molekül-Bruchstück), in dem jedes Atom eine andere Stellungsziffer erhält; z. B. liegt im Namen Stilben nur eine Bezifferungseinheit vor, während der Name 3-Phenyl-penten-(2) aus zwei, der Name [1-Äthyl-propenyl]-benzol aus drei Bezifferungseinheiten besteht.

[2]) Als „Ligand“ wird hier ein einfach kovalent gebundenes Atom oder eine einfach kovalent gebundene Atomgruppe verstanden.

mehreren Doppelbindungen dem Symbol beigefügt ist. Sie zeigen an, dass sich die — jeweils mit Hilfe der Sequenzregel (s. § 1a) ausgewählten — Bezugsliganden [2]) der beiden doppelt gebundenen Atome auf den entgegengesetzten Seiten (*E*) bzw. auf der gleichen Seite (*Z*) der (durch die doppelt gebundenen Atome verlaufenden) Bezugsgeraden befinden.

Beispiele:

(*E*)-1,2,3-Trichlor-propen [E IV **1** 748]
(*Z*)-1,3-Dichlor-but-2-en [E IV **1** 786]

§ 4. a) Die Symbole *c* bzw. *t* hinter der Stellungsziffer einer C,C-Doppelbindung sowie die der Bezeichnung eines doppelt-gebundenen Radikals (z. B. der Endung „yliden") nachgestellten Symbole -(*c*) bzw. -(*t*) geben an, dass die jeweiligen „Bezugsliganden" [2]) an den beiden doppelt-gebundenen Kohlenstoff-Atomen cis-ständig (*c*) bzw. trans-ständig (*t*) sind (vgl. § 2). Als Bezugsligand gilt auf jeder der beiden Seiten der Doppelbindung derjenige Ligand, der der gleichen Bezifferungseinheit [1]) angehört wie das mit ihm verknüpfte doppelt-gebundene Atom; gehören beide Liganden eines der doppelt-gebundenen Atome der gleichen Bezifferungseinheit an, so gilt der niedriger bezifferte als Bezugsligand.

Beispiele:

3-Methyl-1-[2.2.6-trimethyl-cyclohexen-(6)-yl]-hexen-(2*t*)-ol-(4) [E III **6** 426]
(1*S*:9*R*)-6.10.10-Trimethyl-2-methylen-bicyclo[7.2.0]undecen-(5*t*) [E III **5** 1083]
5α-Ergostadien-(7.22*t*) [E III **5** 1435]
5α-Pregnen-(17(20)*t*)-ol-(3β) [E III **6** 2591]
(3*S*)-9.10-Seco-ergostatrien-(5*t*.7*c*.10(19))-ol-(3) [E III **6** 2832]
1-[2-Cyclohexyliden-äthyliden-(*t*)]-cyclohexanon-(2) [E III **7** 1231]

b) Die Symbole *c* bzw. *t* hinter der Stellungsziffer eines Substituenten an einem doppelt-gebundenen endständigen Kohlenstoff-Atom eines acyclischen Gerüstes (oder Teilgerüstes) geben an, dass dieser Substituent cis-ständig (*c*) bzw. trans-ständig (*t*) (vgl. § 2) zum „Bezugsliganden" ist. Als Bezugsligand gilt derjenige Ligand [2]) an der nicht-endständigen Seite der Doppelbindung, der der gleichen Bezifferungseinheit angehört wie die doppelt-gebundenen Atome; liegt eine an der Doppelbindung verzweigte Bezifferungseinheit vor, so gilt der niedriger bezifferte Ligand des nicht-endständigen doppelt-gebundenen Atoms als Bezugsligand.

Beispiele:

1*c*.2-Diphenyl-propen-(1) [E III **5** 1995]
1*t*.6*t*-Diphenyl-hexatrien-(1.3*t*.5) [E III **5** 2243]

c) Die Symbole *c* bzw. *t* hinter der Stellungsziffer 2 eines Substituenten am Äthylen-System (Äthylen oder Vinyl) geben die cis-Stellung (*c*) bzw. die trans-Stellung (*t*) (vgl. § 2) dieses Substituenten zu dem durch das Symbol *r* gekennzeichneten Bezugsliganden an dem mit 1 bezifferten Kohlenstoff-Atom an.

Beispiele:

1.2*t*-Diphenyl-1*r*-[4-chlor-phenyl]-äthylen [E III **5** 2399]
4-[2*t*-Nitro-vinyl-(*r*)]-benzoesäure-methylester [E III **9** 2756]

d) Die mit der Stellungsziffer eines Substituenten oder den Stellungsziffern einer im Namen durch ein Präfix bezeichneten Brücke eines Ringsystems kombinierten Symbole ***c*** bzw. ***t*** geben an, dass sich der Substituent oder die mit dem Stamm-Ringsystem verknüpften Brückenatome auf der gleichen Seite (*c*) bzw. der entgegengesetzten Seite (*t*) der „Bezugsfläche" befinden wie der Bezugsligand [2]) (der auch aus einem Brückenzweig bestehen kann), der seinerseits durch Hinzufügen des Symbols ***r*** zu seiner Stellungsziffer kenntlich gemacht ist. Die „Bezugsfläche" ist durch die Atome desjenigen Ringes (oder Systems von ortho/peri-anellierten Ringen) bestimmt, in dem alle Liganden gebunden sind, deren Stellungsziffern die Symbole *r*, *c* oder *t* aufweisen. Bei einer aus mehreren isolierten Ringen oder Ringsystemen bestehenden Verbindung kann jeder Ring bzw. jedes Ringsystem als gesonderte Bezugsfläche für Konfigurationskennzeichen fungieren; die zusammengehörigen (d. h. auf die gleichen Bezugsflächen bezogenen) Sätze von Konfigurationssymbolen *r*, *c* und *t* sind dann im Namen der Verbindung durch Klammerung voneinander getrennt oder durch Strichelung unterschieden (s. Beispiele 3 und 4 unter Abschnitt e).

Beispiele:

1*r*.2*t*.3*c*.4*t*-Tetrabrom-cyclohexan [E III **5** 51]
1*r*-Äthyl-cyclopentanol-(2*c*) [E III **6** 79]
1*r*.2*c*-Dimethyl-cyclopentanol-(1) [E III **6** 80]

e) Die mit einem (gegebenenfalls mit hochgestellter Stellungsziffer ausgestatteten) Atomsymbol kombinierten Symbole ***r***, ***c*** oder ***t*** beziehen sich auf die räumliche Orientierung des indizierten Atoms (das sich in diesem Fall in einem weder durch Präfix noch durch Suffix benannten Teil des Moleküls befindet). Die Bezugsfläche ist dabei durch die Atome desjenigen Ringsystems bestimmt, an das alle indizierten Atome und gegebenenfalls alle weiteren Liganden gebunden sind, deren Stellungsziffern die Symbole *r*, *c* oder *t* aufweisen. Gehört ein indiziertes Atom dem gleichen Ringsystem an wie das Ringatom, zu dessen konfigurativer Kennzeichnung es dient (wie z. B. bei Spiro-Atomen), so umfasst die Bezugsfläche nur denjenigen Teil des Ringsystems [3]), dem das indizierte Atom nicht angehört.

Beispiele:

2*t*-Chlor-(4a*rH*.8a*tH*)-decalin [E III **5** 250]
(3a*rH*.7a*cH*)-3a.4.7.7a-Tetrahydro-4*c*.7*c*-methano-inden [E III **5** 1232]
1-[(4a*R*)-6*t*-Hydroxy-2*c*.5.5.8a*t*-tetramethyl-(4a*rH*)-decahydro-naphthyl-(1*t*)]-2-[(4a*R*)-6*t*-hydroxy-2*t*.5.5.8a*t*-tetramethyl-(4a*rH*)-decahydro-naphthyl-(1*t*)]-äthan [E III **6** 4829]
4*c*.4'*t*'-Dihydroxy-(1*rH*.1'*r*'*H*)-bicyclohexyl [E III **6** 4153]
6*c*.10*c*-Dimethyl-2-isopropyl-(5*rC*^{1})-spiro[4.5]decanon-(8) [E III **7** 514]

§ 5. a) Die Präfixe ***erythro*** bzw. ***threo*** zeigen an, dass sich die jeweiligen „Bezugsliganden" an zwei Chiralitätszentren, die einer acyclischen Bezifferungseinheit [1]) (oder dem unverzweigten acyclischen Teil einer komplexen Bezifferungseinheit) angehören, in der Projektionsebene

[3]) Bei Spiran-Systemen erfolgt die Unterteilung des Ringsystems in getrennte Bezugssysteme jeweils am Spiro-Atom.

auf der gleichen Seite (*erythro*) bzw. auf den entgegengesetzten Seiten (*threo*) der „Bezugsgeraden" befinden. Bezugsgerade ist dabei die in „gerader Fischer-Projektion" [4]) wiedergegebene Kohlenstoff-Kette der Bezifferungseinheit, der die beiden Chiralitätszentren angehören. Als Bezugsliganden dienen jeweils die von Wasserstoff verschiedenen extracatenalen (d. h. nicht der Kette der Bezifferungseinheit angehörenden) Liganden [2]) der in den Chiralitätszentren befindlichen Atome.

Beispiele:
threo-Pentan-2,3-diol [E IV **1** 2543]
threo-2-Amino-3-methyl-pentansäure-(1) [E III **4** 1463]
threo-3-Methyl-asparaginsäure [E III **4** 1554]
erythro-2.4'.α.α'-Tetrabrom-bibenzyl [E III **5** 1819]

b) Das Präfix ***meso*** gibt an, dass ein mit 2n (Chiralitätszentren (n = 1, 2, 3 usw.) ausgestattetes Molekül eine Symmetrieebene aufweist. Das Präfix ***racem.*** kennzeichnet ein Gemisch gleicher Mengen von Enantiomeren, die zwei identische Chiralitätszentren oder zwei identische Sätze von Chiralitätszentren enthalten.

Beispiele:
meso-Pentan-2,4-diol [E IV **1** 2543]
racem.-1.2-Dicyclohexyl-äthandiol-(1.2) [E III **6** 4156]
racem.-(1*rH*.1'*r'H*)-Bicyclohexyl-dicarbonsäure-(2*c*.2'*c'*) [E III **9** 4020]

c) Die „Kohlenhydrat-Präfixe ***ribo, arabino, xylo*** und ***lyxo*** bzw. ***allo, altro, gluco, manno, gulo, ido, galacto*** und ***talo*** kennzeichnen die relative Konfiguration von Molekülen mit drei Chiralitätszentren (deren mittleres ein „Pseudoasymmetriezentrum" sein kann) bzw. vier Chiralitätszentren, die sich jeweils in einer unverzweigten acyclischen Bezifferungseinheit [1]) befinden. In den nachstehend abgebildeten „Leiter-Mustern" geben die horizontalen Striche die Orientierung der wie unter a) definierten Bezugsliganden an der jeweils in „abwärts bezifferter vertikaler Fischer-Projektion" [5]) wiedergegebenen Kohlenstoff-Kette an.

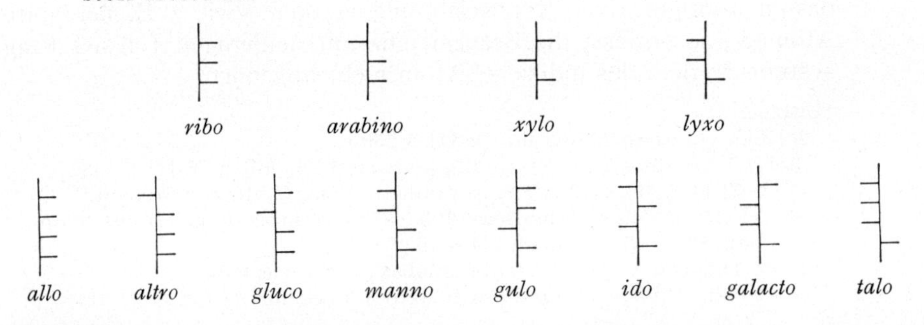

[4]) Bei „gerader Fischer-Projektion" erscheint eine Kohlenstoff-Kette als vertikale oder horizontale Gerade; in dem der Projektion zugrunde liegenden räumlichen Modell des Moleküls sind an jedem Chiralitätszentrum (sowie an einem Zentrum der Pseudoasymmetrie) die catenalen (d. h. der Kette angehörenden) Bindungen nach der dem Betrachter abgewandten Seite der Projektionsebene, die extracatenalen (d. h. nicht der Kette angehörenden) Bindungen nach der dem Betrachter zugewandten Seite der Projektionsebene hin gerichtet.

Beispiele:
ribo-2,3,4-Trimethoxy-pentan-1,5-diol [E IV **1** 2834]
galacto-Hexan-1,2,3,4,5,6-hexaol [E IV **1** 2844]

§ 6. a) Die „Fischer-Symbole" D bzw. L im Namen einer Verbindung mit einem Chiralitätszentrum geben an, dass sich der Bezugsligand (der von Wasserstoff verschiedene extracatenale Ligand; vgl. § 5a) am Chiralitätszentrum in der „abwärts-bezifferten vertikalen Fischer-Projektion" [5]) der betreffenden Bezifferungseinheit [1]) auf der rechten Seite (D) bzw. auf der linken Seite (L) der das Chiralitätszentrum enthaltenden Kette befindet.

Beispiele:
D-Tetradecan-1,2-diol [E IV **1** 2631]
L-4-Hydroxy-valeriansäure [E III **3** 612]

b) In Kombination mit dem Präfix *erythro* geben die Symbole D und L an, dass sich die beiden Bezugsliganden (s. § 5a) auf der rechten Seite (D) bzw. auf der linken Seite (L) der Bezugsgeraden in der „abwärts-bezifferten vertikalen Fischer-Projektion" der betreffenden Bezifferungseinheit befinden. Die mit dem Präfix *threo* kombinierten Symbole D_g und D_s geben an, dass sich der höhergezifferte (D_g) bzw. der niedrigerbezifferte (D_s) Bezugsligand auf der rechten Seite der „abwärts-bezifferten vertikalen Fischer-Projektion" befindet; linksseitige Position des jeweiligen Bezugsliganden wird entsprechend durch die Symbole L_g bzw. L_s angezeigt.
In Kombination mit den in § 5c aufgeführten konfigurationsbestimmenden Präfixen werden die Symbole D und L ohne Index verwendet; sie beziehen sich dabei jeweils auf die Orientierung des höchstbezifferten (d. h. des in der Abbildung am weitesten unten erscheinenden) Bezugsliganden (die in § 5c abgebildeten „Leiter-Muster" repräsentieren jeweils das D-Enantiomere).

Beispiele:
D-*erythro*-Nonan-1,2,3-triol [E IV **1** 2792]
D_s-*threo*-2.3-Diamino-bernsteinsäure [E III **4** 1528]
L_g-*threo*-Hexadecan-7,10-diol [E IV **1** 2636]
D-*lyxo*-Pentan-1,2,3,4-tetraol [E IV **1** 2811]
6-Allyloxy-D-*manno*-hexan-1,2,3,4,5-pentaol [E IV **1** 2846]

c) Kombinationen der Präfixe D-*glycero* oder L-*glycero* mit einem der in § 5c aufgeführten, jeweils mit einem Fischer-Symbol versehenen Kohlenhydrat-Präfixe für Bezifferungseinheiten mit vier Chiralitätszentren dienen zur Kennzeichnung der Konfiguration von Molekülen mit fünf in einer Kette angeordneten Chiralitätszentren (deren mittleres auch „Pseudoasymmetriezentrum" sein kann). Dabei bezieht sich das Kohlenhydrat-Präfix auf die vier niedrigstbezifferten Chiralitätszentren nach der in § 5c und § 6b gegebenen Definition, das Präfix D-*glycero* oder L-*glycero* auf das höchstbezifferte (d. h. in der Abbildung am weitesten unten erscheinende) Chiralitätszentrum.

---

[5]) Eine „abwärts-bezifferte vertikale Fischer-Projektion" ist eine vertikal orientierte „gerade Fischer-Projektion" (s. Anm. 4), bei der sich das niedrigstbezifferte Atom am oberen Ende der Kette befindet.

Beispiel:
D-*glycero*-L-*gulo*-Heptit [E IV **1** 2854]

§ 7. a) Die Symbole c_F bzw. t_F hinter der Stellungsziffer eines Substituenten an einer mehrere Chiralitätszentren aufweisenden unverzweigten acyclischen Bezifferungseinheit [1]) geben an, dass sich dieser Substituent und der Bezugssubstituent, der seinerseits durch das Symbol r_F gekennzeichnet wird, auf der gleichen Seite (c_F) bzw. auf den entgegengesetzten Seiten (t_F) der wie in § 5a definierten Bezugsgeraden befinden. Ist eines der endständigen Atome der Bezifferungseinheit Chiralitätszentrum, so wird der Stellungsziffer des „catenoiden" Substituenten (d. h. des Substituenten, der in der Fischer-Projektion als Verlängerung der Kette erscheint) das Symbol cat_F beigefügt.

b) Die Symbole D_r bzw. L_r am Anfang eines mit dem Kennzeichen r_F ausgestatteten Namens geben an, dass sich der Bezugssubstituent auf der rechten Seite (D_r) bzw. auf der linken Seite (L_r) der in „abwärtsbezifferter vertikaler Fischer-Projektion" wiedergegebenen Kette der Bezifferungseinheit befindet.

Beispiele:
Heptan-1,2r_F,3c_F,4t_F,5c_F,6c_F,7-heptaol [E IV **1** 2854]
D_r-1cat_F.2cat_F-Diphenyl-1r_F-[4-methoxy-phenyl]-äthandiol-(1.2c_F) [E III **6** 6589]

§ 8. Die Symbole *exo* bzw. *endo* hinter der Stellungsziffer eines Substituenten an einem dem Hauptring [6]) angehörenden Atom eines Bicycloalkan-Systems geben an, dass der Substituent der Brücke [6]) zugewandt (*exo*) bzw. abgewandt (*endo*) ist.

Beispiele:
2*endo*-Phenyl-norbornen-(5) [E III **5** 1666]
(±)-1.2*endo*.3*exo*-Trimethyl-norbornandiol-(2*exo*.3*endo*) [E III **6** 4146]
Bicyclo[2.2.2]octen-(5)-dicarbonsäure-(2*exo*.3*exo*) [E III **9** 4054]

§ 9. a) Die Symbole *syn* bzw. *anti* hinter der Stellungsziffer eines Substituenten an einem Atom der Brücke [6]) eines Bicycloalkan-Systems oder einer Brücke über einem ortho- oder ortho/peri-anellierten Ringsystem geben an, dass der Substituent demjenigen Hauptzweig [6]) zugewandt (*syn*) bzw. abgewandt (*anti*) ist, der das niedrigstbezifferte aller in den Hauptzweigen enthaltenen Ringatome aufweist.

Beispiele:
1.7*syn*-Dimethyl-norbornanol-(2*endo*) [E III **6** 236]
(3a*S*)-3*c*.9*anti*-Dihydroxy-1*c*.5.5.8a*c*-tetramethyl-(3a*rH*)-decahydro-1*t*.4*t*-methano-azulen [E III **6** 4183]

[6]) Ein Brücken-System besteht aus drei „Zweigen", die zwei „Brückenkopf-Atome" miteinander verbinden; von den drei Zweigen bilden die beiden „Hauptzweige" den „Hauptring", während der dritte Zweig als „Brücke" bezeichnet wird. Als Hauptzweige gelten

1. die Zweige, die einem ortho- oder ortho/peri-anellierten Ringsystem angehören (und zwar a) dem Ringsystem mit der grössten Anzahl von Ringen, b) dem Ringsystem mit der grössten Anzahl von Ringgliedern),
2. die gliedreichsten Zweige (z. B. bei Bicycloalkan-Systemen),
3. die Zweige, denen auf Grund vorhandener Substituenten oder Mehrfachbindungen Bezifferungsvorrang einzuräumen ist.

(3a*R*)-2*c*.8*t*.11*c*.11a*c*.12*anti*-Pentahydroxy-1.1.8*c*-trimethyl-4-methylen-(3a*rH*.4a*cH*)-tetradecahydro-7*t*.9a*t*-methano-cyclopenta[*b*]heptalen [E III **6** 6892]

b) In Verbindung mit einem stickstoffhaltigen Funktionsabwandlungssuffix an einem auf „-aldehyd“ oder „-al“ endenden Namen kennzeichnen *syn* bzw. *anti* die cis-Orientierung bzw. trans-Orientierung des Wasserstoff-Atoms der Aldehyd-Gruppe zum Substituenten X der abwandelnden Gruppe =N-X, bezogen auf die durch die doppeltgebundenen Atome verlaufende Gerade.

Beispiel:
Perillaaldehyd-*anti*-oxim [E III **7** 567]

§10. a) Die Symbole α bzw. β hinter der Stellungsziffer eines ringständigen Substituenten im halbrationalen Namen einer Verbindung mit einer dem Cholestan [E III **5** 1132] entsprechenden Bezifferung und Projektionslage geben an, dass sich der Substituent auf der dem Betrachter abgewandten (α) bzw. zugewandten (β) Seite der Fläche des Ringgerüstes befindet.

Beispiele:
3β-Chlor-7α-brom-cholesten-(5) [E III **5** 1328]
Phyllocladandiol-(15α.16α) [E III **6** 4770]
Lupanol-(1β) [E III **6** 2730]
Onocerandiol-(3β.21α) [E III **6** 4829]

b) Die Symbole α_F bzw. β_F hinter der Stellungsziffer eines an der Seitenkette befindlichen Substituenten im halbrationalen Namen einer Verbindung der unter a) erläuterten Art geben an, dass sich der Substituent auf der rechten (α_F) bzw. linken (β_F) Seite der in „aufwärtsbezifferter vertikaler Fischer-Projektion“ [7]) dargestellten Seitenkette befindet.

Beispiele:
3β-Chlor-24α_F-äthyl-cholestadien-(5.22*t*) [E III **5** 1436]
24β_F-Äthyl-cholesten-(5) [E III **5** 1336]

c) Sind die Symbole α, β, α_F oder β_F nicht mit der Stellungsziffer eines Substituenten kombiniert, sondern zusammen mit der Stellungsziffer eines angularen Chiralitätszentrums oder eines Wasserstoff-Atoms — in diesem Fall mit dem Atomsymbol *H* versehen (α*H*, β*H*, $\alpha_F H$ bzw. $\beta_F H$) — unmittelbar vor dem Namensstamm einer Verbindung mit halbrationalem Namen angeordnet, so kennzeichnen sie entweder die Orientierung einer angularen exocyclischen Bindung, deren Lage durch den Namen nicht festgelegt ist, oder sie zeigen an, dass die Orientierung des betreffenden exocyclischen Liganden oder Wasserstoff-Atoms (das — wie durch Suffix oder Präfix ausgedrückt — auch substituiert sein kann) in der angegebenen Weise von der mit dem Namensstamm festgelegten Orientierung abweicht.

Beispiele:
5-Chlor-5α-cholestan [E III **5** 1135]
5β.14β.17β*H*-Pregnan [E III **5** 1120]

[7]) Eine „aufwärts-bezifferte vertikale Fischer-Projektion“ ist eine vertikal orientierte „gerade Fischer-Projektion“ (s. Anm. 4), bei der sich das niedrigstbezifferte Atom am unteren Ende der Kette befindet.

18α.19β*H*-Ursen-(20(30)) [E III **5** 1444]
(13*R*)-8β*H*-Labden-(14)-diol-(8.13) [E III **6** 4186]
5α.20β_F*H*.24β_F*H*-Ergostanol-(3β) [E III **6** 2161]

d) Die Symbole α bzw. β vor einem systematischen oder halbrationalen Namen eines Kohlenhydrats geben an, dass sich die am niedriger bezifferten Nachbaratom des cyclisch gebundenen Sauerstoff-Atoms befindliche Hydroxy-Gruppe (oder sonstige Heteroatom-Gruppe) in der geraden Fischer-Projektion auf der gleichen (α) bzw. der entgegengesetzten (β) Seite der Bezugsgeraden befindet wie der Bezugsligand (vgl. § 5a, 5c, 6a).

Beispiele:
Methyl-α-D-ribopyranosid [E III/IV **17** 2425]
Tetra-*O*-acetyl-α-D-fructofuranosylchlorid [E III/IV **17** 2651]

e) Das Präfix ***ent*** vor dem Namen einer Verbindung mit mehreren Chiralitätszentren, deren Konfiguration mit dem Namen festgelegt ist, dient zur Kennzeichnung des Enantiomeren der betreffenden Verbindung. Das Präfix ***rac*** wird zur Kennzeichnung des einer solchen Verbindung entsprechenden Racemats verwendet.

Beispiele:
ent-7β*H*-Eudesmen-(4)-on-(3) [E III **7** 692]
rac-Östrapentaen(1.3.5.7.9) [E III **5** 2043]

§ 11. a) Das Symbol *ξ* tritt an die Stelle von *cis, trans, c, t,* c_F, t_F, cat_F, *endo, exo, syn, anti,* α, β, α_F oder β_F, wenn die Konfiguration an der betreffenden Doppelbindung bzw. an dem betreffenden Chiralitätszentrum (oder die konfigurative Einheitlichkeit eines Präparats hinsichtlich des betreffenden Strukturelements) ungewiss ist.

Beispiele:
(*Ξ*)-3.6-Dimethyl-1-[(1*Ξ*)-2.2.6*c*-trimethyl-cyclohexyl-(*r*)]-octen-(6*ξ*)-in-(4)-ol-(3) [E III **6** 2097]
1*t*,2-Dibrom-3-methyl-penta-1,3*ξ*-dien [E IV **1** 1022]
10*t*-Methyl-(8*ξH*.10a*ξH*)-1.2.3.4.5.6.7.8.8a.9.10.10a-dodecahydro-phenanthren-carbonsäure-(9*r*) [E III **9** 2626]
D_r-1*ξ*-Phenyl-1*ξ*-*p*-tolyl-hexanpentol-(2r_F.3t_F.4c_F.5c_F.6) [E III **6** 6904]
(1*S*)-1.2*ξ*.3.3-Tetramethyl-norbornanol-(2*ξ*) [E III **6** 331]
3*ξ*-Acetoxy-5*ξ*.17*ξ*-pregnen-(20) [E III **6** 2592]
28-Nor-17*ξ*-oleanen-(12) [E III **5** 1438]
5.6β.22*ξ*.23*ξ*-Tetrabrom-3β-acetoxy-24β_F-äthyl-5α-cholestan [E III **6** 2179]

b) Das Symbol *Ξ* tritt an die Stelle von D oder L, das Symbol (*Ξ*) an die Stelle von (***R***) oder (***S***) bzw. von (***E***) oder (***Z***), wenn die Konfiguration an dem betreffenden Chiralitätszentrum bzw. an der betreffenden Doppelbindung (oder die konfigurative Einheitlichkeit eines Präparats hinsichtlich des betreffenden Strukturelements) ungewiss ist.

Beispiele:
N-{*N*-[*N*-(Toluol-sulfonyl-(4))-glycyl]-*Ξ*-seryl}-L-glutaminsäure [E III **11** 280]
(*Ξ*)-1-Acetoxy-2-methyl-5-[(*R*)-2.3-dimethyl-2.6-cyclo-norbornyl-(3)]-pentanol-(2) [E III **6** 4183]
(14*Ξ*:18*Ξ*)-Ambranol-(8) [E III **6** 431]
(1*Z*,3*Ξ*)-1,2-Dibrom-3-methyl-penta-1,3-dien [E IV **1** 1022]

c) Die Symbole (Ξ_a) und (Ξ_p) zeigen unbekannte Konfiguration von Strukturelementen mit axialer bzw. planarer Chiralität (oder ungewisse Einheitlichkeit eines Präparats hinsichtlich dieser Elemente) an; das Symbol (ξ) kennzeichnet unbekannte Konfiguration eines Pseudoasymmetriezentrums.

Beispiele:

(Ξ_a)-3*β*.3′*β*-Dihydroxy-(7*ξH*.7′*ξH*)-[7.7′]bi[ergostatrien-(5.8.22*t*)-yl] [E III **6** 5897]

(3*ξ*)-5-Methyl-spiro[2.5]octan-dicarbonsäure-(1*r*.2*c*) [E III **9** 4002]

Transliteration von russischen Autorennamen

Russisches Schriftzeichen	Deutsches Äquivalent (Beilstein)	Englisches Äquivalent (Chemical Abstracts)	Russisches Schriftzeichen	Deutsches Äquivalent (Beilstein)	Englisches Äquivalent (Chemical Abstracts)
А а	a	a	Р р	r	r
Б б	b	b	С с	s̄	s
В в	w	v	Т т	t	t
Г г	g	g	У у	u	u
Д д	d	d	Ф ф	f	f
Е е	e	e	Х х	ch	kh
Ж ж	sh	zh	Ц ц	z	ts
З з	s	z	Ч ч	tsch	ch
И и	i	i	Ш ш	sch	sh
Й й	ĭ	ĭ	Щ щ	schtsch	shch
К к	k	k	Ы ы	y	y
Л л	l	l	ь	’	’
М м	m	m	Э э	ė	e
Н н	n	n	Ю ю	ju	yu
О о	o	o	Я я	ja	ya
П п	p	p			

Verzeichnis der Kürzungen für die Literatur-Quellen

Kürzung	Titel
A.	Liebigs Annalen der Chemie
Abh. Braunschweig. wiss. Ges.	Abhandlungen der Braunschweigischen Wissenschaftlichen Gesellschaft
Abh. Gesamtgebiete Hyg.	Abhandlungen aus dem Gesamtgebiete der Hygiene. Leipzig
Abh. Kenntnis Kohle	Gesammelte Abhandlungen zur Kenntnis der Kohle
Abh. Preuss. Akad.	Abhandlungen der Preussischen Akademie der Wissenschaften. Mathematisch-naturwissenschaftliche Klasse
Acad. Cluj Stud. Cerc. Chim.	Academia Republicii Populare Romîne, Filiala Cluj, Studii și Cercetări de Chimie
Acad. Iași Stud. Cerc. științ.	Academia Republicii Populare Romîne, Filiala Iași, Studii și Cercetări Științifice
Acad. romîne Bulet. științ.	Academia Republicii Populare Romîne, Buletin științific
Acad. romîne Stud. Cerc. Chim.	Academia Republicii Populare Romîne, Studii și Cercetări de Chimie
Acad. sinica Mem. Res. Inst. Chem.	Academia Sinica, Memoirs of the National Research Institute of Chemistry
Acad. Timișoara Stud. Cerc. chim.	Academia Republicii Populare Romîne, Baza de Cercetări Științifice Timișoara, Studii i Cercetări Chimice
Acetylen	Acetylen in Wissenschaft und Industrie
A. ch.	Annales de Chimie
Acta Acad. Åbo	Acta Academiae Aboensis. Ser. B. Mathematica et Physica
Acta biol. med. german.	Acta Biologica et Medica Germanica
Acta bot. fenn.	Acta Botanica Fennica
Acta brevia neerl. Physiol.	Acta Brevia Neerlandica de Physiologia, Pharmacologia, Microbiologia E. A.
Acta chem. scand.	Acta Chemica Scandinavica
Acta chim. hung.	Acta Chimica Academiae Scientiarum Hungaricae
Acta chim. sinica	Acta Chimica Sinica [Hua Hsueh Hsueh Pao]
Acta chirurg. scand.	Acta Chirurgica Scandinavica
Acta chirurg. scand. Spl.	Acta Chirurgica Scandinavica Supplementum
Acta Comment. Univ. Tartu	Acta et Commentationes Universitatis Tartuensis (Dorpatensis)
Acta cryst.	Acta Crystallographica. London (ab Bd. 5 Kopenhagen)
Acta endocrin.	Acta Endocrinologica. Kopenhagen
Acta Fac. pharm. Univ. Comen.	Acta Facultatis Pharmaceuticae Universitatis Comenianae
Acta forest. fenn.	Acta Forestalia Fennica
Acta latviens. Chem.	Acta Universitatis Latviensis, Chemicorum Ordinis Series [Latvijas Universitates Raksti, Kimijas Fakultates Serija]. Riga
Acta med. Nagasaki	Acta Medica Nagasakiensia
Acta med. scand.	Acta Medica Scandinavica
Acta med. scand. Spl.	Acta Medica Scandinavica Supplementum
Acta path. microbiol. scand. Spl.	Acta Pathologica et Microbiologica Scandinavica, Supplementum
Acta pharmacol. toxicol.	Acta Pharmacologica et Toxicologica. Kopenhagen
Acta pharm. int.	Acta Pharmaceutica Internationalia. Kopenhagen
Acta pharm. jugosl.	Acta Pharmaceutica Jugoslavica
Acta pharm. sinica	Acta Pharmaceutica Sinica [Yao Hsueh Pao]

Kürzung	Titel
Acta phys. austriaca	Acta Physica Austriaca
Acta physicoch. U.R.S.S.	Acta Physicochimica U.R.S.S.
Acta physiol. Acad. hung.	Acta Physiologica Academiae Scientiarum Hungaricae
Acta physiol. scand.	Acta Physiologica Scandinavica
Acta physiol. scand. Spl.	Acta Physiologica Scandinavica Supplementum
Acta phys. polon.	Acta Physica Polonica
Acta phytoch. Tokyo	Acta Phytochimica. Tokyo
Acta Polon. pharm.	Acta Poloniae Pharmaceutica
Acta polytech. scand.	Acta Polytechnica Scandinavica
Acta salmantic.	Acta Salmanticensia Serie de Ciencias
Acta Sch. med. Univ. Kioto	Acta Scholae Medicinalis Universitatis Imperialis in Kioto
Acta Soc. Med. fenn. Duodecim	Acta Societatis Medicorum Fennicae „Duodecim"
Acta Soc. Med. upsal.	Acta Societatis Medicorum Upsaliensis
Acta Univ. Asiae mediae	s. Trudy sredneaziatskogo gosudarstvennogo Universiteta. Taschkent
Acta Univ. Lund	Acta Universitatis Lundensis
Acta Univ. Szeged	Acta Universitatis Szegediensis. Sectio Scientiarum Naturalium (1928—1939 Acta Chemica, Mineralogica et Physica; 1942—1950 Acta Chemica et Physica; ab 1955 Acta Physica et Chemica)
Acta vitaminol.	Acta Vitaminologica (ab **21** [1967]) et Enzymologica. Mailand
Actes Congr. Froid	Actes du Congrès International du Froid (Proceedings of the International Congress of Refrigeration)
Adv. Cancer Res.	Advances in Cancer Research. New York
Adv. Carbohydrate Chem.	Advances in Carbohydrate Chemistry. New York
Adv. Catalysis	Advances in Catalysis and Related Subjects. New York
Adv. Chemistry Ser.	Advances in Chemistry Series. Washington, D.C.
Adv. clin. Chem.	Advances in Clinical Chemistry. New York
Adv. Colloid Sci.	Advances in Colloid Science. New York
Adv. Enzymol.	Advances in Enzymology and Related Subjects of Biochemistry. New York
Adv. Food Res.	Advances in Food Research. New York
Adv. inorg. Chem. Radiochem.	Advances in Inorganic Chemistry and Radiochemistry. New York
Adv. Lipid Res.	Advances in Lipid Research. New York
Adv. Mass Spectr.	Advances in Mass Spectrometry. Oxford
Adv. org. Chem.	Advances in Organic Chemistry: Methods and Results. New York
Adv. Petr. Chem.	Advances in Petroleum Chemistry and Refining. New York
Adv. Protein Chem.	Advances in Protein Chemistry. New York
Aero Digest	Aero Digest. New York
Afinidad	Afinidad. Barcelona
Agra Univ. J. Res.	Agra University Journal of Research. Teil 1: Science
Agric. biol. Chem. Japan	Agricultural and Biological Chemistry. Tokyo
Agric. Chemicals	Agricultural Chemicals. Baltimore, Md.
Agricultura Louvain	Agricultura. Louvain
Akust. Z.	Akustische Zeitschrift. Leipzig
Alabama polytech. Inst. Eng. Bl.	Alabama Polytechnic Institute, Engeneering Bulletin
Allg. Öl Fett Ztg.	Allgemeine Öl- und Fett-Zeitung
Aluminium	Aluminium. Berlin
Am.	American Chemical Journal

Kürzung	Titel
Am. Doc. Inst.	American Documentation (Institute). Washington, D.C.
Am. Dyest. Rep.	American Dyestuff Reporter
Am. Fertilizer	American Fertilizer (ab **113** Nr. 6 [1950]) & Allied Chemicals
Am. Fruit Grower	American Fruit Grower
Am. Gas Assoc. Monthly	American Gas Association Monthly
Am. Gas Assoc. Pr.	American Gas Association, Proceedings of the Annual Convention
Am. Gas J.	American Gas Journal
Am. Heart J.	American Heart Journal
Am. Inst. min. met. Eng. tech. Publ.	American Institute of Mining and Metallurgical Engineers, Technical Publications
Am. J. Bot.	American Journal of Botany
Am. J. Cancer	American Journal of Cancer
Am. J. clin. Path.	American Journal of Clinical Pathology
Am. J. Hyg.	American Journal of Hygiene
Am. J. med. Sci.	American Journal of the Medical Sciences
Am. J. Obstet. Gynecol.	American Journal of Obstetrics and Gynecology
Am. J. Ophthalmol.	American Journal of Ophthalmology
Am. J. Path.	American Journal of Pathology
Am. J. Pharm.	American Journal of Pharmacy (ab **109** [1937]) and the Sciences Supporting Public Health
Am. J. Physiol.	American Journal of Physiology
Am. J. publ. Health	American Journal of Public Health (ab 1928) and the Nation's Health
Am. J. Roentgenol. Radium Therapy	American Journal of Roentgenology and Radium Therapy
Am. J. Sci.	American Journal of Science
Am. J. Syphilis	American Journal of Syphilis (ab **18** [1934]) and Neurology bzw. (ab **20** [1936]) Gonorrhoea and Venereal Diseases
Am. Mineralogist	American Mineralogist
Am. Paint J.	American Paint Journal
Am. Perfumer	American Perfumer and Essential Oil Review
Am. Petr. Inst.	s. A.P.I.
Am. Rev. Tuberculosis	American Review of Tuberculosis
Am. Soc.	Journal of the American Chemical Society
An. Acad. Farm.	Anales de la Real Academia de Farmacia. Madrid
Anais Acad. brasil. Cienc.	Anais da Academia Brasileira de Ciencias
Anais Assoc. brasil Quim.	Anais da Associação Química do Brasil
Anais Azevedos	Anais Azevedos. Lissabon
Anais Fac. Farm. Odont. Univ. São Paulo	Anais da Faculdade de Farmácia e Odontologia da Universidade de São Paulo
Anais Fac. Farm. Porto	Anais da Faculdade de Farmacia do Porto
Anais Fac. Farm. Univ. Recife	Anais de Faculdade de Farmácia da Universidade do Recife
Anal. Acad. România	Analele Academiei Republicii Socialiste România
Anal. Biochem.	Analytical Biochemistry. Baltimore, Md.
Anal. Chem.	Analytical Chemistry. Washington, D.C.
Anal. chim. Acta	Analytica Chimica Acta. Amsterdam
Anal. Min. România	Analele Minelor din România (Annales des Mines de Roumanie)
Anal. Univ. Bukarest	Analele Universităţii („C.I. Parhon") Bucuresti
Analyst	Analyst. London
An. Asoc. quim. arg.	Anales de la Asociación Química Argentina
An. Asoc. Quim. Farm. Uruguay	Anales de la Asociación de Química y Farmacia del Uruguay
An. Bromatol.	Anales de Bromatologia. Madrid

Kürzung	Titel
Anesthesiol.	Anesthesiology. Philadelphia, Pa.
An. Fac. Farm. Bioquím. Univ. San Marcos	Anales de la Facultad de Farmácia y Bioquímica, Universidad Nacional Mayor de San Marcos
An. Farm. Bioquim. Buenos Aires	Anales de Farmacia y Bioquímica. Buenos Aires
Ang. Ch.	Angewandte Chemie (Forts. von Z. ang. Ch. bzw. Chemie)
Ang. Ch. Monogr.	Angewandte Chemie, Monographien
Angew. makromol. Ch.	Angewandte Makromolekulare Chemie
Anilinokr. Promyšl.	Anilinokrasočnaja Promyšlennost
An. Inst. Farmacol. españ.	Anales del Instituto de Farmacologia Española
An. Inst. Invest. cient. Univ. Nuevo León	Anales del Instituto de Investigaciones Cientificas, Universidad de Nuevo León. Monterrey, Mexico
An. Inst. Invest. Univ. Santa Fé	Anales del Instituto de Investigaciones Científicas y Tecnológicas. Universidad Nacional del Litoral, Santa Fé, Argentinien
Ann. Acad. Sci. fenn.	Annales Academiae Scientiarum Fennicae
Ann. Acad. Sci. tech. Varsovie	Annales de l'Académie des Sciences Techniques à Varsovie
Ann. ACFAS	Annales de l'Association Canadienne-française pour l'Avancement des Sciences. Montreal
Ann. agron.	Annales Agronomiques; ab 1950 Annales de l'Institut National de la Recherche Agronomique Ser. A
Ann. appl. Biol.	Annals of Applied Biology. London
Ann. Biochem. exp. Med. India	Annals of Biochemistry and Experimental Medicine. India
Ann. Biol. clin.	Annales de Biologie clinique
Ann. Bot.	Annals of Botany. London
Ann. Chim. anal.	Annales de Chimie Analytique (ab **24** [1942]) Fortsetzung von:
Ann. Chim. anal. appl.	Annales de Chimie Analytique et de Chimie Appliquée
Ann. Chimica	Annali di Chimica (ab **40** [1950]) Fortsetzung von:
Ann. Chimica applic.	Annali di Chimica applicata
Ann. Chimica farm.	Annali di Chimica farmaceutica (1938—1940 Beilage zu Farmacista Italiano)
Ann. entomol. Soc. Am.	Annals of the Entomological Society of America
Ann. Fac. Sci. Marseille	Annales de la Faculté des Sciences de Marseille
Ann. Fac. Sci. Univ. Toulouse	Annales de la Faculté des Sciences de l'Université de Toulouse pour les Sciences Mathématiques et les Sciences Physiques
Ann. Falsificat.	Annales des Falsifications et des Fraudes
Ann. Fermentat.	Annales des Fermentations
Ann. Hyg. publ.	Annales d'Hygiène Publique, Industrielle et Sociale
Ann. Inst. Pasteur	Annales de l'Institut Pasteur
Ann. Ist. super. agrar. Portici	Annali del regio Istituto superiore agrario di Portici
Ann. Méd.	Annales de Médecine
Ann. Mines	Annales des Mines (von Bd. **132**—**135** [1943—1946]) et des Carburants
Ann. Mines Belg.	Annales des Mines de Belgique
Ann. N.Y. Acad. Sci.	Annals of the New York Academy of Sciences
Ann. Off. Combust. liq.	Annales de l'Office National des Combustibles Liquides
Ann. paediatrici	Annales paediatrici (Jahrbuch für Kinderheilkunde). Basel
Ann. pharm. franç.	Annales Pharmaceutiques Françaises
Ann. Physik	Annalen der Physik

Kürzung	Titel
Ann. Physiol. Physicoch. biol.	Annales de Physiologie et de Physicochimie Biologique
Ann. Physique	Annales de Physique
Ann. Priestley Lect.	Annual Priestley Lectures
Ann. Rep. Fac. Pharm. Kanazawa Univ.	Annual Report of the Faculty of Pharmacy, Kanazawa University [Kanazawa Daigaku Yakugakubu Kenkyu Nempo]
Ann. Rep. Fac. Pharm. Tokushima Univ.	Annual Report of the Faculty of Pharmacy Tokushima University [Tokushima Daigaku Yakugaku Kenkyu Nempo]
Ann. Rep. Hoshi Coll. Pharm.	Annul Report of the Hoshi College of Pharmacy [Hoshi Yakka Daigaku Kiyo]
Ann. Rep. ITSUU Labor.	Annual Report of ITSUU Laboratory. Tokyo [ITSUU Kenkyusho Nempo]
Ann. Rep. Kyoritsu Coll. Pharm.	Annual Report of the Kyoritsu College of Pharmacy [Kyoritsu Yakka Daigaku Kenkyu Nempo]
Ann. Rep. Low Temp. Res. Labor. Capetown	Union of South Africa, Department of Agriculture and Forestry, Annual Report of the Low Temperature Research Laboratory, Capetown
Ann. Rep. Progr. Chem.	Annual Reports on the Progress of Chemistry. London
Ann. Rep. Res. Inst. Tuberc. Kanazawa Univ.	Annual Report of the Research Institute of Tuberculosis, Kanazawa University [Kanazawa Daigaku Kekkaku Kenkyusho Nempo]
Ann. Rep. Shionogi Res. Labor.	Annual Report of Shionogi Research Laboratory [Shionogi Kenkyusho Nempo]
Ann. Rep. Takamine Labor.	Annual Report of Takamine Laboratory [Takamine Kenkyusho Nempo]
Ann. Rep. Takeda Res. Labor.	Annual Report of the Takeda Research Laboratories [Takeda Kenkyusho Nempo]
Ann. Rep. Tanabe pharm. Res.	Annual Report of Tanabe Pharmaceutical Research [Tanabe Seiyaku Kenkyu Nempo]
Ann. Rep. Tohoku Coll. Pharm.	Annual Report of Tohoku College of Pharmacy
Ann. Rev. Biochem.	Annual Review of Biochemistry. Stanford, Calif.
Ann. Rev. Microbiol.	Annual Review of Microbiology. Stanford, Calif.
Ann. Rev. phys. Chem.	Annual Review of Physical Chemistry. Palo Alto, Calif.
Ann. Rev. Plant Physiol.	Annual Review of Plant Physiology. Palo Alto, Calif.
Ann. Sci.	Annals of Science. London
Ann. scient. Univ. Jassy	Annales scientifiques de l'Université de Jassy. Sect. I. Mathématiques, Physique, Chimie. Rumänien
Ann. Soc. scient. Bruxelles	Annales de la Société Scientifique de Bruxelles
Ann. Sperim. agrar.	Annali della Sperimentazione agraria
Ann. Staz. chim. agrar. Torino	Annuario della regia Stazione chimica agraria in Torino
Ann. trop. Med. Parasitol.	Annals of Tropical Medicine and Parasitology. Liverpool
Ann. Univ. Åbo	Annales Universitatis (Fennicae) Aboensis. Ser. A. Physicomathematica, Biologica
Ann. Univ. Ferrara	Annali dell' Università di Ferrara
Ann. Univ. Lublin	Annales Universitatis Mariae Curie-Skłodowska, Lublin-Polonia [Roczniki Uniwersytetu Marii Curie-Skłodowskiej w Lublinie. Sectio AA. Fizyka i Chemia]
Ann. Univ. Pisa Fac. agrar.	Annali dell' Università di Pisa, Facoltà agraria
Ann. Zymol.	Annales de Zymologie. Gent
An. Química	Anales de Química
An. Soc. cient. arg.	Anales de la Sociedad Cientifica Argentina

Kürzung	Titel
An. Soc. españ.	Anales de la Real Sociedad Española de Física y Química; 1940—1947 Anales de Física y Química
Antibiotics Annual	Antibiotics Annual
Antibiotics Chemotherapy	Antibiotics and Chemoterapy
Antibiotiki	Antibiotiki. Moskau
Antigaz	Antigaz. Bukarest
An. Univ. catol. Valparaiso	Anales de la Universidad Católica do Valparaiso
Anz. Akad. Wien	Anzeiger der Akademie der Wissenschaften in Wien. Mathematisch-naturwissenschaftliche Klasse
A.P.	s. U.S.P.
Aparato respir. Tuberc.	Aparato Respiratorio y Tuberculosis
A.P.I. Res. Project	A.P.I. (American Petroleum Institute) Research Project
A.P.I. Toxicol. Rev.	A.P.I. (American Petroleum Institute) Toxicological Review
Apoth.-Ztg.	Apotheker-Zeitung
Appl. Microbiol.	Applied Microbiology. Baltimore
Appl. scient. Res.	Applied Scientific Research. den Haag
Appl. Spectr.	Applied Spectroscopy. New York
Ar.	Archiv der Pharmazie [und Berichte der Deutschen Pharmazeutischen Gesellschaft]
Arb. Archangelsk. Forsch. Inst. Algen	Arbeiten des Archangelsker wissenschaftlichen Forschungsinstituts für Algen
Arbeitsphysiol.	Arbeitsphysiologie
Arbeitsschutz	Arbeitsschutz
Arb. Inst. exp. Therap. Frankfurt/M.	Arbeiten aus dem Staatlichen Institut für Experimentelle Therapie und dem Forschungsinstitut für Chemotherapie zu Frankfurt/Main
Arb. kaiserl. Gesundheitsamt	Arbeiten aus dem Kaiserlichen Gesundheitsamt
Arb. med. Fak. Okayama	Arbeiten aus der medizinischen Fakultät Okayama
Arb. physiol. angew. Entomol.	Arbeiten über physiologische und angewandte Entomologie aus Berlin-Dahlem
Arch. Biochem.	Archives of Biochemistry (ab **31** [1951]) and Biophysics. New York
Arch. biol. hung.	Archiva Biologica Hungarica
Arch. biol. Nauk	Archiv Biologičeskich Nauk
Arch. Dermatol. Syphilis	Archiv für Dermatologie und Syphilis
Arch. Elektrotech.	Archiv für Elektrotechnik
Arch. exp. Zellf.	Archiv für experimentelle Zellforschung, besonders Gewebezüchtung
Arch. Farmacol. sperim.	Archivio di Farmacologia sperimentale e Scienze affini
Arch. Farm. Bioquim. Tucumán	Archivos de Farmacia y Bioquímica del Tucumán
Arch. Gewerbepath.	Archiv für Gewerbepathologie und Gewerbehygiene
Arch. Gynäkol.	Archiv für Gynäkologie
Arch. Hyg. Bakt.	Archiv für Hygiene und Bakteriologie
Arch. ind. Hyg.	Archives of Industrial Hygiene. Chicago, Ill.
Arch. internal Med.	Archives of Internal Medicine. Chicago, Ill.
Arch. int. Pharmacod.	Archives internationales de Pharmacodynamie et de Thérapie
Arch. int. Physiol.	Archives internationales de Physiologie
Arch. Ist. biochim. ital.	Archivio dell' Istituto Biochimico Italiano
Arch. ital. Biol.	Archives Italiennes de Biologie
Archiwum Chem. Farm.	Archiwum Chemji i Farmacji. Warschau
Archiwum mineral.	Archiwum Mineralogiczne. Warschau

Kürzung	Titel
Arch. Maladies profess.	Archives des Maladies professionnelles, de Médecine du Travail et de Sécurité sociale
Arch. Math. Naturvid.	Archiv for Mathematik og Naturvidenskab. Oslo
Arch. Mikrobiol.	Archiv für Mikrobiologie
Arch. Muséum Histoire natur.	Archives du Muséum national d'Histoire naturelle
Arch. néerl. Physiol.	Archives Néerlandaises de Physiologie de l'Homme et des Animaux
Arch. néerl. Sci. exactes nat.	Archives Néerlandaises des Sciences Exactes et Naturelles
Arch. Neurol. Psychiatry	Archives of Neurology and Psychiatry. Chicago, Ill.
Arch. Ophthalmol. Chicago	Archives of Ophthalmology. Chicago, Ill.
Arch. Path.	Archives of Pathology. Chicago, Ill.
Arch. Pflanzenbau	Archiv für Pflanzenbau (= Wissenschaftliches Archiv für Landwirtschaft, Abt. A)
Arch. Pharm. Chemi	Archiv for Pharmaci og Chemi. Kopenhagen
Arch. Phys. biol.	Archives de Physique biologique (ab **8** [1930]) et de Chimie-physique des Corps organisés
Arch. Sci.	Archives des Sciences. Genf
Arch. Sci. biol.	Archivio di Scienze biologiche
Arch. Sci. med.	Archivio per le Science mediche
Arch. Sci. physiol.	Archives des Sciences physiologiques
Arch. Sci. phys. nat.	Archives des Sciences physiques et naturelles. Genf
Arch. Soc. Biol. Montevideo	Archivos de la Sociedad de Biologia de Montevideo
Arch. Suikerind. Nederld. Nederl.-Indië	Archief voor de Suikerindustrie in Nederlanden en Nederlandsch-Indië
Arch. Wärmewirtsch.	Archiv für Wärmewirtschaft und Dampfkesselwesen
Arh. Hem. Farm.	Arhiv za Hemiju i Farmaciju. Zagreb; ab **12** [1938]:
Arh. Hem. Tehn.	Arhiv za Hemiju i Tehnologiju. Zagreb; ab **13** Nr. 3/6 [1939]:
Arh. Kemiju	Arhiv za Kemiju. Zagreb; ab **28** [1956] Croatica chemica Acta
Ark. Fysik	Arkiv för Fysik. Stockholm
Ark. Kemi	Arkiv för Kemi, Mineralogi och Geologi; ab 1949 Arkiv för Kemi
Ark. Mat. Astron. Fysik	Arkiv för Matematik, Astronomi och Fysik. Stockholm
Army Ordonance	Army Ordonance. Washington, D.C.
Ar. Pth.	Naunyn-Schmiedeberg's Archiv für experimentelle Pathologie und Pharmakologie
Arquivos Biol. São Paulo	Arquivos de Biologia. São Paulo
Arquivos Inst. biol. São Paulo	Arquivos do Instituto biologico. São Paulo
Arzneimittel-Forsch.	Arzneimittel-Forschung
ASTM Bl.	ASTM (American Society for Testing and Materials) Bulletin
ASTM Proc.	Amerian Society for Testing and Materials. Proceedings
Astrophys. J.	Astrophysical Journal. Chicago, Ill.
Ateneo parmense	Ateneo parmense. Parma
Atti Accad. Ferrara	Atti della Accademia delle Scienze di Ferrara
Atti Accad. Gioenia Catania	Atti dell' Accademia Gioenia di Scienze Naturali in Catania
Atti Accad. Palermo	Atti della Accademia di Scienze, Lettere ed Arti di Palermo, Parte 1
Atti Accad. peloritana	Atti della Reale Accademia Peloritana
Atti Accad. pugliese	Atti e Relazioni dell' Accademia Pugliese delle Scienze. Bari
Atti Accad. Torino	Atti della Reale Accademia delle Scienze di Torino. I: Classe di Scienze Fisiche, Matematiche e Naturali

Kürzung	Titel
Atti X. Congr. int. Chim. Rom 1938	Atti del X. Congresso Internationale di Chimica. Rom 1938
Atti Congr. naz. Chim. ind.	Atti del Congresso Nazionale di Chimica Industriale
Atti Congr. naz. Chim. pura appl.	Atti del Congresso Nazionale di Chimica Pura ed Applicata
Atti Ist. veneto	Atti del Reale Istituto Veneto di Scienze, Lettere ed Arti. II: Classe di Scienze Matematiche e Naturali
Atti Mem. Accad. Padova	Atti e Memorie della Reale Accademia di Scienze, Lettere ed Arti in Padova. Memorie della Classe di Scienze Fisico-matematiche
Atti Soc. ital. Progr. Sci.	Atti della Società Italiana per il Progresso delle Scienze
Atti Soc. ital. Sci. nat.	Atti della Società Italiana di Scienze Naturali
Atti Soc. Nat. Mat. Modena	Atti della Società dei Naturalisti e Matematici di Modena
Atti Soc. peloritana	Atti della Società Peloritana di Scienze Fisiche, Matematiche e Naturali
Atti Soc. toscana Sci. nat.	Atti della Società Toscana di Scienze Naturali
Australas. J. Pharm.	Australasian Journal of Pharmacy
Austral. chem. Inst. J. Pr.	Australian Chemical Institute Journal and Proceedings
Austral. J. appl. Sci.	Australian Journal of Applied Science
Austral. J. biol. Sci.	Australian Journal of Biological Science (Forts. von Austral. J. scient Res.)
Austral. J. Chem.	Australian Journal of Chemistry
Austral. J. exp. Biol. med. Sci.	Australian Journal of Experimental Biology and Medical Science
Austral. J. Sci.	Australian Journal of Science
Austral. J. scient. Res.	Australian Journal of Scientific Research
Austral. P.	Australisches Patent
Austral. veterin. J.	Australian Veterinary Journal
Autog. Metallbearb.	Autogene Metallbearbeitung
Avtog. Delo	Avtogennoe Delo (Autogene Industrie; Acetylene Welding)
Azerbajdžansk. chim. Ž.	Azerbajdžanskij Chimičeskij Žurnal
Azerbajdžansk. neft. Chozjajstvo	Azerbajdžanskoe Neftjanoe Chozjajstvo (Petroleum-Wirtschaft von Aserbaidshan)
B.	Berichte der Deutschen Chemischen Gesellschaft; ab **80** [1947] Chemische Berichte
Bacteriol. Rev.	Bacteriological Reviews. USA
Beitr. Biol. Pflanzen	Beiträge zur Biologie der Pflanzen
Beitr. Klin. Tuberkulose	Beiträge zur Klinik der Tuberkulose und spezifischen Tuberkulose-Forschung
Beitr. Physiol.	Beiträge zur Physiologie
Belg. P.	Belgisches Patent
Bell Labor. Rec.	Bell Laboratories Record. New York
Ber. Bunsenges.	Berichte der Bunsengesellschaft für Physikalische Chemie
Ber. Dtsch. Bot. Ges.	Berichte der Deutschen Botanischen Gesellschaft
Ber. Dtsch. pharm. Ges.	Berichte der Deutschen Pharmazeutischen Gesellschaft
Ber. Ges. Kohlentech.	Berichte der Gesellschaft für Kohlentechnik
Ber. ges. Physiol.	Berichte über die gesamte Physiologie (ab Bd. 3) und experimentelle Pharmakologie
Ber. Ohara-Inst.	Berichte des Ohara-Instituts für landwirtschaftliche Forschungen in Kurashiki, Provinz Okayama, Japan
Ber. Sächs. Akad.	Berichte über die Verhandlungen der Sächsischen Akademie der Wissenschaften zu Leipzig, Mathematisch-physische Klasse

Kürzung	Titel
Ber. Sächs. Ges. Wiss.	Berichte über die Verhandlungen der Sächsischen Gesellschaft der Wissenschaften zu Leipzig
Ber. Schimmel	Bericht der Schimmel & Co. A.G., Miltitz b. Leipzig, über Ätherische Öle, Riechstoffe usw.
Ber. Schweiz. bot. Ges.	Berichte der Schweizerischen Botanischen Gesellschaft (Bulletin de la Société botanique suisse)
Biochem. biophys. Res. Commun.	Biochemical and Biophysical Research Communications. New York
Biochemistry	Biochemistry. Washington, D.C.
Biochem. J.	Biochemical Journal. London
Biochem. Pharmacol.	Biochemical Pharmacology. Oxford
Biochem. Prepar.	Biochemical Preparations. New York
Biochim. biophys. Acta	Biochimica et Biophysica Acta. Amsterdam
Biochimija	Biochimija
Biochim. Terap. sperim.	Biochimica e Terapia sperimentale
Biodynamica	Biodynamica. St. Louis, Mo.
Biol. aktiv. Soedin.	Biologičeski Aktivnye Soedinenya
Biol. Bl.	Biological Bulletin. Lancaster, Pa.
Biol. Rev. Cambridge	Biological Reviews (bis **9** [1934]: and Biological Proceedings) of the Cambridge Philosophical Society
Biol. Symp.	Biological Symposia. Lancaster, Pa.
Biol. Zbl.	Biologisches Zentralblatt
BIOS Final Rep.	British Intelligence Objectives Subcommittee. Final Report
Bio. Z.	Biochemische Zeitschrift
Biul. wojsk. Akad. tech.	Biuletyn Wojskowej Akademii Technicznej im. Jaroslawa Dabrowskiego
Bjull. chim. farm. Inst.	Bjulleten Naučno-issledovatelskogo Chimiko-farmacevtičeskogo Instituta
Bjull. chim. Obšč. Mendeleev	Bjulleten Vsesojuznogo Chimičeskogo Obščestva im. Mendeleeva
Bjull. eksp. Biol. Med.	Bjulleten Eksperimentalnoj Biologii i Mediciny
Bl.	Bulletin de la Société Chimique de France
Bl. Acad. Belgique	Bulletin de la Classe des Sciences, Académie Royale de Belgique
Bl. Acad. Méd.	Bulletin de l'Académie de Médecine. Paris
Bl. Acad. Méd. Belgique	Bulletin de l'Académie royale de Médecine de Belgique
Bl. Acad. Méd. Roum.	Bulletin de l'Académie de Médecine de Roumanie
Bl. Acad. polon.	Bulletin International de l'Académie Polonaise des Sciences et des Lettres
Bl. Acad. Sci. Agra Oudh	Bulletin of the Academy of Sciences of the United Provinces of Agra and Oudh. Allahabad, Indien
Bl. Acad. Sci. U.S.S.R. Chem. Div.	Bulletin of the Academy of Sciences of the U.S.S.R., Division of Chemical Science. Englische Übersetzung von Izvestija Akademii Nauk S.S.S.R., Otdelenie Chimičeskich Nauk
Bl. agric. chem. Soc. Japan	Bulletin of the Agricultural Chemical Society of Japan
Bl. Am. Assoc. Petr. Geol.	Bulletin of the American Association of Petroleum Geologists
Bl. Am. phys. Soc.	Bulletin of the American Physical Society
Bl. Assoc. Chimistes	Bulletin de l'Association des Chimistes
Bl. Assoc. Chimistes Sucr. Dist.	Bulletin de l'Association des Chimistes de Sucrerie et de Distillerie de France et des Colonies
Blast Furnace Steel Plant	Blast Furnace and Steel Plant. Pittsburgh, Pa.
Bl. Bur. Mines	s. Bur. Mines Bl.
Bl. chem. Res. Inst. non-aqueous Solutions Tohoku Univ.	Bulletin of the Chemical Research Institute of Non-Aqueous Solutions, Tohoku University [Tohoku Daigaku Hisuiyoeki Kagaku Kenkyusho Hokoku]
Bl. chem. Soc. Japan	Bulletin of the Chemical Society of Japan

Kürzung	Titel
Bl. Coun. scient. ind. Res. Australia	Commonwealth of Australia. Council for Scientific and Industrial Research. Bulletin
Bl. entomol. Res.	Bulletin of Entomological Research. London
Bl. Fac. Agric. Kagoshima Univ.	Bulletin of the Faculty of Agriculture, Kagoshima University
Bl. Fac. Pharm. Cairo Univ.	Bulletin of the Faculty of Pharmacy, Cairo University
Bl. Forestry exp. Sta. Tokyo	Bulletin of the Imperial Forestry Experimental Station. Tokyo
Bl. imp. Inst.	Bulletin of the Imperial Institute. London
Bl. Inst. chem. Res. Kyoto Univ.	Bulletin of the Institute for Chemical Research, Kyoto University
Bl. Inst. Insect Control Kyoto	Scientific Pest Control [Bochu Kagaku] = Bulletin of the Institute of Insect Control. Kyoto University
Bl. Inst. marine Med. Gdansk	Bulletin of the Institute of Marine Medicine. Gdansk
Bl. Inst. nuclear Sci. B. Kidrich	Bulletin of the Institute of Nuclear Science „Boris Kidrich". Belgrad
Bl. Inst. phys. chem. Res. Abstr. Tokyo	Bulletin of the Institute of Physical and Chemical Research, Abstracts. Tokyo
Bl. Inst. phys. chem. Res. Tokyo	Bulletin of the Institute of Physical and Chemical Research. Tokyo [Rikagaku Kenkyusho Iho]
Bl. Inst. Pin	Bulletin de l'Institut de Pin
Bl. int. Acad. yougosl.	Bulletin International de l'Académie Yougoslave des Sciences et des Beaux Arts [Jugoslavenska Akademija Znanosti i Umjetnosti], Classe des Sciences mathématiques et naturelles
Bl. int. Inst. Refrig.	Bulletin of the International Institute of Refrigeration (Bulletin de l'Institut International du Froid). Paris
Bl. Japan. Soc. scient. Fish.	Bulletin of the Japanese Society of Scientific Fisheries [Nippon Suisan Gakkaishi]
Bl. Jardin bot. Buitenzorg	Bulletin du Jardin Botanique de Buitenzorg
Bl. Johns Hopkins Hosp.	Bulletin of the Johns Hopkins Hospital. Baltimore, Md.
Bl. Kobayashi Inst. phys. Res.	Bulletin of the Kobayashi Institute of Physical Research [Kobayashi Rigaku Kenkyusho Hokoku]
Bl. Mat. grasses Marseille	Bulletin des Matières grasses de l'Institut colonial de Marseille
Bl. mens. Soc. linné. Lyon	Bulletin mensuel de la Société Linnéenne de Lyon
Bl. Nagoya City Univ. pharm. School	Bulletin of the Nagoya City University Pharmaceutical School [Nagoya Shiritsu Daigaku Yakugakubu Kiyo]
Bl. Naniwa Univ.	Bulletin of the Naniwa University. Japan
Bl. Narcotics	Bulletin on Narcotics. New York
Bl. nation. Formul. Comm.	Bulletin of the National Formulary Committee. Washington, D. C.
Bl. nation. hyg. Labor. Tokyo	Bulletin of the National Hygienic Laboratory, Tokyo [Eisei Shikensho Hokoku]
Bl. nation. Inst. Sci. India	Bulletin of the National Institute of Sciences of India
Bl. Orto bot. Univ. Napoli	Bulletino dell'Orto botanico della Reale Università di Napoli
Bl. Patna Sci. Coll. phil. Soc.	Bulletin of the Patna Science College Philosophical Society. Indien
Bl. Res. Coun. Israel	Bulletin of the Research Council of Israel
Bl. scient. Univ. Kiev	Bulletin Scientifique de l'Université d'État de Kiev, Série Chimique
Bl. Sci. pharmacol.	Bulletin des Sciences pharmacologiques

Kürzung	Titel
Bl. Sect. scient. Acad. roum.	Bulletin de la Section Scientifique de l'Académie Roumaine
Bl. Soc. bot. France	Bulletin de la Société Botanique de France
Bl. Soc. chim. Belg.	Bulletin de la Société Chimique de Belgique; ab **1945** Bulletin des Sociétés Chimiques Belges
Bl. Soc. Chim. biol.	Bulletin de la Société de Chimie Biologique
Bl. Soc. Encour. Ind. nation.	Bulletin de la Société d'Encouragement pour l'Industrie Nationale
Bl. Soc. franç. Min.	Bulletin de la Société française de Minéralogie (ab **72** [1949]: et de Cristallographie)
Bl. Soc. franç. Phot.	Bulletin de la Société française de Photographie (ab **16** [1929]: et de Cinématographie)
Bl. Soc. fribourg. Sci. nat.	Bulletin de la Societe Fribourgeoise de Sciences Naturelles
Bl. Soc. ind. Mulh.	Bulletin de la Société Industrielle de Mulhouse
Bl. Soc. neuchatel. Sci. nat.	Bulletin de la Société Neuchateloise des Sciences naturelles
Bl. Soc. Path. exot.	Bulletin de la Société de Pathologie exotique
Bl. Soc. Pharm. Bordeaux	Bulletin de la Société de Pharmacie de Bordeaux (ab **89** [1951] Fortsetzung von Bulletin des Travaux de la Société de Pharmacie de Bordeaux)
Bl. Soc. Pharm. Lille	Bulletin de la Société de Pharmacie de Lille
Bl. Soc. roum. Phys.	Bulletin de la Société Roumaine de Physique
Bl. Soc. scient. Bretagne	Bulletin de la Société Scientifique de Bretagne. Sciences Mathématiques, Physiques et Naturelles
Bl. Soc. Sci. Liège	Bulletin de la Société Royale des Sciences de Liège
Bl. Soc. vaud. Sci. nat.	Bulletin de la Société Vaudoise des Sciences naturelles
Bl. Tokyo Inst. Technol.	Bulletin of the Tokyo Institute of Technology [Tokyo Kogyo Daigaku Gakuho]
Bl. Tokyo Univ. Eng.	Bulletin of the Tokyo University of Engineering [Tokyo Kogyo Daigaku Gakuho]
Bl. Trav. Soc. Pharm. Bordeaux	Bulletin des Travaux de la Société de Pharmacie de Bordeaux
Bl. Univ. Asie centrale	Bulletin de l'Université d'Etat de l'Asie centrale. Taschkent [Bjulleten Sredneaziatskogo Gosudarstvennogo Universiteta]
Bl. Univ. Osaka Prefect.	Bulletin of the University of Osaka Prefecture
Bl. Wagner Free Inst.	Bulletin of the Wagner Free Institute of Science. Philadelphia, Pa.
Bl. Yamagata Univ.	Bulletin of the Yamagata University, Engineering bzw. Natural Science [Yamagata Daigaku Kiyo, Nogaku bzw. Shizen Kagaku]
Bodenk. Pflanzenernähr.	Bodenkunde und Pflanzenernährung
Bol. Acad. Cienc. exact. fis. nat. Madrid	Boletin de la Academia de Ciencias Exactas, Fisicas y Naturales Madrid
Bol. Acad. Córdoba Arg.	Boletin de la Academia Nacional de Ciencias Córdoba. Argentinien
Bol. Col. Quim. Puerto Rico	Boletin de Colegio de Químicos de Puerto Rico
Bol. Inform. petr.	Boletín de Informaciones petroleras. Buenos Aires
Bol. Inst. Med. exp. Cáncer	Boletin del Instituto de Medicina experimental para el Estudio y Tratamiento del Cáncer. Buenos Aires
Bol. Inst. Quim. Univ. Mexico	Boletin del Instituto de Química de la Universidad Nacional Autónoma de México
Boll. Accad. Gioenia Catania	Bollettino delle Sedute dell' Accademia Gioenia di Scienze Naturali in Catania

Kürzung	Titel
Boll. chim. farm.	Bollettino chimico farmaceutico
Boll. Ist. sieroterap. milanese	Bollettino dell'Istituto Sieroterapico Milanese
Boll. scient. Fac. Chim. ind. Univ. Bologna	Bollettino Scientifico della Facoltà di Chimica Industriale dell'Università di Bologna
Boll. Sez. ital. Soc. int. Microbiol.	Bolletino della Sezione Italiana della Società Internazionale di Microbiologia
Boll. Soc. eustach. Camerino	Bollettino della Società Eustachiana degli Istituti Scientifici dell'Università di Camerino
Boll. Soc. ital. Biol.	Bollettino della Società Italiana di Biologia sperimentale
Boll. Soc. Nat. Napoli	Bollettino della Societá dei Naturalisti in Napoli
Boll. Zool. agrar. Bachicoltura	Bollettino di Zoologia agraria e Bachicoltura, Università degli Studi di Milano
Bol. Minist. Agric. Brazil	Boletim do Ministério da Agricultura, Brazil
Bol. Minist. Sanidad Asist. soc.	Boletin del Ministerio de Sanidad y Asistencia Social Venezuela
Bol. ofic. Asoc. Quim. Puerto Rico	Boletin oficial de la Asociación de Químicos de Puerto Rico
Bol. Soc. Biol. Santiago Chile	Boletin de la Sociedad de Biologia de Santiago de Chile
Bol. Soc. chilena Quim.	Boletin de la Sociedad Chilena de Química
Bol. Soc. quim. Peru	Boletin de la Sociedad química del Peru
Bot. Arch.	Botanisches Archiv
Bot. Gaz.	Botanical Gazette. Chicago, Ill.
Bot. Mag. Japan	Botanical Magazine. Tokyo [Shokubutsugaku Zasshi]
Bot. Rev.	Botanical Review. Lancaster, Pa.
Bot. Ž.	Botaničeskij Žurnal. Leningrad
Bräuer-D'Ans	Fortschritte in der Anorganisch-chemischen Industrie. Herausg. von *A. Bräuer* u. *J. D'Ans*
Bratislavské Lekarské Listy	Bratislavské Lekarské Listy
Braunkohlenarch.	Braunkohlenarchiv. Halle/Saale
Brennerei-Ztg.	Brennerei-Zeitung
Brennstoffch.	Brennstoff-Chemie
Brit. Abstr.	British Abstracts
Brit. ind. Finish.	British Industrial Finishing
Brit. J. exp. Path.	British Journal of Experimental Pathology
Brit. J. ind. Med.	British Journal of Industrial Medicine
Brit. J. Nutrit.	British Journal of Nutrition
Brit. J. Pharmacol. Chemotherapy	British Journal of Pharmacology and Chemotherapy
Brit. J. Phot.	British Journal of Photography
Brit. med. Bl.	British Medical Bulletin
Brit. med. J.	British Medical Journal
Brit. P.	Britisches Patent
Brit. Plastics	British Plastics
Brown Boveri Rev.	Brown Boveri Review. Bern
Bulet.	Buletinul de Chimie Pură si Aplicată al Societăţii Române de Chimie
Bulet. Cernăuţi	Buletinul Facultăţii de Ştiinţe din Cernăuţi
Bulet. Cluj	Buletinul Societăţii de Ştiinţe din Cluj
Bulet. Inst. Cerc. tehnol.	Buletinul Institutului Naţional de Cercetări Tehnologice
Bulet. Inst. politehn. Iaşi	Buletinul Institutului Politehnic din Iaşi
Bulet. Soc. Chim. România	Buletinul Societăţii de Chimie din România. A. Memoires

Kürzung	Titel
Bulet. Soc. Şti. farm. România	Buletinul Societăţii de Ştiinţe farmaceutice din România
Bulet. ştiinţ. tehn. Inst. politehn. Timişoara	Buletinual Ştiinţific şi Tehnic al Institutului Politehnic Timişoara
Bulet. Univ. Babeş-Bolyai	Buletinul Universitatilor „V. Babeş" şi „Bolyai", Cluj. Serie Ştiinţele Naturii
Bur. Mines Bl.	U. S. Bureau of Mines. Bulletin. Washington, D. C.
Bur. Mines Inform. Circ.	U. S. Bureau of Mines. Information Circular
Bur. Mines Rep. Invest.	U. S. Bureau of Mines. Report of Investigations
Bur. Mines tech. Pap.	U. S. Bureau of Mines, Technical Papers
Bur. Stand. Circ.	U.S. National Bureau of Standards Circular. Washington, D.C.
C.	Chemisches Zentralblatt
C. A.	Chemical Abstracts
Cahier Phys.	Cahiers de Physique
Calif. agric. Exp. Sta. Bl.	California Agricultural Experiment Station Bulletin
Calif. Citrograph	The California Citrograph
Calif. Inst. Technol. tech. Rep.	California Institute of Technology, Technical Report
Calif. Oil Wd.	California Oil World
Canad. Chem. Met.	Canadian Chemistry and Metallurgy (ab **22** [1938]):
Canad. Chem. Process Ind.	Canadian Chemistry and Process Industries
Canad. J. Biochem. Physiol.	Canadian Journal of Biochemistry and Physiology
Canad. J. Chem.	Canadian Journal of Chemistry
Canad. J. med. Technol.	Canadian Journal of Medical Technology
Canad. J. Microbiol.	Canadian Journal of Microbiology
Canad. J. Physics	Canadian Journal of Physics
Canad. J. publ. Health	Canadian Journal of Public Health
Canad. J. Res.	Canadian Journal of Research
Canad. J. Technol.	Canadian Journal of Technology
Canad. med. Assoc. J.	Canadian Medical Association Journal
Canad. P.	Canadisches Patent
Canad. Textile J.	Canadian Textile Journal
Cancer Res.	Cancer Research. Chicago, Ill.
Caoutch. Guttap.	Caoutchouc et la Gutta-Percha
Carbohydrate Res.	Carbohydrate Research. Amsterdam
Caryologia	Caryologia. Giornale di Citologia, Citosistematica e Citogenetica. Florenz
Č. čsl. Lékárn.	Časopis Československého (ab XIX [1939] Českého) Lékárnictva (Zeitschrift des tschechoslowakischen Apothekenwesens)
Cellulosech.	Cellulosechemie
Cellulose Ind. Tokyo	Cellulose Industry. Tokyo [Sen-i-so Kogyo]
Cereal Chem.	Cereal Chemistry. St. Paul, Minn.
Chaleur Ind.	Chaleur et Industrie
Chalmers Handl.	Chalmers Tekniska Högskolas Handlingar. Göteborg
Ch. Apparatur	Chemische Apparatur
Chem. Age India	Chemical Age of India
Chem. Age London	Chemical Age. London
Chem. and Ind.	Chemistry and Industry. London
Chem. Canada	Chemistry in Canada
Chem. Commun.	Chemical Communications. London
Chem. Courant	Chemische Courant voor Nederland en Kolonien. Doesberg

Kürzung	Titel
Chem. Eng.	Chemical Engineering. New York
Chem. Eng. Japan	Chemical Engineering Tokyo [Kagaku Kogaku]
Chem. eng. mining Rev.	Chemical Engineering and Mining Review. Melbourne
Chem. eng. News	Chemical and Engineering News. Washington, D.C.
Chem. eng. Progr.	Chemical Engineering Progress. New York
Chem. eng. Progr. Symp. Ser.	Chemical Engineering Progress Symposium Series
Chem. eng. Sci.	Chemical Engineering Science. Oxford
Chem. High Polymers Japan	Chemistry of High Polymers. Tokyo [Kobunshi Kagaku]
Chemia	Chemia. Revista de Centro Estudiantes universitarios de Química Buenos Aires
Chemie	Chemie
Chem. Industries	Chemical Industries. New York
Chemist-Analyst	Chemist-Analyst. Phillipsburg, N. J.
Chemist Druggist	Chemist and Druggist. London
Chemistry Taipei	Chemistry. Taipei [Hua Hsueh]
Chem. Letters	Chemistry Letters. Tokyo
Chem. Listy	Chemické Listy pro Vědu a Průmysl (Chemische Blätter für Wissenschaft und Industrie). Prag
Chem. met. Eng.	Chemical and Metallurgical Engineering. New York
Chem. News	Chemical News and Journal of Industrial Science. London
Chem. Obzor	Chemický Obzor (Chemische Rundschau). Prag
Chem. Penicillin 1949	The Chemistry of Penicillin. Herausg. von *H. T. Clarke, J. R. Johnson, R. Robinson.* Princeton, N. J. 1949
Chem. pharm. Bl.	Chemical and Pharmaceutical Bulletin. Tokyo
Chem. Physics Lipids	Chemistry and Physics of Lipids. Amsterdam
Chem. Products	Chemical Products and the Chemical News. London
Chem. Reviews	Chemical Reviews. Washington, D.C.
Chem. Soc. spec. Publ.	Chemical Society, Special Publication
Chem. Soc. Symp. Bristol 1958	Chemical Society Symposia Bristol 1958
Chem. Tech.	Chemische Technik. Leipzig
Chem. tech. Rdsch.	Chemisch-Technische Rundschau. Berlin
Chem. Trade J.	Chemical Trade Journal and Chemical Engineer. London
Chem. Weekb.	Chemisch Weekblad
Chem. Zvesti	Chemické Zvesti (Chemische Nachrichten). Pressburg
Ch. Fab.	Chemische Fabrik
Chim. anal.	Chimie analytique. Paris
Chim. et Ind.	Chimie et Industrie
Chim. farm. Promyšl.	Chimiko-farmacevtičeskaja Promyšlennost
Chimia	Chimia. Zürich
Chimica	Chimica. Mailand
Chimica e Ind.	Chimica e l'Industria. Mailand
Chimica Ind. Agric. Biol.	Chimica nell'Industria, nell'Agricoltura, nella Biologia e nelle Realizzazioni Corporative
Chimica therap.	Chimica Therapeutica. Paris
Chimija chim. Technol.	Izvestija vysšich učebnych Zavedenij (IVUZ) (Nachrichten von Hochschulen und Lehranstalten); Chimija i chimičeskaja Technologija
Chimija geterocikl. Soedin.	Chimija Geterocikličeskich Soedinenij; englische Ausgabe: Chemistry of Heterocyclic Compounds U.S.S.R.
Chimija prirodn. Soedin.	Chimija Prirodnych Soedinenij; englische Ausgabe: Chemistry of Natural Compounds
Chimija tverd. Topl.	Chimija Tverdogo Topliva (Chemie der festen Brennstoffe)
Chimika Chronika	Chimika bzw. Chemika Chronika. Athen

Kürzung	Titel
Chimis. socialist. Seml.	Chimisacija Socialističeskogo Semledelija (Chemisation of Socialistic Agriculture)
Chim. Mašinostr.	Chimičeskoe Mašinostroenie
Chim. Nauka Promyšl.	Chimičeskaja Nauka i Promyšlennost
Chim. Promyšl.	Chimičeskaja Promyšlennost (Chemische Industrie)
Chimstroi	Chimstroi (Journal for Projecting and Construction of the Chemical Industry in U.S.S.R.)
Ch. Ing. Tech.	Chemie-Ingenieur-Technik
Chin. J. Physics	Chinese Journal of Physics
Chin. J. Physiol.	Chinese Journal of Physiology [Chung Kuo Sheng Li Hsueh Tsa Chih]
Chromatogr. Rev.	Chromatographic Reviews
Ch. Tech.	Chemische Technik (Fortsetzung von Chemische Fabrik)
Ch. Umschau Fette	Chemische Umschau auf dem Gebiet der Fette, Öle, Wachse und Harze
Ch. Z.	Chemiker-Zeitung
Ciencia	Ciencia. Mexico City
Ciencia e Invest.	Ciencia e Investigación. Buenos Aires
CIOS Rep.	Combined Intelligence Objectives Subcommittee Report
Citrus Leaves	Citrus Leaves. Los Angeles, Calif.
Č. Lékářu českých	Časopis Lékářu Českých (Zeitschrift der tschechischen Ärzte)
Clin. Med.	Clinical Medicine (von **34** [1927] bis **47** Nr. 8 [1940]) and Surgery. Wilmette, Ill.
Clin. veterin.	Clinica Veterinaria e Rassegna di Polizia Sanitaria i Igiene
Coal Tar Tokyo	Coal Tar Tokyo [Koru Taru]
Coke and Gas	Coke and Gas. London
Cold Spring Harbor Symp. quant. Biol.	Cold Spring Harbor Symposia on Quantitative Biology
Collect.	Collection des Travaux Chimiques de Tchécoslovaquie; ab **16/17** [1951/52]: Collection of Czechoslovak Chemical Communications
Collegium	Collegium (Zeitschrift des Internationalen Vereins der Leder-Industrie-Chemiker). Darmstadt
Colliery Guardian	Colliery Guardian. London
Colloid Symp. Monogr.	Colloid Symposium Monograph
Coll. int. Centre nation. Rech. scient.	Colloques Internationaux du Centre National de la Recherche Scientifique
Combustibles	Combustibles. Saragossa
Comment. biol. Helsingfors	Societas Scientiarum Fennica. Commentationes Biologicae. Helsingfors
Comment. phys. math. Helsingfors	Societas Scientiarum Fennica. Commentationes Physico-mathematicae. Helsingfors
Commun. Kamerlingh-Onnes Lab. Leiden	Communications from the Kamerlingh-Onnes Laboratory of the University of Leiden
Congr. int. Ind. Ferment. Gent 1947	Congres International des Industries de Fermentation, Conferences et Communications, Gent 1947
IX. Congr. int. Quim. Madrid 1934	IX. Congreso Internacional de Química Pura y Aplicada. Madrid 1934
II. Congr. mondial Pétr. Paris 1937	II. Congrès Mondial du Pétrole. Paris 1937
Contrib. biol. Labor. Sci. Soc. China Zool. Ser.	Contributions from the Biological Laboratories of the Science Society of China. Zoological Series
Contrib. Boyce Thompson Inst.	Contributions from Boyce Thompson Institute. Yonkers, N.Y.
Contrib. Inst. Chem. Acad. Peiping	Contributions from the Institute of Chemistry, National Academy of Peiping

Kürzung	Titel
Corrosion Anticorrosion	Corrosion et Anticorrosion
C. r.	Comptes Rendus Hebdomadaires des Séances de l'Académie des Sciences
C. r. Acad. Agric. France	Comptes Rendus Hebdomadaires des Séances de l'Académie d'Agriculture de France
C. r. Acad. Roum.	Comptes rendus des Séances de l'Académie des Sciences de Roumanie
C. r. 66. Congr. Ind. Gaz Lyon 1949	Compte Rendu du 66me Congrès de l'Industrie du Gaz, Lyon 1949
C. r. V. Congr. int. Ind. agric. Scheveningen 1937	Comptes Rendus du V. Congrès international des Industries agricoles, Scheveningen 1937
C. r. Doklady	Comptes Rendus (Doklady) de l'Académie des Sciences de l'U.R.S.S.
Croat. chem. Acta	Croatica Chemica Acta
C. r. Soc. Biol.	Comptes Rendus des Séances de la Société de Biologie et de ses Filiales
C. r. Soc. Phys. Genève	Compte Rendu des Séances de la Société de Physique et d'Histoire naturelle de Genève
C. r. Trav. Carlsberg	Comptes Rendus des Travaux du Laboratoire Carlsberg, Kopenhagen
C. r. Trav. Fac. Sci. Marseille	Comptes Rendus des Travaux de la Faculté des Sciences de Marseille
Čsl. Farm.	Československa Farmacie
Čsl. Microbiol.	Československa Microbiologie
Cuir tech.	Cuir Technique
Curierul farm.	Curierul Farmaceutic. Bukarest
Curr. Res. Anesth. Analg.	Current Researches in Anesthesia and Analgesia. Cleveland, Ohio
Curr. Sci.	Current Science. Bangalore
Cvetnye Metally	Cvetnye Metally (Nichteisenmetalle)
Dän. P.	Dänisches Patent
Danske Vid. Selsk. Biol. Skr.	Kongelige Danske Videnskabernes Selskab. Biologiske Skrifter
Danske Vid. Selsk. Math. fys. Medd.	Kongelige Danske Videnskabernes Selskab. Mathematisk-Fysiske Meddelelser
Danske Vid. Selsk. Mat. fys. Skr.	Kongelige Danske Videnskabernes Selskab. Matematisk-fysiske Skrifter
Danske Vid. Selsk. Skr.	Kongelige Danske Videnskabernes Selskabs Skrifter, Naturvidenskabelig og Mathematisk Afdeling
Dansk Tidsskr. Farm.	Dansk Tidsskrift for Farmaci
D. A. S.	Deutsche Auslegeschrift
D. B. P.	Deutsches Bundespatent
Dental Cosmos	Dental Cosmos. Chicago, Ill.
Destrukt. Gidr. Topl.	Destruktivnaja Gidrogenizacija Topliv
Discuss. Faraday Soc.	Discussions of the Faraday Society
Diss. Abstr.	Dissertation Abstracts (Microfilm Abstracts). Ann Arbor, Mich.
Diss. pharm.	Dissertationes Pharmaceuticae. Warschau
Diss. pharm. pharmacol.	Dissertationes Pharmaceuticae et Pharmacologicae. Warschau
Doklady Akad. Armjansk. S.S.R.	Doklady Akademii Nauk Armjanskoj S.S.R.
Doklady Akad. Belorussk. S.S.R.	Doklady Akademii Nauk Belorusskoj S.S.R.

Kürzung	Titel
Doklady Akad. S.S.S.R.	Doklady Akademii Nauk S.S.S.R. (Comptes Rendus de l'Académie des Sciences de l'Union des Républiques Soviétiques Socialistes)
Doklady Akad. Tadžiksk. S.S.R.	Doklady Akademii Nauk Tadžikskoj S.S.R.
Doklady Akad. Uzbeksk. S.S.R.	Doklady Akademii Nauk Uzbekskoj S.S.R.
Doklady Bolgarsk. Akad.	Doklady Bolgarskoj Akademii Nauk (Comptes Rendus de l'Académie bulgare des Sciences)
Doklady Chem. N.Y.	Doklady Chemistry New York ab **148** [1963]. Englische Ausgabe von Doklady Akademii Nauk U.S.S.R.
Dragoco Ber.	Dragoco Berichte; ab **9** [1962]:
Dragoco Rep.	Dragoco Report. Holzminden
D.R.B.P. Org. Chem. 1950—1951	Deutsche Reichs- und Bundespatente aus dem Gebiet der Organischen Chemie 1950—1951
D.R.P.	Deutsches Reichspatent
D.R.P. Org. Chem.	Deutsche Reichspatente aus dem Gebiete der Organischen Chemie 1939—1945. Herausg. von Farbenfabriken Bayer, Leverkusen
Drug cosmet. Ind.	Drug and Cosmetic Industry. New York
Drugs Oils Paints	Drugs, Oils & Paints. Philadelphia, Pa.
Drug. Stand.	Drug Standards. Washington, D. C.
Dtsch. Apoth.-Ztg.	Deutsche Apotheker-Zeitung
Dtsch. Arch. klin. Med.	Deutsches Archiv für klinische Medizin
Dtsch. Ch. Ztschr.	Deutsche Chemiker-Zeitschrift
Dtsch. Essigind.	Deutsche Essigindustrie
Dtsch. Färber-Ztg.	Deutsche Färber-Zeitung
Dtsch. Lebensm.-Rdsch.	Deutsche Lebensmittel-Rundschau
Dtsch. med. Wschr.	Deutsche medizinische Wochenschrift
Dtsch. Molkerei-Ztg.	Deutsche Molkerei-Zeitung
Dtsch. Parf.-Ztg.	Deutsche Parfümerie-Zeitung
Dtsch. Z. ges. ger. Med.	Deutsche Zeitschrift für die gesamte gerichtliche Medizin
Dyer Calico Printer	Dyer and Calico Printer, Bleacher, Finisher and Textile Review; ab **71** Nr. 8 [1934]:
Dyer Textile Printer	Dyer, Textile Printer, Bleacher and Finisher. London
East Malling Res. Station ann. Rep.	East Malling Research Station, Annual Report. Kent
Econ. Bot.	Economic Botany. New York
Edinburgh med. J.	Edinburgh Medical Journal
Egypt. J. Chem.	Egyptian Journal of Chemistry
Egypt. pharm. Bl.	Egyptian Pharmaceutical Bulletin
Electroch. Acta	Electrochimica Acta. Oxford
Electrotech. J. Tokyo	Electrotechnical Journal. Tokyo
Electrotechnics	Electrotechnics. Bangalore
Elektr. Nachr.-Tech.	Elektrische Nachrichten-Technik
Elelm. Ipar	Élelmezési Ipar (Nahrungsmittelindustrie). Budapest
Empire J. exp. Agric.	Empire Journal of Experimental Agriculture. London
Endeavour	Endeavour. London
Endocrinology	Endocrinology. Boston bzw. Springfield, Ill.
Energia term.	Energia Termica. Mailand
Énergie	Énergie. Paris
Eng.	Engineering. London
Eng. Mining J.	Engineering and Mining Journal. New York
Enzymol.	Enzymologia. Holland
E. P.	s. Brit. P.

Kürzung	Titel
Erdöl Kohle	Erdöl und Kohle
Erdöl Teer	Erdöl und Teer
Ergebn. Biol.	Ergebnisse der Biologie
Ergebn. Enzymf.	Ergebnisse der Enzymforschung
Ergebn. exakt. Naturwiss.	Ergebnisse der Exakten Naturwissenschaften
Ergebn. Physiol.	Ergebnisse der Physiologie
Ernährung	Ernährung. Leipzig
Ernährungsf.	Ernährungsforschung. Berlin
Essence Deriv. agrum.	Essence e Derivati Agrumari
Experientia	Experientia. Basel
Exp. Med. Surgery	Experimental Medicine and Surgery. New York
Exposés ann. Biochim. méd.	Exposés annuels de Biochimie médicale
Ežegodnik Saratovsk. Univ.	Ežegodnik Saratovskogo Universiteta
Fachl. Mitt. Öst. Tabakregie	Fachliche Mitteilungen der Österreichischen Tabakregie
Farbe Lack	Farbe und Lack
Farben Lacke Anstrichst.	Farben, Lacke, Anstrichstoffe
Farben-Ztg.	Farben-Zeitung
Farmacia nueva	Farmacia nueva Madrid
Farmacija Moskau	Farmacija. Moskau
Farmacija Sofia	Farmacija. Sofia
Farmaco	Il Farmaco Scienza e Tecnica. Pavia
Farmacognosia	Farmacognosia. Madrid
Farmacoterap. actual	Farmacoterapia actual. Madrid
Farmakol. Toksikol.	Farmakologija i Toksikologija
Farmacia chilena	Farmacia Chilena
Farmacija Farmakol.	Farmacija i Farmakologija
Farm. Glasnik	Farmaceutski Glasnik. Zagreb
Farm. ital.	Farmacista italiano
Farm. Notisblad	Farmaceutiskt Notisblad. Helsingfors
Farm. Revy	Farmacevtisk Revy. Stockholm
Farm. Ž.	Farmacevtičnij Žurnal
Faserforsch. Textiltech.	Faserforschung und Textiltechnik. Berlin
Federal Register	Federal Register. Washington, D. C.
Federation Proc.	Federation Proceedings. Washington, D.C.
Fermentf.	Fermentforschung
Fettch. Umschau	Fettchemische Umschau (ab **43** [1936]):
Fette Seifen	Fette und Seifen (ab **55** [1953]: Fette, Seifen, Anstrichmittel)
Feuerungstech.	Feuerungstechnik
FIAT Final Rep.	Field Information Agency, Technical, United States Group Control Council for Germany. Final Report
Finnish Paper Timber J.	Finnish Paper and Timber Journal
Finska Kemistsamf. Medd.	Finska Kemistsamfundets Meddelanden [Suomen Kemistiseuran Tiedonantoja]
Fischwirtsch.	Fischwirtschaft
Fish. Res. Board Canada Progr. Rep. Pacific Sta.	Fisheries Research Board of Canada, Progress Reports of the Pacific Coast Stations
Fisiol. Med.	Fisiologia e Medicina. Rom
Fiziol. Ž.	Fiziologičeskij Žurnal S.S.S.R.
Fiz. Sbornik Lvovsk. Univ.	Fizičeskij Sbornik, Lvovskij Gosudarstvennyj Universitet imeni I. Franko
Flora	Flora oder Allgemeine Botanische Zeitung
Folia pharmacol. japon.	Folia pharmacologica japonica

Kürzung	Titel
Food	Food. London
Food Manuf.	Food Manufacture. London
Food Res.	Food Research. Champaign, Ill.
Food Technol.	Food Technology. Champaign, Ill.
Foreign Petr. Technol.	Foreign Petroleum Technology
Forest Res. Inst. Dehra-Dun Bl.	Forest Research Institute Dehra-Dun Indian Forest Bulletin
Forest Sci.	Forest Science. Washington, D.C.
Forschg. Fortschr.	Forschungen und Fortschritte
Forschg. Ingenieurw.	Forschung auf dem Gebiete des Ingenieurwesens
Forschungsd.	Forschungsdienst. Zentralorgan der Landwirtschaftswissenschaft
Formosan Sci.	Formosan Science [Tai-Wan Ko Hsueh]
Fortschr. chem. Forsch.	Fortschritte der Chemischen Forschung
Fortschr. Ch. org. Naturst.	Fortschritte der Chemie Organischer Naturstoffe
Fortschr. Hochpolymeren-Forsch.	Fortschritte der Hochpolymeren-Forschung. Berlin
Fortschr. Min.	Fortschritte der Mineralogie. Stuttgart
Fortschr. Röntgenstr.	Fortschritte auf dem Gebiete der Röntgenstrahlen
Fortschr. Therap.	Fortschritte der Therapie
F. P.	Französisches Patent
Fr.	s. Z. anal. Chem.
France Parf.	La France et ses Parfums
Frdl.	Fortschritte der Teerfarbenfabrikation und verwandter Industriezweige. Begonnen von *P. Friedländer*, fortgeführt von *H. E. Fierz-David*
Fruit Prod. J.	Fruit Products Journal and American Vinegar Industry (ab **23** [1943]) and American Food Manufacturer
Fruits	Fruits. Paris
Fuel	Fuel in Science and Practice. London
Fuel Economist	Fuel Economist. London
Fukuoka Acta med.	Fukuoka Acta Medica [Fukuoka Igaku Zasshi]
Furman Stud. Bl.	Furman Studies, Bulletin of Furman University
Fysiograf. Sällsk. Lund Förh.	Kungliga Fysiografiska Sällskapets i Lund Förhandlingar
Fysiograf. Sällsk. Lund Handl.	Kungliga Fysiografiska Sällskapets i Lund Handlingar
G.	Gazzetta Chimica Italiana
Garcia de Orta	Garcia de Orta. Review of the Overseas Research Council. Lissabon
Gas Age Rec.	Gas Age Record (ab **80** [1937]: Gas Age). New York
Gas J.	Gas Journal. London
Gas Los Angeles	Gas. Los Angeles, Calif.
Gasschutz Luftschutz	Gasschutz und Luftschutz
Gas-Wasserfach	Gas- und Wasserfach
Gas Wd.	Gas World. London
Gidroliz. lesochim. Promyšl.	Gidroliznaja i Lesochimičeskaja Promyšlennost (Hydrolyse- und Holzchemische Industrie)
Gen. Electric Rev.	General Electric Review. Schenectady, N.Y.
Gigiena Sanit.	Gigiena i Sanitarija
Giorn. Batteriol. Immunol.	Giornale di Batteriologia e Immunologia
Giorn. Biol. ind.	Giornale di Biologia industriale, agraria ed alimentare
Giorn. Chimici	Giornale dei Chimici
Giorn. Chim. ind. appl.	Giornale di Chimica industriale ed applicata

Kürzung	Titel
Giorn. Farm. Chim.	Giornale di Farmacia, di Chimica e di Scienze affini
Giorn. Med. militare	Giornale di Medicina Militare
Giorn. Microbiol.	Giornale de Microbiologia. Mailand
Glasnik chem. Društva Beograd	Glasnik Chemiskog Društva Beograd; mit Bd. **11** [1940/46] Fortsetzung von
Glasnik chem. Društva Jugosl.	Glasnik Chemiskog Društva Kral'evine Jugoslavije (Bulletin de la Société Chimique du Royaume de Yougoslavie)
Glasnik Društva Hem. Tehnol. Bosne Hercegovine	Glasnik Društva Hemicara i Tehnologa Bosne i Hercegovine
Glasnik šumarskog Fak. Univ. Beograd	Glasnik Šumarskog Fakulteta, Univerzitet u Beogradu
Glückauf	Glückauf
Glutathione Symp.	Glutathione Symposium Ridgefield 1953; London 1958
Gmelin	Gmelins Handbuch der Anorganischen Chemie. 8. Aufl. Herausg. vom Gmelin-Institut
Godišnik chim. technol. Inst. Sofia	Godišnik na Chimiko-technologičeskija Institut. Sofia
Godišnik Univ. Sofia	Godišnik na Sofijskija Universitet. II. Fiziko-matematičeski Fakultet (Annuaire de l'Université de Sofia. II. Faculté Physico-mathématique)
Gornyj Ž.	Gornyj Žurnal (Mining Journal). Moskau
Group. franç. Rech. aéronaut.	Groupement Français pour le Développement des Recherches Aéronautiques.
Gummi Ztg.	Gummi-Zeitung
Gynaecologia	Gynaecologia. Basel
H.	s. Z. physiol. Chem.
Helv.	Helvetica Chimica Acta
Helv. med. Acta	Helvetica Medica Acta
Helv. phys. Acta	Helvetica Physica Acta
Helv. physiol. Acta	Helvetica Physiologica et Pharmacologica Acta
Het Gas	Het Gas. den Haag
Hilgardia	Hilgardia. A Journal of Agricultural Science. Berkeley, Calif.
Hochfrequenztech. Elektroakustik	Hochfrequenztechnik und Elektroakustik
Holzforschung	Holzforschung. Berlin
Holz Roh- u. Werkst.	Holz als Roh- und Werkstoff. Berlin
Houben-Weyl	*Houben-Weyl*, Methoden der Organischen Chemie. 3. Aufl. bzw. 4. Aufl. Herausg. von *E. Müller*
Hung. Acta chim.	Hungarica Acta Chimica
Ind. agric. aliment. bzw. Ind. aliment. agric.	Industries agricoles et alimentaires
Ind. Chemist	Industrial Chemist and Chemical Manufacturer. London
Ind. chim. belge	Industrie Chimique Belge
Ind. chimica	L'Industria Chimica. Il Notiziario Chimico-industriale
Ind. chimique	Industrie Chimique
Ind. Conserve	Industria Conserve. Parma
Ind. Corps gras	Industries des Corps gras
Ind. eng. Chem.	Industrial and Engineering Chemistry. Industrial Edition. Washington, D.C.
Ind. eng. Chem. Anal.	Industrial and Engineering Chemistry. Analytical Edition
Ind. eng. Chem. News	Industrial and Engineering Chemistry. News Edition
Ind. eng. Chem. Process Design. Devel.	Industrial and Engineering Chemistry, Process Design and Development

Kürzung	Titel
Indian Forest Rec.	Indian Forest Records
Indian J. agric. Sci.	Indian Journal of Agricultural Science
Indian J. Biochem. Biophys.	Indian Journal of Biochemistry and Biophysics
Indian J. Chem.	Indian Journal of Chemistry
Indian J. med. Res.	Indian Journal of Medical Research
Indian J. Pharm.	Indian Journal of Pharmacy
Indian J. Physics	Indian Journal of Physics and Proceedings of the Indian Association for the Cultivation of Science
Indian J. Physiol.	Indian Journal of Physiology and Allied Sciences
Indian J. veterin. Sci.	Indian Journal of Veterinary Science and Animal Husbandry
Indian Lac Res. Inst. Bl.	Indian Lac Research Institute, Bulletin
Indian Soap J.	Indian Soap Journal
Indian Sugar	Indian Sugar
India Rubber J.	India Rubber Journal. London
India Rubber Wd.	India Rubber World. New York
Ind. Med.	Industrial Medicine. Chicago, Ill.
Ind. Parfum.	Industrie de la Parfumerie
Ind. Plastiques	Industries des Plastiques
Ind. Química	Industria y Química. Buenos Aires
Ind. saccar. ital.	Industria saccarifera Italiana
Ind. textile	Industrie textile. Paris
Informe Estación exp. Puerto Rico	Informe de la Estación experimental de Puerto Rico
Inform. Quim. anal.	Información de Química analitica. Madrid
Ing. Chimiste Brüssel	Ingénieur Chimiste. Brüssel
Ing. Nederl.-Indië	De Ingenieur in Nederlandsch-Indië
Ing. Vet. Akad. Handl.	Ingeniörsvetenskapsakademiens Handlingar. Stockholm
Inorg. Chem.	Inorganic Chemistry. Washington, D.C.
Inorg. chim. Acta	Inorganica Chimica Acta. Padua
Inorg. Synth.	Inorganic Syntheses. New York
Inst. cubano Invest. tecnol.	Instituto Cubano de Investigaciones Tecnológicas, Serie de Estudios sobre Trabajos de Investigación
Inst. Gas Technol. Res. Bl.	Institute of Gas Technology, Research Bulletin. Chicago, Ill.
Inst. nacion. Tec. aeronaut. Madrid Comun.	I.N.T.A. = Instituto Nacional de Técnica Aeronáutica. Madrid. Comunicadó
2. Int. Conf. Biochem. Probl. Lipids Gent 1955	Biochemical Problems of Lipids, Proceedings of the 2. International Conference Gent 1955
Int. Congr. Microbiol. ... Abstr.	International Congress for Microbiology (III. New York 1939; IV. Kopenhagen 1947), Abstracts bzw. Report of Proceedings
Int. J. Air Pollution	International Journal of Air Pollution
XIV. Int. Kongr. Chemie Zürich 1955	XIV. Internationaler Kongress für Chemie, Zürich 1955
Int. landwirtsch. Rdsch.	Internationale landwirtschaftliche Rundschau
Int. Sugar J.	International Sugar Journal. London
Int. Z. Vitaminf.	Internationale Zeitschrift für Vitaminforschung. Bern
Ion	Ion. Madrid
Iowa Coll. agric. Exp. St. Res. Bl.	Iowa State College of Agriculture and Mechanic Arts, Agricultural Experiment Station, Research Bulletin
Iowa Coll. J.	Iowa State College Journal of Science
Israel J. Chem.	Israel Journal of Chemistry
Ital. P.	Italienisches Patent
I.V.A.	Ingeniörsvetenskapsakademien. Tidskrift för teknisk-vetenskaplig Forskning. Stockholm

Kürzung	Titel
Izv. Akad. Kazachsk. S.S.R.	Izvestija Akademii Nauk Kazachskoj S.S.R.
Izv. Akad. Kirgizsk. S.S.R. Ser. estestv. tech.	Izvestija Akademii Nauk Kirgizskoj S.S.R. Serija Estestvennych i Techničeskich Nauk
Izv. Akad. S.S.S.R.	Izvestija Akademii Nauk S.S.S.R.; englische Ausgabe: Bulletin of the Academy of Science of the U.S.S.R.
Izv. Armjansk. Akad.	Izvestija Armjanskogo Filiala Akademii Nauk S.S.S.R.; ab 1944 Izvestija Akademii Nauk Armjanskoj S.S.R.
Izv. biol. Inst. Permsk. Univ.	Izvestija Biologičeskogo Naučno-issledovatelskogo Instituta pri Permskom Gosudarstvennom Universitete (Bulletin de l'Institut des Recherches Biologiques de Perm)
Izv. chim. Inst. Bulgarska Akad.	Izvestija na Chimičeskija Institut, Bulgarska Akademija na Naukite
Izv. Inst. fiz. chim. Anal.	Izvestija Instituta Fiziko-chimičeskogo Analiza
Izv. Inst. koll. Chim.	Izvestija Gosudarstvennogo Naučno-issledovatelskogo Instituta Kolloidnoj Chimii (Bulletin de l'Institut des Recherches scientifiques de Chimie colloidale à Voronège)
Izv. Inst. Platiny	Izvestija Instituta po Izučeniju Platiny (Annales de l'Institut du Platine)
Izv. Ivanovo-Vosnessensk. politech. Inst.	Izvestija Ivanovo-Vosnessenskogo Politechničeskogo Instituta
Izv. Karelsk. Kolsk. Akad.	Izvestija Karelskogo i Kolskogo Filialov Akademii Nauk S.S.S.R.
Izv. Sektora fiz. chim. Anal.	Akademija Nauk S.S.S.R., Institut Obščej i Neorganičeskoj Chimii: Izvestija Sektora Fiziko-chimičeskogo Analiza (Institut de Chimie Générale: Annales du Secteur d'Analyse Physico-chimique)
Izv. Sektora Platiny	Izvestija Sektora Platiny i Drugich Blagorodnych Metallov, Institut Obščej i Neorganičeskoj Chimii
Izv. Sibirsk. Otd. Akad. S.S.S.R.	Izvestija Sibirskogo Otdelenija Akademii Nauk S.S.S.R.
Izv. Tomsk. ind. Inst.	Izvestija Tomskogo industrialnogo Instituta
Izv. Tomsk. politech. Inst.	Izvestija Tomskogo Politechničeskogo Instituta
Izv. Univ. Armenii	Izvestija Gosudarstvennogo Universiteta S.S.R. Armenii
Izv. Uralsk. politech. Inst.	Izvestija Uralskogo Politechničeskogo Instituta
J.	Liebig-Kopps Jahresbericht über die Fortschritte der Chemie
J. acoust. Soc. Am.	Journal of the Acoustical Society of America
J. agric. chem. Soc. Japan	Journal of the Agricultural Chemical Society of Japan
J. agric. Food Chem.	Journal of Agricultural and Food Chemistry. Washington, D.C.
J. Agric. prat.	Journal d'Agriculture pratique et Journal d'Agriculture
J. agric. Res.	Journal of Agricultural Research. Washington, D.C.
J. agric. Sci.	Journal of Agricultural Science. London
J. Alabama Acad.	Journal of the Alabama Academy of Science
J. Am. Leather Chemists Assoc.	Journal of the American Leather Chemists' Association
J. Am. med. Assoc.	Journal of the American Medical Association
J. Am. Oil Chemists Soc.	Journal of the American Oil Chemists' Society
J. Am. pharm. Assoc.	Journal of the American Pharmaceutical Association. Scientific Edition
J. Am. Soc. Agron.	Journal of the American Society of Agronomy

Kürzung	Titel
J. Am. Water Works Assoc.	Journal of the American Water Works Association
J. Annamalai Univ.	Journal of the Annamalai University. Indien
J. Antibiotics Japan	Journal of Antibiotics. Tokyo
Japan Analyst	Japan Analyst [Bunseki Kagaku]
Japan. J. Bot.	Japanese Journal of Botany
Japan. J. exp. Med.	Japanese Journal of Experimental Medicine
Japan. J. med. Sci.	Japanese Journal of Medical Sciences
Japan. J. Obstet. Gynecol.	Japanese Journal of Obstetrics and Gynecology
Japan. J. Pharmacognosy	Japanese Journal of Pharmacognosy [Shoyakugaku Zasshi]
Japan. J. Pharm. Chem.	Japanese Journal of Pharmacy and Chemistry [Yakugaku Kenkyu]
Japan. J. Physics	Japanese Journal of Physics
Japan. med. J.	Japanese Medical Journal
Japan. P.	Japanisches Patent
J. appl. Chem.	Journal of Applied Chemistry. London
J. appl. Chem. U.S.S.R.	Journal of Applied Chemistry of the U.S.S.R. Englische Übersetzung von Žurnal Prikladnoj Chimii
J. appl. Mechanics	Journal of Applied Mechanics. Easton, Pa.
J. appl. Physics	Journal of Applied Physics. New York
J. appl. Polymer Sci.	Journal of Applied Polymer Science. New York
J. Assoc. agric. Chemists	Journal of the Association of Official Agricultural Chemists. Washington, D.C.
J. Assoc. Eng. Architects Palestine	Journal of the Association of Engineers and Architects in Palestine
J. Austral. Inst. agric. Sci.	Journal of the Australian Institute of Agricultural Science
J. Bacteriol.	Journal of Bacteriology. Baltimore, Md.
Jb. brennkrafttech. Ges.	Jahrbuch der Brennkrafttechnischen Gesellschaft
Jber. chem.-tech. Reichsanst.	Jahresbericht der Chemisch-technischen Reichsanstalt
Jber. Pharm.	Jahresbericht der Pharmazie
J. Biochem. Tokyo	Journal of Biochemistry. Tokyo [Seikagaku]
J. biol. Chem.	Journal of Biological Chemistry. Baltimore, Md.
J. Biophysics Tokyo	Journal of Biophysics. Tokyo
Jb. phil. Fak. II Univ. Bern	Jahrbuch der philosophischen Fakultät II der Universität Bern
Jb. Radioakt. Elektronik	Jahrbuch der Radioaktivität und Elektronik
Jb. wiss. Bot.	Jahrbücher für wissenschaftliche Botanik
J. cellular compar. Physiol.	Journal of Cellular and Comparative Physiology
J. chem. Educ.	Journal of Chemical Education. Washington, D.C.
J. chem. Eng. China	Journal of Chemical Engineering. China
J. chem. eng. Data	Journal of the Chemical and Engineering Data Series; ab **4** [1959] Journal of Chemical and Engineering Data
J. chem. met. min. Soc. S. Africa	Journal of the Chemical, Metallurgical and Mining Society of South Africa
J. Chemotherapy	Journal of Chemotherapy and Advanced Therapeutics
J. chem. Physics	Journal of Chemical Physics. New York
J. chem. Soc. Japan Ind. Chem. Sect. Pure Chem. Sect.	Journal of the Chemical Society of Japan; 1948–1971: Industrial Chemistry Section [Kogyo Kagaku Zasshi] und Pure Chemistry Section [Nippon Kagaku Zasshi]
J. Chim. phys.	Journal de Chimie Physique
J. Chin. agric. chem. Soc.	Journal of the Chinese Agricultural Chemical Society
J. Chin. chem. Soc.	Journal of the Chinese Chemical Society. Peking; Serie II Taiwan

Kürzung	Titel
J. Chromatography	Journal of Chromatography. Amsterdam
J. clin. Endocrin.	Journal of Clinical Endocrinology (ab **12** [1952]) and Metabolism. Springfield, Ill.
J. clin. Invest.	Journal of Clinical Investigation. Cincinnati, Ohio
J. Colloid Sci.	Journal of Colloid Science. New York
J. Coun. scient. ind. Res. Australia	Commonwealth of Australia. Council for Scientific and Industrial Research. Journal
J. C. S. Chem. Commun.	Aufteilung ab 1972 des Journal of the Chemical Society. London
J. C. S. Dalton	
J. C. S. Faraday	
J. C. S. Perkin	
J. Dairy Res.	Journal of Dairy Research. London
J. Dairy Sci.	Journal of Dairy Science. Columbus, Ohio
J. dental Res.	Journal of Dental Research. Columbus, Ohio
J. Dep. Agric. Kyushu Univ.	Journal of the Department of Agriculture, Kyushu Imperial University
J. Dep. Agric. S. Australia	Journal of the Department of Agriculture of South Australia
J. econ. Entomol.	Journal of Economic Entomology. Baltimore, Md.
J. electroch. Assoc. Japan	Journal of the Electrochemical Association of Japan
J. E. Mitchell scient. Soc.	Journal of the Elisha Mitchell Scientific Society. Chapel Hill, N.C.
J. Endocrin.	Journal of Endocrinology. London
Jernkontor. Ann.	Jernkontorets Annaler
J. europ. Stéroides	Journal Européen des Stéroides
J. exp. Biol.	Journal of Experimental Biology. London
J. exp. Med.	Journal of Experimental Medicine. Baltimore, Md.
J. Fabr. Sucre	Journal des Fabricants de Sucre
J. Fac. Agric. Hokkaido Univ.	Journal of the Faculty of Agriculture, Hokkaido University
J. Fac. Agric. Kyushu Univ.	Journal of the Faculty of Agriculture, Kyushu University
J. Fac. Sci. Hokkaido Univ.	Journal of the Faculty of Science, Hokkaido University
J. Fac. Sci. Univ. Tokyo	Journal of the Faculty of Science, Imperial University of Tokyo
J. Ferment. Technol. Japan	Journal of Fermentation Technology. Japan [Hakko Kogaku Zasshi]
J. Fish. Res. Board Canada	Journal of the Fisheries Research Board of Canada
J. Four électr.	Journal du Four électrique et des Industries électrochimiques
J. Franklin Inst.	Journal of the Franklin Institute. Philadelphia, Pa.
J. Fuel Soc. Japan	Journal of the Fuel Society of Japan [Nenryo Kyokaishi]
J. gen. appl. Microbiol. Tokyo	Journal of General and Applied Microbiology. Tokyo
J. gen. Chem. U.S.S.R.	Journal of General Chemistry of the U.S.S.R. Englische Übersetzung von Žurnal Obščej Chimii
J. gen. Microbiol.	Journal of General Microbiology. London
J. gen. Physiol.	Journal of General Physiology. Baltimore, Md.
J. heterocycl. Chem.	Journal of Heterocyclic Chemistry. Albuquerque, N. Mex.
J. Histochem. Cytochem.	Journal of Histochemistry and Cytochemistry. Baltimore
J. Hyg.	Journal of Hygiene. Cambridge
J. Immunol.	Journal of Immunology. Baltimore, Md.
J. ind. Hyg.	Journal of Industrial Hygiene and Toxicology. Baltimore, Md.
J. Indian chem. Soc.	Journal of the Indian Chemical Society

Kürzung	Titel
J. Indian chem. Soc. News	Journal of the Indian Chemical Society; Industrial and News Edition
J. Indian Inst. Sci.	Journal of the Indian Institute of Science
J. inorg. Chem. U.S.S.R.	Journal of Inorganic Chemistry of the U.S.S.R. Englische Übersetzung von Žurnal Neorganičeskoj Chimii **1–3**
J. inorg. nuclear Chem.	Journal of Inorganic and Nuclear Chemistry. London
J. Inst. Brewing	Journal of the Institute of Brewing. London
J. Inst. electr. Eng. Japan	Journal of the Institute of the Electrical Engineers. Japan
J. Inst. Fuel	Journal of the Institute of Fuel. London
J. Inst. Petr.	Journal of the Institute of Petroleum. London (ab **25** [1939]) Fortsetzung von:
J. Inst. Petr. Technol.	Journal of the Institution of Petroleum Technologists. London
J. Inst. Polytech. Osaka City Univ.	Journal of the Institute of Polytechnics, Osaka City University
J. int. Soc. Leather Trades Chemists	Journal of the International Society of Leather Trades' Chemists
J. Iowa State med. Soc.	Journal of the Iowa State Medical Society
J. Japan. biochem. Soc.	Journal of Japanese Biochemical Society [Nippon Seikagaku Kaishi]
J. Japan. Bot.	Journal of Japanese Botany [Shokubutsu Kenkyu Zasshi]
J. Japan. Chem.	Journal of Japanese Chemistry [Kagaku No Ryoiki]
J. Japan. Forest. Soc.	Journal of the Japanese Forestry Society [Nippon Rin Gakkai-Shi]
J. Japan Soc. Colour Mat.	Journal of the Japan Society of Colour Material
J. Japan. Soc. Food Nutrit.	Journal of the Japanese Society of Food and Nutrition [Eiyo to Shokuryo]
J. Japan Wood Res. Soc.	Journal of the Japan Wood Research Society [Nippon Mokuzai Gakkaishi]
J. Karnatak Univ.	Journal of the Karnatak University
J. Korean chem. Soc.	Journal of the Korean Chemical Society
J. Kumamoto Womens Univ.	Journal of Kumamoto Women's University [Kumamoto Joshi Daigaku Gakujitsu Kiyo]
J. Labor. clin. Med.	Journal of Laboratory and Clinical Medicine. St. Louis, Mo.
J. Lipid Res.	Journal of Lipid Research. New York
J. Madras Univ.	Journal of the Madras University
J. Maharaja Sayajirao Univ. Baroda	Journal of the Maharaja Sayajirao University of Baroda
J. makromol. Ch.	Journal für Makromolekulare Chemie
J. Marine Res.	Journal of Marine Research. New Haven, Conn.
J. med. Chem.	Journal of Medicinal Chemistry. Washington, D. C. Fortsetzung von:
J. med. pharm. Chem.	Journal of Medicinal and Pharmaceutical Chemistry. New York
J. Missouri State med. Assoc.	Journal of the Missouri State Medical Association
J. mol. Spectr.	Journal of Molecular Spectroscopy. New York
J. Mysore Univ.	Journal of the Mysore University; ab 1940 unterteilt in A. Arts und B. Science incl. Medicine and Engineering
J. nation. Cancer Inst.	Journal of the National Cancer Institute, Washington, D.C.
J. nerv. mental Disease	Journal of Nervous and Mental Disease. New York
J. New Zealand Inst. Chem.	Journal of the New Zealand Institute of Chemistry
J. Nutrit.	Journal of Nutrition. Philadelphia, Pa.

Kürzung	Titel
J. Oil Chemists Soc. Japan	Journal of the Oil Chemists' Society. Japan [Yushi Kagaku Kyokaishi; ab **5** [1956] Yukagaku]
J. Oil Colour Chemists Assoc.	Journal of the Oil & Colour Chemists' Association. London
J. Okayama med. Soc.	Journal of the Okayama Medical Society [Okayama-Igakkai-Zasshi]
J. opt. Soc. Am.	Journal of the Optical Society of America
J. organomet. Chem.	Journal of Organometallic Chemistry. Amsterdam
J. org. Chem.	Journal of Organic Chemistry. Baltimore, Md.
J. org. Chem. U.S.S.R.	Journal of Organic Chemistry of the U.S.S.R. Englische Übersetzung von Žurnal organičeskoj Chimii
J. oriental Med.	Journal of Oriental Medicine. Manchu
J. Osmania Univ.	Journal of the Osmania University. Heiderabad
Journée Vinicole-Export	Journée Vinicole-Export
J. Path. Bact.	Journal of Pathology and Bacteriology. Edinburgh
J. Penicillin Tokyo	Journal of Penicillin. Tokyo
J. Petr. Technol.	Journal of Petroleum Technology. New York
J. Pharmacol. exp. Therap.	Journal of Pharmacology and Experimental Therapeutics. Baltimore, Md.
J. pharm. Assoc. Siam	Journal of the Pharmaceutical Association of Siam
J. Pharm. Belg.	Journal de Pharmacie de Belgique
J. Pharm. Chim.	Journal de Pharmacie et de Chimie
J. Pharm. Elsass-Lothringen	Journal der Pharmacie von Elsass-Lothringen
J. Pharm. Pharmacol.	Journal of Pharmacy and Pharmacology. London
J. pharm. Sci.	Journal of Pharmaceutical Sciences. Washington, D.C
J. pharm. Soc. Japan	Journal of the Pharmaceutical Society of Japan [Yakugaku Zasshi]
J. phys. Chem.	Journal of Physical (1947—51 & Colloid) Chemistry. Washington, D.C.
J. Physics U.S.S.R.	Journal of Physics. Academy of Sciences of the U.S.S.R.
J. Physiol. London	Journal of Physiology. London
J. physiol. Soc. Japan	Journal of the Physiological Society of Japan [Nippon Seirigaku Zasshi]
J. Phys. Rad.	Journal de Physique et le Radium
J. phys. Soc. Japan	Journal of the Physical Society of Japan
J. Polymer Sci.	Journal of Polymer Science. New York
J. pr.	Journal für Praktische Chemie
J. Pr. Inst. Chemists India	Journal and Proceedings of the Institution of Chemists, India
J. Pr. Soc. N.S. Wales	Journal and Proceedings of the Royal Society of New South Wales
J. Recherches Centre nation.	Journal des Recherches du Centre National de la Recherche Scientifique, Laboratoires de Bellevue
J. Res. Bur. Stand.	Bureau of Standards Journal of Research; ab **13** [1934] Journal of Research of the National Bureau of Standards. Washington, D.C.
J. Rheol.	Journal of Rheology. Easton, Pa.
J. roy. horticult. Soc.	Journal of the Royal Horticultural Society
J. roy. tech. Coll.	Journal of the Royal Technical College. Glasgow
J. Rubber Res.	Journal of Rubber Research. Croydon, Surrey
J. S. African chem. Inst.	Journal of the South African Chemical Institute
J. S. African veterin. med. Assoc.	Journal of the South African Veterinary Medical Association
J. scient. ind. Res. India	Journal of Scientific and Industrial Research, India
J. scient. Instruments	Journal of Scientific Instruments. London

Kürzung	Titel
J. scient. Labor. Denison Univ.	Journal of the Scientific Laboratories, Denison University. Granville, Ohio
J. scient. Res. Inst. Tokyo	Journal of the Scientific Research Institute. Tokyo
J. Sci. Food Agric.	Journal of the Science of Food and Agriculture. London
J. Sci. Hiroshima Univ.	Journal of Science of the Hiroshima University
J. Sci. Soil Manure Japan	Journal of the Science of Soil and Manure, Japan [Nippon Dojo Hiryogaku Zasshi]
J. Sci. Technol. India	Journal of Science and Technology, India
J. Shanghai Sci. Inst.	Journal of the Shanghai Science Institute
J. Soc. chem. Ind.	Journal of the Society of Chemical Industry. London
J. Soc. chem. Ind. Japan	Journal of the Society of Chemical Industry, Japan [Kogyo Kagaku Zasshi]
J. Soc. chem. Ind. Japan Spl.	Journal of the Society of Chemical Industry, Japan. Supplemental Binding
J. Soc. cosmet. Chemists	Journal of the Society of Cosmetic Chemists. Oxford
J. Soc. Dyers Col.	Journal of the Society of Dyers and Colourists. Bradford, Yorkshire
J. Soc. Leather Trades Chemists	Journal of the (von **9** Nr. 10 [1925]—**31** [1947] International) Society of Leather Trades' Chemists
J. Soc. org. synth. Chem. Japan	Journal of the Society of Organic Synthetic Chemistry, Japan [Yuki Gosei Kagaku Kyokaishi]
J. Soc. Rubber Ind. Japan	Journal of the Society of Rubber Industry of Japan [Nippon Gomu Kyokaishi]
J. Soc. trop. Agric. Taihoku Univ.	Journal of the Society of Tropical Agriculture Taihoku University [Nettai Nogaku Kaishi]
J. Soc. west. Australia	Journal of the Royal Society of Western Australia
J. State Med.	Journal of State Medicine. London
J. Taiwan pharm. Assoc.	Journal of the Taiwan Pharmaceutical Association [T'ai-Wan Yao Hsueh Tsa Chih]
J. Tennessee Acad.	Journal of the Tennessee Academy of Science
J. Textile Inst.	Journal of the Textile Institute, Manchester
J. Tokyo chem. Soc.	Journal of the Tokyo Chemical Society [Tokyo Kagakukai Shi]
J. trop. Med. Hyg.	Journal of Tropical Medicine and Hygiene. London
Jugosl. P.	Jugoslawisches Patent
J. Univ. Bombay	Journal of the University of Bombay
J. Univ. Poona	Journal of the University of Poona. Indien
J. Urol.	Journal of Urology. Baltimore, Md.
J. Usines Gaż	Journal des Usines à Gaz
J. Vitaminol. Japan	Journal of Vitaminology. Osaka bzw. Kyoto
J. Washington Acad.	Journal of the Washington Academy of Sciences
Kali	Kali, verwandte Salze und Erdöl
Kaučuk Rez.	Kaučuk i Rezina (Kautschuk und Gummi)
Kautschuk	Kautschuk. Berlin
Kautschuk Gummi	Kautschuk und Gummi
Keemia Teated	Keemia Teated (Chemie-Nachrichten). Tartu
Kem. Maanedsb.	Kemisk Maanedsblad og Nordisk Handelsblad for Kemisk Industri. Kopenhagen
Kimya Ann.	Kimya Annali. Istanbul
Kirk-Othmer	Encyclopedia of Chemical Technology. 1. Aufl. herausg. von *R. E. Kirk* u. *D. F. Othmer*; 2. Aufl. von *A. Standen, H. F. Mark, J. M. McKetta, D. F. Othmer*
Klepzigs Textil-Z.	Klepzigs Textil-Zeitschrift
Klin. Med. S.S.S.R.	Kliničeskaja Medicina S.S.S.R.
Klin. Wschr.	Klinische Wochenschrift

Kürzung	Titel
Koks Chimija	Koks i Chimija
Koll. Beih.	Kolloidchemische Beihefte; ab **33** [1931] Kolloid-Beihefte
Koll. Z.	Kolloid-Zeitschrift
Koll. Žurnal	Kolloidnyj Žurnal
Konserv. plod. Promyšl.	Konservnaja i Plodoovoščnaja Promyšlennost (Konserven-, Obst- und Gemüse-Industrie)
Korros. Metallschutz	Korrosion und Metallschutz
Kraftst.	Kraftstoff
Kulturpflanze	Die Kulturpflanze. Berlin
Kumamoto med. J.	Kumamoto Medical Journal
Kumamoto pharm. Bl.	Kumamoto Pharmaceutical Bulletin
Kunstsd.	Kunstseide
Kunstsd. Zellw.	Kunstseide und Zellwolle
Kunstst.	Kunststoffe
Kunstst.-Tech.	Kunststoff-Technik und Kunststoff-Anwendung
Labor. Praktika	Laboratornaja Praktika (La Pratique du Laboratoire)
Lait	Lait. Paris
Lancet	Lancet. London
Landolt-Börnstein	*Landolt-Börnstein*. 5. Aufl.: Physikalisch-chemische Tabellen. Herausg. von *W. A. Roth* und *K. Scheel*. — 6. Aufl.: Zahlenwerte und Funktionen aus Physik, Chemie, Astronomie, Geophysik und Technik. Herausg. von *A. Eucken*
Landw. Jb.	Landwirtschaftliche Jahrbücher
Landw. Jb. Schweiz	Landwirtschaftliches Jahrbuch der Schweiz
Landw. Versuchsstat.	Die landwirtschaftlichen Versuchs-Stationen
Lantbruks Högskol. Ann.	Kungliga Lantbruks-Högskolans Annaler
Latvijas Akad. mežsaimn. Probl. Inst. Raksti	Latvijas P.S.R. Zinātņu Akademija, Mežsaimniecibas Problemu Instituta Raksti
Latvijas Akad. Vēstis	Latvijas P.S.R. Zinātņu Akademijas Vēstis
Latvijas Univ. Raksti	Latvijas Universitates Raksti
Leder	Das Leder
Lesochim. Promyšl.	Lesochimičeskaja Promyšlennost (Holzchemische Industrie)
Lietuvos Akad. Darbai	Lietuvos TSR Mokslų Akademijos Darbai
Lipids	Lipids. Champaign, Ill.
Listy cukrovar.	Listy Cukrovarnické (Blätter für die Zuckerindustrie). Prag
M.	Monatshefte für Chemie. Wien
Machinery New York	Machinery. New York
Magyar biol. Kutatointezet Munkai	Magyar Biologiai Kutatóintézet Munkái (Arbeiten des ungarischen biologischen Forschungs-Instituts in Tihany)
Magyar fiz. Folyoirat	Magyar Fizikai Folyóirat
Magyar gyogysz. Tars. Ert.	Magyar Gyógyszerésztudományi Társaság Értesitöje (Berichte der Ungarischen Pharmazeutischen Gesellschaft)
Magyar kem. Folyoirat	Magyar Kémiai Folyóirat (Ungarische Zeitschrift für Chemie)
Magyar kem. Lapja	Magyar Kémikusok Lapja (Zeitschrift des Vereins Ungarischer Chemiker)
Magyar orvosi Arch.	Magyar Orvosi Archiwum (Ungarisches medizinisches Archiv)
Makromol. Ch.	Makromolekulare Chemie
Manuf. Chemist	Manufacturing Chemist and Pharmaceutical and Fine Chemical Trade Journal. London
Margarine-Ind.	Margarine-Industrie
Maslob. žir. Delo	Maslobojno-žirovoe Delo (Öl- und Fett-Industrie)
Materials chem. Ind. Tokyo	Materials for Chemical Industry. Tokyo [Kagaku Kogyo Shiryo]

Kürzung	Titel
Mat. grasses	Les Matières Grasses. — Le Pétrole et ses Dérivés
Math. nat. Ber. Ungarn	Mathematische und naturwissenschaftliche Berichte aus Ungarn
Mat. termeszettud. Ertesitö	Matematikai és Természettudományi Értesitö. A Magyar Tudományos Akadémia III. Osztályának Folyóirata (Mathematischer und naturwissenschaftlicher Anzeiger der Ungarischen Akademie der Wissenschaften)
Mech. Eng.	Mechanical Engineering. Easton, Pa.
Med. Ch.I. G.	Medizin und Chemie. Abhandlungen aus den Medizinisch-chemischen Forschungsstätten der I. G. Farbenindustrie AG.
Medd. norsk farm. Selsk.	Meddelelser fra Norsk Farmaceutisk Selskap
Meded. vlaam. Acad.	Mededeelingen van de Koninklijke Vlaamsche Academie voor Wetenschappen, Letteren en Schoone Kunsten van Belgie, Klasse der Wetenschappen
Medicina Buenos Aires	Medicina. Buenos Aires
Med. J. Australia	Medical Journal of Australia
Med. Klin.	Medizinische Klinik
Med. Promyšl.	Medicinskaja Promyšlennost S.S.S.R.
Med. sperim. Arch. ital.	Medicina sperimentale Archivio italiano
Med. Welt	Medizinische Welt
Melliand Textilber.	Melliand Textilberichte
Mem. Acad. Barcelona	Memorias de la real Academia de Ciencias y Artes de Barcelona
Mém. Acad. Belg. 8°	Académie Royale de Belgique, Classe des Sciences: Mémoires. Collection in 8°
Mem. Accad. Bologna	Memorie della Reale Accademia delle Scienze dell'Istituto di Bologna. Classe di Scienze Fisiche
Mem. Accad. Italia	Memorie della Reale Accademia d'Italia. Classe di Scienze Fisiche, Matematiche e Naturali
Mem. Accad. Lincei	Memorie della Reale Accademia Nazionale dei Lincei. Classe di Scienze Fisiche, Matematiche e Naturali. Sezione II: Fisica, Chimica, Geologia, Palaeontologia, Mineralogia
Mém. Artillerie franç.	Mémorial de l'Artillerie française. Sciences et Techniques de l'Armement
Mem. Asoc. Tecn. azucar. Cuba	Memoria de la Asociación de Técnicos Azucareros de Cuba
Mem. Coll. Agric. Kyoto Univ.	Memoirs of the College of Agriculture, Kyoto Imperial University
Mem. Coll. Eng. Kyushu Univ.	Memoirs of the College of Engineering, Kyushu Imperial University
Mem. Coll. Sci. Kyoto Univ.	Memoirs of the College of Science, Kyoto Imperial University
Mem. Fac. Agric. Kagoshima Univ.	Memoirs of the Faculty of Agriculture, Kagoshima University
Mem. Fac. Eng. Kyoto Univ.	Memoirs of the Faculty of Engineering Kyoto University
Mem. Fac. Eng. Kyushu Univ.	Memoirs of the Faculty of Engineering, Kyushu University
Mem. Fac. Sci. Eng. Waseda Univ.	Memoirs of the Faculty of Science and Engineering. Waseda University, Tokyo
Mem. Fac. Sci. Kyushu Univ.	Memoirs of the Faculty of Science, Kyushu University
Mém. Inst. colon. belge 8°	Institut Royal Colonial Belge, Section des Sciences naturelles et médicales, Mémoires, Collection in 8°

Kürzung	Titel
Mem. Inst. O. Cruz	Memórias do Instituto Oswaldo Cruz. Rio de Janeiro
Mem. Inst. scient. ind. Res. Osaka Univ.	Memoirs of the Institute of Scientific and Industrial Research, Osaka University
Mem. N.Y. State agric. Exp. Sta.	Memoirs of the N.Y. State Agricultural Experiment Station
Mém. Poudres	Mémorial des Poudres
Mem. Res. Inst. Food Sci. Kyoto Univ.	Memoris of the Research Institute for Food Science, Kyoto University
Mem. Ryojun Coll. Eng.	Memoirs of the Ryojun College of Engineering. Mandschurei
Mem. School Eng. Okayama Univ.	Memoirs of the School of Engineering, Okayama University
Mém. Services chim.	Mémorial des Services Chimiques de l'État
Mem. Soc. entomol. ital.	Memorie della Società Entomologica Italiana
Mém. Soc. Sci. Liège	Mémoires de la Société royale des Sciences de Liège
Mercks Jber.	E. Mercks Jahresbericht über Neuerungen auf den Gebieten der Pharmakotherapie und Pharmazie
Metal Ind. London	Metal Industry. London
Metal Ind. New York	Metal Industry. New York
Metall Erz	Metall und Erz
Metallurg	Metallurg
Metallurgia ital.	Metallurgia italiana
Metals Alloys	Metals and Alloys. New York
Mezögazd. Kutat.	Mezögazdasági Kutatások (Landwirtschaftliche Forschung)
Mich. Coll. Agric. eng. Exp. Sta. Bl.	Michigan State College of Agriculture and Applied Science, Engineering Experiment Station, Bulletin
Microchem. J.	Microchemical Journal. New York
Mikrobiologija	Mikrobiologija; englische Ausgabe: Microbiology U.S.S.R.
Mikroch.	Mikrochemie. Wien (ab **25** [1938]):
Mikroch. Acta	Mikrochimica Acta. Wien
Milchwirtsch. Forsch.	Milchwirtschaftliche Forschungen
Mineração	Mineração e Metalurgia. Rio de Janeiro
Mineral. Syrje	Mineral'noe Syrje (Mineralische Rohstoffe)
Minicam Phot.	Minicam Photography. New York
Mining Met.	Mining and Metallurgy. New York
Misc. Rep. Res. Inst. nat. Resources Tokyo	Miscellaneous Reports of the Research Institute for Natural Resources. Tokyo [Shigen Kagaku Kenkyusho Iho]
Mitt. chem. Forschungsinst. Ind. Öst.	Mitteilungen des Chemischen Forschungsinstitutes der Industrie Österreichs
Mitt. Kältetech. Inst.	Mitteilungen des Kältetechnischen Instituts und der Reichsforschungs-Anstalt für Lebensmittelfrischhaltung an der Technischen Hochschule Karlsruhe
Mitt. Kohlenforschungsinst. Prag	Mitteilungen des Kohlenforschungsinstituts in Prag
Mitt. Lebensmittelunters. Hyg.	Mitteilungen aus dem Gebiete der Lebensmitteluntersuchung und Hygiene. Bern
Mitt. med. Akad. Kioto	Mitteilungen aus der Medizinischen Akademie zu Kioto
Mitt. Physiol.-chem. Inst. Berlin	Mitteilungen des Physiologisch-chemischen Instituts der Universität Berlin
Mod. Plastics	Modern Plastics. New York
Mol. Physics	Molecular Physics. New York
Monatsber. Dtsch. Akad. Berlin	Monatsberichte der Deutschen Akademie der Wissenschaften zu Berlin
Monats-Bl. Schweiz. Ver. Gas-Wasserf.	Monats-Bulletin des Schweizerischen Vereins von Gas- und Wasserfachmännern
Monatsschr. Psychiatrie	Monatsschrift für Psychiatrie und Neurologie
Monatsschr. Textilind.	Monatsschrift für Textil-Industrie

Kürzung	Titel
Monit. Farm.	Monitor de la Farmacia y de la Terapéutica. Madrid
Monit. Prod. chim.	Moniteur des Produits chimiques
Monogr. biol.	Monographiae Biologicae. Den Haag
Monthly Bl. agric. Sci. Pract.	Monthly Bulletin of Agricultural Science and Practice. Rom
Müegyet. Közlem.	Müegyetemi Közlemenyek, Budapest
Mühlenlab.	Mühlenlaboratorium
Münch. med. Wschr.	Münchener Medizinische Wochenschrift
Nachr. Akad. Göttingen	Nachrichten von der Akademie der Wissenschaften zu Göttingen. Mathematisch-physikalische Klasse
Nachr. Ges. Wiss. Göttingen	Nachrichten von der Gesellschaft der Wissenschaften zu Göttingen. Mathematisch-physikalische Klasse
Nahrung	Nahrung. Berlin
Nation. Advis. Comm. Aeronautics	National Advisory Committee for Aeronautics. Washington, D.C.
Nation. Centr. Univ. Sci. Rep. Nanking	National Central University Science Reports. Nanking
Nation. Inst. Health Bl.	National Institutes of Health Bulletin. Washington, D.C.
Nation. Nuclear Energy Ser.	National Nuclear Energy Series
Nation. Petr. News	National Petroleum News. Cleveland, Ohio
Nation. Res. Coun. Conf. electric Insulation	National Research Council, Conference on Electric Insulation
Nation. Stand. Labor. Australia tech. Pap.	Commonwealth Scientific and Industrial Research Organisation, Australia. National Standards Laboratory Technical Paper
Nature	Nature. London
Naturf. Med. Dtschld. 1939—1946	Naturforschung und Medizin in Deutschland 1939—1946
Naturwiss.	Naturwissenschaften
Naturwiss. Rdsch.	Naturwissenschaftliche Rundschau. Stuttgart
Natuurw. Tijdschr.	Natuurwetenschappelijk Tijdschrift
Naučn. Bjull. Leningradsk. Univ.	Naučnyj Bjulleten Leningradskogo Gosudarstvennogo Ordena Lenina Universiteta
Naučn. Ežegodnik Saratovsk. Univ.	Naučnyj Ežegodnik za God Saratovskogo Universiteta
Naučni Trudove visšija med. Inst. Sofija	Naučni Trudove na Visšija Medicinski Institut Sofija
Naučno-issledov. Trudy Moskovsk. tekstil. Inst.	Naučno-issledovatelskie Trudy, Moskovskij Tekstilnyj Institut
Naučn. Trudy Erevansk. Univ.	Naučnye Trudy, Erevanskij Gosudarstvennyj Universitet
Naučn. Zap. Dnepropetrovsk. Univ.	Naučnye Zapiski, Dnepropetrovskij Gosudarstvennyj Universitet
Naučn. Zap. Užgorodsk. Univ.	Naučnye Zapiski Užgorodskogo Gosudarstvennogo Universiteta
Nauk. Zap. Krivorizk. pedagog. Inst.	Naukovi Zapiski Krivorizkogo Deržavnogo Pedagogičnogo Instituta
Naval Res. Labor. Rep.	Naval Research Laboratories. Reports
Nederl. Tijdschr. Geneesk.	Nederlandsch Tijdschrift voor Geneeskunde
Nederl. Tijdschr. Pharm. Chem. Toxicol.	Nederlandsch Tijdschrift voor Pharmacie, Chemie en Toxicologie
Neft. Chozjajstvo	Neftjanoe Chozjajstvo (Petroleum-Wirtschaft); **21** [1940] — **22** [1941] Neftjanaja Promyšlennost

Kürzung	Titel
Neftechimija	Neftechimija
Netherlands Milk Dairy J.	Netherlands Milk and Dairy Journal
New England J. Med.	New England Journal of Medicine. Boston, Mass.
New Phytologist	New Phytologist. Cambridge
New Zealand J. Agric.	New Zealand Journal of Agriculture
New Zealand J. Sci. Technol.	New Zealand Journal of Science and Technology
Niederl. P.	Niederländisches Patent
Nitrocell.	Nitrocellulose
N. Jb. Min. Geol.	Neues Jahrbuch für Mineralogie, Geologie und Paläontologie
N. Jb. Pharm.	Neues Jahrbuch Pharmazie
Nordisk Med.	Nordisk Medicin. Stockholm
Norges Apotekerforen. Tidsskr.	Norges Apotekerforenings Tidsskrift
Norges tekn. Vit. Akad.	Norges Tekniske Vitenskapsakademi
Norske Vid. Akad. Avh.	Norske Videnskaps-Akademi i Oslo. Avhandlinger. I. Matematisk-naturvidenskapelig Klasse
Norske Vid. Selsk. Forh.	Kongelige Norske Videnskabers Selskab. Forhandlinger
Norske Vid. Selsk. Skr.	Kongelige Norske Videnskabers Selskab. Skrifter
Norsk Veterin.-Tidsskr.	Norsk Veterinär-Tidsskrift
North Carolina med. J.	North Carolina Medical Journal
Noticias farm.	Noticias Farmaceuticas. Portugal
Nova Acta Leopoldina	Nova Acta Leopoldina. Halle/Saale
Nova Acta Soc. Sci. upsal.	Nova Acta Regiae Societatis Scientiarum Upsaliensis
Novosti tech.	Novosti Techniki (Neuheiten der Technik)
Nucleonics	Nucleonics. New York
Nucleus	Nucleus. Cambridge, Mass.
Nuovo Cimento	Nuovo Cimento
N. Y. State agric. Exp. Sta.	New York State Agricultural Experiment Station. Technical Bulletin
N. Y. State Dep. Labor monthly Rev.	New York State Department of Labor; Monthly Review. Division of Industrial Hygiene
Obščestv. Pitanie	Obščestvennoe Pitanie (Gemeinschaftsverpflegung)
Obstet. Ginecol.	Obstetricía y Ginecología latino-americanas
Occupat. Med.	Occupational Medicine. Chicago, Ill.
Öf. Fi.	Öfversigt af Finska Vetenskapssocietetens Förhandlingar, A. Matematik och Naturvetenskaper
Öle Fette Wachse	Öle, Fette, Wachse (ab 1936 Nr. 7), Seife, Kosmetik
Öl Kohle	Öl und Kohle
Öst. P.	Österreichisches Patent
Öst. bot. Z.	Österreichische botanische Zeitschrift
Öst. Chemiker-Ztg.	Österreichische Chemiker-Zeitung; Bd. **45** Nr. 18/20 [1942] — Bd. **47** [1946] Wiener Chemiker-Zeitung
Offic. Digest Federation Paint Varnish Prod. Clubs	Official Digest of the Federation of Paint & Varnish Production Clubs. Philadelphia, Pa.
Ogawa Perfume Times	Ogawa Perfume Times [Ogawa Koryo Jiho]
Ohio J. Sci.	Ohio Journal of Science
Oil Colour Trades J.	Oil and Colour Trades Journal. London
Oil Fat Ind.	Oil an Fat Industries
Oil Gas J.	Oil and Gas Journal. Tulsa, Okla.
Oil Soap	Oil and Soap. Chicago, Ill.
Oil Weekly	Oil Weekly. Houston, Texas
Oléagineux	Oléagineux

Kürzung	Titel
Onderstepoort J. veterin. Res.	Onderstepoort Journal of Veterinary Research
Onderstepoort J. veterin. Sci.	Onderstepoort Journal of Veterinary Science and Animal Industry
Optics Spectr.	Optics and Spectroscopy. Englische Übersetzung von Optika i Spektroskopija
Optika Spektr.	Optika i Spektroskopija; englische Ausgabe: Optics and Spectroscopy
Org. magnet. Resonance	Organic Magnetic Resonance. London
Org. Prepar. Proced. int.	Organic Preparations and Procedures International. Newton Highlands, Mass.
Org. Reactions	Organic Reactions. New York
Org. Synth.	Organic Syntheses. New York
Org. Synth. Isotopes	Organic Syntheses with Isotopes. New York
Paint Manuf.	Paint Incorporating Paint Manufacture. London
Paint Oil chem. Rev.	Paint, Oil and Chemical Review. Chicago, Ill.
Paint Technol.	Paint Technology. Pinner, Middlesex, England
Pakistan J. scient. ind. Res.	Pakistan Journal of Scientific and Industrial Research
Pakistan J. scient. Res.	Pakistan Journal of Scientific Research
Paliva	Paliva a Voda (Brennstoffe und Wasser). Prag
Paperi ja Puu	Paperi ja Puu. Helsinki
Paper Ind.	Paper Industry. Chicago, Ill.
Paper Trade J.	Paper Trade Journal. New York
Papeterie	Papeterie. Paris
Papier	Papier. Darmstadt
Papierf.	Papierfabrikant. Technischer Teil
Parf. Cosmét. Savons	Parfumerie, Cosmétique, Savons
Parf. France	Parfums de France
Parf. Kosmet.	Parfümerie und Kosmetik
Parf. moderne	Parfumerie moderne
Parfumerie	Parfumerie. Paris
Peintures	Peintures, Pigments, Vernis
Perfum. essent. Oil Rec.	Perfumery and Essential Oil Record. London
Period. Min.	Periodico di Mineralogia. Rom
Period. polytech.	Periodica Polytechnica, Chemical Engineering Budapest
Petr. Berlin	Petroleum. Berlin
Petr. Eng.	Petroleum Engineer. Dallas, Texas
Petr. London	Petroleum. London
Petr. Processing	Petroleum Processing. Cleveland, Ohio
Petr. Refiner	Petroleum Refiner. Houston, Texas
Petr. Technol.	Petroleum Technology. New York
Petr. Times	Petroleum Times. London
Pflanzenschutz Ber.	Pflanzenschutz Berichte. Wien
Pflügers Arch. Physiol.	Pflügers Archiv für die gesamte Physiologie der Menschen und Tiere
Pharmacia	Pharmacia. Tallinn (Reval), Estland
Pharmacol. Rev.	Pharmacological Reviews. Baltimore, Md.
Pharm. Acta Helv.	Pharmaceutica Acta Helvetiae
Pharm. Arch.	Pharmaceutical Archives. Madison, Wisc.
Pharmazie	Pharmazie
Pharm. Bl.	Pharmaceutical Bulletin. Tokyo
Pharm. Ind.	Pharmazeutische Industrie
Pharm. J.	Pharmaceutical Journal. London
Pharm. Monatsh.	Pharmazeutische Monatshefte. Wien

Kürzung	Titel
Pharm. Presse	Pharmazeutische Presse
Pharm. Tijdschr. Nederl.-Indië	Pharmaceutisch Tijdschrift voor Nederlandsch-Indië
Pharm. Weekb.	Pharmaceutisch Weekblad
Pharm. Zentralhalle	Pharmazeutische Zentralhalle für Deutschland
Pharm. Ztg.	Pharmazeutische Zeitung
Ph. Ch.	s. Z. physik. Chem.
Philippine Agriculturist	Philippine Agriculturist
Philippine J. Agric.	Philippine Journal of Agriculture
Philippine J. Sci.	Philippine Journal of Science
Phil. Mag.	Philosophical Magazine. London
Phil. Trans.	Philosophical Transactions of the Royal Society of London
Phot. Ind.	Photographische Industrie
Phot. J.	Photographic Journal. London
Phot. Korresp.	Photographische Korrespondenz
Photochem. Photobiol.	Photochemistry and Photobiology. London
Phys. Ber.	Physikalische Berichte
Physica	Physica. Nederlandsch Tijdschrift voor Natuurkunde; ab 1934 Archives Néerlandaises des Sciences Exactes et Naturelles Ser. IV A
Physics	Physics. New York
Physiol. Plantarum	Physiologia Plantarum. Kopenhagen
Physiol. Rev.	Physiological Reviews. Washington, D.C.
Phys. Rev.	Physical Review. New York
Phys. Z.	Physikalische Zeitschrift. Leipzig
Phys. Z. Sowjet.	Physikalische Zeitschrift der Sowjetunion
Phytochemistry	Phytochemistry. London
Phytopathology	Phytopathology. St. Paul, Minn.
Phytopathol. Z.	Phytopathologische Zeitschrift. Berlin
Pitture Vernici	Pitture e Vernici
Planta	Planta. Archiv für wissenschaftliche Botanik (= Zeitschrift für wissenschaftliche Biologie, Abt. E)
Planta med.	Planta Medica
Plant Disease Rep. Spl.	The Plant Disease Reporter, Supplement (United States Department of Agriculture)
Plant Physiol.	Plant Physiology. Lancaster, Pa.
Plant Soil	Plant and Soil. den Haag
Plaste Kautschuk	Plaste und Kautschuk
Plastic Prod.	Plastic Products. New York
Plast. Massy	Plastičeskie Massy
Polymer Bl.	Polymer Bulletin
Polymer Sci. U.S.S.R.	Polymer Science U.S.S.R. Englische Übersetzung von Vysokomolekuljarnje Soedinenija
Polythem. collect. Rep. med. Fac. Univ. Olomouc	Polythematical Collected Reports of the Medical Faculty of the Palacký University Olomouc (Olmütz)
Portugaliae Physica	Portugaliae Physica
Power	Power. New York
Pr. Acad. Sci. Agra Oudh	Proceedings of the Academy of Sciences of the United Provinces of Agra Oudh. Allahabad, India
Pr. Acad. Sci. U.S.S.R.	Proceedings of the Academy of Sciences of the U.S.S.R. Englische Ausgabe von Doklady Akademii Nauk S.S.S.R.
Pr. Acad. Tokyo	Proceedings of the Imperial Academy of Japan; ab **21** [1945] Proceedings of the Japan Academy
Pr. Akad. Amsterdam	Koninklijke Nederlandse Akademie van Wetenschappen, Proceedings. Amsterdam

Kürzung	Titel
Prakt. Desinf.	Der Praktische Desinfektor
Praktika Akad. Athen.	Praktika tes Akademias Athenon
Pr. Am. Acad. Arts Sci.	Proceedings of the American Academy of Arts and Sciences
Pr. Am. Petr. Inst.	Proceedings of the Annual Meeting, American Petroleum Institute. New York
Pr. Am. Soc. hort. Sci.	Proceedings of the American Society for Horticultural Science
Pr. ann. Conv. Sugar Technol. Assoc. India	Proceedings of the Annual Convention of the Sugar Technologists' Association. India
Pr. Cambridge phil. Soc.	Proceedings of the Cambridge Philosophical Society
Pr. chem. Soc.	Proceedings of the Chemical Society. London
Presse méd.	Presse médicale
Pr. Fac. Eng. Keiogijuku Univ.	Proceedings of the Faculty of Engineering Keiogijuku University
Pr. Florida Acad.	Proceedings of the Florida Academy of Sciences
Prim. Ultraakust. Issled. Veščestva	Primenenie Ultraakustiki k Issledovaniju Veščestva
Pr. Indiana Acad.	Proceedings of the Indiana Academy of Science
Pr. Indian Acad.	Proceedings of the Indian Academy of Sciences
Pr. Inst. Food Technol.	Proceedings of Institute of Food Technologists
Pr. Inst. Radio Eng.	Proc. I.R.E. = Proceedings of the Institute of Radio Engineers and Waves and Electrons. Menasha, Wisc.
Pr. int. Conf. bitum. Coal	Proceedings of the International Conference on Bituminous Coal. Pittsburgh, Pa.
Pr. IV. int. Congr. Biochem. Wien 1958	Proceedings of the IV. International Congress of Biochemistry. Wien 1958
Pr. XI. int. Congr. pure appl. Chem. London 1947	Proceedings of the XI. International Congress of Pure and Applied Chemistry. London 1947
Pr. Iowa Acad.	Proceedings of the Iowa Academy of Science
Pr. Irish Acad.	Proceedings of the Royal Irish Academy
Priroda	Priroda (Natur). Leningrad
Pr. Japan Acad.	Proceedings of the Japan Academy
Pr. Leeds phil. lit. Soc.	Proceedings of the Leeds Philosophical and Literary Society, Scientific Section
Pr. Louisiana Acad.	Proceedings of the Louisiana Academy of Sciences
Pr. Mayo Clinic	Proceedings of the Staff Meetings of the Mayo Clinic. Rochester, Minn.
Pr. Minnesota Acad.	Proceedings of the Minnesota Academy of Science
Pr. Montana Acad.	Proceedings of the Montana Academy of Sciences
Pr. nation. Acad. India	Proceedings of the National Academy of Sciences, India
Pr. nation. Acad. U.S.A.	Proceedings of the National Academy of Sciences of the United States of America
Pr. nation. Inst. Sci. India	Proceedings of the National Institute of Sciences of India
Pr. N. Dakota Acad.	Proceedings of the North Dakota Academy of Science
Pr. Nova Scotian Inst. Sci.	Proceedings of the Nova Scotian Institute of Science
Procès-Verbaux Soc. Sci. phys. nat. Bordeaux	Procès-Verbaux des Séances de la Société des Sciences Physiques et Naturelles de Bordeaux
Prod. Finish.	Products Finishing. Cincinnati, Ohio
Prod. pharm.	Produits Pharmaceutiques. Paris
Progr. Chem. Fats Lipids	Progress in the Chemistry of Fats and other Lipids. Herausg. von *R. T. Holman, W. O. Lundberg* und *T-Malkin*
Progr. org. Chem.	Progress in Organic Chemistry. London
Pr. Oklahoma Acad.	Proceedings of the Oklahoma Academy of Science
Promyšl. chim. Reakt. osobo čist. Veščestv	Promyšlennost Chimičeskich Reaktivov i Osobo čistych Veščestv (Industrie chemischer Reagentien und besonders reiner Substanzen)

Kürzung	Titel
Promyšl. org. Chim.	Promyšlennost' Organičeskoj Chimii (Industrie der organischen Chemie)
Protar	Protar. Schweizerische Zeitschrift für Zivilschutz
Protoplasma	Protoplasma. Wien
Pr. Pennsylvania Acad.	Proceedings of the Pennsylvania Academy of Science
Pr. pharm. Soc. Egypt	Proceedings of the Pharmaceutical Society of Egypt
Pr. phys. math. Soc. Japan	Proceedings of the Physico-Mathematical Society of Japan [Nippon Suugaku-Buturigakkwai Kizi]
Pr. phys. Soc. London	Proceedings of the Physical Society. London
Pr. roy. Soc.	Proceedings of the Royal Society of London
Pr. roy. Soc. Edinburgh	Proceedings of the Royal Society of Edinburgh
Pr. roy. Soc. Queensland	Proceedings of the Royal Society of Queensland
Pr. Rubber Technol. Conf.	Proceedings of the Rubber Technology Conference. London 1948
Pr. scient. Sect. Toilet Goods Assoc.	Proceedings of the Scientific Section of the Toilet Goods Association. Washington, D.C.
Pr. S. Dakota Acad.	Proceedings of the South Dakota Academy of Science
Pr. Soc. chem. Ind. Chem. eng. Group	Society of Chemical Industry, London, Chemical Engineering Group, Proceedings
Pr. Soc. exp. Biol. Med.	Proceedings of the Society for Experimental Biology and Medicine. New York
Pr. Trans. Nova Scotian Inst. Sci.	Proceedings and Transactions of the Nova Scotian Institute of Science
Pr. Univ. Durham phil. Soc.	Proceedings of the University of Durham Philosophical Society. Newcastle upon Tyne
Pr. Utah Acad.	Proceedings of the Utah Academy of Sciences, Arts and Letters
Pr. Virginia Acad.	Proceedings of the Virginia Academy of Science
Przeg. chem.	Przeglad Chemiczny (Chemische Rundschau). Lwów
Przem. chem.	Przemysł Chemiczny (Chemische Industrie). Warschau
Pubbl. Ist. Chim. ind. Univ. Bologna	Pubblicazioni dell' Istituto di Chimica Industriale dell' Università di Bologna
Publ. Am. Assoc. Adv. Sci.	Publication of the American Association for the Advancement of Science. Washington
Publ. Centro Invest. tisiol.	Publicaciones del Centro de Investigaciones tisiológicas. Buenos Aires
Public Health Bl.	Public Health Bulletin
Public Health Rep.	U. S. Public Health Service: Public Health Reports
Public Health Rep. Spl.	Public Health Reports. Supplement
Public Health Service	U. S. Public Health Service
Publ. Inst. Quim. Alonso Barba	Publicaciones del Instituto de Química „Alonso Barba". Madrid
Publ. scient. tech. Minist. Air	Publications Scientifiques et Techniques du Ministère de l'Air
Publ. tech. Univ. Tallinn	Publications from the Technical University of Estonia at Tallinn [Tallinna Tehnikaülikooli Toimetused]
Publ. Wagner Free Inst.	Publications of the Wagner Free Institute of Science. Philadelphia, Pa.
Pure appl. Chem.	Pure and Applied Chemistry. London
Pyrethrum Post	Pyrethrum Post. Nakuru, Kenia
Quaderni Nutriz.	Quaderni della Nutrizione
Quart. J. exp. Physiol.	Quarterly Journal of Experimental Physiology. London
Quart. J. Indian Inst. Sci.	Quarterly Journal of the Indian Institute of Science
Quart. J. Med.	Quarterly Journal of Medicine. Oxford
Quart. J. Pharm. Pharmacol.	Quarterly Journal of Pharmacy and Pharmacology. London

Kürzung	Titel
Quart. J. Studies Alcohol	Quarterly Journal of Studies on Alcohol. New Haven, Conn.
Quart. Rev.	Quarterly Reviews. London
Queensland agric. J.	Queensland Agricultural Journal
Química Mexico	Química. Mexico
R.	Recueil des Travaux Chimiques des Pays-Bas
Radiat. Res.	Radiation Research. New York
Radiochimija	Radiochimija; englische Ausgabe: Radiochemistry U.S.S.R., ab **4** [1962] Soviet Radiochemistry
Radiologica	Radiologica. Berlin
Radiology	Radiology. Syracuse, N.Y.
Rad. Jugosl. Akad.	Radovi Jugoslavenske Akademije Znanosti i Umjetnosti. Razreda Matematicko-Priridoslovnoga (Mitteilungen der Jugoslawischen Akademie der Wissenschaften und Künste. Mathematisch-naturwissenschaftliche Reihe)
R.A.L.	Atti della Reale Accademia Nazionale dei Lincei, Classe di Scienze Fisiche, Matematiche e Naturali: Rendiconti
Rasayanam	Rasayanam (Journal for the Progress of Chemical Science). Indien
Rass. clin. Terap.	Rassegna di clinica Terapia e Scienze affini
Rass. Med. ind.	Rassegna di Medicina Industriale
Reakc. Sposobn. org. Soedin.	Reakcionnaja Sposobnost Organičeskich Soedinenij. Tartu
Rec. chem. Progr.	Record of Chemical Progress. Kresge-Hooker Scientific Library. Detroit, Mich.
Recent Progr. Hormone Res.	Recent Progress in Hormone Research
Recherches	Recherches. Herausg. von Soc. Anon. Roure-Bertrand Fils & Justin Dupont
Refiner	Refiner and Natural Gasoline Manufacturer. Houston, Texas
Refrig. Eng.	Refrigerating Engineering. New York
Reichsamt Wirtschaftsausbau Chem. Ber.	Reichsamt für Wirtschaftsausbau. Chemische Berichte
Reichsber. Physik	Reichsberichte für Physik (Beihefte zur Physikalischen Zeitschrift)
Rend. Accad. Bologna	Rendiconti delle Accademia delle Scienze dell' Istituto di Bologna
Rend. Accad. Sci. fis. mat. Napoli	Rendiconto dell'Accademia delle Scienze Fisiche e Matematiche. Napoli
Rend. Fac. Sci. Cagliari	Rendiconti del Seminario della Facoltà di Scienze della Università di Cagliari
Rend. Ist. lomb.	Rendiconti dell'Istituto Lombardo di Science e Lettere. Ser. A. Scienze Matematiche, Fisiche, Chimiche e Geologiche
Rend. Ist. super. Sanità	Rendiconti Istituto superiore di Sanità
Rend. Soc. chim. ital.	Rendiconti della Società Chimica Italiana
Rensselaer polytech. Inst. Bl.	Rensselaer Polytechnic Institute Buletin. Troy, N. Y.
Rep. Connecticut agric. Exp. Sta.	Report of the Connecticut Agricultural Experiment Station
Rep. Food Res. Inst. Tokyo	Report of the Food Research Institute. Tokyo [Shokuryo Kenkyusho Kenkyu Hokoku]
Rep. Gov. chem. ind. Res. Inst. Tokyo	Reports of the Government Chemical Industrial Research Institute. Tokyo [Tokyo Kogyo Shikensho Hokoku]
Rep. Gov. ind. Res. Inst. Nagoya	Reports of the Government Industrial Research Institute, Nagoya [Nagoya Kogyo Gijutsu Shikensho Hokoku]

Kürzung	Titel
Rep. Himeji Inst. Technol.	Reports of the Himeji Institute of Technology [Himeji Kogyo Daigaku Kenkyu Hokoku]
Rep. Inst. chem. Res. Kyoto Univ.	Reports of the Institute for Chemical Research, Kyoto University
Rep. Inst. Sci. Technol. Tokyo	Reports of the Institute of Science and Technology of the University of Tokyo [Tokyo Daigaku Rikogaku Kenkyusho Hokoku]
Rep. Osaka ind. Res. Inst.	Reports of the Osaka Industrial Research Institute [Osaka Kogyo Gijutsu Shikenjo Hokoku]
Rep. Osaka munic. Inst. domestic Sci.	Report of the Osaka Municipal Institute for Domestic Science [Osaka Shiritsu Seikatsu Kagaku Kenkyusho Kenkyu Hokoku]
Rep. Radiat. Chem. Res. Inst. Tokyo Univ.	Reports of the Radiation Chemistry Research Institute, Tokyo University
Rep. scient. Res. Inst. Tokyo	Reports of the Scientific Research Institute Tokyo [Kagaku Kenkyusho Hokoku]
Rep. Tokyo ind. Testing Labor.	Reports of the Tokyo Industrial Testing Laboratory
Res. Bl. Gifu Coll. Agric.	Research Bulletin of the Gifu Imperial College of Agriculture [Gifu Koto Norin Gakko Kagami Kenkyu Hokoku]
Research	Research. London
Res. electrotech. Labor. Tokyo	Researches of the Electrotechnical Laboratory Tokyo [Denki Shikensho Kenkyu Hokoku]
Res. Rep. Fac. Eng. Chiba Univ.	Research Reports of the Faculty of Engineering, Chiba University [Chiba Daigaku Kogakubu Kenkyu Hokoku]
Res. Rep. Kogakuin Univ.	Research Reports of the Kogakuin University [Kogakuin Daigaku Kenkyu Hokoku]
Rev. Acad. Cienc. exact. fis. nat. Madrid	Revista de la Academia de Ciencias Exactas, Físicas y Naturales de Madrid
Rev. alimentar	Revista alimentar. Rio de Janeiro
Rev. appl. Entomol.	Review of Applied Entomology. London
Rev. Asoc. bioquim. arg.	Revista de la Asociación Bioquímica Argentina
Rev. Asoc. Ing. agron.	Revista de la Asociación de Ingenieros agronómicos. Montevideo
Rev. Assoc. brasil. Farm.	Revista da Associação Brasileira de Farmacéuticos
Rev. belge Sci. méd.	Revue Belge des Sciences médicales
Rev. brasil. Biol.	Revista Brasileira de Biologia
Rev. brasil. Farm.	Revista Brasileira de Farmácia
Rev. brasil. Quim.	Revista Brasileira de Química
Rev. canad. Biol.	Revue Canadienne de Biologie
Rev. Centro Estud. Farm. Bioquim.	Revista del Centro Estudiantes de Farmacia y Bioquímica. Buenos Aires
Rev. Chim. Acad. roum.	Revue de Chimie, Academie de la Republique Populaire Roumaine
Rev. Chim. Bukarest	Revista de Chimie. Bukarest
Rev. Chimica ind.	Revista de Chimica industrial. Rio de Janeiro
Rev. Chim. ind.	Revue de Chimie industrielle. Paris
Rev. Ciencias	Revista de Ciencias. Lima
Rev. Colegio Farm. nacion.	Revista del Colegio de Farmaceuticos nacionales. Rosario, Argentinien
Rev. Fac. Cienc. quim. La Plata	Revista de la Facultad de Ciencias Químicas, Universidad Nacional de La Plata
Rev. Fac. Cienc. Univ. Coimbra	Revista da Faculdade de Ciencias, Universidade de Coimbra
Rev. Fac. Cienc. Univ. Lissabon	Revista da Faculdade de Ciencias, Universidade de Lisboa

Kürzung	Titel
Rev. Fac. Farm. Bioquim. Univ. San Marcos	Revista de la Facultad de Farmacia y Bioquímica, Universidad Nacional Mayor de San Marcos de Lima, Peru
Rev. Fac. Ing. quim. Santa Fé	Revista de la Facultad de Ingenieria Química, Universidad Nacional del Litoral. Santa Fé, Argentinien
Rev. Fac. Med. veterin. Univ. São Paulo	Revista da Faculdade de Medicina Veterinaria, Universidade de São Paulo
Rev. Fac. Quim. Santa Fé	Revista de la Facultad de Química Industrial y Agricola. Santa Fé, Argentinien
Rev. Fac. Sci. Istanbul	Revue de la Faculté des Sciences de l'Université d'Istanbul
Rev. farm. Buenos Aires	Revista Farmaceutica. Buenos Aires
Rev. franç. Phot.	Revue française de Photographie et de Cinématographie
Rev. Gastroenterol.	Review of Gastroenterology. New York
Rev. gén. Bot.	Revue générale de Botanique
Rev. gén. Caoutchouc	Revue générale du Caoutchouc
Rev. gén. Colloides	Revue générale des Colloides
Rev. gén. Froid	Revue générale du Froid
Rev. gén. Mat. col.	Revue générale des Matières colorantes, de la Teinture, de l'Impression, du Blanchiment et des Apprêts
Rev. gén. Mat. plast.	Revue générale des Matières plastiques
Rev. gén. Sci.	Revue générale des Sciences pures et appliquées (ab 1948) et Bulletin de la Société Philomatique
Rev. gén. Teinture	Revue générale de Teinture, Impression, Blanchiment, Apprêt (Tiba)
Rev. Immunol.	Revue d'Immunologie (ab Bd. **10** [1946]) et de Thérapie antimicrobienne
Rev. Inst. A. Lutz	Revista do Instituto Adolfo Lutz. São Paulo
Rev. Inst. franç. Pétr.	Revue de l'Institut Français du Pétrole et Annales des Combustibles liquides
Rev. Inst. Salubridad	Revista del Instituto de Salubridad y Enfermedades tropicales. Mexico
Rev. Marques Parf. France	Revue des Marques — Parfums de France
Rev. Marques Parf. Savonn.	Revue des Marques de la Parfumerie et de la Savonnerie
Rev. mod. Physics	Reviews of Modern Physics. New York
Rev. Nickel	Revue du Nickel. Paris
Rev. Opt.	Revue d'Optique Théorique et Instrumentale
Rev. Parf.	Revue de la Parfumerie et des Industries s'y Rattachant
Rev. petrolif.	Revue pétrolifère
Rev. phys. Chem. Japan	Review of Physical Chemistry of Japan
Rev. portug. Farm.	Revista Portuguesa de Farmácia
Rev. Prod. chim.	Revue des Produits Chimiques
Rev. pure appl. Chem.	Reviews of Pure and Applied Chemistry. Melbourne, Australien
Rev. Quim. Farm.	Revista de Química e Farmácia. Rio de Janeiro
Rev. quim. farm. Chile	Revista químico farmacéutica. Santiago, Chile
Rev. Quim. ind.	Revista de Química industrial. Rio de Janeiro
Rev. roum. Chim.	Revue Roumaine de Chimie
Rev. scient.	Revue scientifique. Paris
Rev. scient. Instruments	Review of Scientific Instruments. New York
Rev. Soc. arg. Biol.	Revista de la Sociedad Argentina de Biologia
Rev. Soc. brasil. Quim.	Revista da Sociedade Brasileira de Química
Rev. ştiinţ. Adamachi	Revista Ştiinţifică ,,V. Adamachi"
Rev. sud-am. Endocrin.	Revista sud-americana de Endocrinologia, Immunologia, Quimioterapia

Kürzung	Titel
Rev. univ. Mines	Revue universelle des Mines
Rev. Viticult.	Revue de Viticulture
Rhodora	Rhodora (Journal of the New England Botanical Club). Lancaster, Pa.
Ric. scient.	Ricerca Scientifica ed il Progresso Tecnico nell'Economia Nazionale; ab 1945 Ricerca Scientifica e Ricostruzione; ab 1948 Ricerca Scientifica
Riechst. Aromen	Riechstoffe, Aromen, Körperpflegemittel
Riechstoffind.	Riechstoffindustrie und Kosmetik
Riforma med.	Riforma medica
Riv. Combust.	Rivista dei Combustibili
Riv. ital. Essenze Prof.	Rivista Italiana Essenze, Profumi, Pianti Offizinali, Olii Vegetali, Saponi
Riv. ital. Petr.	Rivista Italiana del Petrolio
Riv. Med. aeronaut.	Rivista di Medicina aeronautica
Riv. Patol. sperim.	Rivista di Patologia sperimentale
Riv. Viticolt.	Rivista di Viticoltura e di Enologia
Rocky Mountain med. J.	Rocky Mountain Medical Journal. Denver, Colorado
Roczniki Chem.	Roczniki Chemji (Annales Societatis Chimicae Polonorum)
Roczniki Farm.	Roczniki Farmacji. Warschau
Roczniki Nauk. roln.	Roczniki Nauk Rolniczych
Roczniki Technol. Chem. Zywn.	Roczniki Technologii i Chemii Zywnosci
Rossini, Selected Values 1953	Selected Values of Physical and Thermodynamic Properties of Hydrocarbons and Related Compounds. Herausg. von *F. D. Rossini, K. S. Pitzer, R. L. Arnett, R. M. Braun, G. C. Pimentel*. Pittsburgh 1953. Comprising the Tables of the A.P.I. Res. Project 44
Roy. Inst. Chem.	Royal Institute of Chemistry, London, Lectures, Monographs, and Reports
Rubber Age N.Y.	Rubber Age. New York
Rubber Chem. Technol.	Rubber Chemistry and Technology. Lancaster, Pa.
Russ. chem. Rev.	Russian Chemical Reviews. Englische Übersetzung von Uspechi Chimii
Russ. P.	Russisches Patent
Safety in Mines Res. Board	Safety in Mines Research Board. London
S. African ind. Chemist	South African Industrial Chemist
S. African J. med. Sci.	South African Journal of Medical Sciences
S. African J. Sci.	South African Journal of Science
Sammlg. Vergiftungsf.	Fühner-Wielands Sammlung von Vergiftungsfällen
Sber. Akad. Wien	Sitzungsberichte der Akademie der Wissenschaften Wien. Mathematisch-naturwissenschaftliche Klasse
Sber. Bayer. Akad.	Sitzungsberichte der Bayerischen Akademie der Wissenschaften, Mathematisch-naturwissenschaftliche Klasse
Sber. finn. Akad.	Sitzungsberichte der Finnischen Akademie der Wissenschaften
Sber. Ges. Naturwiss. Marburg	Sitzungsberichte der Gesellschaft zur Beförderung der gesamten Naturwissenschaften zu Marburg
Sber. Heidelb. Akad.	Sitzungsberichte der Heidelberger Akademie der Wissenschaften. Mathematisch-naturwissenschaftliche Klasse
Sber. naturf. Ges. Rostock	Sitzungsberichte der Naturforschenden Gesellschaft zu Rostock
Sber. Naturf. Ges. Tartu	Sitzungsberichte der Naturforscher-Gesellschaft bei der Universität Tartu

Kürzung	Titel
Sber. phys. med. Soz. Erlangen	Sitzungsberichte der physikalisch-medizinischen Sozietät zu Erlangen
Sber. Preuss. Akad.	Sitzungsberichte der Preussischen Akademie der Wissenschaften, Physikalisch-mathematische Klasse
Sborník čsl. Akad. zeměd.	Sborník Československé Akademie Zemědělské (Annalen der Tschechoslowakischen Akademie der Landwirtschaft)
Sbornik Rabot. Inst. Chim. Akad. Belorussk. S.S.R.	Sbornik Naučnych Rabot Instituta Chimii Akademii Nauk Belorusskoj S.S.R.
Sbornik. Rabot. Moskovsk. farm. Inst.	Sbornik Naučnych Rabot Moskovskogo Farmacevtičeskogo Instituta
Sbornik Statei obšč. Chim.	Sbornik Statei po Obščej Chimii, Akademija Nauk S.S.S.R.
Sbornik Statei org. Poluprod. Krasit.	Sbornik Statei, Naučno-issledovatelskij Institut Organičeskich Poluproduktov i Krasiteli
Sbornik stud. Rabot Moskovsk. selskochoz. Akad.	Sbornik Studenčeskich Naučno-issledovatelskich Rabot, Moskovskaja Selskochozjaistvennaja Akademija im. Timirjazewa
Sbornik Trudov Armjansk. Akad.	Sbornik Trudov Armjanskogo Filial. Akademija Nauk
Sbornik Trudov Kuibyševsk. ind. Inst.	Sbornik Naučnych Trudov, Kuibyševskij Industrialnyj Institut
Sbornik Trudov opytnogo Zavoda Lebedeva	Sbornik Trudov opytnogo Zavoda imeni *S. V. Lebedeva* (Gesammelte Arbeiten aus dem Versuchsbetrieb *S. V. Lebedew*)
Sbornik Trudov Penzensk. selskochoz. Inst.	Sbornik Trudov Penzenskogo Selskochozjaistvennogo Instituta
Sbornik Trudov Voronežsk. Otd. chim. Obšč.	Sbornik Trudov Voronežskogo Otdelenija Vsesojuznogo Chimičeskogo Obščestva
Schmerz	Schmerz, Narkose, Anaesthesie
Schwed. P.	Schwedisches Patent
Schweiz. Apoth. Ztg.	Schweizerische Apotheker-Zeitung
Schweiz. Arch. angew. Wiss. Tech.	Schweizer Archiv für Angewandte Wissenschaft und Technik
Schweiz. med. Wschr.	Schweizerische medizinische Wochenschrift
Schweiz. P.	Schweizer Patent
Schweiz. Wschr. Chem. Pharm.	Schweizerische Wochenschrift für Chemie und Pharmacie
Schweiz. Z. allg. Path.	Schweizerische Zeitschrift für allgemeine Pathologie und Bakteriologie
Sci.	Science. New York/Washington, D. C.
Sci. Bl. Fac. Agric. Kyushu Univ.	La Bulteno Scienca de la Facultato Tercultura, Kjusu Imperia Universitato; Fukuoka, Japanujo; nach **11** Nr. 2/3 [1945]: Science Bulletin of the Faculty of Agriculture, Kyushu University
Sci. Culture	Science and Culture. Calcutta
Scientia Peking	Scientia. Peking [K'o Hsueh T'ung Pao]
Scientia pharm.	Scientia Pharmaceutica. Wien
Scientia sinica	Scientia Sinica. Peking
Scientia Valparaiso	Scientia Valparaiso. Chile
Scient. J. roy. Coll. Sci.	Scientific Journal of the Royal College of Science
Scient. Pap. Inst. phys. chem. Res.	Scientific Papers of the Institute of Physical and Chemical Research. Tokyo
Scient. Pap. Osaka Univ.	Scientific Papers from the Osaka University

Kürzung	Titel
Scient. Pr. roy. Dublin Soc.	Scientific Proceedings of the Royal Dublin Society
Scient. Rep. Matsuyama agric. Coll.	Scientific Reports of the Matsuyama Agricultural College
Scient. Rep. Toho Rayon Co.	Scientific Reports of the Toho Rayon Co., Ltd. [Toho Reiyon Kenkyu Hokoku]
Sci. Ind. Osaka	Science & Industry. Osaka [Kagaku to Kogyo]
Sci. Ind. phot.	Science et Industries photographiques
Sci. Progr.	Science Progress. London
Sci. Quart. Univ. Peking	Science Quarterly of the National University of Peking
Sci. Rec. China	Science Record, China; engl. Übersetzung von K'o Hsueh Chi Lu. Peking
Sci. Rep. Hyogo Univ. Agric.	Science Reports of the Hyogo University of Agriculture [Hyogo Noka Daigaku Kenkyu Hokoku]
Sci. Rep. Res. Inst. Tohoku Univ.	Science Reports of the Research Institutes, Tohoku University
Sci. Rep. Saitama Univ.	Science Reports of the Saitama University
Sci. Rep. Tohoku Univ.	Science Reports of the Tohoku Imperial University
Sci. Rep. Tokyo Bunrika Daigaku	Science Reports of the Tokyo Bunrika Daigaku (Tokyo University of Literature and Science)
Sci. Rep. Tsing Hua Univ.	Science Reports of the National Tsing Hua University
Sci. Rep. Univ. Peking	Science Reports of the National University of Peking
Sci. Studies St. Bonaventure Coll.	Science Studies, St. Bonaventure College. New York
Sci. Technol. China	Science and Technology. Sian, China [K'o Hsueh Yu Chi Shu]
Sci. Tokyo	Science. Tokyo [Kagaku Tokyo]
Securitas	Securitas. Mailand
Seifens.-Ztg.	Seifensieder-Zeitung
Sei-i-kai-med. J.	Sei-i-kai Medical Journal. Tokyo [Sei-i-kai Zasshi]
Semana med.	Semana médica. Buenos Aires
Sint. Kaučuk	Sintetičeskij Kaučuk
Sint. org. Soedin.	Sintezy Organičeskich Soedinenij; deutsche Ausgabe: Synthesen Organischer Verbindungen
Skand. Arch. Physiol.	Skandinavisches Archiv für Physiologie
Skand. Arch. Physiol. Spl.	Skandinavisches Archiv für Physiologie. Supplementum
Soap	Soap. New York
Soap Perfum. Cosmet.	Soap, Perfumery and Cosmetics. London
Soap sanit. Chemicals	Soap and Sanitary Chemicals. New York
Soc.	Journal of the Chemical Society. London
Soc. Sci. Lodz. Acta chim.	Societatis Scientiarum Lodziensis Acta Chimica
Soil Sci.	Soil Science. Baltimore, Md.
Soobšč. Akad. Gruzinsk. S.S.R.	Soobščenija Akademii Nauk Gruzinskoj S.S.R. (Mitteilungen der Akademie der Wissenschaften der Georgischen Republik)
Soobšč. chim. Obšč.	Soobščenija o Naučnych Rabotach Členov Vsesojuznogo Chimičeskogo Obščestva
Soobšč. Rabot Kievsk. ind. Inst.	Soobščenija naučn-issledovatelskij Rabot Kievskogo industrialnogo Instituta
Sovešč. sint. Prod. Kanifoli Skipidara Gorki 1963	Soveščanija sintetičeskich Produktov i Kanifoli i Skipidara Gorki 1963
Sovešč. Stroenie židkom Sost. Kiew 1953	Stroenie i Fizičeskie Svoistva Veščestva v Židkom Sostojanie (Struktur und physikalische Eigenschaften der Materie im flüssigen Zustand; Konferenz Kiew 1953)
Sovet. Farm.	Sovetskaja Farmacija

Kürzung	Titel
Sovet. Sachar	Sovetskaja Sachar
Soviet Physics JETP	Soviet Physics JETP; englische Ausgabe von Žurnal Eksperimentalnoj i Teoretičeskoj Fiziki
Spectrochim. Acta	Spectrochimica Acta. Berlin; Bd. 3 Città del Vaticano; ab 4 London
Sperimentale Sez. Chim. biol.	Sperimentale, Sezione di Chimica Biologica
Spisy přírodov. Mas. Univ.	Spisy Vydávané Přírodovědeckou Fakultou Masarykovy University
Spisy přírodov. Univ. Brno	Spisy Přírodovědecké Fakulty J. E. Purkyne University v Brně
Sprawozd. Tow. fiz.	Sprawozdania i Prace Polskiego Towarzystwa Fizycznego (Comptes Rendus des Séances de la Société Polonaise de Physique)
Sprawozd. Tow. nauk. Warszawsk.	Sprawozdania z Posiedzeń Towarzystwa Naukowego Warszawskiego
Stärke	Stärke. Stuttgart
Stain Technol.	Stain Technology. Baltimore
Steroids	Steroids. San Francisco, Calif.
Strahlentherapie	Strahlentherapie
Structure Reports	Structure Reports. Herausg. von *A. J. C. Wilson*. Utrecht
Stud. Inst. med. Chem. Univ. Szeged	Studies from the Institute of Medical Chemistry, University of Szeged
Südd. Apoth.-Ztg.	Süddeutsche Apotheker-Zeitung
Sugar	Sugar. New York
Sugar J.	Sugar Journal. New Orleans, La.
Suomen Kem.	Suomen Kemistilehti (Acta Chemica Fennica)
Suomen Paperi ja Puu.	Suomen Paperi- ja Puutavaralehti
Superphosphate	Superphosphate. Hamburg
Svenska Mejeritidn.	Svenska Mejeritidningen
Svensk farm. Tidskr.	Svensk Farmaceutisk Tidskrift
Svensk kem. Tidskr.	Svensk Kemisk Tidskrift
Svensk Papperstidn.	Svensk Papperstidning
Symp. Soc. exp. Biol.	Symposia of the Society for Experimental Biology. New York
Synth. appl. Finishes	Synthetic and Applied Finishes. London
Synthesis	Synthesis. New York
Synth. org. Verb.	Synthesen Organischer Verbindungen. Deutsche Übersetzung von Sintezy Organičeskich Soedinenij
Talanta	Talanta. An International Journal of Analytical Chemistry. London
Tappi	Tappi (Technical Association of the Pulp and Paper Industry). New York
Tech. Ind. Schweiz. Chemiker Ztg.	Technik-Industrie und Schweizer Chemiker-Zeitung
Tech. Mitt. Krupp	Technische Mitteilungen Krupp
Techn. Bl. Kagawa agric. Coll.	Technical Bulletin of Kagawa Agricultural College [Kagawa Kenritsu Noka Daigaku Gakujutsu Hokoku]
Technika Budapest	Technika. Budapest
Technol. Chem. Papier-Zellstoff-Fabr.	Technologie und Chemie der Papier- und Zellstoff-Fabrikation
Technol. Museum Sydney Bl.	Technological Museum Sydney. Bulletin
Technol. Rep. Osaka Univ.	Technology Reports of the Osaka University

Kürzung	Titel
Technol. Rep. Tohoku Univ.	Technology Reports of the Tohoku Imperial University
Tech. Physics U.S.S.R.	Technical Physics of the U.S.S.R. (Forts. J. Physics U.S.S.R.)
Tecnica ital.	Tecnica Italiana
Teer Bitumen	Teer und Bitumen
Teintex	Teintex. Paris
Tekn. Tidskr.	Teknisk Tidskrift. Stockholm
Tekn. Ukeblad	Teknisk Ukeblad. Oslo
Tekst. Promyšl.	Tekstilnaja Promyšlennost. Moskau
Teoret. eksp. Chim.	Teoretičeskaja i Eksperimentalnaja Chimija; englische Ausgabe: Theoretical and Experimental Chemistry U.S.S.R.
Tetrahedron	Tetrahedron. London
Tetrahedron Letters	Tetrahedron Letters
Tetrahedron Spl.	Tetrahedron, Supplement. Oxford
Texas J. Sci.	Texas Journal of Science
Textile Colorist	Textile Colorist. New York
Textile Res. J.	Textile Research Journal. New York
Textile Wd.	Textile World. New York
Teysmannia	Teysmannia. Batavia
Theoret. chim. Acta	Theoretica chimica Acta. Berlin
Therap. Gegenw.	Therapie der Gegenwart
Tidsskr. Hermetikind.	Tidsskrift for Hermetikindustri. Stavanger
Tidsskr. Kjemi Bergv.	Tidsskrift för Kjemi og Bergvesen. Oslo
Tidsskr. Kjemi Bergv. Met.	Tidsskrift för Kjemi, Bergvesen og Metallurgi. Oslo
Tijdschr. Artsenijk.	Tijdschrift voor Artsenijkunde
Tijdschr. Plantenz.	Tijdschrift over Plantenziekten
Tohoku J. agric. Res.	Tohoku Journal of Agricultural Research
Tohoku J. exp. Med.	Tohoku Journal of Experimental Medicine
Toxicon	Toxicon. Oxford
Trab. Labor. Bioquim. Quim. apl.	Trabajos del Laboratorio de Bioquímica y Química aplicada, Instituto „Alonso Barba", Universidad de Zaragoza
Trans. Am. electroch. Soc.	Transactions of the American Electrochemical Society
Trans. Am. Inst. chem. Eng.	Transactions of the American Institute of Chemical Engineers
Trans. Am. Inst. min. met. Eng.	Transactions of the American Institute of Mining and Metallurgical Engineers
Trans. Am. Soc. mech. Eng.	Transactions of the American Society of Mechanical Engineers
Trans. Bose Res. Inst. Calcutta	Transactions of the Bose Research Institute, Calcutta
Trans. Brit. ceram. Soc.	Transactions of the British Ceramic Society
Trans. Brit. mycol. Soc.	Transactions of the British Mycological Society
Trans. ... Conf. biol. Antioxidants New York ...	Transactions of the ... Conference on Biological Antioxidants, New York (1. 1946, 2. 1947, 3. 1948)
Trans. electroch. Soc.	Transactions of the Electrochemical Society. New York
Trans. Faraday Soc.	Transactions of the Faraday Society. Aberdeen, Schottland
Trans. Illinois Acad.	Transactions of the Illinois State Academy of Science
Trans. Indian Inst. chem. Eng.	Transactions, Indian Institute of Chemical Engineers
Trans. Inst. chem. Eng.	Transactions of the Institution of Chemical Engineers. London
Trans. Inst. min. Eng.	Transactions of the Institution of Mining Engineers. London
Trans. Inst. Rubber Ind.	Transactions of the Institution of the Rubber Industry (= I.R.I.-Transactions). London
Trans. Kansas Acad.	Transactions of the Kansas Academy of Science

Kürzung	Titel
Trans. Kentucky Acad.	Transactions of the Kentucky Academy of Science
Trans. nation. Inst. Sci. India	Transactions of the National Institute of Science of India
Trans. N.Y. Acad. Sci.	Transactions of the New York Academy of Sciences
Trans. Pr. roy. Soc. New Zealand	Transactions and Proceedings of the Royal Society of New Zealand
Trans. roy. Soc. Canada	Transactions of the Royal Society of Canada
Trans. roy. Soc. S. Africa	Transactions of the Royal Society of South Africa
Trans. roy. Soc. trop. Med. Hyg.	Transactions of the Royal Society of Tropical Medicine and Hygiene. London
Trans. third Comm. int. Soc. Soil Sci.	Transactions of the Third Commission of the International Society of Soil Science
Trav. Labor. Chim. gén. Univ. Louvain	Travaux du Laboratoire de Chimie Générale, Université Louvain
Trav. Soc. Chim. biol.	Travaux des Membres de la Société de Chimie Biologique
Trav. Soc. Pharm. Montpellier	Travaux de la Société de Pharmacie de Montpellier
Trudy Akad. Belorussk. S.S.R.	Trudy Akademii Nauk Belorusskoj S.S.R.
Trudy Azerbajdžansk. Univ.	Trudy Azerbajdžanskogo Gosudarstvennogo Universiteta
Trudy central. biochim. Inst.	Trudy centralnogo naučno-issledovatelskogo biochimičeskogo Instituta Piščevoj i Vkusovoj Promyšlennosti (Schriften des zentralen biochemischen Forschungsinstituts der Nahrungs- und Genußmittelindustrie)
Trudy Charkovsk. chim. technol. Inst.	Trudy Charkovskogo Chimiko-technologičeskogo Instituta
Trudy Chim. chim. Technol.	Trudy po Chimii i Chimičeskoj Technologii. Gorki
Trudy chim. Fak. Charkovsk. Univ.	Trudy Chimičeskogo Fakulteta i Naučno-issledovatelskogo Instituta Chimii Charkovskogo Universiteta
Trudy chim. farm. Inst.	Trudy Naučnogo Chimiko-farmacevtičeskogo Instituta
Trudy Chim. prirodn. Soedin. Kišinevsk. Univ.	Trudy po Chimii Prirodnych Soedinenij, Kišinevskij Gosudarstevennyj Universitet
Trudy Gorkovsk. pedagog. Inst.	Trudy Gorkovskogo Gosudarstvennogo Pedagogičeskogo Instituta
Trudy Inst. č. chim. Reakt.	Trudy Instituta Čistych Chimičeskich Reaktivov (Arbeiten des Instituts für reine chemische Reagentien)
Trudy Inst. Chim. Akad. Uralsk. S.S.R.	Trudy Instituta Chimii i Metallurgii, Akademija Nauk S.S.S.R., Uralskij Filial
Trudy Inst. Chim. Charkovsk. Univ.	Trudy Institutu Chimii Charkovskogo Gosudarstvennogo Universiteta
Trudy Inst. efirno-maslič. Promyšl.	Trudy Vsesojuznogo Instituta efirno-masličnoj Promyšlennosti
Trudy Inst. Fiz. Mat. Akad. Azerbajdžansk. S.S.R.	Trudy Instituta Fiziki i Matematiki, Akademija Nauk Azerbajdžanskoj S.S.R. Serija Fizičeskaja
Trudy Inst. iskusstv. Volokna	Naučno-issledovatelskie Trudy, Vsesojuznyj Naučno-issledovatelskij Institut Iskusstvennogo Volokna
Trudy Inst. klin. eksp. Chirurgii Akad. Kazachsk. S.S.R.	Trudy Instituta Kliničeskoj i Eksperimentalnoj Chirurgii, Akademija Nauk Kazachskoj S.S.R.
Trudy Inst. Krist. Akad. S.S.S.R.	Trudy Instituta Kristallografii, Akademija Nauk S.S.S.R.

Kürzung	Titel
Trudy Inst. lekarstv. aromat. Rast.	Trudy Vsesojuznogo Naučno-issledovatelskogo Instituta lekarstvennych i aromatičeskich Rastenij
Trudy Inst. Nefti Akad. Azerbajdžansk. S.S.R.	Trudy Instituta Nefti, Akademija Nauk S.S.S.R.
Trudy Inst. sint. nat. dušist. Veščestv	Trudy Vsesojuznogo Naučno-issledovatelskogo Instituta Sintetičeskich i Naturalnych Dušistych Veščestv
Trudy Ivanovsk. chim. technol. Inst.	Trudy Ivanovskogo Chimiko-technologičeskogo Instituta
Trudy Kazansk. chim. technol. Inst.	Trudy Kazanskogo Chimiko-technologičeskogo Instituta
Trudy Kievsk. technol. Inst. piščevoj Promyšl.	Trudy Kievskogo Technologičeskogo Instituta Piščevoj Promyšlennosti
Trudy Kinofotoinst.	Trudy Vsesojuznogo Naučno-issledovatelskogo Kinofoto-instituta
Trudy Kubansk. selsko-choz. Inst.	Trudy Kubanskogo Selskochozjajstvennogo Instituta
Trudy Leningradsk. chim. farm. Inst.	Trudy Leningradskogo Chimico-Farmacevtičeskogo Instituta
Trudy Leningradsk. ind. Inst.	Trudy Leningradskogo Industrialnogo Instituta
Trudy Lvovsk. med. Inst.	Trudy Lvovskogo Medicinskogo Instituta
Trudy Mendeleevsk. S.	Trudy (VI.) Vsesojuznogo Mendeleevskogo Sezda po teoretičeskoj i prikladnoj Chimii (Charkow 1932)
Trudy Molotovsk. med. Inst.	Trudy Molotovskogo Medicinskogo Instituta
Trudy Moskovsk. chim. technol. Inst.	Trudy Moskovskogo Chimiko-technologičeskogo Instituta imeni Mendeleeva
Trudy Moskovsk. technol. Inst. piščevoj Promyšl.	Trudy, Moskovskij Technologičeskij Institut Piščevoj Promyšlennosti
Trudy Moskovsk. zootech. Inst. Konevod.	Trudy Moskovskogo Zootechničeskogo Instituta Konevodstva
Trudy Odessk. technol. Inst. piščevoj cholodil. Promšyl.	Trudy Odesskogo Technologičeskogo Instituta Piščevoj i Cholodilnoj Promyšlennosti
Trudy opytno-issledovatelsk. Zavoda Chimgaz	Trudy Opytno-issledovatelskogo Zavoda Chimgaz
Trudy radiev. Inst.	Trudy Gosudarstvennogo Radievogo Instituta
Trudy Sessii Akad. Nauk org. Chim.	Trudy Sessii Akademii Nauk po Organičeskoj Chimii
Trudy Sovešč. Termodin. Stroenie Rastvorov Moskau	Trudy Soveščanija Termodinamika i Stroenie Rastvorov Moskau
Trudy Sovešč. Terpenov Terpenoidov Wilna 1959	Trudy Vsesojuznogo Soveščanija po Voprosam Chimii Terpenov i Terpenoidov Akademija Nauk Litovskoj S.S.R. Wilna 1959
Trudy Sovešč. Vopr. Ispolz. Pentozan. Syrja Riga 1955	Trudy Vsesojuznogo Soveščanija Voprosy Ispolzovanija Pentozansoderžaščego Syrja Riga 1955
Trudy sredneaziatsk. Univ.	Trudy Sredneaziatskogo Gosudarstvennogo Universiteta. Taschkent [Acta Universitatis Asiae Mediae]
Trudy Tadžiksk. selskochoz. Inst.	Trudy Tadžikskogo Selskochozjajstvennogo Instituta
Trudy Tbilissk. Univ.	Trudy Tbilisskogo Gosudarstvennogo Universiteta
Trudy Uzbeksk. Univ. Sbornik Rabot Chim.	Trudy Uzbekskogo Gosudarstvennogo Universiteta. Sbornik Rabot Chimii (Sammlung chemischer Arbeiten)

Kürzung	Titel
Trudy vitamin. Inst.	Trudy Vsesojuznogo Naučno-issledovatelskogo Vitaminnogo Instituta
Trudy Voronežsk. Univ.	Trudy Voronežskogo Gosudarstvennogo Universiteta; Chimičeskij Otdelenie (Acta Universitatis Voronegiensis; Sectio chemica)
Trudy Vorošilovsk. pedagog. Inst.	Trudy Vorošilovskogo Gosudarstvennogo Pedagogičeskogo Instituta
Uč. Zap. Azerbajdžansk. Univ.	Učenye Zapiski Azerbajdžanskogo Gosudarstvennogo Universiteta
Uč. Zap. Gorkovsk. Univ.	Učenye Zapiski Gorkovskogo Gosudarstvennogo Universiteta
Uč. Zap. Jaroslavsk. technol. Inst.	Učenye Zapiski Jaroslavskogo Technologičeskogo Instituta
Uč. Zap. Kazansk. Univ.	Učenye Zapiski, Kazanskij Gesudarstvennyj Universitet
Uč. Zap. Kišinevsk. Univ.	Učenye Zapiski, Kišinevskij Gosudarstvennyj Universitet
Uč. Zap. Leningradsk. Univ.	Učenye Zapiski Leningradskogo Gosudarstvennogo Universiteta
Uč. Zap. Minsk. pedagog. Inst.	Učenye Zapiski, Minskij Gosudarstvennyj Pedagogičeskij Institut
Uč. Zap. Molotovsk Univ.	Učenye Zapiski Molotovskij Gosudarstvennyj Universitet
Uč. Zap. Moskovsk. Univ.	Učenye Zapiski Moskovskogo Gosudarstvennogo Universiteta; Chimija
Uč. Zap. Rostovsk. Univ.	Učenye Zapiski Rostovskogo na Donu Gosudarstvennogo Universiteta
Uč. Zap. Saratovsk. Univ.	Učenye Zapiski Saratovskogo Gosudarstvennogo Universiteta
Udobr.	Udobrenie i Urožaj (Düngung und Ernte)
Ugol	Ugol (Kohle)
Ukr. biochim. Ž.	Ukrainskij Biochimičnij Žurnal
Ukr. chim. Ž.	Ukrainskij Chimičnij Žurnal, Naukova Častina (Partie Scientifique)
Ukr. Inst. eksp. Farm. Konsult. Mat.	Ukrainskij Gosudarstvennyj Institut Eksperimentalnoj Farmazii, Konsultacionnye Materialy
Ullmann	Ullmanns Encyklopädie der Technischen Chemie, 3. bzw. 4. Aufl. Herausg. von *W. Foerst*
Underwriter's Labor. Bl.	Underwriters' Laboratories, Inc., Bulletin of Research. Chicago, Ill.
Ung. P.	Ungarisches Patent
Union Burma J. Sci. Technol.	Union of Burma Journal of Science and Technology
Union pharm.	Union pharmaceutique
Union S. Africa Dep. Agric. Sci. Bl.	Union South Africa Department of Agriculture, Science Bulletin
Univ. Allahabad Studies	University of Allahabad Studies
Univ. California Publ. Pharmacol.	University of California Publications. Pharmacology
Univ. California Publ. Physiol.	University of California Publications. Physiology
Univ. Colorado Studies	University of Colorado Studies
Univ. Illinois eng. Exp. Sta. Bl.	University of Illinois Bulletin. Engineering Experiment Station. Bulletin Series
Univ. Kansas Sci. Bl.	University of Kansas Science Bulletin
Univ. Philippines Sci. Bl.	University of the Philippines Natural and Applied Science Bulletin

Kürzung	Titel
Univ. Queensland Pap. Dep. Chem.	University of Queensland Papers, Department of Chemistry
Univ. São Paulo Fac. Fil.	Universidade de São Paulo, Faculdade de Filosofia, Ciencias e Letras
Univ. Texas Publ.	University of Texas Publication
Upsala Läkaref. Förhandl.	Upsala Läkareförenings Förhandlingar
U.S. Atomic Energy Comm.	U.S. Atomic Energy Commission
U.S. Dep. Agric. Bur. Chem. Circ.	U.S. Department of Agriculture. Bureau of Chemistry Circular
U.S. Dep. Agric. Bur. Entomol.	U.S. Department of Agriculture Bureau of Entomology and Plant Quarantine, Entomological Technic
U.S.Dep.Agric.misc.Publ.	U.S. Department of Agriculture. Miscellaneous Publications
U.S. Dep. Agric. tech. Bl.	U.S. Department of Agriculture. Technical Bulletin
U.S. Dep. Comm. Off. tech. Serv. Rep.	U.S. Department of Commerce, Office of Technical Services, Publication Board Report
U.S. Naval med. Bl.	United States Naval Medical Bulletin
U.S. P.	Patent der Vereinigten Staaten von Amerika
Uspechi Chim.	Uspechi Chimii (Fortschritte der Chemie); englische Ausgabe: Russian Chemical Reviews
Uspechi fiz. Nauk	Uspechi fizičeskich Nauk
Uzbeksk. chim. Ž.	Uzbekskij Chimičeskij Žurnal
V.D.I.-Forschungsh.	V.D.I.-Forschungsheft. Supplement zu Forschung auf dem Gebiete des Ingenieurwesens
Verh. naturf. Ges. Basel	Verhandlungen der Naturforschenden Gesellschaft in Basel
Verh. Schweiz. Ver. Physiol. Pharmakol.	Verhandlungen des Schweizerischen Vereins der Physiologen und Pharmakologen
Verh. Vlaam. Acad. Belg.	Verhandelingen van de Koninklijke Vlaamsche Academie voor Wetenschappen, Letteren en Schone Kunsten van België. Klasse der Wetenschappen
Vernici	Vernici
Veröff. K.W.I. Silikatf.	Veröffentlichungen aus dem K.W.I. für Silikatforschung
Verre Silicates ind.	Verre et Silicates Industriels, Céramique, Émail, Ciment
Versl. Akad. Amsterdam	Verslag van de Gewone Vergadering der Afdeeling Natuurkunde, Nederlandsche Akademie van Wetenschappen
Vestnik Akad. Kazachsk. S.S.R.	Vestnik Akademii Nauk Kazachskoj S.S.R.
Vestnik Čkalovsk. Otd. chim. Obšč.	Vestnik Čkalovskogo Otdelenie Vsesojuznogo Chimičeskogo Obščestva im. Mendeleewa
Vestnik kožev. Promyšl.	Vestnik koževennoj Promyšlennosti i Torgovli (Nachrichten aus Lederindustrie und -handel)
Vestnik Leningradsk. Univ.	Vestnik Leningradskogo Universiteta
Vestnik Moskovsk. Univ.	Vestnik Moskovskogo Universiteta
Vestnik Oftalmol.	Vestnik Oftalmologii. Moskau
Vestsi Akad. Belarusk. S.S.R.	Vestsi Akademii Navuk Belaruskaj S.S.R.
Veterin. J.	Veterinary Journal. London
Virch. Arch. path. Anat.	Virchows Archiv für pathologische Anatomie und Physiologie und für klinische Medizin
Virginia Fruit	Virginia Fruit
Virginia J. Sci.	Virginia Journal of Science
Virology	Virology. New York

Kürzung	Titel
Visti Inst. fiz. Chim. Ukr.	Visti Institutu Fizičnoj Chimii Akademija Nauk U.R.S.R. Institut Fizičnoj Chimii
Vitamine Hormone	Vitamine und Hormone. Leipzig
Vitamin Res. News U.S.S.R.	Vitamin Resurcy News U.S.S.R.
Vitamins Hormones	Vitamins and Hormones. New York
Vitamins Japan	Vitamins, Kyoto
Vjschr. naturf. Ges. Zürich	Vierteljahresschrift der Naturforschenden Gesellschaft in Zürich
Voeding	Voeding (Ernährung). den Haag
Voenn. Chimija	Voennaja Chimija
Vopr. Pitanija	Voprosy Pitanija (Ernährungsfragen)
Vorratspflege Lebensmittelf.	Vorratspflege und Lebensmittelforschung
Vysokomol. Soedin.	Vysokomolekuljarnye Soedinenija; englische Ausgabe: Polymer Science U.S.S.R.
Waseda appl. chem. Soc. Bl.	Waseda Applied Chemical Society Bulletin. Tokyo [Waseda Oyo Kagaku Kaiho]
Wasmann Collector	Wasmann Collector. San Francisco, Calif.
Wd. Health Organ.	World Health Organization. New York
Wd. Petr. Congr. London 1933	World Petroleum Congress. London 1933. Proceedings
Wd. Rev. Pest Control	World Review of Pest Control
Weeds	Weeds. Gainesville, Fla.
Wiadom. farm.	Wiadomości Farmaceutyczne. Warschau
Wien. klin. Wschr.	Wiener Klinische Wochenschrift
Wien. med. Wschr.	Wiener medizinische Wochenschrift
Wis- en natuurk. Tijdschr.	Wis- en Natuurkundig Tijdschrift. Gent
Wiss. Ind.	Wissenschaft und Industrie
Wiss. Mitt. Öst. Heilmittelst.	Wissenschaftliche Mitteilungen der Österreichischen Heilmittelstelle
Wiss. Veröff. Dtsch. Ges. Ernähr.	Wissenschaftliche Veröffentlichungen der Deutschen Gesellschaft für Ernährung
Wiss. Veröff. Siemens	Wissenschaftliche Veröffentlichungen aus dem Siemens-Konzern bzw. (ab 1935) den Siemens-Werken
Wiss. Z.T.H. Leuna-Merseburg	Wissenschaftliche Zeitschrift der Technischen Hochschule für Chemie ,,Carl Schorlemmer" Leuna-Merseburg
Wochenbl. Papierf.	Wochenblatt für Papierfabrikation
Wood Res. Kyoto	Wood Research [Mokuzai Kenkyu]. Kyoto
Wool Rec. Textile Wd.	Wool Record and Textile World. Bradford
Wschr. Brauerei	Wochenschrift für Brauerei
X-Sen	X-Sen (Röntgen-Strahlen). Japan
Yale J. Biol. Med.	Yale Journal of Biology and Medicine
Yonago Acta med.	Yonago Acta Medica. Japan
Z. anal. Chem.	Zeitschrift für Analytische Chemie
Ž. anal. Chim.	Žurnal Analitičeskoj Chimii; englische Ausgabe: Journal of Analytical Chemistry of the U.S.S.R.
Z. ang. Ch.	Zeitschrift für angewandte Chemie
Z. angew. Entomol.	Zeitschrift für angewandte Entomologie
Z. angew. Math. Phys.	Zeitschrift für angewandte Mathematik und Physik

Kürzung	Titel
Z. angew. Phot.	Zeitschrift für angewandte Photographie in Wissenschaft und Technik
Z. ang. Phys.	Zeitschrift für angewandte Physik
Z. anorg. Ch.	Zeitschrift für Anorganische und Allgemeine Chemie
Zap. Inst. Chim. Ukr. Akad.	Ukrainska Akademija Nauk. Zapiski Institutu Chemji bzw. Zapiski Institutu Chimji Akademija Nauk U.R.S.R.
Zavod. Labor.	Zavodskaja Laboratorija (Betriebslaboratorium)
Z. Berg-, Hütten-Salinenw.	Zeitschrift für das Berg-, Hütten- und Salinenwesen im Deutschen Reich
Z. Biol.	Zeitschrift für Biologie
Zbl. Bakt. Parasitenk.	Zentralblatt für Bakteriologie, Parasitenkunde, Infektionskrankheiten und Hygiene [I] Orig. bzw. [II]
Zbl. Gewerbehyg.	Zentralblatt für Gewerbehygiene und Unfallverhütung
Zbl. inn. Med.	Zentralblatt für Innere Medizin
Zbl. Min.	Zentralblatt für Mineralogie
Zbl. Zuckerind.	Zentralblatt für die Zuckerindustrie
Z. Bot.	Zeitschrift für Botanik
Z. Chem.	Zeitschrift für Chemie. Leipzig
Ž. chim. Promyšl.	Žurnal Chimičeskoj Promyšlennosti (Journal der Chemischen Industrie)
Z. Desinf.	Zeitschrift für Desinfektions- und Gesundheitswesen
Ž. eksp. Biol. Med.	Žurnal Eksperimentalnoj Biologii i Mediciny
Ž. eksp. teor. Fiz.	Žurnal Eksperimentalnoj i Teoretičeskoj Fiziki; englische Ausgabe: Soviet Physics JETP
Z. El. Ch.	Zeitschrift für Elektrochemie und Angewandte Physikalische Chemie
Zellst. Papier	Zellstoff und Papier
Zesz. Politech. Śląsk.	Zeszyty Naukowe Politechniki Śląskiej. Chemia
Zesz. Probl. Nauki Polsk.	Zeszyty Problemowe Nauki Polskiej
Zesz. Uniw. Łodzk.	Zeszyty Naukowa Uniwersytetu. Łódżkiego. II Nauki Matematyczno-przyrodnicze
Z. Farben Textil Ind.	Zeitschrift für Farben- und Textil-Industrie
Ž. fiz. Chim.	Žurnal Fizičeskoj Chimii; englische Ausgabe: Russian Journal of Physical Chemistry
Z. ges. Brauw.	Zeitschrift für das gesamte Brauwesen
Z. ges. exp. Med.	Zeitschrift für die gesamte experimentelle Medizin
Z. ges. Getreidew.	Zeitschrift für das gesamte Getreidewesen
Z. ges. innere Med.	Zeitschrift für die gesamte Innere Medizin
Z. ges. Kälteind.	Zeitschrift für die gesamte Kälteindustrie
Z. ges. Naturwiss.	Zeitschrift für die gesamte Naturwissenschaft
Z. ges. Schiess-Sprengstoffw.	Zeitschrift für das gesamte Schiess- und Sprengstoffwesen
Z. Hyg. Inf.-Kr.	Zeitschrift für Hygiene und Infektionskrankheiten
Z. hyg. Zool.	Zeitschrift für hygienische Zoologie und Schädlingsbekämpfung
Židkofaz. Okisl. nepredeln. org. Soedin.	Židkofaznoe Okislenie Nepredelnych Organičeskich Soedinenij
Z. Immunitätsf.	Zeitschrift für Immunitätsforschung und experimentelle Therapie
Zinatn. Raksti Latvijas Univ.	Zinatniskie Raksti, Latvijas Valsts Universitates. Kimijas Fakultate
Zinatn. Raksti Rigas politehn. Inst.	Zinatniskie Raksti, Rigas Politehniskais Instituts, Kimijas Fakultate (Wissenschaftliche Berichte des Politechnischen Instituts Riga)
Z. Kinderheilk.	Zeitschrift für Kinderheilkunde
Z. klin. Med.	Zeitschrift für klinische Medizin

Kürzung	Titel
Z. kompr. flüss. Gase	Zeitschrift für komprimierte und flüssige Gase
Z. Kr.	Zeitschrift für Kristallographie, Kristallgeometrie, Kristallphysik, Kristallchemie
Z. Krebsf.	Zeitschrift für Krebsforschung
Z. Lebensm. Unters.	Zeitschrift für Lebensmittel-Untersuchung und -Forschung
Ž. Mikrobiol.	Žurnal Mikrobiologii, Epidemiologii i Immunobiologii
Z. Naturf.	Zeitschrift für Naturforschung
Ž. neorg. Chim.	Žurnal Neorganičeskoj Chimii; englische Ausgabe **1–3**: Journal of Inorganic Chemistry of the U.S.S.R.; ab **4** [1959] Russian Journal of Inorganic Chemistry
Ž. obšč. Chim.	Žurnal Obščej Chimii; englische Ausgabe: Journal of General Chemistry of the U.S.S.R. (ab **1949**)
Ž. org. Chim.	Žurnal Organičeskoj Chimii; englische Ausgabe: Journal of Organic Chemistry of the U.S.S.R.
Z. Pflanzenernähr.	Zeitschrift für Pflanzenernährung, Düngung und Bodenkunde
Z. Phys.	Zeitschrift für Physik
Z. phys. chem. Unterr.	Zeitschrift für den physikalischen und chemischen Unterricht
Z. physik. Chem.	Zeitschrift für Physikalische Chemie. Leipzig
Z. physiol. Chem.	Hoppe-Seylers Zeitschrift für Physiologische Chemie
Ž. prikl. Chim.	Žurnal Prikladnoj Chimii (Journal für Angewandte Chemie); englische Ausgabe: Journal of Applied Chemistry of the U.S.S.R.
Z. psych. Hyg.	Zeitschrift für psychische Hygiene
Ž. rezin. Promyšl.	Žurnal Rezinovoj Promyšlennosti (Journal of the Rubber Industry)
Ž. russ. fiz.-chim. Obšč.	Žurnal Russkogo Fiziko-chimičeskogo Obščestva. Čast Chimičeskaja (= Chem. Teil)
Z. Spiritusind.	Zeitschrift für Spiritusindustrie
Ž. struktur. Chim.	Žurnal Strukturnoj Chimii; englische Ausgabe: Journal of Structural Chemistry U.S.S.R.
Ž. tech. Fiz.	Žurnal Techničeskoj Fiziki
Z. tech. Phys.	Zeitschrift für Technische Physik
Z. Tierernähr.	Zeitschrift für Tierernährung und Futtermittelkunde
Z. Tuberkulose	Zeitschrift für Tuberkulose
Zucker	Zucker. Hannover
Zucker-Beih.	Zucker-Beihefte
Z. Unters. Lebensm.	Zeitschrift für Untersuchung der Lebensmittel
Z. Unters. Nahrungs- u. Genussm.	Zeitschrift für Untersuchung der Nahrungs- und Genussmittel sowie der Gebrauchsgegenstände. Berlin
Z.V.D.I.	Zeitschrift des Vereins Deutscher Ingenieure
Z.V.D.I. Beih. Verfahrenstech.	Zeitschrift des Vereins Deutscher Ingenieure. Beiheft Verfahrenstechnik
Z. Verein dtsch. Zuckerind.	Zeitschrift des Vereins der Deutschen Zuckerindustrie
Z. Vitaminf.	Zeitschrift für Vitaminforschung. Bern
Z. Vitamin-Hormon-Fermentf.	Zeitschrift für Vitamin-, Hormon- und Fermentforschung. Wien
Z. Wirtschaftsgr. Zuckerind.	Zeitschrift der Wirtschaftsgruppe Zuckerindustrie
Z. wiss. Phot.	Zeitschrift für wissenschaftliche Photographie, Photophysik und Photochemie
Z. Zuckerind.	Zeitschrift für Zuckerindustrie
Z. Zuckerind. Čsl.	Zeitschrift für die Zuckerindustrie der Čechoslovakischen Republik
Zymol. Chim. Colloidi	Zymologica e Chimica dei Colloidi
Ж.	s. Ž. russ. fiz.-chim. Obšč.

Dritte Abteilung

Heterocyclische Verbindungen

(Fortsetzung)

2. Verbindungen mit zwei cyclisch gebundenen Chalkogen-Atomen

I. Stammverbindungen

Stammverbindungen $C_nH_{2n}O_2$

Stammverbindungen $C_2H_4O_2$

(±)-3,4,4-Trifluor-2,2-dioxo-2λ⁶-[1,2]oxathietan, (±)-3,4,4-Trifluor-[1,2]oxathietan-2,2-dioxid, (±)-1,2,2-Trifluor-2-hydroxy-äthansulfonsäure-lacton $C_2HF_3O_3S$, Formel I (X = H).

B. Aus Trifluoräthylen und Schwefeltrioxid (*Dmitriew et al.*, Doklady Akad. S.S.S.R. **124** [1959] 581; Pr. Acad. Sci. U.S.S.R. Chem. Sect. **124 – 129** [1959] 39; Chim. Nauka Promyšl. **3** [1958] 826; C. A. **1959** 11211).

Kp: 104–105°. D_4^{20}: 1,7082. n_D^{20}: 1,3530.

3,3,4,4-Tetrafluor-2,2-dioxo-2λ⁶-[1,2]oxathietan, 3,3,4,4-Tetrafluor-[1,2]oxathietan-2,2-dioxid, 1,1,2,2-Tetrafluor-2-hydroxy-äthansulfonsäure-lacton $C_2F_4O_3S$, Formel I (X = F).

B. Beim Behandeln von Tetrafluoräthylen mit flüssigem Schwefeltrioxid (*Du Pont de Nemours & Co.*, U.S.P. 2852554 [1956]). Aus Tetrafluoräthylen und Schwefeltrioxid (*Dmitriew et al.*, Doklady Akad. S.S.S.R. **124** [1959] 581; Pr. Acad. Sci. U.S.S.R. Chem. Sect. **124 – 129** [1959] 39; Chim. Nauka Promyšl. **3** [1958] 826; C. A. **1959** 11211).

Kp: 42° (*Du Pont*). Kp: 33°; D_4^{20}: 1,6219; n_D^{20}: 1,3050 (*Dm. et al.*).

(±)-3-Chlor-3,4,4-trifluor-2,2-dioxo-2λ⁶-[1,2]oxathietan, (±)-3-Chlor-3,4,4-trifluor-[1,2]oxathietan-2,2-dioxid, (±)-1-Chlor-1,2,2-trifluor-2-hydroxy-äthansulfonsäure-lacton $C_2ClF_3O_3S$, Formel I (X = Cl).

B. Aus Chlor-trifluor-äthylen und Schwefeltrioxid (*Dmitriew et al.*, Doklady Akad. S.S.S.R. **124** [1959] 581; Pr. Acad. Sci. U.S.S.R. Chem. Sect. **124 – 129** [1959] 39; Chim. Nauka Promyšl. **3** [1958] 826; C. A. **1959** 11211; s. a. *Minnesota Mining & Mfg. Co.*, U.S.P. 3214443 [1955]; *Jiang*, Acta chim. sinica **23** [1957] 330, 334; C. A. **1958** 15493).

Kp: 77–78°; D_4^{20}: 1,7269; n_D^{20}: 1,3670 (*Dm. et al.*).

Tetrachlor-[1,3]dithietan $C_2Cl_4S_2$, Formel II (E II 3 [dort als 2.2.4.4-Tetrachlor-1.3-dithia-cyclobutan bezeichnet]).

Bestätigung der Konstitutionszuordnung: *Jones et al.*, Soc. **1957** 614, 617; *Krebs, Beyer*, Z. anorg. Ch. **365** [1969] 199, 205.

Krystalle (aus PAe.); F: 119° (*Jo. et al.*). IR-Spektrum (1800–600 cm^{-1}): *Jo. et al.*, l. c. S. 616. Magnetische Susceptibilität: $-0{,}391 \cdot 10^{-6}$ $cm^3 \cdot g^{-1}$ (*Bhatnagar, Kapur*, Z. El. Ch. **45** [1939] 373, 376).

Die beim 15-tägigen Behandeln mit Wasser (*Delépine et al.*, Bl. [5] **2** [1935] 1969, 1977) sowie beim Erwärmen mit wss. Essigsäure (*Schönberg, Stephenson*, B. **66** [1933] 567, 570) erhaltene, früher (s. E III 3 246) als Kohlenstoffchloroxysulfid bezeichnete Verbindung ist als 4,4-Dichlor-[1,3]dithietan-2-on zu formulieren (*Jo. et al.*, l. c. S. 617; *Wortmann et al.*, Z. anorg. Ch. **376** [1970] 64, 72). Beim Erwärmen mit Äthanol sind Chlorothio-kohlensäure-*O*-äthylester (?) und eine nach *Wortmann et al.* (l. c. S. 69) als 4,4-Dichlor-

[1,3]dithietan-2-thion zu formulierende Verbindung $C_2Cl_2S_3$ (F: 58—59°) erhalten worden (*De. et al.*, l. c. S. 1971, 1976). In der beim Erwärmen mit Anilin (3 Mol) und Benzol (vgl. H **3** 215) erhaltenen, früher (s. H **27** 135 bzw. E III **12** 914) als 4,4-Dichlor-3-phenyl-[1,3]thiazetidin-2-thion bzw. als *N,N*-Bis-chlorthiocarbonyl-anilin angesehenen Verbindung $C_8H_5Cl_2NS_2$ (F: 69,5°) hat wahrscheinlich 4,4-Dichlor-[1,3]dithietan-2-on-phenylimin vorgelegen (*Sch., St.*, l. c. S. 569).

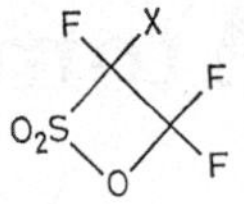

I 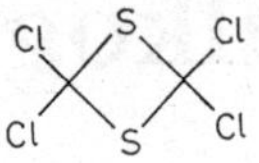 II 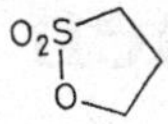 III 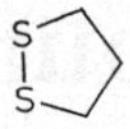 IV

Stammverbindungen $C_3H_6O_2$

2,2-Dioxo-2λ⁶-[1,2]oxathiolan, [1,2]Oxathiolan-2,2-dioxid, 3-Hydroxy-propan-1-sulfon=säure-lacton $C_3H_6O_3S$, Formel III.

B. Beim Erhitzen von 3-Chlor-propan-1-sulfonsäure unter vermindertem Druck (*Helberger et al.*, A. **562** [1949] 23, 34; *Willems*, Bl. Soc. chim. Belg. **64** [1955] 409, 425). Aus 3-Hydroxy-propan-1-sulfonsäure beim Erhitzen unter vermindertem Druck (*Smith et al.*, Am. Soc. **75** [1953] 748; *Helberger*, A. **588** [1954] 71, 78; *Wi.*, l. c. S. 426) oder beim Erhitzen mit 2-Butoxy-äthanol (*Willems*, Bl. Soc. chim. Belg. **64** [1955] 747, 752, 768).

Krystalle; F: 31° (*He. et al.*, A. **562** 34; *He.*; *Wi.*), 29—30° [aus Cyclohexan + Bzl.] (*Sm. et al.*). Kp_{14}: 155—157° (*He. et al.*, A. **562** 34); Kp_9: 142° (*Wi.*, l. c. S. 425); Kp_8: 140° (*Wi.*); Kp_1: 130° (*He.*), 121° (*Wi.*, l. c. S. 753). n_D^{20}: 1,4585 (*Sm. et al.*).

Geschwindigkeitskonstante der Hydrolyse in Wasser bei 20°, 30° und 40°: *Bordwell et al.*, Am. Soc. **81** [1959] 2698, 2699. Geschwindigkeit der Reaktion mit Methanol bei 100° und 150° (Bildung von 3-Methoxy-propan-1-sulfonsäure): *Helberger et al.*, A. **586** [1954] 147, 151, 154. Beim Erhitzen mit Triäthylphosphit und Xylol ist 3-Diäthoxy=phosphoryl-propan-1-sulfonsäure-äthylester erhalten worden (*Böhme Fettchemie G.m.b.H.*, D.B.P. 938186 [1953]).

Charakterisierung durch Überführung in 3-Pyridino-propan-1-sulfonsäure-betain (F: 270—272° bzw. F: 261°): *Helberger et al.*, A. **565** [1949] 22, 33; *Wi.*, l. c. S. 425, 760.

[1,2]Dithiolan $C_3H_6S_2$, Formel IV.

B. Neben grösseren Mengen [1,2,6,7]Tetrathiecan beim Behandeln einer heissen Lösung von 1,3-Dibrom-propan in Äthanol mit einem Gemisch von Natriumsulfid-nonahydrat, Schwefel und Äthanol (*Barltrop et al.*, Am. Soc. **76** [1954] 4348, 4363). Beim Behandeln von Propan-1,3-dithiol mit Jod in wss. Äthanol (*Ba. et al.*, l. c. S. 4364; s. a. *Schöberl, Gräfje*, A. **614** [1958] 66, 78) oder mit Eisen(III)-chlorid-hexahydrat in Methanol (*Sch., Gr.*).

Gelbes Öl (*Ba. et al.*, l. c. S. 4363). UV-Spektrum (A.; 240—390 nm): *Ba. et al.*, l. c. S. 4349; s. a. *Hellström*, Lantbruks Högskol. Ann. **22** [1956] 1.

[1,2]Dithiolan ist wenig beständig (*Ba. et al.*, l. c. S. 4363). Geschwindigkeitskonstante der Zersetzung in Octan bei 141° und bei 174°: *Ba. et al.*, l. c. S. 4351, 4364. Photolyse (UV-Licht) in einem Gemisch von Äther, Pentan und Äthanol bei —196°: *Ba. et al.*, l. c. S. 4350, 4364. Photolyse (UV-Licht) in wss. Äthanol nach Zusatz von *N,N*-Diphenyl-*N'*-picryl-hydrazyl: *Ba. et al.*, l. c. S. 4351, 4364; in Äthanol nach Zusatz von wss. Salzsäure: *Ba. et al.*, l. c. S. 4366; in Äthanol nach Zusatz von wss. Natronlauge: *Ba. et al.*, l. c. S. 4356, 4367. Quantenausbeute bei der Zersetzung durch Licht der Wellenlängen 313 nm und 365 nm in Äthanol, in wss. Äthanol und in Äthanol nach Zusatz von wss. Salzsäure: *Whitney, Calvin*, J. chem. Physics **23** [1955] 1750, 1753.

Geschwindigkeitskonstante der Reaktion mit Butan-1-thiol in Methanol in Gegenwart von Natriumacetat bei 21—38° und der Reaktion mit Mercaptoessigsäure-methylester in Methanol in Gegenwart von Natriumhydroxid bei 25—39,5° sowie Gleichgewichtskonstanten der beiden Reaktionssysteme: *Fava et al.*, Am. Soc. **79** [1957] 833, 836. Gleichgewichtskonstante der Reaktionssysteme mit 2-Mercapto-äthanol und mit Benzyl=mercaptan, jeweils in wss. Äthanol bei Raumtemperatur: *Ba. et al.*, l. c. S. 4365.

[1,3]Dioxolan, Formaldehyd-äthandiylacetal $C_3H_6O_2$, Formel V (H 2; E I 609; E II 3).

B. Aus Äthylenglykol beim Erwärmen mit wss. Formaldehyd-Lösung unter Zusatz von Phosphorsäure (*Leutner*, M. **60** [1932] 317, 321; vgl. H 2) oder unter Zusatz von Twitchell-Reagens [aus Naphthalin, Ölsäure und Schwefelsäure hergestellt] (*Zaganiaris*, B. **71** [1938] 2002, 2004) sowie beim Erhitzen mit wss. Formaldehyd-Lösung und Schwefelsäure auf 140° (*Dreyfus*, U.S.P. 2095320 [1932]). Beim Erhitzen von Äthylenglykol mit Paraformaldehyd unter Zusatz von Phosphorsäure (*Laurent et al.*, Bl. **1959** 946), unter Zusatz von Schwefelsäure (*Dreyfus*, U.S.P. 2045843 [1932]) oder unter Zusatz von wss. Salzsäure und von Toluol-4-sulfonsäure (*Dauben et al.*, Am. Soc. **76** [1954] 1359, 1362) sowie in Gegenwart eines Kationenaustauschers unter Entfernen des entstehenden Wassers (*Astle et al.*, Ind. eng. Chem. **46** [1954] 787, 788). Beim Erwärmen von Äthylenglykol mit Methylensulfat (E IV **1** 3054) in Wasser (*Baker*, Soc. **1931** 1762, 1769). Beim Erwärmen von Äthylenoxid mit wss. Formaldehyd-Lösung und wenig Schwefelsäure und Erhitzen des mit Calciumchlorid versetzten Reaktionsgemisches mit Äthylenglykol unter Zusatz von wss. Salzsäure (*I.G. Farbenind.*, D.R.P. 664272 [1936]; Frdl. **25** [1938] 55; U.S.P. 2182754 [1937]).

Atomabstände (Elektronenbeugung): C–C = 1,54 Å; C–O = 1,42 Å (*Shand*, zit. bei *Allen, Sutton*, Acta cryst. **3** [1950] 46, 54). Dipolmoment (ε; Bzl.): 1,47 D (*Cumper, Vogel*, Soc. **1959** 3521, 3523). ^{13}C-^{1}H-Spin-Spin-Kopplungskonstanten und ^{1}H-^{1}H-Spin-Spin-Kopplungskonstanten: *Sheppard, Turner*, Pr. roy. Soc. [A] **252** [1959] 506, 513. Grundschwingungsfrequenzen des Moleküls: *Barker et al.*, Soc. **1959** 802, 804.

F: –95° (*Baker, Field*, Soc. **1932** 86, 87), –95,3° (*Sisler, Perkins*, Am. Soc. **78** [1956] 1135). Kp_{760}: 75–75,2° (*Legault, Lewis*, Am. Soc. **64** [1942] 1354); Kp_{756}: 74–75° (*Bergmann, Pinchas*, R. **71** [1952] 161, 163); Kp_{755}: 74,5–75° (*Arbusow, Winogradowa*, Izv. Akad. S.S.S.R. Otd. chim. **1950** 291, 295; C. A. **1950** 8718); Kp_{753}: 74,8°; Kp_{747}: 74,6° (*Guenther, Walters*, Am. Soc. **73** [1951] 2127); Kp_{738}: 74,0° (*Fletcher et al.*, Soc. **1959** 580, 581). D_0^{20}: 1,0641 (*Ar.*, *Wi.*); D_4^{20}: 1,0595 (*Škuratow et al.*, Doklady Akad. S.S.S.R. **117** [1957] 263; Pr. Acad. Sci. U.S.S.R. phys. Chem. Sect. **112–117** [1957] 687). Oberflächenspannung bei 20°: 34,05 $g \cdot s^{-2}$ (*Ar.*, *Wi.*). Verdampfungsenthalpie: 8,5 $kcal \cdot mol^{-1}$ (*Fl. et al.*, l. c. S. 581). Standard-Verbrennungsenthalpie: –406,4 $kcal \cdot mol^{-1}$ (*Fl. et al.*, l. c. S. 582). Verbrennungsenthalpie [$C_3H_6O_{2\,flüssig} \rightarrow CO_{2\,Gas} + H_2O_{flüssig}$] bei 20°: –407,6 $kcal \cdot mol^{-1}$ (*Šk. et al.*). n_D^{20}: 1,4002 (*Šk. et al.*), 1,3970 (*Ar.*, *Wi.*); n_D^{21}: 1,3997 (*Gu.*, *Wa.*); $n_D^{25,3}$: 1,4010 (*Dauben et al.*, Am. Soc. **76** [1954] 1359, 1362). ^{1}H-NMR-Absorption: *Sheppard, Turner*, Pr. roy. Soc. [A] **252** [1959] 506, 513. IR-Spektrum des Dampfes (2000 bis 640 cm^{-1}), der unverdünnten Flüssigkeit (1300–850 cm^{-1} und 660–450 cm^{-1}) sowie einer Lösung in Tetrachlormethan (3100–2700 cm^{-1}): *Barker et al.*, Soc. **1959** 802, 803. IR-Banden (CCl_4) im Bereich von 1160 cm^{-1} bis 1090 cm^{-1}: *Be.*, *Pi.*, l. c. S. 165. Raman-Banden: *Ba. et al.*, l. c. S. 804. Schmelzdiagramm des Systems mit Distickstofftetraoxid (Verbindung 2:3): *Si.*, *Pe.*

Pyrolyse bei 455–525° (Bildung von Acetaldehyd, Formaldehyd, Kohlenmonoxid, Kohlendioxid, Methan, Äthan und Äthylen): *Guenther, Walters*, Am. Soc. **73** [1951] 2127. Massenspektrum: A.P.I. Res. Project **44** Nr. 87 [1948]; *Friedel, Sharkey*, Anal. Chem. **28** [1956] 940, 941.

Geschwindigkeit der Reaktion mit Sauerstoff, auch in Gegenwart von Wasser, von Äthanol oder von Hydrochinon, jeweils bei 25°: *Legault, Lewis*, Am. Soc. **64** [1942] 1354. Beim Behandeln mit Chlor im UV-Licht bei 85–90° ist Ameisensäure-[2-chlor-äthylester] erhalten worden (*Baganz, Domaschke*, B. **91** [1958] 653, 655). Geschwindigkeitskonstante der Hydrolyse in wss. Salzsäure bei 20° und bei 30°: *Ceder*, Ark. Kemi **6** [1954] 523, 530; in wss. Salzsäure (0,5 n bis 1 n) bei 25°: *Leutner*, M. **60** [1932] 317, 325.

Reaktion mit Äthylenglykol in Gegenwart von Schwefelsäure unter Bildung von Formaldehyd-bis-[(2-hydroxy-äthyl)-acetal]: *Du Pont de Nemours & Co.*, U.S.P. 2340907 [1940]. Verhalten beim Erwärmen mit Paraformaldehyd und Schwefelsäure (Bildung von [1,3,5]Trioxepan): *Du Pont de Nemours & Co.*, U.S.P. 2475610 [1945]. Bildung von [2-Hydroxy-äthoxy]-essigsäure-methylester beim Behandeln mit Kohlenmonoxid und Schwefelsäure (oder Borfluorid) bei 50–120°/200–700 at und Erwärmen des Reaktionsprodukts mit Methanol und Schwefelsäure: *Du Pont de Nemours & Co.*, U.S.P. 2364438 [1941]. Beim Behandeln mit Äthylen und Kohlenmonoxid unter Zusatz von Di-*tert*-butylperoxid bei 175°/200 at sind 1-[1,3]Dioxolan-2-yl-heptan-1-on, 1-[1,3]Dioxolan-2-ylnonan-1-on, 1-[1,3]Dioxolan-2-yl-undecan-1-on und 2-Pentyl-[1,3]dioxolan, beim Behandeln mit Äthylen, Propen und Kohlenmonoxid unter Zusatz von Di-*tert*-butyl-peroxid bei 190°/200 at sind vier mit Vorbehalt als 1-[1,3]Dioxolan-2-yl-2-methyl-pentan-1-on ($C_9H_{16}O_3$; Kp_{16}: 94—97°), als 1-[1,3]Dioxolan-2-yl-2-methyl-heptan-1-on ($C_{11}H_{20}O_3$; Kp_{19}: 115—118°), als 1-[1,3]Dioxolan-2-yl-2-methyl-nonan-1-on oder 1-[1,3]Dioxolan-2-yl-2,4,6-trimethyl-heptan-1-on ($C_{13}H_{24}O_3$; Kp_4: 117—118°) und als 1-[1,3]Dioxolan-2-yl-2,4-dimethyl-nonan-1-on ($C_{14}H_{26}O_3$; Kp_4: 121° bis 125°) formulierte Verbindungen erhalten worden (*Foster et al.*, Am. Soc. **78** [1956] 5606, 5607, 5609, 5611). Verhalten beim Erwärmen mit Acetanhydrid und wenig Schwefelsäure und anschliessenden Behandeln mit Natriumacetat (Bildung von 1-Acetoxy-2-acetoxymethoxy-äthan sowie kleinen Mengen von 1,2-Diacetoxy-äthan und 1,2-Bis-acetoxymethoxy-äthan): *Senkus*, Am. Soc. **68** [1946] 734. Reaktion mit Maleinsäure-diäthylester in Gegenwart von Dibenzoylperoxid (Bildung von [1,3]Dioxolan-2-yl-bernsteinsäure-diäthylester): *Monsanto Chem. Co.*, U.S.P. 2684373 [1950].

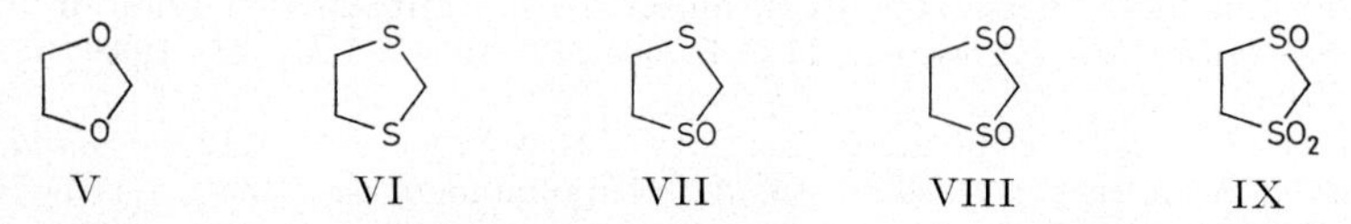

[1,3]Dithiolan, Formaldehyd-äthandiyldithioacetal $C_3H_6S_2$, Formel VI (E II 3).
Kp: 179—180°; n_D^{25}: 1,5983 (*Tucker, Reid*, Am. Soc. **55** [1933] 775, 781). Kp_{14}: 67° (*Challenger et al.*, Soc. **1953** 292, 304). UV-Spektrum (Cyclohexan; 200—300 nm; λ_{max}: 207 nm und 347 nm): *Ch. et al.*, l. c. S. 296, 297.

Verhalten beim Erhitzen mit Schwefel auf 230° (Bildung von [1,3]Dithiolan-2-thion): *Ch. et al.*, l. c. S. 303. Beim Behandeln mit Äthanol und Natrium ist 2-Methylmercapto-äthanthiol erhalten worden (*Ch. et al.*, l. c. S. 303).

Verbindung mit Quecksilber(II)-chlorid $C_3H_6S_2 \cdot HgCl_2$. Krystalle (aus A.); F: 126° (*Ch. et al.*).

(±)-1-Oxo-1λ⁴-[1,3]dithiolan, (±)-[1,3]Dithiolan-1-oxid $C_3H_6OS_2$, Formel VII.
B. Beim Behandeln von [1,3]Dithiolan mit Essigsäure und wss. Wasserstoffperoxid (*Gibson*, Soc. **1930** 12).
Kp_1: 115—120°.

***Opt.-inakt. 1,3-Dioxo-1λ⁴,3λ⁴-[1,3]dithiolan, [1,3]Dithiolan-1,3-dioxid** $C_3H_6O_2S_2$, Formel VIII.
B. Neben der im folgenden Artikel beschriebenen Verbindung beim Behandeln von [1,3]Dithiolan mit Essigsäure und wss. Wasserstoffperoxid (*Bennett, Statham*, Soc. **1931** 1684, 1688).
Krystalle (aus W. oder Bzl.); F: 157—158,5° [Zers.]. Monoklin; $\beta = 58,9°$; Krystalloptik: *Be., St.*

(±)-1,1,3-Trioxo-1λ⁶,3λ⁴-[1,3]dithiolan, (±)-[1,3]Dithiolan-1,1,3-trioxid $C_3H_6O_3S_2$, Formel IX.
B. s. im vorangehenden Artikel.
Orthorhombische Krystalle (aus W.); F: 128° [Zers.] (*Bennett, Statham*, Soc. **1931** 1684, 1689). Krystalloptik: *Be., St.*

1,1,3,3,Tetraoxo-1λ⁶,3λ⁶-[1,3]dithiolan, [1,3]Dithiolan-1,1,3,3-tetraoxid $C_3H_6O_4S_2$, Formel X (H 2).
B. Beim Erwärmen von [1,3]Dithiolan mit Essigsäure und wss. Wasserstoffperoxid (*Gibson*, Soc. **1930** 12).
F: 204° (*Gibson*, Soc. **1933** 1714).

***Opt.-inakt. 1-Methyl-3-oxo-3λ⁴-[1,3]dithiolanium** $[C_4H_9OS_2]^+$, Formel XI.
Jodid $[C_4H_9OS_2]I$. *B.* Aus [1,3]Dithiolan-1-oxid und Methyljodid (*Gibson*, Soc. **1930** 12). – F: 96°.

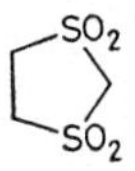

X 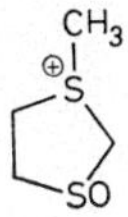 XI 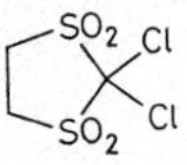 XII 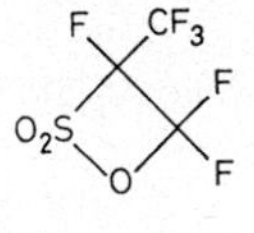 XIII

2,2-Dichlor-1,1,3,3-tetraoxo-1λ⁶,3λ⁶-[1,3]dithiolan, 2,2-Dichlor-[1,3]dithiolan-1,1,3,3-tetraoxid $C_3H_4Cl_2O_4S_2$, Formel XII (H 2).

Krystalle (aus W.); F: 233° (*Gibson*, Soc. **1931** 2637, 2643).

(±)-3,4,4-Trifluor-3-trifluormethyl-2,2-dioxo-2λ⁶-[1,2]oxathietan, (±)-3,4,4-Trifluor-3-trifluormethyl-[1,2]oxathietan-2,2-dioxid, (±)-1,1,1,2,3,3-Hexafluor-3-hydroxy-propan-2-sulfonsäure-lacton $C_3F_6O_3S$, Formel XIII.

B. Beim Erwärmen von Hexafluorpropen mit flüssigem Schwefeltrioxid auf 60° (*Du Pont de Nemours & Co.*, U.S.P. 2852554 [1956]). Aus Hexafluorpropen und Schwefeltrioxid (*Dmitriew et al.*, Doklady Akad. S.S.S.R. **124** [1959] 581; Pr. Acad. Sci. U.S.S.R. Chem. Sect. **124–129** [1959] 39; Chim. Nauka Promyšl. **3** [1958] 826; C. A. **1959** 11211).

Kp: 46,5° (*Du Pont*). Kp: 42–43°; D_4^{20}: 1,6670; n_D^{20}: 1,3000 (*Dm. et al.*).

Stammverbindungen $C_4H_8O_2$

[1,2]Dioxan $C_4H_8O_2$, Formel I.

B. Beim Erwärmen von 1,4-Bis-methansulfonyloxy-butan mit Methanol, mit wss. Wasserstoffperoxid, mit Magnesiumsulfat und mit methanol. Kalilauge (*Criegee, Müller*, B. **89** [1956] 238).

Kp: 116–117°; Kp_{110}: 61,5°. D_4^{20}: 1,009. n_D^{20}: 1,4262. IR-Banden im Bereich von 3,3–13,1 μ: *Cr., Mü.*

4,5-Dichlor-3,3,4,5,6,6-hexafluor-[1,2]dioxan $C_4F_6Cl_2O_2$, Formel II.

Diese Konstitutionsformel ist für die nachstehend beschriebene Verbindung in Betracht gezogen worden (*Haszeldine, Nyman*, Soc. **1959** 1084, 1086).

B. In kleiner Menge neben anderen Verbindungen beim Behandeln von flüssigem Chlor-trifluor-äthylen mit Sauerstoff unter 18 at bei Ausschluss von Licht (*Ha., Ny.*, l. c. S. 1089).

Flüssigkeit. Dampfdruck bei 20°: 3 Torr.

An feuchter Luft nicht beständig. Beim Erhitzen erfolgt Detonation.

2,2-Dioxo-2λ⁶-[1,2]oxathian, [1,2]Oxathian-2,2-dioxid, 4-Hydroxy-butan-1-sulfonsäure-lacton $C_4H_8O_3S$, Formel III.

B. Beim Erhitzen von 4-Hydroxy-butan-1-sulfonsäure unter vermindertem Druck (*Helberger, Lantermann*, A. **586** [1954] 158, 161; *Truce, Hoerger*, Am. Soc. **76** [1954] 5357, 5358; *Willems*, Bl. Soc. chim. Belg. **64** [1955] 747, 752, 768). Aus 4-Hydroxy-butan-1-sulfonsäure beim Erhitzen mit 2-Butoxy-äthanol sowie beim Eintragen einer Lösung in Äthanol in heisses Xylol, jeweils unter Entfernen des entstehenden Wassers (*Wi.*). Beim Erhitzen von Bis-[4-sulfo-butyl]-äther unter vermindertem Druck (*He., La.*, l. c. S. 162; *Snoddy*, Org. Synth. Coll. Vol. IV [1963] 529).

Krystalle; F: 15° (*Wi.*, l. c. S. 753), 14,5° (*He., La.*), 12,5–14,5° (*Sn.*). Kp_{14}: 153° (*Wi.*); Kp_{13}: 149–150° (*He., La.*); Kp_5: 135–136° (*He., La.*); Kp_4: 134–136° (*Sn.*); $Kp_{1,5}$: 112–113° (*Tr., Ho.*). D^{18}: 1,336 (*Helberger et al.*, A. **586** [1954] 147, 151); D^{25}: 1,3347 (*Sn.*), 1,3322 (*Tr., Ho.*), 1,3319 (*Wi.*, l. c. S. 753). n_D^{25}: 1,4620 (*Tr., Ho.*), 1,4619 bis 1,4625 (*Sn.*).

Geschwindigkeit der Reaktion mit Methanol bei 100° (Bildung von 4-Methoxy-butan-1-sulfonsäure): *He. et al.*, l. c. S. 156.

Charakterisierung durch Überführung in 4-Pyridinio-butan-1-sulfonsäure-betain (F: 249–250° [Zers.] bzw. F: 239° bzw. F: 234,5–235,5°): *He., La.*, l. c. S. 162; *Wi.*, l. c. S. 760; *Tr., Ho.*, l. c. S. 5359.

I II III IV V

[1,2]Dithian $C_4H_8S_2$, Formel IV.

B. Beim Behandeln eines heissen Gemisches von 1,4-Dibrom-butan und Äthanol mit einem aus Natriumsulfid-nonahydrat, Schwefel und Äthanol hergestellten Reaktionsgemisch (*Barltrop et al.*, Am. Soc. **76** [1954] 4348, 4363). Beim Erwärmen von 1,4-Dibrom-butan mit Natriumthiosulfat in wss. Äthanol und Eintragen des Reaktionsgemisches in wss. Kupfer(II)-chlorid-Lösung unter Durchleiten von Wasserdampf (*Affleck, Dougherty*, J. org. Chem. **15** [1950] 865, 866, 868). Beim Behandeln von Butan-1,4-dithiol mit *tert*-Butylhydroperoxid, Methanol und wenig Eisen(III)-chlorid (*Schöberl, Gräfje*, A. **614** [1958] 66, 79) oder mit Brom in Tetrachlormethan (*Jacini et al.*, G. **82** [1952] 297, 300). Beim Behandeln von 1,4-Dithiocyanato-butan mit methanol. Kalilauge (*Brintzinger et al.*, B. **87** [1954] 320, 323).

Krystalle (nach Sublimation); F: 32—33° (*Ba. et al.*), 30,8—31,5° (*Sch., Gr.*), 29° (*Br. et al.*). Kp_{14}: 80° (*Br. et al.*); Kp_5: ca. 60° (*Af., Do.*); Kp_4: 58—63° (*Ja. et al.*). n_D^{25}: 1,5981; n_D^{32}: 1,5750 (*Sch., Gr.*). UV-Spektrum (A.; 200—350 nm): *Ba. et al.*, l. c. S. 4349.

[1,2]Diselenan $C_4H_8Se_2$, Formel V (E II 4).

UV-Absorptionsmaximum ($CHCl_3$): 365 nm (*Bergson*, Ark. Kemi **13** [1958/59] 11, 16).

[1,3]Dioxan, Formaldehyd-propandiylacetal $C_4H_8O_2$, Formel VI (X = H) (H 2; E I 609; E II 4).

B. Beim Erwärmen von Propan-1,3-diol mit Paraformaldehyd unter Zusatz von Phosphorsäure (*Leutner*, M. **60** [1932] 317, 333; vgl. E I 609) oder unter Zusatz von Schwefelsäure (*Arbusow, Winogradowa*, Izv. Akad. S.S.S.R. Otd. chim. **1950** 291, 295; C. A. **1950** 8718). Beim Erwärmen von Propan-1,3-diol mit Methylensulfat (E IV **1** 3054) in Wasser (*Baker*, Soc. **1931** 1765, 1770) oder mit Hexamethylentetramin und konz. wss. Salzsäure (*ICI*, U.S.P. 2021680 [1930]).

Über die Konformation im dampfförmigen und im flüssigen Zustand s. *Laurent, Tarte*, Bl. **1958** 1374, 1375; im flüssigen Zustand s. *Walker, Davidson*, Canad. J. Chem. **37** [1959] 492. Dipolmoment: 2,145 D [ε; Cyclohexan] bzw. 2,134 D [ε; Bzl.] (*Wa., Da.*).

E: —42,7° (*Whanger, Sisler*, Am. Soc. **75** [1953] 5188). F: —45° (*Baker, Field*, Soc. **1932** 86, 87). Kp_{757}: 104,9—105,1° [korr.] (*Wa., Da.*); Kp_{754}: 105° (*Ba.*, l. c. S. 1770); Kp_{746}: 104—104,5° (*Fletcher et al.*, Soc. **1959** 580, 581); Kp_{745}: 103,5—104° (*Ar., Wi.*). D_0^{20}: 1,0318 (*Ar., Wi.*); D_4^{20}: 1,0319 (*Škuratow et al.*, Doklady Akad. S.S.S.R. **117** [1957] 263; Pr. Acad. Sci. U.S.S.R. phys. Chem. Sect. **112–117** [1957] 687); D_{25}^{25}: 1,028 (*Bergmann, Kaluszyner*, R. **78** [1959] 337, 342). Oberflächenspannung bei 20°: 33,38 $g \cdot s^{-2}$ (*Ar., Wi.*). Verdampfungsenthalpie: 8,5 $kcal \cdot mol^{-1}$ (*Fl. et al.*, l. c. S. 581). Standard-Verbrennungsenthalpie: —555,0 $kcal \cdot mol^{-1}$ (*Fl. et al.*, l. c. S. 582). Verbrennungsenthalpie [$C_4H_8O_{2\,flüssig} \rightarrow CO_{2\,Gas} + H_2O_{flüssig}$] bei 20°: —557,4 $kcal \cdot mol^{-1}$ (*Šk. et al.*). n_D^{20}: 1,4185 (*Ar., Wi.*), 1,4183 (*Šk. et al.*); n_D^{25}: 1,4171 (*Wa., Da.*), 1,4142 (*Be., Ka.*). IR-Banden von dampfförmigem [1,3]Dioxan im Bereich von 3000 cm^{-1} bis 430 cm^{-1}: *La., Ta.*; von unverdünntem flüssigem [1,3]Dioxan im Bereich von 3000 cm^{-1} bis 270 cm^{-1}: *La., Ta.*; im Bereich von 1500 cm^{-1} bis 1000 cm^{-1}: *Be., Ka.* Raman-Banden: *Murray, Cleveland*, J. chem. Physics **12** [1944] 156, 158; *La., Ta.* Depolarisationsgrad von Raman-Banden: *Mu., Cl.* Dielektrizitätskonstante bei —120° bis +25°: *Wa., Da.* Schmelzdiagramm des Systems mit Distickstofftetraoxid (Verbindung 1:1): *Wh., Si.*, l. c. S. 5189.

Geschwindigkeitskonstante der Hydrolyse in wss. Salzsäure (0,75n und 1n) bei 25°: *Le.*, l. c. S. 334. Beim Erwärmen mit Acetanhydrid und wenig Schwefelsäure und anschliessenden Behandeln mit Natriumacetat sind 1-Acetoxy-3-acetoxymethoxy-propan sowie kleine Mengen von 1,3-Diacetoxy-propan und 1,3-Bis-acetoxymethoxy-propan erhalten worden (*Senkus*, Am. Soc. **68** [1946] 734).

Verbindung mit Quecksilber(II)-chlorid $C_4H_8O_2 \cdot HgCl_2$ (E I 609). IR-Banden im Bereich von 3000 cm^{-1} bis 280 cm^{-1} sowie Raman-Banden: *La.*, *Ta.*, l. c. S. 1375.

5-Chlor-[1,3]dioxan $C_4H_7ClO_2$, Formel VI (X = Cl).

B. Beim Erwärmen von [1,3]Dioxan-5-ol mit Thionylchlorid und Pyridin (*Tsatsas*, Ann. pharm. franç. **8** [1950] 273, 285).

Kp_{20}: 52—55°.

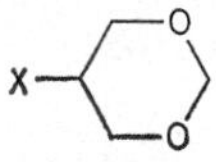

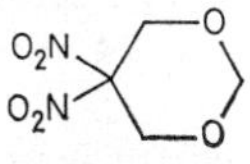

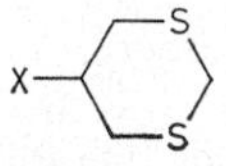

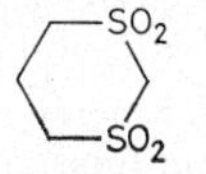

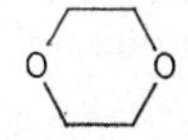

VI VII VIII IX X

5,5-Dinitro-[1,3]dioxan $C_4H_6N_2O_6$, Formel VII.

B. Beim Erwärmen von 2,2-Dinitro-propan-1,3-diol mit Paraformaldehyd, Essigsäure und wenig Schwefelsäure (*Gold et al.*, J. org. Chem. **22** [1957] 1665).

Krystalle (aus $CHCl_3$ + PAe.); F: 53—53,5°.

[1,3]Dithian, Formaldehyd-propandiyldithioacetal $C_4H_8S_2$, Formel VIII (X = H).

B. Beim Erwärmen von 1,3-Dibrom-propan mit Natriumthiosulfat in Äthanol und Erwärmen des Reaktionsprodukts mit wss. Formaldehyd-Lösung und wss. Salzsäure (*Gibson*, Soc. **1930** 12). Beim Behandeln von Propan-1,3-dithiol mit Natriumäthylat in Äthanol und anschliessend mit Dichlormethan (*Meadow, Reid*, Am. Soc. **56** [1934] 2177, 2180). Beim Erwärmen von [1,3]Dithian-5-on mit Äthanol, amalgamiertem Zink und wss. Salzsäure (*Lüttringhaus, Prinzbach*, A. **624** [1959] 79, 92).

Krystalle; F: 54° (*Gi.*), 53,3° (*Me., Reid*). Kp: 207—208° (*Me., Reid*); Kp_{12}: 60—62° (*Lü., Pr.*). UV-Spektrum (A.; 210—260 nm): *Campaigne, Schaefer*, Bol. Col. Quim. Puerto Rico **9** [1952] 25, 26. UV-Absorptionsmaximum: 248 nm [A.] (*Ca., Sch.*, l. c. S. 27) bzw. 246 nm (*Lü., Pr.*).

1,1,3,3-Tetraoxo-1λ^6,3λ^6-[1,3]dithian, [1,3]Dithian-1,1,3,3-tetraoxid $C_4H_8O_4S_2$, Formel IX (H 2; E II 4).

B. Beim Behandeln von [1,3]Dithian mit Essigsäure und wss. Wasserstoffperoxid (*Gibson*, Soc. **1930** 12; *Meadow, Reid*, Am. Soc. **56** [1934] 2177, 2180).

F: 330° (*Gi.*), 307—308° [korr.] (*Me., Reid*, l. c. S. 2178).

5-Brom-[1,3]dithian $C_4H_7BrS_2$, Formel VIII (X = Br).

B. Beim Behandeln einer Schmelze von [1,3]Dithian-5-ol mit Bromwasserstoff bei 130° (*Lüttringhaus, Prinzbach*, A. **624** [1959] 79, 92).

$Kp_{0,3}$: 76—78°. n_D^{20}: 1,6307. [*Höffer*]

[1,4]Dioxan, Dioxan $C_4H_8O_2$, Formel X (H 3; E I 609; E II 4).

Zusammenfassende Darstellung: *Stumpf*, Ang. Ch. Monogr. **68** [1956].

Bildungsweisen.

Aus Bis-[2-chlor-äthyl]-äther beim Erhitzen mit wss. Natronlauge auf 200° (*Carbide & Carbon Chem. Corp.*, U.S.P. 1879637 [1930]; D.R.P. 567632 [1931]; Frdl. **19** 382) sowie beim Erhitzen mit Kupfer(II)-oxid (*Dreyfus*, U.S.P. 2056960 [1932]). Beim Erhitzen von Äthylenglykol mit Eisen(III)-sulfat oder mit Aluminiumsulfat (*van Alphen*, R. **49** [1930] 1040, 1041). Beim Erhitzen von Äthylenglykol oder von Diäthylenglykol mit einem Kationenaustauscher auf 160° (*Swistak et al.*, C. r. **237** [1953] 1713). Beim Erwärmen von 2-[2-Chlor-äthoxy]-äthanol mit wss. Kalilauge oder wss. Natronlauge (*I.G. Farbenind.*, D.R.P. 526478 [1929]; Frdl. **18** 184). Aus Äthylenoxid beim Erhitzen mit wss. Schwefelsäure (*I.G. Farbenind.*, D.R.P. 570674 [1931]; Frdl. **19** 380), beim Erwärmen mit einer Suspension von Bleicherde in Dioxan oder beim Erhitzen mit einer Suspension von Natriumhydrogensulfat in Dioxan bis auf 150° (*I.G. Farbenind.*, D.R.P. 598952 [1931]; Frdl. **19** 384) sowie beim Behandeln mit Triäthyloxonium-tetrafluoro= borat in Äther (*Meerwein et al.*, A. **566** [1950] 150, 157), mit Tetrafluorsilan oder mit Borfluorid (*Kali-Chemie A.G.*, D.B.P. 909096 [1951]).

Reinigung.

Reinigung von [1,4]Dioxan-Präparaten (vgl. E II 4 Anm.): *Eitel, Lock,* M. **72** [1939] 392, 403; *Koizumi,* J. chem. Soc. Japan **68** [1947] 7; C. A. **1949** 7938. 2-Methyl-[1,3]dioxolan lässt sich durch Erhitzen mit verd. wss. Salzsäure entfernen (*Eigenberger,* J. pr. [2] **130** [1931] 75, 78). Entfernung von Peroxiden durch Behandlung mit Eisen(II)-sulfat und Wasser: *Weissberger et al.,* Am. Soc. **65** [1943] 1489, 1490. Entwässerung mit Hilfe von Zeolith: *Barrer,* J. Soc. chem. Ind. **64** [1945] 133; mit Hilfe von Chlorwasserstoff und Acetonitril: *Krieble, Smellie,* U.S.P. 2441114 [1944]. Abtrennung von Schwefel-Verbindungen mit Hilfe von Quecksilber: *Pesce, Lago,* G. **74** [1944] 131, 132.

Struktur und Energiegrössen des Moleküls.

[1,4]Dioxan liegt im flüssigen Zustand bei Raumtemperatur in der Sessel-Konformation vor (*E. L. Eliel, N. L. Allinger, S. J. Angyal, G. A. Morrison,* Conformational Analysis [New York 1965] S. 150, 248; *M. Hanack,* Conformation Theory [New York 1965] S. 310; *Le Fèvre et al.,* Soc. **1963** 479, 484; vgl. E II 4); über die Konformation im dampfförmigen Zustand s. *Armstrong et al.,* Austral. J. Chem. **11** [1958] 147, 151; *Gibbs,* Discuss. Faraday Soc. **10** [1951] 122. Durch Elektronenbeugung ermittelte Atomabstände (C—C: 1,523 Å; C—O: 1,423 Å; C—H: 1,112 Å) und Bindungswinkel (∢ C—C—O: 109,2°; ∢ C—O—C: 112,45°): *Davis, Hassel,* Acta chem. scand. **17** [1963] 1181; s. a. *Shand,* zit. bei *Allen, Sutton,* Acta cryst. **3** [1950] 46, 57; *Kimura, Aoki,* J. chem. Soc. Japan Pure Chem. Sect. **72** [1951] 169; C. A. **1952** 3341. [1,4]Dioxan hat in der Sessel-Konformation kein Dipolmoment (*Le Fè. et al.*; s. a. *Crossley et al.,* Tetrahedron **21** [1965] 3141, 3147). Molpolarisation von dampfförmigem [1,4]Dioxan bei 56—206°: *Kubo,* Scient. Pap. Inst. phys. chem. Res. **30** [1936] 238, 239; bei 64—214°: *Schwingel, Greene,* Am. Soc. **56** [1934] 653; bei 95—183°: *Le Fèvre, Rao,* Austral. J. Chem. **8** [1955] 39, 46; bei 97—237°: *Gi.*; bei 118—365°: *Ar. et al.,* l. c. S. 148. Molpolarisation von flüssigem [1,4]Dioxan bei 20°: *Treiber et al.,* Z. Naturf. **5a** [1950] 208, 212; bei 25°: *Kortüm, Walz,* Z. El. Ch. **57** [1953] 73, 79.

^{1}H-^{1}H-Spin-Spin-Kopplungskonstanten und ^{13}C-^{1}H-Spin-Spin-Kopplungskonstante: *Sheppard, Turner,* Pr. roy. Soc. [A] **252** [1959] 506, 512. Grundschwingungsfrequenzen des Moleküls: *Malherbe, Bernstein,* Am. Soc. **74** [1952] 4408. Kraftkonstanten von Molekülschwingungen: *Saksena, Raizada,* Pr. Indian Acad. [A] **36** [1952] 267, 273; *Ramsay,* Pr. roy. Soc. [A] **190** [1947] 562, 571. Ionisierungspotential (Elektronenstoss): 9,52 eV (*Morrison, Nicholson,* J. chem. Physics **20** [1952] 1021, 1023).

Physikalische Eigenschaften[1]).

F: 13,0° (*Eigenberger,* J. pr. [2] **130** [1931] 75, 76), 12° (*Thomson,* Soc. **1938** 460, 463), 11,83° (*Ebert,* Ang. Ch. **47** [1934] 305, 312), 11,780° (*Kraus, Vingee,* Am. Soc. **56** [1934] 511, 513), 11,78° (*Hovorka et al.,* Am. Soc. **58** [1936] 2264; *Grubb, Osthoff,* Am. Soc. **74** [1952] 2108; *Bacarella et al.,* J. phys. Chem. **60** [1956] 573, 574), 11,75° (*Klages et al.,* A. **541** [1939] 17, 27). Druckabhängigkeit des Schmelzpunkts (1—75 at): *Bursa,* Roczniki Chem. **26** [1952] 239, 254; C. A. **1953** 7277; s. a. *Kuss,* Z. ang. Phys. **7** [1955] 372, 377. E: 12,2° (*Feodos'ew et al.,* Ž. obšč. Chim. **24** [1954] 1540; engl. Ausg. S. 1525), 12,0° (*Bedow, Šergienko,* Doklady Akad. S.S.S.R. **98** [1954] 219; C. A. **1955** 11660), 11,85° (*Deffet,* Bl. Soc. chim. Belg. **44** [1935] 97, 123), 11,79° (*Crenshaw et al.,* Am. Soc. **60** [1938] 2308). Umwandlungspunkt: —0,26° (*Jacobs, Parks,* Am. Soc. **56** [1934] 1513, 1514), —0,1° (*De.*).

Kp_{768}: 101,7—101,8° (*Leimu,* B. **70** [1937] 1040, 1052); Kp_{760}: 101,4—101,6° (*Read, Taylor,* Soc. **1939** 478, 481), 101,50° (*Pesce, Lago,* G. **74** [1944] 131, 132), 101,5° (*Daly, Smith,* Soc. **1953** 2779, 2781; *Arnett et al.,* Am. Soc. **72** [1950] 5635, 5636); Kp_{745}: 100,5° (*Kobe et al.,* J. chem. eng. Data **1** [1956] 50, 52). Dampfdruck [Torr] bei Temperaturen von 10° (17,0) bis 80° (382,8): *Hovorka et al.,* Am. Soc. **58** [1936] 2264, 2265; von 18,6° (25,27) bis 21,0° (28,60): *Baughan et al.,* Pr. roy. Soc. [A] **225** [1954] 478, 502; von 20° (28,9) bis 105° (850,2): *Crenshaw,* Am. Soc. **60** [1938] 2308, 2310; s. a. *Gallaugher, Hibbert,* Am. Soc. **59** [1937] 2521, 2522; von 100° (733) bis 156° (3156): *Malcolm, Rowlinson,* Trans. Faraday Soc. **53** [1957] 921, 930; von 100° bis 300°: *Højendahl,* Danske Vid. Selsk. Math. fys. Medd. **24** Nr. 2 [1946] 10. Dampfdruck [at] bei Temperaturen von 100,8° (1) bis 308° (50): *Glaser, Rüland,* Ch. Ing. Tech. **29** [1957] 772, 773; von 154°

[1]) Berichtigung zu E II, S. 4, Zeile 3 von unten: An Stelle von „bei 20°: 0,01087“ ist zu setzen „bei 30°: 0,01087“.

(4,15) bis 310° (50,4): *Kobe et al.*, l. c. S. 53. Dampfdruck bei 25°: 36,18 Torr (*Bacarella et al.*, J. phys. Chem. **60** [1956] 573, 574). Dampfdruckgleichung für den Temperaturbereich von 25° bis 35°: *Bac. et al.* Kritische Temperatur: 315° (*Kobe et al.*, l. c. S. 52; *Gl.*, *Rü.*, l. c. S. 774), 312° (*Hø.*, l. c. S. 7), 311,8° (*Ga.*, *Hi.*, l. c. S. 2523). Kritischer Druck: 54 at (*Gl.*, *Rü.*), 53,2 at (*Kobe et al.*), 50 at (*Hø.*, l. c. S. 9). Kritische Dichte: 0,370 (*Kobe et al.*), 0,36 (*Hø.*). Assoziation in Cyclohexan: *Fredenhagen*, Phys. Z. **36** [1935] 321, 333; in Benzol und in Nitrobenzol: *Meisenheimer*, *Dorner*, A. **482** [1930] 130, 132, 133. Über die Assoziation im flüssigen Zustand s. *Probulski*, Biul. wojsk. Akad. tech. **7** [1958] Nr. 3, S. 66; C. A. **1959** 3816.

Dichte von festem [1,4]Dioxan bei 11°: 1,0880 (*Yasumi*, *Shirai*, Bl. chem. Soc. Japan **28** [1955] 193, 195). $D^{14,6}$: 1,0394; $D^{23,3}$: 1,0297; $D^{31,35}$: 1,0208 (*Ketelaar*, *van Meurs*, R. **76** [1957] 437, 446); D_4^{20}: 1,0338 (*Bedow*, *Šergienko*, Doklady Akad. S.S.S.R. **98** [1954] 219; C. A. **1955** 11660); D^{20}: 1,03364 (*Schulz*, Z. physik. Chem. [B] **40** [1938] 151, 155); D_{20}^{20}: 1,0482 (*Daly*, *Smith*, Soc. **1953** 2779, 2781); D_4^{25}: 1,02811 (*Kortüm*, *Walz*, Z. El. Ch. **57** [1953] 73, 76), 1,02808 (*Griffiths*, Soc. **1952** 1326, **1954** 860), 1,02806 (*McGlashan*, *Rastogi*, Trans. Faraday Soc. **54** [1958] 496), 1,02802 (*Pesce*, *Lago*, G. **74** [1944] 131, 132), 1,02797 (*Hammond*, *Stokes*, Trans. Faraday Soc. **51** [1955] 1641, 1642); D_4^{35}: 1,01694 (*Narasimhan*, J. Indian Inst. Sci. [A] **37** [1955] 35), 1,01690 (*Soundararajan*, Trans. Faraday Soc. **53** [1957] 159). Gleichung zur Berechnung der Dichte für den Temperaturbereich von 10° bis 50°: *Amis et al.*, Am. Soc. **64** [1942] 1207, 1210. Dichte von flüssigem [1,4]Dioxan bei Temperaturen von 12° (1,0416) bis 60° (0,9911): *Ya.*, *Sh.*; von 20° (1,03318) bis 80° (0,96486): *Hovorka et al.*, Am. Soc. **58** [1936] 2264, 2265; von 25° bis 100°: *Gallaugher*, *Hibbert*, Am. Soc. **59** [1937] 2514, 2518. Dichte D_4 bei Temperaturen von 30° (1,0225) bis 95° (0,9487): *Ling*, *Van Winkle*, J. chem. eng. Data **3** [1958] 88, 90. Dichte (orthobar) von [1,4]Dioxan-Dampf bei Temperaturen von 255° bis 312°: *Højendahl*, Danske Vid. Selsk. Math. fys. Medd. **24** Nr. 2 [1946] 8. Zweiter Virialkoeffizient bei 25°: *Bacarella et al.*, J. phys. Chem. **60** [1956] 573, 575. Innerer Druck bei 15° und 25°: *Collins et al.*, J. chem. Physics **25** [1956] 581; bei 25°: *Lachowicz*, *Weale*, J. chem. eng. Data **3** [1958] 162, 163.

Adiabatische Kompressibilität (aus der Schallgeschwindigkeit ermittelt) bei 20°: *Schaaffs*, Z. physik. Chem. [A] **194** [1944] 28, 35; bei 24°: *Parthasarathy*, Pr. Indian Acad. [A] **2** [1935] 497, 509; bei 30°: *Weissler*, Am. Soc. **71** [1949] 419; *Danusso*, *Fadigati*, R.A.L. [8] **14** [1953] 81, 84. Schallgeschwindigkeit bei 24,5°: *Parthasarathy*, *Bakhshi*, Indian J. Physics **27** [1953] 73, 75; bei 25°: *Willard*, J. acoust. Soc. Am. **19** [1947] 235, 236; bei 30°, 40° und 50°: *Da.*, *Fa.*, l. c. S. 85. Schallabsorption bei 21°: *Parthasarathy et al.*, J. Phys. Rad. [8] **14** [1953] 541, 544; bei 22°: *Parthasarathy et al.*, Nuovo Cimento [9] **10** [1953] 264, 266; bei 24,6° und 24,8°: *Heasell*, *Lamb*, Pr. phys. Soc. London [B] **69** [1956] 869, 874; bei 25°: *Karpovich*, J. chem. Physics **22** [1954] 1767, 1770. Oberflächenspannung [$g \cdot s^{-2}$] bei 20°: 33,64 (*Bedow*, *Šergienko*, Doklady Akad. S.S.S.R. **98** [1954] 219; C. A. **1955** 11660); bei 22°: 33,04 (*Dunken et al.*, Koll. Z. **91** [1940] 232, 238); bei Siedetemperatur: 22,11 (*Gallaugher*, *Hibbert*, Am. Soc. **59** [1937] 2514, 2515), 21,59 (*Ling*, *Van Winkle*, J. chem. eng. Data **3** [1958] 88, 91). Oberflächenspannung bei Temperaturen von 13° bis 70°: *Ga.*, *Hi.*, l. c. S. 2517. Oberflächenspannung [$g \cdot s^{-2}$] bei Temperaturen von 20° (33,39) bis 80° (24,76): *Hovorka et al.*, Am. Soc. **58** [1936] 2264, 2265.

Viscosität [$g \cdot cm^{-1} \cdot s^{-1}$] bei 7,3—7,4°: 0,0169 (*Herzog et al.*, Z. physik. Chem. [A] **167** [1934] 329, 337); bei 25°: 0,01193 (*Hase*, Z. Naturf. **8a** [1953] 695, 697); bei 48°: 0,007964 (*Ling*, *Sisler*, Am. Soc. **75** [1953] 5191). Viscosität bei Temperaturen von 20° bis 80°: *Geddes*, Am. Soc. **55** [1933] 4832, 4833. Viscosität [$g \cdot cm^{-1} \cdot s^{-1}$] bei Temperaturen von 20° (0,013133) bis 50° (0,008190): *Amis et al.*, Am. Soc. **64** [1942] 1207, 1209; von 25° (0,01150) bis 50° (0,00785): *Mukerjee*, J. Indian chem. Soc. **30** [1953] 670, 673; von 30° (0,01096) bis 101,5° (0,00460): *Ling*, *Van Winkle*, J. chem. eng. Data **3** [1958] 88, 93, 94. Druckkoeffizient der Viscosität bei 25°/2000 at und bei 80°/2000 at: *Kuss*, Erdöl Kohle **6** [1953] 266, 268. Viscosität [$g \cdot cm^{-1} \cdot s^{-1}$] von [1,4]Dioxan-Dampf bei 110°: $17{,}01 \cdot 10^{-5}$; bei 130°: $17{,}56 \cdot 10^{-5}$; bei 150°: $18{,}11 \cdot 10^{-5}$ (*Ling*, *Van W.*, l. c. S. 95). Wärmeleitfähigkeit von dampfförmigem [1,4]Dioxan bei 100,7°, 126° und 149°: *Vines*, *Bennett*, J. chem. Physics **22** [1954] 360, 362; von flüssigem [1,4]Dioxan bei 20°: *Riedel*, Mitt. Kältetech. Inst. Nr. 2 [1948] 3, 24.

Schmelzenthalpie [$cal \cdot g^{-1}$]: 34,85 (*Jacobs*, *Parks*, Am. Soc. **56** [1934] 1513, 1514;

Deffet, Bl. Soc. chim. Belg. **44** [1935] 97, 123), 34,80 (*Kraus, Vingee*, Am. Soc. **56** [1934] 511, 514), 34,25 (*Roth, Meyer*, Z. El. Ch. **41** [1935] 229). Kryoskopische Konstante: *Meisenheimer, Dorner*, A. **482** [1930] 130, 156; *Eigenberger*, J. pr. [2] **130** [1931] 75, 77; *Kr., Vi.*; *Oxford*, Biochem. J. **28** [1934] 1325, 1326; *Bell, Wolfenden*, Soc. **1935** 822; *Roth, Me.*, Z. El. Ch. **41** 229; *Thomson*, Soc. **1938** 460, 463; *Ling, Sisler*, Am. Soc. **75** [1953] 5191. Umwandlungsenthalpie [$cal \cdot g^{-1}$]: 6,83 (*De.*), 6,38 (*Ja., Pa.*), 6,32 (*Roth, Me.*, Z. El. Ch. **41** 229). Verdampfungsenthalpie [$cal \cdot mol^{-1}$]: 8960 [bei 25°] (*Crenshaw et al.*, Am. Soc. **60** [1938] 2308, 2311), 8700 [bei 20°] (*Baughan et al.*, Pr. roy. Soc. [A] **225** [1954] 478, 484), 8550 [aus dem Dampfdruck bei 15—100° ermittelt] (*Gallaugher, Hibbert*, Am. Soc. **59** [1937] 2521, 2523). Calorimetrisch ermittelte Wärmekapazität C_p [$cal \cdot grad^{-1} \cdot g^{-1}$] der unterhalb 272,9 K stabilen Krystallmodifikation bei Temperaturen von 92,6 K (0,136) bis 257,2 K (0,306), der oberhalb 272,9 K stabilen Krystallmodifikation bei 274,7 K (0,415) und 275,8 K (0,433) sowie von flüssigem [1,4]Dioxan bei 288,7 K (0,408), bei 293,7 K (0,410) und bei 298,2 K (0,415): *Ja., Pa.*; s. a. *Roth, Meyer*, Z. El. Ch. **41** 229; **39** [1933] 35. Calorimetrisch ermittelte Wärmekapazität C_p von flüssigem [1,4]Dioxan bei 20°: 36,5 $cal \cdot grad^{-1} \cdot mol^{-1}$ (*Bennewitz, Kratz*, Phys. Z. **37** [1936] 496, 504). Statistisch berechnete Wärmekapazität C_p^0 [$cal \cdot grad^{-1} \cdot mol^{-1}$] von dampfförmigem [1,4]Dioxan bei 300 K: 22,56; bei 350 K: 26,58; bei 400 K: 30,48 (*Malherbe, Bernstein*, Am. Soc. **74** [1952] 4408). Standard-Gibbs-Energie der Bildung aus den Elementen: −56,3 $kcal \cdot mol^{-1}$ (*Ja., Pa.*, l. c. S. 1517). Standard-Entropie: *Ja., Pa.*, l. c. S. 1516. Verbrennungsenthalpie bei 19°: *Roth, Me.*, Z. El. Ch. **39** 35.

$n_D^{14,6}$: 1,42456; $n_D^{23,3}$: 1,42048; $n_D^{31,3}$: 1,41672 (*Ketelaar, van Meurs*, R. **76** [1957] 437, 446); n_D^{20}: 1,42331 (*Marinangeli*, Ann. Chimica **44** [1954] 219, 222, 223, 880, 881); n_D^{20}: 1,42320; n_D^{25}: 1,42085 (*Smyth, Walls*, Am. Soc. **54** [1932] 2261, 2265); n_D^{20}: 1,42290; n_D^{25}: 1,42032 (*Smyth, Walls*, Am. Soc. **53** [1931] 2115, 2117); n_D^{25}: 1,42067 (*Kortüm, Walz*, Z. El. Ch. **57** [1953] 73, 76), 1,42025 (*Frey, Gilbert*, Am. Soc. **59** [1937] 1344, 1345); n_D^{25}: 1,42006; $n_D^{29,5}$: 1,41796 (*Bacarella et al.*, J. phys. Chem. **60** [1956] 573, 574); n_D^{35}: 1,41532 (*Narasimhan*, J. Indian Inst. Sci. [A] **37** [1955] 35). Gleichung zur Berechnung des Brechungsindex n_D für den Temperaturbereich von 10° bis 50°: *Amis et al.*, Am. Soc. **64** [1942] 1207, 1208. Brechungsindex n^{20} für Wellenlängen von 248,71 nm (1,4844) bis 428,14 nm (1,4321) und von 435,834 nm (1,43120) bis 670,786 nm (1,41979): *Allsopp, Willis*, Pr. roy. Soc. [A] **153** [1936] 392, 402, 403. $n_{667,8}^{15}$: 1,42198; $n_{501,6}^{15}$: 1,42865; $n_{447,2}^{15}$: 1,43290 (*Timmermans, Hennaut-Roland*, J. Chim. phys. **34** [1937] 693, 726). $n_{656,3}^{21,2}$: 1,4194; $n_{486,1}^{21,2}$: 1,4268 (*Huet et al.*, Bl. Soc. chim. Belg. **62** [1953] 436, 440). $n_{667,8}^{25}$: 1,41753; $n_{587,6}^{25}$: 1,41994; $n_{546,1}^{25}$: 1,42168; $n_{501,0}^{25}$: 1,42399; $n_{447,1}^{25}$: 1,42802; $n_{435,8}^{25}$: 1,42897 (*Pesce, Lago*, G. **74** [1944] 131, 132). Kerr-Konstante von [1,4]Dioxan-Dampf bei 139,5°: *Stuart, Schieszl*, Ann. Physik [6] **2** [1948] 321, 322; von flüssigem [1,4]Dioxan bei 25°: *Le Fèvre et al.*, Soc. **1963** 479, 484. Depolarisationsgrad von an [1,4]Dioxan gestreutem Licht (λ: 589 nm) bei 20°: *Stuart, Buchheim*, Z. Phys. **111** [1938] 36, 43. Elliptische Polarisation von linear polarisiertem Licht bei der Reflexion an der Grenzfläche zwischen Flüssigkeit und Dampf: *Kisel'*, Ž. eksp. teor. Fiz. **29** [1955] 658, 661; Soviet Physics JETP **2** [1956] 520, 524.

^{1}H-NMR-Absorption: *Meyer et al.*, Am. Soc. **75** [1953] 4567, 4570; *Bothner-By, Glick*, J. chem. Physics **26** [1957] 1647, 1649; *Weinmayr*, Am. Soc. **81** [1959] 3590. ^{1}H-NMR-Spektrum (^{13}C-^{1}H-Satelliten): *Cohen et al.*, Pr. chem. Soc. **1958** 118; *Sheppard, Turner*, Pr. roy. Soc. [A] **252** [1959] 506, 512. ^{1}H-Spin-Gitter-Relaxationszeit von flüssigem und von in Tetrachlormethan gelöstem [1,4]Dioxan bei 27°: *Shaw, Elsken*, Anal. Chem. **27** [1955] 1983.

IR-Spektrum von [1,4]Dioxan-Dampf im Bereich von 3,1 μ bis 3,6 μ sowie von 6,4 μ bis 11,8 μ: *McKinney et al.*, Am. Soc. **59** [1937] 481, 482; von 6,6 μ bis 14,3 μ: *Ramsay*, Pr. roy. Soc. [A] **190** [1947] 562, 564. IR-Banden von [1,4]Dioxan-Dampf im Bereich von 3,3 μ bis 3,5 μ: *Ra.*, l. c. S. 565. IR-Spektrum von unverdünntem flüssigen [1,4]Dioxan im Bereich von 0,8 μ bis 0,92 μ: *Mecke, Vierling*, Z. Phys. **96** [1935] 559, 569; von 1,06 μ bis 1,6 μ: *Suhrmann, Klein*, Z. physik. Chem. [B] **50** [1941] 23, 56; von 1,1 μ bis 1,3 μ: *Groenewege, van Vucht*, Mikroch. Acta **1955** 471, 476; von 1,5 μ bis 11,8 μ: *McK. et al.*; von 2 μ bis 15 μ: *Shreve et al.*, Anal. Chem. **23** [1951] 277, 281; von 2,5 μ bis 16,5 μ: *Adams, Katz*, J. mol. Spectr. **1** [1957] 306, 314; von 2,7 μ bis 38 μ: *Malherbe, Bernstein*, Am. Soc. **74** [1952] 4408; von 5,5 μ bis 9,5 μ: *Barnes et al.*, Ind. eng. Chem. Anal. **15** [1943] 659, 706; von 6,5 μ bis 13 μ: *Burket, Badger*, Am. Soc. **72** [1950] 4397, 4398; von 6,6 μ bis 14,3 μ: *Ra.*; von 14,4 μ bis 35 μ: *Bentley et al.*, Spectrochim. Acta **13** [1959] 1, 17;

IR-Banden von unverdünntem flüssigen [1,4]Dioxan im Bereich von 2 μ bis 2,6 μ: *Ma.*, *Be.* IR-Spektrum von in Wasser gelöstem [1,4]Dioxan im Bereich von 2,5 μ bis 11 μ: *Potts, Wright*, Anal. Chem. **28** [1956] 1255, 1259; von in Tetrachlormethan gelöstem [1,4]Dioxan im Bereich von 3,1 μ bis 3,7 μ: *Fox, Martin*, Pr. roy. Soc. [A] **167** [1938] 257, 260, 265. C-H-Valenzschwingungsbanden von flüssigem [1,4]Dioxan: 13485 cm^{-1} und 11040 cm^{-1} (*Rumpf, Mecke*, Z. physik. Chem. [B] **44** [1939] 299, 311). Feinstruktur des Absorptionsspektrums von flüssigem [1,4]Dioxan im Bereich von 0,6 μ bis 0,8 μ: *Lewis, Kasha*, Am. Soc. **67** [1945] 994, 999. IR-Spektrum von festem [1,4]Dioxan im Bereich von 7,4 μ bis 11,8 μ: *Ma.*, *Be.* Reflexionsvermögen und Durchlässigkeit von flüssigem [1,4]Dioxan für Licht der Wellenlängen von 52 μ bis 152 μ: *Cartwright, Errera*, Pr. roy. Soc. [A] **154** [1936] 138, 145; Acta physicoch. U.R.S.S. **3** [1935] 649, 663.

Raman-Banden: *Malherbe, Bernstein*, Am. Soc. **74** [1952] 4408; *Fauconnier, Harrand*, Ann. Physique [13] **1** [1956] 5, 6; s. a. *K. W. F. Kohlrausch*, Ramanspektren [Leipzig 1943] S. 342; *Akischin et al.*, Vestnik Moskovsk. Univ. **10** [1955] Nr. 12, S. 103, 105; C. A. **1956** 8329. Polarisationsgrad von Raman-Banden: *Saksena*, Pr. Indian Acad. [A] **12** [1940] 321, 332. Intensität von Raman-Banden: *Harrand, Bazin*, J. Phys. Rad. [8] **18** [1957] 687, 688. Einfluss von anorganischen Verbindungen und Kohlenstoff-Verbindungen auf die Lage von Raman-Banden: *Simon, Fehér*, Z. El. Ch. **42** [1936] 688.

UV-Spektrum von [1,4]Dioxan-Dampf im Bereich von 166 nm bis 193 nm: *Pickett et al.*, Am. Soc. **73** [1951] 4865, 4867. UV-Spektrum von flüssigem [1,4]Dioxan im Bereich von 200 nm bis 350 nm: *Maclean et al.*, J. Res. Bur. Stand. **34** [1945] 271, 278; von 190 nm bis 280 nm: *Allsopp, Willis*, Pr. roy. Soc. [A] **153** [1936] 392, 393; von 210 nm bis 300 nm: *Guillet, Norrish*, Pr. roy. Soc. [A] **233** [1955] 172, 175. Fluorescenz von flüssigem [1,4]Dioxan bei 12°, 24° und 50°: *Hunter*, J. chem. Physics **6** [1938] 544.

Magnetische Susceptibilität: $-0{,}595 \cdot 10^{-6}\ cm^3 \cdot g^{-1}$ (*v. Rautenfeld, Steurer*, Z. physik. Chem. [B] **51** [1942] 39, 44), $-0{,}592 \cdot 10^{-6}\ cm^3 \cdot g^{-1}$ (*Venkateswarlu, Sriraman*, Trans. Faraday Soc. **53** [1957] 433, 434), $-51{,}1 \cdot 10^{-6}\ cm^3 \cdot mol^{-1}$ (*Pacault*, A. ch. [12] **1** [1946] 527, 569).

Dielektrizitätskonstante von festem [1,4]Dioxan bei Temperaturen von −70° (2,329) bis +11° (2,329) sowie von flüssigem [1,4]Dioxan bei Temperaturen von +12° (2,251) bis +60° (2,185): *Yasumi, Shirai*, Bl. chem. Soc. Japan **28** [1955] 193, 195; von festem [1,4]Dioxan bei Temperaturen von −12° bis +10° und 1,5 m Wellenlänge sowie bei Temperaturen von −6° bis +10° und 63,5 cm Wellenlänge: *Bogomolow, Štepanenko*, Ž. fiz. Chim. **26** [1952] 1664; C. A. **1953** 6201; von flüssigem [1,4]Dioxan bei Temperaturen von +18° bis +45° und 1 m Wellenlänge sowie bei Temperaturen von +17° bis +79° und 63,5 cm Wellenlänge: *Bo.*, *Št.* Dielektrizitätskonstante bei 14,8°: 2,226; bei 19,8°: 2,217 (*Chau et al.*, Soc. **1957** 2293, 2296); bei 15°: 2,227; bei 30°: 2,201 (*Wang*, Z. physik. Chem. [B] **45** [1940] 323, 324 Anm.); bei 20°: 2,260 (*Morgan, Yager*, Ind. eng. Chem. **32** [1940] 1519), 2,247 (*Marinangeli*, Ann. Chimica **44** [1954] 219, 223, 880, 881), 2,2262 (*Lumbroso, Passerini*, Bl. **1955** 1179, 1181); bei 20°: 2,2206; bei 40°: 2,1851 (*Sawatzky, Wright*, Canad. J. Chem. **36** [1958] 1555, 1568); bei 24°: 2,227 (*Brown*, Am. Soc. **81** [1959] 3232); bei 25°: 2,229 (*Béguin, Gäumann*, Helv. **41** [1958] 1971, 1976), 2,2271 (*Schidlowškaja, Šyrkin*, Ž. fiz. Chim. **22** [1948] 913, 914; C. A. **1949** 454), 2,2131 (*Conner et al.*, Am. Soc. **64** [1942] 1379), 2,2090 (*Chau, Le Fèvre*, Austral. J. Chem. **8** [1955] 562; Soc. **1957** 2300; *Armstrong et al.*, Soc. **1957** 372); bei 35°: 2,1922 (*Narasimhan*, J. Indian Inst. Sci. [A] **37** [1955] 35, 36), 2,1890 (*Soundararajan*, Trans. Faraday Soc. **53** [1957] 159). Dielektrizitätskonstante von [1,4]Dioxan-Dampf bei 56—206°: *Kubo*, Scient. Pap. Inst. phys. chem. Res. **30** [1936] 238, 239. Dielektrischer Verlust bei 18° und Wellenlängen von 1,267 cm bis 16,95 cm: *Cook*, Trans. Faraday Soc. **47** [1951] 751, 752. Elektrische Leitfähigkeit bei 20°: *Meisenheimer, Dorner*, A. **482** [1930] 130, 154; bei 25°: *Kraus, Fuoss*, Am. Soc. **55** [1933] 21, 25. Relative Basizität: *Strohmeier, Echte*, Z. El. Ch. **61** [1957] 549, 554; s. a. *Braude*, Soc. **1948** 1971, 1975.

Physikalische Eigenschaften von [1,4]Dioxan enthaltenden Mehrstoffsystemen.

Lösungsvermögen für Wasserstoff bei 25°: *Guerry*, zit. bei *Gjaldbæk*, Acta chem. scand. **6** [1952] 623, 631, und bei *Lachowicz, Weale*, J. chem. eng. Data **3** [1958] 162, 163. Lösungsvermögen für Sauerstoff bei 20°: *Schläpfer et al.*, Schweiz. Arch. angew. Wiss. Tech. **15** [1949] 299, 306; bei 25°: *Gu.*, zit. bei *Gj.*, l. c. S. 627, und bei *La.*, *We.*, l. c. S. 164; bei 28°: *Miller, Baumann*, Am. Soc. **65** [1943] 1540, 1542. Aufnahme von Wasser aus der Luft bei 20° (aus der Änderung der Dielektrizitätskonstante ermittelt): *Oehme*, Farbe Lack **65** [1959] 498. Lösungsvermögen für Chlorwasserstoff bei 10°: *Gerrard, Macklen*, Chem. and Ind. **1959** 1070; bei 12° und 20°: *Meshennyĭ*, Ž. obšč. Chim. **24** [1954] 1945; engl. Ausg. S. 1911. [1,4]Dioxan ist mit flüssigem Kohlendioxid bei 21—26°/65 at mischbar (*Francis*, J. phys. Chem. **58** [1954] 1099, 1103). Lösungsvermögen für Lithiumchlorid bei 100°: *Sinka*, Z. anal. Chem. **80** [1930] 430 Anm.; für Kupfer(I)-chlorid, für Kupfer(II)-chlorid und für Kupfer(II)-bromid bei 26,5°: *Heines, Yntema*, Trans. Kentucky Acad. **7** [1938] 85, 86; für Blei(II)-chlorid bei 25°: *Noble, Garrett*, Am. Soc. **66** [1944] 231, 235; für Thoriumnitrat-tetrahydrat bei 25°: *Templeton, Hall*, J. phys. Chem. **51** [1947] 1441, 1444; für Uranyl(VI)-nitrat-hexahydrat bei 20°: *Warner*, Austral. J. appl. Sci. **4** [1953] 581, 583; für Hexachlor-cyclotri-λ^5-phosphazen bei 20—80°: *Yokoyama, Yamada*, Res. Rep. Kogakuin Univ. **6** [1958] 94, 97; C. A. **1959** 15713.

Lösungsvermögen von 60%ig. wss. Dioxan für Kohlendioxid bei 25°/760 Torr Kohlendioxid-Druck: *Kobe, Mason*, Ind. eng. Chem. Anal. **18** [1946] 78. Lösungsvermögen von [1,4]Dioxan-Wasser-Gemischen für Kaliumjodat und für Zinkjodat bei 25°: *Ricci, Nesse*, Am. Soc. **64** [1942] 2305. Lösungsvermögen von 75,5%ig. wss. [1,4]Dioxan für Silberchlorid, für Silberbromid und für Silberjodid bei 20°: *Kratohvil, Težak*, Croat. chem. Acta **29** [1957] 63. Lösungsvermögen von [1,4]-Dioxan-Wasser-Gemischen für Silbersulfat und für Bariumjodat-monohydrat bei 25°: *Davis et al.*, Am. Soc. **61** [1939] 3274, 3275, 3276; für Silberbromat bei 25°: *Davies, Monk*, Soc. **1951** 2718, 2720; *Monk*, Soc. **1951** 2723; für Calciumjodat, für Bariumjodat und für Lanthan(III)-jodat bei 25°: *Monk*, l. c. S. 2725; für Thallium(I)-chlorid bei 25°: *Black, Garrett*, Am. Soc. **65** [1943] 862, 865; für Blei(II)-chlorid bei 25°: *Noble, Garrett*, Am. Soc. **66** [1944] 231, 234, 235. Lösungsvermögen von 57,5%ig. wss. [1,4]Dioxan für Blei(II)-sulfat bei 20°, 25° und 30°: *Koizumi*, Bl. chem. Soc. Japan **23** [1950] 124. Lösungsvermögen von [1,4]Dioxan-Cyclohexan-Gemischen für Jod bei 17°, 20° und 25°: *Kortüm, Kortüm-Seiler*, Z. Naturf. **5a** [1950] 544, 550, 552; für Silbernitrat bei 20°: *Salomon*, R. **68** [1949] 903, 904.

Löslichkeitsdiagramme der binären Systeme mit Nonan-2-on, mit Tridecan-2-on und mit Nonadecan-2-on: *Hoerr et al.*, J. phys. Chem. **59** [1955] 457, 460. Entmischungstemperatur von Gemischen mit Adipinsäure (bis 30 Mol-%): *Lindström*, Acta chem. scand. **12** [1958] 2049. Löslichkeitsdiagramm des ternären Systems mit Wasser und Chlorwasserstoff bei 10°: *Robinson*, Am. Soc. **74** [1952] 6125; bei 20°: *Francis*, J. phys. Chem. **62** [1958] 579, 580, 582; bei 25°: *Grubb, Osthoff*, Am. Soc. **74** [1952] 2108; *Kletenik*, Ž. obšč. Chim. **27** [1957] 2025, 2026; engl. Ausg. S. 2079, 2080; des ternären Systems mit Wasser und Bromwasserstoff bei 25°: *Gr., Ost.* Mischungsdiagramm des ternären Systems mit Wasser und Schwefelsäure bei 25°: *Kl.*, l. c. S. 2028. Löslichkeitsdiagramm des ternären Systems mit Wasser und Natriumnitrat bei 25°: *Selikson, Ricci*, Am. Soc. **64** [1942] 2474; Löslichkeitsdiagramme der ternären Systeme mit Wasser und Lithiumhydroxid, mit Wasser und Natriumhydroxid sowie mit Wasser und Kaliumhydroxid, jeweils bei 25° und 75°: *Godnewa, Klotschko*, Izv. Karelsk. Kolsk. Akad. Nr. 5 [1958] 122, 125; C. A. **1960** 10487; der ternären Systeme mit Wasser und Lithiumhydroxid sowie mit Wasser und Kaliumhydroxid, jeweils bei 25°: *Laurent, Duhamel*, Bl. **1953** 157, 159, 160; Löslichkeitsdiagramm des ternären Systems mit Wasser und Lithiumchlorid (Nachweis einer Verbindung $C_4H_8O_2 \cdot LiCl \cdot H_2O$) bei 25°: *Lynch*, J. phys. Chem. **46** [1942] 366, 369; des ternären Systems mit Wasser und Kaliumcarbonat bei 0°, 25° und 40°: *Kobe, Stong*, J. phys. Chem. **44** [1940] 629; des ternären Systems mit Wasser und Silbernitrat (Nachweis einer Verbindung $C_4H_8O_2 \cdot 8\,AgNO_3$) bei 25°: *Skarulis, Ricci*, Am. Soc. **63** [1941] 3429; des ternären Systems mit Wasser und Kupfer(II)-chlorid (Nachweis von Verbindungen $C_4H_8O_2 \cdot CuCl_2$, $2\,C_4H_8O_2 \cdot CuCl_2 \cdot 2\,H_2O$ und $C_4H_8O_2 \cdot CuCl_2 \cdot 2\,H_2O$) bei 25°: *Weicksel, Lynch*, Am. Soc. **72** [1950] 2632, 2635; des ternären Systems mit Wasser und Magnesiumchlorid (Nachweis von Verbindungen $2C_4H_8O_2 \cdot MgCl_2$ und $C_4H_8O_2 \cdot MgCl_2 \cdot 6H_2O$) bei 25°: *We., Ly.*, l. c. S. 2633; des ternären Systems mit Wasser und Calciumchlorid (Nachweis einer Verbindung $C_4H_8O_2 \cdot CaCl_2 \cdot 2H_2O$) bei 25°: *Bogardus, Lynch*, J. phys. Chem. **47** [1943] 650; des ternären Systems mit Wasser und Bariumchlorid bei 25°: *Bo., Ly.*; des ternären Systems mit Wasser und Cadmiumchlorid (Nachweis einer Verbindung $C_4H_8O_2 \cdot CdCl_2$) bei 25°: *We., Ly.*, l. c. S. 2635; des ternären Systems mit Wasser und Quecksilber(II)-chlorid (Nachweis von Verbindungen $C_4H_8O_2 \cdot HgCl_2$ und $2C_4H_8O_2 \cdot HgCl_2$) bei 25°: *Laurent et al.*, C. r. **241** [1955] 1044. Mischbarkeitsdiagramm des ternären Systems mit Wasser und Benzol bei 25°: *Berndt, Lynch*, Am. Soc. **66** [1944]

282; des ternären Systems mit Wasser und Äthanol bei 25°: *Schneider, Lynch*, Am. Soc. **65** [1943] 1063. Verteilung zwischen Octan-1-ol und Wasser bei 20°: *Collander*, Acta chem. scand. **5** [1951] 774, 775.

Phasendiagramm (fest/flüssig) des Systems mit Wasser: *Goates, Sullivan*, J. phys. Chem. **62** [1958] 188. Erstarrungsdiagramm des Systems mit Wasser: *Hovorka et al.*, Am. Soc. **58** [1936] 2264, 2266; s. a. *Gillis, Delaunois*, R. **53** [1934] 186, 188; *Ewert*, Bl. Soc. chim. Belg. **46** [1937] 90, 101. Erstarrungspunkte von Gemischen mit Chlorwasserstoff (bis 11,5 Mol-%): *Meshennyĭ*, Ž. obšč. Chim. **24** [1954] 1945, 1948; engl. Ausg. S. 1911, 1913. Erstarrungsdiagramm des Systems mit Schwefeldioxid (Nachweis von Verbindungen 1:1 und 1:2): *Albertson, Fernelius*, Am. Soc. **65** [1943] 1687, 1688. Schmelzdiagramm des Systems mit Schwefelsäure (Nachweis einer Verbindung 1:1): *Meshennyĭ*, Ž. obšč. Chim. **26** [1956] 375; engl. Ausg. S. **397**; des Systems mit Dischwefelsäure (Nachweis einer Verbindung 2:1): *Meshennyĭ*, Ž. obšč. Chim. **18** [1948] 2037, 2040; C. A. **1949** 6901. Erstarrungsdiagramm des Systems mit Distickstofftetraoxid (Nachweis einer Verbindung 1:1): *Rubin et al.*, Am. Soc. **74** [1952] 877, 878; des Systems mit Nitrosylchlorid: *Addison, Sheldon*, Soc. **1956** 1941, 1947. Schmelzdiagramm des Systems mit Phosphorigsäure: *Meshennyĭ*, Ž. obšč. Chim. **19** [1949] 404; C. A. **1950** 9229; des Systems mit Tetrachlor=silan und des Systems mit Tetrabromsilan (Nachweis einer Verbindung 4:1): *Kennard, McCusker*, Am. Soc. **70** [1948] 1039; des Systems mit Chloroform (Nachweis einer Verbindung 1:2) und des Systems mit Tetrachlormethan (Nachweis einer Verbindung 1:2): *Kennard, McCusker*, Am. Soc. **70** [1948] 3375; des Systems mit 1,2-Dijod-äthan und des Systems mit 1,2-Dijod-äthylen: *Rheinboldt, Luyken*, J. pr. [2] **133** [1932] 284, 287; des Systems mit Cyclohexan: *Ke., McC.*, Am. Soc. **70** 1042. Erstarrungsdiagramm des Systems mit Cyclohexan: *Krawtschenko, Eremenko*, Ž. prikl. Chim. **23** [1950] 613, 614; engl. Ausg. S. 647, 648; *Krawtschenko*, Doklady Akad. S.S.S.R. **79** [1951] 443, 444; des Systems mit Benzol: *Kr., Er.*, l. c. S. 619; des Systems mit *tert*-Butylalkohol: *Getman*, R. **56** [1937] 927; des Systems mit Thiophen: *Krawtschenko*, Ž. prikl. Chim. **23** [1950] 288, 296; engl. Ausg. S. 301, 308; des Systems mit Essigsäure (Nachweis einer Verbindung 1:2 [E: −16°]): *Kowalenko, Balandina*, Uč. Zap. Rostovsk. Univ. **41** [1958] 39; C. A. **1961** 6118. [1,4]Dioxan bildet mit Ölsäure ein Eutektikum (*Hoerr, Harwood*, J. phys. Chem. **56** [1952] 1068, 1070). Schmelzdiagramm des Systems mit Hydroxy=imidokohlensäure-dichlorid (Nachweis einer Verbindung 1:1 [F: −11,8°] und einer Verbindung 1:2 [F: +2,2°]): *Seher*, B. **83** [1950] 400, 403. Erstarrungsdiagramm des Systems mit Pyridin: *Kr., Er.*, l. c. S. 619; des Systems mit 99%ig. wss. Ameisensäure und des Systems mit 90%ig. wss. Ameisensäure: *Corwin, Naylor*, Am. Soc. **69** [1947] 1004, 1008. Erstarrungsdiagramm des ternären Systems mit Distickstofftetraoxid und Tetrahydropyran: *Gibbins et al.*, Am. Soc. **76** [1954] 4668.

Flüssigkeit-Dampf-Gleichgewicht im System mit Wasser bei 760 Torr: *Smith, Wojciechowski*, J. Res. Bur. Stand. **18** [1937] 461, 464; *Schneider, Lynch*, Am. Soc. **65** [1943] 1063, 1064. Partialdruck der Komponenten im System mit Wasser bei 20°: *Niini*, Ann. Acad. Sci. fenn. [A] **55** Nr. 8 [1940] 7, 14, 21; bei 25°: *Vierk*, Z. anorg. Ch. **261** [1950] 283, 292. Dampfdruckgleichung (25—35°) für eine 50%ig. und eine 70,5%ig. wss. Lösung: *Bacarella et al.*, J. phys. Chem. **60** [1956] 573, 574. Dampfdruck im System mit Wasser bei 100—156°: *Malcolm, Rowlinson*, Trans. Faraday Soc. **53** [1957] 921, 930. Einfluss von Natriumchlorid, von Natriumacetat und von Natriumbenzoat auf das Flüssigkeit-Dampf-Gleichgewicht im System mit Wasser: *Prausnitz, Targovnik*, J. chem. eng. Data **3** [1958] 234, 237. Ebullioskopie in Fluorwasserstoff: *Fredenhagen, Fredenhagen*, Z. anorg. Ch. **243** [1939] 39, 56. Chlorwasserstoff-Partialdruck über Lösungen von Chlorwasserstoff in einem Gemisch von [1,4]Dioxan und Heptan bei −72° bis 0°: *Strohmeier, Echte*, Z. El. Ch. **61** [1957] 549, 551, 552. Dampfdruck von Gemischen mit Distickstofftetraoxid bei 10°, 15° und 20°: *Addison, Sheldon*, Soc. **1957** 1937, 1939. Flüssigkeit-Dampf-Gleich=gewicht im System mit Chloroform bei 50°: *McGlashan, Rastogi*, Trans. Faraday Soc. **54** [1958] 496, 497; im System mit 1,2-Dichlor-äthan: *Delzenne*, Chem. eng. Sci. **1** [1952] 241, 243. Dampfdruck im System mit Cyclohexan bei 20°, 30° und 40° sowie Partialdruck der Komponenten dieses Systems bei 20°: *Vi.*, l. c. S. 293, 294. Siedepunkte von Gemischen mit Cyclohexen bei 749,7 Torr: *Watson, Bircher*, Am. Soc. **71** [1949] 1887. Flüssigkeit-Dampf-Gleichgewicht im System mit Benzol bei 200—760 Torr: *Gropşianu et al.*, Acad. Timişoara Stud. Cerc. chim. **4** [1957] Nr. 3/4, S. 73, 75; C. A. **1959** 19501; bei 753 Torr: *Gropşianu, Murarescu*, Acad. Timişoara Stud. Cerc. chim. **3** [1956] Nr. 1/2,

S. 81, 82; C. A. **1957** 16028. Dampfdruck und Partialdruck der Komponenten im System mit Benzol bei 25°: *Teague, Felsing*, Am. Soc. **65** [1943] 485. Flüssigkeit-Dampf-Gleichgewicht im System mit Toluol bei 200—760 Torr: *Gr. et al.*, l. c. S. 77; bei 753 Torr: *Gr., Mu.*, l. c. S. 83; im System mit Methanol bei 760 Torr: *Padgitt et al.*, Am. Soc. **64** [1942] 1231; *Mariani, Romero*, Boll. scient. Fac. Chim. ind. Bologna **3** [1942] 21. Siedepunkte von Gemischen mit Methanol bei 760 Torr: *Ling, Van Winkle*, J. chem. eng. Data **3** [1958] 88, 95. Partialdruck der Komponenten im System mit Methanol bei 20°: *Ni.*, l. c. S. 9, 17, 23. Flüssigkeit-Dampf-Gleichgewicht im System mit Äthanol bei 200 bis 760 Torr: *Gr. et al.*, l. c. S. 80; bei 760 Torr: *Hopkins et al.*, Am. Soc. **61** [1939] 2460. Partialdruck der Komponenten im System mit Äthanol bei 20°: *Ni.*, l. c. S. 10, 25. Flüssigkeit-Dampf-Gleichgewicht im System mit Butan-1-ol bei 760 Torr: *McCormack et al.*, J. phys. Chem. **60** [1956] 826. Siedepunkte von Gemischen mit Essigsäure bei Normaldruck: *Kowalenko, Balandina*, Uč. Zap. Rostovsk. Univ. **41** [1958] Nr. 9, S. 39, 42; C. A. **1961** 6118. Dampfdruck im System mit Glutaronitril bei 20°: *Phibbs*, J. phys. Chem. **59** [1955] 346, 351. Azeotrop mit Cyclohexan: *De Mol*, Ing. Chimiste Brüssel **22** [1938] 262, 269; über weitere Azeotrope s. *M. Lecat*, Tables azéotropiques, 2. Aufl. [Brüssel 1949]. Flüssigkeit-Dampf-Gleichgewicht in ternären Gemischen mit Wasser und Äthanol bei 1 at: *Sch., Ly.*

Volumenänderung beim Vermischen mit Wasser bei 15° und 30°: *Harms*, Z. physik. Chem. [B] **53** [1943] 280, 298, 306; bei 25°: *Pesce, Lago*, G. **74** [1944] 131, 133. Partielles Molvolumen im System mit Wasser: *Tommila, Koivisto*, Suomen Kem. [B] **21** [1948] 18; s. a. *Hovorka et al.*, Am. Soc. **58** [1936] 2264. Volumenänderung beim Vermischen mit Tetrachlormethan bei 25°: *Pe., Lago*, l. c. S. 134; mit Cyclohexan bei 20° und mit Methylcyclohexan bei 20°: *Ioffe*, Doklady Akad. S.S.S.R. **87** [1952] 763; C. A. **1953** 6238; mit Benzol bei 25°: *Pe., Lago*, l. c. S. 134; mit Methanol bei 22°: *Ha.*; bei 25°: *Pe., Lago*, l. c. S. 133; mit Äthanol bei 30°: *Ha.*; *Harms et al.*, Z. physik. Chem. [B] **41** [1938] 321, 352. Molvolumen im System mit Äthanol bei 30°: *Ha.*, l. c. S. 294. Volumenänderung beim Vermischen mit Äthylenglykol bei 22,4° und 30°, mit Butan-1,4-diol bei 15° und 30° sowie mit Glycerin bei 15° und 30°: *Ha.*, l. c. S. 299; mit Äthylenglykol bei 20° und mit Anilin bei 20°: *Merkel*, Nova Acta Leopoldina **9** [1940] 243, 294, 301; mit Benzylacetat bei 25°: *Moore, Styan*, Trans. Faraday Soc. **52** [1956] 1556, 1559, 1560; mit Glutaronitril bei 28°: *Phibbs*, J. phys. Chem. **59** [1955] 346, 350.

Zweiter Virialkoeffizient des Systems mit Stickstoff bei 25° und des Systems mit Wasser bei 25°: *Bacarella et al.*, J. phys. Chem. **60** [1956] 573, 575, 576. Diffusion im System mit Wasser bei 20°: *Öholm*, Finska Kemistsamf. Medd. **47** [1938] 19, 28; C. **1938** II 1933; *Rossi et al.*, J. Chim. phys. **55** [1958] 91, 93. Thermodiffusion im System mit Äthanol: *Prigogine et al.*, Physica **16** [1950] 851, 856; im System mit Styrol: *Emery, Drickamer*, J. chem. Physics. **23** [1955] 2252, 2257.

Differentielle Lösungsenthalpie des Auflösens von Jod in [1,4]Dioxan bei 17—25°: *Kortüm, Kortüm-Seiler*, Z. Naturf. **5a** [1950] 544, 554. Enthalpie des Auflösens von Jod bei 20°: *Hartley, Skinner*, Trans. Faraday Soc. **46** [1950] 621. Enthalpie des Vermischens mit Wasser bei 20°: *Merkel*, Nova Acta Leopoldina **9** [1940] 243, 259, 287, 292; *Vierk*, Z. anorg. Ch. **261** [1950] 283, 296; s. a. *Feodos'ew et al.*, Ž. obšč. Chim. **24** [1954] 1540; engl. Ausg. S. 1525; bei 25°: *Goates, Sullivan*, J. phys. Chem. **62** [1958] 188; *Birnthaler, Lange*, Z. El. Ch. **44** [1938] 679, 684; *Malcolm, Rowlinson*, Trans. Faraday Soc. **53** [1957] 921, 929, 930. Integrale Lösungsenthalpie und integrale Verdünnungsenthalpie des Vermischens mit Wasser bei 25° und mit Dideuteriumoxid bei 25°: *Bi., La.*, l. c. S. 683. Enthalpie des Vermischens mit Dideuteriumoxid bei 25°: *Bi., La.*; mit Chloroform bei 25° bzw. bei 50°: *Searles, Tamres*, Am. Soc. **73** [1951] 3704; *McGlashan, Rastogi*, Trans. Faraday Soc. **54** [1958] 496, 497. Diagramm des Excess-Anteils der Gibbs-Energie des Systems mit Chloroform bei 50°: *McG., Ra.*, l. c. S. 501. Integrale Verdünnungsenthalpie des Vermischens mit Chloroform, mit Tetrachlormethan, mit Benzol und mit Nitrobenzol, jeweils bei 22°: *Zenchelsky et al.*, Anal. Chem. **28** [1956] 67. Enthalpie des Vermischens mit Cyclohexan bei 20°: *Me.*, l. c. S. 259, 292; *Vi.*; mit Chlorbenzol bei 20°: *Me.*, l. c. S. 262, 298, 299; mit Nitrobenzol bei 20°: *Me.*, l. c. S. 260, 300; mit Äthanol bei 20°: *Me.*, l. c. S. 258, 288, 292. Enthalpie des Vermischens mit Äthanol, mit Isopropylalkohol, mit Triäthylamin, mit Methylphosphonsäure-diäthylester und mit Äthylphosphonsäure-diisopropylester, jeweils bei 22—23°: *Neale et al.*, Soc. **1956** 422, 425. Excess-Anteil der Gibbs-Energie des Vermischens mit Äthanol bei 20°: *Huet et al.*, Bl. Soc. chim. Belg. **62**

[1953] 436, 442, 445. Enthalpie des Vermischens mit Äthylenglykol bei 20°: *Me.*, l. c. S. 258, 292, 294; s. a. *Wolf, Klapproth*, Z. physik. Chem. [B] **46** [1940] 276, 281; mit Glycerin bei 20°: *Me.*, l. c. S. 257, 292; mit Propionaldehyd bei 20°: *Me.*, l. c. S. 263; mit Benzylacetat bei 25°: *Moore, Styan*, Trans. Faraday Soc. **52** [1956] 1556, 1559, 1560; mit Glutaronitril bei 28°: *Phibbs*, J. phys. Chem. **59** [1955] 346, 349; mit Anilin bei 20°: *Me.*, l. c. S. 261, 299, 301, 302. Wärmekapazität C_p von Gemischen (2—10%) mit Wasser bei 20°: *Bennewitz, Kratz*, Phys. Z. **37** [1936] 496, 504. Wärmekapazität C_p des Systems mit Wasser bei 40°: *Stallard, Amis*, Am. Soc. **74** [1952] 1781, 1785, 1786. Verdampfungsenthalpie im System mit Wasser: *St., Amis*, l. c. S. 1787.

Dielektrizitätskonstante von Gemischen mit Wasser bei 0° bis 80°: *Åkerlöf, Short*, Am. Soc. **58** [1936] 1241, **75** [1953] 6357.

Über die Anreicherung von [1,4]Dioxan an der Oberfläche von wss. Lösungen s. *Stauff*, Z. physik. Chem. [N.F.] **10** [1957] 24, 37. Grenzflächenspannung gegen Methanol und gegen Äthanol bei 30° und bei Siedetemperatur: *Ling, Van Winkle*, J. chem. eng. Data **3** [1958] 88, 91. Oberflächenaktivität in binären Gemischen mit Methanol, mit Äthanol und mit Butan-1-ol: *Štarobinez, Lur'e*, Ž. fiz. Chim. **31** [1957] 1510, 1513, 1514; C. A. **1958** 1723. Adsorption von [1,4]Dioxan-Dampf durch Schwefelsäure: *Stallard, Amis*, Am. Soc. **74** [1952] 1781, 1787. Isotherme der Adsorption von [1,4]Dioxan aus der Dampfphase an Kalium-benzolsulfonat bei 30° und 73,4°: *Barrer et al.*, Pr. roy. Soc. [A] **219** [1953] 32, 39.

Assoziation mit Wasser (viscosimetrisch untersucht): *Zipin, Trifonow*, Trudy Kazansk. chim. technol. Inst. Nr. 22 [1957] 120; C. A. **1959** 19545; *Mariani*, Boll. scient. Fac. Chim. ind. Bologna **2** [1941] 105; *Geddes*, Am. Soc. **55** [1933] 4832; mit Wasser (calorimetrisch untersucht): *Merkel*, Nova Acta Leopoldina **9** [1940] 243, 287; mit Wasser (refraktometrisch untersucht): *Frontaš'ew*, Naučn. Ežegodnik Saratovsk. Univ. **1955** 585; C. A. **1958** 13350; mit Wasser (IR-spektrographisch untersucht): *Saumagne, Josien*, Bl. **1958** 813; *Gordy*, J. chem. Physics **4** [1936] 769; *Errera*, Helv. **20** [1937] 1373, 1381; *Errera*, J. Chim. phys. **34** [1937] 617, 621; mit Wasser (Raman-spektrographisch untersucht): *Fauconnier, Harrand*, Ann. Physique [13] **1** [1956] 1; mit Wasser (konduktometrisch untersucht): *Trifonow, Zypin*, Ž. fiz. Chim. **33** [1959] 1378; C. A. **1960** 8255. Assoziation mit Monodeuteriumoxid (IR-spektrographisch untersucht): *Sa., Jo.*; *Errera et al.*, J. chem. Physics **8** [1940] 63, 70. Assoziation mit Dideuteriumoxid (IR-spektrographisch untersucht): *Sa., Jo.*; *Gordy*, Am. Soc. **60** [1938] 605, 608, 609; J. chem. Physics **9** [1941] 215, 217. Assoziation mit Fluorwasserstoff (IR-spektrographisch untersucht): *Adams, Katz*, J. mol. Spectr. **1** [1957] 306, 312, 314. Assoziation mit Chlorwasserstoff in Nitrobenzol (kryoskopisch untersucht): *Meisenheimer, Dorner*, A. **482** [1930] 130, 144, 149. Assoziation mit Chlorwasserstoff (IR-spektrographisch untersucht): *Gordy, Martin*, J. chem. Physics **7** [1939] 99; *Freymann, Guéron*, C. r. **205** [1937] 859. Assoziation mit Jodcyan (IR-spektrographisch untersucht): *Person et al.*, Am. Soc. **81** [1959] 273. Assoziation mit Schwefelwasserstoff (IR-spektrographisch untersucht): *Josien, Saumagne*, Bl. **1956** 937. Assoziation mit Arsen(III)-halogeniden und mit Antimon(III)-halogeniden (dielektrisch untersucht): *McCusker, Curran*, Am. Soc. **64** [1942] 614. Association mit Germanium(IV)-chlorid, mit Zinn(IV)-chlorid, mit Borchlorid, mit Aluminiumchlorid und mit Eisen(III)-chlorid (dielektrisch untersucht): *Lane et al.*, Am. Soc. **64** [1942] 2076. Association mit Indium(III)-bromid und mit Thallium(III)-chlorid (dielektrisch untersucht): *Scheka*, Ž. obšč. Chim. **25** [1955] 2401; engl. Ausg. S. 2283. Assoziation mit Kobalt(II)-nitrat (UV-spektrographisch untersucht): *Katzin, Gebert*, Am. Soc. **72** [1950] 5455, 5456. Stabilitätskonstante von Komplexen (1:1 und 1:2) mit Chloroform (aus Dampfdruck-Messungen ermittelt) bei 50° sowie Enthalpie der Komplexbildung: *McGlashan, Rastogi*, Trans. Faraday Soc. **54** [1958] 496, 499. Assoziation (1:2) mit Tetrachlormethan (dielektrisch untersucht) bei 20°: *Earp, Glasstone*, Soc. **1935** 1709, 1721. Assoziation mit Benzol in Nitrobenzol (kryoskopisch untersucht): *Me., Do.*, l. c. S. 146. Assoziation mit Methanol (IR-spektrographisch untersucht): *Gordy*, Phys. Rev. [2] **51** [1937] 564. Assoziation mit *O*-Deuterio-methanol (IR-spektrographisch untersucht): *Searles, Tamres*, Am. Soc. **73** [1951] 3704. Assoziation mit Äthanol (calorimetrisch untersucht): *Me.*; mit Äthanol (IR-spektrographisch untersucht): *Go.*, Phys. Rev. [2] 565; *Errera, Sack*, Trans. Faraday Soc. **34** [1938] 728, 734; mit Äthanol (kryoskopisch und dielektrisch untersucht): *Thomson*, Soc. **1938** 460. Stabilitätskonstante des Komplexes (1:1) mit Phenol in Tetrachlormethan, in Benzol, in Toluol, in Xylol und in Schwefelkohlenstoff bei 25° (colorimetrisch ermittelt): *Lundgren, Binkley*, J. Polymer

Sci. **14** [1954] 139, 149; in Tetrachlormethan bei 24° und 60° (IR-spektrographisch ermittelt): *Flett*, J. Soc. Dyers Col. **68** [1952] 59, 62. Enthalpie der Komplexbildung mit Phenol in Tetrachlormethan bei 10—73° (UV-spektrographisch ermittelt): *Baba, Nagakura*, J. chem. Soc. Japan Pure Chem. Sect. **72** [1951] 3; C. A. **1952** 3857; s. a. *Nagakura, Baba*, Am. Soc. **74** [1952] 5693, 5695; bei 20—60°: *Fl.* Gibbs-Energie der Komplexbildung mit Phenol in Tetrachlormethan bei 10°: *Ba., Na.*; *Na., Ba.*; in Petroläther bei 23°: *Na., Ba.* Dissoziationsenergie des Komplexes mit Phenol in Tetrachlormethan bei 30—60° (IR-spektrographisch ermittelt): *Tsuboi*, J. chem. Soc. Japan Pure Chem. Sect. **72** [1951] 146; C. A. **1952** 3339. Assoziation mit Phenol in Nitrobenzol (kryoskopisch untersucht): *Me., Do.* Assoziation mit Thiophenol (Raman-spektrographisch untersucht): *Saunders et al.*, Am. Soc. **64** [1942] 1230. Assoziation mit 3-Chlor-phenol, mit 4-Chlorphenol, mit *o*-Kresol, mit *m*-Kresol, mit *p*-Kresol, mit [1]Naphthol und mit [2]Naphthol, jeweils in Tetrachlormethan (IR-spektrographisch untersucht): *Sato, Nagakura*, J. chem. Soc. Japan Pure Chem. Sect. **76** [1955] 1007; C. A. **1956** 5406. Stabilitätskonstante des Komplexes (1:1) mit Benzylalkohol (IR-spektrographisch bzw. dielektrisch ermittelt): *Coggeshall, Saier*, Am. Soc. **73** [1951] 5414, 5418; *Kimura, Fujishiro*, Bl. chem. Soc. Japan **32** [1959] 433. Assoziation mit *trans*(?)-Zimtalkohol (kryoskopisch untersucht): *Me., Do.* Assoziation mit Ameisensäure (Raman-spektrographisch bzw. magnetisch untersucht): *Schwab, Glatzer*, Z. El. Ch. **61** [1957] 1028, 1040; *v. Rautenfeld, Steurer*, Z. physik. Chem. [B] **51** [1942] 39, 45, 47. Assoziation mit Essigsäure (viscosimetrisch, dilatometrisch, refraktometrisch und durch Messung der Oberflächenspannung untersucht): *Kowalenko et al.*, Ž. obšč. Chim. **26** [1956] 405; engl. Ausg. S. 427; mit Essigsäure (Raman-spektrographisch untersucht): *Murty, Seshadri*, Pr. Indian Acad. [A] **16** [1942] 50; *Michel*, Spectrochim. Acta **5** [1952/53] 218, 230, 234; *Féneant-Eymard*, Mém. Services chim. **37** [1952] 297, 309; *Ismaĭlow et al.*, Trudy Soveŝč. Termodin. Stroenie Rastvorov Moskau 1958 S. 122; C. A. **1960** 23629; *Ismaĭlow, Kuzina*, Izv. Akad. S.S.S.R. Ser. fiz. **17** [1953] 740; C. A. **1954** 6832; *Sch., Gl.*; mit Essigsäure (magnetisch untersucht): *Venkateswarlu, Sriraman*, Trans. Faraday Soc. **53** [1957] 433; *v. Ra., St.*; mit Essigsäure (dielektrisch untersucht): *Ošipow, Schelomow*, Ž. fiz. Chim. **30** [1956] 608; C. A. **1956** 13537. Assoziation mit Chloressigsäure und mit Trichloressigsäure (Raman-spektrographisch untersucht): *Is. et al.*; *Is., Ku.* Assoziation mit 1,2,3-Triacetoxy-propan (refraktometrisch untersucht): *Arshid et al.*, Soc. **1956** 1272, 1274. Assoziation mit Benzoesäure und mit *trans*-Zimtsäure (magnetisch untersucht): *Ve., Sr.* Assoziation mit Salicylsäure (UV-spektrographisch untersucht): *Is. et al.*; mit Salicylsäure (magnetisch untersucht): *Ve., Sr.* Assoziation mit Formamid (viscosimetrisch untersucht): *Parks et al.*, Am. Soc. **63** [1941] 3331. Assoziation mit Anilin (dielektrisch untersucht): *Oš., Sch.*; *Few, Smith*, Soc. **1949** 2781. Assoziation mit *N*-Methyl-anilin in Tetrachlormethan (IR-spektrographisch untersucht): *Fl.* Stabilitätskonstante der Komplexe (1:1) mit Diphenylamin und mit Benzoesäure-*p*-toluidid in Tetrachlormethan bei 22° und 60° (IR-spektrographisch ermittelt): *Fl.* Enthalpie der Komplexbildung mit Diphenylamin und mit Benzoesäure-*p*-toluidid: *Fl.* Assoziation mit *o*-Toluidin (dielektrisch untersucht): *Oš., Sch.* Assoziation mit *trans*-Azobenzol (dielektrisch untersucht): *Hrynakowski, Jeske*, B. **71** [1938] 1415, 1416.

Chemisches Verhalten.

Die von *Roth, Meyer* (Z. El. Ch. **41** [1935] 229) erwähnte Umlagerung von [1,4]Dioxan bei 15—20° zu 2-Methyl-[1,3]dioxolan ist nicht wieder beobachtet worden (*Simon, Fehér*, B. **69** [1936] 214). Kinetik der Pyrolyse (Hauptprodukte: Kohlenmonoxid, Wasserstoff und Äthan) bei 450—535°/30—800 Torr, auch nach Zusatz von Stickstoffmonoxid, Azomethan, Wasserstoff oder Stickstoff: *Küchler, Lambert*, Z. physik. Chem. [B] **37** [1937] 285; bei 459—534°/50—590 Torr: *Gross, Suess*, M. **68** [1936] 207. Pyrolyse bei 447° und 451° in Gegenwart von Jod: *Gantz, Walters*, Am. Soc. **63** [1941] 3412, 3419. Beschleunigende Wirkung von Chlorwasserstoff auf die Zersetzung von [1,4]Dioxan bei 500°: *Bell, Burnett*, Trans. Faraday Soc. **35** [1939] 474, 475. Geschwindigkeitskonstante der Pyrolyse bei 650°: *Lossing et al.*, Discuss. Faraday Soc. **14** [1953] 34, 44. Nach 2-tägiger Bestrahlung von [1,4]Dioxan mit UV-Licht sind (2*RS*,2'*RS*)-Bi[1,4]dioxanyl (über die Konfiguration dieser Verbindung s. *Furusaki et al.*, Bl. chem. Soc. Japan **47** [1974] 2601) und (2*R*,2'*S*)-Bi[1,4]dioxanyl erhalten worden (*Pfordte*, A. **625** [1959] 30, 31). Massenspektrum: *Langer*, J. phys. Chem. **54** [1950] 618, 621; *Rock*, Anal. Chem. **23** [1951] 261, 266; *Hissel*, Bl. Soc. Sci. Liège **21** [1952] 457, 460. Bildung von 2-Methyl-[1,3]dioxolan,

Äthylen, Essigsäure, Acetaldehyd, Kohlenmonoxid, Kohlendioxid, Methan und Wasserstoff beim Erhitzen mit Aluminiumsilicat auf 300°: *Obolenzew, Grjasew*, Doklady Akad. S.S.S.R. **73** [1950] 319, 322; C. A. **1950** 9916.

Flammpunkt: *Assoc. Factory Insurance Co.*, Ind. eng. Chem. **32** [1940] 880, 882. Grenzkonzentrationen der Entflammbarkeit von Gemischen mit Luft bei 25° und bei 100°: *Jones et al.*, Ind. eng. Chem. **25** [1933] 1283; s. a. *Burgoyne, Neale*, Fuel **32** [1953] 5, 8. Selbstentzündungstemperaturen von Gemischen mit Luft sowie Tropfzündpunkt in Luft: *Jo. et al.* Energiebedarf bei der elektrostatischen Zündung von [1,4]Dioxan-Luft-Gemischen bei 80°: *Boyle, Llewellyn*, J. Soc. chem. Ind. **66** [1947] 99, 102. Geschwindigkeit der Aufnahme von Sauerstoff nach Zusatz von [9,9']Bifluorenyliden bei 25°: *Wittig, Pieper*, A. **546** [1941] 172, 176; bei der Bestrahlung mit UV-Licht bei 45° bzw. 50°: *Milas*, Am. Soc. **53** [1931] 221, 229; *Warfolomeewa, Solotowa*, Ukr. chim. Ž. **25** [1959] 708; C. A. **1960** 14254. Beim Behandeln mit Sauerstoff unter Bestrahlung mit UV-Licht ist bei 25° [1,4]Dioxanylhydroperoxid (?) ($Kp_{0,2}$: 39°; n_D^{20}: 1,4400), bei 50° (nach 5 Tagen) 2,3-Bis-hydroperoxy-[1,4]dioxan (?) ($Kp_{0,05}$: 37°; n_D^{20}: 1,4400) erhalten worden (*Wa., So.*). Bildung von 1,2-Bis-formyloxy-äthan beim Behandeln mit Luft in Gegenwart von Kobalt(II)-acetat und Cyclopentan bei 132°/28 at: *Phillips Petr. Co.*, U.S.P. 2471520 [1946]. Reaktion mit Chlor in Tetrachlormethan bei −10° (Bildung von *trans*-2,5-Dichlor-[1,4]dioxan bzw. von 2-Chlor-[1,4]dioxan): *Bryan et al.*, Am. Soc. **72** [1950] 2206, 2208; *Summerbell, Lunk*, J. org. Chem. **23** [1958] 499; bei Siedetemperatur (Bildung von *cis*-2,3-Dichlor-[1,4]dioxan und *trans*-2,3-Dichlor-[1,4]dioxan): *Summerbell, Lunk*, Am. Soc. **79** [1957] 4802, 4804. Geschwindigkeit der Reaktion mit Chlor bei 70° (Bildung von *cis*-2,3-Dichlor-[1,4]dioxan und *trans*-2,3-Dichlor-[1,4]dioxan): *Su., Lunk*, Am. Soc. **79** 4804. Beim Erhitzen mit Chlor bis auf 190° sind Hexachloräthan und Trichloracetylchlorid erhalten worden (*Lorette*, J. org. Chem. **22** [1957] 843). Reaktion mit Bromwasserstoff unter Bildung von Bis-[2-brom-äthyl]-äther: *Van Cleave, Blake*, Canad. J. Chem. **29** [1951] 785). Bildung von 1,2-Dijod-äthan beim Erhitzen mit Methyljodid und Aceton auf 160°: *Müller et al.*, M. **84** [1953] 1206, 1217. Protium-Deuterium-Austausch beim Erhitzen mit Dideuteriumoxid auf 120°: *Lütgert, Schröer*, Z. physik. Chem. [A] **187** [1940] 133, 140; beim Leiten im Gemisch mit Deuterium über Rhodium/Aluminiumoxid bei 150°: *Forrest et al.*, J. phys. Chem. **63** [1959] 1017, 1018. Beim Erhitzen mit Kalium-Natrium-Legierung und wenig Ölsäure sind Äthylen und Äthylenglykol erhalten worden (*Grovenstein et al.*, Am. Soc. **81** [1959] 4842, 4849). Veränderung von [1,4]Dioxan beim Behandeln mit wss. Natronlauge unter Zutritt von Luft und Licht: *Bordwell, Kern*, Am. Soc. **77** [1955] 1141, 1142 Anm., 1144.

Bildung von 1,2-Diacetoxy-äthan beim Behandeln mit Acetylchlorid und Zink (*Varvoglis*, B. **70** [1937] 2391, 2396; Praktika Akad. Athen. **13** [1938] 42). Beim Erwärmen mit Acetylchlorid und Zinn(IV)-chlorid ist 1-Acetoxy-2-chlor-äthan, beim Erhitzen mit Benzoylchlorid und Zinn(IV)-chlorid sind 1-Benzoyloxy-2-chlor-äthan und kleine Mengen 1,2-Bis-benzoyloxy-äthan erhalten worden (*Gol'dfarb, Šmorgonškiĭ*, Ž. obšč. Chim. **8** [1938] 1516, 1518, 1520; C. **1939** II 4233). Verhalten bei mehrwöchigem Erwärmen mit Maleinsäure-dimethylester und Dibenzoylperoxid (Bildung von [1,4]Dioxanyl-bernsteinsäure-dimethylester und anderen Estern): *Marvel et al.*, Am. Soc. **69** [1947] 52, 54, 56.

Additionsverbindungen [1]).

Verbindung mit Chlor $C_4H_8O_2 \cdot Cl_2$. Krystalle; F: ca. −5° (*Hassel, Strømme*, Acta chem. scand. **13** [1959] 1775, 1776). Monoklin; Raumgruppe $C2/m$ ($= C_{2h}^3$); aus dem Röntgen-Diagramm ermittelte Dimensionen der Elementarzelle bei −90° bis −30°: a = 9,36 Å; b = 8,83 Å; c = 4,13 Å; β = 91,5°; n = 2 (*Ha., St.*). Dichte der Krystalle: ca. 1,55 (*Ha., St.*).

Verbindung mit Perchlorsäure $C_4H_8O_2 \cdot HClO_4$. Krystalle mit 1 Mol H_2O; F: 80° bis 82° (*Smeets*, Natuurw. Tijdschr. **19** [1937] 12, 13).

Verbindung mit Brom $C_4H_8O_2 \cdot Br_2$ (H 3). Molpolarisation (Dioxan): *Šyrkin, Anišimowa*, Doklady Akad. S.S.S.R. **59** [1948] 1457; C. A. **1948** 6593. — Orangefarbene Krystalle; F: 66° (*Janowskaja et al.*, Ž. obšč. Chim. **22** [1952] 1594, 1596; engl. Ausg. S. 1635, 1637), 65—66° (*Rheinboldt, Boy*, J. pr. [2] **129** [1931] 273, 275). Monoklin; Raumgruppe $C2/m$ ($= C_{2h}^3$); aus dem Röntgen-Diagramm ermittelte Dimensionen der Elementarzelle: a = 9,65 Å; b = 9,05 Å; c = 4,25 Å; β = 91,4°; n = 2 (*Hassel, Hvoslef*,

[1]) Über weitere Additionsverbindungen s. S. 14/15.

Acta chem. scand. **8** [1954] 873). Stabilitätskonstante (Tetrachlormethan): *Lilitsch, Prešnikowa,* Uč. Zap. Leningradsk. Univ. Ser. chim. Nr. 12 [1953] 3, 8. — Verhalten beim Erhitzen mit Eisen(III)-bromid (Bildung von 1,2-Dibrom-äthan): *van Alphen,* R. **49** [1930] 1040, 1043. Reaktion mit Phenol (Bildung von 4-Brom-phenol): *Ja. et al.* Beim Behandeln mit 3-Methyl-butan-2-on, [1,4]Dioxan und Äther sind 3-Brom-3-methylbutan-2-on und kleine Mengen 1-Brom-3-methyl-butan-2-on erhalten worden (*Temnikowa, Oschuewa,* Ž. obšč. Chim. **29** [1959] 3730; engl. Ausg. S. 3686).

Verbindung mit Jod $C_4H_8O_2 \cdot I_2$ (H 3). Herstellung: *Rheinboldt, Boy,* J. pr. [2] **129** [1931] 273, 276; *Simakow, Girschberg,* Doklady Akad. S.S.S.R. **58** [1947] 1661; C. A. **1952** 4843. — Dipolmoment (ε; Cyclohexan): 3,0 D (*Kortüm, Walz,* Z. El. Ch. **57** [1953] 73, 79). Molpolarisation (Dioxan): *Šyrkin, Anišimowa,* Doklady Akad. S.S.S.R. **59** [1948] 1457; C. A. **1948** 6593. — Rotviolette Krystalle; F: 84—85° (*Rh., Boy*), 84° (*Si., Gi.*). Enthalpie der Bildung in Tetrachlormethan bei 15—36°: *Ketelaar et al.,* R. **71** [1952] 1104, 1113; bei 17—50°: *Ketelaar et al.,* R. **70** [1951] 499, 507; in Hexan bei 15—38°: *Ke. et al.,* R. **71** 1113; in [1,4]Dioxan bei 20°: *Hartley, Skinner,* Trans. Faraday Soc. **46** [1950] 621, 624. IR-Spektrum ([1,4]Dioxan; 1900—700 cm^{-1}): *Morcillo, Herranz,* An. Soc. españ. [B] **50** [1954] 117, 121. Absorptionsspektrum einer Lösung in Cyclohexan (370—625 nm): *Kortüm, Kortüm-Seiler,* Z. Naturf. **5a** [1950] 544, 553; einer Lösung in Tetrachlormethan (420—540 nm): *Ke. et al.,* R. **70** 503. Stabilitätskonstante in Tetrachlormethan bei 15° bis 36°: *Ke. et al.,* R. **71** 1112; bei 17°, 36° und 50°: *Ke. et al.,* R. **70** 504; bei 17°: *Drago, Rose,* Am. Soc. **81** [1959] 6141, 6144; s. a. *Lilitsch, Prešnikowa,* Uč. Zap. Leningradsk. Univ. Ser. chim. Nr. 12 [1953] 3, 8; in Hexan bei 15°, 25° und 38°: *Ke. et al.,* R. **71** 1113; in Cyclohexan bei 17°, 20° und 25°: *Ko., Ko.-Se.,* l. c. S. 550; bei 25°: *Ko., Walz*; über die Stabilitätskonstante bei 77 K s. *Ham,* Am. Soc. **76** [1954] 3875, 3876.

Verbindung mit Jodpentafluorid $C_4H_8O_2 \cdot IF_5$. Krystalle; F: 84° [Zers.; bei langsamem Erhitzen] bzw. F: 112° [Zers.; bei schnellem Erhitzen] (*Scott, Bunnett,* Am. Soc. **64** [1942] 2727). An der Luft sowie beim Aufbewahren im Exsiccator über Schwefelsäure erfolgt Zersetzung (*Sc., Bu.*).

Verbindung mit 1 Mol Jodmonochlorid $C_4H_8O_2 \cdot ICl$. Rotbraune Krystalle, F: 56—58°, wenig beständig (*Rheinboldt, Boy,* J. pr. [2] **129** [1931] 273, 277). Stabilitätskonstante (Tetrachlormethan): *Lilitsch, Prešnikowa,* Uč. Zap. Leningradsk. Univ. Ser. chim. Nr. 12 [1953] 3, 8. — Verbindung mit 2 Mol Jodmonochlorid $C_4H_8O_2 \cdot 2ICl$. Herstellung: *Neĭland et al.,* Ž. obšč. Chim. **26** [1956] 3139, 3141; engl. Ausg. S. 3499, 3501; *Hassel, Hvoslef,* Acta chem. scand. **10** [1956] 138. Gelbe Krystalle; F: 103° [Zers.] (*Ne. et al.*), 103° (*Ha., Hv.*). Monoklin; Raumgruppe $C2/m$ ($= C_{2h}^3$); aus dem Röntgen-Diagramm ermittelte Dimensionen der Elementarzelle: a = 14,62 Å; b = 8,00 Å; c = 4,56 Å; β = 95,2°; n = 2 (*Ha., Hv.*).

Verbindung mit Jodmonobromid $C_4H_8O_2 \cdot IBr$. Rotbraune Krystalle, F: 65°; wenig beständig (*Rheinboldt, Boy,* J. pr. [2] **129** [1931] 273, 277). Stabilitätskonstante (Tetrachlormethan): *Lilitsch, Prešnikowa,* Uč. Zap. Leningradsk. Univ. Ser. chim. Nr. 12 [1953] 3, 8.

Verbindung mit 1 Mol Schwefeltrioxid $C_4H_8O_2 \cdot SO_3$. Krystalle (*Suter et al.,* Am. Soc. **60** [1938] 538, 539; *Sisler et al.,* Inorg. Synth. **2** [1946] 173, 175; *Dombrowskiĭ,* Ž. obšč. Chim. **22** [1952] 2139; engl. Ausg. S. 2191, 2192). Verhalten beim Behandeln mit Benzol und Tetrachlormethan (Bildung von Benzolsulfonsäure): *Su. et al.* Beim Behandeln mit Styrol und 1,2-Dichlor-äthan sind 2-Hydroxy-2-phenyl-äthansulfonsäure, *trans*-Styrol-β-sulfonsäure und kleine Mengen 4-Hydroxy-2,4-diphenylbutan-1-sulfonsäure-lacton (4,6-Diphenyl-[1,2]oxathian-2,2-dioxid; F: 153°) erhalten worden (*Bordwell, Rondestvedt,* Am. Soc. **70** [1948] 2429, 2432). — Verbindung mit 2 Mol Schwefeltrioxid $C_4H_8O_2 \cdot 2SO_3$. Krystalle; F: 69—70° (*Dombrowskiĭ, Priluzkiĭ,* Ž. obšč. Chim. **25** [1955] 1943, 1944; engl. Ausg. S. 1887, 1888). Verhalten beim Behandeln mit Benzol und Tetrachlormethan (Bildung von Benzolsulfonsäure): *Su. et al.*

Verbindung mit Schwefelsäure $C_4H_8O_2 \cdot H_2SO_4$ (H 3). Molpolarisation (Dioxan): *Šyrkin, Anišimowa,* Doklady Akad. S.S.S.R. **59** [1948] 1457; C. A. **1948** 6593. — Monokline Krystalle; Raumgruppe $P2_1/$ ($= C_{2h}^5$); aus dem Röntgen-Diagramm ermittelte Dimensionen der Elementarzelle: a = 13,22 Å; b = 7,74 Å; c = 7,71 Å; β = 92,5°; n = 4 (*Hassel,* Mol. Physics **1** [1958] 241, 245).

Verbindung mit Dischwefelsäure $2C_4H_8O_2 \cdot H_2S_2O_7$. Krystalle; F: 79,1° (*Meshennyĭ,* Ž. obšč. Chim. **18** [1948] 2037, 2038; C. A. **1949** 6901). Bildungsenthalpie: 42,137 kcal·

mol^{-1} (*Meshennyĭ*, Ž. obšč. Chim. **26** [1956] 1371; engl. Ausg. S. 1545).

Verbindung mit Tellurtetrabromid $C_4H_8O_2 \cdot TeBr_4$. Rote Krystalle; Zers. bei 78° (*Aynsley, Campbell*, Soc. **1957** 832, 834).

Verbindung mit Distickstofftetraoxid $C_4H_8O_2 \cdot N_2O_4$. Krystalle; F: 45,2°; beim Erwärmen auf Temperaturen wenig unterhalb des Schmelzpunkts erfolgt reversibel Dunkelbraunfärbung (*Rubin et al.*, Am. Soc. **74** [1952] 877, 878). Triklin; Raumgruppe $P\bar{1}$ ($= C_i^1$); aus dem Röntgen-Diagramm ermittelte Dimensionen der Elementarzelle: a = 5,46 Å; b = 6,47 Å; c = 6,81 Å; α = 108,5°; β = 91,8°; γ = 108,4°; n = 1 (*Groth, Hassel*, Acta chem. scand. **19** [1965] 120). IR-Banden im Bereich von 1750 cm^{-1} bis 750 cm^{-1}: *Ru. et al.*, l. c. S. 881.

Verbindung mit Salpetersäure $3C_4H_8O_2 \cdot 4HNO_3$. Eine von *van Alphen* (R. **49** [1930] 1040, 1042) beschriebene Verbindung (F: 14°) dieser Zusammensetzung ist von *Kozłowska* (Roczniki Chem. **36** [1962] 1403, 1412; C. A. **1964** 10778) nicht wieder erhalten worden.

Verbindung mit Phosphorsäure $C_4H_8O_2 \cdot 2H_3PO_4$. Hygroskopische Krystalle; F: 83—87° [nach Sintern bei 78°; geschlossene Kapillare; aus Ae.] (*Baer*, Am. Soc. **66** [1944] 303), 82—85° [nach Sintern von 68° an] (*Helferich, Baumann*, B. **85** [1952] 461, 462).

Verbindung mit Arsen(III)-fluorid $C_4H_8O_2 \cdot AsF_3$. Krystalle (aus Dioxan); F: 66° bis 72° (*Kelley, McCusker*, Am. Soc. **65** [1943] 1307). In Benzol-Lösung erfolgt Dissoziation in die Komponenten (*Ke., McC.*).

Verbindungen mit Arsen(III)-chlorid: Verbindung $3C_4H_8O_2 \cdot 2AsCl_3$. Krystalle (aus Dioxan); F: 75—81° (?) (*Kelley, McCusker*, Am. Soc. **65** [1943] 1307); F: 62° (*Doak*, J. Am. pharm. Assoc. **23** [1934] 541). In Benzol-Lösung sowie im Dampfzustand erfolgt Dissoziation in die Komponenten (*Ke., McC.*). — Verbindung $C_4H_8O_2 \cdot AsCl_3$. Krystalle, F: 66—68°; wenig beständig (*Malinowškiĭ*, Ž. obšč. Chim. **10** [1940] 1202; C. **1941** II 339).

Verbindung mit Arsen(III)-bromid $3C_4H_8O_2 \cdot 2AsBr_3$. Krystalle (aus Dioxan); F: 60—64° (?) (*Kelley, McCusker*, Am. Soc. **65** [1943] 1307). In Benzol-Lösung erfolgt Dissoziation in die Komponenten (*Ke., McC.*).

Verbindung mit Antimon(III)-fluorid $C_4H_8O_2 \cdot SbF_3$. Krystalle; Zers. bei 143° (*Haendler et al.*, Am. Soc. **75** [1953] 3845).

Verbindungen mit Antimon(III)-chlorid: Verbindung $2C_4H_8O_2 \cdot SbCl_3$. Krystalle [aus Dioxan] (*Kelley, McCusker*, Am. Soc. **65** [1943] 1307). Enthalpie der Dissoziation in die Verbindung $3C_4H_8O_2 \cdot 2SbCl_3$ und [1,4]Dioxan bei 320—390 K: *Daasch*, Spectrochim. Acta **15** [1959] 726, 741. In Benzol-Lösung erfolgt Dissoziation in die Komponenten (*Ke., McC.*). — Verbindung $3C_4H_8O_2 \cdot 2SbCl_3$. Herstellung: *Simakow, Girschberg*, Doklady Akad. S.S.S.R. **58** [1947] 1661; C. A. **1952** 4843. Krystalle; F: 129—132° [aus Dioxan] (*Ke., McC.*, l. c. S. 1307), 126° (*Si., Gi.*). Enthalpie der Dissoziation in die Verbindung $C_4H_8O_2 \cdot SbCl_3$ und [1,4]Dioxan bei 310—360 K: *Da.*, l. c. S. 741. — Verbindung $C_4H_8O_2 \cdot SbCl_3$. Enthalpie der Dissoziation in die Verbindung $2C_4H_8O_2 \cdot 3SbCl_3$ und [1,4]Dioxan bei 340—380 K: *Da.*, l. c. S. 741. — Verbindung $C_4H_8O_2 \cdot 2SbCl_3$. IR-Spektrum der festen Verbindung (1300—650 cm^{-1}) sowie einer Lösung in Wasser enthaltendem Tetrachlormethan (1900—1000 cm^{-1}): *Da.*, l. c. S. 735.

Verbindung mit Antimon(III)-bromid $3C_4H_8O_2 \cdot 2SbBr_3$. Krystalle (aus Dioxan); F: 155—164° (*Kelley, McCusker*, Am. Soc. **65** [1943] 1307). In Benzol-Lösung erfolgt Dissoziation in die Komponenten (*Ke., McC.*).

Verbindung mit Antimon(V)-chlorid $C_4H_8O_2 \cdot 2SbCl_5$. Krystalle; wenig beständig (*Meerwein, Maier-Hüser*, J. pr. [2] **134** [1932] 51, 67).

Verbindung mit Wismut(III)-chlorid $3C_4H_8O_2 \cdot 2BiCl_3$. Krystalle (aus Dioxan); F: 221—226° (*Kelley, McCusker*, Am. Soc. **65** [1943] 1307). In Benzol-Lösung erfolgt Dissoziation in die Komponenten (*Ke., McC.*).

Verbindung mit Zinn(II)-chlorid $C_4H_8O_2 \cdot SnCl_2$. Krystalle [aus Dioxan] (*Haring, Walton*, J. phys. Chem. **38** [1934] 153, 157). An der Luft zerfliessend (*Rheinboldt et al.*, J. pr. [2] **149** [1937] 30, 46).

Verbindung mit Zinn(II)-bromid $C_4H_8O_2 \cdot SnBr_2$. Krystalle; an der Luft zerfliessend (*Rheinboldt et al.*, J. pr. [2] **149** [1937] 30, 46).

Verbindung mit Zinn(IV)-chlorid $2C_4H_8O_2 \cdot SnCl_4$. Krystalle [aus Dioxan] (*Rheinboldt, Boy*, J. pr. [2] **129** [1931] 268, 269); Krystalle (aus Acn.) mit 2 Mol H_2O

(*Reiff*, Z. anorg. Ch. **208** [1932] 321, 345). Enthalpie der Bildung in Benzol, in Tetrachlormethan, in Nitrobenzol und in Chloroform bei 22°: *Zenchelsky et al.*, Anal. Chem. **28** [1956] 67; in Benzol bei 25°: *Zenchelsky, Segatto*, Am. Soc. **80** [1958] 4796, 4797.

Verbindung mit Zinn(IV)-bromid $2C_4H_8O_2 \cdot SnBr_4$. Krystalle [aus Dioxan] (*Rheinboldt, Boy*, J. pr. [2] **129** [1931] 268, 271).

Verbindung mit Zinn(IV)-jodid $2C_4H_8O_2 \cdot SnI_4$. Krystalle; wenig beständig (*Rheinboldt, Boy*, J. pr. [2] **129** [1931] 268, 271).

Verbindungen mit Borfluorid: Verbindung $C_4H_8O_2 \cdot BF_3$. F: 91,4–96,1° [geringfügige Zersetzung] (*Grimley, Holliday*, Soc. **1954** 1215, 1217). — Verbindung $C_4H_8O_2 \cdot 2BF_3$. Fest; unterhalb 117° nicht schmelzend (*Gr., Ho.*, l. c. S. 1218). Dampfdruckgleichung für den Temperaturbereich von 25° bis 117°: *Gr., Ho.* — Verbindungen mit Borfluorid und Wasser: Verbindung $C_4H_8O_2 \cdot BF_3 \cdot H_2O$. Krystalle; F: 128° bis 130° [Zers.] (*Meerwein, Pannwitz*, J. pr. [2] **141** [1934] 123, 141). — Verbindung $C_4H_8O_2 \cdot BF_3 \cdot 2H_2O$. Krystalle (aus Anisol); F: 142° [Zers.] (*Me., Pa.*; *Meerwein*, B. **66** [1933] 411), 140° [Zers.] (*Grimley, Holliday*, Soc. **1954** 1215, 1218).

Verbindung mit Difluoro-dihydroxo-borsäure $C_4H_8O_2 \cdot H[BF_2(OH)_2]$. Krystalle (aus Dioxan + PAe.); F: 139,5–140,5° (*Kroger et al.*, Am. Soc. **59** [1937] 965, 967).

Verbindungen mit Borchlorid: Verbindung $C_4H_8O_2 \cdot BCl_3$. Krystalle [aus CH_2Cl_2] (*Frazer et al.*, Chem. and Ind. **1958** 1263); F: 78,5° [nach Blaufärbung bei 75°; evakuierte Kapillare] (*Holliday, Sowler*, Soc. **1952** 11, 12). — Verbindung $2C_4H_8O_2 \cdot 3BCl_3$. Fest (*Fr. et al.*).

Verbindung mit Borbromid $C_4H_8O_2 \cdot BBr_3$. Fest; wenig beständig (*Frazer et al.*, Chem. and Ind. **1958** 1263).

Verbindung mit Aluminiumhydrid $2C_4H_8O_2 \cdot AlH_3$. ^{1}H-NMR-Absorption (Dioxan): *Dautel, Zeil*, Z. El. Ch. **62** [1958] 1139, 1140.

Verbindungen mit Aluminiumchlorid: Verbindung $2C_4H_8O_2 \cdot AlCl_3$. Dipolmoment (ε; Bzl.): 5,21 D (*Scheka, Karlyschewa*, Ž. obšč. Chim. **21** [1951] 833, 837; engl. Ausg. S. 915, 919). Krystalle; F: 114° [nach Abgabe von [1,4]Dioxan von 106° an] (*Sch., Ka.*). — Verbindung $C_4H_8O_2 \cdot AlCl_3$. Dipolmoment (ε; Bzl.): 5,19 D (*Sch., Ka.*, l. c. S. 839). Krystalle; F: 154,5–155° (*Sch., Ka.*).

Verbindungen mit Aluminiumbromid: Verbindung $2C_4H_8O_2 \cdot AlBr_3$. Dipolmoment (ε; Bzl.): 5,19 D (*Scheka, Karlyschewa*, Ž. obšč. Chim. **21** [1951] 833, 837; engl. Ausg. S. 915, 919). Krystalle, die bei 70–80° unter Zersetzung schmelzen (*Sch., Ka.*; *Meshennyĭ*, Ž. obšč. Chim. **16** [1946] 448). Löslichkeit in Benzol bei 20°: ca. 11% (*Sch., Ka.*). — Verbindung $C_4H_8O_2 \cdot AlBr_3$. Dipolmoment (ε; Bzl.): 5,23 D (*Sch., Ka.*, l. c. S. 839). Krystalle; F: 114,5° [geschlossene Kapillare] (*Sch., Ka.*). Löslichkeit in Benzol bei 20°: ca. 7% (*Sch., Ka.*). — Verbindung $C_4H_8O_2 \cdot 2AlBr_3$. Dipolmoment (ε; Bzl.): 4,62 D (*Sch., Ka.*). Krystalle; F: 237–240° [Zers.; geschlossene Kapillare] (*Sch., Ka.*). Löslichkeit in Benzol bei 20°: ca. 1% (*Sch., Ka.*).

Verbindung mit Gallium(I)-tetrachlorogallat(III) $2C_4H_8O_2 \cdot Ga[GaCl_4]$. F: 48° [Zers.] (*Ali et al.*, J. inorg. nuclear Chem. **9** [1959] 124, 126). Magnetische Susceptibilität: $-241 \cdot 10^{-6}$ cm^3·mol^{-1} (*Ali et al.*, l. c. S. 131).

Verbindung mit Gallium(I)-tetrabromogallat(III) $2C_4H_8O_2 \cdot Ga[GaBr_4]$. F: 71° [Zers.] (*Ali et al.*, J. inorg. nuclear Chem. **9** [1959] 124, 126). Magnetische Susceptibilität: $-280 \cdot 10^{-6}$ cm^3·mol^{-1} (*Ali et al.*, l. c. S. 131).

Verbindung mit Indium(III)-bromid $2C_4H_8O_2 \cdot InBr_3$. Hygroskopische Krystalle (aus Dioxan); Zers. bei ca. 140° (*Schumb, Crane*, Am. Soc. **60** [1938] 306, 308).

Verbindung mit Berylliumchlorid $C_4H_8O_2 \cdot BeCl_2$. Krystalle; an der Luft zerfliessend (*Nowoŝelowa, Paschinkin*, Vestnik Moskovsk. Univ. **9** [1954] Nr. 5, S. 75; C. A. **1954** 13514).

Verbindung mit Berylliumbromid $C_4H_8O_2 \cdot BeBr_2$. Krystalle; an der Luft rauchend (*Nowoŝelowa, Paschinkin*, Vestnik Moskovsk. Univ. **9** [1954] Nr. 5, S. 75; C. A. **1954** 13514).

Verbindung mit Magnesiumchlorid $2C_4H_8O_2 \cdot MgCl_2$. Hygroskopische Krystalle (*Rheinboldt et al.*, J. pr. [2] **149** [1937] 30, 38); Krystalle mit 6 Mol H_2O (*Weicksel, Lynch*, Am. Soc. **72** [1950] 2632, 2634).

Verbindung mit Magnesiumperchlorat $2C_4H_8O_2 \cdot Mg(ClO_4)_2$. Abgabe von [1,4]Dioxan bei Temperaturen von 0° bis 300°: *Monnier*, A. ch. [13] **2** [1957] 14, 48.

Verbindung mit Magnesiumbromid $2C_4H_8O_2 \cdot MgBr_2$. An der Luft zerfliessende Krystalle; Zers. bei ca. 150° (*Rheinboldt et al.*, J. pr. [2] **149** [1937] 30, 39). Bei Raumtemperatur im Vakuum wird [1,4]Dioxan abgegeben (*Rh. et al.*).

Verbindung mit Magnesiumjodid $2C_4H_8O_2 \cdot MgI_2$. Herstellung: *Ešafow*, Ž. obšč. Chim. **28** [1958] 1218; engl. Ausg. S. 1273. — An der Luft zerfliessende Krystalle; Zers. bei ca. 150° (*Rheinboldt et al.*, J. pr. [2] **149** [1937] 30, 39). Beim Erhitzen auf 200° sind Äthylen, 1,2-Dijod-äthan, Äthyljodid und Acetaldehyd erhalten worden (*Eš.*).

Verbindung mit Calciumchlorid $C_4H_8O_2 \cdot CaCl_2$. Hygroskopisches Pulver (*Rheinboldt et al.*, J. pr. [2] **149** [1937] 30, 35); Krystalle mit 1 Mol H_2O (*Reiff*, Z. anorg. Ch. **208** [1932] 321, 344); Krystalle mit 2 Mol H_2O (*Bogardus, Lynch*, J. phys. Chem. **47** [1943] 650, 653).

Verbindung mit Calciumperchlorat $2C_4H_8O_2 \cdot Ca(ClO_4)_2$. Abgabe von [1,4]Dioxan bei Temperaturen von 0° bis 280°: *Monnier*, A. ch. [13] **2** [1957] 14, 48.

Verbindung mit Calciumbromid $2C_4H_8O_2 \cdot CaBr_2$. Hygroskopische Krystalle (*Rheinboldt et al.*, J. pr. [2] **149** [1937] 30, 35).

Verbindung mit Calciumjodid $2C_4H_8O_2 \cdot CaI_2$. Krystalle (*Rheinboldt et al.*, J. pr. [2] **149** [1937] 30, 36).

Verbindungen mit Strontiumbromid: Verbindung $2C_4H_8O_2 \cdot SrBr_2$. Krystalle (*Rheinboldt et al.*, J. pr. [2] **149** [1937] 30, 36). — Verbindung $C_4H_8O_2 \cdot SrBr_2$: *Heines, Yntema*, Trans. Kentucky Acad. **7** [1938] 85, 88.

Verbindung mit Strontiumjodid $2C_4H_8O_2 \cdot SrI_2$. Krystalle; wenig beständig (*Rheinboldt et al.*, J. pr. [2] **149** [1937] 30, 37).

Verbindung mit Bariumjodid $2C_4H_8O_2 \cdot BaI_2$. Krystalle (*Rheinboldt et al.*, J. pr. [2] **149** [1937] 30, 37).

Verbindung mit Lithiumchlorid $C_4H_8O_2 \cdot LiCl$. Hygroskopische Krystalle (*Rheinboldt et al.*, J. pr. [2] **148** [1937] 81, 83). Orthorhombisch; Raumgruppe $P2_12_12_1$ ($= D_2^4$); aus dem Röntgen-Diagramm ermittelte Dimensionen der Elementarzelle: a = 8,03 Å; b = 11,32 Å; c = 7,14 Å; n = 4 (*Durant et al.*, Bl. Soc. chim. Belg. **75** [1966] 52, 56; s. a. *Gobillon, Piret*, Acta cryst. **15** [1962] 1186). Dichte der Krystalle: 1,33 (*Du. et al.*). Beim Erhitzen auf 120° erfolgt vollständige Dissoziation (*Rh. et al.*). — Monohydrat $C_4H_8O_2 \cdot LiCl \cdot H_2O$. Hygroskopische Krystalle (*Reiff*, Z. anorg. Ch. **208** [1932] 321, 344). Monoklin; Raumgruppe $P2_1/c$ ($= C_{2h}^5$); aus dem Röntgen-Diagramm ermittelte Dimensionen der Elementarzelle: a = 5,975 Å; b = 12,852 Å; c = 10,492 Å; β = 113,67°; n = 4 (*Durant, Griffé*, Bl. Soc. chim. Belg. **77** [1968] 557, 561). Dichte der Krystalle: 1,30 (*Du., Gr.*, l. c. S. 558).

Verbindung mit Lithiumperchlorat $C_4H_8O_2 \cdot LiClO_4$. Dissoziation in die Komponenten bei Temperaturen von 0° bis 200°: *Monnier*, A. ch. [13] **2** [1957] 14, 48.

Verbindung mit Lithiumbromid $C_4H_8O_2 \cdot LiBr$. Hygroskopische Krystalle; Zers. bei ca. 145° (*Rheinboldt et al.*, J. pr. [2] **148** [1937] 81, 83); Krystalle mit 0,5 Mol H_2O (*Reiff*, Z. anorg. Ch. **208** [1932] 321, 344).

Verbindung mit Lithiumjodid $2C_4H_8O_2 \cdot LiI$. Hygroskopische Krystalle (*Rheinboldt et al.*, J. pr. [2] **148** [1937] 81, 84); Krystalle mit 2 Mol H_2O (*Reiff*, Z. anorg. Ch. **208** [1932] 321, 344).

Verbindung mit Lithiumboranat $C_4H_8O_2 \cdot LiBH_4$. Hygroskopische Krystalle; in 1 l Tetrahydrofuran lösen sich bei 20° 165 g, in 1 l [1,4]Dioxan lösen sich bei 20° 3 g (*Paul, Joseph*, Bl. **1953** 758, 760)

Verbindungen mit Natriumjodid: Verbindung $3C_4H_8O_2 \cdot NaI$. Krystalle (*Rheinboldt et al.*, J. pr. [2] **148** [1937] 81, 85). — Verbindung $2C_4H_8O_2 \cdot NaI$. Hygroskopische Krystalle mit 2 Mol H_2O (*Reiff*, Z. anorg. Ch. **208** [1932] 321, 345).

Verbindungen mit Kaliumjodid $C_4H_8O_2 \cdot KI$. Krystalle; wenig beständig (*Rheinboldt et al.*, J. pr. [2] **148** [1937] 81, 86).

Verbindungen mit Kupfer(II)-chlorid: Verbindung $2C_4H_8O_2 \cdot CuCl_2$. Grüne Krystalle (*Heines, Yntema*, Trans. Kentucky Acad. **7** [1938] 85, 87); blaue Krystalle mit 2 Mol H_2O (*Weicksel, Lynch*, Am. Soc. **72** [1950] 2632, 2636). — Verbindung $C_4H_8O_2 \cdot CuCl_2$. Krystalle (aus A.); oberhalb 300° erfolgt Zersetzung (*Nair, Moosath*, Pr. Indian Acad. [A] **50** [1959] 336, 339); blaugrüne Krystalle mit 2 Mol H_2O (*Reiff*, Z. anorg. Ch. **208** [1932] 321, 344; *We., Ly.*).

Verbindung mit Kupfer(II)-perchlorat $2C_4H_8O_2 \cdot Cu(ClO_4)_2$. Grün; Zers. bei 230° [Vakuum] (*Monnier*, A. ch. [13] **2** [1957] 14, 47).

Verbindungen mit Kupfer(II)-bromid: Verbindung $2C_4H_8O_2 \cdot CuBr_2$. Grüne Krystalle (*Heines, Yntema*, Trans. Kentucky Acad. **7** [1938] 85, 87). — Verbindung $C_4H_8O_2 \cdot CuBr_2$. Schwarze Krystalle; wenig beständig (*Rheinboldt et al.*, J. pr. [2] **149** [1937] 30, 45).

Verbindungen mit Silber(I)-perchlorat: Verbindung $3C_4H_8O_2 \cdot AgClO_4$. Krystalle (*Comyns, Lucas*, Am. Soc. **76** [1954] 1019). Kubisch; Raumgruppe vermutlich *Pm3m* ($= O_h^1$); aus dem Röntgen-Diagramm ermittelte Dimension der Elementarzelle: a: 7,67 Å; n = 1 (*Prosen, Trueblood*, Acta cryst. **9** [1956] 741; s. a. *Powell*, J. inorg. nuclear Chem. **8** [1958] 546, 547). Dichte der Krystalle: ca. 1,88 (*Pr. Tr.*). Enthalpie der Dissoziation in die Verbindung $C_4H_8O_2 \cdot AgClO_4$ und [1,4]Dioxan bei 300—330 K: *Daasch*, Spectrochim. Acta **15** [1959] 726, 741. — Verbindung $C_4H_8O_2 \cdot AgClO_4$. IR-Spektrum (5000—650 cm^{-1}): *Da.*, l. c. S. 738, 739. Dissoziation in die Komponenten bei 0° bis 200°: *Monnier*, A. ch. [13] **2** [1957] 14, 48. Enthalpie der Dissoziation in die Komponenten bei 300—360 K: *Da.*

Verbindung mit Silbernitrat $C_4H_8O_2 \cdot 8AgNO_3$ (?). Krystalle (*Skarulis, Ricci*, Am. Soc. **63** [1941] 3429, 3431).

Verbindung mit Silber-tetrafluoroborat $3C_4H_8O_2 \cdot AgBF_4$. Krystalle (*Meerwein et al.*, Ar. **291** [1958] 541, 549).

Verbindung mit Gold(III)-chlorid $C_4H_8O_2 \cdot AuCl_3$. Gelbe Krystalle; F: 88—89° (*Funk, Köhler*, Z. anorg. Ch. **294** [1958] 233, 238); gelbe Krystalle (aus Ae.) mit 1 Mol H_2O (*Reiff*, Z. anorg. Ch. **208** [1932] 321, 345).

Verbindungen mit Zinkchlorid: Verbindung $2C_4H_8O_2 \cdot ZnCl_2$. Hygroskopische Krystalle (*Rheinboldt et al.*, J. pr. [2] **149** [1937] 30, 40; *Juhasz, Yntema*, Am. Soc. **62** [1940] 3522). — Verbindung $C_4H_8O_2 \cdot ZnCl_2$. Krystalle (*Ju., Yn.*; s. a. *Osthoff, West*, Am. Soc. **76** [1954] 4732, 4734).

Verbindung mit Zinkperchlorat $2C_4H_8O_2 \cdot Zn(ClO_4)_2$. Zers. bei 250° [Vakuum] (*Monnier*, A. ch. [13] **2** [1957] 14, 47).

Verbindung mit Zinkbromid $2C_4H_8O_2 \cdot ZnBr_2$. Hygroskopische Krystalle (*Rheinboldt et al.*, J. pr. [2] **149** [1937] 30, 41; s. a. *Juhasz, Yntema*, Am. Soc. **62** [1940] 3522); Krystalle mit 2 Mol H_2O (*Reiff*, Z. anorg. Ch. **208** [1932] 321, 345).

Verbindungen mit Zinkjodid: Verbindung $2C_4H_8O_2 \cdot ZnI_2$. Hygroskopische Krystalle; Zers. bei 75—80° [geschlossene Kapillare] (*Rheinboldt et al.*, J. pr. [2] **149** [1937] 30, 41); — Verbindung $C_4H_8O_2 \cdot ZnI_2$. Hygroskopische Krystalle mit 0,5 Mol H_2O (*Reiff*, Z. anorg. Ch. **208** [1932] 321, 345).

Verbindungen mit Cadmiumchlorid: Verbindung $C_4H_8O_2 \cdot CdCl_2$. Krystalle (*Rheinboldt et al.*, J. pr. [2] **149** [1937] 30, 41; *Juhasz, Yntema*, Am. Soc. **62** [1940] 3522; *Weicksel, Lynch*, Am. Soc. **72** [1950] 2632, 2634). — Verbindung $C_4H_8O_2 \cdot 2CdCl_2$. Krystalle (*Ju., Yn.*).

Verbindung mit Cadmiumperchlorat $2C_4H_8O_2 \cdot Cd(ClO_4)_2$: *Monnier*, A. ch. [13] **2** [1957] 14, 47.

Verbindung mit Cadmiumbromid $C_4H_8O_2 \cdot CdBr_2$. Krystalle (*Rheinboldt et al.*, J. pr. [2] **149** [1937] 30, 42; *Juhasz, Yntema*, Am. Soc. **62** [1940] 3522); Zers. bei ca. 200° (*Rh. et al.*).

Verbindung mit Cadmiumjodid $C_4H_8O_2 \cdot CdI_2$. Krystalle (*Rheinboldt et al.*, J. pr. [2] **149** [1937] 30, 42; *Juhasz, Yntema*, Am. Soc. **62** [1940] 3522); Zers. bei ca. 175—180° (*Rh. et al.*).

Verbindungen mit Quecksilber(II)-chlorid: Verbindung $2C_4H_8O_2 \cdot HgCl_2$. Krystalle; wenig beständig (*Nair, Moosath*, Pr. Indian Acad. [A] **47** [1958] 344, 345; *Laurent, Arsénio*, Bl. **1958** 618). IR-Spektrum (Mineralöl; 2000—650 cm^{-1}): *Daasch*, Spectrochim. Acta **15** [1959] 726, 737. Enthalpie der Dissoziation in die Verbindung $C_4H_8O_2 \cdot HgCl_2$ und [1,4]Dioxan bei 300—320 K: *Da.*, l. c. S.741. — Verbindung $C_4H_8O_2 \cdot HgCl_2$ (H 3; E II 5). Herstellung: *Nair, Mo.*, l. c. S. 344, 345. Krystalle [aus Dioxan] (*Nair, Mo.*); Zers. bei ca. 160—165° (*Rheinboldt et al.*, J. pr. [2] **149** [1937] 30, 42). Triklin; Raumgruppe $P\bar{1}$ ($= C_i^1$); aus dem Röntgen-Diagramm ermittelte Dimensionen der Elementarzelle: a = 7,37 Å; b = 7,12 Å; c = 4,05 Å; α = 91,7°; β = 98,7°; γ = 67,9°; n = 1 (*Hassel, Hvoslef*, Acta chem. scand. **8** [1954] 1953). Umwandlungspunkt: 67,3° (*Crenshaw et al.*, Am. Soc. **60** [1938] 2308, 2310). Bildungsenthalpie und Gibbs-Energie der Bildung bei 25°: *Cr. et al.*, l. c. S. 2311. IR-Spektrum (Mineralöl; 1070—800 cm^{-1}): *Da.*, l. c. S. 737. IR-Banden (Paraffin sowie Hexachlorbuta-1,3-dien) im Bereich von 3000 cm^{-1} bis 270 cm^{-1}: *Tarte, Laurent*, Bl. **1957** 403, 404. Raman-Banden: *Ta., La.* Enthalpie der Dissoziation in die Komponenten bei 300—320 K: *Da.*, l. c. S. 741. In 100 ml mit Äther gesättigtem Wasser lösen sich bei 0° 1,03 g (*Michailow, Tschernowa*, Ž. obšč. Chim. **29** [1959] 222, 225; engl. Ausg. S. 225, 228).

Verbindung mit Quecksilber(II)-bromid $C_4H_8O_2 \cdot HgBr_2$. Krystalle (*Rheinboldt et al.*, J. pr. [2] **149** [1937] 30, 43). [1,4]Dioxan-Dampfdruck über den Krystallen bei 20—130° sowie über einer Lösung in [1,4]Dioxan bei 20—110°: *Crenshaw et al.*, Am. Soc. **60** [1938] 2308, 2310. Bildungsenthalpie und Gibbs-Energie der Bildung bei 25°: *Cr. et al.*

Verbindung mit Quecksilber(II)-jodid $C_4H_8O_2 \cdot HgI_2$. Krystalle; Zers. bei ca. 90° (*Rheinboldt et al.*, J. pr. [2] **149** [1937] 30, 43). Umwandlungspunkt: 87,7° (*Crenshaw et al.*, Am. Soc. **60** [1938] 2308, 2310). An der Luft und im Licht nicht beständig (*Rh. et al.*). [1,4]Dioxan-Dampfdruck über den Krystallen und über einer Lösung in [1,4]Dioxan bei 20—80°: *Cr. et al.* Bildungsenthalpie und Gibbs-Energie der Bildung bei 25°: *Cr. et al.*

Verbindungen mit Quecksilber(II)-cyanid: Verbindung $2C_4H_8O_2 \cdot Hg(CN)_2$. Krystalle (*Rheinboldt et al.*, J. pr. [2] **149** [1937] 30, 44). Zeitlicher Verlauf der Abgabe von [1,4]Dioxan bei 21°: *Rh. et al.*, l. c. S. 33. — Verbindung $C_4H_8O_2 \cdot Hg(CN)_2$. Krystalle (*Reiff et al.*, Z. anorg. Ch. **223** [1935] 113, 116). Zeitlicher Verlauf der Abgabe von [1,4]Di-oxan bei 21°: *Rh. et al.*, l. c. S. 33. — Über ein Monohydrat und ein Dihydrat s. *Re. et al.*

Verbindung mit Quecksilber(II)-thiocyanat $C_4H_8O_2 \cdot Hg(CNS)_2$. Krystalle (*Rheinboldt et al.*, J. pr. [2] **149** [1937] 30, 44).

Verbindung mit Hexachlorocer(IV)-säure $4C_4H_8O_2 \cdot H_2CeCl_6$. Orangefarbene Krystalle (*Moosath*, Pr. Indian Acad. [A] **43** [1956] 220, 222; *Moosath, Rao*, Pr. Indian Acad. [A] **43** [1956] 265, 270).

Verbindung mit Titan(IV)-chlorid $C_4H_8O_2 \cdot TiCl_4$. Hellgelbe Krystalle, die bei 180° farblos werden (*Hamilton et al.*, Am. Soc. **75** [1953] 2881, 2882).

Verbindung mit Titan(IV)-bromid $C_4H_8O_2 \cdot TiBr_4$. Rote Krystalle; Zers. bei ca. 167—180° (*Rolsten, Sisler*, Am. Soc. **79** [1957] 1068). Tetragonal; aus dem Röntgen-Diagramm ermittelte Dimensionen der Elementarzelle: a = 18,45 Å; c = 7,50 Å (*Rolsten, Sisler*, Am. Soc. **79** [1957] 1819, 1820). IR-Banden (Nujol) im Bereich von 1450 cm^{-1} bis 700 cm^{-1}: *Ro., Si.*, l. c. S. 1819, 1820.

Verbindung mit Vanadium(IV)-chlorid $C_4H_8O_2 \cdot VCl_4$. Schwarze Krystalle (*Cozzi, Cecconi*, Ric. scient. **23** [1953] 609, 614).

Verbindungen mit Vanadium-dichlorid-oxid (Vanadyl(IV)-chlorid) und Wasser: Verbindung $3C_4H_8O_2 \cdot VOCl_2 \cdot 2H_2O$. Herstellung: *Funk et al.*, Z. anorg. Ch. **302** [1959] 199, 208. Blaue Krystalle; F: ca. 150° [geschlossene Kapillare] (*Funk et al.*). — Verbindung $C_4H_8O_2 \cdot VOCl_2 \cdot 2H_2O$. Hellblaue Krystalle (*Funk et al.*).

Verbindung mit Vanadium-trichlorid-oxid (Vanadyl(V)-chlorid) $C_4H_8O_2 \cdot VOCl_3$. Schwarze Krystalle [nach Sublimation bei 100°/1—2 Torr] (*Cozzi, Cecconi*, Ric. scient. **23** [1953] 609, 613).

Verbindung mit Mangan(II)-chlorid $C_4H_8O_2 \cdot MnCl_2$. Krystalle (*Rheinboldt et al.*, J. pr. [2] **149** [1937] 30, 46; s. a. *Osthoff, West*, Am. Soc. **76** [1954] 4732); rosafarbene Krystalle mit 2 Mol H_2O; hygroskopisch (*Reiff*, Z. anorg. Ch. **208** [1932] 321, 344).

Verbindung mit Mangan(II)-perchlorat $C_4H_8O_2 \cdot Mn(ClO_4)_2$. Explosiv (*Monnier*, A. ch. [13] **2** [1957] 14, 47).

Verbindung mit Mangan(II)-bromid $2C_4H_8O_2 \cdot MnBr_2$. Krystalle; an der Luft zerfliessend (*Rheinboldt et al.*, J. pr. [2] **149** [1937] 30, 47).

Verbindung mit Mangan(II)-jodid $2C_4H_8O_2 \cdot MnI_2$. Hygroskopische Krystalle (*Rheinboldt et al.*, J. pr. [2] **149** [1937] 30, 48).

Verbindung mit Rhenium(VII)-oxid $3C_4H_8O_2 \cdot Re_2O_7$ (?). Hygroskopische Krystalle, die bei 90—100° schmelzen (*Nechamkin et al.*, Am. Soc. **73** [1951] 2828, 2829).

Verbindung mit Eisen(II)-chlorid $2C_4H_8O_2 \cdot FeCl_2$. Krystalle; an der Luft nicht beständig (*Rheinboldt et al.*, J. pr. [2] **149** [1937] 30, 48).

Verbindung mit Eisen(II)-perchlorat $C_4H_8O_2 \cdot Fe(ClO_4)_2$. Explosiv (*Monnier*, A. ch. [13] **2** [1957] 14, 47).

Verbindung mit Eisen(II)-bromid $2C_4H_8O_2 \cdot FeBr_2$. Rotbraune Krystalle; an der Luft nicht beständig (*Rheinboldt et al.*, J. pr. [2] **149** [1937] 30, 49).

Verbindung mit Eisen(II)-jodid $2C_4H_8O_2 \cdot FeI_2$. Hygroskopische gelbe Krystalle

(*Rheinboldt et al.*, J. pr. [2] **149** [1937] 30, 49).

Verbindungen mit Eisen(III)-chlorid: Verbindung $3C_4H_8O_2 \cdot FeCl_3$. Hygroskopische Krystalle (*Nair, Moosath*, Pr. Indian Acad. [A] **50** [1959] 336, 340); gelbe Krystalle (aus Dioxan) mit 2 Mol H_2O (*McCusker et al.*, Am. Soc. **81** [1959] 2974). In 1000 g [1,4]Dioxan lösen sich bei 25° 0,084 Mol Dihydrat (*McC. et al.*). — Verbindung $2C_4H_8O_2 \cdot FeCl_3$. Rote Krystalle mit 1 Mol H_2O (*McC. et al.*); gelbe Krystalle mit 2 Mol H_2O (*McC. et al.*). Elektrische Leitfähigkeit einer Lösung des Dihydrats in Nitrobenzol: *McC. et al.* — Verbindung $C_4H_8O_2 \cdot FeCl_3$. Grüne Krystalle (*McC. et al.*). In 1000 g [1,4]Dioxan lösen sich bei 25° 0,952 Mol (*McC. et al.*). Elektrische Leitfähigkeit einer Lösung in Nitrobenzol: *McC. et al.* — Verbindung mit Tetrachloroeisen(III)-säure $3C_4H_8O_2 \cdot HFeCl_4$. Gelbgrüne Krystalle mit 1 Mol H_2O (*McC. et al.*). Elektrische Leitfähigkeit einer Lösung in Nitrobenzol: *McC. et al.*

Verbindung mit Kobalt(II)-chlorid $C_4H_8O_2 \cdot CoCl_2$. Blaue Krystalle (*Rheinboldt et al.*, J. pr. [2] **149** [1937] 30, 50; *Juhasz, Yntema*, Am. Soc. **62** [1940] 3522); rosafarbene Krystalle mit 2 Mol H_2O (*Reiff*, Z. anorg. Ch. **208** [1932] 321, 344).

Verbindung mit Kobalt(II)-perchlorat $C_4H_8O_2 \cdot Co(ClO_4)_2$. Rosafarben; Zers. bei 230° [Vakuum] (*Monnier*, A. ch. [13] **2** [1957] 14, 47).

Verbindung mit Kobalt(II)-bromid $2C_4H_8O_2 \cdot CoBr_2$. Blaue Krystalle (*Rheinboldt et al.*, J. pr. [2] **149** [1937] 30, 50; *Juhasz, Yntema*, Am. Soc. **62** [1940] 3522). An der Luft zerfliessend (*Rh. et al.*).

Verbindungen mit Kobalt(II)-jodid: Verbindung $4C_4H_8O_2 \cdot CoI_2$. Violette Krystalle (*Rheinboldt et al.*, J. pr. [2] **149** [1937] 30, 51). Beim Aufbewahren erfolgt Umwandlung in die Verbindung $2C_4H_8O_2 \cdot CoI_2$ (*Rh. et al.*). — Verbindung $3C_4H_8O_2 \cdot CoI_2$. Hygroskopische grünblaue Krystalle; wenig beständig (*Juhasz, Yntema*, Am. Soc. **62** [1940] 3522). — Verbindung $2C_4H_8O_2 \cdot CoI_2$. Grüne Krystalle (*Rh. et al.*, l. c. S. 30, 52; *Ju., Yn.*). — Verbindung $C_4H_8O_2 \cdot CoI_2$. Grüne Krystalle mit 2 Mol H_2O; rosafarbene Krystalle mit 4 Mol H_2O (*Ju., Yn.*).

[1,4]Dioxan-dikobalt(II)-tetrakis-[tetracarbonyl-cobaltat(-I)] $[Co_2C_4H_8O_2][Co(CO)_4]_4$. Herstellung: *Hieber, Wiesboeck*, B. **91** [1958] 1156, 1160. — Luftempfindliche schwarze Krystalle (*Hi., Wi.*). Elektrische Leitfähigkeit einer Lösung in Aceton: *Hi., Wi.*

Verbindungen mit Nickel(II)-chlorid: Verbindung $2C_4H_8O_2 \cdot NiCl_2$. Orangefarbene Krystalle; wenig beständig (*Rheinboldt et al.*, J. pr. [2] **149** [1937] 30, 52). — Verbindung $C_4H_8O_2 \cdot NiCl_2$. Gelbe bzw. orangegelbe Krystalle (*Juhasz, Yntema*, Am. Soc. **62** [1940] 3522; *Osthoff, West*, Am. Soc. **76** [1954] 4732); gelbgrüne Krystalle mit 2 Mol H_2O (*Reiff*, Z. anorg. Ch. **208** [1932] 321, 344).

Verbindung mit Nickel(II)-perchlorat $2C_4H_8O_2 \cdot Ni(ClO_4)_2$. Gelb; Zers. bei 260° [Vakuum] (*Monnier*, A. ch. [13] **2** [1957] 14, 47).

Verbindungen mit Nickel(II)-bromid: Verbindung $2C_4H_8O_2 \cdot NiBr_2$. Gelbgrüne Krystalle (*Rheinboldt et al.*, J. pr. [2] **149** [1937] 30, 53). — Verbindung $C_4H_8O_2 \cdot NiBr_2$. Orangefarbene Krystalle (*Juhasz, Yntema*, Am. Soc. **62** [1940] 3522).

Verbindung mit Nickel(II)-jodid $2C_4H_8O_2 \cdot NiI_2$. Orangefarbene bzw. gelbe Krystalle (*Rheinboldt et al.*, J. pr. [2] **149** [1937] 30, 53; *Juhasz, Yntema*, Am. Soc. **62** [1940] 3522). An der Luft zerfliessend (*Rh. et al.*).

Verbindung mit Platin(IV)-chlorid $C_4H_8O_2 \cdot PtCl_4$. Gelbe Krystalle (aus Ae.) mit 2 Mol H_2O (*Reiff*, Z. anorg. Ch. **208** [1932] 321, 345).

Verbindung mit Ammoniumjodid $2C_4H_8O_2 \cdot NH_4I$. Krystalle (*Rheinboldt et al.*, J. pr. [2] **148** [1937] 81, 86).

Verbindung mit Jodoform $C_4H_8O_2 \cdot CHI_3$. Krystalle (*Rheinboldt, Luyken*, J. pr. [2] **133** [1932] 284, 285). Orthorhombisch; Raumgruppe *Pnma* ($= D_{2h}^{16}$); aus dem Röntgen-Diagramm ermittelte Dimensionen der Elementarzelle bei 25°: a = 6,89 Å; b = 19,97 Å; c = 8,08 Å; n = 4 (*Bjorvatten*, Acta chem. scand. **23** [1969] 1109). Linienbreite der ^1H-NMR-Absorption bei −50° bis +10°: *Bj.*, l. c. S. 1111. Geschwindigkeit der Dissoziation bei 20°: *Rh., Lu.*

Verbindung mit Äthyllithium $C_4H_8O_2 \cdot C_2H_5Li$. Herstellung: *Talalaewa et al.*, Doklady Akad. S.S.S.R. **109** [1956] 101, 103; C. A. **1957** 1962).

Verbindung mit Tetrajodäthylen $C_4H_8O_2 \cdot C_2I_4$. Krystalle (*Rheinboldt, Luyken*, J. pr. [2] **133** [1932] 284, 286). Geschwindigkeit der Dissoziation bei 21−21,5°: *Rh., Lu.*

Verbindung mit Dijodacetylen $C_4H_8O_2 \cdot C_2I_2$. Krystalle; Zers. von 113−114° an

(*Rheinboldt, Luyken*, J. pr. [2] **133** [1932] 284, 286).

Verbindung mit Kupfer(II)-formiat $C_4H_8O_2 \cdot 2\,Cu(CHO_2)_2$. Blaugrüne Krystalle, die bei 190—200° unter Zersetzung schmelzen (*Martin, Waterman*, Soc. **1959** 2960, 2961). An feuchter Luft nicht beständig (*Ma., Wa.*). Magnetische Susceptibilität [$cm^3 \cdot mol^{-1}$] bei Temperaturen von 86,8 K ($+132 \cdot 10^{-6}$) bis 368,0 K ($+552 \cdot 10^{-6}$): *Ma., Wa.*

Verbindung mit Tetraberyllium-hexaacetat-oxid $C_4H_8O_2 \cdot Be_4O(C_2H_3O_2)_6$. Tetragonale Krystalle; aus dem Röntgen-Diagramm ermittelte Dimensionen der Elementarzelle: a = 16,3 Å; b = 15,1 Å (*Nowoselowa et al.*, Ž. neorg. Chim. **1** [1956] 696; engl. Ausg. **1** Nr. 4, S. 94).

Verbindungen mit Kupfer(II)-acetat: Verbindung $C_4H_8O_2 \cdot Cu(C_2H_3O_2)_2$. Blaue Krystalle; an feuchter Luft nicht beständig (*Martin, Waterman*, Soc. **1959** 2960, 2961). Magnetische Susceptibilität [$cm^3 \cdot mol^{-1}$] bei Temperaturen von 88,0 K ($+100 \cdot 10^{-6}$) bis 295,0 K ($+773 \cdot 10^{-6}$): *Ma., Wa.* — Verbindung $C_4H_8O_2 \cdot 2\,Cu(C_2H_3O_2)_2$. Grüne Krystalle (*Ma., Wa.*). Magnetische Susceptibilität bei 18,5°: $+866 \cdot 10^{-6}$ $cm^3 \cdot mol^{-1}$ (*Ma., Wa.*). Beim Aufbewahren wird [1,4]Dioxan abgegeben (*Ma., Wa.*).

Verbindungen mit Trieisen(III)-pentaacetat-trichlorid-hydroxid: Verbindung $4\,C_4H_8O_2 \cdot [Fe_3(C_2H_3O_2)_5OH]Cl_3$. Gelbbraune Krystalle (*Funk, Demmel*, Z. anorg. Ch. **227** [1936] 94, 100). — Verbindung $2\,C_4H_8O_2 \cdot [Fe_3(C_2H_3O_2)_5OH]Cl_3$. Rotbraune Krystalle (*Funk, De.*).

Verbindung(?) mit Trifluoressigsäure $3\,C_4H_8O_2 \cdot 4\,C_2HF_3O_2$. Kp_{745}: 133°; D_4^{20}: 1,294; n_D^{25}: 1,3488 (*Lichtenberger et al.*, Bl. **1954** 687).

Verbindung mit Tetraberyllium-oxid-hexapropionat $C_4H_8O_2 \cdot Be_4O(C_3H_5O_2)_6$: *Nowoselowa et al.*, Vestnik Moskovsk. Univ. **11** [1956] Nr. 3, S. 87, 91; C. A. **1956** 15319.

Verbindung(?) mit Heptafluorbuttersäure $2\,C_4H_8O_2 \cdot 3\,C_4HF_7O_2$. Kp: 152,8°; D_4^0: 1,5353; D_4^{20}: 1,4999. n_D^{20}: 1,3294 (*Hauptschein, Grosse*, Am. Soc. **73** [1951] 5139, 5140).

Verbindung mit Oxalylchlorid $C_4H_8O_2 \cdot C_2Cl_2O_2$. Krystalle (aus PAe.); F: 67—68° [Zers.; bei schnellem Erhitzen] (*Varvoglis*, B. **71** [1938] 32, 33). An der Luft wird [1,4]Dioxan abgegeben.

Verbindung mit Oxalylbromid $C_4H_8O_2 \cdot C_2Br_2O_2$. Krystalle (*Varvoglis*, Praktika Akad. Athen. **13** [1938] 614, 645; C. **1939** I 3535).

Verbindung mit (±)Trifluorbernsteinsäure $C_4H_8O_2 \cdot 2\,C_4H_3F_3O_4$. Herstellung aus (±)-Chlor-trifluor-bernsteinsäure durch Erwärmen mit [1,4]Dioxan und Zink-Pulver: *Raasch et al.*, Am. Soc. **81** [1959] 2678, 2679. — Hygroskopische Krystalle (aus Ae. + $CHCl_3$); F: 95—96° (*Ra. et al.*).

Verbindung mit Tetrafluorbernsteinsäure $C_4H_8O_2 \cdot C_4H_2F_4O_4$. Herstellung aus 1-Methoxy-pentafluor-cyclobuten mit Hilfe von Kaliumpermanganat: *Rapp et al.*, Am. Soc. **74** [1952] 749, 752. — Hygroskopische Krystalle (aus Dioxan), F: 119°; bei 78°/0,01 Torr sublimierbar (*Rapp et al.*).

Verbindungen mit Hydroxyimidokohlensäure-dichlorid („Phosgenoxim"): Verbindung $C_4H_8O_2 \cdot CHCl_2NO$. F: —11,8°; bei Raumtemperatur erfolgt Dissoziation in die Komponenten (*Seher*, B. **83** [1950] 400, 402). — Verbindung $C_4H_8O_2 \cdot 2\,CHCl_2NO$. F: +2,2°; bei Raumtemperatur erfolgt Dissoziation in die Komponenten (*Se.*).

Verbindung mit Alan und Trimethylamin $C_4H_8O_2 \cdot AlH_3 \cdot C_3H_9N$. ^{1}H-NMR-Absorption (Dioxan): *Dautel, Zeil*, Z. El. Ch. **62** [1958] 1139, 1140.

Verbindung mit dem Aluminium-Salz des Tris-(2-hydroxy-äthyl]-amins $C_4H_8O_2 \cdot Al(C_6H_{12}NO_3)$. Herstellung: *Hein, Albert*, Z. anorg. Ch. **269** [1952] 67. — Krystalle (aus Dioxan); Zers. von 64° an (*Hein, Al.*).

Verbindung mit Titan(IV)-phenolat $C_4H_8O_2 \cdot Ti(C_6H_5O)_4$. Gelbe Krystalle [aus Dioxan] (*Funk, Masthoff*, J. pr. [4] **4** [1957] 35, 42).

Verbindung mit Hydrochinon $C_4H_8O_2 \cdot C_6H_6O_2$. Krystalle, die bei 93—100° schmelzen [geschlossene Kapillare] (*Evans, Dehn*, Am. Soc. **52** [1930] 3204, 3206).

Verbindung mit Tetra-*O*-benzoyl-1,6-dijod-1,6-didesoxy-D-mannit $C_4H_8O_2 \cdot C_{34}H_{28}I_2O_8$. Krystalle (aus Dioxan + A.); F: 106—108°; $[\alpha]_D^{19}$: +32,1° [$CHCl_3$] (*Müller*, B. **65** [1932] 1051, 1054).

Verbindung mit Galloylchlorid $C_4H_8O_2 \cdot C_7H_5ClO_4$. Krystalle, die bei Raumtemperatur schmelzen (*van der Kerk et al.*, R. **70** [1951] 277, 281).

Verbindung mit 2-Phenyl-propen-1,3-disulfonsäure $C_4H_8O_2 \cdot C_9H_{10}O_6S_2$. Hygroskopische Krystalle (*Suter, Truce*, Am. Soc. **66** [1944] 1105, 1106).

Verbindung mit (2*RS*,3*RS*)-2-Amino-3-hydroxy-3-phenyl-propionsäure $C_4H_8O_2 \cdot 2\,C_9H_{11}NO_3$. Krystalle (*Shaw, Fox*, Am. Soc. **75** [1953] 3421, 3424).

Verbindung mit Lithium-phenylboranat $2\,C_4H_8O_2 \cdot Li(C_6H_8B)$. Krystalle (*Wiberg et al.*, Z. Naturf. **13b** [1958] 265).

Verbindung mit Lithium-[hydroxo-tri-*p*-tolyl-borat] $3\,C_4H_8O_2 \cdot Li(C_{21}H_{22}BO)$. Krystalle (*Michaĭlow, Wawer*, Ž. obšč. Chim. **29** [1959] 2248, 2251; engl. Ausg. S. 2214, 2217).

Verbindung mit Chlor-diphenyl-boran $C_4H_8O_2 \cdot C_{12}H_{10}BCl$. Krystalle; F: 80° bis 85°; wenig beständig (*Michaĭlow, Fedotow*, Ž. obšč. Chim. **29** [1959] 2244, 2247; engl. Ausg. S. 2210, 2213).

Verbindung mit Chlor-phenyl-*p*-tolyl-boran $C_4H_8O_2 \cdot C_{13}H_{12}BCl$. Krystalle; F: 72–76°; wenig beständig (*Michaĭlow, Fedotow*, Ž. obšč. Chim. **29** [1959] 2244, 2247; engl. Ausg. S. 2210, 2213).

Verbindung mit dem Lithium-Salz des Hydroxy-di-*o*-tolyl-borans $C_4H_8O_2 \cdot Li(C_{14}H_{14}BO)$. Krystalle [aus Ae. + Dioxan] (*Michaĭlow, Wawer*, Ž. obšč. Chim. **29** [1959] 2248, 2251; engl. Ausg. S. 2214, 2216).

Verbindung mit Chlor-[1]naphthyl-phenyl-boran $C_4H_8O_2 \cdot C_{16}H_{12}BCl$. Krystalle (aus Ae. + Isopentan); F: 90–91° (*Michaĭlow, Fedotow*, Ž. obšč. Chim. **29** [1959] 2244, 2247; engl. Ausg. S. 2210, 2213).

Verbindung mit Hydroxy-di-[1]naphthyl-boran $C_4H_8O_2 \cdot 2\,C_{20}H_{15}BO$. Krystalle; F: 130–131° (*Michaĭlow, Wawer*, Ž. obšč. Chim. **29** [1959] 2248, 2252; engl. Ausg. S. 2214, 2217).

Verbindung mit Chlor-di-[1]naphthyl-boran $C_4H_8O_2 \cdot C_{20}H_{14}BCl$. Krystalle, F: 93–96°; wenig beständig (*Michaĭlow, Fedotow*, Ž. obšč. Chim. **29** [1959] 2244, 2247; engl. Ausg. S. 2210, 2213).

Verbindung mit Diphenylzink $C_4H_8O_2 \cdot C_{12}H_{10}Zn$. Krystalle (*Schewerdina et al.*, Doklady Akad. S.S.S.R. **128** [1959] 320; Pr. Acad. Sci. U.S.S.R. Chem. Sect. **124–129** [1959] 759).

Verbindung mit Di-*p*-tolyl-zink $C_4H_8O_2 \cdot C_{14}H_{14}Zn$. Krystalle (*Schewerdina et al.*, Doklady Akad. S.S.S.R. **128** [1959] 320; Pr. Acad. Sci. U.S.S.R. Chem. Sect. **124–129** [1959] 759).

Verbindung mit Di-[1]naphthyl-zink $C_4H_8O_2 \cdot C_{20}H_{14}Zn$: *Schewerdina et al.*, Doklady Akad. S.S.S.R. **128** [1959] 320; Pr. Acad. Sci. U.S.S.R. Chem. Sect. **124–129** [1959] 759.

Verbindungen mit Phenyllithium: Verbindung $3\,C_4H_8O_2 \cdot 2\,C_6H_5Li$. Herstellung: *Michaĭlow, Tschernowa*, Ž. obšč. Chim. **29** [1959] 222, 227; engl. Ausg. S. 225, 229. — Verbindung $C_4H_8O_2 \cdot C_6H_5Li$. Krystalle (*Tschernowa, Michaĭlow*, Ž. obšč. Chim. **25** [1955] 2280, 2285; engl. Ausg. S. 2249, 2252). Über ein Benzol-Addukt $C_4H_8O_2 \cdot C_6H_5Li \cdot 0,5\,C_6H_6$ s. *Mi., Tsch.*, l. c. S. 225.

Verbindung mit 4-Chlor-phenyllithium $2\,C_4H_8O_2 \cdot C_6H_4ClLi$. Herstellung: *Michaĭlow, Tschernowa*, Ž. obšč. Chim. **29** [1959] 222, 227; engl. Ausg. S. 225, 229. Über ein Benzol-Addukt $C_4H_8O_2 \cdot C_6H_4ClLi \cdot 0,5\,C_6H_6$ s. *Mi., Tsch.*, l. c. S. 226.

Verbindung mit *o*-Tolyllithium $3\,C_4H_8O_2 \cdot 2\,C_7H_7Li$. Herstellung: *Michaĭlow, Tschernowa*, Ž. obšč. Chim. **29** [1959] 222, 227; engl. Ausg. S. 225, 229. Über ein Benzol-Addukt $C_4H_8O_2 \cdot C_7H_7Li \cdot 0,5\,C_6H_6$ s. *Mi., Tsch.*, l. c. S. 225.

Verbindungen mit *p*-Tolyllithium: Verbindung $2\,C_4H_8O_2 \cdot C_7H_7Li$. Herstellung: *Michaĭlow, Tschernowa*, Ž. obšč. Chim. **29** [1959] 222, 227; engl. Ausg. S. 225, 229. — Verbindung $C_4H_8O_2 \cdot C_7H_7Li$. Krystalle (*Mi., Tsch.*). Über ein Benzol-Addukt $C_4H_8O_2 \cdot C_7H_7Li \cdot 0,5\,C_6H_6$ s. *Mi., Tsch.*, l. c. S. 223.

Verbindungen mit [1]Naphthyllithium: Verbindung $3\,C_4H_8O_2 \cdot 2\,C_{10}H_7Li$. Herstellung: *Michaĭlow, Tschernowa*, Ž. obšč. Chim. **29** [1959] 222, 227; engl. Ausg. S. 225, 229. — Verbindung $C_4H_8O_2 \cdot C_{10}H_7Li$. Herstellung: *Tschernowa, Michaĭlow*, Ž. obšč. Chim. **25** [1955] 2280, 2285; engl. Ausg. S. 2249, 2252.

Verbindung mit Fluoren-9-yllithium $C_4H_8O_2 \cdot C_{13}H_9Li$. Gelb (*Tschernowa, Michaĭlow*, Ž. obšč. Chim. **25** [1955] 2280, 2284; engl. Ausg. S. 2249, 2251).

Verbindung mit [9]Anthryllithium $2\,C_4H_8O_2 \cdot C_{14}H_9Li$. Herstellung: *Michaĭlow, Tschernowa*, Ž. obšč. Chim. **29** [1959] 222, 225; engl. Ausg. S. 225, 228.

Verbindung mit [9]Phenanthryllithium $C_4H_8O_2 \cdot C_{14}H_9Li$. Herstellung: *Michaĭlow, Tschernowa*, Ž. obšč. Chim. **29** [1959] 222, 225; engl. Ausg. S. 225, 228.

Verbindung mit Pyren-3-yllithium $3\,C_4H_8O_2 \cdot 2\,C_{16}H_9Li$. Herstellung: *Tschernowa, Michaĭlow*, Ž. obšč. Chim. **25** [1955] 2280, 2284; engl. Ausg. S. 2249, 2251. Über ein Benzol-Addukt $C_4H_8O_2 \cdot C_{16}H_9Li \cdot 0{,}5\,C_6H_6$ s. *Michaĭlow, Tschernowa*, Ž. obšč. Chim. **29** [1959] 222, 225; engl. Ausg. S. 225, 228.

Verbindung mit Alan und Tetrahydrofuran $C_4H_8O_2 \cdot AlH_3 \cdot C_4H_8O$. ^{1}H-NMR-Absorption (Dioxan): *Dautel, Zeil*, Z. El. Ch. **62** [1958] 1139, 1140.

[*Schindler/Rockelmann*]

***1-[4-Chlor-phenyldiazeno]-[1,4]dioxanium** $[C_{10}H_{12}ClN_2O_2]^+$, Formel I.

Ein Kation dieser Konstitution liegt vermutlich dem nachstehend beschriebenen Salz zugrunde (*Meerwein et al.*, Ang. Ch. **70** [1958] 211, 212).

Chlorid $[C_{10}H_{12}ClN_2O_2]Cl$. *B.* Beim Behandeln von wss. 4-Chlor-benzoldiazonium-chlorid-Lösung mit [1,4]Dioxan und Natriumacetat (*Me. et al.*). — Krystalle; Zers. bei 75°.

1-Äthyl-[1,4]dioxanium $[C_6H_{13}O_2]^+$, Formel II.

Hexachloroantimonat(V) $[C_6H_{13}O_2]SbCl_6$. *B.* Beim Erwärmen von [1,4]Dioxan mit einer Lösung von Triäthyloxonium-hexachloroantimonat(V) in 1,2-Dichlor-äthan (*Meerwein et al.*, J. pr. [2] **154** [1939] 83, 147). — Krystalle (aus 1,2-Dichlor-äthan); F: 156° [Zers.].

I II III IV

(±)-Chlor-[1,4]dioxan $C_4H_7ClO_2$, Formel III.

B. Beim Behandeln von Dihydro-[1,4]dioxin mit Chlorwasserstoff (*Summerbell, Bauer*, Am. Soc. **57** [1935] 2364, 2367; *Summerbell, Umhoefer*, Am. Soc. **61** [1939] 3016, 3017). Beim Behandeln einer Lösung von [1,4]Dioxan in Tetrachlormethan mit Chlor bei —10° (*Summerbell, Lunk*, J. org. Chem. **23** [1958] 499).

Dipolmoment: 2,24 D [ε; Bzl.] bzw. 2,28 D [ε; CCl_4] (*Altona et al.*, Tetrahedron Letters **1959** Nr. 10, S. 16, 17).

Kp_{14}: 62—63°; D_{20}^{20}: 1,276 [unreines Präparat] (*Su., Ba.*).

Wenig beständig (*Su., Ba.*).

2,2-Dichlor-[1,4]dioxan $C_4H_6Cl_2O_2$, Formel IV.

B. Beim Behandeln einer Lösung von 5-Chlor-2,3-dihydro-[1,4]dioxin in Chloroform mit Chlorwasserstoff (*Summerbell, Lunk*, Am. Soc. **79** [1957] 4802, 4804).

$Kp_{0,5}$: 33—35°. n_D^{20}: 1,4797.

Wenig beständig.

2,3-Dichlor-[1,4]dioxan $C_4H_6Cl_2O_2$.

a) ***2r,3c*-Dichlor-[1,4]dioxan, *cis*-2,3-Dichlor-[1,4]dioxan** $C_4H_6Cl_2O_2$, Formel V auf S. 31.

Bestätigung der Konfigurationszuordnung: *Altona et al.*, Tetrahedron Letters **1959** Nr. 10, S. 16; *Altona, Romers*, Acta cryst. **16** [1963] 1225.

B. Neben *trans*-2,3-Dichlor-[1,4]dioxan beim Behandeln einer heissen Lösung von [1,4]Dioxan in Tetrachlormethan mit Chlor (*Summerbell, Lunk*, Am. Soc. **79** [1957] 4802, 4804) sowie beim Behandeln einer Lösung von Dihydro-[1,4]dioxin in Tetrachlormethan mit Chlor bei —15° (*Su., Lunk*, l. c. S. 4805).

Dipolmoment: 3,06 D [ε; Bzl.] bzw. 3,00 D [ε; CCl_4] (*Al. et al.*).

Krystalle; F: 53,5—54° [aus CCl_4] (*Al., Ro.*, l. c. S. 1226), 53° [aus Pentan + Ae.] (*Su., Lunk*, l. c. S. 4804). Orthorhombisch; Raumgruppe $P2_12_12_1$ ($=D_2^4$); aus dem Röntgen-Diagramm ermittelte Dimensionen der Elementarzelle bei —140°: a = 4,463 Å; b = 10,67 Å oder 10,72 Å; c = 13,13 Å; n = 4 (*Al., Ro.*, l. c. S. 1226; s. a. *Al. et al.*, l. c. S. 18). Dichte der Krystalle bei 20°: 1,59 (*Al., Ro.*).

Bei 48-stdg. Behandeln mit Aluminiumchlorid in Benzol erfolgt vollständige, bei 24-stdg. Erwärmen in Thionylchlorid erfolgt weitgehende Umwandlung in *trans*-2,3-Dichlor-[1,4]dioxan (*Su.*, *Lunk*, l. c. S. 4805). Geschwindigkeitskonstante der Hydrolyse in 50%ig. wss. Dioxan bei 20°, 25° und 30°: *Su.*, *Lunk*, l. c. S. 4803.

b) **(−)-2*r*,3*t*-Dichlor-[1,4]dioxan, (−)-*trans*-2,3-Dichlor-[1,4]dioxan** $C_4H_6Cl_2O_2$, Formel VI oder Spiegelbild.

Gewinnung aus dem unter c) beschriebenen Racemat mit Hilfe von Brucin: *Summerbell*, *Lunk*, Am. Soc. **79** [1957] 4802, 4805.

Krystalle (aus Pentan); F: 28–30°. $[\alpha]_D^{25}$: −36° [$CHCl_3$; c = 10].

Geschwindigkeitskonstante der Hydrolyse in 50%ig. wss. Dioxan bei 25°: *Su.*, *Lunk*, l. c. S. 4803, 4804.

c) **(±)-2*r*,3*t*-Dichlor-[1,4]dioxan, (±)-*trans*-2,3-Dichlor-[1,4]dioxan** $C_4H_6Cl_2O_2$, Formel VI + Spiegelbild.

Konfigurationszuordnung: *Summerbell*, *Lunk*, Am. Soc. **79** [1957] 4802, 4803; *Altona et al.*, Tetrahedron Letters **1959** Nr. 10, S. 16.

B. Beim Behandeln von [1,4]Dioxan mit Chlor bei 90° (*Böeseken et al.*, R. **50** [1931] 909, 910, **52** [1933] 1067, 1070; *Baker*, *Shannon*, Soc. **1933** 1598), auch in Gegenwart von Zinn(IV)-chlorid oder Jod (*Kucera*, *Carpenter*, Am. Soc. **57** [1935] 2346; s. a. *Gunther*, *Metcalf*, Am. Soc. **68** [1946] 2406). Neben kleinen Mengen *cis*-2,3-Dichlor-[1,4]dioxan beim Behandeln von [1,4]Dioxan mit Chlor bei 70° und anschliessenden Erhitzen auf 130° (*Summerbell*, *Lunk*, Am. Soc. **79** [1957] 4802, 4804) sowie beim Erwärmen von [1,4]Dioxan mit Sulfurylchlorid und Tetrachlormethan (*Altona*, *Romers*, R. **82** [1963] 1080; s. a. *Kay-Fries Chem. Inc.*, U.S.P. 2327855 [1941]). Neben kleinen Mengen *cis*-2,3-Dichlor-[1,4]dioxan beim Erwärmen einer Lösung von Dihydro-[1,4]dioxin in Tetrachlormethan mit Dichlorojod-benzol (*Su.*, *Lunk*, l. c. S. 4805). Als Hauptprodukt beim Erwärmen von [1,4]Dioxan mit Dischwefeldichlorid, Sulfurylchlorid und Aluminiumchlorid (*Williams*, *Woodward*, Soc. **1948** 38, 42; s. dazu *Su.*, *Lunk*, l. c. S. 4802).

Dipolmoment: 1,63 D [ε; Bzl.] bzw. 1,62 D [ε; CCl_4] (*Altona et al.*, Tetrahedron Letters **1959** Nr. 10, S. 16, 17).

Krystalle; F: 31° (*Summerbell*, *Lunk*, Am. Soc. **79** [1957] 4802, 4805; *Salomaa*, Acta chem. scand. **8** [1954] 744, 745), 30,5–31° [aus CCl_4] (*Altona*, *Romers*, R. **82** [1963] 1080, 1081), 30° (*Baker*, *Shannon*, Soc. **1933** 1598), 28–30° (*Böeseken et al.*, R. **52** [1933] 1067, 1070). Monoklin; Raumgruppe $P2_1/c$ ($=C_{2h}^5$); aus dem Röntgen-Diagramm ermittelte Dimensionen der Elementarzelle bei −145°: a = 7,203 Å; b = 5,704 Å; c = 15,79 Å; β = 107,3°; n = 4 (*Al.*, *Ro.*, l. c. S. 1081; s. a. *Altona et al.*, Tetrahedron Letters **1959** Nr. 10, S. 16, 18). Kp_{20}: 97–98° (*Ba.*, *Sh.*); Kp_{14}: 82,4° (*Böeseken et al.*, R. **50** [1931] 909, 910), 82° (*Sa.*). Dichte der Krystalle bei 20°: 1,54 (*Al.*, *Ro.*). Schallgeschwindigkeit in einem flüssigen Präparat bei 25°: *Willard*, J. acoust. Soc. Am. **19** [1947] 235, 236. Raman-Banden: *Médard*, J. Chim. phys. **33** [1936] 626, 628.

Reaktion mit Chlor in Gegenwart von Jod bei −160° unter Bildung von Dichlor-[2-chlor-äthoxy]-acetylchlorid: *Summerbell et al.*, Am. Soc. **69** [1947] 1352; *Summerbell*, *Berger*, Am. Soc. **79** [1957] 6504, 6506. Geschwindigkeitskonstante der Hydrolyse (Bildung von Äthylenglykol und Glyoxal) in Wasser bei 0° bis 25°, in Dioxan-Wasser-Gemischen bei 0° bis 35°, in Wasser-Aceton-Gemischen bei 0° bis 35°, in wss. Natronlauge bei 15°, in Natriumhydroxid enthaltendem 51%ig. wss. Dioxan bei 35° sowie in Natriumhydroxid, Lithiumperchlorat oder Lithiumchlorid enthaltendem 44%ig. wss. Aceton bei 35°: *Salomaa*, Acta chem. scand. **8** [1954] 744. Geschwindigkeitskonstante der Reaktion mit Äthanol bei 15–35° (Bildung von 2,3-Diäthoxy-[1,4]dioxan): *Sa.*, l. c. S. 746, 750. Beim Erwärmen einer Lösung in Benzol mit 2-Chlor-äthanol ist 2,3-Bis-[2-chlor-äthoxy]-[1,4]dioxan, beim Erwärmen einer Lösung in Benzol mit 2,2,2-Trichlor-äthanol ist 2-Chlor-3-[2,2,2-trichlor-äthoxy]-[1,4]dioxan (F: 77–78°) erhalten worden (*Böeseken et al.*, R. **57** [1938] 73, 76, 77). Verhalten beim Erwärmen mit Tetrahydrofuran, Benzol und Zinkchlorid (Bildung von 2,3-Bis-[4-chlor-butoxy]-[1,4]dioxan [n_D^{25}: 1,4725]): *Lorette*, J. org. Chem. **23** [1958] 1590. Bildung von (4a*r*,8a*c*)-Hexahydro-[1,4]dioxino[2,3-*b*][1,4]dioxin (F: 136; über die Konstitution und Konfiguration s. *Fuchs et al.*, J.C.S. Perkin II **1972** 357) und von [2,2′]Bi[1,3]dioxolanyl (F: 111°; über die Konstitution s. *Furberg*, *Hassel*, Acta chem. scand. **4** [1950] 1584) beim Erwärmen einer Lösung in Benzol mit Äthylenglykol: *Böeseken et al.*, R. **50** [1931] 909, 912, **54** [1935] 733, 737. Reaktion mit der Natrium-Verbindung des Diäthylenglykols in Diäthylenglykol unter Bildung von 2,3-Bis-[2-(2-hydroxy-äthoxy)-äthoxy]-[1,4]dioxan ($C_{12}H_{24}O_8$; Kp_2: 214–224°; n_D^{25}: 1,4730): *Obenland, Schaeffer*, Am. Soc. **77** [1955] 6681. Verhalten beim Erhitzen mit wasserhaltiger Ameisensäure bis auf 200° (Bildung von [1,4]Dioxanon): *Summerbell, Lunk*, Am. Soc. **80** [1958] 604, 606. Beim Erhitzen mit Essigsäure und Toluol ist 2-Acetoxy-3-chlor-[1,4]dioxan (Kp_1: 78–80°), beim Erhitzen mit Acetanhydrid ist *trans*-2,3-Diacetoxy-[1,4]dioxan (F: 104°; über die Konfiguration s. *Caspi et al.*, J. org. Chem. **27** [1962] 3183) erhalten worden (*Su., Lunk*).

Wiederholtes Berühren der Substanz oder Einatmen des Dampfes ruft Übelkeit, Schwindel und Augenentzündungen hervor (*Gunther, Metcalf*, Am. Soc. **68** [1946] 2406).

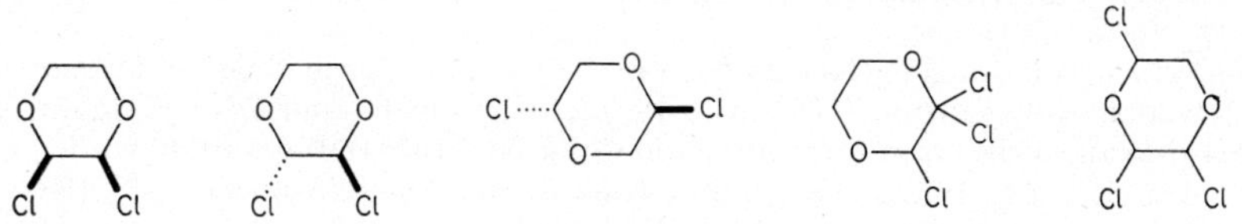

V VI VII VIII IX

2r,5t-Dichlor-[1,4]dioxan, *trans*-2,5-Dichlor-[1,4]dioxan $C_4H_6Cl_2O_2$, Formel VII.

Konfigurationszuordnung: *Altona et al.*, Acta cryst. **16** [1963] 1217.

B. Beim Behandeln von [1,4]Dioxan in Tetrachlormethan mit Chlor bei −5° bis −10° (*Bryan et al.*, Am. Soc. **72** [1950] 2206, 2208). Beim Behandeln von [1,4]Dioxin in Tetrachlormethan mit Chlorwasserstoff (*Summerbell, Umhoefer*, Am. Soc. **61** [1939] 3020, 3021).

Dipolmoment: 0,6 D [ε; Bzl. sowie CCl_4] (*Altona et al.*, Tetrahedron Letters **1959** Nr. 10, S. 17).

Krystalle (aus CCl_4); F: 123–124° (*Br. et al.*). Triklin; Raumgruppe $P\bar{1}$ ($= C_i^1$); aus dem Röntgen-Diagramm ermittelte Dimensionen der Elementarzelle bei −125°: a = 4,521 Å; b = 5,432 Å; c = 6,616 Å; α = 85,73°; β = 103,85°; γ = 106,40°; n = 1; bei 20°: a = 4,573 Å; b = 5,491 Å; c = 6,665 Å; α = 86,25°; β = 104,10°; γ = 106,23°; n = 1 (*Al. et al.*, Acta cryst. **16** 1217). Dichte der Krystalle bei 20°: 1,65 (*Al. et al.*, Acta cryst. **16** 1217).

(±)-2,2,3-Trichlor-[1,4]dioxan $C_4H_5Cl_3O_2$, Formel VIII.

B. Beim Behandeln von 5-Chlor-2,3-dihydro-[1,4]dioxin in Tetrachlormethan mit Chlor bei −10° (*Summerbell, Lunk*, J. org. Chem. **23** [1958] 499).

Krystalle (aus Pentan); F: 20–21°. Kp_1: 60–61°.

2,3,5-Trichlor-[1,4]dioxan $C_4H_5Cl_3O_2$, Formel IX.

a) ***Opt.-inakt. 2,3,5-Trichlor-[1,4]dioxan** $C_4H_5Cl_3O_2$ **vom F: 70°.**

B. Beim Behandeln einer Lösung von *cis*-2,3-Dichlor-[1,4]dioxan in Tetrachlormethan mit Chlor, anfangs unter Bestrahlung mit UV-Licht (*Summerbell, Lunk*, J. org. Chem. **23** [1958] 499).

Krystalle (aus Pentan); F: 69–70°.

b) ***Opt.-inakt. 2,3,5-Trichlor-[1,4]dioxan** $C_4H_5Cl_3O_2$ **vom F: 41°.**

B. Beim Behandeln einer Lösung von (±)-*trans*-2,3-Dichlor-[1,4]dioxan in Tetrachlormethan mit Chlor unter Bestrahlung mit UV-Licht (*Summerbell, Lunk*, J. org. Chem. **23** [1958] 499).

Krystalle (aus Pentan); F: 41°. $Kp_{0,5}$: 60–62°. n_D^{20}: 1,5173.

2,2,3,3-Tetrachlor-[1,4]dioxan $C_4H_4Cl_4O_2$, Formel X.

Eine von *Summerbell et al.* (Am. Soc. **69** [1947] 1352) unter dieser Konstitution beschriebene Verbindung (Kp_6: 75–76°; n_D^{20}: 1,4812) ist als Dichlor-[2-chlor-äthoxy]-acetylchlorid zu formulieren (*Summerbell, Berger*, Am. Soc. **79** [1957] 6504).

B. Beim Behandeln von 5,6-Dichlor-2,3-dihydro-[1,4]dioxin in Dichlormethan mit Chlor (*Su., Be.*).

Krystalle (aus wss. A.); F: 137–140° [geschlossene Kapillare; durch Sublimation gereinigtes Präparat] (*Su., Be.*). IR-Banden (CCl_4) im Bereich von 6,8 μ bis 14,2 μ: *Su., Be.*

Beim Erhitzen in 1,1,2,2-Tetrachlor-äthan auf 210° ist Dichlor-[2-chlor-äthoxy]-acetylchlorid erhalten worden (*Su.*, *Be.*).

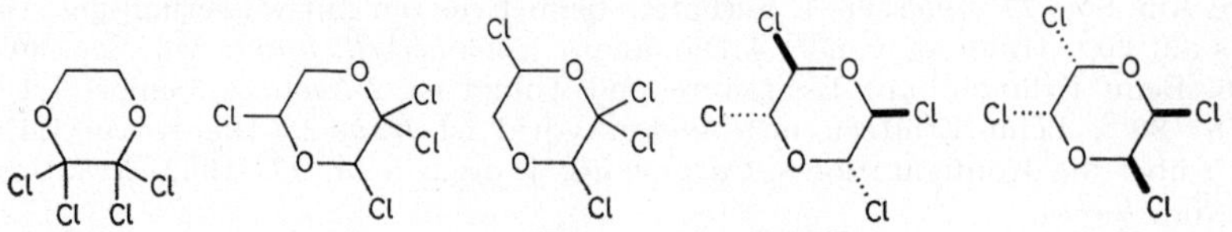

X XI XII XIII XIV

2,2,3,5-Tetrachlor-[1,4]dioxan $C_4H_4Cl_4O_2$, Formel XI, und **2,2,3,6-Tetrachlor-[1,4]dioxan** $C_4H_4Cl_4O_2$, Formel XII.

Opt.-inakt. Verbindungen (Krystalle vom F: 57—58° sowie flüssige Präparate), für die diese beiden Konstitutionsformeln in Betracht kommen, sind aus opt.-inakt. 2,3-Di=chlor-[1,4]dioxan (nicht charakterisiert) und Chlor bei 115—150° erhalten worden (*Butler, Cretcher*, Am. Soc. **54** [1932] 2987, 2989; *Kucera, Carpenter*, Am. Soc. **57** [1935] 2346; s. a. *Christ, Summerbell*, Am. Soc. **55** [1933] 4547).

2,3,5,6-Tetrachlor-[1,4]dioxan $C_4H_4Cl_4O_2$.

a) **2*r*,3*t*,5*t*,6*c*-Tetrachlor-[1,4]dioxan** $C_4H_4Cl_4O_2$, Formel XIII.

Konfigurationszuordnung: *Rutten et al.*, R. **87** [1968] 888.

B. Beim Behandeln eines Gemisches von [1,4]Dioxan und Tetrachlormethan mit Chlor (*Chem. Werke Hüls*, D.B.P. 1021373 [1952]; s. a. *Lüdicke, Stumpf*, Naturwiss. **40** [1953] 363). Neben 2,3,5-Trichlor-[1,4]dioxan (F: 41°) beim Behandeln einer Lösung von (±)-*trans*-2,3-Dichlor-[1,4]dioxan in Tetrachlormethan mit Chlor unter Bestrahlung mit UV-Licht (*Summerbell, Lunk*, J. org. Chem. **23** [1958] 499).

Dipolmoment (ε; Lösung): *Henriquez*, R. **53** [1934] 1139; *Böeseken et al.*, R. **54** [1935] 733, 736.

Krystalle (aus Bzn. bzw. CCl_4 bzw. Cyclohexan); F: 101° (*Baker*, Soc. **1932** 2666; *Su., Lunk*; *Chem. Werke Hüls*). Monoklin; Raumgruppe $P2_1/n$ ($= C_{2h}^5$); aus dem Röntgen-Diagramm ermittelte Dimensionen der Elementarzelle bei 20°: a = 6,7245 Å; b = 7,552 Å; c = 7,626 Å; β = 93,13°; n = 2 (*Ru. et al.*, l. c. S. 889; s. a. *Altona et al.*, Tetrahedron Letters **1959** Nr. 10, S. 16, 18). Dichte der Krystalle bei 20°: 1,90 (*Ru. et al.*).

b) **2*r*,3*c*,5*t*,6*t*-Tetrachlor-[1,4]dioxan** $C_4H_4Cl_4O_2$, Formel XIV.

Konfigurationszuordnung: *Ardrey, Cort*, J.C.S. Perkin II **1975** 959, 960; *Romers et al.*, Topics in Stereochemistry **4** [1969] 39, 60.

B. Beim Behandeln einer Lösung von [1,4]Dioxin in Tetrachlormethan mit Chlor (*Summerbell, Umhoefer*, Am. Soc. **61** [1939] 3020). Neben (±)-2*r*,3*c*,5*c*,6*t*-Tetrachlor-[1,4]dioxan (F: 70°; vgl. *Ar., Cort*) und einem Isomeren vom F: 60° beim Behandeln von opt.-inakt. 2,3-Dichlor-[1,4]dioxan (nicht charakterisiert) mit Chlor bei 140° (*Butler, Cretcher*, Am. Soc. **54** [1932] 2987, 2989) bzw. bei 115° (*Christ, Summerbell*, Am. Soc. **55** [1933] 4547) oder mit Chlor und wenig Zinn(II)-chlorid oder Jod bei 145° (*Kucera, Carpenter*, Am. Soc. **57** [1935] 2346).

Krystalle; F: 143—144° [aus Ae.] (*Bu., Cr.*), 143° [aus PAe.] (*Ch., Su.*), 139—140° [aus Me.] (*Su., Um.*).

2,2,3*r*,5,5,6*t*-Hexachlor-[1,4]dioxan $C_4H_2Cl_6O_2$, Formel I.

Diese Konstitution und Konfiguration ist der nachstehend beschriebenen Verbindung zugeordnet worden (*Böeseken et al.*, R. **54** [1935] 733, 736).

B. In kleiner Menge beim Behandeln von opt.-inakt. 2,3-Dichlor-[1,4]dioxan (nicht charakterisiert) mit Chlor bei 60° (*Böeseken et al.*, Am. Soc. **55** [1933] 1284, 1288).

Dipolmoment (ε; Lösung): 0 D (*Bö. et al.*, R. **54** 736).

Krystalle; F: 89,5—91° (*Bö. et al.*, Am. Soc. **55** 1288).

(±)-Heptachlor-[1,4]dioxan $C_4HCl_7O_2$, Formel II (X = H).

B. Neben x-Hexachlor-[1,4]dioxan ($C_4H_2Cl_6O_2$; F: 94°) und Octachlor-[1,4]dioxan bei mehrtägigem Behandeln eines Gemisches von [1,4]Dioxan und Tetrachlormethan mit Chlor (*Chem. Werke Hüls*, D.B.P. 1021373 [1952]; s. a. *Lüdicke, Stumpf*, Naturwiss. **40** [1953] 363).

Krystalle; F: 56°.

Octachlor-[1,4]dioxan $C_4Cl_8O_2$, Formel II (X = Cl).

B. s. im vorangehenden Artikel.

Krystalle; F: 108° (*Chem. Werke Hüls*, D.B.P. 1021373 [1952]; *Lüdicke, Stumpf*, Naturwiss. **40** [1953] 363, 364).

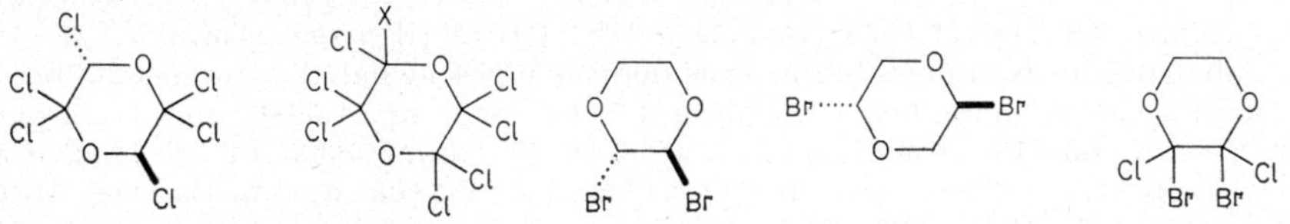

I II III IV V

(±)-2r,3t-Dibrom-[1,4]dioxan, (±)-*trans*-2,3-Dibrom-[1,4]dioxan $C_4H_6Br_2O_2$, Formel III + Spiegelbild.

Konfigurationszuordnung: *Altona et al.*, Tetrahedron Letters **1959** Nr. 10, S. 16, 17; *Chen, Le Fèvre*, Soc. **1965** 558, 560.

B. Beim Erwärmen einer Lösung von [1,4]Dioxan in Tetrachlormethan mit Brom unter Bestrahlung mit UV-Licht (*Dehm*, J. org. Chem. **23** [1958] 147). Beim Behandeln von Dihydro-[1,4]dioxin mit Brom in Tetrachlormethan (*Summerbell, Bauer*, Am. Soc. **57** [1935] 2364, 2367).

Dipolmoment: 1,90 D [ε; Bzl.] bzw. 1,86 D [ε; CCl_4] (*Al. et al.*, Tetrahedron Letters **1959** Nr. 10, S. 17).

Krystalle; F: 73—74,5° (*Dehm*), 73,5—74° [aus Pentan + Ae.] (*Altona et al.*, R. **82** [1963] 1089), 69—70° [aus Ae.; nach Erweichen bei 64°] (*Su., Ba.*). Orthorhombisch; Raumgruppe $P2_12_12_1$ (= D_2^4); aus dem Röntgen-Diagramm ermittelte Dimensionen der Elementarzelle bei —100°: a = 5,685 Å; b = 7,59 Å; c = 15,82 Å; n = 4 (*Al. et al.*, R. **82** 1090). Dichte der Krystalle bei 20°: 2,28 (*Al. et al.*, R. **82** 1090).

2r,5t-Dibrom-[1,4]dioxan, *trans*-2,5-Dibrom-[1,4]dioxan $C_4H_6Br_2O_2$, Formel IV (E II 5).

Konfigurationszuordnung: *Altona et al.*, Tetrahedron Letters **1959** Nr. 10, S. 16, 17.

B. Beim Behandeln einer Lösung von [1,4]Dioxin in Chloroform mit Bromwasserstoff (*Summerbell, Rochen*, Am. Soc. **63** [1941] 3241, 3242).

Dipolmoment (ε; Bzl.): 0,8 D (*Al. et al.*).

Krystalle (aus $CHCl_3$), Zers. bei 134° (*Su., Ro.*); Krystalle, die bei 86—100° unter Zersetzung schmelzen (*Al. et al.*).

***Opt.-inakt. 2,3-Dibrom-2,3-dichlor-[1,4]dioxan** $C_4H_4Br_2Cl_2O_2$, Formel V.

B. Beim Erwärmen von 5,6-Dichlor-2,3-dihydro-[1,4]dioxin mit Brom in Tetrachlormethan (*Summerbell, Berger*, Am. Soc. **79** [1957] 6504).

Krystalle (aus A.), die bei 103—130° [geschlossene Kapillare] schmelzen.

An der Luft nicht beständig.

[1,4]Oxathian C_4H_8OS, Formel VI (E I 609; E II 5; dort auch als 1.4-Thioxan bezeichnet).

Zusammenfassende Darstellung: *D. S. Breslow, H. Skolnik*, Multi-Sulfur and Sulfur and Oxygen Five- and Six-Membered Heterocycles [New York 1966] S. 816—847.

B. Neben kleineren Mengen [1,4]Dithian beim Erhitzen von Bis-[2-hydroxy-äthyl]-sulfid in Gegenwart von Aluminiumsilicat auf 240° (*Jur'ew, Nowizkiĭ*, Doklady Akad. S.S.S.R. **68** [1949] 717; C. A. **1950** 1904) oder in Gegenwart eines Kationenaustauschers auf 180° (*Swistak*, C. r. **240** [1955] 1544). Neben kleineren Mengen [1,4]Dithian beim Erwärmen von Bis-[2-hydroxy-äthyl]-sulfid mit Acetaldehyd, Benzol und wenig Toluol-4-sulfonsäure unter Entfernen des entstehenden Wassers und Erhitzen des Reaktionsprodukts auf 200° (*Shell Devel. Co.*, U.S.P. 2508005 [1947]). Neben anderen Verbindungen beim Leiten eines Gemisches von Äthylenoxid und Schwefelwasserstoff über Aluminiumoxid bei 200° (*Jur'ew, Nowizkiĭ*, Doklady Akad. S.S.S.R. **63** [1948] 285; C. A. **1949** 2624).

Dipolmoment: 0,47 D [ε; Lösung] (*Böeseken et al.*, R. **54** [1935] 733, 736) bzw. 0,42 D [ε; Bzl.] (*Cumper, Vogel*, Soc. **1959** 3521, 3523).

E: −23,4° (*Bedow, Šergienko*, Doklady Akad. S.S.S.R. **98** [1954] 219). F: −17° (*Johnson*, Soc. **1933** 1530). Kp_{750}: 146,5−147,1° (*Be., Še.*); Kp_{746}: 147−148° (*Ju., No.*, Doklady Akad. S.S.S.R. **68** 718), 146,5° (*Kobe et al.*, J. chem. eng. Data **1** [1956] 50, 52); Kp_{44}: 67° (*Georgieff, Dupré*, Canad. J. Chem. **37** [1959] 1104, 1107). Siedepunkt bei Drucken von 47 Torr (69,9°) bis 549 Torr (137,7°): *Jo.* D_4^{20}: 1,1180 (*Ju., No.*, Doklady Akad. S.S.S.R. **68** 718), 1,1168 (*Be., Še.*); D^{30}: 1,1070 (*Weissler*, Am. Soc. **71** [1949] 419). Adiabatische Kompressibilität (aus der Schallgeschwindigkeit ermittelt) bei 30°: *We.* Oberflächenspannung bei 20°: 39,95 g·s^{-2} (*Be., Še.*). n_D^{20}: 1,5086 (*Ju., No.*, Doklady Akad. S.S.S.R. **68** 718), 1,5081 (*Jo.*), 1,50706 (*Kobe et al.*), 1,5063 (*Be., Še.*); n_D^{30}: 1,5025 (*We.*). IR-Spektrum (3300−600 cm^{-1}): *Ge., Du.*, l. c. S. 1106. Raman-Banden: *Médard*, J. Chim. phys. **33** [1936] 626, 628; *Akischin et al.*, Vestnik Moskovsk. Univ. **9** [1954] Nr. 3, S. 77, 78; C. A. **1954** 10436. UV-Spektrum (A.; 200−260 nm): *Fehnel, Carmack*, Am. Soc. **71** [1949] 84, 85, 91. [1,4]Oxathian ist mit flüssigem Kohlendioxid bei 21−26°/65 at mischbar (*Francis*, J. phys. Chem. **58** [1954] 1099, 1106).

Oxydationspotential: *Luk'janiza, Gal'pern*, Izv. Akad. S.S.S.R. Otd. chim. **1956** 130; engl. Ausg. S. 125. Bei der Elektrolyse in Fluorwasserstoff sind Bis-pentafluoräthyl-äther, Pentafluor-pentafluoräthyl-schwefel, Pentafluor-[tetrafluor-2-pentafluoräthoxy-äthyl]-schwefel und Dodecafluor-4λ⁶-[1,4]oxathian erhalten worden (*Dresdner, Young*, Am. Soc. **81** [1959] 574, 576). Bildung von [1,4]Dithian beim Leiten im Gemisch mit Schwefelwasserstoff über Aluminiumoxid bei 200−400°: *Jur'ew, Nowizkiĭ*, Doklady Akad. S.S.S.R. **67** [1949] 863, 865; C. A. **1950** 1904.

Verbindungen mit Schwefeltrioxid $C_4H_8OS \cdot SO_3$. Krystalle (aus [1,4]Oxathian); F: 124° [Zers.] (*Gen. Aniline & Film Corp.*, U.S.P. 2219748 [1939]). — Verbindung $C_4H_8OS \cdot 2\,SO_3$. Fest; Zers. bei 98−99° (*Gen. Aniline & Film Corp.*).

VI VII VIII IX

4-Oxo-4λ⁴-[1,4]oxathian, [1,4]Oxathian-4-oxid $C_4H_8O_2S$, Formel VII (E II 5; dort als 1.4-Thioxan-*S*-oxyd bezeichnet).

B. Beim Erhitzen von Divinylsulfoxid mit wss. Natronlauge (*Alexander, McCombie*, Soc. **1931** 1913, 1916).

Dipolmoment (ε; Bzl.): 2,92 D (*Cumper, Vogel*, Soc. **1959** 3521, 3523).

F: 30° (*Al., McC.*).

4-[Toluol-4-sulfonylimino]-4λ⁴-[1,4]oxathian, [1,4]Oxathian-4-[toluol-4-sulfonylimid], *N*-[4λ⁴-[1,4]Oxathian-4-yliden]-toluol-4-sulfonamid $C_{11}H_{15}NO_3S_2$, Formel VIII.

B. Beim Behandeln von [1,4]Oxathian mit Chloramin-T (Natrium-Verbindung des *N*-Chlor-toluol-4-sulfonamids) in Wasser (*Fuson, Ziegler*, J. org. Chem. **11** [1946] 510).

F: 147,5−148,5°.

4,4-Dioxo-4λ⁶-[1,4]oxathian, [1,4]Oxathian-4,4-dioxid $C_4H_8O_3S$, Formel IX (H 3; E II 6; dort als 1.4-Thioxan-*S*-dioxyd bezeichnet).

B. Beim Erwärmen von Divinylsulfon mit wss. Natronlauge (*Alexander, McCombie*, Soc. **1931** 1913, 1917; *Kretow*, Ž. russ. fiz.-chim. Obšč. **62** [1930] 1, 20; C. **1930** II 2508). Beim Erwärmen von [2-Chlor-äthyl]-vinyl-sulfon mit wss. Natronlauge (*Kr.*). Aus Bis-[2-hydroxy-äthyl]-sulfid beim Erwärmen einer Lösung in Essigsäure mit wss. Wasserstoffperoxid sowie beim Behandeln einer Lösung in Wasser mit Chlor oder wss. Natriumhypochlorit-Lösung und Erhitzen des jeweiligen Reaktionsprodukts unter vermindertem Druck (*Price, Bullitt*, J. org. Chem. **12** [1947] 238, 242, 243). Beim Erwärmen von Bis-[2-hydroxy-äthyl]-sulfon mit wss. Natronlauge (*Ford-Moore*, Soc. **1949** 2433, 2436).

Dipolmoment (ε; Bzl.): 3,29 D (*Cumper, Vogel*, Soc. **1959** 3521, 3523).

Krystalle; F: 134° (*Ford-Mo.*), 132° [korr.; aus A. oder aus A. + Acn.] (*Overberger et al.*, J. org. Chem. **19** [1954] 1486, 1488).

Bis-[2-(carboxymethyl-amino)-äthyl]-[2-(2-[1,4]oxathian-4-io-äthylmercapto)-äthyl]-sulfonium $[C_{16}H_{32}N_2O_5S_3]^{2+}$, Formel X.

Diese Konstitution ist für das dem nachstehend beschriebenen Salz zugrunde liegende

Kation in Betracht gezogen worden (*Douglas, Heard*, Canad. J. Chem. **32** [1954] 211).

Dichlorid-dihydrochlorid $[C_{16}H_{32}N_2O_5S_3]Cl_2 \cdot 2HCl$. *B.* Beim Behandeln von Glycin mit Bis-[2-chlor-äthyl]-sulfid und wss. Natronlauge bei pH 7,5 und anschliessenden Ansäuern mit wss. Salzsäure (*Do., He.*; s. a. *Fleming et al.*, Biochem. J. **45** [1949] 546, 547). – Hygroskopische Krystalle (aus Me. + Acn.); F: 161° (*Do., He.*).

X XI XII

Dodecafluor-4λ⁶-[1,4]oxathian, Octafluor-[1,4]oxathian-4-tetrafluorid $C_4F_{12}OS$, Formel XI.

B. Neben anderen Verbindungen bei der Elektrolyse von [1,4]Oxathian in Fluorwasserstoff (*Hoffmann et al.*, Am. Soc. **79** [1957] 3424, 3426; *Dresdner, Young*, Am. Soc. **81** [1959] 574, 576).

F: 17,1–17,3°; Kp: 80,3°; D_4^{25}: 1,9031; n_D^{25}: 1,3041 (*Dr., Yo.*, Am. Soc. **81** 575). Kp: 80° bis 80,5°; D_{25}^{25}: 1,859; n_D^{25}: 1,3015 (*Ho. et al.*). ^{19}F-NMR-Absorption: *Muller et al.*, Am. Soc. **79** [1957] 1043.

Verhalten beim Erhitzen unter 9 at auf 325° (Bildung von Octafluor-tetrahydrofuran): *Dresdner, Young*, J. org. Chem. **24** [1959] 566. Beim Erhitzen mit Difluormethylen-trifluormethyl-amin unter 20 at auf 335° ist Bis-pentafluoräthyl-äther erhalten worden (*Dr., Yo.*, J. org. Chem. **24** 566).

***Opt.-inakt. 2,3-Dichlor-[1,4]oxathian** $C_4H_6Cl_2OS$, Formel XII.

B. Beim Erwärmen einer Lösung von [1,4]Oxathian in Tetrachlormethan mit Chlor (*Haubein*, Am. Soc. **81** [1959] 144, 147).

Krystalle (aus Ae. + PAe.); F: 40,5–41°. $Kp_{0,1}$: 55–57°.

An der Luft nicht beständig.

[1,4]Dithian $C_4H_8S_2$, Formel I (H 3; E I 609; E II 6).

Zusammenfassende Darstellung: *D. S. Breslow, H. Skolnik*, Multi-Sulfur and Sulfur and Oxygen Five- and Six-Membered Heterocycles [New York 1966] S. 1041–1112.

B. Beim Erwärmen von 1,2-Dibrom-äthan mit Natriumsulfid und wenig Äthanol (*Gawulow, Tischtschenko*, Ž. obšč. Chim. **17** [1947] 967, 970; vgl. H 3). Beim Eintragen von 1,2-Dibrom-äthan in äthanol. Natriumhydrogensulfid-Lösung (*Bouknight, Smith*, Am. Soc. **61** [1939] 28, 29). Beim Erhitzen von 2-Mercapto-äthanol mit einem Kationenaustauscher bis auf 185° (*Swistak*, C. r. **240** [1955] 1544). Beim Behandeln von Äthan-1,2-dithiol mit Natriumäthylat in Äthanol und anschliessenden Erwärmen mit 1,2-Dibrom-äthan (*Gillis, Lacey*, Org. Synth. Coll. Vol. IV [1963] 396; s. a. *Tucker, Reid*, Am. Soc. **55** [1933] 775, 777, 781; vgl. H 4). Beim Leiten von Äthan-1,2-dithiol im Gemisch mit Stickstoff über Aluminiumoxid bei 300° (*Jur'ew, German*, Ž. obšč. Chim. **25** [1955] 2527; engl. Ausg. S. 2421). Beim Leiten von Äthylensulfid im Gemisch mit Schwefelwasserstoff über Aluminiumoxid bei 220° (*Ju., Ge.*). Beim Erhitzen von Bis-[2-chlor-äthyl]-sulfid mit Schwefel auf 200° (*Chang*, J. Chin. chem. Soc. [II] **2** [1955] 103). Beim Leiten von Bis-[2-hydroxy-äthyl]-sulfid über Aluminiumoxid bei 225° (*Jur'ew et al.*, Doklady Akad. S.S.S.R. **68** [1949] 717, 718; C. A. **1950** 1904; s. a. *Jur'ew et al.*, Doklady Akad. S.S.S.R. **67** [1949] 863, 864; C. A. **1950** 1904). Beim Behandeln von 2-[2-Mercapto-äthylmercapto]-äthanol mit konz. wss. Salzsäure und Erhitzen des Reaktionsprodukts in Phenol bis auf 180° (*Miles, Owen*, Soc. **1952** 817, 825).

Über die Konformation im flüssigen Zustand (aus der dielektrischen Polarisation ermittelt) s. *Calderbank, LeFèvre*, Soc. **1949** 199, 201. Atomabstände und Bindungswinkel im festen Zustand (aus dem Röntgen-Diagramm ermittelt): *Marsh*, Acta cryst. **8** [1955] 91, 94; im dampfförmigen Zustand (durch Elektronenbeugung ermittelt): *Hassel, Viervoll*, Acta chem. scand. **1** [1947] 149, 162. Dipolmoment (ε; Bzl.): 0 D (*Ca., LeF.*).

Krystalle; F: 112–113° (*Gi., La.*), 110–111° [aus Ae.] (*Ju., Ge.*). Monoklin; Raumgruppe $P2_1/n$ (= C_{2h}^5); aus dem Röntgen-Diagramm ermittelte Dimensionen der Elementarzelle: a = 6,763 Å; b = 5,464 Å; c = 7,844 Å; β = 92,67°; n = 2 (*Ma.*; s. a. *Dothie*, Acta cryst. **6** [1953] 804). Dichte der Krystalle: 1,24 (*Do.*). Siedepunkt bei Drucken von 60 Torr (115,6°) bis 306 Torr (163,7°): *Johnson*, Soc. **1933** 1530. Raman-Banden: *Médard*, J. Chim. phys. **33** [1936] 626, 628; *Chernitskaya*, *Syrkin*, Doklady Akad. S.S.S.R. **45** [1944] 402. UV-Spektrum einer Lösung in Hexan (190—260 nm): *Mohler*, *Sorge*, Helv. **23** [1940] 1200, 1206; einer Lösung in Äthanol (200—270 nm): *Fehnel*, *Carmack*, Am. Soc. **71** [1949] 84, 85, 90.

Verbindung mit Jod $C_4H_8S_2 \cdot 2I_2$ (H 4; E II 7). Monoklin; Raumgruppe $P2_1/c$ (= C_{2h}^5); aus dem Röntgen-Diagramm ermittelte Dimensionen der Elementarzelle: a = 6,838 Å; b = 6,393 Å; c = 16,775 Å; β = 114,5°; n = 2 (*Chao*, *McCullough*, Acta cryst. **13** [1960] 727; s. a. *McCullough et al.*, Acta cryst. **12** [1959] 815).

Über Verbindungen mit Kupfer(I)-chlorid (1:1), mit Kupfer(I)-bromid (1:1), mit Kupfer(I)-jodid (2:1), mit Kupfer(I)-cyanid (2:1), mit Kupfer(II)-fluorid (2:1), mit Kupfer(II)-chlorid (1:1), mit Kupfer(II)-bromid (1:1), mit Silber(I)-perchlorat (1:1), mit Silber(I)-nitrat (2:1 und 1:2), mit Cadmium(II)-chlorid (1:1), mit Cadmium(II)-bromid (1:1), mit Cadmium(II)-jodid (1:1), mit Quecksilber(II)-perchlorat (2:1), mit Quecksilber(II)-nitrat (1:1), mit Platin(II)-chlorid (1:1) und mit Platin(IV)-chlorid (2:1) s. *Bo.*, *Sm.*, Am. Soc. **61** 29).

I II III IV V

1,4-Dioxo-1λ^4,4λ^4-[1,4]dithian, [1,4]Dithian-1,4-dioxid $C_4H_8O_2S_2$.

a) ***cis*-[1,4]Dithian-1,4-dioxid** $C_4H_8O_2S_2$, Formel II (E II 6; dort als „β-Form des 1.4-Dithian-1.4-dioxyds" bezeichnet).

Konfiguration und Konformation: *Montgomery*, Acta cryst. **13** [1960] 381.

F: 242—243° [unkorr.; Zers.] (*Whitaker*, *Sisler*, J. org. Chem. **25** [1960] 1038). Orthorhombisch; Raumgruppe $Pmn2_1$ (= C_{2v}^7); aus dem Röntgen-Diagramm ermittelte Dimensionen der Elementarzelle: a = 6,82 Å; b = 8,60 Å; c = 5,48 Å; n = 2 (*Mo.*).

b) ***trans*-[1,4]Dithian-1,4-dioxid** $C_4H_8O_2S_2$, Formel III (H 4; E II 6; dort als „α-Form des 1.4-Dithian-1.4-dioxyds" bezeichnet).

Konfiguration und Konformation: *Shearer*, Soc. **1959** 1394.

Monoklin; Raumgruppe $P2_1/n$ (= C_{2h}^5); aus dem Röntgen-Diagramm ermittelte Dimensionen der Elementarzelle: a = 6,34 Å; b = 6,46 Å; c = 8,22 Å; β = 103,95°; n = 2 (*Sh.*). Dichte der Krystalle: 1,535 (*Sh.*).

1,1-Dioxo-1λ^6-[1,4]dithian, [1,4]Dithian-1,1-dioxid $C_4H_8O_2S_2$, Formel IV (E II 7).

B. In kleiner Menge beim Erwärmen von Bis-[2-carbamimidoylmercapto-äthyl]-sulfon mit Wasser (*Harley-Mason*, Soc. **1952** 146, 148). Neben anderen Substanzen beim Behandeln von Divinylsulfon mit Schwefelwasserstoff (*Alexander*, *McCombie*, Soc. **1931** 1913, 1918).

Krystalle; F: 206° [aus A.] (*Al.*, *McC.*), 206° [aus W.] (*Ha.-Ma.*).

1,1,4,4-Tetraoxo-1λ^6,4λ^6-[1,4]dithian, [1,4]Dithian-1,1,4,4-tetraoxid $C_4H_8O_4S_2$, Formel V (H 4; E II 7).

B. Aus [1,4]Dithiin-1,1,4,4-tetraoxid bei der Hydrierung an Platin in Essigsäure sowie beim Erhitzen mit Zink-Pulver und Essigsäure (*Parham et al.*, Am. Soc. **75** [1953] 2065, 2069).

Krystalle (aus Salpetersäure); Zers. bei 330—370°.

1-Methyl-[1,4]dithianium $[C_5H_{11}S_2]^+$, Formel VI (R = CH_3).

Jodid $[C_5H_{11}S_2]I$ (H 5). *B.* Neben Bis-[2-jod-äthyl]-sulfid beim Erwärmen von Bis-[2-chlor-äthyl]-sulfid oder von Bis-[2-brom-äthyl]-sulfid mit Methyljodid und Äthanol (*Nenitzescu*, *Scarlatescu*, B. **67** [1934] 1142). — Krystalle (aus A.); F: 174° (*Ne.*, *Sc.*).

2,4,6-Trinitro-benzolsulfonat $[C_5H_{11}S_2]C_6H_2N_3O_9S$. Herstellung aus dem Jodid (s. o.): *Mamalis*, *Rydon*, Soc. **1955** 1049, 1061. — Gelbe Krystalle (aus W.); F: 240—242° [Zers.] (*Ma.*, *Ry.*).

***1,4-Dimethyl-[1,4]dithiandiium, 1,4-Dimethyl-[1,4]dithianium(2+)** $[C_6H_{14}S_2]^{2+}$, Formel VII.

Dijodid $[C_6H_{14}S_2]I_2$ (H 6). *B.* Beim Erhitzen von Bis-[2-äthoxy-äthyl]-sulfid mit Methyljodid auf 110° (*Nenitzescu, Scarlatescu,* B. **67** [1934] 1142). — Krystalle (aus Ae.); F: 206–207°.

1-[2-Chlor-äthyl]-[1,4]dithianium $[C_6H_{12}ClS_2]^+$, Formel VI (R = CH_2-CH_2Cl).

Chlorid $[C_6H_{12}ClS_2]Cl$. *B.* Beim Erwärmen von 1-[2-Hydroxy-äthyl]-[1,4]dithianium-chlorid mit Thionylchlorid (*Stahmann et al.,* J. org. Chem. **11** [1946] 704, 716). — Krystalle (aus A. + E.); F: 144° (*St. et al.,* l.c. S. 716). — Geschwindigkeit der Reaktion mit Wasser in gepufferten wss. Lösungen vom pH 5,0 und pH 7,5 sowie in Natriumhydrogencarbonat enthaltender wss. Lösung vom pH 7,5, jeweils bei 25° (Bildung von 1-Vinyl-[1,4]dithianium-Ionen): *St. et al.,* l. c. S. 708. Geschwindigkeit der Reaktion mit Natriumthiosulfat in wss. Lösung vom pH 7,5 sowie in Natriumhydrogencarbonat enthaltender wss. Lösung vom pH 7,5, jeweils bei 25° (Bildung von 1-[2-Thiosulfooxy-äthyl]-[1,4]dithianium-betain): *St. et al.,* l. c. S. 709.

1-Vinyl-[1,4]dithianium $[C_6H_{11}S_2]^+$, Formel VI (R = CH=CH_2).

Chlorid $[C_6H_{11}S_2]Cl$. *B.* Beim Behandeln einer Lösung von 1,4-Dithionia-bicyclo[2.2.2]octan-tetrachlorozincat (S. 120) in Wasser mit Silbercarbonat und anschliessend mit Salzsäure (*Stahmann et al.,* J. org. Chem. **11** [1946] 704, 717). — Krystalle [aus A. + Ae.] (*St. et al.,* l. c. S. 717). — Geschwindigkeit der Reaktion mit Natriumthiosulfat in wss. Lösung vom pH 7,5 sowie in Natriumhydrogencarbonat enthaltender wss. Lösung vom pH 7,5, jeweils bei 25° (Bildung von 1-[2-Thiosulfooxy-äthyl]-[1,4]dithianium-betain): *St. et al.,* l. c. S. 709.

2,4,6-Trinitro-benzolsulfonat $[C_6H_{11}S_2]C_6H_2N_3O_9S$. *B.* Beim Behandeln von 1-[2-Chlor-äthyl]-[1,4]dithianium-chlorid mit wss. Natronlauge unter Zusatz von Natriumhydrogencarbonat und anschliessend mit einer Lösung von 2,4,6-Trinitro-benzolsulfonsäure in Wasser (*St. et al.,* l. c. S. 704, 716). Aus dem Chlorid [s. o.] (*St. et al.,* l. c. S. 717). — Krystalle (aus 2-Methoxy-äthanol + Ae.); F: 154–155° (*St. et al.,* l. c. S. 716).

VI VII VIII IX X

1-Benzyl-[1,4]dithianium $[C_{11}H_{15}S_2]^+$, Formel VI (R = CH_2-C_6H_5).

Bromid $[C_{11}H_{15}S_2]Br$ (H 6). *B.* Beim Erwärmen von Bis-[2-brom-äthyl]-sulfid oder von Bis-[2-chlor-äthyl]-sulfid mit Benzylbromid und Äther (*Nenitzescu, Scarlatescu,* B. **67** [1934] 1142). — Krystalle; F: 146°.

1-[2-Hydroxy-äthyl]-[1,4]dithianium $[C_6H_{13}OS_2]^+$, Formel VI (R = CH_2-CH_2-OH).

Chlorid $[C_6H_{13}OS_2]Cl$. *B.* Beim Erwärmen von [1,4]Dithian mit 2-Chlor-äthanol (*Davies, Oxford,* Soc. **1931** 224, 231). Beim Erhitzen von Bis-[2-chlor-äthyl]-sulfid mit Wasser (*Da., Ox.,* l. c. S. 233). Beim Erhitzen von Bis-[2-hydroxy-äthyl]-sulfid mit wss. Salzsäure (*Da., Ox.,* l. c. S. 233). Beim Erwärmen von 1,2-Bis-[2-hydroxy-äthylmercapto]-äthan mit 2-Chlor-äthanol (*Da., Ox.,* l. c. S. 231). — Krystalle (aus A.); F: 175°.

Tetrachloromercurat(II) $[C_6H_{13}OS_2]_2HgCl_4$. Krystalle (aus A.); F: 95–96° (*Da., Ox.,* l. c. S. 231).

1-[2-Thiosulfooxy-äthyl]-[1,4]dithianium-betain $C_6H_{12}O_3S_4$, Formel VIII.

B. Beim Behandeln von 1-[2-Chlor-äthyl]-[1,4]dithianium-chlorid oder von 1-Vinyl-[1,4]dithianium-chlorid mit Natriumthiosulfat und Natriumhydrogencarbonat in Wasser (*Stahmann et al.,* J. org. Chem. **11** [1946] 704, 716).

Krystalle (aus W.); F: 151–153° [Zers.].

Hexadecafluor-1λ^6,4λ^6-[1,4]dithian, Octafluor-[1,4]dithian-1,4-octafluorid $C_4F_{16}S_2$, Formel IX.

Diese Konstitution ist für die nachstehend beschriebene Verbindung in Betracht gezogen worden (*Dresdner, Young*, Am. Soc. **81** [1959] 574, 576).

B. Neben anderen Verbindungen bei der Elektrolyse von 1,2-Bis-methylmercapto-äthan in Fluorwasserstoff (*Dr., Yo.*).

F: 76–76,5°. Kp_{83}: 88°. Kp_{61}: 82°.

2,2,3,3-Tetrachlor-[1,4]dithian $C_4H_4Cl_4S_2$, Formel X.

Diese Konstitution kommt der nachstehend beschriebenen, von *Varvoglis, Tsatsaronis*, (B. **86** [1953] 19, 21) als 2,3,5,6-Tetrachlor-[1,4]dithian angesehenen Verbindung zu (*Kalff, Havinga*, R. **85** [1966] 637, 642).

B. Beim Behandeln einer Lösung von [1,4]Dithian in Tetrachlormethan mit Chlor (*Va., Ts.*, l. c. S. 23).

Krystalle (aus PAe.); F: 195–196° (*Va., Ts.*).

Beim Erwärmen mit Essigsäure und Zink-Pulver sind eine Verbindung $C_8H_8Cl_2S_4$ (?) (gelbes Öl) und eine Verbindung $C_8H_8S_4$ (?) (Kp_{41}: 60°; Dibromid $C_8H_8Br_2S_4$, Kp_{41}: 84°; Tetrabromid $C_8H_8Br_4S_4$, Krystalle [aus Ae.], F: 104° [Zers.]) erhalten worden (*Va., Ts.*, l. c. S. 24).

***Opt.-inakt. 2,2,3,3-Tetrachlor-1,4-dioxo-1λ^4,4λ^4-[1,4]dithian, 2,2,3,3-Tetrachlor-[1,4]dithian-1,4-dioxid** $C_4H_4Cl_4O_2S_2$, Formel XI.

B. Beim Behandeln von 2,2,3,3-Tetrachlor-[1,4]dithian (s. o.) mit Salpetersäure (*Varvoglis, Tsatsaronis*, B. **86** [1953] 19, 24).

Hygroskopische Krystalle (aus Acn.); F: 102°.

[1,4]Oxaselenan C_4H_8OSe, Formel XII (in der Literatur auch als 1,4-Selenoxan bezeichnet).

B. Beim Erhitzen von Bis-[2-chlor-äthyl]-äther oder von Bis-[2-jod-äthyl]-äther mit Natriumselenid in Wasser (*Gibson, Johnson*, Soc. **1931** 266, 268).

Dipolmoment (ε; Lösung): 0,30 D (*Böeseken et al.*, R. **54** [1935] 733, 736).

F: –21,5° (*Gi., Jo.*). Kp_{763}: 167,5–168,5°; Kp_{26}: 69,5°; Kp_{22}: 66° (*Gi., Jo.*). Siedepunkt bei Drucken von 37 Torr (79,5°) bis 548 Torr (156,6°): *Johnson*, Soc. **1933** 1530. D_4^{16}: 1,575; $D_4^{23,5}$: 1,565; D_4^{35}: 1,549; D_4^{43}: 1,539 (*Gi., Jo.*). Oberflächenspannung [$g \cdot s^{-2}$] bei Temperaturen von 17° (42,08) bis 44° (38,67): *Gi., Jo.* n_D^{20}: 1,5480 (*Gi., Jo.*).

Verbindung mit Jod $C_4H_8OSe \cdot I_2$. Violette Krystalle (aus Bzl.); F: 106–107° (*Gi., Jo.*, l. c. S. 270). Monoklin; Raumgruppe $P2_1/c$ (= C_{2h}^5); aus dem Röntgen-Diagramm ermittelte Dimensionen der Elementarzelle: a = 6,232 Å; b = 10,089 Å; c = 9,162 Å; β = 101,12°; n = 4 (*Maddox, McCullough*, Inorg. Chem. **5** [1966] 522). Dichte der Krystalle: 2,96 (*Ma., McC.*).

Verbindung mit Quecksilber(II)-chlorid $C_4H_8OSe \cdot HgCl_2$. Krystalle (aus A.); F: 179° (*Gi., Jo.*, l. c. S. 271).

4-Hydroxy-[1,4]oxaselenanium $[C_4H_9O_2Se]^+$, Formel XIII (X = OH).

Nitrat $[C_4H_9O_2Se]NO_3$. *B.* Beim Behandeln von [1,4]Oxaselenan mit wss. Salpetersäure [D: 1,42] (*Gibson, Johnson*, Soc. **1931** 266, 269). — Krystalle (aus W.); Zers. bei 140–141°.

4-Chlor-[1,4]oxaselenanium $[C_4H_8ClOSe]^+$, Formel XIII (X = Cl).

Tetrachloroaurat(III) $[C_4H_8ClOSe]AuCl_4$. *B.* Beim Behandeln von [1,4]Oxaselenan-4,4-dichlorid mit Gold(III)-chlorid in Wasser (*Gibson, Johnson*, Soc. **1931** 266, 271). — Gelbe Krystalle (aus W.); Zers. bei 142–144°.

Hexachloroplatinat(IV) $[C_4H_8ClOSe]_2PtCl_6$. *B.* Beim Behandeln von [1,4]Oxaselenan-4,4-dichlorid mit Platin(IV)-chlorid in Wasser (*Gi., Jo.*). — Orangegelbe Krystalle; F: 149° [Zers.].

XI XII XIII XIV XV

4,4-Dichlor-4λ⁴-[1,4]oxaselenan, [1,4]Oxaselenan-4,4-dichlorid $C_4H_8Cl_2OSe$, Formel XIV (X = Cl).

B. Beim Behandeln von [1,4]Oxaselenan mit Tetrachlormethan und mit Chlor (*Gibson, Johnson*, Soc. **1931** 266, 270).

Krystalle (aus Bzl.); F: 127—129° [Zers.].

4,4-Dibrom-4λ⁴-[1,4]oxaselenan, [1,4]Oxaselenan-4,4-dibromid $C_4H_8Br_2OSe$, Formel XIV (X = Br).

B. Beim Behandeln von [1,4]Oxaselenan mit Brom in Tetrachlormethan (*Gibson, Johnson*, Soc. **1931** 266, 270).

Gelbe Krystalle (aus Bzl. oder CCl_4); F: 132° [Zers.].

Beim Behandeln einer Lösung in Benzol mit Ammoniak ist eine Verbindung $C_4H_{14}Br_2N_2OSe$ (fest; von 93° an sinternd) erhalten worden (*Gi., Jo.*, l. c. S. 271).

4-Methyl-[1,4]oxaselenanium $[C_5H_{11}OSe]^+$, Formel XIII (X = CH_3).

Jodid $[C_5H_{11}OSe]I$. *B.* Beim Behandeln von [1,4]Oxaselenan mit Methyljodid (*Gibson, Johnson*, Soc. **1931** 266, 270). — Krystalle (aus A.); F: 171°.

[1,4]Thiaselenan C_4H_8SSe, Formel XV (in der Literatur auch als 1,4-Selenothian bezeichnet).

B. In kleiner Menge beim Erhitzen von Bis-[2-chlor-äthyl]-sulfid mit Natriumselenid in Wasser (*Gibson, Johnson*, Soc. **1933** 1529).

Krystalle (aus A.); F: 107°.

[1,4]Diselenan $C_4H_8Se_2$, Formel I.

B. Beim Erhitzen von 1,2-Dibrom-äthan mit Aluminiumselenid bis auf 140° (*Gould, Burlant*, Am. Soc. **78** [1956] 5825; s. a. *McCullough, Tideswell*, Am. Soc. **76** [1954] 3091).

Krystalle; F: 112,5—113,5° [nach Sublimation bei 100°/2 Torr] (*Gould, McCullough*, Am. Soc. **73** [1951] 1105), 112° [aus Me.] (*Go., Bu.*). Monoklin; Raumgruppe $P2_1/n$ (= C_{2h}^5); aus dem Röntgen-Diagramm ermittelte Dimensionen der Elementarzelle: a = 6,97 Å; b = 5,62 Å; c = 8,01 Å; β = 93,6°; n = 2 (*Marsh, McCullough*, Am. Soc. **73** [1951] 1106, 1108). Dichte der Krystalle: 2,2 (*Go., McC.*).

Beim Behandeln mit Peroxyessigsäure in Essigsäure sind [1,4]Diselenan-1,4-dioxid (F: 109°) und kleinere Mengen *trans*-[1,2,5]Oxadiselenolan-2,5-dioxid erhalten worden (*Gould, Post*, Am. Soc. **78** [1956] 5161; *Go., Bu.*).

Verbindung mit Jod $C_4H_8Se_2 \cdot 2\,I_2$. Rote Krystalle; F: 150—151° [Zers.] (*McC., Ti.*). Monoklin; Raumgruppe $P2_1/c$ (= C_{2h}^5); aus dem Röntgen-Diagramm ermittelte Dimensionen der Elementarzelle: a = 6,876 Å; b = 6,325 Å; c = 17,68 Å; β = 118,5°; n = 2 (*Chao, McCullough*, Acta cryst. **14** [1961] 940; s. a. *McCullough et al.*, Acta cryst. **12** [1959] 815). Dichte der Krystalle: 3,41 (*Chao, McC.*).

Verbindung mit Cadmiumchlorid $C_4H_8Se_2 \cdot 2\,CdCl_2$: *Go., Bu.*

Verbindung mit Palladium(II)-chlorid $C_4H_8Se_2 \cdot PdCl_2$. Gelb (*Go., Bu.*).

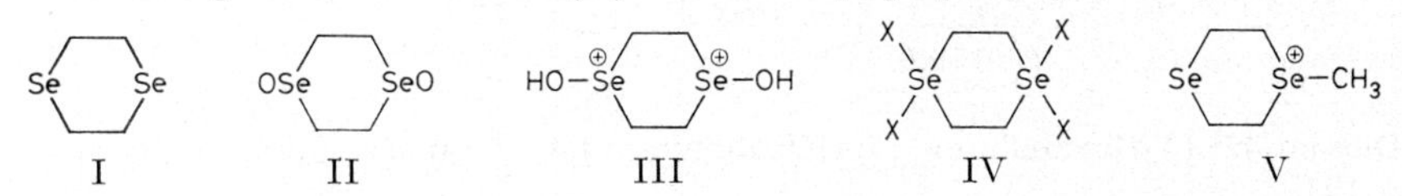

***1,4-Dioxo-1λ⁴,4λ⁴-[1,4]diselenan, [1,4]Diselenan-1,4-dioxid** $C_4H_8O_2Se_2$, Formel II.

B. Neben kleineren Mengen *trans*-[1,2,5]Oxadiselenolan-2,5-dioxid beim Behandeln von [1,4]Diselenan mit Peroxyessigsäure in Essigsäure (*Gould, Burlant*, Am. Soc. **78** [1956] 5825).

Krystalle (aus W. + A.); F: 109° [Zers.]. Dichte der Krystalle: 2,58.

***1,4-Dihydroxy-[1,4]diselenandiium, 1,4-Dihydroxy-[1,4]diselenanium(2+)** $[C_4H_{10}O_2Se_2]^{2+}$, Formel III.

Dinitrat $[C_4H_{10}O_2Se_2][NO_3]_2$. *B.* Beim Behandeln von [1,4]Diselenan mit Salpetersäure (*Gould, Burlant*, Am. Soc. **78** [1956] 5825). — Krystalle; F: 111,5° [Zers.].

1,1,4,4-Tetrachlor-1λ⁴,4λ⁴-[1,4]diselenan, [1,4]Diselenan-1,1,4,4-tetrachlorid $C_4H_8Cl_4Se_2$, Formel IV (X = Cl).

B. Beim Behandeln von [1,4]Diselenan mit Chlor in Tetrachlormethan (*McCullough,*

Tideswell, Am. Soc. **76** [1954] 3091). Beim Behandeln von [1,4]Diselenan-1,4-dioxid (F: 109°) oder von 1,4-Dihydroxy-[1,4]diselenandiium-dinitrat mit wss. Salzsäure (*Gould, Burlant*, Am. Soc. **78** [1956] 5825).

F: 223° (*Go.*, *Bu.*), 178–181° [Zers.] (*McC.*, *Ti.*).

1,1,4,4-Tetrabrom-1λ^4,4λ^4-[1,4]diselenan, [1,4]Diselenan-1,1,4,4-tetrabromid $C_4H_8Br_4Se_2$, Formel IV (X = Br).

B. Beim Behandeln von [1,4]Diselenan mit Brom in Tetrachlormethan (*McCullough, Tideswell*, Am. Soc. **76** [1954] 3091). Beim Behandeln von [1,4]Diselenan-1,4-dioxid (F: 109°) oder von 1,4-Dihydroxy-[1,4]diselenandiium-dinitrat mit wss. Bromwasserstoff= säure (*Gould, Burlant*, Am. Soc. **78** [1956] 5825).

F: 151° (*Go.*, *Bu.*), 148–151° [Zers.] (*McC.*, *Ti.*).

1-Methyl-[1,4]diselenanium $[C_5H_{11}Se_2]^+$, Formel V.

Jodid $[C_5H_{11}Se_2]I$. *B.* Beim Behandeln von [1,4]Diselenan mit Methyljodid (*Gould, Burlant*, Am. Soc. **78** [1956] 5825). — F: 133° [Zers.].

[1,4]Oxatelluran C_4H_8OTe, Formel VI (in der Literatur auch als 1,4-Telluroxan bezeichnet).

B. Beim Behandeln von [1,4]Oxatelluran-4,4-dichlorid mit Kaliumdisulfit, Wasser und Tetrachlormethan (*Farrar, Gulland*, Soc. **1945** 11, 14).

F: 6°. Kp_{21}: 90°. D^{20}: 1,8.

4,4-Dihydroxy-4λ^4-[1,4]oxatelluran, [1,4]Oxatelluran-4,4-dihydroxid $C_4H_{10}O_3Te$, Formel VII (X = OH).

B. Beim Behandeln von [1,4]Oxatelluran-4,4-dichlorid mit Wasser und Silberoxid (*Farrar, Gulland*, Soc. **1945** 11, 13).

Hygroskopische Krystalle; nicht rein erhalten.

4-Hydroxy-[1,4]oxatelluranium $[C_4H_9O_2Te]^+$, Formel VIII (X = OH).

Nitrat $[C_4H_9O_2Te]NO_3$. *B.* Beim Behandeln einer Lösung von [1,4]Oxatelluran-4,4-di= hydroxid in Wasser mit Salpetersäure (*Farrar, Gulland*, Soc. **1945** 11, 13). — Krystalle (aus W.); F: 190° [Zers.].

Picrat $[C_4H_9O_2Te]C_6H_2N_3O_7$. *B.* Beim Erwärmen einer Lösung von [1,4]Oxatelluran-4,4-dihydroxid mit Picrinsäure in Wasser (*Fa.*, *Gu.*). — Gelbe Krystalle (aus W.); F: 238° [Zers.].

4,4-Dichlor-4λ^4-[1,4]oxatelluran, [1,4]Oxatelluran-4,4-dichlorid $C_4H_8Cl_2OTe$, Formel VII (X = Cl).

B. Beim Erwärmen von Bis-[2-chlor-äthyl]-äther mit Äthanol und mit alkal. wss. Natriumtellurid-Lösung und Behandeln einer Lösung des Reaktionsprodukts in Chloro= form mit Chlor (*Farrar, Gulland*, Soc. **1945** 11, 13).

Krystalle (aus Acn.); F: 179,5°.

4,4-Dibrom-4λ^4-[1,4]oxatelluran, [1,4]Oxatelluran-4,4-dibromid $C_4H_8Br_2OTe$, Formel VII (X = Br).

B. Beim Erwärmen von Bis-[2-chlor-äthyl]-äther mit Äthanol und mit alkal. wss. Natriumtellurid-Lösung und Behandeln des Reaktionsprodukts mit Brom in Chloroform (*Farrar, Gulland*, Soc. **1945** 11, 13).

Gelbliche Krystalle (aus Acn.); F: 157–158° [Zers.].

4,4-Dijod-4λ^4-[1,4]oxatelluran, [1,4]Oxatelluran-4,4-dijodid $C_4H_8I_2OTe$, Formel VII (X = I).

B. Beim Behandeln von [1,4]Oxatelluran-4,4-dihydroxid mit wss. Jodwasserstoffsäure (*Farrar, Gulland*, Soc. **1945** 11, 13).

Rote Krystalle (aus Acn.); F: 155° [Zers.].

4-Methyl-[1,4]oxatelluranium $[C_5H_{11}OTe]^+$, Formel VIII (X = CH_3).

Jodid $[C_5H_{11}OTe]I$. *B.* Beim Behandeln einer Lösung von [1,4]Oxatelluran in Aceton mit Methyljodid (*Farrar, Gulland*, Soc. **1945** 11, 14). — Gelbliche Krystalle (aus A. + W.); F: 199° [Zers.].

VI VII VIII IX X

(±)-5-Methyl-2,2-dioxo-2λ⁶-[1,2]oxathiolan, (±)-5-Methyl-[1,2]oxathiolan-2,2-dioxid, (±)-3-Hydroxy-butan-1-sulfonsäure-lacton $C_4H_8O_3S$, Formel IX.

B. Aus (±)-3-Hydroxy-butan-1-sulfonsäure beim Eintragen einer Lösung in Äthanol in heisses Xylol sowie beim Erhitzen in 2-Butoxy-äthanol, jeweils unter Entfernen des entstehenden Wassers (*Willems*, Bl. Soc. chim. Belg. **64** [1955] 747, 752, 768).

Kp_{14}: 157,5°; Kp_2: 124°; D^{25}: 1,2929 (*Wi.*, l. c. S. 753).

Geschwindigkeitskonstante der Hydrolyse in Wasser bei 20°, 30° und 40° sowie in 2,8%ig. wss. Dioxan bei 40°: *Bordwell et al.*, Am. Soc. **81** [1959] 2698, 2700.

Charakterisierung durch Überführung in 3-Pyridinio-butan-1-sulfonsäure-betain (F: 240°): *Wi.*, l. c. S. 760.

4,5-Dichlor-5-methyl-2,2-dioxo-2λ⁶-[1,2]oxathiolan, 4,5-Dichlor-5-methyl-[1,2]oxathiolan-2,2-dioxid, 2,3-Dichlor-3-hydroxy-butan-1-sulfonsäure-lacton $C_4H_6Cl_2O_3S$.

a) **(±)-4*r*,5*c*-Dichlor-5*t*-methyl-[1,2]oxathiolan-2,2-dioxid, (2*RS*,3*RS*)-2,3-Dichlor-3-hydroxy-butan-1-sulfonsäure-lacton** $C_4H_6Cl_2O_3S$, Formel X + Spiegelbild.

B. Neben dem unter b) beschriebenen Stereoisomeren beim Behandeln einer Lösung des Natrium-Salzes der 3-Chlor-but-2-en-1-sulfonsäure (Gemisch der Stereoisomeren) in Wasser mit Chlor (*Exner, Wichterle*, Collect. **22** [1957] 497, 502).

Dipolmoment (ε; Bzl.): 5,07 D (*Ex.*, *Wi.*, l. c. S. 506).

Krystalle (aus $CHCl_3$ + Cyclohexan); F: 118° [korr.].

b) **(±)-4*r*,5*t*-Dichlor-5*c*-methyl-[1,2]oxathiolan-2,2-dioxid, (2*RS*,3*SR*)-2,3-Dichlor-3-hydroxy-butan-1-sulfonsäure-lacton** $C_4H_6Cl_2O_3S$, Formel XI (X = Cl) + Spiegelbild.

B. Beim Behandeln einer Lösung des Natrium-Salzes der 3-Chlor-but-2*c*-en-1-sulfonsäure in Wasser mit Chlor (*Exner, Wichterle*, Collect. **22** [1957] 497, 503). Über eine weitere Bildungsweise s. bei dem unter a) beschriebenen Stereoisomeren.

Dipolmoment (ε; Bzl.): 4,46 D (*Ex.*, *Wi.*, l. c. S. 506).

Krystalle (aus $CHCl_3$ + Cyclohexan); F: 112° [korr.].

Bei der Behandlung mit Methanol und mit verkupfertem Zink und der anschliessenden Hydrolyse ist 3-Oxo-butan-1-sulfonsäure-methylester erhalten worden (*Ex.*, *Wi.*, l. c. S. 504).

(±)-4*r*-Brom-5*t*-chlor-5*c*-methyl-2,2-dioxo-2λ⁶-[1,2]oxathiolan, (±)-4*r*-Brom-5*t*-chlor-5*c*-methyl-[1,2]oxathiolan-2,2-dioxid, (2*RS*,3*SR*)-2-Brom-3-chlor-3-hydroxy-butan-1-sulfonsäure-lacton $C_4H_6BrClO_3S$, Formel XI (X = Br) + Spiegelbild.

B. Beim Behandeln einer wss. Lösung des Natrium-Salzes der 3-Chlor-but-2*c*-en-1-sulfonsäure mit Brom in Wasser (*Exner, Wichterle*, Collect. **22** [1957] 497, 504).

Krystalle (aus Cyclohexan); F: 142° [korr.; Zers.].

(±)-5*t*-Chlor-4*r*-jod-5*c*-methyl-2,2-dioxo-2λ⁶-[1,2]oxathiolan, (±)-5*t*-Chlor-4*r*-jod-5*c*-methyl-[1,2]oxathiolan-2,2-dioxid, (2*RS*,3*SR*)-3-Chlor-3-hydroxy-2-jod-butan-1-sulfonsäure-lacton $C_4H_6ClIO_3S$, Formel XI (X = I) + Spiegelbild.

B. Beim Behandeln einer Lösung des Natrium-Salzes der 3-Chlor-but-2*c*-en-1-sulfonsäure in Wasser mit Jodmonochlorid (*Exner, Wichterle*, Collect. **22** [1957] 497, 504).

Krystalle (aus $CHCl_3$); F: 111° [korr.; Zers.; im vorgeheizten Bad].

(±)-3-Methyl-2,2-dioxo-2λ⁶-[1,2]oxathiolan, (±)-3-Methyl-[1,2]oxathiolan-2,2-dioxid, (±)-4-Hydroxy-butan-2-sulfonsäure-lacton $C_4H_8O_3S$, Formel XII.

B. Neben 4-Hydroxy-butan-1-sulfonsäure-lacton beim Behandeln von Butylchlorid mit Schwefeldioxid und Chlor im Glühlampenlicht, Erwärmen des Reaktionsprodukts mit Wasser und Erhitzen des danach isolierten Reaktionsprodukts unter vermindertem Druck (*Helberger et al.*, A. **562** [1949] 23, 32; *Helberger et al.*, A. **586** [1954] 147, 155). Aus (±)-4-Hydroxy-butan-2-sulfonsäure beim Erhitzen unter vermindertem Druck, beim Eintragen einer äthanol. Lösung in heisses Xylol unter Entfernen des entstehenden Wassers sowie beim Erhitzen mit 2-Butoxy-äthanol (*Willems*, Bl. Soc. chim. Belg. **64** [1955] 747, 752, 768).

F: −14°; Kp_{12}: 150°; D^{18}: 1,310 (*He. et al.*, A. **586** 151). $Kp_{1,5}$: 124°; D^{25}: 1,3004 (*Wi.*, l. c. S. 753).

Geschwindigkeitskonstante der Hydrolyse in Wasser bei 20°, 30° und 40°: *Bordwell et al.*, Am. Soc. **81** [1959] 2698, 2699. Geschwindigkeit der Reaktion mit Methanol bei 100° (Bildung von 4-Methoxy-butan-2-sulfonsäure): *He. et al.*, A. **586** 156.

Charakterisierung durch Überführung in 4-Pyridinio-butan-2-sulfonsäure-betain (F: 246°): *Wi.*, l. c. S. 760.

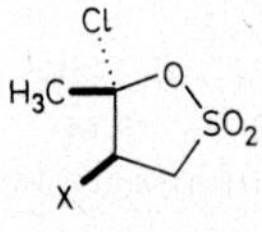

XI 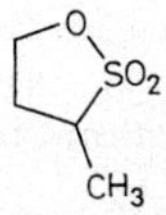 XII 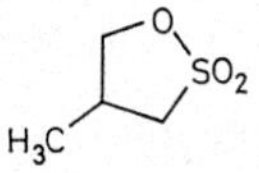 XIII 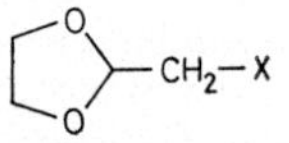 XIV

(±)-4-Methyl-2,2-dioxo-2λ⁶-[1,2]oxathiolan, (±)-4-Methyl-[1,2]oxathiolan-2,2-dioxid, (±)-3-Hydroxy-2-methyl-propan-1-sulfonsäure-lacton $C_4H_8O_3S$, Formel XIII.

B. Beim Behandeln einer warmen Lösung von (±)-Natrium-[3-hydroxy-2-methyl-propan-1-sulfonat] in Methanol mit Chlorwasserstoff und Erhitzen des Reaktionsprodukts unter vermindertem Druck (*Smith et al.*, Am. Soc. **75** [1953] 748). Beim Erwärmen von (±)-3-Chlor-2-methyl-propan-1-sulfonylchlorid mit Wasser und Erhitzen des Reaktionsprodukts unter vermindertem Druck (*Asinger et al.*, B. **91** [1958] 2130, 2137).

Krystalle; F: 28,8−29,3° [aus Ae.] (*Sm. et al.*), ca. 29° (*As. et al.*). Kp_5: 137−138° (*As. et al.*). D_4^{30}: 1,2932 (*As. et al.*; *Sm. et al.*). n_D^{30}: 1,4520 (*As. et al.*), 1,4518 (*Sm. et al.*).

Geschwindigkeitskonstante der Hydrolyse in Wasser und in 2,8%ig. wss. Dioxan bei 40°: *Bordwell et al.*, Am. Soc. **81** [1959] 2698, 2699.

Charakterisierung durch Überführung in 2-Methyl-3-pyridinio-propan-1-sulfonsäure-betain (F: 224,5°): *As. et al.*

2-Methyl-[1,3]dioxolan, Acetaldehyd-äthandiylacetal $C_4H_8O_2$, Formel XIV (X = H) (H 7; E I 610; E II 8).

B. Beim Behandeln von Äthylenglykol mit einem aus Quecksilber(II)-oxid, Borfluorid und Methanol hergestellten Gemisch und mit Acetylen (*Nieuwland et al.*, Am. Soc. **52** [1930] 1018, 1021). Beim Erhitzen von Äthylenglykol mit Acetylen und Kaliumhydroxid auf 180° (*Reppe et al.*, A. **601** [1956] 81, 100). Beim Behandeln von Äthylenglykol mit Acetaldehyd unter Zusatz von Calciumchlorid (*Brönsted, Grove*, Am. Soc. **52** [1930] 1394, 1396) oder unter Zusatz von Toluol-4-sulfonsäure (*Dauben et al.*, Am. Soc. **76** [1954] 1359, 1362). Beim Erhitzen von Äthylenglykol mit Paraldehyd in Gegenwart eines Kationenaustauschers unter Entfernen des entstehenden Wassers (*Astle et al.*, Ind. eng. Chem. **46** [1954] 787, 788). Beim Erwärmen von Äthylenglykol mit Butyl-vinyl-äther und kleinen Mengen wss. Salzsäure (*Woronkow, Titlinowa*, Ž. obšč. Chim. **24** [1954] 613, 616; engl. Ausg. S. 623, 626). Beim Behandeln von Äthylenglykol mit Vinylacetat, Quecksilber(II)-oxid und dem Borfluorid-Diäthyläther-Addukt (*Croxall et al.*, Am. Soc. **70** [1948] 2805).

Dipolmoment (ε; Bzl.): 1,21 D (*Otto*, Am. Soc. **59** [1937] 1590). Grundschwingungsfrequenzen des Moleküls: *Barker et al.*, Soc. **1959** 807, 808.

Kp_{762}: 82,6−82,9° (*Schoštakowškiĭ et al.*, Izv. Akad. S.S.S.R. Otd. chim. **1953** 100, 102; engl. Ausg. S. 89, 91); Kp_{749}: 82,3° (*Wo., Ti.*). D_4^{20}: 0,9822 (*Sch. et al.*, Izv. Akad. S.S.S.R. Otd. chim. **1953** 102), 0,9804 (*Wo., Ti.*); D_4^{24}: 0,9770 (*Ni. et al.*). Oberflächenspannung bei 20°: 28,24 $g \cdot s^{-2}$ (*Arbusow, Winogradowa*, Izv. Akad. S.S.S.R. Otd. chim. **1950** 291, 295; C. A. **1950** 8718). Viscosität bei 20°: 0,006499 $g \cdot cm^{-1} \cdot s^{-1}$ (*Schoštakowškiĭ et al.*, Izv. Akad. S.S.S.R. Otd. chim. **1954** 1103, 1109; engl. Ausg. S. 963, 968). n_D^{20}: 1,3981 (*Sch. et al.*, Izv. Akad. S.S.S.R. Otd. chim. **1953** 102), 1,39705 (*Wo., Ti.*); n_D^{24}: 1,3935 (*Ni. et al.*); $n_D^{25,2}$:

1,4072 (*Da. et al.*). IR-Banden im Bereich von 3000 cm^{-1} bis 500 cm^{-1}: *Ba. et al.* Raman-Banden: *Ba. et al.*; *Sch. et al.*, Izv. Akad. S.S.S.R. Otd. chim. **1954** 1105. UV-Spektrum (W.; 220–330 nm): *Schurz, Kienzl*, M. **88** [1957] 78, 83.

Massenspektrum: *Friedel, Sharkey*, Anal. Chem. **28** [1956] 940, 941; *Le Blanc*, Anal. Chem. **30** [1958] 1797. Beim Erhitzen ohne Zusatz auf 485° sind Äthylen und kleine Mengen Essigsäure (*Bilger, Hibbert*, Am. Soc. **58** [1936] 823, 825), beim Erhitzen mit Aluminiumsilicat auf 350° sind Äthylen, Acetaldehyd, [1,4]Dioxan, Essigsäure, Methan, Kohlendioxid, Kohlenmonoxid und Wasserstoff erhalten worden (*Obolenzew, Grjasew*, Doklady Akad. S.S.S.R. **73** [1950] 319, 322; C. A. **1950** 9916). Geschwindigkeit der Reaktion mit Sauerstoff, auch nach Zusatz von Wasser, Äthanol oder Hydrochinon bei 25°: *Legault, Lewis*, Am. Soc. **64** [1942] 1354. Geschwindigkeitskonstante der Hydrolyse in wss. Salzsäure (0,001 n bis 0,01 n) bei 25°: *Leutner*, M. **60** [1932] 317, 328; in wss. Perchlorsäure (0,005 n bis 0,1 n) bei 20° sowie in Natriumperchlorat und in Natriumnitrat enthaltender wss. Perchlorsäure (0,05 n) bei 20°: *Brönsted, Grove*, Am. Soc. **52** [1930] 1394, 1398, 1401.

2-Chlormethyl-[1,3]dioxolan $C_4H_7ClO_2$, Formel XIV (X = Cl) (H 8).

B. Beim Erwärmen von Äthylenglykol mit Chloracetaldehyd, Benzol und einem Kationenaustauscher unter Entfernen des entstehenden Wassers (*Astle et al.*, Ind. eng. Chem. **46** [1954] 787, 789). Beim Erhitzen von Äthylenglykol mit Chloracetaldehyd-diäthylacetal (*Hallonquist, Hibbert*, Canad. J. Res. **8** [1933] 129, 135), mit Chloracetaldehyd-dimethylacetal und kleinen Mengen wss. Salzsäure (*Du Pont de Nemours & Co.*, U.S.P. 2680733 [1950]) sowie mit Chloracetaldehyd-dimethylacetal (oder Chloracetaldehyd-diäthylacetal) und wenig Schwefelsäure (*McElvain, Curry*, Am. Soc. **70** [1948] 3781, 3784). Beim Erhitzen von Äthylenglykol mit [2-Chlor-äthyl]-[1,2-dichlor-äthyl]-äther unter vermindertem Druck (*Astle, Pierce*, J. org. Chem. **20** [1955] 178, 179), auch nach Zusatz eines Kationenaustauschers (*Olin Mathieson Chem. Corp.*, U.S.P. 2788350 [1953]). Bei der Hydrierung von 2-Chlormethylen-[1,3]dioxolan an Platin in Dioxan (*Faass, Hilgert*, B. **87** [1954] 1343, 1349).

Kp: 157–158° (*As. et al.*, l. c. S. 788); Kp_{13}: 57° (*Ha., Hi.*). D_4^{25}: 1,2337; n_D^{25}: 1,4465 (*McE., Cu.*, l. c. S. 3785).

Beim Erwärmen mit Thioharnstoff in Aceton unter Zusatz von konz. wss. Salzsäure ist Thiazol-2-ylamin-hydrochlorid erhalten worden (*As., Pi.*).

2-Dichlormethyl-[1,3]dioxolan $C_4H_6Cl_2O_2$, Formel I (X = H).

B. Beim Erwärmen von Äthylenglykol mit Dichloracetaldehyd, Benzol und einem Kationenaustauscher unter Entfernen des entstehenden Wassers (*Astle et al.*, Ind. eng. Chem. **46** [1954] 787, 788, 789). Beim Erhitzen von Äthylenglykol mit Dichloracetaldehyd-diäthylacetal in Gegenwart von Borfluorid (*Faass, Hilgert*, B. **87** [1954] 1343, 1348) sowie mit Dichloracetaldehyd-dimethylacetal (oder Dichloracetaldehyd-diäthylacetal) in Gegenwart von Schwefelsäure (*McElvain, Curry*, Am. Soc. **70** [1948] 3781, 3784; s. a. *Tellegen*, R. **57** [1938] 667, 672). Beim Behandeln von 2-Trichlormethyl-[1,3]dioxolan mit Essigsäure und Zink-Pulver (*Meldrum, Vad*, J. Indian chem. Soc. **13** [1936] 118, 119).

Kp_{760}: 188–189° (*Fa., Hi.*); Kp_{732}: 186–188° (*McE., Cu.*, l. c. S. 3785); Kp_{25}: 118° (*Me., Vad*); Kp_{20}: 94° (*Te.*). D_4^{25}: 1,3861; n_D^{25}: 1,4695 (*McE., Cu.*, l. c. S. 3785).

2-Trichlormethyl-[1,3]dioxolan, Chloral-äthandiylacetal $C_4H_5Cl_3O_2$, Formel I (X = Cl) (E II 8).

B. Beim Erwärmen von Äthylenglykol mit Chloral-hydrat und Schwefelsäure (*Hibbert et al.*, Canad. J. Res. **2** [1930] 131, 137; s. a. *McElvain, Curry*, Am. Soc. **70** [1948] 3781, 3784). Beim Erwärmen von 2,2,2-Trichlor-1-[2-hydroxy-äthoxy]-äthanol mit Schwefelsäure (*Hi. et al.*).

F: 42° (*Meldrum, Vad*, J. Indian chem. Soc. **13** [1936] 118, 119), 41–42° (*McE., Cu.*), 40° [aus wss. A.] (*Hi. et al.*). Kp_{740}: 198–200° (*McE., Cu.*, l. c. S. 3785); Kp_{12}: 85–86° (*McE., Cu.*, l. c. S. 3784).

2-Brommethyl-[1,3]dioxolan $C_4H_7BrO_2$, Formel II (X = H) (E II 8).

B. Aus Äthylenglykol und Bromacetaldehyd-dimethylacetal (oder Bromacetaldehyd-diäthylacetal) beim Erhitzen auf 150° (*Soc. Usines Chim. Rhône-Poulenc*, U.S.P. 2439969

[1946]; D.B.P. 825416 [1951]; D.R.B.P. Org. Chem. 1950—1951 **3** 1520) sowie beim Erwärmen mit wenig Schwefelsäure (*McElvain, Curry*, Am. Soc. **70** [1948] 3781, 3784). Beim Behandeln von Äthylenglykol mit Vinylacetat und Brom (*Gurwitsch*, Ž. obšč. Chim. **27** [1957] 2888, 2890; engl. Ausg. S. 2925).

Dipolmoment (ε; Bzl.): 2,28 D (*Otto*, Am. Soc. **59** [1937] 1590).

Kp_{745}: 172—175° (*McE., Cu.*, l. c. S. 3785); Kp_{22}: 79° (*Soc. Usines Chim. Rhône-Poulenc*); Kp_9: 63—66° (*Gu.*). D_4^{20}: 1,6172 (*Gu.*); D_4^{25}: 1,6358 (*McE., Cu.*, l. c. S. 3785). n_D^{20}: 1,4800 (*Gu.*); n_D^{25}: 1,4805 (*McE., Cu.*, l. c. S. 3785).

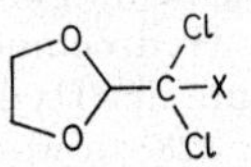

I 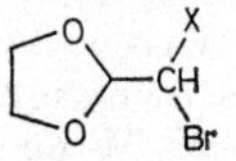 II 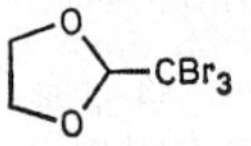 III 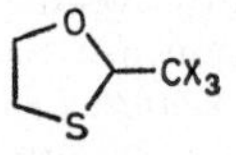 IV

2-Dibrommethyl-[1,3]dioxolan $C_4H_6Br_2O_2$, Formel II (X = Br).

B. Beim Erwärmen von Äthylenglykol mit Dibromacetaldehyd-dimethylacetal (oder Dibromacetaldehyd-diäthylacetal) und wenig Schwefelsäure (*McElvain, Curry*, Am. Soc. **70** [1948] 3781, 3784, 3785).

K_9: 101—104°. D_4^{25}: 2,0617. n_D^{25}: 1,5351.

2-Tribrommethyl-[1,3]dioxolan, Bromal-äthandiylacetal $C_4H_5Br_3O_2$, Formel III.

B. Bei 3-tägigem Behandeln von Äthylenglykol mit Bromal-hydrat und wenig Schwefelsäure (*Meldrum, Vad*, J. Indian chem. Soc. **13** [1936] 118, 120). Beim Erhitzen von 1,2-Bis-[2,2,2-tribrom-1-hydroxy-äthoxy]-äthan [Kp_{25}: 145—147°] (*Me., Vad*).

Krystalle (aus A.); F: 103—104°.

(±)-2-Methyl-[1,3]oxathiolan C_4H_8OS, Formel IV (X = H).

B. Beim Erwärmen von 2-Mercapto-äthanol mit Acetaldehyd, Benzol und Chlorwasserstoff enthaltendem Äther unter Entfernen des entstehenden Wassers (*Georgieff, Dupré*, Canad. J. Chem. **37** [1959] 1104, 1105). Beim Behandeln von 2-Mercapto-äthanol mit Methyl-vinyl-äther und wenig Toluol-4-sulfonsäure (*Gen. Aniline & Film Corp.*, U.S.P. 2551421 [1946]).

Kp_{752}: 130,55° [korr.]; Kp_{53}: 58°; D_4^{20}: 1,069; n_D^{20}: 1,4867 (*Ge., Du.*, l. c. S. 1107). Kp: 129° (*Gen. Aniline & Film Corp.*). IR-Spektrum (CCl_4 sowie CS_2; 3—16 μ): *Ge., Du.*, l. c. S. 1106.

(±)-2-Trichlormethyl-[1,3]oxathiolan $C_4H_5Cl_3OS$, Formel IV (X = Cl).

Diese Verbindung hat auch in dem früher (s. E II **1** 679) im Artikel Chloral als „Verbindung mit Monothioäthylenglykol" beschriebenen Präparat (F: ca. 67—68°) vorgelegen (*Marshall, Stevenson*, Soc. **1959** 2360, 2362).

B. Beim Erwärmen von 2-Mercapto-äthanol mit Chloral-hydrat und Benzol unter Entfernen des entstehenden Wassers (*Ma., St.*, l. c. S. 2361).

Krystalle, die bei 70—85° schmelzen. Auch bei 1 Torr nicht destillierbar.

2-Methyl-[1,3]dithiolan, Acetaldehyd-äthandiyldithioacetal $C_4H_8S_2$, Formel V (H 8; E I 610).

Kp_{12}: 58° (*Challenger et al.*, Soc. **1953** 292, 304).

Verbindung mit Quecksilber(II)-chlorid $C_4H_8S_2 \cdot HgCl_2$: *Ch. et al.*

2-Brom-2-methyl-1,1,3,3-tetraoxo-1λ^6,3λ^6-[1,3]dithiolan, 2-Brom-2-methyl-[1,3]dithiolan-1,1,3,3-tetraoxid $C_4H_7BrO_4S_2$, Formel VI.

F: 248° (*Gibson*, Soc. **1931** 2637, 2643).

4-Methyl-[1,3]dioxolan, Formaldehyd-propylenacetal $C_4H_8O_2$.

a) **(*R*)-4-Methyl-[1,3]dioxolan** $C_4H_8O_2$, Formel VII.

B. Beim Erwärmen von (*S*)-2-Chlor-propan-1-ol mit wss. Natronlauge und Erwärmen der mit Schwefelsäure neutralisierten Reaktionslösung mit Paraformaldehyd (*Fickett et al.*, Am. Soc. **73** [1951] 5063, 5067). Aus (*R*)-Propan-1,2-diol mit Hilfe von Paraformaldehyd

(*Lucas et al.*, Am. Soc. **72** [1950] 5491, 5496).

Kp_{745}: 84,2° (*Lu. et al.*), 84—85° (*Fi. et al.*). n_D^{25}: 1,3971 (*Fi. et al.*; *Lu. et al.*). $[\alpha]_D^{25}$: —52,4° [unverd.] (*Lu. et al.*). Änderung des Brechungsindex und des optischen Drehungsvermögens nach Zusatz von Wasser (bis 5%) bei 25°: *Lu. et al.*

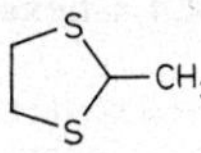

V 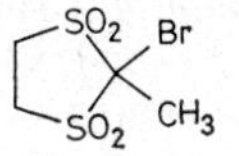 VI 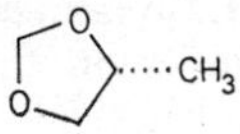 VII 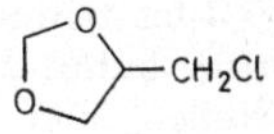 VIII

b) **(±)-4-Methyl-[1,3]dioxolan** $C_4H_8O_2$, Formel VII + Spiegelbild (E I 610).

B. Beim Erhitzen von (±)-Propan-1,2-diol mit Paraformaldehyd und konz. wss. Salzsäure (*Celanese Corp. Am.*, U.S.P. 2031619 [1931]; s. a. *Lucas et al.*, Am. Soc. **72** [1950] 5491, 5496). Beim Erhitzen von (±)-Propylenoxid mit wss. Formaldehyd-Lösung und Schwefelsäure (*I.G. Farbenind.*, D.R.P. 664272 [1936]; Frdl. **25** 55; U.S.P. 2182754 [1937]).

Grundschwingungsfrequenzen des Moleküls: *Barker et al.*, Soc. **1959** 807, 808.

Kp_{745}: 84,2°; D_4^{25}: 0,9834; n_D^{25}: 1,3966 (*Lu. et al.*). IR-Banden im Bereich von 3020 cm^{-1} bis 600 cm^{-1}: *Ba. et al.* Raman-Banden: *Ba. et al.*

(±)-4-Chlormethyl-[1,3]dioxolan $C_4H_7ClO_2$, Formel VIII (H 8; E I 610; dort als Formaldehyd-[γ-chlor-propylen]-acetal bezeichnet).

B. Aus (±)-3-Chlor-propan-1,2-diol beim Erhitzen mit wss. Formaldehyd-Lösung auf 115° (*Fourneau, Chantalou*, Bl. [5] **12** [1945] 845, 847), beim Erwärmen mit Paraformaldehyd und wasserhaltiger Phosphorsäure (*Blicke, Anderson*, Am. Soc. **74** [1952] 1733, 1734) sowie beim Erwärmen mit Methylensulfat (E IV **1** 3054) und Wasser (*Hellström*, Svensk kem. Tidskr. **49** [1937] 201, 205).

Kp_{745}: 146—147° (*Bl., An.*); Kp_{20}: 54° (*Fo., Ch.*). D_4^{20}: 1,2512; n_D^{20}: 1,4501 (*He.*).

Beim Erwärmen mit Acetanhydrid und wenig Schwefelsäure und anschliessenden Behandeln mit Natriumacetat ist 1-Acetoxy-2-acetoxymethoxy-3-chlor-propan erhalten worden (*Senkus*, Am. Soc. **68** [1949] 734).

(±)-4-Brom-4-brommethyl-[1,3]dioxolan $C_4H_6Br_2O_2$, Formel IX.

B. Beim Behandeln von 4-Methylen-[1,3]dioxolan mit Brom in Chloroform (*Fischer et al.*, B. **63** [1930] 1732, 1739).

Kp_{20}: 91—93°; Kp_{15}: 85—88°.

Wenig beständig. Beim Behandeln mit Chloroform und Pyridin ist eine Verbindung $C_9H_{11}Br_2NO_2$ (Krystalle [aus A.]; F: 130°) erhalten worden.

4-[1-Brom-äthyl]-2,2-dioxo-2λ⁶-[1,2]oxathietan, 4-[1-Brom-äthyl]-[1,2]oxathietan-2,2-dioxid, 3-Brom-2-hydroxy-butan-1-sulfonsäure-lacton $C_4H_7BrO_3S$, Formel X.

Über eine unter dieser Konstitution beschriebene opt.-inakt. Verbindung (Krystalle [aus CCl_4]; F: 110°) s. *Nicholson, Rothstein*, Soc. **1953** 4004, 4011.

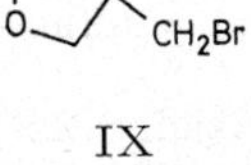

IX 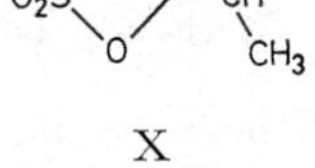 X 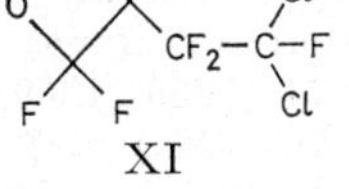 XI 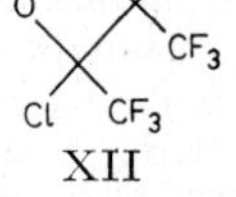 XII

(±)-3-[2,2-Dichlor-1,1,2-trifluor-äthyl]-3,4,4-trifluor-2,2-dioxo-2λ⁶-[1,2]oxathietan, (±)-3-[2,2-Dichlor-1,1,2-trifluor-äthyl]-3,4,4-trifluor-[1,2]oxathietan-2,2-dioxid, (±)-4,4-Dichlor-1,1,2,3,3,4-hexafluor-1-hydroxy-butan-2-sulfonsäure-lacton $C_4Cl_2F_6O_3S$, Formel XI.

B. Neben einer Verbindung $C_4Cl_2F_6O_6S_2$ (Kp: 163—166°; n_D^{20}: 1,3879) beim Erwärmen von 4,4-Dichlor-hexafluor-but-1-en mit Schwefeltrioxid (*Jiang*, Acta chim. sinica **23** [1957] 330, 335; C. A. **1958** 15493; s. a. *Minnesota Mining & Mfg. Co.*, U.S.P. 3214443 [1955]).

Kp: 129—131,5°; $D^{23,8}$: 1,776; n_D^{20}: 1,3720 [Präparat von ungewisser Einheitlichkeit] (*Ji.*, l. c. S. 331, 333).

---

*Opt.-inakt. **3,4-Dichlor-2,2-dioxo-3,4-bis-trifluormethyl-2λ⁶-[1,2]oxathietan, 3,4-Dichlor-3,4-bis-trifluormethyl-[1,2]oxathietan-2,2-dioxid, 2,3-Dichlor-1,1,1,4,4,4-hexafluor-3-hydroxy-butan-2-sulfonsäure-lacton** $C_4Cl_2F_6O_3S$, Formel XII.

B. Neben einer als 5,6-Dichlor-5,6-bis-trifluormethyl-[1,3,2,4]dioxadithian-2,2,4,4-tetraoxid angesehenen Verbindung $C_4Cl_2F_6O_6S_2$ (Kp: 194°; n_D^{20}: 1,3959) beim Erwärmen von 2,3-Dichlor-hexafluor-but-2-en (Kp: 66,8—67,1°) mit Schwefeltrioxid (*Minnesota Mining & Mfg. Co.*, U.S.P. 3214443 [1955]; *Jiang*, Acta chim. sinica **23** [1957] 330, 331, 335; C. A. **1958** 15493).

Kp: 132—133,8°. n_D^{22}: 1,3740.

Stammverbindungen $C_5H_{10}O_2$

2,2-Dioxo-2λ⁶-[1,2]oxathiepan, [1,2]Oxathiepan-2,2-dioxid, 5-Hydroxy-pentan-1-sulfonsäure-lacton $C_5H_{10}O_3S$, Formel I.

B. Aus 5-Hydroxy-pentan-1-sulfonsäure beim Erhitzen ohne Zusatz unter vermindertem Druck sowie beim Erhitzen mit 2-Butoxy-äthanol oder beim Eintragen einer äthanol. Lösung in heisses Xylol, jeweils unter Entfernen des entstehenden Wassers (*Willems*, Bl. Soc. chim. Belg. **64** [1955] 747, 752, 768).

Kp_2: 155—156°; D^{25}: 1,2542 (*Wi.*, l. c. S. 753).

Charakterisierung durch Überführung in 5-Pyridino-pentan-1-sulfonsäure-betain (F: 233—234°): *Wi.*, l. c. S. 761.

[1,2]Dithiepan $C_5H_{10}S_2$, Formel II.

B. Beim Eintragen einer äther. Lösung von Pentan-1,5-dithiol in eine heisse Lösung von Eisen(III)-chlorid-hexahydrat in Essigsäure (*Schöberl, Gräfje*, A. **614** [1958] 66, 81). In mässiger Ausbeute beim Erwärmen von 1,5-Dibrom-pentan mit Natriumthiosulfat in wss. Äthanol und Eintragen des Reaktionsgemisches in wss. Kupfer(II)-chlorid-Lösung unter Durchleiten von Wasserdampf (*Affleck, Dougherty*, J. org. Chem. **15** [1950] 865, 866, 868).

Kp_{14}: 82°; Kp_2: 41°; n_D^{25}: 1,570 (*Sch., Gr.*). Kp_5: 57—60° (*Af., Do.*).

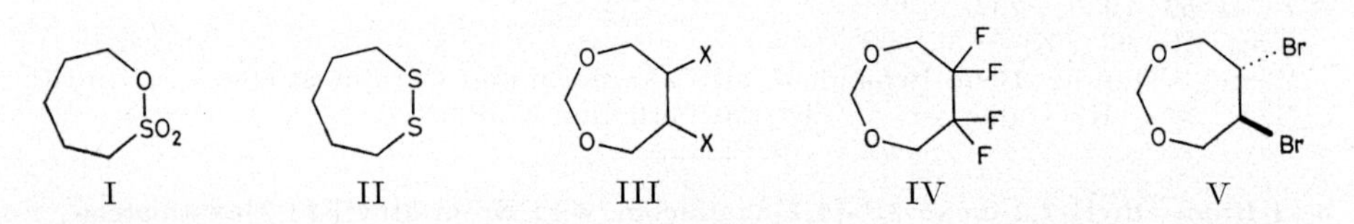

I II III IV V

[1,3]Dioxepan, Formaldehyd-butandiylacetal $C_5H_{10}O_2$, Formel III (X = H).

B. Beim Erhitzen von Butan-1,4-diol mit Paraformaldehyd unter Zusatz von Toluol-4-sulfonsäure und [2]Naphthyl-phenyl-amin (*Pattison*, J. org. Chem. **22** [1957] 662), von Eisen(III)-chlorid (*Reppe et al.*, A. **596** [1955] 1, 59) oder von (1*S*)-2-Oxo-bornan-10-sulfonsäure (*Hill, Carothers*, Am. Soc. **57** [1935] 925, 927). Bei der Hydrierung von 4,7-Dihydro-[1,3]dioxepin an Raney-Nickel in Methanol bei 100°/70 at (*Brannock, Lappin*, J. org. Chem. **21** [1956] 1366).

Kp_{760}: 119°; Kp_{150}: 70° (*Pa.*). D_4^{20}: 1,0023 (*Škuratow et al.*, Doklady Akad. S.S.S.R. **117** [1957] 263; Pr. Acad. Sci. U.S.S.R. phys. Chem. Sect. **112–117** [1957] 687), 1,0022 (*Hill, Ca.*). n_D^{20}: 1,4310 (*Hill, Ca.*), 1,4307 (*Šk. et al.*), 1,4303 (*Br., La.*); n_D^{25}: 1,4275 (*Pa.*). Verbrennungsenthalpie [$C_5H_{10}O_{2\,flüssig} \rightarrow CO_{2\,Gas} + H_2O_{flüssig}$] bei 20°: —719,4 kcal·mol⁻¹ (*Šk. et al.*).

Umwandlung in Substanzen von hohem Molekulargewicht in Gegenwart von (1*S*)-2-Oxo-bornan-10-sulfonsäure bei 100°, 120° und 140°: *Štrepicheew, Wolochina*, Doklady Akad. S.S.S.R. **99** [1954] 407, 408; C. A. **1955** 15860.

5,5,6,6-Tetrafluor-[1,3]dioxepan $C_5H_6F_4O_2$, Formel IV.

B. Beim Erhitzen von 2,2,3,3-Tetrafluor-butan-1,4-diol mit Paraformaldehyd, wenig

Toluol-4-sulfonsäure und wenig [2]Naphthyl-phenyl-amin (*Pattison*, J. org. Chem. **22** [1957] 662).

Kp_{760}: 132°. n_D^{25}: 1,3620.

***Opt.-inakt. 5,6-Dichlor-[1,3]dioxepan** $C_5H_8Cl_2O_2$, Formel III (X = Cl).

B. Beim Behandeln von 4,7-Dihydro-[1,3]dioxepin mit Chlor in Chloroform bei –50° (*Pattison*, J. org. Chem. **22** [1957] 662).

Kp_1: 56°.

(±)-5*r*,6*t*-Dibrom-[1,3]dioxepan, (±)-*trans*-5,6-Dibrom-[1,3]dioxepan $C_5H_8Br_2O_2$, Formel V + Spiegelbild.

B. Beim Behandeln von 4,7-Dihydro-[1,3]dioxepin mit Brom in Chloroform bei –55° (*Pattison*, J. org. Chem. **22** [1957] 662) oder in Tetrachlormethan bei 0° (*Brannock*, *Lappin*, J. org. Chem. **21** [1956] 1366).

Krystalle; F: 39–40° [aus PAe.] (*Pa.*), 36–37° [aus A.] (*Br.*, *La.*).

[1,4]Dithiepan $C_5H_{10}S_2$, Formel VI.

B. In kleiner Menge beim Behandeln von Äthan-1,2-dithiol mit Natriumäthylat in Äthanol und anschliessenden Erwärmen mit 1,3-Dibrom-propan (*Tucker*, *Reid*, Am. Soc. **55** [1933] 775, 780). In kleiner Menge beim Behandeln von Propan-1,3-dithiol mit 1,2-Dibrom-äthan und Natriumäthylat in Äthanol (*Meadow*, *Reid*, Am. Soc. **56** [1934] 2177, 2178).

Krystalle; F: 47–47,5° [nach Sublimation] (*Tu.*, *Reid*), 47° (*Me.*, *Reid*). Kp: 221° bis 222° (*Me.*, *Reid*).

1,1,4,4-Tetraoxo-1λ⁶,4λ⁶-[1,4]dithiepan, [1,4]Dithiepan-1,1,4,4-tetraoxid $C_5H_{10}O_4S_2$, Formel VII (H 8; dort als Äthylen-trimethylen-disulfon bezeichnet).

B. Beim Behandeln von [1,4]Dithiepan mit Essigsäure und wss. Wasserstoffperoxid (*Fuson*, *Speziale*, Am. Soc. **71** [1949] 823). Bei der Hydrierung von 2,3-Dihydro-5*H*-[1,4]dithiepin-1,1,4,4-tetraoxid an Palladium/Kohle in Dioxan (*Fu.*, *Sp.*).

Krystalle; F: 287–288° (*Meadow*, *Reid*, Am. Soc. **56** [1934] 2177, 2178), 281–282° (*Tucker*, *Reid*, Am. Soc. **55** [1933] 775, 781), 279–280° [Zers.; aus W.] (*Fu.*, *Sp.*).

(±)-6-Methyl-2,2-dioxo-2λ⁶-[1,2]oxathian, (±)-6-Methyl-[1,2]oxathian-2,2-dioxid, (±)-4-Hydroxy-pentan-1-sulfonsäure-lacton $C_5H_{10}O_3S$, Formel VIII.

B. Beim Erhitzen von 1-Acetoxy-5-chlor-pentan mit Natriumsulfit in Wasser, Erwärmen des Reaktionsprodukts mit Chlorwasserstoff enthaltendem Methanol und Erhitzen des danach isolierten Reaktionsprodukts unter vermindertem Druck (*Truce*, *Hoerger*, Am. Soc. **76** [1954] 5357, 5359).

Kp_2: 121–123°. n_D^{25}: 1,4586.

Charakterisierung durch Überführung in 4-Anilino-pentan-1-sulfonsäure (F: 257–258°) und in 4-Pyridinio-pentan-1-sulfonsäure-betain (F: 243–244,5°): *Tr.*, *Ho.*

(±)-4-Methyl-2,2-dioxo-2λ⁶-[1,2]oxathian, (±)-4-Methyl-[1,2]oxathian-2,2-dioxid, (±)-4-Hydroxy-2-methyl-butan-1-sulfonsäure-lacton $C_5H_{10}O_3S$, Formel IX.

Über die Konstitution s. *Asinger et al.*, B. **91** [1958] 2130, 2133.

B. Beim Erhitzen von (±)-4-Chlor-2-methyl-butan-1-sulfonylchlorid (E III **4** 24) mit Wasser und Erhitzen der erhaltenen Sulfonsäure unter vermindertem Druck (*Helberger et al.*, A. **562** [1949] 23, 34; *As. et al.*, l. c. S. 2141). Beim Erhitzen von (±)-4-Hydroxy-2-methyl-butan-1-sulfonsäure unter vermindertem Druck (*As. et al.*, l. c. S. 2139).

Kp_{15}: 155–157°; Kp_3: 123–124°; D_4^{20}: 1,2517; n_D^{20}: 1,4612; n_D^{23}: 1,4600 (*As. et al.*, l. c. S. 2140, 2141). IR-Spektrum (2,5–15 μ): *As. et al.*, l. c. S. 2136.

Geschwindigkeitskonstante der Reaktion mit Methanol bei 100° (Bildung von 4-Methoxy-2-methyl-butan-1-sulfonsäure): *As. et al.*, l. c. S. 2135, 2142; s. a. *Helberger et al.*, A. **586** [1954] 147, 154.

Charakterisierung durch Überführung in 2-Methyl-4-pyridinio-butan-1-sulfonsäure-betain (F: 195°): *As. et al.*, l. c. S. 2140, 2141.

2-Methyl-[1,3]dioxan, Acetaldehyd-propandiylacetal $C_5H_{10}O_2$, Formel X (X = H) (H 9; E II 9).

B. Beim Erwärmen von Propan-1,3-diol mit Paraldehyd und wenig Phosphorsäure (*Arbusow, Winogradowa*, Izv. Akad. S.S.S.R. Otd. chim. **1950** 291, 295; C. A. **1950** 8718). Beim Behandeln von Propan-1,3-diol mit einem aus Quecksilber(II)-oxid, Borfluorid und Methanol hergestellten Gemisch und mit Acetylen (*Nieuwland et al.*, Am. Soc. **52** [1930] 1018, 1020, 1022). Beim Erwärmen von Propan-1,3-diol mit Äthyl-vinyl-äther und kleinen Mengen wss. Salzsäure (*Woronkow, Titlinowa*, Ž. obšč. Chim. **24** [1954] 613, 614, 617; engl. Ausg. S. 623, 624, 626) oder mit Vinylacetat, Quecksilber(II)-oxid und einem Borfluorid-Methanol-Addukt (*Röhm & Haas Co.*, U.S.P. 2447975 [1948]).

Dipolmoment (ε; Bzl.): 1,89 D (*Otto*, Am. Soc. **59** [1937] 1590).

Kp_{756}: 110,4° (*Wo., Ti.*); Kp_{745}: 108,5–109,5° (*Ar., Wi.*); Kp_{740}: 107° (*Schoštakowškiĭ et al.*, Izv. Akad. S.S.S.R. Otd. chim. **1954** 1103, 1105; engl. Ausg. S. 963, 967). D_0^{20}: 0,9705 (*Ar., Wi.*); D_4^{20}: 0,9701 (*Wo., Ti.*), 0,9683 (*Sch. et al.*); D_4^{23}: 0,9675 (*Ni. et al.*). Oberflächenspannung bei 20°: 28,56 $g \cdot s^{-2}$ (*Ar., Wi.*). Viscosität bei 20°: 0,008544 $g \cdot cm^{-1} \cdot s^{-1}$ (*Sch. et al.*, l. c. S. 1109). n_D^{20}: 1,41394 (*Wo., Ti.*), 1,4125 (*Sch. et al.*, l. c. S. 1105); n_D^{23}: 1,4160 (*Ni. et al.*); $n_{656,3}^{20}$: 1,41194; $n_{486,1}^{20}$: 1,41878 (*Wo., Ti.*). Raman-Banden: *Sch. et al.*

Geschwindigkeitskonstante der Hydrolyse in wss. Salzsäure (0,025n bis 0,1n) bei 25°: *Leutner*, M. **60** [1932] 317, 337.

***5-Chlor-2-methyl-[1,3]dioxan** $C_5H_9ClO_2$, Formel X (X = Cl).

B. Beim Erwärmen von 2-Chlor-propan-1,3-diol mit Acetaldehyd-diäthylacetal und kleinen Mengen wss. Salzsäure (*Tsatsas*, Ann. pharm. franç. **8** [1950] 273, 286).

Kp_{14}: 50–52°.

2-Chlormethyl-[1,3]dioxan $C_5H_9ClO_2$, Formel XI (X = H).

B. Beim Erhitzen von Propan-1,3-diol mit Chloracetaldehyd-diäthylacetal (*Hallonquist, Hibbert*, Canad. J. Res. **8** [1933] 129, 135). Beim Erwärmen von Propan-1,3-diol mit Chloracetaldehyd-dimethylacetal (oder Chloracetaldehyd-diäthylacetal) und wenig Schwefelsäure (*McElvain, Curry*, Am. Soc. **70** [1948] 3781, 3784, 3785).

Kp_{12}: 67–69°; D_4^{25}: 1,1893; n_D^{25}: 1,4519 (*McE., Cu.*). Kp_{11}: 60–62° (*Ha., Hi.*).

2-Dichlormethyl-[1,3]dioxan $C_5H_8Cl_2O_2$, Formel XI (X = Cl).

B. Beim Erwärmen von Dichloracetaldehyd-dimethylacetal (oder Dichloracetaldehyd-diäthylacetal) mit Propan-1,3-diol und wenig Schwefelsäure (*McElvain, Curry*, Am. Soc. **70** [1948] 3781, 3784, 3785).

Kp_{740}: 210–212°. D_4^{25}: 1,3471. n_D^{25}: 1,4796.

2-Trichlormethyl-[1,3]dioxan, Chloral-propandiylacetal $C_5H_7Cl_3O_2$, Formel XII.

B. Beim Erwärmen von Chloral mit Propan-1,3-diol und wenig Schwefelsäure (*McElvain, Curry*, Am. Soc. **70** [1948] 3781, 3785; s. a. *Searle & Co.*, U.S.P. 2532340 [1948]; *Yale et al.*, Am. Soc. **72** [1950] 3710, 3716).

Krystalle; F: 72–74° [aus wss. A.] (*Searle & Co.*), 72–73° [aus Hexan] (*Ya. et al.*, l. c. S. 3716), 66,5–68,5° (*McE., Cu.*). Bei 105–112°/12 Torr (*McE., Cu.*) bzw. bei 103–106°/10 Torr (*Ya. et al.*, l. c. S. 3714) destillierbar.

2-Brommethyl-[1,3]dioxan $C_5H_9BrO_2$, Formel XIII (X = H) (E II 9).

Dipolmoment (ε; Bzl.): 2,89 D (*Otto*, Am. Soc. **59** [1937] 1590).

Kp_{26}: 96–97°. D^{25}: 1,5279. n_D^{25}: 1,48348.

2-Dibrommethyl-[1,3]dioxan $C_5H_8Br_2O_2$, Formel XIII (X = Br).

B. Beim Erwärmen von Dibromacetaldehyd-dimethylacetal (oder Dibromacetaldehyd-diäthylacetal) mit Propan-1,3-diol und wenig Schwefelsäure (*McElvain, Curry*, Am. Soc. **70** [1948] 3781, 3784, 3785).

Kp_9: 116–118°. D_4^{25}: 1,9345. n_D^{25}: 1,5300.

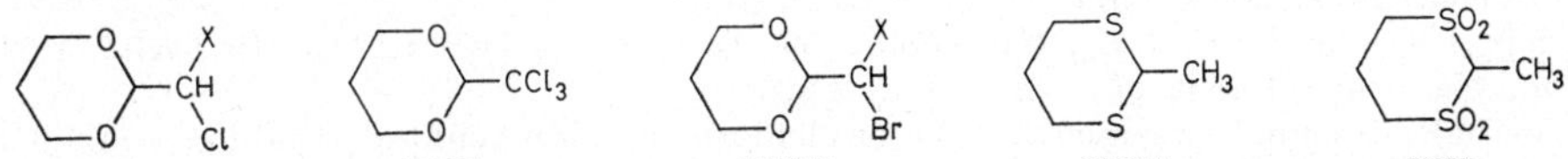

XI XII XIII XIV XV

2-Methyl-[1,3]dithian, Acetaldehyd-propandiyldithioacetal $C_5H_{10}S_2$, Formel XIV (H 9).

Kp_5: 66° (*Campaigne, Schaefer*, Bol. Col. Quim. Puerto Rico **9** [1952] 25, 27). UV-Spektrum (A.; 210–260 nm; λ_{max}: 250 nm): *Ca., Sch.*, l. c. S. 26, 27.

2-Methyl-1,1,3,3-tetraoxo-1λ^6,3λ^6-[1,3]dithian, 2-Methyl-[1,3]dithian-1,1,3,3-tetraoxid $C_5H_{10}O_4S_2$, Formel XV (H 9; dort als Trimethylen-äthyliden-disulfon bezeichnet).

F: 264° (*Campaigne, Schaefer*, Bol. Col. Quim. Puerto Rico **9** [1952] 25, 28).

(±)-4-Methyl-[1,3]dioxan $C_5H_{10}O_2$, Formel I (X = H).

B. Beim Erwärmen von Propen mit wss. Formaldehyd-Lösung und Schwefelsäure (*Arundale, Mikeska*, Chem. Reviews **51** [1952] 505, 511; *Farberow et al.*, Ž. obšč. Chim. **27** [1957] 2806, 2813; engl. Ausg. S. 2841, 2847). Beim Erhitzen von Propen mit Paraformaldehyd, Dichlormethan und wss. Zinkchlorid-Lösung auf 120° (*I.G. Farbenind.*, D.R.P. **749150** [1937]; D.R.P. Org. Chem. **6** 2592; *Gen. Aniline & Film Corp.*, U.S.P. 2325760 [1938]). Beim Erhitzen von (±)-Butan-1,3-diol mit Paraformaldehyd und wenig Schwefelsäure (*Carlin, Smith*, Am. Soc. **69** [1947] 2007; *Arbusow, Winogradowa*, Izv. Akad. S.S.S.R. Otd. chim. **1950** 291, 295; C. A. **1950** 8718) oder mit Paraformaldehyd und Phosphorsäure (*Leutner*, M. **66** [1935] 222, 230).

E: –44,5° (*Aru., Mi.*, l. c. S. 517). Kp_{760}: 116° (*Aru., Mi.*, l. c. S. 517); Kp_{746}: 114° bis 114,3° (*Arb., Wi.*); Kp_{745}: 113–114° (*Le.*); Kp_{740}: 113,3–113,8° (*Ca., Sm.*). D_0^{20}: 0,97317 (*Arb., Wi.*); D_4^{20}: 0,9758 (*Fa. et al.*, Ž. obšč. Chim. **27** 2814), 0,9710 (*Ca., Sm.*); D_{20}^{20}: 0,9748 (*Aru., Mi.*, l. c. S. 517). Oberflächenspannung bei 20°: 29,50 $g \cdot s^{-2}$ (*Arb., Wi.*). Viscosität bei Temperaturen von 15,6° (0,01012 $cm^2 \cdot s^{-1}$) bis 37,8° (0,00757 $cm^2 \cdot s^{-1}$): *Aru., Mi.*, l. c. S. 517. Über die Verbrennungsenthalpie s. *Fletcher et al.*, Soc. **1959** 580, 583. n_D^{20}: 1,4202 (*Aru., Mi.*), 1,4160 (*Ca., Sm.*), 1,4159 (*Fa. et al.*, Ž. obšč. Chim. **27** 2814), 1,4155 (*Arb., Wi.*). Gegenseitige Löslichkeit im System mit Wasser bei –1° bis +43°: *Aru., Mi.*, l. c. S. 517; bei 20°: *Fa. et al.*, Ž. obšč. Chim. **27** 2812. Verteilung im System mit But-3-en-1-ol, Toluol und Wasser: *Frolow, Nowikowa*, Uč. Zap. Jaroslavsk. technol. Inst. **2** [1957] 115; C. A. **1960** 496. Azeotrop mit Wasser: *Fa. et al.*, Ž. obšč. Chim. **27** 2812.

Flammpunkt: *Ar., Mi.*, l. c. S. 517. Beim Leiten im Gemisch mit Wasserdampf über einen Calciumphosphat-Katalysator bei 325° sind Formaldehyd, But-3-en-1-ol, Buta-1,3-dien und kleine Mengen Propen erhalten worden (*Farberow et al.*, Ž. prikl. Chim. **32** [1959] 2070, 2071; engl. Ausg. S. 2120, 2121). Geschwindigkeitskonstante der Hydrolyse in wss. Salzsäure (0,75n und 1n) bei 25°: *Le.*, l. c. S. 231. Geschwindigkeit der Hydrolyse in wss.-methanol. Schwefelsäure verschiedener Konzentration bei 100°: *Farberow, Schemjakina*, Ž. obšč. Chim. **26** [1956] 2749, 2751; engl. Ausg. S. 3061, 3062).

***Opt.-inakt. 5-Chlor-4-methyl-[1,3]dioxan** $C_5H_9ClO_2$, Formel I (X = Cl).

B. Als Hauptprodukt beim Erwärmen von 1-Chlor-propen (Gemisch der Stereoisomeren) mit Paraformaldehyd, Essigsäure und Schwefelsäure (*Farberow, Ustawschtschikow*, Ž. obšč. Chim. **25** [1955] 2071, 2078; engl. Ausg. S. 2025, 2032).

Kp_{15}: 79–80°. D_4^{20}: 1,1964. n_D^{20}: 1,4611.

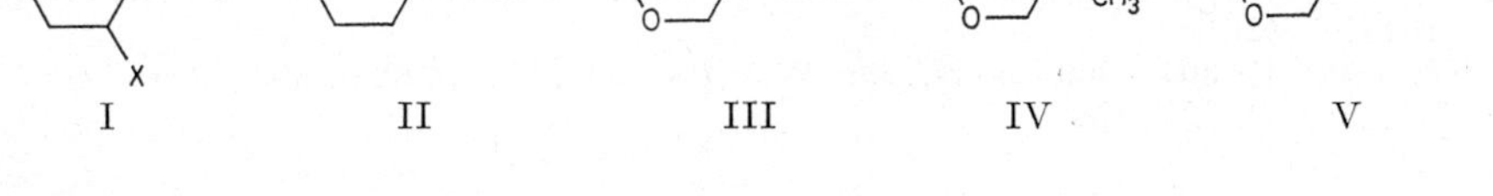

I II III IV V

(±)-4-Chlormethyl-[1,3]dioxan $C_5H_9ClO_2$, Formel II.

B. Beim Behandeln von Allylchlorid mit Paraformaldehyd und Schwefelsäure (*Price, Krishnamurti*, Am. Soc. **72** [1950] 5335; s. a. *Farberow, Uštawschtschikow*, Ž. obšč. Chim. **25** [1955] 2071, 2076; engl. Ausg. S. 2025, 2030).

Kp_{20}: 83–86° (*Pr., Kr.*); Kp_8: 58,5–59° (*Fa., Uš.*). D_4^{20}: 1,2115 (*Pr., Kr.*), 1,2103 (*Fa., Uš.*). n_D^{20}: 1,4632 (*Pr., Kr.*; *Fa., Uš.*).

Verhalten beim Erwärmen mit Thionylchlorid und Zinkchlorid (Bildung von 1,4-Dichlor-2-chlormethoxy-butan): *Fa., Uš.* Bildung von Formaldehyd-dimethylacetal, 4-Chlor-butan-1,3-diol und Tetrahydro-furan-3-ol beim Erwärmen mit Schwefelsäure enthaltendem Methanol: *Pr., Kr.*; *Fa., Uš.* Beim Erwärmen mit Acetanhydrid und wenig Schwefelsäure ist als Hauptprodukt 4-Acetoxy-2-acetoxymethoxy-1-chlor-butan erhalten worden (*Pr., Kr.*).

5-Dichlormethyl-[1,3]dioxan $C_5H_8Cl_2O_2$, Formel III.

Diese Konstitution ist der nachstehend beschriebenen Verbindung zugeordnet worden (*Du Pont de Nemours & Co.*, U.S.P. 2463227 [1944]).

B. Beim Behandeln von Paraformaldehyd mit wss. Salzsäure und Zinkchlorid und anschliessend mit Acetylen bei 60° (*Du Pont*).

Kp_4: 86–88°. D^{20}: 1,35. n_D^{20}: 1,4877.

5-Methyl-5-nitro-[1,3]dioxan $C_5H_9NO_4$, Formel IV.

B. Beim Erwärmen von 2-Methyl-2-nitro-propan-1,3-diol mit wss. Formaldehyd-Lösung unter Zusatz von Toluol-4-sulfonsäure (*Senkus*, Am. Soc. **63** [1941] 2635) oder unter Zusatz des Borfluorid-Diäthyläther-Addukts in Acetonitril (*Linden, Gold*, J. org. Chem. **21** [1956] 1175).

Krystalle; F: 71° [aus wss. Me.] (*Se.*), 70–71° [aus A.] (*Li., Gold*).

(±)-Methyl-[1,4]dioxan $C_5H_{10}O_2$, Formel V (X = H).

B. Beim Behandeln von (±)-Chlor-[1,4]dioxan mit Methylmagnesiumbromid in Äther (*Summerbell, Umhoefer*, Am. Soc. **61** [1939] 3016, 3017).

$Kp_{746,5}$: 109–110°; D_4^{20}: 0,977; n_D^{20}: 1,4188 (*Su., Um.*).

Für ein von *Astle, Jacobson* (J. org. Chem. **24** [1959] 1766) ebenfalls unter dieser Konstitution beschriebenes, beim Erhitzen von (±)-Propylenoxid mit Äthylenglykol und wenig Schwefelsäure erhaltenes Präparat (Kp_{741}: 106–109°; n_D^{20}: 1,4187) ist in Analogie zu 2-Äthyl-4-methyl-[1,3]dioxolan (S. 69) auch die Formulierung als 2-Äthyl-[1,3]dioxolan in Betracht zu ziehen (vgl. dazu *Augdahl, Hassel*, Acta chem. scand. **9** [1955] 172).

(±)-Jodmethyl-[1,4]dioxan $C_5H_9IO_2$, Formel V (X = I).

B. Beim Behandeln von [1,4]Dioxanyl-methylquecksilber-jodid mit Jod in Chloroform (*Werner, Scholz*, Am. Soc. **76** [1954] 2701, 2703).

Krystalle; F: 30°. Bei 90°/15 Torr destillierbar.

(±)-Methyl-[1,4]dithian $C_5H_{10}S_2$, Formel VI (X = H).

B. In kleiner Menge beim Behandeln von Äthan-1,2-dithiol mit Natriumäthylat in Äthanol und anschliessend mit (±)-1,2-Dibrom-propan (*Meadow, Reid*, Am. Soc. **56** [1934] 2177, 2180).

F: 20–22° (*Fuson, Speziale*, Am. Soc. **71** [1949] 823, 825), 20° (*Me., Reid*). Kp: 209° bis 210° (*Me., Reid*).

(±)-2-Methyl-1,1,4,4-tetraoxo-1λ^6,4λ^6-[1,4]dithian, (±)-2-Methyl-[1,4]dithian-1,1,4,4-tetraoxid $C_5H_{10}O_4S_2$, Formel VII (X = H).

B. Beim Behandeln von (±)-Methyl-[1,4]dithian mit Essigsäure und wss. Wasserstoffperoxid (*Fuson, Speziale*, Am. Soc. **71** [1949] 823). Bei der Hydrierung von 2-Methylen-[1,4]dithian-1,1,4,4-tetraoxid (S. 113) oder von 5-Methyl-2,3-dihydro-[1,4]dithiin-1,1,4,4-tetraoxid (S. 113) an Palladium/Kohle in Dioxan (*Fuson, Speziale*, Am. Soc. **71** [1949] 1582).

Krystalle; F: 304–306° [Zers.; aus W.] (*Fu., Sp.*, l. c. S. 825), 303–304° [Zers.; aus A.] (*Fu., Sp.*, l. c. S. 1583).

(±)-Chlormethyl-[1,4]dithian $C_5H_9ClS_2$, Formel VI (X = Cl).

B. Beim Behandeln von [1,4]Dithiepan-6-ol mit Thionylchlorid und Chloroform (*Fuson, Speziale*, Am. Soc. **71** [1949] 1582).

$Kp_{0,3}$: 80—82°. D_{20}^{20}: 1,315. n_D^{20}: 1,5884.

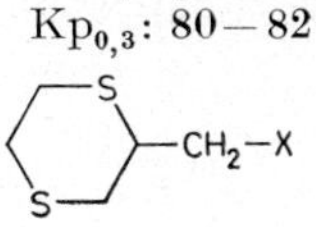

VI 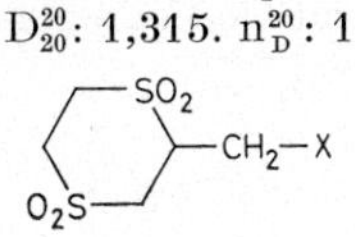 VII 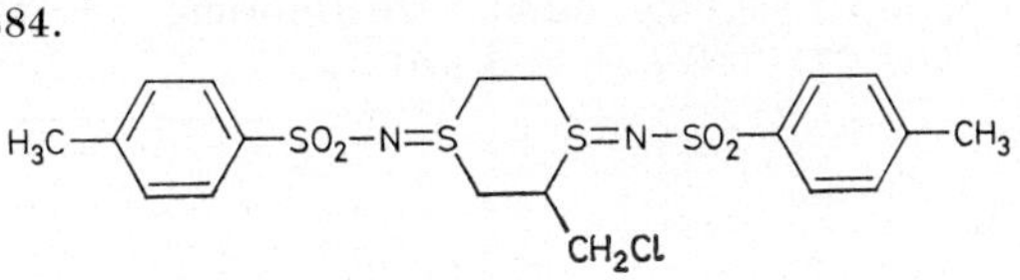 VIII

(±)-2-Chlormethyl-1,4-bis-[toluol-4-sulfonylimino]-1λ⁶,4λ⁶-[1,4]dithian, (±)-2-Chlor=methyl-[1,4]dithian-1,4-bis-[toluol-4-sulfonylimid] $C_{19}H_{23}ClN_2O_4S_4$, Formel VIII.

B. Beim Erwärmen von (±)-Chlormethyl-[1,4]dithian mit Chloramin-T (Natrium-Verbindung des *N*-Chlor-toluol-4-sulfonamids) in Wasser (*Fuson, Speziale*, Am. Soc. **71** [1949] 1582).

Krystalle (aus 2-Methoxy-äthanol); F: 153,5—154,5°.

(±)-2-Chlormethyl-1,1,4,4-tetraoxo-1λ⁶,4λ⁶-[1,4]dithian, (±)-2-Chlormethyl-[1,4]dithian-1,1,4,4-tetraoxid $C_5H_9ClO_4S_2$, Formel VII (X = Cl).

B. Beim Erwärmen einer Lösung von (±)-Chlormethyl-[1,4]dithian in Essigsäure mit wss. Wasserstoffperoxid (*Fuson, Speziale*, Am. Soc. **71** [1949] 1582).

Krystalle (aus A.); F: 255—256° [Zers.].

Beim Erwärmen einer Suspension in Dioxan mit Triäthylamin sind 2-Methylen-[1,4]dithian-1,1,4,4-tetraoxid (S. 113) und 5-Methyl-2,3-dihydro-[1,4]dithiin-1,1,4,4-tetraoxid (S. 113) erhalten worden.

5,5-Dimethyl-2,2-dioxo-2λ⁶-[1,2]oxathiolan, 5,5-Dimethyl-[1,2]oxathiolan-2,2-dioxid, 3-Hydroxy-3-methyl-butan-1-sulfonsäure-lacton $C_5H_{10}O_3S$, Formel IX.

Bestätigung der Konstitutionszuordnung: *Ohline et al.*, Am. Soc. **86** [1964] 4641, 4643.

B. Beim Eintragen von 3-Methyl-but-1-en in ein aus Schwefeltrioxid, [1,4]Dioxan und Dichlormethan bereitetes Reaktionsgemisch und anschliessenden Behandeln mit Wasser (*Bordwell et al.*, Am. Soc. **81** [1959] 2002, 2006).

Krystalle (aus Ae. + Pentan); F: 70—71° (*Bo. et al.*, l. c. S. 2006). ^{1}H-NMR-Absorption sowie ^{1}H-^{1}H-Spin-Spin-Kopplungskonstante: *Oh. et al.*

Geschwindigkeitskonstante der Hydrolyse in Wasser bei 0°, 5° und 10° sowie in 2,8%ig. wss. [1,4]Dioxan bei 0°: *Bordwell et al.*, Am. Soc. **81** [1959] 2698, 2701.

3,3-Dimethyl-2,2-dioxo-2λ⁶-[1,2]oxathiolan, 3,3-Dimethyl-[1,2]oxathiolan-2,2-dioxid, 4-Hydroxy-2-methyl-butan-2-sulfonsäure-lacton $C_5H_{10}O_3S$, Formel X.

B. Beim Erhitzen von 4-Chlor-2-methyl-butan-2-sulfonsäure unter vermindertem Druck (*Asinger et al.*, B. **91** [1958] 2130, 2141).

Kp_{15}: 158—161°. D_4^{20}: 1,2170. n_D^{20}: 1,4536.

Geschwindigkeitskonstante der Reaktion mit Methanol bei 100°: *As. et al.*, l. c. S. 2135, 2142.

Charakterisierung durch Überführung in 2-Methyl-4-pyridinio-butan-2-sulfonsäure-betain (F: 181°): *As. et al.*, l. c. S. 2141.

3,3-Dimethyl-[1,2]dithiolan $C_5H_{10}S_2$, Formel XI.

B. Beim Behandeln von 3-Methyl-butan-1,3-dithiol mit *tert*-Butylhydroperoxid in Methanol unter Zusatz von wenig Eisen(III)-chlorid (*Schöberl, Gräfje*, A. **614** [1958] 66, 78).

Flüssigkeit; n_D^{25}: 1,5424.

Innerhalb weniger Stunden erfolgt Umwandlung in Substanzen von hohem Molekulargewicht.

***Opt.-inakt. 3,5-Dimethyl-2,2-dioxo-2λ⁶-[1,2]oxathiolan, 3,5-Dimethyl-[1,2]oxathiolan-2,2-dioxid, 4-Hydroxy-pentan-2-sulfonsäure-lacton** $C_5H_{10}O_3S$, Formel XII.

B. Beim Eintragen einer äthanol. Lösung von opt.-inakt. 4-Hydroxy-pentan-2-sulfon=

säure (Kalium-Salz: F: 108°) in heisses Xylol unter Entfernen des entstehenden Wassers (*Willems*, Bl. Soc. chim. Belg. **64** [1955] 747, 752, 768).

Kp_1: 129°; D^{25}: 1,2220 (*Wi.*, l. c. S. 753).

Charakterisierung durch Überführung in 4-Pyridinio-pentan-2-sulfonsäure-betain (F: 270–271°): *Wi.*, l. c. S. 761.

IX X XI XII XIII

4,4-Dimethyl-2,2-dioxo-2λ⁶-[1,2]oxathiolan, 4,4-Dimethyl-[1,2]oxathiolan-2,2-dioxid, 3-Hydroxy-2,2-dimethyl-propan-1-sulfonsäure-lacton $C_5H_{10}O_3S$, Formel XIII.

B. Beim Erhitzen von 3-Chlor-2,2-dimethyl-propan-1-sulfonsäure unter vermindertem Druck (*Scott, McLeod*, J. org. Chem. **21** [1956] 388).

Krystalle (aus CCl_4); F: 51,5–52° (*Sc., McL.*).

Geschwindigkeitskonstante der Hydrolyse in Wasser bei 40°, 50° und 60°: *Bordwell et al.*, Am. Soc. **81** [1959] 2698, 2699.

4,4-Dimethyl-[1,2]dithiolan $C_5H_{10}S_2$, Formel I.

B. Neben 5,5-Dimethyl-[1,2,3]trithian (vgl. diesbezüglich die Angaben im nachstehenden Artikel) beim Erwärmen von 1,3-Dibrom-2,2-dimethyl-propan mit Natriumdisulfid in Äthanol (*Backer, Tamsma*, R. **57** [1938] 1183, 1196; s. a. *Backer, Evenhuis*, R. **56** [1937] 129, 135).

Kp_{17}: 84–86° (*Ba., Ta.*, l. c. S. 1197); Kp_{12}: 82–83° (*Schotte*, Ark. Kemi **9** [1956] 309, 315). UV-Spektrum (A.; 240–370 nm): *Sch.*, l. c. S. 310. Polarographie: *Schotte* Ark. Kemi **9** [1956] 441, 458.

Beim Aufbewahren erfolgt Umwandlung in Substanzen von hohem Molekulargewicht (*Ba., Ta.*, l. c. S. 1197).

Verbindung mit Quecksilber(II)-chlorid $C_5H_{10}S_2 \cdot HgCl_2$. F: 102° [aus A. + W.] (*Ba., Ta.*, l. c. S. 1197).

(±)-4,4-Dimethyl-1-thioxo-1λ⁴-[1,2]dithiolan, (±)-4,4-Dimethyl-[1,2]dithiolan-1-sulfid $C_5H_{10}S_3$, Formel II.

Eine von *Backer, Tamsma* (R. **57** [1938] 1183, 1196) unter dieser Konstitution beschriebene Verbindung (Kp_{14}: 117–118°) ist als 5,5-Dimethyl-[1,2,3]trithian zu formulieren (*Schotte*, Ark. Kemi **9** [1956] 361, 365, 374).

I II III IV V

4,4-Dimethyl-[1,2]diselenolan $C_5H_{10}Se_2$, Formel III.

B. Beim Behandeln von 2,2-Dimethyl-1,3-bis-selenocyanato-propan mit Natrium=äthylat in Äthanol (*Backer, Winter*, R. **56** [1937] 691, 696).

Krystalle (aus A., Bzn. oder Ae.); F: 34°.

2-Äthyl-[1,3]dioxolan, Propionaldehyd-äthandiylacetal $C_5H_{10}O_2$, Formel IV (H 9; E II 9).

B. Beim Erhitzen von Propionaldehyd mit Äthylenglykol in Gegenwart eines Kationenaustauschers unter Entfernen des entstehenden Wassers (*Astle et al.*, Ind. eng. Chem. **46** [1954] 787, 788). Beim Erhitzen von 2-Allyloxy-äthanol mit Palladium/Kohle auf 145° (*Dow Chem. Co.*, U.S.P. 2861081 [1957]).

Kp: 105–107° (*As. et al.*).

2-Äthyl-2-chlor-[1,3]dioxolan $C_5H_9ClO_2$, Formel V.

Eine von *Vogel, Schinz* (Helv. **33** [1950] 116, 129) unter dieser Konstitution beschriebene Verbindung (Kp_{60}: 86—88°) ist als 1-Chlor-2-propionyloxy-äthan (E IV **2** 706) zu formulieren (*McElvain, Bolstad*, Am. Soc. **73** [1951] 1988, 1990; *Sneeden*, Soc. **1959** 477).

2-[2-Chlor-äthyl]-[1,3]dioxolan $C_5H_9ClO_2$, Formel VI (X = H) (E II 9).

Kp_{11-12}: 61—63° (*Faass, Hilgert*, B. **87** [1954] 1343, 1349).

2-[2,2-Dichlor-äthyl]-[1,3]dioxolan $C_5H_8Cl_2O_2$, Formel VI (X = Cl).

B. Aus 1-Acetoxy-1-brom-3,3-dichlor-propan und Äthylenglykol in Gegenwart von Mineralsäure (*Yamada et al.*, J. pharm. Soc. Japan **71** [1951] 1360; C. A. **1952** 8035).

Kp_7: 86—89°.

2,2-Dimethyl-[1,3]dioxolan, Aceton-äthandiylacetal $C_5H_{10}O_2$, Formel VII (X = H) (E II 9).

B. Beim Erhitzen von Äthylenglykol mit Propin und Kaliumhydroxid auf 170° (*Schoštakowškiĭ, Gratschewa*, Ž. obšč. Chim. **27** [1957] 355, 358; engl. Ausg. S. 397, 400). Beim Behandeln von Aceton mit Äthylenglykol unter Zusatz von Phosphor(V)-oxid (*Smith, Lindberg*, B. **64** [1931] 505, 509), unter Zusatz von Toluol-4-sulfonsäure und Natriumsulfat (*Leutner*, M. **60** [1932] 317, 329), unter Zusatz von Toluol-4-sulfonsäure und Benzol (*Dauben et al.*, Am. Soc. **76** [1954] 1359, 1362) oder unter Zusatz eines Kationenaustauschers (*Astle et al.*, Ind. eng. Chem. **46** [1954] 787, 788). Beim Behandeln von Äthylenglykol mit Isopropenylacetat, Quecksilber(II)-oxid und dem Borfluorid-Diäthyl= äther-Addukt (*Croxall et al.*, Am. Soc. **70** [1948] 2805).

Dipolmoment (ε; Bzl.): 1,12 D (*Otto*, Am. Soc. **59** [1937] 1590). Grundschwingungsfrequenzen des Moleküls: *Barker et al.*, Soc. **1959** 807, 808.

Kp: 92—92,5° (*Sm., Li.*), 91,5—93° (*Da. et al.*), 91,5° (*Le.*, l. c. S. 330). Kp_{749}: 88,5—89° (*Sch., Gr.*). D_4^{17}: 0,9458 (*Sm., Li.*); D_4^{20}: 0,9259 (*Sch., Gr.*). Verbrennungswärme bei 15°: *Jung, Dahmlos*, Z. physik. Chem. [A] **190** [1941] 230, 235. n_D^{17}: 1,4009 (*Sm., Li.*); n_D^{20}: 1,3995 (*Da. et al.*), 1,3970 (*Sch., Gr.*). IR-Banden im Bereich von 3000 cm^{-1} bis 500 cm^{-1}: *Ba. et al.* Raman-Banden: *Ba. et al.*

Geschwindigkeitskonstante der Hydrolyse in wss. Salzsäure (0,001 n) bei 25°: *Le.*, l. c. S. 331.

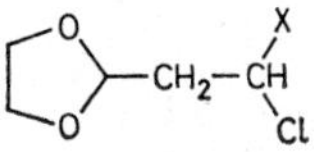

VI 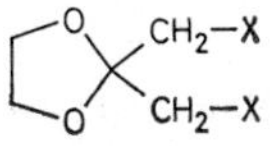 VII 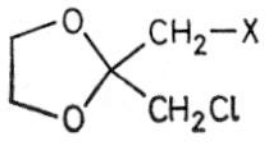 VIII 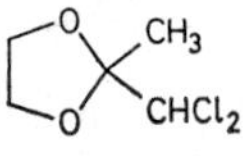 IX

2,2-Bis-fluormethyl-[1,3]dioxolan $C_5H_8F_2O_2$, Formel VII (X = F).

B. Beim Erwärmen von 1,3-Difluor-aceton mit Äthylenglykol, Benzol und wenig Toluol-4-sulfonsäure unter Entfernen des entstehenden Wassers (*Bergmann, Cohen*, Soc. **1958** 2259, 2261).

Kp_{30}: 64—65°. n_D^{27}: 1,3989.

2-Chlormethyl-2-methyl-[1,3]dioxolan $C_5H_9ClO_2$, Formel VIII (X = H).

B. Beim Erwärmen von Chloraceton mit Äthylenglykol, Benzol und wenig Schwefel= säure unter Entfernen des entstehenden Wassers (*Kühn*, J. pr. [2] **156** [1940] 103, 123; s. a. *Comm. Solv. Corp.*, U.S.P. 2260262 [1940]).

Kp_{50}: 82° (*Comm. Solv. Corp.*). Kp_{18}: 62—64°; D_4^{13}: 1,1835 (*Kühn*).

2-Chlormethyl-2-fluormethyl-[1,3]dioxolan $C_5H_8ClFO_2$, Formel VIII (X = F).

B. Beim Erwärmen von 1-Chlor-3-fluor-aceton mit Äthylenglykol, Benzol und wenig Toluol-4-sulfonsäure unter Entfernen des entstehenden Wassers (*Bergmann, Cohen*, Soc. **1958** 2259, 2262).

Kp_{30}: 82—84°. n_D^{27}: 1,4320.

2-Dichlormethyl-2-methyl-[1,3]dioxolan $C_5H_8Cl_2O_2$, Formel IX.

B. Beim Erhitzen von 1,1-Dichlor-aceton mit Äthylenglykol und wenig Schwefelsäure

(*Comm. Solv. Corp.*, U.S.P. 2260261 [1940]).
Kp_{753}: 193,4°. D_{20}^{20}: 1,2972. n_D^{20}: 1,46545.

2,2-Bis-chlormethyl-[1,3]dioxolan $C_5H_8Cl_2O_2$, Formel VII (X = Cl).
B. Beim Erhitzen von 1,3-Dichlor-aceton mit Äthylenglykol, Toluol und wenig Schwefelsäure unter Entfernen des entstehenden Wassers (*Kühn*, J. pr. [2] **156** [1940] 103, 124; *Pfeiffer, Bauer*, B. **80** [1947] 7, 14). Beim Behandeln eines Gemisches von 1,3-Dichloraceton, Äthylenglykol und Äthanol mit Chlorwasserstoff (*Backer, Wiggerink*, R. **60** [1941] 453, 463).
Kp_{16}: 102—102,5° (*Ba., Wi.*); Kp_{12}: 105° (*Kühn*), 105—106° (*Pf., Ba.*). D_4^{12}: 1,3568 (*Kühn*). n_D^{18}: 1,479 (*Ba., Wi.*).

2-Brommethyl-2-methyl-[1,3]dioxolan $C_5H_9BrO_2$, Formel X (X = H).
B. Beim Erwärmen von Bromaceton mit Äthylenglykol, Benzol und wenig Schwefelsäure unter Entfernen des entstehenden Wassers (*Kühn*, J. pr. [2] **156** [1940] 103, 123).
Kp_{16}: 76—78°. D_4^{18}: 1,3223.

2,2-Bis-brommethyl-[1,3]dioxolan $C_5H_8Br_2O_2$, Formel X (X = Br).
B. Beim Erwärmen von 1,3-Dibrom-aceton mit Äthylenglykol, Benzol und wenig Schwefelsäure (*Kühn*, J. pr. [2] **156** [1940] 103, 123).
Kp_{16}: 113°. D_4^{14}: 1,8929.

2-Methyl-2-nitromethyl-[1,3]dioxolan $C_5H_9NO_4$, Formel XI (X = H).
B. Beim Erwärmen von Nitroaceton mit Äthylenglykol, Benzol und wenig Toluol-4-sulfonsäure unter Entfernen des entstehenden Wassers (*Hurd, Nilson*, J. org. Chem. **20** [1955] 927, 933).
Kp_{19}: 116°. D_{20}^{20}: 1,242. n_D^{20}: 1,4464.
Beim Behandeln mit konz. wss. Salzsäure ist Pyruvimidoylchlorid erhalten worden (*Hurd, Ni.*, l. c. S. 935).

X XI XII XIII XIV

(±)-2-[Brom-nitro-methyl]-2-methyl-[1,3]dioxolan $C_5H_8BrNO_4$, Formel XI (X = Br).
B. Beim Behandeln von 2-Methyl-2-nitromethyl-[1,3]dioxolan mit Brom in Tetrachlormethan (*Hurd, Nilson*, J. org. Chem. **20** [1955] 927, 934).
Kp_{25}: 126—128°. D_{20}^{20}: 1,688. n_D^{20}: 1,4800.

2,2-Dimethyl-[1,3]oxathiolan $C_5H_{10}OS$, Formel XII.
B. Beim Erwärmen von 2-Mercapto-äthanol mit Aceton, Benzol und wenig Toluol-4-sulfonsäure-monohydrat unter Entfernen des entstehenden Wassers (*Djerassi, Gorman*, Am. Soc. **75** [1953] 3704, 3705, 3707).
Kp_{65}: 70°. D_4^{24}: 1,0105. n_D^{24}: 1,4742.

2,2-Dimethyl-[1,3]dithiolan, Aceton-äthandiyldithioacetal $C_5H_{10}S_2$, Formel XIII (H 9).
B. Beim Behandeln von Aceton mit dem Dinatrium-Salz des 1,2-Bis-sulfomercapto-äthans und Chlorwasserstoff enthaltendem Äthanol (*Masower*, Ž. obšč. Chim. **19** [1949] 843, 847; engl. Ausg. S. 829, 833).

2,2-Dimethyl-1,1,3,3-tetraoxo-1λ^6,3λ^6-[1,3]dithiolan, 2,2-Dimethyl-[1,3]dithiolan-1,1,3,3-tetraoxid $C_5H_{10}O_4S_2$, Formel XIV (H 10; dort als Äthylen-isopropyliden-disulfon bezeichnet).
Krystalle (aus A.); F: 240—242° (*Masower*, Ž. obšč. Chim. **19** [1949] 843, 847; engl. Ausg. S. 829, 833).

2,4-Dimethyl-[1,3]dioxolan, Acetaldehyd-propylenacetal $C_5H_{10}O_2$ (H 10; E II 9).
Über die Konfiguration der beiden folgenden Stereoisomeren s. *Triggle, Belleau,* Canad. J. Chem. **40** [1962] 1201, 1204; *Willy et al.,* Am. Soc. **92** [1970] 5394, 5395; s. a. *Barker et al.,* Soc. **1958** 3232.

a) **(±)-2r,4c-Dimethyl-[1,3]dioxolan, (±)-*cis*-2,4-Dimethyl-[1,3]dioxolan** $C_5H_{10}O_2$, Formel I + Spiegelbild.

B. Neben dem unter b) beschriebenen Stereoisomeren beim Erwärmen von (±)-Propan-1,2-diol mit Acetaldehyd-diamylacetal und wenig Toluol-4-sulfonsäure (*Lucas, Guthrie,* Am. Soc. **72** [1950] 5490) sowie beim Erwärmen von (±)-Propan-1,2-diol mit Äthyl-vinyl-äther und kleinen Mengen wss. Salzsäure (*Woronkow, Titlinowa,* Ž. obšč. Chim. **24** [1954] 613, 614, 617; engl. Ausg. S. 623, 624, 626).

Trennung der Stereoisomeren: *Lu., Gu.*; *Barker et al.,* Soc. **1958** 3232; s. a. *Triggle, Belleau,* Canad. J. Chem. **40** [1962] 1201, 1211.

Grundschwingungsfrequenzen des Moleküls: *Barker et al.,* Soc. **1959** 807, 808.

Kp_{747}: 90,1°; D_4^{25}: 0,9204; n_D^{25}: 1,3922 (*Lu., Gu.*). Kp_{742}: 89,7°; n_D^{19}: 1,3950 (*Ba. et al.,* Soc. **1958** 3232). IR-Banden im Bereich von 3000 cm^{-1} bis 450 cm^{-1}: *Ba. et al.,* Soc. **1959** 808. Raman-Banden: *Ba. et al.,* Soc. **1959** 808.

Beim Erwärmen mit Chlorwasserstoff erfolgt partielle Umwandlung in das unter b) beschriebene Stereoisomere (*Ba. et al.,* Soc. **1958** 3232).

b) **(±)-2r,4t-Dimethyl-[1,3]dioxolan, (±)-*trans*-2,4-Dimethyl-[1,3]dioxolan** $C_5H_{10}O_2$, Formel II + Spiegelbild.

B. s. bei dem unter a) beschriebenen Stereoisomeren.

Grundschwingungsfrequenzen des Moleküls: *Barker et al.,* Soc. **1959** 807, 808.

Kp_{748}: 93,5°; $n_D^{19,8}$: 1,3963 (*Barker et al.,* Soc. **1958** 3232). Kp_{747}: 93,0°; D_4^{25}: 0,9269; n_D^{25}: 1,3938 (*Lucas, Guthrie,* Am. Soc. **72** [1950] 5490). IR-Banden im Bereich von 3000 cm^{-1} bis 440 cm^{-1}: *Ba. et al.,* Soc. **1959** 808. Raman-Banden: *Ba. et al.,* Soc. **1959** 808.

Beim Erwärmen mit Chlorwasserstoff erfolgt partielle Umwandlung in das unter a) beschriebene Stereoisomere (*Ba. et al.,* Soc. **1958** 3232).

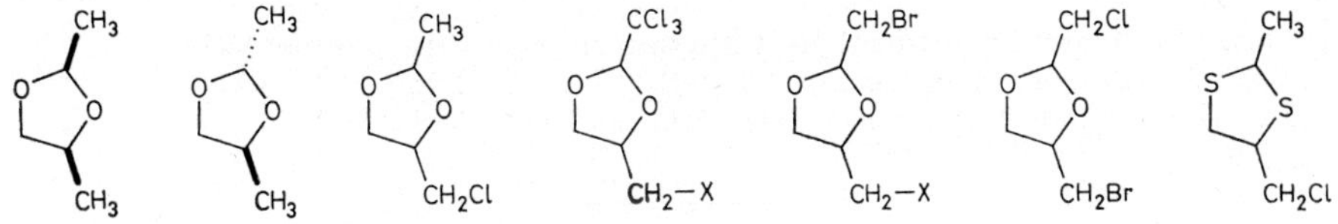

I II III IV V VI VII

***Opt.-inakt. 4-Chlormethyl-2-methyl-[1,3]dioxolan** $C_5H_9ClO_2$, Formel III (E I 610; dort als Acetaldehyd-[γ-chlor-propylen]-acetal bezeichnet).

B. Beim Behandeln von (±)-3-Chlor-propan-1,2-diol mit einem aus Quecksilber(II)-oxid, Borfluorid und Methanol hergestellten Gemisch und mit Acetylen (*Nieuwland et al.,* Am. Soc. **52** [1930] 1018, 1021). Beim Eintragen von (±)-Epichlorhydrin und Acetaldehyd in ein Gemisch von Zinn(IV)-chlorid und Tetrachlormethan (*Willfang,* B. **74** [1941] 145, 150). Beim Erwärmen von (±)-3-Chlor-propan-1,2-diol mit Äthyl-vinyl-äther und kleinen Mengen wss. Salzsäure (*Woronkow, Titlinowa,* Ž. obšč. Chim. **24** [1954] 613, 617; engl. Ausg. S. 623, 624, 626).

Kp_{765}: 148,5°; D_4^{20}: 1,1531; n_D^{20}: 1,4397 (*Wo., Ti.*). Kp_{760}: 158—162° (*Wi.*). Kp: 147—149°; D_4^{24}: 1,1720; n_D^{24}: 1,4410 (*Ni. et al.*).

***Opt.-inakt. 4-Methyl-2-trichlormethyl-[1,3]dioxolan,** Chloral-propylenacetal $C_5H_7Cl_3O_2$, Formel IV (X = H).

B. Beim Behandeln von Chloral-hydrat mit (±)-Propan-1,2-diol und Schwefelsäure (*Searle & Co.,* U.S.P. 2532340 [1948]).

Kp_{16}: 89—92°.

***Opt.-inakt. 4-Chlormethyl-2-trichlormethyl-[1,3]dioxolan** $C_5H_6Cl_4O_2$, Formel IV (X = Cl).

B. Beim Behandeln von opt.-inakt. [2-Trichlormethyl-[1,3]dioxolan-4-yl]-methanol

(Kp_{25}: 162—164°) mit Phosphor(V)-chlorid (*Meldrum, Vad*, J. Indian chem. Soc. **13** [1936] 118, 120).

Kp_{15}: 130°.

***Opt.-inakt. 2-Brommethyl-4-methyl-[1,3]dioxolan** $C_5H_9BrO_2$, Formel V (X = H).

B. Beim Behandeln von Bromacetaldehyd-diäthylacetal mit (±)-Propan-1,2-diol unter Zusatz von Schwefelsäure (*Gryszkiewicz-Trochimowski et al.*, Bl. **1958** 610, 615) oder wss. Salzsäure (*Fourneau et al.*, Ann. pharm. franç. **16** [1958] 630, 634).

Kp_{42}: 95—97° (*Fo. et al.*). Kp_{17}: 76—77° (*Gr.-Tr. et al.*).

***Opt.-inakt. 2-Brommethyl-4-chlormethyl-[1,3]dioxolan** $C_5H_8BrClO_2$, Formel V (X = Cl).

B. Beim Behandeln von Bromacetaldehyd-dimethylacetal (oder Bromacetaldehyd-diäthylacetal) mit (±)-3-Chlor-propan-1,2-diol unter Zusatz von wss. Salzsäure (*Fourneau, Chantalou*, Bl. [5] **12** [1945] 845, 858).

Kp_{18}: 112°.

Beim Erhitzen mit Methylamin und Benzol ist 3-Methyl-6,8-dioxa-3-aza-bicyclo[3.2.1]octan (Kp_{14}: 83°) erhalten worden.

***Opt.-inakt. 4-Brommethyl-2-chlormethyl-[1,3]dioxolan** $C_5H_8BrClO_2$, Formel VI.

B. Beim Erwärmen von Chloracetaldehyd-diäthylacetal mit (±)-3-Brom-propan-1,2-diol und wenig Schwefelsäure (*Gryszkiewicz-Trochimowski et al.*, Bl. **1958** 610, 613).

$Kp_{10,5}$: 105°.

***Opt.-inakt. 4-Brommethyl-2-trichlormethyl-[1,3]dioxolan** $C_5H_6BrCl_3O_2$, Formel IV (X = Br).

B. Beim Eintragen von Chloral, (±)-Epibromhydrin und Tetrachlormethan in ein Gemisch von Zinn(IV)-chlorid und Tetrachlormethan (*Willfang*, B. **74** [1941] 145, 150).

Bei 94—100°/14—15 Torr destillierbar.

***Opt.-inakt. 4-Chlormethyl-2-methyl-[1,3]dithiolan** $C_5H_9ClS_2$, Formel VII.

B. Beim Erwärmen von opt.-inakt. [2-Methyl-[1,3]dithiolan-4-yl]-methanol (F: 57° bis 58°) mit Thionylchlorid und Benzol (*Stocken*, Soc. **1947** 592, 594).

Kp_2: 94°.

4,5-Dimethyl-[1,3]dioxolan $C_5H_{10}O_2$.

a) **4*r*,5*c*-Dimethyl-[1,3]dioxolan, *cis*-4,5-Dimethyl-[1,3]dioxolan** $C_5H_{10}O_2$, Formel VIII.

B. Beim Erhitzen von *meso*-Butan-2,3-diol (Rohprodukt) mit wss. Formaldehyd-Lösung und Schwefelsäure (*Senkus*, Ind. eng. Chem. **38** [1946] 913, 914).

Kp_{750}: 101,5°. D_{20}^{20}: 0,9601. n_D^{20}: 1,4055. Azeotrop mit Wasser: *Se.*

b) **(*R*,*R*)-4,5-Dimethyl-[1,3]dioxolan, (*R*)-*trans*-4,5-Dimethyl-[1,3]dioxolan** $C_5H_{10}O_2$, Formel IX (X = H).

B. Aus D_g-*threo*-Butan-2,3-diol beim Erwärmen mit wss. Formaldehyd-Lösung und wss. Salzsäure (*Neish, Macdonald*, Canad. J. Res. [B] **25** [1947] 70, 73) sowie beim Erhitzen mit Paraformaldehyd und wss. Schwefelsäure (*Garner, Lucas*, Am. Soc. **72** [1950] 5497, 5499). Beim Behandeln von D_g-*threo*-Butan-2,3-diol mit Natrium und anschliessenden Erwärmen mit Dichlormethan oder Essigsäure-chlormethylester (*Shlichta et al.*, Am. Soc. **77** [1955] 3784).

Kp_{760}: 97° (*Ne., Ma.*, l. c. S. 71); Kp_{748}: 95,5—96° (*Sh. et al.*); Kp_{746}: 95,6—95,9° (*Ga., Lu.*, l. c. S. 5498). D_4^{25}: 0,9346 (*Ga., Lu.*, l. c. S. 5498; *Ne., Ma.*, l. c. S. 71). n_D^{25}: 1,3978 (*Sh. et al.*), 1,3960 (*Ne., Ma.*, l. c. S. 71), 1,3959 (*Ga., Lu.*, l. c. S. 5498). $[\alpha]_D^{25}$: —25,0° [unverd.?] (*Ga., Lu.*, l. c. S. 5498); $[\alpha]_D^{25}$: —24,9° [unverd.?] (*Ne., Ma.*, l. c. S. 71); $[\alpha]_D^{25}$: —23,4° [unverd.?] (*Sh. et al.*). Azeotrop mit Wasser: *Ne., Ma.*, l. c. S. 74.

(±)-*trans*-4,5-Bis-chlormethyl-[1,3]dioxolan $C_5H_8Cl_2O_2$, Formel IX (X = Cl) + Spiegelbild.

B. Beim Erhitzen von *racem.*-1,4-Dichlor-butan-2,3-diol (E IV **1** 2531) mit wss. Form=

aldehyd-Lösung und wenig Phosphorsäure (*Firestone Tire & Rubber Co.*, U.S.P. 2445733 [1945]).

Kp_{17}: 102°.

VIII IX X

***Opt.-inakt. 3-[2,3-Dichlor-pentafluor-propyl]-3,4,4-trifluor-2,2-dioxo-2λ⁶-[1,2]oxathietan, 3-[2,3-Dichlor-pentafluor-propyl]-3,4,4-trifluor-[1,2]oxathietan-2,2-dioxid, 4,5-Dichlor-1,1,2,3,3,4,5,5-octafluor-1-hydroxy-pentan-2-sulfonsäure-lacton** $C_5Cl_2F_8O_3S$, Formel X.

Konstitutionszuordnung: *Du Pont de Nemours & Co.*, U.S.P. 3714245 [1970].

B. Beim Erwärmen von (±)-4,5-Dichlor-octafluor-pent-1-en mit Schwefeltrioxid (*Jiang*, Acta chim. sinica **23** [1957] 330, 335; C. A. **1958** 15493; *Du Pont*).

Kp_{64}: 79,8–80°; n_D^{22}: 1,3642 (*Ji.*, l. c. S. 331). Kp_{25}: 55° (*Du Pont*).

Stammverbindungen $C_6H_{12}O_2$

2,2-Dioxo-2λ⁶-[1,2]oxathiocan, [1,2]Oxathiocan-2,2-dioxid, 6-Hydroxy-hexan-1-sulfonsäure-lacton $C_6H_{12}O_3S$, Formel I.

Diese Verbindung hat möglicherweise in einem Präparat (Kp_{14}: 160–163°) vorgelegen, das beim Behandeln von Hexylchlorid mit Chlor und Schwefeldioxid unter Belichtung, Erwärmen des gebildeten Sulfonylchlorids mit Wasser und Erhitzen des Reaktionsprodukts erhalten worden ist (*Helberger et al.*, A. **562** [1949] 23, 35).

[1,2]Dithiocan $C_6H_{12}S_2$, Formel II.

B. Neben Substanzen von hohem Molekulargewicht beim Eintragen einer äther. Lösung von Hexan-1,6-dithiol in eine heisse Lösung von Eisen(III)-chlorid-hexahydrat in Essigsäure (*Schöberl, Gräfje*, A. **614** [1958] 66, 81).

Kp_2: 65,5°. n_D^{20}: 1,5698.

Innerhalb mehrerer Stunden erfolgt Umwandlung in Substanzen von hohem Molekulargewicht.

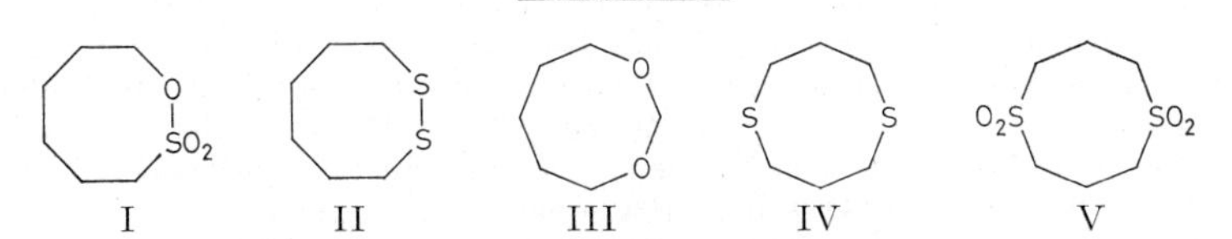

[1,3]Dioxocan, Formaldehyd-pentandiylacetal $C_6H_{12}O_2$, Formel III.

B. Neben Substanzen von hohem Molekulargewicht beim Erhitzen von Pentan-1,5-diol mit Formaldehyd-dibutylacetal in Gegenwart von Säure auf 150° und Erhitzen des Reaktionsprodukts unter vermindertem Druck bis auf 250° (*Hill, Carothers*, Am. Soc. **57** [1935] 925).

Kp: 134°; D_4^{20}: 0,9886; n_D^{20}: 1,4383 (*Škuratow et al.*, Doklady Akad. S.S.S.R. **117** [1957] 263; Pr. Acad. Sci. U.S.S.R. phys. Chem. Sect. **112–117** [1957] 687). Kp_{11}: 40–44° (*Hill, Ca.*, l. c. S. 928). Verbrennungsenthalpie ($C_6H_{12}O_{2\,flüssig} \rightarrow CO_{2\,Gas} + H_2O_{flüssig}$) bei 20°: −884,0 kcal·mol⁻¹ (*Šk. et al.*).

Umwandlung in Substanzen von hohem Molekulargewicht bei 100° und 150° in Gegenwart von (1*S*)-2-Oxo-bornan-10-sulfonsäure: *Štrepicheew, Wolochina*, Doklady Akad. S.S.S.R. **99** [1954] 407, 408; C. A. **1955** 15860.

[1,5]Dithiocan $C_6H_{12}S_2$, Formel IV.

B. Neben grösseren Mengen Thietan beim Behandeln von 1,3-Dibrom-propan mit

Natriumsulfid in Äthanol (*Meadow, Reid,* Am. Soc. **56** [1934] 2177, 2180). In kleiner Menge beim Behandeln von 1,3-Dibrom-propan mit Propan-1,3-dithiol und Natrium-äthylat in Äthanol (*Me., Reid*).

F: −15°. Kp: 245−246°. D_4^0: 1,1579; D_4^{25}: 1,1476. n_D^{20}: 1,5747.

1,1,5,5-Tetraoxo-1λ⁶,5λ⁶-[1,5]dithiocan, [1,5]Dithiocan-1,1,5,5-tetraoxid $C_6H_{12}O_4S_2$, Formel V (H 10; dort als Bis-trimethylen-disulfon bezeichnet).

B. Beim Behandeln von [1,5]Dithiocan mit Essigsäure und wss. Wasserstoffperoxid (*Meadow, Reid,* Am. Soc. **56** [1934] 2177, 2180).

F: 257,5−258° (*Me., Reid,* l. c. S. 2178).

1,1,5,5-Tetrachlor-1λ⁴,5λ⁴-[1,5]diselenocan, [1,5]Diselenocan-1,1,5,5-tetrachlorid $C_6H_{12}Cl_4Se_2$, Formel VI (X = Cl).

B. Beim Behandeln von 1,1,5,5-Tetrakis-nitryloxy-1λ⁴,5λ⁴-[1,5]diselenocan mit wss. Salzsäure (*Morgan, Burstall,* Soc. **1930** 1497, 1500).

Krystalle. In Wasser löslich, in Äthanol und in Aceton nicht löslich.

1,1,5,5-Tetrajod-1λ⁴,5λ⁴-[1,5]diselenocan, [1,5]Diselenocan-1,1,5,5-tetrajodid $C_6H_{12}I_4Se_2$, Formel VI (X = I).

B. Beim Behandeln von 1,1,5,5-Tetrakis-nitryloxy-1λ⁴,5λ⁴-[1,5]diselenocan mit Natriumacetat und Kaliumjodid in Wasser (*Morgan, Burstall,* Soc. **1930** 1497, 1500).

Oberhalb 100° erfolgt Zersetzung [unreines Präparat].

1,1,5,5-Tetrakis-nitryloxy-1λ⁴,5λ⁴-[1,5]diselenocan, [1,5]Diselenocan-1,1,5,5-tetranitrat $C_6H_{12}N_4O_{12}Se_2$, Formel VI (X = O-NO₂).

B. Beim Behandeln von 1,3-Dibrom-propan mit Natriumselenid in Äthanol und Behandeln der neben Selenetan isolierten Verbindung $C_{18}H_{36}Se_6$ (F: 38−40°) mit wss. Salpetersäure (*Morgan, Burstall,* Soc. **1930** 1497, 1500).

Zers. bei 87°.

Wenig beständig.

2-Methyl-[1,3]dioxepan, Acetaldehyd-butandiylacetal $C_6H_{12}O_2$, Formel VII (E II 10).

B. Beim Behandeln von Butan-1,4-diol mit Äthyl-vinyl-äther in Gegenwart eines Kationenaustauschers (*Mastagli et al.,* Bl. **1957** 764) oder in Gegenwart von wss. Salzsäure (*Woronkow, Titlinowa,* Ž. obšč. Chim. **24** [1954] 613, 614, 616; engl. Ausg. S. 623, 624, 626). Beim Erhitzen von Butan-1,4-diol mit 1,2,3-Tris-vinyloxy-propan und kleinen Mengen wss. Salzsäure (*Schoštakowškiĭ et al.,* Izv. Akad. S.S.S.R. Otd. chim. **1954** 683, 687; engl. Ausg. S. 583, 586). Beim Erwärmen von Butan-1,4-diol mit Acetaldehyd und kleinen Mengen wss. Salzsäure (*Leutner,* M. **60** [1932] 317, 341). Beim Erwärmen von 4-Vinyloxy-butan-1-ol mit kleinen Mengen wss. Salzsäure (*Schoštakowškiĭ et al.,* Izv. Akad. S.S.S.R. Otd. chim. **1954** 1103, 1104; engl. Ausg. S. 963).

Kp_{757}: 127,5° (*Wo., Ti.*); Kp_{750}: 127−128° (*Sch. et al.,* l. c. S. 1105). D_4^{20}: 0,9640 (*Sch. et al.,* l. c.S. 688), 0,9631 (*Wo., Ti.*). Viscosität bei 20°: 0,010902 $g \cdot cm^{-1} \cdot s^{-1}$ (*Sch. et al.,* l. c. S. 1109). n_D^{20}: 1,4288 (*Sch. et al.,* l. c. S. 688), 1,4260 (*Wo., Ti.*). Raman-Banden: *Sch. et al.,* l. c. S. 1105.

Geschwindigkeitskonstante der Hydrolyse in wss. Salzsäure (0,01 n und 0,1 n) bei 25°: *Le.,* l. c. S. 342.

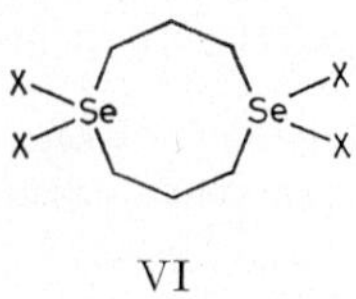

VI 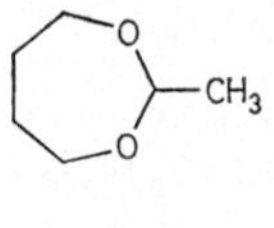 VII 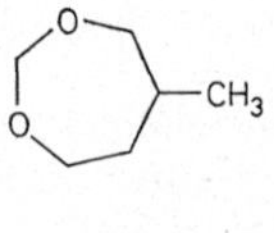 VIII 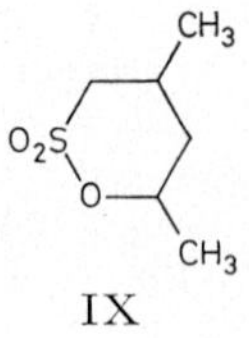 IX 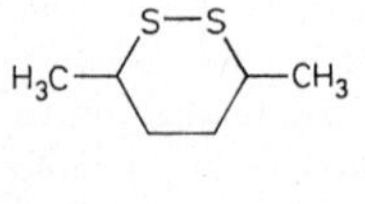 X

(±)-5-Methyl-[1,3]dioxepan $C_6H_{12}O_2$, Formel VIII.

B. Beim Erhitzen von (±)-2-Methyl-butan-1,4-diol mit Paraformaldehyd, wenig Toluol-

4-sulfonsäure und wenig [2]Naphthyl-phenyl-amin (*Pattison*, J. org. Chem. **22** [1957] 622).

Kp_{93}: 72°. n_D^{25}: 1,4269.

***Opt.-inakt. 4,6-Dimethyl-2,2-dioxo-2λ⁶-[1,2]oxathian, 4,6-Dimethyl-[1,2]oxathian-2,2-dioxid, 4-Hydroxy-2-methyl-pentan-1-sulfonsäure-lacton** $C_6H_{12}O_3S$, Formel IX.

Diese Konstitution kommt der nachstehend beschriebenen, von *Helberger et al.* (A. **562** [1949] 23, 30) mit Vorbehalt als 3,3,5-Trimethyl-[1,2]oxathiolan-2,2-dioxid formulierten Verbindung zu (*Scott, Heller*, J. org. Chem. **31** [1966] 1999).

B. Beim Behandeln von (±)-2-Chlor-4-methyl-pentan mit Schwefeldioxid und Chlor unter Belichtung, Erwärmen des gebildeten Sulfonylchlorids mit Wasser und Erhitzen des Reaktionsprodukts unter vermindertem Druck (*He. et al.*, l. c. S. 35).

Krystalle; F: 45°; bei 140–147°/21 Torr destillierbar (*He. et al.*).

***Opt.-inakt. 3,6-Dimethyl-[1,2]dithian** $C_6H_{12}S_2$, Formel X.

B. Neben grösseren Mengen 4,7-Dimethyl-[1,2,3]trithiepan (n_D^{25}: 1,5639) beim Erwärmen von Hexan-2,5-dion mit Schwefelwasserstoff unter 8000 at auf 80° (*Cairns et al.*, Am. Soc. **74** [1952] 3982, 3986).

Kp_{10}: 66–69°; n_D^{25}: 1,5461 (*Ca. et al.*, l. c. S. 3984).

2-Äthyl-[1,3]dithian, Propionaldehyd-propandiyldithioacetal $C_6H_{12}S_2$, Formel XI.

B. Beim Behandeln von Propan-1,3-dithiol mit Propionaldehyd in Gegenwart von Chlorwasserstoff (*Campaigne, Schaefer*, Bol. Col. Quim. Puerto Rico **9** [1952] 25, 27).

Kp_5: 85°. UV-Spektrum (A.; 210–260 nm; λ_{max}: 249 nm): *Ca., Sch.*, l. c. S. 26, 27.

(±)-4-Äthyl-[1,3]dioxan $C_6H_{12}O_2$, Formel XII (X = H).

B. Bei der Hydrierung von (±)-4-Vinyl-[1,3]dioxan an Raney-Nickel in Äthanol (*Dermer et al.*, Am. Soc. **73** [1951] 5869; *Hanschke*, B. **88** [1955] 1043, 1046).

Kp_{750}: 138°; D_4^{20}: 0,9562; n_D^{20}: 1,4242 (*Ha.*). Kp: 140–142°; D_4^{32}: 0,949; n_D^{32}: 1,4176 (*De. et al.*).

***Opt.-inakt. 4-[1,2-Dibrom-äthyl]-[1,3]dioxan** $C_6H_{10}Br_2O_2$, Formel XII (X = Br).

B. Beim Behandeln von (±)-4-Vinyl-[1,3]dioxan mit Brom in Tetrachlormethan (*Dermer et al.*, Am. Soc. **73** [1951] 5869).

Kp_{28}: 159–160°. D_4^{30}: 1,85. n_D^{30}: 1,5332.

XI XII XIII XIV

5-Äthyl-5-nitro-[1,3]dioxan $C_6H_{11}NO_4$, Formel XIII.

B. Beim Erhitzen von 2-Äthyl-2-nitro-propan-1,3-diol mit wss. Formaldehyd-Lösung und wenig Toluol-4-sulfonsäure (*Senkus*, Am. Soc. **63** [1941] 2635). Neben *N,N'*-Di-[2]pyridyl-methylendiamin beim Behandeln von 1-Nitro-propan mit wss. Formaldehyd-Lösung und [2]Pyridylamin (*Urbański, Skowrońska-Serafinowa*, Roczniki Chem. **29** [1955] 367, 370; C. A. **1956** 4966).

Krystalle; F: 53,2° [aus wss. Me.] (*Se.*), 53–54° [aus W.] (*Ur., Sk.-Se.*).

2,2-Dimethyl-[1,3]dioxan, Aceton-propandiylacetal $C_6H_{12}O_2$, Formel XIV (X = H) (E II 10).

B. Beim Erwärmen von Aceton mit Propan-1,3-diol, Benzol und wenig Toluol-4-sulfonsäure unter Entfernen des entstehenden Wassers (*Salmi, Rannikko*, B. **72** [1939] 600, 601; *Ceder*, Ark. Kemi **6** [1954] 523; vgl. E II 10).

Kp_{760}: 124—126°; n_D^{20}: 1,4190 (*Ce.*, l. c. S. 524). Kp_{758}: 124—124,2°; D_4^{20}: 0,9584; $n_{656,3}^{20}$: 1,41793; n_D^{20}: 1,42007; $n_{486,1}^{20}$: 1,42470 (*Sa.*, *Ra.*).

Geschwindigkeitskonstante der Hydrolyse in wss. Salzsäure bei 20° und 30°: *Ce.*, l. c. S. 530.

5-Chlor-2,2-dimethyl-[1,3]dioxan $C_6H_{11}ClO_2$, Formel XIV (X = Cl).

B. Beim Behandeln von Aceton mit 2-Chlor-propan-1,3-diol und Phosphor(V)-oxid (*Smith, Lindberg*, B. **64** [1931] 505, 509).

Kp_{757}: 161,5—162,2°. D_4^{15}: 1,1344. n_D^{15}: 1,4487.

2,2-Dimethyl-5-nitro-[1,3]dioxan $C_6H_{11}NO_4$, Formel XIV (X = NO_2).

B. Beim Behandeln von Aceton mit 2-Nitro-propan-1,3-diol und dem Borfluorid-Äther-Addukt (*Linden, Gold*, J. org. Chem. **21** [1956] 1175).

Krystalle; F: 61—62,5° [nach Erweichen bei 59°] (*Eckstein*, Roczniki Chem. **30** [1956] 1151, 1157; C. A. **1957** 8754), 60—61° [aus Hexan] (*Li.*, *Gold*). Kp_1: 90—92° (*Eck.*). UV-Spektrum (220—330 nm): *Eck.*, l. c. S. 1154.

Beim Behandeln einer äthanol. Lösung mit wss. Kalilauge und anschliessend mit wss. Benzoldiazonium-chlorid-Lösung ist 2,2-Dimethyl-5-nitro-5-phenylazo-[1,3]dioxan erhalten worden (*Eckstein, Urbański*, Bl. Acad. polon. [III] **3** [1955] 433, 434; Roczniki Chem. **30** [1956] 1175, 1179, 1183).

5-Chlor-2,2-dimethyl-5-nitro-[1,3]dioxan $C_6H_{10}ClNO_4$, Formel I (X = Cl).

B. Beim Erwärmen von Aceton mit 2-Chlor-2-nitro-propan-1,3-diol, Chloroform und wenig Schwefelsäure (*Eckstein*, Roczniki Chem. **30** [1956] 1151, 1156; C. A. **1957** 8754).

Krystalle (aus A.); F: 73—74,5° (*Eck.*, l. c. S. 1153). UV-Spektrum (220—330 nm): *Eck.*, l. c. S. 1154.

5-Brom-2,2-dimethyl-5-nitro-[1,3]dioxan $C_6H_{10}BrNO_4$, Formel I (X = Br).

B. Beim Erwärmen von Aceton mit 2-Brom-2-nitro-propan-1,3-diol, Chloroform und wenig Schwefelsäure (*Eckstein*, Roczniki Chem. **30** [1956] 1151, 1155; C. A. **1957** 8754).

Krystalle (aus A.); F: 81—83° (*Eck.*, l. c. S. 1153). UV-Spektrum (230—350 nm): *Eck.*, l. c. S. 1154.

Beim Behandeln mit der Natrium-Verbindung des Allyl-malonsäure-diäthylesters in Äther sind das Natrium-Salz des 2,2-Dimethyl-5-nitro-[1,3]dioxans und Allyl-brom-malonsäure-diäthylester erhalten worden (*Eck.*, l. c. S. 1156).

2,2-Dimethyl-5,5-dinitro-[1,3]dioxan $C_6H_{10}N_2O_6$, Formel I (X = NO_2).

B. Beim Behandeln von Aceton mit 2,2-Dinitro-propan-1,3-diol, Benzol und wenig Toluol-4-sulfonsäure-monohydrat unter Entfernen des entstehenden Wassers (*Linden, Gold*, J. org. Chem. **21** [1956] 1175). Beim Behandeln von Aceton mit 2,2-Dinitro-propan-1,3-diol und dem Borfluorid-Äther-Addukt (*Li.*, *Gold*).

Krystalle (aus Hexan); F: 55,5—56°.

2,2-Dimethyl-[1,3]oxathian $C_6H_{12}OS$, Formel II.

B. Beim Erwärmen von Aceton mit 3-Mercapto-propan-1-ol, Benzol und wenig Toluol-4-sulfonsäure-monohydrat unter Entfernen des entstehenden Wassers (*Djerassi, Gorman*, Am. Soc. **75** [1953] 3704, 3705, 3707; s. a. *Pihlaja, Pasanen*, Acta chem. scand. **24** [1970] 2257).

Kp_{18}: 49° (*Dj.*, *Go.*); Kp_{17}: 65—68° (*Pi.*, *Pa.*); Kp_{12}: 60° (*Sjöberg*, B. **75** [1942] 13, 28). D^{20}: 1,0291 (*Sj.*, B. **75** 28); D_4^{20}: 1,0187 (*Pi.*, *Pa.*); D_4^{24}: 1,0216 (*Dj.*, *Go.*). n_D^{20}: 1,4888 (*Sj.*, B. **75** 28), 1,4890 (*Pi.*, *Pa.*); n_D^{24}: 1,4880 (*Dj.*, *Go.*); $n_{656,3}^{20}$: 1,4860; $n_{486,1}^{20}$: 1,4963; $n_{434,0}^{20}$: 1,5019 (*Sj.*, B. **75** 28). UV-Spektrum (A.; 200—280 nm): *Sjöberg*, Z. physik. Chem. [B] **52** [1942] 209, 220.

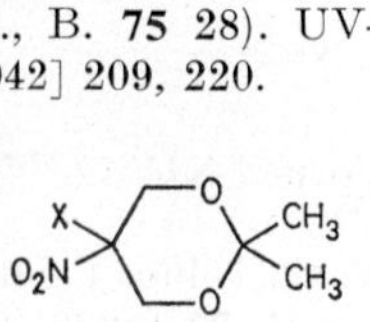

X, O_2N, CH_3, CH_3 — I; CH_3, CH_3 — II; CH_3, CH_3 — III; CX_3, CH_3 — IV; CH_3, CH_3, X — V

I 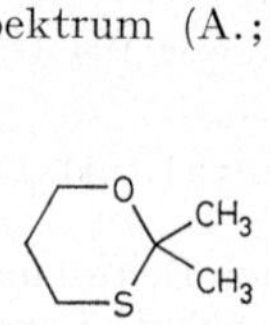 II 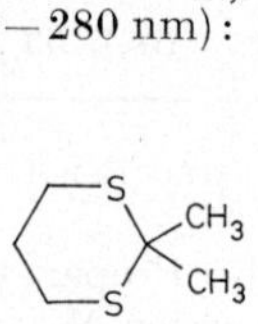 III 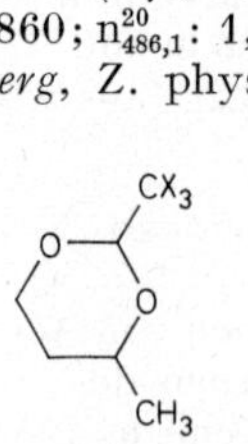 IV 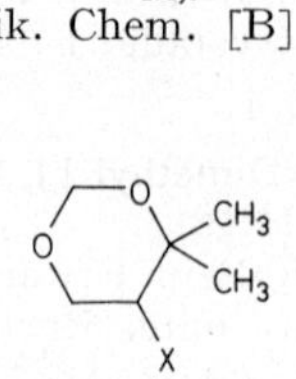 V

2,2-Dimethyl-[1,3]dithian, Aceton-propandiyldithioacetal $C_6H_{12}S_2$, Formel III (H 10).

B. Beim Behandeln von Aceton mit dem Dinatrium-Salz des 1,3-Bis-sulfomercapto-propans und Chlorwasserstoff enthaltendem Äthanol (*Masower*, Ž. obšč. Chim. **19** [1949] 843, 845; engl. Ausg. S. 829, 831).

Kp_5: 65° (*Campaigne, Schaefer*, Bol. Col. Quim. Puerto Rico **9** [1952] 25, 27). D^{18}: 1,12 (*Ma.*). UV-Spektrum (A.; 210—260 nm; λ_{max}: 251 nm): *Ca., Sch.*, l. c. S. 26, 27.

***Opt.-inakt. 2,4-Dimethyl-[1,3]dioxan** $C_6H_{12}O_2$, Formel IV (X = H) (vgl. E II 10).

Über (±)-*cis*-2,4-Dimethyl-[1,3]dioxan (n_D^{20}: 1,4138) und (±)-*trans*-2,4-Dimethyl-[1,3]dioxan (n_D^{20}: 1,4208) s. *Eliel, Knoeber*, Am. Soc. **90** [1968] 3444, 3446, 3455.

B. Beim Erwärmen von (±)-Butan-1,3-diol mit Paraldehyd unter Zusatz von Phosphorsäure (*Arbusow, Winogradowa*, Izv. Akad. S.S.S.R. Otd. chim. **1950** 291, 296; C. A. **1950** 8718) oder wss. Schwefelsäure (*Leutner*, M. **66** [1935] 222, 232). Beim Erwärmen von (±)-Butan-1,3-diol mit Äthyl-vinyl-äther und mit kleinen Mengen wss. Salzsäure (*Woronkow, Titlinowa*, Ž. obšč. Chim. **24** [1954] 613, 614, 617; engl. Ausg. S. 623, 624, 626) oder in Gegenwart eines Kationenaustauschers (*Mastagli et al.*, Bl. **1957** 764).

Kp_{740}: 118,2°; D_4^{20}: 0,9354; n_D^{20}: 1,4140 (*Wo., Ti.*). — Kp_{742}: 118—118,3°; D_0^{20}: 0,9344; n_D^{20}: 1,4141; Oberflächenspannung bei 20°: 26,5 $g \cdot s^{-2}$ (*Ar., Wi.*).

***Opt.-inakt. 4-Methyl-2-trichlormethyl-[1,3]dioxan** $C_6H_9Cl_3O_2$, Formel IV (X = Cl).

B. Beim Behandeln von (±)-Butan-1,3-diol mit Chloralhydrat und konz. Schwefelsäure (*Searle & Co.*, U.S.P. 2532340 [1948]).

Kp_{25}: 119—121°.

4,4-Dimethyl-[1,3]dioxan $C_6H_{12}O_2$, Formel V (X = H).

B. Als Hauptprodukt beim Behandeln von Isobutylen mit wss. Formaldehyd-Lösung und wenig Schwefelsäure (*Arundale, Mikeska*, Chem. Reviews **51** [1952] 505, 510; *Farberow et al.*, Ž. obšč. Chim. **27** [1957] 2806, 2813, 2814; engl. Ausg. S. 2841, 2847, 2848; s. a. *I.G. Farbenind.*, D.R.P. 749150 [1937]; D.R.P. Org. Chem. **6** 2592; *Gen. Aniline & Film Corp.*, U.S.P. 2325760 [1938]). Beim Erwärmen von *tert*-Butylalkohol mit wss. Formaldehyd-Lösung, Paraformaldehyd und wenig Schwefelsäure (*I.G. Farbenind.*, D.R.P. 741152 [1938]; D.R.P. Org. Chem. **6** 162).

E: —88,5° (*Ar., Mi.*, l. c. S. 517). Kp_{760}: 133° (*Ar., Mi.*); Kp: 132,4° (*Fa. et al.*). D_4^{20}: 0,9634 (*Fa. et al.*); D_{20}^{20}: 0,9651 (*Ar., Mi.*). Viscosität [$cm^2 \cdot s^{-1}$] bei Temperaturen von 15,6° (0,01567) bis 37,8° (0,01087): *Ar., Mi.* n_D^{20}: 1,4238 (*Fa. et al.*), 1,4231 (*Ar., Mi.*). Gegenseitige Löslichkeit im System mit Wasser bei Temperaturen von —1° bis +43°: *Ar., Mi.*; bei 20°: *Fa. et al.*, l. c. S. 2812. Azeotrop mit Wasser: *Fa. et al.*

Flammpunkt: *Ar., Mi.*, l. c. S. 517.

Über eine Einschlussverbindung mit Thioharnstoff (3,1 Mol) s. *Schlenk*, A. **573** [1951] 142, 158.

(±)-5-Chlor-4,4-dimethyl-[1,3]dioxan $C_6H_{11}ClO_2$, Formel V (X = Cl).

B. Neben kleineren Mengen 2-Chlor-3-methyl-butan-1,3-diol beim Erwärmen von 1-Chlor-2-methyl-propen mit Paraformaldehyd und 50%ig. wss. Schwefelsäure (*Standard Oil Devel. Co.*, U.S.P. 2296375 [1939]).

Kp_2: 57—59°.

(±)-4-Chlormethyl-4-methyl-[1,3]dioxan $C_6H_{11}ClO_2$, Formel VI.

B. Beim Erwärmen von Methallylchlorid mit Paraformaldehyd und 50%ig. wss. Schwefelsäure (*Standard Oil Devel. Co.*, U.S.P. 2296375 [1939]).

Kp: 187—190°.

***Opt.-inakt. 4,5-Dimethyl-[1,3]dioxan** $C_6H_{12}O_2$, Formel VII.

Über ein beim Erhitzen von But-2-en (nicht charakterisiert) mit wss. Formaldehyd-Lösung und wenig Schwefelsäure auf 130° erhaltenes Präparat (Kp: 132,5°; D_4^{20}: 0,9613; n_D^{20}: 1,4223) s. *Farberow et al.*, Ž. obšč. Chim. **27** [1957] 2806, 2813, 2814; engl. Ausg. S. 2841, 2847.

5,5-Dimethyl-[1,3]dioxan $C_6H_{12}O_2$, Formel VIII (X = H) (H 10; E II 10).

B. Neben 1,3-Diacetoxy-2,2-dimethyl-propan beim Erhitzen von Isobutyraldehyd mit Paraformaldehyd (entsprechend 3 Mol CH_2O), Essigsäure und wenig Schwefelsäure (*Olsen et al.*, A. **627** [1959] 96, 104).

Kp_{740}: 121—123°.

VI VII VIII IX

5-Brommethyl-5-methyl-[1,3]dioxan $C_6H_{11}BrO_2$, Formel VIII (X = Br).

B. Beim Erhitzen von 2-Brommethyl-2-methyl-propan-1,3-diol mit wss. Formaldehyd-Lösung und Phosphorsäure (*Blicke, Schumann*, Am. Soc. **76** [1954] 1226).

Kp_{68}: 126—127°.

5,5-Dimethyl-1,1,3,3-tetraoxo-1λ⁶,3λ⁶-[1,3]dithian, 5,5-Dimethyl-[1,3]dithian-1,1,3,3-tetraoxid $C_6H_{12}O_4S_2$, Formel IX.

B. Beim Behandeln von 2,2-Dimethyl-propan-1,3-dithiol mit wss. Formaldehyd-Lösung und wss.-äthanol. Salzsäure und Behandeln einer Lösung des Reaktionsprodukts in Essigsäure mit wss. Wasserstoffperoxid (*Backer, Tamsma*, R. **57** [1938] 1183, 1199).

Krystalle (aus Eg.); F: 201°.

(±)-Äthyl-[1,4]dioxan $C_6H_{12}O_2$, Formel X (X = H).

B. Beim Behandeln von (±)-Chlor-[1,4]dioxan mit Äthylmagnesiumbromid in Äther (*Summerbell, Umhoefer*, Am. Soc. **61** [1939] 3016, 3017). Beim Erhitzen von (±)-1-Brom-2-[2-chlor-äthoxy]-butan mit wss. Kalilauge bis auf 200° (*Su., Um.*, l. c. S. 3019).

Kp_{750}: 132,5—133°. D_4^{20}: 0,955. n_D^{20}: 1,4263.

(±)-[1,1,2,2-Tetrafluor-äthyl]-[1,4]dioxan $C_6H_8F_4O_2$, Formel X (X = F).

B. Beim Erhitzen von [1,4]Dioxan mit Tetrafluoräthylen und Dibenzoylperoxid unter 25 at auf 110° (*Du Pont de Nemours & Co.*, U.S.P. 2436135 [1943]).

Bei 144—162° destillierbar.

Beim Behandeln einer Lösung in Tetrachlormethan mit Chlor unter Belichtung ist ein Trichlor-Derivat $C_6H_5Cl_3F_4O_2$ (Kp_2: 71—72°) erhalten worden.

2,2-Dimethyl-[1,4]dioxan $C_6H_{12}O_2$, Formel XI.

B. Beim Erhitzen von 2-Methallyloxy-äthanol mit wenig Schwefelsäure unter 5 Torr (*Meltzer et al.*, J. org. Chem. **24** [1959] 1763, 1765).

Kp: 120—121°. n_D^{25}: 1,4106.

X XI XII XIII

2,3-Dimethyl-[1,4]dioxan $C_6H_{12}O_2$.

Über die Konfiguration der beiden folgenden Stereoisomeren s. *Summerbell et al.*, J. org. Chem. **27** [1962] 4365; *Gatti et al.*, Tetrahedron **23** [1967] 4385.

a) ***cis*-2,3-Dimethyl-[1,4]dioxan** $C_6H_{12}O_2$, Formel XII (X = H).

B. Neben dem unter b) beschriebenen Stereoisomeren beim Erwärmen von (±)-*trans*-2,3-Dichlor-[1,4]dioxan (S. 30) mit Dimethylcadmium in Toluol (*Summerbell, Bauer*, Am. Soc. **58** [1936] 759; *Summerbell et al.*, J. org. Chem. **27** [1962] 4365).

Kp_{751}: 132,2—132,7°; D_{20}^{20}: 0,967; n_D^{20}: 1,4259 (*Su., Ba.*).

b) **(±)-*trans*-2,3-Dimethyl-[1,4]dioxan** $C_6H_{12}O_2$, Formel XIII (X = H) + Spiegelbild.

B. s. bei dem unter a) beschriebenen Stereoisomeren.

Kp_{751}: 127,7–129°; D_{20}^{20}: 0,960; n_D^{20}: 1,4237 (*Summerbell, Bauer,* Am. Soc. **58** [1936] 759). Kp_{750}: 125,2°; D^{20}: 0,934; n_D^{20}: 1,4195 (*Summerbell et al.*, J. org. Chem. **27** [1962] 4365).

2,3-Bis-jodmethyl-[1,4]dioxan $C_6H_{10}I_2O_2$.

a) ***cis*-2,3-Bis-jodmethyl-[1,4]dioxan** $C_6H_{10}I_2O_2$, Formel XII (X = I).

B. Neben dem unter b) beschriebenen Stereoisomeren beim Erhitzen von opt.-inakt. 2,3-Bis-jodomercuriomethyl-[1,4]dioxan (Gemisch der Stereoisomeren) mit Jod in Chloroform und Wasser (*Summerbell, Lestina,* Am. Soc. **79** [1957] 3878, 3881).

Krystalle (aus Hexan) vom F: 77–77,5°; bei schnellem Abkühlen der Schmelze werden Krystalle vom F: 83,5–84° erhalten.

b) **(±)-*trans*-2,3-Bis-jodmethyl-[1,4]dioxan** $C_6H_{10}I_2O_2$, Formel XIII (X = I) + Spiegelbild.

B. s. bei dem unter a) beschriebenen Stereoisomeren.

Krystalle (aus Me.); F: 89,5–90° (*Summerbell, Lestina,* Am. Soc. **79** [1957] 3879, 3883).

***Opt.-inakt. 2-Brom-2,3-dimethyl-[1,4]oxathian** $C_6H_{11}BrOS$, Formel I.

Diese Konstitution ist der nachstehend beschriebenen Verbindung zugeordnet worden (*Parham et al.*, Am. Soc. **77** [1955] 1169, 1172).

B. Neben 5,6-Dimethyl-2,3-dihydro-[1,4]oxathiin beim Behandeln von 2-Mercapto-äthanol mit (±)-2,2-Diäthoxy-3-brom-butan, Tetrachlormethan und wenig Toluol-4-sulfonsäure (*Pa. et al.*, l. c. S. 1174).

Flüssigkeit; n_D^{25}: 1,5244 (*Pa. et al.*, l. c. S. 1174).

2,5-Dimethyl-[1,4]dioxan $C_6H_{12}O_2$.

Das früher (s. E II **19** 10) als 2,5(oder 2,6)-Dimethyl-[1,4]dioxan angesehene Dipropylendioxid ist als 2-Äthyl-4-methyl-[1,3]dioxolan zu formulieren (*Augdahl, Hassel,* Acta chem. scand. **9** [1955] 172). In einem von *Astle, Jacobson,* (J. org. Chem. **24** [1959] 1766) beim Erhitzen von (±)-1,2-Epoxy-propan mit (±)-Propan-1,2-diol und wenig Schwefelsäure erhaltenen, als 2,5-Dimethyl-[1,4]dioxan angesehenen Präparat (Kp: 115–117°) hat wahrscheinlich ebenfalls 2-Äthyl-4-methyl-[1,3]dioxolan vorgelegen.

***trans*-2,5-Dimethyl-[1,4]dioxan** $C_6H_{12}O_2$, Formel II (X = H).

B. Bei mehrtägigem Erwärmen von *trans*-2,5-Bis-jodmethyl-[1,4]dioxan mit Lithium≈alanat in Äther (*Augdahl,* Acta chem. scand. **9** [1955] 1237).

F: −4,5°; Kp_{750}: 121,5°; D_4^{22}: 0,932; n_D^{22}: 1,4147 (*Au.*). Kp_{750}: 121,4–121,9°; D^{20}: 0,932; n_D^{20}: 1,4147 (*Summerbell et al.*, J. org. Chem. **27** [1962] 4365).

I II III IV

***trans*-2,5-Bis-chlormethyl-[1,4]dioxan** $C_6H_{10}Cl_2O_2$, Formel II (X = Cl).

Diese Konstitution und Konfiguration kommt der früher (s. H **19** 10; E II **19** 11) als 2,5(oder 2,6)-Bis-chlormethyl-[1,4]dioxan beschriebenen Verbindung vom F: 112° zu (*Summerbell, Stephens,* Am. Soc. **76** [1954] 6401, 6403).

2,5-Dibrom-3,6-dimethyl-[1,4]dioxan $C_6H_{10}Br_2O_2$, Formel III.

Diese Konstitution kommt vermutlich der nachstehend beschriebenen opt.-inakt. Verbindung zu.

B. Beim Behandeln von 2,5-Diacetoxy-3,6-dimethyl-[1,4]dioxan (F: 132–134°) mit Bromwasserstoff in Essigsäure (*Fischer et al.*, B. **63** [1930] 1732, 1743).

Krystalle (aus $CHCl_3$); F: 79–81° [Zers.]. Wenig beständig.

2,5-Bis-jodmethyl-[1,4]dioxan $C_6H_{10}I_2O_2$.

a) **(±)-*cis*-2,5-Bis-jodmethyl-[1,4]dioxan** $C_6H_{10}I_2O_2$, Formel IV + Spiegelbild.

B. Beim Erwärmen von (±)-*cis*-2,5-Bis-[toluol-4-sulfonyloxymethyl]-[1,4]dioxan mit Natriumjodid in Aceton (*Summerbell, Stephens,* Am. Soc. **76** [1954] 6401, 6406).

Krystalle (aus Me.); F: 97°.

b) ***trans*-2,5-Bis-jodmethyl-[1,4]dioxan** $C_6H_{10}I_2O_2$, Formel II (X = I).

Diese Konstitution und Konfiguration kommt der früher (s. H **19** 11) als 2,5(oder 2,6)-Bis-jodmethyl-[1,4]dioxan beschriebenen, als Bis-[γ-jod-propylen]-dioxyd („dimeres Epijodhydrin") bezeichneten Verbindung zu (*Summerbell, Stephens,* Am. Soc. **76** [1954] 6401, 6403).

B. Beim Eintragen von Allylalkohol in ein aus Quecksilber(II)-oxid und wss. Salpetersäure hergestelltes Reaktionsgemisch, Behandeln des Reaktionsprodukts mit wss. Natronlauge und wss. Kaliumjodid-Lösung und Erhitzen des erhaltenen *trans*-2,5-Bis-jodomercuriomethyl-[1,4]dioxans mit Jod und Kaliumjodid in Wasser (*Su., St.,* l. c. S. 6404; vgl. H 11).

Krystalle (aus Bzl.); F: 158° [Fisher-Johns-App.].

2,5-Dimethyl-[1,4]dithian $C_6H_{12}S_2$, Formel V.

Diese Konstitution kommt der nachstehend beschriebenen, von *Glavis et al.* (Am. Soc. **59** [1937] 707, 710) als 2,6-Dimethyl-[1,4]dithian angesehenen opt.-inakt. Verbindung zu (*Marvel, Weil,* Am. Soc. **76** [1954] 61, 64).

B. Beim Behandeln von Propen mit Dischwefeldichlorid und Erwärmen des Reaktionsprodukts mit Natriumsulfid in Äthanol (*Gl. et al.*).

Kp_{12}: 85—87°; D_{20}^{20}: 1,080; n_D^{20}: 1,5420 (*Gl. et al.*).

2,5-Dimethyl-1,1,4,4-tetraoxo-1λ^6,4λ^6-[1,4]dithian, 2,5-Dimethyl-[1,4]dithian-1,1,4,4-tetraoxid $C_6H_{12}O_4S_2$, Formel VI.

Diese Konstitution kommt der nachstehend beschriebenen, von *Hunt* und *Marvel* (Am. Soc. **57** [1935] 1691, 1694) sowie von *Glavis et al.* (Am. Soc. **59** [1937] 707, 710) als 2,6-Dimethyl-[1,4]dithian-1,1,4,4-tetraoxid angesehenen Verbindung zu (*Marvel, Weil,* Am. Soc. **76** [1954] 61, 64).

B. Aus Poly-[propylensulfon] (E III **1** 695) beim Behandeln mit wss. Natronlauge (*Hunt, Ma.*), beim Behandeln mit flüssigem Ammoniak (*Gl. et al.*) sowie beim Erwärmen mit Bariumhydroxid in Wasser (*Staudinger, Ritzenthaler,* B. **68** [1935] 455, 471). Beim Erhitzen von 2,5-Dimethyl-[1,4]dithian (s. o.) mit Essigsäure und wss. Wasserstoffperoxid (*Gl. et al.*).

Krystalle; F: 334° [aus Dioxan + W.] (*Gl. et al.*), 334° [korr.; Block] (*Ma., Weil,* l. c. S. 64 Anm. 19), 320° (*Hunt, Ma.*), 315° [aus W.] (*St., Ri.*). IR-Banden (Nujol) im Bereich von 1330 cm^{-1} bis 670 cm^{-1}: *Ma., Weil,* l. c. S. 67.

2,6-Dimethyl-[1,4]dioxan $C_6H_{12}O_2$.

Das früher (s. E II **19** 10) als 2,6(oder 2,5)-Dimethyl-[1,4]dioxan angesehene Dipropylendioxid ist als 2-Äthyl-4-methyl-[1,3]dioxolan zu formulieren (*Augdahl, Hassel,* Acta chem. scand. **9** [1955] 172).

***cis*-2,6-Dimethyl-[1,4]dioxan** $C_6H_{12}O_2$, Formel VII (X = H).

Diese Konfiguration kommt wahrscheinlich der nachstehend beschriebenen Verbindung zu (*Summerbell et al.,* J. org. Chem. **27** [1962] 4365).

B. Beim Behandeln von Diallyläther mit Quecksilber(II)-acetat in Wasser und anschliessend mit Kaliumchlorid und Behandeln des erhaltenen 2,6-Bis-chloromercuriomethyl-[1,4]dioxans mit Natrium-Amalgam und wss. Essigsäure (*Nešmejanow, Luzenko,* Izv. Akad. S.S.S.R. Otd. chim. **1943** 296, 303; C. A. **1944** 5499).

Kp: 120—121°; D_4^{20}: 0,9244; n_D^{20}: 1,4169 (*Ne., Lu.*).

2,6-Bis-jodmethyl-[1,4]dioxan $C_6H_{10}I_2O_2$.

Die früher (s. H **19** 11) als 2,6(oder 2,5)-Bis-jodmethyl-[1,4]dioxan („Bis-[γ-jod-propylen]-dioxyd"; „dimeres Epijodhydrin") beschriebene Verbindung (F: 160°) ist als *trans*-2,5-Bis-jodmethyl-[1,4]dioxan (s. o.) zu formulieren (*Summerbell, Stephens,* Am. Soc.

76 [1954] 6401, 6403).

Über die Konfiguration der folgenden Stereoisomeren s. *Summerbell, Stephens*, Am. Soc. **76** [1954] 731, 732.

V VI VII VIII

a) ***cis*-2,6-Bis-jodmethyl-[1,4]dioxan** $C_6H_{10}I_2O_2$, Formel VII (X = I).

B. Beim Eintragen von Diallyläther in eine wss. Lösung von Quecksilber(II)-acetat, Behandeln des Reaktionsgemisches mit wss. Natronlauge und wss. Kaliumjodid-Lösung und Erwärmen einer Lösung des erhaltenen 2,6-Bis-jodomercuriomethyl-[1,4]dioxans in Chloroform und Wasser mit Jod (*Summerbell et al.*, Am. Soc. **79** [1957] 234, 236; s. a. *Summerbell, Stephens*, Am. Soc. **76** [1954] 731, 732; *Nešmejanow, Luzenko*, Izv. Akad. S.S.S.R. Otd. chim. **1943** 296, 303; C. A. **1944** 5499).

Krystalle; F: 94° [aus A.] (*Ne., Lu.*), 92° [aus Me.] (*Su., St.*).

Beim Erhitzen mit wss. Ammoniak auf 140° ist eine vermutlich als [7.7′]Spirobi[3,9-dioxa-7-azonia-bicyclo[3.3.1]nonan]-jodid zu formulierende Verbindung $[C_{12}H_{20}NO_4]I$ (Krystalle [aus A.], F: 263—267° [Zers.]) erhalten worden (*Su., St.*, l. c. S. 733).

b) **(±)-*trans*-2,6-Bis-jodmethyl-[1,4]dioxan** $C_6H_{10}I_2O_2$, Formel VIII + Spiegelbild.

B. Neben dem unter a) beschriebenen Stereoisomeren beim Behandeln von Diallyläther mit Quecksilber(II)-acetat in Wasser und anschliessend mit Kaliumjodid und Erwärmen des erhaltenen 2,6-Bis-jodomercuriomethyl-[1,4]dioxans mit Jod in Methanol (*Summerbell, Stephens*, Am. Soc. **76** [1954] 731, 733; s. a. *Summerbell et al.*, Am. Soc. **79** [1957] 234, 237).

Krystalle (aus Me.); F: 70° (*Su., St.*).

3,5-Dimethyl-[1,4]oxathian $C_6H_{12}OS$, Formel IX.

Diese Konstitution ist der nachstehend beschriebenen opt.-inakt. Verbindung zugeordnet worden (*Harman, Vaughan*, Am. Soc. **72** [1950] 631).

B. Bei 4-tägigem Erwärmen von Diallyläther mit Schwefelwasserstoff und wenig Dibutylamin (*Ha., Va.*).

Kp_{160}: 113—114°. n_D^{20}: 1,4850.

***Opt.-inakt. 2,6-Dimethyl-[1,4]oxathian** $C_6H_{12}OS$, Formel X (X = H).

B. Beim Erwärmen von opt.-inakt. Bis-[β-chlor-isopropyl]-äther (E III **1** 1470) mit Natriumsulfid in Äthanol (*Hunt, Marvel*, Am. Soc. **57** [1935] 1691, 1696). Beim Erwärmen von opt.-inakt. Bis-[2-chlor-propyl]-sulfid (E III **1** 1437) mit wss. Salzsäure (*Hunt, Ma.*).

Kp: 162° (*Hunt, Ma.*). Kp: 160—161°; n_D^{20}: 1,4733 (*Marvel, Weil*, Am. Soc. **76** [1954] 61, 68).

2,6-Dimethyl-4,4-dioxo-4λ⁶-[1,4]oxathian, 2,6-Dimethyl-[1,4]oxathian-4,4-dioxid $C_6H_{12}O_3S$, Formel XI.

a) Höherschmelzendes opt.-inakt. Stereoisomeres.

B. Beim Erwärmen von Bis-[3-chlor-propyl]-sulfon mit äthanol. Kalilauge (*Ford-Moore*, Soc. **1949** 2433, 2437). Beim Erhitzen von opt.-inakt. Bis-[2-chlor-propyl]-sulfon (F: 23° bzw. F: 56°) mit wss. Natronlauge (*Ford-Mo.*; *Marvel, Weil*, Am. Soc. **76** [1954] 61, 68). Beim Erhitzen von Diallylsulfon mit wss. Natriumcarbonat-Lösung (*Backer, van der Ley*, R. **70** [1951] 564) oder mit wss. Natronlauge (*Ford-Mo.*).

Krystalle; F: 107° [aus W.] (*Ba., v. der Ley*), 104,5—105,5° [korr.; aus Bzn.] (*Ma., Weil*), 103—104° [aus PAe.] (*Ford-Mo.*). IR-Banden (Nujol) im Bereich von 1350 cm^{-1} bis 700 cm^{-1}: *Ma., Weil.*

b) Niedrigerschmelzendes opt.-inakt. Stereoisomeres.

B. Neben dem unter a) beschriebenen Stereoisomeren beim Erwärmen von opt.-inakt. 2,6-Dimethyl-[1,4]oxathian (Kp: 160—161°) mit Peroxyessigsäure in Essigsäure (*Marvel, Weil*, Am. Soc. **76** [1954] 61, 68).

Krystalle (aus Bzn.); F: 92,5—93°.

IX X XI XII XIII

3-Chlor-2,6-dimethyl-[1,4]oxathian $C_6H_{11}ClOS$, Formel X (X = Cl).

Diese Konstitution ist der nachstehend beschriebenen opt.-inakt. Verbindung zugeordnet worden (*Haubein*, Am. Soc. **81** [1959] 144, 147).

B. Beim Behandeln eines Gemisches von opt.-inakt. 2,6-Dimethyl-[1,4]oxathian (?) (Kp: 104—105°; n_D^{20}: 1,4870) und Tetrachlormethan mit Chlor bei —10°, zuletzt bei 25° (*Ha.*).

Kp_{15}: 95—96°.

2,3-Dichlor-2,6-dimethyl-[1,4]oxathian $C_6H_{10}Cl_2OS$, Formel XII.

Diese Konstitution ist der nachstehend beschriebenen opt.-inakt. Verbindung zugeordnet worden (*Haubein*, Am. Soc. **81** [1959] 144, 147).

B. Beim Behandeln eines warmen Gemisches von opt.-inakt. 2,6-Dimethyl-[1,4]oxathian (?) (Kp: 104—105°; n_D^{20}: 1,4870) und Tetrachlormethan mit Chlor (*Ha.*).

$Kp_{0,4}$: 61—63°.

***Opt.-inakt. 2,6-Dimethyl-[1,4]dithian** $C_6H_{12}S_2$, Formel XIII.

Eine von *Glavis et al.* (Am. Soc. **59** [1937] 707, 710) als 2,6-Dimethyl-[1,4]dithian beschriebene Verbindung (Kp_{12}: 85—87°; n_D^{20}: 1,5420) ist als 2,5-Dimethyl-[1,4]dithian zu formulieren (*Marvel, Weil*, Am. Soc. **76** [1954] 61, 64).

B. Beim Erwärmen von Diallylsulfid mit Triäthylamin und wenig Pyrogallol unter Einleiten von Schwefelwasserstoff (*Ma., Weil*, l. c. S. 68).

Bei 80—100°/15 Torr destillierbar; n_D^{20}: 1,5324 (*Ma., Weil*).

***Opt.-inakt. 3,5-Dimethyl-1,1-dioxo-1λ⁶-[1,4]dithian, 3,5-Dimethyl-[1,4]dithian-1,1-dioxid** $C_6H_{12}O_2S_2$, Formel I.

B. Beim Erwärmen von Diallylsulfon mit Natriumsulfid in Wasser (*Backer, van der Ley*, R. **70** [1951] 564). Beim Erwärmen von opt.-inakt. Bis-[2-chlor-propyl]-sulfon (F: 56°) mit Natriumsulfid in Äthanol (*Marvel, Weil*, Am. Soc. **76** [1954] 61, 67).

Krystalle; F: 146° [aus A. oder W.] (*Ba., v. der Ley*), 146° [korr.; aus Bzl. + Bzn.] (*Ma., Weil*).

***Opt.-inakt. 2,6-Dimethyl-1,1,4,4-tetraoxo-1λ⁶,4λ⁶-[1,4]dithian, 2,6-Dimethyl-[1,4]dithian-1,1,4,4-tetraoxid** $C_6H_{12}O_4S_2$, Formel II.

Eine von *Hunt* und *Marvel* (Am. Soc. **57** [1935] 1691, 1694) sowie von *Glavis et al.* (Am. Soc. **59** [1937] 706, 710) als 2,6-Dimethyl-[1,4]dithian-1,1,4,4-tetraoxid beschriebene Verbindung (F: 320° bzw. F: 334°) ist als 2,5-Dimethyl-[1,4]dithian-1,1,4,4-tetraoxid zu formulieren (*Marvel, Weil*, Am. Soc. **76** [1954] 61, 64).

B. Beim Erwärmen von opt.-inakt. 2,6-Dimethyl-[1,4]dithian [s. o.] (*Ma., Weil*, l. c. S. 68) oder von opt.-inakt. 3,5-Dimethyl-[1,4]dithian-1,1-dioxid [s. o.] (*Ma., Weil*, l. c. S. 67; *Backer, van der Ley*, R. **70** [1951] 564, 566) mit Essigsäure und wss. Wasserstoffperoxid.

Krystalle; F: 320° (*Ba., v. der Ley*), 313° [korr.; Block; aus Nitromethan, Dioxan oder Dimethylformamid] (*Ma., Weil*). IR-Banden (Nujol) im Bereich von 1350 cm^{-1} bis 650 cm^{-1}: *Ma., Weil.*

I II III IV V

(±)-4,5,5-Trimethyl-2,2-dioxo-2λ⁶-[1,2]oxathiolan, (±)-4,5,5-Trimethyl-[1,2]oxathiolan-2,2-dioxid, (±)-3-Hydroxy-2,3-dimethyl-butan-1-sulfonsäure-lacton $C_6H_{12}O_3S$, Formel III.

Bestätigung der Konstitutionszuordnung: *Ohline et al.*, Am. Soc. **86** [1964] 4641, 4643.

B. Beim Eintragen von 3,3-Dimethyl-but-1-en in ein aus Schwefeltrioxid, Dioxan und Dichlormethan hergestelltes Reaktionsgemisch und anschliessenden Behandeln mit Wasser (*Bordwell et al.*, Am. Soc. **81** [1959] 2002, 2006).

Krystalle (aus Ae. + Pentan); F: 61–63° (*Bo. et al.*, l. c. S. 2006). ^{1}H-NMR-Absorption sowie ^{1}H-^{1}H-Spin-Spin-Kopplungskonstante: *Oh. et al.*, l. c. S. 4642.

Geschwindigkeitskonstante der Hydrolyse in 2,8%ig. wss. Dioxan bei 0°, 21° und 30°: *Bordwell et al.*, Am. Soc. **81** [1959] 2698, 2701.

(±)-3,5,5-Trimethyl-2,2-dioxo-2λ⁶-[1,2]oxathiolan, (±)-3,5,5-Trimethyl-[1,2]oxathiolan-2,2-dioxid, (±)-4-Hydroxy-4-methyl-pentan-2-sulfonsäure-lacton $C_6H_{12}O_3S$, Formel IV.

Diese Konstitution ist für die nachstehend beschriebene Verbindung in Betracht gezogen worden (*Bordwell et al.*, Am. Soc. **81** [1959] 2002, 2004).

B. Beim Eintragen von 4-Methyl-pent-2-en (nicht charakterisiert) in ein aus Schwefeltrioxid, Dioxan und Dichlormethan hergestelltes Reaktionsgemisch und anschliessenden Behandeln mit Wasser (*Bo. et al.*, l. c. S. 2006, 2007).

Krystalle (aus Ae. + Pentan); F: ca. –48° bis –44° [unreines Präparat]. Bei Raumtemperatur wenig beständig.

(±)-3,3,5-Trimethyl-2,2-dioxo-2λ⁶-[1,2]oxathiolan, (±)-3,3,5-Trimethyl-[1,2]oxathiolan-2,2-dioxid, (±)-4-Hydroxy-2-methyl-pentan-2-sulfonsäure-lacton $C_6H_{12}O_3S$, Formel V.

Bestätigung der Konstitutionszuordnung: *Ohline et al.*, Am. Soc. **86** [1964] 4641, 4644.

Eine von *Helberger et al.* (A. **562** [1949] 23, 30, 35) mit Vorbehalt unter dieser Konstitution beschriebene Verbindung (F: 45°) ist als 4,6-Dimethyl-[1,2]oxathian-2,2-dioxid zu formulieren (*Scott, Heller*, J. org. Chem. **31** [1966] 1999).

B. Aus (±)-4-Hydroxy-2-methyl-pentan-2-sulfonsäure beim Erhitzen sowie beim Eintragen einer äthanol Lösung in heisses Xylol unter Entfernen des entstehenden Wassers (*Willems*, Bl. Soc. chim. Belg. **64** [1955] 747, 752, 768).

Krystalle (aus Bzl. + Ae.); F: 50,5°; Kp_{16}: 160° (*Wi.*, l. c. S. 753). ^{1}H-NMR-Spektrum sowie ^{1}H-^{1}H-Spin-Spin-Kopplungskonstanten: *Oh. et al.*

Geschwindigkeitskonstante der Hydrolyse in 2,8%ig. wss. Dioxan bei 40° und 50°: *Bordwell et al.*, Am. Soc. **81** [1959] 2698, 2700.

Charakterisierung durch Überführung in 2-Methyl-4-pyridinio-pentan-2-sulfonsäure-betain (F: 253–254°): *Wi.*, l. c. S. 761.

2-Propyl-[1,3]dioxolan, Butyraldehyd-äthandiylacetal $C_6H_{12}O_2$, Formel VI (X = H) (E II 11).

B. Beim Erwärmen von Butyraldehyd mit Äthylenglykol und einem Kationenaustauscher unter Entfernen des entstehenden Wassers (*Astle et al.*, Ind. eng. Chem. **46** [1954] 787, 788).

Kp: 133° (*As. et al.*).

Beim Erhitzen auf 470° sind Buttersäure und Äthylen erhalten worden (*Bilger, Hibbert*, Am. Soc. **58** [1936] 823, 825).

(±)-2-[1-Chlor-propyl]-[1,3]dioxolan $C_6H_{11}ClO_2$, Formel VI (X = Cl).

B. Beim Erhitzen von (±)-2-Chlor-butyraldehyd mit Äthylenglykol (*Krattiger*, Bl. **1953** 222, 224).

Kp_{13}: 76°. D^{16}: 1,139. n_D^{16}: 1,4530.

(±)-2-[1-Brom-propyl]-[1,3]dioxolan $C_6H_{11}BrO_2$, Formel VI (X = Br).

B. Beim Erhitzen von (±)-2-Brom-butyraldehyd mit Äthylenglykol (*Krattiger*, Bl. **1953** 222, 224).

Kp_{12}: 84°. D^{17}: 1,420. n_D^{17}: 1,4785.

2-Isopropyl-[1,3]dioxolan, Isobutyraldehyd-äthandiylacetal $C_6H_{12}O_2$, Formel VII (X = H) (H 11).

B. Beim Erhitzen von Isobutyraldehyd mit Äthylenglykol und einem Kationenaustauscher unter Entfernen des entstehenden Wassers (*Astle et al.*, Ind. eng. Chem. **46** [1954] 787, 788).

Kp: 122—123°.

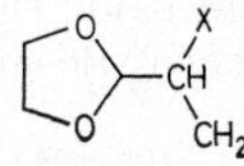

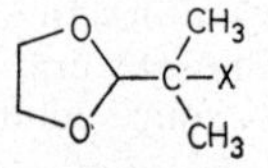

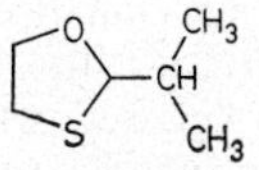

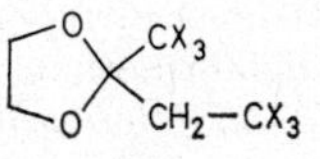

VI VII VIII IX

2-[α-Chlor-isopropyl]-[1,3]dioxolan $C_6H_{11}ClO_2$, Formel VII (X = Cl).

B. Beim Erhitzen von α-Chlor-isobutyraldehyd mit Äthylenglykol (*Krattiger*, Bl. **1953** 222, 224).

Kp_{13}: 58°. D^{16}: 1,126. n_D^{16}: 1,4475.

(±)-2-Isopropyl-[1,3]oxathiolan $C_6H_{12}OS$, Formel VIII.

B. Beim Erwärmen von Isobutyraldehyd mit 2-Mercapto-äthanol und Chlorwasserstoff in Äther und Benzol unter Entfernen des entstehenden Wassers (*Kipnis, Ornfelt*, Am. Soc. **71** [1949] 3555).

$Kp_{2,5}$: 29—31°.

2-Äthyl-2-methyl-[1,3]dioxolan, Butanon-äthandiylacetal $C_6H_{12}O_2$, Formel IX (X = H) (E II 11).

B. Bei mehrtägigem Behandeln von Butanon mit Äthylenglykol, Magnesiumsulfat und Chlorwasserstoff (*Weizmann et al.*, J. org. Chem. **15** [1950] 918, 927). Beim Erwärmen von Butanon mit Äthylenglykol, Benzol und wenig Toluol-4-sulfonsäure unter Entfernen des entstehenden Wassers (*Salmi, Rannikko*, B. **72** [1939] 600, 602; *Dauben et al.*, Am. Soc. **76** [1954] 1359, 1362).

Kp_{763}: 115,4—116,2° (*Sa., Ra.*); Kp: 116,5—117° (*Da. et al.*). D_4^{15}: 0,9408; D_4^{20}: 0,9353 (*Petrow*, Ž. obšč. Chim. **10** [1940] 981, 986; C. **1941** I 764); D_4^{20}: 0,9374 (*Sa., Ra.*). n_D^{15}: 1,4130 (*Pe.*); n_D^{20}: 1,4110 (*Pe.*); 1,40965 (*Sa., Ra.*); $n_D^{24,8}$: 1,4087 (*Da. et al.*); $n_{656,3}^{20}$: 1,40765; $n_{486,1}^{20}$: 1,41423 (*Sa., Ra.*).

2-[2,2,2-Trifluor-äthyl]-2-trifluormethyl-[1,3]dioxolan $C_6H_6F_6O_2$, Formel IX (X = F).

B. Beim Behandeln von Äthylenglykol mit Natrium und anschliessenden Erwärmen mit Hexafluor-but-2-in (*Am. Viscose Corp.*, U.S.P. 2522566 [1946]).

Kp_{50}: 44—46°. n_D^{25}: 1,3318.

2-[2-Chlor-äthyl]-2-methyl-[1,3]dioxolan $C_6H_{11}ClO_2$, Formel X (X = Cl).

B. Beim Erwärmen von 4-Chlor-butan-2-on mit Äthylenglykol, Chloroform und wenig Toluol-4-sulfonsäure unter Entfernen des entstehenden Wassers (*Willimann, Schinz*, Helv. **32** [1949] 2151, 2164).

Kp_{11}: 50—55°. D_4^{16}: 1,1270. n_D^{16}: 1,4456.

(±)-2-[1-Chlor-2,2,2-trifluor-äthyl]-2-trifluormethyl-[1,3]dioxolan $C_6H_5ClF_6O_2$, Formel XI.

B. Beim Eintragen einer Lösung von 2,3-Dichlor-hexafluor-but-2-en (Kp_{745}: 65—66°) in Dioxan in eine Lösung der Mononatrium-Verbindung des Äthylenglykols in Dioxan (*Henne, Latif*, J. Indian chem. Soc. **30** [1953] 809, 812).

Kp_{48}: 85°. D_4^{29}: 1,5920. n_D^{20}: 1,3630.

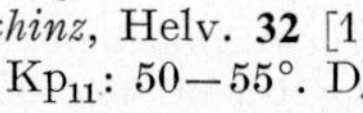

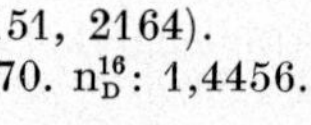

X XI XII XIII

2-[2-Brom-äthyl]-2-methyl-[1,3]dioxolan $C_6H_{11}BrO_2$, Formel X (X = Br).

B. Beim Behandeln von 2-[2-Methyl-[1,3]dioxolan-2-yl]-äthanol mit Phosphor(III)-bromid und Äther (*Willimann, Schinz*, Helv. **32** [1949] 2151, 2163).

Kp_{11}: 76°. D_4^{20}: 1,3936. n_D^{20}: 1,4685.

Wenig beständig.

2-Äthyl-2-nitromethyl-[1,3]dioxolan $C_6H_{11}NO_4$, Formel XII.

B. Beim Erwärmen von 1-Nitro-butan-2-on mit Äthylenglykol, Benzol und wenig Toluol-4-sulfonsäure unter Entfernen des entstehenden Wassers (*Hurd, Nilson,* J. org. Chem. **20** [1955] 927, 933).

Kp_8: 108°. D_{20}^{20}: 1,175. n_D^{20}: 1,4480.

(±)-2-Methyl-2-[1-nitro-äthyl]-[1,3]dioxolan $C_6H_{11}NO_4$, Formel XIII.

B. Beim Erwärmen von (±)-3-Nitro-butan-2-on mit Äthylenglykol, Benzol und wenig Toluol-4-sulfonsäure unter Entfernen des entstehenden Wassers (*Hurd, Nilson,* J. org. Chem. **20** [1955] 927, 933).

Kp_7: 105—106°. D_{20}^{20}: 1,185. n_D^{20}: 1,4478.

(±)-2-Äthyl-2-methyl-[1,3]oxathiolan $C_6H_{12}OS$, Formel I.

B. Beim Erwärmen von 2-Mercapto-äthanol mit Butanon, Benzol und wenig Toluol-4-sulfonsäure-monohydrat unter Entfernen des entstehenden Wassers (*Djerassi, Gorman,* Am. Soc. **75** [1953] 3704, 3705, 3707).

Kp_8: 42°. D_4^{24}: 0,9776. n_D^{24}: 1,4751.

2-Äthyl-2-methyl-[1,3]dithiolan, Butanon-äthandiyldithioacetal $C_6H_{12}S_2$, Formel II.

B. Beim Behandeln eines Gemisches von Butanon und Äthan-1,2-dithiol mit Chlorwasserstoff (*Reid, Jelinek,* J. org. Chem. **15** [1950] 448). Beim Behandeln von Butanon mit dem Dinatrium-Salz des 1,2-Bis-sulfomercapto-äthans und Chlorwasserstoff enthaltendem Äthanol (*Masower,* Ž. obšč. Chim. **19** [1949] 843, 847; engl. Ausg. S. 829, 833).

Kp_3: 55°; D_4^{25}: 1,0680; n_D^{25}: 1,5350 (*Reid, Je.*).

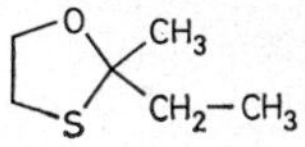

I 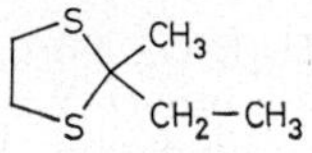 II 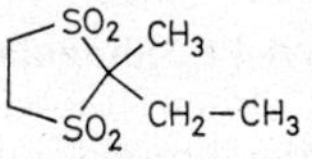 III 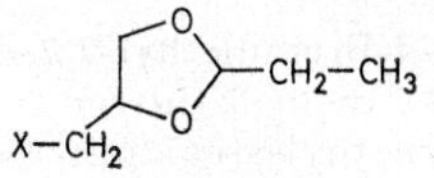 IV

2-Äthyl-2-methyl-1,1,3,3-tetraoxo-1λ⁶,3λ⁶-[1,3]dithiolan, 2-Äthyl-2-methyl-[1,3]dithiolan-1,1,3,3-tetraoxid $C_6H_{12}O_4S_2$, Formel III.

B. Beim Behandeln von 2-Äthyl-2-methyl-[1,3]dithiolan mit wss. Kaliumpermanganat-Lösung und Essigsäure (*Masower,* Ž. obšč. Chim. **19** [1949] 843, 847; engl. Ausg. S. 829, 833).

Krystalle (aus A.); F: 124—125°.

***Opt.-inakt. 2-Äthyl-4-methyl-[1,3]dioxolan,** Propionaldehyd-propylenacetal $C_6H_{12}O_2$, Formel IV (X = H).

Diese Konstitution kommt der früher (s. E II **19** 10) als 2,5(oder 2,6)-Dimethyl-[1,4]dioxan beschriebenen Verbindung zu (*Augdahl, Hassel,* Acta chem. scand. **9** [1955] 172). Eine Verbindung dieser Konstitution hat wahrscheinlich auch in einem von *Astle, Jacobson* (J. org. Chem. **24** [1959] 1766) als 2,5-Dimethyl-[1,4]dioxan angesehenen Präparat vorgelegen.

B. Beim Erhitzen von Propionaldehyd mit (±)-Propan-1,2-diol auf 160° (*Au., Ha.*; s. a. *Noshay, Price,* J. org. Chem. **23** [1958] 647). Beim Erhitzen von (±)-1,2-Epoxy-propan mit (±)-Propan-1,2-diol und wenig Schwefelsäure (*As., Ja.*).

Kp: 117,5°; n_D^{20}: 1,4048 (*No., Pr.*). Kp: 115—117° (*As., Ja.*), 114—117° (*Au., Ha.*).

***Opt.-inakt. 2-Äthyl-4-chlormethyl-[1,3]dioxolan** $C_6H_{11}ClO_2$, Formel IV (X = Cl).

B. Beim Eintragen von (±)-Epichlorhydrin und Propionaldehyd in ein Gemisch von Zinn(IV)-chlorid und Tetrachlormethan (*Bersin, Willfang,* B. **70** [1937] 2167, 2171).

Kp_{18}: 65—70°.

(±)-2,2,4-Trimethyl-[1,3]dioxolan, (±)Aceton-propylenacetal $C_6H_{12}O_2$, Formel V (X = H) (E II 11).

Grundschwingungsfrequenzen des Moleküls; IR-Banden im Bereich von 3000 cm^{-1} bis 500 cm^{-1} sowie Raman-Banden: *Barker et al.,* Soc. **1959** 807, 808.

(±)-4-Fluormethyl-2,2-dimethyl-[1,3]dioxolan $C_6H_{11}FO_2$, Formel V (X = F).

B. Beim Erwärmen von (±)-Toluol-4-sulfonsäure-[2,2-dimethyl-[1,3]dioxolan-4-ylmethylester] mit Kaliumfluorid in Bis-[2-hydroxy-äthyl]-äther (*Bergmann, Shahak*, Chem. and Ind. **1958** 157).

Kp_{760}: 126–127°.

***Opt.-inakt. 2-Chlormethyl-2,4-dimethyl-[1,3]dioxolan** $C_6H_{11}ClO_2$, Formel VI (X = H).

B. Beim Erwärmen von (±)-Propan-1,2-diol mit Chloraceton und wenig Schwefelsäure unter Entfernen des entstehenden Wassers (*Comm. Solv. Corp.*, U.S.P. 2260261 [1940]).

Kp_{753}: 167°. D_{20}^{20}: 1,095. n_D^{20}: 1,43768.

(±)-4-Chlormethyl-2,2-dimethyl-[1,3]dioxolan $C_6H_{11}ClO_2$, Formel V (X = Cl) (E II 11).

B. Beim Behandeln von (±)-3-Chlor-propan-1,2-diol mit Aceton und Phosphor(V)-oxid (*Smith, Lindberg*, B. **64** [1931] 505, 509). Beim Eintragen von (±)-Epichlorhydrin und Aceton in ein Gemisch von Zinn(IV)-chlorid und Tetrachlormethan (*Fourneau, Chantalou*, Bl. [5] **12** [1945] 845, 850). Beim Behandeln von (±)-Epichlorhydrin mit Aceton und dem Borfluorid-Äther-Addukt (*Petrow*, Ž. obšč. Chim. **10** [1940] 981, 986, 992; C. **1941** I 764).

Kp_{750}: 157°; Kp_{25}: 64,5–65°; D_4^{15}: 1,1090; D_4^{20}: 1,1008; n_D^{15}: 1,4376; n_D^{20}: 1,4352 (*Pe.*). Kp_{25}: 64° (*Fo., Ch.*).

***Opt.-inakt. 2-Dichlormethyl-2,4-dimethyl-[1,3]dioxolan** $C_6H_{10}Cl_2O_2$, Formel VI (X = Cl).

B. Beim Erwärmen von (±)-Propan-1,2-diol mit 1,1-Dichlor-aceton und wenig Schwefelsäure unter Entfernen des entstehenden Wassers (*Comm. Solv. Corp.*, U.S.P. 2260261 [1940]).

Kp_{753}: 188°.

(±)-4-Brommethyl-2,2-dimethyl-[1,3]dioxolan $C_6H_{11}BrO_2$, Formel V (X = Br).

B. Beim Erhitzen von (±)-Phenylthiocarbamidsäure-*O*-[2,2-dimethyl-[1,3]dioxolan-4-ylmethylester] mit Benzhydrylbromid unter vermindertem Druck (*Corbett, Kenner*, Soc. **1953** 3572, 3573, 3574). Beim Erwärmen von (±)-Toluol-4-sulfonsäure-[2,2-dimethyl-[1,3]dioxolan-4-ylmethylester] mit Lithiumbromid in Aceton (*English, Schuller*, Am. Soc. **74** [1952] 1361).

F: −23°; Kp_4: 45°; n_D^{25}: 1,4601 (*En., Sch.*). Kp_{756}: 178°; n_D: 1,4738 (*Co., Ke.*).

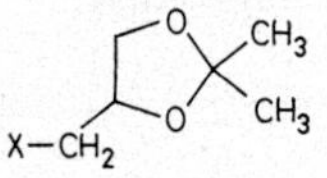

V 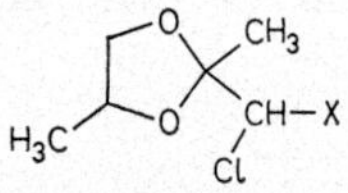 VI 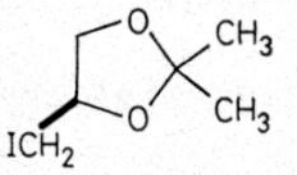 VII 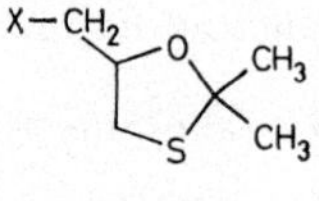 VIII

4-Jodmethyl-2,2-dimethyl-[1,3]dioxolan $C_6H_{11}IO_2$.

a) **(*R*)-4-Jodmethyl-2,2-dimethyl-[1,3]dioxolan** $C_6H_{11}IO_2$, Formel VII.

B. Beim Erwärmen einer Lösung von Toluol-4-sulfonsäure-[(*R*)-2,2-dimethyl-[1,3]dioxolan-4-ylmethylester] mit Natriumjodid in Aceton (*Baer, Fischer*, Am. Soc. **70** [1948] 609).

Kp_6: 68–69°. $D^{20,5}$: 1,644. n_D^{25}: 1,5022. $[\alpha]_D^{23}$: +54,0° [unverd.]; $[\alpha]_D^{23}$: +35,5° [A.; c = 13].

b) **(±)-4-Jodmethyl-2,2-dimethyl-[1,3]dioxolan** $C_6H_{11}IO_2$, Formel VII + Spiegelbild (E II 11).

B. Beim Erwärmen von (±)-[2,2-Dimethyl-[1,3]dioxolan-4-yl]-methanol mit Methyl-triphenoxy-phosphonium-jodid (*Bevan et al.*, Soc. **1955** 1383). Beim Erwärmen von (±)-Toluol-4-sulfonsäure-[2,2-dimethyl-[1,3]dioxolan-4-ylmethylester] mit Natriumjodid in Aceton (*Hessel et al.*, R. **73** [1954] 842, 846; *Bohlmann, Herbst*, B. **92** [1959] 1319, 1324).

Kp_{10}: 73–74° (*Bo., He.*); Kp_2: 70–72° (*Be. et al.*); Kp_1: 49–50° (*He. et al.*).

(±)-2,2,5-Trimethyl-[1,3]oxathiolan $C_6H_{12}OS$, Formel VIII (X = H).

B. Beim Behandeln von (±)-1-Mercapto-propan-2-ol mit Aceton und Phosphor(V)-oxid unter Zusatz von Quarzsand (*Sjöberg*, B. **75** [1942] 13, 28).

Kp_{761}: 141°; Kp_{80}: 72°; D^{20}: 0,9782; $n_{656,3}^{20}$: 1,4616; n_D^{20}: 1,4645; $n_{486,1}^{20}$: 1,4713; $n_{434,0}^{20}$:

1,4769 (*Sj.*, B. **75** 28). UV-Spektrum (A.; 190–280 nm): *Sjöberg*, Z. physik. Chem. [B] **52** [1942] 209, 220.

(±)-5-Chlormethyl-2,2-dimethyl-[1,3]oxathiolan $C_6H_{11}ClOS$, Formel VIII (X = Cl).

B. Beim Behandeln von (±)-1-Chlor-3-mercapto-propan-2-ol mit Aceton und Phosphor(V)-oxid unter Zusatz von Quarzsand (*Sjöberg*, B. **74** [1941] 64, 71).

Kp$_{15}$: 75°; D^{20}: 1,1567; $n_{656,3}^{20}$: 1,4910; n_D^{20}: 1,4940; $n_{486,1}^{20}$: 1,5013; $n_{434,0}^{20}$: 1,5073 (*Sj.*, B. **74** 65). UV-Spektrum (A.; 200–280 nm): *Sjöberg*, Z. physik. Chem. [B] **52** [1942] 209, 220.

(±)-2,2,4-Trimethyl-[1,3]dithiolan, (±)-Aceton-propylendithioacetal $C_6H_{12}S_2$, Formel IX (X = H).

B. Beim Behandeln eines Gemisches von (±)-Propan-1,2-dithiol, Aceton und Chloroform mit Chlorwasserstoff (*Roberts, Cheng*, J. org. Chem. **23** [1958] 983, 987, 989).

Kp$_{3,8}$: 43–45°; n_D^{30}: 1,5042 [mit (±)-4-Methyl-2,2-bis-[2-methyl-propenyl]-[1,3]dithiolan verunreinigtes Präparat].

(±)-2,2,4-Trimethyl-1,1,3,3-tetraoxo-1λ^6,3λ^6-[1,3]dithiolan, (±)-2,2,4-Trimethyl-[1,3]dithiolan-1,1,3,3-tetraoxid $C_6H_{12}O_4S_2$, Formel X.

B. Beim Erwärmen von (±)-2,2,4-Trimethyl-[1,3]dithiolan mit Essigsäure und Acetanhydrid und mit wss. Wasserstoffperoxid (*Roberts, Cheng*, J. org. Chem. **23** [1958] 983, 988, 989).

Krystalle (aus A. + W.); F: 124–124,5° [korr.].

(±)-4,4,5-Trifluor-2,2,5-tris-trifluormethyl-[1,3]dithiolan $C_6F_{12}S_2$, Formel XI.

Diese Konstitutionsformel kommt wahrscheinlich der nachstehend beschriebenen, von *Brown* (J. org. Chem. **22** [1957] 715) als Hexafluor-2,5(oder 2,6)-bis-trifluormethyl-[1,4]dithian ($C_6F_{12}S_2$) angesehenen Verbindung zu (*Krespan, Langkammerer*, J. org. Chem. **27** [1962] 3584, 3585, 3587).

B. Beim Erhitzen von Hexafluorpropen mit Schwefel auf 300° sowie beim Erhitzen von Natrium-heptafluorobutyrat mit Schwefel auf 300° und Erwärmen des jeweiligen Reaktionsprodukts mit wss. Natronlauge (*Br.*).

Kp: 113–113,3°. D^{25}: 1,762. n_D^{25}: 1,3406 bzw. 1,3390 [zwei Präparate] (Br.). ^{19}F-NMR-Absorption: *Kr., La.* IR-Spektrum (2–15 μ): *Br.*

IX X XI XII

(±)-4-Chlormethyl-2,2-dimethyl-[1,3]dithiolan $C_6H_{11}ClS_2$, Formel IX (X = Cl).

B. Beim Behandeln von (±)-[2,2-Dimethyl-[1,3]dithiolan-4-yl]-methanol mit Thionylchlorid und Benzol (*Stocken*, Soc. **1947** 592, 595) oder mit Toluol-4-sulfonylchlorid und Pyridin (*Miles, Owen*, Soc. **1950** 2938, 2942).

Kp$_{0,7}$: 80° (*St.*). Kp$_{0,1}$: 54°; n_D^{12}: 1,5535 (*Mi., Owen*).

(±)-2,4,4-Trimethyl-[1,3]dioxolan $C_6H_{12}O_2$, Formel XII (X = H).

B. Beim Erwärmen von 2-Methyl-propan-1,2-diol mit Äthyl-vinyl-äther und kleinen Mengen wss. Salzsäure (*Woronkow, Titlinowa*, Ž. obšč. Chim. **24** [1954] 613, 614, 617; engl. Ausg. S. 623, 624, 626).

Kp$_{762}$: 100,1°. D_4^{20}: 0,8916. n_D^{20}: 1,3938.

***Opt.-inakt. 4-Chlormethyl-2,4-dimethyl-[1,3]dioxolan** $C_6H_{11}ClO_2$, Formel XII (X = Cl).

B. Beim Behandeln von (±)-1-Chlor-2,3-epoxy-2-methyl-propan mit Acetaldehyd, Zinn(IV)-chlorid und Tetrachlormethan (*Gryszkiewicz-Trochimowski et al.*, Bl. **1958** 610, 614).

Kp$_{760}$: 148–151°.

2,4,5-Trimethyl-[1,3]dioxolan $C_6H_{12}O_2$.

a) **(*R*)-2,4*r*,5*t*-Trimethyl-[1,3]dioxolan** $C_6H_{12}O_2$, Formel XIII.

B. Beim Behandeln von D_g-*threo*-Butan-2,3-diol mit Paraldehyd und wenig Schwefelsäure (*Neish, Macdonald,* Canad. J. Res. [B] **25** [1947] 70, 71, 75) oder Toluol-4-sulfonsäure (*Garner, Lucas,* Am. Soc. **72** [1950] 5497, 5498, 5499).

Kp_{760}: 103° (*Ne., Ma.*); Kp_{746}: 102,5—103,1° (*Ga., Lu.*). D_4^{25}: 0,8915 (*Ga., Lu.*), 0,8914 (*Ne., Ma.*). n_D^{25}: 1,3924 (*Ne., Ma.*), 1,3920 (*Ga., Lu.*). $[\alpha]_D^{25}$: —10,8° [unverd.?] (*Ga., Lu.*; *Robertson, Neish,* Canad. J. Res. [B] **26** [1948] 737, 738 Anm.).

b) ***Opt.-inakt. 2,4,5-Trimethyl-[1,3]dioxolan** $C_6H_{12}O_2$, Formel XIV (X = H).

B. Beim Behandeln von opt.-inakt. Butan-2,3-diol (vermutlich überwiegend aus *meso*-Butan-2,3-diol bestehend [s. *Neish, Macdonald,* Canad. J. Res. [B] **25** [1947] 70] mit Acetaldehyd und Chlorwasserstoff (*Backer,* R. **55** [1936] 1036, 1037). Beim Erwärmen von Butan-2,3-diol (Kp_{758}: 182°; n_D^{25}: 1,4307) mit Äthyl-vinyl-äther und kleinen Mengen wss. Salzsäure (*Woronkow, Titlinowa,* Ž. obšč. Chim. **24** [1954] 613, 614, 617; engl. Ausg. S. 623, 624, 626).

Kp_{752}: 108,5°; D_4^{20}: 0,9117; n_D^{20}: 1,3998 (*Wo., Ti.*). — Kp: 108—109°; D_4^{18}: 0,9139; n_D^{18}: 1,4007 (*Ba.*).

4*r*,5*c*-Bis-chlormethyl-2ξ-methyl-[1,3]dioxolan $C_6H_{10}Cl_2O_2$, Formel XV (R = H, X = Cl).

B. Beim Behandeln von *meso*-1,4-Dichlor-butan-2,3-diol mit Acetaldehyd in Gegenwart von Salzsäure (*Gryszkiewicz-Trochimowski et al.,* Bl. **1958** 610, 615).

Flüssigkeit.

Charakterisierung durch Überführung in 2ξ-Methyl-4*r*,5*c*-bis-trimethylammoniomethyl-[1,3]dioxolan-dijodid (F: 229—230°): *Gr.-Tr. et al.*

4*r*,5*c*-Dimethyl-2ξ-trichlormethyl-[1,3]dioxolan $C_6H_9Cl_3O_2$, Formel XV (R = Cl, X = H).

B. Neben 6*r*,7*c*-Dimethyl-2ξ,4ξ-bis-trichlormethyl-[1,3,5]trioxepan (F: 176—178°) beim Behandeln von *meso*-Butan-2,3-diol mit Chloralhydrat und Schwefelsäure (*Searle & Co.,* U.S.P. 2532340 [1948]).

Kp_{14}: 95—97°.

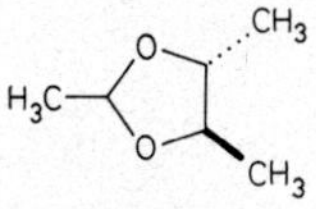

XIII 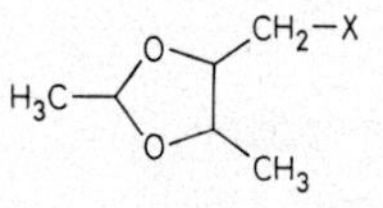 XIV 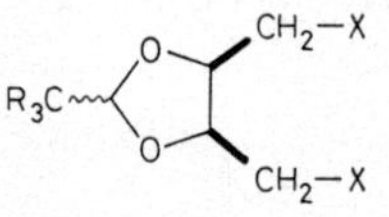 XV 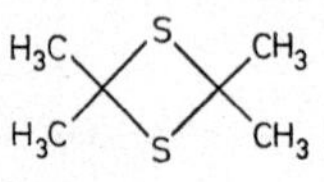 XVI

***Opt.-inakt. 4-Brommethyl-2,5-dimethyl-[1,3]dioxolan** $C_6H_{11}BrO_2$, Formel XIV (X = Br).

B. Beim Behandeln von opt.-inakt. 1-Brom-2,3-epoxy-butan (E II **17** 17) mit Acetaldehyd, Zinn(IV)-chlorid und Tetrachlormethan (*Gryszkiewicz-Trochimowski et al.,* Bl. **1958** 610, 614).

Kp_{10}: 64—65°.

Tetramethyl-[1,3]dithietan $C_6H_{12}S_2$, Formel XVI (H 11; dort als Diisopropylidendisulfid bezeichnet.)

B. Neben Diisopropyldisulfid bei der Bestrahlung einer Lösung von Hexamethyl-[1,3,5]trithian in Cyclohexan mit UV-Licht (*Nishio et al.,* Bl. chem. Soc. Japan **46** [1973] 2253). — Aus Aceton mit Hilfe von Phosphor(III)-sulfid (vgl. H 11) oder mit Hilfe von Phosphor(V)-sulfid (*Kretow, Komiššarow,* Ž. obšč. Chim. **5** [1935] 388, 389; C. **1936** I 2918) ist die Verbindung nicht wieder erhalten worden (*Böhme et al.,* B. **75** [1942] 900).

Krystalle (aus Hexan); F: 77—78° (*Ni. et al.*).

Stammverbindungen $C_7H_{14}O_2$

[1,2]Dithionan $C_7H_{14}S_2$, Formel I.

B. Neben Substanzen von hohem Molekulargewicht beim Eintragen einer äther. Lösung von Heptan-1,7-dithiol in eine heisse Lösung von Eisen(III)-chlorid-hexahydrat in Essigsäure und Äther (*Schöberl, Gräfje*, A. **614** [1958] 66, 81). In kleiner Menge beim Erwärmen von 1,7-Dibrom-heptan mit Natriumthiosulfat in wss. Äthanol und Eintragen des Reaktionsgemisches in wss. Kupfer(II)-chlorid-Lösung unter Durchleiten von Wasserdampf (*Affleck, Dougherty*, J. org. Chem. **15** [1950] 865, 866, 868).

Kp_2: 87–90°; n_D^{25}: 1,5642 (*Sch., Gr.*). Kp_5: ca. 70° (*Af., Do.*).

[1,5]Dithionan $C_7H_{14}S_2$, Formel II.

B. In kleiner Menge beim Behandeln von 1,4-Dibrom-butan mit Propan-1,3-dithiol und Natriumäthylat in Äthanol (*Meadow, Reid*, Am. Soc. **56** [1934] 2177, 2180).

Krystalle (nach Sublimation im Hochvakuum); F: 57,5–58°.

I II III IV V

1,1,5,5-Tetraoxo-1λ⁶,5λ⁶-[1,5]dithionan, [1,5]Dithionan-1,1,5,5-tetraoxid $C_7H_{14}O_4S_2$, Formel III.

B. Aus [1,5]Dithionan (*Meadow, Reid*, Am. Soc. **56** [1934] 2177, 2178).

F: 185,6° [korr.].

***Opt.-inakt. 2,4-Dimethyl-[1,3]dioxepan** $C_7H_{14}O_2$, Formel IV.

B. Beim Erwärmen von (±)-Pentan-1,4-diol mit Äthyl-vinyl-äther und kleinen Mengen wss. Salzsäure (*Woronkow, Titlinowa*, Ž. obšč. Chim. **24** [1954] 613, 614, 617; engl. Ausg. S. 623, 624, 626).

Kp_{762}: 138°. D_4^{20}: 0,9319. n_D^{20}: 1,4233.

***Opt.-inakt. 4,7-Dimethyl-[1,3]dioxepan** $C_7H_{14}O_2$, Formel V.

Über ein beim Erhitzen von opt.-inakt. Hexan-2,5-diol (nicht charakterisiert) mit Paraformaldehyd, wenig Toluol-4-sulfonsäure und wenig [2]Naphthyl-phenyl-amin erhaltenes Präparat (Kp_{80}: 80°; n_D^{25}: 1,4230) s. *Pattison*, J. org. Chem. **22** [1957] 662.

(±)-2,2-Dioxo-6-propyl-2λ⁶-[1,2]oxathian, (±)-6-Propyl-[1,2]oxathian-2,2-dioxid, (±)-4-Hydroxy-heptan-1-sulfonsäure-lacton $C_7H_{14}O_3S$, Formel VI.

B. Aus (±)-4-Hydroxy-heptan-1-sulfonsäure beim Eintragen einer äthanol. Lösung in heisses Xylol sowie beim Erhitzen mit 2-Butoxy-äthanol, jeweils unter Entfernen des entstehenden Wassers (*Willems*, Bl. Soc. chim. Belg. **64** [1955] 747, 754, 768).

$Kp_{0,4}$: 126° [Zers.] (*Wi.*, l. c. S. 755).

Charakterisierung durch Überführung in 4-Pyridinio-heptan-1-sulfonsäure-betain (F: 263–264°): *Wi.*, l. c. S. 762.

2-Propyl-[1,3]dithian, Butyraldehyd-propandiyldithioacetal $C_7H_{14}S_2$, Formel VII.

B. Beim Behandeln eines Gemisches von Butyraldehyd und Propan-1,3-dithiol mit Chlorwasserstoff (*Campaigne, Schaefer*, Bol. Col. Quim. Puerto Rico **9** [1952] 25, 28).

Kp_5: 94° (*Ca., Sch.*, l. c. S. 27). UV-Spektrum (A.; 210–260 nm; λ_{max}: 250 nm): *Ca., Sch.*, l. c. S. 26, 27.

VI VII VIII

1,1,3,3-Tetraoxo-2-propyl-1λ⁶,3λ⁶-[1,3]dithian, 2-Propyl-[1,3]dithian-1,1,3,3-tetraoxid $C_7H_{14}O_4S_2$, Formel VIII.

B. Beim Behandeln von 2-Propyl-[1,3]dithian mit Kaliumpermanganat, wss. Aceton und Schwefelsäure (*Campaigne, Schaefer*, Bol. Col. Quim. Puerto Rico **9** [1952] 25, 28).

Krystalle (aus wss. A.); F: 205°.

2-Äthyl-2-methyl-[1,3]dioxan, Butanon-propandiylacetal $C_7H_{14}O_2$, Formel IX.

B. Beim Erwärmen von Butanon mit Propan-1,3-diol, Benzol und wenig Toluol-4-sulfonsäure unter Entfernen des entstehenden Wassers (*Salmi, Rannikko*, B. **72** [1939] 600, 602).

Kp_{747}: 146,2—147°. D_4^{20}: 0,9539. $n_{656,3}^{20}$: 1,42674; n_D^{20}: 1,42878; $n_{486,1}^{20}$: 1,43363; $n_{434,0}^{20}$: 1,43778.

2-Äthyl-2-methyl-[1,3]dithian, Butanon-propandiyldithioacetal $C_7H_{14}S_2$, Formel X.

B. Beim Behandeln eines Gemisches von Butanon und Propan-1,3-dithiol mit Chlorwasserstoff (*Campaigne, Schaefer*, Bol. Col. Quim. Puerto Rico **9** [1952] 25, 28). Beim Behandeln des Dinatrium-Salzes des 1,3-Bis-sulfomercapto-propans mit Butanon und Chlorwasserstoff enthaltendem Äthanol (*Masower*, Ž. obšč. Chim. **19** [1949] 843, 846; engl. Ausg. S. 829, 832). Neben grösseren Mengen [1,2,6,7]Tetrathiecan beim Behandeln eines Gemisches von Propan-1,3-dithiol, 3-Hydroxy-butan-2-on, Zinkchlorid und Benzol mit Chlorwasserstoff (*Cram, Cordon*, Am. Soc. **77** [1955] 1810).

Bei 110°/7 Torr destillierbar (*Cram, Co.*); Kp_3: 92° (*Ca., Sch.*, l. c. S. 27). D^{18}: 1,07 (*Ma.*). n_D^{25}: 1,5415 (*Cram, Co.*). UV-Spektrum (A.; 210—260 nm; λ_{max}: 248 nm): *Ca., Sch.*, l. c. S. 26, 27.

IX X XI XII

2-Äthyl-2-methyl-1,1,3,3-tetraoxo-1λ⁶,3λ⁶-[1,3]dithian, 2-Äthyl-2-methyl-[1,3]dithian-1,1,3,3-tetraoxid $C_7H_{14}O_4S_2$, Formel XI.

B. Beim Behandeln von 2-Äthyl-2-methyl-[1,3]dithian mit wss. Kaliumpermanganat-Lösung und wss. Essigsäure (*Masower*, Ž. obšč. Chim. **19** [1949] 843, 846; engl. Ausg. S. 829, 832) oder mit Kaliumpermanganat, wss. Aceton und Schwefelsäure (*Campaigne, Schaefer*, Bol. Col. Quim. Puerto Rico **9** [1952] 25, 28).

Krystalle; F: 204—205° [aus wss. A.] (*Ca., Sch.*), 204° [aus W.] (*Ma.*).

***Opt.-inakt. 2-[2-Chlor-äthyl]-4-methyl-[1,3]dioxan** $C_7H_{13}ClO_2$, Formel XII.

B. Beim Behandeln von (±)-Butan-1,3-diol mit Chlorwasserstoff und anschliessend mit Acrylaldehyd (*Du Pont de Nemours & Co.*, U.S.P. 2432601 [1942]).

Kp_{22}: 90,5—92°. D^{25}: 1,0881. n_D^{25}: 1,4482.

***Opt.-inakt. 4-Äthyl-5-methyl-[1,3]dioxan** $C_7H_{14}O_2$, Formel I.

Über ein beim Erwärmen von Pent-2-en (nicht charakterisiert) mit Paraformaldehyd und wss. Schwefelsäure erhaltenes Präparat (Kp: 155—158°) s. *Esso Research & Eng. Co.*, U.S.P. 2721223 [1950].

(±)-2,2,4-Trimethyl-[1,3]dioxan $C_7H_{14}O_2$, Formel II.

B. Beim Erwärmen von (±)-Butan-1,3-diol mit Aceton, Benzol und wenig Toluol-4-sulfonsäure unter Entfernen des entstehenden Wassers (*Salmi, Rannikko*, B. **72** [1939] 600, 602; s. a. *Leutner*, M. **66** [1935] 222, 236).

Kp_{758}: 129,5—130,5° (*Le.*). Kp_{758}: 130—131,2°; D_4^{20}: 0,9267; $n_{656,3}^{20}$: 1,41684; n_D^{20}: 1,41896; $n_{486,1}^{20}$: 1,42380 (*Sa., Ra.*).

Geschwindigkeitskonstante der Hydrolyse in Natriumacetat enthaltender wss. Essigsäure (0,02 n und 0,03 n) bei 25°: *Le.*, l. c. S. 238.

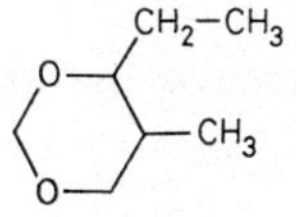

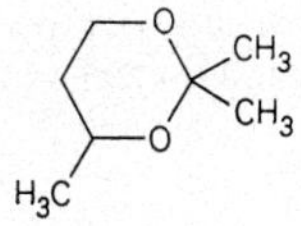

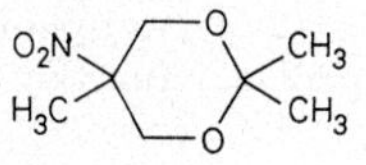

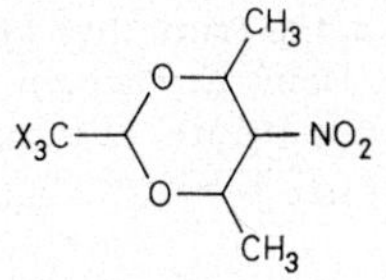

I II III IV

2,2,5-Trimethyl-5-nitro-[1,3]dioxan $C_7H_{13}NO_4$, Formel III.

B. Aus 2-Methyl-2-nitro-propan-1,3-diol und Aceton beim Erwärmen mit Benzol und wenig Toluol-4-sulfonsäure unter Entfernen des entstehenden Wassers sowie beim Behandeln mit dem Borfluorid-Äther-Addukt (*Linden, Gold*, J. org. Chem. **21** [1956] 1175).

Krystalle (aus Hexan); F: 83–84° (*Li., Gold*). UV-Spektrum (A.; 220–350 nm): *Urbański, Ciecierska*, Roczniki Chem. **29** [1955] 11, 14; C. A. **1955** 11414. UV-Absorptionsmaximum (A.): 280 nm (*Ur., Ci.*) bzw. 278 nm (*Urbański*, Tetrahedron **6** [1959] 1, 6).

***Opt.-inakt. 2,4,6-Trimethyl-5-nitro-[1,3]dioxan** $C_7H_{13}NO_4$, Formel IV (X = H).

B. Beim Erwärmen von opt.-inakt. 3-Nitro-pentan-2,4-diol (E IV **1** 2545) mit Acetaldehyd und wenig Schwefelsäure (*Eckstein, Urbański*, Roczniki Chem. **26** [1952] 571, 585; C. A. **1955** 2437).

Krystalle (aus wss. A.); F: 65–66° (*Eck., Ur.*, l. c. S. 584).

***Opt.-inakt. 2-Tribrommethyl-4,6-dimethyl-5-nitro-[1,3]dioxan** $C_7H_{10}Br_3NO_4$, Formel IV (X = Br).

B. Beim Erwärmen von opt.-inakt. 3-Nitro-pentan-2,4-diol (E IV **1** 2545) mit Bromal und wenig Schwefelsäure (*Eckstein, Urbański*, Roczniki Chem. **26** [1952] 571, 585; C. A. **1955** 2437).

Krystalle (aus A.); F: 164–166° (*Eck., Ur.*, l. c. S. 584).

***5-Brommethyl-2,5-dimethyl-[1,3]dioxan** $C_7H_{13}BrO_2$, Formel V (X = H).

B. Beim Behandeln von 2-Brommethyl-2-methyl-propan-1,3-diol mit Acetaldehyd und wenig Phosphor(V)-oxid (*Blicke, Schumann*, Am. Soc. **76** [1954] 1226).

Kp_3: 64–66°.

***2,5-Bis-brommethyl-5-methyl-[1,3]dioxan** $C_7H_{12}Br_2O_2$, Formel V (X = Br).

B. Beim Erhitzen von 2-Brommethyl-2-methyl-propan-1,3-diol mit Bromacetaldehyd-diäthylacetal unter Entfernen des entstehenden Äthanols (*Blicke, Schumann*, Am. Soc. **76** [1954] 3153, 3154).

Kp_3: 115–117°.

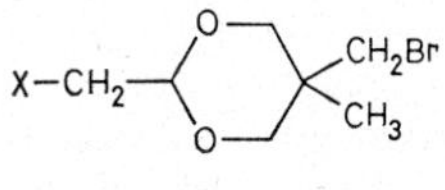

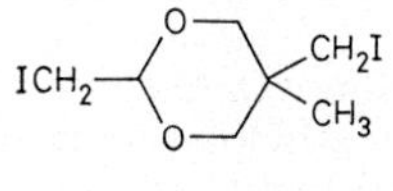

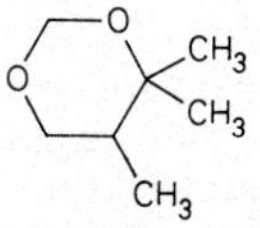

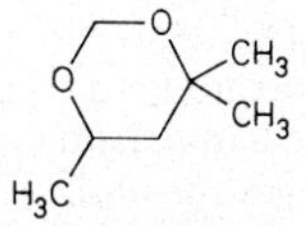

V VI VII VIII

***2,5-Bis-jodmethyl-5-methyl-[1,3]dioxan** $C_7H_{12}I_2O_2$, Formel VI.

B. Aus 2,5-Bis-brommethyl-5-methyl-[1,3]dioxan [s. o.] (*Blicke, Schumann*, Am. Soc. **76** [1954] 3153, 3154).

Krystalle (aus Me.); F: 79–80°.

(±)-4,4,5-Trimethyl-[1,3]dioxan $C_7H_{14}O_2$, Formel VII.

B. Beim Behandeln von 2-Methyl-but-2-en mit wss. Formaldehyd-Lösung und wenig Schwefelsäure (*Arundale, Mikeska*, Chem. Reviews **51** [1952] 505, 514; *Farberow et al.*,

Ž. obšč. Chim. **27** [1957] 2806, 2815; engl. Ausg. S. 2841, 2849).
Kp: 154,2°; D_4^{20}: 0,9587; n_D^{20}: 1,4310 (*Fa. et al.*). Kp: 152° (*Ar., Mi.*).

(±)-4,4,6-Trimethyl-[1,3]dioxan $C_7H_{14}O_2$, Formel VIII.
B. Beim Erwärmen von (±)-2-Methyl-pentan-2,4-diol mit Paraformaldehyd und wenig Phosphorsäure (*Blicke, Anderson*, Am. Soc. **74** [1952] 1733, 1734).
Kp_{743}: 139°.

(±)-Propyl-[1,4]dioxan $C_7H_{14}O_2$, Formel IX.
B. Beim Behandeln von (±)-Chlor-[1,4]dioxan mit Propylmagnesiumbromid in Äther (*Summerbell, Umhoefer*, Am. Soc. **61** [1939] 3016, 3017).
Kp_{746}: 155,6—157,1°. D_4^{20}: 0,943. n_D^{20}: 1,4298.

(±)-5-Butyl-2,2-dioxo-2λ⁶-[1,2]oxathiolan, (±)-5-Butyl-[1,2]oxathiolan-2,2-dioxid, (±)-3-Hydroxy-heptan-1-sulfonsäure-lacton $C_7H_{14}O_3S$, Formel X.
B. Aus (±)-3-Hydroxy-heptan-1-sulfonsäure beim Eintragen einer äthanol. Lösung in heisses Xylol sowie beim Erhitzen mit 2-Butoxy-äthanol, jeweils unter Entfernen des entstehenden Wassers (*Willems*, Bl. Soc. chim. Belg. **64** [1955] 747, 754, 768).
Kp_2: 141° [Zers.] (*Wi.*, l. c. S. 755).
Charakterisierung durch Überführung in 3-Pyridinio-heptan-1-sulfonsäure-betain (F: 262—263°): *Wi.*, l. c. S. 762.

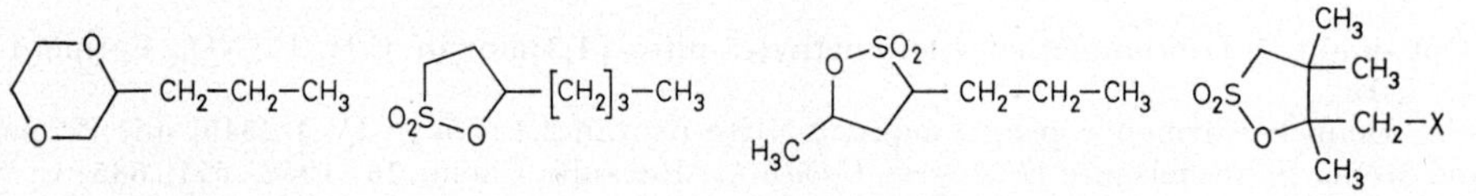

IX X XI XII

***Opt.-inakt. 5-Methyl-2,2-dioxo-3-propyl-2λ⁶-[1,2]oxathiolan, 5-Methyl-3-propyl-[1,2]oxathiolan-2,2-dioxid, 2-Hydroxy-heptan-4-sulfonsäure-lacton** $C_7H_{14}O_3S$, Formel XI.
B. Aus opt.-inakt. 2-Hydroxy-heptan-4-sulfonsäure (Natrium-Salz, F: 228—230°) beim Erhitzen sowie beim Eintragen einer äthanol. Lösung in heisses Xylol unter Entfernen des entstehenden Wassers (*Willems*, Bl. Soc. chim. Belg. **64** [1955] 747, 754, 768).
$Kp_{4,2}$: 143—143,5°; D^{25}: 1,3359 (*Wi.*, l. c. S. 755).
Charakterisierung durch Überführung in 2-Pyridinio-heptan-4-sulfonsäure-betain (F: 230—232°): *Wi.*, l. c. S. 762.

4,4,5,5-Tetramethyl-2,2-dioxo-2λ⁶-[1,2]oxathiolan, 4,4,5,5-Tetramethyl-[1,2]oxathiolan-2,2-dioxid, 3-Hydroxy-2,2,3-trimethyl-butan-1-sulfonsäure-lacton $C_7H_{14}O_3S$, Formel XII (X = H).
Bestätigung der Konstitutionszuordnung: *Ohline et al.*, Am. Soc. **86** [1964] 4641.
B. Beim Eintragen von 2,3,3-Trimethyl-but-1-en in ein aus Schwefeltrioxid, [1,4]Dioxan und 1,2-Dichlor-äthan hergestelltes Reaktionsgemisch und anschliessenden Behandeln mit Wasser (*Bordwell, Osborne*, Am. Soc. **81** [1959] 1995, 2000).
Krystalle (aus Ae. + A.); F: 145—146° (*Bo., Os.*). ¹H-NMR-Absorption: *Oh. et al.*, l. c. S. 4642.
Geschwindigkeitskonstante der Hydrolyse in 2,8%ig. wss. Dioxan bei 20—40°: *Bordwell et al.*, Am. Soc. **81** [1959] 2698, 2701.

(±)-5-Brommethyl-4,4,5-trimethyl-2,2-dioxo-2λ⁶-[1,2]oxathiolan, (±)-5-Brommethyl-4,4,5-trimethyl-[1,2]oxathiolan-2,2-dioxid, (±)-4-Brom-3-hydroxy-2,2,3-trimethyl-butan-1-sulfonsäure-lacton $C_7H_{13}BrO_3S$, Formel XII (X = Br).
Bestätigung der Konstitutionszuordnung: *Ohline et al.*, Am. Soc. **86** [1964] 4641.
B. Beim Behandeln einer Suspension von 3-Hydroxy-2,2,3-trimethyl-butan-1-sulfon=

säure-lacton in Wasser mit Kaliumbromid, Kaliumbromat und wss. Salzsäure (*Bordwell et al.*, Am. Soc. **81** [1959] 2002, 2006).

Krystalle (aus Ae. + A.); F: 135–135,5° (*Bo. et al.*). ^{1}H-NMR-Absorption: *Oh. et al.*, l. c. S. 4642.

***Opt.-inakt. 3,4,5,5-Tetramethyl-2,2-dioxo-2λ⁶-[1,2]oxathiolan, 3,4,5,5-Tetramethyl-[1,2]oxathiolan-2,2-dioxid, 4-Hydroxy-3,4-dimethyl-pentan-2-sulfonsäure-lacton** $C_7H_{14}O_3S$, Formel I.

Bestätigung der Konstitutionszuordnung: *Ohline et al.*, Am. Soc. **86** [1964] 4641, 4643.

B. Beim Eintragen von 4,4-Dimethyl-pent-2*t*-en in ein aus Schwefeltrioxid, [1,4]Dioxan und Dichlormethan hergestelltes Reaktionsgemisch und anschliessenden Behandeln mit Wasser (*Bordwell et al.*, Am. Soc. **81** [1959] 2002, 2006).

Krystalle (aus Ae. + Pentan); F: 76–77° und F: 42–43° (*Bo. et al.*, l. c. S. 2007). ^{1}H-NMR-Spektrum sowie ^{1}H-^{1}H-Spin-Spin-Kopplungskonstanten: *Oh. et al.*

Geschwindigkeitskonstante der Hydrolyse in 2,8%ig. wss. Dioxan bei 30°, 40° und 50°: *Bordwell et al.*, Am. Soc. **81** [1959] 2698, 2701.

3,3,5,5-Tetramethyl-[1,2]dioxolan $C_7H_{14}O_2$, Formel II.

B. Neben 2,4-Dihydroperoxy-2,4-dimethyl-pentan bei 4-tägigem Behandeln von 2,4-Dimethyl-pentan-2,4-diol mit wss. Wasserstoffperoxid [80%ig] (*Criegee, Paulig*, B. **88** [1955] 712, 715). Beim Behandeln von 2,4-Dihydroperoxy-2,4-dimethyl-pentan mit Blei(IV)-acetat in Essigsäure (*Cr., Pa.*).

F: 14°. Kp_{25}: 46°. D_4^{20}: 0,8890. n_D^{20}: 1,4081. IR-Spektrum (1–15 μ): *Cr., Pa.*, l. c. S. 714. UV-Spektrum (Hexan; 220–340 nm): *Cr., Pa.*, l. c. S. 713.

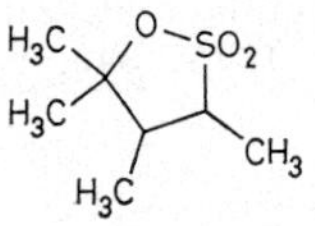

I 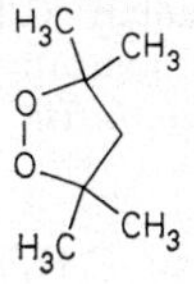 II 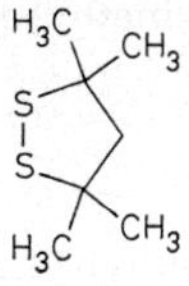 III 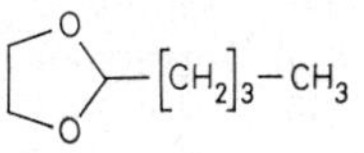 IV

3,3,5,5-Tetramethyl-[1,2]dithiolan $C_7H_{14}S_2$, Formel III.

B. Beim Behandeln von 2,4-Dimethyl-pentan-2,4-dithiol mit *tert*-Butylhydroperoxid, Methanol und wenig Eisen(III)-chlorid (*Schöberl, Gräfje*, A. **614** [1958] 66, 79).

Kp_2: 67–69° [unreines Präparat].

2-Butyl-[1,3]dioxolan, Valeraldehyd-äthandiylacetal $C_7H_{14}O_2$, Formel IV.

B. Aus 2-[2]Thienyl-[1,3]dioxolan mit Hilfe eines Raney-Nickel-Katalysators (*Gol'dfarb, Konstantinow*, Izv. Akad. S.S.S.R. Otd. chim. **1959** 121, 127; engl. Ausg. S. 108, 113).

Kp_{34}: 53–55°. D_4^{20}: 0,9269. n_D^{20}: 1,4211.

2-Methyl-2-propyl-[1,3]dioxolan, Pentan-2-on-äthandiylacetal $C_7H_{14}O_2$, Formel V (X = H).

B. Beim Erhitzen von Pentan-2-on mit Äthylenglykol und einem Kationenaustauscher unter Entfernen des entstehenden Wassers (*Astle et al.*, Ind. eng. Chem. **46** [1954] 787, 788). Neben Substanzen von hohem Molekulargewicht beim Behandeln von Äthylenoxid mit Pentan-2-on und dem Borfluorid-Äther-Addukt (*Petrow*, Ž. obšč. Chim. **10** [1940] 981, 986, 992; C. **1941** I 764).

Kp: 140–140,5°; D_4^{15}: 0,9293; D_4^{20}: 0,9246; n_D^{15}: 1,4198; n_D^{20}: 1,4174 (*Pe.*). Kp: 141° (*As. et al.*).

2-[3-Chlor-propyl]-2-methyl-[1,3]dioxolan $C_7H_{13}ClO_2$, Formel V (X = Cl).

B. Beim Erwärmen einer Lösung von 5-Chlor-pentan-2-on in Benzol mit Äthylen≈glykol und wenig Toluol-4-sulfonsäure unter Entfernen des entstehenden Wassers

(*Eastman Kodak Co.*, U.S.P. 2816117 [1951]; *Grob, Moesch*, Helv. **42** [1959] 728, 732).
$Kp_{18(?)}$: 94—97°; D_4^{25}: 1,098; n_D^{25}: 1,4480 (*Eastman Kodak Co.*). Kp_{14}: 84—86° (*Grob, Mo.*).

V VI VII

(±)-2-[1,3-Dichlor-propyl]-2-methyl-[1,3]dioxolan $C_7H_{12}Cl_2O_2$, Formel VI (X = Cl).
B. Beim Erhitzen von (±)-3,5-Dichlor-pentan-2-on mit Äthylenglykol, Toluol und wenig Toluol-4-sulfonsäure unter Entfernen des entstehenden Wassers (*Cornforth et al.*, Soc. **1959** 2539, 2544).
Kp_{15}: 116—118°.

2-[3-Brom-propyl]-2-methyl-[1,3]dioxolan $C_7H_{13}BrO_2$, Formel V (X = Br).
B. Beim Erwärmen einer Lösung von 5-Brom-pentan-2-on in Benzol mit Äthylenglykol und wenig Toluol-4-sulfonsäure unter Entfernen des entstehenden Wassers (*Grob, Moesch*, Helv. **42** [1959] 728, 732).
Kp_{13}: 98—101°.

(±)-2-[1-Chlor-3-jod-propyl]-2-methyl-[1,3]dioxolan $C_7H_{12}ClIO_2$, Formel VI (X = I).
B. Beim Erwärmen von (±)-2-[1,3-Dichlor-propyl]-2-methyl-[1,3]dioxolan mit Natriumjodid in Butanon (*Cornforth et al.*, Soc. **1959** 2539, 2544).
$Kp_{0,001}$: 70—71°. Nicht rein erhalten.

***Opt.-inakt. 4-[3-Chlor-propyl]-2-methyl-[1,3]dioxolan** $C_7H_{13}ClO_2$, Formel VII.
B. Beim Behandeln von (±)-5-Chlor-1,2-epoxy-pentan mit Acetaldehyd, Zinn(IV)-chlorid und Tetrachlormethan (*Fourneau, Chantalou*, Bl. [5] **12** [1945] 845, 852).
Kp_{19}: 96°.

***Opt.-inakt. 4-Propyl-2-trichlormethyl-[1,3]dioxolan** $C_7H_{11}Cl_3O_2$, Formel VIII.
B. Beim Behandeln von Chloral-hydrat mit (±)-Pentan-1,2-diol und konz. Schwefelsäure (*Searle & Co.*, U.S.P. 2532340 [1948]).
Kp_{11}: 104—105°.

***Opt.-inakt. 4-Methyl-2-propyl-[1,3]dioxolan**, Butyraldehyd-propylenacetal $C_7H_{14}O_2$, Formel IX (X = H).
B. Beim Erwärmen von Butyraldehyd mit (±)-Propan-1,2-diol und einem Kationenaustauscher unter Entfernen des entstehenden Wassers (*Astle et al.*, Ind. eng. Chem. **46** [1954] 787, 788).
Kp: 184—188°.

***Opt.-inakt. 4-Chlormethyl-2-propyl-[1,3]dioxolan** $C_7H_{13}ClO_2$, Formel IX (X = Cl).
B. Beim Eintragen von Butyraldehyd und (±)-Epichlorhydrin in ein Gemisch von Zinn(IV)-chlorid und Tetrachlormethan (*Bersin, Willfang*, B. **70** [1937] 2167, 2172).
Kp_{14}: 78,5—85°.

VIII IX X XI

***Opt.-inakt. 4-Jodmethyl-2-propyl-[1,3]dioxolan** $C_7H_{13}IO_2$, Formel IX (X = I).
B. Beim Eintragen von Butyraldehyd und (±)-Epijodhydrin in ein Gemisch von Zinn(IV)-chlorid und Tetrachlormethan (*Bersin et al.*, Z. physiol. Chem. **269** [1941] 241, 253).
Bei 80—86°/12—14 Torr destillierbar.

2-Isopropyl-2-methyl-[1,3]dioxolan $C_7H_{14}O_2$, Formel X.

B. Beim Erwärmen von 3-Methyl-butan-2-on mit Äthylenglykol und einem Kationenaustauscher unter Entfernen des entstehenden Wassers (*Astle et al.*, Ind. eng. Chem. **46** [1954] 787, 788).

Kp: 128—132°.

2-Isopropyl-2-methyl-[1,3]dithiolan $C_7H_{14}S_2$, Formel XI.

B. Beim Behandeln eines Gemisches von Äthan-1,2-dithiol und 3-Methyl-butan-2-on mit Chlorwasserstoff (*Reid*, *Jelinek*, J. org. Chem. **15** [1950] 448).

Kp_3: 61°. D_4^{25}: 1,0511. n_D^{25}: 1,5302.

***Opt.-inakt. 4-Chlormethyl-2-isopropyl-[1,3]dioxolan** $C_7H_{13}ClO_2$, Formel I.

B. Beim Behandeln von Isobutyraldehyd mit (±)-3-Chlor-propan-1,2-diol und wasserhaltiger Phosphorsäure (*Blicke*, *Anderson*, Am. Soc. **74** [1952] 1733, 1734).

Kp_{17}: 74—75°.

2,2-Diäthyl-[1,3]dioxolan, Pentan-3-on-äthandiylacetal $C_7H_{14}O_2$, Formel II (X = H).

B. Beim Erhitzen von Pentan-3-on-diäthylacetal mit Äthylenglykol unter Entfernen des entstehenden Äthanols (*MacKenzie*, *Stocker*, J. org. Chem. **20** [1955] 1695, 1700). Aus Pentan-3-on und Äthylenglykol (*Bergmann*, *Pinchas*, R. **71** [1952] 161, 164).

Dipolmoment (ε; Bzl.): 1,08 D (*Bergmann et al.*, R. **71** [1952] 213, 228).

Kp_{50}: 61,3°; n_D^{20}: 1,4190 (*MacK.*, *St.*). Kp_{35}: 46—47°; D_4^{30}: 0,923; n_D^{30}: 1,4130 (*Be.*, *Pi.*, l. c. S. 164). IR-Banden (CCl_4) im Bereich von 1050 cm^{-1} bis 1150 cm^{-1}: *Be.*, *Pi.*, l. c. S. 165.

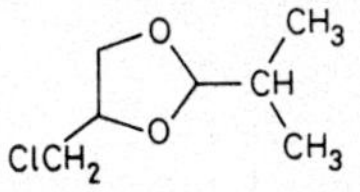

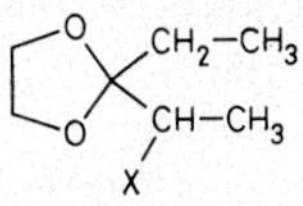

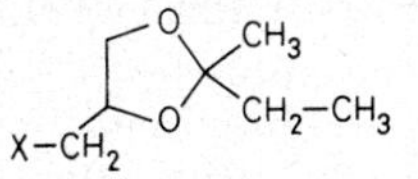

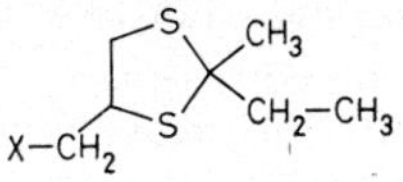

I II III IV

(±)-2-Äthyl-2-[1-nitro-äthyl]-[1,3]dioxolan $C_7H_{13}NO_4$, Formel II (X = NO_2).

B. Beim Erwärmen von (±)-2-Nitro-pentan-3-on mit Äthylenglykol, Benzol und wenig Toluol-4-sulfonsäure unter Entfernen des entstehenden Wassers (*Hurd*, *Nilson*, J. org. Chem. **20** [1955] 927, 933).

Kp_8: 112—113°. D_{20}^{20}: 1,136. n_D^{20}: 1,4490.

***Opt.-inakt. 2-Äthyl-2,4-dimethyl-[1,3]dioxolan,** Butanon-propylenacetal $C_7H_{14}O_2$, Formel III (X = H).

B. Beim Erwärmen von Butanon mit (±)-Propan-1,2-diol, Benzol und wenig Toluol-4-sulfonsäure unter Entfernen des entstehenden Wassers (*Salmi*, *Rannikko*, B. **72** [1939] 600, 602). In mässiger Ausbeute beim Behandeln von Butanon mit (±)-1,2-Epoxy-propan und dem Borfluorid-Äther-Addukt (*Petrow*, Ž. obšč. Chim. **16** [1946] 61, 62; C. A. **1947** 118).

Kp_{759}: 122,5—123,4°; D_4^{20}: 0,9100; $n_{656,3}^{20}$: 1,40434; n_D^{20}: 1,40639; $n_{486,1}^{20}$: 1,41096 (*Sa.*, *Ra.*). Kp: 123—124,5°; D_4^{20}: 0,9048; n_D^{20}: 1,4072 (*Pe.*).

***Opt.-inakt. 2-Äthyl-4-chlormethyl-2-methyl-[1,3]dioxolan** $C_7H_{13}ClO_2$, Formel III (X = Cl).

B. Beim Behandeln von Butanon mit (±)-Epichlorhydrin und dem Borfluorid-Äther-Addukt (*Petrow*, Ž. obšč. Chim. **10** [1940] 981, 986, 993; C. **1941** I 764).

Kp_{750}: 174—177°; Kp_{25}: 79—79,5°. D_4^{15}: 1,0932; D_4^{20}: 1,0887. n_D^{15}: 1,4432; n_D^{20}: 1,4412.

***Opt.-inakt. 2-Äthyl-2,4-dimethyl-[1,3]dithiolan,** Butanon-propylendithioacetal $C_7H_{14}S_2$, Formel IV (X = H).

B. Beim Behandeln von Butanon mit (±)-Propan-1,2-dithiol und Chlorwasserstoff (*Roberts*, *Cheng*, J. org. Chem. **23** [1958] 983, 987, 989).

Kp_{25}: 96—98°; D^{30}: 1,0229; n_D^{30}: 1,5151 (Gemisch der Stereoisomeren).

2-Äthyl-2,4-dimethyl-1,1,3,3-tetraoxo-1λ⁶,3λ⁶-[1,3]dithiolan, 2-Äthyl-2,4-dimethyl-[1,3]dithiolan-1,1,3,3-tetraoxid $C_7H_{14}O_4S_2$, Formel V (X = H).

a) Opt.-inakt. Stereoisomeres vom F: 97°.

B. Neben dem unter b) beschriebenen Stereoisomeren beim Behandeln von opt.-inakt. 2-Äthyl-2,4-dimethyl-[1,3]dithiolan (S. 79) mit Kaliumpermanganat und wss. Schwefelsäure (*Roberts, Cheng,* J. org. Chem. **23** [1958] 983, 989).

Krystalle (aus wss. A.); F: 96—97,5°.

b) Opt.-inakt. Stereoisomeres vom F: 69°.

B. s. bei dem unter a) beschriebenen Stereoisomeren.

Krystalle (aus wss. A.); F: 67—69° (*Roberts, Cheng,* J. org. Chem. **23** [1958] 983, 989).

***Opt.-inakt. 2-Äthyl-4-chlormethyl-2-methyl-[1,3]dithiolan** $C_7H_{13}ClS_2$, Formel IV (X = Cl).

B. Beim Behandeln von Butanon mit (±)-2,3-Dimercapto-propan-1-ol, Chloroform (oder Benzol) und Chlorwasserstoff (*Roberts, Cheng,* J. org. Chem. **23** [1958] 983, 987, 989).

$Kp_{1,4}$: 82—84°; n_D^{30}: 1,5381 (Gemisch der Stereoisomeren).

2-Äthyl-4-chlormethyl-2-methyl-1,1,3,3-tetraoxo-1λ⁶,3λ⁶-[1,3]dithiolan, 2-Äthyl-4-chlormethyl-2-methyl-[1,3]dithiolan-1,1,3,3-tetraoxid $C_7H_{13}ClO_4S_2$, Formel V (X = Cl).

a) Opt.-inakt. Stereoisomeres vom F: 124°.

B. Neben dem unter b) beschriebenen Stereoisomeren beim Erwärmen von opt.-inakt. 2-Äthyl-4-chlormethyl-2-methyl-[1,3]dithiolan (s. o.) mit Essigsäure und Acetanhydrid und anschliessend mit wss. Wasserstoffperoxid (*Roberts, Cheng,* J. org. Chem. **23** [1958] 983, 988, 989).

Krystalle (aus Eg. + W.); F: 122,5—124,5° [korr.].

b) Opt.-inakt. Stereoisomeres vom F: 106°.

B. s. bei dem unter a) beschriebenen Stereoisomeren.

Krystalle (aus A. + W.); F: 104,5—106,5° [korr.] (*Roberts, Cheng,* J. org. Chem. **23** [1958] 983, 988).

2-Äthyl-4,5-dimethyl-[1,3]dioxolan $C_7H_{14}O_2$.

a) **2ξ-Äthyl-4*r*,5*c*-dimethyl-[1,3]dioxolan** $C_7H_{14}O_2$, Formel VI.

B. Beim Behandeln eines überwiegend aus *meso*-Butan-2,3-diol bestehenden Präparats mit Propionaldehyd und kleinen Mengen wss. Salzsäure (*Watson et al.,* Canad. J. Chem. **29** [1951] 885, 892).

Kp: 134,5°.

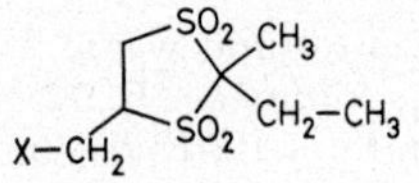

V 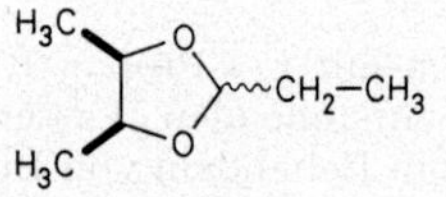 VI 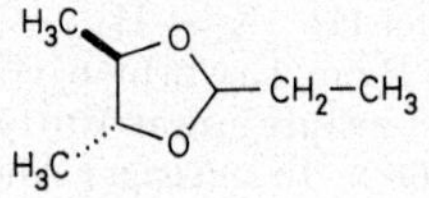 VII

b) **(*R*)-2-Äthyl-4*r*,5*t*-dimethyl-[1,3]dioxolan** $C_7H_{14}O_2$, Formel VII.

B. Beim Behandeln von D_g-*threo*-Butan-2,3-diol mit Propionaldehyd und kleinen Mengen wss. Salzsäure (*Neish, Macdonald,* Canad. J. Res. [B] **25** [1947] 70, 71, 75).

Kp_{760}: 126—127°. D_4^{25}: 0,8868. n_D^{25}: 1,4014. $[\alpha]_D^{25}$: —14,0° [unverd. ?].

2,2,4,4-Tetramethyl-[1,3]dioxolan $C_7H_{14}O_2$, Formel VIII (X = H).

B. Neben Substanzen von hohem Molekulargewicht beim Behandeln von 1,2-Epoxy-2-methyl-propan mit Aceton und dem Borfluorid-Äther-Addukt (*Petrow,* Ž. obšč. Chim. **10** [1940] 981, 994; C. **1941** I 764).

Kp: 109—110°. D_4^{15}: 0,8912; D_4^{20}: 0,8863. n_D^{15}: 1,3990; n_D^{20}: 1,3968.

(±)-4-Chlormethyl-2,2,4-trimethyl-[1,3]dioxolan $C_7H_{13}ClO_2$, Formel VIII (X = Cl).

B. Beim Eintragen von (±)-1-Chlor-2,3-epoxy-2-methyl-propan und Aceton in ein

Gemisch von Zinn(IV)-chlorid und Tetrachlormethan (*Wieland, Weiberg*, A. **607** [1957] 168, 172).

Kp_{18}: 60–62°.

2,2,4,5-Tetramethyl-[1,3]dioxolan $C_7H_{14}O_2$.

a) **2,2,4*r*,5*c*-Tetramethyl-[1,3]dioxolan** $C_7H_{14}O_2$, Formel IX.

B. Beim Erwärmen von *meso*-Butan-2,3-diol mit Aceton und wss. Schwefelsäure (*Blackett et al.*, Tetrahedron **26** [1970] 1311; s. a. *Backer*, R. **55** [1936] 1036, 1037; *Tipson*, Am. Soc. **70** [1948] 3610, 3611). Beim Behandeln von (±)-*trans*-2,3-Dimethyl-oxiran mit Aceton und dem Borfluorid-Äther-Addukt (*Bl. et al.*; s. a. *Petrow*, Ž. obšč. Chim. **10** [1940] 981, 993; C. **1941** I 764).

Kp_{744}: 117°; n_D^{25}: 1,4010 (*Ti.*). Kp: 111–114°; n_D^{25}: 1,4000 (*Bl. et al.*).

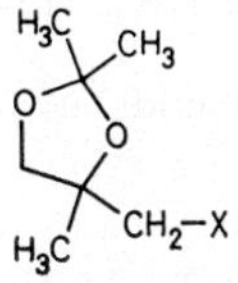

VIII 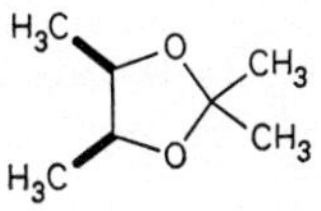 IX 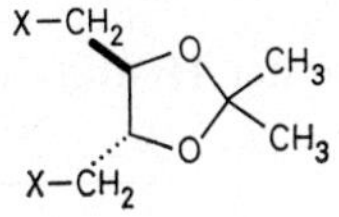 X 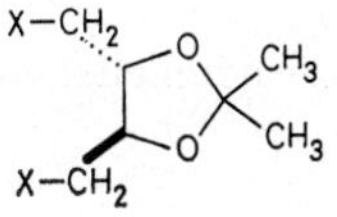 XI

b) **(*R*)-2,2,4*r*,5*t*-Tetramethyl-[1,3]dioxolan** $C_7H_{14}O_2$, Formel X (X = H).

B. Beim Behandeln von D_g-*threo*-Butan-2,3-diol mit Aceton unter Zusatz von wss. Salzsäure (*Neish, Macdonald*, Canad. J. Res. [B] **25** [1947] 70, 71, 76) oder unter Zusatz von Schwefelsäure und Kupfer(II)-sulfat (*Tipson*, Am. Soc. **70** [1948] 3610, 3612). Bei der Hydrierung von (*S*)-4*r*,5*t*-Bis-jodmethyl-2,2-dimethyl-[1,3]dioxolan an Raney-Nickel in wss.-methanol. Kalilauge (*Rubin et al.*, Am. Soc. **74** [1952] 425, 427).

Kp_{760}: 110° (*Ne., Ma.*); Kp_{737}: 107° (*Ti.*); Kp: 108° (*Ru. et al.*). D_4^{25}: 0,8669 (*Ne., Ma.*). n_D^{25}: 1,3914 (*Ne., Ma.*), 1,3910 (*Ti.*), 1,3908 (*Ru. et al.*). $[\alpha]_D^{22}$: −18,7° [unverd. ?] (*Ti.*); $[\alpha]_D^{25}$: −22,1° [unverd. ?] (*Ne., Ma.*); $[\alpha]_D^{24}$: −31,0° [$CHCl_3$; c = 5] (*Ru. et al.*). Azeotrop mit Wasser: *Ne., Ma.*

Beim Leiten über Phosphor(V)-oxid/Bimsstein bei 400° sind Aceton, Butanon, Isobutyraldehyd, But-x-ene und Buta-1,3-dien erhalten worden (*Neish et al.*, Canad. J. Res. [B] **25** [1947] 266, 270).

c) **(*S*)-2,2,4*r*,5*t*-Tetramethyl-[1,3]dioxolan** $C_7H_{14}O_2$, Formel XI (X = H).

B. Bei der Hydrierung von (*R*)-4*r*,5*t*-Bis-jodmethyl-2,2-dimethyl-[1,3]dioxolan an Raney-Nickel in wss.-methanol. Kalilauge (*Rubin et al.*, Am. Soc. **74** [1952] 425, 427).

Kp_{734}: 109,7°. D_{20}^{20}: 0,8747. n_D^{20}: 1,3941. $[\alpha]_D^{20}$: +22,5° [unverd.]; $[\alpha]_D^{23}$: +31,6° [$CHCl_3$; c = 5].

4,5-Bis-jodmethyl-2,2-dimethyl-[1,3]dioxolan $C_7H_{12}I_2O_2$.

a) **(*R*)-4*r*,5*t*-Bis-jodmethyl-2,2-dimethyl-[1,3]dioxolan** $C_7H_{12}I_2O_2$, Formel XI (X = I).

B. Beim Erwärmen von O^2,O^3-Isopropyliden-O^1,O^4-bis-[toluol-4-sulfonyl]-L_g-threit mit Natriumjodid in Aceton (*Rubin et al.*, Am. Soc. **74** [1952] 425, 427).

$Kp_{0,05}$: 80–82°. n_D^{26}: 1,5692.

b) **(*S*)-4*r*,5*t*-Bis-jodmethyl-2,2-dimethyl-[1,3]dioxolan** $C_7H_{12}I_2O_2$, Formel X (X = I).

B. Beim Erwärmen von O^2,O^3-Isopropyliden-O^1,O^4-bis-[toluol-4-sulfonyl]-D_g-threit mit Natriumjodid in Aceton (*Rubin et al.*, Am. Soc. **74** [1952] 425, 427).

$Kp_{0,05}$: 80–82°. n_D^{26}: 1,5692. $[\alpha]_D^{24}$: +17,5° [Me.; c = 8].

***Opt.-inakt. 2,4,4,5-Tetramethyl-[1,3]dioxolan** $C_7H_{14}O_2$, Formel XII.

B. Beim Erwärmen von (±)-2-Methyl-butan-2,3-diol mit Paraldehyd und wss. Phosphorsäure (*Bergmann, Herman*, J. appl. Chem. **3** [1953] 42, 46).

Kp: 102–105°. D_4^{20}: 0,8508. n_D^{20}: 1,3975.

XII XIII XIV

4,4,5,5-Tetramethyl-[1,3]dioxolan $C_7H_{14}O_2$, Formel XIII (H 12; dort als Tetramethyl-äthylen-methylen-dioxyd und als Pinakon-methylenäther bezeichnet).

B. Beim Erwärmen von Pinakol (2,3-Dimethyl-butan-2,3-diol) mit Paraformaldehyd und wasserhaltiger Phosphorsäure (*Blicke, Anderson*, Am. Soc. **74** [1952] 1733, 1734; s. a. *Leutner*, M. **66** [1935] 222, 227). Beim Erwärmen von Pinakol mit Methylensulfat (E IV **1** 3054) und Wasser (*Baker*, Soc. **1931** 1765, 1770).

Krystalle; F: 12° (*Ba.*). Kp_{754}: 124–125° (*Le.*); Kp_{752}: 125° (*Ba.*); Kp_{745}: 124–125° (*Bl., An.*).

Geschwindigkeitskonstante der Hydrolyse in wss. Salzsäure (0,75n und 1n) bei 25°: *Le.*, l. c. S. 229.

***Opt.-inakt. 3,4,4-Trifluor-2,2-dioxo-3-[2,4,5-trichlor-octafluor-pentyl]-2λ^6-[1,2]oxa-thietan, 3,4,4-Trifluor-3-[2,4,5-trichlor-octafluor-pentyl]-[1,2]oxathietan-2,2-dioxid, 4,6,7-Trichlor-1,1,2,3,3,4,5,5,6,7,7-undecafluor-1-hydroxy-heptan-2-sulfonsäure-lacton** $C_7Cl_3F_{11}O_3S$, Formel XIV.

B. Beim Erwärmen von opt.-inakt. 4,6,7-Trichlor-undecafluor-hept-1-en (n_D^{20}: 1,3662 [E IV **1** 860]) mit Schwefeltrioxid (*Jiang*, Acta chim. sinica **23** [1957] 330, 335; C. A. **1958** 15493; s. a. *Minnesota Mining & Mfg. Co.*, U.S.P. 3214443 [1955]).

$Kp_{0,17}$: 56°; D^{20}: 1,881; $n_D^{20,5}$: 1,3800 [Präparat von ungewisser Einheitlichkeit] (*Ji.*, l. c. S. 331).

Stammverbindungen $C_8H_{16}O_2$

[1,2]Dithiecan $C_8H_{16}S_2$, Formel I.

B. Beim Eintragen einer äther. Lösung von Octan-1,8-dithiol in ein heisses Gemisch von Eisen(III)-chlorid-hexahydrat, Essigsäure und Äther (*Schöberl, Gräfje*, A. **614** [1958] 66, 81). In kleiner Menge beim Erwärmen von 1,8-Dibrom-octan mit Natriumthiosulfat in wss. Äthanol und Eintragen des Reaktionsgemisches in wss. Kupfer(II)-chlorid-Lösung unter Durchleiten von Wasserdampf (*Affleck, Dougherty*, J. org. Chem. **15** [1950] 865, 868).

Krystalle (aus PAe.), F: 15–18°; Kp_2: 107–110°; n_D^{25}: 1,5461 (*Sch., Gr.*).

[1,4]Dithiecan $C_8H_{16}S_2$, Formel II.

B. In kleiner Menge beim Behandeln von Äthan-1,2-dithiol mit Natriumäthylat in Äthanol und mit 1,6-Dibrom-hexan (*Tucker, Reid*, Am. Soc. **55** [1933] 775, 777, 781).

Krystalle (aus Ae.); F: 65°.

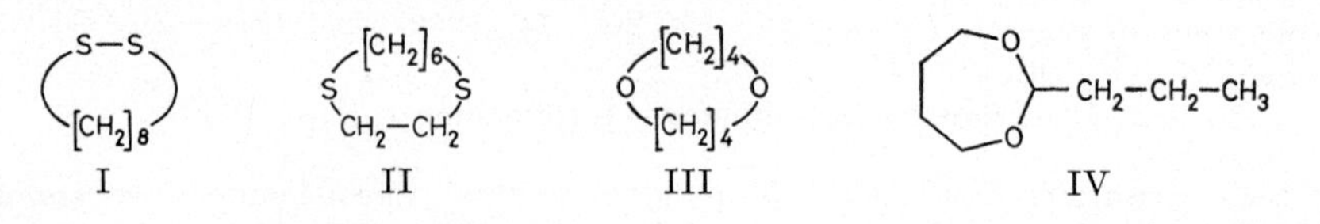

I II III IV

[1,6]Dioxecan $C_8H_{16}O_2$, Formel III.

B. Bei der Bestrahlung einer Lösung von 1,7-Dioxa-4,10-dimercura-cyclododecan (H **27** 811; dort als β,β'-Oxido-diäthylquecksilber bezeichnet) in Benzol unter Stickstoff mit UV-Licht bei 40–45° (*Weinmayr*, Am. Soc. **81** [1959] 3590). Bei der Hydrierung von 2,5,7,10-Tetrahydro-[1,6]dioxecin (F: 117°) an Palladium bei 120° (*Reppe et al.*, A. **596** [1955] 1, 132).

Kp: 183–185° (*Re. et al.*); $Kp_{9,5}$: 60° (*We.*).

2-Propyl-[1,3]dioxepan, Butyraldehyd-butandiylacetal $C_8H_{16}O_2$, Formel IV.

B. Beim Erwärmen von Butan-1,4-diol mit Butyraldehyd und wenig Schwefelsäure (*Bergmann, Kaluszyner,* R. **78** [1959] 337, 341).

Kp: 169–171°; D_{30}^{30}: 0,9275; n_D^{30}: 1,4313 (*Be., Ka.,* l. c. S. 339). IR-Banden im Bereich von 1700 cm^{-1} bis 980 cm^{-1}: *Be., Ka.,* l. c. S. 339.

4,4,6,6-Tetramethyl-2,2-dioxo-2λ⁶-[1,2]oxathian, 4,4,6,6-Tetramethyl-[1,2]oxathian-2,2-dioxid, 4-Hydroxy-2,2,4-trimethyl-pentan-1-sulfonsäure-lacton $C_8H_{16}O_3S$, Formel V.

Bestätigung der Konstitutionszuordnung: *Ohline et al.,* Am. Soc. **86** [1964] 4641.

B. Beim Eintragen einer Lösung von Isobutylen in Dichlormethan in ein aus Schwefeltrioxid, Dioxan und Dichlormethan bereitetes Reaktionsgemisch bei −60° und anschliessenden Behandeln mit Wasser (*Bordwell et al.,* Am. Soc. **81** [1959] 2002, 2005).

Krystalle (aus A.); F: 99–100° (*Bo. et al.*). ^{1}H-NMR-Absorption: *Oh. et al.,* l. c. S. 4642.

Beim Erwärmen mit wss. Kalilauge und anschliessenden Behandeln mit Brom in Wasser ist 3(oder 5)-Brom-4-hydroxy-2,2,4-trimethyl-pentan-1-sulfonsäure-lacton $C_8H_{15}BrO_3S$ (Krystalle [aus A.]; F: 130,5–131°) erhalten worden (*Bo. et al.,* l. c. S. 2006).

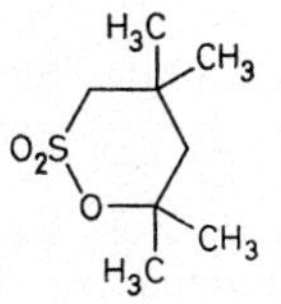

V 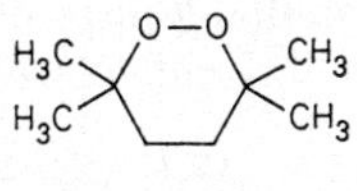 VI 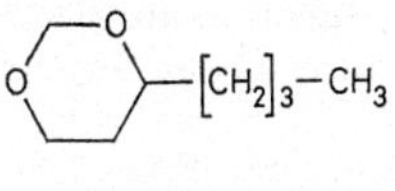 VII 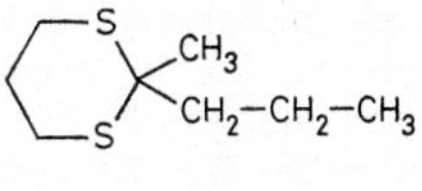 VIII

3,3,6,6-Tetramethyl-[1,2]dioxan $C_8H_{16}O_2$, Formel VI.

B. Beim Erwärmen von 2,5-Dimethyl-hexan-2,5-diol mit wss. Wasserstoffperoxid und Schwefelsäure (*Criegee, Paulig,* B. **88** [1955] 712, 716). Beim Behandeln von 2,5-Dihydroperoxy-2,5-dimethyl-hexan mit Blei(IV)-acetat in Essigsäure (*Cr., Pa.*).

F: −26°. Kp_{11}: 44–45°. D_4^{20}: 0,9062. n_D^{20}: 1,4251. IR-Spektrum (1–15 μ): *Cr., Pa.,* l. c. S. 714. UV-Spektrum (Hexan; 220–300 nm): *Cr., Pa.,* l. c. S. 713.

(±)-4-Butyl-[1,3]dioxan $C_8H_{16}O_2$, Formel VII.

B. Beim Erwärmen von Hex-1-en mit wss. Formaldehyd-Lösung, Paraformaldehyd und konz. Schwefelsäure (*I.G. Farbenind.,* D.R.P. 748537 [1938]; D.R.P. Org. Chem. **6** 165).

Kp: 185°.

2-Methyl-2-propyl-[1,3]dithian, Pentan-2-on-propandiyldithioacetal $C_8H_{16}S_2$, Formel VIII.

B. Beim Behandeln von Pentan-2-on mit Propan-1,3-dithiol und Chlorwasserstoff (*Campaigne, Schaefer,* Bol. Col. Quim. Puerto Rico **9** [1952] 25, 27).

Kp_5: 95°. UV-Spektrum (A.; 210–260 nm; λ_{max}: 249 nm): *Ca., Sch.,* l. c. S. 26, 27.

2-Methyl-2-propyl-1,1,3,3-tetraoxo-1λ⁶,3λ⁶-[1,3]dithian, 2-Methyl-2-propyl-[1,3]dithian-1,1,3,3-tetraoxid $C_8H_{16}O_4S_2$, Formel IX (H 12; dort als Trimethylen-[methyl-propyl-methylen]-disulfon bezeichnet).

B. Beim Behandeln von 2-Methyl-2-propyl-[1,3]dithian mit Kaliumpermanganat, wss. Aceton und Schwefelsäure (*Campaigne, Schaefer,* Bol. Col. Quim. Puerto Rico **9** [1952] 25, 28; vgl. H 12).

Krystalle (aus wss. A.); F: 208–209°.

***Opt.-inakt. 4-Methyl-2-propyl-[1,3]dioxan** $C_8H_{16}O_2$, Formel X (X = H).

B. Neben anderen Verbindungen beim Leiten von (±)-Butan-1,3-diol über aktivierten

Bentonit bei 250—350° (*Bourns, Nicholls,* Canad. J. Res. [B] **26** [1948] 81, 83).

Kp_{760}: 161,3—161,5°. D_4^{20}: 0,915. n_D^{20}: 1,4254.

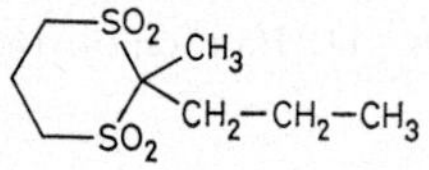

IX 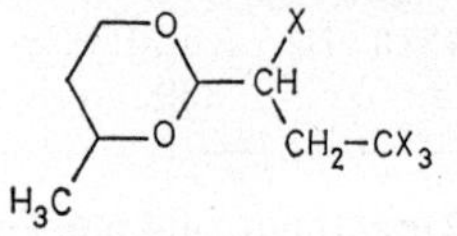 X 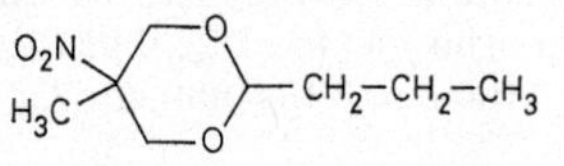 XI

***Opt.-inakt. 4-Methyl-2-[1,3,3,3-tetrachlor-propyl]-[1,3]dioxan** $C_8H_{12}Cl_4O_2$, Formel X (X = Cl).

B. Neben 1,1,1,5-Tetrachlor-3,5-bis-[4-methyl-[1,3]dioxan-2-yl]-pentan (?; bei 190° bis 200°/1 Torr destillierbar) beim Erwärmen von opt.-inakt. 4-Methyl-2-vinyl-[1,3]dioxan (S. 123) mit Tetrachlormethan unter Bestrahlung mit UV-Licht (*Hall, Jacobs,* Soc. **1954** 2034, 2039).

$Kp_{0,3}$: 108—112°. n_D^{20}: 1,4926.

Beim Erhitzen mit Schwefelsäure auf 130° ist 4-Chlor-5*H*-furan-2-on (?; F: 54° [E III/IV **17** 4295]) erhalten worden.

***5-Methyl-5-nitro-2-propyl-[1,3]dioxan** $C_8H_{15}NO_4$, Formel XI.

B. Beim Erwärmen von Butyraldehyd mit 2-Methyl-2-nitro-propan-1,3-diol, Benzol und wenig Toluol-4-sulfonsäure unter Entfernen des entstehenden Wassers (*Senkus,* Am. Soc. **63** [1941] 2635).

Krystalle; F: 47,8° [aus Me. oder PAe.] (*Se.*), 46,5—47,1° (*Svirbely et al.*, Am. Soc. **71** [1949] 507). Kp_2: 110,5—111° [korr.]; D_{35}^{35}: 1,1103; Oberflächenspannung bei 35°: 34,3 $g \cdot s^{-2}$; Viscosität bei 35°: 0,1431 $g \cdot cm^{-1} \cdot s^{-1}$; n_D^{25}: 1,4518 [unterkühlte Schmelze] (*Sv. et al.*). In 100 ml Wasser lösen sich bei 35° 0,30 g (*Sv. et al.*). Grenzflächenspannung gegen Wasser bei 35°: *Sv. et al.*

(±)-4-Methyl-4-propyl-[1,3]dioxan $C_8H_{16}O_2$, Formel XII.

B. Als Hauptprodukt beim Erwärmen von 2-Methyl-pent-1-en mit Paraformaldehyd und wss. Schwefelsäure (*Nishimura, Tanaka,* J. chem. Soc. Japan Ind. Chem. Sect. **69** [1966] 1478, 1480; C. A. **66** [1967] 37075; s. a. *Uštawschtschikow et al.*, Uč. Zap. Jaroslavsk. technol. Inst. **2** [1957] 49, 50; C. A. **1959** 18955).

Kp: 174—174,5°; n_D^{20}: 1,4356 (*Ni., Ta.*). Kp_{20}: 80°; D^{20}: 0,9470; n_D^{20}: 1,4355 (*Uš.*).

***Opt.-inakt. 2-Isopropyl-4-methyl-[1,3]dioxan** $C_8H_{16}O_2$, Formel XIII (E II 12).

B. Beim Behandeln von Isobutyraldehyd mit (±)-Butan-1,3-diol und wenig Schwefelsäure (*Panradl,* Riechst. Aromen **6** [1956] 33, 65; vgl. E II 12).

Kp_{760}: 147—148°; Kp_{28}: 60—61°. D^{15}: 0,914. n_D^{23}: 1,4205.

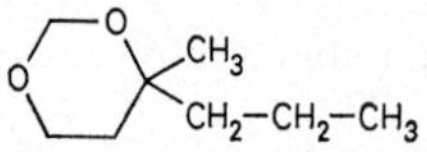

XII 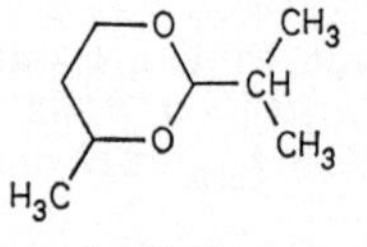 XIII 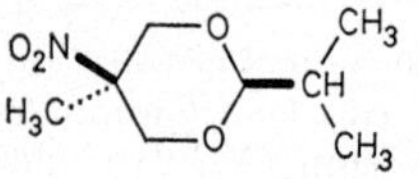 XIV 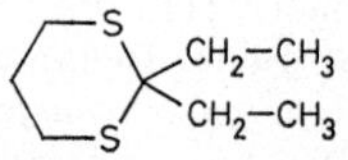 XV

2*r*-Isopropyl-5*t*-methyl-5*c*-nitro-[1,3]dioxan $C_8H_{15}NO_4$, Formel XIV.

Konfigurationszuordnung: *Eliel, Enanoza,* Am. Soc. **94** [1972] 8072, 8076, 8079.

B. Beim Erwärmen von 2-Methyl-2-nitro-propan-1,3-diol mit Isobutyraldehyd, Hexan und wenig Toluol-4-sulfonsäure unter Entfernen des entstehenden Wassers (*Rondestvedt,* J. org. Chem. **26** [1961] 2247, 2249, 2252; s. a. *Newman et al.*, Am. Soc. **68** [1946] 2112, 2113, 2115).

Krystalle (aus Hexan); F: 56—57° (*Ro.*). E: 46° (*Ne. et al.*). Kp_{18}: 142—144° [unkorr.] (*Ro.*); $Kp_{0,5}$: 98—103° (*Ne. et al.*).

2,2-Diäthyl-[1,3]dithian, Pentan-3-on-propandiyldithioacetal $C_8H_{16}S_2$, Formel XV.

B. Beim Behandeln eines Gemisches von Pentan-3-on und Propan-1,3-dithiol mit Chlorwasserstoff (*Campaigne, Schaefer*, Bol. Col. Quim. Puerto Rico **9** [1952] 25, 28).

Kp_5: 85° (*Ca., Sch.*, l. c. S. 27). UV-Spektrum (A.; 220—260 nm; λ_{max}: 249 nm): *Ca., Sch.*, l. c. S. 26, 27.

2,2-Diäthyl-1,1,3,3-tetraoxo-1λ⁶,3λ⁶-[1,3]dithian, 2,2-Diäthyl-[1,3]dithian-1,1,3,3-tetraoxid $C_8H_{16}O_4S_2$, Formel I.

B. Beim Behandeln von 2,2-Diäthyl-[1,3]dithian mit Kaliumpermanganat, wss. Aceton und Schwefelsäure (*Campaigne, Schaefer*, Bol. Col. Quim. Puerto Rico **9** [1952] 25, 28).

Krystalle (aus wss. A.); F: 200—201°.

***Opt.-inakt. 2-Äthyl-2,4-dimethyl-[1,3]dioxan** $C_8H_{16}O_2$, Formel II.

B. Beim Erwärmen von (±)-Butan-1,3-diol mit Butanon, Benzol und wenig Toluol-4-sulfonsäure unter Entfernen des entstehenden Wassers (*Salmi, Rannikko*, B. **72** [1939] 600, 602).

Kp_{766}: 151—152°. D_4^{20}: 0,9228. n_D^{20}: 1,4249.

Über 2*r*-Äthyl-2,4*t*-dimethyl-[1,3]dioxolan (n_D^{20}: 1,4239) und 2*r*-Äthyl-2,4*c*-dimethyl-[1,3]dioxolan (n_D^{20}:1,4250) s. *Eliel, Knoeber*, Am. Soc. **90** [1968] 3444, 3455.

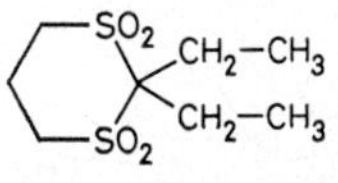

I 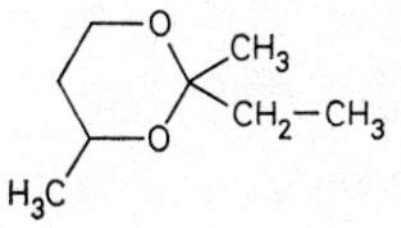 II 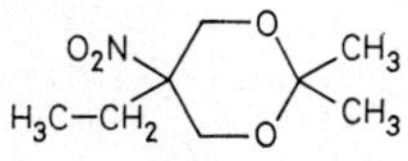 III 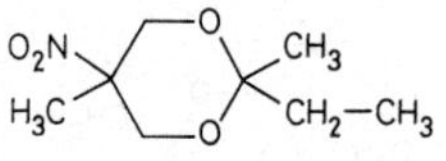 IV

5-Äthyl-2,2-dimethyl-5-nitro-[1,3]dioxan $C_8H_{15}NO_4$, Formel III.

B. Aus 2-Äthyl-2-nitro-propan-1,3-diol und Aceton beim Erwärmen mit wenig Toluol-4-sulfonsäure unter Entfernen des entstehenden Wassers (*Newman et al.*, Am. Soc. **68** [1946] 2112, 2113, 2115) sowie beim Behandeln mit dem Borfluorid-Äther-Addukt (*Linden, Gold*, J. org. Chem. **21** [1956] 1175).

Krystalle; F: 54—56° (*Ne. et al.*), 54—55° [aus Me.] (*Li., Gold*).

***2-Äthyl-2,5-dimethyl-5-nitro-[1,3]dioxan** $C_8H_{15}NO_4$, Formel IV.

B. Beim Erwärmen von 2-Methyl-2-nitro-propan-1,3-diol mit Butanon und wenig Toluol-4-sulfonsäure unter Entfernen des entstehenden Wassers (*Newman et al.*, Am. Soc. **68** [1946] 2112, 2113, 2115).

$Kp_{0,5}$: 77—78°. n_D^{25}: 1,4548.

***Opt.-inakt. 2-[2-Chlor-äthyl]-4,5-dimethyl-[1,3]dioxan** $C_8H_{15}ClO_2$, Formel V.

B. Beim Behandeln von opt.-inakt. 2-Methyl-butan-1,3-diol (E IV **1** 2546) mit Chlorwasserstoff und anschliessend mit Acrylaldehyd (*Faass, Hilgert*, B. **87** [1954] 1343, 1350).

Kp_{13}: 89—91°.

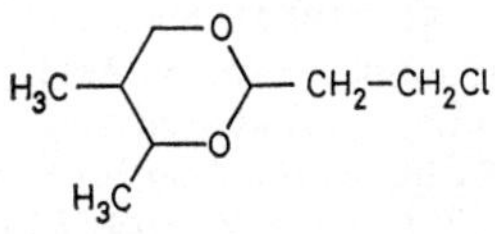

V 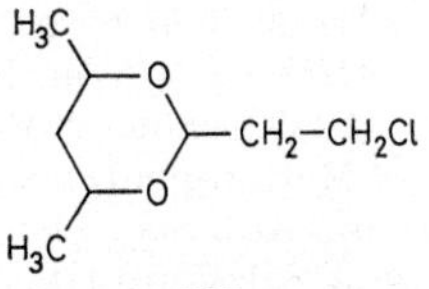 VI 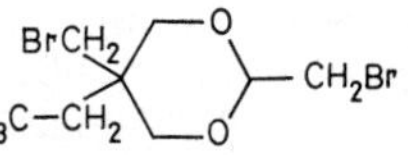 VII

***Opt.-inakt. 2-[2-Chlor-äthyl]-4,6-dimethyl-[1,3]dioxan** $C_8H_{15}ClO_2$, Formel VI.

B. Beim Behandeln von opt.-inakt. Pentan-2,4-diol (E III **1** 2195) mit Chlorwasserstoff und anschliessend mit Acrylaldehyd (*Faass, Hilgert*, B. **87** [1954] 1343, 1350).

K_{1-2}: 55—58°.

***5-Äthyl-2,5-bis-brommethyl-[1,3]dioxan** $C_8H_{14}Br_2O_2$, Formel VII.

B. Beim Erhitzen von 2-Äthyl-2-brommethyl-propan-1,3-diol mit Bromacetaldehyd-diäthylacetal unter Entfernen des entstehenden Äthanols (*Blicke, Schumann*, Am. Soc. **76** [1954] 3153, 3154).

Kp_4: 126–129°.

***Opt.-inakt. 2,2,4,6-Tetramethyl-5-nitro-[1,3]dioxan** $C_8H_{15}NO_4$, Formel VIII.

B. Beim Erwärmen von opt.-inakt. 3-Nitro-pentan-2,4-diol (E IV **1** 2545) mit Aceton, Kupfer(II)-sulfat und Chlorwasserstoff enthaltendem Äthanol (*Eckstein, Urbański*, Roczniki Chem. **26** [1952] 571, 586; C. A. **1955** 2437).

Krystalle (aus A.); F: 73,5–75,5° (*Eck., Ur.*, Roczniki Chem. **26** 586).

Beim Behandeln einer äthanol. Lösung mit wss. Kalilauge und anschliessend mit wss. 4-Nitro-benzoldiazonium-chlorid-Lösung sind zwei 2,2,4,6-Tetramethyl-5-nitro-5-[4-nitro-phenylazo]-[1,3]dioxane (F: 163–164° [Zers.] bzw. F: 120–121°) erhalten worden (*Eckstein, Urbański*, Roczniki Chem. **30** [1956] 1175, 1183, 1185; Bl. Acad. polon. [III] **3** [1955] 433, 434).

5,5-Bis-chlormethyl-2,2-dimethyl-[1,3]dioxan $C_8H_{14}Cl_2O_2$, Formel IX.

B. Beim Erhitzen von 5,5-Bis-hydroxymethyl-2,2-dimethyl-[1,3]dioxan mit Toluol-4-sulfonylchlorid und Pyridin (*Rapoport*, Am. Soc. **68** [1946] 341).

Krystalle (nach Sublimation bei 35–40°/1 Torr); F: 48–49°.

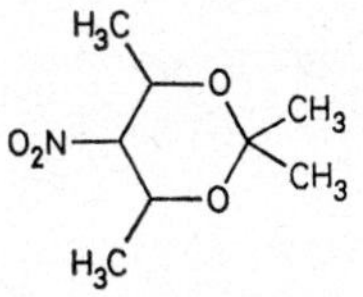

VIII 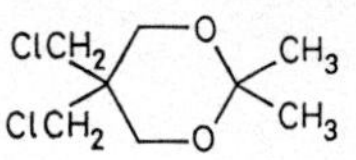 IX 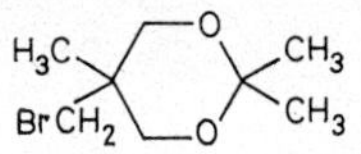 X 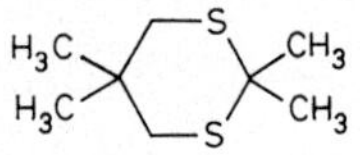 XI

5-Brommethyl-2,2,5-trimethyl-[1,3]dioxan $C_8H_{15}BrO_2$, Formel X.

B. Beim Behandeln von 2-Brommethyl-2-methyl-propan-1,3-diol mit Aceton und wenig Phosphor(V)-oxid (*Blicke, Schumann*, Am. Soc. **76** [1954] 1226).

Kp_2: 73–74°.

2,2,5,5-Tetramethyl-[1,3]dithian $C_8H_{16}S_2$, Formel XI.

B. Beim Behandeln von 2,2-Dimethyl-propan-1,3-dithiol mit Aceton und Chlorwasserstoff (*Backer, Tamsma*, R. **57** [1938] 1183, 1198).

Krystalle (aus A.); F: 57,5–58,5°.

2,2,5,5-Tetramethyl-1,1,3,3-tetraoxo-1λ⁶,3λ⁶-[1,3]dithian, 2,2,5,5-Tetramethyl-[1,3]dithian-1,1,3,3-tetraoxid $C_8H_{16}O_4S_2$, Formel XII.

B. Beim Erwärmen von 2,2,5,5-Tetramethyl-[1,3]dithian mit wss. Wasserstoffperoxid (*Backer, Tamsma*, R. **57** [1938] 1183, 1199).

Krystalle (aus A. + Eg.); F: 263,5–264,5°.

***Opt.-inakt. 2,4,4,6-Tetramethyl-[1,3]dioxan** $C_8H_{16}O_2$, Formel XIII (vgl. E II 12).

B. Als Hauptprodukt beim Erwärmen von Isobutylen mit Acetaldehyd, Wasser und wenig Schwefelsäure (*Arundale, Mikeska*, Chem. Reviews **51** [1952] 505, 511; s. a. *Farberow et al.*, Ž. obšč. Chim. **27** [1957] 2806, 2813, 2815; engl. Ausg. S. 2841, 2847, 2849). Beim Behandeln von (±)-2-Methyl-pentan-2,4-diol mit Acetaldehyd und wenig Toluol-4-sulfonsäure (*Williams et al.*, Am. Soc. **72** [1950] 5738, 5741) oder mit Äthylvinyl-äther und kleinen Mengen wss. Salzsäure (*Woronkow, Titlinowa*, Ž. obšč. Chim. **24** [1954] 613, 614, 617; engl. Ausg. S. 623, 624, 626).

E: –70°; Kp_{760}: 141–142°; D_{20}^{20}: 0,9050; n_D^{20}: 1,4191 (*Ar., Mi.*, l. c. S. 517). Kp_{766}: 140°; D_4^{20}: 0,9039; n_D^{20}: 1,4202 (*Wo., Ti.*). Kp_{763}: 138,8–141°; n_D^{20}: 1,4205 (*Wi. et al.*); Kp: 140,2°; D_4^{20}: 0,9039; n_D^{20}: 1,4192 (*Fa. et al.*). Viscosität bei Temperaturen von 15,6° (0,01342 $cm^2 \cdot s^{-1}$) bis 37,8° (0,00925 $cm^2 \cdot s^{-1}$): *Ar., Mi.*

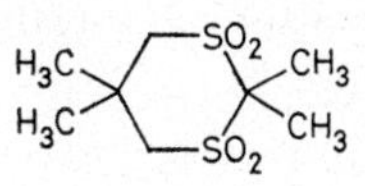

XII 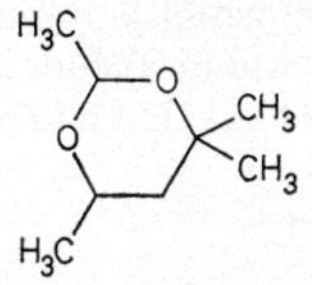 XIII 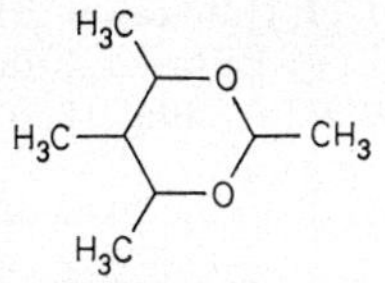 XIV 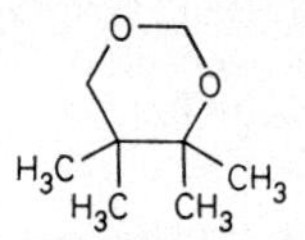 XV

***Opt.-inakt. 2,4,5,6-Tetramethyl-[1,3]dioxan** $C_8H_{16}O_2$, Formel XIV.

Über ein beim Behandeln von But-2ξ-en (nicht charakterisiert) mit Acetaldehyd, 1,2-Dichlor-äthan und Zinkchlorid erhaltenes Präparat (Kp: 139,5°; D_4^{20}: 0,9035; n_D^{20}: 1,4203) s. *Farberow et al.*, Ž. obšč. Chim. **27** [1957] 2806, 2815, 2816; engl. Ausg. S. 2841, 2849, 2850.

4,4,5,5-Tetramethyl-[1,3]dioxan $C_8H_{16}O_2$, Formel XV.

B. Beim Behandeln von 2,3-Dimethyl-but-2-en mit wss. Formaldehyd-Lösung und wenig Schwefelsäure (*Standard Oil Devel. Co.*, U.S.P. 2490276 [1946]).

Kp_{200}: 120°.

4,4,6,6-Tetramethyl-[1,3]dioxan $C_8H_{16}O_2$, Formel I.

B. Beim Behandeln von 2,4-Dimethyl-pentan-2,4-diol mit Paraformaldehyd und wasserhaltiger Phosphorsäure (*Blicke, Anderson*, Am. Soc. **74** [1952] 1733, 1734).

Kp_{733}: 152°; Kp_{18}: 52°.

(±)-Butyl-[1,4]dioxan $C_8H_{16}O_2$, Formel II.

B. Beim Behandeln von (±)-Chlor-[1,4]dioxan mit Butylmagnesiumbromid in Äther (*Summerbell, Umhoefer*, Am. Soc. **61** [1939] 3017, 3018).

Kp_{735}: 178,2—179,2°. D_4^{20}: 0,932. n_D^{20}: 1,4336.

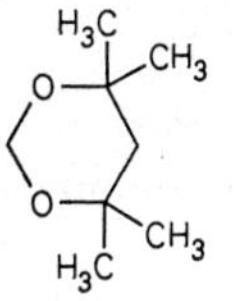

I 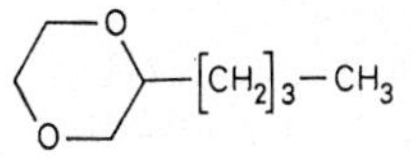 II 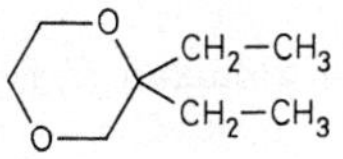 III 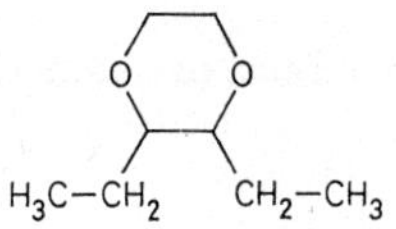 IV

2,2-Diäthyl-[1,4]dioxan $C_8H_{16}O_2$, Formel III.

B. Beim Erwärmen von 2-Äthyl-1-[2-chlor-äthoxy]-butan-2-ol mit Natriumäthylat in Benzol (*Meltzer et al.*, J. org. Chem. **24** [1959] 1763, 1765).

Kp: 168°. n_D^{25}: 1,4377.

***Opt.-inakt. 2,3-Diäthyl-[1,4]dioxan** $C_8H_{16}O_2$, Formel IV.

B. Neben grösseren Mengen Dihydro-[1,4]dioxin beim Behandeln von (±)-*trans*-2,3-Dichlor-[1,4]dioxan (S. 30) mit Äthylmagnesiumbromid in Äther (*Summerbell, Bauer*, Am. Soc. **58** [1936] 759).

Kp_{739}: 166,5—168,5°. D_{20}^{20}: 0,940. n_D^{20}: 1,4342.

V VI 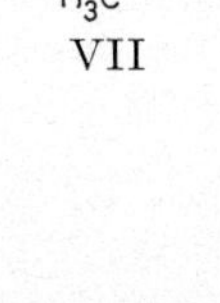 VII

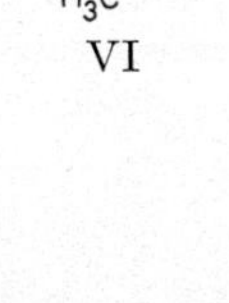

***Opt.-inakt. 2,5-Diäthyl-[1,4]dioxan** $C_8H_{16}O_2$, Formel V (vgl. E II 12).

B. Beim Erhitzen von (±)-Butan-1,2-diol mit wenig Toluol-4-sulfonsäure oder Kaliumhydrogensulfat (*Reppe et al.*, A. **496** [1955] 1, 67; vgl. E II 12).

Kp_{21}: 62°.

3,3,5,5-Tetramethyl-[1,4]oxathian $C_8H_{16}OS$, Formel VI.

Diese Konstitution ist der nachstehend beschriebenen Verbindung zugeordnet worden (*Harman, Vaughan*, Am. Soc. **72** [1950] 631).

B. Beim Behandeln von Dimethallyläther mit wenig Dibutylamin und Schwefelwasserstoff bei 110° (*Ha., Va.*).

Kp_{190}: 130–132°. n_D^{20}: 1,4748.

2,2,6,6-Tetramethyl-[1,4]dithian $C_8H_{16}S_2$, Formel VII.

B. Neben anderen Verbindungen beim Erwärmen von 1,2-Dibrom-2-methyl-propan mit Natriumsulfid in Äthanol (*Gawrilow, Tischtschenko*, Ž. obšč. Chim. **17** [1947] 967, 973).

Öl; mit Wasserdampf flüchtig.

2,3,5,6-Tetramethyl-[1,4]dioxan $C_8H_{16}O_2$, Formel VIII (X = H).

Diese Konstitution ist der nachstehend beschriebenen opt.-inakt. Verbindung zugeordnet worden (*Reppe et al.*, A. **596** [1955] 1, 67).

B. Beim Erhitzen von opt.-inakt. Butan-2,3-diol (Kp: 179°) mit Toluol-4-sulfonsäure und Kaliumhydrogensulfat (*Re. et al.*).

Kp: 138–139°.

X–CH2 CH2–X O O X–CH2 CH2–X
VIII

CH3 CH2–CH2–CH CH3 O2S O
IX

O SO2 CH2–CH2–CH3 H3C CH3
X

2,3,5,6-Tetrakis-jodmethyl-[1,4]dioxan $C_8H_{12}I_4O_2$, Formel VIII (X = I).

Diese Konstitution kommt wahrscheinlich der nachstehend beschriebenen opt.-inakt. Verbindung zu (*Summerbell, Lestina*, Am. Soc. **79** [1957] 3878, 3880).

B. Beim Einleiten von Buta-1,3-dien in eine Lösung von Quecksilber(II)-nitrat in wss. Salpetersäure, Behandeln des Reaktionsprodukts mit wss. Natronlauge und mit wss. Kaliumjodid-Lösung und Behandeln des danach isolierten Reaktionsprodukts mit Jod in Chloroform und Wasser (*Su., Le.*, l. c. S. 3884).

Krystalle (aus Me.); F: 206–206,5°.

(±)-5-Isopentyl-2,2-dioxo-2λ⁶-[1,2]oxathiolan, (±)-5-Isopentyl-[1,2]oxathiolan-2,2-dioxid, (±)-3-Hydroxy-6-methyl-heptan-1-sulfonsäure-lacton $C_8H_{16}O_3S$, Formel IX.

B. Beim Eintragen einer äthanol. Lösung von (±)-3-Hydroxy-6-methyl-heptan-1-sulfonsäure in heisses Xylol unter Entfernen des entstehenden Wassers (*Willems*, Bl. Soc. chim. Belg. **64** [1955] 747, 754, 768).

$Kp_{1,5}$: 130° [Zers.] (*Wi.*, l. c. S. 755).

Charakterisierung durch Überführung in 6-Methyl-3-pyridinio-heptan-1-sulfonsäure-betain (F: 229–230°): *Wi.*, l. c. S. 763.

***Opt.-inakt. 4,5-Dimethyl-2,2-dioxo-3-propyl-2λ⁶-[1,2]oxathiolan, 4,5-Dimethyl-3-propyl-[1,2]oxathiolan-2,2-dioxid, 2-Hydroxy-3-methyl-heptan-4-sulfonsäure-lacton** $C_8H_{16}O_3S$, Formel X.

B. Beim Erwärmen von 3-Methyl-hept-3-en-2-on (E II **1** 798) mit Natriumhydrogensulfit in Äthanol, Behandeln einer wss. Lösung des Reaktionsprodukts mit Natrium-Amalgam unter Zusatz von wss. Salzsäure und Eintragen einer äthanol. Lösung der erhaltenen 2-Hydroxy-3-methyl-heptan-4-sulfonsäure in heisses Xylol unter Entfernen des entstehenden Wassers (*Willems*, Bl. Soc. chim. Belg. **64** [1955] 409, 432, 436, 439, 747, 754, 768).

$Kp_{1,5}$: 128° [Zers.] (*Wi.*, l. c. S. 755).

Charakterisierung durch Überführung in 3-Methyl-2-pyridinio-heptan-4-sulfonsäure-betain (F: 245—246°): *Wi.*, l. c. S. 763.

2-Pentyl-[1,3]dioxolan, Hexanal-äthandiylacetal $C_8H_{16}O_2$, Formel I.

B. Beim Erhitzen von Äthylenglykol mit Hexanal in Gegenwart eines Kationenaustauschers unter Entfernen des entstehenden Wassers (*Astle et al.*, Ind. eng. Chem. **46** [1954] 787, 788). Neben anderen Verbindungen beim Behandeln von [1,3]Dioxolan mit Äthylen, Kohlenmonoxid und Di-*tert*-butylperoxid bei 175°/200 at (*Foster et al.*, Am. Soc. **78** [1956] 5606, 5607, 5611).

Kp: 177° (*As. et al.*); Kp_5: 94—94,5° (*Fo. et al.*, l. c. S. 5608).

2-[3-Methyl-3-nitro-butyl]-[1,3]dioxolan $C_8H_{15}NO_4$, Formel II.

B. Beim Erwärmen von 4-Methyl-4-nitro-valeraldehyd mit Äthylenglykol, Benzol und wenig Toluol-4-sulfonsäure unter Entfernen des entstehenden Wassers (*Bonnett et al.*, Soc. **1959** 2087, 2090).

$Kp_{0,5}$: 105°.

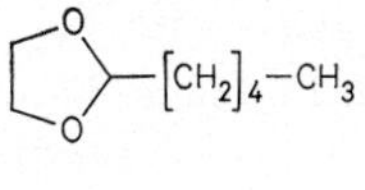

I 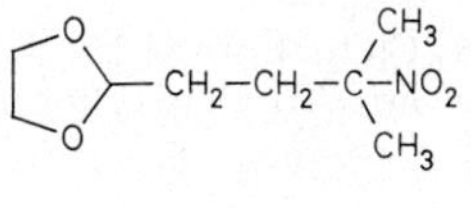 II 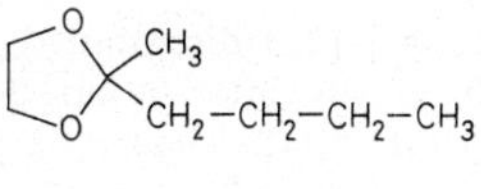 III 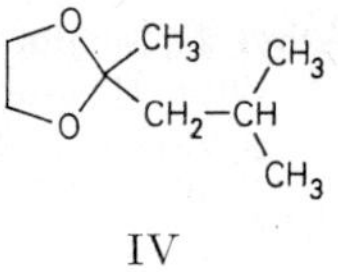 IV

2-Butyl-2-methyl-[1,3]dioxolan, Hexan-2-on-äthandiylacetal $C_8H_{16}O_2$, Formel III.

B. Beim Behandeln von Äthylenglykol mit einem aus Quecksilber(II)-oxid, Methanol und dem Borfluorid-Äther-Addukt hergestellten Reaktionsgemisch, mit Hex-1-in und mit wenig Trichloressigsäure (*Killian et al.*, Am. Soc. **58** [1936] 1658).

Kp_{20}: 62—63°. D^{21}: 0,922. n_D^{21}: 1,4232.

2-Isobutyl-2-methyl-[1,3]dioxolan $C_8H_{16}O_2$, Formel IV.

B. Beim Erwärmen von Äthylenglykol mit 4-Methyl-pentan-2-on, Benzol und wenig Toluol-4-sulfonsäure unter Entfernen des entstehenden Wassers (*Sulzbacher et al.*, Am. Soc. **70** [1948] 2827).

Dipolmoment (ε; Bzl.): 1,17 D (*Bergmann et al.*, R. **71** [1952] 213, 228).

Kp: 138—142° (*Astle et al.*, Ind. eng. Chem. **46** [1954] 787, 788). Kp_{10}: 48°; D_4^{20}: 0,908; n_D^{20}: 1,4180 (*Su. et al.*). IR-Banden (CCl_4) im Bereich von 1040 cm^{-1} bis 1170 cm^{-1}: *Bergmann, Pinchas*, R. **71** [1952] 161, 165.

(±)-2-Isobutyl-2-methyl-[1,3]oxathiolan $C_8H_{16}OS$, Formel V.

B. Beim Erwärmen von 4-Methyl-pentan-2-on mit 2-Mercapto-äthanol, Benzol und wenig Toluol-4-sulfonsäure unter Entfernen des entstehenden Wassers (*Bergmann et al.*, R. **71** [1952] 200, 212; *Djerassi, Gorman*, Am. Soc. **75** [1953] 3704, 3707).

Kp_{20}: 84—85°; D_4^{30}: 0,965; n_D^{30}: 1,470 (*Be. et al.*). Kp_2: 41°; D_4^{24}: 0,9696; n_D^{24}: 1,4730 (*Dj., Go.*).

***Opt.-inakt. 2-Isobutyl-4-methyl-[1,3]dithiolan,** Isovaleraldehyd-propylendithio-acetal $C_8H_{16}S_2$, Formel VI.

B. Beim Behandeln eines Gemisches von Isovaleraldehyd, (±)-Propan-1,2-dithiol und Benzol (oder Chloroform) mit Chlorwasserstoff (*Roberts, Cheng*, J. org. Chem. **23** [1958] 983, 987, 989).

Kp_{30}: 124,5—124,8°. D^{30}: 1,0045. n_D^{30}: 1,5119.

V VI VII VIII

*Opt.-inakt. **2-Isobutyl-4-methyl-1,1,3,3-tetraoxo-1λ⁶,3λ⁶-[1,3]dithiolan, 2-Isobutyl-4-methyl-[1,3]dithiolan-1,1,3,3-tetraoxid** $C_8H_{16}O_4S_2$, Formel VII.

B. Beim Erwärmen der im vorangehenden Artikel beschriebenen Verbindung mit Essigsäure und wss. Wasserstoffperoxid (*Roberts, Cheng*, J. org. Chem. **23** [1958] 983, 988, 990).

Krystalle (aus A. + W.); F: 92,5—93,5°.

2-*tert*-Butyl-2-methyl-[1,3]dioxolan $C_8H_{16}O_2$, Formel VIII.

B. Beim Erwärmen von 3,3-Dimethyl-butan-2-on mit Äthylenglykol, Benzol und wenig Toluol-4-sulfonsäure unter Entfernen des entstehenden Wassers (*Salmi, Rannikko*, B. **72** [1939] 600, 603; *Sulzbacher et al.*, Am. Soc. **70** [1948] 2827).

Dipolmoment (ε; Bzl.): 1,06 D (*Bergmann et al.*, R. **71** [1952] 213, 228).

Kp_{760}: 147—147,5° (*Sa., Ra.*), 139° (*Su. et al.*); Kp_{27}: 58° (*Bergmann, Pinchas*, R. **71** [1952] 161, 164). D_4^{20}: 0,92395 (*Sa., Ra.*); D_4^{30}: 0,915 (*Be., Pi.*, l. c. S. 164). n_D^{20}: 1,42356 (*Sa., Ra.*); n_D^{30}: 1,4191 (*Be., Pi.*, l. c. S. 164); $n_{656,3}^{20}$: 1,42131; $n_{486,1}^{20}$: 1,42627 (*Sa., Ra.*). IR-Banden (CCl_4) im Bereich von 1060 cm^{-1} bis 1150 cm^{-1}: *Be., Pi.*, l. c. S. 165.

2-Äthyl-2-[3-chlor-propyl]-[1,3]dioxolan $C_8H_{15}ClO_2$, Formel IX.

B. Beim Behandeln von 6-Chlor-hexan-3-on mit Äthylenglykol und Phosphor(V)-oxid (*Normant*, C. r. **232** [1951] 1942, 1944).

Kp_{12}: 98—99°. $D^{19,5}$: 1,091. $n_D^{19,5}$: 1,4542.

---

*Opt.-inakt. **2,4-Dimethyl-2-propyl-[1,3]dioxolan**, Pentan-2-on-propylenacetal $C_8H_{16}O_2$, Formel X (X = H).

B. In mässiger Ausbeute beim Behandeln von Pentan-2-on mit (±)-Propylenoxid und dem Borfluorid-Äther-Addukt (*Petrow*, Ž. obšč. Chim. **16** [1946] 61, 63; C. A. **1947** 118).

Kp: 145,5—147°. D_4^{20}: 0,8954. n_D^{20}: 1,4122.

IX X XI

*Opt.-inakt. **4-Chlormethyl-2-methyl-2-propyl-[1,3]dioxolan** $C_8H_{15}ClO_2$, Formel X (X = Cl).

B. Beim Behandeln von Pentan-2-on mit (±)-Epichlorhydrin und dem Borfluorid-Äther-Addukt (*Petrow*, Ž. obšč. Chim. **10** [1940] 981, 986, 993; C. **1941** I 764).

Kp_{750}: 192—196°; Kp_{25}: 93,5—94,5°. D_4^{15}: 1,0663; D_4^{20}: 1,0625. n_D^{15}: 1,4450; n_D^{20}: 1,4427.

*Opt.-inakt. **2,4-Dimethyl-2-propyl-[1,3]dithiolan**, Pentan-2-on-propylendithioacetal $C_8H_{16}S_2$, Formel XI.

B. Beim Behandeln von Pentan-2-on mit (±)-Propan-1,2-dithiol und Chlorwasserstoff (*Roberts, Cheng*, J. org. Chem. **23** [1958] 983, 987, 989).

Kp_{30}: 116—117° [unkorr.]. D^{30}: 1,0028. n_D^{30}: 1,5115.

2,4-Dimethyl-1,1,3,3-tetraoxo-2-propyl-1λ⁶,3λ⁶-[1,3]dithiolan, 2,4-Dimethyl-2-propyl-[1,3]dithiolan-1,1,3,3-tetraoxid $C_8H_{16}O_4S_2$, Formel I.

a) Höherschmelzendes opt.-inakt. Stereoisomeres.

B. Neben dem unter b) beschriebenen Stereoisomeren beim Erwärmen von opt.-inakt. 2,4-Dimethyl-2-propyl-[1,3]dithiolan (s. o.) mit Essigsäure und Acetanhydrid und anschliessend mit wss. Wasserstoffperoxid (*Roberts, Cheng*, J. org. Chem. **23** [1958] 983, 988, 989).

Krystalle (aus A. + W.); F: 96—97°.

b) Niedrigerschmelzendes opt.-inakt. Stereoisomeres.

B. s. bei dem unter a) beschriebenen Stereoisomeren.

Krystalle (aus A. + W.); F: 65—66° (*Roberts, Cheng*, J. org. Chem. **23** [1958] 983, 988).

4,5-Dimethyl-2-propyl-[1,3]dioxolan $C_8H_{16}O_2$.

a) **(*R*)-4*r*,5*t*-Dimethyl-2-propyl-[1,3]dioxolan** $C_8H_{16}O_2$, Formel II.

B. Beim Behandeln von D_g-*threo*-Butan-2,3-diol mit Butyraldehyd und kleinen Mengen wss. Salzsäure (*Neish, Macdonald*, Canad. J. Res. [B] **25** [1947] 70, 71, 75).

Kp_{760}: 150°. D_4^{25}: 0,8824. n_D^{25}: 1,4075. $[\alpha]_D^{25}$: —14,2° [unverd. ?].

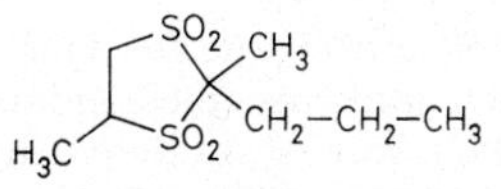

I 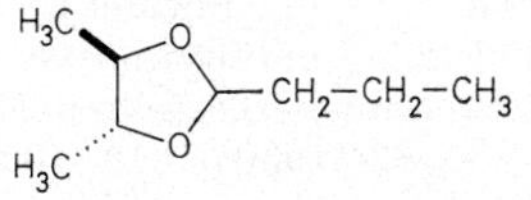 II 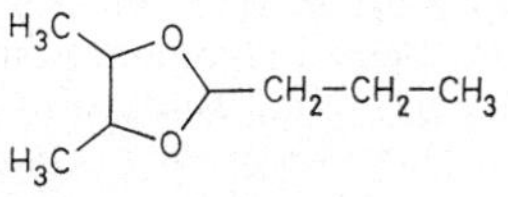 III

b) ***Opt.-inakt. 4,5-Dimethyl-2-propyl-[1,3]dioxolan** $C_8H_{16}O_2$, Formel III.

Über ein beim Behandeln von opt.-inakt. 2,3-Epoxy-butan (nicht charakterisiert) mit Butyraldehyd und dem Borfluorid-Äther-Addukt erhaltenes Präparat (Kp: 155—157°; D_4^{15}: 0,9042; D_4^{20}: 0,9000; n_D^{15}: 1,4165; n_D^{20}: 1,4141) s. *Petrow*, Ž. obšč. Chim. **10** [1940] 981, 993; C. **1941** I 764.

(±)-2-Isopropyl-4,4-dimethyl-[1,3]dioxolan $C_8H_{16}O_2$, Formel IV (E II 13).

B. Neben Isobutyraldehyd beim Erwärmen von Methallylalkohol mit wss. Schwefelsäure (*Hearne et al.*, Ind. eng. Chem. **33** [1941] 805, 806). Beim Behandeln von 2-Methoxy-2-methyl-propan-1-ol mit Borfluorid bei 105° (*Petrow*, Ž. obšč. Chim. **10** [1940] 981, 991; C. **1941** I 764).

Kp: 134—137° (*Pe.*). Kp: 138—139°; D_4^{20}: 0,8897; n_D^{20}: 1,4091 (*He. et al.*).

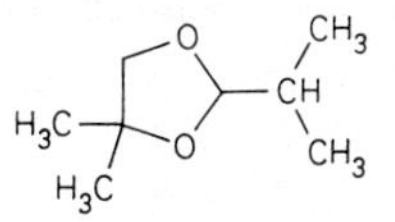

IV 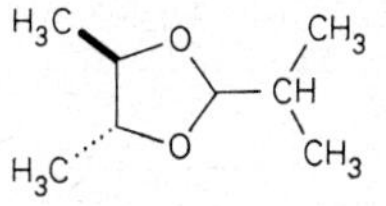 V 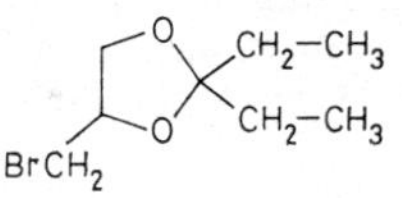 VI

(*R*)-2-Isopropyl-4*r*,5*t*-dimethyl-[1,3]dioxolan $C_8H_{16}O_2$, Formel V.

B. Beim Behandeln von D_g-*threo*-Butan-2,3-diol mit Isobutyraldehyd und kleinen Mengen wss. Salzsäure (*Neish, Macdonald*, Canad. J. Res. [B] **25** [1947] 70, 71, 75).

Kp_{760}: 140°. D_4^{25}: 0,8822. n_D^{25}: 1,4062. $[\alpha]_D^{25}$: —16,5° [unverd. ?].

(±)-2,2-Diäthyl-4-brommethyl-[1,3]dioxolan $C_8H_{15}BrO_2$, Formel VI.

B. Beim Behandeln von Pentan-3-on mit (±)-Epibromhydrin, Zinn(IV)-chlorid und Tetrachlormethan (*Willfang*, B. **74** [1941] 145, 150).

Kp_2: 82—85°.

(±)-4-Äthyl-2,2,4-trimethyl-[1,3]dioxolan $C_8H_{16}O_2$, Formel VII (E II 13).

B. Beim Behandeln von (±)-2-Methyl-butan-1,2-diol mit Aceton und wenig Schwefelsäure (*Böeseken*, R. **54** [1935] 657, 661; vgl. E II 13).

Kp: 135° [unreines Präparat].

(*R*)-2-Äthyl-2,4*r*,5*t*-trimethyl-[1,3]dioxolan, $C_8H_{16}O_2$ Formel VIII.

B. Beim Behandeln von D_g-*threo*-Butan-2,3-diol mit Butanon und kleinen Mengen wss. Salzsäure (*Neish, Macdonald*, Canad. J. Res. [B] **25** [1947] 70, 71, 77; s.a. *Neish et al.*, Canad. J. Res. [B] **23** [1945] 281, 282).

Kp_{760}: 134°; D_4^{25}: 0,8749; n_D^{25}: 1,4025; $[\alpha]_D^{25}$: —18,8° [unverd. ?] (*Ne., Ma.*). Kp_{755}: 133°; D^{25}: 0,8708; n_D^{25}: 1,4051; $[\alpha]_D^{25}$: —18,8° [unverd. ?] (*Ne. et al.*, Canad. J. Res. [B] **23** 284).

Azeotrop mit Wasser: *Ne.*, *Ma.*
Pyrolyse bei 300—600°: *Neish et al.*, Canad. J. Res. [B] **25** [1947] 266, 269, 270.

VII VIII IX

2,4,4,5,5-Pentamethyl-[1,3]dioxolan $C_8H_{16}O_2$, Formel IX (H 12; E II 13).

B. Beim Behandeln von Pinakol (2,3-Dimethyl-butan-2,3-diol) mit einem aus Quecksilber(II)-oxid, Borfluorid und Methanol hergestellten Gemisch und anschliessend mit Acetylen (*Nieuwland et al.*, Am. Soc. **52** [1930] 1018, 1020, 1022), mit Acetaldehyd und wasserhaltiger Phosphorsäure (*Blicke, Anderson*, Am. Soc. **74** [1952] 1733, 1734), mit Acetaldehyd und kleinen Mengen wss. Salzsäure (*Leutner*, M. **60** [1932] 317, 339) oder mit Äthyl-vinyl-äther und kleinen Mengen wss. Salzsäure (*Woronkow, Titlinowa*, Ž. obšč. Chim. **24** [1954] 613, 614, 617; engl. Ausg. S. 623, 624, 626).

Dipolmoment (ε; Bzl.): 1,29 D (*Otto*, Am. Soc. **59** [1937] 1590).

Kp_{758}: 134,8° (*Wo., Ti.*); Kp_{745}: 133° (*Bl., An.*). D_4^{20}: 0,8997 (*Wo., Ti.*); D^{25}: 0,9956 (*Otto*). n_D^{20}: 1,4121 (*Wo., Ti.*); n_D^{25}: 1,4105 (*Otto*).

Geschwindigkeitskonstante der Hydrolyse in wss. Salzsäure (0,05 n und 0,1 n) bei 25°: *Le.*, l. c. S. 340. Beim Behandeln mit Silber-tetrafluoroborat in 1,2-Dichlor-äthan und anschliessend mit Äthylbromid ist 2,4,4,5,5-Pentamethyl-[1,3]dioxolanylium-tetrafluoroborat erhalten worden (*Meerwein et al.*, Ar. **291** [1958] 541, 554).

Stammverbindungen $C_9H_{18}O_2$

4,4,7,7-Tetramethyl-[1,3]dioxepan $C_9H_{18}O_2$, Formel I.

B. Neben 2,2,5,5-Tetramethyl-tetrahydro-furan beim Erhitzen von 2,5-Dimethyl-hexan-2,5-diol mit Paraformaldehyd, wenig Toluol-4-sulfonsäure und wenig [2]Naphthyl-phenyl-amin (*Pattison*, J. org. Chem. **22** [1957] 662).

Kp_{115}: 112°. n_D^{25}: 1,4365.

2-*tert*-Butyl-2-methyl-[1,3]dioxan $C_9H_{18}O_2$, Formel II.

B. Beim Erwärmen von Propan-1,3-diol mit 3,3-Dimethyl-butan-2-on, Benzol und wenig Toluol-4-sulfonsäure unter Entfernen des entstehenden Wassers (*Salmi, Rannikko*, B. **72** [1939] 600, 603).

Kp_{737}: 172—174°. D_4^{20}: 0,9387. $n_{656,3}^{20}$: 1,43681; n_D^{20}: 1,43908; $n_{486,1}^{20}$: 1,44414.

I II III IV

***5-Äthyl-5-nitro-2-propyl-[1,3]dioxan** $C_9H_{17}NO_4$, Formel III.

a) Höhersiedendes Präparat.

B. Neben kleinen Mengen des unter b) beschriebenen Präparats beim Erwärmen von 2-Äthyl-2-nitro-propan-1,3-diol mit Butyraldehyd, Benzol und wenig Toluol-4-sulfonsäure unter Entfernen des entstehenden Wassers (*Senkus*, Am. Soc. **65** [1943] 1656).

Kp_5: 136—136,5°. D_{20}^{20}: 1,1052. n_D^{20}: 1,4550.

b) Niedrigersiedendes Präparat.

B. s. bei dem unter a) beschriebenen Präparat.

Kp_5: 104—106°. D_{20}^{20}: 1,0882. n_D^{20}: 1,4501 (*Senkus*, Am. Soc. **65** [1943] 1656).

***2,5-Dimethyl-5-propyl-[1,3]dioxan** $C_9H_{18}O_2$, Formel IV.

B. Beim Behandeln von 2-Methyl-2-propyl-propan-1,3-diol mit Äthyl-vinyl-äther und einen Kationenaustauscher (*Mastagli et al.*, Bl. **1957** 764).

Kp: 173—175°. n_D^{19}: 1,429.

***2,5-Diäthyl-2-methyl-5-nitro-[1,3]dioxan** $C_9H_{17}NO_4$, Formel V.

B. Beim Erwärmen von 2-Äthyl-2-nitro-propan-1,3-diol mit Butanon, Acetonitril und dem Borfluorid-Äther-Addukt (*Linden, Gold*, J. org. Chem. **21** [1956] 1175).

$Kp_{0,5}$: 65—70°.

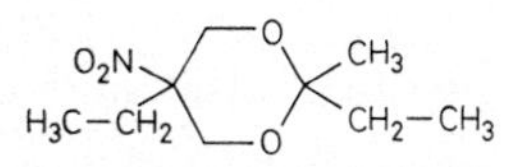

V 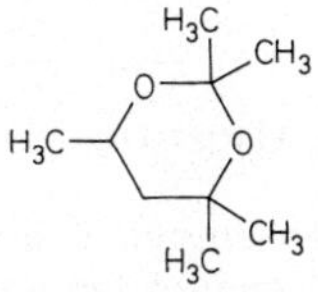 VI 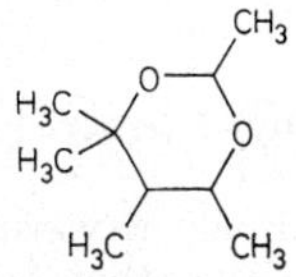 VII

(±)-2,2,4,4,6-Pentamethyl-[1,3]dioxan $C_9H_{18}O_2$, Formel VI.

B. In kleiner Menge beim Erhitzen von (±)-2-Methyl-pentan-2,4-diol mit Jod (*Ipatieff, Pines*, Am. Soc. **67** [1945] 1200).

Kp: 139—140°. n_D^{20}: 1,4196.

***Opt.-inakt. 2,4,4,5,6-Pentamethyl-[1,3]dioxan** $C_9H_{18}O_2$, Formel VII.

B. Beim Behandeln von 2-Methyl-but-2-en mit Acetaldehyd und kleinen Mengen wss. Schwefelsäure (*Arundale, Mikeska*, Chem. Reviews **51** [1952] 505, 514).

Kp: 161°.

2,4,4,6,6,-Pentamethyl-[1,3]dioxan $C_9H_{18}O_2$, Formel VIII.

B. Beim Behandeln von 2,4-Dimethyl-pentan-2,4-diol mit Acetaldehyd und kleinen Mengen wasserhaltiger Phosphorsäure (*Blicke, Anderson*, Am. Soc. **74** [1952] 1733, 1734).

Kp_{740}: 148°; Kp_{14}: 48°.

2-Hexyl-[1,3]dioxolan, Heptanal-äthandiylacetal $C_9H_{18}O_2$, Formel IX (X = H) (H 13; E II 13).

B. Beim Erwärmen von Heptanal mit Äthylenglykol unter Zusatz von Benzol und wenig Toluol-4-sulfonsäure (*Sulzbacher et al.*, Am. Soc. **70** [1948] 2827) oder unter Zusatz eines Kationenaustauschers (*Astle et al.*, Ind. eng. Chem. **46** [1954] 787, 788), jeweils unter Entfernen des entstehenden Wassers. Beim Behandeln von Heptanal mit Zinn(IV)-chlorid und anschliessend mit Äthylenoxid (*Bogert, Roblin*, Am. Soc. **55** [1933] 3741, 3743). Beim Erhitzen von Heptanal-dibutylacetal mit Äthylenglykol unter Zusatz eines Kationenaustauschers (*Mastagli, Lagrange*, C. r. **248** [1959] 254).

Kp: 200° [korr.] (*Bo., Ro.*, l. c. S. 3744), 202° (*As. et al.*); Kp_{20}: 94°; $D_4^{19,5}$: 0,9077; $n_D^{19,5}$: 1,43060 (*Su. et al.*).

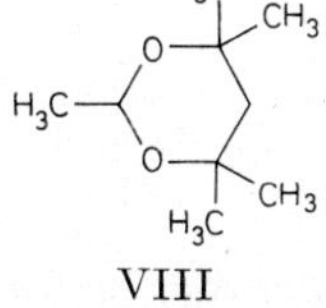

VIII 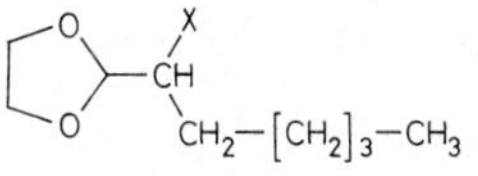 IX 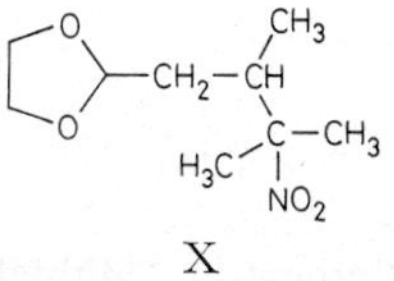 X

(±)-2-[2-Chlor-hexyl]-[1,3]dioxolan $C_9H_{17}ClO_2$, Formel IX (X = Cl).

B. Beim Erhitzen von (±)-2-Chlor-heptanal mit Äthylenglykol (*Krattiger*, Bl. **1953** 222, 224).

Kp_{13}: 113°. D^{19}: 1,041. n_D^{19}: 1,4531.

(±)-2-[2-Brom-hexyl]-[1,3]dioxolan $C_9H_{17}BrO_2$, Formel IX (X = Br).

B. Beim Erhitzen von (±)-2-Brom-heptanal mit Äthylenglykol (*Krattiger*, Bl. **1953** 222, 224).

Kp_{13}: 126°. D^{15}: 1,252. n_D^{15}: 1,4725.

(±)-2-[2,3-Dimethyl-3-nitro-butyl]-[1,3]dioxolan, (±)-1-[1,3]Dioxolan-2-yl-2,3-dimethyl-3-nitro-butan $C_9H_{17}NO_4$, Formel X.

B. Beim Erwärmen von (±)-3,4-Dimethyl-4-nitro-valeraldehyd mit Äthylenglykol, Benzol und wenig Toluol-4-sulfonsäure unter Entfernen des entstehenden Wassers (*Bonnett et al.*, Soc. **1959** 2087, 2090).

$Kp_{0,4}$: 100°.

2-Methyl-2-pentyl-[1,3]dioxolan, Heptan-2-on-äthandiylacetal $C_9H_{18}O_2$, Formel I.

B. Beim Erwärmen von Äthylenglykol mit einem aus Quecksilber(II)-oxid, dem Borfluorid-Äther-Addukt und Methanol hergestellten Reaktionsgemisch und mit Hept-1-in (*Hennion et al.*, Am. Soc. **56** [1934] 1130).

Kp_{745}: 180—181°. D^{30}: 0,8984. n_D^{27}: 1,4227; n_D^{30}: 1,4224.

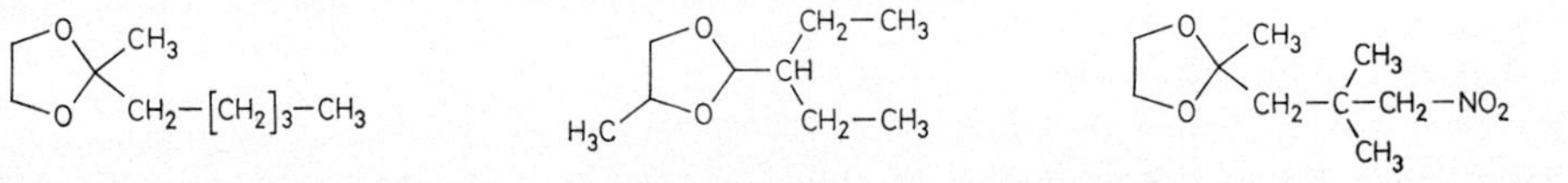

I II III

***Opt.-inakt. 2-[1-Äthyl-propyl]-4-methyl-[1,3]dioxolan** $C_9H_{18}O_2$, Formel II.

B. Beim Erhitzen von 2-Äthyl-butyraldehyd mit (±)-Propan-1,2-diol und einem Kationenaustauscher unter Entfernen des entstehenden Wassers (*Astle et al.*, Ind. eng. Chem. **46** [1954] 787, 788).

Kp: 175—176°.

2-[2,2-Dimethyl-3-nitro-propyl]-2-methyl-[1,3]dioxolan $C_9H_{17}NO_4$, Formel III.

B. Beim Erwärmen von 4,4-Dimethyl-5-nitro-pentan-2-on mit Äthylenglykol, Benzol und wenig Toluol-4-sulfonsäure unter Entfernen des entstehenden Wassers (*Bonnett et al.*, Soc. **1959** 2087, 2091).

$Kp_{0,7}$: 90°.

2-Äthyl-2-butyl-[1,3]dithiolan, Heptan-3-on-äthandiyldithioacetal $C_9H_{18}S_2$, Formel IV.

B. Beim Behandeln eines Gemisches von Heptan-3-on und Äthan-1,2-dithiol mit Chlorwasserstoff (*Reid, Jelinek*, J. org. Chem. **15** [1950] 448).

Kp_5: 102°. D_4^{25}: 1,0126. n_D^{25}: 1,5191.

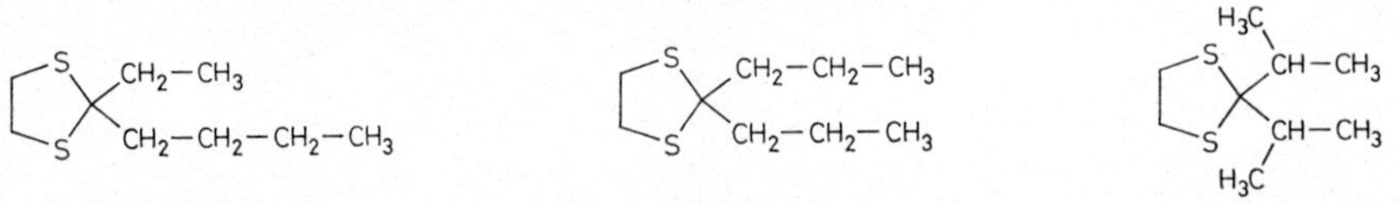

IV V VI

2,2-Dipropyl-[1,3]dithiolan, Heptan-4-on-äthandiyldithioacetal $C_9H_{18}S_2$, Formel V.

B. Beim Behandeln eines Gemisches von Heptan-4-on und Äthan-1,2-dithiol mit Chlorwasserstoff (*Reid, Jelinek*, J. org. Chem. **15** [1950] 448).

Kp_2: 86°. D_4^{25}: 1,0158. n_D^{25}: 1,5200.

2,2-Diisopropyl-[1,3]dithiolan $C_9H_{18}S_2$, Formel VI.

B. Beim Behandeln eines Gemisches von 2,4-Dimethyl-pentan-3-on und Äthan-1,2-di=thiol mit Chlorwasserstoff (*Reid, Jelinek,* J. org. Chem. **15** [1950] 448).

Krystalle (aus Me.); F: 40°. Kp_4: 94°.

(±)-4-Butyl-2,2-dimethyl-[1,3]dioxolan $C_9H_{18}O_2$, Formel VII.

B. Beim Behandeln von (±)-Hexan-1,2-diol mit Chlorwasserstoff enthaltendem Aceton unter Zusatz von Natriumsulfat (*Zelinsky, Eichel,* J. org. Chem. **23** [1958] 462, 465). Beim Behandeln von (±)-4-[2,2-Dimethyl-[1,3]dioxolan-4-yl]-butan-1-ol mit Toluol-4-sulfonyl=chlorid und Pyridin und Erwärmen des Reaktionsprodukts mit Lithiumalanat in Äther (*Ze., Ei.,* l. c. S. 464).

Kp_{15}: 62°; n_D^{25}: 1,4351 (*Ze., Ei.,* l. c. S. 465). Kp_5: 47–48° (*Ze.. Ei.,* l. c. S. 464).

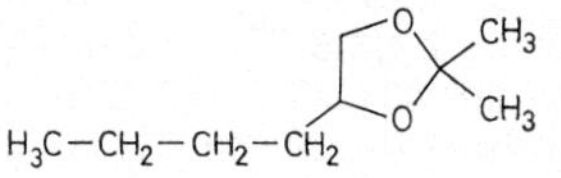

VII 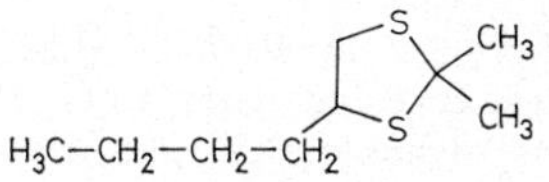 VIII 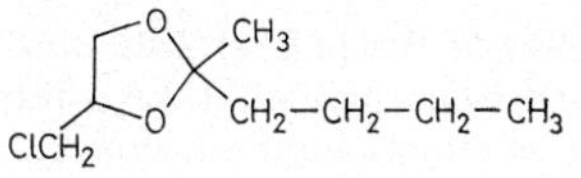 IX

(±)-4-Butyl-2,2-dimethyl-[1,3]dithiolan $C_9H_{18}S_2$, Formel VIII.

B. Beim Behandeln eines Gemisches von (±)-Hexan-1,2-dithiol und Aceton mit Chlor=wasserstoff (*Bader et al.,* Soc. **1949** 619, 622).

Kp_{12}: 110°. $n_D^{22,5}$: 1,5052.

***Opt.-inakt. 2-Butyl-4-chlormethyl-2-methyl-[1,3]dioxolan** $C_9H_{17}ClO_2$, Formel IX.

B. Beim Behandeln von (±)-3-Chlor-propan-1,2-diol mit einem aus Quecksilber(II)-oxid, Methanol und dem Borfluorid-Äther-Addukt hergestellten Reaktionsgemisch und anschliessend mit Hex-1-in und wenig Trichloressigsäure (*Killian et al.,* Am. Soc. **58** [1936] 1658).

Kp_{25}: 109°. D^{25}: 1,032. n_D^{25}: 1,4420.

***Opt.-inakt. 2-Isobutyl-2,4-dimethyl-[1,3]dioxolan** $C_9H_{18}O_2$, Formel X.

B. Beim Erwärmen von 4-Methyl-pentan-2-on mit (±)-Propan-1,2-diol, Benzol und wenig Toluol-4-sulfonsäure unter Entfernen des entstehenden Wassers (*Bergmann et al.,* R. **71** [1952] 213, 221).

Dipolmoment (ε; Bzl.): 1,17 D (*Be. et al.,* l. c. S. 228).

Kp_{757}: 148–160°; D_4^{30}: 0,879; n_D^{30}: 1,4107 (*Be. et al.,* l. c. S. 222). IR-Banden im Bereich von 1200 cm^{-1} bis 1000 cm^{-1}: *Be. et al.,* l. c. S. 219.

***Opt.-inakt. 2-*tert*-Butyl-2,4-dimethyl-[1,3]dioxolan** $C_9H_{18}O_2$, Formel XI (X = H).

B. Beim Erwärmen von 3,3-Dimethyl-butan-2-on mit (±)-Propan-1,2-diol, Benzol und wenig Toluol-4-sulfonsäure unter Entfernen des entstehenden Wassers (*Salmi, Rannikko,* B. **72** [1939] 600, 603; s. a. *Bergmann, Pinchas,* R. **71** [1952] 161, 164).

Dipolmoment (ε; Bzl.): 1,16 D (*Bergmann et al.,* R. **71** [1952] 213, 228).

Kp_{30}: 68°; D_4^{30}: 0,892; n_D^{30}: 1,4158 (*Be., Pi.*). Kp_{20}: 55–56°; D_4^{20}: 0,9002; $n_{656,3}^{20}$: 1,41856; n_D^{20}: 1,42088; $n_{486,1}^{20}$: 1,42565 (*Sa., Ra.*). IR-Banden (CCl_4) im Bereich von 1200 cm^{-1} bis 1050 cm^{-1}: *Be., Pi.,* l. c. S. 165.

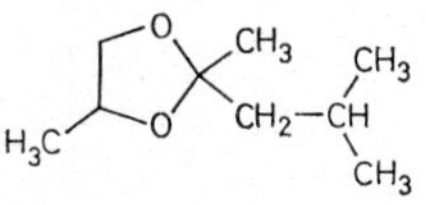

X 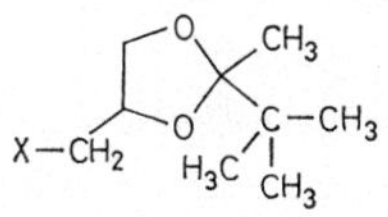 XI 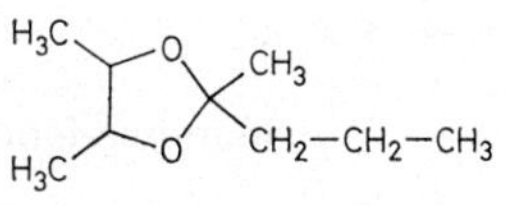 XII 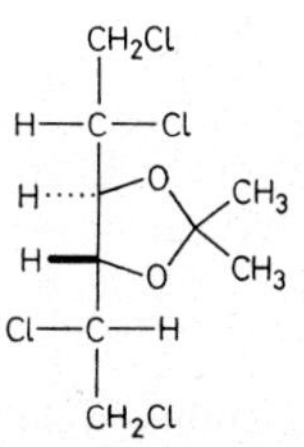 XIII

***Opt.-inakt. 2-*tert*-Butyl-4-chlormethyl-2-methyl-[1,3]dioxolan** $C_9H_{17}ClO_2$, Formel XI (X = Cl).

B. Beim Behandeln von 3,3-Dimethyl-butan-2-on mit (±)-3-Chlor-propan-1,2-diol, Tetrachlormethan und Zinn(IV)-chlorid (*Gryszkiewicz-Trochimowski et al.*, Bl. **1958** 610, 614).

Kp_{15}: 83–83,5°.

***Opt.-inakt. 2,4,5-Trimethyl-2-propyl-[1,3]dioxolan** $C_9H_{18}O_2$, Formel XII.

Über ein beim Behandeln von Pentan-2-on mit opt.-inakt. 2,3-Epoxy-butan (nicht charakterisiert) und dem Borfluorid-Äther-Addukt erhaltenes Präparat (Kp: 161–163,5°; D_4^{15}: 0,8944; D_4^{20}: 0,8899; n_D^{15}: 1,4190; n_D^{20}: 1,4177) s. *Petrow*, Ž. obšč. Chim. **10** [1940] 981, 988, 994; C. **1941** I 764.

(*S*)-4*r*,5*t*-Bis-[(*R*)-1,2-dichlor-äthyl]-2,2-dimethyl-[1,3]dioxolan, 1,2,5,6-Tetrachlor-O^3,O^4-isopropyliden-1,2,5,6-tetradesoxy-L-idit $C_9H_{14}Cl_4O_2$, Formel XIII.

B. Beim Behandeln von 1,2,5,6-Tetrachlor-1,2,5,6-tetradesoxy-L-idit (F: 69–70°; $[\alpha]_D$ +28,3° [$CHCl_3$] aus 2,5-Dichlor-1,4;3,6-dianhydro-2,5-didesoxy-L-idit [S. 121] hergestellt) mit Aceton und wenig Schwefelsäure (*Wiggins*, Soc. **1945** 4, 6). Beim Erwärmen von 1,6-Dichlor-O^3,O^4-isopropyliden-1,6-didesoxy-D-mannit mit Thionylchlorid und Pyridin (*Wi.*).

Öl; bei 115°/0,05 Torr destillierbar. n_D^{16}: 1,4954; $[\alpha]_D^{20}$: +56,8° [$CHCl_3$; c = 2] bzw. n_D^{18}: 1,4955; $[\alpha]_D^{18}$: +57,3° [$CHCl_3$; c = 2] (zwei Präparate).

(*R*)-2,2-Diäthyl-4*r*,5*t*-dimethyl-[1,3]dioxolan $C_9H_{18}O_2$, Formel XIV.

B. Beim Erwärmen von Pentan-3-on mit D_g-*threo*-Butan-2,3-diol und kleinen Mengen wss. Salzsäure (*Neish, Macdonald*, Canad. J. Res. [B] **25** [1947] 70, 71, 77).

Kp_{760}: 155°. D_4^{25}: 0,8808. n_D^{25}: 1,4109. $[\alpha]_D^{25}$: –12,6° [unverd.?].

Hexamethyl-[1,3]dioxolan $C_9H_{18}O_2$, Formel XV.

B. Beim Behandeln von Pinakon (2,3-Dimethyl-butan-2,3-diol) mit Aceton (Überschuss), Natriumsulfat und wenig Toluol-4-sulfonsäure (*Leutner*, M. **66** [1935] 222, 239).

Kp_{745}: 147,5–148,5°.

Geschwindigkeitskonstante der Hydrolyse in wss. Salzsäure (0,5 n und 1 n) bei 25°: *Le.*, l. c. S. 241.

XIV XV XVI

***Opt.-inakt. 3,4,4-Trifluor-2,2-dioxo-3-[2,4,6,7-tetrachlor-undecafluor-heptyl]-2λ⁶-[1,2]oxathietan, 3,4,4-Trifluor-3-[2,4,6,7-tetrachlor-undecafluor-heptyl]-[1,2]oxathietan-2,2-dioxid, 4,6,8,9-Tetrachlor-tetradecafluor-1-hydroxy-nonan-2-sulfonsäure-lacton** $C_9Cl_4F_{14}O_3S$, Formel XVI.

Die Einheitlichkeit des nachstehend aufgeführten, unter dieser Konstitution beschriebenen Präparats ist ungewiss (*Jiang*, Acta chim. sinica **23** [1957] 330; C. A. **1958** 15493).

B. Beim Erwärmen von opt.-inakt. 4,6,8,9-Tetrachlor-tetradecafluor-non-1-en (n_D: 1,3780 bzw. n_D^{20}: 1,3784) mit Schwefeltrioxid (*Minnesota Mining & Mfg. Co.*, U.S.P. 3214443 [1955]; *Ji.*, l. c. S. 335).

$Kp_{0,08}$: 81–82°; n_D^{20}: 1,3893.

Stammverbindungen $C_{10}H_{20}O_2$

1,2-Dithia-cyclododecan $C_{10}H_{20}S_2$, Formel I.

B. Beim Eintragen einer äther. Lösung von Decan-1,10-dithiol in eine heisse Lösung von Eisen(III)-chlorid-hexahydrat in Essigsäure und Äther (*Schöberl*, *Gräfje*, A. **614** [1958] 66, 81). In kleiner Menge beim Erwärmen von 1,10-Dibrom-decan mit Natrium-thiosulfat in wss. Äthanol und Eintragen des Reaktionsgemisches in wss. Kupfer(II)-chlorid-Lösung unter Durchleiten von Wasserdampf (*Affleck*, *Dougherty*, J. org. Chem. **15** [1950] 864, 866, 868).

Krystalle, F: 40–42°; bei 55–60°/0,1 Torr sublimierbar (*Sch.*, *Gr.*).

2-Methyl-2-pentyl-[1,3]dioxan, Heptan-2-on-propandiylacetal $C_{10}H_{20}O_2$, Formel II.

B. Beim Eintragen von Propan-1,3-diol und von Hept-1-in in ein aus Quecksilber(II)-oxid, Methanol und Borfluorid hergestelltes Gemisch (*Otto*, Am. Soc. **59** [1937] 1590).

Dipolmoment (ε; Bzl.): 1,90 D.

Kp_{10}: 88°. D^{25}: 0,90768. n_D^{25}: 1,43380.

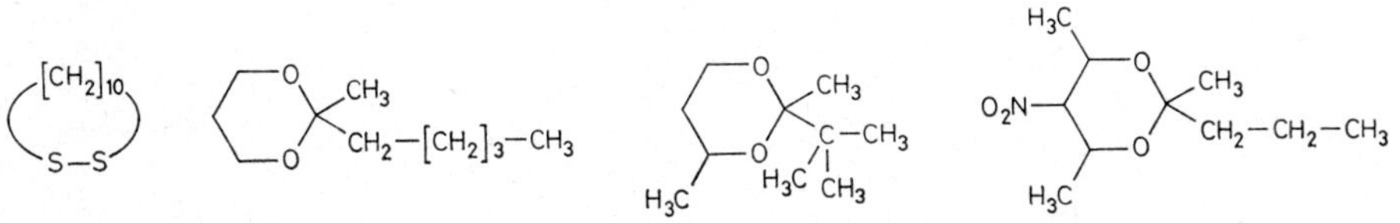

I II III IV

***Opt.-inakt. 2-*tert*-Butyl-2,4-dimethyl-[1,3]dioxan** $C_{10}H_{20}O_2$, Formel III.

B. Beim Erwärmen von 3,3-Dimethyl-butan-2-on mit (±)-Butan-1,3-diol, Benzol und wenig Toluol-4-sulfonsäure unter Entfernen des entstehenden Wassers (*Salmi*, *Rannikko*, B. **72** [1939] 600, 604).

Kp_8: 57°. D_4^{20}: 0,9082. $n_{656,3}^{20}$: 1,42961; n_D^{20}: 1,43195; $n_{486,1}^{20}$: 1,43704.

***Opt.-inakt. 2,4,6-Trimethyl-5-nitro-2-propyl-[1,3]dioxan** $C_{10}H_{19}NO_4$, Formel IV.

B. Beim Erwärmen von opt.-inakt. 3-Nitro-pentan-2,4-diol (E IV **1** 2545) mit Pentan-2-on, Kupfer(II)-sulfat und Chlorwasserstoff enthaltendem Äthanol (*Eckstein*, *Urbański*, Roczniki Chem. **26** [1952] 571, 586; C. A. **1955** 2437).

Krystalle (aus wss. A.); F: 68–70°.

***Opt.-inakt. 2-Isopropyl-4,4,6-trimethyl-[1,3]dioxan** $C_{10}H_{20}O_2$, Formel V.

B. Beim Behandeln von (±)-2-Methyl-pentan-2,4-diol mit Isobutyraldehyd und wasserhaltiger Phosphorsäure (*Blicke*, *Anderson*, Am. Soc. **74** [1952] 1733, 1734).

Kp_{25}: 68°.

***Opt.-inakt. 2,3-Dipropyl-[1,4]dioxan** $C_{10}H_{20}O_2$, Formel VI.

B. Beim Erwärmen einer äther. Propylmagnesiumbromid-Lösung mit Cadmium-chlorid und Erwärmen des Reaktionsgemisches mit (±)-*trans*-2,3-Dichlor-[1,4]-dioxan in Toluol (*Summerbell*, *Bauer*, Am. Soc. **58** [1936] 759).

Kp_{744}: 202–205°; Kp_{12}: 87°. D_{20}^{20}: 0,929. n_D^{20}: 1,4414.

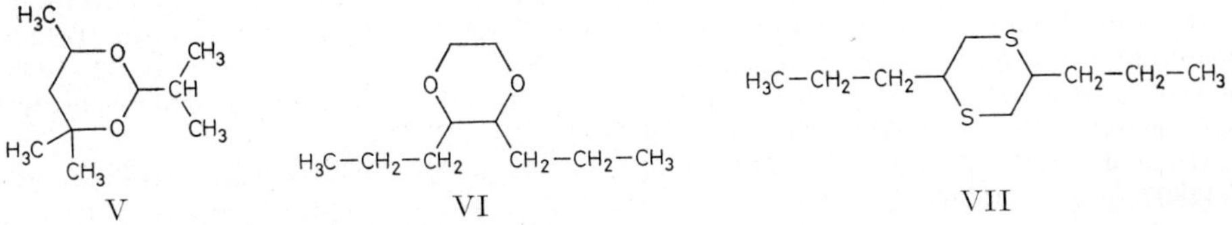

V VI VII

2,5-Dipropyl-[1,4]dithian $C_{10}H_{20}S_2$, Formel VII.

Diese Konstitution kommt vermutlich der nachstehend beschriebenen, von *Glavis et al.* (Am. Soc. **59** [1937] 707, 710) als 2,6-Dipropyl-[1,4]dithian ($C_{10}H_{20}S_2$) angesehenen opt.-inakt. Verbindung zu (vgl. das analog hergestellte 2,5-Dimethyl-[1,4]dithian [S. 64]).

B. In kleiner Menge beim Behandeln von Pent-1-en mit Dischwefeldichlorid und Erwärmen des Reaktionsprodukts mit Natriumsulfid in Äthanol (*Gl. et al.*).

Kp_{20}: 145—155°. D_{20}^{20}: 1,002. n_D^{20}: 1,5255.

2,5-Dipropyl-1,1,4,4-tetraoxo-1λ⁶,4λ⁶-[1,4]dithian, 2,5-Dipropyl-[1,4]dithian-1,1,4,4-tetraoxid $C_{10}H_{20}O_4S_2$, Formel VIII.

Diese Konstitution kommt vermutlich der nachstehend beschriebenen, von *Glavis et al.* (Am. Soc. **59** [1937] 707, 710) als 2,6-Dipropyl-[1,4]dithian-1,1,4,4-tetraoxid ($C_{10}H_{20}O_4S_2$) angesehenen opt.-inakt. Verbindung zu (vgl. das analog hergestellte 2,5-Dimethyl-[1,4]dithian-1,1,4,4-tetraoxid [S. 64]).

B. Beim Erhitzen der im vorangehenden Artikel beschriebenen Verbindung mit Essigsäure und mit wss. Wasserstoffperoxid (*Gl. et al.*). Beim Behandeln von Pent-1-en mit flüssigem Schwefeldioxid, wss. Wasserstoffperoxid, Äthanol und Paraldehyd und Behandeln des Reaktionsprodukts mit flüssigem Ammoniak (*Gl. et al.*).

Krystalle (aus Dioxan oder A.); F: 257°.

VIII IX X

*Opt.-inakt. **3-Hexyl-5-methyl-2,2-dioxo-2λ⁶-[1,2]oxathiolan, 3-Hexyl-5-methyl-[1,2]oxathiolan-2,2-dioxid, 2-Hydroxy-decan-4-sulfonsäure-lacton** $C_{10}H_{20}O_3S$, Formel IX.

B. Beim Hydrieren von Kalium-[2-oxo-decan-4-sulfonat] an Raney-Nickel in Wasser, Äthanol oder wss. Äthanol bei 60—100°/100—150 at und Eintragen einer äthanol. Lösung der erhaltenen 2-Hydroxy-decan-4-sulfonsäure in heisses Xylol unter Entfernen des entstehenden Wassers (*Willems*, Bl. Soc. chim. Belg. **64** [1955] 409, 436, 438, 747, 754, 768).

$Kp_{0,6}$: 145° [Zers.] (*Wi.*, l. c. S. 755).

Charakterisierung durch Überführung in 2-Pyridinio-decan-4-sulfonsäure-betain (F: 185°): *Wi.*, l. c. S. 763.

2-Heptyl-[1,3]dioxolan, Octanal-äthandiylacetal $C_{10}H_{20}O_2$, Formel X.

B. Beim Behandeln eines Gemisches von Octanal und Äthylenglykol mit Chlorwasserstoff (*Ueno et al.*, J. chem. Soc. Japan Ind. Chem. Sect. **52** [1949] 142; C. A. **1951** 2150).

Kp_{10}: 90—100°. D_4^{15}: 0,9002. n_D^{15}: 1,4333.

(±)-2-[1-Äthyl-pentyl]-[1,3]dioxolan $C_{10}H_{20}O_2$, Formel I.

B. Beim Erhitzen von (±)-2-Äthyl-hexanal mit Äthylenglykol und einem Kationenaustauscher unter Entfernen des entstehenden Wassers (*Astle et al.*, Ind. eng. Chem. **46** [1954] 787, 788).

Kp: 206°.

2-Hexyl-2-methyl-[1,3]dioxolan, Octan-2-on-äthandiylacetal $C_{10}H_{20}O_2$, Formel II.

B. Beim Erwärmen von Octan-2-on mit Äthylenglykol, Benzol und wenig Toluol-4-sulfonsäure unter Entfernen des entstehenden Wassers (*Salmi, Rannikko*, B. **72** [1939] 600, 602). Beim Behandeln von Octan-2-on mit Zinn(IV)-chlorid und anschliessend mit Äthylenoxid (*Bogert, Roblin*, Am. Soc. **55** [1933] 3741, 3743).

Kp_{13}: 97° (*Bo., Ro.*, l. c. S. 3744). Kp_{11}: 88—89°; D_4^{20}: 0,8970; $n_{656,3}^{20}$: 1,42673; n_D^{20}: 1,42897; $n_{486,1}^{20}$: 1,43393 (*Sa., Ra.*).

I II III

2-Hexyl-2-methyl-[1,3]dithiolan, Octan-2-on-äthandiyldithioacetal $C_{10}H_{20}S_2$, Formel III.

B. Beim Behandeln eines Gemisches von Äthan-1,2-dithiol und Octan-2-on mit Chlorwasserstoff (*Reid, Jelinek,* J. org. Chem. **15** [1950] 448).

Kp_6: 120°. D_4^{25}: 0,9926. n_D^{25}: 1,5110.

***Opt.-inakt. 2-Hexyl-4-methyl-[1,3]dioxolan,** Heptanal-propylenacetal $C_{10}H_{20}O_2$, Formel IV (X = H).

B. Beim Behandeln von Heptanal mit Zinn(IV)-chlorid und mit (±)-1,2-Epoxypropan (*Bogert, Roblin,* Am. Soc. **55** [1953] 3741, 3743). Beim Erhitzen von Heptanal-dibutylacetal mit (±)-Propan-1,2-diol und einem Kationenaustauscher (*Mastagli, Lagrange,* C. r. **248** [1959] 254).

Kp: 204° (*Bilger, Hibbert,* Am. Soc. **58** [1936] 823, 825); Kp_{23}: 102,5—103,5° (*Bo., Ro.,* l. c. S. 3744).

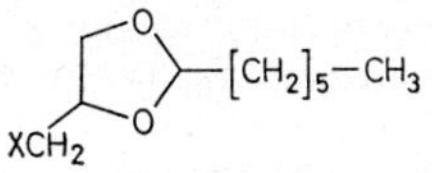

IV 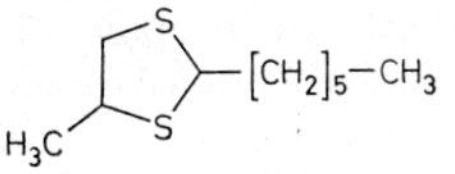 V 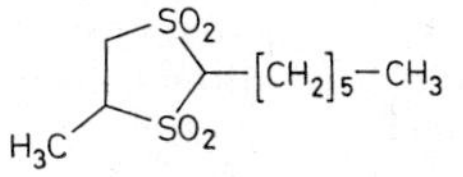 VI

***Opt.-inakt. 4-Chlormethyl-2-hexyl-[1,3]dioxolan** $C_{10}H_{19}ClO_2$, Formel IV (X = Cl).

B. Beim Behandeln von Heptanal mit (±)-Epichlorhydrin, Zinn(IV)-chlorid und Tetrachlormethan (*Fourneau, Chantalou,* Bl. [5] **12** [1945] 845, 849).

Kp_{14}: 123°.

***Opt.-inakt. 2-Hexyl-4-methyl-[1,3]dithiolan,** Heptanal-propylendithioacetal $C_{10}H_{20}S_2$, Formel V.

B. Beim Behandeln eines Gemisches von Heptanal und (±)-Propan-1,2-dithiol mit Chlorwasserstoff (*Roberts, Cheng,* J. org. Chem. **23** [1958] 983, 987, 989).

Kp_{40}: 171—172°. D^{30}: 0,9780. n_D^{30}: 1,5030.

***Opt.-inakt. 2-Hexyl-4-methyl-1,1,3,3-tetraoxo-1λ⁶,3λ⁶-[1,3]dithiolan, 2-Hexyl-4-methyl-[1,3]dithiolan-1,1,3,3-tetraoxid** $C_{10}H_{20}O_4S_2$, Formel VI.

B. Beim Erwärmen der im vorangehenden Artikel beschriebenen Verbindung mit Essigsäure und wss. Wasserstoffperoxid (*Roberts, Cheng,* J. org. Chem. **23** [1958] 983, 989).

Krystalle (aus wss. A.); F: 61—62°.

(*R*)-2-[1-Äthyl-propyl]-4*r*,5*t*-dimethyl-[1,3]dioxolan $C_{10}H_{20}O_2$, Formel VII.

B. Beim Behandeln von D_g-*threo*-Butan-2,3-diol mit 2-Äthyl-butyraldehyd und kleinen Mengen wss. Salzsäure (*Neish, Macdonald,* Canad. J. Res. [B] **25** [1947] 70, 75).

Kp_{760}: 180° (*Ne., Ma.,* l. c. S. 71); Kp_{200}: 135° (*Ne., Ma.,* l. c. S. 75). D_4^{25}: 0,8842; n_D^{25}: 1,4202 (*Ne., Ma.,* l. c. S. 71). $[\alpha]_D^{25}$: —16,9° [unverd.?] (*Ne., Ma.,* l. c. S. 71).

***Opt.-inakt. 4,5-Diisopropyl-4-methyl-[1,3]dioxolan** $C_{10}H_{20}O_2$, Formel VIII.

B. Beim Behandeln von opt.-inakt. 2,3,5-Trimethyl-hexan-3,4-diol (F: 94—95°) mit Paraformaldehyd und wasserhaltiger Phosphorsäure (*Blicke, Anderson,* Am. Soc. **74** [1952] 1733, 1734).

Kp_{20}: 82°.

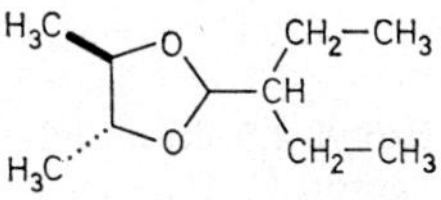

VII 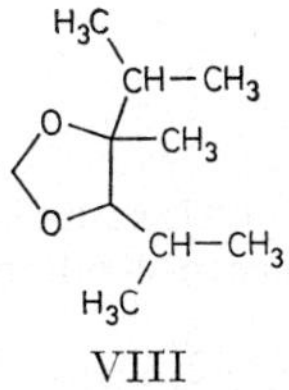 VIII 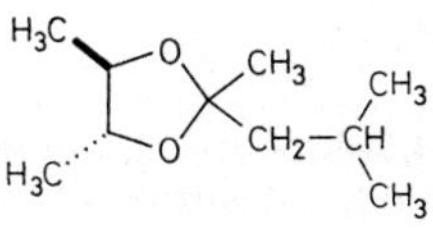 IX 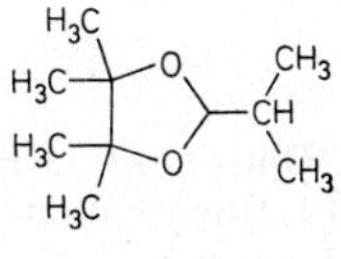 X

(*R*)-2-Isobutyl-2,4*r*,5*t*-trimethyl-[1,3]dioxolan $C_{10}H_{20}O_2$, Formel IX.

B. Beim Behandeln von D_g-*threo*-Butan-2,3-diol mit 4-Methyl-pentan-2-on und kleinen Mengen wss. Salzsäure (*Neish, Macdonald*, Canad. J. Res. [B] **25** [1947] 70, 77).

Kp_{760}: 166° (*Ne., Ma.*, l. c. S. 71); Kp_{200}: 120—121° (*Ne., Ma.*, l. c. S. 77). D_4^{25}: 0,8621; n_D^{25}: 1,4110 (*Ne., Ma.*, l. c. S. 71). $[\alpha]_D^{25}$: —14,0° [unverd. ?] (*Ne., Ma.*, l. c. S. 71). Azeotrop mit Wasser: *Ne., Ma.*, l. c. S. 77.

2-Isopropyl-4,4,5,5-tetramethyl-[1,3]dioxolan $C_{10}H_{20}O_2$, Formel X (E II 14).

B. Beim Erwärmen von Pinakol (2,3-Dimethyl-butan-2,3-diol) mit Isobutyraldehyd und wasserhaltiger Phosphorsäure (*Blicke, Anderson*, Am. Soc. **74** [1952] 1733, 1734; vgl. E II 14).

Kp_{15}: 57°.

Stammverbindungen $C_{11}H_{22}O_2$

2-Hexyl-2-methyl-[1,3]dioxan, Octan-2-on-propandiylacetal $C_{11}H_{22}O_2$, Formel I.

B. Beim Erhitzen von Octan-2-on mit Propan-1,3-diol, Benzol und wenig Toluol-4-sulfonsäure unter Entfernen des entstehenden Wassers (*Salmi, Rannikko*, B. **72** [1939] 600, 603).

Kp_{10}: 104—106°. D_4^{20}: 0,9143. $n_{656,3}^{20}$: 1,43833; n_D^{20}: 1,44066; $n_{486,1}^{20}$: 1,44566.

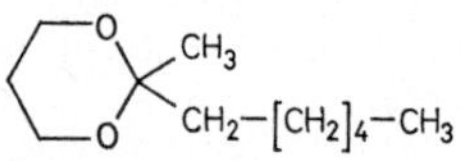

I 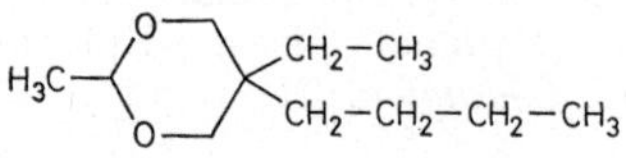 II 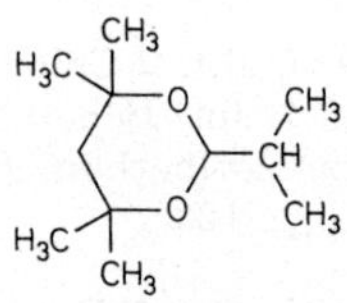 III

***5-Äthyl-5-butyl-2-methyl-[1,3]dioxan** $C_{11}H_{22}O_2$, Formel II.

B. Beim Eintragen von Vinylacetat in ein aus 2-Äthyl-2-butyl-propan-1,3-diol, Quecksilber(II)-oxid, Methanol und Borfluorid hergestelltes Gemisch (*Röhm & Haas Co.*, U.S.P. 2447975 [1948]).

Bei 130—153°/10 Torr destillierbar.

2-Isopropyl-4,4,6,6-tetramethyl-[1,3]dioxan $C_{11}H_{22}O_2$, Formel III (E II 14).

B. Beim Behandeln von 2,4-Dimethyl-pentan-2,4-diol mit Isobutyraldehyd und wasserhaltiger Phosphorsäure (*Blicke, Anderson*, Am. Soc. **74** [1952] 1733, 1734; vgl. E II 14).

Kp_{17}: 67°.

(±)-5-Octyl-2,2-dioxo-2λ⁶-[1,2]oxathiolan, (±)-5-Octyl-[1,2]oxathiolan-2,2-dioxid, (±)-3-Hydroxy-undecan-1-sulfonsäure-lacton $C_{11}H_{22}O_3S$, Formel IV.

B. Beim Eintragen einer äthanol. Lösung von (±)-3-Hydroxy-undecan-1-sulfonsäure in heisses Xylol unter Entfernen des entstehenden Wassers (*Willems*, Bl. Soc. chim. Belg. **64** [1955] 747, 754, 768).

$Kp_{0,5}$: 160—163° [unter partieller Zersetzung] (*Wi.*, l. c. S. 755).

Charakterisierung durch Überführung in (±)-3-Pyridinio-undecan-1-sulfonsäure-betain (F: 222,5—223°): *Wi.*, l. c. S. 764.

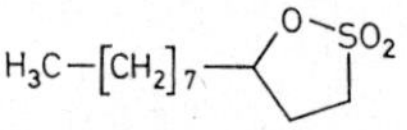

IV 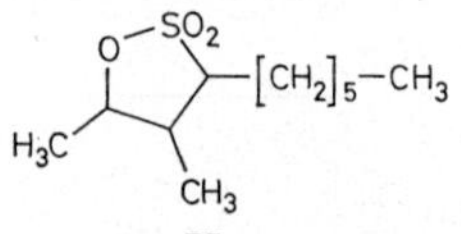 V 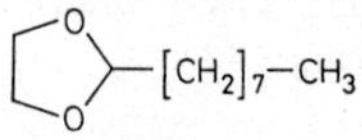 VI

***Opt.-inakt. 3-Hexyl-4,5-dimethyl-2,2-dioxo-2λ⁶-[1,2]oxathiolan, 3-Hexyl-4,5-dimethyl-[1,2]oxathiolan-2,2-dioxid, 2-Hydroxy-3-methyl-decan-4-sulfonsäure-lacton** $C_{11}H_{22}O_3S$, Formel V.

B. Beim Erwärmen von 3-Methyl-dec-3*t*(?)-en-2-on (Kp_8: 104—107° [E IV **1** 3522])

mit Natriumhydrogensulfit in wss. Äthanol, Hydrieren des Reaktionsprodukts an Raney-Nickel in Wasser, in Äthanol oder wss. Äthanol bei 60—100°/100—150 at und Eintragen einer äthanol. Lösung der erhaltenen 2-Hydroxy-3-methyl-decan-4-sulfonsäure in heisses Xylol unter Entfernen des entstehenden Wassers (*Willems*, Bl. Soc. chim. Belg. **64** [1955] 409, 438, 747, 768).

$Kp_{1,5}$: 155° [unter partieller Zersetzung] (*Wi.*, l. c. S. 757).

2-Octyl-[1,3]dioxolan, Nonanal-äthandiylacetal $C_{11}H_{22}O_2$, Formel VI.

B. Aus 2-[5-Butyl-[2]thienyl]-[1,3]dioxolan mit Hilfe eines Raney-Nickel-Katalysators (*Gol'dfarb, Konštantinow*, Izv. Akad. S.S.S.R. Otd. chim. **1959** 121, 127; engl. Ausg. S. 108, 113).

Kp_{17}: 113,5—115,5°. D_4^{20}: 0,9002. n_D^{20}: 1,4400.

***Opt.-inakt. 4-Chlormethyl-2-heptyl-[1,3]dioxolan** $C_{11}H_{21}ClO_2$, Formel VII.

B. Beim Eintragen von (±)-Epichlorhydrin und Octanal in ein Gemisch von Zinn(IV)-chlorid und Tetrachlormethan (*Bersin, Willfang*, B. **70** [1937] 2167, 2172).

Öl; bei 109—117°/5 Torr destillierbar.

2,2-Diisobutyl-[1,3]dioxolan $C_{11}H_{22}O_2$, Formel VIII.

B. Beim Erwärmen von 2,6-Dimethyl-heptan-4-on mit Äthylenglykol, Benzol und wenig Toluol-4-sulfonsäure unter Entfernen des entstehenden Wassers (*Bergmann et al.*, R. **71** [1952] 213, 221).

Dipolmoment (ε; Bzl.): 1,27 D (*Be. et al.*, l. c. S. 228).

Kp_{25}: 56°; D_4^{30}: 0,904; n_D^{30}: 1,4151 (*Be. et al.*, l. c. S. 222). IR-Banden im Bereich von 1200 cm^{-1} bis 1080 cm^{-1}: *Be. et al.*, l. c. S. 219.

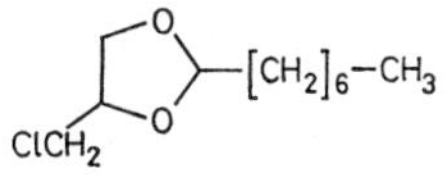

VII 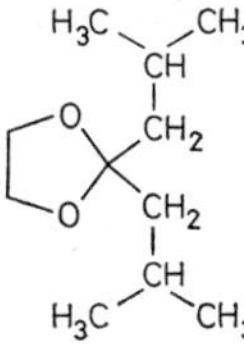 VIII 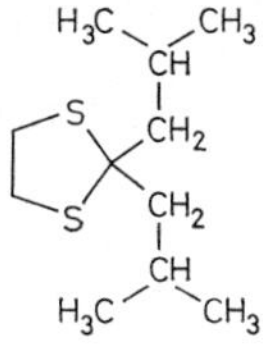 IX 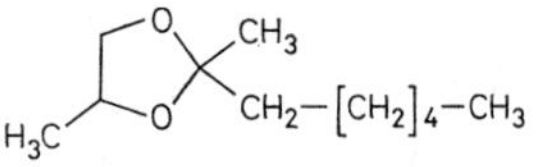 X

2,2-Diisobutyl-[1,3]dithiolan $C_{11}H_{22}S_2$, Formel IX.

B. Beim Behandeln eines Gemisches von Äthan-1,2-dithiol und 2,6-Dimethyl-heptan-4-on mit Chlorwasserstoff (*Reid, Jelinek*, J. org. Chem. **15** [1950] 448).

Kp_6: 115°. D_4^{25}: 0,9892. n_D^{25}: 1,5115.

***Opt.-inakt. 2-Hexyl-2,4-dimethyl-[1,3]dioxolan,** Octan-2-on-propylenacetal $C_{11}H_{22}O_2$, Formel X.

B. Beim Erwärmen von Octan-2-on mit (±)-Propan-1,2-diol, Benzol und wenig Toluol-4-sulfonsäure unter Entfernen des entstehenden Wassers (*Salmi, Rannikko*, B. **72** [1939] 600, 603). Beim Behandeln von Octan-2-on mit Zinn(IV)-chlorid und mit (±)-1,2-Epoxy-propan (*Bogert, Roblin*, Am. Soc. **55** [1933] 3741, 3743, 3744).

Kp_{23}: 102° (*Bo.*, *Ro.*). Kp_9: 84—86°; D_4^{20}: 0,8816; $n_{656,3}^{20}$: 1,42374; n_D^{20}: 1,42582; $n_{486,1}^{20}$: 1,43090 (*Sa.*, *Ra.*).

(*R*)-2,4*r*,5*t*-Trimethyl-2-pentyl-[1,3]dioxolan $C_{11}H_{22}O_2$, Formel XI.

B. Beim Behandeln von D_g-*threo*-Butan-2,3-diol mit Heptan-2-on und kleinen Mengen wss. Salzsäure (*Neish, Macdonald*, Canad. J. Res. [B] **25** [1947] 70, 77).

Kp_{760}: 192° (*Ne.*, *Ma.*, l. c. S. 71). Kp_{200}: 143—144° (*Ne.*, *Ma.*, l. c. S. 77). D_4^{25}: 0,8652; n_D^{25}: 1,4178 (*Ne.*, *Ma.*, l. c. S. 71). $[\alpha]_D^{25}$: —17,0° [unverd. ?] (*Ne.*, *Ma.*, l. c. S. 71). Azeotrop mit Wasser: *Ne.*, *Ma.*, l. c. S. 77.

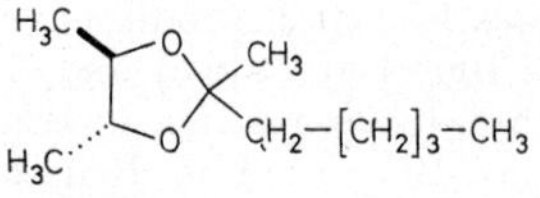

XI 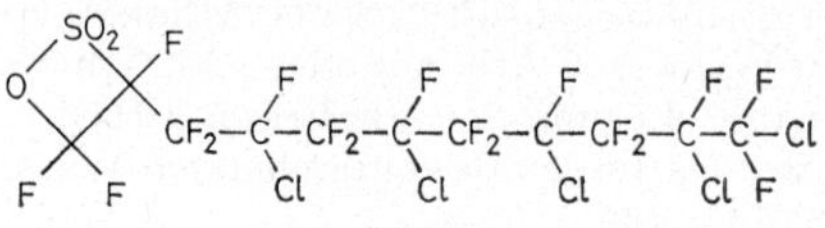 XII

***Opt.-inakt. 3,4,4-Trifluor-2,2-dioxo-3-[2,4,6,8,9-pentachlor-tetradecafluor-nonyl]-2λ⁶-[1,2]oxathietan, 3,4,4-Trifluor-3-[2,4,6,8,9-pentachlor-tetradecafluor-nonyl]-[1,2]oxathietan-2,2-dioxid, 4,6,8,10,11-Pentachlor-heptadecafluor-1-hydroxy-undecan-2-sulfonsäure-lacton** $C_{11}Cl_5F_{17}O_3S$, Formel XII.

Die Einheitlichkeit des nachstehend aufgeführten, unter dieser Konstitution beschriebenen Präparats ist ungewiss (*Jiang*, Acta chim. sinica **23** [1957] 330; C. A. **1958** 15493).

B. Beim Erwärmen von opt.-inakt. 4,6,8,10,11-Pentachlor-heptadecafluor-undec-1-en (n_D^{20}: 1,3876) mit Schwefeltrioxid (*Minnesota Mining & Mfg. Co.*, U.S.P. 3214443 [1955]; *Ji.*, l. c. S. 335).

$Kp_{0,4}$: 115—116°; n_D^{20}: 1,3949; D^{24}: 1,933 (*Ji.*, l. c. S. 331).

Stammverbindungen $C_{12}H_{24}O_2$

1,8-Dithia-cyclotetradecan $C_{12}H_{24}S_2$, Formel I.

B. Neben grösseren Mengen Thiepan beim Erwärmen von 1,6-Dibrom-hexan mit Natriumsulfid in Äthanol (*Müller et al.*, M. **84** [1952] 1206, 1213).

Krystalle (aus Me.); F: 79°.

***(±)-2-[1-Äthyl-pentyl]-5-methyl-5-nitro-[1,3]dioxan** $C_{12}H_{23}NO_4$, Formel II.

B. Beim Erwärmen von (±)-2-Äthyl-hexanal mit 2-Methyl-2-nitro-propan-1,3-diol, Benzol und wenig Toluol-4-sulfonsäure unter Entfernen des entstehenden Wassers (*Senkus*, Am. Soc. **63** [1941] 2635).

Kp_5: 154—155,5°. D_{20}^{20}: 1,0490. n_D^{20}: 1,4591.

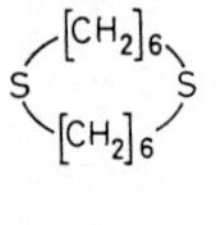

I 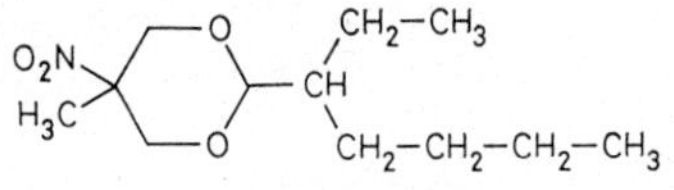 II 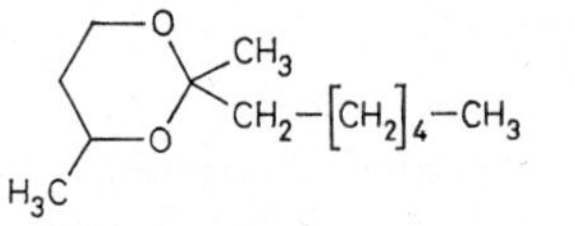 III

***Opt.-inakt. 2-Hexyl-2,4-dimethyl-[1,3]dioxan** $C_{12}H_{24}O_2$, Formel III.

B. Beim Erwärmen von Octan-2-on mit (±)-Butan-1,3-diol, Benzol und wenig Toluol-4-sulfonsäure unter Entfernen des entstehenden Wassers (*Salmi, Rannikko*, B. **72** [1939] 600, 603).

Kp_2: 81—82°. D_4^{20}: 0,8967. $n_{656,3}^{20}$: 1,43422; n_D^{20}: 1,43637; $n_{486,2}^{20}$: 1,44166.

2,2-Dibutyl-[1,4]dioxan $C_{12}H_{24}O_2$, Formel IV.

B. Beim Erwärmen von 2-Butyl-1-[2-chlor-äthoxy]-hexan-2-ol mit Natriumamid in Benzol (*Meltzer et al.*, J. org. Chem. **24** [1959] 1763, 1765).

$Kp_{6,5}$: 97—99°. n_D^{27}: 1,4450.

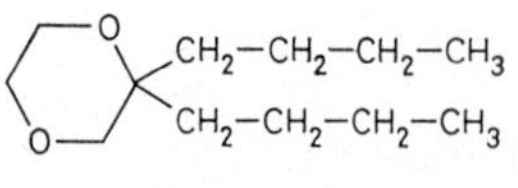

IV 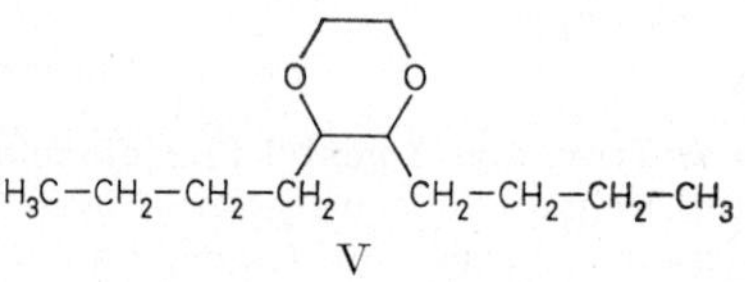 V

***Opt.-inakt. 2,3-Dibutyl-[1,4]dioxan** $C_{12}H_{24}O_2$, Formel V.

B. Beim Erwärmen einer äther. Butylmagnesiumbromid-Lösung mit Cadmiumchlorid oder Zinkchlorid und Erwärmen des jeweils erhaltenen Reaktionsgemisches mit (±)-*trans*-2,3-Dichlor-[1,4]dioxan in Toluol (*Summerbell, Bauer*, Am. Soc. **58** [1936] 759).

Kp_{744}: 238–240°; Kp_{22}: 129–130°. D_{20}^{20}: 0,918. n_D^{20}: 1,4462.

2-Nonyl-[1,3]dioxolan, Decanal-äthandiylacetal $C_{12}H_{24}O_2$, Formel VI.

B. Bei der Hydrierung von 2-Non-8-inyl-[1,3]dioxolan an Platin in Äthylacetat (*Nigam, Weedon*, Soc. **1956** 4049, 4052). Aus 2-[1,3]Dioxolan-2-yl-5-[2]thienylmethylthiophen mit Hilfe eines Raney-Nickel-Katalysators (*Gol'dfarb, Konštantinow*, Izv. Akad. S.S.S.R. Otd. chim. **1959** 121, 128; engl. Ausg. S. 108, 113).

Kp_{15}: 121–124°; D_4^{20}: 0,8923; n_D^{20}: 1,4390 (*Go., Ko.*). $Kp_{0,01}$: 68–70°; n_D^{22}: 1,4390 (*Ni., We.*).

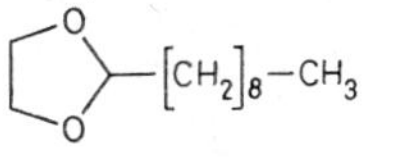

VI 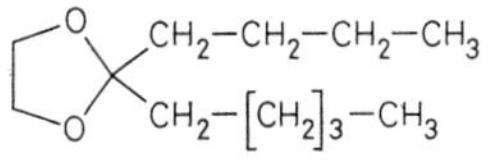 VII 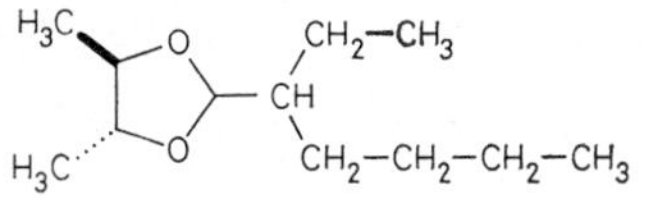 VIII

2-Butyl-2-pentyl-[1,3]dioxolan, Decan-5-on-äthandiylacetal $C_{12}H_{24}O_2$, Formel VII.

B. Beim Behandeln von Äthylenglykol mit einem aus Quecksilber(II)-oxid, Methanol und dem Borfluorid-Äther-Addukt hergestellten Reaktionsgemisch und mit Dec-5-in (*Bried, Hennion*, Am. Soc. **60** [1938] 1717).

Kp_{10}: 103–105°. D^{25}: 0,8862. n_D^{25}: 1,4339.

(*R*)-2-[(*Ξ*)-1-Äthyl-pentyl]-4*r*,5*t*-dimethyl-[1,3]dioxolan $C_{12}H_{24}O_2$, Formel VIII.

B. Beim Behandeln von D_g-*threo*-Butan-2,3-diol mit (±)-2-Äthyl-hexanal und kleinen Mengen wss. Salzsäure (*Neish, Macdonald*, Canad. J. Res. [B] **25** [1947] 70, 76).

Kp_{760}: 215° (*Ne., Ma.*, l. c. S. 71); Kp_{100}: 147–148° (*Ne., Ma.*, l. c. S. 76). D_4^{25}: 0,8874; n_D^{25}: 1,4275 (*Ne., Ma.*, l. c. S. 71). $[\alpha]_D^{25}$: –14,9° [unverd. ?] (*Ne., Ma.*, l. c. S. 71).

Pyrolyse beim Leiten über Phosphor(V)-oxid bei 400°: *Neish et al.*, Canad. J. Res. [B] **25** [1947] 266, 270.

(±)-2,2-Diisobutyl-4-methyl-[1,3]dioxolan $C_{12}H_{24}O_2$, Formel IX.

B. Beim Erwärmen von 2,6-Dimethyl-heptan-4-on mit (±)-Propan-1,2-diol, Benzol und wenig Toluol-4-sulfonsäure unter Entfernen des entstehenden Wassers (*Bergmann et al.*, R. **71** [1952] 213, 221).

Dipolmoment (ε; Bzl.): 1,46 D (*Be. et al.*, l. c. S. 228).

Kp_{30}: 65–66°; D_4^{30}: 0,882; n_D^{30}: 1,4110 (*Be. et al.*, l. c. S. 222). IR-Banden im Bereich von 1200 cm^{-1} bis 1050 cm^{-1}: *Be. et al.*, l. c. S. 219.

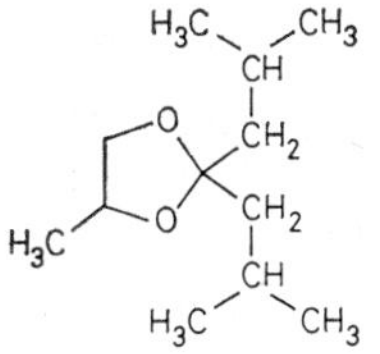

IX 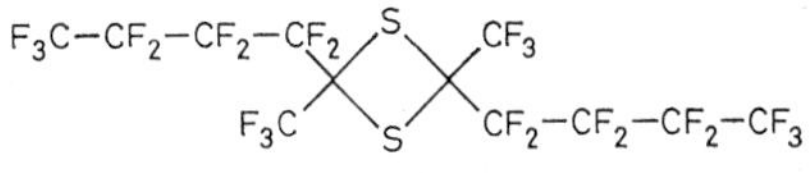 X

***2,4-Bis-nonafluorbutyl-2,4-bis-trifluormethyl-[1,3]dithietan** $C_{12}F_{24}S_2$, Formel X.

Diese Konstitution ist der nachstehend beschriebenen Verbindung zugeordnet worden (*Hauptschein, Braid*, Am. Soc. **80** [1958] 853).

B. Beim Erhitzen von (±)-Tridecafluor-2-jod-hexan mit Quecksilber(II)-sulfid auf 235° (*Ha., Br.*).

Krystalle; F: 65°. $Kp_{0,1}$: ca. 42–44°; n_D^{27}: 1,3338 [flüssiges Präparat]. ^{19}F-NMR-

Absorption: *Ha.*, *Br.* IR-Banden eines flüssigen Präparats im Bereich von 7,4 μ bis 14,5 μ: *Ha.*, *Br.*

Stammverbindungen $C_{13}H_{26}O_2$

1,2-Dithia-cyclopentadecan $C_{13}H_{26}S_2$, Formel I.

B. Beim Eintragen einer äther. Lösung von Tridecan-1,13-dithiol in eine heisse Lösung von Eisen(III)-chlorid-hexahydrat in Essigsäure und Äther (*Schöberl*, *Gräfje*, A. **614** [1958] 66, 81).

Krystalle (aus Hexan); F: 57—60°.

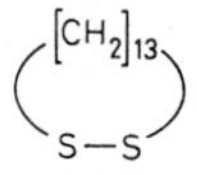

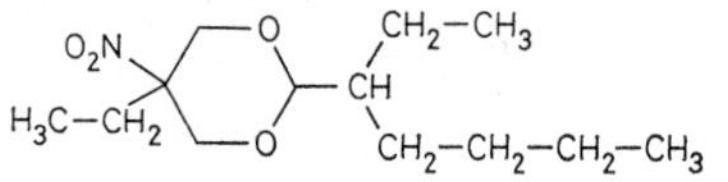

***(±)-5-Äthyl-2-[1-äthyl-pentyl]-5-nitro-[1,3]dioxan** $C_{13}H_{25}NO_4$, Formel II.

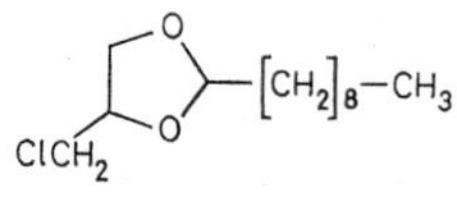

B. Beim Erwärmen von (±)-2-Äthyl-hexanal mit 2-Äthyl-2-nitro-propan-1,3-diol, Benzol und wenig Toluol-4-sulfonsäure unter Entfernen des entstehenden Wassers (*Senkus*, Am. Soc. **63** [1941] 2635).

Kp_5: 163—164,5°. D_{20}^{20}: 1,0413. n_D^{20}: 1,4601.

***Opt.-inakt. 4-Chlormethyl-2-nonyl-[1,3]dioxolan** $C_{13}H_{25}ClO_2$, Formel III.

B. Beim Eintragen von (±)-Epichlorhydrin und Decanal in ein Gemisch von Zinn(IV)-chlorid und Tetrachlormethan (*Bersin*, *Willfang*, B. **70** [1937] 2167, 2172).

Öl; bei 142—148°/4 Torr destillierbar.

***Opt.-inakt. 2,4,5-Triisopropyl-4-methyl-[1,3]dioxolan** $C_{13}H_{26}O_2$, Formel IV.

B. Beim Behandeln von opt.-inakt. 2,3,5-Trimethyl-hexan-3,4-diol (F: 94—95°) mit Isobutyraldehyd und wasserhaltiger Phosphorsäure (*Blicke*, *Anderson*, Am. Soc. **74** [1952] 1733, 1734).

Kp_{23}: 105°.

Stammverbindungen $C_{14}H_{28}O_2$

1,9-Dithia-cyclohexadecan $C_{14}H_{28}S_2$, Formel V.

B. Neben grösseren Mengen Thiocan beim Erwärmen von 1,7-Dibrom-heptan mit Natriumsulfid in Äthanol (*Müller et al.*, M. **84** [1953] 1206, 1214).

Krystalle (aus A.); F: 68—69°.

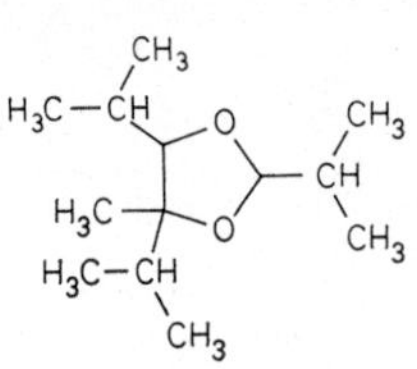

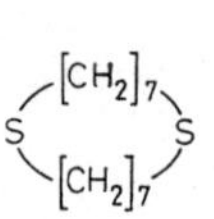

(±)-2-*tert*-Butyl-2-[2,3,3-trimethyl-butyl]-[1,3]dioxolan $C_{14}H_{28}O_2$, Formel VI.

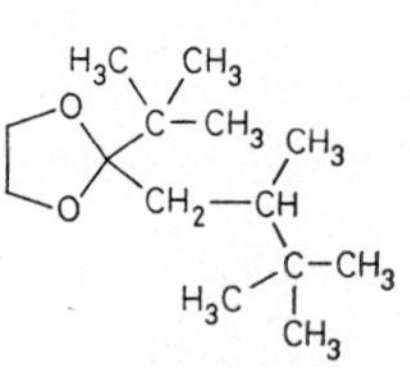

Diese Verbindung hat wahrscheinlich in dem nachstehend beschriebenen Präparat vorgelegen (*Wiberg*, *Hutton*, Am. Soc. **76** [1954] 5367, 5370).

B. Bei der Hydrierung von 2-*tert*-Butyl-3-[2-*tert*-butyl-[1,3]dioxolan-2-yl]-allylalkohol ($Kp_{3,8}$: 117—120°; n_D^{25}: 1,4648) an Platin (*Wi.*, *Hu.*).

$Kp_{4,7}$: 63—66°. n_D^{25}: 1,4383.

Stammverbindungen $C_{15}H_{30}O_2$

(±)-2-[5-Äthyl-5-methyl-nonyl]-[1,3]dioxolan $C_{15}H_{30}O_2$, Formel VII.

B. Aus (±)-2-[1,3]Dioxolan-2-yl-5-[1-methyl-1-[2]thienyl-propyl]-thiophen mit Hilfe eines Raney-Nickel-Katalysators (*Gol'dfarb, Konštantinow*, Izv. Akad. S.S.S.R. Otd. chim. **1959** 121, 128; engl. Ausg. S. 108, 114).

Kp_7: 128–132°. D_4^{20}: 0,9024. n_D^{20}: 1,4530.

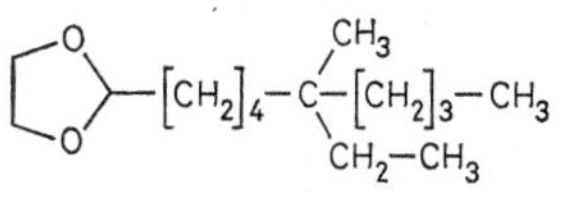

VII 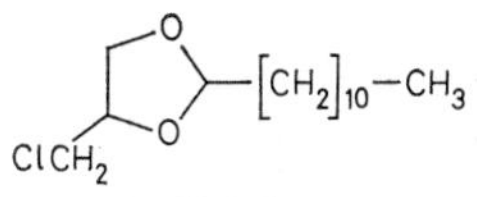 VIII

***Opt.-inakt. 4-Chlormethyl-2-undecyl-[1,3]dioxolan** $C_{15}H_{29}ClO_2$, Formel VIII.

B. Beim Eintragen von (±)-Epichlorhydrin und Laurinaldehyd in ein Gemisch von Zinn(IV)-chlorid und Tetrachlormethan (*Bersin, Willfang*, B. **70** [1937] 2167, 2173).

Öl; bei 170–179°/4 Torr destillierbar.

Stammverbindungen $C_{16}H_{32}O_2$

1,10-Dithia-cyclooctadecan $C_{16}H_{32}S_2$, Formel IX.

B. Neben Thionan beim Erwärmen von 1,8-Dibrom-octan mit Natriumsulfid in Äthanol (*Müller et al.*, M. **84** [1953] 1206, 1216).

Krystalle (aus A.); F: 55–55,5°.

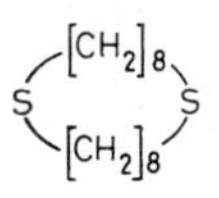

IX 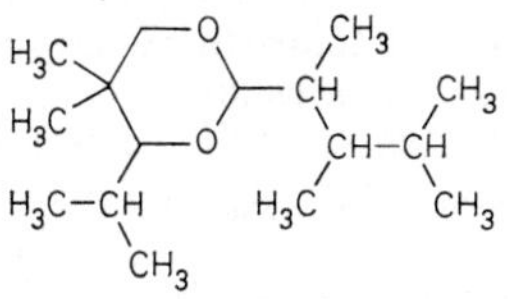 X 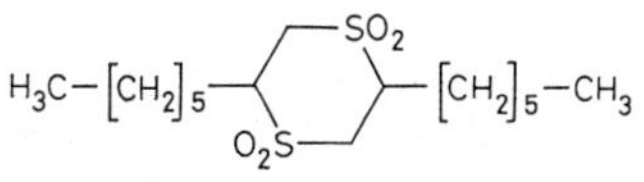 XI

***Opt.-inakt. 4-Isopropyl-5,5-dimethyl-2-[1,2,3-trimethyl-butyl]-[1,3]dioxan** $C_{16}H_{32}O_2$, Formel X.

B. Beim Erwärmen von (±)-2,2,4-Trimethyl-pentan-1,3-diol mit opt.-inakt. 2,3,4-Trimethyl-valeraldehyd (Kp_{730}: 159°; n_D^{20}: 1,4242), Benzol und wenig Toluol-4-sulfonsäure unter Entfernen des entstehenden Wassers (*Perry et al.*, Am. Soc. **80** [1958] 3618).

Kp_2: 87–92°.

2,5-Dihexyl-1,1,4,4-tetraoxo-1λ^6,4λ^6-[1,4]dithian, 2,5-Dihexyl-[1,4]dithian-1,1,4,4-tetraoxid $C_{16}H_{32}O_4S_2$, Formel XI.

Diese Konstitution kommt vermutlich der nachstehend beschriebenen, von *Glavis et al.* (Am. Soc. **59** [1937] 707, 710) als 2,6-Dihexyl-[1,4]dithian-1,1,4,4-tetraoxid ($C_{16}H_{32}O_4S_2$) beschriebenen opt.-inakt. Verbindung zu (vgl. das analog hergestellte 2,5-Dimethyl-[1,4]dithian-1,1,4,4-tetraoxid [S. 64]).

B. Beim Behanden von Oct-1-en mit flüssigem Schwefeldioxid, wss. Wasserstoffperoxid, Paraldehyd und Äthanol und Behandeln des Reaktionsprodukts mit flüssigem Ammoniak (*Gl. et al.*).

Krystalle (aus Dioxan + Eg.); F: 265°.

3,6-Di-*tert*-butyl-2,2,5,5-tetramethyl-[1,4]dioxan $C_{16}H_{32}O_2$, Formel XII.

Diese Konstitution ist für die nachstehend aufgeführte opt.-inakt. Verbindung in Betracht gezogen worden (*Hickinbottom*, Soc. **1948** 1331, 1333).

B. Neben anderen Verbindungen beim Behandeln einer Lösung von (±)-2,3-Epoxy-2,4,4-trimethyl-pentan in Essigsäure mit wenig Schwefelsäure (*Hi.*).

Beim Erwärmen mit [2,4-Dinitro-phenyl]-hydrazin und wss.-äthanol. Schwefelsäure ist eine Verbindung $C_{14}H_{20}N_4O_4$ (gelbe Krystalle [aus CCl_4, A. oder Eg.], F: 142—143°) erhalten worden.

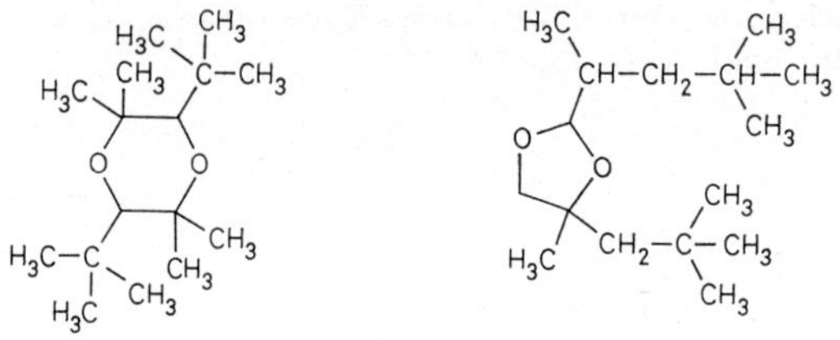

XII XIII

***Opt.-inakt. 4-Methyl-4-neopentyl-2-[1,3,3-trimethyl-butyl]-[1,3]dioxolan** $C_{16}H_{32}O_2$, Formel XIII.

Eine Verbindung dieser Konstitution hat wahrscheinlich auch in den nachstehend aufgeführten, von *Byers* und *Hickinbottom* (Soc. **1948** 1328, 1329) sowie von *Hickinbottom* (Soc. **1948** 1331, 1332) als 2,5-Dimethyl-2,5-dineopentyl-[1,4]dioxan ($C_{16}H_{32}O_2$) angesehenen Präparaten vorgelegen (*Mugdan, Young*, Soc. **1949** 2988, 2995).

B. Neben anderen Verbindungen beim Behandeln von 2,4,4-Trimethyl-pent-1-en mit einer aus Wolfram(VI)-oxid, Essigsäure und wss. Wasserstoffperoxid hergestellten Peroxywolframsäure-Lösung (*Mu., Yo.*, l. c. S. 2999) oder mit Ameisensäure und wss. Wasserstoffperoxid (*By., Hi.*, l. c. S. 1329). Beim Erwärmen von (±)-2,4,4-Trimethyl-valeraldehyd mit (±)-2,4,4-Trimethyl-pentan-1,2-diol, Benzol und kleinen Mengen wss. Salzsäure (*Mu., Yo.*, l. c. S. 3000) oder Schwefelsäure (*Graham et al.*, Soc. **1954** 2180, 2190) unter Entfernen des entstehenden Wassers. Neben 2,4,4-Trimethyl-valeraldehyd und wenig 2,4,4-Trimethyl-pentan-1,2-diol beim Behandeln von (±)-1,2-Epoxy-2,4,4-trimethyl-pentan mit wss. Schwefelsäure (*Hi.*, l. c. S. 1333).

Kp_{31}: 137°; $n_D^{16,5}$: 1,4424 (*Hi.*, l. c. S. 1333). Kp_{19}: 128°; n_D^{20}: 1,4412 (*By., Hi.*). Kp_{12}: 130°; n_D^{20}: 1,4412 (*Mu., Yo.*, l. c. S. 3000). Kp_{10}: 132°; n_D^{20}: 1,4409 (*Gr. et al.*).

Stammverbindungen $C_{17}H_{34}O_2$

***5-Äthyl-5-nitro-2-undecyl-[1,3]dioxan** $C_{17}H_{33}NO_4$, Formel I.

B. Beim Erwärmen von Laurinaldehyd mit 2-Äthyl-2-nitro-propan-1,3-diol, Benzol und wenig Toluol-4-sulfonsäure unter Entfernen des entstehenden Wassers (*Senkus*, Am. Soc. **63** [1941] 2635).

Krystalle (aus Me. oder PAe.); F: 42,5°.

***Opt.-inakt. 2-Äthyl-4-methyl-2-undecyl-[1,3]dithiolan,** Tetradecan-3-on-propylendithioacetal $C_{17}H_{34}S_2$, Formel II.

B. Beim Behandeln einer Lösung von Tetradecan-3-on und (±)-Propan-1,2-dithiol in Chloroform oder Benzol mit Chlorwasserstoff (*Roberts, Cheng*, J. org. Chem. **23** [1958] 983, 987, 989).

$Kp_{3,5}$: 184—185°. n_D^{30}: 1,4920.

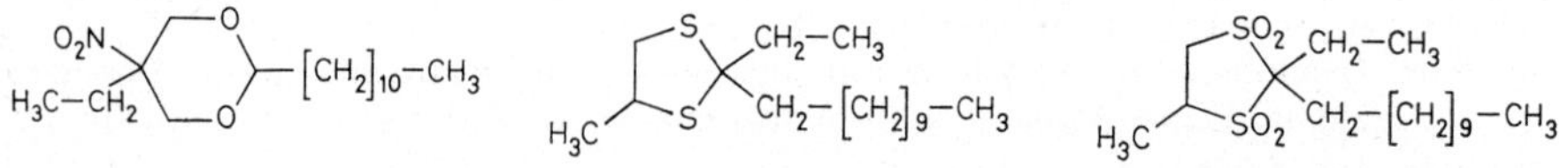

I II III

***Opt.-inakt. 2-Äthyl-4-methyl-1,1,3,3-tetraoxo-2-undecyl-1λ^6,3λ^6-[1,3]dithiolan, 2-Äthyl-4-methyl-2-undecyl-[1,3]dithiolan-1,1,3,3-tetraoxid** $C_{17}H_{34}O_4S_2$, Formel III.

Präparate vom F: 74—75° und vom F: 70—71° (jeweils Krystalle aus A. + W.) sind beim Behandeln des im vorangehenden Artikel beschriebenen Präparats mit Essigsäure und Acetanhydrid und anschliessenden Erwärmen mit wss. Wasserstoffperoxid erhalten worden (*Roberts, Cheng*, J. org. Chem. **23** [1958] 983, 988, 989).

Stammverbindungen $C_{18}H_{36}O_2$

2,5-Diheptyl-1,1,4,4-tetraoxo-1λ^6,4λ^6-[1,4]dithian, 2,5-Diheptyl-[1,4]dithian-1,1,4,4-tetra=oxid $C_{18}H_{36}O_4S_2$, Formel IV.

Diese Konstitution kommt vermutlich der nachstehend beschriebenen, von *Glavis et al.* (Am. Soc. **59** [1937] 707, 710) als 2,6-Diheptyl-[1,4]dithian-1,1,4,4-tetraoxid ($C_{18}H_{36}O_4S_2$) angesehenen opt.-inakt. Verbindung zu (vgl. das analog hergestellte 2,5-Di=methyl-[1,4]dithian-1,1,4,4-tetraoxid [S. 64]).

B. Beim Behandeln von Non-1-en mit flüssigem Schwefeldioxid, wss. Wasserstoff=peroxid, Paraldehyd und Äthanol und Behandeln des Reaktionsprodukts mit flüssigem Ammoniak (*Gl. et al.*).

Krystalle (aus A. oder Bzl.); F: 260–261°.

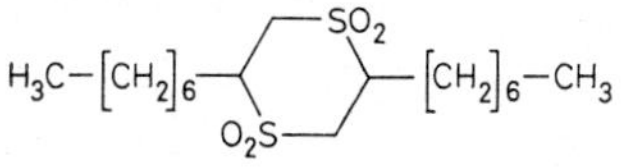

IV 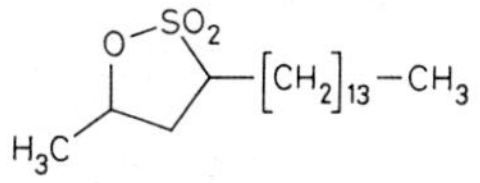 V

***Opt.-inakt. 5-Methyl-2,2-dioxo-3-tetradecyl-2λ^6-[1,2]oxathiolan, 5-Methyl-3-tetradecyl-[1,2]oxathiolan-2,2-dioxid, 2-Hydroxy-octadecan-4-sulfonsäure-lacton** $C_{18}H_{36}O_3S$, Formel V.

B. Beim Eintragen einer äthanol. Lösung von opt.-inakt. 2-Hydroxy-octadecan-4-sulfonsäure (Natrium-Salz; F: 165–170°) in heisses Xylol unter Entfernen des entstehenden Wassers (*Willems*, Bl. Soc. chim. Belg. **64** [1955] 747, 756, 768).

Öl.

Charakterisierung durch Überführung in 2-Pyridinio-octadecan-4-sulfonsäure-betain (F: 155°): *Wi.*, l. c. S. 764.

Stammverbindungen $C_{19}H_{38}O_2$

(±)-5-Hexadecyl-2,2-dioxo-2λ^6-[1,2]oxathiolan, (±)-5-Hexadecyl-[1,2]oxathiolan-2,2-dioxid, (±)-3-Hydroxy-nonadecan-1-sulfonsäure-lacton $C_{19}H_{38}O_3S$, Formel VI.

B. Beim Eintragen einer äthanol. Lösung von (±)-3-Hydroxy-nonadecan-1-sulfon=säure in heisses Xylol unter Entfernen des entstehenden Wassers (*Willems*, Bl. Soc. chim. Belg. **64** [1955] 747, 756, 768).

Krystalle (aus A.); F: 81°.

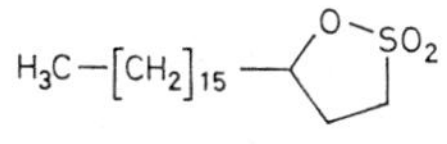

VI 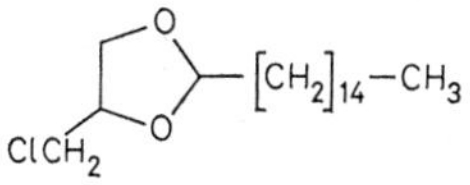 VII 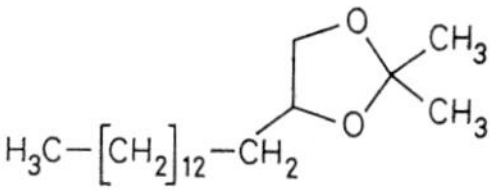 VIII

***Opt.-inakt. 4-Chlormethyl-2-pentadecyl-[1,3]dioxolan** $C_{19}H_{37}ClO_2$, Formel VII.

B. Beim Eintragen von Palmitinaldehyd und (±)-Epichlorhydrin in ein Gemisch von Zinn(IV)-chlorid und Tetrachlormethan (*Bersin et al.*, Z. physiol. Chem. **269** [1941] 241, 252).

Krystalle; F: 21,5°. $Kp_{0,5}$: 160–164°.

(±)-2,2-Dimethyl-4-tetradecyl-[1,3]dioxolan $C_{19}H_{38}O_2$, Formel VIII.

B. Beim Behandeln von (±)-Hexadecan-1,2-diol mit Aceton und Kupfer(II)sulfat (*Niemann, Wagner*, J. org. Chem. **7** [1942] 227, 230).

Krystalle (aus Diisopropyläther); F: 22,9°.

Stammverbindungen $C_{21}H_{42}O_2$

(±)-4-Hexadecyl-2,2-dimethyl-[1,3]dioxolan $C_{21}H_{42}O_2$, Formel IX.

B. Beim Behandeln von (±)-Octadecan-1,2-diol mit Aceton und Kupfer(II)-sulfat

(*Niemann, Wagner*, J. org. Chem. **7** [1942] 227, 230).
Krystalle (aus Diisopropyläther); F: 31,3°.

IX X XI

Stammverbindungen $C_{23}H_{46}O_2$

(±)-2,2-Dimethyl-4-octadecyl-[1,3]dioxolan $C_{23}H_{46}O_2$, Formel X.
B. Beim Behandeln von (±)-Eicosan-1,2-diol mit Aceton und Kupfer(II)sulfat (*Niemann, Wagner*, J. org. Chem. **7** [1942] 227, 230).
Krystalle (aus Diisopropyläther); F: 36,7°.

Stammverbindungen $C_{28}H_{56}O_2$

Octaisopropyl-[1,4]dioxan $C_{28}H_{56}O_2$, Formel XI (R = $CH(CH_3)_2$).
B. Neben grösseren Mengen einer Verbindung $C_{14}H_{28}O$ (F: 23,5°) beim Erhitzen von 3,4-Diisopropyl-2,5-dimethyl-hexan-3,4-diol mit Kupfer(II)-sulfat auf 150° (*Petrow, Ponomarenko*, Doklady Akad. S.S.S.R. **74** [1950] 739, 740; C. A. **1952** 87).
F: 118°. [*Schindler*]

Stammverbindungen $C_nH_{2n-2}O_2$

Stammverbindungen $C_4H_6O_2$

Dihydro-[1,4]dioxin $C_4H_6O_2$, Formel I (in der Literatur auch als 1,4-Dioxen bezeichnet).
B. Beim Behandeln von (±)-*trans*-2,3-Dichlor-[1,4]dioxan mit Magnesium und Jod in Äther (*Meltzer et al.*, J. org. Chem. **24** [1959] 1763, 1764; s. a. *Summerbell, Umhoefer*, Am. Soc. **61** [1939] 3016, 3019). Beim Behandeln von (±)-*trans*-2,3-Dichlor-[1,4]dioxan mit Alkylmagnesiumbromid in Äther (*Summerbell, Bauer*, Am. Soc. **57** [1935] 2364, 2366).
Kp_{760}: 94,1°; D_4^{20}: 1,0836; n_D^{20}: 1,4372 (*Pickett, Sheffield*, Am. Soc. **68** [1946] 216). Kp_{750}: 94,2°; D_4^{20}: 1,083; $n_D^{22,5}$: 1,4375; n_D^{25}: 1,4362 (*Su., Ba.*). UV-Spektrum des Dampfes (170 nm bis 205 nm) sowie einer Lösung in Hexan (220—360 nm): *Pi., Sh.*
Beim Behandeln einer Lösung in Tetrachlormethan mit Chlor sind *cis*-2,3-Dichlor-[1,4]dioxan und kleinere Mengen *trans*-2,3-Dichlor-[1,4]dioxan, beim Erwärmen mit Dichlorojod-benzol in Tetrachlormethan ist fast ausschliesslich *trans*-2,3-Dichlor-[1,4]dioxan erhalten worden (*Summerbell, Lunk*, Am. Soc. **79** [1957] 4802, 4805).

5-Chlor-2,3-dihydro-[1,4]dioxin $C_4H_5ClO_2$, Formel II (X = H).
B. Beim Erhitzen von 2,3-Dichlor-[1,4]dioxan (nicht charakterisiert) ohne Zusatz (*Olin Mathieson Chem. Co.*, U.S.P. 2756240 [1954]; D.B.P. 958843 [1955]) oder unter Zusatz von *N,N*-Dimethyl-anilin (*Summerbell, Lunk*, Am. Soc. **79** [1957] 4802, 4804).
Kp: 145—147°; n_D^{25}: 1,466 (*Olin Mathieson Chem. Co.*). Kp_{12}: 38—39°; $n_D^{19,5}$: 1,4685 (*Su., Lunk*).

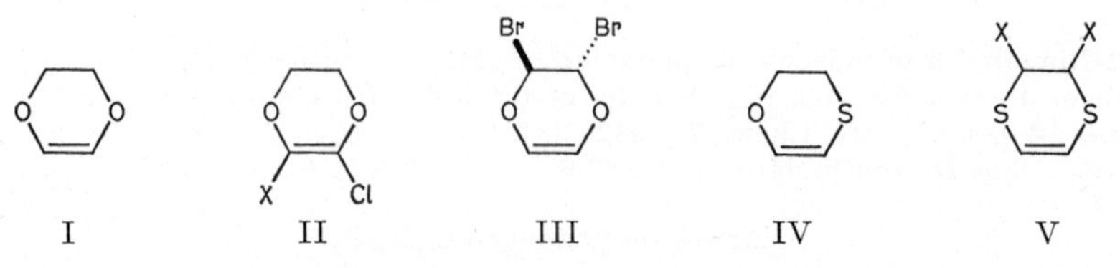

5,6-Dichlor-2,3-dihydro-[1,4]dioxan $C_4H_4Cl_2O_2$, Formel II (X = Cl).
B. Beim Erhitzen von (±)-2,2,3-Trichlor-[1,4]dioxan mit Natriumhydroxid in wss.

2-[2-Äthoxy-äthoxy]-äthanol (*Summerbell, Berger*, Am. Soc. **79** [1957] 6504, 6506).
$Kp_{2,5}$: 55°. n_D^{25}: 1,4930.

(±)-*trans*(?)-2,3-Dibrom-2,3-dihydro-[1,4]dioxin $C_4H_4Br_2O_2$, vermutlich Formel III + Spiegelbild.

Bestätigung der Konstitutionszuordnung: *Lappin, Summerbell*, Am. Soc. **70** [1948] 2600.

B. Beim Behandeln von [1,4]Dioxin mit Brom in Tetrachlormethan (*Summerbell, Umhoefer*, Am. Soc. **61** [1939] 3020).

Krystalle (aus PAe.); F: 58° (*Su., Um.*).

Dihydro-[1,4]oxathiin C_4H_6OS, Formel IV.

B. Beim Erhitzen von 2-Methoxy-[1,4]oxathian mit Phosphor(V)-oxid auf 160° (*Parham et al.*, Am. Soc. **74** [1952] 1824). Beim Behandeln einer Lösung von [1,4]Oxathian in Tetrachlormethan mit Chlor und Erwärmen des Reaktionsprodukts (*Haubein*, Am. Soc. **81** [1959] 144, 147).

Kp_{20}: 54°; $n_D^{20,7}$: 1,5357 (*Pa. et al.*). UV-Absorptionsmaximum: 229 nm (*Pa. et al.*).

Beim Behandeln mit wss.-äthanol. Schwefelsäure ist [2-Hydroxy-äthylmercapto]-acetaldehyd, beim Behandeln mit Chlorwasserstoff enthaltendem Methanol ist 2-Methoxy-[1,4]oxathian erhalten worden (*Pa. et al.*).

Charakterisierung durch Überführung in eine vermutlich als 2-Acetoxy-3-[2,4-dinitro-phenylmercapto]-[1,4]oxathian zu formulierende Verbindung (F: 148—149°) mit Hilfe von 2,4-Dinitro-benzolsulfenylchlorid: *Pa. et al.*

Dihydro-[1,4]dithiin $C_4H_6S_2$, Formel V (X = H).

B. Neben einer Verbindung $C_{10}H_{18}S_6$ (F: 115—117°) beim Erwärmen von Brom-acetaldehyd-diäthylacetal mit Äthan-1,2-dithiol, Benzol und wenig Toluol-4-sulfonsäure und anschliessenden Erwärmen mit Pyridin (*Parham et al.*, Am. Soc. **77** [1955] 1169, 1173). Beim Erhitzen von Äthoxy-[1,4]dithian mit Phosphor(V)-oxid bis auf 175° (*Pa. et al.*, Am. Soc. **77** 1173).

Kp_{29}: 101°; n_D^{25}: 1,6295 (*Pa. et al.*, Am. Soc. **77** 1173). UV-Absorptionsmaximum (A.): 282 nm (*Parham et al.*, J. org. Chem. **24** [1959] 1819, 1820).

***1-[Toluol-4-sulfonylimino]-2,3-dihydro-1λ⁴-[1,4]dithiin, 2,3-Dihydro-[1,4]dithiin-1-[toluol-4-sulfonylimid]** $C_{11}H_{13}NO_2S_3$, Formel VI.

B. Beim Behandeln von Dihydro-[1,4]dithiin mit der Natrium-Verbindung des *N*-Chlor-toluol-4-sulfonamids in wss. Methanol (*Parham et al.*, Am. Soc. **77** [1955] 1169, 1173).

Krystalle (aus A.); F: 128,5—129°.

1,1,4,4-Tetraoxo-2,3-dihydro-1λ⁶,4λ⁶-[1,4]dithiin, 2,3-Dihydro-[1,4]dithiin-1,1,4,4-tetraoxid $C_4H_6O_4S_2$, Formel VII.

B. Aus Dihydro-[1,4]dithiin mit Hilfe von Wasserstoffperoxid (*Parham et al.*, Am. Soc. **77** [1955] 1169, 1173).

Krystalle (aus Eg.); Zers. bei 200—300°.

2,3-Dichlor-2,3-dihydro-[1,4]dithiin $C_4H_4Cl_2S_2$, Formel V (X = Cl).

Diese Konstitution kommt vermutlich der nachstehend beschriebenen opt.-inakt. Verbindung zu (*Parham et al.*, J. org. Chem. **24** [1959] 1819).

B. Neben einer vermutlich als 3,3'-Dichlor-2,3,2',3'-tetrahydro-[2,2']bi[1,4]dithiinyl zu formulierenden Verbindung (F: 157—158°) beim Behandeln von [1,4]Dithiin mit Chlor in Tetrachlormethan (*Pa. et al.*, l. c. S. 1821).

Krystalle (aus PAe.); F: 104,5—105,5°. UV-Absorptionsmaxima ($CHCl_3$): 243 nm und 281 nm.

S S=N-SO₂ CH₃ | O₂S SO₂ | S S Cl Cl CH₃ | O O =CH-X

VI VII VIII IX

3,3-Dichlor-4-methyl-3*H*-[1,2]dithiol $C_4H_4Cl_2S_2$, Formel VIII.

B. Beim Behandeln von 4-Methyl-[1,2]dithiol-3-thion mit Chlor in Essigsäure (*Spindt et al.*, Am. Soc. **73** [1951] 3693, 3696).

Krystalle; F: 160,5–161°.

2-Methylen-[1,3]dioxolan, Keten-äthandiylacetal $C_4H_6O_2$, Formel IX (X = H).

B. Beim Behandeln von 2-Chlormethyl-[1,3]dioxolan oder von 2-Brommethyl-[1,3]di=oxolan mit Kalium-*tert*-butylat in *tert*-Butylalkohol (*McElvain, Curry*, Am. Soc. **70** [1948] 3781, 3782, 3785).

Kp_{735}: 120–124°. n_D^{25}: 1,4465.

Beim Aufbewahren erfolgt Umwandlung in Substanzen von hohem Molekulargewicht. Verhalten gegen Wasser (Bildung von 2-Acetoxy-äthanol): *McE., Cu.* Reaktion mit Methanol (Bildung von 2-Methoxy-2-methyl-[1,3]dioxolan): *McE., Cu.* Beim Erhitzen mit Benzylbromid auf 150° ist 3-Phenyl-propionsäure-[2-brom-äthylester] erhalten worden.

2-Chlormethylen-[1,3]dioxolan $C_4H_5ClO_2$, Formel IX (X = Cl).

B. Aus 2-Dichlormethyl-[1,3]dioxolan beim Behandeln mit Kalium-*tert*-butylat in *tert*-Butylalkohol (*McElvain, Curry*, Am. Soc **70** [1948] 3781, 3785) sowie beim Erhitzen mit Natriumäthylat in Toluol (*Faass, Hilgert*, B. **87** [1954] 1343, 1349).

Kp_{23}: 89–93°; n_D^{25}: 1,4874 (*McE., Cu.*, l. c. S. 3782). Kp_{12}: 110° (*Fa., Hi.*).

Innerhalb von 2 Stunden erfolgt Umwandlung in Substanzen von hohem Molekulargewicht (*McE., Cu.*, l. c. S. 3782, 3786). Beim Behandeln mit Chlorwasserstoff ist Chlor=essigsäure-[2-chlor-äthylester] erhalten worden (*McE., Cu.*, l. c. S. 3786).

2-Dichlormethylen-[1,3]dioxolan $C_4H_4Cl_2O_2$, Formel X.

B. Beim Behandeln von 2-Trichlormethyl-[1,3]dioxolan mit Kalium-*tert*-butylat in *tert*-Butylalkohol (*McElvain, Curry*, Am. Soc. **70** [1948] 3781, 3782, 3785).

F: 55,5–57°. Kp_{21}: 118–121°.

2-Brommethylen-[1,3]dioxolan $C_4H_5BrO_2$, Formel IX (X = Br).

B. Beim Behandeln von 2-Dibrommethyl-[1,3]dioxolan mit Kalium-*tert*-butylat in *tert*-Butylalkohol (*McElvain, Curry*, Am. Soc. **70** [1948] 3781, 3782, 3785).

Kp_{24}: 118–119°.

4-Methylen-[1,3]dioxolan $C_4H_6O_2$, Formel XI.

B. Beim Erhitzen von 4-Chlormethyl-[1,3]dioxolan mit Kaliumhydroxid (*Fischer et al.*, B. **63** [1930] 1732, 1738; s. a. *Eastman Kodak Co.*, U.S.P. 2382640 [1943]; *Orth*, Ang. Ch. **64** [1952] 544, 547).

Kp_{758}: 93–95° (*Fi. et al.*); Kp_{752}: 90–94° (*Orth*); Kp: 87,5° (*Eastman Kodak Co.*). n_D^{20}: 1,4336 (*Fi. et al.*).

Bioxiranyl, 1,2;3,4-Diepoxy-butan $C_4H_6O_2$.

a) **(*R*,*S*)-Bioxiranyl, *meso*-1,2;3,4-Diepoxy-butan, 1,2;3,4-Dianhydro-erythrit** $C_4H_6O_2$, Formel XII (H 14; E II 14; dort als „Dianhydrid des natürlichen Erythrits" bezeichnet).

B. Aus *meso*-1,4-Dichlor-butan-2,3-diol (E IV **1** 2531) mit Hilfe von Natriumhydroxid (*Union Carbide Corp.*, U.S.P. 2861084 [1954]; vgl. H 14). Neben *racem.*-1,2;3,4-Diepoxy-butan beim Behandeln von 3,4-Epoxy-but-1-en mit Peroxybenzoesäure in Chloroform (*Everett, Kon*, Soc. **1950** 3131, 3133).

F: –19° (*Beech*, Soc. **1951** 2483, 2485). Kp_{50}: 65°; n_D^{30}: 1,4274 (*Union Carbide Corp.*). IR-Spektrum (CS_2; 2,5–15 μ): *Feit*, B. **93** [1960] 116, 117; s. a. *Patterson*, Anal. Chem. **26** [1954] 823, 824.

Bildung von Butandion beim Behandeln mit Zinkchlorid: *Be.*, l. c. S. 2487. Reaktion mit Methanol in Gegenwart von Perchlorsäure unter Bildung von *meso*-1,4-Dimethoxy-butan-2,3-diol: *Be.* Beim Behandeln mit Malonsäure-diäthylester und Natriumäthylat in Äthanol, Behandeln des Reaktionsprodukts mit wss. Schwefelsäure und Erwärmen einer Lösung des danach isolierten Reaktionsprodukts in Äthanol mit wss. Ammoniak ist *meso*-3,4-Dihydroxy-hexan-1,1,6,6-tetracarbonsäure-tetraamid erhalten worden (*Be.*). Bildung von *meso*-1,4-Dibrom-butan-2,3-diol beim Behandeln mit Äthylmagnesium-bromid in Äther und anschliessenden Behandeln mit wss. Bromwasserstoffsäure: *Be.*

meso-1,2;3,4-Diepoxy-butan ruft auf der Haut Blasen hervor (*Langford, Kharasch*, J. org. Chem. **23** [1958] 1694, 1696).

Charakterisierung durch Überführung in *meso*-1,4-Dipiperidino-butan-2,3-diol (F: 106°): *Be.*

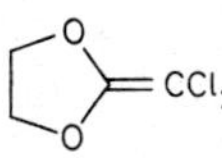

X 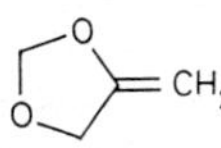 XI 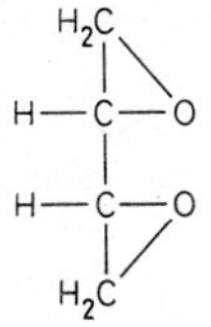 XII 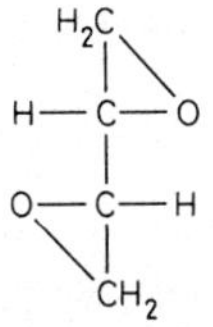 XIII 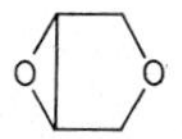 XIV  XV

b) **(±)-Bioxiranyl, *racem.*-1,2;3,4-Diepoxy-butan, *rac*-1,2;3,4-Dianhydro-threit** $C_4H_6O_2$, Formel XIII + Spiegelbild (H 15; dort als „Dianhydrid des inaktiven spaltbaren Erythrits" bezeichnet).

B. Aus *racem.*-2,3-Dichlor-butan-1,4-diol (*Reppe et al.*, A. **596** [1955] 1, 102) oder aus *racem.*-2,3-Dibrom-butan-1,4-diol (*Valette*, A. ch. [12] **3** [1948] 644, 668; *Bose et al.*, Soc. **1959** 3314, 3319) mit Hilfe von Kaliumhydroxid. Weitere Bildungsweise s. bei dem unter a) beschriebenen Stereoisomeren.

F: 2—4° (*Roberts, Ross*, Soc. **1952** 4288, 4293). Kp_{760}: 142° (*Bose et al.*); Kp_{29}: 62° (*Bose et al.*); Kp_{25}: 56—58° (*Ro., Ross*). D^{20}: 1,113; n_D^{20}: 1,435 (*Va.*). IR-Spektrum (CS_2; 2,5—15 μ): *Feit*, B. **93** [1960] 116, 117; s. a. *Patterson*, Anal. Chem. **26** [1954] 823, 824.

Charakterisierung durch Überführung in *racem.*-1,4-Dipiperidino-butan-2,3-diol (F: 62°): *Beech*, Soc. **1951** 2483, 2485.

3,6-Dioxa-bicyclo[3.1.0]hexan, Tetrahydro-oxireno[*c*]furan, 3,4-Epoxy-tetrahydro-furan $C_4H_6O_2$, Formel XIV.

B. Aus *trans*-4-Chlor-tetrahydro-furan-3-ol beim Erhitzen mit Kupfer(I)-oxid in Diiso-propylbenzol (*Hawkins*, Soc. **1959** 248, 253), beim Behandeln mit wss. Natronlauge (*Ha.*) sowie beim Erwärmen mit Calciumhydroxid in Wasser (*Reppe et al.*, A. **596** [1955] 1, 138). In kleiner Menge beim Erwärmen von 2,5-Dihydro-furan mit Trifluor-peroxyessigsäure und Natriumcarbonat in Dichlormethan (*Ha.*).

Kp: 143—144°; n_D^{20}: 1,4466 bzw. 1,4442 [zwei Präparate] (*Ha.*). Kp: 143°; Kp_{14}: 45° (*Re. et al.*).

3,3-Dioxo-6-oxa-3λ⁶-thia-bicyclo[3.1.0]hexan, 3,3-Dioxo-tetrahydro-3λ⁶-oxireno[*c*]-thiophen, 3,4-Epoxy-tetrahydro-thiophen-1,1-dioxid $C_4H_6O_3S$, Formel XV.

B. Beim Erwärmen von *trans*-4-Brom-1,1-dioxo-tetrahydro-1λ⁶-thiophen-3-ol mit Bariumcarbonat und Wasser (*van Lohuizen, Backer*, R. **68** [1949] 1137, 1139; *Sorenson*, J. org. Chem. **24** [1959] 1796; s. a. *Procházka, Horák*, Collect. **24** [1959] 1509, 1512). Beim Behandeln von 2,5-Dihydro-thiophen-1,1-dioxid mit Peroxyameisensäure (*So.*).

Krystalle (aus Acn.) vom F: 157—159° [korr.] und vom F: 123—125° [korr.] (*Loev*, J. org. Chem. **26** [1961] 4394, 4399); Krystalle (aus Acn.), F: 159,5—160° (*So.*); Krystalle (aus A.), F: 130° [von 105° an sublimierend] (*v. Lo., Ba.*); Krystalle (aus A.), F: 124,5° bis 126° (*Pr., Ho.*, l. c. S. 1512); Krystalle (aus Acn.), F: 123—125° (*Sands*, Acta cryst. [B] **28** [1972] 2463). Orthorhombisch; Raumgruppe $P2_12_12_1$ (= D_2^4); aus dem Röntgen-Diagramm ermittelte Dimensionen der Elementarzelle: a = 8,475 Å; b = 10,742 Å; c = 5,899 Å; n = 4 (*Sa.*). Dichte der Krystalle: 1,66 (*Sa.*). Schmelzdiagramm des Systems mit (±)-*trans*-4-Brom-1,1-dioxo-tetrahydro-1λ⁶-thiophen-3-ol (Nachweis von Verbindungen 7:1 und 1:1 [F: 152,5—153°]): *Pr., Ho.*, l. c. S. 1510, 1512.

Beim Erhitzen mit Bariumcarbonat und Wasser ist 1,1-Dioxo-2,3-dihydro-1λ⁶-thio-phen-3-ol (*Pr., Ho.*, l. c. S. 1512), bei 7-tägigem Behandeln mit flüssigem Ammoniak ist daneben *trans*-4-Amino-1,1-dioxo-tetrahydro-1λ^6-thiophen-3-ol (*Procházka, Horák*, Collect. **24** [1959] 2278, 2281) erhalten worden.

Stammverbindungen $C_5H_8O_2$

4,7-Dihydro-[1,3]dioxepin, Formaldehyd-but-2*c*-endiylacetal $C_5H_8O_2$, Formel I (X = H).

B. Beim Erhitzen von But-2*c*-en-1,4-diol mit Paraformaldehyd unter Zusatz von Toluol-4-sulfonsäure und Benzol (*Brannock, Lappin*, J. org. Chem. **21** [1956] 1366) oder unter Zusatz von Toluol-4-sulfonsäure und [2]Naphthyl-phenyl-amin (*Pattison*, J. org. Chem. **22** [1957] 662).

Kp_{760}: 127° (*Pa.*); Kp_{734}: 127,8—128,2° (*Br., La.*); Kp: 126° (*Reppe et al.*, A. **596** [1955] 1, 60). n_D^{20}: 1,4570 (*Br., La.*); n_D^{25}: 1,4540 (*Pa.*).

5-Brom-4,7-dihydro-[1,3]dioxepin $C_5H_7BrO_2$, Formel I (X = Br).

B. Neben einer als 5-Methoxy-4,5-dihydro-[1,3]dioxepin angesehenen Verbindung (n_D^{20}: 1,4560) beim Erwärmen von *trans*-5,6-Dibrom-[1,3]dioxepan mit Natriummethylat in Methanol (*Brannock, Lappin*, J. org. Chem. **21** [1956] 1366).

Kp_7: 61—61,6°. n_D^{20}: 1,5128.

1,1,4,4-Tetraoxo-2,3-dihydro-5*H*-1λ^6,4λ^6-[1,4]dithiepin, 2,3-Dihydro-5*H*-[1,4]dithiepin-1,1,4,4-tetraoxid $C_5H_8O_4S_2$, Formel II.

B. Beim Behandeln einer Lösung von 1,1,4,4-Tetraoxo-1λ^6,4λ^6-[1,4]dithiepan-5-ol in Pyridin mit Phosphorylchlorid (*Fuson, Speziale*, Am. Soc. **71** [1949] 823).

Krystalle (aus W.); F: 280—280,5° [Zers.].

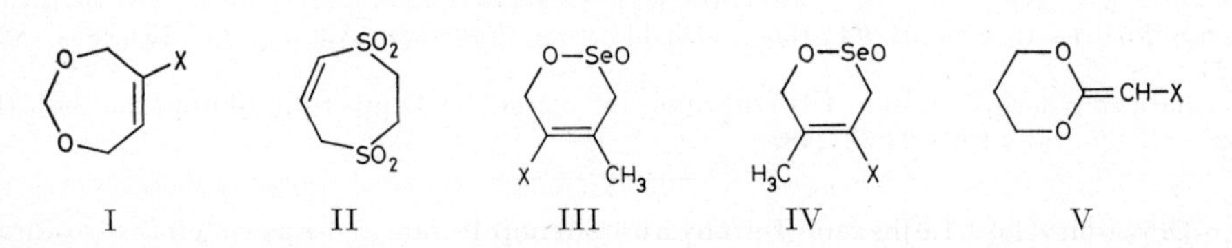

4-Methyl-2-oxo-3,6-dihydro-2λ^4-[1,2]oxaselenin, 4-Methyl-3,6-dihydro-[1,2]oxaselenin-2-oxid, 4-Hydroxy-2-methyl-but-2*c*-en-1-seleninsäure-lacton $C_5H_8O_2Se$, Formel III (X = H), und **5-Methyl-2-oxo-3,6-dihydro-2λ^4-[1,2]oxaselenin, 5-Methyl-3,6-dihydro-[1,2]oxaselenin-2-oxid, 4-Hydroxy-3-methyl-but-2*c*-en-1-seleninsäure-lacton** $C_5H_8O_2Se$, Formel IV (X = H).

Diese beiden Konstitutionsformeln kommen für die nachstehend beschriebene, von *Backer* und *Strating* (R. **53** [1954] 1113, 1114) als 3-Methyl-2,5-dihydro-selenophen-1,1-dioxid angesehene Verbindung in Betracht (*Mock, McCausland*, Tetrahedron Letters **1968** 391).

B. Beim Behandeln von Isopren mit Selenigsäure in Chloroform (*Ba., St.*).

Krystalle (aus $CHCl_3$ + PAe.); F: ca. 67° [Zers.] (*Ba., St.*).

5-Chlor-4-methyl-2-oxo-3,6-dihydro-2λ^4-[1,2]oxaselenin, 5-Chlor-4-methyl-3,6-dihydro-[1,2]oxaselenin-2-oxid, 3-Chlor-4-hydroxy-2-methyl-but-2*c*-en-1-seleninsäure-lacton $C_5H_7ClO_2Se$, Formel III (X = Cl), und **4-Chlor-5-methyl-2-oxo-3,6-dihydro-2λ^4-[1,2]oxaselenin, 4-Chlor-5-methyl-3,6-dihydro-[1,2]oxaselenin-2-oxid, 2-Chlor-4-hydroxy-3-methyl-but-2*c*-en-1-seleninsäure-lacton** $C_5H_7ClO_2Se$, Formel IV (X = Cl).

Diese beiden Konstitutionsformeln kommen für die nachstehend beschriebene, von *Backer* und *Strating* (R. **53** [1934] 1113, 1118) als 3-Chlor-4-methyl-2,5-dihydro-selenophen-1,1-dioxid angesehene Verbindung in Betracht (*Mock, McCausland*, Tetrahedron Letters **1968** 391).

B. In geringer Menge beim Behandeln von 2-Chlor-3-methyl-buta-1,3-dien mit Selenigsäure in Chloroform (*Ba., St.*).

Krystalle (aus $CHCl_3$ + PAe.); F: ca. 110° [Zers.] (*Ba., St.*).

2-Methylen-[1,3]dioxan, Keten-propandiylacetal $C_5H_8O_2$, Formel V (X = H).

B. Beim Behandeln von 2-Chlormethyl-[1,3]dioxan mit Kalium-*tert*-butylat in *tert*-Butylalkohol (*McElvain, Curry,* Am. Soc. **70** [1948] 3781, 3782, 3785).

Bei 147–155°/740 Torr destillierbar. n_D^{25}: 1,4304.

2-Chlormethylen-[1,3]dioxan $C_5H_7ClO_2$, Formel V (X = Cl).

B. Beim Behandeln von 2-Dichlormethyl-[1,3]dioxan mit Kalium-*tert*-butylat in *tert*-Butylalkohol (*McElvain, Curry,* Am. Soc. **70** [1948] 3781, 3782, 3785).

Kp_{23}: 132–135°. n_D^{25}: 1,4780.

2-Dichlormethylen-[1,3]dioxan $C_5H_6Cl_2O_2$, Formel VI.

B. Beim Behandeln von 2-Trichlormethyl-[1,3]dioxan mit Kalium-*tert*-butylat in *tert*-Butylalkohol (*McElvain, Curry,* Am. Soc. **70** [1948] 3781, 3782, 3785).

F: 67–69°. Kp_8: 105–106°.

2-Brommethylen-[1,3]dioxan $C_5H_7BrO_2$, Formel V (X = Br).

B. Beim Behandeln von 2-Dibrommethyl-[1,3]dioxan mit Kalium-*tert*-butylat in *tert*-Butylalkohol (*McElvain, Curry,* Am. Soc. **70** [1948] 3781, 3782, 3785).

Kp_2: 73–75°. n_D^{25}: 1,5007.

5-Chlormethylen-[1,3]dioxan $C_5H_7ClO_2$, Formel VII.

B. Beim Erwärmen von 5-Dichlormethyl-[1,3]dioxan (S. 50) mit methanol. Kalilauge (*Du Pont de Nemours & Co.,* U.S.P. 2463227 [1944]).

Kp_6: 70–75°.

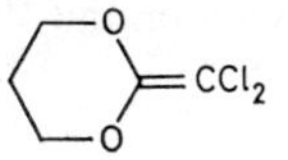

VI 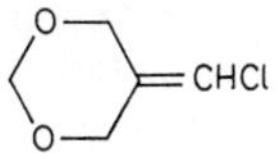 VII 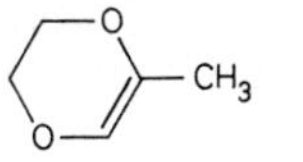 VIII 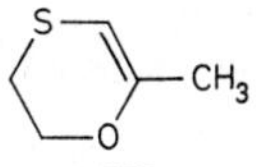 IX

5-Methyl-2,3-dihydro-[1,4]dioxin $C_5H_8O_2$, Formel VIII.

Diese Konstitution kommt der nachstehend beschriebenen, ursprünglich (*Jefferson Chem. Co.,* U.S.P. 2807629 [1953]) als 2-Methyl-2,3-dihydro-[1,4]dioxin angesehenen Verbindung zu (*Summerbell et al.,* J. org. Chem. **27** [1962] 4433, 4434).

B. Beim Erhitzen von 1-[2-Hydroxy-äthoxy]-propan-2-ol in Gegenwart eines Kupferoxid-Chromoxid-Katalysators (*Su. et al.,* l. c. S. 4435; s. a. *Jefferson Chem. Co.*).

Kp: 114,7–116,3°; n_D^{20}: 1,4368 (*Jefferson Chem. Co.*). Kp: 115,5–116°; n_D^{23}: 1,4393 (*Su. et al.*).

6-Methyl-2,3-dihydro-[1,4]oxathiin C_5H_8OS, Formel IX.

B. Beim Behandeln von Chloraceton mit 2-Mercapto-äthanol und wss.-methanol. Natronlauge (*Marshall, Stevenson,* Soc. **1959** 2360, 2363).

Bei 56°/10 Torr destillierbar. n_D^{16}: 1,5288.

5-Methyl-1,1,4,4-tetraoxo-2,3-dihydro-1λ⁶,4λ⁶-[1,4]dithiin, 5-Methyl-2,3-dihydro-[1,4]dithiin-1,1,4,4-tetraoxid $C_5H_8O_4S_2$, Formel X, und **2-Methylen-1,1,4,4-tetraoxo-1λ⁶,4λ⁶-[1,4]dithian, 2-Methylen-[1,4]dithian-1,1,4,4-tetraoxid** $C_5H_8O_4S_2$, Formel XI.

Zwei Präparate (Krystalle [aus A.], F: 250–251° [Zers.] bzw. F: 233–234° [Zers.]), in denen vielleicht diese beiden Verbindungen vorgelegen haben, sind beim Erwärmen einer Suspension von 2-Chlormethyl-[1,4]dithian-1,1,4,4-tetraoxid in Dioxan mit Triäthylamin, ein weiteres Präparat (Krystalle [aus W.], F: 247–248°) ist beim Erwärmen einer Lösung von [1,1,4,4-Tetraoxo-1λ⁶,4λ⁶-[1,4]dithian-2-yl]-methanol in Pyridin mit Phosphorylchlorid erhalten worden (*Fuson, Speziale,* Am. Soc. **71** [1949] 1582).

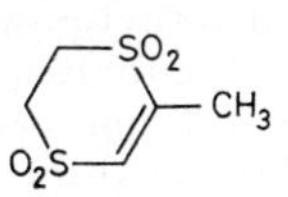

X 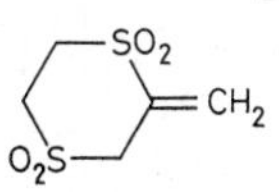 XI 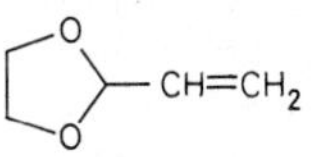 XII 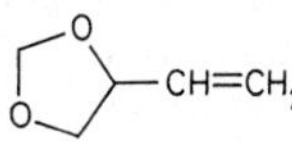 XIII

2-Vinyl-[1,3]dioxolan, Acrylaldehyd-äthandiylacetal $C_5H_8O_2$, Formel XII (E II 15; dort als Acrolein-äthylenacetal bezeichnet).

Kp: 116—118° (*Faass, Hilgert*, B. **87** [1954] 1343, 1349), 115,5—116,5° (*Du Pont de Nemours & Co.*, U.S.P. 2432601 [1942]), 112—116° (*Täufel, Russow*, Z. Lebensm. Unters. **65** [1933] 540, 542).

(±)-4-Vinyl-[1,3]dioxolan $C_5H_8O_2$, Formel XIII.

B. Beim Erhitzen von (±)-But-3-en-1,2-diol mit wss. Formaldehyd-Lösung und Phosphorsäure (*Am. Cyanamid Co.*, U.S.P. 2578861 [1949]).

Kp: 110°.

(±)-2-Methyl-4-methylen-[1,3]dioxolan $C_5H_8O_2$, Formel I.

B. Beim Erhitzen von 4-Chlormethyl-2-methyl-[1,3]dioxolan (S. 55) mit Kalium= hydroxid (*Fischer et al.*, B. **63** [1930] 1732, 1740; s. a. *Orth.*, Ang. Ch. **64** [1952] 544, 547).

Kp_{766}: 99—103° (*Fi. et al.*); Kp_{760}: 98—99° (*Orth*). n_D^{20}: 1,4226 (*Fi. et al.*).

***Opt.-inakt. Bis-oxiranyl-methan, 1,2;4,5-Diepoxy-pentan** $C_5H_8O_2$, Formel II.

B. Beim Behandeln von Penta-1,4-dien mit Peroxybenzoesäure in Chloroform (*Paul, Tchelitcheff*, Bl. **1948** 896, 899; *Everett, Kon*, Soc. **1950** 3131, 3133).

E: ca. —19°; Kp: 160°; D_4^{20}: 1,071; n_D^{20}: 1,4360 (*Paul, Tch.*, Bl. **1948** 899). Kp: 160° (*Ev., Kon*).

Beim Erwärmen mit wss. Schwefelsäure sind 5-Hydroxymethyl-tetrahydro-furan-3-ol (E III/IV **17** 2009) und Pentan-1,2,4,5-tetraol (E IV **1** 2812) erhalten worden (*Paul, Tchelitcheff*, C. r. **239** [1954] 1504). Verhalten beim Erhitzen mit Methylamin und Wasser auf 100° (Bildung von 1-Methyl-piperidin-3,5-diol [Kp_2: 128—129°]): *Paul, Tch.*, Bl. **1948** 900.

***Opt.-inakt. 2-Methyl-bioxiranyl, 1,2;3,4-Diepoxy-2-methyl-butan** $C_5H_8O_2$, Formel III.

B. Beim Behandeln von Isopren mit Perbenzoesäure in Chloroform (*Everett, Kon*, Soc. **1950** 3131, 3133).

Kp_{20}: 55° (*Ev., Kon*).

Geschwindigkeitskonstante der Reaktion mit Natriumthiosulfat in 50%ig wss. Aceton bei Siedetemperatur: *Ross*, Soc. **1950** 2257, 2259.

I II III IV V

2,6-Dioxa-spiro[3.3]heptan, Dianhydro-pentaerythrit $C_5H_8O_2$, Formel IV.

B. Beim Erwärmen von 2,2-Bis-chlormethyl-propan-1,3-diol (*Campbell*, J. org. Chem. **22** [1957] 1029, 1033) oder von 2,2-Bis-brommethyl-propan-1,3-diol (*Backer, Keuning*, R. **53** [1934] 812, 813) mit äthanol. Kalilauge.

Dipolmoment: 0,79 D (*Cohen Henriquez*, R. **53** [1934] 1139).

Krystalle; F: 90° [aus Hexan] (*Ca.*), 89—90° [aus Bzn.] (*Issidorides, Aprahamian*, J. org. Chem. **21** [1956] 1534), 89° [durch Destillation bei 169—173° gereinigtes Präparat] (*Ba., Ke.*). Unter vermindertem Druck bei Raumtemperatur sublimierbar (*Sirkar et al.*, J. chem. Physics **23** [1955] 1684). IR-Spektrum (3000—400 cm^{-1}) von Lösungen in Schwefelkohlenstoff und in Tetrachlormethan: *Si. et al.* Raman-Banden der Schmelze: *Si. et al.*

Verhalten gegen wss. Jodwasserstoffsäure (Bildung von 2,2-Bis-jodmethyl-propan-1,3-diol): *Ba., Ke.* Beim Erhitzen mit Natrium-[2-hydroxy-äthylat] enthaltendem Äthylenglykol und Behandeln des Reaktionsprodukts mit Acetanhydrid und wenig Schwefelsäure ist *O,O'*-Bis-[2-acetoxy-äthyl]-*O'',O'''*-diacetyl-pentaerythrit erhalten worden (*Wawzonek, Issidorides*, Am. Soc. **75** [1953] 2373). Verhalten beim Erhitzen mit wss.

Ammoniak auf 190° (Bildung von 2,2-Bis-aminomethyl-propan-1,3-diol): *Govaert, Beyaert*, Pr. Akad. Amsterdam **42** [1939] 641, 645. Bildung von 1-Acetoxy-2,2-bis-acetoxymethyl-3-[*N*-acetyl-anilino]-propan beim Erhitzen mit Anilin auf 200° und Behandeln des Reaktionsprodukts mit Acetanhydrid: *Furukawa et al.*, Bl. Inst. chem. Res. Kyoto **31** [1953] 222.

Verbindung mit Quecksilber(II)-chlorid $2C_5H_8O_2 \cdot 3HgCl_2$. Krystalle (aus A.); F: 130—132° (*Ba., Ke.*, l. c. S. 814).

2-Oxa-6-thia-spiro[3.3]heptan C_5H_8OS, Formel V.

B. Beim Erwärmen von 3,3-Bis-chlormethyl-oxetan mit äthanol. Natriumsulfid-Lösung (*Campbell*, J. org. Chem. **22** [1957] 1029, 1034).

Kp_3: 60°.

6,6-Dioxo-2-oxa-6λ⁶-thia-spiro[3.3]heptan, 2-Oxa-6-thia-spiro[3.3]heptan-6,6-dioxid $C_5H_8O_3S$, Formel VI.

B. Beim Behandeln von 2-Oxa-6-thia-spiro[3.3]heptan mit Essigsäure und wss. Wasserstoffperoxid (*Campbell*, J. org. Chem. **22** [1957] 1029, 1034).

Krystalle (aus Toluol); F: 161—162°.

2,6-Dithia-spiro[3.3]heptan $C_5H_8S_2$, Formel VII.

B. Beim Erwärmen von 1,3-Dibrom-2,2-bis-brommethyl-propan mit äthanol. Kaliumhydrogensulfid-Lösung (*Backer, Keuning*, R. **52** [1933] 499, 502) oder mit äthanol. Natriumsulfid-Lösung (*Krawetz*, Ž. obšč. Chim. **16** [1946] 627, 629; C. A. **1947** 1653).

Dipolmoment: 1,12 D (*Cohen Henriquez*, R. **53** [1934] 1139).

Krystalle; F: 31—32° (*Schotte*, Ark. Kemi **9** [1956] 309, 316), 31,5° [aus Ae.] (*Ba., Ke.*, R. **52** 502), 31° (*Kr.*). Monoklin; $\beta = 89{,}5°$ (*Backer, Winter*, R. **56** [1937] 492, 495). Krystallmorphologie: *Ba., Wi.* Kp_{16}: 108—109° (*Ba., Ke.*, R. **52** 502); Kp_{15}: 116—118° (*Kr.*); Kp_{12}: 103—104° (*Sch.*). D_4^{35}: 1,2281 (*Kr.*). UV-Spektrum (A.; 230—290 nm): *Sch.*, l. c. S. 310.

Beim Behandeln mit Methyljodid und Äthanol ist [3-Jodmethyl-thietan-3-ylmethyl]-dimethyl-sulfonium-jodid erhalten worden (*Backer, Keuning*, R. **53** [1934] 798, 805).

Verbindung mit Quecksilber(II)-chlorid $C_5H_8S_2 \cdot 2HgCl_2$: *Ba., Ke.*, R. **52** 504.

2-Oxo-2λ⁴,6-dithia-spiro[3.3]heptan, 2,6-Dithia-spiro[3.3]heptan-2-oxid $C_5H_8OS_2$, Formel VIII.

B. Beim Behandeln einer Lösung von 2,6-Dithia-spiro[3.3]heptan in Essigsäure mit Chrom(VI)-oxid oder mit wss. Wasserstoffperoxid (*Backer, Keuning*, R. **52** [1933] 499, 507, 510).

Hygroskopische Krystalle (aus Bzl. + PAe.); F: 81,5°.

Verbindung mit Quecksilber(II)-chlorid $2C_5H_8OS_2 \cdot 3HgCl_2$. Krystalle [aus A.].

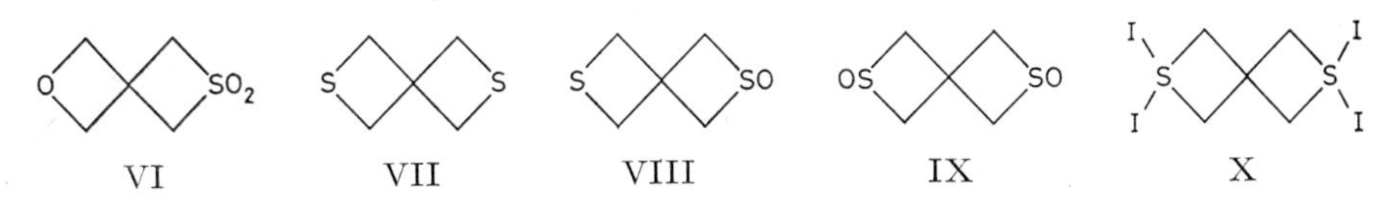

2,6-Dioxo-2λ⁴,6λ⁴-dithia-spiro[3.3]heptan, 2,6-Dithia-spiro[3.3]heptan-2,6-dioxid $C_5H_8O_2S_2$, Formel IX.

a) **Opt.-akt. 2,6-Dithia-spiro[3.3]heptan-2,6-dioxid** $C_5H_8O_2S_2$.

Verbindung mit Hexachloroplatin(IV)-säure $C_5H_8O_2S_2 \cdot H_2PtCl_6$. *B.* Beim Erwärmen von (±)-2,6-Dithia-spiro[3.3]heptan-2,6-dioxid mit Kobalt(II)-[(1*S*)-2-oxo-bornan-10-sulfonat] in Äthanol und Behandeln des erhaltenen Salzes mit Hexachloroplatin(IV)-säure in Äthanol (*Backer, Keuning*, R. **53** [1934] 798, 803). — Gelbe Krystalle (aus A.) mit 2 Mol H_2O; $[\alpha]_D^{18}$: −1,7° [W.; c = 5]. — Bei $^1/_2$-stdg. Erhitzen mit wss. Salzsäure erfolgt keine Racemisierung.

b) **(±)-2,6-Dithia-spiro[3.3]heptan-2,6-dioxid** $C_5H_8O_2S_2$.

B. Beim Behandeln einer Lösung von 2,6-Dithia-spiro[3.3]heptan in Essigsäure mit wss. Wasserstoffperoxid (*Backer, Keuning*, R. **52** [1933] 499, 507).

Hygroskopische Krystalle (aus Acn.); F: 146° (*Ba., Ke.*, R. **52** 507).

Verbindungen mit Kupfer(II)-chlorid: Verbindung $2C_5H_8O_2S_2 \cdot CuCl_2$. Hellgrüne Krystalle (*Backer, Keuning*, R. **53** [1934] 798, 800). — Verbindung $C_5H_8O_2S_2 \cdot CuCl_2$. Braune Krystalle [aus A.] (*Ba., Ke.*, R. **53** 801).

Verbindung mit Calciumchlorid $C_5H_8O_2S_2 \cdot CaCl_2$. Krystalle (aus A.) mit 2 Mol H_2O (*Ba., Ke.*, R. **53** 801).

Verbindung mit Cadmiumchlorid $3C_5H_8O_2S_2 \cdot 4CdCl_2$. Krystalle (*Ba., Ke.*, R. **53** 802).

Verbindung mit Quecksilber(II)-chlorid $C_5H_8O_2S_2 \cdot 2HgCl_2$. Krystalle (aus A.); F: ca. 185° [Zers.] (*Ba., Ke.*, R. **52** 508, 514).

Verbindung mit Mangan(II)-chlorid $C_5H_8O_2S_2 \cdot MnCl_2$. Rosafarbene Krystalle mit 2 Mol H_2O (*Ba., Ke.*, R. **53** 801).

Verbindung mit Kobalt(II)-chlorid $2C_5H_8O_2S_2 \cdot CoCl_2$. Rote Krystalle mit 4 Mol H_2O; die wasserfreie Verbindung ist blau (*Ba., Ke.*, R. **53** 802).

Verbindung mit Nickel(II)-chlorid $2C_5H_8O_2S_2 \cdot NiCl_2$. Gelbgrüne Krystalle (*Ba., Ke.*, R. **53** 801).

Verbindung mit Hexachloroplatin(IV)-säure $C_5H_8O_2S_2 \cdot H_2PtCl_6$. Gelbe Krystalle mit 2 Mol H_2O (*Ba., Ke.*, R. **53** 802).

2,2,6,6-Tetrajod-2λ⁴,6λ⁴-dithia-spiro[3.3]heptan, 2,6-Dithia-spiro[3.3]heptan-2,2,6,6-tetrajodid $C_5H_8I_4S_2$, Formel X.

B. Beim Behandeln von 2,6-Dithia-spiro[3.3]heptan mit Jod in Schwefelkohlenstoff (*Backer, Keuning*, R. **52** [1933] 499, 505).

Dunkel gefärbte Krystalle; Zers. bei ca. 100°.

2,2-Dioxo-2λ⁶,6-dithia-spiro[3.3]heptan, 2,6-Dithia-spiro[3.3]heptan-2,2-dioxid $C_5H_8O_2S_2$, Formel I.

B. Beim Erhitzen von 2,6-Dithia-spiro[3.3]heptan-2,2,6-trioxid mit Zink und wss. Salzsäure (*Backer, Keuning*, R. **52** [1933] 499, 513).

Krystalle (aus A.); F: 116,5°.

Verbindung mit Quecksilber(II)-chlorid $C_5H_8O_2S_2 \cdot HgCl_2$. Krystalle (aus A.); F: 177—178°.

2,2,6-Trioxo-2λ⁶,6λ⁴-dithia-spiro[3.3]heptan, 2,6-Dithia-spiro[3.3]heptan-2,2,6-trioxid $C_5H_8O_3S_2$, Formel II.

B. Neben 2,6-Dithia-spiro[3.3]heptan-2,2,6,6-tetraoxid beim Behandeln einer Lösung von 2,6-Dithia-spiro[3.3]heptan-2,6-dioxid in Essigsäure mit wss. Wasserstoffperoxid (*Backer, Keuning*, R. **52** [1933] 499, 511).

Hygroskopische Krystalle (aus W.); F: 156°.

Verbindung mit Quecksilber(II)-chlorid $C_5H_8O_3S_2 \cdot HgCl_2$. Krystalle (aus A.); F: 186—187° [Zers.].

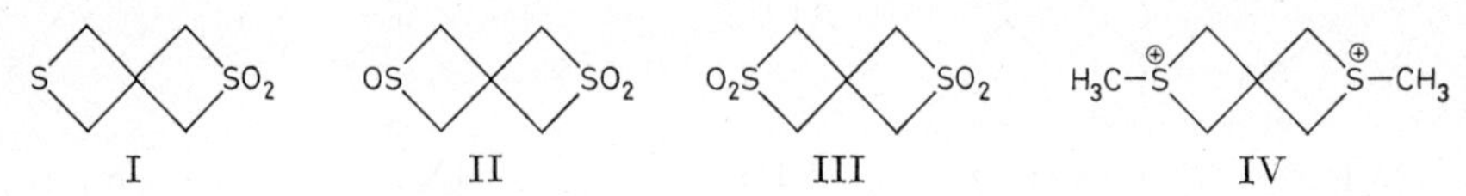

2,2,6,6-Tetraoxo-2λ⁶,6λ⁶-dithia-spiro[3.3]heptan, 2,6-Dithia-spiro[3.3]heptan-2,2,6,6-tetraoxid $C_5H_8O_4S_2$, Formel III.

B. Beim Erwärmen von 2,6-Dithia-spiro[3.3]heptan mit Essigsäure und wss. Wasserstoffperoxid (*Backer, Keuning*, R. **52** [1933] 499, 506; s. a. *Krawetz*, Ž. obšč. Chim. **16** [1946] 627, 631; C. A. **1947** 1653).

Krystalle (aus W.); F: 244,5° (*Ba., Ke.*); F: 136—137° (*Kr.*).

2,6-Dimethyl-2,6-dithionia-spiro[3.3]heptan $[C_7H_{14}S_2]^{2+}$, Formel IV.

Dijodid $[C_7H_{14}S_2]I_2$. Eine von *Backer* und *Keuning* (R. **52** [1933] 499, 504) unter dieser Konstitution beschriebene Verbindung (F: 143° [Zers.]) ist als [3-Jodmethyl-thietan-3-ylmethyl]-dimethyl-sulfonium-jodid ($[C_7H_{14}IS_2]I$ [E III/IV **17** 1128]) zu formulieren (*Baker, Keuning*, R. **53** [1934] 798, 799); dies git auch für ein von *Krawetz* (Ž. obsč. Chim. **16** [1946] 627, 631; C. A. **1947** 1653) beschriebenes Präparat (F: 135°).

***Opt.-inakt. 1,5-Dibrom-2,6-dioxo-2λ⁴,6λ⁴-dithia-spiro[3.3]heptan, 1,5-Dibrom-2,6-dithia-spiro[3.3]heptan-2,6-dioxid** $C_5H_6Br_2O_2S_2$, Formel V.

B. Beim Behandeln von 2,6-Dithia-spiro[3.3]heptan mit Brom in Benzol und anschliessend mit wss. Natriumcarbonat-Lösung (*Backer, Keuning,* R. **52** [1933] 499, 509).

Krystalle (aus Bzl.); F: 126,5° (*Ba., Ke.,* R. **52** 509).

Verbindung mit Quecksilber(II)-chlorid $2C_5H_6Br_2O_2S_2 \cdot HgCl_2$. Krystalle (aus A.); F: 120° [Zers.] (*Backer, Keuning,* R. **53** [1934] 798, 805).

2,6-Diselena-spiro[3.3]heptan $C_5H_8Se_2$, Formel VI.

B. Beim Erwärmen einer Lösung von 1,3-Dibrom-2,2-bis-brommethyl-propan in Benzol mit Kaliumselenid in Äthanol (*Backer, Winter,* R. **56** [1937] 492, 494).

Krystalle (aus PAe); F: 67°. Monoklin; $\beta = 89{,}9°$. Krystallmorphologie: *Ba., Wi.*

Beim Behandeln mit Jod in Schwefelkohlenstoff ist 2,6-Diselena-spiro[3.3]heptan-2,2,6,6-tetrajodid ($C_5H_8I_4Se_2$; gelb; wenig beständig) erhalten worden. Reaktion mit Methyljodid unter Bildung von [3-Jodmethyl-selenetan-3-ylmethyl]-dimethyl-selenonium-jodid: *Ba., Wi.*

Verbindung mit Quecksilber(II)-chlorid $C_5H_8Se_2 \cdot 2HgCl_2$: *Ba., Wi.*

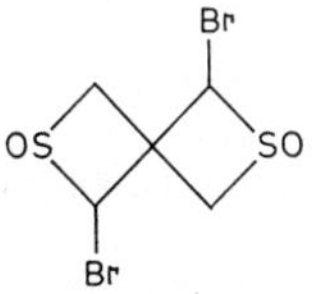

V 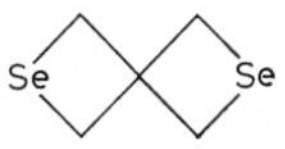 VI 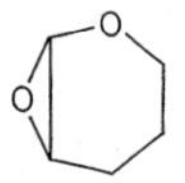 VII 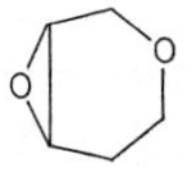 VIII 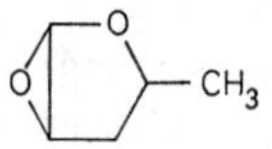 IX

(±)-2,7-Dioxa-norcaran, (±)-Tetrahydro-oxireno[*b*]pyran, (±)-2,3-Epoxy-tetrahydro-pyran $C_5H_8O_2$, Formel VII.

Ein Präparat (Flüssigkeit; bei 77—87°/9 Torr destillierbar; n_D^{25}: 1,455), in dem vermutlich diese Verbindung vorgelegen hat, ist beim Behandeln von 3,4-Dihydro-2*H*-pyran mit Peroxybenzoesäure in Chloroform erhalten worden (*Hurd, Edwards,* J. org. Chem. **14** [1949] 680, 688).

(±)-3,7-Dioxa-norcaran, (±)-Tetrahydro-oxireno[*c*]pyran, (±)-3,4-Epoxy-tetrahydro-pyran $C_5H_8O_2$, Formel VIII.

B. Beim Behandeln von 3,6-Dihydro-2*H*-pyran mit Peroxybenzoesäure in Chloroform (*Paul, Tchelitcheff,* C. r. **224** [1947] 1722).

Kp: 149—151°. D_4^{20}: 1,121. n_D^{20}: 1,4554.

***Opt.-inakt. 2,3-Epoxy-5-methyl-tetrahydro-furan** $C_5H_8O_2$, Formel IX.

B. Beim Erhitzen von opt.-inakt. 3-Methoxy-5-methyl-tetrahydrofuran-2-ol (E IV **1** 4125) mit Calciumoxid unter Stickstoff auf 155° (*Birkofer, Dutz,* A. **608** [1957] 17, 21).

Kp_{12}: 40°. n_D^{20}: 1,4299.

Beim Erwärmen mit wss. Schwefelsäure ist 4-Hydroxy-valeriansäure-lacton erhalten worden.

Stammverbindungen $C_6H_{10}O_2$

4,5-Dimethyl-2,2-dioxo-3,6-dihydro-2λ⁶-[1,2]oxathiin, 4,5-Dimethyl-3,6-dihydro-[1,2]oxathiin-2,2-dioxid, 4-Hydroxy-2,3-dimethyl-but-2*c*-en-1-sulfonsäure-lacton $C_6H_{10}O_3S$, Formel I.

B. Beim Behandeln von 2,3-Dimethyl-buta-1,3-dien mit dem Schwefeltrioxid-Dioxan-Addukt (1:1) in 1,2-Dichlor-äthan (*Bordwell et al.,* Am. Soc. **81** [1959] 2002, 2007).

Krystalle (aus Ae.); F: 40—41°.

4,5-Dimethyl-2-oxo-3,6-dihydro-2λ⁴-[1,2]oxaselenin, 4,5-Dimethyl-3,6-dihydro-[1,2]oxaselenin-2-oxid, 4-Hydroxy-2,3-dimethyl-but-2*c*-en-1-seleninsäure-lacton $C_6H_{10}O_2Se$, Formel II.

Diese Konstitution kommt der nachstehend beschriebenen, ursprünglich (*Backer, Strating,* R. **53** [1934] 1113, 1115) als 3,4-Dimethyl-2,5-dihydro-selenophen-1,1-dioxid angesehenen Verbindung zu (*Mock*, *McCausland*, Tetrahedron Letters **1968** 391).

B. Beim Behandeln von 2,3-Dimethyl-buta-1,3-dien mit Selenigsäure in Chloroform (*Ba.*, *St.*).

Krystalle (aus $CHCl_3$ + PAe.); F: ca. 66° [Zers.] (*Ba.*, *St.*).

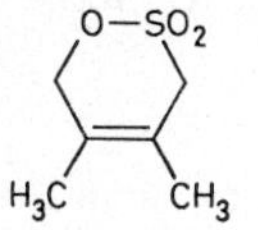

I 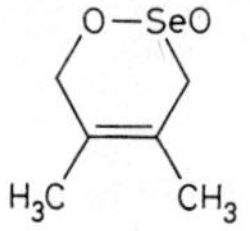 II 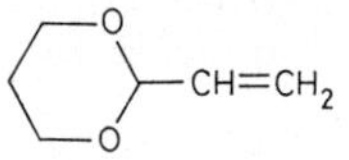 III 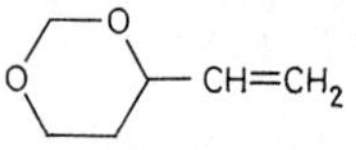 IV

2-Vinyl-[1,3]dioxan, Acrylaldehyd-propandiylacetal $C_6H_{10}O_2$, Formel III.

B. Beim Erhitzen von 2-[2-Chlor-äthyl]-[1,3]dioxan mit Kaliumhydroxid (*Faass*, *Hilgert*, B. **87** [1954] 1343, 1350).

Kp: 141–143°.

(±)-4-Vinyl-[1,3]dioxan $C_6H_{10}O_2$, Formel IV.

Diese Konstitution kommt der nachstehend beschriebenen, früher (*BASF*, D.B.P. 800298 [1948]; D.R.B.P. Org. Chem. 1950–1951 **6** 2490) als 5-Vinyl-[1,3]dioxan angesehenen Verbindung zu (*Dermer et al.*, Am. Soc. **73** [1951] 5869; *Hanschke*, B. **88** [1955] 1043).

B. Neben Tetrahydro-pyrano[4,3-*d*][1,3]dioxin (F: 56°) und 3,6-Dihydro-2*H*-pyran beim Erwärmen von Buta-1,3-dien mit wss. Formaldehyd-Lösung und Schwefelsäure (*Ha.*; vgl. *De. et al.*; *BASF*; *Du Pont de Nemours & Co.*, U.S.P. 2493964 [1947]).

Kp_{761}: 142–143° (*Ha.*); Kp: 144° (*De. et al.*), 142,5° (*Du Pont*). D_4^{20}: 1,00 (*De. et al.*), 0,9893 (*Ha.*). Verbrennungswärme: *De. et al.* n_D^{20}: 1,4440 (*Ha.*), 1,4439 (*De. et al.*); n_D^{25}: 1,4413 (*Du Pont*).

5,6-Dimethyl-2,3-dihydro-[1,4]oxathiin $C_6H_{10}OS$, Formel V.

B. Beim Behandeln von 3-Brom-butan-2-on-diäthylacetal mit Natrium-[2-hydroxy-äthanthiolat] in Äthanol, Behandeln einer Lösung des Reaktionsprodukts in Äther mit konz. Schwefelsäure und Erhitzen des danach isolierten Reaktionsprodukts mit Phosphor(V)-oxid auf 175° (*Parham et al.*, Am. Soc. **77** [1955] 1169, 1174).

Kp_{22}: 68°. n_D^{25}: 1,5183.

(±)-2,6-Dimethyl-2,3-dihydro-[1,4]dioxin $C_6H_{10}O_2$, Formel VI.

B. Beim Erhitzen von opt.-inakt. Bis-[2-hydroxy-propyl]-äther (E IV **1** 2473) mit einem Kupferoxid-Chromoxid-Katalysator (*Summerbell et al.*, J. org. Chem. **27** [1962] 4433, 4435; s. a. *Jefferson Chem. Co.*, U.S.P. 2807629 [1953]).

Kp_{749}: 126–126,5°; n_D^{20}: 1,4320 (*Su. et al.*). Kp: 125,5°; $D^{24,5}$: 0,97; n_D^{20}: 1,4350 (*Jefferson Chem. Co.*).

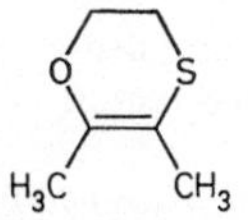

V 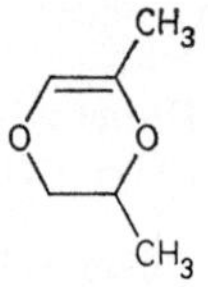 VI 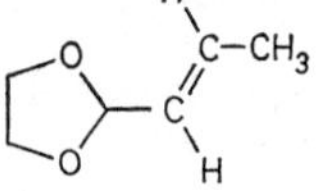 VII 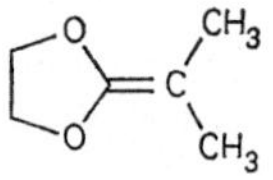 VIII 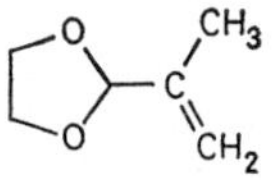 IX

2-*trans*-Propenyl-[1,3]dioxolan, *trans*-Crotonaldehyd-äthandiylacetal $C_6H_{10}O_2$, Formel VII (E II 15).

B. Aus *trans*-Crotonaldehyd und Äthylenglykol (*Fourneau*, *Chantalou*, Bl. [5] **12** [1945] 845, 860; vgl. E II 15).

Kp_{760}: 147–148°.

2-Isopropyliden-[1,3]dioxolan $C_6H_{10}O_2$, Formel VIII.

B. Neben Methylisobutyrat und *tert*-Butylisobutyrat beim Erhitzen von 2-Isopropyl-2-methoxy-[1,3]dioxolan mit Aluminium-*tert*-butylat (*McElvain, Aldridge*, Am. Soc. **75** [1953] 3993, 3995).

Kp_{741}: 153,1—153,2°. D_4^{25}: 1,0023, n_D^{25}: 1,4540.

Verhalten gegen Sauerstoff (Bildung von 7,7,14,14-Tetramethyl-1,4,6,9,12,13-hexaoxa-dispiro[4.2.4.2]tetradecan, Aceton und [1,3]Dioxolan-2-on): *McE., Al.* Beim Behandeln mit Chlorwasserstoff ist Isobuttersäure-[2-chlor-äthylester] erhalten worden. Reaktion mit Benzylbromid unter Bildung von 2,2-Dimethyl-3-phenyl-propionsäure-[2-brom-äthylester]: *McE., Al.*

2-Isopropenyl-[1,3]dioxolan, Methacrylaldehyd-äthandiylacetal $C_6H_{10}O_2$, Formel IX.

B. Neben 2-[2-[1,3]Dioxolan-2-yl-propoxy]-äthanol beim Erwärmen von Methacryl=aldehyd mit Äthylenglykol, Dichlormethan und kleinen Mengen wss. Salzsäure (*Bellringer et al.*, J. appl. Chem. **4** [1954] 679, 686).

Kp_{62}: 63°. n_D^{20}: 1,4363.

2-Methyl-2-vinyl-[1,3]dioxolan, Butenon-äthandiylacetal $C_6H_{10}O_2$, Formel X.

Eine Verbindung (Kp_{100}: 56°; D_4^{20}: 0,9547; n_D^{20}: 1,4213), der vermutlich diese Konstitution zukommt, ist beim Erhitzen von 2-Äthoxy-buta-1,3-dien mit Äthylenglykol auf 110° erhalten worden (*Dykstra*, Am. Soc. **57** [1935] 2255, 2257).

***Opt.-inakt. 4-Chlormethyl-2-vinyl-[1,3]dioxolan** $C_6H_9ClO_2$, Formel XI.

B. Beim Behandeln von (±)-3-Chlor-propan-1,2-diol mit Acrylaldehyd und kleinen Mengen wss. Salzsäure (*Gryszkiewicz-Trochimowski et al.*, Bl. **1958** 610, 612).

Kp_{17}: 72—74°.

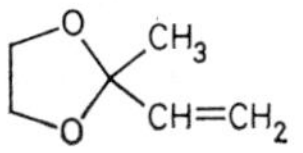

X 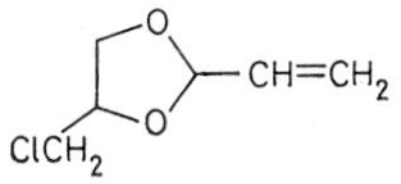 XI 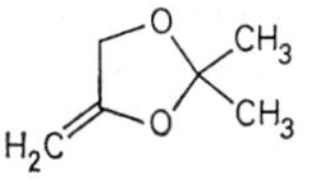 XII 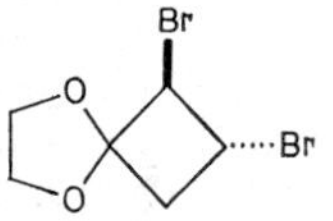 XIII

2,2-Dimethyl-4-methylen-[1,3]dioxolan $C_6H_{10}O_2$, Formel XII.

B. Beim Erhitzen von 4-Chlormethyl-2,2-dimethyl-[1,3]dioxolan mit Kaliumhydroxid (*Fischer et al.*, B. **63** [1930] 1732, 1734; s. a. *Orth*, Ang. Ch. **64** [1952] 544, 547).

Kp_{760}: 103—105° (*Orth*); Kp_{750}: 104—106° (*Fi. et al.*). n_D^{20}: 1,4221 (*Fi. et al.*).

(±)-*trans*(?)-1,2-Dibrom-5,8-dioxa-spiro[3.4]octan $C_6H_8Br_2O_2$, vermutlich Formel XIII + Spiegelbild.

B. Beim Behandeln von 5,8-Dioxa-spiro[3.4]oct-1-en mit Brom in Tetrachlormethan (*Vogel, Hasse*, A. **615** [1958] 22, 28).

Krystalle (aus Bzl.); F: 53—54°.

(±)-6,8-Dioxa-bicyclo[3.2.1]octan $C_6H_{10}O_2$, Formel I.

B. Aus (±)-[3,4-Dihydro-2*H*-pyran-2-yl]-methanol mit Hilfe von Toluol-4-sulfonsäure (*Shell Devel. Co.*, U.S.P. 2511891 [1948]).

Krystalle; F: 50—52°. Kp_{100}: 91—91,6°.

(±)-1-Methyl-2,7-dioxa-norbornan $C_6H_{10}O_2$, Formel II.

Diese Konstitution ist für die nachstehend beschriebene Verbindung in Betracht gezogen worden (*Levene, Walti*, J. biol. Chem. **88** [1930] 771, 774, 783).

B. Neben 5-Methyl-2,3-dihydro-furfurylalkohol (E III/IV **17** 1193; E III/IV **18** 8462)

beim Erhitzen von (±)-5,6-Dihydroxy-hexan-2-on auf 150° (*Le.*, *Wa.*).

Kp_{42}: 55°; Kp_{20}: 40°. D^{25}: 1,0423. Oberflächenspannung bei 25°: 31,68 $g \cdot s^{-2}$. n_D^{25}: 1,4350.

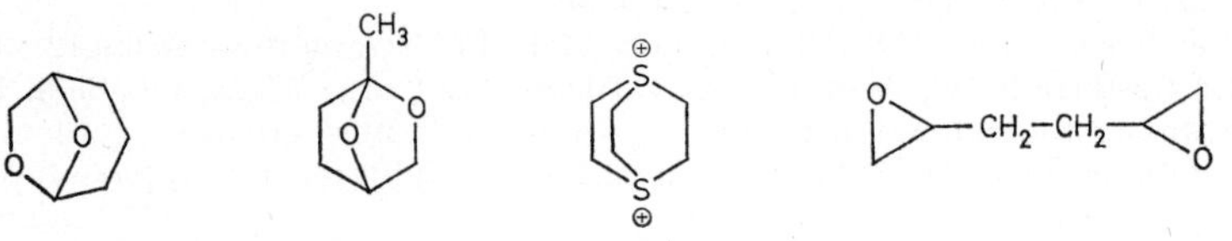

I II III IV

1,4-Dithionia-bicyclo[2.2.2]octan $[C_6H_{12}S_2]^{2+}$, Formel III.

Tetrachlorozincat $[C_6H_{12}S_2]ZnCl_4$. *B.* Beim Erhitzen von Bis-[2-hydroxy-äthyl]-sulfid mit Zinkchlorid und konz. wss. Salzsäure (*Stahmann et al.*, J. org. Chem. **11** [1946] 704, 717). — Krystalle (aus W.). — Beim Behandeln mit Silbercarbonat und Wasser und anschliessend mit wss. Salzsäure ist 1-Vinyl-[1,4]dithianium-chlorid erhalten worden.

Bis-[2,4,6-trinitro-benzolsulfonat] $[C_6H_{12}S_2][C_6H_2N_3O_9S]_2$. Gelbe Krystalle (*St. et al.*).

***Opt.-inakt. 1,2-Bis-oxiranyl-äthan, 1,2;5,6-Diepoxy-hexan** $C_6H_{10}O_2$, Formel IV (vgl. H 15; dort als 1,2;5,6-Dioxido-hexan (?) bezeichnet).

B. Beim Erwärmen einer Lösung von opt.-inakt. 1,6-Dijod-hexan-2,5-diol (F: 95°) in Äthanol mit Silberacetat (*Wiggins*, *Wood*, Soc. **1950** 1566, 1575). Beim Erwärmen von Hexa-1,5-dien mit Trifluor-peroxyessigsäure und Natriumcarbonat in Dichlormethan (*Emmons*, *Pagano*, Am. Soc. **77** [1955] 89, 92). Beim Behandeln von Hexa-1,5-dien mit Peroxybenzoesäure in Chloroform (*Wi.*, *Wood*, l. c. S. 1571; s. a. *Everett*, *Kon*, Soc. **1950** 3131, 3133).

Kp: 187—188°; D_4^{24}: 1,0028 (*Ev.*, *Kon*). Kp_{22}: 77—80°; n_D^{20}: 1,4390 (*Em.*, *Pa.*, l. c. S. 90, 92). Kp_{15}: 86—88°; n_D^{15}: 1,4445 [aus Hexa-1,5-dien hergestelltes Präparat] (*Wi.*, *Wood*). n_D^{18}: 1,4410 [aus 1,6-Dijod-hexan-2,5-diol hergestelltes Präparat] (*Wi.*, *Wood*).

Beim Erwärmen mit wss. Salzsäure ist 5-Chlormethyl-tetrahydro-furfurylalkohol (E III/IV **17** 1141), beim Erwärmen mit Natriummethylat in Methanol ist 5-Methoxymethyl-tetrahydro-furfurylalkohol (E III/IV **17** 2020) erhalten worden (*Wi.*, *Wood*, l. c. S. 1572). Verhalten gegen Lithiumalanat in Äther (Bildung von Hexan-2,5-diol [n_D^{15}: 1,4480]): *Wi.*, *Wood*, l. c. S. 1573. Reaktion mit Methylmagnesiumjodid in Äther (Bildung von 1,6-Dijod-hexan-2,5-diolen vom F: 95° und vom F: 116—117°): *Wi.*, *Wood*, l. c. S. 1574.

***Opt.-inakt. 2,2'-Dimethyl-bioxiranyl, 1,2;3,4-Diepoxy-2,3-dimethyl-butan** $C_6H_{10}O_2$, Formel V.

B. Beim Behandeln von 2,3-Dimethyl-buta-1,3-dien mit Peroxybenzoesäure in Chloroform (*Everett*, *Kon*, Soc. **1950** 3131, 3133).

Kp: 150—155° [unreines Präparat].

1,6-Dioxa-spiro[2.5]octan $C_6H_{10}O_2$, Formel VI.

B. Neben Oxepan-4-on beim Behandeln einer Lösung von Tetrahydro-pyran-4-on in Methanol mit Diazomethan in Äther (*Olsen*, *Bredoch*, B. **91** [1958] 1589, 1594).

Kp_8: 44—45°; D_4^{20}: 1,055; n_D^{20}: 1,450 [unreines Präparat].

Beim Erhitzen mit Zinkchlorid ist Tetrahydro-pyran-4-carbaldehyd erhalten worden.

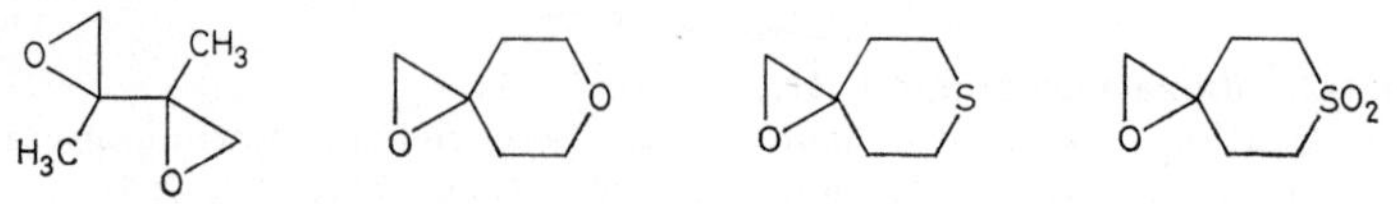

V VI VII VIII

1-Oxa-6-thia-spiro[2.5]octan $C_6H_{10}OS$, Formel VII.

B. Neben Thiepan-4-on beim Behandeln von Tetrahydro-thiopyran-4-on mit Methyl-nitroso-carbamidsäure-äthylester und Bariumoxid in Methanol (*Overberger, Katchman*, Am. Soc. **78** [1956] 1965, 1967).

Krystalle; F: 50—52°. $Kp_{1,5}$: 58—63°.

6,6-Dioxo-1-oxa-6λ[6]-thia-spiro[2.5]octan, 1-Oxa-6-thia-spiro[2.5]octan-6,6-dioxid $C_6H_{10}O_3S$, Formel VIII.

B. Beim Behandeln von 4-Aminomethyl-1,1-dioxo-tetrahydro-1λ[6]-thiopyran-4-ol mit Essigsäure und mit wss. Natriumnitrit-Lösung (*Overberger, Katchman*, Am. Soc. **78** [1956] 1965, 1967).

Krystalle; F: 173—174° [korr.; durch Sublimation gereinigtes Präparat].

Hexahydro-furo[3,2-*b*]furan $C_6H_{10}O_2$.

a) **(3a*R*)-*cis*-Hexahydro-furo[3,2-*b*]furan, (*R*,*R*)-Hexahydro-furo[3,2-*b*]furan, D_g-*threo*-1,4;3,6-Dianhydro-2,5-didesoxy-hexit** $C_6H_{10}O_2$, Formel IX (X = H) (in der Literatur auch als 1,4;3,6-Dianhydro-2,5-didesoxy-D-mannit bezeichnet).

B. Bei der Hydrierung von (3a*S*)-3*c*,6*c*-Dichlor-(3a*r*,6a*c*)-hexahydro-furo[3,2-*b*]furan („Isomannid-dichlorid“) an Raney-Nickel in Triäthylamin bei 100°/105—130 at (*Cope, Shen*, Am. Soc. **78** [1956] 5916, 5918).

Kp: 153—155° [unkorr.]; Kp_{18}: 55°. n_D^{25}: 1,4510. $[\alpha]_D^{25}$: +9,0° [W.; c = 4].

Beim Behandeln einer Lösung in Tetrachlormethan mit Bromwasserstoff ist D_g-*threo*-1,6-Dibrom-hexan-3,4-diol erhalten worden.

b) **(3a*S*)-*cis*-Hexahydro-furo[3,2-*b*]furan, (*S*,*S*)-Hexahydro-furo[3,2-*b*]furan, L_g-*threo*-1,4;3,6-Dianhydro-2,5-didesoxy-hexit** $C_6H_{10}O_2$, Formel X.

B. Beim Behandeln von D_g-*threo*-1,6-Diacetoxy-3,4-bis-[toluol-4-sulfonyloxy]-hexan mit Natriummethylat in Methanol (*Cope, Shen*, Am. Soc. **78** [1956] 5916, 5919).

Kp_{18}: 42°. n_D^{25}: 1,4528. $[\alpha]_D^{24}$: —9,3° [W.; c = 3].

Beim Behandeln einer Lösung in Tetrachlormethan mit Bromwasserstoff ist L_g-*threo*-1,6-Dibrom-hexan-3,4-diol erhalten worden.

(3a*S*)-3*c*-Chlor-(3a*r*,6a*c*)-hexahydro-furo[3,2-*b*]furan, D-*xylo*-2-Chlor-1,4;3,6-dianhydro-2,5-didesoxy-hexit $C_6H_9ClO_2$, Formel IX (X = Cl).

Ein Präparat (Kp_{21}: 98°; n_D^{25}: 1,4781; $[\alpha]_D^{25}$: +47,5° [$CHCl_3$]), in dem vermutlich diese Verbindung vorgelegen hat, ist beim Erwärmen von (3a*S*)-3*c*,6*c*-Dichlor-(3a*r*,6a*c*)-hexahydro-furo[3,2-*b*]furan („Isomannid-dichlorid“) mit Lithiumalanat in Tetrahydrofuran erhalten worden (*Cope, Shen*, Am. Soc. **78** [1956] 5916, 5918).

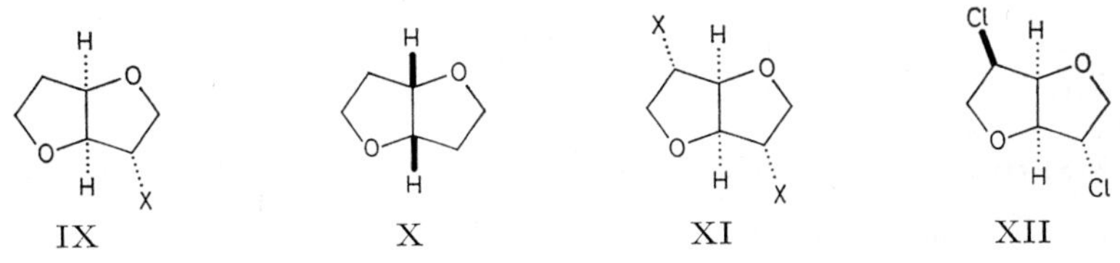

IX X XI XII

3,6-Dichlor-hexahydro-furo[3,2-*b*]furan $C_6H_8Cl_2O_2$.

a) **(3a*S*)-3*c*,6*c*-Dichlor-(3a*r*,6a*c*)-hexahydro-furo[3,2-*b*]furan, 2,5-Dichlor-1,4;3,6-dianhydro-2,5-didesoxy-L-idit** $C_6H_8Cl_2O_2$, Formel XI (X = Cl).

Diese Konfiguration kommt der nachstehend beschriebenen, von *Wiggins* (Soc. **1945** 4) als (3a*S*)-3*t*,6*t*-Dichlor-(3a*r*,6a*c*)-hexahydro-furo[3,2-*b*]furan (2,5-Dichlor-1,4;3,6-dianhydro-2,5-didesoxy-D-mannit) formulierten „Isomannid-dichlorid“ zu (*Cope, Shen*, Am. Soc. **78** [1956] 3177, 3179).

B. Beim Behandeln von 1,4;3,6-Dianhydro-D-mannit („Isomannid“; „Mannid“) mit Pyridin und mit Thionylchlorid (*Wi.*; s. a. *Carré, Mauclère*, Bl. [4] **49** [1931] 1150, 1153).

Krystalle; F: 67° [aus A.] (*Ca., Ma.*), 67° [aus Ae. + PAe.] (*Wi.*), 63—64° [aus A.] (*Wiggins, Wood*, Soc. **1951** 1180, 1183). $[\alpha]_D^{20}$: +99,0° [$CHCl_3$; c = 0,6] (*Wi., Wood*); $[\alpha]_D$: +93,5° [$CHCl_3$; c = 2] (*Wi.*).

Beim Erwärmen mit Lithiumalanat in Tetrahydrofuran ist (3a*S*)-3*c*-Chlor-(3a*r*,6a*c*)-

hexahydro-furo[3,2-*b*]furan (S. 121), bei der Hydrierung an Raney-Nickel in Triäthylamin bei 100°/105—130 at ist (3a*R*)-(3a*r*,6a*c*)-Hexahydro-furo[3,2-*b*]furan erhalten worden (*Cope, Shen*, Am. Soc. **78** [1956] 5916, 5918).

b) **(3a*S*)-3*c*,6*t*-Dichlor-(3a*r*,6a*c*)-hexahydro-furo[3,2-*b*]furan, 2,5-Dichlor-1,4;3,6-dianhydro-2,5-didesoxy-D-glucit** $C_6H_8Cl_2O_2$, Formel XII.

B. In kleiner Menge beim Erwärmen von 1,4;3,6-Dianhydro-D-glucit mit Benzol und Thionylchlorid und Erhitzen des Reaktionsprodukts mit Phosphor(V)-chlorid auf 140° (*Overend et al.*, Soc. **1948** 2201).

Kp_{15}: 105°; $Kp_{0,01}$: 74°. n_D^{17}: 1,5269. $[\alpha]_D^{19}$: +55,8° [$CHCl_3$; c = 4].

(3a*S*)-3*c*,6*c*-Dijod-(3a*r*,6a*c*)-hexahydro-furo[3,2-*b*]furan, 2,5-Dijod-1,4;3,6-dianhydro-2,5-didesoxy-L-idit $C_6H_8I_2O_2$, Formel XI (X = I).

Diese Konstitution kommt der nachstehend beschriebenen, von *Brigl* und *Grüner* (B. **67** [1934] 1582, 1586) als 1,6-Dijod-2,4;3,5-dianhydro-D-mannit bezeichneten, von *Hockett et al.* (Am. Soc. **68** [1946] 930, 934) als 2,5-Dijod-1,4;3,6-dianhydro-2,5-didesoxy-D-mannit („Dijod-didesoxy-isomannid") formulierten Verbindung zu (*Cope, Shen*, Am. Soc. **78** [1956] 3177, 3179).

B. Aus Bis-*O*-[toluol-4-sulfonyl]-1,4;3,6-dianhydro-D-mannit beim Erhitzen mit Natriumjodid in Aceton (*Br., Gr.*; *Ho. et al.*) sowie beim Erhitzen mit Natriumjodid in Acetanhydrid (*Jackson, Hayward*, Canad. J. Chem. **37** [1959] 1048, 1050). Beim Erhitzen von Bis-*O*-methansulfonyl-1,4;3,6-dianhydro-D-mannit mit Natriumjodid in Aceton (*Wiggins, Wood*, Soc. **1951** 1180, 1182).

Krystalle; F: 84—85° [aus Me.] (*Kochetkov, Usow*, Tetrahedron **19** [1963] 973, 980), 69—70° [aus Me.] (*Br., Gr.*), 65—66° [aus Me.] (*Ja., Ha.*), 61—63° [aus A.] (*Wi., Wood*), 61—62° [aus Me.] (*Ho. et al.*). $[\alpha]_D^{19}$: +107,9° [$CHCl_3$; c = 2] (*Wi., Wood*); $[\alpha]_D^{22}$: +110° [$CHCl_3$; c = 0,6] (*Ja., Ha.*); $[\alpha]_D^{26}$: +136,5° [$CHCl_3$; c = 3] (*Ko., Usow*); $[\alpha]_D$: +101,4° [$CHCl_3$; c = 0,6] (*Br., Gr.*).

Hexahydro-thieno[3,2-*b*]thiophen $C_6H_{10}S_2$.

a) **(3a*R*)-*cis*-Hexahydro-thieno[3,2-*b*]thiophen, (*R*,*R*)-Hexahydro-thieno[3,2-*b*]thiophen** $C_6H_{10}S_2$, Formel XIII.

B. Beim Behandeln von L_g-*threo*-1,6-Dibrom-3,4-bis-[toluol-4-sulfonyloxy]-hexan mit Natriumsulfid-monohydrat in Äthanol (*Cope, Shen*, Am. Soc. **78** [1956] 5916, 5919).

Kp_1: 73°. n_D^{25}: 1,5873. $[\alpha]_D^{24}$: +132,0° [$CHCl_3$; c = 3].

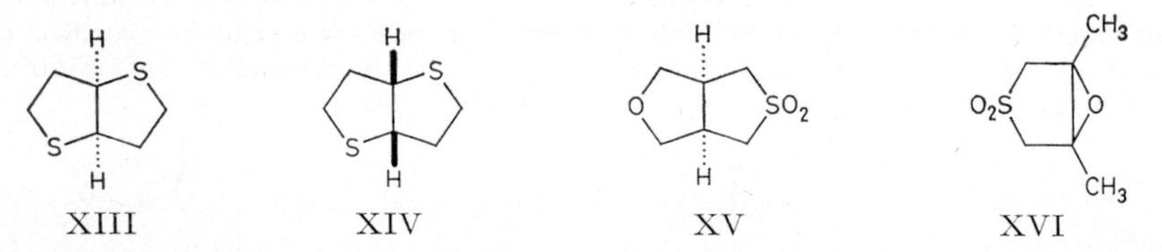

b) **(3a*S*)-*cis*-Hexahydro-thieno[3,2-*b*]thiophen, (*S*,*S*)-Hexahydro-thieno[3,2-*b*]thiophen** $C_6H_{10}S_2$, Formel XIV.

B. Beim Behandeln von D_g-*threo*-1,6-Dibrom-3,4-bis-[toluol-4-sulfonyloxy]-hexan mit Natriumsulfid-monohydrat in Äthanol (*Cope, Shen*, Am. Soc. **78** [1956] 5916, 5919).

F: 24—24,5°. $Kp_{0,4}$: 57°. n_D^{25}: 1,5875. $[\alpha]_D^{25}$: —136,7° [$CHCl_3$; c = 4].

5,5-Dioxo-(3a*r*,6a*c*)-tetrahydro-5λ^6-thieno[3,4-*c*]furan, *cis*-Tetrahydro-thieno[3,4-*c*]furan-5,5-dioxid $C_6H_{10}O_3S$, Formel XV.

Diese Konfiguration ist für die nachstehend beschriebene Verbindung in Betracht gezogen worden (*Marvel et al.*, Am. Soc. **78** [1956] 6171, 6173).

B. In kleiner Menge neben 3,4-Bis-acetoxymethyl-tetrahydro-thiophen-1,1-dioxid beim Behandeln einer Lösung von opt.-inakt. 3,4-Bis-acetoxymethyl-tetrahydro-thiophen (E III/IV **17** 2022) in Essigsäure mit wss. Wasserstoffperoxid, Erwärmen des Reaktionsprodukts mit Acetanhydrid und Erhitzen des danach isolierten Reaktionsprodukts unter vermindertem Druck (*Ma. et al.*).

Krystalle (aus A. + PAe.); F: 99—99,5°.

3,4-Epoxy-3,4-dimethyl-1,1-dioxo-tetrahydro-1λ^6-thiophen, 3,4-Epoxy-3,4-dimethyl-tetrahydro-thiophen-1,1-dioxid $C_6H_{10}O_3S$, Formel XVI.

B. Beim Behandeln von 3*r*,4*t*-Diacetoxy-3,4*c*-dimethyl-tetrahydro-thiophen-1,1-dioxid mit äthanol. Kalilauge (*van Zuydewijn*, R. **57** [1938] 445, 450).

Krystalle (aus Bzl.); F: 83—85°.

Stammverbindungen $C_7H_{12}O_2$

2-Isopropenyl-[1,3]dioxan, Methacrylaldehyd-propandiylacetal $C_7H_{12}O_2$, Formel I.

B. Neben 3-[2-[1,3]Dioxan-2-yl-propoxy]-propan-1-ol beim Erwärmen von Methacryl= aldehyd mit Propan-1,3-diol, Dichlormethan und kleinen Mengen wss. Salzsäure (*Bellringer et al.*, J. appl. Chem. **4** [1954] 679, 686).

Kp_{40}: 76—77°. n_D^{20}: 1,4486.

***Opt.-inakt. 4-Methyl-2-vinyl-[1,3]dioxan** $C_7H_{12}O_2$, Formel II (vgl. E II 16).

B. Beim Erhitzen von opt.-inakt. 2-[2-Chlor-äthyl]-4-methyl-[1,3]dioxan (S. 74) mit Kaliumhydroxid (*Du Pont de Nemours & Co.*, U.S.P. 2432601 [1942]).

Kp_{10}: 43—47° (*Brit. Petr. Co.*, U.S.P. 2729650 [1951]; D.B.P. 940824 [1951]). D^{25}: 0,9706; n_D^{25}: 1,4372 (*Du Pont*).

Beim Behandeln mit Kohlenmonoxid und Wasserstoff in Gegenwart von Octacarbonyl= dikobalt bei 150°/175 at ist 3-[4-Methyl-[1,3]dioxan-2-yl]-propionaldehyd erhalten worden (*Brit. Petr. Co.*). Verhalten gegen Tetrachlormethan im UV-Licht (Bildung von 4-Methyl-2-[1,3,3,3-tetrachlor-propyl]-[1,3]dioxan (S. 84) und einer vielleicht als 1,1,1,5-Tetrachlor-3,5-bis-[4-methyl-[1,3]dioxan-2-yl]-pentan zu formulierenden Verbindung $C_{15}H_{24}Cl_4O_4$ [bei 190—200°/1 Torr destillierbar]): *Hall, Jacobs*, Soc. **1954** 2034, 2039.

(±)-4-Methyl-4-vinyl-[1,3]dioxan $C_7H_{12}O_2$, Formel III.

B. Beim Behandeln von 2-Methyl-buta-1,3-dien mit wss. Formaldehyd-Lösung und Schwefelsäure (*Arundale, Mikeska*, Chem. Reviews **51** [1952] 505, 515).

Kp: 153—154°.

(±)-Allyl-[1,4]dioxan $C_7H_{12}O_2$, Formel IV.

B. Beim Behandeln von (±)-Chlor-[1,4]dioxan mit Allylmagnesiumbromid in Äther (*Summerbell, Umhoefer*, Am. Soc. **61** [1939] 3016, 3017).

$Kp_{747,6}$: 156—158° [korr.]. D_4^{20}: 0,937. n_D^{20}: 1,4442.

***Opt.-inakt. 4-Chlormethyl-2-*trans*-propenyl-[1,3]dioxolan** $C_7H_{11}ClO_2$, Formel V.

B. Beim Behandeln von *trans*-Crotonaldehyd mit (±)-Epichlorhydrin, Tetrachlor= methan und Zinn(IV)-chlorid (*Willfang*, B. **74** [1941] 145, 150). Beim Erwärmen von *trans*-Crotonaldehyd mit (±)-3-Chlor-propan-1,2-diol, Benzol und kleinen Mengen wss. Salzsäure (*Fourneau, Chantalou*, Bl. [5] **12** [1945] 845, 851).

Kp_{19}: 90° (*Fo., Ch.*). $Kp_{1,5}$: 68—70° (*Wi.*).

(±)-2,2-Dimethyl-4-vinyl-[1,3]dioxolan $C_7H_{12}O_2$, Formel VI.

B. Beim Behandeln von (±)-3,4-Epoxy-but-1-en mit Aceton und dem Borfluorid-Äther-Addukt (*Ponomarew*, Doklady Akad. S.S.S.R. **108** [1956] 648; C. A. **1957** 3565).

Kp_{760}: 121—123°. D_4^{20}: 0,9200. n_D^{20}: 1,4189.

V VI VII VIII

(±)-2-Äthyl-2-methyl-4-methylen-[1,3]dioxolan $C_7H_{12}O_2$, Formel VII.

B. Aus 2-Äthyl-4-chlormethyl-2-methyl-[1,3]dioxolan (S. 79) mit Hilfe von Kalium⸗hydroxid (*Orth*, Ang. Ch. **64** [1952] 544, 547).

Kp_{14}: 37–38°.

(*R*)-4*r*,5*t*-Dimethyl-2-vinyl-[1,3]dioxolan $C_7H_{12}O_2$, Formel VIII.

B. Beim Behandeln von D_g-*threo*-Butan-2,3-diol mit Acrylaldehyd und kleinen Mengen wss. Salzsäure (*Neish, Macdonald*, Canad. J. Res. [B] **25** [1947] 70, 71, 76).

Kp_{760}: 131–132°. D_4^{25}: 0,9155. n_D^{25}: 1,4173. $[\alpha]_D^{25}$: –24,3° [unverd.(?)].

1,4-Dioxa-spiro[4.4]nonan, Cyclopentanon-äthandiylacetal $C_7H_{12}O_2$, Formel IX (X = H).

B. Beim Erwärmen von Cyclopentanon mit Äthylenglykol, Benzol und wenig Toluol-4-sulfonsäure (*Salmi*, B. **71** [1938] 1803, 1806; *Bergmann et al.*, R. **71** [1952] 213, 221).

Dipolmoment (ε; Bzl.): 1,24 D (*Be. et al.*, l. c. S. 225, 228).

Kp: 153° (*Mićović, Stojiljković*, Tetrahedron **4** [1958] 186, 192); Kp_{35}: 54–55° (*Be. et al.*, l. c. S. 222); Kp_{18}: 57–57,2° (*Sa.*). D_4^{20}: 1,0299 (*Sa.*). $D_4^{20,5}$: 1,024 (*Mi., St.*); D_4^{30}: 1,024 (*Be. et al.*). n_D^{20}: 1,4481 (*Sa.*); $n_D^{20,5}$: 1,4537 (*Mi., St.*); n_D^{30}: 1,4436 (*Be. et al.*); $n_{656,3}^{20}$: 1,4459; $n_{486,1}^{20}$: 1,4533 (*Sa.*). IR-Banden im Bereich von 1200 cm^{-1} bis 1030 cm^{-1}: *Be. et al.*, l. c. S. 219.

Geschwindigkeitskonstante der Hydrolyse in Chlorwasserstoff enthaltendem 70%ig. wss. Dioxan bei 30°: *Newman, Harper*, Am. Soc. **80** [1958] 6350, 6354.

(±)-6-Chlor-1,4-dioxa-spiro[4.4]nonan $C_7H_{11}ClO_2$, Formel IX (X = Cl).

B. Beim Erwärmen von 2-Chlor-cyclopentanon mit Äthylenglykol, Benzol und wenig Toluol-4-sulfonsäure (*Wanzlick et al.*, B. **88** [1955] 69, 72).

Kp_{12}: 86°. D_4^{22}: 1,204; n_D^{20}: 1,4780.

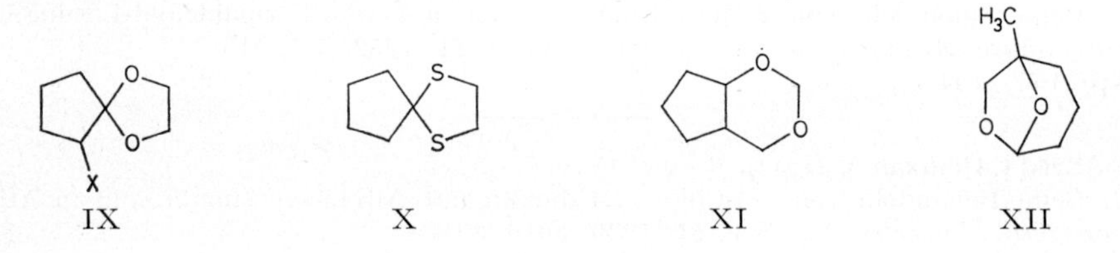

1,4-Dithia-spiro[4.4]nonan, Cyclopentanon-äthandiyldithioacetal $C_7H_{12}S_2$, Formel X.

B. Beim Behandeln von Cyclopentanon mit Äthan-1,2-dithiol und kleinen Mengen wss. Salzsäure (*Reid, Jelinek*, J. org. Chem. **15** [1950] 448).

Kp_5: 89°. D_4^{25}: 1,1464. n_D^{25}: 1,5679.

***Opt.-inakt. Hexahydro-cyclopenta[1,3]dioxin** $C_7H_{12}O_2$, Formel XI.

B. Bei der Hydrierung von opt.-inakt. 4,4a,5,7a-Tetrahydro-cyclopenta[1,3]dioxin (S. 158) an Platin in Äthanol (*Beets, Drukker*, R. **72** [1953] 247, 251).

Kp_{19}: 60°. D_4^{20}: 1,0594. n_D^{20}: 1,4614.

(±)-1-Methyl-6,8-dioxa-bicyclo[3.2.1]octan $C_7H_{12}O_2$, Formel XII.

B. Neben [2-Methyl-3,4-dihydro-2*H*-pyran-2-yl]-methanol beim Erhitzen von Acryl⸗

aldehyd mit Methallylalkohol und wenig Hydrochinon auf 200° (*Smith et al.*, Am. Soc. **73** [1951] 5270).

Kp_{100}: 87,5–89,5°. D_4^{20}: 1,0446. n_D^{20}: 1,4500.

***Opt.-inakt. 1,3-Bis-oxiranyl-propan, 1,2;6,7-Diepoxy-heptan** $C_7H_{12}O_2$, Formel XIII.

B. Beim Behandeln von Hepta-1,6-dien mit Peroxybenzoesäure in Chloroform (*Everett, Kon*, Soc. **1950** 3131, 3133).

Kp_{31}: 104–105°.

***Opt.-inakt. 2,3',3'-Trimethyl-bioxiranyl, 1,2;3,4-Diepoxy-2,4-dimethyl-pentan** $C_7H_{12}O_2$, Formel XIV.

B. Neben 4-Acetoxy-2,3-epoxy-2,4-dimethyl-pentan-1-ol (E III/IV **17** 2024) bei mehrtägigem Behandeln von 2,4-Dimethyl-penta-1,3-dien mit Äther und mit Peroxyessigsäure (*Panšewitsch-Koljada*, Ž. obšč. Chim. **26** [1956] 2161, 2163; engl. Ausg. S. 2413, 2415).

Kp_{14}: 64–67°. D_4^{20}: 0,9668. n_D^{20}: 1,4213.

(±)-1,6-Dioxa-spiro[4.4]nonan $C_7H_{12}O_2$, Formel XV (X = H) (H 15; dort als Oxeton bezeichnet).

Diese Konstitution kommt auch einer von *Burdick* und *Adkins* (Am. Soc. **56** [1934] 438, 440) als Hexahydro-furo[3,2-*b*]pyran angesehenen Verbindung zu (*Farlow et al.*, Am. Soc. **56** [1934] 2498).

B. Neben 3-Tetrahydro[2]furyl-propan-1-ol bei der Hydrierung von 3-[2]Furyl-acrylaldehyd (*Bu., Ad.*), von 3-[2]Furyl-propionaldehyd (*Bu., Ad.*) oder von 3-[2]Furyl-propan-1-ol (*Alexander et al.*, Am. Soc. **73** [1951] 2725) an Nickel/Kieselgur. Beim Erwärmen von 2,2-Bis-[3-hydroxy-propyl]-[1,3]dioxolan mit wenig Toluol-4-sulfonsäure (*Stetter, Rauhut*, B. **91** [1958] 2543, 2547). Beim Erhitzen von 3-Cyclopropancarbonyl-dihydro-furan-2-on mit verd. wss. Salzsäure (*Hart, Curtis*, Am. Soc. **78** [1956] 112, 115). Bei der Hydrierung von 2-Methoxy-1,6-dioxa-spiro[4.4]non-3-en an Nickel/Kieselgur in Äthanol bei 100–120°/120 at (*Ponomarew, Markuschina*, Doklady Akad. S.S.S.R. **126** [1959] 99, 102; Pr. Acad. Sci. U.S.S.R. Chem. Sect. **124–129** [1959] 347, 350).

Kp_{760}: 157–159° (*Hinz et al.*, B. **76** [1943] 676, 685); Kp_{60}: 81–82° (*Al. et al.*); Kp_{12}: 50–52° (*Hinz et al.*); Kp_{10}: 49° (*Hart, Cu.*). D_4^{20}: 1,0320 (*St., Ra.*), 1,020 (*Po., Ma.*); D_4^{25}: 1,0314 (*Bu., Ad.*). n_D^{20}: 1,4489 (*Po., Ma.*), 1,4485 (*St., Ra.*); n_D^{25}: 1,4464 (*Hart, Cu.*), 1,4465 (*Al. et al.*), 1,4461 (*Bu., Ad.*).

Beim Behandeln mit verd. wss. Salzsäure erfolgt keine Veränderung (*Bu., Ad.*, l. c. S. 438). Bei der Hydrierung an Nickel/Kieselgur ist 3-Tetrahydro[2]furyl-propan-1-ol erhalten worden (*Bu., Ad.*, l. c. S. 440). Reaktion mit Butylmagnesiumbromid in Äther (Bildung von 3-[2-Butyl-tetrahydro-[2]furyl]-propan-1-ol): *Ponomarew*, Doklady Akad. S.S.S.R. **92** [1953] 975, 977; C. A. **1955** 1002.

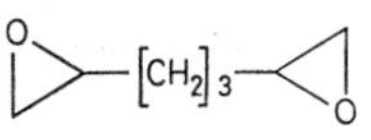

XIII 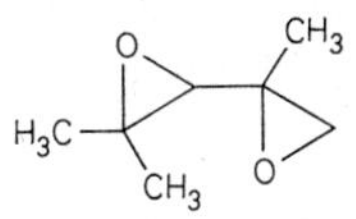 XIV 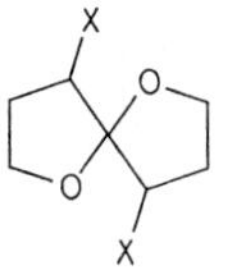 XV 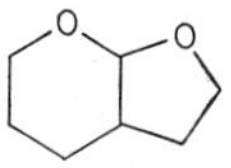 XVI

***Opt.-inakt. 4,9-Dibrom-1,6-dioxa-spiro[4.4]nonan** $C_7H_{10}Br_2O_2$, Formel XV (X = Br).

Diese Konstitution kommt der nachstehend beschriebenen, ursprünglich (*Hinz et al.*, B. **76** [1943] 676, 685) als 3a,7a-Dibrom-hexahydro-furo[3,2-*b*]pyran angesehenen Verbindung zu (*Trška, Dědek*, Collect. **35** [1970] 661; *Peschechonowa*, Chimija geterocikl. Soedin. **1970** 1450; engl. Ausg. S. 1351).

B. Beim Behandeln von 1,6-Dioxa-spiro[4.4]nonan mit Brom in Äther und mit Natriumcarbonat (*Hinz et al.*).

Krystalle (aus A.); F: 113° (*Hinz et al.*).

***Opt.-inakt. Hexahydro-furo[2,3-*b*]pyran** $C_7H_{12}O_2$, Formel XVI.

B. Bei der Hydrierung von opt.-inakt. 2,3,3a,4-Tetrahydro-7a*H*-furo[2,3-*b*]pyran (S. 159)

an Raney-Nickel in Äthanol bei 20°/90 at (*Paul, Tchelitcheff*, Bl. **1954** 672, 674).
Kp_{20}: 87—88°. $D_4^{21,5}$: 1,068. $n_D^{21,5}$: 1,4690.

Stammverbindungen $C_8H_{14}O_2$

2-Isopropyl-4,7-dihydro-[1,3]dioxepin, Isobutyraldehyd-but-2*c*-endiylacetal $C_8H_{14}O_2$, Formel I.

B. Beim Erwärmen von But-2*c*-en-1,4-diol mit Isobutyraldehyd, Benzol und wenig Toluol-4-sulfonsäure (*Brannock, Lappin*, J. org. Chem. **21** [1956] 1366).

Kp_{735}: 170—170,6°. n_D^{20}: 1,4484.

4-*tert*-Butyl-2-oxo-3,6-dihydro-2λ⁴-[1,2]oxaselenin, 4-*tert*-Butyl-3,6-dihydro-[1,2]oxaselenin-2-oxid, 2-*tert*-Butyl-4-hydroxy-but-2*c*-en-1-seleninsäure-lacton $C_8H_{14}O_2Se$, Formel II, und **5-*tert*-Butyl-2-oxo-3,6-dihydro-2λ⁴-[1,2]oxaselenin, 5-*tert*-Butyl-3,6-dihydro-[1,2]oxaselenin-2-oxid, 3-Hydroxymethyl-4,4-dimethyl-pent-2*t*-en-1-seleninsäure-lacton** $C_8H_{14}O_2Se$, Formel III.

Diese Formeln kommen für die nachstehend beschriebene, ursprünglich (*Backer, Strating*, R. **53** [1934] 1113, 1115) als 3-*tert*-Butyl-2,5-dihydro-selenophen-1,1-dioxid angesehene Verbindung in Betracht (*Mock, McCausland*, Tetrahedron Letters **1968** 391).

B. Beim Behandeln von 2-*tert*-Butyl-buta-1,3-dien mit Selenigsäure in Chloroform (*Ba., St.*).

Krystalle; F: ca. 81—82° [Zers.] (*Ba., St.*).

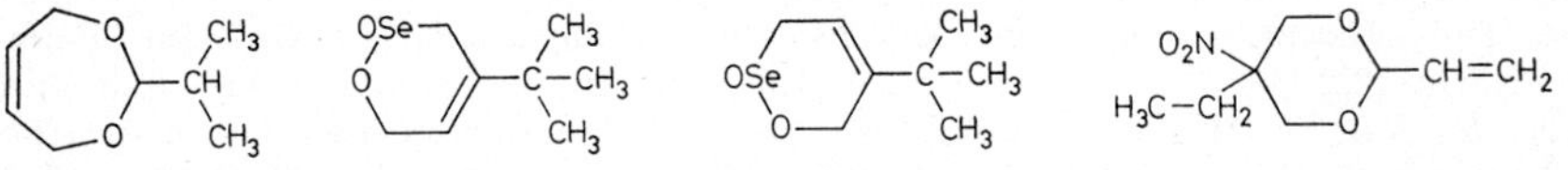

I II III IV

***5-Äthyl-5-nitro-2-vinyl-[1,3]dioxan** $C_8H_{13}NO_4$, Formel IV.

B. Aus 2-Äthyl-2-nitro-propan-1,3-diol und Acrylaldehyd in Gegenwart von Toluol-4-sulfonsäure (*Newman et al.*, Am. Soc. **68** [1946] 2112, 2113).

$Kp_{0,5}$: 107—110°. n_D^{25}: 1,4695.

***Opt.-inakt. 4,5-Dimethyl-2-vinyl-[1,3]dioxan** $C_8H_{14}O_2$, Formel V.

B. Beim Erhitzen von opt.-inakt. 2-[2-Chlor-äthyl]-4,5-dimethyl-[1,3]dioxan (S. 85) mit Kaliumhydroxid (*Faass, Hilgert*, B. **87** [1954] 1343, 1350).

Kp_{11}: 54—55°.

***Opt.-inakt. 4,6-Dimethyl-2-vinyl-[1,3]dioxan** $C_8H_{14}O_2$, Formel VI.

B. Beim Erhitzen von opt.-inakt. 2-[2-Chlor-äthyl]-4,6-dimethyl-[1,3]dioxan (S. 85) mit Kaliumhydroxid (*Faass, Hilgert*, B. **87** [1954] 1343, 1350).

Kp: 164—166°.

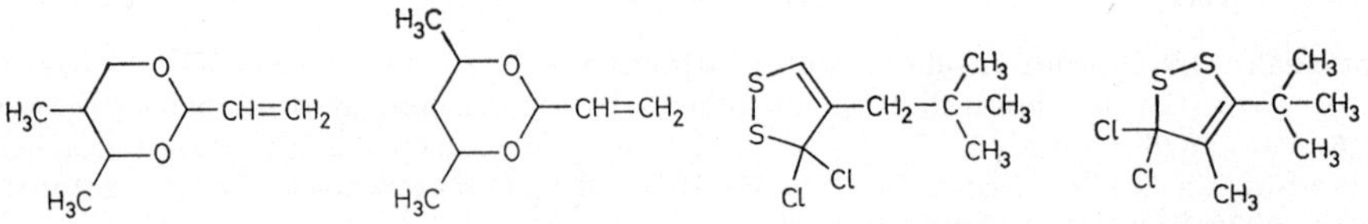

V VI VII VIII

3,3-Dichlor-4-neopentyl-3*H*-[1,2]dithiol $C_8H_{12}Cl_2S_2$, Formel VII.

B. Beim Behandeln von 4-Neopentyl-[1,2]dithiol-3-thion mit Chlor in Essigsäure (*Spindt et al.*, Am. Soc. **73** [1951] 3693, 3696).

Krystalle (aus Eg.); F: 182—183° [Zers.].

5-*tert*-Butyl-3,3-dichlor-4-methyl-3*H*-[1,2]dithiol $C_8H_{12}Cl_2S_2$, Formel VIII.

B. Beim Behandeln von 5-*tert*-Butyl-4-methyl-[1,2]dithiol-3-thion mit Chlor in Essigsäure (*Spindt et al.*, Am. Soc. **73** [1951] 3693, 3696).

Krystalle; Zers. bei 223° [nach Sintern bei 209°].

2-Methallyl-2-methyl-[1,3]dioxolan $C_8H_{14}O_2$, Formel IX (X = H).

In den nachstehend aufgeführten Präparaten haben wahrscheinlich Gemische dieser Verbindung mit kleinen Mengen **2-Methyl-2-[2-methyl-propenyl]-[1,3]dioxolan** ($C_8H_{14}O_2$; Formel X [X = H]) vorgelegen (*Constantin et al.*, Am. Soc. **75** [1953] 1716, 1717; *Santelli*, C. r. **261** [1965] 3150, 3151).

B. Beim Erhitzen von Mesityloxid (4-Methyl-pent-3-en-2-on) mit Äthylenglykol, Toluol und wenig Toluol-4-sulfonsäure (*Salmi, Rannikko*, B. **72** [1939] 600, 604; *Sulzbacher et al.*, Am. Soc. **70** [1948] 2827; *Co. et al.*).

Kp_{760}: 156° (*Su. et al.*). Kp_{760}: 155—156°; D_4^{20}: 0,9471; n_D^{20}: 1,4396; $n_{656,3}^{20}$: 1,4371; $n_{486,1}^{20}$: 1,4460 (*Salmi, Ra.*). Kp_{25}: 58°; $n_D^{24,5}$: 1,4370 (*Co. et al.*).

(±)-2-[1-Chlor-2-methyl-allyl]-2-methyl-[1,3]dioxolan $C_8H_{13}ClO_2$, Formel IX (X = Cl).

Diese Verbindung hat möglicherweise in dem nachstehend aufgeführten, von *Martin* (A. ch. [13] **4** [1959] 541, 576) als **2-[1-Chlor-2-methyl-propenyl]-2-methyl-[1,3]dioxolan** ($C_8H_{13}ClO_2$; Formel X [X = Cl]) angesehenen Präparat als Hauptbestandteil vorgelegen (vgl. die im vorangehenden Artikel beschriebenen Präparate).

B. Beim Behandeln eines als 2-Methyl-2-[2-methyl-propenyl]-[1,3]dioxolan angesehenen, wahrscheinlich aber überwiegend aus 2-Methallyl-2-methyl-[1,3]dioxolan bestehenden Präparats (s. o.) mit Chlor in Äther und Behandeln des Reaktionsprodukts mit äthanol. Kalilauge (*Ma.*, l. c. S. 577).

Kp_{15}: 81°. D_4^{20}: 1,089. n_D^{20}: 1,4660.

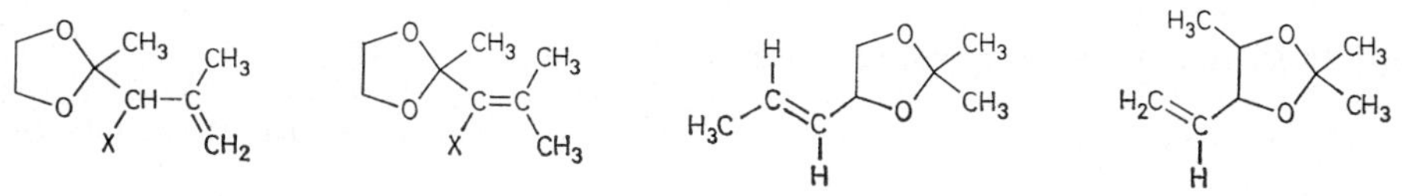

IX X XI XII

(±)-2-[1-Brom-2-methyl-allyl]-2-methyl-[1,3]dioxolan $C_8H_{13}BrO_2$, Formel IX (X = Br).

Diese Verbindung hat möglicherweise in dem nachstehend aufgeführten, von *Martin* (A. ch. [13] **4** [1959] 541, 576) als **2-[1-Brom-2-methyl-propenyl]-2-methyl-[1,3]dioxolan** ($C_8H_{13}BrO_2$; Formel X [X = Br]) angesehenen Präparat als Hauptbestandteil vorgelegen (vgl. die in den beiden vorangehenden Artikeln beschriebenen Präparate).

B. Beim Behandeln eines als 2-Methyl-2-[2-methyl-propenyl]-[1,3]dioxolan angesehenen, wahrscheinlich aber überwiegend aus 2-Methallyl-2-methyl-[1,3]dioxolan bestehenden Präparats (s. o.) mit Brom in Äther und Behandeln des Reaktionsprodukts mit äthanol. Kalilauge (*Ma.*, l. c. S. 577).

Kp_{14}: 94°. $D_4^{22,2}$: 1,350. $n_D^{22,2}$: 1,4934.

(±)-2,2-Dimethyl-4-*trans*(?)-propenyl-[1,3]dioxolan $C_8H_{14}O_2$, vermutlich Formel XI.

B. Beim Behandeln von (±)-4,5-Epoxy-pent-2*t*(?)-en (n_D^{20}: 1,4320) mit Aceton und dem Borfluorid-Äther-Addukt (*Ponomarew, Tinaewa*, Ž. obšč. Chim. **29** [1959] 3471; engl. Ausg. S. 3435).

Kp_6: 23—25°. D_4^{20}: 0,9310. n_D^{20}: 1,4215. Bei der Destillation ohne Zusatz eines Stabilisators (Hydrochinon) erfolgt Umwandlung in eine Substanz von hohem Molekulargewicht.

***Opt.-inakt. 2,2,4-Trimethyl-5-vinyl-[1,3]dioxolan** $C_8H_{14}O_2$, Formel XII.

B. Beim Behandeln von opt.-inakt. 3,4-Epoxy-pent-1-en (D_4^{20}: 0,8407; n_D^{20}: 1,4135) mit Aceton und dem Borfluorid-Äther-Addukt (*Ponomarew et al.*, Ž. obšč. Chim. **27** [1957] 1226, 1229; engl. Ausg. S. 1309, 1312).

Kp: 128—130°. D_4^{20}: 0,8927. n_D^{20}: 1,4115.

1,4-Dioxa-spiro[4.5]decan, Cyclohexanon-äthandiylacetal $C_8H_{14}O_2$, Formel I (X = H).

B. Beim Erwärmen von Cyclohexanon mit Äthylenglykol unter Zusatz eines Kationenaustauschers (*Astle et al.*, Ind. eng. Chem. **46** [1954] 787, 788), unter Zusatz von Benzol und Toluol-4-sulfonsäure (*Salmi*, B. **71** [1938] 1803, 1807; *Sulzbacher et al.*, Am. Soc. **70** [1948] 2827) oder unter Zusatz von Phosphor(V)-oxid (*Böeseken, Tellegen*, R. **57** [1938] 133, 137).

Dipolmoment (ε; Bzl.): 1,07 D (*Bergmann et al.*, R. **71** [1952] 213, 225, 228).

Kp: 174—180° (*Astle et al.*); Kp_{16}: 73° (*Sa.*); Kp_{10}: 65° (*Su. et al.*). D_4^{20}: 1,028 (*Sa.*); D_4^{21}: 1,026 (*Su. et al.*). n_D^{20}: 1,4583 (*Sa.*); n_D^{21}: 1,4580 (*Su. et al.*); $n_{656,3}^{20}$: 1,4560; $n_{486,1}^{20}$: 1,4637 (*Sa.*). IR-Banden (CCl_4) im Bereich von 1170 cm^{-1} bis 1040 cm^{-1}: *Bergmann, Pinchas*, R. **71** [1952] 161, 165.

Beim Behandeln mit Diisobutylalan in Äther (*Sacharkin, Chorlina*, Izv. Akad. S.S.S.R. Otd. chim. **1959** 2255; engl. Ausg. S. 2156) oder mit Lithiumalanat und Aluminiumchlorid in Äther (*Eliel, Badding*, Am. Soc. **81** [1959] 6087) ist 2-Cyclohexyloxy-äthanol erhalten worden. Geschwindigkeitskonstante der Hydrolyse in Chlorwasserstoff enthaltendem 70%ig. wss. Dioxan bei 30°: *Newman, Harper*, Am. Soc. **80** [1958] 6350, 6351.

(±)-6-Chlor-1,4-dioxa-spiro[4.5]decan $C_8H_{13}ClO_2$, Formel I (X = Cl).

B. Beim Erwärmen von (±)-2-Chlor-cyclohexanon mit Äthylenglykol, Benzol und wenig Toluol-4-sulfonsäure (*Wanzlick et al.*, B. **88** [1955] 69, 72).

Kp_{10}: 99,5°. D_4^{20}: 1,184. n_D^{20}: 1,4867.

(±)-6-Brom-1,4-dioxa-spiro[4.5]decan $C_8H_{13}BrO_2$, Formel I (X = Br).

B. Beim Erwärmen von (±)-2-Brom-cyclohexanon mit Äthylenglykol, Benzol und wenig Toluol-4-sulfonsäure (*Wanzlick et al.*, B. **88** [1955] 69, 72).

Kp_{10}: 115—116°. D_4^{20}: 1,445. n_D^{21}: 1,5111.

***cis*-6,10-Dibrom-1,4-dioxa-spiro[4.5]decan** $C_8H_{12}Br_2O_2$, Formel II.

B. Beim Behandeln von *cis*-2,6-Dibrom-cyclohexanon (E III **7** 38) mit Äthylenglykol und Chlorwasserstoff enthaltendem Dioxan (*Backer, Wiggerink*, R. **60** [1941] 453, 466).

Krystalle (aus PAe.); F: 98,5—100°.

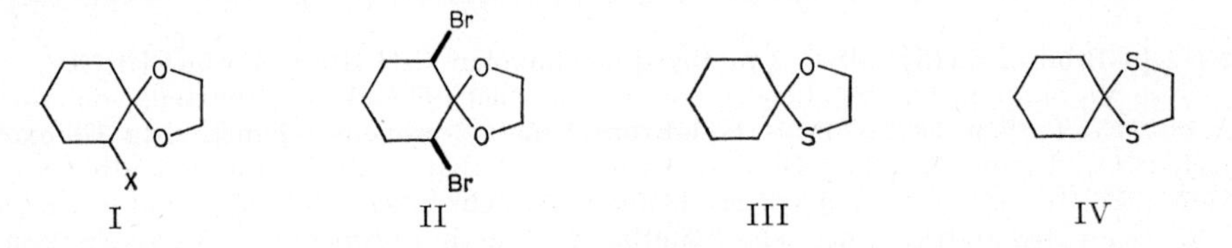

1-Oxa-4-thia-spiro[4.5]decan $C_8H_{14}OS$, Formel III.

B. Beim Erwärmen von Cyclohexanon mit 2-Mercapto-äthanol, Benzol und wenig Toluol-4-sulfonsäure (*Djerassi, Gorman*, Am. Soc. **75** [1953] 3704, 3705, 3707; s. a. *Bergmann et al.*, Am. Soc. **73** [1951] 5662). Beim Behandeln von Cyclohexanon mit 2-Mercapto-äthanol, Zinkchlorid und Natriumsulfat (*Cope, Farkas*, J. org. Chem. **19** [1954] 385, 389).

Kp_{22}: 111° (*Be. et al.*); $Kp_{0,6}$: 47° (*Dj., Go.*); $Kp_{0,55}$: 51—53° (*Cope, Fa.*). D_4^{21}: 1,085 (*Be. et al.*); D_4^{24}: 1,0811 (*Dj., Go.*); D_4^{25}: 1,0781 (*Cope, Fa.*). n_D^{21}: 1,5108 (*Be. et al.*); n_D^{24}: 1,5155 (*Dj., Go.*); n_D^{25}: 1,5119 (*Cope, Fa.*).

Hydrierung an Molybdän(VI)-sulfid bei 240°/125—220 at und bei 260°/125—220 at (Bildung von Cyclohexanthiol bzw. von Cyclohexan): *Cope, Fa.*, l. c. S. 386, 388. Beim 4-stdg. Erhitzen mit Lithiumalanat in Dioxan erfolgt keine Reaktion (*Be. et al.*); beim Behandeln mit Lithiumalanat und Aluminiumchlorid in Äther ist 2-Cyclohexylmercapto-äthanol erhalten worden (*Eliel, Badding*, Am. Soc. **81** [1959] 6087).

1,4-Dithia-spiro[4.5]decan, Cyclohexanon-äthandiyldithioacetal $C_8H_{14}S_2$, Formel IV.

B. Beim Behandeln von Cyclohexanon mit Äthan-1,2-dithiol in Gegenwart von Zink= chlorid und Chlorwasserstoff (*Reid, Jelinek*, J. org. Chem. **15** [1950] 448) oder in Gegenwart von Zinkchlorid und Natriumsulfat (*Hauptmann, Campos*, Am. Soc. **72** [1950] 1405).

Beim Behandeln von Cyclohexanon mit dem Natrium-Salz des 1,2-Bis-sulfomercapto-äthans (E III **1** 2141) und Chlorwasserstoff enthaltendem Äthanol (*Masower*, Ž. obšč. Chim. **19** [1949] 843, 847; engl. Ausg. S. 829, 833).

Kp_6: 114—115° (*Ha.*, *Ca.*). Kp_5: 107°; D_4^{25}: 1,1288; n_D^{25}: 1,5650 (*Reid*, *Je.*).

1,1,4,4-Tetraoxo-1λ⁶,4λ⁶-dithia-spiro[4.5]decan, 1,4-Dithia-spiro[4.5]decan-1,1,4,4-tetra-oxid $C_8H_{14}O_4S_2$, Formel V.

B. Beim Behandeln von 1,4-Dithia-spiro[4.5]decan mit Kaliumpermanganat in wss. Essigsäure (*Masower*, Ž. obšč. Chim. **19** [1949] 843, 847; engl. Ausg. S. 829, 833).

F: 165—166°.

2,3-Dithia-spiro[4.5]decan $C_8H_{14}S_2$, Formel VI.

B. Beim Erwärmen einer Lösung von 1,1-Bis-brommethyl-cyclohexan in Äthanol mit Natriumtetrasulfid in wss. Äthanol und Behandeln der bei 130—152°/5 Torr siedenden Anteile des Reaktionsprodukts mit Toluol und Kupfer-Pulver (*Backer*, *Tamsma*, R. **57** [1938] 1183, 1190).

Kp_{19}: 151° (*Schotte*, Ark. Kemi **9** [1956] 309, 316); Kp_{17}: 148° (*Ba.*, *Ta.*). IR-Banden im Bereich von 3,4 μ bis 17,8 μ: *Sch.*, l. c. S. 314. UV-Spektrum (A.; 230—380 nm): *Sch.*, l. c. S. 312. Polarographie: *Schotte*, Ark. Kemi **9** [1956] 441, 458.

Verbindung mit Quecksilber(II)-chlorid $C_8H_{14}S_2 \cdot HgCl_2$. Krystalle (aus A.); F: 91° (*Ba.*, *Ta.*, l. c. S. 1189).

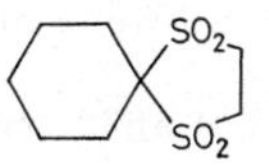

V 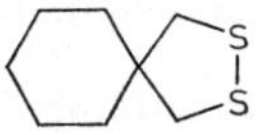 VI 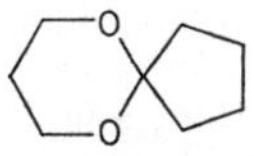 VII 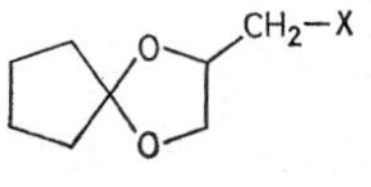 VIII

6,10-Dioxa-spiro[4.5]decan, Cyclopentanon-propandiylacetal $C_8H_{14}O_2$, Formel VII.

B. Beim Erwärmen von Cyclopentanon mit Propan-1,3-diol, Benzol und wenig Toluol-4-sulfonsäure (*Salmi*, B. **71** [1938] 1803, 1806).

Kp_7: 62,8—63°; D_4^{20}: 1,0277; $n_{656,3}^{20}$: 1,4593; n_D^{20}: 1,4616; $n_{486,1}^{20}$: 1,4669 (*Sa.*).

Geschwindigkeitskonstante der Hydrolyse in Chlorwasserstoff enthaltendem 70%ig. wss. Dioxan bei 30°: *Newman*, *Harper*, Am. Soc. **80** [1958] 6350.

(±)-2-Methyl-1,4-dioxa-spiro[4.4]nonan, Cyclopentanon-propylenacetal $C_8H_{14}O_2$, Formel VIII (X = H).

B. Beim Erwärmen von Cyclopentanon mit (±)-Propan-1,2-diol, Benzol und wenig Toluol-4-sulfonsäure (*Bergmann et al.*, R. **71** [1952] 213, 221; *Salmi*, B. **71** [1938] 1803, 1806).

Dipolmoment (ε; Bzl.): 1,22 D (*Be. et al.*, l. c. S. 225, 228).

Kp_{757}: 161—163°; D_4^{30}: 0,978; n_D^{30}: 1,4262 (*Be. et al.*, l. c. S. 222). Kp_{18}: 61,8—62,4°; D_4^{20}: 0,9959; $n_{656,3}^{20}$: 1,4397; n_D^{20}: 1,4420; $n_{486,1}^{20}$: 1,4469 (*Sa.*). IR-Banden im Bereich von 1200 cm^{-1} bis 1030 cm^{-1}: *Be. et al.*, l. c. S. 219.

(±)-2-Chlormethyl-1,4-dioxa-spiro[4.4]nonan $C_8H_{13}ClO_2$, Formel VIII (X = Cl).

B. Beim Behandeln von Cyclopentanon mit (±)-Epichlorhydrin, Zinn(IV)-chlorid und Tetrachlormethan (*Gryszkiewicz-Trochimowski et al.*, Bl. **1958** 610, 615).

Kp_{12}: 91—91,5°.

(±)-6-Methyl-1,4-dioxa-spiro[4.4]nonan $C_8H_{14}O_2$, Formel IX.

B. Beim Erwärmen von (±)-2-Methyl-cyclopentanon mit Äthylenglykol, Benzol und Toluol-4-sulfonsäure (*Newman*, *Harper*, Am. Soc. **80** [1958] 6350, 6353).

Kp_{57}: 86—88,5°. n_D^{20}: 1,4480.

Geschwindigkeitskonstante der Hydrolyse in Chlorwasserstoff enthaltendem 70%ig. wss. Dioxan bei 30°: *Ne.*, *Ha.*, l. c. S. 6351.

Hexahydro-benzo[1,3]dioxin $C_8H_{14}O_2$.

a) **(±)-(4a*r*,8a*c*)-Hexahydro-benzo[1,3]dioxin, (±)-*cis*-Hexahydro-benzo[1,3]dioxin** $C_8H_{14}O_2$, Formel X + Spiegelbild.

B. Bei 3-tägigem Behandeln von (±)-*cis*-2-Hydroxymethyl-cyclohexanol mit wss. Formaldehyd-Lösung und Schwefelsäure (*Blomquist, Wolinsky*, Am. Soc. **79** [1957] 6025, 6029).

Kp: 186—188° [unkorr.]. D_4^{25}: 1,0371. n_D^{25}: 1,4648.

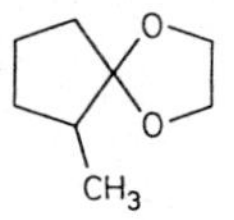

IX 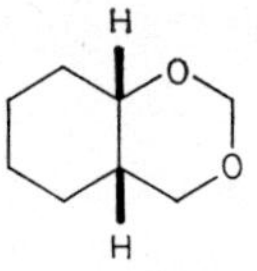 X 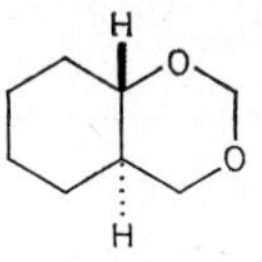 XI 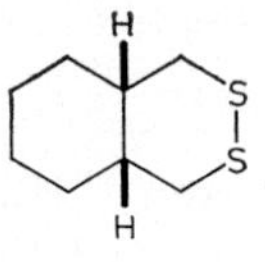 XII 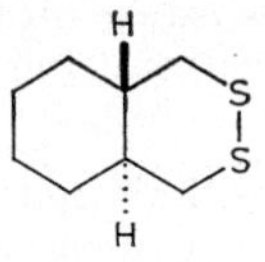 XIII

b) **(±)-(4a*r*,8a*t*)-Hexahydro-benzo[1,3]dioxin, (±)-*trans*-Hexahydro-benzo[1,3]dioxin** $C_8H_{14}O_2$, Formel XI + Spiegelbild.

B. Beim Behandeln von Cyclohexen mit wss. Formaldehyd-Lösung und Schwefelsäure (*Nenitzescu, Przemetzky*, B. **74** [1941] 676, 683; *Fodor et al.*, Bl. **1957** 357) oder mit Paraformaldehyd, Essigsäure und Schwefelsäure (*Blomquist, Wolinsky*, Am. Soc. **79** [1957] 6025, 6029). Aus (±)-*trans*-2-Hydroxymethyl-cyclohexanol beim Erwärmen mit wss. Formaldehyd-Lösung und wss. Salzsäure (*Olsen, Padberg*, Z. Naturf. **1** [1946] 448, 457; s. a. *Bl., Wo.*) sowie beim Behandeln mit Paraformaldehyd, Benzol und Schwefelsäure (*Fo. et al.*).

Kp_{45}: 102—104° [unkorr.]; Kp_{30}: 90—93°; D_4^{25}: 1,0301; n_D^{25}: 1,4651 bzw. 1,4632 [zwei Präparate] (*Bl., Wo.*). Kp_9: 72—73°; n_D^{25}: 1,4702 (*Fo. et al.*).

Octahydro-benzo[*d*][1,2]dithiin $C_8H_{14}S_2$.

a) **(4a*r*,8a*c*)-Octahydro-benzo[*d*][1,2]dithiin, *cis*-Octahydro-benzo[*d*][1,2]dithiin** $C_8H_{14}S_2$, Formel XII.

B. Beim Behandeln von *cis*-1,2-Bis-mercaptomethyl-cyclohexan mit Eisen(III)-chlorid in Essigsäure und Methanol (*Lüttringhaus, Brechlin*, B. **92** [1959] 2271, 2276). Neben *cis*-Octahydro-benzo[*c*]thiophen beim Erwärmen einer Lösung von *cis*-1,2-Bis-brommethyl-cyclohexan in Äthanol mit Natriumdisulfid in Wasser (*Lü., Br.*, l. c. S. 2276).

Krystalle (aus Me.); F: 41,5° (*Lü., Br.*, l. c. S. 2276). UV-Absorptionsmaxima: 213 nm und 295 nm (*Lü., Br.*, l. c. S. 2274).

b) **(±)-(4a*r*,8a*t*)-Octahydro-benzo[*d*][1,2]dithiin, (±)-*trans*-Octahydro-benzo[*d*][1,2]dithiin** $C_8H_{14}S_2$, Formel XIII + Spiegelbild.

B. Beim Behandeln von (±)-*trans*-1,2-Bis-mercaptomethyl-cyclohexan mit Eisen(III)-chlorid in Essigsäure und Methanol (*Lüttringhaus, Brechlin*, B. **92** [1959] 2271, 2277). Neben *trans*-Octahydro-benzo[*c*]thiophen beim Behandeln einer Lösung von (±)-*trans*-1,2-Bis-brommethyl-cyclohexan mit Natriumdisulfid in Wasser (*Lü., Br.*, l. c. S. 2277).

Krystalle; F: 56,5—57° (*Lü., Br.*, l. c. S. 2277). UV-Absorptionsmaxima: 212 nm und 290 nm (*Lü., Br.*, l. c. S. 2274).

2ξ-Trichlormethyl-(3a*r*,7a*c*)-hexahydro-benzo[1,3]dioxol, $C_8H_{11}Cl_3O_2$, Formel I.

B. Beim Erwärmen von *cis*-Cyclohexan-1,2-diol mit Chloral, Benzol und wenig Schwefelsäure (*Roberts et al.*, Am. Soc. **80** [1958] 1247, 1253).

Krystalle (aus PAe.); F: 34,5—35,0°.

2-Brommethyl-hexahydro-benzo[1,3]dioxol $C_8H_{13}BrO_2$.

a) **2ξ-Brommethyl-(3a*r*,7a*c*)-hexahydro-benzo[1,3]dioxol** $C_8H_{13}BrO_2$, Formel II.

B. Beim Erwärmen von *cis*-Cyclohexan-1,2-diol mit Bromacetaldehyd-diäthylacetal und wenig Toluol-4-sulfonsäure (*Roberts et al.*, Am. Soc. **80** [1958] 1247, 1251).

Kp_3: 93°; Kp_2: 87°. D_4^{20}: 1,4405; D_4^{25}: 1,4343. n_D^{20}: 1,5032; n_D^{25}: 1,5012.

b) **(±)-2ξ-Brommethyl-(3a*r*,7a*t*)-hexahydro-benzo[1,3]dioxol** $C_8H_{13}BrO_2$, Formel III + Spiegelbild.

B. Beim Erwärmen von (±)-*trans*-Cyclohexan-1,2-diol mit Bromacetaldehyd-diäthyl-acetal und wenig Toluol-4-sulfonsäure (*Roberts*, Am. Soc. **80** [1958] 1247, 1252).

Kp_6: 107—108°. D_4^{25}: 1,434. n_D^{25}: 1,5056.

2,2-Dimethyl-(3a*r*,6a*c*)-tetrahydro-cyclopenta[1,3]dioxol, *cis*-1,2-Isopropylendioxy-cyclopentan $C_8H_{14}O_2$, Formel IV (E II 16).

B. Aus *cis*-Cyclopentan-1,2-diol und Aceton in Gegenwart von Kupfer(II)-sulfat (*Kumler et al.*, Am. Soc. **78** [1956] 4345; vgl. E II 16).

Dipolmoment: 1,37 D [ε; Dioxan] bzw. 0,81 D [ε; Bzl.] (*Ku. et al.*).

Kp: 156° (*Jung, Dahmlos*, Z. physik. Chem. [A] **190** [1941] 230, 236), 148° (*Ku. et al.*). Verbrennungswärme bei konstantem Volumen: *Jung, Da.*, l. c. S. 238.

4,5-Dibrom-2,2-dimethyl-tetrahydro-cyclopenta[1,3]dioxol $C_8H_{12}Br_2O_2$.

a) **(±)-4*c*,5*t*-Dibrom-2,2-dimethyl-(3a*r*,6a*c*)-tetrahydro-cyclopenta[1,3]dioxol** $C_8H_{12}Br_2O_2$, Formel V + Spiegelbild.

B. Beim Behandeln von (±)-3*t*,4*c*-Dibrom-cyclopentan-1*r*,2*c*-diol mit Aceton und Kupfer(II)-sulfat (*Young et al.*, Am. Soc. **78** [1956] 4338, 4343).

Dipolmoment (ε; Dioxan): 2,17 D (*Kumler et al.*, Am. Soc. **78** [1956] 4345).

Krystalle (aus PAe.); F: 48—49,7° (*Yo. et al.*).

b) **(±)-4*t*,5*c*-Dibrom-2,2-dimethyl-(3a*r*,6a*c*)-tetrahydro-cyclopenta[1,3]dioxol** $C_8H_{12}Br_2O_2$, Formel VI + Spiegelbild.

B. Beim Behandeln von 2,2-Dimethyl-(3a*r*,6a*c*)-3a,4-dihydro-6a*H*-cyclopenta[1,3]dioxol mit Brom in Chloroform (*Kumler et al.*, Am. Soc. **78** [1956] 4345).

Dipolmoment: 3,21 D [ε; Dioxan] bzw. 3,02 D [ε; Bzl.].

Krystalle (aus PAe.); F: 78°.

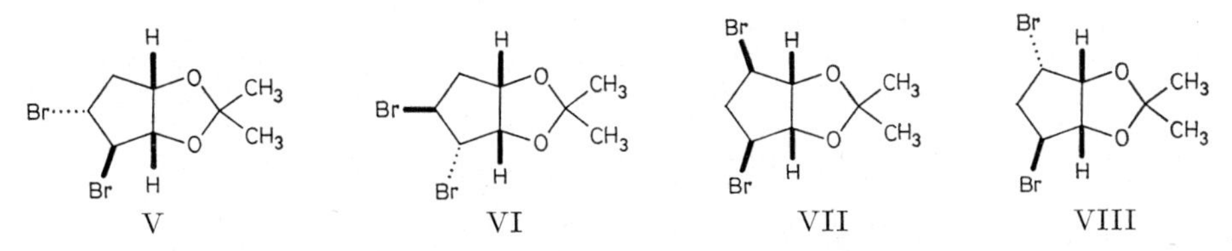

4,6-Dibrom-2,2-dimethyl-tetrahydro-cyclopenta[1,3]dioxol $C_8H_{12}Br_2O_2$.

a) **4*c*,6*c*-Dibrom-2,2-dimethyl-(3a*r*,6a*c*)-tetrahydro-cyclopenta[1,3]dioxol** $C_8H_{12}Br_2O_2$, Formel VII.

B. Beim Behandeln von 3*t*,5*t*-Dibrom-cyclopentan-1*r*,2*c*-diol mit Aceton und Kupfer(II)-sulfat (*Young et al.*, Am. Soc. **78** [1956] 4338, 4342).

Dipolmoment (ε; Dioxan): 2,36 D (*Kumler et al.*, Am. Soc. **78** [1956] 4345).

Krystalle (aus PAe.); F: 27,2° (*Yo. et al.*).

b) **(±)-4*c*,6*t*-Dibrom-2,2-dimethyl-(3a*r*,6a*c*)-tetrahydro-cyclopenta[1,3]dioxol** $C_8H_{12}Br_2O_2$, Formel VIII + Spiegelbild.

B. Beim Behandeln von (±)-3*c*,5*t*-Dibrom-cyclopentan-1*r*,2*c*-diol mit Aceton und konz. Schwefelsäure (*Young et al.*, Am. Soc. **78** [1956] 4338, 4344).

Dipolmoment: 2,16 D [ε; Dioxan] bzw. 1,78 D [ε; Bzl.] (*Kumler et al.*, Am. Soc. **78** [1956] 4345).

Krystalle; F: 72,5—73,5° (*Yo. et al.*).

***Opt.-inakt. 1,4-Dimethyl-6,8-dioxa-bicyclo[3.2.1]octan** $C_8H_{14}O_2$, Formel IX.

B. Aus (±)-[2,5-Dimethyl-3,4-dihydro-2*H*-pyran-2-yl]-methanol beim Erwärmen mit Chlorwasserstoff enthaltendem Methanol oder mit wss. Essigsäure unter Zusatz von wss. Salzsäure (*Shell Devel. Co.*, U.S.P. 2511890 [1947], 2511891 [1948]) sowie beim Erhitzen ohne Zusatz auf Siedetemperatur (*Stoner, McNulty*, Am. Soc. **72** [1950] 1531).

Kp_{750}: 166° [unkorr.]; D_4^{20}: 1,010; n_D^{20}: 1,4470 (*St., McN.*). Kp_{11}: 52,8–53°; n_D^{20}: 1,4463 (*Shell Devel. Co.*).

***Opt.-inakt. Octahydro-[2,2']bifuryl** $C_8H_{14}O_2$, Formel X.

B. Bei der Hydrierung von [2,2']Bifuryl an Raney-Nickel in Äthanol bei 150° (*Fieser et al.*, Am. Soc. **61** [1939] 1849, 1853) oder an Palladium in Äthanol bei Raumtemperatur (*Kondo et al.*, J. pharm. Soc. Japan **55** [1935] 741, 746; dtsch. Ref. S. 142; C. A. **1935** 7324).

Kp_{13}: 77–80°; D_4^{20}: 1,0124; n_D^{20}: 1,4582 (*Ko. et al.*). $Kp_{12,5}$: 75,5–76,5° (*Fi. et al.*).

Verhalten beim Erwärmen mit Essigsäure und konz. wss. Salzsäure: *Fi. et al.*

***meso*-Octahydro-[3,3']bifuryl** $C_8H_{14}O_2$, Formel XI.

B. Beim Erhitzen von *meso*-3,4-Bis-hydroxymethyl-hexan-1,6-diol mit Kaliumhydrogensulfat auf 190° (*Buchta, Greiner*, Naturwiss. **46** [1959] 532; B. **94** [1961] 1311, 1314).

Kp_{11}: 92°.

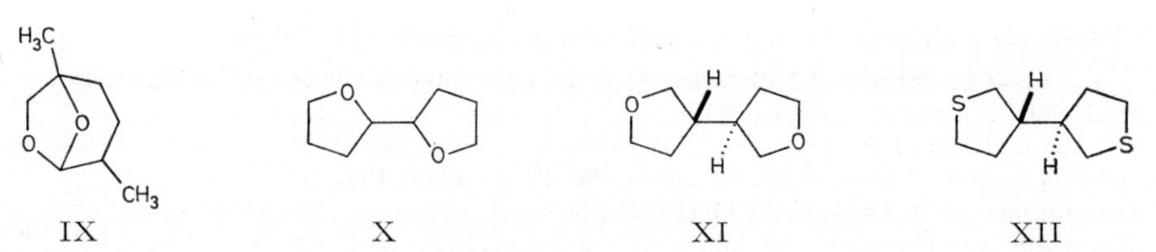

***meso*-Octahydro-[3,3']bithienyl** $C_8H_{14}S_2$, Formel XII.

B. Beim Erwärmen einer Suspension von *meso*-1,6-Dijod-3,4-bis-jodmethyl-hexan in Äthanol mit Natriumsulfid in Wasser (*Buchta, Greiner*, Naturwiss. **46** [1959] 532; B. **94** [1961] 1311, 1314).

Krystalle (aus Me.); F: 91–92° (*Bu., Gr.*, B. **94** 1314).

***meso*-Octahydro-[3,3']biselenophenyl** $C_8H_{14}Se_2$, Formel I.

B. Beim Erwärmen von *meso*-1,6-Dijod-3,4-bis-jodmethyl-hexan mit Natriumselenid in Äthanol unter Stickstoff (*Buchta, Greiner*, Naturwiss. **46** [1959] 532; B. **94** [1961] 1311, 1314).

Krystalle (aus Me.); F: 105–106° [unkorr.] (*Bu., Gr.*, B. **94** 1315).

I II III IV

***meso*-Octahydro-[3,3']bitellurophenyl** $C_8H_{14}Te_2$, Formel II.

B. Beim Erwärmen von *meso*-1,6-Dijod-3,4-bis-jodmethyl-hexan mit Natriumtellurid in Äthanol (*Buchta, Greiner*, Naturwiss. **46** [1959] 532; B. **94** [1961] 1311, 1315).

Krystalle (aus Butan-1-ol); F: 145° [unkorr.] (*Bu., Gr.*, B. **94** 1315).

***Opt.-inakt. 1,4-Bis-oxiranyl-butan, 1,2;7,8-Diepoxy-octan** $C_8H_{14}O_2$, Formel III.

B. Beim Behandeln von Octa-1,7-dien mit Peroxybenzoesäure in Chloroform (*Everett, Kon*, Soc. **1950** 3131, 3133).

Kp_{28}: 120° [unkorr.].

***Opt.-inakt. 1,2-Bis-[2-methyl-oxiranyl]-äthan, 1,2;5,6-Diepoxy-2,5-dimethyl-hexan** $C_8H_{14}O_2$, Formel IV.

B. Beim Behandeln von 2,5-Dimethyl-hexa-1,5-dien mit Peroxybenzoesäure in Chloroform (*Everett, Kon,* Soc. **1950** 3131, 3133).

Kp_{20}: 88° (*Ev., Kon*).

Geschwindigkeitskonstante der Reaktion des Präparats von *Everett* und *Kon* mit Natriumthiosulfat in 50%ig. wss. Aceton bei Siedetemperatur: *Ross,* Soc. **1950** 2257, 2259, 2271.

***Opt.-inakt. 2,3,3′,3′-Tetramethyl-bioxiranyl, 2,3;4,5-Diepoxy-2,4-dimethyl-hexan** $C_8H_{14}O_2$, Formel V.

B. Neben 5-Acetoxy-3,4-epoxy-3,5-dimethyl-hexan-2-ol (E III/IV **17** 2026) bei mehrtägigem Behandeln von 2,4-Dimethyl-hexa-2,4-dien (E IV **1** 1041) mit Äther und mit Peroxyessigsäure (*Panšewitsch-Koljada et al.,* Sbornik Statei obšč. Chim. **1953** 1418, 1422; C. A. **1955** 4615).

Kp_2: 50–52°. D_4^{20}: 0,9629. Oberflächenspannung bei 20°: 27,8 g·s^{-2}. n_D^{20}: 1,4220.

(±)-1,6-Dioxa-spiro[4.5]decan $C_8H_{14}O_2$, Formel VI.

B. Beim Erwärmen von 2-[4-Hydroxy-butyl]-2-[3-hydroxy-propyl]-[1,3]dioxolan mit wenig Toluol-4-sulfonsäure (*Stetter, Rauhut,* B. **91** [1958] 2543, 2548). Bei der Hydrierung von (±)-1,6-Dioxa-spiro[4.5]dec-7-en an Raney-Nickel in Äthanol bei 20°/90 at (*Paul, Tchelitcheff,* Bl. **1954** 672, 675).

Kp_{750}: 172–173°; Kp_{15}: 61°; D_4^{20}: 1,0197; n_D^{20}: 1,4552 (*St., Ra.*). Kp_{20}: 71–73°; $D_4^{22,5}$: 1,021; D_4^{24}: 1,015; $n_D^{22,5}$: 1,4558; n_D^{24}: 1,4550 (*Paul, Tch.,* l. c. S. 675, 677).

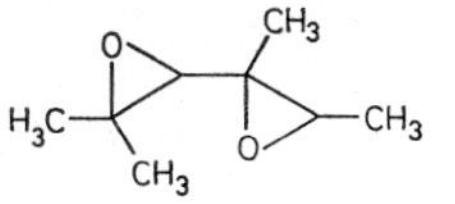

V 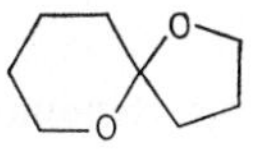 VI 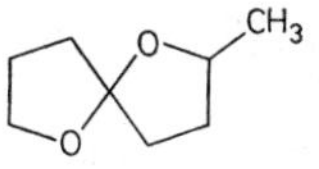 VII

***Opt.-inakt. 2-Methyl-1,6-dioxa-spiro[4.4]nonan** $C_8H_{14}O_2$, Formel VII.

Eine Verbindung dieser Konstitution hat auch in einem von *Hinz et al.* (B. **76** [1943] 676, 686) als 5-Methyl-hexahydro-furo[3,2-*b*]pyran ($C_8H_{14}O_2$) angesehenen Präparat vorgelegen (*Alexander et al.,* Am. Soc. **72** [1950] 5506; *Ponomarew et al.,* Ž. obšč. Chim. **23** [1953] 1426; engl. Ausg. S. 1493).

B. Neben 4-Tetrahydro[2]furyl-butan-2-ol (E III/IV **17** 1157) bei der Hydrierung von 4-[2]Furyl-but-3-en-2-on (E III/IV **17** 4714) an Raney-Nickel in Äthanol bei 180°/150–200 at (*Hinz et al.*) oder an Kupferoxid-Chromoxid in Äthanol bei 110–135°/105–125 at (*Al. et al.,* Am. Soc. **72** 5506) sowie bei der Hydrierung von (±)-4-[2]Furyl-butan-2-ol an Nickel/Kieselgur in Cyclohexan bei 90–120°/160 at (*Alexander et al.,* Am. Soc. **73** [1951] 2725). Neben 3-[5-Methyl-tetrahydro-[2]furyl]-propan-1-ol (E III/IV **17** 1162) bei der Hydrierung von 3-[5-Methyl-[2]furyl]-propan-1-ol an Nickel/Kieselgur in Äthanol bei 120°/150 at (*Po. et al.,* l. c. S. 1429). Bei der Hydrierung von opt.-inakt. 2-Methoxy-7-methyl-1,6-dioxa-spiro[4.4]non-3-en (n_D^{20}: 1,4572) an Nickel/Kieselgur in Äthanol bei 100–120°/120 at (*Ponomarew, Markuschina,* Doklady Akad. S.S.S.R. **126** [1959] 99, 102; Pr. Akad. Sci. U.S.S.R. Chem. Sect. **124–129** [1959] 347, 350).

Kp_{760}: 157–158° (*Hinz et al.*). Kp: 162–164°; D_4^{20}: 0,9920; n_D^{20}: 1,4428; n_D^{25}: 1,4412 (*Po. et al.,* l. c. S. 1429). Kp: 162–164°; D_4^{20}: 0,9911; n_D^{20}: 1,4427 (*Po., Ma.*). Kp_{46}: 80°; D_4^{25}: 0,985; n_D^{25}: 1,4412 (*Al. et al.,* Am. Soc. **72** 5507 **73** 2726).

Reaktion mit Butylmagnesiumbromid in Äther (Bildung von 4-[2-Butyl-tetrahydro-[2]furyl]-butan-2-ol [E III/IV **17** 1177]): *Ponomarew,* Doklady Akad. S.S.S.R. **92** [1953] 975, 978; C. A. **1955** 1002.

***Hexahydro-pyrano[2,3-*b*]pyran** $C_8H_{14}O_2$, Formel VIII.

B. Aus 2,3,4,4a-Tetrahydro-5*H*,8a*H*-pyrano[2,3-*b*]pyran (S. 161) durch Hydrierung

mit Hilfe von Raney-Nickel (*Paul, Tchelitcheff*, Bl. **1954** 672, 676).
Kp_{20}: 84—85°. $D_4^{21,5}$: 1,054. $n_D^{21,5}$: 1,4717.

***Opt.-inakt. 4-Methyl-hexahydro-furo[2,3-*b*]pyran** $C_8H_{14}O_2$, Formel IX.
B. Aus opt.-inakt. 4-Methyl-2,3,3a,4-tetrahydro-7a*H*-furo[2,3-*b*]pyran (S. 161) durch Hydrierung mit Hilfe von Raney-Nickel (*Paul, Tchelitcheff*, Bl. **1954** 672, 677).
Kp_{20}: 97—99°. $D_4^{22,5}$: 1,015. $n_D^{22,5}$: 1,4602.

VIII IX X XI

***Opt.-inakt. 7a-Methyl-hexahydro-furo[2,3-*b*]pyran** $C_8H_{14}O_2$, Formel X.
B. Beim Erwärmen von 5-Methyl-2,3-dihydro-furan mit Acrylaldehyd und Hydrieren des Reaktionsprodukts (Kp_{20}: 76—78°) an Raney-Nickel in Äthanol bei 20°/90 at (*Paul, Tchelitcheff*, Bl. **1954** 672, 676).
Kp_{20}: 85—86°. $D_4^{23,5}$: 1,036. $n_D^{23,5}$: 1,4620.

3,4-Epoxy-2,2,5,5-tetramethyl-tetrahydro-furan $C_8H_{14}O_2$, Formel XI.
B. Beim Erwärmen von 2,2,5,5-Tetramethyl-2,5-dihydro-furan mit Ameisensäure und wss. Wasserstoffperoxid (*Heuberger, Owen*, Soc. **1952** 910, 913).
Kp_{100}: 90—91°. n_D^{32}: 1,4190.

Stammverbindungen $C_9H_{16}O_2$

2-Methallyl-2,4-dimethyl-[1,3]dioxolan $C_9H_{16}O_2$, Formel I.
Eine opt.-inakt. Verbindung dieser Konstitution hat möglicherweise in dem nachstehend aufgeführten, von *Salmi, Rannikko* (B. **72** [1939] 600, 604) als **2,4-Dimethyl-2-[2-methyl-propenyl]-[1,3]dioxolan** ($C_9H_{16}O_2$; Formel II) angesehenen Präparat als Hauptbestandteil vorgelegen (vgl. das im Artikel 2-Methallyl-2-methyl-[1,3]dioxolan [S. 127] beschriebene, analog hergestellte Präparat).
B. Beim Erwärmen von Mesityloxid (4-Methyl-pent-3-en-2-on) mit (±)-Propan-1,2-diol, Benzol und wenig Toluol-4-sulfonsäure (*Sa., Ra.*).
Kp_9: 47—48°. D_4^{20}: 0,9165; $n_{656,3}^{20}$: 1,4305; n_D^{20}: 1,4330; $n_{486,1}^{20}$: 1,4393.

I II III IV

2-Cyclohexyl-[1,3]dioxolan, Cyclohexancarbaldehyd-äthandiylacetal $C_9H_{16}O_2$, Formel III.
B. Bei der Hydrierung von Cyclohex-3-enyl-[1,3]dioxolan an Raney-Nickel in Äthanol bei 50°/100 at (*Celanese Corp.*, U.S.P. 2421770 [1944]).
Kp_{10}: 87—91°. D_{20}^{20}: 0,9976. n_D^{20}: 1,4569.

1,4-Dioxa-spiro[4.6]undecan, Cycloheptanon-äthandiylacetal $C_9H_{16}O_2$, Formel IV (X = H).
B. Beim Erwärmen von Cycloheptanon mit Äthylenglycol, Benzol und wenig Natrium-[toluol-4-sulfonat] (*Treibs, Grossmann*, B. **92** [1959] 267, 270).
$Kp_{1,3}$: 51°. n_D^{20}: 1,4716.

(±)-6-Chlor-1,4-dioxa-spiro[4.6]undecan $C_9H_{15}ClO_2$, Formel IV (X = Cl).

B. Beim Erwärmen von (±)-2-Chlor-cycloheptanon mit Äthylenglykol, Benzol und wenig Natrium-[toluol-4-sulfonat] (*Treibs, Grossmann*, B. **92** [1959] 267, 270).

$Kp_{0,4}$: 70°; D_{20}^{20}: 1,198; n_D^{20}: 1,4951 [unreines Präparat].

6,11-Dichlor-1,4-dioxa-spiro[4.6]undecan $C_9H_{14}Cl_2O_2$, Formel V.

Über ein unter dieser Konstitution beschriebenes opt.-inakt. Präparat ($Kp_{0,3}$: 91°; D_{20}^{20}: 1,339; n_D^{20}: 1,5130) s. *Treibs, Grossmann*, B. **92** [1959] 267, 272.

6,11-Dioxa-spiro[4.6]undecan, Cyclopentanon-butandiylacetal $C_9H_{16}O_2$, Formel VI.

B. Beim Erwärmen von Cyclopentanon mit Butan-1,4-diol, Benzol und dem Borfluorid-Äther-Addukt (*Bergmann, Kaluszyner*, R. **78** [1959] 337, 341).

Kp_{25}: 94–95°; D_{30}^{30}: 1,0035; n_D^{30}: 1,4598 (*Be., Ka.*, l.c. S. 339, 341). IR-Banden im Bereich von 1470 cm^{-1} bis 980 cm^{-1}: *Be., Ka.*, l. c. S. 339.

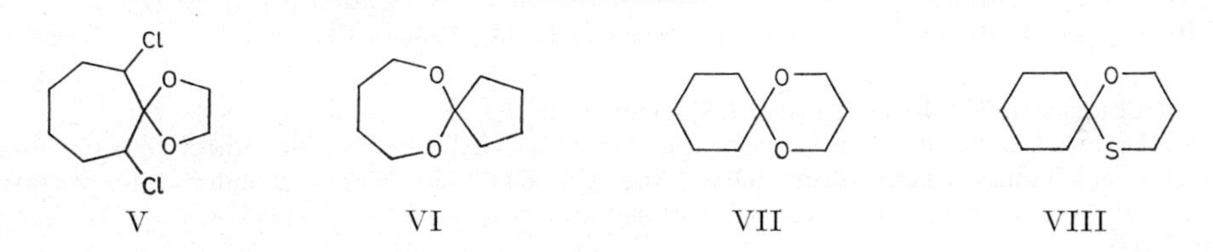

V VI VII VIII

1,5-Dioxa-spiro[5.5]undecan, Cyclohexanon-propandiylacetal $C_9H_{16}O_2$, Formel VII.

B. Beim Erwärmen von Cyclohexanon mit Propan-1,3-diol unter Zusatz von Benzol und wenig Toluol-4-sulfonsäure (*Salmi*, B. **71** [1938] 1803, 1807) oder unter Zusatz von Phosphor(V)-oxid (*Böeseken, Tellegen*, R. **57** [1938] 133, 137).

Krystalle (aus A.); F: 34° (*Bö., Te.*).Kp_{25}: 104–106°; D_{25}^{25}: 1,028; n_D^{25}: 1,4642 [flüssiges Präparat] (*Bergmann, Kaluszyner*, R. **78** [1959] 337, 342). Kp_{16}: 91,5–93°;D_4^{20}: 1,0302; n_D^{20}: 1,4692; $n_{656,3}^{20}$: 1,4669 [flüssiges Präparat] (*Sa.*). IR-Banden eines flüssigen Präparats im Bereich von 1470 cm^{-1} bis 1050 cm^{-1}: *Be., Ka.*

Geschwindigkeitskonstante der Hydrolyse in Chlorwasserstoff enthaltendem 70%ig. wss. Dioxan bei 30°: *Newman, Harper*, Am. Soc. **80** [1958] 6350, 6351.

1-Oxa-5-thia-spiro[5.5]undecan $C_9H_{16}OS$, Formel VIII.

B. Beim Erwärmen von Cyclohexanon mit 3-Mercapto-propan-1-ol, Benzol und wenig Toluol-4-sulfonsäure (*Marshall, Stevenson*, Soc. **1959** 2360, 2361).

Kp_2: 86–87°. n_D^{24}: 1,5212.

1,5-Dithia-spiro[5.5]undecan, Cyclohexanon-propandiyldithioacetal $C_9H_{16}S_2$, Formel IX.

B Beim Erwärmen von Cyclohexanon mit Propan-1,3-dithiol, Zinkchlorid und Natriumsulfat (*Hauptmann, Campos*, Am. Soc. **72** [1950] 1405). Beim Behandeln von Cyclohexanon mit dem Natrium-Salz des 1,3-Bis-sulfomercapto-propans (E III **1** 2165) und Chlorwasserstoff enthaltendem Äthanol (*Masower*, Ž. obšč. Chim. **19** [1949] 843, 846; engl. Ausg. S. 829, 832).

Krystalle (aus A.); F: 40,5–41,5° (*Ha., Ca.*).

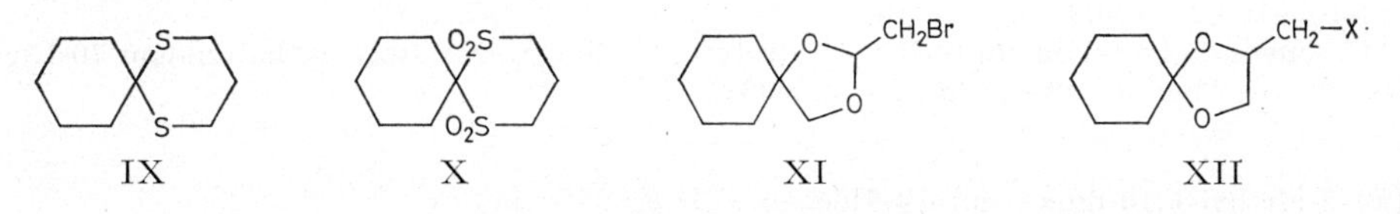

IX X XI XII

1,1,5,5-Tetraoxo-1λ⁶,5λ⁶-dithia-spiro[5.5]undecan, 1,5-Dithia-spiro[5.5]undecan-1,1,5,5-tetraoxid $C_9H_{16}O_4S_2$, Formel X.

B. Beim Behandeln von 1,5-Dithia-spiro[5.5]undecan mit Kaliumpermanganat in wss.

Essigsäure (*Masower*, Ž. obšč. Chim. **19** [1949] 843, 846; engl. Ausg. S. 829, 832).
F: 200—201°.

(±)-2-Brommethyl-1,3-dioxa-spiro[4.5]decan $C_9H_{15}BrO_2$, Formel XI.

B. Beim Erhitzen von 1-Hydroxymethyl-cyclohexanol mit Bromacetaldehyd-diäthyl=acetal auf 130° (*Blicke, Millson*, Am. Soc. **77** [1955] 32, 35).

Kp_{14}: 128—130°.

(±)-2-Methyl-1,4-dioxa-spiro[4.5]decan, Cyclohexanon-propylenacetal $C_9H_{16}O_2$, Formel XII (X = H).

B. Beim Erwärmen von Cyclohexanon mit (±)-Propan-1,2-diol, Benzol und wenig Toluol-4-sulfonsäure (*Salmi*, B. **71** [1938] 1803, 1807).

Dipolmoment (ε; Bzl.): 1,06 D (*Bergmann et al.*, R. **71** [1952] 213, 225, 228).

Kp_{24}: 82—83°; D_4^{30}: 0,980; n_D^{30}: 1,4468 (*Be. et al.*, l. c. S. 222). Kp_{15}: 76,0—76,8°; D_4^{20}: 0,9955; $n_{656,3}^{20}$: 1,4499; n_D^{20}: 1,4521; $n_{486,1}^{20}$: 1,4576 (*Sa.*). IR-Banden (CCl_4) im Bereich von 1170 cm^{-1} bis 1040 cm^{-1}: *Bergmann, Pinchas*, R. **71** [1952] 161, 165.

(±)-2-Chlormethyl-1,4-dioxa-spiro[4.5]decan $C_9H_{15}ClO_2$, Formel XII (X = Cl).

B. Beim Behandeln von Cyclohexanon mit (±)-Epichlorhydrin unter Zusatz von Benzol und Toluol-4-sulfonsäure (*Orth*, Ang. Ch. **64** [1952] 544, 552) oder unter Zusatz von Tetrachlormethan und Zinn(IV)-chlorid (*Gryszkiewicz-Trochimowski et al.*, Bl. **1958** 610, 616).

Kp_{15}: 109—110° (*Gr.-Tr. et al.*); Kp_{12}: 110—112° (*Orth*).

(±)-6-Methyl-1,4-dioxa-spiro[4.5]decan $C_9H_{16}O_2$, Formel I.

B. Beim Erwärmen von (±)-2-Methyl-cyclohexanon mit Äthylenglykol, Benzol und wenig Toluol-4-sulfonsäure (*Sulzbacher et al.*, Am. Soc. **70** [1948] 2827).

Kp_{15}: 82°; $D_4^{19,5}$: 1,0000; $n_D^{19,5}$:1,4558 (*Su. et al.*). IR-Banden (Cyclohexan) im Bereich von 1180 cm^{-1} bis 1090 cm^{-1}: *Bergmann, Pinchas*, R. **71** [1952] 161, 165.

8-Methyl-1,4-dithia-spiro[4.5]decan $C_9H_{16}S_2$, Formel II.

B. Beim Behandeln von 4-Methyl-cyclohexanon mit Äthan-1,2-dithiol, Zinkchlorid und Chlorwasserstoff (*Reid, Jelinek*, J. org. Chem. **15** [1950] 448).

Kp_{13}: 126°. D_4^{25}: 1,0907. n_D^{25}: 1,5478.

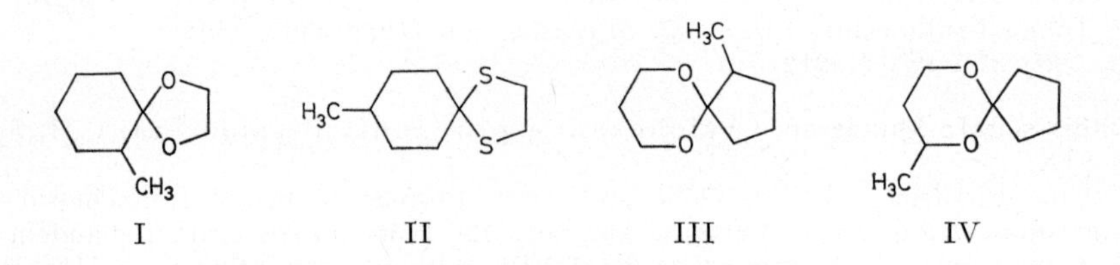

(±)-1-Methyl-6,10-dioxa-spiro[4.5]decan $C_9H_{16}O_2$, Formel III.

B. Beim Erwärmen von (±)-2-Methyl-cyclopentanon mit Propan-1,3-diol, Benzol und wenig Toluol-4-sulfonsäure (*Newman, Harper*, Am. Soc. **80** [1958] 6350, 6353).

Kp_{33}: 100,2—100,8°. n_D^{20}: 1,4167.

Geschwindigkeitskonstante der Hydrolyse in Chlorwasserstoff enthaltendem 70 %ig. wss. Dioxan bei 30°: *Ne., Ha.*, l. c. S. 6351.

(±)-7-Methyl-6,10-dioxa-spiro[4.5]decan $C_9H_{16}O_2$, Formel IV.

B. Beim Erwärmen von Cyclopentanon mit (±)-Butan-1,3-diol, Benzol und wenig Toluol-4-sulfonsäure (*Salmi*, B. **71** [1938] 1803, 1806).

$Kp_{12,5}$: 77,0—77,4°. D_4^{20}: 1,0005. $n_{656,3}^{20}$: 1,4546; n_D^{20}: 1,4569; $n_{486,1}$: 1,4621.

8-Methyl-8-nitro-6,10-dioxa-spiro[4.5]decan $C_9H_{15}NO_4$, Formel V.

B. Beim Erwärmen von Cyclopentanon mit 2-Methyl-2-nitro-propan-1,3-diol, Benzol und wenig Toluol-4-sulfonsäure (*Comm. Solv. Corp.*, U.S.P. 2368071 [1942]).

Krystalle; F: 80°.

4,4-Dimethyl-3,3,5,5-tetraoxo-3λ^6,5λ^6-dithia-bicyclo[5.2.0]nonan, 4,4-Dimethyl-3,5-dithia-bicyclo[5.2.0]nonan-3,3,5,5-tetraoxid, 3,3-Dimethyl-hexahydro-cyclobuta[e][1,3]dithiepin-2,2,4,4-tetraoxid $C_9H_{16}O_4S_2$, Formel VI.

Für die nachstehend beschriebene Verbindung ist diese Konstitution in Betracht gezogen worden.

B. Beim Erwärmen von 2,2-Bis-[3-chlor-propan-1-sulfonyl]-propan mit äthanol. Kalilauge oder wss. Kalilauge (*Masower*, Ž. obšč. Chim. **19** [1949] 849, 854; engl. Ausg. S. 835, 841).

Krystalle (aus W.); F: 139–140°.

V VI VII VIII

(±)-2ξ-Methyl-(4a*r*,8a*t*)-hexahydro-benzo[1,3]dioxin $C_9H_{16}O_2$, Formel VII + Spiegelbild.

B. Beim Erwärmen von (±)-*trans*-2-Hydroxymethyl-cyclohexanol (E III **6** 4091) mit Acetaldehyd und konz. wss. Salzsäure (*Olsen*, Z. Naturf. **1** [1946] 671, 674).

Kp_{12}: 75,5°.

(±)-2,2-Dimethyl-(3a*r*,7a*t*)-hexahydro-benzo[1,3]dioxol, (±)-*trans*-1,2-Isopropylidendioxy-cyclohexan $C_9H_{16}O_2$, Formel VIII + Spiegelbild [1]).

B. Beim 60-stdg. Erwärmen von (±)-*trans*-Cyclohexan-1,2-diol mit Aceton, Petroläther und Toluol-4-sulfonsäure (*Christian et al.*, Canad. J. Chem. **29** [1951] 911, 921). Beim Behandeln von 1,2-Epoxy-cyclohexan mit Aceton in Gegenwart des Borfluorid-Äther-Addukts (*Petrow*, Ž. obšč. Chim. **10** [1940] 981, 994; C. **1941** I 764) oder in Gegenwart von Eisen(III)-chlorid (*Mowšumsade et al.*, Azerbajdzansk. chim. Ž. **1968** Nr. 6, S. 116, 118; C. A. **71** [1969] 124297).

Kp: 182–184° (*Mo. et al.*), 182–183° (*Pe.*, l. c. S. 988); Kp_{20}: 77–78° (*Ch. et al.*). D_4^{15}: 0,9849 (*Pe.*, l. c. S. 988); D_4^{20}: 0,9807 (*Mo. et al.*), 0,9803 (*Pe.*, l. c. S. 988), 0,9787 (*Ch. et al.*). n_D^{15}: 1,4510 (*Pe.*, l. c. S. 989); n_D^{20}: 1,4489 (*Pe.*, l. c. S. 989), 1,4482 (*Mo. et al.*), 1,4468 (*Ch. et al.*).

4*r*′,5*t*′,6*t*′,7*c*′-Tetrachlor-2,2-dimethyl-(3a*r*,7a*c*)-hexahydro-benzo[1,3]dioxol $C_9H_{12}Cl_4O_2$, Formel IX oder X.

B. Beim Erwärmen von 3*r*′,4*t*′,5*t*′,6*c*′-Tetrachlor-cyclohexan-1*r*,2*c*-diol (F: 140°) mit Aceton und Kupfer(II)-sulfat (*Nakajima et al.*, B. **92** [1959] 163, 169).

Krystalle (aus Me.); F: 121°.

IX X XI

[1]) Über 2,2-Dimethyl-(3a*r*,7a*c*)-hexahydro-benzo[1,3]dioxol s. E II **19** 17.

(±)-2,2,4ξ-Trimethyl-(3a*r*,6a*c*)-tetrahydro-cyclopenta[1,3]dioxol $C_9H_{16}O_2$, Formel XI + Spiegelbild.

Ein Präparat (Öl; D^{15}: 0,967; n_D^{15}: 1,4365) von ungewisser konfigurativer Einheitlichkeit ist aus (±)-3ξ-Methyl-cyclopentan-1*r*,2*c*-diol (E III **6** 4085) und Aceton erhalten worden (*Godchot et al.*, C. r. **200** [1935] 1599).

(±)-1,3,3,4-Tetramethyl-2,7-dioxa-norbornan $C_9H_{16}O_2$, Formel I.

Diese Konstitution ist der nachstehend beschriebenen Verbindung zugeordnet worden (*Naves, Ardizio*, Bl. **1953** 296, 299).

B. In kleiner Menge neben 5,6-Dimethyl-hept-5-en-2-on und 4,4,5-Trimethyl-hex-5-en-2-on aus der Natrium-Verbindung des Acetessigsäure-äthylesters und 1-Brom-2,3-dimethyl-but-2-en, Umsetzung des nach fraktionierter Destillation bei 46,5°/4 Torr erhaltenen Anteils des Reaktionsprodukts mit Semicarbazid und Erwärmen des Semicarbazons ($C_{10}H_{21}N_3O_3$; F: 183—184° [korr.]) mit wss. Oxalsäure (*Na.*, *Ar.*).

$Kp_{2,5}$: 58—59°. D_4^{20}: 0,9512. $n_{656,3}^{20}$: 1,4282; n_D^{20}: 1,4304; $n_{486,1}^{20}$: 1,4356. IR-Banden im Bereich von 1480 cm^{-1} bis 800 cm^{-1}: *Na.*, *Ar.*

***Opt.-inakt. 1,5-Bis-oxiranyl-pentan, 1,2;8,9-Diepoxy-nonan** $C_9H_{16}O_2$, Formel II.

B. Bei mehrtägigem Behandeln von Nona-1,8-dien mit Peroxybenzoesäure in Chloroform (*Everett, Kon*, Soc. **1950** 3131, 3133).

Kp_{33}: 138° [unkorr.].

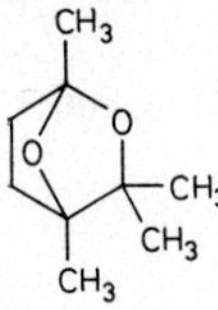

I 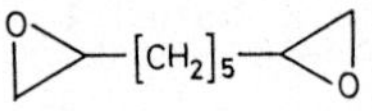 II 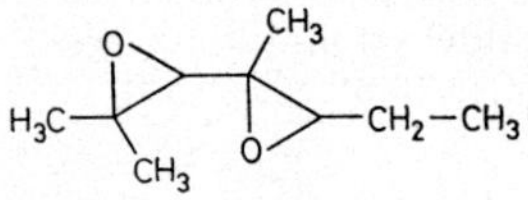 III

***Opt.-inakt. 3-Äthyl-2,3',3'-trimethyl-bioxiranyl, 2,3;4,5-Diepoxy-2,4-dimethyl-heptan** $C_9H_{16}O_2$, Formel III.

B. Neben 6-Acetoxy-4,5-epoxy-4,6-dimethyl-heptan-3-ol (E III/IV **17** 2027) bei mehrtägigem Behandeln von 2,4-Dimethyl-hepta-2,4-dien (E IV **1** 1051) mit Äther und mit Peroxyessigsäure (*Panšewitsch-Koljada*, Ž. obšč. Chim. **26** [1956] 2161, 2163; engl. Ausg. S. 2413, 2415). Beim Behandeln von opt.-inakt. 4,5-Epoxy-2,4-dimethyl-hept-2-en (E III/IV **17** 199) mit Äther und mit Peroxyessigsäure (*Pa.-Ko.*, l. c.S. 2169).

$Kp_{4,5}$: 64—66°; D_4^{20}: 0,9472; n_D^{20}: 1,4320 [aus 2,4-Dimethyl-hepta-2,4-dien hergestelltes Präparat]. $Kp_{4,5}$: 64—66°; D_4^{20}: 0,9415; n_D^{20}: 1,4301 [aus 4,5-Epoxy-2,4-dimethyl-hept-2-en hergestelltes Präparat].

***Opt.-inakt. 2,3,3,3',3'-Pentamethyl-bioxiranyl, 2,3;4,5-Diepoxy-2,3,5-trimethyl-hexan** $C_9H_{16}O_2$, Formel IV.

B. Neben 5-Acetoxy-3,4-epoxy-2,3,5-trimethyl-hexan-2-ol (E III/IV **17** 2028) bei mehrtägigem Behandeln von 2,3,5-Trimethyl-hexa-2,4-dien mit Äther und mit Peroxyessigsäure (*Panšewitsch-Koljada*, Ž. obšč. Chim. **26** [1956] 2161, 2163; engl. Ausg. S. 2413, 2415).

Kp_9: 78,5—80°. D_4^{20}: 0,9497. n_D^{20}: 1,4325.

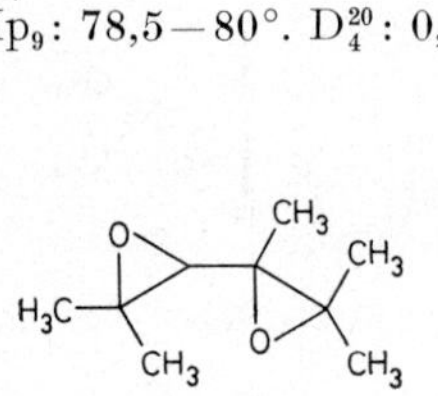

IV 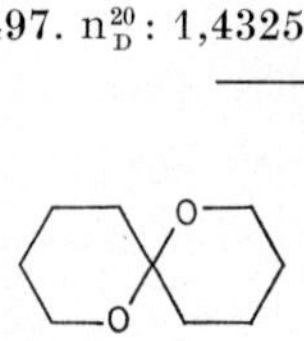 V 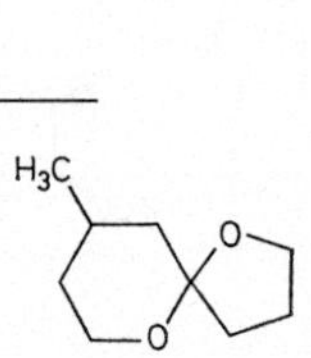 VI 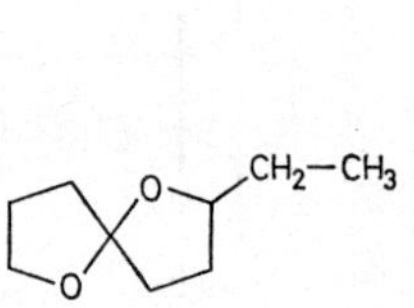 VII

(±)-1,7-Dioxa-spiro[5.5]undecan $C_9H_{16}O_2$, Formel V.

B. Beim Erwärmen von 2,2-Bis-[4-hydroxy-butyl]-[1,3]dioxolan mit Toluol-4-sulfonsäure (*Stetter, Rauhut*, B. **91** [1958] 2543, 2548).

Kp_{750}: 193°. D_4^{20}: 1,0167. n_D^{20}: 1,4634.

***Opt.-inakt. 9-Methyl-1,6-dioxa-spiro[4.5]decan** $C_9H_{16}O_2$, Formel VI.

B. Bei der Hydrierung von opt.-inakt. 9-Methyl-1,6-dioxa-spiro[4.5]dec-7-en (S. 163) an Raney-Nickel in Äthanol (*Paul, Tchelitcheff*, Bl. **1954** 672, 677).

Kp_{20}: 86–88°. $D_4^{22,5}$: 0,998. $n_D^{22,5}$: 1,4568.

***Opt.-inakt. 2-Äthyl-1,6-dioxa-spiro[4.4]nonan** $C_9H_{16}O_2$, Formel VII.

B. Neben 1-Tetrahydro[2]furyl-pentan-3-ol (E III/IV **17** 1166) bei der Hydrierung von (±)-1-[2]Furyl-pentan-3-ol an Nickel/Kieselgur in Äthanol bei 120°/90–150 at (*Til' et al.*, Ž. obšč. Chim. **27** [1957] 110, 111, 115; engl. Ausg. S. 125, 128).

Kp: 180–182,5°. D_4^{20}: 0,9803. n_D^{20}: 1,4464.

3-Äthyl-1,6-dioxa-spiro[4.4]nonan $C_9H_{16}O_2$, Formel VIII.

Eine opt.-inakt. Verbindung dieser Konstitution hat möglicherweise in dem nachstehend aufgeführten, von *Hinz et al.* (B. **76** [1943] 676, 686) als **6-Äthyl-hexahydro-furo[3,2-*b*]pyran** ($C_9H_{16}O_2$; Formel IX) angesehenen Präparat vorgelegen (vgl. die in den Artikeln 1,6-Dioxa-spiro[4.4]nonan [S. 125] und 2-Methyl-1,6-dioxa-spiro[4.4]nonan [S. 133] beschriebenen, analog hergestellten Präparate).

B. Neben 2-Tetrahydrofurfuryl-butan-1-ol (E III/IV **17** 1167) bei der Hydrierung von 2-Äthyl-3-[2]furyl-acrylaldehyd (Kp_{11}: 108–110°) an Raney-Nickel in Äthanol bei 175°/200 at (*Hinz et al.*).

Kp_{11}: 78–82°.

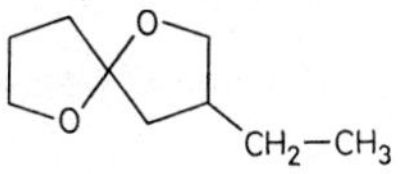

VIII 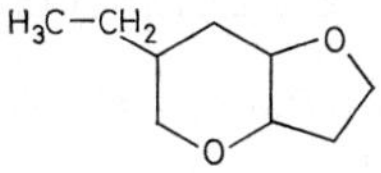 IX 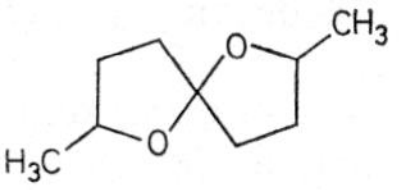 X 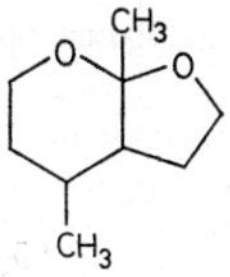 XI

***Opt.-inakt. 2,7-Dimethyl-1,6-dioxa-spiro[4.4]nonan** $C_9H_{16}O_2$, Formel X (vgl. H 16; dort als 2,5;5,8-Dioxido-nonan und als Dimethyloxeton bezeichnet).

B. Neben 4-[5-Methyl-tetrahydro-[2]furyl]-butan-2-ol (E III/IV **17** 1167) bei der Hydrierung von (±)-4-[5-Methyl-[2]furyl]-butan-2-ol an Kupferoxid-Chromoxid in Äthanol bei 120°/140 at (*Ponomarew et al.*, Ž. obšč. Chim. **23** [1953] 1426, 1429; engl. Ausg. S. 1493, 1497).

Kp: 167–169°. D_4^{20}: 0,9594. n_D^{20}: 1,4389.

***Opt.-inakt. 4,7a-Dimethyl-hexahydro-furo[2,3-*b*]pyran** $C_9H_{16}O_2$, Formel XI.

B. Beim Erhitzen von 5-Methyl-2,3-dihydro-furan mit *trans*-Crotonaldehyd auf 140° und Hydrieren des Reaktionsprodukts (Kp_{20}: 86–88°; D_4^{24}: 1,016; n_D^{24}: 1,4665) an Raney-Nickel in Äthanol (*Paul, Tchelitcheff*, Bl. **1954** 672, 678).

Kp_{20}: 83–84°. $D_4^{22,5}$: 0,990. $n_D^{22,5}$: 1,4550.

Stammverbindungen $C_{10}H_{18}O_2$

2-[1-Äthyl-pent-1-en-*t*-yl]-[1,3]dioxolan, 3-[1,3]Dioxolan-2-yl-hept-3*c*-en $C_{10}H_{18}O_2$, Formel I.

B. Beim Erwärmen von 2-Äthyl-hex-2*t*-enal (E IV **1** 3494) mit Äthylenglykol und Benzol in Gegenwart von Toluol-4-sulfonsäure (*Nace, Goldberg*, Am. Soc. **75** [1953] 3646, 3649 Anm. 28) oder in Gegenwart eines Kationenaustauschers (*Astle et al.*, Ind. eng. Chem. **46** [1954] 787, 788).

Kp_{25}: 103–105° (*As. et al.*). Kp_{20}: 98–101°; n_D^{25}: 1,4510 (*Nace, Go.*).

2-Methyl-2-[4-methyl-pent-3-enyl]-[1,3]dioxolan, 2-Methyl-5-[2-methyl-[1,3]dioxolan-2-yl]-pent-2-en $C_{10}H_{18}O_2$, Formel II (X = H).

B. Beim Erwärmen von 6-Methyl-hept-5-en-2-on mit Äthylenglykol, Benzol und wenig Toluol-4-sulfonsäure (*Nasarow et al.*, Ž. obšč. Chim. **29** [1959] 106, 108; engl. Ausg. S. 111, 114).

Kp_2: 51–53°. D_{20}^{20}: 0,9313. n_D^{20}: 1,4503.

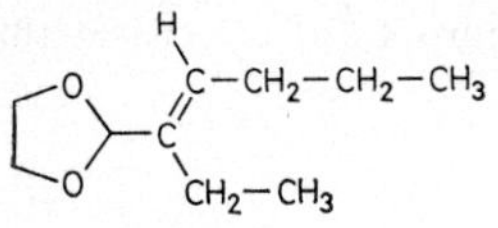

I 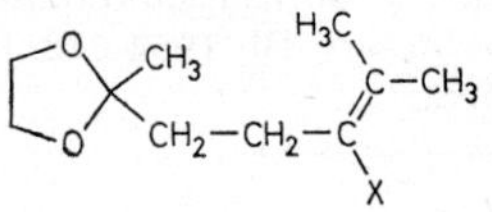 II 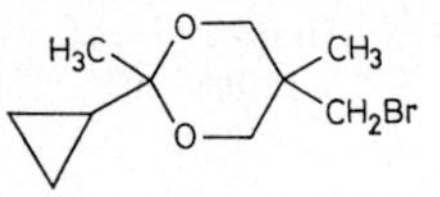 III 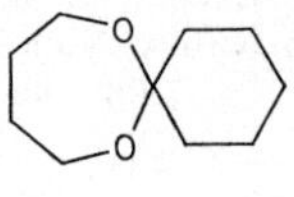 IV

2-[3-Brom-4-methyl-pent-3-enyl]-2-methyl-[1,3]dioxolan, 3-Brom-2-methyl-5-[2-methyl-[1,3]dioxolan-2-yl]-pent-2-en $C_{10}H_{17}BrO_2$, Formel II (X = Br).

B. Beim Behandeln von 2-Methyl-2-[4-methyl-pent-3-enyl]-[1,3]dioxolan mit Brom in Äther und Behandeln des Reaktionsprodukts mit äthanol. Kalilauge (*Martin*, A. ch. [13] **4** [1959] 541, 577). Aus 5-Brom-6-methyl-hept-5-en-2-on und Äthylenglykol (*Ma.*, l. c. S. 576).

$Kp_{0,6}$: 84°. $D_4^{17,9}$: 1,261. $n_D^{17,9}$: 1,4903.

***5-Brommethyl-2-cyclopropyl-2,5-dimethyl-[1,3]dioxan** $C_{10}H_{17}BrO_2$, Formel III.

B. Beim Erwärmen von 1-Cyclopropyl-äthanon mit 2-Brommethyl-2-methyl-propan-1,3-diol, Benzol und wenig Toluol-4-sulfonsäure (*Blicke, Schumann*, Am. Soc. **76** [1954] 1226, 1227).

Kp_3: 100–102°.

7,12-Dioxa-spiro[5.6]dodecan Cyclohexanon-butandiylacetal $C_{10}H_{18}O_2$, Formel IV.

B. Beim Erwärmen von Cyclohexanon mit Butan-1,4-diol, Benzol und Schwefelsäure (*Bergmann, Kaluszyner*, R. **78** [1959] 337, 341).

Kp_{40}: 117–118° (*Be.*, *Ka.*, l. c. S. 342). D_{30}^{30}: 1,0060; n_D^{30}: 1,4681 (*Be.*, *Ka.*, l. c. S. 339). IR-Banden im Bereich von 1450 cm^{-1} bis 1015 cm^{-1}: *Be.*, *Ka.*, l. c. S. 339.

(±)-2-Methyl-1,5-dioxa-spiro[5.5]undecan $C_{10}H_{18}O_2$, Formel V.

B. Beim Erwärmen von Cyclohexanon mit (±)-Butan-1,3-diol, Benzol und wenig Toluol-4-sulfonsäure (*Salmi*, B. **71** [1938] 1803, 1807).

Kp_{14}: 92–92,8°. D_4^{20}: 0,9939. $n_{656,3}^{20}$: 1,4596; n_D^{20}: 1,4620; $n_{486,1}^{20}$: 1,4677.

3-Methyl-3-nitro-1,5-dioxa-spiro[5.5]undecan $C_{10}H_{17}NO_4$, Formel VI.

B. Beim Erwärmen von Cyclohexanon mit 2-Methyl-2-nitro-propan-1,3-diol und Toluol-4-sulfonsäure (*Comm. Solv. Corp.*, U.S.P. 2368071 [1942]).

Krystalle (aus Ae.); F: 102,5° [unkorr.].

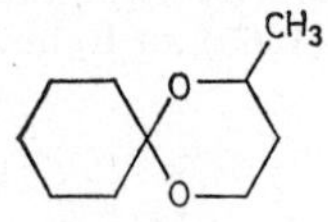

V 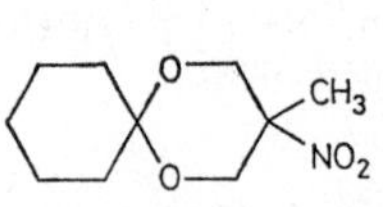 VI 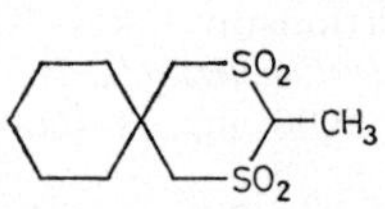 VII 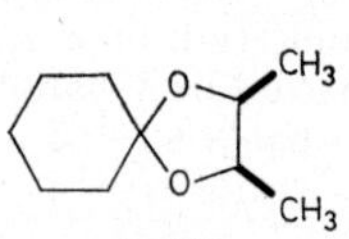 VIII

3-Methyl-2,2,4,4-tetraoxo-2λ⁶,4λ⁶-dithia-spiro[5.5]undecan, 3-Methyl-2,4-dithia-spiro[5.5]undecan-2,2,4,4-tetraoxid $C_{10}H_{18}O_4S_2$, Formel VII.

B. Beim Behandeln von 1,1-Bis-mercaptomethyl-cyclohexan mit Äthanol, Acetaldehyd und kleinen Mengen wss. Salzsäure und Behandeln einer Lösung des Reaktionsprodukts in Essigsäure mit wss. Wasserstoffperoxid (*Backer, Tamsma*, R. **57** [1938] 1183, 1195).

Krystalle (aus E.); F: 220–221.

2,3-Dimethyl-1,4-dioxa-spiro[4.5]decan $C_{10}H_{18}O_2$.

a) ***cis*-2,3-Dimethyl-1,4-dioxa-spiro[4.5]decan** $C_{10}H_{18}O_2$, Formel VIII.

Diese Verbindung hat vermutlich als Hauptbestandteil in dem nachstehend beschriebenen Präparat vorgelegen.

B. Beim Erwärmen von Cyclohexanon mit opt.-inakt. Butan-2,3-diol (vermutlich überwiegend aus *meso*-Butan-2,3-diol bestehend) in Gegenwart von Chlorwasserstoff (*Backer*, R. **55** [1936] 1036, 1038).

Kp_{13}: 79—81°. D_4^{25}: 0,9717. n_D^{25}: 1,4516.

b) **(*R*)-*trans*-2,3-Dimethyl-1,4-dioxa-spiro[4.5]decan** $C_{10}H_{18}O_2$, Formel IX.

B. Beim Behandeln von Cyclohexanon mit D_g-*threo*-Butan-2,3-diol in Gegenwart von Schwefelsäure oder wss. Salzsäure (*Neish, Macdonald*, Canad. J. Res. [B] **25** [1947] 70, 71, 78).

Kp_{760}: 190°; Kp_{200}: 142—143°. D_4^{25}: 0,9546. n_D^{25}: 1,4438. $[\alpha]_D^{25}$: —7,0° [unverd. (?)].

8,8-Dimethyl-6,10-dioxa-spiro[4.5]decan $C_{10}H_{18}O_2$, Formel X.

B. Beim Erwärmen von Cyclopentanon mit 2,2-Dimethyl-propan-1,3-diol, Benzol und wenig Toluol-4-sulfonsäure (*Newman, Harper*, Am. Soc. **80** [1958] 6350, 6353).

Kp_{50}: 112—114°. n_D^{20}: 1,4546.

Geschwindigkeitskonstante der Hydrolyse in Chlorwasserstoff enthaltendem 70 %ig. wss. Dioxan bei 30°: *Ne., Ha.*, l. c. S. 6351. Gleichgewichtskonstante des Reaktionssystems 8,8-Dimethyl-6,10-dioxa-spiro[4.5]decan + Wasser ⇌ Cyclopentanon + 2,2-Dimethyl-propan-1,3-diol in Chlorwasserstoff enthaltendem Dioxan bei 30°: *Ne., Ha.*, l. c. S. 6354.

IX X XI XII

(±)-2,2-Dimethyl-(3a*r*,8a*t*)-hexahydro-cyclohepta[1,3]dioxol, (±)-*trans*-1,2-Isopropylidendioxy-cycloheptan $C_{10}H_{18}O_2$, Formel XI + Spiegelbild (E II 17).

Kp_{30}: 102—103°; n_D^{25}: 1,4512 (*Cope et al.*, Am. Soc. **79** [1957] 6292, 6294).

(±)-2,2-Dimethyl-(4a*r*,8a*t*)-hexahydro-benzo[1,3]dioxin $C_{10}H_{18}O_2$, Formel XII + Spiegelbild.

B. Aus (±)-*trans*-2-Hydroxymethyl-cyclohexanol und Aceton (*Smissman, Mode*, Am. Soc. **79** [1957] 3447).

Kp_{740}: 214—216°; Kp_{30}: 106—107°. n_D^{25}: 1,4602.

(±)-2-Äthyl-2-methyl-(3a*r*,7a*t*)-hexahydro-benzo[1,3]dioxol, (±)-*trans*-1,2-*sec*-Butylidendioxy-cyclohexan $C_{10}H_{18}O_2$, Formel I + Spiegelbild.

Diese Konfiguration ist vermutlich der nachstehend beschriebenen Verbindung zuzuordnen (vgl. das analog hergestellte (±)-2,2-Dimethyl-(3a*r*,7a*t*)-hexahydro-benzo[1,3]dioxol [S. 137]).

B. Beim Behandeln von 1,2-Epoxy-cyclohexan mit Butanon in Gegenwart des Borfluorid-Äther-Addukts (*Petrow*, Ž. obšč. Chim. **10** [1940] 981, 994; C. **1941** I 764).

Kp: 200—202° [Zers.] (*Pe.*, l. c. S. 994); Kp_{25}: 96,5—98°; D_4^{15}: 0,9776; D_4^{20}: 0,9733; n_D^{15}: 1,4550; n_D^{20}: 1,4530 (*Pe.*, l. c. S. 988).

1-Isopropyl-4-methyl-2,3-dioxa-bicyclo[2.2.2]octan, 1,4-Epidioxy-*p*-menthan, Dihydroascaridol $C_{10}H_{18}O_2$, Formel II (X = H).

B. Bei der Hydrierung von Ascaridol (S. 164) an Platin in Äthanol (*Paget*, Soc. **1938** 829, 832).

Krystalle (aus PAe.); F: 19—20° (*Moore*, Soc. **1951** 234), 19,5° (*Pa.*). Kp_{18}: 112—115°

(*Pa.*). n_D^{15}: 1,4690 [flüssiges Präparat] (*Mo.*).

Verhalten beim Erhitzen auf 240° (Bildung von 6-Methyl-heptan-2,5-dion): *Mo.* Beim Behandeln einer Lösung in Äthanol mit Titan(III)-chlorid und wss. Salzsäure ist 4-Hydroxy-4-methyl-cyclohexanon (über die Konstitution dieser Verbindung s. *Brown et al.*, Soc. **1963** 1095) erhalten worden (*Pa.*).

I II III IV

***Opt.-inakt. 5,6-Dibrom-1-isopropyl-4-methyl-2,3-dioxa-bicyclo[2.2.2]octan, 2,3-Dibrom-1,4-epidioxy-*p*-menthan** $C_{10}H_{16}Br_2O_2$, Formel II (X = Br).

B. Beim Behandeln von Ascaridol (S. 164) mit Brom in Essigsäure (*Schenck et al.*, A. **584** [1953] 125, 149).

Öl. D_4^{20}: 1,5676.

Octahydro-[4,4']bipyranyl $C_{10}H_{18}O_2$, Formel III.

B. Neben Tetrahydro-pyran-4-ol und Tetrahydro-pyran-4-carbonsäure-tetrahydropyran-4-ylester bei der Elektrolyse von Tetrahydro-pyran-4-carbonsäure in Wasser nach Zusatz von Kaliumhydroxid unter Verwendung einer Platin-Anode (*Blood et al.*, Soc. **1952** 2268, 2271).

Krystalle (aus W.); F: 67°. Bei 80°/0,05 Torr sublimierbar.

***Opt.-inakt. 1,2-Bis-tetrahydro[2]furyl-äthan** $C_{10}H_{18}O_2$, Formel IV (X = H) (vgl. E II 17).

B. Bei der Hydrierung von *trans*(?)-1,2-Di-[2]furyl-äthylen (S. 308) an Raney-Nickel in Äthanol (*Hayashi*, J. chem. Soc. Japan Ind. Chem. Sect. **60** [1957] 282, 285; C. A. **1959** 8105).

Kp_2: 84—85°. D_4^{20}: 0,9948. n_D^{20}: 1,4620.

***Opt.-inakt. 1,2-Bis-[3-chlor-tetrahydro-[2]furyl]-äthan** $C_{10}H_{16}Cl_2O_2$, Formel IV (X = Cl).

B. Bei der Hydrierung von opt.-inakt. Bis-[3-chlor-tetrahydro-[2]furyl]-acetylen ($C_{10}H_{12}Cl_2O_2$; F: 80°, Kp_{18}: 187°; aus opt.-inakt. 2,3-Dichlor-tetrahydro-furan und Äthindiyldimagnesium-dibromid hergestellt) an Raney-Nickel (*Riobé, Gouin*, C. r. **243** [1956] 1424).

Kp_{24}: 180°. D_4^{24}: 1,220. n_D^{24}: 1,4960.

***Opt.-inakt. 5,5'-Dimethyl-octahydro-[3,3']bifuryl** $C_{10}H_{18}O_2$, Formel V.

B. Neben Pent-4-en-2-ol und 2-Methyl-tetrahydro-furan beim Behandeln einer Lösung von opt.-inakt. 4-Brom-2-methyl-tetrahydro-furan (E III/IV **17** 62) in Äther mit Magnesium und anschliessend mit wss. Schwefelsäure (*Jur'ew et al.*, Ž. obšč. Chim. **18** [1948] 1804, 1808; C. A. **1949** 3818).

Kp_{14}: 101,5—102°. D_4^{20}: 0,9659. n_D^{20}: 1,4553.

V VI VII

***Opt.-inakt. 1,6-Bis-oxiranyl-hexan, 1,2;9,10-Diepoxy-decan** $C_{10}H_{18}O_2$, Formel VI.

B. Bei mehrtägigem Behandeln von Deca-1,9-dien mit Peroxybenzoesäure in Chloro=

form (*Everett, Kon*, Soc. **1950** 3131, 3133).
Kp_{30}: 150° [unkorr.].

***Opt.-inakt. 1-[2-Äthyl-oxiranyl]-2-[3,3-dimethyl-oxiranyl]-äthan, 2-Äthyl-1,2;5,6-diepoxy-6-methyl-heptan** $C_{10}H_{18}O_2$, Formel VII.

B. Bei der Hydrierung von opt.-inakt. 1-[3,3-Dimethyl-oxiranyl]-2-[2-vinyl-oxiranyl]-äthan (S. 165) an Palladium (*Pigulewškiĭ, Adrowa*, Ž. obšč. Chim. **27** [1957] 136; engl. Ausg. S. 151).

Kp_{12}: 79–81°. D_4^{20}: 0,8956. n_D^{20}: 1,4175. Raman-Banden: *Pi., Ad.*

***Opt.-inakt. 1-[2,3-Dimethyl-oxiranyl]-2-[3,3-dimethyl-oxiranyl]-äthan, 2,3;6,7-Diepoxy-2,6-dimethyl-octan** $C_{10}H_{18}O_2$, Formel VIII.

Über ein beim längeren Behandeln von Dihydromyrcen (2,6-Dimethyl-octa-2,6-dien) mit Peroxybenzoesäure in Chloroform erhaltenes Präparat (Kp_{13}: 110–113° [unkorr.]) s. *Everett, Kon*, Soc. **1950** 3131, 3133.

VIII IX

***Opt.-inakt. 2,3',3'-Trimethyl-3-propyl-bioxiranyl, 2,3;4,5-Diepoxy-2,4-dimethyl-octan** $C_{10}H_{18}O_2$, Formel IX.

B. Neben 7-Acetoxy-5,6-epoxy-5,7-dimethyl-octan-4-ol (E III/IV **17** 2029) bei mehrtägigem Behandeln von 2,4-Dimethyl-octa-2,4-dien (E IV **1** 1058) mit Äther und mit Peroxyessigsäure (*Panšewitsch-Koljada et al.*, Sbornik Statei obšč. Chim. **1953** 1418, 1423; C. A. **1955** 4615).

Kp_5: 88–94°. D_4^{20}: 0,9330. Oberflächenspannung bei 20°: 28,63 $g \cdot s^{-2}$. n_D^{20}: 1,4330.

(±)-1,7-Dioxa-spiro[5.6]dodecan $C_{10}H_{18}O_2$, Formel X.

B. Beim Erwärmen von 2-[4-Hydroxy-butyl]-2-[5-hydroxy-pentyl]-[1,3]dioxolan mit Toluol-4-sulfonsäure in Petroläther (*Stetter, Rauhut*, B. **91** [1958] 2543, 2548).

F: 13°. Kp_{12}: 97°. D_4^{20}: 1,0073. n_D^{20} 1,4711.

X XI XII

***Opt.-inakt. 2-Propyl-1,6-dioxa-spiro[4.4]nonan** $C_{10}H_{18}O_2$, Formel XI.

B. Neben 1-Tetrahydro[2]furyl-hexan-3-ol (E III/IV **17** 1170) bei der Hydrierung von (±)-1-[2]Furyl-hexan-3-ol an Nickel/Kieselgur in Äthanol bei 120°/90–150 at (*Til' et al.*, Ž. obšč. Chim. **27** [1957] 110, 111, 115; engl. Ausg. S. 125, 128).

Kp_{45}: 111–113°. D_4^{20}: 0,9601. n_D^{20}: 1,4460.

***Opt.-inakt. 2-Äthyl-2-methyl-1,6-dioxa-spiro[4.4]nonan** $C_{10}H_{18}O_2$, Formel XII.

B. Neben 3-Methyl-1-tetrahydro[2]furyl-pentan-3-ol (E III/IV **17** 1171) bei der Hydrierung von (±)-1-[2]Furyl-3-methyl-pentan-3-ol an Nickel/Kieselgur in Äthanol bei 120°/50–100 at (*Ponomarew et al.*, Ž. obšč. Chim. **27** [1957] 1369, 1373; engl. Ausg. S. 1451, 1453). Bei der Hydrierung von opt.-inakt. 7-Äthyl-2-methoxy-7-methyl-1,6-dioxa-spiro[4.4]non-3-en (n_D^{20}: 1,4563) an Nickel/Kieselgur in Äthanol bei 100–120°/120 at (*Ponomarew, Markuschina*, Doklady Akad. S.S.S.R. **126** [1959] 99, 102; Pr. Acad. Sci. U.S.S.R. Chem. Sect. **124–129** [1959] 347, 350).

Kp_{45}: 103–104°; D_4^{20}: 0,9638; n_D^{20}: 1,4446 (*Po., Ma.*). Kp_{45}: 102–104°; D_4^{20}: 0,9614; n_D^{20}: 1,4443 (*Po. et al.*).

Stammverbindungen $C_{11}H_{20}O_2$

2-Hexyl-4,7-dihydro-[1,3]dioxepin, Heptanal-but-2*c*-endiylacetal $C_{11}H_{20}O_2$, Formel I.

B. Beim Erhitzen von Heptanal mit But-2*c*-en-1,4-diol und wenig Toluol-4-sulfonsäure (*Pattison*, J. org. Chem. **22** [1957] 662).

Kp_2: 93°. n_D^{25}: 1,4527.

I II III

***5-Äthyl-2-[1-methyl-but-1-en-*t*(?)-yl]-5-nitro-[1,3]dioxan, 2-[5-Äthyl-5-nitro-[1,3]dioxan-2-yl]-pent-2*c*(?)-en** $C_{11}H_{19}NO_4$, vermutlich Formel II.

B. Beim Erwärmen von 2-Methyl-pent-2*t*(?)-enal (s. E IV **1** 3471) mit 2-Äthyl-2-nitro-propan-1,3-diol, Benzol und wenig Schwefelsäure (*Comm. Solv. Corp.*, U.S.P. 2383622 [1943]).

Kp_2: 115°. D_{20}^{20}: 1,0852. n_D^{20}: 1,4710.

3,3-Dimethyl-1,5-dioxa-spiro[5.5]undecan $C_{11}H_{20}O_2$, Formel III (X = H).

B. Beim Erwärmen von Cyclohexanon mit 2,2-Dimethyl-propan-1,3-diol, Benzol und wenig Toluol-4-sulfonsäure (*Newman, Harper*, Am. Soc. **80** [1958] 6350, 6353).

Kp_{19-20}: 110–110,5°. n_D^{20}: 1,4628.

Geschwindigkeitskonstante der Hydrolyse in Chlorwasserstoff enthaltendem 70%ig. wss. Dioxan bei 30°: *Ne., Ha.*, l. c. S. 6351. Gleichgewichtskonstante des Reaktionssystems 3,3-Dimethyl-1,5-dioxa-spiro[5.5]undecan + Wasser ⇌ Cyclohexanon + 2,2-Dimethyl-propan-1,3-diol in Chlorwasserstoff enthaltendem Dioxan bei 30°: *Ne., Ha.*, l. c. S. 6354.

3-Brommethyl-3-methyl-1,5-dioxa-spiro[5.5]undecan $C_{11}H_{19}BrO_2$, Formel III (X = Br).

B. Beim Erwärmen von Cyclohexanon mit 2-Brommethyl-2-methyl-propan-1,3-diol, Benzol und wenig Toluol-4-sulfonsäure (*Blicke, Schumann*, Am. Soc. **76** [1954] 1266; s. a. *Univ. Michigan*, U.S.P. 2606907 [1949]).

Kp_{13}: 112–113° (*Univ. Michigan*) oder Kp_3: 112–113° (*Bl., Sch.*).

3,3-Dimethyl-1,1,5,5-tetraoxo-1λ⁶,5λ⁶-dithia-spiro[5.5]undecan, 3,3-Dimethyl-1,5-dithia-spiro[5.5]undecan-1,1,5,5-tetraoxid $C_{11}H_{20}O_4S_2$, Formel IV.

B. Beim Behandeln von Cyclohexanon mit 2,2-Dimethyl-propan-1,3-dithiol in Gegenwart von Chlorwasserstoff und Erwärmen einer Lösung des Reaktionsprodukts in Essigsäure mit wss. Wasserstoffperoxid (*Backer, Tamsma*, R. **57** [1938] 1183, 1199).

Krystalle (aus Eg.); F: 235,5–237°.

3,3-Dimethyl-2,4-dithia-spiro[5.5]undecan $C_{11}H_{20}S_2$, Formel V.

B. Neben kleinen Mengen einer Verbindung $C_{22}H_{40}S_4$ (F: ca. 215°) beim Behandeln einer Lösung von 1,1-Bis-mercaptomethyl-cyclohexan in Aceton mit Chlorwasserstoff (*Backer, Tamsma*, R. **57** [1938] 1183, 1193).

Krystalle (aus wss. A.); F: 76–77°.

IV V VI VII

3,3-Dimethyl-2,2,4,4-tetraoxo-2λ⁶,4λ⁶-dithia-spiro[5.5]undecan, 3,3-Dimethyl-2,4-dithia-spiro[5.5]undecan-2,2,4,4-tetraoxid $C_{11}H_{20}O_4S_2$, Formel VI.

B. Beim Erwärmen einer Lösung von 3,3-Dimethyl-2,4-dithia-spiro[5.5]undecan in

Essigsäure mit wss. Wasserstoffperoxid (*Backer, Tamsma*, R. **57** [1938] 1183, 1195).
Krystalle (aus A.); F: 268,5—269,5° [Zers.].

8-Chlor-8-isopropyl-1,4-dioxa-spiro[4.5]decan $C_{11}H_{19}ClO_2$, Formel VII.

B. Beim Behandeln einer Lösung von 8-Isopropyl-1,4-dioxa-spiro[4.5]dec-7-en in Äther mit Chlorwasserstoff (*Nelson, Mortimer*, J. org. Chem. **22** [1957] 1146, 1151).

$Kp_{0,7}$: 90—90,5°. n_D^{25}: 1,4813.

(±)-1,8,8-Trimethyl-6,10-dioxa-spiro[4.5]decan $C_{11}H_{20}O_2$, Formel VIII.

B. Beim Erwärmen von (±)-2-Methyl-cyclopentanon mit 2,2-Dimethyl-propan-1,3-diol, Benzol und wenig Toluol-4-sulfonsäure (*Newman, Harper*, Am. Soc. **80** [1958] 6350, 6353).

Kp_{30}: 97—100°. n_D^{20}: 1,4543.

Geschwindigkeitskonstante der Hydrolyse in Chlorwasserstoff enthaltendem 70%ig. wss. Dioxan bei 30°: *Ne., Ha.*, l. c. S. 6351. Gleichgewichtskonstante des Reaktionssystems 1,8,8-Trimethyl-6,10-dioxa-spiro[4.5]decan + Wasser ⇌ 2-Methyl-cyclopentanon + 2,2-Dimethyl-propan-1,3-diol in Chlorwasserstoff enthaltendem Dioxan bei 30°: *Ne., Ha.*, l. c. S. 6354.

2,2-Dimethyl-octahydro-cycloocta[1,3]dioxol, 1,2-Isopropylidendioxy-cyclooctan $C_{11}H_{20}O_2$.

a) **2,2-Dimethyl-(3a*r*,9a*c*)-octahydro-cycloocta[1,3]dioxol** $C_{11}H_{20}O_2$, Formel IX.

B. Bei 2-tägigem Behandeln von *cis*-Cyclooctan-1,2-diol mit Aceton und Kupfer(II)-sulfat (*Cope et al.*, Am. Soc. **74** [1952] 5884, 5887).

Kp_{10}: 97—98°. n_D^{25}: 1,4600.

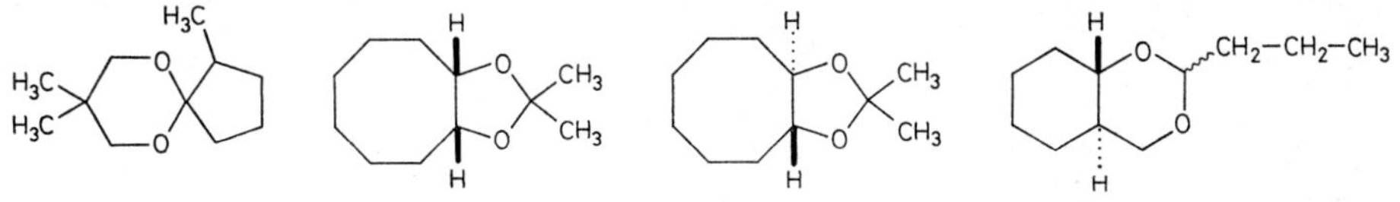

VIII IX X XI

b) **(±)-2,2-Dimethyl-(3a*r*,9a*t*)-octahydro-cycloocta[1,3]dioxol** $C_{11}H_{20}O_2$, Formel X + Spiegelbild.

B. Beim Behandeln von (±)-*trans*-Cyclooctan-1,2-diol mit Aceton und Kupfer(II)-sulfat (*Cope et al.*, Am. Soc. **74** [1952] 5884, 5887).

$Kp_{1,3}$: 66,5—67°. n_D^{25}: 1,4585.

(±)-2ξ-Propyl-(4a*r*,8a*t*)-hexahydro-benzo[1,3]dioxin $C_{11}H_{20}O_2$, Formel XI + Spiegelbild.

B. Beim Erwärmen von (±)-*trans*-2-Hydroxymethyl-cyclohexanol (E III **6** 4091) mit Butyraldehyd und konz. wss. Salzsäure (*Olsen*, Z. Naturf. **1** [1946] 671, 674).

Kp_{13}: 104,5°.

(±)-2-Methyl-2-propyl-(3a*r*,7a*t*)-hexahydro-benzo[1,3]dioxol $C_{11}H_{20}O_2$, Formel XII + Spiegelbild.

Diese Konfiguration ist vermutlich der nachstehend beschriebenen Verbindung zuzuordnen (vgl. das analog hergestellte (±)-2,2-Dimethyl-(3a*r*,7a*t*)-hexahydro-benzo[1,3]dioxol [S. 137]).

B. Beim Behandeln von 1,2-Epoxy-cyclohexan mit Pentan-2-on in Gegenwart des Borfluorid-Äther-Addukts (*Petrow*, Ž. obšč. Chim. **10** [1940] 981, 995; C. **1941** I 764).

Kp_{25}: 111,5—113,5°; D_4^{15}: 0,9499; D_4^{20}: 0,9457; n_D^{15}: 1,4560; n_D^{20}: 1,4540 (*Pe.*, l. c. S. 988).

***Opt.-inakt. 3-Isobutyl-2,3′,3′-trimethyl-bioxiranyl, 2,3;4,5-Diepoxy-2,4,7-trimethyl-octan** $C_{11}H_{20}O_2$, Formel XIII.

B. Neben 7-Acetoxy-5,6-epoxy-2,5,7-trimethyl-octan-4-ol (E III/IV **17** 2029) bei mehrtägigem Behandeln von 2,4,7-Trimethyl-octa-2,4-dien (E IV 1 1065) mit Äther und mit Peroxyessigsäure (*Panšewitsch-Koljada et al.*, Sbornik Statei obšč. Chim. **1953** 1418, 1424; C. A. **1955** 4615).

Bei 58—68°/2 Torr destillierbar. D_4^{20}: 0,8617. Oberflächenspannung bei 20°: 27,9 g·s⁻². n_D^{20}: 1,4327.

XII XIII XIV

***Opt.-inakt. 2-Butyl-1,6-dioxa-spiro[4.4]nonan** $C_{11}H_{20}O_2$, Formel XIV.

B. Neben 1-Tetrahydro[2]furyl-heptan-3-ol (E III/IV **17** 1175) bei der Hydrierung von (±)-1-[2]Furyl-heptan-3-ol an Nickel/Kieselgur in Äthanol bei 120°/90—150 at (*Til' et al.*, Ž. obšč. Chim. **27** [1957] 110, 111, 115; engl. Ausg. S. 125, 127).

Kp_{45}: 130—133°. D_4^{20}: 0,9511. n_D^{20}: 1,4481.

***Opt.-inakt. 2-Methyl-2-propyl-1,6-dioxa-spiro[4.4]nonan** $C_{11}H_{20}O_2$, Formel XV.

B. Neben 3-Methyl-1-tetrahydro[2]furyl-hexan-3-ol (E III/IV **17** 1175) bei der Hydrierung von (±)-1-[2]Furyl-3-methyl-hexan-3-ol an Nickel/Kieselgur in Äthanol bei 120°/50—100 at (*Ponomarew et al.*, Ž. obšč. Chim. **27** [1957] 1369, 1373; engl. Ausg. S. 1451, 1453).

Kp_{10}: 84—86°. D_4^{20}: 0,9499. n_D^{20}: 1,4466.

XV XVI XVII

***Opt.-inakt. 2,4,7,9-Tetramethyl-1,6-dioxa-spiro[4.4]nonan** $C_{11}H_{20}O_2$, Formel XVI.

B. Bei der Hydrierung von opt.-inakt. 2,7-Dimethyl-4,9-dimethylen-1,6-dioxa-spiro[4.4]nonan (S. 181) oder von opt.-inakt. 2,4,7-Trimethyl-9-methylen-1,6-dioxa-spiro[4.4]nonan (S. 168) an Platin in Methanol (*Mannich, Schumann*, B. **69** [1936] 2306, 2309).

Bei 94—98°/13 Torr bzw. bei 88—92°/13 Torr destillierbar.

***Opt.-inakt. 2,5,7-Trimethyl-hexahydro-pyrano[4,3-*b*]pyran** $C_{11}H_{20}O_2$, Formel XVII.

B. Aus opt.-inakt. 2,5,7-Trimethyl-4,4a,7,8-tetrahydro-5*H*,8a*H*-pyrano[4,3-*b*]pyran (S. 168) durch Hydrierung an Platin (*Delépine*, A. ch. [12] **10** [1955] 5, 33).

Kp_{14}: 96°. D_4^0: 0,9771; D_4^{20}: 0,9608. n_D^{17}: 1,4600.

Stammverbindungen $C_{12}H_{22}O_2$

(±)-3,5-Di-*tert*-butyl-2-oxo-3,6-dihydro-2λ⁴-[1,2]oxaselenin, (±)-3,5-Di-*tert*-butyl-3,6-dihydro-[1,2]oxaselenin-2-oxid, (±)-5-Hydroxymethyl-2,2,6,6-tetramethyl-hept-4*t*-en-3-seleninsäure-lacton $C_{12}H_{22}O_2Se$, Formel I, und **(±)-4,6-Di-*tert*-butyl-2-oxo-3,6-dihydro-2λ⁴-[1,2]oxaselenin, (±)-4,6-Di-*tert*-butyl-3,6-dihydro-[1,2]oxaselenin-2-oxid, (±)-2-*tert*-Butyl-4-hydroxy-5,5-dimethyl-hex-2*c*-en-1-seleninsäure-lacton** $C_{12}H_{22}O_2Se$, Formel II.

Diese beiden Konstitutionsformeln kommen für die nachstehend beschriebene, ursprünglich (*Backer, Strating*, R. **53** [1934] 1113, 1116) als 3,4-Di-*tert*-butyl-2,5-dihydro-selenophen-1,1-dioxid ($C_{12}H_{22}O_2Se$) angesehene Verbindung in Betracht

(*Mock, McCausland*, Tetrahedron Letters **1968** 391).

B. Beim Behandeln von 2-*tert*-Butyl-5,5-dimethyl-hexa-1,3-dien (ursprünglich als 2,3-Di-*tert*-butyl-buta-1,3-dien angesehen; vgl. E III **1** 1026) mit Selenigsäure in Chloroform (*Ba.*, *St.*).

Krystalle (aus $CHCl_3$); F: ca. 132° [Zers.] (*Ba.*, *St.*).

Beim Behandeln einer Lösung in Äther mit Schwefeldioxid ist eine Verbindung $C_{12}H_{24}O_6SSe$ (Krystalle, F: ca. 143° [Zers.]) erhalten worden (*Ba.*, *St.*).

2-[2,6-Dimethyl-hept-5-enyl]-[1,3]dioxolan, 7-[1,3]Dioxolan-2-yl-2,6-dimethyl-hept-2-en $C_{12}H_{22}O_2$.

a) **(*R*)-7-[1,3]Dioxolan-2-yl-2,6-dimethyl-hept-2-en,** (*R*)-Citronellal-äthandiylacetal $C_{12}H_{22}O_2$, Formel III.

B. Beim Erwärmen von (*R*)-Citronellal ((*R*)-3,7-Dimethyl-oct-6-enal) mit Äthylenglykol, Benzol und wenig Toluol-4-sulfonsäure (*Clark et al.*, Tetrahedron **6** [1959] 217, 221).

Kp_{18}: 125—130°. $[\alpha]_D^{22}$: +3,0° [unverd.].

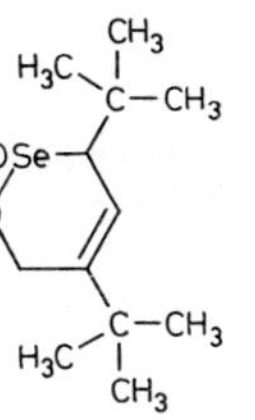

I 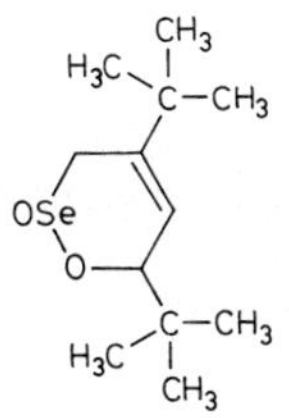 II 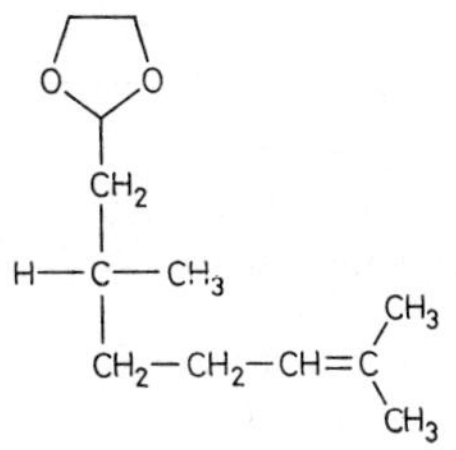 III 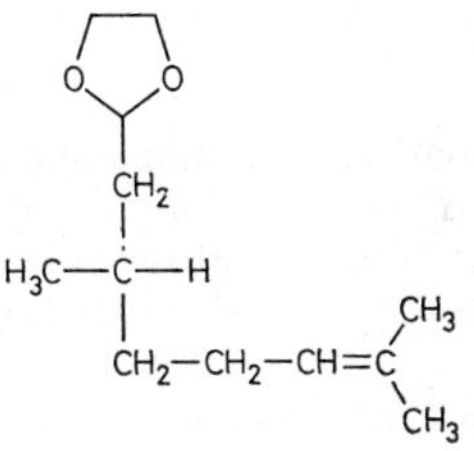 IV

b) **(*S*)-7-[1,3]Dioxolan-2-yl-2,6-dimethyl-hept-2-en,** (*S*)-Citronellal-äthandiylacetal $C_{12}H_{22}O_2$, Formel IV.

B. Beim Erwärmen von (*S*)-Citronellal ((*S*)-3,7-Dimethyl-oct-6-enal) mit Äthylenglykol, Benzol und wenig Toluol-4-sulfonsäure (*Clark et al.*, Tetrahedron **6** [1959] 217, 223).

Kp_{18}: 120—125°. $[\alpha]_D^{26}$: −3,9° [unverd.].

2-Methyl-2-oct-1-en-*t*(?)-yl-[1,3]dioxolan, 1*t*(?)-[2-Methyl-[1,3]dioxolan-2-yl]-oct-1-en, Dec-3*t*(?)-en-2-on-äthandiylacetal $C_{12}H_{22}O_2$, vermutlich Formel V.

B. Neben 2,2;5,5-Bis-äthandiyldioxy-hexan beim Erwärmen von 2-Brommethyl-2-methyl-[1,3]dioxolan mit Äthylmagnesiumbromid in Benzol und Äther, anschliessenden Behandeln mit Heptanal und Behandeln des Reaktionsgemisches mit wss. Ammoniumchlorid-Lösung (*Theus et al.*, Helv. **38** [1955] 239, 250).

Kp_{12}: 133—137° [unreines Präparat].

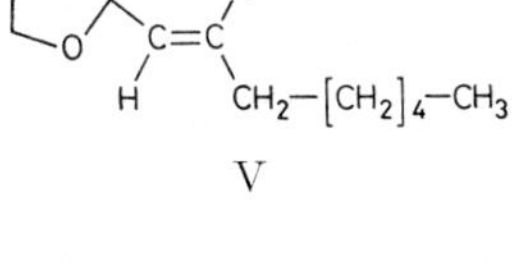

V 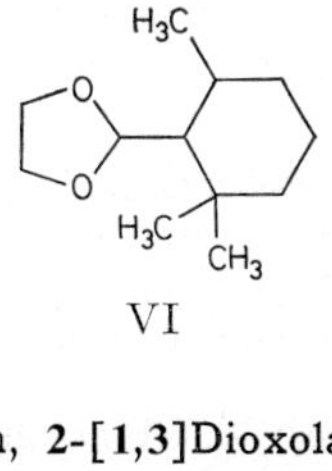 VI

***Opt.-inakt. 2-[2,2,6-Trimethyl-cyclohexyl]-[1,3]dioxolan, 2-[1,3]Dioxolan-2-yl-1,1,3-trimethyl-cyclohexan** $C_{12}H_{22}O_2$, Formel VI.

B. Bei der Hydrierung von 2-[1,3]Dioxolan-2-yl-1,3,3-trimethyl-cyclohexen an Platin in Essigsäure (*Colombi et al.*, Helv. **34** [1951] 265, 266, 269).

Kp_{13}: 115°. D_4^{21}: 0,9871. n_D^{21}: 1,4755.

***Opt.-inakt. 3-Äthyl-7-methyl-3-nitro-1,5-dioxa-spiro[5.5]undecan** $C_{12}H_{21}NO_4$, Formel VII.

B. Beim Erwärmen von (±)-2-Methyl-cyclohexanon mit 2-Äthyl-2-nitro-propan-1,3-diol, Benzol und wenig Toluol-4-sulfonsäure (*Comm. Solv. Corp.*, U.S.P. 2368071 [1942]).

Krystalle; F: 73,5°.

VII VIII IX

3-Äthyl-3-methyl-2,4-dithia-spiro[5.5]undecan $C_{12}H_{22}S_2$, Formel VIII.

B. Beim Behandeln einer Lösung von 1,1-Bis-mercaptomethyl-cyclohexan in Butanon mit Chlorwasserstoff (*Backer, Tamsma*, R. **57** [1938] 1183, 1194).

Krystalle (aus A.); F: 37—37,5°.

8,8-Diäthyl-6,10-dioxa-spiro[4.5]decan $C_{12}H_{22}O_2$, Formel IX.

B. Beim Erwärmen von Cyclopentanon mit 2,2-Diäthyl-propan-1,3-diol, Benzol und wenig Toluol-4-sulfonsäure (*Newman, Harper*, Am. Soc. **80** [1958] 6350, 6353).

Kp_{30}: 135—137°. n_D^{20}: 1,4646.

Geschwindigkeitskonstante der Hydrolyse in Chlorwasserstoff enthaltendem 70%ig. wss. Dioxan bei 30°: *Ne., Ha.*, l. c. S. 6351.

2,2-Dimethyl-octahydro-cyclonona[1,3]dioxol, 1,2-Isopropylidendioxy-cyclononan $C_{12}H_{22}O_2$.

a) **2,2-Dimethyl-(3a*r*,10a*c*)-octahydro-cyclonona[1,3]dioxol** $C_{12}H_{22}O_2$, Formel I.

B. Beim Behandeln von *cis*-Cyclononan-1,2-diol mit Aceton und wenig Schwefelsäure (*Prelog et al.*, Helv. **36** [1953] 471, 479).

Kp_{15}: 125°. D_4^{19}: 0,9875. n_D^{19}: 1,4680.

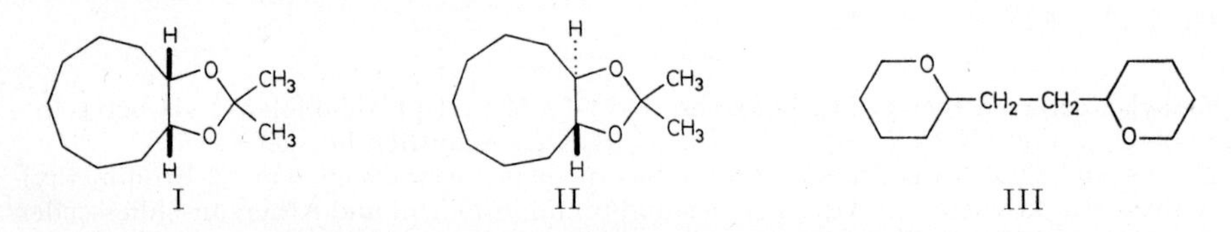

I II III

b) **(±)-2,2-Dimethyl-(3a*r*,10a*t*)-octahydro-cyclonona[1,3]dioxol** $C_{12}H_{22}O_2$, Formel II + Spiegelbild.

B. Beim Behandeln von (±)-*trans*-Cyclononan-1,2-diol mit Aceton und wenig Schwefelsäure (*Prelog et al.*, Helv. **36** [1953] 471, 479).

Kp_{15}: 125°. D_4^{19}: 0,9827. n_D^{19}: 1,4653.

***Opt.-inakt. 1,2-Bis-tetrahydropyran-2-yl-äthan** $C_{12}H_{22}O_2$, Formel III.

B. Bei der Hydrierung von opt.-inakt. Bis-tetrahydropyran-2-yl-acetylen (S. 181) an Raney-Nickel (*Riobé, Gouin*, C. r. **243** [1956] 1424).

Kp_{769}: 263°. D_4^{19}: 0,980. n_D^{19}: 1,4711.

***Opt.-inakt. 1,2-Bis-[3-chlor-tetrahydro-pyran-2-yl]-äthan** $C_{12}H_{20}Cl_2O_2$, Formel IV.

B. Aus opt.-inakt. Bis-[3-chlor-tetrahydro-pyran-2-yl]-acetylen ($C_{12}H_{16}Cl_2O_2$; Kp_4: 170°, $D_4^{17,5}$: 1,243, $n_D^{17,5}$: 1,5235; aus opt.-inakt. 2,3-Dichlor-tetrahydro-pyran und Äthindiyldimagnesium-dibromid hergestellt) durch Hydrierung mit Hilfe von Raney-Nickel (*Riobé, Gouin*, C. r. **243** [1956] 1424).

F: 135°.

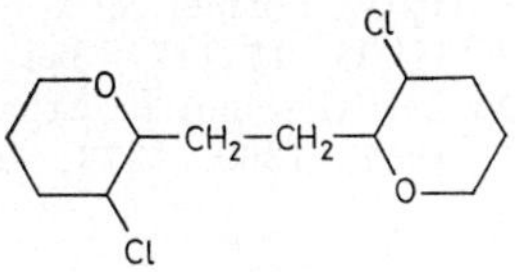

IV 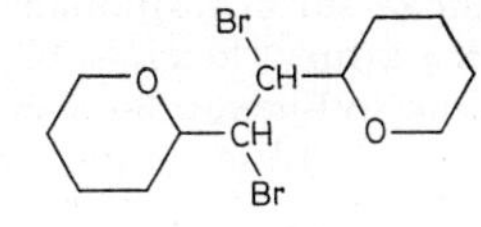 V 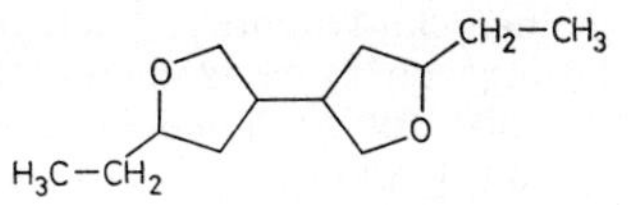 VI

***Opt.-inakt. 1,2-Dibrom-1,2-bis-tetrahydropyran-2-yl-äthan** $C_{12}H_{20}Br_2O_2$, Formel V.

B. Aus opt.-inakt. 1,2-Bis-tetrahydropyran-2-yl-äthylen (S. 169) und Brom (*Riobé, Gouin*, C. r. **243** [1956] 1424).

F: 122°.

5,5'-Diäthyl-octahydro-[3,3']bifuryl $C_{12}H_{22}O_2$, Formel VI.

Diese Konstitution kommt vermutlich der nachstehend beschriebenen opt.-inakt. Verbindung zu.

B. Neben 2-Äthyl-4-vinyl-tetrahydro-furan (E III/IV **17** 186) bei aufeinanderfolgender Umsetzung von opt.-inakt. 2-Äthyl-4-brom-tetrahydro-furan (E III/IV **17** 79) mit Magnesium und mit Acetaldehyd (*Ou*, A. ch. [11] **13** [1940] 175, 233).

Kp_{14}: 136–137°. D_4^{22}: 0,8950. n_D^{22}: 1,4270.

***Opt.-inakt. 2,3',3'-Trimethyl-3-pentyl-bioxiranyl, 2,3;4,5-Diepoxy-2,4-dimethyl-decan** $C_{12}H_{22}O_2$, Formel VII.

B. Neben 2-Acetoxy-3,4-epoxy-2,4-dimethyl-decan-5-ol (E III/IV **17** 2030) bei mehrtägigem Behandeln von 2,4-Dimethyl-deca-2,4-dien (n_D^{20}: 1,4521) mit Äther und mit Peroxyessigsäure (*Panšewitsch-Koljada*, Ž. obšč. Chim. **26** [1956] 2161, 2163; engl. Ausg. S. 2413, 2415).

Kp_3: 105–107°. D_4^{20}: 0,9155. n_D^{20}: 1,4412.

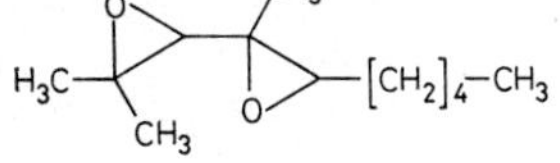

VII 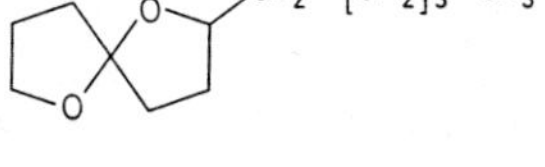 VIII

***Opt.-inakt. 2-Pentyl-1,6-dioxa-spiro[4.4]nonan** $C_{12}H_{22}O_2$, Formel VIII.

B. Neben 1-Tetrahydro[2]furyl-octan-3-ol (E III/IV **17** 1176) bei der Hydrierung von (±)-1-[2]Furyl-octan-3-ol an Nickel/Kieselgur in Äthanol bei 120°/90–150 at (*Til' et al.*, Ž. obšč. Chim. **27** [1957] 110, 111, 115; engl. Ausg. S. 125, 127).

Kp_{20}: 107,5–109°. D_4^{20}: 0,9410. n_D^{20}: 1,4495.

***Opt.-inakt. 2-Butyl-2-methyl-1,6-dioxa-spiro[4.4]nonan** $C_{12}H_{22}O_2$, Formel IX.

B. Neben 3-Methyl-1-tetrahydro[2]furyl-heptan-3-ol (E III/IV **17** 1176) bei der Hydrierung von (±)-1-[2]Furyl-3-methyl-heptan-3-ol an Nickel/Kieselgur in Äthanol bei 120°/50–100 at (*Ponomarew et al.*, Ž. obšč. Chim. **27** [1957] 1369, 1373; engl. Ausg. S. 1451, 1453).

Kp_{10}: 99–101°. D_4^{20}: 0,9399. n_D^{20}: 1,4490.

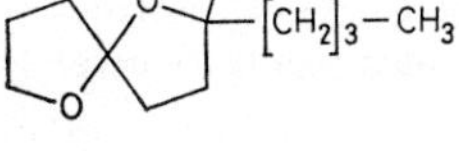

IX 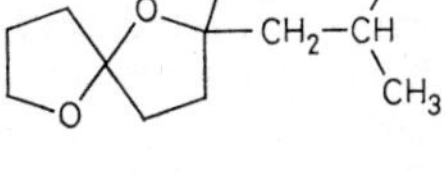 X 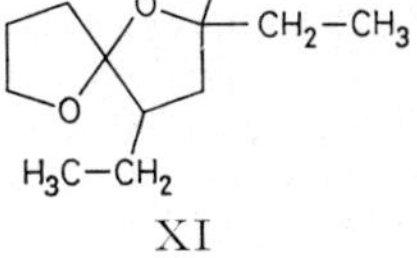 XI

***Opt.-inakt. 2-Isobutyl-2-methyl-1,6-dioxa-spiro[4.4]nonan** $C_{12}H_{22}O_2$, Formel X.

B. Neben 3,5-Dimethyl-1-tetrahydro[2]furyl-hexan-3-ol (E III/IV **17** 1177) bei der Hydrierung von (±)-1-[2]Furyl-3,5-dimethyl-hexan-3-ol an Nickel/Kieselgur in Äthanol bei 120°/50–100 at (*Ponomarew et al.*, Ž. obšč. Chim. **27** [1957] 1369, 1373; engl. Ausg. S. 1451, 1453).

Kp_{10}: 90–93°. D_4^{20}: 0,9340. n_D^{20}: 1,4470.

***Opt.-inakt. 2,4-Diäthyl-2-methyl-1,6-dioxa-spiro[4.4]nonan** $C_{12}H_{22}O_2$, Formel XI.

B. Bei der Hydrierung von opt.-inakt. 5-[2]Furyl-3-methyl-heptan-3-ol (E III/IV **17** 1311) an Nickel/Kieselgur in Äthanol bei 120–140°/100–140 at (*Ponomarew et al.*, Ž. obšč. Chim. **33** [1963] 1303, 1306, 1308; engl. Ausg. S. 1273, 1276, 1278; s. a. *Ponomarew, Šedawkina*, Uč. Zap. Saratovsk. Univ. **71** [1959] 143, 145; C. A. **1961** 27255).

Kp_{20}: 102–104°; D_4^{20}: 0,9315; n_D^{20}: 1,4452 (*Po. et al.*; *Po., Še.*). Kp_3: 69–70° (*Po., Še.*).

Stammverbindungen $C_{13}H_{24}O_2$

***5-Äthyl-2-[1-äthyl-pent-1-en-*t*(?)-yl]-5-nitro-[1,3]dioxan, 3-[5-Äthyl-5-nitro-[1,3]dioxan-2-yl]-hept-3*c*(?)-en** $C_{13}H_{23}NO_4$, vermutlich Formel I.

B. Beim Erwärmen von 2-Äthyl-hex-2*t*(?)-enal (E IV **1** 3494) mit 2-Äthyl-2-nitro-propan-1,3-diol, Benzol und wenig Schwefelsäure (*Comm. Solv. Corp.*, U.S.P. 2383622 [1943]).

Kp_1: 127–128°.

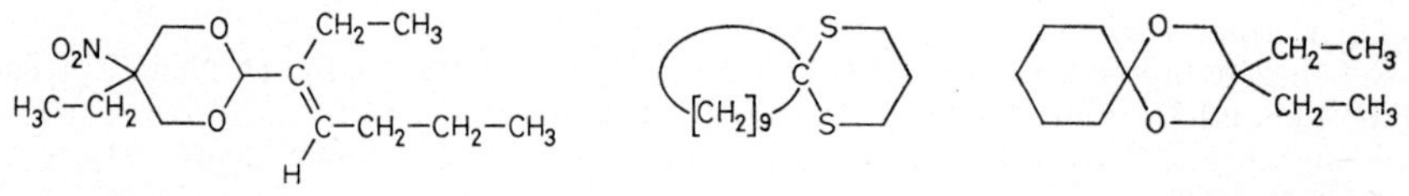

I II III

1,5-Dithia-spiro[5.9]pentadecan, Cyclodecanon-propandiyldithioacetal $C_{13}H_{24}S_2$, Formel II.

B. Beim Behandeln von (±)-2-Acetoxy-cyclodecanon mit Propan-1,3-dithiol, Benzol, Zinkchlorid und Chlorwasserstoff (*Cram, Cordon*, Am. Soc. **77** [1955] 1810).

Bei 160°/0,8 Torr destillierbar. n_D^{25}: 1,5640. UV-Absorptionsmaximum: 248 nm.

3,3-Diäthyl-1,5-dioxa-spiro[5.5]undecan $C_{13}H_{24}O_2$, Formel III.

B. Beim Erwärmen von Cyclohexanon mit 2,2-Diäthyl-propan-1,3-diol, Benzol und wenig Toluol-4-sulfonsäure (*Newman, Harper*, Am. Soc. **80** [1958] 6350, 6353).

Kp_{24-25}: 146–149°. n_D^{20}: 1,4687.

Geschwindigkeitskonstante der Hydrolyse in Chlorwasserstoff enthaltendem 70%ig. wss. Dioxan bei 30°: *Ne., Ha.*, l. c. S. 6351.

(±)-8,8-Diäthyl-1-methyl-6,10-dioxa-spiro[4.5]decan $C_{13}H_{24}O_2$, Formel IV.

B. Beim Erwärmen von (±)-2-Methyl-cyclopentanon mit 2,2-Diäthyl-propan-1,3-diol, Benzol und wenig Toluol-4-sulfonsäure (*Newman, Harper*, Am. Soc. **80** [1958] 6350, 6353).

Kp_7: 110–111°. n_D^{20}: 1,4640.

Geschwindigkeitskonstante der Hydrolyse in Chlorwasserstoff enthaltendem 70%ig. wss. Dioxan bei 30°: *Ne., Ha.*, l. c. S. 6351.

2,2-Dimethyl-decahydro-cyclodeca[1,3]dioxol, 1,2-Isopropylidendioxy-cyclodecan $C_{13}H_{24}O_2$.

a) **2,2-Dimethyl-(3a*r*,11a*c*)-decahydro-cyclodeca[1,3]dioxol** $C_{13}H_{24}O_2$, Formel V.

B. Beim Behandeln von *cis*-Cyclodecan-1,2-diol mit Aceton und wenig Schwefelsäure (*Prelog et al.*, Helv. **35** [1952] 1598, 1612).

Flüssigkeit. D_4^{20}: 0,9773. n_D^{20}: 1,4765. IR-Spektrum (3–16 μ): *Pr. et al.*, l. c. S. 1603, 1608.

IV V VI

b) (±)-2,2-Dimethyl-(3a*r*,11a*t*)-decahydro-cyclodeca[1,3]dioxol $C_{13}H_{24}O_2$, Formel VI + Spiegelbild.

B. Beim Behandeln von (±)-*trans*-Cyclodecan-1,2-diol mit Aceton und wenig Schwefelsäure (*Prelog et al.*, Helv. **35** [1952] 1598, 1613).

Flüssigkeit. D_4^{20}: 0,9761. n_D^{20}: 1,4740. IR-Spektrum (3—16 μ): *Pr. et al.*, l. c. S. 1603, 1608.

***Opt.-inakt. 2-Isohexyl-1,6-dioxa-spiro[4.4]nonan** $C_{13}H_{24}O_2$, Formel VII.

B. Neben 7-Methyl-1-tetrahydro[2]furyl-octan-3-ol (E III/IV **17** 1178) bei der Hydrierung von (±)-1-[2]Furyl-7-methyl-octan-3-ol an Nickel/Kieselgur in Äthanol bei 120°/90—150 at (*Til' et al.*, Ž. obšč. Chim. **27** [1957] 110, 111, 115; engl. Ausg. S. 125, 127).

Kp_{10}: 112—114,5°. D_4^{20}: 0,9339. n_D^{20}: 1,4500.

VII VIII IX

***Opt.-inakt. 2-Isopentyl-2-methyl-1,6-dioxa-spiro[4.4]nonan** $C_{13}H_{24}O_2$, Formel VIII.

B. Neben 3,6-Dimethyl-1-tetrahydro[2]furyl-heptan-3-ol (E III/IV **17** 1178) bei der Hydrierung von (±)-1-[2]Furyl-3,6-dimethyl-heptan-3-ol an Nickel/Kieselgur in Äthanol bei 120°/50—100 at (*Ponomarew et al.*, Ž. obšč. Chim. **27** [1957] 1369, 1373; engl. Ausg. S. 1451, 1453).

Kp_{10}: 107,5—109,5°. D_4^{20}: 0,9304. n_D^{20}: 1,4483.

***Opt.-inakt. 2-Äthyl-4-isopropyl-2-methyl-1,6-dioxa-spiro[4.4]nonan** $C_{13}H_{24}O_2$, Formel IX.

B. Bei der Hydrierung von opt.-inakt. 5-[2]Furyl-3,6-dimethyl-heptan-3-ol (E III/IV **17** 1314) an Raney-Nickel in Äthanol bei 120—140°/100—140 at (*Ponomarew et al.*, Ž. obšč. Chim. **33** [1963] 1303, 1306, 1308; engl. Ausg. S. 1273, 1276, 1278; s. a. *Ponomarew, Šedawkina*, Uč. Zap. Saratovsk. Univ. **71** [1959] 143, 144, 146; C. A. **1961** 27255).

Kp_{20}: 110—112°; D_4^{20}: 0,9295; n_D^{20}: 1,4485 (*Po. et al.*; *Po., Še.*).

Stammverbindungen $C_{14}H_{26}O_2$

2-*tert*-Butyl-2-[2,3,3-trimethyl-but-1-en-ξ-yl]-[1,3]dioxolan, 1ξ-[2-*tert*-Butyl-[1,3]dioxolan-2-yl]-2,3,3-trimethyl-but-1-en $C_{14}H_{26}O_2$, Formel I (X = H).

B. Bei mehrtägigem Erwärmen von 2,2,5,6,6-Pentamethyl-hept-4-en-3-on (n_D^{25}: 1,4483) mit Äthylenglykol, Benzol und wenig Toluol-4-sulfonsäure (*Wiberg, Hutton*, Am. Soc. **76** [1954] 5367, 5370).

Flüssigkeit; bei 92—99°/9 Torr destillierbar. n_D^{25}: 1,4499.

2-[2-Brommethyl-3,3-dimethyl-but-1-en-ξ-yl]-2-*tert*-butyl-[1,3]dioxolan, 2-Brommethyl-1ξ-[2-*tert*-butyl-[1,3]dioxolan-2-yl]-3,3-dimethyl-but-1-en $C_{14}H_{25}BrO_2$, Formel I (X = Br).

B. Beim Behandeln einer Lösung der im vorangehenden Artikel beschriebenen Verbindung in Tetrachlormethan mit *N*-Brom-succinimid, [α,α']Azoisobutyronitril und Magnesiumoxid unter Bestrahlung mit Glühlampenlicht (*Wiberg, Hutton*, Am. Soc. **76** [1954] 5367, 5370).

Kp_2: 111—113°. D^{25}: 1,166. n_D^{25}: 1,4870.

Charakterisierung durch Überführung in 5-Brommethyl-2,2,6,6-tetramethyl-hept-4-en-3-on-[2,4-dinitro-phenylhydrazon] (F: 175,5—176° [korr.]): *Wi., Hu.*

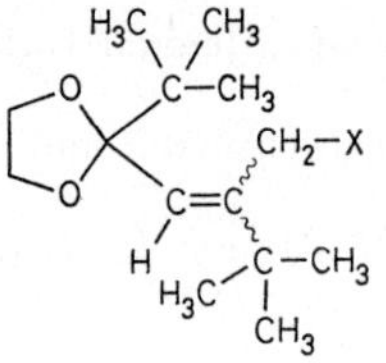

I 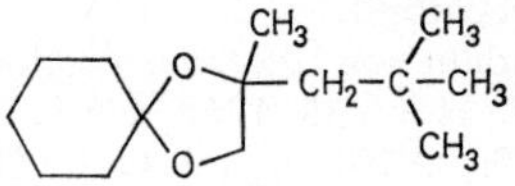 II

(±)-2-Methyl-2-neopentyl-1,4-dioxa-spiro[4.5]decan $C_{14}H_{26}O_2$, Formel II.

B. Beim Erwärmen von (±)-2,4,4-Trimethyl-pentan-1,2-diol mit Cyclohexanon, Benzol und wenig Phosphorsäure (*Graham et al.*, Soc. **1954** 2180, 2190).

Kp_{10}: 124°. n_D^{20}: 1,4562.

8,8-Diisopropyl-6,10-dioxa-spiro[4.5]decan $C_{14}H_{26}O_2$, Formel III.

B. Beim Erwärmen von Cyclopentanon mit 2,2-Diisopropyl-propan-1,3-diol, Benzol und wenig Toluol-4-sulfonsäure (*Newman, Harper*, Am. Soc. **80** [1958] 6350, 6353).

Kp_{6-7}: 125,5—127,1°. n_D^{20}: 1,4723.

Geschwindigkeitskonstante der Hydrolyse in Chlorwasserstoff enthaltendem 70%ig. wss. Dioxan bei 30°: *Ne., Ha.*, l. c. S. 6351.

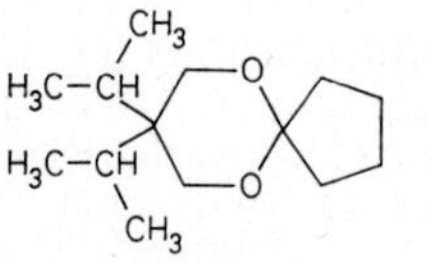

III 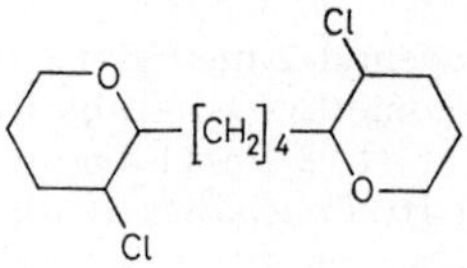 IV

1,4-Bis-[3-chlor-tetrahydro-pyran-2-yl]-butan $C_{14}H_{24}Cl_2O_2$, Formel IV.

Über ein beim Behandeln von 1,4-Dibrom-butan mit Magnesium in Äther und anschliessenden Erwärmen mit opt.-inakt. 2,3-Dichlor-tetrahydro-pyran (aus 3,4-Dihydro-2*H*-pyran hergestellt) erhaltenes Gemisch (bei 110—170°/0,01 Torr destillierbar; n_D^{20}: 1,4910) von Racematen dieser Konstitution s. *Ansell, Thomas*, Soc. **1957** 3302.

Stammverbindungen $C_{15}H_{28}O_2$

***2-[4-Isohexyl-cyclohexyl]-[1,3]dioxolan, 1-[1,3]Dioxolan-2-yl-4-isohexyl-cyclohexan** $C_{15}H_{28}O_2$, Formel V.

B. Bei der Hydrierung von 4-[1,3]Dioxolan-2-yl-1-[4-methyl-pent-3-enyl]-cyclohexen an Raney-Nickel in Äthanol bei 100°/50 at (*Mousseron-Canet, Mousseron*, Bl. **1956** 391, 395).

Kp_1: 130°.

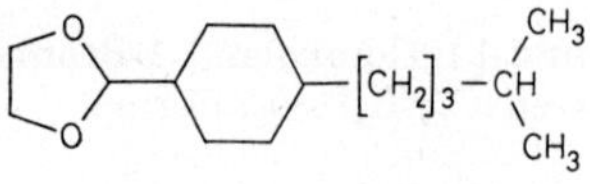

V 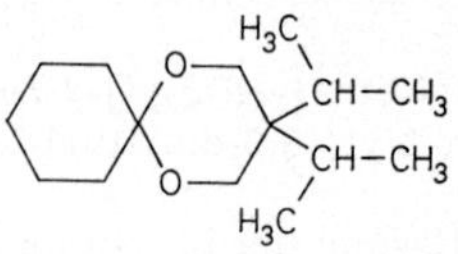 VI 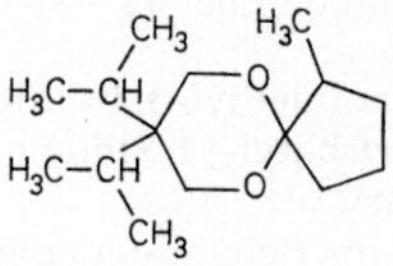 VII

3,3-Diisopropyl-1,5-dioxa-spiro[5.5]undecan $C_{15}H_{28}O_2$, Formel VI.

B. Beim Erwärmen von Cyclohexanon mit 2,2-Diisopropyl-propan-1,3-diol, Benzol und wenig Toluol-4-sulfonsäure (*Newman, Harper*, Am. Soc. **80** [1958] 6350, 6353).

Kp_{7-8}: 136—136,5°. n_D^{20}: 1,4751.

Geschwindigkeitskonstante der Hydrolyse in Chlorwasserstoff enthaltendem 70%ig. wss. Dioxan bei 30°: *Ne., Ha.*, l. c. S. 6351.

(±)-8,8-Diisopropyl-1-methyl-6,10-dioxa-spiro[4.5]decan $C_{15}H_{28}O_2$, Formel VII.

B. Beim Erwärmen von (±)-2-Methyl-cyclopentanon mit 2,2-Diisopropyl-propan-1,3-diol, Benzol und wenig Toluol-4-sulfonsäure (*Newman, Harper*, Am. Soc. **80** [1958] 6350, 6353).

Kp_4: 132—133°. n_D^{20}: 1,4734.

Geschwindigkeitskonstante der Hydrolyse in Chlorwasserstoff enthaltendem 75%ig. wss. Dioxan bei 30°: *Ne., Ha.*, l. c. S. 6351.

Stammverbindungen $C_{18}H_{34}O_2$

(±)-2-Chlormethyl-1,4-dioxa-spiro[4.14]nonadecan $C_{18}H_{33}ClO_2$, Formel VIII.

B. Beim Behandeln von Cyclopentadecanon mit (±)-Epichlorhydrin, Tetrachlormethan und Zinn(IV)-chlorid (*Willfang*, B. **74** [1941] 145, 151).

Krystalle; F: ca. 33°. Bei 100—120°/0,003—0,006 Torr destillierbar.

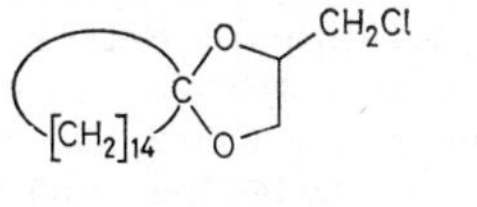

VIII 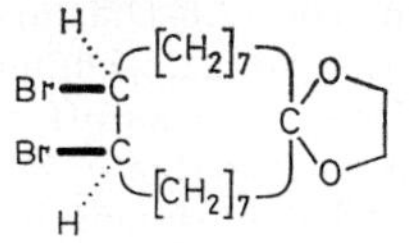 IX

Stammverbindungen $C_{19}H_{36}O_2$

***cis*(?)-13,14-Dibrom-1,4-dioxa-spiro[4.16]heneicosan** $C_{19}H_{34}Br_2O_2$, vermutlich Formel IX.

B. Beim Erwärmen von *cis*(?)-9,10-Dibrom-cycloheptadecanon (E III **7** 211) mit Äthylenglykol, Benzol und wenig Benzolsulfonsäure (*Stoll et al.*, Helv. **31** [1948] 543, 553).

Krystalle (aus A. + Ae.); F: 46—47°.

Stammverbindungen $C_{20}H_{38}O_2$

***Opt.-inakt. 1,2-Bis-[5-*tert*-butyl-5-methyl-tetrahydro-[2]furyl]-äthan** $C_{20}H_{38}O_2$, Formel X.

B. Neben 2,2,3-Trimethyl-hept-6-en-3-ol beim Erwärmen von opt.-inakt. 5-Brommethyl-2-*tert*-butyl-2-methyl-tetrahydro-furan (E III/IV **17** 129) mit Magnesium in Äther (*Colonge, Lagier*, Bl. **1949** 17, 24).

Krystalle (aus A.); F: 76°. Kp_{12}: 175°.

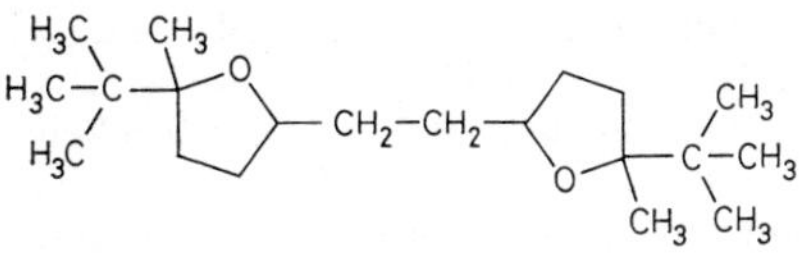

X 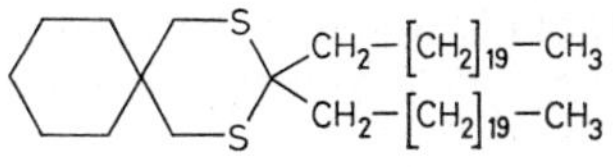 XI

Stammverbindungen $C_{51}H_{100}O_2$

3,3-Bis-heneicosyl-2,4-dithia-spiro[5.5]undecan $C_{51}H_{100}S_2$, Formel XI.

B. Beim Behandeln eines Gemisches von Tritetracontan-22-on, 1,1-Bis-mercaptomethyl-cyclohexan, Äthanol und Petroläther mit Chlorwasserstoff (*Backer, Tamsma*, R. **57** [1938] 1183, 1194).

Krystalle (aus PAe. + A.); F: 63—64°.

Stammverbindungen $C_nH_{2n-4}O_2$

Stammverbindungen $C_4H_4O_2$

[1,4]Dioxin $C_4H_4O_2$, Formel I.

B. Beim Erhitzen von 2*r*,3*c*,5*t*,6*t*-Tetrachlor-[1,4]dioxan (S. 32) mit Magnesium und Jod in Dibutyläther (*Summerbell, Umhoefer*, Am. Soc. **61** [1939] 3020; *Pickett, Sheffield*, Am. Soc. **68** [1946] 216, 217).

Atomabstände und Bindungswinkel (Elektronenbeugung): *Beach*, J. chem. Physics **9** [1941] 54.

Kp_{746}: 75° (*Su., Um.*); Kp_{743}: 74,6° (*Pi., Sh.*). D_4^{20}: 1,115 (*Su., Um.*). n_D^{20}: 1,4350 (*Su., Um.*; *Pi., Sh.*). UV-Spektrum des Dampfes (170–270 nm) sowie einer Lösung in Hexan (220–330 nm): *Pi., Sh.*

I II III

[1,4]Dithiin $C_4H_4S_2$, Formel II.

Die Identität des früher (s. H **19** 17) unter dieser Konstitution beschriebenen Präparats ist ungewiss (*Varvoglis, Tsatsaronis*, B. **86** [1953] 19; *Parham et al.*, Am. Soc. **75** [1953] 2065; *Howell et al.*, Acta cryst. **7** [1954] 498).

B. Beim Erhitzen von 2,5-Diäthoxy-[1,4]dithian (*Parham et al.*, J. org. Chem. **24** [1959] 1819, 1821) oder von 2,5-Dimethoxy-[1,4]dithian (*Pa. et al.*, Am. Soc. **75** 2068) mit Aluminiumoxid unter Stickstoff auf 265° bzw. 310°.

Orthorhombische Krystalle (bei –55°); Raumgruppe *Cmc*2_1 (= C_{2v}^{12}); aus dem Röntgen-Diagramm ermittelte Dimensionen der Elementarzelle bei –55°: a = 11,28 Å; b = 6,41 Å; c = 7,36 Å; n = 4 (*Ho. et al.*). [1,4]Dithiin ist bei Raumtemperatur flüssig; Kp_{27}: 80° (*Pa. et al.*, Am. Soc. **75** 2066); Kp_{17}: 71,5° (*Pa. et al.*, J. org. Chem. **24** 1821). D^{29}: 1,272 (*Wynberg*, zit. bei *Ho. et al.*). $n_D^{25,8}$: 1,6343 (*Pa. et al.*, J. org. Chem. **24** 1821); n_D^{30}: 1,6319 (*Pa. et al.*, Am. Soc. **75** 2066). UV-Absorptionsmaximum (A.): 262 nm (*Pa. et al.*, Am. Soc. **75** 2068).

Beim Behandeln mit Chlor in Tetrachlormethan sind 2,3-Dichlor-2,3-dihydro-[1,4]dithiin (S. 109) und eine vermutlich als 3,3'-Dichlor-2,3,2',3'-tetrahydro-[2,2']bi[1,4]dithiinyl zu formulierende Verbindung (F: 157–158°) erhalten worden (*Pa. et al.*, J. org. Chem. **24** 1821).

1-[Toluol-4-sulfonylimino]-1λ⁴-[1,4]dithiin, [1,4]Dithiin-1-[toluol-4-sulfonylimid] $C_{11}H_{11}NO_2S_3$, Formel III.

Diese Konstitution ist der nachstehend beschriebenen Verbindung zugeordnet worden (*Parham et al.*, Am. Soc. **76** [1954] 4957, 4959).

B. Beim Erwärmen von [1,4]Dithiin mit der Natrium-Verbindung des *N*-Chlor-toluol-4-sulfonamids in wss. Methanol (*Pa. et al.*).

Krystalle (aus Me.); F: 155–156°.

1,4-Dioxo-1λ⁴,4λ⁴-[1,4]dithiin, [1,4]Dithiin-1,4-dioxid $C_4H_4O_2S_2$, Formel IV, und **1,1-Dioxo-1λ⁶-[1,4]dithiin, [1,4]Dithiin-1,1-dioxid** $C_4H_4O_2S_2$, Formel V.

Diese beiden Konstitutionsformeln kommen für die nachstehend beschriebene Verbindung in Betracht.

B. Beim Behandeln einer Lösung von [1,4]Dithiin in Essigsäure mit wss. Wasserstoffperoxid [2 Mol H_2O_2] (*Parham et al.*, Am. Soc. **75** [1953] 2065, 2069).

Krystalle, F: 99–100° [durch Sublimation bei 120°/0,6 Torr gereinigtes Präparat].

1,1,4,4-Tetraoxo-1λ⁶,4λ⁶-[1,4]dithiin, [1,4]Dithiin-1,1,4,4-tetraoxid $C_4H_4O_4S_2$, Formel VI.

B. Beim Erwärmen einer Lösung von [1,4]Dithiin in Essigsäure mit wss. Wasserstoffperoxid [7 Mol H_2O_2] (*Parham et al.*, Am. Soc. **76** [1954] 4957, 4959).

Krystalle (aus Eg.); F: 241–242,5° [Zers.] (*Parham et al.*, Am. Soc. **75** [1953] 2065, 2069).

Beim Erhitzen einer Lösung in Essigsäure mit Buta-1,3-dien auf 100° bzw. auf 150°

ist 4a,5,8,8a-Tetrahydro-benzo[1,4]dithiin-1,1,4,4-tetraoxid (S. 176) bzw. 1,4,4a,5a,6,9,9a,10a-Octahydro-thianthren-5,5,10,10-tetraoxid (S. 246) erhalten worden (*Pa. et al.*, Am. Soc. **76** 4959).

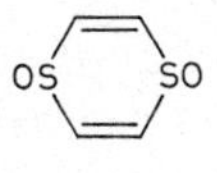

IV 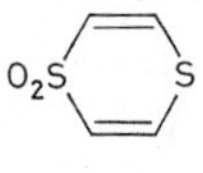 V 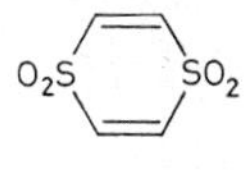 VI 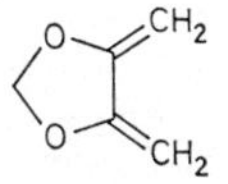 VII 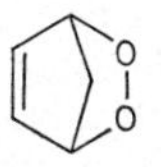 VIII

Stammverbindungen $C_5H_6O_2$

4,5-Dimethylen-[1,3]dioxolan $C_5H_6O_2$, Formel VII.

B. Beim Erhitzen von *trans*-4,5-Bis-chlormethyl-[1,3]dioxolan mit Kaliumhydroxid (*Firestone Tire & Rubber Co.*, U.S.P. 2445733 [1945]).

Kp: 115–116°.

2,3-Dioxa-norborn-5-en $C_5H_6O_2$, Formel VIII.

B. Beim Behandeln von Cyclopentadien mit Sauerstoff bei –100° in Gegenwart von Rose bengale (E II **19** 260 Anm.) unter Belichtung (*Schenck*, *Dunlap*, Ang. Ch. **68** [1956] 248; s. a. *Hock*, *Depke*, B. **84** [1951] 349, 350).

Bei –30° bis –20° im Hochvakuum destillierbare Flüssigkeit, die unterhalb –30° zu gelben Krystallen erstarrt (*Sch.*, *Du.*). Oberhalb 0° erfolgt Explosion (*Sch.*, *Du.*).

Beim Behandeln mit Thioharnstoff ist *cis*-Cyclopent-4-en-1,3-diol erhalten worden (*Sch.*, *Du.*).

Stammverbindungen $C_6H_8O_2$

4,6-Dimethyl-2,2-dioxo-2λ⁶-[1,2]oxathiin, 4,6-Dimethyl-[1,2]oxathiin-2,2-dioxid, 4-Hydroxy-2-methyl-penta-1,3*t*-dien-1*c*-sulfonsäure-lacton $C_6H_8O_3S$, Formel I (X = H).

B. Beim Behandeln von Mesityloxid (4-Methyl-pent-3-en-2-on) mit Acetanhydrid und Chloroschwefelsäure bzw. Schwefelsäure (*Eastman*, *Gallup*, Am. Soc. **70** [1948] 864; *Morel*, *Verkade*, R. **68** [1949] 619, 626).

Krystalle (aus Me.); F: 70,5–71° (*Mo.*, *Ve.*, R. **68** 626); 65–67° (*Ea.*, *Ga.*), 66° (*Jur'ew et al.*, Doklady Akad. S.S.S.R. **72** [1950] 523; C. A. **1951** 602).

Überführung in 2,4-Dimethyl-furan durch Erhitzen mit Calciumoxid, Kupfer(II)-oxid, Eisen und Diphenylamin: *Ju. et al.*; durch Erhitzen mit Calciumoxid und Chinolin: *Morel*, *Verkade*, R. **70** [1951] 35, 41. Beim Behandeln einer Lösung in Tetrachlormethan mit Brom (1 Mol bzw. Überschuss) ist von *Eastman*, *Gallup* (l. c.) 3-Brom-4,6-dimethyl-[1,2]oxathiin-2,2-dioxid (s. u.) bzw. eine als 3,4,5-Tribrom-4,6-dimethyl-3,4-dihydro-[1,2]oxathiin-2,2-dioxid angesehene, möglicherweise aber als 3,5,6-Tribrom-4,6-dimethyl-5,6-dihydro-[1,2]oxathiin-2,2-dioxid zu formulierende Verbindung $C_6H_7Br_3O_3S$ (Krystalle, F: 156–160° [unkorr.; Zers.]) erhalten worden.

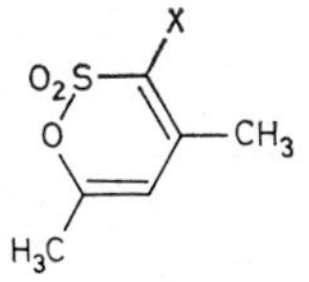

I 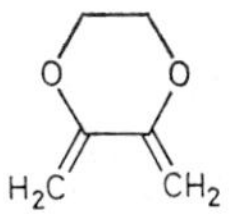 II 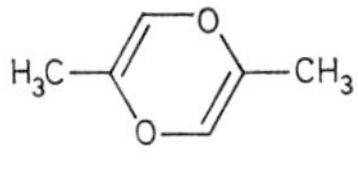 III 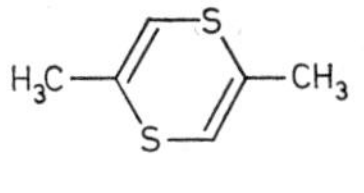 IV

3-Brom-4,6-dimethyl-2,2-dioxo-2λ⁶-[1,2]oxathiin, 3-Brom-4,6-dimethyl-[1,2]oxathiin-2,2-dioxid $C_6H_7BrO_3S$, Formel I (X = Br).

Diese Konstitution kommt der nachstehend beschriebenen, ursprünglich (*Eastman*, *Gallup*, Am. Soc. **70** [1948] 864) als 5-Brom-4,6-dimethyl-[1,2]oxathiin-2,2-dioxid[1]) angesehenen Verbindung zu (*Barnett McCormack*, Tetrahedron Letters **1969** 651).

B. Beim Behandeln einer Lösung von 4,6-Dimethyl-[1,2]oxathiin-2,2-dioxid in Tetrachlormethan mit Brom [1 Mol] (*Ea.*, *Ga.*).

---

[1]) Über diese Verbindung (F: 62–63°) s. *Barnett*, *McCormack*, Tetrahedron Letters **1969** 651.

Krystalle (aus A.); F: 75–76° (*Ea.*, *Ga.*).
Hautreizende Wirkung: *Ea.*, *Ga.*

2,3-Dimethylen-[1,4]dioxan $C_6H_8O_2$, Formel II.

B. Beim Erhitzen von *cis*-2,3-Bis-jodmethyl-[1,4]dioxan oder von *trans*-2,3-Bis-jodmethyl-[1,4]dioxan mit wss. Natronlauge und *O*-Äthyl-diäthylenglykol (*Summerbell, Lestina*, Am. Soc. **79** [1957] 3878, 3882).

Flüssigkeit; n_D^{20}: 1,4922.

Beim Aufbewahren erfolgt Umwandlung in Substanzen von hohem Molekulargewicht. Charakterisierung durch Überführung in 2,3,5,6,7,8-Hexahydro-benzo[1,4]dioxin-6*r*,7*c*-dicarbonsäure-anhydrid (F: 82°): *Su.*, *Le.*

2,5-Dimethyl-[1,4]dioxin $C_6H_8O_2$, Formel III.

B. Beim Erhitzen von 2,5-Dimethylen-[1,4]dioxan mit Biphenyl und Hydrochinon in Gegenwart von Palladium/Kohle unter Stickstoff (*Summerbell, Lestina*, Am. Soc. **79** [1957] 6219).

F: 15,5–16,5°. $Kp_{756,2}$: 122–123° [Rohprodukt]. D_4^{20}: 1,014. n_D^{20}: 1,4480. IR-Banden im Bereich von 3,4 μ bis 13,8 μ: *Su.*, *Le.* UV-Absorptionsmaximum (Ae.): 252 nm.

2,5-Dimethyl-[1,4]dithiin $C_6H_8S_2$, Formel IV.

B. Beim Erhitzen von 2,5-Diäthoxy-3,6-dimethyl-[1,4]dithian oder von 3-Äthoxy-2,5-dimethyl-2,3-dihydro-[1,4]dithiin mit Aluminiumoxid (*Parham et al.*, Am. Soc. **81** [1959] 5993, 5996).

Kp_2: 61–62°; n_D^{26}: 1,5754 (*Pa. et al.*, Am. Soc. **81** 5996). UV-Absorptionsmaxima (A.): 262 nm und 269 nm (*Parham et al.*, Am. Soc. **81** 5996; J. org. Chem. **24** [1959] 1819, 1820).

Beim Erhitzen unter Stickstoff auf Siedetemperatur ist 2,4-Dimethyl-thiophen erhalten worden (*Pa. et al.*, Am. Soc. **81** 5996).

2,5-Dimethyl-1,1,4,4-tetraoxo-1λ⁶,4λ⁶-[1,4]dithiin, 2,5-Dimethyl-[1,4]dithiin-1,1,4,4-tetraoxid $C_6H_8O_4S_2$, Formel V.

B. Beim Erwärmen einer Lösung von 2,5-Dimethyl-[1,4]dithiin in Essigsäure mit wss. Wasserstoffperoxid (*Parham et al.*, Am. Soc. **81** [1959] 5993, 5996).

Krystalle (aus A.); F: 218–221° [unter Sublimation].

2,5-Dimethylen-[1,4]dioxan $C_6H_8O_2$, Formel VI.

B. Beim Erhitzen von *trans*-2,5-Bis-jodmethyl-[1,4]dioxan mit wss. Natronlauge und *O*-Äthyl-diäthylenglykol (*Summerbell, Lestina*, Am. Soc. **79** [1957] 6219).

Kp_{755}: 146–147°. D_4^{20}: 1,048. n_D^{20}: 1,4880. IR-Banden im Bereich von 3,4 μ bis 12,6 μ: *Su.*, *Le.*

Beim Erhitzen mit Biphenyl und Hydrochinon in Gegenwart von Palladium/Kohle ist 2,5-Dimethyl-[1,4]dioxin erhalten worden.

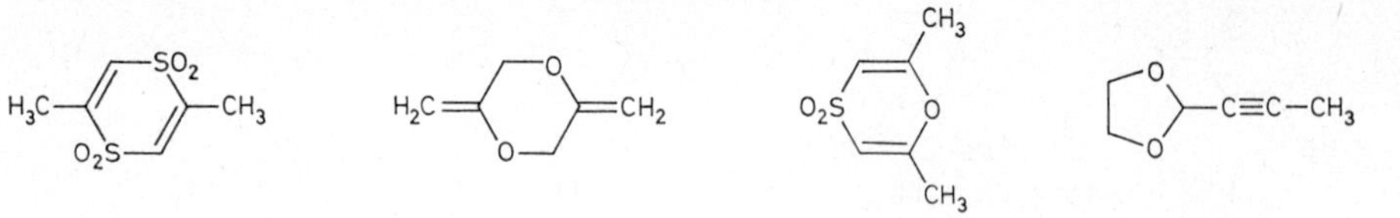

V VI VII VIII

2,6-Dimethyl-4,4-dioxo-4λ⁶-[1,4]oxathiin, 2,6-Dimethyl-[1,4]oxathiin-4,4-dioxid $C_6H_8O_3S$, Formel VII.

B. Beim Behandeln einer Lösung von 3,4-Dimethyl-2,5-dihydro-thiophen-1,1-dioxid in Essigsäure mit Ozon und Behandeln des Reaktionsprodukts mit Wasser (*Backer, Strating*, R. **54** [1935] 170, 174). Beim Behandeln von [2-Hydroperoxy-2-methoxy-propan-1-sulfonyl]-aceton (E IV **1** 3981) mit Benzoylchlorid und Pyridin (*Criegee et al.*, A. **583** [1953] 1, 18).

Krystalle (aus W.); F: 119–120° (*Ba.*, *St.*), 119° (*Cr. et al.*).

2-Prop-1-inyl-[1,3]dioxolan, But-2-inal-äthandiylacetal $C_6H_8O_2$, Formel VIII.
B. Beim Behandeln von Butadiin mit Natrium-[2-hydroxy-äthylat] und Äthylenglykol (*Chem. Werke Hüls,* D.B.P. 871006 [1942]).
Kp_{15}: 50—52°.

5,8-Dioxa-spiro[3.4]oct-1-en, Cyclobutenon-äthandiylacetal $C_6H_8O_2$, Formel IX.
B. Beim Erhitzen von 2,2a,3,6-Tetrahydro-6a*H*-spiro[3,6-ätheno-cyclobutabenzen-1,2'-[1,3]dioxolan]-4,5-dicarbonsäure-dimethylester unter 10 Torr auf 200° (*Vogel, Hasse,* A. **615** [1958] 22, 27).
Kp_{25}: 50°. n_D^{20}: 1,4566.

2,3-Dioxa-bicyclo[2.2.2]oct-5-en, Norascaridol $C_6H_8O_2$, Formel X.
B. Aus Cyclohexa-1,3-dien mit Hilfe von Sauerstoff unter Belichtung (*Schenck,* Ang. Ch. **64** [1952] 12, 18; s. a. *Hock, Depke,* B. **84** [1951] 349, 356).
Krystalle; F: 88,5° (*Sch.*), 82—83° (*Hock, De.*). D_4^{22}: 1,102 (*Hock, De.*). Kryoskopische Konstante: *Sch.* n_D^{85}: 1,453 (*Hock, De.*).
Überführung in *cis*-Cyclohex-2-en-1,4-diol mit Hilfe von Thioharnstoff: *Schenck, Dunlap,* Ang. Ch. **68** [1956] 248.

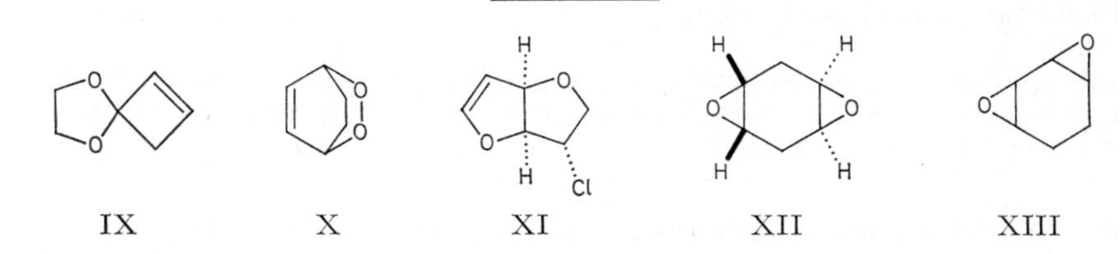

(3a*S*)-3*c*-Chlor-(3a*r*,6a*c*)-2,3,3a,6a-tetrahydro-furo[3,2-*b*]furan $C_6H_7ClO_2$, Formel XI.
Eine als Monochlor-dianhydrodesoxysorbitoleen bezeichnete Verbindung (Kp_{15}: 145° bis 150°; n_D^{16}: 1,5009; $[\alpha]_D^{20}$: +53,3° [$CHCl_3$; c = 1]), der vermutlich diese Konstitution und Konfiguration zukommt, ist beim Erhitzen von Bis-*O*-methansulfonyl-1,4;3,6-dianhydro-D-glucit mit Lithiumchlorid, Äthanol und Aceton auf 190° erhalten worden (*Wiggins, Wood,* Soc. **1951** 1180, 1183).

(1*r*,3*t*,5*t*,7*c*)-4,8-Dioxa-tricyclo[5.1.0.0^{3,5}]octan, (1a*r*,2a*t*,3a*t*,4a*c*)-Hexahydro-benzo[1,2;4,5]bisoxiren, 1*r*,2*c*;4*t*,5*t*-Diepoxy-cyclohexan $C_6H_8O_2$, Formel XII.
Konfigurationszuordnung: *Craig et al.,* J. org. Chem. **32** [1967] 3743.
B. Beim Behandeln von Cyclohexa-1,4-dien mit Peroxybenzoesäure in Chloroform (*Zelinsky, Titowa,* B. **64** [1931] 1399, 1403; Ž. obšč. Chim. **1** [1931] 423, 426).
Krystalle (aus Bzn.); F: 110° (*Ze., Ti.*), 106,5—107,5° (*Patterson,* Anal. Chem. **26** [1954] 823, 825). IR-Spektrum (CS_2; 3—15 μ): *Pa.,* l. c. S. 827.

***Opt.-inakt. 3,8-Dioxa-tricyclo[5.1.0.0^{2,4}]octan, Hexahydro-benzo[1,2;3,4]bisoxiren, 1,2;3,4-Diepoxy-cyclohexan** $C_6H_8O_2$, Formel XIII.
B. Beim Behandeln von (±)-3,4-Epoxy-cyclohexen mit Peroxybenzoesäure in Chloroform (*Bedos, Ruyer,* C. r. **195** [1932] 802).
Kp_{11}: 66° (*Bedos, Ruyer,* C. r. **195** 802, **196** [1933] 625). D_4^{9}: 1,1914; n_D^{9}: 1,4820 (*Be., Ru.,* C. r. **196** 625).

Stammverbindungen $C_7H_{10}O_2$

4,5,6-Trimethyl-2,2-dioxo-2λ^6-[1,2]oxathiin, 4,5,6-Trimethyl-[1,2]oxathiin-2,2-dioxid, 4-Hydroxy-2,3-dimethyl-penta-1,3*t*-dien-1*c*-sulfonsäure-lacton $C_7H_{10}O_3S$, Formel I.
B. Beim Behandeln von 3,4-Dimethyl-pent-3-en-2-on mit Acetanhydrid und Schwefelsäure (*Morel, Verkade,* R. **68** [1949] 619, 626, 629).
Krystalle (aus Bzl. + PAe.); F: 85—86°.

3,4,6-Trimethyl-2,2-dioxo-2λ⁶-[1,2]oxathiin, 3,4,6-Trimethyl-[1,2]oxathiin-2,2-dioxid, 5-Hydroxy-3-methyl-hexa-2*t*,4*t*-dien-2-sulfonsäure-lacton $C_7H_{10}O_3S$, Formel II.

B. Beim Behandeln von 4-Methyl-hex-3-en-2-on (nicht charakterisiert) mit Acetanhydrid und Schwefelsäure (*Morel, Verkade*, R. **68** [1949] 619, 626, 631).

Krystalle (aus Me.); F: 68,5—69°.

I II III IV

(±)-2-Methyl-4-methylen-2-vinyl-[1,3]dioxolan $C_7H_{10}O_2$, Formel III.

B. Aus (±)-3-Chlor-propan-1,2-diol und But-3-en-2-on (*Orth*, Ang. Ch. **64** [1952] 544, 547).

Kp_{755}: 113—115°.

1,4-Dioxa-spiro[4.4]non-6-en, Cyclopent-2-enon-äthandiylacetal $C_7H_{10}O_2$, Formel IV.

B. Beim Erhitzen von 6-Chlor-1,4-dioxa-spiro[4.4]nonan mit Kaliumhydroxid und wenig Ammoniumchlorid in Diäthylenglykol (*Wanzlick et al.*, B. **88** [1955] 69, 72).

Kp_{11}: 55°. D_4^{20}: 1,061. n_D^{18}: 1,4675.

6-Chlor-7,8,8,9,9-pentafluor-1,4-dioxa-spiro[4.4]non-6-en $C_7H_4ClF_5O_2$, Formel V.

Diese Konstitution kommt vermutlich der nachstehend beschriebenen, ursprünglich (*Henne, Latif*, J. Indian chem. Soc. **30** [1953] 809, 811) als 7-Chlor-4a,5,5,6,6-pentafluor-2,3,5,6-tetrahydro-4a*H*-cyclopenta[1,4]dioxin angesehenen Verbindung zu (*Parker*, Am. Soc. **81** [1959] 2183, 2184).

B. Beim Behandeln einer Lösung von 1,2-Dichlor-hexafluor-cyclopenten in Dioxan mit Natrium-[2-hydroxy-äthylat] und Äthylenglykol (*He., La.*).

Kp_{53}: 98°; $D_4^{27,5}$: 1,5760; n_D^{20}: 1,3993 (*He., La.*).

2-Methylen-5,8-dioxa-spiro[3.4]octan $C_7H_{10}O_2$, Formel VI.

B. Beim Erhitzen von [5,8-Dioxa-spiro[3.4]oct-2-ylmethyl]-dimethyl-aminoxid auf 225° (*Caserio, Roberts*, Am. Soc. **80** [1958] 5837, 5839).

Kp_{100}: 91—92,5° [Rohprodukt]. n_D^{25}: 1,4597.

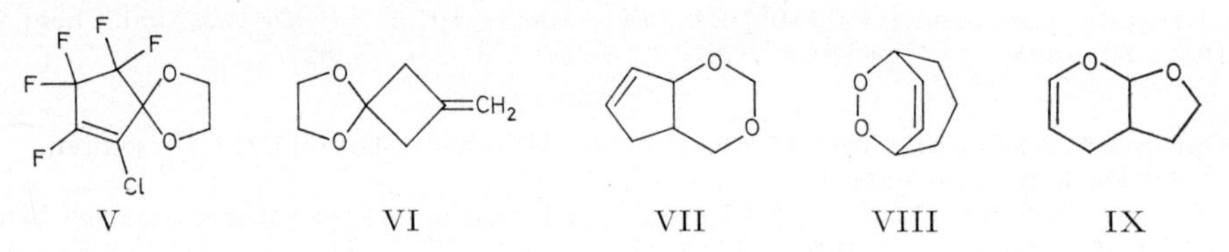

V VI VII VIII IX

***Opt.-inakt. 4,4a,5,7a-Tetrahydro-cyclopenta[1,3]dioxin** $C_7H_{10}O_2$, Formel VII.

B. Beim Behandeln von Cyclopentadien mit wss. Formaldehyd-Lösung und Schwefelsäure (*Beets, Drukker*, R. **72** [1953] 247, 251).

Kp_{760}: 167°; Kp_{19}: 60,5—61°. D_4^{20}: 1,0996. n_D^{20}: 1,4779.

6,7-Dioxa-bicyclo[3.2.2]non-8-en $C_7H_{10}O_2$, Formel VIII.

B. Bei mehrtägigem Behandeln eines mit Eosin versetzten Gemisches von Cyclohepta-1,3-dien und Äthanol mit Sauerstoff unter Belichtung (*Cope et al.*, Am. Soc. **79** [1957] 6287, 6290).

Krystalle (aus Ae.); F: 119—122,4° [korr.].

Bei der Hydrierung in Äthanol an Platin sind *cis*-Cycloheptan-1,4-diol und kleine Mengen *trans*-Cycloheptan-1,4-diol erhalten worden.

***Opt.-inakt. 2,3,3a,4-Tetrahydro-7a*H*-furo[2,3-*b*]pyran** $C_7H_{10}O_2$, Formel IX.

B. Beim Erhitzen von 2,3-Dihydro-furan mit Acrylaldehyd und wenig Hydrochinon auf 140° (*Paul, Tchelitcheff*, Bl. **1954** 672, 673).

Kp_{20}: 81—82°. $D_4^{21,5}$: 1,113. $n_D^{21,5}$: 1,4830.

Stammverbindungen $C_8H_{12}O_2$

(3*Z*?,8*Z*?)-2,5,7,10-Tetrahydro-[1,6]dioxecin $C_8H_{12}O_2$, vermutlich Formel I.

B. Beim Erhitzen von But-2*c*-en-1,4-diol mit 1,4-Dichlor-but-2*c*-en und Natriumhydroxid in Tetrahydrofuran (*Reppe et al.*, A. **596** [1955] 1, 132).

Krystalle (aus Me.); F: 117°.

***3,7-Bis-chlormethylen-[1,5]dioxocan** $C_8H_{10}Cl_2O_2$, Formel II.

B. Neben 2-Chlormethylen-propan-1,3-diol beim Erhitzen von 1,3-Dichlor-2-chlormethyl-2-nitro-propan mit wss. Kalilauge (*Kleinfeller, Stahmer*, B. **66** [1933] 1127, 1134).

Krystalle (aus wss. Me. oder PAe.); F: 47—48°.

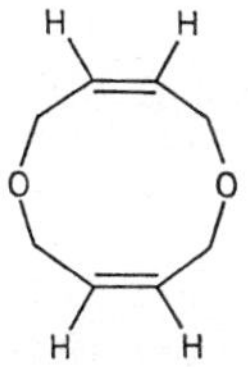

I 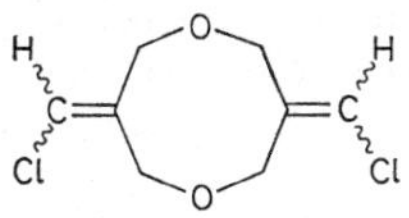 II 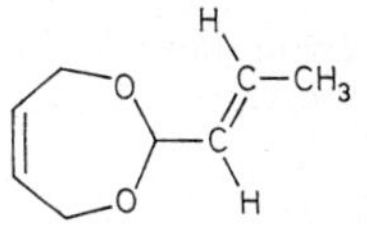 III 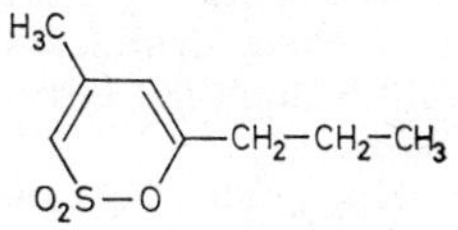 IV

2-*trans*-Propenyl-4,7-dihydro-[1,3]dioxepin, *trans*-Crotonaldehyd-but-2*c*-endiylacetal $C_8H_{12}O_2$, Formel III.

B. Beim Erwärmen von But-2*c*-en-1,4-diol mit *trans*-Crotonaldehyd, Benzol und wenig Toluol-4-sulfonsäure (*Brannock, Lappin*, J. org. Chem. **21** [1956] 1366).

$Kp_{4,5}$: 54—55°. n_D^{20}: 1,4739.

4-Methyl-2,2-dioxo-6-propyl-2λ^6-[1,2]oxathiin, 4-Methyl-6-propyl-[1,2]oxathiin-2,2-dioxid, 4-Hydroxy-2-methyl-hepta-1,3*t*-dien-1*c*-sulfonsäure-lacton $C_8H_{12}O_3S$, Formel IV.

B. Beim Behandeln von 2-Methyl-hept-2-en-4-on mit Acetanhydrid und Schwefelsäure (*Morel, Verkade*, R. **68** [1949] 619, 626, 627).

$Kp_{3,5}$: 136—138°.

4-Äthyl-3,6-dimethyl-2,2-dioxo-2λ^6-[1,2]oxathiin, 4-Äthyl-3,6-dimethyl-[1,2]oxathiin-2,2-dioxid, 3-Äthyl-5-hydroxy-hexa-2*t*,4*t*-dien-2-sulfonsäure-lacton $C_8H_{12}O_3S$, Formel V.

B. Beim Behandeln eines Gemisches von 4-Äthyl-hex-3-en-2-on und 4-Äthyl-hex-4-en-2-on mit Acetanhydrid und Schwefelsäure (*Morel, Verkade*, R. **68** [1949] 619, 626, 631).

Kp_{11}: 152—156°.

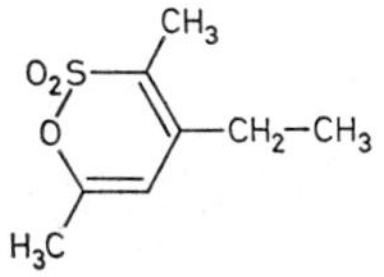

V 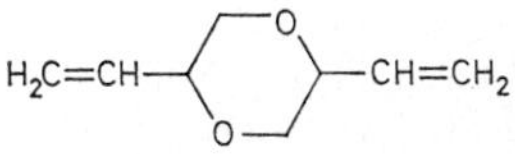 VI 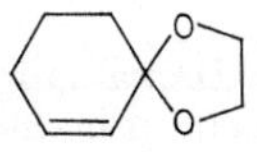 VII

***Opt.-inakt. 2,5-Divinyl-[1,4]dioxan** $C_8H_{12}O_2$, Formel VI.

B. Beim Erwärmen von But-2-en-1,4-diol (nicht charakterisiert) mit Quecksilber(II)-sulfat in Benzol (*Eastman Kodak Co.*, U.S.P. 2912439 [1956]).

Kp_5: 46°. D_4^{20}: 0,9734. n_D^{20}: 1,4592.

1,4-Dioxa-spiro[4.5]dec-6-en, Cyclohex-2-enon-äthandiylacetal $C_8H_{12}O_2$, Formel VII.

B. Beim Erhitzen von 6-Chlor-1,4-dioxa-spiro[4.5]decan oder von 6-Brom-1,4-dioxa-spiro[4.5]decan mit Kaliumhydroxid und wenig Ammoniumchlorid in Diäthylenglykol (*Wanzlick et al.*, B. **88** [1955] 69, 73).

Kp_{12}: 72—73°; D_4^{20}: 1,053; n_D^{20}: 1,4768 (*Wa. et al.*). Kp_{10}: 68—69°; n_D^{17}: 1,4800 (*Torgow, Nasarow*, Ž. obšč. Chim. **29** [1959] 787, 791; engl. Ausg. S. 774, 777).

2-Methylen-1,4-dioxa-spiro[4.4]nonan $C_8H_{12}O_2$, Formel VIII.

B. Beim Erhitzen von 2-Chlormethyl-1,4-dioxa-spiro[4.4]nonan mit Kaliumhydroxid (*Orth*, Ang. Ch. **64** [1952] 544, 547).

$Kp_{15(?)}$: 63—65°.

2-Methylen-(3a*r*,7a*c*)-hexahydro-benzo[1,3]dioxol, *cis*-1,2-Vinylidendioxy-cyclohexan $C_8H_{12}O_2$, Formel IX.

B. Beim Erhitzen von 2ξ-Brommethyl-(3a*r*,7a*c*)-hexahydro-benzo[1,3]dioxol (S. 130) mit Kalium-*tert*-butylat in *tert*-Butylalkohol (*Roberts et al.*, Am. Soc. **80** [1958] 1247, 1252).

$Kp_{29,5}$: 99°. D_4^{25}: 1,0226. n_D^{25}: 1,4720.

Beim Aufbewahren erfolgt Polymerisation. Reaktion mit Äthanol (Bildung von 2-Äthoxy-2-methyl-(3a*r*,7a*c*)-hexahydro-benzo[1,3]dioxol [n_D^{25}: 1,4470]): *Ro. et al.* Beim Eintragen in heisse Essigsäure ist *trans*-1,2-Diacetoxy-cyclohexan, beim Behandeln mit wasserhaltiger Essigsäure sind *cis*-2-Acetoxy-cyclohexanol und *cis*-1,2-Diacetoxy-cyclohexan, beim Behandeln mit heisser Essigsäure (0,1 Mol bzw. 0,5 Mol) und Toluol-4-sulfonsäure ist *trans*-1,2-Diacetoxy-cyclohexan bzw. *cis*-1,2-Diacetoxy-cyclohexan als Hauptprodukt erhalten worden.

VIII IX X XI

2-Dichlormethylen-(3a*r*,7a*c*)-hexahydro-benzo[1,3]dioxol $C_8H_{10}Cl_2O_2$, Formel X.

B. Beim Erhitzen von 2ξ-Trichlormethyl-(3a*r*,7a*c*)-hexahydro-benzo[1,3]dioxol (S. 130) mit Kalium-*tert*-butylat in *tert*-Butylalkohol (*Roberts et al.*, Am. Soc. **80** [1958] 1247, 1254).

Krystalle (aus PAe.); F: 56,5—57°.

(±)-2,2-Dimethyl-(3a*r*,6a*c*)-3a,4-dihydro-6a*H*-cyclopenta[1,3]dioxol, (±)-*cis*-3,4-Isopropylidendioxy-cyclopenten $C_8H_{12}O_2$, Formel XI + Spiegelbild.

B. Beim Behandeln von *cis*-Cyclopent-3-en-1,2-diol mit Aceton und Kupfer(II)-sulfat (*Young et al.*, Am. Soc. **78** [1956] 4338, 4343).

Kp: 148°; n_D^{25}: 1,4453 [unreines Präparat].

(±)-1,6-Dioxa-spiro[4.5]dec-7-en $C_8H_{12}O_2$, Formel I.

B. Beim Behandeln von 2-Methylen-tetrahydrofuran mit Acrylaldehyd und wenig Hydrochinon (*Paul, Tchelitcheff*, Bl. **1954** 672, 674).

Kp_{20}: 77—79°. D_4^{23}: 1,061. n_D^{23}: 1,4742.

***Opt.-inakt. 2,3,4,4a-Tetrahydro-5*H*,8a*H*-pyrano[2,3-*b*]pyran** $C_8H_{12}O_2$, Formel II.

B. Beim Erhitzen von 3,4-Dihydro-2*H*-pyran mit Acrylaldehyd und wenig Hydro=chinon auf 140° (*Paul, Tchelitcheff*, Bl. **1954** 672, 676).

Kp_{40}: 103—104°. D_4^{17}: 1,090. n_D^{17}: 1,4846.

I II III IV

2,3,5,6-Tetrahydro-4*H*,7*H*-pyrano[2,3-*b*]pyran $C_8H_{12}O_2$, Formel III.

B. Beim Erhitzen von 8a-Methoxy-*cis*-hexahydro-pyrano[2,3-*b*]pyran mit Aluminium-*tert*-butylat auf 145° (*McElvain, McKay*, Am. Soc. **77** [1955] 5601, 5604).

Kp_{22}: 108—109°; Kp_8: 90—91°. D_4^{25}: 1,091. n_D^{25}: 1,4913.

Beim Erhitzen mit Benzylbromid ist 3-Benzyl-3-[3-brom-propyl]-tetrahydro-pyran-2-on erhalten worden. Reaktion mit Acrylaldehyd bei 150° (Bildung von 2,3-Dihydro-4*H*,5*H*-8a,4a-[1]oxabutano-pyrano[2,3-*b*]pyran): *McE., McKay*.

***Opt.-inakt. 4-Methyl-2,3,3a,4-tetrahydro-7a*H*-furo[2,3-*b*]pyran** $C_8H_{12}O_2$, Formel IV.

B. Beim Erhitzen von 2,3-Dihydro-furan mit *trans*-Crotonaldehyd und wenig Hydro=chinon auf 160° (*Paul, Tchelitcheff*, Bl. **1954** 672, 677).

Kp_{20}: 88—90°. D_4^{22}: 1,059. n_D^{22}: 1,4772.

***Opt.-inakt. 1,2-Epoxy-4-oxiranyl-cyclohexan** $C_8H_{12}O_2$, Formel V.

B. Bei der Umsetzung von (±)-4-Vinyl-cyclohexen mit Hypochlorigsäure und Behandlung des Reaktionsprodukts mit wss. Natronlauge (*Canad. Ind.*, U.S.P. 2539341 [1947]). Bei mehrtägigem Behandeln von (±)-4-Vinyl-cyclohexen mit Peroxybenzoesäure in Chloroform (*Everett, Kon*, Soc. **1950** 3131, 3133).

Kp_{20}: 110—113° (*Ev., Kon*). Kp_5: 88—92°; D_4^{27}: 1,091; n_D^{27}: 1,476 (*Canad. Ind.*). IR-Spektrum (2,5—15 μ) des Präparats von *Everett* und *Kon*: *Patterson*, Anal. Chem. **26** [1954] 823, 827, 833.

Geschwindigkeitskonstante der Reaktion mit Natriumthiosulfat in 50 %ig. wss. Aceton bei Siedetemperatur (Präparat von *Everett* und *Kon*): *Ross*, Soc. **1950** 2257, 2259, 2271.

***1,7-Dioxa-dispiro[2.2.2.2]decan** $C_8H_{12}O_2$, Formel VI.

B. In kleiner Menge neben einer vermutlich als 1,7,14-Trioxa-trispiro[2.2.1.5.2.2]hepta=decan-11-on zu formulierenden Verbindung (s. E III **7** 3212 im Artikel Cyclohexan-1,4-dion) beim Behandeln von Cyclohexan-1,4-dion mit Diazomethan in Äther unter Zusatz von Methanol (*Vincent et al.*, J. org. Chem. **3** [1938] 603, 607).

Krystalle; F: 106—108°.

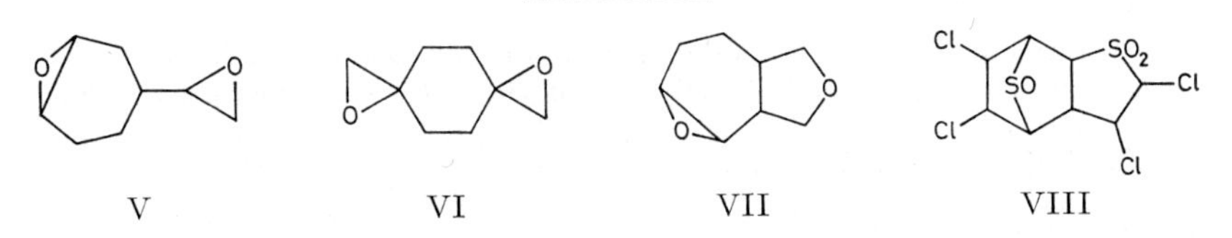

V VI VII VIII

Octahydro-oxireno[*e*]isobenzofuran, 4,5-Epoxy-octahydro-isobenzofuran $C_8H_{12}O_2$, Formel VII.

Opt.-inakt. Verbindungen dieser Konstitution haben vermutlich in den nachstehend beschriebenen Präparaten vorgelegen.

B. Beim Behandeln von *cis*-1,3,3a,4,5,7a-Hexahydro-isobenzofuran (E III/IV **17** 313) mit Peroxybenzoesäure in Chloroform sowie beim Erwärmen von opt.-inakt. 4,5-Dibrom-octahydro-isobenzofuran (E III/IV **17** 192) mit methanol. Kalilauge (*Olsen, Padberg,*

Z. Naturf. **1** [1946] 448, 456).

Kp$_{14}$: 100° bzw. Kp$_{10}$: 97—98°.

***Opt.-inakt. 2,3,5,6-Tetrachlor-1,1,8-trioxo-octahydro-1λ^6,8λ^4-4,7-episulfido-benzo[*b*]thiophen, 2,3,5,6-Tetrachlor-octahydro-4,7-episulfido-benzo[*b*]thiophen-1,1,8-trioxid** $C_8H_8Cl_4O_3S_2$, Formel VIII.

B. Beim Behandeln einer Lösung von opt.-inakt. 3a,4,7,7a-Tetrahydro-4,7-episulfido-benzo[*b*]thiophen-1,1,8-trioxid (S. 206) in Essigsäure mit Chlor (*Okita, Kambara,* J. chem. Soc. Japan Ind. Chem. Sect. **59** [1956] 547; C. A. **1958** 3762).

Krystalle (aus A.); F: 51—52°.

Stammverbindungen $C_9H_{14}O_2$

6-*tert*-Butyl-4-methyl-2,2-dioxo-2λ^6-[1,2]oxathiin, 6-*tert*-Butyl-4-methyl-[1,2]oxathiin-2,2-dioxid, 4-Hydroxy-2,5,5-trimethyl-hexa-1,3*t*-dien-1*c*-sulfonsäure-lacton $C_9H_{14}O_3S$, Formel IX.

B. Beim Behandeln von 2,2,5-Trimethyl-hex-4-en-3-on mit Acetanhydrid und Schwefelsäure (*Morel, Verkade,* R. **68** [1949] 619, 626, 628).

Krystalle (aus PAe.); F: 57—57,5°.

(*R*)-2,2-Dimethyl-4*r*,5*t*-divinyl-[1,3]dioxolan $C_9H_{14}O_2$, Formel X.

B. Beim Erwärmen von (*R*)-4*r*,5*t*-Bis-[(*R*)-1,2-bis-(toluol-4-sulfonyloxy)-äthyl]-2,2-dimethyl-[1,3]dioxolan mit Natriumjodid in Aceton (*Criegee et al.,* A. **599** [1956] 81, 106).

Kp$_{17}$: 53°. D$_4^{20}$: 0,9057. n$_D^{20}$: 1,4334.

IX X XI

(±)-2-Cyclohex-3-enyl-[1,3]dioxolan, (±)-4-[1,3]Dioxolan-2-yl-cyclohexen, (±)-Cyclohex-3-encarbaldehyd-äthandiylacetal $C_9H_{14}O_2$, Formel XI.

B. Beim Behandeln einer Lösung von (±)-Cyclohex-3-encarbaldehyd in Benzol mit Äthylenoxid und Zinn(IV)-chlorid (*Celanese Corp. Am.,* U.S.P. 2421770 [1944]). Beim Erwärmen von (±)-Cyclohex-3-encarbaldehyd mit Äthylenglykol, Benzol und Ammoniumchlorid (*Brit. Petr. Co.,* D.B.P. 940824 [1951]; U.S.P. 2729650 [1951]).

Bei 98—104°/7 Torr (*Celanese Corp. Am.*) bzw. bei 67—72°/2 Torr (*Brit. Petr. Co.*) destillierbar. D$_{20}^{20}$: 1,0418; n$_D^{20}$: 1,4768 (*Celanese Corp. Am.*).

1,4-Dioxa-spiro[4.6]undec-6-en, Cyclohept-2-enon-äthandiylacetal $C_9H_{14}O_2$, Formel XII (X = H).

B. Beim Erhitzen von 6-Chlor-1,4-dioxa-spiro[4.6]undecan mit Kaliumhydroxid und wenig Ammoniumchlorid in Diäthylenglykol auf 200° (*Treibs, Grossmann,* B. **92** [1959] 267, 270).

Kp$_{13}$: 91,5°. D$_{20}^{20}$: 1,055. n$_D^{20}$: 1,4845.

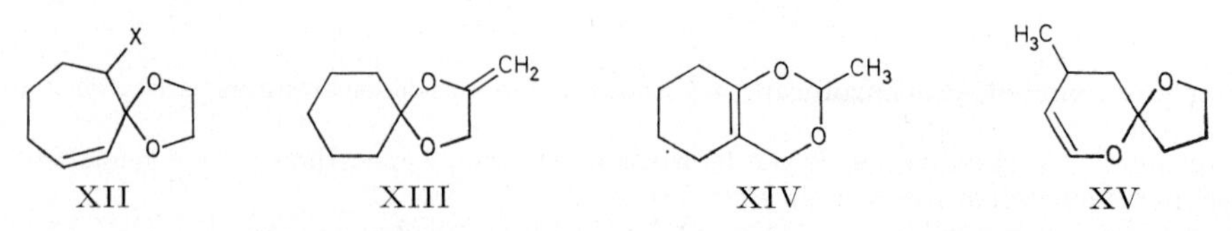

XII XIII XIV XV

(±)-11-Chlor-1,4-dioxa-spiro[4.6]undec-6-en $C_9H_{13}ClO_2$, Formel XII (X = Cl).

Eine unter dieser Konstitution beschriebene Verbindung (Kp$_{0,9}$: 81,5°; D$_{20}^{20}$: 1,198; n$_D^{20}$:

1,5091) ist neben 1,4-Dioxa-spiro[4.6]undeca-6,10-dien ($C_9H_{12}O_2$; $Kp_{0,75}$: 49,5°; D_{20}^{20}: 1,088; n_D^{20}: 1,5115) beim Erhitzen von opt.-inakt. 6,11-Dichlor-1,4-dioxa-spiro[4.6]undecan (S. 135) mit Kaliumhydroxid und wenig Ammoniumchlorid in Diäthylenglykol erhalten worden (*Treibs, Grossmann,* B. **92** [1959] 267, 272).

2-Methylen-1,4-dioxa-spiro[4.5]decan $C_9H_{14}O_2$, Formel XIII.

B. Beim Erhitzen von 2-Chlormethyl-1,4-dioxa-spiro[4.5]decan mit Kaliumhydroxid auf 220° (*Orth,* Ang. Ch. **64** [1952] 544, 552).

Kp_{12}: 71–72°.

(±)-2-Methyl-5,6,7,8-tetrahydro-4*H*-benzo[1,3]dioxin $C_9H_{14}O_2$, Formel XIV.

Eine von *Pfeiffer* und *Enders* (B. **84** [1951] 247, 253) unter dieser Konstitution beschriebene Verbindung (F: 156–157°) ist vermutlich als 5a-Hydroxy-decahydro-4a,9a-epoxido-dibenz[*b,f*]oxepin (Syst. Nr. 769) zu formulieren (*Warnhoff, Johnson,* Am. Soc. **75** [1953] 496).

***Opt.-inakt. 9-Methyl-1,6-dioxa-spiro[4.5]dec-7-en** $C_9H_{14}O_2$, Formel XV.

B. Beim Erhitzen von 2-Methylen-tetrahydro-furan mit *trans*-Crotonaldehyd und wenig Hydrochinon auf 140° (*Paul, Tchelitcheff,* Bl. **1954** 672, 677).

Kp_{20}: 86–88°. $D_4^{22,5}$: 1,019. $n_D^{22,5}$: 1,4694.

Stammverbindungen $C_{10}H_{16}O_2$

4,6-Diäthyl-3,5-dimethyl-2,2-dioxo-2λ⁶-[1,2]oxathiin, 4,6-Diäthyl-3,5-dimethyl-[1,2]oxathiin-2,2-dioxid, 3-Äthyl-5-hydroxy-4-methyl-hepta-2*t*,4*t*-dien-2-sulfonsäure-lacton $C_{10}H_{16}O_3S$, Formel I.

B. Beim Behandeln von 5-Äthyl-4-methyl-hept-5-en-3-on (nicht charakterisiert) mit Acetanhydrid und Schwefelsäure (*Morel, Verkade,* R. **68** [1949] 619, 626, 635).

Krystalle (aus Me.); F: 74–75°.

2,2,5,5-Tetramethyl-3,6-dimethylen-[1,4]dioxan $C_{10}H_{16}O_2$, Formel II.

B. Beim Erhitzen von 2,5-Diäthoxy-2,3,3,5,6,6-hexamethyl-[1,4]dioxan mit Kaliumdisulfat (*Nasarow,* Izv. Akad. S.S.S.R. Otd. chim. **1940** 203, 212; C. A. **1942** 745).

Krystalle (aus Me.); F: 51–51,5°.

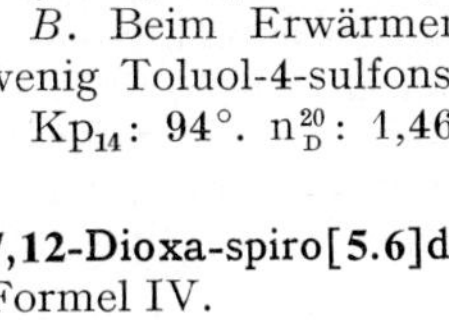

I 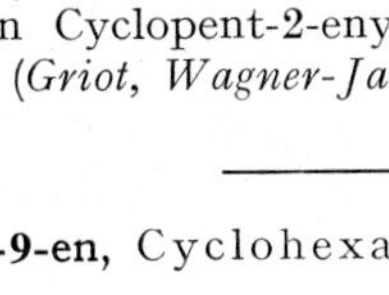 II 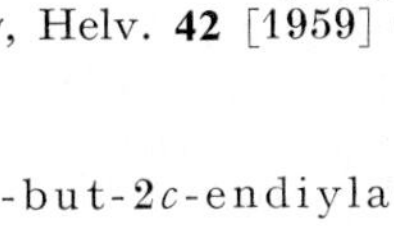 III 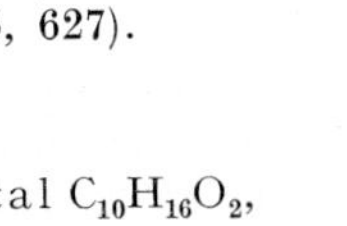 IV

(±)-2-Cyclopent-2-enylmethyl-2-methyl-[1,3]dioxolan $C_{10}H_{16}O_2$, Formel III.

B. Beim Erwärmen von Cyclopent-2-enyl-aceton mit Äthylenglykol, Benzol und wenig Toluol-4-sulfonsäure (*Griot, Wagner-Jauregg,* Helv. **42** [1959] 605, 627).

Kp_{14}: 94°. n_D^{20}: 1,4675.

7,12-Dioxa-spiro[5.6]dodec-9-en, Cyclohexanon-but-2*c*-endiylacetal $C_{10}H_{16}O_2$, Formel IV.

B. Beim Erwärmen von But-2*c*-en-1,4-diol mit Cyclohexanon, Benzol und wenig Toluol-4-sulfonsäure (*Brannock, Lappin,* J. org. Chem. **21** [1956] 1366).

Kp_{10}: 94°. n_D^{20}: 1,4876.

***Opt.-inakt. 6-Methyl-2-methylen-1,4-dioxa-spiro[4.5]decan** $C_{10}H_{16}O_2$, Formel V auf S. 165.

B. Aus (±)-2-Methyl-cyclohexanon und (±)-3-Chlor-propan-1,2-diol (*Orth,* Ang. Ch.

64 [1952] 544, 547).
Bei 86—92°/14 Torr destillierbar.

(±)-1-Isopropyl-4-methyl-2,3-dioxa-bicyclo[2.2.2]oct-5-en, (±)-1,4-Epidioxy-*p*-menth-2-en, (±)-Ascaridol $C_{10}H_{16}O_2$, Formel VI (H 17; E I 611; E II 18).

Aus Chenopodium-Öl isoliertes Ascaridol ist optisch-inaktiv (*Beckett et al.*, J. Pharm. Pharmacol. **7** [1955] 55).

B. Beim Behandeln einer mit Methylenblau oder Eosin versetzten Lösung von α-Terpinen (*p*-Mentha-1,3-dien) in Isopropylalkohol mit Sauerstoff unter Belichtung (*Schenck et al.*, A. **584** [1953] 125; s. a. *Schenck et al.*, A. **603** [1957] 46, 50; *Halpern*, J. Am. pharm. Assoc. **40** [1951] 68; *Yoshida et al.*, J. chem. Soc. Japan Ind. Chem. Sect. **57** [1954] 927; C. A. **1955** 11597).

Dipolmoment (ε; Bzl.): 2,85 D (*Rogers, Campbell*, Am. Soc. **74** [1952] 4742).

Krystalle; F: 4,2° [aus Bzn.] (*Schenck et al.*, A. **584** [1953] 125, 131, 147), 3,5° [aus Pentan + Toluol] (*Beckett et al.*, J. Pharm. Pharmacol. **7** [1955] 55), 2° [aus PAe.] (*Paget*, Soc. **1938** 829, 831). E: 5° [durch Destillation gereinigtes Präparat] (*Szmant, Halpern*, Am. Soc. **71** [1949] 1133), 3,2° [aus Pentan] (*Böhme, van Emster*, Ar. **284** [1951] 171, 178). Kp_{20}: 113—114° (*Pa.*); Kp_3: 83—84° (*Bö., v. Em.*); $Kp_{0,2}$: 39—40° (*Be. et al.*). D_{18}^{18}: 1,0114 (*Pa.*); D_4^{20}: 1,0105 (*Bö., v. Em.*), 1,0103 (*Be. et al.*), 1,0098 (*Sch. et al.*, A. **584** 131); D_{20}^{20}: 1,0113 (*Be. et al.*). Kryoskopische Konstante: *Sch. et al.*, l. c. S. 147. n_D^{20}: 1,474 (*Bö., v. Em.*), 1,4738 (*Sch. et al.*, l. c. S. 131), 1,4731 (*Be. et al.*); $n_{656,3}^{20}$: 1,4713; $n_{486,1}^{20}$: 1,4802 (*Sch. et al.*, l. c. S. 131). Temperaturabhängigkeit des Brechungsindex im Bereich von 16° bis 28°: *Be. et al.* IR-Spektrum von unverdünntem flüssigen (±)-Ascaridol (2—16 μ bzw. 2—15 μ): *Sz., Ha.*; *Be. et al.*; einer Lösung in Schwefelkohlenstoff (2—15 μ): *Oi*, Pharm. Bl. **5** [1957] 149, 150. Raman-Banden von unverdünntem flüssigem (±)-Ascaridol: *Sch. et al.*, A. **584** 149; s. a. *Murray, Cleveland*, J. chem. Physics **12** [1944] 156, 158. Ein von *Szmant* und *Halpern* (l. c.) angegebenes UV-Absorptionsmaximum [Me.] bei 240 nm ist nicht wieder beobachtet worden (*Be. et al.*). Dielektrizitätskonstante bei 20°: 17,4 (*Sch. et al.*, A. **584** 131). Polarographie: *Be. et al.*; *Maruyama*, J. chem. Soc. Japan Ind. Chem. Sect. **55** [1952] 617; C. A. **1954** 6650; *Bitter*, Collect. **15** [1950] 677, 684.

Verteilung zwischen 60%ig. wss. Essigsäure und Petroläther: *v. Metzsch*, Ang. Ch. **68** [1956] 323, 324, 333. Erstarrungspunkte von Gemischen mit *p*-Cymol: *Böhme, van Emster*, Ar. **284** [1951] 171, 178.

Die beim Erhitzen auf ca. 150° erhaltene Verbindung (s. H 18) ist nicht als 1,4;2,3-Diepoxy-*p*-menthan, sondern als 1,2;3,4-Diepoxy-*cis-p*-menthan zu formulieren (*Hudec, Kelly*, Tetrahedron Letters **1967** 3175; s. a. *Danilowa*, Ž. org. Chim. **1** [1965] 521; engl. Ausg. S. 514; *Matic, Sutton*, Soc. **1953** 349); Bildung von 1,2;3,4-Diepoxy-*cis-p*-menthan bei der Bestrahlung mit Sonnenlicht oder UV-Licht: *Schenck et al.*, A. **584** [1953] 125, 148. Beim Behandeln einer Lösung in Äthanol mit Titan(III)-chlorid und wss. Salzsäure sind *p*-Kresol, Propan, 1-Hydroxy-*trans-o*-menthan-4-on (F: 84° [über diese Verbindung s. *Brown et al.*, Soc. **1962** 4492]), (1*RS*,2*RS*,3*SR*)-1,4-Epoxy-*p*-menthan-2,3-diol (E III/IV **17** 2044) und eine Verbindung $C_{10}H_{19}ClO_3$ (Krystalle [aus Bzl.], F: 191°; 4-Nitrobenzoyl-Derivat $C_{17}H_{22}ClNO_6$: Krystalle [aus $CHCl_3$], F: 124°) erhalten worden (*Paget*, Soc. **1938** 829, 831). Verhalten gegen Eisen(II)-sulfat in wss. Lösung (vgl. E I 611): *Br. et al.* Überführung in *cis-p*-Menth-2-en-1,4-diol durch Behandlung mit Lithiumalanat in Äther: *Matic, Sutton*, Soc. **1952** 2679, 2681. Hydrierung an Palladium/Kohle in Äthanol unter Bildung von 1,4-Epidioxy-*p*-menthan und *cis-p*-Menth-2-en-1,4-diol: *Pa.* Verhalten beim Erwärmen mit Triphenylphosphin in Benzin (Bildung von 1,4-Epoxy-*p*-menth-2-en): *Horner, Jurgeleit*, A. **591** [1955] 135, 152. Reaktion mit Methylmagnesiumbromid in Äther (Bildung von Methan, Äthan und *p*-Cymol): *Treibs*, B. **84** [1951] 438, 440, 442.

Über eine Einschlussverbindung mit 4,6 Mol Thioharnstoff (rhomboedrische Krystalle) s. *Mima*, J. pharm. Soc. Japan **78** [1958] 933; C. A. **1959** 1637.

(1*R*)-7*anti*-Isopropyl-5-methyl-2,3-dioxa-bicyclo[2.2.2]oct-5-en, (3*R*,4*R*)-3,6-Epidioxy-*p*-menth-1-en $C_{10}H_{16}O_2$, Formel VII.

Die Konfiguration ergibt sich aus der genetischen Beziehung zu (2*S*,4*R*,5*R*)-*p*-Menth-6-en-2,5-diol (E III **6** 4134).

B. Beim Behandeln eines mit Methylenblau versetzten Gemisches von (−)-α-Phellandren ((*R*)-*p*-Mentha-1,5-dien [E IV **5** 436]) und Isopropylalkohol mit Sauerstoff im Glühlampenlicht (*Schenck et al.*, A. **584** [1953] 125, 150).

$Kp_{0,01}$: 59–62°; D_4^{20}: 1,0137; $n_{656,3}^{20}$: 1,47974; n_D^{20}: 1,48268; $n_{486,1}^{20}$: 1,48952; $[\alpha]_D^{20}$: +24,3° [unverd. (?); Rohrlänge nicht angegeben] (*Sch. et al.*, l. c. S. 131). Dielektrizitätskonstante bei 20°: 11,8 (*Sch. et al.*, l. c. S. 131).

Beim Behandeln mit einer Kalium-Natrium-Legierung in Äther ist (2*S*,4*R*,5*R*)-*p*-Menth-6-en-2,5-diol (E III **6** 4134) erhalten worden (*Sch. et al.*, l. c. S. 151).

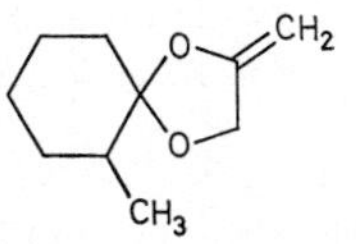

V 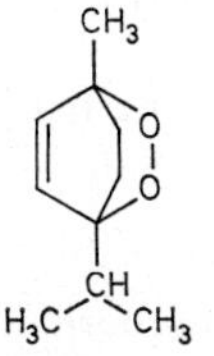 VI 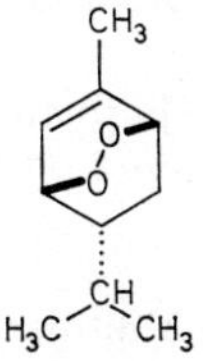 VII 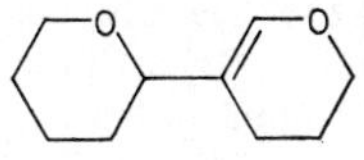 VIII

(±)-3,4,5,6,5′,6′-Hexahydro-2*H*,4′*H*-[2,3′]bipyranyl $C_{10}H_{16}O_2$, Formel VIII.

Konstitutionszuordnung: *Miginiac-Groizelean*, A. ch. [13] **6** [1961] 1071, 1080.

B. Aus 2-Anilino-tetrahydro-pyran beim Erhitzen (*Glacet*, C. r. **234** [1952] 635).

Kp_{11}: 110°; $D_4^{14,5}$: 1,042; Oberflächenspannung bei 14,5°: 38,4 g·s⁻²; $n_D^{14,5}$: 1,4921 (*Gl.*).

***Opt.-inakt. 1-[3,3-Dimethyl-oxiranyl]-2-[2-vinyl-oxiranyl]-äthan, 1,2;5,6-Diepoxy-6-methyl-2-vinyl-heptan, 3,4-Epoxy-3-[3,4-epoxy-4-methyl-pentyl]-but-1-en** $C_{10}H_{16}O_2$, Formel IX.

B. Neben 2-[3,4-Epoxy-4-methyl-pentyl]-buta-1,3-dien beim Behandeln von Myrcen (7-Methyl-3-methylen-octa-1,6-dien) mit Äther und Peroxyessigsäure (*Pigulewškiĭ, Adrowa*, Ž. obšč. Chim. **27** [1957] 136; engl. Ausg. S. 151).

Kp_{18}: 104–106°. D_4^{20}: 0,9438. n_D^{20}: 1,4515. Raman-Banden: *Pi.*, *Ad.*

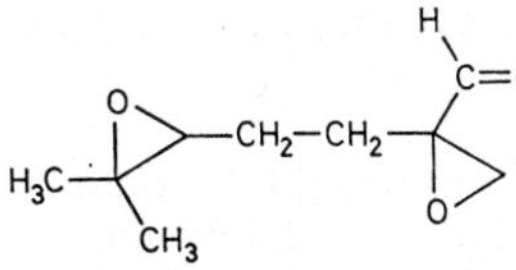

IX 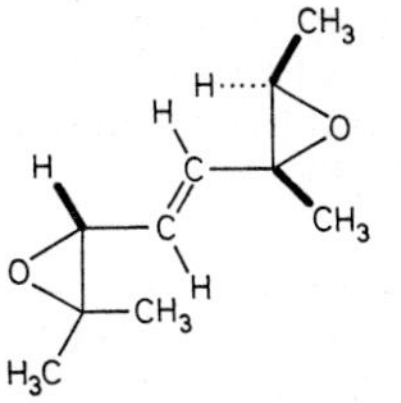 X 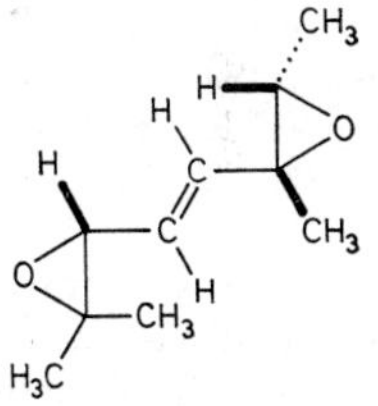 XI

1-[2,3-Dimethyl-oxiranyl]-2-[3,3-dimethyl-oxiranyl]-äthylen, 2,3;6,7-Diepoxy-2,6-dimethyl-oct-4-en $C_{10}H_{16}O_2$.

Über die Konstitution und Konfiguration der folgenden Stereoisomeren s. *Doyle et al.*, J. org. Chem. **29** [1964] 3735; *Arbusow et al.*, Doklady Akad. S.S.S.R. **164** [1965] 1041; Doklady Chem. N. Y. **160–165** [1965] 975; *Naves, Ardizio*, Helv. **49** [1966] 617.

a) „***trans,trans***"-**Alloocimen-diepoxid**; vermutlich **(3*RS*,6*RS*,7*RS*)-2,3;6,7-Diepoxy-2,6-dimethyl-oct-4*t*-en**, Formel X + Spiegelbild.

B. Neben dem unter b) beschriebenen Stereoisomeren beim Behandeln von Gemischen von Alloocimen (2,6-Dimethyl-octa-2,4*t*,6*t*-trien) und Neoalloocimen (2,6-Dimethyl-octa-2,4*t*,6*c*-trien) [aus α-Pinen hergestellt (s. E IV **1** 1106)] mit Essigsäure, wss. Wasserstoffperoxid und wenig Schwefelsäure, mit Benzol und mit Sauerstoff (10–20 at) oder mit Luft und Erhitzen des jeweils erhaltenen polymeren Peroxids $(C_{10}H_{16}O_2)_x$ auf 120° (*Désalbres et al.*, Bl. **1956** 761, 763; s. a. *Dranischnikow*, Izv. Akad. S.S.S.R. Otd. chim. **1953** 470; engl. Ausg. S. 421).

Trennung der Stereoisomeren: *Naves, Ardizio*, Helv. **49** [1966] 617, 621; *Doyle et al.*, J. org. Chem. **29** [1964] 3735.

Kp_5: 76—77°; D^{20}: 0,9519; n_D^{20}: 1,4616 (*Do. et al.*). $Kp_{2,8}$: 77—78°; D_4^{20}: 0,9526; n_D^{20}: 1,4617 (*Na., Ar.*).

b) **„*trans, cis*"-Alloocimen-diepoxid**; vermutlich **(3*RS*,6*RS*,7*SR*)-2,3;6,7-Diepoxy-2,6-dimethyl-oct-4*t*-en,** Formel XI + Spiegelbild.

B. s. bei dem unter a) beschriebenen Stereoisomeren.

Kp_5: 79°; D^{20}: 0,9539; n_D^{20}: 1,4638 (*Doyle et al.*, J. org. Chem. **29** [1964] 3735). $Kp_{2,8}$: 78—79°; D_4^{20}: 0,9539; n_D^{20}: 1,4623 (*Naves, Ardizio*, Helv. **49** [1966] 617, 621).

7′-Chlor-spiro[[1,3]dithian-2,2′-norbornan], 7-Chlor-2,2-propandiyldimercapto-norbornan $C_{10}H_{15}ClS_2$.

a) **(±)-7′*syn*-Chlor-spiro[[1,3]dithian-2,2′-norbornan]** $C_{10}H_{15}ClS_2$, Formel I.

B. Aus (±)-7*syn*-Chlor-norbornan-2-on und Propan-1,3-dithiol (*Roberts et al.*, Am. Soc. **76** [1954] 5692, 5698).

F: 54—55,5°.

b) **(±)-7′*anti*-Chlor-spiro[[1,3]dithian-2,2′-norbornan]** $C_{10}H_{15}ClS_2$, Formel II.

B. Aus (±)-7*anti*-Chlor-norbornan-2-on und Propan-1,3-dithiol (*Roberts et al.*, Am. Soc. **76** [1954] 5692, 5697).

Krystalle (aus Acn. + Hexan); F: 81,5—83°.

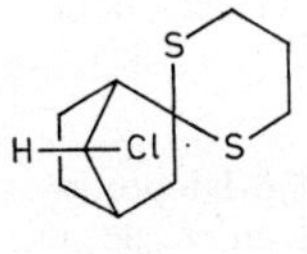

I 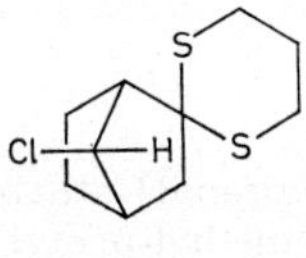 II 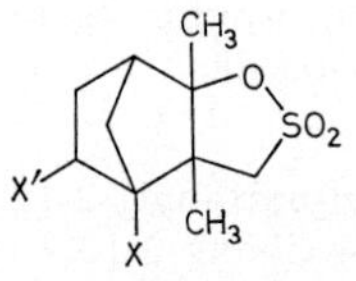 III 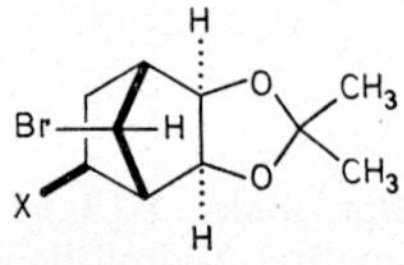 IV

3a,7a-Dimethyl-4-nitro-2,2-dioxo-hexahydro-2λ⁶-4,7-methano-benz[*d*][1,2]oxathiol, 3a,7a-Dimethyl-4-nitro-hexahydro-4,7-methano-benz[*d*][1,2]oxathiol-2,2-dioxid, [3-Hydroxy-2,3-dimethyl-1-nitro-[2]norbornyl]-methansulfonsäure-lacton $C_{10}H_{15}NO_5S$, Formel III (X = NO_2, X′ = H).

Eine linksdrehende Verbindung (Krystalle [aus E.]; F: 258°; $[\alpha]_D^{25}$: −5,2° [$CHCl_3$]) dieser Konstitution ist beim Behandeln von (+)-3,3-Dimethyl-2-methylen-1-nitro-norbornan (E III **5** 386) mit Acetanhydrid und Schwefelsäure erhalten worden (*Asahina, Yamaguti*, B. **71** [1938] 318, 320).

3a,7a-Dimethyl-5-nitro-2,2-dioxo-hexahydro-2λ⁶-4,7-methano-benz[*d*][1,2]oxathiol, 3a,7a-Dimethyl-5-nitro-hexahydro-4,7-methano-benz[*d*][1,2]oxathiol-2,2-dioxid, [3-Hydroxy-2,3-dimethyl-6-nitro-[2]norbornyl]-methansulfonsäure-lacton $C_{10}H_{15}NO_5S$, Formel III (X = H, X′ = NO_2).

Eine opt.-inakt. Verbindung (Krystalle [aus A.]; F: 133—134°), für die diese Konstitution in Betracht gezogen wird, ist beim Behandeln von opt.-inakt. 2,2-Dimethyl-3-methylen-5-nitro-norbornan (E III **5** 386) mit Acetanhydrid und Schwefelsäure erhalten worden (*Asahina, Yamaguti*, B. **71** [1938] 318, 319).

8*anti*-Brom-2,2-dimethyl-(3a*r*,7a*c*)-hexahydro-4*t*,7*t*-methano-benzo[1,3]dioxol, 7*anti*-Brom-2*exo*,3*exo*-isopropylidendioxy-norbornan $C_{10}H_{15}BrO_2$, Formel IV (X = H).

B. Beim 4-tägigen Behandeln von 7*anti*-Brom-norbornan-2*exo*,3*exo*-diol mit Aceton und Kupfer(II)-sulfat (*Winstein, Shatavsky*, Am. Soc. **78** [1956] 592, 597).

Krystalle; F: 80—81°.

(±)-5*exo*,8*anti*-Dibrom-2,2-dimethyl-(3a*r*,7a*c*)-hexahydro-4*t*,7*t*-methano-benzo[1,3]dioxol, 5*exo*,7*anti*-Dibrom-2*exo*,3*exo*-isopropylidendioxy-norbornan $C_{10}H_{14}Br_2O_2$, Formel IV (X = Br) + Spiegelbild.

B. Bei 3-tägigem Behandeln von 5*exo*,7*anti*-Dibrom-norbornan-2*exo*,3*exo*-diol mit Aceton und Kupfer(II)-sulfat (*Winstein, Shatavsky*, Am. Soc. **78** [1956] 592, 593, 597).

Dipolmoment: 3,64 D.
Krystalle (aus Pentan); F: 88,5—89,2°.

(1Ξ,4S)-1,2-Epoxy-4-[(Ξ)-α,β-epoxy-isopropyl]-1-methyl-cyclohexan, (1Ξ,4S,8Ξ)-1,2;8,9-Diepoxy-*p*-menthan $C_{10}H_{16}O_2$, Formel V.

In dem nachstehend beschriebenen, als (—)-Limonendioxid bezeichneten Präparat[1]) hat vermutlich ein Stereoisomeren-Gemisch vorgelegen.

B. Beim Behandeln von (—)-Limonen ((*S*)-*p*-Mentha-1,8-dien) mit Peroxybenzoesäure in Chloroform (*Pigulewškiĭ, Koshina,* Ž. obšč. Chim. **25** [1955] 416, 420; engl. Ausg. S. 393).

Kp_{18}: 111—113°. D_4^{20}: 1,0287. n_D^{20}: 1,4690. $[\alpha]_{656}$: —44,8°; $[\alpha]_D$: —55,9°; $[\alpha]_{486}$: —88,5° [jeweils unverd. (?)].

(1S,2Ξ,4S)-2,3-Epoxy-1-[(Ξ)-α,β-epoxy-isopropyl]-4-methyl-cyclohexan, (1S,2Ξ,4S,8Ξ)-2,3;8,9-Diepoxy-*p*-menthan $C_{10}H_{16}O_2$, Formel VI.

In dem nachstehend beschriebenen, als (—)-Isolimonendioxid bezeichneten Präparat hat vermutlich ein Stereoisomeren-Gemisch vorgelegen.

B. Beim Behandeln von (—)-Isolimonen ((1*S*,4*S*)-*p*-Mentha-2,8-dien) mit Peroxybenzoesäure in Chloroform (*Pigulewškiĭ, Koshina,* Ž. obšč. Chim. **25** [1955] 416, 420; engl. Ausg. S. 393).

Kp_{31}: 129—129,5°. D_4^{20}: 1,0237; D_4^{22}: 1,0231. n_D^{20}: 1,4703. $[\alpha]_{656}$: —29,3°; $[\alpha]_D$: —37,5°; $[\alpha]_{527}$: —47,2°; $[\alpha]_{486}$: —58,7° [jeweils unverd. (?)].

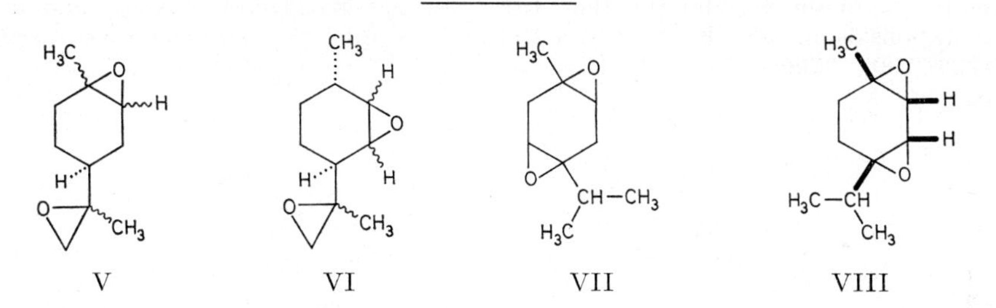

V VI VII VIII

***Opt.-inakt. 1,2;4,5-Diepoxy-1-isopropyl-4-methyl-cyclohexan, 1,2;4,5-Diepoxy-*p*-menthan** $C_{10}H_{16}O_2$, Formel VII.

B. Beim Behandeln von γ-Terpinen (*p*-Mentha-1,4-dien [E IV **5** 436]) mit Peroxybenzoesäure in Chloroform (*Richter, Presting,* B. **64** [1931] 878, 882).

Kp_6: 105—107°; $D_4^{18,5}$: 1,0295; n_D^{19}: 1,468 [unreines Präparat].

(±)-1*r*,2*c*;3*c*,4*c*-Diepoxy-1-isopropyl-4*t*-methyl-cyclohexan, (±)-1,2;3,4-Diepoxy-*cis*-*p*-menthan $C_{10}H_{16}O_2$, Formel VIII + Spiegelbild.

Diese Konstitution und Konfiguration kommt dem nachstehend beschriebenen, früher (s. H **19** 18; E I **19** 611; E II **19** 19) als 1,4;2,3-Diepoxy-*p*-menthan angesehenen **Isoascaridol (Pseudoascaridol,** α-Ascaridolglykol-anhydrid) zu (*Hudec, Kelly,* Tetrahedron Letters **1967** 3175; s. a. *Danilowa,* Ž. org. Chim. **1** [1965] 521; engl. Ausg. S. 514; *Matic, Sutton,* Soc. **1953** 349).

B. Bei 2-tägiger Bestrahlung von (±)-Ascaridol (S. 164) mit UV-Licht (*Schenck et al.,* A. **584** [1953] 125, 148).

Kp_{14}: 120—122°; Kp_6: 103°; D_4^{20}: 1,0227; n_D^{20}: 1,467 (*Böhme, van Emster,* Ar. **284** [1951] 171, 179). n_D^{20}: 1,4657 (*Sch. et al.*). Raman-Banden: *Sch. et al.,* l. c. S. 149.

Beim Erhitzen mit wss. Ammoniak auf 125° ist (1*RS*,2*SR*,3*RS*)-1,4-Imino-*p*-menthan-2,3-diol erhalten worden (*Runquist et al.,* J. org. Chem. **34** [1969] 3192; s.a. *Thoms, Dobke,* Ar. **268** [1930] 128, 135). Reaktion mit Phenylmagnesiumbromid: *Th., Do.*

[*H.-H. Müller*]

[1]) Über (+)-Limonendioxid s. H **19** 18.

Stammverbindungen $C_{11}H_{18}O_2$

***Opt.-inakt. 2-Cyclohex-3-enyl-4-methyl-[1,3]dioxan** $C_{11}H_{18}O_2$, Formel IX.

B. Beim Erwärmen von (±)-Cyclohex-3-encarbaldehyd mit (±)-Butan-1,3-diol, Benzol und Ammoniumchlorid unter Entfernen des entstehenden Wassers (*Brit. Petr. Co.*, D.B.P. 940824 [1951]; U.S.P. 2729650 [1951]).

Bei 75–85°/3 Torr destillierbar.

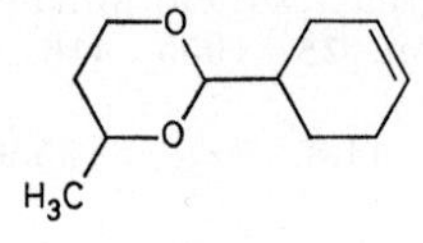

IX 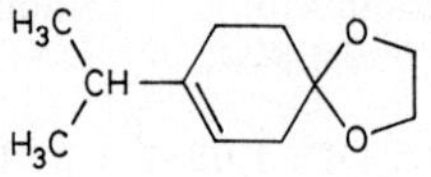 X

8-Isopropyl-1,4-dioxa-spiro[4.5]dec-7-en $C_{11}H_{18}O_2$, Formel X.

B. Beim Erwärmen von 1-Isopropyl-4-methoxy-cyclohexa-1,4-dien mit Äthylenglykol, Benzol und wenig Toluol-4-sulfonsäure unter Entfernen des entstehenden Methanols (*Nelson, Mortimer*, J. org. Chem. **22** [1957] 1146, 1151).

Kp_{18}: 115–115,5°. n_D^{25}: 1,4733.

***Opt.-inakt. 2,4,7-Trimethyl-9-methylen-1,6-dioxa-spiro[4.4]nonan** $C_{11}H_{18}O_2$, Formel XI.

B. Beim Behandeln von opt.-inakt. Trimethyl-[2,7,9-trimethyl-1,6-dioxa-spiro[4.4]non-4-ylmethyl]-ammonium-jodid (F: 195–197°) mit Silberoxid und Wasser, Eindampfen der Reaktionslösung und Erhitzen des Rückstands auf 175° (*Mannich, Schumann*, B. **69** [1936] 2306, 2309).

Kp_{13}: 84–88°.

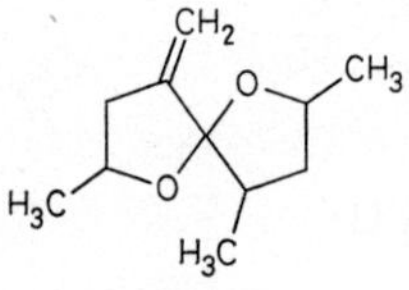

XI 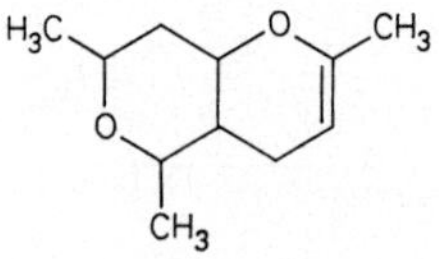 XII

***Opt.-inakt. 2,5,7-Trimethyl-4,4a,7,8-tetrahydro-5*H*,8a*H*-pyrano[4,3-*b*]pyran** $C_{11}H_{18}O_2$, Formel XII.

B. Beim Erhitzen von opt.-inakt. 2,5,7-Trimethyl-4,4a,7,8-tetrahydro-5*H*,8a*H*-pyrano[4,3-*b*]pyran-3-carbonsäure (F: 221°) auf 250° (*Badoche*, C. r. **215** [1942] 142; *Delépine*, A. ch. [12] **10** [1955] 5, 32).

Kp_{13}: 100°; D_4^0: 1,0079; D_4^{20}: 0,9918; n_D^{15}: 1,4755 (*Ba.*; *De.*).

Stammverbindungen $C_{12}H_{20}O_2$

2,5-Di-*tert*-butyl-[1,4]dithiin $C_{12}H_{20}S_2$, Formel I.

B. In kleiner Menge beim Behandeln einer Lösung von 1-Mercapto-3,3-dimethyl-butan-2-on in Äther mit Chlorwasserstoff (*Asinger et al.*, A. **619** [1958] 145, 155).

Krystalle (aus A.); F: 80°.

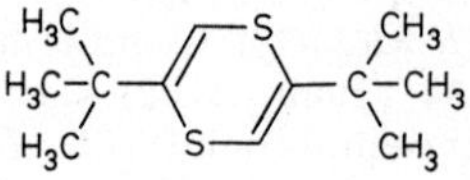

I 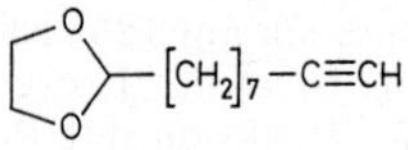 II 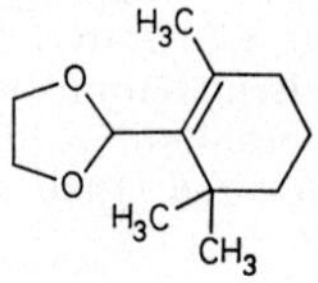 III

2-Non-8-inyl-[1,3]dioxolan, Dec-9-inal-äthandiylacetal $C_{12}H_{20}O_2$, Formel II.

B. Beim Erwärmen von Dec-9-inal mit Äthylenglykol, Benzol und wenig Schwefelsäure unter Entfernen des entstehenden Wassers (*Nigam, Weedon*, Soc. **1956** 4049, 4052). Beim Erhitzen eines Gemisches von Dec-9-inal-oxim (F: 79,2—80,6°) und Butylnitrit mit Äthylenglykol und wss. Schwefelsäure unter Zusatz von Benzol (*Walborsky et al.*, Am. Soc. **73** [1951] 2590, 2592).

Kp_{10}: 128—131°; D_{20}^{23}: 0,9388; $n_D^{26,5}$: 1,4551 (*Wa. et al.*). Kp_8: 120—122°; n_D^{22}: 1,4570 (*Ni., We.*).

2-[2,6,6-Trimethyl-cyclohex-1-enyl]-[1,3]dioxolan, 2-[1,3]Dioxolan-2-yl-1,3,3-trimethyl-cyclohexen, β-Cyclocitral-äthandiylacetal $C_{12}H_{20}O_2$, Formel III.

B. Beim Erwärmen von β-Cyclocitral (2,6,6-Trimethyl-cyclohex-1-encarbaldehyd) mit Äthylenglykol, Benzol und wenig Benzolsulfonsäure unter Entfernen des entstehenden Wassers (*Colombi et al.*, Helv. **34** [1951] 265, 269).

Kp_{12}: 107—108°. D_4^{25}: 1,0021. n_D^{25}: 1,4841.

(±)-2,2,5,5-Tetramethyl-4,4a,5,6-tetrahydro-7*H*-benzo[1,3]dioxin $C_{12}H_{20}O_2$, Formel IV, und **2,2,5,5-Tetramethyl-5,6,7,8-tetrahydro-4*H*-benzo[1,3]dioxin** $C_{12}H_{20}O_2$, Formel V.

Diese beiden Konstitutionsformeln kommen für die nachstehend beschriebene Verbindung in Betracht.

B. Neben grösseren Mengen 2-Hydroxymethyl-3,3-dimethyl-cyclohexanon beim Erwärmen von (±)-[7,7-Dimethyl-1,4-dioxa-spiro[4.5]decan-6-yl]-methanol mit Aceton und wenig Toluol-4-sulfonsäure (*Stauffacher, Schinz*, Helv. **37** [1954] 1227, 1234).

Kp_{11}: 88—90°. D_4^{21}: 0,9989. n_D^{21}: 1,4767.

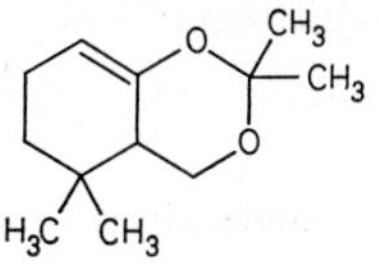

IV 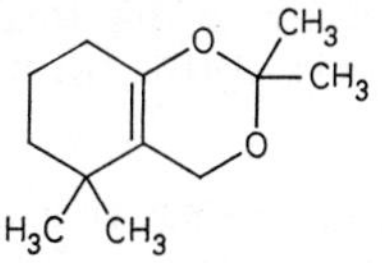 V 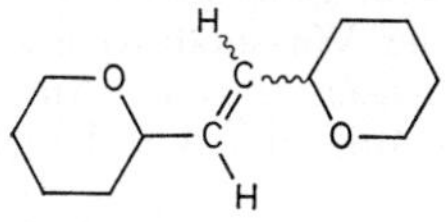 VI

***Opt.-inakt. 1,2-Bis-tetrahydropyran-2-yl-äthylen** $C_{12}H_{20}O_2$, Formel VI.

B. Bei partieller Hydrierung von opt.-inakt. Bis-tetrahydropyran-2-yl-acetylen (S. 181) an Raney-Nickel (*Riobé, Gouin*, C. r. **243** [1956] 1424).

Kp_{20}: 144°. $D_4^{21,5}$: 0,992. $n_D^{21,5}$: 1,4820.

3′,3′,5′,5′-Tetraoxo-spiro[cyclohexan-1,4′-(3λ⁶,5λ⁶-dithia-bicyclo[5.2.0]nonan)], Spiro[cyclohexan-1,4′-(3,5-dithia-bicyclo[5.2.0]nonan)]-3′,3′,5′,5′-tetraoxid, Hexahydro-spiro[cyclobuta[*e*][1,3]dithiepin-3,1′-cyclohexan]-2,2,4,4-tetraoxid $C_{12}H_{20}O_4S_2$, Formel VII.

Diese Konstitution ist für die nachstehend beschriebene opt.-inakt. Verbindung in Betracht gezogen worden.

B. Beim Erwärmen von 1,1-Bis-[3-chlor-propan-1-sulfonyl]-cyclohexan mit wss. Kalilauge (*Masower*, Ž. obšč. Chim. **19** [1949] 849, 851, 856; engl. Ausg. S. 835, 837, 842).

Krystalle (aus W.); F: 154,5°. Löslichkeit in Wasser bei 100°: 1 g/500 g.

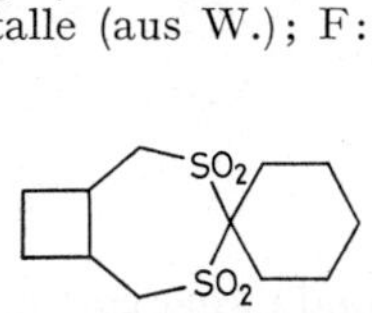

VII 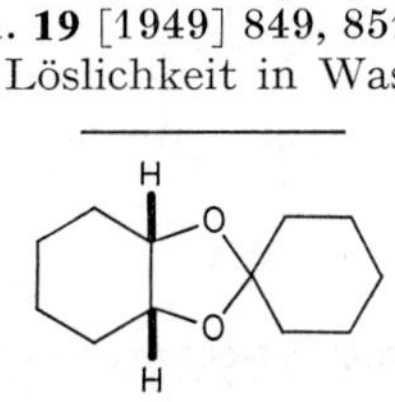 VIII 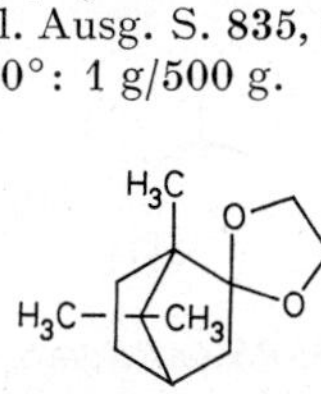 IX

***cis*-Hexahydro-spiro[benzo[1,3]dioxol-2,1′-cyclohexan],** *cis*-1,2-Cyclohexyliden-dioxy-cyclohexan $C_{12}H_{20}O_2$, Formel VIII.

B. Beim Erwärmen von Cyclohexanon mit *cis*-Cyclohexan-1,2-diol, Benzol und wenig

Toluol-4-sulfonsäure unter Entfernen des entstehenden Wassers (*Salmi*, B. **71** [1938] 1803, 1807).

Kp_4: 105–106°. D_4^{20}: 1,0400. $n_{656,3}^{20}$: 1,4834; n_D^{20}: 1,4860; $n_{486,1}^{20}$: 1,4917.

(±)-1′,7′,7′-Trimethyl-spiro[[1,3]dioxolan-2,2′-norbornan], (±)-2,2-Äthandiyldioxy-bornan, (±)-Bornan-2-on-äthandiylacetal, (±)-Campher-äthandiylacetal $C_{12}H_{20}O_2$, Formel IX.

B. Beim Erwärmen von (±)-Campher mit Äthylenglykol, Benzol und wenig Toluol-4-sulfonsäure unter Entfernen des entstehenden Wassers (*Salmi*, B. **71** [1938] 1803, 1808).

Kp_{15}: 109–111°. D_4^{20}: 1,0266. $n_{656,3}^{20}$: 1,4770; n_D^{20}: 1,4795; $n_{486,1}^{20}$: 1,4853.

***Opt.-inakt. Dodecahydro-dibenzo[1,4]dioxin** $C_{12}H_{20}O_2$, Formel X.

B. Neben wenig *cis*-Cyclohexan-1,2-diol bei der Hydrierung von Dibenzo[1,4]dioxin an Platin in Essigsäure (*Tomita, Tani*, J. chem. Soc. Japan **64** [1943] 972, 974; C. A. **1947** 3803).

Bei 150–165°/18 Torr destillierbar.

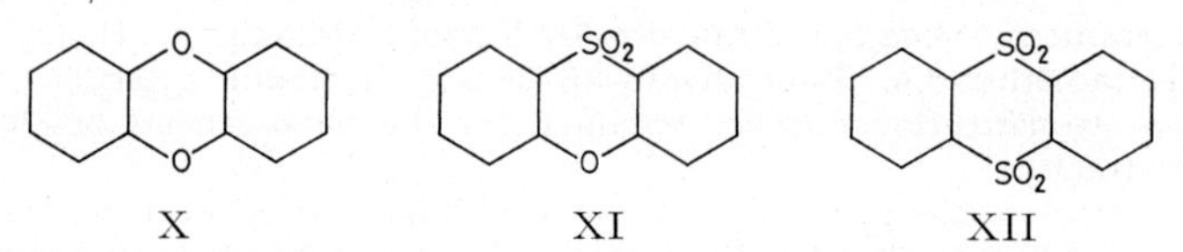

X XI XII

***Opt.-inakt. 10,10-Dioxo-dodecahydro-10λ⁶-phenoxathiin, Dodecahydro-phenoxathiin-10,10-dioxid** $C_{12}H_{20}O_3S$, Formel XI.

B. Beim Behandeln von Cyclohexen mit flüssigem Schwefeldioxid in Gegenwart von Luft oder Wasserstoffperoxid und Erwärmen des Reaktionsprodukts mit wss. Natronlauge (*Frederick et al.*, Am. Soc. **56** [1934] 1815, 1819).

Krystalle (aus A.); F: 138°.

***Opt.-inakt. 5,5,10,10-Tetraoxo-dodecahydro-5λ⁶,10λ⁶-thianthren, Dodecahydro-thianthren-5,5,10,10-tetraoxid** $C_{12}H_{20}O_4S_2$, Formel XII.

B. Beim Erhitzen von opt.-inakt. 1,2-Bis-[cyclohex-1-ensulfonyl]-cyclohexan (F: 145° bis 145,4°) mit Essigsäure (*Marvel et al.*, Am. Soc. **60** [1938] 1450, 1454).

Krystalle (aus Eg.); F: 291°.

5,5-Dimethyl-octahydro-dicyclopenta[1,3]dioxin $C_{12}H_{20}O_2$.

a) **(3a*RS*,6a*SR*,9a$S_a$$R_a$)-5,5-Dimethyl-octahydro-dicyclopenta[1,3]dioxin** $C_{12}H_{20}O_2$, Formel XIII + Spiegelbild.

B. Beim Behandeln von (1*RS*,5$S_a$$R_a$,6*SR*)-Spiro[4.4]nonan-1,6-diol mit Chlorwasserstoff enthaltendem Aceton unter Zusatz von Natriumsulfat (*Hardegger et al.*, Am. Soc. **81** [1959] 2729, 2733).

Öl. n_D^{20}: 1,4780.

XIII XIV XV

b) **(3a*RS*,6a*RS*,9a$S_a$$R_a$)-5,5-Dimethyl-octahydro-dicyclopenta[1,3]dioxin** $C_{12}H_{20}O_2$, Formel XIV + Spiegelbild.

B. Beim Behandeln von (1*RS*,5$S_a$$R_a$,6*RS*)-Spiro[4.4]nonan-1,6-diol mit Chlorwasserstoff enthaltendem Aceton unter Zusatz von Natriumsulfat (*Hardegger et al.*, Am. Soc. **81** [1959] 2729, 2733).

Öl. n_D^{25}: 1,4699.

---

*Opt.-inakt. **2,8-Dimethyl-octahydro-benzo[2,1-*b*;2,3-*b'*]difuran** $C_{12}H_{20}O_2$, Formel XV.

B. Beim Erhitzen von opt.-inakt. 2,6-Bis-[2-brom-propyl]-cyclohexanon (F: 94—95°) mit Wasser (*Mannich, Schumann*, B. **69** [1936] 2306, 2310).

Kp_{14}: 115—117°.

Stammverbindungen $C_{13}H_{22}O_2$

6,15-Dithia-dispiro[4.2.5.2]pentadecan $C_{13}H_{22}S_2$, Formel I.

B. Beim Behandeln eines Gemisches von 1,1-Bis-mercaptomethyl-cyclohexan und Cyclopentanon mit Chlorwasserstoff (*Backer, Tamsma*, R. **57** [1938] 1183, 1193, 1194).

Krystalle (aus wss. A.); F: 68—68,5°.

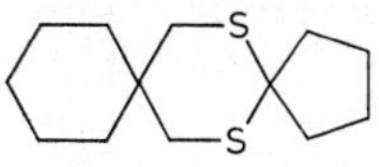

I 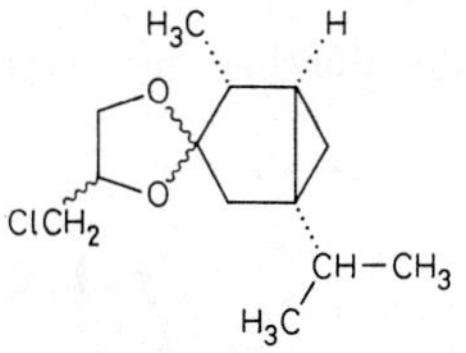 II 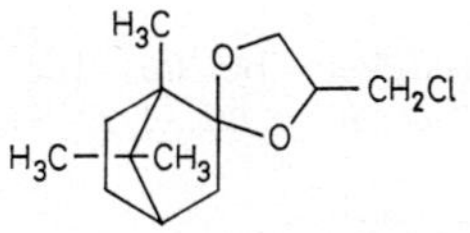 III

(1*S*,3*Ξ*,4*R*,4'*Ξ*)-4'-Chlormethyl-1-isopropyl-4-methyl-spiro[bicyclo[3.1.0]hexan-3,2'-[1,3]dioxolan] $C_{13}H_{21}ClO_2$, Formel II.

B. Aus (—)-Thujon ((1*S*,4*R*)-Thujan-3-on) und (±)-3-Chlor-propan-1,2-diol (*CIBA*, U.S.P. 2513747 [1946]).

$Kp_{0,07}$: 81—83°.

*Opt.-inakt. **4-Chlormethyl-1',7',7'-trimethyl-spiro[[1,3]dioxolan-2,2'-norbornan]** $C_{13}H_{21}ClO_2$, Formel III.

B. Beim Behandeln von (±)-Campher mit (±)-3-Chlor-propan-1,2-diol, Tetrachlor=methan und Zinn(IV)-chlorid (*Willfang*, B. **74** [1941] 145, 151).

Bei 114—122°/2 Torr destillierbar.

2,2-Dimethyl-decahydro-naphtho[2,3-*d*][1,3]dioxol, 2,3-Isopropylidendioxy-decahydro-naphthalin $C_{13}H_{22}O_2$.

a) **2,2-Dimethyl-(3a*r*,4a*c*,8a*c*,9a*c*)-decahydro-naphtho[2,3-*d*][1,3]dioxol** $C_{13}H_{22}O_2$, Formel IV.

B. Beim Behandeln von (4a*r*,8a*c*)-Decahydro-naphthalin-2*t*,3*t*-diol mit Aceton und wenig Schwefelsäure (*Ali, Owen*, Soc. **1958** 2119, 2127).

Kp_{10}: 118°.

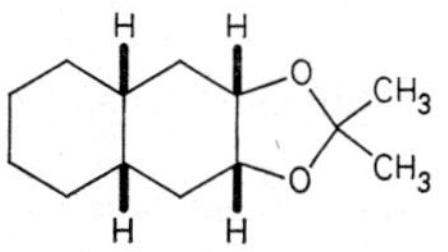

IV 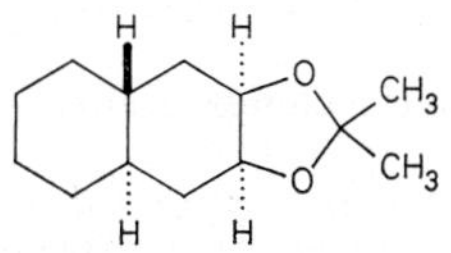 V 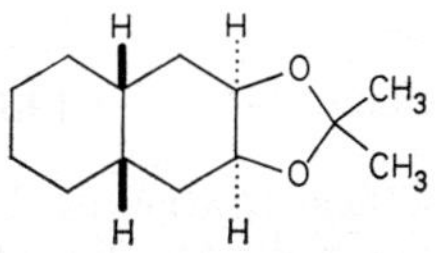 VI

b) **(±)-2,2-Dimethyl-(3a*r*,4a*c*,8a*t*,9a*c*)-decahydro-naphtho[2,3-*d*][1,3]dioxol** $C_{13}H_{22}O_2$, Formel V + Spiegelbild.

B. Beim Behandeln von (±)-(4a*r*,8a*t*)-Decahydro-naphthalin-2*c*,3*c*-diol mit Aceton und wenig Schwefelsäure (*Ali, Owen*, Soc. **1958** 2119, 2125).

Kp_{16}: 90°. n_D^{20}: 1,4728.

c) **2,2-Dimethyl-(3a*r*,4a*t*,8a*t*,9a*c*)-decahydro-naphtho[2,3-*d*][1,3]dioxol** $C_{13}H_{22}O_2$, Formel VI.

B. Beim Behandeln von (4a*r*,8a*c*)-Decahydro-naphthalin-2*c*,3*c*-diol mit Aceton und Schwefelsäure (*Ali, Owen*, Soc. **1958** 2119, 2128).

Kp_{11}: 119°.

(±)-2,2,8,8-Tetramethyl-(8a*t*)-tetrahydro-4a*r*,7*c*-methano-benzo[1,3]dioxin $C_{13}H_{22}O_2$, Formel VII + Spiegelbild.

B. Beim Erwärmen von (±)-1-Hydroxymethyl-3,3-dimethyl-norbornan-2*exo*-ol mit Aceton und wenig Schwefelsäure (*Kuusinen, Lampinen*, Suomen Kem. **32** B [1959] 26, 33).

Krystalle; F: 28°. Bei 75—80°/6 Torr destillierbar.

(±)-2,2,9,9-Tetramethyl-(8a*t*)-tetrahydro-4a*r*,7*c*-methano-benzo[1,3]dioxin $C_{13}H_{22}O_2$, Formel VIII + Spiegelbild.

B. Beim Erwärmen von (±)-1-Hydroxymethyl-7,7-dimethyl-norbornan-2*exo*-ol mit Aceton und wenig Schwefelsäure (*Kuusinen, Lampinen*, Suomen Kem. **32**B [1959] 26, 33).

Flüssigkeit; bei 95—105°/6 Torr destillierbar. n_D^{20}: 1,4798. IR-Spektrum (Film; 2,5 μ bis 15 μ): *Ku., La.*, l. c. S. 28.

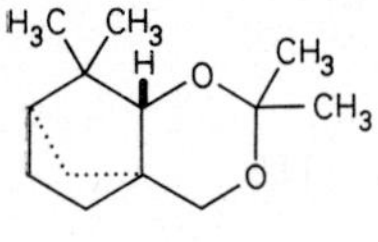

VII 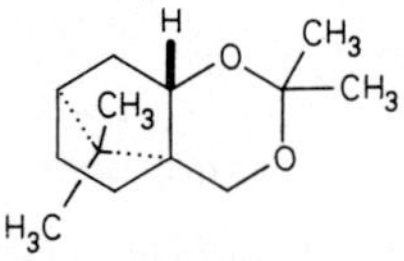 VIII 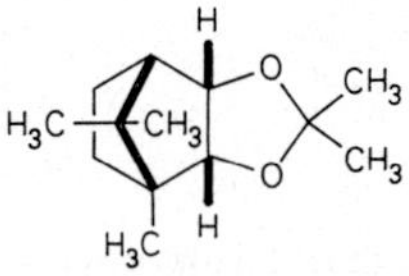 IX 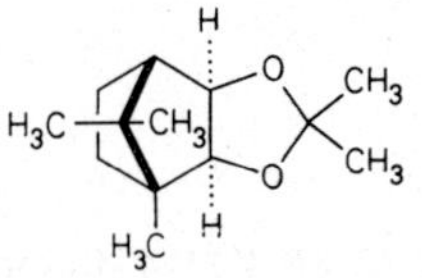 X

2,2,4,8,8-Pentamethyl-hexahydro-4,7-methano-benzo[1,3]dioxol, 2,3-Isopropylidendioxy-bornan $C_{13}H_{22}O_2$.

a) **(3a*R*)-2,2,4,8,8-Pentamethyl-(3a*r*,7a*c*)-hexahydro-4*c*,7*c*-methano-benzo[1,3]dioxol, (1*R*)-2*endo*,3*endo*-Isopropylidendioxy-bornan** $C_{13}H_{22}O_2$, Formel IX.

B. Beim Erwärmen von (1*R*)-Bornan-2*endo*,3*endo*-diol mit Aceton und wenig Schwefelsäure (*Angyal, Young*, Am. Soc. **81** [1959] 5467, 5471; *Takeshita, Kitajima*, Bl. chem. Soc. Japan **32** [1959] 985, 988).

Kp_2: 70—74° (*An., Yo.*). IR-Spektrum (Film; 6—14 μ): *Ta., Ki.*, l. c. S. 989.

b) **(3a*S*)-2,2,4,8,8-Pentamethyl-(3a*r*,7a*c*)-hexahydro-4*t*,7*t*-methano-benzo[1,3]dioxol, (1*R*)-2*exo*,3*exo*-Isopropylidendioxy-bornan** $C_{13}H_{22}O_2$, Formel X.

B. Beim Erwärmen von (1*R*)-Bornan-2*exo*,3*exo*-diol mit Aceton und wenig Schwefelsäure (*Rupe, Müller*, Helv. **24** [1941] 265E, 275E; *Rupe, Thommen*, Helv. **30** [1947] 933, 943; *Takeshita, Kitajima*, Bl. chem. Soc. Japan **32** [1959] 985, 988).

Kp_{13}: 113—114°; $[\alpha]_D^{20}$: −15,0° [A.; c = 9] (*Rupe, Th.*). Optisches Drehungsvermögen $[\alpha]^{20}$ einer Lösung in Äthanol (c = 9) für Licht der Wellenlängen von 486 nm bis 656 nm: *Rupe, Th.* IR-Spektrum (6—14 μ): *Ta., Ki.*, l. c. S. 989.

Stammverbindungen $C_{14}H_{24}O_2$

***Opt.-inakt. 5-Äthyl-2-[4,6-dimethyl-cyclohex-3-enyl]-5-nitro-[1,3]dioxan** $C_{14}H_{23}NO_4$, Formel I.

Diese Konstitution ist der nachstehend beschriebenen Verbindung zugeordnet worden (*Newman et al.*, Am. Soc. **68** [1946] 2112, 2114, 2115).

B. Beim Erwärmen von 2-Äthyl-2-nitro-propan-1,3-diol mit einer als 4,6-Dimethyl-cyclohex-3-encarbaldehyd angesehenen opt.-inakt. Verbindung (Kp_{10}: 70—71° [E III **7** 287]), einem Kohlenwasserstoff und wenig Toluol-4-sulfonsäure unter Entfernen des entstehenden Wassers (*Ne. et al.*).

$Kp_{0,5}$: 137—139°. n_D^{20}: 1,4903.

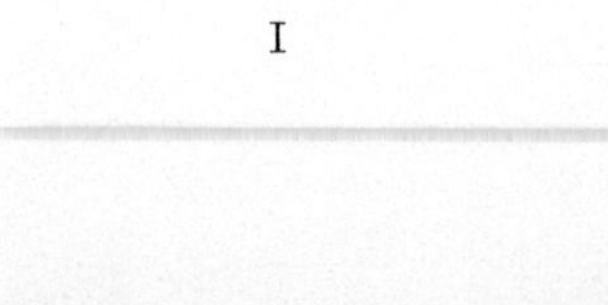

I  II

(2Ξ,4Ξ,6Ξ)-2,4,6-Trimethyl-4-[(1*R*)-4-methyl-cyclohex-3-enyl]-[1,3]dioxan $C_{14}H_{24}O_2$, Formel II.

B. Beim Behandeln von (+)-Limonen ((*R*)-*p*-Mentha-1,8-dien) mit Paraldehyd, Essigsäure und wenig Schwefelsäure (*Suga, Watanabe,* J. chem. Soc. Japan Pure Chem. Sect. **80** [1959] 898; C. A. **1961** 4568).

Kp_3: 128—138°. $D_4^{27,5}$: 0,9802. $n_D^{27,5}$: 1,4963. IR-Spektrum (1—14 μ): *Suga, Wa.*

5,5'-Diäthyl-5,5'-dimethyl-2,5,2',3',4',5'-hexahydro-[2,3']bifuryl $C_{14}H_{24}O_2$, Formel III, und **5,5'-Diäthyl-5,5'-dimethyl-4,5,2',3',4',5'-hexahydro-[2,3']bifuryl** $C_{14}H_{24}O_2$, Formel IV.

Diese beiden Konstitutionsformeln kommen für die nachstehend beschriebene opt.-inakt. Verbindung in Betracht.

B. Beim Erhitzen von opt.-inakt. 5,5'-Diäthyl-5,5'-dimethyl-octahydro-[2,3']bifuryl-3-ol (Kp_3: 137°) mit Kupfer(II)-sulfat auf 350° (*Colonge et al.,* Bl. **1958** 211, 218).

Kp_{19}: 139—140°.

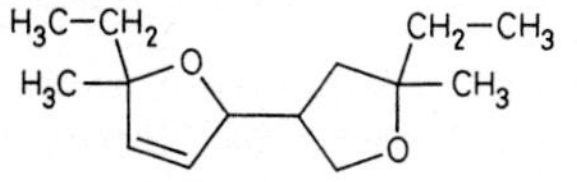

III 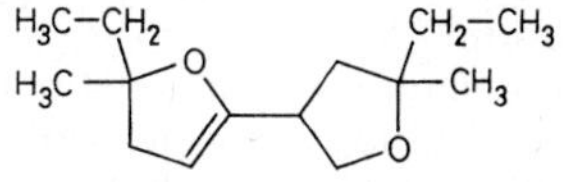 IV

7,15-Dioxa-dispiro[5.2.5.2]hexadecan $C_{14}H_{24}O_2$, Formel V.

Diese Konstitution ist der nachstehend beschriebenen Verbindung zugeordnet worden.

B. In kleiner Menge neben anderen Verbindungen beim Behandeln von 1-Oxa-spiro[2.5]octan mit verd. wss. Schwefelsäure (*Kohler et al.,* Am. Soc. **61** [1939] 1057, 1059).

Kp_{11}: 147,5—148°.

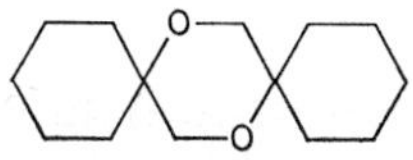

V 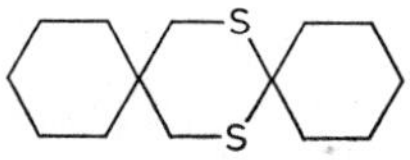 VI

7,16-Dithia-dispiro[5.2.5.2]hexadecan $C_{14}H_{24}S_2$, Formel VI.

B. Beim Behandeln eines Gemisches von 1,1-Bis-mercaptomethyl-cyclohexan und Cyclohexanon mit Chlorwasserstoff (*Backer, Tamsma,* R. **57** [1938] 1183, 1193, 1194).

Krystalle (aus wss. A.); F: 106—106,5°.

Stammverbindungen $C_{15}H_{26}O_2$

(±)-2-Methyl-2-[2-(2,6,6-trimethyl-cyclohex-2-enyl)-äthyl]-[1,3]dioxolan, (±)-1-[2-Methyl-[1,3]dioxolan-2-yl]-2-[2,6,6-trimethyl-cyclohex-2-enyl]-äthan, (±)-Dihydro-α-jonon-äthandiylacetal $C_{15}H_{26}O_2$, Formel VII.

B. Aus (±)-Dihydro-α-jonon ((±)-4-[2,6,6-Trimethyl-cyclohex-2-enyl]-butan-2-on) und Äthylenglykol (*Stoll, Hinder,* Helv. **34** [1951] 334, 337).

$Kp_{0,1}$: 87—90°. D_4^{18}: 0,9703. n_D^{18}: 1,4794.

***Opt.-inakt. 2-[8,8-Dimethyl-decahydro-[2]naphthyl]-[1,3]dioxolan, 7-[1,3]Dioxolan-2-yl-1,1-dimethyl-decahydro-naphthalin** $C_{15}H_{26}O_2$, Formel VIII.

B. Bei der Hydrierung von (±)-2-[8,8-Dimethyl-1,2,3,4,5,6,7,8-octahydro-[2]naphthyl]-[1,3]dioxolan an Platin in Methanol bei 80°/30 at (*Ohloff,* A. **606** [1957] 100, 120).

$Kp_{1,4}$: 135—138°. D_4^{20}: 1,0516. n_D^{20}: 1,5048.

(±)-1*r*,6*t*,10,10-Tetramethyl-5,13-dioxa-tricyclo[10.1.0.0⁴,⁶]tridecan, (±)-3*r*,4*t*;7*t*,8*c*-Diepoxy-1,1,4,8-tetramethyl-cycloundecan $C_{15}H_{26}O_2$, Formel IX + Spiegelbild.

Diese Konstitution und Konfiguration kommt vermutlich dem nachstehend beschriebenen **(±)-Dihydrohumulendioxid** zu.

B. Beim Behandeln von (±)-Dihydrohumulenmonoxid ((±)-8*r*,9*t*-Epoxy-1,4,4,8-tetramethyl-cycloundec-1*t*-en [E III/IV **17** 347]) mit Monoperoxyphthalsäure in Äther (*Šorm et al.*, Collect. **16/17** [1951/52] 639, 648).

Krystalle (aus PAe. + A.); F: 94°.

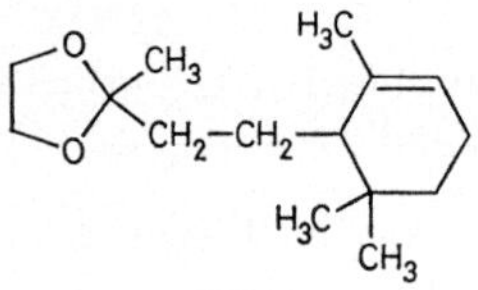

VII 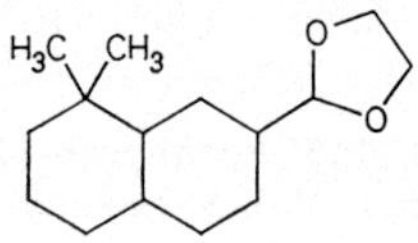 VIII 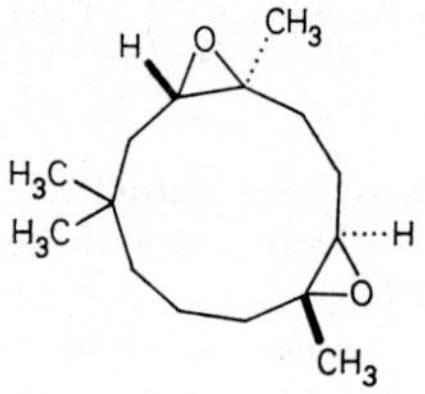 IX

Stammverbindungen $C_{16}H_{28}O_2$

(2Ξ,4Ξ,6Ξ)-2,6-Diäthyl-4-methyl-4-[(1*R*)-4-methyl-cyclohex-3-enyl]-[1,3]dioxan $C_{16}H_{28}O_2$, Formel X.

B. Beim Behandeln von (+)-Limonen ((*R*)-*p*-Mentha-1,8-dien) mit Propionaldehyd, Essigsäure und wenig Schwefelsäure (*Suga, Watanabe*, J. chem. Soc. Japan Pure Chem. Sect. **80** [1959] 898; C. A. **1961** 4568).

$Kp_{0,5}$: 110—114°. D_4^{16}: 0,9734. n_D^{16}: 1,4970. IR-Spektrum (1—14 μ): *Suga, Wa.*

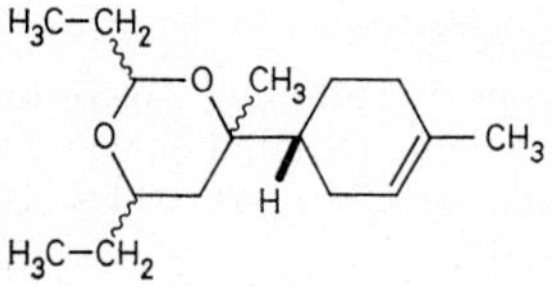

X 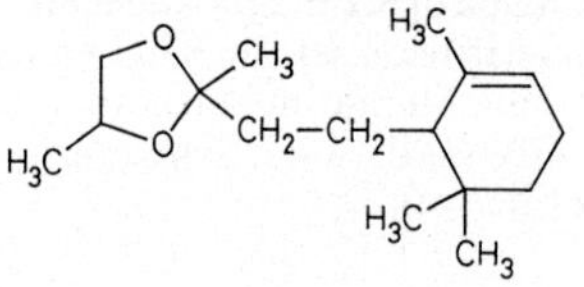 XI

***Opt.-inakt. 2,4-Dimethyl-2-[2-(2,6,6-trimethyl-cyclohex-2-enyl)-äthyl]-[1,3]dioxolan, 1-[2,4-Dimethyl-[1,3]dioxolan-2-yl]-2-[2,6,6-trimethyl-cyclohex-2-enyl]-äthan** $C_{16}H_{28}O_2$, Formel XI.

B. Bei der Hydrierung von opt.-inakt. *trans*-1-[2,4-Dimethyl-[1,3]dioxolan-2-yl]-2-[2,6,6-trimethyl-cyclohex-2-enyl]-äthylen an Raney-Nickel in Äthanol (*Bächli, Schinz*, Helv. **34** [1951] 1160, 1167).

$Kp_{0,04}$: 74—77°. D_4^{20}: 0,9423. n_D^{20}: 1,4685.

Stammverbindungen $C_{17}H_{30}O_2$

(4'a*R*)-3'*t*-Isopropyl-4'a,5'*c*-dimethyl-(4'a*r*,8'a*t*)-octahydro-spiro[[1,3]dioxolan-2,2'-naphthalin], 8,8-Äthandiyldioxy-7*βH*,10α-eremophilan[1]), 7*βH*,10α-Eremophilan-8-on-äthandiylacetal $C_{17}H_{30}O_2$, Formel I.

B. Bei der Hydrierung von 8,8-Äthandiyldioxy-7*βH*,10α-eremophil-11-en (S. 186) an Palladium/Kohle in Äthylacetat (*Zalkow et al.*, Am. Soc. **82** [1960] 6354, 6360; s. a. *Zalkow et al.*, Am. Soc. **81** [1959] 2914).

Bei 80—90°/0,1 Torr destillierbar; $[\alpha]_D$: —25° [Me.; c = 2] (*Za. et al.*, Am. Soc. **82** 6360).

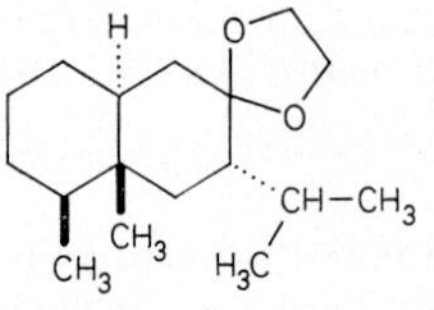

I 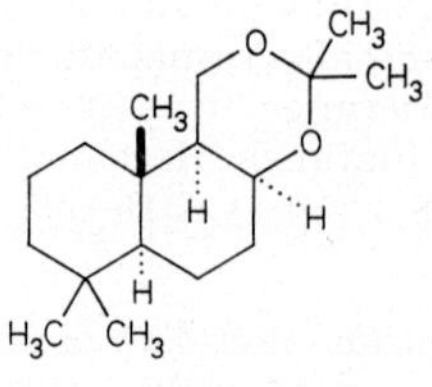 II

[1]) Stellungsbezeichnung bei von Eremophilan abgeleiteten Namen s. E III/IV **18** 235.

3,3,7,7,10a-Pentamethyl-decahydro-naphtho[2,1-*d*][1,3]dioxin $C_{17}H_{30}O_2$.

a) **(±)-3,3,7,7,10a-Pentamethyl-(4a*r*,6a*c*,10a*t*,10b*c*)-decahydro-naphtho[2,1-*d*][1,3]dioxin, *rac*-8*β*,11-Isopropylidendioxy-12-nor-driman** [1]) $C_{17}H_{30}O_2$, Formel II + Spiegelbild.

B. Beim Behandeln von *rac*-12-Nor-driman-8*β*,11-diol mit Aceton und wenig Schwefelsäure (*Stadler et al.*, Helv. **40** [1957] 1373, 1408).

Krystalle (aus PAe.); F: 33—34,5° [durch Destillation bei 100—110°/0,05 Torr gereinigtes Präparat]. IR-Banden ($CHCl_3$) im Bereich von 1400 cm^{-1} bis 1000 cm^{-1}: *St. et al.*

b) **(±)-3,3,7,7,10a-Pentamethyl-(4a*r*,6a*c*,10a*t*,10b*t*)-decahydro-naphtho[2,1-*d*][1,3]dioxin, *rac*-8*β*,11-Isopropylidendioxy-12-nor-9*βH*-driman** [1]) $C_{17}H_{30}O_2$, Formel III + Spiegelbild.

B. Beim Behandeln von *rac*-12-Nor-9*βH*-driman-8*β*,11-diol mit Aceton und wenig Schwefelsäure (*Stadler et al.*, Helv. **40** [1957] 1373, 1409).

Bei 105—115°/0,05 Torr destillierbar. IR-Banden ($CHCl_3$) im Bereich von 1400 cm^{-1} bis 1000 cm^{-1}: *St. et al.*

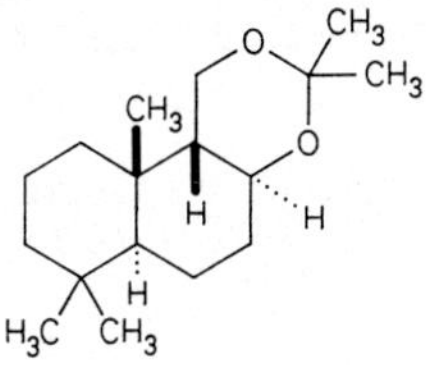

III 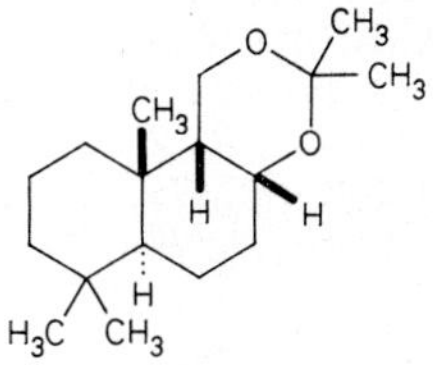 IV 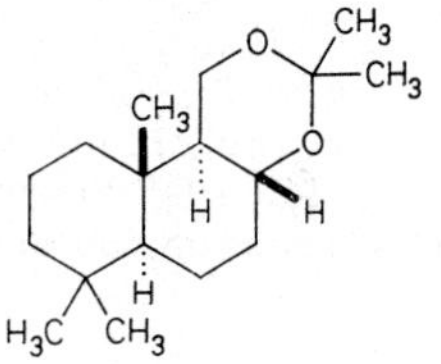 V

c) **(±)-3,3,7,7,10a-Pentamethyl-(4a*r*,6a*t*,10a*c*,10b*c*)-decahydro-naphtho[2,1-*d*][1,3]dioxin, *rac*-8*α*,11-Isopropylidendioxy-12-nor-9*βH*-driman** [1]) $C_{17}H_{30}O_2$, Formel IV + Spiegelbild.

B. Beim Behandeln von *rac*-12-Nor-9*βH*-driman-8α,11-diol mit Aceton und wenig Schwefelsäure (*Stadler et al.*, Helv. **40** [1957] 1373, 1408).

Bei 120°/0,05 Torr destillierbar. IR-Banden ($CHCl_3$) im Bereich von 1400 cm^{-1} bis 1000 cm^{-1}: *St. et al.*

d) **(±)-3,3,7,7,10a-Pentamethyl-(4a*r*,6a*t*,10a*c*,10b*t*)-decahydro-naphtho[2,1-*d*][1,3]dioxin, *rac*-8*α*,11-Isopropylidendioxy-12-nor-driman** [1]) $C_{17}H_{30}O_2$, Formel V + Spiegelbild.

B. Beim Behandeln von *rac*-12-Nor-driman-8α,11-diol mit Aceton und wenig Schwefelsäure (*Stadler et al.*, Helv. **40** [1957] 1373, 1408).

Krystalle (aus wss. Me.); F: 100,5—101° [korr.; durch Sublimation bei 85°/0,03 Torr gereinigtes Präparat]. IR-Banden ($CHCl_3$) im Bereich von 1400 cm^{-1} bis 1000 cm^{-1}: *St. et al.*

Stammverbindungen $C_{19}H_{34}O_2$

1,4-Dioxa-spiro[4.16]heneicos-13-en, Cycloheptadec-9-enon-äthandiylacetal $C_{19}H_{34}O_2$.

a) **1,4-Dioxa-spiro[4.16]heneicos-13*c*-en,** *cis*-Zibeton-äthandiylacetal $C_{19}H_{34}O_2$, Formel VI.

B. Beim Erwärmen von *cis*-Zibeton (Cycloheptadec-9*c*-enon) mit Äthylenglykol, Benzol und wenig Benzolsulfonsäure unter Entfernen des entstehenden Wassers (*Stoll et al.*, Helv. **31** [1948] 543, 550).

Krystalle (aus A.); F: 19—21°.

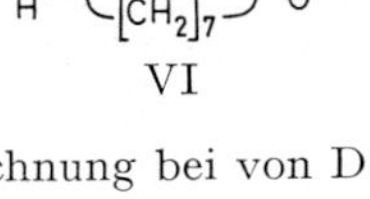

VI 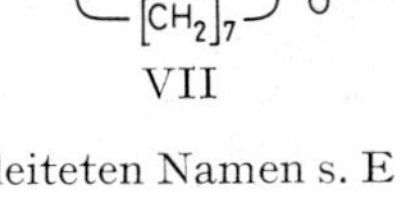 VII

[1]) Stellungsbezeichnung bei von Driman abgeleiteten Namen s. E III **9** 273 Anm., 274.

b) **1,4-Dioxa-spiro[4.16]heneicos-13*t*-en,** *trans*-Zibeton-äthandiylacetal $C_{19}H_{34}O_2$, Formel VII.

B. Beim Erwärmen von *trans*-Zibeton (Cycloheptadec-9*t*-enon) mit Äthylenglykol, Benzol und wenig Benzolsulfonsäure unter Entfernen des entstehenden Wassers (*Stoll et al.*, Helv. **31** [1948] 543, 550).

Krystalle (aus A.); F: 49—50°.

Stammverbindungen $C_{20}H_{36}O_2$

(2Ξ,4aΞ,7*R*,8aΞ)-2-[(*R*)-2,6-Dimethyl-hept-5-enyl]-4,4,7-trimethyl-hexahydro-benzo[1,3]dioxin $C_{20}H_{36}O_2$, Formel VIII.

Eine Verbindung dieser Konstitution und Konfiguration hat wahrscheinlich in den nachstehend beschriebenen Präparaten vorgelegen (*Stoll, Bolle*, Helv. **31** [1948] 1, 2).

B. Neben (*R*)-7-Hydroxy-3,7-dimethyl-octanal und (*R*)-2,6-Dimethyl-7-[(2Ξ,4aΞ,7*R*,8aΞ)-4,4,7-trimethyl-hexahydro-benzo[1,3]dioxin-2-yl]-heptan-2-ol ($Kp_{0,03}$: 129°; n_D^{18}: 1,4744) beim Behandeln von Natrium-[(1Ξ,3*R*)-1-hydroxy-3,7-dimethyl-oct-6-en-1-sulfonat] (Natrium-Salz der „(*R*)-Citronellalschwefligsäure" [E III **1** 3026]) mit Mineralsäure (*St.*, *Bo.*, l. c. S. 2). Beim Erhitzen von (*R*)-2,6-Dimethyl-7-[(2Ξ,4aΞ,7*R*,8aΞ)-4,4,7-trimethyl-hexahydro-benzo[1,3]dioxin-2-yl]-heptan-2-ol ($Kp_{0,03}$: 129°; n_D^{18}: 1,4744) in Gegenwart von Aluminiumoxid auf 325° (*St.*, *Bo.*, l. c. S. 4).

$Kp_{0,03}$: 116°; D_4^{26}: 0,9263; $n_D^{26,7}$: 1,469 (*St.*, *Bo.*, l. c. S. 2). D_4^{1}: 0,9260; n_D^{18}: 1,4736; $[\alpha]_D^{15}$: —5,6° [Lösungsmittel nicht angegeben] (*St.*, *Bo.*, l. c. S. 4).

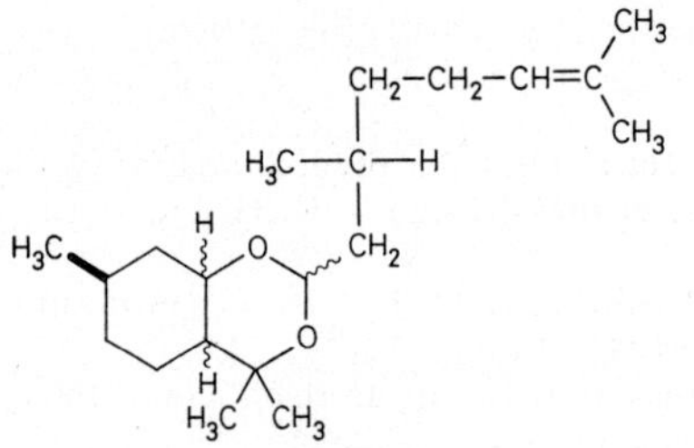

VIII 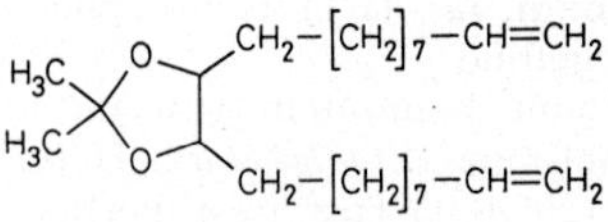 IX

Stammverbindungen $C_{25}H_{46}O_2$

4,5-Didec-9-enyl-2,2-dimethyl-[1,3]dioxolan $C_{25}H_{46}O_2$, Formel IX.

a) Opt.-inakt. Präparat aus höherschmelzendem Docosa-1,21-dien-11,12-diol.

B. Beim Behandeln einer Suspension von Docosa-1,21-dien-11,12-diol vom F: 114,5° bis 115,5° in Aceton mit Chlorwasserstoff (*Ruzicka et al.*, Helv. **25** [1942] 604, 614).

$Kp_{0,03}$: 151—153°. D_4^{16}: 0,8806. n_D^{16}: 1,4608.

b) Opt.-inakt. Präparat aus niedrigerschmelzendem Docosa-1,21-dien-11,12-diol.

B. Beim Behandeln einer Suspension von Docosa-1,21-dien-11,12-diol vom F: 62° bis 63° in Aceton mit Chlorwasserstoff (*Ruzicka et al.*, Helv. **25** [1942] 604, 615).

$Kp_{0,07}$: 156—157°. D_4^{17}: 0,8804. n_D^{17}: 1,4591.

Stammverbindungen $C_nH_{2n-6}O_2$

Stammverbindungen $C_8H_{10}O_2$

***Opt.-inakt. 1,1,4,4-Tetraoxo-4a,5,8,8a-tetrahydro-1λ⁶,4λ⁶-benzo[1,4]dithiin, 4a,5,8,8a-Tetrahydro-benzo[1,4]dithiin-1,1,4,4-tetraoxid** $C_8H_{10}O_4S_2$, Formel I.

B. Beim Erhitzen von [1,4]Dithiin-1,1,4,4-tetraoxid in Essigsäure mit Buta-1,3-dien auf 100° (*Parham et al.*, Am. Soc. **76** [1954] 4957).

Krystalle (aus A.); F: 195,5—200°.

3-Methyl-1,1-dioxo-5,6-dihydro-7*H*-1λ⁶-cyclopent[*c*][1,2]oxathiin, 3-Methyl-5,6-dihydro-7*H*-cyclopent[*c*][1,2]oxathiin-1,1-dioxid, 2-[2-Hydroxy-*trans*-propenyl]-cyclopent-1-en-sulfonsäure-lacton $C_8H_{10}O_3S$, Formel II.

B. Beim Behandeln eines Gemisches von Cyclopent-1-enyl-aceton und Cyclopentyliden-aceton mit Acetanhydrid und konz. Schwefelsäure (*Morel, Verkade*, R. **68** [1949] 619, 631).

Krystalle (aus Bzl. + PAe.); F: 88—88,5° (*Mo., Ve.*, R. **68** 632).

Beim Erhitzen mit Zinkoxid ist 2-Methyl-5,6-dihydro-4*H*-cyclopenta[*b*]furan erhalten worden (*Morel, Verkade*, R. **70** [1951] 35, 46).

I II III IV

***Opt.-inakt. Bis-[2-methyl-oxiranyl]-acetylen, 1,2;5,6-Diepoxy-2,5-dimethyl-hex-3-in** $C_8H_{10}O_2$, Formel III.

Ein krystallines Präparat (F: 44,5—45°; D_{20}^{50}: 0,9887) und ein flüssiges Präparat (Kp_{18}: 104,5—105°; Kp_{12}: 95—96°; D_4^{20}: 1,0022; n_D^{19}: 1,4665) sind beim Behandeln von opt.-inakt. 1,6-Dichlor-2,5-dimethyl-hex-3-in-2,5-diol (Stereoisomeren-Gemisch [E III **1** 2279]) mit Kaliumhydroxid in Äther erhalten worden (*Gerschteĭn*, Ž. obšč. Chim. **9** [1939] 361, 364; C. A. **1940** 377; s. a. *Gerschteĭn*, Ž. obšč. Chim. **12** [1942] 132, 142; C. A. **1943** 1986).

Beim Behandeln mit stark verdünnter wss. Salzsäure ist aus dem krystallinen Präparat 2,5-Dimethyl-hex-3-in-1,2,5,6-tetraol vom F: 113,5—114°, aus dem flüssigen Präparat 2,5-Dimethyl-hex-3-in-1,2,5,6-tetraol vom F: 130—131° erhalten worden (*Ge.*, Ž. obšč. Chim. **9** 367).

***Opt.-inakt. Bis-[3-chlormethyl-oxiranyl]-acetylen, 1,8-Dichlor-2,3;6,7-diepoxy-oct-4-in** $C_8H_8Cl_2O_2$, Formel IV.

B. Neben einem Stereoisomeren (?) beim Behandeln von opt.-inakt. 1,2,7,8-Tetrachlor-oct-4-in-3,6-diol (F: 139—139,5°) mit wss. Kalilauge (*Lespieau*, Bl. [5] **5** [1938] 687).

Krystalle (aus Bzl.); F: 59,8—60,3°.

Stammverbindungen $C_9H_{12}O_2$

3-Methyl-1,1-dioxo-5,6,7,8-tetrahydro-1λ⁶-benz[*c*][1,2]oxathiin, 3-Methyl-5,6,7,8-tetrahydro-benz[*c*][1,2]oxathiin-1,1-dioxid, 2-[2-Hydroxy-*trans*-propenyl]-cyclohex-1-en-sulfonsäure-lacton $C_9H_{12}O_3S$, Formel V.

B. Beim Behandeln von Cyclohex-1-enyl-aceton oder von Cyclohexyliden-aceton mit Acetanhydrid und konz. Schwefelsäure (*Morel, Verkade*, R. **68** [1949] 619, 632).

Krystalle (aus Me.); F: 90,5—91° (*Mo., Ve.*, R. **68** 632).

Beim Erhitzen mit Zinkoxid ist 2-Methyl-4,5,6,7-tetrahydro-benzofuran erhalten worden (*Morel, Verkade*, R. **70** [1951] 35, 46).

V VI

***Opt.-inakt. 6-Methyl-1,1,4,4-tetraoxo-4a,5,8,8a-tetrahydro-1λ⁶,4λ⁶-benzo[1,4]dithiin, 6-Methyl-4a,5,8,8a-tetrahydro-benzo[1,4]dithiin-1,1,4,4-tetraoxid** $C_9H_{12}O_4S_2$, Formel VI.

B. Beim Erwärmen von [1,4]Dithiin-1,1,4,4-tetraoxid mit Essigsäure und Isopren (*Parham et al.*, Am. Soc. **76** [1954] 4957).

Krystalle (aus $CHCl_3$ + PAe.); F: 153—154°.

Stammverbindungen $C_{10}H_{14}O_2$

(±)-4-But-3-en-1-inyl-2,2,4-trimethyl-[1,3]dioxolan $C_{10}H_{14}O_2$, Formel VII.

B. Beim Behandeln von (±)-5,6-Epoxy-5-methyl-hex-1-en-3-in mit Aceton und Eisen(III)-chlorid (*Perweew, Kudrjaschowa*, Ž. obšč. Chim. **22** [1952] 1580, 1585; engl. Ausg. S. 1623, 1626).

Kp_3: 51–52°. D_4^{17}: 0,9448. n_D^{17}: 1,4658.

6-[(Ξ)-Äthyliden]-1,4-dithia-spiro[4.5]dec-7-en $C_{10}H_{14}S_2$, Formel VIII.

Diese Konstitution kommt wahrscheinlich der nachstehend beschriebenen Verbindung zu.

B. Neben kleinen Mengen einer als 1-[7-Acetoxy-1,4-dithia-spiro[4.5]dec-6-yl]-äthanon angesehenen Verbindung (F: 110°) beim Erwärmen von 6-Äthinyl-1,4-dithia-spiro[4.5]decan-6-ol mit der Quecksilber(II)-Verbindung des Acetamids in Äthanol (*Jaeger, Smith*, Soc. **1955** 646, 650).

Bei 150–160°/15 Torr destillierbar. UV-Absorptionsmaximum (Me.): 235 nm.

VII VIII IX X

3-Äthyl-1,1-dioxo-5,6,7,8-tetrahydro-1λ⁶-benz[c][1,2]oxathiin, 3-Äthyl-5,6,7,8-tetrahydro-benz[c][1,2]oxathiin-1,1-dioxid, 2-[2-Hydroxy-but-1-en-*t*-yl]-cyclohex-1-ensulfonsäure-lacton $C_{10}H_{14}O_3S$, Formel IX.

B. Beim Behandeln von 1-Cyclohex-1-enyl-butan-2-on mit Acetanhydrid und konz. Schwefelsäure (*Morel, Verkade*, R. **68** [1949] 619, 632).

Kp_2: ca. 150–151°.

3,4-Dimethyl-1,1-dioxo-5,6,7,8-tetrahydro-1λ⁶-benz[c][1,2]oxathiin, 3,4-Dimethyl-5,6,7,8-tetrahydro-benz[c][1,2]oxathiin-1,1-dioxid, 2-[2-Hydroxy-1-methyl-*trans*-propenyl]-cyclohex-1-ensulfonsäure-lacton $C_{10}H_{14}O_3S$, Formel X.

B. Beim Behandeln von 3-Cyclohex-1-enyl-butan-2-on mit Acetanhydrid und konz. Schwefelsäure (*Morel, Verkade*, R. **68** [1949] 619, 636).

Krystalle (aus Me.); F: 142,5–143°.

(*R*)-4,7-Dimethyl-2,2-dioxo-5,6,7,8-tetrahydro-2λ⁶-benz[e][1,2]oxathiin, (*R*)-4,7-Dimethyl-5,6,7,8-tetrahydro-benz[e][1,2]oxathiin-2,2-dioxid, (*R*)-3-Hydroxy-*p*-mentha-3,8-dien-9-sulfonsäure-lacton $C_{10}H_{14}O_3S$, Formel XI.

B. Beim Behandeln von (–)-Isopulegon [(1*R*)-*trans*-*p*-Menth-8-en-3-on] (*Morel, Verkade*, R. **68** [1949] 619, 630) oder von (+)-Pulegon [(*R*)-*p*-Menth-4(8)-en-3-on] (*Treibs*, B. **70** [1937] 85, 87; *Bedoukian*, Am. Soc. **70** [1948] 621; *Mo., Ve.*; *Ohloff*, Ar. **285** [1952] 353, 358; *Pallaud, Berna*, Ind. Parfum. **8** [1953] 154) mit Acetanhydrid und konz. Schwefelsäure.

Krystalle (aus Me.); F: 86° (*Be.*), 85° (*Tr.*; *Oh.*), 84,5–85° (*Mo., Ve.*).

***Opt.-inakt. 6,7-Dimethyl-1,1,4,4-tetraoxo-4a,5,8,8a-tetrahydro-1λ⁶,4λ⁶-benzo[1,4]dithiin, 6,7-Dimethyl-4a,5,8,8a-tetrahydro-benzo[1,4]dithiin-1,1,4,4-tetraoxid** $C_{10}H_{14}O_4S_2$, Formel XII.

B. Neben kleineren Mengen 2,3,7,8-Tetramethyl-1,4,4a,5a,6,9,9a,10a-octahydro-thianthren-5,5,10,10-tetraoxid (F: 304–306°) beim Erwärmen von [1,4]Dithiin-1,1,4,4-tetraoxid mit Essigsäure und 2,3-Dimethyl-buta-1,3-dien (*Parham et al.*, Am. Soc. **76** [1954]

4957).

Krystalle (aus PAe.); F: 152–153°.

XI XII XIII XIV

1,4-Dimethyl-3,3-dioxo-5,6,7,8-tetrahydro-3λ⁶-benz[*d*][1,2]oxathiin, 1,4-Dimethyl-5,6,7,8-tetrahydro-benz[*d*][1,2]oxathiin-3,3-dioxid, 1-[(*Z*)-2-((*Z*)-1-Hydroxy-äthyliden)-cyclohexyliden]-äthansulfonsäure-lacton $C_{10}H_{14}O_3S$, Formel XIII.

B. Beim Behandeln von 1-Äthyl-cyclohexen mit Acetylchlorid und Zinn(IV)-chlorid und Behandeln des Reaktionsprodukts mit Acetanhydrid und konz. Schwefelsäure (*Morel, Verkade*, R. **68** [1949] 619, 635).

Krystalle (aus Me.); F: 142,5–143° (*Mo., Ve.*, R. **68** 636).

Beim Erhitzen mit Kupfer-Pulver ist 1,3-Dimethyl-4,5,6,7-tetrahydro-isobenzofuran erhalten worden (*Morel, Verkade*, R. **70** [1951] 35, 48).

***Opt.-inakt. Bis-[2,3-dimethyl-oxiranyl]-acetylen, 2,3;6,7-Diepoxy-3,6-dimethyl-oct-4-in** $C_{10}H_{14}O_2$, Formel XIV.

B. Neben grösseren Mengen 3-Acetoxy-6,7-epoxy-3,6-dimethyl-oct-4-in-2-ol (Kp_1: 121–122°; n_D^{20}: 1,4671) beim Behandeln von 3,6-Dimethyl-octa-2,6-dien-4-in (Kp_{20}: 71–73°) in Äther mit Peroxyessigsäure und Essigsäure (*Malenok, Kul'kina*, Ž. obšč. Chim. **24** [1954] 1837, 1839; engl. Ausg. S. 1801).

$Kp_{0,5}$: 62–64°. D_{20}^{20}: 0,9630. n_D^{20}: 1,4587.

2,2,5,5-Tetramethyl-2,5-dihydro-furo[3,2-*b*]furan $C_{10}H_{14}O_2$, Formel I.

B. Neben kleinen Mengen 5-Methyl-hex-4-en-2,3-dion beim Erwärmen von 2,7-Dimethyl-octa-3,5-diin-2,7-diol mit Quecksilber(II)-sulfat und wss. Schwefelsäure (*Dupont et al.*, Bl. **1955** 1078, 1081; *Audier*, A. ch. [13] **2** [1957] 105, 122).

Kp_{15}: 114–115°; n_D^{20}: 1,529 (*Du. et al.*, l. c. S. 1081; *Au.*, l. c. S. 123). IR-Spektrum (2–14 μ): *Au.*, l. c. S. 124. UV-Absorptionsmaxima: 240 nm und 303 nm (*Du. et al.*, l. c. S. 1079; *Au.*, l. c. S. 124).

Bei der Hydrierung an Platin in Äthanol ist 2-[(*E*?)-Isobutyliden]-5,5-dimethyl-dihydro-furan-3-on (E III/IV **17** 4351) erhalten worden (*Du. et al.*, l. c. S. 1081; *Au.*, l. c. S. 110, 125).

4,6-Diäthyl-1*H*,3*H*-thieno[3,4-*c*]furan $C_{10}H_{14}OS$, Formel II.

Diese Konstitution ist von *Gol'dfarb, Kondakowa* (Izv. Akad. S.S.S.R. Otd. chim. **1956** 1208, 1213; engl. Ausg. S. 1235, 1239) der nachstehend beschriebenen Verbindung zugeordnet worden (vgl. aber die Angaben über die ursprünglich als 4,6-Di-*tert*-butyl-1*H*,3*H*-thieno[3,4-*c*]furan angesehene Verbindung [S. 183]).

B. In kleiner Menge beim Erwärmen von 2,5-Diäthyl-3,4-bis-chlormethyl-thiophen mit Wasser (*Go., Ko.*).

Krystalle (aus Acn. oder Heptan); F: 119°.

I II III

6,7,8,9,10,10-Hexachlor-(5a*r*,9a*c*)-1,5,5a,6,9,9a-hexahydro-6*c*,9*c*-methano-benzo[*e*]= [1,3]dioxepin $C_{10}H_8Cl_6O_2$, Formel III.

B. Beim Erwärmen von 1,2,3,4,7,7-Hexachlor-5*endo*,6*endo*-bis-hydroxymethyl-norborn-2-en mit wss. Formaldehyd-Lösung und wss. Salzsäure (*Riemschneider, Hilscher*, Z. anal. Chem. **165** [1959] 278).

Krystalle (aus Ae. oder Me.); F: 106—108°.

4,5,6,7,8,8-Hexachlor-2,2-dimethyl-(3a*r*,7a*c*)-3a,4,7,7a-tetrahydro-4*c*,7*c*-methano-benzo[1,3]dioxol, 1,2,3,4,7,7-Hexachlor-5*endo*,6*endo*-isopropylidendioxy-nor= born-2-en $C_{10}H_8Cl_6O_2$, Formel IV.

Diese Konfiguration kommt vermutlich der nachstehend beschriebenen Verbindung zu.

B. Beim Erwärmen von 1,4,5,6,7,7-Hexachlor-norborn-5-en-2*endo*(?),3*endo*(?)-diol (F: 240°) mit Chlorwasserstoff enthaltendem Aceton (*Monsanto Chem. Co.*, U.S.P. 2841485 [1955]).

Krystalle (aus wss. A.); F: 77—78°.

3a-Methyl-4-methylen-2,2-dioxo-hexahydro-2λ^6-5,7a-methano-benz[*d*][1,2]oxathiol, 3a-Methyl-4-methylen-hexahydro-5,7a-methano-benz[*d*][1,2]oxathiol-2,2-dioxid, [1-Hydroxy-2-methyl-3-methylen-[2]norbornyl]-methansulfonsäure-lacton $C_{10}H_{14}O_3S$, Formel V.

Diese Konstitution kommt der nachstehend beschriebenen linksdrehenden Verbindung zu.

B. Aus [1-Amino-2-methyl-3-methylen-[2]norbornyl]-methansulfonsäure (E III **14** 1896) beim Erwärmen des Natrium-Salzes mit wss. Essigsäure und Natriumnitrit (*Asahina, Yamaguti*, B. **71** [1938] 318, 322).

Krystalle (aus A.); F: 115—116°. $[\alpha]_D^{22}$: $-12{,}9°$ [A.].

Bei der Hydrierung an Palladium in Essigsäure sind zwei stereoisomere [1-Hydroxy-2,3-dimethyl-[2]norbornyl]-methansulfonsäure-lactone ($C_{10}H_{16}O_3S$; a) Krystalle [aus A.], F: 147°; b) F: 143°, $[\alpha]_D^{25}$: $+4{,}9°$ [A.]) erhalten worden.

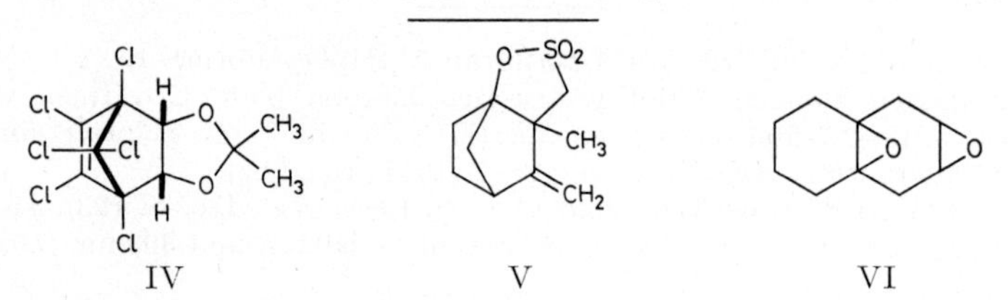

IV V VI

2,3;4a,8a-Diepoxy-decahydro-naphthalin $C_{10}H_{14}O_2$, Formel VI.

B. Beim Behandeln von 1,2,3,4,5,8-Hexahydro-naphthalin mit Peroxybenzoesäure in Chloroform (*Hückel, Wörffel*, B. **89** [1956] 2098, 2102).

Krystalle; F: 86°.

Stammverbindungen $C_{11}H_{16}O_2$

***Opt.-inakt. 2-Äthyl-4-but-3-en-1-inyl-2,4-dimethyl-[1,3]dioxolan** $C_{11}H_{16}O_2$, Formel VII.

B. Beim Behandeln von (±)-5,6-Epoxy-5-methyl-hex-1-en-3-in mit Butanon und Eisen(III)-chlorid (*Perweew, Kudrjuschowa*, Ž. obšč. Chim. **22** [1952] 1580, 1585; engl. Ausg. S. 1623, 1626).

Kp_4: 71—72°. D_4^{17}: 0,9440. n_D^{17}: 1,4680.

VII VIII IX

***Opt.-inakt. 4-But-3-en-1-inyl-2,2,4,5-tetramethyl-[1,3]dioxolan** $C_{11}H_{16}O_2$, Formel VIII.

B. Beim Behandeln von opt.-inakt. 5,6-Epoxy-5-methyl-hept-1-en-3-in (Kp_{12}: 54—55°; n_D^{20}: 1,4781) mit Aceton und Oxalsäure (*Perweew, Kudrjaschowa*, Ž. obšč. Chim. **22** [1952] 1580, 1585; engl. Ausg. S. 1623, 1627).

Kp_5: 60—61°. D_4^{17}: 0,9225. n_D^{17}: 1,4690.

***Opt.-inakt. 2,7-Dimethyl-4,9-dimethylen-1,6-dioxa-spiro[4.4]nonan** $C_{11}H_{16}O_2$, Formel IX.

B. Beim Behandeln von opt.-inakt. Trimethyl-[2,7-dimethyl-9-methylen-1,6-dioxa-spiro[4.4]non-4-ylmethyl]-ammonium-jodid (F: 207—208°) mit Silberoxid und Wasser, Eindampfen der Reaktionslösung und Erhitzen des Rückstands bis auf 200° (*Mannich, Schumann*, B. **69** [1936] 2306, 2308).

Kp_{13}: 86—87°.

Stammverbindungen $C_{12}H_{18}O_2$

***Opt.-inakt. 2-Äthyl-4-but-3-en-1-inyl-2,4,5-trimethyl-[1,3]dioxolan** $C_{12}H_{18}O_2$, Formel I.

B. Beim Erwärmen von opt.-inakt. 5,6-Epoxy-5-methyl-hept-1-en-3-in (Kp_{12}: 54—55°; n_D^{20}: 1,4781) mit Butanon und Oxalsäure (*Perweew, Kudrjaschowa*, Ž. obšč. Chim. **22** [1952] 1580, 1585, 1586; engl. Ausg. S. 1623, 1627, 1628).

Kp_5: 80—81°. D_4^{17}: 0,9390. n_D^{17}: 1,4750.

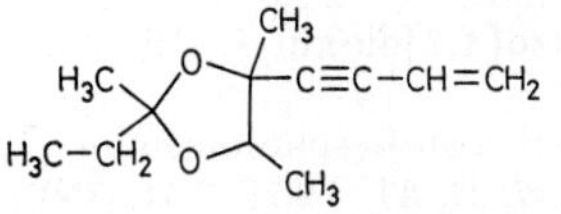

I 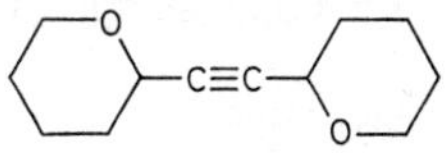 II

***Opt.-inakt. Bis-tetrahydropyran-2-yl-acetylen** $C_{12}H_{18}O_2$, Formel II.

B. Aus (±)-2-Chlor-tetrahydro-pyran und Äthindiyldimagnesium-dibromid (*Riobé, Gouin*, C. r. **243** [1956] 1424).

Kp_{18}: 158—160°. D_4^{21}: 1,034. n_D^{21}: 1,4935.

***Opt.-inakt. Bis-[3-äthyl-2-methyl-oxiranyl]-acetylen, 3,4;7,8-Diepoxy-4,7-dimethyl-dec-5-in** $C_{12}H_{18}O_2$, Formel III.

B. Neben kleineren Mengen 4-Acetoxy-7,8-epoxy-4,7-dimethyl-dec-5-in-3-ol ($Kp_{0,5}$: 127—129°; n_D^{20}: 1,4690) beim Behandeln von 4,7-Dimethyl-deca-3,7-dien-5-in ($Kp_{0,5}$: 72—74°; n_D^{20}: 1,4878) mit Äther und Peroxyessigsäure (*Malenok et al.*, Ž. obšč. Chim. **28** [1958] 428, 432; engl. Ausg. S. 421, 424).

$Kp_{0,5}$: 87,5—88°. D_{20}^{20}: 0,9388. n_D^{20}: 1,4565.

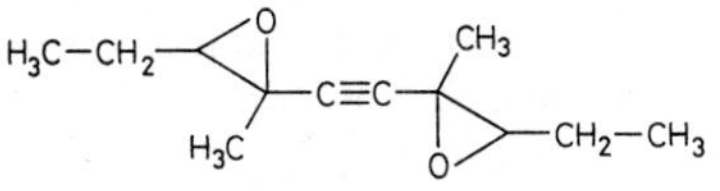

III 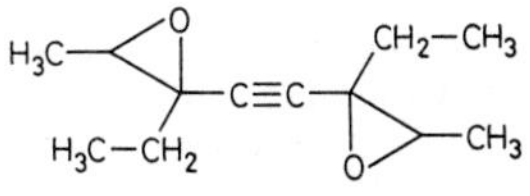 IV

***Opt.-inakt. Bis-[2-äthyl-3-methyl-oxiranyl]-acetylen, 3,6-Diäthyl-2,3;6,7-diepoxy-oct-4-in** $C_{12}H_{18}O_2$, Formel IV.

B. Neben kleineren Mengen 3-Acetoxy-3,6-diäthyl-6,7-epoxy-oct-4-in-2-ol ($Kp_{0,5}$: 125° bis 127°; n_D^{20}: 1,4700) und wenig 3,6-Diäthyl-6,7-epoxy-oct-4-in-2,3-diol (F: 77°) beim Behandeln von 3,6-Diäthyl-octa-2,6-dien-4-in ($Kp_{0,5}$: 68—69°) mit Äther und Peroxy-essigsäure (*Malenok et al.*, Ž. obšč. Chim. **28** [1958] 428, 432; engl. Ausg. S. 421, 424).

$Kp_{0,5}$: 85,5—86°. D_{20}^{20}: 0,9384. n_D^{20}: 1,4596.

3',4',5',6',7',8'-Hexahydro-1'*H*-spiro[[1,3]dioxolan-2,2'-naphthalin], 2,2-Äthandiyl-dioxy-1,2,3,4,5,6,7,8-octahydro-naphthalin, 3,4,5,6,7,8-Hexahydro-1*H*-naphthalin-2-on-äthandiylacetal $C_{12}H_{18}O_2$, Formel V.

Konstitutionszuordnung: *Kretchmer, Schafer*, J. org. Chem. **38** [1973] 95.

B. Beim Erhitzen von (±)-3,4,4a,5,6,7-Hexahydro-8*H*-naphthalin-2-on mit Äthylenglykol, Toluol und wenig Toluol-4-sulfonsäure unter Entfernen des entstehenden Wassers (*Grob et al.*, Helv. **32** [1949] 2427, 2433; s. a. *Kr.*, *Sch.*, l. c. S. 97).

$Kp_{0,1}$: 75,5—80° (*Kr.*, *Sch.*); $Kp_{0,05}$: 68—70° (*Grob et al.*).

(±)-3'-Methyl-1',4',5',6',7',7a'-hexahydro-spiro[[1,3]dithiolan-2,2'-inden], (±)-2,2-Äthandiyldimercapto-3-methyl-2,4,5,6,7,7a-hexahydro-inden $C_{12}H_{18}S_2$, Formel VI.

B. Beim Behandeln von (±)-3-Methyl-1,4,5,6,7,7a-hexahydro-inden-2-on mit Äthan-1,2-dithiol und dem Borfluorid-Äther-Addukt (*Hartman*, J. org. Chem. **22** [1957] 466).

Krystalle (aus Me.); F: 66—67,4°.

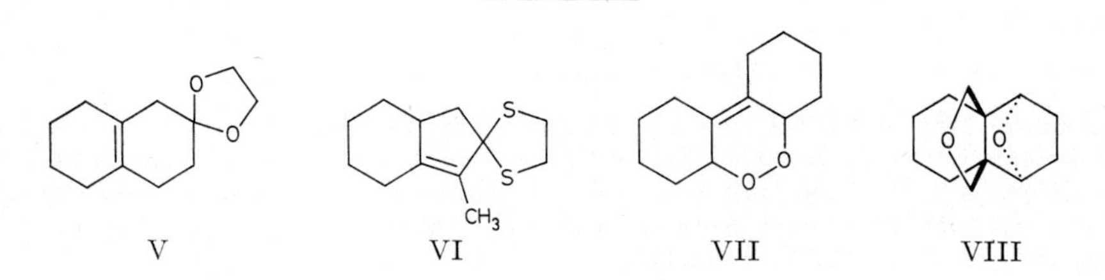

V VI VII VIII

***Opt.-inakt. 1,2,3,4,4a,6a,7,8,9,10-Decahydro-dibenzo[1,2]dioxin** $C_{12}H_{18}O_2$, Formel VII.

B. In geringer Menge bei 10-tägigem Behandeln von geschmolzenem [1,1']Bicyclohex-1-enyl mit Sauerstoff bei 45—50° (*Hock*, *Siebert*, B. **87** [1954] 554, 559).

$Kp_{0,1}$: 104—105°. D_4^{22}: 1,051. n_D^{22}: 1,5080.

Bei langsamem Erhitzen bis auf 147° ist eine als 9a,9b-Epoxy-dodecahydro-dibenzofuran ($C_{12}H_{18}O_2$) angesehene Verbindung (Öl) erhalten worden (*Hock*, *Si.*, l. c. S. 559). Überführung in Bicyclohexyliden-2-on durch Erwärmen mit wss. Schwefelsäure: *Ho.*, *Si.*, l. c. S. 560.

Octahydro-1*t*,4*t*-epoxido-4a*r*,8a*c*-[2]oxapropano-naphthalin $C_{12}H_{18}O_2$, Formel VIII.

B. Bei der Hydrierung von 1,2,3,4,5,8-Hexahydro-1*t*,4*t*-epoxido-4a*r*,8a*c*-[2]oxapropanonaphthalin mit Hilfe von Raney-Nickel (*Stork et al.*, Am. Soc. **75** [1953] 384, 390).

F: 80—82°.

Stammverbindungen $C_{13}H_{20}O_2$

***Opt.-inakt. 4-But-3-en-1-inyl-2-isobutyl-2,4-dimethyl-[1,3]dioxolan** $C_{13}H_{20}O_2$, Formel IX.

B. Beim Behandeln von (±)-5,6-Epoxy-5-methyl-hex-1-en-3-in mit 4-Methyl-pentan-2-on und Eisen(III)-chlorid (*Perweew*, *Kudrjaschowa*, Ž. obšč. Chim. **22** [1952] 1580, 1585; engl. Ausg. S. 1623, 1627).

Kp_5: 92—93°. D_4^{17}: 0,9378. n_D^{17}: 1,4675.

IX X

(±)-4a'-Methyl-3',4',4a',5',6',7'-hexahydro-8'*H*-spiro[[1,3]dithiolan-2,2'-naphthalin], (±)-7,7-Äthandiyldimercapto-4a-methyl-1,2,3,4,4a,5,6,7-octahydronaphthalin $C_{13}H_{20}S_2$, Formel X.

B. Beim Behandeln von (±)-4a-Methyl-3,4,4a,5,6,7-hexahydro-8*H*-naphthalin-2-on mit Äthan-1,2-dithiol und dem Borfluorid-Äther-Addukt (*Sondheimer*, *Rosenthal*, Am.

Soc. **80** [1958] 3995, 3999).
Krystalle (aus Me. + Pentan); F: 58—59°.

Stammverbindungen $C_{14}H_{22}O_2$

***Opt.-inakt. 4-But-3-en-1-inyl-2-isobutyl-2,4,5-trimethyl-[1,3]dioxolan** $C_{14}H_{22}O_2$, Formel I.

B. In kleiner Menge beim Erwärmen von opt.-inakt. 5,6-Epoxy-5-methyl-hept-1-en-3-in (Kp_{12}: 54—55°; n_D^{20}: 1,4781) mit 4-Methyl-pentan-2-on und Oxalsäure (*Perweew, Kudrjaschowa*, Ž. obšč. Chim. **22** [1952] 1580, 1586; engl. Ausg. S. 1623, 1628).

Kp_{10}: 99—103°. D_4^{17}: 0,9391. n_D^{17}: 1,4730.

I II

4,6-Di-*tert*-butyl-1*H*,3*H*-thieno[3,4-*c*]furan $C_{14}H_{22}OS$, Formel II.

Eine von *Gol'dfarb, Kondakowa* (Izv. Akad. S.S.S.R. Otd. chim. **1956** 1208, 1212; engl. Ausg. S. 1235, 1239) unter dieser Konstitution beschriebene Verbindung (F: 220—221°) ist als 1,3,7,9-Tetra-*tert*-butyl-4*H*,6*H*,10*H*,12*H*-dithieno[3,4-*c*;3',4'-*h*][1,6]dioxecin (Syst. Nr. 3008) zu formulieren (*Zwanenburg, Wynberg*, J. org. Chem. **34** [1969] 340).

***Opt.-inakt. Decahydro-4a,9a-epoxido-dibenz[*b,f*]oxepin** $C_{14}H_{22}O_2$, Formel III.

B. Beim Behandeln von opt.-inakt. 5,6,7,8-Tetrahydro-spiro[chroman-2,1'-cyclo=hexan]-2'-ol (F: 69—70°) mit wss. Salzsäure (*Mannich*, B. **74** [1941] 557, 562).

Kp_{12}: 146—149°.

Beim Erwärmen mit Chrom(VI)-oxid und wss. Essigsäure ist 2-Hydroxy-2-[2-oxo-cyclopentyl]-1-oxa-spiro[4.5]decan-6-on (F: 134° [E III **8** 3453]) erhalten worden.

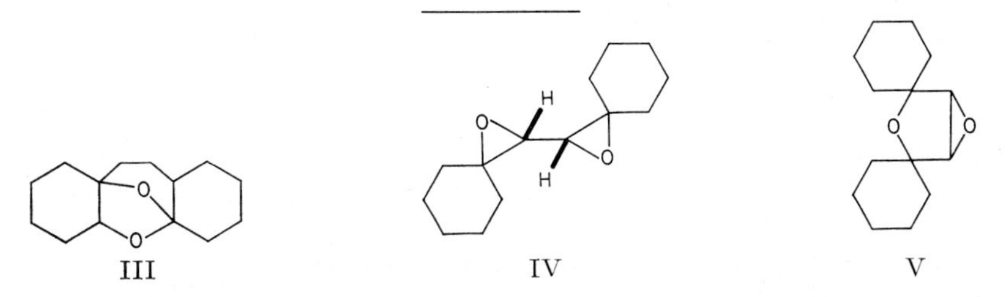

III IV V

***racem.*-1,1'-Dioxa-[2,2']bispiro[2.5]octyl** $C_{14}H_{22}O_2$, Formel IV + Spiegelbild.

B. Beim Behandeln von *racem.*-1,2-Dibrom-1,2-bis-[1-hydroxy-cyclohexyl]-äthan mit äthanol. Natronlauge (*Chanley*, Am. Soc. **71** [1949] 829, 832).

Krystalle (aus PAe.); F: 58—58,7°.

Hydrierung an Platin in Essigsäure unter Bildung von *racem.*-1,2-Dicyclohexyl-äthan-1,2-diol: *Ch.* Beim Erhitzen mit Wasser auf 120° ist *trans*-7-Oxa-dispiro[5.1.5.2]penta=decan-14,15-diol erhalten worden.

Dispiro[cyclohexan-1,2'-(3,6-dioxa-bicyclo[3.1.0]hexan)-4',1''-cyclohexan], 14,15-Epoxy-7-oxa-dispiro[5.1.5.2]pentadecan $C_{14}H_{22}O_2$, Formel V.

B. Bei mehrtägigem Behandeln von 7-Oxa-dispiro[5.1.5.2]pentadec-14-en mit Peroxy=benzoesäure in Tetrachlormethan (*Chanley*, Am. Soc. **71** [1949] 829, 832).

Kp_{10}: 143°. n_D^{25}: 1,4930.

Beim Erhitzen mit wss. Salzsäure auf 120° ist *trans*-7-Oxa-dispiro[5.1.5.2]pentadecan-14,15-diol erhalten worden.

Stammverbindungen $C_{15}H_{24}O_2$

(±)-2-[4-(4-Methyl-pent-3-enyl)-cyclohex-3-enyl]-[1,3]dioxolan, (±)-4-[1,3]Dioxolan-2-yl-1-[4-methyl-pent-3-enyl]-cyclohexen $C_{15}H_{24}O_2$, Formel VI.

B. Beim Behandeln von (±)-4-[4-Methyl-pent-3-enyl]-cyclohex-3-encarbaldehyd mit Chlorwasserstoff enthaltendem Äthylenglykol (*Mousseron-Canet, Mousseron*, Bl. **1956** 391, 395).

$Kp_{1,5}$: 160°.

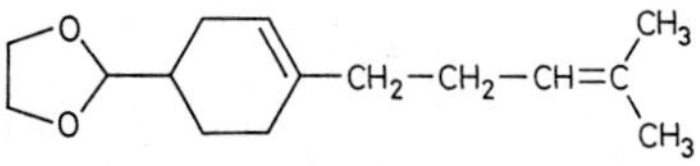

VI 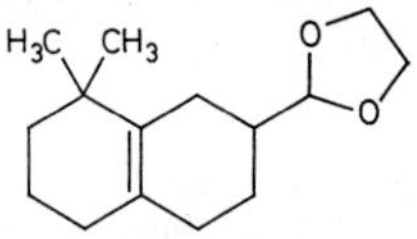 VII

(±)-2-[8,8-Dimethyl-1,2,3,4,5,6,7,8-octahydro-[2]naphthyl]-[1,3]dioxolan, (±)-7-[1,3]Dioxolan-2-yl-1,1-dimethyl-1,2,3,4,5,6,7,8-octahydro-naphthalin $C_{15}H_{24}O_2$, Formel VII.

B. Beim Erwärmen von (±)-8,8-Dimethyl-1,2,3,4,5,6,7,8-octahydro-[2]naphthaldehyd mit Äthylenglykol, Benzol und wenig Toluol-4-sulfonsäure unter Entfernen des entstehenden Wassers (*Ohloff*, A. **606** [1957] 100, 120).

Kp_2: 128—131°. D_4^{20}: 1,0340. n_D^{20}: 1,5058.

(±)-4a',7',7'-Trimethyl-3',4',4a',5',6',7'-hexahydro-8'*H*-spiro[[1,3]dithiolan-2,2'-naphthalin], (±)-7,7-Äthandiyldimercapto-2,2,4a-trimethyl-1,2,3,4,4a,5,6,7-octahydro-naphthalin $C_{15}H_{24}S_2$, Formel VIII.

B. Beim Behandeln von (±)-4a,7,7-Trimethyl-3,4,4a,5,6,7-hexahydro-8*H*-naphthalin-2-on mit Äthan-1,2-dithiol und dem Borfluorid-Äther-Addukt (*Sondheimer, Wolfe*, Canad. J. Chem. **37** [1959] 1870, 1876).

Krystalle (aus Me.); F: 70,5—71°.

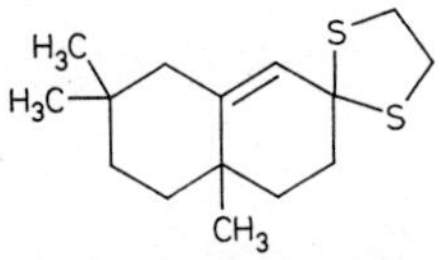

VIII 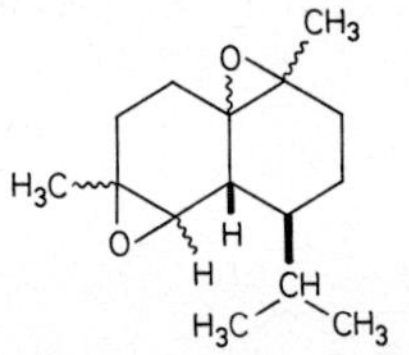 IX

(4a*R*)-1ξ,8a;5ξ,6ξ-Diepoxy-4*c*-isopropyl-1ξ,6ξ-dimethyl-(4a*r*,8aξ)-decahydro-naphthalin, 1,10;4,5ξ-Diepoxy-1ξ,4ξ,10ξ-cadinan [1]) $C_{15}H_{24}O_2$, Formel IX.

Diese Konstitution und Konfiguration kommt dem nachstehend beschriebenen (+)-δ-Cadinendiepoxid zu.

B. Neben einer als „δ-Cadinen-oxid-diol" bezeichneten Verbindung $C_{15}H_{26}O_4$ (F: 128,5—129,5° [unkorr.; aus Bzl. + PAe.]; $[\alpha]_D^{20}$: +17° [$CHCl_3$]) beim Behandeln von (+)-δ-Cadinen ((8a*R*)-1*c*-Isopropyl-4,7-dimethyl-(8a*r*)-1,2,3,5,6,8a-hexahydro-naphthalin [E III **5** 1087]) mit Monoperoxyphthalsäure in Äther (*Herout, Šantavý*, Collect. **19** [1954] 118, 122).

Krystalle (aus PAe.); F: 83,5—84,5°. $[\alpha]_D^{20}$: +13,3° [$CHCl_3$].

Weitgehend racemisches (+)-δ-Cadinendiepoxid hat in dem aus Dysoxylonen (E III **5** 1087) beim Behandeln mit Monoperoxyphthalsäure in Äther erhaltenen Dysoxylonen-diepoxid (Krystalle [aus PAe.]; F: 86—87°) vorgelegen (*Hildebrand, Sutherland*, Austral. J. Chem. **12** [1959] 678, 688).

[1]) Stellungsbezeichnung bei von Cadinan abgeleiteten Namen s. E III/IV **18** 457.

Stammverbindungen $C_{16}H_{26}O_2$

(±)-2-[1-Methyl-3-((Ξ)-2,2,6-trimethyl-cyclohexyliden)-ξ-propenyl]-[1,3]dioxolan, (±)-3-[1,3]Dioxolan-2-yl-1-[(Ξ)-2,2,6-trimethyl-cyclohexyliden]-but-2ξ-en $C_{16}H_{26}O_2$, Formel I.

Über ein aus (±)-Triphenyl-[2-(2,2,6-trimethyl-cyclohexyliden)-äthyliden]-phosphoran und 1-[1,3]Dioxolan-2-yl-äthanon in Äther und Benzol erhaltenes Präparat ($Kp_{0,02}$: 100°; λ_{max} [PAe.]: 248 nm) s. *Hoffmann-La Roche*, U.S.P. 2819312 [1956]; D.B.P. 1021361 [1956].

I II III

***Opt.-inakt. 2,4-Dimethyl-2-[2t-(2,6,6-trimethyl-cyclohex-2-enyl)-vinyl]-[1,3]dioxolan, *trans*-1-[2,4-Dimethyl-[1,3]dioxolan-2-yl]-2-[2,6,6-trimethyl-cyclohex-2-enyl]-äthylen,** *trans*-α-Jonon-propylenacetal $C_{16}H_{26}O_2$, Formel II.

B. Beim Erwärmen von (±)-*trans*-α-Jonon ((±)-4*t*-[2,6,6-Trimethyl-cyclohex-2-enyl]-but-3-en-2-on) mit (±)-Propan-1,2-diol, Benzol und wenig Toluol-4-sulfonsäure unter Entfernen des entstehenden Wassers (*Bächli, Schinz*, Helv. **34** [1951] 1160, 1167; *Naves*, Bl. **1951** 372).

Kp_2: 111—112°; D_4^{20}: 0,9495; $n_{656,3}^{20}$: 1,4734; n_D^{20}: 1,4763; $n_{486,1}^{20}$: 1,4835 (*Na.*). $Kp_{0,02}$: 76—79°; D_4^{20}: 0,9480; n_D^{20}: 1,4760 (*Bä., Sch.*). Raman-Banden: *Na.*

***Opt.-inakt. 2,4-Dimethyl-2-[2t-(2,6,6-trimethyl-cyclohex-1-enyl)-vinyl]-[1,3]dioxolan, *trans*-1-[2,4-Dimethyl-[1,3]dioxolan-2-yl]-2-[2,6,6-trimethyl-cyclohex-1-enyl]-äthylen,** *trans*-β-Jonon-propylenacetal $C_{16}H_{26}O_2$, Formel III.

B. Beim Erwärmen von *trans*-β-Jonon (4*t*-[2,6,6-Trimethyl-cyclohex-1-enyl]-but-3-en-2-on) mit (±)-Propan-1,2-diol, Benzol und wenig Toluol-4-sulfonsäure unter Entfernen des entstehenden Wassers (*Bächli, Schinz*, Helv. **34** [1951] 1160, 1165; *Naves*, Bl. **1951** 372).

Kp_2: 118°; D_4^{20}: 0,9594; $n_{656,3}^{20}$: 1,4823; n_D^{20}: 1,4856; $n_{486,1}^{20}$: 1,4937 (*Na.*). $Kp_{0,08}$: 80—88°; D_4^{20}: 0,9571; n_D^{20}: 1,4856 (*Bä., Sch.*). Raman-Banden: *Na.* UV-Absorptionsmaximum: 238 nm (*Bä., Sch.*) bzw. 239 nm (*Na.*).

***Opt.-inakt. Bis-[3-butyl-2-methyl-oxiranyl]-acetylen, 5,6;9,10-Diepoxy-6,9-dimethyl-tetradec-7-in** $C_{16}H_{26}O_2$, Formel IV.

B. Neben kleineren Mengen 6-Acetoxy-9,10-epoxy-6,9-dimethyl-tetradec-7-in-5-ol ($Kp_{0,5}$: 160—164°; n_D^{20}: 1,4809) beim Behandeln von 6,9-Dimethyl-tetradeca-5,9-dien-7-in (Kp_2: 111—115°; n_D^{20}: 1,4855) mit Äther und Peroxyessigsäure (*Malenok et al.*, Ž. obšč. Chim. **28** [1958] 428, 430; engl. Ausg. S. 421, 422).

$Kp_{0,5}$: 116—117°. D_{20}^{20}: 0,9098. n_D^{20}: 1,4578.

IV V

***Opt.-inakt. Bis-[3-äthyl-2-propyl-oxiranyl]-acetylen, 3,4;7,8-Diepoxy-4,7-dipropyl-dec-5-in** $C_{16}H_{26}O_2$, Formel V.

B. Neben wenig 4-Acetoxy-7,8-epoxy-4,7-dipropyl-dec-5-in-3-ol (Kp_1: 156—157°; n_D^{20}: 1,4675) und 7,8-Epoxy-4,7-dipropyl-dec-5-in-3,4-diol (F: 109—110°) beim Behandeln von

4,7-Dipropyl-deca-3,7-dien-5-in ($Kp_{0,5}$: 98–99°; n_D^{20}: 1,4890) mit Äther und Peroxyessigsäure (*Malenok, Kul'kina*, Ž. obšč. Chim. **25** [1955] 1462, 1464; engl. Ausg. S. **1407**, 1408).

$Kp_{0,5}$: 109–110°. D_{20}^{20}: 0,9103. n_D^{20}: 1,4573.

Beim Erhitzen mit Essigsäure ist 4-Acetoxy-7,8-epoxy-4,7-dipropyl-dec-5-in-3-ol erhalten worden (*Ma., Ku.*, l. c. S. 1465).

Stammverbindungen $C_{17}H_{28}O_2$

***Opt.-inakt. 2,4-Dimethyl-2-[1-methyl-2*t*(?)-(2,6,6-trimethyl-cyclohex-2-enyl)-vinyl]-[1,3]dioxolan, 2-[2,4-Dimethyl-[1,3]dioxolan-2-yl]-1*c*(?)-[2,6,6-trimethyl-cyclohex-2-enyl]-propen** $C_{17}H_{28}O_2$, vermutlich Formel VI.

B. Beim Erwärmen von (±)-3-Methyl-4*t*(?)-[2,6,6-trimethyl-cyclohex-2-enyl]-but-3-en-2-on (E III **7** 660) mit (±)-Propan-1,2-diol, Benzol und wenig Toluol-4-sulfonsäure unter Entfernen des entstehenden Wassers (*Naves*, Bl. **1951** 372).

$Kp_{1,8}$: 118°. D_4^{20}: 0,9520. $n_{656,3}^{20}$: 1,4774; n_D^{20}: 1,4804; $n_{486,1}^{20}$: 1,4877. Raman-Banden: *Na.*

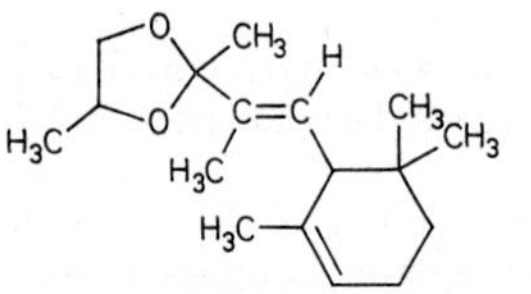

VI

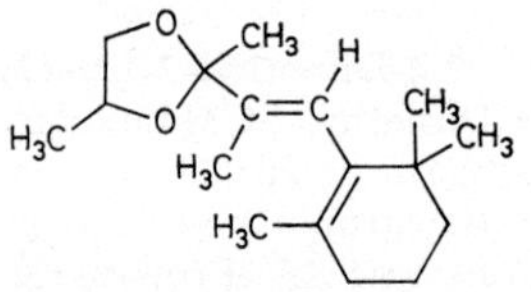

VII

***Opt.-inakt. 2,4-Dimethyl-2-[1-methyl-2*t*(?)-(2,6,6-trimethyl-cyclohex-1-enyl)-vinyl]-[1,3]dioxolan, 2-[2,4-Dimethyl-[1,3]dioxolan-2-yl]-1*c*(?)-[2,6,6-trimethyl-cyclohex-1-enyl]-propen** $C_{17}H_{28}O_2$, vermutlich Formel VII.

B. Aus 3-Methyl-4*t*(?)-[2,6,6-trimethyl-cyclohex-1-enyl]-but-3-en-2-on (E III **7** 659) analog der im vorangehenden Artikel beschriebenen Verbindung (*Naves*, Bl. **1951** 372).

Kp_1: 108°. D_4^{20}: 0,9563. $n_{656,3}^{20}$: 1,4807; n_D^{20}: 1,4837; $n_{486,1}^{20}$: 1,4901. Raman-Banden: *Na.*

***Opt.-inakt. 2,4-Dimethyl-2-[2*t*-(2,5,6,6-tetramethyl-cyclohex-1-enyl)-vinyl]-[1,3]dioxolan, *trans*-1-[2,4-Dimethyl-[1,3]dioxolan-2-yl]-2-[2,5,6,6-tetramethyl-cyclohex-1-enyl]-äthylen**, *trans-β*-Iron-propylenacetal $C_{17}H_{28}O_2$, Formel VIII.

B. Aus (±)-*trans-β*-Iron ((±)-4*t*-[2,5,6,6-Tetramethyl-cyclohex-1-enyl]-but-3-en-2-on) analog den in den beiden vorangehenden Artikeln beschriebenen Verbindungen (*Bächli, Schinz*, Helv. **34** [1951] 1168, 1173; *Naves*, Bl. **1951** 372).

$Kp_{1,2}$: 113°; D_4^{20}: 0,9636; $n_{656,3}^{20}$: 1,4865; n_D^{20}: 1,4899; $n_{486,1}^{20}$: 1,4911 (*Na.*). $Kp_{0,04}$: 90–92°; D_4^{20}: 0,9585; n_D^{20}: 1,4890 (*Bä., Sch.*). Raman-Banden: *Na.* UV-Absorptionsmaximum: 237 nm (*Na.*) bzw. 238 nm (*Bä., Sch.*).

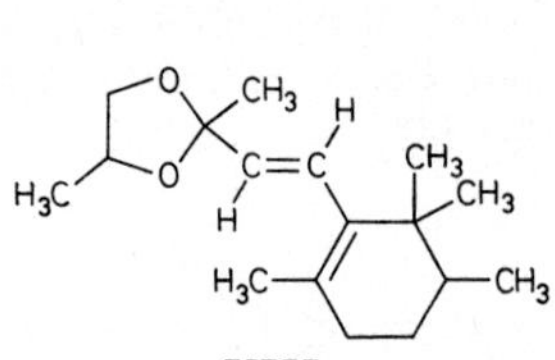

VIII

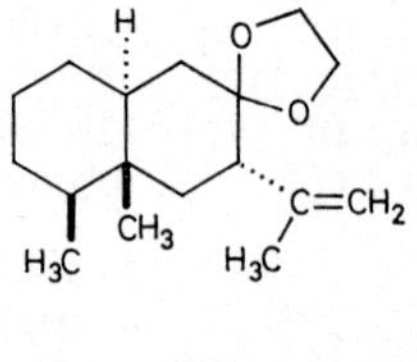

IX

(4'a*R*)-3'*t*-Isopropenyl-4'a,5'*c*-dimethyl-(4'a*r*,8'a*t*)-octahydro-spiro[[1,3]dioxolan-2,2'-naphthalin], 8,8-Äthandiyldioxy-7*βH*,10*α*-eremophil-11-en[1]), 7*βH*,10α-Eremophil-11-en-8-on-äthandiylacetal $C_{17}H_{28}O_2$, Formel IX.

B. Beim Behandeln von 8,8-Äthandiyldioxy-7*βH*,10α-eremophilan-11-ol mit Phos-

[1]) Stellungsbezeichnung bei von Eremophilan abgeleiteten Namen s. E III/IV **18** 235.

phorylchlorid und Pyridin (*Zalkow et al.*, Am. Soc. **82** [1960] 6354, 6360; s. a. *Zalkow et al.*, Am. Soc. **81** [1959] 2914).

Bei 90–105°/0,1 Torr destillierbar (*Za. et al.*, Am. Soc. **81** 2914, **82** 6360). $[\alpha]_D$: +4° [Me.] (*Za. et al.*, Am. Soc. **82** 6360).

Stammverbindungen $C_{18}H_{30}O_2$

(5a*S*)-3,8,8,11a-Tetramethyl-(7a*t*,11a*c*,11b*t*)-dodecahydro-3*c*,5a*r*-epoxido-naphth[2,1-*c*]oxepin, (13*R*)-8,13;13,20-Diepoxy-15,16-dinor-8*βH*-labdan[1]) $C_{18}H_{30}O_2$, Formel X.

Diese Konstitution und Konfiguration kommt wahrscheinlich der nachstehend beschriebenen Verbindung zu (*Schenk et al.*, Helv. **37** [1954] 543, 544).

B. Neben 4-[(4a*S*)-5,5,8a-Trimethyl-2-methylen-(4a*r*,8a*t*)-decahydro-[1*t*]naphthyl]-butan-2-on beim Behandeln einer Lösung von (+)-Manool ((13*R*)-Labda-8(20),14-dien-13-ol [E III **6** 2104]) in Aceton mit Kaliumpermanganat (*Sch. et al.*, l. c. S. 545; *Ohloff*, Helv. **41** [1958] 845, 849).

Krystalle; F: 117–118° [korr.; Kofler-App.; aus PAe.] (*Oh.*), 113° [korr.; evakuierte Kapillare; aus wss. Me.] (*Sch. et al.*). $[\alpha]_D^{20}$: +27,5° [$CHCl_3$; c = 1] (*Oh.*); $[\alpha]_D$: +28° [$CHCl_3$; c = 1] (*Sch. et al.*). IR-Spektrum (Nujol; 2–16 μ): *Sch. et al.*

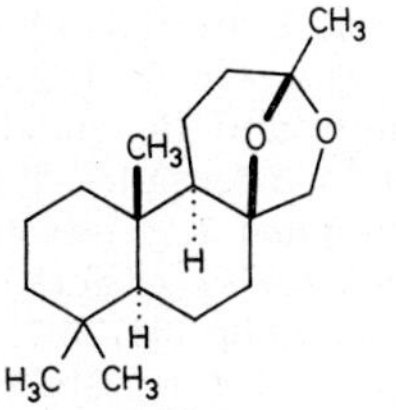

X 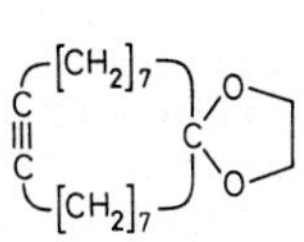 XI 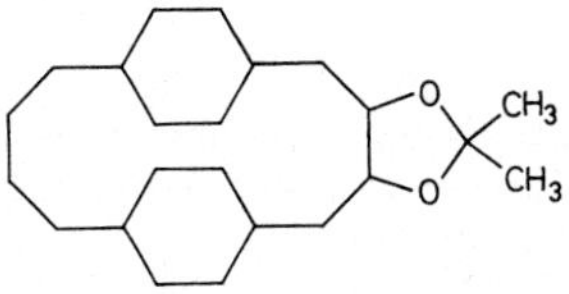 XII

Stammverbindungen $C_{19}H_{32}O_2$

1,4-Dioxa-spiro[4.16]heneicos-13-in, Cycloheptadec-9-inon-äthandiylacetal $C_{19}H_{32}O_2$, Formel XI.

B. Beim Erhitzen von 13,14-Dibrom-1,4-dioxa-spiro[4.16]heneicosan (Stereoisomeren-Gemisch) mit Kaliumhydroxid in Amylalkohol (*Stoll et al.*, Helv. **31** [1948] 543, 553).

Krystalle (aus A.); F: 36–37°.

Stammverbindungen $C_{23}H_{40}O_2$

***Opt.-inakt. 2,2-Dimethyl-hexadecahydro-5,8;13,16-diäthano-cyclohexadeca[1,3]dioxol, 3²,3²-Dimethyl-tetradecahydro-3-(4,5)[1,3]dioxola-1,5-di-(1,4)phena-cyclononan**[2]), **2,3-Isopropylidendioxy-dodecahydro-[4.4]paracyclophan** $C_{23}H_{40}O_2$, Formel XII.

B. Beim Behandeln von Tricyclo[12.2.2.2^{6,9}]eicosan-3,4-diol (F: 181–182°) mit Chlorwasserstoff enthaltendem Aceton und Natriumsulfat (*Cram*, *Dewhirst*, Am. Soc. **81** [1959] 5963, 5969).

Krystalle (aus Acn.); F: 126–127,8° [korr.].

Beim Erhitzen mit Palladium/Kohle auf 300° sind 2,3-Isopropylidendioxy-[4.4]paracyclophan (F: 162,8–163,5°) und [4.4]Paracyclophan-2-on erhalten worden.

[*K. Grimm*]

Stammverbindungen $C_nH_{2n-8}O_2$

Stammverbindungen $C_6H_4O_2$

Thieno[3,2-*b*]thiophen $C_6H_4S_2$, Formel I (X = H).

B. Neben anderen Verbindungen beim Behandeln von Acetylen mit dampfförmigem Schwefel (*Challenger*, *Harrison*, J. Inst. Petr. Technol. **21** [1935] 135, 141). Beim Er-

---

[1]) Stellungsbezeichnung bei von Labdan abgeleiteten Namen s. E IV **5** 368, 369.

[2]) Über diese Bezeichnungsweise s. *Kauffmann*, Tetrahedron **28** [1972] 5183.

wärmen von 3-[2,2-Diäthoxy-äthylmercapto]-thiophen mit Phosphor(V)-oxid in Benzol (*Ghaisas, Tilak*, Pr. Indian Acad. [A] **39** [1954] 14, 16). Beim Erwärmen von Thieno[3,2-*b*]thiophen-3-ol mit Lithiumalanat in Äther (*Challenger, Holmes*, Soc. **1953** 1837, 1840).

Krystalle; F: 56° [aus PAe.] (*Ch., Ha.*), 55,5—56° [aus Bzn.] (*Ch., Ho.*), 55° [aus Hexan] (*Gh., Ti.*). Orthorhombisch; Raumgruppe *Pbca* (= D_{2h}^{15}); aus dem Röntgen-Diagramm ermittelte Dimensionen der Elementarzelle: a = 10,050 Å; b = 9,806 Å; c = 6,127 Å; n = 4 (*Cox et al.*, Acta cryst. **2** [1949] 356, 357). Dichte der Krystalle: 1,55 (*Cox et al.*). IR-Spektrum (2—15 μ) von Lösungen in Tetrachlormethan und in Schwefelkohlenstoff: A.P.I. Res. Project **44** Nr. 1947 [1958]. UV-Absorptionsmaxima des Dampfes im Bereich von 250 nm bis 275 nm: *Padhye, Patel*, J. scient. ind. Res. India **15** B [1956] 49, 51. UV-Spektrum (220—310 nm; λ_{max}: 259 nm, 268,5 nm, 278 nm und 305 nm): *Pa., Pa.*, l. c. S. 50.

Beim Behandeln mit Bromwasserstoff in Essigsäure, beim Erwärmen mit Phosphorsäure und Essigsäure sowie beim Behandeln mit wss. Natriumhypobromit-Lösung oder mit wss. Salzsäure erfolgt Umwandlung in Substanzen von hohem Molekulargewicht (*Bruce et al.*, J. Inst. Petr. **34** [1948] 226, 229, 230, 231). Verhalten beim Erwärmen mit Äthanol und Natrium (Bildung von 2-Äthyl-thiophen-3-thiol): *Ch., Ha.*, l. c. S. 139, 149. Reaktion mit Acetylchlorid in Gegenwart von Zinn(IV)-chlorid und Schwefelkohlenstoff unter Bildung von 1-[Thieno[3,2-*b*]thiophen-2-yl]-äthanon: *Ch., Ha.*, l. c. S. 152. Beim Erhitzen mit 1 Mol Äthylmagnesiumbromid in *N,N*-Dimethyl-anilin und Behandeln des Reaktionsgemisches mit Kohlendioxid ist Thieno[3,2-*b*]thiophen-2-carbonsäure, bei Anwendung von 2 Mol Äthylmagnesiumbromid ist Thieno[3,2-*b*]thiophen-2,5(?)-dicarbonsäure (Dimethylester: F: 238,5—239,5°; bezüglich der Konstitution s. *Bugge*, Acta chem. scand. **22** [1968] 63, 64) erhalten worden (*Challenger, Gibson*, Soc. **1940** 305, 307, 308).

Verbindung mit 1,3,5-Trinitro-benzol $C_6H_4S_2 \cdot C_6H_3N_3O_6$. Gelbe Krystalle (aus Me.); F: 148,5—149,5° (*Challenger, Fishwick*, J. Inst. Petr. **39** [1953] 220, 223).

Verbindung mit Picrinsäure $C_6H_4S_2 \cdot C_6H_3N_3O_7$. Gelbe Krystalle (aus A.); F: 146° (*Ghaisas, Tilak*, Pr. Indian Acad. [A] **39** [1954] 14, 16), 145—146° [aus Me.] (*Ch., Ho.*).

Verbindung mit Styphninsäure $C_6H_4S_2 \cdot C_6H_3N_3O_8$. Krystalle; F: 112—113° (*Ch., Ha.*, l. c. S. 139), 111,5—112° [aus Me.] (*Ch., Ho.*).

2,5-Dibrom-thieno[3,2-*b*]thiophen $C_6H_2Br_2S_2$, Formel I (X = Br).

Konstitutionszuordnung: *Bugge*, Acta chem. scand. **23** [1969] 2704, 2705.

B. Beim Behandeln von Thieno[3,2-*b*]thiophen mit Brom in Essigsäure (*Bruce et al.*, J. Inst. Petr. **34** [1948] 226, 229).

Krystalle (aus wss. A.); F: 128—129° (*Br. et al.*).

I II III IV

Tetrabrom-thieno[3,2-*b*]thiophen $C_6Br_4S_2$, Formel II.

Diese Verbindung hat vermutlich auch in dem früher (s. E I **19** 612) als Tetrabrom-thieno[2,3-*b*]thiophen („höherschmelzendes Tetrabromthiophthen") beschriebenen Präparat vom F: 229—230° vorgelegen (*Challenger, Harrison*, J. Inst. Petr. Technol. **21** [1935] 135, 136, 139).

B. Beim Behandeln von Thieno[3,2-*b*]thiophen mit Brom in Schwefelkohlenstoff (*Ch., Ha.*, l. c. S. 148).

Krystalle (aus Bzl.); F: 230—231° (*Ch., Ha.*).

2-Jod-thieno[3,2-*b*]thiophen $C_6H_3IS_2$, Formel III (X = I).

Bezüglich der Konstitutionszuordnung s. *Challenger, Fishwick*, J. Inst. Petr. **39** [1953] 220.

B. Beim Behandeln von Thieno[3,2-*b*]thiophen mit Jod (1 Mol) und Quecksilber(II)-oxid (1 Mol) in Benzol (*Challenger, Emmott*, J. Inst. Petr. **37** [1951] 396, 401).

Krystalle (aus PAe.); F: 49° (*Ch., Em.*). Wenig beständig (*Ch., Em.*).

2,5-Dijod-thieno[3,2-*b*]thiophen $C_6H_2I_2S_2$, Formel I (X = I).
Bezüglich der Konstitutionszuordnung s. *Challenger, Fishwick*, J. Inst. Petr. **39** [1953] 220.
B. Beim Behandeln von Thieno[3,2-*b*]thiophen mit Jod (1 Mol) und Quecksilber(II)-oxid (0,5 Mol) in Benzol (*Bruce et al.*, J. Inst. Petr. **34** [1948] 226, 230).
Krystalle (aus wss. A.); F: 190,5–191° (*Br. et al.*).

2-Nitro-thieno[3,2-*b*]thiophen $C_6H_3NO_2S_2$, Formel III (X = NO_2).
Bezüglich der Konstitutionszuordnung s. *Challenger, Fishwick*, J. Inst. Petr. **39** [1953] 220.
B. Beim Behandeln von Thieno[3,2-*b*]thiophen mit Salpetersäure und Acetanhydrid (*Challenger, Harrison*, J. Inst. Petr. Technol. **21** [1935] 135, 149).
Gelbe Krystalle (aus A.); F: 124,5–125° (*Ch., Ha.*).

2,5-Dinitro-thieno[3,2-*b*]thiophen $C_6H_2N_2O_4S_2$, Formel I (X = NO_2).
Bezüglich der Konstitutionszuordnung s. *Challenger, Fishwick*, J. Inst. Petr. **39** [1953] 220.
B. Beim Behandeln von 2-Nitro-thieno[3,2-*b*]thiophen mit Salpetersäure (*Bruce et al.*, J. Inst. Petr. **34** [1948] 226, 231).
Gelbe Krystalle (aus A.); F: 257–258° (*Br. et al.*).

Selenolo[3,2-*b*]selenophen $C_6H_4Se_2$, Formel IV (X = H).
B. Neben anderen Verbindungen aus Acetylen und Selen bei 350–370° (*Umezawa*, Bl. chem. Soc. Japan **14** [1939] 363, 371).
Krystalle (aus A.); F: 51–51,5° (*Um.*, l. c. S. 372). Magnetische Susceptibilität: $-70 \cdot 10^{-6}$ bis $-77 \cdot 10^{-6}$ $cm^3 \cdot mol^{-1}$ (*Tominaga et al.*, J. chem. Soc. Japan **64** [1943] 1291; C. A. **1947** 3334).
Verbindung mit Picrinsäure $C_6H_4Se_2 \cdot C_6H_3N_3O_7$. Krystalle (aus A.); F: 154° bis 155,5° (*Um.*, l. c. S. 371).

Tetrabrom-selenolo[3,2-*b*]selenophen $C_6Br_4Se_2$, Formel IV (X = Br).
B. Beim Behandeln von Selenolo[3,2-*b*]selenophen mit Brom in Schwefelkohlenstoff (*Umezawa*, Bl. chem. Soc. Japan **14** [1939] 363, 372).
Krystalle (aus CS_2); F: 252,5–253° [korr.].

Selenolo[3,4-*b*]selenophen $C_6H_4Se_2$, Formel V (X = H).
B. Neben anderen Verbindungen aus Acetylen und Selen bei 350–370° (*Umezawa*, Bl. chem. Soc. Japan **14** [1939] 363, 369).
Dipolmoment (ε; Bzl.): 1,07 D (*Tamamushi et al.*, Bl. chem. Soc. Japan **14** [1939] 318, 319).
Krystalle (aus A.); F: 123–124,5° (*Um.*). Magnetische Susceptibilität: $-110 \cdot 10^{-6}$ bis $-111 \cdot 10^{-6}$ $cm^3 \cdot mol^{-1}$ (*Tominaga et al.*, J. chem. Soc. Japan **64** [1943] 1291; C. A. **1947** 3334).
Beim Behandeln mit Salpetersäure und Acetanhydrid ist ein Nitro-Derivat $C_6H_3NO_2Se_2$ (hellgelbe Krystalle [aus A.]; F: 108–109,5°) erhalten worden (*Um.*, l. c. S. 370).
Verbindung mit Picrinsäure $C_6H_4Se_2 \cdot C_6H_3N_3O_7$. Gelbe Krystalle (aus Me.); F: 163–165° (*Um.*, l. c. S. 369).

Tetrabrom-selenolo[3,4-*b*]selenophen $C_6Br_4Se_2$, Formel V (X = Br).
B. Beim Behandeln von Selenolo[3,4-*b*]selenophen mit Brom in Schwefelkohlenstoff (*Umezawa*, Bl. chem. Soc. Japan **14** [1939] 363, 369).
Krystalle (aus Bzl.); F: 247,5° [korr.].

Thieno[2,3-*b*]thiophen, Thiophthen $C_6H_4S_2$, Formel VI (X = H) (H 18; E I 612; E II 19).
Über die Konstitution s. *Challenger, Emmott*, J. Inst. Petr. **37** [1951] 396, 398. Das von *Capelle* (s. H 18) beschriebene Präparat ist nicht einheitlich gewesen (*Challenger,*

Fishwick, J. Inst. Petr. **39** [1953] 220).

B. In kleiner Menge neben einer Verbindung $C_6H_4OS_2$ vom F: 86–87° beim Erhitzen von Citronensäure mit Tetraphosphortrisulfid und Schwefel auf 150° (*Challenger, Harrison*, J. Inst. Petr. Technol. **21** [1935] 135, 146, 147; vgl. H 18). Beim Erwärmen von 2-[2,2-Dimethoxy-äthylmercapto]-thiophen mit Benzol, Phosphor(V)-oxid und Phosphorsäure (*Ghaisas, Tilak*, Pr. Indian Acad. [A] **39** [1954] 14, 17).

F: 6,25–6,5° (*Ch., Ha.*, l. c. S. 145), 5,75–6° (*Ch., Ha.*, l. c. S. 147). Kp_{17}: 101–102° (*Ch., Ha.*, l. c. S. 145); Kp_{16}: 102° (*Challenger et al.*, J. Inst. Petr. **34** [1948] 922, 925, 926), 100,5–101,5° (*Ch., Fi.*, l. c. S. 223); Kp_{12}: 99–100° (*Ch., Ha.*, l. c. S. 147). Rotationsschwingungsbanden im Bereich von 1,1 μ bis 2,8 μ: *Godart*, J. Chim. phys. **34** [1937] 70, 74. UV-Absorptionsmaxima des Dampfes im Bereich von 250 nm bis 280 nm: *Padhye, Patel*, J. scient. ind. Res. India **15** B [1956] 49,50. UV-Spektrum (220–310 nm; λ_{max}: 225 nm, 269 nm, 278,5 nm und 298 nm): *Pa., Pa.* UV-Spektrum (Hexan; 215–285 nm): *Go.*, l.c. S. 86.

Reaktion mit Brom in Schwefelkohlenstoff (Bildung von 2,3,5-Tribrom-thieno[2,3-*b*]thiophen): *Ch., Ha.*, l. c. S. 149; *Bugge*, Acta chem. scand. **23** [1969] 2704, 2709. Beim Behandeln mit Salpetersäure und Acetanhydrid bei –10° ist 2-Nitro-thieno[2,3-*b*]thiophen erhalten worden (*Ch., Ha.*, l. c. S. 150). Reaktion mit Acetylchlorid in Gegenwart von Zinn(IV)-chlorid und Schwefelkohlenstoff (Bildung von 1-[Thieno[2,3-*b*]thiophen-2-yl]-äthanon): *Ch., Ha.*, l. c. S. 151,152; *Ch., Fi.*, l. c. S. 230.

Verbindung mit 1,3,5-Trinitro-benzol $C_6H_4S_2 \cdot C_6H_3N_3O_6$. Gelbe Krystalle (aus Me.); F: 141,5–142° (*Ch., Fi.*, l. c. S. 223).

Verbindung mit Picrinsäure $C_6H_4S_2 \cdot C_6H_3N_3O_7$. Gelbe Krystalle; F: 137–138° [aus Me.] (*Ch., Ha.*, l. c. S. 145), 137° [aus Me.] (*Ch., Fi.*, l. c. S. 222), 135–136° [aus A.] (*Gh., Ti.*).

Verbindung mit Styphninsäure $C_6H_4S_2 \cdot C_6H_3N_3O_8$. Krystalle (aus Me.); F: 130° bis 131° (*Ch. et al.*, l. c. S. 927), 127–128° (*Ch., Ha.*, l. c. S. 145).

V VI VII VIII

2,3,5-Tribrom-thieno[2,3-*b*]thiophen $C_6HBr_3S_2$, Formel VII.

Diese Verbindung hat vermutlich auch in dem früher (s. H **19** 19) beschriebenen vermeintlichen x,x-Dibrom-thieno[2,3-*b*]thiophen („x,x-Dibrom-thiophthen") vom F: 122,5° vorgelegen (*Challenger, Harrison*, J. Inst. Petr. Technol. **21** [1935] 135, 139).

B. Beim Behandeln von Thieno[2,3-*b*]thiophen mit Brom in Schwefelkohlenstoff (*Ch., Ha.*, l. c. S. 149; *Bugge*, Acta chem. scand. **23** [1969] 2704, 2709).

Krystalle (aus A.); F: 123–124° (*Ch., Ha.*, l. c. S. 149), 122–124° (*Bu.*).

2-Jod-thieno[2,3-*b*]thiophen $C_6H_3IS_2$, Formel VI (X = I).

Bezüglich der Konstitutionszuordnung s. *Challenger, Fishwick*, J. Inst. Petr. **39** [1953] 220.

B. Beim Behandeln von Thieno[2,3-*b*]thiophen mit Jod und Quecksilber(II)-oxid in Benzol (*Challenger et al.*, J. Inst. Petr. **34** [1948] 922, 928).

Krystalle (aus Me.); F: 55,5° (*Ch. et al.*).

2-Nitro-thieno[2,3-*b*]thiophen $C_6H_3NO_2S_2$, Formel VI (X = NO_2).

Bezüglich der Konstitutionszuordnung s. *Challenger, Fishwick*, J. Inst. Petr. **39** [1953] 220.

B. Beim Behandeln von Thieno[2,3-*b*]thiophen mit Salpetersäure und Acetanhydrid bei –10° (*Challenger, Harrison*, J. Inst. Petr. Technol. **21** [1935] 135, 150; *Challenger, Emmott*, J. Inst. Petr. **37** [1951] 396, 401).

Gelbe Krystalle (aus A.); F: 125,5–126° (*Ch., Ha.*), 125,5° (*Ch., Em.*).

Selenolo[2,3-*b*]selenophen $C_6H_4Se_2$, Formel VIII (X = H).

B. Neben anderen Verbindungen aus Acetylen und Selen bei 350–370° (*Umezawa*,

Bl. chem. Soc. Japan **14** [1939] 363, 371).

Dipolmoment (ε; Bzl.): 1,52 D (*Tamamushi et al.*, Bl. chem. Soc. Japan **14** [1939] 318, 319).

Kp_{14}: 90–93°; D_4^{25}: 1,9354; n_D^{25}: 1,6586 (*Um.*).

Tetrabrom-selenolo[2,3-*b*]selenophen $C_6Br_4Se_2$, Formel VIII (X = Br).

B. Beim Behandeln von Selenolo[2,3-*b*]selenophen mit Brom in Schwefelkohlenstoff (*Umezawa*, Bl. chem. Soc. Japan **14** [1939] 363, 371).

Gelbliche Krystalle (aus Bzl.); F: 271–272° [korr.].

Stammverbindungen $C_7H_6O_2$

1,1-Dioxo-3*H*-1λ⁶-benz[*c*][1,2]oxathiol, 3*H*-Benz[*c*][1,2]oxathiol-1,1-dioxid, α-Hydroxy-toluol-2-sulfonsäure-lacton $C_7H_6O_3S$, Formel I (X = H) (H 19; E I 612; dort auch als Tolylsulton bezeichnet).

B. Neben grösseren Mengen α-Hydroxy-toluol-2-sulfonylfluorid beim Erwärmen von α-Jod-toluol-2-sulfonylfluorid mit Silberoxid und wss. Äthanol (*Davies, Dick*, Soc. **1932** 2042, 2045).

Krystalle (aus Bzl.); F: 112,5°; Kp_{14}: 196° (*Helberger et al.*, A. **565** [1949] 22, 34).

Geschwindigkeit der Reaktion mit Methanol bei 100° (Bildung von α-Methoxy-toluol-2-sulfonsäure): *Helberger et al.*, A. **586** [1954] 147, 155. Beim Erhitzen mit Natriumbutylat in Butan-1-ol ist α-Butoxy-toluol-2-sulfonsäure erhalten worden (*Helberger*, D.R.P. 743570 [1940]; D.R.P. Org. Chem. **2** 184). Reaktion mit Natrium-phenylacetat bei 135° (Bildung von α-Phenylacetoxy-toluol-2-sulfonsäure): *He. et al.*, A. **565** 34. Bildung von α-Mercapto-toluol-2-sulfonsäure beim Erhitzen mit Natriumhydrogensulfit auf 125° (*He. et al.*, A. **565** 35). Beim Behandeln mit der Natrium-Verbindung des Acetamids in Benzol ist α-Acetylamino-toluol-2-sulfonsäure erhalten worden (*He. et al.*, A. **565** 35).

(±)-3-Chlor-1,1-dioxo-3*H*-1λ⁶-benz[*c*][1,2]oxathiol, (±)-3-Chlor-3*H*-benz[*c*][1,2]oxathiol-1,1-dioxid, (±)-α-Chlor-α-hydroxy-toluol-2-sulfonsäure-lacton $C_7H_5ClO_3S$, Formel I (X = Cl) (H **19** 19 [dort als „Sulton der 1¹-Chlor-1¹-oxy-toluol-sulfonsäure-(2)" und als Chlortolylsulton bezeichnet]; E I **11** 78 [dort als Benzaldehyd-sulfonsäure-(2)-chlorid(?) bezeichnet]).

Bestätigung der ursprünglichen Konstitutionszuordnung und Widerlegung der von *Klarmann* (s. E III **11** 598) angenommenen Formulierung als α-Oxo-toluol-2-sulfonylchlorid durch das IR-Spektrum: *Freeman, Ritchie*, J. Assoc. agric. Chemists **40** [1957] 1108, 1112; s. a. *King et al.*, Canad. J. Chem. **49** [1971] 943, 949.

3,3-Dichlor-1,1-dioxo-3*H*-1λ⁶-benz[*c*][1,2]oxathiol, 3,3-Dichlor-3*H*-benz[*c*][1,2]oxathiol-1,1-dioxid, α,α-Dichlor-α-hydroxy-toluol-2-sulfonsäure-lacton $C_7H_4Cl_2O_3S$, Formel II (H **11** 373; E I **11** 96; E II **11** 216; dort als „Benzoesäure-sulfonsäure-(2)-dichlorid vom Schmelzpunkt 79°" bezeichnet).

Bestätigung der Konstitutionszuordnung: *Rosina et al.*, Ž. obšč. Chim. **28** [1958] 2878, 2881; engl. Ausg. S. 2904, 2907.

B. Neben 2-Chlorsulfonyl-benzoylchlorid beim Erhitzen des Dikalium-Salzes der 2-Sulfo-benzoesäure mit Phosphorylchlorid und Phosphor(V)-chlorid auf 117° (*Ro. et al.*).

Krystalle; F: 77–78° (*Ro. et al.*, l. c. S. 2882). Bei der Destillation unter 15–20 Torr erfolgt keine Zersetzung (*Ro. et al.*, l. c. S. 2879; s. dagegen H **11** 374). Polarographie: *Ro. et al.*, l. c. S. 2880, 2881.

Die beim Behandeln mit Phenol und wss. Ammoniak erhaltene Verbindung vom F: 132° (s. H **11** 374) ist nicht als 2-Sulfamoyl-benzoesäure-phenylester, sondern als 2-Carbamoyl-benzolsulfonsäure-phenylester zu formulieren (*Loev, Kormendy*, J. org. Chem. **27** [1962] 2448).

3*H*-Benzo[1,2]dithiol $C_7H_6S_2$, Formel III.

B. Beim Behandeln von 2-Mercapto-benzylmercaptan mit Eisen(III)-chlorid in Essigsäure und Methanol (*Lüttringhaus, Hägele*, Ang. Ch. **67** [1955] 304).

Orangegelbes Öl; Kp_{12}: 130–133°.

An der Luft und im Licht sowie beim Behandeln mit Säuren oder Alkalilaugen erfolgt Zersetzung.

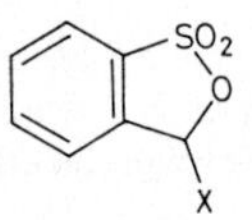

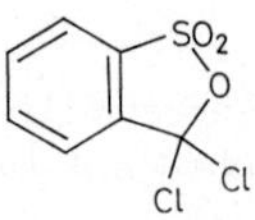

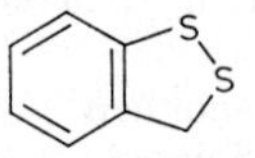

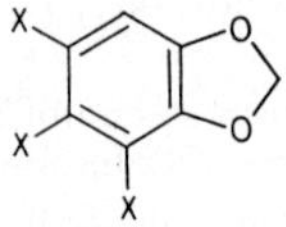

I II III IV

Benzo[1,3]dioxol, 1,2-Methylendioxy-benzol $C_7H_6O_2$, Formel IV (X = H) (H 20; E I 612; E II 20).

B. Beim Erhitzen von Brenzcatechin mit Dibrommethan (oder Dichlormethan), wss.-methanol. Kalilauge und Messing-Spänen auf 110° (*Campbell et al.*, J. org. Chem. **16** [1951] 1736, 1739), mit Dichlormethan und wss.-äthanol. Natronlauge auf 110° (*Schorygin et al.*, Ž. obšč. Chim. **8** [1938] 975, 978; C. **1939** I 2178), mit Dichlormethan, Natrium⸗hydroxid, Natriumjodid, Benzylalkohol und wenig Hydrochinon auf 125° (*Laškina*, Ž. prikl. Chim. **32** [1959] 878, 880; engl. Ausg. S. 895, 897) oder beim Erwärmen mit Brom-chlor-methan und äthanol. Kalilauge (*Gensler, Samour*, J. org. Chem. **18** [1953] 9, 13). Beim Erwärmen von 5,6-Dibrom-benzo[1,3]dioxol mit Natrium-Amalgam und wss. Methanol (*Haworth, Kelly*, Soc. **1936** 745).

Dipolmoment: 1,0 D [ε; Lösung] (*Böeseken et al.*, R. **55** [1936] 145, 151), 0,8 D [ε; Bzl.] (*Springall et al.*, Soc. **1949** 1524, 1531).

F: −18° (*Baker, Field*, Soc. **1932** 86, 87). Kp_{758}: 173,2−173,5° (*Cass et al.*, Soc. **1958** 2595); $Kp_{755,5}$: 171° (*Hillmer, Schorning*, Z. physik. Chem. [A] **167** [1934] 407, 418); Kp_{27}: 77,5° (*Gensler, Samour*, J. org. Chem. **18** [1953] 9, 13); Kp_{18}: 63° (*Laškina*, Ž. prikl. Chim. **32** [1959] 878, 880); Kp_{11}: 57,2° (*Brown et al.*, Canad. J. Res. [B] **27** [1949] 398, 406), 57° (*Mottier*, Arch. Sci. phys. nat. **17** [1935] 289). D_4^{20}: 1,1972 (*La.*); D_{20}^{20}: 1,185 (*Mo.*), 1,0640 (*Brown et al.*). Verdampfungsenthalpie (aus dem Dampfdruck ermittelt): 9,90 kcal·mol⁻¹ (*Cass et al.*). Standard-Verbrennungsenthalpie: −819,3 kcal·mol⁻¹ (*Cass et al.*). n_D^{20}: 1,5400 (*La.*), 1,5387 (*Mo.*), 1,5382 (*Brown et al.*). IR-Spektrum von unverdünntem flüssigem Benzo[1,3]dioxol (2,5−15 μ): *Briggs et al.*, Anal. Chem. **29** [1957] 904, 905, 909; einer Lösung in Tetrachlormethan (2−12 μ): *Ge., Sa.*, l. c. S. 12. UV-Spektrum einer Lösung in Hexan (225−330 nm; λ_{max}: 278 nm, 284 nm und 290 nm): *Hi., Sch.*, l. c. S. 412, 413; von Lösungen in Äthanol (230−295 nm): *Ge., Sa.*, l. c. S. 11; *Garofano, Oliverio*, Ann. Chimica **47** [1957] 896, 902.

Geschwindigkeit des durch Schwefelsäure katalysierten Protium-Deuterium-Aus⸗tausches mit *O*-Deuterio-essigsäure bei 90°: *Brown et al.*, Canad. J. Res. [B] **27** [1949] 398, 403. Beim Erhitzen einer Lösung in Toluol mit Natriumamid auf 170° ist Brenz⸗catechin (*Helfer, Mottier*, Chim. et Ind. Sonderband 14. Congr. Chim. ind. Paris 1934, Bd. 1, Tl. 9, S. 1, 3), beim Behandeln mit Butyllithium in Äther bei −35° und Behandeln des Reaktionsgemisches mit Acetanhydrid ist 1,2-Diacetoxy-benzol (*Gensler, Stouffer*, J. org. Chem. **23** [1958] 908) erhalten worden. Bildung von Phenol beim Behandeln mit Natrium und flüssigem Ammoniak, auch nach Zusatz von Äthanol: *Birch*, Soc. **1947** 102, 104; beim Erwärmen mit wss.-äthanol. Natronlauge und Nickel-Aluminium-Legie⸗rung: *Schwenk, Papa*, J. org. Chem. **10** [1945] 232, 233, 234. Reaktion mit *N*-Brom-succinimid in Chloroform (Bildung von 5-Brom-benzo[1,3]dioxol): *Ge., St.* Beim Behandeln mit wss. Formaldehyd-Lösung, Zinkchlorid und wss. Salzsäure sind Piperonylchlorid und Bis-benzo[1,3]dioxol-5-yl-methan (*Schorygin et al.*, Ž. obšč. Chim. **8** [1938] 975, 978), beim Behandeln einer Lösung in Essigsäure mit wss. Formaldehyd-Lösung (Überschuss) und Schwefelsäure unter Kühlung ist 4,5;11,12;18,19;25,26;32,33;39,40-Hexakis-methylendioxy-[1.1.1.1.1.1]orthocyclophan (*Garofano, Oliverio*, Ann. Chimica **47** [1957] 896, 905), beim Behandeln mit wss. Schwefelsäure und wss. Formaldehyd-Lösung (1 Mol CH_2O) bei 10° ist daneben Bis-benzo[1,3]dioxol-5-yl-methan (*Ga., Ol.*, l. c. S. 904) erhalten worden. Bildung von 1,1-Bis-benzo[1,3]dioxol-5-yl-äthan oder von 5,11-Dimethyl-anthra[2,3-*d*;6,7-*d'*]bis[1,3]dioxol beim Behandeln einer Lösung in Essigsäure mit Acet⸗aldehyd und konz. Schwefelsäure: *Ga., Ol.*, l. c. S. 910, 911. Bildung von [Bis-benzo[1,3]⸗dioxol-5-yl-methyl]-bernsteinsäure beim Behandeln mit Formylbernsteinsäure-diäthyl⸗ester (⇌Hydroxymethylen-bernsteinsäure-diäthylester), konz. Schwefelsäure und Essig⸗

säure und Erwärmen des Reaktionsprodukts mit methanol. Kalilauge: *Haworth, Kelly,* Soc. **1936** 745. Reaktion mit Bernsteinsäure-anhydrid in Gegenwart von Aluminiumchlorid in Nitrobenzol (Bildung von 4-Benzo[1,3]dioxol-5-yl-4-oxo-buttersäure): *Ha., Ke.* Beim Erhitzen mit Diazoessigsäure-äthylester auf 150° und Erwärmen des Reaktionsprodukts mit methanol. Kalilauge ist 2,3-Dihydro-benzo[1,4]dioxin-2-carbonsäure erhalten worden (*Johnson et al.,* Soc. **1953** 2136, 2138).

4,5,6-Trichlor-benzo[1,3]dioxol $C_7H_3Cl_3O_2$, Formel IV (X = Cl).

B. Beim kurzen Erwärmen einer Suspension von (+)-5,5'-Dichlor-sesamin ((3a*R*)-1*c*,4*c*-Bis-[6-chlor-benzo[1,3]dioxol-5-yl]-(3a*r*,6a*c*)-tetrahydro-furo[3,4-*c*]furan) in Essigsäure mit wss. Salzsäure und wss. Wasserstoffperoxid (*Kaku et al.,* J. pharm. Soc. Japan **58** [1938] 687; dtsch. Ref. S. 191; C. A. **1939** 546).

Krystalle (aus wss. Me.); F: 114–115°.

4,5,6,7-Tetrachlor-benzo[1,3]dioxol $C_7H_2Cl_4O_2$, Formel V (X = Cl).

B. Beim Behandeln von Tetrachlor-[1,2]benzochinon mit Diazomethan in Äther (*Horner, Lingnau,* A. **573** [1951] 30, 33; *Schönberg et al.,* Soc. **1951** 1368). Bei mehrtägigem Erwärmen einer Suspension von (+)-5,5'-Dichlor-sesamin ((3a*R*)-1*c*,4*c*-Bis-[6-chlor-benzo[1,3]dioxol-5-yl]-(3a*r*,6a*c*)-tetrahydro-furo[3,4-*c*]furan) in Essigsäure mit wss. Salzsäure und wss. Wasserstoffperoxid (*Kaku et al.,* J. pharm. Soc. Japan **58** [1938] 687; dtsch. Ref. S. 191; C. A. **1939** 546).

Krystalle (aus Me.); F: 174° (*Ho., Li.*), 172–174° [aus wss. Me.] (*Kaku et al.*).

5-Brom-benzo[1,3]dioxol $C_7H_5BrO_2$, Formel VI (X = Br) (H 20; E I 612; dort als [4-Brom-brenzcatechin]-methylenäther bezeichnet).

B. Beim Erwärmen von Benzo[1,3]dioxol mit *N*-Brom-succinimid in Chloroform (*Gensler, Stouffer,* J. org. Chem. **23** [1958] 908).

Kp_1: 85–86°. n_D^{25}: 1,5778.

Verhalten beim Erhitzen mit Kupfer(I)-cyanid in Pyridin (Bildung von Piperonylonitril): *Ge., St.* Beim Behandeln mit Butyllithium in Äther bei –35° und Behandeln des Reaktionsgemisches mit Acetanhydrid bzw. mit festem Kohlendioxid ist 1,1-Bis-[benzo[1,3]dioxol-5-yl]-äthylen(?) (F: 92–93°) bzw. Piperonylsäure erhalten worden.

5,6-Dibrom-benzo[1,3]dioxol $C_7H_4Br_2O_2$, Formel VII (E I 613; dort als [4,5-Dibrom-brenzcatechin]-methylenäther bezeichnet).

Dipolmoment (ε; Bzl.): 2,61 D (*Springall et al.,* Soc. **1949** 1524, 1531).

Beim Erwärmen einer Lösung in Chloroform mit wss. Formaldehyd-Lösung, Essigsäure und Schwefelsäure ist [5,6-Dibrom-benzo[1,3]dioxol-4-yl]-methanol erhalten worden (*Stevens,* Soc. **1935** 725). Bildung von Benzo[1,3]dioxol beim Erwärmen mit wss. Methanol und Natrium-Amalgam: *Haworth, Kelly,* Soc. **1936** 745.

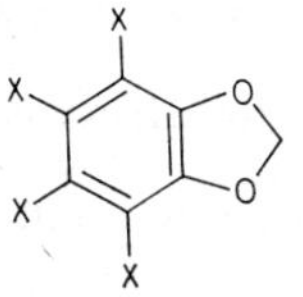

V 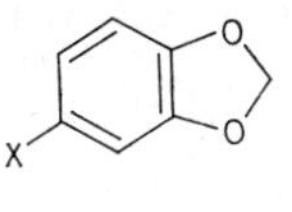 VI 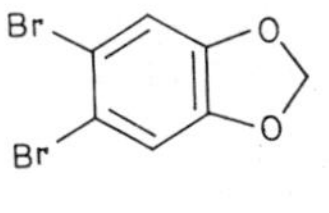 VII 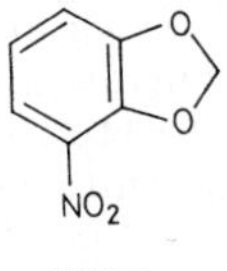 VIII

4,5,6,7-Tetrabrom-benzo[1,3]dioxol $C_7H_2Br_4O_2$, Formel V (X = Br).

B. Beim Behandeln von Tetrabrom-[1,2]benzochinon mit Diazomethan in Äther (*Horner, Lingnau,* A. **573** [1951] 30, 33; *Schönberg et al.,* Soc. **1951** 1368). Neben geringen Mengen Tetrabrom-brenzcatechin beim Erwärmen von 2-Brom-4,5-methylendioxy-benzaldehyd mit Brom im Überschuss unter Zusatz von Aluminiumbromid und Natriumacetat auf ca. 100° (*Raiford, Oberst,* Am. Soc. **55** [1933] 4288, 4289).

Krystalle (aus A.); F: 208–209° (*Ra., Ob.*), 208° [aus Dioxan + Me.] (*Ho., Li.*), 203° [aus Acn.] (*Sch. et al.*).

4-Nitro-benzo[1,3]dioxol $C_7H_5NO_4$, Formel VIII.

B. Beim Erwärmen von 3-Nitro-brenzcatechin mit Dijodmethan und Natriumäthylat

in Äthanol (*Meisels, Sondheimer*, Am. Soc. **79** [1957] 6328, 6333).
Gelbe Krystalle (aus Me.); F: 118° [unkorr.].

5-Nitro-benzo[1,3]dioxol $C_7H_5NO_4$, Formel VI (X = NO_2) (H 20; E I 613; E II 20; dort als [4-Nitro-brenzcatechin]-methylenäther und als 4-Nitro-1,2-methylendioxy-benzol bezeichnet).

Dipolmoment (ε; Bzl.): 4,80 D (*Springall et al.*, Soc. **1949** 1524, 1531).

Beim Behandeln mit Aluminiumbromid in Nitrobenzol ist 4-Nitro-brenzcatechin erhalten worden (*Mosettig, Burger*, Am. Soc. **52** [1930] 2988, 2992).

5-Chlor-6-nitro-benzo[1,3]dioxol $C_7H_4ClNO_4$, Formel IX (E I 613; dort als [4-Chlor-5-nitro-brenzcatechin]-methylenäther bezeichnet).

Beim Erwärmen mit Natriumsulfid und Schwefel in Äthanol ist Bis-[6-nitro-benzo[1,3]dioxol-5-yl]-disulfid (*Parijs*, R. **49** [1930] 17, 26), beim Erhitzen mit Ammoniak in Äthanol auf 135° sind kleine Mengen 6-Nitro-benzo[1,3]dioxol-5-ylamin (*Pa.*, l. c. S. 24) erhalten worden.

6-Brom-4,5-dinitro-benzo[1,3]dioxol $C_7H_3BrN_2O_6$, Formel X (H 21; E I 613; dort als [5-Brom-3.4-dinitro-brenzcatechin]-methylenäther bezeichnet).

B. Beim Behandeln von 2-Brom-4,5-methylendioxy-benzaldehyd mit Salpetersäure und Essigsäure (*Parijs*, R. **49** [1930] 17, 31; vgl. H 21; E I 613).

Krystalle (aus A.); F: 172° (*Pa.*).

Beim Erwärmen mit wss. Ammoniak und mit Schwefelwasserstoff ist eine vermutlich als 6-Brom-5-nitro-benzo[1,3]dioxol-4-ylamin zu formulierende Verbindung [F: 109° bis 110°] (*Raiford, Oberst*, Am. Soc. **55** [1933] 4288, 4290), beim Erhitzen mit wss. Ammoniak und Eisen(II)-sulfat ist 6-Brom-benzo[1,3]dioxol-4,5-diyldiamin (*Ra., Ob.*, l. c. S. 4291), beim Erwärmen mit wss.-äthanol. Salzsäure und Zinn ist Benzo[1,3]dioxol-4,5-diyldiamin (*Ra., Ob.*, l. c. S. 4291) erhalten worden.

O_2N, Cl — IX; Br, O_2N, NO_2 — X; S, S, CH_3 — XI; S, S, CH_3 — XII

IX X XI XII

2-Methyl-thieno[3,2-*b*]thiophen $C_7H_6S_2$, Formel XI.

B. Beim Erwärmen von (±)-2-[3]Thienylmercapto-propionsäure mit Schwefelsäure und Behandeln des erhaltenen 2-Methyl-thieno[3,2-*b*]thiophen-3-ols mit Lithiumalanat in Tetrahydrofuran (*Challenger, Holmes*, Soc. **1953** 1837, 1840).

Verbindung mit 1,3,5-Trinitro-benzol $C_7H_6S_2 \cdot C_6H_3N_3O_6$. Gelbe Krystalle (aus Me.); F: 110°.

Verbindung mit Picrinsäure $C_7H_6S_2 \cdot C_6H_3N_3O_7$. Orangefarbene Krystalle (aus Me.); F: 108–109°.

Verbindung mit Styphninsäure $C_7H_6S_2 \cdot C_6H_3N_3O_8$. Gelbe Krystalle (aus Me.); F: 101–102°.

3-Methyl-thieno[2,3-*b*]thiophen $C_7H_6S_2$, Formel XII.

Über diese Verbindung (Kp_{16}: 119–120°; n_D^{20}: 1,6397) s. *Bugge*, Acta chem. scand. **25** [1971] 27, 32).

Die gleiche Konstitution ist für eine beim Erhitzen von Heptan mit Schwefel auf 280° erhaltene Verbindung (E: –4°; Kp_{590}: 232–234°; D^{20}: 1,1171; n_D^{23}: 1,627; Verbindung mit Picrinsäure $C_7H_6S_2 \cdot C_6H_3N_3O_7$, F: 110–111°; Verbindung mit Styphninsäure $C_7H_6S_2 \cdot C_6H_3N_3O_8$, F: 98–99°; Tribrom-Derivat $C_7H_3Br_3S_2$, F: 154°; *C*-Acetyl-Derivat $C_9H_8OS_2$, F: 87°) in Betracht gezogen worden (*Friedmann*, Refiner **20** [1941] 395, 396, 399).

Stammverbindungen $C_8H_8O_2$

(±)-2,2-Dioxo-4-phenyl-2λ⁶-[1,2]oxathietan, (±)-4-Phenyl-[1,2]oxathietan-2,2-dioxid, (±)-2-Hydroxy-2-phenyl-äthansulfonsäure-lacton $C_8H_8O_3S$, Formel I.

B. Beim Eintragen von Styrol in ein aus Schwefeltrioxid, Dioxan und 1,2-Dichlor-äthan hergestelltes Reaktionsgemisch (*Bordwell et al.*, Am. Soc. **76** [1954] 3945, 3949).

Krystalle (aus CH_2Cl_2 + Pentan).

Beim Aufbewahren erfolgt Umwandlung in *trans*-Styrol-β-sulfonsäure. Beim Behandeln mit Wasser sind 2-Hydroxy-2-phenyl-äthansulfonsäure und kleinere Mengen *trans*-Styrol-β-sulfonsäure, beim Behandeln mit Methanol sind 2-Methoxy-2-phenyl-äthansulfonsäure und *trans*-Styrol-β-sulfonsäure erhalten worden (*Bo. et al.*, l. c. S. 3950).

2,2-Dioxo-3,4-dihydro-2λ⁶-benz[*e*][1,2]oxathiin, 3,4-Dihydro-benz[*e*][1,2]oxathiin-2,2-dioxid, 2-[2-Hydroxy-phenyl]-äthansulfonsäure-lacton $C_8H_8O_3S$, Formel II.

B. Beim Erhitzen des Natrium-Salzes der 2-[2-Hydroxy-phenyl]-äthansulfonsäure mit Phosphorylchlorid (*Truce, Hoerger*, Am. Soc. **76** [1954] 5357, 5359).

Krystalle (aus Bzl. + Bzn.); F: 111–112°.

4*H*-Benzo[1,3]dioxin $C_8H_8O_2$, Formel III (X = H) (E II 20).

B. Beim Erwärmen von 2-Hydroxy-benzylalkohol mit Methylensulfat (E IV **1** 3054) und Natriumhydroxid in wss. Aceton (*Baker*, Soc. **1931** 1765, 1770). Beim Erwärmen von 6-Nitro-4*H*-benzo[1,3]dioxin mit Äthanol, Zink und konz. wss. Salzsäure und Behandeln des Reaktionsgemisches mit Natriumnitrit (*Chattaway, Irving*, Soc. **1931** 2492; vgl. E II 20).

Krystalle; F: 12–13° (*Calvet, Carnero*, An. Soc. españ. **30** [1932] 445, 446), 12,5° (*Ba.*; *Ch., Ir.*). Kp_{760}: 212–214° (*Ca., Ca.*, l. c. S. 445); Kp_{754}: 210–211° (*Ch., Ir.*); Kp_{749}: 208–209° (*Ba.*); Kp_{225}: 161–162° (*Ch., Ir.*); Kp_{20}: 100,5–101,5° (*Ch., Ir.*); Kp_{11}: 89–90° (*Ca., Ca.*, l. c. S. 449). D_4^{20}: 1,1549 (*Ca., Ca.*, l. c. S. 449). $D_4^{20,2}$: 1,174 (*Ch., Ir.*); D_4^{40}: 1,1396 (*Ca., Ca.*, l. c. S. 449). n_D^{20}: 1,5410 (*Ca., Ca.*, l. c. S. 449); $n_D^{20,2}$: 1,5478 (*Ch., Ir.*).

Überführung in Benzo[1,3]dioxin-4-on durch Erwärmen mit Kaliumpermanganat in Aceton: *Ca., Ca.*, l. c. S. 450. Reaktion mit Brom in Wasser (Bildung von 6-Brom-4*H*-benzo[1,3]dioxin) sowie Reaktion mit Brom in Tetrachlormethan (Bildung einer Verbindung $C_8H_5BrO_3$ [Krystalle (aus wss. A.)] vom F: 108°): *Ca., Ca.*, l. c. S. 451. Beim Behandeln mit Salpetersäure und Essigsäure ist bei Raumtemperatur 6-Nitro-4*H*-benzo[1,3]dioxin, beim Erwärmen hingegen Picrinsäure erhalten worden (*Ca., Ca.*, l. c. S. 450).

6-Chlor-4*H*-benzo[1,3]dioxin $C_8H_7ClO_2$, Formel III (X = Cl).

B. Beim Behandeln einer aus 6-Amino-4*H*-benzo[1,3]dioxin hergestellten Diazonium-salz-Lösung mit Kupfer(I)-chlorid (*Chattaway, Goepp*, Soc. **1933** 699).

Krystalle (aus A.); F: 98–99°.

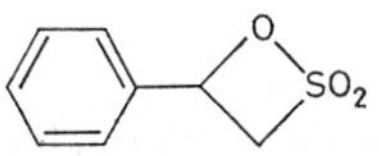

I 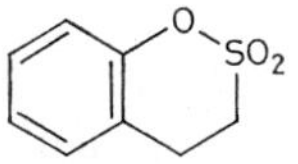 II 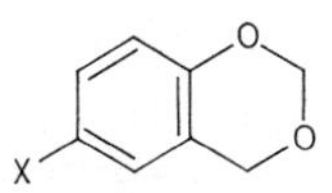 III 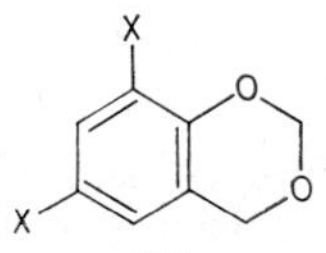 IV

6,8-Dichlor-4*H*-benzo[1,3]dioxin $C_8H_6Cl_2O_2$, Formel IV (X = Cl).

B. Aus 2,4-Dichlor-phenol beim Erwärmen mit wss. Formaldehyd-Lösung, Essigsäure und wss. Salzsäure (*Ziegler, Simmler*, B. **74** [1941] 1871, 1876) oder mit wss. Formaldehyd-Lösung, wss. Salzsäure und Schwefelsäure unter Einleiten von Chlorwasserstoff (*Buehler et al.*, J. org. Chem. **6** [1941] 902, 905) sowie (neben Bis-[3,5-dichlor-2-hydroxy-phenyl]-methan) beim Behandeln mit Paraformaldehyd (2 Mol CH_2O), Essigsäure und konz. Schwefelsäure (*Zi., Si.*, l. c. S. 1875). Neben Bis-[3,5-dichlor-2-hydroxy-benzyloxy]-methan beim Behandeln von 3,5-Dichlor-2-hydroxy-benzylalkohol mit Paraformaldehyd und konz. wss. Salzsäure (*Zi., Si.*, l. c. S. 1876). Beim 3-tägigen Behandeln von Bis-

[3,5-dichlor-2-hydroxy-benzoyloxy]-methan mit Paraformaldehyd, Essigsäure und konz. Schwefelsäure (*Zi.*, *Si.*, l. c. S. 1876).

Krystalle; F: 111° [aus wss. A. oder wss. Eg.] (*Zi.*, *Si.*, l. c. S. 1876), 109—109,5° [aus Me.] (*Bu. et al.*).

5,6,8-Trichlor-4*H*-benzo[1,3]dioxin $C_8H_5Cl_3O_2$, Formel V.

B. Beim Erwärmen von 2,4,5-Trichlor-phenol mit Paraformaldehyd und konz. Schwefelsäure (*Ioffe, Sal'manowitsch*, Ž. obšč. Chim. **29** [1959] 2685, 2688; engl. Ausg. S. 2652, 2654).

Krystalle (aus A.); F: 111—112°.

6-Brom-4*H*-benzo[1,3]dioxin $C_8H_7BrO_2$, Formel III (X = Br).

B. Beim Behandeln von 4*H*-Benzo[1,3]dioxin mit Brom in Wasser (*Calvet, Carnero*, An. Soc. españ. **30** [1932] 445, 451).

Krystalle (aus wss. A.); F: 50°.

6,8-Dibrom-4*H*-benzo[1,3]dioxin $C_8H_6Br_2O_2$, Formel IV (X = Br).

B. Beim Behandeln von 2,4-Dibrom-phenol mit Paraformaldehyd, Essigsäure und konz. Schwefelsäure (*Ziegler et al.*, B. **76** [1943] 664, 667). Neben Bis-[3,5-dibrom-2-hydroxy-benzyloxy]-methan beim Behandeln von 3,5-Dibrom-2-hydroxy-benzylalkohol mit Paraformaldehyd und konz. wss. Salzsäure (*Zi. et al.*, l. c. S. 668). Beim Behandeln von Bis-[3,5-dibrom-2-hydroxy-benzyloxy]-methan mit Paraformaldehyd, Essigsäure und konz. Schwefelsäure (*Zi. et al.*, l. c. S. 668).

Krystalle (aus wss. A.); F: 112° (*Zi. et al.*, l. c. S. 667).

6-Jod-4*H*-benzo[1,3]dioxin $C_8H_7IO_2$, Formel III (X = I).

B. Aus 4*H*-Benzo[1,3]dioxin-6-ylamin über die entsprechende Diazonium-Verbindung (*Chattaway, Goepp*, Soc. **1933** 699).

Krystalle (aus A.); F: 58°.

5-Nitro-4*H*-benzo[1,3]dioxin $C_8H_7NO_4$, Formel VI.

B. Beim Erhitzen von 3-Nitro-phenol mit wss. Formaldehyd-Lösung und konz. wss. Salzsäure (*Mehta, Ayyar*, J. Univ. Bombay **8**, Tl. 3 [1939] 176, 179). Beim Erhitzen von 2-Chlormethyl-3-nitro-phenol mit wss. Formaldehyd-Lösung und konz. wss. Salzsäure (*Buehler et al.*, J. org. Chem. **6** [1941] 216, 218).

Krystalle (aus A. bzw. wss. A.); F: 77° (*Me.*, *Ay.*; *Bu. et al.*).

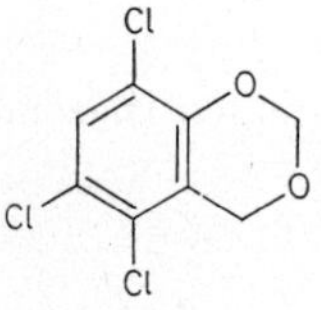

V 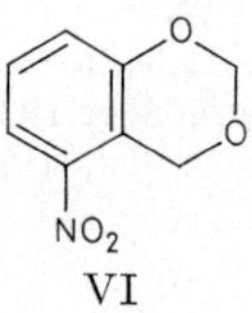 VI 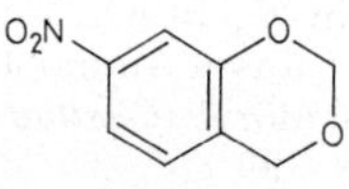 VII 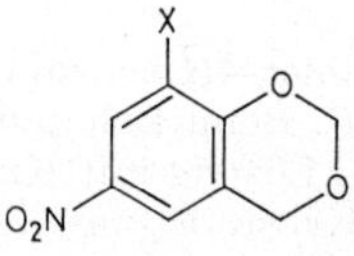 VIII

6-Nitro-4*H*-benzo[1,3]dioxin $C_8H_7NO_4$, Formel III (X = NO_2) (H 21; E II 20).

B. Beim Erwärmen von 2-Hydroxy-5-nitro-benzylalkohol mit wss. Formaldehyd-Lösung und Schwefelsäure (*Calvet, Mejuto*, An. Soc. españ. **30** [1932] 767, 775). Beim Behandeln von 4*H*-Benzo[1,3]dioxin mit Salpetersäure und Essigsäure (*Calvet, Carnero*, An. Soc. españ. **30** [1932] 445, 450).

Krystalle (aus A.); F: 150° (*Ca.*, *Me.*), 148—150° (*Ca.*, *Ca.*).

Beim Erwärmen mit Methanol und wss. Schwefelsäure ist 2-Methoxymethyl-4-nitrophenol erhalten worden (*Stawrowskaja*, Ž. obšč. Chim. **24** [1954] 2068; engl. Ausg. S. 2035).

7-Nitro-4*H*-benzo[1,3]dioxin $C_8H_7NO_4$, Formel VII.

B. In kleiner Menge beim Behandeln von 3-Nitro-phenol mit wss. Formaldehyd-Lösung und Schwefelsäure (*Buehler et al.*, J. org. Chem. **6** [1941] 216, 218).

Krystalle (aus W.); F: 90,5°.

8-Chlor-6-nitro-4*H*-benzo[1,3]dioxin $C_8H_6ClNO_4$, Formel VIII (X = Cl).

B. Beim Behandeln von 6-Nitro-4*H*-benzo[1,3]dioxin mit Essigsäure und mit Chlor (*Chattaway, Goepp*, Soc. **1933** 699).

Krystalle (aus A.); F: 152—153°.

8-Brom-6-nitro-4*H*-benzo[1,3]dioxin $C_8H_6BrNO_4$, Formel VIII (X = Br).

B. Beim Behandeln von 6-Nitro-4*H*-benzo[1,3]dioxin mit Brom in Essigsäure (*Chattaway, Goepp*, Soc. **1933** 699).

Krystalle (aus A.); F: 165—166°.

6,8-Dinitro-4*H*-benzo[1,3]dioxin $C_8H_6N_2O_6$, Formel VIII ($X = NO_2$).

B. Beim Behandeln von 4*H*-Benzo[1,3]dioxin mit Salpetersäure und wenig Harnstoff-nitrat (*Chattaway, Irving*, Soc. **1931** 2492).

Gelbliche Krystalle (aus A.); F: 135—136°.

2,3-Dihydro-benzo[1,4]dioxin, 1,2-Äthandiyldioxy-benzol $C_8H_8O_2$, Formel IX (X = H) (H 22; E I 613; E II 21; dort auch als Brenzcatechin-äthylenäther bezeichnet).

B. Beim Erhitzen von Brenzcatechin mit 1,2-Dibrom-äthan, Kaliumcarbonat und Äthylenglykol auf 175° (*Heertjes et al.*, R. **60** [1941] 569, 571). Beim Behandeln von 2-[2-Brom-äthoxy]-phenol mit wss. Alkalilauge (*Ziegler et al.*, A. **528** [1937] 162, 178). Beim Behandeln von 1-Benzyloxy-2-[2-brom-äthoxy]-benzol mit Chlorwasserstoff enthaltendem Äthanol (*Gautier et al.*, Bl. **1958** 647, 650). Beim Erhitzen von 2-[2-Hydroxy-phenoxy]-äthanol mit Phosphor(V)-oxid (*Becker, Barthell*, M. **77** [1947] 80, 85).

Dipolmoment: 1,42 D [ε; Bzl.] (*Springall et al.*, Soc. **1949** 1524, 1531), 1,40 D [ε; Lösung] (*Henriquez*, R. **53** [1934] 1139).

Kp: 214° (*Be., Ba.*); Kp_{747}: 213,2° (*Cass et al.*, Soc. **1958** 2595); Kp_{19}: 102—103° (*He. et al.*); Kp_{11}: 92° (*Brown et al.*, Canad. J. Res. [B] **27** [1949] 398, 406). D_{20}^{20}: 1,1685 (*Br. et al.*). Verdampfungsenthalpie (aus dem Dampfdruck ermittelt): 12,05 $kcal \cdot mol^{-1}$ (*Cass et al.*). Standard-Verbrennungsenthalpie: —964,7 $kcal \cdot mol^{-1}$ (*Cass et al.*). n_D^{20}: 1,5500 (*Br. et al.*). IR-Spektrum von unverdünntem flüssigen 2,3-Dihydro-benzo[1,4]dioxin (2—15 μ) sowie einer Lösung in Tetrachlormethan (2—12 μ): *Marini-Bettòlo et al.*, G. **86** [1956] 1336, 1344.

Geschwindigkeit des durch Schwefelsäure katalysierten Protium-Deuterium-Austausches mit *O*-Deuterio-essigsäure bei 90°: *Br. et al.*, l. c. S. 403.

6-Chlor-2,3-dihydro-benzo[1,4]dioxin $C_8H_7ClO_2$, Formel IX (X = Cl).

B. Beim Erwärmen einer aus 2,3-Dihydro-benzo[1,4]dioxin-6-ylamin hergestellten wss. Diazoniumsalz-Lösung mit Kupfer(I)-chlorid (*Heertjes et al.*, Soc. **1954** 18, 21). Beim Erwärmen einer aus 6-Chlor-2,3-dihydro-benzo[1,4]dioxin-5-ylamin hergestellten Diazoniumsalz-Lösung mit Äthanol (*Heertjes et al.*, Soc. **1955** 1313, 1315).

Kp_4: 98—102° (*He. et al.*, Soc. **1955** 1316); Kp_3: 98—100° (*He. et al.*, Soc. **1954** 21).

6,7-Dichlor-2,3-dihydro-benzo[1,4]dioxin $C_8H_6Cl_2O_2$, Formel X (X = H).

B. Beim Erhitzen von 4,5-Dichlor-brenzcatechin mit 1,2-Dibrom-äthan, Äthylenglykol und Kaliumcarbonat auf 140° (*Heertjes et al.*, Soc. **1954** 18, 21). Beim Behandeln einer Lösung von 2,3-Dihydro-benzo[1,4]dioxin in Essigsäure mit Chlor (*He. et al.*).

Krystalle (aus A.); F: 151,4—152,1° [korr.].

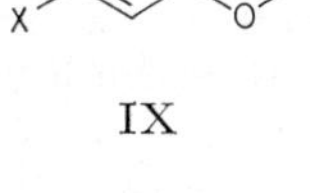

IX 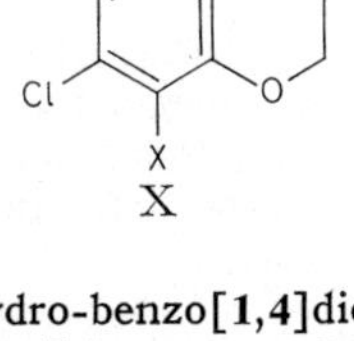 X 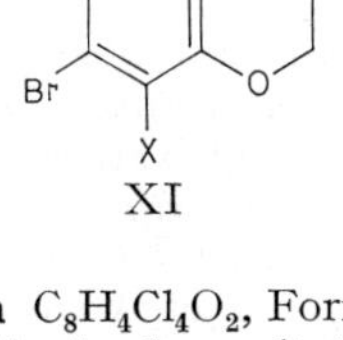 XI 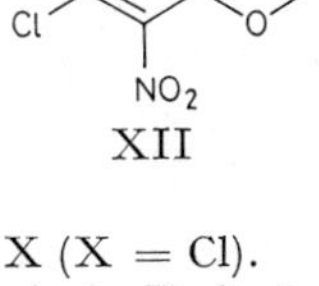 XII

5,6,7,8-Tetrachlor-2,3-dihydro-benzo[1,4]dioxin $C_8H_4Cl_4O_2$, Formel X (X = Cl).

B. Beim Erwärmen einer Lösung von 2,3-Dihydro-benzo[1,4]dioxin in Essigsäure mit

Chlor (*Horner, Merz*, A. **570** [1950] 89, 118).
Krystalle (aus E.); F: 165°.

6-Brom-2,3-dihydro-benzo[1,4]dioxin $C_8H_7BrO_2$, Formel IX (X = Br) (E I 613; dort als [4-Brom-brenzcatechin]-äthylenäther bezeichnet).
Kp_{23}: 153—154° (*Heertjes et al.*, Soc. **1954** 18, 19).

6,7-Dibrom-2,3-dihydro-benzo[1,4]dioxin $C_8H_6Br_2O_2$, Formel XI (X = H) (E I 613; dort als [4.5-Dibrom-brenzcatechin]-äthylenäther bezeichnet).
B. Beim Erwärmen einer aus 7-Brom-2,3-dihydro-benzo[1,4]dioxin-6-ylamin hergestellten wss. Diazoniumsalz-Lösung mit Kupfer(I)-bromid und wss. Schwefelsäure (*Heertjes et al.*, Soc. **1954** 18, 20).
Dipolmoment (ε; Bzl.): 4,00 D (*Springall et al.*, Soc. **1949** 1524, 1531).
Krystalle (aus A.); F: 139,6—140° [korr.] (*He. et al.*).

5,6,7,8-Tetrabrom-2,3-dihydro-benzo[1,4]dioxin $C_8H_4Br_4O_2$, Formel XI (X = Br).
B. Beim Erwärmen von 2,3-Dihydro-benzo[1,4]dioxin mit Essigsäure und Brom (*Horner, Merz*, A. **570** [1950] 89, 119).
Krystalle; F: 212,8—213,4° [korr.; aus A.] (*Heertjes et al.*, Soc. **1954** 18, 20), 210° [aus E.] (*Ho., Merz*).

6-Nitro-2,3-dihydro-benzo[1,4]dioxin $C_8H_7NO_4$, Formel IX (X = NO_2) (H 22; dort als [4-Nitro-brenzcatechin]-äthylenäther bezeichnet).
B. Beim Erwärmen einer Emulsion von 2,3-Dihydro-benzo[1,4]dioxin in Wasser mit Salpetersäure (*Heertjes, Revallier*, R. **69** [1950] 262, 263; vgl. H 22). Beim Erwärmen einer aus 7-Nitro-2,3-dihydro-benzo[1,4]dioxin-5-ylamin (*Heertjes et al.*, Soc. **1954** 1868) oder aus 6-Nitro-2,3-dihydro-benzo[1,4]dioxin-5-ylamin (*Heertjes et al.*, Soc. **1955** 1313, 1315) hergestellten Diazoniumsalz-Lösung mit Äthanol.
Dipolmoment (ε; Bzl.): 5,40 D (*Springall et al.*, Soc. **1949** 1524, 1531).
Krystalle; F: 122° [aus A.] (*Sp. et al.*, l. c. S. 1530), 121—122° [aus Acn. + wss. A.] (*Heertjes et al.*, R. **60** [1941] 569, 572).

6-Chlor-5-nitro-2,3-dihydro-benzo[1,4]dioxin $C_8H_6ClNO_4$, Formel XII.
B. Beim Erwärmen von 7,8-Dinitro-2,3-dihydro-benzo[1,4]dioxin-6-ylamin mit Äthanol, Natriumnitrit und konz. wss. Salzsäure (*Heertjes et al.*, Soc. **1955** 1313, 1315).
Krystalle (aus wss. Me.); F: 75,6—76,3°.

6-Chlor-7-nitro-2,3-dihydro-benzo[1,4]dioxin $C_8H_6ClNO_4$, Formel I (X = Cl).
B. Beim Behandeln von 6-Chlor-2,3-dihydro-benzo[1,4]dioxin mit Essigsäure und einem Gemisch von Salpetersäure und Schwefelsäure (*Heertjes et al.*, Soc. **1954** 18, 21). Beim Erwärmen einer aus 7-Nitro-2,3-dihydro-benzo[1,4]dioxin-6-ylamin hergestellten wss. Diazoniumsalz-Lösung mit Kupfer(I)-chlorid und konz. wss. Salzsäure (*He. et al.*).
Krystalle (aus Acn. + Eg.); F: 161,7—162,1° [korr.] (*He. et al.*).

6-Brom-7-nitro-2,3-dihydro-benzo[1,4]dioxin $C_8H_6BrNO_4$, Formel I (X = Br).
B. Beim Erwärmen von 6-Brom-2,3-dihydro-benzo[1,4]dioxin mit wss. Salpetersäure (*Heertjes et al.*, Soc. **1954** 18, 19). Beim Erwärmen einer aus 7-Nitro-2,3-dihydro-benzo[1,4]dioxin-6-ylamin hergestellten wss. Diazoniumsalz-Lösung mit Kupfer(I)-bromid und wss. Schwefelsäure (*He. et al.*, l. c. S. 20).
Hellgelbe Krystalle (aus Eg.); F: 171,9—172,2° [korr.].

5,6-Dinitro-2,3-dihydro-benzo[1,4]dioxin $C_8H_6N_2O_6$, Formel II (X = H).
B. Beim Behandeln von 7,8-Dinitro-2,3-dihydro-benzo[1,4]dioxin-6-ylamin mit Essigsäure, konz. Schwefelsäure und Natriumnitrit und Behandeln der Reaktionslösung mit Kupfer-Pulver und Äthanol (*Heertjes et al.*, Soc. **1955** 1313, 1315).
Gelbe Krystalle (aus A.); F: 185,6—186,1° [korr.].
Beim Erhitzen mit wss.-äthanol. Ammoniak bis auf 150° ist 6-Nitro-2,3-dihydro-benzo[1,4]dioxin-5-ylamin erhalten worden.

5,7-Dinitro-2,3-dihydro-benzo[1,4]dioxin $C_8H_6N_2O_6$, Formel III (X = H).

B. Beim Erwärmen von 3,5-Dinitro-brenzcatechin mit Kaliumcarbonat und Äthylenglykol und Erhitzen des Reaktionsgemisches mit 1,2-Dibrom-äthan auf 135° (*Heertjes et al.*, Soc. **1954** 1868).

Hellgelbe Krystalle (aus Acn.); F: 145,5—145,7° [korr.].

Beim Erwärmen einer Suspension in Äthanol mit Zinn(II)-chlorid und wss.-äthanol. Salzsäure ist 7-Nitro-2,3-dihydro-benzo[1,4]dioxin-5-ylamin erhalten worden (*He. et al.*).

5,8-Dinitro-2,3-dihydro-benzo[1,4]dioxin $C_8H_6N_2O_6$, Formel IV (X = H).

B. Beim Erwärmen von 3,6-Dinitro-brenzcatechin mit Kaliumcarbonat und Äthylenglykol und Erhitzen des Reaktionsgemisches mit 1,2-Dibrom-äthan auf 135° (*Heertjes et al.*, Soc. **1955** 1313, 1316).

Krystalle (aus wss. A. oder Bzn.); F: 99,6—102,5° [korr.].

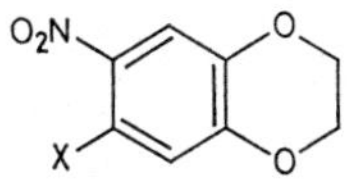

I 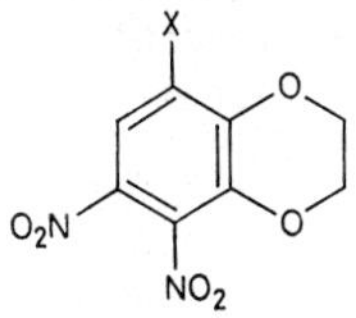 II 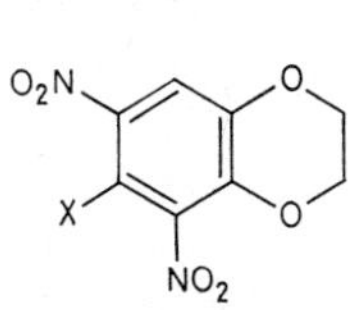 III 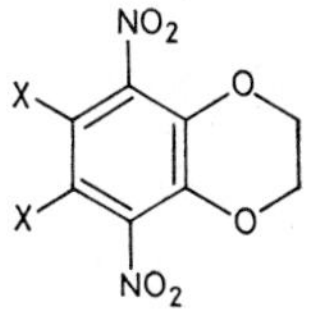 IV

6,7-Dinitro-2,3-dihydro-benzo[1,4]dioxin $C_8H_6N_2O_6$, Formel I (X = NO_2) (E I 613; dort als [4.5-Dinitro-brenzcatechin]-äthylenäther bezeichnet).

B. Beim Erwärmen einer Lösung von 6-Nitro-2,3-dihydro-benzo[1,4]dioxin in Essigsäure mit einem Gemisch von Salpetersäure und Schwefelsäure (*Heertjes et al.*, R. **60** [1941] 569, 573; vgl. E I 613). Aus 4,5-Dinitro-brenzcatechin und 1,2-Dibrom-äthan (*He. et al.*, l. c. S. 574).

Hellgelbe Krystalle (aus Eg. + A.); F: 131—132°.

6,7-Dichlor-5,8-dinitro-2,3-dihydro-benzo[1,4]dioxin $C_8H_4Cl_2N_2O_6$, Formel IV (X = Cl).

B. Beim Behandeln von 6,7-Dichlor-2,3-dihydro-benzo[1,4]dioxan mit Salpetersäure (*Heertjes et al.*, Soc. **1954** 18, 21).

Krystalle (aus Eg. oder Isobutylalkohol); F: 287,7—288,6° [korr.].

6,7-Dibrom-5,8-dinitro-2,3-dihydro-benzo[1,4]dioxin $C_8H_4Br_2N_2O_6$, Formel IV (X = Br).

B. Beim Behandeln von 6,7-Dibrom-2,3-dihydro-benzo[1,4]dioxin mit Salpetersäure (*Heertjes et al.*, Soc. **1954** 18, 20).

Hellgelbe Krystalle (aus A. + Eg.); F: 318—319° [korr.; Zers.].

Beim Erwärmen mit Zinn(II)-chlorid und wss.-äthanol. Salzsäure ist 2,3-Dihydro-benzo[1,4]dioxin-5,8-diyldiamin erhalten worden.

5,6,7-Trinitro-2,3-dihydro-benzo[1,4]dioxin $C_8H_5N_3O_8$, Formel III (X = NO_2) (E I 614; dort als [3.4.5-Trinitro-brenzcatechin]-äthylenäther bezeichnet).

B. Beim Behandeln von 6-Nitro-2,3-dihydro-benzo[1,4]dioxin mit Salpetersäure (*Heertjes et al.*, R. **60** [1941] 569, 574).

Krystalle (aus Acn. oder aus Eg. + wss. A.); F: 156°.

5,6,8-Trinitro-2,3-dihydro-benzo[1,4]dioxin $C_8H_5N_3O_8$, Formel II (X = NO_2).

B. Beim Behandeln von 5,6-Dinitro-2,3-dihydro-benzo[1,4]dioxin oder von 5,8-Dinitro-2,3-dihydro-benzo[1,4]dioxin mit Salpetersäure (*Heertjes et al.*, Soc. **1955** 1313, 1315, 1316).

Gelbe Krystalle (aus Isobutylalkohol); F: 180,4—181° [korr.].

6-Brom-5,7,8-trinitro-2,3-dihydro-benzo[1,4]dioxin $C_8H_4BrN_3O_8$, Formel V (X = Br).

B. Beim Behandeln von 6-Brom-7-nitro-2,3-dihydro-benzo[1,4]dioxin mit Salpetersäure (*Heertjes et al.*, Soc. **1954** 18, 20).

Hellgelbe Krystalle (aus Isobutylalkohol); F: 248,2—248,6° [korr.].

5,6,7,8-Tetranitro-2,3-dihydro-benzo[1,4]dioxin $C_8H_4N_4O_{10}$, Formel V (X = NO_2).

B. Beim Erwärmen von 5,6,7-Trinitro-2,3-dihydro-benzo[1,4]dioxin mit Schwefelsäure und Salpetersäure (*Heertjes et al.*, R. **60** [1941] 569, 575).

Krystalle (aus A.); F: 286°. Explosiv.

2,3-Dihydro-benz[1,4]oxathiin C_8H_8OS, Formel VI (X = H).

B. Neben 1,2-Bis-[2-hydroxy-phenylmercapto]-äthan beim Erwärmen von 2-Mercapto-phenol mit 1,2-Dibrom-äthan und Natriumäthylat in Äthanol (*Greenwood, Stevenson*, Soc. **1953** 1514, 1518).

Kp_2: 90°.

(±)-4-Oxo-2,3-dihydro-4λ⁴-benz[1,4]oxathiin, (±)-2,3-Dihydro-benz[1,4]oxathiin-4-oxid $C_8H_8O_2S$, Formel VII.

B. Beim Behandeln von 2,3-Dihydro-benz[1,4]oxathiin mit Essigsäure und wss. Wasserstoffperoxid (*Greenwood, Stevenson*, Soc. **1953** 1514, 1518).

Krystalle (aus Bzn.); F: 85°.

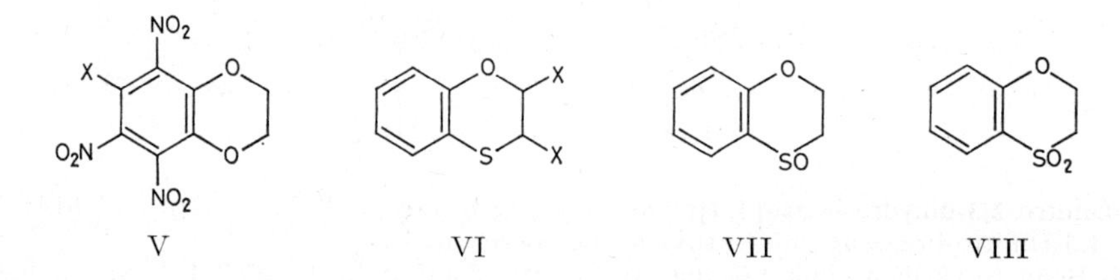

V VI VII VIII

4,4-Dioxo-2,3-dihydro-4λ⁶-benz[1,4]oxathiin, 2,3-Dihydro-benz[1,4]oxathiin-4,4-dioxid $C_8H_8O_3S$, Formel VIII.

B. Beim Erwärmen einer Suspension von 2,3-Dihydro-benz[1,4]oxathiin mit Kalium-permanganat und Magnesiumsulfat in Wasser (*Greenwood, Stevenson*, Soc. **1953** 1514, 1518). Bei der Hydrierung von Benz[1,4]oxathiin-4,4-dioxid an Palladium/Kohle in Äthanol (*Parham, Jones*, Am. Soc. **76** [1954] 1068, 1072).

Krystalle; F: 82° [aus Bzn.] (*Gr., St.*), 78,5–80° (*Pa., Jo.*).

*Opt.-inakt. **2,3-Dibrom-2,3-dihydro-benz[1,4]oxathiin** $C_8H_6Br_2OS$, Formel VI (X = Br).

B. Beim Behandeln von Benz[1,4]oxathiin mit Brom in Schwefelkohlenstoff (*Parham, Jones*, Am. Soc. **76** [1954] 1068, 1073).

Krystalle (aus PAe.); F: 105–106°.

2,3-Dihydro-benzo[1,4]dithiin $C_8H_8S_2$, Formel IX (X = H).

B. Beim Erwärmen von Dithiobrenzcatechin mit 1,2-Dibrom-äthan und Natrium-äthylat in Äthanol (*Parham et al.*, Am. Soc. **75** [1953] 1647, 1649).

$Kp_{0,2}$: 82,5–85°. n_D^{25}: 1,6713. UV-Absorptionsmaxima (A.): 243 nm und 273 nm.

Beim Erhitzen mit Tetrachlor-[1,4]benzochinon in *o*-Xylol ist Benzo[1,4]dithiin erhalten worden (*Pa. et al.*, l. c. S. 1650).

1,1,4,4-Tetraoxo-2,3-dihydro-1λ⁶,4λ⁶-benzo[1,4]dithiin, 2,3-Dihydro-benzo[1,4]dithiin-1,1,4,4-tetraoxid $C_8H_8O_4S_2$, Formel X.

B. Beim Behandeln von 2,3-Dihydro-benzo[1,4]dithiin mit Essigsäure und wss. Wasserstoffperoxid (*Parham et al.*, Am. Soc. **75** [1953] 1647, 1650). Bei der Hydrierung von Benzo[1,4]dithiin-1,1,4,4-tetraoxid an Palladium/Kohle in Äthanol (*Pa. et al.*).

Krystalle (aus Acn.); F: 269° [unkorr.].

IX X XI XII

***Opt.-inakt. 2,3-Dibrom-2,3-dihydro-benzo[1,4]dithiin** $C_8H_6Br_2S_2$, Formel IX (X = Br).

B. Beim Behandeln von Benzo[1,4]dithiin mit Brom in Schwefelkohlenstoff (*Parham, Jones*, Am. Soc. **76** [1954] 1068, 1073).

Krystalle (aus Bzl. + PAe.); F: 106–108° [Zers.]. Wenig beständig.

Beim Behandeln mit Natriumjodid in Aceton unter Zusatz von wss. Schwefelsäure ist Benzo[1,4]dithiin erhalten worden.

1,4-Dihydro-benzo[*d*][1,2]dithiin $C_8H_8S_2$, Formel XI.

B. Beim Erwärmen von 1,2-Bis-mercaptomethyl-benzol mit Eisen(III)-chlorid, Essigsäure und Methanol (*Lüttringhaus, Hägele*, Ang. Ch. **67** [1955] 304).

Krystalle (aus Bzl., Acn. oder Eg.); F: 80°.

(±)-2-Oxo-1,4-dihydro-2λ⁴-benzo[*d*][1,2]dithiin, (±)-1,4-Dihydro-benzo[*d*][1,2]dithiin-2-oxid $C_8H_8OS_2$, Formel XII.

B. Aus 1,4-Dihydro-benzo[*d*][1,2]dithiin mit Hilfe von wss. Wasserstoffperoxid und Essigsäure oder mit Hilfe von Monoperoxyphthalsäure (*Lüttringhaus, Hägele*, Ang. Ch. **67** [1955] 304).

Krystalle (aus Bzl.); F: 143°.

2,2-Dioxo-1,4-dihydro-2λ⁶-benzo[*d*][1,2]dithiin, 1,4-Dihydro-benzo[*d*][1,2]dithiin-2,2-dioxid $C_8H_8O_2S_2$, Formel I.

B. Aus 1,4-Dihydro-benzo[*d*][1,2]dithiin mit Hilfe von Peroxybenzoesäure (*Lüttringhaus, Hägele*, Ang. Ch. **67** [1955] 304).

Krystalle (aus W.); F: 108°.

5-Methyl-2,2-dioxo-3*H*-2λ⁶-benz[*d*][1,2]oxathiol, 5-Methyl-3*H*-benz[*d*][1,2]oxathiol-2,2-dioxid, [2-Hydroxy-5-methyl-phenyl]-methansulfonsäure-lacton $C_8H_8O_3S$, Formel II.

B. Beim Erwärmen des Natrium-Salzes der [2-Hydroxy-5-methyl-phenyl]-methansulfonsäure mit Phosphor(V)-chlorid (*Shearing, Smiles*, Soc. **1937** 1348, 1351).

Krystalle; F: 91,5°.

2-Methyl-benzo[1,3]dioxol, 1,2-Äthylidendioxy-benzol $C_8H_8O_2$, Formel III (X = H).

B. In kleiner Menge beim Erwärmen von Brenzcatechin mit Paraldehyd und Phosphor(V)-oxid (*Slooff*, R. **54** [1935] 995, 1009).

Kp_{20}: 75–79°. n_D^{19}: 1,523. Mit Wasserdampf flüchtig.

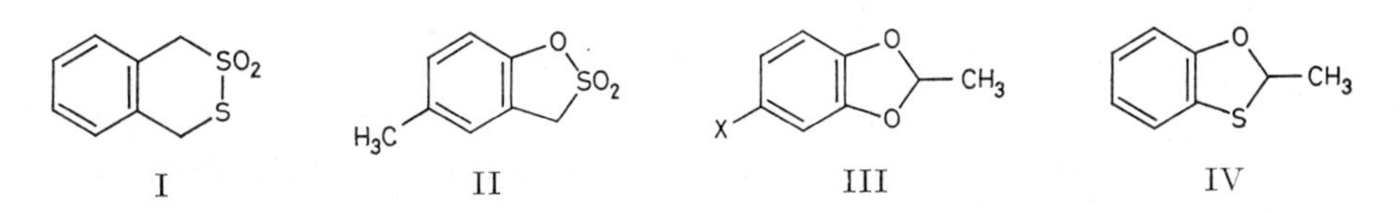

I II III IV

(±)-2-Methyl-5-nitro-benzo[1,3]dioxol $C_8H_7NO_4$, Formel III (X = NO_2).

B. Aus 2-Methyl-benzo[1,3]dioxol mit Hilfe von wss. Salpetersäure (*Slooff*, R. **54** [1935] 995, 1009).

F: 82°.

(±)-2-Methyl-benz[1,3]oxathiol C_8H_8OS, Formel IV.

B. Beim Behandeln von 2-Mercapto-phenol mit Acetaldehyd und Chlorwasserstoff (*Greenwood, Stevenson*, Soc. **1953** 1514, 1516).

Kp_3: 70–74°.

4-Brommethyl-benzo[1,3]dioxol, 2,3-Methylendioxy-benzylbromid $C_8H_7BrO_2$, Formel V.

B. Aus Benzo[1,3]dioxol-4-yl-methanol mit Hilfe von Phosphor(III)-bromid (*Bradsher, Jones*, Am. Soc. **79** [1957] 6033).

Krystalle (aus Ae.); F: 62–62,5°.

5-Methyl-benzo[1,3]dioxol, 3,4-Methylendioxy-toluol $C_8H_8O_2$, Formel VI (X = H) (E I 614; E II 21).

B. Beim Erwärmen von 4-Methyl-brenzcatechin mit Dichlormethan, wss.-äthanol. Kalilauge und Bronze-Spänen (*Aschkinasi*, *Rabinowitsch*, Ž. prikl. Chim. **10** [1937] 131, 134, 135; C. **1937** II 1188). Bei der Hydrierung von Piperonylalkohol an Kupferoxid-Chromoxid in Dioxan bei 280°/375 at (*Reeve*, *Sterling*, Am. Soc. **71** [1949] 3657). Bei der Hydrierung von Piperonal-diäthylacetal an Palladium/Bariumsulfat in Essigsäure (*Kariyone et al.*, J. pharm. Soc. Japan **73** [1953] 493; C. A. **1954** 3296). Beim Erhitzen von Piperonal mit Hydrazin-hydrat und anschliessend mit Kaliumhydroxid bis auf 120° (*Lock*, M. **85** [1954] 802, 804, 805).

Kp: 199—200° (*Asch.*, *Ra.*); Kp_{740}: 196° (*Lock*); Kp_{13}: 78—81° (*Re.*, *St.*); Kp_{11}: 81° bis 83° (*Asch.*, *Ra.*). D_{16}^{16}: 1,1347; n_D^{16}: 1,533 (*Asch.*, *Ra.*).

Beim Behandeln mit Natrium und flüssigem Ammoniak, auch nach Zusatz von Äthanol, sowie beim Erwärmen mit wss.-äthanol. Natronlauge und Nickel-Aluminium-Legierung ist *p*-Kresol erhalten worden (*Birch*, Soc. **1947** 102, 104; s. dagegen *Schwenk*, *Papa*, J. org. Chem. **10** [1945] 232, 233, 234). Bildung von Bis-[6-methyl-benzo[1,3]dioxol-5-yl]-methan beim Behandeln einer Lösung in Essigsäure mit wss. Formaldehyd-Lösung und Schwefelsäure: *Dolce*, *Garofano*, Ann. Chimica **47** [1957] 1185, 1196.

5-Chlormethyl-benzo[1,3]dioxol, 3,4-Methylendioxy-benzylchlorid, Piperonylchlorid $C_8H_7ClO_2$, Formel VI (X = Cl) (H 22; E I 614; E II 21).

B. Beim Behandeln von Piperonylalkohol mit Thionylchlorid, Pyridin und Chloroform (*Schöpf*, *Salzer*, A. **544** [1944] 1, 15) oder mit Thionylchlorid und Benzol (*Schultz*, *Arnold*, Am. Soc. **71** [1949] 1911, 1913; vgl. E II 21). Neben wenig Bis-benzo[1,3]dioxol-5-yl-methan beim Behandeln von Benzo[1,3]dioxol mit Benzin, wss. Formaldehyd-Lösung, wss. Salzsäure und Zinkchlorid (*Schorygin et al.*, Ž. obšč. Chim. **8** [1938] 975, 978; C. **1939** I 2178).

Krystalle; F: 20—21° (*Scho. et al.*).

BrCH₂ V | XCH₂ VI | Cl, ClCH₂, X, X VII | Cl₂CH VIII

5-Chlor-6-chlormethyl-benzo[1,3]dioxol, 2-Chlor-4,5-methylendioxy-benzylchlorid $C_8H_6Cl_2O_2$, Formel VII (X = H).

B. Beim Behandeln von 2-Chlor-4,5-methylendioxy-benzylalkohol mit Chlorwasserstoff in Benzol (*Naik*, *Wheeler*, Soc. **1938** 1780, 1781).

Krystalle (aus Bzn.); F: 65°.

5-Dichlormethyl-benzo[1,3]dioxol, 3,4-Methylendioxy-benzylidendichlorid, Piperonylidendichlorid $C_8H_6Cl_2O_2$, Formel VIII (H 22; E I 614).

Krystalle (aus Pentan); F: 59° (*Sawicki et al.*, Anal. Chem. **30** [1958] 1130).

Absorptionsspektrum (400—800 nm) einer beim Behandeln mit Trifluoressigsäure erhaltenen Farbstoff-Lösung: *Sa. et al.*, l. c. S. 1131.

2,2,5-Trichlor-6-chlormethyl-benzo[1,3]dioxol $C_8H_4Cl_4O_2$, Formel VII (X = Cl).

B. Beim Erhitzen von 5-Chlor-6-chlormethyl-benzo[1,3]dioxol mit Phosphor(V)-chlorid auf 120° (*Naik*, *Wheeler*, Soc. **1938** 1780, 1783).

Kp_{10}: 150—154°.

5-Brom-6-methyl-benzo[1,3]dioxol $C_8H_7BrO_2$, Formel IX (X = H).

B. Beim Erhitzen von 2-Brom-4,5-methylendioxy-benzaldehyd mit Toluol, wenig Essigsäure, amalgamiertem Zink und wss. Salzsäure (*Tomita et al.*, J. pharm. Soc. Japan **72** [1952] 384, 386; C. A. **1953** 7453). Beim Behandeln von 5-Methyl-benzo[1,3]dioxol mit Brom (1 Mol) in Chloroform (*Yoshiki*, *Ishiguro*, J. pharm. Soc. Japan **53** [1933] 73, 99; dtsch. Ref. S. 11, 16; C. A. **1933** 4531).

Krystalle; F: 37—38° (*To. et al.*). Kp_4: 98—101° (*Yo.*, *Ish.*), 92—94° (*To. et al.*).

4-Brom-6-methyl-benzo[1,3]dioxol $C_8H_7BrO_2$, Formel X.

B. Beim Erwärmen von 3-Brom-5-methyl-brenzcatechin mit Aceton, wss. Natronlauge und Dimethylsulfat (*Kondo et al.*, Ann. Rep. ITSUU Labor. Nr. 2 [1951] 13, 15; C. A. **1953** 7519).

Kp_5: 118–123°.

5-Brommethyl-benzo[1,3]dioxol, 3,4-Methylendioxy-benzylbromid, Piperonylbromid $C_8H_7BrO_2$, Formel VI (X = Br) (E I 615; E II 21).

IR-Banden (CCl_4) im Bereich von 1490 cm^{-} bis 930 cm^{-1}: *Briggs et al.*, Anal. Chem. **29** [1957] 904, 905.

Beim Erwärmen mit Methanol oder Äthanol ist 5,11-Dihydro-anthra[2,3-*d*;6,7-*d'*]bis[1,3]dioxol erhalten worden (*Naik, Wheeler*, Soc. **1938** 1780 1782).

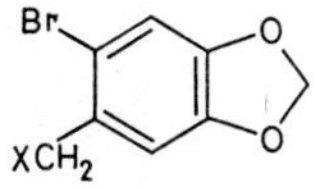

IX 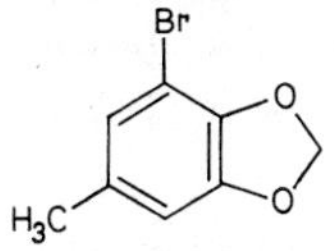 X 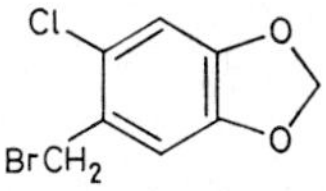 XI 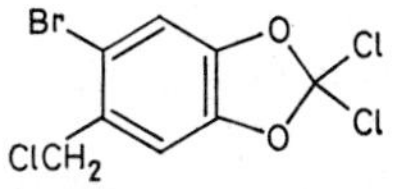 XII

5-Brom-6-chlormethyl-benzo[1,3]dioxol, 2-Brom-4,5-methylendioxy-benzylchlorid $C_8H_6BrClO_2$, Formel IX (X = Cl).

B. Beim Behandeln von 2-Brom-4,5-methylendioxy-benzylalkohol mit Chlorwasserstoff in Benzol (*Naik, Wheeler*, Soc. **1938** 1780, 1782).

Krystalle (aus Bzn.); F: 64–65°.

6-Brommethyl-5-chlor-benzo[1,3]dioxol, 2-Chlor-4,5-methylendioxy-benzylbromid $C_8H_6BrClO_2$, Formel XI.

B. Beim Behandeln von 2-Chlor-4,5-methylendioxy-benzylalkohol mit wss. Bromwasserstoffsäure (*Naik, Wheeler*, Soc. **1938** 1780, 1782).

Krystalle (aus Bzn.); F: 75–76°.

5-Brom-2,2-dichlor-6-chlormethyl-benzo[1,3]dioxol $C_8H_4BrCl_3O_2$, Formel XII.

B. Beim Erhitzen von 5-Brom-6-chlormethyl-benzo[1,3]dioxol oder von 5-Brom-6-brommethyl-benzo[1,3]dioxol mit Phosphor(V)-chlorid auf 120° (*Naik, Wheeler*, Soc. **1938** 1780, 1783).

Kp_{10}: 155–157°.

4,6-Dibrom-5-methyl-benzo[1,3]dioxol $C_8H_6Br_2O_2$, Formel I, und **4,5-Dibrom-6-methyl-benzo[1,3]dioxol** $C_8H_6Br_2O_2$, Formel II (X = H).

Diese beiden Konstitutionsformeln kommen für die nachstehend beschriebene Verbindung in Betracht.

B. Beim Behandeln von 5-Methyl-benzo[1,3]dioxol mit Brom (2 Mol) in Chloroform (*Yoshiki, Ishiguro*, J. pharm. Soc. Japan **53** [1933] 73, 99; dtsch. Ref. S. 11, 16; C. A. **1933** 4531).

Krystalle (aus A.); F: 95–96°.

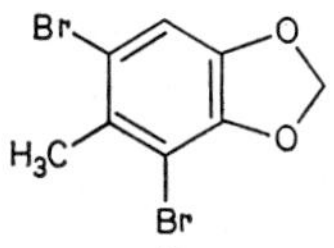

I 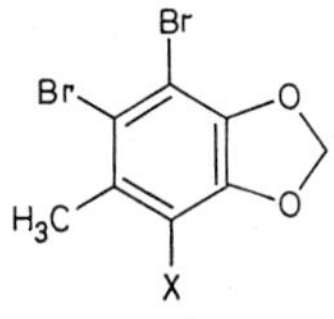 II 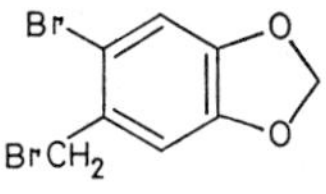 III 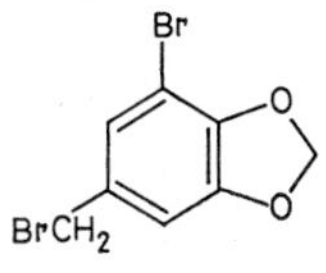 IV

5-Brom-6-brommethyl-benzo[1,3]dioxol, 2-Brom-4,5-methylendioxy-benzylbromid $C_8H_6Br_2O_2$, Formel III.

B. Beim Behandeln von Piperonylalkohol mit Brom in Essigsäure (*Barthel, Alexander*, J. org. Chem. **23** [1958] 1012). Beim Behandeln von 2-Brom-4,5-methylendioxy-benzylalkohol mit wss. Bromwasserstoffsäure (*Naik, Wheeler*, Soc. **1938** 1780, 1782).

Krystalle; F: 94° [aus PAe.] (*Naik, Wh.*), 92–93° [aus Me.] (*Ba., Al.*). IR-Banden (CCl_4 bzw. $CHCl_3$) im Bereich von 3030 cm^{-1} bis 2770 cm^{-1} bzw. von 1480 cm^{-1} bis 930 cm^{-1}: *Briggs et al.*, Anal. Chem. **29** [1957] 904, 905.

4-Brom-6-brommethyl-benzo[1,3]dioxol, 3-Brom-4,5-methylendioxy-benzylbromid $C_8H_6Br_2O_2$, Formel IV.

B. Beim Behandeln von 3-Brom-4,5-methylendioxy-benzylalkohol mit wss. Bromwasserstoffsäure (*Whaley, Robinson*, J. org. Chem. **19** [1954] 1029, 1032).

Krystalle (aus Me.); F: 120–122°.

4,5,7-Tribrom-6-methyl-benzo[1,3]dioxol $C_8H_5Br_3O_2$, Formel II (X = Br).

B. Beim Behandeln einer Lösung von 5-Methyl-benzo[1,3]dioxol in Chloroform mit Brom [Überschuss] (*Yoshiki, Ishiguro*, J. pharm. Soc. Japan **53** [1933] 73, 102; dtsch. Ref. S. 11, 16; C. A. **1933** 4531).

Krystalle (aus A.); F: 178–179°.

5-Chlor-6-jodmethyl-benzo[1,3]dioxol, 2-Chlor-4,5-methylendioxy-benzyljodid $C_8H_6ClIO_2$, Formel V (X = Cl).

B. Beim Erhitzen von 5-Chlor-6-chlormethyl-benzo[1,3]dioxol mit Kaliumjodid in wss. Aceton (*Naik, Wheeler*, Soc. **1938** 1780, 1782).

Krystalle (aus Bzn.); F: 95–96°.

5-Brom-6-jodmethyl-benzo[1,3]dioxol, 2-Brom-4,5-methylendioxy-benzyljodid $C_8H_6BrIO_2$, Formel V (X = Br).

B. Beim Erhitzen von 5-Brom-6-chlormethyl-benzo[1,3]dioxol mit Kaliumjodid in wss. Aceton (*Naik, Wheeler*, Soc. **1938** 1780, 1782).

Krystalle (aus Bzn.); F: 90–91°.

5-Methyl-6-nitro-benzo[1,3]dioxol $C_8H_7NO_4$, Formel VI (X = H) (H 23; E I 615; E II 21; dort als 6-Nitro-3.4-methylendioxy-toluol bezeichnet).

B. Beim Behandeln einer Lösung von 5-Methyl-benzo[1,3]dioxol in Essigsäure mit Salpetersäure (*Yoshiki, Ishiguro*, J. pharm. Soc. Japan **53** [1933] 73, 103; dtsch. Ref. S. 11, 15; C. A. **1933** 4531). Neben kleinen Mengen Piperonylsäure beim Erwärmen von Bis-[6-methyl-benzo[1,3]dioxol-5-yl]-methan oder von 1,1-Bis-[6-methyl-benzo[1,3]dioxol-5-yl]-äthan mit wss. Salpetersäure und Vanadium(V)-oxid (*Dolce, Garofano*, Ann. Chimica **47** [1957] 1185, 1198, 1199).

Gelbe Krystalle; F: 86–87° [aus A.] (*Yo., Ish.*), 83° [aus Me.] (*Do., Ga.*).

5-Chlormethyl-6-nitro-benzo[1,3]dioxol, 4,5-Methylendioxy-2-nitro-benzylchlorid $C_8H_6ClNO_4$, Formel VI (X = Cl) (E I 615; dort als 6-Nitro-piperonylchlorid bezeichnet).

B. Beim aufeinanderfolgenden Behandeln von Piperonylalkohol mit Essigsäure, mit Chlorwasserstoff und mit Salpetersäure und Schwefelsäure (*Ahmed et al.*, J. Indian chem. Soc. **15** [1938] 152, 158; vgl. E I 615).

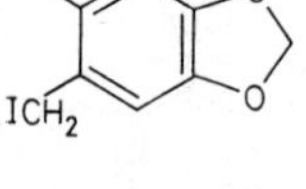

V 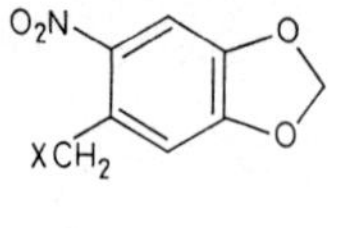 VI 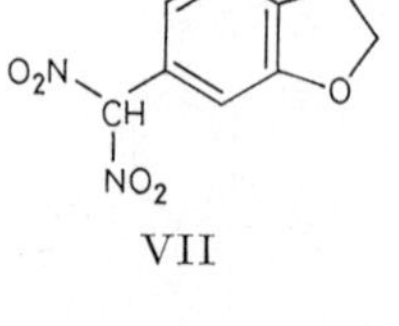 VII 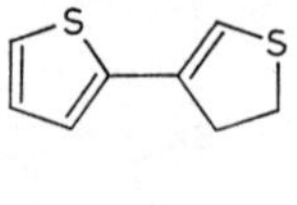 VIII

5-Dinitromethyl-benzo[1,3]dioxol $C_8H_6N_2O_6$, Formel VII (H 23; dort als $1^1.1^1$-Dinitro-3.4-methylendioxy-toluol bezeichnet).

B. Neben wenig Piperonal beim Behandeln von Piperonal-oxim mit Essigsäure und mit Salpetersäure (*Charlton et al.*, Soc. **1932** 30, 41; vgl. H 23).

Krystalle (aus Bzn.); F: 70–72°.

4′,5′-Dihydro-[2,3′]bithienyl $C_8H_8S_2$, Formel VIII.

B. Beim Behandeln von Dihydro-thiophen-3-on mit [2]Thienylmagnesiumjodid in Äther und Erhitzen des Reaktionsprodukts mit wss. Schwefelsäure (*Wynberg et al.*, Am. Soc. **79** [1957] 1972, 1973).

Krystalle (aus PAe.); F: 48–49°.

2-Äthyl-thieno[3,2-*b*]thiophen $C_8H_8S_2$, Formel IX (X = H).

B. BeimErwärmen von (±)-2-[3]Thienylmercapto-buttersäure (E III/IV **18** 8462) mit Schwefelsäure und Erwärmen des danach isolierten 2-Äthyl-thieno[3,2-*b*]thiophen-3-ols mit Lithiumalanat in Tetrahydrofuran (*Challenger, Holmes*, Soc. **1953** 1837, 1841). Aus 1-Thieno[3,2-*b*]thiophen-2-yl-äthanon beim Erhitzen mit Hydrazin-hydrat und Kalium= hydroxid in Diäthylenglykol bis auf 200° (*Challenger, Fishwick*, J. Inst. Petr. **39** [1953] 220, 228) sowie beim Erwärmen mit Semicarbazid-hydrochlorid und Natriumacetat in wss. Äthanol und Erhitzen des Reaktionsprodukts mit Kaliumhydroxid auf 220° (*Ch., Fi.*, l. c. S. 227).

Kp_{20}: 126–129° (*Ch., Fi.*, l. c. S. 229).

Verbindung mit 1,3,5-Trinitro-benzol $C_8H_8S_2 \cdot C_6H_3N_3O_6$. Gelbe Krystalle (aus Me.); F: 85,5–86,5° (*Ch., Fi.*, l. c. S. 229), 85,5–86° (*Ch., Ho.*).

Verbindung mit Picrinsäure $C_8H_8S_2 \cdot C_6H_3N_3O_7$. Krystalle (aus Me.); F: 73–73,5° (*Ch., Ho.*), 72,5–74° (*Ch., Fi.*, l. c. S. 228).

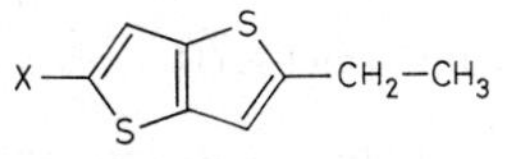

IX 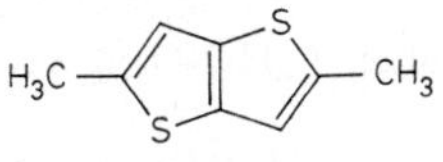 X 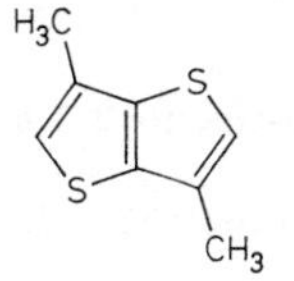 XI 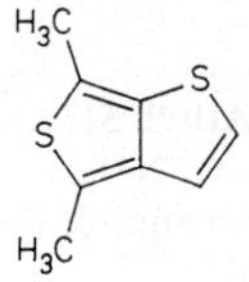 XII

2-Äthyl-5-nitro-thieno[3,2-*b*]thiophen $C_8H_7NO_2S_2$, Formel IX (X = NO_2).

Diese Konstitution kommt vermutlich der nachstehend beschriebenen Verbindung zu (*Challenger, Fishwick*, J. Inst. Petr. **39** [1953] 220).

B. Beim Behandeln von 2-Äthyl-thieno[3,2-*b*]thiophen mit Salpetersäure, Acetanhydrid und wenig Harnstoff (*Ch., Fi.*, l. c. S. 229).

Braungelbe Krystalle (aus wss. A.); F: 93°.

2,5-Dimethyl-thieno[3,2-*b*]thiophen $C_8H_8S_2$, Formel X.

Diese Konstitution ist der nachstehend beschriebenen Verbindung zugeordnet worden (*Teste, Lozac'h*, Bl. **1955** 442).

B. Beim Erhitzen von opt.-inakt. Oct-4-in-3,6-diol (Kp_3: 118°) mit Schwefel und Äthylbenzoat auf 210° (*Te., Lo.*).

Krystalle (aus A.); F: 122°.

3,6-Dimethyl-thieno[3,2-*b*]thiophen $C_8H_8S_2$, Formel XI.

Diese Konstitution ist der nachstehend beschriebenen Verbindung zugeordnet worden (*Teste, Lozac'h*, Bl. **1955** 442).

B. Neben anderen Verbindungen beim Erhitzen von 2,5-Dimethyl-hex-3-in-2,5-diol mit Schwefel auf 210° (*Te., Lo.*).

Krystalle (aus A.); F: 90°.

Verbindung mit Picrinsäure. Rote Krystalle; F: 100°.

4,6-Dimethyl-thieno[3,4-*b*]thiophen $C_8H_8S_2$, Formel XII.

B. Beim Erwärmen von 3-[2,2-Dimethoxy-äthylmercapto]-2,5-dimethyl-thiophen mit Fluorwasserstoff (*Dann, Dimmling*, B. **87** [1954] 373, 377).

Kp_2: 113–115°. $n_D^{25,4}$: 1,6298. UV-Spektrum (A.; 210–340 nm): *Dann, Di.*, l. c. S. 375. An der Luft nicht beständig (*Dann, Di.*, l. c. S. 378).

Verbindung mit Picrinsäure $C_8H_8S_2 \cdot C_6H_3N_3O_7$. Schwarzrote Krystalle (aus A.);

F: 116—116,5° [unkorr.] (*Dann, Di.*, l. c. S. 377).

2-Äthyl-thieno[2,3-*b*]thiophen $C_8H_8S_2$, Formel XIII (X = H).

B. Aus 1-Thieno[2,3-*b*]thiophen-2-yl-äthanon beim Erhitzen mit Hydrazin-hydrat und Kaliumhydroxid in Diäthylenglykol bis auf 200° (*Challenger, Fishwick*, J. Inst. Petr. **39** [1953] 220, 230) sowie beim Erhitzen mit wss. Salzsäure und amalgamiertem Zink (*Challenger, Harrison*, J. Inst. Petr. Technol. **21** [1935] 135, 151; *Ch., Fi.*, l. c. S. 230). Beim Erhitzen von (±)-[2-Oxo-butyl]-bernsteinsäure mit Tetraphosphortrisulfid und wenig Schwefel bis auf 280° (*Ch., Fi.*, l. c. S. 234).

Kp_{21}: 133—134,5° (*Ch., Fi.*, l. c. S. 235); Kp_{16}: 127—129° (*Ch., Fi.*, l. c. S. 231).

Verbindung mit 1,3,5-Trinitro-benzol $C_8H_8S_2 \cdot C_6H_3N_3O_6$. Gelbe Krystalle (aus Me. oder A.); F: 79,5—80,5° (*Ch., Fi.*, l. c. S. 230, 235).

Verbindung mit Picrinsäure $C_8H_8S_2 \cdot C_6H_3N_3O_7$. Krystalle (aus Me.); F: 67,5° bis 68,5° (*Ch., Fi.*, l. c. S. 231, 235).

XIII XIV XV XVI

2-Äthyl-5(?)-nitro-thieno[2,3-*b*]thiophen $C_8H_7NO_2S_2$, vermutlich Formel XIII (X = NO_2).

Bezügich der Konstitutionszuordnung s. *Challenger, Fishwick*, J. Inst. Petr. **39** [1953] 220.

B. Beim Behandeln von 2-Äthyl-thieno[2,3-*b*]thiophen mit Salpetersäure, Acetanhydrid und wenig Harnstoff (*Ch., Fi.*, l. c. S. 231, 235).

Krystalle (aus wss. A.); F: 90—90,5°.

3-Äthyl-thieno[2,3-*b*]thiophen $C_8H_8S_2$, Formel XIV (X = H).

B. Beim Erhitzen von opt.-inakt. Pentan-1,2,3-tricarbonsäure (F: 144—145°) mit Tetraphosphortrisulfid und wenig Schwefel bis auf 280° (*Challenger, Fishwick*, J. Inst. Petr. **39** [1953] 220, 224, 225).

Kp_{20}: 130—134°.

Verbindung mit 1,3,5-Trinitro-benzol $C_8H_8S_2 \cdot C_6H_3N_3O_6$. Krystalle (aus Me.); F: 81—81,5°.

3-Äthyl-2-nitro-thieno[2,3-*b*]thiophen $C_8H_7NO_2S_2$, Formel XIV (X = NO_2), und **3-Äthyl-5-nitro-thieno[2,3-*b*]thiophen** $C_8H_7NO_2S_2$, Formel XV.

Diese beiden Konstitutionsformeln kommen für die nachstehend beschriebene Verbindung in Betracht (*Challenger, Fishwick*, J. Inst. Petr. **39** [1953] 220).

B. Beim Behandeln von 3-Äthyl-thieno[2,3-*b*]thiophen mit Salpetersäure und Acetanhydrid (*Ch., Fi.*, l. c. S. 225).

Krystalle (aus A.); F: 68,5°.

***Opt.-inakt. 1,1,8-Trioxo-3a,4,7,7a-tetrahydro-1λ^6,8λ^4-4,7-episulfido-benzo[*b*]thiophen, 3a,4,7,7a-Tetrahydro-4,7-episulfido-benzo[*b*]thiophen-1,1,8-trioxid** $C_8H_8O_3S_2$, Formel XVI.

Konstitutionszuordnung: *Davies, James*, Soc. **1954** 15, 16.

B. Bei mehrtägigem Behandeln von Thiophen mit Essigsäure und wss. Wasserstoffperoxid (*Da., Ja.*, l. c. S. 17; *v. Euler et al.*, Ark. Kemi **14** [1959] 419, 427; s. a. *Okita, Kambara*, J. chem. Soc. Japan Ind. Chem. Sect. **59** [1956] 547; C. A. **1958** 3762). Aus Thiophen mit Hilfe von Peroxybenzoesäure (*Melles, Backer*, R. **72** [1953] 491, 493).

Krystalle (aus W.), F: 188—189° [Zers.] (*v. Eu. et al.*); Krystalle (aus A.), F: 182,5° bis 184,5° [Zers.; bei langsamem Erhitzen] bzw. F: 202° [Zers.; im vorgeheizten Bad] (*Da., Ja.*, l. c. S. 17); Krystalle (aus Eg. oder wss. A.), F: 167,5—168,5° [Zers.] (*Ok., Ka.*);

F: 177° [Zers.] (*Me.*, *Ba.*). IR-Banden im Bereich von 3040 cm^{-1} bis 1040 cm^{-1} (*Ok.*, *Ka.*); im Bereich von 1300 cm^{-1} bis 1060 cm^{-1}: *Da.*, *Ja.*, l. c. S. 18.

Beim Erhitzen mit 1,2-Dichlor-benzol auf Siedetemperatur oder ohne Lösungsmittel auf 184° ist Benzo[*b*]thiophen-1,1-dioxid erhalten worden (*Da.*, *Ja.*, l. c. S. 17). Überführung in 2,3,5,6-Tetrachlor-octahydro-4,7-episulfido-benzo[*b*]thiophen-1,1,8-trioxid (S. 162) durch Behandlung einer Lösung in Essigsäure mit Chlor: *Ok.*, *Ka.*

Stammverbindungen $C_9H_{10}O_2$

2-Phenyl-[1,3]dioxolan, Benzaldehyd-äthandiylacetal $C_9H_{10}O_2$, Formel I (X = H) (H 23; E II 21).

B. Beim Erhitzen von Benzaldehyd mit Äthylenglykol unter Zusatz von Phosphorsäure (*Arbusow*, *Winogradowa*, Izv. Akad. S.S.S.R. Otd. chim. **1950** 291, 295; C. A. **1950** 8718), unter Zusatz von Toluol-4-sulfonsäure (*Norton Co.*, U.S.P. 2526601 [1947]), unter Zusatz von Benzol und Toluol-4-sulfonsäure (*Sulzbacher et al.*, Am. Soc. **70** [1948] 2827; *Ceder*, Ark. Kemi **6** [1954] 523), unter Zusatz von Xylol und Schwefelsäure (*Rieche et al.*, B. **91** [1958] 1935, 1939) sowie unter Zusatz eines Kationenaustauschers (*Mastagli et al.*, C. r. **237** [1953] 187). Neben Substanzen von hohem Molekulargewicht beim Behandeln von Benzaldehyd mit wenig Zinn(IV)-chlorid und anschliessenden Erwärmen mit Äthylenoxid (*Bogert*, *Roblin*, Am. Soc. **55** [1933] 3741, 3743).

Kp_{25}: 129° (*Ma. et al.*); Kp_{14}: 109—110° (*Ce.*, l. c. S. 524); Kp_{10}: 101° (*Su. et al.*); Kp_7: 107—107,5° (*Ar.*, *Wi.*). $D_4^{19,5}$: 1,1156 (*Su. et al.*); D_0^{20}: 1,1156 (*Ar.*, *Wi.*); D_4^{20}: 1,1116 (*Salmi*, *Louhenkuru*, Suomen Kem. **20** B [1947] 5, 6). Oberflächenspannung bei 20°: 41,83 $g \cdot s^{-2}$ (*Ar.*, *Wi.*). n_D^{18}: 1,5285 (*Ma. et al.*); $n_D^{19,5}$: 1,52696 (*Su. et al.*); n_D^{20}: 1,5270 (*Ar.*, *Wi.*), 1,5267 (*Ce.*, l. c. S. 524), 1,52513 (*Sa.*, *Lo.*); $n_{656,3}^{20}$: 1,52087; $n_{486,1}^{20}$: 1,53586 (*Sa.*, *Lo.*). IR-Banden (Cyclohexan) im Bereich von 1170 cm^{-1} bis 1090 cm^{-1}: *Bergmann*, *Pinchas*, R. **71** [1952] 161, 165; s. a. *Lagrange*, *Mastagli*, C. r. **241** [1955] 1947.

Geschwindigkeitskonstante der Hydrolyse in verd. wss. Salzsäure (pH 3,1) bei 20° und 30°: *Ce.*, l. c. S. 528, 530.

Reaktion mit Sauerstoff im UV-Licht (Bildung von 2-Phenyl-dioxolan-2-ylhydroperoxid): *Ri. et al.*, l. c. S. 1939. Bildung von 1-Benzoyloxy-2-brom-äthan beim Behandeln mit Brom in Tetrachlormethan unter Bestrahlung mit UV-Licht sowie beim Erwärmen mit *N*-Brom-succinimid in Tetrachlormethan: *Ri. et al.*, l. c. S. 1941. Bei der Hydrierung an Palladium/Bariumsulfat in Essigsäure ist Toluol (*Kariyone et al.*, J. pharm. Soc. Japan **73** [1953] 493; C. A. **1954** 3296), bei der Hydrierung an einem Nickel-Katalysator bei 175°/120 at sind 2-Benzyloxy-äthanol, Äthyl-benzyl-äther, Äthylenglykol, Toluol, Methylcyclohexan und Äthanol erhalten worden (*Covert et al.*, Am. Soc. **54** [1932] 1651, 1658). Überführung in 2-Benzyloxy-äthanol durch Behandlung mit Lithiumalanat und Aluminiumchlorid in Äther: *Eliel*, *Badding*, Am. Soc. **81** [1959] 6087. Bildung von *cis*-3-Phenyl-[1,4]dioxan-2-carbonsäure-äthylester und *trans*-3-Phenyl-[1,4]dioxan-2-carbonsäure-äthylester beim Erhitzen mit Diazoessigsäure-äthylester bis auf 150°: *Gutsche*, *Hillman*, Am. Soc. **76** [1954] 2236, 2239.

2-[2-Chlor-phenyl]-[1,3]dioxolan $C_9H_9ClO_2$, Formel I (X = Cl).

B. Beim Erwärmen von 2-Chlor-benzaldehyd mit Äthylenglykol, Benzol und wenig Toluol-4-sulfonsäure unter Entfernen des entstehenden Wassers (*Salmi*, *Kyrki*, Suomen Kem. **19** B [1946] 97, 100; *Sulzbacher et al.*, Am. Soc. **70** [1948] 2827).

Kp_{16}: 150—152° (*Su. et al.*); $Kp_{3,5}$: 116—117° (*Sa.*, *Ky.*). D_4^{20}: 1,2639 (*Sa.*, *Ky.*). $n_{656,3}^{20}$: 1,5393; n_D^{20}: 1,5426; $n_{486,1}^{20}$: 1,5543 (*Sa.*, *Ky.*).

2-[4-Chlor-phenyl]-[1,3]dioxolan $C_9H_9ClO_2$, Formel II (X = Cl).

B. Beim Erhitzen von 4-Chlor-benzaldehyd mit Äthylenglykol, Xylol und wenig Schwefelsäure unter Entfernen des entstehenden Wassers (*Rieche et al.*, B. **91** [1958] 1939).

Kp_{13}: 136—139°. n_D^{20}: 1,5411.

2-[4-Brom-phenyl]-[1,3]dioxolan $C_9H_9BrO_2$, Formel II (X = Br).

B. Beim Erhitzen von 4-Brom-benzaldehyd mit Äthylenglykol, Toluol und wenig Toluol-4-sulfonsäure unter Entfernen des entstehenden Wassers (*Hoffmann*, *Thomas*,

Am. Soc. **81** [1959] 580).

Kp_2: 107°.

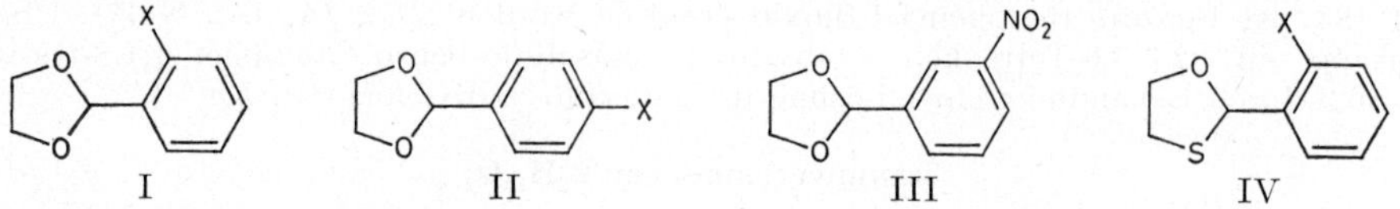

I II III IV

2-[2-Nitro-phenyl]-[1,3]dioxolan $C_9H_9NO_4$, Formel I ($X = NO_2$) (E II 22; dort als 2-Nitro-benzaldehyd-äthylenacetal bezeichnet).

B. Beim Erwärmen von 2-Nitro-benzaldehyd mit Äthylenglykol unter Zusatz von Benzol und wenig Toluol-4-sulfonsäure (*Salmi, Kyrki*, Suomen Kem. **19** B [1946] 97, 99; *Baumgarten et al.*, Am. Soc. **80** [1958] 1977, 1980) oder unter Zusatz eines Kationenaustauschers (*Ba. et al.*) unter Entfernen des entstehenden Wassers.

Kp_{13}: 176–178°; D_4^{20}: 1,3087; n_D^{20}: 1,5502 (*Sa., Ky.*). $Kp_{0,7}$: 120,7°; n_D^{20}: 1,5487 (*Ba. et al.*).

2-[3-Nitro-phenyl]-[1,3]dioxolan $C_9H_9NO_4$, Formel III.

B. Beim Erhitzen von 3-Nitro-benzaldehyd mit Äthylenglykol unter Zusatz von Benzol und wenig Toluol-4-sulfonsäure (*Salmi, Kyrki*, Suomen Kem. **19** B [1946] 97, 99; *Fieser et al.*, J. biol. Chem. **156** [1944] 191, 195, 196) oder unter Zusatz von Xylol und wenig Phosphorsäure (*Du Pont de Nemours & Co.*, U.S.P. 2481434 [1946], 2513189 [1947]). Beim Erwärmen von 3-Nitro-benzaldehyd mit Äthylenglykol und 63 %ig. wss. Schwefelsäure (*Minami, Kojima*, J. chem. Soc. Japan Ind. Chem. Sect. **57** [1954] 826; C. A. **1955** 10628).

Krystalle; F: 58,5° (*Sa., Ky.*), 56–58° [aus A.] (*Du Pont*), 56–57° [aus Me.] (*Mi., Ko.*). Kp_4: 155–157° (*Sa., Ky.*); $Kp_{2,5}$: 140–146° (*Fi. et al.*).

2-[4-Nitro-phenyl]-[1,3]dioxolan $C_9H_9NO_4$, Formel II ($X = NO_2$) (E II 22; dort als 4-Nitro-benzaldehyd-äthylenacetal bezeichnet).

B. Beim Erhitzen von 4-Nitro-benzaldehyd mit Äthylenglykol unter Zusatz von Toluol und wenig Toluol-4-sulfonsäure (*Salmi, Kyrki*, Suomen Kem. **19** B [1946] 97, 99; *Fieser et al.*, J. biol. Chem. **156** [1944] 191, 195), unter Zusatz von Äthylacetat und Kaliumhydrogensulfat (*Fi. et al.*) oder unter Zusatz von Xylol und Phosphorsäure (*Du Pont de Nemours & Co.*, U.S.P. 2481434 [1946]).

Krystalle; F: 90° [aus A.] (*Sa., Ky.*), 89–90° (*Du Pont*), 89–89,5° [aus Acn.] (*Fi. et al.*).

(±)-2-Phenyl-[1,3]oxathiolan $C_9H_{10}OS$, Formel IV ($X = H$).

B. Beim Erwärmen von Benzaldehyd mit 2-Mercapto-äthanol und Benzol unter Zusatz von Chlorwasserstoff in Äther (*Kipnis, Ornfelt*, Am. Soc. **71** [1949] 3555).

Kp_5: 86–87° (*Ki., Or.*).

Beim Behandeln mit Lithiumalanat und Aluminiumchlorid in Äther ist 2-Benzylmercapto-äthanol erhalten worden (*Eliel, Badding*, Am. Soc. **81** [1959] 6087).

(±)-2-[2-Chlor-phenyl]-[1,3]oxathiolan C_9H_9ClOS, Formel IV ($X = Cl$).

B. Beim Erwärmen von 2-Chlor-benzaldehyd mit 2-Mercapto-äthanol, Benzol und wenig Toluol-4-sulfonsäure unter Entfernen des entstehenden Wassers (*Marshall, Stevenson*, Soc. **1959** 2360, 2361).

Kp_1: 123°.

(±)-2-[4-Chlor-phenyl]-[1,3]oxathiolan C_9H_9ClOS, Formel V ($X = Cl$).

B. Beim Erwärmen von 4-Chlor-benzaldehyd mit 2-Mercapto-äthanol, Benzol und Toluol-4-sulfonsäure unter Entfernen des entstehenden Wassers (*Marshall, Stevenson*, Soc. **1959** 2360, 2361).

Kp_1: 124°.

(±)-2-[4-Nitro-phenyl]-[1,3]oxathiolan $C_9H_9NO_3S$, Formel V (X = NO_2).

B. Beim Erwärmen von 4-Nitro-benzaldehyd mit 2-Mercapto-äthanol, Benzol und wenig Toluol-4-sulfonsäure unter Entfernen des entstehenden Wassers (*Marshall, Stevenson,* Soc. **1959** 2360, 2361).

F: 73–77°.

2-[4-Chlor-phenyl]-[1,3]dithiolan $C_9H_9ClS_2$, Formel VI (X = H).

B. Beim Erwärmen von 4-Chlor-benzaldehyd mit Äthan-1,2-dithiol, Benzol und wenig Toluol-4-sulfonsäure unter Entfernen des entstehenden Wassers (*Stauffer Chem. Co.,* U.S.P. 2701253 [1953]).

Krystalle (aus A.); F: 62°. Kp_5: 150–151°.

2-[2,4-Dichlor-phenyl]-[1,3]dithiolan $C_9H_8Cl_2S_2$, Formel VI (X = Cl).

B. Aus 2,4-Dichlor-benzaldehyd und Äthan-1,2-dithiol (*Stauffer Chem. Co.,* U.S.P. 2701253 [1953]).

Krystalle; F: 38°.

2,3-Dihydro-5*H*-benz[*f*][1,4]oxathiepin $C_9H_{10}OS$, Formel VII (X = H).

B. Beim Erwärmen von *S*-[2-(2-Chlor-äthoxy)-benzyl]-isothiuronium-chlorid (hergestellt aus 2-[2-Chlor-äthoxy]-benzylchlorid und Thioharnstoff) mit wss.-äthanol. Natronlauge (*Kulka,* Canad. J. Chem. **33** [1955] 1442, 1448).

Krystalle (aus Me.); F: 35–36°. Kp_{13}: 130°.

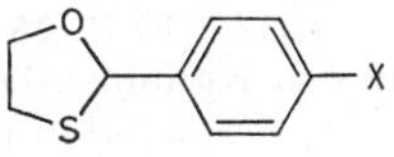

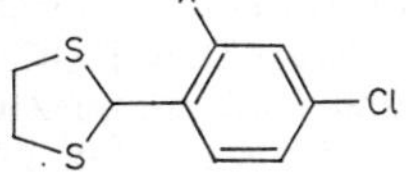

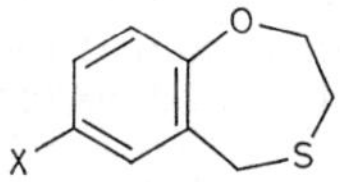

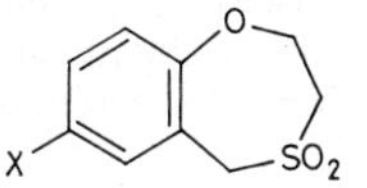

V VI VII VIII

4,4-Dioxo-2,3-dihydro-5*H*-4λ⁶-benz[*f*][1,4]oxathiepin, 2,3-Dihydro-5*H*-benz[*f*][1,4]oxathiepin-4,4-dioxid $C_9H_{10}O_3S$, Formel VIII (X = H).

B. Beim Erwärmen einer Lösung von 2,3-Dihydro-5*H*-benz[*f*][1,4]oxathiepin in Essigsäure mit wss. Wasserstoffperoxid (*Kulka,* Canad. J. Chem. **33** [1955] 1442, 1449).

Krystalle; F: 165–166°.

7-Chlor-2,3-dihydro-5*H*-benz[*f*][1,4]oxathiepin C_9H_9ClOS, Formel VII (X = Cl).

B. Beim Erwärmen von *S*-[5-Chlor-2-(2-chlor-äthoxy)-benzyl]-isothiuronium-chlorid mit wss.-äthanol. Natronlauge (*Kulka,* Canad. J. Chem. **33** [1955] 1442, 1448).

Krystalle (aus Me.); F: 70–71°. Kp_{13}: 160–162°.

7-Chlor-4,4-dioxo-2,3-dihydro-5*H*-4λ⁶-benz[*f*][1,4]oxathiepin, 7-Chlor-2,3-dihydro-5*H*-benz[*f*][1,4]oxathiepin-4,4-dioxid $C_9H_9ClO_3S$, Formel VIII (X = Cl).

B. Beim Erwärmen einer Lösung von 7-Chlor-2,3-dihydro-5*H*-benz[*f*][1,4]oxathiepin in Essigsäure mit wss. Wasserstoffperoxid (*Kulka,* Canad. J. Chem. **33** [1955] 1442, 1449).

Krystalle; F: 194–195°.

7,9-Dichlor-2,3-dihydro-5*H*-benz[*f*][1,4]oxathiepin $C_9H_8Cl_2OS$, Formel IX.

B. Beim Erwärmen von *S*-[3,5-Dichlor-2-(2-chlor-äthoxy)-benzyl]-isothiuronium-chlorid (hergestellt aus 3,5-Dichlor-2-[2-chlor-äthoxy]-benzylchlorid und Thioharnstoff) mit wss.-äthanol. Natronlauge (*Kulka,* Canad. J. Chem. **33** [1955] 1442, 1448).

Krystalle (aus Me.); F: 114–115°. Kp_{13}: ca. 180°.

7,9-Dichlor-4,4-dioxo-2,3-dihydro-5*H*-4λ⁶-benz[*f*][1,4]oxathiepin, 7,9-Dichlor-2,3-dihydro-5*H*-benz[*f*][1,4]oxathiepin-4,4-dioxid $C_9H_8Cl_2O_3S$, Formel X.

B. Beim Erwärmen einer Lösung von 7,9-Dichlor-2,3-dihydro-5*H*-benz[*f*][1,4]oxathiepin in Essigsäure mit wss. Wasserstoffperoxid (*Kulka,* Canad. J. Chem. **33** [1955] 1442, 1449).

Krystalle; F: 209–210°.

7-Nitro-2,3-dihydro-5*H*-benz[*f*][1,4]oxathiepin $C_9H_9NO_3S$, Formel VII (X = NO_2).
B. Beim Erwärmen von *S*-[2-(2-Chlor-äthoxy)-5-nitro-benzyl]-isothiuronium-chlorid mit wss.-äthanol. Natronlauge (*Kulka*, Canad. J. Chem. **33** [1955] 1442, 1448).
Krystalle (aus Me.); F: 124—125°.

7-Nitro-4,4-dioxo-2,3-dihydro-5*H*-4λ^6-benz[*f*][1,4]oxathiepin, 7-Nitro-2,3-dihydro-5*H*-benz[*f*][1,4]oxathiepin-4,4-dioxid $C_9H_9NO_5S$, Formel VIII (X = NO_2).
B. Beim Erwärmen einer Lösung von 7-Nitro-2,3-dihydro-5*H*-benz[*f*][1,4]oxathiepin in Essigsäure mit wss. Wasserstoffperoxid (*Kulka*, Canad. J. Chem. **33** [1955] 1442, 1449).
Krystalle; F: 185—186°.

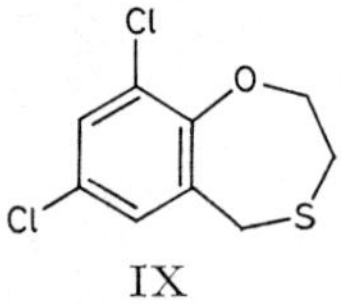

Cl O Cl S IX Cl O Cl SO_2 X S Cl S XI O X O XII

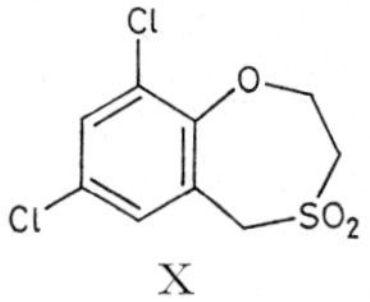

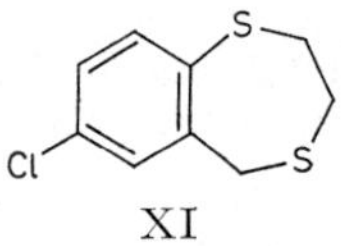

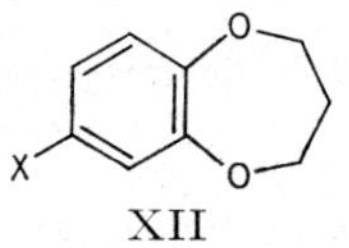

7-Chlor-2,3-dihydro-5*H*-benzo[*f*][1,4]dithiepin $C_9H_9ClS_2$, Formel XI.
B. Beim Erwärmen von *S*-[5-Chlor-2-(2-chlor-äthylmercapto)-benzyl]-isothiuronium-chlorid mit wss.-methanol. Natronlauge (*Kulka*, Canad. J. Chem. **36** [1958] 750, 752).
Gelbe Krystalle (aus Me.); F: 91—92°. Kp_{12}: 180—182°.

2,3-Dihydro-4*H*-benzo[*b*][1,4]dioxepin $C_9H_{10}O_2$, Formel XII (X = H).
B. Beim Erhitzen von Brenzcatechin mit 1,3-Dibrom-propan unter Zusatz von Natriummethylat in Methanol (*Ziegler*, *Lüttringhaus*, D.R.P. 671840 [1935]; Frdl. **25** 195; *Universal Oil Prod. Co.*, U.S.P. 2698329 [1950]) oder unter Zusatz von Kaliumcarbonat, wenig Glycerin und Kupfer-Pulver (*Cass et al.*, Soc. **1958** 2595). Aus 2-[3-Brom-propoxy]-phenol beim Erwärmen mit wss. Alkalilauge sowie beim Erhitzen mit Kaliumcarbonat in Amylalkohol (*Ziegler et al.*, A. **528** [1937] 162, 178).
Dipolmoment bei 20° (ε; Lösung): 1,93 D (*Henriquez*, R. **53** [1934] 1139).
F: 14—15° (*Universal Oil Prod. Co.*). Kp_{11}: 100,5° (*Cass et al.*); Kp_{10}: 103° (*Zi. et al.*, l. c. S. 179); Kp_8: 94° (*Brown et al.*, Canad. J. Res. [B] **27** [1949] 398, 406). D_4^{20}: 1,1343 (*Zi. et al.*, l. c. S. 179); D_{20}^{20}: 1,1351 (*Br. et al.*). Verdampfungsenthalpie (aus dem Dampfdruck ermittelt): 13,28 kcal·mol^{-1} (*Cass et al.*). Standard-Verbrennungsenthalpie: —1130,3 kcal·mol^{-1} (*Cass et al.*). n_D^{20}: 1,5430 (*Br. et al.*).
Geschwindigkeit des durch Schwefelsäure katalysierten Protium-Deuterium-Austausches mit *O*-Deuterio-essigsäure bei 90°: *Br. et al.*, l. c. S. 403.

7-Nitro-2,3-dihydro-4*H*-benzo[*b*][1,4]dioxepin $C_9H_9NO_4$, Formel XII (X = NO_2).
B. Beim Behandeln von 2,3-Dihydro-4*H*-benzo[1,5]dioxepin mit wasserhaltiger Salpetersäure und Essigsäure (*Universal Oil Prod. Co.*, U.S.P. 2698329 [1950]).
F: 106—107°.

(±)-4-Methyl-3,8a-dihydro-benzo[*c*][1,2]dioxin $C_9H_{10}O_2$, Formel I.
B. In kleiner Menge beim 5-tägigen Behandeln von Isopropenylbenzol mit Sauerstoff bei 40—45° (*Hock*, *Siebert*, B. **87** [1954] 546, 551).
E: —5°; $Kp_{0,05}$: 70°; D_4^{19}: 1,09; n_D^{19}: 1,542 (*Hock*, *Si.*, l. c. S. 552).
Oberhalb 83° erfolgt Zersetzung unter Bildung von Acetophenon (*Hock*, *Si.*, l. c. S. 552).
Beim Erwärmen mit Zink und Chlorwasserstoff in Äther ist 2-Phenyl-propan-1,2-diol erhalten worden (*Hock*, *Si.*, l. c. S. 552).

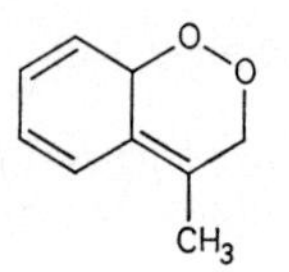

O O CH_3 I O SO_2 CH_3 II O H_3C O III H_2CCl O X O IV

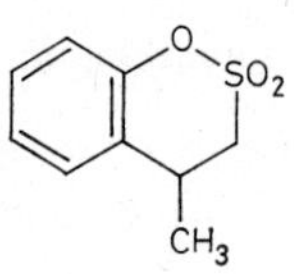

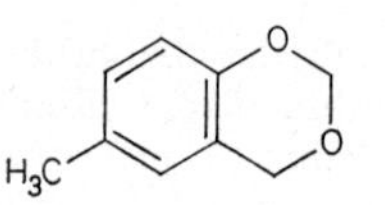

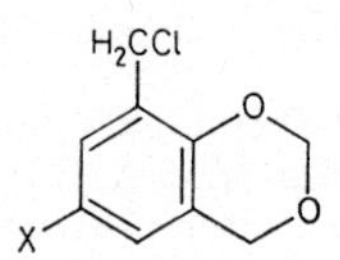

(±)-4-Methyl-2,2-dioxo-3,4-dihydro-2λ⁶-benz[*e*][1,2]oxathiin, (±)-4-Methyl-3,4-dihydro-benz[*e*][1,2]oxathiin-2,2-dioxid, (±)-2-[2-Hydroxy-phenyl]-propan-1-sulfonsäure-lacton $C_9H_{10}O_3S$, Formel II.

B. Aus 4-Methyl-benz[*e*][1,2]oxathiin-2,2-dioxid mit Hilfe von Jodwasserstoffsäure (*Philbin et al.*, Soc. **1956** 4414, 4416).

Krystalle (aus Bzn.); F: 62—64°.

6-Methyl-4*H*-benzo[1,3]dioxin $C_9H_{10}O_2$, Formel III.

B. Beim Erhitzen von *p*-Kresol mit wss. Formaldehyd-Lösung und Oxalsäure unter 8 at auf 155° (*Gen. Mills Inc.*, U.S.P. 2789985 [1955]).

Krystalle (aus Me.); F: 40—41°.

6-Chlor-8-chlormethyl-4*H*-benzo[1,3]dioxin $C_9H_8Cl_2O_2$, Formel IV (X = Cl).

B. Beim Behandeln von 4-Chlor-phenol mit Schwefelsäure enthaltender wss. Salzsäure, wss. Formaldehyd-Lösung und Chlorwasserstoff (*Buehler et al.*, Am. Soc. **62** [1940] 890, 891). Beim Behandeln von 2,6-Bis-hydroxymethyl-phenol mit Paraformaldehyd, konz. wss. Salzsäure und wenig Schwefelsäure (*Ziegler*, B. **77/79** [1944/46] 731, 735).

Krystalle (aus Me.); F: 103° (*Bu. et al.*; *Zi.*). Unter vermindertem Druck sublimierbar (*Zi.*).

Beim Erhitzen mit wss. Essigsäure und Kaliumpermanganat sind 6-Chlor-8-chlor=methyl-benzo[1,3]dioxin-4-on, 6-Chlor-4*H*-benzo[1,3]dioxin-8-carbaldehyd, 6-Chlor-4-oxo-4*H*-benzo[1,3]dioxin-8-carbaldehyd, 5-Chlor-3-formyl-2-hydroxy-benzoesäure und 5-Chlor-2-hydroxy-isophthalsäure erhalten worden (*Bu. et al.*).

8-Chlormethyl-6-nitro-4*H*-benzo[1,3]dioxin $C_9H_8ClNO_4$, Formel IV (X = NO_2).

B. Beim Erwärmen von 6-Nitro-4*H*-benzo[1,3]dioxin mit Bis-chlormethyl-äther und Zinkchlorid (*Štawrowškaja, Toptschiew*, Ž. obšč. Chim. **21** [1951] 525, 531; engl. Ausg. S. 581, 586). Neben 6-Nitro-4*H*-benzo[1,3]dioxin beim Erwärmen von 4-Nitro-phenol mit Bis-chlormethyl-äther und Zinkchlorid (*Št., To.*, l. c. S. 529).

Krystalle (aus PAe.); F: 103,5—104° (*Št., To.*).

(±)-2-Methyl-2,3-dihydro-benzo[1,4]dioxin $C_9H_{10}O_2$, Formel V (X = H).

B. Bei der Hydrierung von 2-Methylen-2,3-dihydro-benzo[1,4]dioxin (S. 268) an Palladium/Kohle in Äthanol (*Marini-Bettòlo et al.*, G. **86** [1956] 1336, 1352; *Katritzky et al.*, Tetrahedron **22** [1966] 931, 937).

$Kp_{0,2}$: 33°; $n_D^{24,5}$: 1,5314 (*Ka. et al.*). IR-Spektrum (2—15 μ): *Ma.-Be. et al.*, l. c. S. 1342. UV-Spektrum (A.; 220—290 nm; λ_{max}: 222 nm, 278 nm und 284 nm): *Ma.-Be. et al.*, l. c. S. 1341, 1352.

(±)-2-Chlor-2-methyl-2,3-dihydro-benzo[1,4]dioxin $C_9H_9ClO_2$, Formel V (X = Cl).

B. Beim Behandeln einer Lösung von 2-Methylen-2,3-dihydro-benzo[1,4]dioxin (S. 268) in Benzin mit Chlorwasserstoff (*Landi Vittory et al.*, G. **86** [1956] 1355, 1358).

Krystalle (aus Bzn.); F: 82° (*La. Vi. et al.*, l. c. S. 1359). IR-Banden (Nujol) im Bereich von 940 cm^{-1} bis 850 cm^{-1}: *La. Vi. et al.*, l. c. S. 1359.

Reaktion mit Wasser (Bildung von 2-Methyl-2,3-dihydro-benzo[1,4]dioxin-2-ol ⇌ [2-Hydroxy-phenoxy]-aceton) sowie Reaktion mit Methanol (Bildung von 2-Methoxy-2-methyl-2,3-dihydro-benzo[1,4]dioxin): *La. Vi. et al.* Beim Erwärmen einer Lösung in Benzin mit flüssigem Ammoniak auf 95° ist 2-Methyl-2,3-dihydro-benzo[1,4]dioxin-2-yl=amin erhalten worden (*La. Vi. et al.*, l. c. S. 1359).

(±)-2-Chlormethyl-2,3-dihydro-benzo[1,4]dioxin $C_9H_9ClO_2$, Formel VI (X = Cl).

B. Beim Erwärmen von Brenzcatechin mit wss. Natronlauge und anschliessend mit 1,3-Dichlor-propan-2-ol (*Soc. Usines Chim. Rhône-Poulenc*, D.R.P. 615471 [1933]; Frdl. **22** 713; U.S.P. 2056046 [1934]). Beim Erwärmen von (±)-[2,3-Dihydro-benzo[1,4]=dioxin-2-yl]-methanol mit Thionylchlorid und Pyridin (*Fourneau et al.*, J. Pharm. Chim. [8] **18** [1933] 185, 189; s. a. *Geigy A.G.*, U.S.P. 2366102 [1943]).

Kp_{15}: 131,5° (*Geigy A.G.*); Kp_{14}: 132° (*Fo. et al.*, l. c. S. 190).

Beim Erwärmen mit äthanol. Kalilauge ist 2-Methylen-2,3-dihydro-benzo[1,4]dioxin (S. 268) erhalten worden (*Marini-Bettòlo et al.*, G. **86** [1956] 1336, 1346).

V VI VII VIII

(±)-7(?)-Chlor-2-chlormethyl-2,3-dihydro-benzo[1,4]dioxin $C_9H_8Cl_2O_2$, vermutlich Formel VII (X = Cl).

B. Beim Erwärmen einer aus (±)-3(?)-Chlormethyl-2,3-dihydro-benzo[1,4]dioxin-6-yl-amin (Präparat von ungewisser Einheitlichkeit; Picrat: F: 176°), wss. Salzsäure und Natriumnitrit hergestellten Diazoniumsalz-Lösung mit Kupfer(I)-chlorid (*Marini-Bettòlo, Landi Vittory*, G. **87** [1957] 1038, 1043). Beim Behandeln von (±)-2-Chlormethyl-2,3-dihydro-benzo[1,4]dioxin mit wenig Aluminiumchlorid und mit Chlor (*Ma.-Be., La. Vi.*).

$Kp_{0,1}$: 99—100°; n_D^{23}: 1,5642 [Präparat von ungewisser Einheitlichkeit]. IR-Spektrum (2—15 μ): *Ma.-Be., La. Vi.*, l. c. S. 1048.

(±)-2-Brommethyl-2,3-dihydro-benzo[1,4]dioxin $C_9H_9BrO_2$, Formel VI (X = Br).

B. Beim Erwärmen von (±)-[2,3-Dihydro-benzo[1,4]dioxin-2-yl]-methanol mit wss. Bromwasserstoffsäure (*Geigy A.G.*, U.S.P. 2366102 [1943]) oder mit Phosphor(III)-bromid (*Milani et al.*, Rend. Ist. super. Sanità **22** [1959] 207, 210).

Kp_8: 143—146°; $Kp_{0,005}$: 63—64°; n_D^{21}: 1,5711 (*Mi. et al.*). $Kp_{0,9}$: 126—127° (*Geigy A.G.*).

(±)-7(?)-Brom-2-chlormethyl-2,3-dihydro-benzo[1,4]dioxin $C_9H_8BrClO_2$, vermutlich Formel VII (X = Br).

B. Beim Erwärmen von (±)-2-Chlormethyl-2,3-dihydro-benzo[1,4]dioxin mit Brom unter Zusatz von Eisen-Spänen (*Marini-Bettòlo, Landi Vittory*, G. **87** [1957] 1038, 1047).

$Kp_{0,1}$: 99—105°. n_D^{22}: 1,5785.

(±)-2-Jodmethyl-2,3-dihydro-benzo[1,4]dioxin $C_9H_9IO_2$, Formel VI (X = I).

B. Beim Erwärmen von (±)-2-Brommethyl-2,3-dihydro-benzo[1,4]dioxin mit Natrium-jodid in Aceton (*Milani et al.*, Rend. Ist. super. Sanità **22** [1959] 207, 211).

$Kp_{0,2}$: 95—100°. n_D^{22}: 1,5772.

(±)-2-Chlormethyl-7(?)-nitro-2,3-dihydro-benzo[1,4]dioxin $C_9H_8ClNO_4$, vermutlich Formel VII (X = NO_2).

B. Beim Erwärmen von (±)-2-Chlormethyl-2,3-dihydro-benzo[1,4]dioxin mit Salpeter-säure und Essigsäure (*Marini-Bettòlo, Landi Vittory*, G. **87** [1957] 1038, 1041).

Krystalle (aus A.), F: 63°; $Kp_{0,1}$: 140—142° [Präparat von ungewisser Einheitlichkeit].

6-Chlormethyl-2,3-dihydro-benzo[1,4]dioxin, 3,4-Äthandiyldioxy-benzylchlorid $C_9H_9ClO_2$, Formel VIII.

B. Beim Behandeln von 2,3-Dihydro-benzo[1,4]dioxin mit wss. Formaldehyd-Lösung und Chlorwasserstoff (*Drábek*, Chem. Zvesti **10** [1956] 357, 364; C. A. **1956** 16023; s. a. *Geigy A.G.*, Brit. P. 566732 [1943]).

$Kp_{0,3}$: 126—128° (*Geigy A.G.*), 111—115° (*Dr.*).

5-[2-Brom-äthyl]-benzo[1,3]dioxol $C_9H_9BrO_2$, Formel I.

B. Beim Behandeln von 2-Benzo[1,3]dioxol-5-yl-äthanol mit Phosphor(III)-bromid in Chloroform (*Orcutt, Bogert*, Roczniki Chem. **18** [1938] 732, 735; C. **1939** II 2536; s. a. *Sugasawa, Suzuta*, J. pharm. Soc. Japan **71** [1951] 1159; C. A. **1952** 5049).

Kp_{10}: 150° (*Or., Bo.*); Kp_6: 144° (*Sug., Suz.*).

5,7-Dimethyl-2,2-dioxo-2λ⁶-3*H*-benz[*d*][1,2]oxathiol, 5,7-Dimethyl-3*H*-benz[*d*][1,2]oxathiol-2,2-dioxid, [2-Hydroxy-3,5-dimethyl-phenyl]-methansulfonsäure-lacton $C_9H_{10}O_3S$, Formel II.

B. Beim Erwärmen des Natrium-Salzes der [2-Hydroxy-3,5-dimethyl-phenyl]-methansulfonsäure mit Phosphor(V)-chlorid (*Shearing, Smiles*, Soc. **1937** 1348, 1351).

Krystalle (nach Sublimation); F: 92,5°.

2,2-Dimethyl-benzo[1,3]dioxol, 1,2-Isopropylidendioxy-benzol $C_9H_{10}O_2$, Formel III (X = H).

B. Beim Erwärmen von Brenzcatechin mit Aceton und Phosphor(V)-oxid (*Böeseken, Slooff*, Pr. Akad. Amsterdam **35** [1932] 1250, 1251; *Slooff*, R. **54** [1935] 995, 997).

Dipolmoment (ε; Lösung): 1,02 D (*Böeseken et al.*, R. **55** [1936] 145, 151).

F: 3°; Kp_{765}: 184°; Kp_{20}: 78°; D^{21}: 1,063; $n_D^{21,5}$: 1,5060 (*Bö.*, *Sl.*, l. c. S. 1252). F: 3°; Kp_{760}: 182°; Kp_{20}: 78,5°; D^{20}: 1,0630; n_D^{20}: 1,5065 (*Sl.*, l. c. S. 998, 999).

5-Chlor-2,2-dimethyl-benzo[1,3]dioxol $C_9H_9ClO_2$, Formel III (X = Cl).

B. Beim Erwärmen von 4-Chlor-brenzcatechin mit Aceton und Phosphor(V)-oxid (*Böeseken, Slooff*, Pr. Akad. Amsterdam **35** [1932] 1250, 1252). Neben kleinen Mengen 5,6-Dichlor-2,2-dimethyl-benzo[1,3]dioxol beim Behandeln einer Lösung von 2,2-Dimethyl-benzo[1,3]dioxol in Acetanhydrid mit Chlor [1 Mol] (*Slooff*, R. **54** [1935] 955, 1000). Beim Erwärmen einer aus 2,2-Dimethyl-benzo[1,3]dioxol-5-ylamin bereiteten Diazoniumsalz-Lösung mit Kupfer(II)-sulfat und wss. Salzsäure (*Sl.*, l. c. S. 1003).

Dipolmoment (ε; Lösung): 2,74 D (*Böeseken et al.*, R. **55** [1936] 145, 151).

Kp_{760}: 223°; Kp_{11}: 94°; n_D^{17}: 1,5220 (*Sl.*). Kp_{750}: 224° (*Bö.*, *Sl.*).

2-Chlormethyl-2-methyl-benzo[1,3]dioxol $C_9H_9ClO_2$, Formel IV (X = H).

B. Beim Erwärmen von Brenzcatechin mit Chloraceton und Phosphor(V)-oxid (*Druey*, Bl. [5] **2** [1935] 2261).

Kp_{21}: 115–116°; Kp_{13}: 104–105°. D_4^{20}: 1,2285. n_D^{20}: 1,5265.

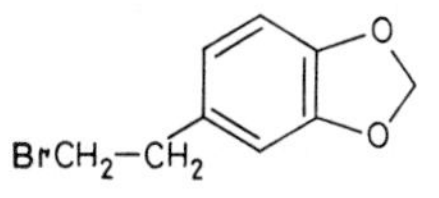

BrCH₂–CH₂ (I) · CH₃, O, SO₂, H₃C (II) · X, O, CH₃, CH₃ (III) · X, O, CH₃, CH₂Cl (IV)

I 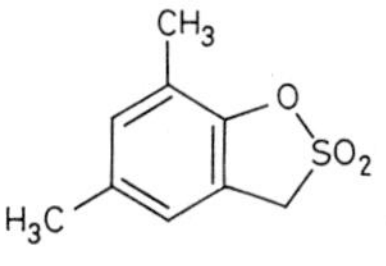 II 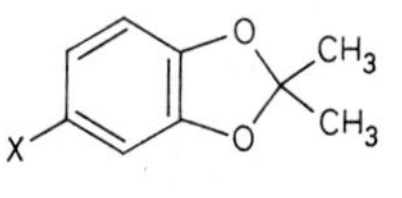 III 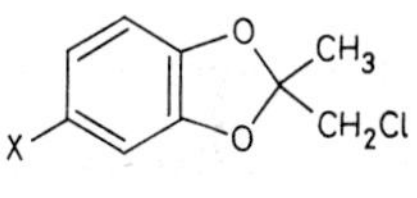 IV

5,6-Dichlor-2,2-dimethyl-benzo[1,3]dioxol $C_9H_8Cl_2O_2$, Formel V (X = Cl).

B. Beim Erwärmen von 4,5-Dichlor-brenzcatechin mit Aceton und Phosphor(V)-oxid (*Böeseken, Slooff*, Pr. Akad. Amsterdam **35** [1932] 1250, 1252). Beim Behandeln einer Lösung von 2,2-Dimethyl-benzo[1,3]dioxol in Acetanhydrid mit Chlor [Überschuss] (*Slooff*, R. **54** [1935] 995, 1000).

Dipolmoment (ε; Lösung): 3,39 D (*Böeseken et al.*, R. **55** [1936] 145, 151).

F: 88° (*Bö.*, *Sl.*; *Sl.*).

5-Brom-2,2-dimethyl-benzo[1,3]dioxol $C_9H_9BrO_2$, Formel III (X = Br).

B. Neben kleinen Mengen 5,6-Dibrom-2,2-dimethyl-benzo[1,3]dioxol beim Behandeln einer Lösung von 2,2-Dimethyl-benzo[1,3]dioxol in Acetanhydrid mit Brom [1 Mol] (*Slooff*, R. **54** [1935] 995, 1001). Aus 2,2-Dimethyl-benzo[1,3]dioxol-5-ylamin über die Diazonium-Verbindung (*Sl.*, l. c. S. 1001, 1003).

Dipolmoment (ε; Lösung): 2,70 D (*Böeseken et al.*, R. **55** [1936] 145, 151).

F: 12°; Kp_{20}: 122°; n_D^{20}: 1,5451 (*Sl.*, l. c. S. 1001).

5-Brom-6-chlor-2,2-dimethyl-benzo[1,3]dioxol $C_9H_8BrClO_2$, Formel VI.

B. Beim Behandeln einer Lösung von 5-Brom-2,2-dimethyl-benzo[1,3]dioxol in Acetanhydrid mit Chlor (*Slooff*, R. **54** [1935] 995, 1002). Beim Behandeln einer Lösung von 5-Chlor-2,2-dimethyl-benzo[1,3]dioxol in Acetanhydrid mit Brom (*Sl.*).

F: 78°.

5,6-Dibrom-2,2-dimethyl-benzo[1,3]dioxol $C_9H_8Br_2O_2$, Formel V (X = Br).

Diese Konstitution kommt der nachstehend beschriebenen, von *Frejka, Šefránek* (Collect. **11** [1939] 165, 168) als 4,7-Dibrom-2,2-dimethyl-benzo[1,3]dioxol angesehenen Verbindung zu (*Kohn*, Am. Soc. **73** [1951] 480).

B. Beim Behandeln einer Lösung von 2,2-Dimethyl-benzo[1,3]dioxol in Acetanhydrid mit Brom [Überschuss] (*Slooff*, R. **54** [1935] 995, 1001; *Fr.*, *Še.*).

Dipolmoment (ε; Lösung): 3,28 D (*Böeseken et al.*, R. **55** [1936] 145, 151).

Krystalle [aus A.] (*Fr.*, *Še.*); F: 92° (*Sl.*; *Fr.*, *Še.*). Kp_{20}: 166° (*Sl.*).

5-Jod-2,2-dimethyl-benzo[1,3]dioxol $C_9H_9IO_2$, Formel III (X = I).

B. Beim Behandeln einer aus 2,2-Dimethyl-benzo[1,3]dioxol-5-ylamin bereiteten Diazoniumsalz-Lösung mit Kaliumjodid (*Slooff*, R. **54** [1935] 995, 1003).

F: 47°. Kp_{12}: 130°.

2,2-Dimethyl-4-nitro-benzo[1,3]dioxol $C_9H_9NO_4$, Formel VII.

B. Beim Erwärmen von 3-Nitro-brenzcatechin mit Aceton und Phosphor(V)-oxid (*Böeseken, Slooff*, Pr. Akad. Amsterdam **35** [1932] 1250, 1252).

F: 83°.

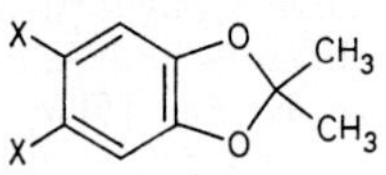

V 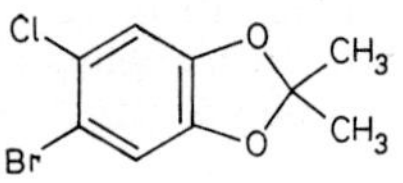 VI 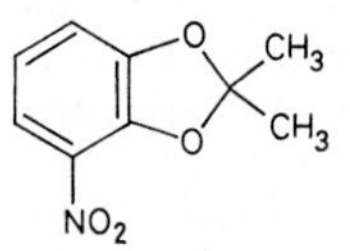 VII 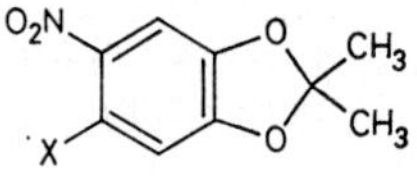 VIII

2,2-Dimethyl-5-nitro-benzo[1,3]dioxol $C_9H_9NO_4$, Formel VIII (X = H).

B. Beim Erwärmen von 4-Nitro-brenzcatechin mit Aceton und Phosphor(V)-oxid (*Böeseken, Slooff*, Pr. Akad. Amsterdam **35** [1932] 1250, 1252). Beim Behandeln von 2,2-Dimethyl-benzo[1,3]dioxol mit wss. Salpetersäure [D: 1,2] (*Bö.*, *Sl.*, l. c. S. 1253; *Slooff*, R. **54** [1935] 995, 999). Beim Erhitzen von [2-Methyl-5-nitro-benzo[1,3]dioxol-2-yl]-essigsäure (*Bö.*, *Sl.*, l. c. S. 1254).

Krystalle; F: 93° [aus A.] (*Bö.*, *Sl.*), 92° (*Sl.*).

Beim Behandeln mit äthanol. Kalilauge oder mit Natriumäthylat in Äthanol ist 2-Äthoxy-5-nitro-phenol erhalten worden (*Sl.*, l. c. S. 998).

5-Chlor-2,2-dimethyl-6-nitro-benzo[1,3]dioxol $C_9H_8ClNO_4$, Formel VIII (X = Cl).

B. Beim Behandeln von 5-Chlor-2,2-dimethyl-benzo[1,3]dioxol mit wss. Salpetersäure [D: 1,3] (*Slooff*, R. **54** [1935] 995, 1004).

F: 118°.

(±)-2-Chlormethyl-2-methyl-5-nitro-benzo[1,3]dioxol $C_9H_8ClNO_4$, Formel IV ($X = NO_2$).

B. Beim Behandeln einer Lösung von 2-Chlormethyl-2-methyl-benzo[1,3]dioxol in Essigsäure mit wss. Salpetersäure [D: 1,2] (*Druey*, Bl. [5] **2** [1935] 2261).

Gelbe Krystalle (aus wss. A. oder Bzn.); F: 80–81°.

5-Brom-2,2-dimethyl-6-nitro-benzo[1,3]dioxol $C_9H_8BrNO_4$, Formel VIII (X = Br).

B. Beim Behandeln von 5-Brom-2,2-dimethyl-benzo[1,3]dioxol mit wss. Salpetersäure [D: 1,3] (*Slooff*, R. **54** [1935] 995, 1004).

F: 130°.

5-Jod-2,2-dimethyl-6-nitro-benzo[1,3]dioxol $C_9H_8INO_4$, Formel VIII (X = I).

B. Beim Behandeln von 5-Jod-2,2-dimethyl-benzo[1,3]dioxol mit wss. Salpetersäure [D: 1,3] (*Slooff*, R. **54** [1935] 995, 1004, 1005).

F: 114°.

2,2-Dimethyl-5,6-dinitro-benzo[1,3]dioxol $C_9H_8N_2O_6$, Formel V ($X = NO_2$).

B. Beim Behandeln von 2,2-Dimethyl-5-nitro-benzo[1,3]dioxol mit einem Gemisch von Salpetersäure und Essigsäure (*Slooff*, R. **54** [1935] 995, 1000).

Krystalle; F: 161°.

Beim Behandeln einer Lösung in Äthanol mit kleinen Mengen wss. Ammonium=hydrogensulfid-Lösung ist Bis-[2,2-dimethyl-6-nitro-benzo[1,3]dioxol-5-yl]-sulfid, bei Anwendung grösserer Mengen Ammoniumhydrogensulfid ist daneben Bis-[2,2-dimethyl-6-nitro-benzo[1,3]dioxol-5-yl]-disulfid, beim Erwärmen mit einem Überschuss an Am=moniumhydrogensulfid-Lösung ist 2,2-Dimethyl-6-nitro-benzo[1,3]dioxol-5-ylamin erhalten worden (*Sl.*, l. c. S. 1004).

5-Azido-2,2-dimethyl-benzo[1,3]dioxol $C_9H_9N_3O_2$, Formel III ($X = N_3$) auf S. 213.

B. Beim Behandeln einer aus 2,2-Dimethyl-benzo[1,3]dioxol-5-ylamin bereiteten Diazoniumsalz-Lösung mit Brom und anschliessend mit wss. Ammoniak (*Slooff*, R. **54** [1935] 995, 1003).

Gelbes Öl; $Kp_{6,5}$: 110°.

2,2-Dimethyl-benz[1,3]oxathiol $C_9H_{10}OS$, Formel IX.

B. Beim Behandeln von 2-Mercapto-phenol mit Aceton und Chlorwasserstoff (*Greenwood, Stevenson*, Soc. **1953** 1514, 1516).

$Kp_{1,5}$: 60°.

(±)-2,2-Dimethyl-3-oxo-3λ⁴-benz[1,3]oxathiol, (±)-2,2-Dimethyl-benz[1,3]oxathiol-3-oxid $C_9H_{10}O_2S$, Formel X.

B. Beim Behandeln von 2,2-Dimethyl-benz[1,3]oxathiol mit Essigsäure und wss. Wasserstoffperoxid (*Greenwood, Stevenson*, Soc. **1953** 1514, 1516).

Krystalle (aus Bzn.); F: 38°.

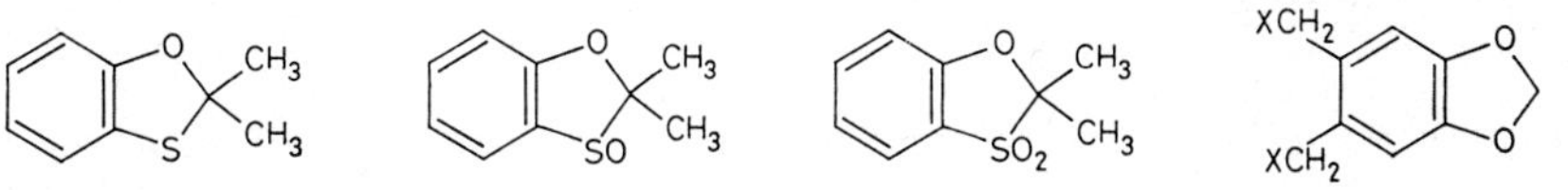

IX X XI XII

2,2-Dimethyl-3,3-dioxo-3λ⁶-benz[1,3]oxathiol, 2,2-Dimethyl-benz[1,3]oxathiol-3,3-dioxid $C_9H_{10}O_3S$, Formel XI.

B. Beim Erwärmen von 2,2-Dimethyl-benz[1,3]oxathiol mit Kaliumpermanganat und Magnesiumsulfat in Wasser (*Greenwood, Stevenson*, Soc. **1953** 1514, 1516).

Krystalle (aus Bzn.); F: 75°.

5,6-Dimethyl-benzo[1,3]dioxol, 4,5-Methylendioxy-*o*-xylol $C_9H_{10}O_2$, Formel XII ($X = H$).

B. In kleiner Menge beim Behandeln von 4,5-Dimethyl-[1,2]benzochinon mit Diazo=methan in Äther (*Horner, Sturm*, A. **597** [1955] 1, 19).

Krystalle; F: 43–47° [durch Sublimation bei 80°/16 Torr gereinigtes Präparat].

5,6-Bis-chlormethyl-benzo[1,3]dioxol $C_9H_8Cl_2O_2$, Formel XII ($X = Cl$).

B. Beim Erwärmen von Benzo[1,3]dioxol mit wss. Formaldehyd-Lösung und wss. Salzsäure unter Einleiten von Chlorwasserstoff (*Drábek*, Chem. Zvesti **10** [1956] 357, 365; C. A. **1956** 16024).

F: 76°. $Kp_{0,2}$: 116–119°. [*Baumberger*]

Stammverbindungen $C_{10}H_{12}O_2$

2-Phenyl-[1,3]dioxan, Benzaldehyd-propandiylacetal $C_{10}H_{12}O_2$, Formel I ($X = H$) (H 26; E I 615; E II 22).

B. Beim Erwärmen von Benzaldehyd mit Propan-1,3-diol unter Zusatz von Benzol und wenig Toluol-4-sulfonsäure (*Ceder*, Ark. Kemi **6** [1954] 523, 524) oder unter Zusatz von wenig Phosphorsäure (*Arbusow, Winigradowa*, Izv. Akad. S.S.S.R. Otd. chim. **1950** 291, 296; C. A. **1950** 8718). Beim Erhitzen von Benzaldehyd-dimethylacetal mit Propan-1,3-diol unter Zusatz von 2-Hydroxy-5-sulfo-benzoesäure (*Piantadosi et al.*, Am. Soc. **80** [1958] 6613, 6614). Bei der Hydrierung von 2-Phenyl-4*H*-[1,3]dioxin an Palladium/Bariumsulfat in Äthanol (*Fischer et al.*, B. **64** [1931] 611, 613).

Krystalle; F: 49,5—50° [aus PAe.] (*Ce.*), 49,5° [durch Sublimation bei 0,1 Torr gereinigtes Präparat] (*Fi. et al.*), 48—50° (*Ar.*, *Wi.*). Kp_{11}: 122—124° (*Ce.*); Kp_5: 121° (*Ar.*, *Wi.*); Kp_4: 98—99° (*Pi. et al.*). D_0^{60}: 1,6055 (*Ar.*, *Wi.*). Oberflächenspannung bei 60°: 36,5 $g \cdot s^{-2}$ (*Ar.*, *Wi.*).

Beim Behandeln mit Lithiumalanat und Aluminiumchlorid in Äther ist 3-Benzyloxy-propan-1-ol erhalten worden (*Eliel*, *Badding*, Am. Soc. **81** [1959] 6087). Geschwindigkeitskonstante der Hydrolyse in wss. Salzsäure bei 20° und 30°: *Ce.*, l. c. S. 530.

***5-Chlor-2-phenyl-[1,3]dioxan** $C_{10}H_{11}ClO_2$, Formel I (X = Cl).

B. Beim Erwärmen einer Lösung von 2-Phenyl-[1,3]dioxan-5-ol (F: 72°) in Pyridin mit Thionylchlorid (*Tsatsas*, Ann. pharm. franç. **8** [1950] 273, 288).

Krystalle (aus PAe.); F: 69—70°. Kp_{13}: 145°.

2-[2-Chlor-phenyl]-[1,3]dioxan $C_{10}H_{11}ClO_2$, Formel II (X = Cl).

B. Beim Erwärmen von 2-Chlor-benzaldehyd mit Propan-1,3-diol, Benzol und wenig Toluol-4-sulfonsäure unter Entfernen des entstehenden Wassers (*Salmi*, *Kyrki*, Suomen Kem. **19** B [1946] 97, 100).

$Kp_{3,5}$: 119—120°. D_4^{20}: 1,2237. $n_{656,3}^{20}$: 1,5350; n_D^{20}: 1,5392; $n_{486,1}^{20}$: 1,5497.

2-[4-Chlor-phenyl]-[1,3]dioxan $C_{10}H_{11}ClO_2$, Formel III (X = Cl).

B. Beim Erwärmen von 4-Chlor-benzaldehyd mit Propan-1,3-diol, Benzol und wenig Toluol-4-sulfonsäure unter Entfernen des entstehenden Wassers (*Salmi*, *Kyrki*, Suomen Kem. **19** B [1946] 97, 100).

Krystalle (aus A.); F: 62°.

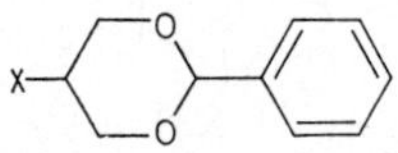

I 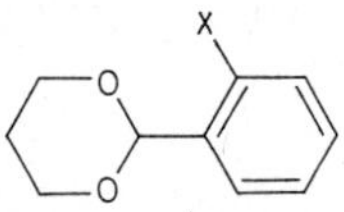 II 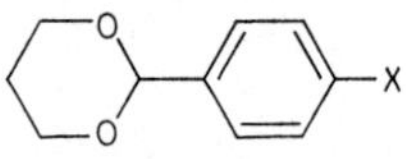 III

***5-Nitro-2-phenyl-[1,3]dioxan** $C_{10}H_{11}NO_4$, Formel I (X = NO_2).

B. Beim Erwärmen von 5-Brom-5-nitro-2-phenyl-[1,3]dioxan (F: 87—88,5°) mit der Natrium-Verbindung des Malonsäure-diäthylesters in Methanol (*Eckstein*, Roczniki Chem. **27** [1953] 246, 251; C. A. **1955** 10299), mit der Natrium-Verbindung des Äthylmalonsäure-diäthylesters in Äther (*Eckstein*, Roczniki Chem. **30** [1956] 1151, 1158; C. A. **1957** 8754), mit der Natrium-Verbindung des Allylmalonsäure-diäthylesters in Äther (*Eck.*, Roczniki Chem. **30** 1157) oder mit Benzylamin und Dioxan (*Eck.*, Roczniki Chem. **27** 253). Beim Erwärmen von 5-Chlor-5-nitro-2-phenyl-[1,3]dioxan (F: 75—76,5°) mit der Natrium-Verbindung des Allylmalonsäure-diäthylesters in Äther (*Eck.*, Roczniki Chem. **30** 1157). Beim Erwärmen von [5-Nitro-2-phenyl-[1,3]dioxan-5-yl]-methanol (F: 125—126°) mit wss.-äthanol. Kalilauge (*Eck.*, Roczniki Chem. **27** 253).

Krystalle (aus A.); F: 126—127° (*Eck.*, Roczniki Chem. **27** 252).

Verhalten gegen wss. Natronlauge und wss. Wasserstoffperoxid (Bildung von 5,5'-Dinitro-2,2'-diphenyl-[5,5']bi[1,3]dioxanyl [F: 195—196°]): *Eck.*, Roczniki Chem. **27** 254. Beim Erwärmen mit 4-Nitro-benzylchlorid und Natriummethylat in Methanol sind 5-Nitro-5-[4-nitro-benzyl]-2-phenyl-[1,3]dioxan vom F: 117—118° und kleine Mengen des Stereoisomeren vom F: 183—184° erhalten worden (*Eckstein*, *Urbański*, Roczniki Chem. **30** [1956] 1163, 1167; C. A. **1957** 8755; s. a. *Eckstein*, *Urbański*, Bl. Acad. polon. [III] **3** [1955] 489). Bildung von 5-Nitro-2-phenyl-5-phenylazo-[1,3]dioxan (F: 107° bis 108,5°) beim Behandeln mit Äthanol, wss. Benzoldiazoniumchlorid-Lösung und wss. Kalilauge: *Eckstein*, *Urbański*, Roczniki Chem. **30** [1956] 1175, 1178, 1183; C. A. **1957** 8755; s. a. *Eckstein*, *Urbański*, Bl. Acad. polon. [III] **3** [1955] 433, 434.

2-[2-Nitro-phenyl]-[1,3]dioxan $C_{10}H_{11}NO_4$, Formel II (X = NO_2).

B. Beim Erwärmen von 2-Nitro-benzaldehyd mit Propan-1,3-diol, Toluol und wenig Toluol-4-sulfonsäure unter Entfernen des entstehenden Wassers (*Salmi*, *Kyrki*, Suomen Kem. **19** B [1946] 97, 99).

$Kp_{16,5}$: 188—189°. D_4^{20}: 1,2167. n_D^{20}: 1,5437.

2-[3-Nitro-phenyl]-[1,3]dioxan $C_{10}H_{11}NO_4$, Formel IV.

B. Beim Erhitzen von 3-Nitro-benzaldehyd mit Propan-1,3-diol unter Zusatz von Benzol und wenig Toluol-4-sulfonsäure (*Salmi, Kyrki*, Suomen Kem. **19** B [1946] 97, 99) oder unter Zusatz von Xylol und Phosphorsäure (*Du Pont de Nemours & Co.*, U.S.P. 2481434 [1946]).

Krystalle; F: 58–60° (*Du Pont*), 53,5° (*Sa., Ky.*). Kp_3: 155–156° (*Sa., Ky.*).

2-[4-Nitro-phenyl]-[1,3]dioxan $C_{10}H_{11}NO_4$, Formel III (X = NO_2) (E II 22; dort als 4-Nitro-benzaldehyd-trimethylenacetal bezeichnet).

B. Beim Erhitzen von 4-Nitro-benzaldehyd mit Propan-1,3-diol, Toluol und wenig Toluol-4-sulfonsäure unter Entfernen des entstehenden Wassers (*Salmi, Kyrki*, Suomen Kem. **19** B [1946] 97, 100).

F: 110,5°.

***5-Chlor-5-nitro-2-phenyl-[1,3]dioxan** $C_{10}H_{10}ClNO_4$, Formel V (X = Cl).

B. Beim Erwärmen von Benzaldehyd mit 2-Chlor-2-nitro-propan-1,3-diol, Benzol, wenig Benzolsulfonsäure und wenig Schwefelsäure unter Entfernen des entstehenden Wassers (*Eckstein*, Roczniki Chem. **30** [1956] 1151, 1153, 1156; C. A. **1957** 8754).

Krystalle (aus A.); F: 75–76,5°.

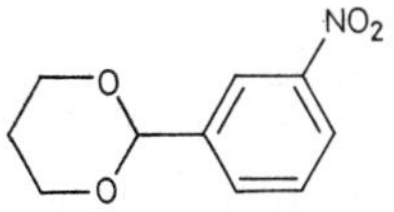

IV 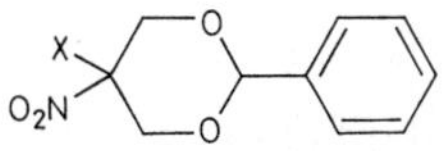 V 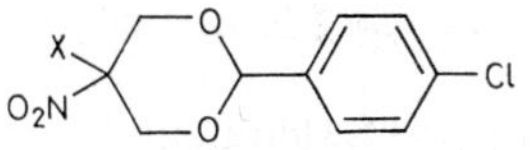 VI

***2-[4-Chlor-phenyl]-5-nitro-[1,3]dioxan** $C_{10}H_{10}ClNO_4$, Formel VI (X = H).

B. Beim Erwärmen von 5-Brom-2-[4-chlor-phenyl]-5-nitro-[1,3]dioxan (F: 105–106°) mit der Natrium-Verbindung des Malonsäure-diäthylesters in Methanol (*Eckstein*, Roczniki Chem. **27** [1953] 246, 248, 251; C. A. **1955** 10299).

Krystalle (aus A.); F: 158–159,5°.

***5-Chlor-2-[4-chlor-phenyl]-5-nitro-[1,3]dioxan** $C_{10}H_9Cl_2NO_4$, Formel VI (X = Cl).

B. Beim Erwärmen von 4-Chlor-benzaldehyd mit 2-Chlor-2-nitro-propan-1,3-diol, Benzol, wenig Benzolsulfonsäure und wenig Schwefelsäure unter Entfernen des entstehenden Wassers (*Eckstein*, Roczniki Chem. **30** [1956] 1151, 1153, 1156; C. A. **1957** 8754).

Krystalle (aus A.); F: 89–91°.

***5-Brom-5-nitro-2-phenyl-[1,3]dioxan** $C_{10}H_{10}BrNO_4$, Formel V (X = Br).

B. Beim Erwärmen von Benzaldehyd mit 2-Brom-2-nitro-propan-1,3-diol, Benzol, wenig Benzolsulfonsäure und wenig Schwefelsäure unter Entfernen des entstehenden Wassers (*Eckstein*, Roczniki Chem. **27** [1953] 246, 247, 250; C. A. **1955** 10299).

Krystalle (aus A., Bzl. oder aus A. + Acn.); F: 87–88,5°.

***5-Brom-2-[4-chlor-phenyl]-5-nitro-[1,3]dioxan** $C_{10}H_9BrClNO_4$, Formel VI (X = Br).

B. Beim Erwärmen von 4-Chlor-benzaldehyd mit 2-Brom-2-nitro-propan-1,3-diol, Benzol, wenig Benzolsulfonsäure und wenig Schwefelsäure unter Entfernen des entstehenden Wassers (*Eckstein*, Roczniki Chem. **27** [1953] 246, 247, 250; C. A. **1955** 10299).

Krystalle (aus A., Bzl. oder aus A. + Acn.); F: 105–106°.

***5-Nitro-2-[4-nitro-phenyl]-[1,3]dioxan** $C_{10}H_{10}N_2O_6$, Formel VII (X = H).

B. Beim Erwärmen von 5-Brom-5-nitro-2-[4-nitro-phenyl]-[1,3]dioxan (F: 118–120°) mit der Natrium-Verbindung des Malonsäure-diäthylesters in Methanol (*Eckstein*, Roczniki Chem. **27** [1953] 246, 248, 251; C. A. **1955** 10299).

Krystalle (aus A.); F: 176–177°.

***5-Chlor-5-nitro-2-[4-nitro-phenyl]-[1,3]dioxan** $C_{10}H_9ClN_2O_6$, Formel VII (X = Cl).

B. Beim Erwärmen von 4-Nitro-benzaldehyd mit 2-Chlor-2-nitro-propan-1,3-diol, Benzol, wenig Benzolsulfonsäure und wenig Schwefelsäure unter Entfernen des entstehenden Wassers (*Eckstein*, Roczniki Chem. **30** [1956] 1151, 1153, 1156; C. A. **1957** 8754).

Krystalle (aus A.); F: 112—113°.

***5-Brom-5-nitro-2-[4-nitro-phenyl]-[1,3]dioxan** $C_{10}H_9BrN_2O_6$, Formel VII (X = Br).

B. Beim Erwärmen von 4-Nitro-benzaldehyd mit 2-Brom-2-nitro-propan-1,3-diol, Benzol, wenig Benzolsulfonsäure und wenig Schwefelsäure unter Entfernen des entstehenden Wassers (*Eckstein*, Roczniki Chem. **27** [1953] 246, 247, 250; C. A. **1955** 10299).

Krystalle (aus A., Bzl. oder aus A. + Acn.); F: 118—120°.

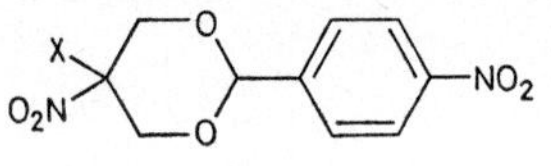

VII 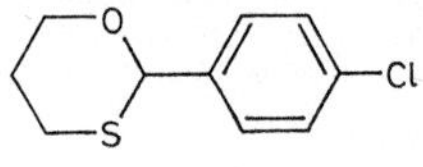 VIII 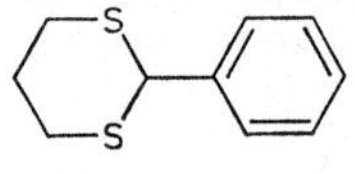 IX

(±)-2-[4-Chlor-phenyl]-[1,3]oxathian $C_{10}H_{11}ClOS$, Formel VIII.

B. Beim Erwärmen von 4-Chlor-benzaldehyd mit 3-Mercapto-propan-1-ol, Benzol und wenig Toluol-4-sulfonsäure unter Entfernen des entstehenden Wassers (*Marshall, Stevenson*, Soc. **1959** 2360, 2361).

F: 48—50°. Kp_1: 133°.

2-Phenyl-[1,3]dithian, Benzaldehyd-propandiyldithioacetal $C_{10}H_{12}S_2$, Formel IX (H 26).

B. Beim Behandeln eines Gemisches von Benzaldehyd-diäthyldithioacetal und Propan-1,3-dithiol mit Chlorwasserstoff (*Campos, Hauptmann*, Am. Soc. **74** [1952] 2962).

Krystalle; F: 70,5—72° [Kofler-App.] (*Campos, Ha.*). UV-Spektrum (A.; 220—270 nm): *Campaigne, Schaefer*, Bol. Col. Quim. Puerto Rico **9** [1952] 25, 26.

1,1,3,3-Tetraoxo-2-phenyl-1λ⁶,3λ⁶-[1,3]dithian, 2-Phenyl-[1,3]dithian-1,1,3,3-tetraoxid $C_{10}H_{12}O_4S_2$, Formel I (H 26; dort als Trimethylen-benzal-disulfon bezeichnet).

Krystalle; F: 269—270° [Kofler-App.] (*Campos, Hauptmann*, Am. Soc. **74** [1952] 2962). UV-Spektrum einer Lösung in Äthanol (230—275 nm) sowie einer Natriumäthylat enthaltenden Lösung in Äthanol (230—290 nm): *Campaigne, Schaefer*, Bol. Col. Quim. Puerto Rico **9** [1952] 25, 27.

(±)-4-Phenyl-[1,3]dioxan $C_{10}H_{12}O_2$, Formel II (E I 616; dort als [α(oder β)-Phenyl-trimethylen]-methylen-dioxyd bezeichnet).

B. Beim Erhitzen von Styrol mit wss. Formaldehyd-Lösung und Schwefelsäure (*I.G. Farbenind.*, D.R.P. 767849 [1941]; D.R.P. Org. Chem. **4** 1471; *Shortridge*, Am. Soc. **70** [1948] 873; *Shriner, Ruby*, Org. Synth. Coll. Vol. IV [1963] 786). Beim Erwärmen von Styrol mit wss. Formaldehyd-Lösung und wss. Salzsäure (*Schorygina*, Ž. obšč. Chim. **26** [1956] 1460, 1461, 1463; engl. Ausg. S. 1643, 1644, 1645). Beim Behandeln von Styrol mit [1,3,5]Trioxan, [1,3]Dioxan und konz. Schwefelsäure (*Sho.*). Beim Behandeln von Styrol mit Paraformaldehyd, Äther und Schwefelsäure (*Norton Co.*, U.S.P. 2526601 [1947]). Beim Erhitzen von (±)-1-Phenyl-äthanol mit wss. Formaldehyd-Lösung und Schwefelsäure (*Beets*, R. **70** [1951] 20, 23).

Kp: 250—251° (*Allied Chem. & Dye Corp.*, U.S.P. 2417548 [1943]); Kp_6: 118—120° (*Sch.*); Kp_2: 95° (*Sho.*), 94—95° (*Shr., Ruby*). D_{20}^{20}: 1,1110 (*Sch.*); D^{25}: 1,101 (*Sho.*). n_D^{20}: 1,5331 (*Sch.*), 1,5309 (*Allied Chem. & Dye Corp.*), 1,5300 (*Shr., Ruby*); n_D^{25}: 1,5288 (*Sho.*).

Beim Erwärmen mit wss. Salzsäure oder mit Thionylchlorid ist 3-Chlor-3-phenyl-propan-1-ol, beim Erwärmen mit Thionylchlorid und Zinkchlorid sowie beim Behandeln mit Phosphor(V)-chlorid in Tetrachlormethan ist 1,3-Dichlor-1-phenyl-propan erhalten worden (*Sch.*, l. c. S. 1463, 1464). Hydrierung an Kupferoxid-Chromoxid in Äthanol bei 200°/105—180 at (Bildung von 3-Phenyl-propan-1-ol): *Emerson et al.*, Am. Soc. **72** [1950] 5314). Verhalten beim Erwärmen mit Acetanhydrid und konz. wss. Salzsäure: *Sch.*, l. c. S. 1464; *Moe, Corson*, J. org. Chem. **24** [1959] 1768.

I II III IV

5-Chlor-4-phenyl-[1,3]dioxan $C_{10}H_{11}ClO_2$.
Konfigurationszuordnung: *Karpaty et al.*, Bl. **1971** 1736, 1743.

a) ***cis*-5-Chlor-4-phenyl-[1,3]dioxan** $C_{10}H_{11}ClO_2$, Formel III (R = Cl, X = H).
B. In kleiner Menge neben dem unter b) beschriebenen Isomeren beim Erwärmen von β-Chlor-styrol (Kp: 199–200°) mit [1,3,5]Trioxan, Essigsäure und konz. Schwefelsäure (*Hsing et al.*, Acta chim. sinica **23** [1957] 19, 23; C. A. **1958** 12870).
Krystalle; F: 94–96° (*Ka. et al.*), 94,7–95,5° (aus PAe.); $Kp_{1,5}$: 141–142° (*Hsing et al.*).

b) ***trans*-5-Chlor-4-phenyl-[1,3]dioxan** $C_{10}H_{11}ClO_2$, Formel IV (R = Cl, X = H).
B. s. bei dem unter a) beschriebenen Isomeren.
Kp_1: 103–104°; $Kp_{0,2}$: 89–90°; D_4^{20}: 1,227; n_D^{20}: 1,5391 (*Hsing et al.*, Acta chim. sinica **23** [1957] 19, 24; C. A. **1958** 12870); n_D^{23}: 1,5391 (*Ka. et al.*).

(±)-5,5-Dichlor-4-phenyl-[1,3]dioxan $C_{10}H_{10}Cl_2O_2$, Formel V (X = H).
B. Beim Erhitzen von (±)-2,2-Dichlor-1-phenyl-propan-1,3-diol mit Paraformaldehyd, Toluol und wenig Toluol-4-sulfonsäure unter Entfernen des entstehenden Wassers (*Union Carbide Corp.*, U.S.P. 2816 898 [1954]).
Krystalle; F: 81°. $Kp_{2,5}$: 120°.

(±)-4,5,5-Trichlor-4-phenyl-[1,3]dioxan $C_{10}H_9Cl_3O_2$, Formel V (X = Cl).
B. Beim Behandeln von 5-Chlor-6-phenyl-4*H*-[1,3]dioxin und Tetrachlormethan mit Chlor (*Union Carbide Corp.*, U.S.P. 2816898 [1954]).
F: 36°. Kp_2: 120°.

5-Brom-4-phenyl-[1,3]dioxan $C_{10}H_{11}BrO_2$.
Konfigurationszuordnung: *Karpaty et al.*, Bl. **1971** 1736, 1743.

a) ***cis*-5-Brom-4-phenyl-[1,3]dioxan** $C_{10}H_{11}BrO_2$, Formel III (R = Br, X = H).
B. Neben dem unter b) beschriebenen Isomeren beim Erwärmen von β-Brom-styrol (Kp_6: 78–80°) mit [1,3,5]Trioxan, Essigsäure und konz. Schwefelsäure (*Hsing et al.*, Acta chim. sinica **23** [1957] 19, 26; C. A. **1958** 12870).
F: 67–70° (*Ka. et al.*); $Kp_{0,5}$: 147–148°; D_4^{20}: 1,4345; n_D^{20}: 1,5498 (*Hsing et al.*).

b) ***trans*-5-Brom-4-phenyl-[1,3]dioxan** $C_{10}H_{11}BrO_2$, Formel IV (R = Br, X = H).
B. s. bei dem unter a) beschriebenen Isomeren.
$Kp_{0,5}$: 122–123°; $Kp_{0,1}$: 112–113°; $Kp_{0,02}$: 86°; D_4^{20}: 1,4656; n_D^{20}: 1,5589 (*Hsing et al.*, Acta chim. sinica **23** [1957] 19, 26; C. A. **1958** 12870); n_D^{22}: 1,5583 (*Ka. et al.*).

5-Chlor-4-[4-nitro-phenyl]-[1,3]dioxan $C_{10}H_{10}ClNO_4$.

a) ***cis*-5-Chlor-4-[4-nitro-phenyl]-[1,3]dioxan** $C_{10}H_{10}ClNO_4$, Formel III (R = Cl, X = NO_2).
B. Beim Behandeln von *cis*-5-Chlor-4-phenyl-[1,3]dioxan (s. o.) mit Salpetersäure und Schwefelsäure (*Hsing et al.*, Acta chim. sinica **23** [1957] 19, 25; C. A. **1958** 12870).
Krystalle (aus A.); F: 156–156,5°.

b) ***trans*-5-Chlor-4-[4-nitro-phenyl]-[1,3]dioxan** $C_{10}H_{10}ClNO_4$, Formel IV (R = Cl, X = NO_2).
B. Beim Behandeln von *trans*-5-Chlor-4-phenyl-[1,3]dioxan (s. o.) mit Salpetersäure und Schwefelsäure (*Hsing et al.*, Acta chim. sinica **23** [1957] 19, 24; C. A. **1958** 12870).
Krystalle (aus A.); F: 121–122°.

V VI VII VIII

5-Brom-4-[4-nitro-phenyl]-[1,3]dioxan $C_{10}H_{10}BrNO_4$.
Konfigurationszuordnung: *Karpaty et al.*, Bl. **1971** 1736, 1743.

a) ***cis*-5-Brom-4-[4-nitro-phenyl]-[1,3]dioxan** $C_{10}H_{10}BrNO_4$, Formel III (R = Br, X = NO_2).

B. Beim Behandeln von *cis*-5-Brom-4-phenyl-[1,3]dioxan (S. 219) mit Salpetersäure und Schwefelsäure (*Hsing et al.*, Acta chim. sinica **23** [1957] 19, 27; C. A. **1958** 12870).

Krystalle; F: 162—165° (*Ka. et al.*), 157—158° (*Hsing et al.*).

b) ***trans*-5-Brom-4-[4-nitro-phenyl]-[1,3]dioxan** $C_{10}H_{10}BrNO_4$, Formel IV (R = Br, X = NO_2).

B. Beim Behandeln von *trans*-5-Brom-4-phenyl-[1,3]dioxan (S. 219) mit Salpetersäure und Schwefelsäure (*Hsing et al.*, Acta chim. sinica **23** [1957] 19, 27; C. A. **1958** 12870; *Ka. et al.*).

Krystalle; F: 135—135,5° [aus A.] (*Hsing et al.*), 132—135° [aus Me.] (*Ka. et al.*).

(±)-Phenyl-[1,4]dioxan $C_{10}H_{12}O_2$, Formel VI.

B. Beim Behandeln von (±)-Chlor-[1,4]dioxan mit Phenylmagnesiumbromid in Äther (*Summerbell, Bauer*, Am. Soc. **57** [1935] 2364, 2367).

Krystalle (aus A. oder PAe.); F: 46° (*Su., Ba.*). UV-Spektrum (A.; 230—300 nm): *Kland-English et al.*, Am. Soc. **75** [1953] 3709, 3710.

Ein ebenfalls als (±)-Phenyl-[1,4]dioxan angesehenes Präparat (Kp_5: 81—82°) ist beim Erhitzen von (±)-Phenyloxiran mit Äthylenglykol unter Zusatz von konz. Schwefel= säure oder Toluol-4-sulfonsäure erhalten worden (*Astle, Jacobson*, J. org. Chem. **24** [1959] 1766).

***Opt.-inakt. 4-Brom-4-methyl-2,2-dioxo-5-phenyl-2λ⁶-[1,2]oxathiolan, 4-Brom-4-methyl-5-phenyl-[1,2]oxathiolan-2,2-dioxid, 2-Brom-3-hydroxy-2-methyl-3-phenyl-propan-1-sulfonsäure-lacton** $C_{10}H_{11}BrO_3S$, Formel VII.

B. Beim Behandeln des Natrium-Salzes oder des Barium-Salzes der 2-Methyl-3-phenyl-prop-2-en-1-sulfonsäure (E III **11** 374) mit Brom in wss. Lösung (*Bordwell et al.*, Am. Soc. **67** [1945] 827, 831).

Krystalle (aus Acn. + W.); F: 113—114°.

***Opt.-inakt. 5-Methyl-2,2-dioxo-3-phenyl-2λ⁶-[1,2]oxathiolan, 5-Methyl-3-phenyl-[1,2]oxathiolan-2,2-dioxid, 3-Hydroxy-1-phenyl-butan-1-sulfonsäure-lacton** $C_{10}H_{12}O_3S$, Formel VIII.

B. Beim Eintragen einer äthanol. Lösung von opt.-inakt. 3-Hydroxy-1-phenyl-butan-1-sulfonsäure (Natrium-Salz: F: 182—183°) in heisses Xylol unter Entfernen des entstehenden Wassers (*Willems*, Bl. Soc. chim. Belg. **64** [1955] 747, 756, 768).

Krystalle (aus A.); F: 106° (*Wi.*, l. c. S. 757).

Charakterisierung durch Überführung in 1-Phenyl-3-pyridinio-butan-1-sulfonsäure-betain (F: 295—296,5°): *Wi.*, l. c. S. 765.

4-Methyl-4-phenyl-[1,2]diselenolan $C_{10}H_{12}Se_2$, Formel IX.

B. In geringer Menge beim Behandeln von 1,3-Dibrom-2-methyl-2-phenyl-propan mit Kaliumselenid in Äthanol (*Backer, Winter*, R. **56** [1937] 691, 693) oder mit Kalium= diselenid in wss. Äthanol (*Ba., Wi.*, l. c. S. 694).

Braune Krystalle (aus PAe., A., oder Ae.); F: 114—114,5° (*Ba., Wi.*, l. c. S. 694).

2-Benzyl-[1,3]dioxolan $C_{10}H_{12}O_2$, Formel X (X = H).

B. Beim Behandeln von Phenylacetaldehyd mit Äthylenglykol in Gegenwart von Chlorwasserstoff (*Winthrop Chem. Co.*, U.S.P. 1837273 [1930]).

Kp_{12}: 115—120°.

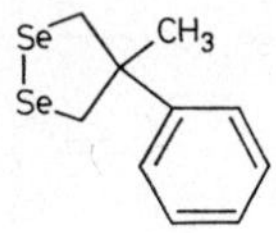

IX 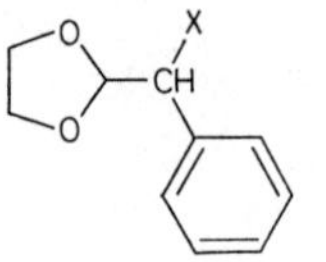 X 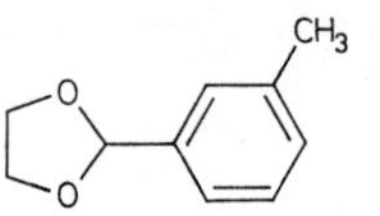 XI 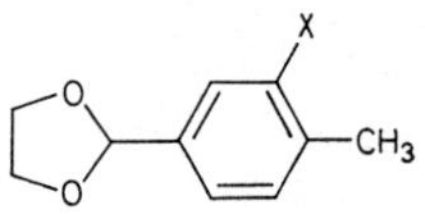 XII

(±)-2-[α-Brom-benzyl]-[1,3]dioxolan $C_{10}H_{11}BrO_2$, Formel X (X = Br).

B. Beim Erwärmen von (±)-Brom-phenyl-acetaldehyd-dimethylacetal mit Äthylenglykol und wenig Schwefelsäure (*McElvain, Curry*, Am. Soc. **70** [1948] 3781, 3785).

F: 37–39°. Kp_9: 162–165°. n_D^{25}: 1,5628 [flüssiges Präparat].

2-*m*-Tolyl-[1,3]dioxolan, *m*-Toluylaldehyd-äthandiylacetal $C_{10}H_{12}O_2$, Formel XI.

B. Beim Erwärmen von *m*-Toluylaldehyd mit Äthylenglykol, Benzol und wenig Toluol-4-sulfonsäure unter Entfernen des entstehenden Wassers (*Salmi, Kyrki*, Soumen Kem. **19** B [1946] 97, 101).

Kp_{13}: 123,5–124,5°. D_4^{20}: 1,0855. $n_{656,3}^{20}$: 1,51987; n_D^{20}: 1,52410; $n_{486,1}^{20}$: 1,53400.

2-*p*-Tolyl-[1,3]dioxolan, *p*-Toluylaldehyd-äthandiylacetal $C_{10}H_{12}O_2$, Formel XII (X = H).

B. Beim Erwärmen von *p*-Toluylaldehyd mit Äthylenglykol, Benzol und wenig Toluol-4-sulfonsäure unter Entfernen des entstehenden Wassers (*Salmi, Kyrki*, Suomen Kem. **19** B [1946] 97, 101).

Kp_{14}: 128°. D_4^{20}: 1,0844. $n_{656,3}^{20}$: 1,5197; n_D^{20}: 1,5247; $n_{486,1}^{20}$: 1,5344.

2-[4-Methyl-3-nitro-phenyl]-[1,3]dioxolan, 4-[1,3]Dioxolan-2-yl-1-methyl-2-nitro-benzol $C_{10}H_{11}NO_4$, Formel XII (X = NO_2).

B. Beim Erhitzen von 4-Methyl-3-nitro-benzaldehyd mit Äthylenglykol und wenig Phosphorsäure unter Entfernen des entstehenden Wassers (*Du Pont de Nemours & Co.*, U.S.P. 2481434 [1946]).

F: 44°.

2-*p*-Tolyl-[1,3]dithiolan, *p*-Toluylaldehyd-äthandiyldithioacetal $C_{10}H_{12}S_2$, Formel I.

B. Aus *p*-Toluylaldehyd und Äthan-1,2-dithiol (*Stauffer Chem. Co.*, U.S.P. 2701253 [1953]).

Kp_{24}: 198°.

2-Methyl-2-phenyl-[1,3]dioxolan, Acetophenon-äthandiylacetal $C_{10}H_{12}O_2$, Formel II (X = H).

B. Beim Erwärmen von Acetophenon mit Äthylenglykol, Benzol und wenig Toluol-4-sulfonsäure unter Entfernen des entstehenden Wassers (*Sulzbacher et al.*, Am. Soc. **70** [1948] 2827; *Pinder, Smith*, Soc. **1954** 113, 117; *Ceder*, Ark. Kemi. **6** [1954] 523, 524; s. a. *Salmi et al.*, Suomen Kem. **20** B [1947] 1, 4). Beim Behandeln von Acetophenon mit Zinn(IV)-chlorid und anschliessend mit Äthylenoxid (*Bogert, Roblin*, Am. Soc. **55** [1933] 3741, 3743).

Krystalle; F: 62° [aus Ae.] (*Bo., Ro.*, l. c. S. 3744), 60–62° [aus PAe.] (*Ce.*, l. c. S. 524), 60–61° [aus PAe.] (*Pi., Sm.*), 59,5° (*Sa. et al.*). Kp_{30}: 110° (*Su. et al.*); Kp_{23}: 103,5° bis 104,5° (*Bo., Ro.*, l. c. S. 3744); Kp_{14}: 100° (*Ce.*); Kp_9: 102–103,5° (*Sa. et al.*).

Geschwindigkeitskonstante der Hydrolyse in wss. Salzsäure bei 20° und 30°: *Ce.*, l. c. S. 530. Beim Erhitzen mit Diazoessigsäure-äthylester auf 180° sind kleine Mengen 3-Methyl-3-phenyl-[1,4]dioxan-2-carbonsäure-äthylester (F: 72–72,5°) erhalten worden (*Gutsche, Hillman*, Am. Soc. **76** [1954] 2236, 2240).

2-Chlormethyl-2-phenyl-[1,3]dioxolan $C_{10}H_{11}ClO_2$, Formel III (X = Cl).

B. Beim Erhitzen von Phenacylchlorid mit Äthylenglykol, Benzol und wenig Benzolsulfonsäure unter Entfernen des entstehenden Wassers (*Kühn*, J. pr. [2] **156** [1940] 103, 119; s. a. *Salmi et al.*, Suomen Kem. **20** B [1947] 1, 4).

Krystalle; F: 67° (*Sa. et al.*), 67° [aus Me.] (*Kühn*). Kp_{15}: 144–146° (*Kühn*); Kp_{12}: 136–137° (*Sa. et al.*).

2-Brommethyl-2-phenyl-[1,3]dioxolan $C_{10}H_{11}BrO_2$, Formel III (X = Br).

B. Beim Erhitzen von Phenacylbromid mit Äthylenglykol, Benzol und wenig Schwefelsäure unter Entfernen des entstehenden Wassers (*Kühn*, J. pr. [2] **156** [1940] 103, 121). Beim Behandeln von 2-Methyl-2-phenyl-[1,3]dioxolan mit Pyridinium-tribromid in Tetra=

hydrofuran (*Marquet et al.*, C. r. **248** [1959] 984, 985).

Krystalle; F: 60—61° [aus Me.] (*Kühn*), 59—61° [Block] (*Ma. et al.*). Kp_{17}: 154° (*Kühn*, l. c. S. 122).

Geschwindigkeitskonstante der Hydrolyse in 50% Dioxan enthaltender wss. Perchlorsäure (0,3 n bis 2,3 n) bei 25°: *Kreevoy*, Am. Soc. **78** [1956] 4236, 4237.

2-[4-Brom-phenyl]-2-methyl-[1,3]dioxolan $C_{10}H_{11}BrO_2$, Formel II (X = Br).

B. Beim Erhitzen von 1-[4-Brom-phenyl]-äthanon mit Äthylenglykol, Benzol und wenig Toluol-4-sulfonsäure unter Entfernen des entstehenden Wassers (*Neville*, J. org. Chem. **24** [1959] 111).

Krystalle; F: 44—45° (*Ne.*). Kp_{12}: 134—135°; D_{20}^{20}: 1,455; n_D^{20}: 1,5560 [flüssiges Präparat] (*Hofferth*, Iowa Coll. J. **26** [1952] 219).

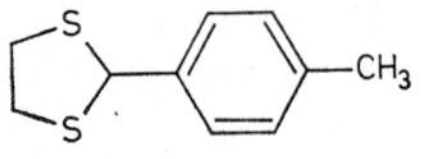

I 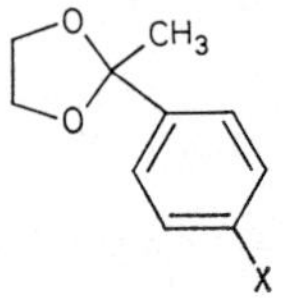 II 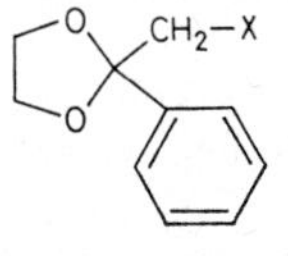 III 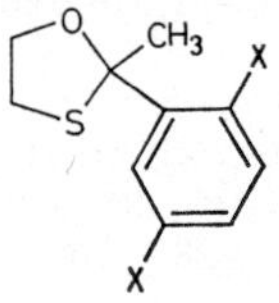 IV

(±)-2-Methyl-2-phenyl-[1,3]oxathiolan $C_{10}H_{12}OS$, Formel IV (X = H).

B. Beim Erhitzen von Acetophenon mit 2-Mercapto-äthanol, Benzol und wenig Toluol-4-sulfonsäure unter Entfernen des entstehenden Wassers (*Djerassi, Gorman*, Am. Soc. **75** [1953] 3704, 3705, 3707). Beim Behandeln von Acetophenon mit 2-Mercapto-äthanol, Dioxan, Zinkchlorid und Natriumsulfat (*Pinder, Smith*, Soc. **1954** 113, 117).

Kp_{16}: 132—133°; n_D^{17}: 1,610 (*Pi., Sm.*). Kp_2: 96°; D_4^{24}: 1,1232; n_D^{24}: 1,5663 (*Dj., Go.*).

(±)-2-Methyl-3,3-dioxo-2-phenyl-3λ^6-[1,3]oxathiolan, (±)-2-Methyl-2-phenyl-[1,3]oxathiolan-3,3-dioxid $C_{10}H_{12}O_3S$, Formel V.

B. Beim Behandeln von (±)-2-Methyl-2-phenyl-[1,3]oxathiolan mit Kaliumpermanganat (*Marshall, Stevenson*, Soc. **1959** 2360, 2362).

Krystalle; F: 56—57°.

(±)-2-[4-Chlor-phenyl]-2-methyl-[1,3]oxathiolan $C_{10}H_{11}ClOS$, Formel VI (X = H).

B. Beim Erhitzen von 1-[4-Chlor-phenyl]-äthanon mit 2-Mercapto-äthanol, Benzol und wenig Toluol-4-sulfonsäure unter Entfernen des entstehenden Wassers (*Marshall, Stevenson*, Soc. **1959** 2360, 2361).

$Kp_{1,5}$: 113°. n_D^{23}: 1,5757.

(±)-2-[2,4-Dichlor-phenyl]-2-methyl-[1,3]oxathiolan $C_{10}H_{10}Cl_2OS$, Formel VI (X = Cl).

B. Beim Erhitzen von 1-[2,4-Dichlor-phenyl]-äthanon mit 2-Mercapto-äthanol, Benzol und wenig Toluol-4-sulfonsäure unter Entfernen des entstehenden Wassers (*Marshall, Stevenson*, Soc. **1959** 2360, 2361).

$Kp_{1,5}$: 135°. n_D^{23}: 1,5930.

(±)-2-[2,5-Dichlor-phenyl]-2-methyl-[1,3]oxathiolan $C_{10}H_{10}Cl_2OS$, Formel IV (X = Cl).

B. Beim Erhitzen von 1-[2,5-Dichlor-phenyl]-äthanon mit 2-Mercapto-äthanol, Benzol und wenig Toluol-4-sulfonsäure unter Entfernen des entstehenden Wassers (*Marshall, Stevenson*, Soc. **1959** 2360, 2361).

$Kp_{0,25}$: 136°.

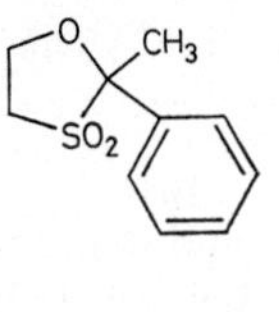

V 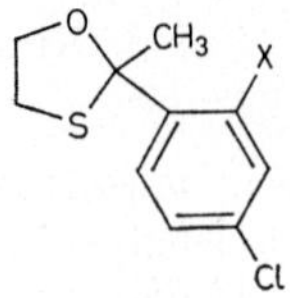 VI 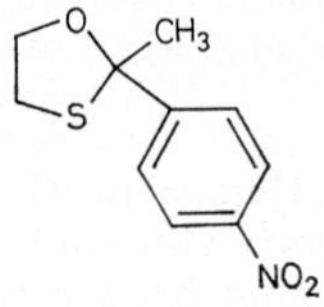 VII 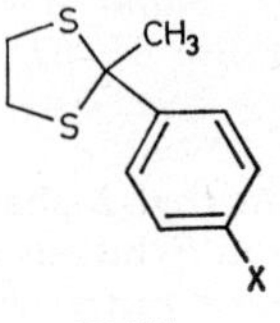 VIII

(±)-2-Methyl-2-[4-nitro-phenyl]-[1,3]oxathiolan $C_{10}H_{11}NO_3S$, Formel VII.

B. Beim Erhitzen von 1-[4-Nitro-phenyl]-äthanon mit 2-Mercapto-äthanol, Benzol und wenig Toluol-4-sulfonsäure unter Entfernen des entstehenden Wassers (*Marshall, Stevenson*, Soc. **1959** 2360, 2361).

F: 50—52°.

2-Methyl-2-phenyl-[1,3]dithiolan, Acetophenon-äthandiyldithioacetal $C_{10}H_{12}S_2$, Formel VIII (X = H).

B. Beim Behandeln eines Gemisches von Acetophenon und Äthan-1,2-dithiol mit Chlorwasserstoff (*Reid, Jelinek*, J. org. Chem. **15** [1950] 448; *Hauptmann, Wladislaw*, Am. Soc. **72** [1950] 707).

Kp_{11}: 162—163,5° (*Ha., Wl.*). Kp_3: 131°; D_4^{25}: 1,1819; n_D^{25}: 1,6162 (*Reid, Je.*).

Beim Erhitzen mit Raney-Nickel in Xylol ist α,α'-Dimethyl-*trans*-stilben erhalten worden (*Ha., Wl.*).

2-[4-Fluor-phenyl]-2-methyl-[1,3]dithiolan $C_{10}H_{11}FS_2$, Formel VIII (X = F).

B. Beim Erhitzen von 1-[4-Fluor-phenyl]-äthanon mit Äthan-1,2-dithiol, Benzol und wenig Toluol-4-sulfonsäure unter Entfernen des entstehenden Wassers (*Bergmann et al.*, Am. Soc. **78** [1956] 6037).

Kp_{30}: 170—172°. D_4^{22}: 1,2523. n_D^{22}: 1,591.

2-[4-Chlor-phenyl]-2-methyl-[1,3]dithiolan $C_{10}H_{11}ClS_2$, Formel VIII (X = Cl).

B. Beim Erhitzen von 1-[4-Chlor-phenyl]-äthanon mit Äthan-1,2-dithiol, Toluol und wenig Toluol-4-sulfonsäure unter Entfernen des entstehenden Wassers (*Bergmann et al.*, Am. Soc. **78** [1956] 6037).

Kp_{30}: 202° (*Be. et al.*); Kp_1: 145° (*Stauffer Chem. Co.*, U.S.P. 2701253 [1953]).

***Opt.-inakt. 2-Brommethyl-4-phenyl-[1,3]dioxolan** $C_{10}H_{11}BrO_2$, Formel IX.

B. Beim Erhitzen von (±)-1-Phenyl-äthan-1,2-diol mit Bromacetaldehyd-diäthylacetal und wss. Salzsäure (*Fourneau, Chantalou*, Bl. [5] **12** [1945] 845, 859).

$Kp_{2,4}$: 144°.

***Opt.-inakt. 4-Methyl-2-phenyl-[1,3]dioxolan,** Benzaldehyd-propylenacetal $C_{10}H_{12}O_2$, Formel X (X = H) (vgl. E I 616).

In den nachstehend beschriebenen Präparaten haben Gemische der Stereoisomeren vorgelegen (*Baggett et al.*, Soc. **1965 3394, 3396**; *Kamiya, Takemura*, Chem. pharm. Bl. **22** [1974] 201, 203); über (±)-*cis*-4-Methyl-2-phenyl-[1,3]dioxolan (bei 98—105°/15 Torr destillierbares Öl) s. *Baggett et al.*, Soc. [C] **1966** 208, 209, 210.

B. Beim Erhitzen von Benzaldehyd-dimethylacetal mit (±)-Propan-1,2-diol und wenig 2-Hydroxy-5-sulfo-benzoesäure (*Piantadosi et al.*, Am. Soc. **80** [1958] 6613, 6614). Beim Behandeln von Benzaldehyd mit Zinn(IV)-chlorid und anschliessend mit (±)-1,2-Epoxy-propan (*Bogert, Roblin*, Am. Soc. **55** [1933] 3741, 3743, 3744).

Kp_{23}: 118° (*Bo., Ro.*). Kp_4: 83—85°; n_D^{27}: 1,5089 (*Pi. et al.*).

BrCH2 … IX   XCH2 … X   X, H3C … XI

***Opt.-inakt. 4-Chlormethyl-2-phenyl-[1,3]dioxolan** $C_{10}H_{11}ClO_2$, Formel X (X = Cl) (vgl. E I 616; dort als Benzaldehyd-[γ-chlor-propylen]-acetal bezeichnet).

B. Beim Eintragen von Benzaldehyd in ein Gemisch von (±)-Epichlorhydrin, Zinn(IV)-chlorid und Tetrachlormethan (*Fourneau, Chantalou*, Bl. [5] **12** [1945] 845, 850).

Kp_{30}: 164° (*Fo., Ch.*). Kp_{16}: 147—148°; D_{20}^{20}: 1,2211; n_D^{20}: 1,5330 (*Arbusow, Lugowkin*, Ž. obšč. Chim. **22** [1952] 1193, 1198; engl. Ausg. S. 1241, 1245).

*Opt.-inakt. **2-[2-Chlor-phenyl]-4-methyl-[1,3]dioxolan** $C_{10}H_{11}ClO_2$, Formel XI (X = Cl).

B. Beim Erwärmen von 2-Chlor-benzaldehyd mit (±)-Propan-1,2-diol, Benzol und wenig Toluol-4-sulfonsäure unter Entfernen des entstehenden Wassers (*Salmi, Kyrki*, Suomen Kem. **19** B [1946] 97, 100).

Kp_1: 103–105°. D_4^{20}: 1,2043. $n_{656,3}^{20}$: 1,5245; n_D^{20}: 1,5286; $n_{486,1}^{20}$: 1,5391.

*Opt.-inakt. **2-[4-Chlor-phenyl]-4-methyl-[1,3]dioxolan** $C_{10}H_{11}ClO_2$, Formel XII (X = Cl).

B. Beim Erwärmen von 4-Chlor-benzaldehyd mit (±)-Propan-1,2-diol, Benzol und wenig Toluol-4-sulfonsäure unter Entfernen des entstehenden Wassers (*Salmi, Kyrki*, Soumen Kem. **19** B [1946] 97, 100).

Kp_{2-3}: 114–115°. D_4^{20}: 1,2012. $n_{656,3}^{20}$: 1,5239; n_D^{20}: 1,5274; $n_{486,1}^{20}$: 1,5391.

*Opt.-inakt. **4-Methyl-2-[2-nitro-phenyl]-[1,3]dioxolan** $C_{10}H_{11}NO_4$, Formel XI (X = NO_2).

B. Beim Erwärmen von 2-Nitro-benzaldehyd mit (±)-Propan-1,2-diol, Benzol und wenig Toluol-4-sulfonsäure unter Entfernen des entstehenden Wassers (*Salmi, Kyrki*, Soumen Kem. **19** B [1946] 97, 99).

Kp_{11}: 169–171°. D_4^{20}: 1,2463. n_D^{20}: 1,5357.

*Opt.-inakt. **4-Methyl-2-[3-nitro-phenyl]-[1,3]dioxolan** $C_{10}H_{11}NO_4$, Formel XIII.

B. Beim Erwärmen von 3-Nitro-benzaldehyd mit (±)-Propan-1,2-diol, Benzol und wenig Toluol-4-sulfonsäure unter Entfernen des entstehenden Wassers (*Fieser et al.*, J. biol. Chem. **156** [1944] 191, 195, 196; *Salmi, Kyrki*, Suomen Kem. **19** B [1946] 97, 99).

Kp_3: 145–147°; D_4^{20}: 1,2408; n_D^{20}: 1,5376 (*Sa., Ky.*). Kp_2: 140–145° (*Fi. et al.*).

XII XIII XIV

*Opt.-inakt. **4-Methyl-2-[4-nitro-phenyl]-[1,3]dioxolan** $C_{10}H_{11}NO_4$, Formel XII (X = NO_2).

B. Beim Erhitzen von 4-Nitro-benzaldehyd mit (±)-Propan-1,2-diol, Benzol bzw. Toluol und wenig Toluol-4-sulfonsäure unter Entfernen des entstehenden Wassers (*Fieser et al.*, J. biol. Chem. **156** [1944] 191, 195, 196; *Salmi, Kyrki*, Suomen Kem. **19** B [1946] 97, 99).

F: 53,5° (*Sa., Ky.*). F: 45–49°; $Kp_{1,5}$: 135–136° (*Fi. et al.*).

*Opt.-inakt. **4-Chlormethyl-2-phenyl-[1,3]dithiolan** $C_{10}H_{11}ClS_2$, Formel XIV (X = Cl).

B. Beim Behandeln von opt.-inakt. [2-Phenyl-[1,3]dithiolan-4-yl]-methanol (F: 77° bzw. F: 71°) mit Thionylchlorid und Benzol (*Stocken*, Soc. **1947** 592) oder mit Methansulfonylchlorid und Pyridin (*Miles, Owen*, Soc. **1950** 2938, 2942).

Krystalle (aus A.); F: 70–71° (*Mi., Owen*). F: 69–70°; $Kp_{0,8}$: 150° (*St.*).

*Opt.-inakt. **2-[4-Chlor-phenyl]-4-methyl-[1,3]dithiolan** $C_{10}H_{11}ClS_2$, Formel I.

B. Beim Behandeln eines Gemisches von 4-Chlor-benzaldehyd, (±)-Propan-1,2-dithiol und Benzol mit Chlorwasserstoff (*Stauffer Chem. Co.*, U.S.P. 2701253 [1953]).

$Kp_{3,5}$: 168–170°.

*Opt.-inakt. **4-Brommethyl-2-phenyl-[1,3]dithiolan** $C_{10}H_{11}BrS_2$, Formel XIV (X = Br).

B. Beim Behandeln einer Suspension von opt.-inakt. [2-Phenyl-[1,3]dithiolan-4-yl]-methanol (F: 71°) in Äther mit Phosphor(III)-bromid (*Miles, Owen*, Soc. **1950** 2938, 2941).

Krystalle (aus A. + Ae.); F: 81° (*Mi., Owen*).

Opt.-inakt. 4-Brommethyl-2-phenyl-[1,3]dithiolan hat wahrscheinlich auch als Hauptprodukt in einem von *Petrun'kin, Lyšenko* (Ž. obšč. Chim. **29** [1959] 309, 311; engl.

Ausg. S. 313, 315) beim Erwärmen von 2-Phenyl-[1,3]dithian-5-ol (Stereoisomeren-Gemisch vom F: 115°) mit Phosphor(III)-bromid erhaltenen, als 5-Brom-2-phenyl-[1,3]dithian angesehenen Präparat (F: 65—67°) vorgelegen (*Atkinson et al.*, Soc. [c] **1967** 638, 639).

6-Äthinyl-1,4-dithia-spiro[4.5]dec-6-en $C_{10}H_{12}S_2$, Formel II.

B. Beim Erhitzen von 6-Äthinyl-1,4-dithia-spiro[4.5]decan-6-ol mit Collidin und Phosphorylchlorid auf 140° (*Jaeger, Smith*, Soc. **1955** 646, 650).

Krystalle (aus Bzn.); F: 78°. UV-Absorptionsmaximum: 250 nm.

8-Chlor-2,3-dihydro-4*H*,6*H*-benz[*b*][1,5]oxathiocin $C_{10}H_{11}ClOS$, Formel III (X = H).

B. Beim Erwärmen von *S*-[5-Chlor-2-(3-chlor-propoxy)-benzyl]-isothiuronium-chlorid mit wss.-äthanol. Natronlauge (*Kulka*, J. org. Chem. **22** [1957] 241, 242, 243).

F: 46—47°.

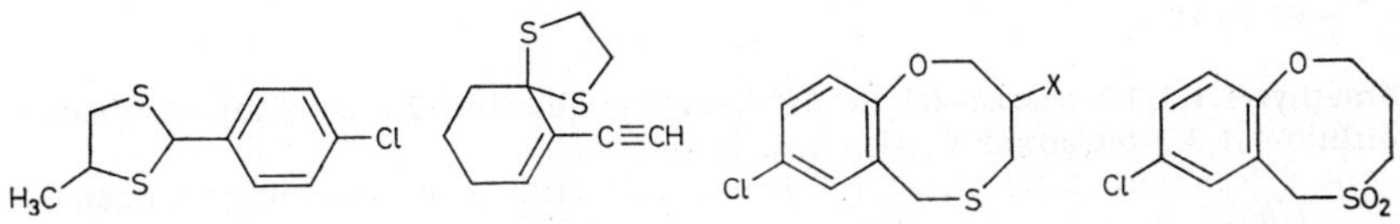

I II III IV

8-Chlor-5,5-dioxo-2,3-dihydro-4*H*,6*H*-5λ^6-benz[*b*][1,5]oxathiocin, 8-Chlor-2,3-dihydro-4*H*,6*H*-benz[*b*][1,5]oxathiocin-5,5-dioxid $C_{10}H_{11}ClO_3S$, Formel IV.

B. Beim Erwärmen von 8-Chlor-2,3-dihydro-4*H*,6*H*-benz[*b*][1,5]oxathiocin mit Essigsäure und wss. Wasserstoffperoxid (*Kulka*, J. org. Chem. **22** [1957] 241, 243).

F: 184—185° [korr.].

(±)-3,8-Dichlor-2,3-dihydro-4*H*,6*H*-benz[*b*][1,5]oxathiocin $C_{10}H_{10}Cl_2OS$, Formel III (X = Cl).

B. Beim Erwärmen einer Lösung von (±)-8-Chlor-2,3-dihydro-4*H*,6*H*-benz[*b*][1,5]oxathiocin-3-ol in Benzol mit Thionylchlorid (*Kulka*, J. org. Chem. **22** [1957] 241, 244).

Krystalle (aus A.); F: 88—89°.

(±)-3-Brom-8-chlor-2,3-dihydro-4*H*,6*H*-benz[*b*][1,5]oxathiocin $C_{10}H_{10}BrClOS$, Formel III (X = Br).

B. Beim Behandeln von (±)-8-Chlor-2,3-dihydro-4*H*,6*H*-benz[*b*][1,5]oxathiocin-3-ol mit Phosphor(V)-bromid in Chloroform (*Kulka*, J. org. Chem. **22** [1957] 241, 244).

Krystalle (aus Bzl.); F: 100—101° [korr.].

2,3,4,5-Tetrahydro-benzo[*b*][1,4]dioxocin $C_{10}H_{12}O_2$, Formel V.

B. Beim Erhitzen von 2-[4-Brom-butoxy]-phenol mit Kaliumcarbonat in Amylalkohol (*Ziegler et al.*, A. **528** [1937] 162, 178, 179).

Kp_{14}: 113°; D_{20}^{20}: 1,1103; n_D^{20}: 1,5407 (*Brown et al.*, Canad. J. Res. [B] **27** [1949] 398, 406). Kp_{10}: 112°; D_4^{20}: 1,067 (*Zi. et al.*).

Geschwindigkeit des durch Schwefelsäure katalysierten Protium-Deuterium-Austausches mit *O*-Deuterio-essigsäure bei 90°: *Br. et al.*, l. c. S. 403.

7-Methyl-2,3-dihydro-5*H*-benz[*f*][1,4]oxathiepin $C_{10}H_{12}OS$, Formel VI.

B. Beim Erwärmen von [2-Chlor-äthyl]-[2-chlormethyl-4-methyl-phenyl]-äther mit 4-Chlor-benzylmercaptan und methanol. Kalilauge und Erhitzen des Reaktionsprodukts unter vermindertem Druck auf 200° (*Kulka*, Canad. J. Chem. **37** [1959] 325, 331). Beim Erhitzen von *S*-[2-(2-Chlor-äthoxy)-5-methyl-benzyl]-isothiuronium-chlorid mit wss.-äthanol. Natronlauge (*Kulka*, Canad. J. Chem. **33** [1955] 1442, 1448).

Krystalle (aus Me.); F: 45—46° (*Ku.*, Canad. J. Chem. **33** 1448, **37** 331). Kp_{13}: 146° bis 147° (*Ku.*, Canad. J. Chem. **33** 1448).

V VI VII VIII

7-Methyl-4,4-dioxo-2,3-dihydro-5*H*-4λ⁶-benz[*f*][1,4]oxathiepin, 7-Methyl-2,3-dihydro-5*H*-benz[*f*][1,4]oxathiepin-4,4-dioxid $C_{10}H_{12}O_3S$, Formel VII.

B. Beim Behandeln von 7-Methyl-2,3-dihydro-5*H*-benz[*f*][1,4]oxathiepin mit Essigsäure und wss. Wasserstoffperoxid (*Kulka*, Canad. J. Chem. **33** [1955] 1442, 1449).

Krystalle; F: 175—176°.

2,2-Dimethyl-4*H*-benzo[1,3]dithiin $C_{10}H_{12}S_2$, Formel VIII.

B. Aus 2-Mercapto-benzylmercaptan und Aceton (*Lüttringhaus, Hägele*, Ang. Ch. **67** [1955] 304).

Kp_{12}: 140—141°.

2,2-Dimethyl-1,1,3,3-tetraoxo-4*H*-1λ⁶,3λ⁶-benzo[1,3]dithiin, 2,2-Dimethyl-4*H*-benzo[1,3]dithiin-1,1,3,3-tetraoxid $C_{10}H_{12}O_4S_2$, Formel IX.

B. Aus 2,2-Dimethyl-4*H*-benzo[1,3]dithiin mit Hilfe von Kaliumpermanganat (*Lüttringhaus, Hägele*, Ang. Ch. **67** [1955] 304).

F: 145—146°.

***Opt.-inakt. 2,4-Dimethyl-4*H*-benzo[1,3]dioxin** $C_{10}H_{12}O_2$, Formel X (X = H).

B. Beim Behandeln von Phenol mit Paraldehyd, Äther und wss. Salzsäure (*Adler et al.*, Ark. Kemi **16**A Nr. 12 [1943] 15).

Kp_{15}: 90—95°.

***Opt.-inakt. 6-Chlor-2,4-bis-trichlormethyl-4*H*-benzo[1,3]dioxin** $C_{10}H_5Cl_7O_2$, Formel X (X = Cl).

B. Beim Erwärmen einer aus opt.-inakt. 2,4-Bis-trichlormethyl-4*H*-benzo[1,3]dioxin-6-ylamin (E II **19** 349) hergestellten Diazoniumsalz-Lösung mit Kupfer(I)-chlorid und wss. Salzsäure (*Backeberg*, J. S. African chem. Inst. [N.S.] **3** [1950] 13, 16).

Krystalle (aus wss. A.); F: 123°.

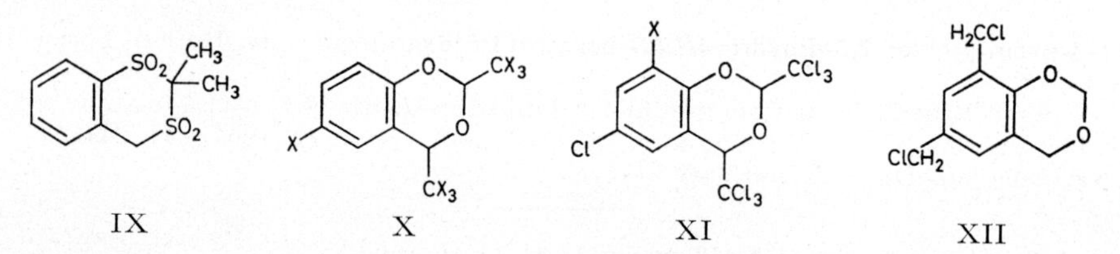

IX X XI XII

***Opt.-inakt. 6,8-Dichlor-2,4-bis-trichlormethyl-4*H*-benzo[1,3]dioxin** $C_{10}H_4Cl_8O_2$, Formel XI (X = Cl).

B. Beim Behandeln von 2,4-Dichlor-phenol mit Chloral-hydrat und konz. Schwefelsäure (*Ettel, Weichet*, Collect. **13** [1948] 433, 437; *Backeberg*, J. S. African chem. Inst. [N.S.] **3** [1950] 13, 15).

Krystalle (aus A.); F: 123° (*Ba.*), 122—123° (*Et., We.*).

***Opt.-inakt. 6-Chlor-8-nitro-2,4-bis-trichlormethyl-4*H*-benzo[1,3]dioxin** $C_{10}H_4Cl_7NO_4$, Formel XI (X = NO_2).

B. Beim Behandeln von 4-Chlor-2-nitro-phenol mit Chloral-hydrat und konz. Schwefelsäure (*Backeberg*, J. S. African chem. Inst. [N.S.] **3** [1950] 13, 15).

Krystalle (aus A.); F: 155°.

6,8-Bis-chlormethyl-4*H*-benzo[1,3]dioxin $C_{10}H_{10}Cl_2O_2$, Formel XII.

B. Beim Behandeln einer Suspension von Paraformaldehyd in konz. wss. Salzsäure mit

Chlorwasserstoff und anschliessend mit Phenol (*I.G. Farbenind.*, D.R.P. 550326 [1929]; Frdl. **19** 663; *Gen. Aniline Works*, U.S.P. 1807729 [1930]).

Krystalle (aus Eg.); F: 117,5° (*I.G. Farbenind.*).

***Opt.-inakt. 2-Chlormethyl-3-methyl-2,3-dihydro-benzo[1,4]dioxin** $C_{10}H_{11}ClO_2$, Formel I.

B. Beim Behandeln einer Lösung von opt.-inakt. [3-Methyl-2,3-dihydro-benzo[1,4]dioxin-2-yl]-methanol ($Kp_{0,1}$: 107–109°) in Benzol und Pyridin mit Thionylchlorid (*Koo*, J. org. Chem. **26** [1961] 339, 342; s. a. *Koo et al.*, Chem. and Ind. **1958** 832).

$Kp_{0,1}$: 86–88° (*Koo et al.*).

(±)-2,6-Bis-chlormethyl-2,3-dihydro-benzo[1,4]dioxin $C_{10}H_{10}Cl_2O_2$, Formel II.

B. Aus (±)-[2-Chlormethyl-2,3-dihydro-benzo[1,4]dioxin-6-yl]-methanol mit Hilfe von Thionylchlorid (*Funke et al.*, Bl. **1958** 470, 472).

F: 47–48°. $Kp_{0,02}$: 120°.

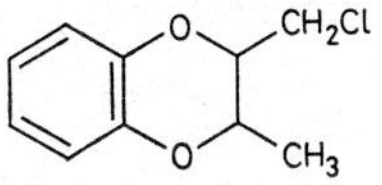

I 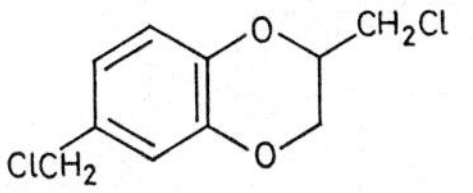 II 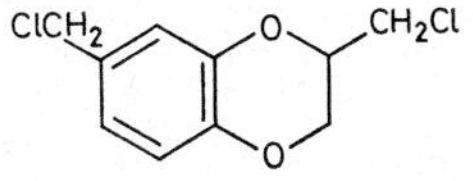 III 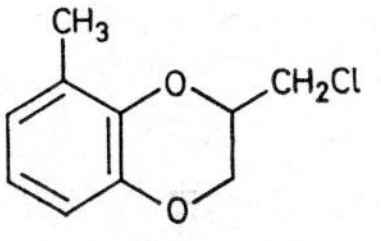 IV

(±)-2,7-Bis-chlormethyl-2,3-dihydro-benzo[1,4]dioxin $C_{10}H_{10}Cl_2O_2$, Formel III.

B. Aus (±)-[2-Chlormethyl-2,3-dihydro-benzo[1,4]dioxin-7-yl]-methanol mit Hilfe von Thionylchlorid (*Funke et al.*, Bl. **1958** 470, 472).

F: 51–52°. $Kp_{0,02}$: 120°.

(±)-2-Chlormethyl-8-methyl-2,3-dihydro-benzo[1,4]dioxin $C_{10}H_{11}ClO_2$, Formel IV.

Diese Verbindung hat als Hauptprodukt in den nachstehend beschriebenen Präparaten vorgelegen (*Augstein et al.*, J. med. Chem. **8** [1965] 446, 451).

B. Beim Erwärmen von 3-Methyl-brenzcatechin mit (±)-Epichlorhydrin und wss. Alkalilauge und Erwärmen des Reaktionsprodukts mit Thionylchlorid und Pyridin (*Au. et al.*, l. c. S. 453, 454; s. a. *Geigy A.G.*, Schweiz. P. 233683 [1942], U.S.P. 2366611 [1943]).

Kp_{13}: 137° (*Geigy A.G.*). $Kp_{0,7}$: 91–92°; n_D^{25}: 1,5464 (*Au. et al.*, l. c. S. 453).

5-Propyl-benzo[1,3]dioxol, 1,2-Methylendioxy-4-propyl-benzol, Dihydrosafrol, Dihydroisosafrol $C_{10}H_{12}O_2$, Formel V (X = H) (H 27; E I 616; E II 24).

B. Bei der Hydrierung von Isosafrol (S. 273) an Raney-Nickel unter Druck (*Gauthier*, A. ch. [11] **20** [1945] 581, 593; *Koelsch*, Am. Soc. **68** [1946] 148). Bei der Hydrierung von *cis*-Isosafrol (S. 273) oder von *trans*-Isosafrol (S. 273) an Raney-Nickel in Äthanol (*Naves, Ardizio*, Bl. **1957** 1053, 1056). Bei der Hydrierung von Safrol (S. 275) an Raney-Nickel unter Druck (*Ga.*). Beim Erwärmen von Benzo[1,3]dioxol-5-yl-aceton mit wss. Salzsäure und amalgamiertem Zink (*Hillmer, Schorning*, Z. physik. Chem. [A] **167** [1934] 407, 419). Neben 3-Benzo[1,3]dioxol-5-yl-propan-1-ol bei der Hydrierung von 3*t*-Benzo[1,3]dioxol-5-yl-acrylaldehyd an Platin in wss. Salzsäure enthaltender Essigsäure (*Moore, Hewlett*, J. Sci. Food Agric. **9** [1958] 666, 668, 670).

Kp_{15}: 110° (*Hi., Sch.*, Z. physik. Chem. [A] **167** 419); Kp_{13}: 104° (*Ga.*); $Kp_{2,2}$: 67–68° (*Na., Ar.*); $Kp_{0,5}$: 77° (*Hi., Sch.*, Z. physik. Chem. [A] **167** 419). D_4^{18}: 1,069 (*Ga.*); D_4^{20}: 1,0698 (*Na., Ar.*). n_D^{16}: 1,5200 (*Ga.*); n_D^{20}: 1,51984 (*Na., Ar.*); $n_{656,3}^{20}$: 1,51526, $n_{486,1}^{20}$: 1,53094 (*Na., Ar.*). Raman-Spektrum: *Dupont, Dulou*, Bl. [5] **3** [1936] 1639, 1661. IR-Banden im Bereich von 1610 cm^{-1} bis 770 cm^{-1}: *Na., Ar.* UV-Spektrum einer Lösung in Äthanol (230–330 nm): *Hillmer, Schorning*, Z. physik. Chem. [A] **168** [1934] 81, 92; einer Lösung in Hexan (230–320 nm): *Hi., Sch.*, Z. physik. Chem. [A] **167** 417, **168** 85, 92, 94. UV-Absorptionsmaxima: 234 nm und 287 nm [A.] bzw. 235 nm und 288,5 nm [Isooctan] (*Na., Ar.*).

5-[3-Chlor-propyl]-benzo[1,3]dioxol $C_{10}H_{11}ClO_2$, Formel V (X = Cl).

B. Beim Behandeln von 3-Benzo[1,3]dioxol-5-yl-propan-1-ol mit Pyridin und Thionylchlorid (*Kondo et al.*, Ann. Rep. ITSUU Labor. Nr. 2 [1951] 24, 26; engl. Ref. S. 60, 63; C. A. **1953** 7516).

Kp_5: 129–131°.

(±)-5-[2-Brom-propyl]-benzo[1,3]dioxol $C_{10}H_{11}BrO_2$, Formel VI (X = H).

B. Beim Behandeln von Safrol (S. 275) mit wss. Bromwasserstoffsäure (*Orcutt, Bogert*, Am. Soc. **58** [1936] 2055; *Lieberman et al.*, Am. Soc. **69** [1947] 1540; *Sakakibara*, J. chem. Soc. Japan Pure Chem. Sect. **73** [1952] 235; C. A. **1953** 10511).

Kp_{13}: 154–157°; Kp_9: 145°; n_D^{25}: 1,5614 (*Or.*, *Bo.*). Kp_5: 130–135°; n_D^{15}: 1,5640 (*Sa.*).

5-[3-Brom-propyl]-benzo[1,3]dioxol $C_{10}H_{11}BrO_2$, Formel V (X = Br).

B. Beim Behandeln von 3-Benzo[1,3]dioxol-5-yl-propan-1-ol mit Phosphor(III)-bromid (*Orcutt, Bogert*, Am. Soc. **58** [1936] 2055).

$Kp_{7,5}$: 163–165°. n_D^{25}: 1,5599.

X–CH₂–CH₂–CH₂ (V) · Br, CH, H₃C, CH, X (VI) · X, Br, CH–CH₂, BrCH₂ (VII)

V VI VII

***Opt.-inakt. 5-[1,2-Dibrom-propyl]-benzo[1,3]dioxol,** Isosafrol-dibromid $C_{10}H_{10}Br_2O_2$, Formel VI (X = Br) (vgl. H 28; E I 616; E II 24; dort als $1^1.1^2$-Dibrom-3.4-methylendioxy-1-propyl-benzol bezeichnet).

B. Beim Behandeln von *cis*-Isosafrol (S. 273) oder von *trans*-Isosafrol (S. 273) mit Brom in Äther bei –10° (*Naves, Ardizio*, Bl. **1957** 1053, 1056).

Krystalle (aus Pentan); F: 51–52°. IR-Banden im Bereich von 1500 cm^{-1} bis 740 cm^{-1}: *Na.*, *Ar.*

(±)-5-[2,3-Dibrom-propyl]-benzo[1,3]dioxol $C_{10}H_{10}Br_2O_2$, Formel VII (X = H) (H 28; E II 24; dort als $1^2.1^3$-Dibrom-3.4-methylendioxy-1-propyl-benzol bezeichnet).

In dem von *Woy* (s. H 28) beschriebenen, als Safrol-dibromid bezeichneten Präparat (Kp_{22}: 215°) hat ein Gemisch von (±)-5-[2,3-Dibrom-propyl]-benzo[1,3]dioxol und 5-[β,β'-Dibrom-isopropyl]-benzo[1,3]dioxol ($C_{10}H_{10}Br_2O_2$) vorgelegen (*Irino, Otsuki*, Chem. pharm. Bl. **23** [1975] 646, 647).

5-Brom-6-[1,2-dibrom-propyl]-benzo[1,3]dioxol $C_{10}H_9Br_3O_2$, Formel VIII (X = H).

Diese Konstitution kommt dem früher (s. H **19** 28) beschriebenen opt.-inakt. *Bz*-Brom-isosafrol-dibromid (F: 110–111°) zu (*Alexander et al.*, J. org. Chem. **24** [1959] 1504).

(±)-5-Brom-6-[2,3-dibrom-propyl]-benzo[1,3]dioxol $C_{10}H_9Br_3O_2$, Formel VII (X = Br).

Diese Konstitution kommt dem früher (s. H **19** 28) beschriebenen *Bz*-Brom-safrol-dibromid (F: 54°) zu (*Irino, Otsuki*, Chem. pharm. Bl. **23** [1975] 646, 647).

X, Br, Br, CH, H₃C, CH, Br (VIII) · O₂N, H₃C–CH₂–CH₂ (IX) · NO₂, CH, H₃C, CH, NO (X)

VIII IX X

4,5-Dibrom-6-[1,2-dibrom-propyl]-benzo[1,3]dioxol $C_{10}H_8Br_4O_2$, Formel VIII (X = Br).

Diese Konstitution kommt dem früher (s. H **19** 29) beschriebenen opt.-inakt. *Bz*-Dibrom-isosafrol-dibromid (F: 130°) zu (*Dallacker et al.*, A. **694** [1966] 117).

5-Nitro-6-propyl-benzo[1,3]dioxol $C_{10}H_{11}NO_4$, Formel IX (H 29; dort als 6-Nitro-3.4-methylendioxy-1-propyl-benzol bezeichnet).

B. Neben Piperonylsäure beim Erwärmen von Bis-[6-propyl-benzo[1,3]dioxol-5-yl]-methan oder von 1,1-Bis-[6-propyl-benzo[1,3]dioxol-5-yl]-äthan mit wss. Salpetersäure und wenig Vanadium(V)-oxid (*Dolce, Garofano*, Ann. Chimica **47** [1957] 1185, 1200).

Gelbliche Krystalle (aus wss. A.); F: 36°.

5-[2-Nitro-1-nitroso-propyl]-benzo[1,3]dioxol $C_{10}H_{10}N_2O_5$, Formel X.

Diese Konstitution kommt dem früher (s. H **19** 37; E I **19** 617) und nachstehend beschriebenen opt.-inakt. **Isosafrol-pseudonitrosit** zu.

Beim Erwärmen eines nicht charakterisierten Präparats mit Methanol ist 1-Benzo[1,3]dioxol-5-yl-2-nitro-propan-1-on-oxim (F: 122°), beim Erwärmen mit Chlorwasserstoff enthaltendem Methanol ist 1-Benzo[1,3]dioxol-5-yl-propan-1,2-dion-dioxim (F: 206° bis 207° [Zers.]) erhalten worden (*Bruckner, Vinkler*, J. pr. [2] **142** [1935] 277, 284). Bildung von 1-Acetoxy-1-benzo[1,3]dioxol-5-yl-2-nitro-propan (F: 85°) beim Behandeln mit Acetanhydrid und wenig Schwefelsäure: *Bruckner*, A. **518** [1935] 226, 241.

5-Brom-6-[β,β'-dibrom-isopropyl]-benzo[1,3]dioxol $C_{10}H_9Br_3O_2$, Formel I.

Diese Konstitution kommt der früher (s. H **19** 29) als 5-[(1(?),2,3-Tribrom-propyl]-benzo[1,3]dioxol („1^1(?).1^2.1^3-Tribrom-3.4-methylendioxy-1-propyl-benzol") beschriebenen Verbindung (F: 87°) zu (*Irino, Otsuki*, Chem. pharm. Bl. **23** [1975] 646, 647).

2-Äthyl-2-methyl-benzo[1,3]dioxol, 1,2-*sec*-Butylidendioxy-benzol $C_{10}H_{12}O_2$, Formel II.

B. Beim Erwärmen von Brenzcatechin mit Butanon und Phosphor(V)-oxid (*Böeseken, Slooff*, Pr. Akad. Amsterdam **35** [1932] 1250, 1251, 1252; *Slooff*, R. **54** [1935] 995, 999).

Kp_{20}: 94° (*Bö., Sl.; Sl.*). D^{20}: 1,0455; n_D^{20}: 1,5052 (*Sl.*).

Br, BrCH₂, CH, H₂CBr, O, O — I; O, O, CH₃, CH₂—CH₃ — II; O, S, CH₃, CH₂—CH₃ — III

(±)-2-Äthyl-2-methyl-benz[1,3]oxathiol $C_{10}H_{12}OS$, Formel III.

B. Beim Behandeln eines Gemisches von 2-Mercapto-phenol und Butanon mit Chlorwasserstoff (*Greenwood, Stevenson*, Soc. **1953** 1514, 1516) oder mit Zinkchlorid und Natriumsulfat (*Djerassi et al.*, Am. Soc. **77** [1955] 568, 571).

Kp_3: 85° (*Gr., St.*); Kp_2: 77–78° (*Dj. et al.*).

6-Äthyl-4-brom-5-methyl-benzo[1,3]dioxol $C_{10}H_{11}BrO_2$, Formel IV.

B. Beim Behandeln einer Lösung von 1,2-Diacetoxy-5-äthyl-3-brom-4-methyl-benzol in Benzol mit Methylensulfat (E IV **1** 3054) und wss. Natronlauge (*Kondo, Keimatsu*, B. **71** [1938] 2553, 2560; J. pharm. Soc. Japan **58** [1938] 906, 919).

Krystalle; F: 55–58°.

Tetramethyl-thieno[3,2-*b*]thiophen $C_{10}H_{12}S_2$, Formel V.

Diese Konstitution ist der nachstehend beschriebenen Verbindung zugeordnet worden (*Teste, Lozac'h*, Bl. **1955** 442).

B. Beim Erhitzen von 3,6-Dimethyl-oct-4-in-3,6-diol mit Schwefel auf 200° (*Te., Lo.*).

Krystalle (aus A.); F: 138°.

Verbindung mit Picrinsäure. Rote Krystalle; F: 150°.

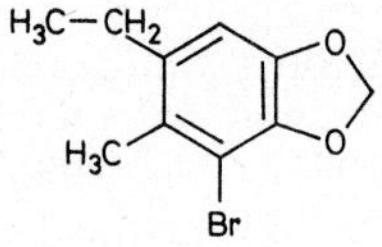

IV 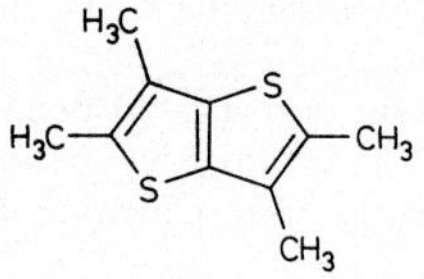 V 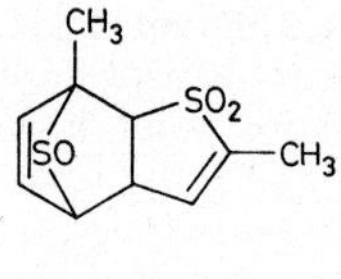 VI 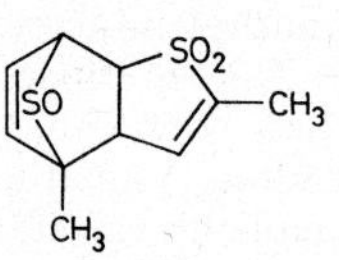 VII

2,7-Dimethyl-1,1,8-trioxo-3a,4,7,7a-tetrahydro-1λ⁶,8λ⁴-4,7-episulfido-benzo[*b*]thiophen, 2,7-Dimethyl-3a,4,7,7a-tetrahydro-4,7-episulfido-benzo[*b*]thiophen-1,1,8-trioxid $C_{10}H_{12}O_3S_2$, Formel VI.

Für die nachstehend beschriebene opt.-inakt. Verbindung kommt ausser dieser Konstitution auch die Formulierung als 2,4-Dimethyl-3a,4,7,7a-tetrahydro-4,7-episulfido-benzo[*b*]thiophen-1,1,8-trioxid ($C_{10}H_{12}O_3S_2$; Formel VII) in Betracht.

B. Beim Behandeln von 2-Methyl-thiophen mit Peroxybenzoesäure in Chloroform (*Melles, Backer*, R. **72** [1953] 491, 494).

Krystalle (aus W.); F: 167,5—168° [Zers.; unter Abgabe von Schwefeldioxid].

3,5-Dimethyl-1,1,8-trioxo-3a,4,7,7a-tetrahydro-1λ⁶,8λ⁴-4,7-episulfido-benzo[*b*]thiophen, 3,5-Dimethyl-3a,4,7,7a-tetrahydro-4,7-episulfido-benzo[*b*]thiophen-1,1,8-trioxid $C_{10}H_{12}O_3S_2$, Formel VIII.

Für die nachstehend beschriebene opt.-inakt. Verbindung kommt ausser dieser Konstitution auch die Formulierung als 3,6-Dimethyl-3a,4,7,7a-tetrahydro-4,7-episulfido-benzo[*b*]thiophen-1,1,8-trioxid ($C_{10}H_{12}O_3S_2$; Formel IX) in Betracht.

B. Beim Behandeln von 3-Methyl-thiophen mit Peroxybenzoesäure in Chloroform (*Melles, Backer*, R. **72** [1953] 491, 494).

Krystalle (aus W.); F: 170,5—171° [Zers.; unter Abgabe von Schwefeldioxid].

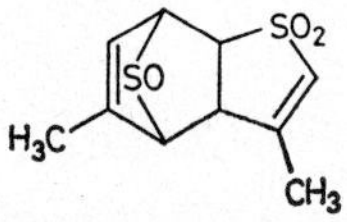

VIII 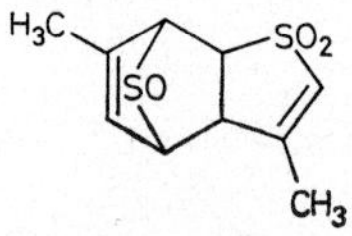 IX 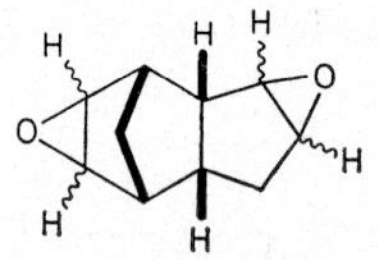 X

(±)-(1aξ,1br,2aξ,3aξ,4ac,5aξ)-Octahydro-2c,4c-methano-indeno[1,2-*b*;5,6-*b'*]bisoxiren (±)-(1aξ,1br,2aξ,3aξ,4ac,5aξ)-Octahydro-2c,4c-methano-bisoxireno[*a,f*]inden, (±)-1ξ,2ξ;5ξ,6ξ-Diepoxy-(3ar,7ac)-octahydro-4c,7c-methano-inden $C_{10}H_{12}O_2$, Formel X + Spiegelbild.

Diese Konfiguration kommt dem früher (s. E II **19** 24) und nachstehend beschriebenen **(±)-Dicyclopentadiendioxid** zu.

B. Beim Behandeln von (±)-*endo*-Dicyclopentadien ((±)-(3a*r*,7a*c*)-3a,4,7,7a-Tetrahydro-4*c*,7*c*-methano-inden) mit Peroxyessigsäure (2 Mol) in Essigsäure (*Pirsch*, M. **85** [1955] 154, 158).

Krystalle (nach Sublimation unter vermindertem Druck); F: 189° (*Pi.*, M. **85** 158). Kryoskopische Konstante: *Pirsch*, M. **85** [1954] 162, 164; s. a. *Pirsch*, Mikroch. Acta **1956** 992, 996. IR-Banden im Bereich von 7,5 μ bis 14,6 μ: *Bomstein*, Anal. Chem. **30** [1958] 544.

Stammverbindungen $C_{11}H_{14}O_2$

2-Phenyl-[1,3]dioxepan, Benzaldehyd-butandiylacetal $C_{11}H_{14}O_2$, Formel I.

B. Beim Erhitzen von Benzaldehyd-dimethylacetal mit Butan-1,4-diol und wenig Camphersulfonsäure (*Du Pont de Nemours & Co.*, U.S.P. 2110499 [1935]). Beim Erwärmen von Benzaldehyd mit Butan-1,4-diol, Benzol und wenig Schwefelsäure unter Entfernen des entstehenden Wassers (*Bergmann, Kaluszyner*, R. **78** [1959] 337, 342).

Kp_{26}: 142—143°; D_{30}^{30}: 1,072; n_D^{30}: 1,5196 (*Be., Ka.*, l. c. S. 339, 342). Kp_{12}: 127—127,5° (*Du Pont*). IR-Banden im Bereich von 1720 cm^{-1} bis 1000 cm^{-1}: *Be., Ka.*, l. c. S. 339.

(±)-2-[α-Brom-benzyl]-[1,3]dioxan $C_{11}H_{13}BrO_2$, Formel II.

B. Beim Erhitzen von (±)-Brom-phenyl-acetaldehyd-dimethylacetal mit Propan-1,3-diol und wenig Schwefelsäure (*McElvain, Curry*, Am. Soc. **70** [1948] 3781, 3784, 3785). Beim Behandeln von α-Brom-β-methoxy-styrol (n_D^{25}: 1,59) mit Propan-1,3-diol, Dioxan und wenig Schwefelsäure (*Jacobs, Scott*, Am. Soc. **75** [1953] 5500, 5504).

Krystalle; F: 47—48° [aus wss. A.] (*Ja., Sc.*), 46—48° (*McE., Cu.*). $Kp_{0,8}$: 120—125°; n_D^{25}: 1,5602 (*McE., Cu.*).

I II III IV

2-*m*-Tolyl-[1,3]dioxan, *m*-Toluylaldehyd-propandiylacetal $C_{11}H_{14}O_2$, Formel III (E II 24).

B. Beim Erhitzen von *m*-Toluylaldehyd mit Propan-1,3-diol, Benzol und wenig Toluol-4-sulfonsäure unter Entfernen des entstehenden Wassers (*Salmi, Kyrki*, Suomen Kem. **19**B [1946] 97, 101).

Kp_9: 134°. D_4^{20}: 1,0749. $n_{656,3}^{20}$: 1,5215; n_D^{20}: 1,5255; $n_{486,1}^{20}$: 1,5359.

2-*p*-Tolyl-[1,3]dioxan, *p*-Toluylaldehyd-propandiylacetal $C_{11}H_{14}O_2$, Formel IV.

B. Beim Erhitzen von *p*-Toluylaldehyd mit Propan-1,3-diol, Benzol und wenig Toluol-4-sulfonsäure unter Entfernen des entstehenden Wassers (*Salmi, Kyrki*, Suomen Kem. **19**B [1946] 97, 101).

Kp_{15}: 150°. D_4^{20}: 1,0719. $n_{656,3}^{20}$: 1,5208; n_D^{20}: 1,5256; $n_{486,1}^{20}$: 1,5351.

(±)-4-*p*-Tolyl-[1,3]dioxan $C_{11}H_{14}O_2$, Formel V.

B. Beim Erwärmen von 4-Methyl-styrol mit wss. Formaldehyd-Lösung und wss. Salzsäure (*Schorygina*, Ž. obšč. Chim. **26** [1956] 1460, 1461, 1463; engl. Ausg. S. 1643, 1644, 1645).

Kp_6: 145—147°. D_{20}^{20}: 1,080. n_D^{20}: 1,5231.

2-Methyl-2-phenyl-[1,3]dioxan, Acetophenon-propandiylacetal $C_{11}H_{14}O_2$, Formel VI (X = H).

B. Beim Erhitzen von Acetophenon mit Propan-1,3-diol, Benzol und wenig Toluol-4-sulfonsäure unter Entfernen des entstehenden Wassers (*Ceder*, Ark. Kemi **6** [1954] 523, 524; s. a. *Salmi et al.*, Suomen Kem. **20**B [1947] 1, 4).

Krystalle; F: 57,5° (*Sa. et al.*), 48—49° [aus PAe.] (*Ce.*, l. c. S. 524). Kp_{12}: 102,9° bis 103,5° (*Sa. et al.*).

Geschwindigkeitskonstante der Hydrolyse in wss. Salzsäure bei 20° und 30°: *Ce.*, l. c. S. 530.

2-Chlormethyl-2-phenyl-[1,3]dioxan $C_{11}H_{13}ClO_2$, Formel VI (X = Cl).

B. Beim Erhitzen von Phenacylchlorid mit Propan-1,3-diol, Benzol (oder Toluol) und wenig Toluol-4-sulfonsäure unter Entfernen des entstehenden Wassers (*Salmi et al.*, Suomen Kem. **20**B [1947] 1, 4).

Kp_{24}: 162,5—163°. D_4^{20}: 1,2111.

V VI VII VIII

(±)-2-Methyl-2-phenyl-[1,3]oxathian $C_{11}H_{14}OS$, Formel VII.

B. Beim Erhitzen von Acetophenon mit 3-Mercapto-propan-1-ol, Benzol und wenig Toluol-4-sulfonsäure unter Entfernen des entstehenden Wassers (*Marshall, Stevenson,* Soc. **1959** 2360, 2361).

F: 58–61°. Kp_2: 106–108°. n_D^{22}: 1,5607.

2-Methyl-2-phenyl-[1,3]dithian, Acetophenon-propandiyldithioacetal $C_{11}H_{14}S_2$, Formel VIII.

B. Aus Acetophenon und Propan-1,3-dithiol in Gegenwart von Chlorwasserstoff (*Campaigne, Schaefer,* Bol. Col. Quim. Puerto Rico **9** [1952] 25, 27).

Kp_5: 147°. UV-Spektrum (A.; 220–270 nm): *Ca., Sch.,* l. c. S. 26.

2-Methyl-1,1,3,3-tetraoxo-2-phenyl-1λ⁶,3λ⁶-[1,3]dithian, 2-Methyl-2-phenyl-[1,3]dithian-1,1,3,3-tetraoxid $C_{11}H_{14}O_4S_2$, Formel IX (H 30; dort als Trimethylen-[methyl-phenyl-methylen]-disulfon bezeichnet).

Krystalle (aus wss. A.); F: 229,5–230° [korr.] (*Campaigne, Schaefer,* Bol. Col. Quim. Puerto Rico **9** [1952] 25, 27). UV-Spektrum (230–280 nm) einer Lösung in Äthanol sowie einer Natriumäthylat enthaltenden Lösung in Äthanol: *Ca., Sch.*

***Opt.-inakt. 5,5-Dichlor-2-methyl-4-phenyl-[1,3]dioxan** $C_{11}H_{12}Cl_2O_2$, Formel X (X = H).

B. Beim Erwärmen von (±)-2,2-Dichlor-1-phenyl-propan-1,3-diol mit Acetaldehyd, Benzol und wenig Schwefelsäure unter Entfernen des entstehenden Wassers (*Union Carbide Corp.,* U.S.P. 2816898 [1954]).

F: 78°. Kp_4: 129°.

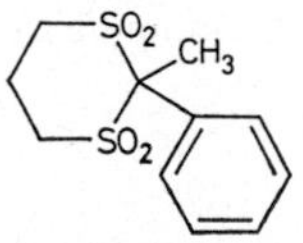

IX 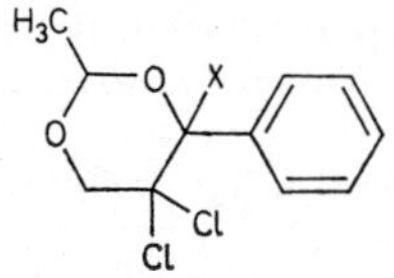 X 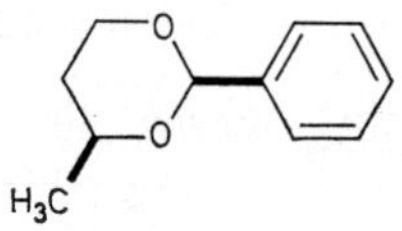 XI 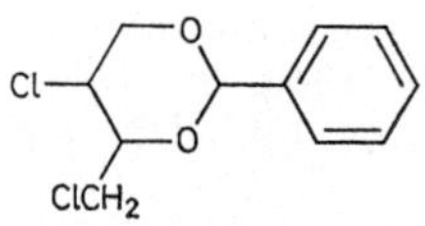 XII

***Opt.-inakt. 4,5,5-Trichlor-2-methyl-4-phenyl-[1,3]dioxan** $C_{11}H_{11}Cl_3O_2$, Formel X (X = Cl).

B. Beim Behandeln eines Gemisches von (±)-5-Chlor-2-methyl-6-phenyl-4*H*-[1,3]dioxin und Tetrachlormethan mit Chlor (*Union Carbide Corp.,* U.S.P. 2816898 [1954]).

Kp_5: 145°. D_{20}^{20}: 1,317.

(±)-*cis*-4-Methyl-2-phenyl-[1,3]dioxan $C_{11}H_{14}O_2$, Formel XI + Spiegelbild (E II 24).

Konfigurationszuordnung: *Eliel et al.,* Tetrahedron **30** [1974] 515, 521; *Fleming, Bolker,* Canad. J. Chem. **52** [1974] 888, 892.

B. Beim Erhitzen von Benzaldehyd mit (±)-Butan-1,3-diol und einem Kationenaustauscher (*Mastagli et al.,* C. r. **237** [1953] 187).

Kp_{40}: 162°; D_4^{18}: 1,065; n_D^{18}: 1,5165 (*Ma. et al.*). Kp_6: 113,2°; D_4^{20}: 1,0602; $n_{656,3}^{20}$: 1,51196; n_D^{20}: 1,51583; $n_{486,1}^{20}$: 1,52557 (*Salmi, Louhenkuru,* Suomen Kem. **20**B [1947] 5, 6).

***Opt.-inakt. 5-Chlor-4-chlormethyl-2-phenyl-[1,3]dioxan** $C_{11}H_{12}Cl_2O_2$, Formel XII.

B. Beim Erwärmen von Benzaldehyd mit opt.-inakt. 2,4-Dichlor-butan-1,3-diol (F: 62°) unter vermindertem Druck und Behandeln des Reaktionsgemisches mit Chlorwasserstoff bei 90° (*Evans, Owen,* Soc. **1949** 239).

$Kp_{0,5}$: 135–137°. n_D^{15}: 1,5470.

***Opt.-inakt. 4-Methyl-2-[2-nitro-phenyl]-[1,3]dioxan** $C_{11}H_{13}NO_4$, Formel I.

B. Beim Erhitzen von 2-Nitro-benzaldehyd mit (±)-Butan-1,3-diol, Toluol und wenig Toluol-4-sulfonsäure unter Entfernen des entstehenden Wassers (*Salmi, Kyrki,* Suomen Kem. **19**B [1946] 97, 99).

Kp_{16}: 180–182°. D_4^{20}: 1,2094. $n_{656,3}^{20}$: 1,5258; n_D^{20}: 1,5305.

I II III

***Opt.-inakt. 4-Methyl-2-[3-nitro-phenyl]-[1,3]dioxan** $C_{11}H_{13}NO_4$, Formel II.

B. Beim Erwärmen von 3-Nitro-benzaldehyd mit (±)-Butan-1,3-diol, Benzol und wenig Toluol-4-sulfonsäure unter Entfernen des entstehenden Wassers (*Salmi, Kyrki*, Suomen Kem. **19**B [1946] 97, 99).

Kp_5: 172–174°. D_4^{20}: 1,2146. n_D^{20}: 1,5378.

***Opt.-inakt. 4-Methyl-2-[4-nitro-phenyl]-[1,3]dioxan** $C_{11}H_{13}NO_4$, Formel III.

B. Beim Erhitzen von 4-Nitro-benzaldehyd mit (±)-Butan-1,3-diol, Toluol und wenig Toluol-4-sulfonsäure unter Entfernen des entstehenden Wassers (*Salmi, Kyrki*, Suomen Kem. **19**B [1946] 97, 100).

F: 93,5°.

***5-Methyl-5-nitro-2-phenyl-[1,3]dioxan** $C_{11}H_{13}NO_4$, Formel IV.

a) **5-Methyl-5-nitro-2-phenyl-[1,3]dioxan vom F: 118°.**

B. Neben dem unter b) beschriebenen Stereoisomeren beim Erwärmen von Benzaldehyd mit 2-Methyl-2-nitro-propan-1,3-diol, Benzol und wenig Toluol-4-sulfonsäure unter Abtrennen des entstehenden Wassers (*Senkus*, Am. Soc. **63** [1941] 2635, **65** [1943] 1656).

Krystalle (aus Me.); F: 118,3°.

b) **5-Methyl-5-nitro-2-phenyl-[1,3]dioxan vom F: 78°.**

B. s. bei dem unter a) beschriebenen Stereoisomeren.

Krystalle (aus Dibutyläther); F: 78,4° (*Senkus*, Am. Soc. **65** [1943] 1656).

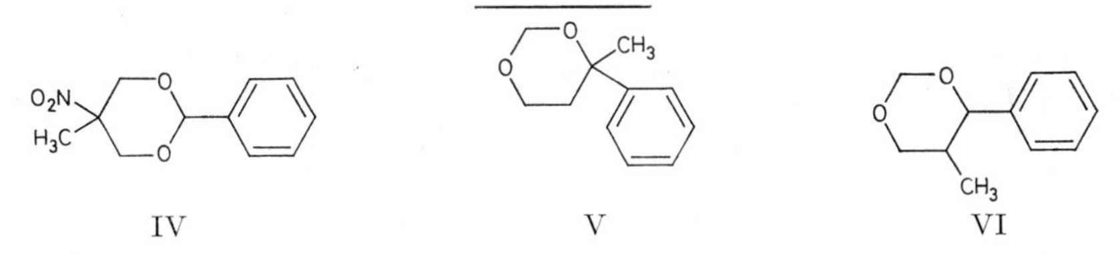

(±)-4-Methyl-4-phenyl-[1,3]dioxan $C_{11}H_{14}O_2$, Formel V.

B. Beim Behandeln von 2-Phenyl-propen mit Paraformaldehyd, Essigsäure und Schwefelsäure (*Baker*, Soc. **1948** 89, 92; s. a. *Price et al.*, Am. Soc. **71** [1949] 2860), mit Paraformaldehyd und wasserhaltiger Phosphorsäure (*Pr. et al.*), mit wss. Formaldehyd-Lösung und wenig Schwefelsäure (*Beets*, R. **70** [1951] 20, 23; s. a. *Farberow et al.*, Ž. obšč. Chim. **27** [1957] 2806, 2815; engl. Ausg. S. 2841, 2849) oder mit wss. Formaldehyd-Lösung, Dioxan und wenig Schwefelsäure (*Emerson et al.*, Am. Soc. **72** [1950] 5314).

Krystalle (aus PAe.); F: 42° (*Ba.*), 39,2° (*Be.*), 39–40° (*Pr. et al.*). Kp_{14}: 119° (*Em. et al.*); Kp_4: 102° (*Fa. et al.*); Kp_2: 92–93° (*Be.*). D_4^{20}: 1,0864 (*Fa. et al.*). n_D^{20}: 1,5265 bis 1,5275 (*Be.*), 1,5240 (*Fa. et al.*).

5-Methyl-4-phenyl-[1,3]dioxan $C_{11}H_{14}O_2$, Formel VI.

Über ein beim Erhitzen von Propenylbenzol (nicht charakterisiert) mit wss. Formaldehyd-Lösung und wenig Schwefelsäure erhaltenes opt.-inakt. Präparat ($Kp_{2,5}$: 100,5°; D_4^{20}: 1,0766; n_D^{20}: 1,5222) s. *Drukker, Beets*, R. **70** [1951] 29, 33.

2-Methyl-5-phenyl-[1,4]dioxan $C_{11}H_{14}O_2$, Formel VII, und **2-Methyl-6-phenyl-[1,4]dioxan** $C_{11}H_{14}O_2$, Formel VIII.

Diese beiden Konstitutionsformeln sind für die nachstehend beschriebene opt.-inakt.

Verbindung in Betracht gezogen worden (*Astle, Jacobson*, J. org. Chem. **24** [1959] 1766).

B. Beim Erhitzen von (±)-Phenyloxiran mit (±)-Propan-1,2-diol und wenig Schwefelsäure auf 130° (*As.*, *Ja.*).

Kp_8: 103–106°.

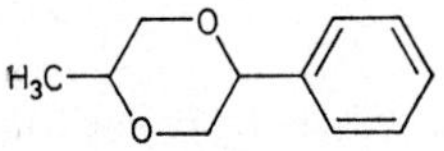

VII 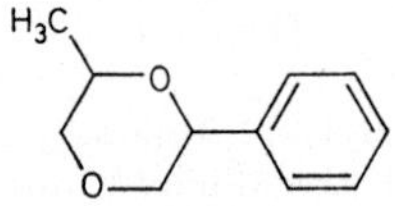 VIII 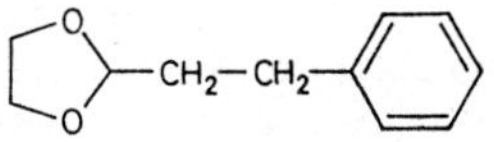 IX

2-Phenäthyl-[1,3]dioxolan $C_{11}H_{14}O_2$, Formel IX.

B. Beim Behandeln von 3-Phenyl-propionaldehyd mit Äthylenglykol in Gegenwart von Chlorwasserstoff (*Winthrop Chem. Co.*, U.S.P. 1837273 [1930]).

Kp_5: 115–120°.

(±)-1-[1,3]Dioxolan-2-yl-1-phenyl-äthan, (±)-2-[1-Phenyl-äthyl]-[1,3]dioxolan, (±)-Hydratropaaldehyd-äthandiylacetal $C_{11}H_{14}O_2$, Formel X.

B. Beim Behandeln von (±)-2-Phenyl-propionaldehyd mit Äthylenglykol in Gegenwart von Chlorwasserstoff (*Winthrop Chem. Co.*, U.S.P. 1837273 [1930]).

Kp_5: 106–108°.

2-Benzyl-2-methyl-[1,3]dioxolan $C_{11}H_{14}O_2$, Formel XI.

B. Beim Erhitzen von Phenylaceton mit Äthylenglykol, Benzol und wenig Toluol-4-sulfonsäure bzw. Schwefelsäure unter Entfernen des entstehenden Wassers (*Sulzbacher et al.*, Am. Soc. **70** [1948] 2827; *Kreevoy*, Am. Soc. **78** [1956] 4236, 4238).

Kp_{40}: 133–134°; $D_4^{19,5}$: 1,0520; $n_D^{19,5}$: 1,51028 (*Su. et al.*). Kp_{15}: 109° (*Kr.*).

Geschwindigkeitskonstante der Hydrolyse in 50% Dioxan enthaltender wss. Perchlorsäure (0,06n bis 0,75n) bei 25°: *Kr.*, l. c. S. 4237.

***Opt.-inakt. 2-Benzyl-4-methyl-[1,3]dioxolan** $C_{11}H_{14}O_2$, Formel XII (X = H).

B. Beim Behandeln von Phenylacetaldehyd mit (±)-Propan-1,2-diol in Gegenwart von Chlorwasserstoff (*Winthrop Chem. Co.*, U.S.P. 1837273 [1930]).

Kp_5: 100°.

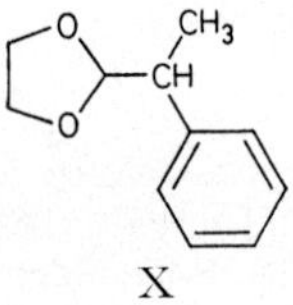

X 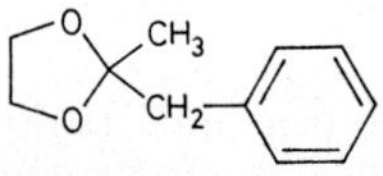 XI 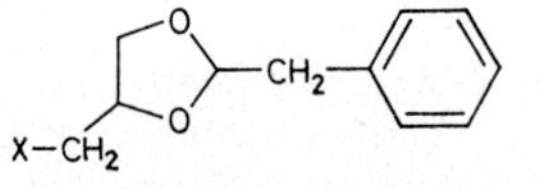 XII

***Opt.-inakt. 2-Benzyl-4-chlormethyl-[1,3]dioxolan** $C_{11}H_{13}ClO_2$, Formel XII (X = Cl).

B. Beim Behandeln von Phenylacetaldehyd mit (±)-Epichlorhydrin, Tetrachlormethan und Zinn(IV)-chlorid (*Gryszkiewicz-Trochimowski et al.*, Bl. **1958** 610, 612).

Kp_{13}: 156–158°.

***Opt.-inakt. 4-Methyl-2-*m*-tolyl-[1,3]dioxolan** $C_{11}H_{14}O_2$, Formel I.

B. Beim Erhitzen von *m*-Toluylaldehyd mit (±)-Propan-1,2-diol, Benzol und wenig Toluol-4-sulfonsäure unter Entfernen des entstehenden Wassers (*Salmi, Kyrki*, Suomen Kem. **19**B [1946] 97, 101).

Kp_{10}: 117–118°. D_4^{20}: 1,0479. $n_{656,3}^{20}$: 1,5075; n_D^{20}: 1,5116; $n_{486,1}^{20}$: 1,5217.

***Opt.-inakt. 4-Methyl-2-*p*-tolyl-[1,3]dioxolan** $C_{11}H_{14}O_2$, Formel II.

B. Beim Erhitzen von *p*-Toluylaldehyd mit (±)-Propan-1,2-diol, Benzol und wenig Toluol-4-sulfonsäure unter Entfernen des entstehenden Wassers (*Salmi, Kyrki*, Suomen

Kem. **19** B [1946] 97, 101).
Kp_{14}: 128°. D_4^{20}: 1,0457. $n_{656,3}^{20}$: 1,5064; n_D^{20}: 1,5109; $n_{486,1}^{20}$: 1,5204.

2-Äthyl-2-phenyl-[1,3]dioxolan, Propiophenon-äthandiylacetal $C_{11}H_{14}O_2$, Formel III.

B. Beim Erhitzen von Propiophenon mit Äthylenglykol, Benzol (oder Toluol) und wenig Toluol-4-sulfonsäure unter Entfernen des entstehenden Wassers (*Salmi et al.*, Suomen Kem. **20** B [1947] 1, 4).

Kp_3: 87,7°. D_4^{25}: 1,0503.

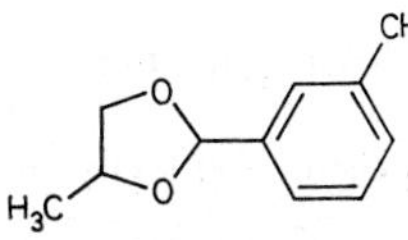

I 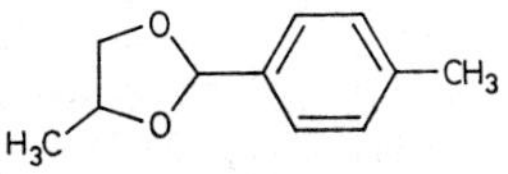 II 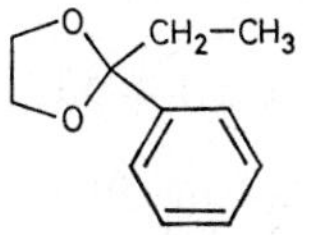 III 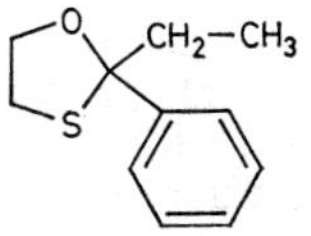 IV

(±)-2-Äthyl-2-phenyl-[1,3]oxathiolan $C_{11}H_{14}OS$, Formel IV.

B. Beim Erhitzen von Propiophenon mit 2-Mercapto-äthanol, Benzol und wenig Toluol-4-sulfonsäure unter Entfernen des entstehenden Wassers (*Marshall, Stevenson*, Soc. **1959** 2360, 2361).

$Kp_{2,4}$: 107°. n_D^{21}: 1,5610.

2-Äthyl-2-phenyl-[1,3]dithiolan, Propiophenon-äthandiyldithioacetal $C_{11}H_{14}S_2$, Formel V (X = H).

B. Beim Behandeln einer Lösung von Propiophenon in Benzol mit Äthan-1,2-dithiol und mit Chlorwasserstoff (*Reid, Jelinek*, J. org. Chem. **15** [1950] 448).

Kp_3: 135°. D_4^{25}: 1,1542. n_D^{25}: 1,6050.

2-Äthyl-2-[4-chlor-phenyl]-[1,3]dithiolan $C_{11}H_{13}ClS_2$, Formel V (X = Cl).

B. Beim Behandeln eines Gemisches von 1-[4-Chlor-phenyl]-propan-1-on, Äthan-1,2-dithiol, Zinkchlorid und Benzol mit Chlorwasserstoff (*Stauffer Chem. Co.*, U.S.P. 2701253 [1953]).

$Kp_{1,5}$: 154°.

(±)-2,2-Dimethyl-4-phenyl-[1,3]dioxolan $C_{11}H_{14}O_2$, Formel VI.

B. Beim Behandeln von (±)-Phenyloxiran mit Aceton und dem Borfluorid-Äther-Addukt (*Ponomarew*, Doklady Akad. S.S.S.R. **108** [1956] 648; C. A. **1957** 3565).

Kp_{10}: 95–96°. D_4^{20}: 1,1101. n_D^{20}: 1,5273.

***Opt.-inakt. 2,4-Dimethyl-2-phenyl-[1,3]dioxolan,** Acetophenon-propylenacetal $C_{11}H_{14}O_2$, Formel VII (X = H).

B. Beim Behandeln von Acetophenon mit Zinn(IV)-chlorid und mit (±)-1,2-Epoxy-propan (*Bogert, Roblin*, Am. Soc. **55** [1933] 3741, 3743, 3744). Beim Erhitzen von Acetophenon mit (±)-Propan-1,2-diol, Benzol (oder Toluol) und Toluol-4-sulfonsäure unter Entfernen des entstehenden Wassers (*Salmi et al.*, Suomen Kem. **20** B [1947] 1, 4).

Kp_{23}: 105° (*Bo., Ro.*). Kp_{13}: 99°; D_4^{20}: 1,0405 (*Sa. et al.*).

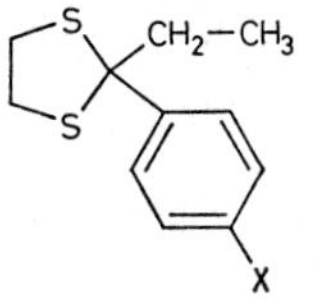

V 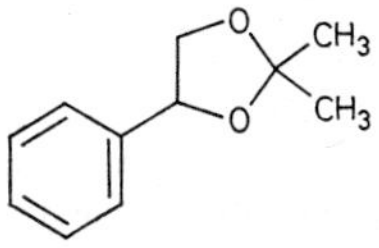 VI 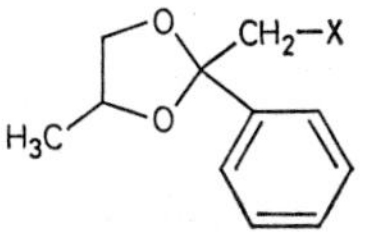 VII 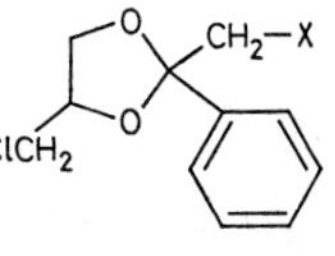 VIII

***Opt.-inakt. 2-Chlormethyl-4-methyl-2-phenyl-[1,3]dioxolan** $C_{11}H_{13}ClO_2$, Formel VII (X = Cl).

B. Beim Erhitzen von Phenacylchlorid mit (±)-Propan-1,2-diol, Benzol (oder Toluol)

und wenig Toluol-4-sulfonsäure unter Entfernen des entstehenden Wassers (*Salmi et al.*, Suomen Kem. **20**B [1947] 1, 4).

Kp_{15}: 134—135°. D_4^{20}: 1,1992.

***Opt.-inakt. 4-Chlormethyl-2-methyl-2-phenyl-[1,3]dioxolan** $C_{11}H_{13}ClO_2$, Formel VIII (X = H).

B. Beim Erhitzen von Acetophenon mit (±)-3-Chlor-propan-1,2-diol, Toluol und wenig Schwefelsäure unter Entfernen des entstehenden Wassers (*Kühn*, J. pr. [2] **156** [1940] 103, 119).

Kp_{15}: 138—140°. D_4^{18}: 1,1712.

***Opt.-inakt. 2-Brommethyl-4-chlormethyl-2-phenyl-[1,3]dioxolan** $C_{11}H_{12}BrClO_2$, Formel VIII (X = Br).

B. Beim Behandeln von Phenacylbromid mit (±)-Epichlorhydrin, Zinn(IV)-chlorid und Tetrachlormethan (*Willfang*, B. **74** [1941] 145, 151).

$Kp_{1,5}$: 133°.

2,4-Dimethyl-2-phenyl-[1,3]dithiolan $C_{11}H_{14}S_2$, Formel IX.

a) **Höhersiedendes opt.-inakt. 2,4-Dimethyl-2-phenyl-[1,3]dithiolan.**

B. Neben dem unter b) beschriebenen Präparat beim Behandeln eines Gemisches von Acetophenon, (±)-Propan-1,2-dithiol und Chloroform mit Chlorwasserstoff (*Roberts, Cheng*, J. org. Chem. **23** [1958] 983, 987, 989).

$Kp_{4,4}$: 146—149°. n_D^{30}: 1,5924.

b) **Niedrigersiedendes opt.-inakt. 2,4-Dimethyl-2-phenyl-[1,3]dithiolan.**

B. s. bei dem unter a) beschriebenen Präparat.

$Kp_{4,4}$: 134,5—136°; n_D^{30}: 1,5935 (*Roberts, Cheng*, J. org. Chem. **23** [1958] 983, 989).

***Opt.-inakt. 2,4-Dimethyl-1,1,3,3-tetraoxo-2-phenyl-1λ^6,3λ^6-[1,3]dithiolan, 2,4-Dimethyl-2-phenyl-[1,3]dithiolan-1,1,3,3-tetraoxid** $C_{11}H_{14}O_4S_2$, Formel X.

Präparate vom F: 134,5—136,2° [korr.] bzw. vom F: 132,5—133,7° [korr.] (jeweils Krystalle [aus wss. Me.]) sind beim Erwärmen von höhersiedendem bzw. niedrigersiedendem opt.-inakt. 2,4-Dimethyl-2-phenyl-[1,3]dithiolan (s. o.) mit wss. Wasserstoffperoxid, Essigsäure und Acetanhydrid erhalten worden (*Roberts, Cheng*, J. org. Chem. **23** [1958] 983, 988, 990).

4,5-Dimethyl-2-phenyl-[1,3]dioxolan $C_{11}H_{14}O_2$.

a) **4*r*,5*c*-Dimethyl-2ξ-phenyl-[1,3]dioxolan** $C_{11}H_{14}O_2$, Formel XI.

B. Beim Behandeln eines Gemisches von Benzaldehyd und einem vermutlich überwiegend aus *meso*-Butan-2,3-diol bestehenden Butan-2,3-diol-Präparat (s. diesbezüglich *Neish, Macdonald*, Canad. J. Res. [B] **25** [1947] 70, 76) mit Chlorwasserstoff (*Backer*, R. **55** [1936] 1036, 1038).

Kp_{13}: 117°; D_4^{25}: 1,0418; n_D^{25}: 1,5048 (*Ba.*).

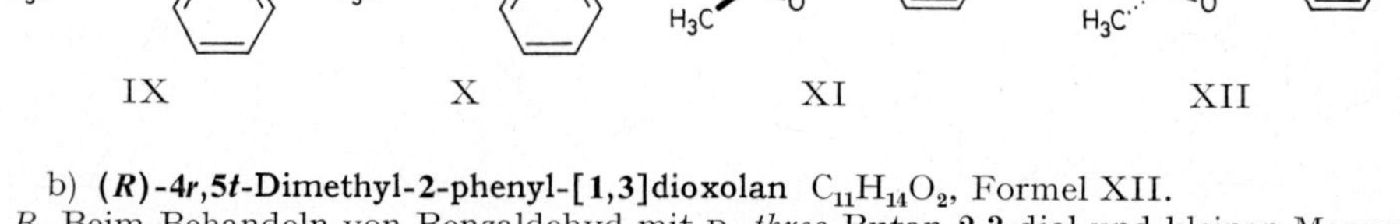

IX X XI XII

b) **(*R*)-4*r*,5*t*-Dimethyl-2-phenyl-[1,3]dioxolan** $C_{11}H_{14}O_2$, Formel XII.

B. Beim Behandeln von Benzaldehyd mit D_g-*threo*-Butan-2,3-diol und kleinen Mengen wss. Salzsäure (*Neish, Macdonald*, Canad. J. Res. [B] **25** [1947] 70, 71, 76).

Kp_{760}: 230°; Kp_{75}: 153—154°; D_4^{25}: 1,0274; n_D^{25}: 1,4982; $[\alpha]_D^{25}$: —28,1° [unverd.?] (*Ne., Ma.*).

Verhalten beim Erhitzen mit Phosphor(V)-oxid auf 400°: *Neish et al.*, Canad. J. Res. [B] **25** [1947] 266, 270.

9-Chlor-2,3,4,5-tetrahydro-7*H*-benz[*b*][1,5]oxathionin $C_{11}H_{13}ClOS$, Formel I.

B. Beim Erwärmen von *S*-[5-Chlor-2-(4-chlor-butoxy)-benzyl]-isothiuronium-chlorid mit wss.-äthanol. Natronlauge (*Kulka*, J. org. Chem. **22** [1957] 241, 242, 243).

F: 71–72°.

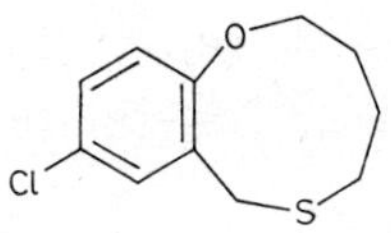

I 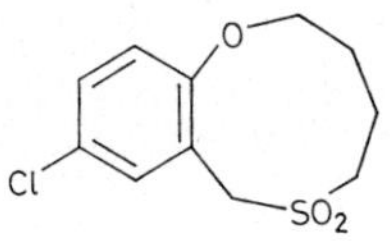 II 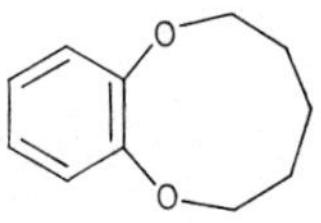 III 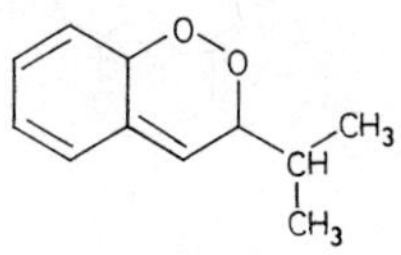 IV

9-Chlor-6,6-dioxo-2,3,4,5-tetrahydro-7*H*-6λ^6-benz[*b*][1,5]oxathionin, 9-Chlor-2,3,4,5-tetrahydro-7*H*-benz[*b*][1,5]oxathionin-6,6-dioxid $C_{11}H_{13}ClO_3S$, Formel II.

B. Beim Erwärmen von 9-Chlor-2,3,4,5-tetrahydro-7*H*-benz[*b*][1,5]oxathionin mit Essigsäure und wss. Wasserstoffperoxid (*Kulka*, J. org. Chem. **22** [1957] 238, 243).

F: 168–169° [korr.].

2,3,4,5-Tetrahydro-6*H*-benzo[*b*][1,4]dioxonin $C_{11}H_{14}O_2$, Formel III.

B. Beim Erhitzen von 2-[5-Brom-pentyloxy]-phenol mit Kaliumcarbonat in Amylalkohol (*Ziegler et al.*, A. **528** [1937] 162, 178, 179).

Kp_{10}: 122°. D_4^{20}: 1,0847.

***Opt.-inakt. 3-Isopropyl-3,8a-dihydro-benzo[*c*][1,2]dioxin** $C_{11}H_{14}O_2$, Formel IV.

B. Neben anderen Verbindungen bei mehrtägigem Behandeln von 3-Methyl-1-phenyl-but-1-en (Kp: 201°) mit Luft bei 40–45° (*Hock, Siebert*, B. **87** [1954] 546, 553).

Öl, das bei −20° glasig erstarrt. D_4^{20}: 1,086. n_D^{20}: 1,539.

***Opt.-inakt. 2,4,6-Trimethyl-4*H*-benzo[1,3]dioxin** $C_{11}H_{14}O_2$, Formel V.

B. Beim Behandeln von *p*-Kresol mit Acetaldehyd, Benzol und wss. Salzsäure (*Adler et al.*, Ark. Kemi **16**A Nr. 12 [1943] 14).

Krystalle (aus PAe. oder durch Sublimation unter vermindertem Druck); F: 37°. Kp_{15}: 115–120°.

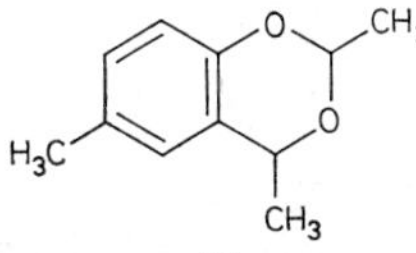

V 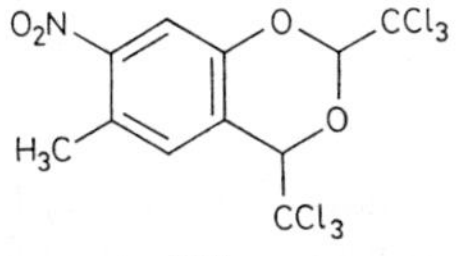 VI 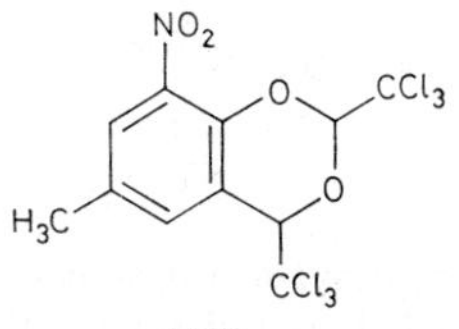 VII

***Opt.-inakt. 6-Methyl-7-nitro-2,4-bis-trichlormethyl-4*H*-benzo[1,3]dioxin** $C_{11}H_7Cl_6NO_4$, Formel VI.

B. Bei mehrtägigem Behandeln von 4-Methyl-3-nitro-phenol mit Chloral-hydrat und konz. Schwefelsäure (*Irving, Curtis*, Soc. **1943** 319).

Krystalle (aus Eg.); F: 143°.

***Opt.-inakt. 6-Methyl-8-nitro-2,4-bis-trichlormethyl-4*H*-benzo[1,3]dioxin** $C_{11}H_7Cl_6NO_4$, Formel VII.

B. Beim Behandeln von 4-Methyl-2-nitro-phenol mit Chloral-hydrat und konz. Schwefelsäure (*Irving, Curtis*, Soc. **1943** 319).

Krystalle (aus Eg.); F: 175–176°.

***Opt.-inakt. 8-Methyl-6-nitro-2,4-bis-trichlormethyl-4*H*-benzo[1,3]dioxin** $C_{11}H_7Cl_6NO_4$, Formel VIII.

B. Beim Behandeln von 2-Methyl-4-nitro-phenol mit Chloral-hydrat und konz. Schwefel-

säure (*Backeberg*, J. S. African chem. Inst. [N.S.] **3** [1950] 13, 15).
Krystalle (aus A.); F: 152°.

VIII IX X

5-Isobutyl-benzo[1,3]dioxol, 4-Isobutyl-1,2-methylendioxy-benzol $C_{11}H_{14}O_2$, Formel IX.

B. Neben 3-Benzo[1,3]dioxol-5-yl-2-methyl-propan-1-ol bei der Hydrierung von 3-Benzo[1,3]dioxol-5-yl-2-methyl-acrylaldehyd (F: 65,5–66,5°) an Palladium in wss. Äthanol (*Bogert, Powell*, Am. Soc. **53** [1931] 2747, 2751).

Kp_{760}: 238–240°. n_D^{23}: 1,51841.

2-Methyl-2-propyl-benzo[1,3]dioxol $C_{11}H_{14}O_2$, Formel X.

B. Beim Erwärmen von Brenzcatechin mit Pentan-2-on und Phosphor(V)-oxid (*Böeseken, Slooff*, Pr. Akad. Amsterdam **35** [1932] 1250, 1251, 1252; *Slooff*, R. **54** [1935] 995, 999).

Kp_{20}: 107°; D^{20}: 1,0221; n_D^{20}: 1,5005 (*Sl.*).

5-Chlormethyl-6-propyl-benzo[1,3]dioxol $C_{11}H_{13}ClO_2$, Formel XI (X = Cl).

Konstitutionszuordnung: *Schmidt, Dahm*, J. econ. Entomol. **49** [1956] 729, 731.

B. Beim Erwärmen von 5-Propyl-benzo[1,3]dioxol mit Paraformaldehyd und wss. Salzsäure (*Food Machin. and Chem. Corp.*, U.S.P. 2878265 [1956]; s. a. *Nation. Distillers Prod. Corp.*, D.B.P. 848502 [1951]; D.R.B.P. Org. Chem. 1950–1951 **6** 2346; *U.S. Ind. Chem. Inc.*, U.S.P. 2485680 [1946]; *Sch., Dahm*, l. c. S. 729, 730).

Kp_4: 128° (*Nation. Distillers Prod. Corp.*; *U.S. Ind. Chem. Inc.*).

XI XII XIII

5-Brommethyl-6-propyl-benzo[1,3]dioxol $C_{11}H_{13}BrO_2$, Formel XI (X = Br).

Bezüglich der Konstitutionszuordnung vgl. das analog hergestellte 5-Chlormethyl-6-propyl-benzo[1,3]dioxol (s. o.).

B. Beim Behandeln von 5-Propyl-benzo[1,3]dioxol mit wss. Formaldehyd-Lösung und wss. Bromwasserstoffsäure (*Nation. Distillers Prod. Corp.*, D.B.P. 848502 [1951]; D.R.B.P. Org. Chem. 1950–1951 **6** 2346; *U.S. Ind. Chem. Inc.*, U.S.P. 2485680 [1946]).

$Kp_{2,5}$: 137–141°.

(±)-5-Brommethyl-6-[2-brom-propyl]-benzo[1,3]dioxol $C_{11}H_{12}Br_2O_2$, Formel XII.

B. Bei Behandeln einer Lösung von 5-Allyl-6-chlormethyl-benzo[1,3]dioxol in Chloroform mit Bromwasserstoff (*Sugasawa et al.*, Pharm. Bl. **1** [1953] 80, 82).

Kp_5: 170–172°.

Beim Erwärmen mit Anilin und Benzol ist 7-Methyl-6-phenyl-5,6,7,8-tetrahydro-[1,3]dioxolo[4,5-*g*]isochinolin erhalten worden.

***Opt.-inakt. 5-Methyl-6-[2-nitro-1-nitroso-propyl]-benzo[1,3]dioxol** $C_{11}H_{12}N_2O_5$, Formel XIII.

B. Beim Behandeln von 5-Methyl-6-*trans*(?)-propenyl-benzo[1,3]dioxol (F: 45–47°) mit Äther, wss. Natriumnitrit-Lösung und wss. Schwefelsäure (*Sugasawa, Hino*, Pharm.

Bl. **2** [1954] 242, 245).
F: 127° [Zers.].

2-Isopropyl-2-methyl-benzo[1,3]dioxol $C_{11}H_{14}O_2$, Formel XIV.
B. Beim Erwärmen von Brenzcatechin mit 3-Methyl-butan-2-on und Phosphor(V)-oxid (*Böeseken, Slooff*, Pr. Akad. Amsterdam **35** [1932] 1250, 1251, 1252).
Kp_{20}: 102°.

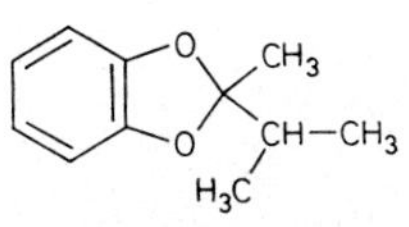

XIV 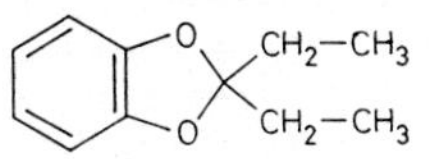 XV 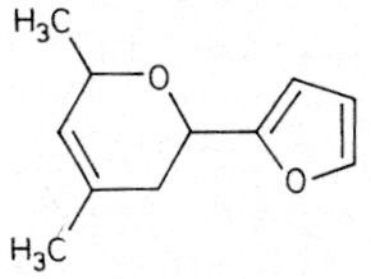 XVI

2,2-Diäthyl-benzo[1,3]dioxol $C_{11}H_{14}O_2$, Formel XV.
B. Beim Erwärmen von Brenzcatechin mit Pentan-3-on und Phosphor(V)-oxid (*Böeseken, Slooff*, Pr. Akad. Amsterdam **35** [1932] 1250, 1251, 1252; *Slooff*, R. **54** [1935] 995, 999).
Kp_{20}: 105°; D^{20}: 1,0330; n_D^{20}: 1,5040 (*Sl.*).

2-[2]Furyl-4,6-dimethyl-3,6-dihydro-2*H*-pyran $C_{11}H_{14}O_2$, Formel XVI.
Diese Konstitution ist der nachstehend beschriebenen opt.-inakt. Verbindung zugeordnet worden; die Position der Doppelbindung ist aber nicht bewiesen (*Shell Devel. Co.*, U.S.P. 2452977 [1944]).
B. Neben 2-[2]Furyl-4,6-dimethyl-tetrahydro-pyran-4-ol ($Kp_{1,5}$: 102,9–105,8°) beim Behandeln von (±)-4-Methyl-pent-4-en-2-ol mit Furfural und konz. Schwefelsäure und Erhitzen des Reaktionsprodukts unter vermindertem Druck (*Shell Devel. Co.*).
Kp_5: 83,8–84,4°.

[*Roth*]

Stammverbindungen $C_{12}H_{16}O_2$

(±)-4-Phenäthyl-[1,3]dioxan $C_{12}H_{16}O_2$, Formel I (X = H).
B. Bei der Hydrierung von (±)-*trans*-4-Styryl-[1,3]dioxan an Platin in Äthanol (*Beets, Drukker*, R. **72** [1953] 728, 733).
E: 7,4°. Kp_4: 121°. D_4^{20}: 1,0535. n_D^{20}: 1,5166. UV-Spektrum (Octan; 210–330 nm): *Be., Dr.*, l. c. S. 731.

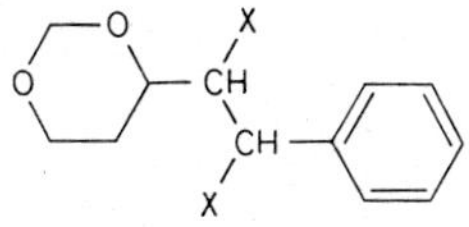

I 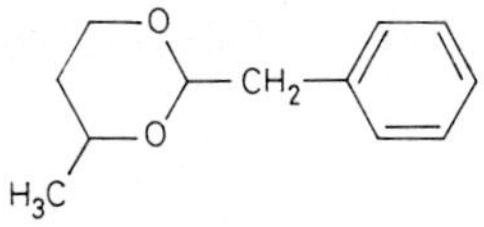 II 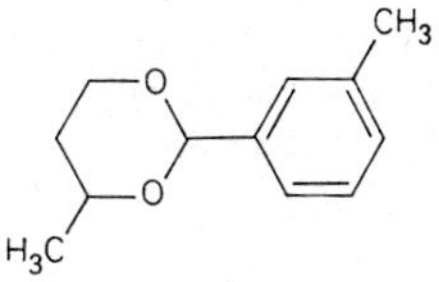 III

***Opt.-inakt. 4-[α,β-Dibrom-phenäthyl]-[1,3]dioxan** $C_{12}H_{14}Br_2O_2$, Formel I (X = Br).
B. Beim Behandeln von (±)-*trans*-4-Styryl-[1,3]dioxan mit Brom in Tetrachlormethan bei –15° (*Beets, Drukker*, R. **72** [1953] 728, 734).
Krystalle (aus A.); F: 145–145,5° [korr.].

***Opt.-inakt. 2-Benzyl-4-methyl-[1,3]dioxan** $C_{12}H_{16}O_2$, Formel II.
B. Beim Behandeln von Phenylacetaldehyd mit (±)-Butan-1,3-diol in Gegenwart von Chlorwasserstoff (*Winthrop Chem. Co.*, U.S.P. 1837273 [1930]).
Kp_{14}: 133–135°.

***Opt.-inakt. 4-Methyl-2-*m*-tolyl-[1,3]dioxan** $C_{12}H_{16}O_2$, Formel III.

B. Beim Erwärmen von *m*-Toluylaldehyd mit (±)-Butan-1,3-diol, Benzol und wenig Toluol-4-sulfonsäure unter Entfernen des entstehenden Wassers (*Salmi*, *Kyrki*, Suomen Kem. **19** B [1946] 97, 101).

Kp_8: 135°. D_4^{20}: 1,0430. $n_{656,3}^{20}$: 1,5116; n_D^{20}: 1,5155; $n_{486,1}^{20}$: 1,5256.

***Opt.-inakt. 4-Methyl-2-*p*-tolyl-[1,3]dioxan** $C_{12}H_{16}O_2$, Formel IV.

B. Aus *p*-Toluylaldehyd und (±)-Butan-1,3-diol analog der im vorangehenden Artikel beschriebenen Verbindung (*Salmi*, *Kyrki*, Suomen Kem. **19** B [1946] 97, 101).

Kp_{4-5}: 123–125°. D_4^{20}: 1,0386. $n_{656,3}^{20}$: 1,5105; n_D^{20}: 1,5144.

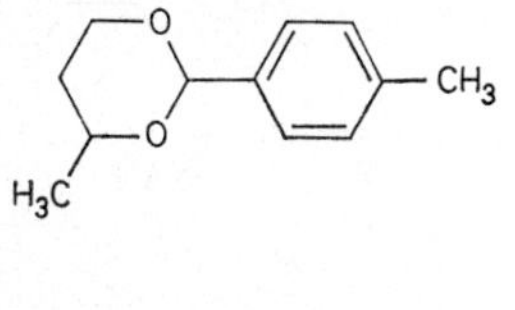

IV 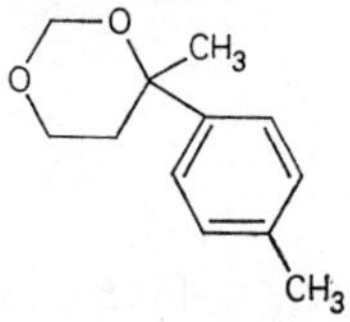 V 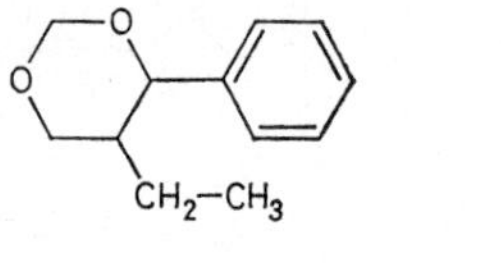 VI

(±)-4-Methyl-4-*p*-tolyl-[1,3]dioxan $C_{12}H_{16}O_2$, Formel V.

B. Beim Behandeln von 1-Isopropenyl-4-methyl-benzol mit Paraformaldehyd, Essigsäure und wasserhaltiger Phosphorsäure (*Price et al.*, Am. Soc. **71** [1949] 2860).

Krystalle (aus PAe.); F: 42–43°. Kp_1: 89–97°.

***Opt.-inakt. 5-Äthyl-4-phenyl-[1,3]dioxan** $C_{12}H_{16}O_2$, Formel VI.

B. Beim Erhitzen von (±)-1-Phenyl-butan-1-ol mit wss. Formaldehyd-Lösung und Schwefelsäure (*Drukker*, *Beets*, R. **70** [1951] 29, 33).

$Kp_{2,5}$: 110°; D_4^{20}: 1,0584; n_D^{20}: 1,5190 (*Dr.*, *Be.*). UV-Spektrum (Octan; 200–350 nm): *Beets*, *Drukker*, R. **72** [1953] 728, 731.

5-Brom-2,2-dimethyl-4-phenyl-[1,3]dioxan $C_{12}H_{15}BrO_2$.

a) **(4*S*,5Ξ)-5-Brom-2,2-dimethyl-4-phenyl-[1,3]dioxan** $C_{12}H_{15}BrO_2$, Formel VII.

B. Beim Behandeln einer Lösung von (4*S*)-2,2-Dimethyl-4*r*-phenyl-[1,3]dioxan-5*c*-ylamin ($[\alpha]_D^{20}$: +22° [A.]; über die Konfiguration s. *Weinges et al.*, B. **104** [1971] 3594, 3595) in Äther mit Nitrosylbromid und Natriumcarbonat (*Logemann et al.*, G. **83** [1953] 407, 414, 415).

$[\alpha]_D^{20}$: +7° [A.] (*Lo. et al.*).

b) **Opt.-inakt. 5-Brom-2,2-dimethyl-4-phenyl-[1,3]dioxan** $C_{12}H_{15}BrO_2$, Formel VII + Spiegelbild, **vom F: 55°**.

B. Beim Behandeln von opt.-inakt. 2-Brom-1-phenyl-propan-1,3-diol (F: 63–65°) mit Aceton und wenig Schwefelsäure (*Nagawa*, *Murase*, Ann. Rep. Takamine Labor. **8** [1956] 1, 3; C. A. **1958** 307).

Krystalle (aus Bzn.); F: 55°.

***Opt.-inakt. 2,4-Dimethyl-2-phenyl-[1,3]dioxan** $C_{12}H_{16}O_2$, Formel VIII (X = H).

B. Beim Erwärmen von Acetophenon mit (±)-Butan-1,3-diol, Benzol (oder Toluol) und wenig Toluol-4-sulfonsäure unter Entfernen des entstehenden Wassers (*Salmi et al.*, Suomen Kem. **20** B [1947] 1, 4).

F: 54,5°. Kp_{11}: 96–97°.

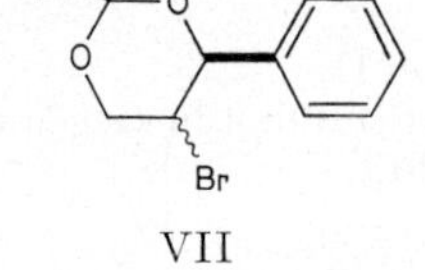

VII 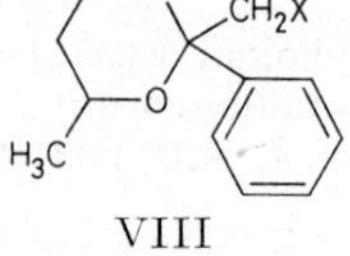 VIII 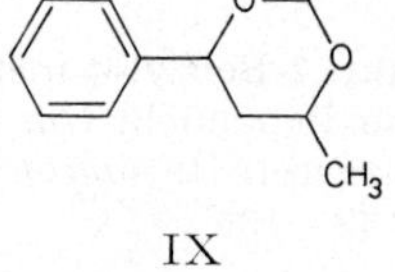 IX

***Opt.-inakt. 2-Chlormethyl-4-methyl-2-phenyl-[1,3]dioxan** $C_{12}H_{15}ClO_2$, Formel VIII (X = Cl).

B. Aus Phenacylchlorid und (±)-Butan-1,3-diol analog der im vorangehenden Artikel beschriebenen Verbindung (*Salmi et al.*, Suomen Kem. **20** B [1947] 1, 4).

F: 49°. Kp_{13}: 138–139°.

***Opt.-inakt. 2,4-Dimethyl-6-phenyl-[1,3]dioxan** $C_{12}H_{16}O_2$, Formel IX.

B. Beim Eintragen von Styrol und Acetaldehyd in ein Gemisch von Essigsäure und konz. Schwefelsäure (*Emerson*, J. org. Chem. **10** [1945] 464, 467) oder in 48 %ig. wss. Schwefelsäure (*Chem. Werke Hüls*, D.B.P. 957125 [1954]). Beim Behandeln von opt.-inakt. 1-Phenyl-butan-1,3-diol (n_D^{25}: 1,5319) mit Paraldehyd, wenig wss. Salzsäure und Calciumchlorid (*Em.*, l. c. S. 469).

Kp_{15}: 128–133°; n_D^{25}: 1,5070 (*Em.*, l. c. S. 468). Kp_{14}: 125–130°; D_{25}^{25}: 1,031; n_D^{25}: 1,5070 (*Em.*, l. c. S. 466). Bei 110–120°/2 Torr destillierbar; n_D^{20}: 1,5070 (*Chem. Werke Hüls*).

***Opt.-inakt. 4,6-Dimethyl-5-nitro-2-phenyl-[1,3]dioxan** $C_{12}H_{15}NO_4$, Formel X (X = H).

B. Beim Erwärmen von Benzaldehyd mit opt.-inakt. 3-Nitro-pentan-2,4-diol (E IV **1** 2545), Benzol, wenig Benzolsulfonsäure, Chlorwasserstoff enthaltendem Äthanol und konz. Schwefelsäure (*Eckstein, Urbański*, Roczniki Chem. **26** [1952] 571, 584, 586; C. A. **1955** 2437).

Krystalle; F: 126–127°.

***Opt.-inakt. 5-Chlor-4,6-dimethyl-5-nitro-2-phenyl-[1,3]dioxan** $C_{12}H_{14}ClNO_4$, Formel XI (X = H).

B. Aus Benzaldehyd und opt.-inakt. 3-Chlor-3-nitro-pentan-2,4-diol (F: 118–120°) analog der im vorangehenden Artikel beschriebenen Verbindung (*Eckstein, Urbański*, Roczniki Chem. **26** [1952] 571, 585, 586; C. A. **1955** 2437).

Krystalle; F: 91–92,5°.

***Opt.-inakt. 2-[4-Chlor-phenyl]-4,6-dimethyl-5-nitro-[1,3]dioxan** $C_{12}H_{14}ClNO_4$, Formel X (X = Cl).

B. Aus 4-Chlor-benzaldehyd und opt.-inakt. 3-Nitro-pentan-2,4-diol (E IV **1** 2545) analog opt.-inakt. 4,6-Dimethyl-5-nitro-2-phenyl-[1,3]dioxan [s. o.] (*Eckstein, Urbański*, Roczniki Chem. **26** [1952] 571, 584, 586; C. A. **1955** 2437).

Krystalle; F: 107–109°.

***Opt.-inakt. 5-Brom-4,6-dimethyl-5-nitro-2-phenyl-[1,3]dioxan** $C_{12}H_{14}BrNO_4$, Formel XII (X = H).

B. Aus Benzaldehyd und opt.-inakt. 3-Brom-3-nitro-pentan-2,4-diol (F: 111–113°) analog opt.-inakt. 4,6-Dimethyl-5-nitro-2-phenyl-[1,3]dioxan [s. o.] (*Eckstein, Urbański*, Roczniki Chem. **26** [1952] 571, 585, 586; C. A. **1955** 2437).

Krystalle; F: 98–100°.

H_3C O O_2N X O H_3C H_3C Cl O O_2N X O H_3C H_3C Br O O_2N X O H_3C

X XI XII

***Opt.-inakt. 4,6-Dimethyl-5-nitro-2-[4-nitro-phenyl]-[1,3]dioxan** $C_{12}H_{14}N_2O_6$, Formel X (X = NO_2).

B. Beim Erwärmen von 4-Nitro-benzaldehyd mit 3-Nitro-pentan-2,4-diol (E IV **1** 2545) und wenig Schwefelsäure (*Eckstein, Urbański*, Roczniki Chem. **26** [1952] 571, 584, 585; C. A. **1955** 2437).

Krystalle (aus A.); F: 145–147°.

***Opt.-inakt. 5-Chlor-4,6-dimethyl-5-nitro-2-[4-nitro-phenyl]-[1,3]dioxan** $C_{12}H_{13}ClN_2O_6$, Formel XI (X = NO_2).

B. Aus 4-Nitro-benzaldehyd und opt.-inakt. 3-Chlor-3-nitro-pentan-2,4-diol (F: 118° bis 120°) analog opt.-inakt. 4,6-Dimethyl-5-nitro-2-phenyl-[1,3]dioxan [S. 241] (*Eckstein, Urbański*, Roczniki Chem. **26** [1952] 571, 585, 586; C. A. **1955** 2437).

Krystalle; F: 125–127°.

***Opt.-inakt. 5-Brom-4,6-dimethyl-5-nitro-2-[4-nitro-phenyl]-[1,3]dioxan** $C_{12}H_{13}BrN_2O_6$, Formel XII (X = NO_2).

B. Aus 4-Nitro-benzaldehyd und 3-Brom-3-nitro-pentan-2,4-diol (F: 111–113°) analog opt.-inakt. 4,6-Dimethyl-5-nitro-2-phenyl-[1,3]dioxan [S. 241] (*Eckstein, Urbański*, Roczniki Chem. **26** [1952] 571, 585, 586; C. A. **1955** 2437).

Krystalle; F: 142–144°.

***2,5-Dimethyl-5-phenyl-[1,3]dioxan** $C_{12}H_{16}O_2$, Formel I.

B. Aus 2-Methyl-2-phenyl-propan-1,3-diol und Äthyl-vinyl-äther mit Hilfe eines Kationenaustauschers (*Mastagli et al.*, Bl. **1957** 764).

Kp: 253°. n_D^{18}: 1,518.

5,5-Bis-chlormethyl-2-phenyl-[1,3]dioxan $C_{12}H_{14}Cl_2O_2$, Formel II.

B. Beim Behandeln von Benzaldehyd mit 2,2-Bis-chlormethyl-propan-1,3-diol und wss. Salzsäure (*Wawzonek, Issidorides*, Am. Soc. **75** [1953] 2373). Beim Erwärmen einer Lösung von 5,5-Bis-hydroxymethyl-2-phenyl-[1,3]dioxan in Pyridin mit Thionylchlorid und Chloroform (*Wa., Is.*).

Krystalle (aus wss. A.); F: 77,5–78,5°.

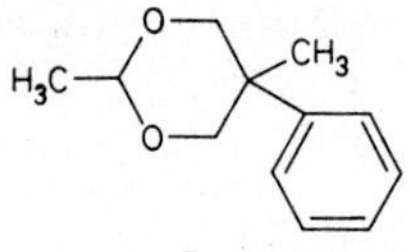

I 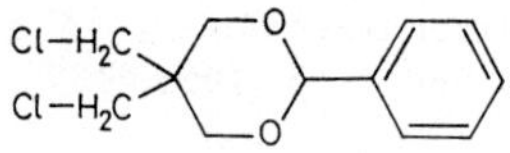 II 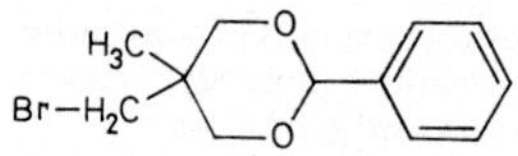 III

***5-Brommethyl-5-methyl-2-phenyl-[1,3]dioxan** $C_{12}H_{15}BrO_2$, Formel III.

B. Beim Erwärmen von Benzaldehyd mit 2-Brommethyl-2-methyl-propan-1,3-diol, Benzol und wenig Toluol-4-sulfonsäure unter Entfernen des entstehenden Wassers (*Blicke, Schumann*, Am. Soc. **76** [1954] 1226, 1227).

Kp_3: 147–149°.

(±)-4,5,5-Trimethyl-2,2-dioxo-4-phenyl-2λ⁶-[1,2]oxathiolan, (±)-4,5,5-Trimethyl-4-phenyl-[1,2]oxathiolan-2,2-dioxid, (±)-3-Hydroxy-2,3-dimethyl-2-phenyl-butan-1-sulfonsäure-lacton $C_{12}H_{16}O_3S$, Formel IV.

Bestätigung der Konstitutionszuordnung: *Ohline et al.*, Am. Soc. **86** [1964] 4641, 4643.

B. Beim Eintragen von 3,3-Dimethyl-2-phenyl-but-1-en in ein aus Schwefeltrioxid, Dioxan und Dichlormethan hergestelltes Reaktionsgemisch und anschliessenden Behandeln mit Wasser (*Bordwell et al.*, Am. Soc. **81** [1959] 2002, 2006).

Krystalle; F: 132–133° (*Bo. et al.*, l. c. S. 2006). ¹H-NMR-Spektrum sowie ¹H-¹H-Spin-Spin-Kopplungskonstante: *Oh. et al.*

Geschwindigkeitskonstante der Hydrolyse in 2,8 %ig. wss. Dioxan bei 20°, 30° und 40°: *Bordwell et al.*, Am. Soc. **81** [1959] 2698, 2701.

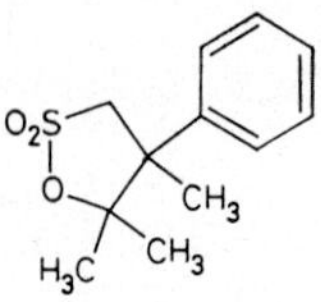

IV 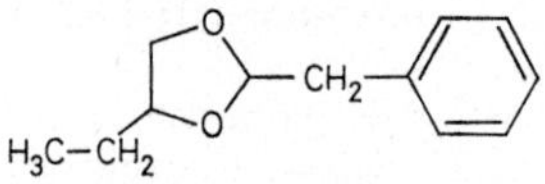 V 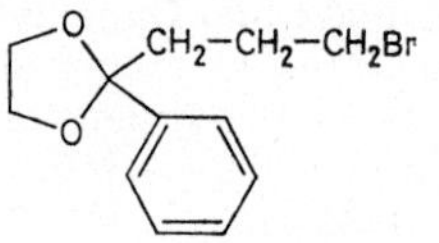 VI

***Opt.-inakt. 4-Äthyl-2-benzyl-[1,3]dioxolan** $C_{12}H_{16}O_2$, Formel V.

B. Beim Behandeln von Phenylacetaldehyd mit (±)-Butan-1,2-diol in Gegenwart von Chlorwasserstoff (*Winthrop Chem. Co.*, U.S.P. 1837273 [1930]).

Kp_5: 107–110°.

2-[3-Brom-propyl]-2-phenyl-[1,3]dioxolan $C_{12}H_{15}BrO_2$, Formel VI.

B. Beim Erwärmen von 4-Brom-1-phenyl-butan-1-on mit Äthylenglykol, Benzol und wenig Toluol-4-sulfonsäure unter Entfernen des entstehenden Wassers (*House, Blaker*, J. org. Chem. **23** [1958] 334).

Krystalle (aus PAe.); F: 63–65°. UV-Absorptionsmaximum (A.): 245 nm.

2-Phenyl-2-propyl-[1,3]dithiolan, Butyrophenon-äthandiyldithioacetal $C_{12}H_{16}S_2$, Formel VII.

B. Beim Behandeln eines Gemisches von Butyrophenon und Äthan-1,2-dithiol mit Chlorwasserstoff (*Reid, Jelinek*, J. org. Chem. **15** [1950] 448).

Kp_4: 145°. D_4^{25}: 1,1287. n_D^{25}: 1,5915.

***Opt.-inakt. 2-Äthyl-2-methyl-5-phenyl-[1,3]oxathiolan** $C_{12}H_{16}OS$, Formel VIII.

B. Beim Behandeln von 2-Mercapto-1-phenyl-äthanol mit Butanon, Zinkchlorid und Natriumsulfat (*Djerassi et al.*, Am. Soc. **77** [1955] 568, 570).

Krystalle (aus CH_2Cl_2 + Acn.); F: 104–105° [unkorr.].

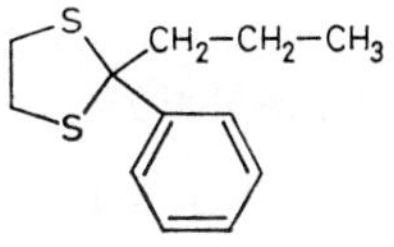

VII 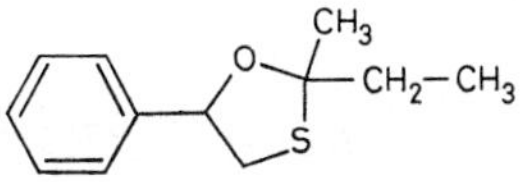 VIII 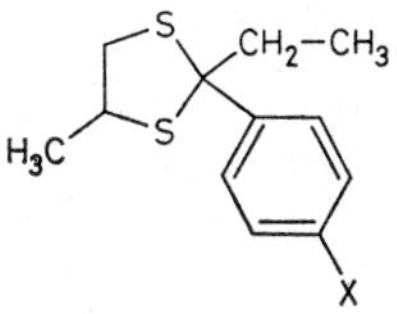 IX

2-Äthyl-4-methyl-2-phenyl-[1,3]dithiolan $C_{12}H_{16}S_2$, Formel IX (X = H).

a) **Höhersiedendes opt.-inakt. 2-Äthyl-4-methyl-2-phenyl-[1,3]dithiolan.**

B. Neben dem unter b) beschriebenen Präparat beim Behandeln eines Gemisches von Propiophenon, (±)-Propan-1,2-dithiol und Chloroform mit Chlorwasserstoff (*Roberts, Cheng*, J. org. Chem. **23** [1958] 983, 987, 989).

Kp_2: 122–123°. n_D^{30}: 1,5811.

b) **Niedrigersiedendes opt.-inakt. 2-Äthyl-4-methyl-2-phenyl-[1,3]dithiolan.**

B. s. bei dem unter a) beschriebenen Präparat.

Kp_2: 112–113°; n_D^{30}: 1,5821 (*Roberts, Cheng*, J. org. Chem. **23** [1958] 983, 987, 989).

***Opt.-inakt. 2-Äthyl-4-methyl-1,1,3,3-tetraoxo-2-phenyl-1λ^6,3λ^6-[1,3]dithiolan, 2-Äthyl-4-methyl-2-phenyl-[1,3]dithiolan-1,1,3,3-tetraoxid** $C_{12}H_{16}O_4S_2$, Formel X.

Präparate vom F: 134–135,5° [korr.] bzw. vom F: 129–130,5° [korr.] (jeweils Krystalle [aus A. oder aus Bzl. + PAe.]) sind beim Erwärmen von niedrigersiedendem (Kp_2: 112–113°) bzw. höhersiedendem (Kp_2: 122–123°) opt.-inakt. 2-Äthyl-4-methyl-2-phenyl-[1,3]dithiolan (s. o.) mit Essigsäure, Acetanhydrid und wss. Wasserstoffperoxid erhalten worden (*Roberts, Cheng*. J. org. Chem. **23** [1958] 983, 989).

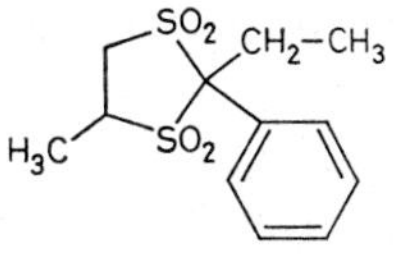

X 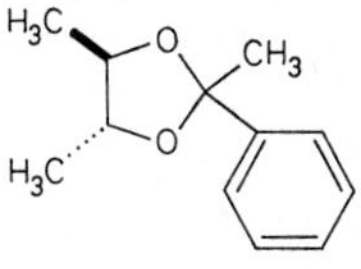 XI 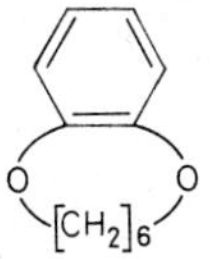 XII 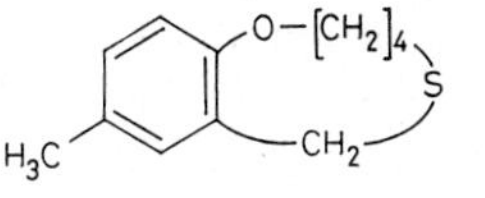 XIII

***Opt.-inakt. 2-Äthyl-2-[4-chlor-phenyl]-4-methyl-[1,3]dithiolan** $C_{12}H_{15}ClS_2$, Formel IX (X = Cl).

B. Beim Behandeln von 1-[4-Chlor-phenyl]-propan-1-on mit (±)-Propan-1,2-dithiol, Benzol, Zinkchlorid und Chlorwasserstoff (*Stauffer Chem. Co.*, U.S.P. 2701253 [1953]).

$Kp_{3,5}$: 158–159°.

(4*R*)-2,4*r*,5*t*-Trimethyl-2-phenyl-[1,3]dioxolan $C_{12}H_{16}O_2$, Formel XI.

B. Beim Erwärmen von Acetophenon mit D_g-*threo*-Butan-2,3-diol und wss. Salzsäure (*Neish, Macdonald*, Canad. J. Res. [B] **25** [1947] 70, 71, 77).

Kp_{760}: 219°; Kp_{93}: 146–147°. D_4^{25}: 0,9989. n_D^{25}: 1,4868. $[\alpha]_D^{25}$: –40,7° [unverd. ?].

2,3,4,5,6,7-Hexahydro-benzo[*b*][1,4]dioxecin, 1,2-Hexandiyldioxy-benzol $C_{12}H_{16}O_2$, Formel XII.

B. Aus 2-[6-Brom-hexyloxy]-phenol beim Eintragen in ein heisses Gemisch von Amylalkohol und Kaliumcarbonat (*Ziegler et al.*, A. **528** [1937] 162, 178) sowie beim Erwärmen mit Natriumäthylat in Äthanol (*Lüttringhaus, Sichert-Modrow*, Makromol. Ch. **18/19** [1956] 511, 519).

Krystalle (aus Me.); F: 38°; Kp_{10}: 140° (*Zi. et al.*). Kp_2: 110–112° (*Lü., Si.-Mo.*). Kryoskopische Konstante: *Zi. et al.*, l. c. S. 179.

9-Methyl-2,3,4,5-tetrahydro-7*H*-benz[*b*][1,5]oxathionin $C_{12}H_{16}OS$, Formel XIII.

B. Beim Erwärmen von *S*-[2-(4-Chlor-butoxy)-5-methyl-benzyl]-isothiuronium-chlorid mit wss.-äthanol. Natronlauge (*Kulka*, J. org. Chem. **22** [1957] 241, 242, 243).

F: 75–76°.

9-Methyl-6,6-dioxo-2,3,4,5-tetrahydro-7*H*-6λ^6-benz[*b*][1,5]oxathionin, 9-Methyl-2,3,4,5-tetrahydro-7*H*-benz[*b*][1,5]oxathionin-6,6-dioxid $C_{12}H_{16}O_3S$, Formel I.

B. Beim Erwärmen der im vorangehenden Artikel beschriebenen Verbindung mit Essigsäure und wss. Wasserstoffperoxid (*Kulka*, J. org. Chem. **22** [1957] 241, 243).

F: 111–112° [korr.].

I II III

6-*tert*-Butyl-4*H*-benzo[1,3]dioxin $C_{12}H_{16}O_2$, Formel II.

B. Beim Erhitzen von 4-*tert*-Butyl-phenol mit wss. Formaldehyd-Lösung und wenig Oxalsäure auf 160° (*Gen. Mills Inc.*, U.S.P. 2789985 [1955]).

$Kp_{0,2}$: 80–82°. D_4^{20}: 1,0560. n_D^{30}: 1,5200.

***Opt.-inakt. 2,4,6,8-Tetramethyl-4*H*-benzo[1,3]dioxin** $C_{12}H_{16}O_2$, Formel III.

B. Beim Behandeln von 2,4-Dimethyl-phenol mit Acetaldehyd, Benzol und wss. Salzsäure (*Adler et al.*, Ark. Kemi **16** A Nr. 12 [1943] 13).

Krystalle (aus PAe.), F: 43,5°; bei 120–125°/15 Torr destillierbar (*Ad. et al.*, l. c. S. 13).

Beim Erhitzen ohne Zusatz auf 220° sowie beim Behandeln einer warmen Lösung in Äthanol mit Chlorwasserstoff ist 2,4-Dimethyl-6-[4,6,8-trimethyl-chroman-2-yl]-phenol (F: 131,5°) erhalten worden (*Ad. et al.*, l. c. S. 15, 16).

(±)-2-Chlormethyl-6-propyl-2,3-dihydro-benzo[1,4]dioxin $C_{12}H_{15}ClO_2$, Formel IV, und **(±)-2-Chlormethyl-7-propyl-2,3-dihydro-benzo[1,4]dioxin** $C_{12}H_{15}ClO_2$, Formel V.

Diese beiden Konstitutionsformeln kommen für die nachstehend beschriebene Verbindung in Betracht.

B. Beim Behandeln von [6(oder 7)-Propyl-2,3-dihydro-benzo[1,4]dioxin-2-yl]-methanol ($Kp_{0,2}$: 142–143°) mit Thionylchlorid und Pyridin (*Geigy A.G.*, U.S.P. 2366611 [1943]).

$Kp_{0,2}$: 126–127°.

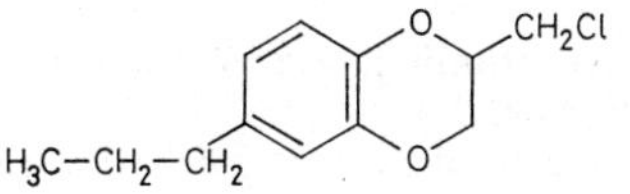

IV 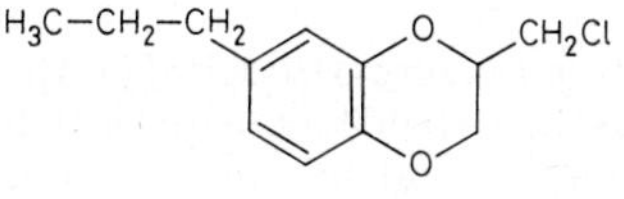 V

---

*Opt.-inakt. **5,6,7,8-Tetrachlor-2-[α,β-dibrom-isopropyl]-2-methyl-2,3-dihydro-benzo[1,4]dioxin** $C_{12}H_{10}Br_2Cl_4O_2$, Formel VI.

B. Beim Erwärmen einer Lösung von (±)-5,6,7,8-Tetrachlor-2-isopropenyl-2-methyl-2,3-dihydro-benzo[1,4]dioxin in Essigsäure mit Brom (*Horner, Merz*, A. **570** [1950] 89, 118).

Krystalle; F: 135°.

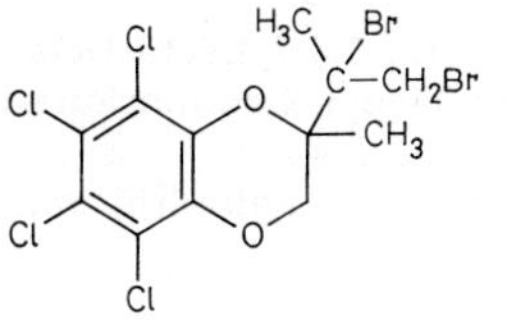

VI 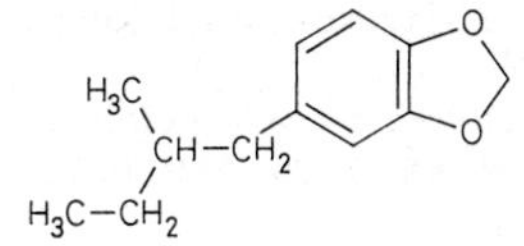 VII 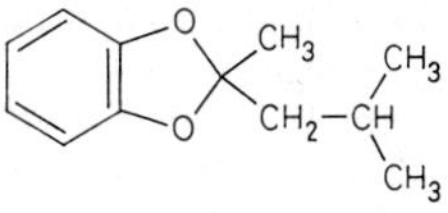 VIII

(±)-5-[2-Methyl-butyl]-benzo[1,3]dioxol, (±)-4-[2-Methyl-butyl]-1,2-methylendioxy-benzol $C_{12}H_{16}O_2$, Formel VII.

B. Neben 2-Äthyl-3-benzo[1,3]dioxol-5-yl-propan-1-ol und 2-Äthyl-3-benzo[1,3]dioxol-5-yl-propionaldehyd bei der Hydrierung von 2-Äthyl-3-benzo[1,3]dioxol-5-yl-acrylaldehyd (F: 56–57°) an Palladium in wss. Essigsäure oder in wss. Äthanol (*Bogert, Powell*, Am. Soc. **53** [1931] 2747, 2752).

Kp_{760}: 257°.

2-Isobutyl-2-methyl-benzo[1,3]dioxol $C_{12}H_{16}O_2$, Formel VIII.

B. Beim Erwärmen von Brenzcatechin mit 4-Methyl-pentan-2-on und Phosphor(V)-oxid (*Böeseken, Slooff*, Pr. Akad. Amsterdam **35** [1932] 1250, 1252; *Slooff*, R. **54** [1935] 995, 999).

Kp_{20}: 114,5°; D^{20}: 1,0085; n_D^{20}: 1,4982 (*Sl.*).

2-Äthyl-2-propyl-benzo[1,3]dioxol $C_{12}H_{16}O_2$, Formel IX.

B. Beim Erwärmen von Brenzcatechin mit Hexan-3-on und Phosphor(V)-oxid (*Slooff*, R. **54** [1935] 995, 999).

Kp_{20}: 121°. D^{20}: 1,0120. n_D^{20}: 1,4998.

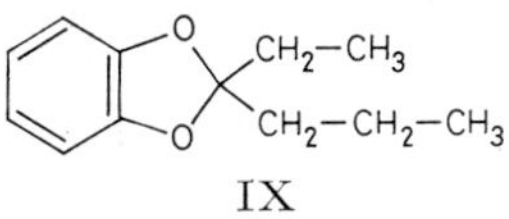

IX 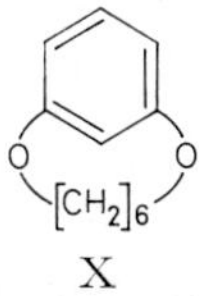 X 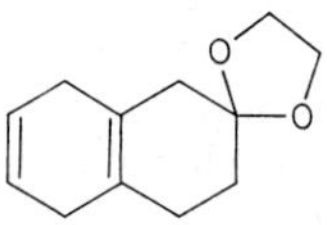 XI

2,9-Dioxa-bicyclo[8.3.1]tetradeca-1(14),10,12-trien, 1,8-Dioxa-[8]metacyclophan $C_{12}H_{16}O_2$, Formel X.

Diese Verbindung hat vermutlich in dem nachstehend beschriebenen Präparat vorgelegen (*Lüttringhaus*, A. **528** [1937] 181, 185).

B. In kleiner Menge neben 1,8,15,22-Tetraoxa-[8.8]metacyclophan und 3-[6-Isopentyl=

oxy-hexyloxy]-phenol (?) beim Eintragen einer Lösung von 3-[6-Brom-hexyloxy]-phenol in Isoamylalkohol in eine heisse Suspension von Kaliumcarbonat in Isoamylalkohol (*Lü.*, l. c. S. 204).

Bei 159—163°/14 Torr destillierbar [unreines Präparat] (*Lü.*, l. c. S. 204).

3′,4′,5′,8′-Tetrahydro-1′*H*-spiro[[1,3]dioxolan-2,2′-naphthalin], 2,2-Äthandiyldioxy-1,2,3,4,5,8-hexahydro-naphthalin $C_{12}H_{16}O_2$, Formel XI.

B. Beim Behandeln von 2-[1,4,5,8-Tetrahydro-[2]naphthyloxy]-äthanol mit wenig Toluol-4-sulfonsäure (*Birch et al.*, Soc. **1951** 1945, 1947).

$Kp_{0,8}$: 108—109°.

***Opt.-inakt. 5,5,10,10-Tetraoxo-1,4,4a,5a,6,9,9a,10a-octahydro-5λ⁶,10λ⁶-thianthren, 1,4,4a,5a,6,9,9a,10a-Octahydro-thianthren-5,5,10,10-tetraoxid** $C_{12}H_{16}O_4S_2$, Formel XII.

B. Beim Erhitzen einer Lösung von [1,4]Dithiin-1,1,4,4-tetraoxid in Essigsäure mit Buta-1,3-dien auf 150° (*Parham et al.*, Am. Soc. **76** [1954] 4957, 4959).

Zers. oberhalb 350°.

6,6-Dioxo-1,2,3,4,7,8,9,10-octahydro-6λ⁶-dibenz[1,2]oxathiin, 1,2,3,4,7,8,9,10-Octahydro-dibenz[1,2]oxathiin-6,6-dioxid, 2′-Hydroxy-[1,1′]bicyclohex-1-enyl-2-sulfonsäure-lacton $C_{12}H_{16}O_3S$, Formel XIII.

B. Beim Behandeln von 2-Cyclohex-1-enyl-cyclohexanon mit Acetanhydrid und konz. Schwefelsäure (*Morel, Verkade*, R. **68** [1949] 619, 637).

Kp_2: 189—192° [unreines Präparat].

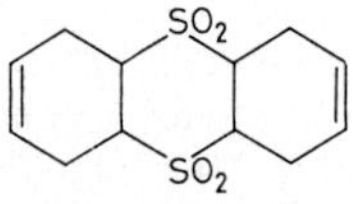

XII 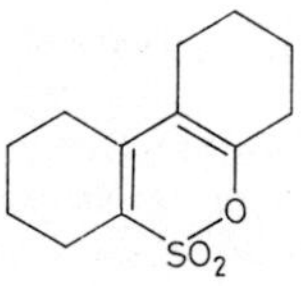 XIII 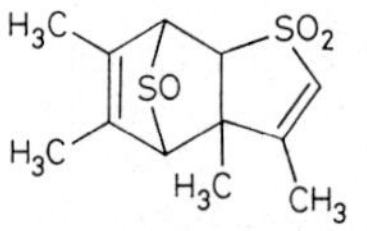 XIV 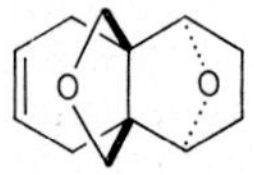 XV

***Opt.-inakt. 3,3a,5,6-Tetramethyl-1,1,8-trioxo-3a,4,7,7a-tetrahydro-1λ⁶,8λ⁴-4,7-episulfido-benzo[*b*]thiophen, 3,3a,5,6-Tetramethyl-3a,4,7,7a-tetrahydro-4,7-episulfido-benzo[*b*]thiophen-1,1,8-trioxid** $C_{12}H_{16}O_3S_2$, Formel XIV.

B. Neben 3,4-Dimethyl-thiophen-1,1-dioxid beim Behandeln von 3,4-Dimethyl-thiophen mit Peroxybenzoesäure in Chloroform (*Melles, Backer*, R. **72** [1953] 491, 494).

Krystalle (aus W.); F: 190—190,5° [Zers.].

1,2,3,4,5,8-Hexahydro-1*t*,4*t*-epoxido-4a*r*,8a*c*-[2]oxapropano-naphthalin $C_{12}H_{16}O_2$, Formel XV.

B. Beim Behandeln von 4a,8a-Bis-hydroxymethyl-(4a*r*,8a*c*)-1,2,3,4,4a,5,8,8a-octahydro-1*t*,4*t*-epoxido-naphthalin mit Methansulfonylchlorid (1 Mol) und Pyridin (*Stork et al.*, Am. Soc. **75** [1953] 384, 390). Beim Erwärmen von 4a,8a-Bis-methansulfonyloxymethyl-(4a*r*,8a*c*)-1,2,3,4,4a,5,8,8a-octahydro-1*t*,4*t*-epoxido-naphthalin mit Lithiumalanat in Tetrahydrofuran (*St. et al.*).

Krystalle (nach Sublimation bei 100°/0,1 Torr); F: 45,5—46°.

Stammverbindungen $C_{13}H_{18}O_2$

***Opt.-inakt. 5,5-Dichlor-4-phenyl-2-propyl-[1,3]dioxan** $C_{13}H_{16}Cl_2O_2$, Formel I.

B. Beim Erwärmen von (±)-2,2-Dichlor-1-phenyl-propan-1,3-diol mit Butyraldehyd, Benzol und wenig Schwefelsäure (*Union Carbide Corp.*, U.S.P. 2816898 [1954]).

Kp_3: 138°. D_{20}^{20}: 1,220.

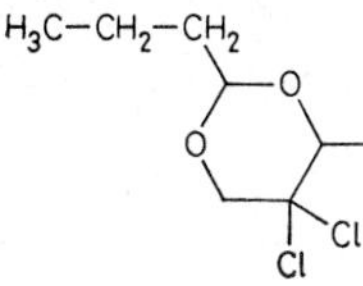

I 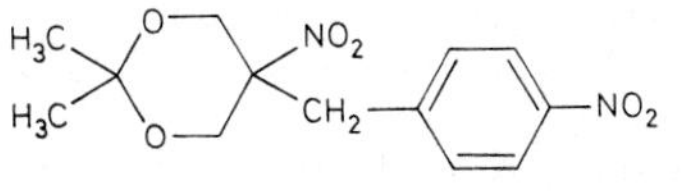 II 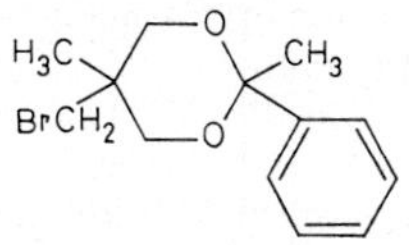 III

2,2-Dimethyl-5-nitro-5-[4-nitro-benzyl]-[1,3]dioxan $C_{13}H_{16}N_2O_6$, Formel II.

B. Beim Erwärmen von 2-Nitro-2-[4-nitro-benzyl]-propan-1,3-diol mit Aceton, Chloroform und wenig Schwefelsäure unter Entfernen des entstehenden Wassers (*Eckstein, Urbański*, Roczniki Chem. **30** [1956] 1163, 1170; C. A. **1957** 8755; s. a. *Eckstein, Urbański*, Bl. Acad. polon. [III] **3** [1955] 489). Beim Erwärmen von 2,2-Dimethyl-5-nitro-[1,3]dioxan mit 4-Nitro-benzylchlorid und Natriummethylat in Methanol (*Eck., Ur.*, Roczniki Chem. **30** 1168).

Krystalle (aus Acn.); F: 197–198° (*Eck., Ur.*, Roczniki Chem. **30** 1168).

***5-Brommethyl-2,5-dimethyl-2-phenyl-[1,3]dioxan** $C_{13}H_{17}BrO_2$, Formel III.

B. Beim Erwärmen von Acetophenon mit 2-Brommethyl-2-methyl-propan-1,3-diol, Benzol und wenig Toluol-4-sulfonsäure unter Entfernen des entstehenden Wassers (*Blicke, Schumann*, Am. Soc. **76** [1954] 1226, 1227).

Kp_3: 126–128°.

2,5,5-Trimethyl-2-phenyl-[1,3]dithian $C_{13}H_{18}S_2$, Formel IV.

B. Beim Behandeln eines Gemisches von Acetophenon, 2,2-Dimethyl-propan-1,3-dithiol und Äthanol mit Chlorwasserstoff (*Backer, Tamsma*, R. **57** [1938] 1183, 1199).

Krystalle (aus A.); F: 59–60°.

2-Butyl-2-phenyl-[1,3]dithiolan, Valerophenon-äthandiyldithioacetal $C_{13}H_{18}S_2$, Formel V.

B. Beim Behandeln von Valerophenon mit Äthan-1,2-dithiol und Chlorwasserstoff (*Reid, Jelinek*, J. org. Chem. **15** [1950] 448).

Kp_4: 154°. D_4^{25}: 1,1035. n_D^{25}: 1,5830.

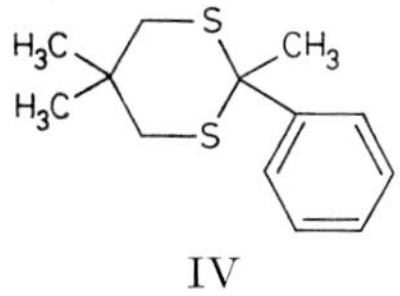

IV 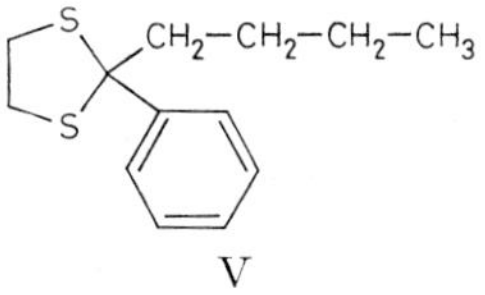 V 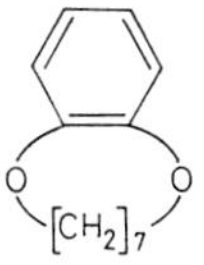 VI 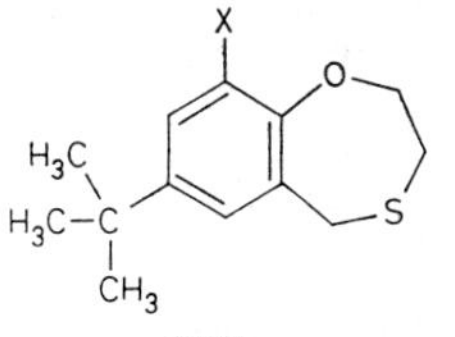 VII

2,3,4,5,6,7-Hexahydro-8*H*-benzo[*b*][1,4]dioxacycloundecin, 1,2-Heptandiyldioxybenzol $C_{13}H_{18}O_2$, Formel VI.

B. Beim Eintragen einer Lösung von 2-[7-Brom-heptyloxy]-phenol in Amylalkohol in ein heisses Gemisch von Amylalkohol und Kaliumcarbonat (*Ziegler et al.*, A. **528** [1937] 162, 179).

F: 17–18°. Kp_{10}: 156°. D_4^{20}: 1,0638.

7-*tert*-Butyl-2,3-dihydro-5*H*-benz[*f*][1,4]oxathiepin $C_{13}H_{18}OS$, Formel VII (X = H).

B. Beim Erwärmen einer Lösung von *S*-[5-*tert*-Butyl-2-(2-chlor-äthoxy)-benzyl]-isothiuronium-chlorid in wss. Äthanol mit wss. Natronlauge (*Kulka*, Canad. J. Chem. **33** [1955] 1442, 1448).

Krystalle (aus Me.); F: 53–54°. Kp_{13}: 17°.

7-*tert*-Butyl-4,4-dioxo-2,3-dihydro-5*H*-4λ^6-benz[*f*][1,4]oxathiepin, 7-*tert*-Butyl-2,3-dihydro-5*H*-benz[*f*][1,4]oxathiepin-4,4-dioxid $C_{13}H_{18}O_3S$, Formel VIII (X = H).

B. Beim Erwärmen einer Lösung der im vorangehenden Artikel beschriebenen Verbindung in Essigsäure mit wss. Wasserstoffperoxid (*Kulka*, Canad. J. Chem. **33** [1955] 1442, 1449).

Krystalle; F: 184—185°.

7-*tert*-Butyl-9-chlor-2,3-dihydro-5*H*-benz[*f*][1,4]oxathiepin $C_{13}H_{17}ClOS$, Formel VII (X = Cl).

B. Beim Erwärmen einer Lösung von *S*-[5-*tert*-Butyl-3-chlor-2-(2-chlor-äthoxy)-benz-yl]-isothiuronium-chlorid in wss. Äthanol mit wss. Natronlauge (*Kulka*, Canad. J. Chem. **33** [1955] 1442, 1448).

Kp_{13}: 185—190°.

7-*tert*-Butyl-9-chlor-4,4-dioxo-2,3-dihydro-5*H*-4λ⁶-benz[*f*][1,4]oxathiepin, 7-*tert*-Butyl-9-chlor-2,3-dihydro-5*H*-benz[*f*][1,4]oxathiepin-4,4-dioxid $C_{13}H_{17}ClO_3S$, Formel VIII (X = Cl).

B. Beim Erwärmen einer Lösung der im vorangehenden Artikel beschriebenen Verbindung in Essigsäure mit wss. Wasserstoffperoxid (*Kulka*, Canad. J. Chem. **33** [1955] 1442, 1449).

Krystalle; F: 158—159°.

7-*tert*-Butyl-9-nitro-2,3-dihydro-5*H*-benz[*f*][1,4]oxathiepin $C_{13}H_{17}NO_3S$, Formel VII (X = NO_2).

B. Beim Erwärmen einer Lösung von *S*-[5-*tert*-Butyl-2-(2-chlor-äthoxy)-3-nitro-benz-yl]-isothiuronium-chlorid in wss. Äthanol mit wss. Natronlauge (*Kulka*, Canad. J. Chem. **33** [1955] 1442, 1448).

Krystalle (aus Me.); F: 81—82°.

7-*tert*-Butyl-9-nitro-4,4-dioxo-2,3-dihydro-5*H*-4λ⁶-benz[*f*][1,4]oxathiepin, 7-*tert*-Butyl-9-nitro-2,3-dihydro-5*H*-benz[*f*][1,4]oxathiepin-4,4-dioxid $C_{13}H_{17}NO_5S$, Formel VIII (X = NO_2).

B. Beim Erwärmen einer Lösung der im vorangehenden Artikel beschriebenen Verbindung in Essigsäure mit wss. Wasserstoffperoxid (*Kulka*, Canad. J. Chem. **33** [1955] 1442, 1449).

Krystalle; F: 187—188°.

X
H_3C
H_3C-C
CH_3
O
SO_2
VIII

O
O
$[CH_2]_5-CH_3$
IX

O
O
$H_3C-[CH_2]_4-CH_2$
X

2-Hexyl-benzo[1,3]dioxol, 1,2-Heptylidendioxy-benzol $C_{13}H_{18}O_2$, Formel IX.

B. Beim Erwärmen von Brenzcatechin mit Heptanal und Phosphor(V)-oxid (*Böeseken, Slooff*, Pr. Akad. Amsterdam **35** [1932] 1250, 1251).

Kp_{20}: 155°.

5-Hexyl-benzo[1,3]dioxol, 4-Hexyl-1,2-methylendioxy-benzol $C_{13}H_{18}O_2$, Formel X.

B. Bei der Hydrierung von 1-Benzo[1,3]dioxol-5-yl-hex-1-en-3-on (nicht charakterisiert) an Platin in mit wss. Salzsäure versetzter Essigsäure (*Moore, Hewlett*, J. Sci. Food Agric. **9** [1958] 666, 668, 670).

$Kp_{0,04}$: 90—95°. n_D^{25}: 1,5055.

2,2-Dipropyl-benzo[1,3]dioxol $C_{13}H_{18}O_2$, Formel XI.

B. Beim Erwärmen von Brenzcatechin mit Heptan-4-on und Phosphor(V)-oxid (*Böeseken, Slooff*, Pr. Akad. Amsterdam **35** [1932] 1250, 1252; *Slooff*, R. **54** [1935] 995,

999).

Kp_{20}: 131,5°; D^{20}: 0,9991; n_D^{20}: 1,4970 (*Sl.*).

5,6-Dipropyl-benzo[1,3]dioxol, 1,2-Methylendioxy-4,5-dipropyl-benzol $C_{13}H_{18}O_2$, Formel XII (X = H).

B. Beim Erhitzen von 1-[6-Propyl-benzo[1,3]dioxol-5-yl]-propan-1-on mit wss. Salzsäure und amalgiertem Zink unter Zusatz von Resorcin (*Koelsch*, Am. Soc. **68** [1946] 148).

F: 25°. Kp_{23}: 158–160°.

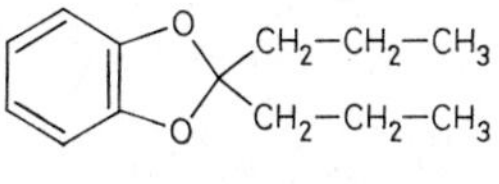

XI 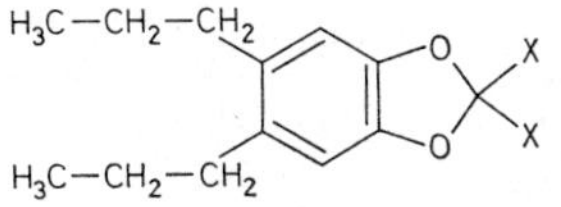 XII 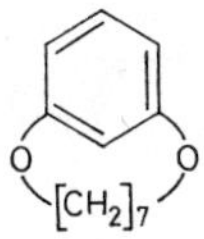 XIII

2,2-Dichlor-5,6-dipropyl-benzo[1,3]dioxol $C_{13}H_{16}Cl_2O_2$, Formel XII (X = Cl).

B. Beim Erhitzen der im vorangehenden Artikel beschriebenen Verbindung mit Phosphor(V)-chlorid (*Koelsch*, Am. Soc. **68** [1946] 148).

An feuchter Luft rauchende Krystalle; F: 34–35°. Kp_{23}: 184–187°.

2,10-Dioxa-bicyclo[9.3.1]pentadeca-1(15),11,13-trien, 1,9-Dioxa-[9]metacyclophan $C_{13}H_{18}O_2$, Formel XIII.

B. Beim Eintragen einer Lösung von 3-[7-Brom-heptyloxy]-phenol in Isoamylalkohol in eine heisse Suspension von Kaliumcarbonat in Isoamylalkohol (*Lüttringhaus*, A. **528** [1937] 181, 203).

Krystalle (aus A.); F: 109–109,5°. Kp_{15}: 173°. Kryoskopische Konstante: *Lü.*, l. c. S. 204.

Stammverbindungen $C_{14}H_{20}O_2$

***Opt.-inakt. 4-But-3-en-1-inyl-2,4,5-trimethyl-2-[2-methyl-propenyl]-[1,3]dioxolan** $C_{14}H_{20}O_2$, Formel I.

B. Beim Erwärmen von opt.-inakt. 5,6-Epoxy-5-methyl-hept-1-en-3-in (n_D^{20}: 1,4781) mit Mesityloxid (4-Methyl-pent-3-en-2-on) und Oxalsäure (*Perweew, Kudrjaschowa*, Ž. obšč. Chim. **22** [1952] 1580, 1586; engl. Ausg. S. 1623, 1628).

Kp_3: 89–92°; D_4^{17}: 0,9515; n_D^{17}: 1,4850 (*Pe., Ku.*, l. c. S. 1583).

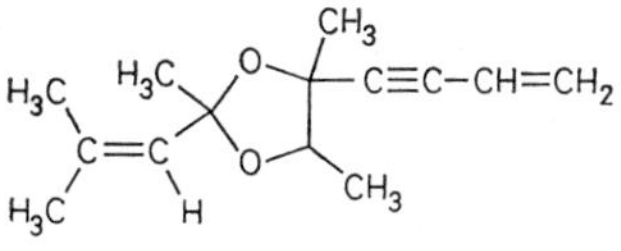

I 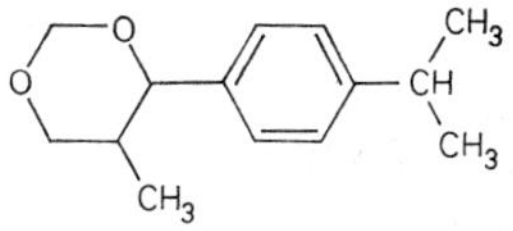 II 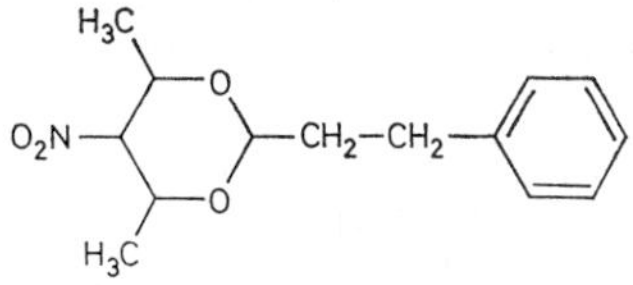 III

***Opt.-inakt. 4-[4-Isopropyl-phenyl]-5-methyl-[1,3]dioxan** $C_{14}H_{20}O_2$, Formel II.

B. Beim Erwärmen von 1-Isopropyl-4-propenyl-benzol (n_D^{20}: 1,5320) oder von (±)-1-[4-Isopropyl-phenyl]-propan-1-ol mit wss. Formaldehyd-Lösung und Schwefelsäure (*Beets, van Essen*, R. **70** [1951] 25, 27, 28).

Kp_3: 124,5°. D_4^{20}: 1,0188. n_D^{20}: 1,5131.

***Opt.-inakt. 4,6-Dimethyl-5-nitro-2-phenäthyl-[1,3]dioxan** $C_{14}H_{19}NO_4$, Formel III.

B. Beim Erwärmen von opt.-inakt. 3-Nitro-pentan-2,4-diol (E IV **1** 2545) mit 3-Phenyl-propionaldehyd und wenig Schwefelsäure (*Eckstein, Urbański*, Roczniki Chem. **26** [1952] 571, 584, 585; C. A. **1955** 2437).

Krystalle (aus A.); F: 94,5–96°.

***Opt.-inakt. 2,4-Diäthyl-6-phenyl-[1,3]dioxan** $C_{14}H_{20}O_2$, Formel IV.

B. Neben anderen Verbindungen beim Eintragen von Propionaldehyd und Styrol in ein Gemisch von Essigsäure und konz. Schwefelsäure (*Emerson*, J. org. Chem. **10** [1945] 464, 467). Beim Behandeln von opt.-inakt. 1-Phenyl-pentan-1,3-diol (n_D^{25}: 1,5241) mit Propionaldehyd sowie kleinen Mengen wss. Salzsäure und Calciumchlorid (*Em.*, l. c. S. 469).

Kp_{14}: 150–155°; D_{25}^{25}: 1,012; n_D^{25}: 1,5006 (*Em.*, l. c. S. 466). Kp_{11}: 146–150° (*Em.*, l. c. S. 468).

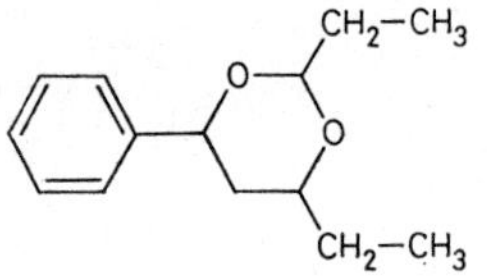

IV 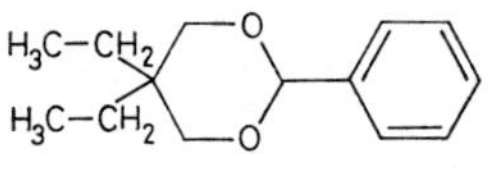 V 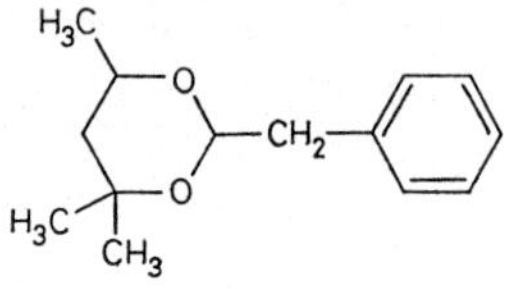 VI

5,5-Diäthyl-2-phenyl-[1,3]dioxan $C_{14}H_{20}O_2$, Formel V.

B. Aus Benzaldehyd und 2,2-Diäthyl-propan-1,3-diol mit Hilfe eines Kationenaustauschers (*Lagrange, Mastagli*, C. r. **241** [1955] 1947).

Kp_{15}: 185°. D_4^{20}: 1,0277. n_D^{20}: 1,511.

***Opt.-inakt. 2-Benzyl-4,4,6-trimethyl-[1,3]dioxan** $C_{14}H_{20}O_2$, Formel VI.

B. Beim Behandeln von Phenylacetaldehyd mit (±)-2-Methyl-pentan-2,4-diol in Gegenwart von Chlorwasserstoff (*Winthrop Chem. Co.*, U.S.P. 1837273 [1930]).

Kp_5: 110–115°.

2-Methyl-2-[2-methyl-2-phenyl-propyl]-[1,3]dioxolan, 2-Methyl-1-[2-methyl-[1,3]dioxolan-2-yl]-2-phenyl-propan $C_{14}H_{20}O_2$, Formel VII.

B. Beim Erwärmen von 4-Methyl-4-phenyl-pentan-2-on mit Äthylenglykol, Benzol und wenig Toluol-4-sulfonsäure unter Entfernen des entstehenden Wassers (*Bergmann et al.*, R. **71** [1952] 213, 222).

Kp_{27}: 145°. D_4^{30}: 1,016. n_D^{30}: 1,5065.

2-Pentyl-2-phenyl-[1,3]dioxolan $C_{14}H_{20}O_2$, Formel VIII.

B. Beim Erwärmen von 1-Phenyl-hexan-1-on mit Äthylenglykol, Benzol (oder Toluol) und wenig Toluol-4-sulfonsäure unter Entfernen des entstehenden Wassers (*Salmi et al.*, Suomen Kem. **20** B [1947] 1, 4).

Kp_3: 129°. D_4^{25}: 1,0000.

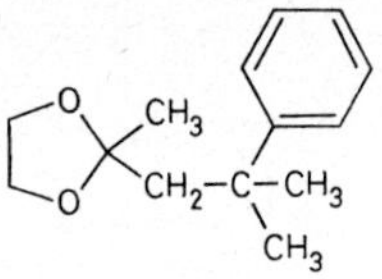

VII 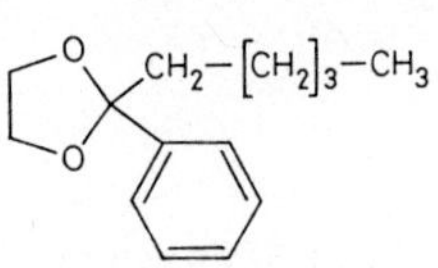 VIII 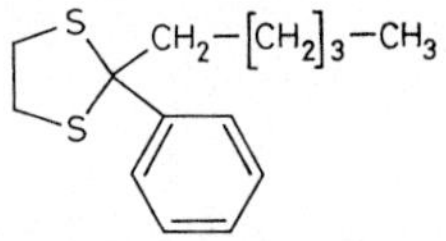 IX 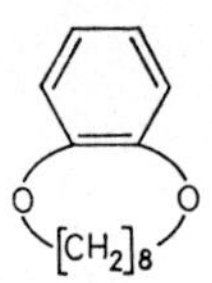 X

2-Pentyl-2-phenyl-[1,3]dithiolan $C_{14}H_{20}S_2$, Formel IX.

B. Beim Behandeln eines Gemisches von 1-Phenyl-hexan-1-on, Äthan-1,2-dithiol und Benzol mit Chlorwasserstoff (*Reid, Jelinek*, J. org. Chem. **15** [1950] 448).

Kp_4: 169°. D_4^{25}: 1,0838. n_D^{25}: 1,5755.

2,3,4,5,6,7,8,9-Octahydro-benzo[*b*][1,4]dioxacyclododecin, 1,2-Octandiyldioxybenzol $C_{14}H_{20}O_2$, Formel X.

B. Beim Eintragen einer Lösung von 2-[8-Brom-octyloxy]-phenol in Amylalkohol in ein heisses Gemisch von Amylalkohol und Kaliumcarbonat (*Ziegler et al.*, A. **528**

[1937] 162, 179).
F: 46°. Kp_{10}: 171°.

8-*tert*-Butyl-2,3-dihydro-4*H*,6*H*-benz[*b*][1,5]oxathiocin $C_{14}H_{20}OS$, Formel XI.
B. Beim Erwärmen einer Lösung von *S*-[5-*tert*-Butyl-2-(3-chlor-propoxy)-benzyl]-isothiuronium-chlorid in wss. Äthanol mit wss. Natronlauge (*Kulka*, J. org. Chem. **22** [1957] 241, 242, 243).
Kp_{11}: 174–175°.

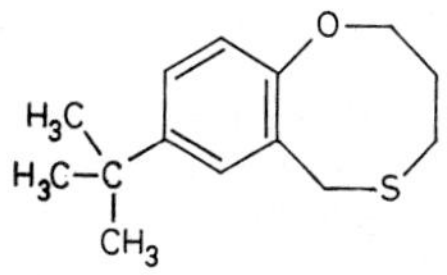

XI 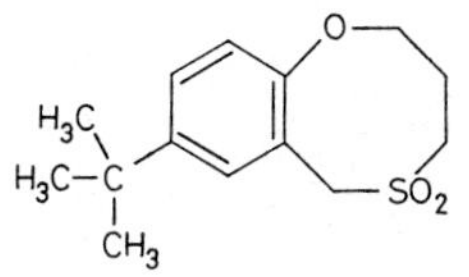 XII 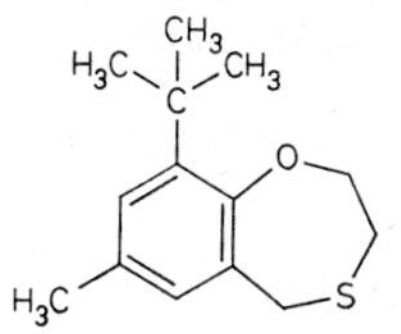 XIII 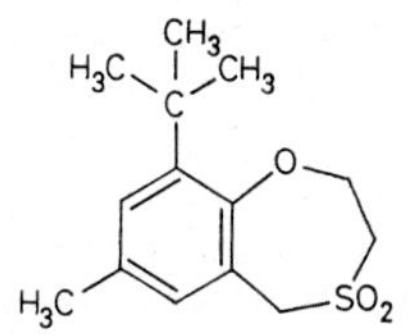 XIV

8-*tert*-Butyl-5,5-dioxo-2,3-dihydro-4*H*,6*H*-5λ⁶-benz[*b*][1,5]oxathiocin, 8-*tert*-Butyl-2,3-dihydro-4*H*,6*H*-benz[*b*][1,5]oxathiocin-5,5-dioxid $C_{14}H_{20}O_3S$, Formel XII.
B. Beim Erwärmen der im vorangehenden Artikel beschriebenen Verbindung mit Essigsäure und mit wss. Wasserstoffperoxid (*Kulka*, J. org. Chem. **22** [1957] 241, 243).
F: 178–179° [korr.].

9-*tert*-Butyl-7-methyl-2,3-dihydro-5*H*-benz[*f*][1,4]oxathiepin $C_{14}H_{20}OS$, Formel XIII.
B. Beim Erwärmen einer Lösung von *S*-[3-*tert*-Butyl-2-(2-chlor-äthoxy)-5-methyl]-benzyl]-isothiuronium-chlorid (aus 1-*tert*-Butyl-2-[2-chlor-äthoxy]-3-chlormethyl-5-methyl-benzol und Thioharnstoff in Äthanol hergestellt) in wss. Äthanol mit wss. Natronlauge (*Kulka*, Canad. J. Chem. **33** [1955] 1442, 1448).
Krystalle (aus Me.); F: 61–62°. Kp_{13}: 175–180°.

9-*tert*-Butyl-7-methyl-4,4-dioxo-2,3-dihydro-5*H*-4λ⁶-benz[*f*][1,4]oxathiepien, 9-*tert*-Butyl-7-methyl-2,3-dihydro-5*H*-benz[*f*][1,4]oxathiepin-4,4-dioxid $C_{14}H_{20}O_3S$, Formel XIV.
B. Beim Erwärmen einer Lösung der im vorangehenden Artikel beschriebenen Verbindung in Essigsäure mit wss. Wasserstoffperoxid (*Kulka*, Canad. J. Chem. **33** [1955] 1442, 1449).
Krystalle; F: 189–190°.

2,11-Dioxa-bicyclo[10.2.2]hexadeca-1(14),12,15-trien, 1,10-Dioxa-[10]paracyclophan $C_{14}H_{20}O_2$, Formel XV.
B. Neben 1,10,15,24-Tetraoxa-[10,10]paracyclophan beim Eintragen einer Lösung von 4-[8-Brom-octyloxy]-phenol in Isoamylalkohol in eine heisse Suspension von Kaliumcarbonat in Isoamylalkohol (*Lüttringhaus*, A. **528** [1937] 181, 200).
Krystalle (aus Me.); F: 56°. $Kp_{0,8}$: 134°. Kryoskopische Konstante: *Lü.*, l. c. S. 201.

(±)-3ξ-Äthyl-5,6,6a,10a-tetrachlor-(6a*r*,10a*c*)-2,3,6a,7,8,9,10,10a-octahydro-naphtho[1,2-*b*][1,4]dioxin $C_{14}H_{16}Cl_4O_2$, Formel XVI (X = H) + Spiegelbild.
Diese Konstitution kommt wahrscheinlich der nachstehend beschriebenen Verbindung zu.
B. Bei der Hydrierung einer als (±)-5,6,6a,10a-Tetrachlor-3ξ-vinyl-(6a*r*,10a*c*)-2,3,6a,7,10,10a-hexahydro-naphtho[1,2-*b*][1,4]dioxin angesehenen Verbindung (F: 132° [S. 312]) an Raney-Nickel in Äthylacetat (*Horner, Merz*, A. **570** [1950] 89, 118).
Krystalle (aus E.); F: 132°.

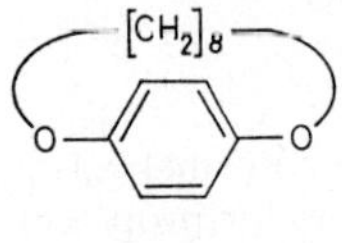

XV 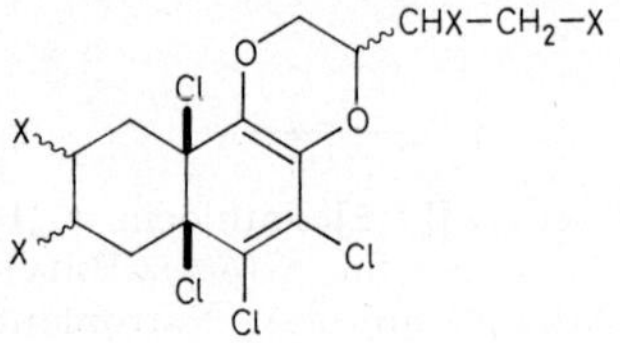 XVI 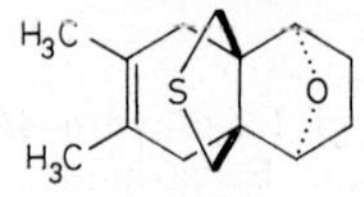 XVII

(±)-(6aΞ)-8ξ,9ξ-Dibrom-3ξ-[(Ξ)-1,2-dibrom-äthyl]-5,6,6a,10a-tetrachlor-(6a*r*,10a*c*)-2,3,6a,7,8,9,10,10a-octahydro-naphtho[1,2-*b*][1,4]dioxin $C_{14}H_{12}Br_4Cl_4O_2$, Formel XVI (X = Br) + Spiegelbild.

Diese Konstitution kommt wahrscheinlich der nachstehend beschriebenen Verbindung zu.

B. Beim Erwärmen einer Lösung einer als (±)-5,6,6a,10a-Tetrachlor-3ξ-vinyl-(6a*r*,10a*c*)-2,3,6a,7,10,10a-hexahydro-naphtho[1,2-*b*][1,4]dioxin angesehenen Verbindung (F: 132° [S. 312]) in Essigsäure mit Brom (*Horner, Merz*, A. **570** [1950] 89, 118).

Krystalle (aus Eg.); F: 186°.

6,7-Dimethyl-1,2,3,4,5,8-hexahydro-1*t*,4*t*-epoxido-4a*r*,8a*c*-[2]thiapropano-naphthalin $C_{14}H_{20}OS$, Formel XVII.

B. Beim Erwärmen einer Lösung von 4a,8a-Bis-methansulfonyloxymethyl-6,7-di= methyl-(4a*r*,8a*c*)-1,2,3,4,4a,5,8,8a-octahydro-1*t*,4*t*-epoxido-naphthalin in Äthanol mit Natriumsulfid-nonahydrat (*Stork et al.*, Am. Soc. **75** [1953] 384, 390).

Krystalle (aus Nitromethan); F: 71–72,5° [unreines Präparat].

Stammverbindungen $C_{15}H_{22}O_2$

***Opt.-inakt. 4,4,6-Trimethyl-2-phenäthyl-[1,3]dioxan** $C_{15}H_{22}O_2$, Formel I.

B. Beim Behandeln von 3-Phenyl-propionaldehyd mit (±)-2-Methyl-pentan-2,4-diol in Gegenwart von Chlorwasserstoff (*Winthrop Chem. Co.*, U.S.P. 1837273 [1930]).

Kp_5: 130°.

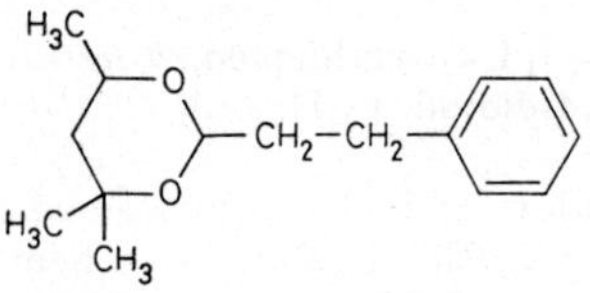

I 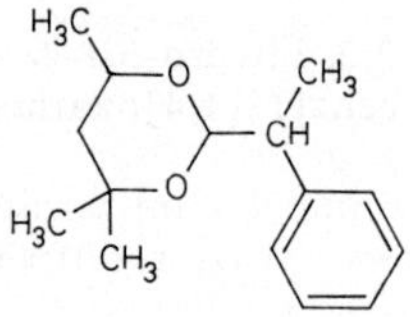 II 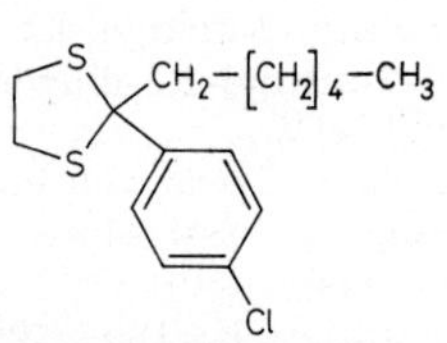 III

***Opt.-inakt. 4,4,6-Trimethyl-2-[1-phenyl-äthyl]-[1,3]dioxan** $C_{15}H_{22}O_2$, Formel II.

B. Beim Behandeln von (±)-2-Phenyl-propionaldehyd mit (±)-2-Methyl-pentan-2,4-diol in Gegenwart von Chlorwasserstoff (*Winthrop Chem. Co.*, U.S.P. 1837273 [1930]).

Kp_5: 115–120°.

2-[4-Chlor-phenyl]-2-hexyl-[1,3]dithiolan $C_{15}H_{21}ClS_2$, Formel III.

B. Beim Behandeln eines Gemisches von 1-[4-Chlor-phenyl]-heptan-1-on, Äthan-1,2-dithiol, Benzol und Zinkchlorid mit Chlorwasserstoff (*Stauffer Chem. Co.*, U.S.P. 2701253 [1953]).

$Kp_{0,7}$: 172°.

***Opt.-inakt. 2,4-Dimethyl-2-[2-methyl-2-phenyl-propyl]-[1,3]dioxolan, 1-[2,4-Dimethyl-[1,3]dioxolan-2-yl]-2-methyl-2-phenyl-propan** $C_{15}H_{22}O_2$, Formel IV.

B. Beim Erwärmen von 4-Methyl-4-phenyl-pentan-2-on mit (±)-Propan-1,2-diol, Benzol und wenig Toluol-4-sulfonsäure unter Entfernen des entstehenden Wassers (*Bergmann*

et al., R. **71** [1952] 213, 222).
Kp_{28}: 150°. D_4^{30}: 1,003. n_D^{30}: 1,4957.

IV V

*Opt.-inakt. **4-Methyl-4-neopentyl-2-phenyl-[1,3]dioxolan** $C_{15}H_{22}O_2$, Formel V.
B. Beim Erwärmen von Benzaldehyd mit (±)-2,4,4-Trimethyl-pentan-1,2-diol, Benzol und wenig Phosphorsäure unter Entfernen des entstehenden Wassers (*Graham et al.*, Soc. **1954** 2180, 2190).
Kp_{10}: 155–157°. n_D^{20}: 1,4961.

2,3,4,5,6,7,8,9-Octahydro-10*H*-benzo[*b*][1,4]dioxacyclotridecin, 1,2-Nonandiyldioxybenzol $C_{15}H_{22}O_2$, Formel VI.
B. Beim Eintragen einer Lösung von 2-[9-Brom-nonyloxy]-phenol in Amylalkohol in ein heisses Gemisch von Amylalkohol und Kaliumcarbonat (*Ziegler et al.*, A. **528** [1937] 162, 179).
F: 58°. Kp_{10}: 185°.

9-*tert*-Butyl-2,3,4,5-tetrahydro-7*H*-benz[*b*][1,5]oxathionin $C_{15}H_{22}OS$, Formel VII.
B. Beim Erwärmen einer Lösung von *S*-[5-*tert*-Butyl-2-(4-chlor-butoxy)-benzyl]-isothiuronium-chlorid in wss. Äthanol mit wss. Natronlauge (*Kulka*, J. org. Chem. **22** [1957] 241, 242, 243).
Kp_{10}: 185–187°.

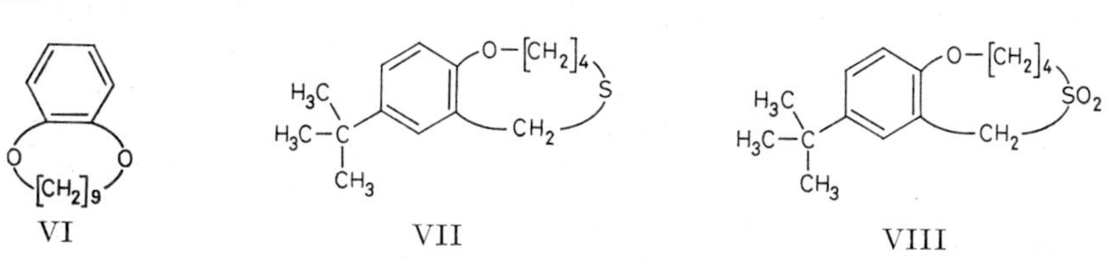
VI VII VIII

9-*tert*-Butyl-6,6-dioxo-2,3,4,5-tetrahydro-7*H*-6λ^6-benz[*b*][1,5]oxathionin, 9-*tert*-Butyl-2,3,4,5-tetrahydro-7*H*-benz[*b*][1,5]oxathionin-6,6-dioxid $C_{15}H_{22}O_3S$, Formel VIII.
B. Beim Erwärmen der im vorangehenden Artikel beschriebenen Verbindung mit Essigsäure und mit wss. Wasserstoffperoxid (*Kulka*, J. org. Chem. **22** [1957] 241, 243).
F: 132–133° [korr.].

2,2-Diisobutyl-benzo[1,3]dioxol $C_{15}H_{22}O_2$, Formel IX.
B. Beim Erwärmen von Brenzcatechin mit 2,6-Dimethyl-heptan-4-on und Phosphor(V)-oxid (*Cavill, Ford*, Soc. **1954** 1388, 1391).
$Kp_{0,5}$: 73–75°. D_4^{18}: 0,972.

2,12-Dioxa-bicyclo[11.2.2]heptadeca-1(15),13,16-trien, 1,11-Dioxa-[11]paracyclophan $C_{15}H_{22}O_2$, Formel X.
B. Beim Eintragen einer Lösung von 4-[9-Brom-nonyloxy]-phenol in Isoamylalkohol in eine heisse Suspension von Kaliumcarbonat in Isoamylalkohol (*Lüttringhaus, Eyring*, A. **604** [1957] 111, 118).
Krystalle (aus Me.); F: 56°. Bei 80°/0,1 Torr sublimierbar.

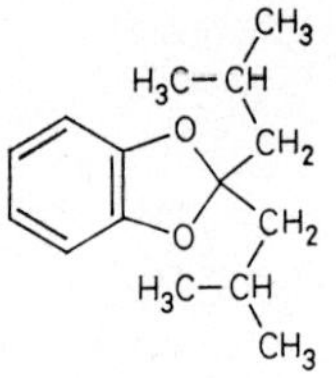

(3a*S*)-6ξ,6a-Epoxy-3*c*,6ξ,9-trimethyl-(3a*r*,6aξ,9a*c*,9bξ)-2,3,3a,4,5,6,6a,7,9a,9b-deca=hydro-azuleno[4,5-*b*]furan, (11*S*)-1,10;6ξ,12-Diepoxy-1ξ,10ξ*H*-guaj-3-en [1]) $C_{15}H_{22}O_2$, Formel XI.

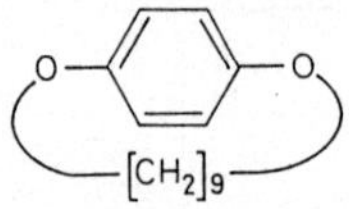

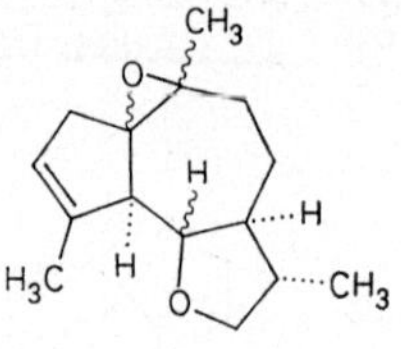

B. Beim Behandeln von (11*S*)-1,10-Epoxy-1ξ,10ξ*H*-guaj-3-en-6α,12-diol (E III/IV **17** 2071) mit Toluol-4-sulfonylchlorid und Pyridin (*Mazur, Meisels*, Chem. and Ind. **1956** 492).

$Kp_{0,01}$: 125—130°.

Beim Erhitzen mit Palladium/Kohle auf 290° ist 3,6,9-Trimethyl-azuleno[4,5-*b*]furan erhalten worden.

Stammverbindungen $C_{16}H_{24}O_2$

***Opt.-inakt. 4-Phenyl-2,6-dipropyl-[1,3]dioxan** $C_{16}H_{24}O_2$, Formel I.

B. Beim Erwärmen von Styrol mit Butyraldehyd und wss. Salzsäure (*Schorygina*, Ž. obšč. Chim. **26** [1956] 1460, 1461, 1463; engl. Ausg. S. 1643, 1644, 1645).

Kp_{17}: 175—176°. D_{20}^{20}: 1,0150. n_D^{20}: 1,4680.

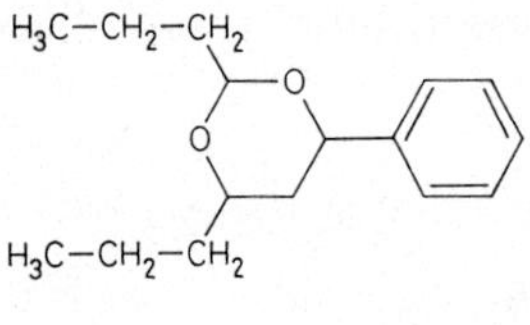

***Opt.-inakt. 2,4-Diisopropyl-6-phenyl-[1,3]dioxan** $C_{16}H_{24}O_2$, Formel II.

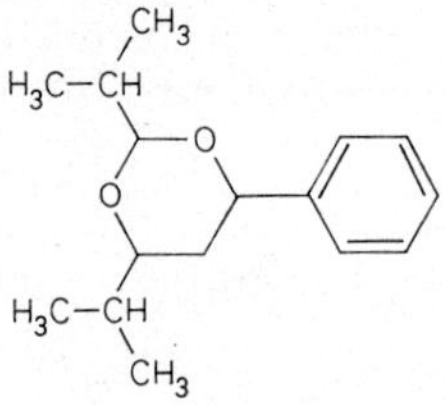

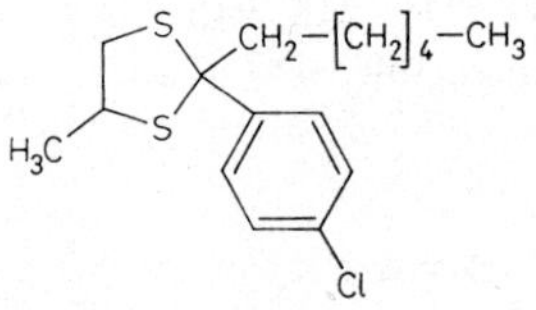

B. Neben anderen Verbindungen beim Eintragen von Isobutyraldehyd und Styrol in ein Gemisch von Essigsäure und konz. Schwefelsäure (*Emerson*, J. org. Chem. **10** [1945] 464, 467). Beim Erwärmen von opt.-inakt. 4-Methyl-1-phenyl-pentan-1,3-diol (n_D^{25}: 1,5133) mit Isobutyraldehyd sowie kleinen Mengen wss. Salzsäure und Calciumchlorid (*Em.*, l. c. S. 469).

Kp_{11}: 159—162°; D_{25}^{25}: 0,999; n_D^{25}: 1,4923 (*Em.*, l. c. S. 466). Kp_{15}: 162—165° (*Em.*, l. c. S. 468).

***Opt.-inakt. 2-[4-Chlor-phenyl]-2-hexyl-4-methyl-[1,3]dithiolan** $C_{16}H_{23}ClS_2$, Formel III.

B. Beim Behandeln eines Gemisches von 1-[4-Chlor-phenyl]-heptan-1-on, (±)-Propan-1,2-dithiol und Benzol mit Zinkchlorid und Chlorwasserstoff (*Stauffer Chem. Co.*, U.S.P. 2701253 [1953]).

$Kp_{0,2}$: 159°.

2,3,4,5,6,7,8,9,10,11-Decahydro-benzo[*b*][1,4]dioxacyclotetradecin, 1,2-Decandiyl=dioxy-benzol $C_{16}H_{24}O_2$, Formel IV.

B. Beim Eintragen einer Lösung von 2-[10-Brom-decyloxy]-phenol in Amylalkohol in ein heisses Gemisch von Amylalkohol und Kaliumcarbonat (*Ziegler et al.*, A. **528**

[1]) Stellungsbezeichnung bei von Guajan abgeleiteten Namen s. E III/IV **17** 4678.

[1937] 162, 179).

Öl; Kp_{10}: 197°. D_4^{20}: 1,0342.

IV V VI

5-Nonyl-benzo[1,3]dioxol, 1,2-Methylendioxy-4-nonyl-benzol $C_{16}H_{24}O_2$, Formel V.

B. Bei der Hydrierung von 1-Benzo[1,3]dioxol-5-yl-non-1-en-3-on (nicht charakterisiert) an Platin in mit wss. Salzsäure versetzter Essigsäure (*Moore, Hewlett*, J. Sci. Food Agric. **9** [1958] 666, 668, 670).

$Kp_{0,04}$: 105—110°. n_D^{25}: 1,4970.

2,13-Dioxa-bicyclo[12.3.1]octadeca-1(18),14,16-trien, 1,12-Dioxa-[12]metacyclophan $C_{16}H_{24}O_2$, Formel VI.

B. Neben 1,12,19,30-Tetraoxa-[12,12]metacyclophan beim Eintragen einer Lösung von 3-[10-Brom-decyloxy]-phenol in Amylalkohol in ein heisses Gemisch von Amylalkohol und Kaliumcarbonat (*Lüttringhaus, Ziegler*, A. **528** [1937] 155, 160, 161).

Krystalle (aus Me.); F: 23°. $Kp_{0,5}$: 135—138°.

2,13-Dioxa-bicyclo[12.2.2]octadeca-1(16),14,17-trien, 1,12-Dioxa-[12]paracyclophan $C_{16}H_{24}O_2$, Formel VII.

B. Beim Eintragen einer Lösung von 4-[10-Brom-decyloxy]-phenol in Isoamylalkohol in eine heisse Suspension von Kaliumcarbonat in Isoamylalkohol (*Lüttringhaus*, A. **528** [1937] 181, 199).

Krystalle (aus Me.); F: 63°. $Kp_{0,2}$: 120—125°. Kryoskopische Konstante: *Lü.*, l. c. S. 200.

15,17-Dibrom-2,13-dioxa-bicyclo[12.2.2]octadeca-1(16),14,17-trien, 14,17-Dibrom-1,12-dioxa-[12]paracyclophan $C_{16}H_{22}Br_2O_2$.

a) **(−)-14,17-Dibrom-1,12-dioxa-[12]paracyclophan** $C_{16}H_{22}Br_2O_2$, Formel VIII oder Spiegelbild.

B. Beim Behandeln von (+)-17-Brom-1,12-dioxa-[12]paracyclophan-14-ylamin mit Essigsäure, wss. Bromwasserstoffsäure und wss. Natriumnitrit-Lösung und anschliessenden Erwärmen mit Kupfer-Pulver (*Lüttringhaus, Gralheer*, A. **557** [1947] 108, 112).

Krystalle (aus Eg.); F: 120,5°. Bei 120°/0,04 Torr sublimierbar. $[\alpha]_{656}^{18}$: −22,7° [$CHCl_3$]; $[\alpha]_D^{18}$: −26,7° [$CHCl_3$]; $[\alpha]_{546}^{18}$: −32,1° [$CHCl_3$].

VII VIII IX

b) **(±)-14,17-Dibrom-1,12-dioxa-[12]paracyclophan** $C_{16}H_{22}Br_2O_2$, Formel VIII + Spiegelbild.

B. Beim Eintragen einer Lösung von 2,5-Dibrom-4-[10-brom-decyloxy]-phenol in Isoamylalkohol in eine heisse Suspension von Kaliumcarbonat in Isoamylalkohol (*Lüttringhaus, Gralheer*, A. **550** [1942] 67, 90).

Krystalle (aus A.); F: 96°. $Kp_{0,1}$: 167—168°.

***Opt.-inakt. 2,3,7,8-Tetramethyl-5,5,10,10-tetraoxo-1,4,4a,5a,6,9,9a,10a-octahydro-5λ⁶,10λ⁶-thianthren, 2,3,7,8-Tetramethyl-1,4,4a,5a,6,9,9a,10a-octahydro-thianthren-5,5,10,10-tetraoxid** $C_{16}H_{24}O_4S_2$, Formel IX.

B. Neben grösseren Mengen 6,7-Dimethyl-4a,5,8,8a-tetrahydro-benzo[1,4]dithiin-1,1,4,4-tetraoxid (S. 178) beim Erwärmen einer Lösung von [1,4]Dithiin-1,1,4,4-tetraoxid in Essigsäure mit 2,3-Dimethyl-buta-1,3-dien (*Parham et al.*, Am. Soc. **76** [1954] 4957, 4959).

F: 304–306°.

Stammverbindungen $C_{17}H_{26}O_2$

2-Methyl-2-nonyl-benzo[1,3]dioxol $C_{17}H_{26}O_2$, Formel X.

B. Beim Erwärmen von Brenzcatechin mit Undecan-2-on und Phosphor(V)-oxid (*Böeseken, Slooff*, Pr. Akad. Amsterdam **35** [1932] 1250, 1252; *Slooff*, R. **54** [1935] 995, 999).

F: −2°; Kp_{20}: 188°; D^{20}: 0,9571; n_D^{20}: 1,4889 (*Sl.*).

15-Methyl-2,13-dioxa-bicyclo[12.2.2]octadeca-1(16),14,17-trien, 14-Methyl-1,12-dioxa-[12]paracyclophan $C_{17}H_{26}O_2$, Formel XI.

B. Beim Eintragen einer Lösung von 4-[10-Brom-decyloxy]-2(oder 3)-methyl-phenol (F: 42°) in Isoamylalkohol in eine heisse Suspension von Kaliumcarbonat in Isoamylalkohol (*Lüttringhaus, Gralheer*, A. **550** [1942] 67, 89).

$Kp_{0,05}$: 106°.

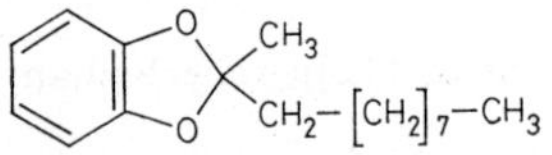

X 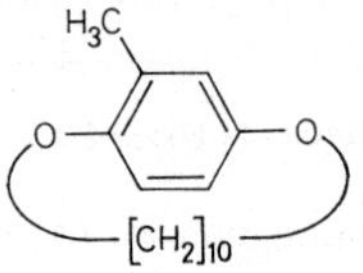 XI 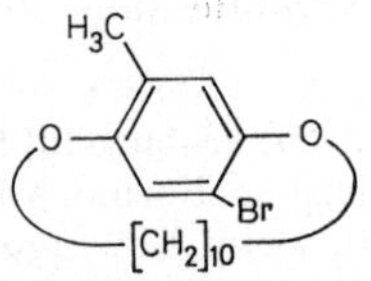 XII

15-Brom-17-methyl-2,13-dioxa-bicyclo[12.2.2]octadeca-1(16),14,17-trien, 14-Brom-17-methyl-1,12-dioxa-[12]paracyclophan $C_{17}H_{25}BrO_2$, Formel XII.

B. Aus 2(oder 5)-Brom-4-[10-brom-decyloxy]-5(oder 2)-methyl-phenol (F: 64–65°) analog der im vorangehenden Artikel beschriebenen Verbindung (*Lüttringhaus, Gralheer*, A. **550** [1942] 67, 90).

Krystalle (aus A.); F: 61–62°. $Kp_{0,08}$: 136–138°.

Stammverbindungen $C_{18}H_{28}O_2$

***Opt.-inakt. 4,6-Diisobutyl-5-nitro-2-phenyl-[1,3]dioxan** $C_{18}H_{27}NO_4$, Formel I (X = H).

B. Beim Erwärmen von Benzaldehyd mit opt.-inakt. 2,8-Dimethyl-5-nitro-nonan-4,6-diol (F: 92–93°), Benzol und wenig Schwefelsäure (*Urbański et al.*, Roczniki Chem. **29** [1955] 399, 403, 407; C. A. **1956** 4967).

Krystalle (aus A.); F: 146°.

***Opt.-inakt. 2-[4-Chlor-phenyl]-4,6-diisobutyl-5-nitro-[1,3]dioxan** $C_{18}H_{26}ClNO_4$, Formel I (X = Cl).

B. Beim Erwärmen von 4-Chlor-benzaldehyd mit opt.-inakt. 2,8-Dimethyl-5-nitro-nonan-4,6-diol (F: 92–93°), Benzol und wenig Schwefelsäure (*Urbański et al.*, Roczniki Chem. **29** [1955] 399, 403, 407; C. A. **1956** 4967).

Krystalle (aus A.); F: 166°.

***Opt.-inakt. 5-Brom-4,6-diisobutyl-5-nitro-2-phenyl-[1,3]dioxan** $C_{18}H_{26}BrNO_4$, Formel II.

B. Beim Erwärmen von Benzaldehyd mit opt.-inakt. 5-Brom-2,8-dimethyl-5-nitro-nonan-4,6-diol (F: 133–134°), Benzol und wenig Schwefelsäure (*Urbański et al.*, Roczniki Chem. **29** [1955] 399, 403, 407; C. A. **1956** 4967).

Krystalle (aus A.); F: 153°.

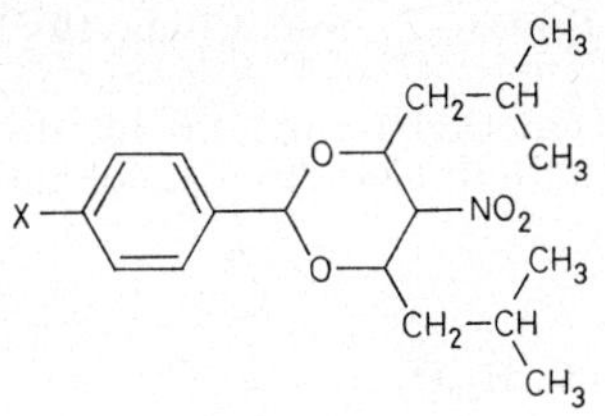

I 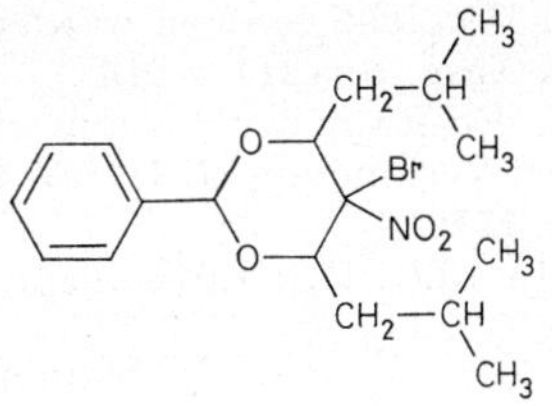 II

*Opt.-inakt. **4,6-Diisobutyl-5-nitro-2-[4-nitro-phenyl]-[1,3]dioxan** $C_{18}H_{26}N_2O_6$, Formel I ($X = NO_2$).

B. Beim Erwärmen von 4-Nitro-benzaldehyd mit opt.-inakt. 2,8-Dimethyl-5-nitro-nonan-4,6-diol (F: 92–93°), Benzol und wenig Schwefelsäure (*Urbański et al.*, Roczniki Chem. **29** [1955] 399, 403, 407; C. A. **1956** 4967).

Krystalle (aus A.); F: 176°.

2,2-Dimethyl-5-nonyl-benzo[1,3]dioxol, 1,2-Isopropylidendioxy-4-nonyl-benzol $C_{18}H_{28}O_2$, Formel III.

B. Beim Erwärmen von 4-Nonyl-brenzcatechin mit Aceton und Phosphor(V)-oxid (*Moore, Hewlett*, J. Sci. Food Agric. **9** [1958] 666, 668).

Öl; bei 110–115°/0,05 Torr destillierbar. n_D^{25}: 1,4882.

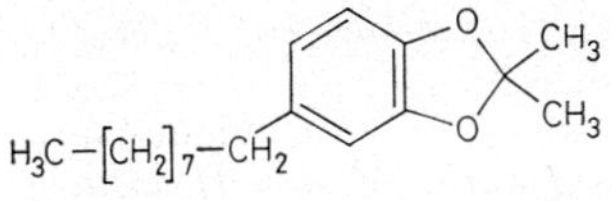

III 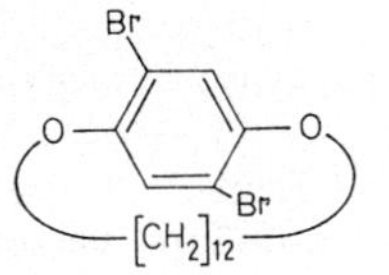 IV 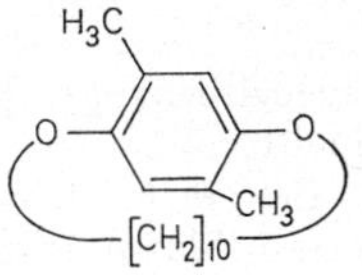 V

17,19-Dibrom-2,15-dioxa-bicyclo[14.2.2]eicosa-1(18),16,19-trien, 16,19-Dibrom-1,14-dioxa-[14]paracyclophan $C_{18}H_{26}Br_2O_2$, Formel IV.

B. Beim Eintragen einer Lösung von 2,5-Dibrom-4-[12-brom-dodecyloxy]-phenol in Isoamylalkohol in eine heisse Suspension von Kaliumcarbonat in Isoamylalkohol (*Lüttringhaus, Gralheer*, A. **550** [1942] 67, 90).

Krystalle (aus A.), F: 89° und F: 77–78° [dimorph]. $Kp_{0,06}$: 170°.

15,17-Dimethyl-2,13-dioxa-bicyclo[12.2.2]octadeca-1(16),14,17-trien, 14,17-Dimethyl-1,12-dioxa-[12]paracyclophan $C_{18}H_{28}O_2$, Formel V.

B. Aus 4-[10-Brom-decycloxy]-2,5-dimethyl-phenol analog der im vorangehenden Artikel beschriebenen Verbindung (*Lüttringhaus, Gralheer*, A. **550** [1942] 67, 89).

Krystalle (aus Me.); F: 64°. $Kp_{0,05}$: 116°.

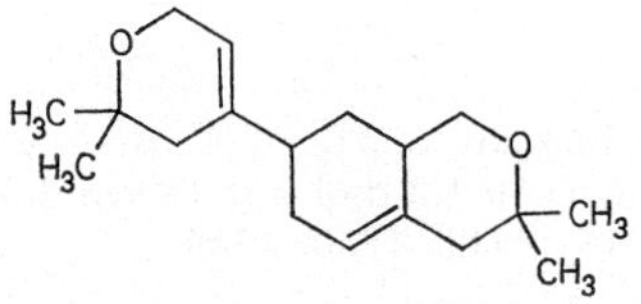

VI 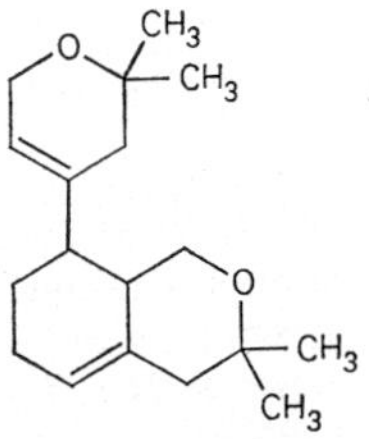 VII

7-[2,2-Dimethyl-3,6-dihydro-2*H*-pyran-4-yl]-3,3-dimethyl-3,4,6,7,8,8a-hexahydro-1*H*-iso=chromen $C_{18}H_{28}O_2$, Formel VI, und **8-[2,2-Dimethyl-3,6-dihydro-2*H*-pyran-4-yl]-3,3-dimethyl-3,4,6,7,8,8a-hexahydro-1*H*-isochromen** $C_{18}H_{28}O_2$, Formel VII.

Diese Konstitutionsformeln sind für die nachstehend beschriebene opt.-inakt. Verbindung in Betracht gezogen worden (*Nasarow, Torgow*, Ž. obšč. Chim. **19** [1949] 1766, 1768; engl. Ausg. S. a211, a213).

B. Beim Erhitzen der Lösung einer als 2,2-Dimethyl-4-vinyl-3,6-dihydro-2*H*-pyran angesehenen Verbindung (E III/IV **17** 315) in Xylol mit wenig Pyrogallol auf 200° (*Na., To.*, l. c. S. 1772).

Kp_2: 131—132°. D_4^{20}: 1,0155. n_D^{20}: 1,5078.

Stammverbindungen $C_{19}H_{30}O_2$

***Opt.-inakt. 4,5-Di-*tert*-butyl-4,5-dimethyl-2-[4-nitro-phenyl]-[1,3]dioxolan** $C_{19}H_{29}NO_4$, Formel VIII.

B. In kleiner Menge beim Behandeln einer Lösung von 4-Nitro-benzaldehyd und opt.-inakt. 2,2,3,4,5,5-Hexamethyl-hexan-3,4-diol (F: 69°) in Chloroform mit Chlorwasserstoff (*Backer*, R. **57** [1938] 967, 982).

Krystalle (aus Bzn.); F: 140—140,5°.

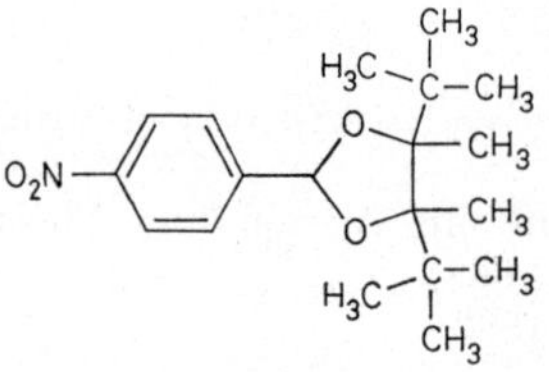

VIII 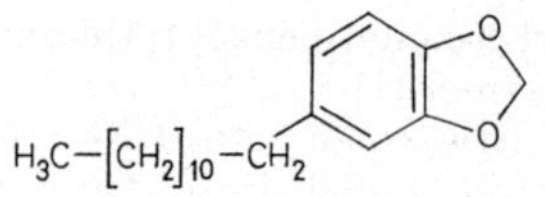 IX

5-Dodecyl-benzo[1,3]dioxol, 4-Dodecyl-1,2-methylendioxy-benzol $C_{19}H_{30}O_2$, Formel IX.

B. Bei der Hydrierung von 1-Benzo[1,3]dioxol-5-yl-dodec-1-en-3-on (nicht charakterisiert) an Platin in mit wss. Salzsäure versetzter Essigsäure (*Moore, Hewlett*, J. Sci. Food Agric. **9** [1958] 666, 668, 670).

Bei 135—140°/0,05 Torr destillierbar. n_D^{25}: 1,4930.

Stammverbindungen $C_{20}H_{32}O_2$

2-Heptadeca-8,11-diinyl-[1,3]dioxolan, 17-[1,3]Dioxolan-2-yl-heptadeca-6,9-diin, Octadeca-9,12-diinal-äthandiylacetal $C_{20}H_{32}O_2$, Formel X.

B. Beim Erwärmen von 1-Brom-oct-2-in mit 9-[1,3]Dioxolan-2-yl-non-1-inylmagnesium-bromid (hergestellt aus 2-Non-8-inyl-[1,3]dioxolan und Äthylmagnesiumbromid) in Tetrahydrofuran unter Zusatz von Kupfer(I)-bromid (*Walborsky et al.*, Am. Soc. **73** [1951] 2590, 2593).

Krystalle; F: —1°. $Kp_{0,7}$: 179—182°. $D_{20}^{21,3}$: 0,939. $n_D^{21,3}$: 1,4781. IR-Spektrum von Lösungen in Tetrachlormethan (2—10 μ) und in Schwefelkohlenstoff (10—16 μ): *Wa. et al.*, l. c. S. 2591.

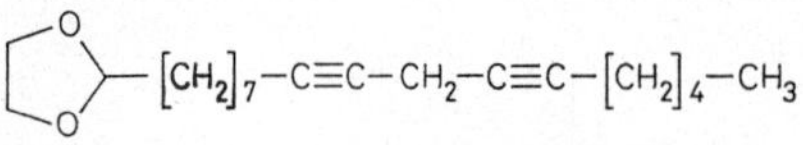

X 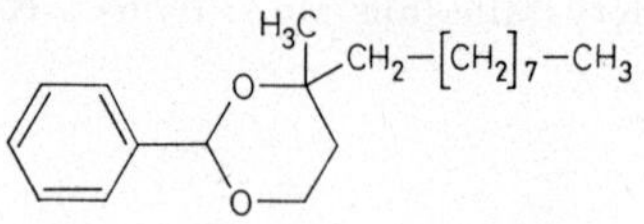 XI

***Opt.-inakt. 4-Methyl-4-nonyl-2-phenyl-[1,3]dioxan** $C_{20}H_{32}O_2$, Formel XI.

B. Beim Behandeln von (±)-3-Methyl-dodecan-1,3-diol mit Benzaldehyd und Chlorwasserstoff in Äther (*Pfau, Plattner*, Helv. **15** [1932] 1250, 1259).

$Kp_{0,1}$: 157—158°.

Stammverbindungen $C_{21}H_{34}O_2$

5α-Spiro[androstan-3,2'-[1,3]dioxolan], 3,3-Äthandiyldioxy-5α-androstan, 5α-Androstan-3-on-äthandiylacetal $C_{21}H_{34}O_2$, Formel XII (X = H).

B. Beim Erwärmen von 5α-Androstan-3-on mit Äthylenglykol und wenig Toluol-4-sulfonsäure unter Entfernen des entstehenden Wassers (*Marquet et al.*, Bl. **1961** 1822, 1828).

Krystalle (aus A. + Py.); F: 116—117° [Block] (*Ma. et al.*, Bl. **1961** 1827). $[\alpha]_D^{20}$: 0° [Dioxan] (*Marquet et al.*, C. r. **248** [1959] 984, 986; Bl. **1961** 1827).

XII XIII

3,3-Äthandiyldioxy-2α-brom-5α-androstan $C_{21}H_{33}BrO_2$, Formel XII (X = Br).

B. Beim Behandeln einer Lösung von 3,3-Äthandiyldioxy-5α-androstan in Tetrahydrofuran mit Tri-*N*-methyl-anilinium-tribromid (*Marquet et al.*, Bl. **1961** 1822, 1828).

Krystalle (aus A.); F: 158—160° [Block] (*Ma. et al.*, Bl. **1961** 1828). $[\alpha]_D^{20}$: +8° [Dioxan] (*Marquet et al.*, C. r. **248** [1959] 984, 986; Bl. **1961** 1828).

5α-Spiro[androstan-17,2'-[1,3]dioxolan], 17,17-Äthandiyldioxy-5α-androstan, 5α-Androstan-17-on-äthandiylacetal $C_{21}H_{34}O_2$, Formel XIII (X = H).

B. Beim Erhitzen von 17,17-Äthandiyldioxy-5α-androstan-3-on mit Hydrazin-hydrat und Natriumhydroxid in Diäthylenglykol (*Mamlok, Jacques*, Bl. **1960** 484; *Marquet et al.*, Bl. **1961** 1822, 1830).

Krystalle (aus E. oder Me.); F: 145—146° [Block] (*Mam., Ja.*; *Mar. et al.*, Bl. **1961** 1827, 1830). $[\alpha]_D^{20}$: —23° [Dioxan] (*Marquet et al.*, C. r. **248** [1959] 984, 986; Bl. **1961** 1827; *Mam., Ja.*).

17,17-Äthandiyldioxy-16α-brom-5α-androstan $C_{21}H_{33}BrO_2$, Formel XIII (X = Br).

B. Beim Behandeln einer Lösung von 17,17-Äthandiyldioxy-5α-androstan in Tetrahydrofuran mit Tri-*N*-methyl-anilinium-tribromid (*Marquet et al.*, Bl. **1961** 1822, 1828).

Krystalle (aus A.); F: 146—148° [Block] (*Ma. et al.*, Bl. **1961** 1828). $[\alpha]_D^{20}$: —48° [Dioxan] (*Marquet et al.*, C. r. **248** [1959] 984, 986; Bl. **1961** 1828).

(17Ξ)-5α-Spiro[androstan-17,2'-[1,3]oxathiolan] $C_{21}H_{34}OS$, Formel XIV.

B. Beim Erwärmen von 5α-Androstan-17-on mit 2-Mercapto-äthanol (oder mit 2,2-Dimethyl-[1,3]oxathiolan), Benzol und wenig Toluol-4-sulfonsäure (*Djerassi, Gorman*, Am. Soc. **75** [1953] 3704, 3705, 3707).

Krystalle (aus Ae. + Me.); F: 119—121° [unkorr.]. $[\alpha]_D^{20}$: —40° [$CHCl_3$].

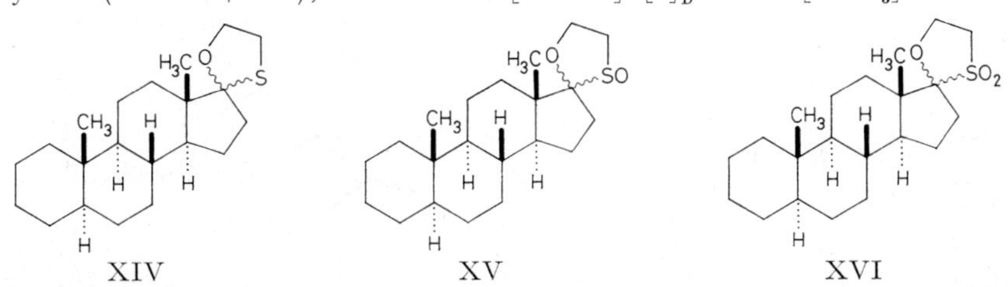

XIV XV XVI

(17Ξ,3'Ξ)-3'-Oxo-5α-3'λ⁴-spiro[androstan-17,2'-[1,3]oxathiolan], (17Ξ,3'Ξ)-5α-Spiro[androstan-17,2'-[1,3]oxathiolan]-3'-oxid $C_{21}H_{34}O_2S$, Formel XV.

B. Beim Erwärmen einer Lösung der im vorangehenden Artikel beschriebenen Verbindung in Äthanol und Dioxan mit wss. Wasserstoffperoxid und Natriumcarbonat (*Djerassi, Gorman*, Am. Soc. **75** [1953] 3704, 3708).

Krystalle (aus Acn.); F: 164—166° [unkorr.]. $[\alpha]_D^{20}$: +49° [$CHCl_3$].

(17Ξ)-3',3'-Dioxo-5α-3'λ⁶-spiro[androstan-17,2'-[1,3]oxathiolan], (17Ξ)-5α-Spiro[androstan-17,2'-[1,3]oxathiolan]-3',3'-dioxid $C_{21}H_{34}O_3S$, Formel XVI.

B. Beim Behandeln von (17Ξ)-5α-Spiro[androstan-17,2'-[1,3]oxathiolan] (s. o.) mit

Monoperoxyphthalsäure in Äther (*Djerassi, Gorman*, Am. Soc. **75** [1953] 3704, 3708) oder mit Ruthenium(VIII)-oxid in Tetrachlormethan (*Djerassi, Engle*, Am. Soc. **75** [1953] 3838).

Krystalle (aus Acn.); F: 199—200° [unkorr.] (*Dj., Go.; Dj., En.*). $[\alpha]_D^{20}$: —38° [$CHCl_3$] (*Dj., Go.*).

Stammverbindungen $C_{22}H_{36}O_2$

5-Pentadecyl-benzo[1,3]dioxol, 1,2-Methylendioxy-4-pentadecyl-benzol $C_{22}H_{36}O_2$, Formel I.

B. Bei der Hydrierung von 1-Benzo[1,3]dioxol-5-yl-pentadec-1-en-3-on (nicht charakterisiert) an Platin in mit wss. Salzsäure versetzter Essigsäure (*Moore, Hewlett*, J. Sci. Food Agric. **9** [1958] 666, 668, 670).

F: 41—42°.

I II

(±)(2Ξ,4Ξ,4'aΞ)-2-[(4aΞ)-(4ar,8at)-Decahydro-[1ξ]naphthyl]-(4'ar,8'at)-octahydro-spiro[[1,3]dioxolan-4,1'-naphthalin] $C_{22}H_{36}O_2$, Formel II + Spiegelbild.

B. Beim Erhitzen von (±)-1ξ-Hydroxymethyl-(4ar,8at)-decahydro-[1ξ]naphthol (F: 111—112°) mit wss. Schwefelsäure (*Gutsche, Peter*, Am. Soc. **77** [1955] 5971, 5977).

Öl; bei 130—140°/0,02 Torr destillierbar. n_D^{25}: 1,5150.

(17Ξ)-5α-Spiro[androstan-17,2'-[1,3]oxathian] $C_{22}H_{36}OS$, Formel III.

B. Beim Erwärmen von 5α-Androstan-17-on mit 3-Mercapto-propan-1-ol (oder mit 2,2-Dimethyl-[1,3]oxathian), Benzol und wenig Toluol-4-sulfonsäure (*Djerassi, Gorman*, Am. Soc. **75** [1953] 3704, 3706, 3707).

Krystalle (aus Ae. + Me.); F: 150—152° [unkorr.].

III IV

(4'aR)-4'c-Äthyl-8'ξ,11'b-dimethyl-(4'ar,11'ac,11'bt)-dodecahydro-spiro[[1,3]dithiolan-2,3'-(6at,9t-methano-cyclohepta[a]naphthalin)], (4aR)-3,3-Äthandiyldimercapto-4c-äthyl-8ξ,11b-dimethyl-(4ar,11ac,11bt)-dodecahydro-6at,9t-methano-cyclohepta[a]naphthalin $C_{22}H_{36}S_2$, Formel IV.

Die Konstitution und Konfiguration der nachstehend beschriebenen Verbindung ergibt sich aus der genetischen Beziehung zu Cafestol (E III/IV **17** 2151); über die Konfiguration am C-Atom 4 s. *Djerassi et al.*, Am. Soc. **81** [1959] 2386, 2393.

B. Beim Behandeln von (4aR)-4c-Äthyl-8ξ,11b-dimethyl-(4ar,11ac,11bt)-dodecahydro-6at,9t-methano-cyclohepta[a]naphthalin-3-on (F: 81—83°) mit Äthan-1,2-dithiol und dem Borfluorid-Äther-Addukt (*Dj. et al.*, l. c. S. 2398).

Krystalle (aus Me. + Acn.); F: 130—131° [Kofler-App.]. $[\alpha]_D$: —67° [$CHCl_3$].

Stammverbindungen $C_{24}H_{40}O_2$

***Opt.-inakt. 2-Methyl-1-[2,3,3,5-tetramethyl-2,3-dihydro-[2]furyl]-1-[2,4,4,5-tetramethyl-5-(2-methyl-propenyl)-tetrahydro-[2]furyl]-propen** $C_{24}H_{40}O_2$, Formel V.

B. Beim Behandeln von (±)-2,3,3,5-Tetramethyl-2-[2-methyl-propenyl]-2,3-dihydrofuran mit Zinn(IV)-chlorid und Chloroform (*Wiemann, Le Thi Thuan*, Bl. **1954** 1275; *Le Thi Thuan*, Bl. **1956** 642, 647)

$Kp_{0,1}$: 140°. D_4^{19}: 0,935. n_D^{19}: 1,4908. Dielektrizitätskonstante: 4,51.

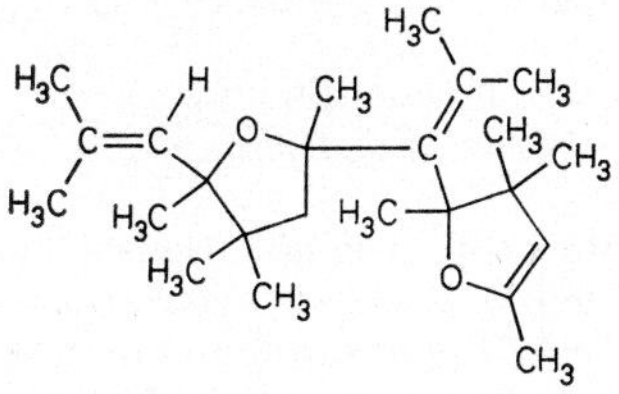

V 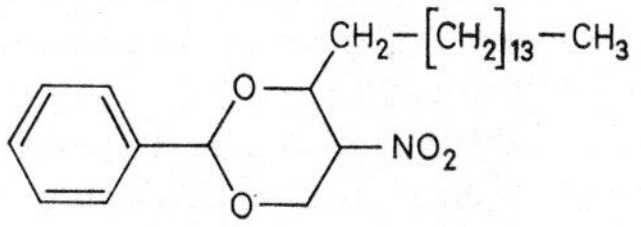 VI

Stammverbindungen $C_{25}H_{42}O_2$

***Opt.-inakt. 5-Nitro-4-pentadecyl-2-phenyl-[1,3]dioxan** $C_{25}H_{41}NO_4$, Formel VI.

Präparate vom F: 79—81° und vom F: 58,5—59° (jeweils Krystalle [aus A.]) sind beim Behandeln von opt.-inakt. 2-Nitro-octadecan-1,3-diol (bei 30—50° schmelzendes Präparat bzw. bei 83—85° schmelzendes Präparat) mit Benzaldehyd und Zinkchlorid erhalten worden (*Grob et al.*, Helv. **34** [1951] 2249, 2253).

Stammverbindungen $C_{29}H_{50}O_2$

17-[1,5-Dimethyl-hexyl]-10,13-dimethyl-hexadecahydro-spiro[cyclopenta[*a*]phenanthren-3,2'-[1,3]dioxolan] $C_{29}H_{50}O_2$.

a) **5β-Spiro[cholestan-3,2'-[1,3]dioxolan], 3,3-Äthandiyldioxy-5β-cholestan,** 5β-Cholestan-3-on-äthandiylacetal $C_{29}H_{50}O_2$, Formel VII.

B. Beim Erwärmen von 5β-Cholestan-3-on mit 2-Äthyl-2-methyl-[1,3]dioxolan, Benzol und wenig Toluol-4-sulfonsäure-monohydrat (*Dauben et al.*, Am. Soc. **76** [1954] 1359, 1362).

Krystalle (aus Me. + Py.); F: 51—52°. $[\alpha]_D^{24}$: +27,6° [$CHCl_3$; c = 1].

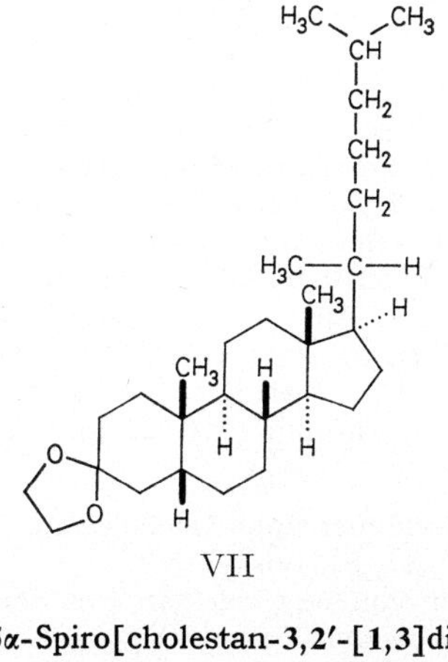

VII 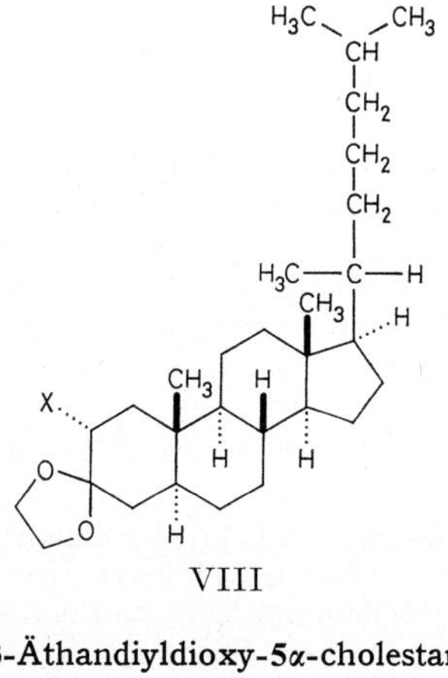 VIII

b) **5α-Spiro[cholestan-3,2'-[1,3]dioxolan], 3,3-Äthandiyldioxy-5α-cholestan,** 5α-Cholestan-3-on-äthandiylacetal $C_{29}H_{50}O_2$, Formel VIII (X = H).

B. Beim Erwärmen von 5α-Cholestan-3-on mit Äthylenglykol, Benzol und wenig

Toluol-4-sulfonsäure unter Entfernen des entstehenden Wassers (*Squibb & Sons*, U.S.P. 2378918 [1941]). Aus 5α-Cholestan-3-on und 2-Äthyl-2-methyl-[1,3]dioxolan analog dem unter a) beschriebenen Stereoisomeren (*Dauben et al.*, Am. Soc. **76** [1954] 1359, 1360, 1362). Bei der Hydrierung von 3,3-Äthandiyldioxy-cholest-5-en an Palladium/Bariumsulfat in Äthanol (*Da. et al.*, l. c. S. 1363).

Krystalle; F: 115° [aus A.] (*Squibb & Sons*), 113° [unkorr.; Fisher-App.] (*Da. et al.*). $[\alpha]_D^{24}$: +21,6° [$CHCl_3$; c = 1]; $[\alpha]_D^{25}$: +20,2° [$CHCl_3$; c = 1] (*Da. et al.*).

3,3-Äthandiyloxy-2α-brom-5α-cholestan $C_{29}H_{49}BrO_2$, Formel VIII (X = Br).

B. Beim Erhitzen von 2α-Brom-5α-cholestan-3-on mit 2-Äthyl-2-methyl-[1,3]dioxolan und wenig Toluol-4-sulfonsäure (*Dauben et al.*, Am. Soc. **76** [1954] 1359, 1360, 1362).

Krystalle; F: 128—129° [unkorr.; Fisher-Johns-App.]. $[\alpha]_D^{24}$: +23,4° [$CHCl_3$; c = 1].

(3S)-5α-Spiro[cholestan-3,2'-[1,3]oxathiolan] $C_{29}H_{50}OS$, Formel IX.

Bezüglich der Zuordnung der Konfiguration am C-Atom 3 s. *Djerassi et al.*, Am. Soc. **80** [1958] 4723, 4726.

B. Beim Erhitzen von 5α-Cholestan-3-on mit 2-Mercapto-äthanol, Benzol und wenig Toluol-4-sulfonsäure unter Entfernen des entstehenden Wassers (*Djerassi, Gorman*, Am. Soc. **75** [1953] 3704, 3705, 3707). Beim Behandeln von 5α-Cholestan-3-on mit 2-Mercapto-äthanol, Essigsäure und dem Borfluorid-Äther-Addukt (*Fieser*, Am. Soc. **76** [1954] 1945).

Krystalle; F: 135—136° [unkorr.; aus Acn. + Me.] (*Dj.*, *Go.*), 133—134° [aus A.] (*Fi.*). $[\alpha]_D^{20}$: +25° [$CHCl_3$] (*Dj.*, *Go.*); $[\alpha]_D$: +24,8° [$CHCl_3$; c = 0,7] (*Fi.*).

Beim Erwärmen mit Raney-Nickel in Aceton oder Benzol sind 5α-Cholestan-3-on sowie kleinere Mengen 5α-Cholestan-3α-ol, 5α-Cholestan-3β-ol und 3α-Äthoxy-5α-cholestan erhalten worden (*Dj. et al.*, l. c. S. 4727, 4729).

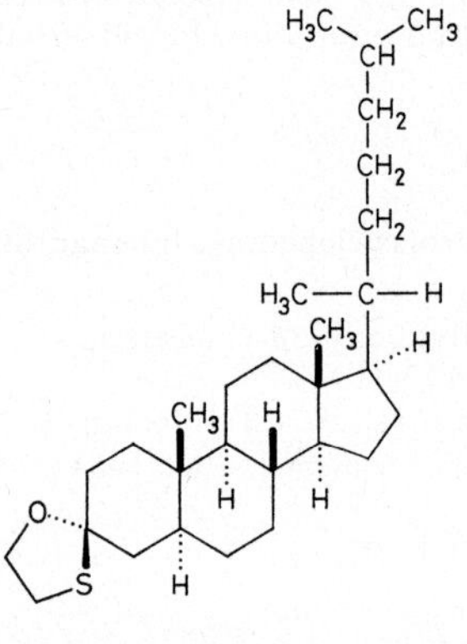

IX 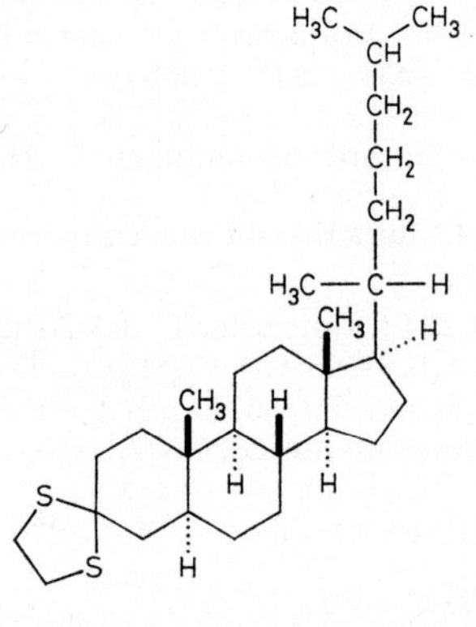 X 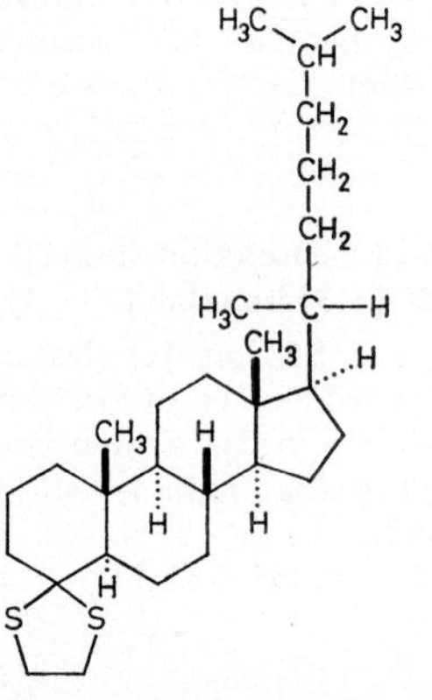 XI

5α-Spiro[cholestan-3,2'-[1,3]dithiolan], 3,3-Äthandiyldimercapto-5α-cholestan, 5α-Cholestan-3-on-äthandiyldithioacetal $C_{29}H_{50}S_2$, Formel X.

B. Beim Behandeln von 5α-Cholestan-3-on mit Äthan-1,2-dithiol, Zinkchlorid und Benzol (*Fukushima et al.*, Am. Soc. **72** [1950] 5205, 5210) oder mit Äthan-1,2-dithiol, Essigsäure und dem Borfluorid-Äther-Addukt (*Fieser*, Am. Soc. **76** [1954] 1945).

Krystalle; F: 146,5—147,5° [aus Acn. oder aus Dioxan + A.] (*Fi.*), 142—143° [korr.; Hershberg-App.; aus Bzn.] (*Fu. et al.*). $[\alpha]_D^{32}$: +29,7° [$CHCl_3$; c = 0,4] (*Fu. et al.*); $[\alpha]_D$: +32° [$CHCl_3$; c = 2] (*Fi.*). UV-Absorptionsmaximum (A.): 240 nm (*Fu. et al.*).

5α-Spiro[cholestan-4,2'-[1,3]dithiolan], 4,4-Äthandiyldimercapto-5α-cholestan, 5α-Cholestan-4-on-äthandiyldithioacetal $C_{29}H_{50}S_2$, Formel XI.

B. Beim Behandeln von 5β-Cholestan-4-on oder von 5α-Cholestan-4-on mit Äthan-1,2-dithiol und dem Borfluorid-Äther-Addukt (*Stevenson, Fieser*, Am. Soc. **78** [1956] 1409).

Krystalle (aus $CHCl_3$ + Me.); F: 119—120°. $[\alpha]_D$: −5° [$CHCl_3$; c = 2].

Stammverbindungen $C_{30}H_{52}O_2$

3,3-Äthandiyldioxy-2α-methyl-5α-cholestan $C_{30}H_{52}O_2$, Formel XII.

B. Aus 3,3-Äthandiyldioxy-2α-methyl-cholest-5-en durch Hydrierung mit Hilfe von Palladium (*Mousseron et al.*, C. r. **245** [1957] 1859, 1861).

F: 101—102°.

XII XIII

2′,2′-Dimethyl-(2α*H*,3α*H*,5α)-2,3-dihydro-cholest-2-eno[2,3-*d*][1,3]dioxol, 2β,3β-Isopropylidendioxy-5α-cholestan $C_{30}H_{52}O_2$, Formel XIII.

B. Beim Behandeln eines Gemisches von 5α-Cholestan-2β,3β-diol und Aceton mit Kupfer(II)-sulfat (*Henbest, Wilson*, Soc. **1957** 1958, 1964) oder mit Chlorwasserstoff (*Sheehan, Erman*, Am. Soc. **79** [1957] 6050, 6055).

Krystalle; F: 117—118° [korr.; aus Me.] (*Sh., Er.*), 114—117° [Kofler-App.; aus Acn.] (*He., Wi.*). $[\alpha]_D$: +40° [$CHCl_3$] (*He., Wi.*). [*Höffer*]

Stammverbindungen $C_nH_{2n-10}O_2$

Stammverbindungen $C_8H_6O_2$

Benz[1,4]oxathiin C_8H_6OS, Formel I.

B. Beim Erwärmen von 2,3-Dihydro-benz[1,4]oxathiin-2-ol (⇌ [2-Hydroxy-phenylmercapto]-acetaldehyd) mit Phosphor(V)-oxid und Pyridin (*Parham, Jones*, Am. Soc. **76** [1954] 1068, 1072). Beim Erhitzen von 2-Äthoxy-2,3-dihydro-benz[1,4]oxathiin mit wenig Phosphor(V)-oxid auf 180° (*Pa., Jo.*). Beim Erhitzen von 2-Acetoxy-2,3-dihydro-benz[1,4]oxathiin auf 450° (*Pa., Jo.*).

$Kp_{0,08}$: 49°; n_D^{25}: 1,6129 (*Pa., Jo.*).

An der Luft erfolgt Umwandlung in Substanzen von hohem Molekulargewicht (*Pa., Jo.*, l. c. S. 1072). Überführung in 2-Äthoxy-2,3-dihydro-benz[1,4]oxathiin durch mehrtägiges Erwärmen mit Chlorwasserstoff enthaltendem Äthanol: *Pa., Jo.*, l. c. S. 1073. Bei mehrtägigem Behandeln mit [2,4-Dinitro-phenyl]-hydrazin und wss.-äthanol. Schwefelsäure unter Stickstoff bzw. unter Zutritt von Luft ist [2-Hydroxy-phenylmercapto]-acetaldehyd-[2,4-dinitro-phenylhydrazon] bzw. Glyoxal-bis-[2,4-dinitro-phenylhydrazon] erhalten worden (*Pa., Jo.*, l. c. S. 1073). Bildung von Benz[1,4]oxathiin-2-carbaldehyd beim Behandeln mit einem aus *N*-Methyl-formanilid und Phosphorylchlorid hergestellten Reaktionsgemisch und anschliessend mit Wasser: *Pa., Jo.*, l. c. S. 1073; *Parham, Willette*, J. org. Chem. **25** [1960] 53.

Verbindung mit 1,3,5-Trinitro-benzol $C_8H_6OS \cdot C_6H_3N_3O_6$. Rote Krystalle (aus A.), F: 101—104°; wenig beständig (*Pa., Jo.*).

4,4-Dioxo-4λ⁶-benz[1,4]oxathiin, Benz[1,4]oxathiin-4,4-dioxid $C_8H_6O_3S$, Formel II.

B. Beim Erhitzen von Benz[1,4]oxathiin mit Essigsäure und wss. Wasserstoffperoxid (*Parham, Jones*, Am. Soc. **76** [1954] 1068, 1072).

Krystalle (aus A.); F: 154—155°.

I II III IV

Benzo[1,4]dithiin $C_8H_6S_2$, Formel III (X = H).

B. Beim Erhitzen von 2,3-Dihydro-benzo[1,4]dithiin mit Tetrachlor-[1,4]benzochinon in *o*-Xylol (*Parham et al.*, Am. Soc. **75** [1953] 1647, 1650). Beim Erhitzen von (±)-2-Äth≈oxy-2,3-dihydro-benzo[1,4]dithiin mit Aluminiumoxid auf 250° (*Parham, Jones*, Am. Soc. **76** [1954] 1068, 1073) oder mit wenig Phosphor(V)-oxid auf 170° (*Pa. et al.*, l. c. S. 1649).

$Kp_{0,1}$: 67–70°; D_4^{20}: 1,2799; n_D^{25}: 1,6754 (*Pa. et al.*, l. c. S. 1649). UV-Absorptions-maxima (A.): 253 nm und 301 nm (*Pa. et al.*, l. c. S. 1649).

Überführung in Benzol-1,2-disulfonsäure durch Erwärmen mit wss. Kaliumhypo≈chlorit-Lösung und Dioxan: *Parham et al.*, Am. Soc. **76** [1954] 4957, 4959. Beim Behandeln mit Butyllithium in Äther und anschliessenden Erwärmen mit Dimethylsulfat ist 1-Butylmercapto-2-methylmercapto-benzol erhalten worden (*Parham, Stright*, Am. Soc. **78** [1956] 4783, 4786).

1,1,4,4-Tetraoxo-1λ^6,4λ^6-benzo[1,4]dithiin, Benzo[1,4]dithiin-1,1,4,4-tetraoxid $C_8H_6O_4S_2$, Formel IV.

B. Beim Erhitzen von Benzo[1,4]dithiin mit Essigsäure und wss. Wasserstoffperoxid (*Parham et al.*, Am. Soc. **75** [1953] 1647, 1650).

Krystalle (aus A.); F: 221,5–222,5° [unkorr.].

2-Nitro-benzo[1,4]dithiin $C_8H_5NO_2S_2$, Formel III (X = NO_2).

B. Beim Behandeln von Benzo[1,4]dithiin mit Essigsäure und wss. Salpetersäure (*Parham et al.*, Am. Soc. **75** [1953] 1647, 1650).

Rote Krystalle (aus PAe. oder wss. A.); F: 104,5–105,5° [unkorr.] (*Pa. et al.*, Am. Soc. **75** 1650).

Bei 15-tägiger Bestrahlung mit Sonnenlicht ist 5a,5b(oder 5a,11a)-Dinitro-5a,5b,≈11a,11b-tetrahydro-dibenzo[*e,e'*]cyclobuta[1,2-*b*;3,4-*b'*]bis[1,4]dithiin (F: 170,5–172°) erhalten worden (*Parham et al.*, J. org. Chem. **24** [1959] 262). Überführung in Benzol-1,2-disulfonsäure durch Erhitzen mit wss. Kaliumpermanganat-Lösung und wss. Natron≈lauge: *Pa. et al.*, Am. Soc. **75** 1650.

[2,2']Bifuryl $C_8H_6O_2$, Formel V (X = H) (E II 26).

B. Beim Erhitzen von [2,2']Bifuryl-3-carbonsäure mit Chinolin und Kupferoxid-Chromoxid bis auf 200° (*Reichstein et al.*, Helv. **15** [1932] 1066, 1069; vgl. E II 26).

Kp_{12}: 67° (*Fieser et al.*, Am. Soc. **61** [1939] 1849, 1853); Kp_{11}: 63–64° (*Re. et al.*).

Bei der Hydrierung an Raney-Nickel in Äthanol bei 150° unter Druck ist Octahydro-[2,2']bifuryl [$Kp_{12,5}$: 73–76°] (*Fi. et al.*), bei der Hydrierung an Platin in Äthanol unter Druck sind Octahydro-[2,2']bifuryl (Kp_{13}: 77–80°) und Octan-1,8-diol (*Kondo et al.*, J. pharm. Soc. Japan **55** [1935] 741, 746; dtsch. Ref. S. 142; C. A. **1935** 7324), bei partieller Hydrierung an Palladium/Kohle in Aceton sind x,x-Dihydro-[2,2']bifuryl ($C_8H_8O_2$; Kp_8: 55–60°) und ein 2,3,4,5-Tetrahydro-[2,2']bifuryl ($C_8H_{10}O_2$) enthaltendes Präparat (in ein Maleinsäureanhydrid-Addukt vom F: 94,5–95° überführbar) (*Ko. et al.*, l. c. S. 744) erhalten worden. Bildung von [2,2']Bifuryl-5-carbaldehyd beim Behandeln mit Cyanwasserstoff, Äther und Chlorwasserstoff und anschliessend mit Wasser: *Re. et al.*

5,5'-Dinitro-[2,2']bifuryl $C_8H_4N_2O_6$, Formel V (X = NO_2) (H 32).

B. Neben 2-Nitro-furan beim Behandeln von Furan mit Salpetersäure und Acet≈anhydrid bei –3° (*Sasaki*, Bl. Inst. chem. Res. Kyoto **33** [1955] 39, 43; vgl. H 32). In kleiner Menge beim Erhitzen von 2-Brom-5-nitro-furan mit aktiviertem Kupfer-Pulver auf 190° (*Rinkes*, R. **50** [1931] 981, 984).

Gelbe Krystalle (aus Bzl.); F: 213–214° [unkorr.] (*Ri.*).

[2,2']Bithienyl $C_8H_6S_2$, Formel VI (X = H) (H 32; E II 26).

B. In kleiner Menge beim Erhitzen von Thiophen auf 800° (*Wynberg, Bantjes,* J. org. Chem. **24** [1959] 1421; vgl. H 32). Beim Erhitzen von 2-Brom-thiophen (*Wy., Ba.*) oder von 2-Jod-thiophen (*Wynberg, Logothetis,* Am. Soc. **78** [1956] 1958, 1960) mit Dimethylformamid und Kupfer-Pulver. Beim Erwärmen von äther. [2]Thienylmagnesium=bromid-Lösung mit Kupfer(II)-chlorid (*Steinkopf, Roch,* A. **482** [1930] 251, 260).

Atomabstände und Bindungswinkel im Dampfzustand (Elektronenbeugung): *Almenningen et al.,* Acta chem. scand. **12** [1958] 1671, 1673; im krystallinen Zustand (Röntgen-Diagramm): *Visser et al.,* Acta cryst. [B] **24** [1968] 467, 471.

Krystalle; F: 34° (*Lescot et al.,* Soc. **1959** 3234, 3235), 32–33,5° [aus PAe. + Me.] (*Sease, Zechmeister,* Am. Soc. **69** [1947] 270, 271), 33° (*St., Roch*), 31–33° (*Wy., Lo.*). Monoklin; Raumgruppe $P2_1/c$ (= C^5_{2h}); aus dem Röntgen-Diagramm ermittelte Dimensionen der Elementarzelle bei –140°: a = 7,76 Å; b = 5,90 Å; c = 8,91 Å; β = 106,6°; n = 2 (*Vi. et al.,* l. c. S. 468). Kp_{15}: 129–131° (*Le. et al.*); Kp_{12}: 125–128° (*St., Roch*). UV-Spektrum einer Lösung in Hexan (220–350 nm): *Se., Ze.*; einer Lösung in Benzol (300–350 nm): *Se., Ze.* UV-Absorptionsmaxima (A.): 301 nm und 246 nm (*Wy., Ba.*).

Überführung in 5-Nitro-[2,2']bithienyl durch Behandlung mit Salpetersäure und Acetanhydrid: *Steinkopf, Köhler,* A. **522** [1936] 17, 24. Beim Behandeln mit Quecksil=ber(II)-chlorid und Natriumacetat in wss. Äthanol ist 5,5'-Bis-chloromercurio-[2,2']bi=thienyl, beim Erhitzen mit Quecksilber(II)-oxid und Essigsäure und Erhitzen des Reaktionsprodukts mit wss. Natriumchlorid-Lösung ist Hexakis-chloromercurio-[2,2']bi=thienyl erhalten worden (*St., Kö.,* l. c. S. 25, 26).

5,5'-Dichlor-[2,2']bithienyl $C_8H_4Cl_2S_2$, Formel VI (X = Cl) (H 33).

B. Aus Thiophen und Chlor (*Metcalf, Gunther,* Am. Soc. **69** [1947] 2579).

F: 109–110°.

Hexachlor-[2,2']bithienyl $C_8Cl_6S_2$, Formel VII (X = Cl) (H 33).

B. In kleiner Menge neben anderen Verbindungen beim Behandeln von Thiophen mit Chlor und anschliessenden Erhitzen mit wss. Natriumcarbonat-Lösung (*Coonradt et al.,* Am. Soc. **70** [1948] 2564, 2566, 2568).

Krystalle (aus $CHCl_3$); F: 188,5–190°.

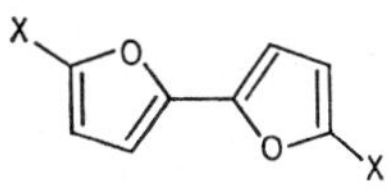

V 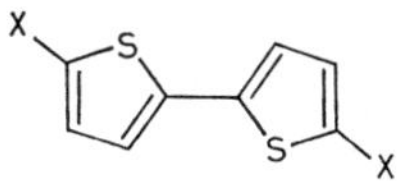 VI 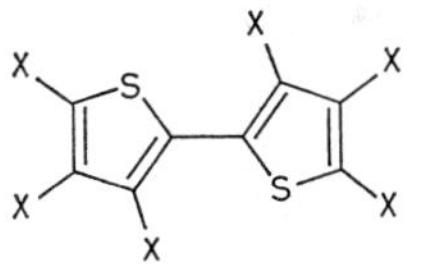 VII 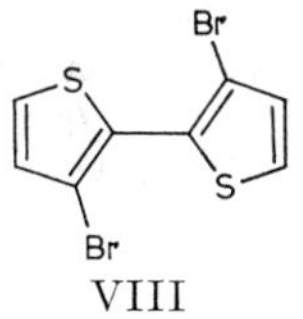 VIII

3,3'-Dibrom-[2,2']bithienyl $C_8H_4Br_2S_2$, Formel VIII.

B. Beim Erwärmen von 2,3-Dibrom-thiophen mit Magnesium und Äthylbromid in Äther und anschliessend mit Kupfer(II)-chlorid (*Steinkopf et al.,* A. **527** [1937] 272, 276).

Krystalle (aus PAe.); F: 96–97°.

Beim Behandeln mit Brom in Essigsäure ist 3,5,3',5'-Tetrabrom-[2,2']bithienyl erhalten worden.

5,5'-Dibrom-[2,2']bithienyl $C_8H_4Br_2S_2$, Formel VI (X = Br) (H 33).

B. Beim Erwärmen von 2,5-Dibrom-thiophen mit Magnesium in Äther und anschliessend mit Kupfer(II)-chlorid (*Steinkopf, Roch,* A. **482** [1930] 251, 260).

Krystalle; F: 146–147,6° [aus Me.] (*Wynberg, Bantjes,* J. org. Chem. **24** [1959] 1421), 143° [aus A.] (*St., Roch*).

Beim Behandeln mit konz. Schwefelsäure sind kleine Mengen 5,5'''-Dibrom-[2,2';=5',2'';5'',2''']quaterthiophen erhalten worden (*Steinkopf et al.,* A. **527** [1937] 272, 275).

3,4,3',4'-Tetrabrom-[2,2']bithienyl $C_8H_2Br_4S_2$, Formel IX.

B. In kleiner Menge beim Behandeln von 2,3,4-Tribrom-thiophen mit Magnesium und Methylbromid in Äther und anschliessenden Erwärmen mit Kupfer(II)-chlorid (*Steinkopf, Köhler,* A. **522** [1936] 17, 23).

Krystalle (aus Eg.); F: 110° (*St.*, *Kö.*, l. c. S. 23).

Beim Behandeln mit Brom in Essigsäure ist Hexabrom-[2,2']bithienyl erhalten worden (*St.*, *Kö.*, l. c. S. 18).

3,5,3',5'-Tetrabrom-[2,2']bithienyl $C_8H_2Br_4S_2$, Formel X.

Diese Konstitution kommt auch dem früher (s. H **19** 33) beschriebenen Tetrabrom-[2,2']bithienyl (F: 139—140°) zu (*Steinkopf*, *Köhler*, A. **522** [1936] 17, 19; *Steinkopf et al.*, A. **527** [1937] 272).

B. Beim Behandeln von 3,3'-Dibrom-[2,2']bithienyl mit Brom in Essigsäure (*St. et al.*, l. c. S. 276).

Krystalle (aus A.); F: 139—140° (*St. et al.*).

Bei kurzem Behandeln mit konz. Schwefelsäure ist 3,5,3',4'',3''',5'''-Hexabrom-[2,2';5',2'';5'',2''']quaterthiophen, beim Behandeln mit Schwefeltrioxid enthaltender Schwefelsäure ist 3,4,5,3',4'',3''',4''',5''' (oder 3,5,3',4',3'',4'',3''',5''')-Octabrom-[2,2';5',2'';5'',2''']quaterthiophen (F: 297—299°) erhalten worden (*St.*, *Kö.*, l. c. S. 23, 24).

4,5,4',5'-Tetrabrom-[2,2']bithienyl $C_8H_2Br_4S_2$, Formel XI.

B. Beim Erhitzen von 2,3-Dibrom-5-jod-thiophen mit Kupfer-Pulver auf 240° (*Steinkopf*, A. **543** [1940] 128, 132).

Krystalle (aus Bzn.); F: 181° [durch Sublimation im Hochvakuum gereinigtes Präparat].

IX X XI XII

Hexabrom-[2,2']bithienyl $C_8Br_6S_2$, Formel VII (X = Br) (H 33).

B. Beim Behandeln von 3,4,3',4'-Tetrabrom-[2,2']bithienyl mit Brom in Essigsäure (*Steinkopf*, *Köhler*, A. **522** [1936] 17, 18). Beim Behandeln von 4,5,4',5'-Tetrabrom-[2,2']bithienyl (*Steinkopf*, A. **543** [1940] 128, 132) oder von 5-Nitro-[2,2']bithienyl (*St.*, *Kö.*, l. c. S. 25) mit Brom.

Krystalle (aus Bzl.); F: 257—258° (*St.*).

5,5'-Dijod-[2,2']bithienyl $C_8H_4I_2S_2$, Formel VI (X = I).

B. Beim Behandeln einer mit Quecksilber(II)-oxid versetzten Lösung von [2,2']Bithienyl in Benzol mit Jod (*Steinkopf*, *Köhler*, A. **522** [1936] 17, 22).

Krystalle (aus E.); F: 164°.

3,3'-Dibrom-4,5,4',5'-tetrajod-[2,2']bithienyl $C_8Br_2I_4S_2$, Formel XII.

B. Beim Erwärmen von 3,3'-Dibrom-[2,2']bithienyl mit Quecksilber(II)-acetat und Essigsäure, Erhitzen des Reaktionsprodukts mit wss. Natriumchlorid-Lösung und Erwärmen der erhaltenen Chloromercurio-Verbindung mit einer wss. Lösung von Jod und Kaliumjodid (*Steinkopf et al.*, A. **527** [1937] 272, 276).

Krystalle (aus Methylbenzoat); F: 273—274°.

Hexajod-[2,2']bithienyl $C_8I_6S_2$, Formel VII (X = I).

B. Beim Erhitzen von Hexakis-chloromercurio-[2,2']bithienyl mit einer wss. Lösung von Jod und Kaliumjodid (*Steinkopf*, *Köhler*, A. **522** [1936] 17, 26).

Krystalle (aus Tetralin); F: 284—285°.

5-Nitro-[2,2']bithienyl $C_8H_5NO_2S_2$, Formel XIII (X = H).

B. Beim Behandeln von [2,2']Bithienyl mit Salpetersäure und Acetanhydrid (*Steinkopf*, *Köhler*, A. **522** [1936] 17, 24).

Gelbe Krystalle; F: 113—113,5° (*Steinkopf*, A. **545** [1940] 38, 44), 109° [aus A.] (*St.*, *Kö.*).

Beim Erwärmen mit Quecksilber(II)-acetat und Essigsäure ist 3,5,3'-Tris-acetoxomercurio-5'-nitro-[2,2']bithienyl erhalten worden (*St.*).

3,5,3'-Trijod-5'-nitro-[2,2']bithienyl $C_8H_2I_3NO_2S_2$, Formel XIII (X = I).

B. Beim Erwärmen von 3,5,3'-Tris-acetoxomercurio-5'-nitro-[2,2']bithienyl mit einer wss. Lösung von Jod und Kaliumjodid (*Steinkopf*, A. **545** [1940] 38, 45).

Orangefarbene Krystalle (aus A.); F: 187–189°.

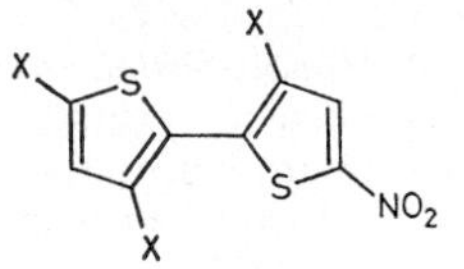

XIII 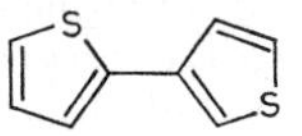 XIV 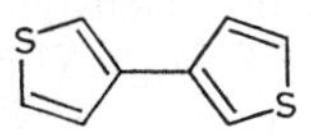 XV 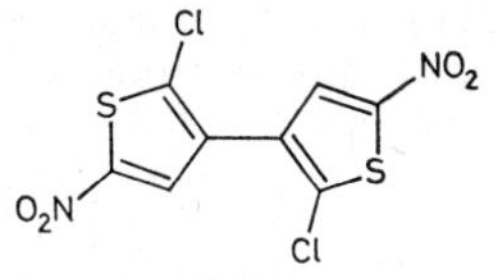 XVI

3,5,3',5'-Tetranitro-[2,2']bithienyl $C_8H_2N_4O_8S_2$, Formel XIII (X = NO_2).

B. Beim Erhitzen von 2-Chlor-3,5-dinitro-thiophen mit Kupfer-Pulver bis auf 220° (*Jean, Nord,* J. org. Chem. **20** [1955] 1363, 1368).

Gelbe Krystalle (aus Eg.); F: 194,5–196° [unkorr.; durch Sublimation bei 200–210°/3 Torr gereinigtes Präparat] (*Jean, Nord,* l. c. S. 1368). UV-Spektrum (A.; 220–300 nm): *Jean, Nord,* J. org. Chem. **20** [1955] 1370, 1377.

[2,3']Bithienyl $C_8H_6S_2$, Formel XIV.

B. Neben anderen Verbindungen beim Erhitzen von Thiophen auf 800° (*Wynberg, Bantjes,* J. org. Chem. **24** [1959] 1421). Beim Erhitzen von 2-[2]Thienyl-but-2-en mit Schwefel (*Teste, Lozac'h,* Bl. **1954** 492, 494). Beim Erhitzen von 4',5'-Dihydro-[2,3']bithienyl mit Tetrachlor-[1,4]benzochinon in Äthylenglykol (*Wynberg et al.*, Am. Soc. **79** [1957] 1972, 1974).

Krystalle; F: 68–68,4° [aus PAe.] (*Wy. et al.*, l. c. S. 1973), 65° (*Te., Lo.*), 61,5° bis 63° [aus PAe.] (*Wy., Ba.*). Triklin; Raumgruppe $P\bar{1}$ (= C_i^1) oder $P1$ (= C_1^1); aus dem Röntgen-Diagramm ermittelte Dimensionen der Elementarzelle: a = 8,184 Å; b = 5,598 Å; c = 9,815 Å; α = 99,12°; β = 116,03°; γ = 86,09°; n = 2 (*Visser et al.*, Acta cryst. [B] **24** [1968] 467, 468). UV-Absorptionsmaxima (A.): 235 nm und 283 nm (*Wy., Ba.*).

Beim Behandeln mit Acetanhydrid und wenig Phosphorsäure ist 1-[2,3']Bithienyl-5-yl-äthanon erhalten worden (*Wy. et al.*).

[3,3']Bithienyl $C_8H_6S_2$, Formel XV (H 33).

B. Neben Thiophen beim Erhitzen von Tetrahydrothiophen mit Schwefel auf 160° (*Friedmann,* J. Inst. Petr. **37** [1951] 239). Neben anderen Verbindungen beim Erhitzen von Thiophen auf 800° (*Wynberg, Bantjes,* J. org. Chem. **24** [1959] 1421; vgl. H 34).

Krystalle (aus Me.); F: 132–133° (*Wy., Ba.*), 132° (*Fr.*). Orthorhombisch; Raumgruppe *Pccn* (= D_{2h}^{10}); aus dem Röntgen-Diagramm ermittelte Dimensionen der Elementarzelle bei –140°: a = 18,182 Å; b = 7,516 Å; c = 5,487 Å; n = 4; bei Raumtemperatur: a = 18,310 Å; b = 7,638 Å; c = 5,579 Å; n = 4 (*Visser et al.*, Acta cryst. [B] **24** [1968] 467, 468). UV-Absorptionsmaxima (A.): 230 nm und 260 nm (*Wy., Ba.*).

2,2'-Dichlor-5,5'-dinitro-[3,3']bithienyl $C_8H_2Cl_2N_2O_4S_2$, Formel XVI.

B. In kleiner Menge neben 2-Chlor-5-nitro-thiophen beim Behandeln von 2-Chlor-thiophen mit Salpetersäure und Acetanhydrid bei –10° (*Hurd, Kreuz,* Am. Soc. **74** [1952] 2965, 2967).

Gelbe Krystalle; F: 211–213°.

Stammverbindungen $C_9H_8O_2$

4-Methyl-2,2-dioxo-2λ^6-benz[*e*][1,2]oxathiin, 4-Methyl-benz[*e*][1,2]oxathiin-2,2-dioxid, 2-[2-Hydroxy-phenyl]-prop-1-en-1-sulfonsäure-lacton $C_9H_8O_3S$, Formel I.

B. Beim Behandeln von 1-[2-Methansulfonyloxy-phenyl]-äthanon mit Kaliumhydroxid in Pyridin und anschliessenden Ansäuern (*Philbin et al.*, Soc. **1956** 4414).

Krystalle (aus A.); F: 86–87°.

Gegen heisse wss. Natronlauge beständig; beim Erwärmen mit äthanol. Alkalilauge entsteht 1-[2-Hydroxy-phenyl]-äthanon. Überführung in 2-[2-Hydroxy-phenyl]-propan-1-sulfonsäure-lacton durch Erhitzen mit Jodwasserstoffsäure und Acetanhydrid: *Ph. et al.*

2-Methylen-2,3-dihydro-benzo[1,4]dioxin $C_9H_8O_2$, Formel II.

Diese Konstitution kommt der nachstehend beschriebenen, von *Marini-Bettòlo et al.* (G. **86** [1956] 1336, 1346) als 2-Methyl-benzo[1,4]dioxin angesehenen Verbindung zu; die von *Marini-Bettòlo et al.* (l. c. S. 1348) als 2-Methylen-2,3-dihydro-benzo[1,4]dioxin angesehene Verbindung ist hingegen als 2-Vinyl-benzo[1,3]dioxol (s. u.) zu formulieren (*Katritzky et al.*, Tetrahedron **22** [1966] 931, 933, 935).

B. Beim Erwärmen von (±)-2-Chlormethyl-2,3-dihydro-benzo[1,4]dioxin mit äthanol. Kalilauge (*Ma.-Be. et al.*, l. c. S. 1346; *Ka. et al.*, l. c. S. 937).

Kp_{18}: 88—90°; n_D^{19}: 1,5630 (*Ka. et al.*). $Kp_{0,5}$: 50,3°; n_D^{21}: 1,5611 (*Ma.-Be. et al.*, l. c. S. 1347). UV-Spektrum (A.; 220—290 nm): *Ma.-Be. et al.*, l. c. S. 1338.

2-Vinyl-benzo[1,3]dioxol, 1,2-Allylidendioxy-benzol $C_9H_8O_2$, Formel III.

Diese Konstitution kommt der nachstehend beschriebenen, ursprünglich (*Marini-Bettòlo et al.*, G. **86** [1956] 1336, 1348) als 2-Methylen-2,3-dihydro-benzo[1,4]dioxin angesehenen Verbindung zu (*Katritzky et al.*, Tetrahedron **22** [1966] 931, 935).

B. Beim Erhitzen von (±)-[2,3-Dihydro-benzo[1,4]dioxin-2-ylmethyl]-trimethyl-ammonium-jodid mit wss. Kalilauge auf 160° (*Ma.-Be. et al.*; *Ka. et al.*, l. c. S. 938).

Kp_{14}: 87—88°; n_D^{22}: 1,5330 (*Ma.-Be. et al.*). Kp_{14}: 85—87°; n_D^{26}: 1,5330 (*Ka. et al.*). UV-Spektrum (A.; 220—300 nm): *Ma.-Be. et al.*, l. c. S. 1339.

5-Nitro-6-vinyl-benzo[1,3]dioxol, 4,5-Methylendioxy-2-nitro-styrol $C_9H_7NO_4$, Formel IV (X = H).

B. Aus 4,5-Methylendioxy-2-nitro-benzaldehyd (*Protiva et al.*, Naturwiss. **46** [1959] 263).

F: 112°.

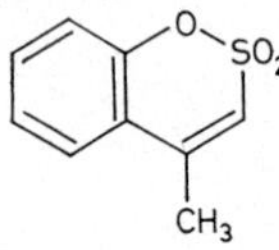

I 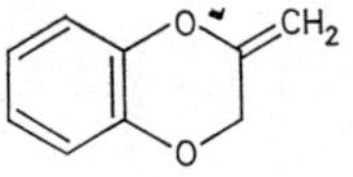 II 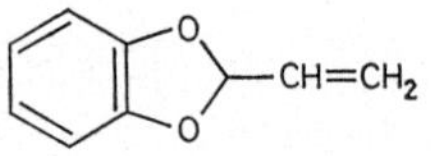 III 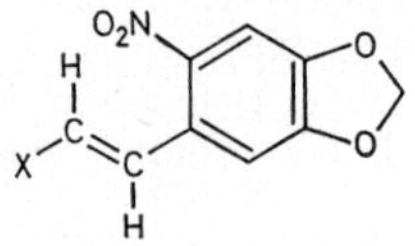 IV

5-[*trans*(?)-2-Nitro-vinyl]-benzo[1,3]dioxol, (*E*?)-3,4-Methylendioxy-β-nitro-styrol $C_9H_7NO_4$, vermutlich Formel V (X = H) (vgl. H 35; E I 617; E II 26).

B. Beim Behandeln von Piperonal mit Nitromethan, Äthanol und methanol. Kalilauge bzw. äthanol. Natronlauge (*Kondo et al.*, Ann. Rep. ITSUU Labor. Nr. 4 [1953] 20, 25; engl. Ref. S. 70; *Lange, Hambourger*, Am. Soc. **53** [1931] 3865; vgl. E I 617). Beim Behandeln von Piperonal mit Nitromethan, Äthanol und wss. Äthylamin-Lösung (*Gensler, Samour*, Am. Soc. **73** [1951] 5555). Beim Erwärmen von Piperonal mit Nitromethan, Benzol, wenig Hexansäure und Piperidin unter Entfernen des entstehenden Wassers (*Kamlet*, Am. Soc. **77** [1955] 4896).

Gelbe Krystalle; F: 162—163° [korr.] (*Ge., Sa.*), 161,5° [korr.; aus A.] (*La., Ha.*). IR-Banden (Nujol sowie $CHCl_3$) eines wahrscheinlich aus Piperonal und Nitromethan hergestellten Präparats im Bereich von 1500 cm^{-1} bis 900 cm^{-1}: *Briggs et al.*, Anal. Chem. **29** [1957] 904, 905. UV-Absorptionsmaxima (Me.): 257 nm und 363 nm (*Kamlet, Glover*, Am. Soc. **77** [1955] 5696). Polarographie: *Ried, Wilk*, A. **590** [1954] 111, 119.

Überführung in Benzo[1,3]dioxol-5-yl-acetaldehyd-oxim durch Hydrierung an Palladium/Kohle in Pyridin: *Reichert, Koch*, Ar. **273** [1935] 265, 271. Überführung in 3,4-Methylendioxy-phenäthylamin durch Hydrierung an Palladium in Essigsäure und Schwefelsäure: *Schales*, B. **68** [1935] 1579; *Kindler, Brandt*, Ar. **273** [1935] 478, 482; durch Hydrierung an Platin in Äthylacetat und wss. Schwefelsäure: *Kondo, Kataoka*, Ann. Rep. ITSUU Labor. Nr. 2 [1951] 7, 11; engl. Ref. S. 43, 47; durch Erwärmen mit Lithiumalanat in Äther, in Äther und Dioxan oder in Äther und Benzol: *Erne, Ramirez*,

Helv. **33** [1950] 912, 914; *Ge.*, *Sa.*; *Benington et al.*, J. org. Chem. **23** [1958] 1979, 1982.

4-Brom-6-[*trans*(?)-2-nitro-vinyl]-benzo[1,3]dioxol, (*E*?)-3-Brom-4,5-methylendioxy-*β*-nitro-styrol $C_9H_6BrNO_4$, vermutlich Formel V (X = Br).

B. Beim Behandeln von 3-Brom-4,5-methylendioxy-benzaldehyd mit Nitromethan und äthanol. Natronlauge (*Erne, Ramirez*, Helv. **33** [1950] 912, 915).

Krystalle (aus A.); F: 160—161° [korr.].

Bei 2-stdg. Erwärmen mit 1 Mol Lithiumalanat in Äther ist 3-Brom-4,5-methylendioxy-phenäthylamin, bei 10-stdg. Erwärmen mit 5 Mol Lithiumalanat ist 3,4-Methylendioxy-phenäthylamin erhalten worden.

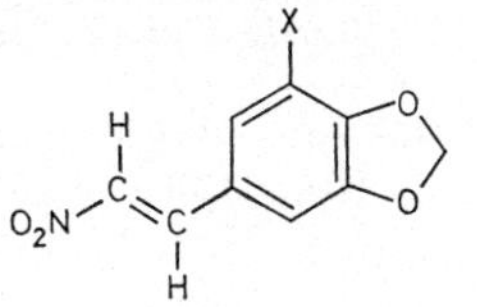

V 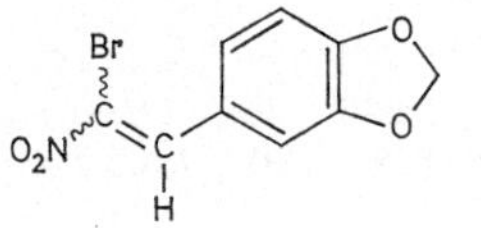 VI 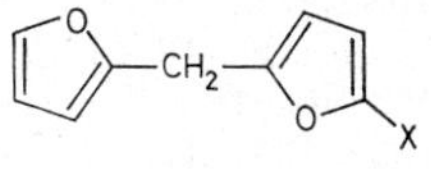 VII

5-[(*Ξ*)-2-Brom-2-nitro-vinyl]-benzo[1,3]dioxol, (*Ξ*)-*β*-Brom-3,4-methylendioxy-*β*-nitro-styrol $C_9H_6BrNO_4$, Formel VI (vgl. E II 27).

Eine Verbindung dieser Konstitution hat vermutlich auch in einem von *Neber et al.* (A. **526** [1936] 277, 283) als α-Brom-3,4-methylendioxy-β-nitro-styrol ($C_9H_6BrNO_4$) beschriebenen Präparat (F: 98—99°) vorgelegen, das nach dem für ξ-β-Brom-3,4-methylendioxy-ξ-β-nitro-styrol angegebenen Verfahren (s. E II 27) hergestellt worden ist.

Beim Erwärmen mit methanol. Kalilauge ist 1-Benzo[1,3]dioxol-5-yl-2-nitro-äthanon erhalten worden (*Reichert, Koch*, B. **68** [1935] 445, 450; *Ne. et al.*).

5-Nitro-6-[*trans*(?)-2-nitro-vinyl]-benzo[1,3]dioxol, (*E*?)-4,5-Methylendioxy-2,*β*-dinitro-styrol $C_9H_6N_2O_6$, vermutlich Formel IV (X = NO_2).

B. Beim Behandeln einer Suspension von (*E*?)-3,4-Methylendioxy-*β*-nitro-styrol (F: 159°) in Essigsäure mit Salpetersäure unterhalb 0° (*Burton, Duffield*, Soc. **1949** 78).

Gelbe Krystalle (aus A.); F: 118°.

Beim Erwärmen einer Lösung in wss. Essigsäure mit Eisen-Pulver ist 5*H*-[1,3]Dioxolo[4,5-*f*]indol erhalten worden (*Bu., Du.*).

Di-[2]furyl-methan $C_9H_8O_2$, Formel VII (X = H).

B. Beim Behandeln eines Gemisches von Furan und [1,3,5]Trioxan mit wss. Fluorwasserstoffsäure (*Cairns et al.*, Am. Soc. **73** [1951] 1270). Beim Behandeln von Furan mit Furfurylalkohol und wss. Salzsäure (*Brown, Sawatzky*, Canad. J. Chem. **34** [1956] 1147, 1152). Neben anderen Verbindungen bei kurzem Erwärmen von Furfurylalkohol mit wss. Salzsäure (*Takano*, J. chem. Soc. Japan Pure Chem. Sect. **79** [1958] 955, 956; C. A. **1960** 4530; *Birkofer, Beckmann*, A. **620** [1959] 21, 29). Beim Behandeln von Furfurylchlorid mit [2]Furylquecksilberchlorid in Äther (*Gilman, Wright*, Am. Soc. **55** [1933] 3302, 3307). Beim Erwärmen von Di-[2]furyl-keton mit Äthanol und Natrium unter Zusatz von wenig Wasser (*Reichstein et al.*, Helv. **15** [1932] 1066, 1072) oder mit Hydrazinhydrat und Methanol unter Zusatz von Kaliumhydroxid (*Gi., Wr.*). Neben 5-Furfuryl-furan-2-carbonsäure beim Erhitzen von Bis-[5-carboxy-[2]furyl]-methan mit Kupfer-Pulver (*Dinelli*, G. **67** [1937] 312, 315).

F: —26° (*Ca. et al.*), ca. —30° (*Re. et al.*). $Kp_{22,5}$: 94° (*Gi., Wr.*); Kp_{18}: 82—84° (*Ca. et al.*); Kp_{13}: 79—81° (*Br., Sa.*); Kp_{12}: 78° (*Re. et al.*); $Kp_{10,5}$: 74,5° (*Bi., Be.*); Kp_5: 66° (*Di.*); $Kp_{0,5}$: 42—44° (*Ta.*). D_4^{20}: 1,102 (*Gi., Wr.*), 1,098 (*Br., Sa.*); D_4^{25}: 1,0952 (*Ta.*). n_D^{16}: 1,4991 (*Br., Sa.*); n_D^{20}: 1,5049 (*Gi., Wr.*), 1,5048 (*Di.*), 1,5045 (*Bi., Be.*); n_D^{25}: 1,5037 (*Ta.*), 1,5026 (*Gi., Wr.*).

[2]Furyl-[5-jod-[2]furyl]-methan, 2-Furfuryl-5-jod-furan $C_9H_7IO_2$, Formel VII (X = I).

B. Beim Behandeln von 5-Furfuryl-[2]furylquecksilber-chlorid mit einer wss. Lösung von Jod und Kaliumjodid und anschliessend mit Calciumcarbonat (*Gilman, Wright*, Am. Soc. **55** [1933] 3302, 3307).

Kp_9: 123°. n_D^{20}: 1,5843.

Di-[2]thienyl-methan $C_9H_8S_2$, Formel VIII (X = H) (H 35).

B. Neben kleineren Mengen 2,5-Bis-[2]thienylmethyl-thiophen beim Behandeln von Thiophen mit Zinkchlorid, wss. Salzsäure und wss. Formaldehyd-Lösung (*Gol'dfarb, Danjuschewškiĭ*, Izv. Akad. S.S.S.R. Otd. chim. **1956** 1361, 1363; engl. Ausg. S. 1395, 1397). Beim Behandeln eines Gemisches von Thiophen und [1,3,5]Trioxan mit wss. Fluorwasserstoffsäure (*Cairns et al.*, Am. Soc. **73** [1951] 1270). Beim Erwärmen von Thiophen mit Butyllithium in Äther und anschliessend mit 2-Chlormethyl-thiophen (*Löfgren, Tegnér*, Acta chem. scand. **6** [1952] 1020, 1022). Beim Erhitzen von Di-[2]thienyl-keton mit Hydrazin-hydrat, Diäthylenglykol und Kaliumhydroxid (*Buu-Hoi et al.*, Bl. **1955** 1583, 1585; *Go., Da.*, l. c. S. 1364).

Krystalle; F: 46–47,5° [aus A. + PAe.] (*Go., Da.*), 44–45° [aus PAe.] (*Lö., Te.*), 43–45° [aus Me.] (*Ca. et al.*). Kp: 266–268° (*Buu-Hoi et al.*); Kp_{12}: 133–135,5° (*Go., Da.*), 133–135° (*Ca. et al.*); Kp_{11}: 128–130° (*Lö., Te.*).

Bis-[5-chlor-[2]thienyl]-methan $C_9H_6Cl_2S_2$, Formel VIII (X = Cl).

B. Beim Behandeln eines Gemisches von 2-Chlor-thiophen und [1,3,5]Trioxan mit wss. Fluorwasserstoffsäure (*Cairns et al.*, Am. Soc. **73** [1951] 1270).

F: 24–27°. $Kp_{0,1}$: 110–112°. D_4^{25}: 1,404. n_D^{25}: 1,6140.

[5-Brom-[2]thienyl]-[2]thienyl-methan $C_9H_7BrS_2$, Formel IX.

B. Neben kleineren Mengen Bis-[5-brom-[2]thienyl]-methan beim Behandeln einer Lösung von Di-[2]thienyl-methan in Benzol mit einer wss. Lösung von Kaliumbromid und Kaliumbromat und anschliessend mit wss. Salzsäure (*Gol'dfarb, Kirmalowa*, Ž. obšč. Chim. **26** [1956] 3409, 3411; engl. Ausg. S. 3797, 3799) sowie beim Behandeln einer Lösung von Di-[2]thienyl-methan in Chloroform mit *N*-Brom-succinimid und wenig Dibenzoylperoxid (*Go., Ki.*, l. c. S. 3414).

Kp_3: 128°. D_4^{20}: 1,550. n_D^{20}: 1,6339.

VIII IX X

Bis-[5-brom-[2]thienyl]-methan $C_9H_6Br_2S_2$, Formel VIII (X = Br).

B. Beim Behandeln von 2-Brom-thiophen mit Zinkchlorid, konz. wss. Salzsäure und wss. Formaldehyd-Lösung (*Gol'dfarb, Kirmalowa*, Ž. obšč. Chim. **26** [1956] 3409, 3412; engl. Ausg. S. 3797, 3799). Beim Behandeln einer Lösung von Di-[2]thienyl-methan in Benzol mit einer wss. Lösung von Kaliumbromid und Kaliumbromat und anschliessend mit wss. Salzsäure (*Go., Ki.*, l. c. S. 3411).

Krystalle (aus A.); F: 59–59,5°.

Beim Erwärmen mit *N*-Brom-succinimid und wenig Dibenzoylperoxid in Tetrachlormethan sind 1,1,2,2-Tetrakis-[5-brom-[2]thienyl]-äthan und *N*-[Bis-(5-brom-[2]thienyl)-methyl]-succinimid erhalten worden (*Go., Ki.*, l. c. S. 3413).

5-Methyl-[2,2']bithienyl $C_9H_8S_2$, Formel X (X = H).

B. Beim Erhitzen von [2,2']Bithienyl-5-carbaldehyd mit Hydrazin-hydrat, Diäthylenglykol und Kaliumhydroxid (*Lescot et al.*, Soc. **1959** 3234, 3235). Beim Leiten von Wasserdampf durch eine Suspension von 5'-Methyl-[2,2']bithienyl-5-ylquecksilber-chlorid in wss. Salzsäure (*Steinkopf et al.*, A. **546** [1941] 180, 192).

Kp_{17}: 145–146° (*St. et al.*).

3,4,5,3',4'-Pentachlor-5'-methyl-[2,2']bithienyl $C_9H_3Cl_5S_2$, Formel X (X = Cl).

B. Beim Behandeln einer Lösung von 5-Methyl-[2,2']bithienyl in Essigsäure mit Chlor

(*Steinkopf et al.*, A. **546** [1941] 180, 194).

Krystalle (aus wss. A.); F: 111—112°.

3,4,5,3',4'-Pentabrom-5'-methyl-[2,2']bithienyl $C_9H_3Br_5S_2$, Formel X (X = Br).

B. Beim Behandeln von 5-Methyl-[2,2']bithienyl mit Brom in Schwefelkohlenstoff (*Steinkopf et al.*, A. **546** [1941] 180, 194).

Krystalle (aus A. oder Acn.); F: 170—171°.

3,4,5,3',4'-Pentabrom-5'-brommethyl-[2,2']bithienyl $C_9H_2Br_6S_2$, Formel XI.

B. Beim Behandeln von 3,4,5,3',4'-Pentabrom-5'-methyl-[2,2']bithienyl mit Brom (*Steinkopf et al.*, A. **546** [1941] 180, 194).

Krystalle (aus Bzl. oder Äthylbenzoat); F: 264°.

XI XII XIII XIV

5-Jod-5'-methyl-[2,2']bithienyl $C_9H_7IS_2$, Formel XII.

B. Beim Behandeln von 5'-Methyl-[2,2']bithienyl-5-ylquecksilber-chlorid mit wss. Kaliumjodid-Lösung und mit Jod (*Steinkopf et al.*, A. **546** [1941] 180, 193).

Krystalle (aus PAe.); F: 87—88°.

5-Methyl-[2,3']bithienyl $C_9H_8S_2$, Formel XIII.

B. Neben 5-Methyl-4-[5-methyl-[2]thienyl]-[1,2]dithiol-3-thion beim Erhitzen von 2-Methyl-5-[1-methyl-propenyl]-thiophen (Kp_{17}: 104—105°; n_D^{19}: 1,5536) mit Schwefel und Äthylbenzoat (*Teste, Lozac'h*, Bl. **1954** 492, 495).

Krystalle; F: 68°.

(±)-3*H*-3,8a-Methano-benzo[*c*][1,2]dioxin $C_9H_8O_2$, Formel XIV.

Konstitutionszuordnung: *Hock et al.*, B. **83** [1950] 227, 228.

B. In kleiner Menge neben anderen Verbindungen bei mehrtägigem Behandeln von Inden mit Sauerstoff (*Hock, Depke*, B. **84** [1951] 122, 123).

F: 16—18°; bei 80°/0,1 Torr unter partieller Zersetzung destillierbar; D_4^{22}: 1,93; n_D^{22}: 1,566 (*Hock, De.*).

Beim Erwärmen auf 75° erfolgt Umwandlung in Trispiro[[1,2,4,5,7,8]hexoxonan-3,2';6,2'';9,2'''-triindan] (*Hock, De.*). Beim Behandeln mit 25%ig. wss. Natronlauge ist Isochroman-3-on erhalten worden (*Hock et al.*; *Hock, De.*).

[*K. Grimm*]

Stammverbindungen $C_{10}H_{10}O_2$

2-Oxo-4-phenyl-3,6-dihydro-2λ⁴-[1,2]oxaselenin, 4-Phenyl-3,6-dihydro-[1,2]oxaselenin-2-oxid, 4-Hydroxy-2-phenyl-but-2*c*-en-1-seleninsäure-lacton $C_{10}H_{10}O_2Se$, Formel I, und **2-Oxo-5-phenyl-3,6-dihydro-2λ⁴-[1,2]oxaselenin, 5-Phenyl-3,6-dihydro-[1,2]oxaselenin-2-oxid, 4-Hydroxy-3-phenyl-but-2*c*-en-1-seleninsäure-lacton** $C_{10}H_{10}O_2Se$, Formel II.

Diese beiden Formeln kommen für die nachstehend beschriebene, ursprünglich als 3-Phenyl-2,5-dihydro-selenophen-1,1-dioxid angesehene Verbindung in Betracht (*Mock, McCausland*, Tetrahedron Letters **1968** 391).

B. Beim Behandeln von 2-Phenyl-buta-1,3-dien mit Selenigsäure in Benzol (*Backer, Strating*, R. **53** [1934] 1113, 1116).

Krystalle (aus $CHCl_3$ + Bzn.); F: 90° [Zers.] (*Ba., St.*).

(±)-2-Phenyl-4*H*-[1,3]dioxin $C_{10}H_{10}O_2$, Formel III.

B. Beim Erhitzen von *cis*-2-Phenyl-5-[toluol-4-sulfonyloxy]-[1,3]dioxan mit Kaliumhydroxid unter vermindertem Druck (*Fischer et al.*, B. **64** [1931] 611, 613).

$Kp_{0,1}$: 72—75°. D^{20}: 1,126. n_D^{20}: 1,5408.

I II III IV

5-Chlor-6-phenyl-4*H*-[1,3]dioxin $C_{10}H_9ClO_2$, Formel IV.

B. Beim Erwärmen von (±)-5,5-Dichlor-4-phenyl-[1,3]dioxan mit äthanol. Kalilauge (*Union Carbide Corp.*, U.S.P. 2816898 [1954]).

Kp_4: 120°. D_{20}^{20}: 1,264.

6-Phenyl-2,3-dihydro-[1,4]oxathiin $C_{10}H_{10}OS$, Formel V (X = H).

B. Beim Erwärmen von Phenacylchlorid mit 2-Mercapto-äthanol und wss.-methanol. Natronlauge (*Marshall, Stevenson*, Soc. **1959** 2360, 2363).

$Kp_{0,7}$: 126°. n_D^{16}: 1,6491.

6-[4-Brom-phenyl]-2,3-dihydro-[1,4]oxathiin $C_{10}H_9BrOS$, Formel V (X = Br).

B. Beim Erwärmen von 1-[4-Brom-phenyl]-2-chlor-äthanon mit 2-Mercapto-äthanol und wss.-methanol. Natronlauge (*Marshall, Stevenson*, Soc. **1959** 2360, 2363).

Krystalle (aus Me.); F: 97°.

2-Benzyliden-[1,3]dioxolan $C_{10}H_{10}O_2$, Formel VI (X = H).

B. Beim Behandeln von (±)-2-[α-Brom-benzyl]-[1,3]dioxolan mit Kalium-*tert*-butylat in *tert*-Butylalkohol (*McElvain, Curry*, Am. Soc. **70** [1948] 3781, 3782, 3785).

F: 38–40°. $Kp_{0,8}$: 108–112°. n_D^{25}: 1,6075.

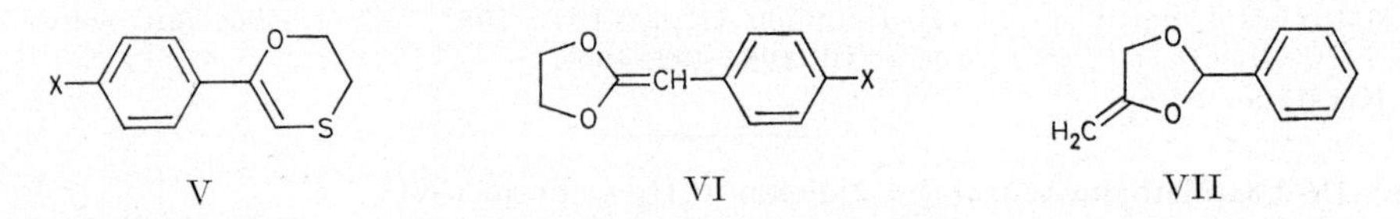

V VI VII

2-[4-Nitro-benzyliden]-[1,3]dioxolan $C_{10}H_9NO_4$, Formel VI (X = NO_2).

B. Beim Erwärmen von [4-Nitro-phenyl]-essigsäure-[2-brom-äthylester] mit Natrium-hydrid in Tetrahydrofuran (*Parker*, Am. Soc. **78** [1956] 4944).

Krystalle (aus 1,2-Dichlor-äthan); F: 185–186°. UV-Absorptionsmaxima (Tetrahydro-furan): 238 nm und 355 nm.

(±)-4-Methylen-2-phenyl-[1,3]dioxolan $C_{10}H_{10}O_2$, Formel VII.

B. Beim Erhitzen von opt.-inakt. 4-Chlormethyl-2-phenyl-[1,3]dioxolan (Kp_{14}: 144° bis 146° bzw. Kp_6: 125°) mit Kaliumhydroxid auf 125° (*Fischer et al.*, B. **63** [1930] 1732, 1740) oder mit Kaliumhydrid auf 130° (*Eastman Kodak Co.*, U.S.P. 2415638 [1942], 2382640 [1943]).

Kp_{16}: 106–107°; $Kp_{0,8}$: 73–74°; $n_D^{17,5}$: 1,5341 (*Fi. et al.*). Kp_3: 87–89° (*Eastman Kodak Co.*).

(±)-4-Methylen-2-phenyl-[1,3]dithiolan $C_{10}H_{10}S_2$, Formel VIII.

B. Beim Erwärmen von opt.-inakt. 4-Brommethyl-2-phenyl-[1,3]dithiolan (F: 81°) mit Natrium-[β,β'-dimethoxy-isopropylat] in Benzol (*Miles, Owen*, Soc. **1950** 2938, 2942).

Krystalle (aus PAe.); F: 52°. UV-Absorptionsmaxima (Äthanol sowie Hexan): 228 nm und 236 nm.

(±)-4-Dichlormethylen-6-nitro-2-trichlormethyl-4*H*-benzo[1,3]dioxin $C_{10}H_4Cl_5NO_4$, Formel IX (X = H) (E II 27).

Konstitutionszuordnung: *Chattaway, Irving*, Soc. **1934** 325, 327.

B. Beim Erwärmen von opt.-inakt. 6-Nitro-2,4-bis-trichlormethyl-4*H*-benzo[1,3]dioxin (E II **19** 23) mit Natriumacetat in Äthanol (*Ch., Ir.*, l. c. S. 329).

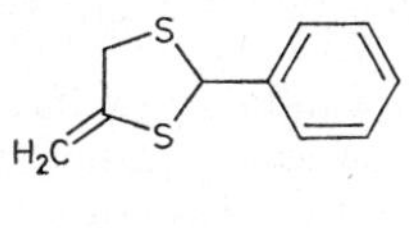

VIII 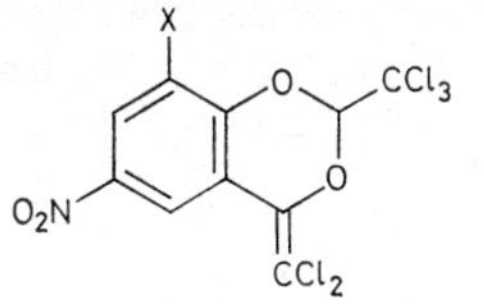 IX 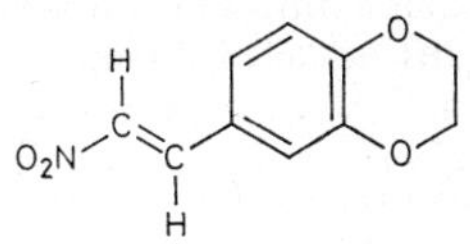 X

(±)-4-Dichlormethylen-6,8-dinitro-2-trichlormethyl-4*H*-benzo[1,3]dioxin $C_{10}H_3Cl_5N_2O_6$, Formel IX (X = NO_2).

B. Beim Erwärmen einer Lösung von opt.-inakt. 6,8-Dinitro-2,4-bis-trichlormethyl-4*H*-benzo[1,3]dioxin (E II **19** 23) in Äthanol mit Natriumacetat (*Chattaway, Irving*, Soc. **1934** 325, 329).

Krystalle (aus A.); F: 148–149°.

6-[*trans*(?)-2-Nitro-vinyl]-2,3-dihydro-benzo[1,4]dioxin, (*E*?)-3,4-Äthandiyldioxy-*β*-nitro-styrol $C_{10}H_9NO_4$, vermutlich Formel X.

B. Beim Behandeln von 2,3-Dihydro-benzo[1,4]dioxin-6-carbaldehyd mit Nitromethan, Methylamin-hydrochlorid und Natriumcarbonat in Äthanol (*Tomita, Takahashi*, J. pharm. Soc. Japan **77** [1957] 478, 480; C. A. **1957** 14728).

Gelbe Krystalle (*To., Ta.*). F: 151–152° (*Winthrop Chem. Co.*, U.S.P. 2168929 [1937]; *I.G. Farbenind.*, D.R.P. 670683 [1936]; Frdl. **25** 389, 391), 149–150° [unkorr.; aus A.] (*To., Ta.*).

5-Propenyl-benzo[1,3]dioxol, 1,2-Methylendioxy-4-propenyl-benzol, **Isosafrol** $C_{10}H_{10}O_2$ (vgl. H 35; E I 617; E II 27).

Zusammenfassende Darstellungen: *E. Gildemeister, F. Hoffmann*, Die ätherischen Öle, 4. Aufl., Bd. 3d [Berlin 1966] S. 456; *E. Guenther*, The Essential Oils, Bd. 2 [New York 1949] S. 529.

Isosafrol-Präparate, die durch Isomerisierung von Safrol erhalten worden sind (vgl. H 36; E II 27), bestehen überwiegend aus *trans*-Isosafrol (*Naves, Ardizio*, Bl. **1957** 1053; *Shulgin*, J. Chromatography **30** [1967] 54, 60).

a) **5-*cis*-Propenyl-benzo[1,3]dioxol, *cis*-Isosafrol** $C_{10}H_{10}O_2$, Formel XI.

Konfigurationszuordnung: *Naves, Ardizio*, Bl. **1957** 1053.

Isolierung aus Isosafrol-Präparaten, die aus Safrol (S. 275) hergestellt worden sind, durch fraktionierte Destillation: *Na., Ar.*, l. c. S. 1056.

F: –21,5°; $Kp_{3,5}$: 77–79°; D_4^{20}: 1,1182; $n_{656,3}^{20}$: 1,56169; n_D^{20}: 1,56910; $n_{486,1}^{20}$: 1,58706 (*Na., Ar.*). IR-Spektrum (1700–700 cm^{-1}): *Na., Ar.*, l. c. S. 1055. IR-Spektrum (CCl_4; 1700–850 cm^{-1}): *Briner et al.*, Helv. **41** [1958] 1390, 1395. IR-Banden im Bereich von 1605 cm^{-1} bis 320 cm^{-1}: *Na., Ar.* UV-Absorptionsmaxima: 259 nm und 297,5 nm [Iso=octan] bzw. 259 nm und 296,5 nm [A.] (*Na., Ar.*).

Beim Erhitzen mit wasserhaltiger Ameisensäure ist das als 5*r*-Äthyl-7*c*-benzo[1,3]di=oxol-5-yl-6*t*-methyl-5,6-dihydro-7*H*-indeno[5,6-*d*][1,3]dioxol (über die Konfiguration dieser Verbindung s. *MacMillan et al.*, Tetrahedron **25** [1969] 905, 910) zu formulierende Diisosafrol vom F: 145° erhalten worden (*Na., Ar.*).

b) **5-*trans*-Propenyl-benzo[1,3]dioxol, *trans*-Isosafrol** $C_{10}H_{10}O_2$, Formel XII.

Konfigurationszuordnung: *Naves, Ardizio*, Bl. **1957** 1053.

Isolierung aus Isosafrol-Präparaten, die aus Safrol (S. 275) hergestellt worden sind, durch fraktionierte Destillation: *Na., Ar.*, l. c. S. 1055.

Krystalle; F: 8,2° (*Na., Ar.*, l. c. S. 1055), 6,6–6,7° [aus PAe.] (*Hillmer, Schorning*, Z. physik. Chem. [A] **167** [1934] 407, 419). $Kp_{3,4}$: 85–86°; D_4^{20}: 1,1206; $n_{656,3}^{20}$: 1,57009; n_D^{20}: 1,57818; $n_{486,1}^{20}$: 1,59778 (*Na., Ar.*, l. c. S. 1055). IR-Spektrum (1700–700 cm^{-1}): *Na., Ar.*, l. c. S. 1055. IR-Spektrum (CCl_4; 1700–850 cm^{-1}): *Briner et al.*, Helv. **41** [1958] 1390, 1395. IR-Banden im Bereich von 1605 cm^{-1} bis 260 cm^{-1}: *Na., Ar.*, l. c. S. 1055. UV-Spektrum einer Lösung in Hexan (230–330 nm): *Hi., Sch.*, Z. physik. Chem. [A] **167** 415; *Hillmer, Schorning*, Z. physik. Chem. [A] **168** [1934] 81, 89, 94; *Herzog, Hillmer*, B. **64** [1931] 1288, 1298; einer Lösung in Äthanol (220–330 nm): *Hi., Sch.*, Z. physik.

Chem. [A] **168** 97. UV-Absorptionsmaxima: 259 nm, 268 nm und 305 nm [Isooctan] bzw. 259,5 nm, 267 nm und 305 nm [A.] (*Na.*, *Ar.*) bzw. 261 nm und 302 nm [Hexan] bzw. 261 nm und 301 nm [A.] (*He.*, *Hi.*, l. c. S. 1304).

Beim Erhitzen mit wasserhaltiger Ameisensäure erfolgt Umwandlung in das nach *MacMillan et al.* (Tetrahedron **25** [1969] 905, 910) als 5*r*-Äthyl-7*t*-benzo[1,3]dioxol-5-yl-6*c*-methyl-5,6-dihydro-7*H*-indeno[5,6-*d*][1,3]dioxol zu formulierende Diisosafrol vom F: 92° (*Na.*, *Ar.*, l. c. S. 1056).

Verbindung mit Picrinsäure $C_{10}H_{10}O_2 \cdot C_6H_3N_3O_7$ (vgl. H 37). Krystalle (aus A.); F: 74—75° (*Na.*, *Ar.*, l. c. S. 1057).

c) **Isosafrol**-Präparate von ungewisser konfigurativer Einheitlichkeit.

Isolierung aus dem ätherischen Öl der Wurzeln von Ligusticum acutilobum: *Noguchi et al.*, J. pharm. Soc. Japan **57** [1937] 769, 773; dtsch. Ref. S. 187; C. A. **1938** 3360; aus dem ätherischen Öl der Blätter von Murraya koenigii: *Dutt*, Indian Soap J. **23** [1958] 201, 205.

Beim Behandeln mit Bromwasserstoff in Äthanol (*Takebayashi*, J. chem. Soc. Japan **64** [1943] 1363, 1367; C. A. **1947** 3774), beim Erwärmen mit Kupfer(II)-chlorid auf 100° (*Takebayashi*, J. chem. Soc. Japan **65** [1944] 582, 586; C. A. **1947** 3774) sowie beim Erhitzen mit Zinkchlorid auf 150° (*Baker et al.*, Soc. **1953** 4058) sind das nach *MacMillan et al.* (Tetrahedron **25** [1969] 905, 910) als 5*r*-Äthyl-7*c*-benzo[1,3]dioxol-5-yl-6*t*-methyl-5,6-dihydro-7*H*-indeno[5,6-*d*][1,3]dioxol zu formulierende Diisosafrol vom F: 146° (s. H 36; E II 28) und das als 5*r*-Äthyl-7*t*-benzo[1,3]dioxol-5-yl-6*c*-methyl-5,6-dihydro-7*H*-indeno[5,6-*d*][1,3]dioxol zu formulierende Diisosafrol vom F: 91° (s. H 36), beim Erwärmen mit wenig Jod in Toluol (*Müller et al.*, B. **87** [1954] 1735, 1739) sind daneben kleine Mengen 5,11-Diäthyl-anthra[2,3-*d*;6,7-*d'*]bis[1,3]dioxol erhalten worden. Bildung von 5-Propyl-benzo[1,3]dioxol und 4-Propyl-brenzcatechin beim Erhitzen mit Aktivkohle auf 200°: *Kimura*, Bl. chem. Soc. Japan **10** [1935] 330, 337. Verhalten beim Erhitzen mit Schwefel auf 200° (Bildung von 5-Benzo[1,3]dioxol-5-yl-[1,2]dithiol-3-thion): *Lozac'h*, Bl. **1949** 840, 844. Hydrierung an Raney-Nickel bei 15°/80 at bzw. bei 150°/80 at (Bildung von 5-Propyl-benzo[1,3]dioxol bzw. von *cis*-4-Propyl-cyclohexanol und *trans*-4-Propyl-cyclohexanol): *Gauthier*, A. ch. [11] **20** [1945] 581, 593, 605.

Verhalten beim Erwärmen mit Dimethylformamid und Phosphorylchlorid (Bildung von 3-Benzo[1,3]dioxol-5-yl-2-methyl-acrylaldehyd [Oxim, F: 124—126°]): *Schmidle*, *Barnett*, Am. Soc. **78** [1956] 3209. Beim Behandeln mit Acetaldehyd-oxim, Phosphorylchlorid und Benzol sowie beim Erhitzen mit Acetamid, Phosphorylchlorid und Toluol ist 1,3-Dimethyl-6,7-methylendioxy-3,4-dihydro-isochinolin erhalten worden (*Lora Tamayo*, *Madroñero*, Rev. Acad. Cienc. exact. fis. nat. Madrid **53** [1959] 527, 536, 538). Verhalten beim Erhitzen mit Maleinsäure-anhydrid in Xylol: *Hudson*, *Robinson*, Soc. **1941** 715, 718; *Lora Tamayo*, *Infiesta*, An. Soc. españ. **39** [1943] 634, 641; *Lora Tamayo*, *d'Ocon*, An. Soc. españ. **42** [1946] 809, 821; s. a. *Bruckner*, B. **75** [1942] 2034, 2044.

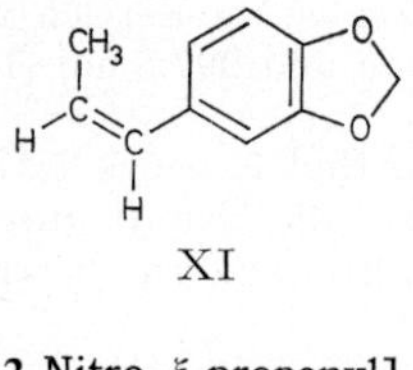

XI 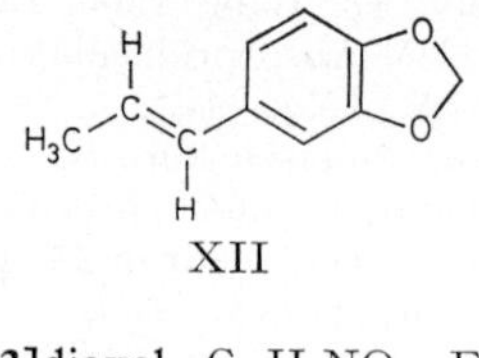 XII 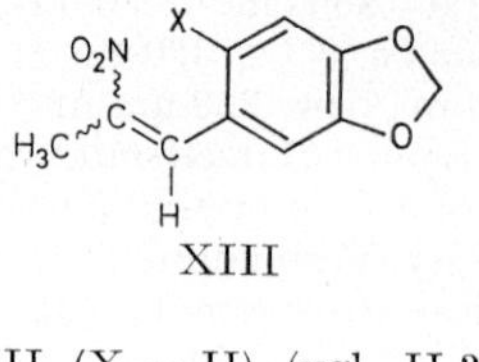 XIII

5-[2-Nitro-ξ-propenyl]-benzo[1,3]dioxol $C_{10}H_9NO_4$, Formel XIII (X = H) (vgl. H 38; E II 29; dort als 1²-Nitro-isosafrol bezeichnet).

B. Beim Behandeln von Piperonal mit Nitroäthan und wss.-äthanol. Kalilauge (*Burton*, *Duffield*, Soc. **1949** 78) oder mit Nitroäthan, Äthanol, Methylamin-hydrochlorid und Natriumcarbonat (*Pearl*, *Beyer*, J. org. Chem. **16** [1951] 221). Beim Behandeln von 5-[1-Acetoxy-2-nitro-propyl]-benzo[1,3]dioxol (F: 85°) mit wss.-äthanol. Kalilauge und Ansäuern des Reaktionsgemisches (*Bruckner*, A. **518** [1935] 226, 241; s. a. *Sugasawa*, *Sakurai*, J. pharm. Soc. Japan **56** [1936] 563, 566; C. A. **1939** 9307).

Gelbe Krystalle (aus A.); F: 103—104° (*Br.*), 103° (*Su.*, *Sa.*).

5-Nitro-6-[2-nitro-ξ-propenyl]-benzo[1,3]dioxol $C_{10}H_8N_2O_6$, Formel XIII (X = NO_2).

B. Beim Behandeln von 4,5-Methylendioxy-2-nitro-benzaldehyd mit Nitroäthan und wss.-äthanol. Kalilauge (*Burton, Duffield,* Soc. **1949** 78). Beim Behandeln der im vorangehenden Artikel beschriebenen Verbindung mit Essigsäure und Salpetersäure (*Bu., Du.*).

Gelbe Krystalle (aus A.); F: 155°.

5-Allyl-benzo[1,3]dioxol, 4-Allyl-1,2-methylendioxy-benzol, **Safrol** $C_{10}H_{10}O_2$, Formel I (H 39; E I 617; E II 29).

Zusammenfassende Darstellungen: *E. Gildemeister, F. Hoffmann,* Die ätherischen Öle, 4. Aufl., Bd. 3d [Berlin 1966] S. 449; *E. Guenther,* The Essential Oils, Bd. 2 [New York 1949] S. 526.

Isolierung aus dem ätherischen Öl der Wurzeln von Asarum sieboldii: *Kaku, Kondo,* J. pharm. Soc. Japan **51** [1931] 8, 16; dtsch. Ref. S. 3, 6; C. A. **1931** 1948; der Blätter von Boronia pinnata: *Penfold,* J. Pr. Soc. N.S. Wales **62** [1928] 225, 230; der Blätter von Cinnamomum camphora: *Fujita,* J. chem. Soc. Japan **63** [1942] 58, 62; C. A. **1947** 3509; *Naito,* J. chem. Soc. Japan **64** [1943] 1125, 1128; C. A. **1947** 3776; der Blätter von Cinnamomum micranthum: *Fujita, Tamashita,* J. chem. Soc. Japan **65** [1944] 385, 388, 591; C. A. **1947** 3509; der Blätter von Illicium parviflorum: *Foote,* J. Am. pharm. Assoc. **27** [1938] 573; der Wurzeln von Ligusticum acutilobum: *Noguchi et al.,* J. pharm. Soc. Japan **57** [1937] 769, 773; dtsch. Ref. S. 187; C. A. **1938** 3360; *Noguchi, Kawanami,* J. pharm. Soc. Japan **57** [1937] 783, 796; dtsch. Ref. S. 196, 207; C. A. **1938** 3360; der Rinde von Nemuaron humboldtii: *Chabeau,* Bl. Acad. Méd. Belgique [6] **3** [1938] 46, 52; des Holzes von Ocotea pretiosa: *Hickey,* J. org. Chem. **13** [1948] 443, 444; s. a. *Raoul, Jachan,* Rev. Quim. ind. **19** [1950] 12, 13; des Holzes von Sassafras albidum: *Hi.*

B. Neben Isosafrol (S. 273) beim Erwärmen von 3,4-Methylendioxy-*trans*(?)-zimt= alkohol mit Lithiumalanat und Aluminiumchlorid in Äther (*Birch, Slaytor,* Chem. and Ind. **1956** 1524).

Krystalle [aus PAe.] (*Hillmer, Schorning,* Z. physik. Chem. [A] **167** [1934] 407, 418); F: 11° (*Hi., Sch.*; *Priester,* R. **57** [1938] 811, 813; *Naves, Ardizio,* Bl. **1957** 1053, 1055). E: 11° (*Pr.*). $Kp_{1,5}$: 69—70°; D_4^{20}: 1,0993; $n_{656,3}^{20}$: 1,53191; n_D^{20}: 1,53738; $n_{486,1}^{20}$: 1,55064 (*Na., Ar.*). Kerr-Konstante: *Pauthenier, Bart,* C. r. **192** [1931] 352. IR-Spektrum (1700 cm^{-1} bis 700 cm^{-1}): *Na., Ar.* IR-Banden von unverdünntem flüssigem Safrol im Bereich von 1440 cm^{-1} bis 710 cm^{-1} sowie einer Lösung in Tetrachlormethan im Bereich von 2910 cm^{-1} bis 2780 cm^{-1}: *Briggs et al.,* Anal. Chem. **29** [1957] 904, 905; IR-Banden im Bereich von 1640 cm^{-1} bis 770 cm^{-1}: *Na., Ar.* Raman-Banden: *Morris,* Phys. Rev. [2] **38** [1931] 141, 143; *Dupont, Dulou,* Bl. [5] **3** [1936] 1639, 1660; *Susz et al.,* Helv. **19** [1936] 548, 551, 556; *Chabeau,* Bl. Acad. Méd. Belgique [6] **3** [1938] 46, 64. UV-Spektrum im Bereich von 220 nm bis 310 nm (Hexan): *Hi., Sch.,* l. c. S. 415; *Herzog, Hillmer,* B. **64** [1931] 1288, 1297; im Bereich von 240 nm bis 320 nm: *Ramart-Lucas, Amagat,* Bl. [4] **51** [1932] 108, 116. UV-Absorptionsmaxima: 236,5 nm, 285 nm und 289 nm [Isooctan] bzw. 236 nm und 285 nm [A.] (*Na., Ar.*) bzw. 237 nm und 286 nm [A.] (*Patterson, Hibbert,* Am. Soc. **65** [1943] 1862, 1864). Siedepunkte von binären Gemischen mit Phenol bei 10 Torr: *Brauer,* Ber. Schimmel **1929** 151, 160. Binäre Azeotrope mit Chinolin, Diäthylenglykol, *O*-Methyl-triäthylenglykol, Bis-[2-hydroxy-propyl]-äther, 4-Brom-phenetol, 3-Phenyl-propan-1-ol, Heptansäure, Kohlensäure-diisopentyläther und Lävulinsäure: *M. Lecat,* Tables azéotropiques, 2. Aufl. [Brüssel 1949]; mit Benzylalkohol: *Br.,* l. c. S. 156.

Verhalten beim Erhitzen mit Aktivkohle auf 190° (Bildung von 5-Propyl-benzo[1,3]= dioxol, 4-Propyl-brenzcatechin und *p*-Kresol): *Kimura,* Bl. chem. Soc. Japan **10** [1935] 330, 336. Enthalpie der Reaktion mit Ozon: *Briner et al.,* Helv. **21** [1938] 357, 362. Beim Erwärmen mit Selendioxid und Äthanol und Erhitzen des Reaktionsgemisches unter vermindertem Druck sind 5-[1-Äthoxy-allyl]-benzo[1,3]dioxol, 1-Benzo[1,3]dioxol-5-yl-prop= an-1-on, Benzo[1,3]dioxol-5-yl-aceton, 1-Benzo[1,3]dioxol-5-yl-propenon, 3,4-Methylen= dioxy-*trans*(?)-zimtaldehyd (F: 86°) und eine gelbe Verbindung $C_{20}H_{16}O_5$ vom F: 315° erhalten worden (*Wierzchowski,* Roczniki Chem. **16** [1936] 451, 454, 455; C. **1937** I 3136). Reaktion mit Brom in Kaliumbromid enthaltender wss. Lösung (Bildung von 1-Brom-3-[6-brom-benzo[1,3]dioxol-5-yl]-propan-2-ol und kleinen Mengen 2-Brom-3-[6-brom-benzo[1,3]dioxol-5-yl]-propan-1-ol): *Terada,* J. chem. Soc. Japan Pure Chem. Sect. **77** [1956] 1121; C. A. **1959** 5173. Verhalten beim Erhitzen mit Schwefel auf 200° (Bildung von 5-Benzo[1,3]dioxol-5-yl-[1,2]dithiol-3-thion): *Lozac'h,* Bl. **1949** 840, 844. Hydrierung an Raney-Nickel bei 15°/80 at bzw. bei 150°/80 at (Bildung von 5-Propyl-benzo[1,3]dioxol bzw. von *cis*-4-Propyl-cyclohexanol und *trans*-4-Propyl-cyclohexanol): *Gauthier*, A. ch. [11] **20** [1945] 581, 593, 605.

Beim Erhitzen mit Paraformaldehyd auf 220° sind 4-Benzo[1,3]dioxol-5-yl-but-3-en-1-ol (F: 59–60°) und 1-Benzo[1,3]dioxol-5-yl-4-formyloxy-but-1-en (F: 35–36°) erhalten worden (*Kuraoka, Sugawara*, J. chem. Soc. Japan Pure Chem. Sect. **79** [1958] 1161; C. A. **1960** 4479). Bildung von 1,3-Dimethyl-6,7-methylendioxy-3,4-dihydro-isochinolin beim Erwärmen mit Acetaldehyd-oxim, Phosphorylchlorid und Benzol: *Kametani*, J. pharm. Soc. Japan **73** [1953] 12, 13; C. A. **1953** 10539; beim Erhitzen mit Acetamid, Phosphoryl= chlorid und Toluol: *Kametani*, J. pharm. Soc. Japan **72** [1952] 1090, 1092; C. A. **1953** 10538.

Verbindung mit Picrinsäure $C_{10}H_{10}O_2 \cdot C_6H_3N_3O_7$. Orangerote Krystalle [aus $CHCl_3$] (*Baril, Megrdichian*, Am. Soc. **58** [1936] 1415); F: 104–105,5° [unkorr.] (*Ba., Me.*), 104–105,2° (*Hickey*, J. org. Chem. **13** [1948] 443, 445).

I II III

5-Isopropenyl-benzo[1,3]dioxol, 4-Isopropenyl-1,2-methylendioxy-benzol, Pseudosafrol $C_{10}H_{10}O_2$, Formel II (H 40).

UV-Spektrum (230–330 nm): *Ramart-Lucas*, Bl. [5] **1** [1934] 719, 728.

1,2-Di-[2]furyl-äthan $C_{10}H_{10}O_2$, Formel III.

B. Beim Erwärmen von 1,2-Di-[2]furyl-äthylen mit Äthanol und Natrium (*Reichstein*, Helv. **13** [1930] 345, 348).

Kp_{12}: 87–88°.

1,2-Di-[2]thienyl-äthan $C_{10}H_{10}S_2$, Formel IV.

B. Beim Behandeln von 2-Chlormethyl-thiophen mit Magnesium in Äther (*Blicke, Burckhalter*, Am. Soc. **64** [1942] 477, 480).

Krystalle (aus Me.); F: 64–65°.

1,2-Di-[3]thienyl-äthan $C_{10}H_{10}S_2$, Formel V.

B. Beim Behandeln von 3-Brommethyl-thiophen mit Magnesium in Äther (*Campaigne, Le Suer*, Am. Soc. **70** [1948] 1555, 1557).

Krystalle (aus Me.); F: 64–65°.

1,1-Di-[2]furyl-äthan $C_{10}H_{10}O_2$, Formel VI.

B. Neben 5-[1-[2]Furyl-äthyl]-furan-2-carbonsäure beim Erhitzen von 1,1-Bis-[5-carb= oxy-[2]furyl]-äthan mit Kupfer-Pulver (*Dinelli*, G. **67** [1937] 312, 317). Beim Behandeln von (±)-1-[2]Furyl-äthanol mit Furan und wss. Salzsäure (*Brown, Sawatzky*, Canad. J. Chem. **34** [1956] 1147, 1152). Beim Behandeln von Furan mit Acetaldehyd und wss. Salz= säure (*Br., Sa.*).

Kp_{15}: 86–87°; D_4^{20}: 1,073; n_D^{20}: 1,500 (*Br., Sa.*). Kp_{10}: 80°; n_D^{16}: 1,5040 (*Di.*).

IV V VI VII

1,1-Di-[2]thienyl-äthan $C_{10}H_{10}S_2$, Formel VII (H 41).

B. Beim Behandeln von Thiophen mit Paraldehyd und wss. Fluorwasserstoffsäure (*Cairns et al.*, Am. Soc. **73** [1951] 1270).

$Kp_{0,9}$: 91–94°. D_4^{25}: 1,168. n_D^{25}: 1,5932.

1,1,1-Trichlor-2,2-di-[2]thienyl-äthan $C_{10}H_7Cl_3S_2$, Formel VIII (X = H) (H 41).

B. Beim Behandeln von Thiophen mit Chloral-hydrat und konz. Schwefelsäure (*Feeman et al.*, Am. Soc. **70** [1948] 3136; vgl. H 41).

Krystalle (aus A.); F: 78,4–79,2° (*Metcalf, Gunther*, Am. Soc. **69** [1947] 2579), 77,5° bis 78° (*Fe. et al.*).

1,1,1-Trichlor-2,2-bis-[5-chlor-[2]thienyl]-äthan $C_{10}H_5Cl_5S_2$, Formel VIII (X = Cl).

B. Beim Behandeln von 2-Chlor-thiophen mit Chloral-hydrat und konz. Schwefelsäure (*Feeman et al.*, Am. Soc. **70** [1948] 3136; s. a. *Metcalf, Gunther*, Am. Soc. **69** [1947] 2579; *Truitt et al.*, Am. Soc. **70** [1948] 79).

Krystalle (aus A.); F: 65–66° (*Me., Gu.*), 64–64,5° (*Fe. et al.*), 63,7–63,8° (*Tr. et al.*).

2,2-Bis-[5-brom-[2]thienyl]-1,1,1-trichlor-äthan $C_{10}H_5Br_2Cl_3S_2$, Formel VIII (X = Br).

B. Beim Behandeln von 2-Brom-thiophen mit Chloral, Essigsäure, wenig Benzol und konz. Schwefelsäure (*Metcalf, Gunther*, Am. Soc. **69** [1947] 2579; s. a. *Truitt et al.*, Am. Soc. **70** [1948] 79; *Feeman et al.*, Am. Soc. **70** [1948] 3136). Beim Behandeln einer Lösung von 1,1,1-Trichlor-2,2-bis-[5-chloromercurio-[2]thienyl]-äthan in Tetrachlormethan mit Brom (*Fe. et al.*).

Krystalle; F: 94–94,7° [aus A.] (*Me., Gu.*), 93,7° [aus PAe. + Hexan] (*Tr. et al.*), 92,5–93° [aus A.] (*Fe. et al.*).

1,1,1-Trichlor-2,2-bis-[5-jod-[2]thienyl]-äthan $C_{10}H_5Cl_3I_2S_2$, Formel VIII (X = I).

B. Beim Behandeln von 2-Jod-thiophen mit Chloral, Essigsäure und konz. Schwefelsäure (*Truitt et al.*, Am. Soc. **70** [1948] 79).

Krystalle (aus Hexan); F: 94,8–95,1°.

2-Methyl-5-[2]thienylmethyl-thiophen $C_{10}H_{10}S_2$, Formel IX.

B. Beim Erwärmen von [5-Methyl-[2]thienyl]-[2]thienyl-keton mit Diäthylenglykol, Hydrazin-hydrat und Kaliumhydroxid (*Gol'dfarb, Konštantinow*, Izv. Akad. S.S.S.R. Otd. chim. **1956** 992, 995; engl. Ausg. S. 1013, 1016). Beim Erhitzen von 5-[2]Thienylmethyl-thiophen-2-carbaldehyd mit Diäthylenglykol, Hydrazin-hydrat und Kaliumhydroxid (*Gol'dfarb, Kirmalowa*, Ž. obšč. Chim. **29** [1959] 897, 900; engl. Ausg. S. 881, 883).

Kp_6: 116–117°; D_4^{20}: 1,1616; n_D^{20}: 1,5946 (*Go., Ko.*). Kp_3: 109–110°; n_D^{20}: 1,5943 (*Go., Ki.*).

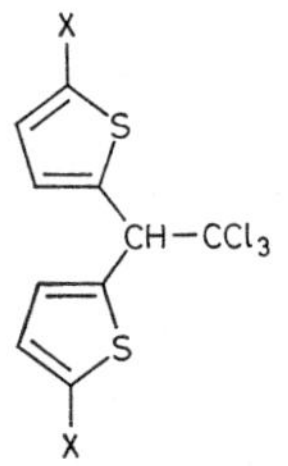

VIII 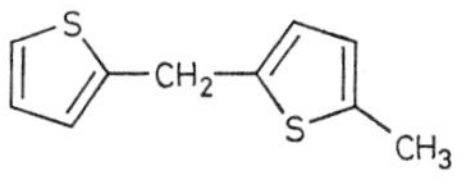 IX 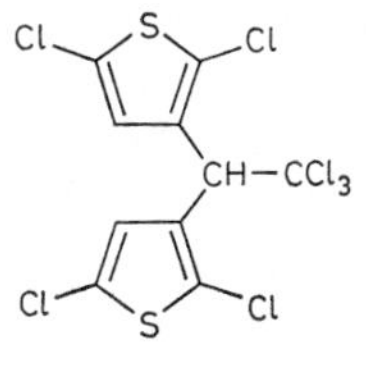 X 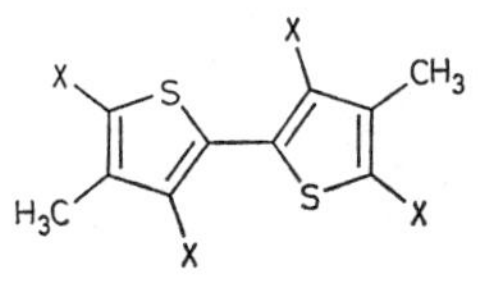 XI

1,1,1-Trichlor-2,2-bis-[2,5-dichlor-[3]thienyl]-äthan $C_{10}H_3Cl_7S_2$, Formel X.

B. Beim Behandeln von 2,5-Dichlor-thiophen mit Chloral-hydrat und Schwefeltrioxid enthaltender Schwefelsäure (*Feeman et al.*, Am. Soc. **70** [1948] 3136).

Krystalle (aus A.); F: 109,5–109,7° [korr.].

4,4'-Dimethyl-[2,2']bithienyl $C_{10}H_{10}S_2$, Formel XI (X = H).

Diese Konstitution ist der nachstehend beschriebenen Verbindung auf Grund des

UV-Spektrums zuzuordnen (vgl. *Uhlenbrock, Bijloo*, R. **79** [1960] 1181, 1185; *Gronowitz, Frostling*, Acta chem. scand. **16** [1962] 1127, 1130).

B. Beim Erhitzen von 2,7-Dimethyl-octan mit Schwefel auf 280° (*Friedmann*, Refiner **20** [1941] 395, 405).

Krystalle (aus Me.); F: 73° (*Fr.*, Refiner **20** 406). UV-Spektrum (Isooctan; 220—350 nm): *Friedmann*, J. Inst. Petr. **37** [1951] 242.

3,5,3',5'-Tetrabrom-4,4'-dimethyl-[2,2']bithienyl $C_{10}H_6Br_4S_2$, Formel XI (X = Br).

Diese Konstitution kommt wahrscheinlich der nachstehend beschriebenen Verbindung zu.

B. Beim Behandeln der im vorangehenden Artikel beschriebenen Verbindung mit Brom in Schwefelkohlenstoff (*Friedmann*, Refiner **20** [1941] 395, 406).

Krystalle (aus Bzl.); F: 188—190°.

5,5'-Dimethyl-[2,2']bithienyl $C_{10}H_{10}S_2$, Formel XII (X = H).

B. Beim Behandeln von äther. 5-Methyl-[2]thienylmagnesium-bromid-Lösung mit Kupfer(II)-chlorid und anschliessend mit wss. Salzsäure (*Steinkopf, Roch*, A. **482** [1930] 251, 260). Beim Erhitzen von 2-Jod-5-methyl-thiophen mit Kupfer auf 170° (*Steinkopf et al.*, A. **541** [1939] 260, 271). Beim Erhitzen von 5'-Methyl-[2,2']bithienyl-5-carb= aldehyd mit Diäthylenglykol, Hydrazin-hydrat und Kaliumhydroxid (*Lescot et al.*, Soc. **1959** 3234, 3235). Beim Erhitzen von [2,2']Bithienyl-5,5'-diyldiessigsäure mit Kupfer-Pulver unter vermindertem Druck (*Steinkopf, Hanske*, A. **541** [1939] 238, 253).

Krystalle; F: 68° (*Le. et al.*), 67° [aus A.] (*St., Roch*; *St. et al.*).

3,4,3',4'-Tetrachlor-5,5'-dimethyl-[2,2']bithienyl $C_{10}H_6Cl_4S_2$, Formel XII (X = Cl).

B. Beim Behandeln einer Lösung von 5,5'-Dimethyl-[2,2']bithienyl in Essigsäure mit Chlor (*Steinkopf et al.*, A. **541** [1939] 260, 272).

Krystalle (aus CCl_4); F: 201°.

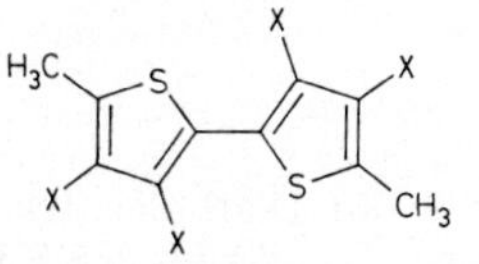

XII 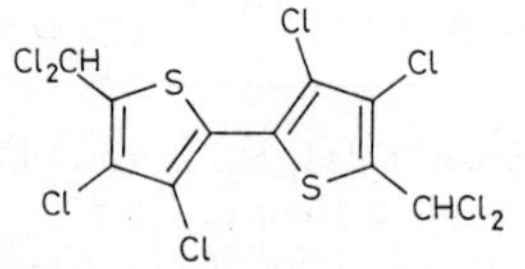 XIII 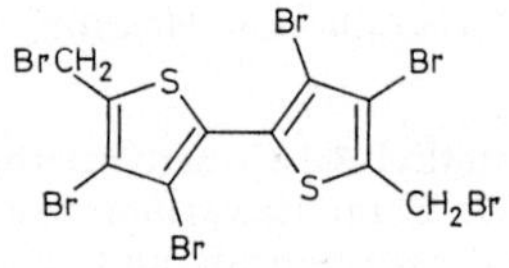 XIV

3,4,3',4'-Tetrachlor-5,5'-bis-dichlormethyl-[2,2']bithienyl $C_{10}H_2Cl_8S_2$, Formel XIII.

B. Beim Behandeln einer warmen Lösung von 3,4,3',4'-Tetrachlor-5,5'-dimethyl-[2,2']bithienyl in Tetrachlormethan mit Chlor im Sonnenlicht (*Steinkopf et al.*, A. **541** [1939] 260, 272).

Krystalle (aus Eg.); F: 119—120°.

3,4,3',4'-Tetrabrom-5,5'-dimethyl-[2,2']bithienyl $C_{10}H_6Br_4S_2$, Formel XII (X = Br).

B. Beim Behandeln von 5,5'-Dimethyl-[2,2']bithienyl mit Brom in Schwefelkohlen= stoff (*Steinkopf et al.*, A. **541** [1939] 260, 271).

Krystalle (aus Methylbenzoat); F: 255°.

3,4,3',4'-Tetrabrom-5,5'-bis-brommethyl-[2,2']bithienyl $C_{10}H_4Br_6S_2$, Formel XIV.

B. Beim Erwärmen von 3,4,3',4'-Tetrabrom-5,5'-dimethyl-[2,2']bithienyl mit Brom im UV-Licht (*Steinkopf et al.*, A. **541** [1939] 260, 272).

Krystalle (aus Bzl.); F: 210°.

5-Äthyl-[2,3']bithienyl $C_{10}H_{10}S_2$, Formel I.

B. Beim Behandeln von Dihydro-thiophen-3-on mit 5-Äthyl-[2]thienylmagnesium-jodid in Äther und Erhitzen des nach dem Behandeln mit wss. Ammoniumchlorid-Lösung isolierten Reaktionsprodukts mit Tetrachlor-[1,4]benzochinon in Äthylenglykol (*Wynberg et al.*, Am. Soc. **79** [1957] 1972, 1974). Beim Behandeln von 1-[2,3']Bithienyl-5-yl-äthanon mit Essigsäure, Dioxan, amalgamiertem Zink und wss. Salzsäure (*Wy. et al.*).

Krystalle (aus Me.); F: 21—23,9°. $Kp_{0,3}$: 99°; n_D^{20}: 1,6309 [flüssiges Präparat].

I

II

5,5'-Dimethyl-2,4,2',4'-tetranitro-[3,3']bithienyl $C_{10}H_6N_4O_8S_2$, Formel II.

B. Beim Erhitzen von 3-Jod-5-methyl-2,4-dinitro-thiophen mit Kupfer-Pulver bis auf 155° (*Jean, Nord*, J. org. Chem. **20** [1955] 1363, 1367).

Krystalle (aus A. + W.); F: 185—186° [unkorr.; Fisher-Johns-App.] (*Jean, Nord*, l. c. S. 1368). UV-Spektrum (A.; 220—300 nm): *Jean, Nord*, J. org. Chem. **20** [1955] 1370, 1377.

Bis-[3-methyl-oxiranyl]-butadiin, 2,3;8,9-Diepoxy-deca-4,6-diin $C_{10}H_{10}O_2$.

a) ***Opt.-inakt. Bis-[*cis*-3-methyl-oxiranyl]-butadiin, 2r_F,3c_F;8r'_F,9c'_F-Diepoxy-deca-4,6-diin** $C_{10}H_{10}O_2$, Formel III oder Formel IV + Spiegelbild.

B. Beim Behandeln von Deca-2*c*,8*c*-dien-4,6-diin mit Monoperoxyphthalsäure in Chloroform (*Bohlmann, Sinn*, B. **88** [1955] 1869, 1876).

$Kp_{0,1}$: 90—92° (*Bo., Sinn*, l. c. S. 1876). IR-Spektrum (3—15 μ): *Bo., Sinn*, l. c. S. 1874. UV-Absorptionsmaxima (Me.): 229,5 nm, 241 nm, 254,2 nm und 269 nm (*Bo., Sinn*, l. c. S. 1876).

III

IV

b) ***Opt.-inakt. Bis-[*trans*-3-methyl-oxiranyl]-butadiin, 2r_F,3t_F;8r'_F,9t'_F-Diepoxy-deca-4,6-diin** $C_{10}H_{10}O_2$, Formel V oder Formel VI + Spiegelbild.

B. Beim Behandeln von Deca-2*t*,8*t*-dien-4,6-diin mit Monoperoxyphthalsäure in Chloroform (*Bohlmann, Sinn*, B. **88** [1955] 1869, 1876).

Krystalle (aus PAe.); F: 64°. Bei 95°/0,1 Torr destillierbar. IR-Spektrum (KBr; 3—15 μ): *Bo., Sinn*, l. c. S. 1874. UV-Spektrum (Me.; 220—300 nm; λ_{max}: 229,5 nm, 240,5 nm, 254 nm und 269 nm): *Bo., Sinn*, l. c. S. 1871, 1876.

V

VI

(±)-3*H*-3,8a-Äthano-benzo[*c*][1,2]dioxin, (±)-2,3-Dihydro-4*H*-2,4a-epidioxido-naphthalin $C_{10}H_{10}O_2$, Formel VII.

B. Neben anderen Verbindungen beim Behandeln von 1,2-Dihydro-naphthalin mit Sauerstoff (*Hock, Depke*, B. **83** [1950] 317, 323).

Öl; bei 87—90°/0,3 Torr unter partieller Zersetzung destillierbar; D_4^{19}: 1,174; n_D^{19}: 1,5793 [unreines Präparat] (*Hock, De.*, l. c. S. 324).

Beim Hydrieren an Palladium in Methanol sind 1,2,3,4-Tetrahydro-naphthalin-1,3-diol (?; F: 94—96°) und eine als 4a,8a-Epoxy-1,2,3,4,4a,8a-hexahydro-[2]naphthol ($C_{10}H_{12}O_2$) angesehene Verbindung (bei 120—130°/1 Torr destillierbar) erhalten worden. Reaktion beim Behandeln mit Zink und Chlorwasserstoff in Äther: *Hock, De.*, l. c. S. 325.

3-Phenyl-bioxiranyl, 1,2;3,4-Diepoxy-1-phenyl-butan $C_{10}H_{10}O_2$, Formel VIII.

Über eine beim Behandeln von 1-Phenyl-buta-1,3-dien (E III **5** 1364) mit Peroxybenzoesäure in Chloroform erhaltene opt.-inakt. Verbindung (Kp_1: 97°) dieser Konstitution s. *Muskat, Herrman*, Am. Soc. **54** [1932] 2001, 2008.

1,3-Bis-oxiranyl-benzol $C_{10}H_{10}O_2$, Formel IX (X = H).

Eine opt.-inakt. Verbindung dieser Konstitution hat wahrscheinlich in dem nachstehend beschriebenen Präparat vorgelegen (*Ruggli, Schetty*, Helv. **23** [1940] 718, 719).

B. Beim Behandeln von Isophthalaldehyd mit Diazomethan in Äther (*Ru., Sch.*, l. c. S. 724).

Kp_{12}: 154°.

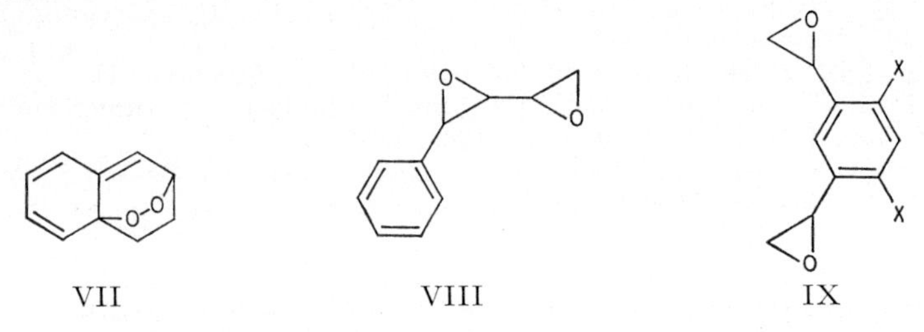

VII VIII IX

1,5-Dinitro-2,4-bis-oxiranyl-benzol $C_{10}H_8N_2O_6$, Formel IX (X = NO_2).

Diese Konstitution kommt der nachstehend beschriebenen, ursprünglich als 1,5-Di-acetyl-2,4-dinitro-benzol angesehenen opt.-inakt. Verbindung zu (*Ruggli et al.*, Helv. **21** [1938] 1066).

B. Beim Behandeln von 4,6-Dinitro-isophthalaldehyd mit Diazomethan in Äther (*Ruggli, Hindermann*, Helv. **20** [1937] 272, 278; *Ru. et al.*, l. c. S. 1070).

Gelbe Krystalle (aus A.); F: 153–154°.

***Opt.-inakt. 1,4-Bis-oxiranyl-benzol** $C_{10}H_{10}O_2$, Formel X.

B. Beim Behandeln einer Lösung von opt.-inakt. 1,4-Bis-[2-chlor-1-hydroxy-äthyl]-benzol (F: 163–164°) in Äther mit äthanol. Kalilauge (*Hopff, Jaeger*, Helv. **40** [1957] 274, 280).

Krystalle (aus CH_2Cl_2 + Ae.); F: 79°.

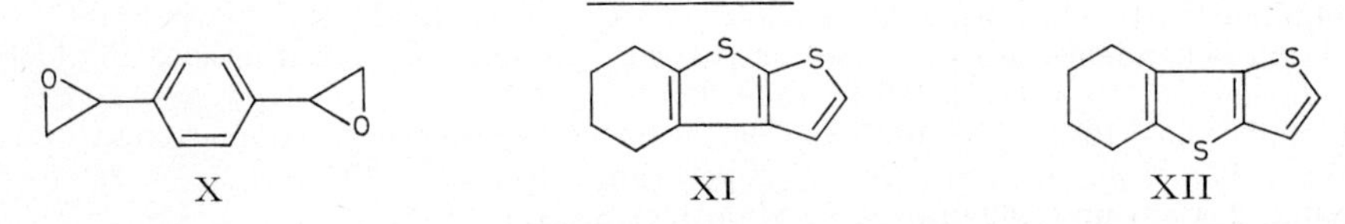

X XI XII

4,5,6,7-Tetrahydro-benzo[*b*]thieno[3,2-*d*]thiophen $C_{10}H_{10}S_2$, Formel XI.

B. Beim Erhitzen von (±)-2-[2]Thienylmercapto-cyclohexanon mit Phosphor(V)-oxid auf 170° (*Ghaisas, Tilak*, Pr. Indian Acad. [A] **39** [1954] 14, 18).

Öl; bei 130–140°/1 Torr destillierbar.

Beim Erhitzen mit Selen auf 300° ist 3-Äthyl-benzo[*b*]thiophen erhalten worden.

Verbindung mit 1,3,5-Trinitro-benzol $C_{10}H_{10}S_2 \cdot C_6H_3N_3O_6$. Gelbe Krystalle (aus A.); F: 106–107°.

5,6,7,8-Tetrahydro-benzo[*b*]thieno[2,3-*d*]thiophen $C_{10}H_{10}S_2$, Formel XII.

B. Beim Erwärmen von (±)-2-[3]Thienylmercapto-cyclohexanon mit Phosphor(V)-oxid in Benzol (*Ghaisas, Tilak*, Pr. Indian Acad. [A] **39** [1954] 14, 17).

Öl; bei 125–130°/0,7 Torr destillierbar.

Verbindung mit Picrinsäure $C_{10}H_{10}S_2 \cdot C_6H_3N_3O_7$. Rote Krystalle (aus A.); F: 107° bis 108°.

[*Höffer*]

Stammverbindungen $C_{11}H_{12}O_2$

2-Phenyl-4,7-dihydro-[1,3]dioxepin, Benzaldehyd-but-2*c*-endiylacetal $C_{11}H_{12}O_2$, Formel I.

B. Beim Erhitzen von Benzaldehyd mit But-2*c*-en-1,4-diol und wenig Toluol-4-sulfon-säure (*Pattison*, J. org. Chem. **22** [1957] 662).

$Kp_{3,5}$: 114°. n_D^{25}: 1,5387.

2-Benzyliden-[1,3]dioxan $C_{11}H_{12}O_2$, Formel II.

B. Beim Behandeln von (±)-2-[α-Brom-benzyl]-[1,3]dioxan mit Kalium-*tert*-butylat in *tert*-Butylalkohol (*McElvain, Curry*, Am. Soc. **70** [1948] 3781, 3782, 3785).

F: 25–27°. $Kp_{0,6}$: 124–126°. n_D^{25}: 1,5840.

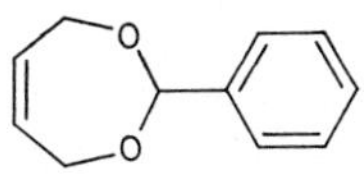

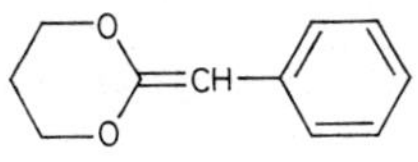

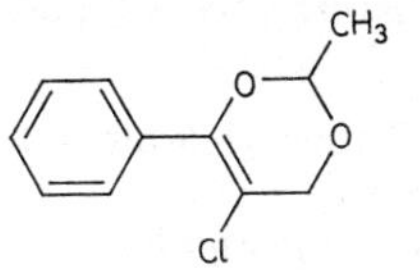

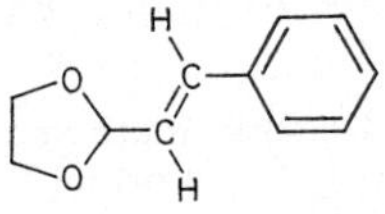

I II III IV

(±)-5-Chlor-2-methyl-6-phenyl-4*H*-[1,3]dioxin $C_{11}H_{12}O_2$, Formel III.

B. Beim Erwärmen von opt.-inakt. 5,5-Dichlor-2-methyl-4-phenyl-[1,3]dioxan (F: 78°) mit äthanol. Kalilauge (*Union Carbide Corp.*, U.S.P. 2816898 [1954]).

Kp_3: 107°. D_{20}^{20}: 1,204.

2-*trans*-Styryl-[1,3]dioxolan, *trans*-Zimtaldehyd-äthandiylacetal $C_{11}H_{12}O_2$, Formel IV.

B. Beim Behandeln von *trans*-Zimtaldehyd mit Äthylenglykol in Gegenwart von Chlorwasserstoff (*Winthrop Chem. Co.*, U.S.P. 1837273 [1930]). Beim Erhitzen von *trans*-Zimtaldehyd mit Äthylenglykol, Toluol und Chlorwasserstoff enthaltendem Äthanol (*Fourneau, Chantalou*, Bl. [5] **12** [1945] 845, 861) oder mit Äthylenglykol, Benzol und wenig Toluol-4-sulfonsäure (*Ceder*, Ark. Kemi **6** [1954] 523) unter Entfernen des entstehenden Wassers.

Krystalle; F: 34° (*Fo., Ch.*), 31–32° (*Ce.*). Kp_{18}: 145–147° (*Fo., Ch.*); Kp_{13}: 148–149° (*Ce.*); Kp_8: 140–145° (*Winthrop Chem. Co.*); Kp_4: 137,2–138,8° (*Salmi, Louhenkuru*, Suomen Kem. **20**B [1947] 5, 7). D_4^{20}: 1,1080 (*Sa., Lo.*). n_D^{20}: 1,5654 (*Sa., Lo.*), 1,5648 (*Ce.*); $n_{656,3}^{20}$: 1,5593; $n_{486,1}^{20}$: 1,5818 (*Sa., Lo.*).

Geschwindigkeitskonstante der Hydrolyse in verd. wss. Salzsäure (pH 4,1) bei 20° und 30°: *Ce.*, l. c. S. 530.

2-[α-Brom-*cis*-styryl]-[1,3]dioxolan $C_{11}H_{11}BrO_2$, Formel V.

B. Beim Erhitzen von α-Brom-*cis*-zimtaldehyd mit Äthylenglykol, Toluol (bzw. Benzol) und wenig Toluol-4-sulfonsäure unter Entfernen des entstehenden Wassers (*Bruun et al.*, Acta chem. scand. **8** [1954] 1757, 1761; *Castañer et al.*, An. Soc. españ. [B] **55** [1959] 739, 742).

Krystalle (aus Bzl.); F: 73–74,5° (*Ca. et al.*). Kp_{16}: 168–172° (*Br. et al.*).

***Opt.-inakt. 2-Phenyl-4-vinyl-[1,3]dioxolan** $C_{11}H_{12}O_2$, Formel VI.

B. Beim Erhitzen von Benzaldehyd mit (±)-But-3-en-1,2-diol und wasserhaltiger Phosphorsäure auf 150° (*Am. Cyanamid Co.*, U.S.P. 2578861 [1949]).

Kp_4: 102–105°.

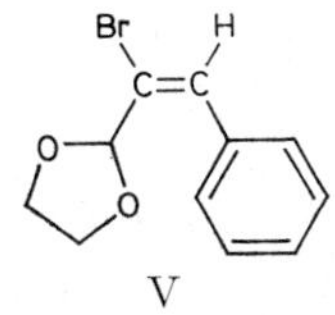

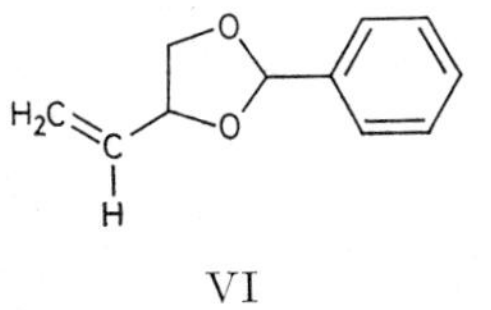

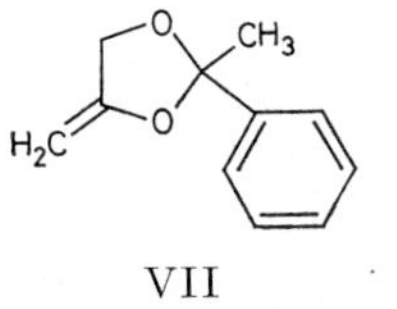

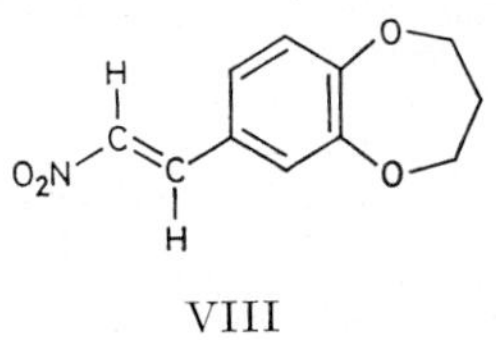

V VI VII VIII

(±)-2-Methyl-4-methylen-2-phenyl-[1,3]dioxolan $C_{11}H_{12}O_2$, Formel VII.

B. Beim Erhitzen von opt.-inakt. 4-Chlormethyl-2-methyl-2-phenyl-[1,3]dioxolan (S. 236) mit Kaliumhydroxid (*Orth*, Ang. Ch. **64** [1952] 544, 547).

Kp_{11}: 101–103°.

7-[*trans*(?)-2-Nitro-vinyl]-2,3-dihydro-4*H*-benzo[*b*][1,4]dioxepin, (*E*?)-β-Nitro-3,4-propandiyldioxy-styrol $C_{11}H_{11}NO_4$, vermutlich Formel VIII.

B. Beim Behandeln von 3,4-Dihydro-2*H*-benzo[*b*][1,4]dioxepin-7-carbaldehyd mit Nitromethan und wss.-äthanol. Kalilauge (*Tomita, Takahashi*, J. pharm. Soc. Japan **77** [1957] 1041; C. A. **1958** 3816).

Gelbe Krystalle, die bei 92—98° schmelzen [unreines Präparat].

(±)-4-Dichlormethylen-7-methyl-6-nitro-2-trichlormethyl-4*H*-benzo[1,3]dioxin $C_{11}H_6Cl_5NO_4$, Formel IX.

B. Beim Erwärmen von opt.-inakt. 7-Methyl-6-nitro-2,4-bis-trichlormethyl-4*H*-benzo[1,3]dioxin (F: 148—150°; E II 25) mit Kaliumcyanid in Äthanol (*Chattaway, Irving*, Soc. **1934** 325, 329).

Krystalle (aus A.); F: 120—121°.

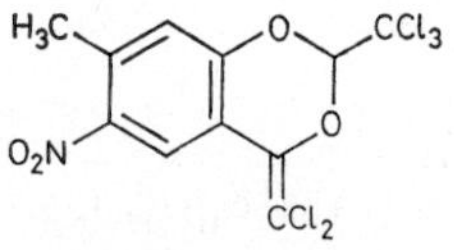

IX 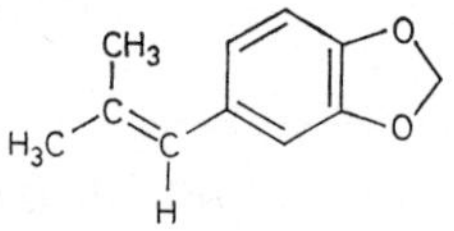 X 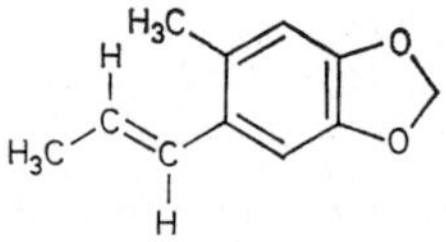 XI

5-[2-Methyl-propenyl]-benzo[1,3]dioxol, 1,2-Methylendioxy-4-[2-methyl-propenyl]-benzol $C_{11}H_{12}O_2$, Formel X (H 41).

B. Neben einer Verbindung $C_{22}H_{24}O_4$ (F: 127—128°) beim Erhitzen von (±)-1-Benzo[1,3]dioxol-5-yl-2-methyl-propan-1-ol (*Tiffeneau, Lévy*, Bl. [4] **49** [1931] 1738, 1746).

Kp_{10}: 134—135°.

5-Methyl-6-*trans*(?)-propenyl-benzo[1,3]dioxol, 1-Methyl-4,5-methylendioxy-2-*trans*(?)-propenyl-benzol $C_{11}H_{12}O_2$, vermutlich Formel XI.

B. Beim Erhitzen von 5-Allyl-6-methyl-benzo[1,3]dioxol mit Kaliumhydroxid bis auf 260° (*Sugasawa, Hino*, Pharm. Bl. **2** [1954] 242, 244).

Krystalle (aus wss. A.); F: 45—47°. Bei 112—117°/6 Torr destillierbar.

5-Methyl-6-[2-nitro-ξ-propenyl]-benzo[1,3]dioxol $C_{11}H_{11}NO_4$, Formel XII.

B. Beim Behandeln einer Suspension von opt.-inakt. 5-Methyl-6-[2-nitro-1-nitroso-propyl]-benzo[1,3]dioxol (F: 127° [Zers.]) in Benzol mit wss. Kalilauge (*Sugasawa, Hino*, Pharm. Bl. **2** [1954] 242, 245).

Gelbe Krystalle (aus A.); F: 122—123°.

5-Allyl-6-methyl-benzo[1,3]dioxol, 1-Allyl-2-methyl-4,5-methylendioxy-benzol $C_{11}H_{12}O_2$, Formel XIII (X = H).

B. Beim Behandeln einer Lösung von 5-Allyl-6-chlormethyl-benzo[1,3]dioxol in Benzol mit verkupfertem Zink-Pulver und wss. Natronlauge (*Sugasawa, Hino*, Pharm. Bl. **2** [1954] 242, 244).

Bei 110—114°/7 Torr destillierbar.

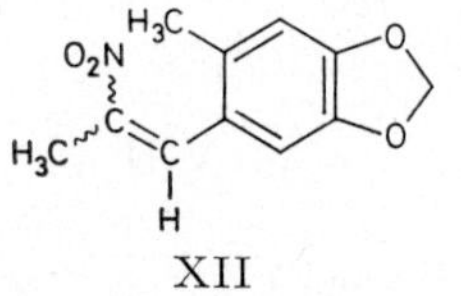

XII 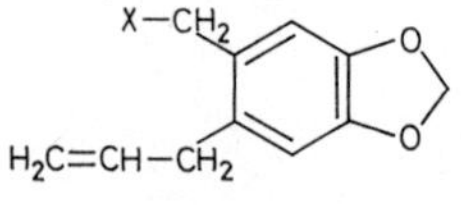 XIII 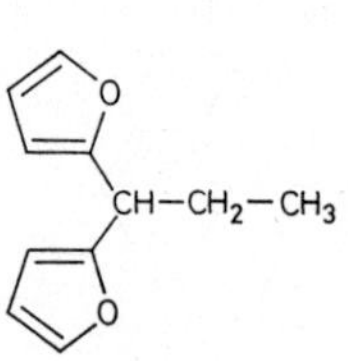 XIV

5-Allyl-6-chlormethyl-benzo[1,3]dioxol, 2-Allyl-4,5-methylendioxy-benzylchlorid $C_{11}H_{11}ClO_2$, Formel XIII (X = Cl).

B. Beim Behandeln einer Lösung von Safrol (S. 275) in Dichlormethan mit wss. Form=

aldehyd-Lösung, Zinkchlorid und Chlorwasserstoff (*Ichikawa*, J. chem. Soc. Japan Pure Chem. Sect. **71** [1950] 303; C. A. **1951** 6599).

Krystalle (aus A.); F: 42,5° (*Ich.*). Bei 140–144°/9 Torr destillierbar (*Ich.*).

Beim Behandeln einer Lösung in Benzol mit verkupfertem Zink-Pulver und wss. Natronlauge sind 5-Allyl-6-methyl-benzo[1,3]dioxol und kleine Mengen einer als 1,2-Bis-[6-allyl-benzo[1,3]dioxol-5-yl]-äthan angesehenen Verbindung (F: 93–95°) erhalten worden (*Sugasawa, Hino*, Pharm. Bl. **2** [1954] 242, 244).

5-Allyl-6-brommethyl-benzo[1,3]dioxol, 2-Allyl-4,5-methylendioxy-benzylbromid $C_{11}H_{11}BrO_2$, Formel XIII (X = Br).

B. Beim Behandeln eines Gemisches von Safrol (S. 275), 1,1,2,2-Tetrachlor-äthan, wss. Formaldehyd-Lösung und Zinkchlorid mit Bromwasserstoff (*Sugasawa et al.*, Pharm. Bl. **1** [1953] 80). Beim Behandeln eines Gemisches von 5-Allyl-6-chlormethyl-benzo[1,3]dioxol und Chloroform mit Bromwasserstoff (*Su. et al.*).

Krystalle (aus PAe.); F: 57–58°. Kp_{12}: 165°.

1,1-Di-[2]furyl-propan $C_{11}H_{12}O_2$, Formel XIV.

B. Beim Behandeln von Furan mit Propionaldehyd und wss. Salzsäure (*Brown, Sawatzky*, Canad. J. Chem. **34** [1956] 1147, 1149).

Kp_{15}: 88–93°. D_4^{20}: 1,047. n_D^{20}: 1,4930.

2,2-Di-[2]furyl-propan $C_{11}H_{12}O_2$, Formel I (X = H).

B. Neben anderen Verbindungen beim Behandeln von Furan mit Aceton und wss.-äthanol. Salzsäure (*Ackman et al.*, J. org. Chem. **20** [1955] 1147, 1153). Beim Behandeln von 2-[2]Furyl-propan-2-ol mit Furan und kleinen Mengen wss. Salzsäure (*Ack. et al.*, l. c. S. 1154).

F: –12°. Kp_{5-6}: 73–76°. D_4^{20}: 1,043. n_D^{20}: 1,4966.

Bei mehrtägigem Behandeln einer Lösung in Äthanol mit Aceton (1 Mol) und wss. Salzsäure ist 2,2,4,4,6,6,8,8-Octamethyl-1,3,5,7-tetra-(2,5)fura-cyclooctan erhalten worden (*Ack. et al.*, l. c. S. 1153).

1-Chlor-2,2-di-[2]furyl-propan $C_{11}H_{11}ClO_2$, Formel II.

B. Beim Behandeln von Furan mit Chloraceton und wss. Salzsäure (*Brown, Sawatzky*, Canad. J. Chem. **34** [1956] 1147, 1153).

Kp_{15}: 127–131°. D_4^{20}: 1,170. n_D^{20}: 1,5208.

I II III IV

2,2-Bis-[5-nitro-[2]furyl]-propan $C_{11}H_{10}N_2O_6$, Formel I (X = NO_2).

B. Beim Behandeln von 2,2-Di-[2]furyl-propan mit Salpetersäure und Acetanhydrid (*Ackman et al.*, J. org. Chem. **20** [1955] 1147, 1154).

Gelbe Krystalle (aus Me.); F: 135–135,5° [korr.].

2,2-Di-[2]thienyl-propan $C_{11}H_{12}S_2$, Formel III (X = H).

B. Als Hauptprodukt beim Erwärmen von Thiophen mit wss. Schwefelsäure und Aceton (*Badger et al.*, Soc. **1954** 4162, 4165; *Buu-Hoi et al.*, R. **75** [1956] 463, 465; s. a. *Schick, Crowley*, Am. Soc. **73** [1951] 1377).

Kp_{17}: 157–159° (*Buu-Hoi et al.*); $Kp_{0,3}$: 86° (*Sch., Cr.*); $Kp_{0,05}$: 74–76° (*Ba. et al.*). n_D^{20}: 1,5855 (*Sch., Cr.*); n_D^{27}: 1,5812 (*Buu-Hoi et al.*).

2,2-Bis-[5-chlor-[2]thienyl]-propan $C_{11}H_{10}Cl_2S_2$, Formel III (X = Cl).

B. Beim Erwärmen von 2-Chlor-thiophen mit wss. Schwefelsäure und Aceton (*Schick*,

Crowley, Am. Soc. **73** [1951] 1377).
$Kp_{0,5}$: 143°.

Bis-[3-methyl-[2]thienyl]-methan $C_{11}H_{12}S_2$, Formel IV.
Diese Konstitution ist der nachstehend beschriebenen Verbindung zugeordnet worden (*Abbott Labor.*, U.S.P. 2556566 [1946]; *Cairns et al.*, Am. Soc. **73** [1951] 1270).
B. Beim Behandeln von 3-Methyl-thiophen mit [1,3,5]Trioxan und wss. Fluorwasserstoffsäure (*Ca. et al.*). Neben 2-Chlormethyl-3-methyl-thiophen beim Behandeln von 3-Methyl-thiophen mit wss. Formaldehyd-Lösung und wss. Salzsäure (*Abbott Labor.*).
F: −6° (*Ca. et al.*). Kp_{10}: 150−151° (*Abbott Labor.*); Kp_2: 110° (*Ca. et al.*).

Bis-[5-methyl-[2]furyl]-methan $C_{11}H_{12}O_2$, Formel V.
B. Beim Behandeln von 2-Methyl-furan mit wss. Formaldehyd-Lösung und wss. Salzsäure (*Brown, Sawatzky*, Canad. J. Chem. **34** [1956] 1147, 1149; s. a. *Tsuboyama, Yanagita*, Scient. Pap. Inst. phys. chem. Res. **53** [1959] 318, 327). Beim Erhitzen von 2-Methyl-furan mit wss. Formaldehyd-Lösung und wenig Phosphorsäure (*Etabl. Lambiotte Frères*, U.S.P. 2681917 [1948]).
Kp_{15}: 114° (*Br.*, *Sa.*); Kp_{11}: 107−108°; Kp_3: 75°; Kp_1: 59−60° (*Etabl. Lambiotte Frères*); Kp_{10}: 102−104°; $Kp_{6,5}$: 90−93° (*Ts.*, *Ya.*). D_4^{20}: 1,0424 (*Ts.*, *Ya.*), 1,042 (*Br.*, *Sa.*). n_D^{20}: 1,5018 (*Ts.*, *Ya.*), 1,5017 (*Br.*, *Sa.*).

V VI VII

Bis-[5-methyl-[2]thienyl]-methan $C_{11}H_{12}S_2$, Formel VI.
B. Beim Behandeln von 2-Methyl-thiophen mit wss. Formaldehyd-Lösung, wss. Salzsäure und Chlorwasserstoff (*Ford et al.*, Am. Soc. **72** [1950] 2109, 2111), mit Paraformaldehyd und konz. wss. Salzsäure (*Emerson, Patrick*, J. org. Chem. **14** [1949] 790, 793), mit wss. Salzsäure, Zinkchlorid und wss. Formaldehyd-Lösung (*Gol'dfarb, Danjuschewškiĭ*, Izv. Akad. S.S.S.R. Otd. chim. **1956** 1361, 1364; engl. Ausg. S. 1395, 1398) oder mit [1,3,5]Trioxan und wss. Fluorwasserstoffsäure (*Cairns et al.*, Am. Soc. **73** [1951] 1270). Beim Erhitzen von Bis-[5-methyl-[2]thienyl]-keton mit Diäthylenglykol, Hydrazin-hydrat und Kaliumhydroxid (*Go.*, *Da.*, l. c. S. 1365). Beim Erhitzen von Bis-[5-methyl-[2]thienyl]-essigsäure mit Chinolin und Kupfer-Pulver bis auf 190° (*Gol'dfarb, Kirmalowa*, Ž. obšč. Chim. **29** [1959] 897, 903; engl. Ausg. S. 881, 885).
Krystalle; F: 38,5−39,5° [aus A.] (*Go.*, *Da.*), 38,5−39° [aus A.] (*Em.*, *Pa.*). E: 20° (*Ca. et al.*). Kp_2: 130°; $Kp_{1,5}$: 122° (*Em.*, *Pa.*); $Kp_{0,8}$: 116−117° (*Ca. et al.*); $Kp_{0,08}$: 92−94° (*Ford et al.*). n_D^{25}: 1,5831 (*Ca. et al.*), 1,5818 (*Em.*, *Pa.*).

Spiro[benzo[1,3]dioxol-2,1'-cyclopentan], 1,2-Cyclopentylidendioxy-benzol $C_{11}H_{12}O_2$, Formel VII.
B. Beim Erwärmen von Brenzcatechin mit Cyclopentanon und Phosphor(V)-oxid (*Böeseken, Slooff*, Pr. Akad. Amsterdam **35** [1932] 1250, 1251; *Slooff*, R. **54** [1935] 995, 999).
F: 2° (*Sl.*). Kp_{20}: 124° (*Bö.*, *Sl.*; *Sl.*).

5,6,7,8-Tetrachlor-(3a*r*,9a*c*)-1,2,3,9a-tetrahydro-3a*H*-benzo[*b*]cyclopenta[*e*][1,4]dioxin $C_{11}H_8Cl_4O_2$, Formel VIII (X = Cl).
B. Bei der Hydrierung von (±)-5,6,7,8-Tetrachlor-(3a*r*,9a*c*)-1,9a-dihydro-3a*H*-benzo[*b*]cyclopenta[*e*][1,4]dioxin an Raney-Nickel in Äthylacetat (*Horner, Merz*, A. **570** [1950] 89, 117).
Krystalle (aus A.); F: 134°.

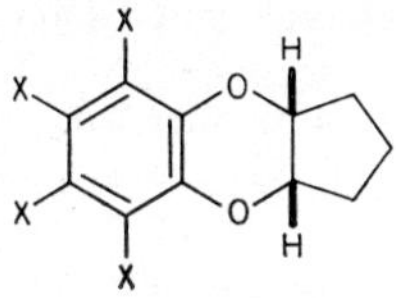

VIII 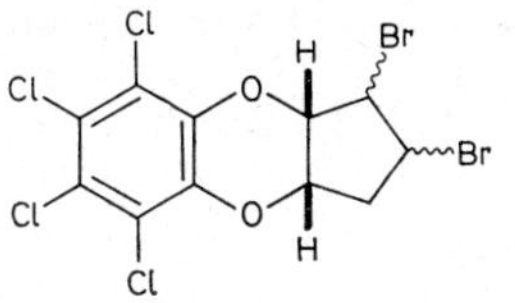 IX 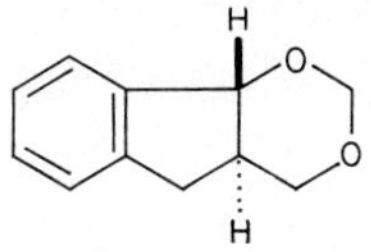 X 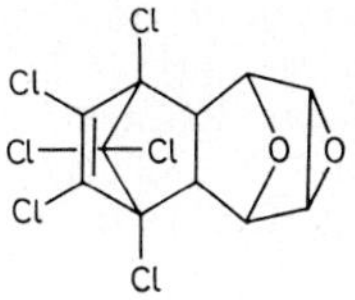 XI

(±)-1ξ,2ξ-Dibrom-5,6,7,8-tetrachlor-(3a*r*,9a*c*)-1,2,3,9a-tetrahydro-3a*H*-benzo[*b*]cyclo=penta[*e*][1,4]dioxin $C_{11}H_6Br_2Cl_4O_2$, Formel IX + Spiegelbild.

B. Beim Erwärmen von (±)-5,6,7,8-Tetrachlor-(3a*r*,9a*c*)-1,9a-dihydro-3a*H*-benzo=[*b*]cyclopenta[*e*][1,4]dioxin mit Brom in Essigsäure (*Horner, Merz*, A. **570** [1950] 89, 117).

Krystalle (aus Eg.); F: 210°.

5,6,7,8-Tetrabrom-(3a*r*,9a*c*)-1,2,3,9a-tetrahydro-3a*H*-benzo[*b*]cyclopenta[*e*][1,4]dioxin $C_{11}H_8Br_4O_2$, Formel VIII (X = Br).

B. Bei der Hydrierung von (±)-5,6,7,8-Tetrabrom-(3a*r*,9a*c*)-1,9a-dihydro-3a*H*-benzo=[*b*]cyclopenta[*e*][1,4]dioxin an Raney-Nickel in Äther (*Barltrop, Jeffreys*, Soc. **1954** 154, 158).

Krystalle (aus A.); F: 140°.

(±)-(4a*r*,9b*t*)-4,4a,5,9b-Tetrahydro-indeno[1,2-*d*][1,3]dioxin, (±)-*trans*-4,4a,5,9b-Tetra=hydro-indeno[1,2-*d*][1,3]dioxin $C_{11}H_{12}O_2$, Formel X + Spiegelbild.

Konfigurationszuordnung: *Daschunin et al.*, Ž. org. Chim. **9** [1973] 163; engl. Ausg. S. 161.

B. Als Hauptprodukt beim Erwärmen von Inden mit wss. Formaldehyd-Lösung und Schwefelsäure (*Beets, van Essen*, R. **71** [1952] 343, 350; s. a. *Allied Chem. & Dye Corp.*, U.S.P. 2417548 [1943]). Beim Erwärmen von (±)-*trans*-2-Hydroxymethyl-indan-1-ol mit wss. Formaldehyd-Lösung und Schwefelsäure (*Be., v. Es.*, l. c. S. 352).

Krystalle (aus A.); F: 36,6—37,4° (*Be., v. Es.*). Kp: 268—271°; Kp_{10}: 134°; Kp_5: 122°; $D_{15,5}^{15,5}$: 1,159; n_D^{20}: 1,554 (*Allied Chem. & Dye Corp.*).

Beim Erhitzen mit Natrium, Toluol und 2,6-Dimethyl-heptan-4-ol ist Indan-2-yl-methanol erhalten worden (*Be., v. Es.*).

***Opt.-inakt. 5,6,7,8,9,9-Hexachlor-2,3-epoxy-1,2,3,4,4a,5,8,8a-octahydro-1,4-epoxido-5,8-methano-naphthalin** $C_{11}H_6Cl_6O_2$, Formel XI.

B. Aus opt.-inakt. 5,6,7,8,9,9-Hexachlor-1,4,4a,5,8,8a-hexahydro-1,4-epoxido-5,8-methano-naphthalin (F: 138,7—139,6°) mit Hilfe von Peroxyessigsäure (*Arvey Corp.*, U.S.P. 2655513 [1952]).

Krystalle (aus Acn. + Hexan); F: 215—217°.

Stammverbindungen $C_{12}H_{14}O_2$

2-*trans*-Styryl-[1,3]dioxan, *trans*-Zimtaldehyd-propandiylacetal $C_{12}H_{14}O_2$, Formel I.

B. Beim Erwärmen von *trans*-Zimtaldehyd mit Propan-1,3-diol, Benzol und wenig Toluol-4-sulfonsäure unter Entfernen des entstehenden Wassers (*Ceder*, Ark. Kemi **6** [1954] 523, 524).

Kp_{12}: 165°; n_D^{20}: 1,5602 (*Ce.*). $Kp_{2,5}$: 143,3°; D_4^{20}: 1,0838; $n_{656,3}^{20}$: 1,5552; n_D^{20}: 1,5611; $n_{486,1}^{20}$: 1,5766 (*Salmi, Louhenkuru*, Suomen Kem. **20**B [1947] 5, 7).

Geschwindigkeitskonstante der Hydrolyse in wss. Salzsäure bei 20° und 30°: *Ce.*, l. c. S. 530.

(±)-4-*trans*-Styryl-[1,3]dioxan $C_{12}H_{14}O_2$, Formel II.

B. Als Hauptprodukt beim Erwärmen von 1*t*-Phenyl-buta-1,3-dien mit wss. Form=aldehyd-Lösung und Schwefelsäure (*Beets, Drukker*, R. **72** [1953] 728, 732).

Krystalle (aus A.); F: 59,8—60° (*Be.*, *Dr.*). UV-Spektrum (Octan; 200—350 nm): *Be.*, *Dr.*

Beim Erhitzen mit Natrium, Toluol und 2,6-Dimethyl-heptan-4-ol sind 5*t*-Phenyl-pent-4-en-1-ol (Hauptprodukt) und 5-Phenyl-pentan-1-ol erhalten worden (*Drukker*, *Beets*, R. **72** [1953] 989, 991).

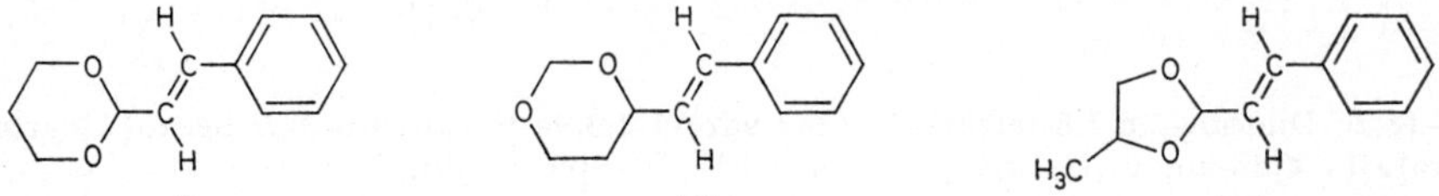

I II III

***Opt.-inakt. 4-Methyl-2-*trans*-styryl-[1,3]dioxolan,** *trans*-Zimtaldehyd-propylen-acetal $C_{12}H_{14}O_2$, Formel III.

B. Beim Erwärmen von *trans*-Zimtaldehyd mit (±)-Propan-1,2-diol, Benzol und wenig Toluol-4-sulfonsäure unter Entfernen des entstehenden Wassers (*Salmi*, *Louhenkuru*, Suomen Kem. **20**B [1947] 5, 7).

Kp_7: 146,5—148°. D_4^{20}: 1,0623. $n_{656,3}^{20}$: 1,5437; n_D^{20}: 1,5494; $n_{486,1}^{20}$: 1,5646.

(±)-5,6,7,8-Tetrachlor-2-isopropenyl-2-methyl-2,3-dihydro-benzo[1,4]dioxin $C_{12}H_{10}Cl_4O_2$, Formel IV.

B. Beim Erwärmen von (±)-5,6,6a,10a-Tetrachlor-3ξ-isopropenyl-3ξ,8,9-trimethyl-(6a*r*,10a*c*)-2,3,6a,7,10,10a-hexahydro-naphtho[1,2-*b*][1,4]dioxin (?; F: 132°) mit methanol. Kalilauge, zuletzt unter Einengen der Reaktionslösung (*Horner*, *Merz*, A. **570** [1950] 89, 118).

Krystalle (aus Me.); F: 94°.

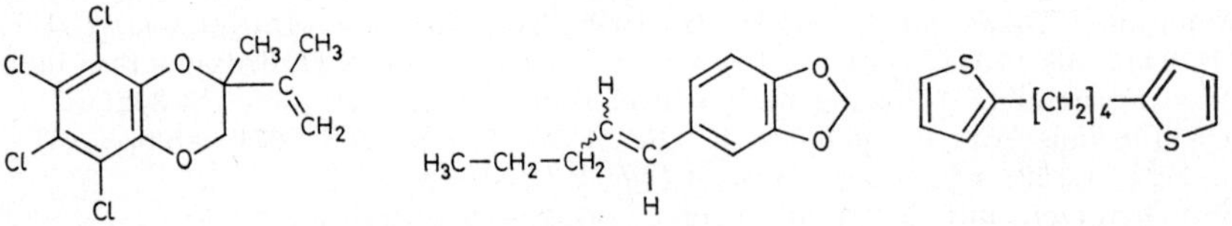

IV V VI

5-Pent-1-en-ξ-yl-benzo[1,3]dioxol, 1ξ-Benzo[1,3]dioxol-5-yl-pent-1-en, 1,2-Methylendioxy-4-pent-1-en-ξ-yl-benzol $C_{12}H_{14}O_2$, Formel V.

B. Beim Erhitzen von (±)-1-Benzo[1,3]dioxol-5-yl-pentan-1-ol (aus Piperonal und Butylmagnesiumbromid hergestellt) oder von opt.-inakt. Bis-[1-benzo[1,3]dioxol-5-yl-pentyl]-äther (Kp_1: 206—208°) bis auf 300° (*Hudson*, *Robinson*, Soc. **1941** 715, 720).

Kp: 273—276°.

1,4-Di-[2]thienyl-butan $C_{12}H_{14}S_2$, Formel VI.

B. Bei der Hydrierung von Di-[2]thienyl-butadiin an Palladium in Äther (*Vaitiekunas*, *Nord*, Am. Soc. **76** [1954] 2733, 2735, 2736).

F: 48°.

1,4-Bis-[2,5-dichlor-[3]thienyl]-butan $C_{12}H_{10}Cl_4S_2$, Formel VII.

B. Bei der Hydrierung von Bis-[2,5-dichlor-[3]thienyl]-butadiin an Palladium in Äther (*Vaitiekunas*, *Nord*, Am. Soc. **76** [1954] 2733, 2735, 2736).

F: 29—32°.

1,2-Bis-[2-methyl-[3]thienyl]-äthan $C_{12}H_{14}S_2$, Formel VIII.

B. Beim Behandeln von 3-Chlormethyl-2-methyl-thiophen mit Magnesium in Äther (*Gaertner*, Am. Soc. **73** [1951] 3934, 3937).

Krystalle (aus Hexan); F: 65,5—66,5°.

VII VIII IX

1,1-Di-[2]furyl-butan $C_{12}H_{14}O_2$, Formel IX.

B. Beim Behandeln von Furan mit Butyraldehyd und wss. Salzsäure (*Brown, Sawatzky*, Canad. J. Chem. **34** [1956] 1147, 1149).

Kp_{14}: 108°. D_4^{20}: 1,015. n_D^{20}: 1,4890.

2,2-Di-[2]furyl-butan $C_{12}H_{14}O_2$, Formel X (X = H).

B. In mässiger Ausbeute beim Behandeln von Furan mit Butanon und wss.-äthanol. Salzsäure (*Ackman et al.*, J. org. Chem. **20** [1955] 1147, 1154; *Brown, French*, Canad. J. Chem. **36** [1958] 537, 541).

Kp_2: 68–70°; D_4^{20}: 1,033; n_D^{20}: 1,4970 (*Ack. et al.*). Kp_1: 64–66° (*Br., Fr.*).

2,2-Bis-[5-nitro-[2]furyl]-butan $C_{12}H_{12}N_2O_6$, Formel X (X = NO_2).

B. Beim Behandeln von 2,2-Di-[2]furyl-butan mit Salpetersäure und Acetanhydrid (*Brown, French*, Canad. J. Chem. **36** [1958] 537, 540).

Krystalle; F: 84–84,5°.

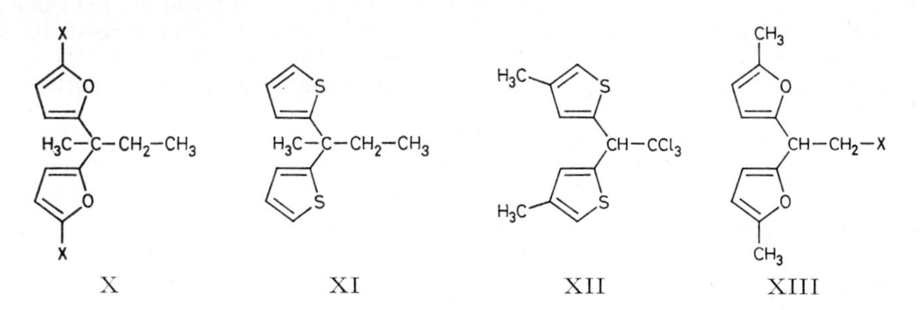

X XI XII XIII

2,2-Di-[2]thienyl-butan $C_{12}H_{14}S_2$, Formel XI.

B. Beim Erwärmen von Thiophen mit Butanon und wss. Schwefelsäure (*Schick, Crowley*, Am. Soc. **73** [1951] 1377).

$Kp_{0,1}$: 97,5°. n_D^{20}: 1,5806.

1,1,1-Trichlor-2,2-bis-[4-methyl-[2]thienyl]-äthan $C_{12}H_{11}Cl_3S_2$, Formel XII.

Diese Konstitution ist der nachstehend beschriebenen Verbindung zugeordnet worden (*Metcalf, Gunther*, Am. Soc. **69** [1947] 2579).

B. Beim Behandeln von 3-Methyl-thiophen mit Chloral, Essigsäure, Benzol und konz. Schwefelsäure (*Me., Gu.*).

Krystalle (aus A.); F: 124–125°.

1,1-Bis-[5-methyl-[2]furyl]-äthan $C_{12}H_{14}O_2$, Formel XIII (X = H).

B. Beim Behandeln von 2-Methyl-furan mit Acetaldehyd und wss. Salzsäure (*Etabl. Lambiotte Frères*, U.S.P. 2681917 [1948]; *Brown, Sawatzky*, Canad. J. Chem. **34** [1956] 1147, 1149; *Tsuboyama, Yanagita*, Scient. Pap. Inst. phys. chem. Res. **53** [1959] 318, 327).

Kp_{12}: 113°; D_4^{20}: 1,027; n_D^{20}: 1,4993 (*Br., Sa.*). Kp_{11}: 106–107°; $Kp_{3,5}$: 72–73°; D^{15}: 1,026 (*Etabl. Lambiotte Frères*). Kp_{10}: 108–110°; Kp_8: 101–104°; n_D^{20}: 1,4992 (*Ts., Ya.*).

2-Chlor-1,1-bis-[5-methyl-[2]furyl]-äthan $C_{12}H_{13}ClO_2$, Formel XIII (X = Cl).

B. Beim Behandeln von 2-Methyl-furan mit Chloracetaldehyd und wss. Salzsäure

(*Brown*, *Sawatzky*, Canad. J. Chem. **34** [1956] 1147, 1149).
Kp_{14}: 142—144°. D_4^{20}: 1,143. n_D^{20}: 1,5176.

1,1,1-Trichlor-2,2-bis-[5-methyl-[2]thienyl]-äthan $C_{12}H_{11}Cl_3S_2$, Formel I.
B. Beim Behandeln von 2-Methyl-thiophen mit Chloral, Essigsäure, Benzol und konz. Schwefelsäure (*Metcalf*, *Gunther*, Am. Soc. **69** [1947] 2579; s. a. *Truitt et al.*, Am. Soc. **70** [1948] 79; *Gol'dfarb*, *Kirmalowa*, Ž. obšč. Chim. **29** [1959] 897, 903; engl. Ausg. S. 881, 885).
Krystalle; F: 72,2° [aus A. + Acn.] (*Tr. et al.*), 70—71° [aus A.] (*Me.*, *Gu.*), 68,5—69° [aus A.] (*Go.*, *Ki.*).

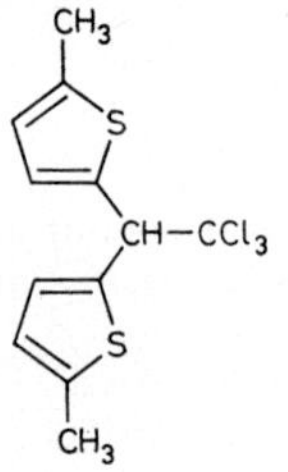

I 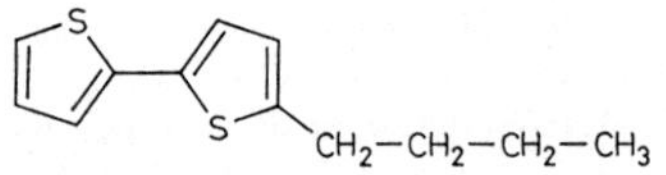 II 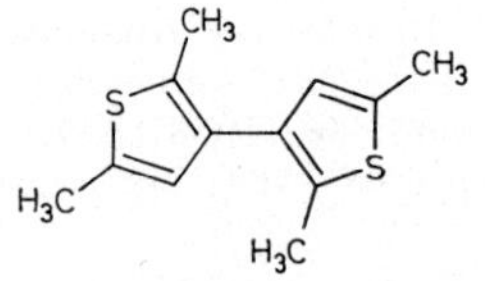 III

5-Butyl-[2,2']bithienyl $C_{12}H_{14}S_2$, Formel II.
B. In kleiner Menge neben [2,2']Bithienyl beim Erhitzen von 2-Butyl-5-jod-thiophen (aus 2-Butyl-thiophen und Jod mit Hilfe von Quecksilber(II)-oxid hergestellt) mit 2-Jod-thiophen und Kupfer-Pulver bis auf 200° (*Uhlenbroek*, *Bijloo*, R. **78** [1959] 382, 390). Bei der Hydrierung von 5-But-3-en-1-inyl-[2,2']bithienyl an Platin/Kohle in Äthanol (*Uh.*, *Bi.*, l. c. S. 389).
$Kp_{0,5}$: 128—130° [unreines Präparat]. IR-Spektrum (4000—650 cm^{-1}): *Uh.*, *Bi.*, l. c. S. 385. UV-Spektrum (Isooctan; 220—360 nm): *Uh.*, *Bi.*, l. c. S. 383.

2,5,2',5'-Tetramethyl-[3,3']bithienyl $C_{12}H_{14}S_2$, Formel III.
B. Beim Erhitzen von 3-Jod-2,5-dimethyl-thiophen mit Kupfer-Pulver bis auf 250° (*Steinkopf et al.*, A. **540** [1939] 7, 11; *Steinkopf*, *v. Petersdorff*, A. **543** [1940] 119, 125).
Kp_9: 142—144° (*St. et al.*).

(±)-5-[2,2,3,3-Tetrafluor-cyclobutylmethyl]-benzo[1,3]dioxol, (±)-1,1,2,2-Tetrafluor-3-piperonyl-cyclobutan $C_{12}H_{10}F_4O_2$, Formel IV.
B. Beim Erhitzen von Safrol (S. 275) mit Tetrafluoräthylen und wenig Hydrochinon auf 150° (*Coffman et al.*, Am. Soc. **71** [1949] 490, 493, 494).
Kp_{11}: 133,5—135,5°. n_D^{25}: 1,4770.

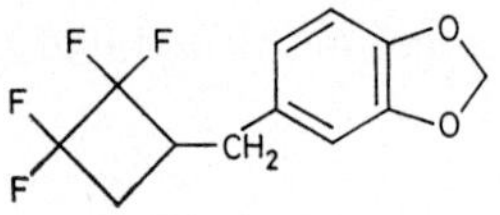

IV 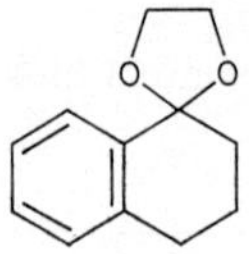 V 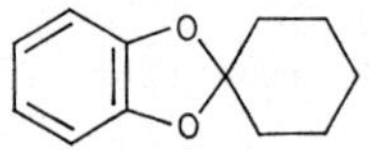 VI 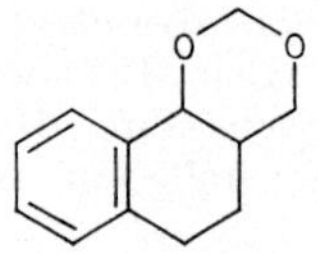 VII

2',3'-Dihydro-4'*H*-spiro[[1,3]dioxolan-2,1'-naphthalin], 1,1-Äthandiyldioxy-1,2,3,4-tetrahydro-naphthalin $C_{12}H_{14}O_2$, Formel V.
B. Beim Erwärmen von 2,3-Dihydro-4*H*-naphthalin-1-on mit Äthylenglykol, Benzol (oder Toluol) und wenig Toluol-4-sulfonsäure unter Entfernen des entstehenden Wassers (*Salmi et al.*, Suomen Kem. **20** B [1947] 1, 4).
Kp_6: 121,6°. D_4^{20}: 1,1453.

Spiro[benzo[1,3]dioxol-2,1'-cyclohexan], 1,2-Cyclohexylidendioxy-benzol $C_{12}H_{14}O_2$, Formel VI.

B. Beim Erwärmen von Brenzcatechin mit Cyclohexanon unter Zusatz von Phosphor(V)-oxid (*Böeseken, Slooff*, Pr. Akad. Amsterdam **35** [1932] 1250, 1251; *Slooff*, R. **54** [1935] 995, 999) oder unter Zusatz von Benzol und wenig Schwefelsäure (*Birch*, Soc. [1947] 102, 104).

Krystalle; F: 47° [aus wss. A.] (*Bi.*), 45° (*Bö., Sl.*), 44° (*Gen. Aniline & Film Corp.*, U.S.P. 2423217 [1944]). Kp_{20}: 140° (*Bö., Sl.*); Kp_{12}: 125° (*Gen. Aniline & Film Corp.*); Kp_{10}: 125° (*Bi.*).

Beim Behandeln mit Natrium und flüssigem Ammoniak sind Cyclohexanol und Phenol erhalten worden (*Bi.*).

***Opt.-inakt. 4,4a,5,6-Tetrahydro-10b*H*-naphtho[1,2-*d*][1,3]dioxin** $C_{12}H_{14}O_2$, Formel VII.

B. Beim Erwärmen von 1,2-Dihydro-naphthalin mit wss. Formaldehyd-Lösung und Schwefelsäure (*Beets, van Essen*, R. **71** [1952] 343, 350).

Kp_3: 136°. D_4^{20}: 1,1458. n_D^{20}: 1,5556.

***Opt.-inakt. 1,2,3,4,4a,6a-Hexahydro-dibenzo[1,2]dioxin** $C_{12}H_{14}O_2$, Formel VIII.

B. Neben 2-Phenyl-cyclohex-2-enylhydroperoxid bei mehrtägigem Behandeln von 1-Phenyl-cyclohexen mit Sauerstoff bei 35—40° (*Hock, Siebert*, B. **87** [1954] 554, 557).

D_4^{21}: 1,138. n_D^{21}: 1,569.

5,5-Dimethyl-5,6-dihydro-7*H*-indeno[5,6-*d*][1,3]dioxol, 1,1-Dimethyl-5,6-methylendioxy-indan $C_{12}H_{14}O_2$, Formel IX.

Diese Konstitution ist der nachstehend beschriebenen Verbindung zugeordnet worden (*Orcutt, Bogert*, Roczniki Chem. **18** [1938] 732, 736).

B. Beim Eintragen von 4-Benzo[1,3]dioxol-5-yl-2-methyl-butan-2-ol in wss. Schwefelsäure bei —7° (*Or., Bo.*).

Kp_{15}: 132°.

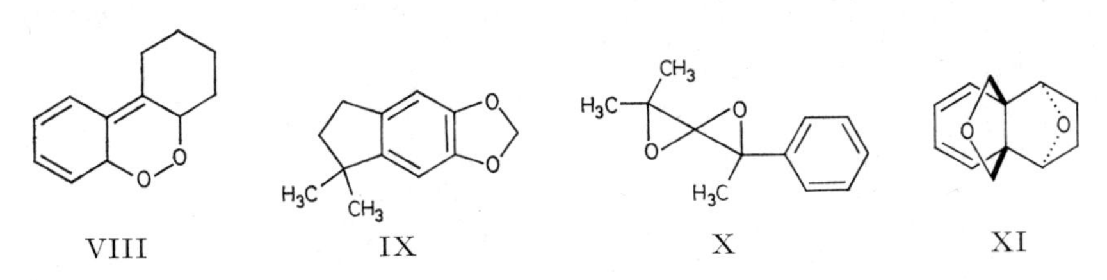

VIII IX X XI

***Opt.-inakt. 2,2,5-Trimethyl-5-phenyl-1,4-dioxa-spiro[2.2]pentan, 2,3;3,4-Diepoxy-2-methyl-4-phenyl-pentan** $C_{12}H_{14}O_2$, Formel X.

B. Neben Acetophenon beim Behandeln von 2-Methyl-4-phenyl-penta-2,3-dien mit Äther und mit Peroxyessigsäure (*Panšewitsch-Koljada, Idel'tschik*, Ž. obšč. Chim. **24** [1954] 1617, 1622; engl. Ausg. S. 1601, 1604).

Flüssigkeit; bei 129—134°/2,5 Torr unter partieller Zersetzung destillierbar. D_4^{20}: 1,0830. n_D^{20}: 1,5210.

1,2,3,4-Tetrahydro-1*t*,4*t*-epoxido-4a*r*,8a*c*-[2]oxapropano-naphthalin $C_{12}H_{14}O_2$, Formel XI.

B. Beim Erhitzen des aus Octahydro-1*t*,4*t*-epoxido-4a*r*,8a*c*-[2]oxapropano-naphthalin-6*t*,7*t*-diol hergestellten Di-*O*-stearoyl-Derivats auf 360° (*Stork et al.*, Am. Soc. **75** [1953] 384, 392). Beim Erwärmen einer Lösung von 1,2,3,4,5,8-Hexahydro-1*t*,4*t*-epoxido-4a*r*,8a*c*-[2]oxapropano-naphthalin in Tetrachlormethan mit *N*-Brom-succinimid und wenig Dibenzoylperoxid und Erhitzen des Reaktionsprodukts mit 2,4,6-Trimethyl-pyridin (*St. et al.*).

Krystalle (aus PAe.); F: 107—108° [durch Sublimation unter vermindertem Druck gereinigtes Präparat]. UV-Absorptionsmaxima (A.): 254 nm und 264 nm.

Stammverbindungen $C_{13}H_{16}O_2$

***Opt.-inakt. 4-Methyl-2-*trans*-styryl-[1,3]dioxan** $C_{13}H_{16}O_2$, Formel I.

B. Beim Erwärmen von *trans*-Zimtaldehyd mit (±)-Butan-1,3-diol, Benzol (oder Toluol) und wenig Toluol-4-sulfonsäure unter Entfernen des entstehenden Wassers (*Salmi, Louhenkuru*, Suomen Kem. **20** B [1947] 5, 7).

$Kp_{1,4}$: 148°. D_4^{20}: 1,0559. $n_{656,3}^{20}$: 1,5436; n_D^{20}: 1,5491; $n_{486,1}^{20}$: 1,5636.

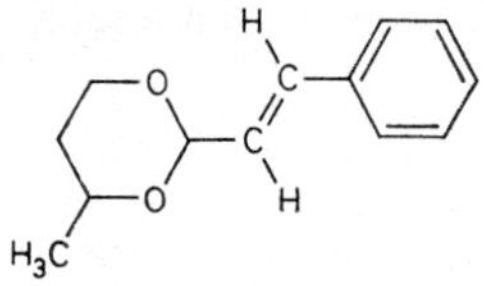

I 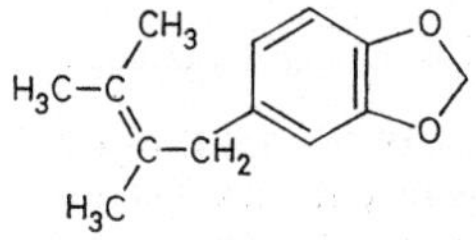 II 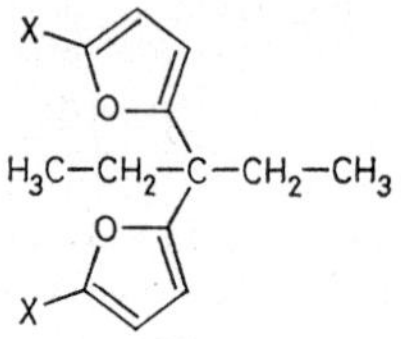 III

5-[2,3-Dimethyl-but-2-enyl]-benzo[1,3]dioxol, 1-Benzo[1,3]dioxol-5-yl-2,3-dimethyl-but-2-en, 4-[2,3-Dimethyl-but-2-enyl]-1,2-methylendioxy-benzol $C_{13}H_{16}O_2$, Formel II.

Diese Verbindung (Kp_7: 120°) ist neben 5,5,6-Trimethyl-5,6-dihydro-7*H*-indeno[5,6-*d*][1,3]dioxol bisweilen beim Eintragen von 4-Benzo[1,3]dioxol-5-yl-2,3-dimethyl-butan-2-ol in wss. Schwefelsäure erhalten worden (*Orcutt, Bogert*, Am. Soc. **58** [1936] 2057).

3,3-Di-[2]furyl-pentan $C_{13}H_{16}O_2$, Formel III (X = H).

B. Neben anderen Verbindungen beim Behandeln von Furan mit Pentan-3-on und wss.-äthanol. Salzsäure (*Beals, Brown*, J. org. Chem. **21** [1956] 447).

F: −9° bis −8°. Kp_2: 76−77°. D_4^{20}: 1,023. n_D^{20}: 1,4978.

3,3-Bis-[5-nitro-[2]furyl]-pentan $C_{13}H_{14}N_2O_6$, Formel III (X = NO_2).

B. Beim Behandeln von 3,3-Di-[2]furyl-pentan mit Salpetersäure und Acetanhydrid (*Brown, French*, Canad. J. Chem. **36** [1958] 537, 540).

Krystalle; F: 120−120,5° [korr.].

1,1-Bis-[5-methyl-[2]furyl]-propan $C_{13}H_{16}O_2$, Formel IV.

B. Beim Behandeln von 2-Methyl-furan mit Propionaldehyd und wss. Salzsäure (*Brown, Sawatzky*, Canad. J. Chem. **34** [1956] 1147, 1149).

Kp_{14}: 118°. D_4^{20}: 1,008. n_D^{20}: 1,4949.

2,2-Bis-[5-methyl-[2]furyl]-propan $C_{13}H_{16}O_2$, Formel V (X = H).

B. Beim Erwärmen von 2-Methyl-furan mit Aceton und wenig Phosphorsäure (*Etabl. Lambiotte Frères*, U.S.P. 2681917 [1948]).

Kp_{12}: 120°.

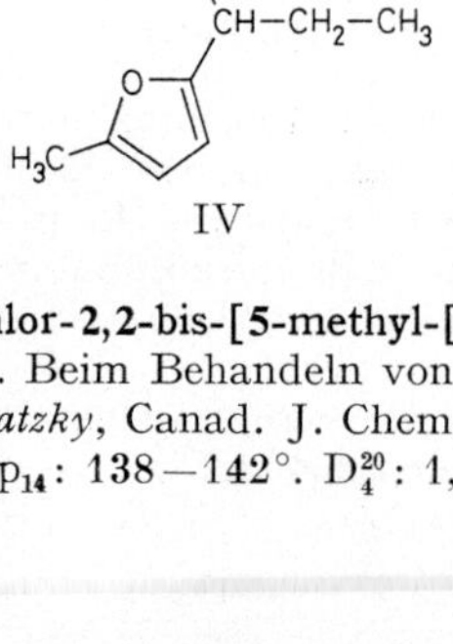

IV 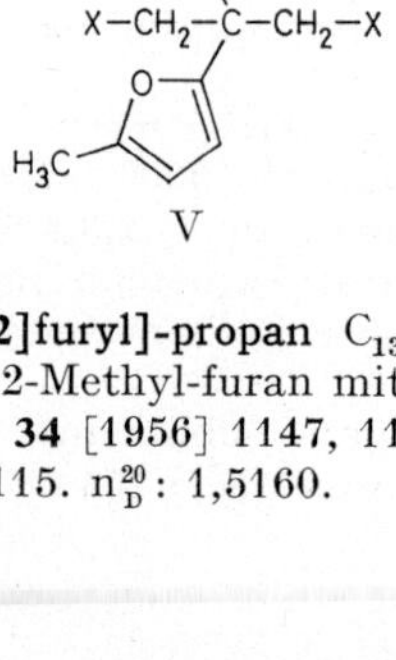 V 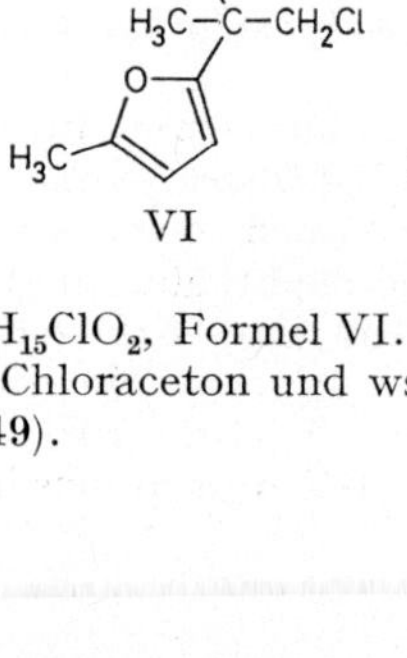 VI 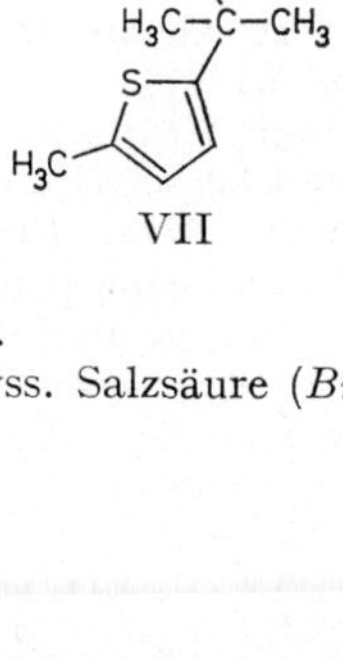 VII

1-Chlor-2,2-bis-[5-methyl-[2]furyl]-propan $C_{13}H_{15}ClO_2$, Formel VI.

B. Beim Behandeln von 2-Methyl-furan mit Chloraceton und wss. Salzsäure (*Brown, Sawatzky*, Canad. J. Chem. **34** [1956] 1147, 1149).

Kp_{14}: 138−142°. D_4^{20}: 1,115. n_D^{20}: 1,5160.

1,3-Dichlor-2,2-bis-[5-methyl-[2]furyl]-propan $C_{13}H_{14}Cl_2O_2$, Formel V (X = Cl).

B. Beim Behandeln von 2-Methyl-furan mit 1,3-Dichlor-aceton und wss. Salzsäure (*Brown, Sawatzky*, Canad. J. Chem. **34** [1956] 1147, 1149).

Kp_{14}: 175—179°. D_4^{20}: 1,159. n_D^{20}: 1,5308.

2,2-Bis-[5-methyl-[2]thienyl]-propan $C_{13}H_{16}S_2$, Formel VII.

B. Beim Erwärmen von 2-Methyl-thiophen mit Aceton und wss. Schwefelsäure (*Schick, Crowley*, Am. Soc. **73** [1951] 1377).

$Kp_{0,5}$: 110°. n_D^{20}: 1,5691.

Bis-[5-äthyl-[2]thienyl]-methan $C_{13}H_{16}S_2$, Formel VIII.

B. Neben 2-Äthyl-5-chlormethyl-thiophen beim Behandeln von 2-Äthyl-thiophen mit Chlormethyl-methyl-äther und Essigsäure (*Cagniant, Cagniant*, Bl. **1952** 713, 715).

Kp_{13}: 183°. D_4^{20}: 1,098. n_D^{20}: 1,5686.

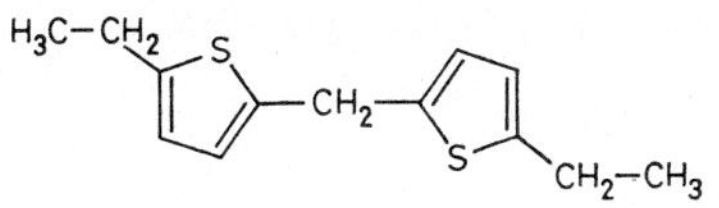

VIII 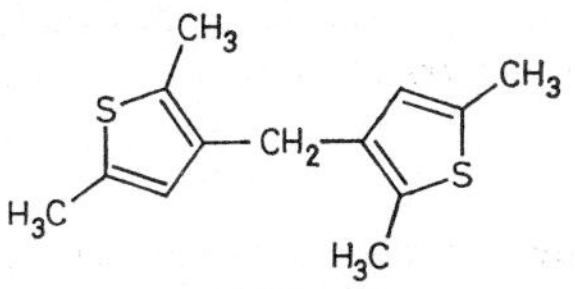 IX 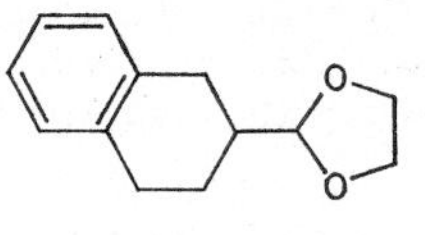 X

Bis-[2,5-dimethyl-[3]thienyl]-methan $C_{13}H_{16}S_2$, Formel IX.

B. Neben 3,4-Bis-[2,5-dimethyl-[3]thienylmethyl]-2,5-dimethyl-thiophen beim Behandeln von 2,5-Dimethyl-thiophen mit wss. Formaldehyd-Lösung, Zinkchlorid und wss. Salzsäure oder mit 3-Chlormethyl-2,5-dimethyl-thiophen und Aluminiumchlorid in Schwefelkohlenstoff (*Gol'dfarb, Kondakowa*, Izv. Akad. S.S.S.R. Otd. chim. **1956** 495, 501; engl. Ausg. S. 487, 492). Beim Erhitzen von Bis-[2,5-dimethyl-[3]thienyl]-keton mit Hydrazin-hydrat, Diäthylenglykol und Kaliumhydroxid (*Go., Ko.*, l. c. S. 504).

Krystalle (aus Heptan); F: 48,5°; Kp_6: 150°; Kp_4: 134—135° (*Go., Ko.*).

Die Identität eines von *Buu-Hoi* und *Hoán* (R. **68** [1949] 5, 33) als Bis-[2,5-dimethyl-[3]thienyl]-methan beschriebenen Präparats (F: 72°) ist ungewiss (*Go., Ko.*, l. c. S. 495).

(±)-2-[1,2,3,4-Tetrahydro-[2]naphthyl]-[1,3]dioxolan, (±)-2-[1,3]Dioxolan-2-yl-1,2,3,4-tetrahydro-naphthalin, (±)-1,2,3,4-Tetrahydro-[2]naphthaldehyd-äthandiylacetal $C_{13}H_{16}O_2$, Formel X.

B. Beim Erwärmen von (±)-1,2,3,4-Tetrahydro-[2]naphthaldehyd mit Äthylenglykol, Benzol und wenig Toluol-4-sulfonsäure unter Entfernen des entstehenden Wassers (*Newman, Mangham*, Am. Soc. **71** [1949] 3342, 3344).

Kp_1: 126—128°. n_D^{20}: 1,5423.

2ξ-Phenyl-(3a*r*,7a*c*)-hexahydro-benzo[1,3]dioxol, *cis*-1,2-[(ξ)-Benzylidendioxy]-cyclohexan $C_{13}H_{16}O_2$, Formel I (X = H).

B. Beim Erhitzen von Benzaldehyd mit *cis*-Cyclohexan-1,2-diol auf 150° (*Wilson, Read*, Soc. **1935** 1269, 1270).

Kp_{14}: 151—152,5°. n_D^{17}: 1,5332.

2ξ-[2-Nitro-phenyl]-(3a*r*,7a*c*)-hexahydro-benzo[1,3]dioxol $C_{13}H_{15}NO_4$, Formel I (X = NO_2).

B. Beim Behandeln von 2-Nitro-benzaldehyd mit *cis*-Cyclohexan-1,2-diol und wss. Schwefelsäure (*Tanasescu, Ionescu*, Bl. [5] **7** [1940] 77, 82; *Mager, Ionescu*, Rev. roum. Chim. **11** [1966] 533, 539).

Krystalle (aus Bzn.); F: 105—106° [unkorr.] (*Ma., Io.*), 104—105° (*Ta., Io.*). IR-Spektrum (KBr; 3600—800 cm^{-1}): *Ma., Io.*, l. c. S. 535.

Bei der Bestrahlung einer Lösung in Benzol mit Sonnenlicht ist *cis*-2-[2-Nitroso-benzoyloxy]-cyclohexanol erhalten worden (*Ta., Io.*; *Ma., Io.*, l. c. S. 539).

2-Phenyl-hexahydro-benzo[1,3]dithiol, 1,2-Benzylidendimercapto-cyclohexan $C_{13}H_{16}S_2$.

a) **2ξ-Phenyl-(3a*r*,7a*c*)-hexahydro-benzo[1,3]dithiol** $C_{13}H_{16}S_2$, Formel II.
Über eine unter dieser Konstitution und Konfiguration beschriebene Verbindung (F: 133–134°) s. *Bateman et al.*, Soc. **1958** 2838, 2841.

I II III

b) **(±)-2-Phenyl-(3a*r*,7a*t*)-hexahydro-benzo[1,3]dithiol** $C_{13}H_{16}S_2$, Formel III + Spiegelbild.
B. Beim Behandeln von (±)-*trans*-Cyclohexan-1,2-dithiol mit Benzaldehyd und konz. wss. Salzsäure (*Culvenor, Davies*, Austral. J. scient. Res. [A] **1** [1948] 236, 239).
Krystalle (aus A.); F: 115,5°.

(±)-6,6-Dimethyl-1-phenyl-2,7-dioxa-norbornan $C_{13}H_{16}O_2$, Formel IV.
Diese Konstitution kommt der früher (s. E I **17** 168) als 4,5-Epoxy-2,2-dimethyl-1-phenyl-pentan-1-on („[β-Benzoyl-isobutyl]-äthylenoxyd") beschriebenen Verbindung (F: 59°) zu (*Holum et al.*, J. org. Chem. **29** [1964] 769, 771).

6,7,8,9-Tetrahydro-spiro[benzocyclohepten-5,2'-[1,3]dioxolan], 5,5-Äthandiyldioxy-6,7,8,9-tetrahydro-5*H*-benzocyclohepten $C_{13}H_{16}O_2$, Formel V.
B. Beim Erhitzen von 6,7,8,9-Tetrahydro-benzocyclohepten-5-on mit Äthylenglykol, Toluol und wenig Toluol-4-sulfonsäure unter Entfernen des entstehenden Wassers (*Ginsburg, Rosenfelder*, Tetrahedron **1** [1957] 3, 7).
Krystalle (aus Bzl.); F: 60–62°.

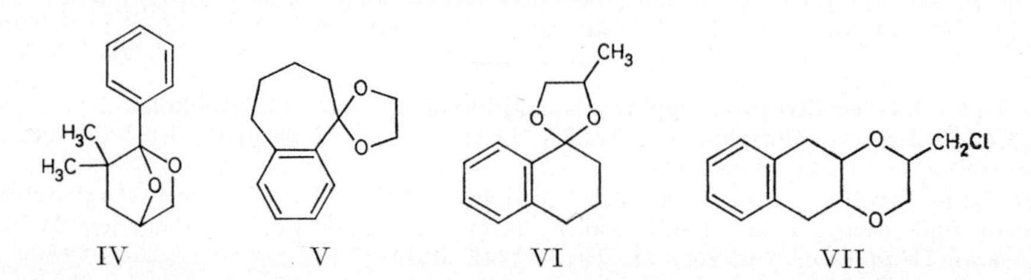

IV V VI VII

***Opt.-inakt. 4-Methyl-2',3'-dihydro-4'*H*-spiro[[1,3]dioxolan-2,1'-naphthalin]** $C_{13}H_{16}O_2$, Formel VI.
B. Beim Erwärmen von 2,3-Dihydro-4*H*-naphthalin-1-on mit (±)-Propan-1,2-diol, Benzol (oder Toluol) und wenig Toluol-4-sulfonsäure unter Entfernen des entstehenden Wassers (*Salmi et al.*, Suomen Kem. **20** B [1947] 1, 4).
Kp_5: 133,6°. D_4^{20}: 1,0995.

2-Chlormethyl-2,3,4a,5,10,10a-hexahydro-naphtho[2,3-*b*][1,4]dioxin $C_{13}H_{15}ClO_2$, Formel VII.
Eine opt.-inakt. Verbindung dieser Konstitution hat vermutlich in dem nachstehend beschriebenen Präparat vorgelegen.
B. Beim Hydrieren von (±)-[2,3-Dihydro-naphtho[2,3-*b*][1,4]dioxin-2-yl]-methanol an Raney-Nickel in Äthanol bei 120°/100 at und Behandeln des Reaktionsprodukts mit Thionylchlorid und Pyridin (*Geigy A.G.*, U.S.P. 2366611 [1943]).
F: 61°. $Kp_{0,22}$: 142–143°.

5,5-Dimethyl-5,6,7,8-tetrahydro-naphtho[2,3-*d*][1,3]dioxol, 1,1-Dimethyl-6,7-methylendioxy-1,2,3,4-tetrahydro-naphthalin $C_{13}H_{16}O_2$, Formel VIII.

Diese Konstitution ist der nachstehend beschriebenen Verbindung zugeordnet worden (*Orcutt, Bogert,* Am. Soc. **58** [1936] 2055).

B. Beim Eintragen von 5-Benzo[1,3]dioxol-5-yl-2-methyl-pentan-2-ol in wss. Schwefelsäure (*Or., Bo.*).

Kp_{10}: 148–149°.

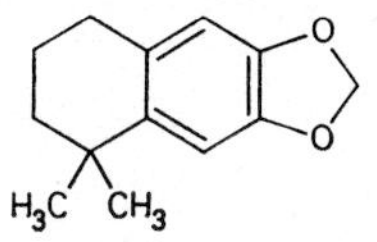

VIII 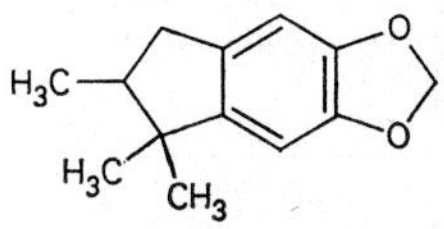 IX 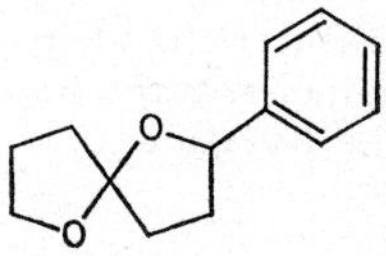 X

(±)-5,5,6-Trimethyl-5,6-dihydro-7*H*-indeno[5,6-*d*][1,3]dioxol, 1,1,2-Trimethyl-5,6-methylendioxy-indan $C_{13}H_{16}O_2$, Formel IX.

Diese Konstitution ist der nachstehend beschriebenen Verbindung zugeordnet worden (*Orcutt, Bogert,* Am. Soc. **58** [1936] 2057).

B. Beim Eintragen von (±)-4-Benzo[1,3]dioxol-5-yl-2,3-dimethyl-butan-2-ol oder von 1-Benzo[1,3]dioxol-5-yl-2,3-dimethyl-but-2-en in wss. Schwefelsäure (*Or., Bo.*).

Kp_{11}: 137°.

***Opt.-inakt. 2-Phenyl-1,6-dioxa-spiro[4.4]nonan** $C_{13}H_{16}O_2$, Formel X.

B. Neben grösseren Mengen 1-Phenyl-3-tetrahydro[2]furyl-propan-1-ol (n_D^{20}: 1,5294) bei der Hydrierung von (±)-3-[2]Furyl-1-phenyl-propan-1-ol an Nickel/Kieselgur in Äthanol bei 120°/90–150 at (*Til' et al.,* Ž. obšč. Chim. **27** [1957] 110, 115; engl. Ausg. S. 125, 128).

$Kp_{7,5}$: 143–144°. D_4^{20}: 1,0884. n_D^{20}: 1,5242.

Stammverbindungen $C_{14}H_{18}O_2$

1,4-Bis-[3-methyl-[2]thienyl]-butan $C_{14}H_{18}S_2$, Formel I.

B. Bei der Hydrierung von Bis-[3-methyl-[2]thienyl]-butadiin an Palladium in Äther (*Vaitiekunas, Nord,* Am. Soc. **76** [1954] 2733, 2735, 2736).

F: 44°.

***meso*(?)-3,4-Di-[2]thienyl-hexan** $C_{14}H_{18}S_2$, vermutlich Formel II (X = H).

Bezüglich der Konfigurationszuordnung s. *Sicé, Mednick,* Am. Soc. **75** [1953] 1628; *Buu-Hoi, Lavit,* Bl. **1958** 292.

B. Aus 1-[2]Thienyl-propan-1-ol beim Behandeln einer Lösung in Pentan mit Chlorwasserstoff (oder Bromwasserstoff) und Behandeln des Reaktionsprodukts mit Äthylmagnesiumbromid in Äther unter Zusatz von Kobalt(II)-chlorid oder beim Behandeln einer Lösung in Pentan mit Bromwasserstoff und Behandeln des Reaktionsprodukts mit Phenyllithium in Äther (*Sicé, Me.*) sowie beim Behandeln mit Chlorwasserstoff und Erwärmen des Reaktionsprodukts mit Eisen-Pulver und Wasser (*Buu-Hoi, La.*).

Krystalle (aus A.); F: 76–77° (*Sicé, Me.*). Kp_{13}: 162–166° (*Buu-Hoi, La.*). IR-Spektrum (Nujol; 3–15 μ): *Sicé, Me.*

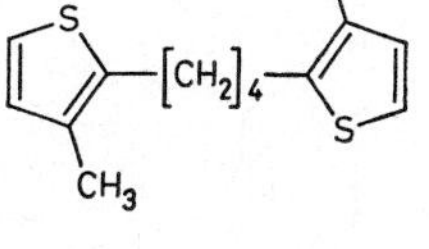

I 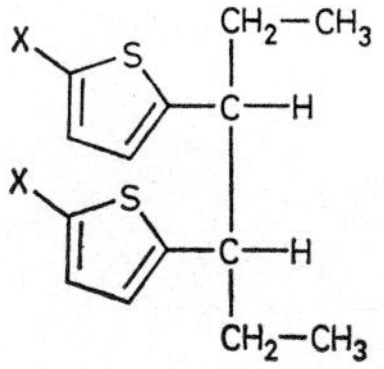 II 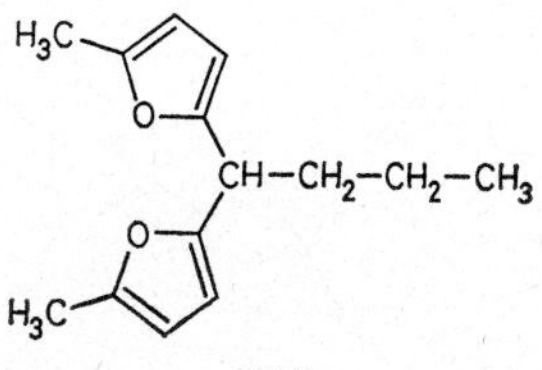 III

***meso*(?)-3,4-Bis-[5-jod-[2]thienyl]-hexan** $C_{14}H_{16}I_2S_2$, vermutlich Formel II (X = I).
B. Beim Behandeln einer Lösung von *meso*(?)-3,4-Di-[2]thienyl-hexan (S. 293) in Benzol mit Jod und Quecksilber(II)-oxid (*Sicé, Mednick*, Am. Soc. **75** [1953] 1628).
Krystalle (aus Me.); F: 139–140° [durch Sublimation im Hochvakuum gereinigtes Präparat].

***meso*(?)-3,4-Bis-[5-nitro-[2]thienyl]-hexan** $C_{14}H_{16}N_2O_4S_2$, vermutlich Formel II (X = NO_2).
B. Beim Behandeln von *meso*(?)-3,4-Di-[2]thienyl-hexan (S. 293) mit Acetanhydrid und Salpetersäure (*Buu-Hoi, Lavit*, Bl. **1958** 292).
Gelbe Krystalle (aus A.); F: 178°.

1,1-Bis-[5-methyl-[2]furyl]-butan $C_{14}H_{18}O_2$, Formel III.
B. Beim Behandeln von 2-Methyl-furan mit Butyraldehyd und wss. Salzsäure (*Brown, Sawatzky*, Canad. J. Chem. **34** [1956] 1147, 1149).
Kp_{15}: 132°. D_4^{20}: 0,989. n_D^{20}: 1,4935.

4,4'-Diäthyl-5,5'-dimethyl-[2,2']bithienyl $C_{14}H_{18}S_2$, Formel IV.
B. Beim Erhitzen von 3-Äthyl-5-jod-2-methyl-thiophen mit Kupfer-Pulver bis auf 225° (*Steinkopf et al.*, A. **545** [1940] 45, 49).
Krystalle (nach Sublimation im Hochvakuum); F: 48,8–49,4°.

(±)-2-[3-Nitro-phenyl]-1,3-dioxa-spiro[4.5]decan $C_{14}H_{17}NO_4$, Formel V.
B. Beim Erwärmen von 3-Nitro-benzaldehyd mit 1-Hydroxymethyl-cyclohexanol, Benzol und wenig Toluol-4-sulfonsäure unter Entfernen des entstehenden Wassers (*Fieser et al.*, J. biol. Chem. **156** [1944] 191, 195).
Kp_2: 180–184°.

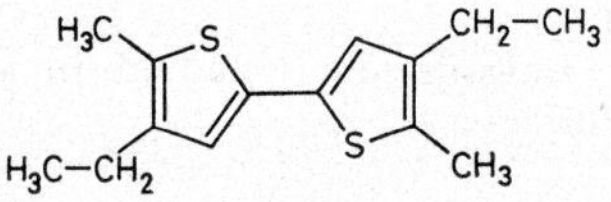

IV 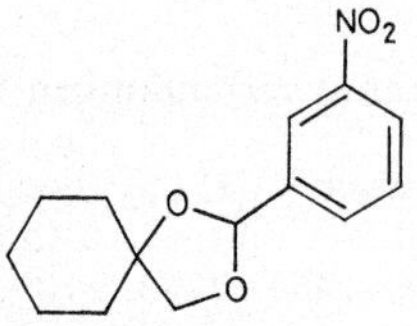 V 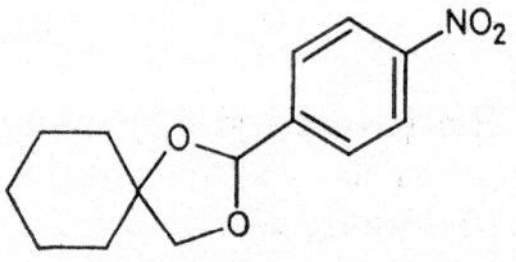 VI

(±)-2-[4-Nitro-phenyl]-1,3-dioxa-spiro[4.5]decan $C_{14}H_{17}NO_4$, Formel VI.
B. Aus 4-Nitro-benzaldehyd und 1-Hydroxymethyl-cyclohexanol analog der im vorangehenden Artikel beschriebenen Verbindung (*Fieser et al.*, J. biol. Chem. **156** [1944] 191, 195).
Kp_2: 185°.

(±)-2-Phenyl-1-oxa-4-thia-spiro[4.5]decan $C_{14}H_{18}OS$, Formel VII.
B. Beim Behandeln von (±)-2-Mercapto-1-phenyl-äthanol mit Cyclohexanon, Zinkchlorid und Natriumsulfat (*Djerassi et al.*, Am. Soc. **77** [1955] 568, 570).
Krystalle (aus Me. + Acn.); F: 36–37°.

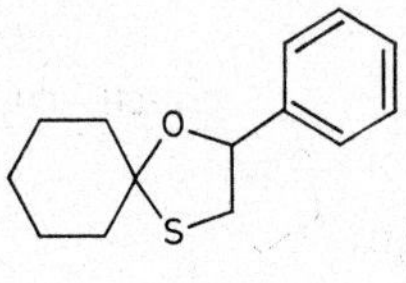

VII 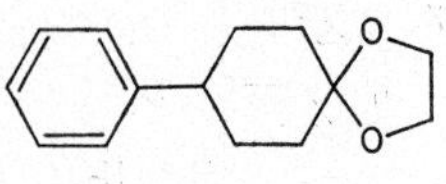 VIII 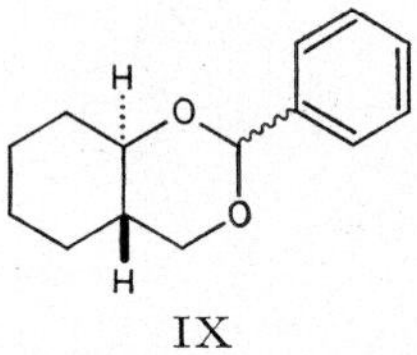 IX

8-Phenyl-1,4-dioxa-spiro[4.5]decan $C_{14}H_{18}O_2$, Formel VIII.

B. Aus 8-Phenyl-1,4-dioxa-spiro[4.5]decan-8-carbonitril beim Behandeln einer Lösung in Äther mit Natrium und flüssigem Ammoniak (*Bergmann, Yaroslavsky*, Am. Soc. **81** [1959] 2772, 2774) sowie beim Erwärmen mit Natrium, Toluol und Äthanol (*Horning et al.*, Am. Soc. **74** [1952] 773).

Krystalle (aus wss. A.); F: 54—56° (*Ho. et al.*), 54—55° (*Be., Ya.*).

(±)-2ξ-Phenyl-(4a*r*,8a*t*)-hexahydro-benzo[1,3]dioxin $C_{14}H_{18}O_2$, Formel IX + Spiegelbild.

B. Beim Erwärmen von Benzaldehyd mit (±)-*trans*-2-Hydroxymethyl-cyclohexanol und konz. wss. Salzsäure (*Olsen*, Z. Naturf. **1** [1946] 671, 674).

Krystalle (aus A.); F: 70,5°.

3a,6a-Dimethyl-2ξ-phenyl-(3a*r*,6a*c*)-tetrahydro-cyclopenta[1,3]dioxol $C_{14}H_{18}O_2$, Formel X.

B. Aus Benzaldehyd und 1,2*t*-Dimethyl-cyclopentan-1*r*,2*c*-diol (*Bartlett, Bavley*, Am. Soc. **60** [1938] 2416).

Krystalle; F: 120—122,5° [korr.].

***Opt.-inakt. 5-Methyl-3-phenyl-2-oxa-4-thia-bicyclo[3.3.1]nonan** $C_{14}H_{18}OS$, Formel XI.

B. Beim Erwärmen von Benzaldehyd mit (±)-3*c*-Mercapto-3*t*-methyl-cyclohexan-*r*-ol, Benzol und wenig Toluol-4-sulfonsäure (*van Tamelen, Grant*, Am. Soc. **81** [1959] 2160, 2163).

$Kp_{0,03}$: 130—131,5°. n_D^{30}: 1,5684.

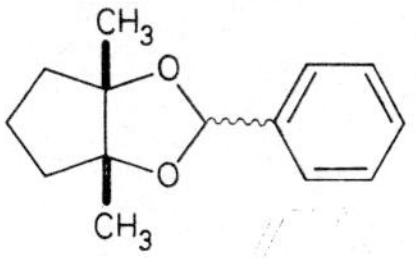

X 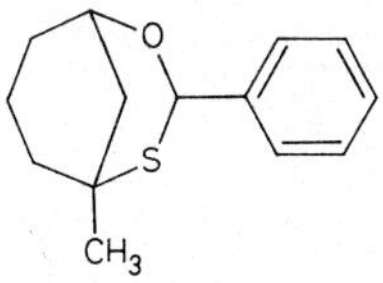 XI 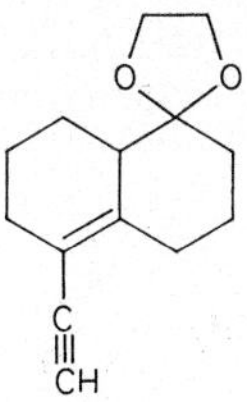 XII 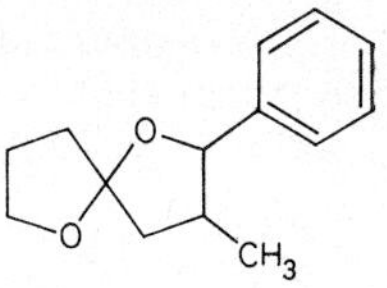 XIII

(±)-5'-Äthinyl-2',3',4',6',7',8'-hexahydro-8a'*H*-spiro[[1,3]dioxolan-2,1'-naphthalin], (±)-4,4-Äthandiyldioxy-8-äthinyl-1,2,3,4,4a,5,6,7-octahydro-naphthalin $C_{14}H_{18}O_2$, Formel XII.

Diese Verbindung hat vermutlich als Hauptbestandteil in dem nachstehend beschriebenen Präparat vorgelegen; die Position der Doppelbindung ist auf Grund der UV-Absorption zugeordnet worden (*Inhoffen, Kath*, B. **87** [1954] 1589, 1598).

B. Beim Erwärmen von opt.-inakt. 5'ξ-Äthinyl-(4'a*r*,8'a*t*)-octahydro-spiro[[1,3]dioxolan-2,1'-naphthalin]-5'ξ-ol (F: 124,5—125°) mit Phosphorylchlorid und 2,4,6-Trimethylpyridin (*In., Kath*).

Bei 80°/0,001 Torr destillierbar. UV-Absorptionsmaximum: 227,5 nm.

***Opt.-inakt. 3-Methyl-2-phenyl-1,6-dioxa-spiro[4.4]nonan** $C_{14}H_{18}O_2$, Formel XIII.

B. Neben grösseren Mengen 2-Methyl-1-phenyl-3-tetrahydro[2]furyl-propan-1-ol (n_D^{20}: 1,5260) bei der Hydrierung von opt.-inakt. 3-[2]Furyl-2-methyl-1-phenyl-propan-1-ol (n_D^{20}: 1,5423) an Nickel/Kieselgur in Äthanol bei 120°/90—150 at (*Ponomarew et al.*, Doklady Akad. S.S.S.R. **93** [1953] 297, 300; C. A. **1954** 12731; *Til' et al.*, Ž. obšč. Chim. **27** [1957] 110, 115; engl. Ausg. S. 125, 128).

Kp_4: 128—130°. D_4^{20}: 1,0504. n_D^{20}: 1,5173 (*Po. et al., Til' et al.*).

Stammverbindungen $C_{15}H_{20}O_2$

***Opt.-inakt. 4,4,6-Trimethyl-2-*trans*-styryl-[1,3]dioxan** $C_{15}H_{20}O_2$, Formel I.

B. Beim Behandeln von *trans*-Zimtaldehyd mit (±)-2-Methyl-pentan-2,4-diol in Gegen-

wart von Chlorwasserstoff (*Winthrop Chem. Co.*, U.S.P. 1837273 [1930]).
Kp_5: 155—160°.

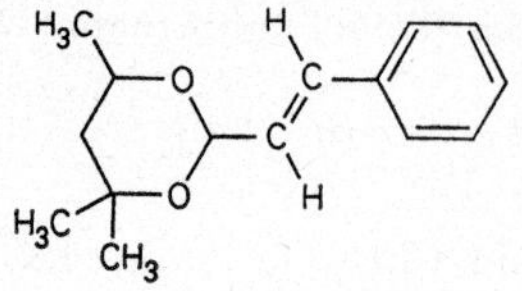

I

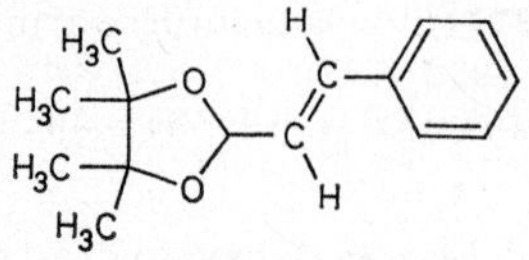

II

4,4,5,5-Tetramethyl-2-*trans*-styryl-[1,3]dioxolan $C_{15}H_{20}O_2$, Formel II.
B. Beim Erwärmen von *trans*-Zimtaldehyd mit 2,3-Dimethyl-butan-2,3-diol, Benzol und wenig Toluol-4-sulfonsäure unter Entfernen des entstehenden Wassers (*Smith, Anderson*, J. org. Chem. **16** [1951] 972, 979).
Kp_4: 142°. n_D^{25}: 1,5265.

Bis-[4-chlormethyl-2,5-dimethyl-[3]thienyl]-methan $C_{15}H_{18}Cl_2S_2$, Formel III.
B. In kleiner Menge neben 3-Chlormethyl-2,5-dimethyl-thiophen und 3,4-Bis-chlor=methyl-2,5-dimethyl-thiophen beim Behandeln von 2,5-Dimethyl-thiophen mit wss. Formaldehyd-Lösung und wss. Salzsäure unter Einleiten von Chlorwasserstoff (*Gol'dfarb, Kondakowa*, Izv. Akad. S.S.S.R. Otd. chim. **1956** 495, 498; engl. Ausg. S. 487, 489). Beim Erwärmen von Bis-[2,5-dimethyl-[3]thienyl]-methan mit Chlormethyl-methyl-äther und Essigsäure (*Go., Ko.*, l. c. S. 503).
Krystalle (aus Heptan); F: 172,5—173° (*Go., Ko.*, l. c. S. 504).
Beim Erwärmen mit Wasser ist 1,3,7,9-Tetramethyl-4*H*,6*H*,10*H*-dithieno[3,4-*c*;3',4'-*f*]=oxocin erhalten worden (*Gol'dfarb, Kondakowa*, Izv. Akad. S.S.S.R. Otd. chim. **1956** 1208, 1212; engl. Ausg. S. 1235, 1238).

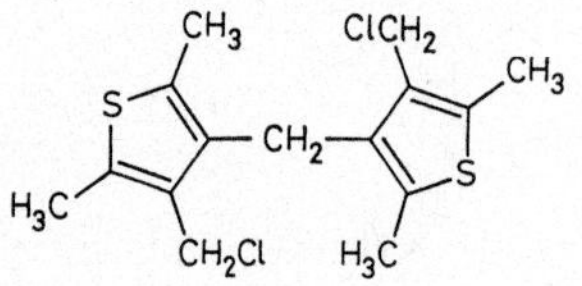

III

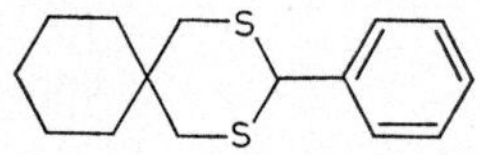

IV

3-Phenyl-2,4-dithia-spiro[5.5]undecan $C_{15}H_{20}S_2$, Formel IV.
B. Beim Behandeln eines Gemisches von Benzaldehyd und 1,1-Bis-mercaptomethyl-cyclohexan mit Chlorwasserstoff (*Backer, Tamsma*, R. **57** [1938] 1183, 1193).
Krystalle (aus A.); F: 162°.

Stammverbindungen $C_{16}H_{22}O_2$

Bis-[2,2-dimethyl-3,6-dihydro-2*H*-thiopyran-4-yl]-acetylen $C_{16}H_{22}S_2$, Formel V.
B. Beim Erwärmen von (±)-4-Äthinyl-2,2-dimethyl-tetrahydro-thiopyran-4-ol mit Äthylmagnesiumbromid in Äther und mit 2,2-Dimethyl-tetrahydro-thiopyran-4-on (*Nasarow, Iwanowa*, Ž. obšč. Chim. **26** [1956] 78, 94; engl. Ausg. S. 79, 91). Neben 4-Äthinyl-2,2-dimethyl-tetrahydro-thiopyran-4-ol beim Behandeln einer mit Kalium=hydroxid versetzten Lösung von 2,2-Dimethyl-tetrahydro-thiopyran-4-on in Äther mit Acetylen (*Na., Iw.*, l. c. S. 91).
Krystalle (aus A.); F: 127—128°. Kp_3: 170—173°.

5,5'-Di-*tert*-butyl-[2,2']bithienyl $C_{16}H_{22}S_2$, Formel VI.
B. Neben anderen Verbindungen beim Behandeln von Thiophen mit *tert*-Butylchlorid, Zinn(IV)-chlorid und Schwefelkohlenstoff (*Sy et al.*, Soc. **1954** 1975, 1976). Beim Erhitzen von 2-*tert*-Butyl-5-jod-thiophen mit Kupfer-Pulver auf 200° (*Sy et al.*).
Krystalle (aus Me.); F: 89°. Kp_{13}: 200°.

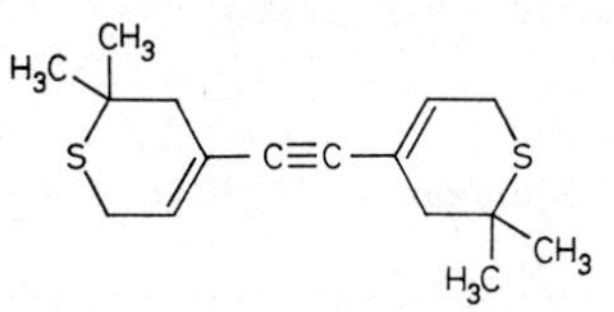

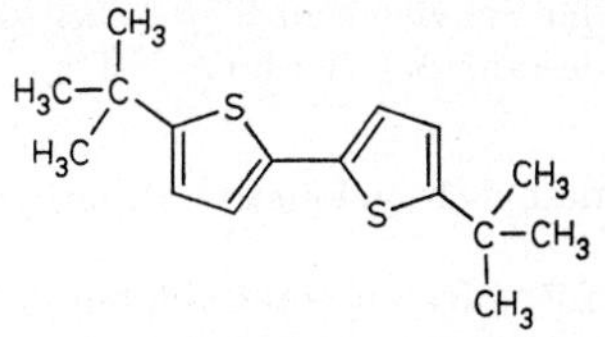

V VI

2,5,2′,5′-Tetraäthyl-[3,3′]bithienyl $C_{16}H_{22}S_2$, Formel VII.

B. Neben grösseren Mengen 2,5-Diäthyl-thiophen beim Erhitzen von 1-[5-Äthyl-[2]thienyl]-äthanon mit Hydrazin-hydrat und Erhitzen des Reaktionsprodukts mit Natriumäthylat in Äthanol auf 170° (*Steinkopf et al.*, A. **546** [1941] 199, 202).

Kp_{14}: 195°.

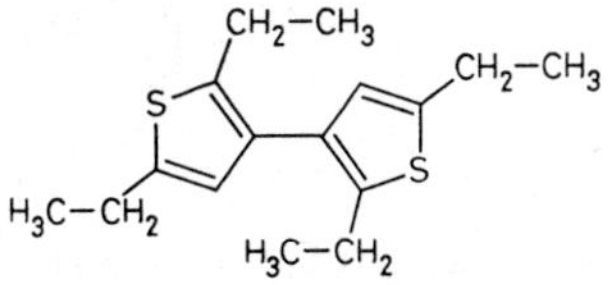

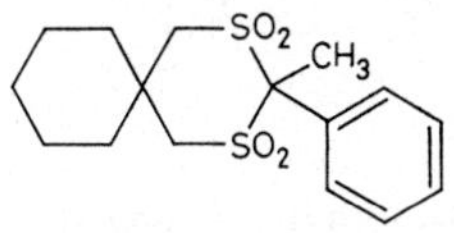

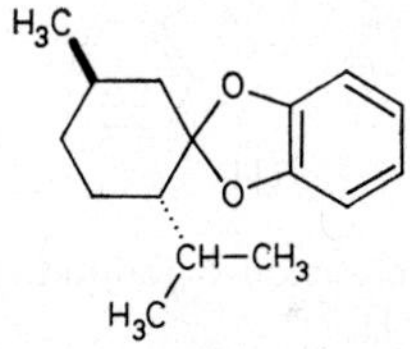

VII VIII IX

3-Methyl-2,2,4,4-tetraoxo-3-phenyl-2λ⁶,4λ⁶-dithia-spiro[5.5]undecan, 3-Methyl-3-phenyl-2,4-dithia-spiro[5.5]undecan-2,2,4,4-tetraoxid $C_{16}H_{22}O_4S_2$, Formel VIII.

B. Beim Behandeln eines Gemisches von Acetophenon und 1,1-Bis-mercaptomethyl-cyclohexan mit Chlorwasserstoff und Erwärmen des Reaktionsprodukts mit Essigsäure und wss. Wasserstoffperoxid (*Backer, Tamsma*, R. **57** [1938] 1183, 1195).

Krystalle (aus Eg. + E.); F: ca. 293° [Zers.].

(2′S)-2′r-Isopropyl-5′t-methyl-spiro[benzo[1,3]dioxol-2,1′-cyclohexan], (1R)-3,3-o-Phenylendioxy-*trans-p*-menthan $C_{16}H_{22}O_2$, Formel IX.

B. Beim Erwärmen von (−)-Menthon ((1*R*)-*trans-p*-Menthan-3-on) mit Brenzcatechin, Benzol und wenig Toluol-4-sulfonsäure unter Entfernen des entstehenden Wassers (*Salmi*, B. **71** [1938] 1803, 1807).

Kp_6: 140,8−141,7°. D_4^{20}: 1,0292. $n_{656,3}^{20}$: 1,5116; n_D^{20}: 1,5155; $n_{486,1}^{20}$: 1,5252.

Stammverbindungen $C_{18}H_{26}O_2$

5-Undec-1-en-ξ-yl-benzo[1,3]dioxol, 1,2-Methylendioxy-4-undec-1-en-ξ-yl-benzol $C_{18}H_{26}O_2$, Formel I.

B. Beim Erwärmen von Piperonal mit Decylmagnesiumjodid in Äther und Erwärmen des nach der Hydrolyse (wss. Schwefelsäure) erhaltenen Reaktionsprodukts mit Phosphor(V)-oxid in Benzol (*Gokhale et al.*, J. Univ. Bombay **16**, Tl. 5 A [1948] 47, 51).

Krystalle (aus A.); F: 36−37°.

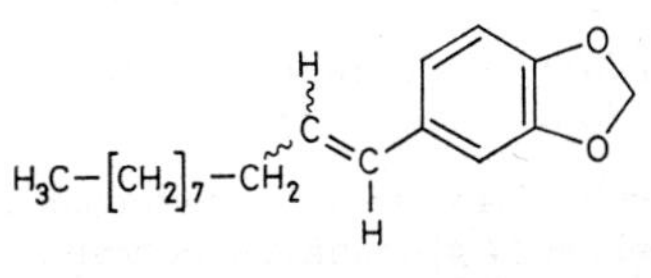

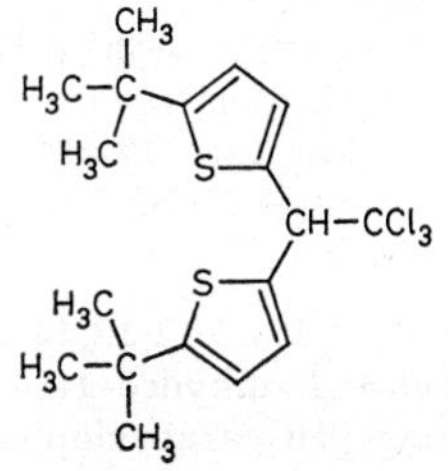

I II

2,2-Bis-[5-*tert*-butyl-[2]thienyl]-1,1,1-trichlor-äthan $C_{18}H_{23}Cl_3S_2$, Formel II.

B. Beim Behandeln von 2-*tert*-Butyl-thiophen mit Chloralhydrat und Schwefeltrioxid

enthaltender Schwefelsäure (*Feeman et al.*, Am. Soc. **70** [1948] 3136).
Krystalle (aus A.); F: 90,5—91°.

***5-Brommethyl-2-cyclohexyl-5-methyl-2-phenyl-[1,3]dioxan** $C_{18}H_{25}BrO_2$, Formel III (X = Br).

B. Beim Erwärmen von Cyclohexyl-phenyl-keton mit 2-Brommethyl-2-methyl-propan-1,3-diol, Benzol und wenig Toluol-4-sulfonsäure unter Entfernen des entstehenden Wassers (*Blicke, Schumann*, Am. Soc. **76** [1954] 1226).
Krystalle (aus A.); F: 104—105°.

III IV V

***2-Cyclohexyl-5-jodmethyl-5-methyl-2-phenyl-[1,3]dioxan** $C_{18}H_{25}IO_2$, Formel III (X = I).

B. Beim Erwärmen der im vorangehenden Artikel beschriebenen Verbindung mit Natriumjodid in Äthanol (*Blicke, Schumann*, Am. Soc. **76** [1954] 1226).
Krystalle (aus A.); F: 118—119°.

(±)-5,6,6a,10a-Tetrachlor-3ξ-isopropyl-3ξ,8,9-trimethyl-(6a*r*,10a*c*)-2,3,6a,7,10,10a-hexahydro-naphtho[1,2-*b*][1,4]dioxin $C_{18}H_{22}Cl_4O_2$, Formel IV + Spiegelbild.

Diese Konstitution ist für die nachstehend beschriebene Verbindung in Betracht gezogen worden.

B. Bei der Hydrierung von (±)-5,6,6a,10a-Tetrachlor-3ξ-isopropenyl-3ξ,8,9-trimethyl-(6a*r*,10a*c*)-2,3,6a,7,10,10a-hexahydro-naphtho[1,2-*b*][1,4]dioxin (? F: 132°; S. 315) an Raney-Nickel in Äthylacetat (*Horner, Merz*, A. **570** [1950] 89, 118).
Krystalle (aus E.); F: 146°.

3,3,5,6,8,8-Hexamethyl-1,2,3,8,9,10-hexahydro-pyrano[3,2-*f*]chromen $C_{18}H_{26}O_2$, Formel V.

B. Beim Behandeln von 2,3-Dimethyl-hydrochinon mit Isopren, Essigsäure, Zink= chlorid und wenig Schwefelsäure (*Smith, Tess*, Am. Soc. **66** [1944] 1525; s. a. *Smith et al.*, Am. Soc. **61** [1939] 2424, 2428).
Krystalle (aus Me.); F: 102,5—103,5° (*Sm., Tess*).

Stammverbindungen $C_{19}H_{28}O_2$

Spiro[bicyclo[10.2.2]hexadeca-1(14),12,15-trien-6,2'-[1,3]dithian], Spiro[[1,3]dithian-2,5'-[10]paracyclophan], [10]Paracyclophan-5-on-propandiyldithioacetal $C_{19}H_{28}S_2$, Formel VI.

B. Beim Behandeln von 6-Hydroxy-[10]paracyclophan-5-on oder von 6-Acetoxy-[10]paracyclophan-5-on mit Propan-1,3-dithiol, Benzol, Zinkchlorid und Chlorwasserstoff (*Cram, Cordon*, Am. Soc. **77** [1955] 1810).
Krystalle (aus A.); F: 88—89,5°. UV-Absorptionsmaximum: 248 nm.

2,2-Dimethyl-3a,4,5,6,7,12,13,14,15,15a-decahydro-8,11-ätheno-cyclotetradeca[1,3]dioxol, 1^2,1^2-Dimethyl-1^4,1^5-dihydro-1-(4,5)[1,3]dioxola-6-(1,4)phena-cyclodecan [1]), **5,6-Iso= propylidendioxy-[10]paracyclophan** $C_{19}H_{28}O_2$.

a) ***cis*-5,6-Isopropylidendioxy-[10]paracyclophan** $C_{19}H_{28}O_2$, Formel VII.
Konfigurationszuordnung: *Cram, Cordon*, Am. Soc. **77** [1955] 4090, 4091.

---

[1]) Über diese Bezeichnungsweise s. *Kauffmann*, Tetrahedron **28** [1972] 5183.

B. Beim Behandeln von *cis*-[10]Paracyclophan-5,6-diol mit Aceton und konz. Schwefelsäure (*Cram, Daeniker*, Am. Soc. **76** [1954] 2743, 2749).

Krystalle (aus Me.); F: 61,5—62,5° (*Cram, Da.*, l. c. S. 2749). UV-Absorptionsmaxima (A.): 223 nm, 269 nm und 276 nm (*Cram, Da.*, l. c. S. 2747).

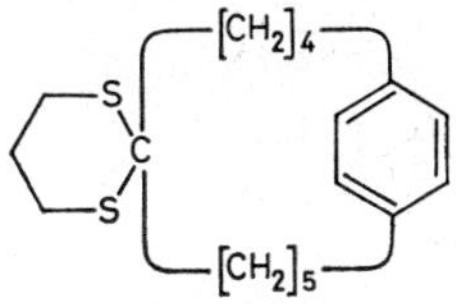

VI 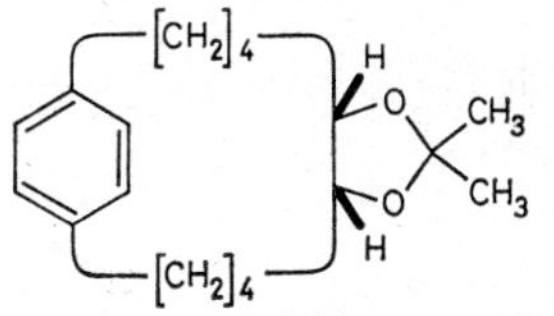 VII 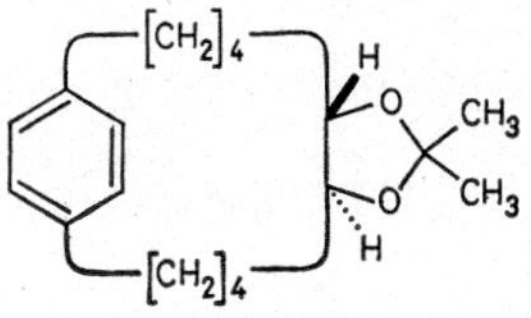 VIII

b) **(±)-*trans*-5,6-Isopropylidendioxy-[10]paracyclophan** $C_{19}H_{28}O_2$, Formel VIII + Spiegelbild.

Konfigurationszuordnung: *Cram, Cordon*, Am. Soc. **77** [1955] 4090, 4091.

B. Beim Behandeln von (±)-*trans*-[10]Paracyclophan-5,6-diol mit Aceton und konz. Schwefelsäure (*Cram, Daeniker*, Am. Soc. **76** [1954] 2743, 2749).

Krystalle (aus Me.), F: 84—85,5°; bei 75°/0,05 Torr sublimierbar (*Cram, Da.*, l. c. S. 2749). UV-Absorptionsmaxima (A.): 223 nm, 268 nm und 276,5 (?) nm (*Cram, Da.*, l. c. S. 2747). [*K. Grimm*]

Stammverbindungen $C_{21}H_{32}O_2$

Spiro[bicyclo[12.2.2]octadeca-1(16),14,17-trien-7,2'-[1,3]dithian], Spiro[[1,3]dithian-2,6'-[12]paracyclophan], [12]Paracyclophan-6-on-propandiyldithioacetal $C_{21}H_{32}S_2$, Formel IX.

B. Beim Behandeln von 7-Hydroxy-[12]paracyclophan-6-on oder von 7-Acetoxy-[12]paracyclophan-6-on mit Propan-1,3-dithiol, Benzol, Zinkchlorid und Chlorwasserstoff (*Cram, Cordon*, Am. Soc. **77** [1955] 1810).

Krystalle (aus Me.); F: 56—59°. UV-Absorptionsmaximum: 249 nm.

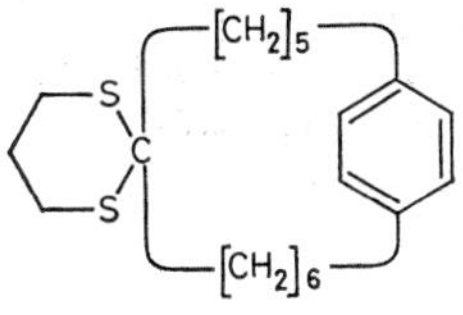

IX 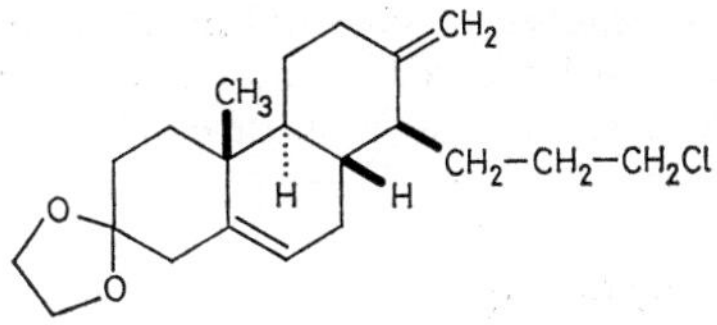 X 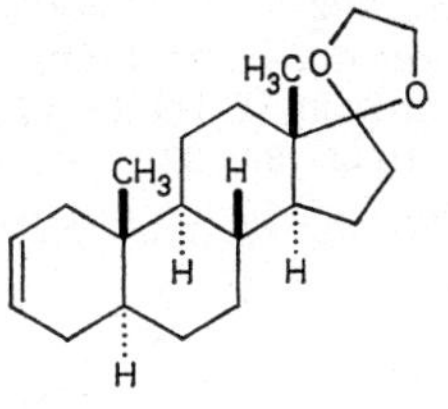 XI

3,3-Äthandiyldioxy-17-chlor-13,17-seco-androsta-5,13(18)-dien $C_{21}H_{31}ClO_2$, Formel X.

B. Neben grösseren Mengen 3,3-Äthandiyldioxy-17-[toluol-4-sulfonyloxy]-13,17-seco-androsta-5,13(18)-dien beim Behandeln einer Lösung von 3,3-Äthandiyldioxy-13,17-seco-androsta-5,13(18)-dien-17-ol in Pyridin mit Toluol-4-sulfonylchlorid (*Anliker et al.*, Helv. **42** [1959] 1071, 1080).

Krystalle (aus Ae. + PAe.); F: 106° [unkorr.; evakuierte Kapillare].

5α-Spiro[androst-2-en-17,2'-[1,3]dioxolan], 17,17-Äthandiyldioxy-5α-androst-2-en, 5α-Androst-2-en-17-on-äthandiylacetal $C_{21}H_{32}O_2$, Formel XI.

B. Beim Erwärmen von 5α-Androst-2-en-17-on mit Äthylenglykol, Benzol und wenig Toluol-4-sulfonsäure unter Entfernen des entstehenden Wassers (*Iriarte et al.*, J. org. Chem. **20** [1955] 542, 544).

Krystalle (aus Me.); F: 112—113° [unkorr.]. $[\alpha]_D^{20}$: +25° [Chloroform + wenig Pyridin].

Stammverbindungen $C_{22}H_{34}O_2$

5-Pentadec-1-en-ξ-yl-benzo[1,3]dioxol, 1ξ-Benzo[1,3]dioxol-5-yl-pentadec-1-en, 1,2-Methylendioxy-4-pentadec-1-en-ξ-yl-benzol $C_{22}H_{34}O_2$, Formel XII.

B. Beim Erhitzen von (±)-1-Benzo[1,3]dioxol-5-yl-pentadecan-1-ol mit Kalium=

hydrogensulfat in Xylol (*Loev, Dawson*, Am. Soc. **78** [1956] 4083, 4086).
Krystalle (aus A. + PAe.); F: 47–48°.

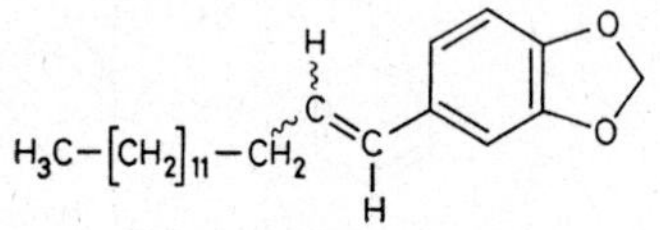

XII 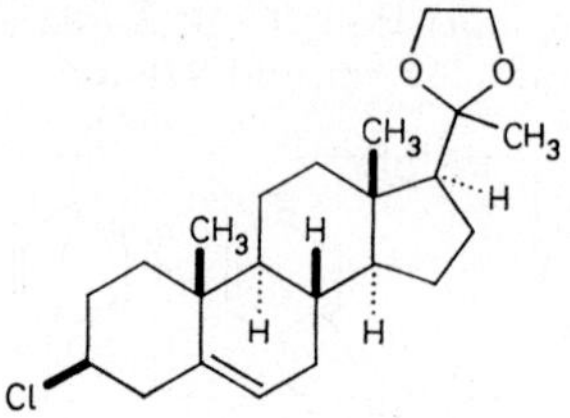 XIII

Stammverbindungen $C_{23}H_{36}O_2$

20,20-Äthandiyldioxy-3β-chlor-pregn-5-en $C_{23}H_{35}ClO_2$, Formel XIII.

B. Beim Erwärmen einer Lösung von 3β-Chlor-pregn-5-en-20-on in Benzol mit Äthylenglykol und wenig Toluol-4-sulfonsäure unter Entfernen des entstehenden Wassers (*Nathansohn, Ribaldone*, G. **89** [1959] 1218, 1223).

Krystalle (aus Me.); F: 156–157°. $[\alpha]_D^{20}$: −41,8° [$CHCl_3$; c = 1]; $[\alpha]_D^{20}$: −29,4° [Py.; c = 1].

Stammverbindungen $C_{27}H_{44}O_2$

2α,5-Epidioxy-5α-cholest-3-en $C_{27}H_{44}O_2$, Formel I.

Über die Konfiguration an den C-Atomen 2 und 5 s. *Conca, Bergmann*, J. org. Chem. **18** [1953] 1104.

B. Beim Behandeln einer mit Eosin versetzten Lösung von Cholesta-2,4-dien in Äthanol mit Sauerstoff unter Belichtung (*Skau, Bergmann*, J. org. Chem. **3** [1938] 166, 173).

Krystalle (aus A.); F: 113–114° (*Skau, Be.*). $[\alpha]_D^{24}$: +48,3° [$CHCl_3$; c = 2] (*Skau, Be.*). IR-Banden (CS_2) im Bereich von 770 cm^{-1} bis 690 cm^{-1}: *Henbest et al.*, Soc. **1954** 800, 802.

Bei der Bestrahlung einer Lösung in Äthanol mit Sonnenlicht ist 4α,5-Epoxy-5α-cholestan-2-on (E III/IV **17** 5045) erhalten worden (*Skau, Be.*; *Bergmann et al.*, J. org. Chem. **4** [1939] 29, 37). Bildung von 5-Hydroxy-4β-methoxy-5α-cholestan-2-on (E III **8** 2313) beim Erwärmen mit Kaliumhydroxid und wasserhaltigem Methanol: *Be. et al.*, l. c. S. 38.

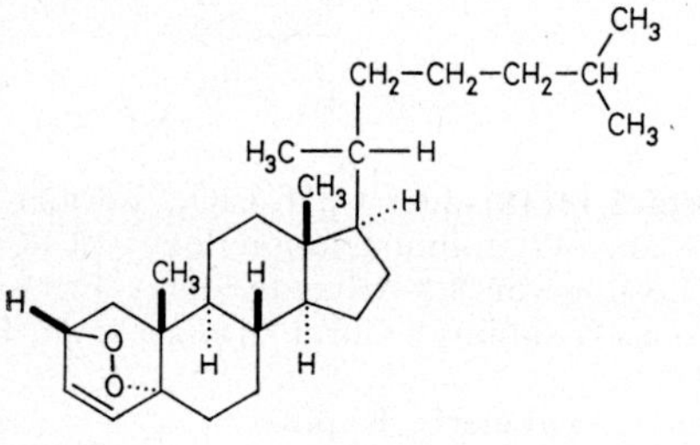

I 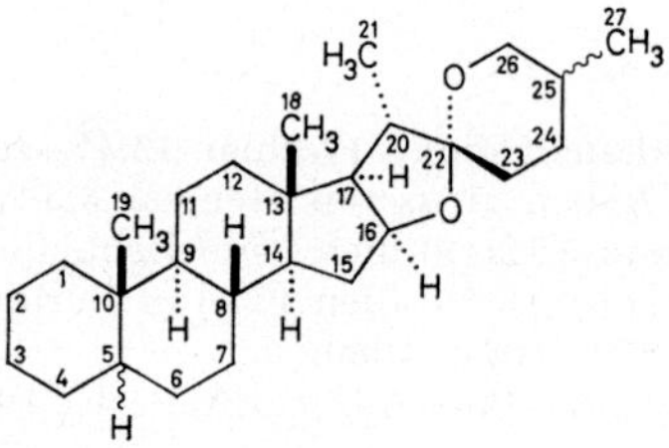 II

4a,6a,7,5'-Tetramethyl-docosahydro-spiro[naphth[2',1';4,5]indeno[2,1-b]furan-8,2'-pyran] $C_{27}H_{44}O_2$.

Über die Konfiguration der folgenden Stereoisomeren s. *Wall*, Experientia **11** [1956] 340.

a) **(22S,25S)-5β,20αH-Spirostan** [1]), (25S)-5β,20αH,22βO-Spirostan, 20-Isodesoxysarsasapogenin $C_{27}H_{44}O_2$, Formel III.

B. Beim Behandeln einer Lösung von Pseudodesoxysarsapogenin ((25S)-5β-Furost-20(22)-en-26-ol) in Äthanol mit Essigsäure (*Wall et al.*, Am. Soc. **77** [1955] 1230, 1236). Beim Erhitzen von (22S,25S)-5β,20αH-Spirostan-3-on mit Diäthylenglykol, Äthanol,

[1]) Bei von Spirostan abgeleiteten Namen wird die in Formel II angegebene Stellungsbezeichnung verwendet.

Hydrazin-hydrat und Natriumhydroxid bis auf 190° (*Wall*, *Serota*, Am. Soc. **78** [1956] 1747, 1749).

Krystalle (aus Me.); F: 131—132° [Kofler-App.] (*Wall*, *Se.*). $[\alpha]_D^{25}$: +43° [Dioxan; c = 0,8] (*Wall*, *Se.*). IR-Banden (CS_2) im Bereich von 985 cm^{-1} bis 870 cm^{-1}: *Wall*, *Se.*

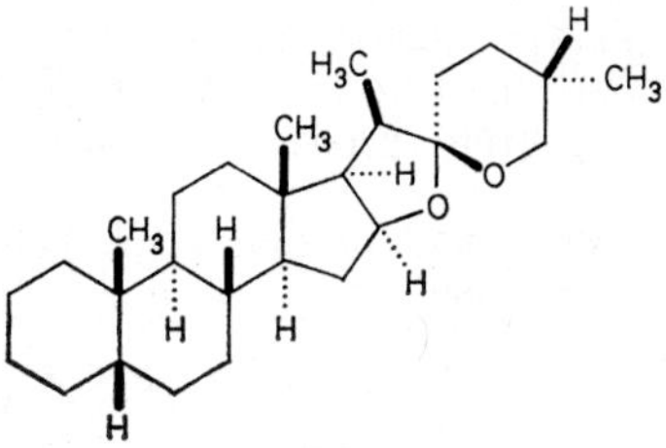

III 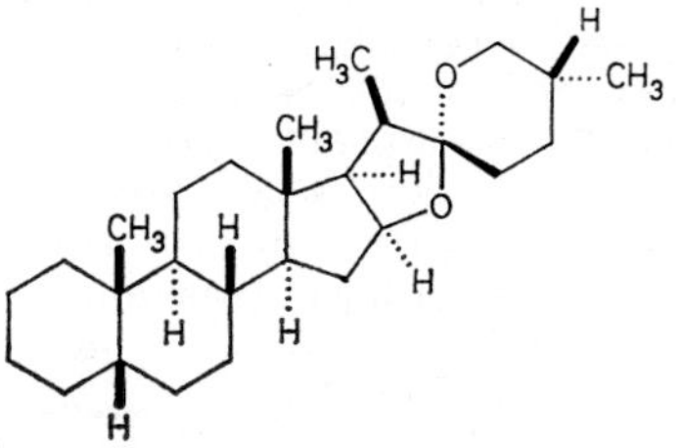 IV

b) **(25*R*)-5*β*,20*αH*-Spirostan,** (25*R*)-5*β*,20*αH*,22*αO*-Spirostan, 20-Isodesoxy-smilagenin $C_{27}H_{44}O_2$, Formel IV.

B. Beim Erhitzen von 20-Isosmilagenon ((25*R*)-5*β*,20*αH*-Spirostan-3-on) mit Diäthylenglykol, Äthanol, Hydrazin-hydrat und Natriumhydroxid bis auf 190° (*Wall*, *Serota*, Am. Soc. **78** [1956] 1747, 1749).

Krystalle (aus Me.); F: 126—127° [Kofler-App.]. $[\alpha]_D^{25}$: —58° [Dioxan; c = 0,8]. IR-Banden (CS_2) im Bereich von 970 cm^{-1} bis 785 cm^{-1}: *Wall*, *Se.*

Beim Erwärmen mit Salzsäure ist Desoxysmilagenin ((25*R*)-5*β*-Spirostan) erhalten worden.

c) **(25*S*)-5*β*-Spirostan,** (25*S*)-5*β*,22*αO*-Spirostan, **Desoxysarsasapogenin** $C_{27}H_{44}O_2$, Formel V (X = H).

B. Beim Erwärmen einer Lösung von Pseudosarsasapogenon ((25*S*)-26-Hydroxy-5*β*-furost-20(22)-en-3-on) in Äthanol mit Zink und konz. wss. Salzsäure (*Marker*, *Rohrmann*, Am. Soc. **62** [1940] 896). Beim Erhitzen einer Lösung von Sarsasapogenylchlorid ((25*S*)-3α-Chlor-5*β*-spirostan) in Amylalkohol mit Natrium und anschliessenden Behandeln mit Wasser (*Simpson*, *Jacobs*, J. biol. Chem. **110** [1935] 565, 571). Aus Sarsasapogenon ((25*S*)-5*β*-Spirostan-3-on) beim Erwärmen mit Methanol, Benzol, amalgamiertem Zink und konz. wss. Salzsäure (*Fieser et al.*, Am. Soc. **61** [1939] 1849, 1852) sowie beim Erhitzen mit Diäthylenglykol, Äthanol, Hydrazin-hydrat und Natriumhydroxid bis auf 190° (*Wall*, *Serota*, Am. Soc. **78** [1956] 1747, 1749).

Krystalle; F: 218—219° [Kofler-App.; aus E.] (*Wall*, *Se.*), 216—217° [aus Bzl. + A.] (*Si.*, *Ja.*). $[\alpha]_D^{25}$: —84° [$CHCl_3$; c = 0,8] (*Wall et al.*, Am. Soc. **77** [1955] 3086, 3088); $[\alpha]_D^{25}$: —73° [$CHCl_3$; c = 0,8] (*Wall*, *Se.*). IR-Spektrum im Bereich von 3100 cm^{-1} bis 2700 cm^{-1} (CCl_4): *Smith*, *Eddy*, Anal. Chem. **31** [1959] 1539, 1540; von 1500 cm^{-1} bis 1300 cm^{-1} (CCl_4) sowie von 1400 cm^{-1} bis 700 cm^{-1} (CS_2): *K. Dobriner*, *E. R. Katzenellenbogen*, *R. N. Jones*, Infrared Absorption Spectra of Steroids [New York 1953] Nr. 276; von 1500 cm^{-1} bis 850 cm^{-1} (CS_2): *Jones et al.*, Am. Soc. **75** [1953] 158, 159. IR-Banden (CCl_4) im Bereich von 1470 cm^{-1} bis 1370 cm^{-1}: *Jo. et al.*, l. c. S. 162.

Partielle Isomerisierung zu Desoxysmilagenin ((25*R*)-5*β*-Spirostan) beim Erwärmen mit Isopropylalkohol und konz. wss. Salzsäure sowie beim Erwärmen mit Chlorwasserstoff enthaltendem Äthanol: *Wall et al.*, l. c. S. 3089. Beim Erwärmen mit Chrom(VI)-oxid und wss. Essigsäure sind Desoxysarsasapogensäure [(25*S*)-16,22-Dioxo-5*β*-cholestan-26-säure] (*Fieser*, *Jacobsen*, Am. Soc. **60** [1938] 2761, 2763; *Fi. et al.*), Desoxysarsasapogeninlacton [16*β*-Hydroxy-23,24-dinor-5*β*-cholan-22-säure-lacton] (*Si.*, *Ja.*; *Fi.*, *Ja.*), eine Verbindung $C_{27}H_{42}O_4$ vom F: 218—220° [korr.] (*Fi.*, *Ja.*) und eine als (25*S*)-16,22,23-Trioxo-5*β*-cholestan-26-säure angesehene Verbindung $C_{27}H_{40}O_5$ (*Si.*, *Ja.*) erhalten worden.

d) **(25*R*)-5*β*-Spirostan,** (25*R*)-5*β*,22*αO*-Spirostan, **Desoxysmilagenin, Desoxyisosarsasapogenin** $C_{27}H_{44}O_2$, Formel VI (X = H).

B. Beim Erhitzen von Smilagenylchlorid ((25*R*)-3α-Chlor-5*β*-spirostan) mit Amylalkohol und Natrium und anschliessenden Behandeln mit Wasser (*Askew et al.*, Soc. **1936** 1399, 1403). Bei der Hydrierung von (25*R*)-5*β*-Spirost-2-en oder von (25*R*)-5*β*-Spirost-3-en an Platin in Äthanol oder an Palladium in Essigsäure (*Djerassi*, *Fishman*,

Am. Soc. **77** [1955] 4291, 4295). Beim Erhitzen von (25*R*)-5β-Spirostan-1-on mit Diäthylenglykol, Hydrazin-hydrat und Kaliumhydroxid (*Morita*, Bl. chem. Soc. Japan **32** [1959] 791, 794). Beim Erhitzen von Smilagenon ((25*R*)-5β-Spirostan-3-on) mit Diäthylenglykol, Hydrazin-hydrat und Kaliumhydroxid (*Dj.*, *Fi.*).

Krystalle (aus Me.), F: 139—140° [Kofler-App.] (*Wall et al.*, Am. Soc. **77** [1955] 3086, 3088); Krystalle (aus A.), F: 139—140° [unkorr.] und F: 119—120° [unkorr.] (*Dj.*, *Fi.*). $[\alpha]_D^{25}$: —75° [$CHCl_3$] (*Dj.*, *Fi.*); $[\alpha]_D^{25}$: —71° [$CHCl_3$; c = 0,8] (*Wall, Serota*, Am. Soc. **78** [1956] 1747, 1749). IR-Spektrum (CCl_4, 3100—2700 cm^{-1}): *Smith, Eddy*, Anal. Chem. **31** [1959] 1539, 1540.

Partielle Isomerisierung zu Desoxysarsasapogenin ((25*S*)-5β-Spirostan) beim Erwärmen mit wss.-äthanol. Salzsäure: *Wall et al.*, l. c. S. 3089.

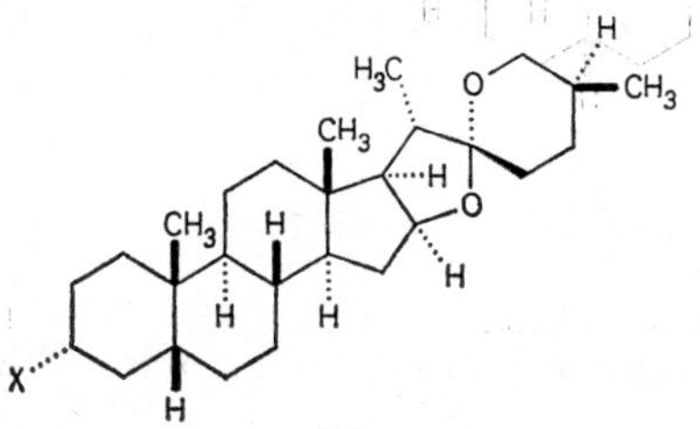

V 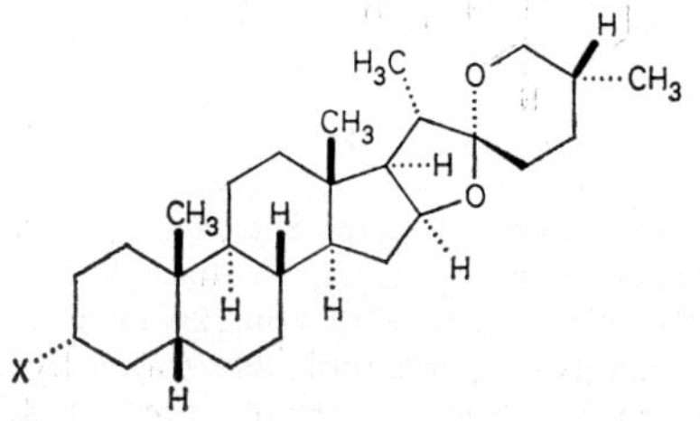 VI

e) **(25*R*)-5α,20α*H*-Spirostan,** (25*R*)-5α,20α*H*,22α*O*-Spirostan, 20-Isodesoxytigogenin $C_{27}H_{44}O_2$, Formel VII.

B. Beim Erhitzen von 20-Isodesoxytigogenon ((25*R*)-5α,20α*H*-Spirostan-3-on) mit Diäthylenglykol, Äthanol, Hydrazin-hydrat und Natriumhydroxid bis auf 190° (*Wall, Serota*, Am. Soc. **78** [1956] 1747, 1749).

Krystalle (aus Me.); F: 155—160° [Kofler-App.]. $[\alpha]_D^{25}$: —54° [Dioxan; c = 0,8].

Beim Erwärmen mit Salzsäure ist Desoxytigogenin ((25*R*)-5α-Spirostan) erhalten worden.

f) **(25*R*)-5α-Spirostan,** (25*R*)-5α,22α*O*-Spirostan, **Desoxytigogenin, Desoxychlorogenin** $C_{27}H_{44}O_2$, Formel VIII (X = H).

B. Beim Behandeln von (25*R*)-3β-Chlor-5α-spirostan mit Isoamylalkohol und Natrium (*Fujii, Matsukawa*, J. pharm. Soc. Japan **57** [1937] 114, 118; dtsch. Ref. S. 27; C. **1937** I 4938; C. A. **1939** 640). Bei der Hydrierung von (25*R*)-5α-Spirost-2-en an Platin in Äther (*Pataki et al.*, Am. Soc. **73** [1951] 5375) oder in Äthylacetat (*Wendler et al.*, Am. Soc. **74** [1952] 4894, 4896). Bei der Hydrierung von (25*R*)-5α-Spirost-3-en an Platin in Äthanol (*Djerassi, Fishman*, Am. Soc. **77** [1955] 4291, 4296). Bei der Hydrierung von Desoxydiosgenin ((25*R*)-Spirost-5-en) an Palladium/Kohle in Methanol (*Fu.*, *Ma.*). Bei der Hydrierung von (25*R*)-Spirosta-3,5-dien an Palladium/Kohle in Äthylacetat (*Romo et al.*, Am. Soc. **73** [1951] 1528, 1531). Bei der Hydrierung von (25*R*)-Spirosta-2,4,6-trien an Platin in Äthylacetat (*Romo et al.*, J. org. Chem. **16** [1951] 1873, 1877). Beim Behandeln von *O*-[Toluol-4-sulfonyl]-tigogenin ((25*R*)-3β-[Toluol-4-sulfonyloxy]-5α-spirostan) mit Lithiumalanat in Äther (*Wall, Serota*, Am. Soc. **78** [1956] 1747, 1749). Beim Erwärmen einer Lösung von Tigogenon ((25*R*)-5α-Spirostan-3-on) in Äthanol mit amalgamiertem Zink und konz. wss. Salzsäure (*Tsukamoto et al.*, J. pharm. Soc. Japan **56** [1936] 931, 937; dtsch. Ref.: J. pharm. Soc. Japan **57** [1937] 9, 15; C. **1937** I 4238; *Marker, Rohrmann*, Am. Soc. **61** [1939] 1516). Beim Erhitzen von Hecogenon ((25*R*)-5α-Spirostan-3,12-dion) mit Äthylenglykol, Hydrazin-hydrat und Kaliumhydroxid (*We. et al.*).

Krystalle; F: 176—177,5° [korr.; Kofler-App.; aus Me. + E.] (*Romo et al.*, Am. Soc. **73** 1531), 175° [korr.; aus $CHCl_3$ + Me.] (*Fu.*, *Ma.*), 174—175° [Kofler-App.; aus Acn.] (*Wall, Se.*). $[\alpha]_D^{26}$: —80° [Dioxan; c = 0,1] (*Djerassi, Ehrlich*, Am. Soc. **78** [1956] 440, 445); $[\alpha]_D^{20}$: —73,9° [$CHCl_3$] (*Romo et al.*, Am. Soc. **73** 1531); $[\alpha]_D^{25}$: —74° [$CHCl_3$; c = 0,8] (*Wall, Se.*). Optisches Drehungsvermögen $[\alpha]^{26}$ einer Lösung in Dioxan (c = 0,1) für Licht der Wellenlängen von 290 nm bis 700 nm: *Dj.*, *Eh.*, l. c. S. 441. IR-Spektrum im Bereich von 3100 cm^{-1} bis 2750 cm^{-1} (CCl_4): *Smith, Eddy*, Anal. Chem. **31** [1959] 1539, 1540; von 1350 cm^{-1} bis 900 cm^{-1} (CS_2): *Jones et al.*, Ann. N.Y. Acad. Sci. **69** [1957] 38, 60.

2-Chlor-4a,6a,7,5'-tetramethyl-docosahydro-spiro[naphth[2',1';4,5]indeno[2,1-*b*]furan-8,2'-pyran] $C_{27}H_{43}ClO_2$.

a) **(25*S*)-3α-Chlor-5β-spirostan**, Sarsasapogenylchlorid $C_{27}H_{43}ClO_2$, Formel V (X = Cl).

Bezüglich der Konfiguration am C-Atom 3 (Spirostan-Bezifferung) vgl. das analog hergestellte 3α-Chlor-5β-cholestan (E III **5** 1134).

B. Beim Behandeln einer Lösung von Sarsapogenin ((25*S*)-5β-Spirostan-3β-ol) in Chloroform mit Phosphor(V)-chlorid in Schwefelkohlenstoff (*Simpson, Jacobs*, J. biol. Chem. **110** [1935] 565, 570).

Krystalle (aus Bzl. + A.); F: 228–229°.

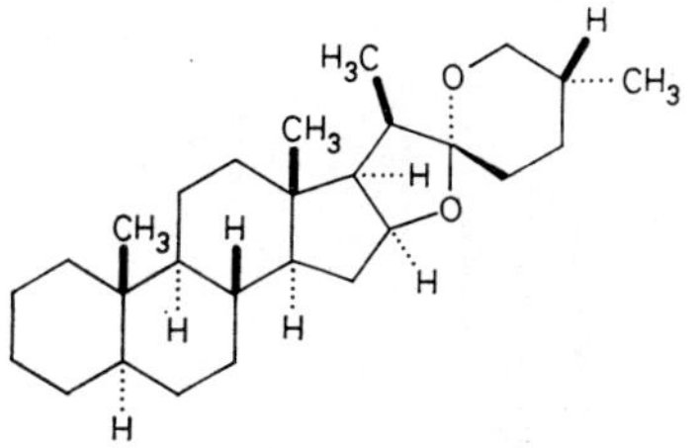

VII 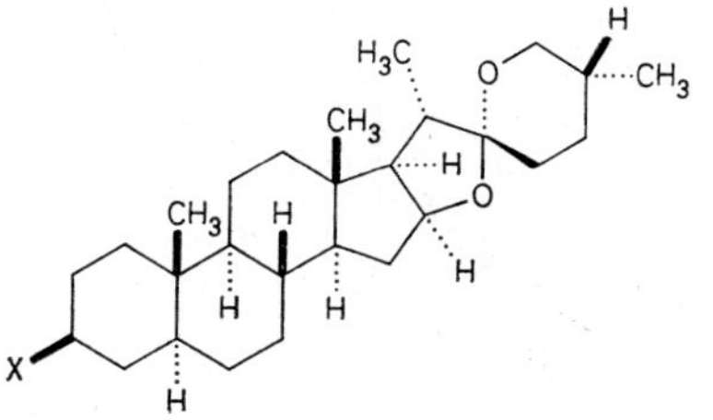 VIII

b) **(25*R*)-3α-Chlor-5β-spirostan**, Smilagenylchlorid $C_{27}H_{43}ClO_2$, Formel VI (X = Cl).

Bezüglich der Konfiguration am C-Atom 3 (Spirostan-Bezifferung) vgl. das analog hergestellte 3α-Chlor-5β-cholestan (E III **5** 1134).

B. Beim Behandeln einer Lösung von Smilagenin ((25*R*)-5β-Spirostan-3β-ol) in Chloroform mit Phosphor(V)-chlorid in Schwefelkohlenstoff (*Askew et al.*, Soc. **1936** 1399, 1403).

Krystalle (aus Acn.); F: 194–195°.

c) **(25*R*)-3β-Chlor-5α-spirostan** $C_{27}H_{43}ClO_2$, Formel VIII (X = Cl).

B. Bei der Hydrierung von (25*R*)-3β-Chlor-spirost-5-en (S. 319) an Palladium/Kohle in Methanol (*Fujii, Matsukawa*, J. pharm. Soc. Japan **57** [1937] 114, 118; dtsch. Ref. S. 27; C. **1937** I 4938; C. A. **1939** 640) oder an Platin in Essigsäure (*Marker, Turner*, Am. Soc. **63** [1941] 767, 771).

Krystalle; F: 211° [korr.; Zers.; aus Me.] (*Fu., Ma.*), 204–207° [aus Acn.] (*Ma., Tu.*).

d) **(25*R*)-3α-Chlor-5α-spirostan** $C_{27}H_{43}ClO_2$, Formel IX.

Bezüglich der Konfiguration am C-Atom 3 (Spirostan-Bezifferung) vgl. das analog hergestellte 3α-Chlor-5α-cholestan (E III **5** 1134).

B. Beim Behandeln einer Lösung von Tigogenin ((25*R*)-5α-Spirostan-3β-ol) in Chloroform mit Phosphor(V)-chlorid und Calciumcarbonat (*Marker, Turner*, Am. Soc. **63** [1941] 767, 771).

Krystalle (aus E.); F: 210–212°.

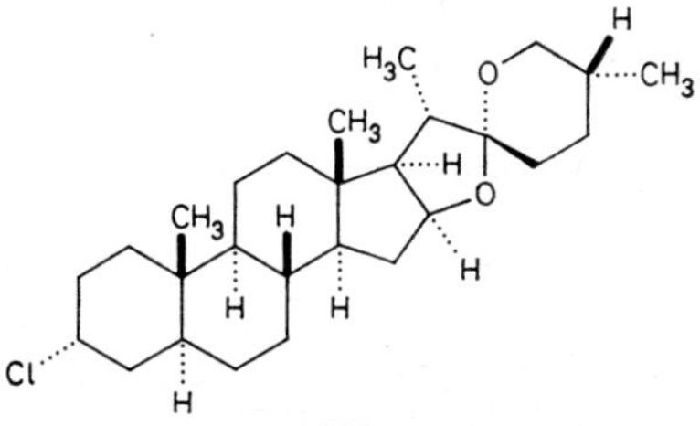

IX 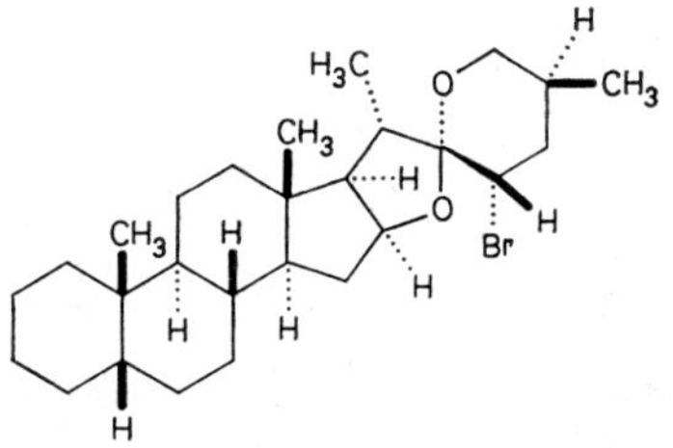 X

3'-Brom-4a,6a,7,5'-tetramethyl-docosahydro-spiro[naphth[2',1';4,5]indeno[2,1-*b*]furan-8,2'-pyran] $C_{27}H_{43}BrO_2$.

a) **(23*S*,25*S*)-23-Brom-5β-spirostan** $C_{27}H_{43}BrO_2$, Formel X.

Bezüglich der Konstitution und Konfiguration vgl. *Callow et al.*, Soc. [C] **1966** 288.

B. Beim Behandeln von Desoxysarsasapogenin ((25*S*)-5β-Spirostan) mit Brom in Essig-

säure und mit wss. Bromwasserstoffsäure (*Marker, Rohrmann*, Am. Soc. **61** [1939] 1284).
Krystalle (aus Acn.); F: 170° (*Ma., Ro.*).

b) **(23Ξ,25R)-23-Brom-5α-spirostan** $C_{27}H_{43}BrO_2$, Formel XI.

In einem von *Djerassi et al.* (J. org. Chem. **16** [1951] 303, 306) unter dieser Konstitution und Konfiguration beschriebenen, aus Desoxytigogenin ((25*R*)-5α-Spirostan) hergestellten Präparat (Krystalle [aus A. + $CHCl_3$], F: 206—210° [unkorr.; Zers.]; $[\alpha]_D^{20}$: —94,3° [$CHCl_3$]) hat möglicherweise ein Gemisch von (23*R*,25*R*)-23-Brom-5α-spirostan und (23*S*,25*R*)-23-Brom-5α-spirostan (über diese Verbindungen s. *Kutney et al.*, Tetrahedron **20** [1964] 1999, 2000) vorgelegen.

XI

XII

12,12a-Dibrom-4a,6a,7,5'-tetramethyl-docosahydro-spiro[naphth[2',1';4,5]indeno[2,1-*b*]furan-8,2'-pyran $C_{27}H_{42}Br_2O_2$.

a) **(25R)-5,6α-Dibrom-5β-spirostan** $C_{27}H_{42}Br_2O_2$, Formel XII.

B. Beim 21-stdg. Behandeln des unter b) beschriebenen Stereoisomeren mit Chloroform bei 36° (*Barton, Head*, Soc. **1956** 932, 937).

Krystalle (aus E. + Me.); F: 168—172°. $[\alpha]_D$: —28,3° [$CHCl_3$].

b) **(25R)-5,6β-Dibrom-5α-spirostan** $C_{27}H_{42}Br_2O_2$, Formel XIII.

B. Aus Desoxydiosgenin ((25*R*)-Spirost-5-en) mit Hilfe von Brom (*Barton, Head*, Soc. **1956** 932, 937).

Krystalle (aus $CHCl_3$ + Me.); F: 167—169° [Zers.]. $[\alpha]_D$: —105° [$CHCl_3$].

Geschwindigkeitskonstante der Isomerisierung zu (25*R*)-5,6α-Dibrom-5β-spirostan (s. o.) in Chloroform bei 36°, 41° und 48°: *Ba., Head*, l. c. S. 934.

XIII

XIV

Stammverbindungen $C_{29}H_{48}O_2$

5α-Spiro[cholest-1-en-3,2'-[1,3]dithiolan], 3,3-Äthandiyldimercapto-5α-cholest-1-en, 5α-Cholest-1-en-3-on-äthandiyldithioacetal $C_{29}H_{48}S_2$, Formel XIV.

B. Neben anderen Verbindungen beim Behandeln von 5α-Cholest-1-en-3-on mit Äthan-1,2-dithiol und Chlorwasserstoff (*Striebel, Tamm*, Helv. **37** [1954] 1094, 1103; s. a. *Plattner et al.*, Helv. **37** [1954] 1399, 1403).

Krystalle; F: 141—142° [korr.; Kofler-App.; aus Acn.] (*St., Tamm*), 141° [korr.; aus Ae. + Me.] (*Pl. et al.*). $[\alpha]_D^{21}$: +30,3° [$CHCl_3$; c = 1] (*St., Tamm*); $[\alpha]_D^{21}$: +28,1° [$CHCl_3$; c = 1] (*Pl. et al.*).

Spiro[cholest-4-en-3,2'-[1,3]dithiolan], 3,3-Äthandiyldimercapto-cholest-4-en, Cholest-4-en-3-on-äthandiyldithioacetal $C_{29}H_{48}S_2$, Formel I.

B. Beim Behandeln von Cholest-4-en-3-on mit Äthan-1,2-dithiol, Essigsäure und dem Borfluorid-Äther-Addukt (*Fieser*, Am. Soc. **76** [1954] 1945) oder mit Äthan-1,2-dithiol, Benzol, Natriumsulfat und Zinkchlorid (*Antonucci et al.*, J. org. Chem. **17** [1952] 1341, 1347; s. a. *Hauptmann*, Am. Soc. **69** [1947] 562, 565).

Krystalle (aus Acn. + Me.); F: 118,5–119,5° (*Fi.*). $[\alpha]_D^{27}$: +104°; $[\alpha]_{546}^{27}$: +128° [jeweils in $CHCl_3$; c = 0,5] (*An. et al.*).

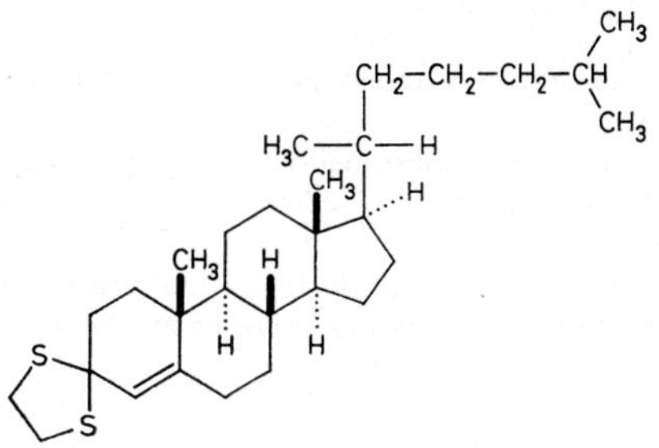

I 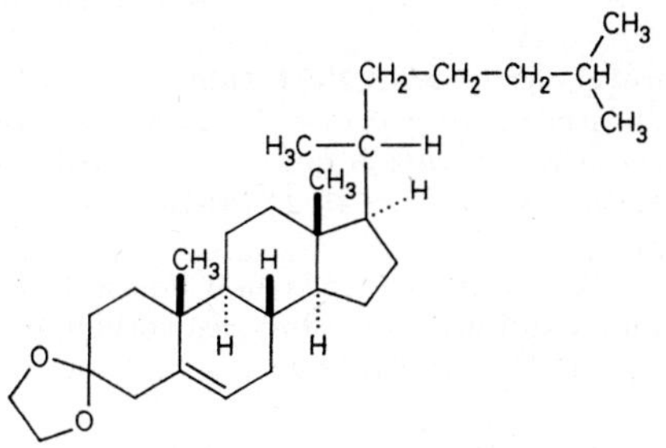 II

Spiro[cholest-5-en-3,2'-[1,3]dioxolan], 3,3-Äthandiyldioxy-cholest-5-en, Cholest-5-en-3-on-äthandiylacetal $C_{29}H_{48}O_2$, Formel II.

Diese Konstitution kommt der nachstehend beschriebenen, von *Grob et al.* (Helv. **32** [1949] 2427, 2428); s. a. *Schering A.G.* (D.B.P. 892450 [1938]); *Schering Corp.* (U.S.P. 2302636 [1939]) als 3,3-Äthandiyldioxy-cholest-4-en angesehenen Verbindung zu (*Antonucci et al.*, J. org. Chem. **17** [1952] 1341).

B. Beim Erhitzen von Cholest-4-en-3-on mit Äthylenglykol, Toluol (bzw. Benzol) und wenig Toluol-4-sulfonsäure unter Entfernen des entstehenden Wassers (*Grob et al.*, l. c. S. 2433; *An. et al.*, l. c. S. 1345; s. a. *Schering A.G.*; *Schering Corp.*; *Squibb & Sons*, U.S.P. 2378918 [1941]) oder mit 2-Äthyl-2-methyl-[1,3]dioxolan und wenig Toluol-4-sulfonsäure-monohydrat (*Dauben et al.*, Am. Soc. **76** [1954] 1359, 1360, 1362).

Krystalle; F: 134–135° [unkorr.; aus Ae. + Me.] (*An. et al.*, l. c. S. 1345), 133–134° [korr.; Kofler-App.; aus Acn.] (*Grob et al.*), 131–132° [unkorr.; Fisher-Johns-App.] (*Da. et al.*). $[\alpha]_D^{24}$: −22,8° [$CHCl_3$; c = 1] (*Da. et al.*); $[\alpha]_D^{30}$: −31,4°; $[\alpha]_{546}^{30}$: −38,9° [jeweils in $CHCl_3$; c = 1] (*An. et al.*, l. c. S. 1345).

Beim Erwärmen mit *N*-Brom-succinimid in Petroläther unter der Einwirkung von Licht und Erhitzen des Reaktionsprodukts in Xylol mit 2,4,6-Trimethyl-pyridin ist 3,3-Äthandiyldioxy-cholesta-5,7-dien erhalten worden (*An. et al.*, l. c. S. 1345).

(3Ξ)-Spiro[cholest-5-en-3,2'-[1,3]oxathiolan] $C_{29}H_{48}OS$, Formel III.

B. Beim Behandeln einer Suspension von Cholest-5-en-3-on in Essigsäure mit 2-Mercapto-äthanol und dem Borfluorid-Äther-Addukt (*Fieser*, Am. Soc. **76** [1954] 1945).

Krystalle (aus A.); F: 136–137°. $[\alpha]_D$: −19,6° [$CHCl_3$; c = 0,8].

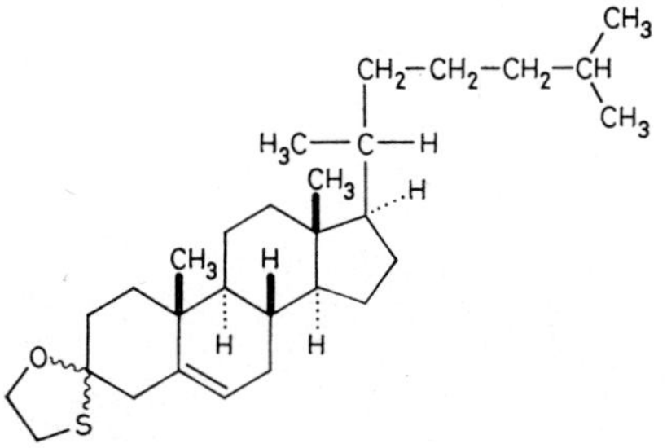

III 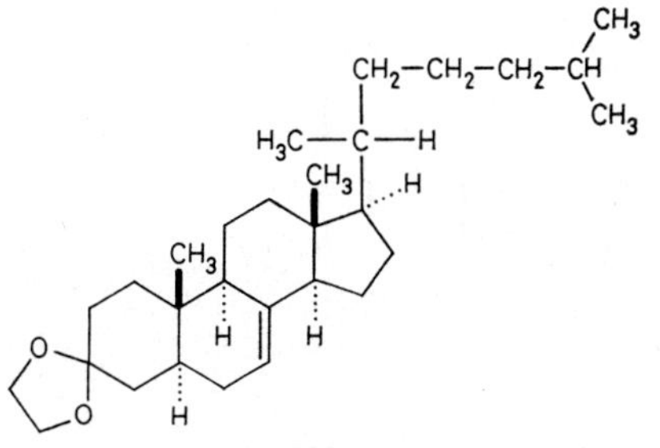 IV

5α-Spiro[cholest-7-en-3,2'-[1,3]dioxolan], 3,3-Äthandiyldioxy-5α-cholest-7-en, 5α-Cholest-7-en-3-on-äthandiylacetal $C_{29}H_{48}O_2$, Formel IV.

B. Beim Erwärmen von 5α-Cholest-7-en-3-on mit Äthylenglykol, Benzol und wenig Toluol-4-sulfonsäure-monohydrat unter Entfernen des entstehenden Wassers (*Antonucci et al.*, J. org. Chem. **17** [1952] 1341, 1346). Bei der Hydrierung von 3,3-Äthandiyldioxy-cholesta-5,7-dien an Raney-Nickel in Äther und Äthanol (*An. et al.*).

Krystalle (aus A.); F: 115—116° [unkorr.]. $[\alpha]_D^{27}$: +19,2°; $[\alpha]_{546}^{27}$: +23,5° [jeweils in $CHCl_3$; c = 1].

Stammverbindungen $C_{30}H_{50}O_2$

Spiro[cholest-5-en-3,2'-[1,3]dioxan], 3,3-Propandiyldioxy-cholest-5-en, Cholest-5-en-3-on-propandiylacetal $C_{30}H_{50}O_2$, Formel V.

Diese Konstitution kommt vermutlich der nachstehend beschriebenen Verbindung zu (*Squibb & Sons*, U.S.P. 2378918 [1941]; s. a. *Antonucci et al.*, J. org. Chem. **17** [1952] 1341).

B. Beim Erwärmen von Cholest-4-en-3-on mit Propan-1,3-diol, Benzol und wenig Toluol-4-sulfonsäure unter Entfernen des entstehenden Wassers (*Squibb & Sons*).

F: 137° (*Squibb & Sons*).

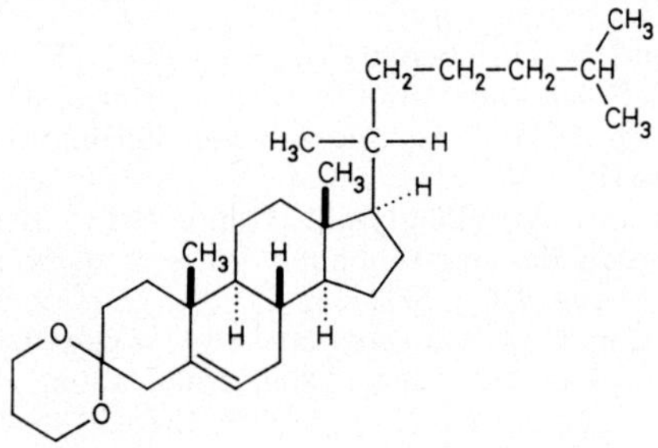

V 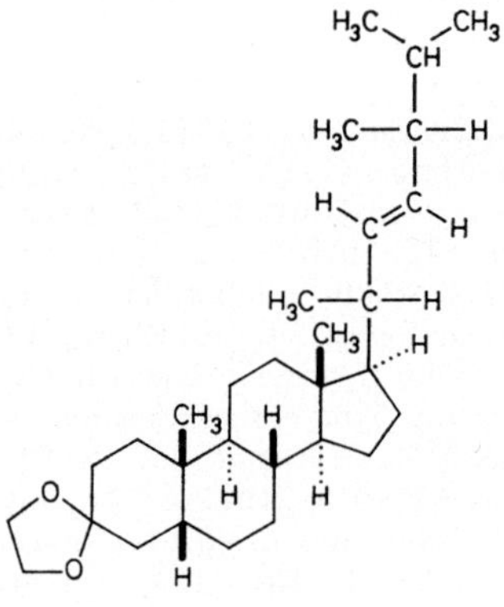 VI

5β-Spiro[[1,3]dioxolan-2,3'-ergost-22t-en], 3,3-Äthandiyldioxy-5β-ergost-22t-en, 5β-Ergost-22t-en-3-on-äthandiylacetal $C_{30}H_{50}O_2$, Formel VI.

B. Beim Erwärmen von 5β-Ergost-22t-en-3-on mit Äthylenglykol, Benzol und wenig Toluol-4-sulfonsäure unter Entfernen des entstehenden Wassers (*Daglish et al.*, Soc. **1954** 2627, 2630).

Krystalle (aus Me. + E.); F: 91—93°. $[\alpha]_D^{20}$: 0° [$CHCl_3$].

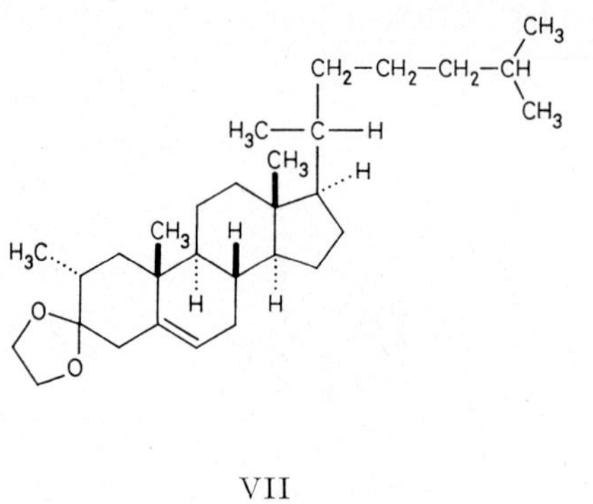

VII 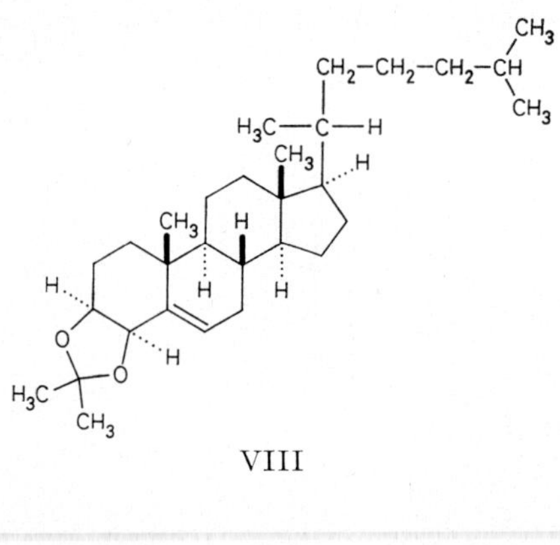 VIII

3,3-Äthandiyldioxy-2α-methyl-cholest-5-en $C_{30}H_{50}O_2$, Formel VII.

B. Aus 2α-Methyl-cholest-4-en-3-on (*Mousseron et al.*, C. r. **245** [1957] 1859, 1861).

F: 136—137°.

2′,2′-Dimethyl-(3αH,4αH)-3,4-dihydro-cholesta-3,5-dieno[3,4-d][1,3]dioxol, 3β,4β-Isopropylidendioxy-cholest-5-en $C_{30}H_{50}O_2$, Formel VIII.

B. Beim Erwärmen von 5,6ξ-Dibrom-5ξ-cholestan-3β,4β-diol (F: 110—112° [Zers.]) mit Aceton (*Rosenheim, Starling*, Soc. **1937** 377, 380). Beim Behandeln von Cholest-5-en-3β,4β-diol mit Aceton in Gegenwart von Chlorwasserstoff (*Ro., St.*).

Krystalle; F: 133—134°. $[\alpha]_D$: —38,2° [$CHCl_3$]; $[\alpha]_{546}$: —46,9° [$CHCl_3$].

2α,3α;8,9-Diepoxy-8α-lanostan $C_{30}H_{50}O_2$, Formel IX.

B. Beim Behandeln von Lanosta-2,8-dien mit Peroxybenzoesäure in Chloroform (*Barton et al.*, Soc. **1963** 3675, 3690; s. a. *McGhie et al.*, Chem. and Ind. **1959** 1221).

Krystalle; F: 126—127° (*McG. et al.*), 124—126° [aus CH_2Cl_2 + Me.] (*Ba. et al.*). $[\alpha]_D^{20}$: +9° [$CHCl_3$; c = 1] (*Ba. et al.*).

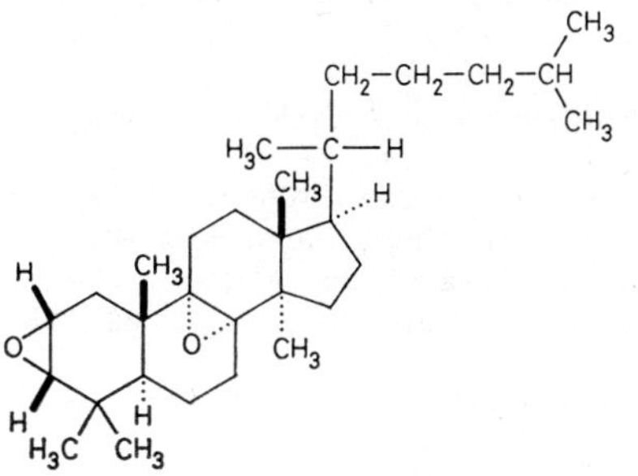

IX 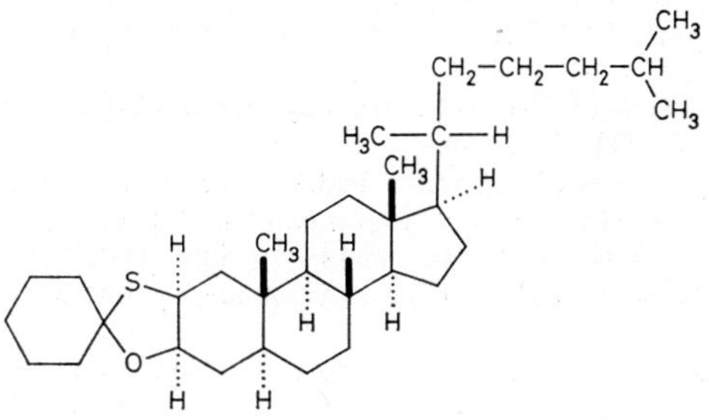 X

Stammverbindungen $C_{33}H_{56}O_2$

(2αH,3αH,5α)-2,3-Dihydro-spiro[cholest-2-eno[2,3-d][1,3]oxathiol-2′,1″-cyclohexan] $C_{33}H_{56}O_2$, Formel X.

B. Aus 2β-Mercapto-5α-cholestan-3β-ol und Cyclohexanon (*Djerassi et al.*, Am. Soc. **77** [1955] 568, 571).

Krystalle (aus CH_2Cl_2 + Acn.); F: 161—163° [unkorr.]. $[\alpha]_D^{25}$: +65° [$CHCl_3$].

Stammverbindungen $C_nH_{2n-12}O_2$

Stammverbindungen $C_{10}H_8O_2$

5-Prop-1-inyl-benzo[1,3]dioxol, 1,2-Methylendioxy-4-prop-1-inyl-benzol $C_{10}H_8O_2$, Formel I (E I 618; E II 32; dort als 4-α-Propinyl-brenzcatechin-methylenäther bezeichnet).

B. Beim Erhitzen einer Lösung von opt.-inakt. 5-[1,2-Dibrom-propyl]-benzo[1,3]dioxol (S. 228) in Diäthylenglykol mit Kaliumhydroxid (*Nelb, Tarbell*, Am. Soc. **71** [1949] 2936).

F: 40,5—42°. Kp_{14}: 136—138°.

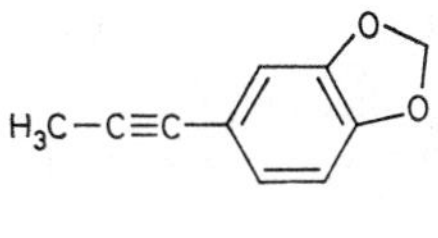

I 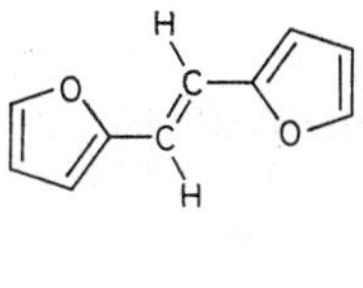 II 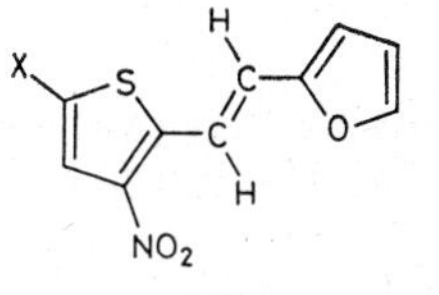 III

trans-1,2-Di-[2]furyl-äthylen $C_{10}H_8O_2$, Formel II (H 42; E I 619; E II 32; dort als α.β-Di-α-furyl-äthylen bezeichnet).

Konfigurationszuordnung: *Gianni et al.*, J. phys. Chem. **67** [1963] 1385; *Zimmerman et al.*, J. org. Chem. **34** [1969] 73.

B. Beim Erhitzen von Difurfurylidenhydrazin mit Pyridin auf 370° oder mit Benzol auf 425° (*Schuĭkin et al.*, Sbornik Statei obšč. Chim. **1953** 1112; C. A. **1955** 4616).

F: 97,4° [durch Sublimation gereinigtes Präparat].

trans(?)-1-[2]Furyl-2-[3-nitro-[2]thienyl]-äthylen $C_{10}H_7NO_3S$, vermutlich Formel III (X = H).

Krystalle; F: 47,0–47,5° (*Sugimoto et al.*, Bl. Univ. Osaka Prefect. [A] **8** [1959] 71, 72; J. chem. Soc. Japan Pure Chem. Sect. **82** [1961] 1407, 1408; C. A. **58** [1963] 10866). UV-Spektrum (Hexan; 220–320 nm): *Su. et al.*, Bl. Univ. Osaka Prefect. [A] **8** 80; J. chem. Soc. Japan Pure Chem. Sect. **82** 1410.

trans(?)-1-[2]Furyl-2-[5-nitro-[2]thienyl]-äthylen $C_{10}H_7NO_3S$, vermutlich Formel IV.

Krystalle; F: 137–139° (*Sugimoto et al.*, Bl. Univ. Osaka Prefect. [A] **8** [1959] 71, 72; J. chem. Soc. Japan Pure Chem. Sect. **82** [1961] 1407, 1408; C. A. **58** [1963] 10866). UV-Spektrum (Hexan; 220–340 nm): *Su. et al.*, Bl. Univ. Osaka Prefect. [A] **8** 80; J. chem. Soc. Japan Pure Chem. Sect. **82** 1410.

trans(?)-1-[5-Brom-3-nitro-[2]thienyl]-2-[2]furyl-äthylen $C_{10}H_6BrNO_3S$, vermutlich Formel III (X = Br).

Krystalle; F: 114,5–116,5° (*Sugimoto et al.*, Bl. Univ. Osaka Prefect. [A] **8** [1959] 71, 73), 114–116° (*Sugimoto et al.*, J. chem. Soc. Japan Pure Chem. Sect. **82** [1961] 1407, 1408; C. A. **58** [1963] 10866). UV-Spektrum (Hexan; 220–320 nm): *Su. et al.*, Bl. Univ. Osaka Prefect. [A] **8** 80; J. chem. Soc. Japan Pure Chem. Sect. **82** 1410.

trans(?)-1-[3,5-Dinitro-[2]thienyl]-2-[2]furyl-äthylen $C_{10}H_6N_2O_5S$, vermutlich Formel III (X = NO_2).

Krystalle; F: 186–187° (*Sugimoto et al.*, Bl. Univ. Osaka Prefect. [A] **8** [1959] 71, 73; J. chem. Soc. Japan Pure Chem. Sect. **82** [1961] 1407, 1408; C. A. **58** [1963] 10866). UV-Spektrum (Hexan; 220–320 nm): *Su. et al.*, Bl. Univ. Osaka Prefect. [A] **8** 80; J. chem. Soc. Japan Pure Chem. Sect. **82** 1410.

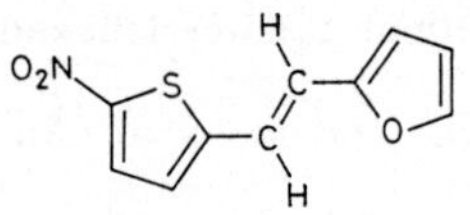

IV 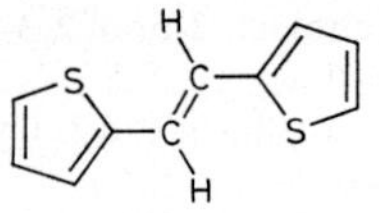 V 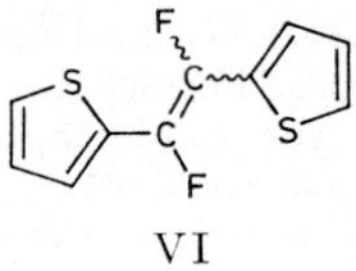 VI

trans-1,2-Di-[2]thienyl-äthylen $C_{10}H_8S_2$, Formel V (H 43; dort als α.β-Di-α-thienyl-äthylen bezeichnet).

Konfigurationszuordnung: *Zimmerman et al.*, J. org. Chem. **34** [1969] 73.

B. Beim Erhitzen von Thiophen-2-carbaldehyd mit [2]Thienylessigsäure, Blei(II)-oxid und Acetanhydrid (*Miller, Nord*, J. org. Chem. **16** [1951] 1380, 1386).

Krystalle; F: 132,5° [aus A.] (*Steinkopf, Jacob*, A. **501** [1933] 188, 190), 130,5–131° [Fisher-Johns-App.; aus Bzl. + A.] (*Mi., Nord*).

ξ-1,2-Difluor-1,2-di-[2]thienyl-äthylen $C_{10}H_6F_2S_2$, Formel VI.

B. Beim Behandeln einer Lösung von [2]Thienyllithium in Äther mit Tetrafluoräthylen bei –80° (*Dixon*, J. org. Chem. **21** [1956] 400, 402, 403).

Krystalle; F: 98°.

1,1-Dichlor-2,2-bis-[5-chlor-[2]thienyl]-äthylen $C_{10}H_4Cl_4S_2$, Formel VII.

B. Beim Erwärmen von 1,1,1-Trichlor-2,2-bis-[5-chlor-[2]thienyl]-äthan mit äthanol. Kalilauge (*Truitt et al.*, Am. Soc. **70** [1948] 79).

Kp_6: 208–210°. n_D^{21}: 1,6833.

VII VIII IX

1,1-Dichlor-2,2-bis-[2,5-dichlor-[3]thienyl]-äthylen $C_{10}H_2Cl_6S_2$, Formel VIII.

B. Beim Erwärmen von 1,1,1-Trichlor-2,2-bis-[2,5-dichlor-[3]thienyl]-äthan mit äthanol. Kalilauge (*Feeman et al.*, Am. Soc. **70** [1948] 3136).

Krystalle (aus Me.); F: 64,5–65,5°.

***5H*-Indeno[5,6-*d*][1,3]dioxol,** 5,6-Methylendioxy-inden $C_{10}H_8O_2$, Formel IX.

B. Beim Erhitzen von 5,6-Dihydro-7*H*-indeno[5,6-*d*][1,3]dioxol-5-ylamin-hydrochlorid (*Trikojus, White*, J. Pr. Soc. N.S. Wales **74** [1940] 82, 86).

Krystalle; F: 87–88°.

Stammverbindungen $C_{11}H_{10}O_2$

6-Methyl-2,2-dioxo-4-phenyl-2λ⁶-[1,2]oxathiin, 6-Methyl-4-phenyl-[1,2]oxathiin-2,2-dioxid, 4-Hydroxy-2-phenyl-penta-1,3*t*-dien-1*c*-sulfonsäure-lacton $C_{11}H_{10}O_3S$, Formel X.

B. Beim Behandeln von 4-Phenyl-pent-3-en-2-on mit konz. Schwefelsäure und Acetanhydrid (*Morel, Verkade*, R. **68** [1949] 619, 628).

Krystalle (aus Bzl. + PAe.); F: 89,5–90°.

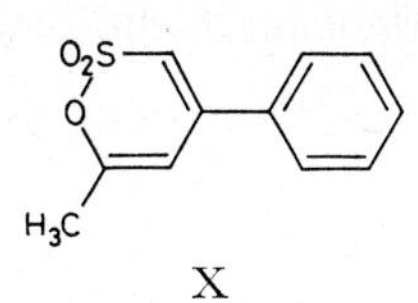

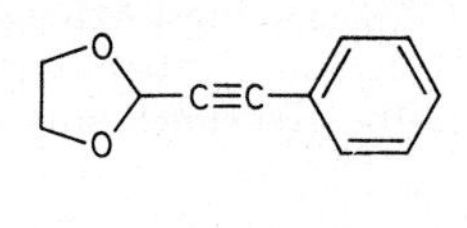

X XI XII

4-Methyl-2,2-dioxo-6-phenyl-2λ⁶-[1,2]oxathiin, 4-Methyl-6-phenyl-[1,2]oxathiin-2,2-dioxid, 4*c*-Hydroxy-2-methyl-4*t*-phenyl-buta-1,3-dien-1*c*-sulfonsäure-lacton $C_{11}H_{10}O_3S$, Formel XI.

B. Beim Behandeln von 3-Methyl-1-phenyl-but-2-en-1-on mit konz. Schwefelsäure und Acetanhydrid (*Morel, Verkade*, R. **68** [1949] 619, 629).

Krystalle (aus Me.); F: 83–84°.

2-Phenyläthinyl-[1,3]dioxolan, [1,3]Dioxolan-2-yl-phenyl-acetylen $C_{11}H_{10}O_2$, Formel XII.

B. Beim Erwärmen von 2-[α-Brom-*cis*-styryl]-[1,3]dioxolan mit äthanol. Kalilauge (*Castañer et al.*, An. Soc. españ. [B] **55** [1959] 739, 742).

Kp_{13}: 155–156°. n_D: 1,565. UV-Absorptionsmaxima (A.): 206 nm, 239 nm und 250 nm.

2,4-Bis-dichlormethylen-6-methyl-7-nitro-4*H*-benzo[1,3]dioxin $C_{11}H_5Cl_4NO_4$, Formel XIII.

B. Beim Erwärmen von opt.-inakt. 6-Methyl-7-nitro-2,4-bis-trichlormethyl-4*H*-benzo[1,3]dioxin (F: 143°) mit äthanol. Kalilauge (*Irving, Curtis*, Soc. **1943** 319).

Krystalle (aus A.); F: 101°.

An der Luft nicht beständig.

1,1-Di-[2]thienyl-propen $C_{11}H_{10}S_2$, Formel XIV.

UV-Spektrum (A.; 220–310 nm): *Adamson et al.*, Soc. **1957** 2315, 2319.

(±)-5,6,7,8-Tetrachlor-(3a*r*,9a*c*)-1,9a-dihydro-3a*H*-benzo[*b*]cyclopenta[*e*][1,4]dioxin $C_{11}H_6Cl_4O_4$, Formel XV (X = Cl) + Spiegelbild.

B. Neben kleineren Mengen 4,7,8,9-Tetrachlor-(3a*r*,7a*c*)-3a,4,7,7a-tetrahydro-4ξ,7ξätheno-inden-5,6-dion beim Erwärmen von Tetrachlor-[1,2]benzochinon mit Cyclopentadien und Benzol (*Horner, Merz*, A. **570** [1950] 89, 107).

Krystalle (aus Me.); F: 109°.

XIII XIV XV

(±)-5,6,7,8-Tetrabrom-(3a*r*,9a*c*)-1,9a-dihydro-3a*H*-benzo[*b*]cyclopenta[*e*][1,4]dioxin $C_{11}H_6Br_4O_2$, Formel XV (X = Br) + Spiegelbild.

B. Neben 4,5,8,9-Tetrabrom-(3a*r*,7a*c*)-3a,4,7,7a-tetrahydro-4ξ,7ξ-ätheno-inden-5,6-dion (F: 206° [Zers.]) und wenig 4a,7,8,8a-Tetrabrom-(4a*r*,8a*c*)-1,4,4a,8a-tetrahydro-1ξ,4ξ-methano-naphthalin-5,6-dion (F: 140° und F: 187° [Zers.]) beim Behandeln von Tetrabrom-[1,2]benzochinon mit Cyclopentadien und Äther (*Barltrop, Jeffreys*, Soc. **1954** 154, 157; s. a. *Horner, Merz*, A. **570** [1950] 89, 110).

Krystalle; F: 123° [aus E. + Me.] (*Ho., Merz*), 123° [aus A.] (*Ba., Je.*). UV-Absorptionsmaxima (Me.): 225 nm und 280 nm (*Ba., Je.*).

Stammverbindungen $C_{12}H_{12}O_2$

5-Allyl-6-[2*t*(?)-nitro-vinyl]-benzo[1,3]dioxol $C_{12}H_{11}NO_4$, vermutlich Formel I.

B. Beim Behandeln eines Gemisches von 6-Allyl-benzo[1,3]dioxol-5-carbaldehyd, Nitromethan und Äthanol mit methanol. Natronlauge oder mit Methylamin-hydrochlorid und Natriumcarbonat (*Sugasawa et al.*, Pharm. Bl. **2** [1954] 149).

Gelbe Krystalle (aus A.); F: 104°.

I II

2-Methyl-1ξ,3-di-[2]thienyl-propen $C_{12}H_{12}S_2$, Formel II.

Diese Konstitution ist für die nachstehend beschriebene Verbindung in Betracht gezogen worden (*Gaertner*, Am. Soc. **73** [1951] 3934, 3935).

B. Neben 1-[2-Methyl-[3]thienyl]-äthanon beim Behandeln von äther. [2]Thienylmethylmagnesiumchlorid-Lösung mit Acetylchlorid (*Ga.*, l. c. S. 3936).

$Kp_{2,1}$: 106—108°. D_4^{20}: 1,6660. n_D^{20}: 1,5999.

(±)-4a,9b-Epoxy-1,2,3,4,4a,9b-hexahydro-dibenzofuran $C_{12}H_{12}O_2$, Formel III.

B. Beim Behandeln von 1,2,3,4-Tetrahydro-dibenzofuran mit Chrom(VI)-oxid in Essigsäure (*Winternitz et al.*, Bl. **1956** 1817, 1823).

F: 108—110° [durch Sublimation unter vermindertem Druck gereinigtes Präparat]. Bei 125—130°/0,05 Torr destillierbar.

1,1,7,7-Tetraoxo-3a,4,4a,7a,8,8a-hexahydro-1λ⁶,7λ⁶-4,8-ätheno-benzo[1,2-*b*;5,4-*b'*]dithiophen, 3a,4,4a,7a,8,8a-Hexahydro-4,8-ätheno-benzo[1,2-*b*;5,4-*b'*]dithiophen-1,1,7,7-tetraoxid $C_{12}H_{12}O_4S_2$, Formel IV.

Für die nachstehend beschriebene opt.-inakt. Verbindung ist ausser dieser von *Backer* und *Melles* (Pr. Akad. Amsterdam [B] **54** [1951] 340, 343) sowie von *Procházka* und *Horák* (Collect. **24** [1959] 2278, 2279) vorgeschlagenen Konstitution auf Grund der Bildungsweise auch eine Formulierung als 3a,4,4a,7a,8,8a-Hexahydro-4,8-ätheno-benzo[1,2-*b*;4,5-*b'*]dithiophen-1,1,5,5-tetraoxid (Formel V) in Betracht zu ziehen.

B. Neben 3a,7a-Dihydro-benzo[*b*]thiophen-1,1-dioxid (F: 90—91,5°) beim Behandeln von (±)-*trans*-3,4-Dichlor-tetrahydro-thiophen-1,1-dioxid mit flüssigem Ammoniak (*Pr.*, *Ho.*, l. c. S. 2281). Beim Behandeln von (±)-3-Brom-2,3-dihydro-thiophen-1,1-dioxid mit Piperidin und Benzol (*Ba.*, *Me.*, l. c. S. 343).

Krystalle (aus W.); Zers. oberhalb 350° (*Ba.*, *Me.*) bzw. oberhalb 300° (*Pr.*, *Ho.*).

III IV V

Stammverbindungen $C_{13}H_{14}O_2$

***Opt.-inakt. 5-[6-Nitro-cyclohex-3-enyl]-benzo[1,3]dioxol, 4-Benzo[1,3]dioxol-5-yl-5-nitro-cyclohexen** $C_{13}H_{13}NO_4$, Formel VI.

B. Bei 12-tägigem Erhitzen von 5-[*trans*(?)-2-Nitro-vinyl]-benzo[1,3]dioxol (S. 268) mit Buta-1,3-dien, Toluol und wenig Hydrochinon auf 110° (*Mason*, *Wildman*, Am. Soc. **76** [1954] 6194).

Hellbraune Krystalle (aus A.); F: 97—99°. UV-Absorptionsmaxima (A.): 234 nm und 288 nm.

7,7-Dimethyl-5,6-dihydro-7*H*-furo[3,2-*g*]chromen $C_{13}H_{14}O_2$, Formel VII.

B. Beim Erhitzen von 7,7-Dimethyl-5,6-dihydro-7*H*-furo[3,2-*g*]chromen-2-carbonsäure mit Kupfer-Pulver und Chinolin (*King et al.*, Soc. **1954** 1392, 1398).

Krystalle (aus PAe.); F: 39—41°. Kp_{13}: 153—155°.

Verbindung mit Picrinsäure $C_{13}H_{14}O_2 \cdot C_6H_3N_3O_7$. Rote Krystalle; F: 88—89°.

(±)-7*anti*-Brom-1,1-dioxo-6*c*-phenyl-(3a*r*)-hexahydro-1λ⁶-3,5-methano-cyclopent[*c*][1,2]oxathiol, (±)-7*anti*-Brom-6*c*-phenyl-(3a*r*)-hexahydro-3,5-methano-cyclopent[*c*][1,2]oxathiol-1,1-dioxid, (±)-5*exo*-Brom-6*endo*-hydroxy-3*exo*-phenyl-norbornan-2*endo*-sulfonsäure-lacton $C_{13}H_{13}BrO_3S$, Formel VIII (X = H) + Spiegelbild.

B. Aus (±)-Natrium-[3*exo*-phenyl-norborn-5-en-2*endo*-sulfonat] (durch Erhitzen von *trans*-Styrol-β-sulfonsäure-methylester mit Cyclopentadien und Brombenzol und Erwärmen des Reaktionsprodukts mit methanol. Natronlauge hergestellt) mit Hilfe von Brom (*Rondestvedt*, *Wygant*, Am. Soc. **73** [1951] 5785).

Krystalle (aus Me.); F: 114,5—116,5° [unkorr.].

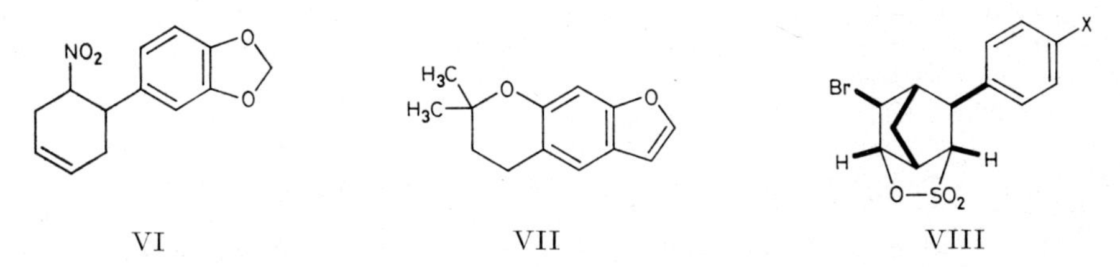

VI VII VIII

(±)-7*anti*-Brom-6*c*-[4-nitro-phenyl]-1,1-dioxo-(3a*r*)-hexahydro-1λ⁶-3,5-methano-cyclopent[*c*][1,2]oxathiol, (±)-7*anti*-Brom-6*c*-[4-nitro-phenyl]-(3a*r*)-hexahydro-3,5-methano-cyclopent[*c*][1,2]oxathiol-1,1-dioxid, (±)-5*exo*-Brom-6*endo*-hydroxy-3*exo*-[4-nitro-phenyl]-norbornan-2*endo*-sulfonsäure-lacton $C_{13}H_{12}BrNO_5S$, Formel VIII (X = Br) + Spiegelbild.

B. Aus (±)-Natrium-[3*exo*-(4-nitro-phenyl)-norborn-5-en-2*endo*-sulfonat] (durch Erhitzen von 4-Nitro-*trans*-styrol-β-sulfonsäure-methylester mit Cyclopentadien und Brombenzol und Erwärmen des Reaktionsprodukts mit methanol. Natronlauge hergestellt) mit Hilfe von Brom (*Rondestvedt*, *Wygant*, Am. Soc. **73** [1951] 5785).

Krystalle (aus Me. + Acn.); F: 206—208° [unkorr.].

Stammverbindungen $C_{14}H_{16}O_2$

2,6,2',6'-Tetramethyl-[4,4']bipyranyliden $C_{14}H_{16}O_2$, Formel I.

B. Beim Erhitzen von 2,6-Dimethyl-pyran-4-thion mit Kupfer-Pulver bis auf 160° (*Woods*, Texas J. Sci. **11** [1959] 28, 31).

Braun. F: 127—129,5°.

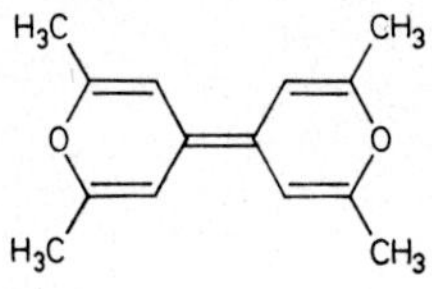

I 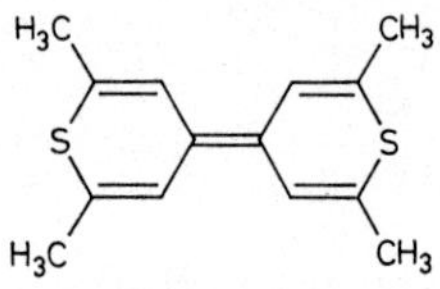 II 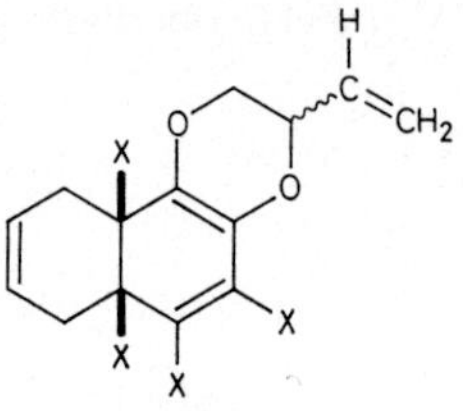 III 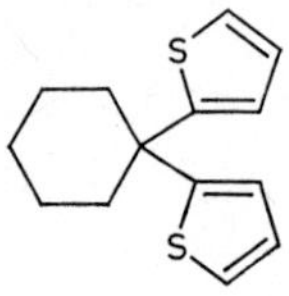 IV

2,6,2',6'-Tetramethyl-[4,4']bithiopyranyliden $C_{14}H_{16}S_2$, Formel II.

B. Beim Erwärmen einer Lösung von 2,6-Dimethyl-thiopyran-4-selon (E III/IV **17** 4537) in Benzin (*Traverso*, Ann. Chimica **47** [1957] 1244, 1254).

Braune Krystalle (aus Bzn.); F: 218° [Zers.].

(±)-5,6,6a,10a-Tetrachlor-3ξ-vinyl-(6a*r*,10a*c*)-2,3,6a,7,10,10a-hexahydro-naphtho[1,2-*b*][1,4]dioxin $C_{14}H_{12}Cl_4O_2$, Formel III (X = Cl) + Spiegelbild.

Diese Konstitution ist für die nachstehend beschriebene Verbindung in Betracht gezogen worden (*Horner*, *Merz*, A. **570** [1950] 89, 97).

B. Neben 1,4,5,6-Tetrachlor-7ξ-vinyl-bicyclo[2.2.2]oct-5-en-2,3-dion beim Behandeln einer Lösung von Tetrachlor-[1,2]benzochinon in Benzol mit Buta-1,3-dien (*Ho.*, *Merz*, l. c. S. 106).

Krystalle (aus Me. oder E.); F: 132°.

(±)-5,6,6a,10a-Tetrabrom-3ξ-vinyl-(6a*r*,10a*c*)-2,3,6a,7,10,10a-hexahydro-naphtho[1,2-*b*][1,4]dioxin $C_{14}H_{12}Br_4O_2$, Formel III (X = Br) + Spiegelbild.

Diese Konstitution ist für die nachstehend beschriebene Verbindung in Betracht gezogen worden (*Horner*, *Merz*, A. **570** [1950] 89, 100).

B. Neben 1,4,5,6-Tetrabrom-7ξ-vinyl-bicyclo[2.2.2]oct-5-en-2,3-dion beim Behandeln einer Lösung von Tetrabrom-[1,2]benzochinon in Benzol mit Buta-1,3-dien (*Ho.*, *Merz*, l. c. S. 110; s. a. *Barltrop*, *Jeffreys*, Soc. **1954** 154, 158).

Krystalle (aus Me.); F: 138° (*Ho.*, *Merz*), 129—130° (*Ba.*, *Je.*).

1,1-Di-[2]thienyl-cyclohexan $C_{14}H_{16}S_2$, Formel IV.

B. Beim Erwärmen von Cyclohexanon mit Thiophen (1,6 Mol) und 75%ig. wss. Schwefelsäure (*Schick*, *Crowley*, Am. Soc. **73** [1951] 1377).

F: 61—62,5°. $Kp_{0,3}$: 158°.

***Opt.-inakt. 2-Phenyl-2,3,4,4a-tetrahydro-5*H*,8a*H*-pyrano[2,3-*b*]pyran** $C_{14}H_{16}O_2$, Formel V.

B. Neben 2-Phenyl-3,4-dihydro-2*H*-pyran beim Erhitzen von Acrylaldehyd mit Styrol und wenig Hydrochinon auf 155° (*Smith et al.*, Am. Soc. **73** [1951] 5273, 5279).

$Kp_{0,02}$: 140—142°.

(±)-2ξ-[4-Nitro-phenyl]-(5a*r*)-hexahydro-4*t*,8*t*-cyclo-cyclopenta[*d*][1,3]dioxepin, (±)-2ξ-[4-Nitro-phenyl]-(4a*r*,7a*c*)-hexahydro-4*t*,7*t*-methano-cyclopenta[1,3]dioxin $C_{14}H_{15}NO_4$, Formel VIa ≡ VIb + Spiegelbild.

B. Beim Erwärmen von Norbornan-2*exo*,7*syn*-diol mit 4-Nitro-benzaldehyd, wenig Toluol-4-sulfonsäure und Benzol bzw. Toluol unter Entfernen des entstehenden Wassers (*Walborsky*, *Loncrini*, Am. Soc. **76** [1954] 5396, 5399; *Alder et al.*, A. **601** [1956] 138, 150).

Krystalle (aus PAe.); F: 96,8—97,4° (*Wa.*, *Lo.*), 96—97° (*Al. et al.*).

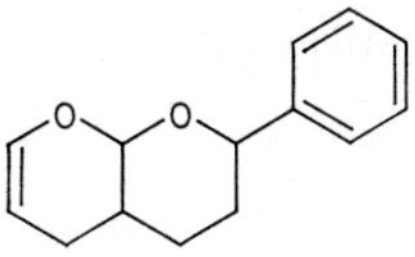

V 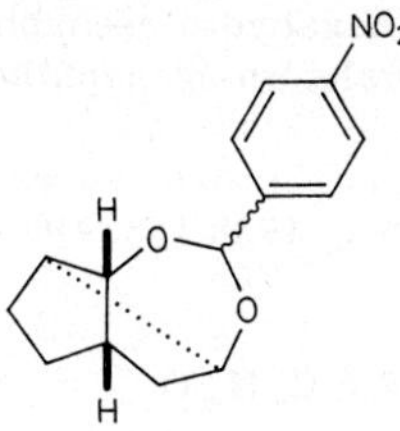 VIa 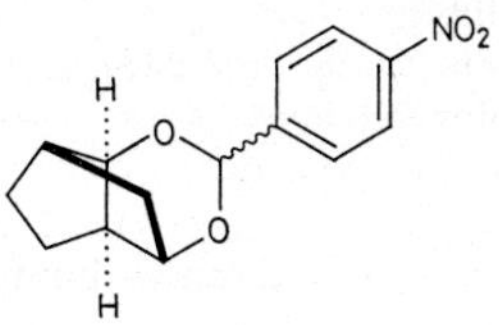 VIb 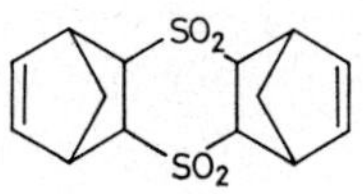 VII

*Opt.-inakt. **5,5,10,10-Tetraoxo-1,4,4a,5a,6,9,9a,10a-octahydro-5λ⁶,10λ⁶-1,4;6,9-dimethano-thianthren, 1,4,4a,5a,6,9,9a,10a-Octahydro-1,4;6,9-dimethano-thianthren-5,5,10,10-tetraoxid** $C_{14}H_{16}O_4S_2$, Formel VII.

B. Beim Erwärmen einer Lösung von [1,4]Dithiin-1,1,4,4-tetraoxid in Essigsäure mit Cyclopentadien [2 Mol] (*Parham et al.*, Am. Soc. **76** [1954] 4957, 4959).

Krystalle, die unterhalb 370° nicht schmelzen.

Stammverbindungen $C_{15}H_{18}O_2$

5-[2-Cyclohexyliden-äthyl]-benzo[1,3]dioxol, 1-Benzo[1,3]dioxol-5-yl-2-cyclohexyliden-äthan $C_{15}H_{18}O_2$, Formel VIII.

Diese Konstitution ist für die nachstehend beschriebene Verbindung in Betracht gezogen worden (*Orcutt, Bogert*, Roczniki Chem. **18** [1938] 732, 735).

B. Beim Erhitzen von 2-Benzo[1,3]dioxol-5-yl-1-cyclohexyl-äthanol mit Kaliumhydrogensulfat bis auf 225° (*Or.*, *Bo.*, l. c. S. 734).

Kp_2: 150°.

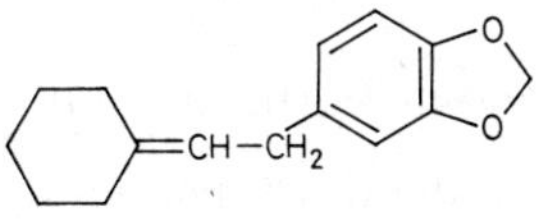

VIII 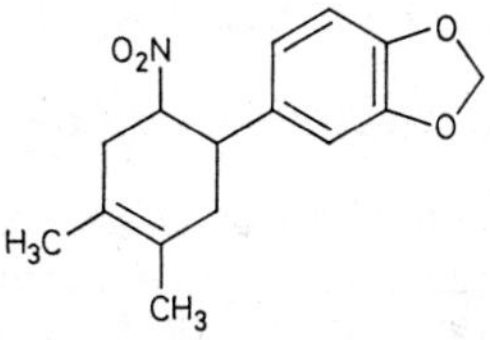 IX

*Opt.-inakt. **5-[3,4-Dimethyl-6-nitro-cyclohex-3-enyl]-benzo[1,3]dioxol, 4-Benzo[1,3]dioxol-5-yl-1,2-dimethyl-5-nitro-cyclohexen** $C_{15}H_{17}NO_4$, Formel IX.

Über ein beim Erhitzen von 5-[*trans*(?)-2-Nitro-vinyl]-benzo[1,3]dioxol (S. 268) mit 2,3-Dimethyl-buta-1,3-dien und Xylol bis auf 180° erhaltenes Präparat (Krystalle [aus A.]; F: 91°) s. *Sugasawa, Kodama*, B. **72** [1939] 675, 678.

1,2,3,4,4a,5,6,11b-Octahydro-phenanthro[2,3-*d*][1,3]dioxol, 6,7-Methylendioxy-1,2,3,4,4a,9,10,10a-octahydro-phenanthren $C_{15}H_{18}O_2$, Formel X.

Diese Konstitution ist für die nachstehend beschriebene opt.-inakt. Verbindung in Betracht gezogen worden (*Orcutt, Bogert*, Roczniki Chem. **18** [1938] 732, 735).

B. Beim Behandeln von 1-Benzo[1,3]dioxol-5-yl-2-cyclohexyliden-äthan mit Petroläther und mit wss. Schwefelsäure (*Or.*, *Bo.*).

Kp_{12}: 182–186° [unreines Präparat].

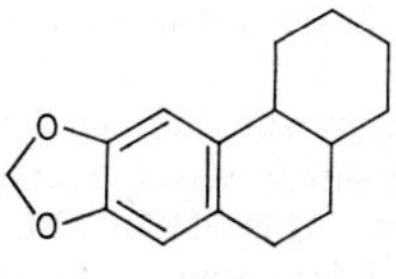

X 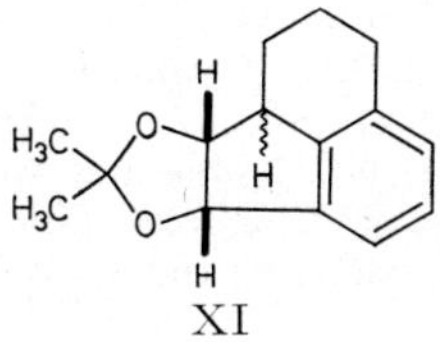 XI

(±)-8,8-Dimethyl-(6b*r*,9a*c*,9b*ξ*)-1,2,3,6b,9a,9b-hexahydro-acenaphtho[1,2-*d*][1,3]dioxol, (±)-1*r*,2*c*-Isopropylidendioxy-(2a*ξ*)-2a,3,4,5-tetrahydro-acenaphthen $C_{15}H_{18}O_2$, Formel XI + Spiegelbild.

B. Beim Behandeln von (±)-(2a*ξ*)-2a,3,4,5-Tetrahydro-acenaphthen-1*r*,2*c*-diol mit Aceton und wenig Schwefelsäure (*Jack, Rule*, Soc. **1938** 188, 192).

Krystalle (aus Bzn.); F: 51—52°.

Stammverbindungen $C_{16}H_{20}O_2$

***5-Cyclohex-1-enyl-5-nitro-2-phenyl-[1,3]dioxan** $C_{16}H_{19}NO_4$, Formel XII (X = H).

B. Beim Erwärmen von 2-Cyclohex-1-enyl-2-nitro-propan-1,3-diol mit Benzaldehyd, Benzol und wenig Benzolsulfonsäure oder Schwefelsäure (*Eckstein*, Roczniki Chem. **28** [1954] 43, 48, 49; C. A. **1955** 8826).

Krystalle (aus A.); F: 151—152,5°.

***2-[4-Chlor-phenyl]-5-cyclohex-1-enyl-5-nitro-[1,3]dioxan** $C_{16}H_{18}ClNO_4$, Formel XII (X = Cl).

B. Beim Erwärmen von 2-Cyclohex-1-enyl-2-nitro-propan-1,3-diol mit 4-Chlor-benz=aldehyd, Benzol und wenig Benzolsulfonsäure oder Schwefelsäure (*Eckstein*, Roczniki Chem. **28** [1954] 43, 48, 49; C. A. **1955** 8826).

Krystalle (aus A.); F: 122—124°.

XII XIII

***5-Cyclohex-1-enyl-5-nitro-2-[4-nitro-phenyl]-[1,3]dioxan** $C_{16}H_{18}N_2O_6$, Formel XII ($X = NO_2$).

B. Beim Erwärmen von 2-Cyclohex-1-enyl-2-nitro-propan-1,3-diol mit 4-Nitro-benz=aldehyd, Benzol und wenig Benzolsulfonsäure oder Schwefelsäure (*Eckstein*, Roczniki Chem. **28** [1954] 43, 48, 49; C. A. **1955** 8826).

Krystalle (aus A.); F: 126—128°.

3,3,3'',3''-Tetramethyl-3a',4',7',7a'-tetrahydro-dispiro[oxiran-2,1'-(4,7-methano-inden)-8',2''-oxiran] $C_{16}H_{20}O_2$, Formel XIII.

Diese Konstitution kommt wahrscheinlich der nachstehend beschriebenen opt.-inakt. Verbindung zu (*Alder et al.*, B. **90** [1957] 1709, 1710).

B. Beim Behandeln von 6,6-Dimethyl-fulven mit methanol. Kalilauge und mit wss. Wasserstoffperoxid (*Al. et al.*, l. c. S. 1714).

Krystalle (aus Bzn.); F: 86—88° [durch Sublimation unter vermindertem Druck gereinigtes Präparat].

Beim Erhitzen unter vermindertem Druck auf 400° sind 6,6-Dimethyl-cyclohexa-2,4-dienon, *o*-Kresol und 2,6-Dimethyl-phenol erhalten worden (*Al. et al.*, l. c. S. 1715).

Stammverbindungen $C_{17}H_{22}O_2$

8,8-Dimethyl-2-[4-nitro-phenyl]-tetrahydro-4a,7-methano-benzo[1,3]dioxin $C_{17}H_{21}NO_4$.

a) **(±)-8,8-Dimethyl-2*ξ*-[4-nitro-phenyl]-(8a*c*)-tetrahydro-4a*r*,7*c*-methano-benzo=[1,3]dioxin** $C_{17}H_{21}NO_4$, Formel I + Spiegelbild.

B. Beim Erhitzen von (±)-1-Hydroxymethyl-3,3-dimethyl-norbornan-2*endo*-ol mit 4-Nitro-benzaldehyd, Xylol und wenig Toluol-4-sulfonsäure unter Entfernen des entstehenden Wassers (*Kuusinen, Lampinen*, Suomen Kem. **32**B [1959] 26, 33).

Krystalle (aus Me.); F: 102,5—103,5°. IR-Spektrum (KBr; 4000—650 cm⁻¹): *Ku., La.*, l. c. S. 28.

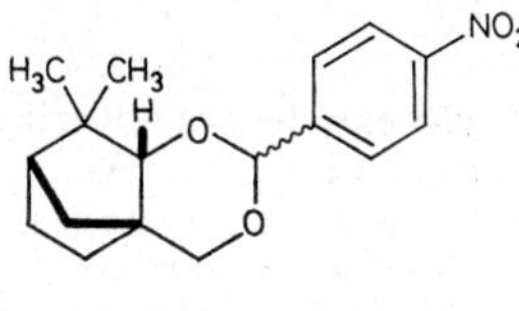

I 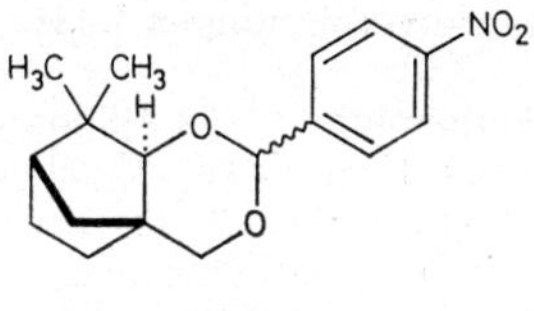 II 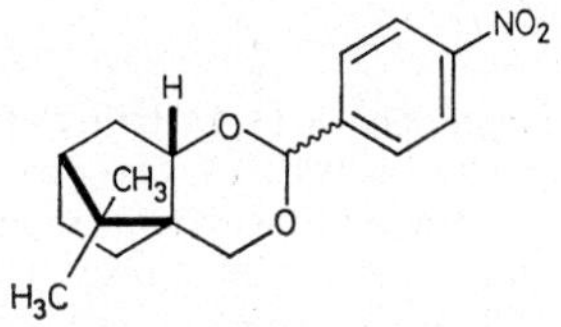 III

b) **(±)-8,8-Dimethyl-2ξ-[4-nitro-phenyl]-(8a*t*)-tetrahydro-4a*r*,7*c*-methano-benzo[1,3]dioxin** $C_{17}H_{21}NO_4$, Formel II + Spiegelbild.

B. Beim Erhitzen von (±)-1-Hydroxymethyl-3,3-dimethyl-norbornan-2*exo*-ol mit 4-Nitro-benzaldehyd, Xylol und wenig Toluol-4-sulfonsäure unter Entfernen des entstehenden Wassers (*Kuusinen, Lampinen*, Suomen Kem. **32**B [1959] 26, 33).

Krystalle (aus Me.); F: 70,5—71,5°. IR-Spektrum (KBr; 4000—650 cm^{-1}): *Ku., La.*, l. c. S. 28.

9,9-Dimethyl-2-[4-nitro-phenyl]-tetrahydro-4a,7-methano-benzo[1,3]dioxin $C_{17}H_{21}NO_4$.

a) **(±)-9,9-Dimethyl-2ξ-[4-nitro-phenyl]-(8a*c*)-tetrahydro-4a*r*,7*c*-methano-benzo[1,3]dioxin** $C_{17}H_{21}NO_4$, Formel III + Spiegelbild.

B. Beim Erhitzen von (±)-1-Hydroxymethyl-7,7-dimethyl-norbornan-2*endo*-ol mit 4-Nitro-benzaldehyd, Xylol und wenig Toluol-4-sulfonsäure unter Entfernen des entstehenden Wassers (*Kuusinen, Lampinen*, Suomen Kem. **32**B [1959] 26, 33).

Krystalle (aus Me.); F: 112,5—113,5°. IR-Spektrum (KBr; 4000—650 cm^{-1}): *Ku., La.*, l. c. S. 28.

b) **(±)-9,9-Dimethyl-2ξ-[4-nitro-phenyl]-(8a*t*)-tetrahydro-4a*r*,7*c*-methano-benzo[1,3]dioxin** $C_{17}H_{21}NO_4$, Formel IV + Spiegelbild.

B. Beim Erhitzen von (±)-1-Hydroxymethyl-7,7-dimethyl-norbornan-2*exo*-ol mit 4-Nitro-benzaldehyd, Xylol und wenig Toluol-4-sulfonsäure unter Entfernen des entstehenden Wassers (*Kuusinen, Lampinen*, Suomen Kem. **32**B [1959] 26, 33).

Krystalle (aus Me.); F: 115,5—116°. IR-Spektrum (KBr; 4000—650 cm^{-1}): *Ku., La.*, l. c. S. 28.

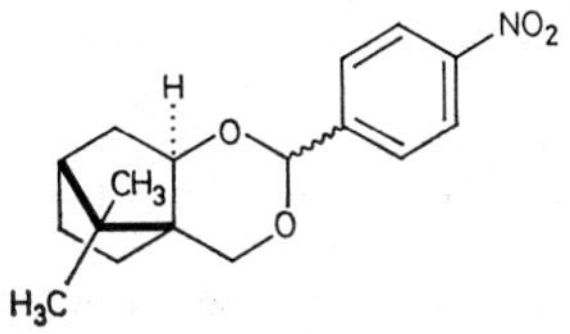

IV 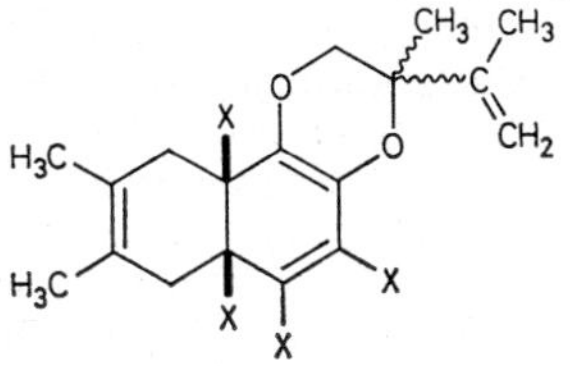 V

Stammverbindungen $C_{18}H_{24}O_2$

(±)-5,6,6a,10a-Tetrachlor-3ξ-isopropenyl-3ξ,8,9-trimethyl-(6a*r*,10a*c*)-2,3,6a,7,10,10a-hexahydro-naphtho[1,2-*b*][1,4]dioxin $C_{18}H_{20}Cl_4O_2$, Formel V (X = Cl) + Spiegelbild.

Diese Konstitution ist für die nachstehend beschriebene Verbindung in Betracht gezogen worden (*Horner, Merz*, A. **570** [1950] 89, 98).

B. Beim Erwärmen einer Lösung von Tetrachlor-[1,2]benzochinon in Benzol mit 2,3-Dimethyl-buta-1,3-dien (*Ho., Merz*, l. c. S. 107).

Krystalle (aus Me. oder aus E.); F: 132°.

(±)-5,6,6a,10a-Tetrabrom-3ξ-isopropenyl-3ξ,8,9-trimethyl-(6a*r*,10a*c*)-2,3,6a,7,10,10a-hexahydro-naphtho[1,2-*b*][1,4]dioxin $C_{18}H_{20}Br_4O_2$, Formel V (X = Br) + Spiegelbild.

Diese Konstitution ist für die nachstehend beschriebene Verbindung in Betracht gezogen worden (*Horner, Merz*, A. **570** [1950] 89, 110).

B. Beim Behandeln von Tetrabrom-[1,2]benzochinon mit 2,3-Dimethyl-buta-1,3-dien (*Ho., Merz*).

Krystalle (aus E.); F: 148°.

Stammverbindungen $C_{20}H_{28}O_2$

2-Heptadeca-8,11,14-triinyl-[1,3]dioxolan, 17-[1,3]Dioxolan-2-yl-heptadeca-3,6,9-triin, Octadeca-9,12,15-triinal-äthandiylacetal $C_{20}H_{28}O_2$, Formel VI.

B. Beim Erwärmen einer Lösung von 9-[1,3]Dioxolan-2-yl-non-1-inylmagnesiumbromid (aus 2-Non-8-inyl-[1,3]dioxolan und Äthylmagnesiumbromid hergestellt) in Äther und Tetrahydrofuran mit 1-Brom-octa-2,5-diin und Kupfer(I)-chlorid (*Nigam, Weedon*, Soc. **1956** 4049, 4053).

Bei 165—175°/10^{-5} Torr destillierbar.

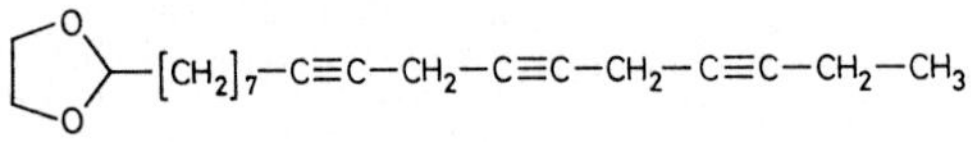

VI 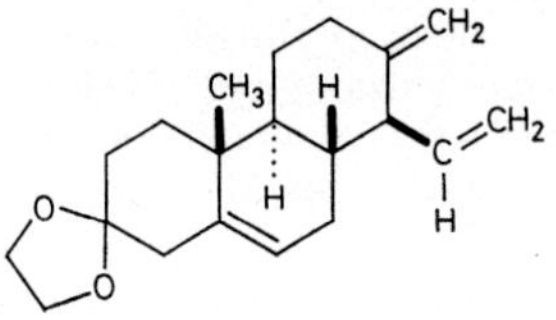 VII

3,3-Äthandiyldioxy-16,17-seco-18-nor-androsta-5,13(17),15-trien, 16,17-Seco-18-nor-androsta-5,13(17),15-trien-3-on-äthandiylacetal $C_{20}H_{28}O_2$, Formel VII.

B. Neben 3,3-Äthandiyldioxy-13,17-seco-pregna-5,13(18)-dien-20-on und (20*S*)-3,3-Äthandiyldioxy-18,20-cyclo-pregn-5-en-20-ol bei der Bestrahlung einer Lösung von 3,3-Äthandiyldioxy-pregn-5-en-20-on in Hexan mit UV-Licht (*Buchschacher et al.*, Helv. **42** [1959] 2122, 2138). Bei der Bestrahlung einer Lösung von 3,3-Äthandiyldioxy-13,17-seco-pregna-5,13(18)-dien-20-on in Hexan mit UV-Licht (*Bu. et al.*, l. c. S. 2140).

Krystalle (aus Ae. + Hexan); F: 95,5—96° [evakuierte Kapillare]; $[\alpha]_D$: —25° [$CHCl_3$; c = 0,3] (*Bu. et al.*, l. c. S. 2138).

(±)-(4a*r*,4b*t*,6aξ,10b*c*)-$\Delta^{10,12}$-Dodecahydro-spiro[chrysen-2,2'-[1,3]dioxolan], *rac*-3,3-Äthandiyldioxy-*D*-homo-13ξ-gona-5,14-dien $C_{20}H_{28}O_2$, Formel VIII + Spiegelbild, und **(±)-(4a*r*,4b*t*,10aξ,10b*c*)-$\Delta^{6a,12}$-Dodecahydro-spiro[chrysen-2,2'-[1,3]dioxolan], *rac*-3,3-Äthandiyldioxy-*D*-homo-14ξ-gona-5,13(17)-dien** $C_{20}H_{28}O_2$, Formel IX + Spiegelbild.

Diese beiden Formeln kommen für die nachstehend beschriebene Verbindung in Betracht (*Birch, Smith*, Soc. **1956** 4909, 4912).

B. Neben *rac*-3,3-Äthandiyldioxy-*D*-homo-gona-5,13-dien-17a-on beim Behandeln von *rac*-3,3-Äthandiyldioxy-17a-methoxy-*D*-homo-gona-5,13,15,17-tetraen mit Tetrahydrofuran und mit einem aus Lithium, flüssigem Ammoniak und Äthanol hergestellten Reaktionsgemisch, Behandeln einer Lösung des nach dem Versetzen mit Wasser erhaltenen Reaktionsprodukts in Äthanol mit Oxalsäure in Wasser und Erwärmen des danach isolierten Reaktionsprodukts mit Natriumacetat in wss. Äthanol (*Bi., Sm.*, l. c. S. **4914**).

Krystalle (aus Bzn.); F: 120—122° [korr.; Kofler-App.].

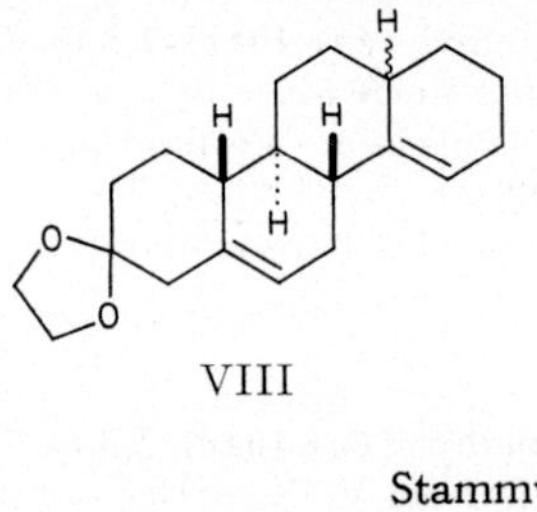

VIII 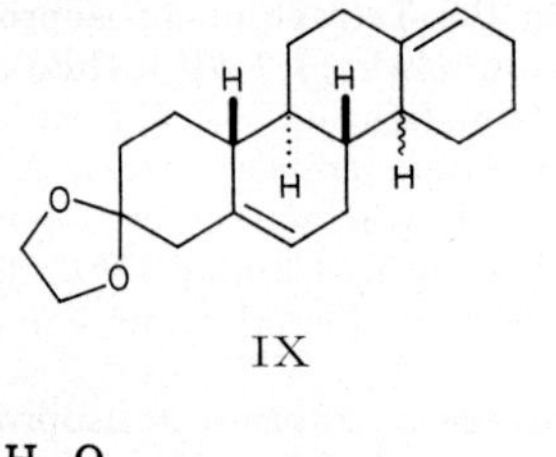 IX

Stammverbindungen $C_{25}H_{38}O_2$

5-Nitro-4-pentadec-1-inyl-2-phenyl-[1,3]dioxan $C_{25}H_{37}NO_4$.

a) **(±)-5*c*-Nitro-4*c*-pentadec-1-inyl-2*r*-phenyl-[1,3]dioxan** $C_{25}H_{37}NO_4$, Formel X + Spiegelbild.

B. Neben kleineren Mengen des unter d) beschriebenen Stereoisomeren bei 8-tägigem

Behandeln von (±)-*threo*-2-Nitro-octadec-4-in-1,3-diol mit Benzaldehyd, Zinkchlorid und Benzol (*Grob, Gadient*, Helv. **40** [1957] 1145, 1152).

Krystalle (aus A.); F: 34—35°.

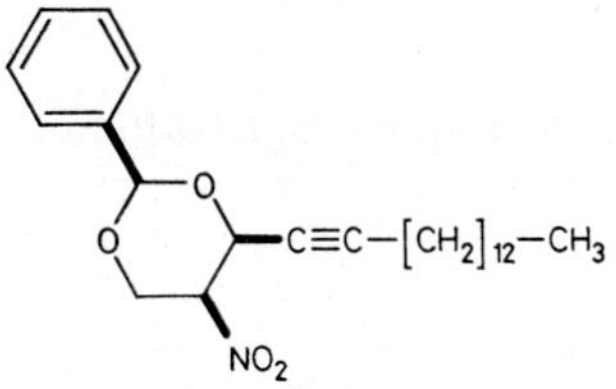

X

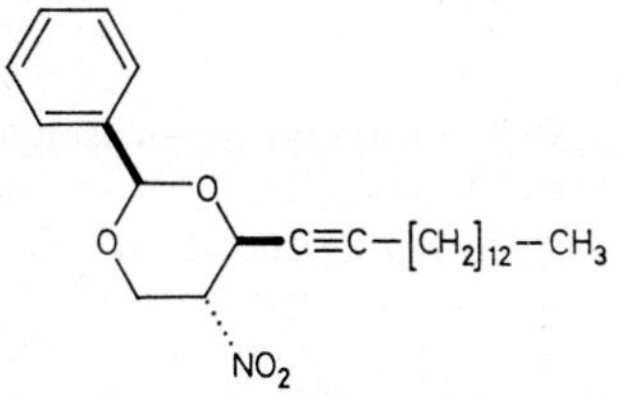

XI

b) **(±)-5*t*-Nitro-4*c*-pentadec-1-inyl-2*r*-phenyl-[1,3]dioxan** $C_{25}H_{37}NO_4$, Formel XI + Spiegelbild.

B. Beim Behandeln von (±)-5*c*-Nitro-4*c*-pentadec-1-inyl-2*r*-phenyl-[1,3]dioxan mit Natriumäthylat in Äthanol (*Grob, Gadient*, Helv. **40** [1957] 1145, 1155).

Krystalle (aus A.); F: 35—36°.

c) **(±)-5*c*-Nitro-4*t*-pentadec-1-inyl-2*r*-phenyl-[1,3]dioxan** $C_{25}H_{37}NO_4$, Formel XII + Spiegelbild.

B. Beim Behandeln von (±)-5*t*-Nitro-4*t*-pentadec-1-inyl-2*r*-phenyl-[1,3]dioxan mit Natriumäthylat in Äthanol (*Grob, Gadient*, Helv. **40** [1957] 1145, 1154).

Krystalle (aus Pentan); F: 58—60°.

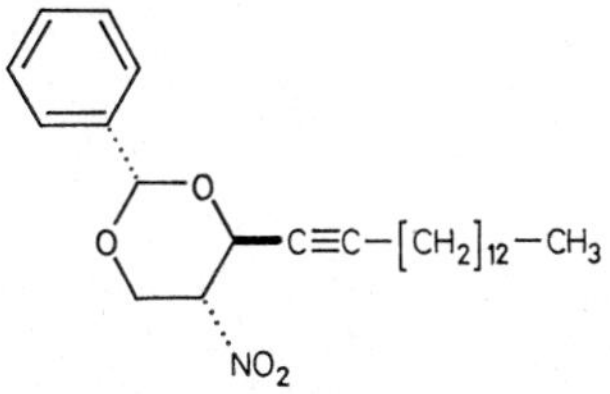

XII

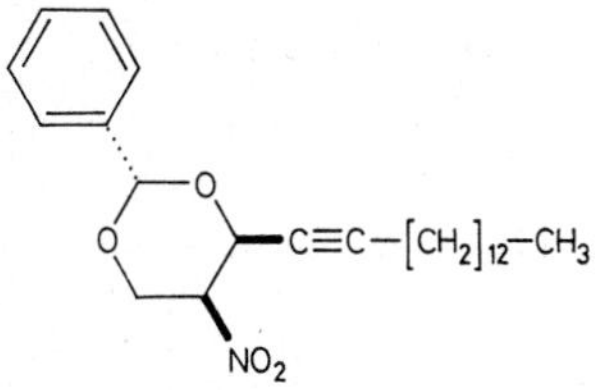

XIII

d) **(±)-5*t*-Nitro-4*t*-pentadec-1-inyl-2*r*-phenyl-[1,3]dioxan** $C_{25}H_{37}NO_4$, Formel XIII + Spiegelbild.

B. s. bei dem unter a) beschriebenen Stereoisomeren.

Krystalle (aus A.); F: 74—75° (*Grob, Gadient*, Helv. **40** [1957] 1145, 1152).

Stammverbindungen $C_{27}H_{42}O_2$

4a,6a,7,5′-Tetramethyl-Δ^1-eicosahydro-spiro[naphth[2′,1′;4,5]indeno[2,1-*b*]furan-8,2′-pyran] $C_{27}H_{42}O_2$.

a) **(25*R*)-5*β*-Spirost-3-en**, (25*R*)-5*β*,22*αO*-Spirost-3-en $C_{27}H_{42}O_2$, Formel I.

B. Neben (25*R*)-Spirost-4-en und (25*R*)-5α-Spirost-3-en beim Erhitzen von Diosgenon ((25*R*)-Spirost-4-en-3-on) mit Hydrazin und Natriumäthylat in Äthanol oder mit Hydrazin-hydrat und Kaliumhydroxid in Äthanol und Diäthylenglykol auf 200° (*Djerassi, Fishman*, Am. Soc. **77** [1955] 4291, 4296).

Krystalle (aus Me. + $CHCl_3$); F: 142,5—144° [unkorr.; Kofler-App.]. $[\alpha]_D^{25}$: —86° [$CHCl_3$].

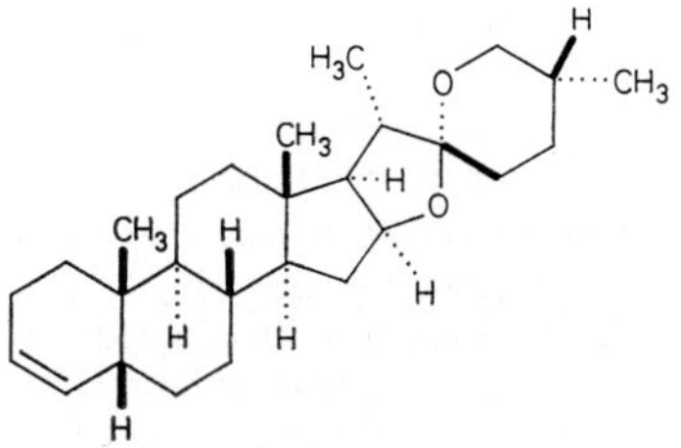

I

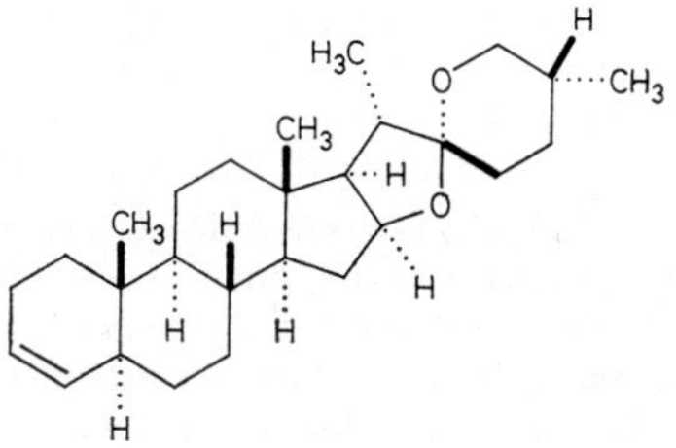

II

b) **(25*R*)-5α-Spirost-3-en,** (25*R*)-5α,22α*O*-Spirost-3-en $C_{27}H_{42}O_2$, Formel II.

B. s. bei dem unter a) beschriebenen Stereoisomeren.

Krystalle (aus A.); F: 172–174° [unkorr.; Kofler-App.] (*Djerassi, Fishman*, Am. Soc. **77** [1955] 4291, 4296). $[\alpha]_D^{25}$: −34° [$CHCl_3$].

4a,6a,7,5'-Tetramethyl-Δ²-eicosahydro-spiro[naphth[2',1';4,5]indeno[2,1-*b*]furan-8,2'-pyran] $C_{27}H_{42}O_2$.

a) **(25*R*)-5β-Spirost-2-en,** (25*R*)-5β,22α*O*-Spirost-2-en $C_{27}H_{42}O_2$, Formel III.

B. Beim Erwärmen von Bis-*O*-methansulfonyl-samogenin ((25*R*)-2β,3β-Bis-methan=sulfonyloxy-5β-spirostan) mit Natriumjodid in Aceton (*Djerassi, Fishman*, Am. Soc. **77** [1955] 4291, 4295). Beim Erhitzen von Bis-*O*-methansulfonyl-yonogenin ((25*R*)-2β,3α-Bis-methansulfonyloxy-5β-spirostan) mit Natriumjodid in Aceton auf 120° (*Takeda et al.*, Chem. pharm. Bl. **6** [1958] 532, 535).

Krystalle; F: 149–150° [unkorr.; aus Me. + $CHCl_3$] (*Dj., Fi.*), 149–150° [aus Me.] (*Ta. et al.*). $[\alpha]_D^{20}$: −80° [$CHCl_3$] (*Ta. et al.*); $[\alpha]_D^{26}$: −84° [$CHCl_3$] (*Dj., Fi.*).

III

IV

b) **(25*R*)-5α-Spirost-2-en,** (25*R*)-5α,22α*O*-Spirost-2-en $C_{27}H_{42}O_2$, Formel IV.

B. Beim Erhitzen von *O*-[Toluol-4-sulfonyl]-tigogenin ((25*R*)-3β-[Toluol-4-sulfonyl=oxy]-5α-spirostan) mit 2,4,6-Trimethyl-pyridin (*Pataki et al.*, Am. Soc. **73** [1951] 5375). Beim Erhitzen von Bis-*O*-methansulfonyl-gitogenin ((25*R*)-2α,3β-Bis-methansulfonyloxy-5α-spirostan) mit Natriumjodid in Aceton auf 110° (*Djerassi et al.*, Am. Soc. **78** [1956] 3166, 3173; s. a. *Wendler et al.*, Am. Soc. **74** [1952] 4894, 4896).

Krystalle (aus Acn.); F: 186–187° (*We. et al.*), 182–184° [unkorr.] (*Pa. et al.*). $[\alpha]_D^{20}$: −22° [$CHCl_3$] (*Pa. et al.*); $[\alpha]_D$: −31° [$CHCl_3$] (*Klass et al.*, Am. Soc. **77** [1955] 3829, 3832).

(25*R*)-5α-Spirost-2-en hat vermutlich auch in einem von *Marker* und *Turner* (Am. Soc. **63** [1941] 767, 771) beim Erhitzen von 3α-Chlor-desoxytigogenin ((25*R*)-3α-Chlor-5α-spirostan) mit Chinolin erhaltenen, als 2-Dehydro-desoxytigogenin bezeichneten Präparat (Krystalle [aus Acn.]; F: 163–164°) vorgelegen (*Pa. et al.*, l. c. S. 5376 Anm. 12).

4a,6a,7,5'-Tetramethyl-Δ¹²-eicosahydro-spiro[naphth[2',1';4,5]indeno[2,1-*b*]furan-8,2'-pyran] $C_{27}H_{42}O_2$.

a) **(25*R*)-20α*H*-Spirost-5-en,** (25*R*)-20α*H*,22α*O*-Spirost-5-en, Cyclopseudodes=oxydiosgenin, 20-Isodesoxydiosgenin $C_{27}H_{42}O_2$, Formel V.

B. Beim Erhitzen von (25*R*)-Spirost-5-en (S. 319) mit Pyridin-hydrochlorid und Acet=anhydrid, Erwärmen des Reaktionsprodukts mit methanol. Kalilauge und Behandeln einer Lösung des danach isolierten Reaktionsprodukts in Methanol mit Essigsäure (*Wall, Serota*, Am. Soc. **78** [1956] 1747, 1750).

Krystalle (aus Me.); F: 160–163° [Kofler-App.]. $[\alpha]_D^{25}$: −110° [Dioxan; c = 0,8].

Beim Erwärmen mit Salzsäure ist (25*R*)-Spirost-5-en erhalten worden.

b) **(22*S*,25*S*)-20α*H*-Spirost-5-en,** (25*S*)-20α*H*,22β*O*-Spirost-5-en, Cyclopseudo=desoxyyamogenin, 20-Isodesoxyyamogenin $C_{27}H_{42}O_2$, Formel VI.

B. Beim Erhitzen von (25*S*)-Spirost-5-en (S. 319) mit Pyridin-hydrochlorid und Acet=anhydrid, Erwärmen des Reaktionsprodukts mit methanol. Kalilauge und Behandeln einer Lösung des danach isolierten Reaktionsprodukts in Methanol mit Essigsäure (*Wall, Serota*, Am. Soc. **78** [1956] 1747, 1750).

Krystalle (aus Acn.); F: 184—186° [Kofler-App.]. $[\alpha]_D^{25}$: —12,3° [Dioxan; c = 0,8]. Beim Erwärmen mit Salzsäure ist (25*S*)-Spirost-5-en (s. u.) erhalten worden.

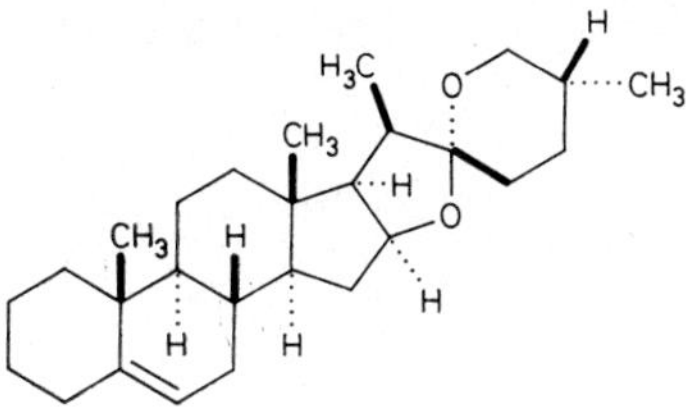

V 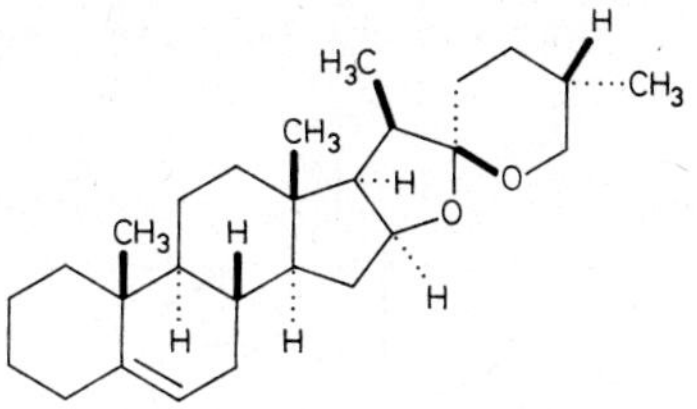 VI

c) **(25*R*)-Spirost-5-en,** (25*R*)-22α*O*-Spirost-5-en, **Desoxydiosgenin** $C_{27}H_{42}O_2$, Formel VII (X = H).

B. Beim Behandeln von (25*R*)-3β-Chlor-spirost-5-en (s. u.) mit Isoamylalkohol und Natrium (*Fujii, Matsukawa,* J. pharm. Soc. Japan **57** [1937] 114, 117; dtsch. Ref. S. 27; C. **1937** I 4938; C. A. **1939** 640) oder mit Propan-1-ol und Natrium (*Barton, Head,* Soc. **1956** 932, 937). Beim Erwärmen von *O*-[Toluol-4-sulfonyl]-diosgenin ((25*R*)-3β-[Toluol-4-sulfonyloxy]-spirost-5-en) mit Natriumjodid in Aceton und Erhitzen des Reaktionsprodukts mit Essigsäure und Zink-Pulver (*Wall, Serota,* Am. Soc. **78** [1956] 1747, 1749).

Krystalle; F: 200° [korr.; aus Me.] (*Fu., Ma.*), 190—198° (*Ba., Head*), 194—195° [Kofler-App.; aus A.] (*Wall, Se.*). $[\alpha]_D^{25}$: —136° [$CHCl_3$; c = 0,8] (*Wall, Se.*); $[\alpha]_D$: —144° [$CHCl_3$; c = 5] (*Ba., Head*). IR-Spektrum (CCl_4; 3100—2750 cm^{-1}): *Smith, Eddy,* Anal. Chem. **31** [1959] 1539, 1540.

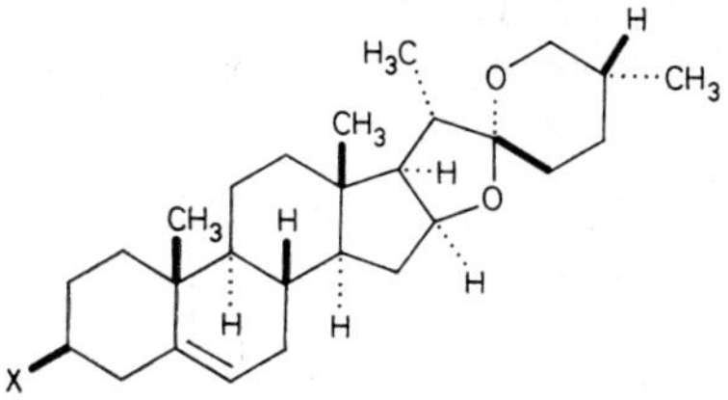

VII 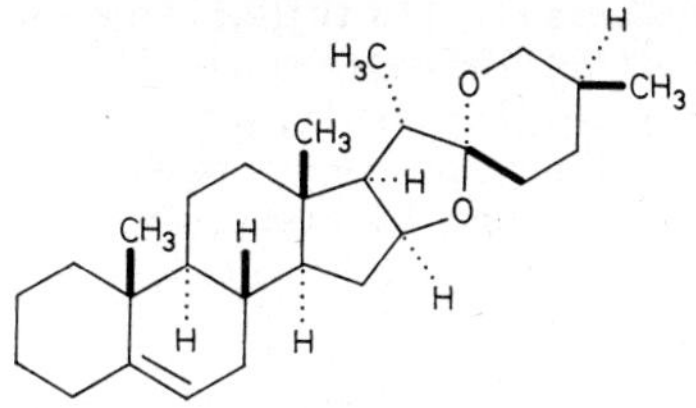 VIII

d) **(25*S*)-Spirost-5-en,** (25*S*)-22α*O*-Spirost-5-en, **Desoxyyamogenin** $C_{27}H_{42}O_2$, Formel VIII.

B. Beim Erwärmen von *O*-[Toluol-4-sulfonyl]-yamogenin ((25*S*)-3β-[Toluol-4-sulfonyl=oxy]-spirost-5-en) mit Natriumjodid in Aceton und Erhitzen des Reaktionsprodukts mit Essigsäure und Zink-Pulver (*Wall, Serota,* Am. Soc. **78** [1956] 1747, 1749).

Krystalle (aus Me.); F: 192° [Kofler-App.]. $[\alpha]_D^{25}$: —143° [$CHCl_3$; c = 0,8]. IR-Spek=trum (CCl_4; 3100—2750 cm^{-1}): *Smith, Eddy,* Anal. Chem. **31** [1959] 1539, 1540.

(25*R*)-3β-Chlor-spirost-5-en $C_{27}H_{41}ClO_2$, Formel VII (X = Cl).

B. Beim Behandeln einer Lösung von Diosgenin ((25*R*)-Spirost-5-en-3β-ol) in Chloro=form mit Phosphor(V)-chlorid in Schwefelkohlenstoff (*Fujii, Matsukawa,* J. pharm. Soc. Japan **57** [1937] 114, 116; dtsch. Ref. S. 27; C. **1937** I 4938; C. A. **1939** 640) oder mit Phosphor(V)-chlorid bei —60° (*Barton, Head,* Soc. **1956** 932, 937).

Krystalle; F: 213—216° [aus Me. + E.] (*Peal,* Soc. **1957** 3801), 213° [aus Acn.] (*Yamauchi,* Chem. pharm. Bl. **7** [1959] 343, 348), 211—213° [aus Acn.] (*Marker, Turner,* Am. Soc. **63** [1941] 767, 771). $[\alpha]_D^{14}$: —101° [$CHCl_3$; c = 0,5] (*Ya.*); $[\alpha]_D^{25}$: —109° [$CHCl_3$; c = 0,5] (*Peal*); $[\alpha]_D$: —110° [$CHCl_3$; c = 4] (*Ba., Head*).

(25*R*)-Spirost-4-en, (25*R*)-22α*O*-Spirost-4-en, 4-Dehydro-desoxytigogenin $C_{27}H_{42}O_2$, Formel IX.

B. Beim Erwärmen einer Lösung von Diosgenon ((25*R*)-Spirost-4-en-3-on) in Äthanol mit amalgamiertem Zink und konz. wss. Salzsäure (*Marker, Turner,* Am. Soc. **63** [1941] 767, 770). Beim Erwärmen von (25*R*)-3,3-Äthandiyldimercapto-spirost-4-en mit Raney-

Nickel in Dioxan (*Djerassi, Fishman*, Am. Soc. **77** [1955] 4291, 4296). Weitere Bildungsweise s. S. 317 im Artikel (25*R*)-5β-Spirost-3-en.

Krystalle (aus Acn.), F: 145,5—146° (*Ma., Tu.*); Krystalle (aus A.) vom F: 134—135° [unkorr.] und vom F: 143—145° [unkorr.] (*Dj., Fi.*). $[\alpha]_D^{23}$: —30° [$CHCl_3$] (*Dj., Fi.*).

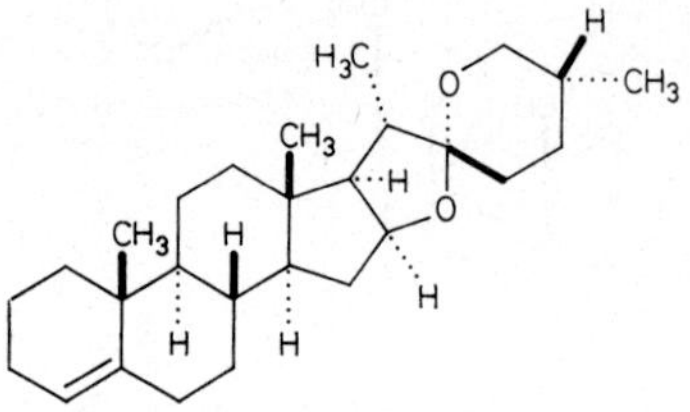

IX

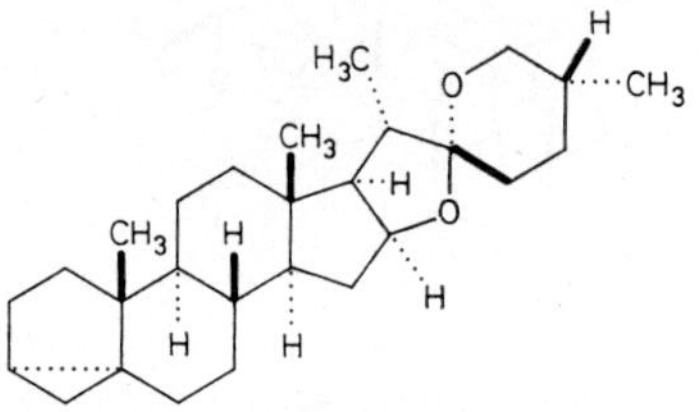

X

(25*R*)-3α,5α-Cyclo-spirostan, 3,5-Cyclo-desoxydiosgenin $C_{27}H_{42}O_2$, Formel X.

Konfigurationszuordnung: *Shoppee, Summers*, Soc. **1952** 3361, 3362, 3369 Anm.

B. Neben (25*R*)-Spirost-5-en beim Erwärmen von *O*-[Toluol-4-sulfonyl]-diosgenin ((25*R*)-3β-[Toluol-4-sulfonyloxy]-spirost-5-en) mit Lithiumalanat in Äther (*Wall, Serota*, Am. Soc. **78** [1956] 1747, 1749).

Krystalle (aus E.); F: 138—139° [Kofler-App.]. $[\alpha]_D^{25}$: —28° [$CHCl_3$; c = 0,8].

Stammverbindungen $C_{28}H_{44}O_2$

29,30-Dithia-tricyclo[24.2.1.1^{12,15}]triaconta-12,14,26,28-tetraen, 1,12-Di-(2,5)thiena-cyclodocosan [1]**, [10.10](2,5)Thienophen** $C_{28}H_{44}S_2$, Formel I.

B. Beim Erhitzen einer Lösung von 1,12-Di-(2,5)thiena-cyclodocosan-2,13-dion in Diäthylenglykol mit Hydrazin-hydrat und Kaliumhydroxid bis auf 230° (*Gol'dfarb et al.*, Ž. obšč. Chim. **29** [1959] 3564, 3572; engl. Ausg. S. 3526, 3533).

Gelblichgrüne Krystalle (aus PAe. + 2-Methoxy-äthanol); F: 51,5—53,5°.

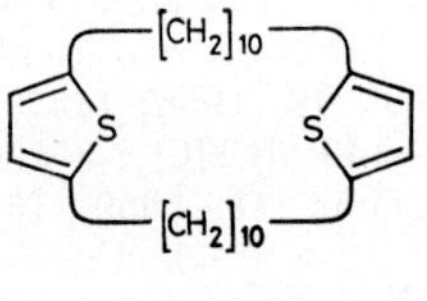

I

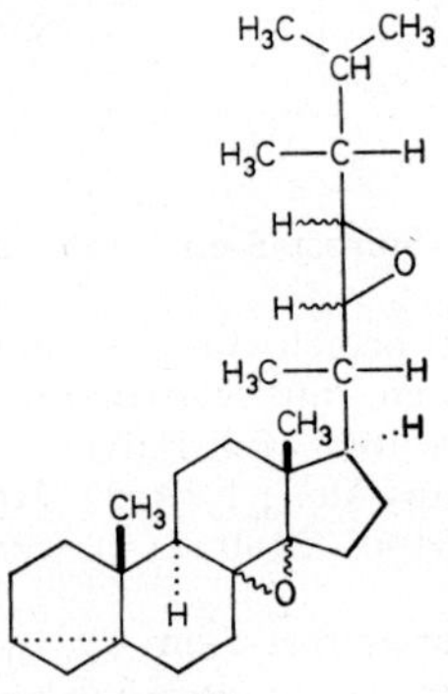

II

(22Ξ,23Ξ)-8,14;22,23-Diepoxy-3α,5α-cyclo-8ξ,14ξ-ergostan $C_{28}H_{44}O_2$, Formel II.

a) Stereoisomeres vom F: 137°.

B. Neben dem unter b) beschriebenen Stereoisomeren beim Behandeln von 3α,5α-Cyclo-ergosta-8(14),22*t*-dien mit Peroxybenzoesäure in Benzol (*Cahill et al.*, J. org. Chem. **18** [1953] 720, 726).

Krystalle (aus A.); F: 136—137° [unkorr.; Kofler-App.]. $[\alpha]_D^{20}$: +26° [$CHCl_3$; c = 0,8].

b) Stereoisomeres vom F: 108°.

B. s. bei dem unter a) beschriebenen Stereoisomeren.

Krystalle (aus A.); F: 107,5—108,5° [unkorr.; Kofler-App.] (*Cahill et al.*, J. org. Chem. **18** [1953] 720, 726). $[\alpha]_D^{20}$: +53° [$CHCl_3$; c = 1].

[1]) Über diese Bezeichnungsweise s. *Kauffmann*, Tetrahedron **28** [1972] 5183.

Stammverbindungen $C_{29}H_{46}O_2$

3,3-Äthandiyldioxy-9,10-seco-cholesta-5*t*,7*c*,10(19)-trien, 9,10-Seco-cholesta-5*t*,7*c*,10(19)-trien-3-on-äthandiylacetal $C_{29}H_{46}O_2$, Formel III.

Bezüglich der Konfigurationszuordnung vgl. das analog hergestellte Cholecalciferol (E III **6** 2811).

B. Bei der Bestrahlung einer Lösung von 3,3-Äthandiyldioxy-cholesta-5,7-dien in Benzol mit UV-Licht (*Baron, Bidallier*, Bl. **1959** 1330, 1332).

Krystalle (aus Acn.); F: 98—99°. UV-Absorptionsmaxima: 265 nm und 290 nm.

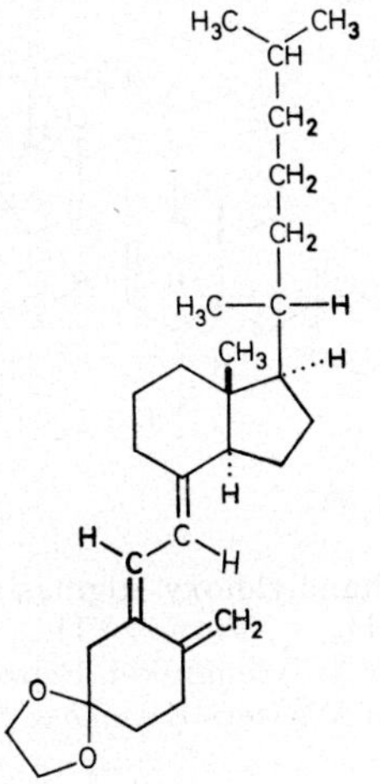

III 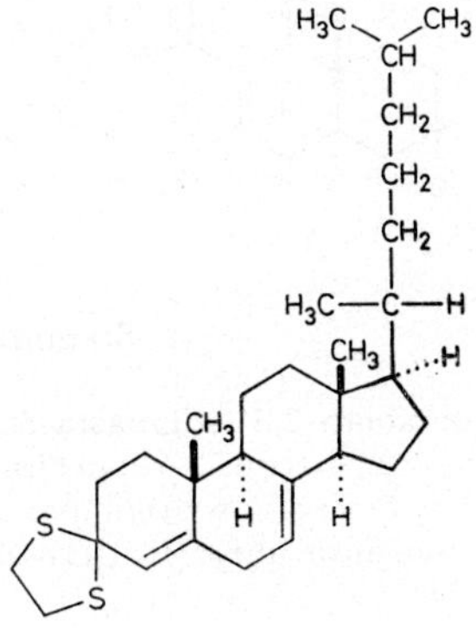 IV

Spiro[cholesta-4,7-dien-3,2'-[1,3]dithiolan], 3,3-Äthandiyldimercapto-cholesta-4,7-dien, Cholesta-4,7-dien-3-on-äthandiyldithioacetal $C_{29}H_{46}S_2$, Formel IV.

B. Beim Behandeln einer Lösung von Cholesta-4,7-dien-3-on in Benzol mit Äthan-1,2-dithiol, Natriumsulfat und Zinkchlorid (*Antonucci et al.*, J. org. Chem. **17** [1952] 1341, 1347).

Krystalle (aus Acn.); F: 95—103°. $[\alpha]_D^{29}$: +108°; $[\alpha]_{546}^{29}$: +134° [jeweils in $CHCl_3$; c = 0,7].

Spiro[cholesta-5,7-dien-3,2'-[1,3]dioxolan], 3,3-Äthandiyldioxy-cholesta-5,7-dien, Cholesta-5,7-dien-3-on-äthandiylacetal $C_{29}H_{46}O_2$, Formel V.

B. Beim Erwärmen von Cholesta-4,7-dien-3-on mit Äthylenglykol, Benzol und wenig Toluol-4-sulfonsäure unter Entfernen des entstehenden Wassers (*Antonucci et al.*, J. org. Chem. **17** [1952] 1341, 1345; *Baron, Bidallier*, Bl. **1959** 1330, 1332). Beim Erwärmen von 3,3-Äthandiyldioxy-cholest-5-en mit *N*-Brom-succinimid in Petroläther unter Belichtung und Erhitzen einer Lösung des Reaktionsprodukts in Xylol mit 2,4,6-Trimethyl-pyridin (*An. et al.*).

Krystalle; F: 137,5—139,5° [unkorr.; aus Acn.] (*An. et al.*), 134° [aus Bzl. + A.] (*Ba., Bi.*). $[\alpha]_D^{20}$: −16,6°; $[\alpha]_{546}^{20}$: −27,0° [jeweils in $CHCl_3$; c = 1] (*An. et al.*); $[\alpha]_D^{20}$: −14° [$CHCl_3$; c = 3] (*Ba., Bi.*). UV-Absorptionsmaxima (A.): 271 nm, 282 nm und 294 nm (*An. et al.*).

Stammverbindungen $C_{30}H_{48}O_2$

5α-Spiro[[1,3]dioxolan-2,3'-ergosta-7',22'*t*-dien], 3,3-Äthandiyldioxy-5α-ergosta-7,22*t*-dien, 5α-Ergosta-7,22*t*-dien-3-on-äthandiylacetal $C_{30}H_{48}O_2$, Formel VI.

B. Beim Erwärmen von 5α-Ergosta-7,22*t*-dien-3-on mit Äthylenglykol, Benzol und wenig Toluol-4-sulfonsäure unter Entfernen des entstehenden Wassers (*Antonucci et al.*, J. org. Chem. **17** [1952] 1341, 1347). Aus 3,3-Äthandiyldioxy-ergosta-5,7,22*t*-trien beim Hydrieren an Raney-Nickel in Äthanol sowie beim Behandeln einer Lösung in Äthanol mit Natrium (*An. et al.*).

Krystalle (aus Acn. + Me.); F: 163—165° [unkorr.]. $[\alpha]_D^{29}$: —7° [$CHCl_3$; c = 2]; $[\alpha]_D^{31}$: —12,2° [$CHCl_3$; c = 2].

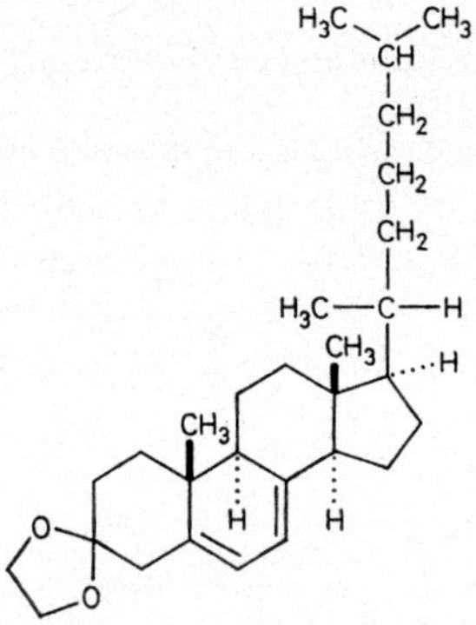

V

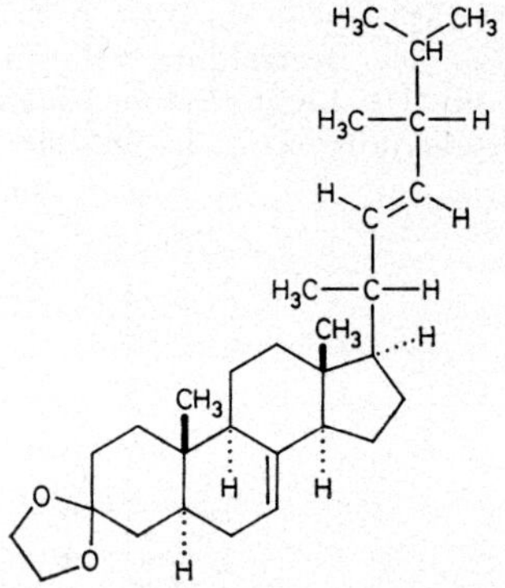

VI

Stammverbindungen $C_{31}H_{50}O_2$

Spiro[[1,3]dioxolan-2,3'-stigmasta-5',22't-dien], 3,3-Äthandiyldioxy-stigmasta-5,22t-dien, Stigmasta-5,22*t*-dien-3-on-äthandiylacetal $C_{31}H_{50}O_2$, Formel VII.

B. Beim Erwärmen von Stigmasta-4,22*t*-dien-3-on mit Äthylenglykol, Benzol und wenig Toluol-4-sulfonsäure unter Entfernen des entstehenden Wassers (*Squibb & Sons*, U.S.P. 2378918 [1941]).

F: 131°.

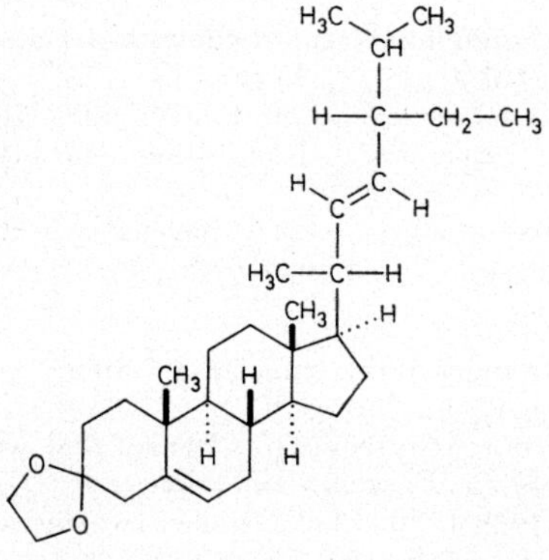

VII

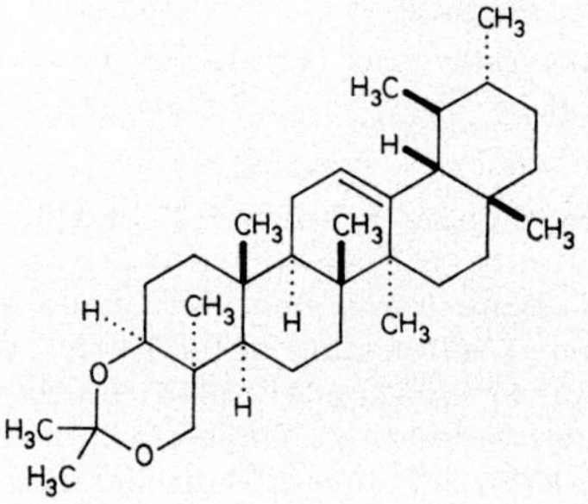

VIII

Stammverbindungen $C_{33}H_{54}O_2$

3β,24-Isopropylidendioxy-urs-12-en [1]) $C_{33}H_{54}O_2$, Formel VIII.

Konstitution und Konfiguration: *Allan*, Phytochemistry **7** [1968] 963, 967.

B. Beim Behandeln von Urs-12-en-3β,24-diol mit Aceton und wenig Schwefelsäure (*Beton et al.*, Soc. **1956** 2904, 2909).

Krystalle (aus Me.), F: 160—162° [Kofler-App.]; $[\alpha]_D$: +87° [$CHCl_3$; c = 1] (*Be. et al.*).

[*Appelt*]

[1]) Stellungsbezeichnung bei von Ursan abgeleiteten Namen s. E III **5** 1340.

Stammverbindungen $C_nH_{2n-14}O_2$

Stammverbindungen $C_{10}H_6O_2$

2,2-Dioxo-2λ⁶-naphth[1,8-*cd*][1,2]oxathiol, Naphth[1,8-*cd*][1,2]oxathiol-2,2-dioxid, 8-Hydroxy-naphthalin-1-sulfonsäure-lacton $C_{10}H_6O_3S$, Formel I (X = H) (H 43; E II 32; dort als Naphthsulton bezeichnet).

Krystalle (aus Bzl.); F: 157–158° (*Blangey*, Helv. **21** [1938] 1579, 1600).

Beim Erwärmen einer Lösung in 1,2,4-Trichlor-benzol mit Acetylchlorid und Aluminiumchlorid ist 5-Acetyl-8-hydroxy-naphthalin-1-sulfonsäure-lacton erhalten worden (*Schetty*, Helv. **30** [1947] 1650, 1654).

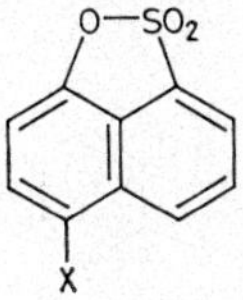

I 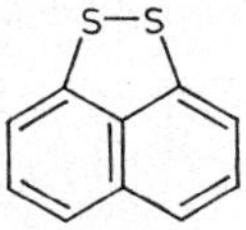 II 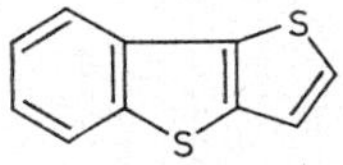 III

6-Jod-2,2-dioxo-2λ⁶-napth[1,8-*cd*][1,2]oxathiol, 6-Jod-naphth[1,8-*cd*][1,2]oxathiol-2,2-dioxid, 8-Hydroxy-5-jod-naphthalin-1-sulfonsäure-lacton $C_{10}H_5IO_3S$, Formel I (X = I).

B. Beim Behandeln von 8-Hydroxy-napthalin-1-sulfonsäure-lacton mit Schwefelsäure, Essigsäure, Jod und Salpetersäure (*Allport, Bu'Lock*, Soc. **1958** 4090, 4093).

Krystalle (aus Eg. + Bzl.); F: 205,5–206,5°.

Naphtho[1,8-*cd*][1,2]dithiol, 1,8-Epidithio-naphthalin $C_{10}H_6S_2$, Formel II (E II 33; dort als Naphthylen-(1.8)-disulfid bezeichnet).

Diese Verbindung hat wahrscheinlich auch in dem von *Lanfry* (s. E I **5** 261) beim Leiten von Naphthalin-Dampf mit Schwefel-Dampf durch ein glühendes Eisenrohr erhaltenen Präparat (F: 118,5° [korr.]) vorgelegen (*Desai, Tilak*, J. scient. ind. Res. India **19**B [1960] 390, 391; *Woroshzow, Rodionow*, Doklady Akad. S.S.S.R. **134** [1960] 1085; Pr. Acad. Sci. U.S.S.R. Chem. Sect. **130–135** [1960] 1127).

Dipolmoment (ε; Bzl.): 1,49 D (*Lumbroso, Marschalk*, J. Chim. phys. **48** [1951] 123, 132).

Orangefarbene Krystalle (aus Eg.); F: 119° (*Lu., Ma.*). Magnetische Susceptibilität: $-110{,}0 \cdot 10^{-6}$ cm³·mol⁻¹ (*Pacault, Marschalk*, Bl. **1952** 141, 143).

Beim Behandeln mit Essigsäure und wss. Wasserstoffperoxid (75 %ig) ist Bis-[8-sulfino-[1]naphthyl]-disulfid erhalten worden (*Suszko, Bartz*, Roczniki Chem. **29** [1955] 483, 486; C. A. **1956** 5599).

Benzo[*b*]thieno[2,3-*d*]thiophen $C_{10}H_6S_2$, Formel III.

B. Beim Erhitzen von 5,6,7,8-Tetrahydro-benzo[*b*]thieno[2,3-*d*]thiophen mit Diphenyldisulfid auf 250° (*Ghaisas, Tilak*, Pr. Indian Acad. [A] **39** [1954] 14, 17).

Krystalle (aus A.); F: 87–88° (*Gh., Ti.*). IR-Spektrum (KBr; 2–15,5 μ): A.P.I. Res. Project **44** Nr. 2137 [1959].

Verbindung mit 1,3,5-Trinitro-benzol $C_{10}H_6S_2 \cdot C_6H_3N_3O_6$. Gelbe Krystalle (aus A.); F: 135° (*Gh., Ti.*).

Benzo[*b*]thieno[3,2-*d*]thiophen $C_{10}H_6S_2$, Formel IV.

B. Beim Erwärmen einer Lösung von Benzo[*b*]thiophen-2-ylmercapto-acetaldehyd-dimethylacetal in Benzol mit Phosphor(V)-oxid und Phosphorsäure (*Mitra et al.*, J. scient. ind. Res. India **16** B [1957] 348, 351; s. a. *Pandya, Tilak*, J. scient. ind. Res. India **18** B [1959] 371, 374).

Krystalle; F: 61,5° (*Pa., Ti.*), 61–61,5° [aus Me.] (*Mi. et al.*).

Verbindung mit 1,3,5-Trinitro-benzol $C_{10}H_6S_2 \cdot C_6H_3N_3O_6$. Orangegelbe Krystalle (aus Me.); F: 124–125° (*Mi. et al.*).

Benzo[1,2-*b*;4,5-*b'*]dithiophen $C_{10}H_6S_2$, Formel V (X = H).

B. Beim Erhitzen von 4,8-Dichlor-benzo[1,2-*b*;4,5-*b'*]dithiophen mit Acetanhydrid, Pyridin und Kupfer(I)-oxid (*Rao, Tilak,* J. scient. ind. Res. India **16** B [1957] **65, 67**).

Krystalle; F: 198° [aus Bzl. + PAe.] (*Rao, Ti.*).

Verbindung mit Picrinsäure $C_{10}H_6S_2 \cdot C_6H_3N_3O_7$. Rote Krystalle (aus A.); F: 159° (*Rao, Ti.*).

In einem von *Dann, Kokorudz* (B. **91** [1958] 181, 182, 186) als Benzo[1,2-*b*;4,5-*b'*]di= thiophen beschriebenen Präparat (Krystalle [aus A.], F: 117–117,5°; Verbindung mit Picrinsäure $C_{10}H_6S_2 \cdot C_6H_3N_3O_7$; orangerote Krystalle [aus A.], F: 150–151°), das beim Erwärmen einer Lösung von Benzo[*b*]thiophen-5-ylmercapto-acetaldehyd-dimethylacetal in Xylol mit Phosphorsäure und Phosphor(V)-oxid erhalten worden ist, hat möglicherweise Benzo[1,2-*b*;4,3-*b'*]dithiophen (S. 325) vorgelegen.

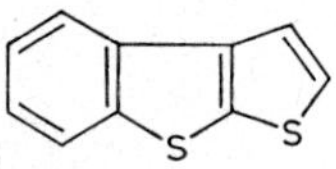

IV 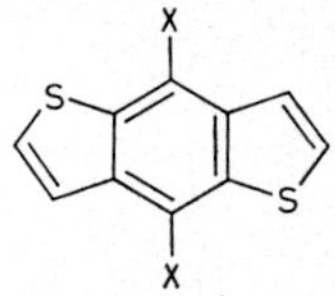 V 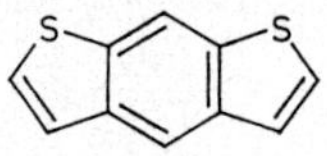 VI

4,8-Dichlor-benzo[1,2-*b*;4,5-*b'*]dithiophen $C_{10}H_4Cl_2S_2$, Formel V (X = Cl).

B. Beim Erhitzen von 1,4-Dichlor-2,5-bis-[2,2-dimethoxy-äthylmercapto]-benzol mit Chlorbenzol, Phosphor(V)-oxid und Phosphorsäure (*Rao, Tilak,* J. scient. ind. Res. India **16** B [1957] 65, 67).

Krystalle (aus Acn.); F: 219°. Unter vermindertem Druck sublimierbar.

Benzo[1,2-*b*;5,4-*b'*]dithiophen $C_{10}H_6S_2$, Formel VI.

B. Neben Benzo[1,2-*b*;3,4-*b'*]dithiophen beim Erwärmen von 1,3-Bis-[2,2-dimethoxy-äthylmercapto]-benzol mit Phosphor(V)-oxid in Benzol (*Rao, Tilak,* J. scient. ind. Res. India **13** B [1954] 829, 831).

Krystalle (aus PAe.); F: 184° (*Rao, Ti.*). IR-Spektrum (KBr; 2–15,5 μ): A.P.I. Res. Project **44** Nr. 2139 [1959]. UV-Spektrum (210–320 nm): *Rao, Ti.*

Verbindung mit Picrinsäure $C_{10}H_6S_2 \cdot 2C_6H_3N_3O_7$. Orangerote Krystalle (aus A.); F: 136° (*Rao, Ti.*).

Benzo[1,2-*b*;3,4-*b'*]dithiophen $C_{10}H_6S_2$, Formel VII (X = H).

B. Beim Erhitzen von 5-Chlor-benzo[1,2-*b*;3,4-*b'*]dithiophen mit Acetanhydrid, Pyridin und Kupfer(I)-oxid (*Rao, Tilak,* J. scient. ind. Res. India **13** B [1954] **829, 832**). Weitere Bildungsweise s. im vorangehenden Artikel.

Krystalle (aus A.); F: 43–44° (*Rao, Ti.,* l. c. S. 833). IR-Spektrum (KBr; 2–15,5 μ): A.P.I. Res. Project **44** Nr. 2138 [1959]. UV-Spektrum (210–320 nm): *Rao, Ti.,* l. c. S. 831.

Verbindung mit Picrinsäure $C_{10}H_6S_2 \cdot C_6H_3N_3O_7$. Orangefarbene Krystalle (aus A.); F: 148–149° (*Rao, Ti.*).

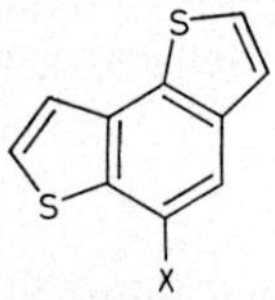

VII 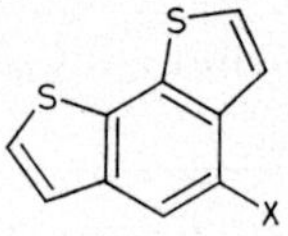 VIII 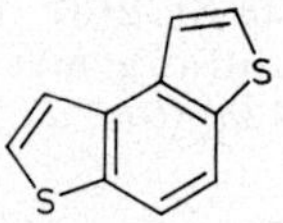 IX

5-Chlor-benzo[1,2-*b*;3,4-*b'*]dithiophen $C_{10}H_5ClS_2$, Formel VII (X = Cl).

B. Beim Erwärmen von 1-Chlor-2,4-bis-[2,2-dimethoxy-äthylmercapto]-benzol mit Phosphor(V)-oxid in Benzol (*Rao, Tilak,* J. scient. ind. Res. India **13** B [1954] **829, 832**).

Krystalle (aus PAe.); F: 76°. Unter vermindertem Druck sublimierbar.

Verbindung mit Picrinsäure $C_{10}H_5ClS_2 \cdot C_6H_3N_3O_7$. Gelbe Krystalle (aus A.);

F: 112—113° (*Rao, Ti.*).

Benzo[2,1-*b*;3,4-*b'*]dithiophen $C_{10}H_6S_2$, Formel VIII (X = Cl).

B. Beim Erhitzen von 1,2-Bis-[2,2-dimethoxy-äthylmercapto]-benzol mit Chlorbenzol, Phosphor(V)-oxid und Phosphorsäure (*Rao, Tilak,* J. scient. ind. Res. India **17**B [1958] 260, 265). Beim Erhitzen von 4-Brom-benzo[2,1-*b*;3,4-*b'*]dithiophen mit Acetanhydrid, Pyridin und Kupfer(I)-oxid (*Rao, Ti.*).

Kp_2: 119—122°.

Verbindung mit Picrinsäure $C_{10}H_6S_2 \cdot C_6H_3N_3O_7$. Orangerote Krystalle (aus A.); F: 160—161°.

4-Brom-benzo[2,1-*b*;3,4-*b'*]dithiophen $C_{10}H_5BrS_2$, Formel VIII (X = Br).

B. Beim Erhitzen von 4-Brom-1,2-bis-[2,2-dimethoxy-äthylmercapto]-benzol mit Chlorbenzol, Phosphor(V)-oxid und Phosphorsäure (*Rao, Tilak,* J. scient. ind. Res. India **17**B [1958] 260, 265).

Krystalle (aus A.); F: 88°.

Verbindung mit Picrinsäure $C_{10}H_5BrS_2 \cdot C_6H_3N_3O_7$. Orangegelbe Krystalle (aus A.); F: 110—112°.

Benzo[1,2-*b*;4,3-*b'*]dithiophen $C_{10}H_6S_2$, Formel IX.

B. Beim Erhitzen von 1,4-Bis-[2,2-dimethoxy-äthylmercapto]-benzol mit Chlorbenzol, Phosphor(V)-oxid und Phosphorsäure (*Rao, Tilak,* J. scient. ind. Res. India **16**B [1957] 65, 66).

Krystalle (aus PAe.); F: 118°.

Verbindung mit Picrinsäure $C_{10}H_6S_2 \cdot C_6H_3N_3O_7$. Orangefarbene Krystalle (aus A.); F: 148—149°.

Stammverbindungen $C_{11}H_8O_2$

Naphtho[1,8-*de*][1,3]dioxin, 1,8-Methylendioxy-naphthalin $C_{11}H_8O_2$, Formel X (X = H).

B. Beim Erwärmen einer Lösung von Naphthalin-1,8-diol in Aceton mit Methylen=sulfat (E IV **1** 3054) und wss. Natronlauge (*Carnero, Calvet,* An. Soc. españ. **32** [1934] 1157, 1164).

Krystalle; F: 29—30°; Kp_{11}: 139° (*Car., Cal.*).

Beim Behandeln mit Brom in Wasser ist ein Brom-Derivat $C_{11}H_7BrO_2$ (Krystalle [aus A.], F: 70—72°), beim Behandeln mit Brom in Tetrachlormethan ist ein Tribrom-Derivat $C_{11}H_5Br_3O_2$ (Krystalle [aus Eg.], F: 212—214° [Zers.]), beim Behandeln mit wss. Salpetersäure (D: 1,4) ist ein Nitro-Derivat $C_{11}H_7NO_4$ (gelbe Krystalle [aus A.], F: 146—148°), beim Behandeln mit Salpetersäure und Essigsäure sind 4(?),9(?)-Dinitro-naphtho[1,8-*de*][1,3]dioxin (s. u.) und 6,7-Dinitro-naphtho[1,8-*de*][1,3]dioxin erhalten worden (*Car., Cal.,* l. c. S. 1165; *Calvet, Carnero,* Soc. **1936** 556, 559).

Verbindung mit Picrinsäure $C_{11}H_8O_2 \cdot C_6H_3N_3O_7$. Krystalle (aus A.); F: 135—137° (*Car., Cal.*).

4(?),9(?)-Dinitro-naphtho[1,8-*de*][1,3]dioxin, 1,8-Methylendioxy-2(?),7(?)-dinitro-naphthalin $C_{11}H_6N_2O_6$, vermutlich Formel X (X = NO_2).

B. Neben kleineren Mengen 6,7-Dinitro-naphtho[1,8-*de*][1,3]dioxin beim Behandeln von Naphtho[1,8-*de*][1,3]dioxin mit Salpetersäure und Essigsäure (*Calvet, Carnero,* Soc. **1936** 556, 559).

Gelbliche Krystalle (aus Eg.); F: 198—200°.

6,7-Dinitro-naphtho[1,8-*de*][1,3]dioxin, 1,8-Methylendioxy-4,5-dinitro-naphth=alin $C_{11}H_6N_2O_6$, Formel XI.

B. s. im vorangehenden Artikel.

Krystalle (aus A.); F: 177—179° (*Calvet, Carnero,* Soc. **1936** 556, 559).

6-Methyl-2,2-dioxo-2λ⁶-naphth[1,8-*cd*][1,2]oxathiol, 6-Methyl-naphth[1,8-*cd*][1,2]oxathiol-2,2-dioxid, 8-Hydroxy-5-methyl-naphthalin-1-sulfonsäure-lacton $C_{11}H_8O_3S$, Formel XII (X = H).

B. Beim Erhitzen von 5-Chlormethyl-8-hydroxy-naphthalin-1-sulfonsäure-lacton mit Essigsäure und Zink-Pulver (*Schetty*, Helv. **31** [1948] 1229, 1233).

Krystalle (aus Eg.); F: 162° [unkorr.] (mit ca. 0,5% Bis-[2,2-dioxo-2λ⁶-naphth[1,8-*cd*][1,2]oxathiol-6-yl]-methan verunreinigtes Präparat).

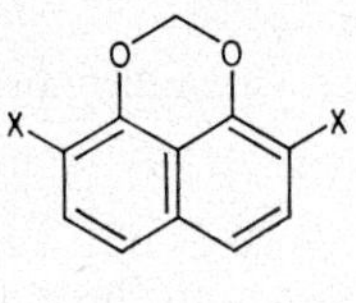

X 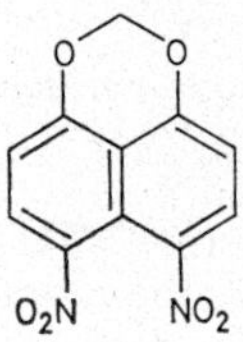 XI 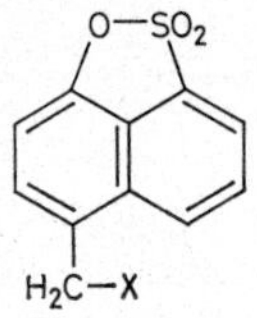 XII 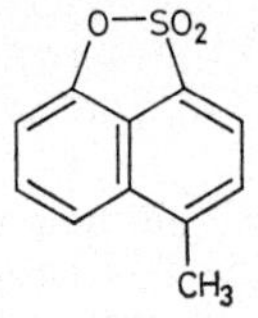 XIII 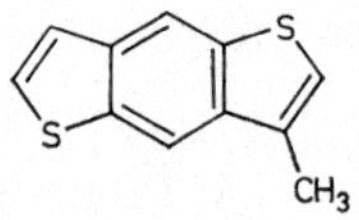 XIV

6-Chlormethyl-2,2-dioxo-2λ⁶-naphth[1,8-*cd*][1,2]oxathiol, 6-Chlormethyl-naphth[1,8-*cd*][1,2]oxathiol-2,2-dioxid, 5-Chlormethyl-8-hydroxy-naphthalin-1-sulfonsäure-lacton $C_{11}H_7ClO_3S$, Formel XII (X = Cl).

B. Beim Erwärmen von 8-Hydroxy-naphthalin-1-sulfonsäure-lacton mit Paraformaldehyd, Zinkchlorid und Chlorwasserstoff enthaltender Essigsäure unter Durchleiten von Chlorwasserstoff (*Schetty*, Helv. **31** [1948] 1229, 1232).

Krystalle (aus $CHCl_3$ + Me.); F: 144,5—145,5° [unkorr.] (*Sch.*, l. c. S. 1233).

Beim Erhitzen mit Phenol sind 4-[2,2-Dioxo-2λ⁶-naphth[1,8-*cd*][1,2]oxathiol-6-ylmethyl]-phenol, 2-[2,2-Dioxo-2λ⁶-naphth[1,8-*cd*][1,2]oxathiol-6-ylmethyl]-phenol und eine Verbindung vom F: 228—231°, beim Erhitzen mit *p*-Kresol auf 140° sind 2-[2,2-Dioxo-2λ⁶-naphth[1,8-*cd*][1,2]oxathiol-6-ylmethyl]-4-methyl-phenol und 2,6-Bis-[2,2-dioxo-2λ⁶-naphth[1,8-*cd*][1,2]oxathiol-6-ylmethyl]-4-methyl-phenol erhalten worden (*Sch.*, l. c. S. 1236, 1237).

6-Brommethyl-2,2-dioxo-2λ⁶-naphth[1,8-*cd*][1,2]oxathiol, 6-Brommethyl-naphth[1,8-*cd*][1,2]oxathiol-2,2-dioxid, 5-Brommethyl-8-hydroxy-naphthalin-1-sulfonsäure-lacton $C_{11}H_7BrO_3S$, Formel XII (X = Br).

B. Beim Erwärmen von 8-Hydroxy-naphthalin-1-sulfonsäure-lacton mit Paraformaldehyd, Zinkchlorid (oder Zinkbromid) und Bromwasserstoff in Essigsäure (*Schetty*, Helv. **31** [1948] 1229, 1233).

Krystalle (aus $CHCl_3$); F: 145—146° [unkorr.].

5-Methyl-2,2-dioxo-2λ⁶-naphth[1,8-*cd*][1,2]oxathiol, 5-Methyl-naphth[1,8-*cd*][1,2]oxathiol-2,2-dioxid, 8-Hydroxy-4-methyl-naphthalin-1-sulfonsäure-lacton $C_{11}H_8O_3S$, Formel XIII.

B. Beim Behandeln des Natrium-Salzes der 8-Amino-4-methyl-naphthalin-1-sulfonsäure mit wss. Salzsäure und wss. Natriumnitrit-Lösung und anschliessenden Erwärmen (*Steiger*, Helv. **13** [1930] 173, 186). Beim aufeinanderfolgenden Behandeln von 8-Amino-4-methyl-naphthalin-1-sulfonsäure mit wss. Kalilauge, wss. Schwefelsäure und mit wss. Natriumnitrit-Lösung und anschliessenden Erwärmen (*Veselý*, *Bubeník*, Collect. **11** [1939] 412, 419).

Krystalle (aus Bzl.); F: 161—161,5° [korr.; nach Sintern] (*St.*), 159—160° (*Ve.*, *Bu.*).

Beim Erwärmen mit äthanol. Kalilauge und Erwärmen einer wss. Lösung des Reaktionsprodukts mit Natrium-Amalgam ist 5-Methyl-[1]naphthol erhalten worden (*Ve.*, *Bu.*, l. c. S. 420).

3-Methyl-benzo[1,2-*b*;4,5-*b'*]dithiophen $C_{11}H_8S_2$, Formel XIV.

Diese Konstitution ist der nachstehend beschriebenen Verbindung zugeordnet worden (*Dann*, *Kokorudz*, B. **91** [1958] 181, 185; s. dagegen die Angaben im Artikel Benzo[1,2-*b*;4,5-*b'*]dithiophen [S. 324]).

B. Beim Behandeln von Benzo[*b*]thiophen-5-ylmercapto-aceton mit Schwefelsäure bei —12° (*Dann*, *Ko.*).

Krystalle (aus Me.); F: 99—100°. UV-Spektrum (A.; 210—320 nm): *Dann, Ko.*, l. c. S. 182.

Verbindung mit Picrinsäure $C_{11}H_8S_2 \cdot C_6H_3N_3O_7$. Orangerote Krystalle (aus A.); F: 154—156°.

Stammverbindungen $C_{12}H_{10}O_2$

1*t*(?),4*t*(?)-Bis-[2]thienyl-buta-1,3-dien $C_{12}H_{10}S_2$, vermutlich Formel I.

Bezüglich der Konfigurationszuordnung s. *Miller, Nord*, J. org. Chem. **16** [1951] 1380, 1382.

B. Beim Erhitzen von Thiophen-2-carbaldehyd mit Bernsteinsäure, Blei(II)-oxid und Acetanhydrid (*Mi., Nord*, l. c. S. 1387). Beim Erhitzen von [2]Thienylessigsäure mit 3*t*(?)-[2]Thienyl-acrylaldehyd (Kp_5: 108—112°), Blei(II)-oxid und Acetanhydrid (*Mi., Nord*, l. c. S. 1387).

F: 164,5—165°.

2,3-Di-[2]furyl-buta-1,3-dien $C_{12}H_{10}O_2$, Formel II.

B. Aus Furil und Methylmagnesiumjodid (*Mironescu et al.*, Bulet. Soc. Chim. România **14** [1932] 187).

Krystalle (aus A.); F: 145°.

2,3-Dihydro-naphtho[2,3-*b*][1,4]dioxin, 2,3-Äthandiyldioxy-naphthalin $C_{12}H_{10}O_2$, Formel III (X = H).

B. Beim Erhitzen von Naphthalin-2,3-diol mit Kaliumcarbonat in Äthylenglykol und anschliessend mit 1,2-Dichlor-äthan (*Heertjes et al.*, R. **73** [1954] 513, 520).

Krystalle (aus A.); F: 81,5—82°.

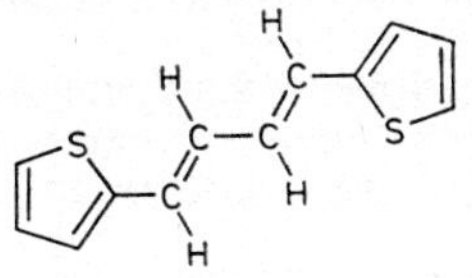

I 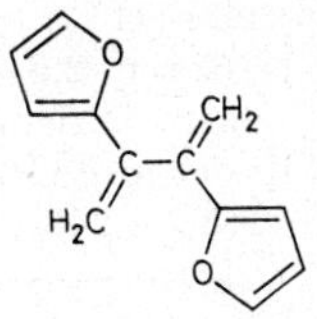 II 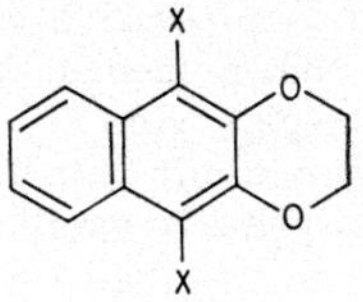 III

5,10-Dibrom-2,3-dihydro-naphtho[2,3-*b*][1,4]dioxin, 2,3-Äthandiyldioxy-1,4-di= brom-naphthalin $C_{12}H_8Br_2O_2$, Formel III (X = Br).

B. Beim Erwärmen einer Lösung von 2,3-Dihydro-naphtho[2,3-*b*][1,4]dioxin in Äthanol mit Brom (*Heertjes et al.*, R. **74** [1955] 31, 38).

Krystalle (aus Acn.); F: 214—215° [von 150° an sublimierend].

5-Nitro-2,3-dihydro-naphtho[2,3-*b*][1,4]dioxin, 2,3-Äthandiyldioxy-1-nitro-naphthalin $C_{12}H_9NO_4$, Formel IV.

B. Neben wenig 6-Nitro-2,3-dihydro-naphtho[2,3-*b*][1,4]dioxin und 7-Nitro-2,3-di= hydro-naphtho[2,3-*b*][1,4]dioxin beim Behandeln von 2,3-Dihydro-naphtho[2,3-*b*][1,4]di= oxin mit Salpetersäure und Essigsäure (*Heertjes et al.*, R. **73** [1954] 513, 524). Aus 5-Amino-10-nitro-2,3-dihydro-naphtho[2,3-*b*][1,4]dioxin über die Diazonium-Verbindung (*Heertjes et al.*, R. **74** [1955] 31, 37).

Krystalle (aus A.); F: 119—119,5° (*He. et al.*, R. **73** 524).

6-Nitro-2,3-dihydro-naphtho[2,3-*b*][1,4]dioxin, 6,7-Äthandiyldioxy-1-nitro-naphthalin $C_{12}H_9NO_4$, Formel V.

B. s. im vorangehenden Artikel.

Krystalle (aus E.); F: 146—146,5° (*Heertjes et al.*, R. **73** [1954] 513, 524).

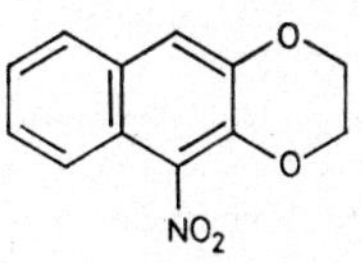

IV 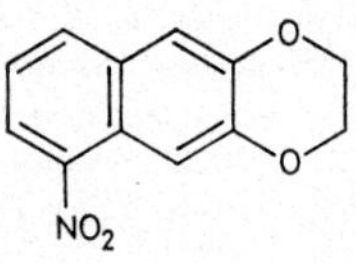 V 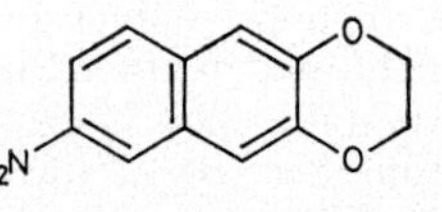 VI

7-Nitro-2,3-dihydro-naphtho[2,3-*b*][1,4]dioxin, 2,3-Äthandiyldioxy-6-nitro-naphthalin $C_{12}H_9NO_4$, Formel VI.

B. s. S. 327 im Artikel 5-Nitro-2,3-dihydro-naphtho[2,3-*b*][1,4]dioxin.

Krystalle (aus A.); F: 222,5–223° (*Heertjes et al.*, R. **73** [1954] 513, 524).

5,10-Dibrom-6-nitro-2,3-dihydro-naphtho[2,3-*b*][1,4]dioxin, 2,3-Äthandiyldioxy-1,4-dibrom-5-nitro-naphthalin $C_{12}H_7Br_2NO_4$, Formel VII (R = H, X = NO_2), und **5,10-Dibrom-7-nitro-2,3-dihydro-naphtho[2,3-*b*][1,4]dioxin,** 2,3-Äthandiyldioxy-1,4-dibrom-6-nitro-naphthalin $C_{12}H_7Br_2NO_4$, Formel VII (R = NO_2, X = H).

Diese beiden Formeln kommen für die nachstehend beschriebene Verbindung in Betracht.

B. Neben kleineren Mengen 2,3-Dihydro-naphtho[2,3-*b*][1,4]dioxin-5,10-dion beim Erwärmen von 5,10-Dibrom-2,3-dihydro-naphtho[2,3-*b*][1,4]dioxin mit Essigsäure und Salpetersäure (*Heertjes et al.*, R. **74** [1955] 31, 39).

F: 158–159°.

VII VIII IX

5,10-Dinitro-2,3-dihydro-naphtho[2,3-*b*][1,4]dioxin, 2,3-Äthandiyldioxy-1,4-dinitro-naphthalin $C_{12}H_8N_2O_6$, Formel III (X = NO_2).

B. Neben kleinen Mengen x,x-Dinitro-2,3-dihydro-naphtho[2,3-*b*][1,4]dioxin ($C_{12}H_8N_2O_6$) vom F: 233,5–234° beim Erwärmen von 2,3-Dihydro-naphtho[2,3-*b*][1,4]dioxin mit Salpetersäure und Essigsäure (*Heertjes et al.*, R. **74** [1955] 31, 37).

Blassgelbe Krystalle (aus A.); F: 272,5–273°.

4*H*-Naphtho[1,2-*d*][1,3]dioxin $C_{12}H_{10}O_2$, Formel VIII.

B. Beim Behandeln von 4*H*-Naphtho[1,2-*d*][1,3]dioxin-6-ylamin-hydrochlorid mit wss. Salzsäure und wss. Natriumnitrit-Lösung und anschliessenden Erwärmen mit einer aus Zinn(II)-chlorid und wss. Kalilauge hergestellten Lösung (*Carnero, Calvet*, An. Soc. españ. **32** [1934] 1157, 1162).

Krystalle; F: 35–37°. Kp_9: 165–170°.

Verbindung mit Picrinsäure $C_{12}H_{10}O_2 \cdot C_6H_3N_3O_7$. Orangefarbene Krystalle; F: 133–135°.

5-Methyl-naphtho[2,3-*d*][1,3]dioxol, 1-Methyl-6,7-methylendioxy-naphthalin $C_{12}H_{10}O_2$, Formel IX.

B. In kleiner Menge beim Erhitzen von 5,5-Dimethyl-5,6,7,8-tetrahydro-naphtho[2,3-*d*][1,3]dioxol mit Schwefel (*Orcutt, Bogert*, Am. Soc. **58** [1936] 2055).

Verbindung mit Picrinsäure $C_{12}H_{10}O_2 \cdot C_6H_3N_3O_7$. F: 134–136°.

6-Methyl-naphtho[2,3-*d*][1,3]dioxol, 6-Methyl-2,3-methylendioxy-naphthalin, **Podophyllomerol** $C_{12}H_{10}O_2$, Formel X.

B. Beim Erwärmen einer Lösung von 6-Methyl-naphthalin-2,3-diol in Aceton mit Dijodmethan und Kaliumcarbonat (*Robertson, Waters*, Soc. **1933** 83, 86). Beim Erhitzen von Podophyllomeronsäure (7-Methyl-naphtho[2,3-*d*][1,3]dioxol-6-carbonsäure) mit Chinolin und Kupfer-Pulver (*Borsche, Niemann*, A. **499** [1932] 59, 67).

Krystalle (aus Me.); F: 129–129,5° (*Bo.*, *Ni.*), 129° (*Ro.*, *Wa.*). Bei Normaldruck destillierbar (*Bo.*, *Ni.*).

Verbindung mit Picrinsäure $C_{12}H_{10}O_2 \cdot C_6H_3N_3O_7$. Orangerote Krystalle; F: 134° (*Bo.*, *Ni.*).

6-Äthyl-2,2-dioxo-2λ^6-naphth[1,8-*cd*][1,2]oxathiol, 6-Äthyl-naphth[1,8-*cd*][1,2]oxathiol-2,2-dioxid, 5-Äthyl-8-hydroxy-naphthalin-1-sulfonsäure-lacton $C_{12}H_{10}O_3S$, Formel XI.

B. Beim Erwärmen des Kalium-Salzes der 5-Äthyl-8-hydroxy-naphthalin-1-sulfonsäure mit Phosphorylchlorid (*Schetty*, Helv. **30** [1947] 1650, 1659).

Krystalle (aus wss. Eg.); F: 106—107°.

X XI XII

4-[2]Thienyl-6,7-dihydro-benzo[*b*]thiophen $C_{12}H_{10}S_2$, Formel XII.

B. Beim Erwärmen von 6,7-Dihydro-5*H*-benzo[*b*]thiophen-4-on mit [2]Thienyl-magnesiumbromid in Äther und Benzol und anschliessenden Behandeln mit wss. Schwefelsäure und Eis (*Szmuszkovicz, Modest*, Am. Soc. **72** [1950] 571, 574).

Krystalle (aus Me.); F: 32—33°. $Kp_{0,05}$: 127°. Wenig beständig.

2,6-Dimethyl-benzo[1,2-*b*;4,5-*b'*]difuran $C_{12}H_{10}O_2$, Formel XIII.

B. Beim Erwärmen von 2,5-Diacetonyl-hydrochinon mit Acetylchlorid (*Bernatek, Ranstad*, Acta chem. scand. **7** [1953] 1351, 1355). Beim Erhitzen des Dikalium-Salzes der 2,6-Dimethyl-benzo[1,2-*b*;4,5-*b'*]difuran-3,7-dicarbonsäure (*Be., Ra.*). Beim Erhitzen von 2,6-Dimethyl-benzo[1,2-*b*;4,5-*b'*]difuran-3,7-dicarbonsäure mit Chinolin und Kupfer(II)-oxid (*Terent'ew et al.*, Ž. obšč. Chim. **24** [1954] 2050; engl. Ausg. S. 2015).

Krystalle; F: 113—114° [aus A.] (*Te. et al.*), 113° [aus wss. Me.] (*Be., Ra.*).

XIII XIV XV

3,5-Dimethyl-benzo[1,2-*b*;5,4-*b'*]difuran $C_{12}H_{10}O_2$, Formel XIV.

B. Beim Erhitzen von 1,5-Diacetyl-2,4-bis-carboxymethoxy-benzol mit Acetanhydrid und Natriumacetat (*Algar et al.*, Pr. Irish Acad. **41** B [1932/33] 8, 11).

Krystalle (aus wss. A.); F: 107—108°.

3,8-Dimethyl-benzo[1,2-*b*;3,4-*b'*]difuran $C_{12}H_{10}O_2$, Formel XV.

Diese Verbindung hat auch in dem früher (s. H **19** 44) als 3,5-Dimethyl-benzo[1,2-*b*;5,4-*b'*]difuran oder 3,8-Dimethyl-benzo[1,2-*b*;3,4-*b'*]difuran beschriebenen, als *m*-Benzodimethyldifuran bezeichneten Präparat (F: 27°) vorgelegen (*Limaye, Panse*, Rasayanam **1** [1941] 231).

B. Beim Erhitzen von [7-Acetyl-3-methyl-benzofuran-6-yloxy]-essigsäure (*Li., Pa.*) oder von [5-Acetyl-3-methyl-benzofuran-4-yloxy]-essigsäure [aus 1-[4-Hydroxy-3-methyl-benzofuran-5-yl]-äthanon hergestellt] (*Limaye, Nagarkar*, Rasayanam **1** [1943] 255) mit Acetanhydrid und Natriumacetat.

F: 27° (*Li., Pa.*; *Li., Na.*). Kp: 270° (*Li., Pa.*).

Stammverbindungen $C_{13}H_{12}O_2$

(±)-2-Chlormethyl-2,3-dihydro-naphtho[2,3-*b*][1,4]dioxin $C_{13}H_{11}ClO_2$, Formel I.

B. Beim Erwärmen einer Lösung von (±)-[2,3-Dihydro-naphtho[2,3-*b*][1,4]dioxin-2-yl]-methanol in Pyridin mit Thionylchlorid (*Geigy A.G.*, U.S.P. 2366611 [1943]).

F: 68°.

6,7-Dimethyl-naphtho[2,3-*d*][1,3]dioxol, 2,3-Dimethyl-6,7-methylendioxy-naphthalin $C_{13}H_{12}O_2$, Formel II (X = H).

B. Bei der Hydrierung von 6,7-Bis-chlormethyl-naphtho[2,3-*d*][1,3]dioxol an Palladium/Kohle in Essigsäure (*Haslam, Haworth*, Soc. **1955** 827, 831).

Krystalle (aus A.); F: 186—187°. UV-Absorptionsmaxima (A.): 265 nm, 278 nm und 288,5 nm (*Ha., Ha.*).

Verbindung mit Picrinsäure. F: 162—163°.

I II III

6,7-Bis-chlormethyl-naphtho[2,3-*d*][1,3]dioxol, 2,3-Bis-chlormethyl-6,7-methylendioxy-naphthalin $C_{13}H_{10}Cl_2O_2$, Formel II (X = Cl).

B. Beim Behandeln einer Lösung von Sesamolin ((3a*R*)-1*c*-Benzo[1,3]dioxol-5-yl-4*c*-benzo[1,3]dioxol-5-yloxy]-(3a*r*,6a*c*)-tetrahydro-furo[3,4-*c*]furan; über die Konfiguration dieser Verbindung s. *Haslam*, Soc. [C] **1970** 2332) in Äther und Äthanol mit konz. wss. Salzsäure und Erwärmen des nach der Abtrennung von Benzo[1,3]dioxol-5-ol isolierten Reaktionsprodukts mit konz. wss. Salzsäure (*Haslam, Haworth*, Soc. **1955** 827, 830).

Krystalle (aus A.); F: 146—147°.

2,2-Dimethyl-naphth[1,2-*d*][1,3]oxathiol $C_{13}H_{12}OS$, Formel III.

B. Beim Behandeln von 1-Mercapto-[2]naphthol mit Aceton und mit Chlorwasserstoff (*Greenwood, Stevenson*, Soc. **1953** 1514, 1516).

$Kp_{2,5}$: 135—136°.

(±)-2,2-Dimethyl-1-oxo-1λ⁴-naphth[1,2-*d*][1,3]oxathiol, (±)-2,2-Dimethyl-naphth[1,2-*d*][1,3]oxathiol-1-oxid $C_{13}H_{12}O_2S$, Formel IV.

B. Beim Behandeln von 2,2-Dimethyl-naphth[1,2-*d*][1,3]oxathiol mit wss. Wasserstoffperoxid und Essigsäure (*Greenwood, Stevenson*, Soc. **1953** 1514, 1516).

Krystalle (aus Bzn.); F: 134°.

IV V VI VII

2,2-Dimethyl-1,1-dioxo-1λ⁶-naphth[1,2-*d*][1,3]oxathiol, 2,2-Dimethyl-naphth[1,2-*d*][1,3]oxathiol-1,1-dioxid $C_{13}H_{12}O_3S$, Formel V.

B. Beim Erwärmen von 2,2-Dimethyl-naphth[1,2-*d*][1,3]oxathiol mit Kaliumpermanganat und Magnesiumsulfat in Wasser (*Greenwood, Stevenson*, Soc. **1953** 1514, 1516).

Krystalle (aus A.); F: 155°.

2,2-Dioxo-6-propyl-2λ⁶-naphth[1,8-*cd*][1,2]oxathiol, 6-Propyl-naphth[1,8-*cd*][1,2]oxathiol-2,2-dioxid, 8-Hydroxy-5-propyl-naphthalin-1-sulfonsäure-lacton $C_{13}H_{12}O_3S$, Formel VI.

B. Beim Erhitzen von Natrium-[8-hydroxy-5-propionyl-naphthalin-1-sulfonat] mit wss. Ammoniak, Zink-Pulver und Kupfer(II)-sulfat auf 200° und Erwärmen des Reaktionsprodukts mit Phosphorylchlorid (*Schetty*, Helv. **30** [1947] 1650, 1660).

F: 81—82°.

2,4,6-Trimethyl-benzo[1,2-*b*;4,5-*b'*]difuran $C_{13}H_{12}O_2$, Formel VII.

B. Beim Erhitzen von 2,4,6-Trimethyl-benzo[1,2-*b*;4,5-*b'*]difuran-3,7-dicarbonsäure mit Chinolin und Kupfer(II)-oxid (*Terent'ew et al.*, Ž. obšč. Chim. **24** [1954] 2050; engl. Ausg. S. 2015).

Krystalle (aus A.); F: 70—71,5°.

Stammverbindungen $C_{14}H_{14}O_2$

1ξ,4ξ-Bis-[5-methyl-[2]furyl]-buta-1,3-dien $C_{14}H_{14}O_2$, Formel VIII.

B. Neben 4-Acetoxy-2-methyl-benzofuran beim Erhitzen von 5-Methyl-furan-2-carb= aldehyd mit Acetanhydrid und Natriumsuccinat (*Reichstein, Hirt*, Helv. **16** [1933] 121, 127).

Gelbe Krystalle (aus Me.); F: 108° [korr.]. Im Hochvakuum sublimierbar.

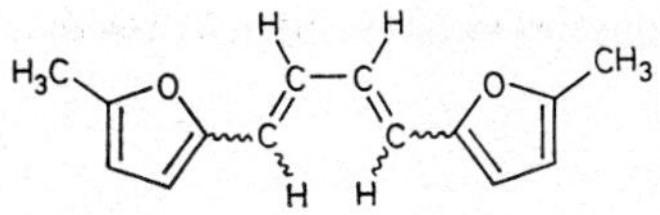

VIII 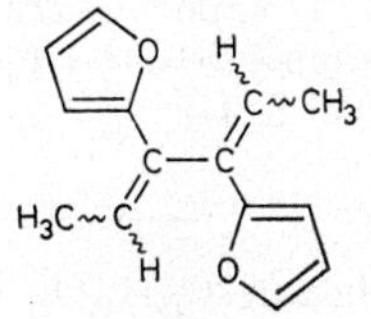 IX 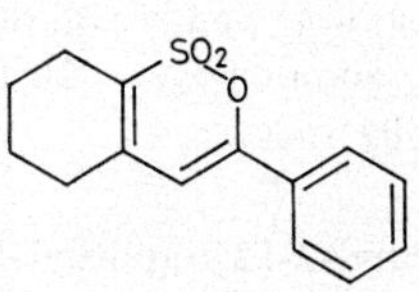 X

3,4-Di-[2]furyl-hexa-2ξ,4ξ-dien $C_{14}H_{14}O_2$, Formel IX.

B. Aus Furil und Äthylmagnesiumbromid (*Mironescu et al.*, Bulet. Soc. Chim. România **14** [1932] 187).

Krystalle (aus A.); F: 128°.

1,1-Dioxo-3-phenyl-5,6,7,8-tetrahydro-1λ⁶-benz[*c*][1,2]oxathiin, 3-Phenyl-5,6,7,8-tetra= hydro-benz[*c*][1,2]oxathiin-1,1-dioxid, 2-[β-Hydroxy-*trans*-styryl]-cyclohex-1-en= sulfonsäure-lacton $C_{14}H_{14}O_3S$, Formel X.

B. Beim Behandeln von 2-Cyclohex-1-enyl-1-phenyl-äthanon mit Acetanhydrid und konz. Schwefelsäure (*Morel, Verkade*, R. **68** [1949] 619, 633).

Krystalle (aus Me.); F: 119,5—120°.

2-Methyl-2-[1]naphthyl-[1,3]dioxolan $C_{14}H_{14}O_2$, Formel XI.

B. Beim Erwärmen von 1-[1]Naphthyl-äthanon mit Äthylenglykol, Benzol (oder Toluol) und wenig Toluol-4-sulfonsäure unter Entfernen des entstehenden Wassers (*Salmi et al.*, Suomen Kem. **20** B [1947] 1, 4).

Kp_{10}: 160—160,5°. D_4^{20}: 1,1414.

2-Methyl-2-[2]naphthyl-[1,3]dioxolan $C_{14}H_{14}O_2$, Formel XII.

B. Beim Erwärmen von 1-[2]Naphthyl-äthanon mit Äthylenglykol, Benzol (oder Toluol) und wenig Toluol-4-sulfonsäure unter Entfernen des entstehenden Wassers (*Salmi et al.*, Suomen Kem. **20** B [1947] 1, 4).

F: 61,5°.

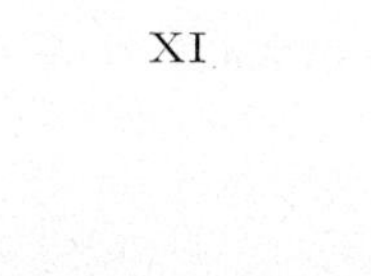

XI 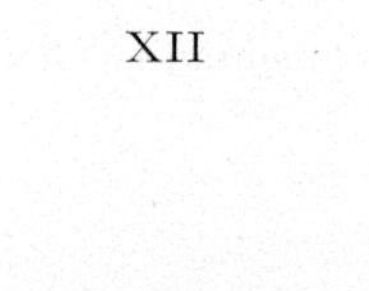 XII 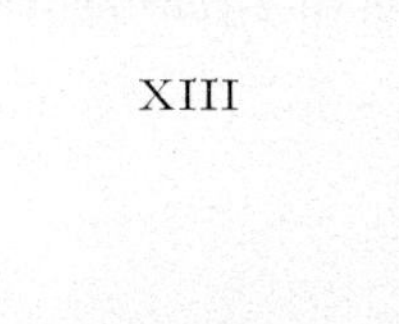 XIII 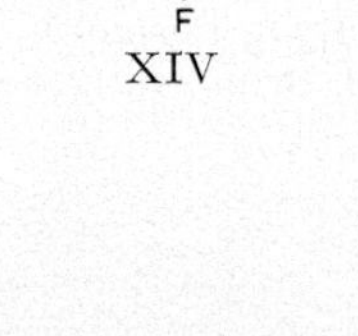 XIV

***Opt.-inakt. 1,3-Dimethyl-1*H*-naphtho[2,1-*d*][1,3]dioxin** $C_{14}H_{14}O_2$, Formel XIII.
Diese Konstitution ist der nachstehend beschriebenen Verbindung zugeordnet worden (*Ueda, Oda,* J. Soc. chem. Ind. Japan **47** [1944] 844; C. A. **1952** 8044).
B. Beim Behandeln von [2]Naphthol mit Paraldehyd und konz. wss. Salzsäure unter Durchleiten von Chlorwasserstoff (*Ueda, Oda*).
Krystalle (aus Me.); F: 90°.

***9,10-Difluor-1,2,3,4,5,6,7,8-octahydro-1,4;5,8-diepoxido-anthracen** $C_{14}H_{12}F_2O_2$, Formel XIV.
B. Bei der Hydrierung von 9,10-Difluor-1,4,5,8-tetrahydro-1,4;5,8-diepoxido-anthracen (S. 387) an Palladium/Kohle in Dioxan (*Wittig, Härle,* A. **623** [1959] 17, 33).
Krystalle; F: 239–240° [durch Sublimation gereinigtes Präparat].

Stammverbindungen $C_{15}H_{16}O_2$

2-Methyl-2-[1]naphthyl-[1,3]dioxan $C_{15}H_{16}O_2$, Formel I.
B. Beim Erwärmen von 1-[1]Naphthyl-äthanon mit Propan-1,3-diol, Benzol (oder Toluol) und wenig Toluol-4-sulfonsäure unter Entfernen des entstehenden Wassers (*Salmi et al.,* Suomen Kem. **20** B [1947] 1, 4).
F: 64°.

2-Methyl-2-[2]naphthyl-[1,3]dioxan $C_{15}H_{16}O_2$, Formel II.
B. Beim Erwärmen von 1-[2]Naphthyl-äthanon mit Propan-1,3-diol, Benzol (oder Toluol) und wenig Toluol-4-sulfonsäure unter Entfernen des entstehenden Wassers (*Salmi et al.,* Suomen Kem. **20** B [1947] 1, 4).
F: 95°.

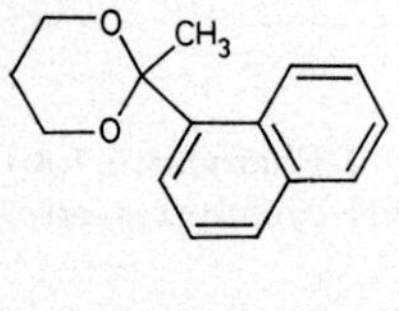

I 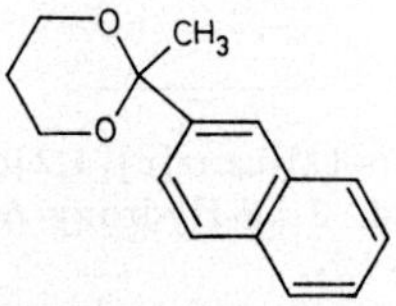 II 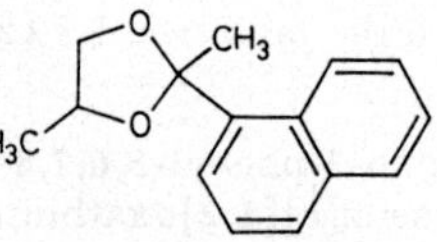 III

***Opt.-inakt. 2,4-Dimethyl-2-[1]naphthyl-[1,3]dioxolan** $C_{15}H_{16}O_2$, Formel III.
B. Beim Erwärmen von 1-[1]Naphthyl-äthanon mit (±)-Propan-1,2-diol, Benzol (oder Toluol) und wenig Toluol-4-sulfonsäure unter Entfernen des entstehenden Wassers (*Salmi et al.,* Suomen Kem. **20** B [1947] 1, 4).
Kp_{10}: 162,5–163°. D_4^{20}: 1,1128.

***Opt.-inakt. 2,4-Dimethyl-2-[2]naphthyl-[1,3]dioxolan** $C_{15}H_{16}O_2$, Formel IV.
B. Beim Erwärmen von 1-[2]Naphthyl-äthanon mit (±)-Propan-1,2-diol, Benzol (oder Toluol) und wenig Toluol-4-sulfonsäure unter Entfernen des entstehenden Wassers (*Salmi et al.,* Suomen Kem. **20** B [1947] 1, 4).
Kp_{13}: 161–162°.

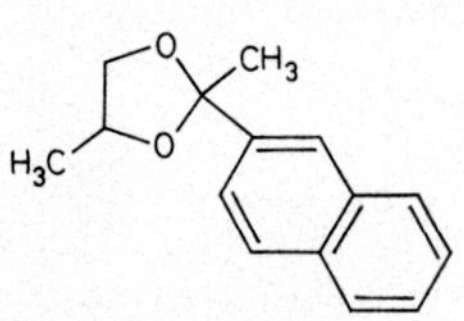

IV 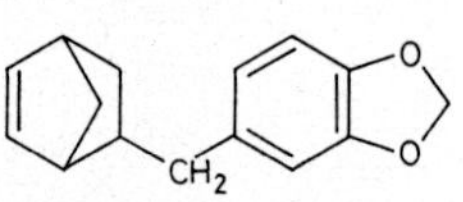 V

***Opt.-inakt. 5-Norborn-5-en-2-ylmethyl-benzo[1,3]dioxol, 5-Piperonyl-norborn-2-en** $C_{15}H_{16}O_2$, Formel V.
B. Beim Erhitzen von Safrol (S. 275) mit Cyclopentadien (*Resinous Prod. & Chem. Co.,*

U.S.P. 2411516 [1944]).
Kp_1: 130–135°.

Stammverbindungen $C_{16}H_{18}O_2$

***Opt.-inakt. 2,4-Dimethyl-2-[1]naphthyl-[1,3]dioxan** $C_{16}H_{18}O_2$, Formel VI.
B. Beim Erwärmen von 1-[1]Napthyl-äthanon mit (±)-Butan-1,3-diol, Benzol (oder Toluol) und wenig Toluol-4-sulfonsäure unter Entfernen des entstehenden Wassers (*Salmi et al.*, Suomen Kem. **20** B [1947] 1, 4).
Kp_{12}: 166,5°. D_4^{20}: 1,1095.

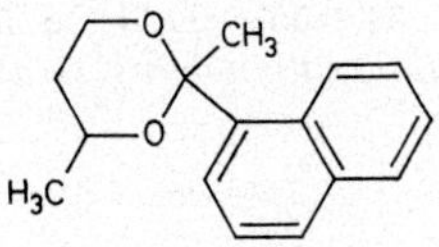

VI 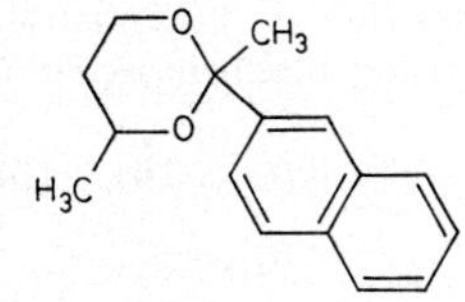 VII 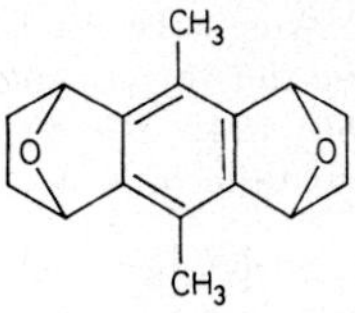 VIII

***Opt.-inakt. 2,4-Dimethyl-2-[2]naphthyl-[1,3]dioxan** $C_{16}H_{18}O_2$, Formel VII.
B. Beim Erwärmen von 1-[2]Naphthyl-äthanon mit (±)-Butan-1,3-diol, Benzol (oder Toluol) und wenig Toluol-4-sulfonsäure unter Entfernen des entstehenden Wassers (*Salmi et al.*, Suomen Kem. **20** B [1947] 1, 4).
F: 55,5°. Kp_{12}: 172–174°.

***9,10-Dimethyl-1,2,3,4,5,6,7,8-octahydro-1,4;5,8-diepoxido-anthracen** $C_{16}H_{18}O_2$, Formel VIII.
B. Bei der Hydrierung von 9,10-Dimethyl-1,4,5,8-tetrahydro-1,4;5,8-diepoxido-anthracen (S. 393) an Palladium/Kohle in Dioxan (*Wittig, Härle*, A. **623** [1959] 17, 32).
Krystalle; F: 217–217,5° [durch Sublimation im Vakuum gereinigtes Präparat].

Stammverbindungen $C_{17}H_{20}O_2$

(±)-3ξ-[4-Nitro-phenyl]-(4a*r*,6a*t*,9a*t*,9b*c*)-decahydro-1*t*,6*t*-cyclo-indeno[5,4-*d*]=[1,3]dioxin $C_{17}H_{19}NO_4$, Formel IX + Spiegelbild.
B. Beim Erhitzen von (±)-(3a*r*,7a*c*)-Octahydro-4*c*,7*c*-methano-inden-5*c*,8*anti*-diol mit 4-Nitro-benzaldehyd, Xylol und wenig Toluol-4-sulfonsäure unter Entfernen des entstehenden Wassers (*Alder et al.*, B. **91** [1958] 609, 616).
Krystalle (aus E. + Bzn.); F: 95°.

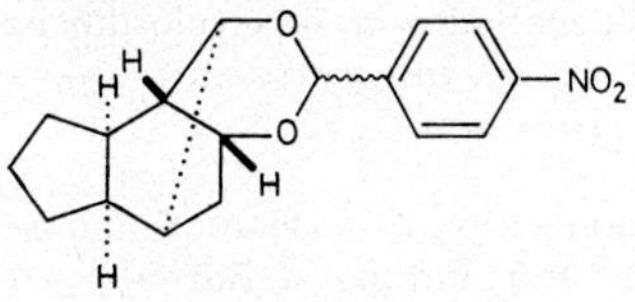

IX 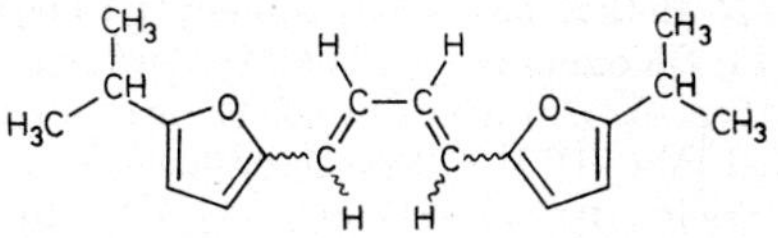 X

Stammverbindungen $C_{18}H_{22}O_2$

1ξ,4ξ-Bis-[5-isopropyl-[2]furyl]-buta-1,3-dien $C_{18}H_{22}O_2$, Formel X.
B. Neben 4-Acetoxy-2-isopropyl-benzofuran beim Erhitzen von 5-Isopropyl-furan-2-carbaldehyd mit Acetanhydrid und Natriumsuccinat (*Reichstein, Hirt*, Helv. **16** [1933] 121, 128).
Gelbe Krystalle (aus Me.); F: 78°.

Stammverbindungen $C_{20}H_{26}O_2$

1,5-[1,12]Dioxadodecano-naphthalin, 1,3-Dioxa-2-(1,5)naphtha-cyclotridecan [1], **1,12-Dioxa-[12](1,5)naphthalinophan,** 1,5-Decandiyldioxy-naphthalin $C_{20}H_{26}O_2$, Formel I (X = H).

B. Beim Eintragen einer Lösung von 5-[10-Brom-decyloxy]-[1]naphthol in Amylalkohol in eine heisse Suspension von Kaliumcarbonat in Amylalkohol (*Lüttringhaus*, A. **528** [1937] 181, 207).

Krystalle (aus $CHCl_3$ + Me.); F: 105°. $Kp_{0,05}$: 160—164°.

x-Brom-1,5-[1,12]dioxadodecano-naphthalin, x-Brom-1,3-dioxa-2-(1,5)naphtha-cyclotridecan, x-Brom-1,5-decandiyldioxy-naphthalin $C_{20}H_{25}BrO_2$, Formel I (X = Br).

B. Aus x-Brom-1-[10-brom-decyloxy]-[1]naphthol vom F: 54—55° (E III **6** 5269) analog der im vorangehenden Artikel beschriebenen Verbindung (*Lüttringhaus, Gralheer*, A. **550** [1942] 67, 88).

Krystalle (aus Ae. + Me.); F: 56°. $Kp_{0,05}$: 161—162°.

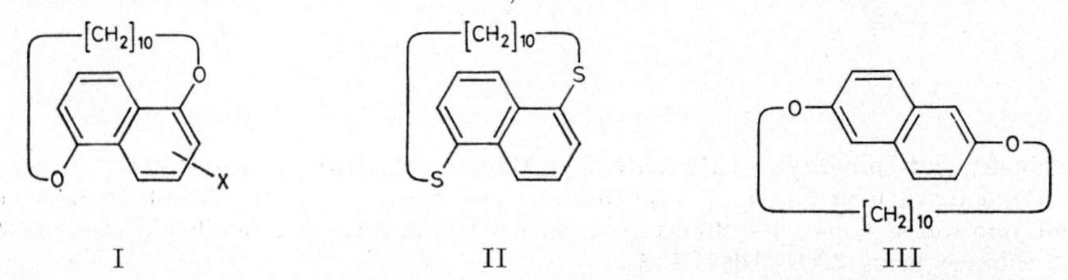

I II III

1,5-[1,12]Dithiadodecano-naphthalin, 1,3-Dithia-2-(1,5)naphtha-cyclotridecan [1], **1,12-Dithia-[12](1,5)naphthalinophan,** 1,5-Decandiyldimercapto-naphthalin $C_{20}H_{26}S_2$, Formel II.

B. Aus 5-[10-Brom-decylmercapto]-napthalin-1-thiol analog den in den beiden vorangehenden Artikeln beschriebenen Verbindungen (*Lüttringhaus, Gralheer*, A. **550** [1942] 67, 88).

Krystalle (aus A.); F: 98—99°. $Kp_{0,05}$: 168—172°.

2,6-[1,12]Dioxadodecano-naphthalin, 1,3-Dioxa-2-(2,6)naphtha-cyclotridecan [1], **1,12-Dioxa-[12](2,6)naphthalinophan,** 2,6-Decandiyldioxy-naphthalin $C_{20}H_{26}O_2$, Formel II.

B. Aus 6-[10-Brom-decyloxy]-[2]naphthol analog den in den vorangehenden Artikeln beschriebenen Verbindungen (*Lüttringhaus*, A. **528** [1937] 181, 209).

Krystalle (aus Me.); F: 89—90°. $Kp_{0,02}$: 130—135°.

Stammverbindungen $C_{21}H_{28}O_2$

(±)-12*t*-Methyl-6ξ-[4-nitro-phenyl]-(4a*r*,11a*t*,12a*c*)-dodecahydro-4*t*,7a*t*-cyclo-dibenzo[*d,g*][1,3]dioxocin, (±)-10*t*-Methyl-4a,11*syn*-[(*Ξ*)-4-nitro-benzylidendioxy]-(4a*r*,10a*t*)-dodecahydro-5*c*,9*c*-methano-benzocycloocten $C_{21}H_{27}NO_4$, Formel IVa ≡ IVb + Spiegelbilder.

B. Beim Erhitzen von (±)-10*t*-Methyl-(4a*r*,10a*t*)-dodecahydro-5*c*,9*c*-methano-benzocycloocten-4a,11*syn*-diol (über die Konfiguration dieser Verbindung s. *Bărbulescu et al.*, Rev. Chim. Bukarest **16** [1965] 76; C. A. **63** [1965] 4182) mit 4-Nitro-benzaldehyd, Toluol und wenig Toluol-4-sulfonsäure unter Entfernen des entstehenden Wassers (*Julia, Varech*, Bl. **1959** 1127, 1132).

Krystalle (aus PAe.); F: 131° [unkorr.].

4′-Methyl-spiro[[1,3]dioxolan-2,17′-östra-1′,3′,5′(10′)-trien], 17,17-Äthandiyldioxy-4-methyl-östra-1,3,5(10)-trien $C_{21}H_{28}O_2$, Formel V.

B. Beim Erwärmen von 17,17-Äthandiyldioxy-androsta-1,4-dien-3-on mit Lithium-

[1]) Über diese Bezeichnungsweise s. *Kauffmann*, Tetrahedron **28** [1972] 5183.

alanat in Äther und Behandeln einer Lösung des nach der Hydrolyse (Wasser) erhaltenen Reaktionsprodukts in Hexan mit aktiviertem Magnesiumsilicat (*Gentles et al.*, Am. Soc. **80** [1958] 3702, 3704).

Krystalle (aus wss. Me.) mit 0,5 Mol H_2O; F: 116–117° [korr.]. $[\alpha]_D^{25}$: +16° [Dioxan]. UV-Absorptionsmaxima (Me.): 262 nm und 268–270 nm.

IVa IVb

Stammverbindungen $C_{27}H_{40}O_2$

(25*R*)-Spirosta-3,5-dien, (25*R*)-22α*O*-Spirosta-3,5-dien $C_{27}H_{40}O_2$, Formel VI (in der Literatur auch als 3,5-Dehydro-desoxytigogenin, als $\Delta^{3,5}$-Desoxytigogenin und als $\Delta^{3,5}$-Desoxydiosgenin bezeichnet).

Gewinnung aus Dioscorea septemloba, aus Dioscorea tokoro und aus Dioscorea nipponica durch Extraktion und anschliessendes Erwärmen mit wss.-äthanol. Salzsäure: *Tsukamoto et al.*, Pharm. Bl. **5** [1957] 492; J. pharm. Soc. Japan **77** [1957] 1221, 1223, 1225, 1229; C. A. **1958** 6378. Beim Erhitzen von (25*R*)-Spirost-4-en-3α-ol mit Acetanhydrid (*Marker, Turner*, Am. Soc. **63** [1941] 767, 771). Beim Erwärmen von Diosgenin ((25*R*)-Spirost-5-en-3β-ol) mit wss.-äthanol. Salzsäure (*Peal*, Chem. and Ind. **1957** 1451). Beim Erhitzen von Chlorogenin ((25*R*)-5α-Spirostan-3β,6α-diol) mit Kaliumhydrogensulfat im Hochvakuum auf 210° (*Marker et al.*, Am. Soc. **64** [1942] 1843, 1846).

Krystalle; F: 168–169° [aus Acn.] (*Ma., Tu.*, l. c. S. 770), 167–168° [aus Acn. + Me.] (*Romo et al.*, Am. Soc. **73** [1951] 1528, 1530), 164–165° (*Ts. et al.*, Pharm. Bl. **5** 492), 164° [Kofler-App.; aus Acn.] (*Wall, Serota*, Am. Soc. **78** [1956] 1747, 1749), 164° [aus Acn.] (*Nawa*, Chem. pharm. Bl. **6** [1958] 255, 262), 164° [unkorr.] (*Ts. et al.*, J. pharm. Soc. Japan **77** 1223). $[\alpha]_D^{11}$: −177° [$CHCl_3$; c = 0,5] (*Ts. et al.*, J. pharm. Soc. Japan **77** 1223); $[\alpha]_D^{17}$: −178° [$CHCl_3$] (*Ts. et al.*, Pharm. Bl. **5** 492); $[\alpha]_D^{18}$: −180° [$CHCl_3$; c = 0,3] (*Nawa*); $[\alpha]_D^{25}$: −175° [$CHCl_3$] (*Wall, Se.*). UV-Absorptionsmaxima: 228 nm, 235 nm und 243 nm [A.] (*Ts. et al.*, Pharm. Bl. **5** 492; J. pharm. Soc. Japan **77** 1223; *Nawa*) bzw. 228 nm, 234 nm und 243 nm [Me.] (*Wall, Se.*).

V VI

Stammverbindungen $C_{30}H_{46}O_2$

Spiro[[1,3]dithiolan-2,3'-ergosta-4',7',22'*t*-trien], 3,3-Äthandiyldimercapto-ergosta-4,7,22*t*-trien, Ergosta-4,7,22*t*-trien-3-on-äthandiyldithioacetal $C_{30}H_{46}S_2$, Formel VII.

B. Beim Behandeln einer Lösung von Ergosta-4,7,22*t*-trien-3-on in Benzol mit Äthan-

1,2-dithiol, Zinkchlorid und Natriumsulfat (*Antonucci et al.*, J. org. Chem. **17** [1952] 1341, 1347).

Krystalle (aus Acn.); F: 114,5–115,2° [unkorr.]. $[\alpha]_D^{28}$: +74,9°; $[\alpha]_{546}^{28}$: +90,5° [jeweils in $CHCl_3$; c = 0,7].

VII

VIII

Spiro[[1,3]dioxolan-2,3′-ergosta-5′,7′,22′*t*-trien], 3,3-Äthandiyldioxy-ergosta-5,7,22*t*-trien, Ergosta-5,7,22*t*-trien-3-on-äthandiylacetal $C_{30}H_{46}O_2$, Formel VIII.

B. Beim Erwärmen von Ergosta-4,7,22*t*-trien-3-on mit Äthylenglykol, Benzol und wenig Toluol-4-sulfonsäure-monohydrat unter Entfernen des entstehenden Wassers (*Antonucci et al.*, J. org. Chem. **17** [1952] 1341, 1345).

Gelbliche Krystalle (aus A.); F: 155–157,5° [unkorr.]. $[\alpha]_D^{28}$: −26,3°; $[\alpha]_{546}^{28}$: −33,6° [jeweils in $CHCl_3$; c = 0,7]; $[\alpha]_D^{30}$: −31,3°; $[\alpha]_{546}^{30}$: −41,3° [jeweils in $CHCl_3$; c = 0,9] (*An. et al.*). UV-Absorptionsmaxima (A.): 271 nm, 282 nm und 294 nm (*An. et al.*).

[*Schindler*]

Stammverbindungen $C_nH_{2n-16}O_2$

Stammverbindungen $C_{12}H_8O_2$

5-But-3-en-1-inyl-[2,2′]bithienyl $C_{12}H_8S_2$, Formel I auf S. 338.

Konstitutionszuordnung: *Uhlenbroek, Bijloo*, R. **78** [1959] 382, 384; *Bohlmann, Herbst*, B. **95** [1962] 2945, 2948.

Isolierung aus Wurzeln von Tagetes erecta: *Uhlenbroek, Bijloo*, R. **77** [1958] 1004, 1008; *Uh., Bi.*, R. **78** 388; *Bo., He.*, l. c. S. 2950.

Gelbliches Öl (*Uh., Bi.*, R. **78** 388). IR-Spektrum (3500–700 cm^{-1}): *Uh., Bi.*, R. **78** 385. UV-Spektrum (Isooctan; 220–390 nm): *Uh., Bi.*, R. **78** 383. UV-Absorptionsmaxima: 251 nm und 340 nm [Isooctan] (*Uh., Bi.*, R. **78** 388) bzw. 251 nm und 345 nm [Äther] (*Bo., He.*, l. c. S. 2950).

Dibenzo[1,4]dioxin, Dibenzo-*p*-dioxin $C_{12}H_8O_2$, Formel II auf S. 338 (H 44; E I 619).

B. Beim Erhitzen von 2-Chlor-phenol mit Kaliumcarbonat und Kupfer-Pulver auf 180° (*Gilman, Dietrich*, Am. Soc. **79** [1957] 1439). Beim Erhitzen von Natrium-[2-chlor-phenolat] unter 4 Torr auf 250° (*Gilman, Stuckwisch*, Am. Soc. **65** [1943] 1461, 1463). Beim Erhitzen von Kalium-[2-brom-phenolat] mit Kupfer-Pulver auf 200° (*Tomita et al.*, J. pharm. Soc. Japan **74** [1954] 934, 935; C. A. **1955** 10964). Beim Erhitzen von Brenzcatechin mit Phosphor(V)-oxid auf 260° (*Cullinane et al.*, Soc. **1934** 716, 718). Beim Erhitzen der Dikalium-Verbindung des Brenzcatechins mit wenig Wasser und mit 1,2-Dichlor-benzol auf 220° (*Cu. et al.*) oder mit 1,2-Dibrom-benzol, Kupfer-Pulver und Kupfer(II)-acetat auf 200° (*To.*). Beim Erhitzen von Kalium-[2-(2-brom-phenoxy)-phenolat] mit Kupfer-Pulver und Kupfer(II)-acetat auf 200° (*Keimatsu, Yamaguchi*, J. pharm. Soc. Japan **56** [1936] 680, 686; dtsch. Ref. S. 152, 154; C. A. **1937** 2590).

Dibenzo[1,4]dioxin hat entgegen den Angaben von *Higasi* (Scient. Pap. Inst. phys. chem. Res. **38** [1941] 331, 333) sowie *Higasi* und *Uyeo* (J. chem. Soc. Japan **62** [1941] 396, 397; C. A. **1941** 6167) kein Dipolmoment (*Bennett et al.*, Soc. **1934** 1179; *Aroney et al.*, Austral. J. Chem. **22** [1969] 2243).

Krystalle; F: 120—122° [unkorr.; aus A.] (*Gilman, Dietrich*, Am. Soc. **79** [1957] 1439), 121° [aus Bzn.] (*Bennett et al.*, Soc. **1934** 1179), 120—121° [aus PAe.] (*Tomita et al.*, J. pharm. Soc. Japan **74** [1954] 934, 936), 119,7° [nach Sublimation] (*Cullinane, Plummer*, Soc. **1938** 63, 65). Monoklin; Raumgruppe $A2/a$ ($= C_{2h}^6$); aus dem Röntgen-Diagramm ermittelte Dimensionen der Elementarzelle: a = 15,2 Å; b = 5,07 Å; c = 11,7 Å; β = 100,33°; n = 4 (*Wood, Williams*, Phil. Mag. [7] **31** [1941] 115, 121). Krystallmorphologie: *Wood, Wi.*, l. c. S. 119. Dichte der Krystalle: 1,36 (*Wood, Wi.*). IR-Spektrum (Nujol; 3—15 μ): *Narisada*, J. pharm. Soc. Japan **79** [1959] 183; C. A. **1959** 10967; *Tomita et al.*, J. pharm. Soc. Japan **79** [1959] 186, 188; C. A. **1959** 13152. Absorptionsspektrum einer Lösung in 1,2-Dichlor-äthan (260—340 nm) sowie einer Zinn(IV)-chlorid enthaltenden Lösung in 1,2-Dichlor-äthan (290—480 nm): *Anderson, Gooding*, Am. Soc. **57** [1935] 999, 1004. UV-Spektrum (A.; 230—320 nm): *Tomita*, J. pharm. Soc. Japan **53** [1933] 775, 778; dtsch. Ref. S. 138, 142; C. A. **1934** 3391; *Tomita et al.*, Pharm. Bl. **1** [1953] 360, 365. Schmelzdiagramm der binären Systeme mit Thianthren und mit Selenanthren: *Cu., Pl.*, l. c. S. 66; mit Phenoxazin, mit Phenoxathiin und mit Phenothiazin: *Cullinane, Rees*, Trans. Faraday Soc. **36** [1940] 507.

Beim Behandeln einer Lösung in Essigsäure mit Chlor ist 2-Chlor-dibenzo[1,4]dioxin, beim Behandeln einer Lösung in Essigsäure mit Chlor unter Bestrahlung mit UV-Licht ist 2,7-Dichlor-dibenzo[1,4]dioxin (*Gilman, Dietrich*, Am. Soc. **79** [1957] 1439), beim Erwärmen mit Chlor in Chloroform unter Zusatz von Jod und Eisen(III)-chlorid ist 2,3,7,8-Tetrachlor-dibenzo[1,4]dioxin (*Sandermann et al.*, B. **90** [1957] 690) bzw. Octachlor-dibenzo[1,4]dioxin (*Tomita et al.*, J. pharm. Soc. Japan **79** [1959] 186, 190; C. A. **1959** 13152) erhalten worden. Bildung von 2,7-Dinitro-dibenzo[1,4]dioxin und von 2,8-Dinitro-dibenzo[1,4]dioxin beim Erwärmen mit wss. Salpetersäure (D: 1,38) sowie Bildung von 2,3,7-Trinitro-dibenzo[1,4]dioxin beim Erwärmen mit wss. Salpetersäure (D: 1,45): *Tomita*, J. pharm. Soc. Japan **55** [1935] 1060, 1063; dtsch. Ref. S. 205, 206; C. A. **1937** 6661. Hydrierung an Platin in Essigsäure (Bildung von Dodecahydro-dibenzo[1,4]dioxin [bei 150—165°/18 Torr destillierbar] und wenig *cis*-Cyclohexan-1,2-diol): *Tomita, Tani*, J. chem. Soc. Japan **64** [1943] 972, 974; C. A. **1947** 3803. Bildung von 2-Phenoxy-phenol beim Behandeln einer Lösung in Äther mit Natrium oder Kalium und flüssigem Ammoniak bei —60°: *Tomita et al.*, J. pharm. Soc. Japan **72** [1952] 206, 210, 211; beim Erhitzen mit Lithium in Dioxan und anschliessenden Behandeln mit Wasser: *Watanabe*, J. pharm. Soc. Japan **75** [1955] 313; C. A. **1956** 1821. Beim Erwärmen mit Lithium in Tetrahydrofuran ist Brenzcatechin (*Gilman, Dietrich*, Am. Soc. **80** [1958] 380, 382), beim aufeinanderfolgenden Behandeln mit Lithium in Tetrahydrofuran und mit festem Kohlendioxid in Äther ist 2-[2-Hydroxy-phenoxy]-benzoesäure (*Gilman, Dietrich*, J. org. Chem. **22** [1957] 851) erhalten worden.

Reaktion mit Isopropylchlorid (oder Propylchlorid) bzw. *tert*-Butylchlorid in Gegenwart von Aluminiumchlorid in Schwefelkohlenstoff (Bildung von 2-Isopropyl-dibenzo[1,4]dioxin bzw. von 2-*tert*-Butyl-dibenzo[1,4]dioxin und von 2,7(oder 2,8)-Di-*tert*-butyl-dibenzo[1,4]dioxin [F: 226—228°]): *Gilman, Dietrich*, J. org. Chem. **22** [1957] 1403, 1405. Bildung von Dibenzo[1,4]dioxin-2-dithiocarbonsäure-äthylester beim Behandeln mit Äthylbromid (1 Mol), Schwefelkohlenstoff und Aluminiumchlorid sowie Bildung von Dibenzo[1,4]dioxin-2,7-bis-dithiocarbonsäure-diäthylester beim Behandeln mit Äthylchlorid (Überschuss), Schwefelkohlenstoff und Aluminiumchlorid: *Gi., Di.*, J. org. Chem. **22** 1405, 1406. Bildung von 2,7-Diacetyl-dibenzo[1,4]dioxin beim Erwärmen mit Acetylchlorid, Schwefelkohlenstoff und Aluminiumchlorid: *Tomita*, J. pharm. Soc. Japan **54** [1934] 891, 893; dtsch. Ref. S. 165; C. **1935** I 1053. Beim Erwärmen mit Methyllithium in Äther und Behandeln der Reaktionslösung mit festem Kohlendioxid ist Dibenzo[1,4]dioxin-1-carbonsäure, bei Verwendung von Butyllithium an Stelle des Methyllithiums sind Dibenzo[1,4]dioxin-1,6-dicarbonsäure (über die Konstitution s. *Ueda*, J. pharm. Soc. Japan **83** [1963] 802) und eine vermutlich als Dibenzo[1,4]dioxin-1,4(oder 1,9)-dicarbonsäure zu formulierende Verbindung (F: 297—298°) erhalten worden (*Gilman, Stuckwisch*, Am. Soc. **65** [1943] 1461, 1463).

I II III

2-Chlor-dibenzo[1,4]dioxin $C_{12}H_7ClO_2$, Formel III (X = H).

B. Beim Behandeln einer Lösung von Dibenzo[1,4]dioxin in Essigsäure mit Chlor (*Gilman, Dietrich,* Am. Soc. **79** [1957] 1439).

Krystalle (aus wss. A.), F: 87—90°; $Kp_{0,25}$: 92—94° (*Gi., Di.*).

Beim Behandeln mit Phthalsäure-anhydrid und Aluminiumchlorid in Chlorbenzol ist eine Verbindung $C_{20}H_{11}ClO_5$ (Krystalle [aus Eg.]; F: 204—205°; vermutlich 2-[x-Chlor-dibenzo[1,4]dioxin-2-carbonyl]-benzoesäure) erhalten worden (*I.G. Farbenind.,* D.R.P. 668875 [1935]; Frdl. **25** 139).

2,7-Dichlor-dibenzo[1,4]dioxin $C_{12}H_6Cl_2O_2$, Formel III (X = Cl).

B. Beim Erhitzen von Natrium-[2,4-dichlor-phenolat] mit Kupfer-Pulver auf 220° (*Julia, Baillargé,* Bl. **1953** 644, 645). Beim Behandeln einer Lösung von Dibenzo[1,4]di= oxin in Essigsäure mit Chlor unter Bestrahlung mit UV-Licht (*Gilman, Dietrich,* Am. Soc. **79** [1957] 1439). Beim Behandeln von 2,7-Diamino-dibenzo[1,4]dioxin mit wss. Salzsäure und wss. Natriumnitrit-Lösung und anschliessenden Erwärmen mit Kupfer(I)-chlorid und wss. Salzsäure (*Uyeo,* Bl. chem. Soc. Japan **16** [1941] 177).

Higasi (Scient. Pap. Inst. phys. chem. Res. **38** [1941] 331, 333) sowie *Higasi* und *Uyeo* (J. chem. Soc. Japan **62** [1941] 396, 397; C. A. **1941** 6167) haben für 2,7-Dichlor-dibenzo= [1,4]dioxin ein Dipolmoment von 0,62 D angegeben; nach Ausweis der Krystallstruktur-Analyse (Röntgen-Diagramm) ist das Molekül jedoch planar (*Boer, North,* Acta cryst. [B] **28** [1972] 1613, 1617).

Krystalle; F: 207° [aus Bzl. + Me.] (*Uyeo*), 201—203° [unkorr.; aus PAe.] (*Gi., Di.*), 201—202° [aus PAe.] (*Ju., Ba.*). Triklin; Raumgruppe $P\bar{1}$ ($= C_i^1$); aus dem Röntgen-Diagramm ermittelte Dimensionen der Elementarzelle: a = 3,878 Å; b = 6,755 Å; c = 10,265 Å; α = 99,46°; β = 100,63°; γ = 99,73°; n = 1 (*Boer, No.*). Dichte der Krystalle bei 25°: 1,647 (*Boer, No.*). IR-Spektrum (Nujol; 3—15 μ): *Narisada,* J. pharm. Soc. Japan **79** [1959] 183; C. A. **1959** 10967; *Tomita et al.,* J. pharm. Soc. Japan **79** [1959] 186, 188; C. A. **1959** 13152.

2,3,7,8-Tetrachlor-dibenzo[1,4]dioxin $C_{12}H_4Cl_4O_2$, Formel IV (X = H).

B. Beim Behandeln einer mit Jod und Eisen(III)-chlorid versetzten Lösung von Dibenzo[1,4]dioxin in Chloroform mit Chlor (*Sandermann et al.,* B. **90** [1957] 690; *Tomita et al.,* J. pharm. Soc. Japan **79** [1959] 186, 191; C. A. **1959** 13152).

Krystalle (aus Anisol), F: 320—325° (*Sa. et al.*); Krystalle (aus Bzl.), F: 295° [unkorr.] (*To. et al.*). IR-Spektrum (Nujol; 2,5—15 μ): *To. et al.,* l. c. S. 188.

Über die toxische Wirkung s. *Sa. et al.* sowie *Boer et al.,* Am. Soc. **94** [1972] 1006.

Octachlor-dibenzo[1,4]dioxin $C_{12}Cl_8O_2$, Formel IV (X = Cl) (s. H **6** 195 im Artikel Pentachlorphenol; dort als Perchlorphenylenoxyd bezeichnet).

B. Beim Erhitzen von Natrium-[pentachlor-phenolat] auf 300° (*Sandermann et al.,* B. **90** [1957] 690). Beim Erhitzen von Kalium-[pentachlor-phenolat] mit Kupfer-Pulver auf 230° (*Tomita et al.,* J. pharm. Soc. Japan **79** [1959] 186, 190; C. A. **1959** 13152). Beim Erhitzen von Pentachlorphenol auf 300° (*Sa. et al.; To. et al.*). Beim Behandeln einer mit Jod und Eisen(III)-chlorid versetzten Lösung von Dibenzo[1,4]dioxin in Chloroform mit Chlor (*To. et al.*). Beim Erhitzen von 2,3,4,5-Tetrachlor-6-penta= chlorphenoxy-phenol mit Chinolin auf 220° (*Denivelle et al.,* C. r. **248** [1959] 2766).

Krystalle; F: 328—331° (*Sa. et al.*), 324° (*De. et al.*), 318—319° [unkorr.; aus Bzl. oder Anisol] (*To. et al.*). Bei 180°/0,007 Torr sublimierbar (*To. et al.*). IR-Spektrum (Nujol; 2,5—15 μ): *To. et al.,* l. c. S. 188.

1-Brom-dibenzo[1,4]dioxin $C_{12}H_7BrO_2$, Formel V (X = H).

B. Beim Erwärmen von Dibenzo[1,4]dioxin mit Phenyllithium in Äther und an-

schliessenden Behandeln mit Brom in Äther (*Gilman, Dietrich,* Am. Soc. **79** [1957] 1439).
Krystalle (aus Me.); F: 104—106° [unkorr.].

IV V VI

2-Brom-dibenzo[1,4]dioxin $C_{12}H_7BrO_2$, Formel VI (X = H).
B. Aus Dibenzo[1,4]dioxin beim Behandeln mit Brom in Schwefelkohlenstoff (*CIBA*, F.P. 799627 [1935]) sowie beim Erhitzen mit Kaliumbromid, Kaliumbromat und Essigsäure (*Gilman, Dietrich,* Am. Soc. **79** [1957] 1439).
Krystalle; F: 93—94,5° [aus wss. A.] (*Gi., Di.*), 90—92° [aus A.] (*CIBA*).

1,6-Dibrom-dibenzo[1,4]dioxin $C_{12}H_6Br_2O_2$, Formel V (X = Br).
B. In kleiner Menge beim Erhitzen von Kalium-[2,6-dibrom-phenolat] mit Kupfer-Pulver auf 180° (*Tomita et al.,* J. pharm. Soc. Japan **79** [1959] 186, 192; C. A. **1959** 13152).
Krystalle (aus Bzl.); F: 207° [unkorr.]. IR-Spektrum (Nujol; 2,5—15 μ): *To. et al.,* l. c. S. 188.

2,3-Dibrom-dibenzo[1,4]dioxin $C_{12}H_6Br_2O_2$, Formel VI (X = Br).
Diese Konstitution kommt wahrscheinlich der nachstehend beschriebenen Verbindung zu (*Gilman, Dietrich,* Am. Soc. **80** [1958] 366).
B. Beim Erhitzen einer Lösung von Dibenzo[1,4]dioxin in Essigsäure mit Brom (*Gilman, Dietrich,* Am. Soc. **79** [1957] 1439).
Krystalle (aus Eg.); F: 174—176° [unkorr.] (*Gi., Di.,* Am. Soc. **79** 1439).

2,7-Dibrom-dibenzo[1,4]dioxin $C_{12}H_6Br_2O_2$, Formel VII (X = H).
B. Beim Erhitzen von Kalium-[2,4-dibrom-phenolat] mit Kupfer-Pulver auf 180° (*Tomita et al.,* J. pharm. Soc. Japan **79** [1959] 186, 191; C. A. **1959** 13152). Beim Behandeln einer Lösung von 7-Brom-dibenzo[1,4]dioxin-2-ylamin oder von 2,7-Diamino-dibenzo[1,4]dioxin in Essigsäure mit Nitrosylschwefelsäure und anschliessenden Erwärmen mit Kupfer(I)-bromid und wss. Bromwasserstoffsäure (*Gilman, Dietrich,* Am. Soc. **80** [1958] 366).
Krystalle (aus Bzl.); F: 197—198° [unkorr.] (*Gi., Di.*), 193—194° [unkorr.] (*To. et al.*). IR-Spektrum (Nujol; 2,5—15 μ): *To. et al.,* l. c. S. 188.

2,8-Dibrom-dibenzo[1,4]dioxin $C_{12}H_6Br_2O_2$, Formel VIII (X = H).
B. Aus Dibenzo[1,4]dioxin beim Behandeln mit Brom in Nitrobenzol (*CIBA*, Schweiz. P. 238627 [1941]) sowie beim Erhitzen mit Kaliumbromid, Kaliumbromat und Essigsäure (*Gilman, Dietrich,* Am. Soc. **79** [1957] 1439).
Krystalle; F: 149,5—151° [unkorr.; aus A.] (*Gi., Di.*), 145—150° [aus Chlorbenzol] (*CIBA*).

2,3,7,8-Tetrabrom-dibenzo[1,4]dioxin $C_{12}H_4Br_4O_2$, Formel VII (X = Br).
B. Beim Erwärmen einer Lösung von Dibenzo[1,4]dioxin (*Gilman, Dietrich,* Am. Soc. **79** [1957] 1439) oder von 2,7-Dibrom-dibenzo[1,4]dioxin (*Tomita et al.,* J. pharm. Soc. Japan **79** [1959] 186, 191; C. A. **1959** 13152) in Essigsäure mit Brom.
Krystalle (aus Py.), F: 334—336° [unkorr.] (*Gi., Di.*); Krystalle (aus Bzl.), F: 320° bis 321° [unkorr.] (*To. et al.*). IR-Spektrum (Nujol; 2,5—15 μ): *To. et al.,* l. c. S. 188.

VII VIII IX

Octabrom-dibenzo[1,4]dioxin $C_{12}Br_8O_2$, Formel VIII (X = Br).

B. Beim Erhitzen von Pentabromphenol auf 300° (*Tomita et al.*, J. pharm. Soc. Japan **79** [1959] 186, 190; C. A. **1959** 13152). Beim Erwärmen von Dibenzo[1,4]dioxin mit Brom und Eisen-Pulver in Chloroform (*To. et al.*).

Krystalle (aus Bzl.), die unterhalb 330° nicht schmelzen. Bei 260°/0,06 Torr sublimierbar. IR-Spektrum (Nujol; 2,5–15 μ): *To. et al.*, l. c. S. 188.

2-Jod-dibenzo[1,4]dioxin $C_{12}H_7IO_2$, Formel IX (X = I).

B. Beim Behandeln einer Lösung von Dibenzo[1,4]dioxin-2-ylamin in Essigsäure mit Nitrosylschwefelsäure und anschliessenden Erhitzen mit wss. Schwefelsäure und Kaliumjodid (*Gilman, Dietrich*, Am. Soc. **79** [1957] 1439).

Krystalle (aus wss. A.); F: 95–97°.

1-Nitro-dibenzo[1,4]dioxin $C_{12}H_7NO_4$, Formel X (X = H).

B. Beim Erwärmen von Brenzcatechin mit 2-Chlor-1,3-dinitro-benzol in Aceton (*Loudon, McCapra*, Soc. **1959** 1899).

Krystalle (aus Me.); F: 126°.

2-Nitro-dibenzo[1,4]dioxin $C_{12}H_7NO_4$, Formel IX (X = NO_2).

B. Beim Behandeln von Dibenzo[1,4]dioxin mit Essigsäure und wss. Salpetersäure bei 0° (*Tomita*, J. pharm. Soc. Japan **55** [1935] 1060, 1063; dtsch. Ref. S. 205, 206; C. A. **1937** 6661).

Hellgelbe Krystalle (aus Acn.); F: 141°.

2-Brom-7-nitro-dibenzo[1,4]dioxin $C_{12}H_6BrNO_4$, Formel XI (X = H).

B. Beim Erwärmen von 2-Brom-dibenzo[1,4]dioxin mit Essigsäure und wss. Salpetersäure (*Gilman, Dietrich*, Am. Soc. **80** [1958] 366). Beim Erhitzen von 2-Nitro-dibenzo[1,4]dioxin mit wasserhaltiger Essigsäure, Kaliumbromid und Kaliumbromat (*Gi., Di.*).

Gelbe Krystalle (aus Eg.); F: 215–217° [unkorr.].

X XI XII

2,3-Dibrom-7-nitro-dibenzo[1,4]dioxin $C_{12}H_5Br_2NO_4$, Formel XI (X = Br).

Diese Konstitution ist der nachstehend beschriebenen Verbindung zugeordnet worden (*Gilman, Dietrich*, Am. Soc. **80** [1958] 366).

B. Beim Erhitzen einer Lösung von 2-Nitro-dibenzo[1,4]dioxin in Essigsäure mit Brom (*Gi., Di.*).

Gelbe Krystalle (aus Eg.); F: 217–220° [unkorr.] (unreines Präparat).

1,3-Dinitro-dibenzo[1,4]dioxin $C_{12}H_6N_2O_6$, Formel X (X = NO_2) (H 45).

B. Beim Erwärmen von Brenzcatechin mit 2-Chlor-1,3,5-trinitro-benzol in Aceton (*Loudon, McCapra*, Soc. **1959** 1899; vgl. H 45).

F: 194° [aus Bzl.].

2,7-Dinitro-dibenzo[1,4]dioxin $C_{12}H_6N_2O_6$, Formel XII.

B. Beim Behandeln von Dibenzo[1,4]dioxin mit Essigsäure und wss. Salpetersäure bei Raumtemperatur (*Tomita*, J. pharm. Soc. Japan **55** [1935] 1060, 1063; dtsch. Ref. S. 205, 206; C. A. **1937** 6661; *Bell*, Soc. **1936** 1244).

Gelbe Krystalle; F: 262° [aus Dioxan] (*Uyeo*, Bl. chem. Soc. Japan **16** [1941] 177), 257° [aus Py.] (*Bell*), 256° [aus Acn.] (*To.*). IR-Spektrum (Nujol; 3–15 μ): *Narisada*, J. pharm. Soc. Japan **79** [1959] 183; C. A. **1959** 10967.

2,8-Dinitro-dibenzo[1,4]dioxin $C_{12}H_6N_2O_6$, Formel I.

B. Neben 2,7-Dinitro-dibenzo[1,4]dioxin beim Erwärmen von Dibenzo[1,4]dioxin mit wss. Salpetersäure (*Tomita*, J. pharm. Soc. Japan **55** [1935] 1060, 1063; dtsch. Ref.

S. 205, 206; C. A. **1937** 6661).
Gelbe Krystalle (aus Acn.); F: 190°.

2-Brom-3,7-dinitro-dibenzo[1,4]dioxin $C_{12}H_5BrN_2O_6$, Formel II (X = H).
Diese Konstitution ist der nachstehend beschriebenen Verbindung zugeordnet worden (*Gilman, Dietrich*, Am. Soc. **80** [1958] 366).
B. Beim Behandeln von 2-Brom-dibenzo[1,4]dioxin mit wss. Salpetersäure (*Gi., Di.*).
Gelbe Krystalle (aus A.); F: 190—192° [unkorr.].

2,3-Dibrom-7,8-dinitro-dibenzo[1,4]dioxin $C_{12}H_4Br_2N_2O_6$, Formel III.
Diese Konstitution kommt vermutlich der nachstehend beschriebenen Verbindung zu.
B. Beim Erhitzen einer Lösung von 2,3-Dibrom-dibenzo[1,4]dioxin (?; S. 339) in Essigsäure mit wss. Salpetersäure (*Gilman, Dietrich*, Am. Soc. **80** [1958] 366).
Gelbe Krystalle (aus Bzl. + PAe.); F: 267—270° [unkorr.].

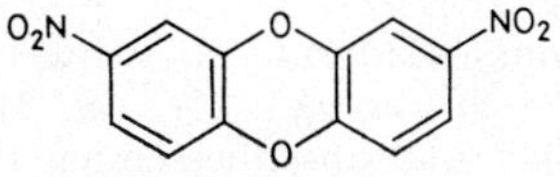

I 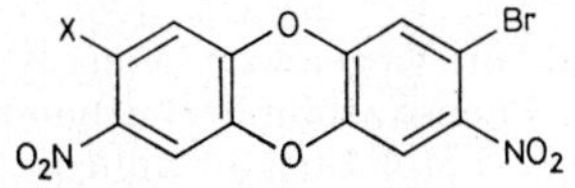 II 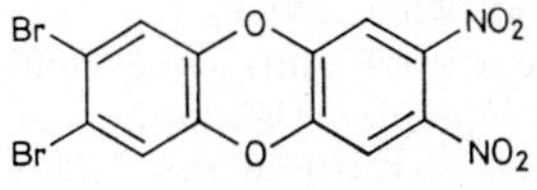 III

2,8-Dibrom-3,7-dinitro-dibenzo[1,4]dioxin $C_{12}H_4Br_2N_2O_6$, Formel II (X = Br).
B. Beim Erwärmen von 2,8-Dibrom-dibenzo[1,4]dioxin mit Salpetersäure und Schwefelsäure (*Gilman, Dietrich*, Am. Soc. **80** [1958] 366).
Gelbe Krystalle (aus Eg.); F: 276—278° [unkorr.].

2,3,7-Trinitro-dibenzo[1,4]dioxin $C_{12}H_5N_3O_8$, Formel IV (X = H).
B. Beim Erwärmen von Dibenzo[1,4]dioxin mit wss. Salpetersäure (*Tomita*, J. pharm. Soc. Japan **55** [1935] 1060, 1063; dtsch. Ref. S. 205, 206; C. A. **1937** 6661).
Hellgelbe Krystalle (aus Acn.); F: 215—217°.

2,3,7,8-Tetranitro-dibenzo[1,4]dioxin $C_{12}H_4N_4O_{10}$, Formel IV (X = NO_2).
B. Beim Erwärmen von Dibenzo[1,4]dioxin mit Salpetersäure und Schwefelsäure (*Gilman, Dietrich*, Am. Soc. **80** [1958] 366). Beim Erwärmen von 2,7-Dinitro-dibenzo[1,4]dioxin mit Salpetersäure (*Gi., Di.*).
Rotbraune Krystalle (aus Acetanhydrid); F: 334—335° [unkorr.; Zers.].

Dibenz[1,4]oxathiin, Phenoxathiin [1]) $C_{12}H_8OS$, Formel V (H 45; E I 619; E II 33).
Zusammenfassende Darstellung: *Breslow, Skolnik*, Chem. heterocycl. Compounds **21** [1966] 864.
Dipolmoment: 1,09 D [ε; Bzl. oder Hexan] (*Higasi*, Scient. Pap. Inst. phys. chem. Res. **38** [1941] 331, 334; *Higasi, Uyeo*, J. chem. Soc. Japan **62** [1941] 400; C. A. **1941** 6167), 0,92 D [ε; Bzl.] (*Leonard, Sutton*, Am. Soc. **70** [1948] 1564, 1567).
Orthorhombische Krystalle; Raumgruppe $P2_12_12_1(=D_2^4)$; aus dem Röntgen-Diagramm ermittelte Dimensionen der Elementarzelle: a = 5,95 Å; b = 7,78 Å; c = 20,54 Å; n = 4 (*Hosoya*, Acta cryst. **20** [1966] 429). Krystallmorphologie: *Wood et al.*, Phil. Mag. [7] **31** [1941] 71, 75). Dichte der Krystalle: 1,38 (*Wood et al.*; *Ho.*). Brechungsindices der Krystalle: *Wood et al.*, l. c. S. 77. UV-Spektrum (A.; 220—320 nm): *Capitán-García, Parellada-Bellod*, An. Soc. españ. [B] **53** [1957] 205, 207. Löslichkeit in Wasser bei 16°: 0,0009 g (*Ca.-Ga., Pa.-Be.*, l. c. S. 209). Löslichkeit in Wasser-Äthanol-Gemischen (20—50 %ig) bei 16°: *Ca.-Ga., Pa.-Be.* Schmelzdiagramm der binären Systeme mit Phenothiazin, mit Dibenzo[1,4]dioxin, mit Thianthren und mit Phenoxazin: *Cullinane, Rees*, Trans. Faraday Soc. **36** [1940] 507; mit Diphenylamin: *Nelson, Smith*, Am. Soc. **64** [1942] 1057.
Bildung von Phenoxathiin-10,10-dichlorid beim Behandeln einer Lösung in Benzol mit Chlor: *Irie*, Bl. Inst. phys. chem. Res. Tokyo **20** [1941] 150, 171; J. Fac. Sci. Hokkaido Univ. [III] **4** [1951] 70, 89. Beim Erwärmen mit wss. Salpetersäure (D: 1,45) sind 2-Nitro-

---

[1]) Bei von Phenoxathiin abgeleiteten Namen wird im III. und IV. Ergänzungswerk in Übereinstimmung mit den IUPAC-Regeln die in Formel V angegebene Stellungsbezeichnung verwendet.

phenoxathiin-10,10-dioxid und 2,8-Dinitro-phenoxathiin-10,10-dioxid, beim Erwärmen einer Lösung in Essigsäure mit wss. Salpetersäure (D: 1,45) ist Phenoxathiin-10,10-dioxid, beim Behandeln einer Lösung in Tetrachlormethan mit Acetylnitrat ist Phenoxathiin-10-oxid erhalten worden (*Irie*, Bl. Inst. phys. chem. Res. Tokyo **20** 167; J. Fac. Sci. Hokkaido Univ. [III] **4** 89). Bildung von Phenoxathiin-10-oxid beim Behandeln mit Salpetersäure und Essigsäure bei Temperaturen von 5° bis 110°: *Nobis et al.*, Am. Soc. **75** [1953] 3384, 3386. Reaktion mit 1 bzw. 2 Mol Chloroschwefelsäure in Tetrachlormethan (Bildung von Phenoxathiin-2-sulfonsäure bzw. von Phenoxathiin-2,8-disulfonsäure): *Suter et al.*, Am. Soc. **58** [1936] 717, 719, 720. Beim Erwärmen mit Lithium in Tetrahydrofuran ist 2-Mercapto-phenol (*Gilman, Dietrich*, Am. Soc. **80** [1958] 380, 382), beim Behandeln einer Lösung in Äther mit Natrium und flüssigem Ammoniak bei −60° ist 2-Phenoxy-thiophenol (*Tomita et al.*, J. pharm. Soc. Japan **72** [1952] 206, 210) erhalten worden. Die Bildung von Dibenzofuran beim Erhitzen mit Kupfer-Pulver auf 250° (s. E I 619) ist nicht wieder beobachtet worden (*Su. et al.*, l. c. S. 717; *Gilman et al.*, Am. Soc. **62** [1940] 2606, 2607, 2610).

Reaktion mit Acetylchlorid in Gegenwart von Aluminiumchlorid in Schwefelkohlenstoff (Bildung von 1-Phenoxathiin-2-yl-äthanon): *Su. et al.*, l. c. S. 719. Beim Erwärmen mit 1 Mol bzw. 2 Mol Butyllithium in Äther und anschliessenden Behandeln mit festem Kohlendioxid sind Phenoxathiin-4-carbonsäure bzw. Phenoxathiin-1,6-dicarbonsäure und Phenoxathiin-4,6-dicarbonsäure, beim Erwärmen mit 1 Mol Phenylcalciumjodid in Äther und anschliessenden Behandeln mit festem Kohlendioxid sind Phenoxathiin-4-carbonsäure und Phenoxathiin-4,6-dicarbonsäure erhalten worden (*Gilman, Eidt*, Am. Soc. **78** [1956] 2633, 2634, 2635; s. a. *Gi. et al.*, l. c. S. 2608, 2610).

Verbindung mit Palladium(II)-chlorid $2\,C_{12}H_8OS \cdot PdCl_2$. Rotes Pulver (*König, Crowell*, Mikroch. **33** [1946/1948] 298).

Verbindung mit Rhodium(III)-chlorid $3\,C_{12}H_8OS \cdot RhCl_3$. Gelbe Krystalle (*Kö., Cr.*).

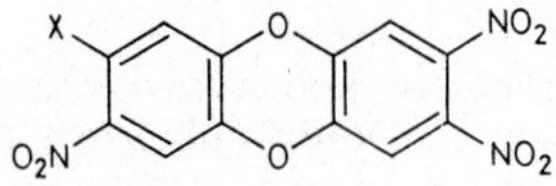

IV

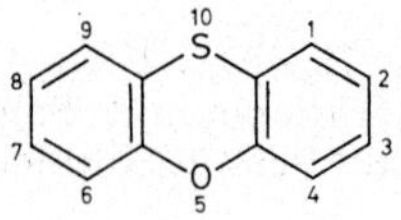

V

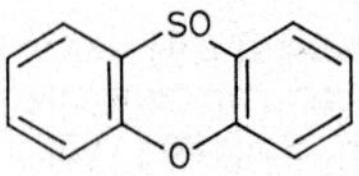

VI

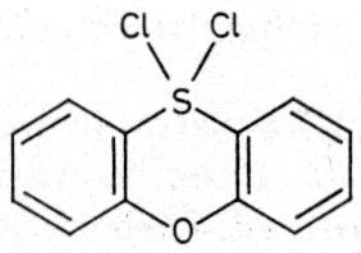

VII

10-Oxo-10λ⁴-phenoxathiin, Phenoxathiin-10-oxid $C_{12}H_8O_2S$, Formel VI (E II 34).

B. Aus Phenoxathiin beim Erwärmen einer Lösung in Äthanol mit wss. Wasserstoffperoxid (*Gilman, Esmay*, Am. Soc. **74** [1952] 2021, 2024), beim Behandeln mit wss. Salpetersäure und Essigsäure (*Eidt*, Iowa Coll. J. **31** [1957] 397) sowie beim Behandeln einer Lösung in Tetrachlormethan mit Acetylnitrat (*Irie*, Bl. Inst. phys. chem. Res. Tokyo **20** [1941] 150, 167; C. A. **1942** 2881; J. Fac. Sci. Hokkaido Univ. [III] **4** [1951] 70, 89). Beim Behandeln von Phenoxathiin-10,10-dichlorid mit Wasser (*Irie*, Bl. Inst. phys. chem. Res. Tokyo **20** 171; J. Fac. Sci. Hokkaido Univ. [III] **4** 90; *Nobis et al.*, Am. Soc. **75** [1953] 3384, 3386).

Überführung in x-Chlor-phenoxathiin (Krystalle [aus Me.]; F: 78−79°) durch Behandlung mit konz. Schwefelsäure und konz. wss. Salzsäure: *Irie*, Bl. Inst. phys. chem. Res. Tokyo **20** 173; J. Fac. Sci. Hokkaido [III] Univ. **4** 91. Beim Erhitzen mit Salpetersäure, konz. Schwefelsäure und Essigsäure auf 110° ist 2-Nitro-phenoxathiin-10,10-dioxid erhalten worden (*No. et al.*). Bildung von Phenoxathiin, Phenoxathiin-1-carbonsäure, Diphenyläther, 2-Phenoxy-benzoesäure, Bis-[2-carboxy-phenyl]-äther, Butan-1-thiol und Phenoxathiin-1,6-dicarbonsäure beim Behandeln mit Butyllithium in Äther und anschliessend mit festem Kohlendioxid: *Gilman, Eidt*, Am. Soc. **78** [1956] 2633, 2635, 3848; s. a. *Shirley, Lehto*, Am. Soc. **77** [1955] 1841.

10,10-Dichlor-10λ⁴-phenoxathiin, Phenoxathiin-10,10-dichlorid $C_{12}H_8Cl_2OS$, Formel VII.

B. Beim Behandeln einer Lösung von Phenoxathiin in Benzol mit Chlor (*Irie*, Bl. Inst. phys. chem. Res. Tokyo **20** [1941] 150, 171; C. A. **1942** 2881; J. Fac. Sci. Hokkaido Univ. [III] **4** [1951] 70, 89).

Rötlichgelbe Krystalle; Zers. bei ca. 71°.

Beim 24-stdg. Behandeln mit Benzol sind x-Chlor-phenoxathiin ($C_{12}H_7ClOS$; F: 78—79°; durch Erwärmen mit Chrom(VI)-oxid in Essigsäure in x-Chlor-phenoxathiin-10,10-dioxid [$C_{12}H_7ClO_3S$; Krystalle (aus A.), F: 172—174°] überführbar) und x,x-Dichlor-phenoxathiin ($C_{12}H_6Cl_2OS$; F: 166—167°; durch Erwärmen mit Chrom(VI)-oxid in Essigsäure in x,x-Dichlor-phenoxathiin-10,10-dioxid [$C_{12}H_6Cl_2O_3S$; F: 208—210°] überführbar) erhalten worden (*Irie*, Bl. Inst. phys. chem. Res. Tokyo **20** 172, 173; J. Fac. Sci. Hokkaido Univ. [III] **4** 90, 91).

10,10-Dioxo-10λ^6-phenoxathiin, Phenoxathiin-10,10-dioxid $C_{12}H_8O_3S$, Formel VIII (X = H) (H 45; E II 34).

B. Aus Phenoxathiin beim Erhitzen mit Essigsäure und wss. Wasserstoffperoxid (*Gilman, Esmay*, Am. Soc. **74** [1952] 2021, 2024; vgl. E II 34) sowie beim Erwärmen mit wss. Salpetersäure und Essigsäure (*Irie*, Bl. Inst. phys. chem. Res. Tokyo **20** [1941] 150, 167; C. A. **1942** 2881; J. Fac. Sci. Hokkaido Univ. [III] **4** [1951] 70, 89).

F: 147—148° [unkorr.] (*Gi., Es.*), 144—145° [aus A.] (*Irie*).

Beim Behandeln mit Methyllithium oder mit Butyllithium in Äther und anschliessend mit festem Kohlendioxid sind 10,10-Dioxo-10λ^6-phenoxathiin-1-carbonsäure und 10,10-Dioxo-10λ^6-phenoxathiin-1,9-dicarbonsäure erhalten worden (*Gilman, Eidt*, Am. Soc. **78** [1956] 2633, 2635; s. a. *Shirley, Lehto*, Am. Soc. **77** [1955] 1841).

4-Chlor-phenoxathiin $C_{12}H_7ClOS$, Formel IX.

B. Beim Erwärmen von [2-Chlor-phenyl]-phenyl-äther mit Schwefel und Aluminiumchlorid (*Suter, Green*, Am. Soc. **59** [1937] 2578). Beim Behandeln von Phenoxathiin-4-ylamin-hydrochlorid mit wss. Salzsäure und wss. Natriumnitrit-Lösung und anschliessend mit Kupfer(I)-chlorid und wss. Salzsäure (*Gilman et al.*, Am. Soc. **62** [1940] 2606, 2608).

Kp_7: 192—193°; D_{25}^{25}: 1,401; n_D^{25}: 1,6618 (*Su., Gr.*).

VIII IX X XI

4-Chlor-10,10-dioxo-10λ^6-phenoxathiin, 4-Chlor-phenoxathiin-10,10-dioxid $C_{12}H_7ClO_3S$, Formel VIII (X = Cl).

B. Beim Erwärmen einer Lösung von 4-Chlor-phenoxathiin in Essigsäure mit wss. Wasserstoffperoxid (*Suter, Green*, Am. Soc. **59** [1937] 2578; *Gilman et al.*, Am. Soc. **62** [1940] 2606, 2608).

Krystalle [aus A.] (*Gi. et al.*); F: 148—149° (*Su., Gr.; Gi. et al.*).

3-Chlor-phenoxathiin $C_{12}H_7ClOS$, Formel X.

B. Beim Erwärmen von [3-Chlor-phenyl]-phenyl-äther mit Schwefel und Aluminiumchlorid auf 100° (*Suter, Green*, Am. Soc. **59** [1937] 2578). Neben x,x-Dichlor-phenoxathiin ($C_{12}H_6Cl_2OS$; F: 168—169°) beim Behandeln von Phenoxathiin mit Sulfurylchlorid (*Eidt*, Iowa Coll. J. **31** [1957] 397).

F: ca. 80° (*Eidt*); F: 59—60° (*Su., Gr.*).

3-Chlor-10,10-dioxo-10λ^6-phenoxathiin, 3-Chlor-phenoxathiin-10,10-dioxid $C_{12}H_7ClO_3S$, Formel XI.

B. Beim Erwärmen von 3-Chlor-phenoxathiin mit wss. Wasserstoffperoxid und Essigsäure (*Suter, Green*, Am. Soc. **59** [1937] 2578).

F: 152—153°.

2-Chlor-phenoxathiin $C_{12}H_7ClOS$, Formel I (X = H) (E I 619).

B. Beim Erwärmen von [4-Chlor-phenyl]-phenyl-äther mit Schwefel und Aluminiumchlorid (*Suter, Green*, Am. Soc. **59** [1937] 2578; vgl. E I 619). Beim Behandeln von Phenoxathiin-2-ylamin-hydrochlorid mit wss. Salzsäure und wss. Natriumnitrit-Lösung und anschliessend mit Eisen(II)-chlorid in wss. Salzsäure (*Irie*, Bl. Inst. phys. chem. Res. Tokyo **20** [1941] 150, 170; C. A. **1942** 2881; J. Fac. Sci. Hokkaido Univ. [III] **4** [1951] 70, 86).

Krystalle [aus wss. Me.] (*Irie*); F: 88—89° (*Irie; Su., Gr.*).

2-Chlor-10,10-dioxo-10λ⁶-phenoxathiin, 2-Chlor-phenoxathiin-10,10-dioxid $C_{12}H_7ClO_3S$, Formel II (X = H).

B. Beim Erwärmen von 2-Chlor-phenoxathiin mit wss. Wasserstoffperoxid und Essigsäure (*Suter, Green*, Am. Soc. **59** [1937] 2578).

F: 158–159°.

1-Chlor-phenoxathiin $C_{12}H_7ClOS$, Formel III.

B. Beim Erhitzen von 1-Chlor-phenoxathiin-3-carbonsäure mit Calciumoxid (*Irie*, Bl. Inst. phys. chem. Res. Tokyo **20** [1941] 150, 173; C. A. **1942** 2881; J. Fac. Sci. Hokkaido Univ. [III] **4** [1951] 70, 91).

Krystalle (aus Me.); F: 78–80°.

2,8-Dichlor-phenoxathiin $C_{12}H_6Cl_2OS$, Formel I (X = Cl) (E I 619).

B. Beim Erhitzen von Phenoxathiin-2,8-disulfonylchlorid mit Phosphor(V)-chlorid (*Suter et al.*, Am. Soc. **58** [1936] 717, 720).

Krystalle (aus Me.); F: 134–135°.

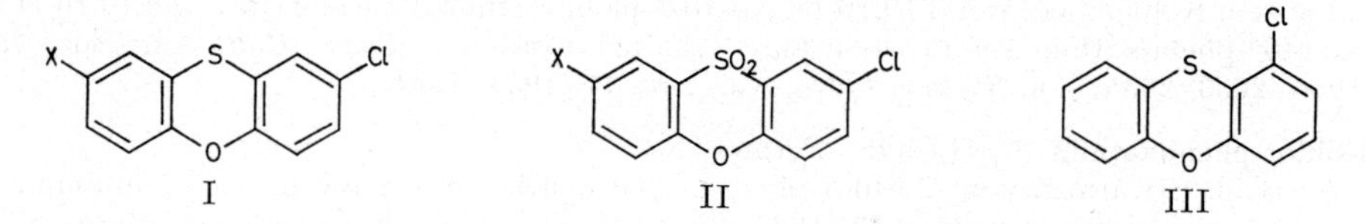

2,8-Dichlor-10-oxo-10λ⁴-phenoxathiin, 2,8-Dichlor-phenoxathiin-10-oxid $C_{12}H_6Cl_2O_2S$, Formel IV (E I 619).

B. Beim Erwärmen von 2,8-Dichlor-phenoxathiin mit Essigsäure und wss. Wasserstoffperoxid (*Irie*, Bl. Inst. phys. chem. Res. Tokyo **20** [1941] 150, 171; C. A. **1942** 2881).

Krystalle (aus A.); F: 175–176°.

2,8-Dichlor-10,10-dioxo-10λ⁶-phenoxathiin, 2,8-Dichlor-phenoxathiin-10,10-dioxid $C_{12}H_6Cl_2O_3S$, Formel II (X = Cl) (E I 619).

B. Beim Erwärmen von 2,8-Dichlor-phenoxathiin mit Chrom(VI)-oxid und wasserhaltiger Essigsäure (*Irie*, Bl. Inst. phys. chem. Res. Tokyo **20** [1941] 150, 171; C. A. **1942** 2881).

Krystalle; F: 196°.

4-Brom-10,10-dioxo-10λ⁶-phenoxathiin, 4-Brom-phenoxathiin-10,10-dioxid $C_{12}H_7BrO_3S$, Formel V.

B. Aus 4-Brom-phenoxathiin mit Hilfe von wss. Wasserstoffperoxid (*Eidt*, Iowa Coll. J. **31** [1957] 397).

F: 157,5–158°.

2-Brom-phenoxathiin $C_{12}H_7BrOS$, Formel VI (X = H).

B. Aus 2-Brom-phenoxathiin-10,10-dioxid mit Hilfe von Lithiumalanat sowie aus Phenoxathiin-2-ylamin (*Eidt*, Iowa Coll. J. **31** [1957] 397).

Krystalle (aus Me.); F: 90° (*Maior*, Rev. Chim. Bukarest **20** [1969] 733); F: ca. 90° (*Eidt*).

Zwei von *Suter et al.* (Am. Soc. **58** [1936] 717, 718) und von *Gilman et al.* (Am. Soc. **62** [1940] 2606, 2609) beim Behandeln einer Lösung von Phenoxathiin in Tetrachlormethan mit Brom und Umkrystallisieren des Reaktionsprodukts aus Methanol erhaltene, als 2-Brom-phenoxathiin beschriebene Präparate (F: 59–60° bzw. F: 58–59°) haben wahrscheinlich Phenoxathiin-10,10-dibromid ($C_{12}H_8Br_2OS$; F: 67° [Zers.]) als Verunreinigung enthalten (*Ma.*).

IV V VI

2-Brom-10,10-dioxo-10λ⁶-phenoxathiin, 2-Brom-phenoxathiin-10,10-dioxid $C_{12}H_7BrO_3S$, Formel VII (X = H).

B. Aus 2-Brom-phenoxathiin mit Hilfe von wss. Wasserstoffperoxid sowie aus 10,10-Dioxo-10λ⁶-phenoxathiin-2-ylamin (*Eidt*, Iowa Coll. J. **31** [1957] 397).

F: 177—178°.

2,8-Dibrom-phenoxathiin $C_{12}H_6Br_2OS$, Formel VI (X = Br).

B. Beim Erhitzen von Natrium-[4-brom-2-(2,5-dibrom-phenylmercapto)-phenolat] mit wenig Kupfer(II)-sulfat auf 150° (*Stevenson, Smiles*, Soc. **1931** 718, 721). Beim Erwärmen einer Lösung von Phenoxathiin in Tetrachlormethan mit Brom (*Suter et al.*, Am. Soc. **58** [1936] 717, 718).

Krystalle; F: 92—93° [aus Me.] (*Su. et al.*), 92° [aus A.] (*St., Sm.*).

2,8-Dibrom-10,10-dioxo-10λ⁶-phenoxathiin, 2,8-Dibrom-phenoxathiin-10,10-dioxid $C_{12}H_6Br_2O_3S$, Formel VII (X = Br).

B. Beim Erwärmen einer Lösung von 5-Brom-2-[4-brom-phenoxy]-benzolsulfonylchlorid in 1,1,2,2-Tetrachlor-äthan mit Aluminiumchlorid (*Suter et al.*, Am. Soc. **58** [1936] 717, 719). Beim Erwärmen einer Lösung von 2,8-Dibrom-phenoxathiin in Essigsäure mit wss. Wasserstoffperoxid (*Su. et al.*).

Krystalle (aus wss. Eg.); F: 185—186°.

4-Jod-phenoxathiin $C_{12}H_7IOS$, Formel VIII (R = I, X = H).

B. Beim Erwärmen von Phenoxathiin mit Butyllithium in Äther und anschliessenden Behandeln mit Jod (*Nobis, Burske*, Am. Soc. **76** [1954] 3034).

Krystalle (aus PAe.); F: 42,5—43°.

Beim Behandeln einer Lösung in Benzol mit Natriumamid in flüssigem Ammoniak ist Phenoxathiin-3-ylamin erhalten worden.

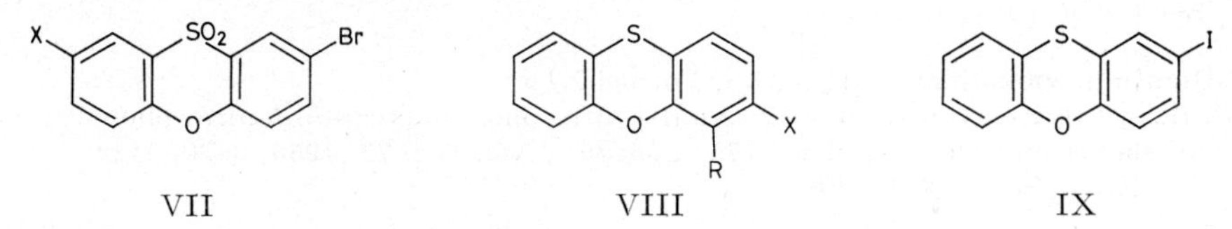

VII VIII IX

3-Jod-phenoxathiin $C_{12}H_7IOS$, Formel VIII (R = H, X = I).

B. Aus Phenoxathiin-3-ylamin analog 2-Jod-phenoxathiin [s. u.] (*Nobis, Burske*, Am. Soc. **76** [1954] 3034).

Krystalle (aus Me.); F: 70—72°.

2-Jod-phenoxathiin $C_{12}H_7IOS$, Formel IX.

B. Beim Behandeln von Phenoxathiin-2-ylamin mit wss. Schwefelsäure und wss. Natriumnitrit-Lösung und anschliessenden Erwärmen mit Kaliumjodid und wenig Harnstoff (*Nobis, Burske*, Am. Soc. **76** [1954] 3034).

Krystalle (aus wss. Me.); F: 92—94°.

2-Jod-10,10-dioxo-10λ⁶-phenoxathiin, 2-Jod-phenoxathiin-10,10-dioxid $C_{12}H_7IO_3S$, Formel X.

B. Aus Phenoxathiin-10,10-dioxid mit Hilfe von Jod sowie aus 10,10-Dioxo-10λ⁶-phenoxathiin-2-ylamin (*Eidt*, Iowa Coll. J. **31** [1957] 397).

F: 171—172°.

2-Nitro-phenoxathiin $C_{12}H_7NO_3S$, Formel XI (X = H) (E II 34).

Gelbe Krystalle; F: 160° (*Irie*, Bl. Inst. phys. chem. Res. Tokyo **20** [1941] 150, 174; C. A. **1942** 2881; J. Fac. Sci. Hokkaido Univ. [III] **4** [1951] 70, 83).

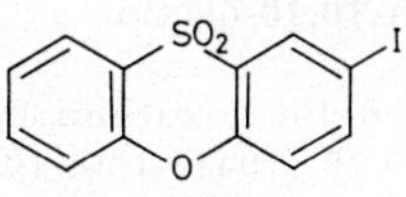

X 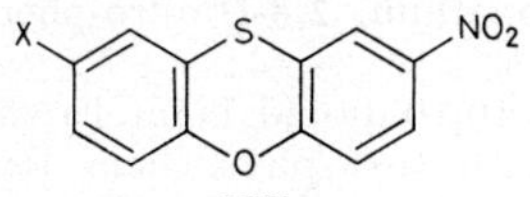 XI 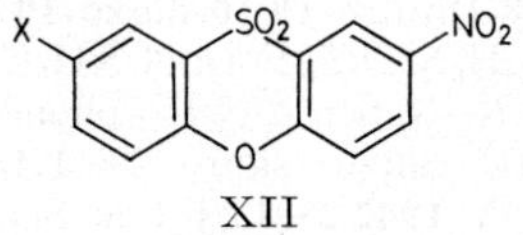 XII

2-Nitro-10,10-dioxo-10λ⁶-phenoxathiin, 2-Nitro-phenoxathiin-10,10-dioxid $C_{12}H_7NO_5S$, Formel XII (X = H) (E II 34).

B. Neben 2,8-Dinitro-phenoxathiin-10,10-dioxid beim Erwärmen von Phenoxathiin mit wss. Salpetersäure [D: 1,45] (*Irie*, Bl. Inst. phys. chem. Res. Tokyo **20** [1941] 150, 167; C. A. **1942** 2881; J. Fac. Sci. Hokkaido Univ. [III] **4** [1951] 70, 89). Beim Erhitzen von Phenoxathiin-10-oxid mit Salpetersäure, konz. Schwefelsäure und Essigsäure auf 110° (*Nobis et al.*, Am. Soc. **75** [1953] 3384, 3386). Beim Erhitzen einer Lösung von Phen= oxathiin-10,10-dioxid in Essigsäure mit Salpetersäure (*No. et al.*). Beim Erhitzen von 2-Nitro-phenoxathiin mit Chrom(VI)-oxid und wasserhaltiger Essigsäure (*Irie*, Bl. Inst. phys. chem. Res. Tokyo **20** 174; J. Fac. Sci. Hokkaido Univ. [III] **4** 83).

Krystalle; F: 196,5° [aus Eg. oder E.] (*Irie*), 192—194° [aus Acn.] (*No. et al.*).

2-Chlor-8-nitro-phenoxathiin $C_{12}H_6ClNO_3S$, Formel XI (X = Cl) (E II 34).

Diese Konstitution ist der nachstehend beschriebenen Verbindung zugeordnet woeden.

B. Beim Behandeln einer Suspension von 2-[4-Chlor-phenoxy]-5-nitro-benzolsulfin= säure in Acetanhydrid mit konz. Schwefelsäure, Behandeln einer Suspension des Reaktionsprodukts (gelbe Krystalle [aus wss. A.]; F: 135°; vermutlich 2-Chlor-8-nitro-phenoxathiin-10-oxid $C_{12}H_6ClNO_4S$) in Acetanhydrid mit konz. Schwefelsäure und Behandeln des danach isolierten Reaktionsprodukts mit wss. Bromwasserstoffsäure (*Irie*, Bl. Inst. phys. chem. Res. Tokyo **20** [1944] 150, 178; C. A. **1942** 2881; J. Fac. Sci. Hokkaido Univ. [III] **4** [1951] 70, 85).

Gelbliche Krystalle (aus E.); F: 195° (*Irie*; s. dagegen E II 34).

1,3-Dinitro-phenoxathiin $C_{12}H_6N_2O_5S$, Formel XIII.

Diese Konstitution ist von *Irie* (Bl. Inst. phys. chem. Res. Tokyo **20** [1941] 150, 152 Anm.; C. A. **1942** 2881; J. Fac. Sci. Hokkaido Univ. [III] **4** [1951] 70, 72 Anm.) der früher (s. H **19** 45) als 1,3 (oder 2,4)-Dinitro-phenoxathiin beschriebenen Verbindung (F: 187°) zugeordnet worden.

3,7-Dinitro-phenoxathiin $C_{12}H_6N_2O_5S$, Formel XIV.

B. Beim Erhitzen von Kalium-[2-(2-jod-4-nitro-phenylmercapto)-5-nitro-phenolat] mit Kupfer-Pulver und Quarzsand auf 175° (*Amstutz*, Am. Soc. **72** [1950] 3420, 3422).

Gelbe Krystalle; F: 204—205°.

XIII XIV XV

3,7-Dinitro-10,10-dioxo-10λ⁶-phenoxathiin, 3,7-Dinitro-phenoxathiin-10,10-dioxid $C_{12}H_6N_2O_7S$, Formel XV.

B. Beim Erhitzen einer Lösung von 3,7-Dinitro-phenoxathiin in Essigsäure mit wss. Wasserstoffperoxid (*Amstutz*, Am. Soc. **72** [1950] 3420, 3422).

F: 246—247° [unkorr.; Block].

2,8-Dinitro-phenoxathiin $C_{12}H_6N_2O_5S$, Formel XI (X = NO_2).

B. Beim Erwärmen einer Suspension von 5-Nitro-2-[4-nitro-phenoxy]-benzolsulfin= säure in Acetanhydrid mit konz. Schwefelsäure und Erwärmen einer Lösung des Reaktionsprodukts in Essigsäure mit wss. Bromwasserstoffsäure (*Irie*, Bl. Inst. phys. chem. Res. Tokyo **20** [1941] 150, 166; C. A. **1942** 2881; J. Fac. Sci. Hokkaido Univ. [III] **4** [1951] 70, 82).

Gelbliche Krystalle (aus A.); F: 143°.

2,8-Dinitro-10,10-dioxo-10λ⁶-phenoxathiin, 2,8-Dinitro-phenoxathiin-10,10-dioxid $C_{12}H_6N_2O_7S$, Formel XII (X = NO_2).

B. Neben 2-Nitro-phenoxathiin-10,10-dioxid beim Erwärmen von Phenoxathiin mit wss. Salpetersäure [D: 1,45] (*Irie*, Bl. Inst. phys. chem. Res. Tokyo **20** [1941] 150, 167; C. A. **1942** 2881; J. Fac. Sci. Hokkaido Univ. [III] **4** [1951] 70, 89) sowie beim Erhitzen von

Phenoxathiin mit Salpetersäure, konz. Schwefelsäure und Essigsäure (*Nobis et al.*, Am. Soc. **75** [1953] 3384, 3387). Beim Behandeln von Phenoxathiin-10,10-dioxid mit konz. Schwefelsäure und Salpetersäure (*No. et al.*). Beim Erhitzen von 2,8-Dinitro-phenoxathiin mit Chrom(VI)-oxid in Essigsäure (*Irie*, Bl. Inst. phys. chem. Res. Tokyo **20** 166; J. Fac. Sci. Hokkaido Univ. [III] **4** 83).

Gelbliche Krystalle [aus Eg.] (*Irie*); F: 283–286° (*No. et al.*), ca. 280° (*Irie*, Bl. Inst. phys. chem. Res. Tokyo **20** 166; J. Fac. Sci. Hokkaido Univ. [III] **4** 83).

Dibenzo[1,4]dithiin, Thianthren [1]) $C_{12}H_8S_2$, Formel I (H 45; E I 619; E II 34).

Zusammenfassende Darstellung: *Breslow, Skolnik*, Chem. heterocycl. Compounds **21** [1966] 1155.

B. Aus Benzol beim Erwärmen mit Schwefel (2 Mol) und Aluminiumchlorid (0,25 Mol) in Schwefelkohlenstoff (*Dougherty, Hammond*, Am. Soc. **57** [1935] 117; vgl. H 45) oder mit Dischwefeldichlorid und Aluminiumchlorid (*Böeseken, van der Meulen*, R. **55** [1936] 925, 926; *Gilman, Swayampati*, Am. Soc. **78** [1956] 2163; vgl. E II 34). Beim Erhitzen von 1,2-Dichlor-benzol mit Calciumsulfid und wenig Schwefel auf 300–340° (*Macallum*, J. org. Chem. **13** [1948] 154, 158). Beim Leiten von Thiophenol, von Dithioresorcin oder von Diphenylsulfid im Stickstoff-Strom über einen Aluminiumsilicat-Katalysator bei 300° bzw. bei 350–450° (*Tiz-Škworzowa et al.*, Ž. obšč. Chim. **23** [1953] 303, 306, 307, 308; engl. Ausg. S. 317, 319, 321). Beim Erhitzen von Diphenyldisulfid auf 270° (*Schönberg, Mustafa*, Soc. **1949** 889, 891). Beim Erwärmen von Diphenylsulfid oder von Diphenyl= disulfid mit Schwefel und Aluminiumchlorid in Benzin (*Do., Ha.*). Beim Behandeln von 2-Phenylmercapto-anilin-hydrochlorid mit wss. Salzsäure und mit wss. Natriumnitrit-Lösung, anschliessenden Erwärmen mit wss. Natrium-*O*-äthyl-dithiocarbonat-Lösung, Erwärmen des Reaktionsprodukts mit äthanol. Kalilauge und Erhitzen des erhaltenen 2-Phenylmercapto-thiophenols auf 320° (*Cullinane, Davies*, R. **55** [1936] 881, 885).

Atomabstände und Bindungswinkel (aus dem Röntgen-Diagramm ermittelt): *Lynton, Cox*, Soc. **1956** 4886, 4888; *Rowe, Post*, Acta cryst. **11** [1958] 372. Dipolmoment: 1,57 D [ε; Bzl.] (*Campbell et al.*, Soc. **1938** 404, 407), 1,45 D [ε; Bzl.] (*Bergmann, Weizmann*, Chem. and Ind. **1938** 364; s. a. *Bergmann, Tschudnowsky*, B. **65** [1932] 457, 463), 1,41 D [ε; Bzl.] (*Walls, Smyth*, J. chem. Physics **1** [1933] 337, 339), 1,54 D [ε; CCl_4] bzw. 1,47 D [ε; CS_2] (*Bennett, Glasstone*, Soc. **1934** 128).

Krystalle; F: 158,8–159° (*Macallum*, J. org. Chem. **13** [1948] 154, 158), 158° [aus Acn.] (*Cullinane, Davies*, R. **55** [1936] 881, 885), 156,7° [aus Acn.] (*Cullinane, Plummer*, Soc. **1938** 63, 65), 155,9° [nach Sublimation im Hochvakuum] (*Sunner, Lundin*, Acta chem. scand. **7** [1953] 1112, 1114). Monoklin; Raumgruppe $P2_1/a$ ($= C_{2h}^5$); aus dem Röntgen-Diagramm ermittelte Dimensionen der Elementarzelle: a = 14,484 Å; b = 6,147 Å; c = 11,932 Å; β = 109,86°; n = 4 (*Lynton, Cox*, Soc. **1956** 4886) bzw. a = 14,46 Å; b = 6,095 Å; c = 11,90 Å; β = 110,15°; n = 4 (*Rowe, Post*, Acta cryst. **11** [1958] 372). Krystallmorphologie: *Wood, Crackston*, Phil. Mag. [7] **31** [1941] 62, 63. Dichte der Krystalle: 1,45 (*Wood, Cr.*, l. c. S. 66), 1,442 (*Prasad et al.*, J. Indian chem. Soc. **14** [1937] 177), 1,440 (*Su., Lu.*, l. c. S. 1117), 1,44 (*Ly., Cox*). Standard-Bildungs= enthalpie: +43,68 kcal·mol^{-1} (*Hubbard et al.*, J. phys. Chem. **58** [1954] 142, 148), +43,56 kcal·mol^{-1} (*Sunner*, Acta chem. scand. **17** [1963] 728). Standard-Verbrennungs= enthalpie: –1733,29 kcal·mol^{-1} (*Su.*; s. a. *Su., Lu.*, l. c. S. 1117; *Hu. et al.*). Brechungs- indices der Krystalle: *Wood, Cr.*, l. c. S. 68; *Ly., Cox*. Raman-Banden von krystallinem Thianthren: *Mukerji, Lal*, Indian J. Physics **25** [1951] 309, 310; von flüssigem Thianthren bei 145°: *Mukerji, Lal*, Indian J. Physics **26** [1952] 276; von Lösungen in Chloroform, in Tetrachlormethan, in Diäthyläther und in Schwefelkohlenstoff: *Mukerji, Lal*, Nuovo Cimento [9] **9** [1952] 699, 702. UV-Spektrum (A.; 220–320 nm): *Passerini, Purrello*, Ann. Chimica **48** [1958] 738, 742, 745. Anisotropie der magnetischen Susceptibilität: *Banerjee*, Z. Kr. **100** [1939] 316, 330. Schmelzdiagramm der binären Systeme mit Di= benzo[1,4]dioxin und mit Selenanthren: *Cu., Pl.*, l. c. S. 65, 66; mit Phenoxathiin, mit Phenoxazin und mit Phenothiazin: *Cullinane, Rees*, Trans. Faraday Soc. **36** [1940] 507, 509, 510.

---

[1]) Bei von Thianthren abgeleiteten Namen wird im III. und IV. Ergänzungswerk in Übereinstimmung mit den IUPAC-Regeln die in Formel I angegebene Stellungsbezeichnung verwendet.

Thermische Zersetzung in Gegenwart eines Aluminiumsilicat-Katalysators bei 400° (Bildung von Benzol als Hauptprodukt): *Tiz-Škworzowa et al.*, Ž. obšč. Chim. **23** [1953] 303, 308; engl. Ausg. S. 317, 321. Bildung von Thianthrenium-Radikalen beim Behandeln mit konz. Schwefelsäure oder mit Trifluoressigsäure: *Fava et al.*, Am. Soc. **79** [1957] 1078, 1079; *Shine, Piette*, Am. Soc. **84** [1962] 4798, 4799, 4803; *Lucken*, Soc. **1962** 4963. Beim Behandeln mit wss. Wasserstoffperoxid und Schwefelsäure ist je nach der Reaktionsdauer Thianthren-5,5,10,10-tetraoxid oder *cis*-Thianthren-5,10-dioxid erhalten worden (*Kambara et al.*, Chem. High Polymers Japan **5** [1948] 199; C. A. **1952** 1795). Geschwindigkeitskonstante der Reaktion mit Peroxyessigsäure bei 20° und bei 30°: *Böeseken, van der Meulen*, R. **55** [1936] 925, 929; s. a. *Stuurman*, R. **55** [1936] 934. Bildung von *cis*-Thianthren-5,10-dioxid und *trans*-Thianthren-5,10-dioxid beim Behandeln mit wss. Salpetersäure (D: 1,2) sowie beim Behandeln mit Chlor in Gegenwart von Wasser: *Baw et al.*, Soc. **1934** 680, 682. Beim Behandeln einer heissen Suspension in wss. Essigsäure mit Chlor ist Thianthren-5,5,10-trioxid erhalten worden (*Gilman, Swayampati*, Am. Soc. **77** [1955] 5944, 5946). Bildung von Thianthren-5-oxid beim Behandeln mit 2-Nitro-benzoldiazonium-sulfat oder 4-Nitro-benzoldiazonium-sulfat in Essigsäure und anschliessenden Behandeln mit Wasser: *Gilman, Swayampati*, Am. Soc. **78** [1956] 2163. Überführung in 2-Brom-thianthren durch Erhitzen mit Brom (1 Mol) in Essigsäure: *Gi., Sw.*, Am. Soc. **77** 5947. Verhalten beim Erhitzen mit Kupfer-Pulver im Wasserstoff-Strom (Bildung von Dibenzothiophen): *Cullinane et al.*, R. **56** [1937] 627, 629. Reaktion mit Acetylchlorid in Gegenwart von Aluminiumchlorid in Schwefelkohlenstoff (Bildung von 2,7-Diacetyl-thianthren): *Tomita*, J. pharm. Soc. Japan **58** [1938] 517, 520; dtsch. Ref. S. 139; C. A. **1938** 7463. Beim Erhitzen mit Äthyl-phenyl-carbamoylchlorid und Zinkchlorid auf 170° und anschliessenden Erwärmen mit wss.-äthanol. Natronlauge ist Thianthren-2-carbonsäure erhalten worden (*Bennett et al.*, Soc. **1937** 444). Überführung in Thianthren-1-carbonsäure durch Behandlung mit Butyllithium in Äther und anschliessend mit festem Kohlendioxid: *Gilman, Swayampati*, Am. Soc. **79** [1957] 208, 211.

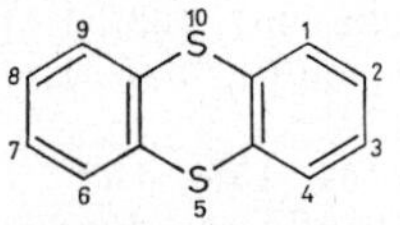

I 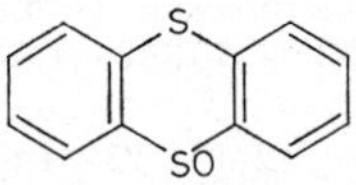 II 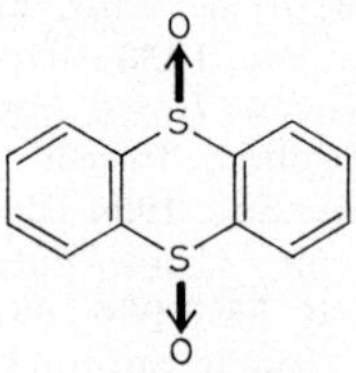 III 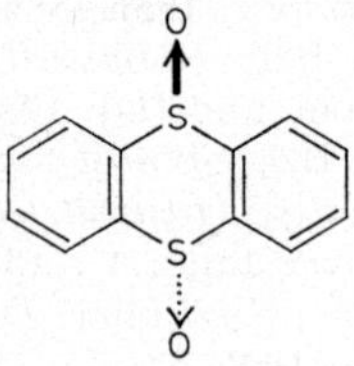 IV

5-Oxo-5λ⁴-thianthren, Thianthren-5-oxid $C_{12}H_8OS_2$, Formel II (E I 620; E II 35).

B. Beim Erhitzen von Thianthren mit Essigsäure und wss. Salpetersäure (*Gilman, Swayampati*, Am. Soc. **77** [1955] 3387; vgl. E I 620). Beim Behandeln von Thianthren mit 2-Nitro-benzoldiazonium-sulfat oder 4-Nitro-benzoldiazonium-sulfat in Essigsäure und anschliessend mit Wasser (*Gilman, Swayampati*, Am. Soc. **78** [1956] 2163).

F: 143,4—144° (*Böeseken, van der Meulen*, R. **55** [1936] 925, 926), 143—143,5° [unkorr.] (*Gi., Sw.*, Am. Soc. **77** 3387).

Bildung von Thianthrenium-Radikalen beim Behandeln mit konz. Schwefelsäure oder mit Trifluoressigsäure: *Fava et al.*, Am. Soc. **79** [1957] 1078, 1079; *Shine, Piette*, Am. Soc. **84** [1962] 4798, 4799, 4804. Geschwindigkeitskonstante der Reaktion mit Peroxyessigsäure bei 20° und 31°: *Bö., v.d.Me.*, l. c. S. 930. Verhalten beim Erhitzen mit wss. Bromwasserstoffsäure oder mit Bromwasserstoff in Essigsäure (Bildung von 2-Brom-thianthren): *Gilman, Swayampati*, Am. Soc. **77** [1955] 5944, 5946. Beim Behandeln mit Butyllithium in Äther und anschliessend mit festem Kohlendioxid sind Dibenzothiophen (Hauptprodukt), Thianthren, Thianthren-1-carbonsäure und Bis-[2-carboxy-phenyl]-sulfid (*Gi., Sw.*, Am. Soc. **77** 3387; *Gilman, Swayampati*, J. org. Chem. **21** [1956] 1278, 1280), beim Behandeln mit Butylmagnesiumbromid in Äther bei —70° und anschliessend mit festem Kohlendioxid ist 2-[2-(Butan-1-sulfinyl)-phenylmercapto]-benzoesäure [?; F: 149—149,5° (Zers.)] (*Gi., Sw.*, J. org. Chem. **21** 1280) erhalten worden.

5,10-Dioxo-5λ⁴,10λ⁴-thianthren, Thianthren-5,10-dioxid $C_{12}H_8O_2S_2$.

Über die Konfiguration der Stereoisomeren s. *Taylor*, Soc. **1935** 625; *Hosoya, Wood*,

Chem. and Ind. **1957** 1042; *Hosoya*, Chem. and Ind. **1958** 159; *Hosoya*, Acta cryst. **16** [1963] 310; *Mislow et al.*, Am. Soc. **86** [1964] 2957.

a) ***cis*-Thianthren-5,10-dioxid** $C_{12}H_8O_2S_2$, Formel III (H 47; E I 621; dort als Thianthrendisulfoxid bezeichnet).

B. Beim Behandeln von Thianthren mit Salpetersäure (*Gilman, Swayampati*, Am. Soc. **79** [1957] 991, 994), mit konz. Schwefelsäure und Salpetersäure (*Shirley, Roussel*, Sci. **113** [1951] 208; vgl. E I 621) oder mit wss. Wasserstoffperoxid und Schwefelsäure (*Kambara et al.*, Chem. High Polymers Japan **5** [1948] 199; C. A. **1952** 1795).

Dipolmoment (ε; Bzl.): 1,7 D (*Bergmann, Tschudnowsky*, B. **65** [1932] 457, 463).

Krystalle (aus A.); F: 284–286° (*Sh., Ro.*). Orthorhombisch; Raumgruppe *Fdd* 2 ($= C_{2v}^{19}$); aus dem Röntgen-Diagramm ermittelte Dimensionen der Elementarzelle: a = 16,10 Å; b = 32,03 Å; c = 4,05 Å; n = 8 (*Hosoya, Wood*, Chem. and Ind. **1957** 1042). Dichte der Krystalle: 1,56 (*Ho., Wood*). Brechungsindices der Krystalle: *Ho., Wood*. In 100 g Essigsäure lösen sich bei 25° 0,6 g (*Baw et al.*, Soc. **1934** 680, 682).

Geschwindigkeitskonstante der Reaktion mit Peroxyessigsäure bei 31° und 60°: *Böeseken, van der Meulen*, R. **55** [1936] 925, 931.

b) ***trans*-Thianthren-5,10-dioxid** $C_{12}H_8O_2S_2$, Formel IV (H 46; E I 620; dort als Isothianthrendisulfoxid bezeichnet).

Dipolmoment (ε; Bzl.): 4,2 D (*Bergmann, Tschudnowsky*, B. **65** [1932] 457, 463).

Monokline Krystalle; Raumgruppe $P2_1/n$ ($= C_{2h}^5$); aus dem Röntgen-Diagramm ermittelte Dimensionen der Elementarzelle: a = 11,50 Å; b = 14,10 Å; c = 6,50 Å; β = 92,0°; n = 4 (*Hosoya, Wood*, Chem. and Ind. **1957** 1042; *Hosoya*, Acta cryst. **21** [1966] 21). Dichte der Krystalle: 1,56 (*Ho., Wood; Ho.*). Brechungsindices der Krystalle: *Ho., Wood; Ho.* In 100 g Essigsäure lösen sich bei 25° 2,1 g (*Baw et al.*, Soc. **1934** 680, 682).

Geschwindigkeitskonstante der Reaktion mit Peroxyessigsäure bei 31° und 60°: *Böeseken, van der Meulen*, R. **55** [1936] 925, 931.

5,5-Dioxo-5λ⁶-thianthren, Thianthren-5,5-dioxid $C_{12}H_8O_2S_2$, Formel V (E I 621).

B. Beim Erhitzen von Thianthren-5,5,10-trioxid mit wss. Bromwasserstoffsäure oder mit wss. Essigsäure und Zink-Pulver (*Gilman, Swayampati*, Am. Soc. **77** [1955] 5944, 5946). — Nach dem früher beschriebenen Verfahren (s. E I 621) ist Thianthren-5,5-dioxid nicht wieder erhalten worden (*Böeseken, van der Meulen*, R. **55** [1936] 925, 927; *Fava et al.*, Am. Soc. **79** [1957] 1078, 1079).

Krystalle (aus Eg.); F: 168–169° [unkorr.] (*Gi., Sw.*, Am. Soc. **77** 5946).

Beim Behandeln mit Butyllithium in Äther und anschliessend mit festem Kohlendioxid sind 10,10-Dioxo-10λ⁶-thianthren-1-carbonsäure und 10,10-Dioxo-10λ⁶-thianthren-1,9-dicarbonsäure erhalten worden (*Gilman, Swayampati*, Am. Soc. **79** [1957] 208, 210).

5,5,10-Trioxo-5λ⁶,10λ⁴-thianthren, Thianthren-5,5,10-trioxid $C_{12}H_8O_3S_2$, Formel VI (E I 621).

B. Beim Behandeln einer heissen Suspension von Thianthren in wss. Essigsäure mit Chlor (*Gilman, Swayampati*, Am. Soc. **77** [1955] 5944, 5946).

Krystalle (aus wss. Eg.); F: 221,5–222,5° [unkorr.] (*Gi., Sw.*, Am. Soc. **77** 5946).

Beim Behandeln mit Butyllithium in Äther bei −70° und anschliessend mit festem Kohlendioxid sind Bis-[2-carboxy-phenyl]-sulfon und kleine Mengen Dibenzothiophen-5,5-dioxid erhalten worden (*Gilman, Swayampati*, Am. Soc. **79** [1957] 208, 212).

5,5,10,10-Tetraoxo-5λ⁶,10λ⁶-thianthren, Thianthren-5,5,10,10-tetraoxid $C_{12}H_8O_4S_2$, Formel VII (X = H) (H 47; E I 621).

B. Beim Erhitzen von Thianthren mit Essigsäure, Natriumdichromat und wss. Schwefelsäure (*Koslow et al.*, Ž. obšč. Chim. **10** [1940] 1077, 1082; C. **1940** II 3336; vgl. H 47). Beim mehrtägigen Behandeln von Thianthren mit wss. Wasserstoffperoxid und Schwefelsäure (*Kambara et al.*, Chem. High Polymers Japan **5** [1948] 199; C. A. **1952** 1795). Beim Erwärmen von Thianthren mit wss. Wasserstoffperoxid und Essigsäure (*Drushel, Miller*, Anal. Chem. **30** [1958] 1271, 1272).

Krystalle (aus Xylol); F: 337,5–340° [korr.] (*Dr., Mi.*). Triklin; Raumgruppe $P\bar{1}$ ($= C_i^1$); aus dem Röntgen-Diagramm ermittelte Dimensionen der Elementarzelle: a = 7,19 Å; b = 8,17 Å; c = 9,93 Å; α = 98°; β = 97°; γ = 98°; n = 2 (*Hosoya*, Chem. and Ind. **1958** 980). Dichte der Krystalle: 1,63 (*Ho.*). UV-Spektrum (A.; 200–330 nm):

Passerini, Purrello, Ann. Chimica **48** [1958] 738, 745. Polarographie: *Dr., Mi.*, l. c. S. 1273.

Verhalten gegen Schwefeltrioxid enthaltende Schwefelsäure (Bildung von 5,5,10,10-Tetraoxo-5λ⁶,10λ⁶-thianthren-2-sulfonsäure): *Ko. et al.*, l. c. S. 1083. Beim 40-stdg. Erhitzen mit Tellur-Pulver auf 450° in Kohlendioxid-Atmosphäre sind Dibenzotellurophen, Dibenzothiophen-5,5-dioxid und kleine Mengen einer als Thianthren-5,5-dioxid angesehenen Verbindung (F: 159—161°) erhalten worden (*Pa., Pu.*, l. c. S. 740, 741).

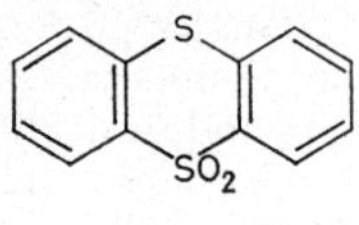

V 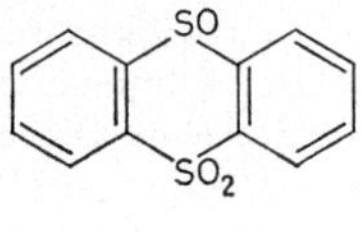 VI 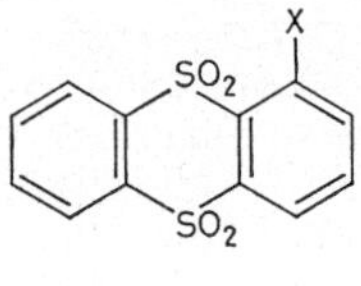 VII 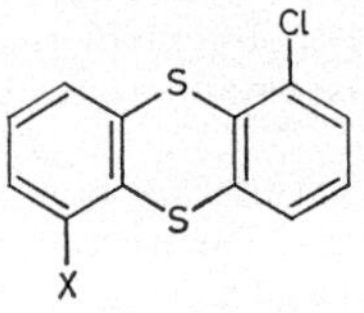 VIII

1-Chlor-thianthren $C_{12}H_7ClS_2$, Formel VIII (X = H).

B. Beim Behandeln einer Suspension von Thianthren-1-ylamin in wss. Salzsäure mit wss. Natriumnitrit-Lösung und anschliessenden Erwärmen mit Kupfer(I)-chlorid und wss. Salzsäure (*Gilman, Swayampati*, Am. Soc. **79** [1957] 208, 211).

Krystalle (aus Me.); F: 85—85,5°.

1-Chlor-5,5,10,10-tetraoxo-5λ⁶,10λ⁶-thianthren, 1-Chlor-thianthren-5,5,10,10-tetraoxid $C_{12}H_7ClO_4S_2$, Formel VII (X = Cl).

B. Beim Erhitzen von 1-Chlor-thianthren mit wss. Wasserstoffperoxid und Essigsäure (*Gilman, Swayampati*, Am. Soc. **79** [1957] 208, 212).

Krystalle (aus Eg.); F: 242° [unkorr.].

2-Chlor-5,5,10,10-tetraoxo-5λ⁶,10λ⁶-thianthren, 2-Chlor-thianthren-5,5,10,10-tetraoxid $C_{12}H_7ClO_4S_2$, Formel IX.

B. Beim Erhitzen von 2-Chlor-thianthren mit Chrom(VI)-oxid in Essigsäure (*Koslow et al.*, Ž. obšč. Chim. **10** [1940] 1077, 1086; C. **1940** II 3336). Beim Erhitzen des Kalium-Salzes der 5,5,10,10-Tetraoxo-5λ⁶,10λ⁶-thianthren-2-sulfonsäure mit Phosphor(V)-chlorid und Phosphorylchlorid auf 180° (*Ko. et al.*).

Gelbe Krystalle (aus Eg.); F: 120,5°.

1,6-Dichlor-thianthren $C_{12}H_6Cl_2S_2$, Formel VIII (X = Cl).

Diese Konstitution ist für die nachstehend beschriebene Verbindung in Betracht gezogen worden (*Dalgliesh, Mann*, Soc. **1945** 893, 899).

B. Beim Erhitzen von 5-Chlor-4*H*-benzo[1,4]thiazin-3-on mit wss. Natronlauge, Behandeln des Reaktionsgemisches mit wss. Natriumnitrit-Lösung und wss. Salzsäure und anschliessenden Erwärmen (*Da., Mann*, l. c. S. 900).

Krystalle (aus A.); F: 174—175°.

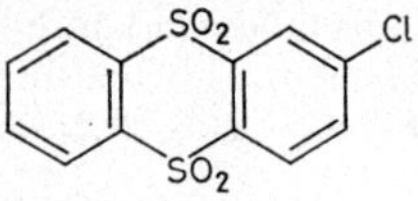

IX 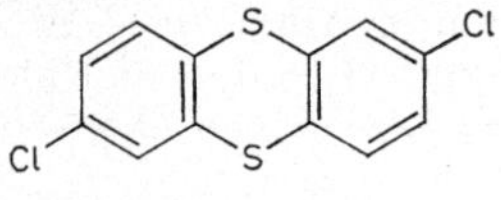 X 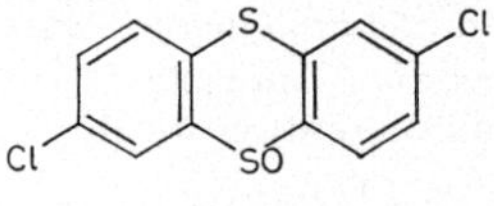 XI

2,7-Dichlor-thianthren $C_{12}H_6Cl_2S_2$, Formel X.

B. Beim Behandeln von 4-Chlor-thiophenol mit Schwefeltrioxid enthaltender Schwefelsäure (*Baw et al.*, Soc. **1934** 680, 683).

Dipolmoment (ε; Bzl.): 1,37 D (*Bergmann, Weizmann*, Chem. and Ind. **1938** 364).

Krystalle (aus Eg.); F: 186° [korr.] (*Baw et al.*).

2,7-Dichlor-5-oxo-5λ⁴-thianthren, 2,7-Dichlor-thianthren-5-oxid $C_{12}H_6Cl_2OS_2$, Formel XI.

B. Neben 2,7-Dichlor-thianthren-5,5-dioxid beim Erwärmen von 2,7-Dichlor-thianthren mit wss. Wasserstoffperoxid und Essigsäure (*Baw et al.*, Soc. **1934** 680, 683).

Krystalle (aus Eg. oder Toluol); F: 235—237° [Zers.].

2,7-Dichlor-5,10-dioxo-5λ⁴,10λ⁴-thianthren, 2,7-Dichlor-thianthren-5,10-dioxid $C_{12}H_6Cl_2O_2S_2$.

Die Konfigurationszuordnung der nachstehend beschriebenen Stereoisomeren ist in Analogie zu Thianthren-5,10-dioxid (S. 348) erfolgt (*Mislow et al.*, Am. Soc. **86** [1964] 2957).

a) **2,7-Dichlor-thianthren-5r,10c-dioxid** $C_{12}H_6Cl_2O_2S_2$, Formel I.

B. Neben dem unter b) beschriebenen Stereoisomeren beim Erhitzen von 2,7-Dichlor-thianthren mit wss. Wasserstoffperoxid und Essigsäure (*Baw et al.*, Soc. **1934** 680, 683).

Krystalle (aus Eg.); F: 313° [korr.]. In 100 ml Essigsäure lösen sich bei 18° 0,07 g.

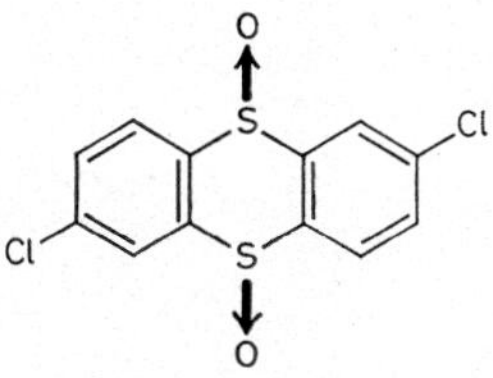

I 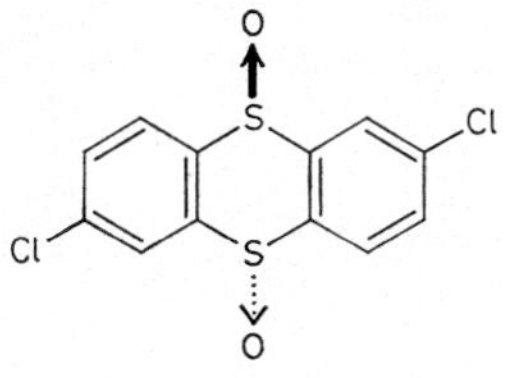 II 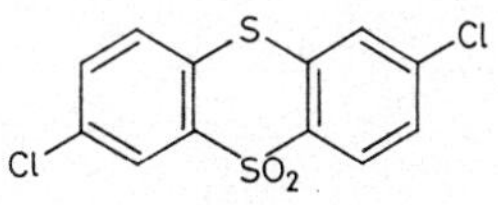 III

b) **2,7-Dichlor-thianthren-5r,10t-dioxid** $C_{12}H_6Cl_2O_2S_2$, Formel II.

B. s. bei dem unter a) beschriebenen Stereoisomeren.

Krystalle (aus Eg.); F: 267,5° [korr.] und (nach Wiedererstarren bei weiterem Erhitzen) F: ca. 300° (*Baw et al.*, Soc. **1934** 680, 683). In 100 ml Essigsäure lösen sich bei 18° 0,37 g.

2,7-Dichlor-5,5-dioxo-5λ⁶-thianthren, 2,7-Dichlor-thianthren-5,5-dioxid $C_{12}H_6Cl_2O_2S_2$, Formel III.

B. Neben 2,7-Dichlor-thianthren-5-oxid beim Erwärmen von 2,7-Dichlor-thianthren mit wss. Wasserstoffperoxid und Essigsäure (*Baw et al.*, Soc. **1934** 680, 683). Aus 2,7-Dichlor-thianthren-5,5,10-trioxid mit Hilfe von Zink und Essigsäure (*Baw et al.*).

Krystalle (aus Eg.); F: 215°.

2,7-Dichlor-5,5,10-trioxo-5λ⁶,10λ⁴-thianthren, 2,7-Dichlor-thianthren-5,5,10-trioxid $C_{12}H_6Cl_2O_3S_2$, Formel IV.

B. Beim Erwärmen von 2,7-Dichlor-thianthren mit wss. Wasserstoffperoxid und Essigsäure (*Baw et al.*, Soc. **1934** 680, 683).

Krystalle (aus Eg.); F: 281°.

2,7-Dichlor-5,5,10,10-tetraoxo-5λ⁶,10λ⁶-thianthren, 2,7-Dichlor-thianthren-5,5,10,10-tetraoxid $C_{12}H_6Cl_2O_4S_2$, Formel V.

B. Beim Erhitzen von 2,7-Dichlor-thianthren mit Chrom(VI)-oxid und Essigsäure (*Baw et al.*, Soc. **1934** 680, 684).

Krystalle (aus Eg.); F: 305° [korr.].

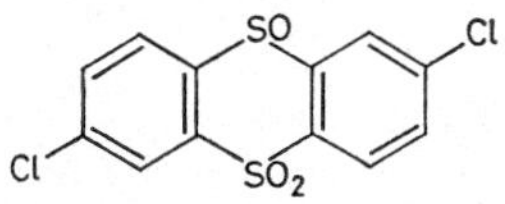

IV 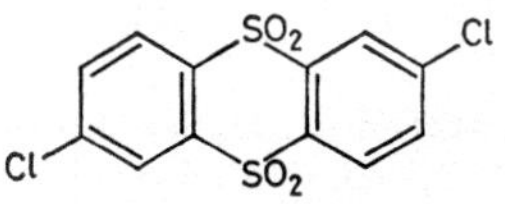 V 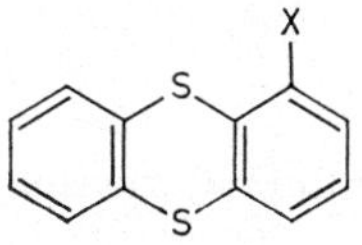 VI

1-Brom-thianthren $C_{12}H_7BrS_2$, Formel VI (X = Br).

B. Beim Erwärmen von [2-Brom-phenyl]-phenyl-sulfid mit Schwefel und Aluminiumchlorid in Benzin (*Gilman, Stuckwisch*, Am. Soc. **65** [1943] 1461, 1462).

F: 145°.

2-Brom-thianthren $C_{12}H_7BrS_2$, Formel VII (X = H).

B. Beim Erhitzen von Thianthren mit Brom in Essigsäure (*Gilman, Swayampati*, Am. Soc. **77** [1955] 5944, 5947). Beim Erhitzen von Thianthren-5-oxid mit wss. Bromwasserstoffsäure (*Gi., Sw.*).

Krystalle (aus Me. oder Eg.); F: 89—90°.

2-Brom-5,5,10,10-tetraoxo-5λ⁶,10λ⁶-thianthren, 2-Brom-thianthren-5,5,10,10-tetraoxid $C_{12}H_7BrO_4S_2$, Formel VIII (X = H).

B. Beim Erhitzen von 2-Brom-thianthren mit wss. Wasserstoffperoxid und Essigsäure (*Gilman, Swayampati*, Am. Soc. **77** [1955] 5944, 5946).

Krystalle (aus Eg.); F: 226–227° [unkorr.].

2,3,7,8-Tetrabrom-thianthren $C_{12}H_4Br_4S_2$, Formel VII (X = Br).

B. Beim Erhitzen von Thianthren oder von *cis*-Thianthren-5,10-dioxid mit Brom in Essigsäure (*Gilman, Swayampati*, J. org. Chem. **23** [1958] 313).

Krystalle (aus Xylol); F: 291–292° [unkorr.].

VII VIII IX

2,3,7,8-Tetrabrom-5,5,10,10-tetraoxo-5λ⁶,10λ⁶-thianthren, 2,3,7,8-Tetrabrom-thianthren-5,5,10,10-tetraoxid $C_{12}H_4Br_4O_4S_2$, Formel VIII (X = Br).

B. Beim Erhitzen von 2,3,7,8-Tetrabrom-thianthren mit wss. Wasserstoffperoxid und Essigsäure (*Gilman, Swayampati*, J. org. Chem. **23** [1958] 313).

F: 357–358° [unkorr.; Zers.].

1-Jod-thianthren $C_{12}H_7IS_2$, Formel VI (X = I).

B. In kleiner Menge bei der Umsetzung der aus Thianthren hergestellten Lithium-Verbindung mit Jod (*Martin*, Iowa Coll. J. **21** [1947] 38).

F: 187,5–188,5°.

2-Nitro-thianthren $C_{12}H_7NO_2S_2$, Formel IX (E II 35).

F: 134–135,5° (*Martin*, Iowa Coll. J. **21** [1947] 38).

Dibenz[1,4]oxaselenin, Phenoxaselenin $C_{12}H_8OSe$, Formel X (E II 36).

B. Beim Erhitzen von Phenoxaselenin-2-carbonsäure mit Chinolin und wenig Kupfer-Pulver (*Thompson, Turner*, Soc. **1938** 29, 34).

Krystalle (aus A.); F: 87° (*Th., Tu.*). Orthorhombisch; Raumgruppe $P2_12_12_1(=D_2^4)$; aus dem Röntgen-Diagramm ermittelte Dimensionen der Elementarzelle: a = 5,93 Å; b = 7,85 Å; c = 20,5 Å; n = 4 (*Wood et al.*, Phil. Mag. [7] **31** [1941] 71, 75, 76). Dichte der Krystalle: 1,70 (*Wood et al.*, l. c. S. 75). Brechungsindices der Krystalle: *Wood et al.*, l. c. S. 77.

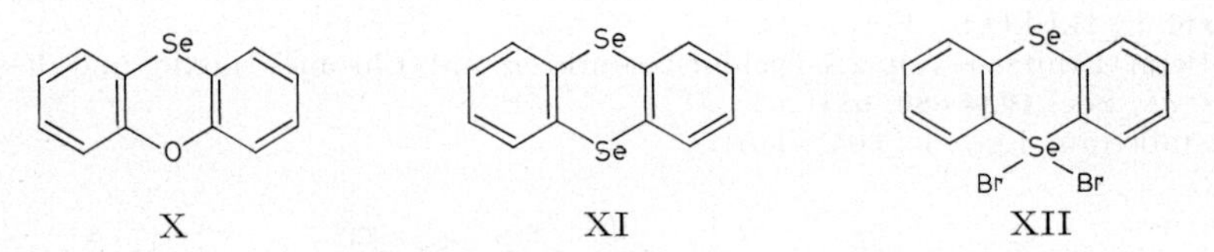

X XI XII

Dibenzo[1,4]diselenin, Selenanthren $C_{12}H_8Se_2$, Formel XI (H 47).

B. Beim Erhitzen von Benzolselenenylchlorid mit wenig Phosphor(V)-oxid auf 140° (*Keimatsu, Satoda*, J. pharm. Soc. Japan **55** [1935] 1030, 1037; dtsch. Ref. S. 233; C. A. **1937** 6661). Beim Behandeln von 1-Methylselanyl-2-phenylselanyl-benzol oder von 1-Äthylselanyl-2-phenylselanyl-benzol mit konz. Schwefelsäure und anschliessenden Erwärmen mit Wasser und wenig Zink-Pulver (*Keimatsu et al.*, J. pharm. Soc. Japan **56** [1936] 869, 874; C. A. **1939** 155). Beim Erhitzen von Benzo[1,2,3]selenadiazol mit Essigsäure (*Ke., Sa.*, l. c. S. 1038). Beim Erhitzen von Thianthren-5,5,10,10-tetraoxid mit Selen auf Schmelztemperatur (*Cullinane et al.*, Soc. **1939** 151; vgl. H 47).

Dipolmoment (ε; Bzl.): 1,41 D (*Campbell et al.*, Soc. **1938** 404, 407).

Krystalle; F: 181° [aus A.] (*Ke., Sa.*), 179,4° [aus Acn.] (*Cullinane, Plummer*, Soc. **1938** 63, 65). Monoklin; Raumgruppe $P2_1/a$ $(=C_{2h}^5)$; aus dem Röntgen-Diagramm ermittelte Dimensionen der Elementarzelle: a = 14,5 Å; b = 6,24 Å; c = 12,1 Å; β = 110,33°;

n = 4 (*Wood, Crackston*, Phil. Mag. [7] **31** [1941] 62, 66). Krystallmorphologie: *Wood, Cr.* Dichte der Krystalle: 1,95 (*Wood, Cr.*, l. c. S. 66), 1,92 (*Cu., Pl.*, l. c. S. 67). Brechungsindices der Krystalle: *Wood, Cr.*, l. c. S. 68. Schmelzdiagramm der binären Systeme mit Dibenzo[1,4]dioxin und mit Thianthren: *Cu., Pl.*, l. c. S. 66, 67.

Beim Erhitzen mit Kupfer-Pulver auf 230° ist Dibenzoselenophen erhalten worden (*Cu. et al.*).

5,5-Dibrom-5λ⁴-selenanthren, Selenanthren-5,5-dibromid $C_{12}H_8Br_2Se_2$, Formel XII.

Diese Konstitution ist für die nachstehend beschriebene Verbindung in Betracht gezogen worden (*Cullinane*, Soc. **1951** 237).

B. Beim Behandeln einer Lösung von Selenanthren in Schwefelkohlenstoff mit Brom (*Cu.*).

Braunrote Krystalle; F: 140° [Zers.].

***5,10-Dioxo-5λ⁴,10λ⁴-selenanthren, Selenanthren-5,10-dioxid** $C_{12}H_8O_2Se_2$, Formel I (H 47).

B. Neben kleinen Mengen des Stereoisomeren (?) (Krystalle [aus W.], F: 249° [Zers.]) beim Erhitzen von Selenanthren mit wss. Salpetersäure (D: 1,2) und anschliessenden Behandeln mit wss. Natronlauge (*Cullinane*, Soc. **1951** 237; vgl. H 47).

Krystalle (aus W.); F: 265° [Zers.] (*Cu.*), 264—265° [Zers.] (*Bergson*, Acta chem. scand. **11** [1957] 580). IR-Spektrum (KBr; 2—15 μ): *Be.*

Verbindung mit Chlorwasserstoff; 5,10-Dihydroxy-selenanthrendiium-dichlorid $[C_{12}H_{10}O_2Se_2]Cl_2$. *B.* Beim Behandeln von Selenanthren-5,10-dioxid (F: 265°) mit wss. Salzsäure (*Cu.*). Beim Erhitzen von Selenanthren-5,5,10,10-tetrachlorid mit Wasser (*Be.*). — F: 228—229° [Zers.] (*Be.*) bzw. F: 213° [Zers.] (*Cu.*).

5,5,10,10-Tetrachlor-5λ⁴,10λ⁴-selenanthren, Selenanthren-5,5,10,10-tetrachlorid $C_{12}H_8Cl_4Se_2$, Formel II.

B. Beim Erwärmen von Selenanthren mit Sulfurylchlorid und Benzol (*Bergson*, Acta chem. scand. **11** [1957] 580).

F: 208—209,5° [Zers.].

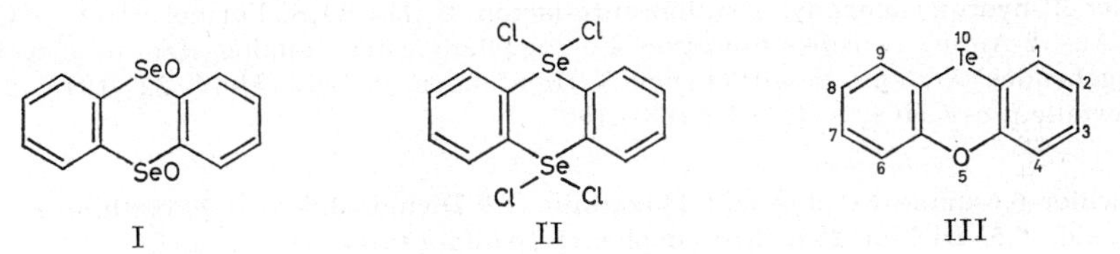

Dibenz[1,4]oxatellurin, Phenoxatellurin[1]) $C_{12}H_8OTe$, Formel III (E II 36).

B. Beim Erwärmen von Phenoxatellurin-10,10-dichlorid (E II **19** 36) mit Natrium-sulfid-nonahydrat (*Reichel, Kirschbaum*, B. **76** [1943] 1105).

Krystalle (aus PAe.); F: 79° (*Re., Ki.*). Orthorhombisch; Raumgruppe $P2_12_12_1$ ($=D_2^4$); aus dem Röntgen-Diagramm ermittelte Dimensionen der Elementarzelle: a = 5,97 Å; b = 8,16 Å; c = 20,5 Å; n = 4 (*Wood et al.*, Phil. Mag. [7] **31** [1941] 71, 75, 76). Dichte der Krystalle: 1,97 (*Wood et al.*). Dichte D_4 bei Temperaturen von 93° (1,662) bis 147° (1,599): *Burstall, Sugden*, Soc. **1930** 229, 233. Oberflächenspannung [$g \cdot s^{-2}$] bei 120,5°: 38,32; bei 132°: 37,62; bei 147°: 36,71 (*Bu., Su.*).

10-Oxo-10λ⁴-phenoxatellurin, Phenoxatellurin-10-oxid $C_{12}H_8O_2Te$, Formel IV.

B. Beim Behandeln von Phenoxatellurin-10,10-dichlorid (E II **19** 36) mit Silberoxid und Wasser (*Drew*, Soc. **1934** 1790, 1795).

Krystalle.

2-Nitro-phenoxatellurin $C_{12}H_7NO_3Te$, Formel V (E II 37).

B. Beim Erwärmen von Phenoxatellurin mit Salpetersäure und Essigsäure und Be-

[1]) Bei von Phenoxatellurin abgeleiteten Namen wird im III. und IV. Ergänzungswerk in Übereinstimmung mit den IUPAC-Regeln die in Formel III angegebene Stellungsbezeichnung verwendet.

handeln des Reaktionsprodukts mit wss. Kaliumdisulfit-Lösung (*Campbell, Turner*, Soc. **1938** 37, 38; vgl. E II 37).

Gelbe Krystalle (aus A. + Acn.); F: 128—129°.

IV V VI

6,6-Dioxo-6λ⁶-dibenz[1,2]oxathiin, Dibenz[1,2]oxathiin-6,6-dioxid, 2'-Hydroxy-biphenyl-2-sulfonsäure-lacton $C_{12}H_8O_3S$, Formel VI (X = H).

B. In kleiner Menge beim Erhitzen von Biphenyl-2-ol mit wss. Schwefelsäure [70%ig] (*Cullinane et al.*, R. **56** [1937] 627, 630). Beim Behandeln von 2-Amino-benzolsulfonsäure-phenylester mit Essigsäure, wss. Salzsäure und Natriumnitrit und Erwärmen der Reaktionslösung mit Natriumacetat und mit Kupfer-Pulver (*Schetty*, Helv. **32** [1949] 24, 27, 29).

Krystalle (aus A.); F: 110° (*Cu. et al.*), 108,5—109,5° (*Sch.*).

9-Chlor-6,6-dioxo-6λ⁶-dibenz[1,2]oxathiin, 9-Chlor-dibenz[1,2]oxathiin-6,6-dioxid, 5-Chlor-2'-hydroxy-biphenyl-2-sulfonsäure-lacton $C_{12}H_7ClO_3S$, Formel VII (X = H).

B. Aus 2-Amino-4-chlor-benzolsulfonsäure-phenylester analog der im vorangehenden Artikel beschriebenen Verbindung (*Schetty*, Helv. **32** [1949] 24, 29).

Krystalle (aus $CHCl_3$ + A.); F: 175—176°.

2-Chlor-6,6-dioxo-6λ⁶-dibenz[1,2]oxathiin, 2-Chlor-dibenz[1,2]oxathiin-6,6-dioxid, 5'-Chlor-2'-hydroxy-biphenyl-2-sulfonsäure-lacton $C_{12}H_7ClO_3S$, Formel VI (X = Cl).

B. Aus 2-Amino-benzolsulfonsäure-[4-chlor-phenylester] analog den in den beiden vorangehenden Artikeln beschriebenen Verbindungen (*Schetty*, Helv. **32** [1949] 24, 29).

Krystalle (aus $CHCl_3$ + E.); F: 163—165°.

2,9-Dichlor-6,6-dioxo-6λ⁶-dibenz[1,2]oxathiin, 2,9-Dichlor-dibenz[1,2]oxathiin-6,6-dioxid, 5,5'-Dichlor-2'-hydroxy-biphenyl-2-sulfonsäure-lacton $C_{12}H_6Cl_2O_3S$, Formel VII (X = Cl).

B. Aus 2-Amino-4-chlor-benzolsulfonsäure-[4-chlor-phenylester] analog den in den vorangehenden Artikeln beschriebenen Verbindungen (*Schetty*, Helv. **32** [1949] 24, 29).

Krystalle (aus $CHCl_3$); F: 219—220°.

Dibenzo[1,2]dithiin $C_{12}H_8S_2$, Formel VIII (E II 33; dort als Diphenylen-(2.2')-disulfid bezeichnet).

B. Beim Behandeln von Biphenyl-2,2'-disulfonylchlorid mit Essigsäure und wss. Jodwasserstoffsäure (*Armarego, Turner*, Soc. **1956** 1665, 1667). Neben Dibenzothiophen beim Behandeln einer aus Biphenyl-2,2'-diyldiamin mit Hilfe von Natriumnitrit und wss. Salzsäure hergestellten Diazoniumsalz-Lösung mit Kalium-hexathiocyanatochromat(III) und Erhitzen des Reaktionsprodukts mit Kaliumchlorid (*Schwechten*, B. **65** [1932] 1608).

Krystalle; F: 114,5° [aus Me.] (*Sch.*), 113—114° [aus Eg.] (*Ar., Tu.*).

VII VIII IX X

5,5-Dioxo-5λ⁶-dibenzo[1,2]dithiin, Dibenzo[1,2]dithiin-5,5-dioxid $C_{12}H_8O_2S_2$, Formel IX (E II 33).

UV-Spektrum (A. + 1% $CHCl_3$; 210–310 nm; λ_{max}: 233 nm, 261 nm und 296 nm): *Armarego, Turner*, Soc. **1957** 13, 16.

2,2-Dioxo-5,6-dihydro-2λ⁶-acenaphth[5,6-*cd*][1,2]oxathiol, 5,6-Dihydro-acenaphth=[5,6-*cd*][1,2]oxathiol-2,2-dioxid, 6-Hydroxy-acenaphthen-5-sulfonsäure-lacton, Acenaphthensulton $C_{12}H_8O_3S$, Formel X.

B. Beim Erwärmen von 6-Nitro-acenaphthen-5-sulfonsäure mit wss. Salzsäure und Zink-Spänen und Erhitzen einer aus der erhaltenen 6-Amino-acenaphthen-5-sulfonsäure bereiteten Diazoniumsalz-Lösung mit wss. Salzsäure (*Bogert, Conklin*, Collect. **5** [1933] 187, 201).

Krystalle (aus A.); F: 173° [korr.].

Stammverbindungen $C_{13}H_{10}O_2$

5-[2,3,4,5-Tetrachlor-cyclopentadienylidenmethyl]-benzo[1,3]dioxol, 1,2,3,4-Tetrachlor-5-piperonyliden-cyclopenta-1,3-dien $C_{13}H_6Cl_4O_2$, Formel I.

B. Beim Erwärmen von 1,2,3,4-Tetrachlor-cyclopenta-1,3-dien mit Piperonal und Äthanol (*McBee et al.*, Am. Soc. **77** [1955] 86).

Krystalle (aus A.); F: 153–154° [unkorr.].

11*H*-Dibenzo[*b,e*][1,4]dioxepin, Depsidan $C_{13}H_{10}O_2$, Formel II.

B. Beim Erwärmen von 2-[2-Brommethyl-phenoxy]-phenol mit methanol. Kalilauge (*Inubushi*, J. pharm. Soc. Japan **72** [1952] 1223, 1227).

$Kp_{0,2}$: 112–114°. UV-Spektrum (230–290 nm): *In.*, l. c. S. 1225.

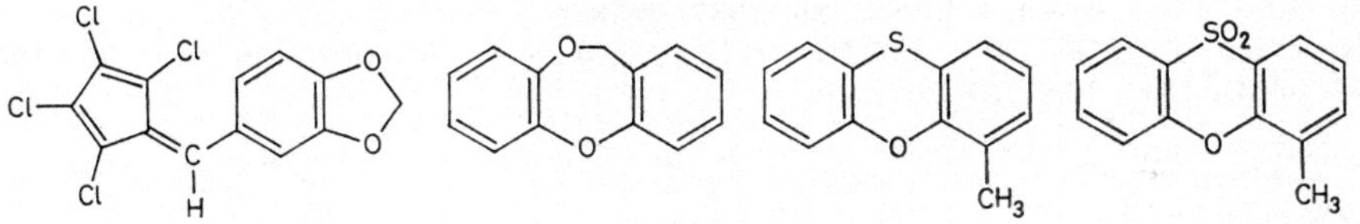

I II III IV

4-Methyl-phenoxathiin $C_{13}H_{10}OS$, Formel III.

B. Beim Erwärmen von Phenyl-*o*-tolyl-äther mit Schwefel und Aluminiumchlorid (*Suter, Green*, Am. Soc. **59** [1937] 2578).

Kp_{14}: 186–187°. D_{25}^{25}: 1,213. n_D^{25}: 1,6403.

4-Methyl-10,10-dioxo-10λ⁶-phenoxathiin, 4-Methyl-phenoxathiin-10,10-dioxid $C_{13}H_{10}O_3S$, Formel IV.

B. Beim Erwärmen von 4-Methyl-phenoxathiin mit wss. Wasserstoffperoxid und Essigsäure (*Suter, Green*, Am. Soc. **59** [1937] 2578).

F: 141–142°.

1-Methyl-selenanthren $C_{13}H_{10}Se_2$, Formel V.

B. Beim Behandeln von 1-Methylselanyl-2-*o*-tolylselanyl-benzol (*Keimatsu et al.*, J. pharm. Soc. Japan **56** [1936] 869, 876; C. A. **1939** 155) oder von 2-Methylselanyl-3-phenylselanyl-toluol (*Keimatsu et al.*, J. pharm. Soc. Japan **57** [1937] 190, 202; C.A. **1939** 624) mit konz. Schwefelsäure.

Krystalle (aus Me.); F: 97–98° [aus Me.] (*Ke. et al.*, J. pharm. Soc. Japan **57** 202), 96–97° [aus A.] (*Ke. et al.*, J. pharm. Soc. Japan **56** 876).

2-Methyl-dibenzo[1,4]dioxin $C_{13}H_{10}O_2$, Formel VI (X = H).

B. In kleiner Menge beim Erhitzen von 2-[2-Hydroxy-phenoxy]-4-methyl-phenol mit wss. Bromwasserstoffsäure und rotem Phosphor auf 190° (*Tomita*, J. pharm. Soc. Japan

56 [1936] 814, 822; dtsch. Ref. S. 142, 144; C. A. **1938** 8426).
Krystalle (aus Me.); F: 54°.

CH_3 Se Se O O CH_2—X S O CH_3

V VI VII

2-Chlormethyl-dibenzo[1,4]dioxin $C_{13}H_9ClO_2$, Formel VI (X = Cl).
B. Beim Erwärmen von Dibenzo[1,4]dioxin mit Paraformaldehyd, Essigsäure, konz. wss. Salzsäure und Phosphorsäure (*Gilman, Dietrich*, J. org. Chem. **22** [1957] 1403, 1406).
Krystalle (aus A.); F: 111–113° [unkorr.]. $Kp_{0,15}$: 143–144°.

3-Methyl-phenoxathiin $C_{13}H_{10}OS$, Formel VII.
B. Beim Erwärmen von Phenyl-*m*-tolyl-äther mit Schwefel und Aluminiumchlorid (*Suter, Green*, Am. Soc. **59** [1937] 2578).
F: 83–84°.

3-Methyl-10,10-dioxo-10λ⁶-phenoxathiin, 3-Methyl-phenoxathiin-10,10-dioxid $C_{13}H_{10}O_3S$, Formel VIII.
B. Beim Erwärmen von 3-Methyl-phenoxathiin mit wss. Wasserstoffperoxid und Essigsäure (*Suter, Green*, Am. Soc. **59** [1937] 2578).
F: 138–139°.

2-Methyl-10,10-dioxo-10λ⁶-phenoxathiin, 2-Methyl-phenoxathiin-10,10-dioxid $C_{13}H_{10}O_3S$, Formel IX (X = H).
B. Beim Erwärmen von 2-Methyl-phenoxathiin mit wss. Wasserstoffperoxid und Essigsäure (*Suter, Green*, Am. Soc. **59** [1937] 2578).
Krystalle; F: 135–137° [aus Bzl. + PAe.] (*Okamoto, Bunnett*, Am. Soc. **78** [1956] 5357, 5361), 134–135° (*Su., Gr.*).

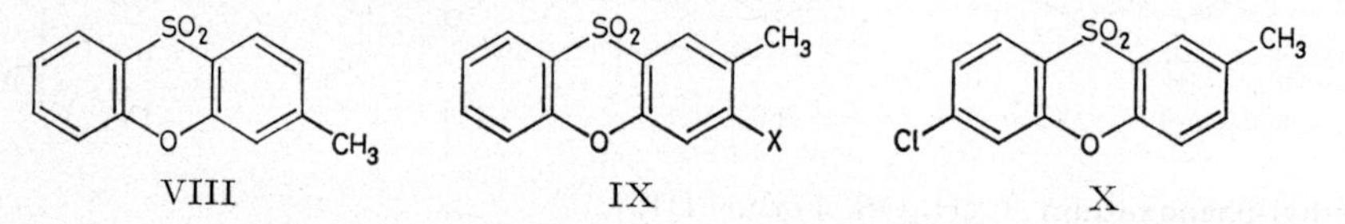

VIII IX X

3-Chlor-2-methyl-10,10-dioxo-10λ⁶-phenoxathiin, 3-Chlor-2-methyl-phenoxathiin-10,10-dioxid $C_{13}H_9ClO_3S$, Formel IX (X = Cl).
B. In kleiner Menge neben 6-Chlor-4-[2-nitro-phenoxy]-toluol-3-sulfinsäure beim Erwärmen von 5-Chlor-4-methyl-2-[2-nitro-benzolsulfonyl]-phenol mit Natriumhydroxid in wss. Dioxan (*Okamoto, Bunnett*, Am. Soc. **78** [1956] 5357, 5361).
Krystalle (aus Bzl. + PAe.); F: 178–180°.

7-Chlor-2-methyl-10,10-dioxo-10λ⁶-phenoxathiin, 7-Chlor-2-methyl-phenoxathiin-10,10-dioxid $C_{13}H_9ClO_3S$, Formel X.
Diese Konstitution ist für die nachstehend beschriebene Verbindung in Betracht gezogen worden (*Kent, Smiles*, Soc. **1934** 422, 427).
B. Beim Erwärmen von 2-[4-Chlor-2-nitro-benzolsulfonyl]-4-methyl-phenol mit wss. Natronlauge (*Kent, Sm.*).
F: 173°.

3-Brom-2-methyl-10,10-dioxo-10λ⁶-phenoxathiin, 3-Brom-2-methyl-phenoxathiin-10,10-dioxid $C_{13}H_9BrO_3S$, Formel IX (X = Br).
B. In kleiner Menge neben 6-Brom-4-[2-nitro-phenoxy]-toluol-3-sulfinsäure beim Erwärmen von 5-Brom-4-methyl-2-[2-nitro-benzolsulfonyl]-phenol mit Natriumhydroxid in wss. Dioxan (*Okamoto, Bunnett*, Am. Soc. **78** [1956] 5357, 5362).
Krystalle (aus Bzl. + PAe.); F: 189–191°.

2-Methyl-8-nitro-phenoxathiin $C_{13}H_9NO_3S$, Formel XI (E II 39).

B. Beim Behandeln von 4-[4-Nitro-phenoxy]-toluol-3-sulfinsäure mit konz. Schwefelsäure und Erwärmen des Reaktionsprodukts mit wss. Bromwasserstoffsäure und Essigsäure (*Irie*, Bl. Inst. phys. chem. Res. Tokyo **20** [1941] 150, 176; C. A. **1942** 2881; J. Fac. Sci. Hokkaido Univ. [III] **4** [1951] 70, 84).

Gelbe Krystalle (aus Acn. oder A.); F: 160°.

XI XII XIII

2-Methyl-8-nitro-10,10-dioxo-10λ⁶-phenoxathiin, 2-Methyl-8-nitro-phenoxathiin-10,10-dioxid $C_{13}H_9NO_5S$, Formel XII.

B. Beim Erhitzen von 2-Methyl-8-nitro-phenoxathiin mit Chrom(VI)-oxid und wasserhaltiger Essigsäure (*Irie*, Bl. Inst. phys. chem. Res. Tokyo **20** [1941] 150, 175; C. A. **1942** 2881; J. Fac. Sci Hokkaido Univ. [III] **4** [1951] 70, 84).

Krystalle; F: 196—197°.

2-Methyl-selenanthren $C_{13}H_{10}Se_2$, Formel XIII.

B. Beim Behandeln von 1-Methylselanyl-2-*p*-tolylselanyl-benzol (*Keimatsu et al.*, J. pharm. Soc. Japan **56** [1936] 869, 877; C. A. **1939** 155) oder von 4-Methylselanyl-3-phenylselanyl-toluol (*Keimatsu et al.*, J. pharm. Soc. Japan **57** [1937] 190, 203; C. A. **1939** 624) mit konz. Schwefelsäure.

Krystalle (aus A.); F: 78—79°.

2-Methyl-phenoxatellurin $C_{13}H_{10}OTe$, Formel XIV (X = H).

B. Beim Behandeln von 2-Methyl-phenoxatellurin-10,10-dichlorid mit Kaliumdisulfit in Wasser (*Campbell, Turner*, Soc. **1938** 37, 40).

Krystalle (aus Bzn. + A.); F: 50—52°.

10,10-Dichlor-2-methyl-10λ⁴-phenoxatellurin, 2-Methyl-phenoxatellurin-10,10-dichlorid $C_{13}H_{10}Cl_2OTe$, Formel XV (X = H).

B. Beim Erhitzen von Trichlor-[2-*p*-tolyloxy-phenyl]-tellur bis auf 240° (*Campbell, Turner*, Soc. **1938** 37, 40).

Krystalle (aus Acn.); F: 274—275°.

2-Chlor-8-methyl-phenoxatellurin $C_{13}H_9ClOTe$, Formel XIV (X = Cl) (vgl. E II 39).

B. Beim Behandeln von 2-Chlor-8-methyl-phenoxatellurin-10,10-dichlorid mit Kaliumdisulfit in wss. Aceton (*Campbell, Turner*, Soc. **1938** 37, 39).

Gelbe Krystalle (aus A.); F: 67—68°.

XIV XV XVI

2,10,10-Trichlor-8-methyl-10λ⁴-phenoxatellurin, 2-Chlor-8-methyl-phenoxatellurin-10,10-dichlorid $C_{13}H_9Cl_3OTe$, Formel XV (X = Cl) (vgl. E II 39).

B. Beim Erhitzen von [4-Chlor-phenyl]-*p*-tolyl-äther mit Tellurtetrachlorid bis auf 240° (*Campbell, Turner*, Soc. **1938** 37, 39).

Rotbraune Krystalle (aus $CHCl_3$); F: 284°.

2-Methyl-6,6-dioxo-6λ⁶-dibenz[1,2]oxathiin, 2-Methyl-dibenz[1,2]oxathiin-6,6-dioxid, 2′-Hydroxy-5′-methyl-biphenyl-2-sulfonsäure-lacton $C_{13}H_{10}O_3S$, Formel XVI (X = H).

B. Beim Behandeln von 2-Amino-benzolsulfonsäure-*p*-tolylester mit Essigsäure, konz.

wss. Salzsäure und wss. Natriumnitrit-Lösung und anschliessenden Erwärmen mit Natriumacetat und Kupfer-Pulver (*Schetty*, Helv. **32** [1949] 24, 27).
Krystalle (aus $CHCl_3$ + A.); F: 154—155°.

9-Chlor-2-methyl-6,6-dioxo-6λ^6-dibenz[1,2]oxathiin, 9-Chlor-2-methyl-dibenz[1,2]oxathiin-6,6-dioxid, 5-Chlor-2'-hydroxy-5'-methyl-biphenyl-2-sulfonsäure-lacton $C_{13}H_9ClO_3S$, Formel XVI (X = Cl).
B. Aus 2-Amino-4-chlor-benzolsulfonsäure-*p*-tolylester analog der im vorangehenden Artikel beschriebenen Verbindung (*Schetty*, Helv. **32** [1949] 24, 29).
Krystalle (aus $CHCl_3$); F: 220—222°.

Stammverbindungen $C_{14}H_{12}O_2$

1*t*(?),6*t*(?)-Di-[2]thienyl-hexa-1,3*t*,5-trien $C_{14}H_{12}S_2$, vermutlich Formel I.
B. Beim Erhitzen von Hex-3*t*-endisäure mit Thiophen-2-carbaldehyd, Acetanhydrid und Blei(II)-oxid (*Miller, Nord*, J. org. Chem. **16** [1951] 1380, 1387).
Gelbe Krystalle (aus Bzl. + A.); F: 198—199°.

(±)-6,8-Dichlor-2-phenyl-4*H*-benzo[1,3]dioxin $C_{14}H_{10}Cl_2O_2$, Formel II.
B. Aus 3,5-Dichlor-2-hydroxy-benzylalkohol und Benzaldehyd beim Erwärmen ohne Zusatz (*Buehler et al.*, J. org. Chem. **6** [1941] 902, 906) sowie beim Behandeln mit wss. Salzsäure (*Ziegler*, B. **74** [1941] 841, 844).
Krystalle; F: 87—88° [aus wss. A. oder PAe.] (*Zi.*), 83,5—85° [aus A.] (*Bu. et al.*).

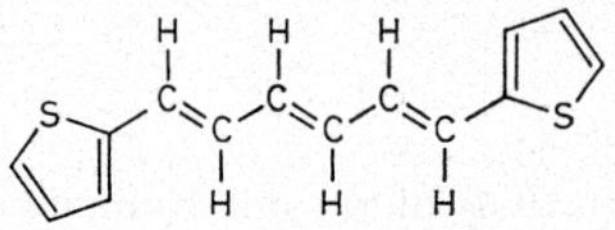

I 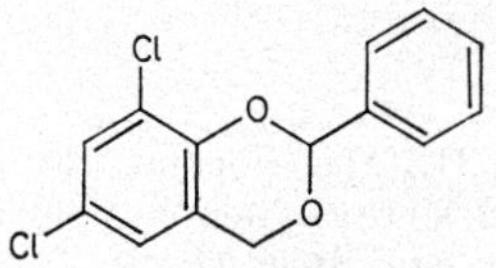 II 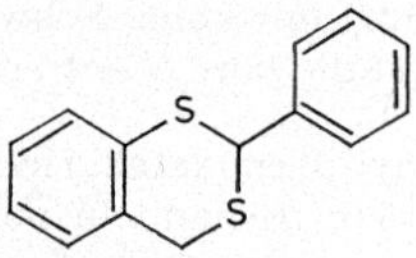 III

(±)-2-Phenyl-4*H*-benzo[1,3]dithiin $C_{14}H_{12}S_2$, Formel III.
B. Aus 2-Mercapto-benzylmercaptan und Benzaldehyd (*Lüttringhaus, Hägele*, Ang. Ch. **67** [1955] 304).
Krystalle (aus Bzl. + PAe.); F: 113—114°.

(±)-5,6,7,8-Tetrachlor-2-phenyl-2,3-dihydro-benzo[1,4]dioxin $C_{14}H_8Cl_4O_2$, Formel IV.
B. Bei 12-tägigem Behandeln von Tetrachlor-[1,2]benzochinon mit Styrol und Benzol im Sonnenlicht (*Schönberg et al.*, Soc. **1951** 1364, 1366).
Krystalle (aus Bzl. + A.); F: 79°.

2-Methyl-2-phenyl-benzo[1,3]dioxol $C_{14}H_{12}O_2$, Formel V.
Dipolmoment (ε; Lösung): 1,05 D (*Böeseken et al.*, R. **55** [1936] 145, 151).

5-Chlormethyl-6-phenyl-benzo[1,3]dioxol, 2-Chlormethyl-4,5-methylendioxy-biphenyl $C_{14}H_{11}ClO_2$, Formel VI (X = Cl).
B. Neben *N,N*-Dimethyl-glycin-hydrochlorid beim Erwärmen von Tazettinmethin (*N,N*-Dimethyl-glycin-[6-phenyl-benzo[1,3]dioxol-5-ylmethylester]) mit wss. Salzsäure (*Taylor et al.*, Soc. **1955** 2962; s. a. *Clemo, Hoggarth*, Chem. and Ind. **1954** 1046).
Krystalle; F: 58—59° [aus Bzn.] (*Ta. et al.*), 58° (*Cl., Ho.*).

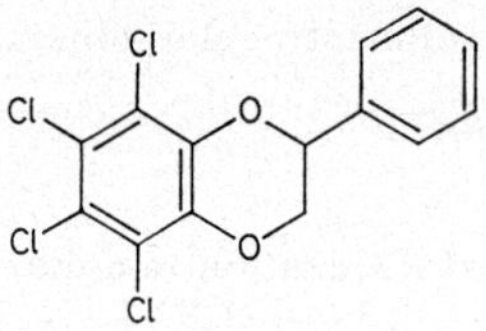

IV 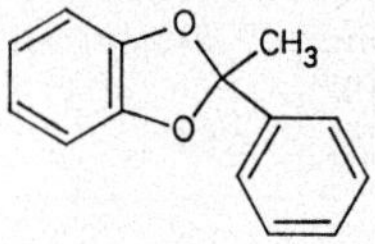 V 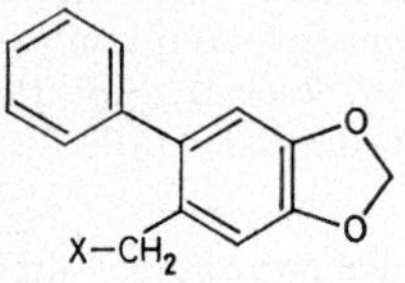 VI

5-Jodmethyl-6-phenyl-benzo[1,3]dioxol, 2-Jodmethyl-4,5-methylendioxy-biphenyl $C_{14}H_{11}IO_2$, Formel VI (X = I).

B. Neben [1-Carboxy-2-methyl-propenyl]-trimethyl-ammonium-jodid beim Erwärmen von Tazettinmethin (*N,N*-Dimethyl-glycin-[6-phenyl-benzo[1,3]dioxol-5-ylmethylester]) mit Methyljodid und Aceton (*Clemo, Hoggarth,* Chem. and Ind. **1954** 1046).

F: 120°.

2,8-Dichlor-6*H*,12*H*-dibenzo[*b,f*][1,5]dithiocin $C_{14}H_{10}Cl_2S_2$, Formel VII.

B. Beim Behandeln eines Gemisches von 4-Chlor-thiophenol, Paraformaldehyd, Zinkchlorid und Essigsäure mit Chlorwasserstoff und anschliessenden Erwärmen (*Kulka,* Canad. J. Chem. **36** [1958] 750, 753). Beim Erwärmen einer Lösung von Chlormethyl-[4-chlor-phenyl]-sulfid in Essigsäure mit Zinkchlorid (*Ku.*).

Krystalle (aus Bzl. oder Dimethylformamid); F: 254—255°.

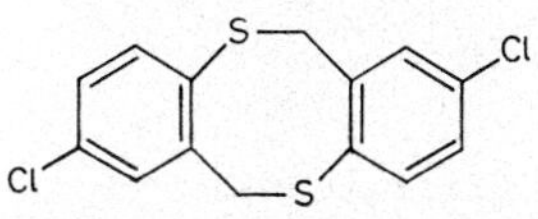

VII 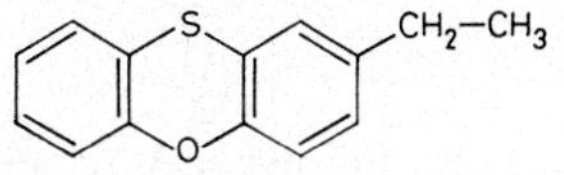 VIII 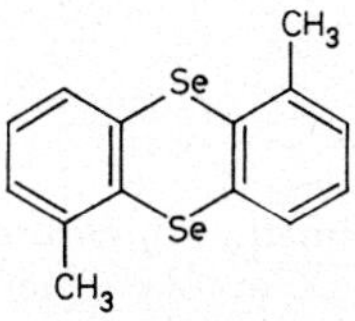 IX

2-Äthyl-phenoxathiin $C_{14}H_{12}OS$, Formel VIII.

B. Beim Erhitzen von 1-Phenoxathiin-2-yl-äthanon mit Hydrazin-hydrat, Kaliumhydroxid und Diäthylenglykol (*Lescot et al.,* Soc. **1946** 2408, 2410).

Kp_{25}: 217—219°. n_D^{23}: 1,6548.

1,6-Dimethyl-selenanthren $C_{14}H_{12}Se_2$, Formel IX.

B. Beim Behandeln von 2-Methylselanyl-3-*o*-tolylselanyl-toluol mit konz. Schwefelsäure (*Keimatsu et al.,* J. pharm. Soc. Japan **57** [1937] 190, 205; C. A. **1939** 624). Beim Erhitzen von 7-Methyl-benzo[1,2,3]selenadiazol mit Amylalkohol (*Keimatsu, Satoda,* J. pharm. Soc. Japan **55** [1935] 1030, 1041; dtsch. Ref. S. 233, 236; C. A. **1937** 6661).

Krystalle (aus Eg.); F: 156° (*Ke. et al.*; *Ke., Sa.*). Kp_2: 191—193° (*Ke., Sa.*).

1,7-Dimethyl-selenanthren $C_{14}H_{12}Se_2$, Formel X.

Diese Konstitution ist für die nachstehend beschriebene Verbindung in Betracht gezogen worden (*Keimatsu et al.,* J. pharm. Soc. Japan **57** [1937] 190, 206; C. A. **1939** 624).

B. Beim Behandeln von 2-Methylselanyl-3-*m*-tolylselanyl-toluol mit konz. Schwefelsäure (*Ke. et al.*).

Krystalle (aus A.); F: 78—79°.

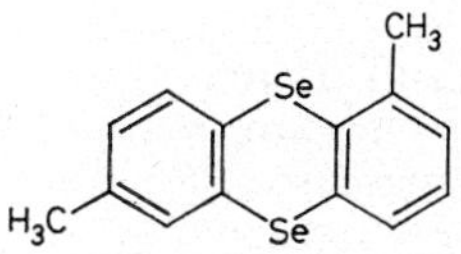

X 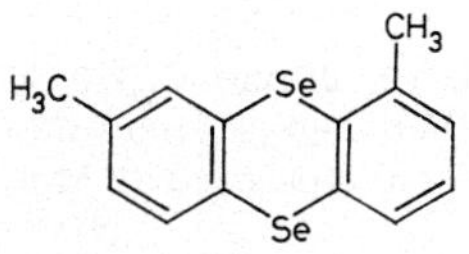 XI 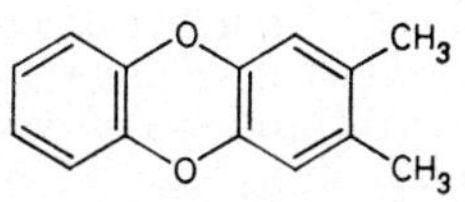 XII

1,8-Dimethyl-selenanthren $C_{14}H_{12}Se_2$, Formel XI.

B. Beim Behandeln von 2-Methylselanyl-3-*p*-tolylselanyl-toluol oder von 4-Methylselanyl-3-*o*-tolylselanyl-toluol mit konz. Schwefelsäure (*Keimatsu et al.,* J. pharm. Soc. Japan **57** [1937] 190, 204; C. A. **1939** 624).

Krystalle (aus A.); F: 77—78°.

2,3-Dimethyl-dibenzo[1,4]dioxin $C_{14}H_{12}O_2$, Formel XII.

B. In kleiner Menge beim Erhitzen von 2-[2-Hydroxy-phenoxy]-4,5-dimethyl-phenol mit wss. Bromwasserstoffsäure und rotem Phosphor (*Tomita*, J. pharm. Soc. Japan **56** [1936] 814, 825; dtsch. Ref. S. 142, 145; C. A. **1938** 8426).

Krystalle (aus Me. + Ae.); F: 113°.

2,7-Dimethyl-dibenzo[1,4]dioxin $C_{14}H_{12}O_2$, Formel XIII.

B. Beim Erhitzen von Kalium-[2-brom-4-methyl-phenolat] mit Kupfer-Pulver und Kupfer(II)-acetat auf 200° (*Tomita*, J. pharm. Soc. Japan **52** [1932] 900, 902; dtsch. Ref. S. 147; C. A. **1933** 724).

Krystalle; F: 116° [aus Me.] (*To.*, J. pharm. Soc. Japan **52** 902), 112,1° (*Higasi*, *Uyeo*, J. chem. Soc. Japan **62** [1941] 396, 397; C. A. **1941** 6167). IR-Spektrum (Nujol; 3—15 μ): *Narisada*, J. pharm. Soc. Japan **79** [1959] 183; C. A. **1959** 10967. UV-Spektrum (A.; 230—320 nm): *Tomita*, J. pharm. Soc. Japan **53** [1933] 775, 778; dtsch. Ref. S. 138, 142; C. A. **1934** 3391.

XIII XIV XV

2,7-Dimethyl-thianthren $C_{14}H_{12}S_2$, Formel XIV (H 48; E I 622; E II 40).

B. Beim Erwärmen von Toluol mit Dischwefeldichlorid und Aluminium (*Damanski*, *Kostić*, Glasnik chem. Društva Beograd **12** [1947] 243, 253; C. A. **1952** 5051). Beim Erhitzen von Tetra-*p*-tolylstannan mit Schwefel auf 190° (*Bost*, *Baker*, Am. Soc. **55** [1933] 1112).

Krystalle; F: 126° (*Tomita*, J. pharm. Soc. Japan **58** [1938] 517, 521; dtsch. Ref. S. 139; C. A. **1938** 7463), 123° (*Bost*, *Ba.*), 122,8° (*Da.*, *Ko.*, l. c. S. 255). Kp_{1-3}: 183—188° (*Da.*, *Ko.*). Viscosität bei 20°: 22,1 $g \cdot cm^{-1} \cdot s^{-1}$ (*Price*, J. phys. Chem. **62** [1958] 773, 774). n_D^{20}: 1,675 (*Pr.*). UV-Spektrum (A.; 220—350 nm): *Baggesgaard-Rasmussen*, *Rame*, Dansk Tidsskr. Farm. **13** [1939] 43, 48; C. **1939** I 3587. Dielektrizitätskonstante bei 20°: 4,58 (*Pr.*). Dielektrische Relaxationszeit von flüssigem 2,7-Dimethyl-thianthren bei 20° sowie von in Xylol und in Tetrachloräthylen gelöstem 2,7-Dimethyl-thianthren bei 16,5° bzw. bei 20°: *Pr.*

Thermische Zersetzung in Gegenwart von Aluminiumsilicat-Katalysatoren bei 400°: *Tiz-Škworzowa et al.*, Doklady Akad. S.S.S.R. **80** [1951] 377, 379; C. A. **1952** 5009.

2,7-Dimethyl-5-oxo-5λ⁴-thianthren, 2,7-Dimethyl-thianthren-5-oxid $C_{14}H_{12}OS_2$, Formel XV (H 49).

UV-Spektrum (A.; 220—350 nm): *Baggesgaard-Rasmussen*, *Rame*, Dansk Tidsskr. Farm. **13** [1939] 43, 48; C. **1939** I 3587.

2,7-Dimethyl-5,10-dioxo-5λ⁴,10λ⁴-thianthren, 2,7-Dimethyl-thianthren-5,10-dioxid $C_{14}H_{12}O_2S_2$.

Die Konfigurationszuordnung der nachstehend beschriebenen Stereoisomeren ist in Analogie zu Thianthren-5,10-dioxid (S. 348) erfolgt (*Mislow et al.*, Am. Soc. **86** [1964] 2957).

a) **2,7-Dimethyl-thianthren-5*r*,10*c*-dioxid** $C_{14}H_{12}O_2S_2$, Formel I (H 49).

B. Neben dem unter b) beschriebenen Stereoisomeren beim Erwärmen von 2,7-Dimethyl-thianthren mit wss. Wasserstoffperoxid (2 Mol) und Essigsäure (*Baw et al.*, Soc. **1934** 680, 682).

Krystalle (aus Me.); F: 202,5° [korr.]. Bei 18° lösen sich in 100 g Äthylacetat 1,06 g, in 100 g Methanol 0,55 g.

I II III

b) **2,7-Dimethyl-thianthren-5*r*,10*t*-dioxid** $C_{14}H_{12}O_2S_2$, Formel II.
B. s. bei dem unter a) beschriebenen Stereoisomeren.
Krystalle (aus Me.); F: 174° [korr.] (*Baw et al.*, Soc. **1934** 680, 682). Bei 18° lösen sich in 100 g Äthylacetat 1,06 g, in 100 g Methanol 1,66 g.

2,7-Dimethyl-5,5-dioxo-5λ^6-thianthren, 2,7-Dimethyl-thianthren-5,5-dioxid $C_{14}H_{12}O_2S_2$, Formel III.
B. Aus 2,7-Dimethyl-thianthren-5,5,10-trioxid mit Zink-Pulver und Essigsäure (*Baw et al.*, Soc. **1934** 680, 682).
Krystalle (aus Eg.); F: 170–171°.

2,7-Dimethyl-5,5,10-trioxo-5λ^6,10λ^4-thianthren, 2,7-Dimethyl-thianthren-5,5,10-trioxid $C_{14}H_{12}O_3S_2$, Formel IV.
B. Beim Erwärmen von 2,7-Dimethyl-thianthren mit wss. Wasserstoffperoxid (3 Mol) und Essigsäure (*Baw et al.*, Soc. **1934** 680, 682).
Krystalle (aus Me.); F: 223°.

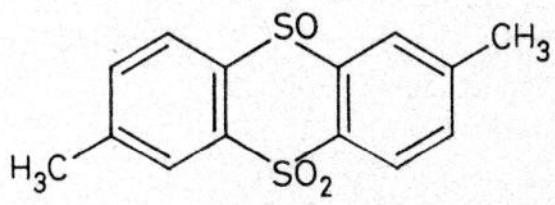

IV 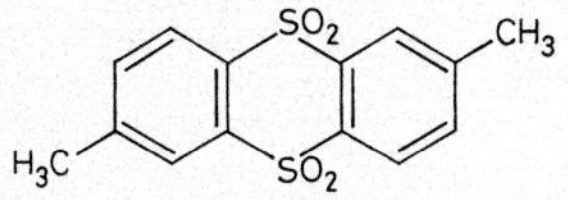 V 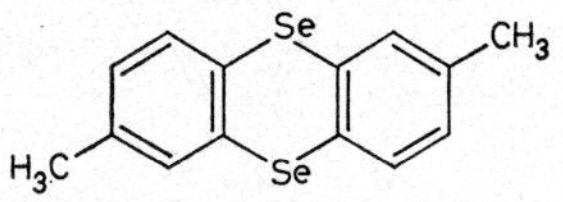 VI

2,7-Dimethyl-5,5,10,10-tetraoxo-5λ^6,10λ^6-thianthren, 2,7-Dimethyl-thianthren-5,5,10,10-tetraoxid $C_{14}H_{12}O_4S_2$, Formel V (H 49).
UV-Spektrum (A.; 220–330 nm): *Baggesgaard-Rasmussen, Rame*, Dansk Tidsskr. Farm. **13** [1939] 43, 48; C. **1939** I 3587.

2,7-Dimethyl-selenanthren $C_{14}H_{12}Se_2$, Formel VI.
B. Beim Behandeln von 4-Methylselanyl-3-*p*-tolylselanyl-toluol mit konz. Schwefelsäure (*Keimatsu et al.*, J. pharm. Soc. Japan **57** [1937] 190, 205; C. A. **1939** 624). Beim Erhitzen von 5-Methyl-benzo[1,2,3]selenadiazol mit Essigsäure (*Keimatsu, Satoda*, J. pharm. Soc. Japan **55** [1935] 1030, 1043; dtsch. Ref. S. 233, 236; C. A. **1937** 6661).
Krystalle (aus A.); F: 111–112° (*Ke., Sa.*; *Ke. et al.*). Kp_2: 209–210° (*Ke., Sa.*).

2,8-Dimethyl-phenoxathiin $C_{14}H_{12}OS$, Formel VII (E I 623).
B. Beim Erwärmen von Di-*p*-tolyl-äther mit Schwefel und Aluminiumchlorid (*Tomita*, J. pharm. Soc. Japan **58** [1938] 510, 516; dtsch. Ref. S. 136, 139; C. A. **1938** 7467).
Krystalle; F: 73–74°.

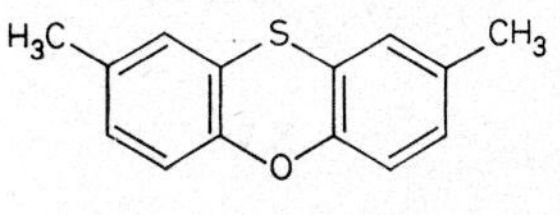

VII 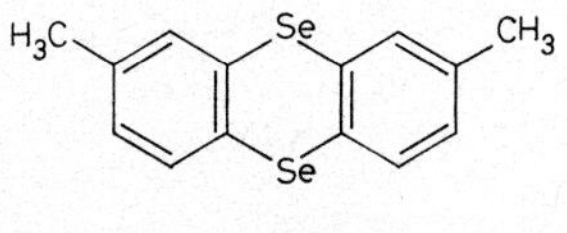 VIII 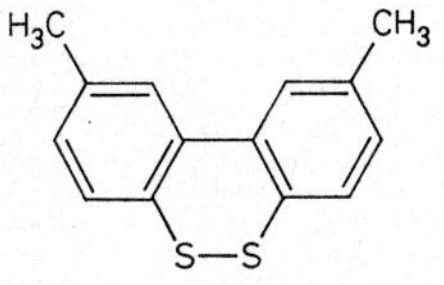 IX

2,8-Dimethyl-selenanthren $C_{14}H_{12}Se_2$, Formel VIII.
Diese Konstitution ist für die nachstehend beschriebene Verbindung in Betracht gezogen worden (*Keimatsu et al.*, J. pharm. Soc. Japan **57** [1937] 190, 205; C. A. **1939** 624).
B. Beim Behandeln von 4-Methylselanyl-3-*m*-tolylselanyl-toluol mit konz. Schwefelsäure (*Ke. et al.*).
Krystalle (aus A.); F: 82–83°.

2,9-Dimethyl-dibenzo[1,2]dithiin $C_{14}H_{12}S_2$, Formel IX.
B. Beim Erhitzen von 5,5'-Dimethyl-biphenyl-2,2'-disulfonylchlorid oder von 5,5'-Dimethyl-biphenyl-2,2'-disulfonsäure-anhydrid mit Essigsäure und wss. Jodwasserstoffsäure (*Armarego, Turner*, Soc. **1956** 1665, 1668).
Gelbe Krystalle (aus Eg.); F: 89–90°.

2,9-Dimethyl-5,5-dioxo-5λ[6]-dibenzo[1,2]dithiin, 2,9-Dimethyl-dibenzo[1,2]dithiin-5,5-dioxid $C_{14}H_{12}O_2S_2$, Formel X.

B. Beim Erhitzen von 2,9-Dimethyl-dibenzo[1,2]dithiin mit Essigsäure und wss. Salpetersäure (*Armarego, Turner,* Soc. **1956** 1665, 1668). Beim Erwärmen von 5,5'-Di=methyl-biphenyl-2,2'-disulfonylchlorid oder von 5,5'-Dimethyl-biphenyl-2,2'-disulfon=säure-anhydrid mit alkal. wss. Alkalisulfit-Lösung und anschliessenden Ansäuern (*Ar., Tu.*).

Krystalle (aus Butan-1-ol); F: 146–147°.

3,8-Dimethyl-dibenzo[1,2]dithiin $C_{14}H_{12}S_2$, Formel XI.

B. Beim Erhitzen von 4,4'-Dimethyl-biphenyl-2,2'-disulfonylchlorid mit Essigsäure und wss. Jodwasserstoffsäure (*Armarego, Turner,* Soc. **1956** 1665, 1669).

Gelbe Krystalle (aus A.); F: 114–115°.

X XI XII

3,8-Dimethyl-5,5-dioxo-5λ[6]-dibenzo[1,2]dithiin, 3,8-Dimethyl-dibenzo[1,2]dithiin-5,5-dioxid $C_{14}H_{12}O_2S_2$, Formel XII.

B. Beim Erwärmen von 4,4'-Dimethyl-biphenyl-2,2'-disulfonylchlorid mit alkal. wss. Alkalisulfit-Lösung und anschliessenden Ansäuern (*Armarego, Turner,* Soc. **1956** 1665, 1669).

Krystalle (aus Butan-1-ol); F: 170–171°.

***Opt.-inakt. 1,5-Bis-oxiranyl-naphthalin** $C_{14}H_{12}O_2$, Formel XIII.

B. Beim Behandeln von opt.-inakt. 1,5-Bis-[2-chlor-1-hydroxy-äthyl]-naphthalin (F: 164,5–165,5°) mit äthanol. Kalilauge (*Hopff, Keller,* Helv. **42** [1959] 2457, 2465).

Krystalle (aus A.); F: 74,5–75°. IR-Spektrum (Nujol; 2,5–16 μ): *Ho., Ke.,* l. c. S. 2461.

XIII XIV XV

1,2,3,4-Tetrahydro-benzo[*b*]benzo[4,5]thieno[3,2-*d*]thiophen $C_{14}H_{12}S_2$, Formel XIV.

B. Beim Erhitzen einer Lösung von 2-Benzo[*b*]thiophen-2-ylmercapto-cyclohexanon in Chlorbenzol mit Phosphor(V)-oxid (*Mitra et al.,* J. scient. ind. Res. India **16** B [1957] 348, 352).

Krystalle (aus Me. + Acn.); F: 57,5–58°.

Verbindung mit Picrinsäure $C_{14}H_{12}S_2 \cdot C_6H_3N_3O_7$. Rote Krystalle (aus A.); F: 121°.

1,2,3,4-Tetrahydro-benzo[*b*]benzo[4,5]thieno[2,3-*d*]thiophen $C_{14}H_{12}S_2$, Formel XV.

B. Beim Erwärmen von 2-Benzo[*b*]thiophen-3-ylmercapto-cyclohexanon mit Phos=phor(V)-oxid in Benzol (*Ghaisas, Tilak,* J. scient. ind. Res. India **16** B [1957] 345, 346).

Krystalle (aus Hexan); F: 100–101°.

Verbindung mit Picrinsäure $C_{14}H_{12}S_2 \cdot C_6H_3N_3O_7$. Rote Krystalle (aus A.); F: 134–135° (*Gh., Ti.,* l. c. S. 347). [*Höffer*]

Stammverbindungen $C_{15}H_{14}O_2$

2,2-Diphenyl-[1,3]dioxolan, Benzophenon-äthandiylacetal $C_{15}H_{14}O_2$, Formel I.

B. Beim Erwärmen von Benzophenon mit Äthylenglykol, Benzol und wenig Toluol-4-sulfonsäure unter Entfernen des entstehenden Wassers (*Sulzbacher et al.*, Am. Soc. **70** [1948] 2827; *Ceder*, Ark. Kemi **6** [1954] 523, 524).

Krystalle (aus PAe.); F: 55–56° (*Ce.*). Kp_{11}: 170–171° [unkorr.] (*Ce.*); Kp_{10}: 168° (*Su. et al.*). $D_4^{19,5}$: 1,794; $n_D^{19,5}$: 1,59013 (*Su. et al.*).

Geschwindigkeitskonstante der Hydrolyse in wss. Salzsäure bei 20° und 30°: *Ce.*, l. c. S. 530.

2,2-Diphenyl-[1,3]oxathiolan $C_{15}H_{14}OS$, Formel II.

B. Beim Erhitzen von Benzophenon mit 2-Mercapto-äthanol, Toluol und wenig Toluol-4-sulfonsäure unter Entfernen des entstehenden Wassers (*Marshall, Stevenson*, Soc. **1959** 2360, 2361).

Krystalle (aus Isopropylalkohol); F: 52°.

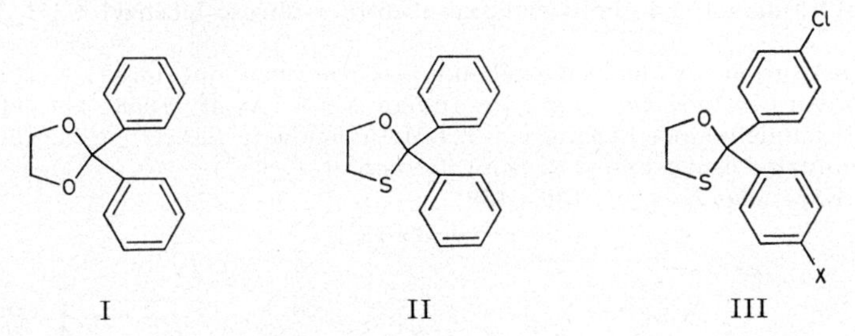

I II III

(±)-2-[4-Chlor-phenyl]-2-phenyl-[1,3]oxathiolan $C_{15}H_{13}ClOS$, Formel III (X = H).

B. Beim Erhitzen von 4-Chlor-benzophenon mit 2-Mercapto-äthanol, Toluol und wenig Toluol-4-sulfonsäure unter Entfernen des entstehenden Wassers (*Marshall, Stevenson*, Soc. **1959** 2360, 2361).

F: 28° [aus Me.].

2,2-Bis-[4-chlor-phenyl]-[1,3]oxathiolan $C_{15}H_{12}Cl_2OS$, Formel III (X = Cl).

B. Beim Erhitzen von 4,4'-Dichlor-benzophenon mit 2-Mercapto-äthanol, Toluol und wenig Toluol-4-sulfonsäure unter Entfernen des entstehenden Wassers (*Marshall, Stevenson*, Soc. **1959** 2360, 2361).

Krystalle (aus Isopropylalkohol); F: 36°.

2-[4-Chlor-phenyl]-2-phenyl-[1,3]dithiolan $C_{15}H_{13}ClS_2$, Formel IV.

B. Aus 4-Chlor-benzophenon und Äthan-1,2-dithiol (*Stauffer Chem. Co.*, U.S.P. 2701253 [1953]).

F: 44°.

IV V VI

4-Methyl-2,2-dioxo-3-phenyl-3,4-dihydro-2λ^6-benz[*e*][1,2]oxathiin, 4-Methyl-3-phenyl-3,4-dihydro-benz[*e*][1,2]oxathiin-2,2-dioxid, 2-[2-Hydroxy-phenyl]-1-phenyl-propan-1-sulfonsäure-lacton $C_{15}H_{14}O_3S$, Formel V.

a) Opt.-inakt. Stereoisomeres vom F: 160°.

B. Beim Erhitzen des unter b) beschriebenen Stereoisomeren mit wss. Natronlauge

(*Philbin et al.*, Soc. **1956** 4414, 4416).
Krystalle (aus A.); F: 158—160°.

b) Opt.-inakt. Stereoisomeres vom F: 108°.

B. Beim Erhitzen von 4-Methyl-3-phenyl-benz[*e*][1,2]oxathiin-2,2-dioxid mit Jodwasserstoffsäure und Acetanhydrid bis auf 160° (*Philbin et al.*, Soc. **1956** 4414, 4416). Beim Erhitzen von opt.-inakt. 4-Methyl-2,2-dioxo-3-phenyl-3,4-dihydro-2λ^6-benz[*e*][1,2]oxathiin-4-ol (F: 202—203°) mit Jodwasserstoffsäure und Acetanhydrid (*Ph. et al.*).
Krystalle (aus Bzn.); F: 107—108°.

(±)-6-Chlor-8-chlormethyl-2-phenyl-4*H*-benzo[1,3]dioxin $C_{15}H_{12}Cl_2O_2$, Formel VI.

B. Bei 3-tägigem Behandeln von 4-Chlor-2,6-bis-hydroxymethyl-phenol mit Benzaldehyd und konz. wss. Salzsäure (*Ziegler*, B. **77/79** [1944/46] 731, 734).
Krystalle (aus wss. A.); F: 114°.

1-Benzo[1,3]dioxol-5-yl-2-nitro-1-nitroso-2-phenyl-äthan, 5-[β-Nitro-α-nitroso-phenäthyl]-benzo[1,3]dioxol, 3,4-Methylendioxy-α′-nitro-α-nitroso-bibenzyl $C_{15}H_{12}N_2O_5$, Formel VII.

Diese Konstitution ist der nachstehend beschriebenen opt.-inakt. Verbindung zugeordnet worden (*Govindachari et al.*, Pr. Indian Acad. [A] **48** [1958] 111, 114).

B. Beim Behandeln einer Lösung von 3,4-Methylendioxy-*trans*(?)-stilben in Äther mit wss. Natriumnitrit-Lösung und wss. Schwefelsäure (*Go. et al.*).
Gelbliche Krystalle; Zers. bei 136—138°.

NO_2 CH CH NO O O — VII

O O CH CH_3 CH_3 — VIII

H H_3C H_3C O O H — IX

2-Isopropyl-dibenzo[1,4]dioxin $C_{15}H_{14}O_2$, Formel VIII.

B. Beim Behandeln von Dibenzo[1,4]dioxin mit Isopropylchlorid oder Propylchlorid und Aluminiumchlorid in Schwefelkohlenstoff (*Gilman, Dietrich*, J. org. Chem. **22** [1957] 1403, 1405).
Krystalle (aus Me. + W.); F: 87,5—89°. Bei 126—131°/0,5 Torr destillierbar.

8,8-Dimethyl-(6b*r*,9a*c*)-6b,9a-dihydro-acenaphtho[1,2-*d*][1,3]dioxol, *cis*-1,2-Isopropylidendioxy-acenaphthen $C_{15}H_{14}O_2$, Formel IX.

B. Beim Behandeln von *cis*-Acenaphthen-1,2-diol mit Aceton in Gegenwart von Chlorwasserstoff und Natriumsulfat (*Criegee et al.*, A. **507** [1933] 159, 195).
Krystalle (aus PAe.); F: 75,6—76,2°.

Stammverbindungen $C_{16}H_{16}O_2$

***Opt.-inakt. 2,2-Dioxo-4,6-diphenyl-2λ^6-[1,2]oxathian, 4,6-Diphenyl-[1,2]oxathian-2,2-dioxid, 4-Hydroxy-2,4-diphenyl-butan-1-sulfonsäure-lacton** $C_{16}H_{16}O_3S$, Formel I (X = H).

Konstitution: *Bordwell et al.*, Am. Soc. **76** [1954] 3950.

B. Bei mehrwöchigem Behandeln eines aus Schwefeltrioxid, [1,4]Dioxan und 1,2-Dichlor-äthan hergestellten Reaktionsgemisches mit Styrol und anschliessend mit Wasser (*Bo. et al.*, Am. Soc. **76** 3952).
Krystalle (aus A.); F: 152—153° (*Bordwell et al.*, Am. Soc. **68** [1956] 139).

***Opt.-inakt. 5-Chlor-2,2-dioxo-4,6-diphenyl-2λ^6-[1,2]oxathian, 5-Chlor-4,6-diphenyl-[1,2]oxathian-2,2-dioxid, 3-Chlor-4-hydroxy-2,4-diphenyl-butan-1-sulfonsäure-lacton** $C_{16}H_{15}ClO_3S$, Formel I (X = Cl).

B. Beim Behandeln einer wss. Lösung des Barium-Salzes der (±)-2,4-Diphenyl-but-

3-en-1-sulfonsäure (*S*-Benzyl-isothiuronium-Salz: F: 172—173°) mit Chlor (*Bordwell et al.*, Am. Soc. **76** [1954] 3950).
Krystalle (aus wss. Acn.); F: 199—201° [unkorr.].

***Opt.-inakt. 4,6-Bis-[3-chlor-phenyl]-2,2-dioxo-2λ⁶-[1,2]oxathian, 4,6-Bis-[3-chlor-phenyl]-[1,2]oxathian-2,2-dioxid, 2,4-Bis-[3-chlor-phenyl]-4-hydroxy-butan-1-sulfonsäure-lacton** $C_{16}H_{14}Cl_2O_3S$, Formel II.

B. Neben anderen Verbindungen beim Behandeln eines aus Schwefeltrioxid, [1,4]Dioxan und 1,2-Dichlor-äthan hergestellten Reaktionsgemisches mit 3-Chlor-styrol und anschliessend mit Wasser (*Truce, Gunberg*, Am. Soc. **72** [1950] 2401).
Krystalle (aus A.); F: 169—170°.

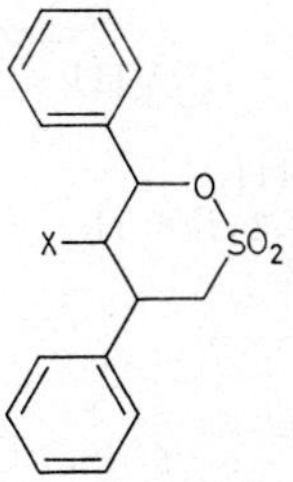

I 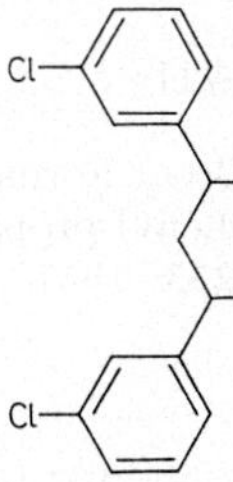 II 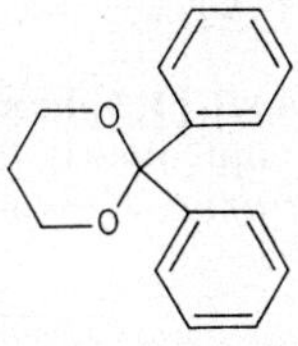 III 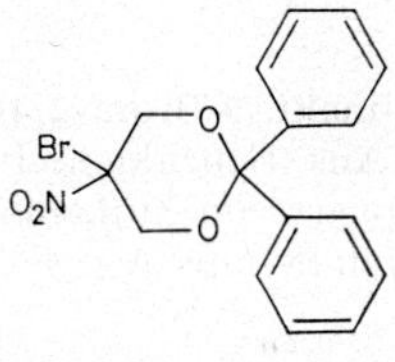 IV

***Opt.-inakt. 5-Brom-2,2-dioxo-4,6-diphenyl-2λ⁶-[1,2]oxathian, 5-Brom-4,6-diphenyl-[1,2]oxathian-2,2-dioxid, 3-Brom-4-hydroxy-2,4-diphenyl-butan-1-sulfonsäure-lacton** $C_{16}H_{15}BrO_3S$, Formel I (X = Br).

B. Beim Behandeln einer Lösung des Barium-Salzes der 2,4-Diphenyl-but-3-en-1-sulfonsäure (*S*-Benzyl-isothiuronium-Salz: F: 172—173°) in wss. Aceton mit Brom in Wasser (*Bordwell et al.*, Am. Soc. **76** [1954] 3950).
Krystalle (aus wss. Acn.); F: 204,5—205° [unkorr.].

2,2-Diphenyl-[1,3]dioxan, Benzophenon-propandiylacetal $C_{16}H_{16}O_2$, Formel III.

B. Beim Erwärmen von Benzophenon mit Propan-1,3-diol, Benzol und wenig Toluol-4-sulfonsäure unter Entfernen des entstehenden Wassers (*Ceder*, Ark. Kemi **6** [1954] 523, 524).
Krystalle (aus Dioxan + W.); F: 111,5—112,5°. Kp_{12}: 172—174°.
Geschwindigkeitskonstante der Hydrolyse in Dioxan/wss. Salzsäure bei 25° und 30°: *Ce.*, l. c. S. 530.

5-Brom-5-nitro-2,2-diphenyl-[1,3]dioxan $C_{16}H_{14}BrNO_4$, Formel IV.

B. Beim Erwärmen von Benzophenon mit 2-Brom-2-nitro-propan-1,3-diol, Benzol und wenig Toluol-4-sulfonsäure unter Entfernen des entstehenden Wassers (*Blicke, Schumann*, Am. Soc. **76** [1954] 3153, 3154).
Krystalle (aus A.); F: 138—139°.

2,2-Diphenyl-[1,3]oxathian $C_{16}H_{16}OS$, Formel V.

B. Beim Erhitzen von Benzophenon mit 3-Mercapto-propan-1-ol, Toluol und wenig Toluol-4-sulfonsäure unter Entfernen des entstehenden Wassers (*Marshall, Stevenson*, Soc. **1959** 2360, 2361).
F: 116—118° [aus Me.].

2,2-Diphenyl-[1,3]dithian, Benzophenon-propandiyldithioacetal $C_{16}H_{16}S_2$, Formel VI (H 50).

UV-Spektrum (A.; 220—270 nm): *Campaigne, Schaefer*, Bol. Col. Quim. Puerto Rico **9** [1952] 25, 26.

1,1,3,3-Tetraoxo-2,2-diphenyl-1λ⁶,3λ⁶-[1,3]dithian, 2,2-Diphenyl-[1,3]dithian-1,1,3,3-tetraoxid $C_{16}H_{16}O_4S_2$, Formel VII (H 50).

Krystalle (aus wss. A.); F: 260° (*Campaigne, Schaefer*, Bol. Col. Quim. Puerto Rico **9**

[1952] 25, 28). UV-Spektrum (240—280 nm) einer Lösung in Äthanol sowie einer Natrium-äthylat enthaltenden Lösung in Äthanol: *Ca.*, *Sch.*, l. c. S. 27.

V VI VII VIII

***Opt.-inakt. 5-Brom-2,4-diphenyl-[1,3]dioxan** $C_{16}H_{15}BrO_2$, Formel VIII.

B. Aus Benzaldehyd und opt.-inakt. 2-Brom-1-phenyl-propan-1,3-diol (F: 59°) in Gegenwart von Zinkchlorid (*Funke, Kornmann*, C. r. **233** [1951] 1631).

Krystalle (aus A.); F: 82°.

4,4-Diphenyl-[1,3]dioxan $C_{16}H_{16}O_2$, Formel IX.

B. Beim Behandeln von 1,1-Diphenyl-äthylen mit Paraformaldehyd und Schwefelsäure in Äther (*Norton Co.*, U.S.P. 2526601 [1947]).

Krystalle (aus CCl_4); F: 80°. Bei 155—160°/10 Torr destillierbar.

2,2-Diphenyl-[1,4]dioxan $C_{16}H_{16}O_2$, Formel X (X = H).

B. Beim Behandeln von 2,2-Dichlor-[1,4]dioxan mit Phenylmagnesiumbromid in Äther (*Summerbell, Lunk*, Am. Soc. **79** [1957] 4802, 4804). In kleiner Menge beim Erwärmen von 2-[2-Chlor-äthoxy]-1,1-diphenyl-äthanol mit Natriumamid in Benzol (*Meltzer et al.*, J. org. Chem. **24** [1959] 1763, 1765). Beim Behandeln einer mit Calcium-chlorid versetzten Lösung von 2-[2-Hydroxy-äthoxy]-1,1-diphenyl-äthanol in Benzol mit Chlorwasserstoff (*Summerbell et al.*, J. org. Chem. **23** [1958] 932).

Krystalle; F: 123,5—124° [unkorr.; aus A.] (*Me. et al.*), 119,5—120° [aus PAe.] (*Su. et al.*), 119—120° [aus Hexan] (*Su., Lunk*).

IX X XI XII

2,2-Bis-[4-chlor-phenyl]-[1,4]dioxan $C_{16}H_{14}Cl_2O_2$, Formel X (X = Cl).

B. Beim Behandeln einer mit Calciumchlorid versetzten Lösung von 1,1-Bis-[4-chlor-phenyl]-2-[2-hydroxy-äthoxy]-äthanol in Benzol mit Chlorwasserstoff (*Summerbell et al.*, J. org. Chem. **23** [1958] 932).

Krystalle (aus A.); F: 78—79°.

2,3-Diphenyl-[1,4]dioxan, α,α'-Äthandiyldioxy-bibenzyl $C_{16}H_{16}O_2$.

Über die Konfiguration der nachstehend beschriebenen Stereoisomeren s. *Summerbell et al.*, J. org. Chem. **32** [1967] 946.

a) ***cis*-2,3-Diphenyl-[1,4]dioxan, *meso*-α,α'-Äthandiyldioxy-bibenzyl** $C_{16}H_{16}O_2$, Formel XI.

B. Bei der Hydrierung von 5,6-Diphenyl-2,3-dihydro-[1,4]dioxin an Platin in Essigsäure und Acetanhydrid (*Summerbell, Berger*, Am. Soc. **81** [1959] 633, 638). Neben dem unter b) beschriebenen Stereoisomeren beim Behandeln einer Lösung von 5,6-Diphenyl-2,3-dihydro-[1,4]dioxin in Benzol und (±)-Pentan-2-ol mit Natrium (*Su., Be.*).

Krystalle (aus A. + Eg.); F: 136° [unkorr.; Fisher-Johns-App.]. IR-Banden (KBr) im Bereich von 3,3 μ bis 15,4 μ: *Su., Be.*

b) **(±)-*trans*-2,3-Diphenyl-[1,4]dioxan, *racem.*-α,α'-Äthandiyldioxy-bibenzyl** $C_{16}H_{16}O_2$, Formel XII (X = H).

B. Neben kleinen Mengen des unter a) beschriebenen Stereoisomeren beim Behandeln von (±)-*trans*-2,3-Dichlor-[1,4]dioxan mit Phenylmagnesiumbromid in Äther (*Summerbell, Berger*, Am. Soc. **81** [1959] 633, 639; s. a. *Christ, Summerbell*, Am. Soc. **55** [1933] 4547; *Summerbell, Bauer*, Am. Soc. **57** [1935] 2364, 2365). Beim Behandeln von (±)-*trans*-2,3-Dibrom-[1,4]dioxan mit Phenylmagnesiumbromid in Äther (*Su., Ba.*, l. c. S. 2367). Weitere Bildungsweise s. bei dem unter a) beschriebenen Stereoisomeren.

Krystalle (aus PAe.); F: 49–50° (*Su., Ba.*, l. c. S. 2365), 49° (*Ch., Su.*). Bei 185° bis 187°/13 Torr destillierbar (*Su., Ba.*, l. c. S. 2365). IR-Banden (KBr) im Bereich von 3,3 μ bis 15,4 μ: *Su., Be.* UV-Spektrum (A.; 235–275 nm): *Kland-English et al.*, Am. Soc. **75** [1953] 3709, 3711.

Verbindung mit Picrinsäure $C_{16}H_{16}O_2 \cdot C_6H_3N_3O_7$. Gelbe Krystalle (aus A.); F: 89,2–89,9° (*Su., Be.*).

***Opt.-inakt. 2,3-Dichlor-2,3-diphenyl-[1,4]dioxan, α,α'-Äthandiyldioxy-α,α'-dichlor-bibenzyl** $C_{16}H_{14}Cl_2O_2$, Formel XIII.

B. Beim Behandeln einer Lösung von *cis*-2,3-Diphenyl-[1,4]dioxan oder von (±)-*trans*-2,3-Diphenyl-[1,4]dioxan in Tetrachlormethan mit Chlor unter Bestrahlung mit UV-Licht (*Summerbell, Berger*, Am. Soc. **81** [1959] 633, 638). Beim Behandeln einer Lösung von 5,6-Diphenyl-2,3-dihydro-[1,4]dioxin in Dichlormethan mit Chlor (*Su., Be.*).

Krystalle (aus Ae.), die zwischen 105° und 118° schmelzen. IR-Banden (CS_2) im Bereich von 3,2 μ bis 15,2 μ: *Su., Be.*

(±)-*trans*-2,3-Bis-[4-chlor-phenyl]-[1,4]dioxan, *racem.*-α,α'-Äthandiyldioxy-4,4'-dichlor-bibenzyl $C_{16}H_{14}Cl_2O_2$, Formel XII (X = Cl).

Diese Konfiguration ist der nachstehend beschriebenen Verbindung von *Summerbell et al.* (J. org. Chem. **32** [1967] 946) auf Grund von chemischen Befunden zugeordnet worden; demgegenüber formulieren *Arbusow et al.* (Izv. Akad. S.S.S.R. Ser. chim. **1974** 377, 380; engl. Ausg. S. 343, 345) die Verbindung auf Grund des ^{1}H-NMR-Spektrums und des Dipolmoments als *cis*-2,3-Bis-[4-chlor-phenyl]-[1,4]dioxan.

B. Aus (±)-*trans*-2,3-Dichlor-[1,4]dioxan und 4-Chlor-phenylmagnesium-bromid (*Summerbell, Bauer*, Am. Soc. **57** [1935] 2364, 2366).

Dipolmoment (ε; Bzl.): 2,75 D (*Ar. et al.*).

Krystalle; F: 152–153° [aus Ae. + PAe.] (*Kland-English et al.*, Am. Soc. **75** [1953] 3709, 3712), 152–153° [korr.] (*Su., Ba.*), 150–151° [aus PAe.] (*Ar. et al.*). ^{1}H-NMR-Absorption: *Ar. et al.* UV-Spektrum (A.; 240–300 nm): *Kl.-En. et al.*, l. c. S. 3710.

O O Cl Cl

XIII

S O

XIV

O O

XV

***Opt.-inakt. 2,3-Diphenyl-[1,4]oxathian** $C_{16}H_{16}OS$, Formel XIV.

B. Beim Behandeln von opt.-inakt. 2,3-Dichlor-[1,4]oxathian (S. 35) mit Phenylmagnesiumbromid in Äther (*Haubein*, Am. Soc. **81** [1959] 144, 147).

Krystalle (aus wss. A.); F: 95–95,5°.

2,5-Diphenyl-[1,4]dioxan $C_{16}H_{16}O_2$.

Über die Konfiguration der folgenden Stereoisomeren s. *Schaefer*, J. org. Chem. **33** [1968] 4558.

a) **(±)-2*r*,5*c*-Diphenyl-[1,4]dioxan, (±)-*cis*-2,5-Diphenyl-[1,4]dioxan** $C_{16}H_{16}O_2$, Formel XV + Spiegelbild.

B. Neben dem unter b) beschriebenen Stereoisomeren beim Behandeln von *trans*-2,5-Dichlor-[1,4]dioxan (S. 31) mit Phenylmagnesiumbromid in Äther (*Bryan et al.*, Am. Soc. **72** [1950] 2206, 2207).

Krystalle; F: 123° [aus Acn. + A.] (*Kland-English et al.*, Am. Soc. **75** [1953] 3709, 3711), 121–122° [aus Acn.] (*Br. et al.*). ^{1}H-NMR-Spektrum sowie ^{1}H-^{1}H-Spin-Spin-Kopplungskonstanten: *Schaefer*, J. org. Chem. **33** [1968] 4558. UV-Spektrum (A.; 235–275 nm): *Kl.-En. et al.*, l. c. S. 3710.

b) **2*r*,5*t*-Diphenyl-[1,4]dioxan, *trans*-2,5-Diphenyl-[1,4]dioxan** $C_{16}H_{16}O_2$, Formel I.

B. s. bei dem unter a) beschriebenen Stereoisomeren.

Krystalle; F: 175° [aus Ae. + Acn.] (*Kland-English et al.*, Am. Soc. **75** [1953] 3709, 3712), 173–174° [aus Acn.] (*Bryan et al.*, Am. Soc. **72** [1950] 2206, 2207). ^{1}H-NMR-Spektrum sowie ^{1}H-^{1}H-Spin-Spin-Kopplungskonstanten: *Schaefer*, J. org. Chem. **33** [1968] 4558. UV-Spektrum (A.; 230–300 nm): *Kl.-En. et al.*, l. c. S. 3710.

Br Br Br Br O O O O O O

I II III

2,5-Dibrom-2,5-diphenyl-[1,4]dioxan $C_{16}H_{14}Br_2O_2$, Formel II, und **2,5-Dibrom-3,6-diphenyl-[1,4]dioxan** $C_{16}H_{14}Br_2O_2$, Formel III.

Opt.-inakt. Verbindungen, für die diese beiden Konstitutionsformeln in Betracht kommen, haben in einem bei 100–110° [Zers.] schmelzenden Präparat und in einem bei 115–120° [Zers.] schmelzenden Präparat vorgelegen, die beim Behandeln einer Lösung von (±)-*cis*-2,5-Diphenyl-[1,4]dioxan bzw. von *trans*-2,5-Diphenyl-[1,4]dioxan in Tetrachlormethan mit Brom unter Bestrahlung mit Sonnenlicht erhalten worden sind (*Bryan et al.*, Am. Soc. **72** [1950] 2206, 2208).

2,6-Diphenyl-[1,4]dithian $C_{16}H_{16}S_2$, Formel IV.

Diese Konstitution ist der nachstehend beschriebenen opt.-inakt. Verbindung zugeordnet worden (*Glavis et al.*, Am. Soc. **59** [1937] 707, 710); vgl. aber das analog hergestellte 2,5-Dimethyl-[1,4]dithian (S. 66).

B. Beim Behandeln von Styrol mit Dischwefeldichlorid und Erwärmen des Reaktionsprodukts mit Natriumsulfid in Äthanol (*Gl. et al.*).

Kp_{30}: 190–195°. D_{20}^{20}: 1,143. n_D^{20}: 1,6060.

1,1,4,4-Tetraoxo-2,6-diphenyl-1λ⁶,4λ⁶-[1,4]dithian, 2,6-Diphenyl-[1,4]dithian-1,1,4,4-tetraoxid $C_{16}H_{16}O_4S_2$, Formel V.

Diese Konstitution ist der nachstehend beschriebenen opt.-inakt. Verbindung zugeordnet worden (*Glavis et al.*, Am. Soc. **59** [1937] 707, 710).

B. Beim Erhitzen der im vorangehenden Artikel beschriebenen Verbindung mit Essigsäure und wss. Wasserstoffperoxid (*Gl. et al.*).

Krystalle (aus A. oder Dioxan); F: 280°.

(±)-4-Methyl-2,2-dioxo-3,3-diphenyl-2λ⁶-[1,2]oxathiolan, (±)-4-Methyl-3,3-diphenyl-[1,2]oxathiolan-2,2-dioxid, (±)-3-Hydroxy-2-methyl-1,1-diphenyl-propan-1-sulfonsäure-lacton $C_{16}H_{16}O_3S$, Formel VI.

Diese Konstitution ist für die nachstehend beschriebene Verbindung in Betracht gezogen worden (*Bordwell, Crosby*, Am. Soc. **78** [1956] 5367, 5369).

B. Neben anderen Verbindungen beim Behandeln einer Lösung von 3,3-Diphenyl-2-methyl-propen (im Gemisch mit 1,1-Diphenyl-2-methyl-propen eingesetzt) in 1,2-Dichlor-äthan mit einem aus Schwefeltrioxid, [1,4]Dioxan und 1,2-Dichlor-äthan hergestellten Reaktionsgemisch und anschliessend mit Wasser (*Bo.*, *Cr.*).

Krystalle (aus A.); F: 134—135° [unkorr.].

2-Benzhydryl-[1,3]dioxolan $C_{16}H_{16}O_2$, Formel VII (X = H).

B. Beim Erhitzen von 2-Chlor-1,1-diphenyl-äthylen mit Äthylenglykol und Kaliumhydroxid bis auf 208° (*Rohm & Haas Co.*, U.S.P. 2844593 [1954]).

Krystalle (aus Methylcyclohexan); F: 80,5—81°. Bei 125—135°/0,35 Torr destillierbar.

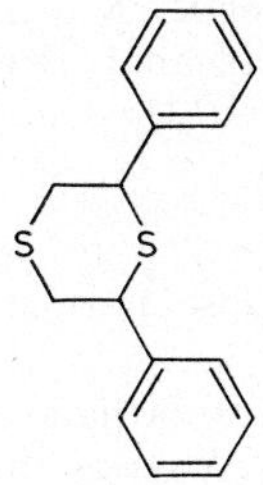

IV 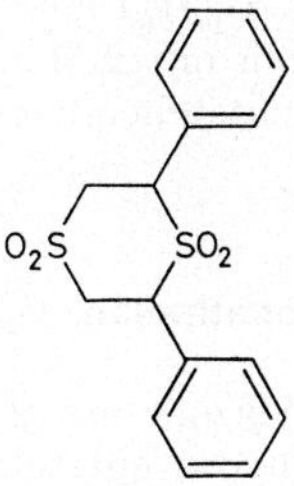 V 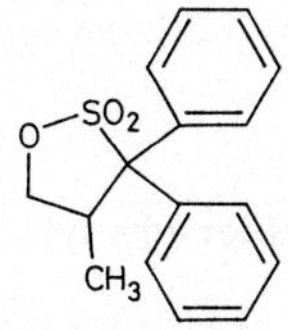 VI 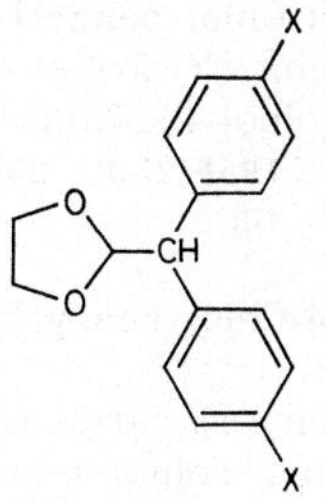 VII

2-[4,4'-Dichlor-benzhydryl]-[1,3]dioxolan $C_{16}H_{14}Cl_2O_2$, Formel VII (X = Cl).

B. Beim Erhitzen von 1,1-Dichlor-2,2-bis-[4-chlor-phenyl]-äthan mit Äthylenglykol unter Zusatz von Bariumhydroxid-octahydrat oder Natriumhydroxid auf 220° (*Riemschneider et al.*, B. **92** [1959] 900, 904) sowie unter Zusatz von Kaliumcarbonat auf 200° (*Rohm & Haas Co.*, U.S.P. 2844593 [1954]). Beim Erhitzen von 2-Chlor-1,1-bis-[4-chlor-phenyl]-äthylen mit Äthylenglykol und Bariumhydroxid-octahydrat auf 220° (*Ri. et al.*).

Krystalle (aus Me.); F: 94° (*Ri. et al.*), 93—94° (*Rohm & Haas Co.*).

2-[4,4'-Dibrom-benzhydryl]-[1,3]dioxolan $C_{16}H_{14}Br_2O_2$, Formel VII (X = Br).

B. Beim Erhitzen von 1,1-Bis-[4-brom-phenyl]-2,2-dichlor-äthan mit Äthylenglykol unter Zusatz von Bariumhydroxid-octahydrat auf 220° (*Riemschneider et al.*, B. **92** [1959] 900, 905) oder unter Zusatz von Kaliumcarbonat auf 200° (*Rohm & Haas Co.*, U.S.P. 2844593 [1954]).

Krystalle (aus Me.); F: 112—112,7° (*Rohm & Haas Co.*), 104° (*Ri. et al.*).

2-Benzyl-2-phenyl-[1,3]dioxolan, α,α-Äthandiyldioxy-bibenzyl, Desoxybenzoin-äthandiylacetal $C_{16}H_{16}O_2$, Formel VIII (X = H).

B. Beim Erwärmen von Desoxybenzoin mit Äthylenglykol, Benzol (oder Toluol) und wenig Toluol-4-sulfonsäure unter Entfernen des entstehenden Wassers (*Salmi et al.*, Suomen Kem. **20** B [1947] 1, 4).

F: 79,5°.

(±)-2-[α-Chlor-benzyl]-2-phenyl-[1,3]dioxolan, (±)-α,α-Äthandiyldioxy-α'-chlor-bibenzyl $C_{16}H_{15}ClO_2$, Formel VIII (X = Cl).

B. Beim Erhitzen von (±)-α'-Chlor-desoxybenzoin mit Äthylenglykol, Xylol und wenig Toluol-4-sulfonsäure (*Summerbell, Berger*, Am. Soc. **81** [1959] 633, 637). Beim Erwärmen einer Lösung von (±)-Phenyl-[2-phenyl-[1,3]dioxolan-2-yl]-methanol in Tetrachlormethan mit Thionylchlorid (*Su., Be.*).

Krystalle (aus wss. A.); F: 75,2—75,7° [Fisher-Johns-App.]. IR-Banden (KBr) im Bereich von 3,3 μ bis 15,6 μ: *Su., Be.*

(±)-2-Benzyl-2-phenyl-[1,3]oxathiolan $C_{16}H_{16}OS$, Formel IX.

B. Beim Erwärmen von Desoxybenzoin mit 2-Mercapto-äthanol, Benzol und wenig Toluol-4-sulfonsäure unter Entfernen des entstehenden Wassers (*Marshall, Stevenson*, Soc. **1959** 2360, 2361).

F: 42—43,5°.

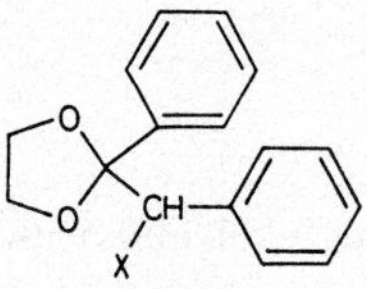

VIII 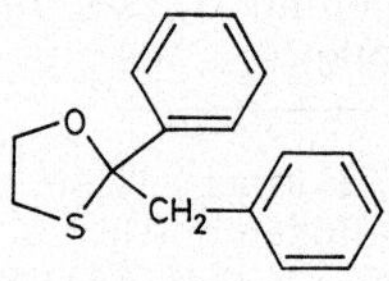 IX 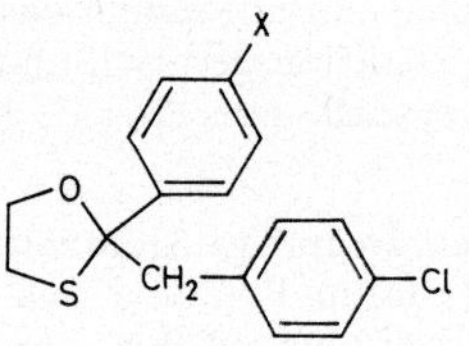 X

(±)-2-[4-Chlor-benzyl]-2-phenyl-[1,3]oxathiolan $C_{16}H_{15}ClOS$, Formel X (X = H).

B. Beim Erwärmen von 4'-Chlor-desoxybenzoin mit 2-Mercapto-äthanol, Benzol und wenig Toluol-4-sulfonsäure unter Entfernen des entstehenden Wassers (*Marshall, Stevenson*, Soc. **1959** 2360, 2361).

F: 60–63°.

(±)-2-[4-Chlor-benzyl]-2-[4-chlor-phenyl]-[1,3]oxathiolan $C_{16}H_{14}Cl_2OS$, Formel X (X = Cl).

B. Beim Erwärmen von 4,4'-Dichlor-desoxybenzoin mit 2-Mercapto-äthanol, Benzol und wenig Toluol-4-sulfonsäure unter Entfernen des entstehenden Wassers (*Marshall, Stevenson*, Soc. **1959** 2360, 2361).

F: 65–68°.

***Opt.-inakt. 2-Benzyl-4-phenyl-[1,3]dioxolan** $C_{16}H_{16}O_2$, Formel XI.

B. Neben kleinen Mengen 2-Methyl-2,4-diphenyl-[1,3]dioxolan (nicht charakterisiert) beim Behandeln von (±)-Phenyloxiran mit verd. wss. Salzsäure (*Summerbell, Kland-English*, Am. Soc. **77** [1955] 5095, 5096). Neben kleinen Mengen *cis*-2,5-Diphenyl-[1,4]dioxan und *trans*-2,5-Diphenyl-[1,4]dioxan beim Behandeln von (±)-Phenyloxiran mit Zinn(IV)-chlorid und Acetophenon oder mit wss. Bromwasserstoffsäure (*Su., Kl.-En.*, l. c. S. 5097).

Krystalle (aus Ae. + PAe.); F: 41–42° (*Kland-English et al.*, Am. Soc. **75** [1953] 3709, 3712). UV-Spektrum (A.; 230–280 nm): *Kl.-En. et al.*, l. c. S. 3710.

***Opt.-inakt. 2-Benzyl-1,1,3,3-tetraoxo-4-phenyl-1λ^6,3λ^6-[1,3]dithiolan, 2-Benzyl-4-phenyl-[1,3]dithiolan-1,1,3,3-tetraoxid** $C_{16}H_{16}O_4S_2$, Formel XII.

B. Beim Erhitzen von 2-Benzyliden-4-phenyl-[1,3]dithiol (S. 407) mit Essigsäure, Zink-Pulver und wss. Perchlorsäure und Behandeln des Reaktionsprodukts mit Peroxyessigsäure (*Kirmse, Horner*, A. **614** [1958] 4, 15).

Krystalle (aus Eg.); F: 206°.

(±)-4-Chlormethyl-2,2-diphenyl-[1,3]dioxolan $C_{16}H_{15}ClO_2$, Formel XIII (X = Cl).

B. Beim Eintragen eines Gemisches von Benzophenon, (±)-Epichlorhydrin und Tetrachlormethan in ein Gemisch von Zinn(IV)-chlorid und Tetrachlormethan (*Willfang*, B. **74** [1941] 145, 152).

Krystalle (aus Me.); F: 44,5°. Bei 159–167°/2–3 Torr destillierbar.

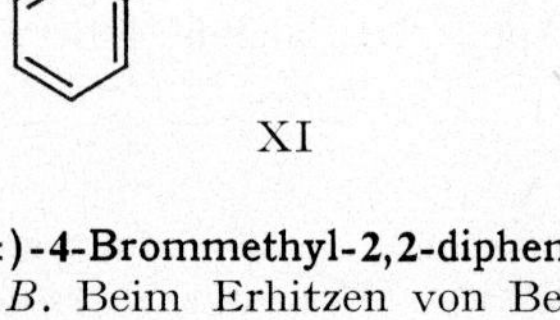

XI 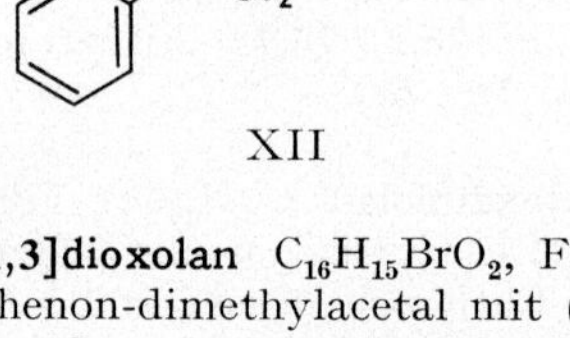 XII 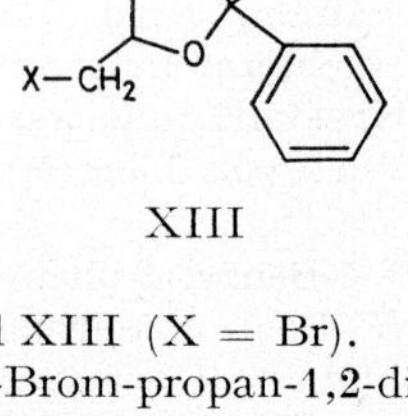 XIII

(±)-4-Brommethyl-2,2-diphenyl-[1,3]dioxolan $C_{16}H_{15}BrO_2$, Formel XIII (X = Br).

B. Beim Erhitzen von Benzophenon-dimethylacetal mit (±)-3-Brom-propan-1,2-diol bis auf 180° (*Blicke, Anderson*, Am. Soc. **74** [1952] 1733, 1735). Beim Behandeln eines Gemisches von Benzophenon, (±)-Epibromhydrin und Tetrachlormethan mit Zinn(IV)-

chlorid (*Bl.*, *An.*).

Krystalle (aus Isopropylalkohol); F: 71–73°.

2-Methyl-4,5-diphenyl-[1,3]dioxolan, α,α'-Äthylidendioxy-bibenzyl $C_{16}H_{16}O_2$.

a) **2ξ-Methyl-4r,5c-diphenyl-[1,3]dioxolan** $C_{16}H_{16}O_2$, Formel I (X = H).

B. Beim Behandeln von *meso*-Bibenzyl-α,α'-diol mit Äthyl-vinyl-äther (oder Butyl-vinyl-äther) und wenig Schwefelsäure (*Michant'ew, Pawlow*, Chimija chim. Technol. NDVŠ **1958** 757; C. A. **1959** 8070).

Krystalle (aus A.); F: 43,5–44°. $Kp_{1,5}$: 103–104°.

b) **(±)-2-Methyl-4r,5t-diphenyl-[1,3]dioxolan** $C_{16}H_{16}O_2$, Formel II.

B. Beim Behandeln von *racem.*-Bibenzyl-α,α'-diol mit Butyl-vinyl-äther und wenig Schwefelsäure (*Michant'ew, Pawlow*, Chimija chim. Technol. NDVŠ **1958** 757; C. A. **1959** 8070).

$Kp_{1,5}$: 105,5–106°. D_4^{20}: 1,0967. n_D^{20}: 1,5570.

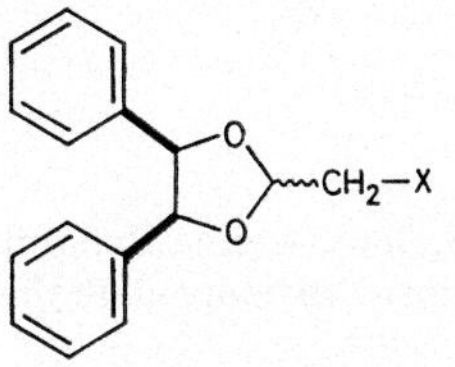

I 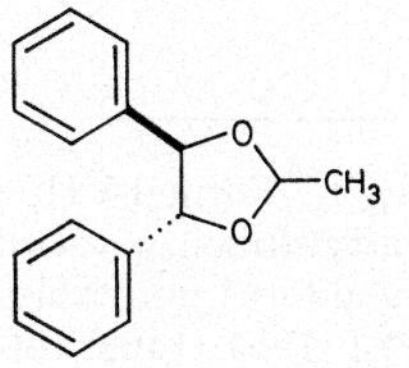 II 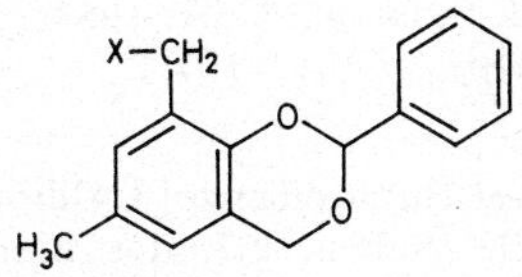 III

2ξ-Brommethyl-4r,5c-diphenyl-[1,3]dioxolan $C_{16}H_{15}BrO_2$, Formel I (X = Br).

B. Beim Erhitzen von *meso*-Bibenzyl-α,α'-diol mit 1,1-Diäthoxy-2-brom-äthan bis auf 150° (*Blicke, Toy*, Am. Soc. **77** [1955] 31).

Krystalle (aus Isopropylalkohol); F: 89–90°.

(±)-6,8-Dimethyl-2-phenyl-4H-benzo[1,3]dioxin $C_{16}H_{16}O_2$, Formel III (X = H).

B. Beim Behandeln von 2-Hydroxy-3,5-dimethyl-benzylalkohol mit Benzaldehyd und wss. Salzsäure (*Ziegler*, B. **74** [1941] 841, 844).

Krystalle (aus wss. A.); F: 46°.

(±)-8-Chlormethyl-6-methyl-2-phenyl-4H-benzo[1,3]dioxin $C_{16}H_{15}ClO_2$, Formel III (X = Cl).

B. Beim Behandeln von 2,6-Bis-hydroxymethyl-4-methyl-phenol mit Benzaldehyd und wss. Salzsäure (*Ziegler*, B. **77/79** [1944/46] 731, 734).

Krystalle (aus wss. A.); F: 81°.

5-Methyl-6-phenäthyl-benzo[1,3]dioxol, 2-Methyl-4,5-methylendioxy-bibenzyl $C_{16}H_{16}O_2$, Formel IV.

B. Beim Erwärmen einer Lösung von Trimethyl-[4,5-methylendioxy-bibenzyl-2-yl=methyl]-ammonium-jodid in Wasser mit Natrium-Amalgam (*Reichert, Hoffmann*, Ar. **274** [1936] 153, 169).

Krystalle (aus Me.); F: 49°.

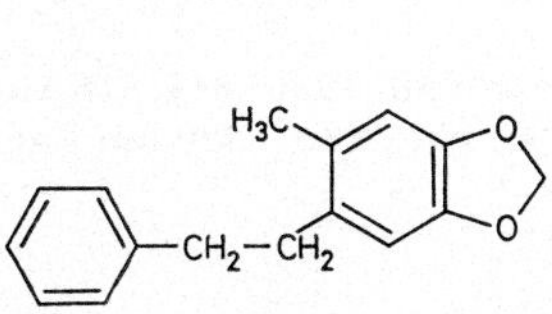

IV 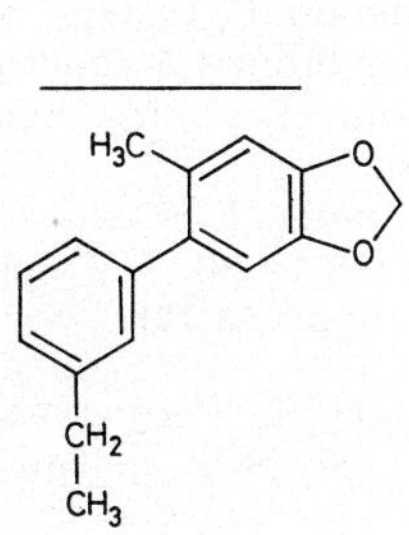 V 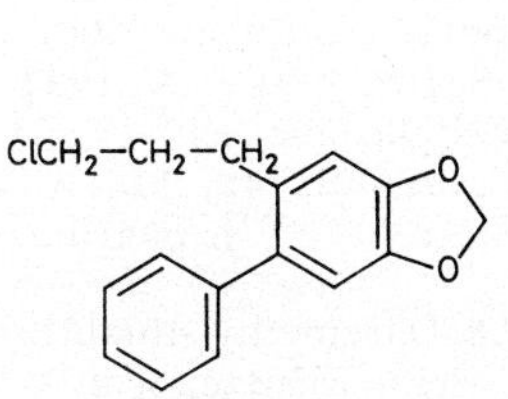 VI

5-[3-Äthyl-phenyl]-6-methyl-benzo[1,3]dioxol, 3'-Äthyl-2-methyl-4,5-methylendioxy-biphenyl $C_{16}H_{16}O_2$, Formel V.

Diese Konstitution kommt dem nachstehend beschriebenen Des-*N*-anhydrohydrolycorin zu (*Humber et al.*, Soc. **1954** 4622, 4625).

B. Beim Behandeln einer Lösung von Lycorin-anhydrotetrahydromethin-methojodid (Trimethyl-[3-(6-methyl-benzo[1,3]dioxol-5-yl)-phenäthyl]-ammonium-jodid) in Methanol mit Silberchlorid und Erwärmen einer Lösung des Reaktionsprodukts in Wasser mit Natrium-Amalgam (*Kondo, Katsura*, B. **73** [1940] 1424, 1429; J. pharm. Soc. Japan **60** [1940] 623, 628).

Öl; bei 160–170°/0,03 Torr destillierbar.

5-[3-Chlor-propyl]-6-phenyl-benzo[1,3]dioxol, 2-[3-Chlor-propyl]-4,5-methylendioxy-biphenyl $C_{16}H_{15}ClO_2$, Formel VI.

B. Beim Behandeln von 3-[6-Phenyl-benzo[1,3]dioxol-5-yl]-propan-1-ol mit Pyridin und Thionylchlorid (*Kondo et al.*, Ann. Rep. ITSUU Labor. Nr. 2 [1951] 24, 28; engl. Ref. S. 60, 65; C. A. **1953** 7516).

$Kp_{0,015}$: 164–167°.

2-*tert*-Butyl-dibenzo[1,4]dioxin $C_{16}H_{16}O_2$, Formel VII.

B. Neben 2,7(oder 2,8)-Di-*tert*-butyl-dibenzo[1,4]dioxin (S. 380) beim Behandeln von Dibenzo[1,4]dioxin mit *tert*-Butylchlorid und Aluminiumchlorid in Schwefelkohlenstoff (*Gilman, Dietrich*, J. org. Chem. **22** [1957] 1403, 1405).

Krystalle (aus Me. + W.); F: 97–98,5°. $Kp_{0,25}$: 125–128°.

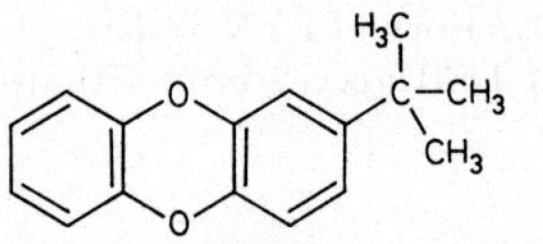

VII 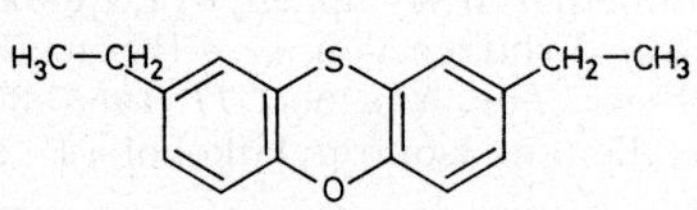 VIII

2,8-Diäthyl-phenoxathiin $C_{16}H_{16}OS$, Formel VIII.

B. Beim Erwärmen von Bis-[4-äthyl-phenyl]-äther mit Schwefel und Aluminiumchlorid (*Tomita*, J. pharm. Soc. Japan **58** [1938] 510, 515; dtsch. Ref. S. 136, 138; C. A. **1938** 7467). Beim Erhitzen von 2,8-Diacetyl-phenoxathiin oder von 2,8-Bis-chloracetyl-phenoxathiin mit Essigsäure, amalgamiertem Zink und wss. Salzsäure (*To.*, l. c. S. 514).

Kp_5: 205–206° (*To.*, l. c. S. 515).

1,3,6,8-Tetramethyl-dibenzo[1,4]dioxin $C_{16}H_{16}O_2$, Formel IX.

B. Beim Erhitzen von Kalium-[2-brom-4,6-dimethyl-phenolat] mit Kupfer-Pulver und Kupfer(II)-acetat auf 200° (*Tomita*, J. pharm. Soc. Japan **53** [1933] 775, 781; dtsch. Ref. S. 138; C. A. **1934** 3391).

Krystalle (aus Me.); F: 138°. UV-Spektrum (A.; 230–310 nm): *To.*, l. c. S. 779.

2,3,7,8-Tetramethyl-dibenzo[1,4]dioxin $C_{16}H_{16}O_2$, Formel X.

B. Beim Erhitzen von Kalium-[2-brom-4,5-dimethyl-phenolat] mit Kupfer-Pulver und Kupfer(II)-acetat auf 200° (*Tomita*, J. pharm. Soc. Japan **53** [1933] 775, 782; dtsch. Ref. S. 138, 139; C. A. **1934** 3391).

Krystalle (aus Acn.); F: 218° (*Tomita*, J. pharm. Soc. Japan **56** [1936] 814, 818 Anm. 12; dtsch. Ref. S. 142, 145; C. A. **1938** 8426). UV-Spektrum (A.; 230–320 nm [unreines Präparat]): *To.*, J. pharm. Soc. Japan **53** 779.

2,3,7,8-Tetramethyl-thianthren $C_{16}H_{16}S_2$, Formel XI.

B. Beim Erhitzen von *o*-Xylol mit Schwefel und Aluminiumchlorid (*Buu-Hoi et al.*, Bl. **1971** 2060, 2061).

Krystalle (aus A.); F: 172–173° (*Buu-Hoi et al.*).

Die Identität eines von *Damanski, Kostić* (Glasnik chem. Društva Beograd **12** [1947] 243, 255; C. A. **1952** 5051) beim Erwärmen von *o*-Xylol mit Dischwefeldichlorid und Aluminium erhaltenen, ebenfalls als 2,3,7,8-Tetramethyl-thianthren angesehenen Präparats vom F: 125–128° ist ungewiss (*Buu-Hoi et al.*, l. c. S. 2060).

IX X XI

2,3,7,8-Tetramethyl-selenanthren $C_{16}H_{16}Se_2$, Formel XII.

B. Beim Erhitzen von 5,6-Dimethyl-benzo[1,2,3]selenadiazol mit Amylalkohol (*Keimatsu et al.*, J. pharm. Soc. Japan **56** [1936] 869, 878; C. A. **1939** 155).

Krystalle (aus Eg.); F: 198–199°.

1,3,8,10-Tetramethyl-dibenzo[1,2]dithiin $C_{16}H_{16}S_2$, Formel XIII.

B. Aus 3,5-Dimethyl-benzolsulfonylchlorid beim Erwärmen einer Lösung in Äthanol mit Zink-Pulver und konz. wss. Salzsäure und anschliessend mit Eisen(III)-chlorid sowie beim Erhitzen mit Essigsäure und wss. Jodwasserstoffsäure (*Armarego, Turner*, Soc. **1957** 13, 21). Beim Erhitzen einer Lösung von 3,5-Dimethyl-benzolthiosulfonsäure-*S*-[3,5-dimethyl-phenylester] in Essigsäure mit wss. Jodwasserstoffsäure (*Ar., Tu.*, l. c. S. 22).

Krystalle (aus A.); F: 36–37° (*Ar., Tu.*, l. c. S. 21).

XII XIII XIV

1,3,8,10-Tetramethyl-5,5-dioxo-5λ⁶-dibenzo[1,2]dithiin, 1,3,8,10-Tetramethyl-dibenzo[1,2]dithiin-5,5-dioxid $C_{16}H_{16}O_2S_2$.

Bezüglich der Konfiguration der Enantiomeren s. *Fitts et al.*, Am. Soc. **80** [1958] 480, 484.

a) **(R_a?)-1,3,8,10-Tetramethyl-dibenzo[1,2]dithiin-5,5-dioxid** $C_{16}H_{16}O_2S_2$, vermutlich Formel XIV.

B. Beim Erwärmen von (R_a?)-4,6,4′,6′-Tetramethyl-biphenyl-2,2′-disulfonylchlorid ($[\alpha]_{579}^{20}$: +83,5° [$CHCl_3$]) mit wss. Natriumsulfit-Lösung und wss. Natronlauge und anschliessend mit wss. Schwefelsäure (*Armarego, Turner*, Soc. **1956** 3668, 3673).

F: 178–178,5°. $[\alpha]_{579}^{20}$: –190°; $[\alpha]_{546}^{20}$: –252° [jeweils in $CHCl_3$; c = 0,6].

Geschwindigkeitskonstante der Racemisierung in Äthylbenzol bei Siedetemperatur: *Ar., Tu.*

b) **(S_a?)-1,3,8,10-Tetramethyl-dibenzo[1,2]dithiin-5,5-dioxid** $C_{16}H_{16}O_2S_2$, vermutlich Formel XV.

B. Beim Erwärmen von (S_a?)-4,6,4′,6′-Tetramethyl-biphenyl-2,2′-disulfonylchlorid ($[\alpha]_{579}^{20}$: –83,5° [$CHCl_3$]) mit wss. Natriumsulfit-Lösung und wss. Natronlauge und anschliessend mit wss. Schwefelsäure (*Armarego, Turner*, Soc. **1956** 3668, 3673).

Krystalle (aus Butan-1-ol); F: 178–178,5°. $[\alpha]_{579}^{20}$: +188°; $[\alpha]_{546}^{20}$: +253° [jeweils in $CHCl_3$; c = 0,6].

Geschwindigkeitskonstante der Racemisierung in Toluol bei Siedetemperatur: *Ar., Tu.*

c) **(±)-1,3,8,10-Tetramethyl-dibenzo[1,2]dithiin-5,5-dioxid** $C_{16}H_{16}O_2S_2$, Formel XV + Spiegelbild.

B. Aus (±)-4,6,4′,6′-Tetramethyl-biphenyl-2,2′-disulfonylchlorid beim Erwärmen mit wss. Natriumsulfit-Lösung und wss. Natronlauge und anschliessend mit wss. Schwefelsäure, beim Erwärmen einer Lösung in Äthanol mit Zink-Pulver und konz. wss. Salzsäure sowie beim Erhitzen mit wss. Jodwasserstoffsäure und Essigsäure (*Armarego, Turner*, Soc. **1956** 3668, 3671).

Krystalle (aus Eg. oder Butan-1-ol); F: 177—178° (*Ar., Tu.*, Soc. **1956** 3671). UV-Spektrum (A. + 1% $CHCl_3$; 210—330 nm): *Armarego, Turner*, Soc. **1957** 13, 16.

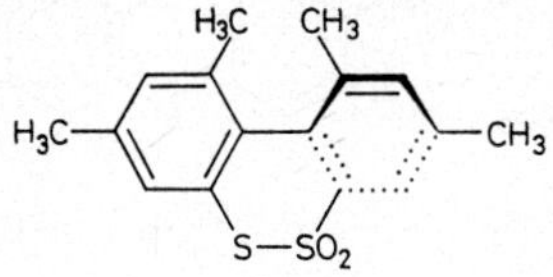

XV 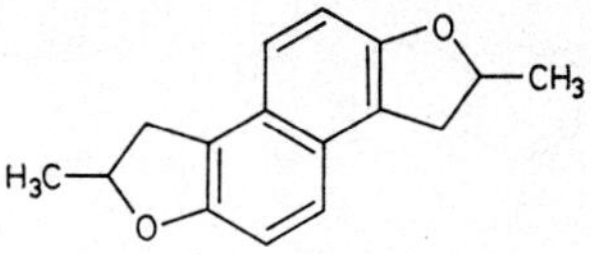 XVI

2,7-Dimethyl-2,3,7,8-tetrahydro-naphtho[2,1-*b*;6,5-*b'*]difuran $C_{16}H_{16}O_2$, Formel XVI.

Diese Konstitution kommt für die nachstehend beschriebene opt.-inakt. Verbindung in Betracht.

B. Aus 1,5-Diallyl-naphthalin-2,6-diol mit Hilfe von Bromwasserstoff in Essigsäure (*Fieser, Lothrop*, Am. Soc. **57** [1935] 1459, 1463).

Krystalle (aus Ae. + A.); F: 172°.

Stammverbindungen $C_{17}H_{18}O_2$

2-[4,4'-Dichlor-benzhydryl]-[1,3]dioxan $C_{17}H_{16}Cl_2O_2$, Formel I.

B. Beim Erhitzen von 1,1-Dichlor-2,2-bis-[4-chlor-phenyl]-äthan mit Propan-1,3-diol und Kaliumcarbonat bis auf 205° (*Rohm & Haas Co.*, U.S.P. 2844593 [1951]).

Krystalle (aus Me.); F: 125—126°.

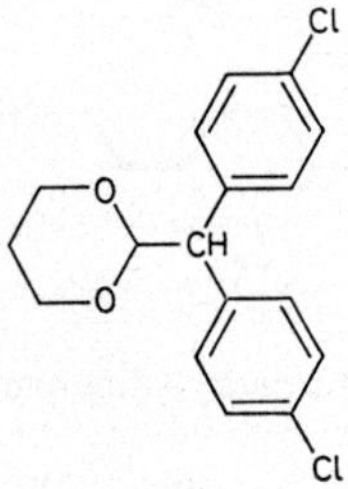

I 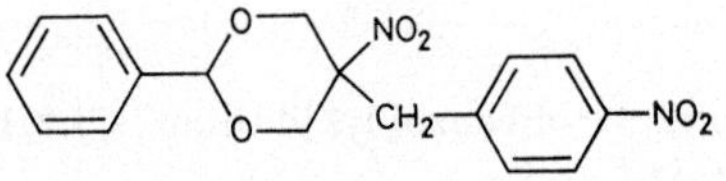 II 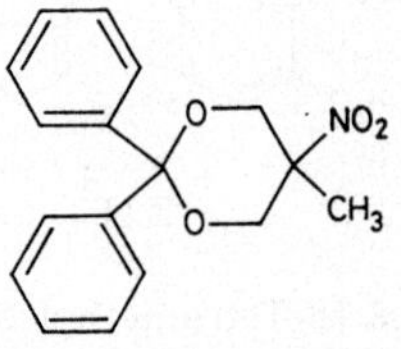 III

5-Nitro-5-[4-nitro-benzyl]-2-phenyl-[1,3]dioxan $C_{17}H_{16}N_2O_6$, Formel II.

a) Stereoisomeres vom F: 184°.

B. Neben grösseren Mengen des Stereoisomeren vom F: 118° (s. u.) beim Erwärmen von 5-Nitro-2-phenyl-[1,3]dioxan (S. 216) mit Natriummethylat in Methanol und anschliessend mit 4-Nitro-benzylchlorid (*Eckstein, Urbański*, Roczniki Chem. **30** [1956] 1163, 1167; C. A. **1957** 8755; Bl. Acad. polon. [III] **3** [1955] 489).

Krystalle (aus Acn.); F: 183—184° (*Eck., Ur.*, Roczniki Chem. **30** 1168).

b) Stereoisomeres vom F: 118°.

B. Beim Erwärmen von [5-Nitro-2-phenyl-[1,3]dioxan-5-yl]-methanol (F: 125—126°) mit methanol. Kalilauge und Erwärmen des Reaktionsprodukts mit Methanol und 4-Nitro-benzylchlorid (*Eckstein, Urbański*, Roczniki Chem. **30** [1956] 1163, 1168; C. A. **1957** 8755). Weitere Bildungsweise s. bei dem unter a) beschriebenen Stereoisomeren.

Krystalle (aus A.); F: 117—118°.

5-Methyl-5-nitro-2,2-diphenyl-[1,3]dioxan $C_{17}H_{17}NO_4$, Formel III.

B. Beim Erwärmen von Benzophenon mit 2-Methyl-2-nitro-propan-1,3-diol, Benzol und wenig Toluol-4-sulfonsäure unter Entfernen des entstehenden Wassers (*Blicke, Schumann*, Am. Soc. **76** [1954] 3153, 3154).

Krystalle (aus A.); F: 136—137°.

2-Brommethyl-5,5-diphenyl-[1,3]dioxan $C_{17}H_{17}BrO_2$, Formel IV (X = Br).

B. Beim Erhitzen von 2,2-Diphenyl-propan-1,3-diol mit Bromacetaldehyd-diäthyl=acetal (*Blicke, Schumann*, Am. Soc. **76** [1954] 3153, 3154).

Krystalle (aus Me.); F: 93–94°.

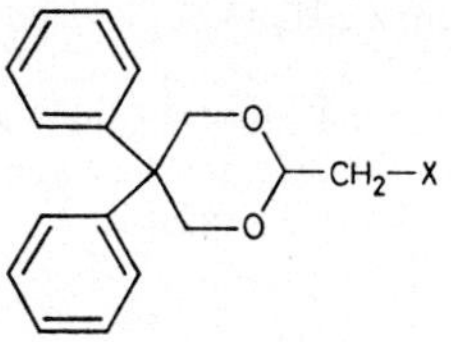

IV 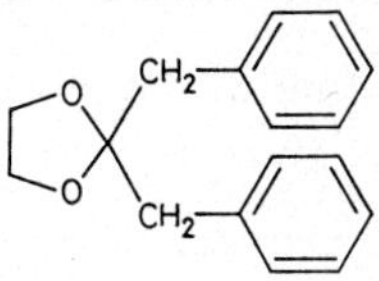 V 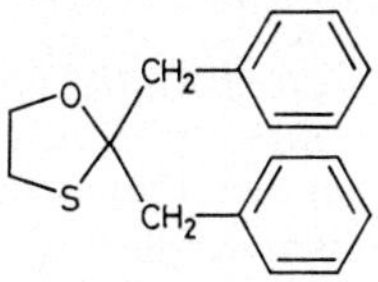 VI 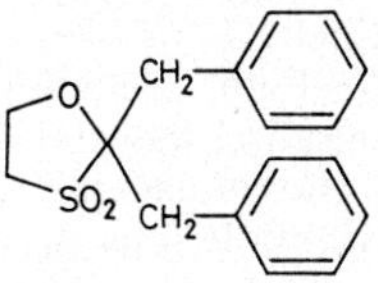 VII

2-Jodmethyl-5,5-diphenyl-[1,3]dioxan $C_{17}H_{17}IO_2$, Formel IV (X = I).

B. Aus 2-Brommethyl-5,5-diphenyl-[1,3]dioxan mit Hilfe von Natriumjodid (*Blicke, Schumann*, Am. Soc. **76** [1954] 3153, 3154).

Krystalle (aus A.); F: 103–104°.

2,2-Dibenzyl-[1,3]dioxolan $C_{17}H_{18}O_2$, Formel V.

B. Beim Erwärmen von 1,3-Diphenyl-aceton mit Äthylenglykol, Benzol und wenig Toluol-4-sulfonsäure unter Entfernen des entstehenden Wassers (*Sulzbacher et al.*, Am. Soc. **70** [1948] 2827).

Krystalle (aus Me.); F: 69°. Kp_{18}: 200–202°.

2,2-Dibenzyl-[1,3]oxathiolan $C_{17}H_{18}OS$, Formel VI.

B. Beim Erwärmen von 1,3-Diphenyl-aceton mit 2-Mercapto-äthanol, Benzol und wenig Toluol-4-sulfonsäure unter Entfernen des entstehenden Wassers (*Djerassi, Gorman*, Am. Soc. **75** [1953] 3704, 3705, 3707).

Krystalle (aus Ae. + Me.); F: 42–43°.

2,2-Dibenzyl-3,3-dioxo-3λ^6-[1,3]oxathiolan, 2,2-Dibenzyl-[1,3]oxathiolan-3,3-dioxid $C_{17}H_{18}O_3S$, Formel VII.

B. Beim Behandeln von 2,2-Dibenzyl-[1,3]oxathiolan mit Monoperoxyphthalsäure in Äther (*Djerassi, Gorman*, Am. Soc. **75** [1953] 3704, 3708).

Krystalle (aus Ae. + Pentan); F: 76–78°.

2ξ-[2-Chlor-äthyl]-4r,5c-diphenyl-[1,3]dioxolan $C_{17}H_{17}ClO_2$, Formel VIII.

B. Beim Erhitzen von *meso*-Bibenzyl-α,α'-diol mit 3-Chlor-propionaldehyd bis auf 120° (*Blicke, Millson*, Am. Soc. **77** [1955] 32, 34).

Krystalle (aus A.); F: 85–87°.

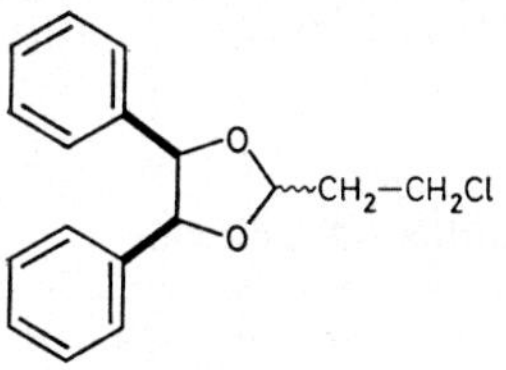

VIII 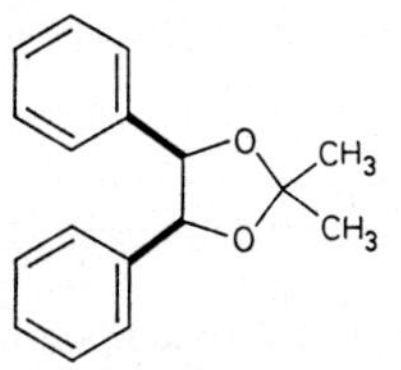 IX 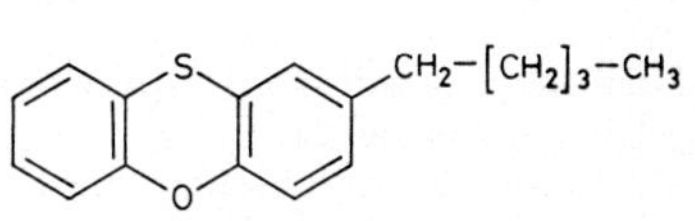 X

2,2-Dimethyl-4r,5c-diphenyl-[1,3]dioxolan, *meso*-α,α'-Isopropylidendioxy-bibenzyl $C_{17}H_{18}O_2$, Formel IX (E II 42; dort als „Isopropylidenäther des Mesohydrobenzoins" bezeichnet).

UV-Spektrum (A.; 200–280 nm): *Cram et al.*, Am. Soc. **76** [1954] 6132, 6137.

2-Pentyl-phenoxathiin $C_{17}H_{18}OS$, Formel X.

B. Beim Erhitzen von 1-Phenoxathiin-2-yl-pentan-1-on mit Hydrazin-hydrat, Kalium=

hydroxid und Diäthylenglykol (*Lescot et al.*, Soc. **1956** 2408, 2410).
Kp_{18}: 249—250°. n_D^{22}: 1,6152.

6,6-Dioxo-2-*tert*-pentyl-6λ⁶-dibenz[1,2]oxathiin, 2-*tert*-Pentyl-dibenz[1,2]oxathiin-6,6-dioxid, 2'-Hydroxy-5'-*tert*-pentyl-biphenyl-2-sulfonsäure-lacton $C_{17}H_{18}O_3S$, Formel XI.

B. Beim Behandeln von 2-Amino-benzolsulfonsäure-[4-*tert*-pentyl-phenylester] mit Essigsäure, wss. Salzsäure und wss. Natriumnitrit-Lösung und anschliessenden Erwärmen mit Natriumacetat und Kupfer-Pulver (*Schetty et al.*, Helv. **32** [1949] 24, 29).

Krystalle (aus A.); F: 104,5—105,5°.

XI XII XIII

(±)-2-[5-Brom-acenaphthen-1-ylmethyl]-2-methyl-[1,3]dioxolan, (±)-5-Brom-1-[2-methyl-[1,3]dioxolan-2-ylmethyl]-acenaphthen $C_{17}H_{17}BrO_2$, Formel XII.

B. Beim Erhitzen von (±)-[5-Brom-acenaphthen-1-yl]-aceton mit Äthylenglykol, Toluol und wenig Toluol-4-sulfonsäure unter Entfernen des entstehenden Wassers (*Fuson, Frey*, J. org. Chem. **19** [1954] 810, 812).

$Kp_{0,6}$: 190—193°. n_D^{23}: 1,6122.

(±)-2,2-Dimethyl-(3a*r*,11a*c*)-3a,10,11,11a-tetrahydro-phenanthro[1,2-*d*][1,3]dioxol, (±)-*cis*-1,2-Isopropylidendioxy-1,2,3,4-tetrahydro-phenanthren $C_{17}H_{18}O_2$, Formel XIII + Spiegelbild.

B. Beim Behandeln von (±)-*cis*-1,2,3,4-Tetrahydro-phenanthren-1,2-diol mit Aceton und konz. wss. Salzsäure (*Dannenberg, Dannenberg-v.Dresler*, Z. Naturf. **7b** [1952] 265, 270).

Krystalle (aus Me.); F: 62—63°.

Stammverbindungen $C_{18}H_{20}O_2$

2,2-Dibenzyl-[1,3]oxathian $C_{18}H_{20}OS$, Formel I.

B. Beim Erwärmen von 1,3-Diphenyl-aceton mit 3-Mercapto-propan-1-ol, Benzol und wenig Toluol-4-sulfonsäure unter Entfernen des entstehenden Wassers (*Djerassi, Gorman*, Am. Soc. **75** [1953] 3704, 3706, 3707).

Krystalle (aus Me.); F: 70—71°.

2,2-Dibenzyl-3,3-dioxo-3λ⁶-[1,3]oxathian, 2,2-Dibenzyl-[1,3]oxathian-3,3-dioxid $C_{18}H_{20}O_3S$, Formel II.

B. Beim Behandeln von 2,2-Dibenzyl-[1,3]oxathian mit Monoperoxyphthalsäure in Äther (*Djerassi, Gorman*, Am. Soc. **75** [1953] 3704, 3708).

Krystalle (aus Pentan + Acn.); F: 108—110° [unkorr.].

5-Brommethyl-5-methyl-2,2-diphenyl-[1,3]dioxan $C_{18}H_{19}BrO_2$, Formel III (X = Br).

B. Beim Erwärmen von Benzophenon mit 2-Brommethyl-2-methyl-propan-1,3-diol, Benzol und wenig Toluol-4-sulfonsäure unter Entfernen des entstehenden Wassers (*Blicke, Schumann*, Am. Soc. **76** [1954] 1226). Beim Erwärmen von Benzophenon-dimethylacetal mit 2-Brommethyl-2-methyl-propan-1,3-diol (*Univ. Michigan*, U.S.P. 2606907 [1949]).

Krystalle (aus Me.); F: 91—92° (*Bl., Sch.*, l. c. S. 1227; *Univ. Michigan*).

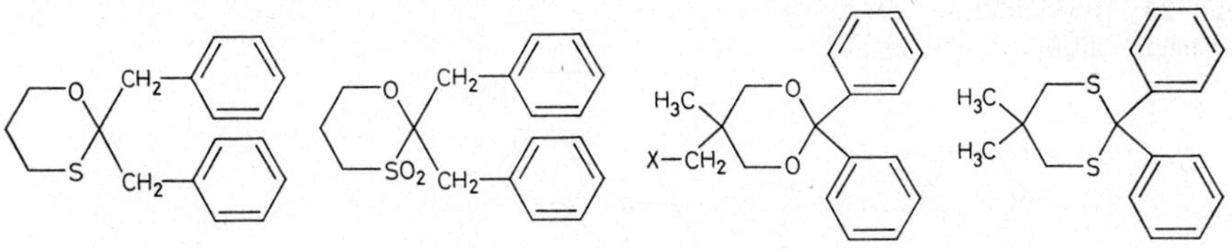

I II III IV

5-Jodmethyl-5-methyl-2,2-diphenyl-[1,3]dioxan $C_{18}H_{19}IO_2$, Formel III (X = I).

B. Beim Erwärmen von 5-Brommethyl-5-methyl-2,2-diphenyl-[1,3]dioxan mit Natriumjodid in Äthanol (*Blicke, Schumann*, Am. Soc. **76** [1954] 1226, 1227).

Krystalle (aus A.); F: 114–115°.

5,5-Dimethyl-2,2-diphenyl-[1,3]dithian $C_{18}H_{20}S_2$, Formel IV.

B. Beim Behandeln einer Lösung von Benzophenon und 2,2-Dimethyl-propan-1,3-di= thiol in Äthanol mit Chlorwasserstoff (*Backer, Tamsma*, R. **57** [1938] 1183, 1199).

Krystalle (aus A.); F: 89,5–90,5°.

(±)-2*r*,3*t*-Dibenzyl-[1,4]dioxan, (±)-*trans*-2,3-Dibenzyl-[1,4]dioxan $C_{18}H_{20}O_2$, Formel V + Spiegelbild.

Bezüglich der Konfigurationszuordnung vgl. die Angaben im Artikel (±)-*trans*-2,3-Bis-[4-chlor-phenyl]-[1,4]dioxan (S. 367).

B. Aus (±)-*trans*-2,3-Dichlor-[1,4]dioxan und Benzylmagnesiumbromid (*Summerbell, Bauer*, Am. Soc. **57** [1935] 2364, 2366).

Krystalle; F: 62,2° (*Su., Ba.*), 62° [aus Ae. + PAe.] (*Kland-English et al.*, Am. Soc. **75** [1953] 3709, 3712). UV-Spektrum (A.; 225–275 nm): *Kl.-En. et al.*, l. c. S. 3711.

V VI

(±)-2*r*,3*t*-Di-*o*-tolyl-[1,4]dioxan, (±)-*trans*-2,3-Di-*o*-tolyl-[1,4]dioxan, *racem.*-α,α'-Äthan= diyldioxy-2,2'-dimethyl-bibenzyl $C_{18}H_{20}O_2$, Formel VI + Spiegelbild.

Bezüglich der Konfigurationszuordnung vgl. die Angaben im Artikel (±)-*trans*-2,3-Bis-[4-chlor-phenyl]-[1,4]dioxan (S. 367).

B. Aus (±)-*trans*-2,3-Dichlor-[1,4]dioxan und *o*-Tolylmagnesiumbromid (*Summerbell, Bauer*, Am. Soc. **57** [1935] 2364, 2366).

Krystalle; F: 105,7–106,2° [korr.] (*Su., Ba.*), 105–106° [aus Ae. + PAe.] (*Kland-English et al.*, Am. Soc. **75** [1953] 3709, 3712). UV-Spektrum (A.; 235–290 nm): *Kl.-En. et al.*, l. c. S. 3710.

(±)-2*r*,3*t*-Di-*m*-tolyl-[1,4]dioxan, (±)-*trans*-2,3-Di-*m*-tolyl-[1,4]dioxan, *racem.*-α,α'-Äthan= diyldioxy-3,3'-dimethyl-bibenzyl $C_{18}H_{20}O_2$, Formel VII + Spiegelbild.

Bezüglich der Konfigurationszuordnung vgl. die Angaben im Artikel (±)-*trans*-2,3-Bis-[4-chlor-phenyl]-[1,4]dioxan (S. 367).

B. Aus (±)-*trans*-2,3-Dichlor-[1,4]dioxan und *m*-Tolylmagnesiumbromid (*Summerbell, Bauer*, Am. Soc. **57** [1935] 2364, 2366).

Krystalle; F: 84,2° (*Su., Ba.*), 84° [aus Ae. + PAe.] (*Kland-English et al.*, Am. Soc. **75** [1953] 3709, 3712). UV-Spektrum (A.; 235–300 nm): *Kl.-En. et al.*, l. c. S. 3710.

Verbindung mit Picrinsäure. F: 91–92° (*Su., Ba.*).

2,2-Di-*p*-tolyl-[1,4]dioxan $C_{18}H_{20}O_2$, Formel VIII.

B. Beim Behandeln einer mit Calciumchlorid versetzten Lösung von 2-[2-Hydroxy-äthoxy]-1,1-di-*p*-tolyl-äthanol in Benzol mit Chlorwasserstoff (*Summerbell et al.*, J. org.

Chem. **23** [1958] 932).
F: 94,2—95,5°.

VII VIII IX

(±)-2r,3t-Di-p-tolyl-[1,4]dioxan, (±)-*trans*-2,3-Di-p-tolyl-[1,4]dioxan, *racem.*-α,α'-Äthandiyldioxy-4,4'-dimethyl-bibenzyl $C_{18}H_{20}O_2$, Formel IX + Spiegelbild.

Bezüglich der Konfigurationszuordnung vgl. die Angaben im Artikel (±)-*trans*-2,3-Bis-[4-chlor-phenyl]-[1,4]dioxan (S. 367).

B. Aus (±)-*trans*-2,3-Dichlor-[1,4-dioxan und *p*-Tolylmagnesiumbromid (*Summerbell, Bauer*, Am. Soc. **57** [1935] 2364, 2366).

F: 56—57,2°.

Verbindung mit Picrinsäure. F: 96,5°.

2,5-Di-p-tolyl-[1,4]dioxan $C_{18}H_{20}O_2$, Formel X.

a) Opt.-inakt. Stereoisomeres vom F: 204°.

B. Neben dem unter b) beschriebenen Stereoisomeren beim Behandeln von *trans*-2,5-Dichlor-[1,4]dioxan (S. 31) mit *p*-Tolylmagnesiumbromid in Äther (*Bryan et al.*, Am. Soc. **72** [1950] 2206, 2208).

Krystalle; F: 203—204°.

X

b) Opt.-inakt. Stereoisomeres vom F: 127°.

B. s. bei dem unter a) beschriebenen Stereoisomeren.

Krystalle; F: 126—127° (*Bryan et al.*, Am. Soc. **72** [1950] 2206, 2208).

2,3-Diisopropyl-dibenzo[1,4]dioxin $C_{18}H_{20}O_2$, Formel XI.

B. In kleiner Menge beim Behandeln von Dibenzo[1,4]dioxin mit Isopropylchlorid (2 Mol) und Aluminiumchlorid in Schwefelkohlenstoff (*Gilman, Dietrich*, J. org. Chem. **22** [1957] 1403, 1405).

$Kp_{0,25}$: 128—131°. n_D^{20}: 1,5670.

XI XII

2,7-Diäthyl-3,8-dimethyl-dibenzo[1,4]dioxin $C_{18}H_{20}O_2$, Formel XII.

B. Beim Erhitzen von Kalium-[4-äthyl-2-brom-5-methyl-phenolat] mit Kupfer-Pulver und Kupfer(II)-acetat bis auf 200° (*Tani*, J. pharm. Soc. Japan **62** [1942] 481, 485; dtsch. Ref. S. 146, 149; C. A. **1951** 4729). Beim Erhitzen von 2,7-Diacetyl-3,8-dimethyl-dibenzo[1,4]dioxin mit Essigsäure, amalgamiertem Zink und konz. wss. Salzsäure (*Tani*).

Krystalle (aus A.); F: 119—120°. Bei 200°/0,1 Torr sublimierbar. IR-Spektrum (Nujol; 2,5—15 μ): *Narisada*, J. pharm. Soc. Japan **79** [1959] 183; C. A. **1959** 10967.

Stammverbindungen $C_{19}H_{22}O_2$

***Opt.-inakt. 4-Phenyl-5-[3-phenyl-propyl]-[1,3]dioxan** $C_{19}H_{22}O_2$, Formel I (X = H).
B. Bei der Hydrierung von opt.-inakt. 5-*trans*-Cinnamyl-4-phenyl-[1,3]dioxan (S. 398) an Raney-Nickel unter 35 at (*Beets, van Essen*, R. **74** [1955] 98, 109).
Krystalle (aus A.); F: 32—32,5°. $Kp_{0,4}$: 166°; D_4^{20}: 1,0831; n_D^{20}: 1,5568 [flüssiges Präparat]. UV-Spektrum (Cyclohexan; 220—350 nm): *Be., v. Es.*, l. c. S. 101.

***Opt.-inakt. 5-[2,3-Dibrom-3-phenyl-propyl]-4-phenyl-[1,3]dioxan, 1,2-Dibrom-1-phenyl-3-[4-phenyl-[1,3]dioxan-5-yl]-propan** $C_{19}H_{20}Br_2O_2$, Formel I (X = Br).
B. Beim Behandeln von opt.-inakt. 5-*trans*-Cinnamyl-4-phenyl-[1,3]dioxan (S. 398) mit Brom in Tetrachlormethan (*Beets, van Essen*, R. **74** [1955] 98, 111).
Krystalle (aus A.); F: 172—172,3°.

5-Äthyl-5-brommethyl-2,2-diphenyl-[1,3]dioxan $C_{19}H_{21}BrO_2$, Formel II (X = Br).
B. Beim Erwärmen von Benzophenon mit 2-Äthyl-2-brommethyl-propan-1,3-diol, Benzol und wenig Toluol-4-sulfonsäure unter Entfernen des entstehenden Wassers (*Blicke, Schumann*, Am. Soc. **76** [1954] 3153, 3154).
Krystalle (aus Me.); F: 69—70°.

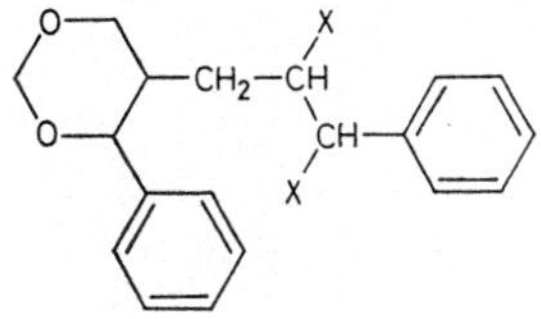

I 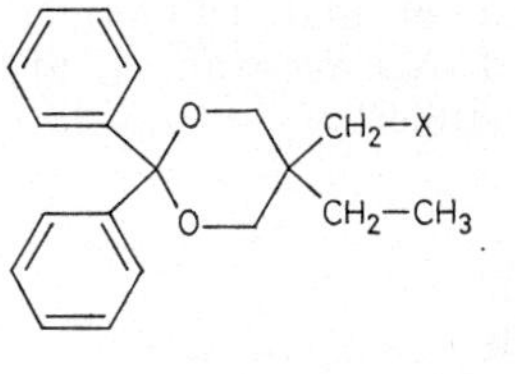 II 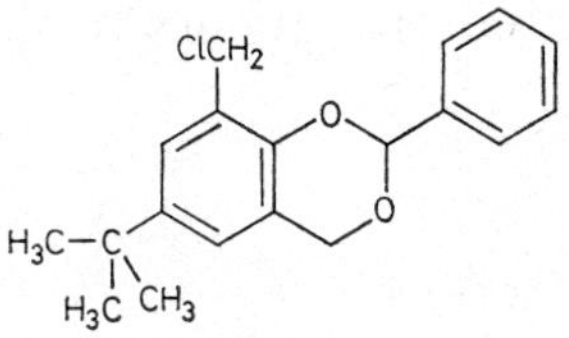 III

5-Äthyl-5-jodmethyl-2,2-diphenyl-[1,3]dioxan $C_{19}H_{21}IO_2$, Formel II (X = I).
B. Aus 5-Äthyl-5-brommethyl-2,2-diphenyl-[1,3]dioxan mit Hilfe von Natriumjodid (*Blicke, Schumann*, Am. Soc. **76** [1954] 3153, 3154).
Krystalle (aus Me.); F: 80—81°.

(±)-6-*tert*-Butyl-8-chlormethyl-2-phenyl-4*H*-benzo[1,3]dioxin $C_{19}H_{21}ClO_2$, Formel III.
B. Beim Behandeln von 4-*tert*-Butyl-2,6-bis-hydroxymethyl-phenol mit Benzaldehyd und konz. wss. Salzsäure (*Ziegler*, B. **77/79** [1944/46] 731, 735). Beim Behandeln von (±)-[6-*tert*-Butyl-2-phenyl-4*H*-benzo[1,3]dioxin-8-yl]-methanol mit konz. wss. Salzsäure (*Zi.*).
Krystalle (aus A.); F: 79°.

Stammverbindungen $C_{20}H_{24}O_2$

2,2-Dibenzyl-5-brommethyl-5-methyl-[1,3]dioxan $C_{20}H_{23}BrO_2$, Formel IV (X = Br).
B. Beim Erwärmen von 1,3-Diphenyl-aceton mit 2-Brommethyl-2-methyl-propan-1,3-diol, Benzol und wenig Toluol-4-sulfonsäure unter Entfernen des entstehenden Wassers (*Blicke, Schumann*, Am. Soc. **76** [1954] 1226, 1227).
Krystalle (aus A.); F: 115—116°.

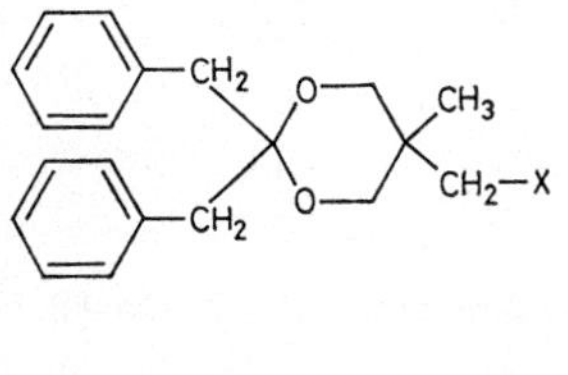

IV 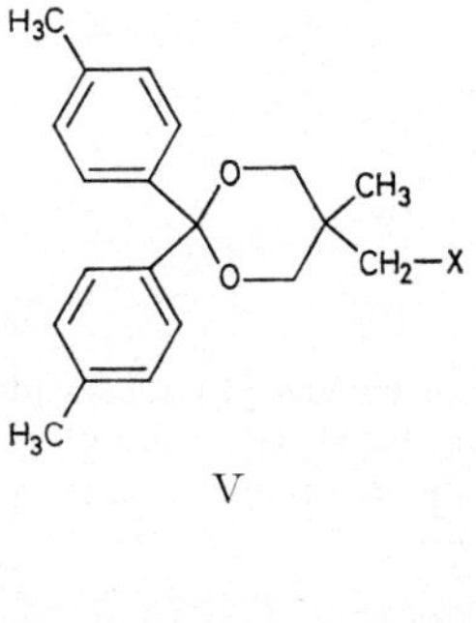 V

2,2-Dibenzyl-5-jodmethyl-5-methyl-[1,3]dioxan $C_{20}H_{23}IO_2$, Formel IV (X = I).

B. Beim Erwärmen von 2,2-Dibenzyl-5-brommethyl-5-methyl-[1,3]dioxan mit Natriumjodid in Äthanol (*Blicke, Schumann*, Am. Soc. **76** [1954] 1226, 1227).

Krystalle (aus A.); F: 119–120°.

5-Brommethyl-5-methyl-2,2-di-*p*-tolyl-[1,3]dioxan $C_{20}H_{23}BrO_2$, Formel V (X = Br).

B. Beim Erwärmen von 4,4'-Dimethyl-benzophenon mit 2-Brommethyl-2-methyl-propan-1,3-diol, Benzol und wenig Toluol-4-sulfonsäure unter Entfernen des entstehenden Wassers (*Blicke, Schumann*, Am. Soc. **76** [1954] 1226, 1227).

Krystalle (aus A.); F: 135–136°.

5-Jodmethyl-5-methyl-2,2-di-*p*-tolyl-[1,3]dioxan $C_{20}H_{23}IO_2$, Formel V (X = I).

B. Beim Erwärmen von 5-Brommethyl-5-methyl-2,2-di-*p*-tolyl-[1,3]dioxan mit Natriumjodid in Äthanol (*Blicke, Schumann*, Am. Soc. **76** [1954] 1226, 1227).

Krystalle (aus A.); F: 124–125°.

5-[4-(3-Chlor-propyl)-benzyl]-6-propyl-benzo[1,3]dioxol, 1-[3-Chlor-propyl]-4-[4,5-methylendioxy-2-propyl-benzyl]-benzol $C_{20}H_{23}ClO_2$, Formel VI.

B. Aus 5-Propyl-benzo[1,3]dioxol und 1-Chlormethyl-4-[3-chlor-propyl]-benzol in Gegenwart von Eisen(III)-chlorid (*Kindler et al.*, A. **617** [1958] 25, 38).

Öl; bei 214–219°/0,8 Torr destillierbar.

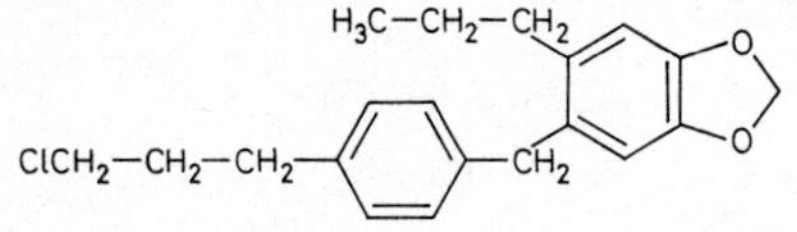

VI 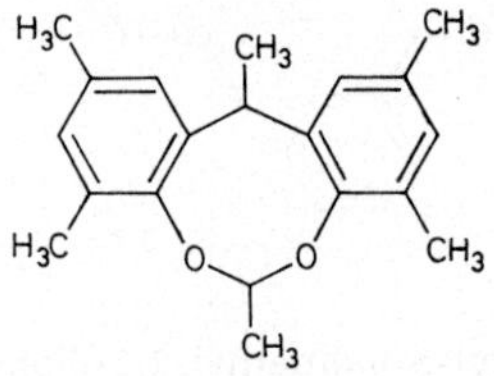 VII

***2,4,6,8,10,12-Hexamethyl-12*H*-dibenzo[*d,g*][1,3]dioxocin** $C_{20}H_{24}O_2$, Formel VII.

B. Neben 1,1-Bis-[2-hydroxy-3,5-dimethyl-phenyl]-äthan beim Behandeln einer mit Quecksilber(II)-sulfat versetzten Lösung von 2,4-Dimethyl-phenol in Essigsäure mit Acetylen (*v. Euler et al.*, Ark. Kemi **15** A Nr. 19 [1942] 9, 10).

Krystalle (aus $CHCl_3$ + A.); F: 185,5–186,5°.

2,7-Di-*tert*-butyl-dibenzo[1,4]dioxin $C_{20}H_{24}O_2$, Formel VIII, und **2,8-Di-*tert*-butyl-dibenzo[1,4]dioxin** $C_{20}H_{24}O_2$, Formel IX.

Diese beiden Konstitutionsformeln kommen für die nachstehend beschriebene Verbindung in Betracht.

B. Neben 2-*tert*-Butyl-dibenzo[1,4]dioxin beim Behandeln von Dibenzo[1,4]dioxin mit *tert*-Butylchlorid und Aluminiumchlorid in Schwefelkohlenstoff (*Gilman, Dietrich*, J. org. Chem. **22** [1957] 1403, 1405).

Krystalle (aus A.); F: 226–228° [unkorr.].

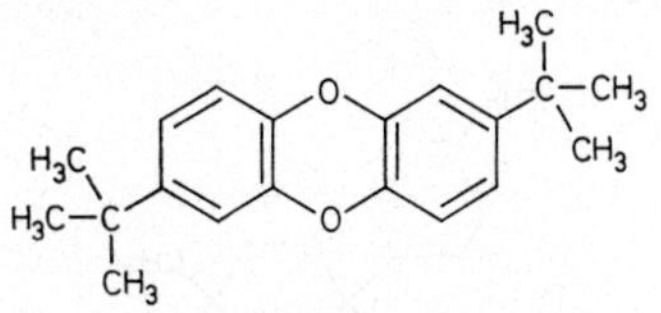

VIII 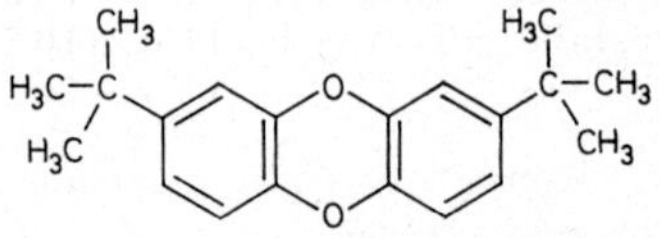 IX

8,15-Dioxa-tricyclo[14.2.2.2^{4,7}]docosa-1(18),4,6,16,19,21-hexaen, 1,8-Dioxa-[8.2]paracyclophan $C_{20}H_{24}O_2$, Formel X.

B. Beim Erhitzen von 4'-[6-Brom-hexyloxy]-bibenzyl-4-ol mit Kaliumcarbonat in

Isoamylalkohol (*Fuson, House*, Am. Soc. **75** [1953] 1325, 1327).
F: 43–44,5° [aus Hexan].

7,15-Dioxa-tricyclo[14.2.2.2^{3,6}]docosa-1(18),3,5,16,19,21-hexaen, 1,9-Dioxa-[9.1]paracyclophan $C_{20}H_{24}O_2$, Formel XI.

B. Neben 1,9,23,31-Tetraoxa-[9.1.9.1]paracyclophan beim Erhitzen von 4-[4-(7-Brom-heptyloxy)-benzyl]-phenol mit Kaliumcarbonat in Amylalkohol (*Lüttringhaus*, A. **528** [1937] 211, 220).

Krystalle (aus $CHCl_3$ + Me.); F: 120°.

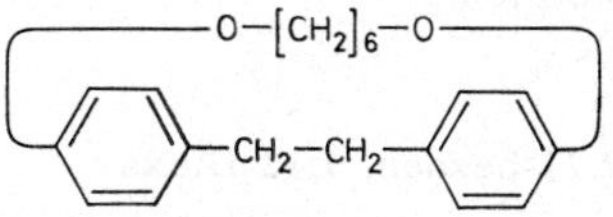

X 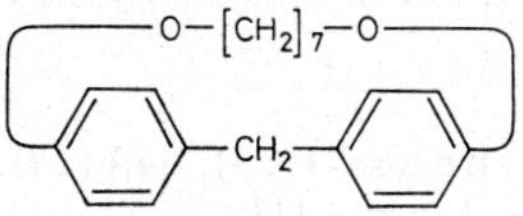 XI 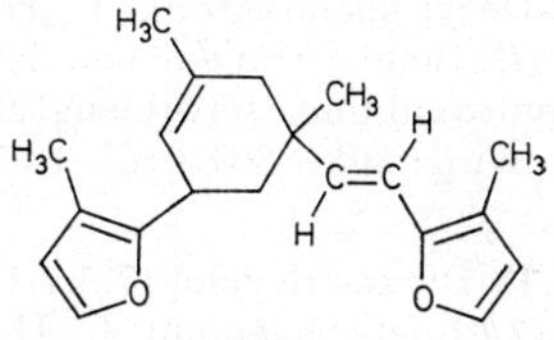 XII

1,5ξ-Dimethyl-3ξ-[3-methyl-[2]furyl]-5ξ-[*trans*-2-(3-methyl-[2]furyl)-vinyl]-cyclohexen $C_{20}H_{24}O_2$, Formel XII.

Ein Gemisch von zwei Stereoisomeren (Diclausenan-A und Diclausenan-B) dieser Konstitution hat in einem von *Rao* und *Subramanian* (Pr. Indian Acad. [A] **1** [1934] 189, 199) aus Clausena willdenovii isolierten, als Diclausenan bezeichneten Präparat (Kp_7: 188° D_{30}^{30}: 1,048; D_4^{50}: 1,013; D_{50}^{50}: 1,025; n_D^{30}: 1,5468; $[\alpha]_D^{30}$: 0° [unverd. ?]) vorgelegen (*Rao et al.*, Tetrahedron Letters **1976** 1019).

Stammverbindungen $C_{21}H_{26}O_2$

7,16-Dioxa-tricyclo[15.2.2.2^{3,6}]tricosa-1(19),3,5,17,20,22-hexaen, 1,10-Dioxa-[10.1]paracyclophan $C_{21}H_{26}O_2$, Formel XIII.

B. Beim Erhitzen von 4-[4-(8-Brom-octyloxy)-benzyl]-phenol mit Kaliumcarbonat in Amylalkohol (*Lüttringhaus*, A. **528** [1937] 211, 219).

Krystalle (aus $CHCl_3$ + A.); F: 85–86°. $Kp_{0,2}$: 168–170°.

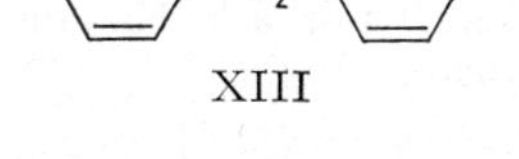

XIII 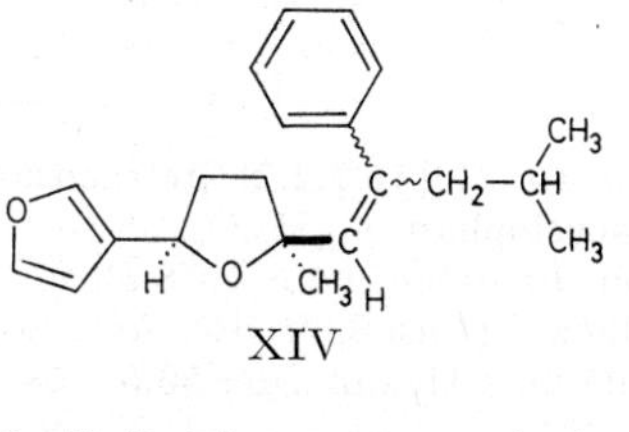 XIV

(2*R*)-5*c*-Methyl-5*t*-[4-methyl-2-phenyl-pent-1-en-ξ-yl]-(2*rH*)-2,3,4,5-tetrahydro-[2,3']bifuryl $C_{21}H_{26}O_2$, Formel XIV.

B. Neben anderen Verbindungen beim Erwärmen von Ipomeamaron (4-Methyl-1-[(2*R*)-5*c*-methyl-(2*rH*)-2,3,4,5-tetrahydro-[2,3']bifuryl-5*t*-yl]-pentan-2-on) mit Phenylmagnesiumbromid in Äther (*Kubota et al.*, J. chem. Soc. Japan Pure Chem. Sect. **75** [1954] 447, 449; C. A. **1955** 10261).

$Kp_{0,002}$: 119–120°. n_D^{24}: 1,5125.

Stammverbindungen $C_{22}H_{28}O_2$

2,2,5,5-Tetramethyl-3,6-di-*p*-tolyl-[1,4]dioxan $C_{22}H_{28}O_2$, Formel I.

Diese Konstitution ist für die nachstehend beschriebene opt.-inakt. Verbindung in Betracht gezogen worden.

B. Neben 2-Methyl-2-*p*-tolyl-propionaldehyd beim Erhitzen von 2-Methyl-1-*p*-tolyl-propan-1,2-diol mit wss. Schwefelsäure (*Tiffeneau, Lévy*, Bl. [4] **49** [1931] 1738, 1753).

Krystalle (aus A.); F: 62°. Kp_{20}: 180°.
Beim Behandeln mit konz. Schwefelsäure ist 3-*p*-Tolyl-butan-2-on erhalten worden.

I II

2-Decyl-phenoxathiin $C_{22}H_{28}OS$, Formel II.
B. Beim Erhitzen von 1-Phenoxathiin-2-yl-decan-1-on mit Hydrazin-hydrat, Kaliumhydroxid und Diäthylenglykol (*Lescot et al.*, Soc. **1956** 2408, 2410).
Kp_{22}: 305—307°. n_D^{22}: 1,5758.

7,18-Dioxa-tricyclo[17.3.1.1^{2,6}]tetracosa-1(23),2,4,6(24),19,21-hexaen, 1,12-Dioxa-[12.0]metacyclophan $C_{22}H_{28}O_2$, Formel III.
B. Beim Erhitzen von 3′-[10-Brom-decyloxy]-biphenyl-3-ol mit Kaliumcarbonat in Isoamylalkohol (*Adams, Kornblum*, Am. Soc. **63** [1941] 188, 196).
Krystalle (aus Me.); F: 116,5—117,5° [korr.] (*Ad., Ko.*). UV-Spektrum (Cyclohexan; 240—320 nm): *O'Shaughnessy, Rodebush*, Am. Soc. **62** [1940] 2906, 2908.

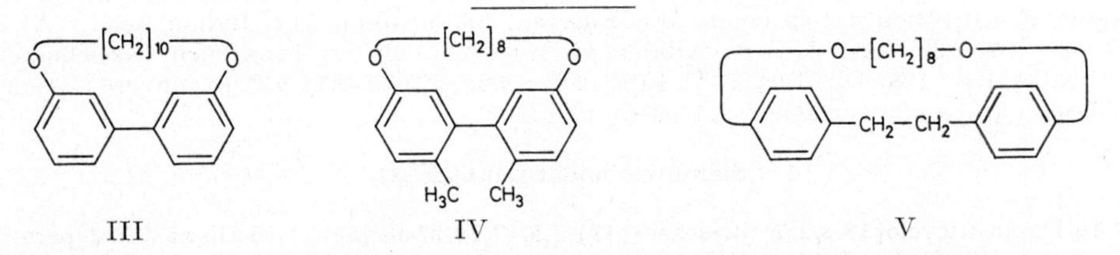

III IV V

3,20-Dimethyl-7,16-dioxa-tricyclo[15.3.1.1^{2,6}]docosa-1(21),2,4,6(22),17,19-hexaen, 14,18-Dimethyl-1,10-dioxa-[10.0]metacyclophan $C_{22}H_{28}O_2$, Formel IV.
B. Beim Erhitzen von 5′-[8-Brom-octyloxy]-6,2′-dimethyl-biphenyl-3-ol mit Kaliumcarbonat in Isoamylalkohol (*Adams, Kornblum*, Am. Soc. **63** [1941] 188, 199).
Krystalle (aus Me.); F: 76—77,5° (*Ad., Ko.*). UV-Spektrum (Cyclohexan; 240—310 nm): *O'Shaughnessy, Rodebush*, Am. Soc. **62** [1940] 2906, 2908.

8,17-Dioxa-tricyclo[16.2.2.2^{4,7}]tetracosa-1(20),4,6,18,21,23-hexaen, 1,10-Dioxa-[10.2]paracyclophan $C_{22}H_{28}O_2$, Formel V.
B. Beim Erhitzen von 4′-[8-Brom-octyloxy]-bibenzyl-4-ol mit Kaliumcarbonat in Isoamylalkohol (*Fuson, House*, Am. Soc. **75** [1953] 1325).
Krystalle (aus Hexan); F: 56,5—58°.

Stammverbindungen $C_{23}H_{30}O_2$

7,18-Dioxa-tricyclo[17.2.2.2^{3,6}]pentacosa-1(21),3,5,19,22,24-hexaen, 1,12-Dioxa-[12.1]paracyclophan $C_{23}H_{30}O_2$, Formel VI.
B. Beim Erhitzen von 4-[4-(10-Brom-decyloxy)-benzyl]-phenol mit Kaliumcarbonat in Amylalkohol (*Lüttringhaus*, A. **528** [1937] 211, 218).
Krystalle (aus Me.); F: 76° (*Lü.*, l. c. S. 219). $Kp_{0,9}$: 206° (*Lü.*, l. c. S. 219). Schmelzdiagramm des Systems mit 1,12,19-Trioxa-[12.1]paracyclophan: *Lüttringhaus*, A. **528** [1937] 223, 229; *Lüttringhaus, Hausschild*, B. **73** [1940] 145, 149, 150; des Systems mit 1,12-Dioxa-19-thia-[12.1]paracyclophan: *Lü., Ha.*

2,2-Dimethyl-7,16-dioxa-tricyclo[15.2.2.2^{3,6}]tricosa-1(19),3,5,17,20,22-hexaen, 17,17-Dimethyl-1,10-dioxa-[10.1]paracyclophan $C_{23}H_{30}O_2$, Formel VII.
B. Beim Erhitzen von 4-{1-[4-(8-Brom-octyloxy)-phenyl]-1-methyl-äthyl}-phenol

mit Kaliumcarbonat in Amylalkohol (*Lüttringhaus, Buchholz*, B. **73** [1940] 134, 143).
Krystalle (aus A.); F: 106°. $Kp_{0,03}$: 196–200°.

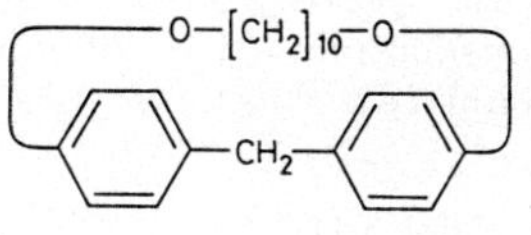

VI 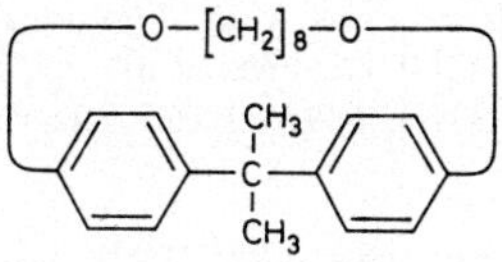 VII

Stammverbindungen $C_{24}H_{32}O_2$

2,3,7,8-Tetraisopropyl-dibenzo[1,4]dioxin $C_{24}H_{32}O_2$, Formel VIII.

B. Beim Behandeln von Dibenzo[1,4]dioxin mit Isopropylchlorid und Aluminium=chlorid in Schwefelkohlenstoff (*Gilman, Dietrich*, J. org. Chem. **22** [1957] 1403, 1405).

$Kp_{0,5}$: 158–161°. n_D^{20}: 1,5475.

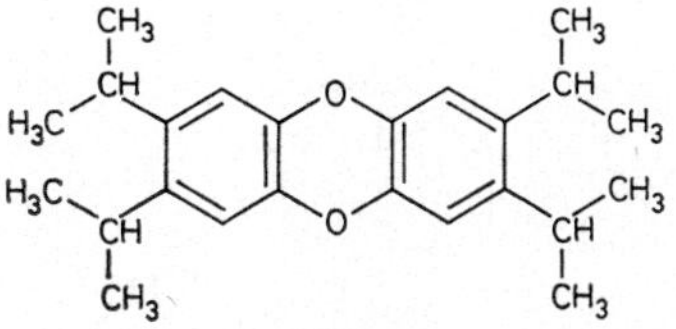

VIII 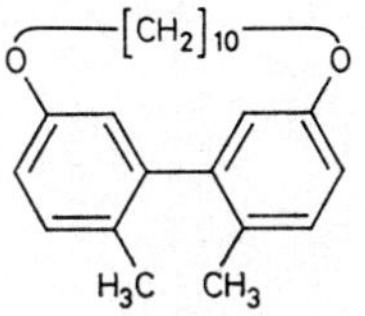 IX

3,22-Dimethyl-7,18-dioxa-tricyclo[17.3.1.1^{2,6}]tetracosa-1(23),2,4,6(24),19,21-hexaen, 16,20-Dimethyl-1,12-dioxa-[12.0]metacyclophan $C_{24}H_{32}O_2$, Formel IX.

B. Beim Erhitzen von 5'-[10-Brom-decyloxy]-6,2'-dimethyl-biphenyl-3-ol mit Kalium=carbonat in Isoamylalkohol (*Adams, Kornblum*, Am. Soc. **63** [1941] 188, 197).

Krystalle (aus Me.), F: 110–111° [korr.]; Krystalle (aus PAe.), F: 85–85,5° (*Ad., Ko.*). Die niedrigerschmelzende Modifikation wandelt sich oberhalb 85,5° in die höherschmelzende Modifikation um (*Ad., Ko.*). UV-Spektrum (Hexan; 240–320 nm): *O'Shaughnessy, Rodebush*, Am. Soc. **62** [1940] 2906, 2908.

Stammverbindungen $C_{25}H_{34}O_2$

2,2-Dimethyl-7,18-dioxa-tricyclo[17.2.2.2^{3,6}]pentacosa-1(21),3,5,19,22,24-hexaen, 19,19-Dimethyl-1,12-dioxa-[12.1]paracyclophan $C_{25}H_{34}O_2$, Formel X.

B. Beim Erhitzen von 4-{1-[4-(10-Brom-decyloxy)-phenyl]-1-methyl-äthyl}-phenol mit Kaliumcarbonat in Amylalkohol (*Lüttringhaus, Buchholz*, B. **73** [1940] 134, 144).

Krystalle (aus A.); F: 60,4°. Bei 220–226°/0,8 Torr destillierbar.

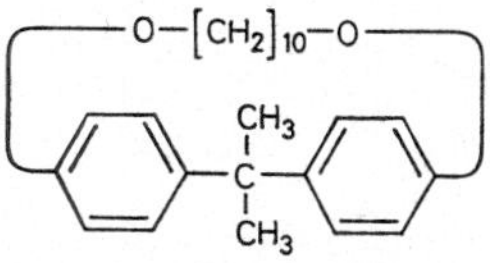

X 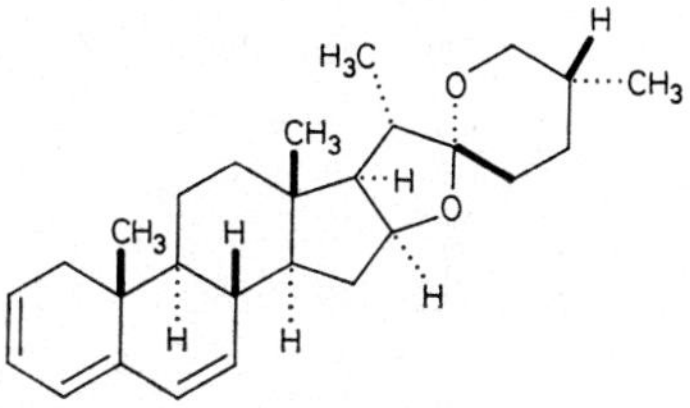 XI

Stammverbindungen $C_{27}H_{38}O_2$

(25*R*)-Spirosta-2,4,6-trien, (25*R*)-22α*O*-Spirosta-2,4,6-trien $C_{27}H_{38}O_2$, Formel XI.

B. Aus (25*R*)-3β-Acetoxy-7α-brom-spirost-5-en beim Erhitzen mit Magnesiumoxid in Xylol auf 125° (*Romo et al.*, J. org. Chem. **16** [1951] 1873, 1876) sowie beim Erwärmen mit wss. Dioxan (*Romo et al.*, l. c. S. 1877). Aus (25*R*)-3β,7α-Bis-benzoyloxy-spirost-5-en beim Erhitzen unter 0,01 Torr auf 200° sowie beim Erhitzen mit *N,N*-Diäthyl-anilin (*Ringold et al.*, Am. Soc. **74** [1952] 3318).

Krystalle; F: 186—188° [unkorr.; Kofler-App.; aus E.] (*Romo et al.*, l. c. S. 1876), 183—185° [unkorr.; aus Acn.] (*Ri. et al.*). $[\alpha]_D^{20}$: —107° [$CHCl_3$] (*Romo et al.*, l. c. S. 1876); $[\alpha]_D^{20}$: —104° [$CHCl_3$] (*Ri. et al.*). UV-Absorptionsmaxima (A.): 296 nm und 306 nm (*Romo et al.*, l. c. S. 1876) bzw. 294 nm und 306 nm (*Ri. et al.*).

(25*R*)-3-Chlor-spirosta-3,5,7-trien $C_{27}H_{37}ClO_2$, Formel XII.

B. Beim Behandeln einer Lösung von (25*R*)-Spirosta-4,6-dien-3-on in Acetylchlorid und Acetanhydrid mit Chlorwasserstoff und anschliessenden Erhitzen (*Dauben et al.*, Am. Soc. **75** [1953] 3255, 3258).

Krystalle (aus Bzl. + Me.); F: 156—157,5°. UV-Absorptionsmaxima (Me.): 305 nm, 318 nm und 334 nm.

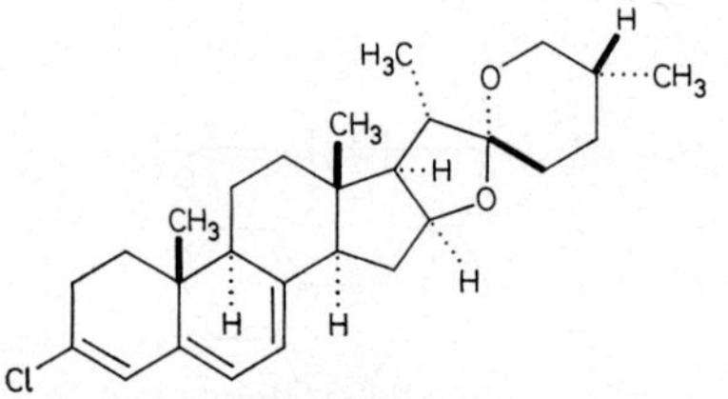

XII

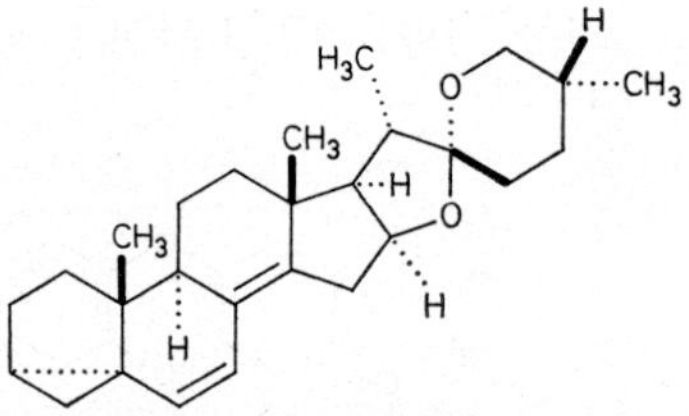

XIII

(25*R*)-3α,5α-Cyclo-spirosta-6,8(14)-dien, (25*R*)-3α,5α-Cyclo-22α*O*-spirosta-6,8(14)-dien $C_{27}H_{38}O_2$, Formel XIII.

Bezüglich der Zuordnung der Konfiguration an den C-Atomen 3 und 5 vgl. *Shoppee, Summers*, Soc. **1952** 3361, 3362, 3369 Anm.

B. Aus (25*R*)-Spirosta-5,7-dien-3β-ol mit Hilfe von Phosphorylchlorid und Pyridin (*Djerassi*, zit. bei *Fieser et al.*, Am. Soc. **74** [1952] 5397, 5400).

F: 170—172°. α_D^{22}: +108° [Lösungsmittel und Rohrlänge nicht angegeben]. UV-Absorptionsmaximum (A.): 256 nm.

Stammverbindungen $C_{30}H_{44}O_2$

1,2,3,6,7,8-Hexaisopropyl-dibenzo[1,4]dioxin $C_{30}H_{44}O_2$, Formel XIV (R = $CH(CH_3)_2$), und **1,2,3,7,8,9-Hexaisopropyl-dibenzo[1,4]dioxin** $C_{30}H_{44}O_2$, Formel XV (R = $CH(CH_3)_2$).

Diese beiden Konstitutionsformeln kommen für die nachstehend beschriebene Verbindung in Betracht.

B. In kleiner Menge beim Behandeln von Dibenzo[1,4]dioxin mit Isopropylchlorid und Aluminiumchlorid in Schwefelkohlenstoff (*Gilman, Dietrich*, J. org. Chem. **22** [1957] 1403, 1405).

Krystalle (aus PAe.); F: 251—252° [unkorr.].

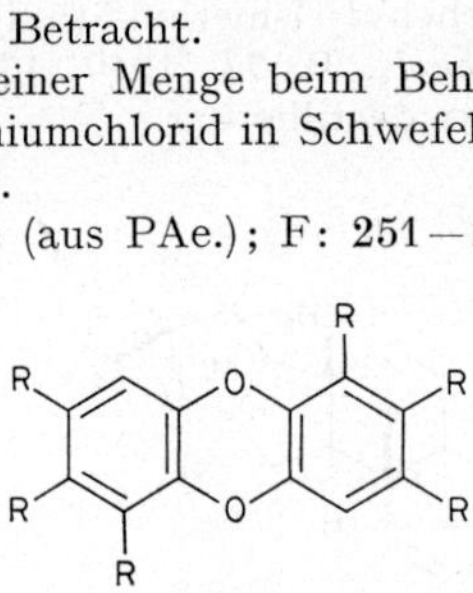

XIV

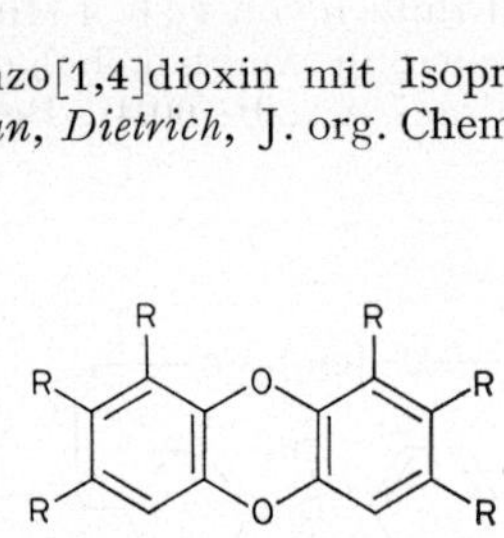

XV

Stammverbindungen $C_{35}H_{54}O_2$

(3Ξ,5′Ξ)-5′-Phenyl-5α-spiro[cholestan-3,2′-[1,3]oxathiolan] $C_{35}H_{54}OS$, Formel XVI.

B. Aus 5α-Cholestan-3-on und (±)-2-Mercapto-1-phenyl-äthanol (*Djerassi et al.*, Am. Soc. **77** [1955] 568, 570).

Krystalle (aus $CHCl_3$ + Me.); F: 164—166° [unkorr.]. $[\alpha]_D^{25}$: +45,7° [$CHCl_3$].

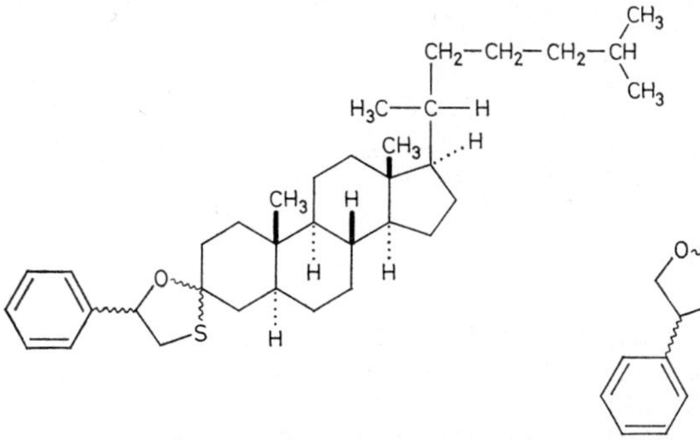

XVI 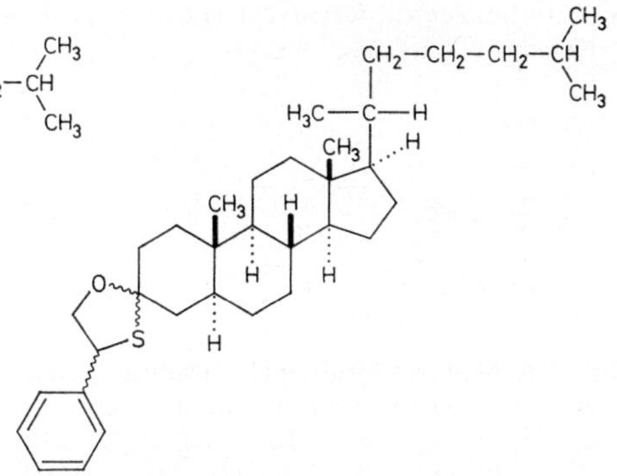 XVII

(3Ξ,4′Ξ)-4′-Phenyl-5α-spiro[cholestan-3,2′-[1,3]oxathiolan] $C_{35}H_{54}OS$, Formel XVII.
B. Beim Behandeln von 5α-Cholestan-3-on mit (±)-2-Mercapto-2-phenyl-äthanol, Natriumsulfat und Zinkchlorid in [1,4]Dioxan (*Djerassi et al.*, Am. Soc. **77** [1955] 568, 571).
Krystalle (aus Acn.); F: 158—160° [unkorr.]. $[\alpha]_D^{22}$: +12,8° [$CHCl_3$].

Stammverbindungen $C_{36}H_{56}O_2$

(3Ξ,5′Ξ)-5′-Benzyl-5α-spiro[cholestan-3,2′-[1,3]oxathiolan] $C_{36}H_{56}OS$, Formel XVIII.
B. Aus 5α-Cholestan-3-on und (±)-1-Mercapto-3-phenyl-propan-2-ol (*Djerassi et al.*, Am. Soc. **77** [1955] 568, 570).
Krystalle (aus Ae. + Acn.); F: 149—150° [unkorr.]. $[\alpha]_D^{25}$: +25,3° [$CHCl_3$].

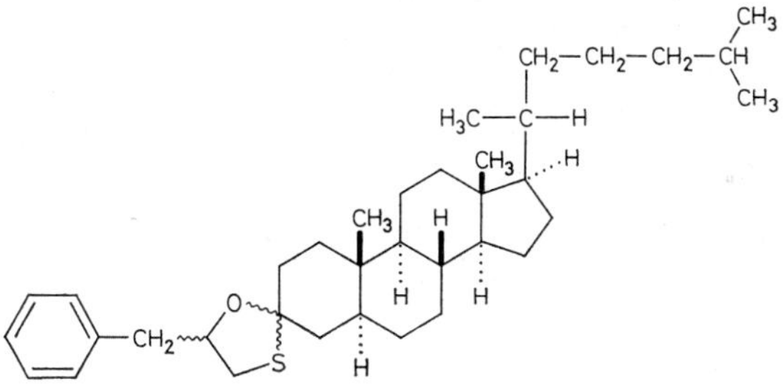

XVIII

Stammverbindungen $C_nH_{2n-18}O_2$

Stammverbindungen $C_{12}H_6O_2$

Di-[2]thienyl-butadiin $C_{12}H_6S_2$, Formel I.
B. Beim aufeinanderfolgenden Behandeln einer Lösung von 2-Äthinyl-thiophen in Äthanol mit einem aus Kupfer(I)-chlorid, Ammoniumcarbonat und wss. Ammoniak hergestellten Reaktionsgemisch und mit Sauerstoff (*Vaitiekunas, Nord*, Am. Soc. **76** [1954] 2733, 2735). Beim Behandeln einer Lösung von 2-Äthinyl-thiophen in Äthanol mit einem aus Kupfer(I)-chlorid, Ammoniumcarbonat und Wasser hergestellten Reaktionsgemisch und Behandeln des Reaktionsprodukts mit wss. Kalilauge und Kalium-hexacyanoferrat(III) oder mit wss. Kupfer(II)-chlorid-Lösung (*Va., Nord*).
Krystalle (aus Me.); F: 88—89°. UV-Absorptionsmaxima: 235 nm, 268 nm, 287 nm und 334 nm (*Va., Nord*, l. c. S. 2734).

Di-[3]thienyl-butadiin $C_{12}H_6S_2$, Formel II (X = H).
B. Beim Behandeln der Kupfer(I)-Verbindung des 3-Äthinyl-thiophens mit wss.

Kalium-hexacyanoferrat(III)-Lösung (*Troyanowsky*, Bl. **1955** 424).
Krystalle (aus A.); F: 110°.

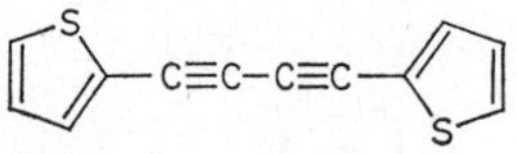

I 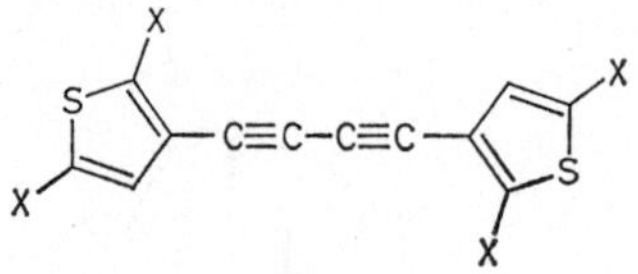 II

Bis-[2,5-dichlor-[3]thienyl]-butadiin $C_{12}H_2Cl_4S_2$, Formel II (X = Cl).
B. Aus 3-Äthinyl-2,5-dichlor-thiophen analog Di-[2]thienyl-butadiin [S. 385] (*Vaitiekunas, Nord*, Am. Soc. **76** [1954] 2733, 2735).
Krystalle (aus Me.); F: 69—70°. UV-Absorptionsmaxima: 226 nm, 286 nm, 319 nm und 341 nm (*Va., Nord*, l. c. S. 2734).

Stammverbindungen $C_{14}H_{10}O_2$

Bis-[3-methyl-[2]thienyl]-butadiin $C_{14}H_{10}S_2$, Formel III.
B. Aus 2-Äthinyl-3-methyl-thiophen analog Di-[2]thienyl-butadiin [S. 385] (*Vaitiekunas, Nord*, Am. Soc. **76** [1954] 2733, 2735).
Krystalle (aus Me.); F: 62—63°. UV-Absorptionsmaxima: 241 nm, 297 nm, 325 nm und 345 nm (*Va., Nord*, l. c. S. 2734).

2-Vinyl-phenoxathiin $C_{14}H_{10}OS$, Formel IV.
B. Beim Erhitzen von 1-Phenoxathiin-2-yl-äthanol mit Aluminiumoxid unter 10 Torr bis 20 Torr auf 350° (*Flowers, Flowers*, Am. Soc. **71** [1949] 3102).
Krystalle (aus A.); F: 39,5—41°.

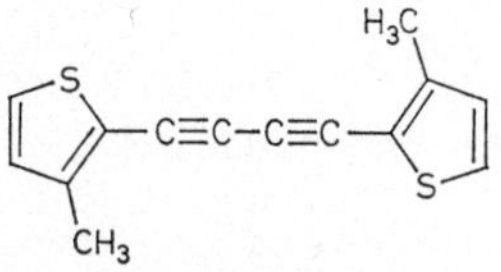

III 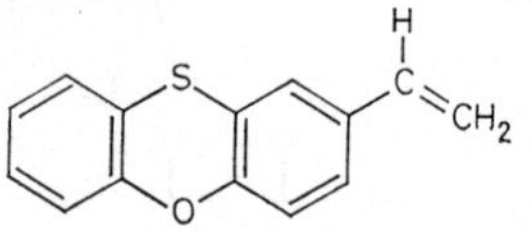 IV 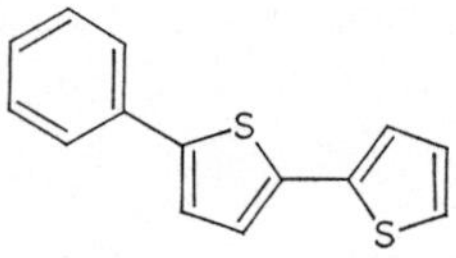 V

5-Phenyl-[2,2']bithienyl $C_{14}H_{10}S_2$, Formel V.
B. Neben [2,2']Bithienyl beim Erhitzen von 2-Jod-thiophen mit 2-Jod-5-phenyl-thiophen und Kupfer-Pulver bis auf 200° (*Steinkopf et al.*, A. **546** [1941] 180, 196).
Krystalle (aus Bzn.); F: 119° [durch Sublimation im Hochvakuum gereinigtes Präparat].

9,10-Dihydro-9,10-epidioxido-anthracen $C_{14}H_{10}O_2$, Formel VI.
B. Beim Behandeln einer Lösung von Anthracen in Schwefelkohlenstoff mit Luft unter Bestrahlung mit Sonnenlicht (*Dufraisse, Gérard*, Bl. [5] **4** [1937] 2052, 2053) oder mit Sauerstoff unter Bestrahlung mit UV-Licht (*Bender, Farber*, Am. Soc. **74** [1952] 1450).
Krystalle [aus CS_2] (*Be., Fa.*), die bei 160° (*Be., Fa.*) bzw. bei 120° (*Du., Gé.*, l. c. S. 2060) verpuffen. Standard-Bildungsenthalpie: +19,7 kcal·mol^{-1} (*Be., Fa.*). Standard-Verbrennungsenthalpie: −1678,0 kcal·mol^{-1} (*Be., Fa.*). IR-Banden im Bereich von 1260 cm^{-1} bis 890 cm^{-1}: *Nikitin, Tscherkašow*, Optika Spektr. **4** [1958] 702; C. A. **1959** 2789. UV-Spektrum (250—280 nm): *Gillet*, Bl. **1950** 1135, 1137.
Geschwindigkeitskonstante der Zersetzung in Benzol bei 50° und 70°: *Breitenbach, Kastell*, M. **85** [1954] 676, 681. Beim Behandeln mit wss. Bromwasserstoffsäure ist je nach deren Konzentration 9,10-Dibrom-anthracen oder 10-Brom-anthron erhalten worden (*Du., Gé.*, l. c. S. 2062).

(5ar,10bc)-5a,10b-Dihydro-benzofuro[2,3-b]benzofuran, cis-5a,10b-Dihydro-benzofuro[2,3-b]benzofuran $C_{14}H_{10}O_2$, Formel VII.

Diese Verbindung hat in dem früher (s. H **19** 52) beschriebenen, als 4b,9b-Dihydro-benzofuro[3,2-*b*]benzofuran ($C_{14}H_{10}O_2$) angesehenen Präparat vom F: 116–117° („2.2'-Dioxy-hydrobenzoin-diesoanhydrid") vorgelegen; das Präparat vom F: 67–68° („Iso-2.2'-dioxy-hydrobenzoin-diesoanhydrid") ist wahrscheinlich ein Gemisch von *cis*-5a,10b-Dihydro-benzofuro[2,3-*b*]benzofuran und 2-Benzofuran-2-yl-phenol gewesen (*Cardillo et al.*, G. **105** [1975] 1151, 1157).

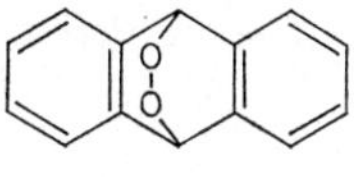

VI 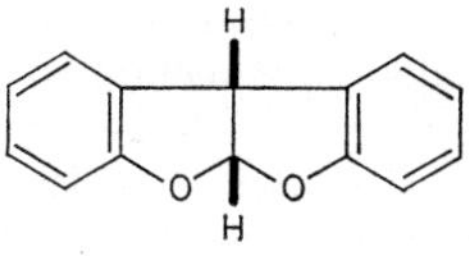 VII 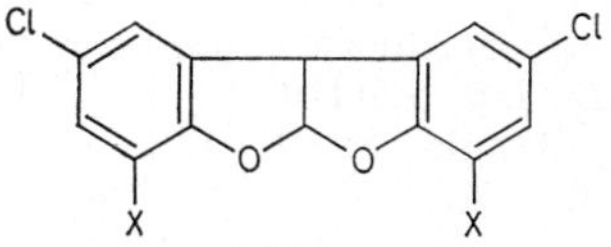 VIII

***2,9-Dichlor-5a,10b-dihydro-benzofuro[2,3-b]benzofuran** $C_{14}H_8Cl_2O_2$, Formel VIII (X = H).

B. Beim Behandeln von 1,1-Dichlor-2,2-bis-[5-chlor-2-hydroxy-phenyl]-äthan mit methanol. Kalilauge (*Riemschneider et al.*, B. **92** [1959] 900, 907).

Krystalle (aus Eg.); F: 234–235° [Kofler-App.].

***2,4,7,9-Tetrachlor-5a,10b-dihydro-benzofuro[2,3-b]benzofuran** $C_{14}H_6Cl_4O_2$, Formel VIII (X = Cl).

B. Aus 1,1-Dichlor-2,2-bis-[3,5-dichlor-2-hydroxy-phenyl]-äthan beim Erwärmen mit Ammoniak in Methanol oder mit Pyridin sowie beim Behandeln mit methanol. Kalilauge (*Riemschneider et al.*, B. **92** [1959] 900, 905).

Dipolmoment (ε; Bzl.): 3,03 D (*Ri. et al.*, l. c. S. 909).

Krystalle (aus Acetanhydrid); F: 245–246° [Kofler-App.] (*Ri. et al.*, l. c. S. 905).

3,8-Dinitro-4b,9b-dihydro-benzofuro[3,2-b]benzofuran $C_{14}H_8N_2O_6$, Formel IX.

Diese Konstitution ist für die nachstehend beschriebene opt.-inakt. Verbindung in Betracht gezogen worden (*Moureu et al.*, Bl. **1956** 301, 303).

B. Neben grösseren Mengen 4-Nitro-2-[5-nitro-benzofuran-2-yl]-phenol beim Erwärmen von opt.-inakt. 5,5'-Dinitro-bibenzyl-2,2',α,α'-tetraol (F: 258°) oder von opt.-inakt. 2,2',α,α'-Tetraacetoxy-5,5'-dinitro-bibenzyl (F: 169°) mit wss.-äthanol. Salzsäure (*Moureu et al.*, Bl. **1955** 1560, 1567).

Krystalle (aus Eg.); F: 282–283° [korr.; Block] (*Mo. et al.*, Bl. **1955** 1567).

Beim Erwärmen mit äthanol. Kalilauge ist 4-Nitro-2-[5-nitro-benzofuran-3-yl]-phenol erhalten worden (*Mo. et al.*, Bl. **1956** 306).

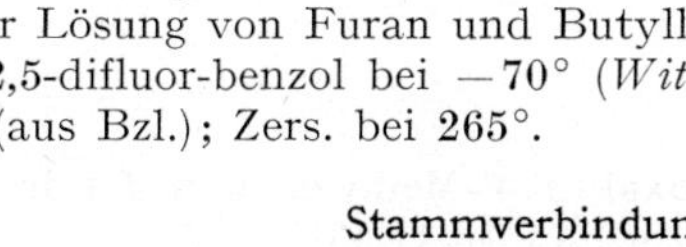

IX 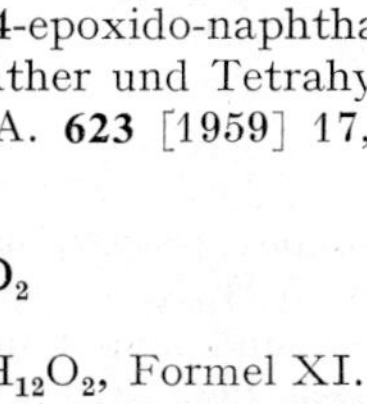 X

***9,10-Difluor-1,4,5,8-tetrahydro-1,4;5,8-diepoxido-anthracen** $C_{14}H_8F_2O_2$, Formel X.

B. In kleiner Menge neben 5,8-Difluor-1,4-dihydro-1,4-epoxido-naphthalin beim Behandeln einer Lösung von Furan und Butyllithium in Äther und Tetrahydrofuran mit 1,4-Dibrom-2,5-difluor-benzol bei –70° (*Wittig, Härle*, A. **623** [1959] 17, 33).

Krystalle (aus Bzl.); Zers. bei 265°.

Stammverbindungen $C_{15}H_{12}O_2$

4,5-Diphenyl-[1,3]dioxol, α,α'-Methylendioxy-stilben $C_{15}H_{12}O_2$, Formel XI.

Die früher (s. E II **19** 43) sowie von *Arndt et al.* (M. **59** [1932] 202, 208) unter dieser

Konstitution beschriebene Verbindung ist als (±)-2,3-Epoxy-1,2-diphenyl-propan-1-on zu formulieren (*Eistert et al.*, B. **91** [1958] 2710, 2714).

4-Methyl-2,2-dioxo-3-phenyl-2λ⁶-benz[*e*][1,2]oxathiin, 4-Methyl-3-phenyl-benz[*e*][1,2]oxathiin-2,2-dioxid, 2-[2-Hydroxy-phenyl]-1*c*-phenyl-prop-1-en-1*t*-sulfonsäure-lacton $C_{15}H_{12}O_3S$, Formel XII.

B. Beim 14-tägigen Behandeln von Toluol-α-sulfonsäure-[2-acetyl-phenylester] mit Pyridin und Kaliumhydroxid (*Philbin et al.*, Soc. **1956** 4414, 4415). Aus 4-Methyl-2,2-dioxo-3-phenyl-3,4-dihydro-2λ⁶-benz[*e*][1,2]oxathiin-4-ol (F: 203°) beim Erwärmen mit Phosphorylchlorid sowie beim Behandeln mit Acetanhydrid und wenig Perchlorsäure (*Ph. et al.*, l. c. S. 4416).

Krystalle (aus A.); F: 173–174° (*Ph. et al.*, l. c. S. 4416).

5-*trans*-Styryl-benzo[1,3]dioxol, 3,4-Methylendioxy-*trans*-stilben $C_{15}H_{12}O_2$, Formel XIII (X = H) (H 53; E II 43).

Konfigurationszuordnung: *Witiak et al.*, J. org. Chem. **39** [1974] 1242, 1244.

B. Aus 3,4-Methylendioxy-bibenzyl-α-ol beim Erhitzen unter vermindertem Druck sowie beim Erhitzen mit wss. Schwefelsäure [20%ig] (*Tiffeneau, Lévy*, Bl. [4] **49** [1931] 1738, 1742).

F: 93–94° (*Ti., Lévy*).

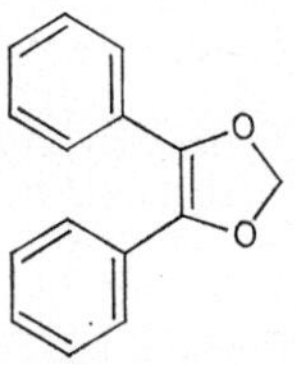

XI 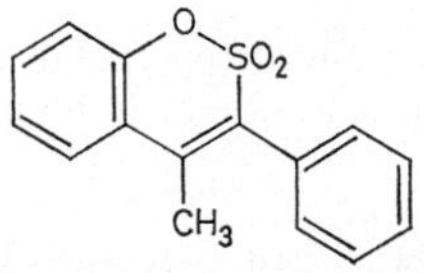 XII 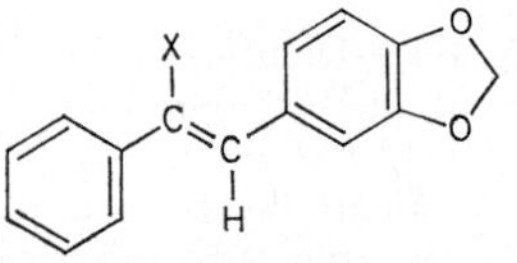 XIII

5-[β-Nitro-styryl]-benzo[1,3]dioxol, 3,4-Methylendioxy-α'-nitro-stilben $C_{15}H_{11}NO_4$.

Über die Konfiguration der Stereoisomeren s. *Blake, Jaques*, J. C.S. Perkin II **1973** 1660, 1661.

a) **3,4-Methylendioxy-α'-nitro-*cis*-stilben** $C_{15}H_{11}NO_4$, Formel XIV (H 53).

F: 129–129,5° [korr.] (*Reichert, Kuhn*, B. **74** [1941] 328, 337).

Beim Behandeln mit methanol. Kalilauge und wss. Ammoniumchlorid-Lösung unter Durchleiten von Luft sind die beiden α-Methoxy-3,4-methylendioxy-α'-nitro-bibenzyle (F: 149–150° bzw. F: 128–129°), 3,4-Methylendioxy-α'-nitro-*trans*-stilben und eine als 4-Benzo[1,3]dioxol-5-yl-3,5-diphenyl-isoxazol angesehene Verbindung erhalten worden (*Re., Kuhn*, l. c. S. 333).

b) **3,4-Methylendioxy-α'-nitro-*trans*-stilben** $C_{15}H_{11}NO_4$, Formel XIII (X = NO_2).

B. Bei der Bestrahlung einer Lösung von 3,4-Methylendioxy-α'-nitro-*cis*-stilben in Methanol mit UV-Licht (*Reichert, Kuhn*, B. **74** [1941] 328, 337).

Orangefarbene Krystalle (aus A.); F: 123–123,5° [korr.].

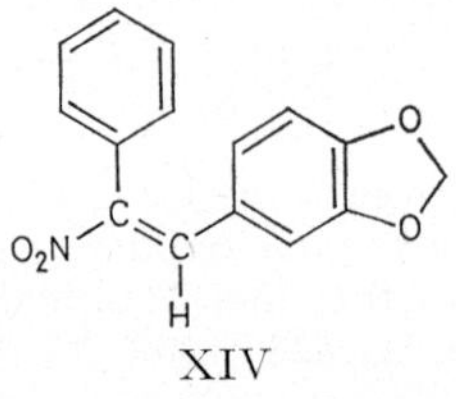

XIV 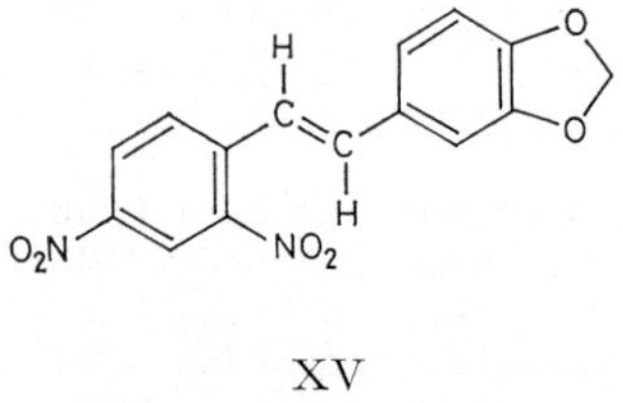 XV

5-[2,4-Dinitro-*trans*(?)-styryl]-benzo[1,3]dioxol, 3',4'-Methylendioxy-2,4-dinitro-*trans*(?)-stilben $C_{15}H_{10}N_2O_6$, vermutlich Formel XV (E II 43).

Die Krystalle sind monoklin; Krystallklasse C_{2h}; β = 95° 24'; Krystallmorphologie: *Novák*, Z. Kr. **84** [1933] 310, 315. Dichte der Krystalle bei 26°: 1,5494.

Phenyl-di-[2]thienyl-methan $C_{15}H_{12}S_2$, Formel XVI (H 53).

B. Beim Erwärmen von Thiophen mit Benzaldehyd und wss. Fluorwasserstoffsäure (*Cairns et al.*, Am. Soc. **73** [1951] 1270, 1271, 1272). Neben Benzoesäure beim Erwärmen von 1,2-Diphenyl-1,2-di-[2]thienyl-äthan-1,2-diol (F: 137–138°) mit Acetylchlorid, Essigsäure und Benzol und Erwärmen des Reaktionsprodukts mit äthanol. Kalilauge (*Kegelman, Brown*, Am. Soc. **75** [1953] 5961).

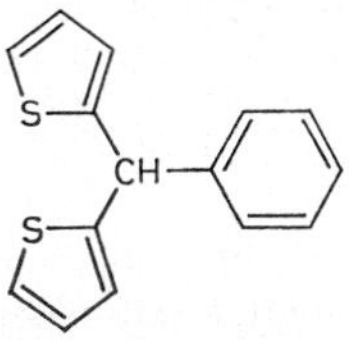

XVI 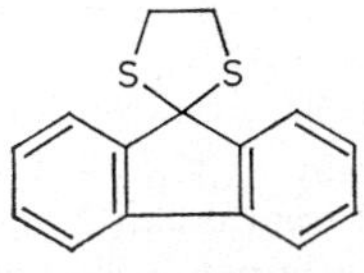 XVII 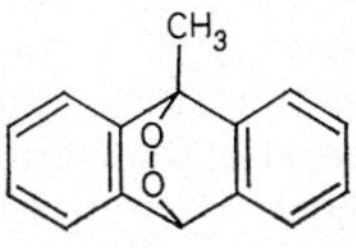 XVIII

Spiro[[1,3]dithiolan-2,9'-fluoren], 9,9-Äthandiyldimercapto-fluoren, Fluoren-9-on-äthandiyldithioacetal $C_{15}H_{12}S_2$, Formel XVII.

B. Beim Behandeln eines Gemisches von Fluoren-9-on, Äthan-1,2-dithiol und Benzol mit Chlorwasserstoff (*Reid, Jelinek*, J. org. Chem. **15** [1950] 448).

Krystalle (aus A.); F: 125°.

9-Methyl-9,10-dihydro-9,10-epidioxido-anthracen $C_{15}H_{12}O_2$, Formel XVIII.

B. Beim Behandeln einer Lösung von 9-Methyl-anthracen in Schwefelkohlenstoff mit Luft unter Bestrahlung mit Sonnenlicht (*Willemart*, Bl. [5] **5** [1938] 556, 561).

Krystalle [aus Ae.] (*Wi.*). Bei ca. 80° erfolgt Verpuffung (*Wi.*). IR-Banden im Bereich von 1250 cm^{-1} bis 890 cm^{-1}: *Nikitin, Tscherkašow*, Optika Spektr. **4** [1958] 702; C. A. **1959** 2789.

Stammverbindungen $C_{16}H_{14}O_2$

1*t*(?),8*t*(?)-Di-[2]thienyl-octa-1,3*t*(?),5*t*(?),7-tetraen $C_{16}H_{14}S_2$, vermutlich Formel I.

B. Beim Erhitzen von Thiophen-2-carbaldehyd mit Octa-3*t*(?),5*t*(?)-diendisäure (F: 190–191°), Blei(II)-oxid und Acetanhydrid (*Miller, Nord*, J. org. Chem. **16** [1951] 1380, 1387). Beim Erhitzen von 3*t*(?)-[2]Thienyl-acrylaldehyd (Kp_5: 108–112°) mit Bernsteinsäure, Blei(II)-oxid und Acetanhydrid (*Mi., Nord*).

Krystalle; F: 229–230° [Fisher-Johns-App.].

2-Oxo-4,5-diphenyl-3,6-dihydro-2λ⁴-[1,2]oxaselenin, 4,5-Diphenyl-3,6-dihydro-[1,2]oxaselenin-2-oxid, 4-Hydroxy-2,3-diphenyl-but-2*c*-en-1-seleninsäure-lacton $C_{16}H_{14}O_2Se$, Formel II.

Diese Konstitution kommt wahrscheinlich der nachstehend beschriebenen, ursprünglich (*Backer, Strating*, R. **53** [1934] 1113, 1117) als 3,4-Diphenyl-2,5-dihydro-selenophen-1,1-dioxid formulierten Verbindung zu (*Mock, McCausland*, Tetrahedron Letters **1968** 391).

B. In kleiner Menge beim Behandeln von 2,3-Diphenyl-buta-1,3-dien mit Selenigsäure in Chloroform (*Ba., St.*).

Krystalle (aus $CHCl_3$ + Bzn.); F: 89–90° [Zers.] (*Ba., St.*).

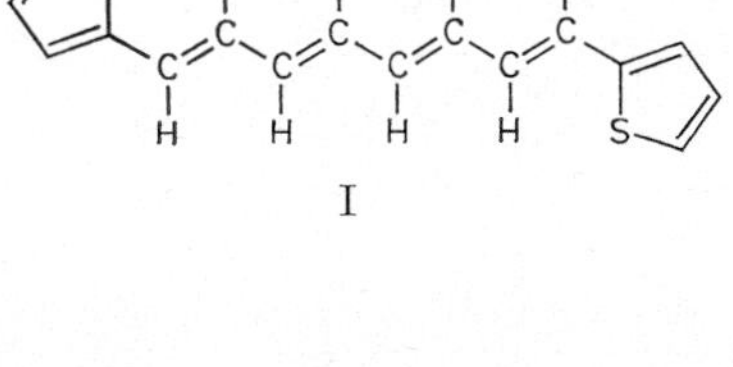

I 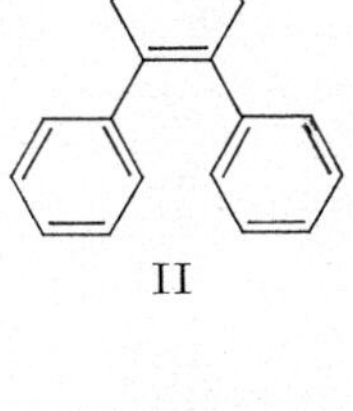 II 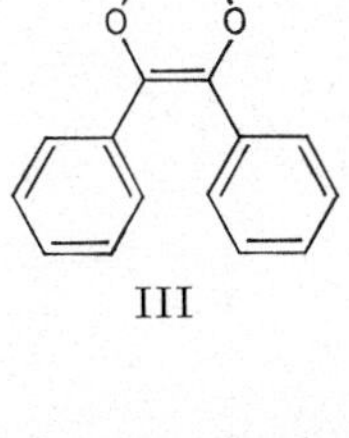 III

5,6-Diphenyl-2,3-dihydro-[1,4]dioxin, α,α'-Äthandiyldioxy-stilben $C_{16}H_{14}O_2$, Formel III.

B. Beim Erhitzen von Benzoin mit Äthylenglykol und wenig Toluol-4-sulfonsäure (*Summerbell, Berger*, Am. Soc. **81** [1959] 633, 638). Beim Erhitzen von Phenyl-[2-phenyl-[1,3]dioxolan-2-yl]-methanol mit Toluol-4-sulfonsäure in Xylol unter Entfernen des entstehenden Wassers (*Su., Be.*).

Krystalle (aus A.); F: 95,3—95,8°. IR-Banden im Bereich von 3,2 μ bis 9,7 μ (CCl_4) und im Bereich von 10,2 μ bis 15 μ (CS_2): *Su., Be.*

Beim Behandeln einer Lösung in Dichlormethan mit Chlor ist 2,3-Dichlor-2,3-diphenyl-[1,4]dioxan (F: 105—118°), beim Erwärmen einer Lösung in Tetrachlormethan mit Brom ist Benzil erhalten worden.

5,6-Diphenyl-2,3-dihydro-[1,4]oxathiin $C_{16}H_{14}OS$, Formel IV.

B. Neben Phenyl-[2-phenyl-[1,3]oxathiolan-2-yl]-methanol (F: 95—96°) beim Erhitzen von Benzoin mit 2-Mercapto-äthanol, Toluol und wenig Toluol-4-sulfonsäure unter Entfernen des entstehenden Wassers (*Marshall, Stevenson*, Soc. **1959** 2360, 2362). Beim Erhitzen von α-[2-Hydroxy-äthylmercapto]-desoxybenzoin mit Toluol und wenig Toluol-4-sulfonsäure unter Entfernen des entstehenden Wassers (*Ma., St.*).

Gelbliche Krystalle (aus Me.); F: 63—65°.

(±)-2-Benzyl-4-phenyl-[1,3]dithiol $C_{16}H_{14}S_2$, Formel V.

B. Beim Erwärmen von 2-Benzyl-4-phenyl-[1,3]dithiolylium-perchlorat (S. 407) mit Essigsäure und Zink-Pulver (*Kirmse, Horner*, A. **614** [1958] 4, 14).

Krystalle (aus Me.); F: 58—59°.

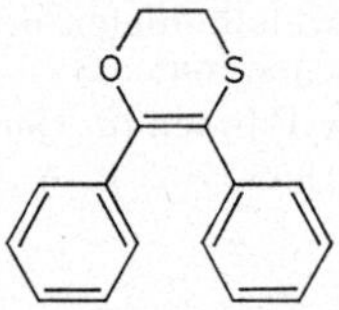

O S S CH2 S SO2 CH2 SO2

IV 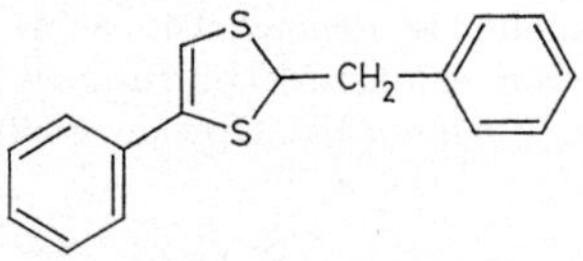 V 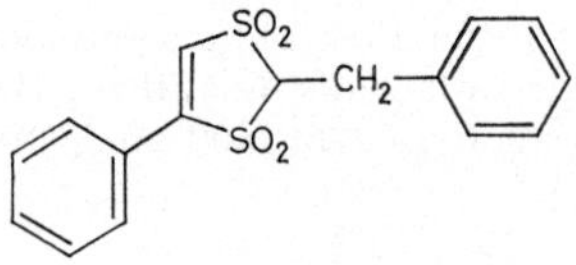 VI

(±)-2-Benzyl-1,1,3,3-tetraoxo-4-phenyl-1λ⁶,3λ⁶-[1,3]dithiol, (±)-2-Benzyl-4-phenyl-[1,3]dithiol-1,1,3,3-tetraoxid $C_{16}H_{14}O_4S_2$, Formel VI.

B. Beim Behandeln von (±)-2-Benzyl-4-phenyl-[1,3]dithiol mit Peroxyessigsäure (*Kirmse, Horner*, A. **614** [1958] 4, 14).

Krystalle (aus wss. Eg.); F: 161°.

4-Methylen-2,2-diphenyl-[1,3]dioxolan $C_{16}H_{14}O_2$, Formel VII.

B. Aus 4-Chlormethyl-2,2-diphenyl-[1,3]dioxolan (*Orth*, Ang. Ch. **64** [1952] 544, 547).

Kp_{13}: 173—174°.

6-[β-Nitro-ξ-styryl]-2,3-dihydro-benzo[1,4]dioxin, 3,4-Äthandiyldioxy-α'-nitro-ξ-stilben $C_{16}H_{13}NO_4$, Formel VIII.

B. Beim Behandeln von 2,3-Dihydro-benzo[1,4]dioxin-6-carbaldehyd mit Nitro-phenyl-methan, Methylamin-hydrochlorid und Natriumcarbonat in Äthanol (*Lettré, Delitzsch*, Z. physiol. Chem. **289** [1952] 220, 223).

Gelbe Krystalle (aus A.); F: 142—143°.

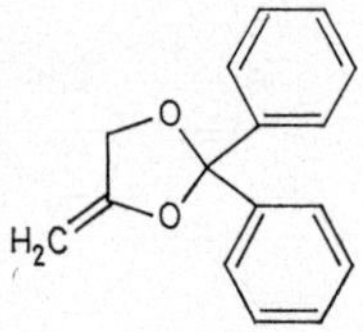

O O H2C NO2 C C H O O S C CH3 S CH3 O O CH3

VII 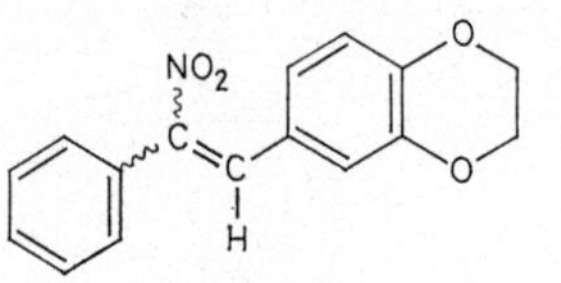 VIII 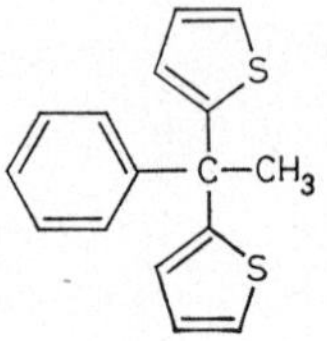 IX 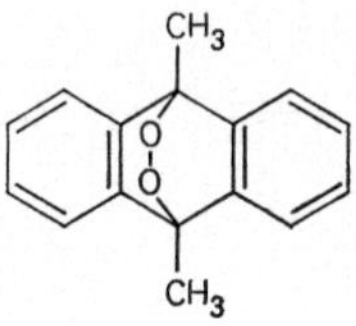 X

1-Phenyl-1,1-di-[2]thienyl-äthan $C_{16}H_{14}S_2$, Formel IX.

B. Beim Erwärmen von Thiophen mit Acetophenon und wss. Schwefelsäure [75%ig] (*Schick, Crowley*, Am. Soc. **73** [1951] 1377).

$Kp_{0,5}$: 153°. n_D^{20}: 1,6319.

9,10-Dimethyl-9,10-dihydro-9,10-epidioxido-anthracen $C_{16}H_{14}O_2$, Formel X.

B. Beim Behandeln einer Lösung von 9,10-Dimethyl-anthracen in Schwefelkohlenstoff mit Luft unter Bestrahlung mit Sonnenlicht (*Willemart*, Bl. [5] **5** [1938] 556, 562) oder in Äther (*Lepage*, A. ch. [13] **4** [1959] 1137, 1176).

Krystalle (aus E.); F: 227—228° [Block] (*Le.*). IR-Banden im Bereich von 1260 cm^{-1} bis 880 cm^{-1}: *Nikitin, Tscherkašow*, Optika Spektr. **4** [1958] 702; C. A. **1959** 2789.

Bei der Hydrierung an Raney-Nickel in Äthanol (*Southern, Waters*, Soc. **1960** 4340, 4346) sowie bei der Behandlung mit Lithiumalanat in Äther und Benzol (*Le.*, l. c. S. 1171, 1180) ist 9,10*t*-Dimethyl-9,10-dihydro-anthracen-9*r*,10*c*-diol erhalten worden.

***Opt.-inakt. 4,4'-Bis-oxiranyl-biphenyl** $C_{16}H_{14}O_2$, Formel XI.

B. Beim Behandeln von opt.-inakt. 4,4'-Bis-[2-chlor-1-hydroxy-äthyl]-biphenyl (F: 125—126°) mit äthanol. Kalilauge (*Hopff, Keller*, Helv. **42** [1959] 2457, 2464).

Krystalle (aus A.); F: 161—162° [unkorr.; im vorgeheizten Bad]. IR-Spektrum (Nujol; 2,5—16 μ): *Ho., Ke.*, l. c. S. 2460.

Hydrierung an Raney-Nickel in Äthanol (Bildung von 4-[4-Äthyl-phenyl]-phenäthyl= alkohol, 4,4'-Bis-[2-hydroxy-äthyl]-biphenyl und 4,4'-Diäthyl-biphenyl): *Ho., Ke.*, l. c. S. 2466. Beim Erhitzen einer Lösung in Dioxan mit Dimethylamin und Wasser auf 108° ist 4,4'-Bis-[2-dimethylamino-1-hydroxy-äthyl]-biphenyl (F: 108—109°) erhalten worden.

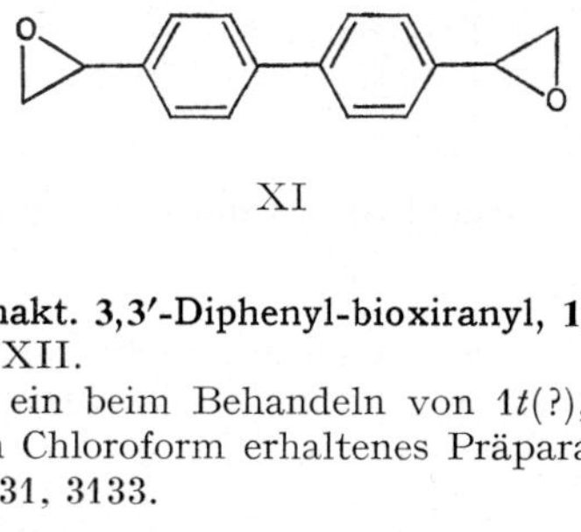

XI 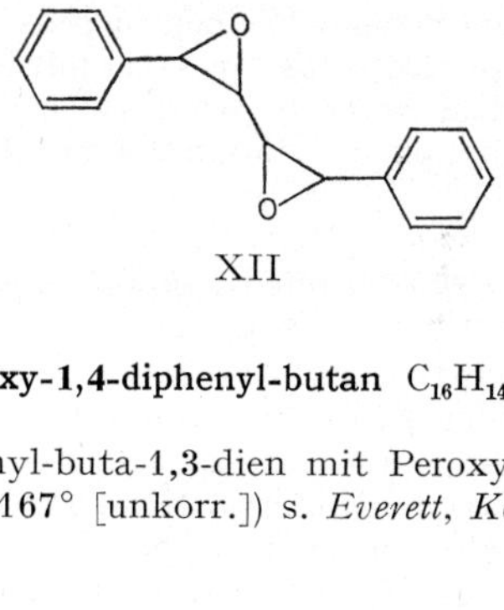 XII

***Opt.-inakt. 3,3'-Diphenyl-bioxiranyl, 1,2;3,4-Diepoxy-1,4-diphenyl-butan** $C_{16}H_{14}O_2$, Formel XII.

Über ein beim Behandeln von 1*t*(?),4*t*(?)-Diphenyl-buta-1,3-dien mit Peroxybenzoe= säure in Chloroform erhaltenes Präparat (F: 165—167° [unkorr.]) s. *Everett, Kon*, Soc. **1950** 3131, 3133.

2-Chlor-1,4-diphenyl-3,6-dioxa-bicyclo[3.1.0]hexan, 2-Chlor-3,4-epoxy-3,5-diphenyl-tetrahydro-furan $C_{16}H_{13}ClO_2$, Formel XIII (X = Cl).

Die früher (s. H **19** 54, E I **19** 623 und E II **19** 44) unter dieser Konstitution beschriebenen, als β-Chlordiphenacyl bzw. α-Chlordiphenacyl bezeichneten Verbindungen sind als (2*RS*,3*RS*)-4-Chlor-2,3-epoxy-1,3-diphenyl-butan-1-on bzw. (2*RS*,3*SR*)-4-Chlor-2,3-ep= oxy-1,3-diphenyl-butan-1-on zu formulieren (*Wasserman, Aubrey*, Am. Soc. **77** [1955] 590, 592; *Stevens et al.*, J. org. Chem. **19** [1954] 522).

2-Brom-1,4-diphenyl-3,6-dioxa-bicyclo[3.1.0]hexan, 2-Brom-3,4-epoxy-3,5-diphenyl-tetrahydro-furan $C_{16}H_{13}BrO_2$, Formel XIII (X = Br).

Die früher (s. H **19** 54, 55 und E I **19** 624) unter dieser Konstitution beschriebenen, als β-Bromdiphenacyl bzw. α-Bromdiphenacyl bezeichneten Verbindungen sind als (2*RS*,3*RS*)-4-Brom-2,3-epoxy-1,3-diphenyl-butan-1-on bzw. (2*RS*,3*SR*)-4-Brom-2,3-epoxy-1,3-di= phenyl-butan-1-on zu formulieren (*Berson*, Am. Soc. **74** [1952] 5175; *Wasserman et al.*, Am. Soc. **75** [1953] 96; *Wasserman, Aubrey*, Am. Soc. **77** [1955] 590, 592; *Stevens et al.*, J. org. Chem. **19** [1954] 522).

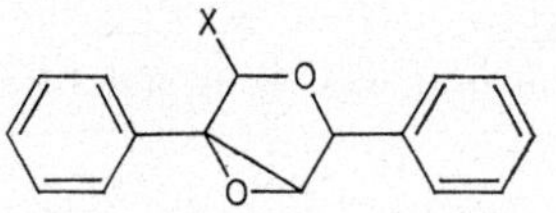

XIII 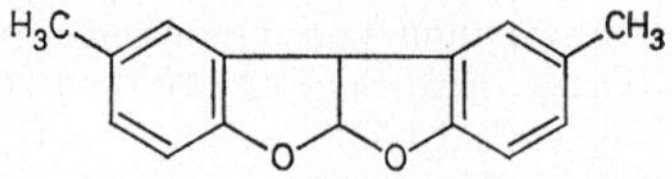 XIV

2-Jod-1,4-diphenyl-3,6-dioxa-bicyclo[3.1.0]hexan, 3,4-Epoxy-2-jod-3,5-diphenyl-tetrahydro-furan $C_{16}H_{13}IO_2$, Formel XIII (X = I).

Die früher (s. H **19** 56) unter dieser Konstitution beschriebenen, als β-Joddiphenacyl bzw. α-Joddiphenacyl bezeichneten Verbindungen sind als (2*RS*,3*RS*)-2,3-Epoxy-4-jod-1,3-diphenyl-butan-1-on bzw. (2*RS*,3*SR*)-2,3-Epoxy-4-jod-1,3-diphenyl-butan-1-on zu formulieren (*Stevens et al.*, J. org. Chem. **19** [1954] 522).

***2,9-Dimethyl-5a,10b-dihydro-benzofuro[2,3-*b*]benzofuran** $C_{16}H_{14}O_2$, Formel XIV.

Diese Konstitution kommt der früher (s. H **19** 57; s. a. *Rosenthal, Zaionchkovsky*, Canad. J. Chem. **38** [1960] 2277) als 3,8-Dimethyl-4b,9b-dihydro-benzofuro[3,2-*b*]benzofuran („5,5'-Dimethyl-[cumarano-3'.2':2.3-cumaron]-dihydrid-(2.3)") beschriebenen Verbindung $C_{16}H_{14}O_2$ vom F: 194° zu (*Coxworth*, Canad. J. Chem. **45** [1967] 1777, 1778).

4b,9b-Dimethyl-4b,9b-dihydro-benzofuro[3,2-*b*]benzofuran $C_{16}H_{14}O_2$, Formel XV (X = H).

Für die nachstehend beschriebenen opt.-inakt. Verbindungen kommt ausser dieser Konstitution auch die Formulierung als 5a,10b-Dimethyl-5a,10b-dihydro-benzofuro[2,3-*b*]benzofuran ($C_{16}H_{14}O_2$; Formel XVI) in Betracht (vgl. *Ramah, Laude*, Bl. **1975** 2649, 2651).

a) Opt.-inakt. Isomeres vom F: 129°.

B. Beim Behandeln einer Suspension von opt-inakt. 2,3-Bis-[2-hydroxy-phenyl]-butan-2,3-diol (F: 225–228°) in Äther mit Bromwasserstoff (*Gie*, Ark. Kemi **19** A Nr. 11 [1945] 3). Neben dem unter b) beschriebenen Isomeren beim Erhitzen von opt.-inakt. 2,3-Bis-[2-hydroxy-phenyl]-butan-2,3-diol (F: 225–228°) mit Essigsäure und wss. Schwefelsäure (*Gie*).

Krystalle (aus Me.); F: 127–129°.

Beim Erhitzen mit Essigsäure und konz. wss. Salzsäure ist das unter b) beschriebene Isomere erhalten worden (*Gie*, l. c. S. 9).

b) Opt.-inakt. Isomeres vom F: 142°.

B. Beim Erwärmen von opt.-inakt. 2,3-Bis-[2-hydroxy-phenyl]-butan-2,3-diol (F: 225–228°) mit Essigsäure und wss. Jodwasserstoffsäure oder mit Essigsäure und konz. wss. Salzsäure (*Gie*, Ark. Kemi **19** A Nr. 11 [1945] 3, 9).

Krystalle (aus Me.); F: 142°.

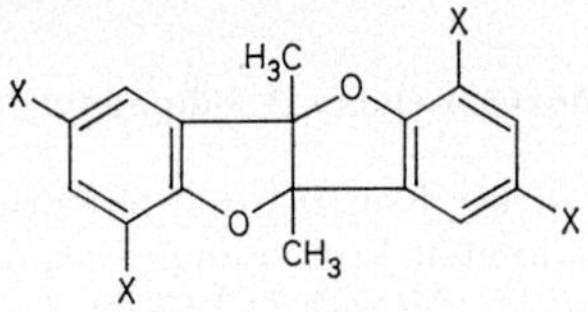

XV 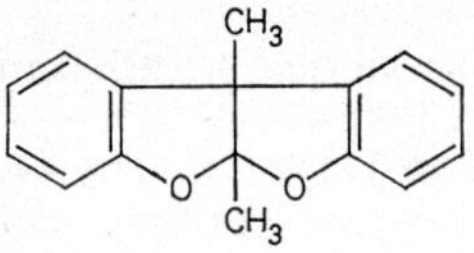 XVI 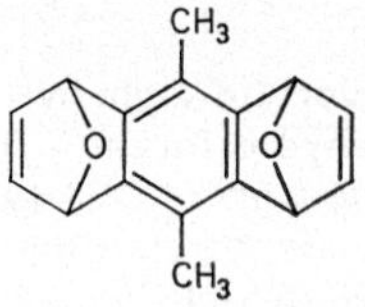 XVII

1,3,6,8-Tetrachlor-4b,9b-dimethyl-4b,9b-dihydro-benzofuro[3,2-*b*]benzofuran $C_{16}H_{10}Cl_4O_2$ Formel XV (X = Cl).

Diese Konstitution ist der nachstehend beschriebenen opt.-inakt. Verbindung zugeordnet worden (*Ziegler et al.*, M. **88** [1957] 587, 593; s. dagegen die im vorangehenden Artikel gemachten Angaben).

B. Beim Erhitzen von opt.-inakt. 2,3-Bis-[3,5-dichlor-2-hydroxy-phenyl]-butan-2,3-diol (F: 198,5–200°) mit 1,1,2,2-Tetrachlor-äthan und Phosphorylchlorid bis auf 150° (*Zi. et al.*).

Krystalle (aus Butan-1-ol oder aus Trichloräthylen + A.); F: 247–250°.

***9,10-Dimethyl-1,4,5,8-tetrahydro-1,4;5,8-diepoxido-anthracen** $C_{16}H_{14}O_2$, Formel XVII.

B. Neben grösseren Mengen 6-Brom-7-fluor-5,8-dimethyl-1,4-dihydro-1,4-epoxido-naphthalin beim Behandeln von 2,6-Dibrom-3,5-difluor-*p*-xylol mit Furan und Magnesium in Tetrahydrofuran bei Siedetemperatur oder mit Furan und Butyllithium in Tetrahydrofuran und Äther bei –65° (*Wittig, Härle,* A. **623** [1959] 17, 31).

Krystalle (aus Bzl.); Zers. bei 300°.

Stammverbindungen $C_{17}H_{16}O_2$

2,3-Diphenyl-5,6-dihydro-7*H*-[1,4]oxathiepin $C_{17}H_{16}OS$, Formel I.

B. Beim Erwärmen von α-[3-Hydroxy-propylmercapto]-desoxybenzoin mit wenig Toluol-4-sulfonsäure in Benzol (*Marshall, Stevenson,* Soc. **1959** 2360, 2362).

Gelbe Krystalle (aus A.); F: 119°.

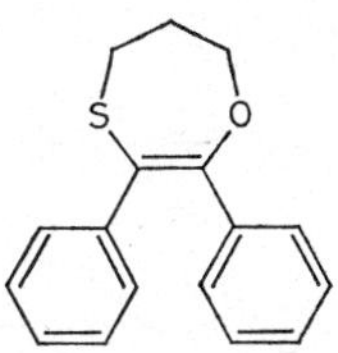

I 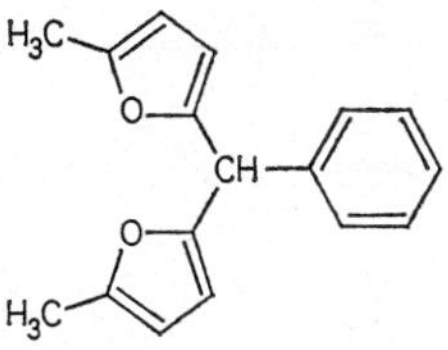 II 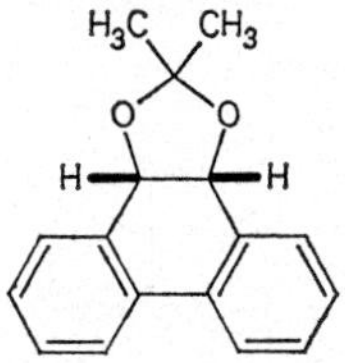 III

Bis-[5-methyl-[2]furyl]-phenyl-methan $C_{17}H_{16}O_2$, Formel II.

B. Beim Erhitzen von 2-Methyl-furan mit Benzaldehyd und kleinen Mengen wss. Salzsäure (*Etabl. Lambiotte Frères,* U.S.P. 2681917 [1948]).

Kp_2: 144–147°.

2,2-Dimethyl-(3a*r*,11b*c*)-3a,11b-dihydro-phenanthro[9,10-*d*][1,3]dioxol, *cis*-9,10-Isopropylidendioxy-9,10-dihydro-phenanthren $C_{17}H_{16}O_2$, Formel III.

B. Beim Behandeln von *cis*-9,10-Dihydro-phenanthren-9,10-diol mit Aceton und kleinen Mengen wss. Salzsäure (*Booth et al.,* Soc. **1950** 1188).

Krystalle (aus wss. Me.); F: 61–62°.

(±)-3,4,3′,4′-Tetrahydro-[2,2′]spirobichromen, (±)-[2,2′]Spirobichroman $C_{17}H_{16}O_2$, Formel IV (X = H) (E I 624; dort als Di-chroman-spiran-(2.2′) bezeichnet).

B. Aus 1,5-Bis-[2-hydroxy-phenyl]-pentan-3-on beim Erhitzen mit Acetanhydrid und Natriumacetat (*Mora, Széki,* Am. Soc. **72** [1950] 3009, 3012). Beim Erhitzen von 3-[3-(2-Hydroxy-phenyl)-propionyl]-chroman-2-on mit Essigsäure und konz. wss. Salzsäure (*Chatterjea,* J. Indian chem. Soc. **35** [1958] 47).

Krystalle; F: 108° [unkorr.; aus Me. + A. oder aus Eg.] (*Mora, Sz.*), 107° [korr.; aus A.] (*Ch.*).

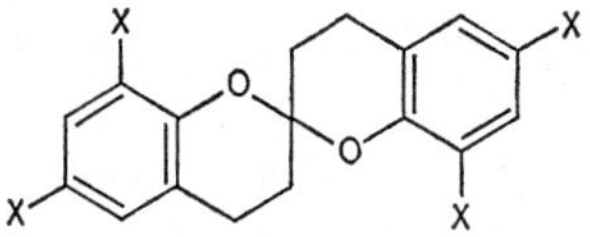

IV 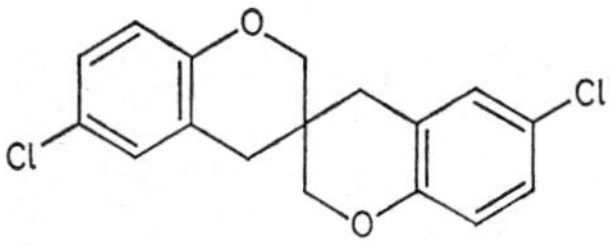 V

(±)-6,8,6′,8′-Tetranitro-3,4,3′,4′-tetrahydro-[2,2′]spirobichromen $C_{17}H_{12}N_4O_{10}$, Formel IV ($X = NO_2$).

B. Beim Erwärmen von 1,5-Bis-[2-hydroxy-phenyl]-pentan-3-on oder von 3,4,3′,4′-Tetrahydro-[2,2′]spirobichromen mit wss. Salpetersäure (D: 1,48) und Essigsäure (*Mora, Széki,* Am. Soc. **72** [1950] 3009, 3013).

Krystalle (aus Eg.); F: 180–182° [unkorr.].

(±)-6,6′-Dichlor-4*H*,4′*H*-[3,3′]spirobichromen $C_{17}H_{14}Cl_2O_2$, Formel V.

Diese Konstitution ist für die nachstehend beschriebene Verbindung in Betracht gezogen worden (*Backer, Dijken*, R. **55** [1936] 22, 31).

B. Beim Erwärmen einer Lösung von 1,3-Bis-[4-chlor-phenoxy]-2,2-bis-[4-chlor-phen=oxymethyl]-propan in Benzin mit Aluminiumchlorid (*Ba., Di.*).

Krystalle (aus Bzl. + A.); F: 218–220°.

Stammverbindungen $C_{18}H_{18}O_2$

8-[β-Nitro-ξ-styryl]-2,3,4,5-tetrahydro-benzo[*b*][1,4]dioxocin, 3,4-Butandiyldioxy-α′-nitro-ξ-stilben $C_{18}H_{17}NO_4$, Formel VI.

B. Beim Behandeln von 2,3,4,5-Tetrahydro-benzo[*b*][1,4]dioxocin-8-carbaldehyd mit Nitro-phenyl-methan, Methylamin-hydrochlorid und Natriumcarbonat in Äthanol (*Lettré, Delitzsch*, Z. physiol. Chem. **289** [1952] 220, 224).

Gelbe Krystalle (aus A.); F: 118–119°.

VI VII VIII

3,7-Diisopropenyl-2,6-dimethyl-benzo[1,2-*b*;4,5-*b*′]difuran $C_{18}H_{18}O_2$, Formel VII.

B. Beim Erhitzen von 3,7-Bis-[α-hydroxy-isopropyl]-2,6-dimethyl-benzo[1,2-*b*;4,5-*b*′]=difuran unter vermindertem Druck auf 100° (*Bernatek, Ramstad*, Acta chem. scand. **7** [1953] 1351, 1356).

Krystalle (aus Acn. + W.); F: 112° [unkorr.].

x-Cyclohexyl-phenoxathiin $C_{18}H_{18}OS$, Formel VIII.

B. Neben anderen Verbindungen beim Erhitzen von Phenoxathiin mit Cyclohexen in Gegenwart von Bleicherde auf 200° (*Dow Chem. Co.*, U.S.P. 2221820 [1939]).

Bei 232–238°/20 Torr destillierbar; D_{25}^{25}: 1,167.

5,5-Dimethyl-spiro[[1,3]dithian-2,9′-fluoren] $C_{18}H_{18}S_2$, Formel IX.

B. Beim Behandeln einer Lösung von Fluoren-9-on und 2,2-Dimethyl-propan-1,3-di=thiol in Äthanol mit Chlorwasserstoff (*Backer, Tamsma*, R. **57** [1938] 1183, 1199).

Krystalle (aus A.); F: 144,5–145°.

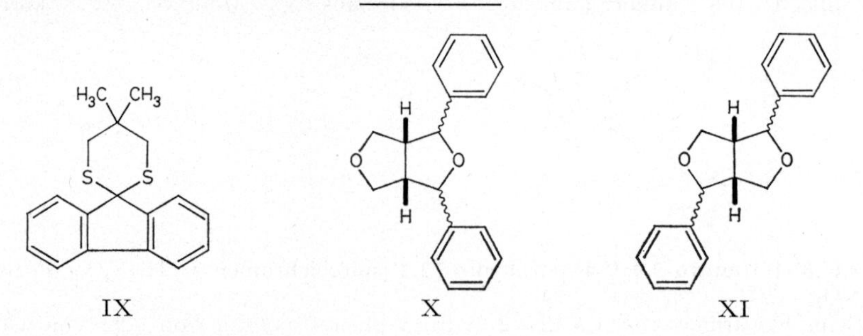

IX X XI

***Opt.-inakt. 1ξ,3ξ-Diphenyl-(3a*r*,6a*c*)-tetrahydro-furo[3,4-*c*]furan** $C_{18}H_{18}O_2$, Formel X.

B. Beim Erhitzen von (1Ξ,2*RS*,3*SR*,4Ξ)-2,3-Bis-hydroxymethyl-1,4-diphenyl-butan-1,4-diol (F: 137–138,5°) mit Kaliumhydrogensulfat unter 9 Torr bis auf 170° (*Galštu-*

chowa, Schtschukina, Ž. obšč. Chim. **27** [1957] 1857, 1862; engl. Ausg. S. 1921, 1925).
Krystalle (aus A.); F: 88,5—90°.
Beim Behandeln mit Salpetersäure und Essigsäure ist eine möglicherweise als 1ξ,3ξ-Bis-[4-nitro-phenyl]-(3a*r*,6a*c*)-tetrahydro-furo[3,4-*c*]furan zu formulierende Verbindung $C_{18}H_{16}N_2O_6$ vom F: 156,5—157,5° erhalten worden. Hydrierung an Palladium/Kohle in Essigsäure (Bildung von *cis*-3,4-Dibenzyl-tetrahydro-furan): *Ga., Sch.*

(±)-1ξ,4ξ-Diphenyl-(3a*r*,6a*c*)-tetrahydro-furo[3,4-*c*]furan $C_{18}H_{18}O_2$, Formel XI.
B. Beim Erhitzen von (1Ξ,2*RS*,3*RS*,4Ξ)-2,3-Bis-hydroxymethyl-1,4-diphenyl-butan-1,4-diol (F: 147,5—148°) mit Kaliumhydrogensulfat unter 13 Torr bis auf 200° (*Galštuchowa, Schtschukina,* Ž. obšč. Chim. **27** [1957] 1857, 1863; engl. Ausg. S. 1921, 1925).
Krystalle (aus A.); F: 72,5—74,5°.
Bei der Hydrierung an Palladium/Kohle in Essigsäure ist *racem.*-2,3-Dibenzyl-butan-1,4-diol erhalten worden.

2-Chlor-1,4-di-*p*-tolyl-3,6-dioxa-bicyclo[3.1.0]hexan, 2-Chlor-3,4-epoxy-3,5-di-*p*-tolyl-tetrahydro-furan $C_{18}H_{17}ClO_2$, Formel XII (X = Cl).
Die früher (s. E I **19** 624) unter dieser Konstitution beschriebenen opt.-inakt. Verbindungen (F: 100—104° bzw. F: 127—129°) sind wahrscheinlich als 4-Chlor-2,3-epoxy-1,3-di-*p*-tolyl-butan-1-on ($C_{18}H_{17}ClO_2$) zu formulieren (vgl. die Angaben im Artikel 2-Chlor-1,4-diphenyl-3,6-dioxa-bicyclo[3.1.0]hexan [S. 391]).

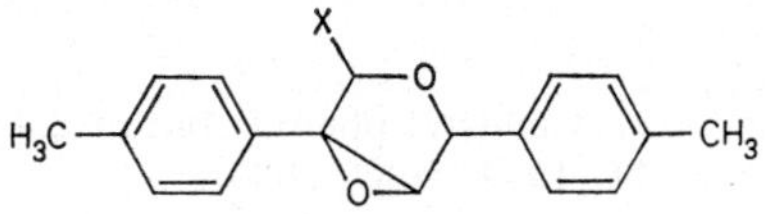

XII 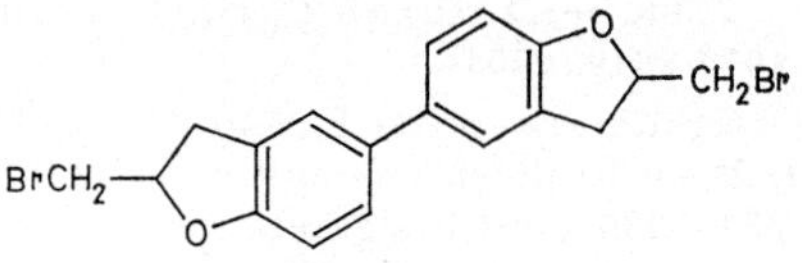 XIII

2-Brom-1,4-di-*p*-tolyl-3,6-dioxa-bicyclo[3.1.0]hexan, 2-Brom-3,4-epoxy-3,5-di-*p*-tolyl-tetrahydro-furan $C_{18}H_{17}BrO_2$, Formel XII (X = Br).
Die früher (s. E I **19** 624) unter dieser Konstitution beschriebenen opt.-inakt. Verbindungen (F: 93° bzw. F: 142°) sind wahrscheinlich als 4-Brom-2,3-epoxy-1,3-di-*p*-tolyl-butan-1-on ($C_{18}H_{17}BrO_2$) zu formulieren (vgl. die Angaben im Artikel 2-Brom-1,4-diphenyl-3,6-dioxa-bicyclo[3.1.0]hexan [S. 391]).

***Opt.-inakt. 2.2′-Bis-brommethyl-2,3,2′,3′-tetrahydro-[5,5′]bibenzofuranyl** $C_{18}H_{16}Br_2O_2$, Formel XIII.
B. Beim Erwärmen von opt.-inakt. 4,4′-Diacetoxy-3,3′-bis-[2,3-dibrom-propyl]-biphenyl (F: 156—157°) mit Natriumäthylat in Äthanol (*Funke, Daniken,* Bl. **1953** 457, 460).
Krystalle; F: 125—126°.

2,5a,9,10b-Tetramethyl-5a,10b-dihydro-benzofuro[2,3-*b*]benzofuran $C_{18}H_{18}O_2$, Formel I.
Diese Konstitution kommt der nachstehend beschriebenen, von *Sisido et al.* (Am. Soc. **71** [1949] 2037, 2038) als 3,4b,8,9b-Tetramethyl-4b,9b-dihydro-benzofuro[3,2-*b*]benzofuran angesehenen opt.-inakt. Verbindung zu (*Ramah, Laude,* Bl. **1975** 2649, 2650, 2652).
B. Beim Behandeln eines Gemisches von Butandion und *p*-Kresol mit konz. Schwefelsäure (*Si. et al.*, l. c. S. 2039; *Ra., La.*, l. c. S. 2654). Beim Erwärmen von opt.-inakt. 2,3-Bis-[2-hydroxy-5-methyl-phenyl]-butan-2,3-diol (F: 170° und F: 273° bzw. F: 300° [Zers.]) mit Essigsäure und konz. Schwefelsäure (*Si. et al.*, l. c. S. 2040 bzw. *Ra., La.*, l. c. S. 2654).
Krystalle (aus A.); F: 201—202° [Kofler-App.; unter partieller Sublimation] (*Ra., La.*, l. c. S. 2654), 196—197° (*Si. et al.*, l. c. S. 2039).

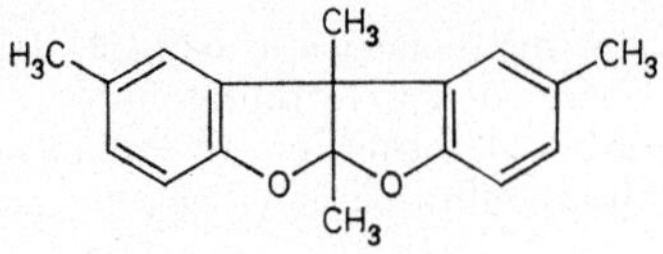

I 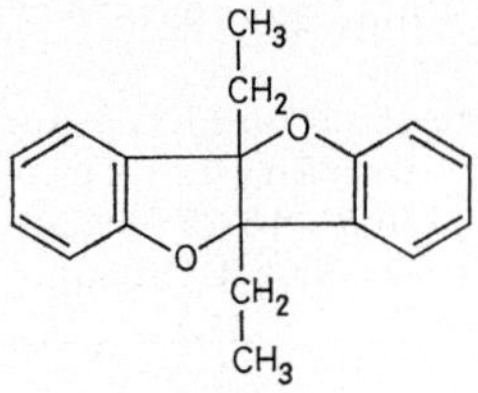 II 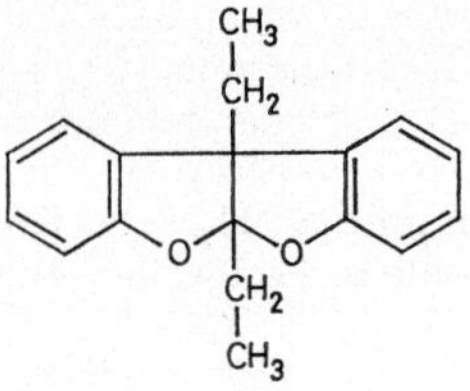 III

4b,9b-Diäthyl-4b,9b-dihydro-benzofuro[3,2-*b*]benzofuran $C_{18}H_{18}O_2$, Formel II.

Für die nachstehend beschriebene opt.-inakt. Verbindung ist ausser dieserKonstitution auch die Formulierung als 5a,10b-Diäthyl-5a,10b-dihydro-benzofuro[2,3-*b*]benzofuran ($C_{18}H_{18}O_2$; Formel III) in Betracht zu ziehen (vgl. *Ramah, Laude*, Bl. **1975** 2649, 2651).

B. Aus opt.-inakt. 3,4-Bis-[2-hydroxy-phenyl]-hexan-3,4-diol (F: 280°) beim Erhitzen mit Essigsäure und wss. Schwefelsäure sowie beim Behandeln einer Suspension in Äther mit Bromwasserstoff (*Gie*, Ark. Kemi **19** A Nr. 11 [1945] 1, 10).

Krystalle (aus Me.); F: 103° (*Gie*).

2,4b,7,9b-Tetramethyl-4b,9b-dihydro-benzofuro[3,2-*b*]benzofuran $C_{18}H_{18}O_2$, Formel IV.

Für die nachstehend beschriebenen opt.-inakt. Verbindungen ist ausser dieser Konstitution auch die Formulierung als 3,5a,8,10b-Tetramethyl-5a,10b-dihydro-benzofuro[2,3-*b*]benzofuran ($C_{18}H_{18}O_2$; Formel V) in Betracht zu ziehen (vgl. *Ramah, Laude*, Bl. **1975** 2649, 2651).

a) Isomeres vom F: 140°.

B. Beim Erhitzen von opt.-inakt. 2,3-Bis-[2-hydroxy-4-methyl-phenyl]-butan-2,3-diol (F: 234–235°) mit Essigsäure (*Sisido et al.*, Am. Soc. **71** [1949] 2037, 2039).

Krystalle (aus A.); F: 139–140°.

b) Isomeres vom F: 115°.

B. Beim Behandeln eines Gemisches von Butandion und *m*-Kresol mit konz. Schwefelsäure (*Sisido et al.*, Am. Soc. **71** [1949] 2037, 2039). Beim Erwärmen von opt.-inakt. 2,3-Bis-[2-hydroxy-4-methyl-phenyl]-butan-2,3-diol (F: 234–235° bzw. F: 188–190°) mit Essigsäure und konz. Schwefelsäure (*Si. et al.*).

Krystalle (aus PAe.); F: 115°.

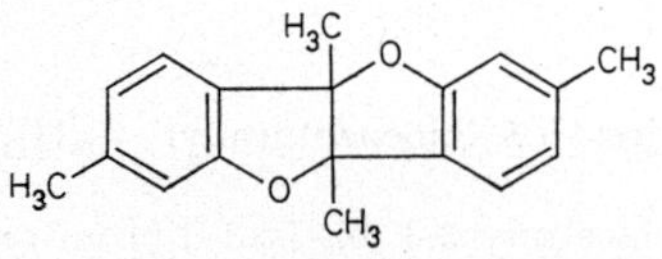

IV 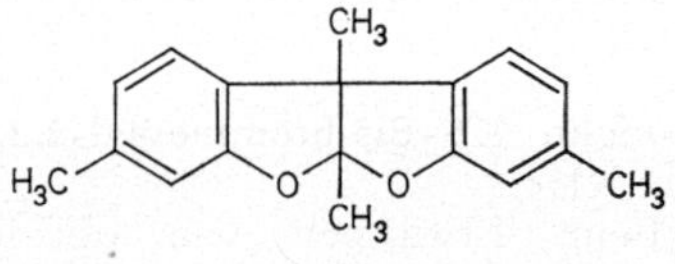 V

3,4b,8,9b-Tetramethyl-4b,9b-dihydro-benzofuro[3,2-*b*]benzofuran $C_{18}H_{18}O_2$, Formel VI.

Ein von *Sisido et al.* (Am. Soc. **71** [1949] 2037, 2039) unter dieser Konstitution beschriebene opt.-inakt. Verbindung (F: 196–197°) ist als 2,5a,9,10b-Tetramethyl-5a,10b-dihydro-benzofuro[2,3-*b*]benzofuran zu formulieren (*Ramah, Laude*, Bl. **1975** 2649, 2650, 2652). Die Identität eines von *Baker, McGowan* (Soc. **1937** 559, 561) ebenfalls unter dieser Konstitution beschriebenen Präparats (Krystalle [aus A.], F: 151°) ist ungewiss.

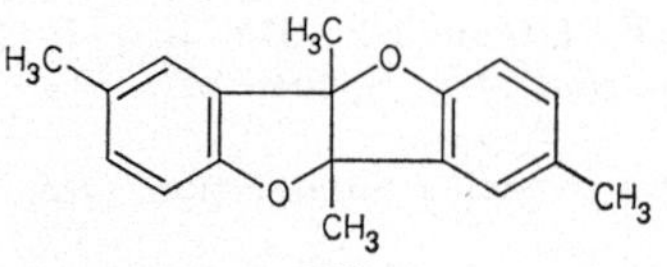

VI 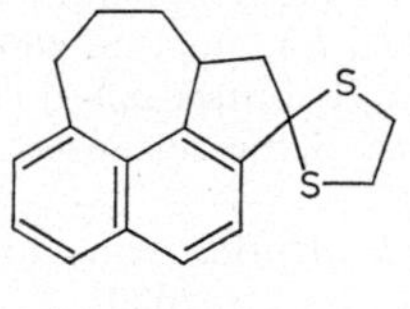 VII 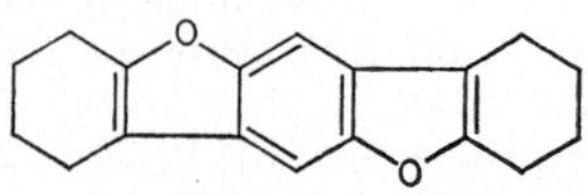 VIII

(±)-8',9',10',10'a-Tetrahydro-1'*H*-spiro[[1,3]dithiolan-2,2'-naphth[2,1,8-*cde*]azulen], (±)-2,2-Äthandiyldimercapto-1,2,8,9,10,10a-hexahydro-naphth[2,1,8-*cde*]azulen $C_{18}H_{18}S_2$, Formel VII.

B. Beim Behandeln von (±)-8,9,10,10a-Tetrahydro-1*H*-naphth[2,1,8-*cde*]azulen-2-on mit Äthan-1,2-dithiol und dem Borfluorid-Äther-Addukt (*Gardner et al.*, Am. Soc. **80** [1958] 143, 146).

Krystalle (aus Heptan oder aus Isopropylalkohol + W.); F: 133—135,5° [korr.].

1,2,3,4,7,8,9,10-Octahydro-dibenzo[*d,d'*]benzo[1,2-*b*;4,5-*b'*]difuran $C_{18}H_{18}O_2$, Formel VIII.

B. Beim Erwärmen von 1,4-Bis-[2-oxo-cyclohexyloxy]-benzol (F: 190,5—194°) mit Phosphor(V)-oxid und Phosphorsäure (*Erdtman, Stjernström*, Acta chem. scand. **13** [1959] 653, 656).

Krystalle (aus Butan-1-ol); F: 201—202° [unkorr.].

1,2,3,4,7,8,9,10-Octahydro-dibenzo[*d,d'*]benzo[1,2-*b*;4,5-*b'*]dithiophen $C_{18}H_{18}S_2$, Formel IX (X = H).

B. Neben 1,2,3,4,9,10,11,12-Octahydro-dibenzo[*d,d'*]benzo[1,2-*b*;4,3-*b'*]dithiophen beim Erhitzen von 1,4-Bis-[2-oxo-cyclohexylmercapto]-benzol (F: 161—163°) mit Phosphor(V)-oxid, Phosphorsäure und Chlorbenzol auf 170° (*Rao, Tilak*, J. scient. ind. Res. India **17** B [1958] 260, 263).

Krystalle (aus Bzl. + A.); F: 202—203°.

Verbindung mit Picrinsäure $C_{18}H_{18}S_2 \cdot C_6H_3N_3O_7$. Braune Krystalle (aus Bzl.); F: 204—205°.

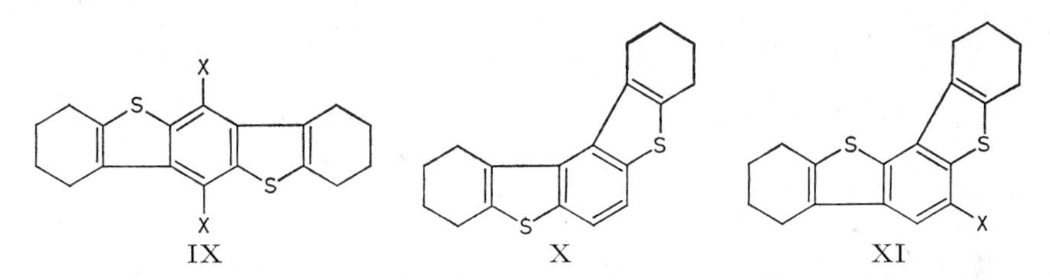

6,12-Dichlor-1,2,3,4,7,8,9,10-octahydro-dibenzo[*d,d'*]benzo[1,2-*b*;4,5-*b'*]dithiophen $C_{18}H_{16}Cl_2S_2$, Formel IX (X = Cl).

B. Beim Erhitzen von 1,4-Dichlor-2,5-bis-[2-oxo-cyclohexylmercapto]-benzol (F: 191° bis 192°) mit Phosphor(V)-oxid, Phosphorsäure und Chlorbenzol (*Rao, Tilak*, J. scient. ind. Res. India **17** B [1958] 260, 264).

Krystalle (aus Bzl.); F: 277—278°.

1,2,3,4,9,10,11,12-Octahydro-dibenzo[*d,d'*]benzo[1,2-*b*;4,3-*b'*]dithiophen $C_{18}H_{18}S_2$, Formel X.

B. Neben 1,2,3,4,7,8,9,10-Octahydro-dibenzo[*d,d'*]benzo[1,2-*b*;4,5-*b'*]dithiophen beim Erhitzen von 1,4-Bis-[2-oxo-cyclohexylmercapto]-benzol (F: 161—163°) mit Phosphor(V)-oxid, Phosphorsäure und Chlorbenzol auf 170° (*Rao, Tilak*, J. scient. ind. Res. India **17** B [1958] 260, 263).

Krystalle (aus A.); F: 161°.

Verbindung mit Picrinsäure $C_{18}H_{18}S_2 \cdot C_6H_3N_3O_7$. Braunrote Krystalle (aus A.); F: 162—163°.

1,2,3,4,8,9,10,11-Octahydro-dibenzo[*d,d'*]benzo[1,2-*b*;3,4-*b'*]dithiophen $C_{18}H_{18}S_2$, Formel XI (X = H).

B. Beim Erwärmen von 1,3-Bis-[2-oxo-cyclohexylmercapto]-benzol ($Kp_{0,04}$: 200° bis 204°) mit Phosphor(V)-oxid in Benzol (*Rao, Tilak*, J. scient. ind. Res. India **13** B [1954] 829, 833). Beim Erhitzen von 6-Chlor-1,2,3,4,8,9,10,11-octahydro-dibenzo[*d,d'*]=

benzo[1,2-*b*;3,4-*b'*]dithiophen mit Pyridin, Acetanhydrid und Kupfer(I)-oxid bis auf 160° (*Rao, Ti.*).

Krystalle (aus Bzl. + PAe.); F: 136–137° (*Rao, Ti.*). IR-Spektrum (2–15 μ): A.P.I. Res. Project **44** Nr. 1857 [1957].

Verbindung mit 1,3,5-Trinitro-benzol $C_{18}H_{18}S_2 \cdot C_6H_3N_3O_6$. Orangegelbe Krystalle (aus Bzl. + PAe.); F: 200–201° (*Rao, Ti.*).

6-Chlor-1,2,3,4,8,9,10,11-octahydro-dibenzo[*d,d'*]benzo[1,2-*b*;3,4-*b'*]dithiophen $C_{18}H_{17}ClS_2$, Formel XI (X = Cl).

B. Beim Erwärmen von 1-Chlor-2,4-bis-[2-oxo-cyclohexylmercapto]-benzol (hergestellt aus 4-Chlor-dithioresorcin und 2-Brom-cyclohexanon) mit Phosphor(V)-oxid in Benzol (*Rao, Tilak*, J. scient. ind. Res. India **13** B [1954] 829, 833).

Krystalle (aus PAe. + Bzl.); F: 140°.

Verbindung mit 1,3,5-Trinitro-benzol $C_{18}H_{17}ClS_2 \cdot C_6H_3N_3O_6$. Gelbe Krystalle (aus Bzl. + PAe.); F: 200–201°.

Stammverbindungen $C_{19}H_{20}O_2$

***Opt.-inakt. 5-*trans*-Cinnamyl-4-phenyl-[1,3]dioxan** $C_{19}H_{20}O_2$, Formel I.

B. Neben anderen Verbindungen beim Erwärmen von *trans*-Zimtalkohol mit wss. Formaldehyd-Lösung und Schwefelsäure (*Beets, van Essen*, R. **74** [1955] 98, 107, 109).

Krystalle (aus A.); F: 83,3–84,3°. UV-Spektrum (Octan; 220–340 nm): *Be., v. Es.*, l. c. S. 101.

I II

Bis-[2,5-dimethyl-[3]thienyl]-phenyl-methan $C_{19}H_{20}S_2$, Formel II.

B. Beim Behandeln von 2,5-Dimethyl-thiophen mit Benzaldehyd und Phosphor(V)-oxid in Petroläther (*Kegelman, Brown*, Am. Soc. **75** [1953] 5961). Neben Benzoesäure beim Erwärmen von opt.-inakt. 1,2-Bis-[2,5-dimethyl-[3]thienyl]-1,2-diphenyl-äthan-1,2-diol (F: 176–177°) mit Acetylchlorid, Essigsäure und Benzol und Erwärmen des Reaktionsprodukts mit äthanol. Kalilauge (*Ke., Br.*).

Krystalle (aus A.); F: 96,5–97,5°.

(±)-6,6'-Dimethyl-4*H*,4'*H*-[3,3']spirobichromen, (±)-6,6'-Dimethyl-[3,3']spiro-bichroman $C_{19}H_{20}O_2$, Formel III.

Diese Konstitution ist für die nachstehend beschriebene Verbindung in Betracht gezogen worden (*Backer, Dijken*, R. **55** [1936] 22, 31).

B. Neben kleinen Mengen einer Verbindung $C_{33}H_{36}O_4$ (F: 100,5–101,5°) bei 60-stdg. Erhitzen von 1,3-Dibrom-2,2-bis-brommethyl-propan mit *p*-Kresol und Natrium (*Ba., Di.*). Beim Erwärmen von 1,3-Bis-*p*-tolyloxy-2,2-bis-*p*-tolyloxymethyl-propan mit Aluminiumchlorid in Benzol (*Ba., Di.*).

Krystalle (aus A.); F: 169–170°.

III IV

***Opt.-inakt. Bis-[2-brommethyl-2,3-dihydro-benzofuran-5-yl]-methan** $C_{19}H_{18}Br_2O_2$, Formel IV.

B. Beim Erwärmen von opt.-inakt. Bis-[4-acetoxy-3-(2,3-dibrom-propyl)-phenyl]-methan (hergestellt aus Bis-[4-acetoxy-3-allyl-phenyl]-methan und Brom) mit Natrium≠äthylat in Äthanol (*Funke, Daniken,* Bl. **1953** 457, 460).

Krystalle (aus Acn.); F: 84–85°.

Stammverbindungen $C_{20}H_{22}O_2$

2,3-Diphenyl-1-oxa-4-thia-spiro[4.5]decan $C_{20}H_{22}OS$, Formel V.

a) Opt.-inakt. Stereoisomeres vom F: 99°.

B. Aus flüssigem opt.-inakt. α'-Mercapto-bibenzyl-α-ol ($Kp_{0,04}$: 150–155°) und Cyclo≠hexanon (*Djerassi et al.,* Am. Soc. **77** [1955] 568, 570).

Krystalle (aus Me.); F: 98–99°.

b) Opt.-inakt. Stereoisomeres vom F: 94°.

B. Aus krystallinem opt.-inakt. α'-Mercapto-bibenzyl-α-ol (F: 76,5–77,5°) und Cyclo≠hexanon (*Djerassi et al.,* Am. Soc. **77** [1955] 568, 570).

Krystalle (aus Me.); F: 93–94°.

2,2-Dimethyl-3a,6a-diphenyl-(3a*r*,6a*c*)-tetrahydro-cyclopenta[1,3]dioxol $C_{20}H_{22}O_2$, Formel VI.

B. Beim Behandeln von 1,2*t*-Diphenyl-cyclopentan-1*r*,2*c*-diol mit Aceton und konz. Schwefelsäure (*Hoffman et al.,* Tetrahedron **5** [1959] 293, 301).

Krystalle (aus Hexan); F: 84–85°.

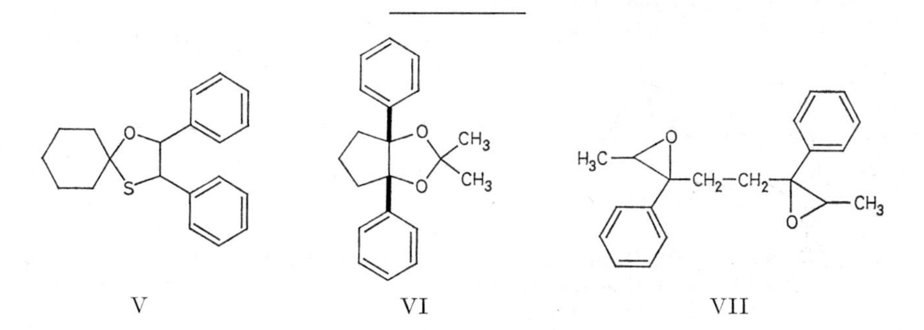

V VI VII

1,2-Bis-[3-methyl-2-phenyl-oxiranyl]-äthan, 2,3;6,7-Diepoxy-3,6-diphenyl-octan $C_{20}H_{22}O_2$, Formel VII.

Ein unter dieser Konstitution beschriebenes opt.-inakt. Präparat (Öl; bei 193–204°/3 Torr unter partieller Zersetzung destillierbar) ist aus 3,6-Diphenyl-octa-2,6-dien (Kp_2: 156–157°; n_D^{20}: 1,5750) mit Hilfe von Peroxyessigsäure erhalten worden (*Panšewitsch-Koljada,* Ž. obšč. Chim. **28** [1958] 438, 440; engl. Ausg. S. 430).

Stammverbindungen $C_{21}H_{24}O_2$

3,3-Diphenyl-2,4-dithia-spiro[5.5]undecan $C_{21}H_{24}S_2$, Formel VIII.

B. Beim Behandeln einer Lösung von 1,1-Bis-mercaptomethyl-cyclohexan und Benzophenon in Äthanol mit Chlorwasserstoff (*Backer, Tamsma,* R. **57** [1938] 1183, 1194).

Krystalle (aus A.); F: 125°.

(±)-2-Benzhydryl-1-oxa-4-thia-spiro[4.5]decan $C_{21}H_{24}OS$, Formel IX.

B. Beim Behandeln von Cyclohexanon mit (±)-3-Mercapto-1,1-diphenyl-propan-2-ol, Zinkchlorid und Natriumsulfat (*Djerassi et al.,* Am. Soc. **77** [1955] 568, 571).

Krystalle (aus Me.); F: 96–97°.

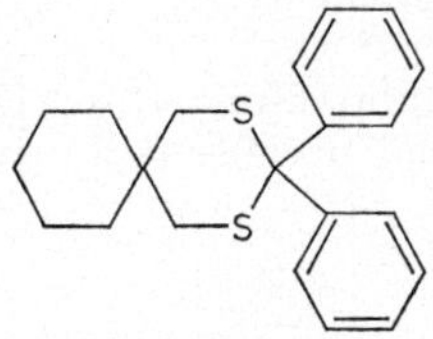

VIII 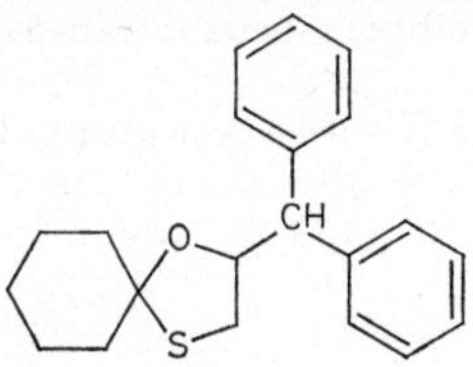 IX 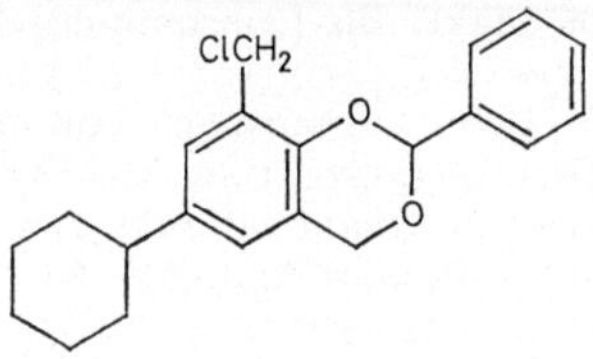 X

(±)-8-Chlormethyl-6-cyclohexyl-2-phenyl-4*H*-benzo[1,3]dioxin $C_{21}H_{23}ClO_2$, Formel X.

B. Beim Behandeln von 4-Cyclohexyl-2,6-bis-hydroxymethyl-phenol mit Benzaldehyd und wss. Salzsäure (*Ziegler*, B. **77/79** [1944/46] 731, 734). Beim Behandeln von (±)-[6-Cyclohexyl-2-phenyl-4*H*-benzo[1,3]dioxin-8-yl]-methanol mit wss. Salzsäure [12 n] (*Zi.*, l. c. S. 735).

Krystalle (aus A.); F: 103°.

6a,8,8-Trimethyl-5,6,6a,6b,9a,10-hexahydro-10a*H*-naphth[2′,1′;4,5]indeno[1,2-*d*][1,3]dioxol, 16,17-Isopropylidendioxy-13-methyl-11,12,13,14,15,16-hexahydro-17*H*-cyclopenta[*a*]phenanthren $C_{21}H_{24}O_2$.

a) **(±)-6a,8,8-Trimethyl-(6a*r*,6b*t*,9a*t*,10a*c*)-5,6,6a,6b,9a,10-hexahydro-10a*H*-naphth[2′,1′;4,5]indeno[1,2-*d*][1,3]dioxol, *rac*-16α,17α-Isopropylidendioxy-13α-östra-1,3,5,7,9-pentaen** $C_{21}H_{24}O_2$, Formel I + Spiegelbild.

B. Beim Behandeln von (±)-13-Methyl-(13*r*,14*c*)-11,12,13,14,15,16-hexahydro-17*H*-cyclopenta[*a*]phenanthren-16*c*,17*c*-diol mit Aceton und Chlorwasserstoff (*Wilds et al.*, J. org. Chem. **19** [1954] 255, 264).

Krystalle (aus A.); F: 158–160° [korr.].

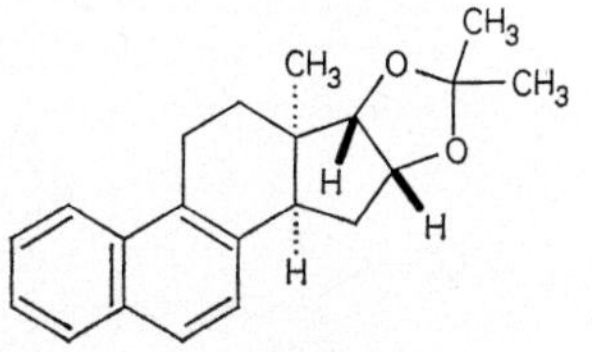

I 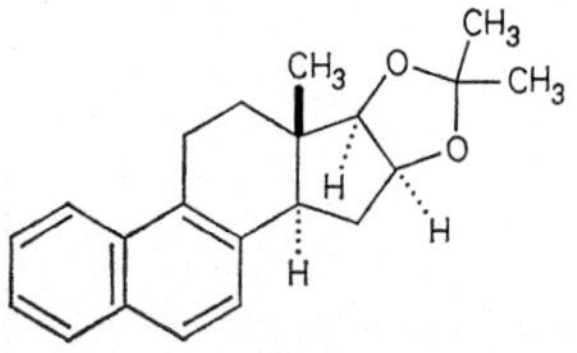 II

b) **(±)-6a,8,8-Trimethyl-(6a*r*,6b*t*,9a*t*,10a*t*)-5,6,6a,6b,9a,10-hexahydro-10a*H*-naphth[2′,1′;4,5]indeno[1,2-*d*][1,3]dioxol, *rac*-16β,17β-Isopropylidendioxy-östra-1,3,5,7,9-pentaen** $C_{21}H_{24}O_2$, Formel II + Spiegelbild.

B. Beim Behandeln von (±)-13-Methyl-(13*r*,14*t*)-11,12,13,14,15,16-hexahydro-17*H*-cyclopenta[*a*]phenanthren-16*c*,17*c*-diol mit Aceton und Chlorwasserstoff (*Wilds et al.*, J. org. Chem. **19** [1954] 255, 263).

Krystalle (aus A.); F: 199–200° [korr.; evakuierte Kapillare].

Stammverbindungen $C_{23}H_{28}O_2$

***Opt.-inakt. 2,2-Dimethyl-3a,4,9,10,11,12,17,17a-octahydro-5,8;13,16-diätheno-cyclohexadeca[1,3]dioxol, 3²,3²-Dimethyl-3⁴,3⁵-dihydro-3-(4,5)[1,3]dioxola-1,5-di-(1,4)phenacyclononan** [1]**, 2,3-Isopropylidendioxy-[4.4]paracyclophan** $C_{23}H_{28}O_2$, Formel III.

B. Neben [4.4]Paracyclophan-2-on beim Erhitzen von opt.-inakt. 2,3-Isopropylidendioxy-dodecahydro-[4.4]paracyclophan (F: 126–127,8° [S. 187]) mit Palladium/Kohle auf 300° (*Cram, Dewhirst*, Am. Soc. **81** [1959] 5963, 5969).

Krystalle (aus Acn.); F: 162,8–163,5° [korr.].

(±)-4,4,7,4′,4′,7′-Hexamethyl-3,4,3′,4′-tetrahydro-[2,2′]spirobichromen, (±)-4,4,7,4′,4′,7′-Hexamethyl-[2,2′]spirobichroman $C_{23}H_{28}O_2$, Formel IV (E II 45; dort als Bis-[4.4.7-trimethyl-chroman]-spiran-(2.2′) bezeichnet).

B. Beim Erwärmen von *m*-Kresol mit Aceton und Aluminiumchlorid (*Zukerwanik*,

---

[1]) Über diese Bezeichnungsweise s. *Kauffmann*, Tetrahedron **28** [1972] 5183.

Nasarowa, Ž. obšč. Chim. **9** [1939] 33; C. **1939** II 4467). Beim Erhitzen von (±)-5-Methyl-2-[2,4,4,7-tetramethyl-chroman-2-yl]-phenol (E III/IV **17** 1648) mit wss. Jodwasserstoffsäure (*Baker, Besly*, Soc. **1939** 195, 199).

III

IV

Stammverbindungen $C_{24}H_{30}O_2$

1-[2,3-Dimethyl-chroman-2-yl]-2-[2,2-dimethyl-chroman-3-yl]-äthan $C_{24}H_{30}O_2$, Formel V.

Diese Konstitution ist für die nachstehend beschriebene opt.-inakt. Verbindung in Betracht gezogen worden (*Cunneen et al.*, Soc. **1943** 472, 473).

B. Neben einem als 2,2-Dimethyl-3-[3-methyl-pent-3-enyl]-chroman angesehenen Präparat ($Kp_{0,05}$: 118°) beim Erhitzen von Dihydromyrcen (E III **1** 1019) mit 2-Hydroxybenzylalkohol auf 180° (*Cu. et al.*, l. c. S. 476).

Bei 200–205°/0,05 Torr destillierbar.

V

VI

***4,7-Di-*tert*-butyl-2,9-dimethyl-5a,10b-dihydro-benzofuro[2,3-*b*]benzofuran** $C_{24}H_{30}O_2$, Formel VI.

Konstitutionszuordnung: *Coxworth*, Canad. J. Chem. **45** [1967] 1777, 1778.

B. Beim Behandeln eines Gemisches von wasserhaltigem Glyoxal, 2-*tert*-Butyl-4-methylphenol und Essigsäure mit Zinkchlorid und Chlorwasserstoff (*Gulf Research & Devel. Co.*, U.S.P. 2515909 [1948]) oder mit Schwefelsäure (*Co.*, l. c. S. 1781).

Krystalle (aus A. + Acn.); F: 190,5–194° [unkorr.] (*Co.*, l. c. S. 1781), 190,5–191,5° (*Gulf Research & Devel. Co.*).

Stammverbindungen $C_{25}H_{32}O_2$

(±)-7,7'-Diäthyl-4,4,4',4'-tetramethyl-3,4,3',4'-tetrahydro-[2,2']spirobichromen, (±)-7,7'-Diäthyl-4,4,4',4'-tetramethyl-[2,2']spirobichroman $C_{25}H_{32}O_2$, Formel VII (X = H).

B. Beim Behandeln eines Gemisches von Phoron (2,6-Dimethyl-hepta-2,5-dien-4-on) und 3-Äthyl-phenol mit Chlorwasserstoff (*Niederl, Nagel*, Am. Soc. **62** [1940] 324). Beim Erhitzen von (±)-5-Äthyl-2-[7-äthyl-2,4,4-trimethyl-chroman-2-yl]-phenol (E III/IV **17** 1656) mit konz. Schwefelsäure (*Baker et al.*, Soc. **1957** 3060, 3062; *Ni., Na.*).

Krystalle (aus A.), F: 146° [unkorr.] und F: 114° [unkorr.] (*Ni., Na.*); Krystalle (aus A.), F: 114° (*Ba. et al.*).

Beim Erwärmen mit Salpetersäure ist ein vermutlich als (±)-7,7'-Diäthyl-4,4,4',4'-tetramethyl-6,8,6',8'-tetranitro-3,4,3',4'-tetrahydro-[2,2']spirobichromen (Formel VII [X = NO_2]) zu formulierendes Tetranitro-Derivat $C_{25}H_{28}N_4O_{10}$ (Krystalle [aus A.]; F: 246–248° [unkorr.]) erhalten worden (*Ni., Na.*).

(±)-4,4,6,7,4',4',6',7'-Octamethyl-3,4,3',4'-tetrahydro-[2,2']spirobichromen, (±)-4,4,6,7,4',4',6',7'-Octamethyl-[2,2']spirobichroman $C_{25}H_{32}O_2$, Formel VIII.

B. Beim Erhitzen von (±)-4,5-Dimethyl-2-[2,4,4,6,7-pentamethyl-chroman-2-yl]-phenol

mit konz. Schwefelsäure (*Baker et al.*, Soc. **1957** 3060, 3062).
Krystalle (aus Bzl. + A.); F: 199—200°.

VII VIII

Stammverbindungen $C_nH_{2n-20}O_2$

Stammverbindungen $C_{14}H_8O_2$

2,2-Dioxo-2λ⁶-anthra[1,9-*cd*][1,2]oxathiol, Anthra[1,9-*cd*][1,2]oxathiol-2,2-dioxid, 9-Hydroxy-anthracen-1-sulfonsäure-lacton $C_{14}H_8O_3S$, Formel I.

B. Beim Erhitzen des Zink-Salzes der 9-Amino-anthracen-1-sulfonsäure (hergestellt aus 9-Nitro-anthracen-1-sulfonsäure mit Hilfe von Zink und Schwefelsäure) mit Phosphorylchlorid (*Woroshzow, Koslow*, Ž. obšč. Chim. **7** [1937] 729, 733; C. **1938** I 589).

Gelbe Krystalle (aus Eg. oder A.); F: 158—159° [Zers.].

2,9-Dichlor-benzofuro[2,3-*b*]benzofuran $C_{14}H_6Cl_2O_2$, Formel II (R = H, X = Cl).

B. Beim Erwärmen von 1,1,1-Trichlor-2,2-bis-[5-chlor-2-hydroxy-phenyl]-äthan mit methanol. Kalilauge (*Riemschneider et al.*, B. **92** [1959] 900, 909).

Krystalle (aus Eg.); F: 236—238° [Kofler-App.].

2,4,7,9-Tetrachlor-benzofuro[2,3-*b*]benzofuran $C_{14}H_4Cl_4O_2$, Formel II (R = X = Cl).

B. Beim Erwärmen von 1,1,1-Trichlor-2,2-bis-[3,5-dichlor-2-hydroxy-phenyl]-äthan mit äthanol. Kalilauge (*Riemschneider, Cohnen*, B. **90** [1957] 2720, 2727).

Dipolmoment (ε; Bzl.): 0,84 D (*Riemschneider et al.*, B. **92** [1959] 900, 909).

Krystalle (aus Bzl.); F: 269—270° [Kofler-App.] (*Ri., Co.*).

2,9-Dibrom-4,7-dichlor-benzofuro[2,3-*b*]benzofuran $C_{14}H_4Br_2Cl_2O_2$, Formel II (R = Cl, X = Br).

B. Beim Erwärmen von 2,2-Bis-[5-brom-3-chlor-2-hydroxy-phenyl]-1,1,1-trichlor-äthan mit methanol. Kalilauge (*Riemschneider et al.*, B. **92** [1959] 900, 908).

Krystalle (aus Acetanhydrid); F: 306—307° [Kofler-App.].

I II III

4,7-Dibrom-2,9-dichlor-benzofuro[2,3-*b*]benzofuran $C_{14}H_4Br_2Cl_2O_2$, Formel II (R = Br, X = Cl).

B. Beim Erwärmen von 2,2-Bis-[3-brom-5-chlor-2-hydroxy-phenyl]-1,1,1-trichlor-äthan mit methanol. Kalilauge (*Riemschneider et al.*, B. **92** [1959] 900, 908).

Krystalle (aus Acetanhydrid); F: 299—301° [Kofler-App.].

Benzo[*b*]benzo[4,5]thieno[3,2-*d*]thiophen $C_{14}H_8S_2$, Formel III.

B. Beim Erhitzen von 1,2,3,4-Tetrahydro-benzo[*b*]benzo[4,5]thieno[3,2-*d*]thiophen mit Selen auf 320° (*Mitra et al.*, J. scient. ind. Res. India **16**B [1957] 348, 352).

Krystalle (aus Bzl. + A.), F: 140—140,5°; bei 90—120°/0,07 Torr sublimierbar (*Mi. et al.*). Monoklin; Raumgruppe $P2_1$ (= C_2^2); aus dem Röntgen-Diagramm ermittelte

Dimensionen der Elementarzelle: a = 9,935 Å; b = 4,027 Å; c = 13,622 Å; β = 97,90°; n = 2 (*Goldberg, Shmueli*, Acta cryst. [B] **27** [1971] 2164). Dichte der Krystalle: 1,46 (*Go., Sh.*, l. c. S. 2165).

Verbindung mit Picrinsäure $C_{14}H_8S_2 \cdot C_6H_3N_3O_7$. Rote Krystalle (aus A.); F: 145° bis 146° (*Mi. et al.*).

Benzo[*b*]benzo[4,5]thieno[2,3-*d*]thiophen $C_{14}H_8S_2$, Formel IV.

Diese Konstitution kommt der früher (s. E I **10** 56 im Artikel S-Acetyl-thiosalicylsäure) beschriebenen Verbindung $C_{14}H_8S_2$ (F: 216°) zu (*Baker et al.*, Soc. **1952** 3163, 3165).

B. Neben Dibenzo[*b,f*][1,5]dithiocin-6,12-dion beim Erwärmen von 2-Mercapto-benzoesäure mit Phosphor(V)-oxid in Tetralin (*Ba. et al.*, l. c. S. 3166). Beim Erhitzen von 1,2,3,4-Tetrahydro-benzo[*b*]benzo[4,5]thieno[2,3-*d*]thiophen mit Selen auf 300° (*Ghaisas, Tilak*, J. scient. ind. Res. India **16**B [1957] 345, 347).

Krystalle; F: 210–211° [aus PAe.] (*Gh., Ti.*), 209–210° [unkorr.; aus Eg.] (*Ba. et al.*). Bei 200°/7 Torr sublimierbar (*Gh., Ti.*). IR-Spektrum im Bereich von 2 μ bis 15 μ (CCl_4 sowie CS_2): A.P.I. Res. Project **44** Nr. 1855 [1957]; im Bereich von 14 μ bis 25 μ (KBr): A.P.I. Res. Project **44** Nr. 1891 [1957].

Verbindung mit 1,3,5-Trinitro-benzol $C_{14}H_8S_2 \cdot C_6H_3N_3O_6$. Orangefarbene Krystalle (aus A.); F: 175° (*Gh., Ti.*).

Naphtho[2,1-*b*; 7,8-*b'*]dithiophen $C_{14}H_8S_2$, Formel V.

B. Beim Erhitzen von 2,7-Bis-[2,2-dimethoxy-äthylmercapto]-naphthalin mit Phosphorsäure und Phosphor(V)-oxid auf 160° (*Ghaisas et al.*, Pr. Indian Acad. [A] **37** [1953] 114, 118).

Krystalle (aus Hexan), F: 163°; bei 180–200°/10 Torr sublimierbar (*Gh. et al.*). IR-Spektrum (KBr; 2–16 μ): A.P.I. Res. Project **44** Nr. 2030 [1958].

Verbindung mit Picrinsäure $C_{14}H_8S_2 \cdot C_6H_3N_3O_7$. Orangefarbene Krystalle (aus A.); F: 185° (*Gh. et al.*).

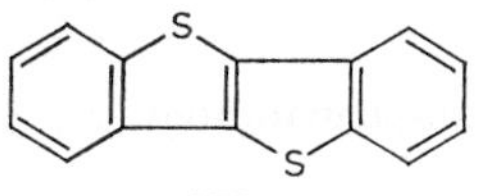

IV 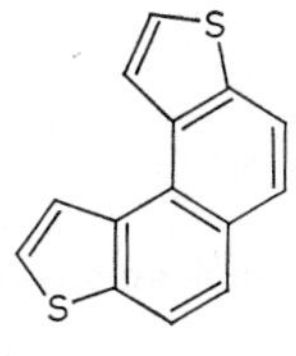 V 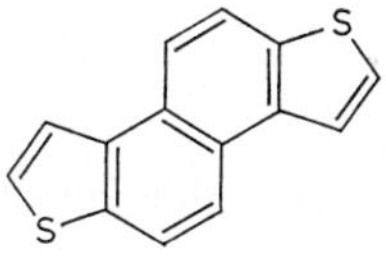 VI 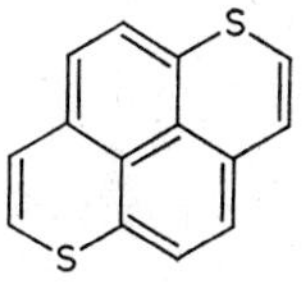 VII

Naphtho[2,1-*b*; 6,5-*b'*]dithiophen $C_{14}H_8S_2$, Formel VI.

B. Beim Erhitzen von 2,6-Bis-[2,2-dimethoxy-äthylmercapto]-naphthalin mit Phosphorsäure und Phosphor(V)-oxid auf 150° (*Tilak*, Pr. Indian Acad. [A] **33** [1951] 71, 77).

Krystalle (aus Bzl.); F: 264–265° [unkorr.]. UV-Spektrum (Me.; 230–360 nm): *Ti.*, l. c. S. 73.

Verbindung mit 1,3,5-Trinitro-benzol $C_{14}H_8S_2 \cdot C_6H_3N_3O_6$. Orangefarbene Krystalle (aus Bzl.); F: 200–201° [unkorr.].

Thiochromeno[6,5,4-*def*]thiochromen $C_{14}H_8S_2$, Formel VII.

B. Beim Erhitzen von 1,5-Bis-[2,2-dimethoxy-äthylmercapto]-naphthalin mit Phosphorsäure und Phosphor(V)-oxid auf 150° (*Tilak*, Pr. Indian Acad. [A] **33** [1951] 71, 76).

Orangefarbene Krystalle (aus Bzl.); F: 224–225° [unkorr.]. Absorptionsspektrum (Me.; 220–510 nm): *Ti.*, l. c. S. 74.

Verbindung mit 1,3,5-Trinitro-benzol $C_{14}H_8S_2 \cdot C_6H_3N_3O_6$. Schwarze Krystalle (aus Bzl.); F: 213–214° [unkorr.].

Stammverbindungen $C_{15}H_{10}O_2$

Phenanthro[2,3-*d*][1,3]dioxol, 2,3-Methylendioxy-phenanthren $C_{15}H_{10}O_2$, Formel VIII.

B. Beim Erhitzen von Phenanthro[2,3-*d*][1,3]dioxol-6-carbonsäure mit Chinolin und

Kupfer-Pulver (*Shirai, Oda*, J. pharm. Soc. Japan **79** [1959] 241, 244; C. A. **1959** 13123). Aus Phenanthro[2,3-*d*][1,3]dioxol-5-carbonsäure beim Erhitzen unter 250 Torr (*Mosettig, Burger*, Am. Soc. **52** [1930] 2988, 2994) sowie beim Erhitzen mit Chinolin und Kupfer-oxid-Chromoxid (*Konowalowa et al.*, Bl. [5] **6** [1939] 1479, 1484; Ž. obšč. Chim. **9** [1939] 1507, 1510).

Krystalle; F: 99–100° [aus Me.] (*Ko. et al.*), 93–94° [aus A.] (*Sh., Oda*), 93–94° [aus Me.] (*Mo., Bu.*).

Beim Behandeln mit Brom in Chloroform ist x,x-Dibrom-phenanthro[2,3-*d*][1,3]-dioxol ($C_{15}H_8Br_2O_2$; Krystalle [aus Eg.], F: 228–229°) erhalten worden (*Ko. et al.*).

Verbindung mit Picrinsäure $C_{15}H_{10}O_2 \cdot C_6H_3N_3O_7$. Rote Krystalle; F: 151–152° [aus A. bzw. Me.] (*Sh., Oda; Mo., Bu.*), 149–150° (*Ko. et al.*).

Phenanthro[3,4-*d*][1,3]dioxol, 3,4-Methylendioxy-phenanthren $C_{15}H_{10}O_2$, Formel IX.

B. Beim Erhitzen von Phenanthro[3,4-*d*][1,3]dioxol-6-carbonsäure mit Chinolin und Kupfer-Pulver (*Shirai, Oda*, J. pharm. Soc. Japan **79** [1959] 241, 244; C. A. **1959** 13123). Beim Erhitzen von Phenanthro[3,4-*d*][1,3]dioxol-5-carbonsäure mit Chinolin und Kupferoxid-Chromoxid (*Konowalowa et al.*, Bl. [5] **6** [1939] 811, 817; Ž. obšč. Chim. **9** [1939] 1356, 1363; *Barger, Weitnauer*, Helv. **22** [1939] 1036, 1044).

Krystalle; F: 84–85° [aus Me.] (*Ko. et al.*), 70–71° [aus A.] (*Sh., Oda*).

Beim Behandeln mit Brom in Chloroform ist x,x-Dibrom-phenanthro[3,4-*d*][1,3]-dioxol ($C_{15}H_8Br_2O_2$; Krystalle [aus Eg.], F: 196–197°) erhalten worden (*Ko. et al.*, Ž. obšč. Chim. **9** 1363).

Verbindung mit Picrinsäure $C_{15}H_{10}O_2 \cdot C_6H_3N_3O_7$. Rote Krystalle; F: 168° [Zers.; aus A.] (*Ba., We.; Sh., Oda*), 167–168° (*Ko. et al.*).

VIII IX X

6-Nitro-phenanthro[3,4-*d*][1,3]dioxol, 3,4-Methylendioxy-10-nitro-phenanthren $C_{15}H_9NO_4$, Formel X.

B. Beim Erhitzen von Aristolochiasäure-II (6-Nitro-phenanthro[3,4-*d*][1,3]dioxol-5-carbonsäure) mit Chinolin und Kupfer-Pulver (*Pailer, Schleppnik*, M. **88** [1957] 367, 381).

Gelbe Krystalle (aus $CHCl_3$ + Me.); F: 174° [korr.; Kofler-App.] (*Pa., Sch.*, l. c. S. 381). Absorptionsspektrum (260–400 nm): *Pa., Sch.*, l. c. S. 371.

Stammverbindungen $C_{16}H_{12}O_2$

2,5-Diphenyl-[1,4]dithiin $C_{16}H_{12}S_2$, Formel I (R = X = H) (E I 625; E II 46).

B. Beim Behandeln einer Lösung von Phenacylchlorid in Äthanol mit Chlorwasserstoff und anschliessend mit Schwefelwasserstoff (*Böhme et al.*, B. **75** [1942] 900, 908). Beim Erwärmen des Natrium-Salzes des Thioschwefelsäure-*S*-phenacylesters mit wss.-äthanol. Salzsäure (*Baker, Barkenbus*, Am. Soc. **58** [1936] 262).

UV-Absorptionsmaxima (A.): 259 nm und 309 nm (*Parham et al.*, J. org. Chem. **24** [1959] 1819, 1820).

Verhalten beim Erhitzen unter Stickstoff auf 190° (Bildung von 2,4-Diphenyl-thiophen): *Parham, Traynelis*, Am. Soc. **76** [1954] 4960. Beim Erwärmen mit wss. Wasserstoff-peroxid (1 Mol) und Essigsäure (*Pa., Tr.*) sowie beim Erwärmen einer Lösung in Äthyl-acetat mit Peroxyessigsäure (*Szmant, Alfonso*, Am. Soc. **78** [1956] 1064) ist eine Verbindung (1:1) mit 2,4-Diphenyl-thiophen erhalten worden. Bildung von 3,5-Diphenyl-thiophen-2-carbaldehyd beim Erwärmen mit Dimethylformamid und Phosphorylchlorid und anschliessenden Behandeln mit Wasser: *Pa., Tr.*

(±)-1-Oxo-2,5-diphenyl-1λ⁴-[1,4]dithiin, (±)-2,5-Diphenyl-[1,4]dithiin-1-oxid $C_{16}H_{12}OS_2$, Formel II (R = X = H).

B. Beim Behandeln einer Lösung von 2,5-Diphenyl-[1,4]dithiin in Benzol mit einem Gemisch von Peroxyessigsäure und Äthylacetat (*Szmant, Alfonso*, Am. Soc. **79** [1957] 205).

Krystalle; F: 109° [unkorr.; Zers.].

Beim Erhitzen mit 2-Äthoxy-äthanol ist 2,4-Diphenyl-thiophen erhalten worden.

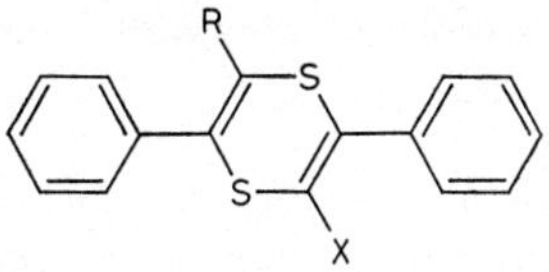

I 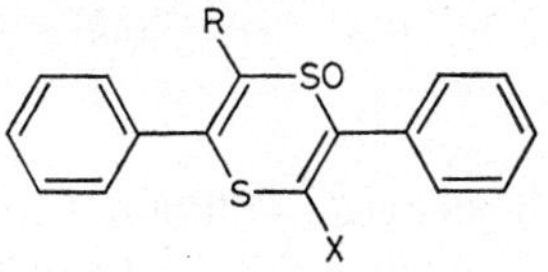 II

1,1-Dioxo-2,5-diphenyl-1λ⁶-[1,4]dithiin, 2,5-Diphenyl-[1,4]dithiin-1,1-dioxid $C_{16}H_{12}O_2S_2$, Formel III (X = H).

B. Beim Behandeln von 2,5-Diphenyl-[1,4]dithiin mit Peroxyessigsäure und Äthyl=acetat (*Szmant, Alfonso*, Am. Soc. **78** [1956] 1064). Beim Behandeln einer Lösung von 2,5-Diphenyl-[1,4]dithiin-1-oxid in Essigsäure mit Peroxyessigsäure (*Szmant, Alfonso*, Am. Soc. **79** [1957] 205).

Krystalle (aus A.); F: 152—154° [unkorr.] (*Sz., Al.*, Am. Soc. **78** 1064).

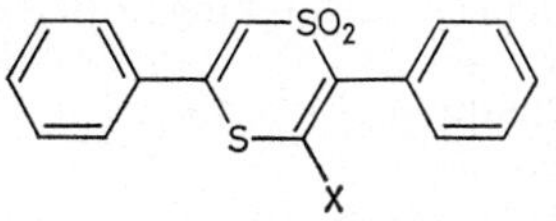

III 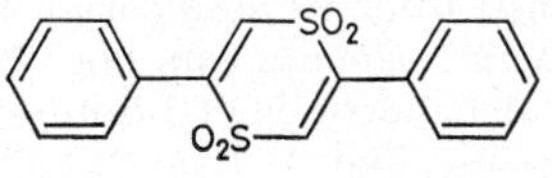 IV

1,1,4,4-Tetraoxo-2,5-diphenyl-1λ⁶,4λ⁶-[1,4]dithiin, 2,5-Diphenyl-[1,4]dithiin-1,1,4,4-tetraoxid $C_{16}H_{12}O_4S_2$, Formel IV.

B. Beim Erhitzen von 2,5-Diphenyl-[1,4]dithiin mit wss. Wasserstoffperoxid und Essigsäure (*Szmant, Dixon*, Am. Soc. **75** [1953] 4354).

F: 232° [unkorr.].

3-Brom-2,5-diphenyl-[1,4]dithiin $C_{16}H_{11}BrS_2$, Formel I (R = H, X = Br).

B. Beim Behandeln von 2,5-Diphenyl-[1,4]dithiin mit Acetanhydrid und mit Brom (1 Mol) in Essigsäure (*Parham et al.*, Am. Soc. **78** [1956] 850, 851) oder mit *N*-Brom-succinimid und Dibenzoylperoxid in Tetrachlormethan (*Szmant, Alfonso*, Am. Soc. **78** [1956] 1064).

Krystalle; F: 85,5—86,5° [aus Me.] (*Sz., Al.*), 85—86° [aus A.] (*Pa. et al.*).

(±)-3-Brom-1-oxo-2,5-diphenyl-1λ⁴-[1,4]dithiin, (±)-3-Brom-2,5-diphenyl-[1,4]dithiin-1-oxid $C_{16}H_{11}BrOS_2$, Formel II (R = H, X = Br).

Diese Konstitution ist für die nachstehend beschriebene Verbindung in Betracht gezogen worden (*Szmant, Alfonso*, Am. Soc. **79** [1957] 205).

B. Beim Behandeln einer Lösung von 3-Brom-2,5-diphenyl-[1,4]dithiin in Benzol mit Peroxyessigsäure und Äthylacetat (*Sz., Al.*).

Krystalle; F: 115—116° [unkorr.; Zers.].

3-Brom-1,1-dioxo-2,5-diphenyl-1λ⁶-[1,4]dithiin, 3-Brom-2,5-diphenyl-[1,4]dithiin-1,1-dioxid $C_{16}H_{11}BrO_2S_2$, Formel III (X = Br).

Diese Konstitution ist für die nachstehend beschriebene Verbindung in Betracht gezogen worden (*Parham et al.*, Am. Soc. **78** [1956] 850, 852).

B. Neben 3-Brom-2,4-diphenyl-thiophen beim Erwärmen von 3-Brom-2,5-diphenyl-[1,4]dithiin mit wss. Wasserstoffperoxid und Essigsäure (*Pa. et al.*). Beim Behandeln einer Lösung von 3-Brom-2,5-diphenyl-[1,4]dithiin-1(?)-oxid (s. o.) in Essigsäure mit Peroxyessigsäure (*Szmant, Alfonso*, Am. Soc. **79** [1957] 205).

Krystalle (aus E.); F: 176,5—178,5° (*Pa. et al.*).

2,5-Dibrom-3,6-diphenyl-[1,4]dithiin $C_{16}H_{10}Br_2S_2$, Formel I (R = X = Br).

B. Beim Behandeln von 2,5-Diphenyl-[1,4]dithiin mit Acetanhydrid und mit Brom (2 Mol) in Essigsäure (*Parham et al.*, Am. Soc. **78** [1956] 850, 852). Beim Behandeln von 2,5-Diphenyl-[1,4]dithiin mit *N*-Brom-succinimid in Tetrachlormethan (*Szmant, Alfonso*, Am. Soc. **78** [1956] 1064). Beim Behandeln von 3-Brom-2,5-diphenyl-[1,4]dithiin mit Brom in Essigsäure (*Pa. et al.*) oder mit *N*-Brom-succinimid und Dibenzoylperoxid in Tetrachlormethan (*Sz., Al.*).

Krystalle; F: 165—166° [aus E.] (*Pa. et al.*), 164—165° [unkorr.; aus A. + Bzl.] (*Sz., Al.*).

3-Nitro-2,5-diphenyl-[1,4]dithiin $C_{16}H_{11}NO_2S_2$, Formel I (R = H, X = NO_2).

B. Beim Behandeln von 2,5-Diphenyl-[1,4]dithiin mit Acetanhydrid und mit einem Gemisch von Salpetersäure, Essigsäure und wenig Harnstoff (*Parham, Traynelis*, Am. Soc. **77** [1955] 68).

Rote Krystalle (aus E.); F: 132—133° [Zers.].

Beim Erhitzen auf 135° sind 2-Nitro-3,5-diphenyl-thiophen und eine Verbindung $C_{16}H_{11}NO_2S_2$ (F: 231—232°) erhalten worden (*Pa., Tr.*; *Parham et al.*, Am. Soc. **78** [1956] 850, 853).

(±)-2-Nitro-1-oxo-3,6-diphenyl-1λ^4-[1,4]dithiin, (±)-2-Nitro-3,6-diphenyl-[1,4]dithiin-1-oxid $C_{16}H_{11}NO_3S_2$, Formel II (R = NO_2, X = H).

Diese Konstitution ist für die nachstehend beschriebene Verbindung in Betracht gezogen worden (*Szmant, Alfonso*, Am. Soc. **79** [1957] 205).

B. Beim Behandeln einer Lösung von 3-Nitro-2,5-diphenyl-[1,4]dithiin in Benzol mit Peroxyessigsäure und Äthylacetat (*Sz., Al.*).

Gelbe Krystalle mit 0,25 Mol H_2O; F: 108° [unkorr.; Zers.].

2-Brom-5-nitro-3,6-diphenyl-[1,4]dithiin $C_{16}H_{10}BrNO_2S_2$, Formel I (R = NO_2, X = Br).

B. Beim Behandeln von 3-Brom-2,5-diphenyl-[1,4]dithiin mit Acetanhydrid und mit einem Gemisch von Salpetersäure und Essigsäure (*Parham et al.*, Am. Soc. **78** [1956] 850, 852). Beim Behandeln einer Suspension von 3-Nitro-2,5-diphenyl-[1,4]dithiin in Acetanhydrid mit Brom in Essigsäure (*Pa. et al.*).

Krystalle (aus E.); F: 143—144°.

(±)-3-Brom-6-nitro-1-oxo-2,5-diphenyl-1λ^4-[1,4]dithiin, (±)-3-Brom-6-nitro-2,5-diphenyl-[1,4]dithiin-1-oxid $C_{16}H_{10}BrNO_3S_2$, Formel II (R = NO_2, X = Br).

Diese Konstitution ist für die nachstehend beschriebene Verbindung in Betracht gezogen worden (*Szmant, Alfonso*, Am. Soc. **79** [1957] 205).

B. Beim Behandeln einer Lösung von 2-Brom-5-nitro-3,6-diphenyl-[1,4]dithiin in Benzol mit Peroxyessigsäure und Äthylacetat (*Sz., Al.*).

Gelborangefarbene Krystalle mit 0,25 Mol H_2O; F: 124—125° [unkorr.; Zers.].

2,5-Dinitro-3,6-diphenyl-[1,4]dithiin $C_{16}H_{10}N_2O_4S_2$, Formel I (R = X = NO_2).

B. Beim Behandeln von 2,5-Diphenyl-[1,4]dithiin oder von 3-Nitro-2,5-diphenyl-[1,4]dithiin mit Acetanhydrid und mit einem Gemisch von Salpetersäure, Essigsäure und wenig Harnstoff (*Parham et al.*, Am. Soc. **78** [1956] 850, 852).

Krystalle (aus $CHCl_3$ + PAe.); F: 136,5° [Zers.).

Beim Erwärmen einer Lösung in Benzol sind eine Verbindung $C_{16}H_{11}NO_2S_2$ (F: 231° bis 232°) und kleine Mengen einer Verbindung $C_{16}H_{11}NO_2S$ (F: 133—134°) erhalten worden (*Pa. et al.*, l. c. S. 853).

2,5-Bis-[3-nitro-phenyl]-[1,4]dithiin $C_{16}H_{10}N_2O_4S_2$, Formel V.

B. Beim Behandeln einer warmen Suspension des Natrium-Salzes des Thioschwefelsäure-*S*-[3-nitro-phenacylesters] in Äthanol mit Chlorwasserstoff (*Baker, Barkenbus*, Am. Soc. **58** [1936] 262).

Krystalle (aus Eg.); F: 220—222°.

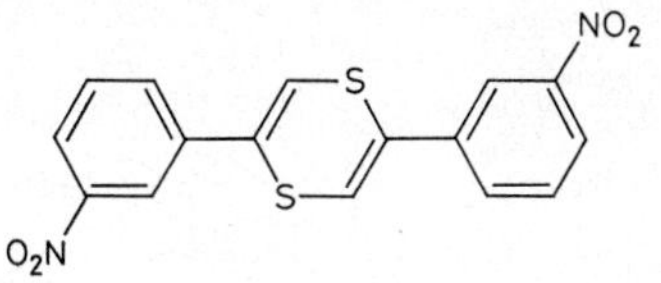

V 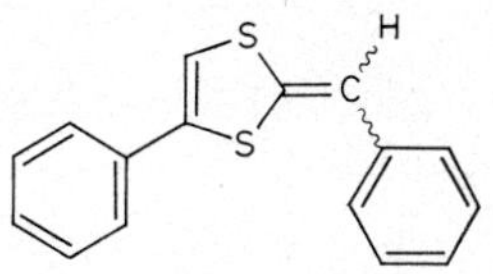 VI

2-[(Ξ)-Benzyliden]-4-phenyl-[1,3]dithiol $C_{16}H_{12}S_2$, Formel VI.

B. Bei der Bestrahlung eines Gemisches von 4-Phenyl-[1,2,3]thiadiazol oder von 5-Phenyl-[1,2,3]thiadiazol und Benzol mit UV-Licht (*Kirmse, Horner*, A. **614** [1958] 4, 13, 15). Beim Erwärmen von [4-Methoxycarbonyl-5-phenyl-[1,3]dithiol-2-yliden]-phenyl-essigsäure-methylester (F: 198° [Zers.]) mit methanol. Kalilauge und Erhitzen des nach dem Ansäuern erhaltenen Reaktionsprodukts mit Essigsäure (*Ki., Ho.*, l. c. S. 18).

Krystalle (aus Toluol oder Eg.); F: 207° (*Ki., Ho.*, l. c. S. 13). UV-Absorptionsmaxima (Dioxan): 244 nm und 354 nm (*Ki., Ho.*, l. c. S. 10).

Beim Behandeln einer Suspension in Essigsäure mit Blei(IV)-oxid und Behandeln der (violetten) Reaktionslösung mit Picrinsäure in Wasser ist ein wahrscheinlich als 1,2-Diphenyl-1,2-bis-[4-phenyl-[1,3]dithiolylium-2-yl]-äthylen-dipicrat zu formulierendes (s. diesbezüglich *Mayer, Kröber*, J. pr. **316** [1974] 907) Salz $[C_{32}H_{22}S_4][C_6H_2N_3O_7]_2$ erhalten worden (*Ki., Ho.*, l. c. S. 15).

Verbindung mit Perchlorsäure $C_{16}H_{12}S_2 \cdot HClO_4$; 2-Benzyl-4-phenyl-[1,3]dithiolylium-perchlorat. Krystalle; F: 113° (*Ki., Ho.*, l. c. S. 15).

2-[(Ξ)-Benzyliden]-1,1,3,3-tetraoxo-4-phenyl-1λ⁶,3λ⁶-[1,3]dithiol, 2-[(Ξ)-Benzyliden]-4-phenyl-[1,3]dithiol-1,1,3,3-tetraoxid $C_{16}H_{12}O_4S_2$, Formel VII.

B. Beim Behandeln von 2-Benzyliden-4-phenyl-[1,3]dithiol (F: 207° [s. o.]) mit Peroxyessigsäure (*Kirmse, Horner*, A. **614** [1958] 4, 13).

Krystalle (aus Eg.); F: ca. 240° [Zers.].

2-Phenyl-1,1-di-[2]thienyl-äthylen $C_{16}H_{12}S_2$, Formel VIII (X = H).

B. Aus 2-Phenyl-1,1-di-[2]thienyl-äthanol beim Erhitzen mit Ameisensäure (*Buu-Hoi, Hoán*, R. **68** [1949] 5, 24; *Robson et al.*, Brit. J. Pharmacol. Chemotherapy **5** [1950] 376, 377) sowie beim Erhitzen mit wss. Schwefelsäure unter vermindertem Druck (*Ro. et al.*).

Krystalle (aus Me. oder A.); F: 75° (*Ro. et al.*). Bei 225—230°/13 Torr (*Buu-Hoi, Hoán*) bzw. bei 175—182°/2 Torr (*Ro. et al.*) destillierbar.

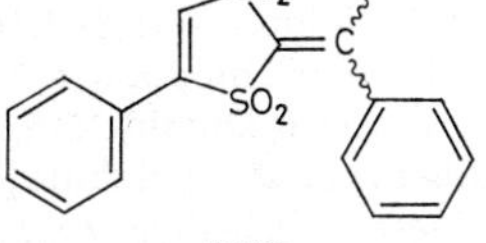

VII 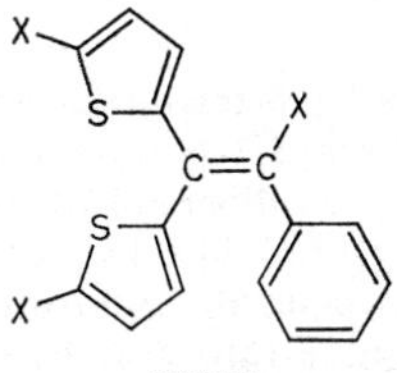 VIII

1-Brom-2,2-bis-[5-brom-[2]thienyl]-1-phenyl-äthylen $C_{16}H_9Br_3S_2$, Formel VIII (X = Br).

B. Beim Behandeln von 2-Phenyl-1,1-di-[2]thienyl-äthylen mit Brom (3 Mol) in Essigsäure (*Nam et al.*, Soc. **1954** 1690, 1694).

Krystalle; F: 74°.

5-ξ-Styryl-[2,2']bithienyl $C_{16}H_{12}S_2$, Formel IX.

B. Beim Erwärmen von [2,2']Bithienyl-5-carbaldehyd mit Benzylmagnesiumchlorid in Äther und Erwärmen des nach dem Behandeln mit wss. Schwefelsäure erhaltenen Reaktionsprodukts mit Ameisensäure (*Lescot et al.*, Soc. **1959** 3234, 3235).

Gelbe Krystalle (aus Me.); F: 115°.

IX X XI

2-Methyl-phenanthro[9,10-*d*][1,3]dioxol, 9,10-Äthylidendioxy-phenanthren $C_{16}H_{12}O_2$, Formel X.

B. Beim Behandeln von Phenanthren-9,10-chinon mit Diazoäthan in Äther (*Schönberg et al.*, Am. Soc. **76** [1954] 2273).

Krystalle (aus Me.); F: 65°.

4,10-Dimethyl-benzo[*d*]benzo[1,2-*b*;5,4-*b'*]dithiophen $C_{16}H_{12}S_2$, Formel XI.

B. Beim Erwärmen von Benzo[*d*]benzo[1,2-*b*;5,4-*b'*]dithiophen-4,10-chinon mit Methylmagnesiumjodid in Äther, anschliessenden Behandeln mit wss. Jodwasserstoffsäure und Essigsäure und Erhitzen einer Lösung des Reaktionsprodukts in Dioxan mit Zinn(II)-chlorid und konz. wss. Salzsäure (*Ghaisas, Tilak*, J. scient. ind. Res. India **14** B [1955] 11).

Krystalle (aus A. + Bzl.); F: 145°.

Verbindung mit 1,3,5-Trinitro-benzol $C_{16}H_{12}S_2 \cdot C_6H_3N_3O_6$. Rote Krystalle (aus A.); F: 161–162°.

(±)-5,5,6,6-Tetraoxo-(5a*r*,5b*t*,10b*t*,10c*c*)-5a,5b,10b,10c-tetrahydro-5λ⁶,6λ⁶-dibenzo[*d,d'*]cyclobuta[1,2-*b*;4,3-*b'*]dithiophen, (±)-(5a*r*,5b*t*,10b*t*,10c*c*)-5a,5b,10b,10c-Tetrahydro-dibenzo[*d,d'*]cyclobuta[1,2-*b*;4,3-*b'*]dithiophen-5,5,6,6-tetraoxid $C_{16}H_{12}O_4S_2$, Formel XII (X = H) + Spiegelbild.

B. Neben (4b*r*,4c*t*,9b*t*,9c*c*)-4b,4c,9b,9c-Tetrahydro-dibenzo[*d,d'*]cyclobuta[1,2-*b*;3,4-*b'*]dithiophen-5,5,10,10-tetraoxid (S. 409) bei der Bestrahlung einer Lösung von Benzo[*b*]thiophen-1,1-dioxid in Benzol mit UV-Licht (*Harpp, Heitner*, J. org. Chem. **35** [1970] 3256, 3257; s. a. *Davies, James*, Soc. **1955** 314, 316; *Mustafa, Abdel Dayem Zayed*, Am. Soc. **78** [1956] 6174, 6176).

Krystalle (aus Bzl. + Dimethylsulfoxid); F: 329–330° [unkorr.; Zers.] (*Ha., He.*).

(±)-4,7-Dichlor-5,5,6,6-tetraoxo-(5a*r*,5b*t*,10b*t*,10c*c*)-5a,5b,10b,10c-tetrahydro-5λ⁶,6λ⁶-dibenzo[*d,d'*]cyclobuta[1,2-*b*;4,3-*b'*]dithiophen, (±)-4,7-Dichlor-(5a*r*,5b*t*,10b*t*,10c*c*)-5a,5b,10b,10c-tetrahydro-dibenzo[*d,d'*]cyclobuta[1,2-*b*;4,3-*b'*]dithiophen-5,5,6,6-tetraoxid $C_{16}H_{10}Cl_2O_4S_2$, Formel XII (X = Cl) + Spiegelbild, und **1,6-Dichlor-5,5,10,10-tetraoxo-(4b*r*,4c*t*,9b*t*,9c*c*)-4b,4c,9b,9c-tetrahydro-5λ⁶,10λ⁶-dibenzo[*d,d'*]cyclobuta[1,2-*b*;3,4-*b'*]dithiophen, 1,6-Dichlor-(4b*r*,4c*t*,9b*t*,9c*c*)-4b,4c,9b,9c-tetrahydro-dibenzo[*d,d'*]cyclobuta[1,2-*b*;3,4-*b'*]dithiophen-5,5,10,10-tetraoxid** $C_{16}H_{10}Cl_2O_4S_2$, Formel XIII (X = Cl).

Eine dieser Verbindungen oder ein Gemisch beider hat in dem nachstehend beschriebenen Präparat vorgelegen (s. dazu *Harpp, Heitner*, J. org. Chem. **35** [1970] 3256).

B. Bei der Bestrahlung einer Lösung von 7-Chlor-benzo[*b*]thiophen-1,1-dioxid in Benzol mit Sonnenlicht (*Mustafa, Abdel Dayem Zayed*, Am. Soc. **78** [1956] 6174, 6176).

Krystalle (aus Nitrobenzol), die unterhalb 360° nicht schmelzen (*Mu., Ab. Da. Za.*).

XII XIII

(±)-5a,5b-Dibrom-5,5,6,6-tetraoxo-(5a*r*,5b*t*,10b*t*,10c*c*)-5a,5b,10b,10c-tetrahydro-5λ[6],6λ[6]-dibenzo[*d,d'*]cyclobuta[1,2-*b*;4,3-*b'*]dithiophen, (±)-5a,5b-Dibrom-(5a*r*,5b*t*,10b*t*, 10c*c*)-5a,5b,10b,10c-tetrahydro-dibenzo[*d,d'*]cyclobuta[1,2-*b*;4,3-*b'*]dithiophen-5,5,6,6-tetraoxid $C_{16}H_{10}Br_2O_4S_2$, Formel XIV (R = Br, X = H) + Spiegelbild, und **4c,9c-Dibrom-5,5,10,10-tetraoxo-(4b*r*,4c*t*,9b*t*,9c*c*)-4b,4c,9b,9c-tetrahydro-5λ[6],10λ[6]-dibenzo[*d,d'*]cyclobuta[1,2-*b*;3,4-*b'*]dithiophen, 4c,9c-Dibrom-(4b*r*,4c*t*,9b*t*,9c*c*)-4b,4c,9b,9c-tetrahydro-dibenzo[*d,d'*]cyclobuta[1,2-*b*;3,4-*b'*]dithiophen-5,5,10,10-tetraoxid** $C_{16}H_{10}Br_2O_4S_2$, Formel XV (R = Br, X = H).

Eine dieser Verbindungen oder ein Gemisch beider hat in dem nachstehend beschriebenen Präparat vorgelegen (s. dazu *Harpp, Heitner*, J. org. Chem. **35** [1970] 3256).

B. Bei der Bestrahlung einer Lösung von 2-Brom-benzo[*b*]thiophen-1,1-dioxid in Benzol mit Sonnenlicht (*Mustafa, Abdel Dayem Zayed*, Am. Soc. **78** [1956] 6174, 6176).

Krystalle (aus Nitrobenzol), die unterhalb 360° nicht schmelzen (*Mu., Ab. Da. Za.*).

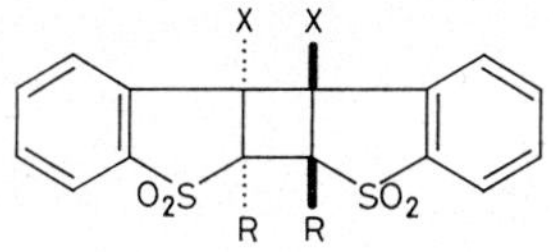

XIV 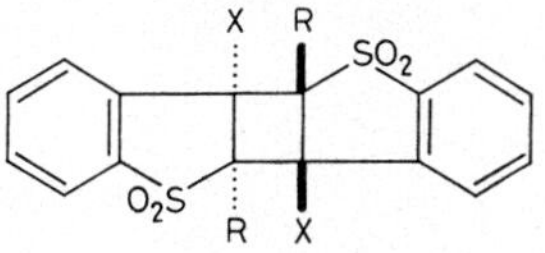 XV

(±)-10b,10c-Dibrom-5,5,6,6-tetraoxo-(5a*r*,5b*t*,10b*t*,10c*c*)-5a,5b,10b,10c-tetrahydro-5λ[6],6λ[6]-dibenzo[*d,d'*]cyclobuta[1,2-*b*;4,3-*b'*]dithiophen, (±)-10b,10c-Dibrom-(5a*r*,5b*t*,10b*t*,10c*c*)-5a,5b,10b,10c-tetrahydro-dibenzo[*d,d'*]cyclobuta[1,2-*b*;4,3-*b'*]dithiophen-5,5,6,6-tetraoxid $C_{16}H_{10}Br_2O_4S_2$, Formel XIV (R = H, X = Br) + Spiegelbild, und **4b,9b-Dibrom-5,5,10,10-tetraoxo-(4b*r*,4c*t*,9b*t*,9c*c*)-4b,4c,9b,9c-tetrahydro-5λ[6],10λ[6]-dibenzo[*d,d'*]cyclobuta[1,2-*b*;3,4-*b'*]dithiophen, 4b,9b-Dibrom-(4b*r*,4c*t*,9b*t*,9c*c*)-4b,4c,9b,9c-tetrahydro-dibenzo[*d,d'*]cyclobuta[1,2-*b*;3,4-*b'*]dithiophen-5,5,10,10-tetraoxid** $C_{16}H_{10}Br_2O_4S_2$, Formel XV (R = H, X = Br).

Eine dieser Verbindungen oder ein Gemisch beider hat in dem nachstehend beschriebenen Präparat vorgelegen (s. dazu *Harpp, Heitner*, J. org. Chem. **35** [1970] 3256).

B. Bei 30-tägiger Bestrahlung einer Lösung von 3-Brom-benzo[*b*]thiophen-1,1-dioxid in Benzol mit Sonnenlicht (*Davies, James*, Soc. **1955** 314, 316).

Krystalle (aus Acn. oder Äthylenglykol); F: 314–315° (*Da., Ja.*).

5,5,10,10-Tetraoxo-(4b*r*,4c*t*,9b*t*,9c*c*)-4b,4c,9b,9c-tetrahydro-5λ[6],10λ[6]-dibenzo[*d,d'*]cyclobuta[1,2-*b*;3,4-*b'*]dithiophen, (4b*r*,4c*t*,9b*t*,9c*c*)-4b,4c,9b,9c-Tetrahydro-dibenzo[*d,d'*]cyclobuta[1,2-*b*;3,4-*b'*]dithiophen-5,5,10,10-tetraoxid $C_{16}H_{12}O_4S_2$, Formel XIII (X = H).

B. s. S. 408 im Artikel (5a*r*,5b*t*,10b*t*,10c*c*)-5a,5b,10b,10c-Tetrahydro-dibenzo[*d,d'*]cyclobuta[1,2-*b*;4,3-*b'*]dithiophen-5,5,6,6-tetraoxid.

Krystalle (aus Dimethylsulfoxid); F: 334–335° [unkorr.; Zers.] (*Harpp, Heitner*, J. org. Chem. **35** [1970] 3256, 3257).

Stammverbindungen $C_{17}H_{14}O_2$

5-Methyl-5'-ξ-styryl-[2,2']bithienyl $C_{17}H_{14}S_2$, Formel I.

B. Beim Behandeln von 5'-Methyl-[2,2']bithienyl-2-carbaldehyd mit Benzylmagnesiumchlorid in Äther und Erwärmen des nach der Hydrolyse erhaltenen Reaktionsprodukts mit Ameisensäure (*Lescot et al.*, Soc. **1959** 3234, 3235).

Gelbe Krystalle (aus Me.); F: 125–126°.

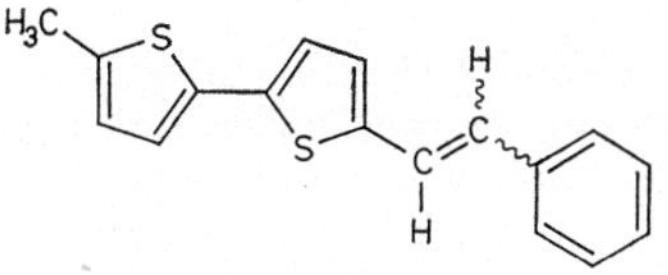

I 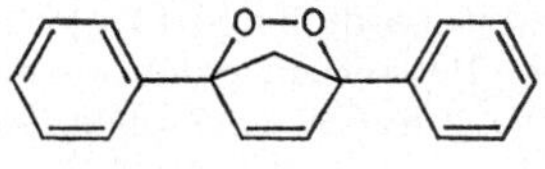 II

1,4-Diphenyl-2,3-dioxa-norborn-5-en $C_{17}H_{14}O_2$, Formel II.

B. Beim Behandeln einer Lösung von 1,4-Diphenyl-cyclopenta-1,3-dien in Benzol mit Sauerstoff unter Bestrahlung mit UV-Licht (*Schenck et al.*, Naturwiss. **41** [1954] 374).

F: 112°.

2-[9]Anthryl-[1,3]dioxolan, 9-[1,3]Dioxolan-2-yl-anthracen, Anthracen-9-carbaldehyd-äthandiylacetal $C_{17}H_{14}O_2$, Formel III.

B. Beim Erhitzen von Anthracen-9-carbaldehyd mit Äthylenglykol und wenig Toluol-4-sulfonsäure (*Rio, Sillion*, C. r. **244** [1957] 623, 625).

F: 142–143° [Block].

III IV V

1,4-Dimethyl-phenanthro[2,3-*d*][1,3]dioxol, 1,4-Dimethyl-6,7-methylendioxy-phenanthren $C_{17}H_{14}O_2$, Formel IV.

B. Beim Erhitzen von 1,4-Dimethyl-phenanthro[2,3-*d*][1,3]dioxol-5-carbonsäure mit 2-Methyl-chinolin und basischem Kupfer(II)-carbonat (*Aki, Bogert*, Am. Soc. **59** [1937] 1564, 1565).

Krystalle (aus wss. A.); F: 166,5–167° [korr.].

Verbindung mit Picrinsäure. Rote Krystalle; F: 155–158°.

(±)-2-Phenyl-2,3-dihydro-4*H*-furo[2,3-*h*]chromen $C_{17}H_{14}O_2$, Formel V.

B. Beim Erwärmen von (±)-[8-Formyl-2-phenyl-chroman-7-yloxy]-essigsäure-äthylester mit äthanol. Kalilauge (*Robertson et al.*, Soc. **1954** 3137, 3138).

Krystalle (aus Bzn.); F: 182° [durch Sublimation bei 190°/0,01 Torr gereinigtes Präparat].

Stammverbindungen $C_{18}H_{16}O_2$

1*t*(?),10*t*(?)-Di-[2]thienyl-deca-1,3*t*(?),5*t*,7*t*(?),9-pentaen $C_{18}H_{16}S_2$, vermutlich Formel VI.

B. Beim Erhitzen von 3*t*(?)-[2]Thienyl-acrylaldehyd (Kp_5: 108–112°) mit Hex-3*t*-endisäure, Blei(II)-oxid und Acetanhydrid (*Miller, Nord*, J. org. Chem. **16** [1951] 1380, 1387).

Krystalle (aus $CHCl_3$); F: 256–257° [Fisher-Johns-App.].

VI VII

2,5-Dimethyl-3,6-diphenyl-[1,4]dithiin $C_{18}H_{16}S_2$, Formel VII.

B. Beim Behandeln einer warmen Suspension des Natrium-Salzes des Thioschwefelsäure-*S*-[1-methyl-2-oxo-2-phenyl-äthylesters] in Äthanol mit Chlorwasserstoff (*Baker, Barkenbus*, Am. Soc. **58** [1936] 262).

Krystalle (aus Eg.); F: 135–138°.

5-ξ-Propenyl-6-ξ-styryl-benzo[1,3]dioxol, 4,5-Methylendioxy-2-ξ-propenyl-ξ-stilben $C_{18}H_{16}O_2$, Formel VIII.

Diese Konstitution ist für die nachstehend beschriebene Verbindung in Betracht gezogen worden (*Bruckner et al.*, B. **77/79** [1944/46] 710, 712; Hung. Acta chim. **1** Nr. 2 [1947] 10, 14).

B. Beim Erhitzen von Trimethyl-[1-methyl-2-(6-styryl-benzo[1,3]dioxol-5-yl)-äthyl]-ammonium-methylsulfat [F: 262–263°] (*Br. et al.*).

Violett fluorescierende Krystalle (aus Bzn.); F: 135–137°.

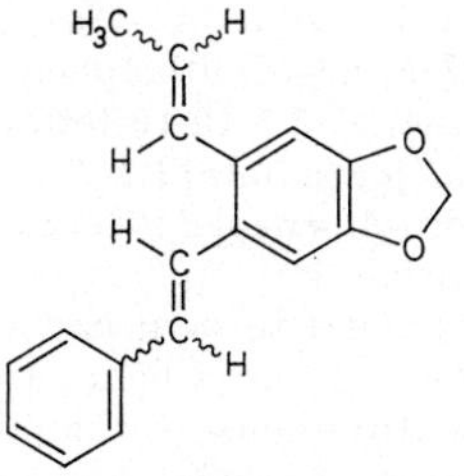

VIII 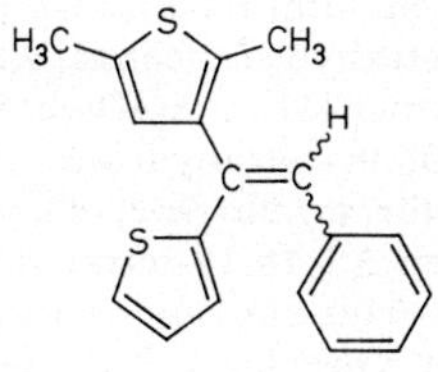 IX

(Ξ)-1-[2,5-Dimethyl-[3]thienyl]-2-phenyl-1-[2]thienyl-äthylen $C_{18}H_{16}S_2$, Formel IX.

B. Beim Behandeln von [2,5-Dimethyl-[3]thienyl]-[2]thienyl-keton mit Benzylmagnesiumchlorid in Äther und Erhitzen des nach der Hydrolyse erhaltenen Reaktionsprodukts mit Ameisensäure (*Buu-Hoi, Hoán*, R. **68** [1949] 5, 24).

Krystalle (aus A.); F: 85°. Bei 230–236°/15 Torr destillierbar.

(±)-2,9-Dimethyl-5,5,6,6-tetraoxo-(5a*r*,5b*t*,10b*t*,10c*c*)-5a,5b,10b,10c-tetrahydro-5λ⁶,6λ⁶-dibenzo[*d,d'*]cyclobuta[1,2-*b*;4,3-*b'*]dithiophen, (±)-2,9-Dimethyl-(5a*r*,5b*t*,10b*t*,10c*c*)-5a,5b,10b,10c-tetrahydro-dibenzo[*d,d'*]cyclobuta[1,2-*b*;4,3-*b'*]dithiophen-5,5,6,6-tetraoxid $C_{18}H_{16}O_4S_2$, Formel X + Spiegelbild, und **3,8-Dimethyl-5,5,10,10-tetraoxo-(4b*r*,4c*t*,9b*t*,9c*c*)-4b,4c,9b,9c-tetrahydro-5λ⁶,10λ⁶-dibenzo[*d,d'*]cyclobuta[1,2-*b*;3,4-*b'*]dithiophen, 3,8-Dimethyl-(4b*r*,4c*t*,9b*t*,9c*c*)-4b,4c,9b,9c-tetrahydro-dibenzo[*d,d'*]cyclobuta[1,2-*b*;3,4-*b'*]dithiophen-5,5,10,10-tetraoxid** $C_{18}H_{16}O_4S_2$, Formel XI.

Eine dieser Verbindungen oder ein Gemisch beider hat in dem nachstehend beschriebenen Präparat vorgelegen (s. dazu *Harpp, Heitner*, J. org. Chem. **35** [1970] 3256).

B. Bei der Bestrahlung einer Lösung von 5-Methyl-benzo[*b*]thiophen-1,1-dioxid in Benzol mit Sonnenlicht (*Mustafa, Abdel Dayem Zayed*, Am. Soc. **78** [1956] 6174, 6176).

Krystalle (aus Xylol); F: 300° [Zers.] (*Mu., Ab. Da. Za.*).

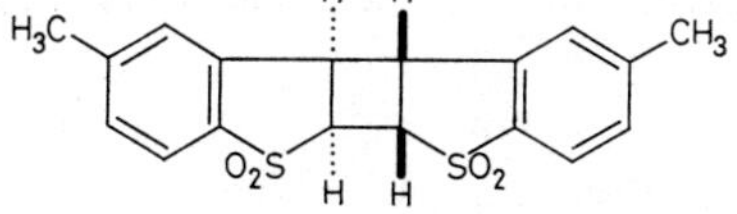

X 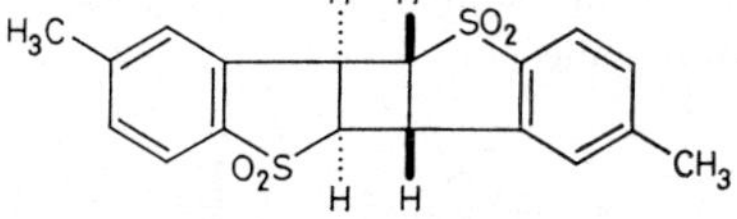 XI

(±)-3,8-Dimethyl-5,5,6,6-tetraoxo-(5a*r*,5b*t*,10b*t*,10c*c*)-5a,5b,10b,10c-tetrahydro-5λ⁶,6λ⁶-dibenzo[*d,d'*]cyclobuta[1,2-*b*;4,3-*b'*]dithiophen, (±)-3,8-Dimethyl-(5a*r*,5b*t*,10b*t*,10c*c*)-5a,5b,10b,10c-tetrahydro-dibenzo[*d,d'*]cyclobuta[1,2-*b*;4,3-*b'*]dithiophen-5,5,6,6-tetraoxid $C_{18}H_{16}O_4S_2$, Formel I + Spiegelbild, und **2,7-Dimethyl-5,5,10,10-tetraoxo-(4b*r*,4c*t*,9b*t*,9c*c*)-4b,4c,9b,9c-tetrahydro-5λ⁶,10λ⁶-dibenzo[*d,d'*]cyclobuta[1,2-*b*;3,4-*b'*]dithiophen, 2,7-Dimethyl-(4b*r*,4c*t*,9b*t*,9c*c*)-4b,4c,9b,9c-tetrahydro-dibenzo[*d,d'*]cyclobuta[1,2-*b*;3,4-*b'*]dithiophen-5,5,10,10-tetraoxid** $C_{18}H_{16}O_4S_2$, Formel II.

Eine dieser Verbindungen oder ein Gemisch beider hat in dem nachstehend beschriebenen Präparat vorgelegen (s. dazu *Harpp, Heitner*, J. org. Chem. **35** [1970] 3256).

B. Bei der Bestrahlung einer Lösung von 6-Methyl-benzo[*b*]thiophen-1,1-dioxid in Benzol mit Sonnenlicht (*Mustafa, Abdel Dayem Zayed*, Am. Soc. **78** [1956] 6174, 6176).

Krystalle (aus Nitrobenzol); F: 325° [Zers.] (*Mu., Ab. Da. Za.*).

I II

(±)-4,7-Dimethyl-5,5,6,6-tetraoxo-(5a*r*,5b*t*,10b*t*,10c*c*)-5a,5b,10b,10c-tetrahydro-5λ[6],6λ[6]-dibenzo[*d,d'*]cyclobuta[1,2-*b*; 4,3-*b'*]dithiophen, (±)-4,7-Dimethyl-(5a*r*,5b*t*,10b*t*,10c*c*)-5a,5b,10b,10c-tetrahydro-dibenzo[*d,d'*]cyclobuta[1,2-*b*; 4,3-*b'*]dithiophen-5,5,6,6-tetraoxid $C_{18}H_{16}O_4S_2$, Formel III + Spiegelbild, und **1,6-Dimethyl-5,5,10,10-tetraoxo-(4b*r*,4c*t*,9b*t*,9c*c*)-4b,4c,9b,9c-tetrahydro-5λ[6],10λ[6]-dibenzo[*d,d'*]cyclobuta[1,2-*b*; 3,4-*b'*]dithiophen, 1,6-Dimethyl-(4b*r*,4c*t*,9b*t*,9c*c*)-4b,4c,9b,9c-tetrahydro-dibenzo[*d,d'*]cyclobuta[1,2-*b*; 3,4-*b'*]dithiophen-5,5,10,10-tetraoxid** $C_{18}H_{16}O_4S_2$, Formel IV.

Eine dieser Verbindungen oder ein Gemisch beider hat in dem nachstehend beschriebenen Präparat vorgelegen (s. dazu *Harpp, Heitner*, J. org. Chem. **35** [1970] 3256).

B. Bei der Bestrahlung einer Lösung von 7-Methyl-benzo[*b*]thiophen-1,1-dioxid in Benzol mit Sonnenlicht (*Mustafa, Abdel Dayem Zayed*, Am. Soc. **78** [1956] 6174, 6176).

Krystalle (aus Xylol); F: 296° [Zers.] (*Mu., Ab. Da. Za.*).

III IV

(±)-5a,5b-Dimethyl-5,5,6,6-tetraoxo-(5a*r*,5b*t*,10b*t*,10c*c*)-5a,5b,10b,10c-tetrahydro-5λ[6],6λ[6]-dibenzo[*d,d'*]cyclobuta[1,2-*b*; 4,3-*b'*]dithiophen, (±)-5a,5b-Dimethyl-(5a*r*,5b*t*,10b*t*,10c*c*)-5a,5b,10b,10c-tetrahydro-dibenzo[*d,d'*]cyclobuta[1,2-*b*; 4,3-*b'*]dithiophen-5,5,6,6-tetraoxid $C_{18}H_{16}O_4S_2$, Formel V + Spiegelbild, und **4c,9c-Dimethyl-5,5,10,10-tetraoxo-(4b*r*,4c*t*,9b*t*,9c*c*)-4b,4c,9b,9c-tetrahydro-5λ[6],10λ[6]-dibenzo[*d,d'*]cyclobuta[1,2-*b*; 3,4-*b'*]dithiophen, 4c,9c-Dimethyl-(4b*r*,4c*t*,9b*t*,9c*c*)-4b,4c,9b,9c-tetrahydro-dibenzo[*d,d'*]cyclobuta[1,2-*b*; 3,4-*b'*]dithiophen-5,5,10,10-tetraoxid** $C_{18}H_{16}O_4S_2$, Formel VI.

Eine dieser Verbindungen oder ein Gemisch beider hat in dem nachstehend beschriebenen Präparat vorgelegen (s. dazu *Harpp, Heitner*, J. org. Chem. **35** [1970] 3256).

B. Bei der Bestrahlung einer Lösung von 2-Methyl-benzo[*b*]thiophen-1,1-dioxid in Benzol mit Sonnenlicht (*Mustafa, Abdel Dayem Zayed*, Am. Soc. **78** [1956] 6174, 6176).

Krystalle (aus Xylol); F: 314° [Zers.] (*Mu., Ab. Da. Za.*).

V VI

(±)-10b,10c-Dimethyl-5,5,6,6-tetraoxo-(5a*r*,5b*t*,10b*t*,10c*c*)-5a,5b,10b,10c-tetrahydro-5λ[6],6λ[6]-dibenzo[*d,d'*]cyclobuta[1,2-*b*; 4,3-*b'*]dithiophen, (±)-10b,10c-Dimethyl-(5a*r*,5b*t*,10b*t*,10c*c*)-5a,5b,10b,10c-tetrahydro-dibenzo[*d,d'*]cyclobuta[1,2-*b*; 4,3-*b'*]dithiophen-5,5,6,6-tetraoxid $C_{18}H_{16}O_4S_2$, Formel VII + Spiegelbild, und **4b,9b-Dimethyl-5,5,10,10-tetraoxo-(4b*r*,4c*t*,9b*t*,9c*c*)-4b,4c,9b,9c-tetrahydro-5λ[6],10λ[6]-dibenzo[*d,d'*]cyclobuta[1,2-*b*; 3,4-*b'*]dithiophen, 4b,9b-Dimethyl-(4b*r*,4c*t*,9b*t*,9c*c*)-4b,4c,9b,9c-tetrahydro-dibenzo[*d,d'*]cyclobuta[1,2-*b*; 3,4-*b'*]dithiophen-5,5,10,10-tetraoxid** $C_{18}H_{16}O_4S_2$, Formel VIII.

Eine dieser Verbindungen oder ein Gemisch beider hat in dem nachstehend beschriebenen Präparat vorgelegen (s. dazu *Harpp*, *Heitner*, J. org. Chem. **35** [1970] 3256).

B. Bei der Bestrahlung einer Lösung von 3-Methyl-benzo[*b*]thiophen-1,1-dioxid in Benzol mit Sonnenlicht (*Mustafa*, *Abdel Dayem Zayed*, Am. Soc. **78** [1956] 6174, 6176).

Krystalle (aus Eg.); F: 312° [Zers.] (*Mu.*, *Ab. Da. Za.*).

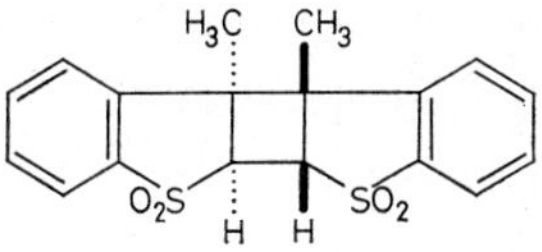

VII 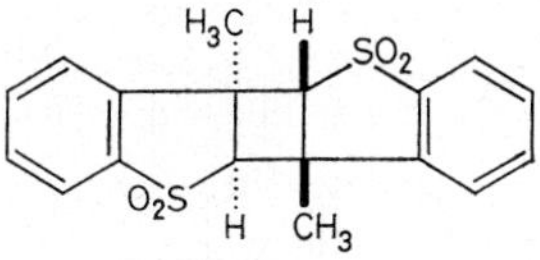 VIII

Stammverbindungen $C_{21}H_{22}O_2$

Dispiro[cyclohexan-1,5′-[1,3]dithian-2′,9″-fluoren] $C_{21}H_{22}S_2$, Formel IX.

B. Beim Behandeln einer Lösung von Fluoren-9-on und 1,1-Bis-mercaptomethyl-cyclohexan in Äthanol mit Chlorwasserstoff (*Backer*, *Tamsma*, R. **57** [1938] 1183, 1194).

Krystalle (aus E.); F: 172–173°.

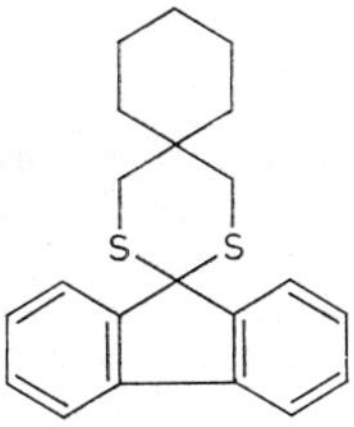

IX 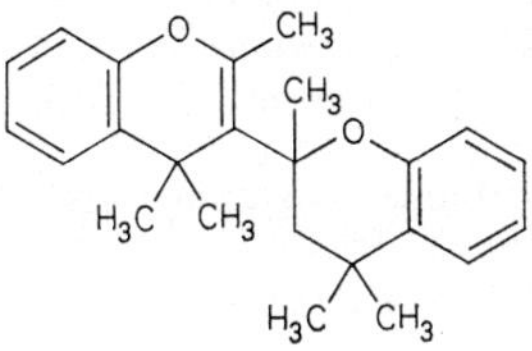 X 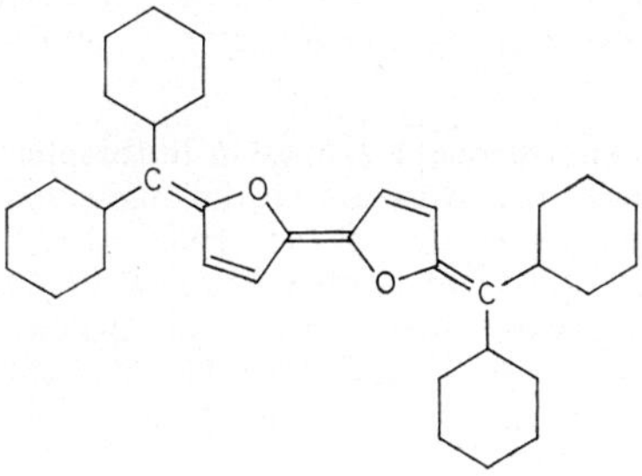 XI

Stammverbindungen $C_{24}H_{28}O_2$

(±)-2,4,4,2′,4′,4′-Hexamethyl-2,3-dihydro-4*H*,4′*H*-[2,3′]bichromenyl $C_{24}H_{28}O_2$, Formel X.

B. Neben 2,4,4-Trimethyl-4*H*-chromen beim Erwärmen von 2,4,4-Trimethyl-chroman-2-ol (⇌ 4-[2-Hydroxy-phenyl]-4-methyl-pentan-2-on) mit Toluol-4-sulfonsäure in Benzol (*Webster*, *Young*, Soc. **1956** 4785, 4789).

Krystalle (aus A.); F: 70°. Bei 156–164°/0,1 Torr destillierbar.

Beim Behandeln mit Brom in Tetrachlormethan ist ein Brom-Derivat $C_{24}H_{27}BrO_2$ (Krystalle [aus Bzn.]; F: 122°) erhalten worden.

Stammverbindungen $C_{34}H_{48}O_2$

***5,5′-Bis-dicyclohexylmethylen-5*H*,5′*H*-[2,2′]bifuryliden** $C_{34}H_{48}O_2$, Formel XI oder Stereoisomeres.

B. Beim Behandeln einer Lösung von Dicyclohexyl-[2]furyl-methanol in Essigsäure mit Chlorwasserstoff (*Kutscherow*, Sbornik Statei obšč. Chim. **1953** 681, 684; C. A. **1955** 999).

Krystalle (aus Bzl. + Acn.); F: 161–162°.

Stammverbindungen $C_nH_{2n-22}O_2$

Stammverbindungen $C_{16}H_{10}O_2$

Benzo[*a*]phenoxathiin $C_{16}H_{10}OS$, Formel I (X = H).

B. Beim Erhitzen von Natrium-[1-(2-jod-phenylmercapto)-[2]naphtholat] mit wenig Kupfer(II)-sulfat unter 1 Torr auf 150° (*Stevenson*, *Smiles*, Soc. **1931** 718, 721).

Gelbe Krystalle (aus A.); F: 63°.

10-Brom-benzo[*a*]phenoxathiin $C_{16}H_9BrOS$, Formel I (X = Br).

B. Beim Erhitzen von Natrium-[1-(2,5-dibrom-phenylmercapto)-[2]naphtholat] mit wenig Kupfer(II)-sulfat unter vermindertem Druck (*Stevenson, Smiles,* Soc. **1931** 718, 721).

Gelbliche Krystalle (aus A.); F: 142°.

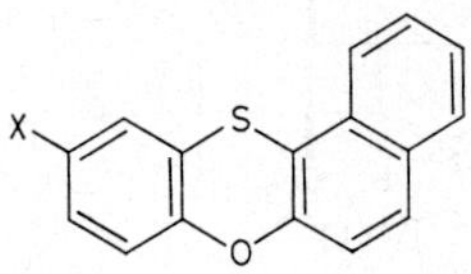

I 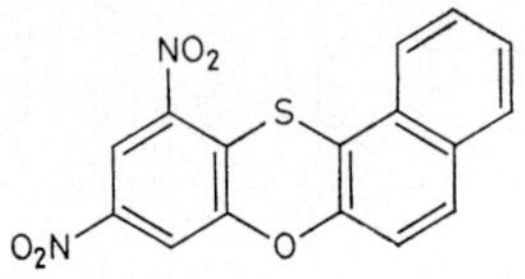 II 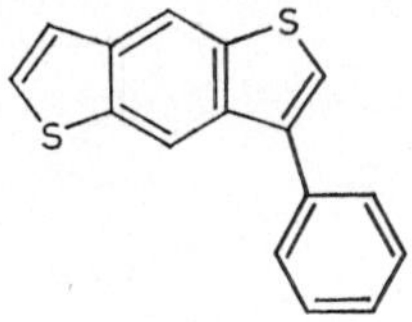 III

9,11-Dinitro-benzo[*a*]phenoxathiin $C_{16}H_8N_2O_5S$, Formel II.

B. Beim Behandeln von 1-Mercapto-[2]naphthol mit 2-Chlor-1,3,5-trinitro-benzol in Äthanol und mit wss. Natronlauge (*Stevenson, Smiles,* Soc. **1931** 718, 721). Beim Erwärmen einer Lösung von 2-Acetoxy-1-[2,4,6-trinitro-phenylmercapto]-naphthalin in Äthanol mit wss. Natronlauge (*Warren, Smiles,* Soc. **1931** 914, 919).

Rote Krystalle (aus Eg.); F: 300° (*St., Sm.*).

3-Phenyl-benzo[1,2-*b*;4,5-*b'*]dithiophen $C_{16}H_{10}S_2$, Formel III.

Diese Konstitution ist der nachstehend beschriebenen Verbindung zugeordnet worden (*Dann, Kokorudz,* B. **91** [1958] 181, 186; vgl. hingegen die Angaben im Artikel Benzo[1,2-*b*;4,5-*b'*]dithiophen [S. 324]).

B. Beim Erwärmen von 2-Benzo[*b*]thiophen-5-ylmercapto-1-phenyl-äthanon mit Phosphorsäure und Phosphor(V)-oxid (*Dann, Ko.*).

Krystalle (aus A.); F: 70,5—71,5°. UV-Spektrum (A.; 210—330 nm): *Dann, Ko.,* l. c. S. 182.

[2,2']Bibenzofuranyl $C_{16}H_{10}O_2$, Formel IV.

B. Beim Erhitzen von 2-Brom-benzofuran mit Kupfer-Pulver bis auf 240° (*Toda, Nakagawa,* Bl. chem. Soc. Japan **32** [1959] 514). Beim Erwärmen von Bis-[2-hydroxy-phenyl]-butadiin mit Natriumäthylat in Äthanol oder mit wss. Natronlauge (*Toda, Na.*). Beim Erwärmen von 2-Benzofuran-2-yläthinyl-phenol mit Natriumäthylat in Äthanol (*Toda, Na.*).

Krystalle (aus Bzl. oder A.); F: 194,5—195,5° [unkorr.]. UV-Absorptionsmaxima (A.): 320 nm und 338 nm.

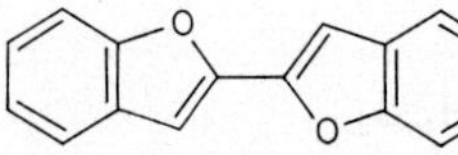

IV 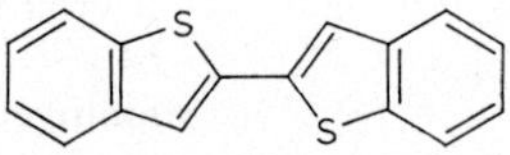 V

[2,2']Bi[benzo[*b*]thiophenyl] $C_{16}H_{10}S_2$, Formel V (E II 46; dort als Dithionaphthenyl-(2.2') bezeichnet).

B. Beim Behandeln von Benzo[*b*]thiophen mit Butyllithium in Äther und anschliessend mit Kupfer(II)-chlorid (*Pandya et al.,* J. scient. ind. Res. India **18**B [1959] 516, 518). Neben grösseren Mengen 2-Brom-benzo[*b*]thiophen beim Erwärmen von Benzo[*b*]thiophen-2-yllithium mit Brom in Äther (*Shirley, Cameron,* Am. Soc. **74** [1952] 664). Neben grösseren Mengen Benzo[*b*]thiophen-2-thiol (E III/IV **17** 4947) beim Behandeln von Benzo[*b*]thiophen-2-yllithium mit Schwefel in Äther (*Mitra et al.,* J. scient. ind. Res. India **16**B [1957] 348, 351).

Krystalle (aus Bzl. + A.); F: 263° (*Mi. et al.*).

Beim Erhitzen mit Aluminiumchlorid auf 260° sind kleine Mengen Benzo[*b*]thiophen und [2,3']Bi[benzo[*b*]thiophenyl] erhalten worden (*Pandya et al.,* J. scient. ind. Res. India **18**B [1959] 198, 201).

[2,2']Bi[benzo[*b*]thiophenyl] hat möglicherweise auch in einem von *Schuetz* und

Ciporin (J. org. Chem. **23** [1958] 206) aus 3-Jod-benzo[*b*]thiophen mit Hilfe von Kupfer-Pulver erhaltenen Präparat (Krystalle [aus Bzl.]; F: 258–259°) vorgelegen (*Pa. et al.*, l. c. S. 517).

[2,3']Bi[benzo[*b*]thiophenyl] $C_{16}H_{10}S_2$, Formel VI (E II 46; dort als Dithionaphthenyl-(2.3') bezeichnet).

B. Neben einer bei 215–228° schmelzenden Substanz beim Erhitzen von 1-Benzo[*b*]thiophen-2-yl-2-phenylmercapto-äthanon mit Phosphor(V)-oxid in 1,2-Dichlor-benzol (*Pandya et al.*, J. scient. ind. Res. India **18**B [1959] 516, 520).

Krystalle (aus PAe.); F: 76°.

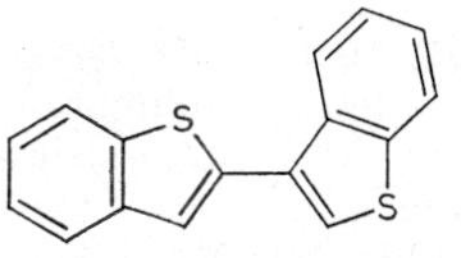

VI 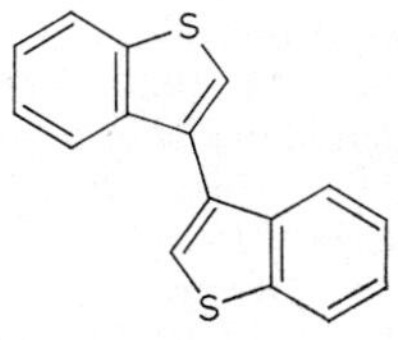 VII 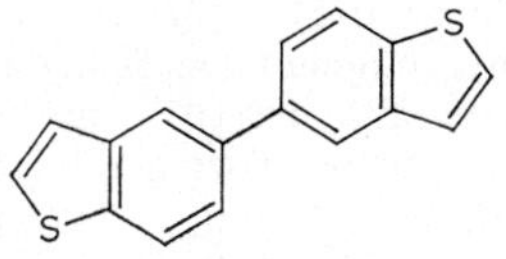 VIII

[3,3']Bi[benzo[*b*]thiophenyl] $C_{16}H_{10}S_2$, Formel VII.

B. Beim Erwärmen von äther. Benzo[*b*]thiophen-3-ylmagnesiumbromid-Lösung oder von äther. Benzo[*b*]thiophen-3-ylmagnesiumjodid-Lösung mit Kupfer(II)-chlorid (*Pandya et al.*, J. scient. ind. Res. India **18**B [1959] 516, 518, 519). Beim Erhitzen von 1-Benzo[*b*]thiophen-3-yl-2-phenylmercapto-äthanon mit Phosphor(V)-oxid in 1,2-Dichlor-benzol (*Pa. et al.*, l. c. S. 519).

Krystalle; F: 85° [aus Bzn.], 84° [aus Bzl. + A.] (*Pa. et al.*, l. c. S. 519).

Die Identität eines von *Schuetz*, *Ciporin* (J. org. Chem. **23** [1958] 206) als [3,3']Bi[benzo[*b*]thiophenyl] beschriebenen, aus 3-Jod-benzo[*b*]thiophen mit Hilfe von Kupfer-Pulver erhaltenen Präparats (Krystalle [aus Bzl.], die unterhalb 370° nicht schmelzen) ist ungewiss (*Pa. et al.*, l. c. S. 517).

[5,5']Bi[benzo[*b*]thiophenyl] $C_{16}H_{10}S_2$, Formel VIII.

B. Beim Erhitzen von 4,4'-Bis-[2,2-dimethoxy-äthylmercapto]-biphenyl (aus Biphenyl-4,4'-dithiol und Bromacetaldehyd-dimethylacetal mit Hilfe von Natriumäthylat in Äthanol hergestellt) mit Phosphor(V)-oxid, Phosphorsäure und Chlorbenzol (*Pandya et al.*, J. scient. ind. Res. India **18**B [1959] 516, 520).

Krystalle (aus Bzl. + Bzn.); F: 172–173°.

Verbindung mit Picrinsäure $C_{16}H_{10}S_2 \cdot 2C_6H_3N_3O_7$. Orangerote Krystalle (aus A.); F: 160°.

Stammverbindungen $C_{17}H_{12}O_2$

6-Benzyl-2,2-dioxo-2λ⁶-naphth[1,8-*cd*][1,2]oxathiol, 6-Benzyl-naphth[1,8-*cd*][1,2]oxathiol-2,2-dioxid, 5-Benzyl-8-hydroxy-naphthalin-1-sulfonsäure-lacton $C_{17}H_{12}O_3S$, Formel IX.

B. Beim Behandeln von 5-Chlormethyl-8-hydroxy-naphthalin-1-sulfonsäure-lacton mit Benzol und Aluminiumchlorid (*Schetty*, Helv. **31** [1948] 1229, 1235). Beim Erwärmen des Kalium-Salzes der 5-Benzyl-8-hydroxy-naphthalin-1-sulfonsäure mit Phosphorylchlorid (*Schetty*, Helv. **30** [1947] 1650, 1660).

Krystalle (aus Eg.); F: 110–111° (*Sch.*, Helv. **31** 1235).

5-Vinyl-phenanthro[3,4-*d*][1,3]dioxol, 3,4-Methylendioxy-1-vinyl-phenanthren $C_{17}H_{12}O_2$, Formel X.

B. Beim Erwärmen von Des-*N*-methyl-roemerin-methojodid (Trimethyl-[2-(3,4-methylendioxy-[1]phenanthryl)-äthyl]-ammonium-jodid) mit methanol. Kalilauge (*Konowalowa et al.*, Bl. [5] **6** [1939] 811, 815; Ž. obšč. Chim. **9** [1939] 1356, 1361; C. A. **1939** 6325; *Barger*, *Weitnauer*, Helv. **22** [1939] 1036, 1044) oder methanol. Natronlauge (*Na-

kasato, Nomura, J. pharm. Soc. Japan **78** [1958] 540; C. A. **1958** 17312).

Krystalle; F: 87° [aus wss. Me.] (*Ba., We.*), 86–87° [aus Ae.] (*Ko. et al.*), 85° [aus Me.] (*Na., No.*).

9-[2]Thienyl-xanthen $C_{17}H_{12}OS$, Formel XI.

B. Beim Erwärmen von Xanthen-9-ol mit Thiophen und Phosphor(V)-oxid (*Ancizar-Sordo, Bistrzycki*, Helv. **14** [1931] 141, 148).

Gelbliche Krystalle (aus Eg.); F: 150–151°.

(±)-[2,2']Spirobichromen $C_{17}H_{12}O_2$, Formel XII (R = X = H) (H 57; E II 47; dort als Di-[1.2-chromen]-spiran-(2.2') und Dibenzospiropyran bezeichnet).

B. Beim Erhitzen von 1,5-Bis-[2-hydroxy-phenyl]-penta-1,4-dien-3-on (F: 160°) unter 16 Torr auf 210° (*Mora, Széki*, Am. Soc. **72** [1950] 3009, 3012).

Dipolmoment (ε; Bzl.): 1,20 D (*Bergmann et al.*, Am. Soc. **72** [1950] 5009, 5011).

Krystalle; F: 107° [unkorr.; aus A.] (*Mora, Sz.*), 100–102° [durch Sublimation bei 160–180°/0,2 Torr gereinigtes Präparat] (*Be. et al.*, l. c. S. 5010). Absorptionsspektrum (Methylcyclohexan + Isopentan; 400–700 nm) nach Bestrahlung mit UV-Licht (λ: 365 nm) bei –140° sowie nach Beschuss mit Elektronen bei –130°: *Hirshberg*, J. chem. Physics **27** [1957] 758, 761. Absorptionsspektrum (Methylcyclohexan; 400–700 nm) nach Bestrahlung mit UV-Licht bei –170° und bei –115°: *Hirshberg, Fischer*, Soc. **1954** 297, 299. Absorptionsmaxima (470 nm und 670 nm) der nach Bestrahlung einer Lösung von [2,2']Spirobichromen mit UV-Licht (λ: < 540 nm) bei tiefen Temperaturen erhaltenen blauen Modifikation sowie Aktivierungsenthalpie der Rückbildung der farblosen Modifikation: *Fischer, Hirshberg*, Soc. **1952** 4522. Luminescenzspektrum (Methylcyclohexan + Benzin; 450–650 nm) der nach Bestrahlung mit UV-Licht (λ: 365 nm) bei –150° erhaltenen weinroten Modifikation: *Hi., Fi.*, l. c. S. 301.

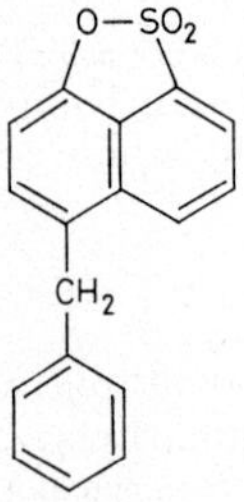

IX 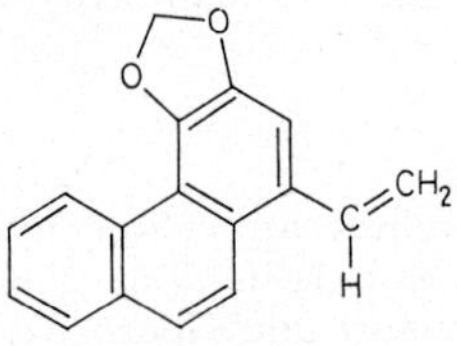 X 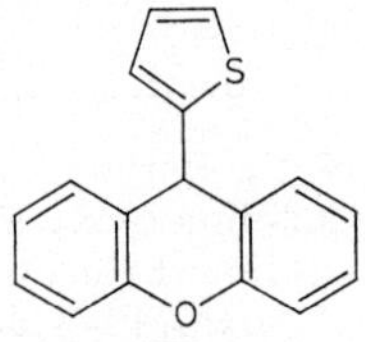 XI 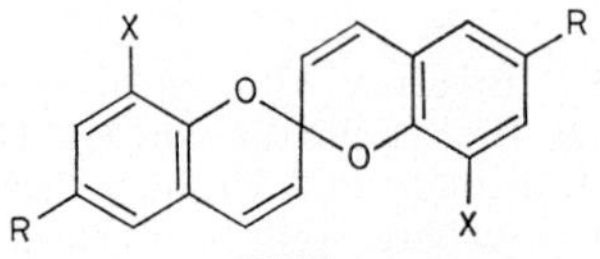 XII

(±)-6,6'-Dichlor-[2,2']spirobichromen $C_{17}H_{10}Cl_2O_2$, Formel XII (R = Cl, X = H).

B. Beim Behandeln von 6-Chlor-2-[5-chlor-2-hydroxy-styryl]-chromenylium-perchlorat (E III/IV **17** 2225) mit Diäthylamin und Benzol (*Kuhn, Hensel*, B. **86** [1953] 1333, 1337).

Krystalle (aus Cyclohexan); F: 169–170°.

(±)-6,8,6',8'-Tetranitro-[2,2']spirobichromen $C_{17}H_8N_4O_{10}$, Formel XII (R = X = NO_2).

B. Beim Behandeln einer Lösung von 1,5-Bis-[2-hydroxy-phenyl]-penta-1,4-dien-3-on (F: 160°) in Essigsäure mit wss. Salpetersäure (D: 1,4) und anschliessenden Erwärmen (*Mora, Széki*, Am. Soc. **72** [1950] 3009, 3012).

Krystalle (aus Nitrobenzol); F: 260° [unkorr.; Zers.].

Stammverbindungen $C_{18}H_{14}O_2$

1,5-Bis-[*trans*(?)-2-[2]furyl-vinyl]-2,4-dinitro-benzol $C_{18}H_{12}N_2O_6$, vermutlich Formel I.

B. Beim Erhitzen von 4,6-Dinitro-*m*-xylol mit Furfural und wenig Piperidin auf 120° (*Ruggli et al.*, Helv. **14** [1931] 1250, 1255).

Rote Krystalle (aus Eg.); F: 235°.

5-*p*-Tolyl-naphtho[2,3-*d*][1,3]dioxol, 6,7-Methylendioxy-1-*p*-tolyl-naphthalin $C_{18}H_{14}O_2$, Formel II.

B. Beim Erhitzen von 8-*p*-Tolyl-naphtho[2,3-*d*][1,3]dioxol-6-carbonsäure mit Chinolin

und Kupfer-Pulver (*El-Assal, Shehab*, Soc. **1959** 1020, 1023).
Krystalle (aus Bzn.); F: 121—122°.

1,2-Bis-benzo[*b*]thiophen-3-yl-äthan $C_{18}H_{14}S_2$, Formel III (X = H).
Diese Verbindung hat vermutlich in dem nachstehend beschriebenen Präparat vorgelegen (*Gaertner*, Am. Soc. **74** [1952] 2185).
B. Neben Benzo[*b*]thiophen-3-ylmethylmagnesiumchlorid beim Behandeln von 3-Chlormethyl-benzo[*b*]thiophen mit Magnesium in Äther (*Ga.*, l. c. S. 2186).
Krystalle (aus Hexan); F: 141,5—142,5° [korr.] (*Ga.*, l. c. S. 2187).

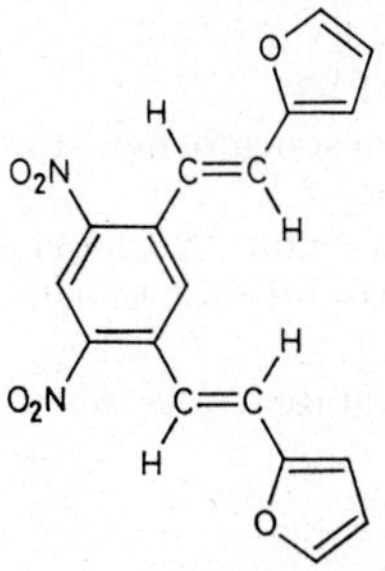

I 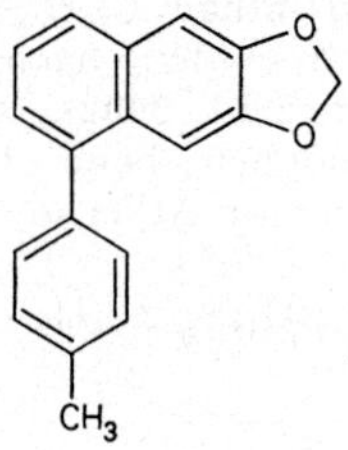 II 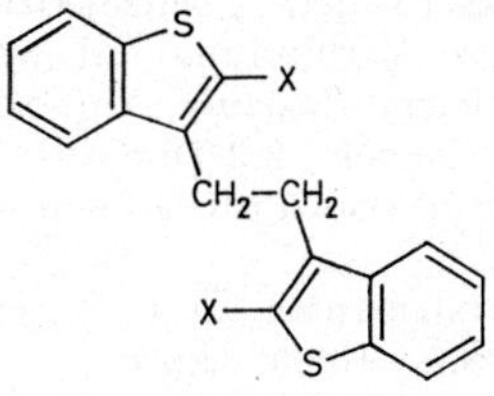 III

1,2-Bis-[2-brom-benzo[*b*]thiophen-3-yl]-äthan $C_{18}H_{12}Br_2S_2$, Formel III (X = Br).
Diese Verbindung hat vermutlich in dem nachstehend beschriebenen Präparat vorgelegen (*Gaertner*, Am. Soc. **74** [1952] 4950).
B. Neben [2-Brom-benzo[*b*]thiophen-3-yl]-methylmagnesium-bromid beim Behandeln von 2-Brom-3-brommethyl-benzo[*b*]thiophen mit Magnesium in Äther (*Ga.*).
Krystalle (aus A. + Bzl.); F: 195—196° [korr.].

Benzo[*b*]thiophen-3-yl-[3-methyl-benzo[*b*]thiophen-2-yl]-methan, 2-Benzo[*b*]thiophen-3-ylmethyl-3-methyl-benzo[*b*]thiophen $C_{18}H_{14}S_2$, Formel IV.
Diese Konstitution ist für die nachfolgend beschriebene Verbindung in Betracht gezogen worden (*Gaertner*, Am. Soc. **74** [1952] 2185).
B. Neben 3-Methyl-benzo[*b*]thiophen (Hauptprodukt) beim Erwärmen einer Lösung von 3-Chlormethyl-benzo[*b*]thiophen in Dioxan mit Zinn(II)-chlorid und konz. wss. Salzsäure (*Ga.*, l. c. S. 2188).
Krystalle (aus Hexan); F: 121—122° [korr.].

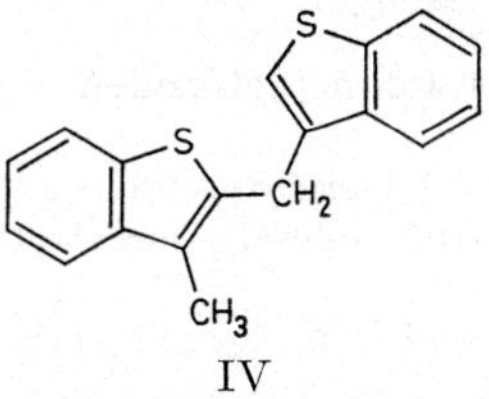

IV 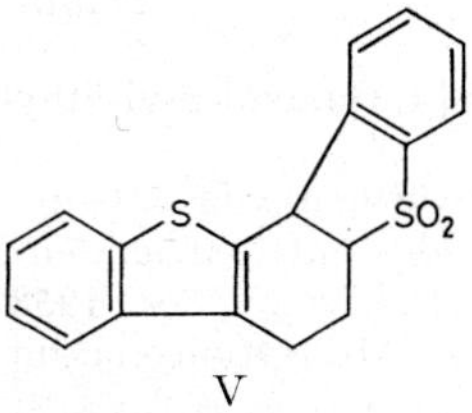 V

***Opt.-inakt. 5,5-Dioxo-5a,6,7,12b-tetrahydro-5λ^6-dibenzo[*d,d'*]benzo[1,2-*b*;3,4-*b'*]dithiophen, 5a,6,7,12b-Tetrahydro-dibenzo[*d,d'*]benzo[1,2-*b*;3,4-*b'*]dithiophen-5,5-dioxid** $C_{18}H_{14}O_2S_2$, Formel V.
B. Beim Erhitzen von Benzo[*b*]thiophen-1,1-dioxid mit 3-Vinyl-benzo[*b*]thiophen und wenig Hydrochinon in Toluol (*Davies, Porter*, Soc. **1957** 4961, 4966).
Krystalle (aus Bzl.); F: 263—264°.

Stammverbindungen $C_{20}H_{18}O_2$

1*t*(?),12*t*(?)-Di-[2]thienyl-dodeca-1,3*t*(?),5*t*(?),7*t*(?),9*t*(?),11-hexaen $C_{20}H_{18}S_2$, vermutlich Formel VI.
B. Beim Erhitzen von 3*t*(?)-[2]Thienyl-acrylaldehyd (Kp_5: 108—112°) mit Octa-3*t*(?),⸗

5*t*(?)-diendisäure (F: 190—191°), Acetanhydrid und Blei(II)-oxid (*Miller*, *Nord*, J. org. Chem. **16** [1951] 1380, 1387).

Rötliche Krystalle; F: 270—272° [Fisher-Johns-App.].

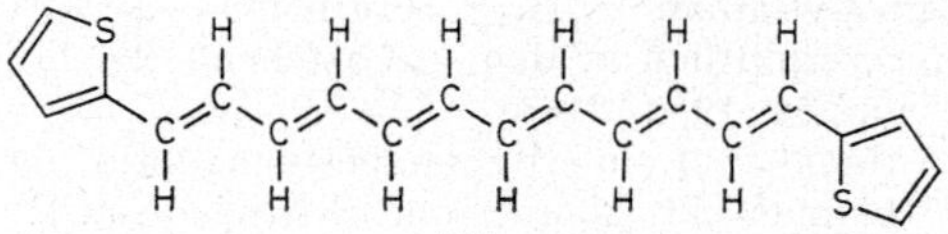

VI

1,2-Bis-[3-methyl-benzo[*b*]thiophen-2-yl]-äthan $C_{20}H_{18}S_2$, Formel VII.

Diese Verbindung hat wahrscheinlich in dem nachstehend beschriebenen Präparat vorgelegen (*Gaertner*, Am. Soc. **74** [1952] 2991, 2992).

B. Neben 2,3-Dimethyl-benzo[*b*]thiophen beim Erwärmen von 2-Chlormethyl-3-methyl-benzo[*b*]thiophen mit Magnesium in Äther und anschliessend mit Acetylchlorid (*Ga.*).

Verbindung mit Picrinsäure $C_{20}H_{18}S_2 \cdot 2C_6H_3N_3O_7$. Krystalle (aus A. + Bzl.); F: 168,5—169,5° [korr.].

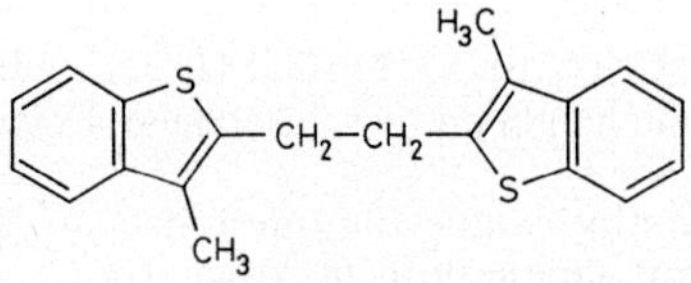

VII 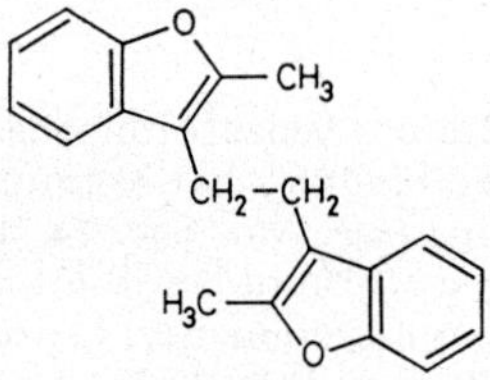 VIII

1,2-Bis-[2-methyl-benzofuran-3-yl]-äthan $C_{20}H_{18}O_2$, Formel VIII.

Diese Verbindung hat wahrscheinlich in dem nachstehend beschriebenen Präparat vorgelegen (*Gaertner*, Am. Soc. **74** [1952] 5319).

B. Neben anderen Verbindungen beim Behandeln von 3-Chlormethyl-2-methyl-benzofuran mit Magnesium in Äther und anschliessend mit Chlorokohlensäure-äthylester (*Ga.*).

Verbindung mit Picrinsäure $C_{20}H_{18}O_2 \cdot 2C_6H_3N_3O_7$. Gelbe Krystalle (aus A. + Acn.); F: 150—150,6° [korr.].

Stammverbindungen $C_{24}H_{26}O_2$

(±)-3-[1-Benzo[1,3]dioxol-5-yl-äthyl]-7-isopropyl-1,4-dimethyl-azulen $C_{24}H_{26}O_2$, Formel IX.

B. Beim Erwärmen von 5-Isopropyl-3,8-dimethyl-1-piperonyliden-azulenium-chlorid (Schmelzpunkt des entsprechenden Picrats: 104—105° [Zers.]) mit Methylmagnesiumjodid in Äther (*Reid et al.*, Soc. **1958** 1110, 1115).

Blaugrünes Öl. Absorptionsmaximum: 630 nm (*Reid et al.*, l. c. S. 1112).

Stammverbindungen $C_{26}H_{30}O_2$

(±)-6ξ-[4-Nitro-phenyl]-12*t*-phenyl-(4a*r*,11a*t*,12a*c*)-dodecahydro-4*t*,7a*t*-cyclo-dibenzo[*d,g*][1,3]dioxocin, (±)-4a,11*syn*-[(Ξ)-4-Nitro-benzylidendioxy]-10*t*-phenyl-(4a*r*,10a*t*)-dodecahydro-5*c*,9*c*-methano-benzocycloocten $C_{26}H_{29}NO_4$, Formel X + Spiegelbild.

Bezüglich der Konfigurationszuordnung vgl. *Bărbulescu et al.*, Rev. Chim. Bukarest **16** [1965] 76; C. A. **63** [1965] 4182.

B. Beim Erhitzen von (±)-10*t*-Phenyl-(4a*r*,10a*t*)-dodecahydro-5*c*,9*c*-methano-benzocycloocten-4a,11*syn*-diol mit 4-Nitro-benzaldehyd, Toluol und wenig Toluol-4-sulfonsäure unter Entfernen des entstehenden Wassers (*Julia*, *Varech*, Bl. **1959** 1127, 1132).

Krystalle (aus Ae. + PAe.); F: 147° [unkorr.] (*Ju.*, *Va.*).

IX X

Stammverbindungen $C_nH_{2n-24}O_2$

Stammverbindungen $C_{18}H_{12}O_2$

4-Phenyl-phenoxathiin $C_{18}H_{12}OS$, Formel I.

B. Beim Erwärmen von Biphenyl-2-yl-phenyl-äther mit Schwefel und Aluminium= chlorid (*Dow Chem. Co.*, U.S.P. 2221819 [1939]).

Krystalle (aus Butan-1-ol); F: 70,5—71,5°. Bei 203—210°/5 Torr destillierbar.

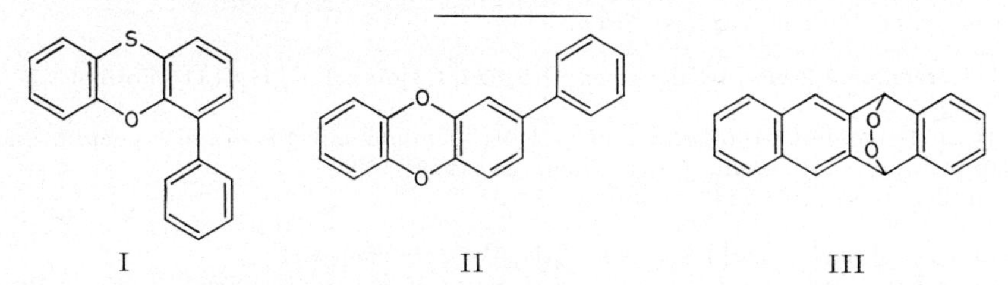

I II III

2-Phenyl-dibenzo[1,4]dioxin $C_{18}H_{12}O_2$, Formel II.

B. Beim Behandeln einer Lösung von 2-Acetylamino-dibenzo[1,4]dioxin in Essigsäure und Acetanhydrid mit Stickstoffoxiden und Erwärmen des Reaktionsgemisches mit Benzol (*Gilman et al.*, J. org. Chem. **23** [1958] 361).

Krystalle (aus A.); F: 108—110° [unkorr.].

5,12-Dihydro-5,12-epidioxido-naphthacen $C_{18}H_{12}O_2$, Formel III.

B. Beim Behandeln einer Lösung von Naphthacen in Schwefelkohlenstoff mit Luft unter Bestrahlung mit Sonnenlicht (*Dufraisse, Horclois*, Bl. [5] **3** [1936] 1880, 1890).

Krystalle; bei 120° erfolgt Verpuffung (*Du., Ho.*). UV-Spektrum (250—290 nm): *Gillet*, Bl. **1950** 1135, 1140.

Stammverbindungen $C_{19}H_{14}O_2$

1,1-Dioxo-3,3-diphenyl-3*H*,1λ⁶-benz[*c*][1,2]oxathiol, 3,3-Diphenyl-3*H*-benz[*c*][1,2]oxa= thiol-1,1-dioxid, 2-[α-Hydroxy-benzhydryl]-benzolsulfonsäure-lacton $C_{19}H_{14}O_3S$, Formel IV (H 58; dort als „Sulton der Triphenylcarbinol-sulfonsäure-(2)" bezeichnet).

B. Beim Erwärmen von 2-[α-Hydroxy-benzhydryl]-benzolsulfonsäure-anilid mit konz. Schwefelsäure (*Mustafa, Hilmy*, Soc. **1952** 1339, 1342).

Krystalle (aus A.); F: 162°.

2,2-Diphenyl-benzo[1,3]dioxol, 1,2-Benzhydrylidendioxy-benzol $C_{19}H_{14}O_2$, Formel V (X = H) (H 58; dort als *o*-Phenylen-diphenylmethylen-dioxyd bezeichnet).

B. Beim Erwärmen von Brenzcatechin mit Benzhydrylidendichlorid in Benzol (*Mason*,

Am. Soc. **66** [1944] 1156, 1157; vgl. H 58).

Krystalle (aus A.); F: 94–94,6° [durch Sublimation unter vermindertem Druck gereinigtes Präparat] (*Ma.*, Am. Soc. **66** 1156). UV-Absorptionsmaxima (Hexan und Äthanol): *Mason*, Am. Soc. **70** [1948] 138.

IV V VI

4,5,6,7-Tetrachlor-2,2-diphenyl-benzo[1,3]dioxol $C_{19}H_{10}Cl_4O_2$, Formel V (X = Cl).

B. Beim Behandeln einer Lösung von Tetrachlor-[1,2]benzochinon in Benzol mit Diazodiphenyl-methan in Petroläther (*Horner, Lingnau*, A. **573** [1951] 30, 34; s. a. *Schönberg et al.*, Soc. **1951** 1368).

Krystalle (aus A.); F: 143° (*Ho., Li.*), 141° (*Sch. et al.*).

4,5,6,7-Tetrachlor-2-[4-chlor-phenyl]-2-phenyl-benzo[1,3]dioxol $C_{19}H_9Cl_5O_2$, Formel VI (X = H).

B. Beim Behandeln von Tetrachlor-[1,2]benzochinon mit [4-Chlor-phenyl]-diazo-phenyl-methan in Äther (*Latif et al.*, J. org. Chem. **24** [1959] 1883).

Krystalle (aus A.); F: 152° [unkorr.].

4,5,6,7-Tetrachlor-2,2-bis-[4-chlor-phenyl]-benzo[1,3]dioxol $C_{19}H_8Cl_6O_2$, Formel VI (X = Cl).

B. Beim Behandeln von Tetrachlor-[1,2]benzochinon mit Bis-[4-chlor-phenyl]-diazomethan in Äther (*Latif et al.*, J. org. Chem. **24** [1959] 1883).

Krystalle (aus A.); F: 174° [unkorr.].

4-Brom-2,2-diphenyl-benzo[1,3]dioxol $C_{19}H_{13}BrO_2$, Formel VII.

B. Beim Erwärmen von 3-Brom-brenzcatechin mit Benzhydrylidendichlorid in Benzol (*Mason*, Am. Soc. **69** [1947] 2241).

Krystalle (aus Me.); F: 75,5–76° (*Ma.*, Am. Soc. **69** 2241). UV-Absorptionsmaximum (A.): 287 nm (*Mason*, Am. Soc. **70** [1948] 138).

4,5,6,7-Tetrabrom-2,2-diphenyl-benzo[1,3]dioxol $C_{19}H_{10}Br_4O_2$, Formel V (X = Br).

B. Beim Behandeln einer Lösung von Tetrabrom-[1,2]benzochinon in Benzol mit Diazodiphenyl-methan in Petroläther (*Horner, Lingnau*, A. **573** [1951] 30, 34).

Krystalle (aus Dioxan + Me.); F: 175°.

4,5,6,7-Tetrabrom-2-[4-chlor-phenyl]-2-phenyl-benzo[1,3]dioxol $C_{19}H_9Br_4ClO_2$, Formel VIII (X = H).

B. Beim Behandeln von Tetrabrom-[1,2]benzochinon mit [4-Chlor-phenyl]-diazo-phenyl-methan in Äther (*Latif et al.*, J. org. Chem. **24** [1959] 1883).

Krystalle (aus A.); F: 161° [unkorr.].

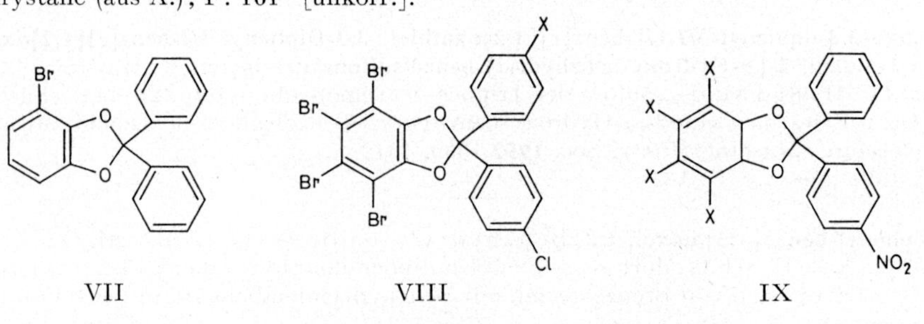

VII VIII IX

4,5,6,7-Tetrabrom-2,2-bis-[4-chlor-phenyl]-benzo[1,3]dioxol $C_{19}H_8Br_4Cl_2O_2$, Formel VIII (X = Cl).

B. Beim Behandeln von Tetrabrom-[1,2]benzochinon mit Bis-[4-chlor-phenyl]-diazomethan in Äther (*Latif et al.*, J. org. Chem. **24** [1959] 1883).

Krystalle (aus A.); F: 170° [unkorr.].

4,5,6,7-Tetrachlor-2-[4-nitro-phenyl]-2-phenyl-benzo[1,3]dioxol $C_{19}H_9Cl_4NO_4$, Formel IX (X = Cl).

B. Beim Behandeln von Tetrachlor-[1,2]benzochinon mit Diazo-[4-nitro-phenyl]-phenyl-methan in Äther (*Latif et al.*, J. org. Chem. **24** [1959] 1883).

Krystalle (aus A.); F: 190° [unkorr.].

4,5,6,7-Tetrabrom-2-[4-nitro-phenyl]-2-phenyl-benzo[1,3]dioxol $C_{19}H_9Br_4NO_4$, Formel IX (X = Br).

B. Beim Behandeln von Tetrabrom-[1,2]benzochinon mit Diazo-[4-nitro-phenyl]-phenyl-methan in Äther (*Latif et al.*, J. org. Chem. **24** [1959] 1883).

Krystalle (aus A.); F: 208° [unkorr.].

2-Benzyl-dibenzo[1,4]dioxin $C_{19}H_{14}O_2$, Formel X.

Diese Verbindung hat vermutlich in dem nachstehend beschriebenen Präparat vorgelegen (*Gilman, Dietrich,* J. org. Chem. **22** [1957] 1403, 1404).

B. Beim Behandeln von Dibenzo[1,4]dioxin mit Benzylchlorid, wenig Eisen(III)-chlorid und Schwefelkohlenstoff (*Gi., Di.*, l. c. S. 1405).

Krystalle (aus A.); F: 106–108°. $Kp_{0,25}$: 178–180°.

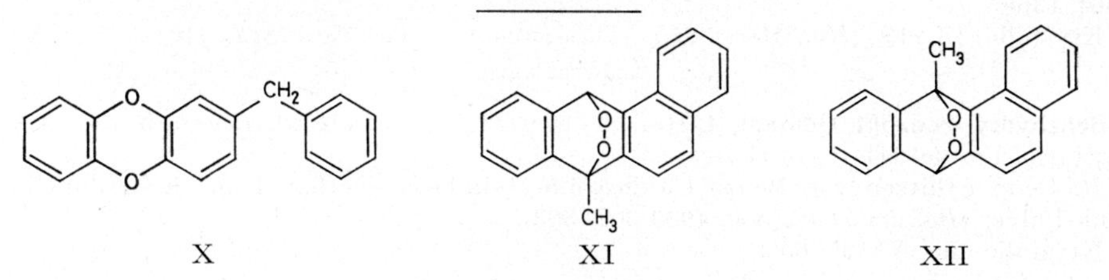

X XI XII

(±)-7-Methyl-7,12-dihydro-7,12-epidioxido-benz[*a*]anthracen $C_{19}H_{14}O_2$, Formel XI.

B. Beim Behandeln einer Lösung von 7-Methyl-benz[*a*]anthracen in Schwefelkohlenstoff mit Sauerstoff unter Bestrahlung mit Glühlampenlicht (*Cook, Martin,* Soc. **1940** 1125).

Krystalle (aus CS_2); F: 129–130° [im vorgeheizten Bad].

(±)-12-Methyl-7,12-dihydro-7,12-epidioxido-benz[*a*]anthracen $C_{19}H_{14}O_2$, Formel XII.

B. Beim Behandeln einer Lösung von 12-Methyl-benz[*a*]anthracen in Schwefelkohlenstoff mit Sauerstoff unter Bestrahlung mit Glühlampenlicht (*Cook, Martin,* Soc. **1940** 1125).

Krystalle (aus CS_2); F: 122–123° [im vorgeheizten Bad].

Stammverbindungen $C_{20}H_{16}O_2$

5,6,7,8-Tetrachlor-2,2-diphenyl-2,3-dihydro-benzo[1,4]dioxin $C_{20}H_{12}Cl_4O_2$, Formel I (X = Cl).

B. Beim Erwärmen von 1,1-Diphenyl-äthylen mit Tetrachlor-[1,2]benzochinon in Benzol (*Horner, Merz,* A. **570** [1950] 89, 107).

Krystalle (aus E. + Me.); F: 240°.

5,6,7,8-Tetrabrom-2,2-diphenyl-2,3-dihydro-benzo[1,4]dioxin $C_{20}H_{12}Br_4O_2$, Formel I (X = Br).

B. Beim Erwärmen von 1,1-Diphenyl-äthylen mit Tetrabrom-[1,2]benzochinon in Benzol (*Horner, Merz,* A. **570** [1950] 89, 111).

Krystalle (aus E. + Me.); F: 238°.

(±)-5,6,7,8-Tetrachlor-2*r*,3*t*-diphenyl-2,3-dihydro-benzo[1,4]dioxin $C_{20}H_{12}Cl_4O_2$, Formel II (X = Cl) + Spiegelbild.

Konfigurationszuordnung: *Bryce-Smith, Gilbert*, Chem. Commun. **1968** 1318.

B. Beim Erwärmen von *trans*-Stilben mit Tetrachlor-[1,2]benzochinon ohne Lösungsmittel (*Horner, Merz*, A. **570** [1950] 89, 107) oder in Benzol (*Schönberg, Latif*, Am. Soc. **72** [1950] 4828).

Krystalle (aus E.), F: 185° (*Ho., Merz*); Krystalle (aus Acn.), F: ca. 172° (*Sch., La.*).

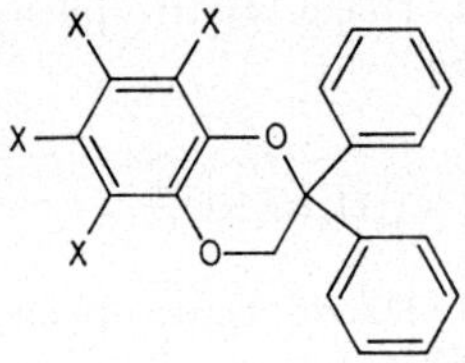

I 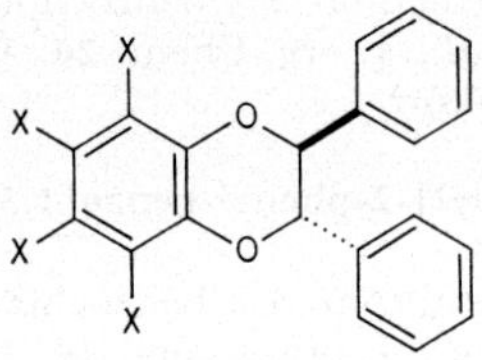 II 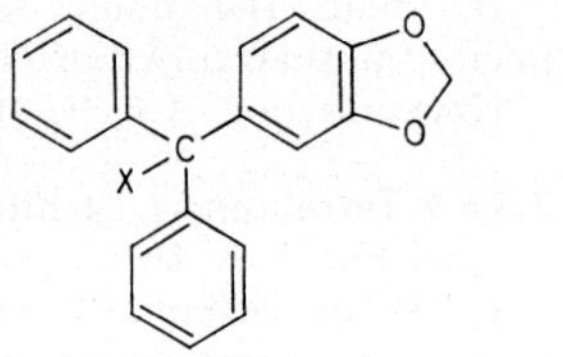 III

(±)-5,6,7,8-Tetrabrom-2*r*,3*t*-diphenyl-2,3-dihydro-benzo[1,4]dioxin $C_{20}H_{12}Br_4O_2$, Formel II (X = Br) + Spiegelbild.

Bezüglich der Konfigurationszuordnung vgl. die im vorangehenden Artikel beschriebene, analog hergestellte Verbindung.

B. Beim Erwärmen von *trans*-Stilben mit Tetrabrom-[1,2]benzochinon ohne Lösungsmittel (*Horner, Merz*, A. **570** [1950] 89, 110) oder in Benzol (*Schönberg et al.*, Soc. **1951** 1364, 1366).

Krystalle; F: 217° (*Ho., Merz*), 215° [Zers.; aus Acn. oder Eg.] (*Sch. et al.*).

5-Benzhydryl-benzo[1,3]dioxol, 4-Benzhydryl-1,2-methylendioxy-benzol $C_{20}H_{16}O_2$, Formel III (X = H).

B. Beim Erhitzen von Benzo[1,3]dioxol-5-yl-diphenyl-methanol mit Essigsäure und Zink-Pulver (*Bowden et al.*, Soc. **1939** 302, 303).

Krystalle (aus A.); F: 65°.

5-[α-Chlor-benzhydryl]-benzo[1,3]dioxol, 3,4-Methylendioxy-tritylchlorid $C_{20}H_{15}ClO_2$, Formel III (X = Cl).

B. Aus Benzo[1,3]dioxol-5-yl-diphenyl-methanol beim Erwärmen mit Acetylchlorid in Äther und Petroläther sowie beim Behandeln einer mit Calciumchlorid versetzten Lösung in Benzol mit Chlorwasserstoff (*Bowden et al.*, Soc. **1939** 302, 303).

Krystalle (aus Ae. + Bzn.); F: 105°.

Überführung in Benzo[1,3]dioxol-5-yl-diphenyl-methyl (3,4-Methylendioxy-trityl; $C_{20}H_{15}O_2$; Formel IV) durch Behandlung einer Lösung in Benzol mit Silber unter Ausschluss von Licht und Sauerstoff (*Bo. et al.*, l. c. S. **305**).

Verbindung mit Zinn(IV)-chlorid $C_{20}H_{15}ClO_2 \cdot SnCl_4$. Rote Krystalle (*Bo. et al.*, l. c. S. **304**).

Verbindung mit Zinkchlorid $C_{20}H_{15}ClO_2 \cdot ZnCl_2$. Hygroskopische rote Krystalle (*Bo. et al.*, l. c. S. **304**).

Verbindung mit Quecksilber(II)-chlorid $C_{20}H_{15}ClO_2 \cdot HgCl_2$. Rote Krystalle (*Bo. et al.*, l. c. S. **304**).

Verbindung mit Eisen(III)-chlorid $C_{20}H_{15}ClO_2 \cdot FeCl_3$. Braunrote Krystalle; F: 145–146° (*Bo. et al.*, l. c. S. **304**).

5-[α-Brom-benzhydryl]-benzo[1,3]dioxol, 3,4-Methylendioxy-tritylbromid $C_{20}H_{15}BrO_2$, Formel III (X = Br).

B. Aus Benzo[1,3]dioxol-5-yl-diphenyl-methanol (*Bowden et al.*, Soc. **1939** 302, 304).

Krystalle (aus Bzn.); F: 121°.

Verbindung mit Quecksilber(II)-bromid $C_{20}H_{15}BrO_2 \cdot HgBr_2$. Rot; hygroskopisch.

IV V VI

1,3-Bis-benzo[b]thiophen-2-yl-2-methyl-propen $C_{20}H_{16}S_2$, Formel V.

Diese Konstitution ist für die nachstehend beschriebene Verbindung in Betracht gezogen worden (*Gaertner*, Am. Soc. **74** [1952] 766).

B. In kleiner Menge neben 1-[2-Methyl-benzo[b]thiophen-3-yl]-äthanon und 2-Methyl-benzo[b]thiophen beim Behandeln von äther. Benzo[b]thiophen-2-yl-methylmagnesium-chlorid-Lösung mit Acetylchlorid (*Ga.*).

Krystalle (nach Destillation bei 140°/0,1 Torr); F: 111,6—113° [korr.] und (nach Wiedererstarren bei weiterem Erhitzen) F: 121—122° [korr.].

5,12-Dimethyl-5,12-dihydro-5,12-epidioxido-naphthacen $C_{20}H_{16}O_2$, Formel VI.

B. Beim Behandeln einer Lösung von 5,12-Dimethyl-naphthacen in Schwefelkohlenstoff mit Luft unter Belichtung (*Wolf*, Am. Soc. **75** [1953] 2673, 2677; s. a. *Iaolot, Roussel*, Bl. Soc. Sci. Liège **23** [1954] 363, 372).

Krystalle (aus Bzl. [nach Isolierung mit Hilfe von Äthanol]) mit 1 Mol Äthanol; F: 245° [Zers.] (*Wolf*).

Beim Erhitzen unter 0,2 Torr bis auf 270° ist eine Verbindung $C_{20}H_{14}O_2$ (rote Krystalle [aus A.]; F: 233°) erhalten worden (*Wolf*).

(±)-7,12-Dimethyl-7,12-dihydro-7,12-epidioxido-benz[a]anthracen $C_{20}H_{16}O_2$, Formel VII.

B. Beim Behandeln einer Lösung von 7,12-Dimethyl-benz[a]anthracen in Schwefelkohlenstoff mit Sauerstoff unter Belichtung (*Cook, Martin*, Soc. **1940** 1125; vgl. *Sandin, Fieser*, Am. Soc. **62** [1940] 3098, 3103).

Krystalle, F: 194—195° [korr.; Zers.; aus A.] (*Sa., Fi.*), 193—194° [im vorgeheizten Bad; aus CS_2] (*Cook, Ma.*); Krystalle (aus $CHCl_3$) mit 1 Mol Chloroform, F: 188—189° [im vorgeheizten Bad] (*Cook, Ma.*).

Bei der Hydrierung an Palladium in Aceton ist eine vermutlich als 7,12-Dimethyl-7,12-dihydro-benz[a]anthracen-7(oder 12)-ol zu formulierende Verbindung $C_{20}H_{18}O$ vom F: 185° erhalten worden, die sich durch Erwärmen mit Chlorwasserstoff enthaltendem Methanol in 7,12-Dimethyl-benz[a]anthracen hat überführen lassen (*Cook, Ma.*).

VII VIII IX

***Opt.-inakt. 1,1,8-Trioxo-3,5(oder 3,6)-diphenyl-3a,4,7,7a-tetrahydro-1λ^6,8λ^4-4,7-episulfido-benzo[b]thiophen, 3,5(oder 3,6)-Diphenyl-3a,4,7,7a-tetrahydro-4,7-episulfido-benzo[b]thiophen-1,1,8-trioxid** $C_{20}H_{16}O_3S_2$, Formel VIII oder IX.

B. Beim Behandeln von 3-Phenyl-thiophen mit Peroxybenzoesäure in Chloroform (*Melles, Backer*, R. **72** [1953] 491, 495).

Krystalle (aus $CHCl_3$ + Me.); F: 198° [Zers.].

Stammverbindungen $C_{21}H_{18}O_2$

(±)-2,4,4-Triphenyl-[1,3]dioxolan $C_{21}H_{18}O_2$, Formel X.

B. Beim Behandeln von 1,1-Diphenyl-äthan-1,2-diol mit Benzaldehyd in Gegenwart von Chlorwasserstoff (*Wittig, Gauss*, B. **80** [1947] 363, 373).

$Kp_{0,01}$: 160–162°.

X XI XII

(±)-5,6,7,8-Tetrachlor-2*r*-phenyl-3*t*(?)-*p*-tolyl-2,3-dihydro-benzo[1,4]dioxin $C_{21}H_{14}Cl_4O_2$, vermutlich Formel XI + Spiegelbild.

Bezüglich der Konfigurationszuordnung vgl. *Bryce-Smith, Gilbert*, Chem. Commun. **1968** 1318.

B. Bei 10-tägiger Bestrahlung eines Gemisches von Tetrachlor-[1,2]benzochinon, 4-Methyl-*trans*-stilben und Benzol mit Sonnenlicht (*Schönberg, Latif*, Am. Soc. **72** [1950] 4828).

Krystalle (aus Bzl. + Me.); F: 132° (*Sch., La.*).

(±)-2-Benzhydryl-2-methyl-benz[1,3]oxathiol $C_{21}H_{18}OS$, Formel XII.

B. Aus 1,1-Diphenyl-aceton und 2-Mercapto-phenol (*Djerassi et al.*, Am. Soc. **77** [1955] 568, 571).

Krystalle (aus wss. A.); F: 78–80°.

(±)-7-Isopropyl-7,12-dihydro-7,12-epidioxido-benz[*a*]anthracen $C_{21}H_{18}O_2$, Formel XIII.

B. Beim Behandeln einer Lösung von 7-Isopropyl-benz[*a*]anthracen in Schwefelkohlenstoff mit Sauerstoff unter Belichtung (*Cook, Martin*, Soc. **1940** 1125).

Krystalle (aus CS_2); F: 166–167° [im vorgeheizten Bad].

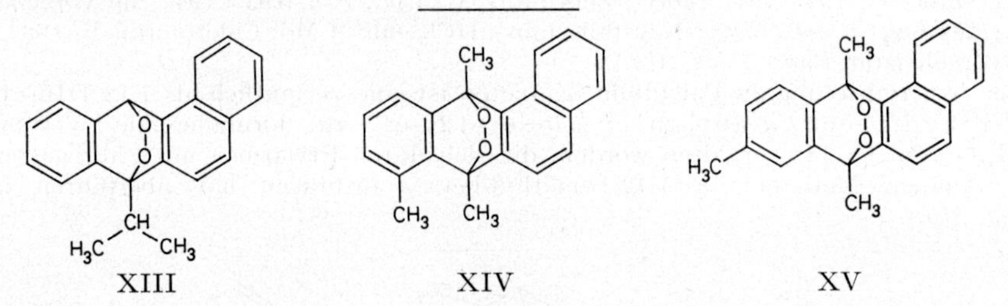

XIII XIV XV

(±)-7,8,12-Trimethyl-7,12-dihydro-7,12-epidioxido-benz[*a*]anthracen $C_{21}H_{18}O_2$, Formel XIV.

B. Beim Behandeln einer Lösung von 7,8,12-Trimethyl-benz[*a*]anthracen in Schwefelkohlenstoff mit Sauerstoff unter Belichtung (*Cook, Martin*, Soc. **1940** 1125).

Krystalle (aus CS_2); F: 212–213° [im vorgeheizten Bad].

(±)-7,9,12-Trimethyl-7,12-dihydro-7,12-epidioxido-benz[*a*]anthracen $C_{21}H_{18}O_2$, Formel XV.

B. Beim Behandeln einer Lösung von 7,9,12-Trimethyl-benz[*a*]anthracen in Schwefelkohlenstoff mit Sauerstoff unter Belichtung (*Cook, Martin*, Soc. **1940** 1125).

Krystalle (aus CS_2); F: 205–206° [im vorgeheizten Bad].

Stammverbindungen $C_{22}H_{20}O_2$

(±)-2-Chlor-2,3,3-triphenyl-[1,4]dioxan $C_{22}H_{19}ClO_2$, Formel I.

Die Identität einer von *Summerbell et al.* (Am. Soc. **69** [1947] 1352) unter dieser Konstitution beschriebenen, aus vermeintlichem 2,2,3,3-Tetrachlor-[1,4]dioxan und Phenylmagnesiumbromid erhaltenen Verbindung (F: 141–141,5° [s. E III **2** 1585 im Artikel Dichlor-[2-chlor-äthoxy]-acetylchlorid]) ist ungewiss.

***Opt.-inakt. 5-Methyl-2,4,4-triphenyl-[1,3]dioxolan** $C_{22}H_{20}O_2$, Formel II.

B. Beim Behandeln von (±)-1,1-Diphenyl-propan-1,2-diol mit Benzaldehyd in Gegenwart von Chlorwasserstoff (*Wittig, Gauss*, B. **80** [1947] 363, 373).

$Kp_{0,001}$: 156–158°.

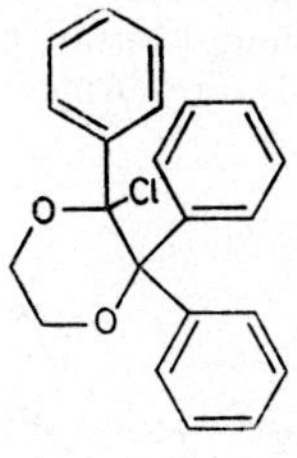

I 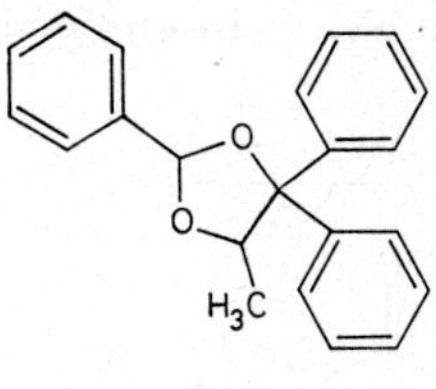 II 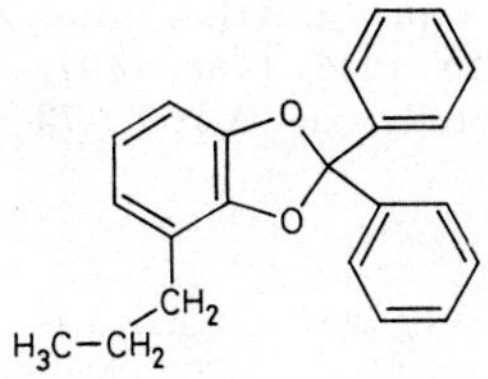 III

2,2-Diphenyl-4-propyl-benzo[1,3]dioxol, 1,2-Benzhydrylidendioxy-3-propylbenzol $C_{22}H_{20}O_2$, Formel III.

B. Beim Erwärmen von Benzhydrylidendichlorid mit 3-Propyl-brenzcatechin (*Mason*, Am. Soc. **66** [1944] 1156).

Krystalle (aus A.); F: 41,5–42° (*Ma.*, Am. Soc. **66** 1156). UV-Absorptionsmaximum (A.): 281 nm (*Mason*, Am. Soc. **70** [1948] 138).

(±)-7,8,9,12-Tetramethyl-7,12-dihydro-7,12-epidioxido-benz[*a*]anthracen $C_{22}H_{20}O_2$, Formel IV.

B. Beim Behandeln einer Lösung von 7,8,9,12-Tetramethyl-benz[*a*]anthracen in Schwefelkohlenstoff mit Sauerstoff unter Belichtung (*Cook, Martin*, Soc. **1940** 1125).

Krystalle (aus CS_2); F: 228–229° [im vorgeheizten Bad].

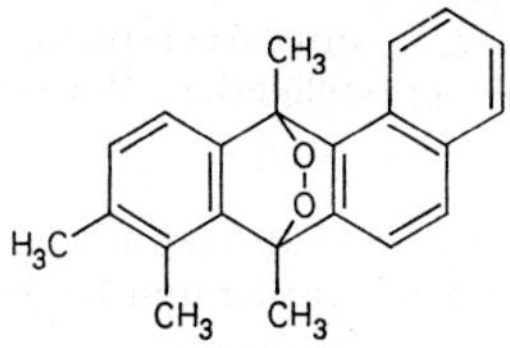

IV 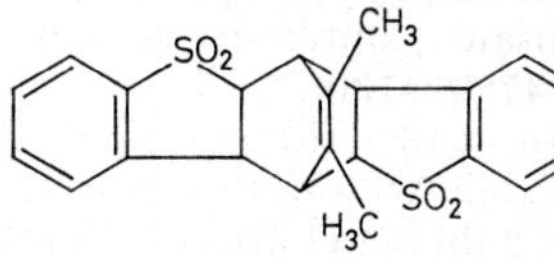 V 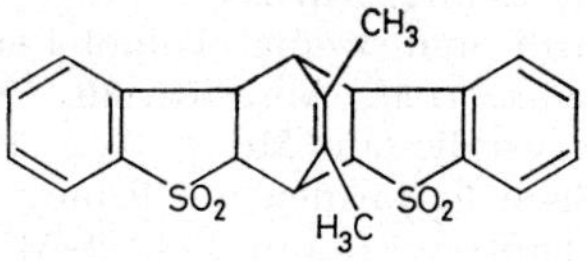 VI

13,14-Dimethyl-5,5,11,11-tetraoxo-5a,6,6a,11a,12,12a-hexahydro-5λ⁶,11λ⁶-6,12-ätheno-dibenzo[*d,d'*]benzo[1,2-*b*; 4,5-*b'*]dithiophen, 13,14-Dimethyl-5a,6,6a,11a,12,12a-hexahydro-6,12-ätheno-dibenzo[*d,d'*]benzo[1,2-*b*; 4,5-*b'*]dithiophen-5,5,11,11-tetraoxid $C_{22}H_{20}O_4S_2$, Formel V, und **13,14-Dimethyl-5,5,7,7-tetraoxo-5a,6,6a,11b,12,12a-hexahydro-5λ⁶,7λ⁶-6,12-ätheno-dibenzo[*d,d'*]benzo[1,2-*b*; 5,4-*b'*]dithiophen, 13,14-Dimethyl-5a,6,6a,11b,12,12a-hexahydro-6,12-ätheno-dibenzo[*d,d'*]benzo[1,2-*b*; 5,4-*b'*]dithiophen-5,5,7,7-tetraoxid** $C_{22}H_{20}O_4S_2$, Formel VI.

Diese beiden Konstitutionsformeln sind für die nachstehend beschriebene opt.-inakt. Verbindung in Betracht gezogen worden (*Davies, Porter*, Soc. **1957** 459, 462).

B. Beim Erhitzen von 3,4-Dimethyl-thiophen-1,1-dioxid mit Benzo[*b*]thiophen-1,1-dioxid in Xylol (*Da., Po.*).

Krystalle (aus Bzl.); F: 345–346°.

Stammverbindungen $C_{23}H_{22}O_2$

***Opt.-inakt. 5-Benzhydryl-2-methyl-2-phenyl-[1,3]oxathiolan** $C_{23}H_{22}OS$, Formel VII.

B. Beim Behandeln von Acetophenon mit (±)-3-Mercapto-1,1-diphenyl-propan-2-ol,

Natriumsulfat und Zinkchlorid in Dioxan (*Djerassi et al.*, Am. Soc. **80** [1958] **4723**, **4730**).

Krystalle (aus Me. + Acn.); F: 138—139° [Kofler-App.].

Beim Erwärmen mit Raney-Nickel in Aceton oder Butanon sind Acetophenon, 1,1-Di=phenyl-propan-2-ol, 1,1-Diphenyl-propan, [1-Methyl-2,2-diphenyl-äthyl]-[1-phenyl-äth=yl]-äther ($n_D^{22,5}$: 1,5692) und 1,1-Diphenyl-propen, beim Erwärmen mit inaktiviertem Raney-Nickel in Benzol ist 1,1-Diphenyl-propen als Hauptprodukt erhalten worden (*Dj. et al.*, l. c. S. **4726**, **4729**).

***Opt.-inakt. 4-Phenäthyl-2,5-diphenyl-[1,3]dioxolan** $C_{23}H_{22}O_2$, Formel VIII.

B. Beim Behandeln von Benzaldehyd mit opt.-inakt. 1,4-Diphenyl-butan-1,2-diol (F: 79—80°) in Äther unter Zusatz von wss. Salzsäure und Schwefelsäure (*Ruggli et al.*, Helv. **29** [1946] 1788, 1797).

Krystalle (aus A.); F: 73—74°.

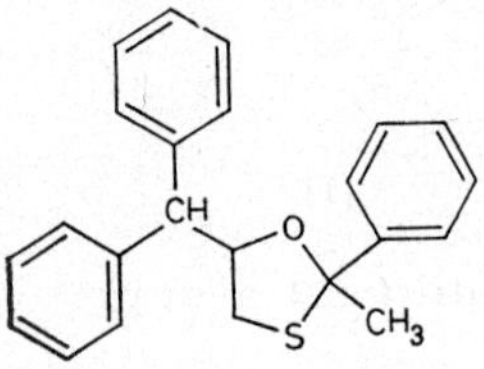

VII 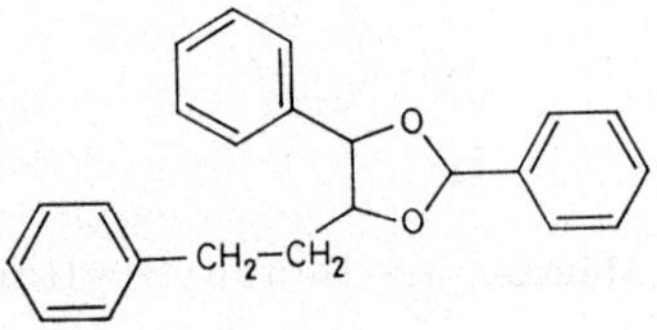 VIII 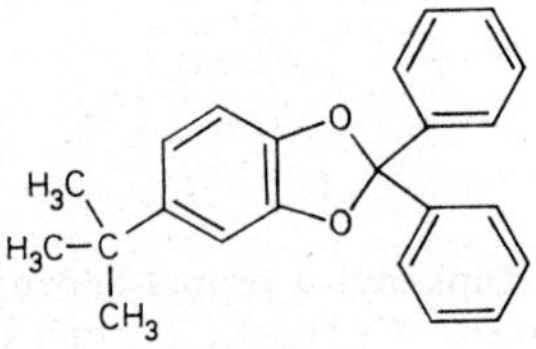 IX

5-*tert*-Butyl-2,2-diphenyl-benzo[1,3]dioxol, 1,2-Benzhydrylidendioxy-4-*tert*-butyl-benzol $C_{23}H_{22}O_2$, Formel IX.

B. Beim Erwärmen von Benzhydrylidendichlorid mit 4-*tert*-Butyl-brenzcatechin (*Mason*, Am. Soc. **66** [1944] 1156).

Krystalle (aus A.); F: 138—139° [korr.] (*Ma.*, Am. Soc. **66** 1156). UV-Absorptions=maximum (A.): 287 nm (*Mason*, Am. Soc. **70** [1948] 138).

Stammverbindungen $C_{24}H_{24}O_2$

***Opt.-inakt. 6-Benzhydryl-2-methyl-2-phenyl-[1,3]oxathian** $C_{24}H_{24}OS$, Formel X.

B. Beim Erhitzen von (±)-4-Mercapto-1,1-diphenyl-butan-2-ol mit Acetophenon, Benzol und wenig Toluol-4-sulfonsäure unter Entfernen des entstehenden Wassers (*Djerassi et al.*, Am. Soc. **80** [1958] 4723, 4730).

Krystalle (aus Me. + Ae.); F: 116—118° [Kofler-App.].

Beim Erwärmen mit Raney-Nickel in Aceton, Butanon oder Benzol sind Acetophenon, 1,1-Diphenyl-butan-2-ol, [1-Äthyl-2,2-diphenyl-äthyl]-[1-phenyl-äthyl]-äther und 1,1-Di=phenyl-butan erhalten worden (*Dj. et al.*, l. c. S. **4727**, **4729**).

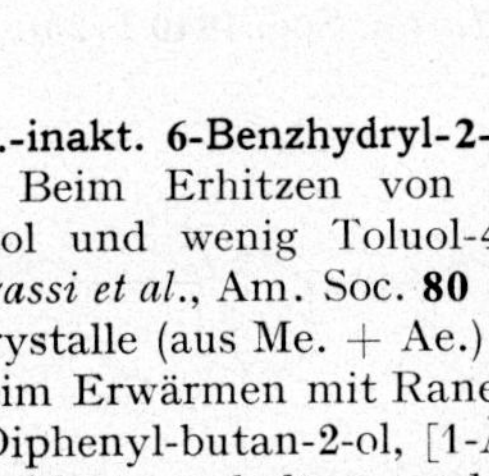

X 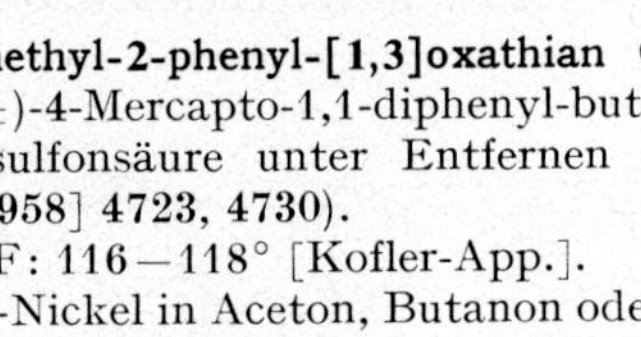 XI 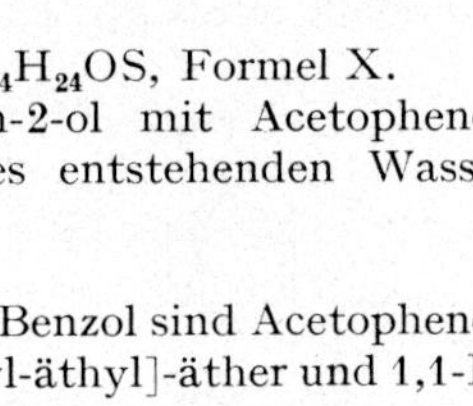 XII

***Opt.-inakt. 2,4-Dibenzyl-5-phenyl-[1,3]dioxan** $C_{24}H_{24}O_2$, Formel XI.

B. Beim Erwärmen von Phenylacetaldehyd-dimethylacetal mit opt.-inakt. 2,4-Di=phenyl-butan-1,3-diol (F: 98,5—99°), Benzol und wenig Benzolsulfonsäure unter Entfernen des entstehenden Wassers (*Erickson, Grammer*, Am. Soc. **80** [1958] 5466, 5468). Beim Behandeln eines Gemisches von opt.-inakt. 2,6-Dibenzyl-5-phenyl-[1,3]dioxan-4-ol (⇌ 3-[α-Hydroxy-phenäthyloxy]-2,4-diphenyl-butyraldehyd; F: 115°), Essigsäure und

amalgamiertem Zink mit Chlorwasserstoff (*Er.*, *Gr.*).
Krystalle (aus Me.); F: 100—101° [korr.].

6,7-Diphenyl-1,2,3,4,5,8-hexahydro-1*t*,4*t*-epoxido-4a*r*,8a*c*-[2]thiapropano-naphthalin $C_{24}H_{24}OS$, Formel XII.

B. Beim Erwärmen von 4a,8a-Bis-methansulfonyloxymethyl-6,7-diphenyl-(4a*r*,8a*c*)-1,2,3,4,4a,5,8,8a-octahydro-1*t*,4*t*-epoxido-naphthalin mit Natriumsulfid-nonahydrat in Äthanol (*Stork et al.*, Am. Soc. **75** [1953] 384, 390).
Krystalle (aus A.); F: 155—156°.

Stammverbindungen $C_{25}H_{26}O_2$

(±)-2,2-Dimethyl-5-phenyl-4,4-di-*o*-tolyl-[1,3]dioxolan $C_{25}H_{26}O_2$, Formel I.

B. Beim Behandeln von (±)-2-Phenyl-1,1-di-*o*-tolyl-äthan-1,2-diol mit Aceton, Natrium= sulfat und konz. Schwefelsäure (*Fuson, Rachlin*, Am. Soc. **64** [1942] 1567, 1570). Neben anderen Verbindungen beim Erwärmen von (±)-2,2-Dimethyl-5-phenyl-[1,3]dioxolan-4-on mit *o*-Tolylmagnesiumbromid in Äther (*Fu.*, *Ra.*, l. c. S. 1569).
Krystalle (aus Me.); F: 108—109° (*Fu.*, *Ra.*, l. c. S. 1570).

I II

Stammverbindungen $C_{34}H_{44}O_2$

4-Pentadecyl-2,2-diphenyl-benzo[1,3]dioxol, 1,2-Benzhydrylidendioxy-3-penta= decyl-benzol $C_{34}H_{44}O_2$, Formel II.

B. Aus 3-Pentadecyl-brenzcatechin und Benzhydrylidendichlorid (*Mason*, Am. Soc. **70** [1948] 138).
Krystalle (aus Me.); F: 42°. UV-Absorptionsmaxima (A.): 281 nm und 284 nm.

Stammverbindungen $C_{40}H_{56}O_2$

(±)-6,11-Dimethyl-2,15-bis-[(2Ξ,7aΞ)-4,4,7a-trimethyl-2,4,5,6,7,7a-hexahydro-benzo= furan-2-yl]-hexadeca-2*c*,4*t*,6*t*,8*t*,10*t*,12*t*,14*c*-heptaen, (±)-(5Ξ,8Ξ,5′Ξ,8′Ξ)-5,8;5′,8′-Di= epoxy-5,8,5′,8′-tetrahydro-β,β-carotin [1]) $C_{40}H_{56}O_2$, Formel III.

Diese Konstitution und Konfiguration kommt dem nachstehend beschriebenen **Auro= chrom** zu.

B. Neben Mutatochrom (E III/IV **17** 744) und wenig β,β-Carotin (E III **5** 2453) beim Behandeln von β-Carotin-diepoxid (S. 430) mit Chlorwasserstoff in Chloroform (*Karrer, Jucker*, Helv. **28** [1945] 427, 435; *Barber et al.*, Soc. **1960** 2870, 2880). Beim Erwärmen von β-Carotin-diepoxid mit Methylmagnesiumjodid in Äther und Benzol (*Karrer et al.*, Helv. **29** [1946] 233, 236). Neben Mutatochrom beim Behandeln von Luteochrom (S. 428) mit Chlorwasserstoff in Chloroform (*Ka.*, *Ju.*).

Gelbe Krystalle; F: 195—197° [unkorr.; evakuierte Kapillare] (*Ba. et al.*), 187—189° [korr.; Kofler-App.; aus Bzl. + Me.] (*Ba. et al.*), 187—188° [aus Bzl. + Me.] (*Tsukida, Zechmeister*, Arch. Biochem. **74** [1958] 408, 424), 185° [unkorr.; evakuierte Kapillare; aus Bzl. + Me.] (*Ka.*, *Ju.*), 184° [aus Acn.] (*Hunter et al.*, Soc. **1948** 710). Monoklin; aus dem Röntgen-Diagramm ermittelte Dimensionen der Elementarzelle: a = 7,64 Å; b = 9,90 Å; c = 26,1 Å; β = 106,5°; n = 2 (*Hu. et al.*). Dichte der Krystalle: 0,996 (*Hu. et al.*). Absorptionsmaxima von Lösungen in Petroläther: 428 nm (*Ka.*, *Ju.*); in

[1]) Stellungsbezeichnung bei von β,β-Carotin (β-Carotin) abgeleiteten Namen s. E III **5** 2453.

Hexan: 236 nm, 361 nm, 380 nm, 401 nm und 426 nm (*Ts.*, *Ze.*); in Benzol: 440 nm (*Ka.*, *Ju.*); in Schwefelkohlenstoff: 426,5 nm und 454 nm (*Ts.*, *Ze.*) bzw. 428 nm und 457 nm (*Ka.*, *Ju.*) bzw. 429 nm und 456 nm (*Hu. et al.*); in Chloroform: 437 nm (*Ka.*, *Ju.*).

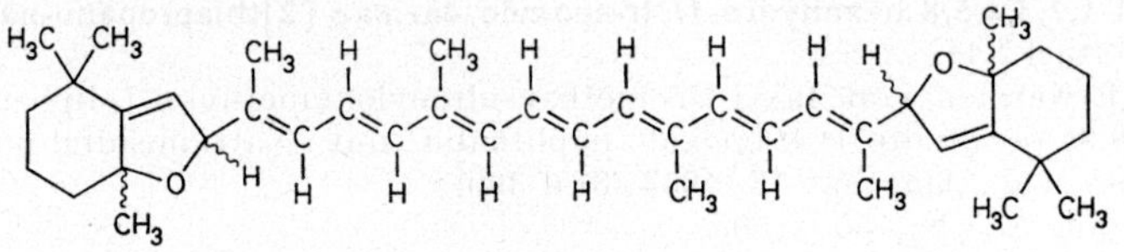

III

1-[1,2-Epoxy-2,6,6-trimethyl-cyclohexyl]-3,7,12-trimethyl-16-[4,4,7a-trimethyl-2,4,5,6,7,7a-hexahydro-benzofuran-2-yl]-heptadeca-1,3,5,7,9,11,13,15-octaen $C_{40}H_{56}O_2$.

a) **(±)-1*t*-[(1Ξ,2Ξ)-1,2-Epoxy-2,6,6-trimethyl-cyclohexyl]-3,7,12-trimethyl-16-[(2Ξ,7aΞ)-4,4,7a-trimethyl-2,4,5,6,7,7a-hexahydro-benzofuran-2-yl]-heptadeca-1,3*t*,5*t*,7*t*,9*t*,11*t*,13*t*,15*c*-octaen, (±)-(5Ξ,6Ξ,5′Ξ,8′Ξ)-5,6;5′,8′-Diepoxy-5,6,5′,8′-tetrahydro-β,β-carotin** [1]) $C_{40}H_{56}O_2$, Formel IV.

Diese Konstitution und Konfiguration kommt dem nachstehend beschriebenen **Luteochrom** zu.

B. Neben (5Ξ,6Ξ)-5,6-Epoxy-5,6-dihydro-β,β-carotin (E III/IV **17** 745) und β-Carotin-diepoxid (S. 430) beim Behandeln von β,β-Carotin (E III **5** 2453) mit Monoperoxyphthalsäure in Äther (*Karrer*, *Jucker*, Helv. **28** [1945] 427, 432). Beim Behandeln einer Lösung von β-Carotin-diepoxid in Chloroform mit wss. Salzsäure (*Tsukida*, *Zechmeister*, Arch. Biochem. **74** [1958] 408, 422). Als Hauptprodukt beim Behandeln einer Lösung von β-Carotin-diepoxid in Hexan mit basischem Aluminiumoxid (*Ts.*, *Ze.*, l. c. S. 423).

Gelborangefarbene Krystalle (aus Bzl. + Me.); F: 177–178° [korr.; Block; evakuierte Kapillare] (*Ts.*, *Ze.*, l. c. S. 422; *Suzuki*, *Tsukida*, Chem. pharm. Bl. **7** [1959] 878, 882), 176° [unkorr.; evakuierte Kapillare] (*Ka.*, *Ju.*, l. c. S. 433). IR-Spektrum (KBr; 6,5 μ bis 7,5 μ, 10–10,8 μ und 12,5–13,8 μ): *Su.*, *Ts.*, l. c. S. 881. Absorptionsspektrum (Hexan; 220–500 nm bzw. 300–470 nm): *Ts.*, *Ze.*, l. c. S. 416; *Su.*, *Ts.*, l. c. S. 880. Absorptionsmaxima (CS_2): 451 nm und 482 nm (*Ka.*, *Ju.*) bzw. 451 nm und 480 nm (*Ts.*, *Ze.*, l. c. S. 422).

Beim Behandeln mit Chlorwasserstoff in Chloroform sind Aurochrom (S. 427) und Mutatochrom (E III/IV **17** 744) erhalten worden (*Ka.*, *Ju.*, l. c. S. 435).

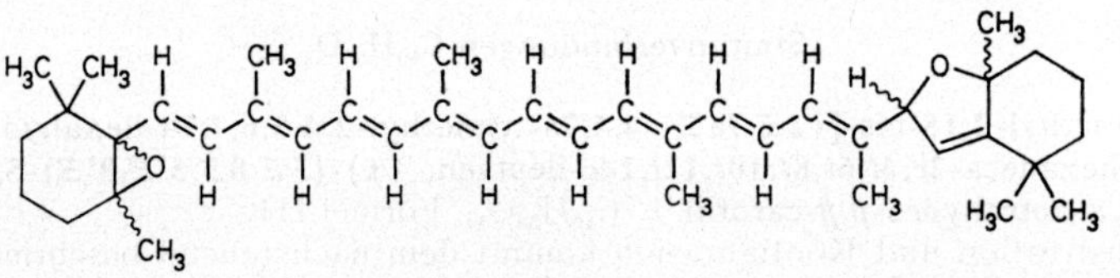

IV

b) **(±)-1*t*-[(1Ξ,2Ξ)-1,2-Epoxy-2,6,6-trimethyl-cyclohexyl]-3,7,12-trimethyl-16-[(2Ξ,7aΞ)-4,4,7a-trimethyl-2,4,5,6,7,7a-hexahydro-benzofuran-2-yl]-heptadeca-1,3*c*,5*t*,7*t*,9*t*,11*t*,13*t*,15*c*-octaen, (±)-(5Ξ,6Ξ,5′Ξ,8′Ξ)-5,6;5′,8′-Diepoxy-5,6,5′,8′-tetrahydro-9-*cis*-β,β-carotin** [1]) $C_{40}H_{56}O_2$, Formel V.

Diese Konstitution und Konfiguration kommt dem nachstehend beschriebenen **Neoluteochrom-V** (9′-*cis*-Luteochrom) zu (*Suzuki*, *Tsukida*, J. pharm. Soc. Japan **82** [1962] 669; C. A. **58** [1963] 4605).

B. In kleiner Menge bei der Bestrahlung einer Lösung von Luteochrom (s. o.) in Hexan mit UV-Licht [λ: >300 nm] (*Suzuki*, *Tsukida*, Chem. pharm. Bl. **7** [1959] 878, 879, 882, 883).

IR-Spektrum (6,5–7,5 μ, 10–10,8 μ und 12,5–13,8 μ): *Su.*, *Ts.*, Chem. pharm. Bl. **7** 881. Absorptionsspektrum (Hexan; 300–470 nm): *Su.*, *Ts.*, Chem. pharm. Bl. **7** 880.

---

[1]) Stellungsbezeichnung bei von β,β-Carotin (β-Carotin) abgeleiteten Namen s. E III **5** 2453.

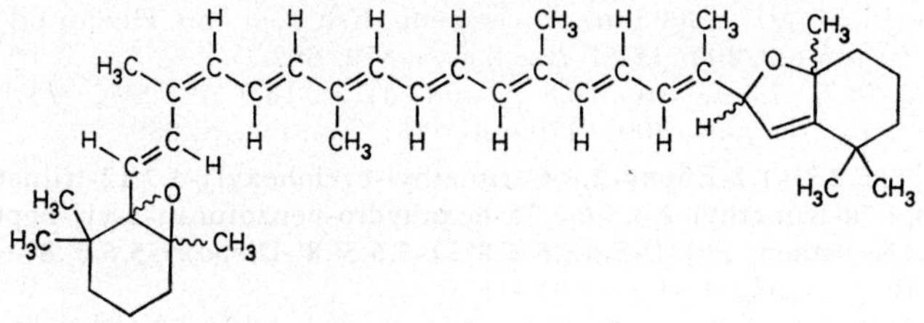

V

c) **(±)-1*t*-[(1Ξ,2Ξ)-1,2-Epoxy-2,6,6-trimethyl-cyclohexyl]-3,7,12-trimethyl-16-[(2Ξ,7aΞ)-4,4,7a-trimethyl-2,4,5,6,7,7a-hexahydro-benzofuran-2-yl]-heptadeca-1,3*t*,5*t*,7*t*,9*t*,11*t*,13*t*,15*t*-octaen, (±)-(5Ξ,6Ξ,5′Ξ,8′Ξ)-5,6;5′,8′-Diepoxy-5,6,5′,8′-tetrahydro-9′-*cis*-β,β-carotin** [1]) $C_{40}H_{56}O_2$, Formel VI.

Diese Konstitution und Konfiguration kommt dem nachstehend beschriebenen **Neoluteochrom-U** (9-*cis*-Luteochrom) zu (*Suzuki, Tsukida*, J. pharm. Soc. Japan **82** [1962] 669; C. A. **58** [1963] 4605).

B. Bei kurzer Bestrahlung (5 min) einer mit Jod versetzten Lösung von Luteochrom (S. 428) in Hexan mit UV-Licht [λ: >300 nm] (*Suzuki, Tsukida*, Chem. pharm. Bl. **7** [1959] 878, 879, 883).

IR-Spektrum (6,5—7,5 μ, 10—10,8 μ und 12,5—13,8 μ): *Su., Ts.*, Chem. pharm. Bl. **7** 881. Absorptionsspektrum (Hexan; 300—470 nm): *Su., Ts.*, Chem. pharm. Bl. **7** 880.

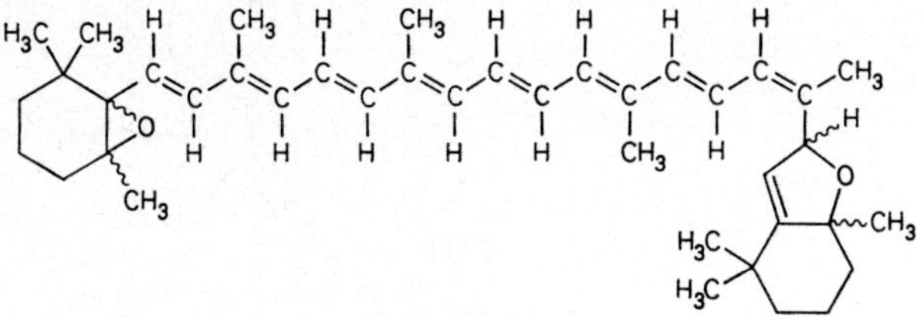

VI

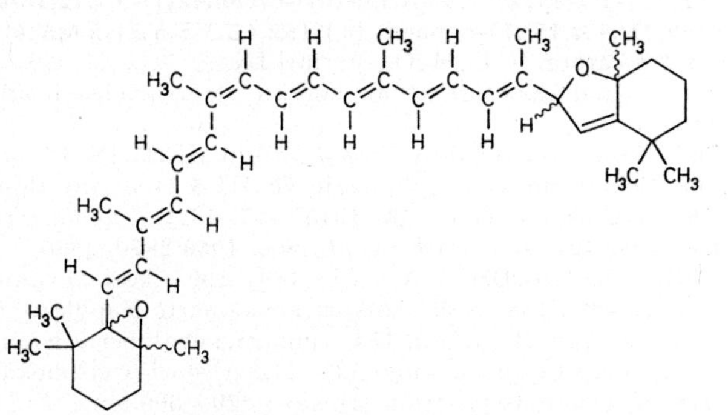

VII

d) **(±)-1*t*-[(1Ξ,2Ξ)-1,2-Epoxy-2,6,6-trimethyl-cyclohexyl]-3,7,12-trimethyl-16-[(2Ξ,7aΞ)-4,4,7a-trimethyl-2,4,5,6,7,7a-hexahydro-benzofuran-2-yl]-heptadeca-1,3*t*,5*t*,7*c*,9*t*,11*t*,13*t*,15*c*-octaen, (±)-(5Ξ,6Ξ,5′Ξ,8′Ξ)-5,6;5′,8′-Diepoxy-5,6,5′,8′-tetrahydro-13-*cis*-β,β-carotin** [1]) $C_{40}H_{56}O_2$, Formel VII.

Diese Konstitution und Konfiguration ist dem nachstehend beschriebenen **Neoluteochrom-B** (13′-*cis*-Luteochrom) zugeordnet worden (*Suzuki, Tsukida*, Chem. pharm. Bl. **7** [1959] 878, 880).

B. In kleiner Menge aus Luteochrom (S. 428) bei der Bestrahlung einer Lösung in

---

[1]) Stellungsbezeichnung bei von β,β-Carotin (β-Carotin) abgeleiteten Namen s. E III **5** 2453.

Hexan mit UV-Licht (λ: >300 nm) sowie beim Erhitzen mit Hexan oder bei kurzem Erhitzen ohne Zusatz auf 200° (*Su.*, *Ts.*, l. c. S. 879, 882).

IR-Spektrum (6,5–7,5 μ, 10–10,8 μ und 12,5–13,8 μ): *Su.*, *Ts.*, l. c. S. 881. Absorptionsspektrum (Hexan; 300–470 nm): *Su.*, *Ts.*, l. c. S. 880.

e) **(±)-1*t*-[(1Ξ,2Ξ)-1,2-Epoxy-2,6,6-trimethyl-cyclohexyl]-3,7,12-trimethyl-16-[(2Ξ,7aΞ)-4,4,7a-trimethyl-2,4,5,6,7,7a-hexahydro-benzofuran-2-yl]-heptadeca-1,3*t*,5*t*,7*t*,9*t*,11*c*,13*t*,15*c*-octaen, (±)-(5Ξ,6Ξ,5′Ξ,8′Ξ)-5,6;5′,8′-Diepoxy-5,6,5′,8′-tetrahydro-13′-*cis*-β,β-carotin** [1]) $C_{40}H_{56}O_2$, Formel VIII.

Diese Konstitution und Konfiguration ist dem nachstehend beschriebenen **Neoluteochrom-A** (13-*cis*-Luteochrom) zugeordnet worden (*Suzuki*, *Tsukida*, Chem. pharm. Bl. 7 [1959] 878, 880).

B. In kleiner Menge aus Luteochrom (S. 428) bei der Bestrahlung mit UV-Licht (λ: >300 nm), auch in Gegenwart von Jod, sowie bei kurzem Erhitzen auf 200° (*Su.*, *Ts.*, l. c. S. 879, 882).

IR-Spektrum (6,5–7,5 μ, 10–10,8 μ und 12,5–13,8 μ): *Su.*, *Ts.*, l. c. S. 881. Absorptionsspektrum (Hexan; 300–470 nm): *Su.*, *Ts.*, l. c. S. 880.

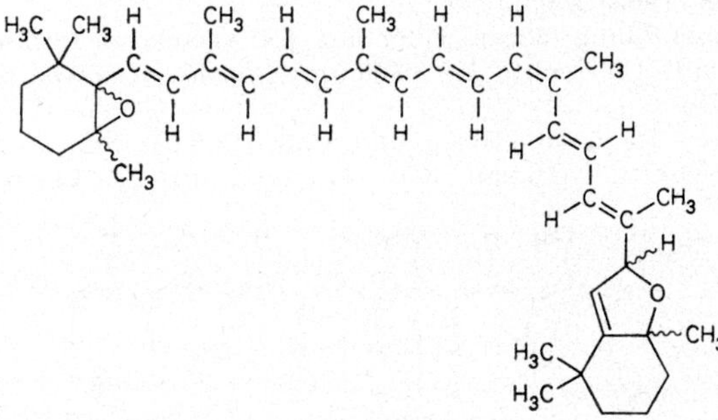

VIII

(±)-1*t*,18*t*-Bis-[(1Ξ,2Ξ)-1,2-epoxy-2,6,6-trimethyl-cyclohexyl]-3,7,12,16-tetramethyl-octadeca-1,3*t*,5*t*,7*t*,9*t*,11*t*,13*t*,15*t*,17-nonaen, (±)-(5Ξ,6Ξ,5′Ξ,6′Ξ)-5,6;5′,6′-Diepoxy-5,6,5′,6′-tetrahydro-β,β-carotin [1]) $C_{40}H_{56}O_2$, Formel IX.

Diese Konstitution und Konfiguration kommt dem nachstehend beschriebenen **β-Carotin-diepoxid** zu.

B. Neben (5Ξ,6Ξ)-5,6-Epoxy-5,6-dihydro-β,β-carotin (E III/IV **17** 745) und anderen Verbindungen beim Behandeln von β,β-Carotin (E III **5** 2453) mit Monoperoxyphthalsäure in Äther (*Karrer*, *Jucker*, Helv. **28** [1945] 427, 432; *Tsukida*, *Zechmeister*, Arch. Biochem. **74** [1958] 408, 421; s. a. *Barber et al.*, Soc. **1960** 2870, 2880).

Orangefarbene Krystalle (aus Bzl. + Me.); F: 189–190° [korr.; evakuierte Kapillare; Block] (*Ts.*, *Ze.*, l. c. S. 421), 188–189° [unkorr.; evakuierte Kapillare] (*Ba. et al.*), 184° bis 185° [korr.; Kofler-App.] (*Ba. et al.*), 184° [unkorr.; evakuierte Kapillare] (*Ka.*, *Ju.*, l. c. S. 433). IR-Spektrum (CCl_4 [2–4 μ und 5,3–11,8 μ] sowie Cyclohexan [12,4–15 μ]): *Ts.*, *Ze.*, l. c. S. 418. Absorptionsspektrum (Hexan; 220–500 nm): *Ts.*, *Ze.*, l. c. S. 411. Absorptionsmaxima von Lösungen in Petroläther: 443 nm und 470,5 nm (*Ka.*, *Ju.*, l. c. S. 433); in Benzol: 456 nm und 485 nm (*Ka.*, *Ju.*, l. c. S. 433) bzw. 426 nm, 451 nm und 481 nm (*Ba. et al.*); in Schwefelkohlenstoff: 472 nm und 502 nm; in Chloroform: 456 nm und 484 nm (*Ka.*, *Ju.*, l. c. S. 433).

Isomerisierung bei der Bestrahlung einer Lösung in Hexan, auch in Gegenwart von Jod, mit UV-Licht (λ: >300 nm) sowie beim Erhitzen mit Hexan oder beim Erhitzen mit Naphthalin auf Schmelztemperatur: *Ts.*, *Ze.*, l. c. S. 410, 416, 421. Beim Behandeln mit Chlorwasserstoff in Chloroform sind Aurochrom (S. 427), Mutatochrom (E III/IV **17** 744) und wenig β,β-Carotin erhalten worden (*Ka.*, *Ju.*, l. c. S. 435). Isomerisierung beim Behandeln einer Lösung in Hexan mit basischem Aluminiumoxid (Bildung von Luteochrom

---

[1]) Stellungsbezeichnung bei von β,β-Carotin (β-Carotin) abgeleiteten Namen s. E III **5** 2453.

[S. 428] als Hauptprodukt): *Ts.*, *Ze.*, l. c. S. 410, 423. Bildung von Aurochrom beim Erwärmen mit Methylmagnesiumjodid in Äther und Benzol: *Karrer et al.*, Helv. **29** [1946] 233, 236.

IX

Stammverbindungen $C_{42}H_{60}O_2$

(3Ξ,5′Ξ)-5′-Benzhydryl-5α-spiro[cholestan-3,2′-[1,3]oxathiolan] $C_{42}H_{60}OS$, Formel X.

a) Stereoisomeres vom F: 194°.

B. Neben den unter b) und c) beschriebenen Stereoisomeren beim Behandeln von 5α-Cholestan-3-on mit (±)-3-Mercapto-1,1-diphenyl-propan-2-ol, Zinkchlorid und Natrium=sulfat in Dioxan (*Djerassi et al.*, Am. Soc. **77** [1955] **4647, 4651**).

Krystalle (aus $CHCl_3$ + Me.), F: 193—194° [unkorr.]; $[\alpha]_D^{28}$: +60° [$CHCl_3$] (*Dj. et al.*, Am. Soc. **77 4651**).

Beim Erwärmen mit Raney-Nickel und Butanon sind 5α-Cholestan-3-on, (+)-1,1-Di=phenyl-propan-2-ol ($[\alpha]_D^{25}$: +5,8° [$CHCl_3$]) und kleine Mengen 5α-Cholestan-3β-ol erhalten worden (*Dj. et al.*, Am. Soc. **77 4651**); über das Verhalten beim Erwärmen mit Raney-Nickel in Benzol, in Benzol und Butan-1-ol sowie in Benzol und Butanon s. *Djerassi et al.*, Am. Soc. **80** [1958] 4723, 4725. Bildung von 5α-Cholestan-3-on und von (+)-3-Mercapto-1,1-diphenyl-propan-2-ol ($[\alpha]_D$ + 38° [$CHCl_3$]) beim Erhitzen einer Lösung in Dioxan mit wss. Salzsäure: *Djerassi*, *Grossman*, Am. Soc. **79** [1957] 2553.

X

b) Stereoisomeres vom F: 173°.

B. s. bei dem unter a) beschriebenen Stereoisomeren.

Krystalle (aus Acn.), F: 172—173° [unkorr.]; $[\alpha]_D^{25}$: —9,7° [$CHCl_3$] (*Djerassi et al.*, Am. Soc. **77** [1955] **4647, 4651**).

c) Stereoisomeres vom F: 153°.

B. s. bei dem unter a) beschriebenen Stereoisomeren.

Krystalle (aus Acn.), F: 152—153° [unkorr.; nach Schmelzen bei 70—80° und Wieder=erstarren bei weiterem Erhitzen]; $[\alpha]_D^{25}$: +2,8° [$CHCl_3$] (*Djerassi et al.*, Am. Soc. **77** [1955] **4647, 4651**).

Beim Erwärmen mit Raney-Nickel und Butanon sind 5α-Cholestan-3-on und (—)-1,1-Di=phenyl-propan-2-ol ($[\alpha]_D^{25}$: —5,8° [$CHCl_3$]) erhalten worden (*Dj. et al.*). Bildung von 5α-Cholestan-3-on und (—)-3-Mercapto-1,1-diphenyl-propan-2-ol ($[\alpha]_D$: —36° [$CHCl_3$])

beim Erhitzen einer Lösung in Dioxan mit wss. Salzsäure: *Djerassi, Grossman*, Am. Soc. **79** [1957] 2553.

Stammverbindungen $C_{43}H_{62}O_2$

(±)-5c-[3,7,12,16,20,24-Hexamethyl-pentacosa-1*t*,3*t*,5*t*,7*t*,9*t*,11*t*,13*t*,15*t*,17*t*,19*t*,23-undecaenyl]-2,2,4*r*-trimethyl-4-[4-methyl-pent-3-enyl]-[1,3]dioxolan, (±)-5r_F,6t_F-Isopropylidendioxy-5,6-dihydro-ψ,ψ-carotin [1], **(±)-5r_F,6t_F-Isopropylidendioxy-5,6-dihydro-*all-trans*-lycopin** $C_{43}H_{62}O_2$, Formel XI + Spiegelbild.

B. Beim Behandeln von (±)-5,6-Dihydro-ψ,ψ-carotin-5r_F,6t_F-diol (E IV **1** 2748) mit Aceton, Benzol und Kupfer(II)-sulfat unter Ausschluss von Licht (*Bush, Zechmeister*, Am. Soc. **80** [1958] 2991, 2998).

Absorptionsmaxima (Hexan): 429 nm, 455 nm und 486 nm.

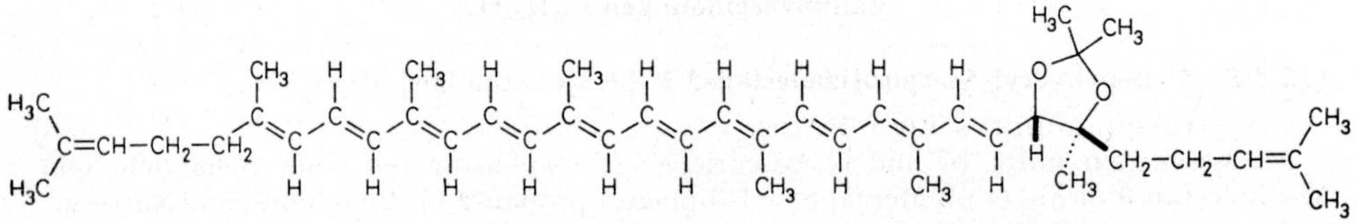

XI

(3Ξ,6'Ξ)-6'-Benzhydryl-5α-spiro[cholestan-3,2'-[1,3]oxathian] $C_{43}H_{62}OS$, Formel XII.

a) Stereoisomeres vom F: 218°.

B. Neben dem unter b) beschriebenen Stereoisomeren beim Behandeln von 5α-Cholestan-3-on mit (±)-4-Mercapto-1,1-diphenyl-butan-2-ol, Natriumsulfat und Zinkchlorid in Dioxan (*Djerassi et al.*, Am. Soc. **80** [1958] 4723, 4730).

Krystalle (aus Me. + $CHCl_3$); F: 216–218° [Kofler-App.]. $[\alpha]_D$: +98° [$CHCl_3$].

Beim Erwärmen mit Raney-Nickel und Benzol sind 5α-Cholestan-3-on, 1,1-Diphenyl-butan, (−)-1,1-Diphenyl-butan-2-ol ($[\alpha]_D$: −3,7° [$CHCl_3$]) und 3ξ-[(Ξ)-1-Äthyl-2,2-diphenyl-äthoxy]-5α-cholestan ($[\alpha]_D$: +9° [$CHCl_3$]) erhalten worden (*Dj. et al.*, l. c. S. 4726, 4729).

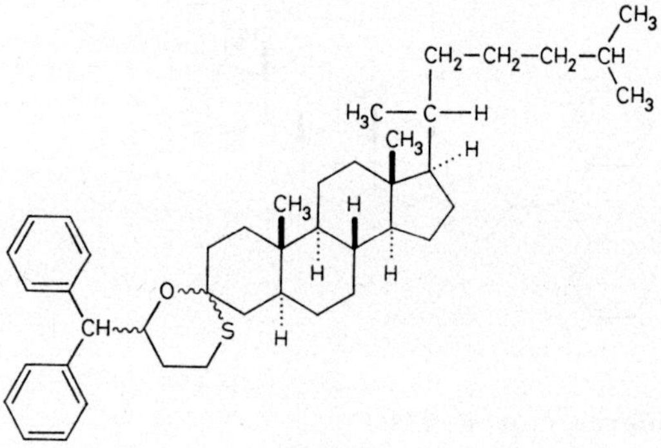

XII

b) Stereoisomeres vom F: 185°.

B. s. bei dem unter a) beschriebenen Stereoisomeren.

Krystalle (aus Me. + $CHCl_3$), F: 184–185° [Kofler-App.]; $[\alpha]_D$: −41° [$CHCl_3$] (*Djerassi et al.*, Am. Soc. **80** [1958] 4723, 4730).

Beim Erwärmen mit Raney-Nickel und Butanon sind 5α-Cholestan-3-on, (−)-1,1-Diphenyl-butan-2-ol ($[\alpha]_D$: −3,7° [$CHCl_3$]) sowie kleinere Mengen 5α-Cholestan-3α-ol und 5α-Cholestan-3β-ol, beim Erwärmen mit Raney-Nickel und Benzol sind neben den beiden

---

[1] Stellungsbezeichnung bei von ψ,ψ-Carotin (Lycopin) abgeleiteten Namen s. E IV **1** 1166, 1167.

zuerst genannten Verbindungen 1,1-Diphenyl-butan und 3ξ-[(Ξ)-1-Äthyl-2,2-diphenyl-äthoxy]-5α-cholestan ([α]$_D$: +9° [$CHCl_3$]) erhalten worden (*Dj. et al.*, l. c. S. 4726).

Stammverbindungen $C_nH_{2n-26}O_2$

Stammverbindungen $C_{18}H_{10}O_2$

Dibenzo[*d,d'*]benzo[1,2-*b*;5,4-*b'*]dithiophen $C_{18}H_{10}S_2$, Formel I.

B. Neben Dibenzo[*d,d'*]benzo[1,2-*b*;3,4-*b'*]dithiophen und Dibenzo[*d,d'*]benzo[1,2-*b*;4,5-*b'*]dithiophen beim Erhitzen von *m*-Terphenyl mit Schwefel auf 200° und Erhitzen des Reaktionsgemisches mit Aluminiumchlorid bis auf 260° (*Pandya et al.*, J. scient. ind. Res. India **18**B [1959] 198, 200).

Krystalle (aus Bzl.); F: 220°. Bei 90–100°/0,03 Torr sublimierbar.

Verbindung mit Picrinsäure $C_{18}H_{10}S_2 \cdot 2C_6H_3N_3O_7$. Orangefarbene Krystalle (aus Bzl. + PAe.); F: 182°.

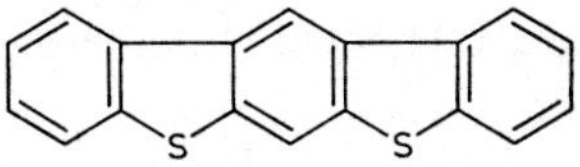

I 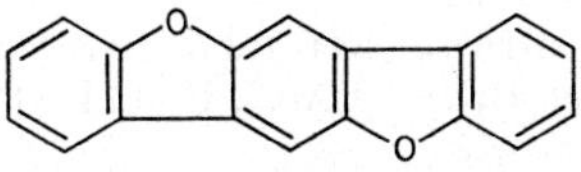 II

Benzo[1,2-*b*;4,5-*b'*]bisbenzofuran, Dibenzo[*d,d'*]benzo[1,2-*b*;4,5-*b'*]difuran $C_{18}H_{10}O_2$, Formel II.

B. Beim Erhitzen von 2,5-Bis-[2-chlor-phenyl]-hydrochinon (im Gemisch mit 2'-Chlor-biphenyl-2,5-diol bei der Umsetzung von [1,4]Benzochinon mit 2-Chlor-benzoldiazonium-Salz und anschliessenden Behandlung mit Natriumdithionit erhalten) mit wss. Kalilauge und Natriumdithionit auf 200° (*Schimmelschmidt*, A. **566** [1950] 184, 198). Beim Erhitzen von 1,2,3,4,7,8,9,10-Octahydro-dibenzo[*d,d'*]benzo[1,2-*b*;4,5-*b'*]difuran mit Palladium/Kohle auf 230° (*Erdtman, Stjernström*, Acta chem. scand. **13** [1959] 653, 656).

Krystalle; F: 265,5–266,5° [unkorr.; aus Brombenzol] (*Er.*, *St.*), 265–266° [aus Chlorbenzol] (*Sch.*).

Dibenzo[*d,d'*]benzo[1,2-*b*;4,5-*b'*]dithiophen $C_{18}H_{10}S_2$, Formel III.

B. Neben Dibenzo[*d,d'*]benzo[2,1-*b*;3,4-*b'*]dithiophen beim Erhitzen von *p*-Terphenyl mit Schwefel bis auf 210° und Erhitzen des Reaktionsgemisches mit Aluminiumchlorid bis auf 260° (*Rao, Tilak*, J. scient. ind. Res. India **17**B [1958] 260, 264). Beim Erhitzen von 1,2,3,4,7,8,9,10-Octahydro-dibenzo[*d,d'*]benzo[1,2-*b*;4,5-*b'*]dithiophen mit Selen auf 340° (*Rao, Ti.*). Beim Erhitzen von 6,12-Dichlor-1,2,3,4,7,8,9,10-octahydro-dibenzo[*d,d'*]benzo[1,2-*b*;4,5-*b'*]dithiophen mit Selen auf 320° (*Rao, Ti.*).

Krystalle (aus 1,2-Dichlor-benzol); F: 315°.

Verbindung mit Picrinsäure $C_{18}H_{10}S_2 \cdot 2C_6H_3N_3O_7$. Rote Krystalle (aus 1,2-Dichlor-benzol); F: 184° (*Rao, Ti.*, l. c. S. 263).

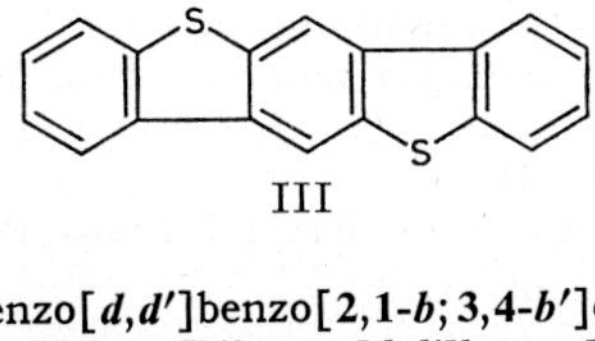

III 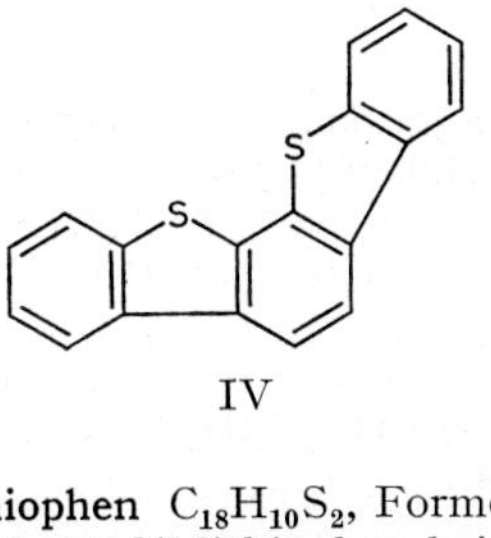 IV 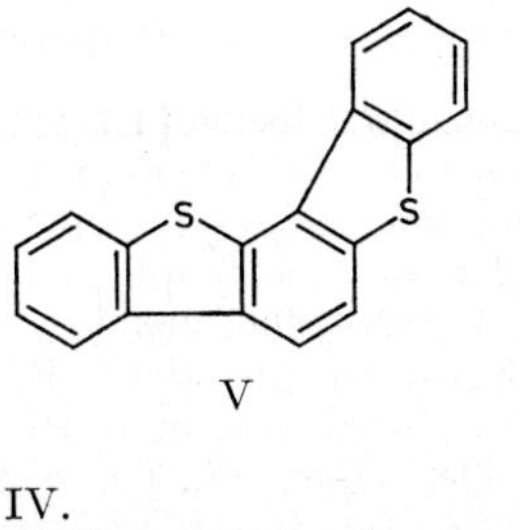 V

Dibenzo[*d,d'*]benzo[2,1-*b*;3,4-*b'*]dithiophen $C_{18}H_{10}S_2$, Formel IV.

B. Neben Dibenzo[*d,d'*]benzo[1,2-*b*;4,5-*b'*]dithiophen beim Erhitzen von *p*-Terphenyl mit Schwefel bis auf 210° und Erhitzen des Reaktionsgemisches mit Aluminiumchlorid bis auf 260° (*Rao, Tilak*, J. scient. ind. Res. India **17**B [1958] 260, 264).

Krystalle (aus Bzl.); F: 269–270°.

Verbindung mit 1,3,5-Trinitro-benzol $C_{18}H_{10}S_2 \cdot 2C_6H_3N_3O_6$. Gelbe Krystalle; F: 191—193° (*Rao, Ti.*, l. c. S. 265).

Dibenzo[*d,d'*]benzo[1,2-*b*;3,4-*b'*]dithiophen $C_{18}H_{10}S_2$, Formel V.

B. Neben Dibenzo[*d,d'*]benzo[1,2-*b*;5,4-*b'*]dithiophen und Dibenzo[*d,d'*]benzo[1,2-*b*;4,5-*b'*]dithiophen beim Erhitzen von *m*-Terphenyl mit Schwefel auf 200° und Erhitzen des Reaktionsgemisches mit Aluminiumchlorid bis auf 260° (*Pandya et al.*, J. scient. ind. Res. India **18** B [1959] 198, 200). Beim Erhitzen von 1,2,3,4,8,9,10,11-Octahydro-dibenzo[*d,d'*]benzo[1,2-*b*;3,4-*b'*]dithiophen oder von 6-Chlor-1,2,3,4,8,9,10,11-octahydro-dibenzo[*d,d'*]benzo[1,2-*b*;3,4-*b'*]dithiophen mit Selen bis auf 350° (*Rao, Tilak*, J. scient. ind. Res. India **13** B [1954] 829, 833, 834). Beim Erwärmen von 5a,6,7,12b-Tetrahydro-dibenzo[*d,d'*]benzo[1,2-*b*;3,4-*b'*]dithiophen-5,5-dioxid (S. 417) mit Lithiumalanat in Tetrahydrofuran und Erhitzen des Reaktionsprodukts mit Selen auf 310° (*Davies, Porter*, Soc. **1957** 4961, 4966).

Krystalle; F: 167—168° [aus Bzl. + PAe.] (*Rao, Ti.*), 165,5—166° [aus Bzn.] (*Da., Po.*), 164—165° [aus Bzn.] (*Pa. et al.*). IR-Spektrum (2—15 μ): A.P.I. Res. Project **44** Nr. 1856 [1957].

Verbindung mit 1,3,5-Trinitro-benzol $C_{18}H_{10}S_2 \cdot C_6H_3N_3O_6$. Orangefarbene Krystalle (aus Bzl. + PAe.); F: 174—175° (*Rao, Ti.*).

5,5,12,12-Tetraoxo-5λ⁶,12λ⁶-dibenzo[*d,d'*]benzo[1,2-*b*;3,4-*b'*]dithiophen, Dibenzo[*d,d'*]benzo[1,2-*b*;3,4-*b'*]dithiophen-5,5,12,12-tetraoxid $C_{18}H_{10}O_4S_2$, Formel VI.

B. Beim Erhitzen einer Lösung von Dibenzo[*d,d'*]benzo[1,2-*b*;3,4-*b'*]dithiophen in Essigsäure mit Chrom(VI)-oxid und wss. Essigsäure (*Rao, Tilak*, J. scient. ind. Res. India **13** B [1954] 829, 834).

Krystalle (aus Eg.), die unterhalb 360° nicht schmelzen.

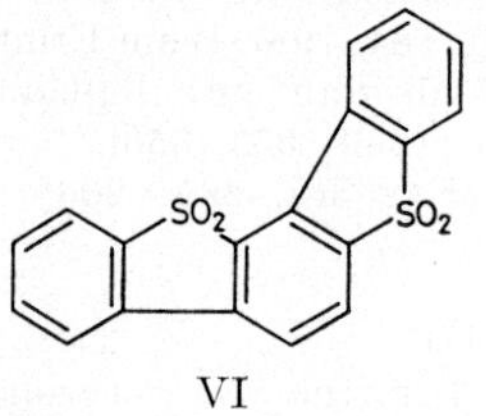

VI 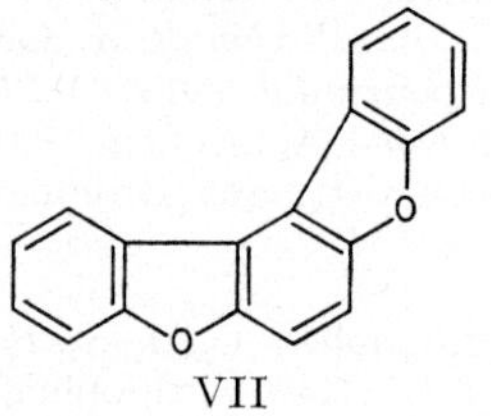 VII 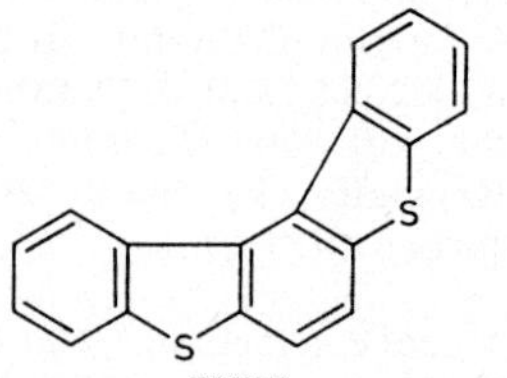 VIII

Benzo[1,2-*b*;4,3-*b'*]bisbenzofuran, Dibenzo[*d,d'*]benzo[1,2-*b*;4,3-*b'*]difuran $C_{18}H_{10}O_2$, Formel VII.

Diese Konstitution kommt wahrscheinlich der nachstehend beschriebenen Verbindung zu.

B. Beim Erhitzen einer wahrscheinlich als Dibenzo[*d,d'*]benzo[1,2-*b*;4,3-*b'*]difuran-2,11-diol zu formulierenden, aus [1,4]Benzochinon mit Hilfe von Säure erhaltenen Verbindung mit Zink-Pulver und Bimsstein (*Erdtman, Stjernström*, Acta chem. scand. **13** [1959] 653, 657).

Krystalle (aus Eg.); F: 143—144° [unkorr.; durch Sublimation unter vermindertem Druck gereinigtes Präparat].

Dibenzo[*d,d'*]benzo[1,2-*b*;4,3-*b'*]dithiophen $C_{18}H_{10}S_2$, Formel VIII.

B. Beim Erhitzen von 1,2,3,4,9,10,11,12-Octahydro-dibenzo[*d,d'*]benzo[1,2-*b*;4,3-*b'*]dithiophen (eingesetzt im Gemisch mit 1,2,3,4,7,8,9,10-Octahydro-dibenzo[*d,d'*]benzo[1,2-*b*;4,5-*b'*]dithiophen) mit Selen bis auf 350° (*Rao, Tilak*, J. scient. ind. Res. India **17** B [1958] 260, 263).

Krystalle (aus Bzl.); F: 181—183° (*Rao, Ti.*, l. c. S. 264).

Verbindung mit Picrinsäure $C_{18}H_{10}S_2 \cdot 2\,C_6H_3N_3O_7$. Rote Krystalle (aus Bzl.); F: 118° (*Rao, Ti.*, l. c. S. 264).

Stammverbindungen $C_{19}H_{12}O_2$

4,5,6,7-Tetrachlor-spiro[benzo[1,3]dioxol-2,9'-fluoren] $C_{19}H_8Cl_4O_2$, Formel IX (X = Cl).

B. Beim Behandeln von Tetrachlor-[1,2]benzochinon mit 9-Diazo-fluoren in Benzol

(*Horner, Lingnau*, A. **573** [1951] 30, 34; *Schönberg, Latif*, Soc. **1952** 446, 449). Beim Behandeln einer Lösung von Tetrachlor-[1,2]benzochinon in Äther mit Fluoren-9-on-hydrazon (*Latif et al.*, J. org. Chem. **24** [1959] 1883).

Krystalle; F: 291° (*Ho., Li.*), 281° [aus Bzl.] (*Sch., La.*), 281° [unkorr.; aus Acn.] (*La. et al.*).

IX X

4,5,6,7-Tetrabrom-spiro[benzo[1,3]dioxol-2,9'-fluoren] $C_{19}H_8Br_4O_2$, Formel IX (X = Br).

B. Beim Erwärmen von 3,4,5,6-Tetrabrom-brenzcatechin mit 9,9-Dichlor-fluoren (*Schönberg, Latif*, Soc. **1952** 446, 450). Beim Behandeln von Tetrabrom-[1,2]benzochinon mit 9-Diazo-fluoren in Benzol (*Horner, Lingnau*, A. **573** [1951] 30, 34; *Sch., La.*, l. c. S. 449). Beim Behandeln einer Lösung von Tetrabrom-[1,2]benzochinon in Äther mit Fluoren-9-on-hydrazon (*Latif et al.*, J. org. Chem. **24** [1959] 1883).

Krystalle; F: 340° [aus Acn.] (*Ho., Li.*), 338° [unkorr.; aus Xylol] (*La. et al.*).

Chryseno[2,3-*d*][1,3]dioxol, 2,3-Methylendioxy-chrysen $C_{19}H_{12}O_2$, Formel X.

B. Beim Behandeln einer Lösung von 3-[6-Amino-benzo[1,3]dioxol-5-yl]-2-[1]naphthyl-acrylsäure (F: 161,5—163,5° [Zers.]) in Dioxan und Äthanol mit konz. Schwefelsäure und Amylnitrit, anschliessenden Erwärmen mit wss. Natriumhypophosphit-Lösung und Kupfer-Pulver und Erhitzen des Reaktionsprodukts mit Kupfer-Pulver unter 0,04 Torr bis auf 240° (*Briggs, Wilson*, Soc. **1941** 500).

Krystalle (aus Eg.); F: 222—223°.

Verbindung mit Picrinsäure. Orangerote Krystalle (aus Bzl.); F: 202—202,5°.

13b*H*-Chromeno[2,3,4-*kl*]xanthen $C_{19}H_{12}O_2$, Formel XI.

B. Beim Erwärmen einer Lösung von Chromeno[2,3,4-*kl*]xanthen-13b-ol in Essigsäure mit Zink-Pulver (*Neunhoeffer, Haase*, B. **91** [1958] 1801, 1804).

Krystalle (aus Eg. oder A.); F: 128°.

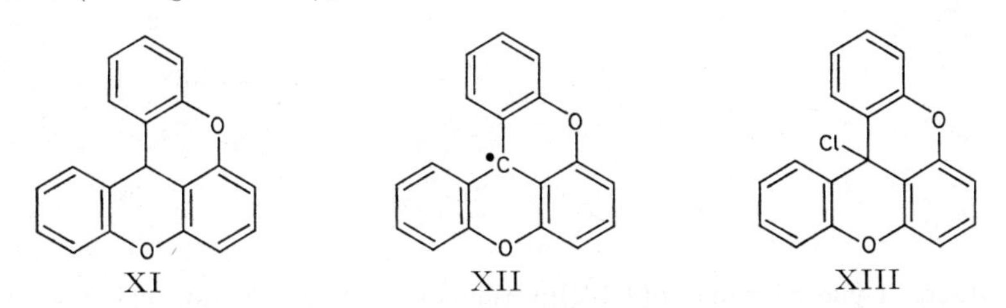

XI XII XIII

Chromeno[2,3,4-*kl*]xanthenyl $C_{19}H_{11}O_2$, Formel XII.

B. Beim Behandeln der im folgenden Artikel beschriebenen Verbindung mit konz. wss. Salzsäure, Essigsäure und wss. Chrom(II)-chlorid-Lösung unter Stickstoff (*Neunhoeffer, Haase*, B. **91** [1958] 1801, 1804).

Rote Krystalle (aus Bzl.; F: 155—161° [Zers.] (*Ne., Ha.*, l. c. S. 1805). Absorptionsmaxima (Bzl.): 490 nm und 580 nm (*Ne., Ha.*, l. c. S. 1803).

13b-Chlor-13b*H*-chromeno[2,3,4-*kl*]xanthen $C_{19}H_{11}ClO_2$, Formel XIII.

B. Beim Erwärmen von Chromeno[2,3,4-*kl*]xanthen-13b-ol mit Chlorwasserstoff enthaltender Essigsäure unter Zusatz von Acetylchlorid (*Neunhoeffer, Haase*, B. **91** [1958] 1801, 1804).

Verbindung mit Chlorwasserstoff $C_{19}H_{11}ClO_2 \cdot HCl$. F: 243° [Zers.].

Stammverbindungen $C_{20}H_{14}O_2$

5,6,7,8-Tetrachlor-2,3-diphenyl-benzo[1,4]dioxin $C_{20}H_{10}Cl_4O_2$, Formel I.

Eine von *Horner* und *Merz* (A. **570** [1950] 89, 108) unter dieser Konstitution beschriebene Verbindung (F: 187°) ist als 1,4,5,6-Tetrachlor-7,8-diphenyl-bicyclo[2.2.2]=octa-5,7-dien-2,3-dion zu formulieren (*Bryce-Smith, Gilbert*, Chem. Commun. **1968** 1319).

I II III

2,3-Diphenyl-benz[1,4]oxathiin $C_{20}H_{14}OS$, Formel II.

B. Beim Erhitzen von Benzoin mit 2-Mercapto-phenol, Toluol und wenig Toluol-4-sulf=onsäure unter Entfernen des entstehenden Wassers (*Marshall, Stevenson*, Soc. **1959** 2360, 2362).

Krystalle (aus Me.); F: 108–109°.

5,5′-Diphenyl-[2,2′]bithienyl $C_{20}H_{14}S_2$, Formel III.

B. Beim Erwärmen von 2-Brom-5-phenyl-thiophen oder von 2-Jod-5-phenyl-thiophen mit Magnesium in Äther und mit Kupfer(II)-chlorid (*Steinkopf et al.*, A. **527** [1937] 272, 278).

Gelbe Krystalle (aus Bzl.); F: 237°. Im Hochvakuum sublimierbar.

9-Phenyl-9,10-dihydro-9,10-epidioxido-anthracen $C_{20}H_{14}O_2$, Formel IV.

B. Beim Behandeln einer Lösung von 9-Phenyl-anthracen in Schwefelkohlenstoff mit Luft unter Bestrahlung mit Sonnenlicht (*Dufraisse et al.*, Bl. [5] **4** [1937] 1260, 1261).

Krystalle (aus Ae.), F: 187–188° [Zers.]; beim Erhitzen unter vermindertem Druck erfolgt bei ca. 155° Verpuffung (*Du. et al.*). UV-Spektrum (250–280 nm): *Gillet*, Bl. **1950** 1135, 1138.

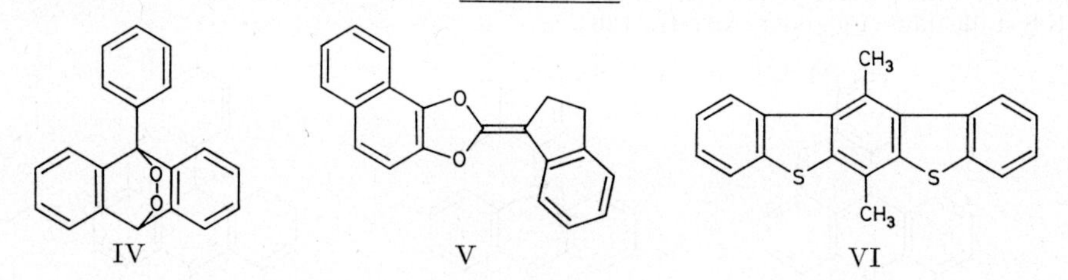

IV V VI

2-[(*E*?)-Indan-1-yliden]-naphtho[1,2-*d*][1,3]dioxol $C_{20}H_{14}O_2$, vermutlich Formel V.

Konstitution und Konfiguration: *Yates, Robb*, Am. Soc. **79** [1957] 5760, 5764.

B. Bei der Hydrierung von 2-[(*E*?)-Inden-1-yliden]-naphtho[1,2-*d*][1,3]dioxol (F: 256° bis 257° [Zers.]) an Palladium/Kohle in Äthylacetat (*Ya., Robb*, l. c. S. 5767; s. a. *Horner et al.*, A. **573** [1951] 17, 27).

Gelbe Krystalle; F: 200–201° [aus Bzl.] (*Ho. et al.*), 199–201° [unkorr.; Zers.; Fisher-Johns-App.; aus Cyclohexan] (*Ya., Robb*, l. c. S. 5767). UV-Absorptionsmaxima (Cyclohexan): 218 nm, 288 nm, 326 nm und 356 nm (*Ya., Robb*, l. c. S. 5767).

6,12-Dimethyl-dibenzo[*d,d′*]benzo[1,2-*b*;5,4-*b′*]dithiophen $C_{20}H_{14}S_2$, Formel VI.

B. Beim Erwärmen von Dibenzo[*d,d′*]benzo[1,2-*b*;5,4-*b′*]dithiophen-6,12-chinon mit Methylmagnesiumjodid in Äther und Benzol, anschliessenden Behandeln mit wss. Jod=wasserstoffsäure und Methanol und Erhitzen des Reaktionsprodukts mit konz. wss.

Salzsäure und Zinn(II)-chlorid (*Ghaisas et al.*, Pr. Indian Acad. [A] **37** [1953] 114, 117).
Gelbe Krystalle (aus Bzl. + A.); F: 189—190,5°.
Verbindung mit 1,3,5-Trinitro-benzol $C_{20}H_{14}S_2 \cdot C_6H_3N_3O_6$. Rote Krystalle; F: 190—191°.

6,12-Dimethyl-dibenzo[*d,d'*]benzo[1,2-*b*;4,5-*b'*]dithiophen $C_{20}H_{14}S_2$, Formel VII.
B. Beim Erwärmen von Dibenzo[*d,d'*]benzo[1,2-*b*;4,5-*b'*]dithiophen-6,12-chinon mit Methylmagnesiumjodid in Äther, anschliessenden Behandeln mit wss. Jodwasserstoffsäure und Essigsäure und Erhitzen des Reaktionsprodukts mit Dioxan, konz. wss. Salzsäure und Zinn(II)-chlorid (*Ghaisas, Tilak*, J. scient. ind. Res. India **14** B [1955] 11).
Krystalle (aus Bzl. oder A.); F: 265°.

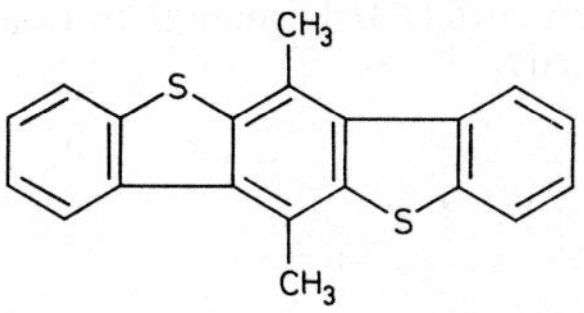

VII 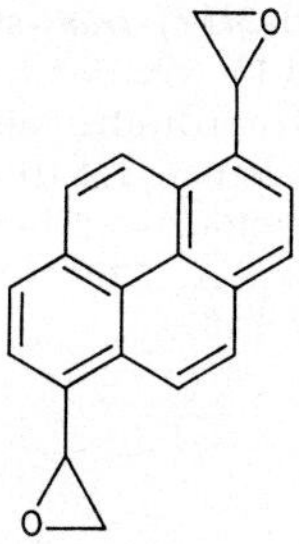 VIII 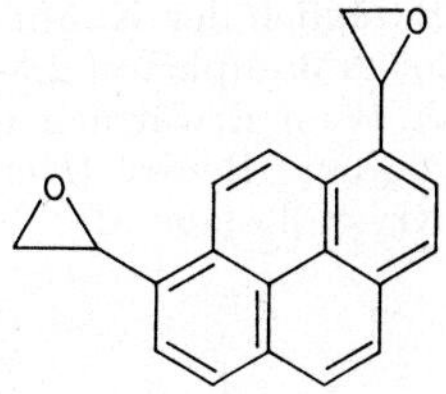 IX

***Opt.-inakt. 1,6-Bis-oxiranyl-pyren** $C_{20}H_{14}O_2$, Formel VIII.
B. Beim Behandeln von opt.-inakt. 1,6-Bis-[2-chlor-1-hydroxy-äthyl]-pyren (F: 180° [Zers.]) mit äthanol. Kalilauge (*Hopff, Keller*, Helv. **42** [1959] 2457, 2465).
Krystalle (aus CH_2Cl_2 + A.); F: 193° [unkorr.; Zers.]. IR-Spektrum (Nujol; 2,5—16μ): *Ho., Ke.*, l. c. S. 2461.

***Opt.-inakt. 1,8-Bis-oxiranyl-pyren** $C_{20}H_{14}O_2$, Formel IX.
B. Beim Behandeln von opt.-inakt. 1,8-Bis-[2-chlor-1-hydroxy-äthyl]-pyren (F: 175° [Zers.]) mit äthanol. Kalilauge (*Hopff, Keller*, Helv. **42** [1959] 2457, 2466).
Krystalle (aus CH_2Cl_2 + A.); F: 178° [unkorr.; Zers.]. IR-Spektrum (Nujol; 2,5—16μ): *Ho., Ke.*, l. c. S. 2461.

Stammverbindungen $C_{21}H_{16}O_2$

9-Methyl-10-phenyl-9,10-dihydro-9,10-epidioxido-anthracen $C_{21}H_{16}O_2$, Formel I.
B. Beim Behandeln einer Lösung von 9-Methyl-10-phenyl-anthracen in Schwefelkohlenstoff (*Willemart*, Bl. [5] **4** [1937] 1447, 1450; *Southern, Waters*, Soc. **1960** 4340, 4344) oder in Methanol (*So., Wa.*) mit Luft unter Bestrahlung mit Sonnenlicht bzw. UV-Licht.
Krystalle; F: 180° [Zers.] (*So., Wa.*); beim Erhitzen unter vermindertem Druck erfolgt bei 170° Zersetzung (*Wi.*).

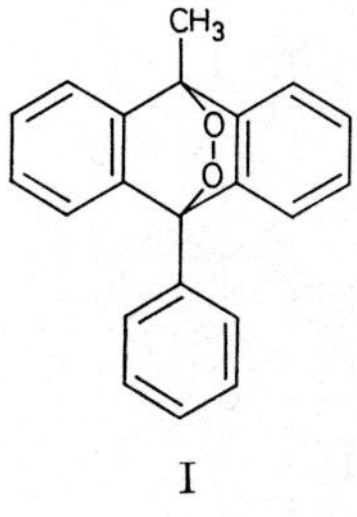

I 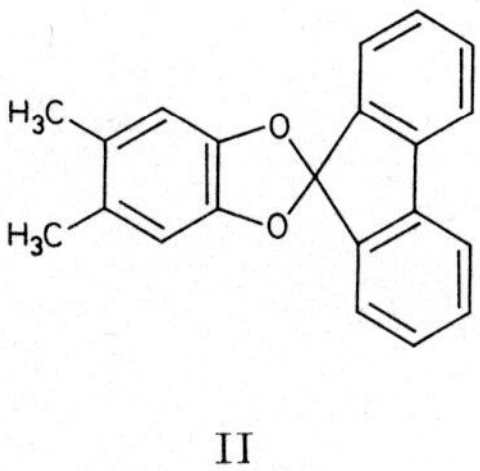 II 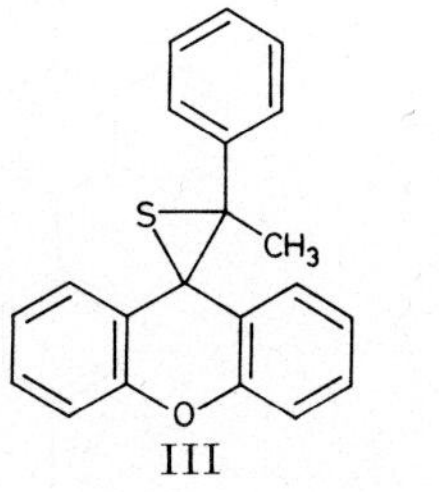 III

5,6-Dimethyl-spiro[benzo[1,3]dioxol-2,9'-fluoren] $C_{21}H_{16}O_2$, Formel II.

B. Beim Erwärmen von 4,5-Dimethyl-[1,2]benzochinon mit 9-Diazo-fluoren in Äther (*Horner, Sturm,* A. **597** [1955] 1, 19).

Krystalle (aus Bzl. + A.); F: 180°.

(±)-3-Methyl-3-phenyl-spiro[thiiran-2,9'-xanthen] $C_{21}H_{16}OS$, Formel III.

B. Beim Behandeln von Xanthen-9-thion mit 1-Diazo-1-phenyl-äthan in Benzol (*Schönberg et al.,* Am. Soc. **79** [1957] 6020, 6021, 6022).

Hellgelbe Krystalle (aus Me.); F: 105°.

Stammverbindungen $C_{22}H_{18}O_2$

(±)-5,6,7,8-Tetrachlor-2*r*-phenyl-3*t*(?)-*trans*-styryl-2,3-dihydro-benzo[1,4]dioxin $C_{22}H_{14}Cl_4O_2$, vermutlich Formel IV (X = Cl).

Bezüglich der Konfigurationszuordnung vgl. das analog hergestellte (±)-5,6,7,8-Tetra= chlor-2*r*,3*t*-diphenyl-2,3-dihydro-benzo[1,4]dioxin (S. 422).

B. Beim Erwärmen von Tetrachlor-[1,2]benzochinon mit 1*t*,4*t*-Diphenyl-buta-1,3-dien und wenig Benzol (*Horner, Merz,* A. **570** [1950] 89, 107).

Krystalle (aus Me. + E.); F: 146°.

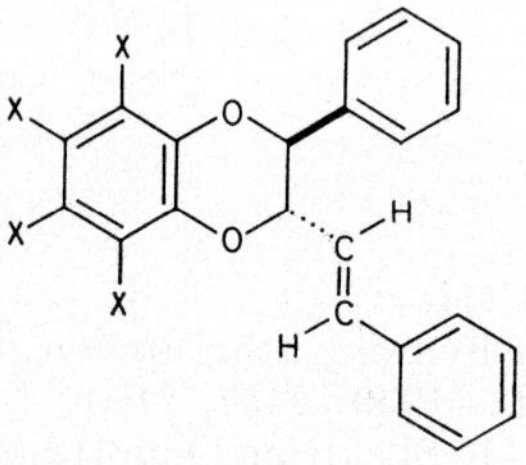

IV

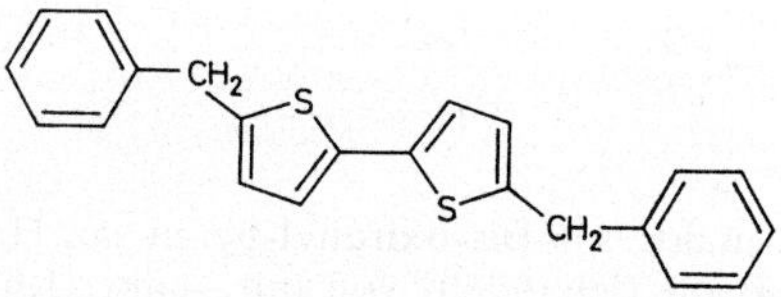

V

(±)-5,6,7,8-Tetrabrom-2*r*-phenyl-3*t*(?)-*trans*-styryl-2,3-dihydro-benzo[1,4]dioxin $C_{22}H_{14}Br_4O_2$, vermutlich Formel IV (X = Br).

Bezüglich der Konfigurationszuordnung vgl. das analog hergestellte (±)-5,6,7,8-Tetra= chlor-2*r*,3*t*-diphenyl-2,3-dihydro-benzo[1,4]dioxin (S. 422).

B. Beim Erwärmen von Tetrabrom-[1,2]benzochinon mit 1*t*,4*t*-Diphenyl-buta-1,3-dien und wenig Benzol (*Horner, Merz,* A. **570** [1950] 89, 110).

Krystalle (aus E.); F: 166°.

5,5'-Dibenzyl-[2,2']bithienyl $C_{22}H_{18}S_2$, Formel V.

B. Beim Erhitzen von 2-Benzyl-5-jod-thiophen mit Kupfer-Pulver bis auf 210° (*Steinkopf, Hanske,* A. **541** [1939] 238, 258). Beim Erhitzen von opt.-inakt. 5,5'-Bis-[carboxy-phenyl-methyl]-[2,2']bithienyl (Zers. bei 70–85°) auf 250° (*St., Ha.,* l. c. S. 254).

Krystalle (aus A.); F: 96,5–97,5° (*St., Ha.,* l. c. S. 258).

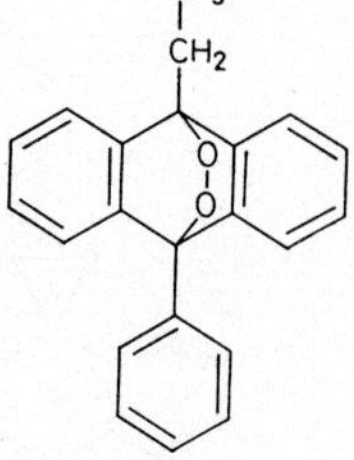

VI

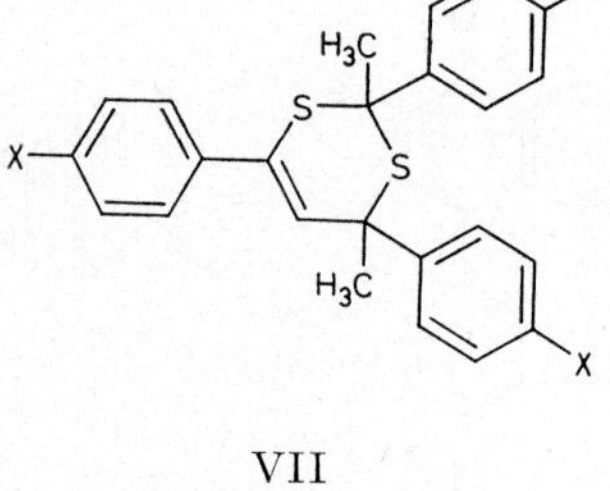

VII

9-Äthyl-10-phenyl-9,10-dihydro-9,10-epidioxido-anthracen $C_{22}H_{18}O_2$, Formel VI.

B. Beim Behandeln einer Lösung von 9-Äthyl-10-phenyl-anthracen in Schwefelkohlenstoff mit Luft unter Bestrahlung mit Sonnenlicht (*Willemart*, Bl. [5] **4** [1937] 1447, 1450).

Beim Erhitzen unter vermindertem Druck auf 200° erfolgt Zersetzung.

Stammverbindungen $C_{24}H_{22}O_2$

2,4-Dimethyl-2,4,6-triphenyl-4*H*-[1,3]dithiin $C_{24}H_{22}S_2$, Formel VII (X = H).

Diese Konstitutionszuordnung für das bereits von *Baumann* und *Fromm* (s. H **19** 58) so formulierte sog. Anhydrotriacetophenondisulfid ist bestätigt worden (*Pasto, Servé*, J. org. Chem. **27** [1962] 4665).

***Opt.-inakt. 2,4,6-Tris-[4-fluor-phenyl]-2,4-dimethyl-4*H*-[1,3]dithiin** $C_{24}H_{19}F_3S_2$, Formel VII (X = F).

Konstitutionszuordnung: *Pasto, Servé*, J. org. Chem. **27** [1962] 4665.

B. Neben 2,4,6-Tris-[4-fluor-phenyl]-2,4,6-trimethyl-[1,3,5]trithian (F: 151–152°) beim Behandeln einer Lösung von 1-[4-Fluor-phenyl]-äthanon in Äthanol mit Chlorwasserstoff und Schwefelwasserstoff (*Campaigne et al.*, J. org. Chem. **24** [1959] 1229, 1232).

F: 132–133,5° (*Ca. et al.*, l. c. S. 1230).

***Opt.-inakt. 2,4,6-Tris-[4-chlor-phenyl]-2,4-dimethyl-4*H*-[1,3]dithiin** $C_{24}H_{19}Cl_3S_2$, Formel VII (X = Cl).

Konstitutionszuordnung: *Pasto, Servé*, J. org. Chem. **27** [1962] 4665.

B. Neben 2,4,6-Tris-[4-chlor-phenyl]-2,4,6-trimethyl-[1,3,5]trithian (F: 165–166°) beim Behandeln einer Lösung von 1-[4-Chlor-phenyl]-äthanon in Äthanol mit Chlorwasserstoff und Schwefelwasserstoff (*Campaigne et al.*, J. org. Chem. **24** [1959] 1229, 1232).

Krystalle (aus Acn.); F: 161,5–162,5° (*Ca. et al.*, l. c. S. 1230).

***Opt.-inakt. 2,4,6-Tris-[4-brom-phenyl]-2,4-dimethyl-4*H*-[1,3]dithiin** $C_{24}H_{19}Br_3S_2$, Formel VII (X = Br).

Konstitutionszuordnung: *Pasto, Servé*, J. org. Chem. **27** [1962] 4665.

B. Neben 2,4,6-Tris-[4-brom-phenyl]-2,4,6-trimethyl-[1,3,5]trithian (F: 193–193,5°) beim Behandeln einer Lösung von 1-[4-Brom-phenyl]-äthanon in Äthanol mit Chlorwasserstoff und Schwefelwasserstoff (*Campaigne et al.*, J. org. Chem. **24** [1959] 1229, 1232).

F: 166,5–167,5° (*Ca. et al.*, l. c. S. 1230).

***Opt.-inakt. 2,4,6-Tris-[4-jod-phenyl]-2,4-dimethyl-4*H*-[1,3]dithiin** $C_{24}H_{19}I_3S_2$, Formel VII (X = I).

Konstitutionszuordnung: *Pasto, Servé*, J. org. Chem. **27** [1962] 4665.

B. Neben 2,4,6-Tris-[4-jod-phenyl]-2,4,6-trimethyl-[1,3,5]trithian (F: 186,5–188°) beim Behandeln einer Lösung von 1-[4-Jod-phenyl]-äthanon in Äthanol mit Chlorwasserstoff und Schwefelwasserstoff (*Campaigne et al.*, J. org. Chem. **24** [1959] 1229, 1232).

Krystalle (aus Dimethylformamid + A.); F: 163–165° (*Ca. et al.*, l. c. S. 1230).

Stammverbindungen $C_{34}H_{42}O_2$

4-Pentadec-8ξ-enyl-2,2-diphenyl-benzo[1,3]dioxol, 1,2-Benzhydrylidendioxy-3-pentadec-8ξ-enyl-benzol $C_{34}H_{42}O_2$, Formel VIII.

Diese Konstitution kommt vermutlich der nachstehend beschriebenen Verbindung zu.

B. Beim Erwärmen einer Lösung von Bhilawanol (überwiegend aus 3-Pentadec-8ξ-enyl-brenzcatechin bestehend [s. E III **6** 5097]) in sog. Pinen mit Benzhydrylidendichlorid (*Mason*, Am. Soc. **67** [1945] 418).

Krystalle (nach Sublimation unter vermindertem Druck); F: 37–38° (*Ma.*, Am. Soc. **67** 418). UV-Absorptionsmaximum (A.): 280 nm (*Mason*, Am. Soc. **70** [1948] 138).

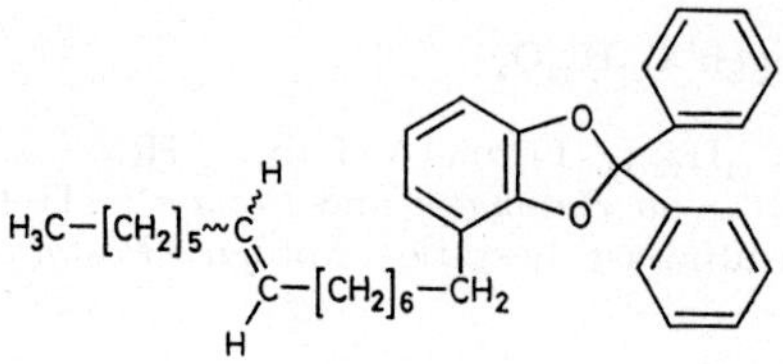

VIII

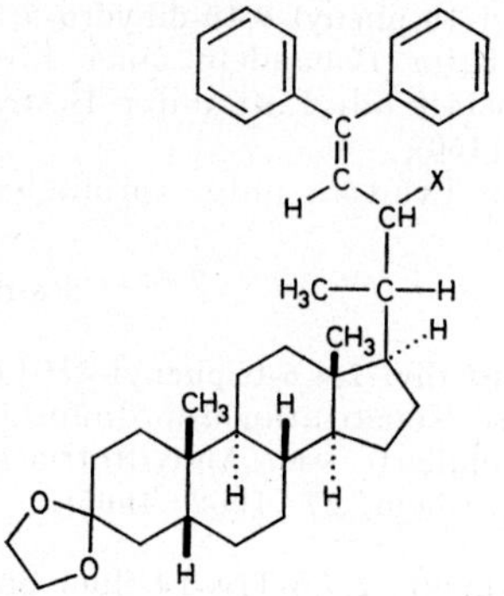

IX

Stammverbindungen $C_{38}H_{50}O_2$

3,3-Äthandiyldioxy-24,24-diphenyl-5β-chol-23-en $C_{38}H_{50}O_2$, Formel IX (X = H).

B. Beim Erwärmen von 24,24-Diphenyl-5β-chol-23-en-3-on mit Äthylenglykol und wenig Toluol-4-sulfonsäure unter Entfernen des entstehenden Wassers (*Makšimow et al.*, Ž. obšč. Chim. **28** [1958] 2883, 2885; engl. Ausg. S. 2910).

Krystalle (aus Acn.); F: 140,5—141,5°. $[\alpha]_D^{20}$: +52,2° [$CHCl_3$; c = 2].

(22Ξ)-3,3-Äthandiyldioxy-22-brom-24,24-diphenyl-5β-chol-23-en $C_{38}H_{49}BrO_2$, Formel IX (X = Br).

Verbindung mit Pyridin $C_{38}H_{49}BrO_2 \cdot C_5H_5N$. *B.* Neben 3,3-Äthandiyldioxy-24,24-diphenyl-5β-chola-20(22)ξ,23-dien (F: 193,5—196°) beim Erwärmen einer Lösung von 3,3-Äthandiyldioxy-24,24-diphenyl-5β-chol-23-en in Tetrachlormethan mit *N*-Brom-succinimid im Glühlampenlicht und anschliessenden Behandeln mit Pyridin (*Makšimow et al.*, Ž. obšč. Chim. **28** [1958] 2886, 2889, 2890; engl. Ausg. S. 2913, 2915, 2916). — F: 128—132°.

Stammverbindungen $C_nH_{2n-28}O_2$

Stammverbindungen $C_{20}H_{12}O_2$

2-Inden-1-yliden-naphtho[1,2-*d*][1,3]dioxol $C_{20}H_{12}O_2$.

a) **2-[(*Z*?)-Inden-1-yliden]-naphtho[1,2-*d*][1,3]dioxol** $C_{20}H_{12}O_2$, vermutlich Formel I.

B. s. bei dem unter b) beschriebenen Stereoisomeren.

Gelbliche Krystalle (aus Cyclohexan); F: 199—200° [unkorr.; Zers.; Fisher-Johns-App.] (*Yates, Robb*, Am. Soc. **79** [1957] 5760, 5766). IR-Banden ($CHCl_3$) im Bereich von 5,9 μ bis 12,2 μ: *Ya., Robb.* UV-Absorptionsmaxima (A.): 215 nm, 277 nm und 348 nm (*Ya., Robb*, l. c. S. 5764). Löslichkeit in Cyclohexan bei 80°: 0,6 g/100 ml; in Äthylacetat bei 77°: 6,2 g/100 ml (*Ya., Robb*, l. c. S. 5764).

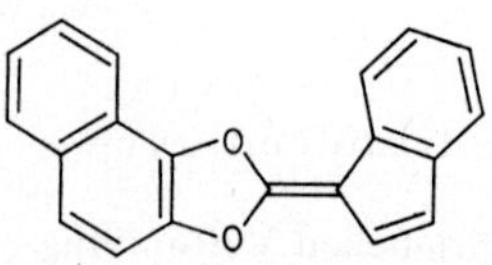

I

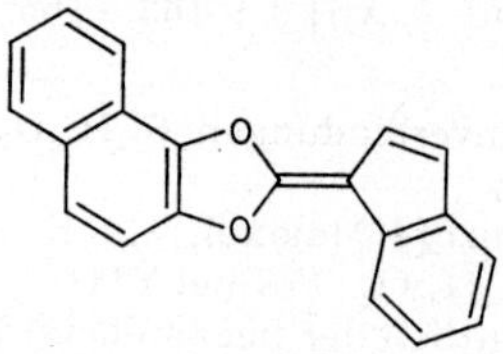

II

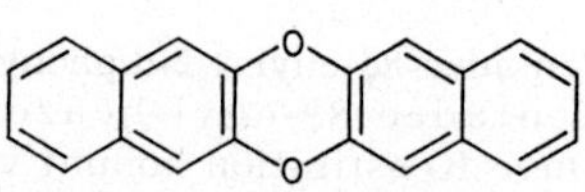

III

b) **2-[(*E*?)-Inden-1-yliden]-naphtho[1,2-*d*][1,3]dioxol** $C_{20}H_{12}O_2$, vermutlich Formel II.

Diese Verbindung hat auch in dem früher (s. E II **19** 49 im Artikel Dinaphtho-

1'.2':2.3; 1''.2'':5.6-(1.4-dioxin)) beschriebenen, von *Horner et al.* (A. **573** [1951] 17, 20, 23) als Dispiro[inden-1,1'-cyclobutan-3',1''-inden]-2',4'-dion angesehenen Präparat (F: 256°) vorgelegen (*Yates, Robb*, Am. Soc. **79** [1957] 5760).

B. Neben kleinen Mengen des unter a) beschriebenen Stereoisomeren beim Erhitzen von 2-Diazo-2*H*-naphthalin-1-on (⇌ 1-Hydroxy-naphthalin-2-diazonium-betain [E III **16** 556]) mit Xylol (*Ya., Robb*, l. c. S. 5765; s. a. *Bamberger et al.*, J. pr. [2] **105** [1922] 266, 277; *Ho. et al.*, l. c. S. 27). Beim Erhitzen von 1-Diazo-1*H*-naphthalin-2-on (⇌2-Hydr= oxy-naphthalin-1-diazonium-betain [E III **16** 557]) mit Xylol (*Ba. et al.*, l. c. S. 278; *Ya., Robb*, l. c. S. 5766).

Gelbe Krystalle; F: 256—257° [unkorr.; Zers.; aus E.] (*Ya., Robb*, l. c. S. 5765), 256° [aus $CHCl_3$ oder E.] (*Ho. et al.*, l. c. S. 27), 256° [aus $CHCl_3$] (*Ba. et al.*). IR-Banden ($CHCl_3$) im Bereich von 5,9 μ bis 12,2 μ: *Ya., Robb*. UV-Absorptionsmaxima (A.): 214 nm, 278 nm und 354 nm (*Ya., Robb*, l. c. S. 5764). Löslichkeit in Äthylacetat bei 77°: 0,2 g/ 100 ml (*Ya., Robb*, l. c. S. 5764).

Dinaphtho[2,3-*b*;2',3'-*e*][1,4]dioxin $C_{20}H_{12}O_2$, Formel III (H 58; dort als Di-[naphthylen-(2.3)]-dioxyd bezeichnet).

Geschwindigkeit der Reaktion mit Brom in Nitrobenzol bei 18°: *Oda, Tamura*, Scient. Pap. Inst. phys. chem. Res. **33** [1937] 129, 163.

14,14-Dioxo-14λ⁶-dibenzo[*a,j*]phenoxathiin, Dibenzo[*a,j*]phenoxathiin-14,14-dioxid $C_{20}H_{12}O_3S$, Formel IV (E I 628; dort als Naphthoxthin-*S*-dioxyd bezeichnet).

B. Beim Erhitzen von 1-[2-Methoxy-naphthalin-1-sulfonyl]-[2]naphthol mit wss. Natronlauge (*Warren, Smiles*, Soc. **1931** 2207, 2210).

3-Brom-dibenzo[*a,j*]phenoxathiin $C_{20}H_{11}BrOS$, Formel V (X = H).

B. Aus [6-Brom-2-hydroxy-[1]naphthyl]-[2-hydroxy-[1]naphthyl]-sulfid (*Stevenson, Smiles*, Soc. **1931** 718, 721).

Gelbe Krystalle (aus Bzl.); F: 119°.

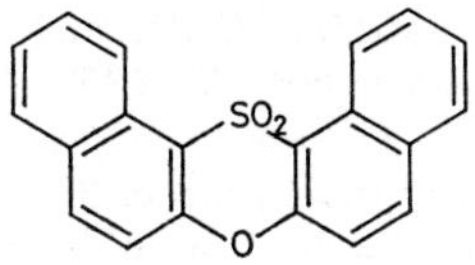

IV 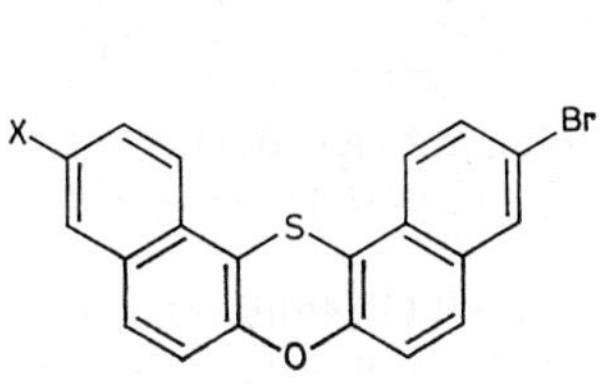 V 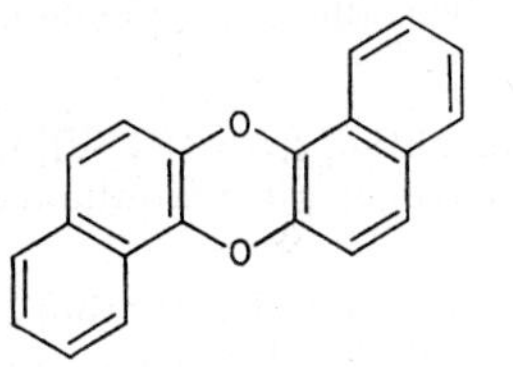 VI

3,11-Dibrom-dibenzo[*a,j*]phenoxathiin $C_{20}H_{10}Br_2OS$, Formel V (X = Br).

B. Aus Bis-[6-brom-2-hydroxy-[1]naphthyl]-sulfid mit Hilfe von Phosphorylchlorid und Zinkchlorid (*Stevenson, Smiles*, Soc. **1931** 718, 721).

Krystalle (aus 1,1,2,2-Tetrachlor-äthan); F: 275°.

Dinaphtho[1,2-*b*;1',2'-*e*][1,4]dioxin $C_{20}H_{12}O_2$, Formel VI (E II 49; dort als Dinaphtho-1'.2':2.3;1''.2'':5.6-(1,4-dioxin) bezeichnet).

B. In kleiner Menge beim Erhitzen einer Lösung von 1-Brom-[2]naphthol in Nitro= benzol mit Kaliumcarbonat und Kupfer-Pulver auf 200° (*van Alphen, Drost*, R. **67** [1948] 623). Beim Erhitzen von Kalium-[1-brom-[2]naphtholat] mit Kupfer(II)-acetat und Kupfer-Pulver auf 200° (*v. Al., Dr.*).

Gelbe Krystalle (aus Eg.); F: 214—216° [Zers.].

Verbindung mit Picrinsäure. Braune Krystalle; F: 155° [Zers.].

10-Brom-dibenzo[*a,h*]phenoxathiin $C_{20}H_{11}BrOS$, Formel VII (X = H).

B. Beim Behandeln von 2-Hydroxy-naphthalin-1-sulfenylbromid mit 1,6-Dibrom-[2]naphthol in Tetrachlormethan und anschliessend mit Pyridin und Behandeln des erhaltenen 6-Brom-spiro[naphthalin-1,2'-naphth[1,2-*d*][1,3]oxathiol]-2-ons mit Acetyl=

jodid und Acetanhydrid (*Stevenson, Smiles*, Soc. **1931** 718, 722).
Gelbe Krystalle (aus Eg.); F: 173°. Unter 2 Torr sublimierbar.

13-Brom-dibenzo[*a,h*]phenoxathiin $C_{20}H_{11}BrOS$, Formel VIII (X = H).
B. Beim Behandeln von 3-Brom-spiro[naphthalin-1,2'-naphth[1,2-*d*][1,3]oxathiol]-2-on mit Acetyljodid und Acetanhydrid (*McClelland, Smiles*, Soc. **1932** 637, 641).
Gelbe Krystalle; F: 210°.

VII VIII

3,10-Dibrom-dibenzo[*a,h*]phenoxathiin $C_{20}H_{10}Br_2OS$, Formel VII (X = Br).
B. Beim Behandeln von 6,7'-Dibrom-spiro[naphthalin-1,2'-naphth[1,2-*d*][1,3]oxathiol]-2-on mit Acetyljodid und Acetanhydrid (*Stevenson, Smiles*, Soc. **1931** 718, 722).
Gelbe Krystalle (aus 1,1,2,2-Tetrachlor-äthan); F: 273°.

6,13-Dibrom-dibenzo[*a,h*]phenoxathiin $C_{20}H_{10}Br_2OS$, Formel VIII (X = Br).
B. Beim Behandeln von 3,4'-Dibrom-spiro[naphthalin-1,2'-naphth[1,2-*d*][1,3]oxathiol]-2-on mit Acetyljodid und Acetanhydrid (*McClelland, Smiles*, Soc. **1932** 637, 640).
Gelbe Krystalle (aus Cyclohexanon); F: 248°.

6,13-Dibrom-x-chlor-dibenzo[*a,h*]phenoxathiin $C_{20}H_9Br_2ClOS$, Formel IX.
B. Beim Erwärmen von 3,4'-Dibrom-spiro[naphthalin-1,2'-naphth[1,2-*d*][1,3]oxathiol]-2-on mit Acetylchlorid und Acetanhydrid (*McClelland, Smiles*, Soc. **1932** 637, 640).
Krystalle (aus Cyclohexanon); F: 264°.

Dinaphtho[2,1-*c*;1',2'-*e*][1,2]dithiin, 2,2'-Epidithio-[1,1']binaphthyl $C_{20}H_{12}S_2$.
Bezüglich der Konfiguration der Enantiomeren s. *Fitts et al.*, Am. Soc. **80** [1958] 480, 484.

a) **(R_a?)-Dinaphtho[2,1-*c*;1',2'-*e*][1,2]dithiin** $C_{20}H_{12}S_2$, vermutlich Formel X.
B. Beim Erhitzen einer Lösung von (R_a?)-[1,1']Binaphthyl-2,2'-disulfonylchlorid ($[\alpha]_{546}^{21}$: −26° [$CHCl_3$]) in Essigsäure mit wss. Jodwasserstoffsäure (*Armarego, Turner*, Soc. **1957** 13, 19).
Gelbe Krystalle (aus Eg.); F: 262−263° [bei schnellem Erhitzen]. $[\alpha]_{579}^{23}$: −748°; $[\alpha]_{546}^{23}$: −777° [jeweils in $CHCl_3$; c = 0,5].

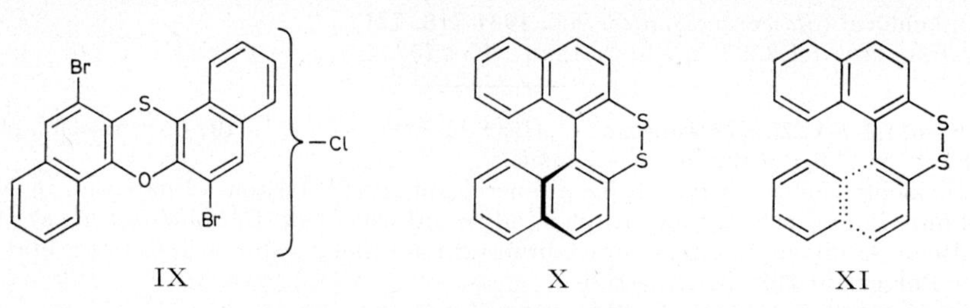

IX X XI

b) **(S_a?)-Dinaphtho[2,1-*c*;1',2'-*e*][1,2]dithiin** $C_{20}H_{12}S_2$, vermutlich Formel XI.
B. Beim Erhitzen einer Lösung von (S_a?)-[1,1']Binaphthyl-2,2'-disulfonylchlorid ($[\alpha]_{546}^{22}$: +25,5° [$CHCl_3$]) in Essigsäure mit wss. Jodwasserstoffsäure (*Armarego, Turner*, Soc. **1957** 13, 19).
Gelbe Krystalle (aus Eg.); F: 262−263° [bei schnellem Erhitzen]. $[\alpha]_{579}^{23}$: +748°; $[\alpha]_{546}^{23}$: +775° [jeweils in $CHCl_3$; c = 0,5].

c) **(±)-Dinaphtho[2,1-*c*;1',2'-*e*][1,2]dithiin** $C_{20}H_{12}S_2$, Formel XI + Spiegelbild (E II 49; dort als Dinaphtho-2'.1':3.4;1''.2'':5.6-(1.2-dithiin) bezeichnet).

B. Beim Erhitzen einer Lösung von (±)-[1,1']Binaphthyl-2,2'-disulfonylchlorid in Essigsäure mit wss. Jodwasserstoffsäure (*Armarego, Turner*, Soc. **1957** 13, 17).

Gelbe Krystalle (aus Eg.); F: 213–214°.

3,3-Dioxo-3λ⁶-dinaphtho[2,1-*c*;1',2'-*e*][1,2]dithiin, Dinaphtho[2,1-*c*;1',2'-*e*][1,2]dithiin-3,3-dioxid $C_{20}H_{12}O_2S_2$.

Bezüglich der Konfiguration der Enantiomeren s. *Fitts et al.*, Am. Soc. **80** [1958] 480, 484.

a) **(R_a?)-Dinaphtho[2,1-*c*;1',2'-*e*][1,2]dithiin-3,3-dioxid** $C_{12}H_{12}O_2S_2$, vermutlich Formel XII.

B. Beim Erwärmen von (R_a?)-[1,1']Binaphthyl-2,2'-disulfonylchlorid ($[\alpha]_{546}^{21}$: −26° [$CHCl_3$]) mit wss. Natriumsulfit-Lösung und wss. Natronlauge und anschliessend mit wss. Schwefelsäure (*Armarego, Turner*, Soc. **1957** 13, 20).

Gelbliche Krystalle (aus Me.); F: 162° (*Ar., Tu.*, l. c. S. 20). $[\alpha]_{691}^{25}$: −217°; $[\alpha]_{579}^{25}$: −204°; $[\alpha]_{546}^{25}$: −169°; $[\alpha]_{436}^{25}$: +1159° [jeweils in $CHCl_3$; c = 0,2] (*Ar., Tu.*, l. c. S. 15).

Geschwindigkeitskonstante der Racemisierung in Tetralin bei 208°: *Ar., Tu.*, l. c. S. 20.

b) **(S_a?)-Dinaphtho[2,1-*c*;1',2'-*e*][1,2]dithiin-3,3-dioxid** $C_{20}H_{12}O_2S_2$, Formel XIII.

B. Beim Erwärmen von (S_a?)-[1,1']Binaphthyl-2,2'-disulfonylchlorid ($[\alpha]_{546}^{22}$: +25,5° [$CHCl_3$]) mit wss. Natriumsulfit-Lösung und wss. Natronlauge und anschliessend mit wss. Schwefelsäure (*Armarego, Turner*, Soc. **1957** 13, 20).

Gelbliche Krystalle (aus Me.); F: 162° (*Ar., Tu.*, l. c. S. 20). $[\alpha]_{691}^{25}$: +216°; $[\alpha]_{579}^{25}$: +204°; $[\alpha]_{546}^{25}$: +170°; $[\alpha]_{436}^{25}$: −1151° [jeweils in $CHCl_3$; c = 0,2] (*Ar., Tu.*, l. c. S. 15).

Geschwindigkeitskonstante der Racemisierung in Tetralin bei 207°: *Ar., Tu.*, l. c. S. 20.

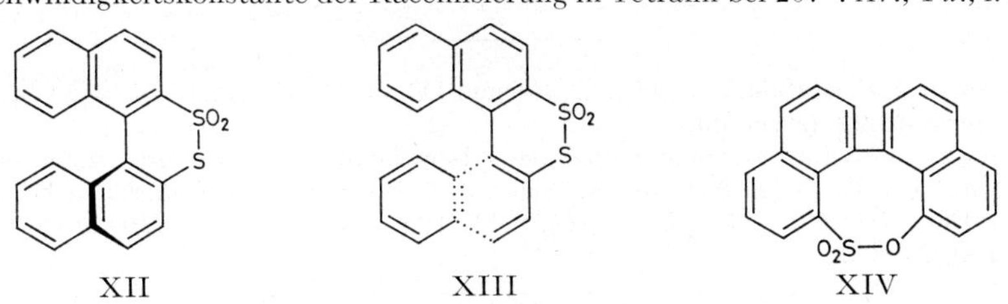

XII XIII XIV

c) **(±)-Dinaphtho[2,1-*c*;1',2'-*e*][1,2]dithiin-3,3-dioxid** $C_{20}H_{12}O_2S_2$, Formel XIII + Spiegelbild.

B. Beim Erhitzen von (±)-[1,1']Binaphthyl-2,2'-disulfinsäure mit Essigsäure (*Armarego, Turner*, Soc. **1957** 13, 18).

Gelbliche Krystalle (aus Eg.); F: 198–199°.

8,8-Dioxo-8λ⁶-dinaphth[1,8-*cd*;1',8'-*fg*][1,2]oxathiocin, Dinaphth[1,8-*cd*;1',8'-*fg*][1,2]oxathiocin-8,8-dioxid, 8'-Hydroxy-[1,1']binaphthyl-8-sulfonsäure-lacton $C_{20}H_{12}O_3S$, Formel XIV.

Diese Konstitution ist für die nachstehend beschriebene Verbindung in Betracht gezogen worden (*Cumming, Muir*, J. roy. tech. Coll. **4** [1937] 61, 66).

B. Beim Erhitzen des Dinatrium-Salzes einer als [1,1']Binaphthyl-8,8'-disulfonsäure angesehenen Verbindung (E III **11** 481) mit Anilin-hydrochlorid auf 250° (*Cu., Muir*).

Krystalle (aus A.); F: 252° [Zers.].

Stammverbindungen $C_{21}H_{14}O_2$

2-Phenyl-phenanthro[9,10-*d*][1,3]dioxol, 9,10-Benzylidendioxy-phenanthren $C_{21}H_{14}O_2$, Formel I.

Diese Konstitution ist der nachstehend beschriebenen Verbindung zugeordnet worden (*Schönberg, Mustafa*, Soc. **1946** 746; s. dagegen die Angaben im Artikel 2,2-Diphenyl-phenanthro[9,10-*d*][1,3]dioxol [S. 469]).

B. Beim Behandeln von Phenanthren-9,10-chinon mit Diazo-phenyl-methan in Benzol (*Sch., Mu.*).

Krystalle; F: 121°.

I II III

2-Nitro-9-[(Ξ)-piperonyliden]-fluoren $C_{21}H_{13}NO_4$, Formel II (vgl. E II 50).

B. Beim Erhitzen von 2-Nitro-fluoren mit Piperonal und wenig Piperidin (*Candea, Macovski*, Bl. [5] **3** [1936] 1761, 1766; *Dobrescu*, Acad. Timişoara Stud. Cerc. chim. **3** [1956] Nr. 3/4, S. 45, 56).

Krystalle (aus Eg.); F: 212–213° (*Do.*).

9-Benzo[*b*]thiophen-2-yl-xanthen $C_{21}H_{14}OS$, Formel III.

Diese Konstitution ist für die nachstehend beschriebene Verbindung in Betracht gezogen worden (*Ancizar-Sordo, Bistrzycki*, Helv. **14** [1931] 141, 153).

B. Beim Erwärmen von Xanthen-9-ol mit Benzo[*b*]thiophen und Phosphor(V)-oxid in Äther (*An.-So., Bi.*).

Krystalle (aus Eg.); F: 172–173°.

Spiro[chromen-2,9′-xanthen] $C_{21}H_{14}O_2$, Formel IV (E II 51; dort als [1.2-Chromen]-xanthen-spiran-(2.9′) bezeichnet).

Absorptionsspektrum (Methylcyclohexan + Isopentan; 400–750 nm) nach der Bestrahlung mit UV-Licht (λ: 365 nm) und nach dem Beschuss mit Elektronen bei –180° und bei –150°: *Hirshberg*, J. chem. Physics **27** [1957] 758, 762; s. a. *Hirshberg, Fischer*, Soc. **1954** 3129, 3133.

IV V

(±)-Spiro[benzo[*f*]chromen-3,2′-chromen] $C_{21}H_{14}O_2$, Formel V (E II 50; dort als [1,2-Chromen]-[5.6-benzo-1.2-chromen]-spiran-(2.2′) bezeichnet).

Dipolmoment (ε; Bzl.): 1,42 D (*Hukins, Le Fèvre*, Soc. **1949** 2088, 2090).

Absorptionsspektren von Lösungen in Xylol (400–650 nm) bei 60° und 90° sowie in Benzylalkohol (380–650 nm) bei 22° und 100°: *Hirshberg, Fischer*, Soc. **1954** 297, 298. Absorptionsspektrum (Methylcyclohexan; 400–700 nm bzw. 400–600 nm) nach der Bestrahlung mit UV-Licht bei –150° bzw. bei –115°: *Hi., Fi.*, l. c. S. 299. Lumineszenzspektrum (Methylcyclohexan + Bzn.; 550–650 nm) der bei der Bestrahlung mit UV-Licht (λ: 365 nm) bei –150° erhaltenen blauvioletten Modifikation: *Hi., Fi.*, l. c. S. 301.

Geschwindigkeitskonstante der Umwandlung der bei der Bestrahlung mit UV-Licht bei –170° erhaltenen rosaroten Modifikation in die farblose Modifikation bei Temperaturen von –88,8° bis –62,8°: *Hi., Fi.*, l. c. S. 300. Konstanten des Gleichgewichts zwischen der farblosen und der farbigen Modifikation in Benzylalkohol bei 20°, 80° und 120°: *Chaudé, Rumpf*, C. r. **233** [1951] 405.

Stammverbindungen $C_{22}H_{16}O_2$

(±)-2-Phenyl-2,3-dihydro-phenanthro[9,10-*b*][1,4]dioxin $C_{22}H_{16}O_2$, Formel VI.
B. Bei der Bestrahlung eines Gemisches von Phenanthren-9,10-chinon, Styrol und Benzol mit Sonnenlicht (*Schönberg, Mustafa*, Soc. **1944** 387).
Krystalle (aus PAe.); F: ca. 130° [Zers.].

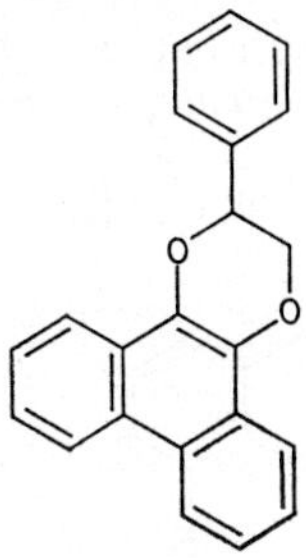

VI 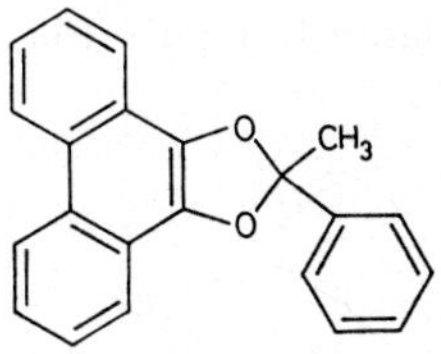 VII

2-Methyl-2-phenyl-phenanthro[9,10-*d*][1,3]dioxol $C_{22}H_{16}O_2$, Formel VII.
Diese Konstitution ist der nachstehend beschriebenen Verbindung zugeordnet worden (*Schönberg, Mustafa*, Soc. **1946 746**; s. dagegen die Angaben im Artikel 2,2-Diphenyl-phenanthro[9,10-*d*][1,3]dioxol [S. 469]).
B. Beim Behandeln von Phenanthren-9,10-chinon mit 1-Diazo-1-phenyl-äthan in Benzol (*Sch., Mu.*).
Krystalle (aus A.); F: 90°.

(±)-3'-Methyl-spiro[benzo[*f*]chromen-3,2'-chromen] $C_{22}H_{16}O_2$, Formel VIII (E II 51; dort als [3-Methyl-1.2-chromen]-[5.6-benzo-1.2-chromen]-spiran-(2.2') bezeichnet).
Dipolmoment (ε; Bzl.): 1,47 D (*Hukins, Le Fèvre*, Soc. **1949** 2088, 2090).
Absorptionsspektren von Lösungen in Xylol (400—650 nm) bei 90° und 110° sowie in Benzylalkohol (400—700 nm) bei 90° und 120°: *Hirshberg, Fischer*, Soc. **1954** 297, 298. Absorptionsspektrum (Methylcyclohexan; 480—700 nm) nach der Bestrahlung mit UV-Licht bei —150° und bei —115°: *Hi., Fi.*, l. c. S. 299. Lumineszenzspektrum (Methylcyclohexan + Bzn.; 600—650 nm) der bei der Bestrahlung mit UV-Licht (λ: 365 nm) bei —150° erhaltenen blauvioletten Modifikation: *Hi., Fi.*, l. c. S. 301. Aktivierungsenthalpie der Rückverwandlung der bei der Bestrahlung mit UV-Licht bei —170° erhaltenen rosaroten Modifikation in die farblose Modifikation: *Hi., Fi.*, l. c. S. 300.

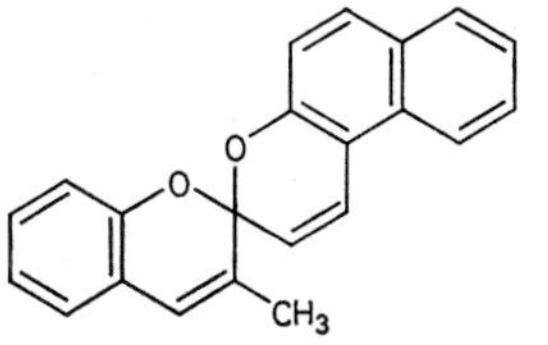

VIII 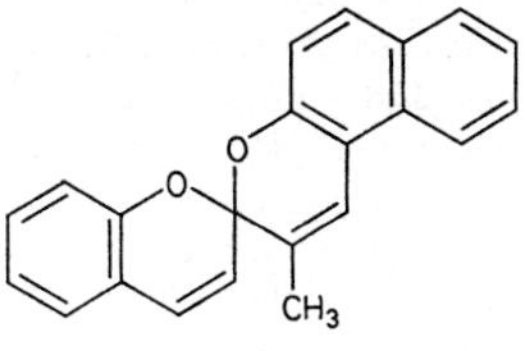 IX

(±)-2-Methyl-spiro[benzo[*f*]chromen-3,2'-chromen] $C_{22}H_{16}O_2$, Formel IX (E II 51; dort als [1.2-Chromen]-[3-methyl-5.6-benzo-1.2-chromen]-spiran-(2.2') bezeichnet).
Dipolmoment (ε; Bzl.): 1,6 D (*Hukins, Le Fèvre*, Soc. **1949** 2088, 2090).
Absorptionsspektrum (Methylcyclohexan; 400—700 nm) nach der Bestrahlung mit UV-Licht bei —170° und bei —115°: *Hirshberg, Fischer*, Soc. **1954** 297, 299, 303. Lumineszenzspektrum (Methylcyclohexan + Bzn.; 500—670 nm) der bei der Bestrahlung mit UV-Licht (λ: 365 nm) bei —150° erhaltenen rosaroten Modifikation: *Hi., Fi.*, l. c. S. 301.

Stammverbindungen $C_{23}H_{18}O_2$

4,4-Dimethyl-dinaphtho[2,1-*d*;1',2'-*f*][1,3]dithiepin, 2,2'-Isopropylidendimercapto-[1,1']binaphthyl $C_{23}H_{18}S_2$.

Bezüglich der Konfiguration der Enantiomeren s. *Fitts et al.*, Am. Soc. **80** [1958] 480, 484.

a) **(R_a?)-4,4-Dimethyl-dinaphtho[2,1-*d*;1',2'-*f*][1,3]dithiepin** $C_{23}H_{18}S_2$, vermutlich Formel X.

B. Beim Erwärmen einer Lösung von (R_a?)-Dinaphtho[2,1-*c*;1',2'-*e*][1,2]dithiin (S. 442) in Aceton mit Zink-Pulver und mit Chlorwasserstoff (*Armarego, Turner*, Soc. **1957** 13, 19).

Krystalle (aus Butan-1-ol); F: 155–156°. $[\alpha]_{579}^{21}$: −329°; $[\alpha]_{546}^{21}$: −368° [jeweils in $CHCl_3$; c = 0,5].

X XI

b) **(S_a?)-4,4-Dimethyl-dinaphtho[2,1-*d*;1',2'-*f*][1,3]dithiepin** $C_{23}H_{18}S_2$, vermutlich Formel XI.

B. Beim Erwärmen einer Lösung von (S_a?)-Dinaphtho[2,1-*c*;1',2'-*e*][1,2]dithiin (S. 442) in Aceton mit Zink-Pulver und mit Chlorwasserstoff (*Armarego, Turner*, Soc. **1957** 13, 19).

Krystalle (aus Butan-1-ol); F: 155–156°. $[\alpha]_{579}^{20}$: +327°; $[\alpha]_{546}^{20}$: +367° [jeweils in $CHCl_3$; c = 0,35].

c) **(±)-4,4-Dimethyl-dinaphtho[2,1-*d*;1',2'-*f*][1,3]dithiepin** $C_{23}H_{18}S_2$, Formel XI + Spiegelbild.

B. Beim Erwärmen einer Lösung von (±)-Dinaphtho[2,1-*c*;1',2'-*e*][1,2]dithiin in Aceton mit Zink-Pulver und mit Chlorwasserstoff (*Armarego, Turner*, Soc. **1957** 13, 17).

Krystalle (aus Butan-1-ol); F: 186–187°.

Stammverbindungen $C_{24}H_{20}O_2$

(±)-2*r*,3*t*-Di-[1]naphthyl-[1,4]dioxan, (±)-*trans*-2,3-Di-[1]naphthyl-[1,4]dioxan $C_{24}H_{20}O_2$, Formel XII.

Bezüglich der Konfigurationszuordnung vgl. das analog hergestellte (±)-*trans*-2,3-Bis-[4-chlor-phenyl]-[1,4]dioxan (S. 367).

B. Aus (±)-*trans*-2,3-Dichlor-[1,4]dioxan (S. 30) und [1]Naphthylmagnesiumbromid (*Summerbell, Bauer*, Am. Soc. **57** [1935] 2364, 2366).

Kp_{3-4}: 255–258° [unkorr.].

Verbindung mit Picrinsäure. F: 166–167°.

XII XIII

***Opt.-inakt. 2,3-Dimethyl-2-phenyl-2,3-dihydro-phenanthro[9,10-*b*][1,4]dioxin** $C_{24}H_{20}O_2$, Formel XIII.

Über ein bei der Bestrahlung eines Gemisches von Phenanthren-9,10-chinon, 2-Phenyl-but-2-en (nicht charakterisiert) und Benzol mit Sonnenlicht erhaltenes Präparat (Krystalle [aus Bzl. + A.]; F: 134°) s. *Mustafa, Islam,* Soc. **1949** Spl. 81.

Stammverbindungen $C_{25}H_{22}O_2$

***Opt.-inakt. 3-Äthyl-2-methyl-2-phenyl-2,3-dihydro-phenanthro[9,10-*b*][1,4]dioxin** $C_{25}H_{22}O_2$, Formel XIV.

Über ein bei der Bestrahlung eines Gemisches von Phenanthren-9,10-chinon, 2-Phenyl-pent-2-en (nicht charakterisiert) und Benzol mit Sonnenlicht erhaltenes Präparat (Krystalle [aus Bzl. + A.]; F: 142°) s. *Mustafa,* Soc. **1949** Spl. 83, 84.

XIV

XV

Stammverbindungen $C_{26}H_{24}O_2$

3,3''-Dimethyl-3,3''-diphenyl-3a',4',7',7a'-tetrahydro-dispiro[oxiran-2,1'-(4,7-methano-inden)-8',2''-oxiran] $C_{26}H_{24}O_2$, Formel XV.

Diese Konstitution kommt wahrscheinlich den nachstehend beschriebenen Isomeren zu.

a) Opt.-inakt. Isomeres vom F: 178°.

B. Neben dem unter b) beschriebenen Isomeren beim Behandeln von 1-Cyclopentadienyliden-1-phenyl-äthan mit methanol. Kalilauge und mit wss. Wasserstoffperoxid (*Alder et al.*, B. **90** [1957] 1709, 1717).

Krystalle (aus Bzn.); F: 177–178°.

b) Opt.-inakt. Isomeres vom F: 139°.

B. s. bei dem unter a) beschriebenen Isomeren.

Krystalle (aus Bzn.); F: 138–139° (*Alder et al.*, B. **90** [1957] 1709, 1718).

Stammverbindungen $C_{28}H_{28}O_2$

(±)-2*r*,3*t*-Diphenyl-2,3,5,6,7,8,9,10,11,12-decahydro-phenanthro[9,10-*b*][1,4]dioxin, (±)-*trans*-2,3-Diphenyl-2,3,5,6,7,8,9,10,11,12-decahydro-phenanthro[9,10-*b*][1,4]dioxin $C_{28}H_{28}O_2$, Formel XVI.

Diese Konstitution kommt für die nachstehend beschriebene Verbindung in Betracht.

B. Neben anderen Verbindungen beim Erhitzen einer Lösung von (±)-*trans*-2,3-Diphenyl-2,3-dihydro-phenanthro[9,10-*b*][1,4]dioxin in Amylalkohol mit Natrium (*Butenandt et al.*, A. **575** [1952] 123, 141).

Krystalle (aus A. + Eg.); F: 226–227° [nach partieller Sublimation von 200° an und Sintern von 220° an].

XVI

XVII

Stammverbindungen $C_{38}H_{48}O_2$

3,3-Äthandiyldioxy-24,24-diphenyl-5β-chola-20(22)ξ,23-dien $C_{38}H_{48}O_2$, Formel XVII.

B. Beim Erwärmen einer Lösung von 3,3-Äthandiyldioxy-24,24-diphenyl-5β-chol-23-en in Tetrachlormethan mit *N*-Brom-succinimid im Glühlampenlicht und anschliessenden Erwärmen mit Pyridin (*Makšimow et al.*, Ž. obšč. Chim. **28** [1958] 2886, 2889; engl. Ausg. S. 2913, 2915).

Krystalle (aus Acn. + E.); F: 193,5—196,5°.

Stammverbindungen $C_nH_{2n-30}O_2$

Stammverbindungen $C_{20}H_{10}O_2$

Perylo[1,12-*cde*][1,2]dioxin, 1,12-Epidioxy-perylen $C_{20}H_{10}O_2$, Formel I.

B. Neben Perylen beim Erhitzen von Perylen-1,12-diol mit Zinkchlorid auf 250° (*Zinke et al.*, M. **67** [1936] 196, 202).

Krystalle (aus Toluol), die unterhalb 340° nicht schmelzen (*Zi. et al.*). Unter vermindertem Druck sublimierbar (*Zi. et al.*). UV-Spektrum (Hexan; 220—390 nm): *Cheng, Lonvad-Billroth*, Z. physik. Chem. [B] **20** [1933] 333, 334.

Xantheno[2,1,9,8-*klmna*]xanthen, Perixanthenoxanthen, *peri*-Xanthenoxanthen $C_{20}H_{10}O_2$, Formel II (X = H) (H **6** 1052; E I **19** 630; E II **19** 52).

B. Beim Erhitzen von 3-Hydroxy-[2]naphthoesäure oder von 2,2'-Dihydroxy-[1,1']binaphthyl-3,3'-dicarbonsäure mit Nitrobenzol und Kupfer(II)-oxid auf 300° (*Joffe, Šmoljanizkaja*, Ž. obšč. Chim. **5** [1935] 1205, 1207; C. **1936** I 3506). Beim Erhitzen von [1,1']Binaphthyl-2,2'-diol mit Nitrobenzol, Kupfer(II)-oxid und Pyridin oder mit Naphthalin, Kupfer(II)-oxid und Chinolin auf 180° unter Durchleiten von Luft (*I. G. Farbenind.*, D.R.P. 510443 [1927]; Frdl. **17** [1930] 685).

Gelbgrüne Krystalle (aus Chlorbenzol); F: 241—242° (*I. G. Farbenind.*).

I II

2,8-Dibrom-perixanthenoxanthen $C_{20}H_8Br_2O_2$, Formel II (X = Br).

B. Beim Erhitzen von 6,6'-Dibrom-[1,1]binaphthyl-2,2'-diol mit Kupfer(II)-oxid auf 300° (*Corbellini, Pasturini*, G. **60** [1930] 843, 850).

Gelbe Krystalle (aus Nitrobenzol); F: 361—362° [unkorr.].

2(?)-Nitro-perixanthenoxanthen $C_{20}H_9NO_4$, vermutlich Formel III.

Diese Konstitution kommt für die nachstehend beschriebene Verbindung in Betracht (*Pummerer et al.*, A. **553** [1942] 103, 118).

B. Neben der im folgenden Artikel beschriebenen Verbindung beim Behandeln einer Suspension von Perixanthenoxanthen in Chlorbenzol mit wss. Salpetersäure (*Pu. et al.*, l. c. S. 131).

Rote Krystalle (aus Chlorbenzol); F: 313—315° (*Pu. et al.*, l. c. S. 115).

4-Nitro-perixanthenoxanthen $C_{20}H_9NO_4$, Formel IV (X = H).

B. s. im vorangehenden Artikel.

Violette Krystalle (aus Chlorbenzol); F: 324—325° (*Pummerer et al.*, A. **553** [1942] 103, 115, 133).

III IV

4,10-Dinitro-perixanthenoxanthen $C_{20}H_8N_2O_6$, Formel IV ($X = NO_2$).

Diese Konstitution kommt wahrscheinlich der nachstehend beschriebenen Verbindung zu.

B. Neben zwei als 2,4-Dinitro-perixanthenoxanthen ($C_{20}H_8N_2O_6$) und als 2,10-Dinitro-perixanthenoxanthen ($C_{20}H_8N_2O_6$) angesehenen Verbindungen (himbeerrote Krystalle [aus Chlorbenzol], F: ca. 310° [nach Sintern bei 285°] bzw. ziegelrote Krystalle [aus Chlorbenzol], Zers. oberhalb 300°), die auch beim Erwärmen einer Lösung von 2(?)-Nitro-perixanthenoxanthen [S. 448] in Nitrobenzol mit wss. Salpetersäure erhalten worden sind, beim Erwärmen einer Suspension von Perixanthenoxanthen in Essigsäure mit wss. Salpetersäure sowie beim Erwärmen einer Lösung von 4-Nitro-perixantheno= xanthen in Nitrobenzol mit wss. Salpetersäure (*Pummerer et al.*, A. **553** [1942] 103, 116, 137, 139).

Violette Krystalle (aus Chlorbenzol); Zers. oberhalb 320°.

Stammverbindungen $C_{22}H_{14}O_2$

9,10-Di-[2]thienyl-anthracen $C_{22}H_{14}S_2$, Formel V.

B. Beim Erhitzen von 9,10-Dihydro-9,10-di-[2]thienyl-anthracen-9,10-diol (F: 218°) mit Essigsäure, Kaliumjodid und Natriumhypophosphit (*Étienne*, Bl. **1947** 634, 637).

Gelbe Krystalle (aus E.); F: 244° [Block; durch Sublimation bei 200° unter vermindertem Druck gereinigtes Präparat]. UV-Spektrum (A.; 250–400 nm): *Ét.*, l. c. S. 639.

V VI

2,6-Diphenyl-benzo[1,2-*b*;4,5-*b'*]difuran $C_{22}H_{14}O_2$, Formel VI.

B. Beim Erwärmen von 2,6-Diphenyl-benzo[1,2-*b*;4,5-*b'*]difuran-3,7-dicarbonsäure-diäthylester mit äthanol. Natronlauge und Erhitzen der erhaltenen Dicarbonsäure auf 160° (*Grinew et al.*, Ž. obšč. Chim. **27** [1957] 821; engl. Ausg. S. 897).

Krystalle, die unterhalb 300° nicht schmelzen.

6,13-Dihydro-6,13-epidioxido-pentacen $C_{22}H_{14}O_2$, Formel VII.

B. Neben einer als Bis-[6,13-dihydro-pentacen-6-yl]-peroxid angesehenen Verbindung (s. E III **5** 2551 im Artikel Pentacen) beim Behandeln einer heissen Suspension von Pentacen in Xylol mit feuchtem Sauerstoff oder feuchter Luft (*Clar, John*, B. **63** [1930] 2967, 2975).

Krystalle (aus Bzl. + Bzn.), die bei 320–333° [Zers.] schmelzen.

***7a,14c-Dihydro-naphtho[2,1-*b*]naphtho[1',2';4,5]furo[3,2-*d*]furan** $C_{22}H_{14}O_2$, Formel VIII (R = X = H).

B. Beim Erwärmen einer Lösung von [2]Naphthol in Ameisensäure mit Dinatrium-[1,2-dihydroxy-äthan-1,2-disulfonat] [E III **1** 3084] (*Dischendorfer*, M. **73** [1941] 45, 48; s. a. *I.G. Farbenind.*, D.R.P. 744372 [1941]; D.R.P. Org. Chem. **6** 2247).

Krystalle (aus Eg.); F: 236° (*I.G. Farbenind.*), 235° (*Di.*).

***Opt.-inakt. 3-Brom-7a,14c-dihydro-naphtho[2,1-*b*]naphtho[1′,2′;4,5]furo[3,2-*d*]furan** $C_{22}H_{13}BrO_2$, Formel VIII (R = Br, X = H).

B. Beim Behandeln der im vorangehenden Artikel beschriebenen Verbindung mit Brom (1 Mol) in Chloroform (*Dischendorfer*, M. **73** [1941] 171, 178).

Krystalle (aus Eg.); F: 251° [unreines Präparat].

VII VIII

***3,12-Dibrom-7a,14c-dihydro-naphtho[2,1-*b*]naphtho[1′,2′;4,5]furo[3,2-*d*]furan** $C_{22}H_{12}Br_2O_2$, Formel IX (R = H, X = Br).

B. Beim Erwärmen einer Lösung von 6-Brom-[2]naphthol in Ameisensäure mit Dinatrium-[1,2-dihydroxy-äthan-1,2-disulfonat] [E III **1** 3084] (*Dischendorfer*, M. **73** [1941] 171, 175). Beim Erhitzen von 7a,14c-Dihydro-naphtho[2,1-*b*]naphtho[1′,2′;4,5]furo[3,2-*d*]furan (F: 235° [S. **449**]) mit Brom (2 Mol) und Acetanhydrid (*Di.*, l. c. S. 174).

Krystalle (aus Bzl.); F: 322,5° (*Di.*, l. c. S. 175).

***5,10-Dibrom-7a,14c-dihydro-naphtho[2,1-*b*]naphtho[1′,2′;4,5]furo[3,2-*d*]furan** $C_{22}H_{12}Br_2O_2$, Formel VIII (R = H, X = Br).

B. Beim Erwärmen einer Lösung von 4-Brom-[2]naphthol in Ameisensäure mit Dinatrium-[1,2-dihydroxy-äthan-1,2-disulfonat] [E III **1** 3084] (*Dischendorfer*, M. **73** [1941] 171, 176).

Krystalle (aus Acetanhydrid oder Decalin); F: 294,5° [nach Sintern].

***6,9-Dibrom-7a,14c-dihydro-naphtho[2,1-*b*]naphtho[1′,2′;4,5]furo[3,2-*d*]furan** $C_{22}H_{12}Br_2O_2$, Formel IX (R = Br, X = H).

B. Beim Erwärmen einer Lösung von 3-Brom-[2]naphthol in Ameisensäure mit Dinatrium-[1,2-dihydroxy-äthan-1,2-disulfonat] [E III **1** 3084] (*Dischendorfer*, M. **73** [1941] 171, 175).

Krystalle (aus Xylol); F: 300° [nach Sintern].

***3,5,10,12-Tetrabrom-7a,14c-dihydro-naphtho[2,1-*b*]naphtho[1′,2′;4,5]furo[3,2-*d*]furan** $C_{22}H_{10}Br_4O_2$, Formel X.

B. Beim Erhitzen einer Lösung von 4,6-Dibrom-[2]naphthol in Ameisensäure mit Dinatrium-[1,2-dihydroxy-äthan-1,2-disulfonat] [E III **1** 3084] (*Dischendorfer*, *Lapaine*, M. **82** [1951] 397, 409).

Krystalle (aus Chlorbenzol); F: 324° [korr.]. Bei 280°/1 Torr sublimierbar.

IX X

***Opt.-inakt. 3-Nitro-7a,14c-dihydro-naphtho[2,1-*b*]naphtho[1′,2′;4,5]furo[3,2-*d*]furan** $C_{22}H_{13}NO_4$, Formel VIII (R = NO_2, X = H).

B. Beim Erhitzen von 7a,14c-Dihydro-naphtho[2,1-*b*]naphtho[1′,2′;4,5]furo[3,2-*d*]furan (F: 235° [S. **449**]) mit wss. Salpetersäure (D: 1,4) und Essigsäure (*Dischendorfer*, *Verdino*, M. **73** [1941] 187, 196).

Gelbe Krystalle (aus Chlorbenzol oder Eg.); F: 256°.

***3,12-Dinitro-7a,14c-dihydro-naphtho[2,1-*b*]naphtho[1',2';4,5]furo[3,2-*d*]furan** $C_{22}H_{12}N_2O_6$, Formel IX (R = H, X = NO_2).

B. Beim Erhitzen von 7a,14c-Dihydro-naphtho[2,1-*b*]naphtho[1',2';4,5]furo[3,2-*b*]furan (F: 235° [S. 449]) oder von 3-Nitro-7a,14c-dihydro-naphtho[2,1-*b*]naphtho[1',2';4,5]furo[3,2-*d*]furan (S. 450) mit wss. Salpetersäure (D: 1,4) und Essigsäure (*Dischendorfer, Verdino*, M. **73** [1941] 187, 189, 196).

Krystalle (aus Chlorbenzol); F: 313° [Zers.] (*Di., Ve.*, l. c. S. 189).

Stammverbindungen $C_{23}H_{16}O_2$

7-Brom-2,2-diphenyl-naphtho[1,2-*d*][1,3]dioxol, 1,2-Benzhydrylidendioxy-6-brom-naphthalin $C_{23}H_{15}BrO_2$, Formel XI.

B. Beim Behandeln einer Lösung von 6-Brom-[1,2]naphthochinon in Benzol mit Diazo-diphenyl-methan in Petroläther (*Fieser, Hartwell*, Am. Soc. **57** [1935] 1479, 1481).

Krystalle (aus Eg. oder Bzl.); F: 150–151,5°.

Br O O Cl Cl O O Cl Cl Cl Cl O O

XI XII XIII

Stammverbindungen $C_{24}H_{18}O_2$

(±)-5,6-Dichlor-2*r*,3*t*(?)-diphenyl-2,3-dihydro-naphtho[1,2-*b*][1,4]dioxin $C_{24}H_{16}Cl_2O_2$, vermutlich Formel XII + Spiegelbild.

Bezüglich der Konfigurationszuordnung vgl. *Bryce-Smith, Gilbert*, Chem. Commun. **1968** 1318.

B. Bei der Bestrahlung eines Gemisches von 3,4-Dichlor-[1,2]naphthochinon, *trans*-Stilben und Benzol mit Sonnenlicht (*Schönberg et al.*, Soc. **1951** 1364, 1366).

Krystalle (aus Acn.); F: 165° (*Sch. et al.*).

(±)-5,6,7,8-Tetrachlor-2*r*-[2]naphthyl-3*t*(?)-phenyl-2,3-dihydro-benzo[1,4]dioxin $C_{24}H_{14}Cl_4O_2$, vermutlich Formel XIII + Spiegelbild.

Bezüglich der Konfigurationszuordnung vgl. *Bryce-Smith, Gilbert*, Chem. Commun. **1968** 1318.

B. Bei der Bestrahlung eines Gemisches von Tetrachlor-[1,2]benzochinon, 2-*trans*(?)-Styryl-naphthalin und Benzol mit Sonnenlicht (*Schönberg et al.*, Soc. **1951** 1364, 1366).

Krystalle (aus Acn. + A.); F: 180° (*Sch. et al.*).

(±)-3-Benzyl-[2,2']spirobichromen $C_{24}H_{18}O_2$, Formel XIV (E II 53; dort als 3-Benzyl-dibenzospiropyran bezeichnet).

B. Bei der Behandlung von 4-Phenyl-butan-2-on mit Salicylaldehyd, Äthanol und Chlorwasserstoff und Umsetzung des erhaltenen 3-Benzyl-2-methyl-chromenylium-chlorids mit Salicylaldehyd (*Heilbron et al.*, Soc. **1931** 1336, 1339).

Krystalle (aus Acn.); F: 121°.

7,14-Dimethyl-7,14-dihydro-7,14-epidioxido-dibenz[*a,j*]anthracen $C_{24}H_{18}O_2$, Formel XV.

B. Aus 7,14-Dimethyl-dibenz[*a,j*]anthracen unter der Einwirkung von Licht und Luft (*Martin*, Bl. Soc. chim. Belg. **58** [1949] 87, 89, 94).

Krystalle; F: 221° [Zers.; im vorgeheizten Bad] bzw. F: 215° [bei langsamem Erhitzen].

XIV XV XVI

***7,14-Dimethyl-7,14-dihydro-7,14-epidioxido-dibenz[*a,h*]anthracen** $C_{24}H_{18}O_2$, Formel XVI.

B. Beim Behandeln einer Lösung von 7,14-Dimethyl-dibenz[*a,h*]anthracen in Schwefelkohlenstoff mit Sauerstoff unter Belichtung (*Cook, Martin*, Soc. **1940** 1125; s. a. *Bachmann, Chemerda*, Am. Soc. **61** [1939] 2358, 2361).

Krystalle (aus CS_2); F: 222–223° [im vorgeheizten Bad] (*Cook, Ma.*).

Stammverbindungen $C_nH_{2n-32}O_2$

Stammverbindungen $C_{22}H_{12}O_2$

Benz[3,4]isochromeno[7,8,1-*mna*]xanthen $C_{22}H_{12}O_2$, Formel I.

Eine Verbindung (F: 249–250°), für die *Kern* und *Feuerbach* (J. pr. [2] **158** [1941] 186, 193, 197) diese Konstitution in Betracht gezogen haben, ist als Dibenz[*a,h*]anthracen-7,14-chinon zu formulieren (*Lora-Tamayo et al.*, An. Soc. españ. [B] **53** [1957] 63, 66).

I II III

Stammverbindungen $C_{23}H_{14}O_2$

4′,5′-Dichlor-spiro[fluoren-9,2′-naphtho[1,2-*d*][1,3]dioxol] $C_{23}H_{12}Cl_2O_2$, Formel II.

B. Beim Behandeln von 3,4-Dichlor-[1,2]naphthochinon mit 9-Diazo-fluoren in Benzol (*Schönberg, Latif*, Soc. **1952** 446, 449).

Krystalle (aus Acn.); F: ca. 255°.

Indeno[2,1-*b*;2,3-*b′*]dichromen $C_{23}H_{14}O_2$, Formel III.

In dem früher (s. E I **19** 631) unter dieser Konstitution beschriebenen Präparat vom F: 260–261° („3.3′-Phenylen-bis-[5.6-benzo-(1.2-pyran)]-spiran-(2.2′)“) hat wahrscheinlich eine als 11-Indeno[2,1-*b*]chromen-6-yl-11,11a-dihydro-indeno[2,1-*b*;2,3-*b′*]dichromen zu formulierende opt.-inakt. Verbindung als Hauptbestandteil vorgelegen (*Treibs, Schroth*, A. **642** [1961] 82, 86, 94).

Stammverbindungen $C_{24}H_{16}O_2$

***1,4-Diphenyl-1,4-di-[2]thienyl-butatrien** $C_{24}H_{16}S_2$, Formel IV.

B. Beim Behandeln einer Lösung von 1,4-Diphenyl-1,4-di-[2]thienyl-but-2-in-1,4-diol (F: 172–173°) in Aceton mit wss. Jodwasserstoffsäure (*Kuhn, Jahn*, B. **86** [1953] 759, 763).

Rote Krystalle (aus Bzl.); F: 205° [evakuierte Kapillare]. Absorptionsspektrum (Bzl.; 320–550 nm): *Kuhn, Jahn*, l. c. S. 760. Absorptionsmaximum: 465 nm [$CHCl_3$] bzw. 466 nm [Bzl.] bzw. 468 nm [Py.].

IV V

2-Benzhydryliden-naphtho[1,2-*d*][1,3]dioxol $C_{24}H_{16}O_2$, Formel V.

B. Beim Erhitzen von 2-Diazo-2*H*-naphthalin-1-on (⇌1-Hydroxy-naphthalin-2-diazonium-betain [E III **16** 556]) mit Diphenylketen in Xylol (*Yates, Robb*, Am. Soc. **79** [1957] 5760, 5767).

Krystalle (aus Cyclohexan); F: 130–130,5° [unkorr.; Fisher-Johns-App.]. UV-Absorptionsmaxima (Cyclohexan): 218 nm, 290 nm, 332 nm und 355 nm.

2,5-Di-[2]naphthyl-[1,4]dithiin $C_{24}H_{16}S_2$, Formel VI.

B. Beim Erwärmen des Natrium-Salzes des Thioschwefelsäure-*S*-[2-[2]naphthyl-2-oxo-äthylesters] mit äthanol. Salzsäure (*Baker, Barkenbus*, Am. Soc. **58** [1936] 262).

Krystalle; F: 198–200°.

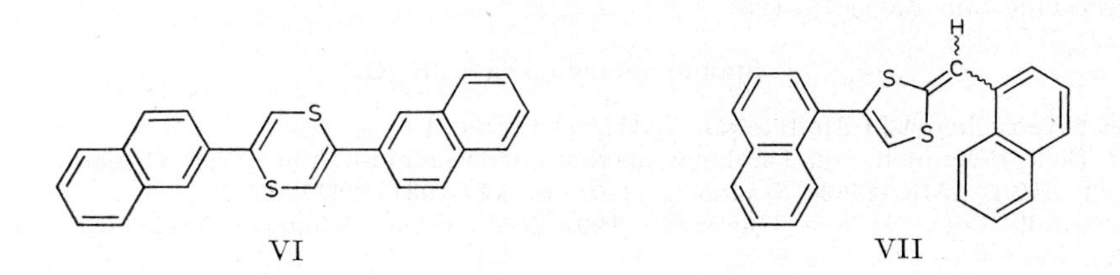

VI VII

4-[1]Naphthyl-2-[(Ξ)-[1]naphthylmethylen]-[1,3]dithiol $C_{24}H_{16}S_2$, Formel VII.

B. Bei der Bestrahlung eines Gemisches von 4-[1]Naphthyl-[1,2,3]thiadiazol und Benzol mit UV-Licht (*Kirmse, Horner*, A. **614** [1958] 4, 16).

Krystalle (aus Bzl. + A.); F: 168°. UV-Absorptionsmaxima (Dioxan): 284 nm und 380 nm (*Ki., Ho.*, l. c. S. 10).

4-[2]Naphthyl-2-[(Ξ)-[2]naphthylmethylen]-[1,3]dithiol $C_{24}H_{16}S_2$, Formel VIII.

B. Bei der Bestrahlung eines Gemisches von 4-[2]Naphthyl-[1,2,3]thiadiazol und Benzol mit UV-Licht (*Kirmse, Horner*, A. **614** [1958] 4, 16).

Gelbgrüne Krystalle (aus Dimethylformamid); F: 258–260°. UV-Absorptionsmaximum (Dimethylformamid): 383 nm (*Ki., Ho.*, l. c. S. 10).

VIII IX

12*H*-Benzo[*a*]chromeno[3,2-*d*]xanthen $C_{24}H_{16}O_2$, Formel IX.

Die Konstitution der nachstehend beschriebenen Verbindung ist nicht gesichert (vgl. hierzu die im Artikel Indeno[2,1-*b*;2,3-*b'*]dichromen [S. 452] beschriebene, analog hergestellte Verbindung).

B. Beim Behandeln von 3,4-Dihydro-1*H*-naphthalin-2-on mit Salicylaldehyd, Essigsäure und konz. wss. Salzsäure (*Wanzlick et al.*, B. **90** [1957] 2521, 2525).

Krystalle; F: ca. 252° [Zers.].

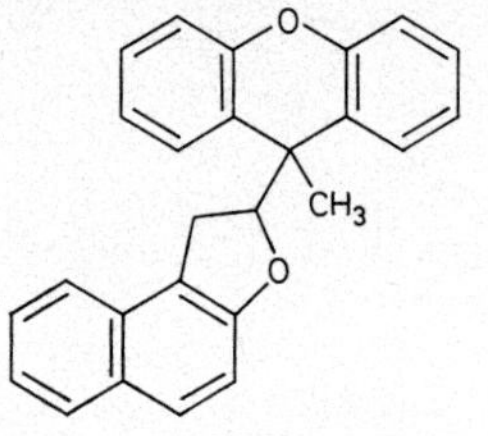

X 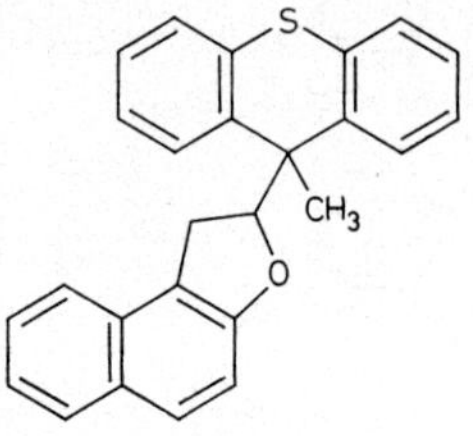 XI

Stammverbindungen $C_{26}H_{20}O_2$

(±)-9-[1,2-Dihydro-naphtho[2,1-*b*]furan-2-yl]-9-methyl-xanthen $C_{26}H_{20}O_2$, Formel X.

Die Identität einer von *Mustafa* (Soc. **1949** 2295) unter dieser Konstitution beschriebenen, aus vermeintlichem Spiro[benzo[*f*]chromen-3,9'-xanthen] (S. 458) und Methylmagnesiumjodid erhaltenen Verbindung (Krystalle [aus A.], F: 121°) ist ungewiss.

(±)-9-[1,2-Dihydro-naphtho[2,1-*b*]furan-2-yl]-9-methyl-thioxanthen $C_{26}H_{20}OS$, Formel XI.

B. Aus Spiro[benzo[*f*]chromen-3,9'-thioxanthen] und Methylmagnesiumjodid (*Mustafa*, Soc. **1949** 2295).

Krystalle (aus Me.); F: 128°.

Stammverbindungen $C_{27}H_{22}O_2$

4,4,5,5-Tetraphenyl-[1,3]dithiolan $C_{27}H_{22}S_2$, Formel I.

B. Beim Behandeln von Thiobenzophenon mit Diazomethan in Äther (*Bergmann et al.*, B. **63** [1930] 2576, 2583; *Schönberg et al.*, B. **64** [1931] 2577, 2579).

Krystalle (aus $CHCl_3$ + PAe.); F: 199–200° [blaue Schmelze] (*Sch. et al.*, B. **64** 2579).

Beim Behandeln mit Phenyllithium in Äther und Benzol sind Tetraphenyläthylen und Lithium-thiophenolat erhalten worden (*Schönberg et al.*, B. **64** 2580, **66** [1933] 245, 247).

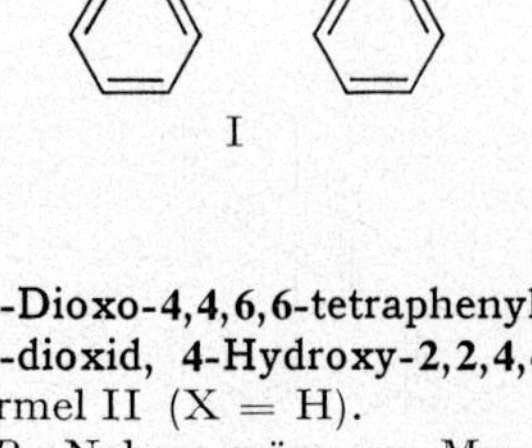

I 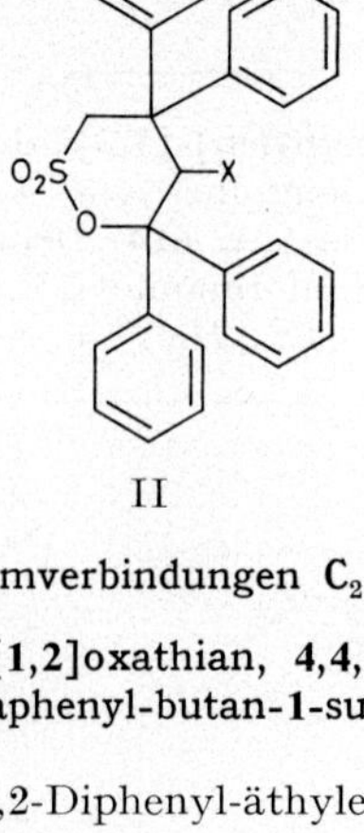 II 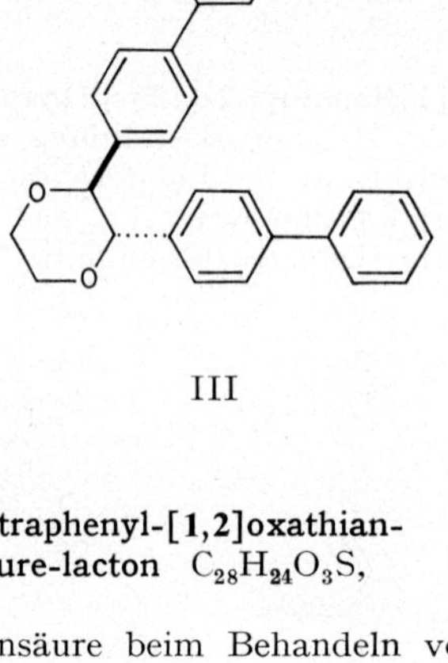 III

Stammverbindungen $C_{28}H_{24}O_2$

2,2-Dioxo-4,4,6,6-tetraphenyl-2λ⁶-[1,2]oxathian, 4,4,6,6-Tetraphenyl-[1,2]oxathian-2,2-dioxid, 4-Hydroxy-2,2,4,4-tetraphenyl-butan-1-sulfonsäure-lacton $C_{28}H_{24}O_3S$, Formel II (X = H).

B. Neben grösseren Mengen 2,2-Diphenyl-äthylensulfonsäure beim Behandeln von

1,1-Diphenyl-äthylen mit Dioxan, Schwefeltrioxid und Dichlormethan (oder 1,2-Dichlor-äthan) und anschliessend mit Wasser (*Bordwell, Peterson*, Am. Soc. **81** [1959] 2000).
Krystalle (aus Acn. + A.); F: 94–95°.

(±)-5-Brom-2,2-dioxo-4,4,6,6-tetraphenyl-2λ⁶-[1,2]oxathian, (±)-5-Brom-4,4,6,6-tetraphenyl-[1,2]oxathian-2,2-dioxid, (±)-3-Brom-4-hydroxy-2,2,4,4-tetraphenyl-butan-1-sulfonsäure-lacton $C_{28}H_{23}BrO_3S$, Formel II (X = Br).
B. Beim Behandeln einer Lösung von Natrium-[2,2,4,4-tetraphenyl-but-3-en-1-sulfonat] in wss. Äthanol mit Brom (*Bordwell, Peterson*, Am. Soc. **81** [1959] 2000).
Krystalle (aus Acn.).

(±)-2r,3t-Bis-biphenyl-4-yl-[1,4]dioxan, (±)-*trans*-2,3-Bis-biphenyl-4-yl-[1,4]dioxan $C_{28}H_{24}O_2$, Formel III + Spiegelbild.
Bezüglich der Konfigurationszuordnung vgl. die Angaben im Artikel (±)-*trans*-2,3-Bis-[4-chlor-phenyl]-[1,4]dioxan (S. 367).
B. Aus (±)-*trans*-2,3-Dichlor-[1,4]dioxan (S. 30) und Biphenyl-4-ylmagnesiumbromid (*Summerbell, Bauer*, Am. Soc. **57** [1935] 2364, 2366).
Krystalle (aus Ae. + PAe.); F: 145–147° (*Kland-English et al.*, Am. Soc. **75** [1953] 3709, 3712). UV-Spektrum (A.; 220–300 nm): *Kl.-En. et al.*, l. c. S. 3711.

2,3,5,6-Tetraphenyl-[1,4]dioxan $C_{28}H_{24}O_2$, Formel IV.
Eine von *Kayser* (A. ch. [11] **6** [1936] 145, 229) als 2,3,5,6-Tetraphenyl-[1,4]dioxan beschriebene opt.-inakt. Verbindung (Krystalle [aus A.], F: 132°) ist auf Grund ihrer Bildungsweise als 2-Benzhydryl-4,5-diphenyl-[1,3]dioxolan (E II **19** 54) zu formulieren.

a) Opt.-inakt. Präparat vom F: 152°.
B. Neben 2r,3t(?),5,6-Tetraphenyl-2,3-dihydro-[1,4]dioxin (F: 245–247°) und dem unter b) beschriebenen Präparat beim Erwärmen einer Lösung von Tetraphenyl-[1,4]dioxin in Benzol mit Natrium und Amylalkohol (*Madelung, Oberwegner*, A. **526** [1936] 195, 246). Neben dem unter b) beschriebenen Präparat beim Erwärmen einer Lösung von (±)-2r,3t(?),5,6-Tetraphenyl-2,3-dihydro-[1,4]dioxin (F: 245–247°) in Benzol mit Natrium und Amylalkohol (*Ma., Ob.*, l. c. S. 247).
Krystalle (aus Me.); F: 152° (*Ma., Ob.*, l. c. S. 246).

b) Opt.-inakt. Präparat vom F: 305°.
B. s. bei den unter a) und c) beschriebenen Präparaten.
Krystalle (aus Me.); F: 305° (*Madelung, Oberwegner*, A. **526** [1936] 195, 247).

c) Opt.-inakt. Präparat vom F: 143°.
B. Neben den unter b) und d) beschriebenen Präparaten bei der Hydrierung von (±)-2r,3t(?),5,6-Tetraphenyl-2,3-dihydro-[1,4]dioxin (Präparat vom F: 240°) mit Hilfe von Palladium (*Madelung, Oberwegner*, A. **526** [1936] 195, 247).
Krystalle (aus Me.); F: 143°.

d) Opt.-inakt. Präparat vom F: 285°.
B. s. bei dem unter c) beschriebenen Präparat.
Krystalle (aus $CHCl_3$ + Me.); F: 285° (*Madelung, Oberwegner*, A. **526** [1936] 195, 247).

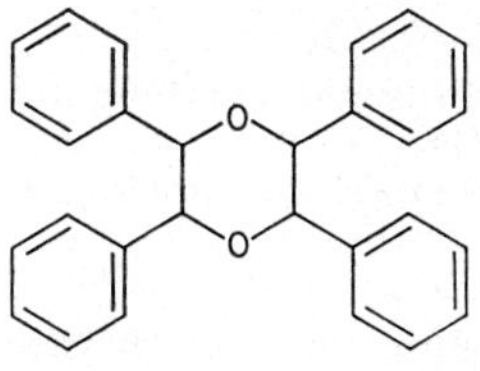

IV 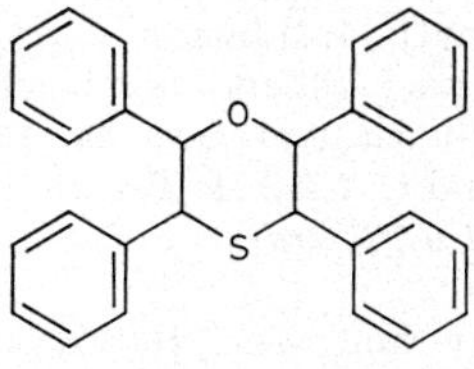 V 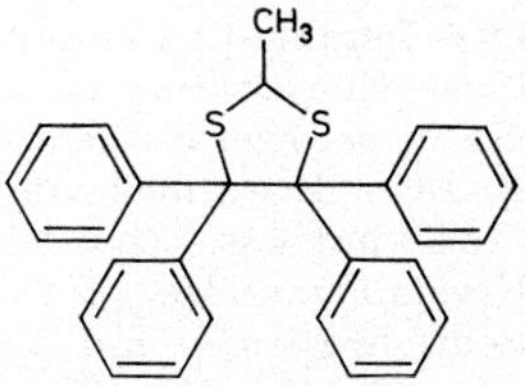 VI

***Opt.-inakt. 2,3,5,6-Tetraphenyl-[1,4]oxathian** $C_{28}H_{24}OS$, Formel V.
B. Beim Erhitzen von opt.-inakt. Bis-[α'-hydroxy-bibenzyl-α-yl]-sulfid (F: 55°) mit Phosphor(V)-oxid auf 130° (*Cattaneo*, G. **84** [1954] 723, 727).
Krystalle (aus Bzn.); F: 159–160°.

2-Methyl-4,4,5,5-tetraphenyl-[1,3]dithiolan $C_{28}H_{24}S_2$, Formel VI.

B. Beim Behandeln von Thiobenzophenon mit Diazoäthan in Äther (*Schönberg et al.*, B. **64** [1931] 2577, 2579).

Krystalle (aus $CHCl_3$ + PAe.); F: 170—172°.

Stammverbindungen $C_{29}H_{26}O_2$

(±)-3-Methyl-2,2,6,6-tetraphenyl-[1,4]dioxan $C_{29}H_{26}O_2$, Formel VII.

B. Beim Erhitzen von (±)-[2-Hydroxy-2,2-diphenyl-äthyl]-[2-hydroxy-1-methyl-2,2-diphenyl-äthyl]-äther mit Essigsäure (*Godchot, Imbert*, C. r. **194** [1932] 378).

Krystalle; F: 126—127°.

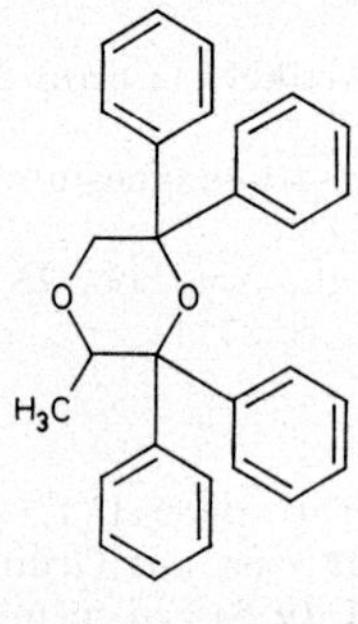

VII 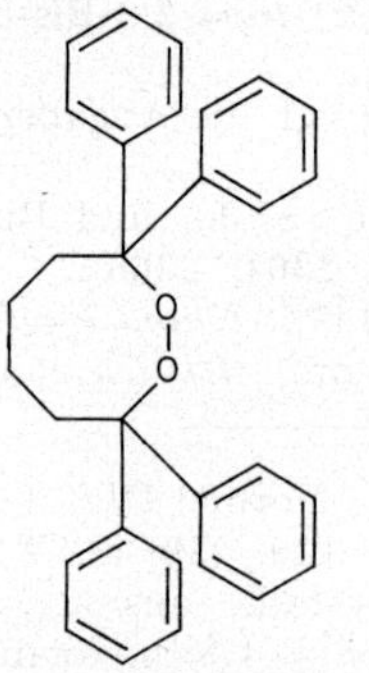 VIII 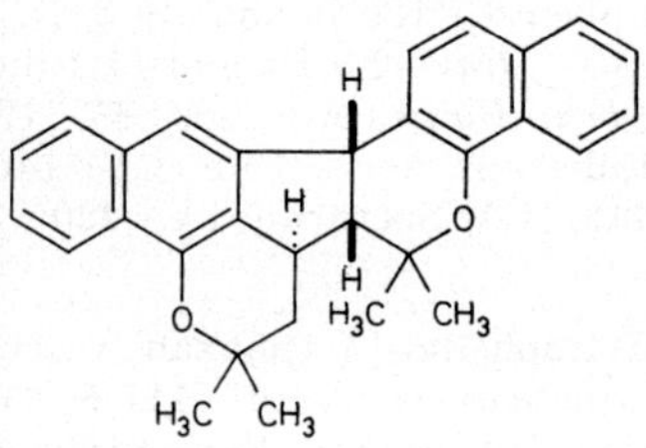 IX

Stammverbindungen $C_{30}H_{28}O_2$

3,3,8,8-Tetraphenyl-[1,2]dioxocan $C_{30}H_{28}O_2$, Formel VIII.

B. Beim Behandeln einer Lösung von 1,6-Dimethoxy-1,1,6,6-tetraphenyl-hexan in [1,4]Dioxan mit Kalium-Natrium-Legierung und anschliessend mit Sauerstoff (*Wittig, Leo*, B. **63** [1930] 943, 947).

Krystalle (aus Bzl.) mit 1 Mol [1,4]Dioxan; F: 186° [Zers.].

(±)-6,6,8,8-Tetramethyl-(6a*r*,6b*t*,14b*c*)-6,6a,6b,7,8,14b-hexahydro-dibenzo[*h,h'*]cyclopenta[1,2-*c*;5,4,3-*d'e'*]dichromen $C_{30}H_{28}O_2$, Formel IX + Spiegelbild.

Diese Konstitution und Konfiguration kommt vermutlich der nachstehend beschriebenen Verbindung zu (vgl. *Cotterill et al.*, Tetrahedron **24** [1968] 1981, 1986).

B. Beim Erhitzen von 2,2-Dimethyl-2*H*-benzo[*h*]chromen mit Ameisensäure (*Livingstone et al.*, Soc. **1958** 2422).

Krystalle (aus A.); F: 132—134° (*Li. et al.*).

Stammverbindungen $C_{36}H_{40}O_2$

2,3,5,6-Tetrakis-[2,4-dimethyl-phenyl]-[1,4]dioxan $C_{36}H_{40}O_2$, Formel X.

Diese Konstitution ist für die nachstehend beschriebene opt.-inakt. Verbindung in Betracht gezogen worden (*Fuson, Ward*, Am. Soc. **68** [1946] 521).

B. Beim Erwärmen von opt.-inakt. 2,4,2',4'-Tetramethyl-bibenzyl-α,α'-diol (F: 153° bis 154°) mit wss. Schwefelsäure (*Fu., Ward*).

Krystalle (aus Me.); F: 145—146°.

Beim Erwärmen mit Essigsäure und wss. Jodwasserstoffsäure sind ein Kohlenwasserstoff $C_{18}H_{22}$ (Krystalle [aus Me.], F: 70—71°) und ein Kohlenwasserstoff $C_{36}H_{42}$ (Krystalle [aus Me.], F: 201—203°) erhalten worden.

Stammverbindungen $C_{40}H_{48}O_2$

2,3,5,6-Tetramesityl-[1,4]dioxan $C_{40}H_{48}O_2$, Formel XI.

Diese Konstitution ist für die nachstehend beschriebene opt.-inakt. Verbindung in

Betracht gezogen worden (*Fuson et al.*, Am. Soc. **66** [1944] 1109, 1110).

B. Neben anderen Verbindungen beim Erwärmen von opt.-inakt. 2,4,6,2′,4′,6′-Hexa=methyl-bibenzyl-α,α′-diol vom F: 215° mit wss. Schwefelsäure (*Fu. et al.*).

Krystalle (aus A.); F: 189—191°.

X XI

Stammverbindungen $C_nH_{2n-34}O_2$

Stammverbindungen $C_{24}H_{14}O_2$

[2,2′]Bidibenzofuranyl $C_{24}H_{14}O_2$, Formel I.

B. Aus 2-Brom-dibenzofuran mit Hilfe von Magnesium (*Willis*, Iowa Coll. J. **18** [1943] 98, 99).

F: 201—202°.

I II

[3,3′]Bidibenzofuranyl $C_{24}H_{14}O_2$, Formel II.

B. Aus 3-Brom-dibenzofuran mit Hilfe von Magnesium (*Willis*, Iowa Coll. J. **18** [1943] 98, 99).

F: 245—246°.

[4,4′]Bidibenzofuranyl $C_{24}H_{14}O_2$, Formel III.

B. Neben Dibenzofuran-4-ol beim Erwärmen von Dibenzofuran mit Butyllithium in Äther und Behandeln des Reaktionsgemisches mit Butylmagnesiumbromid in Äther und mit Sauerstoff (*Gilman et al.*, Am. Soc. **61** [1939] 951, 952). Beim Behandeln von äther. Dibenzofuran-4-ylmagnesiumbromid-Lösung mit Kupfer(II)-chlorid (*Gi. et al.*, l. c. S. **953**).

Krystalle (aus Eg.); F: 191° (*Gi. et al.*, l. c. S. **953**).

III IV

[4,4′]Bidibenzothiophen $C_{24}H_{14}S_2$, Formel IV.

B. Beim Erhitzen von 4-Jod-dibenzothiophen mit Kupfer-Pulver auf **260°** (*Gilman, Wilder*, J. org. Chem. **22** [1957] 523, 525).

Krystalle (aus 2-Methoxy-äthanol); F: 189—190° [unkorr.].

Stammverbindungen $C_{25}H_{16}O_2$

[9,9']Spirobixanthen $C_{25}H_{16}O_2$, Formel V.

B. Beim Erhitzen von 9-[2-Phenoxy-phenyl]-xanthen-9-ol mit Essigsäure (*Clarkson, Gomberg*, Am. Soc. **52** [1930] 2881, 2887).

Krystalle; F: 283–284° [korr.].

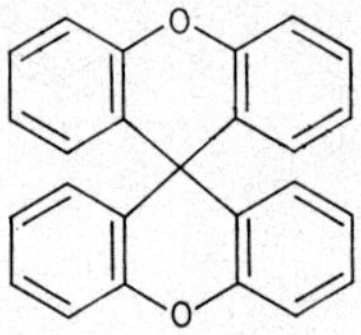

V 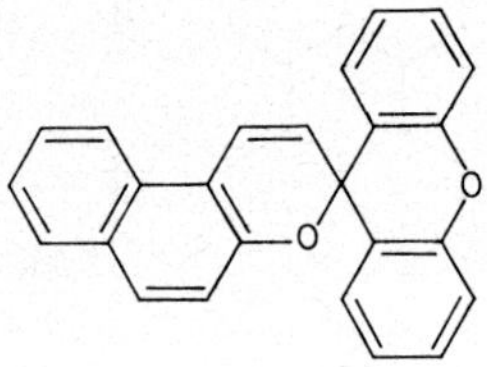 VI

Spiro[benzo[*f*]chromen-3,9'-xanthen] $C_{25}H_{16}O_2$, Formel VI.

Die früher (s. E II **19** 55) unter dieser Konstitution beschriebene, als [Naphtho-1'.2':5.6-(1.2-pyran)]-xanthen-spiran-(2.9') bezeichnete Verbindung (F: 201°) ist als 1-Xanthen-9-ylidenmethyl-1,2-dihydro-spiro[benzo[*f*]chromen-3,9'-xanthen] zu formulieren (*Dmitriewa et al.*, Ž. org. Chim. **10** [1974] 1505; engl. Ausg. S. 1516).

B. Beim Behandeln einer Lösung von 9-Methyl-xanthen-9-ol und 2-Hydroxy-[1]naphth≠aldehyd in Äther mit Chlorwasserstoff (*Dm. et al.*).

F: 188,7–189,5° [aus Bzl. + PAe.] (*Dm. et al.*). Absorptionsspektrum (Methyl≠cyclohexan + Isopentan; 400–650 nm) nach der Bestrahlung mit UV-Licht (λ: 365 nm) und nach dem Beschuss mit Elektronen bei −180° und bei −150°: *Hirshberg*, J. chem. Physics **27** [1957] 758, 762; *Hirshberg, Fischer*, Soc. **1954** 3129, 3134; s. dazu *Dm. et al.*

Spiro[benzo[*f*]chromen-3,9'-thioxanthen] $C_{25}H_{16}OS$, Formel VII.

B. Beim Behandeln einer Lösung von 9-Methyl-thioxanthen-9-ol und 2-Hydroxy-[1]naphthaldehyd in Äther mit Chlorwasserstoff (*Mustafa*, Soc. **1949** 2295).

Krystalle (aus Bzl. + PAe.); F: 230° [rote Schmelze].

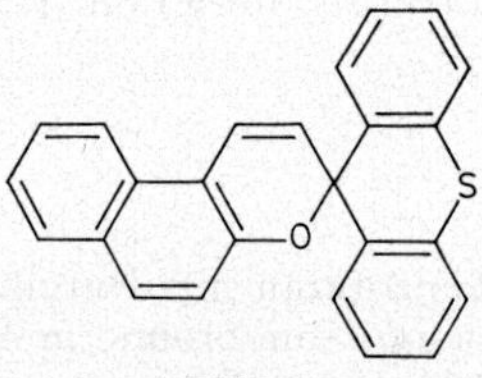

VII 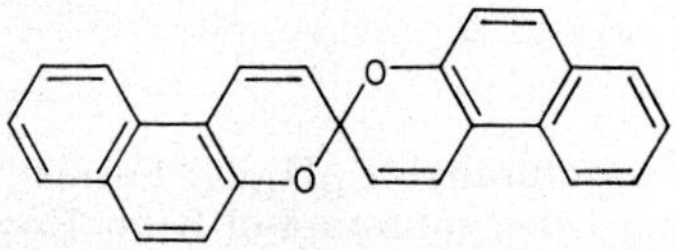 VIII

(±)-[3,3']Spirobi[benzo[*f*]chromen] $C_{25}H_{16}O_2$, Formel VIII (E II 55; dort als Bis-[naph≠tho-1'.2':5.6-(1.2-pyran)]-spiran-(2.2') bezeichnet).

Dipolmoment (ε; Bzl.): 1,64 D (*Hukins, Le Fèvre*, Soc. **1949** 2088, 2090).

Krystalle; F: 270° [Block] (*Chaudé*, Cahiers Phys. Nr. 52 [1954] 3, 41). Absorptions-spektrum (Dimethylphthalat; 380–700 nm) bei Temperaturen von 50° bis 120°: *Hirshberg, Fischer*, Soc. **1954** 3129, 3131. Absorptionsspektrum (Methylcyclohexan + Iso≠pentan; 450–700 nm) nach der Bestrahlung mit UV-Licht (λ: 365 nm) bei −140° und nach dem Beschuss mit Elektronen bei −150°: *Hirshberg*, J. chem. Physics **27** [1957] 758, 761; s. a. *Hi., Fi.*, l. c. S. 3133.

Konstante des Gleichgewichts zwischen der farblosen Modifikation und der farbigen Modifikation in Decalin, in Xylol und in Benzylalkohol bei 20°, 80° und 120°: *Chaudé, Rumpf*, C. r. **233** [1951] 405. Enthalpie-Differenz zwischen der farblosen und der farbigen Modifikation in Benzylalkohol: *Ch.*, l. c. S. 29. Enthalpie der Umwandlung der farblosen Modifikation in die farbige Modifikation: *Reitz, Kalafawy*, Experientia **9** [1953] 289; der farbigen Modifikation in die farblose Modifikation: *Hi., Fi.*, l. c. S. 3132.

Stammverbindungen $C_{26}H_{18}O_2$

***2-Stilben-α-yl-dibenzo[1,4]dioxin, 1-Dibenzo[1,4]dioxin-2-yl-1,2-diphenyl-äthylen** $C_{26}H_{18}O_2$, Formel IX.

B. Beim Erwärmen von (±)-1-Dibenzo[1,4]dioxin-2-yl-1,2-diphenyl-äthanol mit Benzol, Zinkchlorid und wss. Salzsäure (*Gilman et al.*, J. org. Chem. **23** [1958] 361).

Krystalle (aus A. + W.); F: 123–125° [unkorr.].

IX X

***2-[α'-Brom-stilben-α-yl]-phenoxathiin, 1-Brom-2-phenoxathiin-2-yl-1,2-diphenyl-äthylen** $C_{26}H_{17}BrOS$, Formel X.

B. Beim Erwärmen von Phenoxathiin-2-yl-phenyl-keton mit Benzylmagnesium=chlorid in Äther, Erhitzen des nach dem Versetzen mit wss. Schwefelsäure isolierten Reaktionsprodukts mit Ameisensäure und Behandeln einer Lösung des erhaltenen 2-Stilben-α-yl-phenoxathiins in Chloroform mit Brom (*Lescot et al.*, Soc. **1956** 2408, 2411).

Krystalle (aus A.); F: 129–130°.

1-[3-Phenyl-[2]thienyl]-4-[2-phenyl-[3]thienyl]-benzol $C_{26}H_{18}S_2$, Formel XI.

B. Beim Behandeln von 1-Phenacyl-4-phenylacetyl-benzol mit Äthylmagnesium=bromid in Äther und Erhitzen des erhaltenen 1-[1-Äthyl-2-phenyl-vinyl]-4-[2-phenyl-but-1-enyl]-benzols mit Schwefel auf 260° (*Schmitt et al.*, Bl. **1956** 1147, 1151).

Orangefarbene Krystalle (aus E.); F: 184–185° [durch Destillation bei 250–260°/0,3 Torr gereinigtes Präparat].

1,4-Diphenyl-9,10-dihydro-9,10-epidioxido-anthracen $C_{26}H_{18}O_2$, Formel XII.

B. Beim Behandeln einer Lösung von 1,4-Diphenyl-anthracen in Schwefelkohlenstoff mit Luft unter Bestrahlung mit Sonnenlicht (*Dufraisse, Velluz*, Bl. [5] **9** [1942] 185).

Zers. bei ca. 175°.

9,10-Diphenyl-9,10-dihydro-9,10-epidioxido-anthracen $C_{26}H_{18}O_2$, Formel XIII (R = X = H).

B. Beim Behandeln einer Lösung von 9,10-Diphenyl-anthracen in Schwefelkohlenstoff mit Luft unter Bestrahlung mit Sonnenlicht (*Dufraisse, Le Bras*, Bl. [5] **4** [1937] 349, 350).

Krystalle (aus CS_2) mit 0,3 Mol Schwefelkohlenstoff, Zers. bei ca. 200° (*Du.*, *Le Bras*, l. c. S. 355); lösungsmittelfreie Krystalle [aus Bzl.] (*Du.*, *Le Bras*, l. c. S. 351). UV-Spektrum (Ae.; 245–280 nm): *Dufraisse et al.*, Bl. **1948** 804, 808; s. a. *Gillet*, Bl. **1950** 1135, 1139. Absorptionsmaxima (Ae.): 257 nm und 263 nm (*Du. et al.*, l. c. S. 811).

Beim Behandeln einer Lösung in Schwefelkohlenstoff mit Chlorwasserstoff ist eine Verbindung $C_{26}H_{19}ClO_2$ (Krystalle mit 1 Mol CS_2, F: 188–190° [Zers.; Block]; vielleicht 10-Chlor-9,10-diphenyl-9,10-dihydro-[9]anthrylhydroperoxid), beim Behandeln einer Lösung in Schwefelkohlenstoff mit Bromwasserstoff ist eine Verbindung $C_{26}H_{19}BrO_2$ (Krystalle, F: 168–170° [Zers.; Block]; vielleicht 10-Brom-9,10-di=phenyl-9,10-dihydro-[9]anthrylhydroperoxid) erhalten worden (*Pinazzi*, A. ch. [13] **7** [1962] 433, 434, 437, 438; s. a. *Pinazzi*, C. r. **225** [1947] 1012). Überführung in 9,10c-Diphenyl-9,10-dihydro-anthracen-9r,10t-diol durch Hydrierung mit Hilfe von Raney-Nickel: *Dufraisse, Houpillart*, C. r. **205** [1937] 740; durch Behandlung mit Lith=iumalanat in Benzol und Äther: *Lepage*, A. ch. [13] **4** [1959] 1137, 1170, 1179.

(±)-1-Chlor-9,10-diphenyl-9,10-dihydro-9,10-epidioxido-anthracen $C_{26}H_{17}ClO_2$, Formel XIII (R = Cl, X = H).

B. Beim Behandeln einer Lösung von 1-Chlor-9,10-diphenyl-anthracen in Schwefel=

kohlenstoff mit Luft unter Bestrahlung mit Sonnenlicht (*Mellier*, C. r. **219** [1944] 188).

Krystalle; Zers. ab 175°.

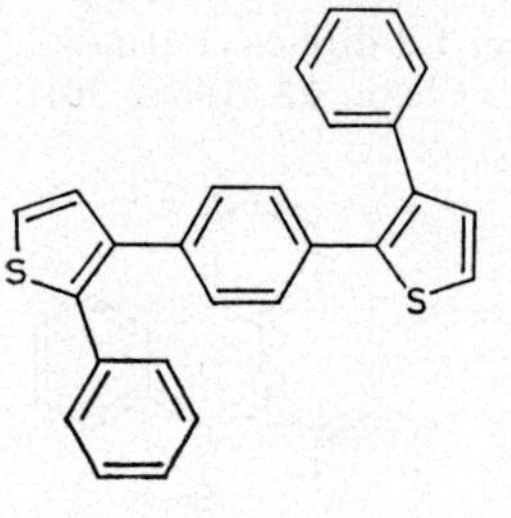

XI 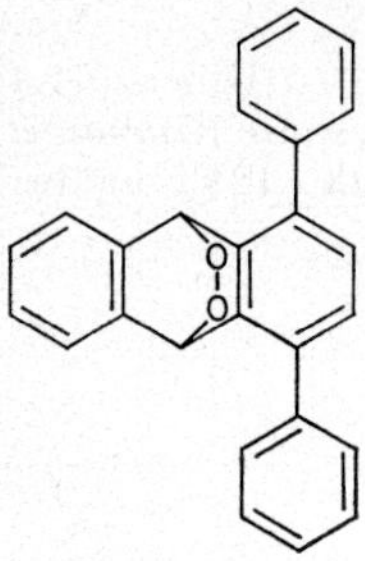 XII 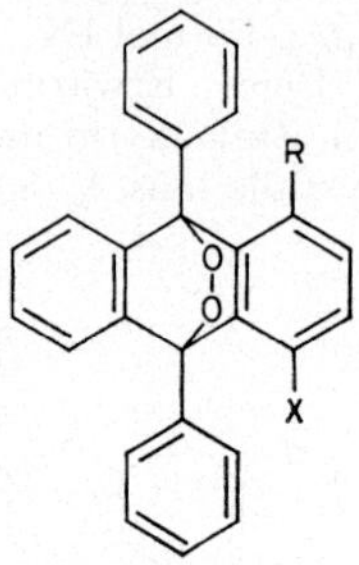 XIII

1,4-Dichlor-9,10-diphenyl-9,10-dihydro-9,10-epidioxido-anthracen $C_{26}H_{16}Cl_2O_2$, Formel XIII (R = X = Cl).

B. Beim Behandeln einer Lösung von 1,4-Dichlor-9,10-diphenyl-anthracen in Schwefelkohlenstoff mit Luft unter Bestrahlung mit Sonnenlicht (*Dufraisse, Velluz*, Bl. [5] **9** [1942] 185).

Oberhalb 195° erfolgt Zersetzung.

(±)-1,5-Dichlor-9,10-diphenyl-9,10-dihydro-9,10-epidioxido-anthracen $C_{26}H_{16}Cl_2O_2$, Formel I.

B. Beim Behandeln einer Lösung von 1,5-Dichlor-9,10-diphenyl-anthracen in Schwefelkohlenstoff mit Luft unter Bestrahlung mit Sonnenlicht (*Mellier*, C. r. **219** [1944] 188).

Krystalle (aus CS_2); Zers. von 185° an.

(±)-2-Brom-9,10-diphenyl-9,10-dihydro-9,10-epidioxido-anthracen $C_{26}H_{17}BrO_2$, Formel II (R = Br, X = H).

B. Beim Behandeln einer Lösung von 2-Brom-9,10-diphenyl-anthracen in Schwefelkohlenstoff mit Luft unter Bestrahlung mit Sonnenlicht (*Velluz, Velluz*, Bl. [5] **5** [1938] 192, 194).

Krystalle (aus Ae.); Zers. bei ca. 180° [Block].

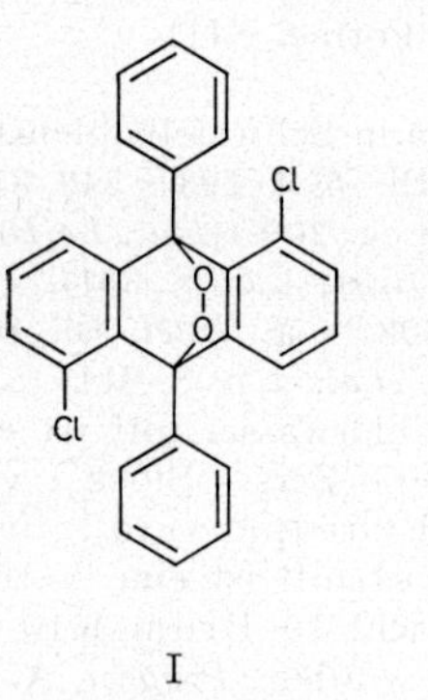

I 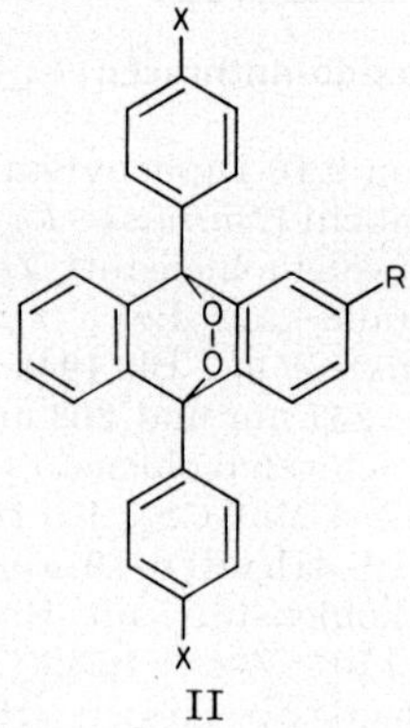 II 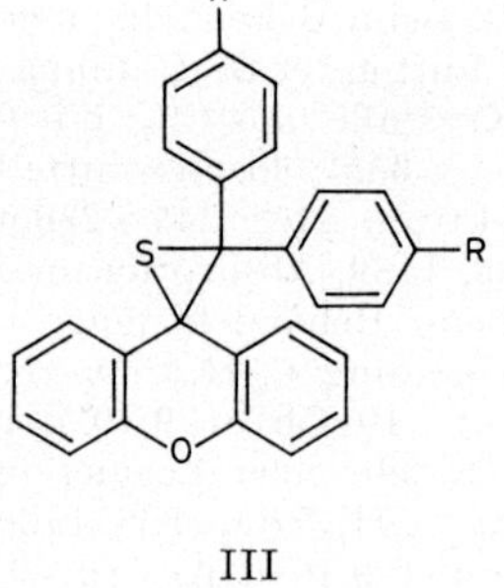 III

9,10-Bis-[4-brom-phenyl]-9,10-dihydro-9,10-epidioxido-anthracen $C_{26}H_{16}Br_2O_2$, Formel II (R = H, X = Br).

B. Beim Behandeln einer Lösung von 9,10-Bis-[4-brom-phenyl]-anthracen in Schwefelkohlenstoff mit Luft unter Bestrahlung mit Sonnenlicht (*Dufraisse, Morgoulis-Molho*, Bl. [5] **7** [1940] 928, 930).

Krystalle (aus CS_2); Zers. bei ca. 190°.

3,3-Diphenyl-spiro[thiiran-2,9'-xanthen] $C_{26}H_{18}OS$, Formel III (R = X = H).

B. Beim Behandeln einer Lösung von Diazo-diphenyl-methan in Äther mit Xanthen-9-thion in Benzol (*Schönberg, Nickel,* B. **64** [1931] 2323, 2325).

Krystalle (aus Bzn.); F: 185—190° [bei schnellem Erhitzen].

(±)-3-[2-Chlor-phenyl]-3-phenyl-spiro[thiiran-2,9'-xanthen] $C_{26}H_{17}ClOS$, Formel IV.

B. Beim Behandeln von Xanthen-9-thion mit [2-Chlor-phenyl]-diazo-phenyl-methan (aus 2-Chlor-benzophenon-hydrazon hergestellt) in Benzol (*Schönberg et al.,* Am. Soc. **79** [1957] 6020).

Krystalle (aus Bzn.); F: 195° [gelbe Schmelze].

3,3-Bis-[4-chlor-phenyl]-spiro[thiiran-2,9'-xanthen] $C_{26}H_{16}Cl_2OS$, Formel III (R = X = Cl).

B. Beim Behandeln von Xanthen-9-thion mit Bis-[4-chlor-phenyl]-diazo-methan in Benzol (*Schönberg et al.,* Am. Soc. **79** [1957] 6020).

Hellgelbe Krystalle (aus Bzn.); F: 170° [orangefarbene Schmelze].

(±)-3-[4-Nitro-phenyl]-3-phenyl-spiro[thiiran-2,9'-xanthen] $C_{26}H_{17}NO_3S$, Formel III (R = NO_2, X = H).

B. Beim Behandeln von Xanthen-9-thion mit Diazo-[4-nitro-phenyl]-phenyl-methan (aus 4-Nitro-benzophenon-hydrazon hergestellt) in Benzol (*Schönberg et al.,* Am. Soc. **79** [1957] 6020).

Gelbe Krystalle (aus Bzn.); F: 182° [rote Schmelze].

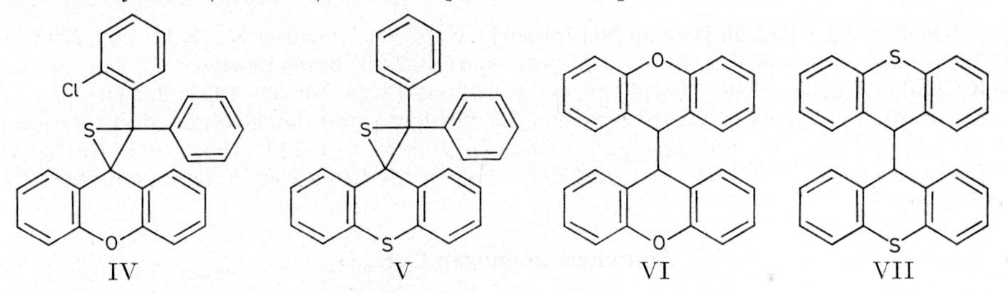

3,3-Diphenyl-spiro[thiiran-2,9'-thioxanthen] $C_{26}H_{18}S_2$, Formel V.

B. Beim Behandeln von Thioxanthen-9-thion mit Diazo-diphenyl-methan in Benzol (*Schönberg, Sidky,* Am. Soc. **81** [1959] 2259, 2261).

Krystalle (aus Bzn.); F: ca. 208°.

[9,9']Bixanthenyl $C_{26}H_{18}O_2$, Formel VI (H 61; E II 55; dort als Dixanthyl bezeichnet).

B. Beim Behandeln von Xanthen mit [1,4]Benzochinon (*Schönberg, Mustafa,* Soc. **1944** 67, 70), mit 10,10-Dioxo-10λ^6-thioxanthen-9-on (*Mustafa et al.,* Am. Soc. **78** [1956] 4306, 4309) oder mit 4-Chlor-xanthen-9-on (*Mustafa et al.,* Am. Soc. **77** [1955] 5121, 5123) in Benzol unter Bestrahlung mit Sonnenlicht. Beim Erhitzen eines Gemisches von Xanthen-9-ol und Zinn(II)-chlorid in Essigsäure mit konz. wss. Salzsäure (*Wanscheidt, Moldavski,* B. **63** [1930] 1362, 1368; *Wanscheĭdt, Moldawškiĭ,* Ž. russ. fiz.-chim. Obšč. **62** [1930] 1467, 1485; C. **1931** I 2200) oder mit wss. Jodwasserstoffsäure (*Wanscheidt, Moldavski,* B. **64** [1931] 917, 923; *Wanscheĭdt, Moldawškiĭ,* Ž. obšč. Chim. **1** [1931] 304, 318; C. **1931** II 3208). Aus Xanthen-9-ol mit Hilfe von Chrom(II)-chlorid (*Keevil,* Am. Soc. **59** [1937] 2104, 2105). Beim Erhitzen von Xanthen-9-on-oxim mit wasserhaltiger Essigsäure und Zink-Pulver (*Mann, Turnbull,* Soc. **1951** 757, 760).

Krystalle (aus Eg.); F: 209° (*Sch., Mu.*).

Elektronenaffinität des Xanthenyl-Radikals: *Ke.*

[9,9']Bithioxanthenyl $C_{26}H_{18}S_2$, Formel VII.

B. Beim Behandeln eines Gemisches von Thioxanthen und Benzol mit Luft oder mit [1,4]Benzochinon unter Bestrahlung mit Sonnenlicht (*Schönberg, Mustafa,* Soc. **1945** 657, 660).

Krystalle (aus Xylol); F: 325°.

10,10,10',10'-Tetraoxo-10λ⁶,10'λ⁶-[9,9']bithioxanthenyl, [9,9']Bithioxanthenyl-10,10,10',10'-tetraoxid $C_{26}H_{18}O_4S_2$, Formel VIII.

B. Beim Behandeln einer Lösung von Thioxanthen-10,10-dioxid in Benzol mit Benzophenon, Anthrachinon, Xanthen-9-on oder 10,10-Dioxo-10λ⁶-thioxanthen-9-on unter Bestrahlung mit Sonnenlicht (*Mustafa et al.*, Am. Soc. **78** [1956] 4306, 4309).

Krystalle (aus Xylol), die unterhalb 360° nicht schmelzen.

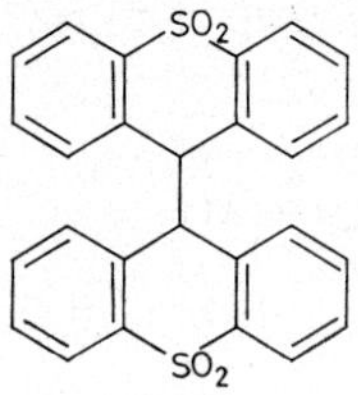

VIII 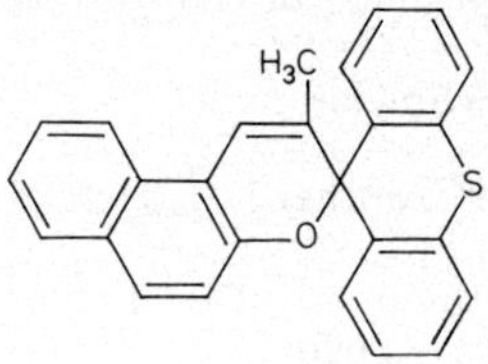 IX 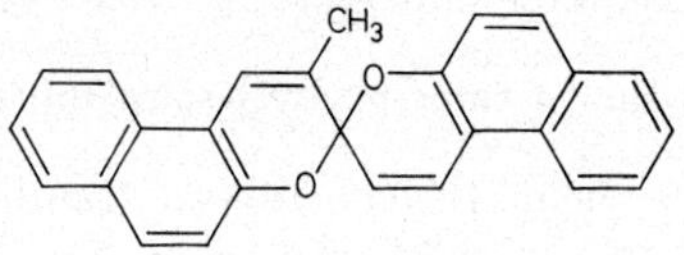 X

2-Methyl-spiro[benzo[*f*]chromen-3,9'-thioxanthen] $C_{26}H_{18}OS$, Formel IX.

B. Beim Behandeln einer Lösung von 9-Äthyl-thioxanthen-9-ol (hergestellt aus Thioxanthen-9-on und Äthylmagnesiumbromid) und 2-Hydroxy-[1]naphthaldehyd in Äther mit Chlorwasserstoff (*Mustafa*, Soc. **1949** 2295).

Krystalle (aus Xylol + PAe.), die unterhalb 270° nicht schmelzen.

(±)-2-Methyl-[3,3']spirobi[benzo[*f*]chromen] $C_{26}H_{18}O_2$, Formel X (E II 56; dort als 3-Methyl-bis-[naphtho-1'.2':5.6-(1.2-pyran)]-spiran-(2.2') bezeichnet).

Krystalle; F: 218—219° [Block] (*Chaudé*, Cahiers Phys. Nr. 52 [1954] 3, 41).

Konstante des Gleichgewichts zwischen der farblosen und der farbigen Modifikation in Benzylalkohol bei 20°, 80° und 120°: *Chaudé, Rumpf*, C. r. **233** [1951] 405. Enthalpie-Differenz zwischen der farblosen und der farbigen Modifikation in Benzylalkohol: *Ch.*, l. c. S. 29.

Stammverbindungen $C_{27}H_{20}O_2$

1-[2-Phenyl-[3]thienyl]-4-[3-*p*-tolyl-[2]thienyl]-benzol $C_{27}H_{20}S_2$, Formel XI.

B. Beim Behandeln von 1-[4-Methyl-phenacyl]-4-phenylacetyl-benzol mit Äthylmagnesiumbromid in Äther und Erhitzen des erhaltenen 1-[1-Äthyl-2-phenyl-vinyl]-4-[2-*p*-tolyl-but-1-enyl]-benzols mit Schwefel auf 250° (*Schmitt et al.*, Bl. **1956** 1147, 1150).

Gelbe Krystalle (aus A.); F: 136—137°.

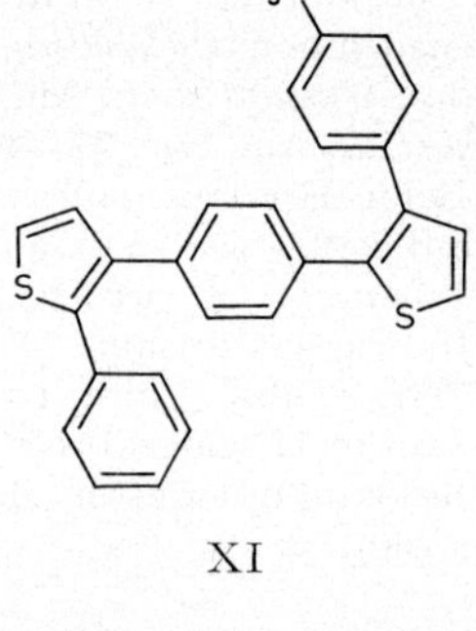

XI 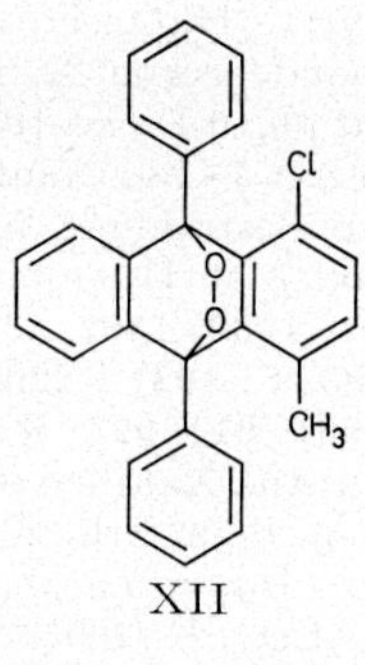 XII

(±)-1-Chlor-4-methyl-9,10-diphenyl-9,10-dihydro-9,10-epidioxido-anthracen $C_{27}H_{19}ClO_2$, Formel XII.

B. Beim Behandeln einer Lösung von 1-Chlor-4-methyl-9,10-diphenyl-anthracen in Schwefelkohlenstoff mit Luft unter Bestrahlung mit Sonnenlicht (*Mellier*, C. r. **219** [1944] 280).

Krystalle; Zers. bei 190°.

(±)-2-Methyl-9,10-diphenyl-9,10-dihydro-9,10-epidioxido-anthracen $C_{27}H_{20}O_2$, Formel XIII.

B. Beim Behandeln einer Lösung von 2-Methyl-9,10-diphenyl-anthracen in Schwefelkohlenstoff mit Luft unter Bestrahlung mit Sonnenlicht (*Duveen, Willemart*, Soc. **1939** 116).

Krystalle (aus Ae. + PAe.); Zers. bei 170—175° [evakuierte Kapillare].

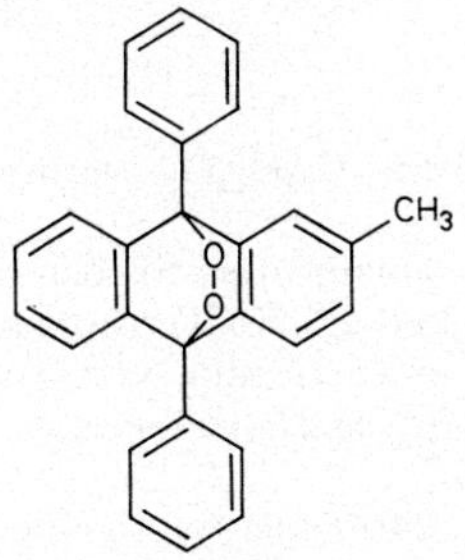

XIII 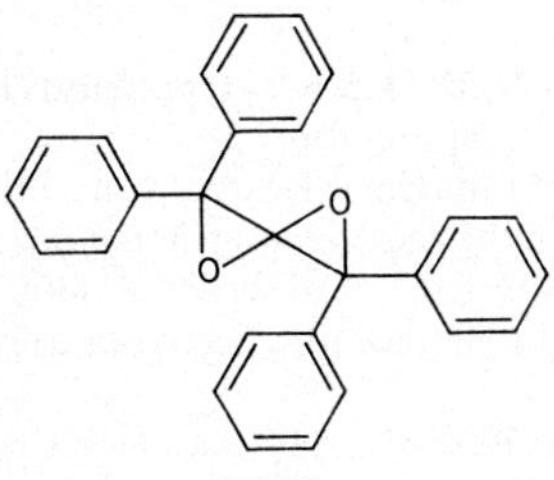 XIV

Tetraphenyl-1,4-dioxa-spiro[2.2]pentan, 1,2;2,3-Diepoxy-1,1,3,3-tetraphenyl-propan $C_{27}H_{20}O_2$, Formel XIV.

Die früher (s. E II **19** 56) unter dieser Konstitution beschriebene, als Tetraphenylallendioxyd bezeichnete Verbindung (F: 198°) ist als 2,2,4,4-Tetraphenyl-oxetan-3-on (E III/IV **17** 5625) zu formulieren (*Hoey et al.*, Am. Soc. **77** [1955] 391).

14-[2,5-Dimethyl-[3]thienyl]-14*H*-dibenzo[*a,j*]xanthen $C_{27}H_{20}OS$, Formel XV.

B. Aus 2,5-Dimethyl-thiophen-3-carbaldehyd und [2]Naphthol (*Buu-Hoi, Hoán*, Soc. **1951** 251, 254).

Krystalle (aus Eg.); F: 225°.

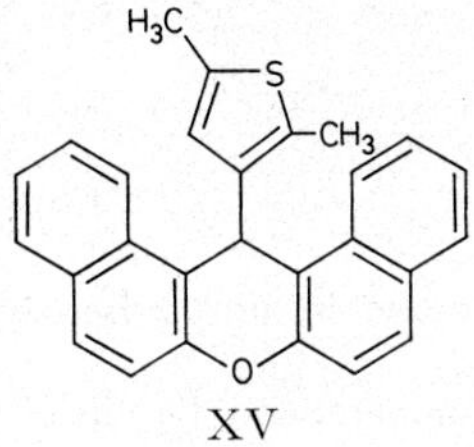

XV 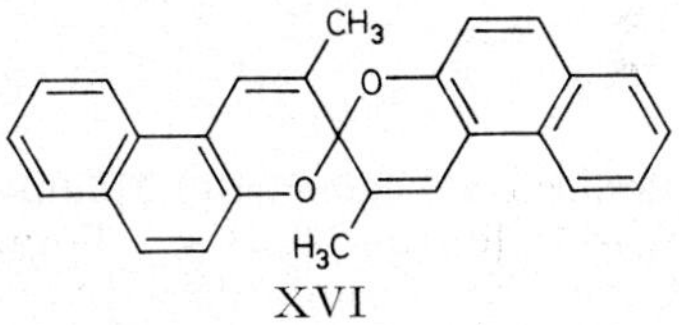 XVI

(±)-2,2'-Dimethyl-[3,3']spirobi[benzo[*f*]chromen] $C_{27}H_{20}O_2$, Formel XVI (E II 56; dort als Bis-[3-methyl-naphtho-1'.2':5.6-(1.2-pyran)]-spiran-(2.2') bezeichnet).

Enthalpie-Differenz zwischen der farblosen und der farbigen Modifikation in Benzylalkohol: *Chaudé*, Cahiers Phys. Nr. 52 [1954] 3, 29.

Stammverbindungen $C_{28}H_{22}O_2$

2,2,5,6-Tetraphenyl-2,3-dihydro-[1,4]dioxin $C_{28}H_{22}O_2$, Formel I.

B. Bei 8-monatiger Bestrahlung eines Gemisches von Benzil, 1,1-Diphenyl-äthylen und Benzol mit Sonnenlicht (*Schönberg, Mustafa*, Soc. **1945** 551).

Krystalle (aus Bzn.); F: 160° [gelbe Schmelze].

2,3,5,6-Tetraphenyl-2,3-dihydro-[1,4]dioxin $C_{28}H_{22}O_2$.

a) **2*r*,3*c*(?),5,6-Tetraphenyl-2,3-dihydro-[1,4]dioxin** $C_{28}H_{22}O_2$, vermutlich Formel II.

B. Bei der Hydrierung von Tetraphenyl-[1,4]dioxin an Palladium in Äthylacetat (*Madelung, Oberwegner*, A. **526** [1936] 195, 245).

Krystalle (aus Bzl. + Me.); F: 165°.

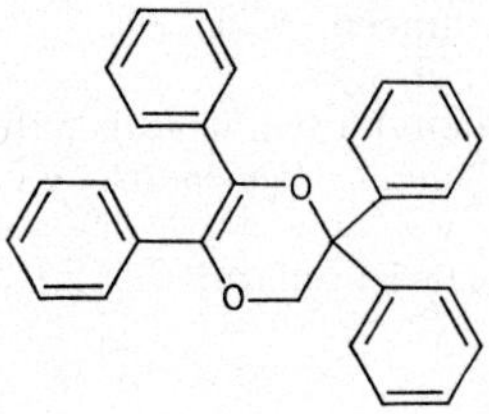

I 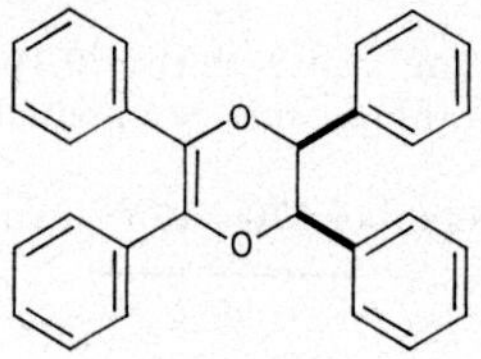 II 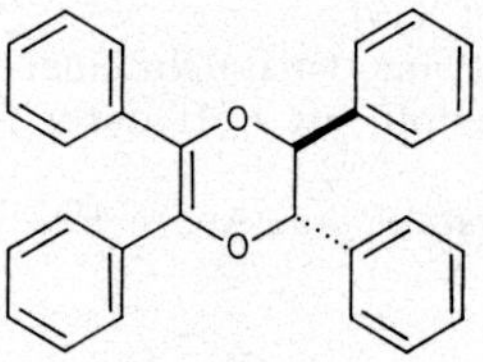 III

b) **(±)-2*r*,3*t*(?),5,6-Tetraphenyl-2,3-dihydro-[1,4]dioxin** $C_{28}H_{22}O_2$, vermutlich Formel III + Spiegelbild.

B. Bei 5-monatiger Bestrahlung eines Gemisches von Benzil, *trans*-Stilben und Benzol mit Sonnenlicht (*Schönberg, Mustafa*, Soc. **1945** 551). Neben 2,3,5,6-Tetraphenyl-[1,4]di= oxan vom F: 152° und vom F: 305° beim Erwärmen einer Lösung von Tetraphenyl-[1,4]dioxin in Benzol mit Natrium und Amylalkohol (*Madelung, Oberwegner*, A. **526** [1936] 195, 246).

Krystalle; F: 245—247° [aus $CHCl_3$ + Me.] (*Ma., Ob.*), 246° [aus Bzl.; gelbe Schmelze] (*Sch., Mu.*).

(±)-2*r*,3*t*(?)-Dibrom-2,3*c*(?),5,6-tetraphenyl-2,3-dihydro-[1,4]dioxin $C_{28}H_{20}Br_2O_2$, vermutlich Formel IV + Spiegelbild.

B. Beim Behandeln von Tetraphenyl-[1,4]dioxin mit Brom in Schwefelkohlenstoff (*Madelung, Oberwegner*, A. **526** [1936] 195, 238).

Krystalle (aus PAe.); F: 226° [Zers.; nach Sintern bei 220°].

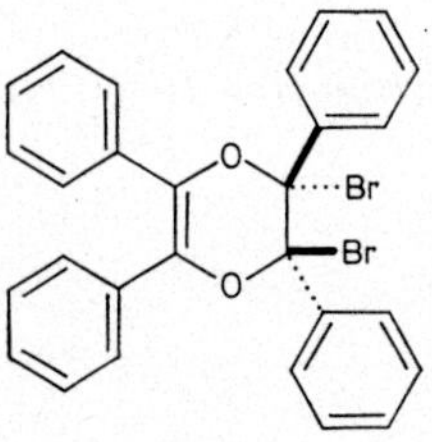

IV 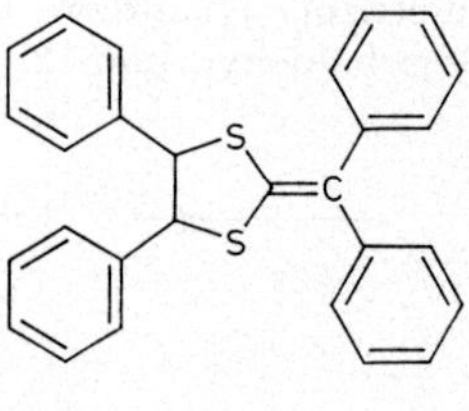 V 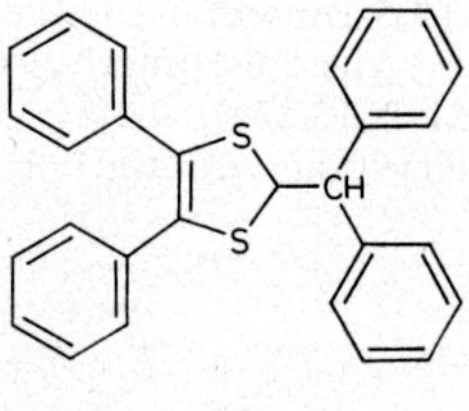 VI

2-Benzhydryliden-4,5-diphenyl-[1,3]dithiolan $C_{28}H_{22}S_2$, Formel V, und **2-Benzhydryl-4,5-diphenyl-[1,3]dithiol** $C_{28}H_{22}S_2$, Formel VI.

Diese beiden Konstitutionsformeln kommen für die nachstehend beschriebene Verbindung in Betracht.

B. Beim Erhitzen einer Suspension von 2-Benzhydryliden-4,5-diphenyl-[1,3]dithiol in Essigsäure mit Zink-Pulver und wss. Perchlorsäure (*Kirmse, Horner*, A. **614** [1958] 4, 17).

Krystalle (aus Eg.); F: 184—185°.

9,10-Di-*m*-tolyl-9,10-dihydro-9,10-epidioxido-anthracen $C_{28}H_{22}O_2$, Formel VII ($R = CH_3$, $X = H$).

B. Beim Behandeln einer Lösung von 9,10-Di-*m*-tolyl-anthracen in Schwefelkohlenstoff mit Luft unter Bestrahlung mit Sonnenlicht (*Willemart*, Bl. [5] **4** [1937] 510, 515).

Krystalle (aus Bzl.); Zers. bei ca. 180° [Vakuum].

9,10-Di-*p*-tolyl-9,10-dihydro-9,10-epidioxido-anthracen $C_{28}H_{22}O_2$, Formel VII ($R = H$, $X = CH_3$).

B. Beim Behandeln einer Lösung von 9,10-Di-*p*-tolyl-anthracen in Schwefelkohlenstoff mit Luft unter Bestrahlung mit Sonnenlicht (*Willemart*, Bl. [5] **4** [1937] 510, 513).

Krystalle (aus Bzl.); Zers. bei ca. 180° [Kapillare].

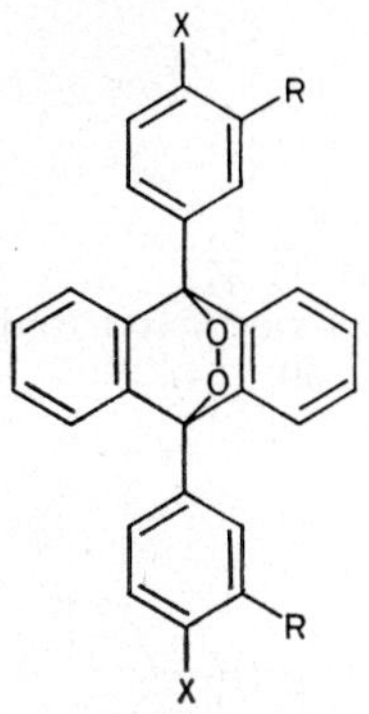

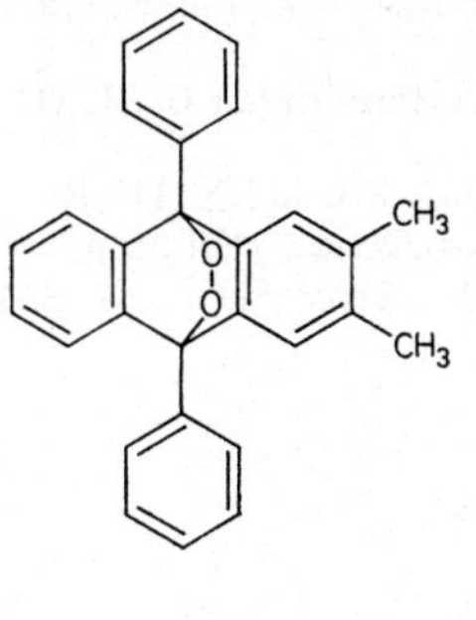

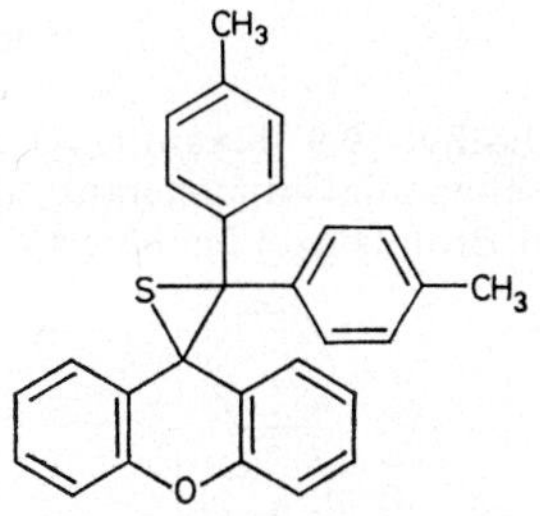

VII VIII IX

2,3-Dimethyl-9,10-diphenyl-9,10-dihydro-9,10-epidioxido-anthracen $C_{28}H_{22}O_2$, Formel VIII.

B. Beim Behandeln einer Lösung von 2,3-Dimethyl-9,10-diphenyl-anthracen in Schwefelkohlenstoff mit Luft unter Bestrahlung mit Sonnenlicht (*Mellier*, C. r. **219** [1944] 280).

Krystalle (aus CS_2); Zers. bei ca. 180°.

3,3-Di-*p*-tolyl-spiro[thiiran-2,9'-xanthen] $C_{28}H_{22}OS$, Formel IX.

B. Beim Behandeln von Xanthen-9-thion mit Diazo-di-*p*-tolyl-methan in Benzol (*Schönberg et al.*, Am. Soc. **79** [1957] 6020).

Krystalle (aus Bzn.); F: 176° [orangefarbene Schmelze].

9,9'-Dimethyl-[9,9']bixanthenyl $C_{28}H_{22}O_2$, Formel X (E II 56).

Geschwindigkeitskonstante der Autoxydation in Brombenzol bei 25°, 45° und 50°: *Scherp*, Am. Soc. **58** [1936] 576, 579. Geschwindigkeitskonstante der Dissoziation (Bildung von 9-Methyl-xanthenyl-Radikalen) in Brombenzol bei 35°, 45° und 55°: *Ziegler et al.*, A. **551** [1942] 150, 164.

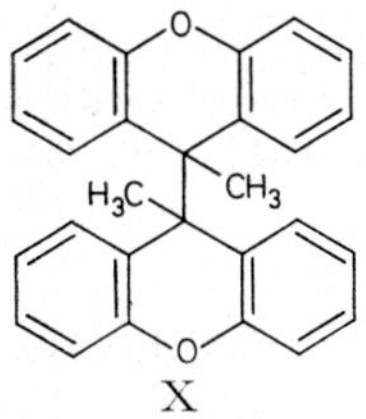

X 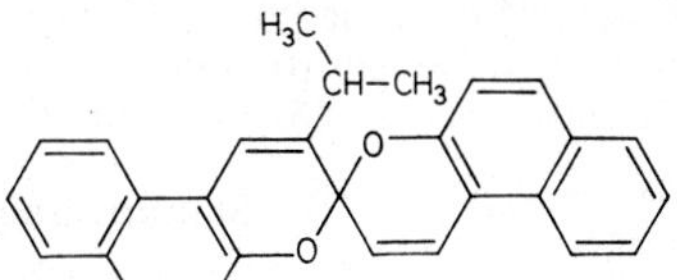 XI

(±)-2-Isopropyl-[3,3']spirobi[benzo[*f*]chromen] $C_{28}H_{22}O_2$, Formel XI (E II 57; dort als 3-Isopropyl-bis-[naphtho-1'.2':5.6-(1.2-pyran)]-spiran-(2.2') bezeichnet).

Krystalle; F: 216° [Block] (*Chaudé*, Cahiers Phys. Nr. 52 [1954] 3, 41).

Konstante des Gleichgewichts zwischen der farblosen und der farbigen Modifikation in Benzylalkohol bei 20°, 80° und 120°: *Chaudé, Rumpf*, C. r. **233** [1951] 405. Enthalpie-Differenz zwischen der farblosen und der farbigen Modifikation in Benzylalkohol: *Ch.*, l. c. S. 29.

Stammverbindungen $C_{29}H_{24}O_2$

(±)-2,4,4-Triphenyl-4,5-dihydro-6*H*-2,6-methano-benzo[*d*][1,3]dioxocin $C_{29}H_{24}O_2$, Formel XII.

Diese Konstitution kommt wahrscheinlich der nachstehend beschriebenen, ursprünglich (*Gomm, Hill*, Soc. **1935** 1118) als (±)-3-[2-Hydroxy-phenyl]-1,1,3-triphenyl-propan-1-ol angesehenen Verbindung zu (*Geissman*, Am. Soc. **62** [1940] 1363, 1364).

B. Beim Behandeln von 3-[2-Hydroxy-phenyl]-1,5-diphenyl-pentan-1,5-dion mit

Phenylmagnesiumbromid in Äther (*Gomm, Hill; Ge.*, l. c. S. 1365).

Krystalle; F: 185–186° [aus Butan-1-ol] (*Ge.*, l. c. S. 1365), 185° [aus A.] (*Gomm, Hill*).

Stammverbindungen $C_{30}H_{26}O_2$

9,9'-Diäthyl-[9,9']bixanthenyl $C_{30}H_{26}O_2$, Formel XIII (R = C_2H_5) (E II 57).

Geschwindigkeitskonstante der Dissoziation (Bildung von 9-Äthyl-xanthenyl-Radikalen) in Brombenzol bei 35°, 45° und 55°: *Ziegler et al.*, A. **551** [1942] 150, 164.

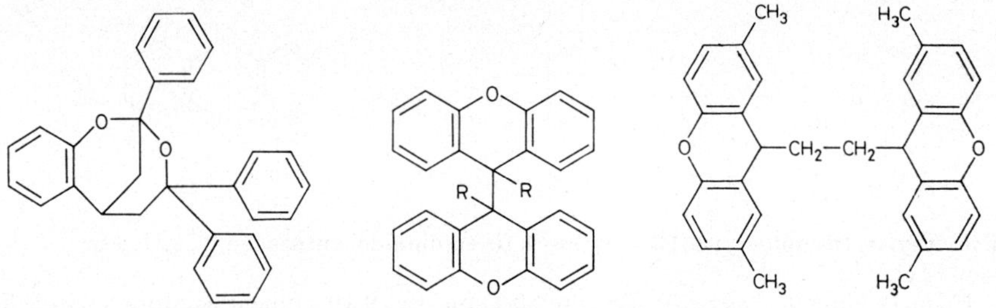

XII XIII XIV

Stammverbindungen $C_{32}H_{30}O_2$

1,2-Bis-[2,7-dimethyl-xanthen-9-yl]-äthan $C_{32}H_{30}O_2$, Formel XIV.

B. Bei der Hydrierung von 1,2-Bis-[2,7-dimethyl-xanthen-9-yliden]-äthan an Palladium/Kohle in Äthylacetat (*Kimoto*, J. pharm. Soc. Japan **75** [1955] 501, 504; C. A. **1956** 5647).

Krystalle (aus Bzl.); F: 227–229°.

9,9'-Dipropyl-[9,9']bixanthenyl $C_{32}H_{30}O_2$, Formel XIII (R = CH_2-CH_2-CH_3) (E II 57).

Geschwindigkeitskonstante der Dissoziation (Bildung von 9-Propyl-xanthenyl-Radikalen) in Brombenzol bei 25°, 35° und 54°: *Ziegler et al.*, A. **551** [1942] 150, 164.

Stammverbindungen $C_{34}H_{34}O_2$

9,9'-Dibutyl-[9,9']bixanthenyl $C_{34}H_{34}O_2$, Formel XIII (R = $[CH_2]_3$-CH_3) (E II 58).

Geschwindigkeitskonstante der Dissoziation (Bildung von 9-Butyl-xanthenyl-Radikalen) in Brombenzol bei 25°, 35° und 45°: *Ziegler et al.*, A. **551** [1942] 150, 164.

Stammverbindungen $C_{36}H_{38}O_2$

9,9'-Diisopentyl-[9,9']bixanthenyl $C_{36}H_{38}O_2$, Formel XIII (R = CH_2-CH_2-$CH(CH_3)_2$) (E II 58).

Geschwindigkeitskonstante der Autoxydation in 1,1,2,2-Tetrachlor-äthan bei 25° und 35°: *Scherp*, Am. Soc. **58** [1936] 576, 579.

Stammverbindungen $C_nH_{2n-36}O_2$

Stammverbindungen $C_{26}H_{16}O_2$

[9,9']Bixanthenyliden $C_{26}H_{16}O_2$, Formel I (R = X = H) (H 61; E II 59; dort als Dixanthylen bezeichnet).

B. Beim Erwärmen von Xanthen-9-on mit Thionylchlorid und Erhitzen einer Lösung des Reaktionsprodukts in Xylol mit Kupfer-Pulver (*Schönberg, Asker*, Soc. **1942** 272). Beim Erwärmen von [9,9']Bixanthenyl-9-ol mit Acetylchlorid (*Schönberg, Mustafa*, Soc. **1944** 67, 70). Beim Behandeln von [9,9']Bixanthenyldiylium-diperchlorat mit Phenyllithium oder Phenylmagnesiumbromid in Äther und Benzol (*Schönberg, Nickel*, B. **67** [1934] 1795, 1798).

Atomabstände und Bindungswinkel der α-Krystallmodifikation und der β-Krystallmodifikation (aus dem Röntgen-Diagramm): *Mills, Nyburg*, Soc. **1963** 308, 315.

Dipolmoment: 0 D [ε; Bzl.] (*Kortüm, Buck*, Z. El. Ch. **60** [1956] 53, 57; s. dagegen *Bergmann, Fischer*, Bl. **1950** 1084, 1090).

β-Modifikation: gelbe Krystalle [aus *m*-Xylol] (*Mi., Ny.*, l. c. S. 309); monoklin; aus dem Röntgen-Diagramm ermittelte Dimensionen der Elementarzelle: a = 14,87 Å; b = 12,90 Å; c = 9,41 Å; β = 95,25°; n = 4 (*Harnik et al.*, Soc. **1954** 3288, 3293; *Mi., Ny.*, l. c. S. 309); Dichte der Krystalle: 1,326 (*Ha. et al.*; *Mi., Ny.*, l. c. S. 309).

α-Modifikation (aus der β-Modifikation durch Sublimation im Hochvakuum erhalten): dunkelblaue Krystalle (*Mi., Ny.*, l. c. S. 309); monoklin; aus dem Röntgen-Diagramm ermittelte Dimensionen der Elementarzelle: a = 15,19 Å; b = 6,26 Å; c = 18,93 Å; β = 93,15°; n = 4 (*Ha. et al.*; *Mi., Ny.*, l. c. S. 311); Dichte der Krystalle: 1,342 (*Mi., Ny.*, l. c. S. 311). Absorptionsspektren (450–700 nm) bei 90° und 150° sowie nach der Bestrahlung mit Licht (λ: <450 nm) bei Temperaturen von –150° bis –100°: *Hirshberg, Fischer*, Soc. **1953** 629, 630. Absorptionsspektren (Decalin [230 nm bis 400 nm] sowie Dimethylphthalat [400–650 nm]) bei Temperaturen von 99° bis 182°: *Theilacker et al.*, B. **83** [1950] 508, 512. Fluorescenzspektrum (Polystyrol; 400 nm bis 600 nm): *Hinrichs*, Z. Naturf. **9a** [1954] 625, 627. Luminescenzspektren (A. + Toluol + Ae.; 400–650 nm) der farbigen und der farblosen Modifikation: *Hi., Fi.*, l. c. S. 632. Diamagnetische Anisotropie: *Bergmann et al.*, J. Chim. phys. **49** [1952] 474, 476.

Kinetik der Umwandlung der farbigen in die farblose Modifikation bei Temperaturen von –100° bis –80°: *Hi., Fi.*, l. c. S. 631, 632. Konstante des Gleichgewichts zwischen der farbigen und der farblosen Modifikation bei Temperaturen von 99° bis 182°: *Th. et al.*, l. c. S. 515. Zersetzung von in Polystyrol-Folie eingebettetem [9,9']Bixanthenyliden beim Beschuss mit Elektronen: *Hin.*

***2,2'-Dichlor-[9,9']bixanthenyliden** $C_{26}H_{14}Cl_2O_2$, Formel I (R = Cl, X = H) oder Stereoisomeres.

B. Beim Erwärmen von 2-Chlor-xanthen-9-on mit Essigsäure, Zink-Pulver und wss. Salzsäure (*Schönberg et al.*, Am. Soc. **75** [1953] 3377). Beim Erwärmen von 2-Chlor-xanthen-9-on mit Thionylchlorid (oder Oxalylchlorid) und Erhitzen einer Lösung des Reaktionsprodukts in Xylol mit Kupfer-Pulver (*Sch. et al.*).

Hellgelbe Krystalle (aus Xylol); F: 304° [blaugrüne Schmelze].

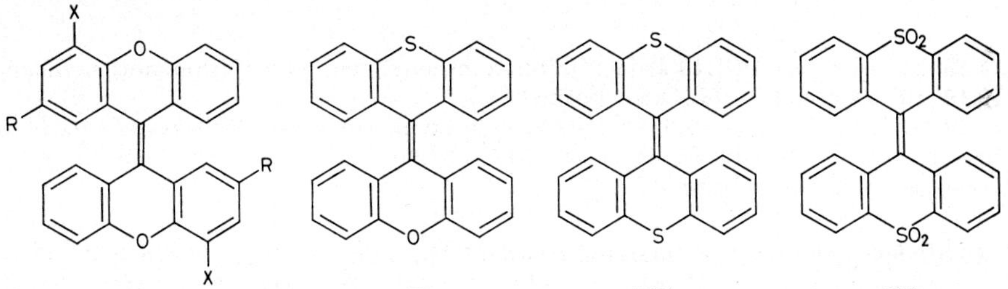

I II III IV

***4,4'-Dichlor-[9,9']bixanthenyliden** $C_{26}H_{14}Cl_2O_2$, Formel I (R = H, X = Cl) oder Stereoisomeres.

B. Beim Erwärmen von 4-Chlor-xanthen-9-on mit Essigsäure, Zink-Pulver und wss. Salzsäure (*Schönberg et al.*, Am. Soc. **75** [1953] 3377). Beim Erwärmen von 4-Chlor-xanthen-9-on mit Thionylchlorid (oder Oxalylchlorid) und Erhitzen einer Lösung des Reaktionsprodukts in Xylol mit Kupfer-Pulver (*Sch. et al.*).

Krystalle (aus Xylol); F: 280° [blaugrüne Schmelze].

***2,2'-Dibrom-[9,9']bixanthenyliden** $C_{26}H_{14}Br_2O_2$, Formel I (R = Br, X = H) oder Stereoisomeres.

B. Beim Erhitzen von 2-Brom-xanthen-9-on mit Essigsäure, Zink-Pulver und wss. Salzsäure (*Mustafa, Sobhy*, Am. Soc. **77** [1955] 5124). Beim Erwärmen von 2-Brom-xanthen-9-on mit Thionylchlorid (oder Oxalylchlorid) und Erhitzen einer Lösung des Reaktionsprodukts in Xylol mit Kupfer-Pulver (*Mu., So.*). Beim Erhitzen einer Lösung von 2-Brom-xanthen-9-thion in Xylol mit Kupfer-Pulver (*Mu., So.*).

Krystalle (aus Xylol); F: 293° [unkorr.; blaugrüne Schmelze].

***4,4'-Dibrom-[9,9']bixanthenyliden** $C_{26}H_{14}Br_2O_2$, Formel I (R = H, X = Br) oder Stereoisomeres.

B. Beim Erhitzen von 4-Brom-xanthen-9-on mit Essigsäure, Zink-Pulver und wss. Salzsäure (*Mustafa, Sobhy*, Am. Soc. **77** [1955] 5124). Beim Erwärmen von 4-Brom-xanthen-9-on mit Thionylchlorid (oder Oxalylchlorid) und Erhitzen einer Lösung des Reaktionsprodukts in Xylol mit Kupfer-Pulver (*Mu., So.*). Beim Erhitzen einer Lösung von 4-Brom-xanthen-9-thion in Xylol mit Kupfer-Pulver (*Mu., So.*).

Krystalle (aus Xylol); F: 278° [unkorr.; blaugrüne Schmelze].

9-Thioxanthen-9-yliden-xanthen, 9-Xanthen-9-yliden-thioxanthen $C_{26}H_{16}OS$, Formel II.

B. Beim Erhitzen von Dispiro[thioxanthen-9,2'-thiiran-3',9''-xanthen] mit Kupfer-Pulver unter vermindertem Druck auf 230° (*Schönberg, Sidky*, Am. Soc. **81** [1959] 2259, 2262).

Farblose Krystalle (aus Bzl.), F: 295°; die (gelbe) Schmelze färbt sich bei ca. 320° dunkelgrün und erstarrt beim Abkühlen zu farblosen Krystallen.

[9,9']Bithioxanthenyliden $C_{26}H_{16}S_2$, Formel III (H 61; E II 59; dort als Bis-thioxanthylen bezeichnet).

B. Beim Erwärmen von Thioxanthen-9-on mit Thionylchlorid und Erhitzen einer Lösung des Reaktionsprodukts in Xylol mit Kupfer-Pulver (*Schönberg, Asker*, Soc. **1942** 272). Beim Erhitzen von Dispiro[thioxanthen-9,2'-thiiran-3',9''-thioxanthen] mit Kupfer-Pulver unter vermindertem Druck auf 240° (*Schönberg, Sidky*, Am. Soc. **81** [1959] 2259, 2262).

Orthorhombische Krystalle; Raumgruppe *Pbcm* (= D_{2h}^{11}); aus dem Röntgen-Diagramm ermittelte Dimensionen der Elementarzelle: a = 5,73 Å; b = 17,98 Å; c = 18,11 Å; n = 4 (*Harnik et al.*, Soc. **1954** 3288, 3293). Dichte der Krystalle: 1,390 (*Ha. et al.*). Reflexionsspektrum (240—450 nm) von an Magnesiumoxid adsorbiertem [9,9']Bithioxanthenyliden bei 25° und bei 161°: *Kortüm et al.*, Z. physik. Chem. [N.F.] **11** [1957] 182, 189. UV-Spektrum einer Lösung in Dioxan (210—390 nm): *Bergmann et al.*, Bl. **1952** 262, 264; einer Lösung in Decalin (250—390 nm): *Theilacker et al.*, B. **83** [1950] 508, 513.

Beim Erhitzen mit Schwefel auf 260° ist Thioxanthen-9-thion erhalten worden (*Sch., As.*).

10,10,10',10'-Tetraoxo-10λ⁶,10'λ⁶-[9,9']bithioxanthenyliden, [9,9']Bithioxanthenyliden-10,10,10',10'-tetraoxid $C_{26}H_{16}O_4S_2$, Formel IV.

B. Beim Erhitzen von [9,9']Bithioxanthenyliden mit wss. Wasserstoffperoxid und Essigsäure (*Arndt, Lorenz*, B. **63** [1930] 3121, 3129).

Krystalle ohne Schmelzpunkt.

(±)-10'b*H*-Spiro[fluoren-9,3'-fluoreno[9,1-*cd*][1,2]dithiin] $C_{26}H_{16}S_2$, Formel V.

Diese Konstitution kommt nach *Schönberg et al.* (B. **95** [1962] 1910, 1911) der früher (s. E II **7** 411) beschriebenen, als „dimeres Thiofluorenon" bezeichneten Verbindung (F: 232°) zu, die von *Campaigne* und *Reid* (Am. Soc. **68** [1946] 769; J. org. Chem. **12** [1947] 807, 811; s. a. *Schönberg, Brosowski*, B. **93** [1960] 2149; *Ried, Klug*, B. **94** [1961] 368, 369) als Dispiro[fluoren-9,2'-[1,3]dithietan-4',9''-fluoren] ($C_{26}H_{16}S_2$) angesehen worden ist.

Dispiro[fluoren-9,2'-thiiran-3',9''-xanthen] $C_{26}H_{16}OS$, Formel VI.

B. Beim Erwärmen von Xanthen-9-thion mit 9-Diazo-fluoren in Benzol (*Schönberg, Sidky*, Am. Soc. **81** [1959] 2259, 2261).

Krystalle (aus Bzl.); F: 198° [nach Violettfärbung bei 160°].

Beim Erhitzen mit Kupfer-Pulver unter vermindertem Druck auf 210° ist 9-Fluoren-9-yliden-xanthen erhalten worden (*Sch., Si.*, l. c. S. 2262).

Dispiro[fluoren-9,2'-thiiran-3',9''-thioxanthen] $C_{26}H_{16}S_2$, Formel VII.

B. Beim Erwärmen von Thioxanthen-9-thion mit 9-Diazo-fluoren in Benzol (*Schönberg, Sidky*, Am. Soc. **81** [1959] 2259, 2261).

Krystalle (aus Bzl.); F: 240° [Zers.].

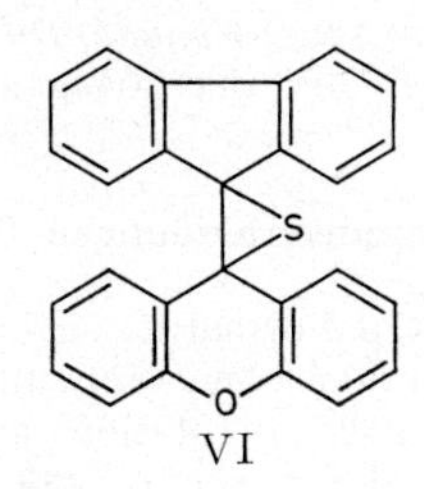

V VI VII

Stammverbindungen $C_{27}H_{18}O_2$

2,2-Diphenyl-phenanthro[9,10-*d*][1,3]dioxol, 9,10-Benzhydrylidendioxy-phenanthren $C_{27}H_{18}O_2$, Formel VIII.

Eine von *Schönberg* und *Mustafa* (Soc. **1946** 746), von *Schönberg* und *Schütz* (B. **95** [1962] 2386, 2389) sowie von *Eistert et al.* (B. **101** [1968] 84, 91) unter dieser Konstitution beschriebene Verbindung (F: 166–167°) ist nach *Awad et al.* (Indian J. Chem. **12** [1974] 1060) als (±)-3,3-Diphenyl-spiro[oxiran-2,9'-phenanthren]-10'-on (E III/IV **17** 5632) zu formulieren. Entsprechendes gilt wahrscheinlich für die von *Sammour* (J. org. Chem. **23** [1958] 1381) als 2-[2-Chlor-phenyl]-2-phenyl-phenanthro[9,10-*d*][1,3]dioxol ($C_{27}H_{17}ClO_2$), als 2,2-Bis-[4-chlor-phenyl]-phenanthro[9,10-*d*][1,3]dioxol ($C_{27}H_{16}Cl_2O_2$) und als 2-[4-Nitro-phenyl]-2-phenyl-phenanthro[9,10-*d*][1,3]dioxol ($C_{27}H_{17}NO_4$) angesehenen Verbindungen (s. E III/IV **17** 5632).

(±)-2''-Methyl-dispiro[fluoren-9,2'-thiiran-3',9''-xanthen] $C_{27}H_{18}OS$, Formel IX ($R = CH_3$, $X = H$).

B. Beim Erwärmen von 2-Methyl-xanthen-9-thion mit 9-Diazo-fluoren in Benzol (*Schönberg, Sidky*, Am. Soc. **81** [1959] 2259, 2261).

Krystalle (aus Bzl. + PAe.); F: 168° [nach Violettfärbung von 140° an].

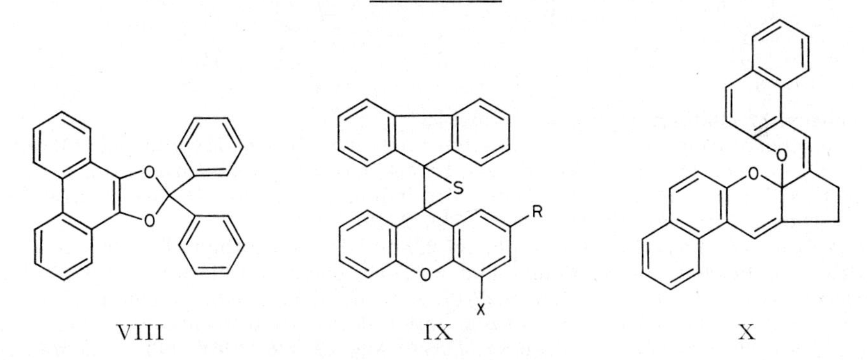

VIII IX X

(±)-4''-Methyl-dispiro[fluoren-9,2'-thiiran-3',9''-xanthen] $C_{27}H_{18}OS$, Formel IX ($R = H$, $X = CH_3$).

B. Beim Erwärmen von 4-Methyl-xanthen-9-thion mit 9-Diazo-fluoren in Benzol (*Schönberg, Sidky*, Am. Soc. **81** [1959] 2259, 2261).

Krystalle (aus Bzl. + PAe.); F: 184° [nach Violettfärbung von 150° an].

6,7-Dihydro-dibenzo[*f,f'*]cyclopenta[1,2-*b*;1,5-*b'*]dichromen $C_{27}H_{18}O_2$, Formel X.

B. Beim Behandeln eines Gemisches von 2-Hydroxy-[1]naphthaldehyd, Cyclopentanon und Äthanol mit Chlorwasserstoff und Behandeln des Reaktionsprodukts mit wss. Ammoniak und Äther (*Heilbron et al.*, Soc. **1933** 430, 434; *Chaudé*, Cahiers Phys. Nr. 52 [1954] 3, 41).

Krystalle, F: 241° [Block] (*Ch.*, l. c. S. 41); Krystalle (aus Bzl.), F: 229–230° [unter Rotviolettfärbung] (*He. et al.*).

Konstante des Gleichgewichts zwischen der farblosen und der farbigen Modifikation in Benzylalkohol bei 20°, 80° und 120°: *Chaudé, Rumpf*, C. r. **233** [1951] 405. Enthalpie-Differenz zwischen der farblosen und der farbigen Modifikation in Benzylalkohol: *Ch.*, l. c. S. 29.

Stammverbindungen $C_{28}H_{20}O_2$

Tetraphenyl-[1,4]dioxin $C_{28}H_{20}O_2$, Formel I.

Diese Verbindung hat auch in dem von *Irvine* und *McNicoll* (Soc. **93** [1908] 950, 955, 957) als 1,2,3,4-Tetraphenyl-but-2*c*-en-1,4-dion angesehenen Präparat vom F: 210° bis 211° vorgelegen (*Madelung, Oberwegner*, A. **490** [1931] 201, 216; *Berger, Summerbell*, J. org. Chem. **24** [1959] 1881).

B. Beim Behandeln von Benzoin mit Methanol und Chlorwasserstoff und Erhitzen des Reaktionsprodukts mit Acetanhydrid unter Zusatz von Zinkchlorid oder Eisen(III)-chlorid (*Madelung, Oberwegner*, A. **526** [1936] 195, 234). Beim Erhitzen von Benzoin mit Hexan und wenig Toluol-4-sulfonsäure unter Entfernen des entstehenden Wassers (*Be., Su.*). Beim Erhitzen von 2-Methoxy-2,3,5,6-tetraphenyl-2,3-dihydro-[1,4]dioxin [F: 185°] (*Ir., McN.*, l. c. S. 956) oder von 2,5-Dimethoxy-2,3,5,6-tetraphenyl-[1,4]dioxan (*Ir., McN.*, l. c. S. 955; *Ma., Ob.*, A. **490** 230; *Be., Su.*) mit Acetanhydrid und wenig Schwefelsäure. Beim Behandeln von 2,3-Diacetoxy-2,3,5,6-tetraphenyl-2,3-dihydro-[1,4]=dioxin (F: 297°) mit Acetanhydrid und mit Chlorwasserstoff (*Ma., Ob.*, A. **526** 241).

Gelbe Krystalle; F: 214–215° [aus Acetanhydrid] (*Be., Su.*), 214° [aus Bzl. + Me.] (*Ma., Ob.*, A. **490** 230). IR-Banden (KBr) im Bereich von 3,3 μ bis 14,5 μ: *Be., Su.*

Beim Erhitzen auf 250° ist 3,3,4,5-Tetraphenyl-3*H*-furan-2-on erhalten worden (*Be., Su.*).

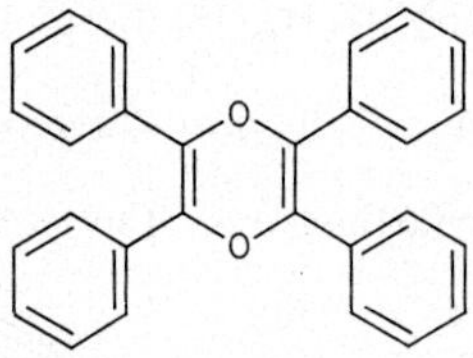

I

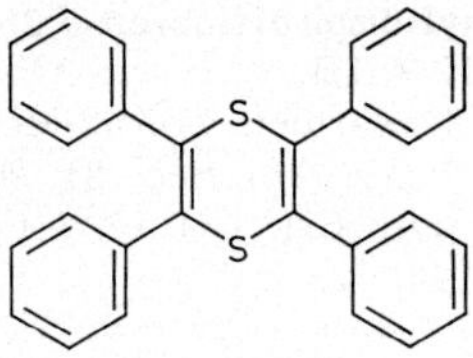

II

Tetraphenyl-[1,4]dithiin $C_{28}H_{20}S_2$, Formel II.

Diese Konstitution kommt der nachstehend beschriebenen, ursprünglich (*Mitra*, J. Indian chem. Soc. **15** [1938] 59, 61) als 1,2,3,4-Tetraphenyl-5,6-dithia-bicyclo=[2.1.1]hex-2-en ($C_{28}H_{20}S_2$) angesehenen Verbindung zu (*Kirmse, Horner*, A. **614** [1958] 4, 11; *Mayer, Nitzschke*, B. **96** [1963] 2539, 2540).

B. Neben 2-Methoxy-2,3,5,6-tetraphenyl-2,3-dihydro-[1,4]dithiin (F: 126°) beim Behandeln von Benzoin mit Methanol und anschliessend mit Chlorwasserstoff und mit Schwefelwasserstoff (*Ma., Ni.*, l. c. S. 2543; s. a. *Mi.*, l. c. S. 63). Neben anderen Verbindungen beim Behandeln von Benzoin mit Chlorwasserstoff enthaltendem Äthanol und mit Schwefelwasserstoff (*Schrauzer, Finck*, Ang. Ch. **76** [1964] 143; s. a. *Ma., Ni.*, l. c. S. 2542; *Mi.*, l. c. S. 61, 62). Neben 2-Benzhydryliden-4,5-diphenyl-[1,3]dithiol bei der Bestrahlung eines Gemisches von 4,5-Diphenyl-[1,2,3]thiadiazol und Benzol (oder Dioxan) mit UV-Licht (*Ki., Ho.*, l. c. S. 17).

Krystalle; F: 195° [aus $CHCl_3$ + A.] (*Mi.*, l. c. S. 61), 191° [korr.; Kofler-App.; aus Toluol] (*Ma., Ni.*, l. c. S. 2542).

Beim Erhitzen mit Decalin, beim Behandeln einer Lösung in Chloroform mit Peroxy=essigsäure (*Ki., Ho.*, l. c. S. 18) sowie beim Erhitzen mit wss. Jodwasserstoffsäure (*Mi.*, l. c. S. 62) ist Tetraphenylthiophen erhalten worden. Reaktion mit Brom in Chloroform (Bildung einer Verbindung $C_{28}H_{20}Br_4S_2$ [dunkelgrüne Krystalle (aus $CHCl_3$), F: 139°]): *Mi.*, l. c. S. 62; s. a. *Ma., Ni.*, l. c. S. 2543.

4-Biphenyl-4-yl-2-[(Ξ)-4-phenyl-benzyliden]-[1,3]dithiol $C_{28}H_{20}S_2$, Formel III.

B. Bei der Bestrahlung eines warmen Gemisches von 4-Biphenyl-4-yl-[1,2,3]thiadiazol und Benzol mit UV-Licht (*Kirmse, Horner*, A. **614** [1958] 4, 16).

Krystalle (aus Dimethylformamid); F: 305° [Zers.] (*Ki.*, *Ho.*, l. c. S. 16). UV-Absorptionsmaxima (Dimethylformamid): 276 nm und 378 nm (*Ki.*, *Ho.*, l. c. S. 10).

III IV

2-Benzhydryliden-4,5-diphenyl-[1,3]dithiol $C_{28}H_{20}S_2$, Formel IV.

B. Neben Tetraphenyl-[1,4]dithiin bei der Bestrahlung eines warmen Gemisches von 4,5-Diphenyl-[1,2,3]thiadiazol und Benzol mit UV-Licht (*Kirmse, Horner*, A. **614** [1958] 1, 14).

Gelbe Krystalle (aus Dimethylformamid); F: 234°.

2-Benzhydryliden-1,1,3,3-tetraoxo-4,5-diphenyl-1λ^6,3λ^6-[1,3]dithiol, 2-Benzhydryliden-4,5-diphenyl-[1,3]dithiol-1,1,3,3-tetraoxid $C_{28}H_{20}O_4S_2$, Formel V.

B. Aus 2-Benzhydryliden-4,5-diphenyl-[1,3]dithiol mit Hilfe von Peroxyessigsäure (*Kirmse, Horner*, A. **614** [1958] 1, 17).

Krystalle (aus Eg. + Dimethylformamid); Zers. bei 330–335°.

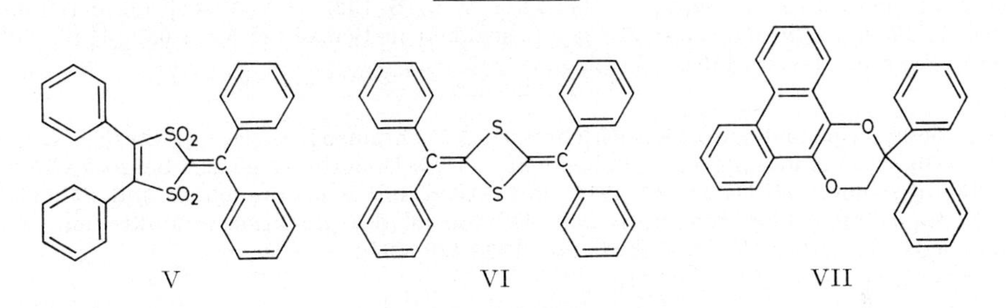

V VI VII

Dibenzhydryliden-[1,3]dithietan $C_{28}H_{20}S_2$, Formel VI.

B. Neben Phenol beim Erhitzen von Diphenyl-thioessigsäure-*O*-phenylester unter Kohlendioxid auf 280° (*Schönberg et al.*, B. **64** [1931] 2582). Beim Erhitzen von Diphenyl-dithioessigsäure bis auf 140° (*Schönberg et al.*, B. **66** [1933] 237, 243). Neben Thiophenol beim Erhitzen von Diphenyl-dithioessigsäure-phenylester oder von 2,2-Diphenyl-1-phenylmercapto-äthenthiol (E III **9** 3317) auf 250° bzw. 280° (*Sch. et al.*, B. **64** 2584).

Gelbe Krystalle (aus Bzl.); F: 257–258°.

2,2-Diphenyl-2,3-dihydro-phenanthro[9,10-*b*][1,4]dioxin $C_{28}H_{20}O_2$, Formel VII.

B. Bei der Bestrahlung eines Gemisches von Phenanthren-9,10-chinon, 1,1-Diphenyl-äthylen und Benzol mit Sonnenlicht (*Schönberg, Mustafa*, Soc. **1944** 387).

Krystalle (aus Bzn.); F: 202–203°.

2,3-Diphenyl-2,3-dihydro-phenanthro[9,10-*b*][1,4]dioxin $C_{28}H_{20}O_2$.

Über die Konfiguration der folgenden Stereoisomeren s. *Pfundt, Farid*, Tetrahedron **22** [1966] 2237, 2242.

a) ***cis*-2,3-Diphenyl-2,3-dihydro-phenanthro[9,10-*b*][1,4]dioxin** $C_{28}H_{20}O_2$, Formel VIII.

B. s. bei dem unter b) beschriebenen Stereoisomeren.

Krystalle (aus Bzl. + A.); F: 166–168° [unkorr.; Kofler-App.] (*Pfundt, Farid*, Tetrahedron **22** [1966] 2237, 2247). ^{1}H-NMR-Absorption sowie ^{1}H-^{1}H-Spin-Spin-Kopplungskonstanten: *Pf.*, *Fa.*, l. c. S. 2240, 2245.

VIII IX X

b) **(±)-*trans*-2,3-Diphenyl-2,3-dihydro-phenanthro[9,10-*b*][1,4]dioxin** $C_{28}H_{20}O_2$, Formel IX + Spiegelbild.

B. Neben dem unter a) beschriebenen Stereoisomeren bei der Bestrahlung eines Gemisches von Phenanthren-9,10-chinon, *cis*-Stilben (oder *trans*-Stilben) und Benzol mit UV-Licht (*Pfundt, Farid,* Tetrahedron **22** [1966] 2237, 2247; s. a. *Schönberg, Mustafa,* Soc. **1944** 387; *Butenandt et al.*, A. **575** [1952] 123, 138). Neben Phenanthren-9,10-chinon beim Erhitzen von Phenanthren-9,10-diol mit opt.-inakt. α,α'-Dibrom-bibenzyl, Kalium, Kupfer-Pulver, Äthanol und Dioxan auf 200° (*Bu. et al.*, l. c. S. 141).

Krystalle; F: ca. 260° [aus Bzn. oder Xylol] (*Sch., Mu.*), 257–260° [unkorr.; Kofler-App.; aus Bzl. + A.] (*Pf., Fa.*), 256° [nach Sublimation von 230° an; Kofler-App.; aus Acetanhydrid] (*Bu. et al.*, l. c. S. 139). ^{1}H-NMR-Absorption: *Pf., Fa.*, l. c. S. 2245. IR-Spektrum (CCl_4; 2–12,4 μ): *Bu. et al.*, l. c. S. 132. UV-Absorptionsmaximum ($CHCl_3$): 256 nm (*Bu. et al.*, l. c. S. 128). Löslichkeit in Benzol bei 5,5°: 6,5 g/l; bei 80°: 50 g/l (*Bu. et al.*, l. c. S. 139).

(±)-3-Methyl-4-phenyl-spiro[benzo[*h*]chromen-2,2'-chromen] $C_{28}H_{20}O_2$, Formel X.

B. Beim aufeinanderfolgenden Behandeln von 2,3-Dimethyl-4-phenyl-benzo[*h*]chromenylium-perchlorat (E III/IV **17** 1715) mit Äther, mit wss. Ammoniak, mit Salicylaldehyd und mit Chlorwasserstoff und Behandeln des Reaktionsprodukts mit wss. Ammoniak und Äther (*Heilbron et al.*, Soc. **1933** 430, 434).

Krystalle (aus Acn. + A.); F: 115–116°.

(±)-3'-Benzyl-spiro[benzo[*f*]chromen-3,2'-chromen] $C_{28}H_{20}O_2$, Formel XI.

B. Beim Behandeln einer Lösung von Salicylaldehyd und 4-Phenyl-butan-2-on in Essigsäure mit Chlorwasserstoff und anschliessend mit einer Lösung von 2-Hydroxy-[1]naphthaldehyd in Essigsäure und mit Chlorwasserstoff und Behandeln einer Suspension des Reaktionsprodukts in Äther mit wss. Ammoniak (*Heilbron et al.*, Soc. **1931** 1336, 1339).

Krystalle (aus Acn.); F: 157° [rote Schmelze].

XI XII XIII

(±)-2-Benzyl-spiro[benzo[*f*]chromen-3,2'-chromen] $C_{28}H_{20}O_2$, Formel XII.

B. Beim Behandeln einer Lösung von 1-[2-Hydroxy-phenyl]-5-phenyl-pent-1-en-3-on (F: 128–129°) und 2-Hydroxy-[1]naphthaldehyd in Äthanol mit Chlorwasserstoff und Behandeln des Reaktionsprodukts mit wss. Ammoniak und Äther (*Heilbron et al.*, Soc. **1931** 1336, 1339).

Krystalle (aus Acn.); F: 129—130°.

(±)-2-Methyl-4'-phenyl-spiro[benzo[*f*]chromen-3,2'-chromen] $C_{28}H_{20}O_2$, Formel XIII.

Eine von *Heilbron et al.* (Soc. **1933** 430, 433) unter dieser Konstitution beschriebene Verbindung (F: 153—154°) ist als (±)-3'-Methyl-2'-phenyl-spiro[benzo[*f*]chromen-3,4'-chromen] (s. u.) zu formulieren (*Heilbron et al.*, Soc. **1933** 1263).

B. Beim Behandeln von 2-Äthyl-4-phenyl-chromenylium-chlorid (durch Umsetzung von 2-Äthyl-chromen-4-on mit Phenylmagnesiumbromid und anschliessende Behandlung mit wss. Salzsäure hergestellt) mit 2-Hydroxy-[1]naphthaldehyd, Äthylacetat und Chlorwasserstoff und Erwärmen des Reaktionsprodukts mit wss. Ammoniak (*Heilbron et al.*, Soc. **1936** 1380, 1381).

Krystalle (aus Bzl.); F: 219—220° (*He. et al.*, Soc. **1936** 1381).

(±)-3'-Methyl-2'-phenyl-spiro[benzo[*f*]chromen-3,4'-chromen] $C_{28}H_{20}O_2$, Formel XIV.

Diese Konstitution kommt der nachstehend beschriebenen, ursprünglich (*Heilbron et al.*, Soc. **1933** 430, 433) als (±)-2-Methyl-4'-phenyl-spiro[benzo[*f*]chromen-3,2'-chromen] angesehenen Verbindung zu (*Heilbron et al.*, Soc. **1933** 1263).

B. Beim Behandeln einer Lösung von 3,4-Dimethyl-2-phenyl-chromenylium-perchlorat (E III/IV **17** 1675) in Äther mit wss. Ammoniak und anschliessend mit 2-Hydroxy-[1]naphthaldehyd und Chlorwasserstoff und Behandeln des Reaktionsprodukts mit wss. Ammoniak und Äther (*He. et al.*, l. c. S. 433).

Krystalle (aus Acn.); F: 153—154° [purpurfarbene Schmelze].

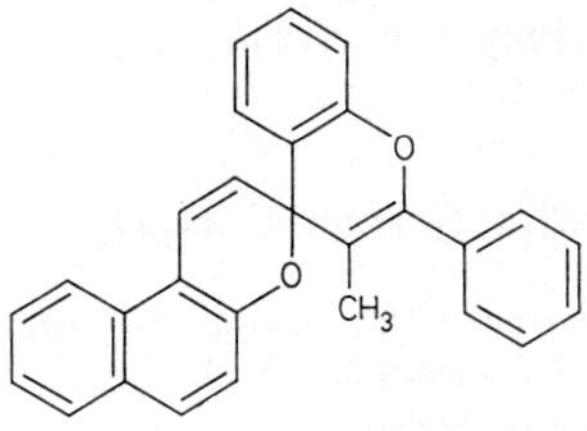

XIV 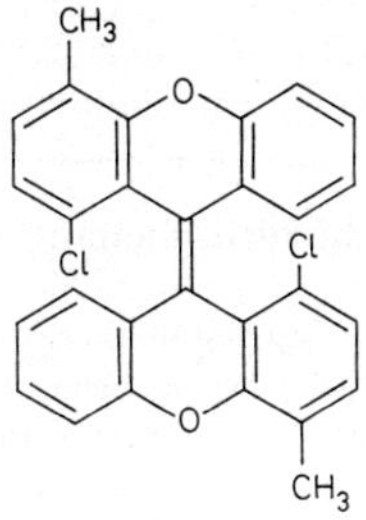 XV 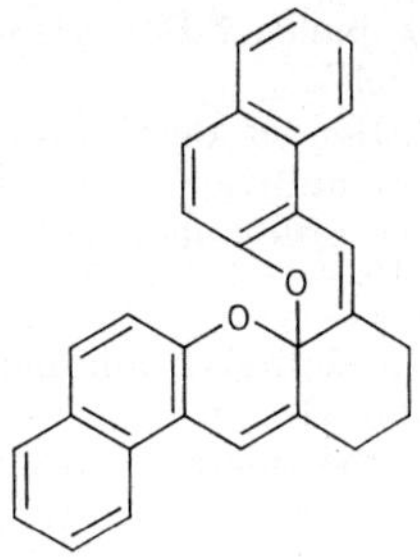 XVI

***1,1'-Dichlor-4,4'-dimethyl-[9,9']bixanthenyliden** $C_{28}H_{18}Cl_2O_2$, Formel XV oder Stereoisomeres.

B. Beim Erwärmen von 1-Chlor-4-methyl-xanthen-9-on mit Thionylchlorid (oder Oxalylchlorid) und Erhitzen einer Lösung des Reaktionsprodukts in Xylol mit Kupfer-Pulver (*Schönberg et al.*, Am. Soc. **75** [1953] 3377).

Gelbliche Krystalle (aus Xylol); F: ca. 330° [rotbraune Schmelze].

6,7-Dihydro-8*H*-benzo[*a*]benzo[5,6]chromeno[2,3-*g*]xanthen $C_{28}H_{20}O_2$, Formel XVI (E II 60; dort als 3.3'-Trimethylen-bis-[naphtho-1'.2':5.6-(1.2-pyran)]-spiran-(2.2') bezeichnet).

Krystalle; F: 243° [Block] (*Chaudé*, Cahiers Phys. Nr. 52 [1954] 3, 42). Absorptionsspektrum (Methylcyclohexan + Isopentan; 400—700 nm) bei —175° und bei —140° nach Bestrahlung mit UV-Licht (λ: 365 nm) sowie bei —175° und bei —150° nach Beschuss mit Elektronen: *Hirshberg*, J. chem. Physics **27** [1957] 758, 762. Absorptionsspektrum (Methylcyclohexan; 400—760 nm) bei —170°, —150° und —115° nach Bestrahlung mit UV-Licht: *Hirshberg*, *Fischer*, Soc. **1954** 297, 299. Luminescenzspektrum (Methylcyclohexan + Bzn.; 400—700 nm) der bei der Bestrahlung mit UV-Licht (λ: 365 nm) bei —150° erhaltenen rosaroten Modifikation: *Hi.*, *Fi.*, l. c. S. 301.

Enthalpie-Differenz zwischen der farblosen und der farbigen Modifikation in Benzylalkohol: *Ch.*, l. c. S. 29. Enthalpie der Umwandlung der farbigen in die farblose Modifikation: *Hi.*, *Fi.*, l. c. S. 300.

Stammverbindungen $C_{29}H_{22}O_2$

1,4,5,6-Tetraphenyl-2,3-dioxa-norborn-5-en $C_{29}H_{22}O_2$, Formel I.

B. Aus 1,2,3,4-Tetraphenyl-cyclopentadien bei der Einwirkung von Luft und Licht (*Dufraisse et al.*, C. r. **244** [1957] 2209).

UV-Spektrum (200–300 nm): *Du. et al.*, C. r. **244** 2211.

Beim Erhitzen mit Xylol ist 1*r*,2*c*;3*c*,4*c*-Diepoxy-1,2*t*,3*t*,4*t*-tetraphenyl-cyclopentan erhalten worden (*Dufraisse et al.*, C. r. **246** [1958] 1640).

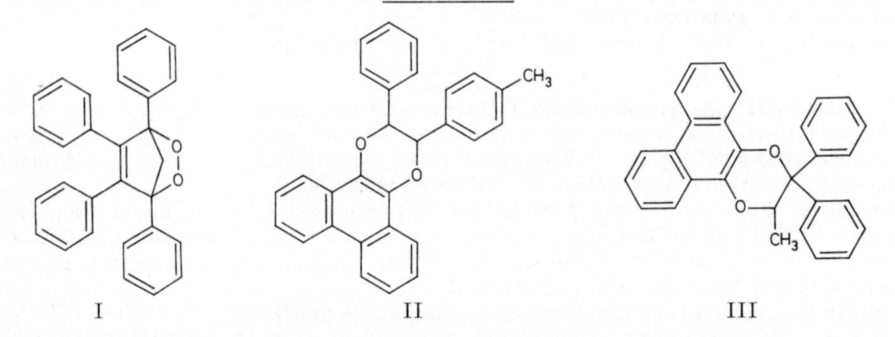

I II III

***Opt.-inakt. 2-Phenyl-3-*p*-tolyl-2,3-dihydro-phenanthro[9,10-*b*][1,4]dioxin** $C_{29}H_{22}O_2$, Formel II.

B. Bei der Bestrahlung eines Gemisches von Phenanthren-9,10-chinon, 4-Methyl-*trans*-stilben und Benzol mit Sonnenlicht (*Schönberg et al.*, Soc. **1948** 2126, 2127).

Krystalle (aus E.); F: 247° [Zers.; orangefarbene Schmelze].

(±)-3-Methyl-2,2-diphenyl-2,3-dihydro-phenanthro[9,10-*b*][1,4]dioxin $C_{29}H_{22}O_2$, Formel III.

B. Bei der Bestrahlung eines Gemisches von Phenanthren-9,10-chinon, 1,1-Diphenyl-propen und Benzol mit Sonnenlicht (*Schönberg, Mustafa*, Soc. **1945** 551).

Krystalle (aus Xylol); F: 233° [Zers.; orangefarbene Schmelze].

(±)-3′-Phenäthyl-spiro[benzo[*f*]chromen-3,2′-chromen] $C_{29}H_{22}O_2$, Formel IV.

B. Beim Behandeln einer Lösung von Salicylaldehyd und 5-Phenyl-pentan-2-on in Essigsäure mit Chlorwasserstoff und anschliessend mit 2-Hydroxy-[1]naphthaldehyd und Chlorwasserstoff und Behandeln des Reaktionsprodukts mit wss. Ammoniak und Äther (*Heilbron et al.*, Soc. **1931** 1336, 1341).

Krystalle (aus Acn.); F: 140–141° [purpurfarbene Schmelze].

IV V

(±)-2-Phenäthyl-spiro[benzo[*f*]chromen-3,2′-chromen] $C_{29}H_{22}O_2$, Formel V.

B. Beim Behandeln einer Lösung von 1-[2-Hydroxy-phenyl]-6-phenyl-hex-1-en-3-on (F: 114°) und 2-Hydroxy-[1]naphthaldehyd in Äthanol mit Chlorwasserstoff und Behandeln des Reaktionsprodukts mit wss. Ammoniak und Äther (*Heilbron et al.*, Soc. **1931** 1336, 1341).

Krystalle (aus Acn.); F: 180°.

1*r*,2*c*;3*c*,4*c*-Diepoxy-1,2*t*,3*t*,4*t*-tetraphenyl-cyclopentan $C_{29}H_{22}O_2$, Formel VI.

B. Beim Erhitzen von 1,4,5,6-Tetraphenyl-2,3-dioxa-norborn-5-en mit Xylol (*Dufraisse et al.*, C. r. **246** [1958] 1640).

UV-Spektrum (220–240 nm): *Dufraisse et al.*, C. r. **244** [1957] 2209, 2211.

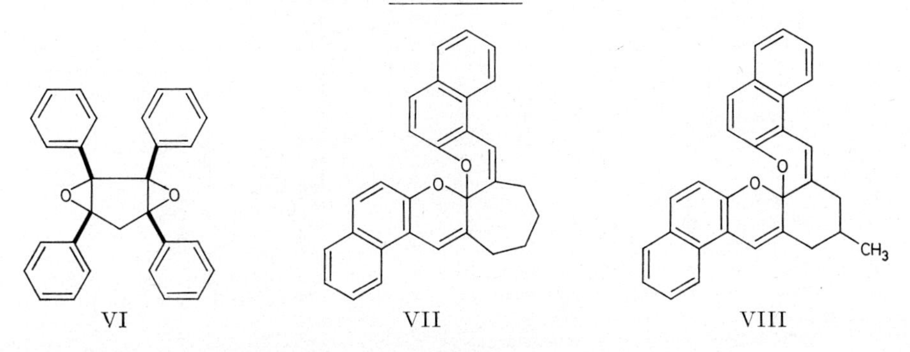

VI VII VIII

6,7,8,9-Tetrahydro-dibenzo[*f*,*f'*]cyclohepta[1,2-*b*;1,7-*b'*]dichromen $C_{29}H_{22}O_2$, Formel VII.

B. Beim Behandeln eines Gemisches von 2-Hydroxy-[1]naphthaldehyd, Cycloheptanon und Äthanol mit Chlorwasserstoff und Behandeln des Reaktionsprodukts mit wss. Ammoniak und Äther (*Heilbron et al.*, Soc. **1933** 430, 434).

Krystalle (aus Acn. + A.); F: 245–246°.

7-Methyl-6,7-dihydro-8*H*-benzo[*a*]benzo[5,6]chromeno[2,3-*g*]xanthen $C_{29}H_{22}O_2$, Formel VIII.

B. Beim Behandeln eines Gemisches von 2-Hydroxy-[1]naphthaldehyd, 4-Methyl-cyclohexanon und Äthanol mit Chlorwasserstoff und Behandeln des Reaktionsprodukts mit wss. Ammoniak und Äther (*Heilbron et al.*, Soc. **1933** 430, 434).

Krystalle (aus Bzl.); F: 253–254°.

Stammverbindungen $C_{30}H_{24}O_2$

***Opt.-inakt. 2-Äthyl-2,3-diphenyl-2,3-dihydro-phenanthro[9,10-*b*][1,4]dioxin** $C_{30}H_{24}O_2$, Formel IX.

Über ein bei der Bestrahlung eines Gemisches von Phenanthren-9,10-chinon, α-Äthyl-stilben (nicht charakterisiert) und Benzol mit Sonnenlicht erhaltenes Präparat (Krystalle [aus PAe.], F: 169°) s. *Schönberg et al.*, Soc. **1948** 2126, 2128.

IX X

(±)-3-Äthyl-2,2-diphenyl-2,3-dihydro-phenanthro[9,10-*b*][1,4]dioxin $C_{30}H_{24}O_2$, Formel X.

B. Bei der Bestrahlung eines Gemisches von Phenanthren-9,10-chinon, 1,1-Diphenyl-

but-1-en und Benzol mit Sonnenlicht (*Mustafa*, Soc. **1949** Spl. 583, Spl. 585).
Krystalle (aus Bzl. + A.); F: 164–165° [gelbe Schmelze].

***Opt.-inakt. 6,11-Dimethyl-2,3-diphenyl-2,3-dihydro-phenanthro[9,10-*b*][1,4]dioxin** $C_{30}H_{24}O_2$, Formel XI.

B. Bei der Bestrahlung eines Gemisches von 2,7-Dimethyl-phenanthren-9,10-chinon, *trans*-Stilben und Benzol mit Sonnenlicht (*Schönberg et al.*, Soc. **1950** 374, 377).
Krystalle (aus Xylol); F: ca. 258° [Zers.; orangebraune Schmelze].

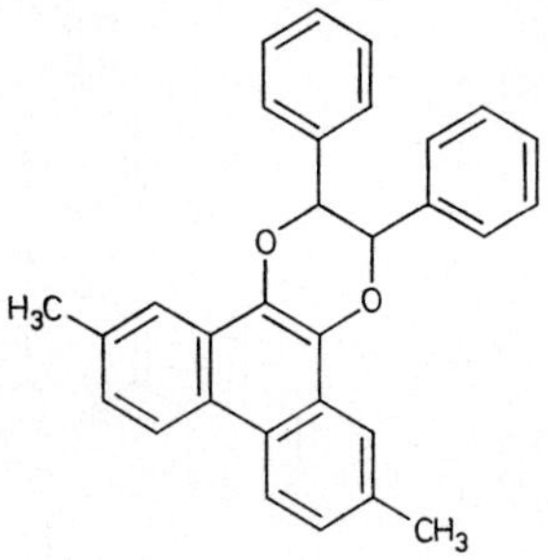

XI 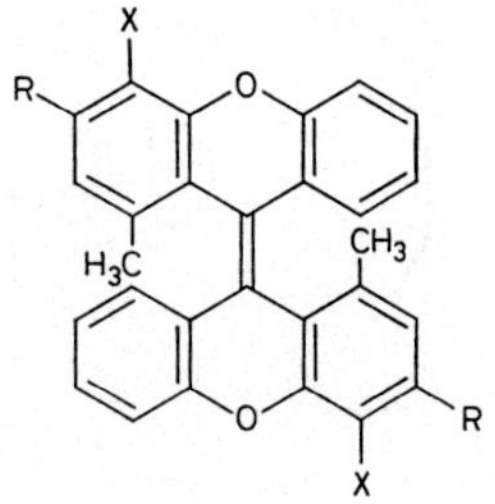 XII

***1,3,1',3'-Tetramethyl-[9,9']bixanthenyliden** $C_{30}H_{24}O_2$, Formel XII ($R = CH_3$, $X = H$) oder Stereoisomeres.

B. Beim Erhitzen von 1,3-Dimethyl-xanthen-9-on mit Essigsäure, Zink-Pulver und wss. Salzsäure (*Mustafa*, *Sobhy*, Am. Soc. **77** [1955] 5124).
Krystalle (aus Bzn.); F: 191° [unkorr.; gelbe Schmelze].

***1,4,1',4'-Tetramethyl-[9,9']bixanthenyliden** $C_{30}H_{24}O_2$, Formel XII ($R = H$, $X = CH_3$) oder Stereoisomeres.

B. Beim Erhitzen von 1,4-Dimethyl-xanthen-9-on mit Essigsäure, Zink-Pulver und wss. Salzsäure (*Mustafa*, *Sobhy*, Am. Soc. **77** [1955] 5124).
Krystalle (aus Xylol); F: 267° [unkorr.; gelbe Schmelze].

***2,3,2',3'-Tetramethyl-[9,9']bixanthenyliden** $C_{30}H_{24}O_2$, Formel XIII ($R = CH_3$, $X = H$) oder Stereoisomeres.

B. Beim Erhitzen von 2,3-Dimethyl-xanthen-9-on mit Essigsäure, Zink-Pulver und wss. Salzsäure (*Mustafa*, *Sobhy*, Am. Soc. **77** [1955] 5124). Beim Erhitzen einer Lösung von 2,3-Dimethyl-xanthen-9-thion in Xylol mit Kupfer-Pulver (*Mu.*, *So.*).
Krystalle (aus Xylol); F: 287° [unkorr.; blaugrüne Schmelze].

***2,4,2',4'-Tetramethyl-[9,9']bixanthenyliden** $C_{30}H_{24}O_2$, Formel XIII ($R = H$, $X = CH_3$).

B. Beim Erhitzen von 2,4-Dimethyl-xanthen-9-on mit Essigsäure, Zink-Pulver und wss. Salzsäure (*Mustafa*, *Sobhy*, Am. Soc. **77** [1955] 5124). Beim Erhitzen einer Lösung von 2,4-Dimethyl-xanthen-9-thion in Xylol mit Kupfer-Pulver (*Mu.*, *So.*).
Krystalle (aus Xylol); F: 285° [unkorr.; blaugrüne Schmelze].

5,12-Diphenyl-5,7,8,9,10,12-hexahydro-5,12-epidioxido-naphthacen $C_{30}H_{24}O_2$, Formel XIV.

B. Bei der Einwirkung von Luft und Licht auf 6,11-Diphenyl-1,2,3,4-tetrahydro-naphthacen in Schwefelkohlenstoff (*Dufraisse*, *Horclois*, Bl. [5] **3** [1936] 1894, 1904).
F: 238° [Zers.; Block].

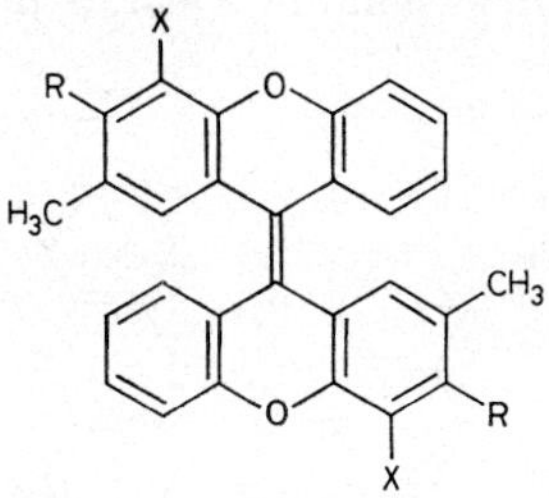

XIII 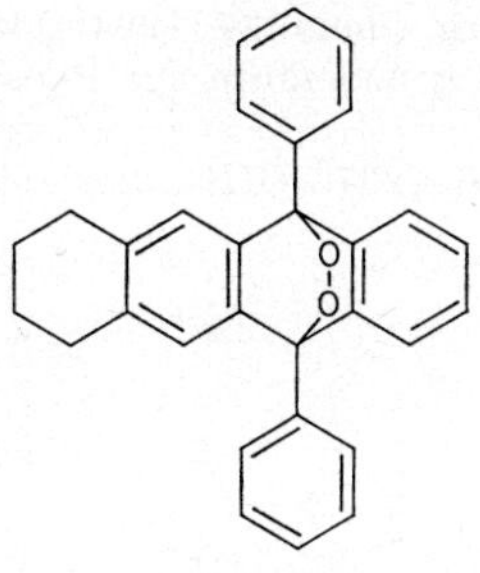 XIV 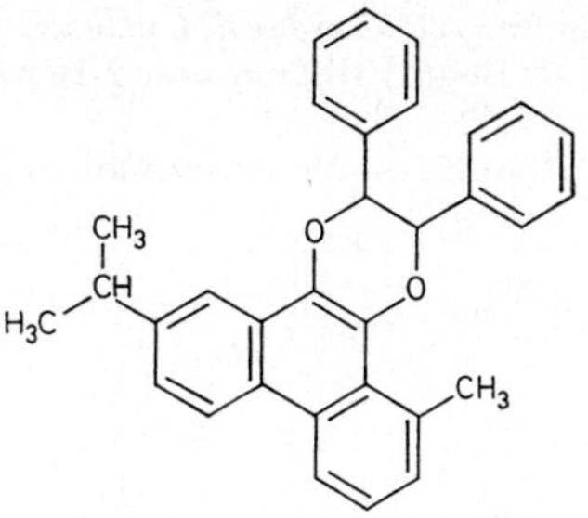 XV

Stammverbindungen $C_{32}H_{28}O_2$

***Opt.-inakt. 11-Isopropyl-5-methyl-2,3-diphenyl-2,3-dihydro-phenanthro[9,10-*b*][1,4]dioxin** $C_{32}H_{28}O_2$, Formel XV.

B. Bei der Bestrahlung eines Gemisches von 7-Isopropyl-1-methyl-phenanthren-9,10-chinon, *trans*-Stilben und Benzol mit Sonnenlicht (*Schönberg, Mustafa*, Soc. **1947** 997, 999).

Hellgelbe Krystalle (aus A.); F: 224—226° [Zers.; rote Schmelze].

Stammverbindungen $C_nH_{2n-38}O_2$

Stammverbindungen $C_{26}H_{14}O_2$

Dinaphtho[1,2-*d*;1′,2′-*d*′]benzo[1,2-*b*;4,5-*b*′]difuran $C_{26}H_{14}O_2$, Formel I.

B. Beim Erhitzen von 2,5-Dichlor-3,6-bis-[2-hydroxy-[1]naphthyl]-hydrochinon mit Zink-Pulver unter vermindertem Druck (*Osman*, J. org. Chem. **22** [1957] 342).

Gelbliche Krystalle (nach Sublimation bei 300—320°/2 Torr); F: 300—302° [Zers.].

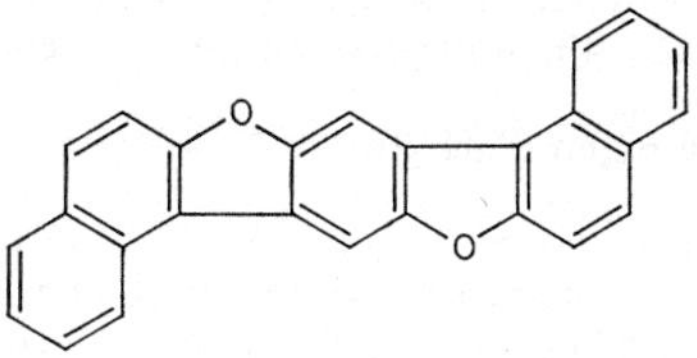

I 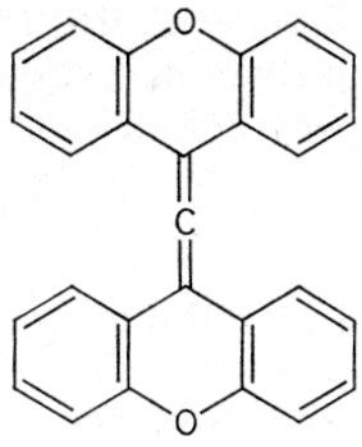 II

Stammverbindungen $C_{27}H_{16}O_2$

Di-xanthen-9-yliden-methan $C_{27}H_{16}O_2$, Formel II.

B. Beim Erhitzen von Di-xanthen-9-yl-methinium-perchlorat mit Essigsäure und Natriumacetat (*Wizinger, Renckhoff*, Helv. **24** [1941] 369 E, 388 E).

Krystalle (aus Chlorbenzol); F: 255—256°.

Stammverbindungen $C_{28}H_{18}O_2$

2,3-Diphenyl-phenanthro[9,10-*b*][1,4]dioxin $C_{28}H_{18}O_2$, Formel III.

B. Bei der Bestrahlung eines Gemisches von Phenanthren-9,10-chinon, α-Chlor-*trans*-stilben und Benzol mit Sonnenlicht (*Schönberg, Mustafa*, Soc. **1945** 551).

Krystalle (aus Nitrobenzol) mit 1 Mol Nitrobenzol; die unterhalb 320° nicht schmelzen.

3,3′-Diphenyl-[1,1′]bi[benzo[*c*]thiophenyl] $C_{28}H_{18}S_2$, Formel IV (X = H).

Diese Konstitution kommt der nachstehend beschriebenen, ursprünglich (*O'Brochta, Lowy*, Am. Soc. **61** [1939] 2765, 2767) als 1-Phenyl-benzo[*c*]thiophen angesehenen Verbindung zu (*Bordwell, Cutshall*, J. org. Chem. **29** [1964] 2019).

B. Beim Erhitzen von 2-Benzoyl-benzoesäure mit Phosphor(V)-sulfid in Xylol (*O'Br., Lowy*; *Bo., Cu.*).

Rote Krystalle (aus Xylol); F: 236—237° (*O'Br., Lowy*; *Bo., Cu.*).

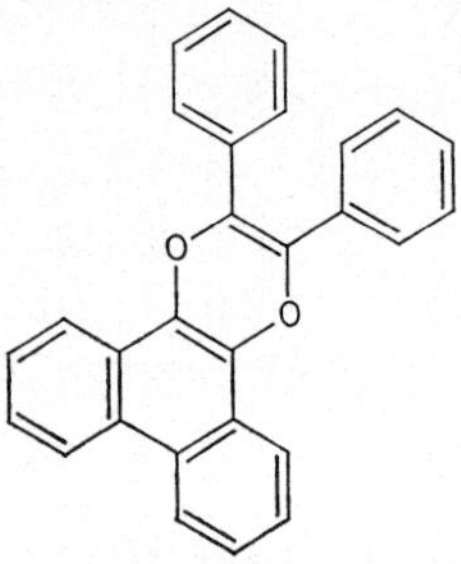

III 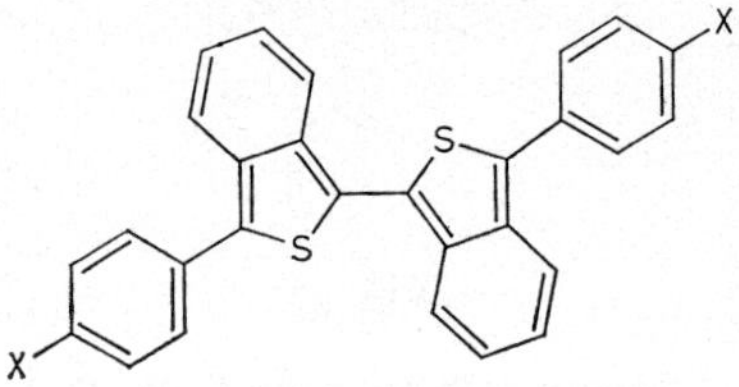 IV 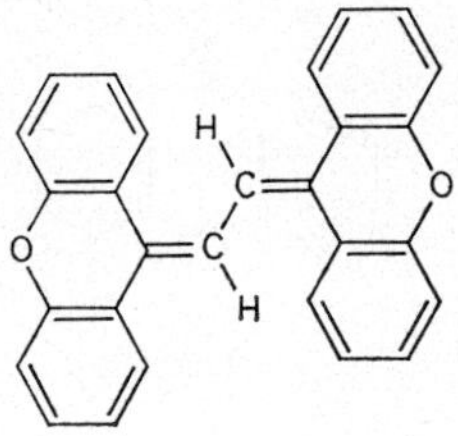 V

3,3'-Bis-[4-chlor-phenyl]-[1,1']bi[benzo[*c*]thiophenyl] $C_{28}H_{16}Cl_2S_2$, Formel IV (X = Cl).

Diese Konstitution kommt wahrscheinlich der nachstehend beschriebenen, von *O'Brochta, Lowy* (Am. Soc. **61** [1939] 2765, 2768) als 1-[4-Chlor-phenyl]-benzo[*c*]thiophen angesehenen Verbindung zu (vgl. die im vorangehenden Artikel beschriebene, analog hergestellte Verbindung).

B. Beim Erhitzen von 2-[4-Chlor-benzoyl]-benzoesäure mit Phosphor(V)-sulfid in Xylol (*O'Br., Lowy*).

F: 241—242°.

1,2-Di-xanthen-9-yliden-äthan $C_{28}H_{18}O_2$, Formel V.

B. Neben 9-Methyl-xanthen-9-ol beim Erwärmen von Xanthen-9-on mit Methylmagnesiumjodid in Äther und anschliessenden Behandeln mit wss. Ammoniumchlorid-Lösung (*Bergmann et al.*, Bl. **1951** 693, 696).

Gelborangefarbene Krystalle (aus Butan-1-ol oder Eg.); F: 191° (*Be. et al.*, l. c. S. 696). Absorptionsspektrum (Toluol + Decalin; 225—490 nm): *Be. et al.*, l. c. S. 695.

Stammverbindungen $C_{30}H_{22}O_2$

3,3'-Di-*p*-tolyl-[1,1']bi[benzo[*c*]thiophenyl] $C_{30}H_{22}S_2$, Formel IV (X = CH_3).

Diese Konstitution kommt wahrscheinlich der nachstehend beschriebenen, ursprünglich (*O'Brochta, Lowy*, Am. Soc. **61** [1939] 2765, 2768) als 1-*p*-Tolyl-benzo[*c*]thiophen angesehenen Verbindung zu (vgl. die Angaben im Artikel 3,3'-Diphenyl-[1,1']bi[benzo[*c*]thiophenyl] [S. 477]).

B. Beim Erhitzen von 2-*p*-Toluoyl-benzoesäure mit Phosphor(V)-sulfid in Xylol (*O'Br., Lowy*).

F: 217°.

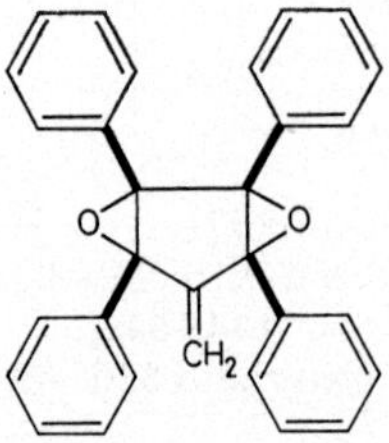

VI 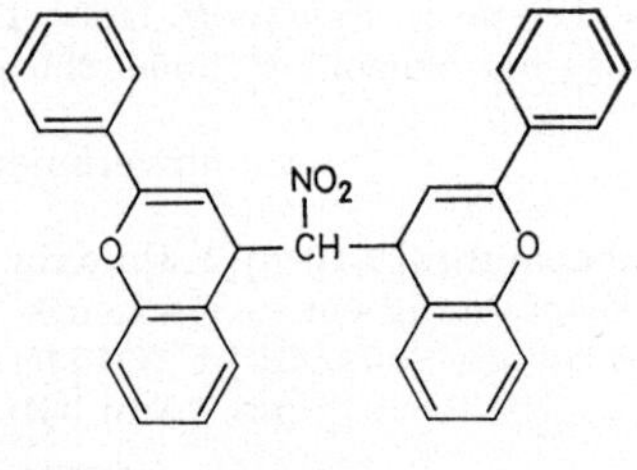 VII

1*r*,2*c*;3*c*,4*c*-Diepoxy-5-methylen-1,2*t*,3*t*,4*t*-tetraphenyl-cyclopentan $C_{30}H_{22}O_2$, Formel VI.

Konstitution und Konfiguration: *Dufraisse et al.*, C. r. **246** [1958] 1640, 1641.

B. Beim Behandeln einer Lösung von 5-Methylen-1,2,3,4-tetraphenyl-cyclopenta-1,3-dien in Äther mit Luft unter Bestrahlung mit UV-Licht (*Dufraisse et al.*, C. r. **244** [1957] 2209, 2210).

F: 283—284° [Block] (*Du. et al.*, C. r. **244** 2210). UV-Spektrum (220—250 nm): *Du. et al.*, C. r. **244** 2211.

Stammverbindungen $C_{31}H_{24}O_2$

***Opt.-inakt. Nitro-bis-[2-phenyl-4*H*-chromen-4-yl]-methan** $C_{31}H_{23}NO_4$, Formel VII.

B. Beim Behandeln von 2-Phenyl-chromenylium-perchlorat (E III/IV **17** 1665) mit Äthanol und Nitromethan unter Zusatz von methanol. Natronlauge, Triäthylamin oder Pyridin (*Kröhnke, Dickoré*, B. **92** [1959] 46, 59).

Krystalle (aus E. + PAe.); F: 205°.

Stammverbindungen $C_{32}H_{26}O_2$

1,2-Bis-[2,7-dimethyl-xanthen-9-yliden]-äthan $C_{32}H_{26}O_2$, Formel VIII.

B. Neben anderen Verbindungen beim Erwärmen von Di-*p*-tolyläther mit Acetylchlorid, Aluminiumchlorid und Schwefelkohlenstoff (*Kimoto et al.*, J. pharm. Soc. Japan **73** [1953] 506, 508; C. A. **1954** 3354; *Kimoto*, J. pharm. Soc. Japan **75** [1955] 501, 504; C. A. **1956** 5647).

Orangerote Krystalle (aus Bzl.); F: 229—231° (*Ki.*), 228—230° (*Ki. et al.*). Absorptionsspektrum (A.; 220—460 nm): *Ki.*

Beim Behandeln mit Brom in Tetrachlormethan ist eine Verbindung $C_{32}H_{26}Br_6O_2$ (unterhalb 300° nicht schmelzend) erhalten worden (*Ki.*).

VIII IX

Stammverbindungen $C_{36}H_{34}O_2$

***Opt.-inakt. 1,3-Dimesityl-4,6-diphenyl-1*H*,3*H*-furo[3,4-*c*]furan** $C_{36}H_{34}O_2$, Formel IX.

Diese Konstitution ist für die nachstehend beschriebene Verbindung in Betracht gezogen worden (*Nightingale, Sukornick*, J. org. Chem. **24** [1959] 497, 500).

B. Beim Erwärmen von 2,5-Diphenyl-3,4-bis-[2,4,6-trimethyl-benzoyl]-furan mit äthanol. Kalilauge und Zink und anschliessenden Behandeln mit wss. Essigsäure (*Ni.*, *Su.*).

Krystalle (aus A.); F: 119—120°.

Stammverbindungen $C_nH_{2n-40}O_2$

Stammverbindungen $C_{28}H_{16}O_2$

2-Fluoren-9-yliden-phenanthro[9,10-*d*][1,3]dioxol $C_{28}H_{16}O_2$, Formel I.

B. Beim Erhitzen von 9-Hydroxy-phenanthren-10-diazonium-betain mit Xylol (*Ried, Dietrich*, A. **639** [1961] 32, 51; s. a. *Ried, Dietrich*, Naturwiss. **46** [1959] 474).

Gelbliche Krystalle (aus Nitrobenzol); F: 421°. Unter vermindertem Druck sublimierbar.

Verbindung mit Picrinsäure $C_{28}H_{16}O_2 \cdot C_6H_3N_3O_7$. Orangebraune Krystalle; F: 225° [Zers.] (*Ried, Di.*, A. **639** 52).

I II III

Stammverbindungen $C_{29}H_{18}O_2$

14-Benzo[*b*]thiophen-3-yl-14*H*-dibenzo[*a,j*]xanthen $C_{29}H_{18}OS$, Formel II (X = H).

B. Beim Erhitzen von [2]Naphthol mit Benzo[*b*]thiophen-3-carbaldehyd, Essigsäure und wss. Salzsäure (*Buu-Hoi, Hoán*, Soc. **1951** 251, 253).

Krystalle (aus Eg.); F: 280°.

14-Benzo[*b*]thiophen-3-yl-3,11-dibrom-14*H*-dibenzo[*a,j*]xanthen $C_{29}H_{16}Br_2OS$, Formel II (X = Br).

B. Beim Erhitzen von 6-Brom-[2]naphthol mit Benzo[*b*]thiophen-3-carbaldehyd, Essigsäure und wss. Salzsäure (*Buu-Hoi, Hoán*, Soc. **1951** 251, 253).

Krystalle (aus Eg.); F: 325°.

Stammverbindungen $C_{30}H_{20}O_2$

(*E*?)-2,2′-Diphenyl-[4,4′]bichromenyliden $C_{30}H_{20}O_2$, vermutlich Formel III.

Konfigurationszuordnung: *Taylor*, Z. Kr. **93** [1936] 151, 152.

B. Beim Erhitzen einer Lösung von 2-Phenyl-chromen-4-thion in Xylol mit Kupfer-Pulver (*Schönberg et al.*, B. **66** [1933] 245, 249). Beim Behandeln von opt.-inakt. 2,2″-Di=phenyl-dispiro[chromen-4,4′-[1,3]dithiolan-5′,4″-chromen] (F: 182–183°) mit Phenyl=lithium in Äther und Benzol (*Schönberg, Nickel*, B. **64** [1931] 2323, 2326).

Gelbe Krystalle (aus Bzl. + PAe.); F: 224° (*Sch., Ni.*; *Sch. et al.*). Krystallstruktur-Analyse (Röntgen-Diagramm): *Ta.* Dichte der Krystalle: 1,32 (*Ta.*). Absorptionsspektrum (Dimethylphthalat; 38000–16000 cm⁻¹): *Theilacker et al.*, B. **83** [1950] 508, 513. Piezochromie (bei 24°) und Thermochromie (bei 202°) der an Magnesiumoxid adsorbierten Verbindung (Reflexionsspektrum; 42000–10000 cm⁻¹): *Kortüm et al.*, Z. physik. Chem. [N. F.] **11** [1957] 182, 192, 193.

***2,2′-Diphenyl-[4,4′]bithiochromenyliden** $C_{30}H_{20}S_2$, Formel IV oder Stereoisomeres.

B. Beim Erwärmen von 2-Phenyl-thiochromen-4-on mit Thionylchlorid und Erwärmen des Reaktionsprodukts mit Kupfer-Pulver in Benzol (*Schönberg, Asker*, Soc. **1942** 272).

Gelbe Krystalle; F: 285°.

IV V VI

(±)-5,11-Diphenyl-5,12-dihydro-5,12-epidioxido-naphthacen $C_{30}H_{20}O_2$, Formel V.

B. Bei der Einwirkung von Luft und Licht auf eine Lösung von 5,11-Diphenyl-naphthacen in Benzol (*Loury*, A. ch. [12] **10** [1955] 807, 816).

Krystalle; F: 235–236° [Block] (*Lo.*). UV-Spektrum (220–310 nm): *Perronnet*, A. ch. [13] **4** [1959] 365, 412.

5,12-Diphenyl-5,12-dihydro-5,12-epidioxido-naphthacen $C_{30}H_{20}O_2$, Formel VI.

Diese Konstitution ist für die nachstehend beschriebene Verbindung in Betracht gezogen worden (*Dufraisse, Horclois*, Bl. [5] **3** [1936] 1894, 1898).

B. Bei der Einwirkung von Luft und Sonnenlicht auf Lösungen von 5,12-Diphenyl-naphthacen (*Du., Ho.*, l. c. S. 1903).

Krystalle; Zers. bei 160° (*Du., Ho.*, l. c. S. 1903).

Stammverbindungen $C_{31}H_{22}O_2$

6b,8ξ,9a-Triphenyl-(6b*r*,9a*c*)-6b,9a-dihydro-acenaphtho[1,2-*d*][1,3]dioxol, 1*r*,2*c*-[(Ξ)-Benzylidendioxy]-1,2*t*-diphenyl-acenaphthen $C_{31}H_{22}O_2$, Formel VII.

B. Beim Behandeln von 1,2-Diphenyl-acenaphthylen mit Benzaldehyd und Sauerstoff (*Wittig, Henkel*, A. **542** [1939] 130, 141). Beim Behandeln von 1,2*t*-Diphenyl-acenaphthen-1*r*,2*c*-diol oder von 1,2*c*-Diphenyl-acenaphthen-1*r*,2*t*-diol mit Benzaldehyd und Chlorwasserstoff (*Wi., He.*).

Krystalle (aus Eg.); F: 249–249,5°.

VII VIII

(±)-9-[1,2-Dihydro-naphtho[2,1-*b*]furan-2-yl]-9-phenyl-xanthen $C_{31}H_{22}O_2$, Formel VIII.

Die Identität einer von *Mustafa* (Soc. **1949** 2295) unter dieser Konstitution beschriebenen, aus vermeintlichem Spiro[benzo[*f*]chromen-3,9'-xanthen] (S. 458) und Phenylmagnesiumbromid hergestellten Verbindung (Krystalle [aus Bzl. + Bzn.]; F: 126°) ist ungewiss.

(±)-9-[1,2-Dihydro-naphtho[2,1-*b*]furan-2-yl]-9-phenyl-thioxanthen $C_{31}H_{22}OS$, Formel IX.

B. Beim Erwärmen von Spiro[benzo[*f*]chromen-3,9'-thioxanthen] mit Phenylmagnesiumbromid in Äther und Benzol und anschliessenden Behandeln mit wss. Salzsäure (*Mustafa*, Soc. **1949** 2295).

Krystalle (aus A.); F: 152°.

IX X

***Opt.-inakt. 3-[1,2-Dihydro-naphtho[2,1-*b*]furan-2-yl]-3-phenyl-3*H*-benzo[*f*]chromen** $C_{31}H_{22}O_2$, Formel X.

B. Beim Erwärmen von [3,3']Spirobi[benzo[*f*]chromen] mit Phenylmagnesiumbromid in Äther und Benzol und anschliessenden Behandeln mit wss. Salzsäure (*Schönberg et al.*, Soc. **1947** 847).

Krystalle (aus Bzn.); F: 212–215°.

Stammverbindungen $C_{32}H_{24}O_2$

***8,8'-Dimethyl-2,2'-diphenyl-[4,4']bichromenyliden** $C_{32}H_{24}O_2$, Formel XI oder Stereoisomeres.

B. Beim Erwärmen von 8-Methyl-2-phenyl-chromen-4-on mit Oxalylchlorid und Erhitzen des Reaktionsprodukts mit Toluol und Kupfer-Pulver (*Schönberg, Nickel*, B. **67** [1934] 1795, 1796).

Gelbe Krystalle (aus Bzl. + A.); F: 240°.

XI

XII

6,8,15,17-Tetrahydro-5,18; 9,14-di-*o*-benzeno-dibenzo[*d,k*][1,8]dithiacyclotetradecin, 1,5-Dithia-3,7-di-(9,10)anthra-cyclooctan[1]), 2,15-Dithia[3.3](9,10)anthracenophan $C_{32}H_{24}S_2$, Formel XII.

Diese Konstitution kommt der nachstehend beschriebenen, ursprünglich (*El Hewehi, Runge*, J. pr. [4] **9** [1959] 33, 40) als 9,10-[2]Thiapropano-anthracen angesehenen Verbindung zu (*Millar, Wilson*, Soc. **1964** 2121, 2124).

B. Neben grösseren Mengen 6,9,16,18-Tetrahydro-5,19;10,15-di-*o*-benzeno-dibenzo[*e,l*][1,2,9]trithiacyclopentadecin (?) (F: 220° [Zers.]) beim Erwärmen von 9,10-Bis-chlormethyl-anthracen mit Kalium-trithiocarbonat in Äthanol (*El He., Ru.*).

Orangefarbene Krystalle (aus Tetrahydrofuran + A.); F: 226° [Zers.] (*El He., Ru.*).

***Opt.-inakt. 3-[1,2-Dihydro-naphtho[2,1-*b*]furan-2-yl]-3-*p*-tolyl-3*H*-benzo[*f*]chromen** $C_{32}H_{24}O_2$, Formel XIII.

B. Aus [3,3']Spirobi[benzo[*f*]chromen] und *p*-Tolylmagnesiumbromid (*Schönberg et al.*, Soc. **1947** 847).

Krystalle (aus A. + Bzl.); F: 214°.

XIII

XIV

[1]) Über diese Bezeichnungsweise s. *Kauffmann*, Tetrahedron **28** [1972] 5183.

9,10,9',10',11',12'-Hexahydro-spiro[9,10-äthano-anthracen-11,14'-(9,10)-[1,3]dioxolo[4,5]ätheno-anthracen] $C_{32}H_{24}O_2$, Formel XIV.

B. Beim Erwärmen von 9,10-Dihydro-9,10-äthano-anthracen-11*r*,12*c*-diol mit 9,10-Dihydro-9,10-äthano-anthracen-11-on in Benzol unter Zusatz von Toluol-4-sulfonsäure (*Vaughan, Yoshimine,* J. org. Chem. **22** [1957] 528, 529).

Krystalle (aus PAe.); F: 214,5—215° [unkorr.].

***5,5a,6a,7,12,12a,13a,14-Octahydro-5,14;7,12-di-*o*-benzeno-dinaphtho[2,3-*b*;2',3'-*e*][1,4]dioxin** $C_{32}H_{24}O_2$, Formel I.

Diese Konstitution kommt wahrscheinlich der nachstehend beschriebenen Verbindung zu (*Vaughan, Yoshimine,* J. org. Chem. **22** [1957] 528, 529).

B. Bei mehrtägigem Erwärmen von 9,10-Dihydro-9,10-äthano-anthracen-11*r*,12*c*-diol mit wss. Schwefelsäure (*Va., Yo.,* l. c. S. 531).

Krystalle (aus A.); F: 259,5—260,5 [unkorr.] (*Va., Yo.,* l. c. S. 531).

Stammverbindungen $C_nH_{2n-42}O_2$

Stammverbindungen $C_{28}H_{14}O_2$

Benzo[*i*]benzo[6,7]xantheno[2,1,9,8-*klmna*]xanthen, Dibenzo[*b,k*]perixanthenoxanthen $C_{28}H_{14}O_2$, Formel II.

B. Beim Erwärmen von [1,1']Biphenanthryl-2,2'-diol mit Kupfer(II)-oxid in Benzol (*Ioffe,* Ž. obšč. Chim. **9** [1939] 1143; C. **1940** I 1500).

Hellgelbe Krystalle (aus Bzl. + A.); F: 280°.

I II

Stammverbindungen $C_{31}H_{20}O_2$

2,2-Diphenyl-chryseno[5,6-*d*][1,3]dioxol, 5,6-Benzhydrylidendioxy-chrysen $C_{31}H_{20}O_2$, Formel III.

Diese Konstitution kommt der nachstehend beschriebenen Verbindung zu (*Awad et al.,* Indian J. Chem. **12** [1974] 1060).

B. Beim Behandeln von Chrysen-5,6-chinon mit Diazo-diphenyl-methan in Benzol (*Schönberg, Mustafa,* Soc. **1946** 746).

Krystalle (aus Bzl.); F: 264—265° [rote Schmelze] (*Sch., Mu.*).

2-Phenyl-spiro[benzo[*f*]chromen-3,9'-xanthen] $C_{31}H_{20}O_2$, Formel IV.

B. Beim Behandeln einer Lösung von 9-Benzyl-xanthen-9-ol in Äthanol mit 2-Hydroxy-[1]naphthaldehyd und mit Chlorwasserstoff und Behandeln einer Suspension des Reaktionsprodukts in Aceton mit wss. Ammoniak (*Mustafa,* Soc. **1949** 2295).

Krystalle (aus $CHCl_3$ + PAe.); F: 240° [rotbraune Schmelze].

III IV V

(±)-4'-Phenyl-spiro[benzo[*f*]chromen-3,2'-benzo[*h*]chromen] $C_{31}H_{20}O_2$, Formel V.

B. Beim Behandeln von 2-Methyl-4-phenyl-benzo[*h*]chromenylium-perchlorat (E III/IV **17** 1712) mit Äther, wss. Ammoniak, 2-Hydroxy-[1]naphthaldehyd und Chlorwasserstoff und Behandeln des Reaktionsprodukts mit wss. Ammoniak und Äther (*Heilbron et al.*, Soc. **1933** 430, 433).

Krystalle (aus Acn. + Me.); F: 193–194° [purpurfarbene Schmelze].

(±)-2-Phenyl-[3,3']spirobi[benzo[*f*]chromen] $C_{31}H_{20}O_2$, Formel VI (E II 62; dort als 3-Phenyl-bis-[naphtho-1'.2':5.6-(1.2-pyran)]spiran-(2.2') bezeichnet).

Krystalle; F: 253° [Block] (*Chaudé*, Cahiers Phys. Nr. 52 [1954] 3, 41).

Konstante des Gleichgewichts zwischen der farblosen und der farbigen Modifikation in Benzylalkohol bei 20°, 80° und 120°: *Chaudé, Rumpf*, C. r. **233** [1951] 405. Enthalpie-Differenz zwischen der farblosen und der farbigen Modifikation in Benzylalkohol: *Ch.*, l. c. S. 29.

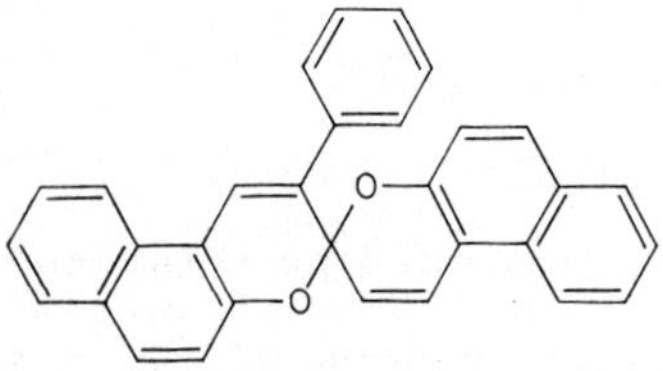

VI

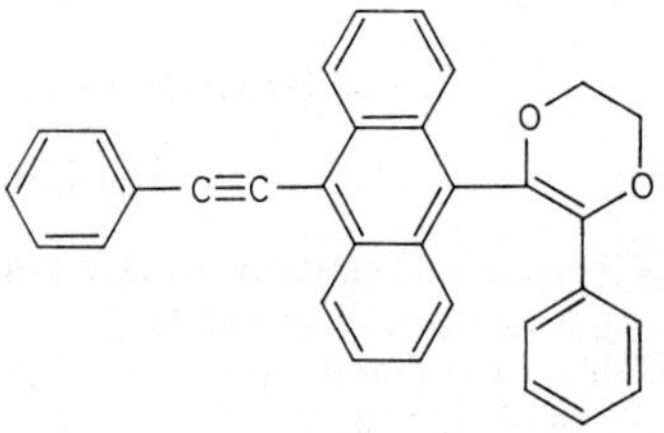

VII

Stammverbindungen $C_{32}H_{22}O_2$

5-Phenyl-6-[10-phenyläthinyl-[9]anthryl]-2,3-dihydro-[1,4]dioxin $C_{32}H_{22}O_2$ Formel VII.

B. Beim Behandeln von 9,10-Bis-phenyläthinyl-9,10-dihydro-anthracen-9,10-diol (E III **6** 6008) mit Äthylenglykol und Schwefelsäure (*Rio*, C. r. **239** [1954] 982).

F: 178–179° [Block].

2,5,2',5'-Tetraphenyl-[3,3']bifuryl $C_{32}H_{22}O_2$, Formel VIII.

B. Beim Behandeln einer Suspension von 3,4-Dibenzoyl-1,6-diphenyl-hexan-1,6-dion (E III **7** 4808) in Acetanhydrid mit konz. Schwefelsäure (*Lutz, Palmer*, Am. Soc. **57** [1935] 1947, 1950).

Krystalle (aus Acn.); F: 195–196° [korr.].

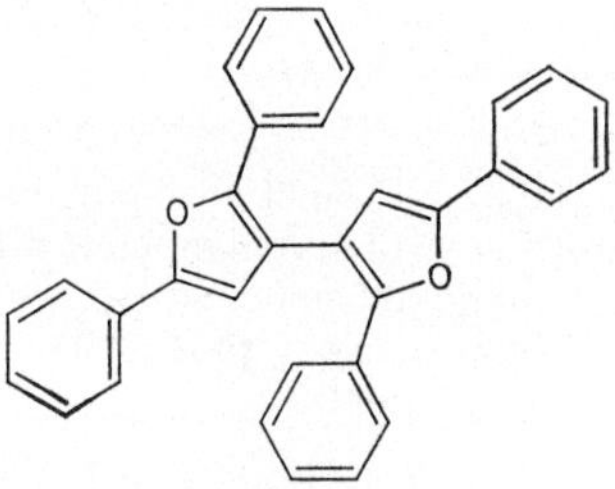

VIII

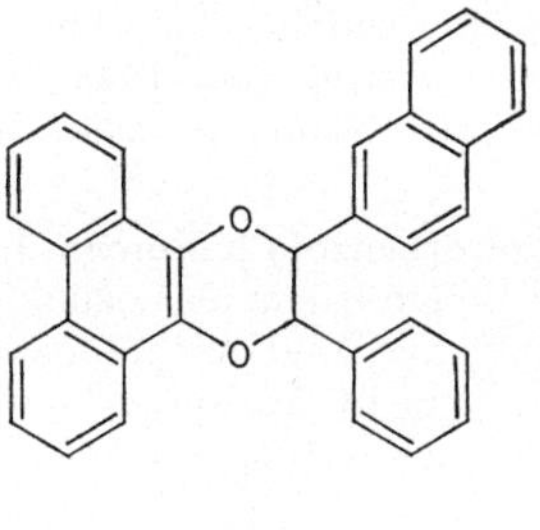

IX

***Opt.-inakt. 2-[2]Naphthyl-3-phenyl-2,3-dihydro-phenanthro[9,10-*b*][1,4]dioxin** $C_{32}H_{22}O_2$, Formel IX.

B. Bei der Bestrahlung eines Gemisches von Phenanthren-9,10-chinon, *trans*-1-[2]Naphthyl-2-phenyl-äthylen und Benzol unter Kohlendioxid mit Sonnenlicht (*Schönberg et al.*, Soc. **1948** 2126).

Krystalle (aus $CHCl_3$ + Me.); F: 199° [orangefarbene Schmelze].

***Opt.-inakt. 7,14-Diphenyl-7,14-dihydro-chromeno[2,3-*b*]xanthen** $C_{32}H_{22}O_2$, Formel X.

B. Beim Erhitzen einer Suspension von 7,14-Diphenyl-chromeno[2,3-*b*]xanthen in

Essigsäure mit wss. Jodwasserstoffsäure (*Liebermann, Barrollier*, A. **509** [1934] 38, 45).

Krystalle (aus Xylol), die sich von 220° an rot färben, aber unterhalb 270° nicht schmelzen.

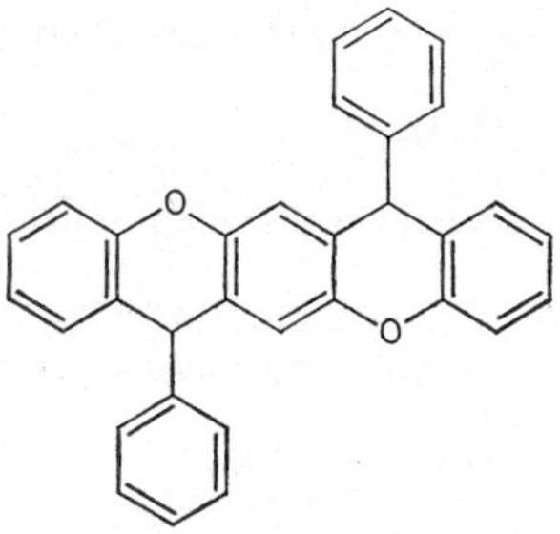

X 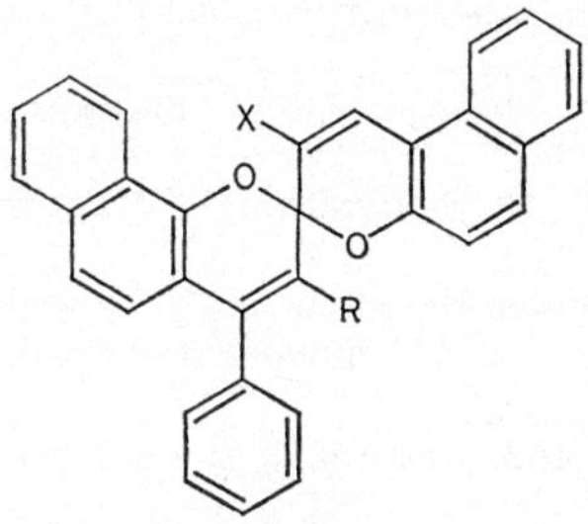 XI

(±)-3'-Methyl-4'-phenyl-spiro[benzo[*f*]chromen-3,2'-benzo[*h*]chromen] $C_{32}H_{22}O_2$, Formel XI (R = CH_3, X = H).

B. Beim Behandeln von 2,3-Dimethyl-4-phenyl-benzo[*h*]chromenylium-perchlorat (E III/IV **17** 1715) mit Äther, wss. Ammoniak, 2-Hydroxy-[1]naphthaldehyd und Chlor= wasserstoff und Behandeln des Reaktionsprodukts mit wss. Ammoniak und Äther (*Heilbron et al.*, Soc. **1933** 430, 433).

Krystalle (aus Acn.); F: 181—182° [blaue Schmelze].

(±)-2-Methyl-4'-phenyl-spiro[benzo[*f*]chromen-3,2'-benzo[*h*]chromen] $C_{32}H_{22}O_2$, Formel XI (R = H, X = CH_3).

Eine von *Heilbron et al.* (Soc. **1933** 430, 433) unter dieser Konstitution beschriebene Verbindung (F: 188—190°) ist als (±)-3'-Methyl-2'-phenyl-spiro[benzo[*f*]chromen-3,4'-benzo[*h*]chromen] (s. u.) zu formulieren (*Heilbron et al.*, Soc. **1934** 1311).

B. Beim Behandeln einer Lösung von 2-Äthyl-4-phenyl-benzo[*h*]chromenylium-chlorid (aus 2-Äthyl-benzo[*h*]chromen-4-on [E III/IV **17** 5354] und Phenylmagnesium= bromid hergestellt) und 2-Hydroxy-[1]naphthaldehyd in Äthylacetat und Äthanol mit Chlorwasserstoff und anschliessend mit wss. Ammoniak (*Heilbron et al.*, Soc. **1936** 1380, 1382).

Krystalle (aus Acn. + A.); F: 207—208° (*He. et al.*, Soc. **1936** 1382).

(±)-3'-Methyl-2'-phenyl-spiro[benzo[*f*]chromen-3,4'-benzo[*h*]chromen] $C_{32}H_{22}O_2$, Formel XII.

Diese Konstitution kommt der nachstehend beschriebenen, ursprünglich (*Heilbron et al.*, Soc. **1933** 430, 434) als (±)-2-Methyl-4'-phenyl-spiro[benzo[*f*]chromen-3,2'-benzo= [*h*]chromen] angesehenen Verbindung zu (*Heilbron et al.*, Soc. **1934** 1311).

B. Beim Behandeln von 3,4-Dimethyl-2-phenyl-benzo[*h*]chromenylium-perchlorat (E III/IV **17** 1715) mit Äther, wss. Ammoniak, 2-Hydroxy-[1]naphthaldehyd und Chlor= wasserstoff und Behandeln des Reaktionsprodukts mit wss. Ammoniak und Äther (*He. et al.*, Soc. **1933** 433).

Krystalle (aus Acn. + A.); F: 188—190° [blaue Schmelze] (*He. et al.*, Soc. **1933** 433).

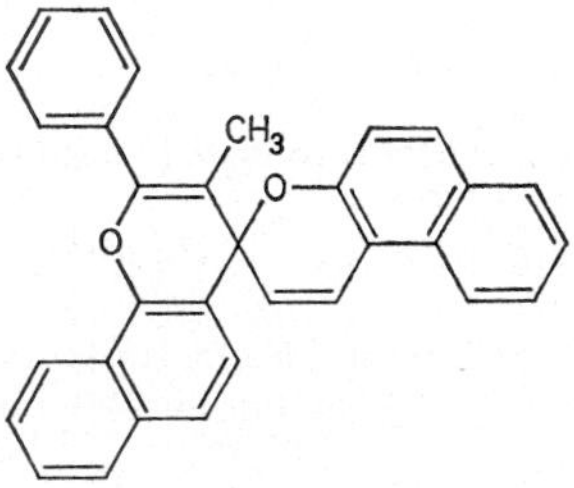

XII 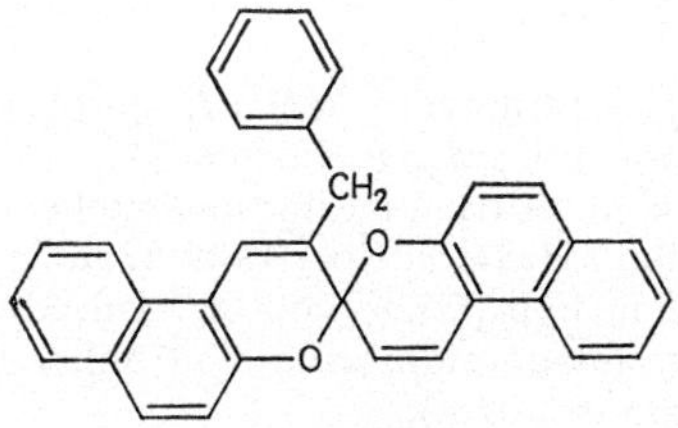 XIII

(±)-2-Benzyl-[3,3']spirobi[benzo[*f*]chromen] $C_{32}H_{22}O_2$, Formel XIII (E II 62; dort als 3-Benzyl-bis[naphtho-1'.2':5.6-(1.2-pyran)]-spiran-(2.2') bezeichnet).

B. Beim Behandeln einer Lösung von 4-Phenyl-butan-2-on und 2-Hydroxy-[1]naphth=aldehyd in Äthanol mit Chlorwasserstoff und Behandeln einer Lösung des Reaktionsprodukts in Äther mit wss. Ammoniak (*Heilbron et al.*, Soc. **1931** 1336, 1340).

Stammverbindungen $C_{33}H_{24}O_2$

2-Phenyl-3-[10-phenyläthinyl-[9]anthryl]-5,6-dihydro-7*H*-[1,4]dioxepin $C_{33}H_{24}O_2$, Formel I.

B. In kleiner Menge beim Behandeln von 9,10-Bis-phenyläthinyl-9,10-dihydro-anthr=acen-9,10-diol (E III **6** 6008) mit Propan-1,3-diol und Schwefelsäure (*Rio*, C. r. **239** [1954] 982).

F: 161—162° und (nach Wiedererstarren) F: 164—165°.

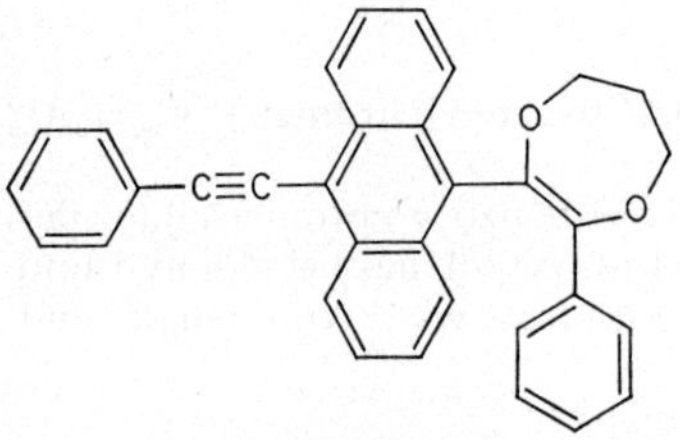

I

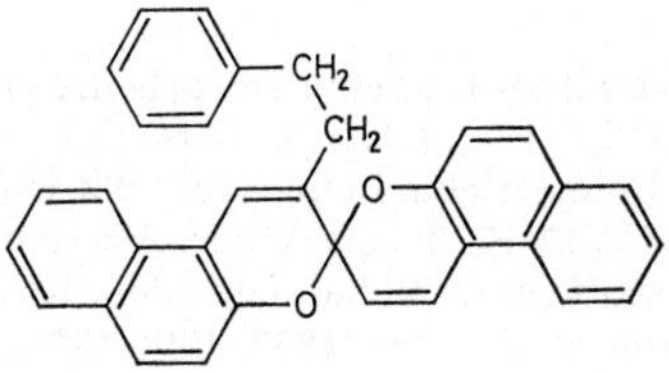

II

(±)-2,3'-Dimethyl-4'-phenyl-spiro[benzo[*f*]chromen-3,2'-benzo[*h*]chromen] $C_{33}H_{24}O_2$, Formel XI (R = X = CH_3).

B. Beim Behandeln von 2-Äthyl-3-methyl-4-phenyl-benzo[*h*]chromenylium-chlorid (E III/IV **17** 1718) mit Äthylacetat, Äthanol, 2-Hydroxy-[1]naphthaldehyd und Chlor=wasserstoff und anschliessend mit wss. Ammoniak (*Heilbron et al.*, Soc. **1936** 1380, 1382; s. a. *Heilbron et al.*, Soc. **1933** 430, 434).

Krystalle (aus Acn. + A.); F: 181—182° [blaue Schmelze].

(±)-2-Phenäthyl-[3,3']spirobi[benzo[*f*]chromen] $C_{33}H_{24}O_2$, Formel II.

B. Beim Behandeln einer Lösung von 5-Phenyl-pentan-2-on und 2-Hydroxy-[1]naphth=aldehyd in Äthanol mit Chlorwasserstoff und Behandeln des Reaktionsprodukts in Äther mit wss. Ammoniak (*Heilbron et al.*, Soc. **1931** 1336, 1341).

Krystalle (aus Bzl.); F: 219—220°.

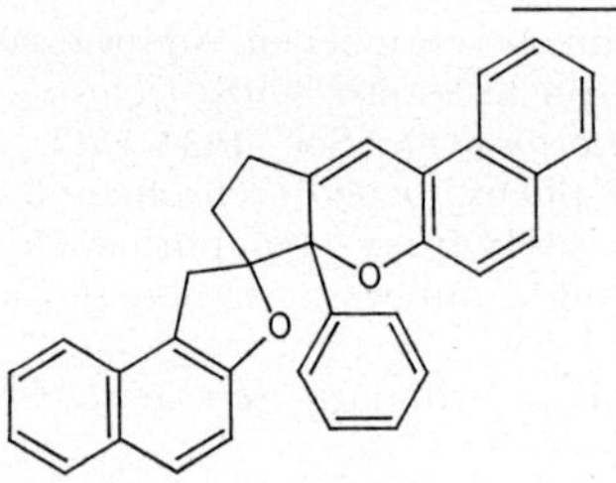

III

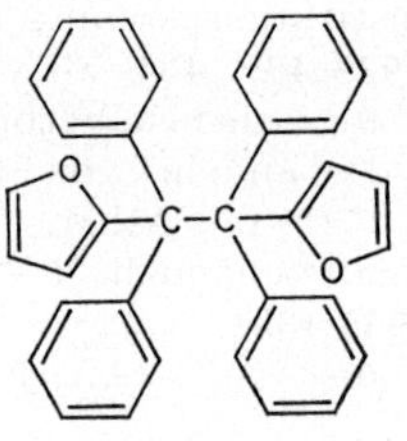

IV

7a-Phenyl-9,10-dihydro-7a*H*,1'*H*-spiro[benzo[*f*]cyclopenta[*b*]chromen-8,2'-naphtho=[2,1-*b*]furan] $C_{33}H_{24}O_2$, Formel III.

Diese Konstitution ist der nachstehend beschriebenen opt.-inakt. Verbindung zugeordnet worden (*Mustafa*, Soc. **1949** 2295).

B. Beim Erwärmen von 6,7-Dihydro-dibenzo[*f,f'*]cyclopenta[1,2-*b*;1,5-*b'*]dichromen mit Phenylmagnesiumbromid in Äther und Benzol und anschliessenden Behandeln mit wss. Salzsäure (*Mu.*).

Krystalle (aus Xylol); F: 269°.

Stammverbindungen $C_{34}H_{26}O_2$

1,2-Di-[2]furyl-1,1,2,2-tetraphenyl-äthan $C_{34}H_{26}O_2$, Formel IV.

Diese Konstitution ist der nachstehend beschriebenen Verbindung zugeordnet worden (*French, Smith,* Am. Soc. **67** [1945] 1949).

B. Beim Behandeln einer Lösung von Chlor-[2]furyl-diphenyl-methan (aus [2]Furyl-diphenyl-methanol mit Hilfe von Thionylchlorid und Pyridin hergestellt) in Äther mit Quecksilber und Blei-Pulver (*Fr., Sm.*).

Krystalle (aus Acn.); F: 149–150°.

V VI

1,1,2,2-Tetraphenyl-1,2-di-[2]thienyl-äthan $C_{34}H_{26}S_2$, Formel VI (E II 62).

Diese Konstitution ist der nachstehend beschriebenen Verbindung zugeordnet worden (*Chu, Weismann,* Am. Soc. **77** [1955] 2189).

B. Beim Behandeln einer Lösung von Chlor-diphenyl-[2]thienyl-methan in Benzol mit Silber-Amalgam und Triäthylamin (*Chu, We.*; vgl. E II 62).

Krystalle; F: 114°.

7a-Phenyl-9,10-dihydro-7a*H*,11*H*,1'*H*-spiro[benzo[*a*]xanthen-8,2'-naphtho[2,1-*b*]furan] $C_{34}H_{26}O_2$, Formel VI.

Diese Konstitution ist der nachstehend beschriebenen opt.-inakt. Verbindung zugeordnet worden (*Schönberg et al.,* Soc. **1947** 847).

B. Beim Erwärmen von 6,7-Dihydro-8*H*-benzo[*a*]benzo[5,6]chromen[2,3-*g*]xanthen mit Phenylmagnesiumbromid in Äther und Benzol und anschliessenden Behandeln mit wss. Salzsäure (*Sch. et al.*).

Krystalle (aus Bzn.); F: 238°.

Stammverbindungen $C_{35}H_{28}O_2$

***Opt.-inakt. Bis-[2,6-diphenyl-4*H*-pyran-4-yl]-nitro-methan** $C_{35}H_{27}NO_4$, Formel VII.

B. Beim Behandeln von 2,6-Diphenyl-pyrylium-perchlorat (E III/IV **17** 1685) mit Äthanol und Nitromethan (0,5 Mol) unter Zusatz von methanol. Natronlauge, Triäthylamin oder Pyridin (*Kröhnke, Dickoré,* B. **92** [1959] 46, 59).

Krystalle (aus E. + PAe.); F: 197–198° [unter Braunfärbung].

VII VIII

Stammverbindungen $C_{38}H_{34}O_2$

2,3-Bis-[2,5-diphenyl-[3]furyl]-2,3-dimethyl-butan $C_{38}H_{34}O_2$, Formel VIII.

B. Aus 2-Isopropyl-1,4-diphenyl-but-2*c*-en-1,4-dion oder aus 2-Isopropyliden-1,4-diphenyl-butan-1,4-dion beim Erwärmen mit Essigsäure, Zinn(II)-chlorid und wss. Salzsäure sowie beim Behandeln mit Essigsäure und wss. Salzsäure und Erwärmen des Reaktionsprodukts mit Kupfer-Pulver in Benzol (*Bailey et al.*, J. org. Chem. **21** [1956] 297, 302). Aus 3-Isopropenyl-2,5-diphenyl-furan beim Erhitzen mit wss. Jodwasserstoffsäure sowie beim Behandeln mit Essigsäure und wss. Salzsäure und Erwärmen des Reaktionsprodukts mit Kupfer-Pulver in Benzol (*Ba. et al.*).

Krystalle (aus A. + Acn.); F: 172—173° [korr.].

Stammverbindungen $C_nH_{2n-44}O_2$

Stammverbindungen $C_{30}H_{16}O_2$

***[2,2']Bi[anthra[9,1-*bc*]furanyliden]** $C_{30}H_{16}O_2$, Formel I oder Stereoisomeres.

B. Beim Erwärmen von Bis-[9,10-dioxo-9,10-dihydro-[1]anthryl]-äthandion mit konz. Schwefelsäure und mit Kupfer-Pulver (*Scholl, Wallenstein*, B. **69** [1936] 503, 512).

Rote Krystalle (aus Py. oder Trichlorbenzol), die bei ca. 400° schmelzen.

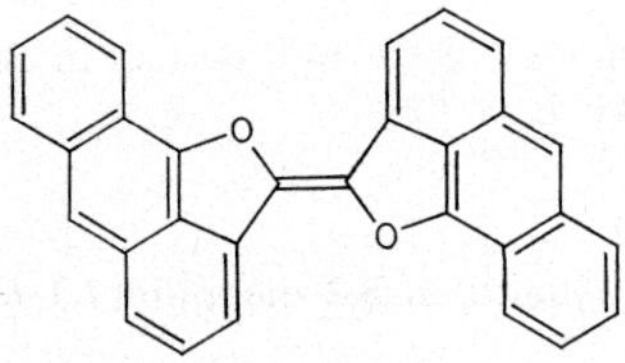

I

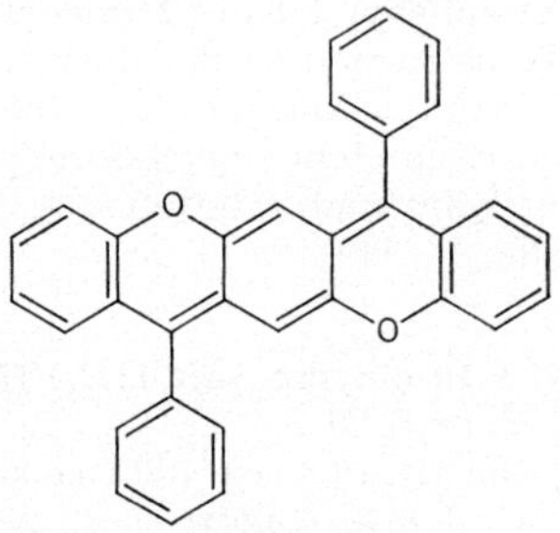

II

Stammverbindungen $C_{32}H_{20}O_2$

7,14-Diphenyl-chromeno[2,3-*b*]xanthen $C_{32}H_{20}O_2$, Formel II.

B. Beim Erhitzen von 2,5-Bis-[α-hydroxy-benzhydryl]-hydrochinon mit Nitrobenzol (*Liebermann, Barrollier*, A. **509** [1934] 38, 42). Beim Erhitzen von 2,5-Dibenzhydryl-hydrochinon im Luftstrom auf 270° (*Li., Ba.*, l. c. S. 46). Beim Erhitzen von 2,5-Dibenzhydryl-[1,4]benzochinon auf 270° (*Li., Ba.*, l. c. S. 46).

Rote Krystalle (aus Anisol), die bei ca. 400° schmelzen (*Li., Ba.*, l. c. S. 43).

Beim Erwärmen mit Essigsäure und wss. Salpetersäure (D: 1,4) ist 7,14-Diphenyl-7*H*,14*H*-chromeno[2,3-*b*]xanthen-7,14-diol (F: 266°) erhalten worden (*Li., Ba.*, l. c. S. 47; *Schönberg, Michaelis*, Soc. **1935** 1403).

Stammverbindungen $C_{33}H_{22}O_2$

2-Biphenyl-4-yl-2-phenyl-phenanthro[9,10-*d*][1,3]dioxol $C_{33}H_{22}O_2$, Formel III.

Für die nachstehend beschriebene Verbindung kommt ausser dieser Konstitution auch die Formulierung als 3-Biphenyl-4-yl-3-phenyl-spiro[oxiran-2,9'-phenanthren]-10'-on ($C_{33}H_{22}O_2$) in Betracht (vgl. die im Artikel 2,2-Diphenyl-phenanthro[9,10-*d*][1,3]dioxol [S. 469] beschriebene, analog hergestellte Verbindung).

B. Beim Behandeln von Phenanthren-9,10-chinon mit Biphenyl-4-yl-diazo-phenyl-methan in Benzol (*Sammour*, J. org. Chem. **23** [1958] 1381).

Gelbe Krystalle (aus Bzn.); F: 170°.

4,4-Diphenyl-dinaphtho[2,1-*d*;1',2'-*f*][1,3]dioxepin, 2,2'-Benzhydrylidendioxy-[1,1']binaphthyl $C_{33}H_{22}O_2$, Formel IV.

B. Beim Erhitzen von [1,1']Binaphthyl-2,2'-diol mit Benzhydrylidendichlorid bis auf

150° (*Dilthey et al.*, J. pr. [2] **152** [1939] 49, 67).
Krystalle (aus Bzl.); F: 238°.

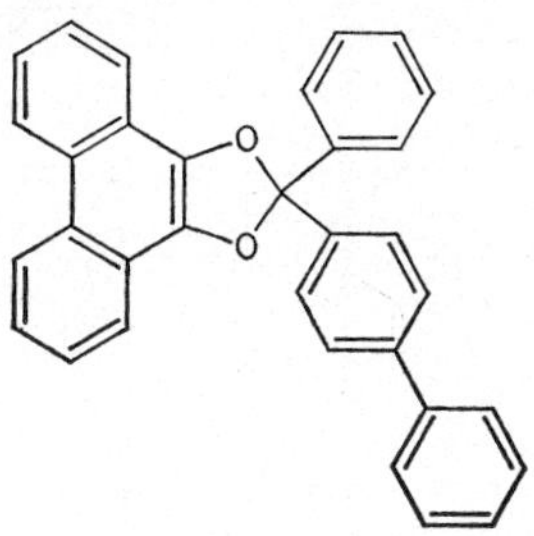

III 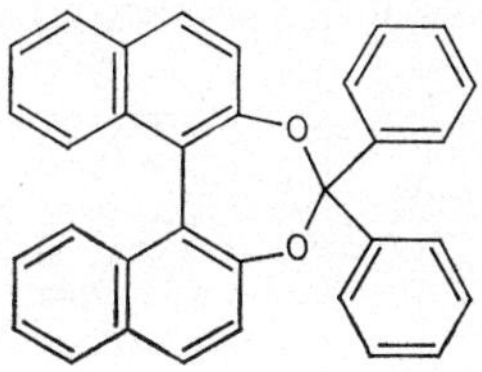 IV

Stammverbindungen $C_{34}H_{24}O_2$

2,6,2′,6′-Tetraphenyl-[4,4′]bipyranyliden $C_{34}H_{24}O_2$, Formel V (E II 62).

B. Beim Erhitzen von 2,6-Diphenyl-pyran-4-selon auf 250° (*Traverso*, Ann. Chimica **47** [1957] 1244, 1252). Beim Erwärmen von 2,4,9,11-Tetraphenyl-3,10-dioxa-13,15-dithia-dispiro[5.0.5.3]pentadeca-1,4,8,11-tetraen (Syst. Nr. 3008) mit Phenyllithium in Äther (*Schönberg et al.*, Am. Soc. **80** [1958] 6312, 6315).

Beim Behandeln einer Lösung in Chloroform mit Chlor in Tetrachlormethan ist eine dunkel gefärbte Verbindung $C_{34}H_{24}Cl_2O_2$ vom F: 305° [nach Sintern bei 100°] erhalten worden (*Arndt, Lorenz*, B. **63** [1930] 3121, 3131).

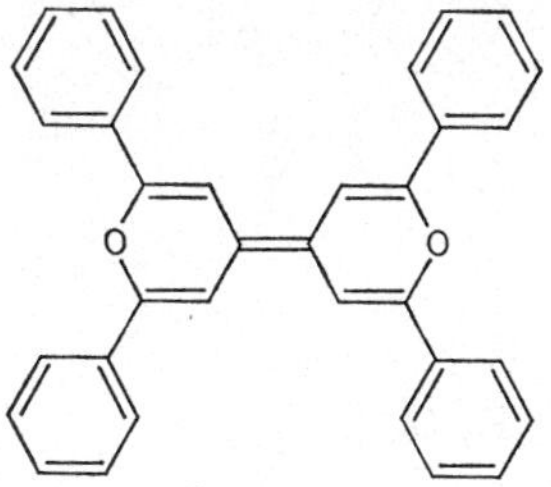

V 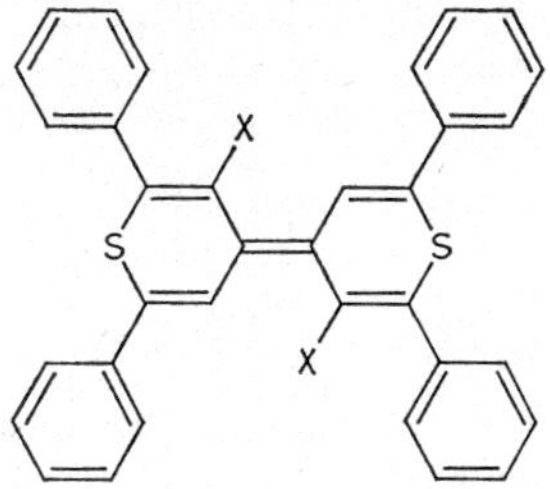 VI

2,6,2′,6′-Tetraphenyl-[4,4′]bithiopyranyliden $C_{34}H_{24}S_2$, Formel VI (X = H) (E II 63).

B. Beim Erwärmen von 2,6-Diphenyl-thiopyran-4-on mit Thionylchlorid und Erwärmen einer Lösung des Reaktionsprodukts in Benzol mit Kupfer-Pulver (*Schönberg, Asker*, Soc. **1942** 272).

***3,3′-Dichlor-2,6,2′,6′-tetraphenyl-[4,4′]bithiopyranyliden** $C_{34}H_{22}Cl_2S_2$, Formel VI (X = Cl) oder Stereoisomeres.

B. Beim Erwärmen von 3-Chlor-2,6-diphenyl-thiopyran-4-on mit Thionylchlorid und Erwärmen einer Lösung des Reaktionsprodukts in Benzol mit Kupfer-Pulver (*Schönberg, Asker*, Soc. **1942** 272).

Rotbraune Krystalle; F: 282—284°.

***2,2′-Di-*trans*(?)-styryl-[4,4′]bichromenyliden** $C_{34}H_{24}O_2$, vermutlich Formel VII.

B. Beim Erwärmen einer Lösung von 2,2″-Di-*trans*(?)-styryl-dispiro[chromen-4,4′-[1,3]dithiolan-5′,4″-chromen] (F: 180° [Zers.]) in Benzol mit Phenyllithium in Äther (*Schönberg et al.*, Am. Soc. **80** [1958] 6312, 6315).

Violette Krystalle (aus Xylol); F: 285°.

(±)-2,2,3-Triphenyl-2,3-dihydro-phenanthro[9,10-*b*][1,4]dioxin $C_{34}H_{24}O_2$, Formel VIII.

B. Bei der Bestrahlung eines Gemisches von Phenanthren-9,10-chinon, Triphenyläthylen und Benzol mit Sonnenlicht (*Schönberg et al.*, Soc. **1944** 387).

Krystalle (aus Bzn.); F: ca. 225° [Zers.].

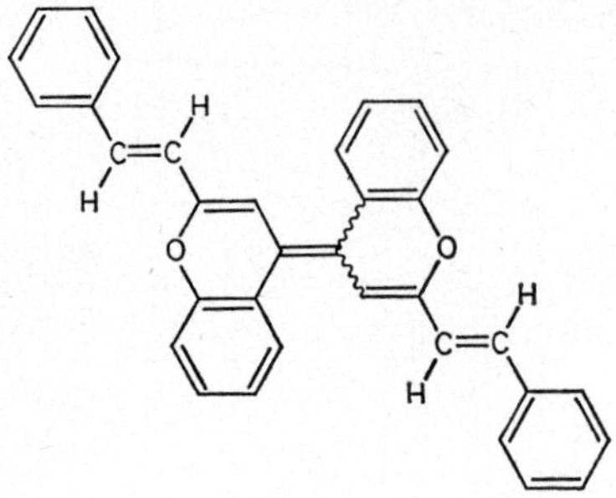

VII 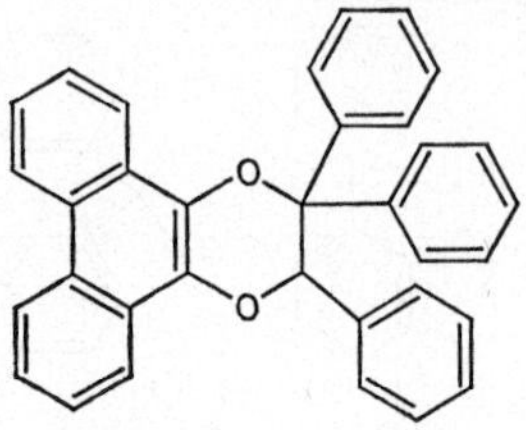 VIII

6,13-Diphenyl-5,7,12,14-tetrahydro-5,14-epidioxido-pentacen $C_{34}H_{24}O_2$, Formel IX.

Diese Verbindung hat möglicherweise in dem nachstehend beschriebenen Präparat vorgelegen.

B. Beim Behandeln einer Lösung von 6,13-Diphenyl-5,14-dihydro-pentacen in Benzol oder Dioxan mit Luft (*Allen, Bell*, Am. Soc. **64** [1942] 1253, 1258).

Gelbe Krystalle (aus Bzl.); F: 247—248°.

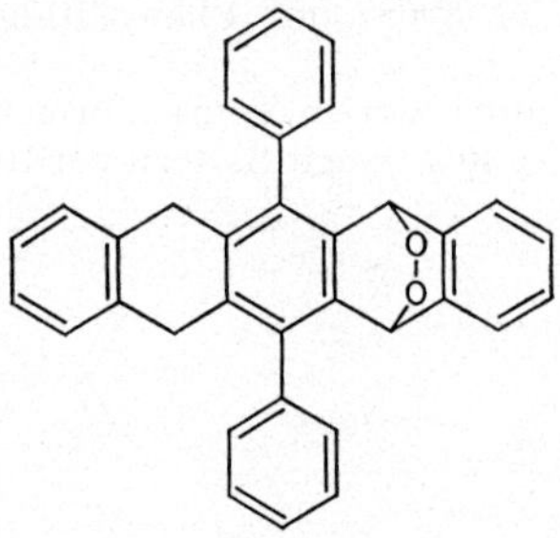

IX 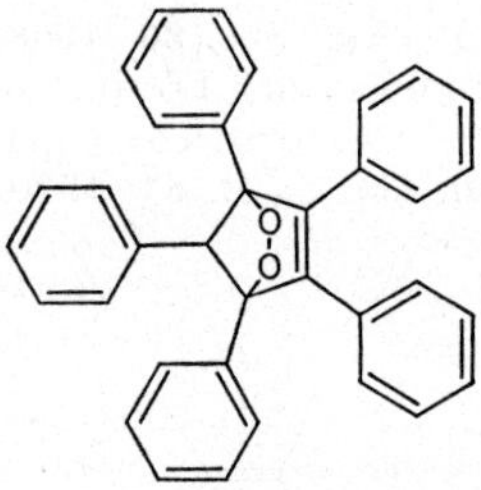 X

Stammverbindungen $C_{35}H_{26}O_2$

***1,4,5,6,7-Pentaphenyl-2,3-dioxa-norborn-5-en** $C_{35}H_{26}O_2$, Formel X.

B. Bei der Einwirkung von Luft und Licht auf 1,2,3,4,5-Tetraphenyl-cyclopentadien (*Dufraisse et al.*, C. r. **239** [1954] 1170, 1172).

F: 162—163° [Block].

Stammverbindungen $C_{36}H_{28}O_2$

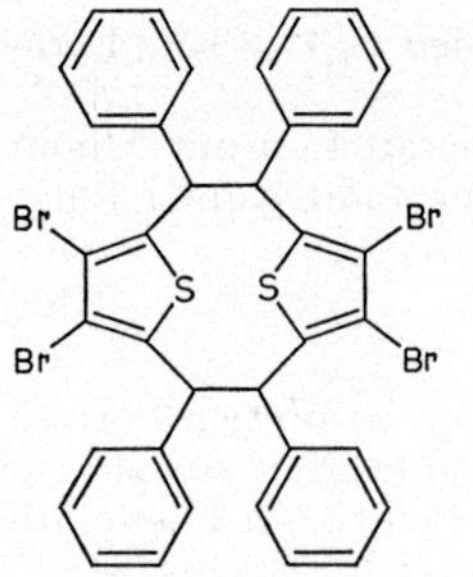

XI 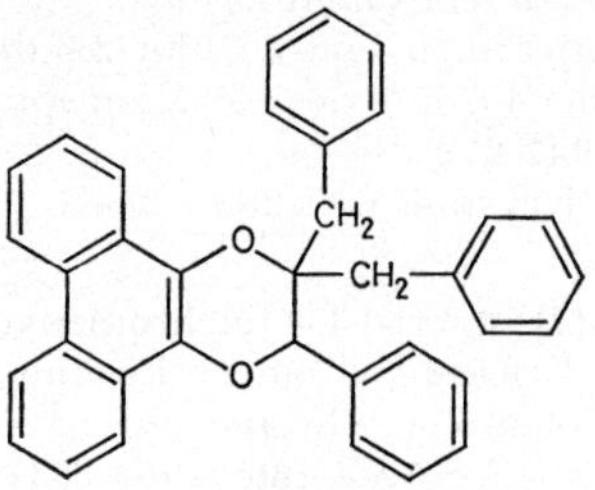 XII

***Opt.-inakt. 5,6,11,12-Tetrabrom-2,3,8,9-tetraphenyl-13,14-dithia-tricyclo[8.2.1.1^{4,7}]=tetradeca-4,6,10,12-tetraen, 1^3,1^4,4^3,4^4-Tetrabrom-2,3,5,6-tetraphenyl-1,4-di-(2,5)thiena-cyclohexan** [1]) $C_{36}H_{24}Br_4S_2$, Formel XI.

B. Beim Erwärmen von opt.-inakt. 3,4-Dibrom-2,5-bis-[α-brom-benzyl]-thiophen (F:

[1]) Über diese Bezeichnungsweise s. *Kauffmann*, Tetrahedron **28** [1972] 5183.

123—124°) mit Kupfer-Pulver in Benzol (*Steinkopf et al.*, A. **546** [1941] 180, 199).
Krystalle; F: 250—255°.

(±)-2,2-Dibenzyl-3-phenyl-2,3-dihydro-phenanthro[9,10-*b*][1,4]dioxin $C_{36}H_{28}O_2$, Formel XII.

B. Bei der Bestrahlung einer Lösung von Phenanthren-9,10-chinon und 2-Benzyl-1,3-di=phenyl-propen in Benzol mit Sonnenlicht (*Mustafa*, Soc. **1951** 1034, 1036).

Krystalle (aus Bzl. + PAe.); F: 220°.

Stammverbindungen $C_nH_{2n-46}O_2$

Stammverbindungen $C_{34}H_{22}O_2$

2,3,6,7-Tetraphenyl-benzo[1,2-*b*;4,5-*b'*]difuran $C_{34}H_{22}O_2$, Formel I (X = H) (H 63; dort als 4'.5'.4''.5''-Tetraphenyl-[difurano-2'.3':1.2;2''.3'':4.5-benzol] oder 4'.5'.4''.5''-Tetra=phenyl-[difurano-2'.3':1.2;3''.2'':3.4-benzol] bezeichnet).

Konstitutionszuordnung: *Dischendorfer*, M. **66** [1935] 201, 202.

B. Neben 1,2,7,8-Tetraphenyl-benzo[1,2-*b*;4,3-*b'*]difuran beim Erhitzen von Benzoin mit Hydrochinon und wss. Schwefelsäure (73%ig) auf 150° (*Di.*, l. c. S. 208, 215; s. a. *Grinschteĭn, Šlawinškaja*, Zinatn. Raksti Latvijas Univ. Kim. Fac. **22** [1958] Nr. 6, S. 119, 124; C. A. **1959** 17090; H 63).

Dipolmoment (ε; Bzl.): 0,51 D (*Le Fèvre et al.*, Soc. **1948** 1992).

Krystalle (aus Bzl.); F: 287° (*Gr.*, *Šl.*), 281° (*Di.*, l. c. S. 209).

I II

4,8-Dibrom-2,3,6,7-tetraphenyl-benzo[1,2-*b*;4,5-*b'*]difuran $C_{34}H_{20}Br_2O_2$, Formel I (X = Br).

B. Beim Erhitzen von Benzoin mit 2,5-Dibrom-hydrochinon und Schwefelsäure (73%ig) auf 170° (*Dischendorfer*, M. **66** [1935] 201, 213). Beim Erwärmen von 2,3,6,7-Tetraphenyl-benzo[1,2-*b*;4,5-*b'*]difuran mit Brom in Benzol (*Di.*, l. c. S. 212).

Krystalle (aus Nitrobenzol); F: 388° [nach Sintern bei 384°].

2,3,5,6-Tetraphenyl-benzo[1,2-*b*;5,4-*b'*]difuran $C_{34}H_{22}O_2$, Formel II (R = X = H) (H 62; dort als 4'.5'.4''.5''-Tetraphenyl-[difurano-2'.3':1.2;3''.2'':4.5-benzol] oder 4'.5'.4''.5''-Tetraphenyl-[difurano[2'.3':1.2;2''.3'':3.4-benzol] bezeichnet).

Konstitutionszuordnung: *Dischendorfer*, M. **62** [1933] 263, 265.

B. Beim Erhitzen von Benzoin mit Resorcin und Boroxid auf 230° (*Limontschew, Pelikan-Kollmann*, M. **87** [1956] 399, 402). Neben 2,3,7,8-Tetraphenyl-benzo[1,2-*b*;3,4-*b'*]=difuran beim Erhitzen von Benzoin mit Resorcin und wss. Schwefelsäure (73%ig) auf 160° (*Di.*, l. c. S. 272, 282; s. a. *Grinschteĭn, Šlawinškaja*, Zinatn. Raksti Latvijas Univ. Kim. Fac. **22** [1958] Nr. 6, S. 119, 124; C. A. **1959** 17090; H 62).

Dipolmoment (ε; Bzl.): 1,65 D (*Le Fèvre et al.*, Soc. **1948** 1992).

Krystalle (aus Eg.); F: 223° (*Le Fè. et al.*), 222—223° (*Li.*, *Pe.-Ko.*), 221—222° (*Di.*, l. c. S. 273).

Beim Erhitzen einer Lösung in Essigsäure mit wss. Salpetersäure (D: 1,4) ist ein Tetranitro-Derivat ($C_{34}H_{18}N_4O_{10}$; hellgelbe Krystalle [aus Eg.], F: 242—243° [nach Sintern bei 239°]) erhalten worden (*Di.*, l. c. S. 281).

4,8-Dibrom-2,3,5,6-tetraphenyl-benzo[1,2-*b*;5,4-*b'*]difuran $C_{34}H_{20}Br_2O_2$, Formel II (R = X = Br).

B. Beim Behandeln von 2,3,5,6-Tetraphenyl-benzo[1,2-*b*;5,4-*b'*]difuran mit Brom in Tetrachlormethan (*Dischendorfer*, M. **62** [1933] 263, 275).

Krystalle (aus Eg., Acetanhydrid oder CS_2); F: 291–292°.

8(?)-Nitro-2,3,5,6-tetraphenyl-benzo[1,2-*b*;5,4-*b'*]difuran $C_{34}H_{21}NO_4$, vermutlich Formel II (R = H, X = NO_2).

Bezüglich der Konstitution s. *Baker*, Soc. **1934** 1684, 1687 Anm.

B. Beim Erhitzen von 2,3,5,6-Tetraphenyl-benzo[1,2-*b*;5,4-*b'*]difuran mit wss. Salpetersäure (D: 1,4) und Essigsäure (*Dischendorfer*, M. **62** [1933] 263, 278; s. a. *Grinschteĭn*, *Šlawinškaja*, Zinatn. Raksti Latvijas Univ. Kim. Fac. **22** [1958] Nr. 6, S. 119, 124; C. A. **1959** 17090).

Hellrote Krystalle (aus Eg.); F: 281° (*Di.*).

2,3,7,8-Tetraphenyl-benzo[1,2-*b*;3,4-*b'*]difuran $C_{34}H_{22}O_2$, Formel III.

Die früher (s. H **19** 62) beschriebene Verbindung vom F: 217–219°, für die die Autoren auch diese Konstitution („4'.5'.4''.5''-Tetraphenyl-[difurano-2'.3':1.2;2''.3'':3.4-benzol]") in Betracht gezogen haben, ist als 2,3,5,6-Tetraphenyl-benzo[1,2-*b*;5,4-*b'*]difuran zu formulieren (*Dischendorfer*, M. **62** [1933] 263, 265).

B. Neben 2,3,5,6-Tetraphenyl-benzo[1,2-*b*;5,4-*b'*]difuran beim Erhitzen von Benzoin mit Resorcin und wss. Schwefelsäure (73%ig) auf 160° (*Di.*, l. c. S. 272, 282).

Krystalle (aus Eg.); F: 203–204° (*Di.*, l. c. S. 282).

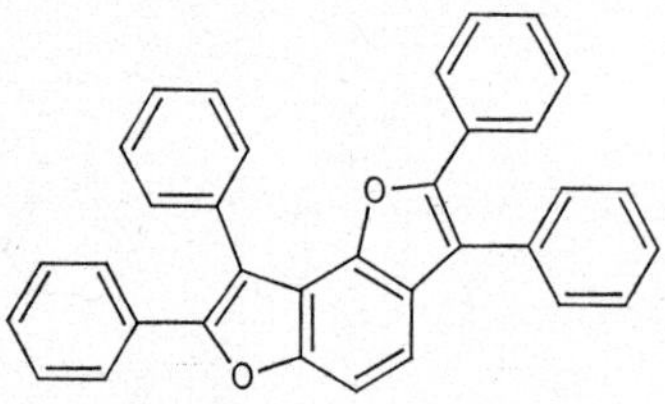

III 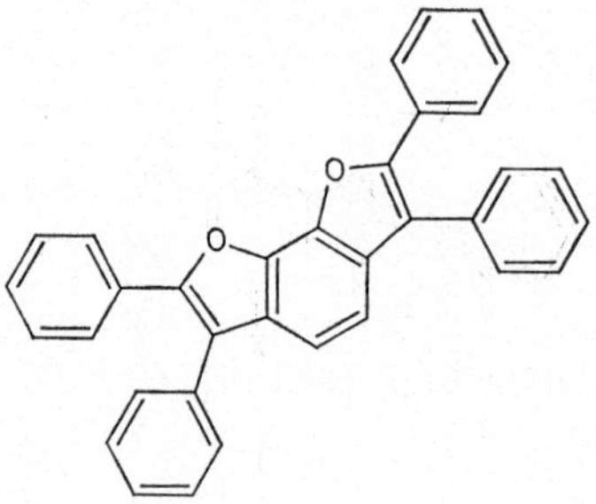 IV

2,3,6,7-Tetraphenyl-benzo[2,1-*b*;3,4-*b'*]difuran $C_{34}H_{22}O_2$, Formel IV (H 62; dort als 4'.5'.4''.5''-Tetraphenyl-[difurano-3'.2':1.2;2''.3'':3.4-benzol] bezeichnet).

B. Beim Erhitzen von Benzoin mit Brenzcatechin und Boroxid auf 260° (*Dischendorfer*, *Limontschew*, M. **80** [1949] 741, 744).

Krystalle (aus Acetanhydrid); F: 238,5° [korr.].

1,2,7,8-Tetraphenyl-benzo[1,2-*b*;4,3-*b'*]difuran $C_{34}H_{22}O_2$, Formel V.

Die früher (s. H **19** 63) beschriebene Verbindung (vom F: 278°), für die die Autoren auch diese Konstitution („4'.5'.4''.5''-Tetraphenyl-[difurano-2'.3':1.2;3''.2'':3.4-benzol]") in Betracht gezogen haben, ist als 2,3,6,7-Tetraphenyl-benzo[1,2-*b*;4,5-*b'*]difuran zu formulieren (*Dischendorfer*, M. **66** [1935] 201, 202).

B. Neben 2,3,6,7-Tetraphenyl-benzo[1,2-*b*;4,5-*b'*]difuran beim Erhitzen von Benzoin mit Hydrochinon und wss. Schwefelsäure (73%ig) auf 150° (*Di.*, l. c. S. 208, 215).

Krystalle (aus Bzl.); F: 264–265° (*Di.*, l. c. S. 215).

6,13-Diphenyl-6,13-dihydro-6,13-epidioxido-pentacen $C_{34}H_{22}O_2$, Formel VI.

B. Bei der Bestrahlung einer Lösung von 6,13-Diphenyl-pentacen in Schwefelkohlenstoff mit Luft unter Bestrahlung mit Sonnenlicht (*Allen*, *Bell*, Am. Soc. **64** [1942] 1253, 1258).

Krystalle (aus CS_2); F: 221–222° [nach Purpurfärbung bei 208°] (*Al.*, *Bell*).

Beim Erhitzen bis auf 220° ist eine als 6,13-Diphenyl-5,6,13,14-tetrahydro-5,14;6,13-diepoxido-pentacen angesehene Verbindung $C_{34}H_{22}O_2$ (F: 248–250° [Block]) erhalten worden (*Étienne, Beauvois*, C. r. **239** [1954] 64).

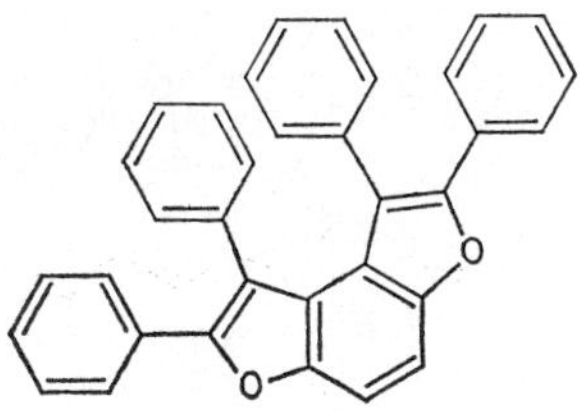

V 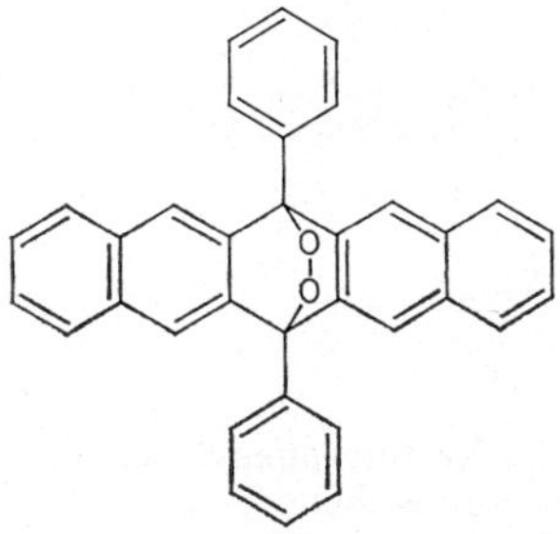 VI

9,10-Di-[1]naphthyl-9,10-dihydro-9,10-epidioxido-anthracen $C_{34}H_{22}O_2$, Formel VII.

B. Beim Behandeln einer Lösung von 9,10-Di-[1]naphthyl-anthracen in Schwefel⸗kohlenstoff mit Luft unter Bestrahlung mit Sonnenlicht (*Willemart*, Bl. [5] **4** [1937] 357, 360).

Krystalle (aus Bzl.); Zers. von 180° an [evakuierte Kapillare].

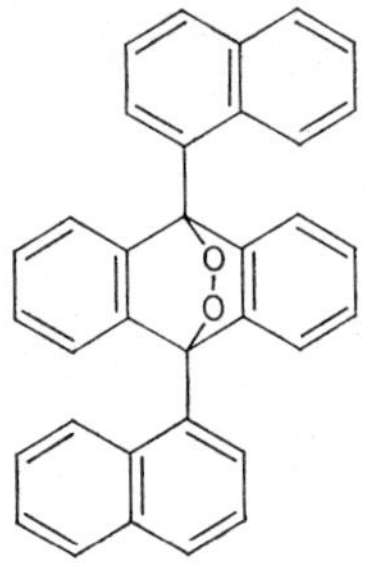

VII 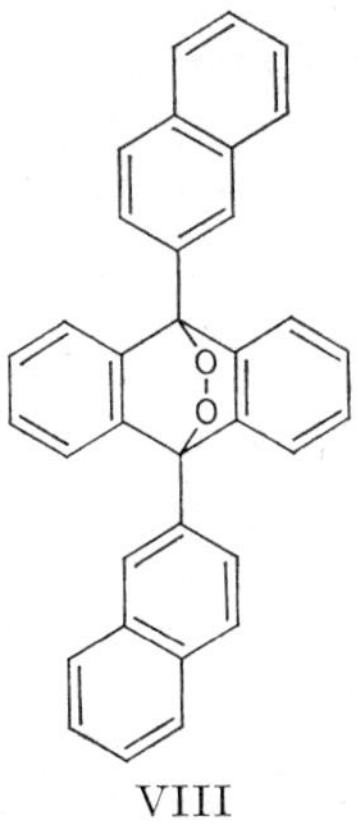 VIII 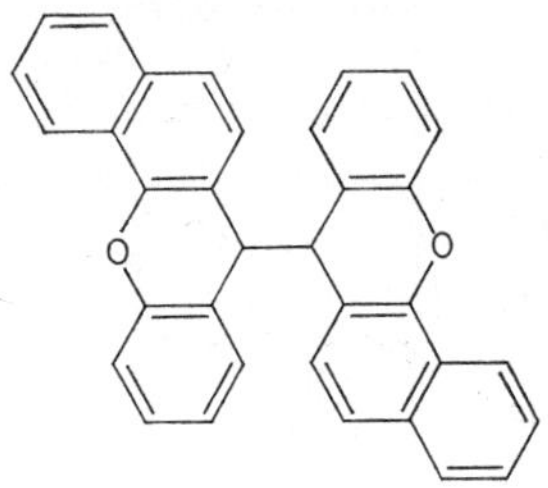 IX

9,10-Di-[2]naphthyl-9,10-dihydro-9,10-epidioxido-anthracen $C_{34}H_{22}O_2$, Formel VIII.

B. Beim Behandeln einer Lösung von 9,10-Di-[2]naphthyl-anthracen in Schwefel⸗kohlenstoff mit Luft unter Bestrahlung mit Sonnenlicht (*Willemart*, Bl. [5] **4** [1937] 357, 362).

Krystalle (aus Bzl.); Zers. von 180° an [evakuierte Kapillare].

***Opt.-inakt. *7H,7'H*-[7,7']Bi[benzo[*c*]xanthenyl]** $C_{34}H_{22}O_2$, Formel IX.

B. Neben *7H*-Benzo[*c*]xanthen beim Erhitzen von 2-[2-Methoxy-benzyliden]-2,3-di⸗hydro-*4H*-naphthalin-1-on (F: 110–111°) mit Kaliumhydrogensulfat und Natriumsulfat auf 240° (*Baddar, Gindy*, Soc. **1951** 64). Bei der Bestrahlung eines Gemisches von *7H*-Benzo[*c*]xanthen, [1,4]Benzochinon und Benzol mit Sonnenlicht (*Ba., Gi.*).

Krystalle (aus $CHCl_3$ + A.); F: 230–231° [unkorr.].

Stammverbindungen $C_{35}H_{24}O_2$

4-Methyl-2,3,5,6-tetraphenyl-benzo[1,2-*b*;5,4-*b'*]difuran $C_{35}H_{24}O_2$, Formel X.

B. Neben 4-Methyl-2,3,7,8-tetraphenyl-benzo[1,2-*b*;3,4-*b'*]difuran beim Erhitzen von Benzoin mit 5-Methyl-resorcin und wss. Schwefelsäure (73%ig) bis auf 160° (*Dischen-*

dorfer, Ofenheimer, M. **74** [1943] 25, 33, 36).

Krystalle (aus Py.); F: 272,5° [korr.].

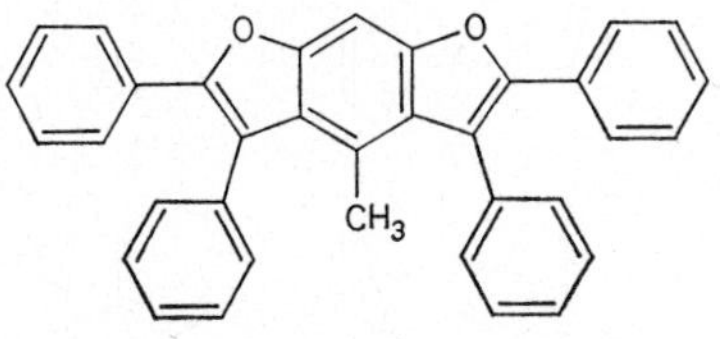

X

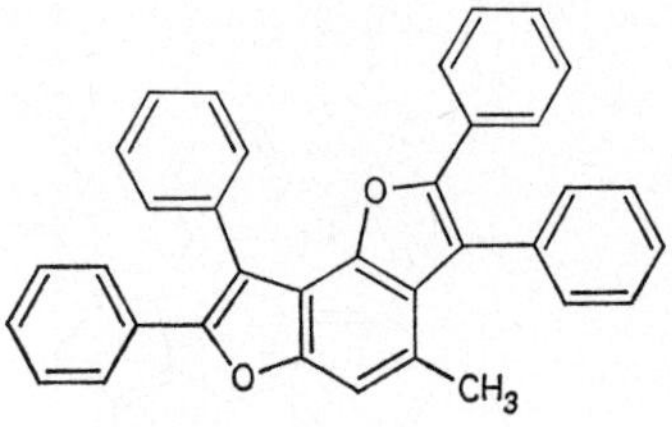

XI

4-Methyl-2,3,7,8-tetraphenyl-benzo[1,2-*b*;3,4-*b'*]difuran $C_{35}H_{24}O_2$, Formel XI.

B. s. im vorangehenden Artikel.

Krystalle (aus Eg.); F: 215° [nach Sintern] (*Dischendorfer, Ofenheimer*, M. **74** [1943] 25, 36).

***Opt.-inakt. 3-[1,2-Dihydro-naphtho[2,1-*b*]furan-2-yl]-3-[1]naphthyl-3*H*-benzo[*f*]chromen** $C_{35}H_{24}O_2$, Formel XII.

B. Beim Erwärmen von [3,3']Spirobi[benzo[*f*]chromen] mit [1]Naphthylmagnesiumbromid in Äther und Benzol und anschliessenden Behandeln mit wss. Salzsäure (*Schönberg et al.*, Soc. **1947** 847).

Krystalle (aus Bzn.); F: 260°.

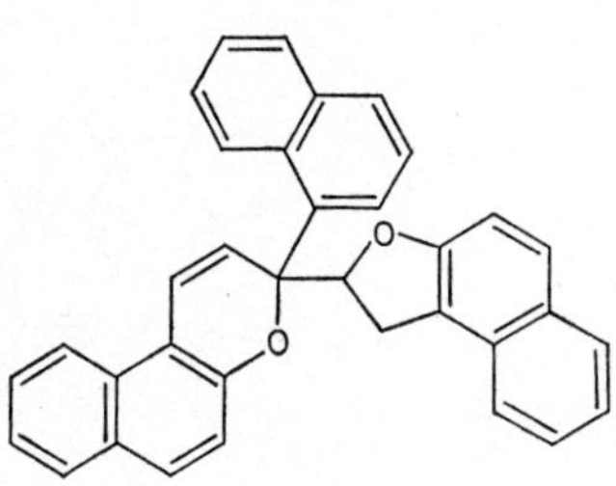

XII

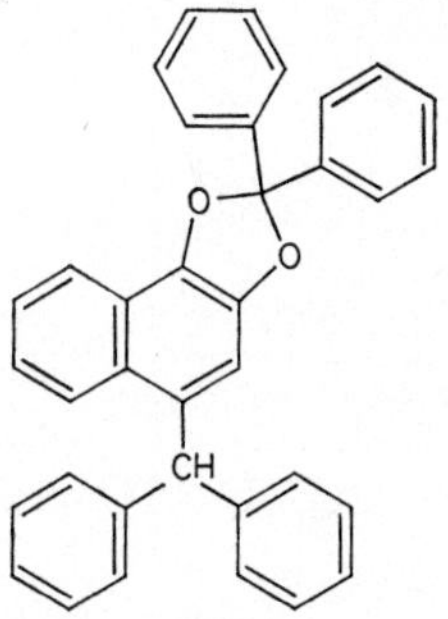

XIII

Stammverbindungen $C_{36}H_{26}O_2$

5-Benzhydryl-2,2-diphenyl-naphtho[1,2-*d*][1,3]dioxol, 4-Benzhydryl-1,2-benzhydrylidendioxy-naphthalin $C_{36}H_{26}O_2$, Formel XIII.

B. Aus 4-Benzhydryl-naphthalin-1,2-diol und Benzhydrylidendichlorid (*Fieser, Hartwell*, Am. Soc. **57** [1935] 1484).

Krystalle (aus Bzl. + Bzn.); F: 174—175°.

***Opt.-inakt. 9,9'-Dimethyl-7*H*,7'*H*-[7,7']bi[benzo[*c*]xanthenyl]** $C_{36}H_{26}O_2$, Formel XIV.

Diese Konstitution ist für die nachstehend beschriebene Verbindung in Betracht gezogen worden (*Gindy, Dwidar*, Soc. **1953** 893).

B. Neben grösseren Mengen 9-Methyl-7*H*-benzo[*c*]xanthen beim Erhitzen von 2-[2-Methoxy-5-methyl-benzyliden]-2,3-dihydro-4*H*-naphthalin-1-on (F: 95—96°) mit Kaliumhydrogensulfat und Natriumsulfat bis auf 265° (*Gi., Dw.*).

Krystalle (aus Bzl.); F: 230°.

Stammverbindungen $C_{38}H_{30}O_2$

2,3,6,7-Tetra-*p*-tolyl-benzo[1,2-*b*;4,5-*b'*]difuran $C_{38}H_{30}O_2$, Formel XV.

B. Neben 1,2,7,8-Tetra-*p*-tolyl-benzo[1,2-*b*;4,3-*b'*]difuran beim Erhitzen von 4,4'-Dimethyl-benzoin mit Hydrochinon und wss. Schwefelsäure (73%ig) auf 150° (*Pummerer et al.*, B. **75** [1942] 1976, 1984).

Krystalle (aus Bzl.); F: 308° [korr.].

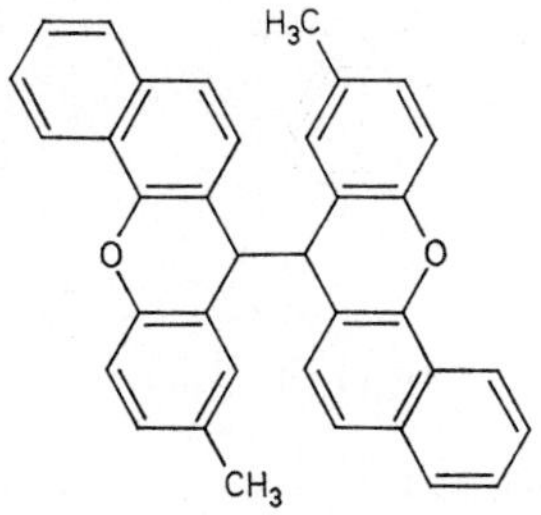

XIV 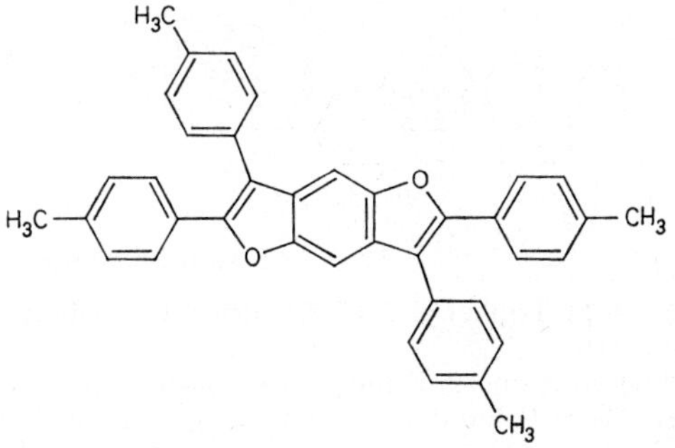 XV

4-Isopropyl-8-methyl-2,3,6,7-tetraphenyl-benzo[1,2-*b*;4,5-*b'*]difuran $C_{38}H_{30}O_2$, Formel XVI.

B. Beim Erhitzen von Benzoin mit 2-Isopropyl-5-methyl-hydrochinon und wss. Schwefelsäure (73%ig) auf 150° (*Dischendorfer, Verdino*, M. **68** [1936] 41, 43).

Krystalle (aus A. + Bzl.); F: 261°.

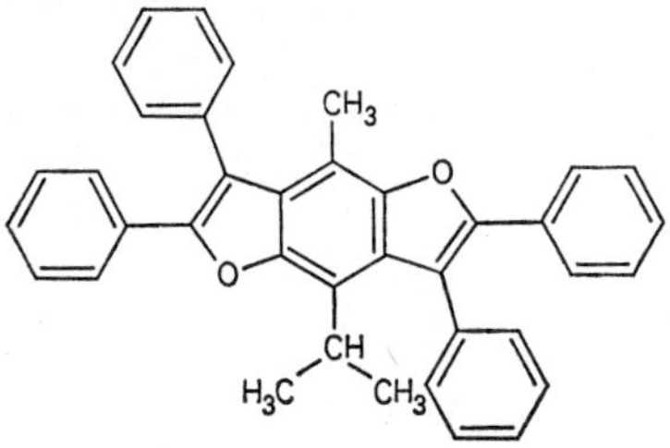

XVI 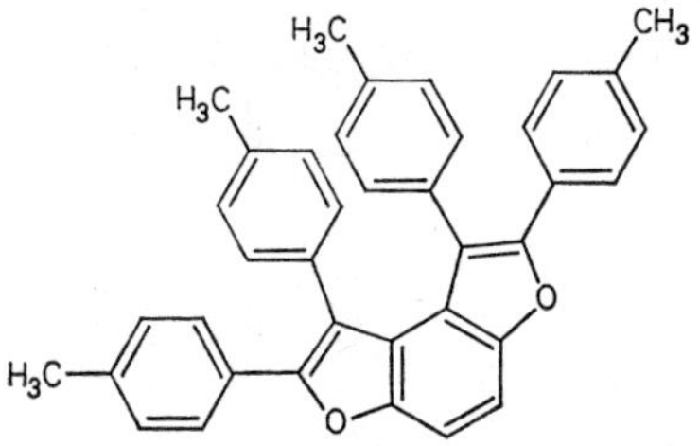 XVII

1,2,7,8-Tetra-*p*-tolyl-benzo[1,2-*b*;4,3-*b'*]difuran $C_{38}H_{30}O_2$, Formel XVII.

B. s. S. 494 im Artikel 2,3,6,7-Tetra-*p*-tolyl-benzo[1,2-*b*:4,5-*b'*]difuran.

Krystalle (aus Bzl. + A.); F: 243–245° [korr.] (*Pummerer et al.*, B. **75** [1942] 1976, 1984).

Stammverbindungen $C_nH_{2n-48}O_2$

Stammverbindungen $C_{34}H_{20}O_2$

***[12,12']Bi[benzo[*a*]xanthenyliden]** $C_{34}H_{20}O_2$, Formel I oder Stereoisomeres.

B. Beim Erwärmen von Benzo[*a*]xanthen-12-on mit Oxalylchlorid und Erhitzen einer Lösung des Reaktionsprodukts in Xylol mit Kupfer-Pulver (*Mustafa, Hilmy*, Soc. **1952** 1343).

Gelblichgrüne Krystalle (aus Xylol); F: 290° [olivgrüne Schmelze].

***[7,7']Bi[benzo[*c*]xanthenyliden]** $C_{34}H_{20}O_2$, Formel II oder Stereoisomeres.

B. Beim Erwärmen von Benzo[*c*]xanthen-7-on mit Oxalylchlorid (oder Thionylchlorid) und Erhitzen einer Lösung des Reaktionsprodukts in Xylol mit Kupfer-Pulver (*Mustafa, Hilmy*, Soc. **1952** 1343). Beim Erhitzen von Benzo[*c*]xanthen-7-thion mit Kupfer-Pulver auf 220° (*Mu., Hi.*).

Gelbliche Krystalle (aus Xylol); F: 346° [grüne Schmelze].

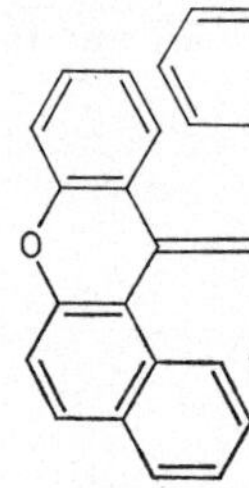

I 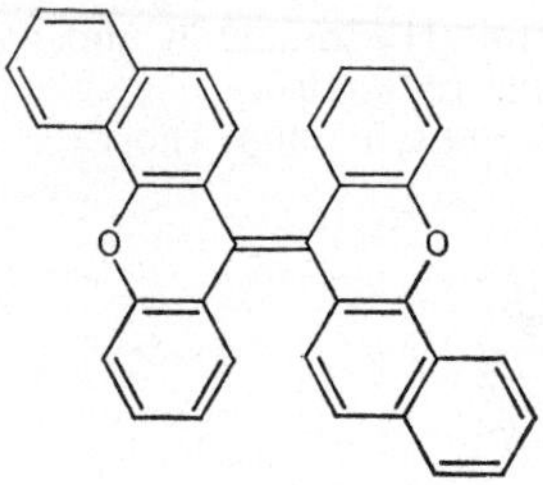 II

Stammverbindungen $C_{36}H_{24}O_2$

(±)-5,6,11-Triphenyl-5,12-dihydro-5,12-epidioxido-naphthacen $C_{36}H_{24}O_2$, Formel III (X = H).

Konstitutionszuordnung: *Perronnet*, A. ch. [13] **4** [1959] 365, 413.

B. Beim Behandeln einer Lösung von 5,6,11-Triphenyl-naphthacen in Benzol mit Luft unter Bestrahlung mit Sonnenlicht (*Badoche*, Bl. [5] **3** [1936] 2040, 2045).

Krystalle (aus Bzl.) mit 1 Mol Benzol; F: 176—177° [Block] (*Ba.*); Lösungsmittel enthaltende Krystalle; F: 176—177° [Zers.; aus Ae.], 205—207° [Zers.; aus Bzl.] (*Pe.*, l. c. S. 420); die lösungsmittelfreie Verbindung schmilzt bei 252—254° [Zers.] (*Pe.*, l. c. S. 420). UV-Spektrum (A.; 230—310 nm [λ_{max}: 234 nm, 273 nm und 283 nm]): *Pe.*, l. c. S. 412, 420.

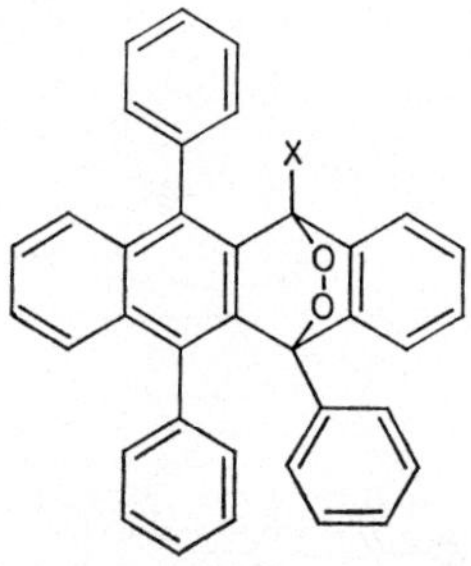

III 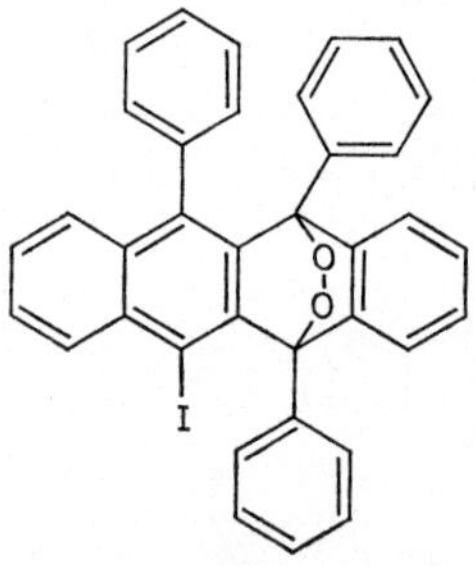 IV

(±)-5-Jod-6,11,12-triphenyl-5,12-dihydro-5,12-epidioxido-naphthacen $C_{36}H_{23}IO_2$, Formel III (X = I), und **(±)-6-Jod-5,11,12-triphenyl-5,12-dihydro-5,12-epidioxido-naphthacen** $C_{36}H_{23}IO_2$, Formel IV.

Diese beiden Konstitutionsformeln kommen für die nachstehend beschriebene Verbindung in Betracht.

B. Beim Behandeln einer Lösung von 5-Jod-6,11,12-triphenyl-naphthacen in Benzol mit Sauerstoff unter Bestrahlung mit Sonnenlicht (*Badoche*, Bl. [5] **9** [1942] 393, 397).

Krystalle (aus Bzl.); F: 281—282° [Zers.; Block].

Stammverbindungen $C_{37}H_{26}O_2$

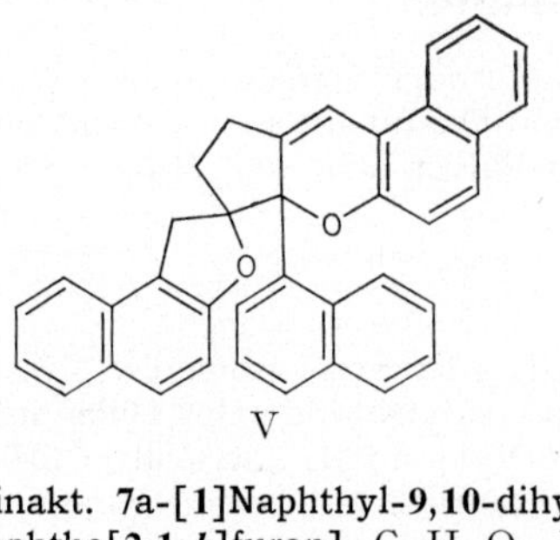

V 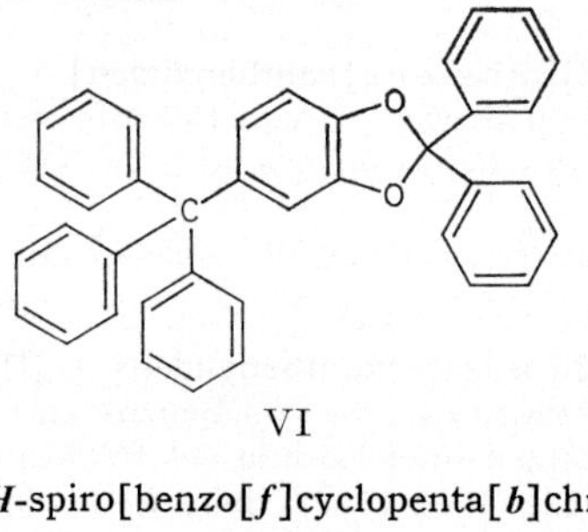 VI

***Opt.-inakt. 7a-[1]Naphthyl-9,10-dihydro-7a*H*,1'*H*-spiro[benzo[*f*]cyclopenta[*b*]chromen-8,2'-naphtho[2,1-*b*]furan]** $C_{37}H_{26}O_2$, Formel V.

Diese Konstitution ist der nachstehend beschriebenen Verbindung zugeordnet worden

(*Mustafa*, Soc. **1949** 2295).

B. Beim Erwärmen von 6,7-Dihydro-dibenzo[*f,f'*]cyclopenta[1,2-*b*;1,5-*b'*]dichromen (S. 469) mit [1]Naphthylmagnesiumbromid in Äther und Benzol und anschliessenden Behandeln mit wss. Salzsäure (*Mu.*).

Krystalle (aus Xylol); F: 260°.

Stammverbindungen $C_{38}H_{28}O_2$

2,2-Diphenyl-5-trityl-benzo[1,3]dioxol, 1,2-Benzhydrylidendioxy-4-trityl-benzol $C_{38}H_{28}O_2$, Formel VI.

B. Beim Erwärmen von 4-Trityl-brenzcatechin mit Benzhydrylidendichlorid (*Fieser, Hartwell,* Am. Soc. **57** [1935] 1479, 1481). Beim Behandeln von 4-Trityl-[1,2]benzochinon in Chloroform mit Diazo-diphenyl-methan in Petroläther und mit Äthanol (*Fi., Ha.*).

Krystalle (aus Dioxan); F: 258–259°.

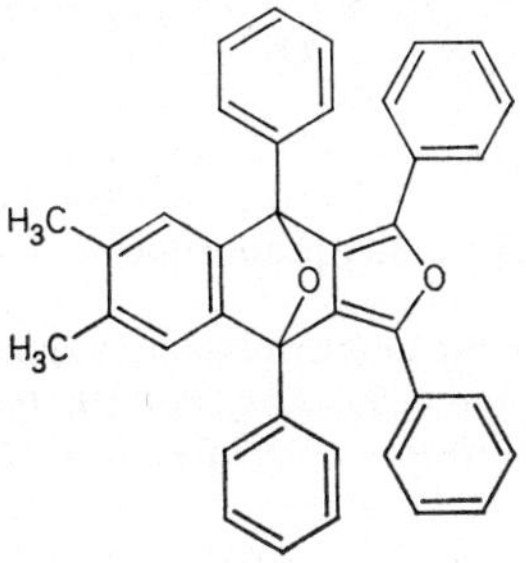

VII 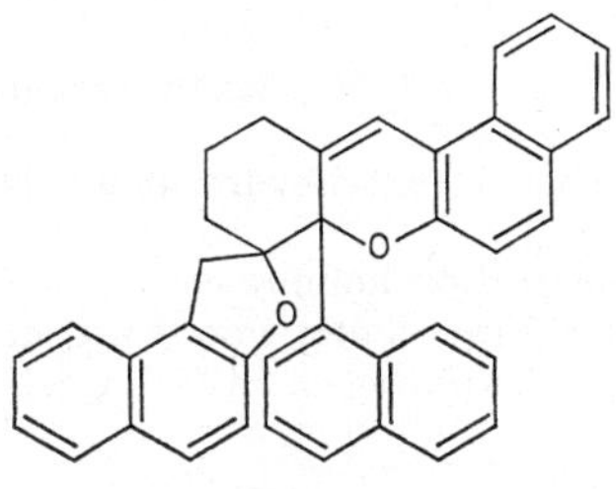 VIII

6,7-Dimethyl-1,3,4,9-tetraphenyl-4,9-dihydro-4,9-epoxido-naphtho[2,3-*c*]furan $C_{38}H_{28}O_2$, Formel VII.

Diese Konstitution ist für die nachstehend beschriebene Verbindung in Betracht gezogen worden (*Allen, Gates,* Am. Soc. **65** [1943] 1283).

B. Beim Erhitzen von (±)-2*r*,3*t*(?)-Dibenzoyl-6,7-dimethyl-1,4-diphenyl-1,2,3,4-tetra= hydro-1,4-epoxido-naphthalin (F: 169°) mit Essigsäure und Zink-Pulver (*Al., Ga.*).

Orangegelbe Krystalle; F: 194–195°.

Reaktion mit [1,4]Benzochinon (Bildung einer vermutlich als 8,9-Dimethyl-5,6,11,12-tetraphenyl-4a,5,6,11,12,12a-hexahydro-5,12;6,11-diepoxido-naphthacen-1,4-dion zu formulierenden Verbindung $C_{44}H_{32}O_4$ vom F: 145–146°) sowie Reaktion mit Maleinsäure-anhydrid (Bildung einer vermutlich als 6,7-Dimethyl-1,4,9,10-tetra= phenyl-1,2,3,4,9,10-hexahydro-1,4;9,10-diepoxido-anthracen-2,3-dicarbon= säure zu formulierenden Verbindung $C_{42}H_{32}O_6$ vom F: 271–272° nach anschliessender Hydrolyse): *Al., Ga.*

7a-[1]Naphthyl-9,10-dihydro-7a*H*,11*H*,1'*H*-spiro[benzo[*a*]xanthen-8,2'-naphtho[2,1-*b*]= furan] $C_{38}H_{28}O_2$, Formel VIII.

Diese Konstitution ist der nachstehend beschriebenen opt.-inakt. Verbindung zugeordnet worden (*Schönberg et al.*, Soc. **1947** 847).

B. Beim Erwärmen von 6,7-Dihydro-8*H*-benzo[*a*]benzo[5,6]chromen[2,3-*g*]xanthen (S. 473) mit [1]Naphthylmagnesiumbromid in Äther und Benzol und anschliessenden Behandeln mit wss. Salzsäure (*Sch. et al.*).

Krystalle (aus Bzl. + Bzn.); F: 305°.

Stammverbindungen $C_nH_{2n-50}O_2$

Stammverbindungen $C_{34}H_{18}O_2$

Dibenzo[*a,a'*]benzo[1,2,3-*kl*;4,5,6-*k'l'*]dixanthen, 10,20-Dioxa-dinaphtho= [1,2-*a*;1',2'-*j*]perylen $C_{34}H_{18}O_2$, Formel I.

B. Neben Benz[*j'*]anthra[2,1,9,8-*klmna*;3,4,10-*m'n'a'*]dixanthen (S. 500) beim Erhitzen

(10 min) von 1,5-Bis-[2]naphthyloxy-anthrachinon mit Aluminiumchlorid und Natriumchlorid auf 180° und anschliessend (15 min) auf 145° (*Clar et al.*, Soc. **1956** 2652, 2654).
Rote Krystalle (aus Bzl.); F: 255—256° [evakuierte Kapillare]. Absorptionsspektrum (Bzl.; 280—620 nm): *Clar et al.*, l. c. S. 2653.

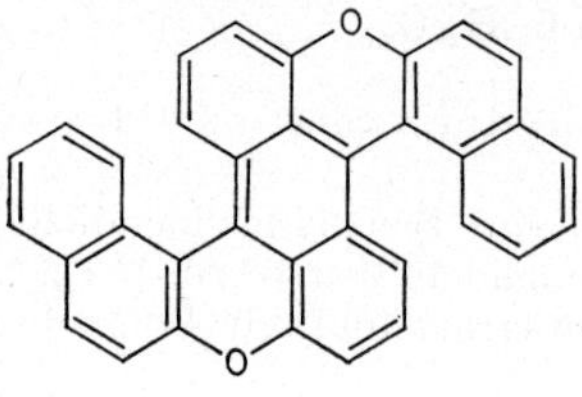

I 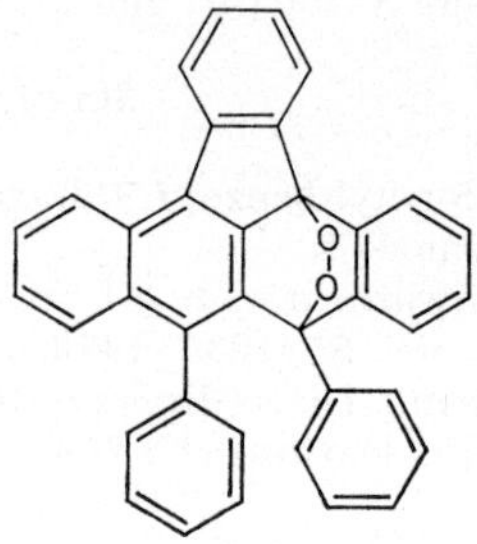 II

Stammverbindungen $C_{36}H_{22}O_2$

(±)-9,10-Diphenyl-4b,9-dihydro-4b,9-epidioxido-indeno[1,2,3-*fg*]naphthacen $C_{36}H_{22}O_2$, Formel II.

Diese Konstitution kommt vermutlich der nachstehend beschriebenen Verbindung zu.

B. Bei der Einwirkung von Luft und Licht auf eine Lösung von 9,10-Diphenyl-indeno[1,2,3-*fg*]naphthacen in Schwefelkohlenstoff (*Dufraisse, Mellier*, C. r. **215** [1942] 576, 577).

Zers. bei 150°.

Stammverbindungen $C_{38}H_{26}O_2$

9,10-Bis-biphenyl-4-yl-9,10-dihydro-9,10-epidioxido-anthracen $C_{38}H_{26}O_2$, Formel III.

B. Beim Behandeln einer Lösung von 9,10-Bis-biphenyl-4-yl-anthracen in Schwefelkohlenstoff mit Luft unter Bestrahlung mit Sonnenlicht (*Duveen, Willemart*, Soc. **1939** 116).

Krystalle (aus CS_2, Ae. oder Bzl.); Zers. von 190° an.

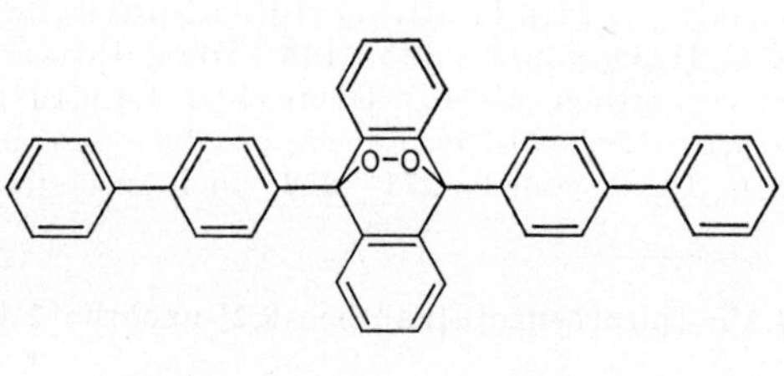

III 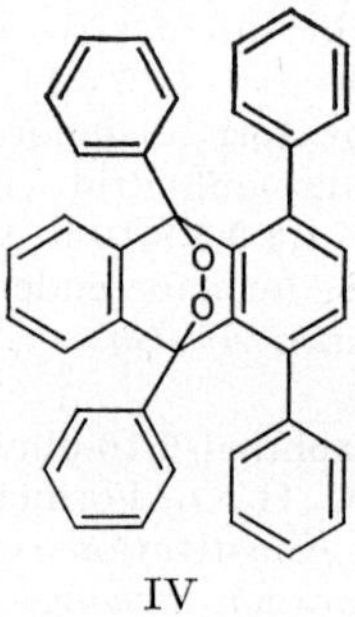 IV

1,4,9,10-Tetraphenyl-9,10-dihydro-9,10-epidioxido-anthracen $C_{38}H_{26}O_2$, Formel IV.

Diese Konstitution ist der nachstehend beschriebenen Verbindung zugeordnet worden (*Dufraisse, Velluz*, Bl. [5] **9** [1942] 185).

B. Bei der Einwirkung von Luft und Licht auf eine Lösung von 1,4,9,10-Tetraphenyl-anthracen in Schwefelkohlenstoff (*Du., Ve.*).

Krystalle (aus Ae.); Zers. von 200° an.

5-Trityl-spiro[benzo[1,3]dioxol-2,9'-fluoren] $C_{38}H_{26}O_2$, Formel V (X = H).

B. Beim Behandeln von 4-Trityl-[1,2]benzochinon mit 9-Diazo-fluoren in Benzol (*Schönberg, Latif*, Soc. **1952** 446, 449).

Krystalle (aus Acn.); F: 250°.

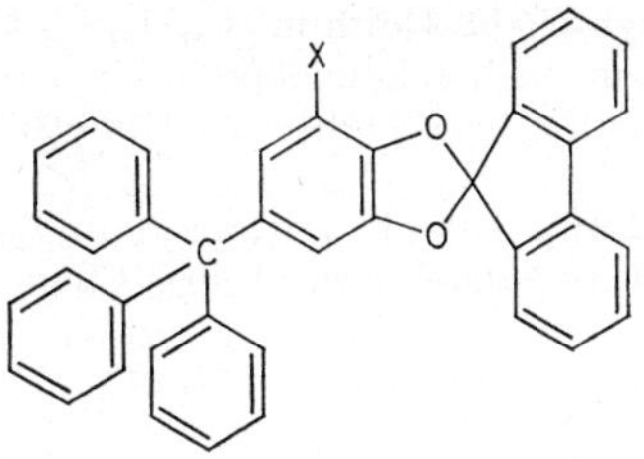

V 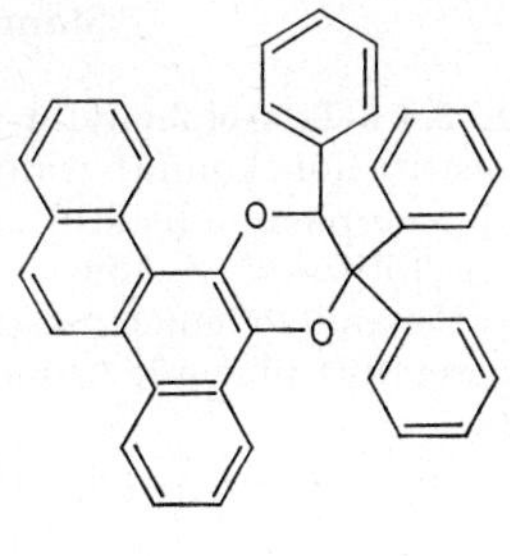 VI

4-Brom-6-trityl-spiro[benzo[1,3]dioxol-2,9'-fluoren] $C_{38}H_{25}BrO_2$, Formel V (X = Br).

B. Beim Behandeln von 3-Brom-5-trityl-[1,2]benzochinon mit 9-Diazo-fluoren in Benzol (*Schönberg, Latif*, Soc. **1952** 446, 449).

Krystalle (aus Bzl.); F: 262°.

(±)-2,3,3-Triphenyl-2,3-dihydro-chryseno[5,6-*b*][1,4]dioxin $C_{38}H_{26}O_2$, Formel VI.

Für die nachstehend beschriebene Verbindung ist auch die Formulierung als (±)-2,2,3-Triphenyl-2,3-dihydro-chryseno[5,6-*b*][1,4]dioxin ($C_{38}H_{26}O_2$) in Betracht zu ziehen (*Baddar*, Soc. **1950** 749).

B. Bei der Bestrahlung eines Gemisches von Chrysen-5,6-chinon, Triphenyläthylen und Benzol mit Sonnenlicht (*Mustafa*, Soc. **1949** Spl. 83, Spl. 86).

Krystalle (aus Bzl.); F: 248° [gelbe Schmelze, die bei 270° rot wird].

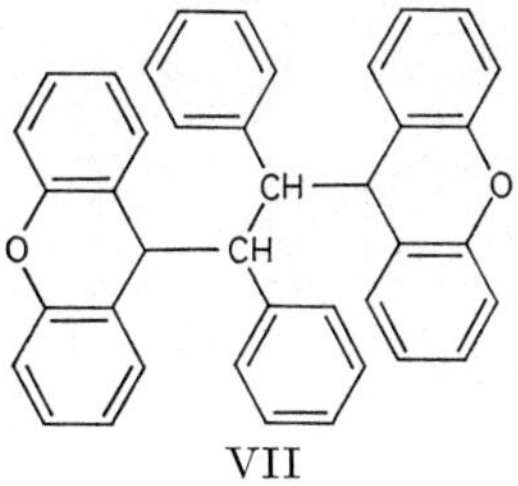

VII 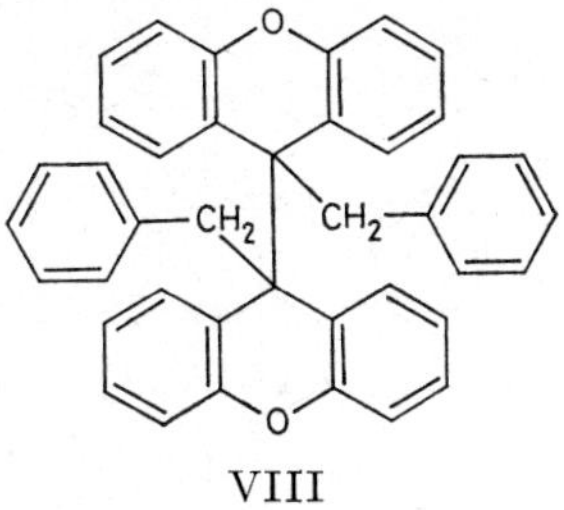 VIII

Stammverbindungen $C_{40}H_{30}O_2$

***Opt.-inakt. 1,2-Diphenyl-1,2-dixanthen-9-yl-äthan** $C_{40}H_{30}O_2$, Formel VII.

B. In geringer Menge neben Xanthen-9-on beim Erhitzen von 9-Benzyliden-xanthen in Dioxan mit Lithiumalanat (*Bergmann et al.*, Bl. **1951** 693, 696).

Krystalle (aus Butan-1-ol); F: 266—267°.

9,9'-Dibenzyl-[9,9']bixanthenyl $C_{40}H_{30}O_2$, Formel VIII (E II 64).

Geschwindigkeitskonstante der Autoxydation in 1,1,2,2-Tetrachlor-äthan bei —11° und 0°: *Scherp*, Am. Soc. **58** [1936] 576, 579.

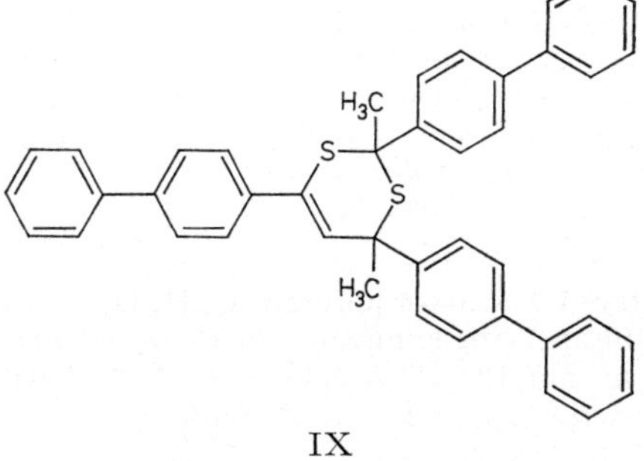

IX

Stammverbindungen $C_{42}H_{34}O_2$

***Opt.-inakt. 2,4,6-Tris-biphenyl-4-yl-2,4-dimethyl-4*H*-[1,3]dithiin** $C_{42}H_{34}S_2$, Formel IX.

Diese Konstitution kommt wahrscheinlich dem nachstehend beschriebenen Anhydro-tri-*p*-phenyl-acetophenondisulfid zu (vgl. das analog hergestellte 2,4-Dimethyl-2,4,6-triphenyl-4*H*-[1,3]dithiin [S. 439]).

B. Beim Behandeln einer Suspension von 1-Biphenyl-4-yl-äthanon in Äthanol mit Schwefelwasserstoff und mit Chlorwasserstoff (*Campaigne et al.*, J. org. Chem. **24** [1959] 1229, 1232).

Krystalle (aus Bzl. + A.); F: 172° [Zers.; blaue Schmelze] (*Ca. et al.*).

Stammverbindungen $C_nH_{2n-52}O_2$

Stammverbindungen $C_{34}H_{16}O_2$

Benz[*j'*]anthra[2,1,9,8-*klmna*;3,4,10-*m'n'a'*]dixanthen, 8,18-Dioxa-dibenzo[*a,kl*]phenaleno[5,4,3,2,1-*pqrst*]pentaphen $C_{34}H_{16}O_2$, Formel I.

B. Neben Dibenzo[*a,a'*]benzo[1,2,3-*kl*;4,5,6-*k'l'*]dixanthen (S. 497) beim Erhitzen (10 min) von 1,5-Bis-[2]naphthyloxy-anthrachinon mit Aluminiumchlorid und Natriumchlorid auf 180° und anschliessend (15 min) auf 145° (*Clar et al.*, Soc. **1956** 2652, 2654). Beim Erhitzen von Dibenzo[*a,a'*]benzo[1,2,3-*kl*;4,5,6-*k'l'*]dixanthen mit Aluminiumchlorid und Natriumchlorid auf 175° (*Clar et al.*).

Blaue Krystalle (aus Bzl.), die unterhalb 400° nicht schmelzen. Unter vermindertem Druck sublimierbar. Absorptionsspektrum (Bzl.; 280—710 nm): *Clar et al.*, l. c. S. 2653.

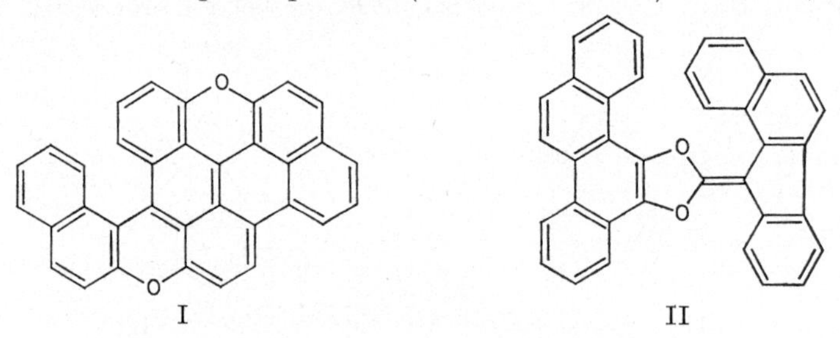

Stammverbindungen $C_{36}H_{20}O_2$

***2-Benzo[*a*]fluoren-11-yliden-chryseno[5,6-*d*][1,3]dioxol** $C_{36}H_{20}O_2$, Formel II oder Stereoisomeres.

B. Beim Erhitzen von 5(?)-Hydroxy-chrysen-6(?)-diazonium-betain (Zers. bei 140°; aus Chrysen-5,6-chinon mit Hilfe von Toluol-4-sulfonsäure-hydrazid hergestellt) mit Xylol (*Ried, Dietrich*, A. **639** [1961] 32, 52; s. a. *Ried, Dietrich*, Naturwiss. **46** [1959] 474).

Gelbe Krystalle (aus Nitrobenzol); F: 427° [Zers.].

Stammverbindungen $C_{38}H_{24}O_2$

2,3,7,8-Tetraphenyl-naphtho[2,1-*b*;6,5-*b'*]difuran $C_{38}H_{24}O_2$, Formel III.

B. Neben kleinen Mengen einer als 1,2,8,9-Tetraphenyl-naphtho[2,1-*b*;6,7-*b'*]difuran ($C_{38}H_{24}O_2$) angesehenen Verbindung (hellgelbe Krystalle [aus Acetanhydrid], F: 253°) beim Erhitzen von Benzoin mit Naphthalin-2,6-diol und Boroxid auf 200° (*Dischendorfer, Hinterbauer*, M. **82** [1951] 1, 7).

Krystalle (aus Chlorbenzol); F: 303°.

2,3,5,6-Tetraphenyl-naphtho[1,2-*b*;3,4-*b'*]difuran $C_{38}H_{24}O_2$, Formel IV.

B. Neben Tetraphenylfuran beim Erhitzen von Benzoin mit Naphthalin-1,3-diol und wss. Schwefelsäure (73%ig) auf 130° (*Dischendorfer*, M. **74** [1943] 287, 289).

Krystalle (aus Acetanhydrid); F: 228° [nach Sintern].

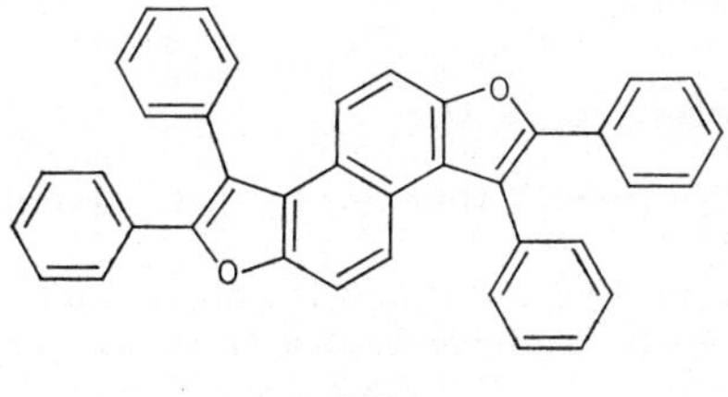

III

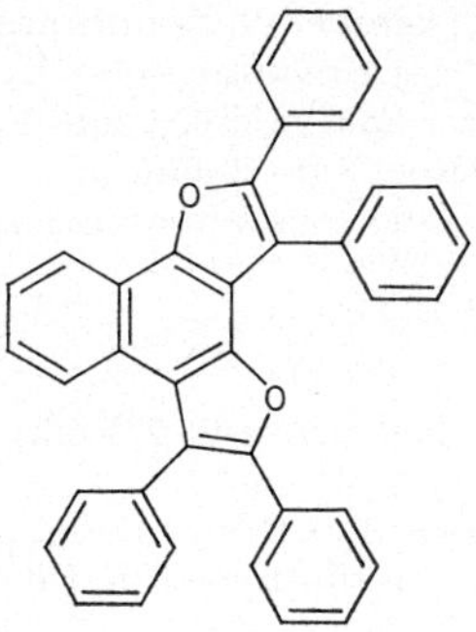

IV

2,3,4,5-Tetraphenyl-naphtho[1,2-*b*;4,3-*b'*]difuran $C_{38}H_{24}O_2$, Formel V.

B. Beim Erhitzen von Benzoin mit Naphthalin-1,4-diol und wss. Schwefelsäure (73%ig) bis auf 170° (*Dischendorfer et al.*, M. **80** [1949] 333, 338).

Krystalle (aus Bzl., Acetanhydrid oder Chlorbenzol); F: 278° [korr.].

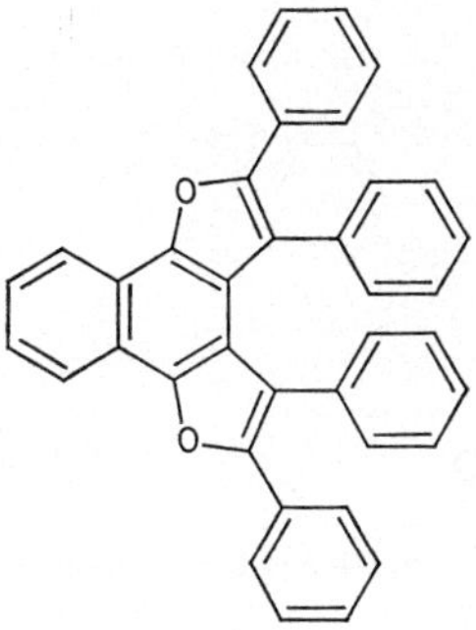

V

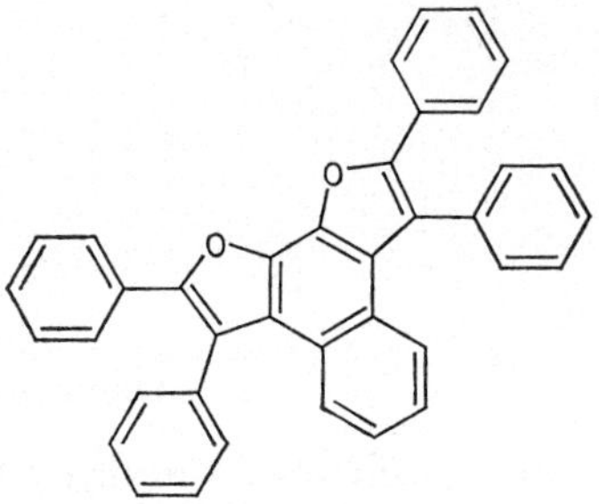

VI

2,3,8,9-Tetraphenyl-naphtho[2,1-*b'*;3,4-*b'*]difuran $C_{38}H_{24}O_2$, Formel VI.

B. Beim Erhitzen von Benzoin mit Naphthalin-2,3-diol und wss. Schwefelsäure (73%ig) bis auf 165° (*Dischendorfer et al.*, M. **81** [1950] 725, 730).

Gelbe Krystalle (aus Acetanhydrid); F: 286° [korr.].

***2,2'-Diphenyl-[4,4']bi[benzo[*h*]chromenyliden]** $C_{38}H_{24}O_2$, Formel VII oder Stereoisomeres.

B. Beim Behandeln einer Lösung von 2,2''-Diphenyl-dispiro[benzo[*h*]chromen-4,4'-[1,3]dithiolan-5',4''-benzo[*h*]chromen] (F: 165°) in Benzol mit Phenyllithium in Äther (*Schönberg et al.*, B. **66** [1933] 245, 249).

Rote Krystalle (aus Xylol + Ae.); F: 252°.

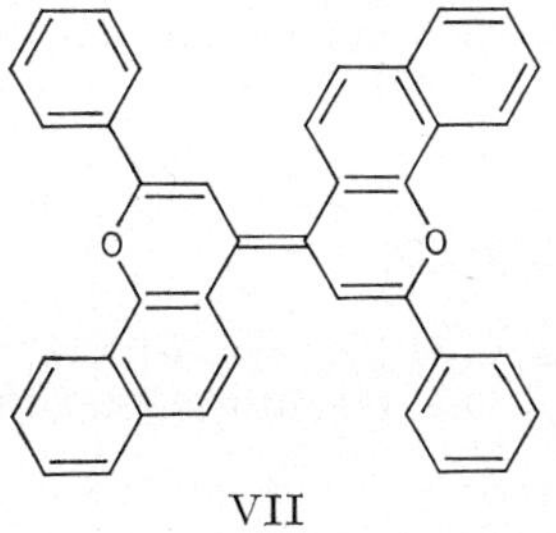

VII

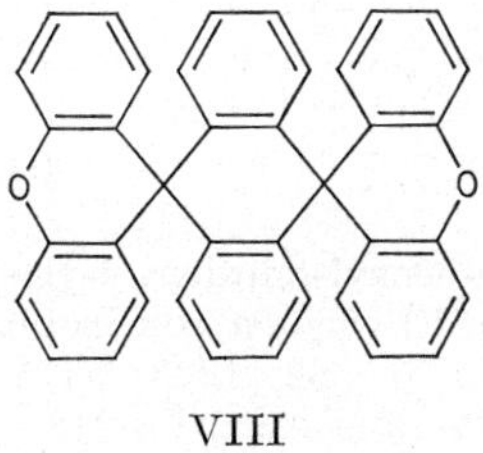

VIII

Dispiro[xanthen-9,9'-anthracen-10',9''-xanthen] $C_{38}H_{24}O_2$, Formel VIII.

B. Beim Erwärmen von 9,10-Bis-[2-phenoxy-phenyl]-9,10-dihydro-anthracen-9,10-diol (F: 351–353° [Zers.]) mit Essigsäure und Schwefelsäure (*Clarkson, Gomberg*, Am. Soc. **52** [1930] 2881, 2890).

Krystalle (aus Chinolin); F: 487–490° [korr.].

Stammverbindungen $C_{40}H_{28}O_2$

2,2-Bis-biphenyl-4-yl-2,3-dihydro-phenanthro[9,10-*b*][1,4]dioxin $C_{40}H_{28}O_2$, Formel IX (R = H).

B. Bei der Bestrahlung einer Lösung von Phenanthren-9,10-chinon und 1,1-Bis-biphenyl-4-yl-äthylen in Benzol mit Sonnenlicht (*Schönberg, Mustafa*, Soc. **1947** 997, 999).

Krystalle (aus Bzl.); F: 234°.

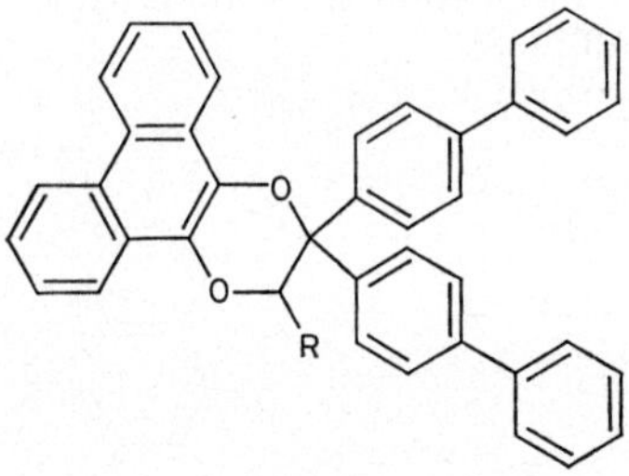

IX

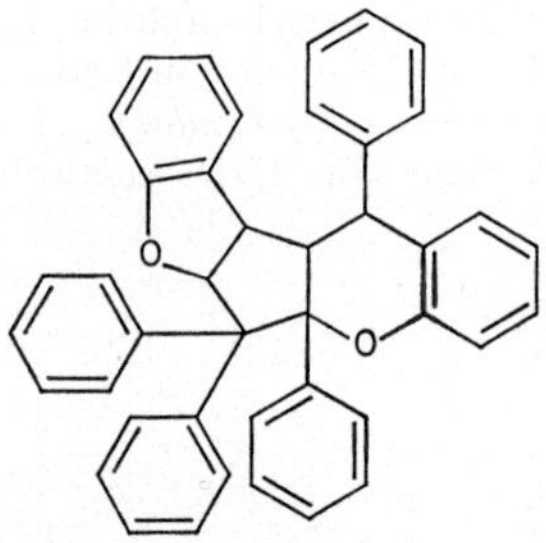

X

Stammverbindungen $C_{41}H_{30}O_2$

(±)-2,2-Bis-biphenyl-4-yl-3-methyl-2,3-dihydro-phenanthro[9,10-*b*][1,4]dioxin $C_{41}H_{30}O_2$, Formel IX (R = CH_3).

B. Bei der Bestrahlung einer Lösung von Phenanthren-9,10-chinon und 1,1-Bis-biphenyl-4-yl-propen in Benzol mit Sonnenlicht (*Schönberg, Mustafa*, Soc. **1947** 997, 999).

Krystalle (aus A.); F: 143° [orangefarbene Schmelze].

Stammverbindungen $C_{42}H_{32}O_2$

5a,6,6,12-Tetraphenyl-5a,6,6a,11b,11c,12-hexahydro-benzofuro[3',2';3,4]cyclopenta[1,2-*b*]chromen $C_{42}H_{32}O_2$, Formel X.

Eine opt.-inakt. Verbindung dieser Konstitution hat nach *Cottam et al.* (Soc. **1965** 5261, 5262) in dem früher (s. E II **17** 88 im Artikel 2.2-Diphenyl-1.2-chromen) beschriebenen Präparat (F: 239°) der vermeintlichen Zusammensetzung $C_{21}H_{16}O$ vorgelegen.

Stammverbindungen $C_{43}H_{34}O_2$

2-Methyl-1,4-bis-[9-phenyl-xanthen-9-yl]-but-2ξ-en $C_{43}H_{34}O_2$, Formel XI.

B. Beim Erwärmen von Isopren mit 9,9'-Diphenyl-[9,9']bixanthenyl auf 100° (*Conant, Chow*, Am. Soc. **55** [1933] 3475, 3477).

Krystalle (aus Acn.); F: 249–250°.

Stammverbindungen $C_{45}H_{38}O_2$

1,4-Bis-[9-benzyl-xanthen-9-yl]-2-methyl-but-2ξ-en $C_{45}H_{38}O_2$, Formel XII.

B. Beim Erwärmen von Isopren mit 9,9'-Dibenzyl-[9,9']bixanthenyl auf 100° (*Conant, Chow*, Am. Soc. **55** [1933] 3475, 3477).

Krystalle (aus Ae.); F: 218°.

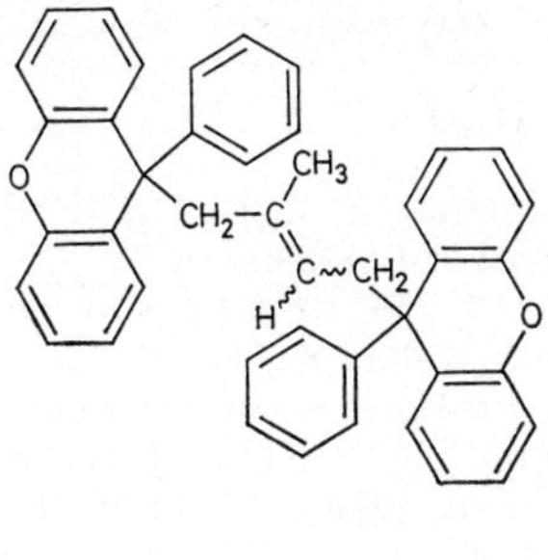

XI 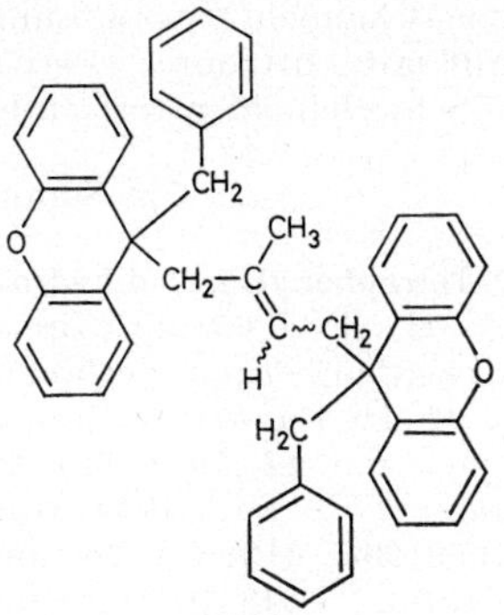 XII

Stammverbindungen $C_nH_{2n-54}O_2$

Stammverbindungen $C_{34}H_{14}O_2$

Pentaceno[5,6,7,8-*jklmna*; 1,14,13,12-*j'k'l'm'n'a'*]dixanthen, 8,16-Dioxa-dinaphtho[8,1,2-*abc*;8',1',2'-*jkl*]coronen $C_{34}H_{14}O_2$, Formel I.

B. Beim Erhitzen (35 min) von 1,5-Bis-[2]naphthyloxy-anthrachinon mit Aluminiumchlorid und Natriumchlorid auf 180° (*Clar et al.*, Soc. **1956** 2652, 2654).

Grünblaue Krystalle (aus 1,2,4-Trichlor-benzol), F: 515–516° [evakuierte Kapillare]; bei 400°/10^{-4} Torr sublimierbar (*Clar et al.*, l. c. S. 2654). Absorptionsspektrum (1,2,4-Trichlor-benzol; 280–800 nm): *Clar et al.*, l. c. S. 2653.

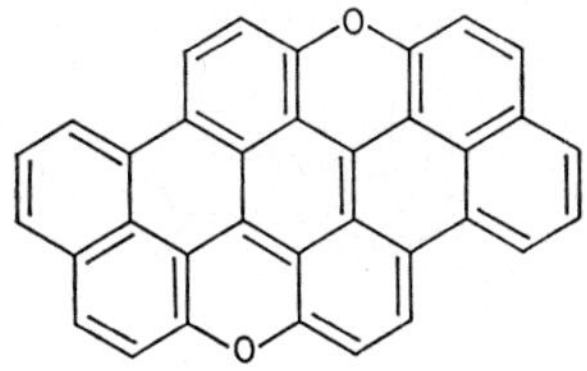

I 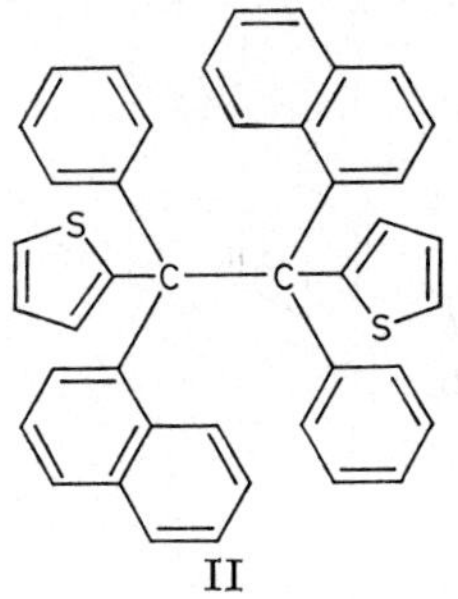 II

Stammverbindungen $C_{42}H_{30}O_2$

***Opt.-inakt. 1,2-Di-[1]naphthyl-1,2-diphenyl-1,2-di-[2]thienyl-äthan** $C_{42}H_{30}S_2$, Formel II.

Diese Konstitution ist der nachstehend beschriebenen Verbindung zugeordnet worden.

B. Beim Behandeln von (±)-Chlor-[1]naphthyl-phenyl-[2]thienyl-methan mit Silber-Amalgam in Benzol (*Chu, Weismann*, Am. Soc. **77** [1955] 2189).

Krystalle; F: 140°.

Stammverbindungen $C_nH_{2n-56}O_2$

Stammverbindungen $C_{40}H_{24}O_2$

(±)-7,16-Diphenyl-7*H*-7,11b-epidioxido-dibenzo[*a,o*]perylen $C_{40}H_{24}O_2$, Formel III.

Diese Konstitution kommt der nachstehend beschriebenen, ursprünglich (*Sauvage*, A. ch. [12] **2** [1947] 844, 856) als 7,16-Diphenyl-3a,11b-epidioxido-dibenzo[*a,o*]perylen angesehenen Verbindung zu (*Brockmann, Dicke*, B. **103** [1970] 7, 13).

B. Beim Behandeln einer Lösung von 7,16-Diphenyl-dibenzo[*a,o*]perylen in Schwefelkohlenstoff mit Luft unter Bestrahlung mit Sonnenlicht (*Sa.*, l. c. S. 861).

Gelbe, Schwefelkohlenstoff enthaltende Krystalle; Zers. von 180° an (*Sa.*).

Stammverbindungen $C_{42}H_{28}O_2$

5,6,11,12-Tetraphenyl-5,12-dihydro-5,12-epidioxido-naphthacen $C_{42}H_{28}O_2$, Formel IV (R = X = H) (E II 65; dort auch als Rubrenperoxid bezeichnet).

Bildungsenthalpie und Verbrennungsenthalpie bei 17—20°: *Enderlin*, A. ch. [11] **10** [1938] 5, 92. IR-Banden (KBr sowie CS_2) im Bereich von 12,8 μ bis 14,5 μ: *Nærland*, Acta chem. scand. **12** [1958] 224, 226. UV-Spektrum im Bereich von 210 nm bis 310 nm (A.): *Badger et al.*, Soc. **1954** 3151, 3154; von 230 nm bis 310 nm: *Perronnet*, A. ch. [13] **4** [1959] 365, 412; von 260 nm bis 310 nm: *Gillet*, Bl. **1950** 1135, 1140. Magnetische Susceptibilität: $-348 \cdot 10^{-6}$ $cm^3 \cdot mol^{-1}$ (*En.*, l. c. S. 109).

Kinetik der thermischen Zersetzung der 1 Mol Benzol enthaltenden Krystalle bei 80—120° sowie der 1 Mol Aceton enthaltenden Krystalle bei 120—160°: *Hochstrasser, Ritchie*, Trans. Faraday Soc. **52** [1956] 1363, 1370, 1372. Bildung von 4b,9,10-Triphenyl-4b,9-dihydro-indeno[1,2,3-*fg*]naphthacen-9-ylhydroperoxid (E III **6** 3917) beim Behandeln einer Suspension in Benzol mit 50%ig. wss. Schwefelsäure: *En.*, l. c. S. 53, 78. Beim Behandeln mit Magnesiumjodid in Äther und Benzol ist eine nach *Badger et al.* (l. c. S. 3152, 3155) als 5-Phenoxy-6,11,12-triphenyl-5,12-dihydro-5,12-epoxido-naphthacen zu formulierende Verbindung (E III/IV **17** 1783) erhalten worden (*Dufraisse, Badoche*, C. r. **191** [1930] 104, 105; *En.*, l. c. S. 45).

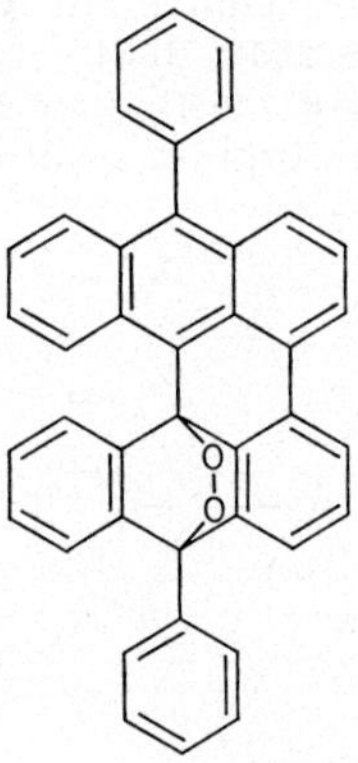

III 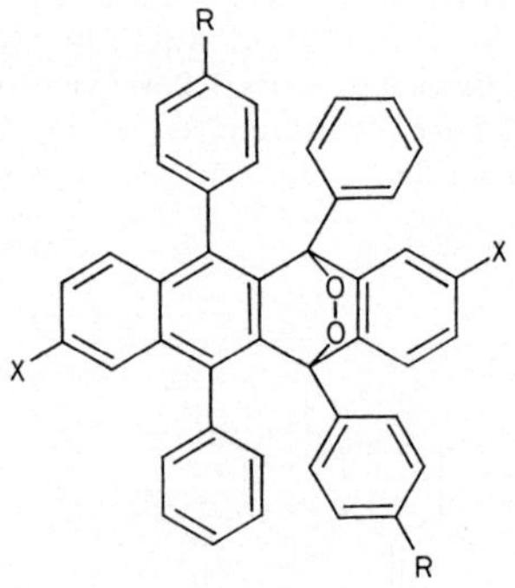 IV

(±)-5,11-Bis-[4-brom-phenyl]-6,12-diphenyl-5,12-dihydro-5,12-epidioxido-naphthacen $C_{42}H_{26}Br_2O_2$, Formel IV (R = Br, X = H).

B. Bei der Einwirkung von Luft und Licht auf Lösungen von 5,11-Bis-[4-brom-phenyl]-6,12-diphenyl-naphthacen (*Dufraisse, Drisch*, C. r. **191** [1930] 619).

Nicht näher beschrieben.

Eine von *Enderlin* (A. ch. [11] **10** [1938] 5, 49) beim Behandeln mit Magnesiumjodid in Äther und Benzol erhaltene Verbindung $C_{42}H_{26}Br_2O_2$ (Krystalle [aus Bzl.] mit 1 Mol Benzol, F: 245° und [nach Wiedererstarren] F: 258° bzw. lösungsmittelfreie Krystalle [aus Ae.], F: 258° [Block]) ist vermutlich als 5-[4-Brom-phenoxy]-11-[4-brom-phenyl]-6,12-diphenyl-5,12-dihydro-5,12-epoxido-naphthacen ($C_{42}H_{26}Br_2O_2$) oder als 5,11-Bis-[4-brom-phenyl]-12-phenoxy-6-phenyl-5,12-dihydro-5,12-epoxido-naphthacen ($C_{42}H_{26}Br_2O_2$) zu formulieren (vgl. die analoge Reaktion der im vorangehenden Artikel beschriebenen Verbindung).

(±)-2,8-Dibrom-5,11-bis-[4-brom-phenyl]-6,12-diphenyl-5,12-dihydro-5,12-epidioxido-naphthacen $C_{42}H_{24}Br_4O_2$, Formel IV (R = X = Br).

B. Beim Behandeln einer Lösung von 2,8-Dibrom-5,11-bis-[4-brom-phenyl]-6,12-diphenyl-naphthacen in Benzol und Äther mit Luft unter Bestrahlung mit Sonnenlicht (*Dufraisse, Rocher*, Bl. [5] **2** [1935] 2235, 2239).

Krystalle mit 1 Mol Benzol; Zers. von 165° an.

1-Phenyl-1-[2-phenyl-2*H*-cyclopenta[*kl*]xanthen-1-yl]-2-xanthen-9-yliden-äthan $C_{42}H_{28}O_2$, Formel V.

Diese Konstitution kommt vermutlich der nachstehend und früher (s. E II **17** 166 im Artikel Bis-[9-styryl-xanthen-9-yl]-äther) beschriebenen opt.-inakt. Verbindung $C_{42}H_{28}O_2$ zu (vgl. das analog hergestellte 1,3-Diphenyl-2-[1,3,3-triphenyl-allyl]-inden [E III **5** 2790; E III **6** 7170]).

B. Beim Erhitzen von 9-Styryl-xanthenylium-perchlorat (E II **17** 166) mit Essigsäure und Natriumacetat (*Wizinger, Renckhoff*, Helv. **24** [1941] 369 E, 385 E; vgl. E II **17** 166).

Krystalle (aus Chlorbenzol oder aus Toluol + Bzn.); F: 242°.

Stammverbindungen $C_{44}H_{32}O_2$

(±)-5,11-Diphenyl-6,12-di-*p*-tolyl-5,12-dihydro-5,12-epidioxido-naphthacen $C_{44}H_{32}O_2$, Formel IV (R = CH_3, X = H) (E II 66).

Eine von *Enderlin* (A. ch. [11] **10** [1938] 5, 49) beim Behandeln mit Magnesiumjodid in Äther erhaltene Verbindung $C_{44}H_{32}O_2$ (Krystalle [aus Ae. oder aus CS_2 + Bzn.]; F: 210° [Block]) ist vermutlich als 5-Phenoxy-11-phenyl-6,12-di-*p*-tolyl-5,12-dihydro-5,12-epoxido-naphthacen ($C_{44}H_{32}O_2$) oder als 5,11-Diphenyl-6-*p*-tolyl-12-*p*-tolyloxy-5,12-dihydro-5,12-epoxido-naphthacen ($C_{44}H_{32}O_2$) zu formulieren (s. dazu *Badger et al.*, Soc. **1954** 3151, 3152, 3155).

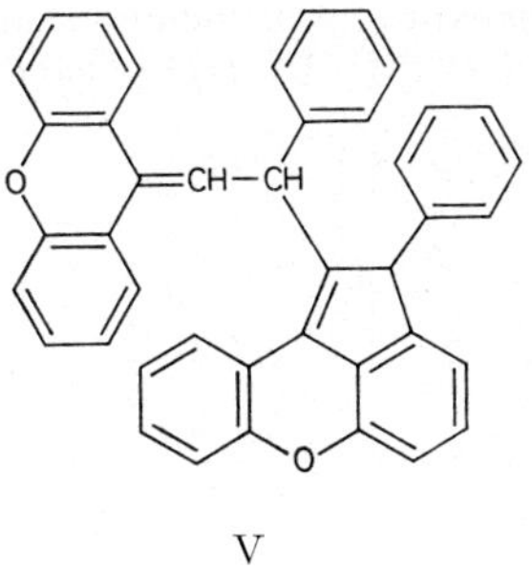

V

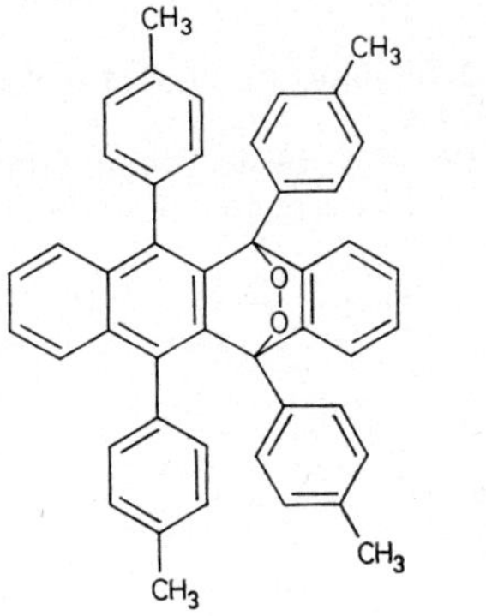

VI

Stammverbindungen $C_{46}H_{36}O_2$

5,6,11,12-Tetra-*p*-tolyl-5,12-dihydro-5,12-epidioxido-naphthacen $C_{46}H_{36}O_2$, Formel VI.

B. Beim Behandeln einer Lösung von 5,6,11,12-Tetra-*p*-tolyl-naphthacen in Benzol mit Sauerstoff unter Bestrahlung mit Sonnenlicht (*Badger et al.*, Soc. **1954** 3151, 3157).

Krystalle (aus Ae.) mit 0,5 Mol Äther; F: 223° [nach Rotfärbung].

Stammverbindungen $C_nH_{2n-58}O_2$

Stammverbindungen $C_{42}H_{26}O_2$

14*H*,14*H'*-[14,14']Bi[dibenzo[*a,j*]xanthenyl] $C_{42}H_{26}O_2$, Formel VII (H 67).

B. Beim Behandeln eines Gemisches von Dibenzo[*a,j*]xanthen und Benzol mit [1,4]Benzochinon oder Luft unter Bestrahlung mit Sonnenlicht (*Schönberg, Mustafa*, Soc. **1944** 67, 70; *Schönberg, Mustafa*, Soc. **1945** 657, 660).

Stammverbindungen $C_{46}H_{34}O_2$

1,2-Bis-[2,5-diphenyl-[3]furyl]-1,2-diphenyl-äthan $C_{46}H_{34}O_2$, Formel VIII.

a) Opt.-inakt. Präparat vom F: 204°.

B. Beim Erhitzen von (±)-[2,5-Diphenyl-[3]furyl]-phenyl-methanol mit Essigsäure,

Zinn(II)-chlorid und konz. wss. Salzsäure (*Bailey et al.*, J. org. Chem. **21** [1956] **297**, 302). Neben dem unter b) beschriebenen Präparat beim Erwärmen von (±)-3-[α-Brom-benzyl]-2,5-diphenyl-furan mit Kupfer-Pulver in Benzol (*Ba. et al.*).

Krystalle (aus Isopropylalkohol + Acn.); F: 203–204° [korr.].

b) Opt.-inakt. Präparat vom F: 229°.

B. s. bei dem unter a) beschriebenen Präparat.

Krystalle (aus Acn. + Isopropylalkohol); F: 228–229° [korr.] (*Bailey et al.*, J. org. Chem. **21** [1956] 297, 302).

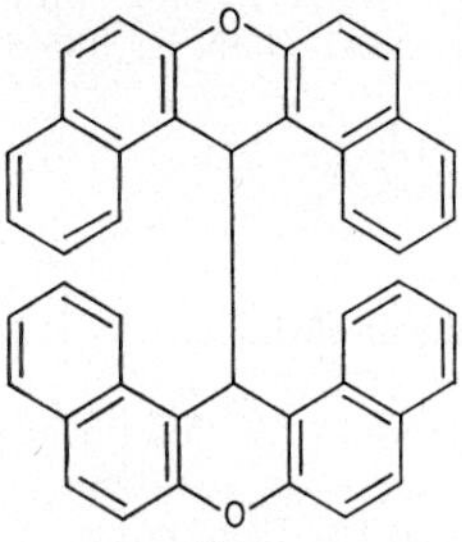

VII

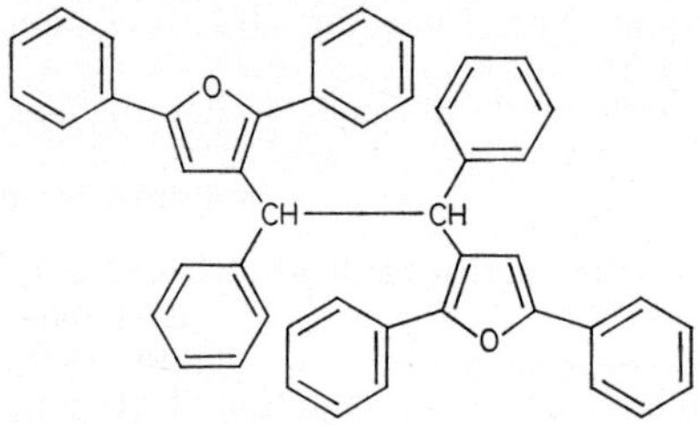

VIII

Stammverbindungen $C_nH_{2n-60}O_2$

(±)-2,2-Bis-biphenyl-4-yl-3-phenyl-2,3-dihydro-phenanthro[9,10-*b*][1,4]dioxin $C_{46}H_{32}O_2$, Formel IX.

B. Bei der Bestrahlung einer Lösung von Phenanthren-9,10-chinon und 1,1-Bis-biphenyl-4-yl-2-phenyl-äthylen in Benzol mit Sonnenlicht (*Mustafa, Islam*, Soc. **1949** Spl. 81).

Krystalle (aus Bzl. + PAe.); F: 234° [orangefarbene Schmelze].

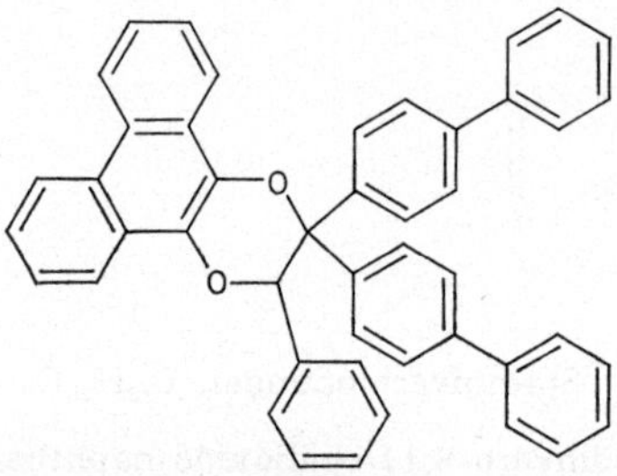

IX

Stammverbindungen $C_nH_{2n-62}O_2$

Stammverbindungen $C_{44}H_{26}O_2$

1,2-Bis-dibenzo[*a,j*]xanthen-14-yliden-äthan $C_{44}H_{26}O_2$, Formel I.

B. Beim Behandeln von 14-Methylen-14*H*-dibenzo[*a,j*]xanthen mit Jod in Benzol und Erwärmen einer Lösung der erhaltenen Verbindung $C_{22}H_{14}I_3O$ (Zers. bei 160°) in Pyridin mit äthanol. Kalilauge (*Wizinger, Al-Attar*, Helv. **30** [1947] 189, 199).

Gelbe Krystalle (aus Py. + W.), die unterhalb 360° nicht schmelzen.

Stammverbindungen $C_{46}H_{30}O_2$

5,7,12,14-Tetraphenyl-6,13-dihydro-6,13-epidioxido-pentacen $C_{46}H_{30}O_2$, Formel XI.

Diese Konstitution kommt der nachstehend beschriebenen, ursprünglich (*Allen, Bell*, Am. Soc. **64** [1942] 1253, 1260) als 5,7,12,14-Tetraphenyl-5,14-dihydro-5,14-epi=

dioxido-pentacen angesehenen Verbindung zu (*Etienne, Beauvois*, C. r. **239** [1954] 64).

B. Bei der Einwirkung von Luft und Licht auf eine Lösung von 5,7,12,14-Tetra=phenyl-pentacen in Benzol oder Schwefelkohlenstoff (*Et., Be.*; s. a. *Al., Bell*).

F: 310° [Block] (*Et., Be.*).

Beim Erhitzen bis auf 340° ist eine als 5,7,12,14-Tetraphenyl-5,6,13,14-tetra=hydro-5,14;6,13-diepoxido-pentacen ($C_{46}H_{30}O_2$) angesehene Verbindung (F: 316° bis 317° [Block]) erhalten worden (*Et., Be.*).

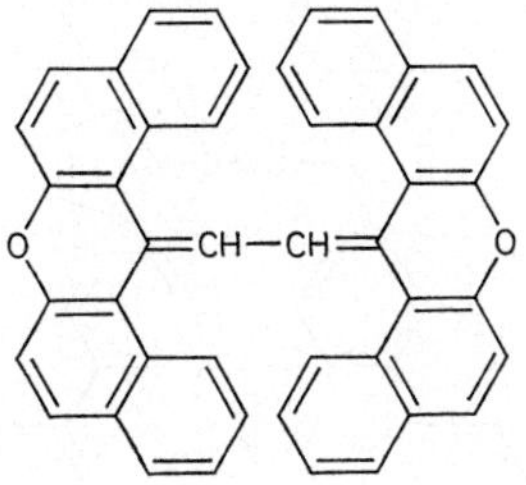

X 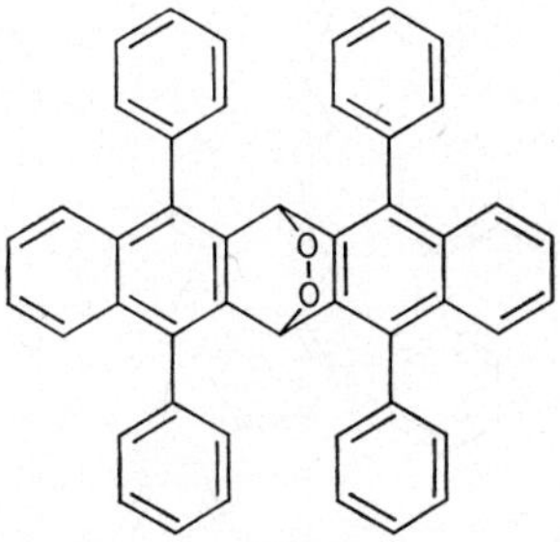 XI

Stammverbindungen $C_nH_{2n-66}O_2$

***Opt.-inakt. 9,18-Di-[1]naphthyl-9,18-dihydro-benzo[*a*]benzo[5,6]chromeno[3,2-*i*]=xanthen** $C_{48}H_{30}O_2$, Formel XIII.

B. Beim Erhitzen einer Suspension von 9,18-Di-[1]naphthyl-benzo[*a*]benzo[5,6]=chromeno[3,2-*i*]xanthen in Essigsäure mit wss. Jodwasserstoffsäure (*Liebermann, Barrollier*, A. **509** [1934] 38, 49).

Farblose Krystalle (aus Anilin + Me.), die sich oberhalb 240° violett färben.

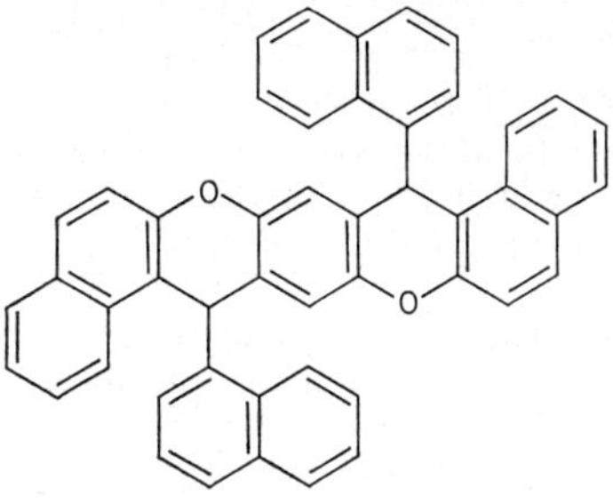

XII 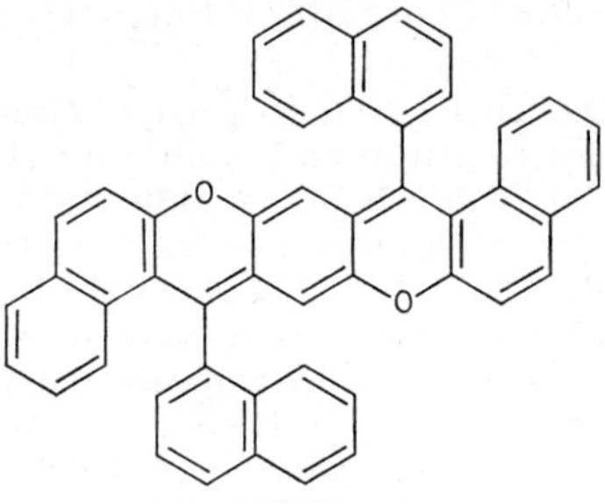 XIII

Stammverbindungen $C_nH_{2n-68}O_2$

9,18-Di-[1]naphthyl-benzo[*a*]benzo[5,6]chromeno[3,2-*i*]xanthen $C_{48}H_{28}O_2$, Formel XIII.

B. Beim Erhitzen von 2,5-Bis-[hydroxy-di-[1]naphthyl-methyl]-hydrochinon mit Nitrobenzol (*Liebermann, Barrollier*, A. **509** [1934] 38, 48).

Violette Krystalle, die unterhalb 400° nicht schmelzen.

Beim Erhitzen mit Chrom(VI)-oxid in Essigsäure ist eine gelbe Verbindung $C_{48}H_{30}O_8$ (Zers. bei 212° [violette Schmelze]) erhalten worden (*Li., Ba.*, l. c. S. 49).

Stammverbindungen $C_nH_{2n-72}O_2$

(±)-5,11-Bis-biphenyl-4-yl-6,12-diphenyl-5,12-dihydro-5,12-epidioxido-naphthacen $C_{54}H_{36}O_2$, Formel XIV.

B. Beim Behandeln einer Lösung von 5,11-Diphenyl-6,12-bis-biphenyl-4-yl-naphthacen in Benzol mit Luft unter Bestrahlung mit Sonnenlicht (*Duveen, Willemart*, Bl. [5] **6** [1939] 1334, 1338).

Krystalle; Zers. bei ca. 220°.

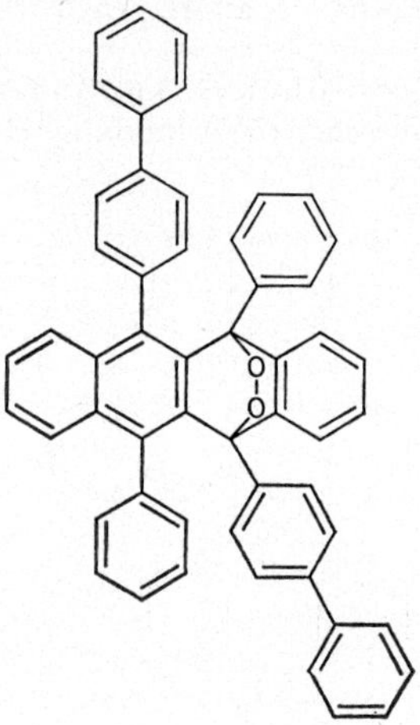

XIV

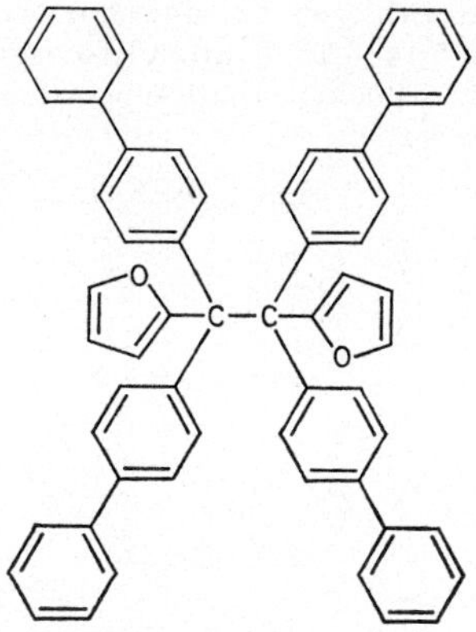

XV

Stammverbindungen $C_nH_{2n-74}O_2$

1,1,2,2-Tetrakis-biphenyl-4-yl-1,2-di-[2]furyl-äthan $C_{58}H_{42}O_2$, Formel XV.

Diese Konstitution ist der nachstehend beschriebenen Verbindung zugeordnet worden.

B. Beim Behandeln einer Lösung von Bis-biphenyl-4-yl-chlor-[2]furyl-methan (aus Bis-biphenyl-4-yl-[2]furyl-methanol mit Hilfe von Thionylchlorid hergestellt) in Äther und Benzol mit Quecksilber (*French, Smith*, Am. Soc. **67** [1945] 1949).

Krystalle (aus Bzl. + PAe.); F: 203–204°.

1,2-Diphenyl-1,2-bis-[triphenyl-[2]furyl]-äthan $C_{58}H_{42}O_2$, Formel XVI.

Diese Konstitution kommt wahrscheinlich der nachstehend beschriebenen, ursprünglich (*Dilthey et al.*, J. pr. [2] **139** [1933] 1,7) als 1,2,3,5,1′,2′,3′,5′-Octaphenyl-[3,3′]bi=cyclopent-1-enyl-4,4′-dion ($C_{58}H_{42}O_2$) angesehenen opt.-inakt. Verbindung zu (*Pütter, Dilthey*, J. pr. [2] **149** [1937] 183, 188, 200).

B. Bei der Hydrierung einer als 4-Hydroxy-2,3,4,5-tetraphenyl-cyclopent-2-enon oder als 5-Benzyliden-2,3,4-triphenyl-2,5-dihydro-furan-2-ol zu formulierenden opt.-inakt. Verbindung (F: 210° [E III **8** 1744]) an Platin in heisser Essigsäure (*Di. et al.*, l. c. S. 15).

Krystalle (aus Bzl. + A.); F: 228–229° (*Di. et al.*, l. c. S. 15).

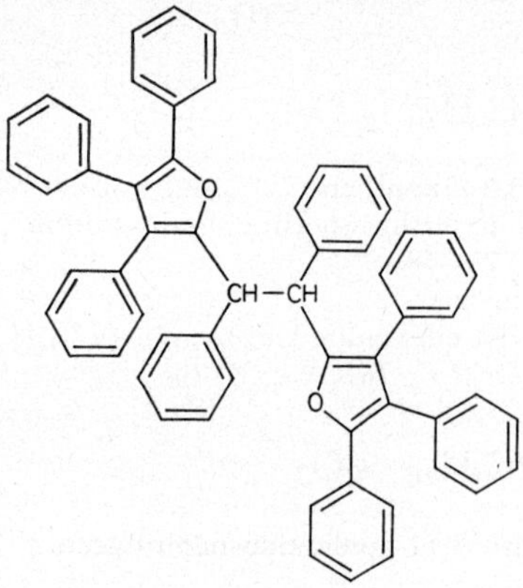

XVI

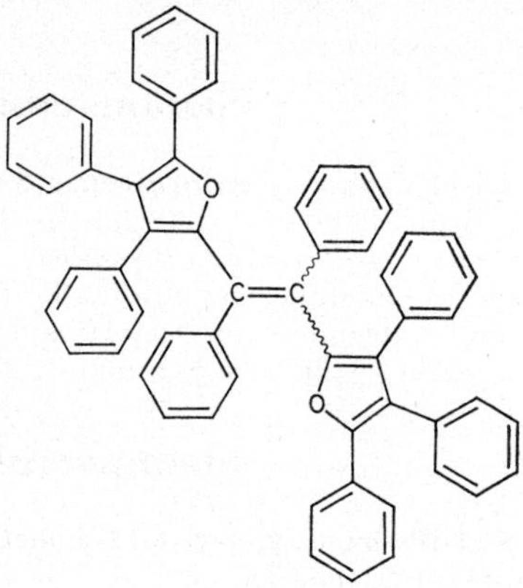

XVII

Stammverbindungen $C_nH_{2n-76}O_2$

(Ξ)-1,2-Diphenyl-1,2-bis-[triphenyl-[2]furyl]-äthylen $C_{58}H_{40}O_2$, Formel XVII.

B. Beim Erhitzen von Phenyl-[triphenyl-[2]furyl]-keton mit Essigsäure und Zink-Pulver (*Pütter, Dilthey,* J. pr. [2] **149** [1937] 183, 208). Aus opt.-inakt. 1,2-Diphenyl-1,2-bis-[triphenyl-[2]furyl]-äthan (S. 508) mit Hilfe von Selendioxid (*Pü., Di.,* l. c. S. 188, 203).

Gelbe Krystalle (aus Bzl. + A.); F: 233° (*Pü., Di.,* l. c. S. 208).

[*Appelt*]

Sachregister

Das folgende Register enthält die Namen der in diesem Band abgehandelten Verbindungen mit Ausnahme der Namen von Salzen, deren Kationen aus Metall-Ionen, Metallkomplex-Ionen oder protonierten Basen bestehen, und von Addionsverbindungen.

Die im Register aufgeführten Namen („Registernamen“) unterscheiden sich von den im Text verwendeten Namen im allgemeinen dadurch, dass Substitutionspräfixe und Hydrierungsgradpräfixe hinter den Stammnamen gesetzt („invertiert“) sind, und dass alle zur Konfigurationskennzeichnung dienenden genormten Präfixe und Symbole (s. „Stereochemische Bezeichnungsweisen“) weggelassen sind.

Der Registername enthält demnach die folgenden Bestandteile in der angegebenen Reihenfolge:

1. den Register-Stammnamen (in Fettdruck); dieser setzt sich, sofern nicht ein Radikofunktionalname (s. u.) vorliegt, zusammen aus
   a) dem Stammvervielfachungsaffix (z.B. Bi in [1,2′]Binaphthyl),
   b) stammabwandelnden Präfixen [1]),
   c) dem Namensstamm (z.B. Hex in Hexan; Pyrr in Pyrrol),
   d) Endungen (z. B. an, en, in zur Kennzeichnung des Sättigungszustandes von Kohlenstoff-Gerüsten; ol, in, olidin zur Kennzeichnung von Ringgrösse und Sättigungszustand bei Heterocyclen; ium, id zur Kennzeichnung der Ladung eines Ions),
   e) dem Funktionssuffix zur Kennzeichnung der Hauptfunktion (z. B. -säure, -carbonsäure, -on, -ol),
   f) Additionssuffixen (z.B. oxid in Äthylenoxid).
2. Substitutionspräfixe, d.h. Präfixe, die den Ersatz von Wasserstoff-Atomen durch andere Atome oder Gruppen („Substituenten“) kennzeichnen (z.B. Äthyl-chlor in 2-Äthyl-1-chlor-naphthalin; Epoxy in 1,4-Epoxy-*p*-menthan).
3. Hydrierungsgradpräfixe (z.B. Hydro in 1,2,3,4-Tetrahydro-naphthalin; Dehydro in 4,4′-Didehydro-*β*,*β*′-carotin-3,3′-dion).
4. Funktionsabwandlungssuffixe (z.B. -oxim in Aceton-oxim; -methylester in Bernsteinsäure-dimethylester; -anhydrid in Benzoesäure-anhydrid).

Beispiele:

Dibrom-chlor-methan wird registriert als **Methan,** Dibrom-chlor-;

meso-1,6-Diphenyl-hex-3-in-2,5-diol wird registriert als **Hex-3-in-2,5-diol,** 1,6-Diphenyl-;

---

[1]) Zu den stammabwandelnden Präfixen gehören:

Austauschpräfixe (z.B. Oxa in 3,9-Dioxa-undecan; Thio in Thioessigsäure),

Gerüstabwandlungspräfixe (z. B. Cyclo in 2,5-Cyclo-benzocyclohepten; Bicyclo in Bicyclo[2.2.2]octan; Spiro in Spiro[4.5]octan; Seco in 5,6-Seco-cholestan-5-on; Iso in Isopentan),

Brückenpräfixe (nur in Namen verwendet, deren Stamm ein Ringgerüst ohne Seitenkette bezeichnet; z. B. Methano in 1,4-Methano-naphthalin; Epoxido in 4,7-Epoxido-inden [zum Stammnamen gehörig im Gegensatz zu dem bedeutungsgleichen Substitutionspräfix Epoxy]).

Anellierungspräfixe (z.B. Benzo in Benzocyclohepten; Cyclopenta in Cyclopenta[*a*]phen= anthren),

Erweiterungspräfixe (z.B. Homo in *D*-Homo-androst-5-en),

Subtraktionspräfixe (z.B. Nor in *A*-Nor-cholestan; Desoxy in 2-Desoxy-hexose).

4a,8a-Dimethyl-octahydro-naphthalin-2-on-semicarbazon wird registriert als **Naphthalin-2-on,** 4a,8a-Dimethyl-octahydro-, semicarbazon;
8-Hydroxy-4,5,6,7-tetramethyl-3a,4,7,7a-tetrahydro-4,7-äthano-inden-9-on wird registriert als **4,7-Äthano-inden-9-on,** 8-Hydroxy-4,5,6,7-tetramethyl-3a,4,7,7a-tetrahydro-.

Besondere Regelungen gelten für Radikofunktionalnamen, d.h. Namen, die aus einer oder mehreren Radikalbezeichnungen und der Bezeichnung einer Funktionsklasse (z.B. Äther) oder eines Ions (z.B. Chlorid) zusammengesetzt sind:

a) Bei Radikofunktionalnamen von Verbindungen, deren (einzige) durch einen Funktionsklassen-Namen oder Ionen-Namen bezeichnete Funktionsgruppe mit nur einem (einwertigen) Radikal unmittelbar verknüpft ist, umfasst der Register-Stammname die Bezeichnung des Radikals und die Funktionsklassenbezeichnung (oder Ionenbezeichnung) in unveränderter Reihenfolge; ausgenommen von dieser Regelung sind jedoch Radikofunktionalnamen, die auf die Bezeichnung eines substituierbaren (d. h. Wasserstoff-Atome enthaltenden) Anions enden (s. unter c)). Präfixe, die eine Veränderung des Radikals ausdrücken, werden hinter den Stammnamen gesetzt[1]).

Beispiele:

Äthylbromid, Phenyllithium und Butylamin werden unverändert registriert;
4′-Brom-3-chlor-benzhydrylchlorid wird registriert als **Benzhydrylchlorid,** 4′-Brom-3-chlor-;
1-Methyl-butylamin wird registriert als **Butylamin,** 1-Methyl-.

b) Bei Radikofunktionalnamen von Verbindungen mit einem mehrwertigen Radikal, das unmittelbar mit den durch Funktionsklassen-Namen oder Ionen-Namen bezeichneten Funktionsgruppen verknüpft ist, umfasst der Register-Stammname die Bezeichnung dieses Radikals und die (gegebenenfalls mit einem Vervielfachungsaffix versehene) Funktionsklassenbezeichnung (oder Ionenbezeichnung), nicht aber weitere im Namen enthaltene Radikalbezeichnungen, auch wenn sie sich auf unmittelbar mit einer der Funktionsgruppen verknüpfte Radikale beziehen.

Beispiele:

Äthylendiamin und Äthylenchlorid werden unverändert registriert;
6-Methyl-1,2,3,4-tetrahydro-naphthalin-1,4-diyldiamin wird registriert als **Naphthalin-1,4-diyldiamin,** 6-Methyl-1,2,3,4-tetrahydro-;
N,N-Diäthyl-äthylendiamin wird registriert als **Äthylendiamin,** *N,N*-Diäthyl-.

c) Bei Radikofunktionalnamen, deren (einzige) Funktionsgruppe mit mehreren Radikalen unmittelbar verknüpft ist oder deren als Anion bezeichnete Funktionsgruppe Wasserstoff-Atome enthält, besteht der Register-Stammname nur aus der Funktionsklassenbezeichnung (oder Ionenbezeichnung); die Radikalbezeichnungen werden dahinter angeordnet.

Beispiele:

Benzyl-methyl-amin wird registriert als **Amin,** Benzyl-methyl-;
Äthyl-trimethyl-ammonium wird registriert als **Ammonium,** Äthyl-trimethyl-;
Diphenyläther wird registriert als **Äther,** Diphenyl-;
[2-Äthyl-[1]naphthyl]-phenyl-keton-oxim wird registriert als **Keton,** [2-Äthyl-[1]naphthyl]-phenyl-, oxim.

---

[1]) Namen mit Präfixen, die eine Veränderung des als Anion bezeichneten Molekülteils ausdrücken sollen (z. B. Methyl-chloracetat), werden im Handbuch nicht mehr verwendet.

Nach der sog. Konjunktiv-Nomenklatur gebildete Namen (z. B. Cyclo= hexanmethanol, 2,3-Naphthalindiessigsäure) werden im Handbuch nicht mehr verwendet.

Massgebend für die Anordnung von Verbindungsnamen sind in erster Linie die nicht kursiv gesetzten Buchstaben des Register-Stammnamens; in zweiter Linie werden die durch Kursivbuchstaben und/oder Ziffern repräsentierten Differenzierungsmarken des Register-Stammnamens berücksichtigt; erst danach entscheiden die nachgestellten Präfixe und zuletzt die Funktionsabwandlungs-suffixe.

Beispiele:

***o*-Phenylendiamin,** 3-Brom- erscheint unter dem Buchstaben P nach ***m*-Phenylendiamin,** 2,4,6-Trinitro-;

Cyclopenta[*b*]naphthalin, 1-Brom-1*H*- erscheint nach **Cyclopenta[*a*]naphthalin,** 3-Methyl-1*H*-;

Aceton, 1,3-Dibrom-, hydrazon erscheint nach **Aceton,** Chlor-, oxim.

Von griechischen Zahlwörtern abgeleitete Namen oder Namensteile sind einheitlich mit c (nicht mit k) geschrieben.

Die Buchstaben i und j werden unterschieden. Die Umlaute ä, ö und ü gelten hinsichtlich ihrer alphabetischen Einordnung als ae, oe bzw. ue.

A

Acenaphthen
—, 1,2-Benzylidendioxy-1,2-diphenyl- 481
—, 5-Brom-1-[2-methyl-[1,3]dioxolan-2-ylmethyl]- 376
—, 1,2-Isopropylidendioxy- 364
—, 1,2-Isopropylidendioxy-2a,3,4,5-tetrahydro- 314
Acenaphthen-5-sulfonsäure
—, 6-Hydroxy-,
— lacton 355
Acenaphthensulton 355
Acenaphtho[1,2-*d*][1,3]dioxol
—, 8,8-Dimethyl-6b,9a-dihydro- 364
—, 8,8-Dimethyl-1,2,3,6b,9a,9b-hexahydro- 314
—, 6b,8,9a-Triphenyl-6b,9a-dihydro- 481
2λ⁶-Acenaphth[5,6-*cd*][1,2]oxathiol
—, 2,2-Dioxo-5,6-dihydro- 355
Acenaphth[5,6-*cd*][1,2]oxathiol-2,2-dioxid
—, 5,6-Dihydro- 355
Acetaldehyd
— äthandiylacetal 42
— äthandiyldithioacetal 44
— butandiylacetal 58
— *o*-phenylenacetal s. Benzo[1,3]dioxol, 2-Methyl-
— propandiylacetal 48
— propandiyldithioacetal 49
Aceton
— äthandiylacetal 53
— äthandiyldithioacetal 54
— *o*-phenylenacetal s. Benzo[1,3]dioxol, 2,2-Dimethyl-
— propandiylacetal 59
— propandiyldithioacetal 61
— propylenacetal 69
— propylendithioacetal 71
Acetophenon
— äthandiylacetal 221
— äthandiyldithioacetal 223
— *o*-phenylenacetal s. Benzo[1,3]dioxol, 2-Methyl-2-phenyl-
— propandiylacetal 231
— propandiyldithioacetal 232
— propylenacetal 235
Acetylen
—, Bis-[2-äthyl-3-methyl-oxiranyl]- 181
—, Bis-[3-äthyl-2-methyl-oxiranyl]- 181
—, Bis-[3-äthyl-2-propyl-oxiranyl]- 185
—, Bis-[3-butyl-2-methyl-oxiranyl]- 185
—, Bis-[3-chlormethyl-oxiranyl]- 177
—, Bis-[3-chlor-tetrahydro-[2]furyl]- 142
—, Bis-[3-chlor-tetrahydro-pyran-2-yl]- 148
—, Bis-[2,2-dimethyl-3,6-dihydro-2*H*-thiopyran-4-yl]- 296
—, Bis-[2,3-dimethyl-oxiranyl]- 179
—, Bis-[2-methyl-oxiranyl]- 177
—, Bis-tetrahydropyran-2-yl- 181
—, [1,3]Dioxolan-2-yl-phenyl- 309
Acrolein
s. Acrylaldehyd
Acrylaldehyd
— äthandiylacetal 114
— propandiylacetal 118
— propylenacetal 55
Äthan
—, 1-[2-Äthyl-oxiranyl]-2-[3,3-dimethyl-oxiranyl]- 143
—, 1-Benzo[1,3]dioxol-5-yl-2-cyclohexyliden- 313
—, 1-Benzo[1,3]dioxol-5-yl-2-nitro-1-nitroso-2-phenyl- 364
—, 1,2-Bis-benzo[*b*]thiophen-3-yl- 417
—, 1,2-Bis-[2-brom-benzo[*b*]thiophen-3-yl]- 417
—, 2,2-Bis-[5-brom-[2]thienyl]-1,1,1-trichlor- 277
—, 1,2-Bis-[5-*tert*-butyl-5-methyl-tetrahydro-[2]furyl]- 153
—, 2,2-Bis-[5-*tert*-butyl-[2]thienyl]-1,1,1-trichlor- 297
—, 1,2-Bis-[3-chlor-tetrahydro-[2]furyl]- 142
—, 1,2-Bis-[3-chlor-tetrahydro-pyran-2-yl]- 148
—, 1,2-Bis-dibenzo[*a,j*]xanthen-14-yliden- 506
—, 1,2-Bis-[2,7-dimethyl-xanthen-9-yl]- 466
—, 1,2-Bis-[2,7-dimethyl-xanthen-9-yliden]- 479
—, 1,2-Bis-[2,5-diphenyl-[3]furyl]-1,2-diphenyl- 505
—, 1,2-Bis-[2-methyl-benzofuran-3-yl]- 418
—, 1,2-Bis-[3-methyl-benzo[*b*]thiophen-2-yl]- 418
—, 1,1-Bis-[5-methyl-[2]furyl]- 287
—, 1,2-Bis-[2-methyl-oxiranyl]- 133
—, 1,2-Bis-[3-methyl-2-phenyl-oxiranyl]- 399
—, 1,2-Bis-[2-methyl-[3]thienyl]- 286
—, 1,2-Bis-oxiranyl- 120
—, 1,2-Bis-tetrahydro[2]furyl- 142
—, 1,2-Bis-tetrahydropyran-2-yl- 148
—, 2-Chlor-1,1-bis-[5-methyl-[2]furyl]- 287
—, 1,2-Dibrom-1,2-bis-tetrahydropyran-2-yl- 149
—, 1,1-Di-[2]furyl- 276

Äthan (Fortsetzung)
—, 1,2-Di-[2]furyl- 276
—, 1,2-Di-[2]furyl-1,1,2,2-tetraphenyl- 487
—, 1-[2,3-Dimethyl-chroman-2-yl]-2-[2,2-dimethyl-chroman-3-yl]- 401
—, 1-[2,4-Dimethyl-[1,3]dioxolan-2-yl]-2-[2,6,6-trimethyl-cyclohex-2-enyl]- 174
—, 1-[2,3-Dimethyl-oxiranyl]-2-[3,3-dimethyl-oxiranyl]- 143
—, 1-[3,3-Dimethyl-oxiranyl]-2-[2-vinyl-oxiranyl]- 165
—, 1,2-Di-[1]naphthyl-1,2-diphenyl-1,2-di-[2]thienyl- 503
—, 1-[1,3]Dioxolan-2-yl-1-phenyl- 234
—, 1,2-Diphenyl-1,2-bis-[triphenyl-[2]furyl]- 508
—, 1,2-Diphenyl-1,2-dixanthen-9-yl- 499
—, 1,1-Di-[2]thienyl- 277
—, 1,2-Di-[2]thienyl- 276
—, 1,2-Di-[3]thienyl- 276
—, 1,2-Di-xanthen-9-yliden- 478
—, 1-[2-Methyl-[1,3]dioxolan-2-yl]-2-[2,6,6-trimethyl-cyclohex-2-enyl]- 173
—, 1-Phenyl-1,1-di-[2]thienyl- 391
—, 1-Phenyl-1-[2-phenyl-2*H*-cyclopenta=[*kl*]xanthen-1-yl]-2-xanthen-9-yliden- 505
—, 1,1,2,2-Tetrakis-biphenyl-4-yl-1,2-di-[2]furyl- 508
—, 1,1,2,2-Tetraphenyl-1,2-di-[2]thienyl- 487
—, 1,1,1-Trichlor-2,2-bis-[5-chlor-[2]thienyl]- 277
—, 1,1,1-Trichlor-2,2-bis-[2,5-dichlor-[3]thienyl]- 277
—, 1,1,1-Trichlor-2,2-bis-[5-jod-[2]thienyl]- 277
—, 1,1,1-Trichlor-2,2-bis-[4-methyl-[2]thienyl]- 287
—, 1,1,1-Trichlor-2,2-bis-[5-methyl-[2]thienyl]- 288
—, 1,1,1-Trichlor-2,2-di-[2]thienyl- 277
3,8a-Äthano-benzo[*c*][1,2]dioxin s. 2,4-Epidioxido-naphthalin
Äthansulfonsäure
—, 1-Chlor-1,2,2-trifluor-2-hydroxy-,
— lacton 3
—, 1-[2-(1-Hydroxy-äthyliden)-cyclohexyliden]-,
— lacton 179
—, 2-[2-Hydroxy-phenyl]-,
— lacton 195
—, 2-Hydroxy-2-phenyl-,
— lacton 195
—, 1,1,2,2-Tetrafluor-2-hydroxy-,
— lacton 3
—, 1,2,2-Trifluor-2-hydroxy-,
— lacton 3
1λ⁶,7λ⁶-4,8-Ätheno-benzo[1,2-*b*;5,4-*b'*]=dithiophen
—, 1,1,7,7-Tetraoxo-3a,4,4a,7a,8,8a-hexahydro- 310
4,8-Ätheno-benzo[1,2-*b*;4,5-*b'*]dithiophen-1,1,5,5-tetraoxid
—, 3a,4,4a,7a,8,8a-Hexahydro- 310
4,8-Ätheno-benzo[1,2-*b*;5,4-*b'*]dithiophen-1,1,7,7-tetraoxid
—, 3a,4,4a,7a,8,8a-Hexahydro- 310
8,11-Ätheno-cyclotetradeca[1,3]dioxol
—, 2,2-Dimethyl-3a,4,5,6,7,12,13,14,15,=15a-decahydro- 298
5λ⁶,7λ⁶-6,12-Ätheno-dibenzo[*d,d'*]benzo=[1,2-*b*;5,4-*b'*]dithiophen
—, 13,14-Dimethyl-5,5,7,7-tetraoxo-5a,6,6a,11b,12,12a-hexahydro- 425
5λ⁶,11λ⁶-6,12-Ätheno-dibenzo[*d,d'*]benzo[1,2-*b*;=4,5-*b'*]dithiophen
—, 13,14-Dimethyl-5,5,11,11-tetraoxo-5a,6,6a,11a,12,12a-hexahydro- 425
6,12-Ätheno-dibenzo[*d,d'*]benzo[1,2-*b*;5,4-*b'*]=dithiophen-5,5,7,7-tetraoxid
—, 13,14-Dimethyl-5a,6,6a,11b,12,12a-hexahydro- 425
6,12-Ätheno-dibenzo[*d,d'*]benzo[1,2-*b*;4,5-*b'*]=dithiophen-5,5,11,11-tetraoxid
—, 13,14-Dimethyl-5a,6,6a,11a,12,12a-hexahydro- 425
Äthylen
—, 1,2-Bis-tetrahydropyran-2-yl- 169
—, 1-Brom-2,2-bis-[5-brom-[2]thienyl]-1-phenyl- 407
—, 1-[5-Brom-3-nitro-[2]thienyl]-2-[2]furyl- 308
—, 1-Brom-2-phenoxathiin-2-yl-1,2-diphenyl- 459
—, 1-Dibenzo[1,4]dioxin-2-yl-1,2-diphenyl- 459
—, 1,1-Dichlor-2,2-bis-[5-chlor-[2]thienyl]- 308
—, 1,1-Dichlor-2,2-bis-[2,5-dichlor-[3]thienyl]- 309
—, 1,2-Difluor-1,2-di-[2]thienyl- 308
—, 1,2-Di-[2]furyl- 308
—, 1-[2,4-Dimethyl-[1,3]dioxolan-2-yl]-2-[2,5,6,6-tetramethyl-cyclohex-1-enyl]- 186
—, 1-[2,4-Dimethyl-[1,3]dioxolan-2-yl]-2-[2,6,6-trimethyl-cyclohex-1-enyl]- 185
—, 1-[2,4-Dimethyl-[1,3]dioxolan-2-yl]-2-[2,6,6-trimethyl-cyclohex-2-enyl]- 185
—, 1-[2,3-Dimethyl-oxiranyl]-2-[3,3-dimethyl-oxiranyl]- 165
—, 1-[2,5-Dimethyl-[3]thienyl]-2-phenyl-1-[2]thienyl- 411

Äthylen (Fortsetzung)
—, 1-[3,5-Dinitro-[2]thienyl]-2-[2]furyl- 308
—, 1,2-Diphenyl-1,2-bis-[4-phenyl-[1,3]dithiolylium-2-yl]- 407
—, 1,2-Diphenyl-1,2-bis-[triphenyl-[2]furyl]- 509
—, 1,2-Di-[2]thienyl- 308
—, 1-[2]Furyl-2-[3-nitro-[2]thienyl]- 308
—, 1-[2]Furyl-2-[5-nitro-[2]thienyl]- 308
—, 2-Phenyl-1,1-di-[2]thienyl- 407
Alloocimen-diepoxid 165
Androstan
—, 3,3-Äthandiyldioxy- 258
—, 17,17-Äthandiyldioxy- 259
—, 3,3-Äthandiyldioxy-2-brom- 259
—, 17,17-Äthandiyldioxy-16-brom- 259
Androstan-3-on
— äthandiylacetal 258
Androstan-17-on
— äthandiylacetal 259
Androst-2-en
—, 17,17-Äthandiyldioxy- 299
Androst-2-en-17-on
— äthandiylacetal 299
Anthracen
—, 9-[1,3]Dioxolan-2-yl- 410
—, 9,10-Di-[2]thienyl- 449
Anthracen-9-carbaldehyd
— äthandiylacetal 410
Anthracen-1-sulfonsäure
—, 9-Hydroxy-,
— lacton 402
2λ^6-Anthra[1,9-*cd*][1,2]oxathiol
—, 2,2-Dioxo- 402
Anthra[1,9-*cd*][1,2]oxathiol-2,2-dioxid 402
[9]Anthrylhydroperoxid
—, 10-Brom-9,10-diphenyl-9,10-dihydro- 459
—, 10-Chlor-9,10-diphenyl-9,10-dihydro- 459
Ascaridol 164
—, Dihydro- 141
Aurochrom 427
Azulen
—, 3-[1-Benzo[1,3]dioxol-5-yl-äthyl]-7-isopropyl-1,4-dimethyl- 418
Azuleno[4,5-*b*]furan
—, 6,6a-Epoxy-3,6,9-trimethyl-2,3,3a,4,5,6,6a,7,9a,9b-decahydro- 254

B

Benzaldehyd
— äthandiylacetal 207
— butandiylacetal 230
— but-2-endiylacetal 280
— cyclohexandithioacetal s. Benzo[1,3]dithiol, 2-Phenyl-hexahydro-
— cyclohexandiylacetal s. Benzo[1,3]dioxol, 2-Phenyl-hexahydro-
— propandiylacetal 215
— propandiyldithioacetal 218
— propylenacetal 223
Benz[*a*]anthracen-7-ol
—, 7,12-Dimethyl-7,12-dihydro- 423
Benz[*a*]anthracen-12-ol
—, 7,12-Dimethyl-7,12-dihydro- 423
Benz[*j*']anthra[2,1,9,8-*klmna*;3,4,10-*m'n'a'*]dixanthen 500
Benz[3,4]isochromeno[7,8,1-*mna*]xanthen 452
Benzo[*a*]benzo[5,6]chromeno[2,3-*g*]xanthen
—, 6,7-Dihydro-8*H*- 473
—, 7-Methyl-6,7-dihydro-8*H*- 475
Benzo[*a*]benzo[5,6]chromeno[3,2-*i*]xanthen
—, 9,18-Di-[1]naphthyl- 507
—, 9,18-Di-[1]naphthyl-9,18-dihydro- 507
Benzo[*d*]benzo[1,2-*b*;5,4-*b'*]dithiophen
—, 4,10-Dimethyl- 408
Benzo[*b*]benzo[4,5]thieno[2,3-*d*]thiophen 403
—, 1,2,3,4-Tetrahydro- 362
Benzo[*b*]benzo[4,5]thieno[3,2-*d*]thiophen 402
—, 1,2,3,4-Tetrahydro- 362
Benzo[*i*]benzo[6,7]xantheno[2,1,9,8-*klmna*]xanthen 483
Benzo[1,2-*b*;4,3-*b'*]bisbenzofuran 434
Benzo[1,2-*b*;4,5-*b'*]bisbenzofuran
s. Dibenzo[*d,d'*]benzo[1,2-*b*;4,5-*b'*]difuran
Benzo[1,2-*b*;3,4-*b'*]bis[1]benzothiophen
s. Dibenzo[*d,d'*]benzo[1,2-*b*;3,4-*b'*]dithiophen
Benzo[1,2-*b*;4,3-*b'*]bis[1]benzothiophen
s. Dibenzo[*d,d'*]benzo[1,2-*b*;4,3-*b'*]dithiophen
Benzo[1,2-*b*;4,5-*b'*]bis[1]benzothiophen
s. Dibenzo[*d,d'*]benzo[1,2-*b*;4,5-*b'*]dithiophen
Benzo[1,2;3,4]bisoxiren
—, Hexahydro- 157
Benzo[1,2;4,5]bisoxiren
—, Hexahydro- 157

Benzo[*f*]chromen
—, 3-[1,2-Dihydro-naphtho[2,1-*b*]furan-2-yl]-3-[1]naphthyl-3*H*- 494
—, 3-[1,2-Dihydro-naphtho[2,1-*b*]furan-2-yl]-3-phenyl-3*H*- 482
—, 3-[1,2-Dihydro-naphtho[2,1-*b*]furan-2-yl]-3-*p*-tolyl-3*H*- 482
Benzo[*a*]chromeno[3,2-*d*]xanthen
—, 12*H*- 454
Benzocyclohepten
—, 5,5-Äthandiyldioxy-6,7,8,9-tetrahydro-5*H*- 292
Benzo[*b*]cyclopenta[*e*][1,4]dioxin
—, 1,2-Dibrom-5,6,7,8-tetrachlor-1,2,3,9a-tetrahydro-3a*H*- 285
—, 5,6,7,8-Tetrabrom-1,9a-dihydro-3a*H*- 310
—, 5,6,7,8-Tetrabrom-1,2,3,9a-tetrahydro-3a*H*- 285
—, 5,6,7,8-Tetrachlor-1,9a-dihydro-3a*H*- 309
—, 5,6,7,8-Tetrachlor-1,2,3,9a-tetrahydro-3a*H*- 284
Benzo[1,2-*b*;3,4-*b'*]difuran
—, 3,8-Dimethyl- 329
—, 4-Methyl-2,3,7,8-tetraphenyl- 494
—, 2,3,7,8-Tetraphenyl- 492
Benzo[1,2-*b*;4,3-*b'*]difuran
—, 1,2,7,8-Tetraphenyl- 492
—, 1,2,7,8-Tetra-*p*-tolyl- 495
Benzo[1,2-*b*;4,5-*b'*]difuran
—, 4,8-Dibrom-2,3,6,7-tetraphenyl-491
—, 3,7-Diisopropenyl-2,6-dimethyl-394
—, 2,6-Dimethyl- 329
—, 2,6-Diphenyl- 449
—, 4-Isopropyl-8-methyl-2,3,6,7-tetraphenyl- 495
—, 2,3,6,7-Tetraphenyl- 491
—, 2,3,6,7-Tetra-*p*-tolyl- 494
—, 2,4,6-Trimethyl- 331
Benzo[1,2-*b*;5,4-*b'*]difuran
—, 4,8-Dibrom-2,3,5,6-tetraphenyl- 492
—, 3,5-Dimethyl- 329
—, 4-Methyl-2,3,5,6-tetraphenyl- 493
—, 8-Nitro-2,3,5,6-tetraphenyl- 492
—, 2,3,5,6-Tetraphenyl- 491
Benzo[2,1-*b*;2,3-*b'*]difuran
—, 2,8-Dimethyl-octahydro- 171
Benzo[2,1-*b*;3,4-*b'*]difuran
—, 2,3,6,7-Tetraphenyl- 492
Benzo[*b*][1,4]dioxacyclododecin
—, 2,3,4,5,6,7,8,9-Octahydro- 250
Benzo[*b*][1,4]dioxacyclotetradecin
—, 2,3,4,5,6,7,8,9,10,11-Decahydro- 254
Benzo[*b*][1,4]dioxacyclotridecin
—, 2,3,4,5,6,7,8,9-Octahydro-10*H*- 253
Benzo[*b*][1,4]dioxacycloundecin
—, 2,3,4,5,6,7-Hexahydro-8*H*- 247
Benzodioxan
s. Benzodioxin, Dihydro-
1,8-Benzodioxecin
s. Benzo[*b*][1,4]dioxecin
Benzo[*b*][1,4]dioxecin
—, 2,3,4,5,6,7-Hexahydro- 244
1,5-Benzodioxepin
s. Benzo[*b*][1,4]dioxepin
Benzo[*b*][1,4]dioxepin
—, 2,3-Dihydro-4*H*- 210
—, 7-Nitro-2,3-dihydro-4*H*- 210
—, 7-[2-Nitro-vinyl]-2,3-dihydro-4*H*- 282
1,2-Benzodioxin
s. Benzo[*c*][1,2]dioxin
1,3-Benzodioxin
—, 4*H*- s. Benzo[1,3]dioxin, 4*H*-
Benzo[1,3]dioxin
—, 4*H*- 195
—, 6,8-Bis-chlormethyl-4*H*- 226
—, 2,4-Bis-dichlormethylen-6-methyl-7-nitro-4*H*- 309
—, 6-Brom-4*H*- 196
—, 8-Brom-6-nitro-4*H*- 197
—, 6-*tert*-Butyl-4*H*- 244
—, 6-*tert*-Butyl-8-chlormethyl-2-phenyl-4*H*- 379
—, 6-Chlor-4*H*- 195
—, 6-Chlor-2,4-bis-trichlormethyl-4*H*-226
—, 6-Chlor-8-chlormethyl-4*H*- 211
—, 6-Chlor-8-chlormethyl-2-phenyl-4*H*-364
—, 8-Chlormethyl-6-cyclohexyl-2-phenyl-4*H*- 400
—, 8-Chlormethyl-6-methyl-2-phenyl-4*H*- 371
—, 8-Chlormethyl-6-nitro-4*H*- 211
—, 8-Chlor-6-nitro-4*H*- 197
—, 6-Chlor-8-nitro-2,4-bis-trichlormethyl-4*H*- 226
—, 6,8-Dibrom-4*H*- 196
—, 6,8-Dichlor-4*H*- 195
—, 6,8-Dichlor-2,4-bis-trichlormethyl-4*H*- 226
—, 4-Dichlormethylen-6,8-dinitro-2-trichlormethyl-4*H*- 273
—, 4-Dichlormethylen-7-methyl-6-nitro-2-trichlormethyl-4*H*- 282
—, 4-Dichlormethylen-6-nitro-2-trichlormethyl-4*H*- 272
—, 6,8-Dichlor-2-phenyl-4*H*- 358
—, 2,4-Dimethyl-4*H*- 226
—, 2-[2,6-Dimethyl-hept-5-enyl]-4,4,7-trimethyl-hexahydro- 176

Benzo[1,3]dioxin (Fortsetzung)
—, 2,2-Dimethyl-hexahydro- 141
—, 6,8-Dimethyl-2-phenyl-4*H*- 371
—, 6,8-Dinitro-4*H*- 197
—, Hexahydro- 130
—, 6-Jod-4*H*- 196
—, 6-Methyl-4*H*- 211
—, 2-Methyl-hexahydro- 137
—, 6-Methyl-7-nitro-2,4-bis-trichlormethyl-4*H*- 237
—, 6-Methyl-8-nitro-2,4-bis-trichlormethyl-4*H*- 237
—, 8-Methyl-6-nitro-2,4-bis-trichlormethyl-4*H*- 237
—, 2-Methyl-5,6,7,8-tetrahydro-4*H*- 163
—, 5-Nitro-4*H*- 196
—, 6-Nitro-4*H*- 196
—, 7-Nitro-4*H*- 196
—, 2-Phenyl-hexahydro- 295
—, 2-Propyl-hexahydro- 145
—, 2,4,6,8-Tetramethyl-4*H*- 244
—, 2,2,5,5-Tetramethyl-4,4a,5,6-tetrahydro-7*H*- 169
—, 2,2,5,5-Tetramethyl-5,6,7,8-tetrahydro-4*H*- 169
—, 5,6,8-Trichlor-4*H*- 196
—, 2,4,6-Trimethyl-4*H*- 237
1,4-Benzodioxin
s. Benzo[1,4]dioxin
Benzo[1,4]dioxin
—, 2,6-Bis-chlormethyl-2,3-dihydro- 227
—, 2,7-Bis-chlormethyl-2,3-dihydro- 227
—, 7-Brom-2-chlormethyl-2,3-dihydro-212
—, 6-Brom-2,3-dihydro- 198
—, 2-Brommethyl-2,3-dihydro- 212
—, 6-Brom-7-nitro-2,3-dihydro- 198
—, 6-Brom-5,7,8-trinitro-2,3-dihydro-199
—, 7-Chlor-2-chlormethyl-2,3-dihydro-212
—, 6-Chlor-2,3-dihydro- 197
—, 2-Chlor-2-methyl-2,3-dihydro- 211
—, 2-Chlormethyl-2,3-dihydro- 211
—, 6-Chlormethyl-2,3-dihydro- 212
—, 2-Chlormethyl-3-methyl-2,3-dihydro-227
—, 2-Chlormethyl-8-methyl-2,3-dihydro-227
—, 2-Chlormethyl-7-nitro-2,3-dihydro-212
—, 2-Chlormethyl-6-propyl-2,3-dihydro-244
—, 2-Chlormethyl-7-propyl-2,3-dihydro-244
—, 6-Chlor-5-nitro-2,3-dihydro- 198
—, 6-Chlor-7-nitro-2,3-dihydro- 198
—, 6,7-Dibrom-2,3-dihydro- 198
—, 6,7-Dibrom-5,8-dinitro-2,3-dihydro-199
—, 6,7-Dichlor-2,3-dihydro- 197
—, 6,7-Dichlor-5,8-dinitro-2,3-dihydro-199
—, 2,3-Dihydro- 197
—, 5,6-Dinitro-2,3-dihydro- 198
—, 5,7-Dinitro-2,3-dihydro- 199
—, 5,8-Dinitro-2,3-dihydro- 199
—, 6,7-Dinitro-2,3-dihydro- 199
—, 2-Jodmethyl-2,3-dihydro- 212
—, 2-Methyl- 268
—, 2-Methyl-2,3-dihydro- 211
—, 2-Methylen-2,3-dihydro- 268
—, 6-Nitro-2,3-dihydro- 198
—, 6-[β-Nitro-styryl]-2,3-dihydro- 390
—, 6-[2-Nitro-vinyl]-2,3-dihydro- 273
—, 5,6,7,8-Tetrabrom-2,3-dihydro- 198
—, 5,6,7,8-Tetrabrom-2,2-diphenyl-2,3-dihydro- 421
—, 5,6,7,8-Tetrabrom-2,3-diphenyl-2,3-dihydro- 422
—, 5,6,7,8-Tetrabrom-2-phenyl-3-styryl-2,3-dihydro- 438
—, 5,6,7,8-Tetrachlor-2-[α,β-dibrom-isopropyl]-2-methyl-2,3-dihydro- 245
—, 5,6,7,8-Tetrachlor-2,3-dihydro- 197
—, 5,6,7,8-Tetrachlor-2,3-diphenyl- 436
—, 5,6,7,8-Tetrachlor-2,2-diphenyl-2,3-dihydro- 421
—, 5,6,7,8-Tetrachlor-2,3-diphenyl-2,3-dihydro- 422
—, 5,6,7,8-Tetrachlor-2-isopropenyl-2-methyl-2,3-dihydro- 286
—, 5,6,7,8-Tetrachlor-2-[2]naphthyl-3-phenyl-2,3-dihydro- 451
—, 5,6,7,8-Tetrachlor-2-phenyl-2,3-dihydro- 358
—, 5,6,7,8-Tetrachlor-2-phenyl-3-styryl-2,3-dihydro- 438
—, 5,6,7,8-Tetrachlor-2-phenyl-3-*p*-tolyl-2,3-dihydro- 424
—, 5,6,7,8-Tetranitro-2,3-dihydro- 200
—, 5,6,7-Trinitro-2,3-dihydro- 199
—, 5,6,8-Trinitro-2,3-dihydro- 199
Benzo[*c*][1,2]dioxin
—, 3-Isopropyl-3,8a-dihydro- 237
—, 4-Methyl-3,8a-dihydro- 210
Benzo[*b*][1,4]dioxocin
—, 8-[β-Nitro-styryl]-2,3,4,5-tetrahydro-394
—, 2,3,4,5-Tetrahydro- 225
1,3-Benzodioxol
s. Benzo[1,3]dioxol
Benzo[1,3]dioxol 192
—, 6-Äthyl-4-brom-5-methyl- 229
—, 2-Äthyl-2-methyl- 229
—, 2-Äthyl-2-methyl-hexahydro- 141

Benzo[1,3]dioxol (Fortsetzung)
—, 5-[3-Äthyl-phenyl]-6-methyl- 372
—, 2-Äthyl-2-propyl- 245
—, 5-Allyl- 275
—, 5-Allyl-6-brommethyl- 283
—, 5-Allyl-6-chlormethyl- 282
—, 5-Allyl-6-methyl- 282
—, 5-Allyl-6-[2-nitro-vinyl]- 310
—, 5-Azido-2,2-dimethyl- 215
—, 5-Benzhydryl- 422
—, 5,6-Bis-chlormethyl- 215
—, 5-Brom- 193
—, 5-[2-Brom-äthyl]- 212
—, 5-[α-Brom-benzhydryl]- 422
—, 4-Brom-6-brommethyl- 204
—, 5-Brom-6-brommethyl- 203
—, 5-Brom-6-chlor-2,2-dimethyl- 213
—, 5-Brom-6-chlormethyl- 203
—, 5-Brom-6-[β,β′-dibrom-isopropyl]- 229
—, 5-Brom-6-[1,2-dibrom-propyl]- 228
—, 5-Brom-6-[2,3-dibrom-propyl]- 228
—, 5-Brom-2,2-dichlor-6-chlormethyl- 203
—, 5-Brom-2,2-dimethyl- 213
—, 5-Brom-2,2-dimethyl-6-nitro- 214
—, 6-Brom-4,5-dinitro- 194
—, 4-Brom-2,2-diphenyl- 420
—, 5-Brom-6-jodmethyl- 204
—, 4-Brommethyl- 201
—, 4-Brom-6-methyl- 203
—, 5-Brommethyl- 203
—, 5-Brom-6-methyl- 202
—, 5-Brommethyl-6-[2-brom-propyl]- 238
—, 6-Brommethyl-5-chlor- 203
—, 2-Brommethyl-hexahydro- 130
—, 5-Brommethyl-6-propyl- 238
—, 4-Brom-6-[2-nitro-vinyl]- 269
—, 5-[2-Brom-2-nitro-vinyl]- 269
—, 5-[2-Brom-propyl]- 228
—, 5-[3-Brom-propyl]- 228
—, 5-*tert*-Butyl-2,2-diphenyl- 426
—, 5-[α-Chlor-benzhydryl]- 422
—, 5-Chlor-6-chlormethyl- 202
—, 5-Chlor-2,2-dimethyl- 213
—, 5-Chlor-2,2-dimethyl-6-nitro- 214
—, 5-Chlor-6-jodmethyl- 204
—, 5-Chlormethyl- 202
—, 2-Chlormethyl-2-methyl- 213
—, 2-Chlormethyl-2-methyl-5-nitro- 214
—, 5-Chlormethyl-6-nitro- 204
—, 5-Chlormethyl-6-phenyl- 358
—, 5-Chlormethyl-6-propyl- 238
—, 5-Chlor-6-nitro- 194
—, 5-[3-Chlor-propyl]- 228
—, 5-[4-(3-Chlor-propyl)-benzyl]-6-propyl- 380
—, 5-[3-Chlor-propyl]-6-phenyl- 372
—, 5-[2-Cyclohexyliden-äthyl]- 313
—, 2,2-Diäthyl- 239
—, 5,6-Dibrom- 193
—, 4,5-Dibrom-6-[1,2-dibrom-propyl]- 228
—, 4,7-Dibrom-2,2-dimethyl- 214
—, 5,6-Dibrom-2,2-dimethyl- 214
—, 5-[β,β′-Dibrom-isopropyl]- 228
—, 4,5-Dibrom-6-methyl- 203
—, 4,6-Dibrom-5-methyl- 203
—, 5-[1,2-Dibrom-propyl]- 228
—, 5-[2,3-Dibrom-propyl]- 228
—, 5,6-Dichlor-2,2-dimethyl- 213
—, 2,2-Dichlor-5,6-dipropyl- 249
—, 5-Dichlormethyl- 202
—, 2-Dichlormethylen-hexahydro- 160
—, 2,2-Diisobutyl- 253
—, 2,2-Dimethyl- 213
—, 5,6-Dimethyl- 215
—, 5-[2,3-Dimethyl-but-2-enyl]- 290
—, 2,2-Dimethyl-5,6-dinitro- 214
—, 2,2-Dimethyl-hexahydro- 137
—, 2,2-Dimethyl-4-nitro- 214
—, 2,2-Dimethyl-5-nitro- 214
—, 5-[3,4-Dimethyl-6-nitro-cyclohex-3-enyl]- 313
—, 2,2-Dimethyl-5-nonyl- 257
—, 5-Dinitromethyl- 204
—, 5-[2,4-Dinitro-styryl]- 388
—, 2,2-Diphenyl- 419
—, 2,2-Diphenyl-4-propyl- 425
—, 2,2-Diphenyl-5-trityl- 497
—, 2,2-Dipropyl- 248
—, 5,6-Dipropyl- 249
—, 5-Dodecyl- 258
—, 2-Hexyl- 248
—, 5-Hexyl- 248
—, 5-Isobutyl- 238
—, 2-Isobutyl-2-methyl- 245
—, 5-Isopropenyl- 276
—, 2-Isopropyl-2-methyl- 239
—, 5-Jod-2,2-dimethyl- 214
—, 5-Jod-2,2-dimethyl-6-nitro- 214
—, 5-Jodmethyl-6-phenyl- 359
—, 2-Methyl- 201
—, 5-Methyl- 202
—, 5-[2-Methyl-butyl]- 245
—, 2-Methylen-hexahydro- 160
—, 2-Methyl-5-nitro- 201
—, 5-Methyl-6-nitro- 204
—, 5-Methyl-6-[2-nitro-1-nitroso-propyl]- 238
—, 5-Methyl-6-[2-nitro-propenyl]- 282
—, 2-Methyl-2-nonyl- 256
—, 5-Methyl-6-phenäthyl- 371
—, 2-Methyl-2-phenyl- 358
—, 5-[2-Methyl-propenyl]- 282

Benzo[1,3]dioxol (Fortsetzung)
—, 5-Methyl-6-propenyl- 282
—, 2-Methyl-2-propyl- 238
—, 2-Methyl-2-propyl-hexahydro- 145
—, 4-Nitro- 193
—, 5-Nitro- 194
—, 5-[6-Nitro-cyclohex-3-enyl]- 311
—, 5-Nitro-6-[2-nitro-propenyl]- 274
—, 5-[β-Nitro-α-nitroso-phenäthyl]- 364
—, 5-[2-Nitro-1-nitroso-propyl]- 229
—, 5-Nitro-6-[2-nitro-vinyl]- 269
—, 2-[2-Nitro-phenyl]-hexahydro- 291
—, 5-[2-Nitro-propenyl]- 274
—, 5-Nitro-6-propyl- 229
—, 5-[β-Nitro-styryl]- 388
—, 5-[2-Nitro-vinyl]- 268
—, 5-Nitro-6-vinyl- 268
—, 5-Nonyl- 255
—, 5-Norborn-5-en-2-ylmethyl- 332
—, 5-Pentadec-1-enyl- 299
—, 4-Pentadec-8-enyl-2,2-diphenyl- 439
—, 5-Pentadecyl- 260
—, 4-Pentadecyl-2,2-diphenyl- 427
—, 5-Pent-1-enyl- 286
—, 2-Phenyl-hexahydro- 291
—, 5-Propenyl- 273
—, 5-Propenyl-6-styryl- 411
—, 5-Prop-1-inyl- 307
—, 5-Propyl- 227
—, 5-Styryl- 388
—, 4,5,6,7-Tetrabrom- 193
—, 4,5,6,7-Tetrabrom-2,2-bis-[4-chlor-phenyl]- 421
—, 4,5,6,7-Tetrabrom-2-[4-chlor-phenyl]-2-phenyl- 420
—, 4,5,6,7-Tetrabrom-2,2-diphenyl- 420
—, 4,5,6,7-Tetrabrom-2-[4-nitro-phenyl]-2-phenyl- 421
—, 4,5,6,7-Tetrachlor- 193
—, 4,5,6,7-Tetrachlor-2,2-bis-[4-chlor-phenyl]- 420
—, 4,5,6,7-Tetrachlor-2-[4-chlor-phenyl]-2-phenyl- 420
—, 5-[2,3,4,5-Tetrachlor-cyclopentadienylidenmethyl]- 355
—, 4,5,6,7-Tetrachlor-2,2-dimethyl-hexahydro- 137
—, 4,5,6,7-Tetrachlor-2,2-diphenyl- 420
—, 4,5,6,7-Tetrachlor-2-[4-nitro-phenyl]-2-phenyl- 421
—, 5-[2,2,3,3-Tetrafluor-cyclobutylmethyl]- 288
—, 4,5,7-Tribrom-6-methyl- 204
—, 5-[1,2,3-Tribrom-propyl]- 229
—, 4,5,6-Trichlor- 193
—, 2,2,5-Trichlor-6-chlormethyl- 202
—, 2-Trichlormethyl-hexahydro- 130
—, 5-Undec-1-enyl- 297
—, 2-Vinyl- 268

Benzo[*b*][1,4]dioxonin
—, 2,3,4,5-Tetrahydro-6*H*- 237

Benzo[1,2-*b*;4,3-*b'*]dipyran
s. Pyrano[3,2-*f*]chromen

Benzo[*f*][1,4]dithiepin
—, 7-Chlor-2,3-dihydro-5*H*- 210

Benzo[1,3]dithiin
—, 2,2-Dimethyl-4*H*- 226
—, 2-Phenyl-4*H*- 358

1λ⁶,3λ⁶-Benzo[1,3]dithiin
—, 2,2-Dimethyl-1,1,3,3-tetraoxo-4*H*- 226

Benzo[1,4]dithiin 264
—, 2,3-Dibrom-2,3-dihydro- 201
—, 2,3-Dihydro- 200
—, 2-Nitro- 264

1λ⁶,4λ⁶-Benzo[1,4]dithiin
—, 6,7-Dimethyl-1,1,4,4-tetraoxo-4a,5,8,8a-tetrahydro- 178
—, 6-Methyl-1,1,4,4-tetraoxo-4a,5,8,8a-tetrahydro- 177
—, 1,1,4,4-Tetraoxo- 264
—, 1,1,4,4-Tetraoxo-2,3-dihydro- 200
—, 1,1,4,4-Tetraoxo-4a,5,8,8a-tetrahydro- 176

2,3-Benzodithiin
s. Benzo[*d*][1,2]dithiin

Benzo[*d*][1,2]dithiin
—, 1,4-Dihydro- 201
—, Octahydro- 130

2λ⁴-Benzo[*d*][1,2]dithiin
—, 2-Oxo-1,4-dihydro- 201

2λ⁶-Benzo[*d*][1,2]dithiin
—, 2,2-Dioxo-1,4-dihydro- 201

Benzo[*d*][1,2]dithiin-2,2-dioxid
—, 1,4-Dihydro- 201

Benzo[*d*][1,2]dithiin-2-oxid
—, 1,4-Dihydro- 201

Benzo[1,3]dithiin-1,1,3,3-tetraoxid
—, 2,2-Dimethyl-4*H*- 226

Benzo[1,4]dithiin-1,1,4,4-tetraoxid 264
—, 2,3-Dihydro- 200
—, 6,7-Dimethyl-4a,5,8,8a-tetrahydro- 178
—, 6-Methyl-4a,5,8,8a-tetrahydro- 177
—, 4a,5,8,8a-Tetrahydro- 176

Benzo[1,2]dithiol
—, 3*H*- 191

Benzo[1,3]dithiol
—, 2-Phenyl-hexahydro- 292

Benzo[1,2-*b*;3,4-*b'*]dithiophen 324
—, 5-Chlor- 324

Benzo[1,2-*b*;4,3-*b'*]dithiophen 325

Benzo[1,2-*b*;4,5-*b'*]dithiophen 324
—, 4,8-Dichlor- 324

Benzo[1,2-*b*;4,5-*b'*]dithiophen (Fortsetzung)
—, 3-Methyl- 326
—, 3-Phenyl- 414
Benzo[1,2-*b*;5,4-*b'*]dithiophen 324
Benzo[2,1-*b*;3,4-*b'*]dithiophen 325
—, 4-Brom- 325
Benzoesäure
—, 2-[x-Chlor-dibenzo[1,4]dioxin-2-carbonyl]- 338
Benzofuro[2,3-*b*]benzofuran
—, 5a,10b-Diäthyl-5a,10b-dihydro- 396
—, 2,9-Dibrom-4,7-dichlor- 402
—, 4,7-Dibrom-2,9-dichlor- 402
—, 4,7-Di-*tert*-butyl-2,9-dimethyl-5a,10b-dihydro- 401
—, 2,9-Dichlor- 402
—, 2,9-Dichlor-5a,10b-dihydro- 387
—, 5a,10b-Dihydro- 387
—, 2,9-Dimethyl-5a,10b-dihydro- 392
—, 5a,10b-Dimethyl-5a,10b-dihydro- 392
—, 2,4,7,9-Tetrachlor- 402
—, 2,4,7,9-Tetrachlor-5a,10b-dihydro- 387
—, 2,5a,9,10b-Tetramethyl-5a,10b-dihydro- 395
—, 3,5a,8,10b-Tetramethyl-5a,10b-dihydro- 396
Benzofuro[3,2-*b*]benzofuran
—, 4b,9b-Diäthyl-4b,9b-dihydro- 396
—, 4b,9b-Dihydro- 387
—, 3,8-Dimethyl-4b,9b-dihydro- 392
—, 4b,9b-Dimethyl-4b,9b-dihydro- 392
—, 3,8-Dinitro-4b,9b-dihydro- 387
—, 1,3,6,8-Tetrachlor-4b,9b-dimethyl-4b,9b-dihydro- 392
—, 2,4b,7,9b-Tetramethyl-4b,9b-dihydro- 396
—, 3,4b,8,9b-Tetramethyl-4b,9b-dihydro- 396
Benzofuro[3',2';3,4]cyclopenta[1,2-*b*]chromen
—, 5a,6,6,12-Tetraphenyl-5a,6,6a,11b,11c,12-hexahydro- 502
Benzol
—, 1,2-Äthandiyldioxy- 197
—, 1,2-Äthylidendioxy- 201
—, 1,2-Allylidendioxy- 268
—, 4-Allyl-1,2-methylendioxy- 275
—, 1-Allyl-2-methyl-4,5-methylendioxy- 282
—, 1,2-Benzhydrylidendioxy- 419
—, 1,2-Benzhydrylidendioxy-4-*tert*-butyl- 426
—, 1,2-Benzhydrylidendioxy-3-pentadec-8-enyl- 439
—, 1,2-Benzhydrylidendioxy-3-pentadecyl- 427
—, 1,2-Benzhydrylidendioxy-3-propyl- 425
—, 1,2-Benzhydrylidendioxy-4-trityl- 497
—, 4-Benzhydryl-1,2-methylendioxy- 422
—, 1,5-Bis-[2-[2]furyl-vinyl]-2,4-dinitro- 416
—, 1,3-Bis-oxiranyl- 280
—, 1,4-Bis-oxiranyl- 280
—, 1,2-*sec*-Butylidendioxy- 229
—, 1-[3-Chlor-propyl]-4-[4,5-methylendioxy-2-propyl-benzyl]- 380
—, 1,2-Cyclohexylidendioxy- 289
—, 1,2-Cyclopentylidendioxy- 284
—, 1,2-Decandiyldioxy- 254
—, 4-[2,3-Dimethyl-but-2-enyl]-1,2-methylendioxy- 290
—, 1,5-Dinitro-2,4-bis-oxiranyl- 280
—, 4-[1,3]Dioxolan-2-yl-1-methyl-2-nitro- 221
—, 4-Dodecyl-1,2-methylendioxy- 258
—, 1,2-Heptandiyldioxy- 247
—, 1,2-Heptylidendioxy- 248
—, 1,2-Hexandiyldioxy- 244
—, 4-Hexyl-1,2-methylendioxy- 248
—, 4-Isobutyl-1,2-methylendioxy- 238
—, 4-Isopropenyl-1,2-methylendioxy- 276
—, 1,2-Isopropylidendioxy- 213
—, 1,2-Isopropylidendioxy-4-nonyl- 257
—, 4-[2-Methyl-butyl]-1,2-methylendioxy- 245
—, 1,2-Methylendioxy- 192
—, 1,2-Methylendioxy-4,5-dipropyl- 249
—, 1,2-Methylendioxy-4-[2-methyl-propenyl]- 282
—, 1,2-Methylendioxy-4-nonyl- 255
—, 1,2-Methylendioxy-4-pentadec-1-enyl- 299
—, 1,2-Methylendioxy-4-pentadecyl- 260
—, 1,2-Methylendioxy-4-pent-1-enyl- 286
—, 1,2-Methylendioxy-4-propenyl- 273
—, 1,2-Methylendioxy-4-prop-1-inyl- 307
—, 1,2-Methylendioxy-4-propyl- 227
—, 1,2-Methylendioxy-4-undec-1-enyl- 297
—, 1-Methyl-4,5-methylendioxy-2-propenyl- 282
—, 1,2-Nonandiyldioxy- 253
—, 1,2-Octandiyldioxy- 250
—, 1-[3-Phenyl-[2]thienyl]-4-[2-phenyl-[3]thienyl]- 459
—, 1-[2-Phenyl-[3]thienyl]-4-[3-*p*-tolyl-[2]thienyl]- 462
Benzolsulfonsäure
—, 2-[α-Hydroxy-benzhydryl]-,
— lacton 419

Benzophenon
– äthandiylacetal 363
– *o*-phenylenacetal s. Benzo[1,3]=
dioxol, 2,2-Diphenyl-
– propandiylacetal 365
– propandiyldithioacetal
365
Benzo[*a*]phenoxathiin 413
–, 10-Brom- 414
–, 9,11-Dinitro- 414
[1]Benzopyrano[2,3,4-*kl*]xanthen
–, 13b*H*- s. Chromeno[2,3,4-*kl*]=
xanthen, 13b*H*-
[1]Benzothieno[2,3-*b*][1]benzothiophen
s. Benzo[*b*]benzo[4,5]thieno[3,2-*d*]=
thiophen
[1]Benzothieno[3,2-*b*][1]benzothiophen
s. Benzo[*b*]benzo[4,5]thieno[2,3-*d*]=
thiophen
[1]Benzothieno[6,5-*b*][1]benzothiophen
s. Benzo[*d*]benzo[1,2-*b*;5,4-*b'*]dithiophen
Benzo[*b*]thieno[2,3-*d*]thiophen 323
–, 5,6,7,8-Tetrahydro- 280
Benzo[*b*]thieno[3,2-*d*]thiophen
323
–, 4,5,6,7-Tetrahydro- 280
Benzo[*b*]thiophen
–, 2-Benzo[*b*]thiophen-3-ylmethyl-3-
methyl- 417
–, 4-[2]Thienyl-6,7-dihydro- 329
**[1]Benzothiopyrano[6,5,4-*def*][1]=
benzothiopyran**
s. Thiochromeno[6,5,4-*def*]thiochromen
1,4-Benzoxathiepin
s. Benz[*f*][1,4]oxathiepin
Benz[*f*][1,4]oxathiepin
–, 7-*tert*-Butyl-9-chlor-2,3-dihydro-5*H*-
248
–, 7-*tert*-Butyl-2,3-dihydro-5*H*- 247
–, 9-*tert*-Butyl-7-methyl-2,3-dihydro-
5*H*- 251
–, 7-*tert*-Butyl-9-nitro-2,3-dihydro-5*H*-
248
–, 7-Chlor-2,3-dihydro-5*H*- 209
–, 7,9-Dichlor-2,3-dihydro-5*H*-
209
–, 2,3-Dihydro-5*H*- 209
–, 7-Methyl-2,3-dihydro-5*H*- 225
–, 7-Nitro-2,3-dihydro-5*H*- 210
4λ^{6}-Benz[*f*][1,4]oxathiepin
–, 7-*tert*-Butyl-9-chlor-4,4-dioxo-2,3-
dihydro-5*H*- 248
–, 7-*tert*-Butyl-4,4-dioxo-2,3-dihydro-
5*H*- 247
–, 9-*tert*-Butyl-7-methyl-4,4-dioxo-2,3-
dihydro-5*H*- 251
–, 7-*tert*-Butyl-9-nitro-4,4-dioxo-2,3-
dihydro-5*H*- 248
–, 7-Chlor-4,4-dioxo-2,3-dihydro-5*H*-
209
–, 7,9-Dichlor-4,4-dioxo-2,3-dihydro-
5*H*- 209
–, 4,4-Dioxo-2,3-dihydro-5*H*-
209
–, 7-Methyl-4,4-dioxo-2,3-dihydro-5*H*-
226
–, 7-Nitro-4,4-dioxo-2,3-dihydro-5*H*-
210
Benz[*f*][1,4]oxathiepin-4,4-dioxid
–, 7-*tert*-Butyl-9-chlor-2,3-dihydro-5*H*-
248
–, 7-*tert*-Butyl-2,3-dihydro-5*H*-
247
–, 9-*tert*-Butyl-7-methyl-2,3-dihydro-
5*H*- 251
–, 7-*tert*-Butyl-9-nitro-2,3-dihydro-5*H*-
248
–, 7-Chlor-2,3-dihydro-5*H*- 209
–, 7,9-Dichlor-2,3-dihydro-5*H*-
–, 2,3-Dihydro-5*H*- 209
–, 7-Methyl-2,3-dihydro-5*H*- 226
–, 7-Nitro-2,3-dihydro-5*H*- 210
1,2-Benzoxathiin
s. Benz[*e*][1,2]oxathiin
1λ^{6}-Benz[*c*][1,2]oxathiin
–, 3-Äthyl-1,1-dioxo-5,6,7,8-tetrahydro-
178
–, 3,4-Dimethyl-1,1-dioxo-5,6,7,8-
tetrahydro- 178
–, 1,1-Dioxo-3-phenyl-5,6,7,8-
tetrahydro- 331
–, 3-Methyl-1,1-dioxo-5,6,7,8-
tetrahydro- 177
3λ^{6}-Benz[*d*][1,2]oxathiin
–, 1,4-Dimethyl-3,3-dioxo-5,6,7,8-
tetrahydro- 179
2λ^{6}-Benz[*e*][1,2]oxathiin
–, 4,7-Dimethyl-2,2-dioxo-5,6,7,8-
tetrahydro- 178
–, 2,2-Dioxo-3,4-dihydro- 195
–, 4-Methyl-2,2-dioxo- 267
–, 4-Methyl-2,2-dioxo-3,4-dihydro- 211
–, 4-Methyl-2,2-dioxo-3-phenyl- 388
–, 4-Methyl-2,2-dioxo-3-phenyl-3,4-
dihydro- 363
Benz[1,4]oxathiin 263
–, 2,3-Dibrom-2,3-dihydro- 200
–, 2,3-Dihydro- 200
–, 2,3-Diphenyl- 436
4λ^{4}-Benz[1,4]oxathiin
–, 4-Oxo-2,3-dihydro- 200

4λ⁶-Benz[1,4]oxathiin
—, 4,4-Dioxo- 263
—, 4,4-Dioxo-2,3-dihydro- 200
Benz[1,4]oxathiin-4,4-dioxid 263
—, 2,3-Dihydro- 200
Benz[*c*][1,2]oxathiin-1,1-dioxid
—, 3-Äthyl-5,6,7,8-tetrahydro- 178
—, 3,4-Dimethyl-5,6,7,8-tetrahydro- 178
—, 3-Methyl-5,6,7,8-tetrahydro- 177
—, 3-Phenyl-5,6,7,8-tetrahydro- 331
Benz[*d*][1,2]oxathiin-3,3-dioxid
—, 1,4-Dimethyl-5,6,7,8-tetrahydro- 179
Benz[*e*][1,2]oxathiin-2,2-dioxid
—, 3,4-Dihydro- 195
—, 4,7-Dimethyl-5,6,7,8-tetrahydro- 178
—, 4-Methyl- 267
—, 4-Methyl-3,4-dihydro- 211
—, 4-Methyl-3-phenyl- 388
—, 4-Methyl-3-phenyl-3,4-dihydro- 363
Benz[1,4]oxathiin-4-oxid
—, 2,3-Dihydro- 200
1,5-Benzoxathiocin
s. Benz[*b*][1,5]oxathiocin
Benz[*b*][1,5]oxathiocin
—, 3-Brom-8-chlor-2,3-dihydro-4*H*,6*H*- 225
—, 8-*tert*-Butyl-2,3-dihydro-4*H*,6*H*- 251
—, 8-Chlor-2,3-dihydro-4*H*,6*H*- 225
—, 3,8-Dichlor-2,3-dihydro-4*H*,6*H*- 225
5λ⁶-Benz[*b*][1,5]oxathiocin
—, 8-*tert*-Butyl-5,5-dioxo-2,3-dihydro-4*H*,6*H*- 251
—, 8-Chlor-5,5-dioxo-2,3-dihydro-4*H*,6*H*- 225
Benz[*b*][1,5]oxathiocin-5,5-dioxid
—, 8-*tert*-Butyl-2,3-dihydro-4*H*,6*H*- 251
—, 8-Chlor-2,3-dihydro-4*H*,6*H*- 225
Benz[1,3]oxathiol
—, 2-Äthyl-2-methyl- 229
—, 2-Benzhydryl-2-methyl- 424
—, 2,2-Dimethyl- 215
—, 2-Methyl- 201
1λ⁶-Benz[*c*][1,2]oxathiol
—, 3-Chlor-1,1-dioxo-3*H*- 191
—, 3,3-Dichlor-1,1-dioxo-3*H*- 191
—, 1,1-Dioxo-3*H*- 191
—, 1,1-Dioxo-3,3-diphenyl-3*H*- 419
2λ⁶-Benz[*d*][1,2]oxathiol
—, 5,7-Dimethyl-2,2-dioxo-3*H*- 213
—, 5-Methyl-2,2-dioxo-3*H*- 201
3λ⁴-Benz[1,3]oxathiol
—, 2,2-Dimethyl-3-oxo- 215
3λ⁶-Benz[1,3]oxathiol
—, 2,2-Dimethyl-3,3-dioxo- 215
Benz[1,3]oxathiol-3,3-dioxid
—, 2,2-Dimethyl- 215
Benz[*c*][1,2]oxathiol-1,1-dioxid
—, 3*H*- 191
—, 3-Chlor-3*H*- 191
—, 3,3-Dichlor-3*H*- 191
—, 3,3-Diphenyl-3*H*- 419
Benz[*d*][1,2]oxathiol-2,2-dioxid
—, 5,7-Dimethyl-3*H*- 213
—, 5-Methyl-3*H*- 201
Benz[1,3]oxathiol-3-oxid
—, 2,2-Dimethyl- 215
1,6-Benzoxathionin
s. Benz[*b*][1,5]oxathionin
Benz[*b*][1,5]oxathionin
—, 9-*tert*-Butyl-2,3,4,5-tetrahydro-7*H*- 253
—, 9-Chlor-2,3,4,5-tetrahydro-7*H*- 237
—, 9-Methyl-2,3,4,5-tetrahydro-7*H*- 244
6λ⁶-Benz[*b*][1,5]oxathionin
—, 9-*tert*-Butyl-6,6-dioxo-2,3,4,5-tetrahydro-7*H*- 253
—, 9-Chlor-6,6-dioxo-2,3,4,5-tetrahydro-7*H*- 237
—, 9-Methyl-6,6-dioxo-2,3,4,5-tetrahydro-7*H*- 244
Benz[*b*][1,5]oxathionin-6,6-dioxid
—, 9-*tert*-Butyl-2,3,4,5-tetrahydro-7*H*- 253
—, 9-Chlor-2,3,4,5-tetrahydro-7*H*- 237
—, 9-Methyl-2,3,4,5-tetrahydro-7*H*- 244
Benzylbromid
—, 2-Allyl-4,5-methylendioxy- 283
—, 2-Brom-4,5-methylendioxy- 203
—, 3-Brom-4,5-methylendioxy- 204
—, 2-Chlor-4,5-methylendioxy- 203
—, 2,3-Methylendioxy- 201
—, 3,4-Methylendioxy- 203
Benzylchlorid
—, 3,4-Äthandiyldioxy- 212
—, 2-Allyl-4,5-methylendioxy- 282
—, 2-Brom-4,5-methylendioxy- 203
—, 2-Chlor-4,5-methylendioxy- 202
—, 3,4-Methylendioxy- 202
—, 4,5-Methylendioxy-2-nitro- 204
Benzylidendichlorid
—, 3,4-Methylendioxy- 202
Benzyljodid
—, 2-Brom-4,5-methylendioxy- 204
—, 2-Chlor-4,5-methylendioxy- 204
[2,2′]Bi[anthra[9,1-*bc*]furanyliden] 488
[4,4′]Bi[benzo[*h*]chromenyliden]
—, 2,2′-Diphenyl- 501
[2,2′]Bibenzofuranyl 414
[5,5′]Bibenzofuranyl
—, 2,2′-Bis-brommethyl-2,3,2′,3′-tetrahydro- 395

[1,1′]Bi[benzo[*c*]thiophenyl]
—, 3,3′-Bis-[4-chlor-phenyl]- 478
—, 3,3′-Diphenyl- 477
—, 3,3′-Di-*p*-tolyl- 478
[2,2′]Bi[benzo[*b*]thiophenyl] 414
[2,3′]Bi[benzo[*b*]thiophenyl] 415
[3,3′]Bi[benzo[*b*]thiophenyl] 415
[5,5′]Bi[benzo[*b*]thiophenyl] 415
[7,7′]Bi[benzo[*c*]xanthenyl]
—, 7*H*,7′*H*- 493
—, 9,9′-Dimethyl-7*H*,7′*H*- 494
[7,7′]Bi[benzo[*c*]xanthenyliden] 495
[12,12′]Bi[benzo[*a*]xanthenyliden] 495
Bibenzyl
—, α,α-Äthandiyldioxy- 369
—, α,α′-Äthandiyldioxy- 366
—, α,α-Äthandiyldioxy-α′-chlor- 369
—, α,α′-Äthandiyldioxy-4,4′-dichlor- 367
—, α,α′-Äthandiyldioxy-α,α′-dichlor- 367
—, α,α′-Äthandiyldioxy-2,2′-dimethyl- 377
—, α,α′-Äthandiyldioxy-3,3′-dimethyl- 377
—, α,α′-Äthandiyldioxy-4,4′-dimethyl- 378
—, α,α′-Äthylidendioxy- 371
—, α,α′-Isopropylidendioxy- 375
—, 3,4-Methylendioxy-α′-nitro-α-nitroso- 364
—, 2-Methyl-4,5-methylendioxy- 371
[2,3′]Bichromenyl
—, 2,4,4,2′,4′,4′-Hexamethyl-2,3-dihydro-4*H*,4′*H*- 413
[4,4′]Bichromenyliden
—, 8,8′-Dimethyl-2,2′-diphenyl- 482
—, 2,2′-Diphenyl- 480
—, 2,2′-Distyryl- 489
[1,1′]Bicyclohex-1-enyl-2-sulfonsäure
—, 2′-Hydroxy-,
— lacton 246
[3,3′]Bicyclopent-1-enyl-4,4′-dion
—, 1,2,3,5,1′,2′,3′,5′-Octaphenyl- 508
[2,2′]Bidibenzofuranyl 457
[3,3′]Bidibenzofuranyl 457
[4,4′]Bidibenzofuranyl 457
[4,4′]Bidibenzothiophen 457
[14,14′]Bi[dibenzo[*a,j*]xanthenyl]
—, 14*H*,14′*H*- 505
[2,2′]Bifuryl 264
—, x,x-Dihydro- 264
—, 5,5′-Dinitro- 264
—, Octahydro- 132
—, 2,3,4,5-Tetrahydro- 264
[2,3′]Bifuryl
—, 5,5′-Diäthyl-5,5′-dimethyl-2,5,2′,3′,4′,5′-hexahydro- 173
—, 5,5′-Diäthyl-5,5′-dimethyl-4,5,2′,3′,4′,5′-hexahydro- 173
—, 5-Methyl-5-[4-methyl-2-phenyl-pent-1-enyl]-2,3,4,5-tetrahydro- 381
[3,3′]Bifuryl
—, 5,5′-Diäthyl-octahydro- 149
—, 5,5′-Dimethyl-octahydro- 142
—, Octahydro- 132
—, 2,5,2′,5′-Tetraphenyl- 484
[2,2′]Bifuryliden
—, 5,5′-Bis-dicyclohexylmethylen-5*H*,5′*H*- 413
[1,1′]Binaphthyl
—, 2,2′-Benzhydrylidendioxy- 488
—, 2,2′-Epidithio- 442
—, 2,2′-Isopropylidendimercapto- 446
[1,1′]Binaphthyl-8-sulfonsäure
—, 8′-Hydroxy-,
— lacton 443
Bioxiranyl 110
—, 3-Äthyl-2,3′,3′-trimethyl- 138
—, 2,2′-Dimethyl- 120
—, 3,3′-Diphenyl- 391
—, 3-Isobutyl-2,3′,3′-trimethyl- 145
—, 2-Methyl- 114
—, 2,3,3,3′,3′-Pentamethyl- 138
—, 3-Phenyl- 279
—, 2,3,3′,3′-Tetramethyl- 133
—, 2,3′,3′-Trimethyl- 125
—, 2,3′,3′-Trimethyl-3-pentyl- 149
—, 2,3′,3′-Trimethyl-3-propyl- 143
Biphenyl
—, 3′-Äthyl-2-methyl-4,5-methylendioxy- 372
—, 4,4′-Bis-oxiranyl- 391
—, 2-Chlormethyl-4,5-methylendioxy- 358
—, 2-[3-Chlor-propyl]-4,5-methylendioxy- 372
—, 2-Jodmethyl-4,5-methylendioxy- 359
Biphenyl-2-sulfonsäure
—, 5-Chlor-2′-hydroxy-,
— lacton 354
—, 5′-Chlor-2′-hydroxy-,
— lacton 354
—, 5-Chlor-2′-hydroxy-5′-methyl-,
— lacton 358
—, 5,5′-Dichlor-2′-hydroxy-,
— lacton 354
—, 2′-Hydroxy-,
— lacton 354
—, 2′-Hydroxy-5′-methyl-,
— lacton 357
—, 2′-Hydroxy-5′-*tert*-pentyl-,
— lacton 376
[2,3′]Bipyranyl
—, 3,4,5,6,5′,6′-Hexahydro-2*H*,4′*H*- 165

[4,4′]Bipyranyl
—, Octahydro- 142
[4,4′]Bipyranyliden
—, 2,6,2′,6′-Tetramethyl- 312
—, 2,6,2′,6′-Tetraphenyl- 489
[3,3′]Biselenophenyl
—, Octahydro- 132
[3,3′]Bitellurophenyl
—, Octahydro- 132
[2,2′]Bithienyl 265
—, 5-But-3-en-1-inyl- 336
—, 5-Butyl- 288
—, 4,4′-Diäthyl-5,5′-dimethyl- 294
—, 5,5′-Dibenzyl- 438
—, 3,3′-Dibrom- 265
—, 5,5′-Dibrom- 265
—, 3,3′-Dibrom-4,5,4′,5′-tetrajod- 266
—, 5,5′-Di-*tert*-butyl- 296
—, 5,5′-Dichlor- 265
—, 5,5′-Dijod- 266
—, 4,4′-Dimethyl- 277
—, 5,5′-Dimethyl- 278
—, 5,5′-Diphenyl- 436
—, Hexabrom- 266
—, Hexachlor- 265
—, Hexajod- 266
—, 5-Jod-5′-methyl- 271
—, 5-Methyl- 270
—, 5-Methyl-5′-styryl- 409
—, 5-Nitro- 266
—, 3,4,5,3′,4′-Pentabrom-5′-brommethyl- 271
—, 3,4,5,3′,4′-Pentabrom-5′-methyl- 271
—, 3,4,5,3′,4′-Pentachlor-5′-methyl- 270
—, 5-Phenyl- 386
—, 5-Styryl- 407
—, 3,4,3′,4′-Tetrabrom- 265
—, 3,5,3′,5′-Tetrabrom- 266
—, 4,5,4′,5′-Tetrabrom- 266
—, 3,4,3′,4′-Tetrabrom-5,5′-bis-brommethyl- 278
—, 3,4,3′,4′-Tetrabrom-5,5′-dimethyl- 278
—, 3,5,3′,5′-Tetrabrom-4,4′-dimethyl- 278
—, 3,4,3′,4′-Tetrachlor-5,5′-bis-dichlormethyl- 278
—, 3,4,3′,4′-Tetrachlor-5,5′-dimethyl- 278
—, 3,5,3′,5′-Tetranitro- 267
—, 3,5,3′-Trijod-5′-nitro- 267
[2,3′]Bithienyl 267
—, 5-Äthyl- 278
—, 4′,5′-Dihydro- 205
—, 5-Methyl- 271
[3,3′]Bithienyl 267
—, 2,2′-Dichlor-5,5′-dinitro- 267
—, 5,5′-Dimethyl-2,4,2′,4′-tetranitro- 279
—, Octahydro- 132
—, 2,5,2′,5′-Tetraäthyl- 297
—, 2,5,2′,5′-Tetramethyl- 288
[4,4′]Bithiochromenyliden
—, 2,2′-Diphenyl- 480
[4,4′]Bithiopyranyliden
—, 3,3′-Dichlor-2,6,2′,6′-tetraphenyl- 489
—, 2,6,2′,6′-Tetramethyl- 312
—, 2,6,2′,6′-Tetraphenyl- 489
[9,9′]Bithioxanthenyl 461
10λ^6,10′λ^6-[9,9′]Bithioxanthenyl
—, 10,10,10′,10′-Tetraoxo- 462
[9,9′]Bithioxanthenyliden 468
10λ^6,10′λ^6-[9,9′]Bithioxanthenyliden
—, 10,10,10′,10′-Tetraoxo- 468
[9,9′]Bithioxanthenyliden-10,10,10′,10′-tetraoxid 468
[9,9′]Bithioxanthenyl-10,10,10′,10′-tetraoxid 462
[9,9′]Bixanthenyl 461
—, 9,9′-Diäthyl- 466
—, 9,9′-Dibenzyl- 499
—, 9,9′-Dibutyl- 466
—, 9,9′-Diisopentyl- 466
—, 9,9′-Dimethyl- 465
—, 9,9′-Dipropyl- 466
[9,9′]Bixanthenyliden 466
—, 2′,2′-Dibrom- 467
—, 4,4′-Dibrom- 468
—, 2,2′-Dichlor- 467
—, 4,4′-Dichlor- 467
—, 1,1′-Dichlor-4,4′-dimethyl- 473
—, 1,3,1′,3′-Tetramethyl- 476
—, 1,4,1′,4′-Tetramethyl- 476
—, 2,3,2′,3′-Tetramethyl- 476
—, 2,4,2′,4′-Tetramethyl- 476
Bornan
—, 2,2-Äthandiyldioxy- 170
—, 2,3-Isopropylidendioxy- 172
Bornan-2-on
— äthandiylacetal 170
Bromal
— äthandiylacetal 44
Buta-1,3-dien
—, 1,4-Bis-[5-isopropyl-[2]furyl]- 333
—, 1,4-Bis-[5-methyl-[2]furyl]- 331
—, 1,4-Bis-[2]thienyl- 327
—, 2,3-Di-[2]furyl- 327
Buta-1,3-dien-1-sulfonsäure
—, 4-Hydroxy-2-methyl-4-phenyl-,
— lacton 309

Butadiin
—, Bis-[2,5-dichlor-[3]thienyl]- 386
—, Bis-[3-methyl-oxiranyl]- 279
—, Bis-[3-methyl-[2]thienyl]- 386
—, Di-[2]thienyl- 385
—, Di-[3]thienyl- 385
Butan
—, 1,4-Bis-[3-chlor-tetrahydro-pyran-2-yl]- 152
—, 1,4-Bis-[2,5-dichlor-[3]thienyl]- 286
—, 2,3-Bis-[2,5-diphenyl-[3]furyl]-2,3-dimethyl- 488
—, 1,1-Bis-[5-methyl-[2]furyl]- 294
—, 1,4-Bis-[3-methyl-[2]thienyl]- 293
—, 2,2-Bis-[5-nitro-[2]furyl]- 287
—, 1,4-Bis-oxiranyl- 132
—, 1,2;3,4-Diepoxy- 110
—, 1,2;3,4-Diepoxy-2,3-dimethyl- 120
—, 1,2;3,4-Diepoxy-1,4-diphenyl- 391
—, 1,2;3,4-Diepoxy-2-methyl- 114
—, 1,2;3,4-Diepoxy-1-phenyl- 279
—, 1,1-Di-[2]furyl- 287
—, 2,2-Di-[2]furyl- 287
—, 1-[1,3]Dioxolan-2-yl-2,3-dimethyl-3-nitro- 94
—, 1,4-Di-[2]thienyl- 286
—, 2,2-Di-[2]thienyl- 287
Butan-1-on
— äthandiylacetal 68
— äthandiyldithioacetal 69
— propandiylacetal 74
— propandiyldithioacetal 74
— propylenacetal 79
— propylendithioacetal 79
—, 4-Brom-2,3-epoxy-1,3-di-*p*-tolyl- 395
—, 4-Chlor-2,3-epoxy-1,3-di-*p*-tolyl- 395
Butan-1-sulfonsäure
—, 2,4-Bis-[3-chlor-phenyl]-4-hydroxy-,
— lacton 365
—, 2-Brom-3-chlor-3-hydroxy-,
— lacton 41
—, 3-Brom-2-hydroxy-,
— lacton 45
—, 3-Brom-4-hydroxy-2,4-diphenyl-,
— lacton 365
—, 3-Brom-4-hydroxy-2,2,4,4-tetraphenyl-,
— lacton 455
—, 4-Brom-3-hydroxy-2,2,3-trimethyl-,
— lacton 76
—, 3-Chlor-4-hydroxy-2,4-diphenyl-,
— lacton 364
—, 3-Chlor-3-hydroxy-2-jod-
— lacton 41
—, 2,3-Dichlor-3-hydroxy-,
— lacton 41
—, 3-Hydroxy-,
— lacton 41
—, 4-Hydroxy-,
— lacton 7
—, 3-Hydroxy-2,3-dimethyl-,
— lacton 67
—, 3-Hydroxy-2,3-dimethyl-2-phenyl-,
— lacton 242
—, 4-Hydroxy-2,4-diphenyl-,
— lacton 364
—, 3-Hydroxy-3-methyl-,
— lacton 51
—, 4-Hydroxy-2-methyl-,
— lacton 47
—, 3-Hydroxy-1-phenyl-,
— lacton 220
—, 4-Hydroxy-2,2,4,4-tetraphenyl-,
— lacton 454
—, 3-Hydroxy-2,2,3-trimethyl-,
— lacton 76
Butan-2-sulfonsäure
—, 2,3-Dichlor-1,1,1,4,4,4-hexafluor-3-hydroxy-,
— lacton 46
—, 4,4-Dichlor-1,1,2,3,3,4-hexafluor-1-hydroxy-,
— lacton 45
—, 4-Hydroxy-,
— lacton 41
—, 4-Hydroxy-2-methyl-,
— lacton 51
Butatrien
—, 1,4-Diphenyl-1,4-di-[2]thienyl- 452
But-1-en
—, 2-Brommethyl-1-[2-*tert*-butyl-[1,3]dioxolan-2-yl]-3,3-dimethyl- 151
—, 1-[2-*tert*-Butyl-[1,3]dioxolan-2-yl]-2,3,3-trimethyl- 151
—, 3,4-Epoxy-3-[3,4-epoxy-4-methyl-pentyl]- 165
But-2-en
—, 1-Benzo[1,3]dioxol-5-yl-2,3-dimethyl-290
—, 1,4-Bis-[9-benzyl-xanthen-9-yl]-2-methyl- 502
—, 3-[1,3]Dioxolan-2-yl-1-[2,2,6-trimethyl-cyclohexyliden]- 185
—, 2-Methyl-1,4-bis-[9-phenyl-xanthen-9-yl]- 502
Butenon
— äthandiylacetal 119
But-2-en-1-seleninsäure
—, 2-*tert*-Butyl-4-hydroxy-,
— lacton 126
—, 2-Chlor-4-hydroxy-3-methyl-,
— lacton 112

But-2-en-1-seleninsäure (Fortsetzung)
—, 3-Chlor-4-hydroxy-2-methyl-,
— lacton 112
—, 4-Hydroxy-2,3-dimethyl-,
— lacton 117
—, 4-Hydroxy-2,3-diphenyl-,
— lacton 389
—, 4-Hydroxy-2-methyl-,
— lacton 112
—, 4-Hydroxy-3-methyl-,
— lacton 112
—, 4-Hydroxy-2-phenyl-,
— lacton 271
—, 4-Hydroxy-3-phenyl-,
— lacton 271
But-2-en-1-sulfonsäure
—, 4-Hydroxy-2,3-dimethyl-,
— lacton 117
But-2-inal
— äthandiylacetal 157
Butyraldehyd
— äthandiylacetal 67
— butandiylacetal 83
— propandiyldithioacetal 73
— propylenacetal 78
Butyrophenon
— äthandiyldithioacetal 243

C

Cadinan
—, 1,10;4,5-Diepoxy- 184
δ-Cadinendiepoxid 184
Campher
— äthandiylacetal 170
β,β-Carotin
—, 5,6;5′,6′-Diepoxy-5,6,5′,6′-tetrahydro- 430
—, 5,6;5′,8′-Diepoxy-5,6,5′,8′-tetrahydro- 428
—, 5,8;5′,8′-Diepoxy-5,8,5′,8′-tetrahydro- 427
ψ,ψ-Carotin
—, 5,6-Isopropylidendioxy-5,6-dihydro- 432
β-Carotin-diepoxid 430
Chloral
— äthandiylacetal 43
— propandiylacetal 48
— propylenacetal 55
Chlorogenin
—, Desoxy- 302
Chola-20(22)23-dien
—, 3,3-Äthandiyldioxy-24,24-diphenyl- 448
Chol-23-en
—, 3,3-Äthandiyldioxy-22-brom-24,24-diphenyl- 440
—, 3,3-Äthandiyldioxy-24,24-diphenyl- 440
Cholesta-4,7-dien
—, 3,3-Äthandiyldimercapto- 321
Cholesta-5,7-dien
—, 3,3-Äthandiyldioxy- 321
Cholesta-3,5-dieno[3,4-*d*][1,3]dioxol
—, 2′,2′-Dimethyl-3,4-dihydro- 307
Cholesta-4,7-dien-3-on
— äthandiyldithioacetal 321
Cholesta-5,7-dien-3-on
— äthandiylacetal 321
Cholestan
—, 3,3-Äthandiyldimercapto- 262
—, 4,4-Äthandiyldimercapto- 262
—, 3,3-Äthandiyldioxy- 261
—, 3,3-Äthandiyldioxy-2-methyl- 263
—, 3,3-Äthandiyloxy-2-brom- 262
—, 16,22;22,26-Diepoxy- s. Spirostan
—, 2,3-Isopropylidendioxy- 263
Cholestan-3-on
— äthandiylacetal 261
— äthandiyldithioacetal 262
Cholestan-4-on
— äthandiyldithioacetal 262
Cholestan-26-säure
—, 16,22,23-Trioxo- 301
Cholest-1-en
—, 3,3-Äthandiyldimercapto- 304
Cholest-3-en
—, 2,5-Epidioxy- 300
Cholest-4-en
—, 3,3-Äthandiyldimercapto- 305
—, 3,3-Äthandiyldioxy- 305
Cholest-5-en
—, 3,3-Äthandiyldioxy- 305
—, 3,3-Äthandiyldioxy-2-methyl- 307
—, 3,4-Isopropylidendioxy- 307
—, 3,3-Propandiyldioxy- 306
Cholest-7-en
—, 3,3-Äthandiyldioxy- 306
Cholest-2-eno[2,3-*d*] [1,3]dioxol
—, 2′,2′-Dimethyl-dihydro- s. a. Cholestan, 2,3-Isopropylidendioxy-
Cholest-1-en-3-on
— äthandiyldithioacetal 304
Cholest-4-en-3-on
— äthandiyldithioacetal 305
Cholest-5-en-3-on
— äthandiylacetal 305
— propandiylacetal 306

Cholest-7-en-3-on
— äthandiylacetal 306
Chromeno[2,3,4-*kl*]xanthen
—, 13b*H*- 435
—, 13b-Chlor-13b*H*- 435
Chromeno[2,3-*b*]xanthen
—, 7,14-Diphenyl- 488
—, 7,14-Diphenyl-7,14-dihydro- 484
Chromeno[2,3,4-*kl*]xanthenyl 435
Chrysen
—, 5,6-Benzhydrylidendioxy- 483
—, 2,3-Methylendioxy- 435
Chryseno[3,2-*b*;9,8-*b'*]bis[1]benzothiophen
s. Dibenzo[*d,d'*]chryseno[3,2-*b*;9,8-*b'*]= dithiophen
Chryseno[5,6-*b*][1,4]dioxin
—, 2,2,3-Triphenyl-2,3-dihydro- 499
—, 2,3,3-Triphenyl-2,3-dihydro- 499
Chryseno[2,3-*d*][1,3]dioxol 435
Chryseno[5,6-*d*][1,3]dioxol
—, 2-Benzo[*a*]fluoren-11-yliden- 500
—, 2,2-Diphenyl- 483
Citronellal
— äthandiylacetal 147
Crotonaldehyd
— äthandiylacetal 118
— but-2-endiylacetal 159
Cyclobuta[1,2-*b*;3,4-*b'*]bis[1]benzothiophen
s. Dibenzo[*d,d'*]cyclobuta[1,2-*b*;3,4-*b'*]= dithiophen
Cyclobuta[1,2-*b*;4,3-*b'*]bis[1]benzothiophen
s. Dibenzo[*d,d'*]cyclobuta[1,2-*b*;4,3-*b'*]= dithiophen
Cyclobuta[*e*][1,3]dithiepin-2,2,4,4-tetraoxid
—, 3,3-Dimethyl-hexahydro- 137
Cyclobutan
—, 1,1,2,2-Tetrafluor-3-piperonyl- 288
Cyclobutenon
— äthandiylacetal 157
β-Cyclocitral
— äthandiylacetal 169
4,8-Cyclo-cyclopenta[*d*][1,3]dioxepin
—, 2-[4-Nitro-phenyl]-hexahydro- 312
Cyclodeca[1,3]dioxol
—, 2,2-Dimethyl-decahydro- 150
Cyclodecan
—, 1,2-Isopropylidendioxy- 150
Cyclodecanon
— propandiyldithioacetal 150
3,5-Cyclo-desoxydiosgenin 320
4,7a-Cyclo-dibenzo[*d,g*][1,3]dioxocin
—, 12-Methyl-6-[4-nitro-phenyl]- dodecahydro- 334
—, 6-[4-Nitro-phenyl]-12-phenyl- dodecahydro- 418
3,5-Cyclo-ergostan
—, 8,14;22,23-Diepoxy- 320
Cycloheptadec-9-enon
— äthandiylacetal 175
Cycloheptadec-9-inon
— äthandiylacetal 187
Cyclohepta[1,3]dioxol
—, 2,2-Dimethyl-hexahydro- 141
Cycloheptan
—, 1,2-Isopropylidendioxy- 141
Cycloheptanon
— äthandiylacetal 134
Cyclohept-2-enon
— äthandiylacetal 162
Cyclohexan
—, 1,2-Benzylidendimercapto- 292
—, 1,2-Benzylidendioxy- 291
—, 1,2-*sec*-Butylidendioxy- 141
—, 1,2-Cyclohexylidendioxy- 169
—, 1,2;3,4-Diepoxy- 157
—, 1,2;4,5-Diepoxy- 157
—, 1,2;3,4-Diepoxy-1-isopropyl-4- methyl- 167
—, 1,2;4,5-Diepoxy-1-isopropyl-4- methyl- 167
—, 1-[1,3]Dioxolan-2-yl-4-isohexyl- 152
—, 2-[1,3]Dioxolan-2-yl-1,1,3-trimethyl- 147
—, 1,1-Di-[2]thienyl- 312
—, 1,2-Epoxy-4-[α,β-epoxy-isopropyl]-1- methyl- 167
—, 2,3-Epoxy-1-[α,β-epoxy-isopropyl]-4- methyl- 167
—, 1,2-Epoxy-4-oxiranyl- 161
—, 1,2-Isopropylidendioxy- 137
—, 1,2-Vinylidendioxy- 160
Cyclohexancarbaldehyd
— äthandiylacetal 134
Cyclohexanon
— äthandiylacetal 128
— äthandiyldithioacetal 128
— butandiylacetal 140
— but-2-endiylacetal 163
— *o*-phenylenacetal s. Spiro[benzo= [1,3]dioxol-2,1'-cyclohexan]
— propandiylacetal 135
— propandiyldithioacetal 135
— propylenacetal 136
Cyclohexen
—, 4-Benzo[1,3]dioxol-5-yl-1,2-dimethyl- 5-nitro- 313
—, 4-Benzo[1,3]dioxol-5-yl-5-nitro- 311
—, 1,5-Dimethyl-3-[3-methyl-[2]furyl]-5- [2-(3-methyl-[2]furyl)-vinyl]- 381
—, 4-[1,3]Dioxolan-2-yl- 162

Cyclohexen (Fortsetzung)
—, 4-[1,3]Dioxolan-2-yl-1-[4-methyl-pent-3-enyl]- 184
—, 2-[1,3]Dioxolan-2-yl-1,3,3-trimethyl- 169
Cyclohex-3-encarbaldehyd
— äthandiylacetal 162
Cyclohex-2-enon
— äthandiylacetal 160
Cyclohex-1-ensulfonsäure
—, 2-[2-Hydroxy-but-1-enyl]-,
— lacton 178
—, 2-[2-Hydroxy-1-methyl-propenyl]-,
— lacton 178
—, 2-[2-Hydroxy-propenyl]-,
— lacton 177
—, 2-[β-Hydroxy-styryl]-,
— lacton 331
1,6-Cyclo-indeno[5,4-*d*][1,3]dioxin
—, 3-[4-Nitro-phenyl]-decahydro- 333
Cyclonona[1,3]dioxol
—, 2,2-Dimethyl-octahydro- 148
Cyclononan
—, 1,2-Isopropylidendioxy- 148
Cycloocta[1,3]dioxol
—, 2,2-Dimethyl-octahydro- 145
Cyclooctan
—, 1,2-Isopropylidendioxy- 145
Cyclopenta[*b*]benzo[1,4]dioxin
s. Benzo[*b*]cyclopenta[*e*][1,4]dioxin
Cyclopenta-1,3-dien
—, 1,2,3,4-Tetrachlor-5-piperonyliden- 355
Cyclopenta[1,3]dioxin
—, Hexahydro- 124
—, 4,4a,5,7a-Tetrahydro- 158
Cyclopenta[1,4]dioxin
—, 7-Chlor-4a,5,5,6,6-pentafluor-2,3,5,6-tetrahydro-4a*H*- 158
Cyclopenta[1,3]dioxol
—, 4,5-Dibrom-2,2-dimethyl-tetrahydro- 131
—, 4,6-Dibrom-2,2-dimethyl-tetrahydro- 131
—, 2,2-Dimethyl-3a,4-dihydro-6a*H*- 160
—, 2,2-Dimethyl-3a,6a-diphenyl-tetrahydro- 399
—, 3a,6a-Dimethyl-2-phenyl-tetrahydro- 295
—, 2,2-Dimethyl-tetrahydro- 131
—, 2,2,4-Trimethyl-tetrahydro- 138
Cyclopentan
—, 1,2;3,4-Diepoxy-5-methylen-1,2,3,4-tetraphenyl- 478
—, 1,2;3,4-Diepoxy-1,2,3,4-tetraphenyl- 475
—, 1,2-Isopropylendioxy- 131
Cyclopentanon
— äthandiylacetal 124
— äthandiyldithioacetal 124
— butandiylacetal 135
— *o*-phenylenacetal s. Spiro[benzo=[1,3]dioxol-2,1'-cyclopentan]
— propandiylacetal 129
— propylenacetal 129
Cyclopenta[*a*]phenanthren
—, 16,17-Isopropylidendioxy-13-methyl-11,12,13,14,15,16-hexahydro-17*H*- 400
Cyclopenten
—, 3,4-Isopropylidendioxy- 160
Cyclopent-2-enon
— äthandiylacetal 158
Cyclopent-1-ensulfonsäure
—, 2-[2-Hydroxy-propenyl]-,
— lacton 177
1λ^6-Cyclopent[*c*][1,2]oxathiin
—, 3-Methyl-1,1-dioxo-5,6-dihydro-7*H*- 177
Cyclopent[*c*][1,2]oxathiin-1,1-dioxid
—, 3-Methyl-5,6-dihydro-7*H*- 177
Cyclopseudodesoxydiosgenin 318
Cyclopseudodesoxyyamogenin 318
3,5-Cyclo-spirosta-6,8(14)-dien 384
3,5-Cyclo-spirostan 320
Cycloundeca[1,2;5,6]bisoxiren
—, Decahydro- s. Cycloundecan, 1,2;5,6-Diepoxy-
Cycloundecan
—, 3,4;7,8-Diepoxy-1,1,4,8-tetramethyl- 173

D

Deca-4,6-diin
—, 2,3;8,9-Diepoxy- 279
Decan
—, 1,2;9,10-Diepoxy- 142
—, 2,3;4,5-Diepoxy-2,4-dimethyl- 149
Decanal
— äthandiylacetal 103
Decan-5-on
— äthandiylacetal 103
Decan-4-sulfonsäure
—, 2-Hydroxy-,
— lacton 98
—, 2-Hydroxy-3-methyl-,
— lacton 100
Deca-1,3,5,7,9-pentaen
—, 1,10-Di-[2]thienyl- 410
Dec-3-en-2-on
— äthandiylacetal 147

Dec-5-in
—, 3,4;7,8-Diepoxy-4,7-dimethyl- 181
—, 3,4;7,8-Diepoxy-4,7-dipropyl- 185
Dec-9-inal
— äthandiylacetal 169
Depsidan 355
Des-*N*-anhydro-hydrolycorin 372
Desoxybenzoin
— äthandiylacetal 369
Desoxychlorogenin 302
Desoxydiosgenin 319
$\Delta^{3,5}$-**Desoxydiosgenin** 335
Desoxyisosarsasapogenin 301
Desoxysarsasapogenin 301
Desoxysmilagenin 301
Desoxytigogenin 302
—, 3,5-Dehydro- 335
—, 4-Dehydro- 319
$\Delta^{3,5}$-**Desoxytigogenin** 335
Desoxyyamogenin 319
5,8;13,16-Diäthano-cyclohexadeca[1,3]dioxol
—, 2,2-Dimethyl-hexadecahydro- 187
5,8;13,16-Diätheno-cyclohexadeca[1,3]dioxol
—, 2,2-Dimethyl-3a,4,9,10,11,12,17,17a-octahydro- 400
1,4;3,6-Dianhydro-2,5-didesoxy-glucit
—, 2,5-Dichlor- 122
1,4;3,6-Dianhydro-2,5-didesoxy-hexit
—, *xylo*-2-Chlor- 121
threo-**1,4;3,6-Dianhydro-2,5-didesoxy-hexit** 121
1,4;3,6-Dianhydro-2,5-didesoxy-idit
—, 2,5-Dichlor- 121
—, 2,5-Dijod- 122
1,4;3,6-Dianhydro-2,5-didesoxy-mannit
—, 2,5-Dichlor- 121
—, 2,5-Dijod- 122
1,2;3,4-Dianhydro-erythrit 110
Dianhydro-pentaerythrit 114
1,2;3,4-Dianhydro-threit 111
5,18;9,14-Di-*o*-benzeno-dibenzo[*d,k*][1,8]dithiacyclotetradecin
—, 6,8,15,17-Tetrahydro- 482
5,14;7,12-Di-*o*-benzeno-dinaphtho[2,3-*b*;2′,3′-*e*][1,4]dioxin
—, 5,5a,6a,7,12,12a,13a,14-Octahydro- 483
Dibenzo[*d,d′*]benzo[1,2-*b*;4,3-*b′*]difuran 434
Dibenzo[*d,d′*]benzo[1,2-*b*;4,5-*b′*]difuran 433
—, 1,2,3,4,7,8,9,10-Octahydro- 397
Dibenzo[*d,d′*]benzo[1,2-*b*;3,4-*b′*]dithiophen 434
—, 6-Chlor-1,2,3,4,8,9,10,11-octahydro- 398
—, 1,2,3,4,8,9,10,11-Octahydro- 397
5λ^6-Dibenzo[*d,d′*]benzo[1,2-*b*;3,4-*b′*]dithiophen
—, 5,5-Dioxo-5a,6,7,12b-tetrahydro- 417
5λ^6,12λ^6-Dibenzo[*d,d′*]benzo[1,2-*b*;3,4-*b′*]dithiophen
—, 5,5,12,12-Tetraoxo- 434
Dibenzo[*d,d′*]benzo[1,2-*b*;4,3-*b′*]dithiophen 434
—, 1,2,3,4,9,10,11,12-Octahydro- 397
Dibenzo[*d,d′*]benzo[1,2-*b*;4,5-*b′*]dithiophen 433
—, 6,12-Dichlor-1,2,3,4,7,8,9,10-octahydro- 397
—, 6,12-Dimethyl- 437
—, 1,2,3,4,7,8,9,10-Octahydro- 397
Dibenzo[*d,d′*]benzo[1,2-*b*;5,4-*b′*]dithiophen 433
—, 6,12-Dimethyl- 436
Dibenzo[*d,d′*]benzo[2,1-*b*;3,4-*b′*]dithiophen 433
Dibenzo[*d,d′*]benzo[1,2-*b*;3,4-*b′*]dithiophen-5,5-dioxid
—, 5a,6,7,12b-Tetrahydro- 417
Dibenzo[*d,d′*]benzo[1,2-*b*;3,4-*b′*]dithiophen-5,5,12,12-tetraoxid 434
Dibenzo[*a,a′*]benzo[1,2,3-*kl*;4,5,6-*k′l′*]dixanthen 497
5λ^6,6λ^6-Dibenzo[*d,d′*]cyclobuta[1,2-*b*;4,3-*b′*]dithiophen
—, 5a,5b-Dibrom-5,5,6,6-tetraoxo-5a,5b,10b,10c-tetrahydro- 409
—, 10b,10c-Dibrom-5,5,6,6-tetraoxo-5a,5b,10b,10c-tetrahydro- 409
—, 4,7-Dichlor-5,5,6,6-tetraoxo-5a,5b,10b,10c-tetrahydro- 408
—, 2,9-Dimethyl-5,5,6,6-tetraoxo-5a,5b,10b,10c-tetrahydro- 411
—, 3,8-Dimethyl-5,5,6,6-tetraoxo-5a,5b,10b,10c-tetrahydro- 411
—, 4,7-Dimethyl-5,5,6,6-tetraoxo-5a,5b,10b,10c-tetrahydro- 412
—, 5a,5b-Dimethyl-5,5,6,6-tetraoxo-5a,5b,10b,10c-tetrahydro- 412
—, 10b,10c-Dimethyl-5,5,6,6-tetraoxo-5a,5b,10b,10c-tetrahydro- 412
—, 5,5,6,6-Tetraoxo-5a,5b,10b,10c-tetrahydro- 408
5λ^6,10λ^6-Dibenzo[*d,d′*]cyclobuta[1,2-*b*;3,4-*b′*]dithiophen
—, 4b,9b-Dibrom-5,5,10,10-tetraoxo-4b,4c,9b,9c-tetrahydro- 409
—, 1,6-Dichlor-5,5,10,10-tetraoxo-4b,4c,9b,9c-tetrahydro- 408
—, 1,6-Dimethyl-5,5,10,10-tetraoxo-4b,4c,9b,9c-tetrahydro- 412
—, 2,7-Dimethyl-5,5,10,10-tetraoxo-4b,4c,9b,9c-tetrahydro- 411
—, 3,8-Dimethyl-5,5,10,10-tetraoxo-4b,4c,9b,9c-tetrahydro- 411

5λ^6, 10λ^6-Dibenzo[*d,d'*]cyclobuta[1,2-*b*;3,4-*b'*]dithiophen (Fortsetzung)

—, 4b,9b-Dimethyl-5,5,10,10-tetraoxo-4b,4c,9b,9c-tetrahydro- 412

—, 4c,9c-Dimethyl-5,5,10,10-tetraoxo-4b,4c,9b,9c-tetrahydro- 412

—, 5,5,10,10-Tetraoxo-4b,4c,9b,9c-tetrahydro- 409

Dibenzo[*d,d'*]cyclobuta[1,2-*b*;3,4-*b'*]dithiophen-5,5,10,10-tetraoxid

—, 4b,9b-Dibrom-4b,4c,9b,9c-tetrahydro- 409

—, 4c,9c-Dibrom-4b,4c,9b,9c-tetrahydro-409

—, 1,6-Dichlor-4b,4c,9b,9c-tetrahydro-408

—, 1,6-Dimethyl-4b,4c,9b,9c-tetrahydro-412

—, 2,7-Dimethyl-4b,4c,9b,9c-tetrahydro-411

—, 3,8-Dimethyl-4b,4c,9b,9c-tetrahydro-411

—, 4,9-Dimethyl-4b,4c,9b,9c-tetrahydro-412

—, 4b,9b-Dimethyl-4b,4c,9b,9c-tetrahydro- 412

—, 4b,4c,9b,9c-Tetrahydro- 409

Dibenzo[*d,d'*]cyclobuta[1,2-*b*;4,3-*b'*]dithiophen-5,5,6,6-tetraoxid

—, 5a,5b-Dibrom-5a,5b,10b,10c-tetrahydro- 409

—, 10b,10c-Dibrom-5a,5b,10b,10c-tetrahydro- 409

—, 4,7-Dichlor-5a,5b,10b,10c-tetrahydro-408

—, 2,9-Dimethyl-5a,5b,10b,10c-tetrahydro- 411

—, 3,8-Dimethyl-5a,5b,10b,10c-tetrahydro- 411

—, 4,7-Dimethyl-5a,5b,10b,10c-tetrahydro- 412

—, 5a,5b-Dimethyl-5a,5b,10b,10c-tetrahydro- 412

—, 10b,10c-Dimethyl-5a,5b,10b,10c-tetrahydro- 412

—, 5a,5b,10b,10c-Tetrahydro- 408

Dibenzo[*f,f'*]cyclohepta[1,2-*b*;1,7-*b'*]dichromen

—, 6,7,8,9-Tetrahydro- 475

Dibenzo[*f,f'*]cyclopenta[1,2-*b*;1,5-*b'*]dichromen

—, 6,7-Dihydro- 469

Dibenzo[*h,h'*]cyclopenta[1,2-*c*;5,4,3-*d',e'*]dichromen

—, 6,6,8,8-Tetramethyl-6,6a,6b,7,8,14b-hexahydro- 456

Dibenzo[*b,e*][1,4]dioxepin

—, 11*H*- 355

Dibenzo[1,2]dioxin

—, 1,2,3,4,4a,6a,7,8,9,10-Decahydro-182

—, 1,2,3,4,4a,6a-Hexahydro- 289

Dibenzo[1,4]dioxin 336

—, 2-Benzyl- 421

—, 1-Brom- 338

—, 2-Brom- 339

—, 2-Brom-3,7-dinitro- 341

—, 2-Brom-7-nitro- 340

—, 2-*tert*-Butyl- 372

—, 2-Chlor- 338

—, 2-Chlormethyl- 356

—, 2,7-Diäthyl-3,8-dimethyl- 378

—, 1,6-Dibrom- 339

—, 2,3-Dibrom- 339

—, 2,7-Dibrom- 339

—, 2,8-Dibrom- 339

—, 2,3-Dibrom-7,8-dinitro- 341

—, 2,8-Dibrom-3,7-dinitro- 341

—, 2,3-Dibrom-7-nitro- 340

—, 2,7-Di-*tert*-butyl- 380

—, 2,8-Di-*tert*-butyl- 380

—, 2,7-Dichlor- 338

—, 2,3-Diisopropyl- 378

—, 2,3-Dimethyl- 359

—, 2,7-Dimethyl- 360

—, 1,3-Dinitro- 340

—, 2,7-Dinitro- 340

—, 2,8-Dinitro- 340

—, Dodecahydro- 170

—, 1,2,3,6,7,8-Hexaisopropyl- 384

—, 1,2,3,7,8,9-Hexaisopropyl- 384

—, 2-Isopropyl- 364

—, 2-Jod- 340

—, 2-Methyl- 355

—, 1-Nitro- 340

—, 2-Nitro- 340

—, Octabrom- 340

—, Octachlor- 338

—, 2-Phenyl- 419

—, 2-Stilben-α-yl- 459

—, 2,3,7,8-Tetrabrom- 339

—, 2,3,7,8-Tetrachlor- 338

—, 2,3,7,8-Tetraisopropyl- 383

—, 1,3,6,8-Tetramethyl- 372

—, 2,3,7,8-Tetramethyl- 372

—, 2,3,7,8-Tetranitro- 341

—, 2,3,7-Trinitro- 341

Dibenzo-*p*-dioxin

s. Dibenzo[1,4]dioxin

Dibenzo[*d,g*][1,3]dioxocin

—, 2,4,6,8,10,12-Hexamethyl-12*H*-380

Dibenzo[1,4]diselenin 352

Dibenzo[1,4]dithiin
s. Thianthren
Dibenzo[1,2]dithiin 354
—, 2,9-Dimethyl- 361
—, 3,8-Dimethyl- 362
—, 1,3,8,10-Tetramethyl- 373
5λ^6-Dibenzo[1,2]dithiin
—, 2,9-Dimethyl-5,5-dioxo- 362
—, 3,8-Dimethyl-5,5-dioxo- 362
—, 5,5-Dioxo- 355
—, 1,3,8,10-Tetramethyl-5,5-dioxo- 373
Dibenzo[1,2]dithiin-5,5-dioxid 355
—, 2,9-Dimethyl- 362
—, 3,8-Dimethyl- 362
—, 1,3,8,10-Tetramethyl- 373
Dibenzo[*b,f*][1,5]dithiocin
—, 2,8-Dichlor-6*H*,12*H*- 359
Dibenzofuran
—, 9a,9b-Epoxy-dodecahydro- 182
—, 4a,9b-Epoxy-1,2,3,4,4a,9b-hexahydro- 310
Dibenzo[*b,k*]perixanthenoxanthen 483
Dibenzo[*a,h*]phenoxathiin
—, 10-Brom- 441
—, 13-Brom- 442
—, 3,10-Dibrom- 442
—, 6,13-Dibrom- 442
—, 6,13-Dibrom-x-chlor- 442
Dibenzo[*a,j*]phenoxathiin
—, 3-Brom- 441
—, 3,11-Dibrom- 441
14λ^6-Dibenzo[*a,j*]phenoxathiin
—, 14,14-Dioxo- 441
Dibenzo[*a,j*]phenoxathiin-14,14-dioxid 441
Dibenzo[*a,j*]xanthen
—, 14-Benzo[*b*]thiophen-3-yl-14*H*- 480
—, 14-Benzo[*b*]thiophen-3-yl-3,11-dibrom-14*H*- 480
—, 14-[2,5-Dimethyl-[3]thienyl]-14*H*- 463
Dibenz[1,4]oxaselenin 352
Dibenz[1,4]oxatellurin 353
Dibenz[1,4]oxathiin
s. Phenoxathiin
6λ^6-Dibenz[1,2]oxathiin
—, 2-Chlor-6,6-dioxo- 354
—, 9-Chlor-6,6-dioxo- 354
—, 9-Chlor-2-methyl-6,6-dioxo- 358
—, 2,9-Dichlor-6,6-dioxo- 354
—, 6,6-Dioxo- 354
—, 6,6-Dioxo-1,2,3,4,7,8,9,10-octahydro- 246
—, 6,6-Dioxo-2-*tert*-pentyl- 376
—, 2-Methyl-6,6-dioxo- 357
Dibenz[1,2]oxathiin-6,6-dioxid 354
—, 2-Chlor- 354
—, 9-Chlor- 354
—, 9-Chlor-2-methyl- 358
—, 2,9-Dichlor- 354
—, 2-Methyl- 357
—, 1,2,3,4,7,8,9,10-Octahydro- 246
—, 2-*tert*-Pentyl- 376
Diclausenan 381
Diclausenan-A 381
Diclausenan-B 381
Dicyclopentadiendioxid 230
Dicyclopenta[1,3]dioxin
—, 5,5-Dimethyl-octahydro- 170
1,4;5,8-Diepoxido-anthracen
—, 9,10-Difluor-1,2,3,4,5,6,7,8-octahydro- 332
—, 9,10-Difluor-1,4,5,8-tetrahydro- 387
—, 9,10-Dimethyl-1,2,3,4,5,6,7,8-octahydro- 333
—, 9,10-Dimethyl-1,4,5,8-tetrahydro- 393
1,4;9,10-Diepoxido-anthracen-2,3-dicarbonsäure
—, 6,7-Dimethyl-1,4,9,10-tetraphenyl-1,2,3,4,9,10-hexahydro- 497
5,12;6,11-Diepoxido-naphthacen-1,4-dion
—, 8,9-Dimethyl-5,6,11,12-tetraphenyl-4a,5,6,11,12,12a-hexahydro- 497
5,14;6,13-Diepoxido-pentacen
—, 6,13-Diphenyl-5,6,13,14-tetrahydro- 493
—, 5,7,12,14-Tetraphenyl-5,6,13,14-tetrahydro- 507
Dihydroascaridol 141
Dihydrohumulendioxid 173
Dihydroisosafrol 227
Dihydrosafrol 227
5λ^6,10λ^6-1,4;6,9-Dimethano-thianthren
—, 5,5,10,10-Tetraoxo-1,4,4a,5a,6,9,9a,10a-octahydro- 313
1,4;6,9-Dimethano-thianthren-5,5,10,10-tetraoxid
—, 1,4,4a,5a,6,9,9a,10a-Octahydro- 313
Dinaphtho[1,2-*d*;1′,2′-*d*′]benzo[1,2-*b*;4,5-*b*′]difuran 477
Dinaphtho[2,1-*d*;1′,2′-*f*][1,3]dioxepin
—, 4,4-Diphenyl- 488
Dinaphtho[1,2-*b*;1′,2′-*e*][1,4]dioxin 441
Dinaphtho[2,3-*b*;2′,3′-*e*][1,4]dioxin 441
Dinaphtho[2,1-*d*;1′,2′-*f*][1,3]dithiepin
—, 4,4-Dimethyl- 446
Dinaphtho[2,1-*c*;1′,2′-*e*][1,2]dithiin 442

3λ⁶-Dinaphtho[2,1-*c*;1′,2′-*e*][1,2]dithiin
—, 3,3-Dioxo- 443
Dinaphtho[2,1-*c*;1′,2′-*e*][1,2]dithiin-3,3-dioxid 443
8λ⁶-Dinaphth[1,8-*cd*;1′,8′-*fg*][1,2]oxathiocin
—, 8,8-Dioxo- 443
Dinaphth[1,8-*cd*;1′,8′-*fg*][1,2]oxathiocin-8,8-dioxid 443
15,16-Dinor-labdan
—, 8,13;13,20-Diepoxy- 187
2,15-Dioxa-bicyclo[14.2.2]eicosa-1(18),16,19-trien
—, 17,19-Dibrom- 257
2,12-Dioxa-bicyclo[11.2.2]heptadeca-1(15),13,16-trien 253
2,3-Dioxa-bicyclo[2.2.1]heptan s. 2,3-Dioxa-norbornan
2,7-Dioxa-bicyclo[4.1.0]heptan
s. Pyran, 2,3-Epoxy-tetrahydro-
3,7-Dioxa-bicyclo[4.1.0]heptan
s. Pyran, 3,4-Epoxy-tetrahydro-
2,11-Dioxa-bicyclo[10.2.2]hexadeca-1(14),12,15-trien 251
3,6-Dioxa-bicyclo[3.1.0]hexan
s.a. Furan, 3,4-Epoxy-tetrahydro-
—, 2-Brom-1,4-diphenyl- 391
—, 2-Brom-1,4-di-*p*-tolyl- 395
—, 2-Chlor-1,4-diphenyl- 391
—, 2-Chlor-1,4-di-*p*-tolyl- 395
—, 2-Jod-1,4-diphenyl- 392
6,7-Dioxa-bicyclo[3.2.2]non-8-en 158
2,13-Dioxa-bicyclo[12.2.2]octadeca-1(16),14,17-trien 255
—, 15-Brom-17-methyl- 256
—, 15,17-Dibrom- 255
—, 15,17-Dimethyl- 257
—, 15-Methyl- 256
2,13-Dioxa-bicyclo[12.3.1]octadeca-1(18),14,16-trien 255
2,3-Dioxa-bicyclo[2.2.2]octan
—, 5,6-Dibrom-1-isopropyl-4-methyl- 142
—, 1-Isopropyl-4-methyl- 141
6,8-Dioxa-bicyclo[3.2.1]octan 119
—, 1,4-Dimethyl- 132
—, 1-Methyl- 124
2,3-Dioxa-bicyclo[2.2.2]oct-5-en 157
—, 1-Isopropyl-4-methyl- 164
—, 7-Isopropyl-5-methyl- 164
2,10-Dioxa-bicyclo[9.3.1]pentadeca-1(15),11,13-trien 249
2,9-Dioxa-bicyclo[8.3.1]tetradeca-1(14),10,12-trien 245
1,1′-Dioxa-[2,2′]bispiro[2.5]octyl 183
8,18-Dioxa-dibenzo-[*a,kl*]phenaleno[5,4,3,2,1-*pqrst*]pentaphen 500
8,16-Dioxa-dinaphtho[8,1,2-*abc*;8′,1′,2′-*jkl*]coronen 503
10,20-Dioxa-dinaphtho[1,2-*a*;1′,2′-*j*]perylen 497
1,7-Dioxa-dispiro[2.2.2.2]decan 161
7,15-Dioxa-dispiro[5.2.5.2]hexadecan 173
[1,3,2,4]Dioxadithian-2,2,4,4-tetraoxid
—, 5,6-Dichlor-5,6-bis-trifluormethyl- 46
1,5-[1,12]Dioxadodecano-naphthalin 334
—, x-Brom- 334
2,6-[1,12]Dioxadodecano-naphthalin 334
1,8-Dioxa-[8]metacyclophan 245
1,9-Dioxa-[9]metacyclophan 249
1,10-Dioxa-[10.0]metacyclophan
—, 14,18-Dimethyl- 382
1,12-Dioxa-[12]metacyclophan 255
1,12-Dioxa-[12.0]metacyclophan 382
—, 16,20-Dimethyl- 383
Dioxan 9
[1,2]Dioxan 7
—, 4,5-Dichlor-3,3,4,5,6,6-hexafluor- 7
—, 3,3,6,6-Tetramethyl- 83
[1,3]Dioxan 8
—, 4-Äthyl- 59
—, 5-Äthyl-2-[1-äthyl-pent-1-enyl]-5-nitro- 150
—, 5-Äthyl-2-[1-äthyl-pentyl]-5-nitro- 104
—, 5-Äthyl-2,5-bis-brommethyl- 86
—, 5-Äthyl-5-brommethyl-2,2-diphenyl- 379
—, 5-Äthyl-5-butyl-2-methyl- 100
—, 2-Äthyl-2,4-dimethyl- 85
—, 5-Äthyl-2-[4,6-dimethyl-cyclohex-3-enyl]-5-nitro- 172
—, 2-Äthyl-2,5-dimethyl-5-nitro- 85
—, 5-Äthyl-2,2-dimethyl-5-nitro- 85
—, 5-Äthyl-5-jodmethyl-2,2-diphenyl- 379
—, 2-Äthyl-2-methyl- 74
—, 4-Äthyl-5-methyl- 74
—, 5-Äthyl-2-[1-methyl-but-1-enyl]-5-nitro- 144
—, 5-Äthyl-5-nitro- 59
—, 5-Äthyl-5-nitro-2-propyl- 92
—, 5-Äthyl-5-nitro-2-undecyl- 106
—, 5-Äthyl-5-nitro-2-vinyl- 126
—, 2-[1-Äthyl-pentyl]-5-methyl-5-nitro- 102
—, 5-Äthyl-4-phenyl- 240

[1,3]Dioxan (Fortsetzung)
—, 2-Benzyliden- 281
—, 2-Benzyl-4-methyl- 239
—, 2-Benzyl-4,4,6-trimethyl- 250
—, 2,5-Bis-brommethyl-5-methyl- 75
—, 5,5-Bis-chlormethyl-2,2-dimethyl- 86
—, 5,5-Bis-chlormethyl-2-phenyl- 242
—, 2,5-Bis-jodmethyl-5-methyl- 75
—, 2-[α-Brom-benzyl]- 231
—, 5-Brom-2-[4-chlor-phenyl]-5-nitro- 217
—, 5-Brom-4,6-diisobutyl-5-nitro-2-phenyl- 256
—, 5-Brom-2,2-dimethyl-5-nitro- 60
—, 5-Brom-4,6-dimethyl-5-nitro-2-[4-nitro-phenyl]- 242
—, 5-Brom-4,6-dimethyl-5-nitro-2-phenyl- 241
—, 5-Brom-2,2-dimethyl-4-phenyl- 240
—, 5-Brom-2,4-diphenyl- 366
—, 2-Brommethyl- 48
—, 5-Brommethyl-2-cyclohexyl-5-methyl-2-phenyl- 298
—, 5-Brommethyl-2-cyclopropyl-2,5-dimethyl- 140
—, 5-Brommethyl-2,5-dimethyl- 75
—, 5-Brommethyl-2,5-dimethyl-2-phenyl- 247
—, 2-Brommethyl-5,5-diphenyl- 375
—, 2-Brommethylen- 113
—, 5-Brommethyl-5-methyl- 62
—, 5-Brommethyl-5-methyl-2,2-diphenyl- 376
—, 5-Brommethyl-5-methyl-2,2-di-*p*-tolyl- 380
—, 5-Brommethyl-5-methyl-2-phenyl- 242
—, 5-Brommethyl-2,2,5-trimethyl- 86
—, 5-Brom-5-nitro-2,2-diphenyl- 365
—, 5-Brom-5-nitro-2-[4-nitro-phenyl]- 218
—, 5-Brom-4-[4-nitro-phenyl]- 220
—, 5-Brom-5-nitro-2-phenyl- 217
—, 5-Brom-4-phenyl- 219
—, 4-Butyl- 83
—, 2-*tert*-Butyl-2,4-dimethyl- 97
—, 2-*tert*-Butyl-2-methyl- 92
—, 5-Chlor- 9
—, 2-[2-Chlor-äthyl]-4,5-dimethyl- 85
—, 2-[2-Chlor-äthyl]-4,6-dimethyl- 85
—, 2-[2-Chlor-äthyl]-4-methyl- 74
—, 5-Chlor-4-chlormethyl-2-phenyl- 232
—, 5-Chlor-2-[4-chlor-phenyl]-5-nitro- 217
—, 5-Chlor-2,2-dimethyl- 60
—, 5-Chlor-4,4-dimethyl- 61
—, 5-Chlor-2,2-dimethyl-5-nitro- 60
—, 5-Chlor-4,6-dimethyl-5-nitro-2-[4-nitro-phenyl]- 242
—, 5-Chlor-4,6-dimethyl-5-nitro-2-phenyl- 241
—, 2-Chlormethyl- 48
—, 4-Chlormethyl- 50
—, 5-Chlormethyl- 50
—, 5-Chlor-2-methyl- 48
—, 5-Chlor-4-methyl- 49
—, 2-Chlormethylen- 113
—, 5-Chlormethylen- 113
—, 4-Chlormethyl-4-methyl- 61
—, 2-Chlormethyl-4-methyl-2-phenyl- 241
—, 2-Chlormethyl-2-phenyl- 231
—, 5-Chlor-5-nitro-2-[4-nitro-phenyl]- 217
—, 5-Chlor-4-[4-nitro-phenyl]- 219
—, 5-Chlor-5-nitro-2-phenyl- 217
—, 2-[2-Chlor-phenyl]- 216
—, 2-[4-Chlor-phenyl]- 216
—, 5-Chlor-2-phenyl- 216
—, 5-Chlor-4-phenyl- 219
—, 2-[4-Chlor-phenyl]-5-cyclohex-1-enyl-5-nitro- 314
—, 2-[4-Chlor-phenyl]-4,6-diisobutyl-5-nitro- 256
—, 2-[4-Chlor-phenyl]-4,6-dimethyl-5-nitro- 241
—, 2-[4-Chlor-phenyl]-5-nitro- 217
—, 5-Cinnamyl-4-phenyl- 398
—, 2-Cyclohex-3-enyl-4-methyl- 168
—, 5-Cyclohex-1-enyl-5-nitro-2-[4-nitro-phenyl]- 314
—, 5-Cyclohex-1-enyl-5-nitro-2-phenyl- 314
—, 2-Cyclohexyl-5-jodmethyl-5-methyl-2-phenyl- 298
—, 2,6-Diäthyl-4-methyl-4-[4-methyl-cyclohex-3-enyl]- 174
—, 2,5-Diäthyl-2-methyl-5-nitro- 93
—, 2,4-Diäthyl-6-phenyl- 250
—, 5,5-Diäthyl-2-phenyl- 250
—, 2,2-Dibenzyl-5-brommethyl-5-methyl- 379
—, 2,2-Dibenzyl-5-jodmethyl-5-methyl- 380
—, 2,4-Dibenzyl-5-phenyl- 426
—, 4-[1,2-Dibrom-äthyl]- 59
—, 2-Dibrommethyl- 48
—, 4-[α,β-Dibrom-phenäthyl]- 239
—, 5-[2,3-Dibrom-3-phenyl-propyl]-4-phenyl- 379
—, 2-[4,4'-Dichlor-benzhydryl]- 374
—, 2-Dichlormethyl- 48
—, 2-Dichlormethylen- 113
—, 5,5-Dichlor-2-methyl-4-phenyl- 232
—, 5,5-Dichlor-4-phenyl- 219

[1,3]Dioxan (Fortsetzung)
—, 5,5-Dichlor-4-phenyl-2-propyl- 246
—, 4,6-Diisobutyl-5-nitro-2-[4-nitro-phenyl]- 257
—, 4,6-Diisobutyl-5-nitro-2-phenyl- 256
—, 2,4-Diisopropyl-6-phenyl- 254
—, 2,2-Dimethyl- 59
—, 2,4-Dimethyl- 61
—, 4,4-Dimethyl- 61
—, 4,5-Dimethyl- 61
—, 5,5-Dimethyl- 62
—, 2,2-Dimethyl-5,5-dinitro- 60
—, 2,4-Dimethyl-2-[1]naphthyl- 333
—, 2,4-Dimethyl-2-[2]naphthyl- 333
—, 2,2-Dimethyl-5-nitro- 60
—, 2,2-Dimethyl-5-nitro-5-[4-nitro-benzyl]- 247
—, 4,6-Dimethyl-5-nitro-2-[4-nitro-phenyl]- 241
—, 4,6-Dimethyl-5-nitro-2-phenäthyl- 249
—, 4,6-Dimethyl-5-nitro-2-phenyl- 241
—, 2,4-Dimethyl-2-phenyl- 240
—, 2,4-Dimethyl-6-phenyl- 241
—, 2,5-Dimethyl-5-phenyl- 242
—, 2,5-Dimethyl-5-propyl- 93
—, 4,5-Dimethyl-2-vinyl- 126
—, 4,6-Dimethyl-2-vinyl- 126
—, 5,5-Dinitro- 9
—, 2,2-Diphenyl- 365
—, 4,4-Diphenyl- 366
—, 2-Hexyl-2,4-dimethyl- 102
—, 2-Hexyl-2-methyl- 100
—, 2-Isopropenyl- 123
—, 4-Isopropyl-5,5-dimethyl-2-[1,2,3-trimethyl-butyl]- 105
—, 2-Isopropyl-4-methyl- 84
—, 2-Isopropyl-5-methyl-5-nitro- 84
—, 4-[4-Isopropyl-phenyl]-5-methyl- 249
—, 2-Isopropyl-4,4,6,6-tetramethyl- 100
—, 2-Isopropyl-4,4,6-trimethyl- 97
—, 2-Jodmethyl-5,5-diphenyl- 375
—, 5-Jodmethyl-5-methyl-2,2-diphenyl-377
—, 5-Jodmethyl-5-methyl-2,2-di-*p*-tolyl-380
—, 2-Methyl- 48
—, 4-Methyl- 49
—, 2-Methylen- 113
—, 2-Methyl-2-[1]naphthyl- 332
—, 2-Methyl-2-[2]naphthyl- 332
—, 5-Methyl-5-nitro- 50
—, 5-Methyl-5-nitro-2,2-diphenyl- 374
—, 4-Methyl-2-[2-nitro-phenyl]- 232
—, 4-Methyl-2-[3-nitro-phenyl]- 233
—, 4-Methyl-2-[4-nitro-phenyl]- 233
—, 5-Methyl-5-nitro-2-phenyl- 233
—, 5-Methyl-5-nitro-2-propyl- 84
—, 4-Methyl-4-nonyl-2-phenyl- 258
—, 2-Methyl-2-pentyl- 97
—, 2-Methyl-2-phenyl- 231
—, 4-Methyl-2-phenyl- 232
—, 4-Methyl-4-phenyl- 233
—, 5-Methyl-4-phenyl- 233
—, 4-Methyl-2-propyl- 83
—, 4-Methyl-4-propyl- 84
—, 4-Methyl-2-styryl- 290
—, 4-Methyl-2-[1,3,3,3-tetrachlor-propyl]-84
—, 4-Methyl-2-*m*-tolyl- 240
—, 4-Methyl-2-*p*-tolyl- 240
—, 4-Methyl-4-*p*-tolyl- 240
—, 4-Methyl-2-trichlormethyl- 61
—, 4-Methyl-2-vinyl- 123
—, 4-Methyl-4-vinyl- 123
—, 5-Nitro-5-[4-nitro-benzyl]-2-phenyl-374
—, 5-Nitro-2-[4-nitro-phenyl]- 217
—, 5-Nitro-4-pentadec-1-inyl-2-phenyl-316
—, 5-Nitro-4-pentadecyl-2-phenyl- 261
—, 2-[2-Nitro-phenyl]- 216
—, 2-[3-Nitro-phenyl]- 217
—, 2-[4-Nitro-phenyl]- 217
—, 5-Nitro-2-phenyl- 216
—, 2,2,4,4,6-Pentamethyl- 93
—, 2,4,4,5,6-Pentamethyl- 93
—, 2,4,4,6,6-Pentamethyl- 93
—, 4-Phenäthyl- 239
—, 2-Phenyl- 215
—, 4-Phenyl- 218
—, 4-Phenyl-2,6-dipropyl- 254
—, 4-Phenyl-5-[3-phenyl-propyl]- 379
—, 2-Styryl- 285
—, 4-Styryl- 285
—, 2,4,4,6-Tetramethyl- 86
—, 2,4,5,6-Tetramethyl- 87
—, 4,4,5,5-Tetramethyl- 87
—, 4,4,6,6-Tetramethyl- 87
—, 2,2,4,6-Tetramethyl-5-nitro- 86
—, 2-*m*-Tolyl- 231
—, 2-*p*-Tolyl- 231
—, 4-*p*-Tolyl- 231
—, 2-Tribrommethyl-4,6-dimethyl-5-nitro- 75
—, 2-Trichlormethyl- 48
—, 4,5,5-Trichlor-2-methyl-4-phenyl- 232
—, 4,5,5-Trichlor-4-phenyl- 219
—, 2,2,4-Trimethyl- 74
—, 4,4,5-Trimethyl- 75
—, 4,4,6-Trimethyl- 76
—, 2,4,6-Trimethyl-4-[4-methyl-cyclohex-3-enyl]- 173
—, 2,2,5-Trimethyl-5-nitro- 75
—, 2,4,6-Trimethyl-5-nitro- 75
—, 2,4,6-Trimethyl-5-nitro-2-propyl- 97

[1,3]Dioxan (Fortsetzung)
—, 4,4,6-Trimethyl-2-phenäthyl- 252
—, 4,4,6-Trimethyl-2-[1-phenyl-äthyl]- 252
—, 4,4,6-Trimethyl-2-styryl- 295
—, 2-Vinyl- 118
—, 4-Vinyl- 118
—, 5-Vinyl- 118
[1,4]Dioxan 9
—, Äthyl- 62
—, Allyl- 123
—, 2,3-Bis-biphenyl-4-yl- 455
—, 2,5-Bis-chlormethyl- 63
—, 2,2-Bis-[4-chlor-phenyl]- 366
—, 2,3-Bis-[4-chlor-phenyl]- 367
—, 2,3-Bis-[2-(2-hydroxy-äthoxy)-äthoxy]- 31
—, 2,3-Bis-jodmethyl- 63
—, 2,5-Bis-jodmethyl- 64
—, 2,6-Bis-jodmethyl- 64
—, Butyl- 87
—, Chlor- 29
—, 2-Chlor-2,3,3-triphenyl- 424
—, 2,2-Diäthyl- 87
—, 2,3-Diäthyl- 87
—, 2,5-Diäthyl- 88
—, 2,3-Dibenzyl- 377
—, 2,3-Dibrom- 33
—, 2,5-Dibrom- 33
—, 2,3-Dibrom-2,3-dichlor- 33
—, 2,5-Dibrom-3,6-dimethyl- 63
—, 2,5-Dibrom-2,5-diphenyl- 368
—, 2,5-Dibrom-3,6-diphenyl- 368
—, 2,2-Dibutyl- 102
—, 2,3-Dibutyl- 102
—, 3,6-Di-*tert*-butyl-2,2,5,5-tetramethyl- 105
—, 2,2-Dichlor- 29
—, 2,3-Dichlor- 29
—, 2,5-Dichlor- 31
—, 5,6-Dichlor-2,3-dihydro- 108
—, 2,3-Dichlor-2,3-diphenyl- 367
—, 2,2-Dimethyl- 62
—, 2,3-Dimethyl- 62
—, 2,5-Dimethyl- 63
—, 2,6-Dimethyl- 64
—, 2,5-Dimethyl-2,5-dineopentyl- 106
—, 2,3-Dimethylen- 156
—, 2,5-Dimethylen- 156
—, 2,3-Di-[1]naphthyl- 446
—, 2,2-Diphenyl- 366
—, 2,3-Diphenyl- 366
—, 2,5-Diphenyl- 367
—, 2,3-Dipropyl- 97
—, 2,2-Di-*p*-tolyl- 377
—, 2,3-Di-*m*-tolyl- 377
—, 2,3-Di-*o*-tolyl- 377
—, 2,3-Di-*p*-tolyl- 378
—, 2,5-Di-*p*-tolyl- 378
—, 2,5-Divinyl- 160
—, Heptachlor- 32
—, 2,2,3,5,5,6-Hexachlor- 32
—, x-Hexachlor- 32
—, Jodmethyl- 50
—, Methyl- 50
—, 2-Methyl-5-phenyl- 233
—, 2-Methyl-6-phenyl- 233
—, 3-Methyl-2,2,6,6-tetraphenyl- 456
—, Octachlor- 33
—, Octaisopropyl- 108
—, Phenyl- 220
—, Propyl- 76
—, 2,2,3,3-Tetrachlor- 31
—, 2,2,3,5-Tetrachlor- 32
—, 2,2,3,6-Tetrachlor- 32
—, 2,3,5,6-Tetrachlor- 32
—, [1,1,2,2-Tetrafluor-äthyl]- 62
—, 2,3,5,6-Tetrakis-[2,4-dimethyl-phenyl]- 456
—, 2,3,5,6-Tetrakis-jodmethyl- 88
—, 2,3,5,6-Tetramesityl- 456
—, 2,3,5,6-Tetramethyl- 88
—, 2,2,5,5-Tetramethyl-3,6-dimethylen- 163
—, 2,2,5,5-Tetramethyl-3,6-di-*p*-tolyl- 381
—, 2,3,5,6-Tetraphenyl- 455
—, 2,2,3-Trichlor- 31
—, 2,3,5-Trichlor- 31
1,3-Dioxa-2-(1,5)naphtha-cyclotridecan 334
—, x-Brom- 334
1,3-Dioxa-2-(2,6)naphtha-cyclotridecan 334
1,12-Dioxa-[12](1,5)naphthalinophan 334
1,12-Dioxa-[12](2,6)naphthalinophan 334
[1,4]Dioxanium
—, 1-Äthyl- 29
—, 1-[4-Chlor-phenyldiazeno]- 29
2,7-Dioxa-norbornan
—, 6,6-Dimethyl-1-phenyl- 292
—, 1-Methyl- 119
—, 1,3,3,4-Tetramethyl- 138
2,3-Dioxa-norborn-5-en 155
—, 1,4-Diphenyl- 410
—, 1,4,5,6,7-Pentaphenyl- 490
—, 1,4,5,6-Tetraphenyl- 474
2,7-Dioxa-norcaran
s. Pyran, 2,3-Epoxy-tetrahydro-
3,7-Dioxa-norcaran
s. Pyran, 3,4-Epoxy-tetrahydro-
1,8-Dioxa-[8.2]paracyclophan 380
1,9-Dioxa-[9.1]paracyclophan 381
1,10-Dioxa-[10]paracyclophan 251
1,10-Dioxa-[10.1]paracyclophan 381
—, 17,17-Dimethyl- 382
1,10-Dioxa-[10.2]paracyclophan 382
1,11-Dioxa-[11]paracyclophan 253

1,12-Dioxa-[12]paracyclophan 255
—, 14-Brom-17-methyl- 256
—, 14,17-Dibrom- 255
—, 14,17-Dimethyl- 257
—, 14-Methyl- 256
1,12-Dioxa-[12.1]paracyclophan 382
—, 19,19-Dimethyl- 383
1,14-Dioxa-[14]paracyclophan
—, 16,19-Dibrom- 257
1,3-Dioxa-spiro[4.5]decan
—, 2-Brommethyl- 136
—, 2-[3-Nitro-phenyl]- 294
—, 2-[4-Nitro-phenyl]- 294
1,4-Dioxa-spiro[4.5]decan 128
—, 6-Brom- 128
—, 6-Chlor- 128
—, 8-Chlor-8-isopropyl- 145
—, 2-Chlormethyl- 136
—, 6,10-Dibrom- 128
—, 2,3-Dimethyl- 141
—, 2-Methyl- 136
—, 6-Methyl- 136
—, 2-Methylen- 163
—, 6-Methyl-2-methylen- 163
—, 2-Methyl-2-neopentyl- 152
—, 8-Phenyl- 295
1,6-Dioxa-spiro[4.5]decan 133
—, 9-Methyl- 139
6,10-Dioxa-spiro[4.5]decan 129
—, 8,8-Diäthyl- 148
—, 8,8-Diäthyl-1-methyl- 150
—, 8,8-Diisopropyl- 152
—, 8,8-Diisopropyl-1-methyl- 153
—, 8,8-Dimethyl- 141
—, 1-Methyl- 136
—, 7-Methyl- 136
—, 8-Methyl-8-nitro- 137
—, 1,8,8-Trimethyl- 145
1,4-Dioxa-spiro[4.5]dec-6-en 160
1,4-Dioxa-spiro[4.5]dec-7-en
—, 8-Isopropyl- 168
1,6-Dioxa-spiro[4.5]dec-7-en 160
—, 9-Methyl- 163
1,7-Dioxa-spiro[5.6]dodecan 143
7,12-Dioxa-spiro[5.6]dodecan 140
7,12-Dioxa-spiro[5.6]dodec-9-en 163
1,4-Dioxa-spiro[4.16]heneicosan
—, 13,14-Dibrom- 153
1,4-Dioxa-spiro[4.16]heneicos-13-en 175
1,4-Dioxa-spiro[4.16]heneicos-13-in 187
2,6-Dioxa-spiro[3.3]heptan 114
1,4-Dioxa-spiro[4.14]nonadecan
—, 2-Chlormethyl- 153
1,4-Dioxa-spiro[4.4]nonan 124
—, 6-Chlor- 124
—, 2-Chlormethyl- 129
—, 2-Methyl- 129
—, 6-Methyl- 129
—, 2-Methylen- 160
1,6-Dioxa-spiro[4.4]nonan 125
—, 2-Äthyl- 139
—, 3-Äthyl- 139
—, 2-Äthyl-4-isopropyl-2-methyl- 151
—, 2-Äthyl-2-methyl- 143
—, 2-Butyl- 146
—, 2-Butyl-2-methyl- 149
—, 2,4-Diäthyl-2-methyl- 150
—, 4,9-Dibrom- 125
—, 2,7-Dimethyl- 139
—, 2,7-Dimethyl-4,9-dimethylen- 181
—, 2-Isobutyl-2-methyl- 150
—, 2-Isohexyl- 151
—, 2-Isopentyl-2-methyl- 151
—, 2-Methyl- 133
—, 3-Methyl-2-phenyl- 295
—, 2-Methyl-2-propyl- 146
—, 2-Pentyl- 149
—, 2-Phenyl- 293
—, 2-Propyl- 143
—, 2,4,7,9-Tetramethyl- 146
—, 2,4,7-Trimethyl-9-methylen- 168
1,4-Dioxa-spiro[4.4]non-6-en 158
—, 6-Chlor-7,8,8,9,9-pentafluor- 158
1,6-Dioxa-spiro[2.5]octan 120
5,8-Dioxa-spiro[3.4]octan
—, 1,2-Dibrom- 119
—, 2-Methylen- 158
5,8-Dioxa-spiro[3.4]oct-1-en 157
1,4-Dioxa-spiro[2.2]pentan
—, Tetraphenyl- 463
—, 2,2,5-Trimethyl-5-phenyl- 289
1,4-Dioxa-spiro[4.6]undeca-6,10-dien 163
1,4-Dioxa-spiro[4.6]undecan 134
—, 6-Chlor- 135
—, 6,11-Dichlor- 135
1,5-Dioxa-spiro[5.5]undecan 135
—, 3-Äthyl-7-methyl-3-nitro- 148
—, 3-Brommethyl-3-methyl- 144
—, 3,3-Diäthyl- 150
—, 3,3-Diisopropyl- 153
—, 3,3-Dimethyl- 144
—, 2-Methyl- 140
—, 3-Methyl-3-nitro- 140
1,7-Dioxa-spiro[5.5]undecan 139
6,11-Dioxa-spiro[4.6]undecan 135
1,4-Dioxa-spiro[4.6]undec-6-en 162
—, 11-Chlor- 162
7,15-Dioxa-tricyclo[14.2.2.2^{3,6}]docosa-1(18),3,5,16,19,21-hexaen 381

7,16-Dioxa-tricyclo[15.3.1.1^{2,6}]docosa-1(21),2,4,6(22),17,19-hexaen
—, 3,20-Dimethyl- 382
8,15-Dioxa-tricyclo[14.2.2.2^{4,7}]docosa-1(18),4,6,16,19,21-hexaen 380
3,7-Dioxa-tricyclo[4.1.0.0^{2,4}]heptan
s. Cyclopentan, 1,2;3,4-Diepoxy-
3,8-Dioxa-tricyclo[5.1.0.0^{2,4}]octan 157
4,8-Dioxa-tricyclo[5.1.0.0^{3,5}]octan 157
7,18-Dioxa-tricyclo[17.2.2.2^{3,6}]pentacosa-1(21),3,5,19,22,24-hexaen 382
—, 2,2-Dimethyl- 383
7,18-Dioxa-tricyclo[17.3.1.1^{2,6}]tetracosa-1(23),2,4,6(24),19,21-hexaen 382
—, 3,22-Dimethyl- 383
8,17-Dioxa-tricyclo[16.2.2.2^{4,7}]tetracosa-1(20),4,6,18,21,23-hexaen 382
7,16-Dioxa-tricyclo[15.2.2.2^{3,6}]tricosa-1(19),3,5,17,20,22-hexaen 381
—, 2,2-Dimethyl- 382
5,13-Dioxa-tricyclo[10.1.0.0^{4,6}]tridecan
—, 1,6,10,10-Tetramethyl- 173
[1,6]Dioxecan 82
[1,6]Dioxecin
—, 2,5,7,10-Tetrahydro- 159
1,4-Dioxen 108
[1,3]Dioxepan 46
—, 5,6-Dibrom- 47
—, 5,6-Dichlor- 47
—, 2,4-Dimethyl- 73
—, 4,7-Dimethyl- 73
—, 2-Methyl- 58
—, 5-Methyl- 58
—, 2-Phenyl- 230
—, 2-Propyl- 83
—, 5,5,6,6-Tetrafluor- 46
—, 4,4,7,7-Tetramethyl- 92
[1,3]Dioxepin
—, 5-Brom-4,7-dihydro- 112
—, 4,7-Dihydro- 112
—, 2-Hexyl-4,7-dihydro- 144
—, 2-Isopropyl-4,7-dihydro- 126
—, 2-Phenyl-4,7-dihydro- 280
—, 2-Propenyl-4,7-dihydro- 159
[1,4]Dioxepin
—, 2-Phenyl-3-[10-phenyläthinyl-[9]anthryl]-5,6-dihydro-7*H*- 486
[1,3]Dioxin
—, 5-Chlor-2-methyl-6-phenyl-4*H*- 281
—, 5-Chlor-6-phenyl-4*H*- 272
—, 2-Phenyl-4*H*- 271
[1,4]Dioxin 154
—, 5-Chlor-2,3-dihydro- 108
—, 2,3-Dibrom-2,3-dihydro- 109
—, 2,3-Dibrom-2,3,5,6-tetraphenyl-2,3-dihydro- 464
—, Dihydro- 108
—, 2,5-Dimethyl- 156
—, 2,6-Dimethyl-2,3-dihydro- 118
—, 5,6-Diphenyl-2,3-dihydro- 390
—, 2-Methyl-2,3-dihydro- 113
—, 5-Methyl-2,3-dihydro- 113
—, 5-Phenyl-6-[10-phenyläthinyl-[9]anthryl]-2,3-dihydro- 484
—, Tetraphenyl- 470
—, 2,2,5,6-Tetraphenyl-2,3-dihydro- 463
—, 2,3,5,6-Tetraphenyl-2,3-dihydro- 463
[1,2]Dioxocan
—, 3,3,8,8-Tetraphenyl- 456
[1,3]Dioxocan 57
[1,5]Dioxocan
—, 3,7-Bis-chlormethylen- 159
[1,3]Dioxol
—, 4,5-Diphenyl- 387
3-(4,5)[1,3]Dioxola-1,5-di-(1,4)phena-cyclononan
—, 3^2,3^2-Dimethyl-dihydro- 400
—, 3^2,3^2-Dimethyl-tetradecahydro- 187
[1,2]Dioxolan
—, 3,3,5,5-Tetramethyl- 77
[1,3]Dioxolan 5
—, 2-Äthyl- 52
—, 4-Äthyl-2-benzyl- 243
—, 2-Äthyl-4-but-3-en-1-inyl-2,4-dimethyl- 180
—, 2-Äthyl-4-but-3-en-1-inyl-2,4,5-trimethyl- 181
—, 2-Äthyl-2-chlor- 53
—, 2-Äthyl-4-chlormethyl- 69
—, 2-Äthyl-4-chlormethyl-2-methyl- 79
—, 2-Äthyl-2-[3-chlor-propyl]- 90
—, 2-Äthyl-2,4-dimethyl- 79
—, 2-Äthyl-4,5-dimethyl- 80
—, 2-Äthyl-2-methyl- 68
—, 2-Äthyl-4-methyl- 69
—, 2-Äthyl-2-methyl-4-methylen- 124
—, 2-[5-Äthyl-5-methyl-nonyl]- 105
—, 2-Äthyl-2-[1-nitro-äthyl]- 79
—, 2-Äthyl-2-nitromethyl- 69
—, 2-[1-Äthyl-pent-1-enyl]- 139
—, 2-[1-Äthyl-pentyl]- 98
—, 2-[1-Äthyl-pentyl]-4,5-dimethyl- 103
—, 2-Äthyl-2-phenyl- 235
—, 2-[1-Äthyl-propyl]-4,5-dimethyl- 99
—, 2-[1-Äthyl-propyl]-4-methyl- 94
—, 2-Äthyl-2,4,5-trimethyl- 91
—, 4-Äthyl-2,2,4-trimethyl- 91
—, 2-[9]Anthryl- 410
—, 2-Benzhydryl- 369
—, 2-Benzyl- 220
—, 2-Benzyl-4-chlormethyl- 234

[1,3]Dioxolan (Fortsetzung)
—, 2-Benzyliden- 272
—, 2-Benzyl-2-methyl- 234
—, 2-Benzyl-4-methyl- 234
—, 2-Benzyl-2-phenyl- 369
—, 2-Benzyl-4-phenyl- 370
—, 2,2-Bis-brommethyl- 54
—, 2,2-Bis-chlormethyl- 54
—, 4,5-Bis-chlormethyl- 56
—, 4,5-Bis-chlormethyl-2-methyl- 72
—, 4,5-Bis-[1,2-dichlor-äthyl]-2,2-dimethyl- 96
—, 2,2-Bis-fluormethyl- 53
—, 4,5-Bis-jodmethyl-2,2-dimethyl- 81
—, 2-[5-Brom-acenaphthen-1-ylmethyl]-2-methyl- 376
—, 2-[2-Brom-äthyl]-2-methyl- 68
—, 2-[α-Brom-benzyl]- 221
—, 4-Brom-4-brommethyl- 45
—, 2-[2-Brom-hexyl]- 94
—, 2-Brommethyl- 43
—, 2-[1-Brom-2-methyl-allyl]-2-methyl- 127
—, 2-Brommethyl-4-chlormethyl- 56
—, 4-Brommethyl-2-chlormethyl- 56
—, 2-Brommethyl-4-chlormethyl-2-phenyl- 236
—, 4-Brommethyl-2,2-dimethyl- 70
—, 4-Brommethyl-2,5-dimethyl- 72
—, 2-[2-Brommethyl-3,3-dimethyl-but-1-enyl]-2-*tert*-butyl- 151
—, 2-Brommethyl-4,5-diphenyl- 371
—, 4-Brommethyl-2,2-diphenyl- 370
—, 2-Brommethylen- 110
—, 2-Brommethyl-2-methyl- 54
—, 2-Brommethyl-4-methyl- 56
—, 2-[3-Brom-4-methyl-pent-3-enyl]-2-methyl- 140
—, 2-Brommethyl-2-phenyl- 221
—, 2-Brommethyl-4-phenyl- 223
—, 2-[1-Brom-2-methyl-propenyl]-2-methyl- 127
—, 4-Brommethyl-2-trichlormethyl- 56
—, 2-[Brom-nitro-methyl]-2-methyl- 54
—, 2-[4-Brom-phenyl]- 207
—, 2-[4-Brom-phenyl]-2-methyl- 222
—, 2-[1-Brom-propyl]- 67
—, 2-[3-Brom-propyl]-2-methyl- 78
—, 2-[3-Brom-propyl]-2-phenyl- 243
—, 2-[α-Brom-styryl]- 281
—, 4-But-3-en-1-inyl-2-isobutyl-2,4-dimethyl- 182
—, 4-But-3-en-1-inyl-2-isobutyl-2,4,5-trimethyl- 183
—, 4-But-3-en-1-inyl-2,2,4,5-tetramethyl- 181
—, 4-But-3-en-1-inyl-2,2,4-trimethyl- 178
—, 4-But-3-en-1-inyl-2,4,5-trimethyl-2-[2-methyl-propenyl]- 249
—, 2-Butyl- 77
—, 2-Butyl-4-chlormethyl-2-methyl- 95
—, 2-*tert*-Butyl-4-chlormethyl-2-methyl- 96
—, 2-*tert*-Butyl-2,4-dimethyl- 95
—, 4-Butyl-2,2-dimethyl- 95
—, 2-Butyl-2-methyl- 89
—, 2-*tert*-Butyl-2-methyl- 90
—, 2-Butyl-2-pentyl- 103
—, 2-*tert*-Butyl-2-[2,3,3-trimethyl-but-1-enyl]- 151
—, 2-*tert*-Butyl-2-[2,3,3-trimethyl-butyl]- 104
—, 2-[2-Chlor-äthyl]- 53
—, 2-[2-Chlor-äthyl]-4,5-diphenyl- 375
—, 2-[2-Chlor-äthyl]-2-methyl- 68
—, 2-[α-Chlor-benzyl]-2-phenyl- 369
—, 2-[2-Chlor-hexyl]- 93
—, 2-[α-Chlor-isopropyl]- 68
—, 2-[1-Chlor-3-jod-propyl]-2-methyl- 78
—, 2-Chlormethyl- 43
—, 4-Chlormethyl- 45
—, 2-[1-Chlor-2-methyl-allyl]-2-methyl- 127
—, 2-Chlormethyl-2,4-dimethyl- 70
—, 4-Chlormethyl-2,2-dimethyl- 70
—, 4-Chlormethyl-2,4-dimethyl- 71
—, 4-Chlormethyl-2,2-diphenyl- 370
—, 2-Chlormethylen- 110
—, 2-Chlormethyl-2-fluormethyl- 53
—, 4-Chlormethyl-2-heptyl- 101
—, 4-Chlormethyl-2-hexyl- 99
—, 4-Chlormethyl-2-isopropyl- 79
—, 2-Chlormethyl-2-methyl- 53
—, 4-Chlormethyl-2-methyl- 55
—, 2-Chlormethyl-4-methyl-2-phenyl- 235
—, 4-Chlormethyl-2-methyl-2-phenyl- 236
—, 4-Chlormethyl-2-methyl-2-propyl- 90
—, 4-Chlormethyl-2-nonyl- 104
—, 4-Chlormethyl-2-pentadecyl- 107
—, 2-Chlormethyl-2-phenyl- 221
—, 4-Chlormethyl-2-phenyl- 223
—, 4-Chlormethyl-2-propenyl- 123
—, 2-[1-Chlor-2-methyl-propenyl]-2-methyl- 127
—, 4-Chlormethyl-2-propyl- 78
—, 4-Chlormethyl-2-trichlormethyl- 55
—, 4-Chlormethyl-2,2,4-trimethyl- 80
—, 4-Chlormethyl-2-undecyl- 105
—, 4-Chlormethyl-2-vinyl- 119
—, 2-[2-Chlor-phenyl]- 207
—, 2-[4-Chlor-phenyl]- 207
—, 2-[2-Chlor-phenyl]-4-methyl- 224
—, 2-[4-Chlor-phenyl]-4-methyl- 224
—, 2-[1-Chlor-propyl]- 67
—, 2-[3-Chlor-propyl]-2-methyl- 77
—, 4-[3-Chlor-propyl]-2-methyl- 78

[1,3]Dioxolan (Fortsetzung)
—, 2-[1-Chlor-2,2,2-trifluor-äthyl]-2-trifluormethyl- 68
—, 2-Cyclohex-3-enyl- 162
—, 2-Cyclohexyl- 134
—, 2-Cyclopent-2-enylmethyl-2-methyl- 163
—, 2,2-Diäthyl- 79
—, 2,2-Diäthyl-4-brommethyl- 91
—, 2,2-Diäthyl-4,5-dimethyl- 96
—, 2,2-Dibenzyl- 375
—, 2-[4,4′-Dibrom-benzhydryl]- 369
—, 2-Dibrommethyl- 44
—, 4,5-Di-*tert*-butyl-4,5-dimethyl-2-[4-nitro-phenyl]- 258
—, 2-[2,2-Dichlor-äthyl]- 53
—, 2-[4,4′-Dichlor-benzhydryl]- 369
—, 2-Dichlormethyl- 43
—, 2-Dichlormethyl-2,4-dimethyl- 70
—, 2-Dichlormethylen- 110
—, 2-Dichlormethyl-2-methyl- 53
—, 2-[1,3-Dichlor-propyl]-2-methyl- 78
—, 4,5-Didec-9-enyl-2,2-dimethyl- 176
—, 2,2-Diisobutyl- 101
—, 2,2-Diisobutyl-4-methyl- 103
—, 4,5-Diisopropyl-4-methyl- 99
—, 2,2-Dimethyl- 53
—, 2,4-Dimethyl- 55
—, 4,5-Dimethyl- 56
—, 2-[8,8-Dimethyl-decahydro-[2]naphthyl]- 173
—, 2,2-Dimethyl-4,5-diphenyl- 375
—, 2,2-Dimethyl-4,5-divinyl- 162
—, 4,5-Dimethylen- 155
—, 2-[2,6-Dimethyl-hept-5-enyl]- 147
—, 2,2-Dimethyl-4-methylen- 119
—, 2,4-Dimethyl-2-[2-methyl-2-phenyl-propyl]- 252
—, 2,4-Dimethyl-2-[2-methyl-propenyl]- 134
—, 2,4-Dimethyl-2-[1-methyl-2-(2,6,6-trimethyl-cyclohex-1-enyl)-vinyl]- 186
—, 2,4-Dimethyl-2-[1-methyl-2-(2,6,6-trimethyl-cyclohex-2-enyl)-vinyl]- 186
—, 2,4-Dimethyl-2-[1]naphthyl- 332
—, 2,4-Dimethyl-2-[2]naphthyl- 332
—, 2-[2,3-Dimethyl-3-nitro-butyl]- 94
—, 2-[2,2-Dimethyl-3-nitro-propyl]-2-methyl- 94
—, 2,2-Dimethyl-4-octadecyl- 108
—, 2-[8,8-Dimethyl-1,2,3,4,5,6,7,8-octahydro-[2]naphthyl]- 184
—, 2,2-Dimethyl-4-phenyl- 235
—, 2,4-Dimethyl-2-phenyl- 235
—, 4,5-Dimethyl-2-phenyl- 236
—, 2,2-Dimethyl-5-phenyl-4,4-di-*o*-tolyl- 427
—, 2,2-Dimethyl-4-propenyl- 127
—, 2,4-Dimethyl-2-propyl- 90
—, 4,5-Dimethyl-2-propyl- 91
—, 2,2-Dimethyl-4-tetradecyl- 107
—, 2,4-Dimethyl-2-[2-(2,5,6,6-tetramethyl-cyclohex-1-enyl)-vinyl]- 186
—, 4,5-Dimethyl-2-trichlormethyl- 72
—, 2,4-Dimethyl-2-[2-(2,6,6-trimethyl-cyclohex-2-enyl)-äthyl]- 174
—, 2,4-Dimethyl-2-[2-(2,6,6-trimethyl-cyclohex-1-enyl)-vinyl]- 185
—, 2,4-Dimethyl-2-[2-(2,6,6-trimethyl-cyclohex-2-enyl)-vinyl]- 185
—, 2,2-Dimethyl-4-vinyl- 123
—, 4,5-Dimethyl-2-vinyl- 124
—, 2,2-Diphenyl- 363
—, 4-Fluormethyl-2,2-dimethyl- 70
—, 2-Heptadeca-8,11-diinyl- 258
—, 2-Heptadeca-8,11,14-triinyl- 316
—, 2-Heptyl- 98
—, 4-Hexadecyl-2,2-dimethyl- 107
—, Hexamethyl- 96
—, 5-[3,7,12,16,20,24-Hexamethyl-pentacosa-1,3,5,7,9,11,13,15,17,19,23-undecaenyl]-2,2,4-trimethyl-4-[4-methyl-pent-3-enyl]- 432
—, 2-Hexyl- 93
—, 2-Hexyl-2,4-dimethyl- 101
—, 2-Hexyl-2-methyl- 98
—, 2-Hexyl-4-methyl- 99
—, 2-Isobutyl-2,4-dimethyl- 95
—, 2-Isobutyl-2-methyl- 89
—, 2-Isobutyl-2,4,5-trimethyl- 100
—, 2-[4-Isohexyl-cyclohexyl]- 152
—, 2-Isopropenyl- 119
—, 2-Isopropyl- 67
—, 2-Isopropyl-4,4-dimethyl- 91
—, 2-Isopropyl-4,5-dimethyl- 91
—, 2-Isopropyliden- 119
—, 2-Isopropyl-2-methyl- 79
—, 2-Isopropyl-4,4,5,5-tetramethyl- 100
—, 4-Jodmethyl-2,2-dimethyl- 70
—, 4-Jodmethyl-2-propyl- 78
—, 2-Methallyl-2,4-dimethyl- 134
—, 2-Methallyl-2-methyl- 127
—, 2-Methyl- 42
—, 4-Methyl- 44
—, 2-Methyl-4,5-diphenyl- 371
—, 2-Methylen- 110
—, 4-Methylen- 110
—, 4-Methylen-2,2-diphenyl- 390
—, 4-Methylen-2-phenyl- 272
—, 2-Methyl-4-methylen- 114
—, 2-Methyl-4-methylen-2-phenyl- 281
—, 2-Methyl-4-methylen-2-vinyl- 158
—, 2-Methyl-2-[4-methyl-pent-3-enyl]- 140
—, 2-Methyl-2-[2-methyl-2-phenyl-propyl]- 250
—, 2-Methyl-2-[2-methyl-propenyl]- 127
—, 2-Methyl-2-[1]naphthyl- 331
—, 2-Methyl-2-[2]naphthyl- 331
—, 4-Methyl-4-neopentyl-2-phenyl- 253

[1,3]Dioxolan (Fortsetzung)
—, 4-Methyl-4-neopentyl-2-[1,3,3-trimethyl-butyl]- 106
—, 2-Methyl-2-[1-nitro-äthyl]- 69
—, 2-[3-Methyl-3-nitro-butyl]- 89
—, 2-Methyl-2-nitromethyl- 54
—, 2-[4-Methyl-3-nitro-phenyl]- 221
—, 4-Methyl-2-[2-nitro-phenyl]- 224
—, 4-Methyl-2-[3-nitro-phenyl]- 224
—, 4-Methyl-2-[4-nitro-phenyl]- 224
—, 2-Methyl-2-oct-1-enyl- 147
—, 2-[4-(4-Methyl-pent-3-enyl)-cyclohex-3-enyl]- 184
—, 2-Methyl-2-pentyl- 94
—, 2-Methyl-2-phenyl- 221
—, 4-Methyl-2-phenyl- 223
—, 2-Methyl-2-propyl- 77
—, 4-Methyl-2-propyl- 78
—, 4-Methyl-2-styryl- 286
—, 4-Methyl-2-*m*-tolyl- 234
—, 4-Methyl-2-*p*-tolyl- 234
—, 4-Methyl-2-trichlormethyl- 55
—, 2-Methyl-2-[2-(2,6,6-trimethyl-cyclohex-2-enyl)-äthyl]- 173
—, 2-[1-Methyl-3-(2,2,6-trimethyl-cyclohexyliden)-propenyl]- 185
—, 5-Methyl-2,4,4-triphenyl- 425
—, 2-Methyl-2-vinyl- 119
—, 2-[4-Nitro-benzyliden]- 272
—, 2-[2-Nitro-phenyl]- 208
—, 2-[3-Nitro-phenyl]- 208
—, 2-[4-Nitro-phenyl]- 208
—, 2-Non-8-inyl- 169
—, 2-Nonyl- 103
—, 2-Octyl- 101
—, 2,4,4,5,5-Pentamethyl- 92
—, 2-Pentyl- 89
—, 2-Pentyl-2-phenyl- 250
—, 2-Phenäthyl- 234
—, 4-Phenäthyl-2,5-diphenyl- 426
—, 2-Phenyl- 207
—, 2-Phenyläthinyl- 309
—, 2-[1-Phenyl-äthyl]- 234
—, 2-Phenyl-4-vinyl- 281
—, 2-Propenyl- 118
—, 2-Prop-1-inyl- 157
—, 2-Propyl- 67
—, 4-Propyl-2-trichlormethyl- 78
—, 2-Styryl- 281
—, 2-[1,2,3,4-Tetrahydro-[2]naphthyl]- 291
—, 2,2,4,4-Tetramethyl- 80
—, 2,2,4,5-Tetramethyl- 81
—, 2,4,4,5-Tetramethyl- 81
—, 4,4,5,5-Tetramethyl- 82
—, 4,4,5,5-Tetramethyl-2-styryl- 296
—, 2-*m*-Tolyl- 221
—, 2-*p*-Tolyl- 221
—, 2-Tribrommethyl- 44
—, 2-Trichlormethyl- 43
—, 2-[2,2,2-Trifluor-äthyl]-2-trifluormethyl- 68
—, 2,4,5-Triisopropyl-4-methyl- 104
—, 2,2,4-Trimethyl- 69
—, 2,4,4-Trimethyl- 71
—, 2,4,5-Trimethyl- 72
—, 2-[2,6,6-Trimethyl-cyclohex-1-enyl]- 169
—, 2-[2,2,6-Trimethyl-cyclohexyl]- 147
—, 2,4,5-Trimethyl-2-pentyl- 101
—, 2,4,5-Trimethyl-2-phenyl- 244
—, 2,4,5-Trimethyl-2-propyl- 96
—, 2,2,4-Trimethyl-5-vinyl- 127
—, 2,4,4-Triphenyl- 424
—, 2-Vinyl- 114
—, 4-Vinyl- 114
1-(4,5)[1,3]Dioxola-6-(1,4)phena-cyclodecan
—, 1^2,1^2-Dimethyl-1^4,1^5-dihydro- 298
Dipropylendioxid 63
[1,2]Diselenan 8
[1,4]Diselenan 39
1λ^4,4λ^4-[1,4]Diselenan
—, 1,4-Dioxo- 39
—, 1,1,4,4-Tetrabrom- 40
—, 1,1,4,4-Tetrachlor- 39
[1,4]Diselenandiium
—, 1,4-Dihydroxy- 39
[1,4]Diselenan-1,4-dioxid 39
[1,4]Diselenanium
—, 1-Methyl- 40
[1,4]Diselenanium(2+)
—, 1,4-Dihydroxy- 39
[1,4]Diselenan-1,1,4,4-tetrabromid 40
[1,4]Diselenan-1,1,4,4-tetrachlorid 39
2,6-Diselena-spiro[3.3]heptan 117
2,6-Diselena-spiro[3,3]heptan-2,2,6,6-tetrajodid 117
1λ^4,5λ^4-[1,5]Diselenocan
—, 1,1,5,5-Tetrachlor- 58
—, 1,1,5,5-Tetrajod- 58
—, 1,1,5,5-Tetrakis-nitryloxy- 58
[1,5]Diselenocan-1,1,5,5-tetrachlorid 58
[1,5]Diselenocan-1,1,5,5-tetrajodid 58
[1,5]Diselenocan-1,1,5,5-tetranitrat 58
[1,2]Diselenolan
—, 4,4-Dimethyl- 52
—, 4-Methyl-4-phenyl- 220
Dispiro[cyclohexan-1,2′-(3,6-dioxa-bicyclo[3.1.0]hexan)-4′,1″-cyclohexan] 183
Dispiro[cyclohexan-1,5′-[1,3]dithian-2′,9″-fluoren] 413
Dispiro[fluoren-9,2′-[1,3]dithietan-4′,9″-fluoren] 468
Dispiro[fluoren-9,2′-thiiran-3′,9″-thioxanthen] 468
Dispiro[fluoren-9,2′-thiiran-3′,9″-xanthen] 468
—, 2″-Methyl- 469
—, 4″-Methyl- 469

Dispiro[oxiran-2,1'-(4,7-methano-inden)-8',2"-oxiran]
—, 3,3"-Dimethyl-3,3"-diphenyl-3a',4',7',7a'-tetrahydro- 447
—, 3,3,3",3"-Tetramethyl-3a',4',7',7a'-tetrahydro- 314
Dispiro[xanthen-9,9'-anthracen-10',9"-xanthen] 502
2,15-Dithia-[3.3](9,10)anthracenophan 482
5,6-Dithia-bicyclo[2.1.1]hex-2-en
—, 1,2,3,4-Tetraphenyl- 470
$3\lambda^6$,$5\lambda^6$-Dithia-bicyclo[5.2.0]nonan
—, 4,4-Dimethyl-3,3,5,5-tetraoxo- 137
3,5-Dithia-bicyclo[5.2.0]nonan-3,3,5,5-tetraoxid
—, 4,4-Dimethyl- 137
1,2-Dithia-cyclododecan 96
1,9-Dithia-cyclohexadecan 104
1,10-Dithia-cyclooctadecan 105
1,2-Dithia-cyclopentadecan 104
1,8-Dithia-cyclotetradecan 102
1,5-Dithia-3,7-di-(9,10)anthra-cyclooctan 482
7,16-Dithia-dispiro[5.2.5.2]hexadecan 173
6,15-Dithia-dispiro[4.2.5.2]pentadecan 171
1,5-[1,12]Dithiadodecano-naphthalin 334
[1,2]Dithian 8
—, 3,6-Dimethyl- 59
[1,3]Dithian 9
—, 2-Äthyl- 59
—, 2-Äthyl-2-methyl- 74
—, 5-Brom- 9
—, 5-Brom-2-phenyl- 225
—, 2,2-Diäthyl- 85
—, 2,2-Dimethyl- 61
—, 5,5-Dimethyl-2,2-diphenyl- 377
—, 2,2-Diphenyl- 365
—, 2-Methyl- 49
—, 2-Methyl-2-phenyl- 232
—, 2-Methyl-2-propyl- 83
—, 2-Phenyl- 218
—, 2-Propyl- 73
—, 2,2,5,5-Tetramethyl- 86
—, 2,5,5-Trimethyl-2-phenyl- 247
[1,4]Dithian 35
—, Chlormethyl- 51
—, 2-Chlormethyl-,
— 1,4-bis-[toluol-4-sulfonylimid] 51
—, 2,5-Dimethyl- 64
—, 2,6-Dimethyl- 66
—, 2,6-Diphenyl- 368
—, 2,5-Dipropyl- 97
—, 2,6-Dipropyl- 97
—, Hexafluor-2,5-bis-trifluormethyl- 71
—, Hexafluor-2,6-bis-trifluormethyl- 71
—, Methyl- 50
—, 2,2,3,3-Tetrachlor- 38
—, 2,3,5,6-Tetrachlor- 38
—, 2,2,6,6-Tetramethyl- 88
$1\lambda^4$,$4\lambda^4$-[1,4]Dithian
—, 2-Chlormethyl-1,4-bis-[toluol-4-sulfonylimino]- 51
—, 1,4-Dioxo- 36
—, 2,2,3,3-Tetrachlor-1,4-dioxo- 38
$1\lambda^6$-[1,4]Dithian
—, 3,5-Dimethyl-1,1-dioxo- 66
—, 1,1-Dioxo- 36
$1\lambda^6$,$3\lambda^6$-[1,3]Dithian
—, 2-Äthyl-2-methyl-1,1,3,3-tetraoxo- 74
—, 2,2-Diäthyl-1,1,3,3-tetraoxo- 85
—, 5,5-Dimethyl-1,1,3,3-tetraoxo- 62
—, 2-Methyl-2-propyl-1,1,3,3-tetraoxo- 83
—, 2-Methyl-1,1,3,3-tetraoxo- 49
—, 2-Methyl-1,1,3,3-tetraoxo-2-phenyl- 232
—, 2,2,5,5-Tetramethyl-1,1,3,3-tetraoxo- 86
—, 1,1,3,3-Tetraoxo- 9
—, 1,1,3,3-Tetraoxo-2,2-diphenyl- 365
—, 1,1,3,3-Tetraoxo-2-phenyl- 218
—, 1,1,3,3-Tetraoxo-2-propyl- 74
$1\lambda^6$,$4\lambda^6$-[1,4]Dithian
—, 2-Chlormethyl-1,1,4,4-tetraoxo- 51
—, 2,5-Diheptyl-1,1,4,4-tetraoxo- 107
—, 2,5-Dihexyl-1,1,4,4-tetraoxo- 105
—, 2,5-Dimethyl-1,1,4,4-tetraoxo- 64
—, 2,6-Dimethyl-1,1,4,4-tetraoxo- 66
—, 2,5-Dipropyl-1,1,4,4-tetraoxo- 98
—, Hexadecafluor- 37
—, 2-Methylen-1,1,4,4-tetraoxo- 113
—, 2-Methyl-1,1,4,4-tetraoxo- 50
—, 1,1,4,4-Tetraoxo- 36
—, 1,1,4,4-Tetraoxo-2,6-diphenyl- 368
1,3-Dithia-2-(1,5)naphtha-cyclotridecan 334
1,12-Dithia-[12](1,5)naphthalinophan 334
[1,4]Dithiandiium
—, 1,4-Dimethyl- 37
[1,4]Dithian-1,1-dioxid 36
—, 3,5-Dimethyl- 66
[1,4]Dithian-1,4-dioxid 36
—, 2,2,3,3-Tetrachlor- 38
[1,4]Dithianium
—, 1-Benzyl- 37
—, 1-[2-Chlor-äthyl]- 37
—, 1-[2-Hydroxy-äthyl]- 37
—, 1-Methyl- 36
—, 1-[2-Thiosulfooxy-äthyl]-,
— betain 37
—, 1-Vinyl- 37
[1,4]Dithianium(2+)
—, 1,4-Dimethyl- 37
[1,4]Dithian-1,4-octafluorid
—, Octafluor- 37
[1,3]Dithian-1,1,3,3-tetraoxid 9
—, 2-Äthyl-2-methyl- 74
—, 2,2-Diäthyl- 85
—, 5,5-Dimethyl- 62

[1,3]Dithian-1,1,3,3-tetraoxid (Fortsetzung)
—, 2,2-Diphenyl- 365
—, 2-Methyl- 49
—, 2-Methyl-2-phenyl- 232
—, 2-Methyl-2-propyl- 83
—, 2-Phenyl- 218
—, 2-Propyl- 74
—, 2,2,5,5-Tetramethyl- 86
[1,4]Dithian-1,1,4,4-tetraoxid 36
—, 2-Chlormethyl- 51
—, 2,5-Diheptyl- 107
—, 2,6-Diheptyl- 107
—, 2,5-Dihexyl- 105
—, 2,6-Dihexyl- 105
—, 2,5-Dimethyl- 64
—, 2,6-Dimethyl- 66
—, 2,6-Diphenyl- 368
—, 2,5-Dipropyl- 98
—, 2,6-Dipropyl- 98
—, 2-Methyl- 50
—, 2-Methylen- 113
1,4-Dithia-spiro[4.5]decan 128
—, 8-Methyl- 136
1λ⁶,4λ⁶-Dithia-spiro[4.5]decan
—, 1,1,4,4-Tetraoxo- 129
2,3-Dithia-spiro[4.5]decan 129
1,4-Dithia-spiro[4.5]decan-1,1,4,4-tetraoxid 129
1,4-Dithia-spiro[4.5]dec-6-en
—, 6-Äthinyl- 225
1,4-Dithia-spiro[4.5]dec-7-en
—, 6-Äthyliden- 178
2,6-Dithia-spiro[3.3]heptan 115
2λ⁴,6-Dithia-spiro[3.3]heptan
—, 2-Oxo- 115
2λ⁴,6λ⁴-Dithia-spiro[3.3]heptan
—, 1,5-Dibrom-2,6-dioxo- 117
—, 2,6-Dioxo- 115
—, 2,2,6,6-Tetrajod- 116
2λ⁶,6-Dithia-spiro[3.3]heptan
—, 2,2-Dioxo- 116
2λ⁶,6λ⁴-Dithia-spiro[3.3]heptan
—, 2,2,6-Trioxo- 116
2λ⁶,6λ⁶-Dithia-spiro[3.3]heptan
—, 2,2,6,6-Tetraoxo- 116
2,6-Dithia-spiro[3.3]heptan-2,2-dioxid 116
2,6-Dithia-spiro[3.3]heptan-2,6-dioxid 115
—, 1,5-Dibrom- 117
2,6-Dithia-spiro[3.3]heptan-2-oxid 115
2,6-Dithia-spiro[3.3]heptan-2,2,6,6-tetrajodid 116
2,6-Dithia-spiro[3.3]heptan-2,2,6,6-tetraoxid 116
2,6-Dithia-spiro[3.3]heptan-2,2,6-trioxid 116
1,4-Dithia-spiro[4.4]nonan 124
1,5-Dithia-spiro[5.9]pentadecan 150
1,5-Dithia-spiro[5.5]undecan 135
1λ⁶,5λ⁶-Dithia-spiro[5.5]undecan
—, 3,3-Dimethyl-1,1,5,5-tetraoxo- 144
—, 1,1,5,5-Tetraoxo- 135
2,4-Dithia-spiro[5.5]undecan
—, 3-Äthyl-3-methyl- 148
—, 3,3-Bis-heneicosyl- 153
—, 3,3-Dimethyl- 144
—, 3,3-Diphenyl- 399
—, 3-Phenyl- 296
2λ⁶,4λ⁶-Dithia-spiro[5.5]undecan
—, 3,3-Dimethyl-2,2,4,4-tetraoxo- 144
—, 3-Methyl-2,2,4,4-tetraoxo- 140
—, 3-Methyl-2,2,4,4-tetraoxo-3-phenyl- 297
1,5-Dithia-spiro[5.5]undecan-1,1,5,5-tetraoxid 135
—, 3,3-Dimethyl- 144
2,4-Dithia-spiro[5.5]undecan-2,2,4,4-tetraoxid
—, 3,3-Dimethyl- 144
—, 3-Methyl- 140
—, 3-Methyl-3-phenyl- 297
13,14-Dithia-tricyclo[8.2.1.1^{4,7}]tetradeca-4,6,10,12-tetraen
—, 5,6,11,12-Tetrabrom-2,3,8,9-tetraphenyl- 490
29,30-Dithia-tricyclo[24.2.1.1^{12,15}]triaconta-12,14,26,28-tetraen 320
[1,2]Dithiecan 82
[1,4]Dithiecan 82
1,12-Di-(2,5)thiena-cyclodocosan 320
1,4-Di-(2,5)thiena-cyclohexan
—, 1^3,1^4,4^3,4^4-Tetrabrom-2,3,5,6-tetraphenyl- 490
[1,2]Dithiepan 46
[1,4]Dithiepan 47
1λ⁶,4λ⁶-[1,4]Dithiepan
—, 1,1,4,4-Tetraoxo- 47
[1,4]Dithiepan-1,1,4,4-tetraoxid 47
1λ⁶,4λ⁶-[1,4]Dithiepin
—, 1,1,4,4-Tetraoxo-2,3-dihydro-5*H*- 112
[1,4]Dithiepin-1,1,4,4-tetraoxid
—, 2,3-Dihydro-5*H*- 112
[1,3]Dithietan
—, 2,4-Bis-nonafluorbutyl-2,4-bis-trifluormethyl- 103
—, Dibenzhydryliden- 471
—, Tetrachlor- 3
—, Tetramethyl- 72
[1,3]Dithiin
—, 2,4-Dimethyl-2,4,6-triphenyl-4*H*- 439
—, 2,4,6-Tris-biphenyl-4-yl-2,4-dimethyl-4*H*- 500
—, 2,4,6-Tris-[4-brom-phenyl]-2,4-dimethyl-4*H*- 439

[1,3]Dithiin (Fortsetzung)
—, 2,4,6-Tris-[4-chlor-phenyl]-2,4-dimethyl-4*H*- 439
—, 2,4,6-Tris-[4-fluor-phenyl]-2,4-dimethyl-4*H*- 439
—, 2,4,6-Tris-[4-jod-phenyl]-2,4-dimethyl-4*H*- 439
[1,4]Dithiin 154
— 1-[toluol-4-sulfonylimid] 154
—, 2,5-Bis-[3-nitro-phenyl]- 406
—, 3-Brom-2,5-diphenyl- 405
—, 2-Brom-5-nitro-3,6-diphenyl- 406
—, 2,5-Dibrom-3,6-diphenyl- 406
—, 2,5-Di-*tert*-butyl- 168
—, 2,3-Dichlor-2,3-dihydro- 109
—, Dihydro- 109
—, 2,3-Dihydro-,
— 1-[toluol-4-sulfonylimid] 109
—, 2,5-Dimethyl- 156
—, 2,5-Dimethyl-3,6-diphenyl- 410
—, 2,5-Di-[2]naphthyl- 453
—, 2,5-Dinitro-3,6-diphenyl- 406
—, 2,5-Diphenyl- 404
—, 3-Nitro-2,5-diphenyl- 406
—, Tetraphenyl- 470
1λ⁴-[1,4]Dithiin
—, 3-Brom-6-nitro-1-oxo-2,5-diphenyl-406
—, 3-Brom-1-oxo-2,5-diphenyl- 405
—, 2-Nitro-1-oxo-3,6-diphenyl- 406
—, 1-Oxo-2,5-diphenyl- 405
—, 1-[Toluol-4-sulfonylimino]- 154
—, 1-[Toluol-4-sulfonylimino]-2,3-dihydro- 109
1λ⁴,4λ⁴-[1,4]Dithiin
—, 1,4-Dioxo- 154
1λ⁶-[1,4]Dithiin
—, 3-Brom-1,1-dioxo-2,5-diphenyl- 405
—, 1,1-Dioxo- 154
—, 1,1-Dioxo-2,5-diphenyl- 405
1λ⁶,4λ⁶-[1,4]Dithiin
—, 2,5-Dimethyl-1,1,4,4-tetraoxo- 156
—, 5-Methyl-1,1,4,4-tetraoxo-2,3-dihydro- 113
—, 1,1,4,4-Tetraoxo- 154
—, 1,1,4,4-Tetraoxo-2,3-dihydro- 109
—, 1,1,4,4-Tetraoxo-2,5-diphenyl- 405
[1,4]Dithiin-1,1-dioxid 154
—, 3-Brom-2,5-diphenyl- 405
—, 2,5-Diphenyl- 405
[1,4]Dithiin-1,4-dioxid 154
[1,4]Dithiin-1-oxid
—, 3-Brom-2,5-diphenyl- 405
—, 3-Brom-6-nitro-2,5-diphenyl- 406
—, 2,5-Diphenyl- 405
—, 2-Nitro-3,6-diphenyl- 406
[1,4]Dithiin-1,1,4,4-tetraoxid 154
—, 2,3-Dihydro- 109
—, 2,5-Dimethyl- 156
—, 2,5-Diphenyl- 405
—, 5-Methyl-2,3-dihydro- 113
[1,2]Dithiocan 57
[1,5]Dithiocan 57
1λ⁶,5λ⁶-[1,5]Dithiocan
—, 1,1,5,5-Tetraoxo- 58
[1,5]Dithiocan-1,1,5,5-tetraoxid 58
[1,2]Dithiol
—, 5-*tert*-Butyl-3,3-dichlor-4-methyl-3*H*- 127
—, 3,3-Dichlor-4-methyl-3*H*- 110
—, 3,3-Dichlor-4-neopentyl-3*H*- 126
[1,3]Dithiol
—, 2-Benzhydryl-4,5-diphenyl- 464
—, 2-Benzhydryliden-4,5-diphenyl- 471
—, 2-Benzyliden-4-phenyl- 407
—, 2-Benzyl-4-phenyl- 390
—, 4-Biphenyl-4-yl-2-[4-phenyl-benzyliden]- 470
—, 4-[1]Naphthyl-2-[1]naphthylmethylen-453
—, 4-[2]Naphthyl-2-[2]naphthylmethylen-453
1λ⁶,3λ⁶-[1,3]Dithiol
—, 2-Benzhydryliden-1,1,3,3-tetraoxo-4,5-diphenyl- 471
—, 2-Benzyliden-1,1,3,3-tetraoxo-4-phenyl- 407
—, 2-Benzyl-1,1,3,3-tetraoxo-4-phenyl- 390
[1,2]Dithiolan 4
—, 3,3-Dimethyl- 51
—, 4,4-Dimethyl- 52
—, 3,3,5,5-Tetramethyl- 77
1λ⁴-[1,2]Dithiolan
—, 4,4-Dimethyl-1-thioxo- 52
[1,3]Dithiolan 6
—, 2-Äthyl-2-butyl- 94
—, 2-Äthyl-4-chlormethyl-2-methyl- 80
—, 2-Äthyl-2-[4-chlor-phenyl]- 235
—, 2-Äthyl-2-[4-chlor-phenyl]-4-methyl-244
—, 2-Äthyl-2,4-dimethyl- 79
—, 2-Äthyl-2-methyl- 69
—, 2-Äthyl-4-methyl-2-phenyl- 243
—, 2-Äthyl-4-methyl-2-undecyl- 106
—, 2-Äthyl-2-phenyl- 235
—, 2-Benzhydryliden-4,5-diphenyl- 464
—, 4-Brommethyl-2-phenyl- 224
—, 4-Butyl-2,2-dimethyl- 95
—, 2-Butyl-2-phenyl- 247
—, 4-Chlormethyl-2,2-dimethyl- 71
—, 4-Chlormethyl-2-methyl- 56
—, 4-Chlormethyl-2-phenyl- 224
—, 2-[4-Chlor-phenyl]- 209
—, 2-[4-Chlor-phenyl]-2-hexyl- 252
—, 2-[4-Chlor-phenyl]-2-hexyl-4-methyl-254

[1,3]Dithiolan (Fortsetzung)
—, 2-[4-Chlor-phenyl]-2-methyl- 223
—, 2-[4-Chlor-phenyl]-4-methyl- 224
—, 2-[4-Chlor-phenyl]-2-phenyl- 363
—, 2-[2,4-Dichlor-phenyl]- 209
—, 2,2-Diisobutyl- 101
—, 2,2-Diisopropyl- 95
—, 2,2-Dimethyl- 54
—, 2,4-Dimethyl-2-phenyl- 236
—, 2,4-Dimethyl-2-propyl- 90
—, 2,2-Dipropyl- 94
—, 2-[4-Fluor-phenyl]-2-methyl- 223
—, 2-Hexyl-2-methyl- 99
—, 2-Hexyl-4-methyl- 99
—, 2-Isobutyl-4-methyl- 89
—, 2-Isopropyl-2-methyl- 79
—, 2-Methyl- 44
—, 4-Methylen-2-phenyl- 272
—, 2-Methyl-2-phenyl- 223
—, 2-Methyl-4,4,5,5-tetraphenyl- 456
—, 2-Pentyl-2-phenyl- 250
—, 2-Phenyl-2-propyl- 243
—, 4,4,5,5-Tetraphenyl- 454
—, 2-*p*-Tolyl- 221
—, 4,4,5-Trifluor-2,2,5-tris-trifluormethyl- 71
—, 2,2,4-Trimethyl- 71
$1\lambda^4$-[1,3]Dithiolan
—, 1-Oxo- 6
$1\lambda^4,3\lambda^4$-[1,3]Dithiolan
—, 1,3-Dioxo- 6
$1\lambda^6,3\lambda^4$-[1,3]Dithiolan
—, 1,1,3-Trioxo- 6
$1\lambda^6,3\lambda^6$-[1,3]Dithiolan
—, 2-Äthyl-4-chlormethyl-2-methyl-1,1,3,3-tetraoxo- 80
—, 2-Äthyl-2-methyl-1,1,3,3-tetraoxo- 69
—, 2-Äthyl-4-methyl-1,1,3,3-tetraoxo-2-phenyl- 243
—, 2-Äthyl-4-methyl-1,1,3,3-tetraoxo-2-undecyl- 106
—, 2-Benzyl-1,1,3,3-tetraoxo-4-phenyl-370
—, 2-Brom-2-methyl-1,1,3,3-tetraoxo- 44
—, 2,2-Dichlor-1,1,3,3-tetraoxo- 7
—, 2,2-Dimethyl-1,1,3,3-tetraoxo- 54
—, 2,4-Dimethyl-1,1,3,3-tetraoxo-2-phenyl- 236
—, 2,4-Dimethyl-1,1,3,3-tetraoxo-2-propyl- 90
—, 2-Hexyl-4-methyl-1,1,3,3-tetraoxo- 99
—, 2-Isobutyl-4-methyl-1,1,3,3-tetraoxo-90
—, 1,1,3,3-Tetraoxo- 6
—, 2,2,4-Trimethyl-1,1,3,3-tetraoxo- 71
—, 2-Äthyl-2,4-dimethyl-1,1,3,3-tetraoxo-80
[1,3]Dithiolan-1,3-dioxid 6
$3\lambda^4$-[1,3]Dithiolanium
—, 1-Methyl-3-oxo- 6
[1,3]Dithiolan-1-oxid 6
[1,2]Dithiolan-1-sulfid
—, 4,4-Dimethyl- 52
[1,3]Dithiolan-1,1,3,3-tetraoxid 6
—, 2-Äthyl-4-chlormethyl-2-methyl- 80
—, 2-Äthyl-2,4-dimethyl- 80
—, 2-Äthyl-2-methyl- 69
—, 2-Äthyl-4-methyl-2-phenyl- 243
—, 2-Äthyl-4-methyl-2-undecyl- 106
—, 2-Benzyl-4-phenyl- 370
—, 2-Brom-2-methyl- 44
—, 2,2-Dichlor- 7
—, 2,2-Dimethyl- 54
—, 2,4-Dimethyl-2-phenyl- 236
—, 2,4-Dimethyl-2-propyl- 90
—, 2-Hexyl-4-methyl- 99
—, 2-Isobutyl-4-methyl- 90
—, 2,2,4-Trimethyl- 71
[1,3]Dithiolan-1,1,3-trioxid 6
[1,3]Dithiol-1,1,3,3-tetraoxid
—, 2-Benzhydryliden-4,5-diphenyl- 471
—, 2-Benzyliden-4-phenyl- 407
—, 2-Benzyl-4-phenyl- 390
[1,2]Dithionan 72
[1,5]Dithionan 73
$1\lambda^6,5\lambda^6$-[1,5]Dithionan
—, 1,1,5,5-Tetraoxo- 73
[1,5]Dithionan-1,1,5,5-tetraoxid 73
1,4-Dithionia-bicyclo[2.2.2]octan 120
2,6-Dithionia-spiro[3.3]heptan
—, 2,6-Dimethyl- 116
Dodeca-1,3,5,7,9,11-hexaen
—, 1,12-Di-[2]thienyl- 417
Dysoxylonendiepoxid 184

E

9,10-Epidioxido-anthracen
—, 9-Äthyl-10-phenyl-9,10-dihydro- 439
—, 9,10-Bis-biphenyl-4-yl-9,10-dihydro-498
—, 9,10-Bis-[4-brom-phenyl]-9,10-dihydro- 460
—, 2-Brom-9,10-diphenyl-9,10-dihydro-460
—, 1-Chlor-9,10-diphenyl-9,10-dihydro-459
—, 1-Chlor-4-methyl-9,10-diphenyl-9,10-dihydro- 462
—, 1,4-Dichlor-9,10-diphenyl-9,10-dihydro- 460

9,10-Epidioxido-anthracen (Fortsetzung)
—, 1,5-Dichlor-9,10-diphenyl-9,10-dihydro- 460
—, 9,10-Dihydro- 386
—, 9,10-Dimethyl-9,10-dihydro- 391
—, 2,3-Dimethyl-9,10-diphenyl-9,10-dihydro- 465
—, 9,10-Di-[1]naphthyl-9,10-dihydro- 493
—, 9,10-Di-[2]naphthyl-9,10-dihydro- 493
—, 1,4-Diphenyl-9,10-dihydro- 459
—, 9,10-Diphenyl-9,10-dihydro- 459
—, 9,10-Di-*m*-tolyl-9,10-dihydro- 464
—, 9,10-Di-*p*-tolyl-9,10-dihydro- 464
—, 9-Methyl-9,10-dihydro- 389
—, 2-Methyl-9,10-diphenyl-9,10-dihydro- 463
—, 9-Methyl-10-phenyl-9,10-dihydro- 437
—, 9-Phenyl-9,10-dihydro- 436
—, 1,4,9,10-Tetraphenyl-9,10-dihydro- 498

7,12-Epidioxido-benz[*a*]anthracen
—, 7,12-Dimethyl-7,12-dihydro- 423
—, 7-Isopropyl-7,12-dihydro- 424
—, 7-Methyl-7,12-dihydro- 421
—, 12-Methyl-7,12-dihydro- 421
—, 7,8,9,12-Tetramethyl-7,12-dihydro- 425
—, 7,8,12-Trimethyl-7,12-dihydro- 424
—, 7,9,12-Trimethyl-7,12-dihydro- 424

7,14-Epidioxido-dibenz[*a,h*]anthracen
—, 7,14-Dimethyl-7,14-dihydro- 452

7,14-Epidioxido-dibenz[*a,j*]anthracen
—, 7,14-Dimethyl-7,14-dihydro- 451

3a,11b-Epidioxido-dibenzo[*a,o*]perylen
—, 7,16-Diphenyl- 503

7,11b-Epidioxido-dibenzo[*a,o*]perylen
—, 7,16-Diphenyl-7*H*- 503

4b,9-Epidioxido-indeno[1,2,3-*fg*]naphthacen
—, 9,10-Diphenyl-4b,9-dihydro- 498

5,12-Epidioxido-naphthacen
—, 5,11-Bis-biphenyl-4-yl-6,12-diphenyl-5,12-dihydro- 507
—, 5,11-Bis-[4-brom-phenyl]-6,12-diphenyl-5,12-dihydro- 504
—, 2,8-Dibrom-5,11-bis-[4-brom-phenyl]-6,12-diphenyl-5,12-dihydro- 504
—, 5,12-Dihydro- 419
—, 5,12-Dimethyl-5,12-dihydro- 423
—, 5,11-Diphenyl-5,12-dihydro- 481
—, 5,12-Diphenyl-5,12-dihydro- 481
—, 5,11-Diphenyl-6,12-di-*p*-tolyl-5,12-dihydro- 505
—, 5,12-Diphenyl-5,7,8,9,10,12-hexahydro- 476
—, 5-Jod-6,11,12-triphenyl-5,12-dihydro- 496
—, 6-Jod-5,11,12-triphenyl-5,12-dihydro- 496
—, 5,6,11,12-Tetraphenyl-5,12-dihydro- 504
—, 5,6,11,12-Tetra-*p*-tolyl-5,12-dihydro- 505
—, 5,6,11-Triphenyl-5,12-dihydro- 496

2,4a-Epidioxido-naphthalin
—, 2,3-Dihydro-4*H*- 279

5,14-Epidioxido-pentacen
—, 6,13-Diphenyl-5,7,12,14-tetrahydro- 490
—, 5,7,12,14-Tetraphenyl-5,14-dihydro- 506

6,13-Epidioxido-pentacen
—, 6,13-Dihydro- 449
—, 6,13-Diphenyl-6,13-dihydro- 492
—, 5,7,12,14-Tetraphenyl-6,13-dihydro- 506

1λ^6,8λ^4-4,7-Episulfido-benzo[*b*]thiophen
—, 2,7-Dimethyl-1,1,8-trioxo-3a,4,7,7a-tetrahydro- 230
—, 3,5-Dimethyl-1,1,8-trioxo-3a,4,7,7a-tetrahydro- 230
—, 2,3,5,6-Tetrachlor-1,1,8-trioxo-octahydro- 162
—, 3,3a,5,6-Tetramethyl-1,1,8-trioxo-3a,4,7,7a-tetrahydro- 246
—, 1,1,8-Trioxo-3,5-diphenyl-3a,4,7,7a-tetrahydro- 423
—, 1,1,8-Trioxo-3,6-diphenyl-3a,4,7,7a-tetrahydro- 423
—, 1,1,8-Trioxo-3a,4,7,7a-tetrahydro- 206

4,7-Episulfido-benzo[*b*]thiophen-1,1,8-trioxid
—, 2,4-Dimethyl-3a,4,7,7a-tetrahydro- 230
—, 2,7-Dimethyl-3a,4,7,7a-tetrahydro- 230
—, 3,5-Dimethyl-3a,4,7,7a-tetrahydro- 230
—, 3,6-Dimethyl-3a,4,7,7a-tetrahydro- 230
—, 3,5-Diphenyl-3a,4,7,7a-tetrahydro- 423
—, 3,6-Diphenyl-3a,4,7,7a-tetrahydro- 423
—, 2,3,5,6-Tetrachlor-octahydro- 162
—, 3a,4,7,7a-Tetrahydro- 206
—, 3,3a,5,6-Tetramethyl-3a,4,7,7a-tetrahydro- 246

4a,9a-Epoxido-dibenz[*b,f*]oxepin
—, Decahydro- 183

1,4-Epoxido-5,8-methano-naphthalin
—, 5,6,7,8,9,9-Hexachlor-2,3-epoxy-1,2,3,4,4a,5,8,8a-octahydro- 285

5,12-Epoxido-naphthacen
—, 5,11-Bis-[4-brom-phenyl]-12-phenoxy-6-phenyl-5,12-dihydro- 504
—, 5-[4-Brom-phenoxy]-11-[4-brom-phenyl]-6,12-diphenyl-5,12-dihydro- 504
—, 5,11-Diphenyl-6-*p*-tolyl-12-*p*-tolyloxy-5,12-dihydro- 505
—, 5-Phenoxy-11-phenyl-6,12-di-*p*-tolyl-5,12-dihydro- 505
4,9-Epoxido-naphtho[2,3-*c*]furan
—, 6,7-Dimethyl-1,3,4,9-tetraphenyl-4,9-dihydro- 497
3,5a-Epoxido-naphth[2,1-*c*]oxepin
—, 3,8,8,11a-Tetramethyl-dodecahydro-187
1,4-Epoxido-4a,8a-[2]oxapropano-naphthalin
—, 1,2,3,4,5,8-Hexahydro- 246
—, Octahydro- 182
—, 1,2,3,4-Tetrahydro- 289
1,4-Epoxido-4a,8a-[2]thiapropano-naphthalin
—, 6,7-Dimethyl-1,2,3,4,5,8-hexahydro-252
—, 6,7-Diphenyl-1,2,3,4,5,8-hexahydro-427
Epoxydecanoxy-naphthalin
s. [1,12]Dioxadodecano-naphthalin
Eremophilan
—, 8,8-Äthandiyldioxy- 174
Eremophilan-8-on
— äthandiylacetal 174
Eremophil-11-en
—, 8,8-Äthandiyldioxy- 186
Eremophil-11-en-8-on
— äthandiylacetal 186
Ergosta-7,22-dien
—, 3,3-Äthandiyldioxy- 321
Ergosta-7,22-dien-3-on
— äthandiylacetal 321
Ergosta-4,7,22-trien
—, 3,3-Äthandiyldimercapto- 335
Ergosta-5,7,22-trien
—, 3,3-Äthandiyldioxy- 336
Ergosta-4,7,22-trien-3-on
— äthandiyldithioacetal 335
Ergosta-5,7,22-trien-3-on
— äthandiylacetal 336
Ergost-22-en
—, 3,3-Äthandiyldioxy- 306
Ergost-22-en-3-on
— äthandiylacetal 306

F

Fluoren
—, 9,9-Äthandiyldimercapto- 389
—, 2-Nitro-9-piperonyliden- 444
Fluoren-9-on
— äthandiyldithioacetal 389
— *o*-phenylenacetal s. Spiro[benzo=[1,3]dioxol-2,9′-fluoren]
Formaldehyd
— äthandiylacetal 5
— äthandiyldithioacetal 6
— butandiylacetal 46
— but-2-endiylacetal 112
— cyclohexan-1,2-diylacetal s. Benzo[1,3]dioxol, Hexahydro-
— pentandiylacetal 57
— *o*-phenylenacetal s. Benzo[1,3]=dioxol
— propandiylacetal 8
— propandiyldithioacetal 9
— propylenacetal 44
Furan
—, 2-Brom-3,4-epoxy-3,5-diphenyl-tetrahydro- 391
—, 2-Brom-3,4-epoxy-3,5-di-*p*-tolyl-tetrahydro- 395
—, 2-Chlor-3,4-epoxy-3,5-diphenyl-tetrahydro- 391
—, 2-Chlor-3,4-epoxy-3,5-di-*p*-tolyl-tetrahydro- 395
—, 3,4-Epoxy-2-jod-3,5-diphenyl-tetrahydro- 392
—, 2,3-Epoxy-5-methyl-tetrahydro- 117
—, 3,4-Epoxy-tetrahydro- 111
—, 3,4-Epoxy-2,2,5,5-tetramethyl-tetrahydro- 134
—, 2-Furfuryl-5-jod- 269
Furan[3,2-*b*]furan
—, 3-Chlor-hexahydro- 121
Furo[2,3-*h*]chromen
—, 2-Phenyl-2,3-dihydro-4*H*- 410
Furo[3,2-*g*]chromen
—, 7,7-Dimethyl-5,6-dihydro-7*H*- 311
Furo[3,2-*b*]furan
—, 3-Chlor-2,3,3a,6a-tetrahydro- 157
—, 3,6-Dichlor-hexahydro- 121
—, 3,6-Dijod-hexahydro- 122
—, Hexahydro- 121
—, 2,2,5,5-Tetramethyl-2,5-dihydro-179
Furo[3,4-*c*]furan
—, 1,3-Bis-[4-nitro-phenyl]-tetrahydro-395

Furo[3,4-*c*]furan (Fortsetzung)
—, 1,3-Dimesityl-4,6-diphenyl-1*H*,3*H*- 479
—, 1,3-Diphenyl-tetrahydro- 394
—, 1,4-Diphenyl-tetrahydro- 395
Furo[2,3-*b*]pyran
—, 4,7a-Dimethyl-hexahydro- 139
—, Hexahydro- 125
—, 4-Methyl-hexahydro- 134
—, 7a-Methyl-hexahydro- 134
—, 4-Methyl-2,3,3a,4-tetrahydro-7a*H*- 161
—, 2,3,3a,4-Tetrahydro-7a*H*- 159
Furo[3,2-*b*]pyran
—, 6-Äthyl-hexahydro- 139
—, 3a,7a-Dibrom-hexahydro- 125
—, Hexahydro- 125
—, 5-Methyl-hexahydro- 133

G

Guaj-3-en
—, 1,10;6,12-Diepoxy- 254

H

Heptadeca-6,9-diin
—, 17-[1,3]Dioxolan-2-yl- 258
Heptadeca-1,3,5,7,9,11,13,15-octaen
—, 1-[1,2-Epoxy-2,6,6-trimethyl-cyclohexyl]-3,7,12-trimethyl-16-[4,4,7a-trimethyl-2,4,5,6,7,7a-hexahydro-benzofuran-2-yl]- 428
Heptadeca-3,6,9-triin
—, 17-[1,3]Dioxolan-2-yl- 316
Hepta-1,3-dien-1-sulfonsäure
—, 4-Hydroxy-2-methyl-,
— lacton 159
Hepta-2,4-dien-2-sulfonsäure
—, 3-Äthyl-5-hydroxy-4-methyl-,
— lacton 163
Heptan
—, 2-Äthyl-1,2;5,6-diepoxy-6-methyl- 143
—, 1,2;6,7-Diepoxy- 125
—, 2,3;4,5-Diepoxy-2,4-dimethyl- 138
—, 1,2;5,6-Diepoxy-6-methyl-2-vinyl- 165
Heptanal
— äthandiylacetal 93
— but-2-endiylacetal 144
— propylenacetal 99
— propylendithioacetal 99
Heptan-1-on
—, 1-[1,3]Dioxolan-2-yl-2-methyl- 6
—, 1-[1,3]Dioxolan-2-yl-2,4,6-trimethyl- 6
Heptan-2-on
— äthandiylacetal 94
— propandiylacetal 97
Heptan-3-on
— äthandiyldithioacetal 94
Heptan-4-on
— äthandiyldithioacetal 94
Heptan-1-sulfonsäure
—, 3-Hydroxy-,
— lacton 76
—, 4-Hydroxy-,
— lacton 73
—, 3-Hydroxy-6-methyl-,
— lacton 88
Heptan-2-sulfonsäure
—, 4,6,7-Trichlor-1,1,2,3,3,4,5,5,6,7,7-undecafluor-1-hydroxy-,
— lacton 82
Heptan-4-sulfonsäure
—, 2-Hydroxy-,
— lacton 76
—, 2-Hydroxy-3-methyl-,
— lacton 88
Hept-2-en
—, 7-[1,3]Dioxolan-2-yl-2,6-dimethyl- 147
Hept-3-en
—, 3-[5-Äthyl-5-nitro-[1,3]dioxan-2-yl]- 150
—, 3-[1,3]Dioxolan-2-yl- 139
Hept-4-en-3-seleninsäure
—, 5-Hydroxymethyl-2,2,6,6-tetramethyl-,
— lacton 146
Hexadeca-2,4,6,8,10,12,14-heptaen
—, 6,11-Dimethyl-2,15-bis-4,4,7a-trimethyl-2,4,5,6,7,7a-hexahydro-benzofuran-2-yl]- 427
Hexa-2,4-dien
—, 3,4-Di-[2]furyl- 331
Hexa-1,3-dien-1-sulfonsäure
—, 4-Hydroxy-2,5,5-trimethyl-,
— lacton 162
Hexa-2,4-dien-2-sulfonsäure
—, 3-Äthyl-5-hydroxy-,
— lacton 159
—, 5-Hydroxy-3-methyl-,
— lacton 158
Hexan
—, 3,4-Bis-[5-jod-[2]thienyl]- 294
—, 3,4-Bis-[5-nitro-[2]thienyl]- 294
—, 1,6-Bis-oxiranyl- 142

Hexan (Fortsetzung)
—, 1,2;5,6-Diepoxy- 120
—, 1,2;5,6-Diepoxy-2,5-dimethyl- 133
—, 2,3;4,5-Diepoxy-2,4-dimethyl- 133
—, 2,3;4,5-Diepoxy-2,3,5-trimethyl- 138
—, 3,4-Di-[2]thienyl- 293
Hexanal
— äthandiylacetal 89
Hexan-2-on
— äthandiylacetal 89
Hexan-1-sulfonsäure
—, 6-Hydroxy-,
— lacton 57
Hexa-1,3,5-trien
—, 1,6-Di-[2]thienyl- 358
Hex-2-en-1-seleninsäure
—, 2-*tert*-Butyl-4-hydroxy-5,5-dimethyl-,
— lacton 146
Hex-3-in
—, 1,2;5,6-Diepoxy-2,5-dimethyl- 177
***D*-Homo-gona-5,13(17)-dien**
—, 3,3-Äthandiyldioxy- 316
***D*-Homo-gona-5,14-dien**
—, 3,3-Äthandiyldioxy- 316
Humulendioxid
—, Dihydro- 173
Hydratropaaldehyd
— äthandiylacetal 234
Hydrolycorin
—, Des-*N*-anhydro- 372

I

Indan
—, 1,1-Dimethyl-5,6-methylendioxy- 289
—, 1,1,2-Trimethyl-5,6-methylendioxy- 293
Inden
—, 2,2-Äthandiyldimercapto-3-methyl-2,4,5,6,7,7a-hexahydro- 182
—, 5,6-Methylendioxy- 309
Indeno[2,1-*b*;2,3-*b'*]dichromen 452
Indeno[1,2-*d*][1,3]dioxin
—, 4,4a,5,9b-Tetrahydro- 285
Indeno[5,6-*d*][1,3]dioxol
—, 5*H*- 309
—, 5,5-Dimethyl-5,6-dihydro-7*H*- 289
—, 5,5,6-Trimethyl-5,6-dihydro-7*H*- 293
***β*-Iron**
— propylenacetal 186
Isoascaridol 167
Isobenzofuran
—, 4,5-Epoxy-octahydro- 161
Isobutyraldehyd
— äthandiylacetal 67
— but-2-endiylacetal 126
Isochromen
—, 7-[2,2-Dimethyl-3,6-dihydro-2*H*-pyran-4-yl]-3,3-dimethyl-3,4,6,7,8,8a-hexahydro-1*H*- 257
—, 8-[2,2-Dimethyl-3,6-dihydro-2*H*-pyran-4-yl]-3,3-dimethyl-3,4,6,7,8,8a-hexahydro-1*H*- 257
20-Isodesoxydiosgenin 318
20-Isodesoxysarsasapogenin 300
20-Isodesoxysmilagenin 301
20-Isodesoxytigogenin 302
20-Isodesoxyyamogenin 318
Isolimonendioxid 167
Isomannid-dichlorid 121
Isosafrol 273
—, Dihydro- 227
Isosafrol-dibromid 228
—, Brom- 228
—, Dibrom- 228
Isosafrol-pseudonitrosit 229
Isosarsasapogenin
—, Desoxy- 301
Isovaleraldehyd
— propylendithioacetal 89

J

***α*-Jonon**
— propylenacetal 185
—, Dihydro-,
— äthandiylacetal 173
***β*-Jonon**
— propylenacetal 185

K

Keten
— äthandiylacetal 110
Keton
— propandiylacetal 113

L

Lanostan
—, 2,3;8,9-Diepoxy- 307
Limonendioxid 167
Luteochrom 428

Lycopin
—, 5,6-Isopropylidendioxy-5,6-dihydro- 432

M

p-**Mentha-3,8-dien-9-sulfonsäure**
—, 3-Hydroxy-,
— lacton 178
p-**Menthan**
—, 2,3-Dibrom-1,4-epidioxy- 142
—, 1,2;3,4-Diepoxy- 167
—, 1,2;4,5-Diepoxy- 167
—, 1,2;8,9-Diepoxy- 167
—, 1,4;2,3-Diepoxy- 167
—, 2,3;8,9-Diepoxy- 167
—, 1,4-Epidioxy- 141
—, 3,3-*o*-Phenylendioxy- 297
p-**Menth-1-en**
—, 3,6-Epidioxy- 164
p-**Menth-2-en**
—, 1,4-Epidioxy- 164
Methacrylaldehyd
— äthandiylacetal 119
— propandiylacetal 123
Methan
—, Benzo[*b*]thiophen-3-yl-[3-methyl-benzo[*b*]thiophen-2-yl]- 417
—, Bis-[5-äthyl-[2]thienyl]- 291
—, Bis-[2-brommethyl-2,3-dihydro-benzofuran-5-yl]- 399
—, Bis-[5-brom-[2]thienyl]- 270
—, Bis-[4-chlormethyl-2,5-dimethyl-[3]thienyl]- 296
—, Bis-[5-chlor-[2]thienyl]- 270
—, Bis-[2,5-dimethyl-[3]thienyl]- 291
—, Bis-[2,5-dimethyl-[3]thienyl]-phenyl- 398
—, Bis-[2,6-diphenyl-4*H*-pyran-4-yl]-nitro- 487
—, Bis-[5-methyl-[2]furyl]- 284
—, Bis-[5-methyl-[2]furyl]-phenyl- 393
—, Bis-[3-methyl-[2]thienyl]- 284
—, Bis-[5-methyl-[2]thienyl]- 284
—, Bis-oxiranyl- 114
—, [5-Brom-[2]thienyl]-[2]thienyl- 270
—, Di-[2]furyl- 269
—, Di-[2]thienyl- 270
—, Di-xanthen-9-yliden- 477
—, [2]Furyl-[5-jod-[2]furyl]- 269
—, Nitro-bis-[2-phenyl-4*H*-chromen-4-yl]- 479
—, Phenyl-di-[2]thienyl- 389
5,9-Methano-benzocycloocten
—, 10-Methyl-4a,11-[4-nitro-benzylidendioxy]-dodecahydro- 334
—, 4a,11-[4-Nitro-benzylidendioxy]-10-phenyl-dodecahydro- 418
6,9-Methano-benzo[*e*][1,3]dioxepin
—, 6,7,8,9,10,10-Hexachlor-1,5,5a,6,9,9a-hexahydro- 180
3,8a-Methano-benzo[*c*][1,2]dioxin
—, 3*H*- 271
4a,7-Methano-benzo[1,3]dioxin
—, 8,8-Dimethyl-2-[4-nitro-phenyl]-tetrahydro- 314
—, 9,9-Dimethyl-2-[4-nitro-phenyl]-tetrahydro- 315
—, 2,2,8,8-Tetramethyl-tetrahydro- 172
—, 2,2,9,9-Tetramethyl-tetrahydro- 172
2,6-Methano-benzo[*d*][1,3]dioxocin
—, 2,4,4-Triphenyl-4,5-dihydro-6*H*- 465
4,7-Methano-benzo[1,3]dioxol
—, 8-Brom-2,2-dimethyl-hexahydro- 166
—, 5,8-Dibrom-2,2-dimethyl-hexahydro- 166
—, 4,5,6,7,8,8-Hexachlor-2,2-dimethyl-3a,4,7,7a-tetrahydro- 180
—, 2,2,4,8,8-Pentamethyl-hexahydro- 172
2λ^6-4,7-Methano-benz[*d*][1,2]oxathiol
—, 3a,7a-Dimethyl-4-nitro-2,2-dioxo-hexahydro- 166
—, 3a,7a-Dimethyl-5-nitro-2,2-dioxo-hexahydro- 166
2λ^6-5,7a-Methano-benz[*d*][1,2]oxathiol
—, 3a-Methyl-4-methylen-2,2-dioxo-hexahydro- 180
4,7-Methano-benz[*d*][1,2]oxathiol-2,2-dioxid
—, 3a,7a-Dimethyl-4-nitro-hexahydro- 166
—, 3a,7a-Dimethyl-5-nitro-hexahydro- 166
5,7a-Methano-benz[*d*][1,2]oxathiol-2,2-dioxid
—, 3a-Methyl-4-methylen-hexahydro- 180
2,4-Methano-bisoxireno[*a,f*]inden
—, Octahydro- 230
6a,9-Methano-cyclohepta[*a*]naphthalin
—, 3,3-Äthandiyldimercapto-4-äthyl-8,11b-dimethyl-dodecahydro- 260
4,7-Methano-cyclopenta[1,3]dioxin
—, 2-[4-Nitro-phenyl]-hexahydro- 312
1λ^6-3,5-Methano-cyclopent[*c*][1,2]oxathiol
—, 7-Brom-1,1-dioxo-6-phenyl-hexahydro- 311
—, 7-Brom-6-[4-nitro-phenyl]-1,1-dioxo-hexahydro- 311
3,5-Methano-cyclopent[*c*][1,2]oxathiol-1,1-dioxid
—, 7-Brom-6-[4-nitro-phenyl]-hexahydro- 311
—, 7-Brom-6-phenyl-hexahydro- 311

4,7-Methano-inden
1,2;5,6-Diepoxy-octahydro- 230
Methansulfonsäure
—, [3-Hydroxy-2,3-dimethyl-1-nitro-[2]norbornyl]-,
— lacton 166
—, [3-Hydroxy-2,3-dimethyl-6-nitro-[2]norbornyl]-,
— lacton 166
—, [1-Hydroxy-2,3-dimethyl-[2]norbornyl]-,
— lacton 180
—, [2-Hydroxy-3,5-dimethyl-phenyl]-,
— lacton 213
—, [1-Hydroxy-2-methyl-3-methylen-[2]norbornyl]-,
— lacton 180
—, [2-Hydroxy-5-methyl-phenyl]-,
— lacton 201
Methyl
—, Benzo[1,3]dioxol-5-yl-diphenyl- 422

N

[2]Naphthaldehyd
—, 1,2,3,4-Tetrahydro-,
— äthandiylacetal 291
Naphthalin
—, 1,8a;5,6-Diepoxy-4-isopropyl-1,6-dimethyl-decahydro- 184
—, 7,7-Äthandiyldimercapto-4a-methyl-1,2,3,4,4a,5,6,7-octahydro- 182
—, 7,7-Äthandiyldimercapto-2,2,4a-trimethyl-1,2,3,4,4a,5,6,7-octahydro- 184
—, 2,3-Äthandiyldioxy- 327
—, 4,4-Äthandiyldioxy-8-äthinyl-1,2,3,4,4a,5,6,7-octahydro- 295
—, 2,3-Äthandiyldioxy-1,4-dibrom- 327
—, 2,3-Äthandiyldioxy-1,4-dibrom-5-nitro- 328
—, 2,3-Äthandiyldioxy-1,4-dibrom-6-nitro- 328
—, 2,3-Äthandiyldioxy-1,4-dinitro- 328
—, 2,2-Äthandiyldioxy-1,2,3,4,5,8-hexahydro- 246
—, 2,3-Äthandiyldioxy-1-nitro- 327
—, 2,3-Äthandiyldioxy-5-nitro- 327
—, 2,3-Äthandiyldioxy-6-nitro- 328
—, 6,7-Äthandiyldioxy-1-nitro- 327
—, 2,2-Äthandiyldioxy-1,2,3,4,5,6,7,8-octahydro- 181
—, 1,1-Äthandiyldioxy-1,2,3,4-tetrahydro- 288
—, 4-Benzhydryl-1,2-benzhydrylidendioxy- 494
—, 1,2-Benzhydrylidendioxy-6-brom-451
—, 2,3-Bis-chlormethyl-6,7-methylendioxy- 330
—, 1,5-Bis-oxiranyl- 362
—, x-Brom-1,5-decandiyldioxy- 334
—, 1,5-Decandiyldimercapto- 334
—, 1,5-Decandiyldioxy- 334
—, 2,6-Decandiyldioxy- 334
—, 2,3;4a,8a-Diepoxy-decahydro- 180
—, 2,3-Dimethyl-6,7-methylendioxy- 330
—, 1,1-Dimethyl-6,7-methylendioxy-1,2,3,4-tetrahydro- 293
—, 7-[1,3]Dioxolan-2-yl-1,1-dimethyl-decahydro- 173
—, 7-[1,3]Dioxolan-2-yl-1,1-dimethyl-1,2,3,4,5,6,7,8-octahydro- 184
—, 2-[1,3]Dioxolan-2-yl-1,2,3,4-tetrahydro- 291
—, 1,8-Epidithio- 323
—, 2,3-Isopropylidendioxy-decahydro-171
—, 1,8-Methylendioxy- 325
—, 1,8-Methylendioxy-2,7-dinitro- 325
—, 1,8-Methylendioxy-4,5-dinitro- 325
—, 6,7-Methylendioxy-1-*p*-tolyl- 416
—, 1-Methyl-6,7-methylendioxy- 328
—, 6-Methyl-2,3-methylendioxy- 328
Naphthalin-2-on
—, 3,4,5,6,7,8-Hexahydro-1*H*-,
— äthandiylacetal 181
Naphthalin-1-sulfonsäure
—, 5-Äthyl-8-hydroxy-,
— lacton 329
—, 5-Benzyl-8-hydroxy-,
— lacton 415
—, 5-Brommethyl-8-hydroxy-,
— lacton 326
—, 5-Chlormethyl-8-hydroxy-,
— lacton 326
—, 8-Hydroxy-,
— lacton 323
—, 8-Hydroxy-5-jod-,
— lacton 323
—, 8-Hydroxy-4-methyl-,
— lacton 326
—, 8-Hydroxy-5-methyl-,
— lacton 326
—, 8-Hydroxy-5-propyl-,
— lacton 330
Naphth[2,1,8-*cde*]azulen
—, 2,2-Äthandiyldimercapto-1,2,8,9,10,10a-hexahydro- 397
Naphth[2′,1′;4,5]indeno[1,2-*d*][1,3]dioxol
—, 6a,8,8-Trimethyl-5,6,6a,6b,9a,10-hexahydro-10a*H*- 400
Naphtho[1,2-*b*;3,4-*b*′]difuran
—, 2,3,5,6-Tetraphenyl- 500
Naphtho[1,2-*b*;4,3-*b*′]difuran
—, 2,3,4,5-Tetraphenyl- 501
Naphtho[2,1-*b*;3,4-*b*′]difuran
—, 2,3,8,9-Tetraphenyl- 501

Naphtho[2,1-*b*;6,5-*b'*]difuran
—, 2,7-Dimethyl-2,3,7,8-tetrahydro- 374
—, 2,3,7,8-Tetraphenyl- 500
Naphtho[2,1-*b*;6,7-*b'*]difuran
—, 1,2,8,9-Tetraphenyl- 500
Naphtho[1,2-*b*][1,4]dioxin
—, 3-Äthyl-5,6,6a,10a-tetrachlor-2,3,6a,7,8,9,10,10a-octahydro- 251
—, 8,9-Dibrom-3-[1,2-dibrom-äthyl]-5,6,6a,10a-tetrachlor-2,3,6a,7,8,9,10,10a-octahydro- 252
—, 5,6-Dichlor-2,3-diphenyl-2,3-dihydro- 451
—, 5,6,6a,10a-Tetrabrom-3-isopropenyl-3,8,9-trimethyl-2,3,6a,7,10,10a-hexahydro- 315
—, 5,6,6a,10a-Tetrabrom-3-vinyl-2,3,6a,7,10,10a-hexahydro- 312
—, 5,6,6a,10a-Tetrachlor-3-isopropenyl-3,8,9-trimethyl-2,3,6a,7,10,10a-hexahydro- 315
—, 5,6,6a,10a-Tetrachlor-3-isopropyl-3,8,9-trimethyl-2,3,6a,7,10,10a-hexahydro- 298
—, 5,6,6a,10a-Tetrachlor-3-vinyl-2,3,6a,7,10,10a-hexahydro- 312
Naphtho[1,2-*d*][1,3]dioxin
—, 4*H*- 328
—, 4,4a,5,6-Tetrahydro-10b*H*- 289
Naphtho[1,8-*de*][1,3]dioxin 325
—, 4,9-Dinitro- 325
—, 6,7-Dinitro- 325
Naphtho[2,1-*d*][1,3]dioxin
—, 1,3-Dimethyl-1*H*- 332
—, 3,3,7,7,10a-Pentamethyl-decahydro- 175
Naphtho[2,3-*b*][1,4]dioxin
—, 2-Chlormethyl-2,3-dihydro- 329
—, 2-Chlormethyl-2,3,4a,5,10,10a-hexahydro- 292
—, 5,10-Dibrom-2,3-dihydro- 327
—, 5,10-Dibrom-6-nitro-2,3-dihydro- 328
—, 5,10-Dibrom-7-nitro-2,3-dihydro- 328
—, 2,3-Dihydro- 327
—, 5,10-Dinitro-2,3-dihydro- 328
—, x,x-Dinitro-2,3-dihydro- 328
—, 5-Nitro-2,3-dihydro- 327
—, 6-Nitro-2,3-dihydro- 327
—, 7-Nitro-2,3-dihydro- 328
Naphtho[1,2-*d*][1,3]dioxol
—, 5-Benzhydryl-2,2-diphenyl- 494
—, 2-Benzhydryliden- 453
—, 7-Brom-2,2-diphenyl- 451
—, 2-Indan-1-yliden- 436
—, 2-Inden-1-yliden- 440
Naphtho[1,3-*d*][2,3]dioxol
—, 6,7-Dimethyl- 330
Naphtho[2,3-*d*][1,3]dioxol
—, 6,7-Bis-chlormethyl- 330
—, 2,2-Dimethyl-decahydro- 171
—, 5,5-Dimethyl-5,6,7,8-tetrahydro- 293
—, 5-Methyl- 328
—, 6-Methyl- 328
—, 5-*p*-Tolyl- 416
Naphtho[1,8-*cd*][1,2]dithiol 323
Naphtho[2,1-*b*; 6,5-*b'*]dithiophen 403
Naphtho[2,1-*b*;7,8-*b'*]dithiophen 403
[2]Naphthol
—, 4a,8a-Epoxy-1,2,3,4,4a,8a-hexahydro- 279
Naphtho[2,1-*b*]naphtho[1',2';4,5]furo[3,2-*d*]furan
—, 3-Brom-7a,14c-dihydro- 450
—, 3,12-Dibrom-7a,14c-dihydro- 450
—, 5,10-Dibrom-7a,14c-dihydro- 450
—, 6,9-Dibrom-7a,14c-dihydro- 450
—, 7a,14c-Dihydro- 449
—, 3,12-Dinitro-7a,14c-dihydro- 451
—, 3-Nitro-7a,14c-dihydro- 450
—, 3,5,10,12-Tetrabrom-7a,14c-dihydro- 450
Naphth[1,2-*d*][1,3]oxathiol
—, 2,2-Dimethyl- 330
1λ^4-Naphth[1,2-*d*][1,3]oxathiol
—, 2,2-Dimethyl-1-oxo- 330
1λ^6-Naphth[1,2-*d*][1,3]oxathiol
—, 2,2-Dimethyl-1,1-dioxo- 330
2λ^6-Naphth[1,8-*cd*][1,2]oxathiol
—, 6-Äthyl-2,2-dioxo- 329
—, 6-Benzyl-2,2-dioxo- 415
—, 6-Brommethyl-2,2-dioxo- 326
—, 6-Chlormethyl-2,2-dioxo- 326
—, 2,2-Dioxo- 323
—, 2,2-Dioxo-6-propyl- 330
—, 6-Jod-2,2-dioxo- 323
—, 5-Methyl-2,2-dioxo- 326
—, 6-Methyl-2,2-dioxo- 326
Naphth[1,2-*d*][1,3]oxathiol-1,1-dioxid
—, 2,2-Dimethyl- 330
Naphth[1,8-*cd*][1,2]oxathiol-2,2-dioxid 323
—, 6-Äthyl- 329
—, 6-Benzyl- 415
—, 6-Brommethyl- 326
—, 6-Chlormethyl- 326
—, 6-Jod- 323
—, 5-Methyl- 326
—, 6-Methyl- 326
—, 6-Propyl- 330
Naphth[1,2-*d*][1,3]oxathiol-1-oxid
—, 2,2-Dimethyl- 330
Naphthsulton 323

Neoluteochrom-A 430
Neoluteochrom-B 429
Neoluteochrom-U 429
Neoluteochrom-V 428
Nonadecan-1-sulfonsäure
—, 3-Hydroxy-,
— lacton 107
Nonan
—, 1,2;8,9-Diepoxy- 138
Nonanal
— äthandiylacetal 101
Nonan-1-on
—, 1-[1,3]Dioxolan-2-yl-2,4-dimethyl- 6
—, 1-[1,3]Dioxolan-2-yl-2-methyl- 6
Nonan-2-sulfonsäure
—, 4,6,8,9-Tetrachlor-tetradecafluor-1-hydroxy-,
— lacton 96
Norascaridol 157
Norbornan
—, 7-Brom-2,3-isopropylidendioxy- 166
—, 7-Chlor-2,2-propandiyldimercapto- 166
—, 5,7-Dibrom-2,3-isopropylidendioxy- 166
Norbornan-2-sulfonsäure
—, 5-Brom-6-hydroxy-3-[4-nitro-phenyl]-,
— lacton 311
—, 5-Brom-6-hydroxy-3-phenyl-,
— lacton 311
Norborn-2-en
—, 1,2,3,4,7,7-Hexachlor-5,6-isopropylidendioxy- 180
—, 5-Piperonyl- 332
12-Nor-driman
—, 8,11-Isopropylidendioxy- 175

O

Octadeca-9,12-diinal
— äthandiylacetal 258
Octadeca-1,3,5,7,9,11,13,15,17-nonaen
—, 1,18-Bis-[1,2-epoxy-2,6,6-trimethyl-cyclohexyl]-3,7,12,16-tetramethyl- 430
Octadecan-4-sulfonsäure
—, 2-Hydroxy-,
— lacton 107
Octadeca-9,12,15-triinal
— äthandiylacetal 316
Octan
—, 1,2;7,8-Diepoxy- 132
—, 2,3;4,5-Diepoxy-2,4-dimethyl- 143
—, 2,3;6,7-Diepoxy-2,6-dimethyl- 143
—, 2,3;6,7-Diepoxy-3,6-diphenyl- 399
—, 2,3;4,5-Diepoxy-2,4,7-trimethyl- 145
Octanal
— äthandiylacetal 98
Octan-2-on
— äthandiylacetal 98
— äthandiyldithioacetal 99
— propandiylacetal 100
— propylenacetal 101
Octa-1,3,5,7-tetraen
—, 1,8-Di-[2]thienyl- 389
Oct-1-en
—, 1-[2-Methyl-[1,3]dioxolan-2-yl]- 147
Oct-4-en
—, 2,3;6,7-Diepoxy-2,6-dimethyl- 165
Oct-4-in
—, 3,6-Diäthyl-2,3;6,7-diepoxy- 181
—, 1,8-Dichlor-2,3;6,7-diepoxy- 177
—, 2,3;6,7-Diepoxy-3,6-dimethyl- 179
Östra-1,3,5,7,9-pentaen
—, 16,17-Isopropylidendioxy- 400
Östra-1,3,5(10)-trien
—, 17,17-Äthandiyldioxy-4-methyl- 334
7-Oxa-dispiro[5.1.5.2]pentadecan
—, 14,15-Epoxy- 183
[1,4]Oxaselenan 38
4λ^4-[1,4]Oxaselenan
—, 4,4-Dibrom- 39
—, 4,4-Dichlor- 39
[1,4]Oxaselenan-4,4-dibromid 39
[1,4]Oxaselenan-4,4-dichlorid 39
[1,4]Oxaselenanium
—, 4-Chlor- 38
—, 4-Hydroxy- 38
—, 4-Methyl- 39
2λ^4-[1,2]Oxaselenin
—, 4-*tert*-Butyl-2-oxo-3,6-dihydro- 126
—, 5-*tert*-Butyl-2-oxo-3,6-dihydro- 126
—, 4-Chlor-5-methyl-2-oxo-3,6-dihydro- 112
—, 5-Chlor-4-methyl-2-oxo-3,6-dihydro- 112
—, 3,5-Di-*tert*-butyl-2-oxo-3,6-dihydro- 146
—, 4,6-Di-*tert*-butyl-2-oxo-3,6-dihydro- 146
—, 4,5-Dimethyl-2-oxo-3,6-dihydro- 117
—, 4-Methyl-2-oxo-3,6-dihydro- 112
—, 5-Methyl-2-oxo-3,6-dihydro- 112
—, 2-Oxo-4,5-diphenyl-3,6-dihydro- 389
—, 2-Oxo-4-phenyl-3,6-dihydro- 271
—, 2-Oxo-5-phenyl-3,6-dihydro- 271
[1,2]Oxaselenin-2-oxid
—, 4-*tert*-Butyl-3,6-dihydro- 126
—, 5-*tert*-Butyl-3,6-dihydro- 126
—, 4-Chlor-5-methyl-3,6-dihydro- 112
—, 5-Chlor-4-methyl-3,6-dihydro- 112
—, 3,5-Di-*tert*-butyl-3,6-dihydro- 146

[1,2]Oxaselenin-2-oxid (Fortsetzung)
—, 4,6-Di-*tert*-butyl-3,6-dihydro- 146
—, 4,5-Dimethyl-3,6-dihydro- 117
—, 4,5-Diphenyl-3,6-dihydro- 389
—, 4-Methyl-3,6-dihydro- 112
—, 5-Methyl-3,6-dihydro- 112
—, 4-Phenyl-3,6-dihydro- 271
—, 5-Phenyl-3,6-dihydro- 271
[1,4]Oxatelluran 40
4λ⁴-[1,4]Oxatelluran
—, 4,4-Dibrom- 40
—, 4,4-Dichlor- 40
—, 4,4-Dihydroxy- 40
—, 4,4-Dijod- 40
[1,4]Oxatelluran-4,4-dibromid 40
[1,4]Oxatelluran-4,4-dichlorid 40
[1,4]Oxatelluran-4,4-dihydroxid 40
[1,4]Oxatelluran-4,4-dijodid 40
[1,4]Oxatelluranium
—, 4-Hydroxy- 40
—, 4-Methyl- 40
6-Oxa-3-thia-bicyclo[3.1.0]hexan
s.a. Thiophen, 3,4-Epoxy-tetrahydro-
6-Oxa-3λ⁶-thia-bicyclo[3.1.0]hexan
—, 3,3-Dioxo- 111
2-Oxa-4-thia-bicyclo[3.3.1]nonan
—, 5-Methyl-3-phenyl- 295
2λ⁶-[1,2]Oxathian
—, 4,6-Bis-[3-chlor-phenyl]-2,2-dioxo- 365
—, 5-Brom-2,2-dioxo-4,6-diphenyl- 365
—, 5-Brom-2,2-dioxo-4,4,6,6-tetraphenyl- 455
—, 5-Chlor-2,2-dioxo-4,6-diphenyl- 364
—, 4,6-Dimethyl-2,2-dioxo- 59
—, 2,2-Dioxo- 7
—, 2,2-Dioxo-4,6-diphenyl- 364
—, 2,2-Dioxo-6-propyl- 73
—, 2,2-Dioxo-4,4,6,6-tetraphenyl- 454
—, 4-Methyl-2,2-dioxo- 47
—, 6-Methyl-2,2-dioxo- 47
—, 4,4,6,6-Tetramethyl-2,2-dioxo- 83
[1,3]Oxathian
—, 6-Benzhydryl-2-methyl-2-phenyl- 426
—, 2-[4-Chlor-phenyl]- 218
—, 2,2-Dibenzyl- 376
—, 2,2-Dimethyl- 60
—, 2,2-Diphenyl- 365
—, 2-Methyl-2-phenyl- 232
3λ⁶-[1,3]Oxathian
—, 2,2-Dibenzyl-3,3-dioxo- 376
[1,4]Oxathian 33
— 4-[toluol-4-sulfonylimid] 34
—, 2-Brom-2,3-dimethyl- 63
—, 3-Chlor-2,6-dimethyl- 66
—, 2,3-Dichlor- 35
—, 2,3-Dichlor-2,6-dimethyl- 66
—, 2,6-Dimethyl- 65
—, 3,5-Dimethyl- 65
—, 2,3-Diphenyl- 367
—, 3,3,5,5-Tetramethyl- 88
—, 2,3,5,6-Tetraphenyl- 455
4λ⁴-[1,4]Oxathian
—, 4-Oxo- 34
—, 4-[Toluol-4-sulfonylimino]- 34
4λ⁶-[1,4]Oxathian
—, 2,6-Dimethyl-4,4-dioxo- 65
—, 4,4-Dioxo- 34
—, Dodecafluor- 35
[1,2]Oxathian-2,2-dioxid 7
—, 4,6-Bis-[3-chlor-phenyl]- 365
—, 5-Brom-4,6-diphenyl- 365
—, 5-Brom-4,4,6,6-tetraphenyl- 455
—, 5-Chlor-4,6-diphenyl- 364
—, 4,6-Dimethyl- 59
—, 4,6-Diphenyl- 364
—, 4-Methyl- 47
—, 6-Methyl- 47
—, 6-Propyl- 73
—, 4,4,6,6-Tetramethyl- 83
—, 4,4,6,6-Tetraphenyl- 454
[1,3]Oxathian-3,3-dioxid
—, 2,2-Dibenzyl- 376
[1,4]Oxathian-4,4-dioxid 34
—, 2,6-Dimethyl- 65
[1,4]Oxathian-4-oxid 34
[1,4]Oxathian-4-tetrafluorid
—, Octafluor- 35
1-Oxa-4-thia-spiro[4.5]decan 128
—, 2-Benzhydryl- 399
—, 2,3-Diphenyl- 399
—, 2-Phenyl- 294
2-Oxa-6-thia-spiro[3.3]heptan 115
2-Oxa-6λ⁶-thia-spiro[3.3]heptan
—, 6,6-Dioxo- 115
2-Oxa-6-thia-spiro[3.3]heptan-6,6-dioxid 115
1-Oxa-6-thia-spiro[2.5]octan 121
1-Oxa-6λ⁶-thia-spiro[2.5]octan
—, 6,6-Dioxo- 121
1-Oxa-6-thia-spiro[2.5]octan-6,6-dioxid 121
1-Oxa-5-thia-spiro[5.5]undecan 135
2λ⁶-[1,2]Oxathiepan
—, 2,2-Dioxo- 46
[1,2]Oxathiepan-2,2-dioxid 46
[1,4]Oxathiepin
—, 2,3-Diphenyl-5,6-dihydro-7*H*- 393
2λ⁶-[1,2]Oxathietan
—, 4-[1-Brom-äthyl]-2,2-dioxo- 45
—, 3-Chlor-3,4,4-trifluor-2,2-dioxo- 3
—, 3,4-Dichlor-2,2-dioxo-3,4-bis-trifluormethyl- 46
—, 3-[2,3-Dichlor-pentafluor-propyl]-3,4,4-trifluor-2,2-dioxo- 57

2λ⁶-[1,2]Oxathietan (Fortsetzung)
—, 3-[2,2-Dichlor-1,1,2-trifluor-äthyl]-3,4,4-trifluor-2,2-dioxo- 45
—, 2,2-Dioxo-4-phenyl- 195
—, 3,3,4,4-Tetrafluor-2,2-dioxo- 3
—, 3,4,4-Trifluor-2,2-dioxo- 3
—, 3,4,4-Trifluor-2,2-dioxo-3-[2,4,6,8,9-pentachlor-tetradecafluor-nonyl]- 102
—, 3,4,4-Trifluor-2,2-dioxo-3-[2,4,6,7-tetrachlor-undecafluor-heptyl]- 96
—, 3,4,4-Trifluor-2,2-dioxo-3-[2,4,5-trichlor-octafluor-pentyl]- 82
—, 3,4,4-Trifluor-3-trifluormethyl-2,2-dioxo- 7

[1,2]Oxathietan-2,2-dioxid
—, 4-[1-Brom-äthyl]- 45
—, 3-Chlor-3,4,4-trifluor- 3
—, 3,4-Dichlor-3,4-bis-trifluormethyl- 46
—, 3-[2,3-Dichlor-pentafluor-propyl]-3,4,4-trifluor- 57
—, 3-[2,2-Dichlor-1,1,2-trifluor-äthyl]-3,4,4-trifluor- 45
—, 4-Phenyl- 195
—, 3,3,4,4-Tetrafluor- 3
—, 3,4,4-Trifluor- 3
—, 3,4,4-Trifluor-3-[2,4,6,8,9-pentachlor-tetradecafluor-nonyl]- 102
—, 3,4,4-Trifluor-3-[2,4,6,7-tetrachlor-undecafluor-heptyl]- 96
—, 3,4,4-Trifluor-3-[2,4,5-trichlor-octafluor-pentyl]- 82
—, 3,4,4-Trifluor-3-trifluormethyl- 7

2λ⁶-[1,2]Oxathiin
—, 4-Äthyl-3,6-dimethyl-2,2-dioxo- 159
—, 3-Brom-4,6-dimethyl-2,2-dioxo- 155
—, 6-*tert*-Butyl-4-methyl-2,2-dioxo- 162
—, 4,6-Diäthyl-3,5-dimethyl-2,2-dioxo-163
—, 4,6-Dimethyl-2,2-dioxo- 155
—, 4,5-Dimethyl-2,2-dioxo-3,6-dihydro-117
—, 4-Methyl-2,2-dioxo-6-phenyl- 309
—, 6-Methyl-2,2-dioxo-4-phenyl- 309
—, 4-Methyl-2,2-dioxo-6-propyl- 159
—, 3,4,6-Trimethyl-2,2-dioxo- 158
—, 4,5,6-Trimethyl-2,2-dioxo- 157

[1,4]Oxathiin
—, 6-[4-Brom-phenyl]-2,3-dihydro- 272
—, Dihydro- 109
—, 5,6-Dimethyl-2,3-dihydro- 118
—, 5,6-Diphenyl-2,3-dihydro- 390
—, 6-Methyl-2,3-dihydro- 113
—, 6-Phenyl-2,3-dihydro- 272

4λ⁶-[1,4]Oxathiin
—, 2,6-Dimethyl-4,4-dioxo- 156

[1,2]Oxathiin-2,2-dioxid
—, 4-Äthyl-3,6-dimethyl- 159
—, 3-Brom-4,6-dimethyl- 155
—, 5-Brom-4,6-dimethyl- 155
—, 6-*tert*-Butyl-4-methyl- 162
—, 4,6-Diäthyl-3,5-dimethyl- 163
—, 4,6-Dimethyl- 155
—, 4,5-Dimethyl-3,6-dihydro- 117
—, 4-Methyl-6-phenyl- 309
—, 6-Methyl-4-phenyl- 309
—, 4-Methyl-6-propyl- 159
—, 3,4,5-Tribrom-4,6-dimethyl-3,4-dihydro- 155
—, 3,5,6-Tribrom-4,6-dimethyl-5,6-dihydro- 155
—, 3,4,6-Trimethyl- 158
—, 4,5,6-Trimethyl- 157

[1,4]Oxathiin-4,4-dioxid
—, 2,6-Dimethyl- 156

2λ⁶-[1,2]Oxathiocan
—, 2,2-Dioxo- 57

[1,2]Oxathiocan-2,2-dioxid 57

2λ⁶-[1,2]Oxathiolan
—, 4-Brom-5-chlor-5-methyl-2,2-dioxo-41
—, 4-Brom-4-methyl-2,2-dioxo-5-phenyl-220
—, 5-Brommethyl-4,4,5-trimethyl-2,2-dioxo- 76
—, 5-Butyl-2,2-dioxo- 76
—, 5-Chlor-4-jod-5-methyl-2,2-dioxo- 41
—, 4,5-Dichlor-5-methyl-2,2-dioxo- 41
—, 3,3-Dimethyl-2,2-dioxo- 51
—, 3,5-Dimethyl-2,2-dioxo- 51
—, 4,4-Dimethyl-2,2-dioxo- 52
—, 5,5-Dimethyl-2,2-dioxo- 51
—, 4,5-Dimethyl-2,2-dioxo-3-propyl- 88
—, 2,2-Dioxo- 4
—, 5-Hexadecyl-2,2-dioxo- 107
—, 3-Hexyl-4,5-dimethyl-2,2-dioxo- 100
—, 3-Hexyl-5-methyl-2,2-dioxo- 98
—, 5-Isopentyl-2,2-dioxo- 88
—, 3-Methyl-2,2-dioxo- 41
—, 4-Methyl-2,2-dioxo- 42
—, 5-Methyl-2,2-dioxo- 41
—, 4-Methyl-2,2-dioxo-3,3-diphenyl- 368
—, 5-Methyl-2,2-dioxo-3-phenyl- 220
—, 5-Methyl-2,2-dioxo-3-propyl- 76
—, 5-Methyl-2,2-dioxo-3-tetradecyl- 107
—, 5-Octyl-2,2-dioxo- 100
—, 3,4,5,5-Tetramethyl-2,2-dioxo- 77
—, 4,4,5,5-Tetramethyl-2,2-dioxo- 76
—, 4,4,5,5-Tetramethyl-2,2-dioxo- 76
—, 3,3,5-Trimethyl-2,2-dioxo- 67
—, 3,5,5-Trimethyl-2,2-dioxo- 67
—, 4,5,5-Trimethyl-2,2-dioxo- 67
—, 4,5,5-Trimethyl-2,2-dioxo-4-phenyl-242

[1,3]Oxathiolan
—, 2-Äthyl-2-methyl- 69
—, 2-Äthyl-2-methyl-5-phenyl- 243

[1,3]Oxathiolan (Fortsetzung)
—, 2-Äthyl-2-phenyl- 235
—, 5-Benzhydryl-2-methyl-2-phenyl- 425
—, 2-Benzyl-2-phenyl- 369
—, 2,2-Bis-[4-chlor-phenyl]- 363
—, 2-[4-Chlor-benzyl]-2-[4-chlor-phenyl]- 370
—, 2-[4-Chlor-benzyl]-2-phenyl- 370
—, 5-Chlormethyl-2,2-dimethyl- 71
—, 2-[2-Chlor-phenyl]- 208
—, 2-[4-Chlor-phenyl]- 208
—, 2-[4-Chlor-phenyl]-2-methyl- 222
—, 2-[4-Chlor-phenyl]-2-phenyl- 363
—, 2,2-Dibenzyl- 375
—, 2-[2,4-Dichlor-phenyl]-2-methyl- 222
—, 2-[2,5-Dichlor-phenyl]-2-methyl- 222
—, 2,2-Dimethyl- 54
—, 2,2-Diphenyl- 363
—, 2-Isobutyl-2-methyl- 89
—, 2-Isopropyl- 68
—, 2-Methyl- 44
—, 2-Methyl-2-[4-nitro-phenyl]- 223
—, 2-Methyl-2-phenyl- 222
—, 2-[4-Nitro-phenyl]- 209
—, 2-Phenyl- 208
—, 2-Trichlormethyl- 44
—, 2,2,5-Trimethyl- 70
3λ^6-[1,3]Oxathiolan
—, 2,2-Dibenzyl-3,3-dioxo- 375
—, 2-Methyl-3,3-dioxo-2-phenyl- 222
[1,2]Oxathiolan-2,2-dioxid 4
—, 4-Brom-5-chlor-5-methyl- 41
—, 4-Brom-4-methyl-5-phenyl- 220
—, 5-Brommethyl-4,4,5-trimethyl- 76
—, 5-Butyl- 76
—, 5-Chlor-4-jod-5-methyl- 41
—, 4,5-Dichlor-5-methyl- 41
—, 3,3-Dimethyl- 51
—, 3,5-Dimethyl- 51
—, 4,4-Dimethyl- 52
—, 5,5-Dimethyl- 51
—, 4,5-Dimethyl-3-propyl- 88
—, 5-Hexadecyl- 107
—, 3-Hexyl-4,5-dimethyl- 100
—, 3-Hexyl-5-methyl- 98
—, 5-Isopentyl- 88
—, 3-Methyl- 41
—, 4-Methyl- 42
—, 5-Methyl- 41
—, 4-Methyl-3,3-diphenyl- 368
—, 5-Methyl-3-phenyl- 220
—, 5-Methyl-3-propyl- 76
—, 5-Methyl-3-tetradecyl- 107
—, 5-Octyl- 100
—, 3,4,5,5-Tetramethyl- 77
—, 4,4,5,5-Tetramethyl- 76
—, 3,3,5-Trimethyl- 67
—, 3,5,5-Trimethyl- 67
—, 4,5,5-Trimethyl- 67
—, 4,5,5-Trimethyl-4-phenyl- 242
[1,3]Oxathiolan-3,3-dioxid
—, 2,2-Dibenzyl- 375
—, 2-Methyl-2-phenyl- 222
Oxeton 125
Oxireno[*c*]furan
—, Tetrahydro- s. Furan, 3,4-Epoxy-tetrahydro-
Oxireno[*e*]isobenzofuran
—, Octahydro- 161
Oxireno[*b*]pyran
—, Tetrahydro- 117
Oxireno[*c*]pyran
—, Tetrahydro- 117
Oxireno[*c*]thiophen
—, Tetrahydro- s. Thiophen, 3,4-Epoxy-tetrahydro-
3λ^6-Oxireno[*c*]thiophen
—, 3,3-Dioxo-tetrahydro- 111

P

[4.4]Paracyclophan
—, 2,3-Isopropylidendioxy- 400
—, 2,3-Isopropylidendioxy-dodecahydro- 187
[10]Paracyclophan
—, 5,6-Isopropylidendioxy- 298
[10]Paracyclophan-5-on
— propandiyldithioacetal 298
[12]Paracyclophan-6-on
— propandiyldithioacetal 299
Pentaceno[5,6,7,8-*jklmna*;1,14,13,12-*j'k'l'm'n'a'*]dixanthen 503
Pentadec-1-en
—, 1-Benzo[1,3]dioxol-5-yl- 299
Penta-1,3-dien-1-sulfonsäure
—, 4-Hydroxy-2,3-dimethyl-,
— lacton 157
—, 4-Hydroxy-2-methyl-,
— lacton 155
—, 4-Hydroxy-2-phenyl-,
— lacton 309
Pentan
—, 3,3-Bis-[5-nitro-[2]furyl]- 290
—, 1,5-Bis-oxiranyl- 138
—, 1,2;4,5-Diepoxy- 114
—, 1,2;3,4-Diepoxy-2,4-dimethyl- 125
—, 2,3;3,4-Diepoxy-2-methyl-4-phenyl- 289
—, 3,3-Di-[2]furyl- 290
—, 1,1,1,5-Tetrachlor-3,5-bis-[4-methyl-[1,3]dioxan-2-yl]- 123

Pentan-1-on
—, 1-[1,3]Dioxolan-2-yl-2-methyl- 6
Pentan-2-on
– äthandiylacetal 77
– propandiyldithioacetal 83
– propylenacetal 90
– propylendithioacetal 90
Pentan-3-on
– äthandiylacetal 79
– propandiyldithioacetal 85
Pentan-1-sulfonsäure
—, 3-Brom-4-hydroxy-2,2,4-trimethyl-,
– lacton 83
—, 5-Brom-4-hydroxy-2,2,4-trimethyl-,
– lacton 83
—, 4-Hydroxy-,
– lacton 47
—, 5-Hydroxy-,
– lacton 46
—, 4-Hydroxy-2-methyl-,
– lacton 59
—, 4-Hydroxy-2,2,4-trimethyl-,
– lacton 83
Pentan-2-sulfonsäure
—, 4,5-Dichlor-1,1,2,3,3,4,5,5-octafluor-1-hydroxy-,
– lacton 57
—, 4-Hydroxy-,
– lacton 51
—, 4-Hydroxy-3,4-dimethyl-,
– lacton 77
—, 4-Hydroxy-2-methyl-,
– lacton 67
—, 4-Hydroxy-4-methyl-,
– lacton 67
Pent-1-en
—, 1-Benzo[1,3]dioxol-5-yl- 286
Pent-2-en
—, 2-[5-Äthyl-5-nitro-[1,3]dioxan-2-yl]- 144
—, 3-Brom-2-methyl-5-[2-methyl-[1,3]dioxolan-2-yl]- 140
—, 2-Methyl-5-[2-methyl-[1,3]dioxolan-2-yl]- 140
Pent-2-en-1-seleninsäure
—, 3-Hydroxymethyl-4,4-dimethyl-,
– lacton 126
Perixanthenoxanthen 448
—, 2,8-Dibrom- 448
—, 2,4-Dinitro- 449
—, 2,10-Dinitro- 449
—, 4,10-Dinitro- 449
—, 2-Nitro- 448
—, 4-Nitro- 448
Perylen
—, 1,12-Epidioxy- 448
Perylo[1,12-*cde*][1,2]dioxin 448
Phenanthren
—, 9,10-Äthylidendioxy- 408
—, 9,10-Benzhydrylidendioxy- 469
—, 9,10-Benzylidendioxy- 443
—, 1,4-Dimethyl-6,7-methylendioxy- 410
—, 9,10-Isopropylidendioxy-9,10-dihydro- 393
—, 1,2-Isopropylidendioxy-1,2,3,4-tetrahydro- 376
—, 2,3-Methylendioxy- 403
—, 3,4-Methylendioxy- 404
—, 3,4-Methylendioxy-10-nitro- 404
—, 6,7-Methylendioxy-1,2,3,4,4a,9,10,10a-octahydro- 313
—, 3,4-Methylendioxy-1-vinyl- 415
Phenanthro[9,10-*b*][1,4]dioxin
—, 2-Äthyl-2,3-diphenyl-2,3-dihydro- 475
—, 3-Äthyl-2,2-diphenyl-2,3-dihydro- 475
—, 3-Äthyl-2-methyl-2-phenyl-2,3-dihydro- 447
—, 2,2-Bis-biphenyl-4-yl-2,3-dihydro- 502
—, 2,2-Bis-biphenyl-4-yl-3-methyl-2,3-dihydro- 502
—, 2,2-Bis-biphenyl-4-yl-3-phenyl-2,3-dihydro- 506
—, 2,2-Dibenzyl-3-phenyl-2,3-dihydro- 491
—, 6,11-Dimethyl-2,3-diphenyl-2,3-dihydro- 476
—, 2,3-Dimethyl-2-phenyl-2,3-dihydro- 447
—, 2,3-Diphenyl- 477
—, 2,3-Diphenyl-2,3,5,6,7,8,9,10,11,12-decahydro- 447
—, 2,2-Diphenyl-2,3-dihydro- 471
—, 2,3-Diphenyl-2,3-dihydro- 471
—, 11-Isopropyl-5-methyl-2,3-diphenyl-2,3-dihydro- 477
—, 3-Methyl-2,2-diphenyl-2,3-dihydro- 474
—, 2-[2]Naphthyl-3-phenyl-2,3-dihydro- 484
—, 2-Phenyl-2,3-dihydro- 445
—, 2-Phenyl-3-*p*-tolyl-2,3-dihydro- 474
—, 2,2,3-Triphenyl-2,3-dihydro- 489
Phenanthro[1,2-*d*][1,3]dioxol
—, 2,2-Dimethyl-3a,10,11,11a-tetrahydro- 376
Phenanthro[2,3-*d*][1,3]dioxol 403
—, x,x-Dibrom- 404
—, 1,4-Dimethyl- 410
—, 1,2,3,4,4a,5,6,11b-Octahydro- 313
Phenanthro[3,4-*d*][1,3]dioxol 404
—, x,x-Dibrom- 404
—, 6-Nitro- 404
—, 5-Vinyl- 415
Phenanthro[9,10-*d*][1,3]dioxol
—, 2-Biphenyl-4-yl-2-phenyl- 488

Phenanthro[9,10-*d*][1,3]dioxol (Fortsetzung)
—, 2,2-Bis-[4-chlor-phenyl]- 469
—, 2-[2-Chlor-phenyl]-2-phenyl- 469
—, 2,2-Dimethyl-3a,11b-dihydro- 393
—, 2,2-Diphenyl- 469
—, 2-Fluoren-9-yliden- 479
—, 2-Methyl- 408
—, 2-Methyl-2-phenyl- 445
—, 2-[4-Nitro-phenyl]-2-phenyl- 469
—, 2-Phenyl- 443
Phenoxaselenin 352
Phenoxatellurin 353
—, 2-Chlor-8-methyl- 357
—, 2-Methyl- 357
—, 2-Nitro- 353
10λ^4-Phenoxatellurin
—, 10,10-Dichlor-2-methyl- 357
—, 10-Oxo- 353
—, 2,10,10-Trichlor-8-methyl- 357
Phenoxatellurin-10,10-dichlorid
—, 2-Chlor-8-methyl- 357
—, 2-Methyl- 357
Phenoxatellurin-10-oxid 353
Phenoxathiin 341
—, 2-Äthyl- 359
—, 2-Brom- 344
—, 2-[α'-Brom-stilben-α-yl]- 459
—, 1-Chlor- 344
—, 2-Chlor- 343
—, 3-Chlor- 343
—, 4-Chlor- 343
—, x-Chlor- 343
—, 2-Chlor-8-nitro- 346
—, x-Cyclohexyl- 394
—, 2-Decyl- 382
—, 2,8-Diäthyl- 372
—, 2,8-Dibrom- 345
—, 2,8-Dichlor- 344
—, x,x-Dichlor- 343
—, 2,8-Dimethyl- 361
—, 1,3-Dinitro- 346
—, 2,4-Dinitro- 346
—, 2,8-Dinitro- 346
—, 3,7-Dinitro- 346
—, 2-Jod- 345
—, 3-Jod- 345
—, 4-Jod- 345
—, 3-Methyl- 356
—, 4-Methyl- 355
—, 2-Methyl-8-nitro- 357
—, 2-Nitro- 345
—, 2-Pentyl- 375
—, 4-Phenyl- 419
—, 2-Vinyl- 386
10λ^4-Phenoxathiin
—, 10,10-Dichlor- 342
—, 2,8-Dichlor-10-oxo- 344
—, 10-Oxo- 342
10λ^6-Phenoxathiin
—, 2-Brom-10,10-dioxo- 345
—, 4-Brom-10,10-dioxo- 344
—, 3-Brom-2-methyl-10,10-dioxo- 356
—, 2-Chlor-10,10-dioxo- 344
—, 3-Chlor-10,10-dioxo- 343
—, 4-Chlor-10,10-dioxo- 343
—, 3-Chlor-2-methyl-10,10-dioxo- 356
—, 7-Chlor-2-methyl-10,10-dioxo- 356
—, 2,8-Dibrom-10,10-dioxo- 345
—, 2,8-Dichlor-10,10-dioxo- 344
—, 2,8-Dinitro-10,10-dioxo- 346
—, 3,7-Dinitro-10,10-dioxo- 346
—, 10,10-Dioxo- 343
—, 10,10-Dioxo-dodecahydro- 170
—, 2-Jod-10,10-dioxo- 345
—, 2-Methyl-10,10-dioxo- 356
—, 3-Methyl-10,10-dioxo- 356
—, 4-Methyl-10,10-dioxo- 355
—, 2-Methyl-8-nitro-10,10-dioxo- 357
—, 2-Nitro-10,10-dioxo- 346
Phenoxathiin-10,10-dibromid 344
Phenoxathiin-10,10-dichlorid 342
Phenoxathiin-10,10-dioxid 343
—, 2-Brom- 345
—, 4-Brom- 344
—, 3-Brom-2-methyl- 356
—, 2-Chlor- 344
—, 3-Chlor- 343
—, 4-Chlor- 343
—, x-Chlor- 343
—, 3-Chlor-2-methyl- 356
—, 7-Chlor-2-methyl- 356
—, 2,8-Dibrom- 345
—, 2,8-Dichlor- 344
—, x,x-Dichlor- 343
—, 2,8-Dinitro- 346
—, 3,7-Dinitro- 346
—, Dodecahydro- 170
—, 2-Jod- 345
—, 2-Methyl- 356
—, 3-Methyl- 356
—, 4-Methyl- 355
—, 2-Methyl-8-nitro- 357
—, 2-Nitro- 346
Phenoxathiin-10-oxid 342
—, 2-Chlor-8-nitro- 346
—, 2,8-Dichlor- 344
Piperonylbromid 203
Piperonylchlorid 202
Piperonylidendichlorid 202
Podophyllomerol 328
Pregn-5-en
—, 20,20-Äthandiyldioxy-3-chlor- 300
Propan
—, 2,2-Bis-[5-chlor-[2]thienyl]- 283
—, 1,1-Bis-[5-methyl-[2]furyl]- 290

Propan (Fortsetzung)
—, 2,2-Bis-[5-methyl-[2]furyl]- 290
—, 2,2-Bis-[5-methyl-[2]thienyl]- 291
—, 2,2-Bis-[5-nitro-[2]furyl]- 283
—, 1,3-Bis-oxiranyl- 125
—, 1-Chlor-2,2-bis-[5-methyl-[2]furyl]- 290
—, 1-Chlor-2,2-di-[2]furyl- 283
—, 1,2-Dibrom-1-phenyl-3-[4-phenyl-[1,3]dioxan-5-yl]- 379
—, 1,3-Dichlor-2,2-bis-[5-methyl-[2]furyl]- 291
—, 1,2;2,3-Diepoxy-1,1,3,3-tetraphenyl- 463
—, 1,1-Di-[2]furyl- 283
—, 2,2-Di-[2]furyl- 283
—, 1-[2,4-Dimethyl-[1,3]dioxolan-2-yl]-2-methyl-2-phenyl- 252
—, 2,2-Di-[2]thienyl- 283
—, 2-Methyl-1-[2-methyl-[1,3]dioxolan-2-yl]-2-phenyl- 250

Propan-1-sulfonsäure
—, 2-Brom-3-hydroxy-2-methyl-3-phenyl-,
– lacton 220
—, 3-Hydroxy-,
– lacton 4
—, 3-Hydroxy-2,2-dimethyl-,
– lacton 52
—, 3-Hydroxy-2-methyl-,
– lacton 42
—, 3-Hydroxy-2-methyl-1,1-diphenyl-,
– lacton 368
—, 2-[2-Hydroxy-phenyl]-,
– lacton 211
—, 2-[2-Hydroxy-phenyl]-1-phenyl-,
– lacton 363

Propan-2-sulfonsäure
—, 1,1,1,2,3,3-Hexafluor-3-hydroxy-,
– lacton 7

Propen
—, 1,3-Bis-benzo[*b*]thiophen-2-yl-2-methyl- 423
—, 2-[2,4-Dimethyl-[1,3]dioxolan-2-yl]-1-[2,6,6-trimethyl-cyclohex-1-enyl]- 186
—, 2-[2,4-Dimethyl-[1,3]dioxolan-2-yl]-1-[2,6,6-trimethyl-cyclohex-2-enyl]- 186
—, 1,1-Di-[2]thienyl- 309
—, 2-Methyl-1,3-di-[2]thienyl- 310
—, 2-Methyl-1-[2,3,3,5-tetramethyl-2,3-dihydro-[2]furyl]-1-[2,4,4,5-tetramethyl-5-(2-methyl-propenyl)-tetrahydro-[2]furyl]- 261

Prop-1-en-1-sulfonsäure
—, 2-[2-Hydroxy-phenyl]-,
– lacton 267
—, 2-[2-Hydroxy-phenyl]-1-phenyl-,
– lacton 388

Propionaldehyd
– äthandiylacetal 52
– propandiyldithioacetal 59
– propylenacetal 69

Propiophenon
– äthandiylacetal 235
– äthandiyldithioacetal 235

Pseudoascaridol 167

Pseudosafrol 276

Pyran
—, 2,3-Epoxy-tetrahydro- 117
—, 3,4-Epoxy-tetrahydro- 117
—, 2-[2]Furyl-4,6-dimethyl-3,6-dihydro-2*H*- 239

Pyrano[3,2-*f*]chromen
—, 3,3,5,6,8,8-Hexamethyl-1,2,3,8,9,10-hexahydro- 298

Pyrano[2,3-*b*]pyran
—, Hexahydro- 133
—, 2-Phenyl-2,3,4,4a-tetrahydro-5*H*,8a*H*- 312
—, 2,3,5,6-Tetrahydro-4*H*,7*H*- 161
—, 2,3,4,4a-Tetrahydro-5*H*,8a*H*- 161

Pyrano[4,3-*b*]pyran
—, 2,5,7-Trimethyl-hexahydro- 146
—, 2,5,7-Trimethyl-4,4a,7,8-tetrahydro-5*H*,8a*H*- 168

Pyren
—, 1,6-Bis-oxiranyl- 437
—, 1,8-Bis-oxiranyl- 437

R

Rubrenperoxid 504

S

Safrol 275
—, Dihydro- 227

Safrol-dibromid 228
—, Brom- 228

Sarsasapogenin
—, Desoxy- 301

Sarsasapogenylchlorid 303

13,17-Seco-androsta-5,13(18)-dien
—, 3,3-Äthandiyldioxy-17-chlor- 299

9,10-Seco-cholesta-5,7,10(19)-trien
—, 3,3-Äthandiyldioxy- 321
9,10-Seco-cholesta-5,7,10(19)-trien-3-on
— äthandiylacetal 321
16,17-Seco-18-nor-androsta-5,13(17),15-trien
—, 3,3-Äthandiyldioxy- 316
16,17-Seco-18-nor-androsta-5,13(17),15-trien-3-on
— äthandiylacetal 316
Selenanthren 352
—, 1,6-Dimethyl- 359
—, 1,7-Dimethyl- 359
—, 1,8-Dimethyl- 359
—, 2,7-Dimethyl- 361
—, 2,8-Dimethyl- 361
—, 1-Methyl- 355
—, 2-Methyl- 357
—, 2,3,7,8-Tetramethyl- 373
5λ^4-Selenanthren
—, 5,5-Dibrom- 353
5λ^4,10λ^4-Selenanthren
—, 5,10-Dioxo- 353
—, 5,5,10,10-Tetrachlor- 353
Selenanthren-5,5-dibromid 353
Selenanthrendiium
—, 5,10-Dihydroxy- 353
Selenanthren-5,10-dioxid 353
Selenanthren-5,5,10,10-tetrachlorid 353
Selenolo[2,3-*b*]selenophen 190
—, Tetrabrom- 191
Selenolo[3,2-*b*]selenophen 189
—, Tetrabrom- 189
Selenolo[3,4-*b*]selenophen 189
—, Tetrabrom- 189
Selenophen-1,1-dioxid
—, 3,4-Di-*tert*-butyl-2,5-dihydro- 146
Selenothian
s. Thiaselenan
Selenoxan
s. Oxaselenan
Smilagenin
—, Desoxy- 301
Smilagenylchlorid 303
Spiro[9,10-äthano-anthracen-11,14'-(9,10-[1,3]dioxolo[4,5]ätheno-anthracen)]
—, 9,10,9',10',11',12'-Hexahydro- 483
Spiro[2,10a-äthano-phenanthren-7,2'-[1,3]dithiolan]
s. Spiro[[1,3]dithiolan-2,3'-(6a,9-methano-cyclohepta[*a*]naphthalin)]
Spiro[androstan-3,2'-[1,3]dioxolan]
s. Androstan, 3,3-Äthandiyldioxy-
Spiro[androstan-17,2'-[1,3]dioxolan]
s. Androstan, 17,17-Äthandiyldioxy-
Spiro[androstan-17,2'-[1,3]oxathian] 260
Spiro[androstan-17,2'-[1,3]oxathiolan] 259
3'λ^4-Spiro[androstan-17,2'-[1,3]oxathiolan]
—, 3'-Oxo- 259
3'λ^6-Spiro[androstan-17,2'-[1,3]oxathiolan]
—, 3',3'-Dioxo- 259
Spiro[androstan-17,2'-[1,3]oxathiolan]-3',3'-dioxid 259
Spiro[androstan-17,2'-[1,3]oxathiolan]-3'-oxid 259
Spiro[androst-2-en-17,2'-[1,3]dioxolan] 299
Spiro[benzo[*f*]chromen-3,2'-benzo[*h*]chromen]
—, 2,3'-Dimethyl-4'-phenyl- 486
—, 2-Methyl-4'-phenyl- 485
—, 3'-Methyl-4'-phenyl- 485
—, 4'-Phenyl- 484
Spiro[benzo[*f*]chromen-3,4'-benzo[*h*]chromen]
—, 3'-Methyl-2'-phenyl- 485
Spiro[benzo[*f*]chromen-3,2'-chromen] 444
—, 2-Benzyl- 472
—, 3'-Benzyl- 472
—, 2-Methyl- 445
—, 3'-Methyl- 445
—, 2-Methyl-4'-phenyl- 473
—, 2-Phenäthyl- 474
—, 3'-Phenäthyl- 474
Spiro[benzo[*f*]chromen-3,4'-chromen]
—, 3'-Methyl-2'-phenyl- 473
Spiro[benzo[*h*]chromen-2,2'-chromen]
—, 3-Methyl-4-phenyl- 472
Spiro[benzo[*f*]chromen-3,9'-thioxanthen] 458
—, 2-Methyl- 462
Spiro[benzo[*f*]chromen-3,9'-xanthen] 458
—, 2-Phenyl- 483
Spiro[benzocyclohepten-5,2'-[1,3]dioxolan]
—, 6,7,8,9-Tetrahydro- 292
Spiro[benzo[*f*]cyclopenta[*b*]chromen-8,2'-naphtho[2,1-*b*]furan]
—, 7a-[1]Naphthyl-9,10-dihydro-7a*H*,1'*H*- 496
—, 7a-Phenyl-9,10-dihydro-7a*H*,1'*H*- 486
Spiro[benzo[1,3]dioxol-2,1'-cyclohexan] 289
—, Hexahydro- 169
—, 2'-Isopropyl-5'-methyl- 297
Spiro[benzo[1,3]dioxol-2,1'-cyclopentan] 284
Spiro[benzo[1,3]dioxol-2,9'-fluoren]
—, 4-Brom-6-trityl- 499
—, 5,6-Dimethyl- 438
—, 4,5,6,7-Tetrabrom- 435
—, 4,5,6,7-Tetrachlor- 434
—, 5-Trityl- 498

Spiro[benzo[*a*]xanthen-8,2′-naphtho[2,1-*b*]furan]
—, 7a-[1]Naphthyl-9,10-dihydro-7a*H*,11*H*,1′*H*- 497
—, 7a-Phenyl-9,10-dihydro-7a*H*,11*H*,1′*H*- 487
[3,3′]Spirobi[benzo[*f*]chromen] 458
—, 2-Benzyl- 486
—, 2,2′-Dimethyl- 463
—, 2-Isopropyl- 465
—, 2-Methyl- 462
—, 2-Phenäthyl- 486
—, 2-Phenyl- 484
[2,2′]Spirobichroman 393
—, 7,7′-Diäthyl-4,4,4′,4′-tetramethyl- 401
—, 7,7′-Diäthyl-4,4,4′,4′-tetramethyl-6,8,6′,8′-tetranitro- 401
—, 4,4,7,4′,4′,7′-Hexamethyl- 400
—, 4,4,6,7,4′,4′,6′,7′-Octamethyl- 401
[3,3′]Spirobichroman
—, 6,6′-Dimethyl- 398
[2,2′]Spirobichromen 416
—, 3-Benzyl- 451
—, 7,7′-Diäthyl-4,4,4′,4′-tetramethyl-3,4,3′,4′-tetrahydro- 401
—, 7,7′-Diäthyl-4,4,4′,4′-tetramethyl-6,8,6′,8′-tetranitro- 401
—, 6,6′-Dichlor- 416
—, 4,4,7,4′,4′,7′-Hexamethyl-3,4,3′,4′-tetrahydro- 400
—, 4,4,6,7,4′,4′,6′,7′-Octamethyl-3,4,3′,4′-tetrahydro- 401
—, 3,4,3′,4′-Tetrahydro- 393
—, 6,8,6′,8′-Tetranitro- 416
—, 6,8,6′,8′-Tetranitro-3,4,3′,4′-tetrahydro- 393
[3,3′]Spirobichromen
—, 6,6′-Dichlor-4*H*,4′*H*- 394
—, 6,6′-Dimethyl-4*H*,4′*H*- 398
Spiro[bicyclo[10.2.2]hexadeca-1(14),12,15-trien-6,2′-[1,3]dithian] 298
Spiro[bicyclo[3.1.0]hexan-3,2′-[1,3]dioxolan]
—, 4′-Chlormethyl-1-isopropyl-4-methyl- 171
Spiro[bicyclo[12.2.2]octadeca-1(16),14,17-trien-7,2′-[1,3]dithian] 299
[9,9′]Spirobixanthen 458
Spiro[cholesta-5,7-dien-3,2′-[1,3]dioxolan] 321
Spiro[cholesta-4,7-dien-3,2′-[1,3]dithiolan] 321
Spiro[cholestan-3,2′-[1,3]dioxolan]
s. Cholestan, 3,3-Äthandiyldioxy-
Spiro[cholestan-3,2′-[1,3]dithiolan]
s. Cholestan, 3,3-Äthandiyldimercapto-
Spiro[cholestan-4,2′-[1,3]dithiolan]
s. Cholestan, 4,4-Äthandiyldimercapto-
Spiro[cholestan-3,2′-[1,3]oxathian]
—, 6′-Benzhydryl- 432
Spiro[cholestan-3,2′-[1,3]oxathiolan] 262
—, 5′-Benzhydryl- 431
—, 5′-Benzyl- 385
—, 4′-Phenyl- 385
—, 5′-Phenyl- 384
Spiro[cholest-5-en-3,2′-[1,3]dioxan] 306
Spiro[cholest-5-en-3,2′-[1,3]dioxolan] 305
Spiro[cholest-7-en-3,2′-[1,3]dioxolan] 306
Spiro[cholest-1-en-3,2′-[1,3]dithiolan] 304
Spiro[cholest-4-en-3,2′-[1,3]dithiolan] 305
Spiro[cholest-2-eno[2,3-*d*][1,3]oxathiol-2′,1″-cyclohexan]
—, 2,3-Dihydro- 307
Spiro[cholest-5-en-3,2′-[1,3]oxathiolan] 305
Spiro[chromen-2,9′-xanthen] 444
Spiro[chrysen-2,2′-[1,3]dioxolan]
—, $\Delta^{10,12}$-Dodecahydro- 316
—, $\Delta^{6a,12}$-Dodecahydro- 316
Spiro[cyclobuta[*e*][1,3]dithiepin-3,1′-cyclohexan]-2,2,4,4-tetraoxid
—, Hexahydro- 169
Spiro[cyclohexan-1,4′-(3λ^6,5λ^6-dithia-bicyclo[5.2.0]nonan)]
—, 3′,3′,5′,5′-Tetraoxo- 169
Spiro[cyclohexan-1,4′-(3,5-dithia-bicyclo[5.2.0]nonan)]-3′,3′,5′,5′-tetraoxid 169
Spiro[cyclopenta[*a*]phenanthren-3,2′-[1,3]dioxolan]
—, 17-[1,5-Dimethyl-hexyl]-10,13-dimethyl-hexadecahydro- 261
Spiro[[1,3]dioxolan-2,3′-ergosta-7′,22′-dien] 321
Spiro[[1,3]dioxolan-2,3′-ergosta-5′,7′,22′-trien] 336
Spiro[[1,3]dioxolan-2,3′-ergost-22-en] 306
Spiro[[1,3]dioxolan-2,1′-naphthalin]
—, 5′-Äthinyl-2′,3′,4′,6′,7′,8′-hexahydro-8a′*H*- 295
—, 2′,3′-Dihydro-4′*H*- 288
—, 4-Methyl-2′,3′-dihydro-4′*H*- 292
Spiro[[1,3]dioxolan-2,2′-naphthalin]
—, 3′,4′,5′,6′,7′,8′-Hexahydro-1′*H*- 181
—, 3′-Isopropenyl-4′a,5′-dimethyl-octahydro- 186
—, 3′-Isopropyl-4′a,5′-dimethyl-octahydro- 174
—, 3′,4′,5′,8′-Tetrahydro-1′*H*- 246
Spiro[[1,3]dioxolan-4,1′-naphthalin]
—, 2-Decahydro[1]naphthyl-octahydro- 260
Spiro[[1,3]dioxolan-2,2′-norbornan]
—, 4-Chlormethyl-1′,7′,7′-trimethyl- 171
—, 1′,7′,7′-Trimethyl- 170
Spiro[[1,3]dioxolan-2,17′-östra-1′,3′,5′(10′)-trien]
—, 4′-Methyl- 334

Spiro[[1,3]dioxolan-2,3′-stigmasta-5′,22′-dien] 322

Spiro[[1,3]dithian-2,9′-fluoren]

—, 5,5-Dimethyl- 394

Spiro[[1,3]dithian-2,2′-norbornan]

—, 7′-Chlor- 166

Spiro[[1,3]dithian-2,5′-[10]paracyclophan] 298

Spiro[[1,3]dithian-2,6′-[12]paracyclophan] 299

Spiro[[1,3]dithiolan-2,3′-ergosta-4′,7′,22′-trien] 335

Spiro[[1,3]dithiolan-2,9′-fluoren] 389

Spiro[[1,3]dithiolan-2,2′-inden]

—, 3′-Methyl-1′,4′,5′,6′,7′,7a′-hexahydro- 182

Spiro[[1,3]dithiolan-2,3′-(6a,9-methano-cyclohepta[*a*]naphthalin)]

—, 4′-Äthyl-8′,11′b-dimethyl-dodecahydro- 260

Spiro[[1,3]dithiolan-2,2′-naphthalin]

—, 4a′-Methyl-3′,4′,4a′,5′,6′,7′-hexahydro-8′*H*- 182

—, 4a′,7′,7′-Trimethyl-3′,4′,4a′,5′,6′,7′-hexahydro-8′*H*- 184

Spiro[[1,3]dithiolan-2,2′-naphth[2,1,8-*cde*]azulen]

—, 8′,9′,10′,10′a-Tetrahydro-1′*H*- 397

Spiro[fluoren-9,3′-fluoreno[9,1-*cd*][1,2]dithiin]

—, 10′b*H*- 468

Spiro[fluoren-9,2′-naphtho[1,2-*d*][1,3]dioxol]

—, 4′,5′-Dichlor- 452

Spiro[naphth[2′,1′;4,5]indeno[2,1-*b*]furan-8,2′-pyran]

—, 3′-Brom-4a,6a,7,5′-tetramethyl-docosahydro- 303

—, 2-Chlor-4a,6a,7,5′-tetramethyl-docosahydro- 303

—, 12,12a-Dibrom-4a,6a,7,5′-tetramethyl-docosahydro- 304

—, 4a,6a,7,5′-Tetramethyl-docosahydro- 300

—, 4a,6a,7,5′-Tetramethyl-Δ^{1}-eicosahydro- 317

—, 4a,6a,7,5′-Tetramethyl-Δ^{12}-eicosahydro- 318

—, 4a,6a,7,5′-Tetramethyl-Δ^{2}-eicosahydro- 318

Spiro[oxiran-2,9′-phenanthren]-10′-on

—, 3-Biphenyl-4-yl-3-phenyl- 488

Spirosta-3,5-dien 335

Spirostan 300

—, 23-Brom- 303

—, 3-Chlor- 303

—, 5,6-Dibrom- 304

Spirosta-2,4,6-trien 383

Spirosta-3,5,7-trien

—, 3-Chlor- 384

Spirost-2-en 318

Spirost-3-en 317

Spirost-4-en 319

Spirost-5-en 318

Spiro[thiiran-2,9′-thioxanthen]

—, 3,3-Diphenyl- 461

Spiro[thiiran-2,9′-xanthen]

—, 3,3-Bis-[4-chlor-phenyl]- 461

—, 3-[2-Chlor-phenyl]-3-phenyl- 461

—, 3,3-Diphenyl- 461

—, 3,3-Di-*p*-tolyl- 465

—, 3-Methyl-3-phenyl- 438

—, 3-[4-Nitro-phenyl]-3-phenyl- 461

Stigmasta-5,22-dien

—, 3,3-Äthandiyldioxy- 322

Stigmasta-5,22-dien-3-on

— äthandiylacetal 322

Stilben

—, α,α′-Äthandiyldioxy- 390

—, 3,4-Äthandiyldioxy-α′-nitro- 390

—, 3,4-Butandiyldioxy-α′-nitro- 394

—, 3,4-Methylendioxy- 388

—, α,α′-Methylendioxy- 387

—, 3′,4′-Methylendioxy-2,4-dinitro- 388

—, 3,4-Methylendioxy-α′-nitro- 388

—, 4,5-Methylendioxy-2-propenyl- 411

Styrol

—, 3,4-Äthandiyldioxy-β-nitro- 273

—, 3-Brom-4,5-methylendioxy-β-nitro- 269

—, α-Brom-3,4-methylendioxy-β-nitro- 269

—, β-Brom-3,4-methylendioxy-β-nitro- 269

—, 4,5-Methylendioxy-2,β-dinitro- 269

—, 3,4-Methylendioxy-β-nitro- 268

—, 4,5-Methylendioxy-2-nitro- 268

—, β-Nitro-3,4-propandiyldioxy- 282

Sulfonium

—, Bis-[2-(carboxymethyl-amino)-äthyl]-[2-(2-[1,4]oxathian-4-io-äthylmercapto)-äthyl]- 34

T

Telluroxan

s. Oxatelluran

Tetradecan-3-on

— propylendithioacetal 106

Tetradec-7-in
—, 5,6;9,10-Diepoxy-6,9-dimethyl- 185
1,2,5,6-Tetradesoxy-idit
—, 1,2,5,6-Tetrachlor-
O^3,O^4-isopropyliden- 96
Thianthren 347
—, 1-Brom- 351
—, 2-Brom- 351
—, 1-Chlor- 350
—, 1,6-Dichlor- 350
—, 2,7-Dichlor- 350
—, 2,7-Dimethyl- 360
—, 1-Jod- 352
—, 2-Nitro- 352
—, 2,3,7,8-Tetrabrom- 352
—, 2,3,7,8-Tetramethyl- 372
5λ⁴-Thianthren
—, 2,7-Dichlor-5-oxo- 350
—, 2,7-Dimethyl-5-oxo- 360
—, 5-Oxo- 348
5λ⁴,10λ⁴-Thianthren
—, 2,7-Dichlor-5,10-dioxo- 351
—, 2,7-Dimethyl-5,10-dioxo- 360
—, 5,10-Dioxo- 348
5λ⁶-Thianthren
—, 2,7-Dichlor-5,5-dioxo- 351
—, 2,7-Dimethyl-5,5-dioxo- 361
—, 5,5-Dioxo- 349
5λ⁶,10λ⁴-Thianthren
—, 2,7-Dichlor-5,5,10-trioxo- 351
—, 2,7-Dimethyl-5,5,10-trioxo- 361
—, 5,5,10-Trioxo- 349
5λ⁶,10λ⁶-Thianthren
—, 2-Brom-5,5,10,10-tetraoxo- 352
—, 1-Chlor-5,5,10,10-tetraoxo- 350
—, 2-Chlor-5,5,10,10-tetraoxo- 350
—, 2,7-Dichlor-5,5,10,10-tetraoxo- 351
—, 2,7-Dimethyl-5,5,10,10-tetraoxo- 361
—, 2,3,7,8-Tetrabrom-5,5,10,10-tetraoxo-
352
—, 2,3,7,8-Tetramethyl-5,5,10,10-
tetraoxo-1,4,4a,5a,6,9,9a,10a-octahydro-
256
—, 5,5,10,10-Tetraoxo- 349
—, 5,5,10,10-Tetraoxo-1,4,4a,5a,6,9,9a,=
10a-octahydro- 246
—, 5,5,10,10-Tetraoxo-dodecahydro- 170
Thianthren-5,5-dioxid 349
—, 2,7-Dichlor- 351
—, 2,7-Dimethyl- 361
Thianthren-5,10-dioxid 348
—, 2,7-Dichlor- 351
—, 2,7-Dimethyl- 360
Thianthren-5-oxid 348
—, 2,7-Dichlor- 350
—, 2,7-Dimethyl- 360
Thianthren-5,5,10,10-tetraoxid 349
—, 2-Brom- 352
—, 1-Chlor- 350
—, 2-Chlor- 350
—, 2,7-Dichlor- 351
—, 2,7-Dimethyl- 361
—, Dodecahydro- 170
—, 1,4,4a,5a,6,9,9a,10a-Octahydro- 246
—, 2,3,7,8-Tetrabrom- 352
—, 2,3,7,8-Tetramethyl-1,4,4a,5a,6,9,9a,=
10a-octahydro- 256
Thianthren-5,5,10-trioxid 349
—, 2,7-Dichlor- 351
—, 2,7-Dimethyl- 361
[1,4]Thiaselenan 39
Thieno[2,3-*b*][1]benzothiophen
s. Benzo[*b*]thieno[3,2-*d*]thiophen
Thieno[3,2-*b*][1]benzothiophen
s. Benzo[*b*]thieno[2,3-*d*]thiophen
Thieno[3,4-*c*]furan
—, 4,6-Diäthyl-1*H*,3*H*- 179
—, 4,6-Di-*tert*-butyl-1*H*,3*H*- 183
5λ⁶-Thieno[3,4-*c*]furan
—, 5,5-Dioxo-tetrahydro- 122
Thieno[3,4-*c*]furan-5,5-dioxid
—, Tetrahydro- 122
[10.10](2,5)Thienophen 320
Thieno[2,3-*b*]thiophen 189
—, 2-Äthyl- 206
—, 3-Äthyl- 206
—, 2-Äthyl-5-nitro- 206
—, 3-Äthyl-2-nitro- 206
—, 3-Äthyl-5-nitro- 206
—, 2-Jod- 190
—, 3-Methyl- 194
—, 2-Nitro- 190
—, Tetrabrom- 188
—, 2,3,5-Tribrom- 190
Thieno[3,2-*b*]thiophen 187
—, 2-Äthyl- 205
—, 2-Äthyl-5-nitro- 205
—, 2,5-Dibrom- 188
—, 2,5-Dijod- 189
—, 2,5-Dimethyl- 205
—, 3,6-Dimethyl- 205
—, 2,5-Dinitro- 189
—, Hexahydro- 122
—, 2-Jod- 188
—, 2-Methyl- 194
—, 2-Nitro- 189
—, Tetrabrom- 188
—, Tetramethyl- 229
Thieno[3,4-*b*]thiophen
—, 4,6-Dimethyl- 205
Thiochromeno[6,5,4-*def*]thiochromen 403
1,5-Thiodecanothio-naphthalin s.
1,5-[1,12]Dithiadodecano-naphthalin

Thiophen
—, 2-Methyl-5-[2]thienylmethyl- 277
1λ^6-Thiophen
—, 3,4-Epoxy-3,4-dimethyl-1,1-dioxo-tetrahydro- 123
Thiophen-1,1-dioxid
—, 3,4-Epoxy-3,4-dimethyl-tetrahydro- 123
—, 3,4-Epoxy-tetrahydro- 111
Thiophthen 189
Thioxan
s. Oxathian
Thioxanthen
—, 9-[1,2-Dihydro-naphtho[2,1-*b*]furan-2-yl]-9-methyl- 454
—, 9-[1,2-Dihydro-naphtho[2,1-*b*]furan-2-yl]-9-phenyl- 481
—, 9-Xanthen-9-yliden- 468
Tigogenin
—, 3,5-Dehydro-desoxy- 335
—, 4-Dehydro-desoxy- 319
—, Desoxy- 302
Toluol
—, 3,4-Methylendioxy- 202
Toluol-4-sulfonamid
—, *N*-[4λ^4-[1,4]Oxathian-4-yliden]- 34
Toluol-2-sulfonsäure
—, α-Chlor-α-hydroxy-,
— lacton 191
—, α,α-Dichlor-α-hydroxy-,
— lacton 191
—, α-Hydroxy-,
— lacton 191
***m*-Toluylaldehyd**
— äthandiylacetal 221
— propandiylacetal 231
***p*-Toluylaldehyd**
— äthandiylacetal 221
— äthandiyldithioacetal 221
— propandiylacetal 231
Tolylsulton 191
Trityl
—, 3,4-Methylendioxy- 422
Tritylbromid
—, 3,4-Methylendioxy- 422
Tritylchlorid
—, 3,4-Methylendioxy- 422

U

Undecan-1-sulfonsäure
—, 3-Hydroxy-,
— lacton 100
Undecan-2-sulfonsäure
—, 4,6,8,10,11-Pentachlor-heptadecafluor-1-hydroxy-,
— lacton 102
Urs-12-en
—, 3,24-Isopropylidendioxy- 322

V

Valeraldehyd
— äthandiylacetal 77
Valerophenon
— äthandiyldithioacetal 247

X

Xanthen
—, 9-Benzo[*b*]thiophen-2-yl- 444
—, 9-[1,2-Dihydro-naphtho[2,1-*b*]furan-2-yl]-9-methyl- 454
—, 9-[1,2-Dihydro-naphtho[2,1-*b*]furan-2-yl]-9-phenyl- 481
—, 9-[2]Thienyl- 416
—, 9-Thioxanthen-9-yliden- 468
Xantheno[2,1,9,8-*klmna*]xanthen 448
***peri*-Xanthenoxanthen**
s. Perixanthenoxanthen
***o*-Xylol**
—, 4,5-Methylendioxy- 215

Z

Zibeton
— äthandiylacetal 175
Zimtaldehyd
— äthandiylacetal 281
— propandiylacetal 285
— propylenacetal 286

Formelregister

Im Formelregister sind die Verbindungen entsprechend dem System von *Hill* (Am. Soc. **22** [1900] 478)

1. nach der Anzahl der C-Atome,
2. nach der Anzahl der H-Atome,
3. nach der Anzahl der übrigen Elemente

in alphabetischer Reihenfolge angeordnet. Isomere sind in Form des „Registernamens" (s. diesbezüglich die Erläuterungen zum Sachregister) in alphabetischer Reihenfolge aufgeführt. Verbindungen unbekannter Konstitution finden sich am Schluss der jeweiligen Isomeren-Reihe.

C_2

$C_2ClF_3O_3S$
[1,2]Oxathietan-2,2-dioxid, 3-Chlor-3,4,4-trifluor- 3
$C_2Cl_4S_2$
[1,3]Dithietan, Tetrachlor- 3
$C_2F_4O_3S$
[1,2]Oxathietan-2,2-dioxid, 3,3,4,4-Tetrafluor- 3
$C_2HF_3O_3S$
[1,2]Oxathietan-2,2-dioxid, 3,4,4-Trifluor- 3

C_3

$C_3F_6O_3S$
[1,2]Oxathietan-2,2-dioxid, 3,4,4-Trifluor-3-trifluormethyl- 7
$C_3H_4Cl_2O_4S_2$
[1,3]Dithiolan-1,1,3,3-tetraoxid, 2,2-Dichlor- 7
$C_3H_6OS_2$
[1,3]Dithiolan-1-oxid 6
$C_3H_6O_2$
[1,3]Dioxolan 5
$C_3H_6O_2S_2$
[1,3]Dithiolan-1,3-dioxid 6
$C_3H_6O_3S$
[1,2]Oxathiolan-2,2-dioxid 4
$C_3H_6O_3S_2$
[1,3]Dithiolan-1,1,3-trioxid 6
$C_3H_6O_4S_2$
[1,3]Dithiolan-1,1,3,3-tetraoxid 6
$C_3H_6S_2$
[1,2]Dithiolan 4
[1,3]Dithiolan 6

C_4

$C_4Cl_2F_6O_3S$
[1,2]Oxathietan-2,2-dioxid, 3,4-Dichlor-3,4-bis-trifluormethyl- 46
—, 3-[2,2-Dichlor-1,1,2-trifluor-äthyl]-3,4,4-trifluor- 45
$C_4Cl_2F_6O_6S_2$
[1,3,2,4]Dioxadithian-2,2,4,4-tetraoxid, 5,6-Dichlor-5,6-bis-trifluormethyl- 46
Verbindung $C_4Cl_2F_6O_6S_2$ s. bei 3-[2,2-Dichlor-1,1,2-trifluor-äthyl]-3,4,4-trifluor-[1,2]oxathietan-2,2-dioxid 45
$C_4Cl_8O_2$
[1,4]Dioxan, Octachlor- 33
$C_4F_6Cl_2O_2$
[1,2]Dioxan, 4,5-Dichlor-3,3,4,5,6,6-hexafluor- 7
$C_4F_{12}OS$
[1,4]Oxathian-4-tetrafluorid, Octafluor- 35
$C_4F_{16}S_2$
[1,4]Dithian-1,4-octafluorid, Octafluor- 37
$C_4HCl_7O_2$
[1,4]Dioxan, Heptachlor- 32
$C_4H_2Cl_6O_2$
[1,4]Dioxan, 2,2,3,5,5,6-Hexachlor- 32
—, x-Hexachlor- 32
$C_4H_4Br_2Cl_2O_2$
[1,4]Dioxan, 2,3-Dibrom-2,3-dichlor- 33
$C_4H_4Br_2O_2$
[1,4]Dioxin, 2,3-Dibrom-2,3-dihydro- 109
$C_4H_4Cl_2O_2$
[1,4]Dioxan, 5,6-Dichlor-2,3-dihydro- 108
[1,3]Dioxolan, 2-Dichlormethylen- 110
$C_4H_4Cl_2S_2$
[1,4]Dithiin, 2,3-Dichlor-2,3-dihydro- 109
[1,2]Dithiol, 3,3-Dichlor-4-methyl-3*H*- 110
$C_4H_4Cl_4O_2$
[1,4]Dioxan, 2,2,3,3-Tetrachlor- 31

$C_4H_4Cl_4O_2$ (Fortsetzung)
[1,4]Dioxan, 2,2,3,5-Tetrachlor- 32
—, 2,2,3,6-Tetrachlor- 32
—, 2,3,5,6-Tetrachlor- 32
$C_4H_4Cl_4O_2S_2$
[1,4]Dithian-1,4-dioxid, 2,2,3,3-Tetrachlor- 38
$C_4H_4Cl_4S_2$
[1,4]Dithian, 2,2,3,3-Tetrachlor- 38
—, 2,3,5,6-Tetrachlor- 38
$C_4H_4O_2$
[1,4]Dioxin 154
$C_4H_4O_2S_2$
[1,4]Dithiin-1,1-dioxid 154
[1,4]Dithiin-1,4-dioxid 154
$C_4H_4O_4S_2$
[1,4]Dithiin-1,1,4,4-tetraoxid 154
$C_4H_4S_2$
[1,4]Dithiin 154
$C_4H_5BrO_2$
[1,3]Dioxolan, 2-Brommethylen- 110
$C_4H_5Br_3O_2$
[1,3]Dioxolan, 2-Tribrommethyl- 44
$C_4H_5ClO_2$
[1,4]Dioxin, 5-Chlor-2,3-dihydro- 108
[1,3]Dioxolan, 2-Chlormethylen- 110
$C_4H_5Cl_3OS$
[1,3]Oxathiolan, 2-Trichlormethyl- 44
$C_4H_5Cl_3O_2$
[1,4]Dioxan, 2,2,3-Trichlor- 31
—, 2,3,5-Trichlor- 31
[1,3]Dioxolan, 2-Trichlormethyl- 43
$C_4H_6BrClO_3S$
[1,2]Oxathiolan-2,2-dioxid, 4-Brom-5-chlor-5-methyl- 41
$C_4H_6Br_2O_2$
[1,4]Dioxan, 2,3-Dibrom- 33
—, 2,5-Dibrom- 33
[1,3]Dioxolan, 4-Brom-4-brommethyl- 45
—, 2-Dibrommethyl- 44
$C_4H_6ClIO_3S$
[1,2]Oxathiolan-2,2-dioxid, 5-Chlor-4-jod-5-methyl- 41
$C_4H_6Cl_2OS$
[1,4]Oxathian, 2,3-Dichlor- 35
$C_4H_6Cl_2O_2$
[1,4]Dioxan, 2,2-Dichlor- 29
—, 2,3-Dichlor- 29
—, 2,5-Dichlor- 31
[1,3]Dioxolan, 2-Dichlormethyl- 43
$C_4H_6Cl_2O_3S$
[1,2]Oxathiolan-2,2-dioxid, 4,5-Dichlor-5-methyl- 41
$C_4H_6N_2O_6$
[1,3]Dioxan, 5,5-Dinitro- 9
C_4H_6OS
[1,4]Oxathiin, Dihydro- 109
$C_4H_6O_2$
Butan, 1,2;3,4-Diepoxy- 110
[1,4]Dioxin, Dihydro- 108
[1,3]Dioxolan, 2-Methylen- 110
—, 4-Methylen- 110
Furan, 3,4-Epoxy-tetrahydro- 111
$C_4H_6O_3S$
Thiophen-1,1-dioxid, 3,4-Epoxy-tetrahydro- 111
$C_4H_6O_4S_2$
[1,4]Dithiin-1,1,4,4-tetraoxid, 2,3-Dihydro- 109
$C_4H_6S_2$
[1,4]Dithiin, Dihydro- 109
$C_4H_7BrO_2$
[1,3]Dioxolan, 2-Brommethyl- 43
$C_4H_7BrO_3S$
[1,2]Oxathietan-2,2-dioxid, 4-[1-Brom-äthyl]- 45
$C_4H_7BrO_4S_2$
[1,3]Dithiolan-1,1,3,3-tetraoxid, 2-Brom-2-methyl- 44
$C_4H_7BrS_2$
[1,3]Dithian, 5-Brom- 9
$C_4H_7ClO_2$
[1,3]Dioxan, 5-Chlor- 9
[1,4]Dioxan, Chlor- 29
[1,3]Dioxolan, 2-Chlormethyl- 43
—, 4-Chlormethyl- 45
$C_4H_8Br_2OSe$
[1,4]Oxaselenan-4,4-dibromid 39
$C_4H_8Br_2OTe$
[1,4]Oxatelluran-4,4-dibromid 40
$C_4H_8Br_4Se_2$
[1,4]Diselenan-1,1,4,4-tetrabromid 40
$[C_4H_8ClOSe]^+$
[1,4]Oxaselenanium, 4-Chlor- 38
$[C_4H_8ClOSe]AuCl_4$ 38
$[C_4H_8ClOSe]_2PtCl_6$ 38
$C_4H_8Cl_2OSe$
[1,4]Oxaselenan-4,4-dichlorid 39
$C_4H_8Cl_2OTe$
[1,4]Oxatelluran-4,4-dichlorid 40
$C_4H_8Cl_4Se_2$
[1,4]Diselenan-1,1,4,4-tetrachlorid 39
$C_4H_8I_2OTe$
[1,4]Oxatelluran-4,4-dijodid 40
C_4H_8OS
[1,4]Oxathian 33
[1,3]Oxathiolan, 2-Methyl- 44
C_4H_8OSe
[1,4]Oxaselenan 38
C_4H_8OTe
[1,4]Oxatelluran 40
$C_4H_8O_2$
[1,2]Dioxan 7
[1,3]Dioxan 8
[1,4]Dioxan 9
[1,3]Dioxolan, 2-Methyl- 42
—, 4-Methyl- 44
$C_4H_8O_2S$
[1,4]Oxathian-4-oxid 34

$C_4H_8O_2S_2$
[1,4]Dithian-1,1-dioxid 36
[1,4]Dithian-1,4-dioxid 36
$C_4H_8O_2Se_2$
[1,4]Diselenan-1,4-dioxid 39
$C_4H_8O_3S$
[1,2]Oxathian-2,2-dioxid 7
[1,4]Oxathian-4,4-dioxid 34
[1,2]Oxathiolan-2,2-dioxid, 3-Methyl- 41
—, 4-Methyl- 42
—, 5-Methyl- 41
$C_4H_8O_4S_2$
[1,3]Dithian-1,1,3,3-tetraoxid 9
[1,4]Dithian-1,1,4,4-tetraoxid 36
C_4H_8SSe
[1,4]Thiaselenan 39
$C_4H_8S_2$
[1,2]Dithian 8
[1,3]Dithian 9
[1,4]Dithian 35
[1,3]Dithiolan, 2-Methyl- 44
$C_4H_8Se_2$
[1,2]Diselenan 8
[1,4]Diselenan 39
$[C_4H_9OS_2]^+$
$3\lambda^4$-[1,3]Dithiolanium, 1-Methyl-3-oxo- 6
$[C_4H_9OS_2]I$ 6
$[C_4H_9O_2Se]^+$
[1,4]Oxaselenanium, 4-Hydroxy- 38
$[C_4H_9O_2Se]NO_3$ 38
$[C_4H_9O_2Te]^+$
[1,4]Oxatelluranium, 4-Hydroxy- 40
$[C_4H_9O_2Te]NO_3$ 40
$[C_4H_9O_2Te]C_6H_2N_3O_7$ 40
$[C_4H_{10}O_2Se_2]^{2+}$
[1,4]Diselenandiium, 1,4-Dihydroxy- 39
$[C_4H_{10}O_2Se_2][NO_3]_2$ 39
$C_4H_{10}O_3Te$
[1,4]Oxatelluran-4,4-dihydroxid 40
$C_4H_{14}Br_2N_2OSe$
Verbindung $C_4H_{14}Br_2N_2OSe$ aus [1,4]Oxaselenan-4,4-dibromid 39

C_5

$C_5Cl_2F_8O_3S$
[1,2]Oxathietan-2,2-dioxid, 3-[2,3-Dichlor-pentafluor-propyl]-3,4,4-trifluor- 57
$C_5H_6BrCl_3O_2$
[1,3]Dioxolan, 4-Brommethyl-2-trichlormethyl- 56
$C_5H_6Br_2O_2S_2$
2,6-Dithia-spiro[3.3]heptan-2,6-dioxid, 1,5-Dibrom- 117
$C_5H_6Cl_2O_2$
[1,3]Dioxan, 2-Dichlormethylen- 113
$C_5H_6Cl_4O_2$
[1,3]Dioxolan, 4-Chlormethyl-2-trichlormethyl- 55
$C_5H_6F_4O_2$
[1,3]Dioxepan, 5,5,6,6-Tetrafluor- 46
$C_5H_6O_2$
2,3-Dioxa-norborn-5-en 155
[1,3]Dioxolan, 4,5-Dimethylen- 155
$C_5H_7BrO_2$
[1,3]Dioxan, 2-Brommethylen- 113
[1,3]Dioxepin, 5-Brom-4,7-dihydro- 112
$C_5H_7ClO_2$
[1,3]Dioxan, 2-Chlormethylen- 113
—, 5-Chlormethylen- 113
$C_5H_7ClO_2Se$
[1,2]Oxaselenin-2-oxid, 4-Chlor-5-methyl-3,6-dihydro- 112
—, 5-Chlor-4-methyl-3,6-dihydro- 112
$C_5H_7Cl_3O_2$
[1,3]Dioxan, 2-Trichlormethyl- 48
[1,3]Dioxolan, 4-Methyl-2-trichlormethyl- 55
$C_5H_8BrClO_2$
[1,3]Dioxolan, 2-Brommethyl-4-chlormethyl- 56
—, 4-Brommethyl-2-chlormethyl- 56
$C_5H_8BrNO_4$
[1,3]Dioxolan, 2-[Brom-nitro-methyl]-2-methyl- 54
$C_5H_8Br_2O_2$
[1,3]Dioxan, 2-Dibrommethyl- 48
[1,3]Dioxepan, 5,6-Dibrom- 47
[1,3]Dioxolan, 2,2-Bis-brommethyl- 54
$C_5H_8ClFO_2$
[1,3]Dioxolan, 2-Chlormethyl-2-fluormethyl- 53
$C_5H_8Cl_2O_2$
[1,3]Dioxan, 2-Dichlormethyl- 48
[1,3]Dioxepan, 5,6-Dichlor- 47
[1,3]Dioxolan, 2,2-Bis-chlormethyl- 54
—, 4,5-Bis-chlormethyl- 56
—, 2-[2,2-Dichlor-äthyl]- 53
—, 2-Dichlormethyl-2-methyl- 53
$C_5H_8F_2O_2$
[1,3]Dioxolan, 2,2-Bis-fluormethyl- 53
$C_5H_8I_4S_2$
2,6-Dithia-spiro[3.3]heptan-2,2,6,6-tetrajodid 116
$C_5H_8I_4Se_2$
2,6-Diselena-spiro[3.3]heptan-2,2,6,6-tetrajodid 117
C_5H_8OS
2-Oxa-6-thia-spiro[3.3]heptan 115
[1,4]Oxathiin, 6-Methyl-2,3-dihydro- 113
$C_5H_8OS_2$
2,6-Dithia-spiro[3.3]heptan-2-oxid 115

$C_5H_8O_2$
Butan, 1,2;3,4-Diepoxy-2-methyl- 114
[1,3]Dioxan, 2-Methylen- 113
2,7-Dioxa-norcaran 117
3,7-Dioxa-norcaran 117
2,6-Dioxa-spiro[3.3]heptan 114
[1,3]Dioxepin, 4,7-Dihydro- 112
[1,4]Dioxin, 2-Methyl-2,3-dihydro- 113
—, 5-Methyl-2,3-dihydro- 113
[1,3]Dioxolan, 2-Methyl-4-methylen- 114
—, 2-Vinyl- 114
—, 4-Vinyl- 114
Furan, 2,3-Epoxy-5-methyl-tetrahydro- 117
Pentan, 1,2;4,5-Diepoxy- 114

$C_5H_8O_2S_2$
2,6-Dithia-spiro[3.3]heptan-2,2-dioxid 116
2,6-Dithia-spiro[3.3]heptan-2,6-dioxid 115

$C_5H_8O_2Se$
[1,2]Oxaselenin-2-oxid, 4-Methyl-3,6-dihydro- 112
—, 5-Methyl-3,6-dihydro- 112

$C_5H_8O_3S$
2-Oxa-6-thia-spiro[3.3]heptan-6,6-dioxid 115

$C_5H_8O_3S_2$
2,6-Dithia-spiro[3.3]heptan-2,2,6-trioxid 116

$C_5H_8O_4S_2$
[1,4]Dithian-1,1,4,4-tetraoxid, 2-Methylen- 113
2,6-Dithia-spiro[3.3]heptan-2,2,6,6-tetraoxid 116
[1,4]Dithiepin-1,1,4,4-tetraoxid, 2,3-Dihydro-5*H*- 112
[1,4]Dithiin-1,1,4,4-tetraoxid, 5-Methyl-2,3-dihydro- 113

$C_5H_8S_2$
2,6-Dithia-spiro[3.3]heptan 115

$C_5H_8Se_2$
2,6-Diselena-spiro[3.3]heptan 117

$C_5H_9BrO_2$
[1,3]Dioxan, 2-Brommethyl- 48
[1,3]Dioxolan, 2-Brommethyl-2-methyl- 54
—, 2-Brommethyl-4-methyl- 56

$C_5H_9ClO_2$
[1,3]Dioxan, 2-Chlormethyl- 48
—, 4-Chlormethyl- 50
—, 5-Chlormethyl- 50
—, 5-Chlor-2-methyl- 48
—, 5-Chlor-4-methyl- 49
[1,3]Dioxolan, 2-Äthyl-2-chlor- 53
—, 2-[2-Chlor-äthyl]- 53
—, 2-Chlormethyl-2-methyl- 53
—, 4-Chlormethyl-2-methyl- 55

$C_5H_9ClO_4S_2$
[1,4]Dithian-1,1,4,4-tetraoxid, 2-Chlormethyl- 51

$C_5H_9ClS_2$
[1,4]Dithian, Chlormethyl- 51
[1,3]Dithiolan, 4-Chlormethyl-2-methyl- 56

$C_5H_9IO_2$
[1,4]Dioxan, Jodmethyl- 50

$C_5H_9NO_4$
[1,3]Dioxan, 5-Methyl-5-nitro- 50
[1,3]Dioxolan, 2-Methyl-2-nitromethyl- 54

$C_5H_{10}OS$
[1,3]Oxathiolan, 2,2-Dimethyl- 54

$C_5H_{10}O_2$
[1,3]Dioxan, 2-Methyl- 48
—, 4-Methyl- 49
[1,4]Dioxan, Methyl- 50
[1,3]Dioxepan 46
[1,3]Dioxolan, 2-Äthyl- 52
—, 2,2-Dimethyl- 53
—, 2,4-Dimethyl- 55
—, 4,5-Dimethyl- 56

$C_5H_{10}O_3S$
[1,2]Oxathian-2,2-dioxid, 4-Methyl- 47
—, 6-Methyl- 47
[1,2]Oxathiepan-2,2-dioxid 46
[1,2]Oxathiolan-2,2-dioxid, 3,3-Dimethyl- 51
—, 3,5-Dimethyl- 51
—, 4,4-Dimethyl- 52
—, 5,5-Dimethyl- 51

$C_5H_{10}O_4S_2$
[1,3]Dithian-1,1,3,3-tetraoxid, 2-Methyl- 49
[1,4]Dithian-1,1,4,4-tetraoxid, 2-Methyl- 50
[1,4]Dithiepan-1,1,4,4-tetraoxid 47
[1,3]Dithiolan-1,1,3,3-tetraoxid, 2,2-Dimethyl- 54

$C_5H_{10}S_2$
[1,3]Dithian, 2-Methyl- 49
[1,4]Dithian, Methyl- 50
[1,2]Dithiepan 46
[1,4]Dithiepan 47
[1,2]Dithiolan, 3,3-Dimethyl- 51
—, 4,4-Dimethyl- 52
[1,3]Dithiolan, 2,2-Dimethyl- 54

$C_5H_{10}S_3$
[1,2]Dithiolan-1-sulfid, 4,4-Dimethyl- 52

$C_5H_{10}Se_2$
[1,2]Diselenolan, 4,4-Dimethyl- 52

$[C_5H_{11}OSe]^+$
[1,4]Oxaselenanium, 4-Methyl- 39
$[C_5H_{11}OSe]I$ 39

$[C_5H_{11}OTe]^+$
[1,4]Oxatelluranium, 4-Methyl- 40
$[C_5H_{11}OTe]I$ 40

$[C_5H_{11}S_2]^+$
[1,4]Dithianium, 1-Methyl- 36
$[C_5H_{11}S_2]I$ 36
$[C_5H_{11}S_2]C_6H_2N_3O_9S$ 36

$[C_5H_{11}Se_2]^+$
[1,4]Diselenanium, 1-Methyl- 40
$[C_5H_{11}Se_2]I$ 40

C_6

$C_6Br_4S_2$
Thieno[2,3-*b*]thiophen, Tetrabrom- 188
Thieno[3,2-*b*]thiophen, Tetrabrom- 188
$C_6Br_4Se_2$
Selenolo[2,3-*b*]selenophen, Tetrabrom- 191
Selenolo[3,2-*b*]selenophen, Tetrabrom- 189
Selenolo[3,4-*b*]selenophen, Tetrabrom- 189
$C_6F_{12}S_2$
[1,4]Dithian, Hexafluor-2,5-bis-trifluormethyl- 71
—, Hexafluor-2,6-bis-trifluormethyl- 71
[1,3]Dithiolan, 4,4,5-Trifluor-2,2,5-tris-trifluormethyl- 71
$C_6HBr_3S_2$
Thieno[2,3-*b*]thiophen, 2,3,5-Tribrom- 190
$C_6H_2Br_2S_2$
Thieno[3,2-*b*]thiophen, 2,5-Dibrom- 188
$C_6H_2I_2S_2$
Thieno[3,2-*b*]thiophen, 2,5-Dijod- 189
$C_6H_2N_2O_4S_2$
Thieno[3,2-*b*]thiophen, 2,5-Dinitro- 189
$C_6H_3IS_2$
Thieno[2,3-*b*]thiophen, 2-Jod- 190
Thieno[3,2-*b*]thiophen, 2-Jod- 188
$C_6H_3NO_2S_2$
Thieno[2,3-*b*]thiophen, 2-Nitro- 190
Thieno[3,2-*b*]thiophen, 2-Nitro- 189
$C_6H_4OS_2$
Verbindung $C_6H_4OS_2$ s. bei Thieno[2,3-*b*]thiophen 190
$C_6H_4S_2$
Thieno[2,3-*b*]thiophen 189
Thieno[3,2-*b*]thiophen 187
$C_6H_4Se_2$
Selenolo[2,3-*b*]selenophen 190
Selenolo[3,2-*b*]selenophen 189
Selenolo[3,4-*b*]selenophen 189
$C_6H_5ClF_6O_2$
[1,3]Dioxolan, 2-[1-Chlor-2,2,2-trifluor-äthyl]-2-trifluormethyl- 68
$C_6H_5Cl_3F_4O_2$
Trichlor-Derivat $C_6H_5Cl_3F_4O_2$ aus [1,1,2,2-Tetrafluor-äthyl]-[1,4]dioxan 62
$C_6H_6F_6O_2$
[1,3]Dioxolan, 2-[2,2,2-Trifluor-äthyl]-2-trifluormethyl- 68
$C_6H_7BrO_3S$
[1,2]Oxathiin-2,2-dioxid, 3-Brom-4,6-dimethyl- 155
—, 5-Brom-4,6-dimethyl- 155
$C_6H_7Br_3O_3S$
[1,2]Oxathiin-2,2-dioxid, 3,4,5-Tribrom-4,6-dimethyl-3,4-dihydro- 155
—, 3,5,6-Tribrom-4,6-dimethyl-5,6-dihydro- 155
$C_6H_7ClO_2$
Furo[3,2-*b*]furan, 3-Chlor-2,3,3a,6a-tetrahydro- 157
$C_6H_8Br_2O_2$
5,8-Dioxa-spiro[3.4]octan, 1,2-Dibrom- 119
$C_6H_8Cl_2O_2$
1,4;3,6-Dianhydro-2,5-didesoxy-glucit, 2,5-Dichlor- 122
1,4;3,6-Dianhydro-2,5-didesoxy-idit, 2,5-Dichlor- 121
1,4;3,6-Dianhydro-2,5-didesoxy-mannit, 2,5-Dichlor- 121
$C_6H_8F_4O_2$
[1,4]Dioxan, [1,1,2,2-Tetrafluor-äthyl]- 62
$C_6H_8I_2O_2$
1,4;3,6-Dianhydro-2,5-didesoxy-idit, 2,5-Dijod- 122
1,4;3,6-Dianhydro-2,5-didesoxy-mannit, 2,5-Dijod- 121
$C_6H_8O_2$
Cyclohexan, 1,2;3,4-Diepoxy- 157
—, 1,2;4,5-Diepoxy- 157
2,3-Dioxa-bicyclo[2.2.2]oct-5-en 157
[1,4]Dioxan, 2,3-Dimethylen- 156
—, 2,5-Dimethylen- 156
5,8-Dioxa-spiro[3.4]oct-1-en 157
[1,4]Dioxin, 2,5-Dimethyl- 156
[1,3]Dioxolan, 2-Prop-1-inyl- 157
$C_6H_8O_3S$
[1,2]Oxathiin-2,2-dioxid, 4,6-Dimethyl- 155
[1,4]Oxathiin-4,4-dioxid, 2,6-Dimethyl- 156
$C_6H_8O_4S_2$
[1,4]Dithiin-1,1,4,4-tetraoxid, 2,5-Dimethyl- 156
$C_6H_8S_2$
[1,4]Dithiin, 2,5-Dimethyl- 156
$C_6H_9ClO_2$
1,4;3,6-Dianhydro-2,5-didesoxy-hexit, *xylo*-2-Chlor- 121
[1,3]Dioxolan, 4-Chlormethyl-2-vinyl- 119
$C_6H_9Cl_3O_2$
[1,3]Dioxan, 4-Methyl-2-trichlormethyl- 61
[1,3]Dioxolan, 4,5-Dimethyl-2-trichlormethyl- 72
$C_6H_{10}BrNO_4$
[1,3]Dioxan, 5-Brom-2,2-dimethyl-5-nitro- 60
$C_6H_{10}Br_2O_2$
[1,3]Dioxan, 4-[1,2-Dibrom-äthyl]- 59
[1,4]Dioxan, 2,5-Dibrom-3,6-dimethyl- 63
$C_6H_{10}ClNO_4$
[1,3]Dioxan, 5-Chlor-2,2-dimethyl-5-nitro- 60
$C_6H_{10}Cl_2OS$
[1,4]Oxathian, 2,3-Dichlor-2,6-dimethyl- 66

$C_6H_{10}Cl_2O_2$
[1,4]Dioxan, 2,5-Bis-chlormethyl- 63
[1,3]Dioxolan, 4,5-Bis-chlormethyl-2-methyl- 72
—, 2-Dichlormethyl-2,4-dimethyl- 70
$C_6H_{10}I_2O_2$
[1,4]Dioxan, 2,3-Bis-jodmethyl- 63
—, 2,5-Bis-jodmethyl- 64
—, 2,6-Bis-jodmethyl- 64
$C_6H_{10}N_2O_6$
[1,3]Dioxan, 2,2-Dimethyl-5,5-dinitro- 60
$C_6H_{10}OS$
1-Oxa-6-thia-spiro[2.5]octan 121
[1,4]Oxathiin, 5,6-Dimethyl-2,3-dihydro- 118
$C_6H_{10}O_2$
Butan, 1,2;3,4-Diepoxy-2,3-dimethyl- 120
threo-1,4;3,6-Dianhydro-2,5-didesoxy-hexit 121
6,8-Dioxa-bicyclo[3.2.1]octan 119
[1,3]Dioxan, 2-Vinyl- 118
—, 4-Vinyl- 118
—, 5-Vinyl- 118
2,7-Dioxa-norbornan, 1-Methyl- 119
1,6-Dioxa-spiro[2.5]octan 120
[1,4]Dioxin, 2,6-Dimethyl-2,3-dihydro- 118
[1,3]Dioxolan, 2,2-Dimethyl-4-methylen- 119
—, 2-Isopropenyl- 119
—, 2-Isopropyliden- 119
—, 2-Methyl-2-vinyl- 119
—, 2-Propenyl- 118
Hexan, 1,2;5,6-Diepoxy- 120
$C_6H_{10}O_2Se$
[1,2]Oxaselenin-2-oxid, 4,5-Dimethyl-3,6-dihydro- 117
$C_6H_{10}O_3S$
1-Oxa-6-thia-spiro[2.5]octan-6,6-dioxid 121
[1,2]Oxathiin-2,2-dioxid, 4,5-Dimethyl-3,6-dihydro- 117
Thieno[3,4-*c*]furan-5,5-dioxid, Tetrahydro- 122
Thiophen-1,1-dioxid, 3,4-Epoxy-3,4-dimethyl-tetrahydro- 123
$C_6H_{10}S_2$
Thieno[3,2-*b*]thiophen, Hexahydro- 122
$C_6H_{11}BrOS$
[1,4]Oxathian, 2-Brom-2,3-dimethyl- 63
$C_6H_{11}BrO_2$
[1,3]Dioxan, 5-Brommethyl-5-methyl- 62
[1,3]Dioxolan, 2-[2-Brom-äthyl]-2-methyl- 68
—, 4-Brommethyl-2,2-dimethyl- 70
—, 4-Brommethyl-2,5-dimethyl- 72
—, 2-[1-Brom-propyl]- 67
$C_6H_{11}ClOS$
[1,4]Oxathian, 3-Chlor-2,6-dimethyl- 66
[1,3]Oxathiolan, 5-Chlormethyl-2,2-dimethyl- 71
$C_6H_{11}ClO_2$
[1,3]Dioxan, 5-Chlor-2,2-dimethyl- 60
—, 5-Chlor-4,4-dimethyl- 61
—, 4-Chlormethyl-4-methyl- 61
[1,3]Dioxolan, 2-Äthyl-4-chlormethyl- 69
—, 2-[2-Chlor-äthyl]-2-methyl- 68
—, 2-[α-Chlor-isopropyl]- 68
—, 2-Chlormethyl-2,4-dimethyl- 70
—, 4-Chlormethyl-2,2-dimethyl- 70
—, 4-Chlormethyl-2,4-dimethyl- 71
—, 2-[1-Chlor-propyl]- 67
$C_6H_{11}ClS_2$
[1,3]Dithiolan, 4-Chlormethyl-2,2-dimethyl- 71
$C_6H_{11}FO_2$
[1,3]Dioxolan, 4-Fluormethyl-2,2-dimethyl- 70
$C_6H_{11}IO_2$
[1,3]Dioxolan, 4-Jodmethyl-2,2-dimethyl- 70
$C_6H_{11}NO_4$
[1,3]Dioxan, 5-Äthyl-5-nitro- 59
—, 2,2-Dimethyl-5-nitro- 60
[1,3]Dioxolan, 2-Äthyl-2-nitromethyl- 69
—, 2-Methyl-2-[1-nitro-äthyl]- 69
$[C_6H_{11}S_2]^+$
[1,4]Dithianium, 1-Vinyl- 37
$[C_6H_{11}S_2]Cl$ 37
$[C_6H_{11}S_2]C_6H_2N_3O_9S$ 37
$[C_6H_{12}ClS_2]^+$
[1,4]Dithianium, 1-[2-Chlor-äthyl]- 37
$[C_6H_{12}ClS_2]Cl$ 37
$C_6H_{12}Cl_4Se_2$
[1,5]Diselenocan-1,1,5,5-tetrachlorid 58
$C_6H_{12}I_4Se_2$
[1,5]Diselenocan-1,1,5,5-tetrajodid 58
$C_6H_{12}N_4O_{12}Se_2$
[1,5]Diselenocan-1,1,5,5-tetranitrat 58
$C_6H_{12}OS$
[1,3]Oxathian, 2,2-Dimethyl- 60
[1,4]Oxathian, 2,6-Dimethyl- 65
—, 3,5-Dimethyl- 65
[1,3]Oxathiolan, 2-Äthyl-2-methyl- 69
—, 2-Isopropyl- 68
—, 2,2,5-Trimethyl- 70
$C_6H_{12}O_2$
[1,3]Dioxan, 4-Äthyl- 59
—, 2,2-Dimethyl- 59
—, 2,4-Dimethyl- 61
—, 4,4-Dimethyl- 61
—, 4,5-Dimethyl- 61
—, 5,5-Dimethyl- 62
[1,4]Dioxan, Äthyl- 62
—, 2,2-Dimethyl- 62
—, 2,3-Dimethyl- 62
—, 2,5-Dimethyl- 63
—, 2,6-Dimethyl- 64
[1,3]Dioxepan, 2-Methyl- 58
—, 5-Methyl- 58
[1,3]Dioxocan 57
[1,3]Dioxolan, 2-Äthyl-2-methyl- 68
—, 2-Äthyl-4-methyl- 69
—, 2-Isopropyl- 67
—, 2-Propyl- 67

$C_6H_{12}O_2$ (Fortsetzung)
[1,3]Dioxolan, 2,2,4-Trimethyl- 69
—, 2,4,4-Trimethyl- 71
—, 2,4,5-Trimethyl- 72
Dipropylendioxid 63

$C_6H_{12}O_2S_2$
[1,4]Dithian-1,1-dioxid, 3,5-Dimethyl- 66

$C_6H_{12}O_3S$
[1,2]Oxathian-2,2-dioxid, 4,6-Dimethyl- 59
[1,4]Oxathian-4,4-dioxid, 2,6-Dimethyl- 65
[1,2]Oxathiocan-2,2-dioxid 57
[1,2]Oxathiolan-2,2-dioxid, 3,3,5-Trimethyl- 67
—, 3,5,5-Trimethyl- 67
—, 4,5,5-Trimethyl- 67

$C_6H_{12}O_3S_4$
[1,4]Dithianium, 1-[2-Thiosulfooxy-äthyl]-, betain 37

$C_6H_{12}O_4S_2$
[1,3]Dithian-1,1,3,3-tetraoxid, 5,5-Dimethyl- 62
[1,4]Dithian-1,1,4,4-tetraoxid, 2,5-Dimethyl- 64
—, 2,6-Dimethyl- 66
[1,5]Dithiocan-1,1,5,5-tetraoxid 58
[1,3]Dithiolan-1,1,3,3-tetraoxid, 2-Äthyl-2-methyl- 69
—, 2,2,4-Trimethyl- 71

$C_6H_{12}S_2$
[1,2]Dithian, 3,6-Dimethyl- 59
[1,3]Dithian, 2-Äthyl- 59
—, 2,2-Dimethyl- 61
[1,4]Dithian, 2,5-Dimethyl- 64
—, 2,6-Dimethyl- 66
[1,3]Dithietan, Tetramethyl- 72
[1,2]Dithiocan 57
[1,5]Dithiocan 57
[1,3]Dithiolan, 2-Äthyl-2-methyl- 69
—, 2,2,4-Trimethyl- 71

$[C_6H_{12}S_2]^{2+}$
1,4-Dithionia-bicyclo[2.2.2]octan 120
$[C_6H_{12}S_2]ZnCl_4$ 120
$[C_6H_{12}S_2][C_6H_2N_3O_9S]_2$ 120

$[C_6H_{13}OS_2]^+$
[1,4]Dithianium, 1-[2-Hydroxy-äthyl]- 37
$[C_6H_{13}OS_2]Cl$ 37
$[C_6H_{13}OS_2]_2HgCl_4$ 37

$[C_6H_{13}O_2]^+$
[1,4]Dioxanium, 1-Äthyl- 29
$[C_6H_{13}O_2]SbCl_6$ 29

$[C_6H_{14}S_2]^{2+}$
[1,4]Dithiandiium, 1,4-Dimethyl- 37
$[C_6H_{14}S_2]I_2$ 37

C_7

$C_7Cl_3F_{11}O_3S$
[1,2]Oxathietan-2,2-dioxid, 3,4,4-Trifluor-3-[2,4,5-trichlor-octafluor-pentyl]- 82

$C_7H_2Br_4O_2$
Benzo[1,3]dioxol, 4,5,6,7-Tetrabrom- 193

$C_7H_2Cl_4O_2$
Benzo[1,3]dioxol, 4,5,6,7-Tetrachlor- 193

$C_7H_3BrN_2O_6$
Benzo[1,3]dioxol, 6-Brom-4,5-dinitro- 194

$C_7H_3Br_3S_2$
Tribrom-Derivat $C_7H_3Br_3S_2$ s. bei 3-Methyl-thieno[2,3-*b*]thiophen 194

$C_7H_3Cl_3O_2$
Benzo[1,3]dioxol, 4,5,6-Trichlor- 193

$C_7H_4Br_2O_2$
Benzo[1,3]dioxol, 5,6-Dibrom- 193

$C_7H_4ClF_5O_2$
1,4-Dioxa-spiro[4.4]non-6-en, 6-Chlor-7,8,8,9,9-pentafluor- 158

$C_7H_4ClNO_4$
Benzo[1,3]dioxol, 5-Chlor-6-nitro- 194

$C_7H_4Cl_2O_3S$
Benz[*c*][1,2]oxathiol-1,1-dioxid, 3,3-Dichlor-3*H*- 191

$C_7H_5BrO_2$
Benzo[1,3]dioxol, 5-Brom- 193

$C_7H_5ClO_3S$
Benz[*c*][1,2]oxathiol-1,1-dioxid, 3-Chlor-3*H*- 191

$C_7H_5NO_4$
Benzo[1,3]dioxol, 4-Nitro- 193
—, 5-Nitro- 194

$C_7H_6O_2$
Benzo[1,3]dioxol 192

$C_7H_6O_3S$
Benz[*c*][1,2]oxathiol-1,1-dioxid, 3*H*- 191

$C_7H_6S_2$
Benzo[1,2]dithiol, 3*H*- 191
Thieno[2,3-*b*]thiophen, 3-Methyl- 194
Thieno[3,2-*b*]thiophen, 2-Methyl- 194

$C_7H_{10}Br_2O_2$
1,6-Dioxa-spiro[4.4]nonan, 4,9-Dibrom- 125
Furo[3,2-*b*]pyran, 3a,7a-Dibrom-hexahydro- 125

$C_7H_{10}Br_3NO_4$
[1,3]Dioxan, 2-Tribrommethyl-4,6-dimethyl-5-nitro- 75

$C_7H_{10}O_2$
Cyclopenta[1,3]dioxin, 4,4a,5,7a-Tetrahydro- 158
6,7-Dioxa-bicyclo[3.2.2]non-8-en 158
1,4-Dioxa-spiro[4.4]non-6-en 158
5,8-Dioxa-spiro[3.4]octan, 2-Methylen- 158
[1,3]Dioxolan, 2-Methyl-4-methylen-2-vinyl- 158
Furo[2,3-*b*]pyran, 2,3,3a,4-Tetrahydro-7a*H*- 159

$C_7H_{10}O_3S$
[1,2]Oxathiin-2,2-dioxid, 3,4,6-Trimethyl- 158
—, 4,5,6-Trimethyl- 157
$C_7H_{11}ClO_2$
1,4-Dioxa-spiro[4.4]nonan, 6-Chlor- 124
[1,3]Dioxolan, 4-Chlormethyl-2-propenyl- 123
$C_7H_{11}Cl_3O_2$
[1,3]Dioxolan, 4-Propyl-2-trichlormethyl- 78
$C_7H_{12}Br_2O_2$
[1,3]Dioxan, 2,5-Bis-brommethyl-5-methyl- 75
$C_7H_{12}ClIO_2$
[1,3]Dioxolan, 2-[1-Chlor-3-jod-propyl]-2-methyl- 78
$C_7H_{12}Cl_2O_2$
[1,3]Dioxolan, 2-[1,3-Dichlor-propyl]-2-methyl- 78
$C_7H_{12}I_2O_2$
[1,3]Dioxan, 2,5-Bis-jodmethyl-5-methyl- 75
[1,3]Dioxolan, 4,5-Bis-jodmethyl-2,2-dimethyl- 81
$C_7H_{12}O_2$
Cyclopenta[1,3]dioxin, Hexahydro- 124
6,8-Dioxa-bicyclo[3.2.1]octan, 1-Methyl- 124
[1,3]Dioxan, 2-Isopropenyl- 123
—, 4-Methyl-2-vinyl- 123
—, 4-Methyl-4-vinyl- 123
[1,4]Dioxan, Allyl- 123
1,4-Dioxa-spiro[4.4]nonan 124
1,6-Dioxa-spiro[4.4]nonan 125
[1,3]Dioxolan, 2-Äthyl-2-methyl-4-methylen- 124
—, 2,2-Dimethyl-4-vinyl- 123
—, 4,5-Dimethyl-2-vinyl- 124
Furo[2,3-*b*]pyran, Hexahydro- 125
Furo[3,2-*b*]pyran, Hexahydro- 125
Heptan, 1,2;6,7-Diepoxy- 125
Pentan, 1,2;3,4-Diepoxy-2,4-dimethyl- 125
$C_7H_{12}S_2$
1,4-Dithia-spiro[4.4]nonan 124
$C_7H_{13}BrO_2$
[1,3]Dioxan, 5-Brommethyl-2,5-dimethyl- 75
[1,3]Dioxolan, 2-[3-Brom-propyl]-2-methyl- 78
$C_7H_{13}BrO_3S$
[1,2]Oxathiolan-2,2-dioxid, 5-Brommethyl-4,4,5-trimethyl- 76
$C_7H_{13}ClO_2$
[1,3]Dioxan, 2-[2-Chlor-äthyl]-4-methyl- 74
[1,3]Dioxolan, 2-Äthyl-4-chlormethyl-2-methyl- 79
—, 4-Chlormethyl-2-isopropyl- 79
—, 4-Chlormethyl-2-propyl- 78
—, 4-Chlormethyl-2,2,4-trimethyl- 80
—, 2-[3-Chlor-propyl]-2-methyl- 77
—, 4-[3-Chlor-propyl]-2-methyl- 78
$C_7H_{13}ClO_4S_2$
[1,3]Dithiolan-1,1,3,3-tetraoxid, 2-Äthyl-4-chlormethyl-2-methyl- 80
$C_7H_{13}ClS_2$
[1,3]Dithiolan, 2-Äthyl-4-chlormethyl-2-methyl- 80
$C_7H_{13}IO_2$
[1,3]Dioxolan, 4-Jodmethyl-2-propyl- 78
$C_7H_{13}NO_4$
[1,3]Dioxan, 2,2,5-Trimethyl-5-nitro- 75
—, 2,4,6-Trimethyl-5-nitro- 75
[1,3]Dioxolan, 2-Äthyl-2-[1-nitro-äthyl]- 79
$C_7H_{14}O_2$
[1,3]Dioxan, 2-Äthyl-2-methyl- 74
—, 4-Äthyl-5-methyl- 74
—, 2,2,4-Trimethyl- 74
—, 4,4,5-Trimethyl- 75
—, 4,4,6-Trimethyl- 76
[1,4]Dioxan, Propyl- 76
[1,3]Dioxepan, 2,4-Dimethyl- 73
—, 4,7-Dimethyl- 73
[1,2]Dioxolan, 3,3,5,5-Tetramethyl- 77
[1,3]Dioxolan, 2-Äthyl-2,4-dimethyl- 79
—, 2-Äthyl-4,5-dimethyl- 80
—, 2-Butyl- 77
—, 2,2-Diäthyl- 79
—, 2-Isopropyl-2-methyl- 79
—, 2-Methyl-2-propyl- 77
—, 4-Methyl-2-propyl- 78
—, 2,2,4,4-Tetramethyl- 80
—, 2,2,4,5-Tetramethyl- 81
—, 2,4,4,5-Tetramethyl- 81
—, 4,4,5,5-Tetramethyl- 82
$C_7H_{14}O_3S$
[1,2]Oxathian-2,2-dioxid, 6-Propyl- 73
[1,2]Oxathiolan-2,2-dioxid, 5-Butyl- 76
—, 5-Methyl-3-propyl- 76
—, 3,4,5,5-Tetramethyl- 77
—, 4,4,5,5-Tetramethyl- 76
$C_7H_{14}O_4S_2$
[1,3]Dithian-1,1,3,3-tetraoxid, 2-Äthyl-2-methyl- 74
—, 2-Propyl- 74
[1,3]Dithiolan-1,1,3,3-tetraoxid, 2-Äthyl-2,4-dimethyl- 80
[1,5]Dithionan-1,1,5,5-tetraoxid 73
$C_7H_{14}S_2$
[1,3]Dithian, 2-Äthyl-2-methyl- 74
—, 2-Propyl- 73
[1,2]Dithiolan, 3,3,5,5-Tetramethyl- 77
[1,3]Dithiolan, 2-Äthyl-2,4-dimethyl- 79
—, 2-Isopropyl-2-methyl- 79
[1,2]Dithionan 72
[1,5]Dithionan 73

$[C_7H_{14}S_2]^{2+}$
2,6-Dithionia-spiro[3.3]heptan, 2,6-Dimethyl- 116
$[C_7H_{14}S_2]I_2$ 116

C_8

$C_8Br_2I_4S_2$
[2,2']Bithienyl, 3,3'-Dibrom-4,5,4',5'-tetrajod- 266

$C_8Br_6S_2$
[2,2']Bithienyl, Hexabrom- 266

$C_8Cl_6S_2$
[2,2']Bithienyl, Hexachlor- 265

$C_8H_2Br_4S_2$
[2,2']Bithienyl, 3,4,3',4'-Tetrabrom- 265
—, 3,5,3',5'-Tetrabrom- 266
—, 4,5,4',5'-Tetrabrom- 266

$C_8H_2Cl_2N_2O_4S_2$
[3,3']Bithienyl, 2,2'-Dichlor-5,5'-dinitro- 267

$C_8H_2I_3NO_2S_2$
[2,2']Bithienyl, 3,5,3'-Trijod-5'-nitro- 267

$C_8H_2N_4O_8S_2$
[2,2']Bithienyl, 3,5,3',5'-Tetranitro- 267

$C_8H_4BrCl_3O_2$
Benzo[1,3]dioxol, 5-Brom-2,2-dichlor-6-chlormethyl- 203

$C_8H_4BrN_3O_8$
Benzo[1,4]dioxin, 6-Brom-5,7,8-trinitro-2,3-dihydro- 199

$C_8H_4Br_2N_2O_6$
Benzo[1,4]dioxin, 6,7-Dibrom-5,8-dinitro-2,3-dihydro- 199

$C_8H_4Br_2S_2$
[2,2']Bithienyl, 3,3'-Dibrom- 265
—, 5,5'-Dibrom- 265

$C_8H_4Br_4O_2$
Benzo[1,4]dioxin, 5,6,7,8-Tetrabrom-2,3-dihydro- 198

$C_8H_4Cl_2N_2O_6$
Benzo[1,4]dioxin, 6,7-Dichlor-5,8-dinitro-2,3-dihydro- 199

$C_8H_4Cl_2S_2$
[2,2']Bithienyl, 5,5'-Dichlor- 265

$C_8H_4Cl_4O_2$
Benzo[1,4]dioxin, 5,6,7,8-Tetrachlor-2,3-dihydro- 197
Benzo[1,3]dioxol, 2,2,5-Trichlor-6-chlormethyl- 202

$C_8H_4I_2S_2$
[2,2']Bithienyl, 5,5'-Dijod- 266

$C_8H_4N_2O_6$
[2,2']Bifuryl, 5,5'-Dinitro- 264

$C_8H_4N_4O_{10}$
Benzo[1,4]dioxin, 5,6,7,8-Tetranitro-2,3-dihydro- 200

$C_8H_5BrO_3$
Verbindung $C_8H_5BrO_3$ aus 4*H*-Benzo[1,3]dioxin 195

$C_8H_5Br_3O_2$
Benzo[1,3]dioxol, 4,5,7-Tribrom-6-methyl- 204

$C_8H_5Cl_3O_2$
Benzo[1,3]dioxin, 5,6,8-Trichlor-4*H*- 196

$C_8H_5NO_2S_2$
Benzo[1,4]dithiin, 2-Nitro- 264
[2,2']Bithienyl, 5-Nitro- 266

$C_8H_5N_3O_8$
Benzo[1,4]dioxin, 5,6,7-Trinitro-2,3-dihydro- 199
—, 5,6,8-Trinitro-2,3-dihydro- 199

$C_8H_6BrClO_2$
Benzo[1,3]dioxol, 5-Brom-6-chlormethyl- 203
—, 6-Brommethyl-5-chlor- 203

$C_8H_6BrIO_2$
Benzo[1,3]dioxol, 5-Brom-6-jodmethyl- 204

$C_8H_6BrNO_4$
Benzo[1,3]dioxin, 8-Brom-6-nitro-4*H*- 197
Benzo[1,4]dioxin, 6-Brom-7-nitro-2,3-dihydro- 198

$C_8H_6Br_2OS$
Benz[1,4]oxathiin, 2,3-Dibrom-2,3-dihydro- 200

$C_8H_6Br_2O_2$
Benzo[1,3]dioxin, 6,8-Dibrom-4*H*- 196
Benzo[1,4]dioxin, 6,7-Dibrom-2,3-dihydro- 198
Benzo[1,3]dioxol, 4-Brom-6-brommethyl- 204
—, 5-Brom-6-brommethyl- 203
—, 4,5-Dibrom-6-methyl- 203
—, 4,6-Dibrom-5-methyl- 203

$C_8H_6Br_2S_2$
Benzo[1,4]dithiin, 2,3-Dibrom-2,3-dihydro- 201

$C_8H_6ClIO_2$
Benzo[1,3]dioxol, 5-Chlor-6-jodmethyl- 204

$C_8H_6ClNO_4$
Benzo[1,3]dioxin, 8-Chlor-6-nitro-4*H*- 197
Benzo[1,4]dioxin, 6-Chlor-5-nitro-2,3-dihydro- 198
—, 6-Chlor-7-nitro-2,3-dihydro- 198
Benzo[1,3]dioxol, 5-Chlormethyl-6-nitro- 204

$C_8H_6Cl_2O_2$
Benzo[1,3]dioxin, 6,8-Dichlor-4*H*- 195
Benzo[1,4]dioxin, 6,7-Dichlor-2,3-dihydro- 197

$C_8H_6Cl_2O_2$ (Fortsetzung)
Benzo[1,3]dioxol, 5-Chlor-6-chlormethyl- 202
—, 5-Dichlormethyl- 202
$C_8H_6N_2O_6$
Benzo[1,3]dioxin, 6,8-Dinitro-4*H*- 197
Benzo[1,4]dioxin, 5,6-Dinitro-2,3-dihydro- 198
—, 5,7-Dinitro-2,3-dihydro- 199
—, 5,8-Dinitro-2,3-dihydro- 199
—, 6,7-Dinitro-2,3-dihydro- 199
Benzo[1,3]dioxol, 5-Dinitromethyl- 204
C_8H_6OS
Benz[1,4]oxathiin 263
$C_8H_6O_2$
[2,2′]Bifuryl 264
$C_8H_6O_3S$
Benz[1,4]oxathiin-4,4-dioxid 263
$C_8H_6O_4S_2$
Benzo[1,4]dithiin-1,1,4,4-tetraoxid 264
$C_8H_6S_2$
Benzo[1,4]dithiin 264
[2,2′]Bithienyl 265
[2,3′]Bithienyl 267
[3,3′]Bithienyl 267
$C_8H_7BrO_2$
Benzo[1,3]dioxin, 6-Brom-4*H*- 196
Benzo[1,4]dioxin, 6-Brom-2,3-dihydro- 198
Benzo[1,3]dioxol, 4-Brommethyl- 201
—, 4-Brom-6-methyl- 203
—, 5-Brommethyl- 203
—, 5-Brom-6-methyl- 202
$C_8H_7ClO_2$
Benzo[1,3]dioxin, 6-Chlor-4*H*- 195
Benzo[1,4]dioxin, 6-Chlor-2,3-dihydro- 197
Benzo[1,3]dioxol, 5-Chlormethyl- 202
$C_8H_7IO_2$
Benzo[1,3]dioxin, 6-Jod-4*H*- 196
$C_8H_7NO_2S_2$
Thieno[2,3-*b*]thiophen, 2-Äthyl-5-nitro- 206
—, 3-Äthyl-2-nitro- 206
—, 3-Äthyl-5-nitro- 206
Thieno[3,2-*b*]thiophen, 2-Äthyl-5-nitro- 205
$C_8H_7NO_4$
Benzo[1,3]dioxin, 5-Nitro-4*H*- 196
—, 6-Nitro-4*H*- 196
—, 7-Nitro-4*H*- 196
Benzo[1,4]dioxin, 6-Nitro-2,3-dihydro- 198
Benzo[1,3]dioxol, 2-Methyl-5-nitro- 201
—, 5-Methyl-6-nitro- 204
$C_8H_8Br_2S_4$
Dibromid $C_8H_8Br_2S_4$ einer Verbindung $C_8H_8S_4$ s. bei 2,2,3,3-Tetrachlor-[1,4]dithian 38
$C_8H_8Br_4S_4$
Tetrabromid $C_8H_8Br_4S_4$ einer Verbindung $C_8H_8S_4$ s. bei 2,2,3,3-Tetrachlor-[1,4]dithian 38
$C_8H_8Cl_2O_2$
Oct-4-in, 1,8-Dichlor-2,3;6,7-diepoxy- 177
$C_8H_8Cl_2S_4$
Verbindung $C_8H_8Cl_2S_4$ aus 2,2,3,3-Tetrachlor-[1,4]dithian 38
$C_8H_8Cl_4O_3S_2$
4,7-Episulfido-benzo[*b*]thiophen-1,1,8-trioxid, 2,3,5,6-Tetrachlor-octahydro- 162
C_8H_8OS
Benz[1,4]oxathiin, 2,3-Dihydro- 200
Benz[1,3]oxathiol, 2-Methyl- 201
$C_8H_8OS_2$
Benzo[*d*][1,2]dithiin-2-oxid, 1,4-Dihydro- 201
$C_8H_8O_2$
Benzo[1,3]dioxin, 4*H*- 195
Benzo[1,4]dioxin, 2,3-Dihydro- 197
Benzo[1,3]dioxol, 2-Methyl- 201
—, 5-Methyl- 202
[2,2′]Bifuryl, x,x-Dihydro- 264
$C_8H_8O_2S$
Benz[1,4]oxathiin-4-oxid, 2,3-Dihydro- 200
$C_8H_8O_2S_2$
Benzo[*d*][1,2]dithiin-2,2-dioxid, 1,4-Dihydro- 201
$C_8H_8O_3S$
Benz[1,4]oxathiin-4,4-dioxid, 2,3-Dihydro- 200
Benz[*e*][1,2]oxathiin-2,2-dioxid, 3,4-Dihydro- 195
Benz[*d*][1,2]oxathiol-2,2-dioxid, 5-Methyl-3*H*- 201
[1,2]Oxathietan-2,2-dioxid, 4-Phenyl- 195
$C_8H_8O_3S_2$
4,7-Episulfido-benzo[*b*]thiophen-1,1,8-trioxid, 3a,4,7,7a-Tetrahydro- 206
$C_8H_8O_4S_2$
Benzo[1,4]dithiin-1,1,4,4-tetraoxid, 2,3-Dihydro- 200
$C_8H_8S_2$
Benzo[1,4]dithiin, 2,3-Dihydro- 200
Benzo[*d*][1,2]dithiin, 1,4-Dihydro- 201
[2,3′]Bithienyl, 4′,5′-Dihydro- 205
Thieno[2,3-*b*]thiophen, 2-Äthyl- 206
—, 3-Äthyl- 206
Thieno[3,2-*b*]thiophen, 2-Äthyl- 205
—, 2,5-Dimethyl- 205
—, 3,6-Dimethyl- 205
Thieno[3,4-*b*]thiophen, 4,6-Dimethyl- 205
$C_8H_8S_4$
Verbindung $C_8H_8S_4$ aus 2,2,3,3-Tetrachlor-[1,4]dithian 38

$C_8H_{10}Cl_2O_2$
Benzo[1,3]dioxol, 2-Dichlormethylen-hexahydro- 160
[1,5]Dioxocan, 3,7-Bis-chlormethylen- 159
$C_8H_{10}O_2$
[2,2′]Bifuryl, 2,3,4,5-Tetrahydro- 264
Hex-3-in, 1,2;5,6-Diepoxy-2,5-dimethyl- 177
$C_8H_{10}O_3S$
Cyclopent[*c*][1,2]oxathiin-1,1-dioxid, 3-Methyl-5,6-dihydro-7*H*- 177
$C_8H_{10}O_4S_2$
Benzo[1,4]dithiin-1,1,4,4-tetraoxid, 4a,5,8,8a-Tetrahydro- 176
$C_8H_{11}Cl_3O_2$
Benzo[1,3]dioxol, 2-Trichlormethyl-hexahydro- 130
$C_8H_{12}Br_2O_2$
Cyclopenta[1,3]dioxol, 4,5-Dibrom-2,2-dimethyl-tetrahydro- 131
—, 4,6-Dibrom-2,2-dimethyl-tetrahydro- 131
1,4-Dioxa-spiro[4.5]decan, 6,10-Dibrom- 128
$C_8H_{12}Cl_2S_2$
[1,2]Dithiol, 5-*tert*-Butyl-3,3-dichlor-4-methyl-3*H*- 127
—, 3,3-Dichlor-4-neopentyl-3*H*- 126
$C_8H_{12}Cl_4O_2$
[1,3]Dioxan, 4-Methyl-2-[1,3,3,3-tetrachlor-propyl]- 84
$C_8H_{12}I_4O_2$
[1,4]Dioxan, 2,3,5,6-Tetrakis-jodmethyl- 88
$C_8H_{12}O_2$
Benzo[1,3]dioxol, 2-Methylen-hexahydro- 160
Cyclohexan, 1,2-Epoxy-4-oxiranyl- 161
Cyclopenta[1,3]dioxol, 2,2-Dimethyl-3a,4-dihydro-6a*H*- 160
1,7-Dioxa-dispiro[2.2.2.2]decan 161
[1,4]Dioxan, 2,5-Divinyl- 160
1,4-Dioxa-spiro[4.5]dec-6-en 160
1,6-Dioxa-spiro[4.5]dec-7-en 160
1,4-Dioxa-spiro[4.4]nonan, 2-Methylen- 160
[1,6]Dioxecin, 2,5,7,10-Tetrahydro- 159
[1,3]Dioxepin, 2-Propenyl-4,7-dihydro- 159
Furo[2,3-*b*]pyran, 4-Methyl-2,3,3a,4-tetrahydro-7a*H*- 161
Isobenzofuran, 4,5-Epoxy-octahydro- 161
Pyrano[2,3-*b*]pyran, 2,3,5,6-Tetrahydro-4*H*,7*H*- 161
—, 2,3,4,4a-Tetrahydro-5*H*,8a*H*- 161
$C_8H_{12}O_3S$
[1,2]Oxathiin-2,2-dioxid, 4-Äthyl-3,6-dimethyl- 159
—, 4-Methyl-6-propyl- 159
$C_8H_{13}BrO_2$
Benzo[1,3]dioxol, 2-Brommethyl-hexahydro- 130
1,4-Dioxa-spiro[4.5]decan, 6-Brom- 128
[1,3]Dioxolan, 2-[1-Brom-2-methyl-allyl]-2-methyl- 127
$C_8H_{13}ClO_2$
1,4-Dioxa-spiro[4.5]decan, 6-Chlor- 128
1,4-Dioxa-spiro[4.4]nonan, 2-Chlormethyl- 129
[1,3]Dioxolan, 2-[1-Chlor-2-methyl-allyl]-2-methyl- 127
$C_8H_{13}NO_4$
[1,3]Dioxan, 5-Äthyl-5-nitro-2-vinyl- 126
$C_8H_{14}Br_2O_2$
[1,3]Dioxan, 5-Äthyl-2,5-bis-brommethyl- 86
$C_8H_{14}Cl_2O_2$
[1,3]Dioxan, 5,5-Bis-chlormethyl-2,2-dimethyl- 86
$C_8H_{14}OS$
1-Oxa-4-thia-spiro[4.5]decan 128
$C_8H_{14}O_2$
Benzo[1,3]dioxin, Hexahydro- 130
[2,2′]Bifuryl, Octahydro- 132
[3,3′]Bifuryl, Octahydro- 132
Cyclopenta[1,3]dioxol, 2,2-Dimethyl-tetrahydro- 131
6,8-Dioxa-bicyclo[3.2.1]octan, 1,4-Dimethyl- 132
[1,3]Dioxan, 4,5-Dimethyl-2-vinyl- 126
—, 4,6-Dimethyl-2-vinyl- 126
1,4-Dioxa-spiro[4.5]decan 128
1,6-Dioxa-spiro[4.5]decan 133
6,10-Dioxa-spiro[4.5]decan 129
1,4-Dioxa-spiro[4.4]nonan, 2-Methyl- 129
—, 6-Methyl- 129
1,6-Dioxa-spiro[4.4]nonan, 2-Methyl- 133
[1,3]Dioxepin, 2-Isopropyl-4,7-dihydro- 126
[1,3]Dioxolan, 2,2-Dimethyl-4-propenyl- 127
—, 2-Methallyl-2-methyl- 127
—, 2,2,4-Trimethyl-5-vinyl- 127
Furan, 3,4-Epoxy-2,2,5,5-tetramethyl-tetrahydro- 134
Furo[2,3-*b*]pyran, 4-Methyl-hexahydro- 134
—, 7a-Methyl-hexahydro- 134
Furo[3,2-*b*]pyran, 5-Methyl-hexahydro- 133
Hexan, 1,2;5,6-Diepoxy-2,5-dimethyl- 133
—, 2,3;4,5-Diepoxy-2,4-dimethyl- 133
Octan, 1,2;7,8-Diepoxy- 132
Pyrano[2,3-*b*]pyran, Hexahydro- 133

$C_8H_{14}O_2Se$
[1,2]Oxaselenin-2-oxid, 4-*tert*-Butyl-3,6-dihydro- 126
—, 5-*tert*-Butyl-3,6-dihydro- 126
$C_8H_{14}O_4S_2$
1,4-Dithia-spiro[4.5]decan-1,1,4,4-tetraoxid 129
$C_8H_{14}S_2$
Benzo[*d*][1,2]dithiin, Octahydro- 130
[3,3′]Bithienyl, Octahydro- 132
1,4-Dithia-spiro[4.5]decan 128
2,3-Dithia-spiro[4.5]decan 129
$C_8H_{14}Se_2$
[3,3′]Biselenophenyl, Octahydro- 132
$C_8H_{14}Te_2$
[3,3′]Bitellurophenyl, Octahydro- 132
$C_8H_{15}BrO_2$
[1,3]Dioxan, 5-Brommethyl-2,2,5-trimethyl- 86
[1,3]Dioxolan, 2,2-Diäthyl-4-brommethyl- 91
$C_8H_{15}BrO_3S$
Pentan-1-sulfonsäure, 3-Brom-4-hydroxy-2,2,4-trimethyl-, lacton 83
—, 5-Brom-4-hydroxy-2,2,4-trimethyl-, lacton 83
$C_8H_{15}ClO_2$
[1,3]Dioxan, 2-[2-Chlor-äthyl]-4,5-dimethyl- 85
—, 2-[2-Chlor-äthyl]-4,6-dimethyl- 85
[1,3]Dioxolan, 2-Äthyl-2-[3-chlor-propyl]- 90
—, 4-Chlormethyl-2-methyl-2-propyl- 90
$C_8H_{15}NO_4$
[1,3]Dioxan, 2-Äthyl-2,5-dimethyl-5-nitro- 85
—, 5-Äthyl-2,2-dimethyl-5-nitro- 85
—, 2-Isopropyl-5-methyl-5-nitro- 84
—, 5-Methyl-5-nitro-2-propyl- 84
—, 2,2,4,6-Tetramethyl-5-nitro- 86
[1,3]Dioxolan, 2-[3-Methyl-3-nitro-butyl]- 89
$C_8H_{16}OS$
[1,4]Oxathian, 3,3,5,5-Tetramethyl- 88
[1,3]Oxathiolan, 2-Isobutyl-2-methyl- 89
$C_8H_{16}O_2$
[1,2]Dioxan, 3,3,6,6-Tetramethyl- 83
[1,3]Dioxan, 2-Äthyl-2,4-dimethyl- 85
—, 4-Butyl- 83
—, 2-Isopropyl-4-methyl- 84
—, 4-Methyl-2-propyl- 83
—, 4-Methyl-4-propyl- 84
—, 2,4,4,6-Tetramethyl- 86
—, 2,4,5,6-Tetramethyl- 87
—, 4,4,5,5-Tetramethyl- 87
—, 4,4,6,6-Tetramethyl- 87
[1,4]Dioxan, Butyl- 87
—, 2,2-Diäthyl- 87
—, 2,3-Diäthyl- 87
—, 2,5-Diäthyl- 88
—, 2,3,5,6-Tetramethyl- 88
[1,6]Dioxecan 82
[1,3]Dioxepan, 2-Propyl- 83
[1,3]Dioxolan, 2-Äthyl-2,4,5-trimethyl- 91
—, 4-Äthyl-2,2,4-trimethyl- 91
—, 2-Butyl-2-methyl- 89
—, 2-*tert*-Butyl-2-methyl- 90
—, 2,4-Dimethyl-2-propyl- 90
—, 4,5-Dimethyl-2-propyl- 91
—, 2-Isobutyl-2-methyl- 89
—, 2-Isopropyl-4,4-dimethyl- 91
—, 2-Isopropyl-4,5-dimethyl- 91
—, 2,4,4,5,5-Pentamethyl- 92
—, 2-Pentyl- 89
$C_8H_{16}O_3S$
[1,2]Oxathian-2,2-dioxid, 4,4,6,6-Tetramethyl- 83
[1,2]Oxathiolan-2,2-dioxid, 4,5-Dimethyl-3-propyl- 88
—, 5-Isopentyl- 88
$C_8H_{16}O_4S_2$
[1,3]Dithian-1,1,3,3-tetraoxid, 2,2-Diäthyl- 85
—, 2-Methyl-2-propyl- 83
—, 2,2,5,5-Tetramethyl- 86
[1,3]Dithiolan-1,1,3,3-tetraoxid, 2,4-Dimethyl-2-propyl- 90
—, 2-Isobutyl-4-methyl- 90
$C_8H_{16}S_2$
[1,3]Dithian, 2,2-Diäthyl- 85
—, 2-Methyl-2-propyl- 83
—, 2,2,5,5-Tetramethyl- 86
[1,4]Dithian, 2,2,6,6-Tetramethyl- 88
[1,2]Dithiecan 82
[1,4]Dithiecan 82
[1,3]Dithiolan, 2,4-Dimethyl-2-propyl- 90
—, 2-Isobutyl-4-methyl- 89
$C_8I_6S_2$
[2,2′]Bithienyl, Hexajod- 266

C_9

$C_9Cl_4F_{14}O_3S$
[1,2]Oxathietan-2,2-dioxid, 3,4,4-Trifluor-3-[2,4,6,7-tetrachlor-undecafluor-heptyl]- 96
$C_9H_2Br_6S_2$
[2,2′]Bithienyl, 3,4,5,3′,4′-Pentabrom-5′-brommethyl- 271
$C_9H_3Br_5S_2$
[2,2′]Bithienyl, 3,4,5,3′,4′-Pentabrom-5′-methyl- 271
$C_9H_3Cl_5S_2$
[2,2′]Bithienyl, 3,4,5,3′,4′-Pentachlor-5′-methyl- 270
$C_9H_6BrNO_4$
Styrol, 3-Brom-4,5-methylendioxy-β-nitro- 269

$C_9H_6BrNO_4$ (Fortsetzung)
Styrol, β-Brom-3,4-methylendioxy-β-nitro- 269
$C_9H_6Br_2S_2$
Methan, Bis-[5-brom-[2]thienyl]- 270
$C_9H_6Cl_2S_2$
Methan, Bis-[5-chlor-[2]thienyl]- 270
$C_9H_6N_2O_6$
Styrol, 4,5-Methylendioxy-2,β-dinitro- 269
$C_9H_7BrS_2$
Methan, [5-Brom-[2]thienyl]-[2]thienyl- 270
$C_9H_7IO_2$
Methan, [2]Furyl-[5-jod-[2]furyl]- 269
$C_9H_7IS_2$
[2,2′]Bithienyl, 5-Jod-5′-methyl- 271
$C_9H_7NO_4$
Styrol, 3,4-Methylendioxy-β-nitro- 268
—, 4,5-Methylendioxy-2-nitro- 268
$C_9H_8BrClO_2$
Benzo[1,4]dioxin, 7-Brom-2-chlormethyl-2,3-dihydro- 212
Benzo[1,3]dioxol, 5-Brom-6-chlor-2,2-dimethyl- 213
$C_9H_8BrNO_4$
Benzo[1,3]dioxol, 5-Brom-2,2-dimethyl-6-nitro- 214
$C_9H_8Br_2O_2$
Benzo[1,3]dioxol, 5,6-Dibrom-2,2-dimethyl- 214
$C_9H_8ClNO_4$
Benzo[1,3]dioxin, 8-Chlormethyl-6-nitro-4*H*- 211
Benzo[1,4]dioxin, 2-Chlormethyl-7-nitro-2,3-dihydro- 212
Benzo[1,3]dioxol, 5-Chlor-2,2-dimethyl-6-nitro- 214
—, 2-Chlormethyl-2-methyl-5-nitro-214
$C_9H_8Cl_2OS$
Benz[*f*][1,4]oxathiepin, 7,9-Dichlor-2,3-dihydro-5*H*- 209
$C_9H_8Cl_2O_2$
Benzo[1,3]dioxin, 6-Chlor-8-chlormethyl-4*H*- 211
Benzo[1,4]dioxin, 7-Chlor-2-chlormethyl-2,3-dihydro- 212
Benzo[1,3]dioxol, 5,6-Bis-chlormethyl- 215
—, 5,6-Dichlor-2,2-dimethyl- 213
$C_9H_8Cl_2O_3S$
Benz[*f*][1,4]oxathiepin-4,4-dioxid, 7,9-Dichlor-2,3-dihydro-5*H*- 209
$C_9H_8Cl_2S_2$
[1,3]Dithiolan, 2-[2,4-Dichlor-phenyl]- 209
$C_9H_8INO_4$
Benzo[1,3]dioxol, 5-Jod-2,2-dimethyl-6-nitro- 214
$C_9H_8N_2O_6$
Benzo[1,3]dioxol, 2,2-Dimethyl-5,6-dinitro-214
$C_9H_8OS_2$
C-Acetyl-Derivat $C_9H_8OS_2$ s. bei 3-Methyl-thieno[2,3-*b*]thiophen 194
$C_9H_8O_2$
Benzo[1,4]dioxin, 2-Methylen-2,3-dihydro-268
Benzo[1,3]dioxol, 2-Vinyl- 268
Methan, Di-[2]furyl- 269
3,8a-Methano-benzo[*c*][1,2]dioxin, 3*H*- 271
$C_9H_8O_3S$
Benz[*e*][1,2]oxathiin-2,2-dioxid, 4-Methyl-267
$C_9H_8S_2$
[2,2′]Bithienyl, 5-Methyl- 270
[2,3′]Bithienyl, 5-Methyl- 271
Methan, Di-[2]thienyl- 270
$C_9H_9BrO_2$
Benzo[1,4]dioxin, 2-Brommethyl-2,3-dihydro- 212
Benzo[1,3]dioxol, 5-[2-Brom-äthyl]- 212
—, 5-Brom-2,2-dimethyl- 213
[1,3]Dioxolan, 2-[4-Brom-phenyl]- 207
C_9H_9ClOS
Benz[*f*][1,4]oxathiepin, 7-Chlor-2,3-dihydro-5*H*- 209
[1,3]Oxathiolan, 2-[2-Chlor-phenyl]- 208
—, 2-[4-Chlor-phenyl]- 208
$C_9H_9ClO_2$
Benzo[1,4]dioxin, 2-Chlor-2-methyl-2,3-dihydro- 211
—, 2-Chlormethyl-2,3-dihydro- 211
—, 6-Chlormethyl-2,3-dihydro- 212
Benzo[1,3]dioxol, 5-Chlor-2,2-dimethyl-213
—, 2-Chlormethyl-2-methyl- 213
[1,3]Dioxolan, 2-[2-Chlor-phenyl]- 207
—, 2-[4-Chlor-phenyl]- 207
$C_9H_9ClO_3S$
Benz[*f*][1,4]oxathiepin-4,4-dioxid, 7-Chlor-2,3-dihydro-5*H*- 209
$C_9H_9ClS_2$
Benzo[*f*][1,4]dithiepin, 7-Chlor-2,3-dihydro-5*H*- 210
[1,3]Dithiolan, 2-[4-Chlor-phenyl]- 209
$C_9H_9IO_2$
Benzo[1,4]dioxin, 2-Jodmethyl-2,3-dihydro-212
Benzo[1,3]dioxol, 5-Jod-2,2-dimethyl- 214
$C_9H_9NO_3S$
Benz[*f*][1,4]oxathiepin, 7-Nitro-2,3-dihydro-5*H*- 210
[1,3]Oxathiolan, 2-[4-Nitro-phenyl]- 209
$C_9H_9NO_4$
Benzo[*b*][1,4]dioxepin, 7-Nitro-2,3-dihydro-4*H*- 210

$C_9H_9NO_4$ (Fortsetzung)
Benzo[1,3]dioxol, 2,2-Dimethyl-4-nitro- 214
—, 2,2-Dimethyl-5-nitro- 214
[1,3]Dioxolan, 2-[2-Nitro-phenyl]- 208
—, 2-[3-Nitro-phenyl]- 208
—, 2-[4-Nitro-phenyl]- 208

$C_9H_9NO_5S$
Benz[*f*][1,4]oxathiepin-4,4-dioxid, 7-Nitro-2,3-dihydro-5*H*- 210

$C_9H_9N_3O_2$
Benzo[1,3]dioxol, 5-Azido-2,2-dimethyl- 215

$C_9H_{10}OS$
Benz[*f*][1,4]oxathiepin, 2,3-Dihydro-5*H*- 209
Benz[1,3]oxathiol, 2,2-Dimethyl- 215
[1,3]Oxathiolan, 2-Phenyl- 208

$C_9H_{10}O_2$
Benzo[*b*][1,4]dioxepin, 2,3-Dihydro-4*H*- 210
Benzo[1,3]dioxin, 6-Methyl-4*H*- 211
Benzo[1,4]dioxin, 2-Methyl-2,3-dihydro- 211
Benzo[*c*][1,2]dioxin, 4-Methyl-3,8a-dihydro- 210
Benzo[1,3]dioxol, 2,2-Dimethyl- 213
—, 5,6-Dimethyl- 215
[1,3]Dioxolan, 2-Phenyl- 207

$C_9H_{10}O_2S$
Benz[1,3]oxathiol-3-oxid, 2,2-Dimethyl- 215

$C_9H_{10}O_3S$
Benz[*f*][1,4]oxathiepin-4,4-dioxid, 2,3-Dihydro-5*H*- 209
Benz[*e*][1,2]oxathiin-2,2-dioxid, 4-Methyl-3,4-dihydro- 211
Benz[1,3]oxathiol-3,3-dioxid, 2,2-Dimethyl- 215
Benz[*d*][1,2]oxathiol-2,2-dioxid, 5,7-Dimethyl-3*H*- 213

$C_9H_{12}Cl_4O_2$
Benzo[1,3]dioxol, 4,5,6,7-Tetrachlor-2,2-dimethyl-hexahydro- 137

$C_9H_{12}O_2$
1,4-Dioxa-spiro[4.6]undeca-6,10-dien 163

$C_9H_{12}O_3S$
Benz[*c*][1,2]oxathiin-1,1-dioxid, 3-Methyl-5,6,7,8-tetrahydro- 177

$C_9H_{12}O_4S_2$
Benzo[1,4]dithiin-1,1,4,4-tetraoxid, 6-Methyl-4a,5,8,8a-tetrahydro- 177

$C_9H_{13}ClO_2$
1,4-Dioxa-spiro[4.6]undec-6-en, 11-Chlor- 162

$C_9H_{14}Cl_2O_2$
1,4-Dioxa-spiro[4.6]undecan, 6,11-Dichlor- 135

$C_9H_{14}Cl_4O_2$
[1,3]Dioxolan, 4,5-Bis-[1,2-dichlor-äthyl]-2,2-dimethyl- 96

$C_9H_{14}O_2$
Benzo[1,3]dioxin, 2-Methyl-5,6,7,8-tetrahydro-4*H*- 163
Cyclohexen, 4-[1,3]Dioxolan-2-yl- 162
1,4-Dioxa-spiro[4.5]decan, 2-Methylen- 163
1,6-Dioxa-spiro[4.5]dec-7-en, 9-Methyl- 163
1,4-Dioxa-spiro[4.6]undec-6-en 162
[1,3]Dioxolan, 2,2-Dimethyl-4,5-divinyl- 162

$C_9H_{14}O_3S$
[1,2]Oxathiin-2,2-dioxid, 6-*tert*-Butyl-4-methyl- 162

$C_9H_{15}BrO_2$
1,3-Dioxa-spiro[4.5]decan, 2-Brommethyl- 136

$C_9H_{15}ClO_2$
1,4-Dioxa-spiro[4.5]decan, 2-Chlormethyl- 136
1,4-Dioxa-spiro[4.6]undecan, 6-Chlor- 135

$C_9H_{15}NO_4$
6,10-Dioxa-spiro[4.5]decan, 8-Methyl-8-nitro- 137

$C_9H_{16}OS$
1-Oxa-5-thia-spiro[5.5]undecan 135

$C_9H_{16}O_2$
Benzo[1,3]dioxin, 2-Methyl-hexahydro- 137
Benzo[1,3]dioxol, 2,2-Dimethyl-hexahydro- 137
Cyclopenta[1,3]dioxol, 2,2,4-Trimethyl-tetrahydro- 138
2,7-Dioxa-norbornan, 1,3,3,4-Tetramethyl- 138
1,4-Dioxa-spiro[4.5]decan, 2-Methyl- 136
—, 6-Methyl- 136
1,6-Dioxa-spiro[4.5]decan, 9-Methyl- 139
6,10-Dioxa-spiro[4.5]decan, 1-Methyl- 136
—, 7-Methyl- 136
1,6-Dioxa-spiro[4.4]nonan, 2-Äthyl- 139
—, 3-Äthyl- 139
—, 2,7-Dimethyl- 139
1,4-Dioxa-spiro[4.6]undecan 134
1,5-Dioxa-spiro[5.5]undecan 135
1,7-Dioxa-spiro[5.5]undecan 139
6,11-Dioxa-spiro[4.6]undecan 135
[1,3]Dioxolan, 2-Cyclohexyl- 134
—, 2,4-Dimethyl-2-[2-methyl-propenyl]- 134
—, 2-Methallyl-2,4-dimethyl- 134
Furo[2,3-*b*]pyran, 4,7a-Dimethyl-hexahydro- 139
Furo[3,2-*b*]pyran, 6-Äthyl-hexahydro- 139
Heptan, 2,3;4,5-Diepoxy-2,4-dimethyl- 138

$C_9H_{16}O_2$ (Fortsetzung)
Hexan, 2,3;4,5-Diepoxy-2,3,5-trimethyl- 138
Nonan, 1,2;8,9-Diepoxy- 138
$C_9H_{16}O_3$
Pentan-1-on, 1-[1,3]Dioxolan-2-yl-2-methyl- 6
$C_9H_{16}O_4S_2$
Cyclobuta[*e*][1,3]dithiepin-2,2,4,4-tetraoxid, 3,3-Dimethyl-hexahydro- 137
1,5-Dithia-spiro[5.5]undecan-1,1,5,5-tetraoxid 135
$C_9H_{16}S_2$
1,4-Dithia-spiro[4.5]decan, 8-Methyl- 136
1,5-Dithia-spiro[5.5]undecan 135
$C_9H_{17}BrO_2$
[1,3]Dioxolan, 2-[2-Brom-hexyl]- 94
$C_9H_{17}ClO_2$
[1,3]Dioxolan, 2-Butyl-4-chlormethyl-2-methyl- 95
—, 2-*tert*-Butyl-4-chlormethyl-2-methyl- 96
—, 2-[2-Chlor-hexyl]- 93
$C_9H_{17}NO_4$
[1,3]Dioxan, 5-Äthyl-5-nitro-2-propyl- 92
—, 2,5-Diäthyl-2-methyl-5-nitro- 93
[1,3]Dioxolan, 2-[2,3-Dimethyl-3-nitro-butyl]- 94
—, 2-[2,2-Dimethyl-3-nitro-propyl]-2-methyl- 94
$C_9H_{18}O_2$
[1,3]Dioxan, 2-*tert*-Butyl-2-methyl- 92
—, 2,5-Dimethyl-5-propyl- 93
—, 2,2,4,4,6-Pentamethyl- 93
—, 2,4,4,5,6-Pentamethyl- 93
—, 2,4,4,6,6-Pentamethyl- 93
[1,3]Dioxepan, 4,4,7,7-Tetramethyl- 92
[1,3]Dioxolan, 2-[1-Äthyl-propyl]-4-methyl- 94
—, 2-*tert*-Butyl-2,4-dimethyl- 95
—, 4-Butyl-2,2-dimethyl- 95
—, 2,2-Diäthyl-4,5-dimethyl- 96
—, Hexamethyl- 96
—, 2-Hexyl- 93
—, 2-Isobutyl-2,4-dimethyl- 95
—, 2-Methyl-2-pentyl- 94
—, 2,4,5-Trimethyl-2-propyl- 96
$C_9H_{18}S_2$
[1,3]Dithiolan, 2-Äthyl-2-butyl- 94
—, 4-Butyl-2,2-dimethyl- 95
—, 2,2-Diisopropyl- 95
—, 2,2-Dipropyl- 94

C_{10}

$C_{10}H_2Cl_6S_2$
Äthylen, 1,1-Dichlor-2,2-bis-[2,5-dichlor-[3]thienyl]- 309
$C_{10}H_2Cl_8S_2$
[2,2']Bithienyl, 3,4,3',4'-Tetrachlor-5,5'-bis-dichlormethyl- 278
$C_{10}H_3Cl_5N_2O_6$
Benzo[1,3]dioxin, 4-Dichlormethylen-6,8-dinitro-2-trichlormethyl-4*H*- 273
$C_{10}H_3Cl_7S_2$
Äthan, 1,1,1-Trichlor-2,2-bis-[2,5-dichlor-[3]thienyl]- 277
$C_{10}H_4Br_6S_2$
[2,2']Bithienyl, 3,4,3',4'-Tetrabrom-5,5'-bis-brommethyl- 278
$C_{10}H_4Cl_2S_2$
Benzo[1,2-*b*;4,5-*b'*]dithiophen, 4,8-Dichlor-324
$C_{10}H_4Cl_4S_2$
Äthylen, 1,1-Dichlor-2,2-bis-[5-chlor-[2]thienyl]- 308
$C_{10}H_4Cl_5NO_4$
Benzo[1,3]dioxin, 4-Dichlormethylen-6-nitro-2-trichlormethyl-4*H*- 272
$C_{10}H_4Cl_7NO_4$
Benzo[1,3]dioxin, 6-Chlor-8-nitro-2,4-bis-trichlormethyl-4*H*- 226
$C_{10}H_4Cl_8O_2$
Benzo[1,3]dioxin, 6,8-Dichlor-2,4-bis-trichlormethyl-4*H*- 226
$C_{10}H_5BrS_2$
Benzo[2,1-*b*;3,4-*b'*]dithiophen, 4-Brom-325
$C_{10}H_5Br_2Cl_3S_2$
Äthan, 2,2-Bis-[5-brom-[2]thienyl]-1,1,1-trichlor- 277
$C_{10}H_5ClS_2$
Benzo[1,2-*b*;3,4-*b'*]dithiophen, 5-Chlor-324
$C_{10}H_5Cl_3I_2S_2$
Äthan, 1,1,1-Trichlor-2,2-bis-[5-jod-[2]thienyl]- 277
$C_{10}H_5Cl_5S_2$
Äthan, 1,1,1-Trichlor-2,2-bis-[5-chlor-[2]thienyl]- 277
$C_{10}H_5Cl_7O_2$
Benzo[1,3]dioxin, 6-Chlor-2,4-bis-trichlormethyl-4*H*- 226
$C_{10}H_5IO_3S$
Naphth[1,8-*cd*][1,2]oxathiol-2,2-dioxid, 6-Jod- 323
$C_{10}H_6BrNO_3S$
Äthylen, 1-[5-Brom-3-nitro-[2]thienyl]-2-[2]furyl- 308
$C_{10}H_6Br_4S_2$
[2,2']Bithienyl, 3,4,3',4'-Tetrabrom-5,5'-dimethyl- 278
—, 3,5,3',5'-Tetrabrom-4,4'-dimethyl-278
$C_{10}H_6Cl_4S_2$
[2,2']Bithienyl, 3,4,3',4'-Tetrachlor-5,5'-dimethyl- 278

$C_{10}H_6F_2S_2$
Äthylen, 1,2-Difluor-1,2-di-[2]thienyl- 308
$C_{10}H_6N_2O_5S$
Äthylen, 1-[3,5-Dinitro-[2]thienyl]-2-[2]furyl- 308
$C_{10}H_6N_4O_8S_2$
[3,3']Bithienyl, 5,5'-Dimethyl-2,4,2',4'-tetranitro- 279
$C_{10}H_6O_3S$
Naphth[1,8-*cd*][1,2]oxathiol-2,2-dioxid 323
$C_{10}H_6S_2$
Benzo[1,2-*b*;3,4-*b'*]dithiophen 324
Benzo[1,2-*b*;4,3-*b'*]dithiophen 325
Benzo[1,2-*b*;4,5-*b'*]dithiophen 324
Benzo[1,2-*b*;5,4-*b'*]dithiophen 324
Benzo[2,1-*b*;3,4-*b'*]dithiophen 325
Benzo[*b*]thieno[2,3-*d*]thiophen 323
Benzo[*b*]thieno[3,2-*d*]thiophen 323
Naphtho[1,8-*cd*][1,2]dithiol 323
$C_{10}H_7Cl_3S_2$
Äthan, 1,1,1-Trichlor-2,2-di-[2]thienyl- 277
$C_{10}H_7NO_3S$
Äthylen, 1-[2]Furyl-2-[3-nitro-[2]thienyl]-308
—, 1-[2]Furyl-2-[5-nitro-[2]thienyl]-308
$C_{10}H_8Br_4O_2$
Benzo[1,3]dioxol, 4,5-Dibrom-6-[1,2-dibrom-propyl]- 228
$C_{10}H_8Cl_6O_2$
6,9-Methano-benzo[*e*][1,3]dioxepin, 6,7,8,9,10,10-Hexachlor-1,5,5a,6,9,9a-hexahydro- 180
4,7-Methano-benzo[1,3]dioxol, 4,5,6,7,8,8-Hexachlor-2,2-dimethyl-3a,4,7,7a-tetrahydro- 180
$C_{10}H_8N_2O_6$
Benzo[1,3]dioxol, 5-Nitro-6-[2-nitro-propenyl]- 274
Benzol, 1,5-Dinitro-2,4-bis-oxiranyl- 280
$C_{10}H_8O_2$
Äthylen, 1,2-Di-[2]furyl- 308
Benzo[1,3]dioxol, 5-Prop-1-inyl- 307
Indeno[5,6-*d*][1,3]dioxol, 5*H*- 309
$C_{10}H_8S_2$
Äthylen, 1,2-Di-[2]thienyl- 308
$C_{10}H_9BrClNO_4$
[1,3]Dioxan, 5-Brom-2-[4-chlor-phenyl]-5-nitro- 217
$C_{10}H_9BrN_2O_6$
[1,3]Dioxan, 5-Brom-5-nitro-2-[4-nitro-phenyl]- 218
$C_{10}H_9BrOS$
[1,4]Oxathiin, 6-[Brom-phenyl]-2,3-dihydro- 272
$C_{10}H_9Br_3O_2$
Benzo[1,3]dioxol, 5-Brom-6-[β,β'-dibrom-isopropyl]- 229
—, 5-Brom-6-[1,2-dibrom-propyl]-228
—, 5-Brom-6-[2,3-dibrom-propyl]-228
$C_{10}H_9ClN_2O_6$
[1,3]Dioxan, 5-Chlor-5-nitro-2-[4-nitro-phenyl]- 217
$C_{10}H_9ClO_2$
[1,3]Dioxin, 5-Chlor-6-phenyl-4*H*- 272
$C_{10}H_9Cl_2NO_4$
[1,3]Dioxan, 5-Chlor-2-[4-chlor-phenyl]-5-nitro- 217
$C_{10}H_9Cl_3O_2$
[1,3]Dioxan, 4,5,5-Trichlor-4-phenyl- 219
$C_{10}H_9NO_4$
Benzo[1,3]dioxol, 5-[2-Nitro-propenyl]-274
[1,3]Dioxolan, 2-[4-Nitro-benzyliden]- 272
Styrol, 3,4-Äthandiyldioxy-β-nitro- 273
$C_{10}H_{10}BrClOS$
Benz[*b*][1,5]oxathiocin, 3-Brom-8-chlor-2,3-dihydro-4*H*,6*H*- 225
$C_{10}H_{10}BrNO_4$
[1,3]Dioxan, 5-Brom-4-[4-nitro-phenyl]-220
—, 5-Brom-5-nitro-2-phenyl- 217
$C_{10}H_{10}Br_2O_2$
Benzo[1,3]dioxol, 5-[β,β'-Dibrom-isopropyl]- 228
—, 5-[1,2-Dibrom-propyl]- 228
—, 5-[2,3-Dibrom-propyl]- 228
$C_{10}H_{10}ClNO_4$
[1,3]Dioxan, 5-Chlor-4-[4-nitro-phenyl]-219
—, 5-Chlor-5-nitro-2-phenyl- 217
—, 2-[4-Chlor-phenyl]-5-nitro- 217
$C_{10}H_{10}Cl_2OS$
Benz[*b*][1,5]oxathiocin, 3,8-Dichlor-2,3-dihydro-4*H*,6*H*- 225
[1,3]Oxathiolan, 2-[2,4-Dichlor-phenyl]-2-methyl- 222
—, 2-[2,5-Dichlor-phenyl]-2-methyl-222
$C_{10}H_{10}Cl_2O_2$
Benzo[1,3]dioxin, 6,8-Bis-chlormethyl-4*H*-226
Benzo[1,4]dioxin, 2,6-Bis-chlormethyl-2,3-dihydro- 227
—, 2,7-Bis-chlormethyl-2,3-dihydro-227
[1,3]Dioxan, 5,5-Dichlor-4-phenyl- 219
$C_{10}H_{10}N_2O_5$
Benzo[1,3]dioxol, 5-[2-Nitro-1-nitroso-propyl]- 229
$C_{10}H_{10}N_2O_6$
[1,3]Dioxan, 5-Nitro-2-[4-nitro-phenyl]-217
$C_{10}H_{10}OS$
[1,4]Oxathiin, 6-Phenyl-2,3-dihydro- 272

$C_{10}H_{10}O_2$
Äthan, 1,1-Di-[2]furyl- 276
—, 1,2-Di-[2]furyl- 276
Benzo[1,3]dioxol, 5-Allyl- 275
—, 5-Isopropenyl- 276
—, 5-Propenyl- 273
Benzol, 1,3-Bis-oxiranyl- 280
—, 1,4-Bis-oxiranyl- 280
Butan, 1,2;3,4-Diepoxy-1-phenyl- 279
Deca-4,6-diin, 2,3;8,9-Diepoxy- 279
[1,3]Dioxin, 2-Phenyl-4*H*- 271
[1,3]Dioxolan, 2-Benzyliden- 272
—, 4-Methylen-2-phenyl- 272
2,4a-Epidioxido-naphthalin, 2,3-Dihydro-4*H*- 279
$C_{10}H_{10}O_2Se$
[1,2]Oxaselenin-2-oxid, 4-Phenyl-3,6-dihydro- 271
—, 5-Phenyl-3,6-dihydro- 271
$C_{10}H_{10}S_2$
Äthan, 1,1-Di-[2]thienyl- 277
—, 1,2-Di-[2]thienyl- 276
—, 1,2-Di-[3]thienyl- 276
Benzo[*b*]thieno[2,3-*d*]thiophen, 5,6,7,8-Tetrahydro- 280
Benzo[*b*]thieno[3,2-*d*]thiophen, 4,5,6,7-Tetrahydro- 280
[2,2']Bithienyl, 4,4'-Dimethyl- 277
—, 5,5'-Dimethyl- 278
[2,3']Bithienyl, 5-Äthyl- 278
[1,3]Dithiolan, 4-Methylen-2-phenyl- 272
Thiophen, 2-Methyl-5-[2]thienylmethyl-277
$C_{10}H_{11}BrO_2$
Benzo[1,3]dioxol, 6-Äthyl-4-brom-5-methyl- 229
—, 5-[2-Brom-propyl]- 228
—, 5-[3-Brom-propyl]- 228
[1,3]Dioxan, 5-Brom-4-phenyl- 219
[1,3]Dioxolan, 2-[α-Brom-benzyl]- 221
—, 2-Brommethyl-2-phenyl- 221
—, 2-Brommethyl-4-phenyl- 223
—, 2-[4-Brom-phenyl]-2-methyl- 222
$C_{10}H_{11}BrO_3S$
[1,2]Oxathiolan-2,2-dioxid, 4-Brom-4-methyl-5-phenyl- 220
$C_{10}H_{11}BrS_2$
[1,3]Dithiolan, 4-Brommethyl-2-phenyl-224
$C_{10}H_{11}ClOS$
Benz[*b*][1,5]oxathiocin, 8-Chlor-2,3-dihydro-4*H*,6*H*- 225
[1,3]Oxathian, 2-[4-Chlor-phenyl]- 218
[1,3]Oxathiolan, 2-[4-Chlor-phenyl]-2-methyl- 222
$C_{10}H_{11}ClO_2$
Benzo[1,4]dioxin, 2-Chlormethyl-3-methyl-2,3-dihydro- 227
—, 2-Chlormethyl-8-methyl-2,3-dihydro- 227
Benzo[1,3]dioxol, 5-[3-Chlor-propyl]- 228
[1,3]Dioxan, 2-[2-Chlor-phenyl]- 216
—, 2-[4-Chlor-phenyl]- 216
—, 5-Chlor-2-phenyl- 216
—, 5-Chlor-4-phenyl- 219
[1,3]Dioxolan, 2-Chlormethyl-2-phenyl-221
—, 4-Chlormethyl-2-phenyl- 223
—, 2-[2-Chlor-phenyl]-4-methyl- 224
—, 2-[4-Chlor-phenyl]-4-methyl- 224
$C_{10}H_{11}ClO_3S$
Benz[*b*][1,5]oxathiocin-5,5-dioxid, 8-Chlor-2,3-dihydro-4*H*,6*H*- 225
$C_{10}H_{11}ClS_2$
[1,3]Dithiolan, 4-Chlormethyl-2-phenyl-224
—, 2-[4-Chlor-phenyl]-2-methyl- 223
—, 2-[4-Chlor-phenyl]-4-methyl- 224
$C_{10}H_{11}FS_2$
[1,3]Dithiolan, 2-[4-Fluor-phenyl]-2-methyl- 223
$C_{10}H_{11}NO_3S$
[1,3]Oxathiolan, 2-Methyl-2-[4-nitro-phenyl]- 223
$C_{10}H_{11}NO_4$
Benzo[1,3]dioxol, 5-Nitro-6-propyl- 229
[1,3]Dioxan, 2-[2-Nitro-phenyl]- 216
—, 2-[3-Nitro-phenyl]- 217
—, 2-[4-Nitro-phenyl]- 217
—, 5-Nitro-2-phenyl- 216
[1,3]Dioxolan, 2-[4-Methyl-3-nitro-phenyl]-221
—, 4-Methyl-2-[2-nitro-phenyl]- 224
—, 4-Methyl-2-[3-nitro-phenyl]- 224
—, 4-Methyl-2-[4-nitro-phenyl]- 224
$C_{10}H_{11}N_3O_9Te$
s. bei $[C_4H_9O_2Te]^+$
$[C_{10}H_{12}ClN_2O_2]^+$
[1,4]Dioxanium, 1-[4-Chlor-phenyldiazeno]-29
$[C_{10}H_{12}ClN_2O_2]Cl$ 29
$C_{10}H_{12}Cl_2O_2$
Acetylen, Bis-[3-chlor-tetrahydro-[2]furyl]- 142
$C_{10}H_{12}OS$
Benz[*f*][1,4]oxathiepin, 7-Methyl-2,3-dihydro-5*H*- 225
Benz[1,3]oxathiol, 2-Äthyl-2-methyl- 229
[1,3]Oxathiolan, 2-Methyl-2-phenyl- 222
$C_{10}H_{12}O_2$
Benzo[1,3]dioxin, 2,4-Dimethyl-4*H*- 226
Benzo[*b*][1,4]dioxocin, 2,3,4,5-Tetrahydro-225
Benzo[1,3]dioxol, 2-Äthyl-2-methyl- 229
—, 5-Propyl- 227
[1,3]Dioxan, 2-Phenyl- 215
—, 4-Phenyl- 218

$C_{10}H_{12}O_2$ (Fortsetzung)
[1,4]Dioxan, Phenyl- 220
[1,3]Dioxolan, 2-Benzyl- 220
—, 2-Methyl-2-phenyl- 221
—, 4-Methyl-2-phenyl- 223
—, 2-*m*-Tolyl- 221
—, 2-*p*-Tolyl- 221
4,7-Methano-inden, 1,2;5,6-Diepoxy-octahydro- 230
[2]Naphthol, 4a,8a-Epoxy-1,2,3,4,4a,8a-hexahydro- 279

$C_{10}H_{12}O_3S$
Benz[*f*][1,4]oxathiepin-4,4-dioxid, 7-Methyl-2,3-dihydro-5*H*- 226
[1,2]Oxathiolan-2,2-dioxid, 5-Methyl-3-phenyl- 220
[1,3]Oxathiolan-3,3-dioxid, 2-Methyl-2-phenyl- 222

$C_{10}H_{12}O_3S_2$
4,7-Episulfido-benzo[*b*]thiophen-1,1,8-trioxid, 2,4-Dimethyl-3a,4,7,7a-tetrahydro- 230
—, 2,7-Dimethyl-3a,4,7,7a-tetrahydro- 230
—, 3,5-Dimethyl-3a,4,7,7a-tetrahydro- 230
—, 3,6-Dimethyl-3a,4,7,7a-tetrahydro- 230

$C_{10}H_{12}O_4S_2$
Benzo[1,3]dithiin-1,1,3,3-tetraoxid, 2,2-Dimethyl-4*H*- 226
[1,3]Dithian-1,1,3,3-tetraoxid, 2-Phenyl- 218

$C_{10}H_{12}S_2$
Benzo[1,3]dithiin, 2,2-Dimethyl-4*H*- 226
[1,3]Dithian, 2-Phenyl- 218
1,4-Dithia-spiro[4.5]dec-6-en, 6-Äthinyl- 225
[1,3]Dithiolan, 2-Methyl-2-phenyl- 223
—, 2-*p*-Tolyl- 221
Thieno[3,2-*b*]thiophen, Tetramethyl- 229

$C_{10}H_{12}Se_2$
[1,2]Diselenolan, 4-Methyl-4-phenyl- 220

$C_{10}H_{14}Br_2O_2$
4,7-Methano-benzo[1,3]dioxol, 5,8-Dibrom-2,2-dimethyl-hexahydro- 166

$C_{10}H_{14}OS$
Thieno[3,4-*c*]furan, 4,6-Diäthyl-1*H*,3*H*- 179

$C_{10}H_{14}O_2$
[1,3]Dioxolan, 4-But-3-en-1-inyl-2,2,4-trimethyl- 178
Furo[3,2-*b*]furan, 2,2,5,5-Tetramethyl-2,5-dihydro- 179
Naphthalin, 2,3;4a,8a-Diepoxy-decahydro- 180
Oct-4-in, 2,3;6,7-Diepoxy-3,6-dimethyl- 179

$C_{10}H_{14}O_3S$
Benz[*c*][1,2]oxathiin-1,1-dioxid, 3-Äthyl-5,6,7,8-tetrahydro- 178
—, 3,4-Dimethyl-5,6,7,8-tetrahydro- 178
Benz[*d*][1,2]oxathiin-3,3-dioxid, 1,4-Dimethyl-5,6,7,8-tetrahydro- 179
Benz[*e*][1,2]oxathiin-2,2-dioxid, 4,7-Dimethyl-5,6,7,8-tetrahydro- 178
5,7a-Methano-benz[*d*][1,2]oxathiol-2,2-dioxid, 3a-Methyl-4-methylen-hexahydro- 180

$C_{10}H_{14}O_4S_2$
Benzo[1,4]dithiin-1,1,4,4-tetraoxid, 6,7-Dimethyl-4a,5,8,8a-tetrahydro- 178

$C_{10}H_{14}S_2$
1,4-Dithia-spiro[4.5]dec-7-en, 6-Äthyliden- 178

$C_{10}H_{15}BrO_2$
4,7-Methano-benzo[1,3]dioxol, 8-Brom-2,2-dimethyl-hexahydro- 166

$C_{10}H_{15}ClS_2$
Spiro[[1,3]dithian-2,2′-norbornan], 7′-Chlor- 166

$C_{10}H_{15}NO_5S$
4,7-Methano-benz[*d*][1,2]oxathiol-2,2-dioxid, 3a,7a-Dimethyl-4-nitro-hexahydro- 166
—, 3a,7a-Dimethyl-5-nitro-hexahydro- 166

$C_{10}H_{16}Br_2O_2$
p-Menthan, 2,3-Dibrom-1,4-epidioxy- 142

$C_{10}H_{16}Cl_2O_2$
Äthan, 1,2-Bis-[3-chlor-tetrahydro-[2]furyl]- 142

$C_{10}H_{16}O_2$
[2,3′]Bipyranyl, 3,4,5,6,5′,6′-Hexahydro-2*H*,4′*H*- 165
[1,4]Dioxan, 2,2,5,5-Tetramethyl-3,6-dimethylen- 163
1,4-Dioxa-spiro[4.5]decan, 6-Methyl-2-methylen- 163
7,12-Dioxa-spiro[5.6]dodec-9-en 163
[1,3]Dioxolan, 2-Cyclopent-2-enylmethyl-2-methyl- 163
Heptan, 1,2;5,6-Diepoxy-6-methyl-2-vinyl- 165
p-Menthan, 1,2;3,4-Diepoxy- 167
—, 1,2;4,5-Diepoxy- 167
—, 1,2;8,9-Diepoxy- 167
—, 1,4;2,3-Diepoxy- 167
—, 2,3;8,9-Diepoxy- 167
p-Menth-1-en, 3,6-Epidioxy- 164
p-Menth-2-en, 1,4-Epidioxy- 164
Oct-4-en, 2,3;6,7-Diepoxy-2,6-dimethyl- 165

$C_{10}H_{16}O_3S$
Methansulfonsäure, [1-Hydroxy-2,3-dimethyl-[2]norbornyl]-, lacton 180
[1,2]Oxathiin-2,2-dioxid, 4,6-Diäthyl-3,5-dimethyl- 163
$C_{10}H_{17}BrO_2$
[1,3]Dioxan, 5-Brommethyl-2-cyclopropyl-2,5-dimethyl- 140
Pent-2-en, 3-Brom-2-methyl-5-[2-methyl-[1,3]dioxolan-2-yl]- 140
$C_{10}H_{17}NO_4$
1,5-Dioxa-spiro[5.5]undecan, 3-Methyl-3-nitro- 140
$C_{10}H_{18}O_2$
Äthan, 1,2-Bis-tetrahydro[2]furyl- 142
Benzo[1,3]dioxin, 2,2-Dimethyl-hexahydro- 141
Benzo[1,3]dioxol, 2-Äthyl-2-methyl-hexahydro- 141
[3,3']Bifuryl, 5,5'-Dimethyl-octahydro- 142
[4,4']Bipyranyl, Octahydro- 142
Cyclohepta[1,3]dioxol, 2,2-Dimethyl-hexahydro- 141
Decan, 1,2;9,10-Diepoxy- 142
1,4-Dioxa-spiro[4.5]decan, 2,3-Dimethyl- 141
6,10-Dioxa-spiro[4.5]decan, 8,8-Dimethyl- 141
1,7-Dioxa-spiro[5.6]dodecan 143
7,12-Dioxa-spiro[5.6]dodecan 140
1,6-Dioxa-spiro[4.4]nonan, 2-Äthyl-2-methyl- 143
—, 2-Propyl- 143
1,5-Dioxa-spiro[5.5]undecan, 2-Methyl- 140
Heptan, 2-Äthyl-1,2;5,6-diepoxy-6-methyl- 143
Hept-3-en, 3-[1,3]Dioxolan-2-yl- 139
p-Menthan, 1,4-Epidioxy- 141
Octan, 2,3;4,5-Diepoxy-2,4-dimethyl- 143
—, 2,3;6,7-Diepoxy-2,6-dimethyl- 143
Pent-2-en, 2-Methyl-5-[2-methyl-[1,3]dioxolan-2-yl]- 140
$C_{10}H_{18}O_4S_2$
2,4-Dithia-spiro[5.5]undecan-2,2,4,4-tetraoxid, 3-Methyl- 140
$C_{10}H_{18}S_6$
Verbindung $C_{10}H_{18}S_6$ s. bei Dihydro-[1,4]dithiin 109
$C_{10}H_{19}ClO_2$
[1,3]Dioxolan, 4-Chlormethyl-2-hexyl- 99
$C_{10}H_{19}ClO_3$
Verbindung $C_{10}H_{19}ClO_3$ aus 1,4-Epidioxy-*p*-menth-2-en 164
$C_{10}H_{19}NO_4$
[1,3]Dioxan, 2,4,6-Trimethyl-5-nitro-2-propyl- 97
$C_{10}H_{20}O_2$
[1,3]Dioxan, 2-*tert*-Butyl-2,4-dimethyl- 97
—, 2-Isopropyl-4,4,6-trimethyl- 97
—, 2-Methyl-2-pentyl- 97
[1,4]Dioxan, 2,3-Dipropyl- 97
[1,3]Dioxolan, 2-[1-Äthyl-pentyl]- 98
—, 2-[1-Äthyl-propyl]-4,5-dimethyl- 99
—, 4,5-Diisopropyl-4-methyl- 99
—, 2-Heptyl- 98
—, 2-Hexyl-2-methyl- 98
—, 2-Hexyl-4-methyl- 99
—, 2-Isobutyl-2,4,5-trimethyl- 100
—, 2-Isopropyl-4,4,5,5-tetramethyl- 100
$C_{10}H_{20}O_3S$
[1,2]Oxathiolan-2,2-dioxid, 3-Hexyl-5-methyl- 98
$C_{10}H_{20}O_4S_2$
[1,4]Dithian-1,1,4,4-tetraoxid, 2,5-Dipropyl- 98
—, 2,6-Dipropyl- 98
[1,3]Dithiolan-1,1,3,3-tetraoxid, 2-Hexyl-4-methyl- 99
$C_{10}H_{20}S_2$
1,2-Dithia-cyclododecan 96
[1,4]Dithian, 2,5-Dipropyl- 97
—, 2,6-Dipropyl- 97
[1,3]Dithiolan, 2-Hexyl-2-methyl- 99
—, 2-Hexyl-4-methyl- 99
$C_{10}H_{21}N_3O_3$
Semicarbazon $C_{10}H_{21}N_3O_3$ s. bei 1,3,3,4-Tetramethyl-2,7-dioxa-norbornan 138

C_{11}

$C_{11}Cl_5F_{17}O_3S$
[1,2]Oxathietan-2,2-dioxid, 3,4,4-Trifluor-3-[2,4,6,8,9-pentachlor-tetradecafluor-nonyl]- 102
$C_{11}H_5Br_3O_2$
Tribrom-Derivat $C_{11}H_5Br_3O_2$ aus Naphtho[1,8-*de*][1,3]dioxin 325
$C_{11}H_5Cl_4NO_4$
Benzo[1,3]dioxin, 2,4-Bis-dichlormethylen-6-methyl-7-nitro-4*H*- 309
$C_{11}H_6Br_2Cl_4O_2$
Benzo[*b*]cyclopenta[*e*][1,4]dioxin, 1,2-Dibrom-5,6,7,8-tetrachlor-1,2,3,9a-tetrahydro-3a*H*- 285
$C_{11}H_6Br_4O_2$
Benzo[*b*]cyclopenta[*e*][1,4]dioxin, 5,6,7,8-Tetrabrom-1,9a-dihydro-3a*H*- 310
$C_{11}H_6Cl_4O_4$
Benzo[*b*]cyclopenta[*e*][1,4]dioxin, 5,6,7,8-Tetrachlor-1,9a-dihydro-3a*H*- 309
$C_{11}H_6Cl_5NO_4$
Benzo[1,3]dioxin, 4-Dichlormethylen-7-methyl-6-nitro-2-trichlormethyl-4*H*- 282

$C_{11}H_6Cl_6O_2$
1,4-Epoxido-5,8-methano-naphthalin, 5,6,7,8,9,9-Hexachlor-2,3-epoxy-1,2,3,4,4a,5,8,8a-octahydro- 285
$C_{11}H_6N_2O_6$
Naphtho[1,8-*de*][1,3]dioxin, 4,9-Dinitro- 325
—, 6,7-Dinitro- 325
$C_{11}H_7BrO_2$
Brom-Derivat $C_{11}H_7BrO_2$ aus Naphtho[1,8-*de*][1,3]dioxin 325
$C_{11}H_7BrO_3S$
Naphth[1,8-*cd*][1,2]oxathiol-2,2-dioxid, 6-Brommethyl- 326
$C_{11}H_7ClO_3S$
Naphth[1,8-*cd*][1,2]oxathiol-2,2-dioxid, 6-Chlormethyl- 326
$C_{11}H_7Cl_6NO_4$
Benzo[1,3]dioxin, 6-Methyl-7-nitro-2,4-bis-trichlormethyl-4*H*- 237
—, 6-Methyl-8-nitro-2,4-bis-trichlormethyl-4*H*- 237
—, 8-Methyl-6-nitro-2,4-bis-trichlormethyl-4*H*- 237
$C_{11}H_7NO_4$
Nitro-Derivat $C_{11}H_7NO_4$ aus Naphtho[1,8-*de*][1,3]dioxin 325
$C_{11}H_8Br_4O_2$
Benzo[*b*]cyclopenta[*e*][1,4]dioxin, 5,6,7,8-Tetrabrom-1,2,3,9a-tetrahydro-3a*H*- 285
$C_{11}H_8Cl_4O_2$
Benzo[*b*]cyclopenta[*e*][1,4]dioxin, 5,6,7,8-Tetrachlor-1,2,3,9a-tetrahydro-3a*H*- 284
$C_{11}H_8O_2$
Naphtho[1,8-*de*][1,3]dioxin 325
$C_{11}H_8O_3S$
Naphth[1,8-*cd*][1,2]oxathiol-2,2-dioxid, 5-Methyl- 326
—, 6-Methyl- 326
$C_{11}H_8S_2$
Benzo[1,2-*b*;4,5-*b'*]dithiophen, 3-Methyl- 326
$C_{11}H_{10}Cl_2S_2$
Propan, 2,2-Bis-[5-chlor-[2]thienyl]- 283
$C_{11}H_{10}N_2O_6$
Propan, 2,2-Bis-[5-nitro-[2]furyl]- 283
$C_{11}H_{10}O_2$
[1,3]Dioxolan, 2-Phenyläthinyl- 309
$C_{11}H_{10}O_3S$
[1,2]Oxathiin-2,2-dioxid, 4-Methyl-6-phenyl- 309
—, 6-Methyl-4-phenyl- 309
$C_{11}H_{10}S_2$
Propen, 1,1-Di-[2]thienyl- 309
$C_{11}H_{11}BrO_2$
Benzo[1,3]dioxol, 5-Allyl-6-brommethyl- 283
[1,3]Dioxolan, 2-[α-Brom-styryl]- 281
$C_{11}H_{11}ClO_2$
Benzo[1,3]dioxol, 5-Allyl-6-chlormethyl- 282
Propan, 1-Chlor-2,2-di-[2]furyl- 283
$C_{11}H_{11}Cl_3O_2$
[1,3]Dioxan, 4,5,5-Trichlor-2-methyl-4-phenyl- 232
$C_{11}H_{11}NO_2S_3$
1λ^4-[1,4]Dithiin, 1-[Toluol-4-sulfonylimino]- 154
$C_{11}H_{11}NO_4$
Benzo[1,3]dioxol, 5-Methyl-6-[2-nitro-propenyl]- 282
Styrol, β-Nitro-3,4-propandiyldioxy- 282
$C_{11}H_{12}BrClO_2$
[1,3]Dioxolan, 2-Brommethyl-4-chlormethyl-2-phenyl- 236
$C_{11}H_{12}Br_2O_2$
Benzo[1,3]dioxol, 5-Brommethyl-6-[2-brom-propyl]- 238
$C_{11}H_{12}Cl_2O_2$
[1,3]Dioxan, 5-Chlor-4-chlormethyl-2-phenyl- 232
—, 5,5-Dichlor-2-methyl-4-phenyl- 232
$C_{11}H_{12}N_2O_5$
Benzo[1,3]dioxol, 5-Methyl-6-[2-nitro-1-nitroso-propyl]- 238
$C_{11}H_{12}O_2$
Benzo[1,3]dioxol, 5-Allyl-6-methyl- 282
—, 5-[2-Methyl-propenyl]- 282
—, 5-Methyl-6-propenyl- 282
[1,3]Dioxan, 2-Benzyliden- 281
[1,3]Dioxepin, 2-Phenyl-4,7-dihydro- 280
[1,3]Dioxin, 5-Chlor-2-methyl-6-phenyl-4*H*- 281
[1,3]Dioxolan, 2-Methyl-4-methylen-2-phenyl- 281
—, 2-Phenyl-4-vinyl- 281
—, 2-Styryl- 281
Indeno[1,2-*d*][1,3]dioxin, 4,4a,5,9b-Tetrahydro- 285
Methan, Bis-[5-methyl-[2]furyl]- 284
Propan, 1,1-Di-[2]furyl- 283
—, 2,2-Di-[2]furyl- 283
Spiro[benzo[1,3]dioxol-2,1'-cyclopentan] 284
$C_{11}H_{12}S_2$
Methan, Bis-[3-methyl-[2]thienyl]- 284
—, Bis-[5-methyl-[2]thienyl]- 284
Propan, 2,2-Di-[2]thienyl- 283
$C_{11}H_{13}BrO_2$
Benzo[1,3]dioxol, 5-Brommethyl-6-propyl- 238
[1,3]Dioxan, 2-[α-Brom-benzyl]- 231
$C_{11}H_{13}ClOS$
Benz[*b*][1,5]oxathionin, 9-Chlor-2,3,4,5-tetrahydro-7*H*- 237

$C_{11}H_{13}ClO_2$
Benzo[1,3]dioxol, 5-Chlormethyl-6-propyl- 238
[1,3]Dioxan, 2-Chlormethyl-2-phenyl- 231
[1,3]Dioxolan, 2-Benzyl-4-chlormethyl- 234
—, 2-Chlormethyl-4-methyl-2-phenyl- 235
—, 4-Chlormethyl-2-methyl-2-phenyl- 236

$C_{11}H_{13}ClO_3S$
Benz[*b*][1,5]oxathionin-6,6-dioxid, 9-Chlor-2,3,4,5-tetrahydro-7*H*- 237

$C_{11}H_{13}ClS_2$
[1,3]Dithiolan, 2-Äthyl-2-[4-chlor-phenyl]- 235

$C_{11}H_{13}NO_2S_3$
1λ^4-[1,4]Dithiin, 1-[Toluol-4-sulfonylimino]-2,3-dihydro- 109

$C_{11}H_{13}NO_4$
[1,3]Dioxan, 4-Methyl-2-[2-nitro-phenyl]- 232
—, 4-Methyl-2-[3-nitro-phenyl]- 233
—, 4-Methyl-2-[4-nitro-phenyl]- 233
—, 5-Methyl-5-nitro-2-phenyl- 233

$C_{11}H_{14}OS$
[1,3]Oxathian, 2-Methyl-2-phenyl- 232
[1,3]Oxathiolan, 2-Äthyl-2-phenyl- 235

$C_{11}H_{14}O_2$
Benzo[1,3]dioxin, 2,4,6-Trimethyl-4*H*- 237
Benzo[*c*][1,2]dioxin, 3-Isopropyl-3,8a-dihydro- 237
Benzo[1,3]dioxol, 2,2-Diäthyl- 239
—, 5-Isobutyl- 238
—, 2-Isopropyl-2-methyl- 239
—, 2-Methyl-2-propyl- 238
Benzo[*b*][1,4]dioxonin, 2,3,4,5-Tetrahydro-6*H*- 237
[1,3]Dioxan, 2-Methyl-2-phenyl- 231
—, 4-Methyl-2-phenyl- 232
—, 4-Methyl-4-phenyl- 233
—, 5-Methyl-4-phenyl- 233
—, 2-*m*-Tolyl- 231
—, 2-*p*-Tolyl- 231
—, 4-*p*-Tolyl- 231
[1,4]Dioxan, 2-Methyl-5-phenyl- 233
—, 2-Methyl-6-phenyl- 233
[1,3]Dioxepan, 2-Phenyl- 230
[1,3]Dioxolan, 2-Äthyl-2-phenyl- 235
—, 2-Benzyl-2-methyl- 234
—, 2-Benzyl-4-methyl- 234
—, 2,2-Dimethyl-4-phenyl- 235
—, 2,4-Dimethyl-2-phenyl- 235
—, 4,5-Dimethyl-2-phenyl- 236
—, 4-Methyl-2-*m*-tolyl- 234
—, 4-Methyl-2-*p*-tolyl- 234
—, 2-Phenäthyl- 234
—, 2-[1-Phenyl-äthyl]- 234
Pyran, 2-[2]Furyl-4,6-dimethyl-3,6-dihydro-2*H*- 239

$C_{11}H_{14}O_4S_2$
[1,3]Dithian-1,1,3,3-tetraoxid, 2-Methyl-2-phenyl- 232
[1,3]Dithiolan-1,1,3,3-tetraoxid, 2,4-Dimethyl-2-phenyl- 236

$C_{11}H_{14}S_2$
[1,3]Dithian, 2-Methyl-2-phenyl- 232
[1,3]Dithiolan, 2-Äthyl-2-phenyl- 235
—, 2,4-Dimethyl-2-phenyl- 236

$C_{11}H_{15}NO_3S_2$
Toluol-4-sulfonamid, *N*-[4λ^4-[1,4]Oxathian-4-yliden]- 34

$[C_{11}H_{15}S_2]^+$
[1,4]Dithianium, 1-Benzyl- 37
$[C_{11}H_{15}S_2]Br$ 37

$C_{11}H_{16}O_2$
1,6-Dioxa-spiro[4.4]nonan, 2,7-Dimethyl-4,9-dimethylen- 181
[1,3]Dioxolan, 2-Äthyl-4-but-3-en-1-inyl-2,4-dimethyl- 180
—, 4-But-3-en-1-inyl-2,2,4,5-tetramethyl- 181

$C_{11}H_{18}O_2$
[1,3]Dioxan, 2-Cyclohex-3-enyl-4-methyl- 168
1,4-Dioxa-spiro[4.5]dec-7-en, 8-Isopropyl- 168
1,6-Dioxa-spiro[4.4]nonan, 2,4,7-Trimethyl-9-methylen- 168
Pyrano[4,3-*b*]pyran, 2,5,7-Trimethyl-4,4a,7,8-tetrahydro-5*H*,8a*H*- 168

$C_{11}H_{19}BrO_2$
1,5-Dioxa-spiro[5.5]undecan, 3-Brommethyl-3-methyl- 144

$C_{11}H_{19}ClO_2$
1,4-Dioxa-spiro[4.5]decan, 8-Chlor-8-isopropyl- 145

$C_{11}H_{19}NO_4$
Pent-2-en, 2-[5-Äthyl-5-nitro-[1,3]dioxan-2-yl]- 144

$C_{11}H_{20}O_2$
Benzo[1,3]dioxin, 2-Propyl-hexahydro- 145
Benzo[1,3]dioxol, 2-Methyl-2-propyl-hexahydro- 145
Cycloocta[1,3]dioxol, 2,2-Dimethyl-octahydro- 145
6,10-Dioxa-spiro[4.5]decan, 1,8,8-Trimethyl- 145
1,6-Dioxa-spiro[4.4]nonan, 2-Butyl- 146
—, 2-Methyl-2-propyl- 146
—, 2,4,7,9-Tetramethyl- 146
1,5-Dioxa-spiro[5.5]undecan, 3,3-Dimethyl- 144
[1,3]Dioxepin, 2-Hexyl-4,7-dihydro- 144
Octan, 2,3;4,5-Diepoxy-2,4,7-trimethyl- 145

$C_{11}H_{20}O_2$ (Fortsetzung)
Pyrano[4,3-*b*]pyran, 2,5,7-Trimethyl-hexahydro- 146
$C_{11}H_{20}O_3$
Heptan-1-on, 1-[1,3]Dioxolan-2-yl-2-methyl- 6
$C_{11}H_{20}O_4S_2$
1,5-Dithia-spiro[5.5]undecan-1,1,5,5-tetraoxid, 3,3-Dimethyl- 144
2,4-Dithia-spiro[5.5]undecan-2,2,4,4-tetraoxid, 3,3-Dimethyl- 144
$C_{11}H_{20}S_2$
2,4-Dithia-spiro[5.5]undecan, 3,3-Dimethyl- 144
$C_{11}H_{21}ClO_2$
[1,3]Dioxolan, 4-Chlormethyl-2-heptyl- 101
$C_{11}H_{22}O_2$
[1,3]Dioxan, 5-Äthyl-5-butyl-2-methyl- 100
—, 2-Hexyl-2-methyl- 100
—, 2-Isopropyl-4,4,6,6-tetramethyl- 100
[1,3]Dioxolan, 2,2-Diisobutyl- 101
—, 2-Hexyl-2,4-dimethyl- 101
—, 2-Octyl- 101
—, 2,4,5-Trimethyl-2-pentyl- 101
$C_{11}H_{22}O_3S$
[1,2]Oxathiolan-2,2-dioxid, 3-Hexyl-4,5-dimethyl- 100
—, 5-Octyl- 100
$C_{11}H_{22}S_2$
[1,3]Dithiolan, 2,2-Diisobutyl- 101

C_{12}

$C_{12}Br_8O_2$
Dibenzo[1,4]dioxin, Octabrom- 340
$C_{12}Cl_8O_2$
Dibenzo[1,4]dioxin, Octachlor- 338
$C_{12}F_{24}S_2$
[1,3]Dithietan, 2,4-Bis-nonafluorbutyl-2,4-bis-trifluormethyl- 103
$C_{12}H_2Cl_4S_2$
Butadiin, Bis-[2,5-dichlor-[3]thienyl]- 386
$C_{12}H_4Br_2N_2O_6$
Dibenzo[1,4]dioxin, 2,3-Dibrom-7,8-dinitro- 341
—, 2,8-Dibrom-3,7-dinitro- 341
$C_{12}H_4Br_4O_2$
Dibenzo[1,4]dioxin, 2,3,7,8-Tetrabrom- 339
$C_{12}H_4Br_4O_4S_2$
Thianthren-5,5,10,10-tetraoxid, 2,3,7,8-Tetrabrom- 352
$C_{12}H_4Br_4S_2$
Thianthren, 2,3,7,8-Tetrabrom- 352
$C_{12}H_4Cl_4O_2$
Dibenzo[1,4]dioxin, 2,3,7,8-Tetrachlor- 338
$C_{12}H_4N_4O_{10}$
Dibenzo[1,4]dioxin, 2,3,7,8-Tetranitro- 341
$C_{12}H_5BrN_2O_6$
Dibenzo[1,4]dioxin, 2-Brom-3,7-dinitro- 341
$C_{12}H_5Br_2NO_4$
Dibenzo[1,4]dioxin, 2,3-Dibrom-7-nitro- 340
$C_{12}H_5N_3O_8$
Dibenzo[1,4]dioxin, 2,3,7-Trinitro- 341
$C_{12}H_6BrNO_4$
Dibenzo[1,4]dioxin, 2-Brom-7-nitro- 340
$C_{12}H_6Br_2OS$
Phenoxathiin, 2,8-Dibrom- 345
$C_{12}H_6Br_2O_2$
Dibenzo[1,4]dioxin, 1,6-Dibrom- 339
—, 2,3-Dibrom- 339
—, 2,7-Dibrom- 339
—, 2,8-Dibrom- 339
$C_{12}H_6Br_2O_3S$
Phenoxathiin-10,10-dioxid, 2,8-Dibrom- 345
$C_{12}H_6ClNO_3S$
Phenoxathiin, 2-Chlor-8-nitro- 346
$C_{12}H_6ClNO_4S$
Phenoxathiin-10-oxid, 2-Chlor-8-nitro- 346
$C_{12}H_6Cl_2OS$
Phenoxathiin, 2,8-Dichlor- 344
—, x,x-Dichlor- 343
$C_{12}H_6Cl_2OS_2$
Thianthren-5-oxid, 2,7-Dichlor- 350
$C_{12}H_6Cl_2O_2$
Dibenzo[1,4]dioxin, 2,7-Dichlor- 338
$C_{12}H_6Cl_2O_2S$
Phenoxathiin-10-oxid, 2,8-Dichlor- 344
$C_{12}H_6Cl_2O_2S_2$
Thianthren-5,5-dioxid, 2,7-Dichlor- 351
Thianthren-5,10-dioxid, 2,7-Dichlor- 351
$C_{12}H_6Cl_2O_3S$
Dibenz[1,2]oxathiin-6,6-dioxid, 2,9-Dichlor- 354
Phenoxathiin-10,10-dioxid, 2,8-Dichlor- 344
—, x,x-Dichlor- 343
$C_{12}H_6Cl_2O_3S_2$
Thianthren-5,5,10-trioxid, 2,7-Dichlor- 351
$C_{12}H_6Cl_2O_4S_2$
Thianthren-5,5,10,10-tetraoxid, 2,7-Dichlor- 351
$C_{12}H_6Cl_2S_2$
Thianthren, 1,6-Dichlor- 350
—, 2,7-Dichlor- 350
$C_{12}H_6N_2O_5S$
Phenoxathiin, 1,3-Dinitro- 346

$C_{12}H_6N_2O_5S$ (Fortsetzung)
Phenoxathiin, 2,8-Dinitro- 346
—, 3,7-Dinitro- 346
$C_{12}H_6N_2O_6$
Dibenzo[1,4]dioxin, 1,3-Dinitro- 340
—, 2,7-Dinitro- 340
—, 2,8-Dinitro- 340
$C_{12}H_6N_2O_7S$
Phenoxathiin-10,10-dioxid, 2,8-Dinitro- 346
—, 3,7-Dinitro- 346
$C_{12}H_6S_2$
Butadiin, Di-[2]thienyl- 385
—, Di-[3]thienyl- 385
$C_{12}H_7BrOS$
Phenoxathiin, 2-Brom- 344
$C_{12}H_7BrO_2$
Dibenzo[1,4]dioxin, 1-Brom- 338
—, 2-Brom- 339
$C_{12}H_7BrO_3S$
Phenoxathiin-10,10-dioxid, 2-Brom- 345
—, 4-Brom- 344
$C_{12}H_7BrO_4S_2$
Thianthren-5,5,10,10-tetraoxid, 2-Brom- 352
$C_{12}H_7BrS_2$
Thianthren, 1-Brom- 351
—, 2-Brom- 351
$C_{12}H_7Br_2NO_4$
Naphtho[2,3-*b*][1,4]dioxin, 5,10-Dibrom-6-nitro-2,3-dihydro- 328
—, 5,10-Dibrom-7-nitro-2,3-dihydro- 328
$C_{12}H_7ClOS$
Phenoxathiin, 1-Chlor- 344
—, 2-Chlor- 343
—, 3-Chlor- 343
—, 4-Chlor- 343
—, x-Chlor- 343
$C_{12}H_7ClO_2$
Dibenzo[1,4]dioxin, 2-Chlor- 338
$C_{12}H_7ClO_3S$
Dibenz[1,2]oxathiin-6,6-dioxid, 2-Chlor- 354
—, 9-Chlor- 354
Phenoxathiin-10,10-dioxid, 2-Chlor- 344
—, 3-Chlor- 343
—, 4-Chlor- 343
—, x-Chlor- 343
$C_{12}H_7ClO_4S_2$
Thianthren-5,5,10,10-tetraoxid, 1-Chlor- 350
—, 2-Chlor- 350
$C_{12}H_7ClS_2$
Thianthren, 1-Chlor- 350
$C_{12}H_7IOS$
Phenoxathiin, 2-Jod- 345
—, 3-Jod- 345
—, 4-Jod- 345
$C_{12}H_7IO_2$
Dibenzo[1,4]dioxin, 2-Jod- 340
$C_{12}H_7IO_3S$
Phenoxathiin-10,10-dioxid, 2-Jod- 345
$C_{12}H_7IS_2$
Thianthren, 1-Jod- 352
$C_{12}H_7NO_2S_2$
Thianthren, 2-Nitro- 352
$C_{12}H_7NO_3S$
Phenoxathiin, 2-Nitro- 345
$C_{12}H_7NO_3Te$
Phenoxatellurin, 2-Nitro- 353
$C_{12}H_7NO_4$
Dibenzo[1,4]dioxin, 1-Nitro- 340
—, 2-Nitro- 340
$C_{12}H_7NO_5S$
Phenoxathiin-10,10-dioxid, 2-Nitro- 346
$C_{12}H_8Br_2OS$
Phenoxathiin-10,10-dibromid 344
$C_{12}H_8Br_2O_2$
Naphtho[2,3-*b*][1,4]dioxin, 5,10-Dibrom-2,3-dihydro- 327
$C_{12}H_8Br_2Se_2$
Selenanthren-5,5-dibromid 353
$C_{12}H_8Cl_2OS$
Phenoxathiin-10,10-dichlorid 342
$C_{12}H_8Cl_4Se_2$
Selenanthren-5,5,10,10-tetrachlorid 353
$C_{12}H_8N_2O_6$
Naphtho[2,3-*b*][1,4]dioxin, 5,10-Dinitro-2,3-dihydro- 328
—, x,x-Dinitro-2,3-dihydro- 328
$C_{12}H_8OS$
Phenoxathiin 341
$C_{12}H_8OS_2$
Thianthren-5-oxid 348
$C_{12}H_8OSe$
Phenoxaselenin 352
$C_{12}H_8OTe$
Phenoxatellurin 353
$C_{12}H_8O_2$
Dibenzo[1,4]dioxin 336
$C_{12}H_8O_2S$
Phenoxathiin-10-oxid 342
$C_{12}H_8O_2S_2$
Dibenzo[1,2]dithiin-5,5-dioxid 355
Thianthren-5,5-dioxid 349
Thianthren-5,10-dioxid 348
$C_{12}H_8O_2Se_2$
Selenanthren-5,10-dioxid 353
$C_{12}H_8O_2Te$
Phenoxatellurin-10-oxid 353
$C_{12}H_8O_3S$
Acenaphth[5,6-*cd*][1,2]oxathiol-2,2-dioxid, 5,6-Dihydro- 355
Dibenz[1,2]oxathiin-6,6-dioxid 354
Phenoxathiin-10,10-dioxid 343
$C_{12}H_8O_3S_2$
Thianthren-5,5,10-trioxid 349

$C_{12}H_8O_4S_2$
Thianthren-5,5,10,10-tetraoxid 349
$C_{12}H_8S_2$
[2,2']Bithienyl, 5-But-3-en-1-inyl- 336
Dibenzo[1,2]dithiin 354
Thianthren 347
$C_{12}H_8Se_2$
Selenanthren 352
$C_{12}H_9NO_4$
Naphtho[2,3-*b*][1,4]dioxin, 5-Nitro-2,3-dihydro- 327
—, 6-Nitro-2,3-dihydro- 327
—, 7-Nitro-2,3-dihydro- 328
$C_{12}H_{10}Br_2Cl_4O_2$
Benzo[1,4]dioxin, 5,6,7,8-Tetrachlor-2-[α,β-dibrom-isopropyl]-2-methyl-2,3-dihydro- 245
$C_{12}H_{10}Cl_4O_2$
Benzo[1,4]dioxin, 5,6,7,8-Tetrachlor-2-isopropenyl-2-methyl-2,3-dihydro- 286
$C_{12}H_{10}Cl_4S_2$
Butan, 1,4-Bis-[2,5-dichlor-[3]thienyl]- 286
$C_{12}H_{10}F_4O_2$
Benzo[1,3]dioxol, 5-[2,2,3,3-Tetrafluor-cyclobutylmethyl]- 288
$C_{12}H_{10}O_2$
Benzo[1,2-*b*;3,4-*b'*]difuran, 3,8-Dimethyl- 329
Benzo[1,2-*b*;4,5-*b'*]difuran, 2,6-Dimethyl- 329
Benzo[1,2-*b*;5,4-*b'*]difuran, 3,5-Dimethyl- 329
Buta-1,3-dien, 2,3-Di-[2]furyl- 327
Naphtho[1,2-*d*][1,3]dioxin, 4*H*- 328
Naphtho[2,3-*b*][1,4]dioxin, 2,3-Dihydro- 327
Naphtho[2,3-*d*][1,3]dioxol, 5-Methyl- 328
—, 6-Methyl- 328
$[C_{12}H_{10}O_2Se_2]^{2+}$
Selenanthrendiium, 5,10-Dihydroxy- 353
$[C_{12}H_{10}O_2Se_2]Cl_2$ 353
$C_{12}H_{10}O_3S$
Naphth[1,8-*cd*][1,2]oxathiol-2,2-dioxid, 6-Äthyl- 328
$C_{12}H_{10}S_2$
Benzo[*b*]thiophen, 4-[2]Thienyl-6,7-dihydro- 329
Buta-1,3-dien, 1,4-Bis-[2]thienyl- 327
$C_{12}H_{11}Cl_3S_2$
Äthan, 1,1,1-Trichlor-2,2-bis-[4-methyl-[2]thienyl]- 287
—, 1,1,1-Trichlor-2,2-bis-[5-methyl-[2]thienyl]- 288
$C_{12}H_{11}NO_4$
Benzo[1,3]dioxol, 5-Allyl-6-[2-nitro-vinyl]- 310
$C_{12}H_{12}N_2O_6$
Butan, 2,2-Bis-[5-nitro-[2]furyl]- 287
$C_{12}H_{12}O_2$
Dibenzofuran, 4a,9b-Epoxy-1,2,3,4,4a,9b-hexahydro- 310
$C_{12}H_{12}O_4S_2$
4,8-Ätheno-benzo[1,2-*b*;4,5-*b'*]dithiophen-1,1,5,5-tetraoxid, 3a,4,4a,7a,8,8a-Hexahydro- 310
4,8-Ätheno-benzo[1,2-*b*;5,4-*b'*]dithiophen-1,1,7,7-tetraoxid, 3a,4,4a7a,8,8a-Hexahydro- 310
$C_{12}H_{12}S_2$
Propen, 2-Methyl-1,3-di-[2]thienyl- 310
$C_{12}H_{13}BrN_2O_6$
[1,3]Dioxan, 5-Brom-4,6-dimethyl-5-nitro-2-[4-nitro-phenyl]- 242
$C_{12}H_{13}ClN_2O_6$
[1,3]Dioxan, 5-Chlor-4,6-dimethyl-5-nitro-2-[4-nitro-phenyl]- 242
$C_{12}H_{13}ClO_2$
Äthan, 2-Chlor-1,1-bis-[5-methyl-[2]furyl]- 287
$C_{12}H_{14}BrNO_4$
[1,3]Dioxan, 5-Brom-4,6-dimethyl-5-nitro-2-phenyl- 241
$C_{12}H_{14}Br_2O_2$
[1,3]Dioxan, 4-[α,β-Dibrom-phenäthyl]- 239
$C_{12}H_{14}ClNO_4$
[1,3]Dioxan, 5-Chlor-4,6-dimethyl-5-nitro-2-phenyl- 241
—, 2-[4-Chlor-phenyl]-4,6-dimethyl-5-nitro- 241
$C_{12}H_{14}Cl_2O_2$
[1,3]Dioxan, 5,5-Bis-chlormethyl-2-phenyl- 242
$C_{12}H_{14}N_2O_6$
[1,3]Dioxan, 4,6-Dimethyl-5-nitro-2-[4-nitro-phenyl]- 241
$C_{12}H_{14}O_2$
Äthan, 1,1-Bis-[5-methyl-[2]furyl]- 287
Butan, 1,1-Di-[2]furyl- 287
—, 2,2-Di-[2]furyl- 287
Dibenzo[1,2]dioxin, 1,2,3,4,4a,6a-Hexahydro- 289
[1,3]Dioxan, 2-Styryl- 285
—, 4-Styryl- 285
[1,3]Dioxolan, 4-Methyl-2-styryl- 286
1,4-Epoxido-4a,8a-[2]oxapropano-naphthalin, 1,2,3,4-Tetrahydro- 289
Indeno[5,6-*d*][1,3]dioxol, 5,5-Dimethyl-5,6-dihydro-7*H*- 289
Naphtho[1,2-*d*][1,3]dioxin, 4,4a,5,6-Tetrahydro-10b*H*- 289
Pentan, 2,3;3,4-Diepoxy-2-methyl-4-phenyl- 289
Pent-1-en, 1-Benzo[1,3]dioxol-5-yl- 286
Spiro[benzo[1,3]dioxol-2,1'-cyclohexan] 289
Spiro[[1,3]dioxolan-2,1'-naphthalin], 2',3'-Dihydro-4'*H*- 288
$C_{12}H_{14}S_2$
Äthan, 1,2-Bis-[2-methyl-[3]thienyl]- 286
[2,2']Bithienyl, 5-Butyl- 288

$C_{12}H_{14}S_2$ (Fortsetzung)
[3,3′]Bithienyl, 2,5,2′,5′-Tetramethyl- 288
Butan, 1,4-Di-[2]thienyl- 286
—, 2,2-Di-[2]thienyl- 287

$C_{12}H_{15}BrO_2$
[1,3]Dioxan, 5-Brom-2,2-dimethyl-4-phenyl- 240
—, 5-Brommethyl-5-methyl-2-phenyl- 242
[1,3]Dioxolan, 2-[3-Brom-propyl]-2-phenyl- 243

$C_{12}H_{15}ClO_2$
Benzo[1,4]dioxin, 2-Chlormethyl-6-propyl-2,3-dihydro- 244
—, 2-Chlormethyl-7-propyl-2,3-dihydro- 244
[1,3]Dioxan, 2-Chlormethyl-4-methyl-2-phenyl- 241

$C_{12}H_{15}ClS_2$
[1,3]Dithiolan, 2-Äthyl-2-[4-chlor-phenyl]-4-methyl- 244

$C_{12}H_{15}NO_4$
[1,3]Dioxan, 4,6-Dimethyl-5-nitro-2-phenyl- 241

$C_{12}H_{16}Cl_2O_2$
Acetylen, Bis-[3-chlor-tetrahydro-pyran-2-yl]- 148

$C_{12}H_{16}OS$
Benz[*b*][1,5]oxathionin, 9-Methyl-2,3,4,5-tetrahydro-7*H*- 244
[1,3]Oxathiolan, 2-Äthyl-2-methyl-5-phenyl- 243

$C_{12}H_{16}O_2$
Benzo[*b*][1,4]dioxecin, 2,3,4,5,6,7-Hexahydro- 244
Benzo[1,3]dioxin, 6-*tert*-Butyl-4*H*- 244
—, 2,4,6,8-Tetramethyl-4*H*- 244
Benzo[1,3]dioxol, 2-Äthyl-2-propyl- 245
—, 2-Isobutyl-2-methyl- 245
—, 5-[2-Methyl-butyl]- 245
1,8-Dioxa-[8]metacyclophan 245
[1,3]Dioxan, 5-Äthyl-4-phenyl- 240
—, 2-Benzyl-4-methyl- 239
—, 2,4-Dimethyl-2-phenyl- 240
—, 2,4-Dimethyl-6-phenyl- 241
—, 2,5-Dimethyl-5-phenyl- 242
—, 4-Methyl-2-*m*-tolyl- 240
—, 4-Methyl-2-*p*-tolyl- 240
—, 4-Methyl-4-*p*-tolyl- 240
—, 4-Phenäthyl- 239
[1,3]Dioxolan, 4-Äthyl-2-benzyl- 243
—, 2,4,5-Trimethyl-2-phenyl- 244
1,4-Epoxido-4a,8a-[2]oxapropano-naphthalin, 1,2,3,4,5,8-Hexahydro- 246
Spiro[[1,3]dioxolan-2,2′-naphthalin], 3′,4′,5′,8′-Tetrahydro-1′*H*- 246

$C_{12}H_{16}O_3S$
Benz[*b*][1,5]oxathionin-6,6-dioxid, 9-Methyl-2,3,4,5-tetrahydro-7*H*- 244
Dibenz[1,2]oxathiin-6,6-dioxid, 1,2,3,4,7,8,9,10-Octahydro- 246
[1,2]Oxathiolan-2,2-dioxid, 4,5,5-Trimethyl-4-phenyl- 242

$C_{12}H_{16}O_3S_2$
4,7-Episulfido-benzo[*b*]thiophen-1,1,8-trioxid, 3,3a,5,6-Tetramethyl-3a,4,7,7a-tetrahydro- 246

$C_{12}H_{16}O_4S_2$
[1,3]Dithiolan-1,1,3,3-tetraoxid, 2-Äthyl-4-methyl-2-phenyl- 243
Thianthren-5,5,10,10-tetraoxid, 1,4,4a,5a,6,9,9a,10a-Octahydro- 246

$C_{12}H_{16}S_2$
[1,3]Dithiolan, 2-Äthyl-4-methyl-2-phenyl- 243
—, 2-Phenyl-2-propyl- 243

$C_{12}H_{18}O_2$
Acetylen, Bis-tetrahydropyran-2-yl- 181
Dec-5-in, 3,4;7,8-Diepoxy-4,7-dimethyl- 181
Dibenzo[1,2]dioxin, 1,2,3,4,4a,6a,7,8,9,10-Decahydro- 182
Dibenzofuran, 9a,9b-Epoxy-dodecahydro- 182
[1,3]Dioxolan, 2-Äthyl-4-but-3-en-1-inyl-2,4,5-trimethyl- 181
1,4-Epoxido-4a,8a-[2]oxapropano-naphthalin, Octahydro- 182
Oct-4-in, 3,6-Diäthyl-2,3;6,7-diepoxy- 181
Spiro[[1,3]dioxolan-2,2′-naphthalin], 3′,4′,5′,6′,7′,8′-Hexahydro-1′*H*- 181

$C_{12}H_{18}S_2$
Spiro[[1,3]dithiolan-2,2′-inden], 3′-Methyl-1′,4′,5′,6′,7′,7a′-hexahydro- 182

$C_{12}H_{20}Br_2O_2$
Äthan, 1,2-Dibrom-1,2-bis-tetrahydropyran-2-yl- 149

$C_{12}H_{20}Cl_2O_2$
Äthan, 1,2-Bis-[3-chlor-tetrahydro-pyran-2-yl]- 148

$C_{12}H_{20}O_2$
Äthylen, 1,2-Bis-tetrahydropyran-2-yl- 169
Benzo[2,1-*b*;2,3-*b*′]difuran, 2,8-Dimethyl-octahydro- 171
Benzo[1,3]dioxin, 2,2,5,5-Tetramethyl-4,4a,5,6-tetrahydro-7*H*- 169
—, 2,2,5,5-Tetramethyl-5,6,7,8-tetrahydro-4*H*- 169
Bornan, 2,2-Äthandiyldioxy- 170
Cyclohexen, 2-[1,3]Dioxolan-2-yl-1,3,3-trimethyl- 169
Dibenzo[1,4]dioxin, Dodecahydro- 170
Dicyclopenta[1,3]dioxin, 5,5-Dimethyl-octahydro- 170
[1,3]Dioxolan, 2-Non-8-inyl- 169

$C_{12}H_{20}O_2$ (Fortsetzung)
Spiro[benzo[1,3]dioxol-2,1'-cyclohexan], Hexahydro- 169
$C_{12}H_{20}O_3S$
Phenoxathiin-10,10-dioxid, Dodecahydro- 170
$C_{12}H_{20}O_4S_2$
Spiro[cyclobuta[*e*][1,3]dithiepin-3,1'-cyclohexan]-2,2,4,4-tetraoxid, Hexahydro- 169
Thianthren-5,5,10,10-tetraoxid, Dodecahydro- 170
$C_{12}H_{20}S_2$
[1,4]Dithiin, 2,5-Di-*tert*-butyl- 168
$C_{12}H_{21}NO_4$
1,5-Dioxa-spiro[5.5]undecan, 3-Äthyl-7-methyl-3-nitro- 148
$C_{12}H_{22}O_2$
Äthan, 1,2-Bis-tetrahydropyran-2-yl- 148
[3,3']Bifuryl, 5,5'-Diäthyl-octahydro- 149
Cyclohexan, 2-[1,3]Dioxolan-2-yl-1,1,3-trimethyl- 147
Cyclonona[1,3]dioxol, 2,2-Dimethyl-octahydro- 148
Decan, 2,3;4,5-Diepoxy-2,4-dimethyl- 149
6,10-Dioxa-spiro[4.5]decan, 8,8-Diäthyl- 148
1,6-Dioxa-spiro[4.4]nonan, 2-Butyl-2-methyl- 149
—, 2,4-Diäthyl-2-methyl- 150
—, 2-Isobutyl-2-methyl- 150
—, 2-Pentyl- 149
Hept-2-en, 7-[1,3]Dioxolan-2-yl-2,6-dimethyl- 147
Oct-1-en, 1-[2-Methyl-[1,3]dioxolan-2-yl]- 147
$C_{12}H_{22}O_2Se$
[1,2]Oxaselenin-2-oxid, 3,5-Di-*tert*-butyl-3,6-dihydro- 146
—, 4,6-Di-*tert*-butyl-3,6-dihydro- 146
$C_{12}H_{22}S_2$
2,4-Dithia-spiro[5.5]undecan, 3-Äthyl-3-methyl- 148
$C_{12}H_{23}NO_4$
[1,3]Dioxan, 2-[1-Äthyl-pentyl]-5-methyl-5-nitro- 102
$C_{12}H_{24}O_2$
[1,3]Dioxan, 2-Hexyl-2,4-dimethyl- 102
[1,4]Dioxan, 2,2-Dibutyl- 102
—, 2,3-Dibutyl- 102
[1,3]Dioxolan, 2-[1-Äthyl-pentyl]-4,5-dimethyl- 103
—, 2-Butyl-2-pentyl- 103
—, 2,2-Diisobutyl-4-methyl- 103
—, 2-Nonyl- 103
$C_{12}H_{24}O_6SSe$
Verbindung $C_{12}H_{24}O_6SSe$ aus 3,5-Di-*tert*-butyl-3,6-dihydro-[1,2]oxaselenin-2-oxid oder 4,6-Di-*tert*-butyl-3,6-dihydro-[1,2]oxaselenin-2-oxid 147
$C_{12}H_{24}O_8$
[1,4]Dioxan, 2,3-Bis-[2-(2-hydroxy-äthoxy)-äthoxy]- 31
$C_{12}H_{24}S_2$
1,8-Dithia-cyclotetradecan 102

C_{13}

$C_{13}H_6Cl_4O_2$
Cyclopenta-1,3-dien, 1,2,3,4-Tetrachlor-5-piperonyliden- 355
$C_{13}H_9BrO_3S$
Phenoxathiin-10,10-dioxid, 3-Brom-2-methyl- 356
$C_{13}H_9ClOTe$
Phenoxatellurin, 2-Chlor-8-methyl- 357
$C_{13}H_9ClO_2$
Dibenzo[1,4]dioxin, 2-Chlormethyl- 356
$C_{13}H_9ClO_3S$
Dibenz[1,2]oxathiin-6,6-dioxid, 9-Chlor-2-methyl- 358
Phenoxathiin-10,10-dioxid, 3-Chlor-2-methyl- 356
—, 7-Chlor-2-methyl- 356
$C_{13}H_9Cl_3OTe$
Phenoxatellurin-10,10-dichlorid, 2-Chlor-8-methyl- 357
$C_{13}H_9NO_3S$
Phenoxathiin, 2-Methyl-8-nitro- 357
$C_{13}H_9NO_5S$
Phenoxathiin-10,10-dioxid, 2-Methyl-8-nitro- 357
$C_{13}H_{10}Cl_2OTe$
Phenoxatellurin-10,10-dichlorid, 2-Methyl- 357
$C_{13}H_{10}Cl_2O_2$
Naphtho[2,3-*d*][1,3]dioxol, 6,7-Bis-chlormethyl- 330
$C_{13}H_{10}OS$
Phenoxathiin, 3-Methyl- 356
—, 4-Methyl- 355
$C_{13}H_{10}OTe$
Phenoxatellurin, 2-Methyl- 357
$C_{13}H_{10}O_2$
Dibenzo[*b,e*][1,4]dioxepin, 11*H*- 355
Dibenzo[1,4]dioxin, 2-Methyl- 355
$C_{13}H_{10}O_3S$
Dibenz[1,2]oxathiin-6,6-dioxid, 2-Methyl- 357
Phenoxathiin-10,10-dioxid, 2-Methyl- 356
—, 3-Methyl- 356
—, 4-Methyl- 355

$C_{13}H_{10}Se_2$
Selenanthren, 1-Methyl- 355
—, 2-Methyl- 357
$C_{13}H_{11}ClO_2$
Naphtho[2,3-*b*][1,4]dioxin, 2-Chlormethyl-2,3-dihydro- 329
$C_{13}H_{12}BrNO_5S$
Norbornan-2-sulfonsäure, 5-Brom-6-hydroxy-3-[4-nitro-phenyl]-, lacton 311
$C_{13}H_{12}OS$
Naphth[1,2-*d*][1,3]oxathiol, 2,2-Dimethyl-330
$C_{13}H_{12}O_2$
Benzo[1,2-*b*;4,5-*b'*]difuran, 2,4,6-Trimethyl- 331
Naphtho[1,3-*d*][2,3]dioxol, 6,7-Dimethyl- 330
$C_{13}H_{12}O_2S$
Naphth[1,2-*d*][1,3]oxathiol-1-oxid, 2,2-Dimethyl- 330
$C_{13}H_{12}O_3S$
Naphth[1,2-*d*][1,3]oxathiol-1,1-dioxid, 2,2-Dimethyl- 330
Naphth[1,8-*cd*][1,2]oxathiol-2,2-dioxid, 6-Propyl- 330
$C_{13}H_{13}BrO_3S$
Norbornan-2-sulfonsäure, 5-Brom-6-hydroxy-3-phenyl-, lacton 311
$C_{13}H_{13}NO_4$
Benzo[1,3]dioxol, 5-[6-Nitro-cyclohex-3-enyl]- 311
$C_{13}H_{14}Cl_2O_2$
Propan, 1,3-Dichlor-2,2-bis-[5-methyl-[2]furyl]- 291
$C_{13}H_{14}N_2O_6$
Pentan, 3,3-Bis-[5-nitro-[2]furyl]- 290
$C_{13}H_{14}O_2$
Furo[3,2-*g*]chromen, 7,7-Dimethyl-5,6-dihydro-7*H*- 311
$C_{13}H_{14}O_3$
Nonan-1-on, 1-[1,3]Dioxolan-2-yl-2-methyl- 6
$C_{13}H_{15}ClO_2$
Naphtho[2,3-*b*][1,4]dioxin, 2-Chlormethyl-2,3,4a,5,10,10a-hexahydro- 292
Propan, 1-Chlor-2,2-bis-[5-methyl-[2]furyl]- 290
$C_{13}H_{15}NO_4$
Benzo[1,3]dioxol, 2-[2-Nitro-phenyl]-hexahydro- 291
$C_{13}H_{16}Cl_2O_2$
Benzo[1,3]dioxol, 2,2-Dichlor-5,6-dipropyl- 249
[1,3]Dioxan, 5,5-Dichlor-4-phenyl-2-propyl- 246
$C_{13}H_{16}N_2O_6$
[1,3]Dioxan, 2,2-Dimethyl-5-nitro-5-[4-nitro-benzyl]- 247
$C_{13}H_{16}O_2$
Benzo[1,3]dioxol, 2-Phenyl-hexahydro- 291
But-2-en, 1-Benzo[1,3]dioxol-5-yl-2,3-dimethyl- 290
[1,3]Dioxan, 4-Methyl-2-styryl- 290
2,7-Dioxa-norbornan, 6,6-Dimethyl-1-phenyl- 292
1,6-Dioxa-spiro[4.4]nonan, 2-Phenyl- 293
Indeno[5,6-*d*][1,3]dioxol, 5,5,6-Trimethyl-5,6-dihydro-7*H*- 293
Naphthalin, 2-[1,3]Dioxolan-2-yl-1,2,3,4-tetrahydro- 291
Naphtho[2,3-*d*][1,3]dioxol, 5,5-Dimethyl-5,6,7,8-tetrahydro- 293
Pentan, 3,3-Di-[2]furyl- 290
Propan, 1,1-Bis-[5-methyl-[2]furyl]- 290
—, 2,2-Bis-[5-methyl-[2]furyl]- 290
Spiro[benzocyclohepten-5,2'-[1,3]dioxolan], 6,7,8,9-Tetrahydro- 292
Spiro[[1,3]dioxolan-2,1'-naphthalin], 4-Methyl-2',3'-dihydro-4'*H*- 292
$C_{13}H_{16}S_2$
Benzo[1,3]dithiol, 2-Phenyl-hexahydro-292
Methan, Bis-[5-äthyl-[2]thienyl]- 291
—, Bis-[2,5-dimethyl-[3]thienyl]- 291
Propan, 2,2-Bis-[5-methyl-[2]thienyl]- 291
$C_{13}H_{17}BrO_2$
[1,3]Dioxan, 5-Brommethyl-2,5-dimethyl-2-phenyl- 247
$C_{13}H_{17}ClOS$
Benz[*f*][1,4]oxathiepin, 7-*tert*-Butyl-9-chlor-2,3-dihydro-5*H*- 248
$C_{13}H_{17}ClO_3S$
Benz[*f*][1,4]oxathiepin-4,4-dioxid, 7-*tert*-Butyl-9-chlor-2,3-dihydro-5*H*-248
$C_{13}H_{17}NO_3S$
Benz[*f*][1,4]oxathiepin, 7-*tert*-Butyl-9-nitro-2,3-dihydro-5*H*- 248
$C_{13}H_{17}NO_5S$
Benz[*f*][1,4]oxathiepin-4,4-dioxid, 7-*tert*-Butyl-9-nitro-2,3-dihydro-5*H*-248
$C_{13}H_{18}OS$
Benz[*f*][1,4]oxathiepin, 7-*tert*-Butyl-2,3-dihydro-5*H*- 247
$C_{13}H_{18}O_2$
Benzo[*b*][1,4]dioxacycloundecin, 2,3,4,5,6,7-Hexahydro-8*H*- 247
Benzo[1,3]dioxol, 2,2-Dipropyl- 248
—, 5,6-Dipropyl- 249
—, 2-Hexyl- 248
—, 5-Hexyl- 248
1,9-Dioxa-[9]metacyclophan 249
$C_{13}H_{18}O_3S$
Benz[*f*][1,4]oxathiepin-4,4-dioxid, 7-*tert*-Butyl-2,3-dihydro-5*H*- 247
$C_{13}H_{18}S_2$
[1,3]Dithian, 2,5,5-Trimethyl-2-phenyl-247

$C_{13}H_{18}S_2$ (Fortsetzung)
[1,3]Dithiolan, 2-Butyl-2-phenyl- 247
$C_{13}H_{20}O_2$
[1,3]Dioxolan, 4-But-3-en-1-inyl-2-isobutyl-2,4-dimethyl- 182
$C_{13}H_{20}S_2$
Spiro[[1,3]dithiolan-2,2'-naphthalin], 4a'-Methyl-3',4',4a',5',6',7'-hexahydro-8'*H*- 182
$C_{13}H_{21}ClO_2$
Spiro[bicyclo[3.1.0]hexan-3,2'-[1,3]dioxolan], 4'-Chlormethyl-1-isopropyl-4-methyl- 171
Spiro[[1,3]dioxolan-2,2'-norbornan], 4-Chlormethyl-1',7',7'-trimethyl- 171
$C_{13}H_{22}O_2$
Bornan, 2,3-Isopropylidendioxy- 172
4a,7-Methano-benzo[1,3]dioxin, 2,2,8,8-Tetramethyl-tetrahydro- 172
—, 2,2,9,9-Tetramethyl-tetrahydro- 172
Naphtho[2,3-*d*][1,3]dioxol, 2,2-Dimethyl-decahydro- 171
$C_{13}H_{22}S_2$
6,15-Dithia-dispiro[4.2.5.2]pentadecan 171
$C_{13}H_{23}NO_4$
Hept-3-en, 3-[5-Äthyl-5-nitro-[1,3]dioxan-2-yl]- 150
$C_{13}H_{24}O_2$
Cyclodeca[1,3]dioxol, 2,2-Dimethyl-decahydro- 150
6,10-Dioxa-spiro[4.5]decan, 8,8-Diäthyl-1-methyl- 150
1,6-Dioxa-spiro[4.4]nonan, 2-Äthyl-4-isopropyl-2-methyl- 151
—, 2-Isohexyl- 151
—, 2-Isopentyl-2-methyl- 151
1,5-Dioxa-spiro[5.5]undecan, 3,3-Diäthyl- 150
$C_{13}H_{24}O_3$
Heptan-1-on, 1-[1,3]Dioxolan-2-yl-2,4,6-trimethyl- 6
$C_{13}H_{24}S_2$
1,5-Dithia-spiro[5.9]pentadecan 150
$C_{13}H_{25}ClO_2$
[1,3]Dioxolan, 4-Chlormethyl-2-nonyl- 104
$C_{13}H_{25}NO_4$
[1,3]Dioxan, 5-Äthyl-2-[1-äthyl-pentyl]-5-nitro- 104
$C_{13}H_{26}O_2$
[1,3]Dioxolan, 2,4,5-Triisopropyl-4-methyl- 104
$C_{13}H_{26}S_2$
1,2-Dithia-cyclopentadecan 104

C_{14}

$C_{14}H_4Br_2Cl_2O_2$
Benzofuro[2,3-*b*]benzofuran, 2,9-Dibrom-4,7-dichlor- 402
—, 4,7-Dibrom-2,9-dichlor- 402
$C_{14}H_4Cl_4O_2$
Benzofuro[2,3-*b*]benzofuran, 2,4,7,9-Tetrachlor- 402
$C_{14}H_6Cl_2O_2$
Benzofuro[2,3-*b*]benzofuran, 2,9-Dichlor- 402
$C_{14}H_6Cl_4O_2$
Benzofuro[2,3-*b*]benzofuran, 2,4,7,9-Tetrachlor-5a,10b-dihydro- 387
$C_{14}H_8Cl_2O_2$
Benzofuro[2,3-*b*]benzofuran, 2,9-Dichlor-5a,10b-dihydro- 387
$C_{14}H_8Cl_4O_2$
Benzo[1,4]dioxin, 5,6,7,8-Tetrachlor-2-phenyl-2,3-dihydro- 358
$C_{14}H_8F_2O_2$
1,4;5,8-Diepoxido-anthracen, 9,10-Difluor-1,4,5,8-tetrahydro- 387
$C_{14}H_8N_2O_6$
Benzofuro[3,2-*b*]benzofuran, 3,8-Dinitro-4b,9b-dihydro- 387
$C_{14}H_8O_3S$
Anthra[1,9-*cd*][1,2]oxathiol-2,2-dioxid 402
$C_{14}H_8S_2$
Benzo[*b*]benzo[4,5]thieno[2,3-*d*]thiophen 403
Benzo[*b*]benzo[4,5]thieno[3,2-*d*]thiophen 402
Naphtho[2,1-*b*;6,5-*b'*]dithiophen 403
Naphtho[2,1-*b*;7,8-*b'*]dithiophen 403
Thiochromeno[6,5,4-*def*]thiochromen 403
$C_{14}H_{10}Cl_2O_2$
Benzo[1,3]dioxin, 6,8-Dichlor-2-phenyl-4*H*- 358
$C_{14}H_{10}Cl_2S_2$
Dibenzo[*b,f*][1,5]dithiocin, 2,8-Dichlor-6*H*,12*H*- 359
$C_{14}H_{10}OS$
Phenoxathiin, 2-Vinyl- 386
$C_{14}H_{10}O_2$
Benzofuro[2,3-*b*]benzofuran, 5a,10b-Dihydro- 387
Benzofuro[3,2-*b*]benzofuran, 4b,9b-Dihydro- 387
9,10-Epidioxido-anthracen, 9,10-Dihydro- 386
$C_{14}H_{10}S_2$
[2,2']Bithienyl, 5-Phenyl- 386
Butadiin, Bis-[3-methyl-[2]thienyl]- 386
$C_{14}H_{11}ClO_2$
Benzo[1,3]dioxol, 5-Chlormethyl-6-phenyl- 358

$C_{14}H_{11}IO_2$
Benzo[1,3]dioxol, 5-Jodmethyl-6-phenyl- 359
$C_{14}H_{12}Br_4Cl_4O_2$
Naphtho[1,2-*b*][1,4]dioxin, 8,9-Dibrom-3-[1,2-dibrom-äthyl]-5,6,6a,10a-tetrachlor-2,3,6a,7,8,9,10,10a-octahydro- 252
$C_{14}H_{12}Br_4O_2$
Naphtho[1,2-*b*][1,4]dioxin, 5,6,6a,10a-Tetrabrom-3-vinyl-2,3,6a,7,10,10a-hexahydro- 312
$C_{14}H_{12}Cl_4O_2$
Naphtho[1,2-*b*][1,4]dioxin, 5,6,6a,10a-Tetrachlor-3-vinyl-2,3,6a,7,10,10a-hexahydro- 312
$C_{14}H_{12}F_2O_2$
1,4;5,8-Diepoxido-anthracen, 9,10-Difluor-1,2,3,4,5,6,7,8-octahydro- 332
$C_{14}H_{12}OS$
Phenoxathiin, 2-Äthyl- 359
—, 2,8-Dimethyl- 361
$C_{14}H_{12}OS_2$
Thianthren-5-oxid, 2,7-Dimethyl- 360
$C_{14}H_{12}O_2$
Benzo[1,3]dioxol, 2-Methyl-2-phenyl- 358
Dibenzo[1,4]dioxin, 2,3-Dimethyl- 359
—, 2,7-Dimethyl- 360
Naphthalin, 1,5-Bis-oxiranyl- 362
$C_{14}H_{12}O_2S_2$
Dibenzo[1,2]dithiin-5,5-dioxid, 2,9-Dimethyl- 362
—, 3,8-Dimethyl- 362
Thianthren-5,5-dioxid, 2,7-Dimethyl- 361
Thianthren-5,10-dioxid, 2,7-Dimethyl- 360
$C_{14}H_{12}O_3S_2$
Thianthren-5,5,10-trioxid, 2,7-Dimethyl- 361
$C_{14}H_{12}O_4S_2$
Thianthren-5,5,10,10-tetraoxid, 2,7-Dimethyl- 361
$C_{14}H_{12}S_2$
Benzo[*b*]benzo[4,5]thieno[2,3-*d*]thiophen, 1,2,3,4-Tetrahydro- 362
Benzo[*b*]benzo[4,5]thieno[3,2-*d*]thiophen, 1,2,3,4-Tetrahydro- 362
Benzo[1,3]dithiin, 2-Phenyl-4*H*- 358
Dibenzo[1,2]dithiin, 2,9-Dimethyl- 361
—, 3,8-Dimethyl- 362
Hexa-1,3,5-trien, 1,6-Di-[2]thienyl- 358
Thianthren, 2,7-Dimethyl- 360
$C_{14}H_{12}Se_2$
Selenanthren, 1,6-Dimethyl- 359
—, 1,7-Dimethyl- 359
—, 1,8-Dimethyl- 359
—, 2,7-Dimethyl- 361
—, 2,8-Dimethyl- 361
$C_{14}H_{14}O_2$
Buta-1,3-dien, 1,4-Bis-[5-methyl-[2]furyl]- 331
[1,3]Dioxolan, 2-Methyl-2-[1]naphthyl- 331
—, 2-Methyl-2-[2]naphthyl- 331
Hexa-2,4-dien, 3,4-Di-[2]furyl- 331
Naphtho[2,1-*d*][1,3]dioxin, 1,3-Dimethyl-1*H*- 332
$C_{14}H_{14}O_3S$
Benz[*c*][1,2]oxathiin-1,1-dioxid, 3-Phenyl-5,6,7,8-tetrahydro- 331
$C_{14}H_{15}NO_4$
4,7-Methano-cyclopenta[1,3]dioxin, 2-[4-Nitro-phenyl]-hexahydro- 312
$C_{14}H_{16}Cl_4O_2$
Naphtho[1,2-*b*][1,4]dioxin, 3-Äthyl-5,6,6a,10a-tetrachlor-2,3,6a,7,8,9,10,10a-octahydro- 251
$C_{14}H_{16}I_2S_2$
Hexan, 3,4-Bis-[5-jod-[2]thienyl]- 294
$C_{14}H_{16}N_2O_4S_2$
Hexan, 3,4-Bis-[5-nitro-[2]thienyl]- 294
$C_{14}H_{16}O_2$
[4,4′]Bipyranyliden, 2,6,2′,6′-Tetramethyl- 312
Pyrano[2,3-*b*]pyran, 2-Phenyl-2,3,4,4a-tetrahydro-5*H*,8a*H*- 312
$C_{14}H_{16}O_4S_2$
1,4;6,9-Dimethano-thianthren-5,5,10,10-tetraoxid, 1,4,4a,5a,6,9,9a,10a-Octahydro- 313
$C_{14}H_{16}S_2$
[4,4′]Bithiopyranyliden, 2,6,2′,6′-Tetramethyl- 312
Cyclohexan, 1,1-Di-[2]thienyl- 312
$C_{14}H_{17}NO_4$
1,3-Dioxa-spiro[4.5]decan, 2-[3-Nitro-phenyl]- 294
—, 2-[4-Nitro-phenyl]- 294
$C_{14}H_{18}OS$
2-Oxa-4-thia-bicyclo[3.3.1]nonan, 5-Methyl-3-phenyl- 295
1-Oxa-4-thia-spiro[4.5]decan, 2-Phenyl- 294
$C_{14}H_{18}O_2$
Benzo[1,3]dioxin, 2-Phenyl-hexahydro- 295
Butan, 1,1-Bis-[5-methyl-[2]furyl]- 294
Cyclopenta[1,3]dioxol, 3a,6a-Dimethyl-2-phenyl-tetrahydro- 295
1,4-Dioxa-spiro[4.5]decan, 8-Phenyl- 295
1,6-Dioxa-spiro[4.4]nonan, 3-Methyl-2-phenyl- 295
Spiro[[1,3]dioxolan-2,1′-naphthalin], 5′-Äthinyl-2′,3′,4′,6′,7′,8′-hexahydro-8′*H*- 295
$C_{14}H_{18}S_2$
[2,2′]Bithienyl, 4,4′-Diäthyl-5,5′-dimethyl- 294
Butan, 1,4-Bis-[3-methyl-[2]thienyl]- 293
Hexan, 3,4-Di-[2]thienyl- 293

$C_{14}H_{19}NO_4$
[1,3]Dioxan, 4,6-Dimethyl-5-nitro-2-phenäthyl- 249
$C_{14}H_{20}N_4O_4$
Verbindung $C_{14}H_{20}N_4O_4$ aus 3,6-Di-*tert*-butyl-2,2,5,5-tetramethyl-[1,4]dioxan 106
$C_{14}H_{20}OS$
Benz[*f*][1,4]oxathiepin, 9-*tert*-Butyl-7-methyl-2,3-dihydro-5*H*- 251
Benz[*b*][1,5]oxathiocin, 8-*tert*-Butyl-2,3-dihydro-4*H*,6*H*- 251
1,4-Epoxido-4a,8a-[2]thiapropano-naphthalin, 6,7-Dimethyl-1,2,3,4,5,8-hexahydro- 252
$C_{14}H_{20}O_2$
Benzo[*b*][1,4]dioxacyclododecin, 2,3,4,5,6,7,8,9-Octahydro- 250
[1,3]Dioxan, 2-Benzyl-4,4,6-trimethyl- 250
—, 2,4-Diäthyl-6-phenyl- 250
—, 5,5-Diäthyl-2-phenyl- 250
—, 4-[4-Isopropyl-phenyl]-5-methyl- 249
1,10-Dioxa-[10]paracyclophan 251
[1,3]Dioxolan, 4-But-3-en-1-inyl-2,4,5-trimethyl-2-[2-methyl-propenyl]- 249
—, 2-Pentyl-2-phenyl- 250
Propan, 2-Methyl-1-[2-methyl-[1,3]dioxolan-2-yl]-2-phenyl- 250
$C_{14}H_{20}O_3S$
Benz[*f*][1,4]oxathiepin-4,4-dioxid, 9-*tert*-Butyl-7-methyl-2,3-dihydro-5*H*- 251
Benz[*b*][1,5]oxathiocin-5,5-dioxid, 8-*tert*-Butyl-2,3-dihydro-4*H*,6*H*- 251
$C_{14}H_{20}S_2$
[1,3]Dithiolan, 2-Pentyl-2-phenyl- 250
$C_{14}H_{22}OS$
Thieno[3,4-*c*]furan, 4,6-Di-*tert*-butyl-1*H*,3*H*- 183
$C_{14}H_{22}O_2$
1,1′-Dioxa-[2,2′]bispiro[2.5]octyl 183
[1,3]Dioxolan, 4-But-3-en-1-inyl-2-isobutyl-2,4,5-trimethyl- 183
4a,9a-Epoxido-dibenz[*b,f*]oxepin, Decahydro- 183
7-Oxa-dispiro[5.1.5.2]pentadecan, 14,15-Epoxy- 183
$C_{14}H_{23}NO_4$
[1,3]Dioxan, 5-Äthyl-2-[4,6-dimethyl-cyclohex-3-enyl]-5-nitro- 172
$C_{14}H_{24}Cl_2O_2$
Butan, 1,4-Bis-[3-chlor-tetrahydro-pyran-2-yl]- 152
$C_{14}H_{24}O_2$
[2,3′]Bifuryl, 5,5′-Diäthyl-5,5′-dimethyl-2,5,2′,3′,4′,5′-hexahydro- 173
—, 5,5′-Diäthyl-5,5′-dimethyl-4,5,2′,3′,4′,5′-hexahydro- 173
7,15-Dioxa-dispiro[5.2.5.2]hexadecan 173
[1,3]Dioxan, 2,4,6-Trimethyl-4-[4-methyl-cyclohex-3-enyl]- 173
$C_{14}H_{24}S_2$
7,16-Dithia-dispiro[5.2.5.2]hexadecan 173
$C_{14}H_{25}BrO_2$
But-1-en, 2-Brommethyl-1-[2-*tert*-butyl-[1,3]dioxolan-2-yl]-3,3-dimethyl- 151
$C_{14}H_{26}O_2$
But-1-en, 1-[2-*tert*-Butyl-[1,3]dioxolan-2-yl]-2,3,3-trimethyl- 151
1,4-Dioxa-spiro[4.5]decan, 2-Methyl-2-neopentyl- 152
6,10-Dioxa-spiro[4.5]decan, 8,8-Diisopropyl- 152
$C_{14}H_{26}O_3$
Nonan-1-on, 1-[1,3]Dioxolan-2-yl-2,4-dimethyl- 6
$C_{14}H_{28}O$
Verbindung $C_{14}H_{28}O$ s. bei Octaisopropyl-[1,4]dioxan 108
$C_{14}H_{28}O_2$
[1,3]Dioxolan, 2-*tert*-Butyl-2-[2,3,3-trimethyl-butyl]- 104
$C_{14}H_{28}S_2$
1,9-Dithia-cyclohexadecan 104

C_{15}

$C_{15}H_8Br_2O_2$
Phenanthro[2,3-*d*][1,3]dioxol, x,x-Dibrom- 404
Phenanthro[3,4-*d*][1,3]dioxol, x,x-Dibrom- 404
$C_{15}H_9NO_4$
Phenanthro[3,4-*d*][1,3]dioxol, 6-Nitro- 404
$C_{15}H_{10}N_2O_6$
Stilben, 3′,4′-Methylendioxy-2,4-dinitro- 388
$C_{15}H_{10}O_2$
Phenanthro[2,3-*d*][1,3]dioxol 403
Phenanthro[3,4-*d*][1,3]dioxol 404
$C_{15}H_{11}NO_4$
Stilben, 3,4-Methylendioxy-α′-nitro- 388
$C_{15}H_{12}Cl_2OS$
[1,3]Oxathiolan, 2,2-Bis-[4-chlor-phenyl]- 363
$C_{15}H_{12}Cl_2O_2$
Benzo[1,3]dioxin, 6-Chlor-8-chlormethyl-2-phenyl-4*H*- 364
$C_{15}H_{12}N_2O_5$
Benzo[1,3]dioxol, 5-[β-Nitro-α-nitroso-phenäthyl]- 364
$C_{15}H_{12}O_2$
[1,3]Dioxol, 4,5-Diphenyl- 387
9,10-Epidioxido-anthracen, 9-Methyl-9,10-dihydro- 389
Stilben, 3,4-Methylendioxy- 388

$C_{15}H_{12}O_3S$
Benz[*e*][1,2]oxathiin-2,2-dioxid, 4-Methyl-3-phenyl- 388
$C_{15}H_{12}S_2$
Fluoren, 9,9-Äthandiyldimercapto- 389
Methan, Phenyl-di-[2]thienyl- 389
$C_{15}H_{13}ClOS$
[1,3]Oxathiolan, 2-[4-Chlor-phenyl]-2-phenyl- 363
$C_{15}H_{13}ClS_2$
[1,3]Dithiolan, 2-[4-Chlor-phenyl]-2-phenyl- 363
$C_{15}H_{14}OS$
[1,3]Oxathiolan, 2,2-Diphenyl- 363
$C_{15}H_{14}O_2$
Acenaphtho[1,2-*d*][1,3]dioxol, 8,8-Dimethyl-6b,9a-dihydro- 364
Dibenzo[1,4]dioxin, 2-Isopropyl- 364
[1,3]Dioxolan, 2,2-Diphenyl- 363
$C_{15}H_{14}O_3S$
Benz[*e*][1,2]oxathiin-2,2-dioxid, 4-Methyl-3-phenyl-3,4-dihydro- 363
$C_{15}H_{15}ClO_2$
Benzo[1,3]dioxol, 5-[3-Chlor-propyl]-6-phenyl- 372
$C_{15}H_{16}O_2$
[1,3]Dioxan, 2-Methyl-2-[1]naphthyl- 332
—, 2-Methyl-2-[2]naphthyl- 332
[1,3]Dioxolan, 2,4-Dimethyl-2-[1]naphthyl- 332
—, 2,4-Dimethyl-2-[2]naphthyl- 332
Norborn-2-en, 5-Piperonyl- 332
$C_{15}H_{17}NO_4$
Benzo[1,3]dioxol, 5-[3,4-Dimethyl-6-nitro-cyclohex-3-enyl]- 313
$C_{15}H_{18}Cl_2S_2$
Methan, Bis-[4-chlormethyl-2,5-dimethyl-[3]thienyl]- 296
$C_{15}H_{18}O_2$
Acenaphtho[1,2-*d*][1,3]dioxol, 8,8-Dimethyl-1,2,3,6b,9a,9b-hexahydro- 314
Benzo[1,3]dioxol, 5-[2-Cyclohexyliden-äthyl]- 313
Phenanthro[2,3-*d*][1,3]dioxol, 1,2,3,4,4a,5,6,11b-Octahydro- 313
$C_{15}H_{20}O_2$
[1,3]Dioxan, 4,4,6-Trimethyl-2-styryl- 295
[1,3]Dioxolan, 4,4,5,5-Tetramethyl-2-styryl- 296
$C_{15}H_{20}S_2$
2,4-Dithia-spiro[5.5]undecan, 3-Phenyl- 296
$C_{15}H_{21}ClS_2$
[1,3]Dithiolan, 2-[4-Chlor-phenyl]-2-hexyl- 252
$C_{15}H_{22}OS$
Benz[*b*][1,5]oxathionin, 9-*tert*-Butyl-2,3,4,5-tetrahydro-7*H*- 253
$C_{15}H_{22}O_2$
Benzo[*b*][1,4]dioxacyclotridecin, 2,3,4,5,6,7,8,9-Octahydro-10*H*- 253
Benzo[1,3]dioxol, 2,2-Diisobutyl- 253
[1,3]Dioxan, 4,4,6-Trimethyl-2-phenäthyl- 252
—, 4,4,6-Trimethyl-2-[1-phenyl-äthyl]- 252
1,11-Dioxa-[11]paracyclophan 253
[1,3]Dioxolan, 4-Methyl-4-neopentyl-2-phenyl- 253
Guaj-3-en, 1,10;6,12-Diepoxy- 254
Propan, 1-[2,4-Dimethyl-[1,3]dioxolan-2-yl]-2-methyl-2-phenyl- 252
$C_{15}H_{22}O_3S$
Benz[*b*][1,5]oxathionin-6,6-dioxid, 9-*tert*-Butyl-2,3,4,5-tetrahydro-7*H*- 253
$C_{15}H_{24}Cl_4O_4$
Pentan, 1,1,1,5-Tetrachlor-3,5-bis-[4-methyl-[1,3]dioxan-2-yl]- 123
$C_{15}H_{24}O_2$
Cadinan, 1,10;4,5-Diepoxy- 184
Cyclohexen, 4-[1,3]Dioxolan-2-yl-1-[4-methyl-pent-3-enyl]- 184
Naphthalin, 7-[1,3]Dioxolan-2-yl-1,1-dimethyl-1,2,3,4,5,6,7,8-octahydro- 184
$C_{15}H_{24}S_2$
Spiro[[1,3]dithiolan-2,2′-naphthalin], 4a′,7′,7′-Trimethyl-3′,4′,4a′,5′,6′,7′-hexahydro-8′*H*- 184
$C_{15}H_{26}O_2$
Äthan, 1-[2-Methyl-[1,3]dioxolan-2-yl]-2-[2,6,6-trimethyl-cyclohex-2-enyl]- 173
Cycloundecan, 3,4;7,8-Diepoxy-1,1,4,8-tetramethyl- 173
Naphthalin, 7-[1,3]Dioxolan-2-yl-1,1-dimethyl-decahydro- 173
$C_{15}H_{26}O_4$
Verbindung $C_{15}H_{26}O_4$ s. bei 1,10;4,5-Diepoxy-cadinan 184
$C_{15}H_{28}O_2$
Cyclohexan, 1-[1,3]Dioxolan-2-yl-4-isohexyl- 152
6,10-Dioxa-spiro[4.5]decan, 8,8-Diisopropyl-1-methyl- 153
1,5-Dioxa-spiro[5.5]undecan, 3,3-Diisopropyl- 153
$C_{15}H_{29}ClO_2$
[1,3]Dioxolan, 4-Chlormethyl-2-undecyl- 105
$C_{15}H_{30}O_2$
[1,3]Dioxolan, 2-[5-Äthyl-5-methyl-nonyl]- 105

C_{16}

$C_{16}H_8N_2O_5S$
Benzo[*a*]phenoxathiin, 9,11-Dinitro- 414
$C_{16}H_9BrOS$
Benzo[*a*]phenoxathiin, 10-Brom- 414

$C_{16}H_9Br_3S_2$
Äthylen, 1-Brom-2,2-bis-[5-brom-[2]thienyl]-1-phenyl- 407
$C_{16}H_{10}BrNO_2S_2$
[1,4]Dithiin, 2-Brom-5-nitro-3,6-diphenyl- 406
$C_{16}H_{10}BrNO_3S_2$
[1,4]Dithiin-1-oxid, 3-Brom-6-nitro-2,5-diphenyl- 406
$C_{16}H_{10}Br_2O_4S_2$
Dibenzo[*d,d'*]cyclobuta[1,2-*b*;3,4-*b'*]dithiophen-5,5,10,10-tetraoxid, 4b,9b-Dibrom-4b,4c,9b,9c-tetrahydro- 409
—, 4c,9c-Dibrom-4b,4c,9b,9c-tetrahydro- 409
Dibenzo[*d,d'*]cyclobuta[1,2-*b*;4,3-*b'*]dithiophen-5,5,6,6-tetraoxid, 5a,5b-Dibrom-5a,5b,10b,10c-tetrahydro- 409
—, 10b,10c-Dibrom-5a,5b,10b,10c-tetrahydro- 409
$C_{16}H_{10}Br_2S_2$
[1,4]Dithiin, 2,5-Dibrom-3,6-diphenyl- 406
$C_{16}H_{10}Cl_2O_4S_2$
Dibenzo[*d,d'*]cyclobuta[1,2-*b*;3,4-*b'*]dithiophen-5,5,10,10-tetraoxid, 1,6-Dichlor-4b,4c,9b,9c-tetrahydro- 408
Dibenzo[*d,d'*]cyclobuta[1,2-*b*;4,3-*b'*]dithiophen-5,5,6,6-tetraoxid, 4,7-Dichlor-5a,5b,10b,10c-tetrahydro- 408
$C_{16}H_{10}Cl_4O_2$
Benzofuro[3,2-*b*]benzofuran, 1,3,6,8-Tetrachlor-4b,9b-dimethyl-4b,9b-dihydro- 392
$C_{16}H_{10}N_2O_4S_2$
[1,4]Dithiin, 2,5-Bis-[3-nitro-phenyl]- 406
—, 2,5-Dinitro-3,6-diphenyl- 406
$C_{16}H_{10}OS$
Benzo[*a*]phenoxathiin 413
$C_{16}H_{10}O_2$
[2,2']Bibenzofuranyl 414
$C_{16}H_{10}S_2$
Benzo[1,2-*b*;4,5-*b'*]dithiophen, 3-Phenyl- 414
[2,2']Bi[benzo[*b*]thiophenyl] 414
[2,3']Bi[benzo[*b*]thiophenyl] 415
[3,3']Bi[benzo[*b*]thiophenyl] 415
[5,5']Bi[benzo[*b*]thiophenyl] 415
$C_{16}H_{11}BrOS_2$
[1,4]Dithiin-1-oxid, 3-Brom-2,5-diphenyl- 405
$C_{16}H_{11}BrO_2S_2$
[1,4]Dithiin-1,1-dioxid, 3-Brom-2,5-diphenyl- 405
$C_{16}H_{11}BrS_2$
[1,4]Dithiin, 3-Brom-2,5-diphenyl- 405
$C_{16}H_{11}NO_2S$
Verbindung $C_{16}H_{11}NO_2S$ aus 2,5-Dinitro-3,6-diphenyl-[1,4]dithiin 406
$C_{16}H_{11}NO_2S_2$
[1,4]Dithiin, 3-Nitro-2,5-diphenyl- 406
$C_{16}H_{11}NO_3S_2$
[1,4]Dithiin-1-oxid, 2-Nitro-3,6-diphenyl- 406
$C_{16}H_{12}OS_2$
[1,4]Dithiin-1-oxid, 2,5-Diphenyl- 405
$C_{16}H_{12}O_2$
Phenanthro[9,10-*d*][1,3]dioxol, 2-Methyl- 408
$C_{16}H_{12}O_2S_2$
[1,4]Dithiin-1,1-dioxid, 2,5-Diphenyl- 405
$C_{16}H_{12}O_4S_2$
Dibenzo[*d,d'*]cyclobuta[1,2-*b*;3,4-*b'*]dithiophen-5,5,10,10-tetraoxid, 4b,4c,9b,9c-Tetrahydro- 409
Dibenzo[*d,d'*]cyclobuta[1,2-*b*;4,3-*b'*]dithiophen-5,5,6,6-tetraoxid, 5a,5b,10b,10c-Tetrahydro- 408
[1,4]Dithiin-1,1,4,4-tetraoxid, 2,5-Diphenyl- 405
[1,3]Dithiol-1,1,3,3-tetraoxid, 2-Benzyliden-4-phenyl- 407
$C_{16}H_{12}S_2$
Äthylen, 2-Phenyl-1,1-di-[2]thienyl- 407
Benzo[*d*]benzo[1,2-*b*;5,4-*b'*]dithiophen, 4,10-Dimethyl- 408
[2,2']Bithienyl, 5-Styryl- 407
[1,4]Dithiin, 2,5-Diphenyl- 404
[1,3]Dithiol, 2-Benzyliden-4-phenyl- 407
$C_{16}H_{13}BrO_2$
Furan, 2-Brom-3,4-epoxy-3,5-diphenyl-tetrahydro- 391
$C_{16}H_{13}ClO_2$
Furan, 2-Chlor-3,4-epoxy-3,5-diphenyl-tetrahydro- 391
$C_{16}H_{13}IO_2$
Furan, 3,4-Epoxy-2-jod-3,5-diphenyl-tetrahydro- 392
$C_{16}H_{13}NO_4$
Stilben, 3,4-Äthandiyldioxy-α'-nitro- 390
$C_{16}H_{14}BrNO_4$
[1,3]Dioxan, 5-Brom-5-nitro-2,2-diphenyl- 365
$C_{16}H_{14}Br_2O_2$
[1,4]Dioxan, 2,5-Dibrom-2,5-diphenyl- 368
—, 2,5-Dibrom-3,6-diphenyl- 368
[1,3]Dioxolan, 2-[4,4'-Dibrom-benzhydryl]- 369
$C_{16}H_{14}Cl_2OS$
[1,3]Oxathiolan, 2-[4-Chlor-benzyl]-2-[4-chlor-phenyl]- 370
$C_{16}H_{14}Cl_2O_2$
[1,4]Dioxan, 2,2-Bis-[4-chlor-phenyl]- 366
—, 2,3-Bis-[4-chlor-phenyl]- 367

$C_{16}H_{14}Cl_2O_2$ (Fortsetzung)
[1,4]Dioxan, 2,3-Dichlor-2,3-diphenyl- 367
[1,3]Dioxolan, 2-[4,4′-Dichlor-benzhydryl]- 369
$C_{16}H_{14}Cl_2O_3S$
[1,2]Oxathian-2,2-dioxid, 4,6-Bis-[3-chlor-phenyl]- 365
$C_{16}H_{14}OS$
[1,4]Oxathiin, 5,6-Diphenyl-2,3-dihydro- 390
$C_{16}H_{14}O_2$
Benzofuro[2,3-*b*]benzofuran, 2,9-Dimethyl-5a,10b-dihydro- 392
—, 5a,10b-Dimethyl-5a,10b-dihydro- 392
Benzofuro[3,2-*b*]benzofuran, 4b,9b-Dimethyl-4b,9b-dihydro- 392
Biphenyl, 4,4′-Bis-oxiranyl- 391
Butan, 1,2;3,4-Diepoxy-1,4-diphenyl- 391
1,4;5,8-Diepoxido-anthracen, 9,10-Dimethyl-1,4,5,8-tetrahydro- 393
[1,3]Dioxolan, 4-Methylen-2,2-diphenyl- 390
9,10-Epidioxido-anthracen, 9,10-Dimethyl-9,10-dihydro- 391
Stilben, α,α′-Äthandiyldioxy- 390
$C_{16}H_{14}O_2Se$
[1,2]Oxaselenin-2-oxid, 4,5-Diphenyl-3,6-dihydro- 389
$C_{16}H_{14}O_4S_2$
[1,3]Dithiol-1,1,3,3-tetraoxid, 2-Benzyl-4-phenyl- 390
$C_{16}H_{14}S_2$
Äthan, 1-Phenyl-1,1-di-[2]thienyl- 391
[1,3]Dithiol, 2-Benzyl-4-phenyl- 390
Octa-1,3,5,7-tetraen, 1,8-Di-[2]thienyl- 389
$C_{16}H_{15}BrO_2$
[1,3]Dioxan, 5-Brom-2,4-diphenyl- 366
[1,3]Dioxolan, 2-Brommethyl-4,5-diphenyl- 371
—, 4-Brommethyl-2,2-diphenyl- 370
$C_{16}H_{15}BrO_3S$
[1,2]Oxathian-2,2-dioxid, 5-Brom-4,6-diphenyl- 365
$C_{16}H_{15}ClOS$
[1,3]Oxathiolan, 2-[4-Chlor-benzyl]-2-phenyl- 370
$C_{16}H_{15}ClO_2$
Benzo[1,3]dioxin, 8-Chlormethyl-6-methyl-2-phenyl-4*H*- 371
[1,3]Dioxolan, 2-[α-Chlor-benzyl]-2-phenyl- 369
—, 4-Chlormethyl-2,2-diphenyl- 370
$C_{16}H_{15}ClO_3S$
[1,2]Oxathian-2,2-dioxid, 5-Chlor-4,6-diphenyl- 364
$C_{16}H_{16}OS$
[1,3]Oxathian, 2,2-Diphenyl- 365
[1,4]Oxathian, 2,3-Diphenyl- 367
[1,3]Oxathiolan, 2-Benzyl-2-phenyl- 369
Phenoxathiin, 2,8-Diäthyl- 372
$C_{16}H_{16}O_2$
Benzo[1,3]dioxin, 6,8-Dimethyl-2-phenyl-4*H*- 371
Benzo[1,3]dioxol, 5-[3-Äthyl-phenyl]-6-methyl- 372
—, 5-Methyl-6-phenäthyl- 371
Dibenzo[1,4]dioxin, 2-*tert*-Butyl- 372
—, 1,3,6,8-Tetramethyl- 372
—, 2,3,7,8-Tetramethyl- 372
[1,3]Dioxan, 2,2-Diphenyl- 365
—, 4,4-Diphenyl- 366
[1,4]Dioxan, 2,2-Diphenyl- 366
—, 2,3-Diphenyl- 366
—, 2,5-Diphenyl- 367
[1,3]Dioxolan, 2-Benzhydryl- 369
—, 2-Benzyl-2-phenyl- 369
—, 2-Benzyl-4-phenyl- 370
—, 2-Methyl-4,5-diphenyl- 371
Naphtho[2,1-*b*;6,5-*b*′]difuran, 2,7-Dimethyl-2,3,7,8-tetrahydro- 374
$C_{16}H_{16}O_2S_2$
Dibenzo[1,2]dithiin-5,5-dioxid, 1,3,8,10-Tetramethyl- 373
$C_{16}H_{16}O_3S$
[1,2]Oxathian-2,2-dioxid, 4,6-Diphenyl- 364
[1,2]Oxathiolan-2,2-dioxid, 4-Methyl-3,3-diphenyl- 368
$C_{16}H_{16}O_4S_2$
[1,3]Dithian-1,1,3,3-tetraoxid, 2,2-Diphenyl- 365
[1,4]Dithian-1,1,4,4-tetraoxid, 2,6-Diphenyl- 368
[1,3]Dithiolan-1,1,3,3-tetraoxid, 2-Benzyl-4-phenyl- 370
$C_{16}H_{16}S_2$
Dibenzo[1,2]dithiin, 1,3,8,10-Tetramethyl- 373
[1,3]Dithian, 2,2-Diphenyl- 365
[1,4]Dithian, 2,6-Diphenyl- 368
Thianthren, 2,3,7,8-Tetramethyl- 372
$C_{16}H_{16}Se_2$
Selenanthren, 2,3,7,8-Tetramethyl- 373
$C_{16}H_{18}ClNO_4$
[1,3]Dioxan, 2-[4-Chlor-phenyl]-5-cyclohex-1-enyl-5-nitro- 314
$C_{16}H_{18}N_2O_6$
[1,3]Dioxan, 5-Cyclohex-1-enyl-5-nitro-2-[4-nitro-phenyl]- 314
$C_{16}H_{18}O_2$
1,4;5,8-Diepoxido-anthracen, 9,10-Dimethyl-1,2,3,4,5,6,7,8-octahydro- 333
[1,3]Dioxan, 2,4-Dimethyl-2-[1]naphthyl- 333
—, 2,4-Dimethyl-2-[2]naphthyl- 333

$C_{16}H_{19}NO_4$
[1,3]Dioxan, 5-Cyclohex-1-enyl-5-nitro-2-phenyl- 314
$C_{16}H_{20}O_2$
Dispiro[oxiran-2,1'-(4,7-methano-inden)-8',2''-oxiran], 3,3,3'',3''-Tetramethyl-3a',4',7',7a'-tetrahydro- 314
$C_{16}H_{22}Br_2O_2$
1,12-Dioxa-[12]paracyclophan, 14,17-Dibrom- 255
$C_{16}H_{22}O_2$
p-Menthan, 3,3-*o*-Phenylendioxy- 297
$C_{16}H_{22}O_4S_2$
2,4-Dithia-spiro[5.5]undecan-2,2,4,4-tetraoxid, 3-Methyl-3-phenyl- 297
$C_{16}H_{22}S_2$
Acetylen, Bis-[2,2-dimethyl-3,6-dihydro-2*H*-thiopyran-4-yl]- 296
[2,2']Bithienyl, 5,5'-Di-*tert*-butyl- 296
[3,3']Bithienyl, 2,5,2',5'-Tetraäthyl- 297
$C_{16}H_{23}ClS_2$
[1,3]Dithiolan, 2-[4-Chlor-phenyl]-2-hexyl-4-methyl- 254
$C_{16}H_{24}O_2$
Benzo[*b*][1,4]dioxacyclotetradecin, 2,3,4,5,6,7,8,9,10,11-Decahydro- 254
Benzo[1,3]dioxol, 5-Nonyl- 255
1,12-Dioxa-[12]metacyclophan 255
[1,3]Dioxan, 2,4-Diisopropyl-6-phenyl- 254
—, 4-Phenyl-2,6-dipropyl- 254
1,12-Dioxa-[12]paracyclophan 255
$C_{16}H_{24}O_4S_2$
Thianthren-5,5,10,10-tetraoxid, 2,3,7,8-Tetramethyl-1,4,4a,5a,6,9,9a,10a-octahydro- 256
$C_{16}H_{26}O_2$
Äthylen, 1-[2,4-Dimethyl-[1,3]dioxolan-2-yl]-2-[2,6,6-trimethyl-cyclohex-1-enyl]-185
—, 1-[2,4-Dimethyl-[1,3]dioxolan-2-yl]-2-[2,6,6-trimethyl-cyclohex-2-enyl- 185
But-2-en, 3-[1,3]Dioxolan-2-yl-1-[2,2,6-trimethyl-cyclohexyliden]- 185
Dec-5-in, 3,4;7,8-Diepoxy-4,7-dipropyl- 185
Tetradec-7-in, 5,6;9,10-Diepoxy-6,9-dimethyl- 185
$C_{16}H_{28}O_2$
Äthan, 1-[2,4-Dimethyl-[1,3]dioxolan-2-yl]-2-[2,6,6-trimethyl-cyclohex-2-enyl]- 174
[1,3]Dioxan, 2,6-Diäthyl-4-methyl-4-[4-methyl-cyclohex-3-enyl]- 174
$[C_{16}H_{32}N_2O_5S_3]^{2+}$
Sulfonium, Bis-[2-(carboxymethyl-amino)-äthyl]-[2-(2-[1,4]oxathian-4-io-äthylmercapto)-äthyl]- 34
$C_{16}H_{32}O_2$
[1,3]Dioxan, 4-Isopropyl-5,5-dimethyl-2-[1,2,3-trimethyl-butyl]- 105
[1,4]Dioxan, 3,6-Di-*tert*-butyl-2,2,5,5-tetramethyl- 105
[1,3]Dioxolan, 4-Methyl-4-neopentyl-2-[1,3,3-trimethyl-butyl]- 106
$C_{16}H_{32}O_4S_2$
[1,4]Dithian-1,1,4,4-tetraoxid, 2,5-Dihexyl- 105
—, 2,6-Dihexyl- 105
—, 2,5-Dimethyl-2,5-dineopentyl- 106
$C_{16}H_{32}S_2$
1,10-Dithia-cyclooctadecan 105

C_{17}

$C_{17}H_8N_4O_{10}$
[2,2']Spirobichromen, 6,8,6',8'-Tetranitro- 416
$C_{17}H_{10}Cl_2O_2$
[2,2']Spirobichromen, 6,6'-Dichlor- 416
$C_{17}H_{12}N_4O_{10}$
[2,2']Spirobichromen, 6,8,6',8'-Tetranitro-3,4,3',4'-tetrahydro- 393
$C_{17}H_{12}OS$
Xanthen, 9-[2]Thienyl- 416
$C_{17}H_{12}O_2$
Phenanthro[3,4-*d*][1,3]dioxol, 5-Vinyl- 415
[2,2']Spirobichromen 416
$C_{17}H_{12}O_3S$
Naphth[1,8-*cd*][1,2]oxathiol-2,2-dioxid, 6-Benzyl- 415
$C_{17}H_{14}Cl_2O_2$
[3,3']Spirobichromen, 6,6'-Dichlor-4*H*,4'*H*-394
$C_{17}H_{14}O_2$
Anthracen, 9-[1,3]Dioxolan-2-yl- 410
2,3-Dioxa-norborn-5-en, 1,4-Diphenyl-410
Furo[2,3-*h*]chromen, 2-Phenyl-2,3-dihydro-4*H*- 410
Phenanthro[2,3-*d*][1,3]dioxol, 1,4-Dimethyl- 410
$C_{17}H_{14}S_2$
[2,2']Bithienyl, 5-Methyl-5'-styryl- 409
$C_{17}H_{16}Cl_2O_2$
[1,3]Dioxan, 2-[4,4'-Dichlor-benzhydryl]-374
$C_{17}H_{16}N_2O_6$
[1,3]Dioxan, 5-Nitro-5-[4-nitro-benzyl]-2-phenyl- 374
$C_{17}H_{16}OS$
[1,4]Oxathiepin, 2,3-Diphenyl-5,6-dihydro-7*H*- 393
$C_{17}H_{16}O_2$
Methan, Bis-[5-methyl-[2]furyl]-phenyl- 393
Phenanthren, 9,10-Isopropylidendioxy-9,10-dihydro- 393
[2,2']Spirobichromen, 3,4,3',4'-Tetrahydro- 393
$C_{17}H_{17}BrO_2$
[1,3]Dioxan, 2-Brommethyl-5,5-diphenyl-375

$C_{17}H_{17}BrO_2$ (Fortsetzung)
[1,3]Dioxolan, 2-[5-Brom-acenaphthen-1-ylmethyl]-2-methyl- 376
$C_{17}H_{17}ClO_2$
[1,3]Dioxolan, 2-[2-Chlor-äthyl]-4,5-diphenyl- 375
$C_{17}H_{17}IO_2$
[1,3]Dioxan, 2-Jodmethyl-5,5-diphenyl- 375
$C_{17}H_{17}NO_4$
[1,3]Dioxan, 5-Methyl-5-nitro-2,2-diphenyl- 374
$C_{17}H_{18}OS$
[1,3]Oxathiolan, 2,2-Dibenzyl- 375
Phenoxathiin, 2-Pentyl- 375
$C_{17}H_{18}O_2$
[1,3]Dioxolan, 2,2-Dibenzyl- 375
—, 2,2-Dimethyl-4,5-diphenyl- 375
Phenanthro[1,2-*d*][1,3]dioxol, 2,2-Dimethyl-3a,10,11,11a-tetrahydro- 376
$C_{17}H_{18}O_3S$
Dibenz[*c,e*][1,2]oxathiin-6,6-dioxid, 2-*tert*-Pentyl- 376
[1,3]Oxathiolan-3,3-dioxid, 2,2-Dibenzyl- 375
$C_{17}H_{19}NO_4$
1,6-Cyclo-indeno[5,4-*d*][1,3]dioxin, 3-[4-Nitro-phenyl]-decahydro- 333
$C_{17}H_{21}NO_4$
4a,7-Methano-benzo[1,3]dioxin, 8,8-Dimethyl-2-[4-nitro-phenyl]-tetrahydro- 314
—, 9,9-Dimethyl-2-[4-nitro-phenyl]-tetrahydro- 315
$C_{17}H_{22}ClNO_6$
4-Nitro-benzoyl-Derivat $C_{17}H_{22}ClNO_6$ einer Verbindung $C_{10}H_{19}ClO_3$ s. bei 1,4-Epidioxy-*p*-menth-2-en 164
$C_{17}H_{25}BrO_2$
1,12-Dioxa-[12]paracyclophan, 14-Brom-17-methyl- 256
$C_{17}H_{26}O_2$
Benzo[1,3]dioxol, 2-Methyl-2-nonyl- 256
1,12-Dioxa-[12]paracyclophan, 14-Methyl- 256
$C_{17}H_{28}O_2$
Äthylen, 1-[2,4-Dimethyl-[1,3]dioxolan-2-yl]-2-[2,5,6,6-tetramethyl-cyclohex-1-enyl]- 186
Eremophil-11-en, 8,8-Äthandiyldioxy- 186
Propen, 2-[2,4-Dimethyl-[1,3]dioxolan-2-yl]-1-[2,6,6-trimethyl-cyclohex-1-enyl]- 186
—, 2-[2,4-Dimethyl-[1,3]dioxolan-2-yl]-1-[2,6,6-trimethyl-cyclohex-2-enyl]- 186
$C_{17}H_{30}O_2$
Eremophilan, 8,8-Äthandiyldioxy- 174
12-Nor-driman, 8,11-Isopropylidendioxy- 175
$C_{17}H_{33}NO_4$
[1,3]Dioxan, 5-Äthyl-5-nitro-2-undecyl- 106
$C_{17}H_{34}O_4S_2$
[1,3]Dithiolan-1,1,3,3-tetraoxid, 2-Äthyl-4-methyl-2-undecyl- 106
$C_{17}H_{34}S_2$
[1,3]Dithiolan, 2-Äthyl-4-methyl-2-undecyl- 106

C_{18}

$C_{18}H_{10}O_2$
Dibenzo[*d,d'*]benzo[1,2-*b*;4,3-*b'*]difuran 434
Dibenzo[*d,d'*]benzo[1,2-*b*;4,5-*b'*]difuran 433
$C_{18}H_{10}O_4S_2$
Dibenzo[*d,d'*]benzo[1,2-*b*;3,4-*b'*]dithiophen-5,5,12,12-tetraoxid 434
$C_{18}H_{10}S_2$
Dibenzo[*d,d'*]benzo[1,2-*b*;3,4-*b'*]dithiophen 434
Dibenzo[*d,d'*]benzo[1,2-*b*;4,3-*b'*]dithiophen 434
Dibenzo[*d,d'*]benzo[1,2-*b*;4,5-*b'*]dithiophen 433
Dibenzo[*d,d'*]benzo[1,2-*b*;5,4-*b'*]dithiophen 433
Dibenzo[*d,d'*]benzo[2,1-*b*;3,4-*b'*]dithiophen 433
$C_{18}H_{12}Br_2S_2$
Äthan, 1,2-Bis-[2-brom-benzo[*b*]thiophen-3-yl]- 417
$C_{18}H_{12}N_2O_6$
Benzol, 1,5-Bis-[2-[2]furyl-vinyl]-2,4-dinitro- 416
$C_{18}H_{12}OS$
Phenoxathiin, 4-Phenyl- 419
$C_{18}H_{12}O_2$
Dibenzo[1,4]dioxin, 2-Phenyl- 419
5,12-Epidioxido-naphthacen, 5,12-Dihydro- 419
$C_{18}H_{14}O_2$
Naphtho[2,3-*d*][1,3]dioxol, 5-*p*-Tolyl- 416
$C_{18}H_{14}O_2S_2$
Dibenzo[*d,d'*]benzo[1,2-*b*;3,4-*b'*]dithiophen-5,5-dioxid, 5a,6,7,12b-Tetrahydro- 417
$C_{18}H_{14}S_2$
Äthan, 1,2-Bis-benzo[*b*]thiophen-3-yl- 417
Benzo[*b*]thiophen, 2-Benzo[*b*]thiophen-3-ylmethyl-3-methyl- 417
$C_{18}H_{16}Br_2O_2$
[5,5']Bibenzofuranyl, 2,2'-Bis-brommethyl-2,3,2',3'-tetrahydro- 395
$C_{18}H_{16}Cl_2S_2$
Dibenzo[*d,d'*]benzo[1,2-*b*;4,5-*b'*]dithiophen, 6,12-Dichlor-1,2,3,4,7,8,9,10-octahydro- 397

$C_{18}H_{16}N_2O_6$
Furo[3,4-*c*]furan, 1,3-Bis-[4-nitro-phenyl]-tetrahydro- 395
$C_{18}H_{16}N_6O_{18}S_4$
s. bei $[C_6H_{12}S_2]^{2+}$
$C_{18}H_{16}O_2$
Stilben, 4,5-Methylendioxy-2-propenyl- 411
$C_{18}H_{16}O_4S_2$
Dibenzo[*d,d'*]cyclobuta[1,2-*b*;3,4-*b'*]dithiophen-5,5,10,10-tetraoxid, 1,6-Dimethyl-4b,4c,9b,9c-tetrahydro- 412
—, 2,7-Dimethyl-4b,4c,9b,9c-tetrahydro- 411
—, 3,8-Dimethyl-4b,4c,9b,9c-tetrahydro- 411
—, 4,9-Dimethyl-4b,4c,9b,9c-tetrahydro- 412
—, 4b,9b-Dimethyl-4b,4c,9b,9c-tetrahydro- 412
Dibenzo[*d,d'*]cyclobuta[1,2-*b*;4,3-*b'*]dithiophen-5,5,6,6-tetraoxid, 2,9-Dimethyl-5a,5b,10b,10c-tetrahydro- 411
—, 3,8-Dimethyl-5a,5b,10b,10c-tetrahydro- 411
—, 4,7-Dimethyl-5a,5b,10b,10c-tetrahydro- 412
—, 5a,5b-Dimethyl-5a,5b,10b,10c-tetrahydro- 412
—, 10b,10c-Dimethyl-5a,5b,10b,10c-tetrahydro- 412
$C_{18}H_{16}S_2$
Äthylen, 1-[2,5-Dimethyl-[3]thienyl]-2-phenyl-1-[2]thienyl- 411
Deca-1,3,5,7,9-pentaen, 1,10-Di-[2]thienyl 410
[1,4]Dithiin, 2,5-Dimethyl-3,6-diphenyl- 410
$C_{18}H_{17}BrO_2$
Butan-1-on, 4-Brom-2,3-epoxy-1,3-di-*p*-tolyl- 395
Furan, 2-Brom-3,4-epoxy-3,5-di-*p*-tolyl-tetrahydro- 395
$C_{18}H_{17}ClO_2$
Butan-1-on, 4-Chlor-2,3-epoxy-1,3-di-*p*-tolyl- 395
Furan, 2-Chlor-3,4-epoxy-3,5-di-*p*-tolyl-tetrahydro- 395
$C_{18}H_{17}ClS_2$
Dibenzo[*d,d'*]benzo[1,2-*b*;3,4-*b'*]dithiophen, 6-Chlor-1,2,3,4,8,9,10,11-octahydro- 398
$C_{18}H_{17}NO_4$
Stilben, 3,4-Butandiyldioxy-α'-nitro- 394
$C_{18}H_{18}OS$
Phenoxathiin, x-Cyclohexyl- 394
$C_{18}H_{18}O_2$
Benzo[1,2-*b*;4,5-*b'*]difuran, 3,7-Diisopropenyl-2,6-dimethyl- 394
Benzofuro[2,3-*b*]benzofuran, 5a,10b-Diäthyl-5a,10b-dihydro- 396
—, 2,5a,9,10b-Tetramethyl-5a,10b-dihydro- 395
—, 3,5a,8,10b-Tetramethyl-5a,10b-dihydro- 396
Benzofuro[3,2-*b*]benzofuran, 4b,9b-Diäthyl-4b,9b-dihydro- 396
—, 2,4b,7,9b-Tetramethyl-4b,9b-dihydro- 396
—, 3,4b,8,9b-Tetramethyl-4b,9b-dihydro- 396
Dibenzo[*d,d'*]benzo[1,2-*b*;4,5-*b'*]difuran, 1,2,3,4,7,8,9,10-Octahydro- 397
Furo[3,4-*c*]furan, 1,3-Diphenyl-tetrahydro- 394
—, 1,4-Diphenyl-tetrahydro- 395
$C_{18}H_{18}S_2$
Dibenzo[*d,d'*]benzo[1,2-*b*;3,4-*b'*]dithiophen, 1,2,3,4,8,9,10,11-Octahydro- 397
Dibenzo[*d,d'*]benzo[1,2-*b*;4,3-*b'*]dithiophen, 1,2,3,4,9,10,11,12-Octahydro- 397
Dibenzo[*d,d'*]benzo[1,2-*b*;4,5-*b'*]dithiophen, 1,2,3,4,7,8,9,10-Octahydro- 397
Naphth[2,1,8-*cde*]azulen, 2,2-Äthandiyldimercapto-1,2,8,9,10,10a-hexahydro- 397
Spiro[[1,3]dithian-2,9'-fluoren], 5,5-Dimethyl- 394
$C_{18}H_{19}BrO_2$
[1,3]Dioxan, 5-Brommethyl-5-methyl-2,2-diphenyl- 376
$C_{18}H_{19}IO_2$
[1,3]Dioxan, 5-Jodmethyl-5-methyl-2,2-diphenyl- 377
$C_{18}H_{20}Br_4O_2$
Naphtho[1,2-*b*][1,4]dioxin, 5,6,6a,10a-Tetrabrom-3-isopropenyl-3,8,9-trimethyl-2,3,6a,7,10,10a-hexahydro- 315
$C_{18}H_{20}Cl_4O_2$
Naphtho[1,2-*b*][1,4]dioxin, 5,6,6a,10a-Tetrachlor-3-isopropenyl-3,8,9-trimethyl-2,3,6a,7,10,10a-hexahydro- 315
$C_{18}H_{20}OS$
[1,3]Oxathian, 2,2-Dibenzyl- 376
$C_{18}H_{20}O_2$
Dibenzo[1,4]dioxin, 2,7-Diäthyl-3,8-dimethyl- 378
—, 2,3-Diisopropyl- 378
[1,4]Dioxan, 2,3-Dibenzyl- 377
—, 2,2-Di-*p*-tolyl- 377
—, 2,3-Di-*m*-tolyl- 377
—, 2,3-Di-*o*-tolyl- 377
—, 2,3-Di-*p*-tolyl- 378
—, 2,5-Di-*p*-tolyl- 378

$C_{18}H_{20}O_3S$
[1,3]Oxathian-3,3-dioxid, 2,2-Dibenzyl- 376
$C_{18}H_{20}S_2$
[1,3]Dithian, 5,5-Dimethyl-2,2-diphenyl- 377
$C_{18}H_{22}$
Kohlenwasserstoff $C_{18}H_{22}$ aus 2,3,5,6-Tetrakis-[2,4-dimethyl-phenyl]-[1,4]dioxan 456
$C_{18}H_{22}Cl_4O_2$
Naphtho[1,2-*b*][1,4]dioxin, 5,6,6a,10a-Tetrachlor-3-isopropyl-3,8,9-trimethyl-2,3,6a,7,10,10a-hexahydro- 298
$C_{18}H_{22}O_2$
Buta-1,3-dien, 1,4-Bis-[5-isopropyl-[2]furyl]- 333
$C_{18}H_{23}Cl_3S_2$
Äthan, 2,2-Bis-[5-*tert*-butyl-[2]thienyl]-1,1,1-trichlor- 297
$C_{18}H_{25}BrO_2$
[1,3]Dioxan, 5-Brommethyl-2-cyclohexyl-5-methyl-2-phenyl- 298
$C_{18}H_{25}IO_2$
[1,3]Dioxan, 2-Cyclohexyl-5-jodmethyl-5-methyl-2-phenyl- 298
$C_{18}H_{26}BrNO_4$
[1,3]Dioxan, 5-Brom-4,6-diisobutyl-5-nitro-2-phenyl- 256
$C_{18}H_{26}Br_2O_2$
1,14-Dioxa-[14]paracyclophan, 16,19-Dibrom- 257
$C_{18}H_{26}ClNO_4$
[1,3]Dioxan, 2-[4-Chlor-phenyl]-4,6-diisobutyl-5-nitro- 256
$C_{18}H_{26}N_2O_6$
[1,3]Dioxan, 4,6-Diisobutyl-5-nitro-2-[4-nitro-phenyl]- 257
$C_{18}H_{26}O_2$
Benzo[1,3]dioxol, 5-Undec-1-enyl- 297
Pyrano[3,2-*f*]chromen, 3,3,5,6,8,8-Hexamethyl-1,2,3,8,9,10-hexahydro- 298
$C_{18}H_{27}NO_4$
[1,3]Dioxan, 4,6-Diisobutyl-5-nitro-2-phenyl- 256
$C_{18}H_{28}O_2$
Benzo[1,3]dioxol, 2,2-Dimethyl-5-nonyl- 257
1,12-Dioxa-[12]paracyclophan, 14,17-Dimethyl- 257
Isochromen, 7-[2,2-Dimethyl-3,6-dihydro-2*H*-pyran-4-yl]-3,3-dimethyl-3,4,6,7,8,8a-hexahydro-1*H*- 257
—, 8-[2,2-Dimethyl-3,6-dihydro-2*H*-pyran-4-yl]-3,3-dimethyl-3,4,6,7,8,8a-hexahydro-1*H*- 257
$C_{18}H_{30}O_2$
15,16-Dinor-labdan, 8,13;13,20-Diepoxy- 187
$C_{18}H_{33}ClO_2$
1,4-Dioxa-spiro[4.14]nonadecan, 2-Chlormethyl- 153
$C_{18}H_{36}O_3S$
[1,2]Oxathiolan-2,2-dioxid, 5-Methyl-3-tetradecyl- 107
$C_{18}H_{36}O_4S_2$
[1,4]Dithian-1,1,4,4-tetraoxid, 2,5-Diheptyl- 107
—, 2,6-Diheptyl- 107

C_{19}

$C_{19}H_8Br_4Cl_2O_2$
Benzo[1,3]dioxol, 4,5,6,7-Tetrabrom-2,2-bis-[4-chlor-phenyl]- 421
$C_{19}H_8Br_4O_2$
Spiro[benzo[1,3]dioxol-2,9′-fluoren], 4,5,6,7-Tetrabrom- 435
$C_{19}H_8Cl_4O_2$
Spiro[benzo[1,3]dioxol-2,9′-fluoren], 4,5,6,7-Tetrachlor- 434
$C_{19}H_8Cl_6O_2$
Benzo[1,3]dioxol, 4,5,6,7-Tetrachlor-2,2-bis-[4-chlor-phenyl]- 420
$C_{19}H_9Br_4ClO_2$
Benzo[1,3]dioxol, 4,5,6,7-Tetrabrom-2-[4-chlor-phenyl]-2-phenyl- 420
$C_{19}H_9Br_4NO_4$
Benzo[1,3]dioxol, 4,5,6,7-Tetrabrom-2-[4-nitro-phenyl]-2-phenyl- 421
$C_{19}H_9Cl_4NO_4$
Benzo[1,3]dioxol, 4,5,6,7-Tetrachlor-2-[4-nitro-phenyl]-2-phenyl- 421
$C_{19}H_9Cl_5O_2$
Benzo[1,3]dioxol, 4,5,6,7-Tetrachlor-2-[4-chlor-phenyl]-2-phenyl- 420
$C_{19}H_{10}Br_4O_2$
Benzo[1,3]dioxol, 4,5,6,7-Tetrabrom-2,2-diphenyl- 420
$C_{19}H_{10}Cl_4O_2$
Benzo[1,3]dioxol, 4,5,6,7-Tetrachlor-2,2-diphenyl- 420
$C_{19}H_{11}ClO_2$
Chromeno[2,3,4-*kl*]xanthen, 13b-Chlor-13b*H*- 435
$C_{19}H_{11}O_2$
Chromeno[2,3,4-*kl*]xanthenyl 435
$C_{19}H_{12}O_2$
Chromeno[2,3,4-*kl*]xanthen, 13b*H*- 435
Chryseno[2,3-*d*][1,3]dioxol 435
$C_{19}H_{13}BrO_2$
Benzo[1,3]dioxol, 4-Brom-2,2-diphenyl- 420
$C_{19}H_{14}O_2$
Benzo[1,3]dioxol, 2,2-Diphenyl- 419

$C_{19}H_{14}O_2$ (Fortsetzung)
Dibenzo[1,4]dioxin, 2-Benzyl- 421
7,12-Epidioxido-benz[*a*]anthracen, 7-Methyl-7,12-dihydro- 421
—, 12-Methyl-7,12-dihydro- 421
$C_{19}H_{14}O_3S$
Benz[*c*][1,2]oxathiol-1,1-dioxid, 3,3-Diphenyl-3*H*- 419
$C_{19}H_{18}Br_2O_2$
Methan, Bis-[2-brommethyl-2,3-dihydro-benzofuran-5-yl]- 399
$C_{19}H_{20}Br_2O_2$
[1,3]Dioxan, 5-[2,3-Dibrom-3-phenyl-propyl]-4-phenyl- 379
$C_{19}H_{20}O_2$
[1,3]Dioxan, 5-Cinnamyl-4-phenyl- 398
[3,3']Spirobichromen, 6,6'-Dimethyl-4*H*,4'*H*- 398
$C_{19}H_{20}S_2$
Methan, Bis-[2,5-dimethyl-[3]thienyl]-phenyl- 398
$C_{19}H_{21}BrO_2$
[1,3]Dioxan, 5-Äthyl-5-brommethyl-2,2-diphenyl- 379
$C_{19}H_{21}ClO_2$
Benzo[1,3]dioxin, 6-*tert*-Butyl-8-chlormethyl-2-phenyl-4*H*- 379
$C_{19}H_{21}IO_2$
[1,3]Dioxan, 5-Äthyl-5-jodmethyl-2,2-diphenyl- 379
$C_{19}H_{22}O_2$
[1,3]Dioxan, 4-Phenyl-5-[3-phenyl-propyl]- 379
$C_{19}H_{23}ClN_2O_4S_4$
1λ^4,4λ^4-[1,4]Dithian, 2-Chlormethyl-1,4-bis-[toluol-4-sulfonylimino]- 51
$C_{19}H_{28}O_2$
[10]Paracyclophan, 5,6-Isopropylidendioxy- 298
$C_{19}H_{28}S_2$
Spiro[[1,3]dithian-2,5'-[10]paracyclophan] 298
$C_{19}H_{29}NO_4$
[1,3]Dioxolan, 4,5-Di-*tert*-butyl-4,5-dimethyl-2-[4-nitro-phenyl]- 258
$C_{19}H_{30}O_2$
Benzo[1,3]dioxol, 5-Dodecyl- 258
$C_{19}H_{32}O_2$
1,4-Dioxa-spiro[4.16]heneicos-13-in 187
$C_{19}H_{34}Br_2O_2$
1,4-Dioxa-spiro[4.16]heneicosan, 13,14-Dibrom- 153
$C_{19}H_{34}O_2$
1,4-Dioxa-spiro[4.16]heneicos-13-en 175
$C_{19}H_{37}ClO_2$
[1,3]Dioxolan, 4-Chlormethyl-2-pentadecyl- 107
$C_{19}H_{38}O_2$
[1,3]Dioxolan, 2,2-Dimethyl-4-tetradecyl- 107
$C_{19}H_{38}O_3S$
[1,2]Oxathiolan-2,2-dioxid, 5-Hexadecyl- 107

C_{20}

$C_{20}H_8Br_2O_2$
Perixanthenoxanthen, 2,8-Dibrom- 448
$C_{20}H_8N_2O_6$
Perixanthenoxanthen, 2,4-Dinitro- 449
—, 2,10-Dinitro- 449
—, 4,10-Dinitro- 449
$C_{20}H_9Br_2ClOS$
Dibenzo[*a,h*]phenoxathiin, 6,13-Dibrom-x-chlor- 442
$C_{20}H_9NO_4$
Perixanthenoxanthen, 2-Nitro- 448
—, 4-Nitro- 448
$C_{20}H_{10}Br_2OS$
Dibenzo[*a,h*]phenoxathiin, 3,10-Dibrom- 442
—, 6,13-Dibrom- 442
Dibenzo[*a,j*]phenoxathiin, 3,11-Dibrom- 441
$C_{20}H_{10}Cl_4O_2$
Benzo[1,4]dioxin, 5,6,7,8-Tetrachlor-2,3-diphenyl- 436
$C_{20}H_{10}O_2$
Perixanthenoxanthen 448
Perylo[1,12-*cde*][1,2]dioxin 448
$C_{20}H_{11}BrOS$
Dibenzo[*a,h*]phenoxathiin, 10-Brom- 441
—, 13-Brom- 442
Dibenzo[*a,j*]phenoxathiin, 3-Brom- 441
$C_{20}H_{11}ClO_5$
Benzoesäure, 2-[x-Chlor-dibenzo[1,4]dioxin-2-carbonyl]- 338
$C_{20}H_{12}Br_4O_2$
Benzo[1,4]dioxin, 5,6,7,8-Tetrabrom-2,2-diphenyl-2,3-dihydro- 421
—, 5,6,7,8-Tetrabrom-2,3-diphenyl-2,3-dihydro- 422
$C_{20}H_{12}Cl_4O_2$
Benzo[1,4]dioxin, 5,6,7,8-Tetrachlor-2,2-diphenyl-2,3-dihydro- 421
—, 5,6,7,8-Tetrachlor-2,3-diphenyl-2,3-dihydro- 422
$C_{20}H_{12}O_2$
Dinaphtho[1,2-*b*;1',2'-*e*][1,4]dioxin 441
Dinaphtho[2,3-*b*;2',3'-*e*][1,4]dioxin 441
Naphtho[1,2-*d*][1,3]dioxol, 2-Inden-1-yliden- 440
$C_{20}H_{12}O_2S_2$
Dinaphtho[2,1-*c*;1',2'-*e*][1,2]dithiin-3,3-dioxid 443
$C_{20}H_{12}O_3S$
Dibenzo[*a,j*]phenoxathiin-14,14-dioxid 441

$C_{20}H_{12}O_3S$ (Fortsetzung)
Dinaphth[1,8-*cd*;1′,8′-*fg*][1,2]oxathiocin-8,8-dioxid 443
$C_{20}H_{12}S_2$
Dinaphtho[2,1-*c*;1′,2′-*e*][1,2]dithiin 442
$C_{20}H_{14}OS$
Benz[1,4]oxathiin, 2,3-Diphenyl- 436
$C_{20}H_{14}O_2$
9,10-Epidioxido-anthracen, 9-Phenyl-9,10-dihydro- 436
Naphtho[1,2-*d*][1,3]dioxol, 2-Indan-1-yliden- 436
Pyren, 1,6-Bis-oxiranyl- 437
—, 1,8-Bis-oxiranyl- 437
Verbindung $C_{20}H_{14}O_2$ aus 5,12-Dimethyl-5,12-dihydro-5,12-epidioxido-naphthacen 423
$C_{20}H_{14}S_2$
[2,2′]Bithienyl, 5,5′-Diphenyl- 436
Dibenzo[*d,d′*]benzo[1,2-*b*;4,5-*b′*]dithiophen, 6,12-Dimethyl- 437
Dibenzo[*d,d′*]benzo[1,2-*b*;5,4-*b′*]dithiophen, 6,12-Dimethyl- 436
$C_{20}H_{15}BrO_2$
Benzo[1,3]dioxol, 5-[α-Brom-benzhydryl]-422
$C_{20}H_{15}ClO_2$
Benzo[1,3]dioxol, 5-[α-Chlor-benzhydryl]-422
$C_{20}H_{15}O_2$
Methyl, Benzo[1,3]dioxol-5-yl-diphenyl-422
$C_{20}H_{16}O_2$
Benzo[1,3]dioxol, 5-Benzhydryl- 422
7,12-Epidioxido-benz[*a*]anthracen, 7,12-Dimethyl-7,12-dihydro- 423
5,12-Epidioxido-naphthacen, 5,12-Dimethyl-5,12-dihydro- 423
$C_{20}H_{16}O_3S_2$
4,7-Episulfido-benzo[*b*]thiophen-1,1,8-trioxid, 3,5-Diphenyl-3a,4,7,7a-tetrahydro- 423
—, 3,6-Diphenyl-3a,4,7,7a-tetrahydro-423
$C_{20}H_{16}S_2$
Propen, 1,3-Bis-benzo[*b*]thiophen-2-yl-2-methyl- 423
$C_{20}H_{18}O$
Benz[*a*]anthracen-7-ol, 7,12-Dimethyl-7,12-dihydro- 423
Benz[*a*]anthracen-12-ol, 7,12-Dimethyl-7,12-dihydro- 423
$C_{20}H_{18}O_2$
Äthan, 1,2-Bis-[2-methyl-benzofuran-3-yl]-418
$C_{20}H_{18}S_2$
Äthan, 1,2-Bis-[3-methyl-benzo[*b*]thiophen-2-yl]- 418
Dodeca-1,3,5,7,9,11-hexaen, 1,12-Di-[2]thienyl- 417
$C_{20}H_{22}OS$
1-Oxa-4-thia-spiro[4.5]decan, 2,3-Diphenyl-399
$C_{20}H_{22}O_2$
Cyclopenta[1,3]-dioxol, 2,2-Dimethyl-3a,6a-diphenyl-tetrahydro- 399
Octan, 2,3;6,7-Diepoxy-3,6-diphenyl- 399
$C_{20}H_{23}BrO_2$
[1,3]Dioxan, 5-Brommethyl-5-methyl-2,2-di-*p*-tolyl- 380
—, 2,2-Dibenzyl-5-brommethyl-5-methyl- 379
$C_{20}H_{23}ClO_2$
Benzo[1,3]dioxol, 5-[4-(3-Chlor-propyl)-benzyl]-6-propyl- 380
$C_{20}H_{23}IO_2$
[1,3]Dioxan, 2,2-Dibenzyl-5-jodmethyl-5-methyl- 380
—, 5-Jodmethyl-5-methyl-2,2-di-*p*-tolyl- 380
$C_{20}H_{24}O_2$
Cyclohexen, 1,5-Dimethyl-3-[3-methyl-[2]furyl]-5-[2-(3-methyl-[2]furyl)-vinyl]-381
Dibenzo[1,4]dioxin, 2,7-Di-*tert*-butyl- 380
Dibenzo[*d,g*][1,3]dioxocin, 2,4,6,8,10,12-Hexamethyl-12*H*- 380
1,8-Dioxa-[8.2]paracyclophan 380
1,9-Dioxa-[9.1]paracyclophan 381
$C_{20}H_{25}BrO_2$
1,5-[1,12]Dioxadodecano-naphthalin, x-Brom-334
$C_{20}H_{26}O_2$
1,5-[1,12]Dioxadodecano-naphthalin 334
2,6-[1,12]Dioxadodecano-naphthalin 334
$C_{20}H_{26}S_2$
1,5-[1,12]Dithiadodecano-naphthalin 334
$C_{20}H_{28}O_2$
Heptadeca-3,6,9-triin, 17-[1,3]Dioxolan-2-yl-316
D-Homo-gona-5,13(17)-dien, 3,3-Äthandiyldioxy- 316
D-Homo-gona-5,14-dien, 3,3-Äthandiyldioxy- 316
16,17-Seco-18-nor-androsta-5,13(17),15-trien, 3,3-Äthandiyldioxy- 316
$C_{20}H_{32}O_2$
[1,3]Dioxan, 4-Methyl-4-nonyl-2-phenyl- 258
Heptadeca-6,9-diin, 17-[1,3]Dioxolan-2-yl-258
$C_{20}H_{36}O_2$
Benzo[1,3]dioxin, 2-[2,6-Dimethyl-hept-5-enyl]-4,4,7-trimethyl-hexahydro- 176
$C_{20}H_{38}O_2$
Äthan, 1,2-Bis-[5-*tert*-butyl-5-methyl-tetrahydro-[2]furyl]- 153

C_{21}

$C_{21}H_{13}NO_4$
Fluoren, 2-Nitro-9-piperonyliden- 444
$C_{21}H_{14}Cl_4O_2$
Benzo[1,4]dioxin, 5,6,7,8-Tetrachlor-2-phenyl-3-*p*-tolyl-2,3-dihydro- 424
$C_{21}H_{14}OS$
Xanthen, 9-Benzo[*b*]thiophen-2-yl- 444
$C_{21}H_{14}O_2$
Phenanthro[9,10-*d*][1,3]dioxol, 2-Phenyl- 443
Spiro[benzo[*f*]chromen-3,2′-chromen] 444
Spiro[chromen-2,9′-xanthen] 444
$C_{21}H_{16}OS$
Spiro[thiiran-2,9′-xanthen], 3-Methyl-3-phenyl- 438
$C_{21}H_{16}O_2$
9,10-Epidioxido-anthracen, 9-Methyl-10-phenyl-9,10-dihydro- 437
Spiro[benzo[1,3]dioxol-2,9′-fluoren], 5,6-Dimethyl- 438
$C_{21}H_{18}OS$
Benz[1,3]oxathiol, 2-Benzhydryl-2-methyl- 424
$C_{21}H_{18}O_2$
[1,3]Dioxolan, 2,4,4-Triphenyl- 424
7,12-Epidioxido-benz[*a*]anthracen, 7-Isopropyl-7,12-dihydro- 424
—, 7,8,12-Trimethyl-7,12-dihydro- 424
—, 7,9,12-Trimethyl-7,12-dihydro- 424
$C_{21}H_{22}S_2$
Dispiro[cyclohexan-1,5′-[1,3]dithian-2′,9″-fluoren] 413
$C_{21}H_{23}ClO_2$
Benzo[1,3]dioxin, 8-Chlormethyl-6-cyclohexyl-2-phenyl-4*H*- 400
$C_{21}H_{24}OS$
1-Oxa-4-thia-spiro[4.5]decan, 2-Benzhydryl- 399
$C_{21}H_{24}O_2$
Östra-1,3,5,7,9-pentaen, 16,17-Isopropylidendioxy- 400
$C_{21}H_{24}S_2$
2,4-Dithia-spiro[5.5]undecan, 3,3-Diphenyl- 399
$C_{21}H_{26}O_2$
[2,3′]Bifuryl, 5-Methyl-5-[4-methyl-2-phenyl-pent-1-enyl]-2,3,4,5-tetrahydro- 381
1,10-Dioxa-[10.1]paracyclophan 381
$C_{21}H_{27}NO_4$
4,7a-Cyclo-dibenzo[*d,g*][1,3]dioxocin, 12-Methyl-6-[4-nitro-phenyl]-dodecahydro- 334
$C_{21}H_{28}O_2$
Östra-1,3,5(10)-trien, 17,17-Äthandiyldioxy-4-methyl- 334
$C_{21}H_{31}ClO_2$
13,17-Seco-androsta-5,13(18)-dien, 3,3-Äthandiyldioxy-17-chlor- 299
$C_{21}H_{32}O_2$
Androst-2-en, 17,17-Äthandiyldioxy- 299
$C_{21}H_{32}S_2$
Spiro[[1,3]dithian-2,6′-[12]paracyclophan] 299
$C_{21}H_{33}BrO_2$
Androstan, 3,3-Äthandiyldioxy-2-brom- 259
—, 17,17-Äthandiyldioxy-16-brom- 259
$C_{21}H_{34}OS$
Spiro[androstan-17,2′-[1,3]oxathiolan] 259
$C_{21}H_{34}O_2$
Androstan, 3,3-Äthandiyldioxy- 258
—, 17,17-Äthandiyldioxy- 259
$C_{21}H_{34}O_2S$
Spiro[androstan-17,2′-[1,3]oxathiolan]-3′-oxid 259
$C_{21}H_{34}O_3S$
Spiro[androstan-17,2′-[1,3]oxathiolan]-3′,3′-dioxid 259
$C_{21}H_{42}O_2$
[1,3]Dioxolan, 4-Hexadecyl-2,2-dimethyl- 107

C_{22}

$C_{22}H_{10}Br_4O_2$
Naphtho[2,1-*b*]naphtho[1′,2′;4,5]furo[3,2-*d*]furan, 3,5,10,12-Tetrabrom-7a,14c-dihydro- 450
$C_{22}H_{12}Br_2O_2$
Naphtho[2,1-*b*]naphtho[1′,2′;4,5]furo[3,2-*d*]furan, 3,12-Dibrom-7a,14c-dihydro- 450
—, 5,10-Dibrom-7a,14c-dihydro- 450
—, 6,9-Dibrom-7a,14c-dihydro- 450
$C_{22}H_{12}N_2O_6$
Naphtho[2,1-*b*]naphtho[1′,2′;4,5]furo[3,2-*d*]furan, 3,12-Dinitro-7a,14c-dihydro- 451
$C_{22}H_{12}O_2$
Benz[3,4]isochromeno[7,8,1-*mna*]xanthen 452
$C_{22}H_{13}BrO_2$
Naphtho[2,1-*b*]naphtho[1′,2′;4,5]furo[3,2-*d*]furan, 3-Brom-7a,14c-dihydro- 450
$C_{22}H_{13}NO_4$
Naphtho[2,1-*b*]naphtho[1′,2′;4,5]furo[3,2-*d*]furan, 3-Nitro-7a,14c-dihydro- 450

$C_{22}H_{14}Br_4O_2$
Benzo[1,4]dioxin, 5,6,7,8-Tetrabrom-2-phenyl-3-styryl-2,3-dihydro- 438
$C_{22}H_{14}Cl_4O_2$
Benzo[1,4]dioxin, 5,6,7,8-Tetrachlor-2-phenyl-3-styryl-2,3-dihydro- 438
$C_{22}H_{14}O_2$
Benzo[1,2-*b*;4,5-*b'*]difuran, 2,6-Diphenyl- 449
6,13-Epidioxido-pentacen, 6,13-Dihydro- 449
Naphtho[2,1-*b*]naphtho[1',2';4,5]furo[3,2-*d*]furan, 7a,14c-Dihydro- 449
$C_{22}H_{14}S_2$
Anthracen, 9,10-Di-[2]thienyl- 449
$C_{22}H_{16}O_2$
Phenanthro[9,10-*b*][1,4]dioxin, 2-Phenyl-2,3-dihydro- 445
Phenanthro[9,10-*d*][1,3]dioxol, 2-Methyl-2-phenyl- 445
Spiro[benzo[*f*]chromen-3,2'-chromen], 2-Methyl- 445
—, 3'-Methyl- 445
$C_{22}H_{18}O_2$
9,10-Epidioxido-anthracen, 9-Äthyl-10-phenyl-9,10-dihydro- 439
$C_{22}H_{18}S_2$
[2,2']Bithienyl, 5,5'-Dibenzyl- 438
$C_{22}H_{19}ClO_2$
[1,4]Dioxan, 2-Chlor-2,3,3-triphenyl- 424
$C_{22}H_{20}O_2$
Benzo[1,3]dioxol, 2,2-Diphenyl-4-propyl- 425
[1,3]Dioxolan, 5-Methyl-2,4,4-triphenyl- 425
7,12-Epidioxido-benz[*a*]anthracen, 7,8,9,12-Tetramethyl-7,12-dihydro- 425
$C_{22}H_{20}O_4S_2$
6,12-Ätheno-dibenzo[*d,d'*]benzo[1,2-*b*;4,5-*b'*]dithiophen-5,5,11,11-tetraoxid, 13,14-Dimethyl-5a,6,6a,11a,12,12a-hexahydro- 425
6,12-Ätheno-dibenzo[*d,d'*]benzo[1,2-*b*;5,4-*b'*]dithiophen-5,5,7,7-tetraoxid, 13,14-Dimethyl-5a,6,6a,11b,12,12a-hexahydro- 425
$C_{22}H_{24}O_4$
Verbindung $C_{22}H_{24}O_4$ s. bei 5-[2-Methyl-propenyl]-benzo[1,3]dioxol 282
$C_{22}H_{28}OS$
Phenoxathiin, 2-Decyl- 382
$C_{22}H_{28}O_2$
1,10-Dioxa-[10.0]metacyclophan, 14,18-Dimethyl- 382
1,12-Dioxa-[12.0]metacyclophan 382
[1,4]Dioxan, 2,2,5,5-Tetramethyl-3,6-di-*p*-tolyl- 381
1,10-Dioxa-[10.2]paracyclophan 382
$C_{22}H_{34}O_2$
Pentadec-1-en, 1-Benzo[1,3]dioxol-5-yl- 299
$C_{22}H_{36}OS$
Spiro[androstan-17,2'-[1,3]oxathian] 260
$C_{22}H_{36}O_2$
Benzo[1,3]dioxol, 5-Pentadecyl- 260
Spiro[[1,3]dioxolan-4,1'-naphthalin], 2-Decahydro[1]naphthyl-octahydro- 260
$C_{22}H_{36}S_2$
6a,9-Methano-cyclohepta[*a*]naphthalin, 3,3-Äthandiyldimercapto-4-äthyl-8,11b-dimethyl-dodecahydro- 260
$C_{22}H_{40}S_4$
Verbindung $C_{22}H_{40}S_4$ aus 3,3-Dimethyl-2,4-dithia-spiro[5.5]undecan 144

C_{23}

$C_{23}H_{12}Cl_2O_2$
Spiro[fluoren-9,2'-naphtho[1,2-*d*][1,3]dioxol], 4',5'-Dichlor- 452
$C_{23}H_{14}O_2$
Indeno[2,1-*b*;2,3-*b'*]dichromen 452
$C_{23}H_{15}BrO_2$
Naphtho[1,2-*d*][1,3]dioxol, 7-Brom-2,2-diphenyl- 451
$C_{23}H_{18}S_2$
Dinaphtho[2,1-*d*;1',2'-*f*][1,3]dithiepin, 4,4-Dimethyl- 446
$C_{23}H_{22}OS$
[1,3]Oxathiolan, 5-Benzhydryl-2-methyl-2-phenyl- 425
$C_{23}H_{22}O_2$
Benzo[1,3]dioxol, 5-*tert*-Butyl-2,2-diphenyl- 426
[1,3]Dioxolan, 4-Phenäthyl-2,5-diphenyl- 426
$C_{23}H_{28}O_2$
[4.4]Paracyclophan, 2,3-Isopropylidendioxy- 400
[2,2']Spirobichromen, 4,4,7,4',4',7'-Hexamethyl-3,4,3',4'-tetrahydro- 400
$C_{23}H_{30}O_2$
1,10-Dioxa-[10.1]paracyclophan, 17,17-Dimethyl- 382
1,12-Dioxa-[12.1]paracyclophan 382
$C_{23}H_{35}ClO_2$
Pregn-5-en, 20,20-Äthandiyldioxy-3-chlor- 300
$C_{23}H_{40}O_2$
5,8;13,16-Diäthano-cyclohexadeca[1,3]dioxol, 2,2-Dimethyl-hexadecahydro- 187
$C_{23}H_{46}O_2$
[1,3]Dioxolan, 2,2-Dimethyl-4-octadecyl- 108

C_{24}

$C_{24}H_{14}Cl_4O_2$
Benzo[1,4]dioxin, 5,6,7,8-Tetrachlor-2-[2]naphthyl-3-phenyl-2,3-dihydro- 451
$C_{24}H_{14}O_2$
[2,2']Bidibenzofuranyl 457
[3,3']Bidibenzofuranyl 457
[4,4']Bidibenzofuranyl 457
$C_{24}H_{14}S_2$
[4,4']Bidibenzothiophen 457
$C_{24}H_{16}Cl_2O_2$
Naphtho[1,2-*b*][1,4]dioxin, 5,6-Dichlor-2,3-diphenyl-2,3-dihydro- 451
$C_{24}H_{16}O_2$
Benzo[*a*]chromeno[3,2-*d*]xanthen, 12*H*- 454
Naphtho[1,2-*d*][1,3]dioxol, 2-Benzhydryliden- 453
$C_{24}H_{16}S_2$
Butatrien, 1,4-Diphenyl-1,4-di-[2]thienyl- 452
[1,4]Dithiin, 2,5-Di-[2]naphthyl- 453
[1,3]Dithiol, 4-[1]Naphthyl-2-[1]naphthylmethylen- 453
—, 4-[2]Naphthyl-2-[2]naphthylmethylen- 453
$C_{24}H_{18}O_2$
7,14-Epidioxido-dibenz[*a,h*]anthracen, 7,14-Dimethyl-7,14-dihydro- 452
7,14-Epidioxido-dibenz[*a,j*]anthracen, 7,14-Dimethyl-7,14-dihydro- 451
[2,2']Spirobichromen, 3-Benzyl- 451
$C_{24}H_{19}Br_3S_2$
[1,3]Dithiin, 2,4,6-Tris-[4-brom-phenyl]-2,4-dimethyl-4*H*- 439
$C_{24}H_{19}Cl_3S_2$
[1,3]Dithiin, 2,4,6-Tris[4-chlor-phenyl]-2,4-dimethyl-4*H*- 439
$C_{24}H_{19}F_3S_2$
[1,3]Dithiin, 2,4,6-Tris-[4-fluor-phenyl]-2,4-dimethyl-4*H*- 439
$C_{24}H_{19}I_3S_2$
[1,3]Dithiin, 2,4,6-Tris-[4-jod-phenyl]-2,4-dimethyl-4*H*- 439
$C_{24}H_{20}O_2$
[1,4]Dioxan, 2,3-Di-[1]naphthyl- 446
Phenanthro[9,10-*b*][1,4]dioxin, 2,3-Dimethyl-2-phenyl-2,3-dihydro- 447
$C_{24}H_{22}S_2$
[1,3]Dithiin, 2,4-Dimethyl-2,4,6-triphenyl-4*H*- 439
$C_{24}H_{24}OS$
1,4-Epoxido-4a,8a-[2]thiapropano-naphthalin, 6,7-Diphenyl-1,2,3,4,5,8-hexahydro- 427
[1,3]Oxathian, 6-Benzhydryl-2-methyl-2-phenyl- 426
$C_{24}H_{24}O_2$
[1,3]Dioxan, 2,4-Dibenzyl-5-phenyl- 426
$C_{24}H_{26}O_2$
Azulen, 3-[1-Benzo[1,3]dioxol-5-yl-äthyl]-7-isopropyl-1,4-dimethyl- 418
$C_{24}H_{27}BrO_2$
Brom-Derivat $C_{24}H_{27}BrO_2$ aus 2,4,4,2',4',4'-Hexamethyl-2,3-dihydro-4*H*,4'*H*-[2,3']bichromenyl 413
$C_{24}H_{28}O_2$
[2,3']Bichromenyl, 2,4,4,2',4',4'-Hexamethyl-2,3-dihydro-4*H*,4'*H*- 413
$C_{24}H_{30}O_2$
Äthan, 1-[2,3-Dimethyl-chroman-2-yl]-2-[2,2-dimethyl-chroman-3-yl]- 401
Benzofuro[2,3-*b*]benzofuran, 4,7-Di-*tert*-butyl-2,9-dimethyl-5a,10b-dihydro- 401
$C_{24}H_{32}O_2$
Dibenzo[1,4]dioxin, 2,3,7,8-Tetraisopropyl- 383
1,12-Dioxa-[12.0]metacyclophan, 16,20-Dimethyl- 383
$C_{24}H_{40}O_2$
Propen, 2-Methyl-1-[2,3,3,5-tetramethyl-2,3-dihydro-[2]furyl]-1-[2,4,4,5-tetramethyl-5-(2-methyl-propenyl)-tetrahydro-[2]furyl]- 261

C_{25}

$C_{25}H_{16}OS$
Spiro[benzo[*f*]chromen-3,9'-thioxanthen] 458
$C_{25}H_{16}O_2$
Spiro[benzo[*f*]chromen-3,9'-xanthen] 458
[3,3']Spirobi[benzo[*f*]chromen] 458
[9,9']Spirobixanthen 458
$C_{25}H_{22}O_2$
Phenanthro[9,10-*b*][1,4]dioxin, 3-Äthyl-2-methyl-2-phenyl-2,3-dihydro- 447
$C_{25}H_{26}O_2$
[1,3]Dioxolan, 2,2-Dimethyl-5-phenyl-4,4-di-*o*-tolyl- 427
$C_{25}H_{28}N_4O_{10}$
[2,2']Spirobichromen, 7,7'-Diäthyl-4,4,4',4'-tetramethyl-6,8,6',8'-tetranitro-3,4,3',4'-tetrahydro- 401
$C_{25}H_{32}O_2$
[2,2']Spirobichromen, 7,7-Diäthyl-4,4,4',4'-tetramethyl-3,4,3',4'-tetrahydro- 401
—, 4,4,6,7,4',4',6',7'-Octamethyl-3,4,3',4'-tetrahydro- 401
$C_{25}H_{34}O_2$
1,12-Dioxa-[12.1]paracyclophan, 19,19-Dimethyl- 383
$C_{25}H_{37}NO_4$
[1,3]Dioxan, 5-Nitro-4-pentadec-1-inyl-2-phenyl- 316

$C_{25}H_{41}NO_4$
[1,3]Dioxan, 5-Nitro-4-pentadecyl-2-phenyl- 261
$C_{25}H_{46}O_2$
[1,3]Dioxolan, 4,5-Didec-9-enyl-2,2-dimethyl- 176

C_{26}

$C_{26}H_{14}Br_2O_2$
[9,9']Bixanthenyliden, 2',2'-Dibrom- 467
—, 4,4'-Dibrom- 468
$C_{26}H_{14}Cl_2O_2$
[9,9']Bixanthenyliden, 2,2'-Dichlor- 467
—, 4,4'-Dichlor- 467
$C_{26}H_{14}O_2$
Dinaphtho[1,2-*d*;1',2'-*d'*]benzo[1,2-*b*;4,5-*b'*]difuran 477
$C_{26}H_{16}Br_2O_2$
9,10-Epidioxido-anthracen, 9,10-Bis-[4-brom-phenyl]-9,10-dihydro- 460
$C_{26}H_{16}Cl_2OS$
Spiro[thiiran-2,9'-xanthen], 3,3-Bis-[4-chlor-phenyl]- 461
$C_{26}H_{16}Cl_2O_2$
9,10-Epidioxido-anthracen, 1,4-Dichlor-9,10-diphenyl-9,10-dihydro- 460
—, 1,5-Dichlor-9,10-diphenyl-9,10-dihydro- 460
$C_{26}H_{16}OS$
Dispiro[fluoren-9,2'-thiiran-3',9''-xanthen] 468
Thioxanthen, 9-Xanthen-9-yliden- 468
$C_{26}H_{16}O_2$
[9,9']Bixanthenyliden 466
$C_{26}H_{16}O_4S_2$
[9,9']Bithioxanthenyliden-10,10,10',10'-tetraoxid 468
$C_{26}H_{16}S_2$
[9,9']Bithioxanthenyliden 468
Dispiro[fluoren-9,2'-[1,3]dithietan-4',9''-fluoren] 468
Dispiro[fluoren-9,2'-thiiran-3',9''-thioxanthen] 468
Spiro[fluoren-9,3'-fluoreno[9,1-*cd*][1,2]dithiin], 10'b*H*- 468
$C_{26}H_{17}BrOS$
Äthylen, 1-Brom-2-phenoxathiin-2-yl-1,2-diphenyl- 459
$C_{26}H_{17}BrO_2$
9,10-Epidioxido-anthracen, 2-Brom-9,10-diphenyl-9,10-dihydro- 460
$C_{26}H_{17}ClOS$
Spiro[thiiran-2,9'-xanthen], 3-[2-Chlor-phenyl]-3-phenyl- 461
$C_{26}H_{17}ClO_2$
9,10-Epidioxido-anthracen, 1-Chlor-9,10-diphenyl-9,10-dihydro- 459
$C_{26}H_{17}NO_3S$
Spiro[thiiran-2,9'-xanthen], 3-[4-Nitro-phenyl]-3-phenyl- 461
$C_{26}H_{18}OS$
Spiro[benzo[*f*]chromen-3,9'-thioxanthen], 2-Methyl- 462
Spiro[thiiran-2,9'-xanthen], 3,3-Diphenyl- 461
$C_{26}H_{18}O_2$
Äthylen, 1-Dibenzo[1,4]dioxin-2-yl-1,2-diphenyl- 459
[9,9']Bixanthenyl 461
9,10-Epidioxido-anthracen, 1,4-Diphenyl-9,10-dihydro- 459
—, 9,10-Diphenyl-9,10-dihydro- 459
[3,3']Spirobi[benzo[*f*]chromen], 2-Methyl- 462
$C_{26}H_{18}O_4S_2$
[9,9']Bithioxanthenyl-10,10,10',10'-tetraoxid 462
$C_{26}H_{18}S_2$
Benzol, 1-[3-Phenyl-[2]thienyl]-4-[2-phenyl-[3]thienyl]- 459
[9,9']Bithioxanthenyl 461
Spiro[thiiran-2,9'-thioxanthen], 3,3-Diphenyl- 461
$C_{26}H_{19}BrO_2$
[9]Anthrylhydroperoxid, 10-Brom-9,10-diphenyl-9,10-dihydro- 459
$C_{26}H_{19}ClO_2$
[9]Anthrylhydroperoxid, 10-Chlor-9,10-diphenyl-9,10-dihydro- 459
$C_{26}H_{20}OS$
Thioxanthen, 9-[1,2-Dihydro-naphtho[2,1-*b*]furan-2-yl]-9-methyl- 454
$C_{26}H_{20}O_2$
Xanthen, 9-[1,2-Dihydro-naphtho[2,1-*b*]furan-2-yl]-9-methyl- 454
$C_{26}H_{24}O_2$
Dispiro[oxiran-2,1'-(4,7-methano-inden)-8',2''-oxiran], 3,3''-Dimethyl-3,3''-diphenyl-3a',4',7',7a'-tetrahydro- 447
$C_{26}H_{29}NO_4$
4,7a-Cyclo-dibenzo[*d,g*][1,3]dioxocin, 6-[4-Nitro-phenyl]-12-phenyl-dodecahydro- 418

C_{27}

$C_{27}H_{16}Cl_2O_2$
Phenanthro[9,10-*d*][1,3]dioxol, 2,2-Bis-[4-chlor-phenyl]- 469
$C_{27}H_{16}O_2$
Methan, Di-xanthen-9-yliden- 477
$C_{27}H_{17}ClO_2$
Phenanthro[9,10-*d*][1,3]dioxol, 2-[2-Chlor-phenyl]-2-phenyl- 469

$C_{27}H_{17}NO_4$
Phenanthro[9,10-*d*][1,3]dioxol, 2-[4-Nitro-phenyl]-2-phenyl- 469
$C_{27}H_{18}OS$
Dispiro[fluoren-9,2′-thiiran-3′,9″-xanthen], 2″-Methyl- 469
—, 4″-Methyl- 469
$C_{27}H_{18}O_2$
Dibenzo[*f,f′*]cyclopenta[1,2-*b*;1,5-*b′*]dichromen, 6,7-Dihydro- 469
Phenanthro[9,10-*d*][1,3]dioxol, 2,2-Diphenyl- 469
$C_{27}H_{19}ClO_2$
9,10-Epidioxido-anthracen, 1-Chlor-4-methyl-9,10-diphenyl-9,10-dihydro- 462
$C_{27}H_{20}OS$
Dibenzo[*a,j*]xanthen, 14-[2,5-Dimethyl-[3]thienyl]-14*H*- 463
$C_{27}H_{20}O_2$
9,10-Epidioxido-anthracen, 2-Methyl-9,10-diphenyl-9,10-dihydro- 463
Propan, 1,2;2,3-Diepoxy-1,1,3,3-tetraphenyl- 463
[3,3′]Spirobi[benzo[*f*]chromen], 2,2′-Dimethyl- 463
$C_{27}H_{20}S_2$
Benzol, 1-[2-Phenyl-[3]thienyl]-4-[3-*p*-tolyl-[2]thienyl]- 462
$C_{27}H_{22}S_2$
[1,3]Dithiolan, 4,4,5,5-Tetraphenyl- 454
$C_{27}H_{37}ClO_2$
Spirosta-3,5,7-trien, 3-Chlor- 384
$C_{27}H_{38}O_2$
3,5-Cyclo-spirosta-6,8(14)-dien 384
Spirosta-2,4,6-trien 383
$C_{27}H_{40}O_2$
Spirosta-3,5-dien 335
$C_{27}H_{40}O_5$
Cholestan-26-säure, 16,22,23-Trioxo- 301
$C_{27}H_{42}Br_2O_2$
Spirostan, 5,6-Dibrom- 304
$C_{27}H_{42}O_2$
3,5-Cyclo-spirostan 320
Spirost-2-en 318
Spirost-3-en 317
Spirost-4-en 319
Spirost-5-en 318
$C_{27}H_{42}O_4$
Verbindung $C_{27}H_{42}O_4$ aus Spirostan 301
$C_{27}H_{43}BrO_2$
Spirostan, 23-Brom- 303
$C_{27}H_{43}ClO_2$
Spirostan, 3-Chlor- 303
$C_{27}H_{44}O_2$
Cholest-3-en, 2,5-Epidioxy- 300
Spirostan 300

C_{28}

$C_{28}H_{14}O_2$
Benzo[*i*]benzo[6,7]xantheno[2,1,9,8-*klmna*]xanthen 483
$C_{28}H_{16}Cl_2S_2$
[1,1′]Bi[benzo[*c*]thiophenyl], 3,3′-Bis-[4-chlor-phenyl]- 478
$C_{28}H_{16}O_2$
Phenanthro[9,10-*d*][1,3]dioxol, 2-Fluoren-9-yliden- 479
$C_{28}H_{18}Cl_2O_2$
[9,9′]Bixanthenyliden, 1,1′-Dichlor-4,4′-dimethyl- 473
$C_{28}H_{18}O_2$
Äthan, 1,2-Di-xanthen-9-yliden- 478
Phenanthro[9,10-*b*][1,4]dioxin, 2,3-Diphenyl- 477
$C_{28}H_{18}S_2$
[1,1′]Bi[benzo[*c*]thiophenyl], 3,3′-Diphenyl- 477
$C_{28}H_{20}Br_2O_2$
[1,4]Dioxin, 2,3-Dibrom-2,3,5,6-tetraphenyl-2,3-dihydro- 464
$C_{28}H_{20}Br_4S_2$
Verbindung $C_{28}H_{20}Br_4S_2$ aus Tetraphenyl-[1,4]dithiin 470
$C_{28}H_{20}O_2$
Benzo[*a*]benzo[5,6]chromeno[2,3-*g*]xanthen, 6,7-Dihydro-8*H*- 473
[1,4]Dioxin, Tetraphenyl- 470
Phenanthro[9,10-*b*][1,4]dioxin, 2,2-Diphenyl-2,3-dihydro- 471
—, 2,3-Diphenyl-2,3-dihydro- 471
Spiro[benzo[*f*]chromen-3,2′-chromen], 2-Benzyl- 472
—, 3′-Benzyl- 472
—, 2-Methyl-4′-phenyl- 473
Spiro[benzo[*f*]chromen-3,4′-chromen], 3′-Methyl-2′-phenyl- 473
Spiro[benzo[*h*]chromen-2,2′-chromen], 3-Methyl-4-phenyl- 472
$C_{28}H_{20}O_4S_2$
[1,3]Dithiol-1,1,3,3-tetraoxid, 2-Benzhydryliden-4,5-diphenyl- 471
$C_{28}H_{20}S_2$
5,6-Dithia-bicyclo[2.1.1]hex-2-en, 1,2,3,4-Tetraphenyl- 470
[1,3]Dithietan, Dibenzhydryliden- 471
[1,4]Dithiin, Tetraphenyl- 470
[1,3]Dithiol, 2-Benzhydryliden-4,5-diphenyl- 471
—, 4-Biphenyl-4-yl-2-[4-phenyl-benzyliden]- 470
$C_{28}H_{22}OS$
Spiro[thiiran-2,9′-xanthen], 3,3-Di-*p*-tolyl-465

$C_{28}H_{22}O_2$
[9,9']Bixanthenyl, 9,9'-Dimethyl- 465
[1,4]Dioxin, 2,2,5,6-Tetraphenyl-2,3-dihydro- 463
—, 2,3,5,6-Tetraphenyl-2,3-dihydro- 463
9,10-Epidioxido-anthracen, 2,3-Dimethyl-9,10-diphenyl-9,10-dihydro- 465
—, 9,10-Di-*m*-tolyl-9,10-dihydro- 464
—, 9,10-Di-*p*-tolyl-9,10-dihydro- 464
[3,3']Spirobi[benzo[*f*]chromen], 2-Isopropyl- 465

$C_{28}H_{22}S_2$
[1,3]Dithiol, 2-Benzhydryl-4,5-diphenyl- 464
[1,3]Dithiolan, 2-Benzhydryliden-4,5-diphenyl- 464

$C_{28}H_{23}BrO_3S$
[1,2]Oxathian-2,2-dioxid, 5-Brom-4,4,6,6-tetraphenyl- 455

$C_{28}H_{24}OS$
[1,4]Oxathian, 2,3,5,6-Tetraphenyl- 455

$C_{28}H_{24}O_2$
[1,4]Dioxan, 2,3-Bis-biphenyl-4-yl- 455
—, 2,3,5,6-Tetraphenyl- 455

$C_{28}H_{24}O_3S$
[1,2]Oxathian-2,2-dioxid, 4,4,6,6-Tetraphenyl- 454

$C_{28}H_{24}S_2$
[1,3]Dithiolan, 2-Methyl-4,4,5,5-tetraphenyl- 456

$C_{28}H_{28}O_2$
Phenanthro[9,10-*b*][1,4]dioxin, 2,3-Diphenyl-2,3,5,6,7,8,9,10,11,12-decahydro- 447

$C_{28}H_{44}O_2$
3,5-Cyclo-ergostan, 8,14;22,23-Diepoxy- 320

$C_{28}H_{44}S_2$
1,12-Di-(2,5)thiena-cyclodocosan 320

$C_{28}H_{56}O_2$
[1,4]Dioxan, Octaisopropyl- 108

C_{29}

$C_{29}H_{16}Br_2OS$
Dibenzo[*a,j*]xanthen, 14-Benzo[*b*]thiophen-3-yl-3,11-dibrom-14*H*- 480

$C_{29}H_{18}OS$
Dibenzo[*a,j*]xanthen, 14-Benzo[*b*]thiophen-3-yl-14*H*- 480

$C_{29}H_{22}O_2$
Benzo[*a*]benzo[5,6]chromeno[2,3-*g*]xanthen, 7-Methyl-6,7-dihydro-8*H*- 475
Cyclopentan, 1,2;3,4-Diepoxy-1,2,3,4-tetraphenyl- 475
Dibenzo[*f,f'*]cyclohepta[1,2-*b*;1,7-*b'*]dichromen, 6,7,8,9-Tetrahydro- 475
2,3-Dioxa-norborn-5-en, 1,4,5,6-Tetraphenyl- 474
Phenanthro[9,10-*b*][1,4]dioxin, 3-Methyl-2,2-diphenyl-2,3-dihydro- 474
—, 2-Phenyl-3-*p*-tolyl-2,3-dihydro- 474
Spiro[benzo[*f*]chromen-3,2'-chromen], 2-Phenäthyl- 474
—, 3'-Phenäthyl- 474

$C_{29}H_{24}O_2$
2,6-Methano-benzo[*d*][1,3]dioxocin, 2,4,4-Triphenyl-4,5-dihydro-6*H*- 465

$C_{29}H_{26}O_2$
[1,4]Dioxan, 3-Methyl-2,2,6,6-tetraphenyl- 456

$C_{29}H_{46}O_2$
Cholesta-5,7-dien, 3,3-Äthandiyldioxy- 321
9,10-Seco-cholesta-5,7,10(19)-trien, 3,3-Äthandiyldioxy- 321

$C_{29}H_{46}S_2$
Cholesta-4,7-dien, 3,3-Äthandiyldimercapto- 321

$C_{29}H_{48}OS$
Spiro[cholest-5-en-3,2'-[1,3]oxathiolan] 305

$C_{29}H_{48}O_2$
Cholest-4-en, 3,3-Äthandiyldioxy- 305
Cholest-5-en, 3,3-Äthandiyldioxy- 305
Cholest-7-en, 3,3-Äthandiyldioxy- 306

$C_{29}H_{48}S_2$
Cholest-1-en, 3,3-Äthandiyldimercapto- 304
Cholest-4-en, 3,3-Äthandiyldimercapto- 305

$C_{29}H_{49}BrO_2$
Cholestan, 3,3-Äthandiyloxy-2-brom- 262

$C_{29}H_{50}OS$
Spiro[cholestan-3,2'-[1,3]oxathiolan] 262

$C_{29}H_{50}O_2$
Cholestan, 3,3-Äthandiyldioxy- 261

$C_{29}H_{50}S_2$
Cholestan, 3,3-Äthandiyldimercapto- 262
—, 4,4-Äthandiyldimercapto- 262

C_{30}

$C_{30}H_{16}O_2$
[2,2']Bi[anthra[9,1-*bc*]furanyliden] 488

$C_{30}H_{20}O_2$
[4,4']Bichromenyliden, 2,2'-Diphenyl- 480
5,12-Epidioxido-naphthacen, 5,11-Diphenyl-5,12-dihydro- 481
—, 5,12-Diphenyl-5,12-dihydro- 481

$C_{30}H_{20}S_2$
[4,4']Bithiochromenyliden, 2,2'-Diphenyl- 480

$C_{30}H_{22}O_2$
Cyclopentan, 1,2;3,4-Diepoxy-5-methylen-1,2,3,4-tetraphenyl- 478

$C_{30}H_{22}S_2$
[1,1']Bi[benzo[*c*]thiophenyl], 3,3'-Di-*p*-tolyl- 478
$C_{30}H_{24}O_2$
[9,9']Bixanthenyliden, 1,3,1',3'-Tetramethyl- 476
—, 1,4,1',4'-Tetramethyl- 476
—, 2,3,2',3'-Tetramethyl- 476
—, 2,4,2',4'-Tetramethyl- 476
5,12-Epidioxido-naphthacen, 5,12-Diphenyl-5,7,8,9,10,12-hexahydro- 476
Phenanthro[9,10-*b*][1,4]dioxin, 2-Äthyl-2,3-diphenyl-2,3-dihydro- 475
—, 3-Äthyl-2,2-diphenyl-2,3-dihydro- 475
—, 6,11-Dimethyl-2,3-diphenyl-2,3-dihydro- 476
$C_{30}H_{26}O_2$
[9,9']Bixanthenyl, 9,9'-Diäthyl- 466
$C_{30}H_{28}O_2$
Dibenzo[*h,h'*]cyclopenta[1,2-*c*;5,4,3-*d',e'*]dichromen, 6,6,8,8-Tetramethyl-6,6a,6b,7,8,14b-hexahydro- 456
[1,2]Dioxocan, 3,3,8,8-Tetraphenyl- 456
$C_{30}H_{44}O_2$
Dibenzo[1,4]dioxin, 1,2,3,6,7,8-Hexaisopropyl- 384
—, 1,2,3,7,8,9-Hexaisopropyl- 384
$C_{30}H_{46}O_2$
Ergosta-5,7,22-trien, 3,3-Äthandiyldioxy- 336
$C_{30}H_{46}S_2$
Ergosta-4,7,22-trien, 3,3-Äthandiyldimercapto- 335
$C_{30}H_{48}O_2$
Ergosta-7,22-dien, 3,3-Äthandiyldioxy- 321
$C_{30}H_{50}O_2$
Cholest-5-en, 3,3-Äthandiyldioxy-2-methyl- 307
—, 3,4-Isopropylidendioxy- 307
—, 3,3-Propandiyldioxy- 306
Ergost-22-en, 3,3-Äthandiyldioxy- 306
Lanostan, 2,3;8,9-Diepoxy- 307
$C_{30}H_{52}O_2$
Cholestan, 3,3-Äthandiyldioxy-2-methyl- 263
—, 2,3-Isopropylidendioxy- 263

C_{31}

$C_{31}H_{20}O_2$
Chryseno[5,6-*d*][1,3]dioxol, 2,2-Diphenyl- 483
Spiro[benzo[*f*]chromen-3,2'-benzo[*h*]chromen], 4'-Phenyl- 484
Spiro[benzo[*f*]chromen-3,9'-xanthen], 2-Phenyl- 483
[3,3']Spirobi[benzo[*f*]chromen], 2-Phenyl- 484
$C_{31}H_{22}OS$
Thioxanthen, 9-[1,2-Dihydro-naphtho[2,1-*b*]furan-2-yl]-9-phenyl- 481
$C_{31}H_{22}O_2$
Acenaphtho[1,2-*d*][1,3]dioxol, 6b,8,9a-Triphenyl-6b,9a-dihydro- 481
Benzo[*f*]chromen, 3-[1,2-Dihydro-naphtho[2,1-*b*]furan-2-yl]-3-phenyl-3*H*- 482
Xanthen, 9-[1,2-Dihydro-naphtho[2,1-*b*]furan-2-yl]-9-phenyl- 481
$C_{31}H_{23}NO_4$
Methan, Nitro-bis-[2-phenyl-4*H*-chromen-4-yl]- 479
$C_{31}H_{50}O_2$
Stigmasta-5,22-dien, 3,3-Äthandiyldioxy- 322

C_{32}

$C_{32}H_{20}O_2$
Chromeno[2,3-*b*]xanthen, 7,14-Diphenyl- 488
$C_{32}H_{22}O_2$
[3,3']Bifuryl, 2,5,2',5'-Tetraphenyl- 484
Chromeno[2,3-*b*]xanthen, 7,14-Diphenyl-7,14-dihydro- 484
[1,4]Dioxin, 5-Phenyl-6-[10-phenyläthinyl-[9]anthryl]-2,3-dihydro- 484
Phenanthro[9,10-*b*][1,4]dioxin, 2-[2]Naphthyl-3-phenyl-2,3-dihydro- 484
Spiro[benzo[*f*]chromen-3,2'-benzo[*h*]chromen], 2-Methyl-4'-phenyl- 485
—, 3'-Methyl-4'-phenyl- 485
Spiro[benzo[*f*]chromen-3,4'-benzo[*h*]chromen], 3'-Methyl-2'-phenyl- 485
[3,3']Spirobi[benzo[*f*]chromen], 2-Benzyl- 486
$[C_{32}H_{22}S_4]^{2+}$
Äthylen, 1,2-Diphenyl-1,2-bis-[4-phenyl-[1,3]dithiolylium-2-yl]- 407
$[C_{32}H_{22}S_4][C_6H_2N_3O_7]_2$ 407
$C_{32}H_{24}O_2$
Benzo[*f*]chromen, 3-[1,2-Dihydro-naphtho[2,1-*b*]furan-2-yl]-3-*p*-tolyl-3*H*- 482
[4,4']Bichromenyliden, 8,8'-Dimethyl-2,2'-diphenyl- 482
5,14;7,12-Di-*o*-benzeno-dinaphtho[2,3-*b*;2',3'-*e*][1,4]dioxin, 5,5a,6a,7,12,12a,13a,14-Octahydro- 483
Spiro[9,10-äthano-anthracen-11,14'-(9,10-[1,3]dioxolo[4,5]ätheno-anthracen)], 9,10,9',10',11',12'-Hexahydro- 483
$C_{32}H_{24}S_2$
5,18;9,14-Di-*o*-benzeno-dibenzo[*d,k*][1,8]dithiacyclotetradecin, 6,8,15,17-Tetrahydro- 482

$C_{32}H_{26}Br_6O_2$
Verbindung $C_{32}H_{26}Br_6O_2$ aus 1,2-Bis-[2,7-dimethyl-xanthen-9-yliden]-äthan 479
$C_{32}H_{26}O_2$
Äthan, 1,2-Bis-[2,7-dimethyl-xanthen-9-yliden]- 479
$C_{32}H_{28}O_2$
Phenanthro[9,10-*b*][1,4]dioxin, 11-Isopropyl-5-methyl-2,3-diphenyl-2,3-dihydro- 477
$C_{32}H_{30}O_2$
Äthan, 1,2-Bis-[2,7-dimethyl-xanthen-9-yl]- 466
[9,9′]Bixanthenyl, 9,9′-Dipropyl- 466

C_{33}

$C_{33}H_{22}O_2$
Dinaphtho[2,1-*d*;1′,2′-*f*][1,3]dioxepin, 4,4-Diphenyl- 488
Phenanthro[9,10-*d*][1,3]dioxol, 2-Biphenyl-4-yl-2-phenyl- 488
Spiro[oxiran-2,9′-phenanthren]-10′-on, 3-Biphenyl-4-yl-3-phenyl- 488
$C_{33}H_{24}O_2$
[1,4]Dioxepin, 2-Phenyl-3-[10-phenyläthinyl-[9]anthryl]-5,6-dihydro-7*H*- 486
Spiro[benzo[*f*]chromen-3,2′-benzo[*h*]chromen], 2,3′-Dimethyl-4′-phenyl- 486
Spiro[benzo[*f*]cyclopenta[*b*]chromen-8,2′-naphtho[2,1-*b*]furan], 7a-Phenyl-9,10-dihydro-7a*H*,1′*H*- 486
[3,3′]Spirobi[benzo[*f*]chromen], 2-Phenäthyl- 486
$C_{33}H_{54}O_2$
Urs-12-en, 3,24-Isopropylidendioxy- 322
$C_{33}H_{56}O_2$
Spiro[cholest-2-eno[2,3-*d*][1,3]oxathiol-2′,1″-cyclohexan], 2,3-Dihydro- 307

C_{34}

$C_{34}H_{14}O_2$
Pentaceno[5,6,7,8-*jklmna*;1,14,13,12-*j′k′l′m′n′a′*]dixanthen 503
$C_{34}H_{16}O_2$
Benzo[*j′*]anthra[2,1,9,8-*klmna*;3,4,10-*m′n′a′*]dixanthen 500
$C_{34}H_{18}N_4O_{10}$
Tetranitro-Derivat $C_{34}H_{18}N_4O_{10}$ aus 2,3,5,6-Tetraphenyl-benzo[1,2-*b*;5,4-*b′*]difuran 491
$C_{34}H_{18}O_2$
Dibenzo[*a,a′*]benzo[1,2,3-*kl*;4,5,6-*k′l′*]dixanthen 497
$C_{34}H_{20}Br_2O_2$
Benzo[1,2-*b*;4,5-*b′*]difuran, 4,8-Dibrom-2,3,6,7-tetraphenyl- 491
Benzo[1,2-*b*;5,4-*b′*]difuran, 4,8-Dibrom-2,3,5,6-tetraphenyl- 492
$C_{34}H_{20}O_2$
[7,7′]Bi[benzo[*c*]xanthenyliden] 495
[12,12′]Bi[benzo[*a*]xanthenyliden] 495
$C_{34}H_{21}NO_4$
Benzo[1,2-*b*;5,4-*b′*]difuran, 8-Nitro-2,3,5,6-tetraphenyl- 492
$C_{34}H_{22}Cl_2S_2$
[4,4′]Bithiopyranyliden, 3,3′-Dichlor-2,6,2′,6′-tetraphenyl- 489
$C_{34}H_{22}O_2$
Benzo[1,2-*b*;3,4-*b′*]difuran, 2,3,7,8-Tetraphenyl- 492
Benzo[1,2-*b*;4,3-*b′*]difuran, 1,2,7,8-Tetraphenyl- 492
Benzo[1,2-*b*;4,5-*b′*]difuran, 2,3,6,7-Tetraphenyl- 491
Benzo[1,2-*b*;5,4-*b′*]difuran, 2,3,5,6-Tetraphenyl- 491
Benzo[2,1-*b*;3,4-*b′*]difuran, 2,3,6,7-Tetraphenyl- 492
[7,7′]Bi[benzo[*c*]xanthenyl], 7*H*,7′*H*- 493
5,14;6,13-Diepoxido-pentacen, 6,13-Diphenyl-5,6,13,14-tetrahydro- 493
9,10-Epidioxido-anthracen, 9,10-Di-[1]naphthyl-9,10-dihydro- 493
—, 9,10-Di-[2]naphthyl-9,10-dihydro- 493
6,13-Epidioxido-pentacen, 6,13-Diphenyl-6,13-dihydro- 492
$C_{34}H_{24}Cl_2O_2$
Verbindung $C_{34}H_{24}Cl_2O_2$ aus 2,6,2′,6′-Tetraphenyl-[4,4′]bipyranyliden 489
$C_{34}H_{24}O_2$
[4,4′]Bichromenyliden, 2,2′-Distyryl- 489
[4,4′]Bipyranyliden, 2,6,2′,6′-Tetraphenyl- 489
5,14-Epidioxido-pentacen, 6,13-Diphenyl-5,7,12,14-tetrahydro- 490
Phenanthro[9,10-*b*][1,4]dioxin, 2,2,3-Triphenyl-2,3-dihydro- 489
$C_{34}H_{24}S_2$
[4,4′]Bithiopyranyliden, 2,6,2′,6′-Tetraphenyl- 489
$C_{34}H_{26}O_2$
Äthan, 1,2-Di-[2]furyl-1,1,2,2-tetraphenyl- 487
Spiro[benzo[*a*]xanthen-8,2′-naphtho[2,1-*b*]furan], 7a-Phenyl-9,10-dihydro-7a*H*,11*H*,1′*H*- 487

$C_{34}H_{26}S_2$
Äthan, 1,1,2,2-Tetraphenyl-1,2-di-[2]thienyl- 487
$C_{34}H_{34}O_2$
[9,9']Bixanthenyl, 9,9'-Dibutyl- 466
$C_{34}H_{42}O_2$
Benzo[1,3]dioxol, 4-Pentadec-8-enyl-2,2-diphenyl- 439
$C_{34}H_{44}O_2$
Benzo[1,3]dioxol, 4-Pentadecyl-2,2-diphenyl- 427
$C_{34}H_{48}O_2$
[2,2']Bifuryliden, 5,5'-Bis-dicyclohexylmethylen-5*H*,5'*H*- 413

C_{35}

$C_{35}H_{24}O_2$
Benzo[*f*]chromen, 3-[1,2-Dihydro-naphtho[2,1-*b*]furan-2-yl]-3-[1]naphthyl-3*H*- 494
Benzo[1,2-*b*;3,4-*b'*]difuran, 4-Methyl-2,3,7,8-tetraphenyl- 494
Benzo[1,2-*b*;5,4-*b'*]difuran, 4-Methyl-2,3,5,6-tetraphenyl- 493
$C_{35}H_{26}O_2$
2,3-Dioxa-norborn-5-en, 1,4,5,6,7-Pentaphenyl- 490
$C_{35}H_{27}NO_4$
Methan, Bis-[2,6-diphenyl-4*H*-pyran-4-yl]-nitro- 487
$C_{35}H_{54}OS$
Spiro[cholestan-3,2'-[1,3]oxathiolan], 4'-Phenyl- 385
—, 5'-Phenyl- 384

C_{36}

$C_{36}H_{20}O_2$
Chryseno[5,6-*d*][1,3]dioxol, 2-Benzo[*a*]fluoren-11-yliden- 500
$C_{36}H_{22}O_2$
4b,9-Epidioxido-indeno[1,2,3-*fg*]naphthacen, 9,10-Diphenyl-4b,9-dihydro- 498
$C_{36}H_{23}IO_2$
5,12-Epidioxido-naphthacen, 5-Jod-6,11,12-triphenyl-5,12-dihydro- 496
—, 6-Jod-5,11,12-triphenyl-5,12-dihydro- 496
$C_{36}H_{24}Br_4S_2$
13,14-Dithia-tricyclo[8.2.1.1^{4,7}]tetradeca-4,6,10,12-tetraen, 5,6,11,12-Tetrabrom-2,3,8,9-tetraphenyl- 490
$C_{36}H_{24}O_2$
5,12-Epidioxido-naphthacen, 5,6,11-Triphenyl-5,12-dihydro- 496
$C_{36}H_{26}O_2$
[7,7']Bi[benzo[*c*]xanthenyl], 9,9'-Dimethyl-7*H*,7'*H*- 494
Naphtho[1,2-*d*][1,3]dioxol, 5-Benzhydryl-2,2-diphenyl- 494
$C_{36}H_{28}O_2$
Phenanthro[9,10-*b*][1,4]dioxin, 2,2-Dibenzyl-3-phenyl-2,3-dihydro- 491
$C_{36}H_{34}O_2$
Furo[3,4-*c*]furan, 1,3-Dimesityl-4,6-diphenyl-1*H*,3*H*- 479
$C_{36}H_{38}O_2$
[9,9']Bixanthenyl, 9,9'-Diisopentyl- 466
$C_{36}H_{40}O_2$
[1,4]Dioxan, 2,3,5,6-Tetrakis-[2,4-dimethyl-phenyl]- 456
$C_{36}H_{42}$
Kohlenwasserstoff $C_{36}H_{42}$ aus 2,3,5,6-Tetrakis-[2,4-dimethyl-phenyl]-[1,4]dioxan 456
$C_{36}H_{56}OS$
Spiro[cholestan-3,2'-[1,3]oxathiolan], 5'-Benzyl- 385

C_{37}

$C_{37}H_{26}O_2$
Spiro[benzo[*f*]cyclopenta[*b*]chromen-8,2'-naphtho[2,1-*b*]furan], 7a-[1]Naphthyl-9,10-dihydro-7a*H*,1'*H*- 496

C_{38}

$C_{38}H_{24}O_2$
[4,4']Bi[benzo[*h*]chromenyliden], 2,2'-Diphenyl- 501
Dispiro[xanthen-9,9'-anthracen-10',9''-xanthen] 502
Naphtho[1,2-*b*;3,4-*b'*]difuran, 2,3,5,6-Tetraphenyl- 500
Naphtho[1,2-*b*;4,3-*b'*]difuran, 2,3,4,5-Tetraphenyl- 501
Naphtho[2,1-*b*;3,4-*b'*]difuran, 2,3,8,9-Tetraphenyl- 501
Naphtho[2,1-*b*;6,5-*b'*]difuran, 2,3,7,8-Tetraphenyl- 500
Naphtho[2,1-*b*;6,7-*b'*]difuran, 1,2,8,9-Tetraphenyl- 500
$C_{38}H_{25}BrO_2$
Spiro[benzo[1,3]dioxol-2,9'-fluoren], 4-Brom-6-trityl- 499
$C_{38}H_{26}O_2$
Chryseno[5,6-*b*][1,4]dioxin, 2,2,3-Triphenyl-2,3-dihydro- 499
—, 2,3,3-Triphenyl-2,3-dihydro- 499
9,10-Epidioxido-anthracen, 9,10-Bis-biphenyl-4-yl-9,10-dihydro- 498

$C_{38}H_{26}O_2$ (Fortsetzung)
9,10-Epidioxido-anthracen, 1,4,9,10-Tetraphenyl-9,10-dihydro- 498
Spiro[benzo[1,3]dioxol-2,9′-fluoren], 5-Trityl- 498
$C_{38}H_{28}O_2$
Benzo[1,3]dioxol, 2,2-Diphenyl-5-trityl- 497
4,9-Epoxido-naphtho[2,3-*c*]furan, 6,7-Dimethyl-1,3,4,9-tetraphenyl-4,9-dihydro- 497
Spiro[benzo[*a*]xanthen-8,2′-naphtho[2,1-*b*]furan], 7a-[1]Naphthyl-9,10-dihydro-7a*H*,11*H*,1′*H*- 497
$C_{38}H_{30}O_2$
Benzo[1,2-*b*;4,3-*b*′]difuran, 1,2,7,8-Tetra-*p*-tolyl- 495
Benzo[1,2-*b*;4,5-*b*′]difuran, 4-Isopropyl-8-methyl-2,3,6,7-tetraphenyl- 495
—, 2,3,6,7-Tetra-*p*-tolyl- 494
$C_{38}H_{34}O_2$
Butan, 2,3-Bis-[2,5-diphenyl-[3]furyl]-2,3-dimethyl- 488
$C_{38}H_{48}O_2$
Chola-20(22),23-dien, 3,3-Äthandiyldioxy-24,24-diphenyl- 448
$C_{38}H_{49}BrO_2$
Chol-23-en, 3,3-Äthandiyldioxy-22-brom-24,24-diphenyl- 440
$C_{38}H_{50}O_2$
Chol-23-en, 3,3-Äthandiyldioxy-24,24-diphenyl- 440

C_{40}

$C_{40}H_{24}O_2$
3a,11b-Epidioxido-dibenzo[*a,o*]perylen, 7,16-Diphenyl-3a,11b-dihydro- 503
7,11b-Epidioxido-dibenzo[*a,o*]perylen, 7,16-Diphenyl-7*H*- 503
$C_{40}H_{28}O_2$
Phenanthro[9,10-*b*][1,4]dioxin, 2,2-Bis-biphenyl-4-yl-2,3-dihydro- 502
$C_{40}H_{30}O_2$
Äthan, 1,2-Diphenyl-1,2-dixanthen-9-yl- 499
[9,9′]Bixanthenyl, 9,9′-Dibenzyl- 499
$C_{40}H_{48}O_2$
[1,4]Dioxan, 2,3,5,6-Tetramesityl- 456
$C_{40}H_{56}O_2$
β,β-Carotin, 5,6;5′,6′-Diepoxy-5,6,5′,6′-tetrahydro- 430
—, 5,6;5′,8′-Diepoxy-5,6,5′,8′-tetrahydro- 428
—, 5,8;5′,8′-Diepoxy-5,8,5′,8′-tetrahydro- 427

C_{41}

$C_{41}H_{30}O_2$
Phenanthro[9,10-*b*][1,4]dioxin, 2,2-Bis-biphenyl-4-yl-3-methyl-2,3-dihydro- 502

C_{42}

$C_{42}H_{24}Br_4O_2$
5,12-Epidioxido-naphthacen, 2,8-Dibrom-5,11-bis-[4-brom-phenyl]-6,12-diphenyl-5,12-dihydro- 504
$C_{42}H_{26}Br_2O_2$
5,12-Epidioxido-naphthacen, 5,11-Bis-[4-brom-phenyl]-6,12-diphenyl-5,12-dihydro- 504
5,12-Epoxido-naphthacen, 5,11-Bis-[4-brom-phenyl]-12-phenoxy-6-phenyl-5,12-dihydro- 504
—, 5-[4-Brom-phenoxy]-11-[4-brom-phenyl]-6,12-diphenyl-5,12-dihydro- 504
$C_{42}H_{26}O_2$
[14,14′]Bi[dibenzo[*a,j*]xanthenyl], 14*H*,14′*H*- 505
$C_{42}H_{28}O_2$
Äthan, 1-Phenyl-1-[2-phenyl-2*H*-cyclopenta[*kl*]xanthen-1-yl]-2-xanthen-9-yliden- 505
5,12-Epidioxido-naphthacen, 5,6,11,12-Tetraphenyl-5,12-dihydro- 504
$C_{42}H_{30}S_2$
Äthan, 1,2-Di[1]naphthyl-1,2-diphenyl-1,2-di-[2]thienyl- 503
$C_{42}H_{32}O_2$
Benzofuro[3′,2′;3,4]cyclopenta[1,2-*b*]chromen, 5a,6,6,12-Tetraphenyl-5a,6,6a,11b,11c,12-hexahydro- 502
$C_{42}H_{32}O_6$
1,4;9,10-Diepoxido-anthracen-2,3-dicarbonsäure, 6,7-Dimethyl-1,4,9,10-tetraphenyl-1,2,3,4,9,10-hexahydro- 497
$C_{42}H_{34}S_2$
[1,3]Dithiin, 2,4,6-Tris-biphenyl-4-yl-2,4-dimethyl-4*H*- 500
$C_{42}H_{60}OS$
Spiro[cholestan-3,2′-[1,3]oxathiolan], 5′-Benzhydryl- 431

C_{43}

$C_{43}H_{34}O_2$
But-2-en, 2-Methyl-1,4-bis-[9-phenyl-xanthen-9-yl]- 502

$C_{43}H_{62}OS$
Spiro[cholestan-3,2′-[1,3]oxathian], 6′-Benzhydryl- 432

$C_{43}H_{62}O_2$
ψ,ψ-Carotin, 5,6-Isopropylidendioxy-5,6-dihydro- 432

C_{44}

$C_{44}H_{26}N_6O_{14}S_4$
s. bei $[C_{32}H_{22}S_4]^{2+}$

$C_{44}H_{26}O_2$
Äthan, 1,2-Bis-dibenzo[*a,j*]xanthen-14-yliden- 506

$C_{44}H_{32}O_2$
5,12-Epidioxido-naphthacen, 5,11-Diphenyl-6,12-di-*p*-tolyl-5,12-dihydro- 505
5,12-Epoxido-naphthacen, 5,11-Diphenyl-6-*p*-tolyl-12-*p*-tolyloxy-5,12-dihydro- 505
—, 5-Phenoxy-11-phenyl-6,12-di-*p*-tolyl-5,12-dihydro- 505

$C_{44}H_{32}O_4$
5,12;6,11-Diepoxido-naphthacen-1,4-dion, 8,9-Dimethyl-5,6,11,12-tetraphenyl-4a,5,6,11,12,12a-hexahydro- 497

C_{45}

$C_{45}H_{38}O_2$
But-2-en, 1,4-Bis-[9-benzyl-xanthen-9-yl]-2-methyl- 502

C_{46}

$C_{46}H_{30}O_2$
5,14;6,13-Diepoxido-pentacen, 5,7,12,14-Tetraphenyl-5,6,13,14-tetrahydro- 507
5,14-Epidioxido-pentacen, 5,7,12,14-Tetraphenyl-5,14-dihydro- 506
6,13-Epidioxido-pentacen, 5,7,12,14-Tetraphenyl-6,13-dihydro- 506

$C_{46}H_{32}O_2$
Phenanthro[9,10-*b*][1,4]dioxin, 2,2-Bis-biphenyl-4-yl-3-phenyl-2,3-dihydro- 506

$C_{46}H_{34}O_2$
Äthan, 1,2-Bis-[2,5-diphenyl-[3]furyl]-1,2-diphenyl- 505

$C_{46}H_{36}O_2$
5,12-Epidioxido-naphthacen, 5,6,11,12-Tetra-*p*-tolyl-5,12-dihydro- 505

C_{48}

$C_{48}H_{28}O_2$
Benzo[*a*]benzo[5,6]chromeno[3,2-*i*]xanthen, 9,18-Di-[1]naphthyl- 507

$C_{48}H_{30}O_2$
Benzo[*a*]benzo[5,6]chromeno[3,2-*i*]xanthen, 9,18-Di-[1]naphthyl-9,18-dihydro- 507

$C_{48}H_{30}O_8$
Verbindung $C_{48}H_{30}O_8$ aus 9,18-Di-[1]naphthyl-benzo[*a*]benzo[5,6]chromeno[3,2-*i*]xanthen 507

C_{51}

$C_{51}H_{100}S_2$
2,4-Dithia-spiro[5.5]undecan, 3,3-Bis-heneicosyl- 153

C_{54}

$C_{54}H_{36}O_2$
5,12-Epidioxido-naphthacen, 5,11-Bis-biphenyl-4-yl-6,12-diphenyl-5,12-dihydro- 507

C_{58}

$C_{58}H_{40}O_2$
Äthylen, 1,2-Diphenyl-1,2-bis-[triphenyl-[2]furyl]- 509

$C_{58}H_{42}O_2$
Äthan, 1,2-Diphenyl-1,2-bis-[triphenyl-[2]furyl]- 508
—, 1,1,2,2-Tetrakis-biphenyl-4-yl-1,2-di[2]furyl- 508
[3,3′]Bicyclopent-1-enyl-4,4′-dion, 1,2,3,5,1′,2′,3′,5′-Octaphenyl- 508